헨더슨

생물학사전 15판

Henderson's Dictionary of Biology

역자 약력

서울대학교 문리대 식물학과를 졸업하고 서울대학교 대학원에서 이학박사학위를 받았다.
한국원자력연구소 환경연구실 선임연구원을 거쳐
1984년부터 충북대학교 자연과학대학 생물학과 교수로 재직 중이다.

그간 한국조류학회 회장, 한국생물다양성협회 회장, 온배수연구회 회장, 한국생물과학협회 부회장 등을 역임하였고, 특히 생물학 용어와 관련하여 한국생물과학협회 생물학용어제정심의위원회 제2대 위원(2000~2005년)과 제3대 위원장(2005~2010년), 국립국어연구원 표준국어대사전 감수위원(2003~2004년), 한국학술단체연합회 학술전문용어 정비 및 표준화사업 기술위원(2003~2005년) 등으로 활동하였다.

『발전소 온배수와 해양생태계(문화관광부 우수학술도서)』, 『녹조식물 해캄의 생물학』 등의 저서와 『해산식물학(한국학술진흥재단 번역총서)』, 『조류학 2판』 등의 역서가 있으며, 과학기술우수논문상, 자연보호유공정부포상, 춘해조류학상 등을 수상하였다.

헨더슨

생물학사전 15판

Henderson's Dictionary of Biology

엘리노어 로렌스 편

김영환 역

(주)바이오사이언스출판

국립중앙도서관 출판시 도서목록(CIP)

헨더슨 생물학사전 : 15판 / 편저자: 엘리노어 로렌스; 역자: 김영환.
— 서울 : 바이오사이언스출판, 2012
p. ; cm

원표제: Henderson's Dictionary of Biology
원저자는 "이사벨라 퍼거슨 헨더슨"임
원저자명: Isabella Ferguson Henderson, Eleanor Lawrence
영어 원작을 한국어로 번역
ISBN 978-89-92709-94-1 91400
생물학[生物學]
472.03-KDC5
570.3-DDC21 CIP2012005708

헨더슨 생물학사전 15판

초판 인쇄: 2013년 1월 7일
초판 발행: 2013년 1월 14일

편저자: 엘리노어 로렌스
역 자: 김영환
발행인: 문정구
발행처: (주)바이오사이언스출판
137-060 서울특별시 서초구 방배동 479-4 호산빌딩 201호
TEL: (02)581-4057~8
FAX: (02)581-4059
편집부 | edit@biobooks.co.kr
영업부 | sales@biosciencepub.com
주 문 | order@biosciencepub.com
홈페이지 | http://www.biobooks.co.kr
ISBN: 978-89-92709-94-1 91400

등록 번호: 제22-3079호

Benjamin Cummings is an imprint of

BIOSCIENCE (주)바이오사이언스출판

차 례

15판 머리말

『헨더슨 생물학사전』 14판이 발간된 이래 새로운 단어들이 생물학 용어에 첨가되고 예전에 사용하던 용어들도 새롭거나 보다 정밀한 용법들을 얻게 되었다. 유전체순서결정 프로그램, 생물정보학, 유전자조작의 사용 및 실험세포생물학의 발전에 따라 유전학, 줄기세포생물학 및 생명공학 분야가 빠른 진전을 지속하고 있다.

이 판에서 다룬 생물계의 전반적인 분류는 모든 생물을 3개의 역(domain) 또는 상계(superkingdom)인 진핵생물역(Eukarya), 세균역(Bacteria) 및 고세균역(Archaea)으로 구분하는 체계를 따랐는데, 후자들은 원핵생물들이다. 이 사전에는 식물, 균류, 동물, 원생생물 그리고 일부 원핵생물의 주된 모든 문과 강을 수록하였고, 곤충, 새, 포유류 및 꽃식물과 같은 경우에는 일부 목도 포함시켰다. 세균역과 고세균역의 공식적 분류는 DNA 순서자료에 의거한 유연관계를 나타내도록 변경되고 있다. 아울러 이 사전에는 많은 생물의 보통명도 포함시켰다. 끝의 부록에서는 다양한 계의 자세한 개요를 제공하고 있다. 바이러스는 주요 집단을 다루었고 부록에도 포함시켰다. 부록 8은 지질연대표를 보여준다.

용어들은 하이픈 연결과 단어 사이의 공간을 무시하고 알파벳 순으로 정리하였으며, 축약형과 두문자어들도 사전의 적절한 곳에 포함시켰다. 알파벳순으로 정리한다는 목적으로 화학명 앞의 숫자, 그리스 문자 그리고 배열들은 무시하였다. 동일한 표제어가 한 가지 이상의 의미로 쓰일 경우, 뜻마다 번호를 붙이고 세미콜론(;)으로 구분하였다. 정의와 관련된 학문분야를 보다 명확하게 나타내기 위하여 간혹 식물학은 [식], 동물학은 [동] 등의 약자를 사용하였다. 표제어의 설명에 포함되는 거의 모든 전문용어들이 사전 안에 정의되어 있으므로, 지나친 전후 참조에 따른 복잡함을 피하기 위하여 그러한 용어들은 대개 [*q.v.*](역자 주 – 이 역서에서는 '⇨'로 표시함)로 나타내지 않았다.

라틴어와 그리스어에서 파생된 보편적 접미사와 접두사들을 통상적인 의미와 함께 사전에 포함시켰고, 부록 9에는 흔히 사용되는 일부 단어요소의 어원을 수록하였다.

과제를 수행하는 동안 협조와 격려를 아끼지 않은 모든 관계자 여러분께 감사한다. 향후에 찍을 재판이나 새롭게 펼칠 판에서 바로잡을 수 있도록 이 판의 오류나 누락된 부분에 관하여 지적해 주면 더없이 기쁘겠다.

엘리노어 로렌스
2010년 런던

역자 머리말

우리는 흔히 21세기를 생명과학의 시대 또는 바이오시대라고 부른다. 생명과학의 다양한 분야에 걸쳐 기술이 급속히 발전하고 학문이 다변화되면서 필연적으로 새로운 전문용어들이 봇물 터지듯 밀려들고 있는 실정이다. 학술교류와 정보교환 그리고 후속세대의 교육을 위해 이러한 전문용어들을 우리말로 나타내는 작업은 더할 나위 없이 중요하다고 판단된다.

이에 대처하기 위하여 한국생물과학협회에서는 2000년과 2005년의 두 차례에 걸쳐 『생물학용어집』을 발간하였고, 지금까지도 새로운 용어들의 우리말을 심의하여 해마다 공표하고 있다. 그럼에도 불구하고 영어로 된 전문용어들이 헤아릴 수 없을 만큼 실려 있는 학술논문이나 각종 자료들을 접할 때마다 지난 10년간 생물학용어의 심의와 제정에 몸담아 온 사람으로서 안타까움을 금할 길이 없었다.

그러던 차에 (주)바이오사이언스출판의 문정구 사장님으로부터 오랜 역사를 지닌 『Henderson's Dictionary of Biology』를 번역해 달라는 제안을 받게 되었다. 1920년에 초판이 발간된 이래 판을 거듭하면서 백년 가까운 세월에 걸쳐 전 세계적으로 생물학사전의 중심이 되어 온 이 원서를 본인 같은 천학이 감히 번역한다는 게 엄두가 나지 않아 몇 달을 고사하였다. 그러나 한국생물과학협회 생물학용어제정심의위원회 제3대 위원장으로서 『생물학용어집 제3판』을 발간하는 책임을 맡았다가 결실을 맺지 못하고 중도에 그만 둔 데 대한 아쉬움이 크게 작용하여, 불가능에 도전하는 심경으로 결국 번역작업에 착수하게 되었다.

표제어의 번역은 원칙적으로 『생물학용어집 제2판(한국생물과학협회, 2005)』에 수록된 용어와 한국생물과학협회에서 2006~2010년에 추가로 공표한 생물학용어에 따랐다. 그 밖에 『생물학사전(한국생물과학협회, 1998)』, 『생명과학사전(생명과학사전편찬위원회, 2003)』, 『균류학용어집(한국균학회, 2007)』, 『의학용어집 제5판(대한의사협회, 2008)』, 『수의학용어집(대한수의학회 및 대한수의사회, 2006)』 등 다양한 자료들을 참고하였다. 이러한 각종 자료들에서 적절한 우리말을 찾을 수 없는 표제어의 번역은 한국생물과학협회 용어심의위원회의 심의규칙을 준수하여 우리말을 만들도록 노력하였다.

용어를 선택함에 있어서 어려운 한자보다는 쉬운 우리말을 제시하도록 노력하였으며, 이때 국립국어원 홈페이지의 『표준국어대사전 개정판(2008)』에 수록된 표제어를 주로 참고하였다. 그러나 한글 맞춤법에서 생물의 분류군에 적용되는 사이시옷(예: 볏과, 모깃과, 고양잇과, 갯과, 족제빗과 등)은 아직까지 학계에서 공감대가 형성되지 않았다고 여겨지기에 채택하지 않았다.

10년간 한국생물과학협회의 용어심의위원회에서 활동한 경험을 바탕으로 번역에 충실을 기하고자 나름대로 애를 썼지만, 범위가 방대한 내용을 혼자 번역하다보니 어색하고 미흡한 부분이 도처에 산재하여 있음을 스스로 인정하지 않을 수 없다. 잘못된 부분들을 날카롭게 지적해 주고 친절하게 충고해 주기를 기대한다.

무엇보다도 역자에게 학문을 일깨워주시고 지도해주신 은사 이인규 교수님과 생물학용어 심의의 계기를 마련해 주신 박은호 교수님, 두 분께 충심으로 감사드리며, 이 분들이 아니었다면 이 사전의 번역은 결코 역자의 몫이 될 수 없었을 것이다. 1년 반에 걸친 오랜 시간 동안 곁에서 한결같이 성원해 준 가족과 KMT 덕분에 불가능에 가까운 작업을 무사히 마칠 수 있었고, 충북대학교 생물학과의 김수지 양과 연수영 군은 자료를 정리하는 데 큰 힘이 되어 주었다. 귀중한 조언을 해 주신 안진흥 교수님(경희대), 이찬희 교수님(충북대), 박기랑 교수님(주성대), 그리고 격려를 아끼지 않은 모든 분들에게 감사드리며, 예상을 넘긴 번역작업을 인내로 기다리고 사전의 출판을 위해 애써주신 (주)바이오사이언스출판의 문정구 사장님과 홍수희 팀장님 외 임직원 여러분에게 사의를 표한다.

이 한 권의 책이 생명과학을 연구하고 배우고자 하는 모든 사람들에게 필요한 길잡이가 되기를 바라는 바이다.

2012년 12월

역자 김영환

약호

단 단수형
동 동사
명 명사
미 미국
복 복수형
부 부사
비 비교
영 영국
형 형용사
⇨ 참조
[균] 균류학
[동] 동물학
[면] 면역학
[미] 미생물학
[바] 바이러스학
[발] 발생생물학
[분] 분자생물학
[생정] 생물정보학
[생태] 생태학
[생화] 생화학
[세] 세균학
[식] 식물학
[신] 신경생물학
[유] 유전학
[진] 진화학
[해] 해부학
[행] 행동생태학
EC 효소번호
상용명 – 표제어와 달리 사용되는 효소위원회 추천 명칭

단위와 환산

기본적 국제단위

ampere 암페어, A (전류)
candela 칸델라, cd (광도)
kelvin 켈빈, K (온도)
kilogram 킬로그램, kg (질량)
metre 미터, m (길이)
mole 몰, mol (물질의 양)
second 초, s (시간)

일부 유도단위

joule 줄, J (에너지)	kg m^2 s^{-2}
molar 몰, M (농도)	mol dm^{-3} (mol l^{-1})
newton 뉴턴, N (힘)	kg m s^{-2}
pascal 파스칼, Pa (압력)	kg m^{-1} s^{-2}
volt 볼트, V (전압)	
watt 와트, W (힘)	kg m^2 s^{-3}

국제단위 또는 미터계의 환산

centimetre 센티미터, cm (10^{-2} m)	0.394 인치 (in.)
degree Celsius (centigrade) 섭씨온도, °C*	(9/5) °F
gram 그램, g (10^{-3} kg)	0.035 온스 (oz.)
hectare 헥타르, ha (10^4 m^2)	2.471 에이커
joule 줄, J (kg m^2 s^{-2})	0.239 칼로리 (cal.)
kilogram 킬로그램, kg	2.20 파운드 (lb)
litre 리터, l (dm^3)	1.76 파인트 (pt)
metre 미터, m	39.37 인치 (in.)
millimetre 밀리미터, mm (10^{-3} m)	0.039 인치 (in.)
tonne 톤 (metric tonn 미터톤), t (1 Mg)	0.984 톤 (tons)

국제단위 또는 미터계로 환산

acre 에이커 (4840 제곱야드)	4046.86 m^2
ångström unit 옹스트롬, Å	10^{-10} m
atmosphere, standard 표준대기, atm (14.72 p.s.i.)	101,325 파스칼 (Pa)
bar 바	10^5 파스칼 (Pa)
British thermal unit 영국열량단위, Btu	1.055 킬로줄 (kJ)
British thermal unit/hour 시간당 영국열량단위, Btu h^{-1}	0.293 와트 (W)
bushel 부셸, bu	0.0364 m^3
bushel 미 부셸, bu	0.0352 m^3
calorie (열화학적) 칼로리, cal.	4.184 J
cubic foot 입방 피트, cu. ft., ft^3	0.0283 m^3
cubic inch 입방 인치, cu. in., in^3	16.387 cm^3
cubic yard 입방 야드, cu. yd., yd^3	0.7645 m^3
degree Fahrenheit 화씨온도, °F*	(5/9) °C
dram 드램 (상형), dr	1.772 g
fathom 패덤 (6 피트)	1.829 m
fluid ounce 액량 온스, fl. oz	28.413 cm^3
foot 피트, ft	0.3048 m
gallon 갤런, gal	4.546 dm^3
gallon 미 갤런, US gal	3.785 dm^3

grain 그레인, gr	64.799 mg
hundredweight 100웨이트, cwt	50.802 kg
inch 인치, in.	25.4 mm
kilocalorie/h 시간당 킬로칼로리, kcal h^{-1}	1.163 W
mile 마일	1.6093 km
millibar 밀리바	100 Pa
millimetre of mercury 수은밀리미터	133.32 Pa
millimetre of water 물밀리미터	9.807 Pa
ounce 온스 (상형), oz	0.0283 kg
pint 파인트, pt	0.568 dm^3
pound 파운드 (상형), lb	0.4536 kg
square foot 평방 피트, sq. ft., ft^2	0.0929 m^2
square inch 평방 인치, sq. in., in^2	645.16 mm^2
square mile 평방 마일, sq. mile (640 에이커)	2.590 km^2
square yd 평방 야드, sq. yd., yd^2	0.836 m^2
ton (long) 영국톤 (2240 lb)	1016.05 kg
yard 야드, yd	0.9144 m

* 섭씨온도(°C)를 화씨온도(°F)로 변환할 때 9/5를 곱하고 32를 더하며, 화씨온도를 섭씨온도로 바꿀 때 32를 뺀 다음 5/9를 곱함.

국제단위 접두어

단위를 10의 배수로 나타낼 때 다음과 같은 접두어들이 사용될 수 있다.

배수	접두어	부호	배수	접두어	부호
10^{-1}	deci 데시	d	10	deca 데카	da
10^{-2}	centi 센티	c	10^2	hecto 헥토	h
10^{-3}	milli 밀리	m	10^3	kilo 킬로	k
10^{-6}	micro 마이크로	μ	10^6	mega 메가	M
10^{-9}	nano 나노	n	10^9	giga 기가	G
10^{-12}	pico 피코	p	10^{12}	tera 테라	T
10^{-15}	femto 펨토	f	10^{15}	peta 페타	P
10^{-18}	atto 아토	a	10^{18}	exa 엑사	E
10^{-21}	zepto 젭토	z	10^{21}	zetta 제타	Z
10^{-24}	yocto 욕토	y	10^{24}	yotta 요타	Y

그리스 알파벳

그리스어	그리스 문자	해당 영어	그리스어	그리스 문자	해당 영어
alpha 알파	Α α	a	nu 뉴	Ν ν	n
beta 베타	Β β	b	xi 크시	Ξ ξ	x
gamma 감마	Γ γ	g	omicron 오미크론	Ο ο	o
delta 델타	Δ δ	d	pi 파이	Π π	p
epsilon 엡실론	Ε ε	e	rho 로	Ρ ρ	r
zeta 제타	Ζ ζ	z	sigma 시그마	Σ σ	s
eta 에타	Η η	e 또는 h	tau 타우	Τ τ	t
theta 세타	Θ θ	th 또는 q	upsilon 입실론	Υ υ	u
iota 이오타	Ι ι	i	phi 파이	Φ φ	ph 또는 f
kappa 카파	Κ κ	k	chi 카이	Χ χ	ch 또는 c
lambda 람다	Λ λ	l	psi 프사이	Ψ ψ	ps 또는 y
mu 뮤	Μ μ	m	omega 오메가	Ω ω	w

라틴어(라)와 그리스어(그)의 보편적 명사형 어미*

단수형	복수형
-a	-ae (라)
-a	-ata (그)
-is	-es (라)
-on	-a (그)
-um	-a (라)
-us	-i (라)

* 이 규칙을 따르지 않는 예로는 속[단수형 genus, 복수형 genera]과 작품[단수형 opus, 복수형 opera] 등이 있다.

A

α- *접두사 'α-'가 포함되는 표제어는 'alpha' 또는 해당 표제어를 참조하시오.*

α+β 별도의 α나선과 β병풍 영역으로 구성되는 접힌 단백질 또는 단백질 영역을 갖는 종류에 붙이는 이름.

α/β β사슬들에 의하여 연결된 α나선들로 구성되는 접힌 단백질 또는 단백질 영역을 갖는 종류에 붙이는 이름.

a- '아니다'를 뜻하는 그리스어 '*a*'에서 유래된, 부족하거나 없음을 의미하는 접두사.

A (1) ⇨ absorbance; (2) ⇨ adenine; (3) alanine.

Å ⇨ ångström.

AAV ⇨ adeno-associated virus.

ab- '-에서'를 뜻하는 그리스어 '*ab*'에서 유래된 접두사.

Ab ⇨ antibody.

ABA abscisic acid.

abactinal 반보대부의 형 관족(tube-feet)이 없는 극피동물 몸의 부분에 위치하는. ≒ abambulacral.

A-band A띠, 암대 가로무늬근 근원섬유의 종단면에서 어둡게 보이는 띠. 밝은 띠(명대)들이 번갈아 나타나고, 굵은 필라멘트의 양 끝에서 얇은 필라멘트가 맞물리며 나타난다. (⇨ 그림 28)

abapical 기저의 형 (1) 아래 극과 관련되거나 위치하는; (2) 꼭짓점에서 멀리 떨어지는.

abaxial 배축성 형 꼭짓점에서 가장 멀리 떨어져 있거나 멀어지는 구조의 표면과 관련되는 것. 예를 들어 잎의 밑면은 잎이 형성되면서 줄기 끝에서 멀어지기 때문에 배축면(abaxial surface)이라 한다. 비 adaxial.

abbreviated 단축성 형 짧아지거나 축소되는.

abcauline 협외성 형 줄기의 바깥쪽으로 나거나 줄기에 가깝지 않은.

ABC transporters ABC수송단백질 원핵생물과 진핵생물에서 세포막 내외로 다양한 종류의 물질을 수송하는 ATP-의존성 단백질들의 규모가 큰 상과. 예컨대 포유동물 세포로부터 소수성 약제를 퍼내는 다중약물내성 단백질들과 세균의 I형 분비계 등이다.

abdomen 배, 복부(腹部) 명 (1) 척추동물에서 소화기관, 생식기관, 콩팥과 간이 들어 있는 체강의 아랫부분. 포유동물에서는 횡격막으로 가슴과 구분된다; (2) 절지동물과 일부 다모류에서 머리와 가슴부분의 뒤에 있는 몸의 뒷부분; (3) 피낭동물에서 위와 장을 포함하는 몸의 부분. 형 **abdominal**.

abdominal histoblast nests 복부조직아세포집단 ⇨ histoblast nests.

abdominal pores 복공 일부 물고기에서 체강에서 외부로 향한 하나 또는 쌍을 이루는 구멍.

abdominal reflex 복부반사 배를 덮는

A

피부가 자극을 받을 때 배의 벽 근육이 수축하는 것.

abdominal regions 복부(역) 사람의 배에서 2개의 수평적 그리고 2개의 수직적인 가상선에 의해 구분되는 9개 구역. 갈비밑부위(늑하부) 2개 구역, 허리부위(요부) 2개 구역, 샅굴부위(서혜부) 2개 구역, 명치부위, 배꼽부위(제부) 및 아랫배부위로 구성된다.

abdominal ribs 복부늑골 일부 파충류에서 피부와 근육 사이의 복부에 있는 섬유조직에서 나타나는 골격 구조.

abdominal ring 복부고리 배근육의 결합조직초에 있는 2개의 구멍 중 하나. 이를 통하여 수컷에서는 정삭이 그리고 암컷에서는 원형인대가 지난다.

abducens 외전신경 명 안구의 외측 직근을 지배하는 제6뇌신경.

abduction 외전(운동) 명 중앙축으로부터 멀어지는 운동. 비 adduction.

abductor 외전근 명 팔다리 또는 그 일부를 바깥으로 미는 근육.

abequose 아비쿼스당 명 일부 장내 세균의 외막에 있는 지질다당류에서 발견되는 3,6-2디옥시6탄당(3,6-dideoxyhexose).

aberrant 비정상형 형 원형(표준형)에 어긋나는 특징을 지닌, 종 등에 적용되는 말.

abhymenial 자실층뒷면 형 주름버섯류에서 자실층 반대편의 주름에 있거나 그와 관련된.

abience 명 (1) **움츠림** 자극을 받아 움츠리기; (2) **회피** 피하는 반응. 형 **abient**.

abiocoen 비생물부분 명 전체로서 환경의 비생물적 부분들.

abiogenesis 자연발생(설) 명 생명의 기원처럼 비생물적 물질에서 생물이 생기는 것. 한편으로 19세기까지 믿어졌던 학설, 즉 미생물과 고등생물이 비생물에서 직접 생길 수 있다는 관념을 가리키기도 한다.

abiology 무생물학 명 생물학과 관련해서 비생물적 물질을 다루는 학문.

abioseston 비생물적 부유물 명 플랑크톤에 떠 있는 비생물적 물질.

abiosis 무생활력, 생명력결여 명 생명의 겉보기의 정지.

abiotic 비생물적 형 생물이 아닌.

abiotic environment 비생물적 환경 생물의 환경에서 지형, 지질, 기후 및 무기영양소와 같이 비생물적 요인들로 구성되는 부분.

abjection 포자발산, 사출 명 보통 약간의 힘이 가해지면서 포자를 담고 있는 기관에서 포자가 떨어지는 것.

abjuction 분절 명 균사의 끝에서 격벽에 의해 곰팡이 포자가 만들어지는 것.

ablactation 이유(離乳) 명 (1) 젖 분비의 중지; (2) 젖떼기.

ablation 삭마(削磨), 절제(切除) 명 특정한 구조, 조직의 부분 또는 개개의 세포가 파괴되거나 제거되는 것.

abomasum 주름위 명 반추동물에서 위의 넷째 방. '제4위'라고도 하며, 이곳으로 산과 소화효소가 분비되고, 여기에서 소화의 마지막 단계가 일어난다.

aboral 반구(反口)의 형 입에서 멀거나 반대쪽의.

abortion 명 (1) **유산, 낙태** 자연적이거나 의도적으로 사망에 이르게 한 태아의 미성숙 출산. 사람의 경우, 수정된 시기로부터 임신 3개월까지의 기간 중 태아의 제거를 일컫는다; (2) **발육부전** (식물과 동물에서) 기관 발생의 정지. 동 to abort.

abortive infection 부전감염, 불임감염 바이러스에 감염되었으나 새로운 감염성 바이러스입자가 생기지 않는 상태.

ABO system ABO식 혈액형 수혈에 적합

한지를 결정짓는 사람의 주요 혈액형계. 2가지 적혈구 항원(A 또는 B)의 존재 유무와 혈청에 없는 항원에 대해 자연적으로 나타나는 항체의 존재(예컨대 B형에서 항A, A형에서 항B)에 따라 4가지 혈액형(A, B, AB 및 O)이 있다. 만일 사람이 부적합한 혈액형의 혈액을 받게 되면 적혈구가 응집하고 '수혈쇼크(transfusion shock)'가 일어난다. AB형 사람은 A와 B 항원을 갖고 항체가 없으므로 A, B, AB 또는 O형 혈액을 모두 받을 수 있다. O형 사람은 적혈구에 항원이 없고 A와 B항원에 대한 항체 모두를 가지므로, 오로지 O형 혈액만 받을 수 있지만 광범위하게 혈액을 제공할 수 있다.

abranchiate 무아가미 형 아가미가 없는.

abrin 아브린 명 콩과 식물 홍두(*Abrus precatorius*)에서 분리한, D갈락토오스에 특정한 렉틴.

abrupt 횡단상 형 잎 따위에서 맨 끝이 부러지거나 잘라진 것처럼 보이는.

abruptly-acuminate 뾰족끌 형 잎의 넓은 끝에서 뾰족한 돌기가 생기는.

abrupt speciation 돌연종분화 염색체의 수 또는 구조의 급작스런 변화의 결과에 따른 종의 형성.

abscise 이탈하다 동 (1) 분리되다; (2) 잎이나 열매가 떨어지다.

abscisic acid (ABA) 낙엽산, 아브시스산 잎의 노화와 낙엽을 촉진시키는 것으로 발견되었지만, 주된 기능은 건조와 같은 환경스트레스에 대한 적응인 세스퀴테르펜(sesquiterpene) 식물호르몬. 기공의 폐쇄와 건조효과로부터 보호하는 단백질의 합성을 유도한다. 한편 씨와 눈의 휴면을 유지시키는 데에도 관여한다.

abscission 탈리, 이층(離層)현상 명 식물의 한 부분이 식물체에서 분리되는 것.

abscission zone 탈리대 식물의 잎, 꽃, 열매 또는 다른 부분의 기부에 있는 부위. 약한 세포들이 붕괴되면서 부분을 식물체에서 분리시키는 탈리층과 그 부분이 떨어지면서 생기는 상처에 형성되는 코르크세포의 보호층으로 구성된다.

absenteeism 앱선티즘 명 어떤 동물이 보금자리에서 떨어진 곳에 새끼를 두고 가끔 찾아가 먹이를 주면서 최소한으로 돌보는 행위.

absolute age 절대나이 암석, 화석 또는 고고학적 시료의 현재전(BP) 연도.

absolute configuration 절대배열 비대칭탄소원자 주변의 원자배치에 의거하여 구조이성질체를 D형 또는 L형으로 결정하는 것. 이를테면 많은 당과 아미노산처럼 비대칭 중심을 포함하고 거울상 구조이성질체로 나타나는 분자들에 적용된다.

absolute refractory phase ⇨ refractory.

absorbance (A) 흡수도, 흡광도 명 용액 내의 물질이 특정한 파장의 빛을 흡수하는 정도를 분광광도계에서 측정하는 값. 이를 통하여 물질의 농도를 측정하고 효소반응에서 기질이 생성물로 전환되는 것을 추적할 수 있다. ≒ **extinction**, **optical density**.

absorption 흡수 명 (1) 생체의 세포와 조직에 의한 유체와 용질의 흡수; (2) 생체의 세포를 통한 영양물질의 통과; (3) 빛이 물질에 의해 반사되지도 않고 전달되지도 않는 것.

absorption spectrum 흡수스펙트럼 특정한 물질에 의하여 흡수된 전자기방사선의 세기를 파장별로 나타낸 그래프.

absorptive cell ⇨ brush-border cell.

abstriction 협착분리(狹窄分離) 명 곰팡이 균사의 끝이 둥글게 되고 수축되면서 포자 또는 분생자가 분리되는 것.

A

abterminal 구심적 형 끝에서 안쪽을 향해 가는.

abundance 명 (1) **수도** 일정한 면적에 출현하는 종이나 종류의 모든 개체수; (2) **존재비** mRNA에서 세포당 특정한 mRNA 분자의 평균값.

abyssal 형 (1) **심해성** 수심 2000 m 아래의 심해와 그곳에서 발견되는 생물과 물질에 적용되거나 관련되는; (2) **심수성** 빛이 투과하지 않는 호수 깊은 곳의.

abyssobenthic 심해서식성 형 심해대에서 바닥속 깊숙한 해양저와 관련되거나 그곳에서 발견되는.

abyssopelagic 심해원양성 형 심해대에서 바닥속 깊숙이 살지만, 해양저에서가 아니라 부유생활을 하는.

abzyme 항체효소 명 효소활성을 지닌 항체.

acanaceous 침상의 형 침을 갖고 있는.

acanthaceous 가시가 있는, 극상의 형 가시 또는 침을 갖고 있는.

acanthella 구두동물유충 명 구두동물의 유충기.

acanthion 비극점(鼻棘點) 명 코가시, 즉 비극(nasal spine)에서 가장 돌출한 부분.

acanthocarpous 가시열매형성의, 극과성(棘果性) 형 가시 또는 침으로 덮인 열매를 가진.

Acanthocephala, acanthocephalans 구두동물문(鉤頭動物門), 갈고리촌충류 명, 명복 구두충(thorny-headed worms)이라 부르는 의체강동물의 문. 성체는 척추동물의 장에 기생하고, 유충은 절지동물에 기생한다.

acanthocephalous 구두소유성 형 갈고리가 달린 주둥이를 가진.

acanthocladous 가시가지형성의, 극지성(棘枝性) 형 가시가 달린 가지를 가진.

acanthocyst 극낭 명 유형동물에서 빨대(문침, stylet)가 들어 있는 주머니.

Acanthodii, acanthodians 가시고기류 명, 명복 초기 유악류 중 멸종된 경골어류 무리. 지느러미 앞에 골질 가시가 돌출되고 아주 작은 다이아몬드형 비늘이 달리며, 실루리아기에서 페름기까지 출현하였다.

acanthoid 가시형 형 가시 또는 침과 비슷한.

Acanthomorpha 아칸토모르파 명 극기류(총기류, Acanthopterygii), 측극기상류(Paracanthopterygii), 턱수염금눈돔류(Polymixiiformes) 및 이악어류(Lampridiformes)를 포함하는 경골어류의 큰 무리.

Acanthopterygii, acanthopterygians 극기류, 총기류 명, 명복 꺽지류, 고등어, 놀래기류, 농어류와 달고기류 등 많은 종류가 포함되는 경골어류의 큰 무리.

acanthor 아칸토 명 구두동물의 제1유충시기.

acanthosis 표피증식 명 표피의 세포 내층이 두껍게 되는 것.

acanthozooid 아칸토조이드 명 조충류의 프로스콜렉스(proscolex)의 꼬리 부분.

acapnia 이산화탄소결핍증 명 혈액 중의 이산화탄소 농도가 낮은 상태.

Acari, Acarina 진드기목 명 흔히 응애류(mites)와 진드기류(ticks)라고 부르는 거미류의 다양하고 매우 큰 목. 성충은 대개 4쌍의 다리가 달린 둥근 몸을 갖는다. 진드기류는 비교적 크고 기생성이며, 포유동물에 외부기생생물로 살면서 숙주의 피를 빨아먹는다. 이들은 로키산홍반열과 진드기매개뇌염을 포함하여 몇몇 중병의 매개체가 된다. 응애류는 다소 작고 식물과 동물에 서식하며 토양에 풍부하다. 이들은 기생생물과 비기생생물 모두를 포함하며, 사람에게 츠츠가무시병을 옮긴다.

acaricide 살비제 명 진드기목의 진드기류와 응애류를 죽이는 데 사용하는 화합물.

acarocecidium 진드기혹 명 진드기에 의해 만들어진 식물혹.

acarology 응애학 명 응애류와 진드기류를 다루는 학문.

acarophily 식물-진드기공생 명 식물과 진드기의 공생.

acarpous 무과(無果)성 형 열매를 맺지 않는.

acaryote, acaryotic ⇨ akaryote, akaryotic.

acaudate 무미의 형 꼬리가 없는.

acaulescent 단경(短莖)상 형 단축된 줄기를 가진.

acauline, acaulous 무경(無莖)상 형 줄기나 자루가 없는.

accelerator 촉진인자, 촉진제 명 활동의 속도를 증가시키는 근육 또는 신경.

accepted name 보존명 분류군의 올바른 학명으로 채택한 학명.

acceptor 수용체 명 화학반응에서 다른 물질을 받고 결합하는 물질. 산화환원반응의 경우, 산소수용체는 산화되는 물질이고 수소수용체는 환원되는 물질이다.

acceptor splice region, acceptor splice site 이어맞추기수용부위 1차RNA 전사물(또는 대응하는 DNA) 인트론의 3′말단에 있는 마지막 2개 뉴클레오티드(AG)와 다음 엑손(발현부위)의 첫 뉴클레오티드(G)로 구성되는 보존배열 AG|G. RNA이어맞추기반응에서 최종적으로 이 부위에서 인트론이 절단되어 떨어져나가고 엑손의 5′말단은 앞선 엑손의 3′말단과 결합한다. ≒ 3′ splice site. 비 donor splice site.

accessorius 명 (1) **보조근** 다른 근육의 활동을 보조하는 근육; (2) **부수신경** ⇨ accessory nerve.

accessory bud 덧눈 (1) 부가적 액아; (2) 잎에 생기는 눈.

accessory cell 부세포 (1) [식] 부수적인 세포; (2) 면역계에서 면역반응에 관련되는 대식세포와 그 밖의 비림프계 세포들.

accessory chromosomes 부염색체 ⇨ supernumerary chromosomes.

accessory nerve 더부신경 물렁입천장(연구개)과 인두의 근육 및 복장꼭지근(홍골유돌근)과 등세모근(승모근)을 지배하는 제11뇌신경.

accessory pigment 보조색소 예컨대 엽록소 *b*, 카로티노이드와 피코빌린처럼 빛을 흡수하고 그 에너지를 엽록소 *a*에 전달하는 광합성 색소.

accessory pulsatory organs 보조박동기관 곤충에서 다양한 곳에 위치하고 심장과 독립적으로 박동하는 주머니 모양의 구조.

accessory species 보조종 식물생태학에서 식분(stand)의 1/4~1/2의 면적에서 발견되는 종. 비 accidental species.

accidental species 우연종 식물생태학에서 식분의 1/4 이하의 면적에서 발견되는 종. 비 accessory species.

accipiters 수리류 명복 수리과(Accipitridae)에 속하는 매. 둥근 날개와 긴 꼬리를 가지며, 중간 크기의 새를 먹이로 삼는다.

acclimation 순화(馴化) 명 생물이 겨울의 시작과 같은 특정한 환경요인의 변화에 생리적으로 둔감해지는 것. 비 acclimatization, adaptation.

acclimatization 순화 명 다른 기후나 환경에 대한 생물의 생리적 및 또는 행동적 적응. 비 acclimation, adaptation.

A

accommodation 순응, 조절 명 눈에서 수정체 모양이 빠르게 변화하고 그에 따라 거리가 다른 물체의 상을 선명하게 받을 수 있도록 초점거리가 변화되는 것.

accrescence 부가생장 명 (1) 유사한 조직이 첨가되는 생장; (2) 개화 후 지속되는 생장. 형 **accrescent**.

accrete 합쳐진 형 (1) 함께 자라거나 합쳐지는; (2) 부착생장에 의해 만들어지는.

accretion 부착생장 명 새로운 물질이 외부에 첨가되는 생장.

accumbent 측위(側位)의 형 [식] 서로를 향하여 비스듬히 기대는; 십자화과의 쌍떡잎식물에서 볼 수 있는 것과 같이, 떡잎의 가장자리가 배뿌리를 향한 배에 적용된다.

accumulator 축적식물 명 중금속과 같은 특정한 원소를 비교적 높은 농도로 조직 내에 축적하는 식물.

ACE ⇨ angiotensin-converting enzyme.

A cell A세포 이자의 랑게르한스섬에서 호르몬 글루카곤을 분비하는 α세포.

acellular 비세포성 형 세포로 분열하지 않는.

acellular slime moulds 무핵점균류 ⇨ plasmodial slime moulds.

acelomate ⇨ acoelomate.

acelous ⇨ acoelous.

acentric 무동원체(성) 형 동원체가 없어서 유사분열이나 감수분열에서 올바르게 분리되지 못하는 염색체 또는 염색체부위의.

acentrous 무척추체(성) 형 일부 물고기에서 볼 수 있는 것과 같이 척추체가 없으나 지속성의 척삭을 가진.

acephalocyst 무두낭충 명 일부 조충류의 포충 단계.

acephalous 무두(개)형 형 일부 연체동물, 어떤 파리목의 유충과 끝에 암술머리가 달리지 않는 씨방의 경우와 같이 머리와 비슷한 구조를 갖지 않는.

Acerales ⇨ Sapindales.

acerate 침형 형 (1) 바늘 모양; (2) 한쪽 끝이 뾰족한.

acerose 침형 형 솔잎처럼 좁고 가늘며 끝이 뾰족한.

acerous 형 (1) **무각형** 뿔이 없는; (2) **무촉각형** 더듬이가 없는; (3) **무촉수형** 촉수가 없는.

acervate 모인 형 (1) 함께 쌓여 있는; (2) 무리를 이룬.

acervuline 불규칙누적형 형 유공충류의 피각이 불규칙하게 쌓인 모양.

acervulus 분생자반 명 포자가 달린 균사의 작은 무리. 형 **acervulate**.

***Acetabularia* 삿갓말(속)** 대형의 단세포 녹조류의 속. 이 가운데 지중해삿갓말(*A. mediterranea*)은 발생생물학에서 실험 재료로 이용된다.

acetabulum 비구(髀臼), 절구(節臼), 배빨판 명 (1) 넙다리뼈(대퇴골)의 윗부분과 연결되는 골반띠의 컵 모양으로 푹 들어간 곳. 척추동물의 4족류에서 엉덩관절을 이룬다; (2) 곤충의 흉강에서 다리가 달리는 곳; (3) 거미류에서 밑마디가 달리는 움푹 들어간 곳; (4) 흡충류, 조충류 및 거머리류에서 숙주에 부착하는 데 이용하는 빨판; (5) 두족류 팔에 있는 빨판. 형 **acetabular**.

acetic acid bacteria 아세트산균 에틸알코올을 부분적으로 산화시켜 식초 제조에 사용되는 반응에 의해 아세트산을 만드는 세균[예: 아세토박터(*Acetobacter*), 아세토모나스(*Acetomonas*)]. ≒ acetobacters.

acetoacetate 아세토아세트산 명 간에서 만들어지는 화합물로 세포, 특히 심장근육과 콩팥세포에서 에너지원으로 이용되고, 굶었을 때 뇌에서 포도당 대신에 이용되는 화합물. ⇨ ketone body.

acetobacters ⇨ acetic acid bacteria.

acetotrophic 아세트산영양성 형 아세트산을 메탄과 이산화탄소로 분해하는 메탄생성세균의.

acetyl 아세틸 아세트산에서 수산(−OH)기가 떨어져나가 형성되는 화학군 ($-COCH_3$).

acetylase ⇨ acetyltransferase.

acetylation 아세틸화 명 분자에 아세틸기가 첨가되는 것.

acetylcholine (ACh) 아세틸콜린 명 골격근을 자극하는 운동뉴런 그리고 말초신경계와 뇌의 일부 뉴런에 의해 분비되는 신경전달물질. 골격근에서 흥분성 전달물질의 기능을 하고, 미주신경과 심근간의 억제성 전달물질의 기능을 한다. 아세틸콜린을 분비하는 뉴런을 아세틸콜린성(cholinergic)이라 한다. 상이한 종류의 몇몇 수용체에서 작용한다.

acetylcholine receptor 아세틸콜린수용체 신경전달물질인 아세틸콜린과 결합하고 활성화되는 세포표면 단백질. 2가지 주된 유형이 있으며, 각각은 몇 개의 아형이 있다. 니코틴성 수용체(nAChR)는 이온통로이고, 일부 뉴런의 시냅스후 말단과 신경근접합부의 골격근에서 발견된다. 무스카린성 아세틸콜린수용체(mAChR)는 G단백질연관수용체이며, 뉴런과 심근 그리고 위장관 내에서 주로 발견된다.

acetylcholinesterase (AChE) ⇨ cholinesterase.

acetyl-CoA pathway 아세틸조효소A회로 메탄생성세균과 황산염환원세균 따위의 절대혐기성 세균에서 발견되는 독립영양 이산화탄소고정 경로.

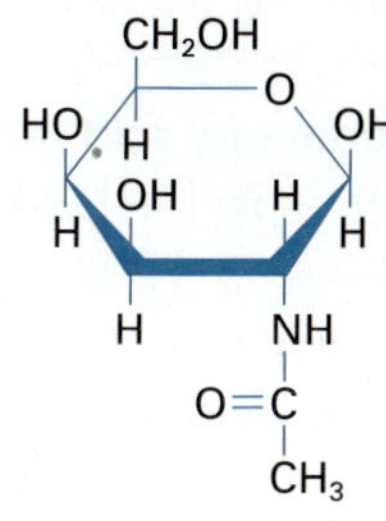

그림 1. *N*-아세틸갈락토사민.

acetyl-coenzyme A (acetyl-CoA) 아세틸조효소A 세포 내에서 당이 호기성 분해과정을 거치는 동안 형성되는, 조효소A의 아세틸황화에스테르. 미토콘드리아에서 피루브산과 조효소A에서 만들어지고, 아세틸기는 나중에 트리카르복시산회로에서 이산화탄소로 산화된다. 한편 일부 아미노산의 분해과정과 특히 지방산 산화과정에서도 만들어진다. 대사작용에서 활성아세틸기의 중요한 운반체이다.

acetylene reduction assay 아세틸렌환원분석 아세틸렌이 정상기질인 N_2로 치환되고 에틸렌이나 에탄으로 환원되는 질소고정효소의 활성을 측정하는 방법.

***N*-acetylgalactosamine (GalNAc) *N*-아세틸갈락토사민** 명 아미노당 갈락토사민의 아미노태질소에 아세틸기가 달린 아세틸유도체. 당단백질과 일부 이종다당류(예: 콘드로이틴) 및 당지질의 흔한 구성성분이다. (⇨ 그림 1)

***N*-acetylglucosamine (GlcNAc) *N*-아세틸글루코사민** 명 아미노당 글루코사민의 아미노태질소에 아세틸기가 달린 아세틸유도체. 당단백질과 일부 이종다당류(예: 히알루론산) 및 당지질의 흔한 구성성분이고, 다당류 키틴의 구성단위이다.

***N*-acetylmuramic acid (NAM) *N*-아세틸무람산** 세균 세포벽의 펩티도글리칸에

존재하는, *N*-아세틸글루코사민과 젖산으로 구성되는 단당류.

***N*-acetylneuraminic acid (NANA)** ***N*-아세틸뉴라민산** 강글리오시드와 일부 당단백질의 탄수화물 곁사슬을 구성하는 9탄소 당산. ≒ sialic acid.

acetylsalicylic acid 아세틸살리실산 진통과 항염증의 특성을 지닌 화합물. 일명 아스피린이라 부르는 이 화합물의 항염증 효능은 프로스타글란딘 합성의 억제에 기인한다.

acetyltransferase 아세틸기전달효소 명 아세틸조효소A에서 아세틸기의 전이를 촉매하는 효소를 통틀어 이르는 말. EC 2.3.1. ≒ transacetylase.

ACh ⇨ acetylcholine.

achaetous 무강모성 형 강모나 극모가 없는.

AChE ⇨ acetylcholinesterase.

acheilary 무순판성 형 일부 난초와 같이 미발달한 순판을 가진.

achelate 무발톱의, 무집게발(톱)의 형 발톱이나 집게발이 없는.

achene 수과(瘦果) 명 1심피에서 유래되고 종자가 보통 과벽과 융합하지 않는, 1종자의 건조하고 갈라지지 않는 과실.

achiasmate, achiasmatic 무교차감수분열의 형 이를테면 초파리속 수컷의 정자형성과정에서 볼 수 있는 것과 같이, 일부 파리목의 교차점이 없는 감수분열의.

Achilles tendon 아킬레스힘줄 장딴지근과 가자미근이 합친 강인한 뒤꿈치의 힘줄. ≒ tendo calcaneus.

achlamydate 무외투막의 형 일부 복족류에서 볼 수 있는 것과 같이 외투막이 없는.

achlamydeous 무화피 형 꽃받침이나 꽃부리(화관)가 없는. ≒ gymnanthous.

achlorophyllous 무엽록소 형 엽록소가 없는.

acholeplasma 아콜리플라스마 명 마이코플라스마형 미생물.

achondroplasia 연골무형성증 명 발생과정에서 팔다리의 긴뼈와 어떤 얼굴뼈의 골화가 교란되는 특징이 나타나는, 난쟁이증의 우성유전 형태.

AChR (1) ⇨ acetylcholine receptor; (2) **mAChR** 무스카린성 아세틸콜린수용체 (muscarinic acetylcholine receptor); (3) **nAChR** 니코틴성 아세틸콜린수용체 (nicotinic acetylcholine receptor).

achroglobin 아크로글로빈 명 일부 연체동물과 피낭동물에서 발견되는 무색의 호흡색소.

achroic 무색의 형 색깔이 없는.

achromasie 염색질유실 명 핵에서의 염색질의 방출.

achromatic 형 (1) **무색의** 색깔이 없는; (2) **수색성(收色性)** 빛의 세기나 밝기의 감각을 유도하는 최소자극인 역치에 적용되는 말.

achromatopsia 색맹 명 흑백은 구분하지만 색의 식별 능력을 상실한 상태.

achromatous, achromic 무색(소)의 형 색깔이 없고, 색소가 없는.

A chromosomes A염색체 B염색체나 과잉염색체와 달리 2배체 세트의 정상적인 염색체들.

acicle 소족자(小足刺), 소극모 명 바늘 모양의 작은 강모, 가시 또는 결정체. ≒ **acicula**. 복 **aciculae**.

aciculate 침형 형 소족자를 가진.

aciculilignosa 상록침엽수림 명 침엽의 구과식물과 관목으로 구성된 상록의 삼림과 관목.

aciculum 족자(足刺) 명 다모류 옆다리의 극모다발에 있는 굵은 중심강모. 복 **acicula**.

acid 산 명 용액에서 수소이온(양성자)을 방출하고, 그 결과 용액에서 양성자의 농도를 증가시키는 물질. 산성 용액은 pH가 7 미만이다. 비 base.

acidaemia 산혈증 명 혈액의 산도가 비정상적으로 높은 (pH가 낮은) 상태.

acid-alcohol fast 항산-항알코올성 산성 알코올로 처리한 다음, 아닐린염료로 염색하여 남는.

acid-base balance 산-염기평형 적합한 pH가 유지되는, 혈액의 산과 염기의 적절한 비율.

acid-base catalysis 산-염기촉매(작용) 촉매반응의 어떤 단계에서 양성자가 산이나 염기로 전달되거나 받는 효소촉매의 유형.

acid deposition 산성 강하물 산이나 산을 형성하는 화합물을 포함하고 pH가 5.6보다 낮은 비(산성비)나 다른 형태의 강수 또는 건성 강하물. 호수의 산성화를 초래하여 수생 식물상과 동물상에 해로운 영향을 주고, 육상식생에 피해를 줄 수 있다. 산성 강하물은 주로 석탄과 그 밖의 화석연료의 연소에서 생성되는 대기의 2산화황 그리고 화석연료의 연소와 자동차 배기가스에서 나오는 질소산화물에서 야기되는데, 전자는 황산과 황산염을 촉발하고 후자는 질산과 2산화질소를 형성한다.

acid-fast 항산성 형 산으로 처리한 다음, 아닐린염료로 염색하여 남는.

acid gland 산샘 (1) 개미, 벌 및 말벌의 산을 분비하는 샘; (2) 포유동물 위의 산을 분비하는 산분비세포.

acid hydrolase 산성 가수분해효소 pH 5 부근의 산성 영역에서 활성을 나타내는 가수분해효소들. 특히 리소좀에서 발견되며, 단백질가수분해효소, 인산가수분해효소, 핵산가수분해효소, 글리코시드가수분해효소, 지질가수분해효소, 포스포리파아제 및 술파타아제가 포함된다.

acidic 산성 형 (1) 산의 특성을 갖는; (2) 세포질이나 아교질 등의 원형질 구성요소와 반응하는 에오신과 같은 염료의.

Acidobacteria 산성세균문 명 DNA염기순서 기준에 근거하여 식별하는 세균역(Bacteria)의 문. 현재에는 단지 3종만이 포함된다.

acid peptidases 산성 펩티드가수분해효소 비교적 산성의 조건에서 활성을 나타내는 단백질가수분해효소.

acidophile 명 (1) **호산성 식물** 산성 토양에서 잘 자라는 식물; (2) **호산성 미생물** pH 5 미만의 산성 조건에서 잘 자라고, 산성 배지에서 분리 가능한 미생물. 형 **acidophilic**, **acidophilous**.

acidophobic 혐산성 형 산성 조건을 견딜 수 없는.

acidosis 산증 명 산-염기평형의 정상적인 조절이 잘못되어 몸의 조직과 체액의 산도가 비정상적으로 높은 상태.

acid phosphatases 산성 인산가수분해효소 특히 리소좀에서 발견되는, 산성의 pH에서 오르토인산염 모노에스테르를 알코올과 오르토인산염으로 가수분해하는 반응을 촉매하는 효소. EC 3.1.3.2.

acid precipitation ⇨ acid deposition.

acid proteases ⇨ acid peptidases.

acid rain ⇨ acid deposition.

acid shock 산성 충격 수중생태계의 급격한 산성화에 기인하는 생물학적 파괴.

acid tide 산파도 식후에 산도의 감소(알칼리파도)에 이어서 체액의 산도가 일시적으로 증가하는 것.

aciduria 산뇨 명 오줌의 pH가 낮아지는 상태.

aciduric 내산성 형 산성 조건을 견디는.

aciform 침형 형 바늘 모양의.

acinaciform 초승달모양 형 날이 휜 군도 또는 언월도처럼 생긴 잎의.

acinar 샘꽈리의, 포도형 세포괴의 형 샘꽈리(acinus)와 관련된.

acinar cell 샘꽈리세포 끝이 주머니처럼 생긴 특징을 갖는 이자의 분비세포.

acinarious 포상 형 일부 조류(algae)에서 볼 수 있는 것과 같이 구형의 소포를 가진.

aciniform 포도형 형 포도 또는 산딸기 모양의.

acinus 명 (1) **샘꽈리** 샘의 내부 분비구역을 이루는 세포 무리. ≒ alveolus. 복 **acini**; (2) **소핵과** [식] ⇨ drupel.

acleidian 무쇄골의 형 쇄골(clavicles)이 퇴화했거나 없는.

acoelomate 무체강의 형 진정한 체강이 없는 동물(해면동물, 말미잘과 산호, 선충류, 윤충류, 편형동물 및 유형동물)의. ≒ acoelous.

acoelous 무체강성 형 (1) ⇨ acoelomate; (2) 납작한 척추뼈의.

acondylous 무결절의, 무관절의 형 결절이나 관절이 없는.

acone 비분비겹눈 형 수정질이나 원뿔세포에서의 액체 분비가 없는 곤충의 겹눈.

aconitase 아코니트산수화효소 명 ⇨ aconitic acid. EC 4.2.1.3. 상용명 aconitate hydratase.

aconitic acid, aconitate 아코니트산 명 트리카르복시산회로에서 *cis*-아코니트산의 형태로 나타나는 6탄소 중간물질. 시트르산에서 만들어지고 아코니트산수화효소에 의해 이소시트르산으로 전환된다.

acontium 창사(槍絲) 명 일부 말미잘의 장간막에 붙어 있는 쐐기세포(자세포)가 달린 실 모양 구조. 복 **acontia**.

acorn worms 장새류 ⇨ Enteropneusta.

acotyledonous 무떡잎의 형 떡잎이 없는.

acoustic 청각(기관)의 형 듣기의 기관이나 감각과 관련된 신경(청신경) 등에 적용하는 말.

acoustico-lateralis system 청측선계(聽側線系) 어류와 양서류에서 움직임을 감지하고 장애물을 회피하는 데 관련하는 감각계. 귀와 또는 외부표면(어류의 측선계)에 위치하는 진동에 민감한 털세포로 구성되며, 주위 액체의 진동을 감지한다.

acoustic reflex 소리반사 포유동물 귀에 있는 작은뼈(소골)의 위치를 조절하는 근육의 조정. 너무 큰 소리에 따른 손상에 대한 방어메커니즘이다.

ACP ⇨ acyl carrier protein.

acquired behaviour 획득행동 조건부여 또는 학습에 의한 행동.

acquired character 획득형질, 후천형질 개체가 일생 동안 특정한 기관의 용불용, 질병, 외상 또는 다른 환경영향에 의하여 변경되거나 영속적으로 변화된 형질. 이러한 변화는 유전하지 않는다.

acquired immune deficiency syndrome (AIDS) 에이즈, 후천성 면역결핍증후군 레트로바이러스인 사람면역결핍바이러스(HIV)의 감염에 의한 치명적인 T세포 결핍증. T림프구의 CD4군을 심각하게 고갈시켜 면역결핍을 유발한다. 면역결핍 환자는 기회감염 병원체[칸디다(*Candida*), 폐포자충속(*Pneumocystis*) 등]에 의한 감염과 특이한 암[카포시육종(Kaposi's sarcoma)]의 발생에 취약하다. HIV는 성 접촉이나 감염된 혈액과 혈액생산물에 의하여 감염되며, 출생 시 감염된 어머니에서 아이에게 감염될 수 있고, 모유수유에 의해서도 전염될 수 있다.

acquired immunity 후천성 면역, 획득

면역 이전에 감염되었던 병원체 또는 그에 대한 예방접종에 의해 생성된 감염에 대한 면역. ≒ adaptive immunity. 비 innate immunity, passive immunity.

acral 돌출부의 형 맨 끝의.

arandous 말단장정기의 형 선태식물에서 끝에 달리는 장정기를 가진. 명 **acrandry**.

Acrania 무두(無頭)동물군 명 미삭류와 창고기류(두삭류)는 포함하지만 유두동물은 제외되는 척삭동물의 집단. 때때로 아문으로 취급하기도 한다.

Acraniata 명 ⇨ invertebrates.

acranthous 줄기끝꽃차례의 형 원줄기의 끝에 꽃차례가 달리는.

acrasids 무유주자균류 명 복 세포성 점균류와 비슷하지만 동균목(Mycetozoa)에 속하지 않는 것으로 여겨지는 진핵미생물 무리. 아메바의 작은 무리에서 다세포포자낭을 형성한다.

Acrididae 메뚜기과 명 더듬이가 몸보다 작고, 풀무치(*Locusta migratoria*)가 포함되는 메뚜기(메뚜기목, Orthoptera)의 과. ≒ short-horned grasshoppers.

acridines 아크리딘(염료) 명 복 DNA에 끼어들어 DNA복제 시에 단일염기의 삽입과 결실을 야기하고 틀이동돌연변이를 일으키는 염료들(이를테면 아크리딘오렌지, 아크리플래빈, 브롬화 에티듐, 프로플라민).

acroblast 첨단모체 명 정세포에서 첨체가 생기는 부분.

acrocarpic, acrocarpous 가지끝열매형성의 형 원줄기나 가지의 끝에서 열매가 만들어지는.

acrocentric (1) **단부(동원체성), 끝결매듭의** 형 동원체가 말단부 근처에 있는 염색체의; (2) **단부(동원체성)염색체, 끝결매듭염색체** 명 동원체가 말단부 근처에 있는 염색체.

acrochordal 연골머리의 형 새의 짝을 이루지 않는 전두연골의 연골성 머리뼈의.

acrocoracoid 오훼골돌기 명 새에서 오훼골의 등 쪽 끝에 있는 돌기.

acrodont 단생치의 형 도마뱀에서 볼 수 있는 것과 같이 뼈의 상연깃(parapet) 꼭대기에 달린 치아의.

acrodromous 정주맥(頂走脈) 형 잎맥이 끝 부분에서 모이는 잎의.

acrogenous 정생(頂生) 형 꼭대기 또는 끝에서 생장이 증가하는.

acromion 어깨뼈봉우리, 견봉(肩峰) 명 어깨뼈(견갑골) 가시의 배 쪽의 연장. 형 **acromial**.

acron 구전부(口前部) 명 곤충의 입 앞의 부분.

acronematic 무모형(無毛型) 형 매끈한 채찍꼴 편모의.

acropetal 향정단성(向頂端性) 형 잎, 꽃, 뿌리 또는 포자가 축을 따라 잇따라서 위를 향해 발달하여 가장 어린 것이 끝에 달리는. 비 basipetal.

acropodium 발가락뼈 명 손가락 또는 발가락을 통틀어 이르는 말.

acrosarc 과육장과 명 씨방과 꽃받침이 합쳐 생기는 과육질의 과일.

acrosomal process 첨체돌기 일부 무척추동물이 수정할 때 정자의 머리부에서 돌출하는, 액틴을 포함하는 긴 돌기. 알을 뚫고 들어가는 데 도움이 된다.

acrosomal reaction 첨체반응 정자가 알과 접촉할 때 첨체에서 가수분해효소가 방출되는 것.

acrosome 첨체 명 정자의 침투가 가능하도록 난막을 용해하는 가수분해효소가 들어 있는, 정자의 꼭대기에 있는 세포소기관. ≒ acrosomal vesicle.

acrospire 나선형 어린싹 명 발아하는 종

A

자의 끝에서 나선형을 이루며 나오는 첫째 어린싹.

acrospore 정생포자 명 포자병이나 균사의 꼭대기에 달리는 포자.

acrostichoid 형 엽상체의 표면 전체에 걸쳐 포자낭이 형성되고 잎맥을 따라 포자낭군으로 뭉치지 않는 고사리류의.

acroteric 선단부의 형 손가락, 귀 또는 코의 끝과 같이 가장 바깥쪽 점과 관련된.

acrotonic, acrotonous 형 꼭대기에서 작은부리(rostellum)와 합치는 꽃밥을 가진.

acrotroch 정판섬모환 명 일부 해양 무척추동물의 담륜자유생의 앞쪽 끝에 달리는 섬모의 고리 모양 구조.

acrotrophic 단영양실형(端營養室型) 형 꼭대기의 영양세포가 영양삭에 의하여 난모세포와 연결되는 난소소관의. ≒ telotrophic.

act 행동 명 단순한 운동과 달리, 심리학과 행동과학에서 의미하는 복잡한 행동. ≒ action pattern.

ACTH ⇨ adrenocorticotropic hormone.

actin 액틴 명 원핵생물에는 존재하지 않지만 모든 진핵세포에서 발견되는 구형단백질인 G액틴. 끝과 끝이 중합하여 근육의 가는 필라멘트와 세포골격의 미세섬유를 구성하는 사상의 F액틴이 된다. F액틴은 액틴 단위체들이 나선 모양으로 서로 감기는 2개의 사슬로 구성되고, 미오신과 함께 수축성 복합단백질인 액토미오신을 형성한다.

actinal 형 (1) **보대(步帶)의** 극피동물의 몸에서 관족이 달리는 부분의 ≒ ambulacral; (2) **별모양** 별처럼 생긴 것.

actin-binding proteins 액틴결합단백질 세포골격단백질 액틴과 결합하는 크고 이질적인 집단의 단백질들. 필라멘트를 섬유로 뭉치고 필라멘트를 액틴소단위로 자르는 등 액틴필라멘트(미세섬유)에 다양한 영향을 미친다.

actin filament 액틴필라멘트 ⇨ actin, microfilament.

actinians 말미잘류 ⇨ sea anemones.

actinic 청외X선 형 가시광선의 보라색 파장과 X선 파장 사이의 복사와 관련된 말.

actiniform 별모양 형 별처럼 생긴.

α-actinin α액티닌 명 근육 원섬유의 Z선 그리고 비근육성 세포가 기질과 접촉하는 부위에 존재하는 액틴결합단백질.

Actinobacteria 방산(세)균 명, 명복 DNA염기순서 기준에 근거하여 식별하는 세균역(Bacteria)의 문. 가늘고 분지한 사상체(균사)로 생장하며 포자를 만드는 세균들이 주로 포함된다. 토양, 강의 진흙 그리고 호수의 바닥에서 발견되며, 항생물질을 생산하는 많은 종들[예: 스트렙토미세스(*Streptomyces*)]이 포함된다. 예전에는 방선균류(Actinomycetes)로 알려져 있었다.

actinoblast 침상원(針狀原)세포 명 해면동물에서 볼 수 있는 것과 같이 침골(골편)이 만들어지는 모세포.

actinocarpous, actinocarpic 방사형화과(식물) 형 꽃과 열매가 방사상으로 배열된.

actinodromous 장형맥형 형 손바닥 모양 잎맥의.

actinoid 별모양의 형 (1) 방사상; (2) 별처럼 생긴.

actinology 방사학 명 (1) 방사선의 행동을 다루는 분야를 이전에 불렀던 용어; (2) 공통의 중심구역에서 퍼진, 연이은 구역 또는 부분들의 상동성.

actinomorphic, actinomorphous 형 (1) **방사대칭** 생물의 형태와 구조에서 축에 대한 대칭면이 3개 이상인 체제; (2) **정규적** 규칙적인.

Actinomycetes, actinomycetes 방선균류 명, 명복 세균역(Bacteria)에 속하는 원핵미생물들로, 가늘고 분지한 사상체(균사)로 생장하며 포자를 만드는 그람양성균의 큰 무리. 토양, 강의 진흙 그리고 호수의 바닥에서 발견되며, 항생물질을 생산하는 많은 종들[예: 스트렙토미세스(*Streptomyces*)]이 포함된다.

actinomycins 악티노마이신 명복 방선균 스트렙토미세스(*Streptomyces*)의 종에서 생산되는 항생물질로 DNA와 결합하여 세균과 진핵세포 모두에서 전사를 저해한다. 악티노마이신D(actinomycin D, dactinomycin)는 항암제로 쓰인다.

actinophage 방선균파지 명 방선균에 감염하는 박테리오파지.

Actinopoda, actinopods 방사판족문, 방사판족류 명, 명복 미세소관들의 다발로 뻣뻣해진 길고 가는 세포질돌기(축힛다리, axopodia)의 특징을 갖고 광합성을 하지 않는 원생생물(원생동물)의 문. 해양성 방산충류(radiolarians)와 주로 담수성인 태양충류(heliozoans)가 포함된다. 방산충류는 스트론튬 황산염으로 구성된 막대가 방사대칭의 뼈대를 이루는 방사극충류(acantharians)와 다공낭충류(polycystids) 그리고 규산질의 골편을 갖는 흑공낭충류(phaeodarians)의 3집단으로 구분된다. ≒ **Actinopodea**.

Actinopterygii, actinopterygians 조기(條鰭)아강, 조기류 명, 명복 경골어류[경골어강(Osteichthyes)]의 아강으로 지느러미 지지물인 지느러미살(기조)을 갖는 어류. 폐어류[폐어아강(Dipnoi)]와 실러캔스(coelacanths)를 제외한 모든 현생어류가 포함된다.

actinorrhiza 뿌리혹 명 질소고정 방선균류(*Frankia*)에 의해 일부 비콩과 식물[이를테면 오리나무(*Alnus* spp.)]의 뿌리에 형성되는, 질소를 고정하는 혹처럼 생긴 구조.

actinost 사출골 명 진골어류에서 지느러미살(기조)의 기저골.

actinostele 방사중심주 명 속(pith)이 없는 식물의 줄기에서 물관부의 단면이 별 모양인 관다발조직의 기둥.

actinostome 방사구(放射口) 명 말미잘이나 불가사리의 입.

actinotrichia 방사기조 명복 대부분의 물고기에서 지느러미의 끝에 나타나는 이음이 없고 뿔 같은 지느러미살.

actinotrocha 방륜자 명 추형동물의 자유로이 유영하는 유충 형태.

Actinozoa 산호충강 ⇨ Anthozoa.

actinula 악티눌라 명 일부 해파리의 유생 단계.

action pattern 행동양상 ⇨ act.

action potential 활동전위 신경이나 근세포가 자극을 받을 때 원형질막 내외에 생기는 전위의 차이가 자체적으로 퍼지는 것. 흥분 시에 막전위가 약 −70 밀리볼트(mV)에서 약 +30 mV로 역전되면서 신경충격이 나타난다. 비 resting potential.

action spectrum 작용스펙트럼 어떤 특정한 반응이나 과정을 일으키는 빛 또는 다른 전자기방사선의 파장 범위.

activated carrier 활성전달물질 ATP, 아세틸조효소A 또는 NADH와 같이, 생화학반응에서 고에너지 화학결합을 제공할 수 있는 분자. ≒ coenzyme, cofactor.

activated sludge process 활성오니공정 공기를 혼입한 하수에 원생동물과 세균의 혼합물(활성오니)을 첨가하여 유기물을 분해하는 하수처리 공정. 미생물들이 먹이로 유기물을 이용하여 증식하면서 보다 많은 활성오니가 만들어진다.

activation energy 활성화에너지 ⇨ free energy of activation.

activation-energy barrier 활성화에너지 장벽 ⇨ free energy of activation.

activation hormone 활성화호르몬 곤충의 뇌에서 분비되고 앞가슴샘(전흉선)을 자극하여 탈피를 촉진시키는 스테로이드 호르몬인 탈피호르몬(ecdysone)을 생성시키는 호르몬.

activation-induced cytidine deaminase (AID) 활성유도시티딘탈아미노효소 DNA의 시티딘(cytidine) 잔기에서 탈아미노반응을 일으키고 체세포 과돌연변이와 활성화 B림프구의 동형(isotype) 전환에 관여하는 효소.

activator 활성제, 활성화 인자 명 (1) 어떤 과정을 촉진하는 물질을 통틀어 이르는 말; (2) 유전자에서 전사의 양성조절자로 작용하는 단백질. 비 repressor.

active centre 활성부위 ⇨ active site.

active immunity 능동면역 항원에 의한 면역화 이후 획득한 면역. 비 passive immunity.

active site 활성부위 기질과 결합하여 활성화되고 기질의 화학반응이 일어나는 효소분자의 부위. ≒ active centre.

active space 영향권 페로몬이나 다른 화학적 신호에서, 다른 개체가 감지할 수 있는 역치농도 이상의 화학물질이 포함된 공간.

active transport 능동수송 수동확산이나 수동수송 외에 농도기울기나 전기화학적 기울기에 역행하여 세포 또는 세포 소기관의 생체막 내외로 물질이 이동하는 것. 이 과정은 수송단백질이 관여하고 에너지를 필요로 한다.

activin 액티빈 명 양서류의 초기단계에서 중배엽의 유도발생에 관여하는 단백질 생장인자.

activity 활성, 활성능 명 (1) 효소에서 화학반응을 촉매하는 속도; (2) 생태학에서 단위시간마다 계(system)를 지나는 에너지 흐름의 총량.

actomyosin 액토미오신 명 ATP, K^+ 및 Mg^{2+}의 존재 하에서 형성되는 액틴과 미오신의 복합체. ⇨ muscle.

actual evapotranspiration (AET) 실(제)증발산량 정해진 면적에서 시간에 따라 토양과 다른 표면에서 증발에 의한 제거와 식물에서 증산에 의한 제거에 따른 수분의 총 손실량.

actual vegetation 현존식생 생태학에서 관찰하는 시점에 존재하는 식생.

aculeate 가시형 형 침이나 날카로운 끝 또는 가시를 가진.

aculeiform 가시형 형 가시처럼 생긴.

aculeus 가시, (독)침 명 (1) 장미에서 볼 수 있는 것과 같이 수피에서 자라는 가시; (2) 침이나 털과 같은 돌기; (3) 곤충의 독침.

acuminulate 뾰족꼴 형 몹시 뾰족한 끝을 가진.

acute 예형, 급성 형 (1) 끝이 뾰족하게 끝나는; (2) 만성적이 아니고 일시적으로 극심한; (3) 독성과 관련하여 독성물질에 노출된 후 24~96시간 내에 심각한 질환, 손상 또는 사망에 이르는 극심한 중독을 일으키는; (4) 최악의 고비로 빠르게 진행하는 건강상태나 질병의. 비 chronic.

acute-phase proteins 급성기단백질 C반응성 단백질과 만노오스결합렉틴과 같이 간에서 생산되고, 건강한 사람의 혈액에는 소량 함유되지만 감염이나 다른 손상을 입은 다음 그 농도가 매우 증가하여 감염에 대한 방어를 돕는 단백질.

acute-phase response 급성기반응 감염 직후에 활성화되는 선천성 면역계의 일부. 혈액을 순환하며 감염에 대항하는 단백질들의 생산 증가가 포함된다. ⇨ acute-phase proteins.

acyclic 비윤생(非輪生) 형 나선형으로 배열되는 부분을 가진 꽃의.

acyclovir 항헤르페스제 명 입술의 발진과 다른 헤르페스 감염을 치료하는 데 사용되는 항바이러스약제. ≒ acycloguanosine, Zovirax.

acyl 아실기 $-RCO^-$의 화학기. 여기서 R은 알킬기 또는 아릴기이다.

acylation 아실화 명 분자에 아실기가 첨가되는 것.

acyl carrier protein (ACP) 아실기운반단백질 지방산 합성과 관련하여 대사순환에서 아실기를 운반하는, 판토텐산염 보결분자단을 가진 저분자의 단백질.

acyl-CoA synthetase 아실조효소A합성효소 활성형 아실조효소A 화합물의 생성을 촉매하는 효소. 예를 들어 미토콘드리아에서 산화되기 전에 지방산의 활성화에 관여한다. EC 6.2.1.3. 상용명 long-chain-fatty-acid-CoA ligase. ≒ fatty acid thiokinase.

acyl-coenzyme A (acyl-CoA) 아실조효소A 조효소A의 아실화 황화에스테르. 이를테면 조효소A의 지방산에스테르와 숙시닐조효소A 등이 있다.

acyltransferase 아실전달효소 명 아실기 전달을 촉매하는 효소군을 통틀어 이르는 말. 아세틸기전달효소, 숙시닐전달효소 등이 있다. ≒ transacylase.

ADA ⇨ adenosine deaminase.

adamantoblast ⇨ enamel cell, ameloblast.

adambulacral 보대변(步帶邊)의 형 극피동물에서 보대와 인접한 구조의.

adaptation 적응 명 (1) 개체군이 우세한 환경에 적합하도록 유전적으로 변화하는 진화과정; (2) 특수한 환경이나 활동에 적합하도록 하는 구조 또는 습성; (3) 세포, 기관 또는 생물이 자극의 특정한 수준에 익숙해져서 그에 대한 반응을 멈추고, 반응을 일으키려면 더욱 강렬한 자극을 필요로 하는 과정; (4) 눈에서 가용한 빛에 대해 망막의 감수성이 증가하는 것.

adaptin 어댑틴 명 피막소포의 막에 있는 단백질에 클라스린(clathrin)을 결합시키는 단백질.

adaptive 적응성, 적응적 형 (1) 다른 상태에 맞출 수 있는; (2) 조절 가능한; (3) 특정한 기질이 있어야 효소가 합성되는 유도성, 비 constitutive; (4) 생물의 필요에 따라 대사를 조절하고 효소의 합성과 분해속도를 변화시키는; (5) 생물에게 어떤 이점을 주고 따라서 자연선택에 의해 개체군에서 유지되는 형질의. 형질은 그때 존재하는 환경과 관련하여 적응적이라 정의할 수 있고, 환경이 변함에 따라 이전의 적응형질이 비적응형질이 될 수 있고, 반대의 경우도 마찬가지이다.

adaptive immune response 후천성 면역반응 침입한 미생물, 기생생물, 이식조직 또는 몸에 의해 자신의 것이 아닌 것으로 인식된 다른 물질(항원)에 대항하여 특정한 항체 및 또는 세포독성 세포들을 만드는 포유동물 면역계에 의한 선택적 반응. 이러한 면역반응은 보통 병원체에 대항하여 오래 지속되는 특이면역의 결과로 나타난다. 비 innate immunity.

adaptive immunity 후천면역, 적응면역 병원체에 의한 감염이나 그에 대해 면역이 생긴 다음의 재감염에 대항하는 오래 지속되는 특이적 방어. 이는 후천성 면역반응의 결과이다. 비 innate immunity, passive immunity.

adaptive landscape 적응지형도 개체군의 특정한 유전자세트를 대상으로 대립유전자빈도의 모든 가능한 조합에 대한 평균적응도를 3차원의 그래프로 표시한 그림. 생성된 표면은 지형을 지도로 표시한 것과 비슷하고, 적응의 봉우리는 높은 적응도를 그리고 골짜기는 낮은 적응도를 나타낸다. ≒ adaptive surface.

adaptive peak(s) 적응절정 유전자의 특정한 조합과 관련하여 적응도가 가장 높은 대립유전자빈도(또는 대립유전자빈도들). 개체군은 자연선택에 의해 적응절정으로 몰아가는 경향을 보인다. ⇨ adaptive landscape.

adaptive radiation 적응방산 공통조상에서 분기한 종들에서 각각의 종이 상이한 생태적 지위를 점유하도록 적응해 가는 진화.

adaptive surface 지표적응 ⇨ adaptive landscape.

adaptor protein 신호연계단백질 세포표면 수용체에서 유도되는 신호전달경로의 부분을 이루는 세포내 단백질. 최소한 2개의 상이한 결합부위가 있는데, 그 중 하나는 많은 경우에 주로 수용체 꼬리에서 인산화티로신 잔기와 결합하고, 다른 것(들)은 다른 단백질들과 결합하여 경로에 들어가게 한다.

adaxial 향축성(向軸性) 형 구조의 주축을 향한 면을 가리키는 것. 예를 들어 잎의 윗면은 잎의 형성과정에서 줄기끝 쪽을 향하기 때문에 향축면(adaxial surface)이라 한다. 비 abaxial.

adcauline 향경성(向莖性) 형 줄기를 향하거나 줄기에 가장 가까운.

ADCC ⇨ antibody-dependent cell-mediated cytotoxicity.

ad-digital 명 셋째 발가락의 지골과 연결되는 1차날개깃털.

addition reactions 첨가반응 원자 또는 화학기를 유기분자에 있는 2중결합의 한쪽 끝에 첨가하여 단일결합으로 전환시키는 화학반응.

additive alleles 첨가대립유전자 이형 접합체의 표현형이 2개의 상응하는 동형 접합체의 표현형의 평균과 같은 방법으로 상호작용하는 대립유전자들.

additive mortality 총사망률 특정한 기간 중에 모든 요인(이를테면 포식, 질병, 사고)에 기인한 개체군의 전체 사망률.

additive tree 가법계통수 계통분석에서 어느 두 분류군 간의 진화적 거리를 이들을 연결하는 가지 길이의 합이 되도록 함으로써 가지의 길이가 진화의 정도를 나타내는 계통수.

additive variance 첨가변이 양적 유전학에서 대립유전자의 첨가효과를 일으킬 수 있는 형질의 유전형 변이.

addressin 세포점착물 명 림프구에서 나타나는 셀렉틴(selectin)과 결합하여 세포가 혈관 밖으로 나가도록 도와주는, 혈관 내피에서 나타나는 sialyl이 풍부한 세포부착분자. 상이한 세포점착물들이 림프구가 각각 다른 조직으로 들어가게끔 도와준다.

adduction 내전(內轉)운동 명 중앙의 축을 향한 운동. 비 abduction.

adductor 폐각근(閉殼筋), 내전근(內轉筋) 명 몸의 한쪽을 다른 쪽으로 가져오는 근육.

adeciduate 무탈락성 형 떨어져 나가지 않는.

adecticous 퇴화대악의 형 일부 곤충의 번데기에서 위용각 또는 고치에서 빠져나오는 기능적 큰턱이 없는.

adelomorphic, adelomorphous 부정형 형 형태가 분명히 규정되지 않은.

adelophycean 미소세대의 형 많은 해조류에서 포복사상체로 나타나는 단계나 세대의.

adelphogamy 근친융합 명 같은 어버이에서 나온 2개체들 간의 교배.

adelphous 다발묶음의 형 수술의 화사

(수술대)가 합쳐진 것과 같이 다발처럼 묶인.

adendritic 무수상돌기의 형 세포에 수상돌기나 세포돌기가 없는.

adendroglia 무신경아교세포 명 세포돌기가 없는 신경아교세포의 유형.

adenine (A) 아데닌 명 DNA와 RNA의 4가지 질소함유염기 중 하나로, 각각 티민(T)과 우라실(U)과 결합하는 푸린염기(⇨ 그림 5). 한편 뉴클레오시드인 아데노신, 뉴클레오티드들인 AMP, ADP 및 ATP, 니코틴아미드 보조인자인 NAD와 NADP, 그리고 플래빈뉴클레오티드 보조인자인 FAD와 FMN의 구성요소가 된다.

adenine deaminase 아데닌탈아미노효소 아데닌을 탈아미노화하여 하이포크산틴과 암모니아를 생성하는 반응을 촉매하는 효소. EC 3.5.4.2.

adeno-associated viruses (AAV) 아데노연관바이러스 증식을 하려면 아데노바이러스가 필요한 파보바이러스과(Parvoviridae)의 DNA바이러스군. 유전자 치료에서 DNA운반체로 개발되고 있다.

adenoblast 선아세포(腺芽細胞) 명 샘세포의 배아기.

adenocarcinoma 선암(종) 명 샘상피의 악성 종양.

adenocheiri 부교미기 명복 와충류의 위새강 벽에서 뻗어 나오는 정교한 부속교미기. ≒ adenodactyli.

adenocyte 분비세포 명 샘의 분비세포.

adenodactyli 부교미기 ⇨ adenocheiri.

adenohypophysis 선하수체 명 뇌하수체에서 많은 뇌하수체 호르몬이 분비되는 샘인 비신경부분. ≒ anterior pituitary. 비 neurohypophysis.

adenoid 형 **샘형** 샘과 관련되거나 닮은. 명 **아데노이드** 코인두의 점막과 관련된 림프조직.

adenoma 샘종 명 샘상피에서 발생하는 대체로 양성인 종양.

adenophore 꿀샘자루 명 꿀샘의 자루.

adenose 샘의 형 샘을 이르는 것.

adenosine 아데노신 명 푸린염기의 하나인 아데닌이 당 리보오스와 결합한 뉴클레오시드.

adenosine deaminase (ADA) 아데노신탈아미노효소 아데노신이 이노신으로 전환하는 반응을 촉매하는 효소(EC 3.5.4.4). 유전적 결함에 의해 이 효소가 결핍되면 독성 뉴클레오시드가 증가하는 원인이 되어 림프구, 특히 T세포가 죽거나 발달하지 않아 극심한 복합면역결핍을 일으킨다.

adenosine diphosphate (ADP) 아데노신2인산 리보오스 고리에 있는 5′탄소원자에 연속하여 2개의 인산기가 연결된 아데노신으로 구성된 뉴클레오티드. 예컨대 산화적 인산화와 광합성 과정을 통해 ATP로 전환되거나 또는 ATP의 가수분해로 생성되는 등, 모든 생물의 에너지전달반응에서 중요하다.

adenosine monophosphate (AMP) 아데노신1인산 리보오스 고리에 있는 5′탄소원자에 인산기가 연결된 아데노신으로 구성된 뉴클레오티드. RNA 뉴클레오티드 구성단위의 4가지 중 하나이다. ≒ adenylic acid, adenylate, adenosine 5′-phosphoric acid. [⇨ cyclic AMP, deoxyadenylate acid (dAMP)]

adenosine triphosphatase (ATPase) ATP가수분해효소 ATP를 ADP와 오르토인산염[P_i, phosphate(V)]으로 가수분해하는 반응을 촉매하는 효소. 여기서 방출되는 자유에너지는 근육의 기계적 일, 효소반응 및 막을 통한 이온수송에 사용된

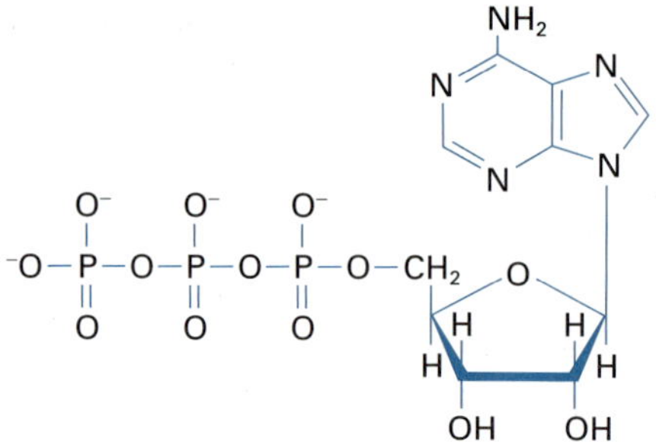

그림 2. 아데노신3인산.

다. 세포골격과 연관된 미오신과 디네인 등의 운동단백질과 세포막의 나트륨펌프나 양성자펌프와 같은 수송단백질을 포함하여 많은 단백질이 ATPase 활성을 지닌다. 한편 ATPase는 미토콘드리아와 엽록체에서 짝지음인자(coupling factor)의 부분이 되어 역반응(ADP + P_i = ATP)을 촉매하여 ATP합성효소(ATP synthase)로도 알려져 있다. ⇨ F-type ATPases, P-type ATPases, V-type ATPases.

adenosine triphosphate (ATP) 아데노신3인산 리보오스 고리에 있는 5′탄소원자에 연속하여 3개의 인산기가 연결된 아데노신으로 구성된 뉴클레오티드인 활성전달물질분자. ATP가 ADP로 가수분해되면서 자유에너지와 인산을 방출하거나 AMP로 전환되면서 자유에너지와 피로인산(PP_i)을 방출하면서 모든 생물의 대사반응에서 에너지와 인산기의 주요 공급원이 된다. ATP는 주로 광합성과 산화적 인산화를 통해 ADP에서 재생된다. (⇨ 그림 2)

***S*-adenosylmethionine (SAM) *S*-아데노실메티오닌** 명 생화학반응에 참여하는 메틸기를 운반하는 활성전달물질분자.

Adenoviridae, adenoviruses 아데노바이러스과, 아데노바이러스 명, 명복 포유동물에서 호흡기감염을 일으키는 2중가닥DNA바이러스의 1과. 여기에 포함되는 아데노바이러스 제2형은 사람을 포함하여 다양한 포유동물에서는 호흡기감염을 유발하지만 신생햄스터에서는 종양을 형성한다.

adenylate 아데노신1인산 ⇨ adenosine monophosphate.

adenylate cyclase 아데닐산고리화효소 동물세포에서 ATP를 2차전달자인 고리형 아데노신1인산(cAMP)으로 변환시키는 막에 결합한 효소. 세포에서 많은 호르몬과 기타 화학신호전달물질의 작용에서 첫 단계는 아데닐산고리화효소의 활성을 촉진하거나 저해하는 것이다. EC 4.6.1.1. ⇨ G-protein-coupled receptors. ≒ adenylylcyclase.

adenylate energy charge 아데노신1인산에너지충전 ⇨ energy charge.

adenylate kinase 아데닐산키나아제 ATP, ADP 및 AMP의 상호전환을 촉매하는 효소. 전에는 미오키나아제(myokinase)라고 불렀다. EC 2.7.4.3.

adenylic acid 아데닐산 ⇨ adenosine monophosphate.

adenylylcyclase 아데닐산고리화효소 ⇨ adenylate cyclase.

adenylyltransferase 아데닐릴전달효소 ⇨ nucleotidyltransferase.

adequate 적합자극의 형 특정한 감각수용기나 감각기관에서 적절한 감각을 일으킬 수 있는 자극의.

adesmic 형 주변에서 밖으로 자라고 별개의 작은 치아 같은 단위들로 이루어진 일부 멸종된 어류의 비늘을 이르는 말.

adesmy 기관파열 명 어떤 기관이 보통 전체가 파괴되거나 분열되는 것.

ADH (1) ⇨ alcohol dehydrogenase; (2) 항이뇨호르몬. ⇨ vasopressin.

adherens junction, adhaerens junction 접착연접 중간결합, 접착대. ⇨ desmosome.

adherent 착생 형 (1) 접촉하지만 같이 자라지 않는; (2) 기층에 부착한.

adhesin 부착소 명 숙주세포에 들러붙게 해 주는 세균의 표면단백질.

adhesion 부착, 유착 명 (1) 접촉하지만 부분들이 같이 자라지 않는 상태; (2) 특히 동물세포에서 세포간 결합 및 또는 세포표면분자에 의해 세포들이 결합하는 것.

adhesion molecule, adhesion receptor 접합분자, 접합물질 세포를 다른 세포와 세포외 기질과 결합시키는 데 관여하는 대단히 많은 세포표면 당단백질을 통틀어 이르는 말. 어떤 유형의 접합분자는 다른 세포의 동일한 분자와 결합하는 반면, 다른 유형은 상이한 분자와 부착한다. ⇨ addressin, cadherins, cell adhesion molecule, integrin, selectins.

adhesion plaque 흡착반 기질과 접촉하고 막단백질을 통해 세포외 기질과 연결되는 세포 구역.

ADI ⇨ aerobic dependence index.

adiabatic 단열의 형 열을 잃거나 얻지 않는.

adience 자극친화성 명 (1) 자극 쪽으로 가는 것; (2) 접근반응. 형 **adient**.

adipocellulose 지방질섬유소 명 코르크조직에서 볼 수 있는 것과 같이 많은 양의 코르크질을 갖는 섬유소.

adipocyte 지방세포 명 세포질에 지방(트리아실글리세롤)의 큰 소구체를 포함하는 지방을 저장하는 동물세포. ≒ adipose cell, fat cell.

adipoleukocyte 지방백혈구 명 곤충에서 지방이나 밀랍의 작은 방울(유적)을 포함하는 혈구.

adipolysis 지방분해 ⇨ lipolysis.

adipose 지방의 형 동물 지방과 관련된 지방으로 된.

adipose body 지방체 ⇨ fat body.

adipose cell 지방세포 ⇨ adipocyte.

adipose fin 기름지느러미 일부 물고기에서 등지느러미 뒤쪽의 연조가 없는 변형된 지느러미.

adipose tissue 지방조직 지방방울이 가득 찬 세포(지방세포)로 구성된 동물 결합조직의 유형. 구어체로 지방이라 부른다. ⇨ brown fat, white fat.

aditus 어귀, 구멍, 입구 명 후두와 같이 어느 부분의 진입로나 입구가 되는 해부학적 구조.

adjacent segregation 인접분리 상호전좌가 일어난 세포에서 유사분열을 할 때 전좌된 염색체와 정상적 염색체가 각 극으로 가도록 분리되는 것.

adjuvant 항원보강제 명 항원과 함께 주입하면 면역반응의 촉진을 도와주는 물질.

adlacrimal 검판골 명 포유동물의 누골과 상동이 아닌 파충류의 누골.

admedial 근중심성 형 (1) 중앙에 가까이 있는; (2) 정중면에 가까이 있는.

ADMET, ADME-Tox ADMET검사 신약 개발에서 수행하는 흡수, 분포, 배출, 대사 및 독성 검사.

ADMR ⇨ average daily metabolic rate.

A-DNA A형 DNA ⇨ DNA.

A

adnate 형 (1) **이류합생** 상이한 유형의 다른 기관과 융합하는; (2) **합생** 잎자루나 줄기에 단단히 부착한 잎과 턱잎의; (3) **측생** 수술의 화사(수술대) 전체에 부착된 꽃밥의; (4) **완전붙은형, 직생** 주름버섯류의 주름살이 자루 전체에 붙어 있는. ≒ conjoined, connate.

adnexa 명복 (1) **부속기(관)** 기관과 밀접하게 결부된 구조들 또는 부분들; (2) **자궁부속기** 태아막이나 태반 같은 배외막.

adnexed 끝붙은형, 상생 형 주름버섯류의 주름살이 자루의 일부분에만 붙어 있는.

adolescence 사춘기, 성성숙기 명 사람과 동물에서 성적으로 성숙하기 시작하는 발육기. 형 **adolescent**.

adoptive immunity 양자면역 ⇨ passive immunity.

adoptive transfer 입양전이 면역화된 동물에서 면역이 없는 동물에게 림프구를 옮겨서 세포매개면역을 전이하는 것.

adoral 구부의 형 입과 관련되거나 입 부근의.

ADP ⇨ adenosine diphosphate.

ADPR 아데노신2인산리보실(adenosine diphosphate ribosyl). ⇨ ADP-ribosylation.

adpressed 압착된 ⇨ appressed.

ADP-ribosylation ADP리보실화 NAD의 ADP부분에서 유도된 리보실기를 단백질에 첨가하는 것. 디프테리아독소와 콜레라독소의 영향은 ADP리보실화와 그 결과에 따라 단백질합성 신장인자2와 G단백질의 GTP가수분해효소의 활성이 각각 불활성화되는 데 따른 것이다.

adradius 종대칭면 명 강장동물에서 주대칭면과 간대칭면 사이의 각을 2등분하는 세 번째 대칭면.

adrectal 항문부근의 형 곧창자(직장)와 가깝거나 밀접한 관련이 있는.

그림 3. 아드레날린(a)과 노르아드레날린(b).

adrenal 부신의 형 (1) 콩팥 부근에 위치하는; (2) 부신과 관련된.

adrenal glands, adrenals 부신 포유동물의 콩팥에 인접한 1쌍의 구조. 아드레날린과 노르아드레날린을 분비하는 내부의 수질과 다양한 스테로이드호르몬(코르티코스테로이드)을 분비하는 외부의 피질로 이루어진다. 일부 포유동물에서는 2가지 유형의 분비조직이 독립적인 샘으로 분리된다.

adrenaline 아드레날린 명 부신수질과 교감신경계의 신경말단에서 분비되는 카테콜아민(catecholamine). 매우 다양한 조직에 있는 특이적 아드레날린성 수용체를 통해 작용하며, 심장박동을 높이고 근육과 간에서 글리코겐이 포도당으로 분해되는 것을 촉진하는 등 많은 영향을 미친다. 이는 한편으로 신경전달물질이다. 미 epinephrine. (⇨ 그림 3)

adrenergic 아드레날린(작동)성 형 아드레날린이나 노르아드레날린을 분비하는 교감신경계의 신경말단에 해당하는 말.

adrenergic receptor 아드레날린(작동)성 수용체 다양한 세포의 표면에서 발견되는 아드레날린과 노르아드레날린에 특이적인 몇 가지 수용체를 통틀어 이르는 말. α아드레날린성 수용체와 β아드레날린성 수용체의 두 범주가 있고, 상이한 세포성 신호전달경로를 통해 작용한다. ≒ **adrenoceptor**.

adrenocortical 부신피질의 형 부신피질에서 생산되는 호르몬의.

adrenocorticotropic hormone, adrenocorticotropin (ACTH) **부신피질자극호르몬** 뇌하수체전엽에서 합성되고 부신피질에 작용하여 부신피질스테로이드의 합성과 방출을 촉진시키는 폴리펩티드호르몬. 다른 조직에도 영향을 미쳐서 지방세포에서 지질의 분해와 지방산의 방출을 촉진시킨다.

adrenodoxin **아드레노독신** 명 외래화합물의 해독작용에 중요한 시토크롬 P_{450}계의 비헴철단백질.

adrenogenital syndrome **부신호르몬성이상생식기증후군, 부신생식기증후군** 유전적으로 여성(XX)인 사람에서 부신의 유전적 결함에 의해 야기되는 가성반음양증(pseudohermaphroditism)의 유형. 황체호르몬이 축적되고 이 호르몬이 테스토스테론과 비슷하지만 약한 효과를 갖는 알도스테론으로 분해된 결과이며, 그에 따라 부분적인 남성화가 일어난다.

adrostral **부리부근의** 형 부리와 가깝거나 밀접한 관련이 있는.

adsere **집합천이계열** 명 식물의 천이에서 극상기에 도달하기 전에 아무 때나 다른 것에 선행하여 발달하는 단계.

adsorption **흡착** 명 고체나 액체의 표면에 분자가 접착하는 것.

adtidal **조하대생물의** 형 저조선의 바로 밑에 사는 생물의.

adult **성체** 명 동물의 완전히 성적으로 성숙한 개체.

adult neurogenesis **성체뇌신경생성** 성체의 뇌에서 새로운 뉴런이 생기는 것. 이는 물고기와 그 밖의 변온무척추동물, 새 그리고 드물게나마 포유동물에서 일어난다.

adult stem cell **성체줄기세포** 어리거나 성숙한 동물의 조직에서 새로운 세포를 공급하는 줄기세포를 통틀어 이르는 말. 골수의 조혈줄기세포와 창자의 내층을 재생시키는 상피줄기세포가 그 예가 된다. 비 embryonic stem cells.

adultoid **성체형 유생** 형 정상적인 유충보다 훨씬 분화하여 성충의 형질을 갖는 유충의.

adult-onset diabetes ⇨ type 2 diabetes.

aduncate **굽은** 형 갈고리 모양으로 구부러지고 휜.

adustous **갈색의** 형 그을은 것처럼 갈색을 띤.

advanced **진화한** 형 진화적 기원이 보다 최근인. 비 primitive.

advehent **구심의** 형 구심적으로 기관에 나르는.

adventitia **외막** 명 혈관의 외부에 있는 결합조직의 층.

adventitious **부정(不定)의** 형 (1) 돌발적인; (2) 특이한 곳에서 발견되는; (3) 비정상적인 위치에서 생기는 조직과 기관의; (4) 2차상아질의.

adventive **외래성** 형 (1) 자생하지 않는; (2) 새로운 서식지에 있지만 그곳에 완전히 자리잡지 않은 생물의.

AEC 아데노신1인산에너지충전(adenylate energy charge). ⇨ energy charge.

aecidiospore, aeciospore **녹포자** 명 녹병균의 녹포자기에서 발생하는 2핵포자.

aecidium, aecium **녹포자기** 명 녹병균에서 사슬처럼 이어진 포자들인 녹포자를 담고 있는 컵 모양 구조. 복 **aecidia, aecia**.

aedeagus **삽입기, 음경** 명 곤충 수컷의 교미기. ≒ intromittent organ.

aegithognathous **참새구개의** 형 상악구개는 분리되고 서골은 앞에서 쐐기 모양이고 뒤에서 갈라지는, 참새 같은 새들에서 특징적으로 나타나는 구개 유형의.

aeolian 풍성의 형 퇴적물 등이 풍화된.

Aepyornithiformes 코끼리새목 명복 플라이스토세에 마다가스카르에 서식한 신조아강(Neornithes)의 거대한 새의 목. 코끼리새(elephant birds)라고 부른다.

aequorin 에쿼린 명 해파리속(*Aequorea*)에서 분리된 칼슘결합단백질. Ca^{2+}과 결합하면 섬광을 발한다.

aerenchyma 통기조직 명 (1) 대형의 세포간극을 가진 유조직; (2) 일부 수생식물의 피층에서 공기를 저장하는 조직.

aerial 기중의 형 (1) 지면 위에서 자라는 뿌리의; (2) 엽액에서 나디니는 작은 비늘줄기의.

aerial plankton 기중플랑크톤 공기 중에 떠있는 포자, 세균 및 그 밖의 미생물들.

aeroallergen 대기성 알레르기유발원 명 꽃가루와 같이 그에 민감한 사람이 들이마셨을 때 알레르기성 면역반응을 일으키는 공기 중에 있는 물질을 통틀어 이르는 말.

aeroaquatic 호기수성 형 물에 살고 대기 중에 포자를 방출하는 곰팡이의.

aerobe 호기성 생물 명 산소의 존재 하에 살 수 있는 생물을 통틀어 이르는 말. 절대호기성 생물(obligate aerobes)은 산소가 없으면 살 수 없고, 조건호기성 생물(facultative aerobes)은 산소가 있거나 없는 조건 모두에서 생육할 수 있다. 모든 동물과 고등식물은 절대호기성 생물이다. 비 anaerobe. 형 **aerobic**.

aerobic 호기성 형 산소가 들어 있거나 산소를 수반하거나 산소를 필요로 하는 반응 또는 생물의.

aerobic dependence index (ADI) 호기성 의존지수 동물이 운동을 하는 동안 근육에서 호기성 대사와 혐기성 대사를 상대적으로 이용하는 척도. 운동 후 휴지근의 젖산 함량을 혐기성 대사의 척도로 삼고 최대산소소비량을 호기성 대사의 척도로 삼아 계산한다. ADI 수치가 높을수록 동물이 보다 활동적임을 나타낸다.

aerobic respiration 유기호흡 산소를 필요로 하는 호흡. ⇨ oxidative phosphorylation.

aerobiology 대기생물학 명 공기 중의 생물과 그 분포를 다루는 학문.

aerobiosis 호기성 생활 명 산소의 존재하에 생활하는 것.

aerobiotic 공중서식성 형 주로 공기 중에 사는.

aerocyst 공기소포낭 명 조류(algae)의 공기가 들어 있는 구조.

Aeroendospora 공중내생포자형성균 명 공기 중에 내생포자를 형성하는 그람양성균(예: *Bacillus* spp.).

aerogenic 가스발생성 형 가스를 생성하는 어떤 세균의.

aerolae 오목무늬 명복 돌말류 세포벽에서 상자 모양으로 커다랗게 함몰된 구조.

aeromycology 대기균류학 명 기중균류를 다루는 학문.

aerophore 기낭 명 고사리류에서 공기 중으로 뻗어 나온 것.

aerophyte 기중식물 명 다른 식물의 공기 중에 있는 부분에 부착한 착생식물.

aeroplankton 기중플랑크톤 ⇨ aerial plankton.

aerosol 연무질 명 공기 중의 작은 물방울에 들어 있는 입자의 현탁액.

aerostat 기낭 명 곤충의 몸이나 새의 뼈에 있는 공기주머니.

aerostatic 기포성 형 통기간극이 포함된.

aerotaxis 주기성 명 산소 쪽으로 가거나 산소에서 멀리 떨어지는 운동. 형 **aerotactic**.

aerotolerant 내기성 형 산소에 의해 억제되지는 않지만 산소를 이용할 수 없는 혐기성 생물의 특성에 적용되는 말.

aerotropism 굴기성 명 공기에 대한 반응, 특히 산소분압의 변화에 반응하여 식물의 뿌리나 다른 부분들에서 나타나는 생장굴곡 현상. 형 **aerotropic**.

aesthesis 감수(성) 명 (1) 민감성; (2) 감각 인지.

aesthetasc 촉모(觸毛) 명 갑각류의 소촉각에서 발견되는 화학수용기의 1종.

aestidurilignosa 상록활엽낙엽활엽혼성림 명 상록활엽수림과 낙엽활엽수림의 혼효림.

aestilignosa 낙엽활엽수림 명 겨울에 잎이 떨어지는 낙엽활엽수림.

aestival (초)여름의 형 (1) 여름철에 형성되거나 여름과 관련된; (2) 이른 여름과 관련된.

aestivation 명 (1) [식] **유엽태** 싹이 트기 전에 꽃의 각 부분들이 그 내부에 배열된 형태; (2) [동] **여름잠** 여름에 무덥고 건조할 때 일부 동물에서 나타나는 무기력 상태.

AET ⇨ actual evapotranspiration.

aethalium 괴상(塊狀)자실체 명 변형체가 큰 쿠션 모양의 포자낭을 이루는 일부 무핵점균류의 생식단계. 복 **aethalia**.

aetiological 원인론적, 병인론적 형 인과관계의.

aetiology 병인론, 병인학 명 특히 질병의 원인.

AFDW 재 뺀 건조중량(ash-free dry weight).

affectional 친사회성 형 사회적 화합과 조직을 발달시키고 유지하는 데 중요한 사회적 관계와 관련된 행동의.

afferent 구심성, 수입성 형 중추신경계를 향하여 흥분을 전달하는(구심성) 감각신경, 그리고 기관(들)에 혈액이나 림프를 운반하는(수입성) 혈관의 특성을 이르는 것. 비 efferent.

affinity 친화성, 친화력 명 분자가 그 리간드와 결합하는 강도. 항체와 1개 이상의 결합부위를 갖는 다른 물질에서는 하나의 특정한 결합부위에 리간드가 결합하는 힘을 가리킨다. 비 avidity.

affinity chromatography 친화성 크로마토그래피 단백질 같은 거대분자를 특정한 화학기가 포함된 칼럼을 통과시켜서 특정한 화학기가 분자와 결합하는 친화성을 이용하여 분리하는 기술. ⇨ immunoaffinity column chromatography.

affinity constant 친화계수 ⇨ association constant, equilibrium constant.

affinity maturation 친화력증가 면역반응에서 반응이 진행됨에 따라 항원에 대한 항체의 친화력이 증가하는 것. 이는 높은 친화력을 갖는 항체를 만드는 항체생산세포가 선발된 결과이다.

afforestation 조림 명 나무를 심거나 또는 자연적인 재생이나 정착을 방치함으로써 산림을 만드는 것.

aFGF 산성 섬유모세포생장인자(acidic fibroblast growth factor).

aflagellate 무편모성 형 편모가 없는.

aflatoxin 아플라톡신 명 균류 누룩곰팡이속(*Aspergillus*)의 몇 종에서 형성되는 발암성 진균독소.

AFLP ⇨ amplified fragment length polymorphism.

AFP ⇨ α-foetoprotein.

African subkingdom 아프리카아계 마다가스카르, 어센션 섬, 세인트헬레나와 최남단을 제외한 모든 아프리카 대륙으로 이뤄지는 구열대식물계의 한 부분. 어센션-세인트헬레나식물구, 동아프리카온대초원식물구, 마다가스카르식물구, 북아프리카사막식물구, 북동아프리카고지온대초원식물구, 남아프리카식물구, 수단파크스텝식물구 및 서아프리카우림식물구로 나뉜다.

afterbirth 후산 명 새끼가 나온 다음에 배출되는 태반과 태막.

afterpotential 후전위 명 신경세포에서 급격한 전위변화 후에 나타나는 막전위의 느린 변화.

after-ripening 후숙기 종자가 산포된 후 조건이 적합할지라도 발아할 수 없는 기간.

after-sensation 후감각 외부자극이 중단된 후 감각수용기의 지속적인 활동에 기인하여 남는 감각.

Ag ⇨ antigen.

agameon 무배생식종 명 무수정개체들로만 구성된 종.

agamete 비배우자(체) 명 다른 배우자와 융합하지 않고 직접 성체로 발달하는 어린 형태나 배우자.

agametoblast 비배우자체 명 무성어버이나 분열생식포자가 다분법으로 분열하여 분열소체를 생기게 하는 세포들의 하나.

agamic 무성, 무배우자 형 (1) ⇨ asexual; (2) ⇨ parthenogenetic.

agamic complexes 무배우자군 주로 이질배수성이고 많이 다른 생물형으로 구성되어 분류가 어려운 집단을 이루는 무수정식물의 무리.

agammaglobulinaemia 무감마글로불린혈증 명 혈액의 면역글로불린 결핍증.

agamodeme 무성집단 명 대부분 무수정식물이나 무성생물로 구성되는 밀접한 관계를 갖는 개체들의 작은 집단.

agamogenesis 무배우자생식 명 (1) 수배우자가 관여하지 않는 생식을 통틀어 이르는 말; (2) 무성생식. 형 **agamogenetic**.

agamogony 무배우자생식 명 무성생식.

agamohermaphrodite 중성양성꽃의 형 동일한 식물에서 주로 같은 꽃차례에 중성꽃과 양성꽃이 함께 달리는.

agamont 무성어버이 명 원생동물의 생활주기에서 무성적 다분법으로 분열하여 비배우자를 만드는 단계.

agamospecies 무성종 명 무성적으로만 증식하는 종.

agamospermy 무정생식 명 무성적으로 배와 종자를 만드는 무수정생식 유형을 통틀어 이르는 말.

agamotropic 형 한 번 피면 다시 닫히지 않는 꽃의.

agamous 무생식기(관)성 형 생식기가 없는.

agar 한천 명 세균 배양에 이용되고 전기영동에 사용되는 일부 겔의 구성성분인 젤라틴 기질. 홍조류에서 추출한 다당류 갈락토오스/갈락투론산으로 제조한다.

agarase 아가라아제 명 한천을 구성성분인 단당류로 분해하는 효소.

Agaricales, agarics 주름버섯목, 주름버섯류 명, 명복 버섯, 걸상버섯(독버섯) 및 그물버섯으로 대표되는 담자균류의 큰 집단. 주름버섯류는 대개 갓(균모)과 대(자루)로 구성되어 눈에 잘 띄는 다육질의 자실체를 갖고, 포자는 갓 밑면의 주름이나 구멍 안쪽에 달린다.

agarose 아가로오스 명 한천에서 정제하고 전기영동에 사용되는 겔을 만드는 다당류.

agarose gel 아가로오스겔 ⇨ agarose, electrophoresis.

age distribution 연령분포 ⇨ age structure.

ageotropism 명 (1) **중력무굴성** 중력에 반응하지 않는; (2) **중력음굴성** 음성굴지성.

age polyethism 연령분업 사회성 동물에서 일령이 진전됨에 따라 사회적 일원의 역할이 변하는 것.

age ratio 연령비 개체군 내에서 각각 다른 연급군(age group)의 상대빈도.

age-specific death rate 연령별사망률 개체군 내에서 각각 다른 연급군의 사망률.

age-specific reproductive value 연령별생식가 특정한 연급군이 현재부터 사망할 시점까지 다음 세대에 기여하는 정도를 나타내는 지수.

age structure 연령구조 개체군 내에서 각 연급군에 해당하는 개체군의 백분율 또는 각 연급군의 성별 개체수.

agg. 'aggregate (3)'의 축약형.

agglomerate 집적 형 꽃송이처럼 모여 있는.

agglutinate 동 **응집하다** 응집을 일으키거나 응집반응을 한다. 명 **응집물** 응집반응에 의하여 형성된 덩어리. 형 **응집한** 함께 뭉친.

agglutination 응집(반응) 명 세포, 꽃가루, 세균, 적혈구, 정자와 일부 원생동물이 자발적으로 또는 항체 등에 의하여 처리된 후 무리를 짓거나 응집체를 형성하는 것.

agglutinin 응집소 명 항체, 렉틴, 바이러스성 적혈구응집소 등과 같이 세포들의 응집반응을 일으키는 물질을 통틀어 이르는 말.

agglutinogen 응집원 명 세포들이 응집한 결과로 항체(응집소)와 상호 작용하는 세포표면 항원(예: 사람 적혈구의 ABO 항원).

aggregate 집합, 응집(체) 형 (1) 무리를 이루는; (2) 산딸기와 같이 여러 개의 이생심피로 구성된 꽃에서 만들어지는 열매의; (3) 서로 형태적으로 구별하기 어려운 종이나 잡종의 무리를 일컫는 것.

aggregation 집합, 응집 명 (1) 동일한 장소에 모여 있지만 사회적으로 조직화되거나 협동행동을 하지 않는 동일한 종의 개체 무리; (2) 세포성 점균류에서 자실체를 형성하기 위한 아메바의 모임.

aggregation chimaera 응집키메라 2개의 유전적으로 다른 배의 세포들을 시험관에서 혼합하여 형성한 배에서 발생한 동물(주로 쥐).

aggresome 아그레솜 잘못 접히고 응집된 단백질들이 파괴되기 위해 모이는 세포내 구조.

aggression 공격 명 한 개체가 다른 개체의 행동의 자유를 제한하는 행동이나 위협적인 행동. 주로 동물에서 짝이나 영역 등을 차지하기 위해 의식화된 힘의 과시로 나타난다.

aglomerular 무사구체성 형 일부 물고기에서 볼 수 있는 것과 같이 사구체가 없는 콩팥의.

aglossate 무설(無舌)의 형 혀가 없는.

aglutone, aglycone 아글루톤, 아글리콘 명 가수분해에 의해 배당체(글리코시드)에서 형성되는 배당체의 비탄수화물 부분.

Agnatha, agnathans 무악어강(無顎魚綱), 무악어류 명, 명복 칠성장어류(Monorhina 단비공아강), 먹장어류(Diplorhina 쌍비공아강) 및 이들의 멸종된 동족을 포함하는 원시적 무악척추동물의 분류군. (⇨ 부록 3)

agnathous, agnathostomatous 무악성, 무악의 형 턱이 없는.

agnosia 인식불능(증) 명 형태와 색깔 면에서는 사물을 묘사할 수 있지만 사물을 알아볼 수 있는 능력이 없는 것.

agonist 명 (1) **작용물질** 수용체를 자극함으로써 세포에서 반응을 일으키는 호르몬, 신경전달물질 또는 약제. ⇨ antagonist; (2) **작용물질** 수용체와 결합하고 정상적인 반응을 일으켜서 호르몬이나 신경전달물질처럼 자연적인 리간드의 기능을 하는 것처럼 보이는 물질을 통틀어 이르는 말; (3) **작용근** 몸을 이루는 부분의 위치를 변화시키는 데 직접 관여하는 근육.

agonistic 형 (1) **반발행동의** 동물의 행동에서 공격적이건 아니면 타협적이건 간에 투쟁과 관련된 행동을 통틀어 이르는 말; (2) **작용물질의** 작용물질과 관련된.

agranular 무과립성 형 (1) 과립이 없는; (2) 뇌의 운동령에서 과립세포의 뚜렷한 층이 없는.

agraphia 쓰기언어불능(증) 명 쓰는 능력이 없는 것.

agrestal 경지야초의 형 경작지에 자라는 경작하지 않는 식물의.

Agricultural Revolution 농업혁명 10,000년에서 12,000년 전에 시작된, 수렵채집의 생활방식에서 동물을 사육하고 야생식물을 재배하는 정착농업으로의 점진적인 변화.

***Agrobacterium tumefaciens* 근두암종균** 많은 쌍떡잎식물에서 근두암종을 일으키는 식물병원세균. 이 세균에는 숙주조직의 염색체와 통합되는 Ti 플라스미드가 있다. 근두암종균과 그 플라스미드는 유전공학에 의해 광범위하게 변형되었고, 신규유전자를 식물세포에 도입하여 형질전환식물을 만드는 데 널리 이용되고 있다.

agroecosystem 농업생태계 명 토착성의 미생물, 식물 및 동물과 경작종을 포함하는 농지에 형성된 생태계.

agroinfection, agroinoculation 아그로감염, 아그로접종 명 신규유전자를 도입하는 수단으로 유전자 조작된 아그로박테리움(*Agrobacterium* spp.)을 식물에 감염시키거나 접종하는 것.

agrostology 초지학, 화본학 명 벼과 초본을 다루는 식물학의 분과.

A-horizon A층 토양의 윗부분 또는 용탈되는 층위. ≒ eluvial layer.

AI ⇨ artificial intelligence.

AI, AID ⇨ artificial insemination by donor.

AID ⇨ activation-induced cytidine deaminase.

AIDS ⇨ acquired immune deficiency syndrome.

air bladder (1) **부레** 물고기의 부레; (2) **기낭** 부레뜸부기류[bladderwrack; 역자 주 - 대형갈조인 푸쿠스 베시쿨로수스(*Fucus vesiculosus*)] 엽상체의 속이 빈 팽창부.

air cells 기실, 공기실 (1) 뼈의 공기로 채워진 구멍; (2) 식물조직의 통기간극.

air chamber 기실 (1) 앵무조개류의 껍데기에서 이전에 동물이 자리잡았던 가스로 채워진 구획; (2) 공기호흡을 하는 일부 진골어류의 보조호흡기관 또는 호흡낭.

air pollution 대기오염 대기의 정상적인 구성성분이 아니거나 정상적으로는 너무 많은 양으로 존재하지 않는 공기 중의 기체 또는 입자성 물질을 통틀어 이르는 말. 이는 석탄의 연소에서 나오는 이산화황 그리고 배기가스의 일산화탄소와 질소산화물과 같이 인간 활동의 결과로 생길 수 있다. 한편 사막의 먼지, 늪지에서 미생물의 활동으로 생기는 메탄과 황화수소 그리고 대기 중의 화산 부스러기(화산암설)와 같이 자연적 원인으로도 발생할 수 있다.

air quality 대기질 화학적 및 물리적 분석, 의학적 증상, 식물에 대한 피해와 건물에 대한 손상 등 다양한 기준으로 판단되는 공기 중 오염의 정도. 오염되지 않으면 대기질이 높은 것으로 여긴다.

air sacs 기낭 (1) 새에서 공기로 채워지고 허파와 연결되는 공간; (2) 많은 동물에서 기관의 팽창; (3) 일부 곤충의 유충에서 기관계에 해당하고 부침조절의 기능을 갖는 주머니.

air sinuses 함기동(含氣洞) 다양한 얼굴뼈에서 비강으로 통하는 빈 부분.

akaryote 무핵세포 명 핵이 없는 세포. 형 **akaryotic**.

akinesia 운동불능증 명 (1) 운동의 결핍이나 정지; (2) 주로 뇌 손상에 기인하여 움직임을 개시할 수 없는 것. 형 **akinetic**. ≒ **akinesis**.

akinete 아키네트 명 비운동성 포자.

ala 날개, 익판(翼瓣) 명 (1) 열매, 잎자루 또는 뼈에 달리는 날개 같은 돌기나 구조; (2) 콩과에서 꽃의 측생 꽃잎. 복 **alae**.

Ala ⇨ alanine.

alanine (Ala, A) 알라닌 메틸 곁사슬이 달린 비극성 아미노산으로, 단백질을 구성하는 α아미노프로피온산. 사람은 몸에서 피루브산과 글루탐산이 반응하여 알라닌과 α케토글루타르산을 만들기 때문에 비필수아미노산이다.

alar 날개의 형 (1) 날개 같은; (2) 날개가 있는; (3) 겨드랑이의.

alarm behaviour 경보행동 동물이 방해를 받았을 때 포식자의 주의를 딴 데로 돌리거나 보이지 않도록 감추려고 나타내는 행동의 유형.

alarm pheromone 경보페로몬 그 종의 다른 구성원에게 경보반응을 유발하도록 동물에 의해 극미량으로 방출되는 화학물질.

ala spuria 작은날개 ⇨ bastard wing.

alate 날개형, 주걱형 형 (1) 날개가 있는; (2) 잎자루나 줄기에서 날개 같은 확장부를 갖는; (3) 테두리가 넓은 껍데기의.

albedo 명 (1) **반사율** 입사하는 빛의 양에 대한 표면에서 반사하는 빛의 양의 비율. 반사율이 높은 표면은 반사도가 높다; (2) [식] **알베도** 오렌지나 레몬 같은 감귤류의 껍질의 흰 조직인 중과피.

albescent 백화성 형 희어지는.

albinism 명 (1) **백색증** 동물에서 유전적으로 결정되거나 환경의 영향을 받아 정상적으로 색소를 지니는 부분이 색소가 결핍되어 모발, 피부, 눈 등이 착색되지 않는 현상. 사람에서 보통 백색증은 효소 티로시나아제가 결핍된 상염색체의 열성 형질 유전으로 나타난다; (2) [식] **백화(현상)** 엽록체 또는 다른 잡색체의 유전적으로 결정된 결핍이나 비발달로 인하여 식물에서 녹색 또는 다른 색깔이 나타나지 않는 현상. 백화현상을 나타내는 생물을 알비노(백화개체)라고 한다.

albino 알비노, 백화개체 명 ⇨ albinism.

albomaculus 잡색증 형 식물에서 녹색과 흰색 부분이 불규칙하게 나타나서 얼룩덜룩해지는 현상을 이르는 말. 이는 엽록체의 체세포분열분리 또는 특정한 세포로 발달하거나 기능을 담당하는 유전자들이 발생 과정에 결핍되기 때문에 일어난다.

albuginea 백(색)막 명 정소, 난소, 지라 또는 눈을 싸고 있는 조밀한 흰색 결합조직.

albumen 명 (1) **난백** 난알부민, 난백점소, 콘알부민 등의 단백질을 포함하는 알의 흰자위; (2) **배젖** ⇨ endosperm.

albuminous cell 단백세포 ⇨ phloem.

albumins 알부민 명복 혈액(혈청알부민), 윤활액, 젖 그리고 포유동물의 다른 분비물에서 발견되고 식물 종자에서 저장단백질의 기능을 하는 저분자의 구형단백질을 통틀어 이르는 말. 이들 단백질은 수용성이고 중성 pH에서 완충액을 희석시키는 특징을 갖는다.

A

alburnum 변재 명 쌍떡잎식물의 어린 목재.

alcaptonuria, alkaptonuria 알캅톤뇨(증) 명 호모겐티신산 산화효소가 결핍되어 오줌에 호모겐티신산이 축적되고 공기와 접촉하면 검게 변하는 유전적 대사결핍증.

alcohol 알코올 명 탄화수소의 하나 또는 그 이상의 수소원자가 수산(−OH)기로 치환된 구조를 갖는 유기화합물을 통틀어 이르는 말. 비전문적 용법에서는 주로 에탄올(에틸알코올)을 나타낸다.

alcohol dehydrogenase (ADH) 알코올탈수소효소 아세트알데히드나 케톤을 알코올(예: 효모의 알코올발효에서)로 전환시키는 가역적인 반응을 촉매하는 효소를 통틀어 이르는 말. EC 1.1.1.1~2.

alcoholic fermentation 알코올발효 6탄당에서 에틸알코올과 이산화탄소를 생성하는 발효.

Alcyonaria 바다맨드라미아강 ⇨ Octocorallia.

aldehyde group 알데히드기 −CHO.

alder flies 풀잠자리류 ⇨ Neuroptera.

aldolase 알돌라아제 명 (1) 해당과정에서 과당-1,6-2인산을 디히드록시아세톤인산과 글리세르알데히드 3-인산으로 전환하고 광합성에서 그 역반응을 촉매하는 효소. EC 4.1.2.13. 상용명 fructose-biphosphate aldolase; (2) 알도오스와 케토오스 단당류가 관여하는 알돌축합을 촉매하는 효소를 일반적으로 부르는 명칭. ≒ aldehyde-lyases. EC 4.1.2.

aldose 알도오스 명 알데히드(−CHO)기가 포함된 단당류를 통틀어 이르는 말. 비 ketose.

aldosterone 알도스테론 명 부신피질에서 생산되는 스테로이드호르몬. 콩팥에 작용하여 몸의 무기질과 수분의 평형을 조절하는 데 관여한다.

alecithal 무난황성 형 난황이 거의 없거나 전혀 없는.

alepidote 무린(성) 형 비늘이 없는.

aleuriospore, aleurospore 호분포자 명 곰팡이의 말단에 형성되는 두꺼운 벽을 가진 포자.

aleurone grains 호분립 단백질, 피틴 및 가수분해효소로 이루어진, 종자의 배젖과 떡잎에 있는 저장과립. 곡류의 종자에서 호분층을 형성한다.

aleurone layer 호분층 곡류 종자의 종피 바로 안쪽에서 호분립을 포함하는 단백질이 풍부한 세포층.

aleuroplast 호분체 명 식물세포에서 단백질을 저장하는 색소체.

alexia 실독증, 읽기언어상실(증) 명 읽지 못하는 증세.

alfalfa 알팔파, 자주개자리 명 사료와 풋거름으로 널리 재배되는 콩과 식물로 '루선(lucerne)'이라고도 한다(학명: *Medicago sativa*).

algae 조류(藻類) 명복 단세포, 군체 또는 단순한 구조를 가진 다세포성 진핵광합성생물들의 이질성 집단을 포괄하는 총체의 이름. 다양한 조류 집단은 원생생물계의 문으로 분류된다. 조류는 물에 자라거나 육상의 축축한 서식지에서 살며, 클라미도모나스(*Chlamydomonas*)나 돌말류 따위의 단세포생물, 좀쌀공말속(*Volvox*) 따위의 군체형, 녹조류, 홍조류와 갈조류의 다세포성 해조류, 그리고 해캄속(*Spirogyra*)과 같은 다세포성 담수조류가 포함된다. 조류의 몸을 엽상체(thallus)라 하며, 다세포성 조류의 몸은 대체로 사상이거나 또는 얇은 종잇장이나 리본처럼 납작해진다. 단 **alga**. (⇨ Bacillariophyta, Charophyta, Chlorophyta, Chrysophyta, ryptophyta, Dinoflagellata, Euglenophyta, Eustigmatophyta,

Gamophyta, Glaucophyta, Haptophyta, Phaeophyta, Pyrrophyta, Rhodophyta, Xanthophyta, zoochlorellae, zooxanthellae). (남조류 ⇨ cyanobacteria)

algal bloom 물꽃, 조류대번식 호수, 강 또는 바다에서 특정한 기후 조건이나 물의 과다한 영양소에 기인하여 나타나는 조류나 남세균의 극히 예외적인 생장. 경우에 따라서는 미생물들이 독성 화합물을 생산한다.

algesis 통각 명 통증을 느끼는 감각.

algicide 살조제 명 조류를 죽이는 물질을 통틀어 이르는 말.

algicolous 조류공서성 형 조류에 사는.

alginate 알긴산 명 갈조류의 세포벽에서 추출하는 겔 같은 다당류. 음식의 안정제와 식질감 부여제 그리고 치아의 몰딩제로 이용된다.

algoid 조류성 형 조류의 성질을 갖거나 비슷한.

Algonkian 앨고키아(대) 형 원생이언(Proterozoic) 후기의.

alien 외래종 명 인간에 의해 도입된 것으로 여겨지지만 지금은 거의 귀화된 식물종.

aliform 날개형 형 날개 모양의.

alignment 정렬, 서열정렬 명 2개의 뉴클레오티드나 아미노산 서열을 부합시키거나(쌍서열정렬) 그 이상의 서열을 부합시켜서(복서열정렬) 서열간 유사도를 평가함으로써 이들이 상동인지를 평가하는 과정. 정렬은 데이터베이스 검색에서 상동서열을 찾는 데 이용되는 탐색알고리즘의 기초가 된다.

alima 알리마 명 일부 갑각류의 유충시기.

alimentary 영양기능성 형 영양의 기능과 관련된.

alimentary canal 소화관 동물에서 먹이를 삼키고 소화시키는 입에서 항문에 이르는 통로. 척추동물에서는 식도, 위 그리고 창자로 구성된다. ≒ digestive tract, gastrointestinal tract.

alimentation 영양공급 명 영양분을 공급하거나 공급받는 과정.

aliphatic 지방족의 형 탄소원자가 한 줄로 배열하거나 가지 친 사슬 모양으로 연결되는 유기화합물. 비 aromatic.

aliquot 분취량, 일정부분 명 시료를 얼마간의 동일하게 나눈 부분 중 하나.

Alismales 택사목 명 수생 또는 부분적으로 수생인 초본성 외떡잎식물의 목. 질경이택사가 속하는 택사과(Alismaceae)와 부토무스과(Butomaceae) 그리고 림노카리스과(Limnocharitaceae)를 포함한다. ≒ **Alismatales**.

alisphenoid 익상골, 익접형골 명 머리뼈의 일부를 형성하는, 접형골의 날개와 비슷한 부분.

alkaline 알칼리성 형 용액에서 수산화이온(OH^-)을 방출하는 물질을 일컫는 것. 알칼리성 용액은 pH가 7보다 높다. ⇨ base.

alkaline gland 알칼리샘 ⇨ Dufour's gland.

alkaline soils 알칼리성 토양 pH가 7.5 이상이고 8이나 9까지 올라가는, 백악이나 석회암 위에 발달한 칼슘 화합물이 풍부한 온대 지역의 토양. ≒ calcareous soils. 비 alkali soils.

alkaline tide 알칼리파도 식후에 체액의 산도가 일시적으로 감소하는 것.

alkaliphile 호알칼리성 생물 명 높은 pH(예: pH > 9)에서 가장 잘 자라는 생물.

alkaliphilic 호알칼리성 형 높은 pH에서 가장 잘 자라는 생물이나 높은 pH에서 최적의 활성을 보이는 효소에 해당하는 말.

alkali soils 알칼리성 토양 표층에 염화나트륨, 황산나트륨, 탄산나트륨 및 붕사 등의 무기염류들이 매우 높은 농도로 들어 있는 토양. 강우보다 증발이 훨씬 많은 건조한 지역에서 형성된다. ⇨ solonchak, solonetz.

alkaloid 알칼로이드 명 카페인, 모르핀, 니코틴, 스트리크닌과 같이 식물에서 발견되고 척추동물에서 독성을 띠거나 생리적으로 활성을 나타내는, 질소가 포함된 염기성 유기화합물을 통틀어 이르는 말.

alkalosis 알칼리(혈)증 명 어떤 질병과 관련하여 혈액의 pH가 상승하는 것.

alkanes 알칸 명복 선캄브리아기의 암석에서 발견되는, 생명의 존재를 나타내는 화학화석으로 여겨지는 포화탄화수소. [역자 주 - 표제어는 '알칸'으로 읽었으나 국제명명법에 따른 일반명으로 '알케인'으로 개정하였다.]

alkaptonuria 알캅톤뇨(증) ⇨ alcaptonuria.

alkyl 알킬(기) 메틸(CH_3)기로 끝나는, 길이가 다양한 CH_2기의 사슬.

alkylating agents 알킬화제 알킬기가 DNA의 염기와 다른 분자에 부착하는, 반응성이 높은 유기화합물(예: 머스터드 가스). 강력한 돌연변이유발원일 뿐만 아니라 조직의 손상을 야기한다.

all-α, all-β 각각 α나선 또는 β사슬로만 구성된 단백질군에 붙이는 이름.

allaesthetic 형 다른 생물에 의하여 감지되었을 때 효과적인 형질에 적용되는 말.

allantoate (allantoic acid) 요낭산(요막산) 진골어류의 질소를 함유하는 배출물과 그 밖의 동물이나 식물에서도 발견되는, 알란토인의 수화작용 생성물.

allantochorion 요낭융모막, 요막융모막 명 요막의 외벽과 원시융모막에 의하여 형성된 태아막.

allantoicase 요막산가수분해효소 명 양서류, 일부 어류와 무척추동물에서 발견되는, 요막산을 우레이도글리콜산(ureidoglycolate)과 요소로 가수분해시키는 반응을 촉매하는 효소. EC 3.5.3.4.

allantoin 알란토인 명 푸린과 피리미딘 대사의 최종산물. 영장류 이외의 포유동물의 요막액과 오줌에서, 일부 복족류와 곤충에서, 그리고 식물에서 나타난다.

allantoinase 알란토인가수분해효소 명 알란토인이 요낭산으로 전환되는 반응을 촉매하는 효소. EC 3.5.2.5.

allantois 요막 명 파충류, 양서류, 조류 및 포유동물의 배에서 소화관의 후측에서 주머니 모양으로 뻗어 나온 막. 호흡 및 또는 영양 및 또는 배설의 기관으로 작용한다. 형 **allantoic.**

allatectomy 알라타체절제 명 알라타체의 절제 또는 제거.

Allee effect 앨리효과 작은 개체군에서 개체들의 생식과 생존이 감소하는 것. 예컨대 개체군이 드문드문 퍼지면 개체들은 짝을 찾을 수 없다.

Alleghany subregion 알레가니아구 북아메리카 대륙의 5대호 남쪽에서 플로리다와 대평원의 동쪽에 이르는, 신북구의 한 부분.

allele 대립유전자 명 유전자의 대안적인 형태. 이를테면 가상유전자인 *C*는 집단에서 3가지 변이형(대립유전자 *C*, *c* 및 c^1)으로 존재할 수 있다. 각 대립유전자는 DNA서열에 있어 서로 미세한 차이를 나타낸다. 2배체생물은 유전자자리에 2개의 대립유전자를 갖고, 이들은 별개의 상동염색체에 있다. 2개의 대립유전자는 동일하거나(예: 유전자형 *CC*) 또는 다를 수 있고(예: 유전자형 *Cc*), 대립유전자의 특정한 조합이 개체의 표현형을 결정한다. ⇨ dominant (1), recessive allele.

allele frequency 대립유전자빈도 집단에서 대립유전자의 공통성을 측정하는 것.

그 유전자의 모든 대립유전자에 대한 집단 내의 특정한 대립유전자의 비율을 말한다.

allelic 대립유전자의, 대립인자의 형 (1) 대립유전자의, 대립형질의; (2) 동일부위(유전자)에 2개 또는 그 이상의 돌연변이 형태가 존재하여 이형접합 상태에서는 서로 상보적이지 않고 그 결과 동일 유전자자리에 대하여 영향을 주는 것.

allelic complementation 대립유전자상보성 ⇨ complementation.

allelic exclusion 대립유전자형질배제 어떤 특정한 B림프구나 T림프구의 각각이 상응하는 상동염색체 쌍 가운데 오직 한 염색체에 있는 유전자들에 의해 발현되는 상황.

allelomimetic 타개체모방성 형 주로 동일한 종에서, 다른 동물을 모방하는 동물 행동.

allelomorph 명 (1) **대립형질** 대립유전자에 의해 지배되는 형질; (2) **대립유전자** 이전에 'allele'과 함께 사용하던 용어.

allelopathic 타감작용성 형 살아 있는 식물이 인근의 다른 식물이나 미생물에게 미치는 영향이나 효과(가끔 억제적이거나 유해한)와 관련된. 명 **allelopathy**.

allelotype 대립유전자형 명 집단에서 상이한 대립유전자들의 빈도.

Allen's rule 알렌법칙 내온동물(자신의 체열을 생성하는 동물)의 널리 분포하는 종은 추운 지역에 사는 것일수록 따뜻한 지역에 사는 동종의 것보다 귀, 다리, 꼬리 등의 돌출부가 짧아지는 경향을 보인다는 법칙.

allergen 알레르기항원 명 부적당한 면역반응이나 알레르기를 일으키는 과민성 물질.

allergic 알레르기성 형 (1) 항원에 대한 과민성이 원인이 되는 면역반응에 적용하는 말; (2) 그 외에는 무해한 항원에 대해 과민성 면역반응을 일으키는 사람에 해당하는 말.

allergic asthma 알레르기천식 들이마신 항원에 대한 알레르기작용의 결과로 기관지가 수축되는 것.

allergic conjunctivitis, allergic rhinitis 알레르기결막염, 알레르기비염 명 꽃가루와 그 밖의 공기로 운반되는 항원에 대한 반응에 의해 각각 눈꺼풀과 코의 점막에 영향을 미치는 알레르기성 질환. ≒ hayfever.

allergy 알레르기 명 그 외에는 무해한 항원(예: 꽃가루, 어떤 약, 집먼지 진드기의 변, 어떤 음식)에 노출된 사람에 의해 나타나는 과민성 면역반응. 반응은 대체로 국소염증반응이지만, 어떤 사람들에서는 중증의 전신쇼크(아나필락시스쇼크)가 일어날 수 있다. ⇨ anaphylaxis, delayed hypersensitivity.

alliaceous 마늘형 형 마늘 또는 양파와 관련되거나 비슷한.

alloantibody 동종항체 명 동일종의 다른 개체에서 만들어진 항원에 의한 면역에 반응해서 형성된 항체.

alloantigen 동종항원 명 동일종의 다른 개체들에서 상이한 유형으로 존재하는 항원(예: MHC분자). 어느 개체의 동종항원은 동일종의 유전적으로 다른 개체에서 면역반응을 유발한다.

alloantiserum 동종항혈청 명 동일종의 유전적으로 다른 동물의 항원에 대해 어느 동물에서 생산된 항혈청.

allobiosis 적응반응 명 변화된 내적 또는 외적 환경에서 생물의 반응성이 변하는 것.

allocarpy 타가수정과 명 타가수정에 의해 만들어진 열매.

allocheiral 역대칭성 형 (1) 오른쪽과 왼

쪽이 거꾸로 된; (2) 대칭이 뒤바뀐.

allochroic 형 (1) **변색능의** 색깔을 바꿀 수 있는; (2) **색변이성** 색깔의 변화를 보여주는.

allochronic 이시성(異時性) 형 (1) 진화적 시간에서 동시대의 종이 아닌; (2) 번식기나 개화기가 겹치지 않는 종 또는 집단의.

allochtonous 타지성 형 다른 곳에서 비롯된 물질(예: 타지성 유기물)이나 종(타지성 종)에 적용되는 말.

allocortex 원피질 명 가장 초기의 피질 부위. 비 neocortex.

allodynia 무해자극통증 명 보통 무해한 자극에 의한 통각의 자극.

alloenzyme 알로자임 ⇨ allozyme.

allogamy 타가수정 명 다른 계통과의 수정. 비 **allogamous**.

allogeneic 동종이계(성) 형 동일종의 개체들에서 유전적으로 상이한.

allogenic 타지성 형 화재 또는 방목 같이 외부요인에 기인한 식물의 천이에 해당되는 말.

allogenous 구환경잔존성 형 식물상 등이 오래 전의 환경으로부터 지속되는.

allograft 동종이식편 명 어느 개체에서 동일종이지만 유전적으로 다른 개체에서 이식받은 조직이나 기관.

allogrooming 타가(깃)털골라주기 명 동일종에서 다른 개체의 털을 손질해 주는 행위. ≒ social grooming.

alloheteroploid 이질이수체 명 상이한 종의 유전체들에서 유래된 이수체.

allokinesis 반사운동, 수동운동 명 수동적으로 일어나거나 반사적으로 일어나는 운동.

allokinetic 수동운동성, 부유운동성 형 플랑크톤 같이 수동적으로 움직이거나 부유하는.

allometric 형 (1) **대비생장성** 생장률이 다른; (2) **상대생장의** 상대생장과 관련된.

allometry 상대생장(측정), 대비생장 명 (1) 상대생장을 다루는 것; (2) 크기의 증가에 따른 비율의 변화; (3) 표준생장률과 다르거나 전체적인 생장률과 차이를 보이는 어느 부분의 생장률.

allomixis 이질혼합 ⇨ 명 cross-fertilization. 형 **allomictic**.

allomone 알로몬 명 이를테면 꽃에서 뿜어 나온 향기가 꽃가루받이할 곤충을 끌어들이듯이, 어느 개체에서 분비되어 다른 종의 개체가 그에 반응하도록 야기하는 화학물질.

allomorphosis 알로모포시스 명 특수화의 급작스런 증가를 수반하는 진화.

alloparental care 대행양친보조양육 양친이 아닌 개체들(alloparent, 대행양친)이 새끼들의 양육을 보조하는 것.

allopatric 이소적 형 집단이나 종의 지리적 분포가 분리되고 상호 배타적인.

allophenic 이질표현성 형 (1) 키메라동물의; (2) 특징을 나타내는 세포의 돌연변이에 의한 것이 아니라 다른 세포의 영향에 기인한 표현형의.

allophore 적색소포 명 어류, 양서류, 파충류 따위의 피부에서 적색색소를 함유한 세포 또는 색소포.

allophycocyanin 이질남조소 명 광합성을 위한 집광색소의 역할을 하는, 홍조류와 남세균의 색소단백질체에 들어 있는 적색의 단백질색소.

allopolyploid, alloploid 이질배수체 명 둘 또는 그 이상의 다른 종들 간의 잡종에서 형성되어 둘 또는 그 이상의 서로 다른 염색체세트를 갖는 배수체. ≒ amphiploid.

alloreactive 이질반응성 형 동일종의 유전적으로 다른 개체에서 비롯된 항원이나 세포들에 반응하는 항체와 T세포에 적용되는 말. 명 **alloreactivity**.

all-or-none principle 실무율 심근에서 처음 관찰된, 자극에 대해 완전히 반응하거나 전혀 반응하지 않는다는 법칙. ≒ Bowditch's Law.

allosematic 경고색의, 경고표시의 형 주로 위험한 다른 종의 경고신호를 모방한 색깔 또는 표시를 가진. ≒ aposematic.

allosomal 이질염색체성 형 이질염색체의 유전자에 의해 조절을 받는 형질의 유전과 관련된.

allosome 이질염색체 명 성염색체 같이 상염색체가 아닌 염색체.

allosteric 다른자리입체성 형 알로스테리(다른자리입체성)와 관련된.

allosteric activator 다른자리입체성 활성분자 다른자리입체성 단백질의 부위에 결합하여 단백질의 활성을 촉진시키는, 입체구조 변화를 야기하는 리간드.

allosteric inhibitor 다른자리입체성 억제자 다른자리입체성 단백질의 부위에 결합하여 단백질의 활성을 감소시키는, 입체구조 변화를 야기하는 리간드.

allostery 알로스테리, 다른자리입체성(효과) 명 어느 부위의 분자결합이나 공유변형(예: 인산화)이 단백질의 입체구조를 변화시켜서 단백질의 다른 동떨어진 부위의 특성을 변화시키는, 많은 단백질들이 나타내는 특성. 영향을 받는 부위들이 단백질의 동일한 소단위체에 있기도 하고 동일한 단백질의 다른 소단위체에 있기도 한다. 조절부위의 분자결합이나 공유변형이 활성부위나 기능부위의 입체구조를 변화시킴에 따라 다른자리입체성 단백질의 활성은 부정적 또는 긍정적으로 조절 받는다. 활성이 다른자리입체성 조절의 제어를 받는 단백질에는 많은 효소, 혈색소(헤모글로빈), 운동단백질, DNA결합단백질과 수용체 등이 있다.

allosynapsis, allosyndesis 이친대합(異親對合) 명 배수체에서 다른 양친으로부터 받은 상동염색체 사이에서 일어나는 접합.

allotetraploid 이질4배체 명 2종간의 잡종에서 염색체 수가 배가된 결과로 생긴 개체. ≒ amphidiploid.

allotherm 변온동물 명 체온이 환경온도에 따라 변하는 생물.

allotopic 이서식지성 형 동일한 지리적 분포범위 내에서 서로 다른 서식지를 점유하는 동소적 개체군에 적용되는 말.

allotopic gene expression 이소적 유전자발현 정상적으로 발현되지 않는 세포나 세포소기관에서 유전자가 발현되는 것.

allotriploid 이질3배체 명 체세포가 3묶음의 염색체를 갖고 그 중 하나는 다른 묶음과 다른 개체.

allotrophic 종속영양의 ⇨ heterotrophic.

allotropous 형 (1) **곤충비특이성** 특별한 종류의 꽃을 찾아가도록 국한되어 있거나 적응되지 않은 곤충에 적용되는 말; (2) **밀원비특이성** 모든 종류의 곤충이 이용할 수 있는 꿀(화밀)을 갖는 꽃에 해당하는 말.

allotropy 세포친화성 명 (1) 어떤 세포들이나 구조들이 서로에게 다가가는 경향; (2) 배우자들 간에서 나타나는 것과 같이 서로 끌리는 현상.

allotype 동종이인자형 명 동일종의 개체들에서 나타나는 면역글로불린의 가벼운 사슬이나 무거운 사슬의 대립유전자 차이. 비 isotypes, idiotype.

allozygous 이형접합성 형 동일한 유전자자리에 있는 대립유전자가 다르거나 만일 같다면 기원이 다른.

allozyme 알로자임 명 동일한 유전자자리에 있는 다른 대립유전자에 의해서 암호화되는 동일한 효소의 많은 유형 중 하나.

alluvial 충적(沖積)의 형 흐르는 물에 의해 수송되고 침전된 퇴적물로 구성된 토양과 관련된.

alpestrine 아고산성 형 수목한계선 아래의 높은 산에 자라는.

alpha- 알파 *접두사 'α-' 또는 'alpha'를 포함하는 표제어는 해당 표제어를 참조하시오. [예: 'α-globin'은 'globin'의 아래를 참조하시오]*

alpha 우두머리 명 지배계급에서 가장 높은 지위를 점하는 개체.

alpha diversity 알파다양성 각각 다른 종들이 점유하는 감지하기 힘든 많은 상이한 생태적 지위의 공존에 기인하는 서식지 내의 생태적 다양성. 이러한 유형의 다양성은 각 종이 그들의 생태적 지위에 보다 정교하게 적응함에 따라 종내 변이를 줄이는 경향이 있는 종들 간의 경쟁의 결과이다. ≒ niche diversification. 비 beta diversity, gamma diversity.

alpha motor neuron 알파운동뉴런 방추체 바깥 근육의 주요 수축성 섬유를 자극하는 운동뉴런. 비 gamma efferent motor neuron.

alpha-proteobacteria 알파가변세균 세균엽록소와 다양한 카로티노이드 색소를 포함하는 광독립영양성 비황자색세균(예: *Rhodopseudomonas*, *Rhodomicrobium*), 동류의 비광영양성 그람음성균(예: *Rhizobium*, *Agrobacterium*), 그리고 대부분 출아를 하고 또는 자루가 달린 세균(예: *Hyphomicrobium*)을 포함하는 가변세균의 무리. ≒ **alpha purple bacteria**.

alpha rhythm 알파리듬 정신적으로 활동하지 않는 동안의 뇌에서 발생하는 주파수 8~12 Hz의 전기전위.

alphaviruses 알파바이러스류 명복 셈리키삼림열바이러스(Semliki Forest virus)를 포함한 토가바이러스과에 속하는 동물바이러스 집단.

alpine 고산성 형 높은 산의 수목한계선 위쪽에서 만년설이 시작되는 영구설선 아래의 구역과 이 구역에 주로 국한된 종에 해당하는 말.

alpine grassland 고산초지 높은 산의 수목한계선 위쪽에서 발견되는 초지.

alpine tundra 고산툰드라 고산초지 위쪽과 영구설선 아래의 높은 산에서 발견되는 툰드라와 비슷한 식생 구역.

alternate 어긋나기, 호생 형 잎과 가지 등이 줄기의 맞은편에서 마주나지 않고 연이어 다른 높이에서 달리는.

alternate host 중간숙주 이종기생성 녹병균의 생활주기에서 정원세포와 녹포자기가 생성되는 숙주.

alternate segregation 선택적 분리 상호전좌를 일으킨 세포에서 정상적인 염색체 모두가 한 극으로 가고 전좌된 염색체 모두가 다른 극으로 이동하는 현상.

alternation of generation 세대교번 유성생식을 하는 진핵생물의 생활주기에서 반수체 시기와 2배체 시기가 교대로 나타나는 현상. 이끼류 같은 일부 생물에서는 반수체기가 우세하고, 꽃식물과 많은 동물 등 다른 생물에서는 2배체기가 우세한 반면 반수체기는 훨씬 축소되거나 배우자로만 대표되며, 강장동물 히드라충 같은 또 다른 생물에서는 2배체기와 반수체기가 번갈아 생긴다.

alternation of parts 부분교대 꽃잎과 꽃받침조각, 꽃잎과 수술의 위치가 서로 교대하는 돌려나기(윤생) 잎들의 일반 법칙.

alternative pathway 대체경로 보체활성에 있어서 어떤 특성을 가진 세포표면과 그람음성균의 내독소에 의하여 개시되는 경로. 보체성분 C3과 혈청인자 B,

D 및 P(프로페르딘) 그리고 혈청 내에서 자발적으로 반응한 결과로 생기는 C3b가 수반된다. ⇨ C3, complement system, Factor B, Factor D, properdin.

alternative splicing 선택적 이어맞추기 동일한 1차RNA전사물에서 다양한 이어맞추기 유형에 의해 다양한 RNA들이 만들어지는 것.

alterne 교체군집 명 환경의 급격한 변화나 정상적인 식물천이의 간섭으로 인해 교란된 대상분포를 나타내는 식생.

alternipinnate 교호우생 형 중앙맥의 양면에서 어긋나기(호생)로 나오는 작은 잎(소엽)이나 우편(pinnae)에 적용되는 말.

altrices 미숙부화조 명복 새끼가 매우 미성숙한 상태에서 부화한 새들.

altricial 미성숙(새끼)의 형 부화하거나 출산한 다음에 부양과 양육을 필요로 하는.

altruism 이타성, 이타주의 명 자기가 낳은 자식을 희생시키면서 다른 개체의 자식을 돌보기 위해 많은 시간과 자원을 바치듯이, 자신을 희생시키면서 다른 개체의 유전적 적응도를 증가시키는 어떤 행동. 형 **altruistic**. ⇨ reciprocal altruism.

alula 날개기편 명 날개의 작은 돌출부.

Alu sequence 알루(반복)순서 사람 유전체에서 100만 복사까지 존재하는 약 300 염기쌍의 산재성 DNA 반복서열. 이는 원래 제한지도 상에서 이들을 확인하는 데 사용하는 제한효소 *Alu*I의 이름을 따서 명명되었다. 이와 비슷한 서열이 다른 포유동물에서 발견된다. ⇨ LINE, SINE.

alveolar 포상(胞狀) 형 (1) 허파꽈리(폐포)와 관련된; (2) 치조와 관련된, 턱뼈에 연결된 신경과 동맥에 적용되는 말.

Alveolata, alveolates 유포(有胞)생물 명, 명복 세포막의 아래에 막 체계를 갖는 섬모충류, 정복합체포자동물 및 와편모조류로 구성되는 원생생물 집단.

alveolate 협곡형, 벌집꼴 형 깊은 구멍이 나거나 벌집 모양의.

alveolus 명 (1) **허파꽈리, 폐포** 허파의 공기주머니; (2) **치조** 이틀; (3) **포** 빈 부분; (4) **소공** 작은 구멍 또는 함몰.

Alzheimer's disease 알츠하이머병 전뇌 일부의 뉴런이 위축되고 그 결과 뇌기능이 장애를 받는, 노인에게 흔히 나타나는 퇴행성 신경질환. 뇌에 섬유상 아밀로이드가 축적되는 특징이 나타난다. 증상으로는 극심한 혼란, 기억 상실 그리고 흔히 성격의 변화 등이 있다. 이전에는 노인성 치매라고 불렀다. 이 병의 드문 유전병인 가족성 알츠하이머병(familial Alzheimer's disease, FAD)은 보통보다 훨씬 일찍 증상을 일으킨다.

amacrine 무축삭성 형 망막의 양극세포와 수평세포로 된 층에서 옆으로 연락을 맡고 뚜렷한 축삭이 없는 뉴런의.

α-amanitin α아마니틴 명 RNA중합효소 II와 III의 잠재적 억제제가 되는, 균류 알광대버섯(*Amanita phalloides*)이 생성하는 고리형 옥타펩티드 독소.

Amastigomycota 무편모진균문 명 일부 분류체계에서 접합균류, 자낭균류, 담자균류 및 불완전균류를 포함하는 진균계(Fungi)의 주요 집단. 이들은 잘 발달된 균사체를 갖는 육상균류이고, 편모가 달린 운동성의 유주자나 배우자를 만들지 않는다. 사상균[예: 털곰팡이(*Mucor*), 푸른곰팡이(*Penicillium*)], 버섯 그리고 독버섯을 포함한다.

amastigote 무편모기 명 원생동물 파동편모충과의 생활주기의 한 단계. 타원형 또는 둥근 세포는 핵, 동원질체 및 기저체를 갖지만, 편모는 아주 짧거나 전혀 없다.

A

amatoxins 아마톡신 명복 어떤 버섯류에서 발견되는 α아마니틴 같은 고리형 옥타펩티드 독소.

Amazon region 아마존식물구 아마존 강 유역을 포함하는 신열대식물계의 1부분.

amb ⇨ ambulacra.

amber 명 (1) **호박** 백악기부터 계속된 침엽수 수지의 화석인, 반투명한 노란색 또는 갈색 물질; (2) **호박코돈, 앰버** UAG 종결코돈.

ambergris 용연향 명 이전의 향수 제조에서 사향 향기로 이용되었고 지금은 합성화합물로 대체된 향유고래의 분비물.

amber mutation 호박(코돈)돌연변이 호박코돈을 발생시켜 돌연변이유전자의 단백질 합성이 미성숙한 상태로 종결되는 돌연변이.

amber suppressor 호박(코돈)억제자 호박코돈 UAG를 어떤 아미노산으로 대응하는 코돈으로 읽어 호박(코돈)돌연변이의 효과를 극복하는 tRNA를 만드는 돌연변이유전자.

ambiens 움켜잡기근 명 어떤 새에서 발가락이 횃대를 움켜잡도록 작용하는 넓적다리 근육.

ambient 주변(환경)의 형 주위의.

ambilateral 양쪽성 형 양쪽 면과 관련된.

ambiparous 양생눈의 형 꽃과 잎 모두가 시작되는 눈에 적용되는 말.

ambiquitous 양기능성 형 입자성 준세포 구조와 결부된 정도가 대사활성에 좌우되는 효소에 적용하는 말.

ambisexual 형 (1) **양성의** 양쪽 성과 관련된; (2) **암수동주의** ⇨ monoecious.

ambitus 외각 명 (1) 가장자리; (2) 정단극에서 바라본 성게 껍질의 윤곽.

amblyopia 약시 명 저하된 시력.

ambon 암본 명 관절을 싸고 있는 섬유성 연골의 고리.

ambosexual 양성공통성 형 (1) 양쪽 성과 관련되거나 모두에 공통적인; (2) 웅성 호르몬과 자성 호르몬 모두에 의해 활성화되는.

ambrosial 유사용연향성 형 용연향과 사향으로 대표되는 냄새의 종류에 적용되는 말.

ambulacra 관족, 보대 명복 (1) 극피동물의 관족이 포함된 구역; (2) 관족의 띠. 단 **ambulacrum**. ≒ amb.

ameba 아메바 ⇨ amoeba.

ameiosis 비감수분열 명 (1) 두 번의 분열 대신에 한 번의 감수분열만 나타나는 것; (2) 감수분열에서 염색체의 짝짓기가 없는 것.

ameiotic 비감수분열의 형 감수분열이 억제된 단성생식에 해당하는 말.

amelification 에나멜형성 명 치아의 에나멜질 형성.

ameloblast 에나멜아세포 명 에나멜질을 분비하고 치아 에나멜기관의 부분이 되는 원주상 또는 6각형 세포. ≒ enamel cell.

amensalism 편해작용 명 두 종 사이에서 한 종은 저해를 받고 다른 종은 저해를 받지 않는 종간경쟁의 유형. ≒ antagonism.

amentaceous, amentiferous 미상(尾狀)꽃차례의 형 미상꽃차례를 가진.

amentum 미상꽃차례 명 꽃덮개가 없거나 또는 눈에 띄지 않는 단성화가 밀집한 꽃차례. 복 **amenta**.

ameristic 형 (1) **비분리성** 부분으로 나누어지지 않는; (2) **비체절성** 체절로 나눠져 있지 않은; (3) **비분화성** 분화되지 않거나 발달되지 않은.

Ames test 에임스시험 미국의 생화학자 에임스(Bruce Ames)에 의해 고안된, 돌연변이유발원과 발암원이 세균에서 돌연변이를 일으키는 능력을 이용하여 변이원

물질을 시험관 내에서 간편하게 검색하는 방법.

Ametabola 무변태곤충군 명 무변태성 곤충들.

ametabolous 무변태성 형 알에서 부화된 개체가 어린 성체와 비슷한 원시적인 무시곤충(무변태곤충군)의 형태가 변하지 않는 성질을 이르는 말. 좀붙이목(쌍미류), 좀목(총미류), 톡토기목 및 낫발이목(원미류)이 이에 속한다.

amethopterin 아메토프테린 명 4수소엽산의 재생과 dTMP합성을 차단하고 빠르게 분열하는 세포들을 억제하는 항암제로 사용되는 엽산유사체. ≒ methotrexate.

ametoecious 단일숙주기생성 형 한 생활주기 동안 하나의 숙주에 기생하는. ≒ autoecious.

AMH 항뮐레리아관호르몬(anti-Müllerian duct hormone). ⇨ Müllerian-inhibiting substance.

amicronucleate 무소핵성 형 일부 원생동물의 소핵이 없는 분절에 적용되는 말.

amictic 형 (1) **단성발생란의** 수정할 수 없고 단성생식적으로 발생하여 암컷이 되는 알의; (2) **단성생식암컷의** 단성발생란을 낳는 암컷의.

amidase 아미드가수분해효소 명 (1) 모노카르복실산 아미드를 가수분해하여 모노카르복실산과 암모니아를 생성하는 반응을 촉매하는 효소. EC 3.5.1.4; (2) 아미드의 비펩티드 C−N결합을 가수분해하는 반응을 촉매하는 효소를 통틀어 이르는 말. 아스파라기나아제, 요소가수분해효소 및 글루타민가수분해효소 등이 여기에 속한다. EC 3.5.1~2.

amide 아미드 명 카르복실산과 아미노산으로부터 카르복실기의 −OH를 $-NH_2$로 치환한 형태인 $-CO.NH_2$기를 함유한 화합물. 카르복실산이 아미드기와 축합되면서 아미드결합이 형성된다.

amidinase 아미딘분해효소 명 아미딘의 비펩티드 C−N결합을 가수분해하는 반응을 촉매하는 효소를 통틀어 이르는 말. 아르기나아제 등이 여기에 속한다. EC 3.5.3~4.

amidine 아미딘 명 $-CNH.NH_2$기를 함유한 화합물.

amine 아민 명 기능기 $-NH_2$를 함유한 화합물을 통틀어 이르는 말.

amino acid 아미노산 명 일반식 RCH(NH_2)COOH(α아미노산; 여기서 R은 독특한 곁사슬)로 나타내는 유기화합물을 통틀어 이르는 말. 곁사슬(R)은 글리신의 단일 탄소원자에서 트립토판과 페닐알라닌의 방향족 곁사슬 그리고 시스테인과 메티오닌의 황을 함유한 곁사슬까지 다양하다. 단백질은 아미노산의 아미노기와 카르복실기 사이에서 공유결합이 이루어진 폴리펩티드이며, 여기서 곁사슬들은 공유결합으로 연결된 주사슬에서 돌출되어 있다. 아미노산은 D형과 L형의 광학이성질체로 나타나는데, 단백질에서는 이 가운데 L형만 발견된다. 약 20종의 아미노산이 단백질에서 발견되고, 독립영양생물은 이들 모두를 합성할 수 있지만 종속영양생물은 주로 음식물 중의 단백질을 분해하여 얻는다. 한편 아미노산은 푸린, 피리미딘, 히스타민, 티록신, 아드레날린, 멜라닌, 세로토닌, 니코틴아미드고리와 포르피린 등 많은 중요한 물질의 생합성 전구물질이다. (⇨ 그림 4)

D-amino acid D아미노산 세균의 세포벽과 일부 다른 물질에서도 발견되지만 단백질에서는 전혀 나타나지 않는 아미노산의 종류.

amino acid analysis 아미노산분석 단백질의 아미노산 조성을 결정하는 것.

amino acid neurotransmitters 아미노

(a)

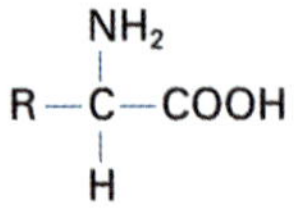

$$R-\underset{H}{\overset{NH_2}{\underset{|}{\overset{|}{C}}}}-COOH$$

(b)

아미노산	약 호	
글리신	Gly	G
알라닌	Ala	A
발린	Val	V
류신	Leu	L
이소류신	Ile	I
세린	Ser	S
트레오닌	Thr	T
리신	Lys	K
아르기닌	Arg	R
히스티딘	His	H
아스파르트산	Asp	D
아스파라긴	Asn	N
글루탐산	Glu	E
글루타민	Gln	Q
프롤린	Pro	P
트립토판	Trp	W
페닐알라닌	Phe	F
티로신	Tyr	Y
메티오닌	Met	M
시스테인	Cys	C

그림 4. (a) 아미노산의 일반적 구조. (b) 단백질에서 발견되는 아미노산들의 3문자와 1문자 약호.

산신경전달물질 중추신경계에서 각각 억제성 및 흥분성 신경전달물질로 작용하는 아미노산들인 글리신과 글루타민.

amino acid notation 아미노산약자표시(법) 단백질에서 발견되는 아미노산들을 1개 또는 3개의 문자로 축약하는 방법. 단백질서열을 나타내는 데 이용된다.

amino acid racemization 아미노산라세미화(반응) 자연계에서 매우 느린 속도로 일어나는, L아미노산이 D아미노산으로 전환되는 반응. 화석 시료의 D아미노산 함량을 측정하고 원래의 L아미노산(생체 조직에서는 단지 L아미노산만이 주목할 만한 규모로 발견됨)에서 D아미노산이 형성되는 기간을 계산하여 화석의 연대를 측정하는 데 이용될 수 있다. 이 방법으로 15,000년에서 100,000년 전 화석의 연대 측정이 가능하다.

amino acid sequence 아미노산(배열)순서 폴리펩티드나 단백질을 구성하는 아미노산의 배열순서.

aminoaciduria 아미노산뇨(증) 명 오줌에 아미노산이 비정상적으로 많은 양이 들어 있는 것.

aminoacylase 아미노아실라아제 명 아실아미노산이 카르복실산과 아미노산으로 가수분해하는 반응을 촉매하는 효소. EC 3.5.1.14.

aminoacyltransferase 아미노아실전달효소 명 펩티드기전달효소를 포함하여 아미노아실기를 전달하는 효소군을 통틀어 이르는 말. EC 2.3.2.

aminoacyl-tRNA 아미노아실tRNA 명 활성화 아미노산을 공유결합으로 3′ 말단에 부가시켜 운반하는 tRNA(예: 메티오닐tRNA, 세릴tRNA, 티로실tRNA).

aminoacyl-tRNA synthetase 아미노아실tRNA합성효소 명 아미노산을 tRNA에 결합시키는 많은 효소를 통틀어 이르는 말. 하나의 특정한 아미노산과 그것에 대응하는 하나 또는 여러 개의 tRNA에 대해 하나의 특이적 아미노아실tRNA합성효소가 존재한다.

ρ-aminobenzoic acid (PBA) ρ-아미노벤젠산 사람에게는 필수적이라고 보이지 않지만 쥐에서는 비타민으로 필수적인 물질.

γ-aminobutyric acid (GABA) γ-아미노부틸산 중추신경계에서 억제성 신경전달물질로 작용하는 아미노산.

aminoglycoside 아미노글리코시드 명 글리코시드결합으로 연결된 몇몇 아미노기에 치환된 당 및 또는 당알코올로 구성된 스트렙토마이신과 카나마이신 따위의 항생물질을 통틀어 이르는 말.

amino group 아미노기 $-NH_2$.

δ-aminolevulinate synthase (DALA synthetase) δ-아미노레불산합성효소 헴이 합성되고 헴의 합성이 되먹임억제에 의해 조절되는 경로의 첫 효소.

aminopeptidase 아미노말단펩티드가수분해효소 명 단백질이나 펩티드에서 아미노말단 쪽에서 아미노산잔기를 제거하는 효소군을 통틀어 이르는 말. EC 3.4.11.

aminopterin 아미노프테린 명 4수소엽산의 재생과 dTMP합성을 차단하고 항암제로 사용되는 엽산유사체.

aminopurine (2-aminopurine, AP) 아미노푸린 명 티민보다는 시토신과 결합하고 따라서 돌연변이유발성인 아데닌유사체.

4-aminopyridine (4-AP) 4-아미노피리딘 뉴런에서 칼륨전도도통로를 선택적으로 차단하는 데 사용되는 화합물.

amino sugar 아미노당 갈락토사민과 글루코사민 같이 수산기가 아미노기로 치환된 단당류.

amino terminus (N terminus) 아미노말단 유리 α-아미노기를 갖는 단백질 사슬의 끝. 단백질의 합성은 아미노말단에서 시작한다. 형 **amino terminal (N terminal)**.

aminotransferase 아미노기전달효소 명 주로 α-아미노산에서 α-케토산으로 α-아미노기를 전달하는 반응을 촉매하는 효소군을 통틀어 이르는 말. EC 2.6.1. ≒ transaminase.

amitosis 무사분열 명 섬모충류의 대핵에서 볼 수 있는 것과 같이, 체세포분열염색체의 응축이나 방추체의 형성이 일어나지 않고 핵피막(핵막)이 사라지지 않으면서 수축에 의해 핵이 분열하는 것.

amixia 교잡불임 명 형태적, 지리적 또는 생리적 격리메커니즘의 결과로 동일종의 개체들 간에서 일어나는 교잡불임성.

amixis 단성발생, 교잡불임 명 (1) 수정이 일어나지 않는 것, 형 **amictic**; (2) 때때로 생식샘의 결여를 나타내는 용어; (3) 반수체 생물의 무수정생식.

ammocoete 칠성장어류유생 명 칠성장어류의 유생.

ammonia (NH_3) 암모니아 명 식물의 질소원으로 직접 이용되거나 또는 암모늄이온(NH_4^+)의 형태로 이용되는 화합물. 생물학적 질소고정에 의해, 사체 유기물의 단백질을 분해하는 토양미생물의 작용에 의해 그리고 이를테면 진골어류의 배설물로 생성된다. ⇨ ammonification, ammonotelic.

ammonia-oxidizing bacteria 암모니아산화세균 암모니아를 아질산염으로 산화시키는 세균(예: *Nitrosomonas*, *Nitrosococcus*). ≒ nitrosifiers.

ammonification 암모니아화(작용) 명 다양한 종속영양미생물(암모니아생물)에 의해 질소유기화합물에서 암모니아(암모늄이온의 형태)가 생성되는 반응.

ammonifiers 암모니아생물 명복 질소유기화합물에서 암모니아를 생성할 수 있는 세균.

ammonites 암모나이트(류) 명복 나선형 껍데기를 갖고 앵무조개류와 비슷하지만 석회질의 유생껍데기를 가졌을 것으로 여겨지는 두족류의 멸종된 무리.

ammonitiferous 암모나이트화석함유의 형 암모나이트류의 화석유물이 포함된.

ammonium ion 암모늄이온 ⇨ ammonia.

ammonotelic 암모니아뇨성 형 대부분의 수생무척추동물, 올챙이 및 일부 진골어류에서 주로 암모니아의 형태로 질소를 배설하는.

amniocentesis 양막천자, 양수천자 명 유전적 결함을 발견하는 염색체 검사를 위하여 태아를 싸고 있는 양수에서 세포를 채취하는 임상적 방법.

amnion 양막(羊膜) 명 (1) 파충류, 조류 및 포유류에서 발생 도중의 배를 싸고 있는 배막의 가장 안쪽의 막, ≒ amniotic sac; (2) 곤충에서 배막의 내막; (3) 그 밖의 무척추동물에서 발견되는 양막처럼 생긴 막.

Amniota, amniotes 양막류 명, 명복 발생 도중의 배를 싸고 있는 양막을 갖는 파충류, 새, 포유류 따위의 육상에 서식하는 척추동물.

amniotic 양막의 형 양막의 주름, 주머니, 구멍, 액체 등과 관련된.

amniotic egg 양막란 배외막이 배발생 중에 형성되는 새, 파충류 및 원수류(알을 낳는 포유류)의 알.

amoeba 아메바 명 (1) 넓은 손가락 같은 헛발(위족)이 형성되고 오므라들면서 형태가 끊임없이 변하는 단세포로 된 비광합성의 벽이 없는 원생생물. 아메바는 아메바생물(Amoebozoa) 또는 원생생물의 문인 근족충류(Rhizopoda)로 분류되는데, 이전에는 원생동물의 강인 근족충강(Rhizopodea)으로 분류하였다; (2) 점액아메바. 복 **amoebae, amoebas**. ≒ ameba.

amoebic 아메바성 형 기생아메바인 이질아메바(*Entamoeba histolytica*)에 기인한 이질(아메바증)의 경우와 같이 아메바와 관련되거나 아메바에 의한.

amoebiform 아메바형 ⇨ amoeboid.

amoebism 아메바형 명 일부 세포에서 볼 수 있는 것과 같이 아메바처럼 생긴 형태나 행동.

amoebocyte 명 (1) **아메바성 세포** 아메바의 모양이나 특성을 갖는 세포를 통틀어 이르는 말; (2) **변형세포** 극피동물의 체강액에 있는 세포.

amoeboflagellate 육질편모충류 명 아메바형에서 편모형으로 변화할 수 있는 원생생물.

amoeboid 아메바형 형 형태 그리고 운동의 특성이나 방식이 아메바와 비슷한.

Amoebozoa 아메바생물 명 분자계통학적 연구를 통해 제안된, 넓은 손가락 같은 헛발(위족)로 움직이는 비광합성 단세포 진핵생물(아메바), 세포성 점균류(예: *Dictyostelium*) 및 변형체성 점균류(예: *Physarum*)가 포함되는 단계통 분류군.

amoebula 아메바형 유주(포)자 명 다양한 원생생물의 아메바형 운동성 포자.

amorph 무형돌연변이 명 유전자산물이 만들어지지 않는 돌연변이.

amorphous 무정형 형 (1) 쉽게 가늠할 수 없거나 불규칙한 형태의; (2) 뚜렷하게 판별할 수 없는 구조의.

AMP ⇨ adenosine monophosphate.

AMPA receptor AMPA수용체 신경계에서 글루탐산 수용체의 1종.

ampheclexis 성선택 ⇨ sexual selection.

ampherotoky 암수생산단성생식 ⇨ amphitoky.

amphetamine 암페타민 명 화학적으로 아드레날린과 연관되고 중추신경계의 강력한 흥분제인 교감신경흥분제.

amphi- '둘 다' 또는 '양면'을 의미하는 그리스어 접두사.

amphiapomict 양성무배생식체 명 조건적 유성형에서 번식한 유전적으로 동일한 개체들의 집단.

amphiarthrosis 반관절 명 약간 움직일 수 있는 관절.

amphiaster 양성상체(兩星狀體) 명 양 끝이 별처럼 생긴 해면동물의 골편.

Amphibia 양서강, amphibians 양서류 명, 명복 개구리와 두꺼비(무미목, Anura), 영원과 도롱뇽(유미목, Urodela)

및 지렁이 같은 나사(무족목, Apoda)로 구성되고 현존하는 아강인 리스양서아강(Lissamphibia)을 포함하는 척추동물의 강. 한편 데본기 이래 출현하였던 많은 멸종된 아강이 있는데, 그 가운데 익티오스테가류(ichthyostegalians)는 지금까지 발견된 가장 오래된 화석생물이다. 양서류는 전형적으로 번식을 위하여 물로 돌아가고 아가미로 수생의 유생기를 보내는 변온성 무양막의 4족류 척추동물이다. 성체는 대개 허파를 갖고 육식성이며 최소한 부분적으로 육지에 산다. 현대의 양서류는 비늘이 없는 촉촉한 피부를 갖는데, 이 피부는 물과 가스에 투과성이 있다. ⇨ anthracosaurs, ichthyostegalians, lepospondyls, temnospondyls.

amphibian, amphibilous 양서성, 양생 형 수중이나 육상에서 생활하도록 적응된.

amphibivalent 복2가염색체 명 2개의 염색체 사이에서 염색체 부위의 상호전좌의 결과로 감수제1분열의 중기와 후기에 생기는 염색체 고리.

amphiblastic 편황배의 형 모든 것이 갖춰졌지만 부등할인 단황란.

amphibolic 양방향성 형 일부 새의 바깥 발가락에서 볼 수 있듯이, 앞뒤로 돌릴 수 있는.

amphicarpous 이종과형성의 형 2가지 종류의 열매를 맺는.

amphicoelous, amphicelous 양와형(兩窩型) 형 양면이 오목한.

amphicondylous 양후두관절구의 형 2개의 후두관절구(후두관절융기)를 가진.

amphicribral 외사(外篩)형 형 어떤 포위관다발에서 물관부를 싸고 있는 체관부를 가진. ≒ amphiphloic. 비 amphivasal.

amphid 쌍더듬이틀, 쌍기(雙器) 명 선충류에서 화학적 자극을 감지할 것으로 여겨지는 앞쪽에 달린 1쌍의 감각기관 중 하나.

amphidetic 양위 형 일부 2매패류 껍데기의 접번인대에서 각정(umbo)의 앞과 뒤로 확장된.

amphidiploid 복2배체 ⇨ allotetraploid.

amphidromous 양쪽회유성 형 동물이 회유할 때 양쪽 방향으로 가는.

amphigenous 형 (1) **양면발육의** 구조의 양면에 달리거나 양쪽에서 자라는; (2) **양면성의** 자실층이 포자가 달리는 몸의 전면을 덮는 균류에서 개체나 구조의 모든 면에서 자라거나 또는 달리는. ≒ perigenous.

amphigony 유성생식 명 2개체가 참여하는 유성생식.

amphigynous 저착성(底着性)의 형 일부 노균(병균)목(페로노스포라균목, Peronosporales)에서 볼 수 있는 것과 같이 장란기의 기부를 장정기가 둘러싸는.

amphihaploid 복반수체 명 복2배체 종에서 생긴 반수체.

amphimict 암피믹트 명 (1) 유성생식의 결과로 생긴 개체들의 집단; (2) 절대적으로 유성생식을 하는 생물.

amphimixis 양성혼합 명 양친의 배우자가 융합하는 유성생식에 의한 생식. 형 **amphimictic**. 비 apomixis.

Amphineura 쌍신경강, 쌍신경류 명 몸이 신장되고 석회질판이 달린 외투막을 갖는, 흔히 군부류(키톤, chitons)라 부르는 해양 연체동물의 강.

amphioxus 창고기 명 두삭류에 속하는 창고기류(*Branchiostoma*).

amphipathic 양친매성 형 단백질이나 단백질의 부분 그리고 인지질 같은 분자에서 동일한 분자 내에 소수성(비극성)과 친수성(극성) 부분을 함께 갖는 성질. 인지질의 이러한 특성은 수중에서 소수성

원자단이 구체의 중심에 놓이고 극성 원자단이 표면에 위치하는 미셀(micelle)을 형성하고, 소수성 부분이 내부를 향하는 2중층의 생체막을 이루게 한다. ≒ **amphiphilic**.

amphiphloic 양사형(兩篩型) 형 줄기와 관다발에서 물관부의 내부와 외부 모두에 체관부가 있는.

amphiphyte 양생식물 명 육상에서도 살고 수중에서도 살 수 있는 양서성 식물.

amphiploid 복배수체 ⇨ allopolyploid.

amphipneustic 쌍기문(雙氣門)의 형 (1) 생활사를 거치는 동안 아가미와 허파 모두를 갖는; (2) 대부분의 파리류 유충에서 볼 수 있는 것과 같이 앞몸부분과 뒷몸부분에만 쌍으로 기능성의 기문을 가진.

amphipod 단각류(端脚類) 명 몸은 옆으로 납작하고 복부는 신장되고 두흉갑이 없는, 육지와 바다 그리고 민물에 사는 갑각류 연갑아강의 목인 단각목(Amphipoda)의 동물들(예: 갯벼룩).

amphiprotic 양쪽성 양성자성 형 양성자를 줄 수도 있고 받을 수도 있는 분자의.

amphirhinal 쌍비공(雙鼻孔)의 형 2개의 콧구멍을 갖거나 그와 관련된.

amphisarca 암피사르카 명 과육질의 내부와 목질의 외부로 된 씨가 많은 과실.

Amphisbaenia, amphisbaenians, amphisbaenids 지렁이도마뱀아목, 지렁이도마뱀류 명, 명복, 명복 퇴화된 눈과 둥근 꼬리를 갖고, 지렁이처럼 생기고 땅속에서 살며 보통 다리가 없는 파충류 무리.

amphispermous 형 과피로 단단하게 둘러싸인 씨를 가진.

amphisporangiate 양포자낭성 형 (1) 대포자낭과 미소포자낭 모두가 달린 포자엽을 갖는; (2) 양성꽃의.

amphispore 여름포자 명 (1) 어떤 조류에서 휴면포자의 기능을 하는 생식포자; (2) 건조한 환경을 견디도록 변형된 여름포자.

amphisternous 양복판성 형 일부 성게류에서 나타나는 복판 구조의 1종에 적용되는 말.

amphistomatous 양면기공성 형 일부 잎의 양면에 기공을 가진.

amphistomous 양단흡반성 형 거머리와 같이 몸의 양 끝에 빨판을 가진.

amphistylic 양접형 형 하악궁은 설궁으로 관절화되고 상악(구개방형 연골)은 연골성 머리뼈와 3군데에서 연결되는, 일부 상어류의 머리뼈에서 볼 수 있는 원시적인 하악고정의 형태.

amphitelic 정중배열성 형 유사분열 중기에 동원체가 양극에서 정확하게 등거리에 위치하면서 염색체들이 방추체 적도판에 자리를 잡는.

amphithecium 자낭반벽 명 선태식물에서 포자낭의 주변세포층.

amphitoky 암수생산단성생식 명 암컷과 수컷 모두의 단성생식.

amphitrichous 양모성 형 세균에서 각 극에 편모가 달리는.

amphitroph 양성영양체 명 정상적으로는 독립영양을 하지만 어두운 곳에 장기간 두면 종속영양을 하도록 적응하는 생물.

amphitropical 양열대성 형 열대지방의 양쪽에서 나타나는.

amphitropous 곡생(曲生) 형 주병이 한쪽의 중간에 위치하는 밑씨를 가진.

amphiumas 뱀장어형 유미류 명복 미국 남동부에 서식하고 전적으로 물에 사는, 뱀장어와 유사한 양서류의 과. 1속 3종으로 구성된다.

amphivasal 외목(外木)형 형 어떤 포위관다발에서 체관부를 싸고 있는 물관부를 가진. ≒ **amphixylic**.

amphogenic 암수자손생산성 형 암수의 자손을 낳는.

ampholyte 양쪽성 전해질, 양쪽성 물질 명 산성 기와 염기성 기 모두를 가진 분자.

amphoteric 양쪽성 형 (1) 아미노산처럼 산과 염기의 특성 모두를 갖는; (2) 다른 쪽의 특징을 가진.

amphotericin B 암포테리신B 진균성 감염에 효과적인 항진균항생물질.

ampicillin 암피실린 명 그람양성균과 일부 그람음성균에 효과적인 반합성 아미노페닐아세틸 페니실린.

amplectant 휘감기 형 덩굴손처럼 버팀대 주위를 껴안거나 단단히 감는.

amplexicaul 포경(抱莖)의 형 자루 없는 잎(무병엽)의 기부처럼 줄기를 껴안거나 싸고 있는.

amplexus 포접(抱接) 명 개구리와 두꺼비에서 껴안고 교배하여 알을 물에 낳고 수정시키는 것.

ampliate 형 일부 곤충에서 볼 수 있듯이 가장자리가 돌출된 날개를 가진.

amplicon 증폭절 명 여러 번 복제되어 반복서열의 배열을 이루는 DNA조각.

amplification 증폭 명 (1) 개체발생이나 계통발생에서 구조적 또는 기능적 복합성이 증가하는 방향으로 변화하는 것; (2) 유전자나 DNA에서 유전자 또는 DNA서열이 복제를 반복하여 염색체 내에서 그 수가 증가하는 것.

amplified fragment length polymorphism (AFLP) 증폭단편길이다형성 특히 식물에서 유전자지도작성에 이용되는 다형성 DNA표지의 유형. 제한효소로 절단된 DNA단편을 중합효소연쇄반응(PCR)을 이용하여 증폭시켜 탐지한다.

ampulla 팽대부, 병낭 명 (1) 막성 소포; (2) 귀의 반고리관 각각의 한쪽 끝에 있는 팽창부; (3) 다양한 관과 세관의 팽창부; (4) 극피동물에서 수관계의 환상관에 있는 내부 주머니; (5) 판새어류에서 감각관의 끝에 있는 소포; (6) [식] 통발(*Utricularia*)의 침수 주머니. 복 **ampullae**.

ampullaceous 앰플형 형 플라스크 모양.

ampullae of Lorenzini 로렌찌니병기 연골어류(상어, 가오리 등)의 머리에 있는, 젤리로 채워진 관. 외부로 난 구멍이 있고, 물의 온도나 염도의 변화 또는 조직의 전기전위 변화를 감지하는 감각세포로 끝난다.

amygdala 편도체 명 (1) 아몬드 또는 아몬드 모양의 구조; (2) 기억과 관련되는 것으로 여겨지는, 대뇌반구의 측두엽의 중앙 앞쪽에 있는 피질하구조.

amygdalin 아미그달린 명 맛이 쓴 아몬드, 복숭아, 체리의 씨알맹이에서 발견되는 시안배당체.

amylase 아밀라아제 명 녹말, 글리코겐 및 다른 다당류의 α-1,4결합을 무작위로 가수분해하는 α-아밀라아제(EC 3.2.1.1) 또는 맥아당 단위들을 잇달아서 제거하는 β-아밀라아제(EC 3.2.1.2) 또는 이들 2효소의 혼합.

amyliferous 녹말함유성 형 녹말을 포함하거나 만드는.

amylogenesis 녹말형성 명 녹말을 만드는 것.

amyloid 아밀로이드 명 (1) 다양한 질환으로 심장, 간, 지라 및 다른 기관에 축적되는 복합단백질의 섬유상 물질. 정상적인 단백질의 접혀진 구조를 상실하고 단백질 분해에 내성을 갖는 β병풍구조가 풍부한 섬유상 응집체를 만드는 다양한 단백질들로부터 형성된다. 아밀로이드가 뇌에 축적되는 것이 알츠하이머병의 특징이다; (2) 형 녹말과 비슷한.

amylolytic 녹말분해성 형 녹말을 분해하는.

amylopectin 아밀로펙틴 명 글리코겐과 비슷한 구조를 갖는, 녹말에서 발견되는 포도당의 분지한 중합체.

amyloplast 녹말체 명 녹말이 축적된 무색의 색소체.

amylose 아밀로오스 명 녹말에서 발견되는 포도당의 분지하지 않는 중합체.

ANA 항핵항체 세포핵의 다양한 성분에 대한 자가항체.

anabiosis 가사(假死) 명 일부 생물이 건조 등에 의해 죽은 것처럼 보이지만 활기를 되찾을 수 있는 상태.

anabolism 동화(작용) 명 생물에서 간단한 분자로부터 복잡한 분자를 형성하고 에너지를 저장하는 건설적인 생화학반응. 형 **anabolic**.

anabolite 동화산물 명 동화작용에 수반되는 물질을 통틀어 이르는 말.

anacanthous 무극성(無棘性) 형 가시나 경침이 없는.

anachoresis 틈서식생 명 구멍이나 틈에 사는 현상.

anadromous 소하성(遡河性) 형 1년에 한 번 바다와 민물을 회유하는 어류에 적용되는 말.

anaemia 빈혈(증) 명 다양한 원인에 기인할 수 있는, 적혈구의 감소로 특징지어지는 혈액병.

anaerobe 혐기성 생물 명 유리산소(O_2)가 존재하지 않는 상태에서 살 수 있는 생물을 통틀어 이르는 말. 절대혐기성 생물은 낮은 산소농도에서조차 살 수 없고, 조건혐기성 생물은 낮은 산소농도에서뿐만 아니라 정상적인 산소농도에서도 살 수 있다. 비 aerobe.

anaerobic 형 (1) **혐기성** 유리산소(O_2)가 존재하지 않는 상태에서 사는 생물에 적용되는 말; (2) **무산소성** 산소가 없는 환경이나 조건을 가리키는 말.

anaerobic decomposition 무산소분해 미생물들에 의해 산소가 없는 조건에서 유기물이 분해되는 것.

anaerobic respiration 혐기성 호흡, 무기호흡 (1) 전자전달과 산화환원반응으로 양성자구동력을 일으키지만 O_2가 아닌 최종전자수용체를 이용하는 호흡; (2) 해당과정; (3) 발효.

anaerobiotic 무산소성 형 산소가 없거나 고갈된 서식지의.

anaerogenic 가스비생산성 형 발효하는 동안 가스를 생성하지 않는 미생물의.

anagenesis 명 (1) **향상진화** 계통이 분지하거나 분열하지 않고 계통 내에서 한 형태로부터 다른 형태로 서서히 변화하는 점진적 진화. 형 **anagenetic**. 비 cladogenesis; (2) **재생** 조직의 재생.

anal 형 (1) **항문부근의** 항문과 관련되거나 항문에 위치하거나 또는 항문에 가까운; (2) **뒷지느러미의** 물고기 복부의 뒤쪽 가운데에 있는 지느러미의.

analgesic (1) 형 **진통의** 통증을 덜어주거나 없애는; (2) 명 **진통제** 통증을 없애는 약.

analogous 상사적 형 곤충과 새의 날개와 같이 기능은 비슷하지만 구조와 발생과 진화의 기원이 다른 구조들에 적용되는 말.

analogue 유사체 명 (1) 상이한 식물 또는 동물에서 기능은 비슷하지만 기원이 다른 기관 또는 부분을 통틀어 이르는 말; (2) 화학적으로 관련되지만 서로 동일하지 않은 화합물을 통틀어 이르는 말. 천연대사물질의 유사물은 효소, 수용체 따위의 결합부위에서 천연대사물질과 경쟁하여 종종 정상적인 반응을 방해한다; (3) 공통조상으로부터의 진화보다는 수렴진화 때문에 비슷해진 DNA 또는 단백질서열.

analogy **상사** 명 구조나 기원이 다르지만 기능이 유사한 것. 형 **analogous**.

analysis of variance (ANOVAR) **분산분석, 변량분석** 관찰된 모든 변이를 독립된 변이의 원인에 따라 분할시키는 통계적 기법.

anamestic 형 위치가 고정된 큰 뼈들 사이의 공간을 채우는 작고 가변적인 뼈들의.

anamnestic **기왕(반응)의** 형 면역학에서 2차면역반응에 적용되는 말.

anamniotes **무양막류** 명복 배를 둘러싸는 양막이 없는 어류, 양서류 및 무악어류(칠성장어류와 먹장어류).

anamorph **무성세대** 명 균류의 생활주기에서 무성기. 비 holomorph, teleomorph.

anamorpha **아나모르파** 명복 불완전한 수의 체절로 부화된 유충.

anamorphic **무성세대** 형 생활주기에서 유성기가 알려져 있지 않은 균류에 해당하는 말.

anamorphosis 명 (1) **점진진화** 한 형태에서 다른 형태로 서서히 변화하는 진화; (2) **기형, 변체(變體)** 식물에서 기원된 과도하거나 비정상적인 구조.

anandrous **무약수술의** 형 꽃밥이 없는.

anangian **비관다발의** 형 관다발계가 없는.

ananthous **무화(無花)의** 형 (1) 개화하지 않는; (2) 꽃차례가 없는.

anaphase **후기** 명 유사분열이나 감수분열에서 중기의 뒤를 잇는 시기. 유사분열에서는 복제된 염색체들이 길게 갈라지고 2개 염색분체들이 방추체의 다른 극으로 이동한다. 감수분열에서는 후기I(감수제1분열)에 상동염색체들이 다른 극으로 이동하고, 후기II(감수제2분열)에 자매염색분체들이 분리되고 다른 극으로 이동한다.

anaphase-promoting complex (APC) **후기촉진복합체** 유사분열에서 중기에서 후기로 이행하는 동안 자매염색분체들이 분리되도록 촉진하는 단백질 복합체.

anaphylactic shock, anaphylaxis **아나필락시스쇼크, 아나필락시스** 개체가 과민성(알레르기성)을 나타내는 항원에 노출되면서 일어나는 극심하고 때로는 치명적인 전신쇼크증상. '과민증'이라고도 한다.

anaphylatoxin **아나필라톡신** 명 아나필락시스의 일부 특징처럼 보이는 염증반응을 일으킬 수 있는 C3a, C4a, 또는 C5a 보체 조각을 통틀어 이르는 말. 이들은 감염에 의해 보체계가 활성화되는 동안 효소에 의한 분해로 어버이격인 보체단백질(C3, C4 및 C5)로부터 만들어진다.

anaphysis 명 (1) **파생** 뻗어 나오는 것; (2) **파생사** 어떤 지의류에서 자낭반에 있는 담자병 같은 사상 구조.

anaplasia **역형성** 명 덜 분화된 구조로 회귀하는 것.

anaplast(id) **백색체** ⇨ leucoplast.

anaplerotic reaction **보충반응** 트리카르복시산회로에서 아미노산합성을 위해 소비되는 옥살로아세트산을 다시 채우기 위해 피루브산이 옥살로아세트산으로 되는 카르복실화반응처럼 중간대사에서 보충하는 반응.

anapleurite **등옆판** 명 일부 돌좀류에 있는 위가슴의 옆판.

anapophysis **추골부돌기** 명 요추골에서 횡돌기 부근에 생기는 작은 등 쪽 돌기.

anapsid **무와머리뼈의** 형 측두창이 없고 등 쪽 면의 틈은 콧구멍, 눈구멍(안공) 및 두정공 뿐인, 완전히 덮여 있는 머리뼈의.

anapsids **무궁류(無弓類)** 명복 제멋대로 뻗어 나가는 걸음걸이와 측두공이 없는 머리뼈로 특징지어지는 파충강 무궁아강(Anapsida)에 속하는 땅거북류, 거북류 및 멸종된 종들.

anarthous 무관절성 형 뚜렷한 관절이 없는.

anaschistic 형 감수분열에서 세로로 2번 분열하는 4분염색체에 적용되는 말.

anaspids 혈갑류(穴甲類) 명복 가는 골질 비늘로 덮인 날씬하고 유연한 몸을 가진 멸종된 무악척추동물(무악어류)의 목.

anastomosis 융합, 문합(吻合), 맥관연락 명 잎맥의 미세한 분지의 결합, 균사의 융합, 하나의 동맥에서 생긴 혈관의 유합과 같은, 망이나 그물세공의 형성.

anastomosis group 융합균류 균사가 서로 융합할 수 있는 균류 종의 분리군.

anastral 무성상체유사분열의 형 성상체가 형성되지 않는 유사분열의 유형을 가리키는.

anatomical 해부학적 형 식물이나 동물의 구조에 해당하는 말.

anatomically modern humans 해부학적 현대인류 약 200,000년 전에 비롯된, 살아 있는 모든 인류가 속하는 종인 사람(현대인, *Homo sapiens*). ≒ modern humans.

anatomy 해부학 명 해부를 통하여 식물과 동물의 구조를 다루는 학문.

anatoxin 아나톡신 ⇨ toxoid.

anatriaene 후3차골편(後三叉骨片) 명 뒤로 뻗은 가지를 갖는 3지창 모양의 골편.

anatropous 도생(倒生) 형 밑씨가 아래를 향해 구부러져 배꼽(제)과 주공이 서로 붙고 합점이 반대쪽에 놓이는.

anautogenous 타생적 형 알의 성숙을 위하여 먹이를 먹지 않으면 안 되는 곤충 암컷의 성충에 적용되는 말.

anaxial 형 (1) **무축성** 뚜렷한 축을 갖지 않는; (2) **비대칭성** 비대칭의.

anchorage-dependent growth 부착의존적 생장 섬유모세포 같은 많은 포유동물 세포들의 배양에서 유리나 플라스틱처럼 자라고 분열하기에 적합한 표면을 필요로 하는 것.

anchorage-independent growth 부착비의존적 생장 배양할 때 반고체한전배지 상에서 분열할 수 있어서 유리나 플라스틱처럼 자라는데 적합한 표면을 더 이상 필요로 하지 않는 포유동물의 일부 형질전환세포들에서 나타나는 특성.

ancient forest, ancient woodland 원시림, 고대숲 처녀림 또는 2차천이에 의해 발달되고 그 자리에 수백 년간 계속해서 존재한 오래된 2차림의 숲이나 삼림. 관리를 받을 수 있지만 결코 대대적인 벌목이 행해지지 않은 곳이며, 특유의 식물상을 나타내는 곳이다. 비 old-growth forest, secondary forest.

ancipital 2능형(二稜形), 양각상 형 납작하고 두 면을 가진.

anconeal 팔꿈치의 형 팔꿈치와 관련된.

anconeus 팔꿈치근, 주근 명 팔꿈치 위에 있는 작은 신근.

Andean region 안데스식물구 안데스 산맥과 그 서쪽 해안 지대를 포함하는 신열대식물계의 1부분.

Andreaeidae 검정이끼강 ⇨ granite mosses.

andric 수컷의 형 수컷의.

androconia 발향린(發香鱗) 명복 일부 수컷 나비류의 날개에서 성유인방향물질을 내는 변형된 비늘. 단 **androconium**.

androdioecious 수꽃이주의 형 수꽃과 양성꽃이 서로 다른 식물체에 있는.

androecium 수술군 명 식물의 수생식기관. 꽃식물에서는 수술 전체를 가리킨다.

androgamone 안드로가몬 명 수배우자에 의해 만들어져 암배우자에 작용하는 물질을 통틀어 이르는 말.

androgen 안드로겐, 웅성 호르몬 명 수생식계통의 발달과 2차성징을 생성하고 유지하는 데 관련되는 안드로스테론과 테스토스테론 같은 수컷의 다양한 스테로이드 성호르몬을 통틀어 이르는 말. 안드로겐은 주로 정소에서 분비된다.

androgenesis 동정생식 명 (1) 부계염색체만 포함된 배에서 발생하는 것; (2) 수배우자에서 발생하는 웅성단위생식. 형 **androgenetic**.

androgenic 웅성의 형 (1) 남성(또는 수컷)의 특징을 활성화하고 남자답게 만드는 호르몬에 해당하는 말; (2) 웅성 호르몬을 만들 수 있는 조직에 적용되는 말.

androgenone 웅성배(아) 명 수컷에서 유래된 염색체만 포함하도록 인위적으로 생성시킨 배.

androgenous 수자손생산성 형 수컷 자손만 만드는.

androgonidia 웅성 고니디아 명복 군체성 원생생물인 좁쌀공말(*Volvox*)의 생식개체들이 반복적으로 분열하여 생기는 수생식개체들.

androgonium 웅성 원모세포 명 수배우자모세포로 발달하는 장정기(은화식물의 수생식기관)의 세포.

androgyne 양성의 ⇨ 형 hermaphrodite.

androgynism 암수동체성 ⇨ hermaphroditism.

androgynous 형 (1) **양성의** ⇨ hermaphrodite; (2) **양성꽃차례의** 수꽃과 암꽃이 같은 꽃차례에 달리는; (3) **암수동균사성의** 장정기와 장란기가 같은 균사에 달리는.

androgyny 양성의 형 암수의 특징을 함께 가진.

andromerogony 웅성난편발생(雄性卵片發生) 명 부계염색체만을 가지고 있는 난절편의 발생.

andromonoecious 수꽃암수동주의 형 같은 식물체에 수꽃과 양성꽃을 함께 가진.

andromorphic 수컷형의 형 수컷과 비슷한 형태를 가진.

andropetalous 화판상 수술의 형 화판상 수술을 가진.

androphore 웅기병(雄器柄) 명 수생식기관(예: 장정기, 수술군)이 달리는 자루 또는 균사.

androsporangium 수포자낭 명 수포자를 포함하는 포자낭.

androspore 수포자 명 왜소 수컷 식물체를 생기게 하는 무성유주자.

androstenedione 안드로스텐디온 명 생식샘과 부신에서 합성되는 스테로이드 성호르몬인 안드로겐.

androsterone 안드로스테론 명 주로 정소에서 만들어지고 테스토스테론보다는 덜 효과적인, 남성의 스테로이드 성호르몬.

androtype 웅성형표본 명 종의 수컷의 기준표본.

anellus 아넬루스 명 나비목에서 뚜껑과 유대가 떠받치는 작은 고리 모양 또는 3각형의 판.

anelytrous 무시초성(無翅鞘性) 형 시초(딱지날개)가 없는.

anemo- '바람'을 뜻하는 그리스어 '*anemos*'에서 유래된 접두사.

anemochory 바람산포성 명 바람에 의해 종자가 산포되는 것. 형 **anemochorous 바람산포성** 바람에 의해 산포되는 종자와 바람에 의해 분산되는 종자를 갖는 식물에 적용되는 말.

anemophily 풍매(風媒) 명 바람에 의한 꽃가루받이 또는 바람에 의해 초래되는 다른 형태의 수정을 이르는 말. 형 **anemophilous**.

A

anemoplankton 기중플랑크톤 명 바람에 의해 운반되는 미생물, 포자 및 꽃가루.

anemosporic 바람산포성 형 기류에 의해 분산되는 포자나 씨를 가진.

anemotaxis 주풍성(走風性) 명 기류에 반응하는 움직임.

anemotropism 굴기성 명 기류에 반응하여 몸의 방향을 바꾸거나 식물이 굽는 성질.

anencephaly 무뇌증 명 뇌를 갖지 않는 상태. 형 **anencephalous**.

anenterous, anenteric 무장성 형 내장이 없는.

aner 수개미 명 곤충, 특히 개미의 수컷.

anergy 아네르기 명 항원에 대한 반응성이 상실된 상태.

aneuploid 이수성 형 (1) 반수체 염색체수 또는 반수체 유전자량의 정배수보다 많거나 적게 갖는; (2) 결실과 같이 상대유전자량에 지장을 주는 염색체이상에 적용되는 말. ≒ unbalanced. 명 **aneuploidy**.

aneuronic 비신경성 형 호르몬에 의해 조절되는 색소포에 신경분포가 없는.

aneusomic 이수성 형 다양한 수의 염색체들을 갖는 세포로 된 생물의.

ANF ⇨ atrial natriuretic factor.

angienchyma 관다발조직 명 관다발조직.

angioblast 혈관모세포 명 혈관 내피층의 시원세포.

angiocarpic, angiocarpous 피실성(被實性)의 형 (1) 과피로 둘러싸인 열매를 갖는; (2) 어떤 종류의 방이나 빈 공간에 포자가 들어 있는. 명 **angiocarpy**.

angiogenesis 혈관형성, 혈관신생 명 기존의 혈관에서 새로운 혈관이 돋아나며 형성되는 것.

angiogenesis factors 혈관형성인자 혈관의 형성을 촉진하는 시토카인. ⇨ tumour angiogenesis factors.

angiogenic 혈관생성성 형 (1) 새로운 혈관의 형성을 촉진하는; (2) 혈관이 생기게 하는.

angiogenic clusters 신생혈관뭉치 ⇨ blood islands.

angiogenin 혈관생성유도인자 ⇨ tumour angiogenesis factor.

angiography 혈관조영술 명 X선 촬영에서 나타나는 염료(조영제)를 혈관 내에 주입하여 기관 내의 혈관계를 영상으로 검사하는 기술. 이렇게 얻어지는 사진을 혈관촬영도(angiogram)라고 한다.

angiology 맥관학, 혈관학 명 혈관계와 림프계의 해부학.

Angiospermae, angiosperms 속씨식물문, 속씨식물 ⇨ Anthophyta.

angiosporous 피자포자성 형 뚜껑이나 피막에 들어 있는 포자를 가진.

angiostomatous 형 비팽창성 입을 가진 연체동물과 뱀류의 좁은 입을 가진.

angiotensin 안지오텐신 명 레닌이 안지오텐시노겐에 작용하여 혈액으로 방출되는 짧은 사슬의 폴리펩티드인 안지오텐신I(불활성) 또는 안지오텐신II(활성호르몬) 중 하나. 안지오텐신II는 안지오텐신I에서 만들어진다. 안지오텐신II는 혈관에 작용하여 혈관을 수축시키고 혈압을 상승시킨다. 한편 안지오텐신II는 자궁을 수축시키고 부신피질로부터 알도스테론의 분비를 촉진한다.

angiotensinogen 안지오텐시노겐 명 간에서 합성되어 혈액으로 방출되고 레닌이라는 효소의 작용으로 분해되어 안지오텐신I(혈압상승제인 안지오텐신II의 불활성 전구물질)을 만드는 단백질.

ångström (Å) 옹스트룀 명 한외현미경 관찰에서 사용되는 길이의 단위인 10^{-10} m(= 0.1 nm).

angular 각의, 모난 형 (1) 각을 갖거나 각과 관련된; (2) 많은 고사리류에서 볼 수 있듯이 줄기의 갈라진 곳에서 비롯된 잎에 적용되는 말; (3) 명 **각** 대부분의 척추동물에서 아래턱(하악)의 막골.

angulosplenial 각판상골 명 양서류에서 아래턱(하악)의 아래와 안쪽 부분의 대부분을 구성하는 뼈.

angustifoliate 좁은 잎의, 협엽(狹葉)의 형 좁은 잎을 가진.

angustirostral 좁은부리의 형 좁은 부리나 주둥이를 가진.

angustiseptate 절협과(節莢果)의 형 좁은 격벽을 가지고 좌우로 편평한 단각과를 가진.

anholocyclic 불완전생활환의 형 (1) 생활환의 유성부분이 억제된 세대교번의; (2) 영구적인 단성생식의.

animal 동물 ⇨ Animalia, Metazoa.

animal cap 동물극모자 제노프스(*Xenopus*)와 그와 비슷한 포배에서 동물극과 그 주변의 빠르게 분열하는 작은 세포들.

animal hemisphere 동물반구 알이나 포배에서 동물극을 포함하는 반쪽.

Animalia 동물계 명 동물의 계. 현대의 분류에서 동물계는 벽이 없는 비광합성 세포를 갖는 모든 다세포성 진핵생물로 구성된다. 동물은 고형 유기물을 섭취하는 완전동물성 섭식자이다. 해면동물을 제외한 모든 다세포동물은 어떤 형태의 신경계통과 수축성의 근육이나 근육 같은 세포들을 갖고, 대부분은 움직일 수 있다. 이전의 분류에서는 원생동물도 동물계에 포함시켰었다. ≒ animals, Metazoa, metazoans. (⇨ 부록 3)

animal pole 동물극 (1) 난황을 가진 알에서 난황이 적고 상대되는 식물극에 비해 훨씬 빠르게 분열하는 부분; (2) 작은 분할세포들(미소할구)이 모이는 포배의 끝.

animal traps 포충균류 (1) 작은 토양동물을 잡고 기생하는 접합균류(포충균목, Zoopagales)의 무리; (2) 균사의 고리와 가지를 만들어 토양의 선충류에 들러붙고 꼼짝 못하게 하는 불완전균류(예: *Arthrobotrys*)의 무리.

animal-vegetal axis 동물-식물극축 양서류의 알에서 동물극과 식물극을 잇는 축.

animal viruses 동물바이러스 동물에 감염되는 바이러스.

anion 음이온 명 양극(양전극)으로 이동하는 음전하를 띤 이온(예: Cl^-). 비 cation.

anion channel 음이온통로 세포막 내외로 막을 통한 음이온의 수동수송이 가능하게 하는 단백질.

aniridia 무홍채(증) 명 눈의 홍채가 없는 것.

aniso- '같지 않은'을 뜻하는 그리스어 '*anisos*'에서 유래된 접두사.

anisocarpous 부등심피의 형 심피의 수가 다른 꽃바퀴(꽃을 구성하는 부분들)의 수보다 적은.

anisocercal 비대칭의 형 물고기의 꼬리지느러미가 같지 않은.

anisocytic 부등형 형 3개의 부세포로 구성되고, 그 중 1개의 부세포는 기공을 싸고 있는 다른 2개보다 뚜렷하게 작은 형태의 기공을 이르는 말. 이전에는 'cruciferous'라고 불렀다.

anisocytosis 적혈구크기변이 명 적혈구 크기의 과도한 변이.

anisodactylous 이형발가락의 형 3개의 발가락은 앞에 그리고 다른 1개는 뒤에 있는, 같지 않은 발가락을 가진.

anisodont 이형치의 ⇨ heterodont.

anisogamete 이형배우자 명 2개의 접합하는 운동성 배우자 가운데 1개의 형태나 크기가 다른 것. 형 **anisogamous**.

anisogamy 이형접합 명 형태적으로 다른 운동성 배우자들의 융합. 비 isogamy.

anisognathous 요철형 턱의 형 (1) 폭이 같지 않은 턱을 가진; (2) 위턱과 아래턱에 서로 다른 이를 가진.

anisomerous 부동수의 형 꽃을 구성하는 각 부분의 수가 같지 않은. 명 **anisomery**.

anisomorphic 불균등형 형 크기, 모양 또는 구조가 서로 다른.

anisophylly 부등엽성(不等葉性) ⇨ heterophylly.

anisopleural 좌우비대칭성 형 양방향으로 비대칭인.

anisoploid 기수배수체 형 체세포에 홀수의 염색체세트가 들어 있는.

anisopterans 잠자리류 명복 잠자리목(Odonata) 잠자리아목(Anisoptera)에 속하는 잠자리들.

anisopterous 부등날개의 형 씨에 서로 다른 날개가 달린.

anisospore 이형포자 명 이형배우자.

anisostemonous 부등수술의 형 (1) 수술의 수가 다른 꽃바퀴(꽃을 구성하는 부분들)의 수와 같지 않은; (2) 크기가 같지 않은 수술을 가진.

anisotropic 형 (1) **비등방성의** 가로무늬근섬유의 암대에서 2중으로 굴절하는; (2) **축결정란의** 미리 정해진 축을 갖는 알의; (3) **이방성의** 방향에 따라 다르게 나타나는 물리적 성질을 갖는 결정의.

ankistroid 미늘형의 형 (1) 미늘 같은; (2) 미늘이 있는.

ankyloblastic 만배대(彎胚帶)의 형 약간 굽은 배대(germ band)를 가진.

ankylosis 관절굳음(증) 명 뼈와 뼈, 이와 뼈 등과 같이 둘 또는 그 이상의 뼈들이나 단단한 부분들이 하나로 결합되는 것. 형 **ankylosing**.

ankyroid 갈고리형 형 갈고리처럼 생긴.

anlage 원기(原基) 명 어느 부분이나 기관의 발생을 나타내는 첫 구조 또는 세포집단. ≒ primordium.

annealing 복원법, 두가닥복원 명 외가닥에서 2중가닥의 핵산으로 되돌리는 것.

annectant 형 중간형의 종이나 속을 연결하는.

Annelida, annelids 환형동물문, 환형동물 명, 명복 고리 모양의 체절 구조를 갖는 진체강동물의 문. 몸은 연하고 길며, 육질의 체벽을 갖는다. 체벽은 대개 격벽으로 분리되는 비슷하게 생긴 많은 체절로 나뉘고, 얇고 유연한 아교질의 각피로 덮인다. 이들은 혈관계통, 신관 및 중추신경계를 갖는다. 환형동물문에는 다모강(Polychaeta; 갯지렁이), 빈모강(Oligochaeta; 지렁이 등) 및 거머리강(Hirudinea; 거머리)이 포함된다.

annelide 환상대 명 기부를 향하여 분생자를 만드는 곰팡이세포의 유형.

annexin 아넥신 명 칼슘과 결합하고 인지질과 결합하는 특성을 갖고 혈액응고의 억제를 포함하여 다양한 생화학적 기능을 갖는, 구조적으로 연관된 단백질군을 통틀어 이르는 말.

annidation 공백지위 명 정상적인 개체가 이용할 수 없는 생태적 지위가 존재하기 때문에 돌연변이체가 개체군에서 생존하는 상황.

Annonales 목련목 ⇨ Magnoliales.

annotation 주석(표지) 명 유전체의 DNA 서열에서 유전자의 위치와 그 밖의 특징을 찾아내고 기능에 관한 정보를 첨가하는 것.

annotinous 전년도생장의 형 그 전년에 일어난 생장에 적용되는 말.

annual 1년의, 1년생 형 (1) 연간 구별되거나 끝나는 구조 또는 생장 특성의; (2)

1년만 사는; (3) 발아하여 1년 내에 생활 주기를 끝마치는; (4) 명 1년 내에 생활주기를 끝마치는 식물.

annual increment 연생장(량) 생물이나 군집의 연간 생체량의 증가.

annual ring 나이테 ⇨ growth ring.

annular 환상 형 (1) 고리 모양의; (2) 손목과 발목에 있는 어떤 인대의; (3) 요골의 머리띠를 싸고 있는 원형 인대의; [식] (4) 안쪽에 고리 모양의 비후부를 갖는 어떤 물관의; (5) 세포벽의 내부 표면에 형성되는 띠의.

Annulata, annulates 환체동물군, 환체류 명, 명복 환형동물, 절지동물 및 일부 친족들이 포함되는, 좌우대칭과 진정한 체절제(동분이성분절)를 갖는 무척추동물들의 무리.

annulate 고리무늬 형 (1) 고리 모양의; (2) 고리와 같은 체절로 구성된; (3) 고리와 같은 수축을 가진; (4) 고리와 같은 띠로 배열된 색깔을 가진.

annulate lamellae 환상박막층 일부 진핵세포에서 볼 수 있는, 핵공복합체와 비슷한 구조를 포함하는 막들의 더미.

annulus 명 (1) **체환(體環)** 환형동물의 체절처럼 고리와 같은 구조를 통틀어 이르는 말; [식] (2) **턱받이, 환문(環紋)** 버섯과 독버섯에서 자루를 고리 모양으로 둘러싼 피막의 잔편; (3) **구환(口環), 환대(環帶)** 고사리류의 포자낭에 있는 1열의 특수화된 세포들; [동] (4) **환문(環紋)** 물고기 비늘의 생장테; (5) **약지(藥指)** 넷째 손가락. 복 **annuli**.

anococcygeal 항문꼬리의 형 항문과 꼬리뼈 사이의 부위와 관련된.

anoestrus 무발정, 발정휴지기 명 (1) 비번식기; (2) 암컷이 성적으로 받아들이지 않는 기간.

anoikis 아노이키스 명 세포외 기질과 접촉이 끊긴 세포들의 세포자살.

anomaly 비정상 명 표준이 되는 특징에서 벗어난 것.

anomer 아노머, 이성체 명 α-D-glucopyranose와 β-D-glucopyranose의 경우처럼, 카르보닐기 탄소원자 주위의 원자배열만 다른 단당류의 2개 이성질체 가운데 하나.

anomerism 아노머이성체현상 명 분자의 아노머가 존재하는 것.

anomia 이름못대기증, 명칭실어증 명 사물이나 사람의 이름을 쉽게 부르지 못하는 증세.

anomocytic 부재형(不在型) 형 부세포가 없는 형태의 기공을 이르는 말. 이전에는 'ranunculaceous'라고 불렀다.

anomophyllous 형 잎들이 불규칙하게 놓인.

anopheline 아노펠레스모기류의 형 말라리아 등의 질병을 매개하는 아노펠레스속(*Anopheles*, 학질모기)의 모기류에 적용되는 말.

Anoplura 이목 명 포유동물의 외부기생 생물인 흡혈이 또는 이를 포함하는 곤충의 목. ≒ Siphunculata.

anorexia 식욕부진 명 식욕이 없는 것.

anorthogenesis 지그재그진화 명 적응의 방향이 변화를 보이는 진화.

anorthospiral 직사형(直射型) 나선 ⇨ paranemic.

anosmic 후각상실의 형 냄새를 맡는 감각이 없는. 명 **anosmia**.

ANOVAR ⇨ analysis of variance.

anoxia 무산소증 명 산소의 결핍.

anoxic 무산소의 형 서식지에 산소가 전혀 없는.

anoxygenic 산소비생성의 형 남세균 외의 세균이 수행하는 광합성에서 산소를 생성하지 않는.

A

anoxygenic photosynthesis 산소비생성광합성 전자전달에 의한 순환적 광인산화반응에서 물의 분할에 의한 산소의 생성 없이 ATP를 합성하는 데 빛에너지를 이용하는 것. 자색세균 등의 일부 광합성 세균에 의해 수행된다. 이 유형의 광합성에 이용되는 전자공여체에는 수소, 환원형 황화합물과 유기화합물이 포함된다.

ANP 심방나트륨이뇨펩티드(atrial natriuretic polypeptide) ⇨ atrial natriuretic factor.

ANS ⇨ autonomic nervous system.

ansa 고리 명 어떤 신경에서 볼 수 있는 것과 같은 고리.

Anseriformes 기러기목 명 새 가운데 오리, 거위, 백조를 포함하는 물새의 목. 형 **anseriform**.

anserine 거위의 형 거위와 관련된.

ansiform 고리형 형 고리 모양 또는 고리가 달린.

antagonism 길항작용 명 (1) 다른 물질의 효과에 대응하는 호르몬 등의 효과; (2) 식물의 뿌리에서 분비되는 어떤 물질이 인근의 다른 식물을 억제하는 작용과 같은, 한 종의 다른 종에 대한 억제작용. ≒ amensalism. 형 **antagonistic**.

antagonist 명 (1) **길항근** 다른 근육의 작용에 대항하는 작용을 하는 근육; (2) **길항물질** 호르몬, 신경전달물질 또는 약물의 작용을 방해하거나 막는 물질을 통틀어 이르는 말.

Antarctic kingdom 남극식물계 남극, 남빙양의 섬들, 뉴질랜드 및 남아메리카의 남단(남위 40° 아래)으로 이뤄지는, 5개 식물계 중 하나. 뉴질랜드식물구, 파타고니아식물구, 남부온대도서식물구로 나뉜다.

ante- '앞(쪽)에'를 뜻하는 라틴어 '*ante*'에서 유래된 접두사.

anteclypeus 앞머리방패 명 봉합선에 의해 구별되는 턱판의 앞쪽 부분.

antecosta 전연맥 명 곤충에서 날개가 달리는 체절의 가로막까지 뻗어 있는, 체절간근의 부착을 위한 등판의 내부 융선.

antecubital 팔굽앞의 형 환상홈의 팔꿈치 앞의.

antedorsal 등지느러미앞의 형 물고기의 등지느러미 앞쪽에 위치하는.

antefurca 전차상(前叉狀)돌기 명 일부 곤충에서 앞가슴체절의 갈라진 돌기.

antemarginal 엽상체주변부의 형 고사리류에서 엽상체 주변부의 안쪽에 있는 포자낭군의.

antenatal 출생전, 산전 형 자궁에 있는 태아의 유전적 결함을 찾기 위해 행하는 검사와 같이, 출산 전의.

antenna 더듬이, 촉각, 안테나, 촉수 명 (1) 절지동물의 머리에 쌍으로 있는, 관절로 된 더듬이 중 하나; (2) 윤충류의 더듬이; (3) 일부 어류에서 먹잇감을 유혹하는, 등지느러미의 변형된 덮개; (4) 광합성에서 빛을 수집하는 데 관련된 엽록소와 기타 색소분자들의 집합. 복 **antennae**. 형 **antennal**, **antennary**.

Antennapedia complex (ANT-C) 촉각다리복합체 노랑초파리(*Drosophila melanogaster*)의 배에서 특정한 구획의 발현을 조절하는 체절결정유전자의 복합체.

antennary 촉각의 형 신경, 동맥 등에서 촉각과 관련된.

antennation 더듬이접촉 명 촉각을 통한 의사소통 신호나 탐사의 효과를 낳는, 더듬이를 이용한 접촉.

antennifer 촉각담절(觸角擔節) 명 더듬이가 달리는 홈.

antennule 작은더듬이, 소촉각 명 작은 더듬이 또는 촉각. 특히 갑각류에서 쌍으로 있는 제1촉각을 가리킨다.

anterior 앞의, 전(前)의, 전방의 형 (1) 머리의 끝에 가까운; (2) 사람에서 복부의; (3) 축에서 밖으로 향하는; (4) 이전의. 비 posterior.

anterior commissure 전연합(前連合), 전교련(前交連) 좌우 반구의 측두엽 전측부를 연결시키는 섬유다발.

anterior horn 앞뿔 척수에서 운동뉴런의 세포체를 포함하는 회백질 부분. 비 posterior horn.

anterior pituitary 뇌하수체전엽 중간부(pars intermedia)를 제외한 선하수체.

anterior-posterior 앞뒤의, 전후의 ⇨ antero-posterior.

anterograde 형 (1) **전방수송** 뉴런에서 축삭의 물질이 세포체로부터 멀어지며 이동하는; (2) **전방부퇴화** 축삭말단이 피해를 입어 뉴런이 퇴화하는. ≒ Wallerian degeneration.

anterolateral system 통증전달계 통증의 정보를 뇌로 전달하는 체성감각신경계. ≒ spinothalamic tract.

antero-posterior 앞뒤의, 전후의 형 동물체의 머리에서 꼬리로 가는 축에 적용되는 말.

antesternite 전복판편(前腹板片) 명 곤충의 앞쪽 복판의 경판. ≒ basisternum.

anthela 인상(藺狀)꽃차례 명 골풀과(Juncaceae)에서 흔히 나타나는 취산꽃차례의 1종.

anther 꽃밥, 약(葯) 명 꽃가루를 만드는 수술의 끝부분. (⇨ 그림 18)

antheridiophore 수컷생식기상 명 장정기가 달리는 구조.

antheridium 장정기 명 많은 은화식물(고사리류, 이끼류, 우산이끼류), 조류 및 균류에서 수배우자가 생성되는 기관 또는 생식기탁. 복 **antheridia**.

antherophore 꽃밥자루, 약병(葯柄) 명 일부 겉씨식물의 웅성 구과에서 많은 꽃밥이 달리는 수술의 자루.

antherozoid 이동성 수배우자 명 장정기의 이동성 수배우자 모세포에서 생성되는 운동성 수배우자. ≒ sperm, spermatozoid.

anthesis 개화(기) 명 (1) 꽃눈이 열리는 단계나 시기; (2) 꽃이 피는 것.

anthoblast 안토블라스트 명 돌산호류의 어린 고착성 폴립.

anthocarp 부과(副果) 명 파인애플이나 무화과처럼 전체 꽃차례에서 만들어지는 다화과 또는 집합과.

Anthocerophyta 뿔이끼식물문, Anthoceratopsida 뿔이끼강, Anthocerotae 뿔이끼상목, Anthocerotales 뿔이끼목 명 엽상 배우자체를 갖고 로제트형으로 생장하며, 작고 포자가 달리는 비관다발 녹색식물인 뿔이끼 무리. 세포는 보통 피레노이드를 갖는 하나의 대형 엽록체를 포함한다. 뿔이끼의 세포간극에는 흔히 공생을 하는 광합성남세균이 들어있다. 포자체는 배우자체에 생기는 자루에 달리는 수직의 신장된 포자낭이다. ⇨ bryophytes.

anthoclore 황소(黃素) 명 프림로즈에서 볼 수 있는 것과 같이 꽃잎의 세포액에 용해된 노란색 색소.

anthocodia 화두(花頭) 명 연산호(바다맨드라미류)에서 입과 촉수가 달린 폴립의 노출된 부분.

anthocyanidins 안토시아니딘 ⇨ anthocyans.

anthocyanins 안토시아닌 ⇨ anthocyans.

anthocyans 안토시안 명복 식물세포의 액포에서 발견되는 수용성의 적색, 청색 또는 자색 플라보노이드 색소군. 안토시아니딘과 플라보노이드 배당체인 안토시아닌으로 구성된다. 이들이 포함된 식물을 먹이로 섭취하는 일부 곤충에서도 발견된다.

anthodium 반두꽃차례 명 국화과(Compositae)에서 볼 수 있는 것과 같이 낱꽃들이 두상으로 된 꽃차례.

anthogenesis 무성적 암수생산 명 일부 진디에서 무성적으로 수컷과 암컷 모두를 낳는 것.

anthophilous 호화성(好花性) 형 (1) 꽃을 좋아하는; (2) 꽃을 먹고 사는.

anthophore 신장화탁 명 꽃받침과 꽃부리 사이의 꽃턱(receptacle)이 늘어난 것.

Anthophyta 속씨식물문 명 현존하는 종자식물의 5개 주요 문 가운데 하나인 꽃식물. 생식기관(수술과 씨방)은 꽃에 있고, 꽃 안에서 포자엽(수술과 심피)은 보통 불임성 잎(꽃잎과 꽃받침조각)으로 둘러싸여 있다. 꽃가루받이와 수정이 끝나면 씨가 들어 있는 폐쇄된 씨방은 열매로 발달한다. 반수체의 배우자체 세대는 매우 축소되어 암수배우자와 이들에서 생기는 세포들에 국한된다. ≒ angiosperms, Magnoliophyta. (⇨ 부록 1)

anthostrobilus 구화(毬花) 명 일부 소철류의 구형 포자낭(구과).

anthotaxis 꽃차례 명 축에 달리는 꽃의 배열.

anthoxanthins 안토크산틴 명복 세포액에 용해되는 플라본 배당체로 상아색에서 샛노란 색을 내는 꽃색소. 식물을 먹이로 섭취하는 곤충에서도 발견된다.

Anthozoa, anthozoans 산호충강, 산호충류 명, 명복 연산호류, 바다조름류와 혹가시산호류(바다맨드라미아강, Alcyonaria) 및 말미잘류와 돌산호류(말미잘아강, Zoantharia)를 포함하는 자포동물문(Cnidaria) 강장동물의 강. 연산호류, 혹가시산호류와 돌산호류는 대개 군체를 이루고 각각의 폴립은 살아 있는 조직으로 연결되며, 돌산호류의 경우에는 탄산칼슘의 기질에 박힌다. 말미잘류는 대개 단독으로 난다.

anthracobiontic 탄서성(炭棲性) 형 불에 탄 흙이나 그을린 물체에서 자라는.

Anthracosauria, anthracosaurs 고룡목, 고룡류 명, 명복 석탄기에서 페름기까지 출현한 양서류인 미치류(labyrinthodont)의 목으로 파충류의 조상이다.

anthraquinone 안트라퀴논 명 지의류, 균류, 고등식물 그리고 연지충과 랙깍지진디와 같은 곤충에서 발견되는 오렌지색과 적색 색소군.

anthropic zone 인간영향권지표 인간의 영향을 받는 지표 부분.

Anthropocene 인류세(人類世) 명 지구의 역사에서 가장 최근의 시기로, 인간의 활동이 지구의 기후와 생태계에 중요한 영향을 미치기 시작한 시기. 일부는 산업혁명과 함께 시작되었다고 여기지만, 이보다 훨씬 앞서 농경의 시작과 함께 시작되었다는 견해도 있다.

anthropocentrism 인간중심주의 명 인간의 활동이 다른 무엇보다 중요하고 인간 이외의 종을 고려할 필요가 없다는, 배타적이고 인간 중심적인 견해. 형 **anthropocentric**.

anthropochory 사람매개종자분산 명 사람을 통한 포자나 꽃가루 따위의 우연한 분산.

anthropogenesis 인류발생 명 사람의 진화적 혈통. 형 **anthropogenetic**.

anthropogenic 인위적, 인류발생적 형 사람에 의해 만들어졌거나 야기되는.

anthropoid 유인원 형 오랑우탄, 침팬지, 고릴라 따위의 유인원(성성이과,

Pongidae)처럼 사람과 비슷하거나 관련된 동물을 가리키는 것. 때때로 긴팔원숭이류(긴팔원숭이과, Hylobatidae)도 포함시킨다.

Anthropoidea 유인원아목 명 원숭이, 유인원 및 사람으로 구성되는 영장류의 아목.

anthropology 인류학 명 인간과 인간사회, 특히 사회조직의 차이, 인종의 차이, 생리적 차이와 종교의 발달을 다루는 학문.

anthropometry 인체계측(법) 명 인체의 각 부분을 계측하는 것.

anthropomorphism 의인(擬人)주의 명 동물이 인간의 감정과 행동을 갖는 것으로 생각하는 입장.

anthropomorphous 유인형 형 사람 모양을 한.

anthropozoonotic 명 다양한 동물 숙주에 전달되어 감염의 저장고 기능을 하는 인간감염.

anti- '-에 반대하여'를 뜻하는 그리스어 '*anti*' 또는 '앞에'를 뜻하는 라틴어 '*ante*'에서 유래된 접두사.

antiae 부리깃털 명복 일부 새에서 부리의 기부에 달리는 깃털.

antiauxin 항옥신 명 옥신에 의한 생장 촉진을 조절하거나 억제하는 화합물을 통틀어 이르는 말.

antibiosis 항생(작용) 명 한 생물이 다른 생물(들)에게 해로운 화합물(항생물질)을 생성하는, 생물의 길항적 작용.

antibiotic (1) 명 **항생물질** 미생물에 의해 생성되어 다른 미생물들의 생장을 선별적으로 억제하거나 죽이는 다양한 유기화합물을 통틀어 이르는 말. 많은 항생물질이 사람과 동물의 세균감염 및 진균감염에 대한 치료제로 사용된다; (2) 형 **항생의** 죽이거나 생장을 저해하는.

antibiotic resistance 항생물질내성 ⇨ drug-resistance factors, R plasmid, transposon.

antibiotin 항바이오틴 ⇨ avidin.

antibody (Ab) 항체(抗體) 명 항원에 의해 활성화된 후 B림프구에서 유래되고 그 항원을 특이적으로 인식하여 선별적으로 결합하고 면역계의 다른 성분들과 함께 이를 제거하는 데 도와주는, 형질세포에 의해 분비되는 면역글로불린. 몸은 거의 무한정으로 다양한 항체를 만들 수 있고, 각 B림프구는 단일한 항원특이성을 갖는 항체를 만들도록 발생과정의 초기에 유전적으로 프로그램이 되어 있다. 항체는 면역반응에서 기능이 서로 다른 몇 가지의 항체종류 또는 동종형으로 구분된다. ⇨ adaptive immune response, B lymphocyte, immunoglobulin, immunoglobulin A, immunoglobulin D, immunoglobulin E, immunoglobulin G, immunoglobulin M.

antibody class 항체종류 ⇨ immunoglobulin A, immunoglobulin D, immunoglobulin E, immunoglobulin G, immunoglobulin M.

antibody combining site 항체결합부위 항원과 결합하는 항체의 부위.

antibody-dependent cell-mediated cytotoxicity (ADCC) 항체의존적 세포매개세포독성 다양한 종류의 백혈구, 특히 자연살생세포와 호산성백혈구가 항체와 결합한 표적세포를 죽이는 것.

antibody diversity 항체다양성 면역계에 의해 상이한 특이성을 갖는 항체를 거의 무한정으로 만드는 것. 각각 다른 항체들은 상이한 B세포에 의해 만들어진다. 각 B세포는 단일한 특이성을 갖는 항체를 만들도록 발생과정의 초기에 면역글로불린의 유전자재배열에 의해 프로그램이 되

A

어 있다. ⇨ immunoglobulin genes.

antibody engineering 항체공학 유전공학을 이용하여 항체효소처럼 새로운 특성을 가진 항체를 만들거나 또는 상이한 2종(예: 쥐와 사람)으로부터 서열을 결합시킨 잡종항체를 만드는 것. 항체공학의 생성물 중 하나는 쥐의 항체로부터 유래된 특이적 항원결합부위를 갖는 사람의 항체이다. 이렇게 하여 (쥐에서 쉽게 얻을 수 있는) 특정한 항원에 대항하는 항체는 사람에게 비면역성을 제공함으로써 변형되지 않은 동물의 항체에 비하여 덜 불활성화된다.

antibody genes 항체유전자군 ⇨ immunoglobulin genes.

antibody repertoire 항체레퍼토리 한 개체가 만들 수 있는 모든 종류의 항체.

antiboreal 남반구온대지역의 형 남반구의 한랭지역이나 온대지역과 관련된.

antibrachial 팔뚝의 형 앞다리의 팔뚝이나 그에 상응하는 부분의.

antical 배면(背面)의 형 특히 우산이끼류에서 엽상체, 잎 또는 줄기의 위쪽 또는 앞쪽 표면에 해당하는 말.

anticlinal 형 (1) **수층(垂層)의** 생장점의 꼭대기 표층에 직각으로 세포가 분열하는 면의; (2) **배사(背斜)의** 서로 반대쪽으로 경사진.

anticoagulant 항응고제 명 디쿠마롤, 와파린, 헤파린과 같이 혈액의 응고를 저해하는 물질을 통틀어 이르는 말.

anticoding strand 안티코딩사슬 ⇨ antisense strand.

anticodon 역코돈 명 mRNA의 코돈과 상보적인 tRNA의 연이은 3개의 염기.

anticryptic 항은성(抗隱性) 형 포식동물의 공격을 용이하게 하는 보호색의.

antidiuretic 항이뇨성 형 (1) 오줌의 양을 감소시키는; (2) 콩팥세관에 의한 물의 재흡수를 조절하는 호르몬(바소프레신)에 적용되는 말.

antidiuretic hormone 항이뇨호르몬 ⇨ vasopressin.

antidromic 형 (1) **역방향성의** 정상적인 방향과 반대인; (2) [식] **외부융합탁엽** 가장자리가 융합된 턱잎의.

antifertilizin 항수정소 명 알에서 생성되는 수정소와 반응하는 정자 세포질의 단백질.

antifreeze compounds 동결방지제 (1) 일부 곤충의 혈림프에서 발견되는, 체액의 어는점을 낮추고 동결을 막는 글리세롤, 소르비톨, 만니톨 같은 화합물; (2) 빙정핵을 형성하여 혈액을 얼게 만들 작은 얼음결정(빙정)을 감싸서 혈액의 어는점을 떨어뜨리는, 일부 극지 어류의 혈액에서 발견되는 당단백질.

antigen (Ag) 항원 명 항체 또는 T세포수용체와 특이적으로 결합할 수 있는 물질을 통틀어 이르는 말. 항원은 그 단독으로는 특정한 면역반응을 일으킬 수 없기도 하지만, 만일 적절한 담체에 부착하면 면역반응을 일으킨다. 형 **antigenic**. 비 immunogenicity.

antigen-antibody complex 항원-항체 복합체 항체와 그에 특이적인 항원이 항원결합부위에 비공유적으로 결합한 복합체. 이러한 복합체는 항원과 항체가 합칠 때 생기며, 식세포에 의해 가장 효과적으로 청소되는 항원의 형태로 몸에서 제거된다. ⇨ Fc receptors, immune complex.

antigen-binding site 항원결합부위 면역글로불린분자 상의 항원과 결합하는 부위. 하나의 가벼운 사슬(경쇄)과 하나의 무거운 사슬(중쇄)의 가변부들로 구성되며, 각각의 항원결합부위는 단일한 항원결정기를 인식한다. 각 면역글로불린

단위체는 2개의 동일한 항원결합부위를 갖는다.

antigenic determinant 항원결정기 특정한 항체의 생성을 유도하거나 특정한 T세포를 활성화하는 항원분자 상의 부위. ≒ epitope.

antigenic drift 항원연속변이 작은 유전적 변화의 결과로 어떤 바이러스, 특히 인플루엔자바이러스가 옮기는 항원에서 생기는 점진적 변이.

antigenicity 항원성 명 B림프구나 T림프구 상의 항원수용체와 특이적으로 결합할 수 있고, 따라서 원칙적으로 특정한 면역반응을 촉진할 수 있는 물질이 갖는 특성.

antigenic shift 항원불연속변이 두 바이러스균주 간의 재조합으로 새로운 바이러스형의 갑작스러운 출현이 실제로 나타나면서 어떤 바이러스, 특히 인플루엔자바이러스가 옮기는 항원에서 생기는 상당한 변이.

antigenic variation 항원변이 아프리카트리파노솜(예: *Trypanosoma brucei*)과 몇몇 다른 미생물들이 여러 대에 걸쳐 자신의 세포표면 항원을 바꾸는 능력. 트리파노솜에서 이 현상은 발현되는 위치에 다른 유전자를 가져오는 DNA재배열에 기인한다.

antigen presentation 항원표출 외래단백질항원을 면역계의 T림프구가 인식하도록 준비하는 과정. 세포는 외래단백질항원을 받아들여 세포 내에서 펩티드단편으로 분해시킨다. 펩티드는 MHC분자들과 복합체를 형성하고, 이들 복합체가 세포 표면에 드러난다. 이 형태를 항원이 인식할 수 있고, 펩티드-MHC조합에 특이적인 T림프구에 의해 반응한다. ⇨ antigen-presenting cell, cytotoxic T lymphocyte, helper T lymphocyte, MHC molecules, T-cell receptor.

antigen-presenting cell 항원표출세포 (1) 항원펩티드와 MHC분자의 복합체를 표면에 드러내는 세포를 통틀어 이르는 말; (2) 전문적 항원표출세포.

antigen processing 항원처리 세포에 의한 단백질항원의 부분적인 분해. 그 결과 생기는 펩티드단편들은 MHC분자와 복합체를 형성하여 세포 표면에 드러난다.

antigen receptor 항원수용체 항원과 결합하는 림프구 상의 세포표면단백질. B세포의 항원수용체는 면역글로불린이고, T세포의 항원수용체들은 구조적으로 비슷한 분자들인데 이를 T세포수용체라 한다.

antigiberellin 항지베렐린 명 지베렐린이 식물의 생장에 미치는 영향과 상반된 작용을 하여 식물로 하여금 짧고 굵은 줄기를 갖고 자라게 하는 화합물(예: 포스폰, 말레산히드라지드)을 통틀어 이르는 말.

antihaemorrhagic 항출혈의 형 출혈을 멈추게 하는 물질에 적용되는 말.

antihelix 대이륜 명 귓바퀴의 앞쪽에 있는 구부러진 돌기.

antihelminthic 구충제 명 기생성 편형동물류나 회충을 없애는 데 쓰는 약제.

anti-idiotypic antibody 항특수형 항체 다른 항체의 여러 부위에 위치하는 항원결정기에 특이적인 항체.

anti-immunoglobulin 항면역글로불린 면역글로불린에 맞서는 항체. 주로 일정한 부위에 있는 결정기에 맞선다.

Antillean subregion 신열대동물아구 카리브 해의 섬들을 포함하는 신열대동물구의 1부분.

antimeres 체복(體輻) 명복 (1) 좌우대칭 동물에서 오른팔과 왼팔처럼 상응하는 부분들; (2) 방사대칭 동물에서 일련의 동일한 방사부.

A

antimetabolite 항대사물질, 대사길항물질 명 이를테면 효소의 활성부위를 놓고 자연기질과 경쟁함으로써 대사반응을 저해하는 물질을 통틀어 이르는 말.

antimitotic 유사분열억제성 형 유사분열을 억제하거나 막는.

antimorph 반정상대립유전자 명 정상 대립유전자와 상반되는 효과를 갖고 이형접합 상태에서 정상 대립유전자와 경쟁하는 돌연변이 대립유전자.

anti-Müllerian duct hormone (AMH) 항뮐러리아관호르몬 뮐러억제물질.

antimutagen 항돌연변이(유발)원 명 돌연변이율을 늦추거나 돌연변이의 작용을 뒤바꾸는 물질이나 그 밖의 작용인자를 통틀어 이르는 말.

antimycin 안티마이신 명 세포호흡의 억제제로 실험상 이용되는 화합물.

antineuritic 항신경염성 형 부족하면 다발성 신경염을 일으키는 비타민인 티아민의.

antinociceptive 통증완화성 형 아프거나 해로운 감각의 생성 또는 전달을 완화시키거나 막을 수 있는 물질을 통틀어 이르는 말.

antiparallel 역평행 형 DNA 2중나선의 두 가닥에서 볼 수 있듯이 2개의 비슷한 구조가 방향이 역으로 되어 있는.

antiparallel β-sheet 역평행β병풍구조 단백질의 β병풍 2차구조에서 병풍의 옆에 있는 가닥과 방향이 역으로 되어 있는 유형. 이는 단백질 사슬의 인접한 구역들이 접혀지면서 형성될 수 있다. 비 parallel β-sheet.

antiperistalsis 역연동 명 창자 내용물이 후방에서 전방으로 가는 반대방향의 연동운동.

antipetalous 역꽃잎의 형 꽃잎이 달리는 반대방향으로 붙은.

antipodal 반족세포의 형 식물의 배낭에서 주공의 반대쪽 끝에 있는 3개 세포들의.

antiport, antiporter 역수송, 역수송체 명 용질이 생체막 내외로 수송될 때 동시에 또는 순차적으로 다른 용질이 역방향으로 수송되는 현상과 그러한 기능을 하는 막단백질. ⇨ coupled transport, symport.

antiprostate 항전립샘 명 망울요도샘 (bulbo-urethral gland).

antipyretic 해열의 형 체온을 낮추는 약물에 적용하는 말.

antirachitic 구루병방지성 형 비타민 D의 구루병을 방지하는.

anti-reductionism 반환원주의 ⇨ reductionism.

***Antirrhinum majus* 금어초** 식물유전학 실험에서 널리 이용되는 관상용 쌍떡잎 식물.

antiscorbutic 괴혈병방지성 형 비타민 C (아스코르브산)의 괴혈병을 막거나 대응하는.

antisense RNA 안티센스RNA 유전자의 정상적인 RNA전사물에 상보적이면서 DNA로 혼성화되거나 또는 RNA전사물에 결합하여 그 번역을 방지함으로써 발현을 막을 수 있는 RNA.

antisense strand 안티센스사슬 2중가닥 DNA에서, 전사를 위한 주형가닥으로 이용되고 전사가닥 또는 암호가닥에 상보적인 DNA가닥. ≒ anticoding strand, template strand.

antisepalous 역꽃받침의 형 꽃받침조각들이 달리는 반대방향으로 붙은.

antiseptic (1) 명 **방부제** 유해한 미생물을 죽이는 물질; (2) 형 **방부성** 부패를 방지하는.

antiserum 항혈청 명 예방접종이나 자연적 감염 후에 특정한 항체를 포함하는 혈청.

antisocial factor 역사회진화선택압 사회적 진화를 뒤바꾸는 경향이 있는 선택압을 통틀어 이르는 말.

antispadix 명 앵무조개의 내부 측엽에 있는 4개의 변형된 촉수들.

antitermination 전사종결방지 명 항종결인자라고 부르는 단백질과 효소의 상호작용에 기인하여 RNA중합효소가 유전자에서 보통의 종결신호를 지나 전사를 계속하는 것.

antithesis, principle of 반정립법칙 ⇨ principle of antithesis.

antithrombin 항트롬빈 명 트롬빈의 작용을 무력화시켜서 혈액의 응고를 제한하는 물질을 통틀어 이르는 말. 항트롬빈III은 트롬빈을 불활성화하는 α글로불린이다.

antitoxin 항독소 명 독소와 결합하여 독소를 중화시키는 물질.

antitragus 맞구슬, 대이주(對耳珠) 명 외이의 귓기둥(이주)에 반대되는 위치에 있는 돌출부.

antitrochanter 반전자(反轉子) 명 새에서 넙다리뼈(대퇴골) 도래마디(전자)의 움직임에 맞서는, 장골상의 관절로 된 돌기.

antitrope 안티트롭 명 다른 구조와 좌우대칭의 쌍을 이루는 구조를 통틀어 이르는 말.

antitropic 역정렬의 형 (1) 돌리거나 반대방향으로 정렬하는; (2) 좌우대칭의 쌍을 이루도록 배열하는.

antitropous 도생(배주)의 형 (1) 반대의; (2) 식물에서 배뿌리가 배꼽의 반대쪽을 향하는 배의.

α_1-antitrypsin deficiency α_1항트립신결핍증 불활성 항트립신이 생성되는 유전적 결함에 기인하여 기종(허파의 기낭이 극도로 팽창되고 확대되어 숨이 차는 증상)을 일으키는 유전적 결함인 가족성 기종.

antitrypsins 항트립신 명복 다양한 동물과 식물에서 생성되는 효소 트립신의 단백질 억제제. 일부는 세르핀족에 속한다(예: α_1항트립신). 해충에 저항성을 갖게끔 항트립신 유전자가 없는 경작종에 일부 식물의 항트립신 유전자를 이식하면 식물체에 포함된 항트립신 때문에 해충은 식물체를 소화할 수 없어서 굶어 죽게 된다.

antiviral 항바이러스성 형 바이러스를 죽이거나 무력화하고 또는 바이러스의 증식을 억제하는 항체, 약물 또는 다른 작용물질들의.

antlers 사슴뿔, 녹용 명복 사슴류의 머리에서, 머리뼈에서 돋은 쌍으로 된 뿔. 흔히 분지하며 해마다 탈락하고 주로 수컷에 국한된다.

antlia 나사혀 명 나비목의 빨아들이는 나선형 주둥이.

ant lions 명주잠자리류 풀잠자리목(Neuroptera)에 속하는 곤충의 무리.

antral follicle 미성숙액상세포 액체로 채워진 미성숙한 난소여포.

antrorse 전향(前向) 형 앞쪽 또는 위쪽을 향한.

antrum 동(洞), 강(腔) 명 (1) 구멍 또는 굴; (2) 발생 중인 난소여포에서 액체로 채워진 구멍. 형 **antral**.

ants 개미류 명복 벌목(Hymenoptera)의 개미상과(Formicoidea)에 속하는 사회성 곤충. 여왕개미를 중심으로 수개미, 일개미 그리고 경우에 따라서는 병정개미들이 함께 군단을 이루며 산다.

anucleate 무핵성 형 핵이 없는.

anucleolate 무인성(無仁性) 형 인이 없는.

Anura, anurans 무미(無尾)목, 무미류 명, 명복 개구리류와 두꺼비류를 포함하는 현생 양서류의 3목 중 하나. 어떤 분류체계에서는 개구리목(Salientia)으로 부른다.

anural, anurous 무미의 형 꼬리가 없는.

anus 항문 명 소화되지 않은 음식물이 배설되는 소화관의 (주로 뒤쪽에 있는) 열린 부분. 형 **anal**.

anvil 침골, 모루뼈 ⇨ incus.

aorta 대동맥 명 (1) 포유동물에서 혈액을 심장에서 몸의 동맥계로 나르는 근간이 되는 큰 동맥; (2) 기타 동물에서 산소를 포함한 혈액을 나르는 주된 혈관. ⇨ dorsal aorta, ventral aorta.

aortic 대동맥의 형 열공(구멍), 협부, 림프샘, 반월판 등에 있는 대동맥과 관련된.

aortic arches 대동맥활, 대동맥궁 척추동물의 배에 있는 쌍으로 된 동맥. 등 쪽과 배 쪽의 동맥을 연결하고 양쪽에 있는 아가미틈 사이를 지난다.

aortic bodies 대동맥소체 모세혈관얼기에 있는 2개의 작은 크롬친화세포 덩어리. 태아 복대동맥의 한쪽에 하나씩 있고, 혈액의 산소함량과 산도를 조절하는 계의 일부가 된다. ≒ Zuckerkandl's bodies.

AP ⇨ aminopurine.

AP-1 포유동물 세포에 있는, Jun과 Fos 단백질의 2합체인 전사조절단백질.

4-AP ⇨ 4-aminopyridine.

apandrous 무정소성, 무장정기성 형 (1) 기능적인 웅성 생식기관이 없는; (2) 장정기가 없는; (3) 어떤 난균류의 난포자처럼 단성발생을 하는.

apatetic 보호색의 형 오해를 불러일으키는 체색의.

APC ⇨ anaphase-promoting complex.

ape 유인원 명 영장류의 상과인 사람상과(Hominoidea)의 구성원을 통틀어 이르는 말. 사람, 침팬지, 고릴라, 오랑우탄, 긴팔원숭이의 종들과 구세계원숭이류에서 분기한 멸종된 친족들로 구성된다. ⇨ great apes, lesser apes.

AP endonuclease AP핵산내부가수분해효소 푸린염기나 피리미딘염기가 결락된 뉴클레오티드의 5′측에서 DNA의 외가닥을 절단하는 DNA수선핵산내부가수분해효소군을 통틀어 이르는 말.

aperispermic 무외배유성 형 영양조직이 없는 종자의.

apertura piriformis 배형구, 이상구(梨狀口) 머리뼈의 앞쪽에 있는 콧구멍.

apes 유인원 ⇨ Primates.

apetalous 무화판의 형 꽃잎이 없는.

apex 꼭짓점, 정단 명 날개, 심장, 허파, 뿌리, 줄기 따위의 끝 또는 꼭대기. 복 **apices**.

aphagia 못삼킴증 명 삼키지 못하는 것.

Aphaniptera 벼룩목 ⇨ Siphonaptera.

aphanipterous 무시의 형 날개가 없는 것처럼 보이는.

aphanoplasmodium 망상변형체 명 원형질이 레이스와 비슷하게 가는 가닥의 망으로 구성된 변형체.

aphasia 언어상실증, 실어증 명 뇌의 장애로 말미암아 언어의 이해와 표현이 상실된 상태.

Aphasmidia 쌍기(雙器)강 명 쌍선을 갖지 않고 쌍더듬이틀(쌍기)이 두피의 뒤쪽으로 이어지는 선충류의 강.

apheliotropism 배광성(背光性) 명 태양의 반대방향으로 몸을 돌리는 성질.

aphid 진디 명 식물을 뚫고 빨기에 적합한 입(구기)을 가진 노린재목(Hemiptera)의 진딧물과(Aphididae, Aphidae)에 속하는 곤충. 진디는 식물병해충과 식물바이러스병의 매개체로서 경제적으로 중요하며, 단성 생식기와 유성 생식기를 갖는다.

aphidicolin 아피디콜린 명 진핵생물의 DNA복제와 시험관내 DNA중합효소α

를 억제하는 진균성 항생물질.

aphins 아핀 명복 다양한 진디에서 추출하는 적색과 노란색의 색소. 죽은 다음에 프로타핀(protaphin)이 변환된 것으로 보인다.

aphlebia 작은잎돌기, 소엽돌기 명 일부 고사리류에서 잎자루의 기부에서 나오는 작은 엽편.

aphodus 아포두스 명 해면동물에서 깃세포로 뒤덮인 내강에서 출수관으로 이어지는 짧은 관. 형 **aphodal**.

aphotic 무광(대)의 형 햇빛이 침투할 수 없는 깊은 바다의 구역에서, 빛이 없는.

aphototropism 음성굴광성 명 빛의 반대방향으로 몸을 돌리는 성질.

Aphragmabacteria 무벽세균 명 어떤 분류체계에서 마이코플라스마와 그와 비슷한 생물들을 포함하는 원핵생물 집단의 명칭. 전형적인 세균세포벽이 없는 작은 세균이다.

aphthous 수포성 형 물집이 생기는.

aphthoviruses 수포성 바이러스류 명복 피코르나바이러스과(Picornaviridae)에 속하는 동물바이러스 집단(예: 구제역바이러스).

Aphyllophorales 민주름버섯목 명 구멍장이버섯, 살구버섯, 차가버섯, 싸리버섯, 고약버섯 등이 포함되는 담자균류의 계열.

aphyllous 무엽성 형 보통잎(foliage leaves)이 없는. 명 **aphylly**.

aphytic 무식물대의 형 수심 약 100 m 아래의 연안 수역 또는 깊은 호수의 바닥에서, 식물의 생명이 없는.

Apiales 미나리목 ⇨ Cornales.

apical 정단의, 선단의, 정생의 형 (1) 세포, 구조 또는 기관의 꼭대기에 있는; (2) 말단 부위와 관련된; (3) 생장점의 끝에 있는 세포에 적용되는 말; (4) [식] 씨방의 꼭대기에서 생기는 암술대에 해당되는 말.

apical-basal axis 정단-기부축 식물의 줄기 끝에서 뿌리의 끝을 잇는 축.

apical cell 정단세포 식물 배의 발생에서 수정란의 부등할로 생기고 배로 발달하는 작은 세포.

apical dominance 정단우성 줄기의 끝에 있는 싹인 끝눈(정아)이 줄기의 아래에 달리는 곁눈(측아)의 발달을 억제하는, 식물의 발생에서 보편적인 현상. 끝눈이 제거되면 곁눈이 발달한다. 끝눈이 생장억제호르몬을 생성하고 이 호르몬이 줄기를 따라 전달된다.

apical ectodermal ridge 정단외배엽융기 포유동물과 새의 배에서 팔다리싹(지아)의 끝이 길쭉하게 돋은 부분. 팔다리의 발생에 영향을 미치는 신호를 내보낸다.

apical membrane 내강막 내장, 허파, 샘 따위의 내강을 덮는 상피에서 내강에 인접한 상피세포의 표면.

apical meristem 정단분열조직 식물의 생장이 일어나는, 줄기와 어린뿌리의 끝에 있는 분열하는 조직.

apical placentation 정생태좌 식물의 씨방에서 밑씨가 씨방의 천장에 달리는 태좌.

apical ridge 정단외배엽융기 ⇨ apical ectodermal ridge.

apices 'apex'의 복수형.

Apicomplexa, apicomplexans 정복합체포자동물문, 정복합체포자동물 명, 명복 동물에 기생하고 광합성을 하지 않는 종속영양 원생생물의 문. 원생동물 중 족포자충류(gregarines), 구충류(球蟲類), 열원충속(*Plasmodium*) 및 이형열원충과 같은 포자충류로 구성된다. 분열생식으로 생성되는 작은 감염체인 '포자'의 형태로 숙주에서 숙주로 전달된다. ≒ Sporozoa.

apiculate 미돌두(微突頭)형 형 '레몬형'이라고도 하며, 일부 잎에서 볼 수 있듯이 갑자기 작은 끝이 되는.

apilary 무상순(無上脣)의 형 상순이 빠졌거나 꽃부리(화관)에서 억눌린.

apileate 무균모(無菌帽)의 형 갓(균모)이 없는.

apitoxin 벌독소 명 벌침독의 주된 유독성분.

apivorous 벌식성 형 벌을 잡아먹는.

aplacental 무태반의 형 포유동물의 단공류에서 태반이 없는.

aplanetic 비운동성의, 부동성(不動性)의 형 포자에서 운동성이 없는.

aplanetism 비운동성, 부동성 명 운동성의 포자나 배우자가 없는 것.

aplanogamete 부동(不動)배우자 명 운동성이 없는 배우자.

aplanospore 부동(不動)포자 명 운동성이 없는 휴면포자.

aplasia 무형성(증) 명 (1) 발생이 저지된 것; (2) 발육하지 않음; (3) 결함이 있는 발생.

aplastic 무형성의 형 (1) 무형성증의; (2) 발생이나 구조의 변화가 없는.

aplastic anaemia 재생불량빈혈 골수에서 적혈구가 만들어지지 않은 결과로 적혈구가 부족한 상태.

aplerotic 빈공간의 형 공간이 완전히 채워지지 않은.

aploperistomatous 단일삭치열형(單一蒴齒列型) 형 이끼류에서 볼 수 있듯이 치상돌기가 1열로 달린 삭치(peristome)를 가진.

aplostemonous 단일수술열의 형 수술이 1열로 달린.

***Aplysia* 군소속** 군소류(sea hares)라고 부르는 연체동물 후새아강의 속. 주로 캘리포니아군소(*Aplysia californica*)를 나타내며, 신경생물학에서 실험동물로 사용된다.

apneustic 무기문식 형 일부 곤충의 수생 유충에서 숨구멍(기문)이 닫혔거나 없는.

apocarp 이생심피(離生心皮) 명 다화과에서 개개의 심피.

apocarpous 이생심피성 형 분리되거나 부분적으로 결합된 심피를 가진. 명 **apocarpy**.

apocentric 형 원형에서 분기하거나 달라진.

apocratic 기회주의적 형 종이 기회주의적인.

apocrine 외분비성 형 분비물이 표면 아래에 축적되고 세포 외부의 파열로 방출되는 젖샘(유선)과 같은 샘의.

apocytium 다핵체 명 나출된 세포질의 다핵성 덩어리.

Apoda 무족(無足)목 명 (1) 무족영원류(caecilians)라고 부르는, 4지가 없고 굴을 파는 양서류의 목. 유충기가 없거나 축소되고 피부에 미세한 석회성 비늘이 달린다. 어떤 분류체계에서는 나사목(Gymnophiona)이라고 칭한다; (2) 기생성 따개비류(갑각류)와 굴을 파는 해삼류(극피동물)의 목에 붙이는 이름.

apodal 형 (1) **무족의** 발이 없는; (2) **무배지느러미의** 배지느러미가 없는; (3) **무줄기의** 줄기가 없는.

apodeme 속돌기 명 절지동물의 내부에 있는 골격 돌기.

apoderma 아포더마 명 어떤 응애류와 진드기류에서 영(instars) 간의 휴지기에 분비되는 피막.

Apodiformes 칼새목 명 제비류를 포함하는 새의 목.

apoenzyme 주효소 명 효소에서 보결분자단을 제외한 불활성 단백질 부분. 비 holoenzyme.

apogamy 무배생식(無配生殖) 명 배가 미수정된 암배우자 또는 그와 관련된 세포에서 발달하는 무수정생식의 한 종류. ⇨ generative apogamy.

apogeotropism 음성굴지성 ⇨ ageotropism.

apogynous 무난소성 형 기능적인 자성생식기관이 없는.

apoinducer 아포유도자 명 DNA의 조절부위와 결합하고 전사가 일어나게끔 하여 유전자를 활성화하는 조절단백질.

apolegamic 성선택적 짝짓기의 형 성선택과 관련된 교배의.

apolipoprotein 아포지방단백질 명 지방단백질의 단백질 성분.

apolysis 표피층분리 곤충 유충의 탈피 초기에 일어나는, 오래된 각피(큐티클)가 표피에서 분리되는 현상.

apomeiosis 비감수분열 명 감수분열이 없는 포자형성. 형 **apomeiotic**.

apomict 무수정체 명 무수정생식에 의해 번식하는 생물.

apomixis 무수정생식 명 (1) 식물에서 감수분열이나 수정을 하지 않는 무성생식. 단성생식과 유사하지만 밑씨 외의 세포들에서의 발생을 포함한다, ⇨ apogamy, apospory; (2) 영양체무수정생식. 형 **apomictic**. 비 amphimixis.

apomorphy 파생형질 명 분지계통학에서 이전부터 존재하던 형질로부터 진화한 새로운 형질. 원시형질과 파생형질은 상동인 쌍을 이루는데, 이를 진화적 변형계열(evolutionary transformation series)이라 일컫는다. ⇨ synapomorphy.

aponeurosis 널힘줄, 건막(腱膜) 명 근육의 부착을 위해 넓어진 힘줄.

apopetalous 갈래꽃형 ⇨ polypetalous.

apophyllous 형 자유로운 화피편을 가진.

apophysate 융기형 형 골돌기 또는 융기부를 가진.

apophysis 골돌기, 융기부 명 (1) [동] 주로 근육의 부착을 위한, 뼈 또는 기타 골격물질의 돌기; (2) [식][균] 균사 또는 이끼류의 피막에 달리는 여러 가지의 작은 융기들; (3) 솔방울에서 씨가 달리는 인편의 기부에 있는 작은 융기부.

apoplasmodial 변형체무형성의 형 전형적인 변형체를 형성하지 않는.

apoplast 전세포벽(全細胞壁) 명 조직이나 전체 식물의 세포벽들을 집합적으로 부르는 말. 형 **apoplastic**.

apoplastic pathway 전세포벽경로 식물조직에서 이온들과 그 밖의 용질들이 세포벽을 거쳐 줄기나 뿌리를 가로질러 이동하는 것.

apoplastid 무색색소체 명 색소포가 없는 색소체.

apoprotein 아포단백질 명 보결분자단이 없는 단백질. ⇨ apoenzyme.

apoptosis 세포자살 명 세포내 '자살' 프로그램의 활성화로 인한 세포사. 이는 일반적으로 발생과정에서 그리고 면역계에서 나타나는 정상적이고 필수적인 과정이다. 세포자살은 세포의 용해를 유발하지 않으므로 인접한 조직에 피해를 주지 않는다. 비 necrosis.

apopyle 후문(後門) 명 해면동물의 출수공.

aporogamy 무관상(無管狀)접합 명 주공을 통하지 않는 어떤 방법으로 꽃가루관이 밑씨로 들어가는 것.

aporrhysa 분출구 명복 해면동물의 출수관.

aposematic 경고색의 형 포식자에게 독성을 갖거나 위험하거나 혐오스럽게 보이는 색깔 또는 표시를 가진. 비 parasematic.

aposporogony 무포자형성 명 포자를 형성하지 않는 것.

apospory 무포자생식 명 포자체로부터 포자단계를 거치지 않고 2배체 배우자가 만들어지는 무수정생식의 한 종류.

apostasis 분산 명 축이 비정상적으로 생장하여 윤생하는 꽃잎이 서로 분리되는 상태.

apostatic 비정상 형 정상에서 현저하게 달라진.

apostatic selection 빈도하락선택 포식자가 개체군에서 가장 보편적인 형을 선택하는 빈도의존적 선택의 한 종류.

apostaxis 과출액(過出液) 명 비정상적이거나 과도한 삼출(액).

apostrophe 엽록체직렬 명 밝은 빛에서 엽록체들이 잎세포의 측벽을 따라 배열하는 것.

apothecium 자낭반 명 (1) 반균강(주발버섯, 곰보버섯, 서양송로)에서 안쪽 표면에 자낭이 달리는 열린 컵 모양의 자실체; (2) 일부 지의류의 자실체. 복 **apothecia**.

apothelium 아포텔리움 명 1차상피에서 유래된 2차조직.

apotracheal 물관분리형물관부 형 물관부유조직이 물관과 떨어져 있거나 분산된, 목재에 적용되는 말.

apotropous 하향배주의 형 주병과의 융합선이 복부에 위치하는 도생배주의.

apotypic 발산형질의 형 원형에서 벗어나는.

apparent free space 세포막외 공간 조직을 구성하는 세포들의 원형질막 외부에 있는 조직의 부분. 세포간극과 식물에서는 세포벽도 함께 포함된다.

apparent mortality 연령별사망률 어떤 개체군이 특정한 발생단계(예: 연급군)에 사망하는 비율. 그 단계가 시작될 시점에 생존하는 개체의 백분율로 표시한다. ≒ percentage successive mortality.

appeasement 달램행동, 유화행동 명 패자가 순종적인 몸짓이나 자세를 취함으로써 같은 종의 한 동물이 다른 동물을 공격하는 것을 끝내는 행동.

appendage 부속지, 부속물 명 4지나 가지처럼 몸통에 부착된 기관 또는 부분.

appendical 충수(蟲垂)의 형 충수와 관련된.

appendices 'appendix'의 복수형.

appendicular 형 (1) 부속지의 4지의 골격들에서 부속지와 관련되는; (2) 충수의 충수와 관련된.

appendiculate 형 (1) **부속물의** 수술이나 화사처럼 작은 부속물을 갖는; (2) **주변피막형** 주변피막을 가진.

appendiculum 주변피막 명 일부 주름버섯류에서 갓의 가장자리에 있는 내피막의 남은 부분.

appendix 부속물, 충수, 막창자꼬리 명 외향생장, 특히 사람 창자의 충양돌기. 복 **appendices**.

appendix colli 갈기 염소와 같은 동물의 목덜미에 난 긴 털.

appetitive 욕구(행동)의 형 고정된 행동양상을 유발하는 행동을 이르는 말. 정처없는 방랑으로부터 분명한 목적이 있는 행동에 이르기까지 매우 다양하다.

applanate 편평형 형 납작한.

application factor 최대허용농도결정요소 생물에 대한 물질의 최대허용농도를 결정하는 데 이용되는 요인. 일정 기간 내에 개체군의 50% 사망을 야기하는 농도에 대한 생물에서 어떤 장기반응을 일으키는 물질 농도의 비율이다.

apposition 덧붙이, 부가 명 세포벽이나 뼈의 생장에서 볼 수 있듯이 미리 만들어진 표면 위에 물질이 부가되는 것.

appressed 압착된 형 합쳐지지 않으면서

바싹 들러붙은.

appressorium 부착기 명 (1) 빨판이나 흡기 따위의 부착반; (2) 기생곰팡이에서 흡기를 이루거나 기질로 침투하게끔 변형된 균사의 끝 부분.

apraxia 행위상실(증) 명 근육의 마비는 없으면서도 숙련된 자발적 운동을 하지 못하는 장애.

aproterodont 무전악치(無前顎齒)의 형 앞위턱에 치아가 없는.

AP site AP부위 푸린결손부위 또는 피리미딘결손부위. 푸린염기나 피리미딘염기가 떨어져나간 DNA 상의 A부위.

aptamer 앱타머 명 특정한 분자와 결합하는 특성으로 선택되는 작은 DNA분자.

apteria 무깃구역, 무우역(無羽域) 명복 새의 피부에 있는 깃구역(우역, feather tract) 사이의 깃털이 없거나 솜털로 덮인 표면.

apterous 무시(無翅)성 형 (1) [동] 날개가 없는; (2) [식] 줄기나 잎자루에 날개 모양의 확장부가 없는.

apterygial 무시성 형 (1) 날개가 없는; (2) 지느러미가 없는.

Apterygiformes 키위목 명 키위류를 포함하는 날지 못하는 조류의 목.

apterygote, apterygotous 무시류의 형 무시아강(Apterygota)에 속하는 날개가 없는 곤충집단을 이르는 말. 날개가 없고, 변태를 거의 하지 않거나 전혀 하지 않고, 성체는 복부부속지를 갖는다. 좀목(Thysanura), 좀붙이목(Diplura), 낫발이목(Protura)과 톡토기목(Collembola)이 포함된다.

apurinic 푸린결손의 형 푸린염기가 떨어져나간 DNA 뉴클레오티드에 적용되는 말.

apyrene 씨없는, 무종자의 형 재배식물의 과일에서 씨가 없는.

apyrimidinic 피리미딘결손의 형 피리미딘염기가 떨어져나간 DNA 뉴클레오티드에 적용되는 말.

aquaculture 수산양식 명 인간의 사용을 목적으로 인공 또는 자연의 담수 연못, 호수 또는 관개지에서, 그리고 해양생물을 위하여 만이나 하구의 가두리에서 조류, 어류 및 패류를 양식하는 것.

aquaporins 아쿠아포린 명복 원형질막을 통하여 세포 내로 물을 통과시키는 통로 역할을 하는 막단백질군.

aquatic 수생 형 물속 또는 물가에서 자라는.

aquatic ecosystems 수중생태계 연못, 호수, 강, 하천, 해양과 같이 주성분이 물인 생태계를 통틀어 이르는 말.

aqueduct 수도(관) 명 귀의 달팽이관과 전정에서 액체로 채워진 관이나 통로.

aqueduct of Sylvius 실비우스수도 중뇌의 제3뇌실과 제4뇌실을 연결하는 관. ≒ aqueduct, cerebral aqueduct.

aqueous 물의 명 물의; 수정체와 각막 사이를 채운 물 같은 액체인 수양액(안방수, aqueous humour)을 가리키기도 한다.

aqueous solution 수용액 용질이 물에 용해된 것.

Aquificae 수산균문 명 DNA염기순서 자료에 근거하여 식별하는 세균역(Bacteria)의 문. H_2나 환원형 황화합물을 산화하는 초호열성 화학무기영양생물들이 포함된다. 아퀴펙스(*Aquifex*)는 모든 세균역의 조상에 가장 가까운 생물로 여겨진다. 예전에는 Aquifex-Hydrogenobacter군으로 알려져 있었다.

aquiherbosa 수중초원 명 물속에서 자라는 초본식생.

***Arabidopsis thaliana* 애기장대** 십자화과의 작은 1년생 식물. 배양이 쉽고 유전체가 작고 단순하기 때문에 식물분자유

전학과 발생 연구에서 모형생물로 널리 이용된다.

arabinan 아라비난 명 일부 식물의 세포벽에서 발견되는, 대개 아라비노오스 소단위들로 구성되는 다당류군을 통틀어 이르는 말.

arabinogalactan 아라비노갈락탄 명 식물의 세포벽에서 발견되는, 아라비노오스와 갈락토오스 소단위들로 구성되는 다당류.

arabinose 아라비노오스 명 식물고무, 펙틴 및 세포벽 다당류에서 발견되는 알도펜토오스.

arable 경작의, 경지의 형 경작하는 땅과 경작지에서 키우는 수목 이외의 작물에 작용되는. 비 pasture, rangeland.

arachidonic acid 아라키돈산 프로스타글란딘과 프로스타시클린의 전구물질인 지방산.

Arachnida, arachnids 거미강, 거미류 명, 명복 주로 육상에 사는 육식성 절지동물로 협각아문(Chelicerata)에 속하는 강. 거미류(거미목, Araneae), 전갈류(전갈목, Scorpiones), 응애류와 진드기류(진드기목, Acari), 의갈류(의갈목, Pseudoscorpiones), 수각류(수각목, Palpigrada), 피일류(피일목, Solifugae) 및 장님거미류(장님거미목, Opiliones)로 구성된다. 몸은 주로 8합체절의 전체절과 13합체절의 후체구로 구분된다. 전체절은 머리와 가슴으로 구분되지 않고, 집게발, 다리수염 및 4쌍의 보각(움직이는 다리)이 달린다.

arachnidium 방적장치 명 실샘과 실돌기(방적돌기)를 포함하는 거미의 실잣기 장치.

arachniform 거미집꼴 형 거미집 모양의, 별 모양의.

arachnodactyly 거미가락증 명 비정상적으로 길고 가느다란 손가락을 가진 것.

arachnoid 형 (1) **거미의** 거미와 관련되거나 비슷한; (2) **거미집꼴** 거미줄 같은; (3) **거미줄 모양의** 가늘고 뒤엉킨 털로 구성되는; (4) 명 **거미막, 지주막** 뇌와 척수를 에워싸는 3층의 막 가운데 중간막.

arachnoidal 거미막의, 지주막의 형 거미막과 관련된.

arachnoidal granulations 거미막과립, 지주막과립 ⇨ Pacchionian bodies.

aragonite 선석, 아라고나이트 명 연체동물 패각의 구성성분의 하나인 탄산칼슘의 결정체.

Arales 천남성목 명 천남성과(Araceae)와 개구리밥과(Lemnaceae)로 구성되는 초본성 외떡잎식물의 목.

Araliales 두릅나무목 ⇨ Cornales.

Araneida 거미목 ⇨ spiders.

araneose, araneous 거미줄 모양의 형 가늘고 뒤엉킨 사상체로 덮이거나 구성되는.

arbacioid 형 성게류에서 1차공판을 갖고 2차공판이 어느 한쪽에 달리는.

arboreal 형 (1) **수상(樹上)의** 나무에 사는; (2) **목본의** 나무와 관련된.

arborescence 수지상(樹枝狀) ⇨ arborization.

arborescent 수지상 형 나뭇가지 모양의.

arboretum 수목원 명 목본성 식물을 모아놓은 곳.

arboriculture 수목재배 명 목본성 식물을 키우는 일.

arborization 수지상부(樹枝狀部) 명 신경세포의 수상돌기와 축삭에서 볼 수 있는 나뭇가지와 같은 분지.

arboroid 수상(樹狀) 형 나무처럼 생긴.

arbovirus 아르보바이러스 명 중간숙주인 절지동물과 고유숙주인 척추동물에서 증식되는 절지동물매개바이러스. 모기에 의해 매개되는 황열병바이러스와 진드기에 의해 매개되는 뇌염바이러스 등이 있다. 예전에는 'arborviruses'로 알려져 있었다.

arbuscle 아르부스클 명 작은 교목 같은 관목 또는 소형 교목.

arbuscular 수지상 형 떨기나무처럼 생긴.

arbuscular mycorrhiza 수지상 균근 감염된 조직에서 수지상체(arbuscules; 분지된 균사들의 별개의 덩어리들)가 나타나고 뿌리 피층의 세포 내와 세포 간에서 균사들이 가지를 치는 특징을 갖는 내균근의 흔한 유형.

arbutoid 아르부투스의 형 뚜렷한 균류초와 하티그망을 갖고 뿌리의 피층세포에 대규모로 침투하는, 진달래과(Ericaceae)의 족인 아르부투스족(Arbutoideae)의 구성원에 형성되는 내균근의.

arcade 명 (1) **복개통로** 아치 모양의 통로; (2) **골궁** 아치형 뼈.

arch-, arche- '시작'을 뜻하는 그리스어 '*arch*'에서 유래된 접두사.

archae- '원시적'을 뜻하는 그리스어 '*archaios*'에서 유래된 접두사.

Archaea, archaea 명, 명복 (1) **고세균역, 고세균상계** 예전에 'archaebacteria'로 알려졌었던 원핵미생물의 역(domain) 또는 상계(superkingdom). 유전적 및 생화학적 이유로 다른 원핵생물의 역인 세균역(Bacteria)과 구별 짓는다. 이들 구성원을 **고세균**(복 **archaea**, 단 **archaeon**)이라 하며, 메탄생성세균, 극호열세균, 극호염세균 및 *Thermoplsma*를 포함한다. 고세균은 세포벽에 무람산이 없다는 점과 지방산 대신에 반복되는 이소프렌 단위들의 곁사슬을 포함하는 막지질을 갖는다는 점에서 진정세균과 다르다. 부록 6에 고세균역의 주요 집단이 나와 있고, 이들 모두 사전에 수록되어 있다[역자 주 - 표제어는 우리말로 각각 '원시생물역'과 '원시생물상계'로 부르기도 한다]; (2) **아키아** 예전에 선캄브리아기의 시생대 암석에서 발견된 미생물들을 가리키던 이름.

archaeal, archaean 고세균(역)의 형 고세균역과 관련되거나 고세균역을 구성하는 세균의.

Archaean 시생대 ⇨ Archean.

archaebacteria 고세균 ⇨ Archaea.

archaeocyte 원시세포, 시원세포 명 해면동물 체세포의 3개 유형 중 하나. 이로부터 다른 모든 세포형으로 변할 수 있다. ≒ archeocyte.

archaeon 고세균 명 고세균역을 구성하는 종류. 복 **archaea**.

***Archaeopteryx*, *Archaeornis* 시조새** 파충류의 특징을 많이 나타내는, 쥐라기부터 출현한 화석조류의 속들.

Archaeornithes 고조(古鳥)아강 명 시조새를 포함하는 파충류와 비슷한 원시적인 화석조류의 아강.

archaeostomatous 형 지속되는 원구를 갖고 입을 형성하는.

Archaeozoic 시생대 ⇨ Archaean.

arch-centra 궁중심 명복 등 쪽과 배 쪽 연골의 기부생장들이 융합되면서 형성되는 척추체. 형 **archecentrous, archicentrous, archocentrous**.

arche- ⇨ archae-, archi-, arch-.

Archea, archea ⇨ Archaea.

Archean 시생대 명 약 40억 년 전 지각의 형성과 함께 시작되어 약 25억 년 전까지 지속된, 선캄브리아기의 가장 앞선 이언(aeon) 또는 시대. 이 기간에 생명이 기원되었고(첫 흔적은 약 38억 년 전에 발견됨) 단세포들뿐이었다. 형 **Archean**.

archecentric 원발생 형 거의 원형에 일치하는.

A

archedictyon 원시망맥(原始網脈) 명 일부 원시적 곤충들의 날개에 있는 그물처럼 얽혀 있는 망.

archegoniophore 장란기병 명 장란기가 달리는 선태식물의 가지 또는 고사리류 전엽체의 부분.

archegonium 장란기 명 우산이끼류, 이끼류, 고사리류 및 동족의 식물들에서 배우자체에 달리는 자성 생식기관. 다세포로 된 플라스크 모양의 구조이며, 기저부에 1개의 알(난구, oosphere)이 들어 있다. 형 **archegonial**. 복 **archegonia**.

archencephalic 원뇌의 형 전뇌와 관련된.

archencephalon 원뇌 ⇨ forebrain.

archenteron 원장 명 배의 장으로 발생하는, 낭배형성에서 생기는 공간.

archespore 시원포자 ⇨ sporoblast.

archesporium 시원조직 명 분열하여 포자모세포를 형성하는 세포나 세포덩어리. 꽃밥에서는 꽃가루모세포를 발생시킨다.

Archezoa 원시원생동물 미토콘드리아가 없는 단세포성 진핵미생물의 강으로 제안된 이름.

archi- '첫째'를 뜻하는 그리스어 '*archi*'에서 유래된 접두사. ⇨ archae-, arche-, arch-.

Archiascomycetes 고생(古生)자낭균류 명 일부 효모들과 효모와 유사한 균류들(*Schizosaccharomyces*, *Taphrina*, *Protomyces*, *Saitoella*, *Pneumocystis*)을 포함하는 자낭균류의 계통.

archibenthic 중심해저의 형 수심 약 200~1000 m에 걸친, 대륙붕의 가장자리에서 심해대의 상한에 이르는 해저의.

archicarp 자실전구체, 조낭체 명 (1) 일부 곰팡이에서 자성 생식기관이 달리는 몸체의 나선형으로 꼬인 부분이나 자루; (2) 자실체가 생기는 세포.

archichlamydeous 형 꽃잎이 없거나 각각 완전히 분리된 꽃잎을 가진.

archicortex 구피질(舊皮質) 명 포유동물의 해마(hippocampus)에서 볼 수 있듯이 진화론적으로 오래된 피질. ≒ archipallium. 비 palaeocortex.

archinephridium 원시신관 명 일부 무척추동물의 유충에 있는 배설기관으로, 주로 유관세포(solenocyte)이다.

archipallium 원피질(原皮質) ⇨ archicortex.

archipterygium 원시지느러미 명 뼈대가 길쭉하고 체절로 된 중심축과 관절로 된 양면의 살로 구성되는 지느러미의 유형.

archisternum 원시흉골 명 유미목 양서류에서 볼 수 있는 것과 같이 가슴의 복부에서 근육을 연결하는 인대의 연골질성 요소.

archistriatum 원조(原條) 명 새에서 운동기능의 체계성과 관련된 전뇌의 구역.

architomy 원분할(原分割) 명 일부 환형동물에서 분열 후에 분열로 상실된 부분이 재생하는 무성생식.

architype 원형 명 다른 것들이 유래되는 원래의 유형. ≒ archetype.

Archosauria, archosaurs 조룡(祖龍)아강, 조룡류 명, 명복 '지배 파충류'라고도 부르며, 공룡에 포함되는 쌍궁형 파충류의 아강. 대부분 멸종되었지만 현생 악어류가 포함되며, 골격의 특수화는 두발보행으로의 추세를 나타낸다.

arciform 아치모양 형 아치 또는 활처럼 생긴.

arcocentrum 궁추체(弓椎體) 명 신경활과 혈도활의 부분들로 형성된 척추체.

Arctic and Subarctic region 북극-아북극식물구 알래스카 중부, 래브라도, 스칸디나비아 중부, 시베리아 북부에 걸친 북방식물계의 1부분.

Arctic Circle 북극권 북위 66°30′의 위도권. 이곳으로부터 북쪽에서는 여름에 최소한 한 번 해가 24시간 지지 않고 겨울에 최소한 한 번 해가 24시간 뜨지 않는다.

arcualia 명 물고기 척주의 등배에 있는, 융합되거나 자유롭게 나는 작은 연골질성 조각들.

arcuate 활꼴 형 (1) 아치 또는 활처럼 생긴; (2) 시상하부의 활처럼 생긴 핵의.

arculus 호맥(弧脈) 명 일부 곤충에서 2개의 날개맥에 의해 형성되는 호.

ardellae 미소자낭반 명 어떤 지의류에서 먼지처럼 보이는 작은 자낭반.

area centralis 중심부분 몇몇 동물의 눈에서 오목(와, fovea)에 해당하는 부분.

area opaca 암역(暗域) 새의 배반엽에서 바깥쪽의 어두운 구역.

Arecales 종려목 명 종려나무, 유카 등의 야자나무과(Arecaceae, Palmae)로 구성되는, 깃털이나 부채 모양의 잎을 가지고 나무처럼 생기거나 덩굴성인 외떡잎식물의 목.

arena 아레나 명 집단교제가 일어나는 장소.

arenaceous 사질의 형 모래의 특성을 갖거나 모래처럼 보이는.

Arenaviridae, arenaviruses 아레나바이러스과, 아레나바이러스 명, 명복 2분절의 외가닥 유전체를 갖는 RNA바이러스의 과. 라사열바이러스와 림프구성 맥락수막염바이러스를 포함한다.

arenicolous 모래서식성 형 모래에서 살거나 자라는.

areola 명 (1) **젖꽃판, 유륜(乳輪)** 젖꼭지 둘레에 있는 거무스름하고 동그란 부분; (2) 눈의 동공과 경계를 이루는 홍채의 부분; (3) **소실(小室)** 작은 구멍. 형 **areolar**.

areolar glands 젖꽃판샘 젖꼭지의 젖꽃판에 있는 피지샘.

areolar tissue 소성(疎性)조직, 성근조직 아교질과 탄력소 섬유들이 파묻힌 당단백질과 프로테오글리칸의 그물망에 세포들(대식세포, 섬유모세포, 비만세포)이 박혀서 구성되는 결합조직의 한 종류.

areolate 그물눈의 형 틈이 가서 작은 구역들로 갈라지는.

areole 명 (1) ≒ areola; (2) [식] **자좌(刺座)** 선인장에서 볼 수 있는 것과 같이 털이나 가시의 무리가 돋은 곳; (3) **맥간엽육** 잎에서 가로지르는 잎맥에 의해 한계가 정해지는 잎살(엽육)의 작은 부분.

arescent 형 건조해지는.

Arg ⇨ arginine.

argentaffin 은친화성 형 소화효소를 분비하는 위샘과 장선에서 은(銀)염으로 염색되는 세포의.

argenteous 은백의 형 은(銀) 같은.

argenteum 은색조직층 명 물고기 피부의 홍채세포에서 은빛으로 반사되는 층.

Argentinian Floral Region 아르헨티나 식물구 아르헨티나, 파라과이, 칠레 남부와 포클랜드 제도를 포함하는 연안의 섬들로 구성되는 남방식물계의 1부분.

argentophil 은친화성 형 은염색법으로 물들여지는. ≒ argyrophil.

argillaceous 점토질성 형 (1) 점토 크기의 입자로 된 토양의; (2) 점토의 특성을 가진.

arginase 아르기나아제 명 아미노산인 아르기닌을 요소와 오르니틴으로 가수분해하는 효소. 요소회로에서 중요하고 일부 식물에서도 발견된다. EC 3.5.3.1.

arginine (Arg, R) 아르기닌 명 생리적 pH에서 양전하를 띠는 염기성 곁사슬이 달린 아미노산. 단백질을 구성하고 사람의 필수아미노산이다. 요소회로에서 요소와 오르니틴으로 가수분해된다.

A

arginine-urea cycle 아르기닌요소회로 ⇨ urea cycle.

arginosuccinate 아르기노숙신산 명 아르기닌과 숙신산에서 만들어지는 화합물로, 척추동물 요소회로의 중간물질이다.

argyrophil 은친화성 형 은염색법으로 물들여지는. ≒ argentophil.

ARIAs ⇨ neuregulins.

ariboflavinosis 리보플래빈결핍증 명 리보플래빈의 결핍에 기인하여 피부가 갈라지고 병변이 생기는 증상.

arid 건조한 형 증발을 많이 하고 식생이 드문, 연강수량이 250 mm 이하인 기후나 서식지에 적용되는 말.

aridity index 건조지수 강우와 증발 모두를 계산에 넣어 어느 지역의 건조 정도를 나타내는 지수.

arid zone 건조대 강우가 매우 적고 낮의 온도가 높아 증발하거나 신속하게 빠져서 식생이 물을 이용할 수 없는, 북반구와 남반구의 위도 15°~30°에 걸친 지역. 이 지대는 세계 사막의 대부분을 포함한다. 이 지대의 일부에서 식생이 나타나거나 약간의 경작이 이루어지지만, 건조한 시기의 과방목과 과잉경작은 사막화를 유발하기도 한다.

aril 가종피(假種皮) 명 수정 후의 일부 종자에서 추가로 형성되는 외피. 스펀지 같거나, 주목나무 열매의 빨간 가종피처럼 다육질이거나, 또는 털이 촘촘하게 나기도 한다.

arillate 가종피의 형 가종피를 가진.

arillode 위종피(僞種皮) 명 밑씨 외벽의 구멍이 확장되면서 주공 부위에서 생기는 의사 가종피.

arista 명 (1) [식] **까락, 망(芒)** 많은 벼과 초본에서 볼 수 있는 길고 뾰족한 돌기인 까끄라기; (2) [동] **촉수(觸鬚)** 일부 파리목의 파리류에서 더듬이에 달리는 극모.

aristate 까락형, 침상거치형 형 까락을 갖거나, 또는 잘 발달된 극모를 가진.

Aristolochiales 쥐방울덩굴목 명 목련아강(Magnoliidae)에 속하는 쌍떡잎식물의 목. 태생초 따위의 초본성 덩굴식물로 구성되는 쥐방울덩굴과(Aristolochiales)의 1과가 포함된다.

Aristotle's lantern 아리스토텔레스의 등 성게에서 5개의 긴 이빨을 떠받치는 입 주위의 석회질 구조.

aristulate 짧은까락형 형 짧은 까락이나 촉수를 가진.

arithmetic growth 산술생장 ⇨ linear growth.

armature 방어체 명 털, 침, 경침, 가시, 벌침 따위의 방어의 기능을 하는 구조를 통틀어 이르는 말.

armilla 명 (1) **환대술** 팔찌 같은 털술; (2) **상위턱받이** 일부 곰팡이에서 자루의 높은 곳에 있는 고리 모양의 턱받이.

armillate 형 톱니처럼 째진.

arm-palisade 유완(有腕)책상조직 표피 아래에서 세포벽이 감싸면서 엽록체를 포함한 표면이 확장되는 울타리조직(책상조직).

arms race 진화적 군비경쟁 포식자와 그 먹이 간에서 볼 수 있듯이 어느 종의 이로운 적응에 대항하여 다른 종이 더욱 적응하게 되는 진화적 변화의 순서.

aroid 천남성식물 명 천남성과(Araceae)에 속하는 식물들.

arolium 발톱사이반, 욕반 명 곤충의 발끝에 있는 부드럽고 털 같은 부위.

aromatic 방향족의 형 하나 또는 그 이상의 벤젠고리를 함유한 유기화합물들에 적용되는 말.

aromatic amino acids 방향족아미노산 방향족 곁사슬이 달린 아미노산들(페닐알라닌, 트립토판, 티로신).

aromatization 방향족화(반응) 명 테스토스테론이 에스트라디올로 전환되고 그 밖의 안드로겐들이 다른 에스트로겐들로 전환되는 화학반응.

aromorphosis 체제진화 명 특수화와 비교하여 새로운 체제가 훨씬 빠르게 형성되는 진화.

arousal 각성반응 명 동물의 자극에 대한 민감성의 정도.

array 배열 명 (1) 규모 순으로 배치하는 것; (2) ⇨ DNA microarray, protein array.

arrect 직립의 형 꼿꼿하거나 똑바로 선.

Arrhenius principle 아레니우스원리 분자들의 평균운동에너지의 비교적 작은 변화가 활성화 에너지보다 큰 에너지를 갖는 분자들의 일부에서 비교적 큰 변화를 일으킬 수 있다는 원리.

arrhenogenic 웅성출산의 형 압도적으로 또는 전적으로 수컷 자손을 출산하는. 명 **arrhenogeny**.

arrhenotoky 웅성단위생식 명 미수정란으로부터 반수체의 수컷이 발생하는 단성생식의 한 종류.

arrhizal 무근성(無根性) 형 일부 기생식물에서 볼 수 있는 것과 같이 진정한 뿌리가 없는.

arrow worms 화살벌레류 ⇨ Chaetognatha.

ARS ⇨ autonomously replicating sequence.

arsenate 비산염 명 인산과 유사해서 대신하는 결과로 독성을 나타내는, 비산을 함유한 염류. 특히 세포호흡의 에너지생성반응을 억제한다.

artefact, artifact 인위구조 명 (1) 시료를 처리하는 방법이나 실험적 조건의 결과로 얻어지는 분명한 구조 또는 실험적 결과; (2) 사람이 만든 물건.

arterial 동맥의 형 동맥과 관련되거나 또는 혈액을 심장에서 몸의 다른 곳으로 나르는 혈관계의.

arteriole 세동맥 명 작은 동맥.

Arteriviridae 아르테리바이러스과 명 말동맥염바이러스와 같이 척추동물에 감염하는 외가닥RNA바이러스의 과.

artery 동맥 명 혈액을 심장에서 몸의 다른 곳으로 나르는 혈관.

arthral, arthritic 관절의 형 관절과 관련되거나 관절에 있는.

arthrobranchiae 관절아가미 명복 일부 절지동물에서 가슴다리가 몸통에 접한 곳에서 생기는 관절로 된 아가미.

arthrocyte 집수세포 명 (1) 태형동물에서 신관에 있는 큰 재흡수세포; (2) 선충류의 체강소체의 한 종류.

arthrocytosis 명 현탁액에서 염료와 같은 고형입자를 선택적으로 흡수하고 함유할 수 있는 세포의 능력.

arthrodia 활주관절 명 활주운동만을 허용하는 관절.

arthrodial 관절막의 형 절지동물에서 부속지와 가슴을 연결하는 관절막의.

arthrogenous 분절형성의 형 식물의 분리된 부분들에서 만들어지는 포자와 같이 별개의 마디에서 형성되는.

arthromere 체절 명 절지동물의 체절.

Arthropoda, arthropods 절지동물문, 절지동물 명, 명복 매우 많은 종을 포함하는 무척추동물의 문. 머리, 관절이 있는 부속지(더듬이, 입, 다리) 및 외골격을 이루는 비후된 키틴질의 각피를 갖는 체절을 지닌다. 주된 체강은 혈체강이다. 절지동물문은 여러 무리로 나뉘는데, 대부분 협각아문(Chelicerata), 촉각아문(Atelocerata), 갑각아문(Crustacea) 그리고 멸종된 3엽충아문(Trilobita)에 속한다. 협각아문은 거미류, 진드기류, 응애류, 전갈류, 바다거미류, 투구게류와 멸종된 광익류를 포함하고, 촉각아문[단지류(Uniramia)라고도 함]은 곤충과 다지류(지네류와 노래기류)를 포함하며, 갑각아문은 갑각류(예: 게류, 새우류, 따개비류)를 포함한다. 발톱벌레류(유조동물문, Onychophora)는 때때로 별개의 문으로 분류한다. (⇨ 부록 3)

arthropterus 형 물고기와 같이 관절이 있는 지느러미살을 가진.

arthrosis 관절 명 관절.

arthrospore 분절포자 명 (1) 일부 남세균에서 사상체의 분절로 형성되는 두꺼운 벽을 가진 휴지세포; (2) 곰팡이에서 균사의 분절로 형성되는 분열포자(oidium)와 같은 세포.

arthrostraceous 형 체절로 된 껍질을 가진.

arthrous 관절상의 ⇨ articulate.

Arthus reaction 아르투스반응 이미 항체가 형성된 대상인 항원을 피부에 주사할 때 일어나는 국소염증반응.

articulamentum 각하층(殼下層) 명 군부류에서 각판 각각의 아래쪽 부분.

articular 관절의 형 연골, 표면, 피막 따위에서 관절과 관련되거나 관절에 위치하는.

articular(e) 관절뼈 명 파충류와 조류에서 머리뼈의 방형골과 관절로 이어져 있는 아래턱의 뼈. 포유동물에서는 내이의 이소골인 망치뼈로 바뀌었다.

Articulata 유관절강 명 경첩관절로 연결된 껍질을 갖는 완족동물의 강. 한쪽 껍질(복각)에 있는 2개의 이빨이 다른 껍질(배각)의 홈에 들어간다. 비 Inarticulata.

articulate 유절 형 (1) 관절(마디)로 된; (2) 어떤 지점에서 쉽게 분리되는.

articulation 관절 명 뼈들 또는 줄기나 열매의 마디들 간의 접합부위.

artifact 인위구조 ⇨ artefact.

artificial chromosome 인공염색체 유전공학에 의해 만들어진 작은 염색체 같은 구조로, 동원체, 복제기점 및 말단소체를 포함한다. 진핵세포에 들어가면 염색체처럼 복제하고 분리한다. 이들 염색체로 큰 DNA의 단편을 삽입시킬 수 있다. ⇨ YAC.

artificial classification, artificial key 인위분류, 인위검색표 생물이나 물체의 무리를 진화적 유연관계에 근거하지 않고 약간의 편리한 특징을 기반으로 분류하는 것. 비 natural classification.

artificial formation 인위군계 인간의 활동으로 야기된 식생의 유형.

artificial insemination 인공수정, 인공정자주입 포유동물에서 수컷에서 얻은 정자를 암컷의 생식관으로 주입하는 것.

artificial intelligence (AI) 인공지능 기계의 '지능'을 연구하는, 인간과 소통할 수 있는 지능적인 기계의 제작을 목표로 하는 컴퓨터과학의 분과.

artificial neural network 인공신경망 자연적인 신경망을 모방하여 시도하는 기계학습의 기법. 처리요소의 층('뉴런')과 복합적인 상호접속('시냅스')으로 구성되며, 정보에 들어 있는 특정한 유형의 양식을 인식하도록 훈련시킬 수 있다. 신경망은 생물학적 학습을 모형화하는 데 이용되는 한편, 생물정보학에서 서열로부터 2차구조를 예측하는 등 통계적 양상인식에도 이용된다.

artificial selection 인위선택 식물이나 동물의 육종 또는 시험관내 세포배양에서 의도적으로 부과한 환경압의 결과로 특정한 유형을 선발하는 것.

artiodactyl 우제류의 형 짝수의 발굽을 가진.

Artiodactyla, artiodactyls 소목, 우제류(偶蹄類) 명, 명복 돼지, 양, 소, 낙타 따

위의 발가락이 짝수인 유제류. 식물성 먹이를 소화하는 복잡한 위를 갖고, 다리의 셋째발가락과 넷째발가락은 갈라진 발굽을 이룬다.

aryl 아릴(기) 명 벤젠 등의 방향족탄화수소에서 수소원자가 떨어져나가면서 생기는 화학기.

arytaenoid 피열(披裂)의 형 후두의 뒤에 있는 항아리 모양의 2개 연골(피열연골)에 적용되는 말.

ascending 경상성(傾上性) 형 위쪽으로 굽어지거나 기울어지는.

ascending aestivation 각 꽃잎이 뒤쪽에 있는 꽃잎의 가장자리와 겹치는 꽃잎의 배열.

Ascension and St Helenan region 어센션-세인트헬레나식물구 남대서양의 어센션 섬과 세인트헬레나 섬들로 구성되는 구열대식물계의 아프리카아계의 1부분.

ascertainment artefact 어떤 발견을 입증하는 것처럼 보이지만, 편향된 방식으로 선정된 모집단에서 자료가 얻어졌기 때문에 실제로는 그렇지 않은 자료.

aschelminths 대형동물(袋形動物) 명 복 주로 벌레 같은 동물들인 의체강동물을 포함하는, 복모동물문(Gastrotricha), 동문동물문(Kinorhyncha), 선형동물문(Nematoda), 유선형동물문(Nematomorpha) 및 윤형동물문(Rotifera)을 합친 동물군.

asci 'ascus'의 복수형.

Ascidiacea, ascidians 해초강, 해초류(海鞘類) 명, 명복 흔히 멍게(우렁쉥이)라 부르며, 성체는 주로 군체를 이루고 기질에 고정되는 해양 피낭동물(미삭류)의 강.

ascidium 낭상엽(囊狀葉) 명 벌레잡이풀속(*Nepenthes*) 따위에서 볼 수 있듯이 잎몸(엽신)의 전부 또는 일부가 주머니 모양을 한 잎.

ascigerous 자낭달림성 형 자낭균류의 유성생식 시기에서 자낭을 가진.

ascites 복수(腹水) 명 복강에 물 같은 액체와 세포들이 축적되는 것. 복 **ascitic**.

ascocarp 자낭과(子囊果) 명 자낭균류에서 보호성 외피로 둘러싸인 자낭이 들어있는 자낭반, 폐쇄자낭과 또는 자낭각 따위의 자실체.

ascogenous 자낭형성의 형 균사에서 자낭을 형성하는.

ascogonium 조낭기 명 자낭균류에서 자낭이 생기는 자성 생식기관.

Ascolichenes 자낭지의강 명 공생하는 곰팡이가 자낭균류인 지의류(자낭지의류)의 강.

ascoma 자낭과 ⇨ ascocarp. 복 **ascomata**.

Ascomycota 자낭균문, Ascomycotina 자낭균아문, ascomycetes 자낭균류 명, 명, 명복 격벽이 있는 균사체를 갖고 주머니 모양의 구조(자낭, asci)에 포자가 생기는, 흔히 'sac fungi'라 부르는 육상균류의 문. 효모, 잎말이병균, 검은곰팡이, 푸른곰팡이, 흰가루병곰팡이, 주발버섯, 곰보버섯, 서양송로 등이 포함된다.

ascophore 자낭(형성)균사 명 자낭을 만드는 세포가 달린 구조.

ascorbic acid 아스코르브산 ⇨ vitamin C.

ascospore 자낭포자 명 자낭균류의 자낭에서 생성되는 반수체 포자.

ascostroma 자낭자좌(子囊子座) 명 자좌(stroma)에 있는 소방(locule)에서 자낭이 생기는 소방자낭균아강(Loculoascomycetidae)의 특징적인 자낭과의 유형. 복 **ascostromata**.

Ascoviridae 아스코바이러스과 명 무척추동물에 감염하는 2중가닥DNA바이러스의 과.

ascus 자낭 명 자낭균류에서 자낭포자가

들어 있는 곤봉 모양 또는 원통형의 주머니 같은 구조. 자낭과 그 안에 들어 있는 (보통) 8개의 자낭포자들은 하나의 다핵세포에서 형성된다. 복 **asci**.

-ase 효소를 나타내는 접미사. 단백질가수분해효소(proteinase), 지질가수분해효소(lipase), 글루코시드가수분해효소(glucosidase), 아스파라기나아제(asparaginase), 가수분해효소(hydrolase), 산화효소(oxidase)와 같이 대개 반응하는 기질이나 반응의 유형을 나타내는 어근에 연결한다.

asemic 형 표시가 없는.

asepsis 무균상태 명 소독하거나 멸균한 상태.

aseptate 무격벽성 형 곰팡이에서 격벽이 없는.

aseptic 무균성 형 (1) 멸균한; (2) 세균에 의해 유발되지만 세균제를 찾을 수 없는 무균수막염 같은 질환을 이르는 것. 이는 바이러스에 의한 감염이나 비전염성 원인에 기인할 수 있다.

asexual reproduction 무성생식 배우자가 형성되거나 융합하지 않고 어버이와 동일한 유전적 구조를 갖는 자손을 낳는 생식. 생식은 2분법, 출아, 무성포자의 형성 또는 영양번식에 의하여 일어날 수 있다. 진핵생물의 무성생식에서는 모든 세포분열이 유사분열에 의한다.

Asfarviridae 아스파르바이러스과 명 아프리카돼지열병바이러스와 같이 척추동물에 감염하는 2중가닥DNA바이러스의 과.

asialoglycoprotein 아시알로당단백질 명 탄수화물 곁사슬에서 말단의 시알산 잔기가 제거된 당단백질. 이러한 당단백질은 간에서 제거된다.

Asiatic subregion 아시아식물아구 북방식물계의 유럽시베리아식물구의 1부분. 북위 50°~70°에 걸친 중앙아시아로 구성된다.

A-site A부위, A자리 단백질 합성에서 mRNA가 나타내는 코돈에 대응하여 아미노아실tRNA가 결합하는 리보솜의 부위.

Asn ⇨ asparagine.

Asp ⇨ aspartic acid.

asparagine 아스파라기나아제 명 아스파라긴을 가수분해하여 아스파르트산을 거쳐 글루탐산과 푸마르산을 생성하는 효소. EC 3.5.1.1.

asparagine (Asn, N) 아스파라긴 명 아스파르트산의 유도체로, 친수성 아민 곁사슬을 갖는 아미노산. 단백질을 구성하고, 아스파라거스에서 처음 발견되었으며, 식물의 질소대사에 중요하다. 사람의 필수아미노산이다.

aspartase 아스파르타아제 명 일부 세균과 고등식물에 존재하는, 아스파르트산을 가수분해하여 푸마르산과 암모니아를 만드는 효소. EC 4.3.1.1. 상용명 aspartate ammonia-lyase.

aspartate, aspartic acid (Asp, D) 아스파르트산 명 산성(카르복실산) 곁사슬을 갖는 아미노산. 단백질을 구성하고, 아미노기전달반응에도 중요하다. 사람의 필수아미노산이다.

aspartate transcarbamoylase 아스파르트산카르바모일전달효소 피리미딘 생합성의 조절에 관여하는 효소. EC 2.1.3.2. 상용명 aspartate carbamoyltransferase.

aspect 명 (1) **방향, 면** 표면이 향하는 방향; (2) **양상** 모습 또는 겉보기; (3) **계관(季觀), 경관(景觀)** 계절적 모습.

asperate 조면(粗面)의 형 거친 표면을 가진.

aspergilliform 형 솔 같이 촘촘한.

aspergillosis 국균증(麴菌症), 아스페로길루스증 명 사람에서 누룩곰팡이속에 의해 생기는 질환.

Aspergillus **누룩곰팡이속** 자낭균류의 속.

asperity 거칠기, 조도(粗度) 명 잎에서 볼 수 있는 것과 같이 거친 정도.

aspirin 아스피린 ⇨ acetylsalicyclic acid.

asplanchnic 무내장성 형 소화관이 없는.

asporocystid 무포자포낭성 형 원생동물의 어떤 포자충류에서 포자포낭(sporocyst)이 형성되지 않고 접합자가 포자소체로 분열할 때의 접합자낭(oocyst)의.

asporogenous 비포자생산성 형 포자를 만들지 않는.

asporous 무포자성 형 포자가 없는.

assay 검정, 분석 명 측정이나 확인을 위한 절차.

assembly 군, 생물군 명 줄기에 있는 진디의 군체처럼 식물과 동물의 가장 작은 군집단위.

assimilate 동화산물 명 독립영양생물의 동화작용에서 생성되는 첫 유기화합물을 통틀어 이르는 말. ⇨ assimilation.

assimilated energy 동화에너지 동물의 에너지수지에서 동화에너지(A) = 섭식(C) − 변(F)이고, 이는 생산(P) + 호흡에서 열로 유실되는 에너지(R) + 오줌으로 배설되는 작은 대사물질에 의한 에너지 유실(U)과 맞먹는다.

assimilate stream 동화류 당이 광합성으로 만들어진 잎에서 나와 체관부를 거쳐 식물의 다른 부분으로 이동하는 것.

assimilation 동화(작용) 명 (1) 독립영양생물에서 환경으로부터 원소들과 CO_2, N_2, H_2O 등의 간단한 무기화합물들을 흡수하여 이들을 복잡한 유기화합물로 결합시키는 것, 형 **assimilative, assimilatory**; (2) 종속영양생물에서 섭취한 음식물을 복잡한 생체물질로 전환하는 것. 동 to assimilate.

assimilation efficiency 동화효율 동물생리학과 생태생리학에서 먹이를 이용하는 효율의 척도. 동화에너지(A)를 섭식한 에너지(C)로 나눈 비율로 나타낸다. 대개 섭식한 먹이의 성질에 영향을 받는데, 육식동물은 초식동물에 비하여 동화효율이 높다.

assimilative, assimilatory 동화의 형 (1) 영양소공급원으로 이용되도록 무기화합물이 환원되는 대사의, 비 metabolism; (2) 동화작용과 관련되거나 동화작용에 이용되는; (3) 생식에 앞선 생장의.

association 명 (1) **연합** ⇨ associative learning; (2) [식] **군총** 식생보다 큰 단위로 구분되고 우점종에 의하여 특징지어지는 식물군집.

association centres, association cortex 연합중추, 연합피질 대뇌피질에 들어오는 각각 다른 측면과 유형의 감각정보를 통합하고 해석하는 부위.

association constant (K_a) 연합상수, 회합상수 결합형 [AB]의 농도를 평형상태의 각 분자 [A][B]의 유리형의 농도로 나누어 두 분자들 간의 가역적 결합의 세기를 나타내는 척도. 해리상수의 역이다. ≒ affinity constant. ⇨ equilibrium constant.

association fibres 연합섬유 뇌의 내부에 있는 백질을 피질과 연결하는 신경섬유.

associative learning 연합학습 자극(원인)과 특정결과(반응) 간에 연합을 형성하거나 두 자극을 연합하여 학습하는 것.

associative nitrogen fixation 협생(協生)질소고정 일부 초본들과 곡류의 근권과 결부되는 세균(예: *Azospirillum*, *Azotobacter*)에 의한 비공생 질소고정.

associes 아소시스 명 천이과정의 단계를 나타내는 군총.

assortative mating 동류교배 개체들이 자신들과 유사한 개체들과 교배하는 경향이 있는, 개체군 내에서의 선택적 교배. 이를테면 인간개체군은 혈액형 등의 어떤 특징에서는 무작위적으로 교배하는 경향이 있지만 키와 인종 따위의 다른 특징에 대해서는 동족끼리 결혼하는 경향이 있다.

astely 무중심주(성) 명 줄기에 중심관다발원통 또는 중심주가 없는 것.

aster 성상체 명 중심립에서 별 모양으로 퍼져 나가는 미세소관의 체제. 세포분열 시 많은 세포에서 방추체의 양극에 존재하지만, 식물에서는 발견되지 않는다.

Asteraceae 국화과 일부 분류체계에서 국화과(Compositae)를 이르는 이름.

Asterales 국화목 명 초본성이고 드물게 나무 또는 목본덩굴식물인 쌍떡잎식물의 목. 여러 꽃이 밀집하여 두상꽃차례를 이루며, 국화과(Asteraceae, Compositae)로 구성된다(예: 데이지).

astereognosis 입체인식불능(증) 명 만져보고 느껴서 물체를 인식할 수 있는 능력이 없는 것.

asterigmate 무담자뿔(성) 형 포자가 담자뿔(sterigma)에 달리지 않는.

asternal ribs 위늑골 ⇨ false ribs.

asteroid 형 (1) **별모양의, 성상의** 별처럼 생긴; (2) **불가사리의** 불가사리와 관련된.

Asteroidea, asteroids 불가사리강, 불가사리류 명, 명복 흔히 불가사리(starfish, sea stars)라고 부르는 극피동물의 강. 중심반과 뚜렷이 달라 보이지 않는 5개의 방사상 팔을 갖는 별 모양의 몸을 가진다.

asterophysis 성상체 명 어떤 곰팡이의 자실층에 있는 방사상의 낭상체처럼 생긴 털.

asterospondylous 성상추체(星狀椎體)의 형 방사상의 석회성 연골로 된 중심을 갖는 척추뼈의.

asthenic 형 (1) **무력증의** 힘이 없는; (2) **무력성의** 몸의 체질 유형에서 크고 가냘픈.

astichous 무열성(無列性) 형 열을 짓지 않는.

astigmatous 형 (1) [식] 암술머리가 없는; (2) [동] 기문이 없는.

astipulate ⇨ exstipulate.

astogeny 출아군체형성 명 1개의 알에서 관해파리 군체가 발생하는 것. 접합자로부터 발생하는 유생에서 각각의 개충이 갈라져 나온다.

astomatous 형 (1) **무구(無口)성** 입이나 세포입(cytostome)이 없는; (2) [식] **무기공성** 기공이 없는.

astomous 형 (1) 구변세포나 열개선이 없는; (2) 불규칙적으로 파열되는.

astragalus 복사뼈, 거골(距骨) 명 척추동물의 뒷발목에 있는 뼈들의 하나.

astrobiology 외계생물학 ⇨ exobiology.

astrocyte 별(아교)세포, 성상세포 명 중추신경계에서 지지조직의 많은 부분을 이루는 신경아교세포의 한 종류. 섬유성 성상세포는 주로 백질에서 발견되며, 미세한 분지돌기를 갖고, 그들 중 일부는 혈관과 인접해 있다. 원형질성 성상세포는 회백질에서 발견되며, 위족과 비슷하게 두꺼운 분지돌기를 갖는다.

astroglia 별세포무리 명 별세포(astrocyte)를 집합적으로 이르는 말.

astropodia 방사가족(放射假足) 명복 일부 원생동물에서 볼 수 있는 방사상의 미세한 비분지위족.

astropyle 성상구멍 명 일부 방산충류에서 중심낭의 주된 구멍.

astrosclereid 성상후벽세포(星狀厚壁細胞) 명 별 모양의 후벽세포나 석세포.

Astroviridae 아스트로바이러스과 명 사람아스트로바이러스와 같이 척추동물에 감염하는 외가닥RNA바이러스의 과.

Asx 아스파르트산 또는 아스파라긴.

asymmetrical 비대칭의 형 (1) 대칭성이 없는; (2) 서로 다르거나 균형이 안 맞는 양쪽 면을 가진; (3) 어느 면에서도 비슷하게 반으로 나눌 수 없는 구조의.

asymmetric division 비대칭(세포)분열 발생과정에서 세포질의 편중현상 때문에 서로 다른 2개의 딸세포가 만들어지는 세포분열.

asymptomatic 무증상의 형 질병이 있건 없건 증상이 나타나지 않는.

asynapsis 비접합 명 감수분열에서 상동염색체들이 접합하지 않는 것. ≒ **asyndesis**.

atactostele 부제중심주(不齊中心柱) 명 외떡잎식물에서 볼 수 있듯이 관다발들이 기본조직 내에 산재해 있는 중심주.

atavism 환원유전 명 가까운 선조들에서는 발견되지 않은 조상의 형질이 나타나는 현상. 형 **atavistic**.

ataxia 운동실조 명 근육운동의 장애. 형 **atactic**.

ATCase 아스파르트산카르바모일전달효소(aspartate transcarbamoylase).

ateleosis 왜소화, 왜소형 명 개체가 어버이의 축소형인 왜소성.

atelia 명 (1) **아텔리아** 생물학적 중요성이 알려지지 않은 형질의 불용성; (2) **발육불완전** 불완전한 발육.

Atelocerata 촉각아문, 촉각류 명 어떤 분류체계에서 곤충과 다지류를 포함하는 절지동물 무리의 이름.

Atherinomorpha 색줄멸류 명 송사리목(구피와 검상꼬리송사리)을 포함하는 진화된 진골어류의 작은 무리.

athermopause 명 물이나 먹이의 부족에 의한 동물의 휴면.

atherogenesis 죽종(粥腫)형성 명 동맥의 벽에 지방질의 반점이나 반흔조직이 형성되어 결국에는 죽경화증(atherosclerosis)을 일으키는 것.

atheroma 죽종(粥腫) 명 동맥의 벽에 지방이 축적되는 것.

atherosclerosis 죽(상)경화증 명 동맥의 벽에 지방질의 반점이 축적되고 변질되어 혈관내강이 좁아지고 혈류가 방해를 받는 것.

Atlantic North American region 대서양북아메리카식물구 북아메리카에서 동쪽으로 로키산맥, 남쪽으로 멕시코만 그리고 북쪽으로는 북극권에 걸친 북방식물계의 1부분.

atlanto-occipital 고리뒤통수의, 환추후두의 ⇨ occipito-atlantal.

atlas 고리뼈, 환추(環椎) 명 사람의 제1목뼈(경추).

atocia 암컷불임(증), 여성불임(증) 명 암컷의 불임성. 형 **atokous, atokal** 자손이 없는.

atoll 환초(環礁) 명 석호를 에워싸는 산호초.

atomic coordinates 원자좌표 분자의 원자들이 3차원 공간에서 차지하는 위치.

atomic forces microscope 원자간력(原子間力)현미경 해상도를 나노미터 이하의 수준으로 낮춘 주사탐침현미경의 한 종류.

atopy 아토피 명 특이체질의 특정한 화합물이나 항원에 대한 민감성이나 알레르기. 형 **atopic.**

ATP ⇨ adenosine triphosphate.

ATPase ⇨ adenosine triphosphatase.

ATP synthases ATP합성효소 미토콘드리아와 틸라코이드의 내막과 세균막에서 막 내외의 양성자(H^+)기울기에 의해 생기는 에너지를 이용하여 ADP와 무기인산으로부터 ATP를 합성하는 F형 ATP가수분해효소. 유기호흡이나 광합성에서 생성되는 양성자구동력을 ATP 합성에 이용한다. ATP 합성은 ATP의 가수분해와 막 내외의 양성자펌프의 역반응으로도 일어날 수 있다. 예전에는 엽록체인자 또는 짝지음인자(미토콘드리아에서)로 알려져 있었다.

atractoid 방추형 형 방추 모양의.

atrectic 폐쇄적 형 (1) 구멍이 없는; (2) 폐쇄된; (3) 그라프여포(Graafian follicles)의 퇴화에 기인하는 소포의.

atrial 심방의, 위새강의 형 심방 또는 위새강과 관련된.

atrial natriuretic factor, atrial natriuretic peptide (ANF, ANP) 심방나트륨이뇨인자, 심방나트륨이뇨펩티드 심장의 심방에서 분비되어 신장에서 염류와 물의 평형이 조절되도록 작용하고 혈관을 확장시키는 폴리펩티드(α, β, γ). 이와 유사한 폴리펩티드(뇌성나트륨이뇨펩티드, brain natriuretic peptide)가 뇌에서 만들어진다.

atrichous 무편모성, 무섬모성 형 편모나 섬모가 없는.

atriopeptin 심방나트륨이뇨인자 ⇨ atrial natriuretic factor.

atrioventricular 방실의 형 (1) 심장의 심방 및 심실과 관련된; (2) 우심방의 벽에 있는 심근섬유의 덩어리인 결절(node)에 적용되는 말.

atrioventricular bundle 방실다발 ⇨ His' bundle.

atrium 심방, 위새강 명 (1) 심장의 심방에 있는 주된 방. 때로는 심방 전체를 가리킨다; (2) 귀의 고실, 곤충에서 기관이 몸으로 뻗어 나가는 방, 피낭동물과 두삭류의 인두를 에워싸는 방 등과 같이 다양한 방이나 공간.

atrochal 무륜형(無輪形) 형 구전섬모환이 없고 표면이 균일하게 섬모로 덮인 담륜자 유생의.

atropal 직생 ⇨ atropous.

atrophy 위축 명 크기와 기능이 축소되는 것.

atropine 아트로핀 명 벨라도나(*Atropa bella-donna*)와 그 밖의 가지과 식물에서 얻는, 근육이완제로 이용되는 알칼로이드.

atropous 직생 형 밑씨가 아래를 향하지 않는.

attached chromosome 부착염색체 ⇨ isochromosome.

attenuated 형 (1) **점첨형(漸尖形)** 끝이 점점 가늘어지는; (2) **약화** 밀도, 세기 또는 병원성이 줄어드는; (3) **감쇠** 장기간 배양하는 동안 감수분열에 의해 비병원성이 된 바이러스에서 얻은 백신에 적용하는 말.

attenuation 명 (1) **감쇠, 약독화(弱毒化)** 병원성 미생물이 면역력을 갖게 하는 능력은 유지하면서도 독성은 상실되는 것; (2) **감쇠조절** mRNA 상의 선도서열에서 개시된 전사가 감쇠조절인자(attenuator)라고 부르는 부위에서 중단되는, 일부 세균의 생합성 오페론에서 일어나는 조절 작용.

attic 상고실 명 고막 위에 있는 뼈의 우묵 들어간 곳.

auditory 형 (1) **청각의** 듣는 감각과 관련된; (2) **청각계통의** 청각기, 청관, 이도, 이소골, 이각 등의 청각계통과 관련된; (3) **청신경의** 내이와 후뇌를 연결하는 제8뇌신경을 이르는 말. 소리와 높이의 신호를 달팽이관에서 차례로 대뇌피질의 청각령에 전달하고, 자세에 관한 정보를 반고리관에서 소뇌로 전달한다.

Auerbach's plexus 아우에르바흐신경총

⇨ myenteric plexus.

augmentation 증대 명 식물에서 꽃의 돌려나는 수가 증가하는 것.

aulostomatous 관구적(管口的) 형 관꼴 입이나 주둥이를 가진.

aural 귀의, 청각의 형 귀 또는 청각과 관련된.

auricle 명 (1) **심방** 심장의 앞쪽 방; (2) **귓바퀴, 외이** 겉귀; (3) **잎귀, 엽이(葉耳)** 귀 모양을 한 부속물을 통틀어 이르는 말.

auricula 심방, 외이 ⇨ auricle.

auricular (1) 형 **심방의, 귀의** 심방이나 귀와 관련된; (2) 명 새에서 귀의 구멍을 덮는 깃털.

auricularis 귓바퀴근, 이개근(耳介筋) 명 외이의 위쪽, 앞쪽, 뒤쪽, 외부의 근육들.

auriculate 형 (1) **귀꼴, 이형** 귀의, 외이를 갖는; (2) **잎집의, 엽초의** 기부가 확장되어 줄기를 감싸는 잎의; (3) **엽이(葉耳)의** 잎의 다른 부분과 분리된 열편을 갖는 잎의.

auriculotemporal 귓바퀴관자의, 이개측두의 형 (1) 귓바퀴 및 관자놀이(관자부위)와 관련된; (2) 아래턱신경이 가지 친 신경(귓바퀴관자신경)의.

auriculoventricular 방실의 형 심장의 심방 및 심실과 관련되거나 연결된.

auriform 귀꼴, 이형 형 귀 모양의.

aurones 오론 명복 노란색 플라보노이드 식물색소의 1종.

Australian kingdom 오스트레일리아식물계 오스트레일리아와 태즈메이니아로 이뤄지는, 5개 식물계 중 하나. 북동오스트레일리아식물구, 남서오스트레일리아식물구, 중앙오스트레일리아식물구로 나뉜다.

Australian region 오스트레일리아동물구 월리스(Wallace)의 분류에서 오스트레일리아, 뉴질랜드, 태평양의 멜라네시아, 미크로네시아, 폴리네시아 군도들, 파푸아뉴기니, 술라웨시 및 월리스선의 남동쪽 섬들을 포함하는 동물지리구. 오스트레일리아동물아구, 오스트레일리아-말레이동물아구, 뉴질랜드동물아구, 폴리네시아동물아구로 나뉜다.

Australian subregion 오스트레일리아동물아구 오스트레일리아와 태즈메이니아를 포함하는 오스트레일리아동물구의 1부분.

australopithecines, *Australopithecus* 오스트랄로피테쿠스인, 오스트랄로피테쿠스(속) 명복, 명 최소한 400만 년 전에서 100만 년 전까지 산 것으로 믿어지는, 남아프리카와 동아프리카에서 발견되는 화석인류의 속. 약 250만 년 전의 골세형원인(*Australopithecus africanus*), 약 200만 년 전에서 100만 년 전의 골태형원인(*A. robustus*와 *A. boisei*) 그리고 케냐와 에티오피아에서 발견된 약 350만 년 전의 아파로원인(*A. afarensis*)이 포함된다. 이들은 직립자세를 취하고 사람속(*Homo*)과 비교하여 비교적 작은 뇌를 가졌다. 예전에 파란트로푸스(*Paranthropus*)와 진잔트로푸스(*Zinjanthropus*)로 알려졌었던 화석들도 지금은 오스트랄로피테쿠스인으로 받아들인다. *A. africanus*와 *A. robustus*는 인류진화의 직계에서 한 갈래이고, *A. robustus*는 사람속의 초기종과 동시대다.

Austro-Malayan subregion 오스트레일리아-말레이동물아구 파푸아뉴기니와 월리스선의 동쪽 인도네시아의 섬들을 포함하는 오스트레일리아동물구의 1부분.

autacoid 내분비생리활성물질 명 호르몬이나 생장인자 따위의 생리적 효과를 갖는 내분비물질.

autapomorphy 고유파생형질 명 단지 하나의 분류군에서만 발견되는 독특한 파생형질 상태.

A

autapses **자가접합** 명복 신경세포의 한 부분과 동일한 세포의 다른 부분 간에서 일어나는 접합(시냅시스). 보통 축삭과 수상돌기 또는 축삭과 핵주체(soma) 간에서 일어난다.

autecious, autecism ⇨ autoecious, autoecism.

autecology **개체생태학** 명 개개의 생물이나 종을 다루는 생태학. 비 synecology.

auto- '자신', '스스로'를 뜻하는 그리스어 '*autos*'에서 유래된 접두사.

autoagglutination **자가응집(반응)** 명 스스로의 혈청에 의한 개체세포의 응집.

autoantibody **자가항체** 명 자기 몸의 항원에 대하여 자기가 생성한 항체. 어떤 자가면역병에서 자가항체는 조직에 피해를 안겨 준다.

autoantigen **자가항원** 명 자기 자신의 면역계에 의해 인식되고 자가면역반응을 유발하는 자기 자신의 체내에 있는 물질을 통틀어 이르는 말.

autobasidium **단포자담자기** 명 (1) 측면으로 포자가 달리는 담자뿔을 갖는 담자기; (2) 격벽이 없는 담자기.

autocarp **자가수정과** 명 자가수정에 의해 만들어지는 열매.

autocatalysis **자가촉매** 명 자기 생성물에 의한 반응의 촉매. 형 **autocatalytic**.

autochory **자동산포** 명 폭발적 메커니즘에 의해 포자나 종자가 자가분산되는 것.

autochthonous **자가유래의, 자생의, 토착성** 형 (1) 토착의; (2) 원산의; (3) 정상적으로 활성을 나타내는 현지의 토양미생물에 적용되는 말; (4) 선천적 또는 유전적인; (5) 적출된 심장이 팔딱거리듯이 기관 내에서 비롯된 특징에 해당되는 말; (6) 발견된 곳에서 만들어진.

autoclave **가압(증기)멸균기** 명 증기열로 유리 제품이나 배지를 멸균하는 데 이용되는 장비.

autocoprophagy **자기분생성** ⇨ refection.

autocrine **자가분비** 형 세포에서 분비한 물질이 세포 자신에 미치는 효과에 적용되는 말.

autocyst **오토시스트** 명 일부 포자충 기생생물에 의해 형성되어 자신을 숙주조직과 분리시키는 두꺼운 막.

autodeliquescent **자가소화성, 자가액화성** 형 먹물버섯속(*Coprinus*) 균류의 갓과 주름에서 볼 수 있듯이 자가소화의 결과로 액화되는 것.

autodont **오토돈트** 형 연골어류에서 볼 수 있는 것과 같이 턱에 직접 붙지 않는 이빨을 가리키거나 그러한 이빨과 관련되는.

autoecious **동종기생성** 형 생활주기를 마치는 동안 오직 한 가지 숙주에만 기생하는 곰팡이와 그 밖의 기생생물에 적용되는 말. 명 **autoecism**.

autogamy **자가수정, 자가생식** 명 (1) 배우자형성 과정에서 각각 다른 감수분열의 결과로 만들어진 2개 핵들이 융합하는 자가수정; (2) 단일한 세포 내에서의 핵의 접합; (3) 동일한 세포가 분열하여 생긴 2개 원생동물이 다시 합쳐지는 것. 형 **autogamous**. 비 automixis.

autogenesis **자가발생** 명 동일한 생물에서 기원되거나 만들어지거나 생식하는 것.

autogenic **자생의, 자발적** 형 (1) 군집을 구성하는 종들 간의 상호작용에 의한 식물 천이의; (2) 특정한 시스템의 범위 내에서 생활주기를 마치는 생물에 적용되는 말.

autogenous **자생의** 형 (1) 같은 생물에서 만들어지는, 비 exogenous; (2) 알들이 성숙할 때까지 먹이를 섭취할 필요가 없는 암컷 성충에 해당되는 말.

autogenous control 자율적 조절 유전자의 발현이 전사단계나 번역단계에서 자신의 생성물에 의해 조절되는 상황.

autogeny, autogony 자생작용, 자연발생(설) ⇨ autogenesis.

autograft 자가이식(편) 명 동일한 개체에서 한 부위에서 다른 부위로 이식된 조직. ≒ **autotransplant**.

autoheteroploid 자기이수체(自己異數體) 형 동일한 유전체로부터 비롯된 이수체의.

autoimmune 자가면역의 형 (1) 자기 자신의 세포 구성성분에 대한 면역반응의; (2) 몸의 정상적인 구성성분에 대한 면역반응에 의해 야기되는 질환의.

autoimmunity 자가면역 명 자기 자신의 구성성분에 대해 면역반응이 일어나는 상태. 만성 염증과 조직 파괴 등을 일으킨다.

autoinfection 자기감염 명 숙주 체내의 기생충에 의한 재감염.

autointoxication 자가중독 명 몸 안에서 형성된 독성 물질에 의한 중독.

autokinetic 자발운동성 형 자기 자신의 행동에 의해 움직이는.

autologous 자가의 형 (1) 동일한 개체에서 몸의 한 부위에서 다른 부위로 이식된 조직의; (2) 동일한 종의 다른 개체로부터 받은 항원에 의해 동물이 면역화되는.

autolysin 자가분해효소 명 자가분해를 일으키는 효소를 통틀어 이르는 말.

autolysis 자가분해 명 자기 자신의 가수분해효소에 의해 세포가 자가소화되는 것.

autolytic 자가분해의 형 효소에서 자가분해를 일으키거나 자가분해와 관련된.

automimicry 자가의태 명 (1) 어느 종의 특정한 성 또는 연령군에 의해 이용되거나 다른 성 또는 다른 연령군의 구성원들에 의해 이용되는 의사소통 신호를 모방하는 것; (2) 종의 어떤 구성원들이 입에 안 맞을 때 동일한 종의 맛있는 개체들이 그들을 흉내 내는 종내 의태.

automixis 자가생식 명 동일한 감수분열에 의해 만들어진 2개 핵들이 융합하여 접합자를 형성하는 자가수정. 형 **automictic.**

autonarcosis 자가최면 명 자가생산된 이산화탄소 때문에 해를 입어 휴면상태가 되거나 생장이 저지되는 상태.

autonomic 형 (1) **자발적** 자율적인, 자치의, 저절로 일어나는; (2) **자율적** 불수의신경계에 적용하는 용어. 자율신경계는 민무늬근과 심근 및 샘을 지배하고 그 운동이 의지와는 무관하게 조절되는 교감신경계와 부교감신경계로 구성된다.

autonomously replicating sequence (ARS) 복제기점염기순서 이를 포함하는 어느 DNA라도 효모(*Saccharomyces cerevisiae*)에서 복제시킬 수 있고 효모 DNA복제기점을 나타내는 DNA염기순서.

autonomous phenotype ⇨ cell-autonomous (2).

autopalatine 명 일부 물고기에서 구개방형 연골 앞쪽 끝의 골화.

autoparasite 겹기생생물 명 다른 기생생물 내에서 사는 기생생물.

autoparthenogenesis 미수정란발생 명 화학적 또는 물리적 자극에 활성화되어 미수정란이 발생하는 것.

autophagic 자가소화의 형 자가소화작용에 포함되거나 관련된.

autophagosome 자가소화포 명 소화과정에서 세포내 막들과 세포소기관들이 세포내 막으로 둘러싸인 소포. ≒ **autophagic vacuole**.

autophagous 자식성(自食性)의 형 갓 부화하여 뛰어다니고 먹이를 구할 수 있는 새들에 적용되는 말.

autophagy 자가소화작용 명 (1) 때때로 세포에서 볼 수 있듯이 리소좀이 관여하는 자가소화; (2) 효모가 자신의 글리코겐을 소비하는 것처럼 세포대사의 생성물을 자가흡수하여 생명을 유지하는 것.

autophilous 자가수분의 형 자가수분(제꽃가루받이)을 하는.

autophosphorylation 자기인산화 명 단백질 자체의 효소활성에 의한 단백질의 인산화.

autophyllogeny 명 한 잎이 다른 잎에서 자라는 것.

autophyte 자양식물 명 독립영양을 하는 식물. 형 **autophytic.**

autoploid 동질배수체 ⇨ autopolyploid.

autopodium 자각 명 손이나 발.

autopolyploid, autoploid 동질배수체 형 (1) 2조 이상의 상동염색체를 갖는 생물의; (2) 염색체세트가 모두 단일한 종에서 유래된 배수체의.

autoproteolysis 자가단백질분해 명 단백질사슬이 자체의 효소활성에 의해 분해되는 것.

autoradiography 방사선자동사진법 명 분자량이 큰 분자, 세포를 구성하는 물질 또는 몸의 기관을 방사성 물질로 표지시킨 후 그 영상을 사진 필름에 기록하는 기술. 이렇게 얻어지는 사진을 **방사선자동사진(autoradiograph, autoradiogram)**이라고 한다.

autoreactivity 자가반응 명 자기 자신의 몸에 있는 항원에 대한 면역반응을 할 수 있는 능력.

autoreceptor 자가수용체 명 수용체가 들어 있는 세포가 분비하는 화합물에 의해 활성화되는 수용체.

autoregulation 자기조절 명 유전자 자신의 단백질 산물에 의해 유전자의 전사가 개시되는 조절양식.

autoshaping 자동조성 명 동물에게 자극과 보상을 반복적으로 시행하면 별도의 훈련이나 강화가 없어도 자극의 제시에 따라 보상에 적절한 행동을 나타내기 시작하는, 학습실험으로 유도할 수 있는 파블로프의 조건반응.

autoskeleton 자가골격 명 동물 자신이 분비한 원소들로부터 형성된 진정한 골격.

autosomal 상염색체의 형 성염색체 이외의 염색체인 상염색체 상에 있는 유전자를 가리키는.

autosomal dominant inheritance 상염색체우성유전 상염색체 상에 있는 우성대립유전자에 의해 결정되는 표현형질의 특징을 나타내는 유전양식. 형질은 한 벌의 대립유전자를 가진 개체에서 발현되므로, 이형접합 개체의 자손들이 대립유전자를 물려받아 형질이 나타날 확률은 50%이다. 비 autosomal recessive inheritance, sex-linked.

autosomal recessive inheritance 상염색체열성유전 상염색체 상에 있는 열성대립유전자에 의해 결정되는 표현형질에서 전형적으로 나타나는 유전양식. 형질은 두 벌의 대립유전자를 가진 개체에서 발현된다. 양친이 모두 열성대립유전자를 이형접합으로 갖는 경우, 동형접합의 열성대립유전자를 갖고 형질이 발현되는 자손이 생길 확률은 1/4이다. 비 autosomal dominant inheritance, sex-linked.

autosome 상염색체 명 성염색체 이외의 모든 염색체.

autospore 자생포자 명 (1) 어버이세포와 유사한 비운동성 포자; (2) 돌말류의 종분열로 형성되고 새로운 돌말껍질을 이루는 원형질체.

autostoses 자기화골(自己化骨) ⇨ cartilage bones.

autostylic 자주(自柱)형 형 하악궁은 턱의 지지와 무관하고 상악(구개방형 연골)은 머리뼈와 본질적으로 융합하는 하악 고정의 형태. 대부분의 현대 4족류에서 나타난다.

autosynapsis, autosyndesis 동질접합, 동친접합 명 배수체생물의 감수분열에서 같은 어버이에서 유래한 염색체들이 접합하는 것.

autotetraploid 동질4배체 명 동일한 기원의 4벌의 염색체들을 포함하는 핵을 갖는 생물.

autotomy 자절(自切), 자기절단 명 어떤 벌레들, 절지동물, 도마뱀에서 볼 수 있듯이 몸의 일부를 절단하는 것.

autotransplantation 자가이식 명 동일한 개체 내에서 몸의 한 부분에서 다른 부분으로 조직을 이식하는 것.

autotriploid 동질3배체 명 동일한 기원의 3벌의 염색체들을 포함하는 핵을 갖는 생물.

autotroph 독립영양생물 명 이산화탄소를 유일한 탄소원으로 이용하고 무기질소원(예: 질산염, 암모늄염류)과 그 밖의 원소들을 생합성을 위한 유일한 출발재료로 이용할 수 있는 생물. 형 **autotrophic.** 비 heterotroph.

autotropism 자기굴성 명 (1) 외부의 영향을 받지 않은 식물이 직선으로 자라는 경향; (2) 기관이 외적 요인에 의하여 구부러지거나 똑바르게 된 후 원래의 형태로 다시 돌아가는 경향.

autoxenous 동종기생성 ⇨ autoecious.

autozooid 통상개충 명 바다맨드라미류 군체에서 먹이를 먹고 소화시킬 수 있는 생물적 특징을 완전히 갖춘 폴립.

autozygote 동질접합자 명 공통의 기원을 갖는 2개의 상동유전자를 갖는 동형접합자.

autozygous 동질접합성 형 상속적 동일 상태에 있는 같은 유전자자리의 대립유전자에 적용되는 말.

auxesis 비대(생장) 명 세포의 수보다 세포의 크기가 증대하는 데 기인하는 생장. 형 **auxetic.**

auxiliaries 보조자 명복 동일한 세대의 다른 암컷들과 어울려서 일꾼이 되는 암컷 사회성 곤충들.

auxiliary cells 조세포 (1) 공변세포에 붙어 있거나 기공을 싸고 있는 2개 또는 그 이상의 변형된 표피세포; (2) 일부 내균근 균류에 의해 토양에서 형성되는 세포.

auxin 옥신 명 식물의 생장호르몬인 인돌-3-아세트산(IAA). 옥신은 식물의 배발생, 세포의 신장과 분화, 뿌리의 생장, 관다발조직의 발달, 굴광성, 열매의 발달, 잎차례, 그리고 곁눈 생장의 억제와 관련이 있다. 식물의 줄기가 빛을 향하여 굽는 현상은 빛이 쪼이는 반대 방향에서 옥신의 농도가 증가하여 세포를 신장시키기 때문이다. 줄기의 꼭대기에서 생성되는 옥신은 곁눈의 발달을 억제한다.

auxoautotroph 영양요구변이독립영양생물 명 자신의 발생을 위하여 필요로 하는 모든 생장물질을 합성할 수 있는 생물.

auxoheterotroph 영양요구변이종속영양생물 명 자신의 발생을 위하여 필요로 하는 모든 생장물질을 합성할 수 없는 생물.

auxospore 증대포자 명 돌말류의 접합자.

auxotonic 증장력성 형 (1) [식] 미성숙한 식물의 운동에서 생장에 의해 유도되는; (2) [동] 근육에서 저항이 늘어나는 데 대한 수축의.

auxotroph 영양요구생물 명 돌연변이의 결과로 특정한 영양소를 외부에서 공급받아야 생육하게끔 변화된 생물. 형

auxotrophic. ⇨ auxoheterotroph.

average daily metabolic rate (ADMR) 일평균대사율 동물이 정상적인 활동을 영위할 때 하루에 필요로 하는 에너지의 척도. 매일 섭취하는 음식물에 포함된 에너지함유량으로 계산된다.

average heterozygosity 평균이형접합률 유전자자리의 선택된 집단에서 이형접합체의 평균빈도로 나타내는, 개체군의 유전적 변이의 척도.

average life expectancy 평균기대여명 갓 태어난 개체가 앞으로 몇 년을 살 수 있는지를 개체군의 평균으로 계산한 수치.

aversive 혐오적 형 여러 차례 반복하면 반응의 세기가 줄어들고 두려움과 회피 행동을 자아내는 자극에 적용하는 용어. 이러한 자극을 혐오자극 또는 역자극이라 한다.

Aves 조강(鳥綱), 조류(鳥類) 명복 척추동물 가운데 항온성 두발동물인 새의 강. 몸은 깃털로 덮이고 앞다리는 날개로 변형되며 턱의 피부는 부리를 이룬다. 조류는 멸종된 파충류인 조룡류의 후손이다. 쥐라기부터 출현한 고조아강(Archaeornithes)의 시조새(*Archaeopteryx*)가 지금까지 알려진 최초의 화석조류이다. 현대의 조류는 신조아강(Neornithes)에 속한다. (⇨ 부록 3)

Aviales 조류(鳥類) 명 현대의 조류, 시조새 그리고 날 수 있고 새의 선조로 간주되는 깃털 달린 공룡의 모두를 포함하도록 제안된 분류학적 집단. 현 시점에서 이 집단의 정확한 범주와 합법성은 논쟁의 대상이다. ≒ **avialan**.

avian 조류의 형 새와 관련된.

avicularium 조두체(鳥頭體) 명 일부 태형동물에서 나타나는 개충의 한 종류.

avidin 아비딘 명 비오틴에 강하게 결합하는, 난백에 풍부하게 들어 있는 단백질.

avidity 결합활성 명 이를테면 병원성 미생물의 표면에서 반복적인 항원결정기에 결합하는 2개 또는 그 이상의 결합부위를 갖는 항체의 경우처럼, 1개 이상의 결합부위에서 수용체와 결합한 다가리간드(multivalent ligand)의 모든 결합 강도. 비 affinity.

avifauna 조류상 명 어느 지역 또는 시기의 모든 새의 종.

avirulence gene 비병원성 유전자 상응하는 내성유전자가 들어 있는 숙주식물에서 질병을 유발할 수 있을지가 결정되는, 일부 세균성 식물병원체에서 발견되는 유전자.

avirulent 비병원성, 무독성 형 질병을 일으키지 않는 세균, 바이러스 또는 그 밖의 잠재적 병원체에 적용되는 말.

avitaminosis 비타민결핍증 명 비타민의 결핍증.

Avogadro's number 아보가드로수 수소 1그램 또는 어느 원소나 분자의 그램분자량 중 원자의 수(6×10^{23}).

avoidance behaviour 회피행동 해롭게 보이는 상황에 노출되는 것을 최소화하는 동물의 광범위한 방어행동(예: 동결자세, 숨을 곳을 찾아 뛰기, 경보를 발하기). 선천적일 수도 있고 학습에 의할 수도 있다.

avoidance reaction 회피반응 자극을 피하는 운동.

awn 까락 명 벼과 초본의 외화영 또는 포영(낟껍질)의 끝이나 등에서 나오거나, 열매에 나거나 또는 잎의 끝에 달리는 뻣뻣한 털 같은 돌기.

axenic 무균성 형 다른 어떤 오염미생물이 없거나 또는 기생충이나 공생자의 경우 이들의 식물숙주나 동물숙주가 없는 상태에서 미생물을 키우는 순수배양에 적용되는 말.

axes 'axis'의 복수형.

axial 축(방향)의 형 (1) 축이나 줄기와 관련된; (2) 줄기 또는 신경세포의 축삭에서 세로로 달리는 필라멘트와 기타 구조의; (3) 척추동물의 배에서 척삭이 생기게 되는 중배엽에 해당되는 말. 비 paraxial.

axial sinus 축동(軸洞) 극피동물의 수관계에 있는 거의 수직인 관. 환상수관으로 이어지고 석관과 연결되어 있다.

axial skeleton 중축골격 머리와 몸통의 골격.

axil 겨드랑이, 액(腋) 명 주축과 여기에서 나오는 줄기나 잎이 이루는 각. 잎의 경우를 잎겨드랑이 또는 엽액(葉腋)이라 한다.

axile 중축의 형 (1) 축에 위치하거나 속하는; (2) 밑씨가 씨방의 중앙에 위치하는 태좌를 가리키는.

axilla 겨드랑이 명 겨드랑이. 복 **axillae**.

axillary 액생(腋生) 형 (1) [식] 겨드랑이(액)와 관련된; (2) 눈(bud)처럼 겨드랑이에서 자라는; (3) [동] 겨드랑이와 관련된.

axipetal 향세포체성 형 신경충격이 세포체 방향으로 이동하는.

axis 축 명 (1) 구조의 중심선; (2) 몸의 구조가 체계화되는 방향을 통틀어 이르는 말(예: 정단기부축, 전후축, 등배축, 내외축); (3) 식물의 원줄기 또는 식물 줄기의 중심주; (4) 척추동물의 몸통과 머리; (5) 중쇄뼈, 축추 제2목뼈(경추). 복 **axes**.

axis cylinder 축삭원통 유수신경섬유의 축삭.

axoaxonic 축삭-축삭간 형 축삭말단과 다른 뉴런의 축삭 간의 시냅스에 적용되는 말.

axodendritic 축삭-수상돌기간 형 축삭말단이 수상돌기와 닿는 곳의 시냅스에 적용되는 말.

axolotl 악솔로틀, 멕시코도롱뇽 명 아가미와 같은 유생기의 특징을 계속 유지하고 물에 사는 일부 도롱뇽의 성적으로 성숙한 유형.

axon 축삭(軸索) 명 뉴런의 세포체에서 전달되어 온 신경충격을 전도하는 세포질 돌기. 큰 동물의 운동뉴런의 경우에는 길이가 몇 미터에 달하기도 한다. 축삭의 말단은 다른 신경세포의 수상돌기나 세포체와 접촉한다. ≒ nerve fibre.

axonal 축삭의 형 축삭(들)과 관련된.

axonal transport 축삭(내)수송 신경세포의 세포체와 축삭말단 간에서 일어나는 작은 세포질소포내 물질의 능동수송. 수송은 전방수송(세포체에서 축삭말단으로)이거나 후방수송(다른 방향으로)일 수 있고, 미세소관으로부터 형성된 경로를 따라 일어나는 것으로 믿어진다.

axoneme 축사 명 진핵생물의 섬모나 편모의 중심부. 기저체에서 나오는 미세소관의 규칙적인 배열로 이루어진다.

axon hillock 축삭둔덕 신경세포에서 축삭이 끝나는 지점에 있는 작고 투명한 부분. 이 지점에서 종종 충격전도가 시작된다.

axon terminal 축삭말단 축삭의 가지 친 끝부분. 각 가지는 다른 신경세포의 수상돌기나 세포체와 시냅스를 이루고, 축삭을 따라 전도된 신경충격이 도달하면 신경전달물질을 분비한다.

axoplast 축삭동원질체사 명 일부 트리파노솜의 동원질체에서 몸의 끝으로 뻗는 가는 실 같은 구조.

axopod 축헛다리, 축위족(軸僞足) 명 원생동물 태양충류에서 가시처럼 생기고 강화된 축사를 갖는 대개 영구적인 위족. ≒ **axopodium**.

axosomatic 축삭-세포체간 형 축삭말단이 신경세포체와 접촉하는 시냅스에 적용되는 말.

axospermous 형 중축태좌를 갖는 심피에 해당하는 말.

axostyle 축간(軸桿) 명 편모성 원생동물에서 지지 역할을 하는 축사.

axotomy 축삭절단 명 축삭을 자르는 것.

5-azacytidine (azaC) 5-아자시티딘 DNA의 시티딘 부위와 합병되지만 시티딘과 달리 메틸화되지 않는 뉴클레오시드 유사체. ⇨ DNA methylation.

azathioprine 아자티오프린 명 급속히 분열하는 세포를 죽이는 작용을 하는 면역억제제.

azoic 형 (1) **무인의** 사람이 없거나 살지 않는; (2) **무생물의** 생물 또는 생물의 생성물의 흔적이 없는.

azonal 무층의 형 뚜렷한 (단)층이 없는 토양에 적용되는 말.

azotodesmic 형 질소를 고정하는 조류 공생체를 갖는 지의류에 적용되는 말.

AZT 디옥시리보뉴클레오시드 유사체인 3′-azido-3′-deoxythymidine. 역전사효소를 억제하고 사람면역결핍바이러스(HIV) 감염의 화학요법에 이용된다. ≒ zidovudine.

azurophilic 아주르친화성 형 아닐린블루 염료에 염색이 잘 되는.

azygomatous 무광대뼈의 형 광대뼈가 없는.

azygomelous 무쌍지성(無雙趾性) 형 짝이 없는 부속지를 가진.

azygospore 위(僞)접합포자 명 접합을 하지 않고 배우자에서 직접 만들어진 포자.

azygote 비접합자 명 반수체의 단성생식에 의해 생기는 생물.

azygous 홀 형 짝을 이루지 않는.

B

β- *접두사 'β-'가 포함되는 표제어는 'beta' 또는 해당 표제어를 참조하시오.*

B (1) 아미노산을 1개의 문자로 축약할 때 아스파라긴이나 아스파르트산을 나타내는 약자; (2) ⇨ factor B.

BAC ⇨ bacterial artificial chromosome.

bacca 장과(漿果) 명 특히 하위 씨방에서 만들어지는 장과(berry).

baccate 장과형 형 (1) 장과처럼 즙이 많고 과육이 많은; (2) 장과를 맺는.

bacciferous 장과형성의 형 장과를 맺는.

bacciform 장과형 형 장과 모양.

Bacillariophyta 돌말식물문 명 돌말류(규조류)라고 부르는 단세포의 광합성 원생생물의 문. 두 반쪽의 규화벽을 갖고 녹말 대신에 기름과 류코신을 저장한다. 현재는 대롱편모생물계(Stramenopila) 또는 크로미스타계(Chromista)에 포함시킨다. 방사대칭의 중심돌말류와 좌우대칭의 깃돌말류의 2개 주된 무리가 있다. ≒ **Bacillariophyceae.**

bacillary 형 (1) **간상의** 막대 모양의; (2) 망막에서 간상체와 추상체가 이루는 층의; (3) **세균성, 막대균성** 막대균과 관련되거나 막대균에 의해 야기되는.

bacillus 명 (1) **막대균, 간균** 예전에 특히 의학세균학에서 막대 모양의 세균을 통틀어 일컬었던 말; (2) **바실루스** 토양에 널리 분포하는 호기성 포자생성 간균인 바실루스속(*Bacillus*)의 세균. 복 **bacilli.**

back cross 역교배 이형접합성 잡종 제1대(F_1)와 동형접합성 열성인 어버이와 교배시키는 것. 이를 통하여 F_1에 존재하는 상이한 유전자형을 식별할 수 있다.

background 바탕의 형 어느 특정한 생물의 자연돌연변이 발생률에 적용되는 말.

back mutation 복귀돌연변이 원래의 돌연변이가 정확하게 역전되거나 또는 유전자의 다른 데에서 보상돌연변이가 일어나면서[이를 유전자내 억제(intragenic suppression)라고 함], 동일한 유전자에서 이전에 일어난 돌연변이의 효과를 뒤바꾸는 돌연변이. ≒ reverse mutation, reversion.

bacteraemia 세균혈증 명 혈액 속에 세균이 일시적으로 존재하는 것.

Bacteria 세균역, 세균상계 명 고세균역(고세균상계, Archaea)에 속하는 종류를 제외한 모든 원핵생물을 포함하는 미생물의 상계 또는 역. 이들 구성원을 **세균**(복 **bacteria**, 단 **bacterium**)이라 한다. 세균은 유전적 및 생화학적 이유에서 고세균과 구별한다. 이들은 대사작용에서 그리고 생태적으로 극히 다양한 단세포성 미생물 집단이다. 토양과 물에서 독립생활을 하거나, 식물과 동물에서 기생 또는 부생을 한다. 기생성 세균은 많은 친숙한 전염병을 일으킨다. 세균은 전형적으로 세포벽을 갖고, 2분법이나 무성적 내생포자에 의해 번식하며, 유성적 과정(접합)

과 바이러스(박테리오파지)매개이동(형질도입)에 의해서도 유전물질이 이동한다. 부록 5에 세균역의 주요 집단이 나와 있고, 이들 모두 사전에 수록되어 있다.

bacterial 세균성 형 세균과 관련되거나 세균에 의해 야기되는.

bacterial artificial chromosome (BAC) 세균인공염색체 삽입된 '외래' DNA의 큰 단편을 운반할 수 있는 클론벡터로 작용하게끔 변형된 F인자플라스미드.

bacterial envelope 세균외피 세균세포의 모든 바깥층. 원형질막, 외막(존재하는 경우), 세포벽, 피막(존재하는 경우)을 포함한다. ≒ cell envelope.

bactericidal, bacteriocidal 살균성 형 세균의 사멸을 유발하는.

bacteriochlorophylls 세균엽록소 명복 남세균 이외의 광합성세균에서 광수집색소로 작용하는, 엽록소와 관계가 있는 녹색 색소. 몇 가지 유형(*a, b, c, d, e, g*)이 있다. 적외선과 보라색에서 최대흡수를 보인다.

bacteriocidal 살균성 ⇨ bactericidal.

bacteriocins 살세균소 명복 세균에서 생성되고 다른 균주나 종의 세균을 죽이는 단백질들.

Bacteriological Code 세균명명규약 국제세균명명규약(International Code of Nomenclature of Bacteria).

bacteriology 세균학 명 세균을 다루는 학문. 형 **bacteriological**.

bacteriolysin 용균소 명 세균세포의 분해 또는 용해를 일으키는 물질.

bacteriolysis 용균 명 세균의 분해 또는 용해.

bacteriophage 박테리오파지 명 세균에 감염하는 바이러스(예: 람다파지, T2파지, T4파지). ≒ phage. ⇨ lysogeny, lytic infection. (⇨ 부록 7)

bacteriophagous 세균섭식성 ⇨ bacterivorous.

bacteriorhodopsin 세균로돕신 명 일부 호염성 고세균(염생세균)의 자색막에서 발견되는 자색막단백질. 빛에 의해 추진되는 막 내외의 양성자펌프로 작용한다.

bacteriostatic 세균발육저지 형 세균을 죽이지는 않지만 생장을 억제하는.

bacterium 세균, 박테리아 명 세균역(또는 세균상계)을 구성하는 생물. 한편 이 용어는 고세균역의 구성원을 포함하여 원핵미생물들을 통틀어 이르는 말이다. 복 **bacteria.**

bacterivorous 세균섭식성 형 세균을 잡아먹는.

bacteroid 박테로이드 명 콩과 식물의 뿌리혹에서 발견되는 뿌리혹세균의 형태인 불규칙한 모양의 세균세포.

bacteroidal 요산결정체의 형 어떤 환형동물의 막대 모양을 한 요산 결정체에 해당하는 말.

Bacteroides-Flavobacteria group 박테로이데스-플라보박테리아류 ⇨ cytophagas.

Bacteroidetes 의간균문(擬桿菌門) 명 동물의 장과 토양에서 발견되고 기회감염 병원체가 될 수 있는 막대 모양의 혐기성 그람음성균으로 구성되는 세균의 문. 박테로이데테스세균들은 보통 사람에게 이로운 장내 미생물상의 주된 구성원이다.

baculiform 막대기형 형 막대 모양의.

Baculoviridae, baculoviruses 바큘로바이러스과, 바큘로바이러스 명, 명복 피막으로 둘러싸이고 막대 모양을 한, 절지동물에 감염하는 2중가닥DNA바이러스의 1과.

baeocyte 내생포자 명 일부 남세균에서 만들어지는 활주운동을 나타내는 세포.

bag cell 주머니세포 산란을 조절하는

데 관여하는 군소속(*Aplysia*)의 분비신경세포.

balanced lethal 평형치사 2개의 비대립 열성 치사유전자가 상동염색체쌍의 다른 염색체들에 있고, 따라서 2중이형접합체가 생존 가능한 현상. 자손의 절반은 어느 한쪽의 유전자를 동형접합으로 갖게 되어 죽지만 자손의 다른 절반은 양쪽 유전자를 이형접합으로 가지고 생존하게 되어 치사유전자는 개체군에서 유지된다.

balanced polymorphism 평형다형성 둘 또는 그 이상의 뚜렷하게 다른 형태, 형질의 유형 또는 유전자의 상이한 대립유전자들이 개체군에서 안정적으로 공존하는 현상.

balanced translocation 균형전좌 2개의 비상동염색체 간에서 손실된 조각이 없이 조각의 일부를 서로 맞바꾼 것. 2개의 1동원체염색체들이 만들어지고 유사분열에서 보통 분리되므로, 체세포가 갖는 정상적인 2배체의 염색체수를 유지한다. ≒ **balanced reciprocal translocation.**

balancers 평균체 명복 (1) ⇨ halteres; (2) 일부 도롱뇽의 유생기에서 앞다리가 나오기 전까지 지주의 기능을 하는, 머리에 달리는 쌍으로 된 돌기.

balance trials 평형시험 장기간에 걸친 특정한 영양소의 총섭취량과 총손실량을 측정하여 동물의 영양요구를 정량적으로 결정하는 방법론.

balancing selection 균형선택 개체군에서 평형다형성이 유지되는 자연선택.

balanoid 형 (1) **도토리형** 도토리 모양의; (2) **따개비의** 따개비류와 관련된.

Balanopales 발라놉스목 명 발라놉스과(Balanopaceae)로 구성되는 쌍떡잎식물의 교목과 관목의 목. 때때로 참나무목(Fagales)에 두기도 한다.

balausta 석류과(石榴果) 명 석류에서 볼 수 있는 것과 같이 질긴 과피를 갖고 씨가 많은 비열개성 과일(폐과).

Balbiani body 발비아니소체 많은 종의 발생하는 난모세포에서 발견되는 특수화된 세포소기관. 미토콘드리아가 많은 점이 특징이다. 일부 난모세포에서 발비아니소체는 모계RNA를 수송하고 배치하는 데 관여하는 것으로 알려져 있다. ≒ mitochondrial cloud.

Balbiani rings 발비아니고리 일부 파리목의 다사염색체에서 볼 수 있는 매우 큰 퍼프(puff)의 한 종류. 1881년에 발비아니(E.G. Balbiani)가 각다귀의 일종(*Chironomus tentans*)에서 처음으로 발견하였다.

baleen 고래수염 명 물에서 플랑크톤을 거르는 데 이용되는, 일부 고래류의 위턱에 부착된 각질판. 이러한 방식으로 섭식하는 고래를 수염고래류(baleen whales)라 한다.

baler 악주엽 ⇨ scaphognathite.

ball-and-socket 절구공이, 구와식(球窩式) 어깨관절과 엉덩관절에서 볼 수 있듯이 한 뼈의 반구형의 끝이 다른 뼈의 컵 모양으로 오목한 곳에 들어가서 회전할 수 있는 관절(절구관절)에 적용되는 말.

ball-and-stick format 공막대형식 원자를 표현하는 다양한 색깔의 공들을 그들 간의 결합을 나타내는 막대로 연결하여 화학구조를 묘사하는 방식.

ballast 밸러스트 명 알루미늄이나 규소처럼 식물에 존재하지만 생장에 필수적인 것으로 보이지 않는 원소들.

ballistic 사출(射出)의 형 성숙하면 터지고 씨를 강하게 방출하는 열매에 해당하는 말.

ballistospore 사출포자 명 강력하게 방출되는 포자.

balsamic 방향성 형 바닐라, 헬리오트로프, 수지에 특징적인 냄새의 부류에 적용되는 말.

B

balsamiferous 발삼산출성 형 발삼을 산출하는.

balsams 발삼 명복 일부 식물에서 발견되는, 수지산, 에스테르와 테르펜으로 구성되는 복합적 방향물질. 보통 상해부위에서 흘러나온다.

BALT ⇨ bronchus-associated lymphoid tissue.

band 띠 명 (1) 겔전기영동에서 특정한 크기등급의 분자들이 모이고 다양한 방법으로 가시화시키는 겔 상의 부위; (2) 유사분열 중의 염색체와 다사염색체에서, 각 염색체마다 불변의 무늬를 이루며 짙게 염색되는 부위. 염색체를 구별하여 동정하는 데 사용된다.

band III protein 밴드3단백질 적혈구 세포막의 단백질. 허파에서 적혈구가 이산화탄소를 처리할 때 HCO_3^-이 Cl^-로 교환되는 음이온통로를 형성한다.

banner ⇨ standard.

baraesthesia 압각 명 압력을 느끼는 감각.

barb 명 (1) **깃가지, 우지(羽枝)** 깃촉에서 갈라져 날개를 이루는 정교한 실 같은 구조의 하나; (2) **미늘강모** 갈고리 모양의 털 같은 강모; (3) **바브** 물고기의 1종.

barbate 수염달린 형 수염이 있거나 까끄라기가 있는.

barbel 촉수 명 일부 물고기의 아래턱에서 생기는 수염 같은 감각돌기.

barbellate 미늘강모형 형 갈고리 모양의 털 같은 강모가 달린.

Barbeyales 바르베야목 명 1과(바르베야과, Barbeyaceae) 1속(바르베야, *Barbeya*)으로 구성되는 교목성 쌍떡잎식물의 목.

barbicel 가는깃가지, 우세지(羽細枝) 명 깃털의 작은깃가지(우소지)에 있는 작은 갈고리 같은 돌기의 하나. 서로 맞물려서 깃가지를 규합한다.

barbule 작은깃가지, 우소지(羽小枝) 명 깃털의 깃가지(우지)에서 옆으로 나오는 돌기. 깃가지를 규합하여 빈틈이 없는 날개가 되도록 한다.

bare lymphocyte syndrome 베어림프구증후군 세포에서 MHC클래스II분자의 발현이 결핍되는, 사람의 희귀한 유전적 결함을 이르는 말.

baresthesia 압각 ⇨ baraesthesia.

bark 나무껍질, 수피 명 목본에서 관다발 형성층의 바깥에 있는 조직층. 2기체관부, 피층 그리고 가장 바깥쪽의 주피로 구성된다.

bark lice 수피다듬이벌레류 다듬이벌레목(Psocoptera)에 속하는 곤충들의 일반적인 명칭. 나무껍질에 살면서 구형의 배를 갖고 불완전하게 탈바꿈하는 작은 무시곤충.

barnacle 따개비류 명 만각아강(Cirripedia)에 속하는 종류의 일반적인 명칭.

baroceptor 압력수용체 ⇨ baroreceptor.

barognosis 무게인식(능), 압각능 명 압력의 변화를 감지하는 능력.

barophile 호압세균 명 심해의 세균처럼 높은 압력에서 가장 잘 자라는 생물.

baroreceptor 압력수용체 명 혈압의 변화를 표시하는 심장과 큰 혈관의 당김에 반응하는 감각수용기. ≒ baroceptor.

barotaxis 주압성 명 압력 자극에 응하여 향하는 운동이나 방향.

barotolerant 내압성 형 고압에 견딜 수 있는 생물에 적용되는 말.

barrage reaction 대치반응 곰팡이에서 2개 불화합성 균주의 균사체들 간에서 일어나는 반응.

Barr body 바소체 포유동물의 암컷 체세포의 핵에서 볼 수 있는 짙게 염색되는 구조. 불활성화된 X염색체이다. 3X와 4X처럼 비정상적인 유전적 구조를 갖는 개체는 각각 2개와 3개의 바소체를 갖는다. ≒ sex-chromatin body.

β-barrel β통형(구조) β병풍구조가 굽어서 원통형 구조를 이루는 단백질 구조.

barrier forest 방설림(防雪林) 낮은 경사지에 피해를 주지 않도록 눈을 막아주는, 산에 있는 숲.

Bartholin's duct 바르톨린관 혀밑샘에서 몇 개의 작은 관이 합쳐진 큰 관.

Bartholin's gland 바르톨린샘 여성 성기인 질의 양면에 위치하고 점액을 분비하는 샘.

basad 기저로 부 기부를 향하여.

basal 기저의 형 기부에 있거나 기부 부근에 있는.

basalar 밑날개경판의 형 곤충에서 날개의 기부 밑에 있는 경판의.

basal body 기저체 진핵생물의 편모와 섬모에서 축사의 기부에 있는, 9개의 미세소관들로 구성되는 원통형 구조. 축사에서 미세소관들의 조립과 배치를 체계화한다. ≒ basal granule, kinetosome.

basal cell 기저세포 (1) 표피와 같은 다층상피의 가장 아래층에 있고 이로부터 조직이 재생되는 세포; (2) [식] 식물의 배의 발생에서 수정란의 부등할로 생성되는 아래쪽의 큰 세포; (3) [균] 균사 구형돌기(crozier)의 끝을 떠받치는 단핵세포; (4) [동] 강장동물에서 볼 수 있는 수축성 상피세포.

basal disc 기반 (1) 산호에서 석회성 골격을 분비하는 외배엽의 부위; (2) 히드라에서 기층에 고착하는 몸의 아래쪽 끝부분.

basale 비골(鼻骨) 명 물고기의 지느러미를 지탱하는 다양한 구조의 뼈.

basal ganglia 바닥핵, 기저핵 뇌의 다른 중심부와 연결되고 운동조절에 관여하는 중뇌의 회백질성 신경핵군. 각각은 담창구, 합쳐져서 렌즈핵을 이루는 피각 및 미상핵으로 구성된다.

basal knobs 기저마디 섬모상피세포에서 섬모가 나오는 부위에 있는 과립들이나 팽윤부.

basal lamina 기저층 (1) 모든 상피의 기저를 이루는 아교질을 포함하는 세포외 기질의 특수화된 얇은 매트와 같은 층. 상피층과 밑에 있는 조직들을 분리하는 기저막의 부분을 이룬다; (2) 신경종말과 근막 사이에 놓이고 근육과 신경종말을 싸고 있는 세포외 기질의 층.

basal leaf 저생엽(低生葉), 낮게나기잎 줄기의 기부 부근에서 나오는 잎. 줄기의 다른 곳에서 나오는 잎들과 흔히 모양이 다르다.

basal metabolic rate 기초대사율 생존에 요구되는 최소한의 대사율. 사람에서는 12시간 단식한 후 열중립환경에서 절대안정을 취하며 측정한다.

basal metabolism 기초대사 움직이지 않는 생물에서 대사활동의 정상적인 상태.

basal placentation 기저태좌 꽃에서 밑씨가 씨방의 기부에 위치하는 상태.

basal ridge 기저융기 치아에서 치관의 기부 주위에 돋은 부분.

basapophysis 기횡돌기(基橫突起) 명 척추뼈의 복측면에서 생긴 가로돌기.

base 염기 명 (1) 용액에서 수소이온(양성자)을 받아들이는 물질, 비 acid; (2) 분자유전학에서 뉴클레오티드와 핵산을 구성하는 푸린과 피리미딘의 질소함유염기(nitrogenous bases)를 나타내는 말. ⇨ adenine, cytosine, guanine, thymine,

B

uracil.

base analogue 염기유사체 뉴클레오티드 염기 중 하나와 화학적으로 비슷하고 DNA에 포함되어 종종 돌연변이를 유발하는 물질.

base exchange capacity 염기치환용량 토양이 수용할 수 있는 치환성 양이온의 정도. ≒ cation exchange capacity.

base excision repair 염기절제회복 손상된 염기를 제거하고 원래의 DNA염기순서를 회복시키는 DNA회복의 한 형태.

basement membrane 기저막 상피와 밑에 있는 조직들을 분리하는 층. 기저층과 기저층의 아랫면과 상호작용하는 조직에서 나오는 아교질 섬유의 그물들로 구성된다. ≒ basilemma.

base pair (bp) 염기쌍 DNA2중나선의 마주보는 가닥에서 상보적인 뉴클레오티드의 1쌍. 염기쌍의 수는 2중가닥DNA의 길이를 측정하는 데 이용된다.

base pairing 염기짝짓기 핵산에서 푸린염기와 피리미딘염기 간의 비공유결합. 아데닌은 티민(DNA에서) 또는 우라실(RNA에서)과 쌍을 이루고 시토신은 DNA와 RNA에서 구아닌과 쌍을 형성한다. (⇨ 그림 5)

base ratio 염기비 DNA에서 염기 (A+T)/(C+G)의 비율. 이 비율은 종마다 매우 다양하게 나타난다.

base-rich 염기성 형 마그네슘이나 칼슘 따위의 유리 염기성 이온들을 비교적 많은 양으로 함유하는 토양에 적용되는 말.

base sequence 염기순서 ⇨ nucleotide sequence.

base sequencing 염기순서결정 ⇨ DNA sequencing.

base substitution 염기치환 DNA에서 한 종류의 뉴클레오티드가 다른 뉴클레오티드로 대체되는 것.

basibranchial 기저새골(基底鰓骨) 명 아가미활의 복부 중간부위나 기저부의 골격부분.

basibranchiostegal 기저새개막 ⇨ urohyal.

basic 염기성 형 (1) 염기의 특성을 갖는; (2) 대개 세포의 핵 내용물에 작용하는 염료에 적용되는 말; (3) **기본적** 숫자에 적용되는 말: (i) 어느 속의 정배수체 종

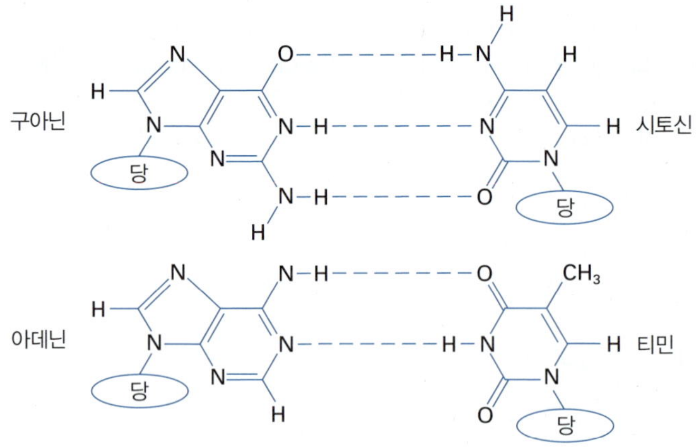

그림 5. 염기짝짓기.

의 계열에서 나타나는 최소 염색체 반수, (ii) 배수체 생물의 2배체 조상의 배우자에 들어 있는 염색체 수; (4) 알칼리성 광물질이 풍부하게 들어 있는 토양의.

basic helix-loop-helix (bHLH) 기본나선고리나선구조 많은 DNA결합단백질에서 나타나는 DNA결합부위.

basicranial 두개저 형 머리뼈의 기저부에 위치하거나 관련되는.

basidia 'basidium'의 복수형.

basidiocarp 담자과 명 담자균류에서 담자기가 달리는 자실체. ≒ basidioma, basidiome.

basidiole, basidiolum 위담자기 명 일부 담자균류에서 생기는 불임의 담자기 같은 구조.

basidiolichen 담자지의류 명 공생하는 곰팡이가 담자균류인 지의류.

basidioma 담자과 ⇨ basidiocarp.

Basidiomycota 담자균문, Basidiomycotina 담자균아문, basidiomycetes 담자균류 명, 명, 명복 격벽의 균사를 갖고 포자를 생성하는 구조(담자기, basidia)의 외부에 포자가 달리는 육상균류의 문. 이들은 종종 눈에 잘 띄는 자실체를 갖는다. 녹병균, 깜부기병균, 교질균류, 버섯과 독버섯, 말징버섯, 말뚝버섯, 선반버섯, 주름찻잔버섯 등이 포함된다.

basidiospore 담자포자 명 담자균류에서 감수분열에 의하여 생기고 담자기의 외부에 달리는 포자.

basidium 담자기 명 담자균류에서 감수분열에 의하여 생기는 보통 4개의 담자포자가 표면에 달리는 대개 곤봉 모양의 세포. 복 **basidia**, 형 **basidial**.

basifugal 향정단성 형 (1) 기부에서 멀어지며 생장하는; (2) ⇨ acropetal.

basifuge 혐염기식물 명 염기성 토양에서 견딜 수 없는 식물. ≒ calcifuge.

basigamic, basigamous 기저수정의 형 주공에서 멀리 떨어진 배낭의 맨 끝에 알과 조세포들이 위치하는.

basihyal 기설궁(基舌弓) 명 설골궁(목뿔활)의 기저 부분이나 복부 부분.

basilabium 입술밑경판 명 곤충에서 입술밑(labiostipites)의 융합으로 형성되는 경판.

basilar 기저의 형 기부 부근에 있거나 기부에서 자라는.

basilar artery 뇌저동맥 척추동맥들이 합쳐져서 생기고 그 가지들이 뇌줄기와 뒤쪽의 대뇌반구에 혈액을 공급하는 동맥.

basilar membrane 기저막 귀의 코르티기관에 있는 바닥막.

basilemma 기저막 ⇨ basement membrane.

basilic 자쪽피부의, 척골측피부의 형 팔의 2두근의 내면에 있는 정맥에 적용되는 말.

basilingual 기저설의 형 악어, 거북, 양서류에서 설골에 있는 넓은 연골판에 적용되는 말.

basimandibula 큰턱기저막 명 곤충의 머리에서 큰턱의 기부에 있는 작은 경판.

basimaxilla 작은턱기저막 명 곤충의 머리에서 작은턱의 기부에 있는 작은 경판.

basin peat 분지토탄 ⇨ fen peat.

basinym, basionym 기본명 명 종을 새롭게 명명할 때 근거가 되는 원래의 학명.

basion 큰구멍앞점 명 큰구멍(대공)의 앞쪽 가장자리의 중간부.

basiopthalmite 기안절(基眼節) 명 갑각류에서 눈자루의 기부에 있는 관절.

basiotic ⇨ mesotic.

basipetal 향기부성 형 (1) 내려가는; (2) 줄기의 잎, 수상꽃차례의 꽃, 사슬을 이루며 달리는 포자의 경우에서 꼭대기로부터 아래를 향해 발달하여 가장 어린 것이 기부에 달리는.

basipharynx 명 곤충에서 윗인두(epipharynx)와 아랫인두(hypopharynx)가 합쳐진 것.

basipodite 밑마디, 기절(基節) 명 갑각류 관절지의 2번째 마디.

basipodium 바닥다리 명 손목 또는 발목.

basiproboscis 구문기(口吻基) 명 일부 곤충의 주둥이(proboscis)에 있는 막성 부위.

basipterygium 기저측소편 명 물고기의 배지느러미에 있는 뼈나 연골.

basirostral 부리바닥의 형 부리 또는 주둥이의 기부에 위치하거나 관련되는.

basisphenoid 바닥나비뼈 명 머리뼈의 기부 중앙에 있는 뼈.

basistyle 명 모기 수컷의 교미기인 파악기(clasper)의 기부.

basitarsus 제1부절, 제1발목마디 명 발목마디에서 대체로 가장 큰 첫 번째 마디.

basitonic 형 기부에서 작은부리와 합쳐진 꽃밥을 가진.

basivertebral 척추뼈몸통의 형 척추뼈의 몸통 안에 있고 척추신경얼기와 연결되는 정맥에 적용되는 말.

basket cell 바구니세포 (1) 일부 샘의 기부를 싸고 있는 근상피세포의 하나; (2) 소뇌에서 조롱박세포층(푸르키네세포층)의 바로 위에 있고 조롱박세포에 작용하는, 세포체를 갖는 사이뉴런(연합뉴런)의 한 종류.

basolateral 아래옆의 형 세포, 구조 또는 기관의 기부와 옆면의.

basophil 명 (1) **호염기백혈구** 과립백혈구 또는 다형핵백혈구로 분류되는 백혈구의 한 종류. 염기성 염료에 염색이 잘 되고 히스타민과 세로토닌을 방출하는 과립들이 들어 있다. 감염에 대한 염증반응과 대응에 관여한다; (2) **호염기세포** 염기성 염료에 염색되는, 뇌하수체 전엽의 분비세포의 한 종류.

basophilic 호염기성 형 염기성 염료에 염색이 잘 되는.

bass (1) [식] **인피** ⇨ bast; (2) [동] **농어** 물고기의 1종.

bassorin 바소린 명 난초류의 점액성 저장 탄수화물. 커피대용 음료(saloop)의 원료가 된다.

bast 인피(靭皮) 명 (1) 일부 교목의 내부 섬유층; (2) 체관부 섬유.

bastard wing 작은날개, 소익(小翼) 새 날개의 첫째 손가락에 해당하는 3개 장깃털을 이르는 말.

BAT 갈색지방조직(brown adipose tissue). ⇨ brown fat.

batch culture 회분배양(回分培養), 비연속배양 일정량의 배지에서 미생물을 배양하는 것. 배양균이 생장함에 따라 영양소는 차츰 고갈된다.

Batesian mimicry 베이츠의태 어느 동물(모델, model)이 위험하거나 맛이 없는 경우, 다른 동물(의태자, mimic)이 모델을 모방하여 혜택을 받는 것. 영국의 박물학자 베이츠(H.W. Bates)가 처음 관찰하였다.

bathyaesthesia 심부감각(深部感覺) 명 몸의 내부에서 자극을 느끼는 것.

bathyal 반심해성(半深海性), 점심해성(漸深海性) 형 대륙붕의 가장자리에서 수심 2000 m의 심해대에 이르는 해저의 구역에 해당하거나 관련되는.

bathylimnetic 심수성(深水性) 형 호수나 늪의 깊은 곳에서 살거나 자라는.

bathymetric 수심의, 등심의 형 생물의 수직분포와 관련된 말.

bathypelagic 심해성(深海性) 형 심해(1000~3000 m)에 서식하는.

bathyplankton 심층플랑크톤 명 해질녘에 표층으로 올라오고 동이 틀 무렵에 깊은 곳으로 내려가는 하루주기 이동을 하는 플랑크톤.

bathysmal 해연의 형 바다의 가장 수심이 깊은 곳과 관련된.

batrachians 양서류 명복 개구리류와 두꺼비류.

batrachosaurs 바트라코사우루스 명복 석탄기와 페름기에 살았던 미치류(labyrinthodonts)의 무리. 파충류의 조상에 포함되기도 한다.

batrachotoxin 독개구리독 명 일부 개구리의 피부에서 분비되는, 신경계에 작용하는 알칼로이드 독소.

bauplan 바우플란 명 동물 특정 집단의 일반적이고 이상적이며 전형적인 체설계도(body plan).

B cell B세포 (1) B림프구; (2) 이자의 β세포; (3) 뇌하수체의 β세포.

B-1 cell, B-2 cell B-1세포, B-2세포 ⇨ B lymphocyte.

B-cell co-receptor B세포보조수용체 항원을 접하면 특정한 보체성분에 의해 활성화되고 B세포수용체와 협력하여 B림프구를 활성화하는 B림프구의 세포표면 수용체.

B-cell growth factor, B-cell differentiation factor B세포생장인자, B세포분화인자 ⇨ interleukin.

B-cell receptor B세포수용체 막결합면역글로불린인 B림프구 상의 항원수용체.

BCG Bacille Calmette-Guérin. 사람 결핵병의 백신으로 사용되는, 우형 결핵균(*Mycobacterium tuberculosis*)에서 얻은 변종.

B chromosomes B염색체 어떤 생물에서 나타나는, 정상적인 염색체수를 초과하는 과잉의 염색체.

bdelloid 거머리형 형 거머리 같은 모양을 가진.

B-DNA B형 DNA ⇨ DNA.

BDNF ⇨ neurotrophins.

beak 부리 명 (1) 새의 부리; (2) 다른 동물(예: 돌고래)의 늘어난 턱이나 아래턱; (3) 이질풀(쥐손이풀목)에서 볼 수 있듯이 어떤 열매에 달리는 길고 모난 돌기.

beard 까끄라기 명 [식] (1) 미늘이 있거나 가시가 달린 씨앗이나 열매; (2) 까락(awn).

beard worms 유수동물 ⇨ Pogonophora.

Becker muscular dystrophy (BMD) 베커근이영양증, 베커근디스트로피 DMD (Duchenne muscular dystrophy, 듀센형 근이영양증) 유전자자리의 결함에 기인하는 유전성 근육퇴행위축병.

becquerel (Bq) 베크렐 명 방사성 핵종이 방출하는 방사능의 SI유도단위. 1 베크렐은 2.7×10^{-11} 퀴리(Ci)이다.

bedeguar 장미벌레혹 명 혹벌에 의해 장미 덤불이 이끼처럼 뻗어 나온 것.

bees 벌 명복 일부는 사회성이고 일부는 비사회성인 벌목(Hymenoptera)의 꿀벌상과(Apoidea)에 속하는 곤충들. 꿀벌류(*Apis*), 호박벌류(*Bombus*)와 꽃벌류(*Anthophora*)가 포함된다. 벌은 꽃에서 수집한 꽃가루와 꿀을 자신들과 새끼들의 먹이로 하고 식물의 중요한 꽃가루매개자이다. 사회성 벌들은 하나의 여왕벌, 수벌들과 일벌들이 봉군을 형성한다.

beetle 딱정벌레 명 딱정벌레목(Coleoptera)에 속하는 종류들의 일반적인 명칭.

beets 사탕무 명복 사탕무, 비트, 근대와 같이 사탕무(*Beta vulgaris*)의 다양한 재배품종.

Begoniales 베고니아목 명 대부분은 다육질의 초본이지만 일부는 관목 같은 초본과 다소 큰 교목인 쌍떡잎식물의 목. 베고니아과(Begoniaceae)와 다티스카과(Datiscaceae)를 포함한다.

behavioural ecology 행동생태학 동물과 그들의 환경 및 동물과 다른 동물과의 관계를 다루는 학문. 행동생태학은 한편으로 동물의 행동 그리고 환경요인과 동일한 종의 다른 개체들과의 상호작용에 의해 변경될 수 있는 방식의 효과들을 포함한다.

behavioural genetics 행동유전학 행동의 유전적 근거를 다루는 학문. 행동에 대한 환경과 양육과 유전적 특성의 원인 제공을 연구한다.

behavioural silence 행동침묵 행동의 변화는 관찰되지 않지만 동물이 학습한 것으로 여겨지는 상태.

behaviourism 행동주의 명 행동의 기계론적 심리학. 이 극단적인 심리학에서는 동물과 사람의 행동이 외적 및 내적 자극에 대한 근육반응과 그 밖의 생리적(예: 호르몬에 의한) 반응에 의해서만 설명될 수 있다고 주장한다.

belemnoid 다트형 형 다트(dart)처럼 생긴.

Bellini's ducts 벨리니관 신유두(kidney papilla)의 꼭대기에서 열려 있는, 보다 작은 집합관들이 융합하여 형성된 관.

belonoid 침형 형 바늘처럼 생긴.

belt desmosome 접착대 중간결합(intermediate junction).

Beltian bodies, Belt's bodies 벨트체 가시처럼 부푼 구조를 갖는 아카시아(swollen thorn acacia)의 잎의 끝에 달리는, 기름과 단백질이 들어 있는 작은 영양기관. 아카시아에 사는 개미들에게 양분을 제공한다.

belt transect 대상법(帶狀法) 이미 정한 선을 따라 폭이 보통 1 m까지인 띠 모양의 구역에서 생물을 조사하는 방법.

Bence-Jones protein 벤스-존스단백질 다발성 골수종 환자의 오줌에서 발견되는 면역글로불린의 가벼운 사슬.

β-bend β-회전(β-turn).

Benedict's solution 베네딕트용액 시트르산나트륨, 탄산나트륨과 황산구리를 포함한 용액. 끓였을 때 환원당과 반응하여 적갈색의 산화구리가 침전된다.

benefit 편익 명 동물의 행동에서 선택된 행동에 따라 극대화되는 양.

benign 양성의 형 몸의 다른 곳으로 퍼지지 않는 종양에 적용되는 말.

Bennettitales 베네티트목 ⇨ Cycadeoidophyta.

Benson-Calvin cycle 벤슨-캘빈회로 ⇨ Calvin cycle.

benthal, benthic 저생성(底生性) 형 바다, 호수, 강이나 기타 수체의 바닥과 관련되거나 사는.

benthophyte 저생식물 명 바닥에 사는 식물.

benthos 저생생물 명 최고수위선에서 수심이 가장 깊은 곳까지 바다 또는 호수의 바닥에 있는 식물상과 동물상.

benzo[a]pyrene, benzpyrene 벤조피렌, 벤즈피렌 명 화석연료가 연소할 때 생기는 발암성 여러고리방향족탄화수소. 콜타르에도 들어 있다.

benzodiazepines 벤조디아제핀 명복 약한 신경안정제로 이용되는 화합물의 1종. 중추신경계에서 흥분성 신경전달물질인 글리신의 수용체와 상호작용하여 그 활성을 억제한다.

benzyladenine 벤질아데닌 명 합성식물 생장호르몬.

Bergmann glia 베르그만신경교 발생하는 소뇌의 벽에 걸쳐 있고 이동하는 뉴런을 인도해 주는 신경아교.

Bergmann's rule 베르그만규칙 지리적으로 변이를 보이는 항온동물의 종은 분포구역 내의 차가운 곳보다 따뜻한 곳에 살수록 몸의 크기가 작아진다는 생각.

beriberi 각기 명 음식에 비타민 B_1(티아민)이 결핍되거나 티아민을 흡수할 수 없어서 신경이 퇴화하거나 다발성 신경염이 생기는 질병.

berry 명 (1) **장과(漿果)** 씨를 과육부가 둘러싸고 내과피가 목질화되지 않는, 많은 씨를 갖는 폐과; (2) **코혹** 고니류의 부리에 있는 짙은 혹 같은 구조.

Bertin's columns 베르탱주 ⇨ renal columns.

beta- 베타 *접두사 'β-' 또는 'beta'를 포함하는 표제어는 해당 표제어를 참조하시오. [예: 'β-globin'은 'globin'의 아래를 참조하시오]*

betacyanin 베타시아닌 명 일부 꽃에서 불그스름한 색깔을 내게 하는 복합플라보노이드 색소를 통틀어 이르는 말.

beta diversity 베타다양성 종간경쟁의 결과로 가능한 최대의 서식지에 보다 잘 적응하게 되고 따라서 다른 환경요인들에 대한 내성범위가 좁아지는 데 기인하는 생물다양성. 베타다양성은 고도와 같은 환경기울기를 따라 한 서식지에서 다른 서식지로 가면서 변화하는 종조성의 규모로 나타낸다. 변화의 정도가 크면 클수록 베타다양성은 더욱 증가한다. ≒ habitat diversification. 비 alpha diversity.

betaine 베타인 명 콜린 합성의 중간물질인 글리신 유도체.

beta-proteobacteria 베타가변세균 DNA 염기순서 자료에 근거하여 식별하는 가변세균(자색세균)의 무리. 나선균, 나이세리아(*Neisseria*; 임질과 수막염 등의 원인균), 형광을 발하지 않는 슈도모나스, 보르데텔라(*Bordetella*)와 그 밖의 속들을 포함한다. ≒ **beta purple bacteria**.

Betulales 자작나무목 명 일부 분류체계에서 자작나무과(Betulaceae: 자작나무 등)와 개암나무과(Corylaceae: 개암나무 등)를 포함하는 쌍떡잎식물 교목의 목.

Betz cells 베츠세포 대뇌피질의 운동령에 있는 큰 추상세포.

bFGF 염기성 섬유모세포생장인자(basic fibroblast growth factor). ⇨ fibroblast growth factor.

BFU-E 적혈구성 거대세포군집(erythrocytic burst-forming unit).

bHLH 기본나선고리나선구조(basic helix-loop-helix).

B-horizon B층 토양의 최상위층 아래의 퇴적되고 축적되는 층위. ≒ **illuvial layer**.

bi- 라틴어 '*bis*'에서 유래된, '두 번'과 종종 '2개를 갖는'을 뜻하는 접두사.

biacuminate 양뾰족꼴 형 2개의 뾰족한 끝을 가진.

biarticulate 쌍절의 형 2개의 관절로 연결된.

biaxial 양축의 형 (1) 2개의 축을 갖는; (2) 융기관절과 타원관절에서 볼 수 있는 것과 같이 2개의 면으로 움직일 수 있는.

bicapsular 2삭과의 형 (1) 2개의 삭과(capsule)를 갖는; (2) 2개의 방으로 된 삭과를 가진.

bicarinate 쌍용골판형 형 2개의 용골판(keel) 같은 돌기를 가진.

bicarpellary, bicarpellate 2심피성 형 2개의 심피를 가진.

bicaudal, bicaudate 쌍복형(雙腹型) 형 2개의 꼬리처럼 생긴 돌기를 가진.

bicellular 2세포성 형 2개의 세포로 구성된.

bicentric 양분(兩分)의 형 종의 불연속분포에서 볼 수 있듯이 2개의 중심을 가진.

biceps 2두근 명 특히 위팔(상완)과 윗다

B

리의 큰 근육처럼, 2개의 머리나 기원을 갖는 근육.

biciliate 2섬모성 형 2개의 섬모를 가진.

bicipital 쌍두의, 2두근의 형 (1) 2두근과 관련된; (2) 위팔뼈(상완골)의 윗부분에 있는 결절사이고랑(intertubercular groove)과 관련된; (3) 위팔뼈의 대결절과 소결절에 있는 능선과 관련된; (4) 등 쪽의 결절과 배 쪽의 작은머리(capitulum)를 갖는 갈비뼈의; (5) 한쪽 끝에서 두 부분으로 갈라지는.

bicollateral 복병립의, 양립의 형 비슷한 양면을 가진.

biconjugate 쌍결레성 형 비슷한 조합을 쌍으로 가진.

Bicornes ⇨ Ericales.

bicornute 두뿔의 형 2개의 뿔처럼 생긴 돌기를 가진.

bicrenate 복둔거치(複鈍鋸齒)의 형 (1) 둥근톱니꼴(crenate) 잎의 가장자리가 다시 톱니꼴이 되는; (2) 2개의 둥근 이빨을 가진.

bicuspid 형 (1) 2개의 세로로 난 잎맥을 갖는 잎의; (2) **앞어금니의** 2개의 끝을 갖는 앞어금니의; (3) **2첨판의** 심장에서 좌심실과 좌심방의 사이에 있는 승모판의. ≒ **bicuspidate**.

bicyclic 두고리의 형 2개의 고리로 배열되는.

bidentate 쌍치상 형 2개의 이빨 또는 이빨처럼 생긴 돌기를 가진.

bidenticulate 겹니의 형 일부 비늘에서 볼 수 있듯이 2개의 작은 이빨 또는 이빨처럼 생긴 돌기를 가진.

bidirectional replication 양방향복제 세균과 진핵생물의 염색체에서 볼 수 있듯이 복제기점에서 양쪽 방향으로 진행되는 DNA복제.

bidiscoidal 두원반의 형 태반의 유형에서 2개의 원반처럼 생긴 부분으로 구성되는.

biennial 2년생식물 명 2년을 살고 2년째에만 열매를 맺는 식물.

bifacial 양면의 형 납작하고 윗면과 아랫면에 뚜렷하게 다른 구조를 가진.

bifarious 2열(二列)의 형 축의 각 면에 하나씩 2열로 배열되는.

bifid 갈라진, 두갈래의 형 (1) 한쪽 끝이 두 갈래인; (2) 거의 중앙선까지 갈라진.

biflagellate 2편모성 형 2개의 편모를 가진.

biflex 2굴곡성 형 두 군데에서 구부러진.

biflorate 양화형 형 2개의 꽃을 가진.

biflorous 양개화성 형 봄과 여름에 두 번 꽃을 피우는.

bifoliar 2엽성 형 2개의 잎을 가진.

bifoliate 쌍엽성 형 (1) 2개의 작은 잎(소엽)을 갖는 장상복엽의; (2) 2개의 잎을 가진.

biforate 쌍구의 형 2개의 소공이나 구멍을 가진.

bifurcate 갈라진, 분기한 형 두 갈래로 갈라진.

bigeminal 쌍(생)의, 시엽의 형 (1) 쌍으로 배열되는 구조의; (2) 척추동물 뇌의 시엽(optic lobes)과 관련된.

bigeminate 쌍갈래형 형 쌍으로 갈라진.

bigeneric 속간의 형 2개의 다른 속들 간에서 생긴 잡종에 적용되는 말.

bijugate 2대생소엽의 형 두 쌍의 작은 잎(소엽)을 가진.

bilabiate 양입술형 형 두 입술 모양의.

bilamellar 두꺼풀의 형 2개의 판이나 비늘로 형성되는.

bilaminar, bilaminate 두겹의, 두층의 형 2개의 층을 가진.

bilateral 양측의 형 두 쪽을 갖거나 그와 관련된.

bilateral symmetry 좌우대칭 대부분의

동물에서 볼 수 있듯이 중심축이 몸을 서로 거울상이 되는 두 쪽으로 나누는 대칭의 한 종류. 비 radial symmetry.

bilateria 좌우대칭동물군 명 좌우대칭을 하는 모든 동물을 통틀어 이르는 말.

bilayer 2중층 ⇨ lipid bilayer.

bile 쓸개즙, 담즙 명 간세포에서 생성되고 쓸개에 저장되었다가 쓸개관(bile duct)을 거쳐 샘창자(십이지장)로 가는 분비액. 유화제인 쓸개즙염, 헤모글로빈의 분해에서 유래된 쓸개즙색소, 콜레스테롤 및 레시틴과 그 밖의 일부 물질들을 포함한다. ≒ galt.

bile duct 쓸개관 ⇨ bile.

bile salts 쓸개즙염 쓸개즙에서 발견되고 창자에서 음식물의 지방을 유화시키는 글리코콜산과 타우로콜산의 나트륨염.

bilharzia 주혈흡충증 명 주혈흡충(schistosome)에 의해 발생하는 질병. ⇨ schistosome.

biliary 쓸개즙의 형 쓸개즙과 관련되거나 쓸개즙을 나르는.

bilicyanin 빌리시아닌 명 빌리베르딘과 빌리루빈의 산화에서 비롯된 청색 색소.

bilin 빌린 명 빌리단백질의 색소포.

biliprotein 빌리단백질 명 조류의 일부 집단에서 발견되는 홍조소와 남조소 따위의 단백질색소를 통틀어 이르는 말.

bilirubin 빌리루빈 명 빌리베르딘의 환원으로 생기는 적색 색소. 쓸개즙에 분비된다. 지라에서도 발견되고 타박상에서도 보인다.

biliverdin 빌리베르딘 명 헤모글로빈의 헴기가 분해되어 생기는 녹색 색소. 쓸개즙에 분비된다. 지라에서도 발견되고 타박상에서도 보인다.

bill 부리 명 새의 부리. 턱의 모서리에 있는 각질화된 피부에서 뻗어 나온다.

bilobate, bilobed 2엽의, 2열(二裂)의 형 두 엽(lobe)을 가진.

bilobular 2소엽의 형 두 소엽(lobule)을 가진.

bilocellate 2실의 형 두 구획으로 구분되는.

bilocular 2실의 형 2개의 공간이나 구획을 가진.

bilophodont 복치선주름치의 형 맥(tapir: 코가 뾰족한 돼지처럼 생긴 동물)의 큰 어금니에 적용되는 말. 앞쪽과 뒤쪽 끝을 연결하는 능선을 갖는다.

bimaculate 두점꼴 형 두 점을 가진.

bimanous 두손의 형 일부 영장류에서 두 손을 가진.

bimodal distribution 양봉분포 2개의 최빈값(mode)을 갖는 통계분포.

bimolecular sheet 2분자층 ⇨ bilayer.

bimuscular 2근육성 형 두 근육을 가진.

binary 형 (1) **2의** 두 단위로 구성되는; (2) **2성분의** 단지 2개의 화학원소로 구성된 화합물에 작용되는 말.

binary fission 2분법, 2분열 원핵생물의 주된 분열양식. 세포는 각각 염색체의 복사본을 갖는 2개의 동일한 딸세포로 나뉜다.

binary vector 2원매개체 유전공학에서 2개의 다른 플라스미드로 구성되는 매개체. 한 플라스미드는 외래DNA를 운반하고 다른 하나는 전달과 유지에 필요한 기능을 한다.

binate 2출의 형 (1) 둘씩 짝을 지어 자라는; (2) 2개의 작은 잎(소엽)으로 구성된 잎에 적용되는 말.

binaural 양귀청취의 형 양쪽 귀를 이용하여 소리를 듣는 것과 관련된 말.

bindin 빈딘 명 정자가 알에 종특이적 결합을 하는 데 관여하는, 성게의 정자에서 추출하는 단백질.

binding constant 결합상수 ⇨

association constant.

binding energy 결합에너지 단백질 같은 분자와 그 리간드가 결합한 자유에너지. 복합체의 자유에너지는 결합하지 않은 성분들의 자유에너지의 합보다 낮아진다.

binemic 2가닥의 형 두 가닥의.

binervate 2맥의 형 곤충 날개의 시맥과 식물의 잎맥에서 2개의 맥(vein)을 가진.

binocular 양안의 형 (1) 양쪽 눈과 관련된; (2) 사물을 입체적으로 보는 시각의.

binodal 쌍절의 형 두 마디를 가진.

binomial 2명(二名) 명 두 부분으로 구성되는 이름.

binomial nomenclature 2명법 식물과 동물에 2개의 라틴어로 된 이름(학명)을 붙이는 것. 속명과 종명을 나란히 쓰는 방식이다[예: *Felis*(속명) *tigris*(종명)].

binotic 양귀청취의 ⇨ binaural.

binovular 2란성 형 두 난자에서 비롯된 쌍생아의 경우처럼 2개의 난자와 관련된.

binuclear, binucleate 2핵성 형 2개의 핵을 가진.

-bio- '생명'을 뜻하는 그리스어 '*bios*'에서 유래된, '살아 있는' 또는 '생물'과 관련된 단어요소.

bioaccumulation 생물축적 명 먹이의 섭취에 의해 그리고 주변의 물에서 직접 들어오면서 수생생물의 몸 안에 오염물질이 증가되는 것. 비 bioconcentration, biomagnification. (이들 모든 용어들이 종종 같은 뜻으로 쓰인다)

bioaccumulator 생물축적자 명 주변 환경으로부터의 흡수에 의해 중금속이나 그 밖의 환경오염물질(예: 지용성 살충제)을 조직 내에 축적하는 식물 또는 동물의 종. 특히 환경에 오염물질의 양이 너무 적어서 직접 감지하기가 쉽지 않을 때 이들 종은 상기 화합물들에 의한 만성적 오염의 여부를 판단하는 지표생물로 이용될 수 있다.

bioamplification 생물증폭 ⇨ biomagnification.

bioassay 생물검정, 생물학적 분석 명 (1) 물질의 생물학적 활성도를 측정하는 것; (2) 어떤 것의 존재나 양을 분석하기 위하여 생물 또는 조직을 이용하는 것.

bioastronomy 생물천문학 ⇨ exobiology.

bioavailability 생물학적 가용능 명 영양소 및 또는 오염물질의 생물에 대한 유용성.

biobank 생물자원은행, 유전자은행 명 다양한 개체 또는 각각 다른 질병의 조직 표본을 수집하는 것. 대개 조사와 개체군 연구를 위한 참고재료로 보관된다.

biocenosis 생물군집 ⇨ biocoenosis.

biochemical evolution 생화학적 진화 ⇨ molecular evolution.

biochemical oxygen demand (BOD) 생화학적 산소요구량 물의 유기성 오염의 정도를 측정하는 것. 시료의 용존산소량을 측정하고 5일간 20□에서 방치한 후 소비되는 산소량으로 측정한다. BOD가 낮으면 오염이 거의 없음을 나타내고 BOD가 높으면 종속영양 미생물의 활동이 증가하고 따라서 오염이 심한 것을 나타낸다. ≒ biological oxygen demand.

biochemistry 생화학 명 생물의 화학 및 이를 다루는 학문.

biochip 바이오칩 명 생물의 분자와 과정들을 연구할 때 사용되는 DNA미세배열, 단백질미세배열 또는 미세유체공학적 기구 따위의 작은 장치를 통틀어 이르는 말.

biochore 생태역 명 (1) 식물구 또는 동물구의 경계; (2) 식물구의 기후경계.

biochrome 생물색소 명 생물의 색소를 통틀어 이르는 말.

biocide 살생제 명 생물을 죽이는 물질을 통틀어 이르는 말.

bioclimatology 생물기후학 명 생물과 기후와의 관계를 다루는 학문.

biocoen 생물공동체 명 (1) 환경의 생명 부분; (2) 생물권.

biocoenosis 생물군집 명 특정한 유형의 서식지에 사는 각각 다른 생물들의 군집.

bioconcentration 생물농축 명 주변의 물로부터의 직접적인 흡수에 의해 수생생물이 오염물질을 흡수하는 것. 비 bioaccumulation, biomagnification. (이들 모든 용어들이 종종 같은 뜻으로 쓰인다)

biocontrol 생물학적 방제 ⇨ biological control.

bioconversion 생전환 명 미생물을 이용하여 한 물질을 다른 물질로 전환시키는 것.

biocycle 생물환 명 생물권의 3개 주요 부분(해양서식지, 담수서식지 및 육상서식지)의 하나.

biodegradable 생(물)분해성 형 미생물에 의해서 물과 이산화탄소 따위의 작은 분자로 분해될 수 있는 물질에 적용되는 말. 명 **biodegradation**.

biodemography 생물개체군학, 생물인구학 명 생태학과 개체군유전학의 통합을 다루는 학문.

biodiesel 바이오디젤 명 재활용한 조리용 기름을 포함하여 식물성 기름과 동물성 지방을 이용하여 제조할 수 있는 '재생가능한' 대체연료로써의 디젤.

biodiversity 생물다양성 ⇨ biological diversity.

bioelectric 생물전기의 형 생물에서 생성되는 전류에 적용되는 말.

bioenergetics 명 (1) **생물에너지흐름** 생태계 내의 에너지흐름; (2) **생물에너지학** 생물 내에서의 에너지전환을 다루는 학문.

bioengineering 명 (1) **생체공학** 생체기관에 인공적인 대체물을 사용하는 것; (2) **생물공학** 경제적으로 중요한 화합물의 생합성에서 기술을 이용하는 것. ⇨ genetic engineering.

bioethanol 바이오에탄올 명 옥수수와 그 밖의 탄수화물이 풍부한 원료물질로부터 그리고 미생물에 의해 발효시키고 증류시킨 섬유소바이오매스(cellulose biomass)로부터 얻는 에틸알코올(에탄올). 변형시킨 가솔린기관의 연료로 이용될 수 있다.

biofilm 생물막 명 표면에 부착한 미생물 집락을 싸고 있는 끈끈한 물질.

bioflavonoid 바이오플라보노이드 명 감귤류 과일과 그 밖의 열매(예: 파프리카)에 함유되어 있고, 동물에서 환원제와 킬레이트제의 활성을 갖는 시트린(citrin) 등의 플라보노이드류를 통틀어 이르는 말.

biofuel 생물연료 명 주로 미생물의 활동에 의해 유기폐기물에서 생성되는 메탄 등의 가스 또는 에탄올(에틸알코올) 등의 액체연료. ⇨ biodiesel, bioethanol.

biogas 생물가스 명 미생물의 활동에 의해 유기폐기물에서 생성되는, 메탄을 많이 함유한 가스.

biogenesis 생물속생설 명 19세기의 자연발생설과 대조적으로, 생물은 반드시 생물에서 생긴다는 학설.

biogenic amines 생물생산아민류 5-히드록시트립토판(세로토닌), 아드레날린, 노르아드레날린과 도파민.

biogenic, biogenetic 생물기원의, 생물생산의 형 석탄, 석유, 백악 따위의 퇴적물에 적용하는, 생물에서 기원되는.

biogeochemical cycle 생물지화학환 생물에서 발견되는 탄소, 질소, 산소, 황 등의 원소가 생물체(생물상)에서 비생물적 환경(비생물상)으로 갔다가 다시 돌아오는 폐쇄적 순환. ≒ nutrient cycle.

biogeochemistry 생물지구화학 명 지리적 환경과 관련하여 생물에 존재하는 원소들의 분포와 이동을 연구하고 생물과 그들의 비생물적 환경 간에서 일어나는 원소들의 이동을 다루는 학문.

biogeocoenosis 생물환경복합 명 특수한 서식지와 관련한 생물들의 군집.

biogeographical province 생물지리역 그 안에 포함된 고유종으로 규정되는 지구 표면의 지역.

biogeographical realms, biogeographical kingdoms 생물지리구, 생물지리계 전반적인 식물상과 동물상으로 특징지어지는 육상환경의 주요 지리적 구분. ⇨ floristic kingdoms, zoogeographical regions.

biogeography 생물지리학 명 식물의 지리적 분포(식물지리학)와 동물의 지리적 분포(동물지리학)를 다루는 생물학의 1분과.

bioinformatics 생물정보학 명 생물학적 정보, 특히 유전체순서결정과 단백질체학의 연구에서 나오는 방대한 양의 자료를 분석하고 처리하며 저장하는 과학.

biolistics 유전자총법 명 가압 헬륨을 이용하는 장치인 유전자총(biolistic gun, 'gene gun')을 이용하여 약 1.6 μm의 미세한 입자로 코팅된 DNA를 세포 내로 삽입하는 기술.

biological 생물학적 형 생물 그리고 생물의 생성물과 관련된 말.

biological amplification 생물증폭 ⇨ biomagnification.

biological clocks 생물시계 많은 세포와 생물에서 나타나는 규칙적인 대사리듬과 행동주기.

biological containment 생물학적 격납 유전공학에서 사고 시의 위험을 최소화하기 위하여 재조합DNA를 클로닝하는 수단으로 실험실 바깥에서는 살 수 없는 비감염성의 약화시킨 고영양성 균주의 미생물을 이용하는 것.

biological control 생물학적 방제 대개 다른 곤충, 세균 또는 바이러스 등의 다른 생물을 이용하거나 호르몬 등의 생물학적 생성물을 이용하여 해충과 잡초를 방제하는 것.

biological diversity 생물다양성 유엔의 생물다양성협약(Convention on Biological Diversity)에서 다음과 같이 정의된 것: '육상, 해양 및 그 밖의 수중생태계와 이들 생태계가 부분을 이루는 복합생태계 등 모든 분야의 생물체 간의 변이성을 말하며, 이는 종 내의 다양성, 종 간의 다양성 및 생태계의 다양성을 포함한다.' 현존하는 생물종은 4000만 종에서 8000만 종 사이로 추정되며, 이들의 대부분은 아직도 발견되지 않았거나 그 특성이 기술되지 않았다. 뿐만 아니라 각각의 종은 유전적 다양성을 포함하고 있다. 흔히 'biodiversity'라고 한다. ⇨ alpha diversity, beta diversity, gamma diversity, genetic diversity, species diversity, ecological diversity.

biological indicator 지표생물 ⇨ indicator species.

biological oxygen demand 생물학적 산소요구량 ⇨ biochemical oxygen demand.

biological races 생물학적 품종 형태적으로는 비슷하지만 숙주 요구성이나 먹이나 서식지 선호도 따위의 일부 생리적 방식에서 차이를 보이는 종의 계통들.

biological rhythm 생체리듬 생물마다 타고난 규칙적인 하루 또는 계절적 행동이나 대사의 변화. 생물이 처해 있는 환경의 리듬(예: 낮과 밤의 주기)이 변하더라도 생체리듬은 최소한 당분간 지속된다. ≒ biorhythm. ⇨ circadian rhythm, circannual, diurnal.

biological species 생물학적 종 상호교배가 가능한 개체들의 개체군, 즉 진정한 종.

biology 생물학 명 생물을 다루는 학문. 1802년에 라마르크(J.B. de Lamarck)에 의해 만들어진 용어이다.

bioluminescence 생물발광 명 생물체가 빛을 발하는 현상. 정상온도에서 일어나며, 불활성 전구물질이 빛을 발하는 화학물질로 전환되는 효소촉매성 생화학반응에 기인한다.

biomagnification 생물증폭 명 먹이사슬에서 잇달아 높은 단계로 가면서 생물의 몸 안에 지용성 살충제(예: DDT) 같은 오염물질의 농도가 증가하는 것. 비 bioaccumulation, bioconcentration. (이들 모든 용어들이 종종 같은 뜻으로 쓰인다)

biomanipulation 먹이사슬조작 명 유기성 오염으로 과영양화된 호수를 개선시키는 등의 목적으로 생태계의 종조성을 의도적으로 조절하는 것.

biomarker 생물지표 명 생물학적 지표: (1) 지질학에서 현재 또는 과거에 생명의 존재를 나타내는, 암석시료에 존재하는 분자, ≒ biosignature; (2) 의학 및 생물의학 연구에서 그 존재나 수준이 특정한 질병이나 생리적 상태를 나타내는 분자(보통 단백질)를 통틀어 이르는 말; (3) 특정한 세포형을 식별하는 단백질(대개 세포표면단백질).

biomass 명 (1) **생체량** 정해진 장소에 있는 생물의 모든 무게, 용적 또는 에너지당량; (2) **바이오매스** 연료나 다른 산업적 생산물의 자원으로 이용되는 식물재료와 가축배설물; (3) **생체물질** 생물공학에서 시스템의 미생물 물질.

biome 생물군계 명 기후의 조절을 받고 특징적으로 구성되며 넓은 지역에 걸쳐 분포하는 동식물의 무리. 열대우림, 툰드라, 온대초지, 사막, 사바나, 타이가, 북방침엽수림 등이 있다.

biomedical 생체의학의 형 세포생물학, 분자생물학, 유전학 등에서 결국에는 의학에 적용하고자 행하는 기초연구와 관련되거나 적용되는 말.

biometeorology 생물기상학 명 기후가 식물과 동물에 미치는 영향을 다루는 학문.

biometrics, biometry 생물통계학 명 생물체와 그들의 변이를 통계적으로 연구하는 것.

biomineralizaton 생체무기물화 명 생물에 의해 부분적으로 또는 전적으로 무기물화된 내부구조나 외부구조가 만들어지는 것.

biomolecule 생체분자 명 오직 생체의 세포에 의해서 만들어지는 분자들을 통틀어 이르는 말. 특히 핵산, 단백질, 다당류 등의 거대유기분자들을 가리킨다.

biophage 포식생물 명 다른 생물을 먹고 사는 생물.

biopharmaceuticals 생물약제 명복 단백질, 펩티드 또는 핵산이나 이들의 유도체로 구성된 약제나 요법.

biophysics 생물물리학 명 (1) 생물학적 과정을 생물의 근본적인 물리법칙 면에서 연구하는 것; (2) 생물학에 해당되는 물리학.

biophyte 기생식물 명 기생하는 식물.

bioplastic 바이오플라스틱 ⇨ biopolymer.

biopolymer 생체고분자(물질) 명 다당류껌(크산탄)과 세균에 의해 생성되는 폴리베타히드록시부티르산(poly-β-hydroxybutyric acid) 따위의 바이오플라스틱과 같이 생물에 의해 만들어지는 생분해성 중합체.

B

biopsy 생체검사, 생검(生檢) 명 살아 있는 조직을 검사하는 것.

bioreactor 생물반응기 명 세포를 대규모로 생산하는 수단으로 또는 특정한 생화학적 과정을 수행하거나 특정한 생성물을 만들기 위하여 생체의 세포나 미생물을 배양하는 용기 또는 그 밖의 장치.

bioregion 생물구, 생물권역 명 독특한 토양, 지형, 기후 및 고유한 식물과 동물을 갖는 특유의 지역.

bioremediation 생물정화 명 생물, 주로 미생물을 이용하여 오염물질을 분해함으로써 오염된 장소를 회복시키는 것.

biorhythm 생체리듬 ⇨ biological rhythm.

bios 생물 명 생물.

bioscaffold 생골격 명 세포가 자라는 비활성 기반으로 이용될 수 있는 어떤 중합체와 같이 생체에 적합한 물질. 특히 손상을 입은 조직이 재생되도록 몸에 스캐폴드를 심는 것과 관련된다.

biosensor 바이오센서 명 분석이나 지표로 이용되는 생물, 미생물, 효소계 또는 그 밖의 생물적 구조를 통틀어 이르는 말.

bioseries 생물변이계열 명 어느 단일한 유전형질의 변화가 연속되는 것.

bioseston 생물부유물 명 물속에 떠 있는 플랑크톤이나 유기물의 입자성 물질들.

biosignature 생물자취 ⇨ biomarker (1).

biospecies 생물종 ⇨ biological species.

biospeleology 동굴생물학 명 동굴에 사는 생물을 다루는 생물학의 1분야.

biosphere 생물권 명 지구에서 생물을 포함하는 부분.

biostasis 생물내성 명 생물이 자기 자신을 변화시키지 않으면서 환경의 변화를 견뎌 낼 수 있는 능력.

biostatics 생물정역학(生物靜力學) 명 기능과 관련하여 생물의 구조를 연구하는 것.

biostratigraphic unit 생물층서학단위 지질학적 및 물리적 특징에 의지하지 않고도 그 속에 들어 있는 화석으로 구별되고 전 세계적인 연관성이 밝혀진 암석층 또는 광물더미. ≒ **biostratigraphic zone**.

biosynthesis 생합성 명 생물에 의한 유기화합물의 생성.

biosynthetic 생합성의 형 생물학적 체계에서 유기화합물의 합성을 야기하는 반응이나 과정에 적용되는 말.

biosystem 생물계 ⇨ ecosystem.

biosystematics 생물계통학 명 분류군의 변이와 진화를 다루는 학문.

biota 생물상 명 (1) 어느 지역의 모든 식물상과 동물상; (2) 전반적인 생물의 집단.

biotechnology 생물공학 명 화학과정을 시행하는 데 생체의 세포(대개 미생물)나 세포에서 추출한 효소를 산업적으로 이용하는 것. 양조와 포도주 제조, 식품의 제조와 가공, 하수처리, 그리고 일부 유기화학물질과 약물의 제조 등이 그 예가 된다. 요즘 이 용어는 특히 산업과 농업과 제약업에서 유전자를 변형시킨 세포나 생물을 이용하고, 유전체학과 단백질체학의 접근을 신약 개발에 적용하는 것을 나타낸다.

bioterrorism 생물테러리즘 명 테러리즘의 무기로 사람이나 동물 또는 식물에 질병을 일으키는 세균이나 바이러스 따위의 해로운 생물작용제를 고의로 배출하는 것.

biotic 생물적 형 생명 및 생물과 관련된 말.

biotic climax 생물극상 방목과 같은 생물적 요인에 의해 극상 상태를 유지하는 식물군집.

biotic community 생물군집 특정한 서식지나 지역을 공유하는 모든 식물과 동물의 군집.

biotic environment 생물적 환경 생물의 환경 가운데 다른 생물과의 상호작용으로 만들어내는 환경 부분.

biotic factors 생물요인 생물과 이들의 활동이 다른 생물과 환경에 미치는 영향.

biotic index 생물지수 출현하는 주요 지표종의 수와 양을 평가하여 유기성 오염과 관련한 환경의 생태질을 측정하는 것. 다양성이 높고 오염에 민감한 종들이 출현하면 생물지수가 높아지고, 이는 곧 양질의 환경을 나타낸다. 오염에 내성을 갖는 몇 종만이 출현하면 생물지수는 낮아지고, 이는 유기성 오염이 심각함을 가리킨다. 비 diversity index.

biotic potential 생물번성능(력) 최대증식률과 최저사망률에서 기인하는 예상최대개체군증가율(r_{max}).

biotic province 생물분권 대륙의 주요 생태지역.

biotic pyramid 생물피라미드 ⇨ ecological pyramid.

biotic succession 생물적 천이 물리적 환경에 지배받기보다는 출현하는 종들의 활동과 상호작용에 의해 조절되는 식물 천이의 부분.

biotin 비오틴 명 이산화탄소가 유기화합물로 고정되는 데 관여하는 효소들의 보결분자단으로 필요한 수용성 비타민인 비타민 B_4. 간, 노른자위(난황)와 효모에 풍부하게 들어 있다.

biotin-streptavidin 비오틴-스트렙트아비딘법 핵산과 단백질을 비오틴으로 표지하고 세균에서 추출한 단백질인 스트렙트아비딘과 결합시켜서 핵산과 단백질을 탐지하는 방법.

biotope 소생활권 명 일반적으로 서식하는 생물들(식물, 동물, 미생물)에 따라 정의되는, 초지나 숲 같은 특정한 유형의 지역이나 서식지. 소규모로는 미소서식지(microhabitat)를 의미한다.

biotransformation 생물학적 물질변환 명 체내에서 독성 화합물이 물질대사에 의해 비독성 화합물로 변환되는 것.

biotroph 생체영양생물 명 (1) 다른 생물을 먹고 사는 생물을 통틀어 이르는 말; (2) 식물병리학에서 살아 있는 숙주세포를 필요로 하는 기생곰팡이. 형 **biotrophic**.

biotrophism 생체영양 명 살아 있는 숙주세포를 필요로 하는 기생생물의 경우와 같은 기생의 한 종류.

biotype 생물형 명 유전적 구조가 비슷한 생물들의 무리.

bipaleolate 2화포성 형 2개의 작은 보호엽(화포, palea)이 달린.

bipalmate 2회장형 형 열편(엽)으로 갈라지고 각각의 열편이 다시 갈라지는.

biparietal 양두정골의 형 뇌에서 2개의 마루엽(두정엽)으로 연결되는.

biparous 쌍생의 형 한 번에 두 새끼를 낳는.

bipectinate 양면빗살형 형 빗 모양의 톱니로 된 2개의 가장자리를 갖는 구조에 적용되는 말.

biped 두발동물 명 2개의 발을 갖는 동물. 형 **bipedal 두발보행의** 두 발로 걷는.

bipeltate 겹방패꼴 형 2개의 방패 같은 구조를 갖거나 그러한 구조로 구성되는.

bipenniform 깃꼴 형 동일한 크기의 우판(vane)을 양쪽에 갖는 깃털처럼 생긴.

bipetalous 2화판성 형 2개의 꽃잎이 달린.

bipinnaria 비핀나리아 명 2개의 섬모띠를 갖는 불가사리류 유생.

bipinnate 겹깃꼴 형 쌍으로 된 줄기에서 작은 잎(소엽)이 쌍으로 자라는 깃꼴 겹잎에 적용되는 말.

bipinnatifid 2회깃꼴중렬 형 마디가 다시 갈라지는 깃꼴 잎에 적용되는 말.

bipinnatipartite 2회깃꼴심렬 형 거

의 중앙맥까지 갈라지는 2회깃꼴중렬(bipinnatifid)의.

bipinnatisect 2회깃꼴전열 형 중앙맥까지 완전히 갈라지는 2회깃꼴중렬의.

biplicate 겹주름꼴 형 2개의 주름을 갖는, 2개의 구별되는 파장을 갖는, 일부 세균의 편모운동에 적용되는.

bipolar 두극성, 양극성 형 2개의 뚜렷한 끝을 가진.

bipolar cell 두극세포, 양극세포 세포체의 양 끝에서 돌기가 나오는 신경세포의 한 종류. 광수용체와 신경절세포 사이의 망막에 존재한다.

bipolarity 두극성, 양극성 명 2개의 뚜렷한 끝이나 극을 갖는 상태.

biradial 두축방사형 형 일부 강장동물에서 볼 수 있듯이 방사상으로 그리고 양 방향으로 모두 대칭적인.

biradiate 두방사형 형 2-방사형.

biramous, biramose 두가닥형, 2지형 형 2개의 가지로 갈라지는.

bird lice 긺는이, 새이 곤충의 목인 새털이목(Mallophaga)의 일반적인 명칭. '흡혈이(biting lice)'라고도 하며, 새의 외부 기생생물이다.

birds 새, 조류 ⇨ Aves.

bird's nest fungus 주름찻잔버섯 복균아강의 찻잔버섯목(Nidulariales)에 속하는 균류의 일반적인 명칭. 알(포자가 들어있는 소피자)로 가득 찬 작은 새둥지(피막)와 비슷하게 생긴 자실체를 갖는다.

Birnaviridae 버나바이러스과 명 새와 물고기에 감염하고 피막이 없는 RNA바이러스의 과.

birostrate 두부리형 형 2개의 부리같이 생긴 돌기를 가진.

birth pore 산공 흡충류와 조충류의 자궁공(uterine pore).

birth rate 출생률 단위시간마다(보통 1년) 개체군에서 정상적으로 태어나는 개체의 수. 보통출생률(조출생률, crude birth rate)은 인간개체군의 경우 특정한 지역에 사는 1000명당 연간 신생아의 수로 계산한다. 이때 개체군의 수는 조사하는 연도의 중간 시점에 측정한다. 보다 정확한 측정은 생식연령(15~44세)의 여성 1000명당 연간 신생아의 수인데, 이를 표준화 출생률(standardized birth rate) 또는 생식률(출산율, fertility rate)이라 한다.

biscotiform 비스킷모양 형 포자가 비스킷처럼 생긴.

biscuspid 2첨의 형 앞어금니에 적용되는 말.

bisect (1) 명 **단면** 줄기를 포함하여 뿌리계를 층별로 자른 그림; (2) 동 **양분하다** 똑같이 2등분하다.

bisegmental 두마디의 형 2개의 마디(분절)가 관련된.

biseptate 2격벽성 형 2개의 격벽이 있는.

biserial, biseriate 2열성 형 2개의 줄이나, 계열로 배열된.

biserrate 2중톱니형 형 가장자리의 톱니가 다시 톱니 모양인.

bisexual 양성적 형 웅성 기관과 자성 기관 모두를 가진.

bisporangiate 2포자낭성 형 소포자낭과 대포자낭 모두를 가진.

bispore 2분포자 명 일부 홍조류의 1쌍의 포자.

bisporic, bisporous 2포자성 형 2개의 포자를 가진.

bistipulate 두턱잎의 형 2개의 턱잎을 가진.

bistrate 2층의 형 두 층을 가진.

bistratose 2층성 형 두 층으로 배열된 세포를 가진.

bisulcate 2구성 형 (1) 2개의 홈을 갖는; (2) 발굽이 갈라진.

biternate 2중3출의 형 3개로 갈라진 각

부분이 다시 3개로 갈라지는.

bithorax complex (BX-C) 2중흉부복합체 노랑초파리(*Drosophila melanogaster*)에서 체절의 발생경로를 조절하는 체절결정유전자의 복합체.

biting lice 흡혈이 ⇨ bird lice.

bitubercular 2결절성 형 2개의 작은 혹(결절) 또는 뾰족한 끝을 갖는 앞어금니의.

bitunicate 2중벽의 형 자낭 등의 구조에서 종종 외벽과 내벽이 분리되고 뚜렷한 벽을 가진.

Biuret reaction 뷰렛반응 펩티드결합과의 반응을 토대로 단백질과 펩티드의 존재를 간편하게 검출하는 방법. 검정용 시료에 황산구리와 수산화나트륨의 용액을 떨어뜨렸을 때 만일 화합물에 펩티드결합이 존재한다면 자주색의 구리 착화합물이 형성된다.

bivalent 2가염색체 명 (1) 2개의 자매염색분체를 형성하기 위해 복제되고 아직 동원체에서 붙어 있는 염색체; (2) 감수분열에서 교차점에 의해 붙어 있는 복제된 상동염색체의 쌍, ≒ tetrad; (3) 형 [면] **2가의** 항체나 항원에서 2개의 동일한 결합부위를 가진.

bivalve 형 (1) **2매패의, 쌍각의** 2개의 접번이 달린 부분이나 뚜껑으로 구성되는 껍데기의; (2) **2매패류의** (1)과 같은 껍데기를 갖는 연체동물의; (3) [식] **2판(瓣)의** (1)과 비슷하게 생긴 구조의 삭(seed capsule)에 적용되는 말.

Bivalvia, bivalves 2매패강, 2매패류 명, 명복 좌우대칭을 하는 연체동물의 1강. 몸은 좌우로 납작하고 접번이 달린 2장의 뚜껑으로 구성되는 껍데기를 갖는다. 조개, 홍합, 가리비, 새조개 등이 포함된다.

biventer cervicalis 경부2복근 목에 있는 근육인 두가시근(spinalis capitus muscle) 또는 척수근의 중심 부분. 가운데에 힘줄의 좁은 부분이 있고, 양끝에 육질부가 있다.

biventral 2복근의 형 2개의 불룩한 부분이 있는 근육의.

bivoltine 2화성(二化性) 형 1년에 두 세대를 가진.

black coral 검정뿔산호, 해송(海松) 돌산호류의 목(각산호목)에 속하는 종류의 일반적인 명칭. 군체를 이루고 검은색이나 갈색의 골축을 갖는다.

black earth 흑색토 ⇨ chernozem.

bladder 명 (1) **주머니, 낭(囊)** 공기나 액체로 채워지고 막으로 둘러싸인 구조를 통틀어 이르는 말; (2) **방광** 사람에서 오줌이 몸에서 배출되기 전에 수집되는 구조인 방광을 가리키는 말.

bladder cell 주머니세포 (1) [균] 곰팡이에서 자실체의 체벽 또는 자루에 있는 구형의 변형된 균사세포; (2) [동] 피낭동물에서 피낭의 외층에 있는 큰 액포를 가진 세포.

bladderworm 낭충 명 뒤집어진 머리마디(두절)가 들어 있는 주머니 모양을 한, 중간숙주에 있는 조충류의 유충기. ⇨ cysticercoid.

blade 날개, 잎몸 명 잎이나 뼈의 편평한 부분.

Blandin's glands 앞혀샘(anterior lingual glands).

blanket bog, blanket mire, blanket peat 대습원(大濕原) 배수가 불량하고 토양이 산성인 매우 습한 지방의 고지대에서 형성되어 넓은 지역을 덮는 산성 이탄습원. 분해되지 않은 유기물(이탄, peat)의 층이 산성의 영양소가 빈약한 침수토양을 덮고 있다.

BLAST 블라스트 유전자위치정보검색(Basic Local Alignment Search Tool)의

약어. DNA와 단백질 순서의 전자데이터베이스에서 서로 유사한 서열의 유사성을 탐지하는 전산화 알고리즘.

B

-blast, -blastic '싹'을 뜻하는 그리스어 '*blastos*'에서 유래된, 새로운 세포를 만들 수 있는 세포나 구조를 의미하는 단어요소.

blast cell 아세포(芽細胞) 분열하여 2개의 다른 자손세포가 생기는 세포.

blastema 재생아, 아체(芽體) 명 일부 양서류, 파충류와 곤충에서 절단된 4지의 끝에서 발생하고 이로부터 4지가 재생되는 분화되지 않은 상태의 세포덩어리.

blastic 분할의 형 세포분열과 관련되거나 세포분열에 의해 생장이 촉진되는.

blastocarpous 형 과피로 둘러싸인 채로 과일이 발달하는 것.

blastocele, blastocoel 포배강, 할강 명 포배 안쪽의 액체로 채워진 빈 구멍.

blastocyst 포배(낭), 주머니배 명 척추동물의 배발생에서 상실배로부터 발달하고 자궁벽에 착상하는 속이 빈 공과 같은 세포들. 융모막으로 발달하는 영양막세포들과 배의 자신 및 그 밖의 배외막으로 발달하는 내세포덩이로 구성된다.

blastocyte 배아세포 명 분화되지 않은 상태의 배세포를 통틀어 이르는 말.

blastoderm 배반엽, 배아원기 명 (1) 곤충 수정란의 주변에서 형성되는 합포성 원형질층. 배를 형성하는 세포층인 세포성 배반엽으로 발달한다; (2) ⇨ blastodisc.

blastodisc 배반(胚盤) 명 조류와 파충류에서 볼 수 있는 것과 같이 난황이 큰 알에서 접합자의 난할로 생기는 원반 모양의 세포구조. ≒ germinal disc.

blastogenesis 출아생식 명 출아(budding)에 의한 생식.

blastokinesis 배반전(胚反轉) 명 일부 곤충과 두족류에서 볼 수 있는 것과 같이 알에서 일어나는 배의 운동.

blastomere 할구(割球) 명 수정란이 처음 몇 번 분열하여 생기는 세포를 통틀어 이르는 말.

blastopore 원구(原口) 명 일부 동물의 배에서 내배엽과 중배엽의 내부화가 일어나는 낭배형성에서 포배의 표면에 생기는 구멍 모양 또는 원형의 함입부위.

blastospore 출아포자 명 효모세포에서 볼 수 있는, 출아에 의해 발달하고 그 자신이 출아를 할 수 있는 포자.

blastostyle 자경(子莖) 명 일부 군체형 히드라충류에서 해파리가 생기는 특수한 구조.

blastozooid 무성개체 명 출아에 의해 생기는 개체 또는 개충.

blastula 포배 명 많은 동물의 배발생에서 상실배로부터 발달하는 속이 빈 공과 같은 세포들.

blastulation 포배형성 명 포배의 형성.

blending inheritance 융합유전 양친의 형질을 나르는 액체 같은 운반체가 물리적으로 융합되면서 중간적이고 새로운 형질이 잡종에서 나타난다는, 19세기에는 통용되었지만 지금은 잘못된 것이라고 알려진 생각. 이와는 반대로 멘델(Gregor Mendel)은 유전형질을 결정하는 '인자'가 유전하는 동안 변하지 않는다고 밝혔다.

blennoid 점액모양 형 점액과 비슷한.

blephara 삭치 명 이끼류의 깍지 입구 가장자리에 생기는 치상돌기.

blepharal 눈꺼풀의, 안검(眼瞼)의 형 눈꺼풀과 관련된.

blight 마름병 명 곤충이나 곰팡이에 의한 식물의 피해.

blind spot 맹점 망막에서 시신경이 나가는 곳이며 추상체와 간상체가 없는 부위.

blocky 괴상 형 거의 정4각형이거나

직4각형을 한 토양 구조에 적용되는 말.

blood 혈액 명 동물의 혈관계를 순환하고, 영양소, 산소, 대사물질과 호르몬 따위를 분배하며, 배설을 위해 노폐물을 받아들이는 액체. 척추동물에서 혈액은 산소를 운반하도록 특수화된 세포(적혈구)와 백혈구를 포함하며, 이들은 감염에 대한 방어와 죽은 세포의 청소와 관계가 있다.

blood-brain barrier 혈액뇌장벽 대부분의 혈액 성분들이 뇌조직과 뇌척수액으로 운반되거나 그 반대의 경우를 방지하는 구조적 및 생리적 장벽.

blood cell 혈액세포, 혈구 혈액의 정상적인 부분들을 이루는 세포들을 통틀어 이르는 말. ⇨ erythrocyte, leukocyte, lymphocyte, haemocyte.

blood clotting 혈액응고 상처에 반응하여 액상의 혈액을 상처를 막는 고형의 핏덩어리로 전환시켜 출혈을 막는 것. 손상된 혈관에서 화학물질이 방출되어 혈관이 좁아지고 혈소판이 혈관벽에 부착한다. 응고인자라고 부르는 혈장단백질이 활성화되어 가용성 혈장섬유소원(피브리노겐)이 불용성의 섬유소(피브린)로 전환되고, 이는 혈소판, 적혈구 및 그 밖의 혈장단백질들과 함께 그물구조를 이루어 피떡(응혈덩어리)을 형성한다. 응고제 VIII인자의 유전성 결핍증은 혈액이 응고되지 않는 혈우병의 원인이 된다.

blood corpuscle 혈구 적혈구 또는 백혈구. ⇨ erythrocyte, leukocyte.

blood gills 혈액아가미 어떤 곤충에서 염류를 흡수하는 기능을 하는, 혈액으로 채워진 미세한 주머니.

blood groups 혈액형 사람에서 수혈에 적합한지를 판단하는, 유전적으로 상이한 혈액유형의 면역적 분류. 혈액형은 적혈구의 항원에 따라 결정되며, 주요 혈액형계는 ABO식이다. 사람의 다른 혈액형계는 Rh식(Rh+와 Rh−)과 MN식이 있다.

blood islands 혈도(血島) 초기 배에서 미성숙한 적혈구가 생기는 중배엽의 세포 집단.

blood plasma 혈장 혈액의 가용성 단백질을 함유한 액상 성분. 혈액을 원심분리하여 적혈구와 백혈구를 제거한 후 남는 노란색의 맑은 유체이다. 비 blood serum.

blood platelet 혈소판 ⇨ platelet.

blood serum 혈청 응고된 혈액이나 응고된 혈장에서 볼 수 있는, 혈액에서 섬유소(피브린)를 제외한 액상 부분인 맑은 액체. 혈액의 가용성 단백질들이 많이 들어 있다. ⇨ antiserum, serum.

blood sugar 혈당 ⇨ glucose.

blood vessel 혈관 동맥, 정맥 또는 모세혈관과 같이 혈액이 순환하는 관이나 공간. 엄밀하게는 벽이 잘 발달된 특수한 관만을 가리킨다.

bloodworm 명 (1) **붉은장구벌레** 극심한 유기성 오염에 내성을 갖는, 깔따구(*Chironomus riparius*)의 불그스름한 실 같은 수생유충; (2) **붉은지렁이** 붉은색을 띠며 강의 진흙에 사는 빈모류; (3) **갯지렁이** 해안의 펄에 사는 불그스름한 갯지렁이.

bloom 명 (1) **과분(果粉)** 포도에서 볼 수 있는 것과 같이 어떤 과일의 표면에 있는 밀랍층; (2) **꽃, 개화** 꽃 또는 꽃이 활짝 핀 것; (3) **물꽃** 조류 또는 플랑크톤이 계절에 따라 조밀하게 생장하는 것.

Bloom syndrome 블룸증후군 출생 시 저체중, 단신, 햇빛에 대한 과민증, 유사분열에서 자매염색분체교환의 빈도 증가로 특징지어지는 유전적인 상태.

BLOSUM matrix 생물정보학에서 측정 정렬에 이용하는 아미노산행렬의 한 종

E

류. ⇨ substitution matrix.

blotting 블러팅 ⇨ immunoblot, Northern blotting, Southern blotting, Western blotting.

blubber 지방층 명 고래와 바다표범 따위의 수생포유동물에서 피부와 근육층의 사이에 있는 지방의 절연층.

blue coral 푸른산호 푸른산호속(*Heliopora*) 산호의 일반적인 명칭. 폴립이 들어 있는 수직의 관꼴 구멍이 뚫린 단단한 석회성 골격을 갖는다.

blue-green algae 남조류 남세균(cyanobacteria)을 보편적으로 부르는 말이지만 부정확한 명칭.

blue-light receptor 청색광수용체 식물체에서 청색광(파장 400~500 nm)의 수용체 역할을 하고, 굴광성, 줄기 생장의 억제 및 잎의 확장 촉진과 관련된 한 무리의 플래빈단백질.

blunt-end ligation 비점착말단연결 두 DNA분자를 연결하여 재조합DNA를 구축하는 데 이용되는 기술.

B lymphocyte, B cell B림프구, B세포 감염이나 예방접종에 대한 후천성 면역반응에서 항체생산세포를 만드는 림프구의 한 종류. B세포는 포유동물의 경우 골수에서 발생하고, 성숙한 B세포는 림프절, 지라와 그 밖의 림프조직 그리고 혈액에 수없이 존재한다. 골수에서 발생하는 동안 각각의 B세포에서는 면역글로불린 유전자들이 재배열되어 단일한 항원특이성을 갖는 면역글로불린을 암호화하는 유전자들을 만들고, 세포 표면에 면역글로불린 수용체가 발현된다. 그에 상응하는 항원과 만나면 B세포는 급증하고 같은 특이성을 갖는 항체를 생산하는 형질세포로 분화된다. B세포에는 두 계통이 있는데, 대부분은 **B-2세포(B-2 cells)**이고 소수집단은 보다 제한된 범위의 항원특이성을 갖는 **B-1세포(B-1 cells)**이다. ⇨ antibody, plasma cell. 비 T lymphocyte.

BMD 베커근이영양증(베커근디스트로피, Becker muscular dystrophy).

BMI 신체비만지수(body mass index).

BMP 뼈형성단백질(bone morphogenetic protein).

BOD 생화학적 산소요구량(biochemical oxygen demand).

body cavity 체강 다양한 기관들이 그 안에 떠 있고 체벽으로 둘러싸인, 많은 동물에서 내부의 빈 곳. ≒ coelom.

body cell 체세포 생식세포가 아닌 몸의 세포.

body fluids 체액 동물의 몸을 이루는 액체 성분과 몸에서 배설되거나 분비되는 액체들. 혈액, 림프, 오줌, 정액, 땀 그리고 점막으로부터의 분비물이 포함된다.

body lice 몸니 포유동물에 외부기생을 하는 이목(Anoplura) 곤충(예: 몸니, 빈대)의 일반적인 명칭.

body mass index (BMI) 신체비만지수 체중(킬로그램)을 신장(미터)의 제곱으로 나누어 계산하는, 사람 체지방의 양을 나타내는 척도. 성인의 '정상' 수치는 18.5~24.9의 범위이고, 30이 넘으면 비만으로 분류한다.

body plan 체설계도 동물의 배에서 대칭의 주된 축들과 배엽들의 종합적인 배치. ⇨ bauplan.

body stalk 몸줄기 배의 맨 끝과 융모막을 연결하는 중배엽 조직의 띠.

bog 습원 명 (1) 끈끈이주걱(*Drosera* spp.), 물이끼, 들버드나무(*Myrica gale*)를 포함하는, 강산성의 젖은 토탄습지에 발달하는 특징적인 식물군집. ⇨ blanket bog, raised bog; (2) 때로는 계곡에 발달하는 염기성 습지를 나타낸다. 비 fen.

Bohr effect 보어효과 pH가 낮아지고 이산화탄소 농도가 증가하면 헤모글로빈의 산소에 대한 친화력이 감소하는 현상. 그 결과 대사작용이 활발한 조직에서 볼 수 있는 것과 같이 산화헤모글로빈에서 산소가 해리된다.

boletes 그물버섯류 명복 담자균류 그물버섯속(*Boletus*)과 그 동족의 속들. 일반적인 형태는 주름버섯과 비슷하지만, 갓의 밑면에 주름이 없는 대신에 구멍들이 있다.

boletiform 타원방추형 형 일부 그물버섯의 포자에서 타원형의 방추 같이 생긴.

boll 다래 명 목화에서 볼 수 있는 것과 같이 깍지나 구형 과피의 유형을 갖는 열매.

bolus 덩어리 명 (1) 둥근 덩어리; (2) 음식을 씹은 덩어리.

bone 뼈 명 일부 어류와 모든 파충류, 양서류, 조류 및 포유류의 골격을 이루는 석회성 결합조직. 뼈는 주로 단백질인 아교질의 유기성분과 수산화 인회석(hydroxyapatite)의 인산칼슘과 그 밖의 무기질들로 구성되는 무기성분으로 되어 있다. 골기질은 조골세포라고 부르는 세포에서 분비되고 성숙한 뼈에서는 분열하지 않는 골세포로 남는다. 뼈는 연골로부터 직접 또는 석회화 작용에 의하여 형성될 수 있다. ⇨ compact bone, Haversian system, membrane bone, ossification, osteoblast, osteoclast, osteocyte.

bone-beds 뼈층 주로 어류와 파충류 뼈의 유물로 형성된 화석광상.

bone cell 뼈세포 ⇨ osteoblast, osteocyte.

bone marrow 골수 긴뼈의 내강을 채우는 결합조직. 여기에서 모든 혈액세포들이 만들어진다. 한편 골수는 림프절에서 분화가 이루어진 후 형질세포로부터 이동한 항체도 만들어지는 곳이다.

bone marrow chimaera 골수키메라(동물) 방사선을 쬐어 골수를 죽인 후 유전적으로 상이한 다른 동물의 골수를 이식하여 치환시킨 동물.

bone morphogenetic proteins (BMP) 뼈형성단백질 많은 동물의 배발생에서 발생신호를 제공하는 단백질군. 신호단백질의 TGF-β군에 속한다.

bonitation 분포평가 명 특히 농업, 수의학, 의학적 측면에 관하여 특정한 장소나 계절에 종의 분포를 수적으로 평가하는 것.

bonobo 보노보 이전에 피그미침팬지라고 알려졌었던 *Pan paniscus*와 현존하는 2종의 침팬지들로, 그 중 하나는 흔한 침팬지인 *Pan troglodytes*이다.

bony fishes 경골어류 보통 부레나 허파 그리고 뚜껑으로 덮인 아가미를 갖고 골성 골격을 지닌 어류의 강인 경골어강(Osteichthyes)의 일반적인 명칭. 진골어류, 폐어류와 총기류를 포함한다.

book lice 책다듬이벌레류 다듬이벌레목(Psocoptera) 가운데 일부의 일반적인 명칭. '책좀'이라고도 하며, 복부는 구형이고 불완전변태를 하며 종종 종이에 사는 날개가 없는 곤충이다.

book lung 책허파 ⇨ lung book.

booster 추가면역의 형 백신이나 다른 항원을 두 번째 혹은 그 후에 투여하는.

booted 형 어떤 새의 발에서 볼 수 있듯이 각질의 판이나 피부가 돋은.

bootstrapping 부트스트랩법 명 근원자료에서 무작위로 표본을 추출하여 계통수의 정확성을 되풀이하여 검사하고 새로운 계통수를 구축하여 이를 분석하는, 계통수를 세우는 데 관련된 절차.

bordered pit 유연벽공(有緣壁孔) 2차세포벽의 테두리가 아치 모양을 이루는, 물관부 물관의 벽에 발달하는 벽공의 한 종류.

boreal 형 (1) **북방의** 북아메리카와 시베리아 등지의 북반구에서 띠를 형성하며 자라는 북방침엽수림에 적용되는 말; (2) **한대의** 대륙성 기후의 후빙기와 관련된 말. ⇨ Boreal kingdom.

Boreal kingdom 북방식물계 북위 40° 이북의 북반구로 이뤄지는 식물계. 대서양북아메리카식물구, 북극-아북극식물구, 유럽-시베리아식물구, 마카로네시아식물구, 지중해식물구, 태평양북아메리카식물구, 중일식물구 및 중-서부아시아식물구로 나뉜다. ≒ Holarctic kingdom.

bosset 보세트 명 사슴의 뿔이 첫해에 돋기 시작하는 것.

Botallo's duct 보탈로관 제6아가미활에서 발달하고 폐동맥활과 전신활을 잇는 작은 혈관인 동맥관.

botany 식물학 명 식물을 다루는 생물학의 1분과.

bothrenchyma 공문관조직 명 벽공을 갖는 관으로 형성된 식물조직.

bothridium 흡엽(吸葉) 명 일부 조충류의 머리마디(두절)에서 뻗어 나온 근육질의 컵 모양 구조. 숙주에 부착하는 데 사용된다.

bothrium 흡구(吸溝) 명 빨판.

bothrosome 명 망점균류 세포의 벽에서 움푹 들어간 부위. 이곳에서 세포외 기질이 분비된다.

botryoid(al) 포도상 형 포도송이 형태의.

botryose 포도상 ⇨ racemose.

bottleneck 병목(효과) 명 개체군 내에서 유전적 변이성이 감소하는 데 기인하는 개체군 밀도의 갑작스러운 감소.

botuliform 소시지형 형 소시지 모양의.

botulinum toxin 보툴리눔독소 불충분하게 살균된 음식이 담긴 통조림이나 병에서 볼 수 있는 것과 같은 무산소 조건에서 세균의 일종인 보툴리누스균(*Clostridium botulinum*)에 의해 생성되는 단백질독소. 신경과 근육 사이의 신경충격 전달에 영향을 미쳐 보툴리누스중독을 일으키는 강력한 독소이다.

botulism 보툴리누스중독 명 보툴리눔독소에 의해 야기되는 호흡곤란과 근육마비 증상. 치료를 받지 않으면 치명적일 수 있다.

boundary elements 경계요소 ⇨ insulator elements.

bouquet 부케 명 측두골의 경상 돌기와 연결되는 근육과 인대의 묶음.

bourrelet 개미독샘 명 개미의 독침과 관련된 독샘.

bouton 종설돌기 명 축삭돌기의 가지에서 확장된 말단부분. 이곳에서 시냅스를 형성한다.

Bovidae, bovids 소과, 소류 명, 명복 소, 양, 염소, 들소 등으로 구성되는 포유동물 소목(Artiodactyla)의 1과. 4개의 방으로 된 위와 떨어지지 않는 뿔을 갖는다. 형 **bovine**.

bovine serum albumin (BSA) 소혈청알부민 소의 혈액에서 상업적으로 분리하는 작은 구형 단백질. 생화학과 분자생물학에서 담체단백질, 효소반응의 안정제 그리고 핵산잡종형성의 차단제 등으로 다양하게 이용된다. ⇨ albumins.

bovine spongiform encephalopathy (BSE) 광우병, 소해면상뇌증 ⇨ transmissible spongiform encephalopathies.

Bowditch's Law 보우디취법칙 실무율(all-or-none principle).

Bowman's capsule 보먼주머니 척추동물의 콩팥(신장)에서 사구체를 에워싸는, 컵 모양으로 팽창된 콩팥세관의 끝 부분.

Bowman's glands 보먼샘 후각상피를 쓸고 가는 물 같은 액체를 분비하는 코의 점막에 있는 샘.

box-jellies 입방해파리류 4개의 넓적한 면을 가진 긴 사각형의 자유로이 유영하는 해파리들인 자포동물문의 입방해파리강(Cubozoa). 각 모서리에 독이 있는 촉수가 있고, 여기서 나오는 독침은 사람에게 치명적일 수 있다. ≒ cubozoans, sea wasps.

bp DNA의 길이를 측정하는 단위로 이용되는, 핵산의 염기쌍(base pair).

bp, b.p. 현재전(before present).

b.p. 끓는점(boiling point).

Bq 베크렐(becquerel).

braccate 형 새의 다리나 발에 추가로 깃털을 가진.

brachia 명복 (1) **팔, 상완(上腕)** 팔; (2) **총담** 완족류의 입 양쪽에 하나씩 달리는 2개의 나선형으로 감긴 구조. 단 **brachium**.

brachial 팔의 형 팔과 관련되거나 팔 같은.

brachialis 상완신근 명 아래팔의 굽힘근.

brachiate 형 (1) 가지 친; (2) 팔을 갖는; (3) **십자마주나기의** 마주나는 가지가 서로 번갈아 생기는.

brachiating, brachiation 팔그네뛰기 명 긴팔원숭이에서 볼 수 있는 것과 같이 양손을 번갈아 매달리면 이동하는 것. 동 to brachiate.

brachidia 총담골 명복 일부 완족류에서 총담(brachia)을 지탱하는 석회성 골격.

brachiocephalic 팔머리의 형 팔과 머리의 동맥이나 정맥에 적용되는 말.

brachiocubital 팔아래팔의 형 팔과 팔뚝과 관련된.

brachiolaria 브라키올라리아 명 일부 불가사리류의 유충시기.

Brachiopoda, brachiopods 완족동물문, 완족류 명, 명복 기름램프를 닮았다고 해서 '램프조개'라고도 부르고 조개와 비슷하다고 해서 '조개사돈'이라고도 부르는, 껍데기를 갖는 진체강동물의 작은 문. 외견상 연체동물 2매패류와 유사하지만 껍데기의 대칭과 내부 구조에서 차이를 보인다. 특징적인 구조는 입 주위의 나선형 촉수(총담)로 이뤄지는 촉수관(lophophore)이다.

B

brachioradialis 위팔노근, 상완요골근 명 팔의 손바닥을 위쪽으로 돌리는 데 사용하는 근육의 하나인 아래팔의 손뒤침근(회외근).

brachium 팔, 상완 명 (1) 팔 또는 분기한 구조; (2) 척추동물의 앞다리; (3) '둔덕팔'이라고도 하며, 소뇌를 대뇌나 뇌교에 연결하는 신경섬유의 다발.

brachy- '짧은'을 뜻하는 그리스어 '*brachys*'에서 유래된 접두사.

brachyblast 결잔가지 ⇨ brachyplast.

brachyblastic 단배대형(短胚帶型) 형 짧은 배대(germ band)를 가진.

brachycephalic 짧은머리의, 단두형(短頭型) 형 짧은 머리를 가진.

Brachycera 단각아목(短角亞目) 명 파리목의 짧고 단단한 더듬이를 갖는 단각파리의 아목. 피를 빠는 말파리와 쇠가죽파리(gadflies), 금속색의 등에(soldier-flies), 가늘고 긴 다리를 갖는 snipe-flies, 벌과 매우 비슷하고 꽃 주위를 맴돌며 먹이를 먹는 재니등에(beeflies), 파리매(robber-flies) 등을 포함한다.

brachycerous 단각의 형 (1) 짧은 뿔을 갖는; (2) 짧은 더듬이를 가진.

brachydactyly 짧은가락증, 단지증 명 손가락이나 발가락이 비정상적으로 짧은 상태.

얼룩고기 발생생물학에서 중요한 모형동물로 이용되는 제브라피시.

brachydont, brachyodont 짧은치아의, 단관치(短冠齒)의 형 치관이 짧은 큰어금

니에 적용되는 말. 비 hypsodont.

brachyelytrous 단시초형(短翅鞘型) 형 짧은 딱지날개(시초, elytra)를 가진.

brachyism 왜소현상 명 마디사이(절간)가 짧아지면서 일어나는 식물의 왜소현상.

brachyplast 곁잔가지 명 같은 식물체에서 정상적인 가지와 함께 나타나는, 잎이 촘촘하게 달리는 짧은 가지.

brachypleural 짧은흉막의 형 짧은 흉막(pleura) 또는 측편을 가진.

brachypodous 짧은다리의, 단지형(短肢型) 형 짧은 다리 또는 자루를 가진.

brachypterous 짧은날개의, 단시형(短翅型) 형 짧은 날개를 갖는 곤충에 적용되는 말.

brachysclereid(e) 단후벽세포 ⇨ stone cell.

brachystomatous 짧은주둥이의, 단문형(短吻型) 형 짧은 주둥이(proboscis)를 갖는 어떤 곤충에 적용되는 말.

brachytic 왜소형 형 마디사이가 짧아지면서 왜소현상이 일어난 난쟁이 같은 식물에 적용되는 말.

brachyural, brachyurous 단미형(短尾型) 형 가슴부위 밑에 비틀려 있는 짧은 복부를 갖는 어떤 게에 적용되는 말.

brachyuric 단미형(短尾型) 형 짧은 꼬리를 가진.

brackish water 기수(汽水) 0.5~30 ppt(용존고형물총량의 천분율)의 염도를 갖는 물. 비 freshwater.

bract 포, 포엽 명 (1) 꽃차례나 꽃이 달리는 겨드랑이에 있는 변형된 잎; (2) 꽃잎; (3) 잎 같은 구조.

bracteate 형 포엽이 있는.

bracteiform 포엽형 형 포엽처럼 생긴.

bracteolate 형 소포엽이 있는.

bracteole, bractlet 소포엽 명 개개의 꽃의 기부에 붙어 있는 2차포엽.

bracteose 다포엽의 형 많은 포엽을 가진.

bractlet 소포엽 ⇨ bracteole.

bract scales 포린(包鱗) 침엽수의 구과 축에 직접 생기고 밑씨를 갖지 않는 작은 비늘들.

bradyauxesis 열성생장 명 (1) 상대적으로 느린 생장; (2) 전체 생장률과 비교하여 느린 생장률을 보이는 부분의 생장.

bradycardia 느린맥, 서맥(徐脈) 명 심장 박동(과 맥박)이 느린 것.

bradykinin 브라디키닌 명 혈액을 순환하면서 혈관을 확장시키고 민무늬근(평활근)을 수축시키는 9개의 아미노산으로 구성된 폴리펩티드. 혈장의 칼리크레인에 의해 키니노오겐의 번역후 절단으로 생성된다. ≒ kinin.

bradytelic 저속진화성 형 일반적인 속도보다 느린 속도로 진화하는.

bradyzoite 느린분열소체 명 느리게 자라는 분열소체(merozoite).

brain 뇌 명 많은 동물의 신경계에서 뚜렷한 부분으로 나타나는 신경계의 조정중추. 척추동물에서 가장 고도로 발달하며, 척수의 앞부분과 연결되고 머리뼈(두개골)로 둘러싸인다. 척추동물의 뇌는 상호연결된 수많은 신경세포들과 지지조직들이 고도로 조직화된 덩어리이며, 전뇌, 중뇌 및 후뇌의 3개 주요부로 나뉘진다. 뇌는 들어오는 감각정보를 분석하고 통합시키며, 근육과 샘에 내보내는 정보를 생성한다. 뚜렷한 뇌가 없는 무척추동물에서는 식도상신경절이 주된 조정중추이다.

brain-derived neurotrophic factor (BDNF) 뇌유래신경영양인자 ⇨ neurotrophin.

brain stem 뇌줄기, 뇌간 뇌의 기부에서 척수가 되기 전의 중뇌, 뇌교 및 숨골(연수)로 구성되는 부분.

brain vesicles 뇌소포 배의 신경관 앞쪽

끝의 팽창된, 전뇌, 중뇌 및 후뇌로 발달하는 세 부분.

branch 갈래, 분지 명 (1) 학자들마다 서로 다르게 사용하지만 보통 아문과 강의 사이에 위치하는 분류군; (2) 계통수에서 2개의 마디를 연결하는 선.

branch gaps 지극(枝隙) 식물의 주된 줄기에서 지흔이 분기할 때 관다발에 생기는 공극.

branchiae 아가미 명복 수생동물의 아가미. 단 **branchia**.

branchial 아가미의 형 아가미와 관련된 말.

branchial arches 아가미활, 새궁(鰓弓) 척추동물 배의 인두부위에서 발생하는 일련의 외배엽 융기. 어류에서는 아가미활(gill arches)로 발달하고 다른 척추동물들에서는 다양한 구조로 발달한다. ≒ visceral arches.

branchial basket 연골아가미활 칠성장어와 연골어류의 아가미 부위 주위를 싸고 있는 연골로 이루어진 복잡한 바구니 모양의 구조.

branchial clefts 아가미틈 척추동물 배의 인두부위에서 아가미활 사이의 틈. 어류에서는 아가미틈(gill slits)으로 발달하고 다른 척추동물들에서는 다양한 구조로 발달한다. ≒ **branchial grooves**.

branchial siphon 입수관 연체동물에서 아가미 위로 물을 끌어들이는 관.

branchiate 아가미형의 형 아가미를 가진.

branchicolous 아가미서식성 형 물고기의 아가미에 기생하는.

branchiform 아가미꼴 형 아가미처럼 생긴.

branching enzyme 분지효소 1,4-α D-글루칸 사슬의 부분을 유사한 사슬의 수산기로 전이시켜 다당류 사슬에서 갈래점을 형성시키는 반응을 촉매하는 효소. EC 2.4.1.18.

branchiocardiac 아가미심장의 형 (1) 아가미와 심장과 관련된; (2) 해초류(ascidians)의 심장에서 배 쪽으로 나가는 혈관에 적용되는; (3) 어떤 갑각류에서 아가미로부터 위심강으로 혈액을 나르는 혈관에 적용되는 말.

branchiomeric 아가미마디의, 새절의 형 아가미활에서 유래하는 근육에 적용되는 말.

branchiopallial 아가미외투의 형 연체동물의 아가미와 외투막과 관련된 말.

branchiopneustic 유새류(有鰓類)의 형 아가미로 호흡하는 곤충에 적용되는 말.

Branchiopoda, branchiopods 새각아강, 새각류(鰓脚類) 명, 명복 물벼룩, 아르테미아새우 등과 같이 주로 민물에 사는 갑각류의 아강. 등딱지(배갑)를 갖는 경우 등 쪽의 방패판이나 2개의 껍데기로 되고, 섬세한 털이 술을 이루는 몸통 부속지를 갖는다.

branchiostegal 아가미뚜껑의, 새개막의 형 아감딱지를 갖거나 그와 관련된 막 또는 살에 적용되는 말.

branchiostegal ray 새조골 경골어류의 아가미뚜껑 아래에 있는 진피성 경골의 하나.

branchiostegite 덮개판, 새개(鰓蓋) 명 일부 갑각류에서 갑각의 측복부가 신장되어 아가미뚜껑을 형성하는 판.

Branchiura 새미류(鰓尾類) 명 속칭 물이(fish lice)라고 하며, 어류와 양서류의 외부기생생물인 갑각류의 강.

branch migration 가지이동, 분지점이동 DNA재조합에서 DNA를 따라 DNA분지점이 이동하고 늘어나서 다른 쪽 DNA 분자의 상보적 가닥과 짝을 이루는 과정.

branch trace 지흔(枝痕) 줄기에서 곁눈의 기부로 이어지는 관다발.

brand 깜부기병 명 녹병균과 깜부기병균에 의해 일어나는, 잎이 불에 탄 것처럼 보이는 증상.

brand fungi **깜부기병균, 녹병균** 깜부기병을 일으키는 녹병균과 깜부기병균.

B

brand spore **깜부기포자, 겨울포자** ⇨ teleutospore.

brassica **배추과 식물** 명 겨자, 유채, 양배추 따위의 배추과(Brassicaceae) 식물을 통틀어 이르는 말.

brassinosteroids **브라시노스테로이드** 명복 발생과정에서 생장을 조절하는 작용을 하고 어둠에 대한 발생반응(예: 황화현상)의 조정에 관여하는 식물 스테로이드군.

Brazilian subregion **브라질동물아구** 안데스 산맥의 서쪽을 제외하고 남아메리카 북부에서 브라질의 남부까지를 포함하는 신열대동물구의 1부분.

BrdU, BrU 브롬화우라실(bromouracil).

breeding season **번식기** 1년 내내 새끼를 낳지 않는 동물의 경우, 매년 동물이 구애하고 짝짓기를 하고 새끼를 키우는 시기.

breeding size **생식개체수** 개체군에서 세대마다 실제로 번식하는 개체의 수.

breeding system **육종체계** 종 또는 매우 밀접한 관련이 있는 종의 집단 내에서 상호교배하는 규모와 양식.

bregma **정수리점** 명 (1) 머리뼈에서 이마뼈(전두골)와 마루뼈(두정골)가 만나는 부분; (2) 시상봉합과 관상봉합의 교차 부위.

brevi- '짧은'을 뜻하는 라틴어 '*brevis*'에서 유래된 접두사.

brevicaudate **짧은꼬리의, 단미형(短尾型)** 형 짧은 꼬리를 가진.

brevilingual **짧은혀의, 단설형(短舌型)** 형 짧은 혀를 가진.

brevipennate **짧은날개의, 단시형(短翅型)** 형 짧은 날개를 갖는 새에 적용되는 말.

brevirostrate **짧은부리의** 형 짧은 부리를 가진.

brevissimus oculi **하안사근(下眼斜筋)** 눈의 근육 가운데 가장 짧은 하사근(obliquus inferior).

bridge **다리** 명 감수분열에서 2동원체염색체로부터 형성되는 구조. 동일한 염색체의 2개 동원체가 마주보는 극으로 분리되고 염색체절단을 일으킬 수 있다.

brigalow forest **아카시아우점숲** 호주의 넓은 면적을 덮고 있는, 아카시아나무(*Acacia harpophylla*)가 우점종인 숲.

bright-field microscopy **명시야현미경기술** 빛을 직접 투과시키는 광학현미경으로 생체의 세포를 관찰하는 방법.

brightness **밝기** 명 사람이 가시광선을 인지하는 3가지 기본적인 속성의 하나. 어두운 빛에서 밝은 빛으로의 기울기를 가리킨다. ⇨ hue, saturation.

brille **투명덮개** 명 뱀의 눈 위에 있는 투명한 덮개.

brine shrimp **아르테미아새우** 새각아강(Branchiopoda)에 속하는 작은 해양 갑각류. 주로 아르테미아(*Artemia*)를 가리킨다.

bristletails **돌좀류** 명복 좀목(Thysanura)과 좀붙이목(Diplura)의 곤충들에 대한 일반적인 명칭. 꼬리의 끝에 달리는 하나 또는 두 갈래로 갈라진 강모로 특징지어지는 작고 날개가 없는 곤충들이다.

bristle worm **갯지렁이류** 환형동물의 다모강(Polychaeta)에 속하는 종들의 일반적인 명칭.

brittle star **거미불가사리류** 극피동물의 거미불가사리아강(Ophiuroidea)에 속하는 종들의 일반적인 명칭. 5개의 가는 팔은 중심반과 뚜렷이 구별된다.

broad heritability (^{2}) **광의유전력** 개체군 수준의 전체 표현형 변이에서 유전형 변이에 기인하는 비율.

broadleaf, broadleaved 활엽의 형 (1) (침엽을 갖는 침엽수와 대조적으로) 얇고 평평한 잎을 갖는 온대 기후의 속씨식물 나무에 적용되는 말; (2) 초본과 대조적으로 넓고 평평한 잎을 갖는 쌍떡잎식물의 풀에 적용되는 말.

broad-spectrum antibiotic 광역항생물질 그람음성균과 그람양성균 모두에 작용하는 항생물질.

Broca's area 브로카영역 언어의 기능을 관장하는 대뇌피질의 왼쪽 이마엽(전두엽) 부분. ≒ area 44.

Brodman areas 브로드만영역 대뇌피질을 관습상 구분하고 각각에 번호를 부여한 작은 구역들. 예컨대 영역 17과 18은 1차시각피질로 구성된다. 이들 영역은 세포학과 피질의 상세한 형태에 기초를 두고 구분되었다.

bromatium 브로마티움 명 개미에 의해 배양되는 곰팡이의 균사가 팽창된 것. 개미의 먹이로 사용된다.

bromelain 브로멜라인 명 단백질을 가수분해하고 우유를 응고시키는, 파인애플에서 발견되는 효소. EC 3.4.22.4. ≒ bromelin.

Bromeliales, bromeliads 브로멜리아목, 브로멜리아류 명, 명복 줄기는 축소되고 물을 저장하는 다육질의 잎이 로제트를 이루는 육상의 착생 외떡잎식물의 목. 파인애플과(Bromeliaceae)로 구성된다.

bromodeoxyuridine, bromouracil (BrdU, BrU) 브로모데옥시우리딘, 브로모우라실 티민의 메틸기가 브롬 원자로 치환된 티민유사체. 구아닌뿐만 아니라 아데닌과도 결합할 수 있기 때문에 DNA에 포함되면 돌연변이를 일으킨다. 빠르게 분열하는 암세포를 우선적으로 죽이는 항암제로 사용된다.

bromovirus group 브로모바이러스군 식물에서 모자이크 증상(잎의 반점)을 일으키는 외가닥 RNA바이러스인 브롬모자이크바이러스(brome mosaic virus)를 대표바이러스로 하는 식물바이러스의 속. 3종류의 바이러스입자 내에 4개의 유전체RNA들이 단백질막으로 싸여 있는 다요소바이러스(multicomponent viruses)이다.

bronchi 기관지 명복 기관과 폐를 연결하는 관. 단 **bronchus**.

bronchia 소기관지 명복 각 기관지의 세분된 부분이나 가지.

bronchial 기관지의 형 기관지와 관련된 말.

bronchiole 세기관지 명 기관지의 끝에 있는 작은 가지.

bronchopulmonary 기관지폐의 형 기관지 및 폐와 관련된 말.

bronchus 'bronchi'의 단수형.

bronchus-associated lymphoid tissue (BALT) 기관지관련 림프조직 기도의 벽을 이루는 결합조직의 림프조직.

brood 한배새끼 명 (1) 한 번 낳거나 둥지 속의 알들에서 깨어난 새끼들; (2) 성체에 의해 보살핌을 받는 어린 동물들을 이르는 말.

brood cell 육아방 미성숙한 단계의 곤충을 수용하도록 지어진 방.

brood parasite 탁란(托卵)동물 같은 종의 다른 개체(종내 탁란) 또는 다른 종(종간 탁란)의 둥지에 알을 낳고 그들에게 대신 키우게 하는 동물.

brood pouch 육아낭 알이나 배를 두는 주머니 같은 구멍.

brown alga 갈조류 갈조식물문(Phaeophyta)에 속하는 종들의 일반적인 명칭. 대형갈조(kelp)와 같이 주로 큰 해조류들이고, 갈색 색소인 갈조소를 함유한다.

B

brown earths, brown forest soils 갈색삼림토 지구 표면에서 낙엽수림으로 덮였던 지역과 관계있는 짙은 갈색의 잘 부서지는 흙.

brown fat 갈색지방 미토콘드리아가 풍부하고 시토크롬 때문에 갈색을 띠는, 혈관이 고도로 발달된 지방조직. 동면하는 동물과 어린 포유동물에서 일반적으로 체온을 조절하는 데 관여한다. 보통 어깨뼈, 목, 심장, 큰 혈관과 허파 주위에서 나타난다. 미토콘드리아에서 지방산 산화와 전자전달의 결과로 열이 발생한다. ≒ brown adipose tissue (BAT).

Brownian movement 브라운운동 콜로이드용액에 떠 있는 화분립이나 세균 같은 작은 입자들이 용액의 분자들에 의한 충격으로 움직이는 현상.

brown podzolic soil 갈색포드졸토 옅은 용탈층 위에 잿빛을 띤 갈색의 유기질과 무기질의 층이 있고, 그 위에 낙엽층이 있는 산성의 삼림토양.

brown soils 갈색토 흑색토양(chernozems)과 유사하지만 보다 온난하고 건조한 지역에서 나타나며 짧은 풀들의 초원을 지탱하는 토양.

browse (1) 명 **순** 잎이나 어린 싹 같이 목본의 부드러운 부분; (2) 동 그러한 부분을 뜯어먹는 것. 비 grazing.

Bruch's membrane 브루크막 맥락막의 내층을 이루는 얇은 기저막.

Brunner's glands 브루너샘 샘창자(십이지장)의 점막하조직에 있는 갈라진 샘. 당단백질을 함유한 알칼리성 액체를 리버퀸샘으로 분비한다. ≒ duodenal glands.

brush border 솔가장자리, 털연변부 작은창자의 내강을 싸고 있는 상피의 흡수세포 표면과 콩팥의 상피에 미세한 손가락 같은 돌기(미세융모)들이 빽빽하게 덮는 것.

brush-border cell 솔가장자리세포 작은창자의 내강을 싸고 있는 상피에 있는 세포의 한 종류. 영양소를 흡수하도록 특수화되었고 정단표면은 많은 미세융모를 형성한다. ≒ absorptive cell.

Bryidae 참이끼강 명 참이끼류(true mosses).

bryocole 선생동물(蘚生動物) 명 이끼류 속에서 사는 동물.

bryology 선태식물학(蘚苔植物學) 명 이끼류(선류, mosses)와 우산이끼류(태류, liverworts)를 다루는 식물학의 분과.

Bryophyta, bryophytes 선태식물문, 선태식물 명, 명복 이끼류(선강, Musci), 우산이끼류(태강, Hepaticae) 및 뿔이끼류(뿔이끼상목, Anthocerotae)를 포함하는 식물계의 문. 작은 비관다발식물이다. 몸은 엽상체의 형태를 갖거나(뿔이끼류와 일부 우산이끼류) 줄기와 잎으로 분화되며(이끼류와 일부 우산이끼류), 헛뿌리로 기질에 부착한다. 뚜렷이 식별되는 세대교번을 하는데, 독립적인 식물은 배우자체이고 여기에서 운동성의 수배우자가 생성되어 플라스크 모양의 장란기에 들어 있는 1개의 알세포와 수정한다. 수정란으로부터 깍지 형태의 포자체가 자라나오고 포자를 만들어 새로운 식물체로 발달한다.

Bryopsida 선류강 ⇨ Bryophyta.

Bryozoa, bryozoans 태형동물문, 태형동물 명, 명복 이끼벌레류(moss animals). ⇨ Ectoprocta.

BSA ⇨ bovine serum albumin.

BSE 광우병(소해면상뇌증, bovine spongiform encephalopathy). ⇨ transmissible spongiform encephalopathies.

Bt toxin Bt독소 나비목의 유충을 죽이는 토양세균의 일종(*Bacillus thuringiensis*)에서 만들어지는 독성 단백질. 이 독소의 유전자를 유전공학적으로 식물에 삽입하여 나비목 병충해에 대한 내성을 부여한다.

buccae 볼, 뺨 명복 볼, 뺨.

buccal 볼의, 구강의 형 볼이나 입과 관련된 말.

buccal cavity 구강, 입속 입과 인두 사이의 소화관의 일부.

buccinator 볼근, 협근 명 볼의 넓고 얇은 근육.

buccolabial 볼입술의 형 구강과 입술에 관련된 말.

buccolingual 볼혀의 형 볼과 혀에 관련된 말.

bucconasal 형 (1) **볼코의** 볼과 코에 관련된 말; (2) **구비(口鼻)의** 코오목(비와)의 뒤쪽 끝을 닫는 막(구비막)에 적용되는 말.

buccopharyngeal 볼인두의 형 입과 인두에 관련된 말.

bud 명 (1) **눈** 식물에서 어린싹, 잎 또는 꽃이 발달하는 구조; (2) **싹** 동물의 배에서 4지로 발달하는 팔다리싹(limb bud)과 같이 뻗어 나오기 시작하는 구조.

budding 출아 명 (1) 눈이 만들어지는 것; (2) [동] 해면동물, 강장동물과 일부의 기타 무척추동물에서 흔한 무성생식 방법. 어버이 생물의 외향생장으로 새로운 개체가 발생하고 결국 독립적인 개체가 된다; (3) [식] **눈접** 다른 식물체의 껍질 안에 눈을 삽입하는 인공적 영양번식; (4) [균] 어버이 세포에서 새로운 세포가 뻗어 나오는 세포분열; (5) [바] 어떤 동물바이러스가 원형질막으로 둘러싸이고 나중에 세포로부터 떨어지면서 숙주세포로부터 방출되는 것.

budding and appendaged bacteria 출아세균 및 돌기세균 자루, 균사 및 돌기와 같은 세포질 돌기를 형성하는 방대하고 이질적인 세균 집단. 세포분열은 종종 부등할이다.

budding yeast 출아효모 어버이 세포에서 작은 딸세포가 출아에 의해 떨어지면서 증식하는 효모(*Saccharomyces cerevisiae*)와 동족의 종들. 비 fission yeast.

budget 수지 ⇨ energy budget, time-energy budget.

buffer 완충액, 완충제 명 (1) 산이나 염기를 가했을 때 pH의 변화를 최소화하는 염용액; (2) 외부의 변화가 체계에 미치는 영향을 줄여주는 요인을 통틀어 이르는 말.

buffer species 완충종 보통 먹이원으로는 그다지 중요하지 않지만 불리한 조건하에서는 중요한 먹이원이 되는 종.

bufonin 부포닌 명 두꺼비의 독소.

bufotoxin 두꺼비독소 명 두꺼비의 독소.

bug 노린재류 명 노린재목(Hemiptera) 곤충의 일반적인 명칭.

bulb 명 (1) [식] **비늘줄기, 인경(鱗莖)** 많은 육질의 잎밑(엽저) 또는 비늘잎이 달리는 짧은 줄기로 구성되는 특수화된 땅속 생식기관. 전체가 다음해의 눈을 감싼다; (2) [일반적] **망울** 비늘줄기 또는 비늘줄기 같이 팽창된 부분이나 구조를 통틀어 이르는 말.

bulbar 비늘줄기의, 망울의 형 비늘줄기나 망울 또는 그렇게 생긴 부분의.

bulbiferous 형 비늘줄기나 살눈이 달린.

bulbil 살눈, 주아(珠芽) 명 (1) 어떤 백합의 경우와 같이, 떨어져서 새로운 식물체를 만들 수 있는 다육질의 곁눈; (2) 작은 비늘줄기처럼 생긴 구조나 팽창된 것.

bulbonuclear 망울핵의 형 숨골과 뇌신경의 핵에 관련된 말.

bulbo-urethral 망울요도의 형 수컷

요도의 망울과 이어지는 2개의 갈라진 샘(망울요도샘)에 적용되는 말. ≒ antiprostate, Cowper's or Mery's glands.

B

bulbous 비늘줄기의, 망울의 형 (1) 비늘줄기나 망울처럼 생긴; (2) 비늘줄기에서 나오는; (3) 비늘줄기를 가진.

bulbus 망울, 팽대 명 동그란 혹 또는 망울처럼 생긴 구조나 팽창된 것.

bulla 물집, 융기 명 (1) 많은 4족류 척추동물의 가운데귀(중이)를 싸고 있는 머리뼈의 골질돌기와 같이 둥글게 돌출된 것; (2) 기포처럼 생긴 구조.

bullate 주름혹형 형 (1) 물집이 생긴; (2) 오그라기양배추(savoy cabbage) 잎처럼 잔주름이 잡힌.

bulliform 형 (1) **기포형** 기포처럼 생긴; (2) **기동형** 팽압의 변화에 따라 잎을 말거나 접거나 또는 펼치도록 하는 크고 벽이 얇은 표피세포(기동세포)에 적용되는 말. ≒ motor cell.

bundle scar 다발자국 잎이 떨어진 후 잎자국에 남아 있는 관다발의 흔적.

bundle sheath 다발초 관다발을 싸고 있는 한 층 또는 여러 층의 대형 유조직 또는 후벽조직의 세포들.

bundle sheath cells 다발초세포 일부 열대식물에서 이산화탄소가 C4경로에서 아스파르트산과 말산에 결합되었다가 떨어져서 캘빈회로에 들어가는 광합성조직의 세포들.

α-bungarotoxin α-벙가로독소 뱀의 일종(*Bungarus*)의 독액에 들어 있는, 아세틸콜린수용체와 특이적으로 결합하는 단백질 독소.

bunodont 구상치(丘狀齒)의 형 돼지, 원숭이, 사람에서 볼 수 있듯이 낮은 치관과 교두를 갖는 큰어금니와 앞어금니에 적용되는 말.

bunoid 구상(丘狀) 형 큰어금니의 교두가 낮고 원뿔 모양인.

bunolophodont 구상주름치의 형 구상치(bunodont)와 가로 놓인 이랑이 나 있는 주름치(lophodont)의 중간적 구조를 갖는 큰어금니에 적용되는 말.

bunoselenodont 구상반달치의 형 안쪽 교두는 낮은 원뿔 모양이고 바깥쪽 교두는 초승달 모양을 갖는 큰어금니에 적용되는 말.

bunt fungi 깜부기병균 ⇨ smut fungi.

Bunyaviridae 부니아바이러스과 명 외막으로 싸여 있고 구형인 외가닥의 분절형 RNA바이러스의 과. 부니암웨라바이러스(Bunyamwera virus)와 리프트밸리열바이러스(Rift Valley fever virus)를 포함한다.

burden 부하 명 기생생물에서, 한 개체에 감염하는 기생생물의 모든 개수 또는 양.

Burkitt's lymphoma 버킷림프종 아프리카 어떤 지역의 어린이들에게 잘 나타나는 B세포림프종. 이들 지역에서는 엡스타인-바 바이러스(Epstein-Barr virus)의 감염과 말라리아 감염이 함께 이 질병의 위험을 증가시키는 것으로 여겨진다.

bursa 명 (1) **주머니, 낭(囊)** 주머니 또는 주머니 같은 구멍; (2) **윤활주머니, 윤활낭** 관절의 마찰을 막는 점착성 액체가 들어 있는 주머니; (3) **파브리시우스낭** ⇨ bursa of Fabricius. 형 **bursal.**

bursa copulatrix 교미낭(交尾囊) (1) 곤충이 교미를 할 때 교미기와 정자를 받아들이는 암컷 생식기관의 부위; (2) 다양한 동물의 생식낭.

bursa of Fabricius 파브리시우스낭 새에서 총배설강으로 이어지는 림프조직 주머니. 새에서 B림프구가 성숙하는 곳이다.

bursa seminalis 수정주머니 와충류에서 볼 수 있는 것과 같이 암컷 생식관의 수정실.

bursicle 점착체낭(粘着體囊) 명 난초의 꽃에서 꽃가루덩이 자루의 기부에 있는 끈적거리는 둥근 판을 에워싸고 판이 마르는 것을 방지하는 점질 액체가 들어 있는 덮개 또는 주머니 같은 구조.

bursicule 소낭(小囊) 명 작은 주머니.

burster neuron 파열뉴런 활성화되면 리드미컬한 파열의 충격을 생성하는 뉴런.

bush 명 (1) **관목** 작은 떨기나무; (2) **관목숲** 초지와 떨기나무로 구성되는 식피.

bush layer 관목층 ⇨ shrub layer.

2,3-butanediol fermentation 2,3-부탄디올발효 부탄디올, 에탄올, CO_2와 H_2가 주요산물이고 그 밖에 소량의 유기산이 만들어지는, 장내 세균의 기본적인 발효양식.

butterfly 나비 명 곤봉 모양의 더듬이를 갖는 나비목(Lepidoptera) 곤충의 일반적인 명칭. 비 moth.

butterfly bone 나비뼈 ⇨ sphenoid.

buttress root 판근(板根) 지상의 줄기에서 나오고 흙에 들어가기 전에 둥글게 아치를 만들어 나무의 몸통을 추가로 지탱해 주는 뿌리.

by 10억 년 10억(10^9) 년의 약자.

byssaceous 세사형 ⇨ byssoid.

byssal 족사의 형 족사와 관련된 말.

byssoid 세사형(細絲形) 형 족사와 비슷하게 가는 실로 형성된.

byssus 족사(足絲) 명 (1) 일부 2매패류의 족사샘(byssogenous gland)에서 분비되는 강한 섬유다발. 조개류는 이를 이용하여 기질에 부착한다; (2) 일부 균류의 자루.

C

C (1) 탄소원자의 기호; (2) 시스테인(cysteine); (3) 시토신(cytosine); (4) 대칼로리(Calorie = 1000 cal); (5) 심슨우점도지수(Simpson dominance index).

C_γ ⇨ Morisita's similarity index.

C_H 면역글로불린 무거운 사슬의 불변부.

C_L 면역글로불린 가벼운 사슬의 불변부.

C1 보체제1성분 항원-항체복합체에 결합하고 보체활성의 고전경로를 개시하는 보체단백질. 3개의 단백질소단위체(C1q, C1r, C1s)로 구성된다. ⇨ complement system.

C1 inhibitor (C1INH) C1억제제 보체의 C1성분의 활성을 저해하는 단백질. C1억제제의 선천성 결핍증은 유전성 혈관신경성 부종을 일으킨다. ⇨ complement system.

C2 보체제2성분 고전경로가 활성화되면서 C1s에 의해 큰 단편인 C2a와 작은 단편인 C2b로 쪼개지는 보체단백질. C2a는 C3전환효소의 단백질가수분해효소를 형성한다. (대부분의 보체분해에서는 큰 조각을 'b'로 부르지만 C2a는 예외가 된다.) ⇨ complement system.

C3 보체제3성분 보체활성의 모든 경로에서 중심이 되는 보체단백질. C3전환효소에 의해 아나필라톡신인 C3a와 세균과 그 밖의 항원에 결합하는 보다 큰 조각인 C3b로 쪼개진다. C3b로 덮인 항원은 식세포가 훨씬 쉽게 처리한다. 한편 C3b는 C3전환효소와 C5전환효소의 한 성분이 된다. ⇨ complement system.

C3a, C4a, C5a ⇨ anaphylatoxin.

C3 convertase C3전환효소 활성화된 보체성분들의 복합체(고전경로의 C4b,2a, 대체경로의 C3b,Bb). C3을 C3a와 C3b로 전환하는 반응을 촉매하고 그 결과로 생기는 많은 양의 C3b를 세포표면에 결합시킨다. ⇨ anaphylatoxin, complement system.

C3 pathway C3경로 [식] 식물체에서 캘빈회로를 거치는 이산화탄소 고정.

C3 plant C3식물 대부분의 온대식물에서와 같이 오로지 캘빈회로만을 경유하여 이산화탄소를 고정하는 식물. 비 C4 plant.

C4 보체제4성분 분해되면 아나필라톡신 C4a와 이보다 큰 조각인 C4b의 생성물을 만드는 고전경로의 보체단백질. 세균표면과 결합을 하여 식세포에 의한 처리를 돕는다. C2a와 함께 C4b는 C3전환효소를 이룬다. ⇨ complement system.

C4 pathway C4경로 [식] 많은 열대식물에서 나타나는 이산화탄소 고정경로. CO_2는 먼저 포스포에놀피루브산과 결합하고 이어서 4탄소 화합물들인 옥살로아세트산부터 시작하여 말산과 아스파르트산이 된 후 다발초세포의 엽록체로 이동한다. 여기에서 CO_2가 방출되어 캘빈회로에 들어간다. 이 경로는 열대의 조

건하에서 광합성을 하는 데 충분하고 지속적인 CO_2의 공급을 보장해 준다. ≒ Hatch-Slack pathway.

C4 plant C4식물 이산화탄소를 고정하는 데 C4경로를 갖는 식물. 이들 식물에서 광합성과 관련된 대사경로는 잎의 엽육세포와 다발초세포간에서 구획된다. C4식물은 주로 높은 온도와 낮은 습도에 적응한 열대식물들이다. 비 C3 plant.

C

C5, C6, C7, C8, C9 세포막에 구멍을 형성하여 세포가 분해되도록 하는 보체계의 말단 구성성분들.

C5 convertase C5전환효소 활성화된 보체성분들의 복합체(고전경로의 C4b,2b,3b, 대체경로의 $C3b_2$,Bb). C5를 C5a와 C5b로 전환하는 반응을 촉매하고 C5b 분자를 세포표면에 결합시킨다. ⇨ anaphylatoxin, complement system, terminal complement components.

Ca 칼슘 화학원소 칼슘의 기호.

Ca^{2+}-activated K^+ channel 칼슘활성칼륨통로 Ca^{2+}의 세포내 축적에 민감하고 활동전위 사이의 타이밍을 조절하는 데 관여하는 칼슘개폐형 이온통로.

CAAT box CAAT구역 일부 진핵생물 유전자에서 전사기점으로부터 약 70~80 염기쌍의 앞쪽에 있는 촉진유전자부위의 보존염기순서. 전사의 개시를 조절하는 데 관여한다.

Ca^{2+}-ATPase 칼슘-ATP가수분해효소 ATP 가수분해의 에너지를 이용하여 칼슘이온을 막 내외로 능동적으로 수송하는 진핵세포의 막수송단백질.

Ca^{2+}/calmodulin-dependent protein kinase (CaM kinase) 칼슘/칼모듈린의존성 단백질인산화효소 칼슘/칼모듈린 복합체의 결합에 의해 인산화능이 조절되는 단백질 세린/트레오닌 인산화효소. 가인산분해효소 인산화효소, 미오신 가벼운 사슬 인산화효소 그리고 뇌에 풍부하게 들어 있는 다기능 CaM kinase 등이 그 예가 된다.

cacao 카카오(나무) 명 코코아와 초콜릿을 만드는 데 원료가 되는 열매를 갖는 나무(*Cacao theobroma*).

cachectin 카켁틴 ⇨ tumour necrosis factor.

cachexia 악액질(惡液質) 명 어떤 암이나 그 밖의 질병에서 볼 수 있는 전신 쇠약증세. 형 **cachetic**.

cacogenesis 교잡불능 명 잡종을 만들 수 없는 것.

Cactales, cacti 선인장목, 선인장 명, 명복 주로 열대 아메리카의 건조하거나 반건조한 지역에서 발견되고 덥고 가문 조건에 적응한 다육질의 쌍떡잎식물 목. 잎은 없거나 매우 축소되었고, 다육질의 줄기에는 종종 가시가 무리를 이루며 달린다. 선인장과(Cactaceae)의 1과를 포함한다.

cacuminous 첨단(尖端)의 형 꼭대기가 뾰족한 나무에 적용되는 말.

cadastral 형 꽃의 기관 형성에 있어서 서로 다른 꽃기관을 지정하는 유전자의 발현에 대해 경계를 짓는 유전자에 적용되는 말.

cadavericole 사체식동물 명 썩는 고기를 먹는 동물. ≒ carrion feeder.

cadaverine 카다베린 명 리신의 탈카르복시화반응으로 형성되고 썩어 가는 고기에서와 같이 세균에 의한 단백질의 분해 과정에서 생성되는, 냄새가 역겨운 독성 폴리아민.

caddis fly 날도래류 나방과 다소 비슷한 곤충의 목인 날도래목(Trichoptera)에 속하는 종들의 일반적인 명칭. 잘 날지 못하고, 입(구기)은 핥는 데 적합하고, 수생 유충(caddis worms)은 몸을 보호하는 집을 짓는다.

cadherins 카데린 명복 세포부착분자의 주요 군의 하나. 다른 세포의 동일한 카데린 분자와 칼슘의존성 상호반응으로 결합하여 세포들을 서로 강하게 부착시키는 세포표면단백질이다. 이 분자군에는 E-카데린, N-카데린, P-카데린과 VE-카데린이 포함된다.

cadophore 배아경(背芽頸) 명 일부 피낭동물에서 싹을 달고 등 쪽으로 자라난 것.

caducous 쉬이지는, 조락성(早落性) 형 일찍 떨어지는 부분들과 관련된 말.

caecal 형 (1) **맹관의** 출구가 없는 끝 부분의, 맹낭으로 길게 이어지는 위에 적용되는 말; (2) **막창자의, 맹장의** 막창자(맹장)와 관련된 말.

caecilians 무족영원류 ⇨ Apoda.

caecum 막창자, 맹장, 맹낭(盲囊) 명 막다른 맹낭 또는 소화관의 일부에서 생긴 주머니 또는 그 밖의 속이 빈 기관. 복 **caeca**.

Caenorhabditis elegans **예쁜꼬마선충** 발생생물학과 유전학 연구에서 실험대상으로 이용되는 작은 토양선충류의 종. 이 종의 유전체순서가 완전히 밝혀졌다.

caespitose 뭉쳐나기, 총생(叢生) 형 (1) 낮게 엉겨 붙은 줄기를 갖는; (2) 무더기로 자라는.

caffeine 카페인 명 커피, 차, 마테차, 콜라나무 열매 등에서 발견되는 쓴맛을 내는 푸린인 1,3,7-3메틸크산틴. 중추신경계의 흥분제이고 이뇨제이다.

caged molecule 바구니분자 세포 내로 주입시켜 빛을 쪼여 활성화할 수 있는 불활성 형태의 작은 감광분자.

caino- ≒ caeno-, ceno-, kaino-.

Cainozoic 신생대 ⇨ Cenozoic.

caisson 케이슨 명 지렁이의 세로로 난 근섬유가 상자 같이 배열된 것.

Cajal bodies 카할체 snRNP(소형 핵리보핵단백질)가 재사용되는 부위라고 제안된 핵내 구조.

cal 칼로리 ⇨ calorie.

calamistrum 빗털, 즐상기(櫛狀器) 명 어떤 거미류에서 윗발목마디(metatarsus)에 있는 빗살 모양의 구조.

calamus 명 (1) **창포줄기** 마디가 없고 갈대처럼 생긴 속이 빈 줄기; (2) **깃촉** 날개의 깃.

calcaneus 발꿈치(뼈), 종골(踵骨) 명 발뒤꿈치 또는 발뒤꿈치의 뼈.

calcar 관상돌기 명 (1) [식] 꽃잎이나 꽃받침조각의 기부에 있는 속이 빈 관; (2) [동] 새의 발이나 날개에 있는 박차 같은 돌기; (3) 박쥐의 발꿈치뼈에 있는 골질 돌기.

calcarate 새발톱형 형 박차처럼 생긴 꽃잎이나 꽃부리의.

calcar avis 새발톱돌기 뇌의 측뇌실에서 뒤쪽으로 달린 돌기, 소해마.

calcareous 석회질의 형 (1) 주로 탄산칼슘(석회)으로 구성된; (2) 석회석이나 석회질의 흙에서 자라는; (3) 석회석과 관련된 말.

calcareous sponges 석회해면 석회해면강(Calcarea)의 해면. 주로 방해석(탄산칼슘)의 1축형, 3축형 또는 4축형 골편으로 구성된 골격을 갖는다.

calcariform 새발톱형 형 박차처럼 생긴.

calcarine 새발톱의 형 대뇌반구의 안쪽 표면에서 해마이랑으로 뻗은 고랑(새발톱고랑, 조거열)에 적용되는 말.

calceolate 슬리퍼꼴 형 어떤 난초의 꽃처럼 슬리퍼 모양의 꽃에 적용되는 말.

calcicole 호석회식물 명 석회나 그 밖의 칼슘염이 풍부한 토양에서 잘 자라는 식물. 형 **calcicolous**. 초지에 적용되는 말.

C

calciferol 칼시페롤 명 에르고스테롤(ergosterol)에 빛을 쪼여 합성할 수 있는 스테롤($C_{28}H_{43}OH$)인 비타민 D_2. 식이보조제로 사용된다.

calciferous 석회질의 형 칼슘염을 포함하거나 생성하는.

calcification 석회화(작용) 명 (1) 조직에 칼슘염이 침착되는 것; (2) 토양에 칼슘염이 축적되는 것. 형 **calcified**.

calcifuge 혐석회식물 명 석회가 부족하고 대체로 산성인 토양에서만 자라는 식물. 형 **calcifugous**. 초지에 적용되는 말.

calcigerous 석회질의 ⇨ calciferous.

calcineurin 칼시뉴린 명 T세포수용체의 신호하기(signalling)에 관여하는 세린/트레오닌단백질 인산가수분해효소(단백질인산가수분해효소 IIB). 면역억제제들인 시클로스포린A와 타크로리무스(FK506)가 칼시뉴린의 활성을 간섭하여 T세포의 활성화를 막는다.

calciphile 호석회식물 ⇨ calcicole.

calciphobe 혐석회식물 ⇨ calcifuge.

calciphyte 석회식물 ⇨ calcicole.

calcite 방해석 명 연체동물의 껍질과 석회해면의 골격을 구성하는 성분의 하나인 탄산칼슘의 결정형.

calcitonin 칼시토닌 명 포유동물의 갑상샘 및 또는 부갑상샘에서 그리고 다른 척추동물의 아가미후체에서 분비되는 펩티드호르몬. 부갑상샘호르몬의 작용과는 반대로 칼시토닌은 뼈에서 방출되는 칼슘을 줄여서 혈액의 칼슘의 양을 낮춘다.

calcium (Ca) 칼슘 명 많은 암석과 해수에서 나타나고 필수적 다량영양소인 금속원소. 이온(Ca^{2+})으로서 칼슘은 생체세포의 중요한 조절이온이며, 효소활성의 조절, 근수축의 촉진, 분비의 조절 등에 관여한다. 칼슘염(예: 인산칼슘)으로서 칼슘은 뼈의 주요 구성요소이다. ⇨ calcite.

calcium-binding protein 칼슘결합단백질 칼슘이온(Ca^{2+})과 특이적으로 결합하는 부위를 갖는 많은 단백질을 통틀어 이르는 말. 칼슘과 결합하면 보통 입체구조의 변화가 일어나서 단백질의 작용이 변화된다. 칼슘결합단백질은 다른 많은 단백질들과 결부되어 그들의 작용을 조절하며, 생체의 세포에서 칼슘의 효과를 조정하는 주된 물질이다.

calcium carbonate 탄산칼슘 ⇨ aragonite, calcite.

calcium channel 칼슘통로 칼슘이온을 통과시키는 생체막의 이온통로.

calcium cycle 칼슘순환 칼슘이 토양과 물의 무기원에서 식물과 미생물들에 들어가고 이어서 먹이사슬을 거쳐 결국 무기환경으로 돌아가는 이동.

calcium ion 칼슘이온 Ca^{2+}.

calcium pump 칼슘펌프 ⇨ Ca^{2+}-ATPase.

calice, calicle ⇨ calycle.

Caliciviridae, caliciviruses 칼리시바이러스과, 칼리시바이러스 명, 명복 돼지의 수포발진(vesicular exanthema)을 일으키는 정20면체의 외가닥RNA바이러스의 과.

Californian subregion 캘리포니아동물아구 브리티시컬럼비아 남부와 오리건의 태평양 해안지방, 캘리포니아 그리고 멕시코의 바하캘리포니아를 포함하는 신북구의 1부분.

caligate 피복성 형 (1) 껍질에 둘러싸인; (2) 피막으로 둘러싸인.

callosal 뇌들보의 형 뇌들보(corpus callosum)와 관련된 말.

callose (1) 형 **각질의** 피부나 나무껍질에 딱딱하고 두꺼워진 부위를 갖는; (2) 명 **칼로오스** 보통 체관부의 체판에서 발견되지만 상처를 입은 유조직세포에서도 발견되는, 포도당의 무정형 다당류.

callow workers 풋내기곤충 사회성 곤충의 무리에서 새로 생겨난, 아직 부드럽고 연한 색을 띠는 외골격을 갖는 성체 일꾼들.

callunetum 칼루나우점군락 명 헤더(*Calluna vulgaris*)에 의해 우점되는 식물군락.

callus 칼루스, 유합조직(癒合組織) 명 (1) 작고 단단하게 뻗어 나오거나 부어오른 것; (2) 식물체에서 잘려지거나 손상을 입은 표면 위에 형성되는 단단한 조직 덩어리; (3) 인공배양을 통해 식물의 세포나 조직에서 처음에 생기는 분화되지 않은 상태의 세포 덩어리.

calmodulin 칼모듈린 명 진핵세포에 풍부하게 들어 있는 칼슘결합단백질. Ca^{2+}과 결합하면 입체구조에 변화가 일어나고 많은 단백질 상의 조절부위와 결합하거나 조절적 소단위체로 기능한다. 이들의 활성은 Ca^{2+}에 의해 조절된다.

calnexin 칼넥신 명 소포체에서 MHC클래스I-펩티드 복합체의 조립에 관여하는 보호자단백질.

calobiosis 동거공생 명 사회성 곤충에서 한 종이 다른 종의 보금자리에 사는 것.

Calorie (C) 대(大)칼로리 1000칼로리(cal) 또는 1킬로칼로리(kcal).

calorie (cal) 칼로리 명 다양하게 정의하는 열량의 비국제단위. 열화학칼로리는 4.184J(줄)이고, 15°칼로리는 1그램의 물을 14.5□에서 15.5□까지 1□ 올리는 데 필요한 열량이며, 이는 4.1855J에 해당한다.

calorific 발열의 형 열을 발생하는.

calorigenic 열량생산적 형 산소의 소비와 열의 생산을 촉진하는.

calorimetry 열량측정법 명 열을 측정하는 것. 동물생리학에서 열량측정법은 열의 발생을 측정하여 대사율을 밝히는 데 이용된다.

calotte 극모(極帽) 명 2배충류(dicyemid) 기생생물의 앞쪽 끝에 있는 뚜껑이나 모자.

calpain 칼페인 명 수정란의 활성화와 세포주기의 조절에 관여하는 칼슘의존성 단백질가수분해효소.

calreticulin 칼레티쿨린 명 소포체에서 MHC클래스I-펩티드 복합체의 조립에 관여하는 보호자단백질.

calsequestrin 칼세퀘스트린 명 근육의 근소포체에 들어 있는 칼슘결합단백질.

calvaria 머리덮개뼈, 두개관 명 머리뼈의 반구형 지붕.

Calvin cycle 캘빈회로 광합성의 명반응에서 만들어진 ATP와 NADPH가 에너지와 환원력을 제공하여 엽록체의 스트로마에서 이산화탄소가 탄수화물로 전환되는 반응 회로. 첫 반응은 리불로오스-1,5-2인산이 이산화탄소와 함께 3-포스포글리세르산을 형성하는 반응이다. 이는 몇 단계를 거치면서 전환되어 리불로오스-1,5-2인산을 재생산하며, 이 과정에서 녹말, 아미노산, 지방산 및 설탕의 전구물질인 3탄소 당 글리세르알데히드 3-인산이 만들어진다.

calyc- '컵 모양' 또는 '꽃받침 모양'을 뜻하는 그리스어 '*calyx*'에서 유래된 단어요소.

Calycerales 칼리케라목 명 남아메리카에 서식하는 칼리케라과(Calyceraceae)를 포함하는 초본성 쌍떡잎식물의 목.

calyces '*calyx*'의 복수형.

calyciflorous 통꽃받침의 형 수술과 꽃잎이 꽃받침을 따라 붙어 있는 꽃에 적용되는 말.

calycle 명 (1) **잔** 작은 컵 모양의 구멍이

C

나 구조; (2) **곁꽃받침** 꽃의 곁꽃받침.

calypter 조각비늘, 편린(片鱗) 명 어떤 파리류에서 평형곤을 덮는 변형된 딱지날개.

calyptobranchiate 덮인아가미의 형 외부에서는 보이지 않는 아가미를 가진.

calyptopsis 칼립톱시스 명 일부 갑각류의 유충.

calyptra 명 (1) **선태피막** 선태식물에서 발달하는 포자체를 에워싸는 확대된 장란기 벽. 어떤 경우에는 포자체의 깍지를 덮는 보호성 외피(깍지뚜껑, 삭모)로 지속된다; (2) **뿌리골무** ⇨ root cap.

calyptrate 삭모상 형 (1) 아랫부분과 분리되어 떨어지는 꽃받침에 적용되는 말; (2) 뚜껑(덮개)을 갖는 깍지와 꼬투리에 적용되는 말; (3) [동] **조각비늘의** 평형곤이 비늘로 덮인 어떤 파리류에 적용되는 말.

calyptrogen 원뿌리골무 명 뿌리골무를 만드는 뿌리의 분열조직 세포들.

calyptron 조각비늘, 편린 ⇨ calypter.

calyx 명 (1) **꽃받침** 꽃의 바깥에서 돌려나는 꽃받침조각(sepal)을 통틀어 이르는 말; (2) **악부(萼部)** 바다나리류의 컵 모양 몸과 같이 꽃의 꽃받침과 유사한 다양한 구조. 복 **calyces**.

CAM (1) 세포부착분자(cell adhesion molecule). 특히 면역글로불린상과의 세포부착분자를 이른다; (2) 다육식물유기산대사(crassulacean acid metabolism).

cambial 부름켜의 형 부름켜(형성층)와 관련된 말.

cambiform 부름켜꼴 형 부름켜세포와 유사한.

cambiogenetic 부름켜발생의 형 부름켜를 만드는 세포들에 적용되는 말.

cambium 부름켜, 형성층 명 뿌리와 줄기에서 한쪽 면에서 물관부를 만들고 다른 면에서 체관부를 만들어 방사상으로 2기 생장을 하는 분열조직.

Cambrian 캄브리아기 명 약 5억 4200만 년 전에서 4억 8800만 년 전까지 지속된 지질시대. 이 시기에 다세포동물의 많은 문들이 생겨났다.

camera eye 카메라눈 척추동물과 두족류의 눈과 같은 비겹눈. 눈에 들어온 빛은 렌즈에 의해 회절되고 감광성 망막에 도달한다.

cameration 명 많은 수의 분리된 방으로 나누는 것.

CaM kinase 칼슘/칼모듈린의존성 단백질인산화효소(Ca^{2+}/calmodulin-dependent protein kinase)

cAMP ⇨ cyclic AMP.

campaniform 종형 형 종 모양 또는 돔 모양의.

Campanulales 초롱꽃목 명 흔히 유관을 갖고 주로 초본성인 쌍떡잎식물의 목. 초롱꽃과(Campanulaceae), 구데니아과(Goodeniaceae)와 숫잔대과(Lobeliaceae)를 포함한다. ≒ **Campanulatae**.

campanulate 종형 형 종처럼 생긴 꽃에 적용되는 말.

campodeiform 좀꼴 형 잘 발달된 다리와 더듬이를 갖고 납작하고 길쭉한, 풀잠자리류와 어떤 딱정벌레류의 유충에 적용되는 말.

cAMP phosphodiesterase ⇨ cyclic AMP phosphodiesterase.

camptodactyly 가락굽음증, 굴지증 명 선천적으로 힘줄이 짧아서 새끼손가락이 구부러지는 것. 주로 우성 대립유전자의 유전에 의한다.

camptodrome 형 2차맥이 앞으로 휘어 잎의 끝에 도달하기 전에 서로 합치는 잎맥계와 관련된 말.

camptotrichia 명복 일부 원시어류에서 관절로 된 피부의 지느러미살.

campylodrome 형 끝에서 잎맥이 만나는 잎에 적용되는 말.

campylospermous 만곡종자의 형 안쪽 면을 따라 홈을 갖는 종자에 적용되는 말.

campylotropous 만곡형 형 밑씨가 굽어져서 주병이 합점과 주공 사이 중간쯤의 옆에 붙어 나타나는 밑씨에 적용되는 말.

Canadian subregion 캐나다동물아구 북아메리카 북부에서 동쪽으로 5대호, 서쪽으로 브리티시컬럼비아 중부 그리고 중앙에 남부 서스캐처원을 포함하는 신북구의 1부분.

canaliculus 명 (1) **세관** 간에서 쓸개즙을 포함하는 관처럼 미세한 통로; (2) **소관** 뼈에서 신경이 지나가는 작은 통로. 복 **canaliculi**. 형 **canalicular**.

canaliform 운하형 형 운하처럼 생긴.

canalizing selection 발생운명적 선택 환경의 변화와 유전적 변이성에 크게 영향을 받지 않는 표현형질의 선택.

cancellated, cancellous 그물눈모양 형 가는 섬유와 라멜라로 구성되고 합쳐져서 그물구조를 형성하는, 뼈의 안쪽에 있는 해면부위(해면골)에 적용되는 말.

cancer 암 명 고형의 종양이나 그 밖의 비정상적 상태를 유발하는, 세포의 조절되지 않는 악성 증식. 치료를 받지 않으면 대체로 치명적이다. 암세포는 여러모로, 특히 무한정 번식하고 주위의 조직에 침입하고 몸의 다른 부위로 이동하여 그곳에서 증식하는(전이, metastasis) 점에서 비정상적이다.

cancerous 암의 형 무한정 분열하고 주위의 조직에 침입할 수 있도록 어떤 변화가 일어난 세포에 적용되는 말. ≒ malignant.

cancrisocial 게서식성 형 게의 편리공생자로 사는 생물에 적용되는 말.

candidate gene 후보유전자 분리되고 순서가 결정되어 다음에 특정한 기능의 후보가 되는, 기능이 알려지지 않은 유전자.

candidiasis 칸디다증 명 정상적으로 몸에 살고 효모와 유사한 균류인 칸디다 알비칸스(*Candida albicans*)에 의해 발생하는 감염증. 흔히 아구창(thrush: 입이나 질의 점막에 감염되는 것)이 나타나지만, 면역이 억제되거나 달리 쇠약한 환자에서는 보다 심각한 전신감염이 나타난다.

cane sugar 사탕수수설탕 ⇨ sucrose.

canid 개류 명 개, 늑대, 여우, 자칼, 코요테를 포함하는 개과(Canidae)에 속하는 포유동물들.

canine (1) 형 **개의** 개 또는 개속(*Canis*)과 관련된 말; (2) 명 **송곳니** 앞니 다음의 치아.

caninus 송곳니근 명 송곳니오목(canine fossa)에서 입의 귀퉁이까지 걸친, 입의 모서리를 위로 올리는 근육.

canker 줄기마름병 명 나무껍질과 목재의 부패를 일으키는 식물병의 보편 명사.

cannabinoid 카나비노이드 명 테트라히드로카나비놀(tetrahydrocannabinol) 수용체와 결합하는 물질을 통틀어 이르는 말. ⇨ *Cannabis sativa*.

***Cannabis sativa* 삼** 마리화나와 섬유를 얻기 위해 재배하는 삼(대마). 유효 성분은 테트라히드로카나비놀이다.

cannibalistic 동종포식의 형 자기와 같은 종의 살을 먹는.

cannon bone 마디뼈 뒷긴발목에서 발굽 관절까지 다리를 지탱하는 뼈.

canoids 명복 개, 하이에나, 곰, 판다 및 이들과 관련된 과의 포유동물들.

canonical sequence 정상염기순서 ⇨ consensus sequence.

canopy 숲지붕 명 나무나 숲에서 가지들과 잎들이 형성하는 덮개.

canopy cover 숲지붕피도 숲에서 나무나 떨기나무에 의해 그늘이 지는 지면의 양.

canthus 눈구석, 안각 명 윗눈꺼풀과 아랫눈꺼풀이 만나는 각. 형 **canthal**.

cap 캡, 고깔 명 진핵세포의 mRNA에서 분자의 5′말단에서 존재하는 구조. 말단의 메틸구아노신 잔기로 구성되며 때로는 다른 쪽에서 메틸화가 일어난다. 전사가 일어난 후에 형성된다.

CAP ⇨ catabolite gene activator protein.

capacitation 수정능획득 명 포유동물의 정자가 암컷 생식관의 분비물을 접했을 때 일어나는 최종 성숙단계. 이 단계가 없으면 정자는 수정할 수 없다.

cap-binding proteins 캡결합단백질 [분] mRNA의 5′캡부위에 결합하는 단백질.

Cape region 케이프식물구 아프리카 가장 최남단의 끝으로 구성되는, 남아프리카식물계의 단일한 식물구.

capillary 모세관, 모세혈관 형 (1) 털 같은; (2) 토양입자 내부와 주위에 보유되는 물(모세관수)에 적용되는 말; (3) 물이 매우 가는 관에서 나타내는 자발적인 포복운동에 적용되는 말; 명 (4) 조직에서 망을 이루는 아주 가늘고 벽이 얇은 혈관; (5) 림프 또는 쓸개즙을 나르는 관처럼 모세혈관과 비슷한 작은 관을 통틀어 이르는 말.

capillary bed 모세혈관계 산소를 실은 혈액을 동맥계로부터 조직으로 넘겨주고 탈산소된 혈액을 정맥계로 실어 나르는, 조직에 있는 가늘고 벽이 얇은 혈관의 망.

capillary DNA sequencing 모세관DNA 염기순서결정 형광물질로 표지된 DNA 절편들을 겔을 채운 모세관에서 분리시켜 신속하고 자동적으로 형광을 검출하여 DNA염기순서를 결정하는 방법.

capillitium 세모체(細毛體) 명 (1) 많은 점균류에서 자실체의 포자들 간에 존재하는 불임의 실 같은 구조의 체계; (2) 복균류의 기본체에 있는 골격균사의 체계.

capitate 머리모양, 두상(頭狀) 형 (1) 끝부분이 커지거나 부어오른; (2) 줄기의 끝에 덩어리를 이루며 모이는 꽃차례에 적용되는 말.

capitatum 알머리뼈 명 제3손목뼈.

capitellum ⇨ capitulum.

capitular 형 'capitulum'과 관련된 말.

capitulum 작은머리, 두상돌기, 두상부, 두상꽃차례 명 [동] (1) 위팔뼈에서처럼 뼈의 끝에 있는 혹 같이 부푼 것; (2) 응애류와 진드기류에서 입이 달리는 몸의 앞부분; (3) 만각류에서 외투막에 싸여 있는 몸의 부분; (4) 털이나 촉수의 불룩한 끝부분; (5) 곤충의 주둥이나 더듬이의 확장된 끝부분; (6) [식] 민들레와 어떤 다른 국화과에서 볼 수 있듯이 자루가 없는 낱꽃들이 함께 모여 머리 모양을 이루고 자주 총포로 둘러싸이는 꽃차례.

Capparales 풍접초목 명 초본, 떨기나무, 작은 나무와 덩굴식물로 구성되는 쌍떡잎식물의 목. 겨자 등의 배추과(Brassicaceae = 십자화과, Cruciferae), 케이퍼 등의 풍접초과(Capparaceae) 및 목서초 등의 목서초과(Resedaceae)를 포함한다.

capping 캡형성, 고깔형성 명 (1) 렉틴이나 특정한 항체를 처리한 다음 막단백질들이 동물세포의 한쪽 끝에 모여 '캡'을 형성하는 것; (2) RNA덧씌우기, ⇨ cap; (3) 액틴필라멘트의 끝에 단백질을 첨가하여 필라멘트를 안정화시키는 것.

capreolate 덩굴손의 형 덩굴손을 가진.

caprification 무화과나무수분 명 무화과

벌에 의해 무화과나무의 꽃이 꽃가루받이되는 것.

Caprimulgiformes 쏙독새목 명 쏙독새를 포함하는 새의 목.

capsaicin 캡사이신 명 고추에서 발견되는 톡 쏘는 듯한 화합물.

capsid 껍질, 캡시드 명 (1) 바이러스 입자를 싸고 있는 단백질 껍질; (2) Capsidae 곤충의 일반적인 명칭.

capsomere 캡소미어 명 바이러스 캡시드를 구성하는 단백질 소단위의 하나.

capsula glomeruli 사구체주머니 ⇨ Bowman's capsule.

capsular 형 'capsule'과 비슷하거나 관련된 말.

capsule 피막, 협막, 삭과, 깍지 명 [동] (1) 기관을 싸고 있는 주머니 같은 막; (2) 교감신경절의 신경세포를 싸고 있는 막; [식] (3) 포자, 씨 또는 열매가 들어 있는 폐쇄된 상자 같은 용기를 통틀어 이르는 말; (4) 하나 또는 여러 개의 세포로 된, 많은 씨를 갖는 열개과; (5) 선태식물에서 포자가 들어 있는 조포체의 부분; [세] (6) 일부 세균의 세포벽 바깥에 있는 두껍고 조밀한 다당류 층.

capsuliferous, capsuligerous, capsulogenous 형 'capsule'을 갖거나 형성하는.

captacula 두사(頭絲) 명복 뿔조개류(굴족강, Scaphopoda)의 입 부근에 생기는, 끝이 빨판 같은 실 모양의 촉각기관.

Captorhinida, captorhinids 배룡류(杯龍類) 명, 명복 석탄기 후세에서 트라이아스기(3첩기)까지 생존한 원시적인 무궁아강(Anapsida) 파충류의 멸종된 집단. 이후에 출현한 많은 파충류들의 조상으로 추정된다. ≒ **cotylosaurs**.

capture-recapture method 포획재포획법 일부 개체들에 표지하여 놓아주고 개체군과 섞이게 한 다음 다시 포획하여 개체군 크기를 추정하는 방법. 표본 추출에서 표지한 동물 대 표지하지 않은 동물의 비율[이를 링컨비(Lincoln ratio)라고 함]로 총 개체군 크기를 추정한다.

caput 머리, 두상돌기 명 (1) 머리; (2) 구조의 꼭대기에 있는 혹 같이 부푼 것.

carapace 등딱지, 배갑(背甲), 두흉갑(頭胸甲) 명 (1) 갑각류에서 머리의 뒤에서 시작하여 몸통의 전체 또는 일부를 덮는 단단한 키틴질의 껍질; (2) 각질의 껍질로 덮인 뼈판으로 구성된 땅거북과 기타 거북류의 보호성 덮개.

carbohydrate 탄수화물 명 일반식 $C_x(H_2O)_y$로 표현되는 생체분자군을 통틀어 이르는 말. 탄수화물은 당과 그 유도체 그리고 녹말과 섬유소 따위의 다당류를 포함한다.

carbon (C) 탄소 명 다양한 동위원소로 나타나며, 그 가운데 ^{12}C가 가장 흔한 동위원소인 비금속원소. 탄소원자는 서로 그리고 다른 원소와 결합하여 고리와 사슬을 형성함으로써 탄소가 기본 성분인 매우 다양하고 큰 분자들을 만든다. 지구 상의 모든 생명은 탄소가 주로 수소, 산소, 질소 및 인과 결합한 탄소화합물(유기화합물)에 기반을 두고 있다. ⇨ carbon isotope ratio, fixed carbon, radiocarbon.

carbon-14 탄소14 ⇨ radiocarbon.

carbon capture and storage (CCS) 탄소포집 및 저장 화석연료를 연소하는 발전소와 기타 산업에서 배출되는 가스가 대기에 도달하기 전에 이산화탄소를 제거하고 지하에 이산화탄소를 장기간 저장하는 것.

carbon cycle 탄소순환 대기 중의 이산화탄소(CO_2)가 생물권에 들어와서 유기탄소의 형태로 순환하다가 결국 CO_2의 형

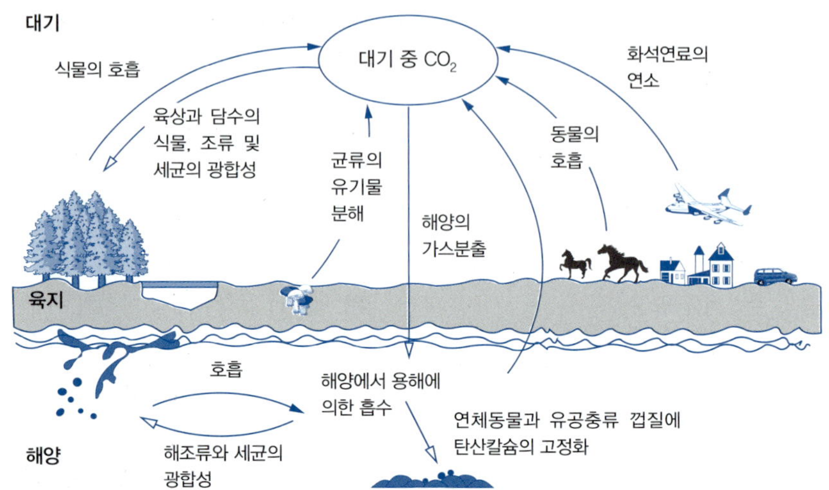

그림 6. 탄소순환. 식생, 퇴적물과 토양, 그리고 심해의 퇴적물이 이산화탄소흡수계(carbon sinks)의 역할을 하여 이들이 이산화탄소(CO_2)의 형태로 배출하는 것보다 많은 탄소를 가두어 둔다. 동물과 분해자 균류 그리고 화석연료와 바이오매스의 연소는 CO_2의 순 방출원이다.

태로 대기로 돌아가는 다양한 과정. 탄소는 광합성생물에 의해 CO_2가 유기화합물로 고정되면서 생물권(육상 및 해양)으로 들어오고, 주로 생물호흡의 폐기물로 생기는 CO_2의 형태로 대기로 돌아가지만, 나무와 화석연료의 연소를 통해서도 대기로 돌아간다. ⇨ greenhouse effect. (⇨ 그림 6)

carbon dating 탄소연대측정법 ⇨ radiocarbon.

carbon dioxide 이산화탄소 CO_2, 현재 지구의 평균 농도가 약 385 ppm인 기체. 대기 중 CO_2의 원천은 생물의 호흡, 유기물의 연소 및 해양으로부터 용존 CO_2의 가스분출(outgassing)이다. 화산 활동에 의해서도 비교적 적은 양이 대기로 방출된다. 이산화탄소는 광합성과 해수에서의 용해에 의해 대기에서 제거된다. 석탄, 석유, 천연가스 등의 화석연료를 연소시키고 열대우림 같은 바이오매스를 태우는 인간의 활동으로 말미암아 대기 중 CO_2의 농도는 증가하고 있다. 이산화탄소는 하층 대기에서 열을 가두는 주된 온실가스이고 따라서 기후 변화의 주요 원인이 될 수 있다.

carbon dioxide compensation point 이산화탄소보상점 빛이 제한되지 않을 때 광합성량과 호흡량이 같아지는 이산화탄소의 주변 농도. 25°C의 산소 21%에서 C3식물의 경우 이 값은 약 45 ppm이다. ≒ **carbon dioxide compensation concentration**. ⇨ compensation point.

carbon fixation 탄소고정 엽록체의 스트로마에서 광합성을 통해 이산화탄소가 탄수화물로 전환되는 것처럼 이산화탄소가 생물에 의해 유기화합물로 전환되는 것.

carbonic anhydrase 탄산무수화효소 이산화탄소로부터 중탄산염을 형성하는 반응($CO + H_2O \rightarrow H^+ + HCO_3^-$)을 촉매하는 적혈구의 효소. EC 4.2.1.1. 상용명 carbonic dehydratase.

carbonicole, carbonicolous 잿더미서식성 형 불에 탄 흙이나 나무에 사는.

Carboniferous 석탄기 명 데본기와 페름기의 사이인 약 3억 5900만 년 전부터 2억 9900만 년 전까지 지속된 고생대 후반의 기(period). 이 기에 협탄층(Coal Measures)이 형성되었다. 전형적 식생은 종자고사리류와 인목속(*Lepidodendron*) 같은 석송식물이 우점하는 소택림이었고, 이 기의 후반에 침엽수의 조상격인 식물들이 나타났다. 양막류의 최초 화석이 작은 도마뱀 같은 파충류의 모습으로 석탄기에서 발견된다.

carbon isotope ratio 탄소동위원소비 생체에서 비롯된 것인 지의 여부를 판단하는 ^{12}C 대 ^{13}C의 비율. 이 비가 차이를 보이는 것은 광합성의 탄소고정 효소들이 대기의 이산화탄소에서 안정적 비율로 존재하는 탄소의 동위원소들을 구별하여 그 가운데 ^{12}C를 우선적으로 생체에 포함시키기 때문이다. 따라서 유기탄소는 대기의 이산화탄소나 지질학적 매장층의 탄소에 비하여 '가볍다.' ⇨ isotope fractionation.

carbonization 탄소화 명 구조가 석탄으로 변하거나 암석 내에서 얇은 탄소필름이 되는, 특히 식물체와 관련한 화석화의 한 종류.

carbon monoxide (CO) 일산화탄소 많은 양을 들이마시면 적혈구의 헤모글로빈과 단단히 결합하여 헤모글로빈이 산소와 결합하고 운반하지 못하게 만드는 독성 가스. 한편 일부 세포에서 신호분자로 생성되어 구아닐산고리화효소를 촉진시키는 작용을 한다.

carbon sink 이산화탄소흡수계, 카본싱크 해양의 퇴적물과 열대우림처럼 탄소가 방출되는 것보다 빠르게 탄소를 흡수하고 고정시키는 생물권의 부분을 통틀어 이르는 말.

carbon source 탄소원 (1) 생물이 탄소의 원천으로 이용할 수 있는 탄소화합물; (2) 탄소순환에서 호흡과 같은 이산화탄소의 근원.

carbonyl group 카르보닐기 알데히드와 케톤의 −C=O기.

carboxydotrophic 일산화탄소영양성 형 에너지원으로 일산화탄소(CO)를 이용하여 CO_2로 산화시킬 수 있는 세균에 적용되는 말.

carboxyhaemoglobin, carbomonoxyhaemoglobin (HbCO) 일산화탄소헤모글로빈 일산화탄소중독 이후에 혈액에서 형성되는 일산화탄소와 헤모글로빈의 복합체.

carboxylase 카르복실화효소 명 화합물에 카르복실기(−COOH, $-COO^-$)를 첨가하는 반응을 촉매하는, 주로 비오틴 보결분자단을 포함하는 효소군을 통틀어 이르는 말. EC 6.4.

carboxyl group 카르복실기 −COOH.

carboxylic acid 카르복실산 하나 또는 여러 개의 카르복실기(−COOH, $-COO^-$)를 함유한 유기산.

carboxyl terminus 카르복실말단 ⇨ carboxy terminus.

carboxypeptidase 카르복시말단펩티드가수분해효소 명 펩티드결합을 가수분해하여 펩티드로부터 카르복시말단 아미노산을 분리시키는 효소. EC 3.4.16~18. 카르복시말단펩티드가수분해효소 A와 B(EC 3.4.17.1과 2)는 포유동물의 이자에서 불활성인 전구체로 합성되는 소화효소이며 작은창자에서 효소의 활성을 나타낸다.

carboxysome 카르복시솜 명 대기 중의 탄소를 탄수화물로 전환시킬 수 있는 일부 세균에서 발견되는, 결정성 리불로오

C

스2인산카르복실화효소가 들어 있는 다면체의 세포구조.

carboxy terminus (C terminus) 카르복시말단 단백질사슬에서 보통 유리 카르복실기가 달리는 말단. 합성되는 단백질사슬의 마지막 부분이다. 형 **carboxy-terminal (C-terminal)**.

carcerulus 분열과 명 상위자방에서 유도된 여러 개의 세포로 구성된 삭과. 각 세포에는 1개의 씨가 들어 있고 이들이 성숙하면 독립된 작은 견과로 분리된다(예: 광대수염의 열매).

carcinoembryonic antigen (CEA) 암배아항원 배아조직에서 발견되고 위장관에서 비롯된 종양세포의 표면에서도 발견되는 세포표면단백질.

carcinogen 발암물질 명 사람이나 동물에서 암을 야기할 수 있는 물질을 통틀어 이르는 말. 형 **carcinogenic**.

carcinogenesis 발암 명 정상세포에서 암세포가 생기는 과정.

carcinology 갑각류학 명 갑각류를 다루는 학문.

carcinoma 암종(癌腫) 명 상피조직의 악성 종양. 비 sarcoma.

cardenolides 강심배당체 명복 디기탈린 같은 강심성 배당체를 함유한 1군의 식물스테로이드.

cardia 들문, 분문(噴門) 명 (1) 식도에 이어지는 위의 입구; (2) 흡즙곤충에서 위의 앞에 있는 소화방 앞쪽의 확장된 부위.

cardia bifida 2분심장 배아의 2개 심장원기가 융합하지 않는 상태.

cardiac 형 (1) **심장의** 심장과 관련되거나 가까이 있거나 또는 심장에 분포하는; (2) **들문의** 위의 앞쪽 부위와 관련된 말.

cardiac glycosides 강심성 배당체 사람의 심장에 자극효과를 나타내고 따라서 흔히 독성이 강한 디기탈린 등의 식물배당체.

cardiac muscle 심근 끝과 끝을 잇는 원통형 근세포로 이루어진 근섬유로 형성된 척추동물 심장의 특수화된 근조직. 심근세포에는 액틴과 미오신 필라멘트들이 질서정연하게 배열되어 있으며 하나의 핵을 갖는다.

cardiac sphincter 들문조임근, 분문괄약근 식도에 이어지는 위의 입구 주위에 있는 두꺼운 고리 모양의 근육.

cardiac valve 분문판 곤충에서 앞창자와 중장과의 경계부에 있는, 게움질(되새김질)을 막거나 줄이는 역할을 하는 것으로 보이는 판막.

cardinal 기본적 형 (1) 어떤 것이 의존하거나 달려 있는; (2) 2매패류 껍데기의 접번과 관련된 말; (3) 식물의 생장에서 최고, 최저 및 최적온도 또는 온도범위에 적용되는 말.

cardinal gene 초파리에서 모계 유전자 산물에 의해 배에서 정해지는 위치정보의 전후기울기와 등배기울기에 대해 접합하여 발현되는 패턴형성 유전자들.

cardinal sinuses and veins 주정맥동(主靜脈洞) 대부분의 어류에서는 지속적이고 다른 척추동물에서는 배에서 나타나는, 퀴비에관에서 합류하는 정맥.

cardines 'cardo'의 복수형.

cardiobranchial 심새골(心鰓骨)의 형 판새어류의 심장 밑에 있는 확대된 뒤쪽 기저새골에 적용되는 말.

cardiogenic 심장성 형 심장에서 생기는.

cardiolipin 카르디올리핀 명 심장조직에서 발견되는 인지질(디포스 파티딜글리세롤).

cardiovascular 심장혈관의 형 심장 및 혈관과 관련된 말.

cardo 밑마디 명 (1) 곤충에서 작은턱이나 2차턱의 밑에 있는 마디; (2) 2매패류 껍데기의 접번. 복 **cardines**.

Caribbean region 카리브식물구 카리브해의 섬, 중앙아메리카 및 플로리다의 남단으로 구성되는 신열대식물계의 1부분.

carina 용골(돌기), 봉판 명 [동] (1) 새의 가슴뼈에서 볼 수 있는 것과 같이 용골처럼 솟은 융기; (2) 따개비의 등 쪽 중앙의 판; [식] (3) 콩과 식물 꽃에서 2개의 합착한 아래꽃잎(용골판); (4) 일부 초본의 보호엽에 달리는 융기.

carinate 용골의 형 용골이나 융기를 가진.

cariniform 용골판형 형 용골 모양의.

carnassial 고깃니의 형 육식동물의 고기를 찢는 이빨(절치)과 관련된 말.

carneous 살색의 형 살색의.

carnitine 카르니틴 명 지방산에서 유도된 긴사슬 아실조효소A 분자의 산화를 위하여 미토콘드리아 내막을 가로질러 운반하는 메틸치환 아미노산.

Carnivora 식육목 명 육식을 하는 포유동물의 목. 육상의 육식동물인 육상식육아목(Fissipedia)과 수생 육식동물(바다표범, 바다코끼리와 바다사자)인 물개아목(Pinnipedia)으로 구성된다.

carnivore 육식동물 명 다른 동물을 먹는 동물. 특히 고기나 물고기를 먹는 개, 고양이, 곰과 바다표범 따위의 육식을 하는 포유동물(식육목)을 가리킨다.

carnivorous 육식성 형 (1) 육식을 하는; (2) [식] 곤충과 그 밖의 작은 동물들을 덫으로 잡아 소화시키는 어떤 식물(벌레잡이식물)에 적용되는 말.

carnose 육질의 형 다육질 또는 과육질의.

carnosine 카르노신 명 디펩티드 β-알라닌 L-히스티딘.

carotene 카로틴 명 $C_{40}H_{56}$의 식을 갖는 몇몇 노란색이나 주황색의 지용성 탄화수소 색소들을 통틀어 이르는 말. 식물에서 합성되고, 광합성의 보조색소(β-카로틴)이며, 동물체 내에서 전환되는 레티놀과 같은 비타민 A의 전구물질이다.

carotenoid 카로티노이드 명 널리 분포하는 주황색, 노란색, 빨간색 또는 갈색의 지용성 식물색소군을 통틀어 이르는 말. 광합성에서 보조색소로 작용하고 꽃과 열매에서도 발견된다. 카로틴(예: β-카로틴)과 엽황소(예: 루테인, 비올라크산틴, 갈조소)의 두 집단이 있다.

carotid 목동맥의 형 목에 있는 동맥과 관련된 말.

carotid body 목동맥소체 목에 있는 목동맥팽대와 관련된 2개의 작은 조직덩어리의 하나. 혈액의 산소함량과 산도를 조절하는 데 관여한다. 감각세포들과 카테콜아민을 분비하는 크롬친화세포들로 구성된다.

carotid sinus 목동맥팽대 동맥압의 변화를 감지하고 심박률과 혈관확장을 조절하는 데 관여하는 압력수용체가 들어 있는 목동맥 내부의 작은 팽대부.

carpal 손목뼈 명 손목뼈.

carpel 심피 명 암술머리, 암술대 그리고 하나 또는 여러 개의 밑씨로 구성되는 속씨식물 꽃의 자성 생식구조. 꽃은 1개 이상의 심피를 갖기도 하는데, 이들은 전체로서 암술 또는 암술군을 형성한다. (⇨ 그림 18)

carpellate 암꽃의 형 심피를 갖지만 기능적 수술이 없는 꽃에 적용되는 말.

carpogenous 과실생 형 열매에서 자라는 균류에 적용되는 말.

carpogonium 조과기 명 홍조류와 일부 균류의 자성 생식기관. 조과기의 기부는 암배우자의 기능을 한다.

carpolith 열매화석 명 열매의 화석.

carpometacarpus 팔목손바닥뼈 명 새의 날개에서 3개 손바닥뼈와 몇 손목뼈가 함께 융합된 것에 해당하는 뼈.

carpophagous 식과성(食果性) 형 열매를 먹는.

carpophore 명 (1) **심피간주(心皮間柱)** 꽃에서 심피가 달리는 축의 일부; (2) **자실체병(子實體柄)** 포자가 들어 있는 자실체가 달리는 자루.

C

carposporangium 과포자낭 명 홍조류에서 조과기의 수정 이후에 형성되는 포자낭. 2배체의 포자인 과포자(carpospore)를 만들고, 과포자는 4분포자체가 된다.

carpotropism 열매굴성 명 열매줄기(과경)가 특히 수정된 후에 숙성하고 분산하기 좋은 위치로 움직이는 것.

carpus 손목 명 (1) 팔목; (2) 아래팔과 발바닥뼈 사이의 앞다리 부위.

carr 습원소림(濕原疏林) 명 보통 오리나무나 버드나무가 우점하는 습원의 숲.

carrier 명 (1) **보균자** 병의 증상은 보이지 않지만 다른 생물에게 병원균을 옮겨서 질병이 발생하도록 할 수 있는, 병원성 미생물에 감염된 개체; (2) [유] **보인자** 유전병을 일으키는 열성 대립유전자가 이형 접합인 개체. 유전병이 드러나지 않지만 대립유전자를 후대에 물려줄 수 있다; (3) [면] **담체** 합텐과 결합하여 합텐을 면역원성으로 만드는 단백질.

carrier-mediated transport 담체수송 막단백질의 도움을 받아 세포막 내외로 이온과 기타 용질이 수송되는 것.

carrier molecule 운반체분자 ⇨ activated carrier, electron carrier.

carrier protein 운반체 분자들과 결합하고 이들을 촉진확산에 의하거나 능동수송에 의해 막 내외로 수송하는 막단백질.

carrying capacity (*K*) 환경수용력 (1) 환경의 특정한 부분에 의해 무기한 존재할 수 있는 특정한 종의 최대 개체수; (2) 한 구획의 땅이 악화되지 않으면서 부양할 수 있는 방목 가축의 수; (3) 파괴되거나 용납할 수 없을 정도로 악화되지 않도록 지속시키면서 환경이나 자원을 이용하는 수준.

cartilage 연골 명 연골세포들이 프로테오글리칸 연골소와 아교질 섬유의 기질에 박혀 있는 단단하고 신축성 있는 골조직. '물렁뼈'라고도 한다. 균일하고 푸른빛이 도는 흰색의 유리질 연골(hyaline cartilage), 섬유성 연골(fibrous cartilage) 그리고 탄력섬유를 포함하는 노란색의 탄력성 연골(elastic cartilage)의 3가지 유형이 있다. 유리질 연골은 상어와 두툽상어 같은 연골어류의 주된 골격물질이다. 다른 척추동물에서는 연골이 태아의 골격을 이루고, 대부분은 나중에 뼈로 대체된다.

cartilage bone 연골뼈 연골의 골화로 형성된 뼈.

cartilaginous 연골질성 형 (1) 연골로 이루어지거나 연골과 관련된, 연골질의; (2) 연골의 밀도와 닮은.

cartilaginous fishes 연골어류 상어와 그 동족을 포함하는 연골어강(Selachii) 어류의 일반적인 명칭. 연골뼈대를 갖고 장에 나선판이 있으며 허파나 부레는 없다.

caruncle 씨혹 명 노출된 다육질의 혹.

Caryoblastea 카리오블라스트문 명 다핵성의 대형 아메바 한 종(*Pelomyxa palustris*)을 포함하는 원생생물의 문. 진핵세포의 특징인 미토콘드리아와 그 밖의 세포소기관이 없고 핵은 유사분열을 하지 않고 분열한다.

caryophyllaceous 패랭이꽃형 형 긴 갈퀴처럼 생긴 꽃잎을 갖는 패랭이꽃 등의 석죽과(Caryophyllaceae)의 꽃과 관련된 말. 긴 갈퀴처럼 생긴 꽃잎을 갖는 꽃에 적용되기도 한다.

Caryophyllales 석죽목 명 베타레인(betalain) 색소를 함유하는, 초본성이고 드물게 관목 또는 교목인 쌍떡잎식물의 목. 비름과(Amaranthaceae), 석죽과(Caryophyllaceae), 명아주과(Chenopodiaceae), 자리공과(Phytolaccaceae) 등이 포함된다.

caryopsis 영과(穎果) 명 벼과 초본처럼 과피와 종피가 떨어질 수 없게 융합된 수과.

cascade 연쇄반응 명 한 효소의 활성형이 다음 효소의 활성화를 촉매하면서 초기 반응을 크게 증폭시키는 일련의 효소 반응.

casein 카세인 명 젖분비호르몬의 작용으로 젖샘에서 만들어지는, 우유에 들어 있는 단백질.

Casparian strip 카스파리띠 식물 뿌리의 내피에 있는 코르크세포의 띠.

caspases 카스파아제 표적단백질을 특정한 아스파르트산 잔기에서 절단하는 1군의 시스테인단백질가수분해효소. 세포자살(apoptosis)에 관여한다.

casque 투구꼴돌기 명 코뿔새 부리의 각질 돌출물과 같은 동물의 헬멧 모양 구조.

cassava 카사바 명 대극과(Euphorbiaceae)의 열대 식물(*Manihot esculenta*). 녹말이 풍부한 뿌리는 세계 여러 곳에서 식품(타피오카, tapioca)으로 이용된다. 뿌리를 가루로 만들기 전에 독성 화합물을 제거하도록 처리해야 한다.

cassette model 카세트모형 효모(*Sac-charomyces cerevisiae*)의 교배형 상호변환의 근본이 되는 DNA 재배열을 설명하는 모델. 이 모델에 따르면 교배형 자리(MAT)는 유전자자리의 양면에 있는 부위로부터 전좌된 2개 유전자(각 교배형을 **a**와 α로 표기) 중 하나가 자리 잡는다.

cassette mutagenesis 카세트돌연변이화 선택표지를 포함하는 DNA 절편을 삽입하여 유전자에서 돌연변이를 일으키는 기술. 이러한 삽입은 보통 유전자의 기능을 상실하게 만들고 유전자제거(gene knock-out)를 유발한다.

caste 계급형 명 일벌, 수벌, 여왕벌과 같이 사회성 곤충들 간에서 발견되는 뚜렷한 유형의 하나.

caste polyethism 형태적 계급분화 사회성 곤충에서 서로 다른 계급형 간의 노동분담.

castrate(d) 거세된 형 생식샘, 특히 수컷의 생식샘을 제거한 동물에 적용되는 말.

casual 우발식물 명 도입되어 경작하지 않아도 나타나지만 아직 야생식물로 정착하지 않은 비자생식물.

casual society 임시사회 사회 내에서 놀거나 먹기 위하여 개체들이 형성하는 일시적이고 매우 불안정한 집단.

Casuariformes 화식조목 명 화식조(cassowary)와 에뮤(emu)를 포함하는 날지 못하는 새들의 목.

Casuarinales 목마황목 명 돌려나는 가지들을 갖는 쌍떡잎식물 교목 또는 관목의 목. 목마황과(Casuarinaceae)의 1과를 포함한다.

CAT (1) 클로람페니콜아세틸전달효소(chloramphenicol acetyltransferase); (2) 전산화단층촬영술(computerized axial tomography).

catabolism 이화작용 명 생물에 의해 복잡한 분자가 분해되면서 에너지가 방출되는 것. 형 **catabolic**.

catabolite 이화물질 명 이화작용의 결과로 생성되는 물질을 통틀어 이르는 말.

catabolite gene activator protein (CAP, CRP) 이화물질유전자활성화단백질 고리형 아데노신1인산(cyclic AMP)

과 복합체를 형성하여 일부 이화작용 오페론을 활성화할 수 있는 세균의 조절단백질.

catabolite repression 이화물질억제 포도당을 기질로 이용할 수 있을 때 세균에서 볼 수 있는 현상. 대체에너지원의 흡수와 대사에 관여하는 유전자들이 억제된다.

catacorolla 추가화관 명 2차적인 꽃부리(화관).

catadromous 강하성 형 (1) 아래쪽으로 향하는; (2) 알을 낳기 위하여 민물에서 바닷물로 이동하는 물고기에 적용되는 말.

catalase 카탈라아제 명 모든 호기성 생물에서 발견되는 철을 함유한 효소. 과산화수소를 물과 산소로 분해하는 반응을 촉매한다. EC 1.11.1.6.

catalepsis, catalepsy 의사반응(擬死反應) 명 거미류에서처럼 죽은 체하는 반사작용.

catalysis 촉매작용 명 어떤 물질(촉매)의 존재로 인하여 반응속도가 증가되는 것. 촉매는 반응 후에도 변화하지 않는다. 형 **catalytic**.

catalyst 촉매 명 대체로 중간물질들과 일시적인 복합체를 형성하고 활성화 자유에너지를 감소시켜서 화학반응의 속도를 증가시키지만 반응이 종료된 다음에도 변화하지 않는 물질. 대부분의 생화학반응의 촉매는 효소들이다.

catapetalous 형 수술의 기부와 합쳐진 꽃잎을 가진.

cataphyllary 저출엽(低出葉) 형 눈을 덮는 비늘 모양의 미발달된 잎에 적용되는 말.

cataplasis 퇴행형성 명 성숙한 다음의 퇴행이나 위축.

cataplasmic 형 기생생물이나 그 밖의 요인들에 의해 생기는 불규칙한 식물의 혹에 적용되는 말.

cataplexy 의사(擬死) 명 (1) 죽은 척 가장하는 동물의 상태; (2) 의식을 잃지 않으면서 억제 또는 충격에 의한 자세반사(postural reflex)를 유지하는 것.

catarrhines 협비류(狹鼻類) 명복 구세계 원숭이류, 유인원과 사람을 포함하는 영장류의 무리.

catastrophism 천변지이설 명 화석기록이 일련의 불연속 창조를 나타내고 각각은 급작스러운 격변에 의해 대멸종으로 끝난다는, 18세기와 19세기에 견지된 생각. 화석기록의 이 측면에 관한 현대적 관점은 'mass extinction events(대멸종사건)'을 참고하시오.

catch muscles 제동근 2매패류의 폐각근과 같이 에너지를 거의 소모하지 않으면서 장시간 수축상태를 유지할 수 있는 근육.

catechins 카테친 명복 무색의 식물성 플라보노이드군.

catecholamines 카테콜아민 명복 신경전달물질이나 호르몬으로 작용하는, 카테콜(2-수산화페놀)의 아민 유도체를 통틀어 이르는 말. 아드레날린, 노르아드레날린과 도파민 등을 포함한다.

catena 카테나 명 한 지역의 산등성이와 골짜기 사이에서와 같이 지형상의 변화와 함께 반복적으로 나타나는 일련의 토양형.

catenane 연쇄체 명 DNA회전효소의 작용으로 만들어지는 2개의 고리형 2중가닥DNA의 복합체.

catenation 카테네이션 명 연쇄체(catenane)를 만드는 것.

catenin 카테닌 명 세포부착분자인 카데린의 세포질 꼬리를 세포골격에 연결시켜 보조접합분자로 작용하는 세포내 단백질. β-카테닌은 어떤 상황에서 Wnt신호전달경로의 전사인자로 작용하고 다른 상황에서는 보조접합분자로 작용하는 2중 역할을 한다.

catenoid 사슬형 형 사슬 모양의 원생동물 군체에 적용되는 말.

catenular 사슬형 형 나비 무리의 사슬 모양, 그리고 나비의 날개와 조개껍질에 있는 색깔 무늬에 적용되는 말.

caterpillar 털애벌레, 모충(毛蟲) 명 육질의 껍질이 얇은, 특히 나비목의 유충. 체절로 나누어진 몸과 진정한 다리 그리고 배에 배다리(복각)를 갖지만, 미모(cerci)는 없다.

catfishes 메기류 명복 보통 긴 수염을 갖고 주로 열대의 민물에 사는 경골어류(메기목, Siluriformes)의 무리. 영국에서 흔히 'catfish'라고 부르는 해양 어류(*Anarhichas*)는 이 무리에 속하지 않는다.

cathepsins 카텝신 진핵세포의 주로 리소좀에 들어 있는 1군의 단백질가수분해효소. 일부는 세포자살을 개시하는 데 관련된다.

cation 양이온 명 음극을 향해 이동하는 K^+, Na^+, Ca^{2+}과 같이 양의 전하를 띤 이온. 비 anion.

cation exchange capacity 양이온교환능 ⇨ base exchange capacity.

catkin 미상꽃차례 명 버드나무, 포플러, 개암나무에서 볼 수 있는 것과 같이 수상꽃차례에 작은 단성화가 달리며 밑으로 늘어지는 꽃차례.

cauda 꼬리 명 꼬리 또는 꼬리 같은 돌기.

caudal 형 (1) **꼬리의** 물고기의 꼬리지느러미와 같이 꼬리의 또는 꼬리와 관련된 말; (2) **꼬리쪽** 몸의 맨 끝 쪽을 향한.

Caudata 유미목, 도롱뇽목 ⇨ Urodela.

caudate 꼬리형 형 (1) 꼬리가 달린; (2) 간의 엽(꼬리엽)에 적용되는 말.

caudate nucleus 미상핵(尾狀核) 뇌에서 측뇌실의 양쪽 면에 있는 회백질의 반원형 구역.

caudatolenticular 미상핵-렌즈핵의 뇌의 줄무늬체에 있는 미상핵과 렌즈핵에 적용되는 말.

caudex 수간경(樹幹莖) 명 목본고사리류와 종려나무의 줄기 또는 몸통.

caudicle 꽃가루덩이자루 명 난초에서 꽃가루덩이의 자루.

Caudofoveata 미강강(尾腔綱) 명 껍질이 없는 벌레처럼 생긴 연체동물의 강.

caudotibialis 미경골근(尾脛骨筋) 명 바다표범에서 볼 수 있는 것과 같이 미추골(caudal vertebrae)과 경골(tibia)을 연결하는 근육.

caul 대망막(大網膜) 명 (1) ⇨ amnion; (2) 둘러싸는 막.

caulescent 줄기형 형 지상에 잎이 달린 줄기를 가진.

caulicolous 경생(莖生) 형 식물의 줄기 위에 사는 균류에 적용되는 말.

cauliflory 간생화(幹生花) 명 식물의 원줄기나 오래된 가지의 겉눈에서 생기는 꽃을 갖는 상태.

cauliform 줄기꼴 형 줄기와 비슷한.

cauligenous 경생 형 줄기에 생기는.

Caulimoviridae 카울리모바이러스과 꽃양배추모자이크바이러스(cauliflower mosaic virus)처럼 복제할 때 역전사 단계를 갖는 2중가닥DNA바이러스를 포함하는 식물바이러스의 1과.

cauline 경성(莖性), 경생(莖生) 형 (1) 줄기와 관련된 말; (2) 줄기의 위쪽에서 자라는 잎에 적용되는 말; (3) 잎으로 들어가지 않는 관다발(경성 관다발)에 적용되는 말.

caulocarpous 줄기열매형성의 형 (1) 열매가 달리는 줄기를 갖는; (2) 되풀이하여 열매를 맺는.

caulome 줄기, 경부구조(莖部構造) 명 전

체적인 식물의 줄기 구조.

caulonema 분지체 명 이끼류의 일부 속에서 나타나는, 엽록체가 거의 없는 원사체의 몹시 갈라진 부분.

caulotrichome 줄기모상체 명 줄기에서 털처럼 또는 실처럼 뻗어 나온 구조.

caveolae 포낭(包囊) 명복 지질뗏목 부위에서 만들어지고 떨어져 나가서 음소포가 되는 원형질막의 함입부.

cavernicolous 동굴서식성 형 동굴에 사는.

cavernosus 해면상(海綿狀) 형 속이 비거나 벌집 모양의 조직에 적용되는 말.

cavicorn 통뿔의 형 속이 빈 뿔이 있는 반추동물에 적용되는 말.

cavitation 강소형성(腔所形成) 명 세포집단 내에서 세포간극이 확장하여 빈 부분(강)이 형성되는 것.

cavum 강(腔) 명 (1) 구멍 또는 공간; (2) 나선형 껍질에서 나선의 기원으로 인한 내부 공간의 아래쪽.

C-banding C밴딩 이질염색질을 동원체 부위에서 진하게 염색시키는 방법.

C4-binding protein (C4BP) C4결합단백질 보체조절단백질의 작용을 하는 혈장단백질. C4b와 결합하여 I인자에 의해 보다 쉽게 분열하고 불활성화되도록 한다. ⇨ complement system.

CCL 뒤에 숫자가 붙으면 특정한 케모카인을 나타낸다.

CCK ⇨ cholecystokinin.

CCR 뒤에 숫자가 붙으면 CCL케모카인의 특정한 수용체를 나타낸다.

^{12}C/^{13}C ratio ^{12}C/^{13}C비 ⇨ carbon isotope ratio.

CCS ⇨ carbon capture and storage.

CD 백혈구의 세포표면단백질을 명명하는 '분화군'의 체계. 단일클론항체의 특정한 조합에 의해 세포표면단백질을 동정한다. 각각의 폴리펩티드는 CD1, CD2, CD3, CD4 등과 같이 고유한 숫자가 붙는다. ⇨ cluster of differentiation.

CD3 complex CD3복합체 림프구 표면에 있는 T세포수용체와 관련되고 수용체의 신호전달 기능에 필수적인 단백질군.

CD4 효과기 T세포와 일부 조절성 T세포의 Th1, Th2, Th17 아집단을 특징짓는 막당단백질. 항원표출세포의 MHC클래스II분자와 결합함으로써 T세포수용체를 통해 받는 신호를 증진시키는 보조수용체로 기능한다.

CD40 B세포와 그 밖의 세포들에서 만들어지고 활성화 T세포의 CD40배위자(CD40L)와 상호작용하는 막단백질. 이러한 상호작용은 B세포를 활성화하고 B세포에서 클래스 변환유도를 촉진한다.

CD40 ligand (CD40L) CD40배위자 ⇨ CD40.

CD4 T cells CD4 T세포 보조수용체 단백질 CD4를 나르는 T림프구. 항원표출세포의 MHC클래스 II 분자와 결합하는 항원펩티드를 인식하고, 항원에 의해 활성화된 후 Th1, Th2 또는 Th17 효과기세포들로 분화된다.

CD5 B cell CD5 B세포 B-1세포. ⇨ B lymphocyte.

CD8 세포독성 T림프구를 특징짓는 막당단백질. 항원표출세포의 MHC클래스 I 분자와 결합함으로써 T세포수용체를 통해 받는 신호를 증진시키는 보조수용체로 기능한다.

CD8 T cells CD8 T세포 보조수용체 단백질 CD8을 나르는 T림프구. 항원표출세포의 MHC클래스 I 분자와 결합하는 항원펩티드를 인식하고, 항원에 의해 활성화된 후 세포독성 T림프구로 분화된다.

cDC 통상수지상세포(conventional dendritic cell). ⇨ dendritic cell.

Cdk, CDK 사이클린의존성 인산화효소(cyclin-dependent kinase).

cDNA 상보DNA(complementary DNA).

C-DNA C형 DNA 리튬이온의 존재 하에 시험관 내에서 나타나는 DNA의 입체구조. B형 DNA보다 나선한번감기에 포함되는 염기쌍이 적다.

cDNA clone cDNA클론 mRNA에서 역전사된 상보DNA(cDNA)를 증폭시켜 얻은 DNA클론.

cDNA library cDNA모음 cDNA클론들의 집합체. 비 genomic library.

CDP ⇨ cytidine diphosphate.

CDR ⇨ complementarity-determining region.

CDS ⇨ coding sequence.

CDV 개와 그 밖의 개류에 병이 나게 하는 파라믹소바이러스인 개홍역바이러스(canine distemper virus).

CEA ⇨ carcinoembryonic antigen.

Ceboidea 신세계원숭이상과 명 신세계원숭이로 구성되는 영장류의 상과.

cecal, cecum ⇨ caecal, caecum.

cecidium 벌레혹 ⇨ gall.

Celastrales 노박덩굴목 명 교목, 관목 또는 넝쿨식물이고 드물게 초본인 쌍떡잎식물의 목. 감탕나무과(Aquifoliaceae: 호랑가시나무 등), 노박덩굴과(Celastraceae: 사철나무 등) 등을 포함한다.

celiac ⇨ coeliac.

cell 세포 명 (1) 세포막으로 한계가 정해진 원형질로 구성되는 생물체의 기본적인 구조적 구성요소. 식물, 세균 및 균류에서는 세포가 세포막에 덧붙여 단단한 세포벽으로 둘러싸여 있다. 일부 생물(세균, 고세균, 원생동물 및 일부 조류와 균류)은 단세포로 구성되고, 다른 생물들은 여러 세포로 구성된다. 일반적으로 다세포생물은 각각 다른 기능을 하도록 특수화된 세포들을 포함한다. 원핵세포(고세균과 세균)는 DNA가 막에 둘러싸여 별개의 핵을 이루지 않고 세포질은 특수화된 세포소기관으로 분화되지 않은 비교적 단순한 내부구조를 갖는다. 다른 모든 생물(진핵생물)의 세포는 진핵세포라고 부른다. 진핵세포는 보통 원핵세포보다 크고, DNA가 막으로 둘러싸인 핵 안에서 염색체를 구성하며, 세포질은 세포골격과 이를테면 미토콘드리아와 (광합성식물에서) 엽록체처럼 막으로 둘러싸인 특수화된 세포들을 포함한다. (⇨ 그림 7); (2) 작은 구멍이나 움푹 꺼진 곳; (3) 곤충의 날개맥(시맥) 간의 공간.

α-cell α세포 (1) 글루카곤을 분비하는 이자의 랑게르한스섬의 세포; (2) 뇌하수체 전엽의 호산세포. ≒ A cell.

β-cell β세포 (1) 인슐린을 분비하는 이자의 랑게르한스섬의 세포; (2) 뇌하수체전엽의 분비성 호염기세포. ≒ B cell.

cell adhesion 세포부착 세포표면분자의 영향을 받아 조직 등에서 세포가 다른 세포에 달라붙거나 세포외 기질에 달라붙는 현상.

cell adhesion molecule (CAM) 세포부착분자 서로 결합하거나 다른 수용체 분자와 결합함으로써 동물세포끼리 또는 세포와 세포외 기질과의 접착을 증진시키는 세포표면 당단백질의 이질적인 집단을 통틀어 이르는 말. 세포부착분자는 구조에 근거하여 면역글로불린상과의 단백질, 카데린, 인테그린과 셀렉틴의 몇 가지 범주로 나뉜다.

cell-autonomous 세포자율적 형 (1) 주변 세포들과의 상호작용에 의하지 않고 전적으로 세포 자신의 요인들에 의해 발생하는 할구 또는 배아세포에 적용되는

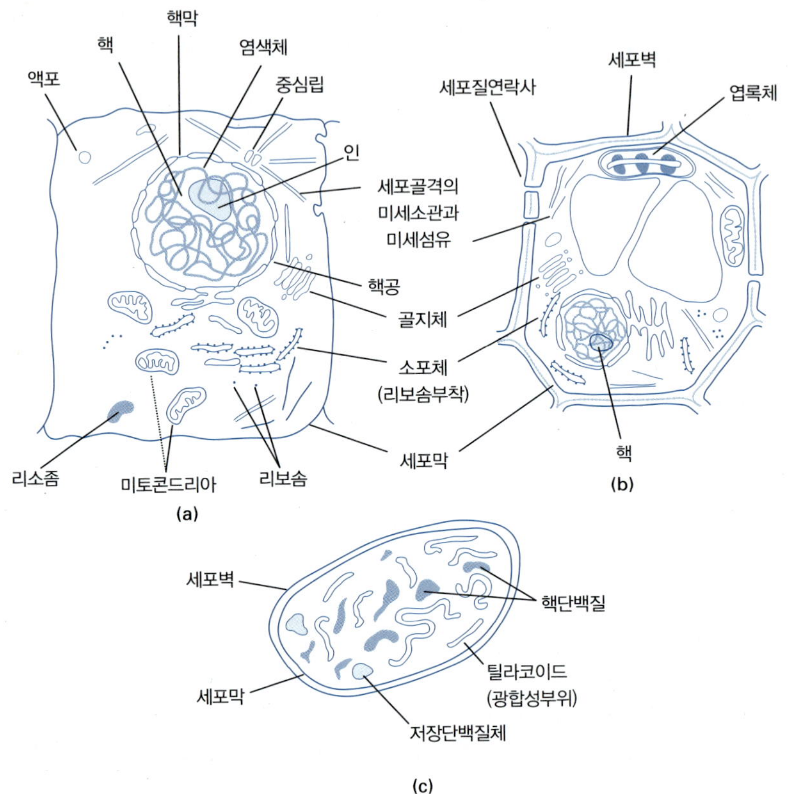

그림 7. 세포의 도해. (a) 일반적인 동물세포; (b) 일반적인 식물세포; (c) 원핵세포(여기에서 예시한 세포는 남세균임).

말; (2) 다세포생물에서 오로지 유전자형의 돌연변이세포가 돌연변이체 표현형을 나타내는 유전형질에 적용되는 말. ≒ autonomous phenotype.

cell body 세포체 뉴런에서 핵과 대부분의 세포소기관을 포함하는 부분. ≒ soma.

cell-cell interaction 세포대세포상호작용 한 세포와 다른 세포 간에서 직접 접촉에 의하거나 또는 분비된 단백질 또는 그 밖의 분자의 작용에 의해 일어나는 상호작용.

cell-cell junction 세포대세포연접 ⇨ cell junction.

cell centre 중심체 ⇨ centrosome.

cell coat 세포외피 대부분 진핵세포의 표면에 있는 탄수화물이 풍부한 주변층. 막당단백질의 탄수화물 곁사슬로 구성되는 한편, 분비되고 흡착된 다당류와 프로테오글리칸을 포함한다. ≒ glycocalyx.

cell cortex 세포피층 ⇨ cortex.

cell coupling 세포짝지음 간극연접을 통한 인접한 동물세포들 간의 화학적 및 전기적 연결.

cell culture 세포배양 실험실에서 영양소가 들어 있는 배지를 이용하여 생물체에서 떼어낸 세포를 배양하는 것. ⇨ primary culture, secondary cell culture.

cell cycle 세포주기 세포분열의 결과로 만들어진 하나의 세포로부터 다음에 자신이 분열할 때까지의 기간. 이 기간에 모든 세포에서는 DNA의 복제가 일어난다. 진핵세포에서 세포주기는 G1기, S기, G2기 및 M기로 구분된다. 유사분열과 세포분열 직후의 기간인 G1기에서 새로 만들어진 세포는 2배체 상태이며, 이 기간에 생장이 일어난다. S기는 DNA 합성시기이며, 이어지는 G2기에는 세포가 4배체 상태에 놓이고 세포가 더욱 생장하기도 한다. 유사분열(M)기에 2배체 상태로 복원되고 세포분열이 동반된다. 세포주기의 간기는 G1기, S기와 G2기로 구성된다. (⇨ 그림 8)

cell death 세포사 ⇨ apoptosis, necrosis, programmed cell death.

cell differentiation 세포분화 ⇨ differentiation.

cell division 세포분열 하나의 세포가 완전히 새로운 2개의 세포로 분리되는 것.

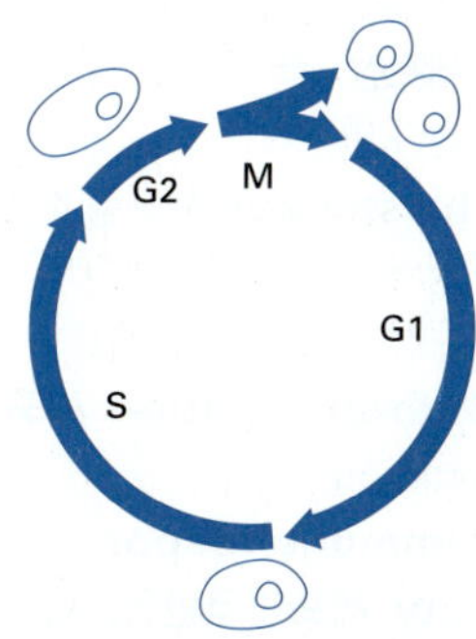

그림 8. 진핵세포 세포주기의 단계. G1기는 제1간극기, S기는 DNA 합성기, G2기는 제2간극기, 그리고 M기는 유사분열과 세포분열을 가리킨다.

세균과 그 밖의 원핵생물에서는 2분법에 의해 그리고 진핵세포에서는 핵과 세포질의 분열에 의해 일어난다.

cell doctrine 세포설 ⇨ cell theory.

cell envelope 세포외피 ⇨ bacterial envelope.

cell fate 세포운명 발생에서 특정한 배아세포가 보통의 상황에서 발달해 가는 것.

cell fractionation 세포분획 세포를 파괴하고 그 추출물을 원심분리기에서 회전시켜 밀도의 차이에 따라 세포의 구성성분을 분리하는 방법.

cell-free system 무세포계 번역, 전사 및 DNA복제와 같은 과정을 연구할 수 있게끔 세포의 구성성분을 시험관 내에서 재구성한 혼합물을 통틀어 이르는 말.

cell fusion 세포융합 2개의 세포를 하나의 세포가 되도록 합치는 것. 반드시 2개 세포의 핵융합이 동반될 필요는 없다. ⇨ cell hybrid.

cell hybrid 세포잡종 서로 다른 유전적 구조(보통 서로 다른 종)의 2개 체세포를 시험관 내에서 인공적으로 융합시켜 만든 세포. 세포잡종은 유전학과 그 밖의 연구에서 이용된다. 식물의 세포잡종은 때때로 새로운 유전적 구조를 갖는 온전한 식물체로 재생되기도 한다.

cell junction 세포연접 한 세포의 원형질막이 인접한 세포의 원형질막과 밀접하게 나란히 놓인 지점. ⇨ desmosome, gap junction, intermediate junction, septate junction, tight junction.

cell line 세포주 배양에서 무기한 번식할 수 있는 식물이나 동물세포의 클론. 비 primary culture.

cell lineage 세포계보 (1) 딸세포의 유사분열 계통을 추적하여 작성하는 조직의 세포들 또는 발생하는 배의 일부분의 가계도; (2) 무성적 분열과 관련된 세포들의 계통.

cell lineage restriction 세포계보제한 창시자세포 집단의 후손들이 특정한 경계 안에 남아 있고 인접한 세포들과 혼합되지 않는 상황. ⇨ compartment.

C

cell-mediated immune response, cell-mediated immunity 세포매개면역반응, 세포매개면역 ⇨ immune response.

cell membrane 세포막 원형질막.

cell memory 세포기억 (1) 분화된 진핵세포에서 오직 동일한 유형의 세포들만 생기는 현상; (2) 진핵생물의 발생에서 결정을 야기한 세포외 영향이 더 이상 작용하지 않아도 결정세포에서 비슷한 결정세포가 생기는 현상. ⇨ determination.

cell motility 세포운동성 세포 내에서 나타나는 운동(예: 근세포의 수축) 또는 세포에 의한 운동(세포운동).

cellobiase 셀로비아제 명 셀로비오스를 포도당으로 가수분해하는 효소. EC 3.2.1.21. 상용명 β-D-glucosidae.

cellobiose 셀로비오스 명 섬유소의 부분 가수분해로 생성되는 2당류. β-1,4결합으로 연결되는 2개 포도당 단위들로 구성된다.

cell of Boettcher 보에트취세포 귀의 클라우디우스세포와 기저막 간에서 발견되는 과립형 상피세포.

cell of Claudius 클라우디우스세포 귀의 내림프공간(endolymphatic space)의 벽에서 관찰되는 원주상피세포 또는 입방상피세포.

cell plate 세포판 분열하는 식물세포의 중앙을 가로질러 물질이 깔리고, 이로부터 칸막이 세포벽이 만들어지는 것.

cell proliferation 세포증식 분열에 의한 세포의 증식.

cell sap 세포액 식물세포의 액포에 들어 있는 액체. 작은 유기분자들이 물에 용해되어 있다.

cell senescence 세포노화 세포가 늙어 가는 것. 고등동물에서 대부분의 세포는 일정수의 세포분열만 할 수 있고 그 후에 빈사 상태가 되어 가는 현상.

cell signalling 세포신호 화학적 신호에 의한 세포들 간의 연락이나 빛과 같은 물리적 자극에 의한 세포의 흥분. 세포내 생화학적 기구들이 이들 신호를 반응한다.

cell sorting 세포분리, 세포선별 (1) ⇨ flow cytometry; (2) 분해된 조직을 구성하는 여러 유형의 세포들을 재결합시켰을 때 자기 자신의 세포형끼리 집합하여 선별되는 능력.

cell-surface receptor 세포표면수용체 세포의 표면에서 세포외 환경으로 노출된 막결합 수용체단백질.

cell theory 세포설 식물과 동물의 몸은 세포로 구성되고 세포는 생물의 단위구조라는 생각. 1838~40년에 걸쳐 슐라이덴(Matthias Schleiden)이 식물을 대상으로 그리고 슈반(Theodore Schwann)이 동물을 대상으로 처음 제안하였다. ≒ cell doctrine.

cell type 세포형 세포의 분화된 상태와 기능. 예컨대 섬유모세포, 골격근세포, 심근세포 및 뉴런은 상이한 세포형이다.

cellular 세포성 형 세포로 구성되거나 세포와 관련된 말.

cellular blastoderm 세포성 배반엽 곤충의 배발생에서 합포성 배반엽이 세포들로 분열하기 시작하는 단계.

cellular differentiation 세포분화 ⇨ differentiation.

cellular immune response, cellular immunity 세포면역반응, 세포면역 ⇨ immune response.

cellular oncogene 세포종양유전자 원발암유전자(proto-oncogene).

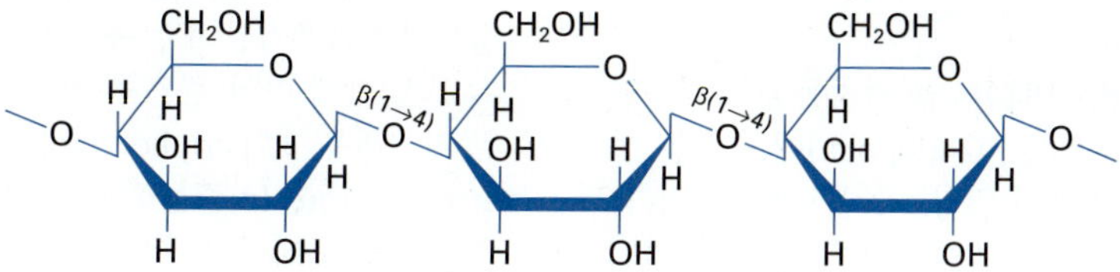

그림 9. 섬유소.

cellular respiration 세포호흡 포도당 등의 분자가 산화되어 ATP가 생성되는 세포 수준의 생화학반응.

cellular slime moulds 세포성 점균류 진핵생물의 원생동물로 분류되는 종속영양 토양미생물(Dictyostelia)의 무리. 독립생활을 하는 단세포성 아메바들이 응집하여 자루(stalk)와 포자덩이(sporehead)로 분화되는 다세포의 자실체가 된다. 비 plasmodial slime moulds, protostelids.

cellulase 섬유소분해효소 명 섬유소의 내부에 있는 β-1,4결합을 가수분해하여 섬유소를 분해하는 반응을 촉매하는 효소. 일부 무척추동물, 식물, 균류와 세균에서 발견되지만 대부분의 동물에서는 발견되지 않는다. EC 3.2.1.4.

cellulin granules 셀룰린과립 일부 난균류에서 나타나는 키틴을 함유한 과립.

cellulolytic 섬유소분해성 형 섬유소를 분해할 수 있는.

cellulose 섬유소 명 β-1,4결합으로 연결된 포도당들로 구성되는 선형 다당류. 식물과 조류에서 섬유소는 미세원섬유의 형태로 나타나는 세포벽의 대부분을 구성하므로 생물권에서 가장 풍부한 유기화합물로 간주된다. 어떤 피낭동물에서도 발견된다. (⇨ 그림 9)

cellulose synthase 섬유소합성효소 식물세포에서 원형질막과 결합하고 섬유소를 합성하는 효소복합체.

cellulosic 섬유소성 형 섬유소로 구성된.

cell wall 세포벽 조류, 식물, 균류 및 대부분의 원핵생물의 세포에 있는 원형질막을 싸고 있는 단단한 비생물적 구조. 생물의 유형에 따라 세포벽은 섬유소(식물, 조류 및 일부 균류)나 키틴(균류)과 같은 다당류 또는 펩티도글리칸(원핵생물)으로 구성된다. (⇨ 그림 7)

celo- ≒ coelo-.

cement, cementum 시멘트질 명 (1) 치아뿌리를 덮는 뼈 같은 물질; (2) 세포들을 함께 뭉치거나 생물 또는 생물의 부분을 기질에 고정시키는 물질.

cementoblast, cementocyte 시멘트질모세포, 시멘트질세포 명 치아뿌리를 덮는 뼈 같은 시멘트질을 분비하는 세포.

cen- ≒ coen-.

Cenozoic 신생대 명 약 6500만 년 전에 시작되어 현재까지 지속된, 중생대의 뒤를 잇는 지질연대. 제3기와 제4기로 구분된다.

censer mechanism 바람의 작용으로 열매의 씨를 털어서 종자를 분산시키는 방법.

census 센서스 명 연구 중인 변수에 대하여 개체군 전체를 완전히 세는 것.

centimorgan (cM) 센티모건 명 염색체 지도 상의 유전자자리 간에서 이들 간의 재조합 빈도로 결정하는 상대적 거리의 단위. 1 센티모건은 동일한 염색체 상에 있는 2개의 유전자자리 사이에서 1%의 빈도로 재조합이 나타나는 경우이다. ≒ map unit.

centipede 지네류 명 절지동물의 일종인 지네강(순각강, Chilopoda)에 속하는 동물의 일반적인 명칭. 각각 1쌍의 보각(움직이는 다리)이 달린 비슷한 체절을 많이 갖는데, 예외적으로 첫 번째 체절에는 1쌍의 독발톱(poison claw)이 달린다.

centra 'centrum'의 복수형.

central 형 (1) **중앙의, 중심의** 중앙에 위치하거나 중심과 관련된 말; (2) **척추체의** 척추체(vertebral centrum)와 관련된 말.

Central Australian region 중앙오스트레일리아식물구 오스트레일리아식물계의 1부분. 중앙오스트레일리아사막과 서쪽으로 남서부의 작은 끝 부분을 제외한 오스트레일리아 서해안까지로 구성된다.

central cylinder 중심주 ⇨ stele.

central dogma 중심원리 유전정보가 DNA에서 RNA를 거쳐 단백질로 한쪽 방향으로만 전달된다는 원리. 지금은 주형 RNA로부터 역전사에 의해 DNA가 형성되는 것을 고려하여 수정되었다.

central lymphoid organs 중추림프기관 ⇨ primary lymphoid organs.

central mother cells 중앙모세포군 줄기의 정단분열조직에서 표면층 아래에서 발견되는 대형 세포들.

central nervous system (CNS) 중추신경계 신경계에서 통합하고 조정하는 기능을 담당하는 부분. 척추동물에서는 뇌와 척수로 구성된다. 중추신경계를 갖는 무척추동물에서는 뇌 또는 뇌신경절과 신경삭으로 구성되며, 신경삭은 등 쪽이나 배 쪽에 하나 또는 2개가 있다. 비 peripheral nervous system.

central sulcus 중심고랑 뇌에서 이마엽(전두엽)과 마루엽(두정엽)을 구분하는 주된 가로홈.

central tolerance 중심면역관용 림프구들이 1차림프기관 또는 중추림프기관에서 발달함에 따라 림프구들에서 발달하는 자기관용. 비 peripheral tolerance.

central vacuole 중심액포 많은 식물과 조류의 세포에서 용적의 대부분을 차지하고 식물세포의 팽압을 유지하며 소화효소를 함유한 액체로 채워진 큰 공간.

centrarch 심원형 형 중앙에 원생물관부가 있는 원생중심주에 적용되는 말.

centres of diversity 유전자기원지 러시아 식물학자 바빌로프(N. Vavilov)가 처음으로 발견한, 특정한 재배식물의 서로 다른 계통이나 품종이 대단히 많이 나타나는 지역들. 경우에 따라서는 이 유전자기원지가 재배식물의 발상지를 가리킬 수 있다.

centric 중심의, 중앙의 형 (1) 원통 모양 또는 거의 원통형의 잎에 적용되는 말; (2) 동원체를 갖는 염색체에 적용되는 말; (3) 표면에서 보았을 때 방사대칭인 돌말류(중심돌말류)에 적용되는 말.

centrifugal 원심성 형 (1) 중심 또는 축으로부터 멀어지는; (2) [식] 배뿌리(원심발아)에 적용되고, 가장 어린 꽃들이 바깥을 향한 치밀한 취산꽃차례(원심꽃차례)에 적용되고, 중앙에서 줄기나 뿌리의 가장자리를 향해 분화되는 물관부(원심물관부)에 적용되고, 꽃가루립에서 볼 수 있는 것과 같이 벽의 바깥에 물질이 축적되어 두꺼워지는 세포벽에 적용되는 말; (3) [동] 신경중추로부터 신경이 분포하는 주변을 향하여 중앙에서 멀어지며 전달되는 신경충격에 적용되는 말.

centrifugation 원심분리법 명 원심분리기에서 고속으로 혼합물을 회전시켜 입자들의 혼합물을 서로 다른 크기와 밀도를 갖는 구성성분들로 분리하는 방법.

⇨ differential centrifugation, velocity sedimentation, density-gradient sedimentation, ultracentrifuge.

centrifuge 원심분리기 ⇨ ultracentrifuge.

centriole 중심립 명 짧은 미세소관들로 형성된 한 쌍의 원통 모양 세포소기관 중 하나. 동물세포에서는 핵피막의 바로 바깥에서 관찰되지만 식물세포에는 없다.

centripetal 구심성 형 (1) 중심 또는 축을 향하는; (2) [식] 배뿌리(구심발아)에 적용되고, 가장 어린 꽃들이 꼭대기에 달리는 총상꽃차례(구심꽃차례)에 적용되고, 줄기나 뿌리의 가장자리에서 중앙을 향해 분화되는 물관부(구심물관부)에 적용되고, 대부분의 세포에서 볼 수 있는 것과 같이 벽의 안쪽에 물질이 축적되어 두꺼워지는 세포벽에 적용되는 말; (3) [동] 주변에서 신경중추로 중앙을 향하여 전달되는 신경충격에 적용되는 말.

centroblast 중심아세포 명 림프구분열중심 내에서 활성화된 B세포로부터 발생하는, 빠르게 분열하는 큰 림프아구.

centrocyte 중심세포 명 림프구분열중심에서 중심아세포로 발달하는 분열하지 않은 세포.

centrogenous 중생적 형 공통의 중심에서 만나 바깥쪽으로 자라는 골편에 적용되는 말.

centrolecithal 중황(中黃) 형 난황이 중심에 집중적으로 분포하는 알(중황란)에 적용되는 말.

centromere 동원체 명 유사분열이나 감수분열 시기의 염색체에서 방추사부착점이 조립되고 염색체가 방추체의 미세소관에 부착하기 시작하는 영역. 많은 반복서열을 갖는 DNA로 구성되어 있다. 동원체는 중기의 염색체에서 복제된 염색체의 자매염색분체들이 붙어 있는 수축부위에서 볼 수 있다. 정상적인 염색체는 단지 하나의 동원체를 갖는다.

centroplast 센트로플라스트 명 일부 방산충류에서 볼 수 있는 것과 같이 유사분열의 분열중심을 이루는 핵외 구형체.

centrosome 중심체 명 식물과 동물의 세포에서 핵 부근에 위치하고 미세소관 세포골격을 조직하는 세포소기관.

centrosome matrix 중심체기질 ⇨ pericentriolar material.

Centrospermae 중심자목 ⇨ Caryophyllales.

centrum 중추, 중심체 명 (1) 신경활과 혈도활이 나오는 척추뼈의 주체; (2) 손목이나 발목에서 몸쪽손목뼈(proximal row)와 먼쪽손목뼈(distal row) 사이에 위치하는 뼈; (3) [균] 자낭과의 벽으로 둘러싸인 모든 구조.

cephalad 머리쪽 형 머리부위나 앞쪽 끝을 향한.

cephalanthium 반두꽃차례 명 국화과에서 볼 수 있는 것과 같이 낱꽃이 빽빽이 찬 두상화.

cephalic 머리의 형 (1) 머리와 관련된 말; (2) 머리부위에 있는.

cephalic index 머리지수 머리뼈의 최대폭을 최대길이로 나눈 값에 100을 곱한 값.

cephalization 머리화 명 동물의 진화에서 앞쪽 끝의 분화와 중요성이 증가하는 것.

cephalo-, -cephalic '머리'를 뜻하는 그리스어 '*kephal*'에서 유래된 단어요소.

Cephalocarida 두판강 명 모래에 살고 편자 모양의 두흉갑을 갖는 극히 작은 해양 갑각류의 강.

Cephalochordata, cephalochordates 두삭동물아문, 두삭류(頭索類) 명, 명복 작은 여송연(시가) 모양의 수생 척삭동물의 아문. 일반적으로 창고기류(lancelets)라 부르며, 창고기(*Branchiostoma*)를 포함한다. 성체는 지속성인 척삭을 갖고, 먹이 수집과 호흡을 위한 아가미틈이 있는 큰 주머니 모양의 인두를 갖는다.

cephalodium 두상체 명 지의류의 표면이나 내부에 발달하는 혹처럼 뻗어 나온 구조. 남세균과 조류의 공생조체들이 들어 있고 질소고정 남세균을 포함한다. 복 **cephalodia**.

cephalogenesis 머리형성 명 머리부위의 발생.

cephalon 머리 명 일부 절지동물의 머리.

cephalopedal 머리발의 형 달팽이와 그 동족의 머리와 발에 있는 혈체강에 적용되는 말.

Cephalopoda, cephalopods 두족강, 두족류 명, 명복 문어, 오징어, 앵무조개류를 포함하는 해양 연체동물의 강. 잘 발달된 머리, 큰 뇌 그리고 척추동물의 눈과 구조적으로 비슷한 눈을 갖는다. 머리는 잡을 수 있는 촉수(촉완)로 둘러싸이고, 큰 외투강(mantle cavity) 속의 물을 내뿜는 제트분사(jet propulsion)에 의해 매우 빠르게 움직일 수 있다. 외투강은 누두(funnel)로 외부와 연결된다.

cephalopodium 두족 명 두족류에서 머리부위를 구성하는 머리와 발.

cephalosporins 세팔로스포린 명 사상균(*Cephalosporium acremonium*)에서 처음 분리한 화합물에 바탕을 둔 β-락탐계 항생물질. 세균의 세포벽 합성을 저해한다.

cephalosporium 세팔로스포리움 명 포자들의 구형 점액질 덩어리.

cephalostegite 머리판 명 일부 절지동물에서 머리가슴(두흉부)의 앞쪽 부분.

cephalothorax 머리가슴, 두흉부 명 (1) 갑각류의 몸에서 머리와 가슴이 융합하여 형성된 부위; (2) 거미류의 전체절.

cephalula 세팔룰라 명 일부 완족류의 자유로이 유영하는 배발생단계.

ceraceous 납질의 형 밀랍의, 밀랍 같은.

ceral 납막의 형 새의 납막(cere)과 관련된 말.

ceramide 세라미드 명 식물과 동물의 조직에 널리 분포하는 *N*-아실 스핑고신. 세레브로시드와 강글리오시드와 같은 스핑고지질의 구성성분이다.

cerata 세라타 명복 나새목 연체동물(예: 갯민숭이)의 등 쪽에서 아가미의 역할을 하는 엽 또는 나뭇잎 같은 돌출물. 단 **ceras**.

ceratium 세라티움 명 장각과(siliqua)의 한 종류.

ceratobranchial 각새절(角鰓節) 명 아가미활의 복부 골격요소.

ceratohyal 세라토히알 명 물고기에서 상설연골(epihyal) 다음의 아래에 있는 설골궁(목뿔활)의 복부 골격요소.

ceratomorphs 유각류(有角類) 명복 코뿔소류와 맥류(tapirs)를 포함하는 포유동물의 아목.

ceratotrichia 각질기조 명복 판새어류(예: 상어, 두툽상어) 지느러미의 기조 사이의 판을 형성하고 뻣뻣하게 만드는 아교질(엘라스토이딘, elastoidin)의 가는 막대들.

cercal 꼬리의 형 (1) 꼬리와 관련된 말; (2) 미모(미엽)와 관련된 말.

cercaria 세르카리아, 유미유충(有尾幼蟲) 명 달팽이 숙주에서 생기는 흡충류의 꼬리가 달린 심장 모양의 유충기. 달팽이로부터 유출되고 때때로 피낭을 형성하였다가 척추동물 숙주에 침입한다. 복 **cercariae**.

cerci 'cercus'의 복수형.

Cercidiphyllales 계수나무목 명 계수나무속(*Cercidiphyllum*)의 1속을 포함하는 계수나무과(Cercidiphyllaceae)로 구

성되는 쌍떡잎식물 교목의 목.

cercoid 의미모(擬尾毛) 명 일부 곤충의 유충에서 제9 또는 제10복절에 달리는 쌍으로 된 부속지의 하나.

cercopithecoid 구세계원숭이의 형 유인원과 사람과 함께 완전히 마주보는 엄지손가락을 갖는 영장류인 구세계원숭이상과(Cercopithecoidea)의 원숭이(예: 개코원숭이)에 적용되는 말.

cercopod 미모, 미엽 ⇨ cercus.

Cercozoa 위족아메바생물 명 어떤 분류체계에서 실 같은 위족을 갖고 광합성을 하지 않는 아메바형 원생생물의 문. 어떤 무리는 규산질의 비늘로 된 껍질을 갖는다. 위족아메바생물은 유공충류 및 방산충류와 함께 근형생물상계(Rhizaria)를 이룬다.

cercus 미모(尾毛), 미엽(尾葉) 명 (1) 많은 절지동물에서 배의 끝에 있는 마디로 된 부속지; (2) 어떤 곤충에서 청각털이 달린 부속지. 복 **cerci**.

cere 납막(蠟膜) 명 새의 부리 기부에 있는 불룩한 육질부분.

cereal 곡류 명 벼과(Gramineae) 초본식물을 통틀어 이르는 말. 그 씨앗을 식품으로 이용한다.

cerebellospinal tract 소뇌척수관 뇌의 소뇌에서 척수의 앞뿔세포(전각세포)로 뻗어나가는 운동신경섬유의 관. 근긴장과 자세의 자동조절과 관계가 있다.

cerebellum 소뇌 명 중뇌의 뒤쪽에 위치하고 후뇌의 일부분을 이루는 1쌍의 반구형 조직덩어리. 근긴장과 자세를 조절하고 뇌의 다른 부분으로부터 들어오는 감각신호에 대한 반응을 조정하는 데 관계한다. 형 **cerebellar**.

cerebral 뇌의, 대뇌의 형 (1) 뇌와 관련된, 특히 전뇌의 반구(대뇌반구)와 관련된 말; (2) 대뇌반구의 앞쪽과 중간 부분에 혈액을 공급하는 동맥(대뇌동맥)에 적용되는 말.

cerebral aqueduct 대뇌수도 ⇨ aqueduct of Sylvius.

cerebral cortex 대뇌피질 대뇌반구의 표층을 이루는 2 mm 정도 깊이의 회백질. 신경세포체들과 이들의 복잡한 상호접속들의 몇 층으로 구성된다. 사람과 유인원에서는 뇌 표면의 몹시 정교한 회선 때문에 피질이 다른 동물과 비교하여 훨씬 넓은 표면적을 갖는다. 대뇌피질은 감각정보를 분석하고 해석하며, 모든 수의적 행동을 일으키고, 학습과 기억 같은 고도의 인지적 기능과 의식 자각을 담당하는 부위이다. 피질은 뇌신경으로부터 정보를 받는 한편, 뇌의 다른 부분에 있는 다양한 핵들을 통하여 말초감각수용기로부터 정보를 받는다. 시각정보와 청각정보의 해석과 운동신호의 발생과 같이 서로 다른 기능들은 최소한 어느 정도는 대뇌피질의 각각 다른 부위에 국한된다.

cerebral ganglia 뇌신경절 무척추동물의 식도상신경절(supraoesophageal ganglia) 또는 '뇌'.

cerebral hemispheres 대뇌반구 사람의 뇌의 대부분을 차지하는 1쌍의 둘둘 말린 조직들의 대칭적인 둥근 덩어리. 깊은 홈에 의해 반구가 세로로 분리되지만 섬유들의 다리인 뇌들보(뇌량)에 의해 기부가 연결된다. ≒ cerebrum.

cerebral peduncles 대뇌다리 뇌에서 대뇌반구로 들어오고 나가는 섬유들을 지탱하고 나르는 2개의 짧은 기둥 모양 조직. 4구체와 실비우스수도와 함께 중뇌를 형성한다.

cerebrifugal 대뇌원심성 형 뇌에서 척수로 나아가는 신경섬유에 적용되는 말.

cerebropedal 뇌족의 형 연체동물에서 뇌신경절과 족신경절을 연결하는 신경섬유에 적용되는 말.

cerebrose 뇌주름형 형 뇌의 주름과 비슷한 표면을 갖는 포자 등에 적용되는 말.

cerebroside 세레브로시드 명 1개의 당(포도당 또는 갈락토오스)을 함유한 스핑고당지질을 통틀어 이르는 말. 주로 신경세포막에서 발견된다.

cerebrospinal 뇌척수의 형 뇌와 척수에 관련된 말.

cerebrospinal fluid (CSF) 뇌척수액 척추동물에서 뇌와 척수에 있는 구멍과 뇌와 척수를 싸고 있는 거미막밑공간(지주막하공간)을 채우는 액체. 맥락얼기에서 분비되고 뇌의 표면에 있는 정맥들에 의해 다시 흡수된다. ≒ neurolymph.

cerebrovisceral 뇌장의 형 연체동물에서 뇌신경절과 내장신경절(visceral ganglia)을 연결하는 신경섬유에 적용되는 말.

cerebrum 대뇌 ⇨ cerebral hemispheres.

cereous 납질의 형 밀랍의.

ceriferous 밀랍생성의 형 밀랍을 생성하는.

cernuous 수하성(垂下性) 형 아래로 처지거나 축 늘어지는.

ceroma 납막 ⇨ cere.

cerous 납막모양의 형 납막(새의 부리 기부에 있는 불룩한 육질부분)과 비슷한 구조에 적용되는 말.

ceruloplasmin 세룰로플라스민 명 혈장에 존재하는 청색의 구리를 함유하는 단백질.

cerumen 세루멘 명 (1) 귀의 외이도에 있는 귀지샘에서 분비되는 귀지; (2) 깍지벌레류에서 분비되는 밀랍; (3) 일부 벌의 벌집에 있는 밀랍.

cervical 목, 경부 형 (1) 목과 연결되는 신경, 뼈, 혈관 등의 구조에 적용되거나 관련된 말; (2) 기관의 목(경부)에 적용되는 말; (3) 일부 갑각류에서 '머리'의 한계를 나타내는 것처럼 보이는 두흉갑을 가로지르는 홈에 적용되는 말.

cervids 사슴류 명복 포유류 사슴과(Cervidae)의 동물들.

cervix 목, 경부 명 자궁목(자궁경부; 질 바로 위에 있는 자궁의 목) 등과 같이 기관의 목이나 좁은 입구.

cespitose 뭉쳐나기, 총생 ⇨ caespitose.

Cestoda, cestodes 촌충강, 촌충류 명, 명복 사람과 동물의 내부 기생생물인 편형동물문의 1강. 길고 편평한 리본 모양의 몸에 장이나 입은 없고, 많고 동일한 체절(편절)로 나누어져 있으며, 앞쪽 끝에 있는 부착기관으로 장벽에 부착한다. 성숙한 편절이 분리되어 각각 새로운 생식단위를 형성한다. 생활주기를 완결 짓는 데에는 둘 또는 그 이상의 숙주를 필요로 한다.

Cetacea, cetaceans 고래목, 고래류 명, 명복 고래와 돌고래를 포함하는, 전적으로 수생인 태반포유동물의 목. 몸은 유선형으로 유영하는 데 고도로 적응되었다. 지느러미발로 변형된 앞다리, 넓고 편평한 꼬리(수평꼬리, fluke) 그리고 거의 발달하지 않고 외부에 나타나지 않는 뒷다리를 갖는다.

cetology 고래학 명 고래와 돌고래를 다루는 학문.

Ceylonese subregion 실론동물아구 인도 남부와 스리랑카의 섬들을 포함하는 동양동물구의 1부분.

CF ⇨ cystic fibrosis.

CF_1, CF_0 ⇨ chloroplast factor.

CFU ⇨ colony-forming unit.

CFU-E ⇨ erythrocyte colony-forming unit.

C gene C유전자 면역글로불린 폴리펩티드 사슬의 일정한 영역을 암호화하는 유전자.

CGH ⇨ comparative genomic hybridization.

cGMP ⇨ cyclic GMP.

CGN ⇨ *cis* Golgi network.

chaeta 극모(棘毛) 명 (1) 빈모류의 체벽과 다모류의 옆다리에서 돌출되는, 부분적으로 키틴으로 구성되고 오므릴 수 있는 강모(bristle); (2) 곤충의 몸과 부속지에 달리는 키틴질의 감각털. 복 **chaetae**.

chaetiferous, chaetigerous 강모형 형 센털을 가진.

Chaetognatha 모악동물문 명 화살벌레류로 대표되는 해양 진체강동물의 문. 무리를 짓는 플랑크톤이고, 몸은 가늘고 투명하며 머리, 몸통 및 꼬리로 나뉜다.

chaetophorous 강모형 ⇨ chaetiferous.

chaetopods 모족류 명복 극모(센털)를 갖는 환형동물인 다모류와 빈모류를 합한 무리.

chaetotaxy 극모상(棘毛相) 명 곤충에 있는 센털 또는 극모의 배열.

chain behaviour 연쇄행동 각각 선행작용에 의해 유도되고 통합된 실행의 필수적 부분이 되는 일련의 작용.

chain-termination method 사슬종결법 주형 DNA 상에서 새로운 DNA가 합성되는 것을 제어 중단시키는 DNA염기순서결정의 기본적 방법의 하나. ≒ Sanger method.

chalaza 명 (1) [동] **알끈** 새의 알에서 난황이 막에 부착하는 두 가닥의 나선형 띠의 하나; (2) [식] **합점** 밑씨 또는 종자에서 자루가 주심과 주피와 합쳐지는 부분.

chalazogamy 합점수정 명 꽃가루관이 밑씨의 합점을 관통하여 수정하는 것.

chalcone 칼콘 명 노란색 플라보노이드 식물색소군을 통틀어 이르는 말.

chalcone synthetase 칼콘합성효소 식물의 플라보노이드 생합성의 열쇠효소. EC 2.3.1.74. 상용명 naringenin-chalcone synthase.

chalice 칼리스 명 (1) 바다나리류의 팔들과 반(disc); (2) 단순한 샘세포 또는 배상세포(goblet cell).

chalice cell 배상세포 ⇨ goblet cell.

chalicotheres 칼리코테레스 명복 발굽 대신 발톱을 가진 멸종된 유제류의 과.

chamaephyte, chamaeophyte 지표식물 명 지면이나 그 바로 위에 월동눈이 달리는 다년생 목본식물.

chambered organ 격실구조 바다나리류에서 피각판으로 둘러싸인 몸통을 차지하고 자모(cirri)에 가지를 내는 5개의 구획을 갖는 반구강(aboral cavity).

chameleon sequence 카멜레온서열 상이한 단백질들에서 서로 다른 안정적인 2차구조(즉, α나선 또는 β사슬)를 취할 수 있는 아미노산 서열.

channel protein 통로단백질 세포막에서 물이 채워진 구멍(통로)을 형성하는 막단백질. 이 통로는 다른 방법으로는 막을 투과할 수 없는 특정한 용질과 이온들이 막 내외로 확산되도록 도와준다. ⇨ ion channel.

chaparral 지중해성 관목지대 명 지중해성 기후의 지역들에서 발견되는, 넓고 단단한 잎을 가진 상록관목이 우점하는 식생형.

chaperone 보호자단백질, 샤페론 명 새로 합성되는 단백질들이 접히거나 조립되는 것을 용이하게 해 주는 단백질. 서로 다른 메커니즘으로 작용하는 몇 가지 종류의 보호자단백질들이 있다.

chaperonin 샤페로닌 명 분자샤페론 중 한 종류.

characins 카라신류 명복 테트라와 피라냐를 포함하는 열대 담수산 경골어류(Characinoidei)의 무리. 5~7개의 교두가 달린 복합치아, 강한 턱 그리고 비늘로 덮인 몸을 갖는다.

character 형질, 성상 명 (1) 어느 생물을

C

다른 생물과 비교할 때 이용할 수 있는 몸의 특성이나 속성들; (2) 유전학에서 분류군이나 개체군에서 나타나는 유전 가능한 특성들(예: 꽃이나 눈의 색깔). 이러한 형질은 둘 또는 그 이상의 상태로 존재할 수 있다.

character convergence 형질수렴 진화에서 새롭게 진화한 두 종의 어느 한쪽 또는 양쪽이 다른 종의 한 가지 또는 몇 가지 형질에 수렴하는 것과 같은 방법으로 상호작용하는 상태.

character displacement, character divergence 형질대치, 형질분기 진화에서 새롭게 진화한 두 종 모두가 서로를 훨씬 더 수렴하는 것과 같은 방법으로 상호작용하는 상태.

characteristic species 대표종 특정한 군종 내에서 거의 언제나 발견되는 식물종.

character state 형질상태 (1) 특정한 형질이 갖는 수적 범위 또는 정량적으로 차이가 나는 상태; (2) 특정한 분류군에서 발현되는 형질.

Charadriiformes 도요목 명 물가에 사는 새와 섭금류(wading bird)의 커다랗고 다양한 무리. 갈매기와 제비갈매기, 바다쇠오리, 검은머리물떼새, 물떼새, 마도요, 도요새, 섭금류 등이 포함된다.

Charophyta 윤조식물문 명 몸이 탄산칼슘으로 덮여 있고 일반적으로 윤조류(stoneworts)라고 부르는 녹조류의 분류군. 곁가지들이 돌려나는 사상 또는 엽상의 몸을 갖는다. ≒ **Charophyceae**.

chartaceous 종이질 형 종이 같은.

chasmocleistogamy 개폐화수정 명 개화수정성(chasmogamous)인 꽃과 폐화수정성(cleistogamous)인 꽃 모두를 갖는 상태.

chasmogamy 개화수정 명 정상적인 수정을 위해 꽃이 성숙하면 열리는 것. 비 cleistogamy.

chasmophyte 암극식물(岩隙植物) 명 암석의 갈라진 틈에서 자라는 식물.

cheating 속임수 명 동물의 행동에서 경쟁자나 잠재적인 짝으로 하여금 자신의 힘이나 유전적 적응도를 부정확하게 추정하게끔 의도하는 행동들(예: 몸 크기의 과장).

checkpoint 확인점 명 발생과정이나 세포내 과정에서 경로가 계속 진행되기 전에 경로의 앞선 단계가 성공적으로 완결되었는지를 확인하는 어떤 시점. '점검점'이라고도 하며, 이 용어는 주로 진핵생물의 세포주기에서 그와 같은 시점을 나타낼 때 사용된다.

cheiropterygium 5지족 명 어류를 제외한 모든 척추동물에서 볼 수 있는 것과 같은 5지성 다리.

chela 집게발 명 게의 집게와 같이 절지동물의 어떤 발에 달린 큰 집게발. 복 **chelae**.

chelate (1) 형 **발톱형** 발톱 모양 또는 집게 모양의; (2) 동 금속 철과 결합시켜 안정된 화합물인 킬레이트(chelate)를 생성하다. 명 **chelation**.

chelating agent 킬레이트제 금속이온과 반응하여 안정된 화합물인 킬레이트를 생성할 수 있는 화합물.

chelicera 협각(鋏脚), 집게발 명 거미류와 투구게류의 앞쪽 끝에 있는 1쌍의 잡을 수 있는 부속지 중 하나. 거미류에서는 종종 사냥감에 독성물질을 주입하는 데 사용하는 독침으로 변형된다. 복 **chelicerae**. ⇨ Chelicerata.

Chelicerata, chelicerates 협각아문, 협각류 명, 명복 절지동물의 한 아문(또는 강). 몸은 일반적으로 전체절과 후체구의 두 부분으로 나뉜다. 전체절(prosoma)에는 쌍으로 된 협각과 감각 다리수염이 있고, 후체구(opisthosoma)에는 대체로

4쌍의 보각이 달린다. 협각류에는 거미류(예: 거미, 진드기, 응애, 전갈), 바다거미류, 투구게류와 멸종된 광익류가 포함된다. ⇨ Arachnida, Merostomata, Pycnogonida.

cheliferous 협각형 형 집게발이 있는.

cheliform 발톱형 ⇨ 형 chelate.

cheliped 협각, 집게다리 명 갑각류의 집게발이 달린 부속지.

Chelonia, chelonians 거북목, 거북류 명, 명복 바다거북과 땅거북을 포함하는 파충류의 목. 짧고 넓은 몸통은 등 쪽의 방패판(배갑)과 복부의 방패판(복갑)으로 보호를 받으며, 이들 갑은 별갑 무늬의 각질판으로 덮인 뼈판으로 구성된다.

chemical defences 화학방어 식물이 초식동물을 단념시키기 위해 조직에서 생성하는 떫은 타닌과 독성 알칼로이드 등의 입에 안 맞거나 독성을 띤 화학물질.

chemical ecology 화학생태학 식물과 동물에서 생성되는 2차화합물(예: 항생물질, 알칼로이드, 입에 안 맞고 또는 독성을 띤 화합물)과 이들 화합물이 생태계에서 생물과 다른 생물과의 상호작용에 미치는 효과, 특히 초식동물에 대한 식물의 방어와 포식동물에 대한 동물의 방어에 대한 효과를 다루는 학문.

chemical fossils 화학화석 최초의 진정한 화석이 포함된 암석보다 오래된 암석에서 발견되는 알칸과 포르피린 같은 생명의 화학적 흔적.

chemical genomics 화학유전체학 세포에 미치는 잠재 효능을 확인하기 위하여 많은 수의 저분자물질을 체계적으로 검사하는 것(화합물 라이브러리). 신약개발을 목적으로 저분자물질과 세포내 표적 단백질 간의 상호작용을 밝히는 데 사람 유전체의 정보를 이용한다.

chemical group 화학기 특정한 화학적 성상을 갖는 아미노기($-NH_2$) 또는 메틸기($-CH_3$)와 같이 공유결합으로 연결된 한 벌의 원자들.

chemical mediator 화학적 매개체 생리적 과정에 영향을 미치는 분자, 특히 비단백질성 저분자들을 통틀어 이르는 말.

chemical oxygen demand (COD) 화학적 산소요구량 물의 유기성 오염의 정도를 화학적으로 검사하는 것. 시료에 들어 있는 유기물에 의하여 물에서 소비된 산소의 양을 측정한다.

chemical potential 화학전위 물질의 활동성 또는 자유에너지.

chemical synapse 화학시냅스 ⇨ synapse.

chemiluminescence 화학발광 명 상온에서 화학반응이 일어나는 동안에 빛이 발생하는 것.

chemiosmosis 화학삼투 명 유기호흡이나 햇빛에서 유래된 에너지를 이용하여 ATP를 합성할 수 있는 메커니즘. 유기호흡이나 햇빛에서 비롯된 전자들이 막의 전자전달사슬을 따라 전달되어 최종전자수용체로 전달된다. 이러한 이동은 막 내외의 양성자기울기를 발생시킨다. 막에 위치한 ATP합성효소를 통해 양성자가 기울기를 따라 다시 내려가면서 양성자기울기에 저장된 에너지가 ATP 합성을 구동시킨다. ≒ **chemiosmotic theory**. 형 **chemiosmotic**.

chemiosmotic coupling 화학삼투짝지음 ⇨ chemiosmosis.

chemoaffinity hypothesis 화학친화도 가설 뉴런과 표적세포에 있는 화학적 인식표 체제에 의해 뉴런이 발생 중인 신경계에서 그들의 정확한 표적을 인식한다는 학설.

chemoattractant 화학유인물질 명 세포 또는 생물체가 오도록 유인하는 화학물질.

chemoautotroph 화학독립영양생물 ⇨ chemolithotroph.

chemoceptor 화학수용기 ⇨ chemoreceptor.

chemogenomics 화학유전체학 명 가능성이 있는 신약의 발견과 몸이나 미생물에서 이들의 표적이 되는 단백질의 발견을 가속화할 목적으로 유전체의 서열 연구(유전체학)에서 얻어진 단백질의 구조와 기능에 관한 정보를 이용하여 잠재적인 약이 될 수 있는 화합물에 대한 화학정보를 대규모로 통합하는 것.

chemoheterotroph 화학종속영양생물 ⇨ chemoorganotroph.

chemoinformatics 화학정보학 특히 신약의 설계 및 확인과 관련한 화학정보의 도출, 구성, 관리, 검색, 분석, 보급, 구상화 및 이용. ≒ chemometrics, computational chemistry, chemical informatics, cheminformatics.

chemokine 케모카인 명 세포, 특히 염증이 일어난 조직에 들어오는 백혈구의 화학유인물질로 작용하는 다수의 저분자 단백질을 통틀어 이르는 말. CCL 또는 CXCL로 표시하는 두 가지의 주된 구조적 종류가 있다. 각각의 케모카인은 CCL 또는 CXCL로 표시하고 그 뒤에 숫자를 붙인다.

chemokinesis 화학운동 명 화학적 자극(예: 방향물질)의 세기에 대한 운동.

chemolithotroph 화학무기영양생물 명 에너지원으로 무기화학물질을 산화시킬 수 있는 생물. 형 **chemolithotrophic**. ≒ chemoautotroph. 비 chemoorganotroph, phototroph.

chemometrics 계량화학 ⇨ chemoinformatics.

chemonasty 감화성 명 분산되거나 간접적인 화학적 자극에 대한 감성운동.

chemoorganotroph 화학유기영양생물 명 유일한 에너지원으로 유기화학물질을 산화시켜 이용하는 생물. 형 **chemoorganotrophic**. ≒ heterotroph(형 heterotrophic). 비 chemolithotroph, phototroph.

chemoreceptor 화학수용기 명 (1) 후각뉴런인 맛봉오리(미뢰)와 같이 화학적 자극을 받는 감각기관이나 감각세포; (2) 그러한 세포들에 있는 수용체단백질.

chemoreflex 화학적 반사 명 화학적 자극으로 인한 반사.

chemorepellant 화학기피물질 명 세포 또는 생물체가 떠나가도록 만드는 화학물질.

chemosensory 화학감각 명 화학적 자극을 감지하는 것과 관련된 말.

chemostat 물질환경조절장치 명 (1) 혈액의 pH를 조절하는 목동맥소체와 같이 화학적 조건을 일정하게 유지시키는 데 관여하는 기관; (2) 한정요인이 되는 영양소의 농도와 그 희석률을 조절하여 배양조건을 일정하게 유지시키는 연속배양장치.

chemosynthesis 화학합성 명 (1) 유기화합물의 생합성; (2) 일부 세균에서 생합성의 에너지원으로 무기화합물을 산화하는 것. 형 **chemosynthetic**.

chemotaxis 주화성 명 운동성의 세포들이나 미생물들이 화학적 자극의 원천을 향하거나 반대쪽으로 이동하는 반응. 명 **chemotactic**.

chemotaxonomy, chemosystematics 화학분류학 명 생물이 생산하는 유기화합물(DNA와 RNA 제외), 특히 식물의 경우 2차대사물질의 유사성과 차이점에 따라 생물을 분류하는 것.

chemotherapeutic agent 화학요법제 복용할 수 있는 항미생물제 또는 항암제.

chemotherapy 화학요법 명 화학약제를

이용하여 질병을 치료하는 것.

chemotroph 화학합성영양생물 명 에너지원으로 화학물질을 이용하는 생물. 에너지원은 화학무기영양생물에서와 같이 무기화학물질일 수 있고, 화학유기영양생물에서와 같이 유기화학물질일 수 있다. 형 **chemotrophic**. 비 phototroph.

chemotropism 굴화성 명 화학적 자극에 대해 식물체나 식물기관이 굽어지는 현상.

Chenopodiales 명아주목 ⇨ Caryophyllales.

chernozem 흑색토양 명 대륙성 기후조건에서 형성되고 아습윤(subhumid)에서 온대초지의 특징인 흑색 토양. ≒ black earth.

chersophilous 황지(荒地)서식성 형 건조한 황무지에 사는.

chersophyte 황지식물 명 황무지나 얕은 토양에서 자라는 식물.

chestnut soils 밤색토양 반건지성(semi-arid) 온대초지의 짙은 갈색을 띠는 토양. 적당하게 비가 내리거나 관개하면 비옥해진다.

cheta 극모 ⇨ chaeta.

chevron 혈관궁뼈 명 많은 척추동물의 꼬리 부위에서 척주의 복부 표면과 관절로 이어져 있는 V자 모양의 뼈.

chiasma 명 (1) **교차(交叉)** 뇌의 시신경 교차에서와 같이 몸의 양쪽에서 오는 신경섬유의 부분적 교차. ≒ **chiasm**; (2) **교차점** 감수분열의 전기에서 상동염색분체들에 의해 형성되는 X자 모양의 구조. 상동재조합 동안에 염색분체들 사이에서 교차가 일어나고 DNA절편이 교환되는 부위를 나타낸다. 복 **chiasmata**.

chigger 털진드기유충 명 육상과 수생 척추동물의 피부에 외부기생하는, 털진드기의 유생 형태.

chilaria 킬라리아 명복 투구게(*Limulus*)의 제6부속지의 쌍 사이에 있는 1쌍의 돌기.

Chilean subregion 칠레동물아구 안데스 산맥과 브라질 남쪽의 남아메리카를 포함하는 신열대동물구의 1부분.

chilidium 배3각판 명 완족류에서 경첩판과 부리 사이의 강을 덮는 패각판.

Chilopoda, chilopods 지네강, 지네류 명, 명복 일부 분류체계에서 지네류를 포함하는 절지동물의 강. '순각류'라고도 한다. 다수의 비슷한 체절을 갖고 각 체절에는 1쌍의 보각(움직이는 다리)이 달리는데, 예외적으로 첫 번째 체절에는 1쌍의 독 발톱이 달린다. 어떤 분류체계에서는 지네류를 다지강(Myriapoda)의 아강이나 목으로 간주한다.

chimaera 키메라, 잡종 명 (1) 2개의 다른 개체에서 유래된 세포들로 구성된 배에서 발생하고 따라서 2개의 다른 유전자형을 갖는 세포들로 구성된 생물체; (2) 한 개체에서 다른 개체로 조직을 이식한 결과로 2개의 다른 유전자형을 갖는 세포들로 구성된 생물체.

chimaeric 키메라의 형 (1) 두 가지의 다른 유전적 구조를 갖는 세포들로 구성된 동물이나 식물에 적용되는 말, ⇨ chimaera; (2) 기원이 다른 서열이나 소단위체들의 혼합으로 구성된 DNA(키메라DNA) 또는 단백질(키메라단백질)에 적용되는 말. ≒ hybrid.

chimeric, chimera 키메라의 ⇨ chimaeric.

chimpanzee 침팬지 명 침팬지속(*Pan*)의 대형 유인원을 보편적으로 부르는 명칭. 흔한 침팬지인 체고침팬지(*Pan troglodytes*; 지금은 아프리카의 자생 서식지에서 희귀한 절멸위기종)를 보통 가리킨다. ⇨ bonobo.

C

chionophyte 내설(耐雪)식물 명 눈을 좋아하는 식물.

ChIP, ChIP-chip, ChIP-seq ⇨ chromatin immunoprecipitation.

chirality 경상(鏡像)대칭성 명 분자의 화학구조에서 좌우상(handedness)이 있어서 거울에 비친 상은 어느 방향에서도 '실제의' 상 위에 정확히 포개놓을 방법이 없고 광학적으로 활성을 갖는 성질. 형 **chiral**. 비 prochirality.

chiro- ⇨ cheiro-.

chironomid 깔따구의 형 키로노무스속(*Chironomus*)의 유충에 적용되는 말. 수생 유충은 담수서식지의 생물지수들을 평가하는 지표종으로 이용된다. *Chironomus riparius*의 유충인 붉은장구벌레가 풍부하면 유기성 오염이 심각함을 가리킨다. 명 **chironomid**.

Chiroptera, chiropterans 박쥐목, 박쥐류 명, 명복 날아다니는 태반포유동물의 목. 예민한 반향정위(echolocation) 체계를 갖는 작은박쥐아목(Microchiroptera)과 날여우박쥐류와 구세계과일먹이박쥐의 큰박쥐아목(Megachiroptera)으로 구성된다. 앞다리의 손가락들이 길게 늘어나서 앞다리와 뒷다리 사이에 펼쳐 있고 몸에 붙어 있는 날개막을 지탱한다.

chiropterophilous 박쥐매의 형 박쥐의 중개로 꽃가루받이를 하는.

chiropterygium 5지족 ⇨ cheiropterygium.

chisel teeth 끌모양절치 설치류의 끌처럼 생긴 앞니.

chi sequence 카이염기순서 세균(대장균) 염색체에서 여러 번 나타나고 RecA-매개 재조합이 촉진되는 DNA 상의 염기순서.

chi-square test 카이자승검증 특정 가설을 고려하여 관찰 결과를 우연히 얻는 확률을 결정하는 통계적 검증.

chi (□) structure 카이구조 유전적 재조합 중인 세균세포에서 분리한 8자형 DNA분자에서 유래된 X자형 구조. 원형 분자의 재조합 중간물질로 추정된다.

chitin 키틴 명 *N*-아세틸글루코사민의 긴 사슬 중합체. 균류 세포벽과 절지동물 외골격의 주된 다당류이다.

chitinase 키틴분해효소 명 키틴을 가수분해하는 효소. EC 3.2.1.14.

chitinous 키틴성 형 키틴으로 구성되거나 키틴을 함유하는.

chitons 군부류 명복 해양 연체동물의 강인 다판강(Polyplacophora)의 일반적인 명칭. 길쭉한 몸의 등 쪽에 석회질판의 패각이 있고 근육질의 발을 이용하여 기어 다닌다.

chitosan 키토산 명 일부 균류의 세포벽에 존재하는 아세틸화되지 않은 글루코아미노글리칸(glucoaminoglycan)의 중합체.

chitosome 키토솜 명 균류에서 키틴합성효소를 함유한 작은 소낭.

chlamydate 형 (1) 외투막이 있는; (2) **피낭형** 껍질이나 포낭에 둘러싸인.

chlamydeous 유화피성 형 꽃덮개(화피)를 가진.

chlamydiae 클라미디아균 명복 세균역에서 뚜렷한 계통군을 형성하는 클라미디아속(*Chlamydia*)의 그람음성균. 절대세포내기생생물이며 많은 대사적 특성과 구조적 특징을 상실하였다. 세포벽에 무람산은 포함되지만 디아미노피멜산은 없고 ATP를 생성하는 능력도 없다. 클라미디아균은 사람과 동물에게 다양한 질병(예: 트라코마와 앵무새병)을 일으키는 원인이 된다.

chlamydocyst 후막낭(厚膜囊) 명 일부 부생균류에서 볼 수 있는 피낭유주자낭.

chlamydospore 후막포자 명 일부 균류

와 원생동물의 벽이 두꺼운 휴면포자.

chloragogen cells 황세포(黃細胞) 환형동물 창자의 천장과 심장에서 기름과 글리코겐이 저장된 세포들. ≒**chloragen**.

chloramphenicol 클로람페니콜 명 방선균의 일종(*Streptomyces venezuelae*)에서 생성되는 항생물질. 리보솜의 50S 소단위와 결합하고 펩티드기전달효소 반응을 억제하여 폴리펩티드 사슬에 아미노산이 첨가되지 못하도록 함으로써 세균과 미토콘드리아에서 일어나는 번역을 차단한다.

chloramphenicol acetyltransferase (CAT) 클로람페니콜아세틸전달효소 항생물질 클로람페니콜에 내성을 갖는 세균효소(EC 2.3.1.28). 이 효소를 암호화하는 세균의 *cat*유전자는 유전자전달실험에서 표지(marker)로 널리 이용되는데, 이 유전자가 포함된 세포는 클로람페니콜의 존재 하에 배양하였을 때 살아남기 때문이다.

chloranthy 화판엽화(花瓣葉化) 명 꽃잎, 꽃받침조각 그리고 꽃의 다른 부분들이 보통의 녹색 잎으로 변하는 것.

chlorenchyma 엽록조직 명 엽록소를 포함하는 식물조직.

chloride cell 염류세포 일부 어류에서 염화물 분비의 기능을 갖는 아가미 상피의 원주상 세포.

chloride channel 염화물통로 막에서 염소이온(Cl^-)이 통과하는 음이온통로.

chloride shift 염화물이동 염화이온은 적혈구 안으로 들어가고 중탄산염이온은 바깥으로 나오는 이동.

chlorinated hydrocarbons 염소화탄화수소 환경에서 아주 오래 가고 먹이사슬에 들어가서 종종 생물체에 축적되는 DDT와 PCBs 따위의 화합물.

chlorocruorin 클로로크루오린 명 일부 다모류의 혈액에서 발견되는 헴을 함유한 녹색의 산소운반 단백질.

Chloroflexi 녹만균문 명 DNA염기순서 자료에 근거하여 식별하는 세균역(Bacteria)의 문.

chloronema 녹사체(綠絲體) 명 이끼류에서 기질의 표면을 따라 또는 공기 중으로 짧게 자라고 눈에 잘 띄는 엽록체를 많이 포함하는 원사체 가지의 한 종류.

chlorophore 엽록소립 명 원생생물의 엽록소가 포함된 과립.

Chlorophyceae 녹조강 ⇨ Chlorophyta.

chlorophycophilous 녹조공생의 형 공생조체가 녹조인 지의류에 적용되는 말.

chlorophyll 엽록소 명 식물, 조류 및 남세균의 주요한 집광색소. 마그네슘 원자가 중앙에 위치한 포르피린(테트라피롤) 고리와 긴 사슬의 지방족 알코올(피톨)로 이루어져 있으며, 몇 가지의 엽록소들은 서로 다른 곁가지를 갖는다. 식물과 조류에서는 엽록소가 엽록체의 틸라코이드막에 위치하고 있다. 엽록소는 스펙트럼에서 적색과 남보라색의 빛을 가장 잘 흡수하며, 화학적으로 차이를 보이는 엽록소들은 각각 서로 다른 흡수최대를 나타낸다. 엽록소 *a*와 *b*는 고등식물과 조류에서 발견되고, 엽록소 *a*는 남세균에서 그리고 엽록소 *c*와 *d*는 조류에서 발견된다. ⇨ bacteriochlorophylls.

chlorophyllose cells 엽록세포 선류 물이끼속(*Sphagnum*) 잎에서 볼 수 있는 길고 폭이 매우 좁은 엽록소를 포함하는 생체의 세포들. 속이 빈 큰 세포들에 의해 서로 떨어져 있다.

Chlorophyta, chlorophytes 녹조식물문, 녹조식물 명, 명복 단세포나 다세포로 이루어진 진핵 광합성생물들의 크고 다양한 집단. '녹조류'라고도 부른다. 대부분은 민물에 살지만 일부는 바다에 나는 해조류이고, 식물의 경우와 비슷한 엽록소와 카로티노이드를 가지며, 산소생성광합성을 수행한다. 저장산물은 녹말이고 섬유소로 된 세포벽을 갖는다.

chloroplast 엽록체 명 식물과 조류의 광합성세포의 세포질에서 발견되고 광합성 반응들이 일어나는 녹색 세포소기관. 엽록체는 2중막으로 둘러싸이고 내막계(틸라코이드)가 기질(스트로마)에 박혀 있다. 틸라코이드막은 빛을 수집하는 녹색 색소 엽록소와 그 밖의 색소들, 전자전달사슬 및 ATP합성효소들을 포함하고, ATP와 NADPH가 생성되는 광합성의 명반응이 일어나는 부위이다. 탄수화물이 합성되는 광합성의 암반응은 스트로마에서 일어난다. 한편 엽록체는 rRNA들, tRNA들 그리고 일부 엽록체 단백질들을 지정하는 소량의 DNA유전체를 보유한다. ≒ plastid. ⇨ chemiosmotic theory, endosymbiont hypothesis, photosynthesis, stroma, thylakoids. (⇨ 그림 7)

chloroplast DNA 엽록체DNA ⇨ chloroplast.

chloroplast factor 엽록체인자 ⇨ ATP synthases.

chloroplast pigments 엽록체색소 식물세포의 엽록체에 들어 있는 색소들인 엽록소, 카로틴 및 엽황소.

chloroquine 클로로퀸 명 리소좀, 엔도솜과 골지장치 따위의 세포소기관들의 pH를 상승시키는 항말라리아약제.

chlorosis 황백화 명 식물체에서 녹색 색소가 결핍되는 특징을 보이는 비정상적 상태. 빛의 부족, 마그네슘 또는 이온의 결핍, 또는 엽록소 합성의 유전적 결함 등에 기인한다. 형 **chlorotic.**

chlorosome 클로로솜 명 녹색세균에서 엽록소를 함유한 광합성 구조.

Chloroxybacteria 원녹세균 ⇨ prochlorophytes.

choana 명 (1) **누두(漏斗)** 깔때기 모양의 구멍; (2) **후비공(後鼻孔)** 인두나 목구멍으로 연결되는 콧구멍.

Choanichthyes 내비공류(內鼻孔類) ⇨ Sarcopterygii.

choanocyte 깃세포 명 해면동물 체강의 내벽을 형성하는 편모가 달린 세포. 원형질의 깃(collar)이 편모의 기부를 감싼다. 편모를 움직여서 체강으로 들어오는 물로부터 먹이입자를 섭취한다. ≒ collar cell.

choanoflagellates 입금편모충류 명복 편모의 기부 주위에 원형질의 깃이 달리는 편모생물의 무리.

cholecalciferol 콜레칼시페롤 명 햇빛에 노출되면 피부에서 형성되는 비타민 D의 자연형인 비타민 D_3. 콜레칼시페롤은 스테롤($C_{27}H_{43}OH$)이고, 특히 물고기, 노른자위와 어간유(fish-liver oil)에서 발견된다. 몸에서 칼슘과 인의 농도를 조절하고 구루병을 예방한다.

cholecyanin 콜레시아닌 ⇨ bilicyanin.

cholecystokinin (CCK) 콜레시스토키닌 명 샘창자의 세포에서 생성되고 이자의 샘꽈리세포에 작용하여 소화효소의 분비를 유도하는 펩티드호르몬. 한편으로 쓸개를 수축시키고 샘창자로 통하는 쓸개관의 조임근(괄약근)을 이완시킨다. 중추신경계에서도 나타난다.

choleic 담즙산의 형 담즙산에 적용되는 말.

cholera toxin 콜레라독소 콜레라균이 생산하는 단백질독소. G단백질의 GTP가수분해효소의 활성을 저해하여 활성화를 지속시킨다.

cholesterol 콜레스테롤 명 동물의 세포막에서 막유동성에 영향을 미치는 스테롤. 아세틸조효소A를 출발물질로 하여

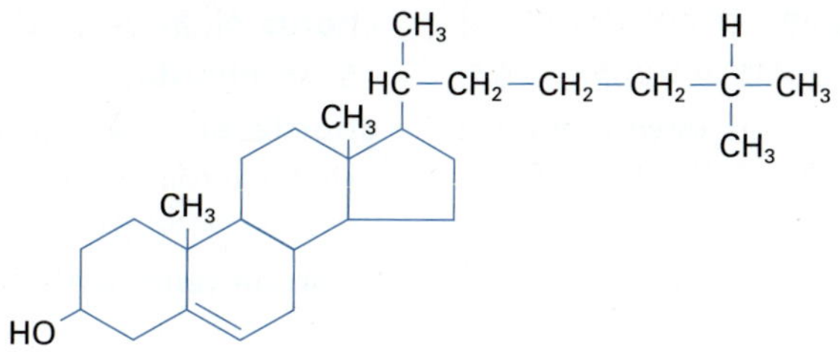

HO CH3 CH3 CH3 HC CH2 CH2 CH2 C CH3 H CH3

그림 10. 콜레스테롤.

합성되고, 그 자체가 스테로이드호르몬과 비타민 D 등 생물학적으로 활성을 띠는 많은 스테로이드들의 전구물질이 된다. 사람의 경우 주로 간에서 합성된 콜레스테롤은 대체로 지방단백질 입자의 형태로 혈액을 따라 수송된다. 어떤 조건에서 콜레스테롤은 혈장으로부터 혈관벽에 침착하여 죽상경화증을 유발한다. (⇨ 그림 10)

cholic 쓸개즙의 형 쓸개즙과 관련되거나, 쓸개즙에 존재하거나, 쓸개즙에서 유래된.

cholic acid 콜산 명 쓸개즙에 들어 있고 지방의 소화를 도와주는 산($C_{24}H_{40}O_5$).

choline 콜린 명 $(CH_3)_3NCH_2CH_2OH$. 아세틸화하여 신경전달물질인 아세틸콜린을 형성하고 생체막의 인지질인 포스파티딜콜린의 구성성분이 된다. 콜린은 때때로 비타민 B복합체의 구성성분의 하나인 비타민으로 간주된다. 콜린은 특히 샘조직, 신경조직, 노른자위 그리고 일부 식물성 기름에 풍부하게 들어 있다.

choline acetyltransferase 콜린아세틸기전달효소 콜린으로부터 신경전달물질인 아세틸콜린을 합성하는 효소. EC 2.3.1.6.

cholinergic 콜린작동성 형 말단에서 아세틸콜린을 방출하는 신경섬유(콜린작동성 신경섬유)에 적용되는 말.

cholinesterase 콜린에스테르가수분해효소 명 콜린성 시냅스의 시냅스틈에서 발견되는, 아세틸콜린을 콜린과 아세트산으로 가수분해하는 효소. EC 3.1.1.8. ≒ acetylcholinesterase.

chondral 연골의 형 연골과 관련된 말.

chondric 연골질의 형 연골질의.

Chondrichthyes 연골어강 명 일반적으로 연골어류(cartilaginous fishes)라고 부르는, 데본기부터 현재까지 출현하는 어류의 강. 연골뼈대를 갖고 장에 나선판이 있으며 허파나 부레는 없다. 가오리, 홍어, 상어 등이 포함된다. 비 Osteichthyes.

chondrin 연골소 명 연골의 기질을 이루고 단단한 탄력성을 갖는 젤라틴질의 청백색 물질.

chondrioclast 연골파괴세포 ⇨ chondroclast.

chondroblast, chondrocyte 연골모세포, 연골세포 명 연골의 세포외 기질인 연골소를 분비하는 연골세포.

chondroclast 연골파괴세포 명 연골기질을 분해하는 큰 다핵세포.

chondrocranium 연골머리뼈 명 배에서 볼 수 있는 것과 같이 일시적이거나 일부 어류에서 볼 수 있는 것과 같이 영구적으로 연골성 상태에 있는 머리뼈.

chondrogenesis 연골형성 명 물렁뼈의 형성.

chondroid 연골모양 형 미발달한 연골이나 일부 무척추동물과 하등척추동물에서 지지 기능을 하는 위연골(pseudocartilage)로 된 연골 모양의 조직에 적용되는 말.

chondroitin 콘드로이틴 명 연골과 기타 결합조직에서 발견되는 프로테오글리칸의 글리코사미노글리칸(glycosaminoglycan) 부분. D-글루쿠론산과 *N*-아세틸갈락토사민으로 구성되는 반복적인 2당류 단위체들을 포함한다.

chondroma 연골종 명 연골의 양성 종양.

chondrophore 연골자루 명 2매패류 껍데기의 안쪽에서 경첩연골을 지탱하는 구조.

chondrophores 반영류(盤泳類) 명복 군체를 이루는 연골히드라충목(Chondrophora)의 히드라충류. 개충들 간의 분업과 협동의 정도가 관해파리류의 수준에 근접한다.

chondroseptum 연골코중격 명 코의 중격(septum)에 있는 물렁뼈 부분.

chondroskeleton 연골 명 물렁뼈로 된 뼈대.

Chondrostei, chondrosteans 연질아강, 연질류 명, 명복 폐를 갖는 현존하는 나일 강의 다기류(bichirs), 주걱철갑상어, 철갑상어 그리고 많은 멸종된 무리를 포함하는 원시적인 조기류의 경골어류. 골질의 골격은 대부분 연골로 대치되었다. 대체로 장에 나선판이 있고 입수공을 보유하며, 주걱철갑상어와 철갑상어는 이형(heterocercal) 꼬리를 갖는다. ⇨ palaeoniscids.

chondrosteosis 연골뼈형성 명 연골이 뼈로 전환되는 것.

chondrosteous 연골뼈대의 형 연골뼈대를 가진.

chondrosternal 연골흉골의 형 늑연골과 흉골에 관련된 말.

chorda 삭(索) 명 끈 같은 구조를 이르는 말. 복 **chordae**.

chordacentra 중삭(中索) 명복 척삭초(notochordal sheath)가 다수의 고리로 전환되면서 형성된 척추체.

chordae tendineae 건삭(腱索) 유두근을 심장의 판막과 연결하는 힘줄.

chordal 삭의, 척삭의 형 (1) 삭과 관련된 말; (2) 척삭과 관련된 말.

chordamesoderm 척삭중배엽 명 척추동물의 배에서 척삭으로 발달할 중배엽 세포들.

Chordata, chordates 척삭동물문, 척삭동물 명, 명복 진체강동물의 문. 척삭을 갖고 생활사의 어떤 시점에 인두에 아가미 틈이 생긴다. 속이 빈 신경삭이 등 쪽으로 길게 나는데 신경삭의 앞쪽 끝은 커져서 뇌를 이룬다. 척삭동물은 척추동물, 두삭동물(예: 창고기류) 및 미삭동물(예: 멍게류)을 포함한다. (⇨ 부록 3)

chordotonal 현음(弦音)의 형 곤충에서 기계적 진동이나 음향진동을 받아들이는 막대 모양이거나 털 모양 구조의 감각기(현음감각자) 또는 기관(현음기관)에 적용되는 말.

chore 단위지 명 지리적 조건이나 환경조건이 통일성을 나타내는 지역.

chorioallantoic 융모요막의 형 일부 유대류와 모든 진수류 포유동물에서 볼 수 있는 것과 같이 융모막이 요막과 배로 혈액을 나르는 요막혈관으로 싸여 있는 태반(융모요막태반)에 적용되는 말.

choriocapillaris 맥락막모세혈관층 명 맥락막의 가장 안쪽에 있는 모세혈관층.

chorion 명 (1) **장막** 양막과 난황주머니의 바깥에서 이들을 감싸는 배막; (2) **융모막** 요막융모막; (3) **알껍질** 곤충의 알을 덮는 단단한 껍질; (4) [식] **외종피** 씨를 싸고 있는 바깥쪽 껍질.

chorion frondosum 거친융모막 융모막의 털 같은 돌기를 갖는 태반 부분.

chorionic 융모막의 형 (1) 융모막과 관련된 말; (2) 호르몬에 적용되는 말. ⇨ gonadotropins.

chorionic villus sampling (CVS) 융모막융모표본채취 태반의 배에서 유래된 부분인 융모막융모에서 채취한 태아세포를 분석하여 유전병을 산전에 진단하는 방법. 양막천자(amniocentesis)보다 일찍 시행할 수 있다.

chorioretinal 맥락망막의 형 맥락막과 망막에 관련된 말.

choriovitelline 융모난황주머니의 형 일부 유대류에서 볼 수 있는 것과 같이 융모막의 일부가 자궁벽과 연결된 난황혈관인 난황주머니로 싸여 있는 태반(융모난황주머니태반)에 적용되는 말.

chorisis 갈래꽃바퀴 명 초기의 꽃잎들이 분열하면서 꽃바퀴 부분이 증가하는 것.

chorismate (chorismic acid) 코리스민산 명 미생물에서 방향족아미노산 합성의 중간물질인 방향족카르복실산.

C-horizon C층 기반암 위의 토양단면에서 가장 아래의 층위.

choroid (1) 형 **맥관의** 많은 혈관이 침투한 섬세한 혈관막에 적용되는 말; (2) 명 **맥락막** 눈에서 홍채의 조리개를 이루는 중간에 있는 색소성 층.

choroid plexus 맥락얼기 (1) 안구의 망막과 불투명한 섬유층 간에서 모세혈관과 신경들이 엮여 있는 그물 같은 구조; (2) 뇌의 뇌실을 감싸는 뇌척수액을 분비하는 혈관조직.

chorology 생물분포학 명 식물과 동물의 지리적 분포를 다루는 학문.

choronomic 지역성 형 지리적 또는 지역적 환경의 영향에 적용되는 말.

chorotypes 지역형 명복 지역적 유형.

Christmas disease 크리스마스병 ⇨ haemophilia.

Christmas factor 크리스마스인자 ⇨ Factor IX.

chroma 채도, 색도 명 색의 색조와 포화도.

chromaffin cell 크롬친화세포 척추동물의 목동맥소체와 부신수질에서 그리고 환형동물 같은 일부 무척추동물에서 발견되고 신경관에서 유래하는 카테콜아민을 분비하는 세포.

Chromalveolata 색소유포생물 명 분자계통학적 연구를 통해 제안된, 유포생물(Alveolata)과 크로미스타계(Chromista)를 포함하는 단계통 분류군.

chromatic 색(色)의 형 밝은 색의 또는 밝은 색에서 만들어지는.

chromatic threshold 색역치 색의 감각을 일으키는 최소의 자극. 빛의 파장에 따라 변한다.

chromatid 염색분체 명 DNA와 염색체의 복제 후에 나타나는 염색체의 복사본 중 하나. 2중 구조의 2개 반쪽들이 동원체에서 붙어 있는 유사분열과 감수분열의 전기와 중기에 현미경으로 염색분체를 관찰할 수 있다. 염색분체는 유사분열의 후기와 감수제2분열에서 분리되어 새로운 염색체가 된다.

chromatid conversion 염색분체전환 ⇨ gene conversion.

chromatin 염색질 명 진핵생물 염색체의 기본물질을 구성하는 DNA와 히스톤 단백질의 복합체. DNA분자들이 히스톤과 결부하여 뉴클레오솜으로 묶여진다. 염색질이라는 용어가 엄밀히 DNA와 히스톤의 복합체를 가리키지만, 이 용어는 종종 다른 단백질들도 포함되는 염색체 물질의 전체를 가리키기도 한다. ⇨ heterochromatin, euchromatin.

C

chromatin immunoprecipitation (ChIP) 염색질면역침전법 단백질에 특이적인 항체를 이용하여 유전체DNA의 혼합물에서 단백질과 결합한 DNA절편을 분리하는 방법. 분리한 다음, DNA미세배열법(**ChIP-chip**) 또는 DNA염기순서결정(**ChIP-seq**) 방법으로 DNA절편을 동정한다. 이 방법은 특별히 특정 유전자 조절단백질의 표적이 되는 DNA결합부위를 확인하는 데 사용된다.

chromatin remodelling 염색질개조 뉴클레오솜의 재배치(뉴클레오솜개조), 히스톤변형, DNA메틸화 등의 방법으로 염색질의 구조적 상태와 기능적 상태를 개조시키는 것.

chromatin-remodelling complex 염색질개조복합체 ⇨ nucleosome-remodelling complex.

chromatocyte 색소세포 명 색소를 포함하는 세포.

chromatography 크로마토그래피 명 물과 같은 비극성 용매(이동상)가 종이와 같은 극성 버팀대(정지상) 또는 다양한 물질이 들어 있는 관을 이동할 때 이동상과 정지상 간의 친화성의 차이에 따라 이동하는 정도가 다른 점을 이용하여 혼합물에 들어 있는 화합물들을 분리하는 방법. ⇨ affinity chromatography, column chromatography, partition chromatography, gel-filtration chromatography.

chromatophil(ous) 색소친화성 ⇨ chromophilous.

chromatophore 색소포 명 (1) 색소가 들어 있는 세포소기관; (2) 신경계 또는 호르몬의 조절 하에서 모양이나 색깔이 변할 수 있는 색소세포나 그 집단.

chromatotrophism 굴색성(屈色性) 명 특정한 색으로 구성된 자극에 대하여 방향을 잡는 반응.

Chromista 크로미스타계 명 역모균문(Hyphochytridiomycota), 라비린툴라균문(Labyrinthulomycota), 난균문(Oomycota: 물곰팡이), 갈조식물문(Phaeophyta: 갈조류), 황갈조식물문(Chrysophyta: 황갈조류), 돌말식물문(Bacillariophyta: 돌말류), 착편모조식물문(Haptophyta: 원석조류)과 황록조식물문(Xanthophyta: 황록조류)을 포함하는 것으로 제안된 계. 이와 매우 비슷하게 무리 짓는 집단을 대롱편모생물계(Stramenopila)라고도 부른다.

chromo-argentaffin 크롬-은친화성 중 크롬산염(bichromate)과 질산은(silver nitrate)으로 염색되는 리버퀸샘 상피의 플라스크 모양의 세포에 적용되는 말.

chromoblast 색소원세포 명 색소세포가 되는 배아세포.

chromocentre 염색체중심립 명 (1) 다사염색체에서 서로 결합한 부위; (2) 간기의 염색체에 있는 이질염색질의 입자. 이들의 대부분이 간기의 핵을 염색할 때 드러난다.

chromocyte 색소세포 명 색소가 들어 있는 세포.

chromogen 색소원 명 색소로 전환되는 물질.

chromogenesis 색소형성 명 색이나 색소의 형성.

chromogenic 발색성 형 색을 발하는.

chromomere 염색립 명 감수분열과 유사분열의 전기에 염색체를 따라 많이 나타나는 구슬 모양 구조의 하나.

chromonema 염색사 명 핵에서 염색체가 늘어나고 흩어지는 간기에 식별되는 염색질(염색체)의 실 모양 구조. 복 **chromonemata**.

chromophane 망막색소 명 (1) 새, 파충

류, 어류, 유대류의 망막에서 발견되는 적색, 황색, 녹색의 기름입자; (2) 망막의 색소를 통틀어 이르는 말.

chromophilic, chromophilous 색소친화성 형 염색이 잘 되는.

chromophore 발색단 명 분자에서 빛에너지를 흡수하고 화합물의 색을 나타내는 데 원인이 되는 원자단.

chromoplast 잡색체 명 엽록소가 없는 대신 주로 적색이나 황색의 색소를 함유하는 색소체.

chromoprotein 색소단백질 명 헤모글로빈(혈색소), 클로로크루오린, 시토크롬 등과 같이 색소와 결합한 단백질.

chromosomal 염색체의 형 염색체의 또는 염색체와 관련된 말.

chromosomal incompatibility 염색체 불화합성 염색체 구성의 차이에 기인하여 교배할 수 없는 것.

chromosomal mosaic 염색체모자이크 염색체의 조성이 한 가지 유형보다 많은 체세포를 갖는 개체. 주로 발생 중에 유사분열의 오류에서 생긴다.

chromosome 염색체 명 (1) 진핵세포에서 DNA와 이와 결부된 단백질들로 구성되고 유전정보를 나르는 구조. 유사분열과 감수분열 동안에 광학현미경으로 작고 막대 모양의 진하게 염색되는 구조의 염색체를 관찰할 수 있다. 세포주기의 다른 단계에서 염색체는 핵 안에서 실 모양의 구조로 나타난다. 세포주기의 간기에서 DNA의 복제가 일어나기 전에는 각각의 염색체가 히스톤과 그 밖의 단백질들과 결부된 DNA의 매우 긴 단일분자로 구성된다. 유사분열과 감수분열에 들어가는 염색체에서는 DNA의 복제가 일어나고 서로 붙어 있는 2개의 동일한 새로운 염색체들(염색분체)로 구성된다. 각 종은 특유의 염색체세트를 갖고, 이는 다른 종들의 염색체세트와 모양, 크기, 수에 있어서 흔히 차이를 보인다. ⇨ chromatin, diploid, DNA, gene, haploid; (2) 원핵세포들의 단일한 DNA분자.

chromosome 21 21번염색체 다운증후군을 나타내는 사람의 세포에서 3염색체성 상태로 발견되는 염색체.

chromosome aberration 염색체이상 3염색체성, 결실, 중복, 역위, 전좌 등과 같이 전체 염색체의 구조나 수가 정상에서 벗어난 것.

chromosome banding 염색체띠 중기의 염색체를 김사용액과 같은 염료로 염색하면 나타나는 가로 무늬의 특징적인 유형. 염색체를 동정하는 데 이용될 수 있다.

chromosome complement 염색체모듬 ⇨ karyotype.

chromosome map 염색체지도 염색체에 있는 유전자들의 위치를 나타낸 그림. ⇨ genetic map.

chromosome mutation 염색체돌연변이 ⇨ chromosome aberration.

chromosome number 염색체수 종마다 특징적으로 나타나는, 체세포에 들어 있는 염색체의 일정한 수.

chromosome painting 염색체채색 목적한 염색체에 특이적인 DNA탐침들에 부착시킨 형광염료로 염색하여 핵형에서 특정 염색체 또는 염색체세트를 묘사하는 것.

chromosome pair 염색체쌍 감수분열에서 하나는 어버이 중 모계에서 그리고 다른 하나는 부계로부터 유래되는 상동염색체들의 짝.

chromosome puff 염색체혹 ⇨ puffs.

chromosome races 염색체품종 종의 염색체 수 또는 염색체세트의 수가 다른 품종들.

chromosome spread 염색체펼침 염색

시킨 중기의 염색체들을 각각 알아볼 수 있도록 펼치는 것.

chromosome theory of inheritance 염색체설 염색체가 유전정보를 나르고 염색체 상의 특정 부위에 특정 유전자가 자리 잡는다고 추정하여 유전양식을 설명하는 이론.

chromosome translocation 염색체전좌 ⇨ translocation.

chromosome walking 더듬기식 염색체 탐색 서로 중복되는 제한단편들에서 염색체지도를 작성하는 방법. 이미 알고 있는 DNA염기순서부터 시작하고 중복되는 염기순서들을 다른 제한단편들에서 탐색하면 특정 구역의 지도가 서서히 작성된다.

chromotropic 변색의 형 색소를 조절하는 물질이나 요인을 통틀어 이르는 말.

chronaxia, chronaxie, chronaxy 크로낙시 명 (1) 전기자극과 근수축 간의 잠복기; (2) 오래 계속되는 자극 하에서 신경세포가 연속적으로 활동전위를 일으키는 데 소요되는 최소시간.

chronic 만성 형 천천히 진행하고 오래 지속되는 의학적 상태나 질병에 적용되는 말. 비 acute.

chronotropic 변시성 형 행동의 속도에 영향을 미치는.

chrysalis 번데기 명 완전탈바꿈을 하는 곤충에서 보호성 껍질에 싸여 있는 번데기(pupa). 껍질 자체를 때때로 '번데기'라고도 한다.

Chrysiogenetes 크리시오게네스균문 명 DNA염기순서 자료에 근거하여 식별하는 세균역(Bacteria)의 문. 현재 1종이 포함된다.

chryso- '금'을 뜻하는 그리스어 '*chrysos*'에서 유래된 접두사.

chrysocarpous 노란과실의 형 황금빛 열매를 맺는.

chrysolaminarin 황갈조녹말 명 황갈조류의 저장다당류.

chrysophanic 크리소파닉 형 일부 지의류와 잎에서 형성되는 황금빛 또는 갈색을 띠는 산(크리소파놀산)에 적용되는 말.

chrysophyll 황갈색소 명 식물에서 엽록소의 분해산물인 노란색의 물질.

Chrysophyta, chrysophytes 황갈조식물문, 황갈조류 명, 명복 속칭 '황금조류'라고도 하는 단세포성 또는 군체성 원생생물의 문. 이전에는 조류에 포함시켰으나 지금은 대롱편모생물계(Stramenopila) 또는 크로미스타계(Chromista)의 일종으로 분류한다. 주로 담수에 나지만, 바다에 출현하는 황갈조류는 해양 초미소플랑크톤의 주요 구성원이 된다. 생활주기의 어떤 단계에서 세포들은 2개의 서로 다른 11조미세소관돌기(undulipodia)를 갖는다. 황갈조류는 많은 양의 카로티노이드 색소, 저장기름 그리고 다당류 황갈조녹말을 함유한다. 일부 종류는 규산질이나 유기물로 된 골격 또는 비늘을 갖는다. ≒ **Chrysophyceae**.

chyle 암죽, 유미(乳糜) 명 소화되는 동안 작은창자의 림프관에서 발견되는, 유화된 작은 지방구를 포함하는 림프.

chylifaction 유미화 명 암죽의 형성.

chyliferous 암죽의 형 암죽을 실어 나르는 관(암죽관)에 적용되는 말.

chylific 암죽생성의 형 곤충에서 암죽을 생성하는 위에 적용되는 말.

chylocaulous 육질줄기의 형 다육질의 줄기를 가진.

chylomicrons 암죽미립, 유미입자 명복 혈장과 그 밖의 체액에 있는 작은 지방단백질 입자. 창자에서 지방조직으로 콜레스테롤, 트리아실글리세롤과 그 밖의 지질을 수송한다.

chylophyllous 육질엽 형 다육질의 잎이 있는 꿩의비름과 기린초처럼 건조한 환경에 적응한 다육식물에 적용되는 말.

chyme 미즙 명 위를 떠난 부분적으로 소화된 음식물.

chymosin 키모신 명 위액에 들어 있는 펩티드가수분해효소. 카세인의 결합들을 제한적으로 분해하여 우유를 응고시킨다. EC 3.4.23.4. ≒ rennin.

chymotrypsin 키모트립신 명 이자액에 들어 있는 단백질분해효소(펩티드가수분해효소). 이자에서 효소전구체인 키모트립시노겐으로 분비된다. EC 3.4.21.1.

Chytridiomycota, chytrids 병꼴균문, 병꼴균류 명, 명복 토양이나 민물에 사는 작은 다핵체의 부생성 또는 기생성 균류의 문. '항아리균'이라고도 한다. 운동성의 무성적 유주자를 만들고 일부 종은 운동성 배우자를 갖는다. 운동성 세포에는 뒤쪽을 향한 1개의 채찍꼴 편모가 달린다. ≒ **Chytridiomycetes**.

chytridium 항아리팡이 명 일부 균류에서 포자를 포함하는 구조.

Ci 퀴리 ⇨ curie.

cibarium 구강 명 곤충에서 인두 앞쪽에 있는 구강(buccal cavity)의 일부.

cicatrice, cicatrix 명 (1) **흉터, 반흔** 상처자국; (2) **흔적** 이전에 기관이 부착했던 곳에 남은 작은 자국.

cicatrical tissue 반흔조직 상처의 끝을 막고 한데 모으는 새로 형성된 가는 섬유성 결합조직.

Ciconiiformes 황새목 명 긴 목, 다리와 부리를 갖는 섭금류의 목. 왜가리, 알락해오라기, 황새, 홍학 등이 포함된다.

cilia 'cilium'의 복수형.

ciliaris 섬모체 명 눈 앞쪽 부분의 밖에서 고리를 이루는 근육. 수정체의 두께를 조절하여 초점을 맞추는 구실을 한다.

ciliary 형 (1) **섬모의** 섬모(cilium)와 관련된; (2) **속눈썹의** 속눈썹과 관련된 땀샘(속눈썹샘)에 적용되는 말; (3) **섬모체의** 척추동물의 눈에서 동공의 크기를 조절하는 인대와 수정체의 볼록함을 조절하는 근육(섬모체근)에 적용되는 말; (4) 코 섬모체의 신경과 신경절의 가지들에 적용되는 말.

ciliated 섬모의 형 섬모가 달린.

ciliated epithelium 섬모상피 표면에서 섬모를 내는 세포들로 구성된 상피. 코와 기관지의 통로와 같이 다양한 내부 관의 안을 싸고 있다. 섬모의 움직임으로 액체가 상피의 표면을 지나도록 하여 세균과 그 밖의 원치 않는 물질을 청소하는 데 도움이 된다.

ciliates 섬모충류 ⇨ Ciliophora.

ciliograde 섬모진행 형 섬모에 의한 운동에 적용되는 말.

Ciliophora, ciliates 유모동물문, 섬모충류 명, 명복 원생생물 섬모충류[예: 짚신벌레속(*Paramecium*), 나팔벌레속(*Stentor*), 테트라히메나(*Tetrahymena*)]로 이뤄지는 원생동물의 문. 적어도 미성숙한 시기에 섬모가 달리며, 종종 복잡한 구조의 세포를 갖는다. 섬모충류는 바다와 민물에서 그리고 소와 그 밖의 반추동물의 반추위에서 흔하게 나타나는데, 반추위에서는 섬유소를 소화시킨다. 거의 모든 섬모충류는 영양생장을 지시하는 대핵과 유성생식에 관여하는 2배체 소핵의 2개의 핵을 갖는다. ≒ **Ciliata**, **Ciliatea**.

ciliospore 섬모포자 명 원생동물의 섬모가 달린 유주포자.

cilium 섬모(纖毛) 명 (1) 많은 진핵세포의 표면에 나타나는 털 같이 뻗어 나온 운동성 구조. 채찍을 휘두르듯이 운동을 한다. 섬모들이 동시에 움직이면서 독립생활성

단세포(예: 원생동물)를 나아가게 하거나 또는 정지상태의 세포들(예: 코의 상피)에서는 세포 표면으로 물질의 흐름을 일으킨다. 섬모는 세포의 기저체와 연결되는 미세소관들의 다발(축사)로 구성되고, 그 전체를 원형질막이 감싸고 있다. 다세포생물에서 섬모는 다양한 내부 관의 안을 싸고 있는 상피세포에서 주로 나타난다; (2) 그 밖에 솜털이나 특히 속눈썹 같은 다양한 털 같은 구조들. 복 **cilia**.

cinchonine 신코닌 명 꼭두서니과(Rubiaceae)의 다양한 쌍떡잎식물들에서 나타나는 알칼로이드.

cinereous 회색의 형 잿빛의.

cingula 고리, 균환(菌環) 명 (1) 일부 버섯과 독버섯의 자루에서 갓(균모)이 달렸던 곳에 형성되는 고리. 복 **cingulae**; (2) 'cingulum'의 복수형.

cingulate 띠의, 대상(帶狀) 형 대뇌반구 중앙 표면의 뇌들보(뇌량) 위에 있는 띠 모양의 이랑(띠이랑, 대상회)과 고랑(띠고랑, 대상구)에 적용되는 말.

cingulum 띠 명 (1) 띠처럼 생긴 구조를 통틀어 이르는 말; (2) 식물의 뿌리와 줄기 사이의 부분; (3) **치대(齒帶)** 치관의 기부를 도는 능선; (4) **띠다발** 뇌의 뇌들보이랑과 해마이랑을 연결하는 섬유다발. 복 **cingula**.

circadian rhythm, circadian clock 하루주기리듬, 하루주기생체시계 약 24시간의 주기를 갖는 대사리듬이나 행동리듬.

circannual 1년주기 형 (1) 대략 1년 단위로 나타나는; (2) 대략 1년 주기를 갖는 행동리듬에 적용되는 말.

circaseptan 1주주기 형 약 7~8일을 주기로 한 생체리듬에 적용되는 말.

circinate, circinnate 소용돌이모양, 와권상(渦卷狀) 형 어린 고사리 엽상체에서 볼 수 있는 것과 같이 축이 둥글게 말려서 꼭대기가 중앙에 놓이는.

circle of Willis 윌리스고리 목동맥과 뇌저동맥이 합쳐서 형성되는 뇌의 기부에 있는 구조.

Circoviridae 칠코바이러스과 명 척추동물에서 발견되는 외가닥DNA바이러스의 과(예: 닭빈혈바이러스).

circuit 회로 명 신경계에서 특정한 제한된 기능을 수행하는 서로 연결된 뉴런의 집단.

circulation 순환 명 (1) 몸에서 정해진 통로를 따라 어떤 액체가 규칙적으로 움직이는 것; (2) 혈액의 순환계.

circulatory system 순환계 (1) 척추동물의 심장, 혈관 및 혈액; (2) 그 밖의 생물들에서 비슷한 기능을 갖는 체계.

circulus 고리, 원 명 고리 모양의 배열.

circum- '둘레에' 또는 '주위에'를 뜻하는 라틴어 '*circum*'에서 유래된 접두사.

circumduction 휘돌림, 원전운동(圓轉運動) 명 뼈가 관절강(joint cavity)을 꼭대기로 해서 원뿔 공간을 그리며 나타내는 운동의 유형.

circumesophageal 식도둘레의 ⇨ circumoesophageal.

circumferential 둘레의 형 (1) 둘레 주위의; (2) 뼈의 주위에 평행한 층판(둘레층판)에 적용되는 말.

circumfila 환절 명복 어떤 곤충의 더듬이에 있는 고리가 달린 또는 고리 모양의 필라멘트.

circumflex 휘돌이 형 둥글게 구부러진.

circumgenital 형 (1) **생식공둘레의** 생식공(genital pore)을 둘러싸는; (2) **둘림밀랍의** 개각충과의 난생종에서 밀랍가루를 분비하는 샘(둘림밀랍선)에 적용되는 말.

circumnutation 회선운동(回旋運動) 명 생장하는 줄기, 가지 또는 덩굴손에서 나타나는 불규칙한 타원형 또는 나선형 운동.

circumoesophageal 식도둘레의 형 식도를 싸고 있는 구조나 기관에 적용되는 말.

circumoral 입주위의 형 입을 싸고 있는 섬모, 촉수, 신경환 등에 적용되는 말.

circumorbital 눈구멍주위의 형 눈구멍(안와)을 싸고 있는 머리뼈의 뼈들에 적용되는 말.

circumpolar 주극(周極)의 형 (1) 극지역의 식물상과 동물상에 적용되는 말; (2) 북반구의 북쪽에서 아시아, 유럽 및 북아메리카에 걸치는 식물과 동물의 분포에 적용되는 말.

circumscissile 횡렬(橫裂)의 형 환형의 선을 따라 찢어지는 개과(pyxidium)의 열개(횡렬열개, 포주열개)에 적용되는 말.

circumvallate 성곽의 형 (1) 조직에서 볼 수 있는 것과 같이 벽으로 둘러싸인; (2) 혀에서 맛봉오리를 포함하는 작은 돌기들의 한 종류인 유두(성곽유두)에 적용되는 말.

circumventricular organ 뇌실주위기관 뇌실의 벽에 위치하는 기관.

cirral 형 'cirrus'(복 cirri)와 관련된 말.

cirrate 형 'cirrus'(복 cirri)를 가진.

cirrhosis 간경화증 명 간에 섬유조직이 형성되는 것.

cirrhus 키루스 명 포자낭과에서 나오는, 점액질로 뭉친 리본 모양의 포자덩이.

cirri 'cirrus'의 복수형.

Cirripedia, cirriped(e)s 만각아강, 만각류(蔓脚類) 명, 명복 일반적으로 따개비류(barnacle)라고 부르는 수생 갑각류의 아강. 성체는 자루가 달리거나 고착하는 정주성 동물이다. 머리와 배는 퇴화하였고, 몸은 석회질의 각판으로 싸여 있다.

cirrose, cirrous 덩굴손형 형 (1) 모상돌기나 덩굴손을 갖는; (2) 중앙맥이 늘어나서 덩굴손을 형성하는 잎에 적용되는 말.

cirrus 명 (1) **덩굴손** 덩굴손이나 덩굴손처럼 생긴 구조; (2) **만각(蔓脚)** 따개비류의 깃털 같은 섭식용 부속지; (3) **극모** 원생동물 섬모충류의 섬모 다발; (4) **모상돌기** 환형동물의 호흡용 및 교미용 부속지; (5) 바다나리류를 해저에 부착시키는, 자루(병부)에서 나오는 돌기; (6) **음경(陰莖)** 일부 연체동물과 편형동물에서 남근의 기능을 갖는 기관; (7) 곤충의 부속지에 달리는 털처럼 생긴 구조. 복 **cirri**.

***cis* 시스, 수평의** (1) 유전학에서 2배체생물의 같은 유전자자리에 있는 2개의 서로 다른 돌연변이위치를 이들 모두가 동일한 염색체에 있을 때 '*cis*', 즉 시스배열(수평배열)이라 한다. ≒ *cis* configuration, *cis* conformation, 비 *trans*; (2) 2중결합 주위에서 회전이 제한되면서 일어나는 2가지 분자배열 중 하나(시스배열). 다른 배열은 트란스배열(*trans*-configuration)이라 한다.

***cis*-acting 시스작용의, 수평작용의, *cis*-regulatory 시스작용조절의, 수평작용조절의** 형 유전자의 조절부위에 있는 조절인자(시스작용조절인자)에 적용되는 말. 인접한 유전자에만 작용을 미치는 이들의 능력을 나타낸다. 비 *trans*-acting, *trans*-regulatory.

***cis* configuration, *cis* conformation 시스배열, 수평배열** ⇨ *cis*.

***cis*-dominance 시스우성, 수평우성** 유전자의 대립유전자와 관련하여 세포 내에 유전자의 다른 대립유전자들의 존재에 상관없이 인접한 유전자에 영향을 미치지만 다른 DNA분자나 다른 염색체에 있는 상응하는 유전자들에는 영향을 미치지 않는 대립유전자의 능력. ≒ *cis*-acting.

***cis* Golgi network (CGN) 초기골지망**

골지장치의 형성면(*cis* face: 원형질막에서 먼 쪽의 면)에서 세관들과 시스터나들이 서로 연결된 체계. ≒ intermediate compartment.

Cistales ⇨ Violales.

***cis-trans* complementation test 시스-트랜스검사** ⇨ complementation test.

cisterna 시스터나, 조(槽) 명 (1) 거미막밑공간(subarachnoid space)처럼 액체가 들어 있는 막힌 공간; (2) 골지장치나 소포체에서 볼 수 있는 것과 같이 세포에서 편평하고 막으로 둘러싸인 액체로 채워진 구조. 복 **cisternae**.

cistern epiphyte 물통착생식물 뿌리가 없고 잎밑(엽저)들 사이에 물을 모아두는 착생식물.

cistron 시스트론 명 유전자, 단일한 폴리펩티드나 구조RNA를 암호화하는 DNA 염기순서.

citric acid, citrate 시트르산 트리카르복시산회로를 형성하는 성분의 하나인 6탄소 트리카르복시산. 이 회로에서 효소 아코니트산수화효소(aconitase)에 의해 이소시트르산으로 전환된다. 한편 오렌지와 그레이프프루트에서 신맛이 나는 원인이 된다.

citric acid cycle 시트르산회로 ⇨ tricarboxylic acid cycle.

citrulline 시트룰린 명 수박에서 처음 분리한 아미노산. 척추동물 요소회로의 중간물질이다.

CJD ⇨ Creutzfeldt-Jakob disease.

Cl^- ⇨ chloride ion.

cladanthous 형 짧은 곁가지의 끝에 장란기가 달리는.

clade 단일계통군 명 계통수에서 다른 어떤 무리의 조상이 되지 않는 특정 공통조상에서 유래한 모든 생물들이 포함되는 가지.

cladistics 분지분석, 분지론 명 진화적 유연관계를 추론하기 위하여 표현형의 유사성 대신에 생물의 계통만을 이용하여 생물을 분류하는 방법. 분지분석에 의한 분류는 모든 구성원이 단일한 공통조상을 갖고, 공통조상 역시 그 분류군의 일원이며, 그 공통조상의 모든 후손들을 포함하는 분류군만을 대상으로 한다.

cladocarpous ⇨ cladanthous.

cladode 잎모양줄기 명 녹색의 편평한 곁가지. 잎의 겨드랑이에서 생기고 보통잎과 비슷하다.

cladodont 형 교두(치아도드리)의 중앙이 두드러지고 측면이 작은 치아를 갖는, 또는 그러한 치아에 적용되는 말.

cladogenesis 분기진화 명 (1) 진화계통이 분기하여 새로운 유형이 생기는 것; (2) 어느 시점에 종이 분열한 후에 이들이 각각 다른 계열로 진화한 결과로 생긴 변화. 비 anagenesis.

cladogenous 형 (1) 줄기에 달리는 어떤 뿌리에 적용되는 말; (2) 가지에 달리는.

cladogram 분기도 명 생물의 어떤 집단 또는 단백질 세트 또는 핵산 염기순서의 진화계열을 나타내는 나무와 같은 그림.

cladophyll(um) 잎줄기 ⇨ cladode.

cladoptosis 낙지(落枝) 명 해마다 가지를 떨어뜨리는 현상.

cladose 형 가지가 있는.

cladus 명 가지가 있는 골편(spicule)에서 볼 수 있는 것과 같은 가지.

clamp connection 꺽쇠연결 일부 담자균류에서 균사가 부풀어진 것. 이를 통하여 딸핵이 지나가고 이곳에서 격벽이 형성되어 2개의 2핵세포가 만들어진다.

clan 씨족공동체 ⇨ phratry.

clandestine 형 성체형에서는 드러나지 않는 진화적 변화에 적용되는 말.

Clara cell 세기관지세포 허파의 세기관지 안에서 막을 형성하는 상피세포의 한 종류. 상피를 보호하는 다양한 물질을 분비한다.

claspers 파악기(把握器) 명복 일부 어류의 배지느러미에 있는 막대 모양의 돌기(기각, 지느러미다리)처럼 교미할 때 암수가 움켜잡을 수 있도록 변형된 다양한 기관이나 부분의 유형들.

claspettes ⇨ harpagones.

class 명 (1) **강(綱)** 문(phylum 또는 division)의 하위 계급이고 목(order)의 상위에 있는 분류군; (2) [면] **종류, 클래스** 항체의 종류. ⇨ isotype.

class I MHC molecules MHC클래스 I **분자** ⇨ MHC class I molecules.

class II-associated invariant-chain peptide (CLIP) 클래스II결합불변사슬펩티드 불변사슬에서 떨어져 나와 MHC 클래스 II 분자와 결합한 채로 펩티드의 클래스 II 분자와의 결합을 저지하는 펩티드단편.

class II MHC molecules MHC클래스II **분자** ⇨ MHC class II molecules.

classical conditioning 고전적 조건지우기 음식(무조건자극) 따위의 자연자극에 의해 나타나는 반응(무조건반응)이 조건자극과 무조건자극을 반복적으로 연계시켰을 때 관련이 없는 자극(조건자극)에 대한 반응(조건반응)이 되는 실험적 행동기법. 긍정적 조건지우기는 자극에 대한 동물의 반응을 늘리고, 부정적 조건지우기는 자극에 대한 도피가 늘어나는 결과를 낳는다. ≒ Pavlovian conditioning.

classical pathway 고전경로 보체가 활성화하는 경로 가운데 세포 표면에서 항원과 결합한 항체에 의해 시작되는 경로. 보체성분 C1이 항원과 결합하고 일련의 반응을 거쳐 C3b가 병원체 표면과 공유결합을 한다. 이렇게 함으로써 병원체의 식세포작용을 촉진시키거나 최종보체성분들과 세균에 의한 분해를 활성화한다. ⇨ C1, C2, C3, C4, C5 등, complement system.

classification 분류 명 관찰된 유사성과 차이점에 근거하여 생물을 무리지어 배치하는 것. 식물과 동물의 현대분류는 가능한 한 진화적 유연관계의 정도를 반영하도록 시도한다. 분류에 있어서 가장 작은 집단은 대체로 종(species)이지만, 종 수준 아래에서 아종(subspecies), 품종(race), 그리고 재배식물의 경우 변종(variety)도 인정된다. 종은 속(genus)으로 묶여지고, 속은 과(family)로, 과는 목(order)으로, 목은 강(class)으로, 강은 문(동물과 원생생물의 경우 'phylum', 식물의 경우 'division')으로, 문은 계(kingdom)로 묶여지며, 계는 상계(superkingdom) 또는 역(domain)으로 묶여진다. 이들 각각의 분류군도 상과(superfamily)나 하강(infraclass) 같은 중간적 범주를 갖는다. (⇨ 부록 1~7)

class switching, class switch recombination 종류변환, 종류변환재조합 활성화 B림프구의 기능적 무거운 사슬(중쇄)유전자에서 일어나는 DNA재배열. 그 결과 면역글로불린의 IgM클래스를 발현하던 세포가 IgG, IgA 또는 IgE 등 다른 클래스의 항체를 발현하도록 변환된다. 재조합이 일어나서 재배열된 무거운 사슬 V-영역 서열을 C_{mu}(즉 C_{gamma}, C_{alpha} 또는 $C_{epsilon}$) 외에 무거운 사슬 C-영역 유전자에 연결시킨다. 이는 B세포로 하여금 면역반응 동안 동일한 항원특이성을 가지면서 다른 기능을 갖는 항체를 발현할 수 있게 해 준다. ≒ isotype switching.

clathrate, clathroid 격자형 형 격자 모양의.

clathrin 클라스린 명 일부 피복소공과 피복소포의 세포기질 표면에서 특유의 다면체 피복을 형성하는 섬유성 단백질.

claustrum 전장(前障) 명 대뇌반구의 양쪽에서 피질의 바로 밑에 있는 회백질의 가는 조각.

clava 곤봉 명 어떤 균류의 포자가 달리는 곤봉 모양의 가지, 일부 곤충에서 더듬이의 혹 같은 끝부분 등의 곤봉 모양의 구조. 복 **clavae**.

clavate 곤봉형 형 한쪽 끝이 곤봉 모양으로 두꺼워진.

clavicle 빗장뼈, 쇄골(鎖骨) 명 어깨띠의 앞쪽이나 배 쪽에 나 있는 빗장뼈. 형 **clavicular**.

clavicularium 명 바다거북과 땅거북에서 등껍질의 앞쪽에 있는 한 쌍의 뼈판 중 하나.

claviform 곤봉형 형 곤봉 모양의.

clavula 곤봉상 자실체 명 어떤 균류의 곤봉 모양으로 생긴 자실체.

clavus 곤봉절 명 일부 곤충에서 더듬이의 끝에 달리는 곤봉 모양의 구조.

claw 발톱 명 [식] 꽃잎의 자루.

clay 점토(粘土), 진흙 명 지름이 0.002 mm 이하의 광물입자로 구성된 토양. 이 유형의 토양은 보통 수분 및 양분의 보유력이 강하지만 물이 잘 빠지지 않고 봄에 더디게 데워지는 경향이 있다.

cleavage 난할 명 보통 세포질의 증가는 이루어지지 않고 단세포의 접합자가 유사분열에 의해 다세포의 상실배 또는 포배로 변형되는 일련의 세포분열.

cleavage furrow 난할구 발생 초기의 난할에서 접합자의 표면을 따라 세포질을 분열하며 깊게 파진 홈.

cleavage nucleus 난할핵 (1) 암수의 생식핵이 융합하여 생긴 수정란의 핵; (2) 단성발생란의 난핵.

cleidoic 폐쇄의 형 껍질이나 막으로 둘러싸인 알을 갖거나 그러한 알(폐쇄란)과 관련된 말.

cleisto- '닫힌'을 뜻하는 그리스어 '*kleistos*'에서 유래된 접두사.

cleistocarp 폐쇄자낭과 ⇨ cleistothecium.

cleistocarpous, cleistocarpic 폐쇄자낭과의 형 일부 곰팡이와 이끼류에서 볼 수 있는 것과 같이 폐쇄된 자실체를 가진.

cleistogamy 폐화수정(閉花受精) 명 꽃봉오리가 열리지 않고 자화수분을 하며, 종종 작고 눈에 잘 안 띄는 꽃을 갖는 상태. 형 **cleistogamic, cleistogamous**.

cleistothecium 폐쇄자낭과 명 일부 자낭균류에서 특징적으로 나타나는 폐쇄된 자실체(자낭과). 이 안에서 포자가 만들어지고 벽이 붕괴되면서 포자들이 방출된다.

cleithrum 의쇄골(擬鎖骨) 명 어떤 어류의 쇄골 요소.

cleptobiosis 절취생활 명 밀접한 연관이 없는 다른 종이 어느 종이 저장한 먹을 것을 훔치거나 쓰레기 더미를 뒤지는 것. ≒ kleptobiosis.

cleptoparasitism 절취기생 ⇨ kleptoparasitism.

Cl^--HCO_3^- exchanger Cl^--HCO_3^- 교환체 (1) 동물세포에서 Na^+ 및 HCO_3^-의 유입과 Cl^- 및 H^+의 유출이 함께 연결되는, 나트륨에 의해 구동되는 염화물-중탄산염교환체; (2) 세포에서 유출되는 HCO_3^-의 흐름이 전기화학기울기를 낮추고 Cl^-이 유입되는, 나트륨과는 무관한 염화물-중탄산염교환체. 두 가지 모두 세포내 pH를 조절하는 데 중요하다.

climacteric 전환기 명 (1) 생물의 중대한 단계 또는 변화의 시기; (2) 폐경과 연관되거나 남성 기능의 저하와 연관된 변화에 적용되는 말; (3) [식] 열매가 성숙할 때 호흡활동이 증가하는 시기에 적용되는 말.

climactic 극상의 형 극상과 관련된 말.

climate change 기후변화 기후의 어떤 영구적인 변화. 일반적으로 대기 중의 이산화탄소 증가에 따른 대기의 온난화(지구온난화)와 온실효과의 결과로 나타나는 세계기후의 잠재적인 변화를 나타낸다.

climatype 기후형 명 특정 기후조건을 대표하는 생물형.

climax 극상 명 식물군집의 천이계열에서 성숙하거나 안정된 단계. 이 단계의 우점종들은 환경조건에 완전히 적응되어 있다.

clinandrium 약상(葯床) 명 난초과 식물에서 꽃밥들 사이의 꽃술대에 있는 오목한 부분.

clinanthium 반두화탁(盤頭花托) 명 국화과의 두상화에서 볼 수 있는 것과 같이 옆으로 퍼진 꽃턱(receptacle).

cline 기울기, 연속변이 명 주로 공간적 측면을 따라 동일한 종에서 나타나는 서로 다른 유형의 점진적인 변이.

clinidium 클리니듐 명 분포자기(pycnidium)의 포자를 만드는 필라멘트.

CLIP ⇨ class II-associated invariant-chain peptide.

clisere 기후적 천이계열 명 기후의 변화로 나타나는 군집의 천이.

Clitellata 환대강(環帶綱) 명 지렁이류와 거머리류를 포함하는 분류군.

clitellum 환대 명 지렁이류와 같은 일부 환형동물의 피부가 부풀어진 샘의 부분. 환대에서 고치(cocoon)를 방출하고 그 속에서 배가 발생한다.

clitoris 음핵(陰核) 명 여성의 음부 위쪽 부분에 있는, 음경과 상동인 발기성 기관.

clivus 비스듬틀, 경사대 명 (1) 안장등(dorsum sellae) 뒤의 나비뼈(접형골)에 있는 낮게 패인 부위; (2) 소뇌의 소산(monticulus) 후방에 있는 비스듬한 부분.

cloaca 총배설강(總排泄腔) 명 (1) 대부분의 포유동물을 제외한 척추동물에서 소화관, 생식관과 수뇨관과 통하는 강소; (2) 일부 무척추동물에서 소화관의 후방 말단부. 형 **cloacal**.

clock gene 생체시계유전자 활동이나 행동의 리듬 또는 주기성을 조절하는 유전자.

clonal 클론의 형 클론과 관련된 말.

clonal deletion 클론결손 1차림프기관에서 림프구가 발생하는 동안 레퍼토리(repertoire)로부터 자기반응성 림프구가 결실되는 것.

clonal expansion 클론확장, 클론증식 림프구가 그에 상응하는 항원을 접한 다음에 급증하는 것.

clonal selection 클론선택 면역반응에서 항원에 의한 자극에 대응하여 그에 특이성을 갖는 림프구 클론들이 급증하는 것.

clone 클론, 분지계, 영양계 명 (1) 단일세포로부터 반복되는 무성적 증식에 의하여 생긴 유전적으로 동일한 세포군 또는 개체군; (2) DNA클론; (3) 1개 체세포 또는 세포핵에서 비롯된 동물이나 식물을 그 세포나 핵이 나온 개체의 클론이라 함; (4) [식] 무수정생식에 의해 번식한 계통; (5) 동 하나의 세포나 DNA분자를 분리하여 이를 증식시키다.

cloning 클로닝, 클론화, 복제 명 (1) 하나의 세포를 분리하고 이로부터 동일한 세포들의 클론을 만드는 것; (2) DNA클로닝; (3) 1개 체세포 또는 세포핵에서 동물이나 식물을 발생시키는 것. 이렇게 만들어진 생물을 그 세포가 나온 개체의 클론이라 부른다. 포유동물은 미수정란 또는 수정란의 핵을 체세포핵으로 치환하여 복제시킨다.

cloning vector 클론벡터 '외래'유전자를 삽입할 수 있도록 특수하게 변형시킨 플라스미드나 파지. 세균이나 그 밖의 세포에서 증폭시킨다.

clonotype 클로노타입 명 기준표본 또는 정기준표본(holotype)에서 무성적으로 증식된 부분의 표본.

clonotypic 클론형 형 세포의 특정 클론의 특징을 나타내는.

clonus 클로누스 명 개개의 수축을 인식할 수 있는 일련의 근수축.

closed community 폐쇄군집 모든 생태적 지위가 점유되었기 때문에 더 이상 이주할 수 없는 생태적 군집.

closed forest 폐쇄림 연중 또는 1년 중 어느 시기에 나무들의 수관이 겹쳐서 닫힌 숲지붕을 형성하는 산림.

Closteroviridae 클로스테로바이러스과 매우 긴 실 같은 외가닥RNA바이러스(예: 사탕무노란바이러스)를 포함하는 식물바이러스의 1과.

***Clostridium*, clostridia 클로스트리디움, 클로스트리디아** 명, 명복 절대적 혐기성 세균의 속. 토양에 널리 분포하는 포자형성 간균이고, 일부 종은 강력한 독소를 생성한다. 파상풍의 병원균인 파상풍균(*Cl. tetani*), 보툴리누스중독을 유발하는 독소를 만드는 보툴리누스균(*Cl. botulinum*), 가스 괴저(gas gangrene)를 유발하는 가스괴저균(*Cl. histolyticum*), 병원에서 장관감염을 일으키는 디피실리균(*Cl. difficile*) 등을 포함한다.

clotting 응고, 응집 명 (1) 혈액응고; (2) 가용성 단백질을 불용성 형태로 전환시키는 레닌과 같은 효소의 작용으로 우유가 응고하는 것.

clotting factor 응고인자 혈액응고반응에 관여하는 인자. ⇨ blood clotting.

clover-leaf structure 클로버잎구조 모든 운반RNA에 공통인 2차구조를 나타내는 것. RNA사슬 내에서 염기짝짓기가 일어나서 클로버의 잎과 비슷하게 3개의 고리를 형성한다.

club moss 석송류 무종자관다발식물의 일종인 석송문(Lycophyta)에 속하는 종류들의 일반적인 명칭.

clunes 엉덩이, 둔부 명복 엉덩이.

cluster-crystals 군결정체(群結晶體) 식물세포에 있는 옥살산칼슘의 구형 집합체.

cluster-cup 녹포자기 ⇨ aecidium.

cluster of differentiation (CD) 분화군 백혈구의 특정한 세포표면항원(CD항원)을 식별하는 단일클론항체의 조합. 많은 세포표면단백질들을 이와 같은 방식으로 특징짓고 CD번호를 부여한다. 이를테면 CD3은 T세포수용체와 결합하는 단백질복합체이고, CD4와 CD8은 T세포의 당단백질접합분자이다. CD25는 인터류킨-2의 수용체이고, CD45는 백혈구에서 신호전달에 관여하는 티로신인산가수분해효소이다.

clutch 1소란 명 암컷이 한 번에 낳는 알의 수.

clypeal 턱판의 형 턱판(clypeus)과 관련된 말.

clypeate 방패꼴 형 둥글거나 방패처럼 생긴.

clypeus 이마방패, 턱판 명 (1) 곤충의 머리 앞 중심에 있는 외골격의 방패처럼 생긴 판; (2) 거미류에서 눈과 협각의 기부 사이에 있는 머리가슴의 조각.

CML ⇨ chronic myelogenous leukaemia.

CMP ⇨ cytidine monophosphate.

CMV (1) 코우피모자이크바이러스(cowpea mosaic virus); (2) 세포거대바이러스(cytomegalovirus).

cnemial 정강뼈의 형 (1) 정강뼈(tibia)와 관련된 말; (2) 정강뼈의 등 쪽 주변을 따라 난 이랑에 적용되는 말.

cnemidium 크네미디움 명 새의 다리에서 깃털이 없고 보통 비늘이 덮인 다리의 아랫부분.

cnemis 정강뼈 명 정강이 또는 정강뼈.

Cnidaria 자포동물문(刺胞動物門) 명 단순하고 수생이며 주로 바다에 나는 무척추동물의 문. 산호, 부채꼴산호와 말미잘의 산호충강(Anthozoa), 히드라충류와 히드라산호의 히드라충강(Hydrozoa), 해파리류의 해파리강(Scyphozoa), 그리고 입방해파리류의 입방해파리강(Cubozoa)을 포함한다. 군체를 이루는 종류와 단독생활을 하는 종류 모두가 포함된다. 개체들은 대체로 방사대칭이고, 장으로 통하는 하나의 개구부(입)가 있으며, 외피와 내피의 두 층으로 된 몸의 두 층 사이에는 원시적인 신경망이 있다. 자포동물은 폴립(polyp)형과 또는 해파리(medusa)형이 있으며, 입 주변부의 촉수에 쏘는 세포(자세포)가 달린다. 자포동물문은 유즐동물문(Ctenophora)과 함께 큰 무리인 강장동물을 이룬다.

cnidoblast 자세포 명 말미잘, 해파리 그리고 그 밖의 자포동물에 있는 쏘는 세포. '쐐기세포'라고도 하며, 먹잇감이 접촉하면 뻗어나가는 돌돌 말린 섬유(자포)를 포함하고 있다.

cnidocil 자침(刺針), 자세포돌기 명 자세포(쏘는 세포)에서 돌출되어 있는 미세한 돌기. 이 돌기가 자극을 받으면 자포를 방출한다. ≒ **cnidocyte**.

cnidophore 자포체 명 히드라충류의 군체에서 자세포가 달리는 변형된 개충.

Cnidosporidia 극낭포자충아강 ⇨ Myxozoa.

CNS ⇨ central nervous system.

CO ⇨ carbon monoxide.

CO_2 ⇨ carbon dioxide.

CoA ⇨ coenzyme A.

coacervate 코아세르베이트 명 유기분자를 흡착시키는 점토 등의 무기 콜로이드입자.

co-action 상호작용 명 군집 내에서 생물들의 상호간의 작용.

coactivator 공활성화 인자 명 DNA결합단백질과 결합하여 전사활성을 촉진하는 유전자조절단백질.

co-adaptation 상호적응 명 서로 의존적인 2개의 기관들이나 개체들에서 나타나는 상호 연관된 변이와 적응.

co-adapted 상호적응한 형 복잡한 과정에 함께 관여하는 유전자세트에 적용되는 말.

coagulase 응고효소 명 병원성 황색포도상구균(*Staphylococcus aureus*)에 의해 생성되는, 섬유소(피브린)를 응고시키는 효소.

coagulation 응고, 응결 명 (1) 응유 또는 응고; (2) 액체가 화학반응에 의해 점성을 띠거나 고체의 상태로 변화하는 것.

coagulation factor 응고인자 (1) 혈액응고반응에 관여하는 응고제VIII인자(항혈우병인자), 응고제XII인자(하게만인자), 응고제IX인자(크리스마스인자), 칼리크레인, 섬유소원(피브리노겐), 프로트롬빈 등의 혈단백질군; (2) 비타민 K.

coagulocyte 응집혈구 명 곤충의 과립형 혈액세포.

coagulum 응괴(凝塊), 혈병 명 (1) 응집된 덩어리 또는 물질; (2) 피떡.

coal ball 탄구 일부 함탄층에서 발견되는 석화된 식물구조들의 거의 공 모양인 응집체.

coalescence 합착 명 꽃을 이루는 부분들이 한데 붙는 것.

co-ancestry 혈연계수 ⇨ coefficient of kinship.

coarctate 압축된 형 (1) 압축된; (2) 바싹 결합된; (3) 배와 가슴이 조여져서 분리된.

coarctate larva, coarctate pupa 위유충, 위용(圍蛹) 유충의 피부가 보호성의 위용각(puparium)으로 유지되는 어떤 파리목의 유충기.

coastal zone 연안대 고조위선에서 대륙붕의 끝까지 이어지는 구역. 해변과 암반들의 식물상과 동물상 그리고 대륙붕 위의 온난하고 영양소가 풍부한 얕은 물의 식물상과 동물상으로 이뤄진다.

coated pit 피막소공 ⇨ coated vesicle.

coated vesicle 피막소포 클라스린 또는 COP로 구성된 단백질외피로 둘러싸인, 대부분의 진핵세포에서 관찰되는 소포의 유형. 피막소포는 원형질막과 골지체막에 형성되는 피막소공(coated pit)이라는 움푹한 곳에서 생성된다.

cobalamin 코발라민 명 코발트를 함유하는 비타민인 비타민 B_{12}. 미생물에 의해 합성되며 일부 포유동물 효소의 보결분자단이다. ≒ cobalamine.

cobamide coenzyme 코바미드조효소 코발라민의 조효소형.

coca 코카 명 코카나무(*Erythroxylon coca*)의 코카인을 함유한 말린 잎.

cocaine 코카인 명 코카나무 잎에서 추출하는 알칼로이드. 국소마취제로 쓰이고, 각성제로 남용하면 중독에 걸릴 수 있다.

cocci 'coccus'의 복수형.

Coccidia 구포자충목(球胞子蟲目) ⇨ coccidiosis.

coccidioidomycosis 콕시디오이데스 진균증 명 콕시디오이데스 이미티스(*Coccidioides immitis*)에 의해 사람과 그 밖의 동물에서 생기는 진균증. 열이 나고 폐에 육아종이 생긴다.

coccidiosis 콕시디아증 명 원생동물 포자충류의 구포자충목 기생충이 동물의 창자 내벽에 감염하는 질병. 복 **coccidioses**.

coccids 깍지벌레류 명복 매우 작은 벌레인 개각충류. 수컷은 날개가 있고 암컷은 비늘 모양이며 식물체에 붙어서 수액을 빤다.

coccogone 명 어떤 조류의 생식세포.

coccoid 공모양 형 구균과 비슷하게 구형 또는 공 모양의.

coccolith 원석(圓石) ⇨ coccolithophorids.

coccolithophorids 원석조류 명복 운동성의 작은 단세포 진핵생물인 착편모조류 가운데 일부 종의 휴면형태. 탄산칼슘의 비늘(원석)이 세포를 덮고 있다.

coccospheres 원석구(圓石球) 명복 일부 조류와 방산충류에서 단단한 부분들이 남은 잔해.

coccus 구균 명 거의 공 모양인 세균세포. 복 **cocci**.

coccygeal 꼬리의, 꼬리뼈의 형 꼬리뼈와 관련되거나 그 부위에 있는.

coccygeomesenteric 형 새에서 볼 수 있는 것과 같이 꼬리정맥(caudal vein)의 가지에 적용되는 말.

coccyges 'coccyx'의 복수형.

coccyx 꼬리뼈 명 척주의 가장 아랫부분에 있는 뾰족한 뼈. '미추골'이라고도 한다. 형 **coccygeal**.

cochlea 달팽이관, 와우각(蝸牛殼) 명 청각에 관여하는 속귀의 부분. 달팽이의 껍질처럼 나선 모양으로 감긴 구조이며, 바깥귀로부터 전달되는 소리에 의해 달팽이관 내부의 액체가 진동하는 데 대응하는 감각세포가 들어 있다. 달팽이관은 부위에 따라 각각 다른 주파수의 소리에 반응하게 된다.

cochlear 형 (1) [식] **화아층(花芽層)** 꽃눈에서 안쪽의 돌려나는 꽃잎 가운데 하나가 다음의 바깥에서 돌려나는 꽃잎이 되면서 결과적으로 꽃의 부분들이 나선상을 이루는 배열 방식에 적용되는 말;

(2) [동] **달팽이관의** 달팽이관(와우각)과 관련된 말.

cochleariform 나선형 형 나사 모양 또는 숟가락 모양의.

cochleate 나선형 형 (1) 나사 모양의; (2) 달팽이의 껍질과 비슷한.

cockroaches 바퀴류 명복 바퀴벌레목(Dictyoptera)에 속하는 많은 종류들의 일반적인 명칭.

cocoon 고치 명 (1) 번데기(pupa)가 되기 전에 많은 유충들을 보호하는 덮개; (2) 많은 동물들이 그들의 알에 만드는 부드러운 덮개.

COD ⇨ chemical oxygen demand.

codeine 코데인 명 아편에 존재하는 알칼로이드. 모르핀과 비슷하지만 약한 작용을 한다.

coding 코딩 명 신경계에서 감각계의 활동전위가 물리적 자극을 반영한다는 원칙.

coding region, coding sequence (CDS) 암호부위, 암호순서 아미노산순서를 암호화하는 유전자의 부위.

coding strand 암호가닥 2중가닥DNA에서 DNA로부터 전사되는 RNA와 동일한 염기순서를 갖는 DNA가닥. 즉 전사의 주형으로 RNA중합효소가 이용하지 않는 가닥을 말한다. ≒ sense strand.

co-dominance 공동우성 명 (1) 이형접합 상태에 있는 대립유전자들이 동형접합 상태의 대립유전자들이 각각 발현하는 표현형과 다른 표현형을 만드는 경우; (2) 이형접합 상태에 있는 대립유전자들이 똑같이 발현하고 동등하게 기여하는 표현형을 만드는 경우.

co-dominant 형 (1) [유] **공동우성의** 공동우성 현상을 나타내는 대립유전자에 적용되는 말; (2) [식] **공동우점의** 극상식생에서 똑같이 우점하는 두 종(공동우점종)에 적용되는 말.

codon 코돈 명 RNA에 있는 3개의 연이은 염기들의 무리. 아미노산을 지정하거나 번역의 종결신호가 된다. ≒ (DNA의) triplet. 비 anticodon. (⇨ 그림 19)

codon bias 코돈선택 같은 아미노산을 지정하는 코돈 가운데 특정 코돈을 우선적으로 이용하는 것. 유전자에 따라 또는 종에 따라 코돈선택은 달라질 수 있다.

codon family 코돈군 세 번째 염기만 다르고 모두 동일한 아미노산을 지정하는 코돈의 군.

coefficient of coincidence 일치계수 예상한 재조합체(recombinant)의 수에 대한 관찰된 재조합체 수의 비율.

coefficient of community 군집계수 2개 식물군집을 그들의 종조성에 근거하여 유사성의 정도를 측정하는 것. 각 군집의 총 출현종수에 대한 공통출현종수의 비를 이용하여 다양한 방법으로 계산할 수 있다. ≒ similarity index. ⇨ Gleason's index, Jaccard index, Kulezinski index, Morisita's similarity index, Simpson's index of floristic resemblance, Sørensen similarity index.

coefficient of consanguineity 동족계수 ⇨ coefficient of kinship.

coefficient of genetic relatedness 근연계수 ⇨ coefficient of relationship.

coefficient of inbreeding 근교계수 ⇨ inbreeding coefficient.

coefficient of kinship (*f*) 혈연계수 두 개체에서 각 개체로부터 온 배우자를 무작위로 선택한 두 배우자가 특정 유전자자리에 공통의 선조로부터 유래하는 동일한 대립유전자를 가질 확률.

coefficient of relationship (*r*) 근연계수 한 개체의 어느 유전자와 특정한 동족의

C

공통조상으로부터 유래하는 유전자와 동일하게 될 확률. 예를 들어 1란성 쌍생아에서는 $r = 1$, 부모와 자식에서는 $r = 0.5$, 형제자매에서는 $r = 0.5$, 조부모와 손자들에서는 $r = 0.25$ 등이다. 한편 근연계수는 두 개체 간에서 공통의 조상으로부터 유래하는 동일한 유전자의 부분을 나타낸다.

coefficient of selection (*s*) 선택계수 자연선택의 강도를 측정하는 것. 표준적인 유전자형과 비교하여 어느 유전자형이 배우자 생성에 기여하는 정도가 감소되는 비율로 계산한다. 이 계수는 0에서 1의 값으로 나타난다.

coefficient of variation 변이계수 표준편차를 평균값의 백분율로 표시한 것.

coelacanth 실러캔스 ⇨ Crossopterygii.

coelenterates 강장동물 명복 자포동물문(Cnidaria: 산호, 말미잘, 해파리류와 히드라충류)과 유즐동물문(Ctenophora: 유즐동물)을 통틀어 부르는 명칭. 몸은 방사대칭이고 입에서 열린 하나의 체강(강장)을 갖는다. 내배엽(위층)과 외배엽(표피)으로 된 단순한 체벽은 대체로 비세포성 교질의 간충질로 분리된다. 군체를 이루는 종류(예: 산호류)와 단독생활을 하는 종류 모두가 포함된다. 수축성 근상피세포와 단순한 신경망이 존재한다.

coelenteron 강장 명 강장동물의 단일한 체강.

coeliac 복강의 형 (1) 복강과 관련된 동맥, 정맥, 신경 등에 적용되는 말; (2) 복강신경얼기(solar plexus) 등의 얼기(총)에 적용되는 말.

coelo- ≒ 'celo-'.

coelom 체강 명 동물의 체벽과 내장 사이에 있는 빈 곳. 생식샘들과 배설기관들이 자리하고 있고 외부로 통해 있다. 체강을 갖는 동물을 체강동물이라 부른다.

coelomates 체강동물 명복 진체강을 갖는 동물들. 연체동물문, 환형동물문, 절지동물문, 추형동물문, 태형동물문, 완족동물문, 극피동물문, 모악동물문, 반삭동물문 그리고 척삭동물문으로 구성된다.

coelomic 체강의 형 체강과 관련된 말.

coelomocyte 체강소체 명 환형동물의 체강에서, 선형동물의 체강에서, 그리고 극피동물의 체강에 있는 물과 혈액의 순환계에서 발견되는 다양한 유형의 세포들을 통틀어 이르는 말.

coelomoduct 체강관 명 체강에서 외부로 나가는 관.

coelomostome 체강관구 명 체강관의 외부로 난 입구.

coelomyarian 중공근세포성 형 위체강 안으로 불룩해진 근세포의 세로열을 갖는 일부 선충류에 적용되는 말.

coelomycete 분생포자과균류(分生胞子果菌類) 명 분포자기 또는 분생자반에서 분생자를 형성하는 균류를 가리키는 일상적인 명칭.

coelozoic 체강기생의 형 몸의 일부 체강에 기생하는 영양형(trophozoite)에 적용되는 말.

coen- ⇨ 'cen-'.

coenangium 다핵체포자낭 명 다핵체로 된 포자낭.

coenanthium 명 가장자리가 위쪽으로 곡선을 이루는 거의 편평한 꽃턱(receptacle)을 갖는 꽃.

coenenchyme 공육(共肉) 명 산호의 개개 폴립을 연결하는 공통조직.

coenobium 연결생활체 명 일부 녹조류에서 볼 수 있는 것과 같이 뚜렷한 유형과 체제를 갖는 단세포생물들의 군체. 한 개체처럼 움직이며, 번식하여 딸연결생활체를 만든다. 복 **coenobia**.

coenocyte 다핵체 명 구성하는 원형질체들이 세포벽으로 분리되지 않은 균류 또는 조류의 조직. 형 **coenocytic**. ≒ aseptate.

coenoecium 군체 명 태형동물 군체의 바탕을 이루는 물질.

coenogametangium 다핵배우자낭 명 접합균류에서 볼 수 있는 것과 같이 다핵체로 된 배우자낭.

coenogamete 다핵배우자 명 다핵성 배우자.

coenogamy 다핵배우자접합 명 일부 접합균류에서 볼 수 있는 것과 같이 다핵배우자낭의 접합.

coenosarc 공육(共肉) 명 산호군체의 모든 개충을 결속시키는 조직의 얇은 바깥층.

coenosis 유기체 명 생태적 선호도가 비슷한 생물들의 무작위 집합. 비 community.

coenosite 공서생물(共捿生物) 명 습관적으로 다른 생물들과 먹이를 나누는 생물.

coenospecies 집합종, 공동종 명 때때로 생식력이 있는 잡종을 형성하는 잡종교배를 할 수 있는 종이나 생태종 또는 변종과 같은 분류학적 단위의 집합. 이 집단은 아속(subgenus)이나 상종(superspecies)에 상당한다.

coenosteum 공골(共骨) 명 산호류와 태형동물에서 공통의 군체성 골격.

coenozygote 다핵접합자 명 일부 균류에서 볼 수 있는 것과 같이 다핵체 배우자들에 의해 형성된 접합자.

coenurus 공미충(共尾蟲) 명 큰 주머니가 있는 조충의 유충단계. 주머니의 벽에서 많은 딸포낭이 생기고, 각각에는 1개의 머리마디(두절)가 달린다.

coenzyme 조효소 ⇨ cofactor.

coenzyme A (CoA) 조효소A 많은 대사반응에서 활성화 아실기를 전이하는 조효소. β-메르캅토에틸아민(β-mercaptoethylamine) 단위와 결합한 판토텐산(pantothenate) 단위와 결합한 인산아데노신2인산(phosphoadenosine diphosphate)으로 구성되고, 여기에 아실기가 결합하면 아실조효소A(acyl-CoA, acetyl-CoA)가 된다. (⇨ 그림 11)

coenzyme M 조효소M 메탄생성반응의 최종단계에서 메탄으로 환원되는 메틸기를 나르는 보조인자인 2-메르캅토에탄술폰산(2-mercaptoethanesulphonic acid).

coenzyme Q 조효소Q ⇨ ubiquinone.

coevolution 공진화 명 어느 한쪽의 변화가 다른 쪽의 변화를 일으키는 경향이 있는 2개의 종 또는 유전자의 평행진화.

cofactor 보조인자 명 생물학적 작용을 위해 단백질이 필요로 하는 비단백질 물질. 보결분자단 그리고 NAD, NADP, 플래빈뉴클레오티드, 조효소A와 같은 화합물들이 있다.

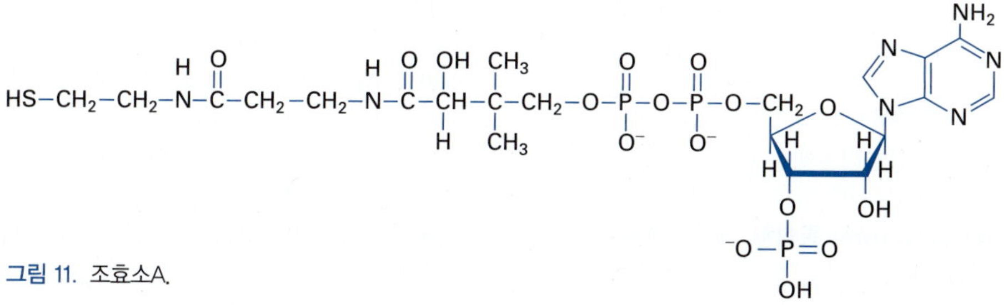

$$HS-CH_2-CH_2-NH-CO-CH_2-CH_2-NH-CO-CH(OH)-C(CH_3)_2-CH_2-O-PO(O^-)-O-PO(O^-)-O-CH_2\text{-ribose(3'-}OPO_3H^-\text{)-adenine}$$

그림 11. 조효소A.

cognate 동족 형 (1) 대응하는 아미노산tRNA합성효소에 의해 인식되는 tRNA(동족tRNA)에 적용되는 말; (2) 대응하는 항체나 T세포수용체에 의해 인식되는 항원(동족항원)에 적용되는 말; (3) 각각 다른 항원결정부를 통해 동일한 항원을 인식하는 B세포와 T세포에 적용되는 말.

cognition 인지 명 연관의 형성, 개념의 형성 및 통찰과 같은 사람과 동물의 고도의 정신과정. 형 **cognitive**.

coherent 합착(合着) 형 비슷한 부분들이 한데 붙었지만 조금만 힘을 가하면 떨어질 수 있는.

cohesin 코헤신 유사분열의 후기까지 자매염색분체를 뭉치게 만드는 여러 소단위로 이뤄진 단백질복합체.

cohesion 합생(合生) 명 [식] 꽃바퀴의 별개의 부분들이 합친 상태.

cohesive ends 외가닥말단, 점착말단 어떤 제한효소로 처리한 DNA의 상보적인 외가닥 말단. 말단끼리 짝을 지어 고리 모양의 분자를 형성하거나 다른 유사한 외가닥 말단과 합쳐질 수 있다. ≒ sticky ends.

cohort 동연령군 명 개체군에서 연령이 같은 개체들의 집단.

coiled-coil 또꼬인나선 단백질에서 2개의 α-나선이 서로 휘말려 있는 구성요소의 유형.

co-immunoprecipitation 명 **공면역침전** 세포에서 서로 상호작용하는 단백질들을 검출하는 기법. 단백질 가운데 어느 하나에 특이적인 표지항원을 이용하여 조직추출물로부터 단백질복합체를 끄집어내고 상호작용하는 단백질들을 동정할 수 있다.

co-integrate 통합체 명 한 DNA가 다른 DNA로 통합되면서 생긴 생성물.

coition, coitus 교미 명 성교, 짝짓기.

colchicine 콜히친 명 백합과 식물 콜히쿰(*Colchicum*)에서 추출한 독성 약물. 중기에 미세소관의 활성을 저해한다. 콜세미드(colcemid)와 같은 유도체들은 세포생물학에서 널리 이용된다.

cold-blooded 변온성 ⇨ poikilothermal.

cold-sensitive mutation 저온민감성 돌연변이 정상적이거나 높은 온도에서는 기능적이지만 낮은 온도에서는 그렇지 않은 유전자산물에서 야기된 돌연변이.

coleogen 내피원층 명 식물에서 내피가 생기게 하는 분열조직.

Coleoptera 딱정벌레목 명 일반적으로 딱정벌레(beetle)라고 부르는 곤충의 거대한 목. 성체에서 앞날개가 막질의 뒷날개를 덮는 단단한 윗날개 또는 딱지날개(시초)로 변형되고, 뒷날개는 퇴화하거나 없다.

coleoptile 자엽초(子葉鞘), 떡잎집 명 벼과 초본과 같은 일부 외떡잎식물에서 발아하는 줄기를 싸고 있는 보호성 껍질.

coleorhiza 근초(根鞘) 명 벼과 초본과 같은 일부 외떡잎식물에서 발아하는 뿌리를 싸고 있는 보호성 껍질.

colic 결장의 형 결장(잘록창자)과 관련된 말.

colicin 콜리신 명 어떤 세균에 의해 생성되는 단백질. 다른 세균을 죽이거나 생장을 억제한다.

colicinogenic 콜리신생성 형 (1) 콜리신을 생산하는; (2) 콜리신을 암호화하는 플라스미드(콜리신생성플라스미드)에 적용되는 말. ⇨ Col plasmid.

coliform 대장균형 (1) 형 체 같은; (2) 명 대장균(*Escherichia coli*)으로 대표되는, 포자를 생성하지 않는 그람음성의 간상 세균들을 통틀어 이르는 말. 이들의 출현은 물의 분변오염을 판정하는 지표로 이용된다.

Coliiformes 생쥐새목 명 쥐새(coly, mousebird)를 포함하는 새의 목.

co-linear 직선대응성 형 DNA염기순서와 이들이 암호화하는 단백질서열 간의 대응 같이 서로 직선적 대응성을 가진. 명 **co-linearity**.

coliphage 대장균파지 명 대장균을 공격하는 박테리오파지.

colitose 콜리토스 명 일부 장내 세균의 외막에 있는 지질다당류에 존재하는 3,6-2디옥시6탄당.

collagen 아교질, 콜라겐 명 동물에서 결합조직세포에 의해 분비되고 결합조직의 세포외 기질의 주요 성분을 이루는 섬유성 단백질. 약 20가지 유형의 아교질이 있다. 각각의 아교질 분자들은 3가닥의 폴리펩티드 사슬이 서로 감긴 3중나선구조를 갖는다. 어떤 유형(예: 가장 흔한 I형)의 콜라겐들에서 각 분자들은 함께 결합하여 불용성의 원섬유를 형성하고 이는 다시 집합하여 신장강도가 높은 굵은 섬유를 이룬다. 다른 유형(예: 기저층의 IV형)의 콜라겐은 종잇장 같은 망을 형성한다. 콜라겐은 글리신과 프롤린이 풍부하게 들어 있고, 흔치 않은 아미노산들인 히드록시프롤린과 히드록시리신을 포함한다. ⇨ procollagen, tropocollagen.

collagenase 아교질가수분해효소 명 아교질을 분해하는 효소군을 통틀어 이르는 말. 가스괴저의 원인이 되는 가스괴저균(*Clostridium histolyticum*)과 같은 일부 세균 그리고 발생하거나 탈바꿈을 하는 동물조직에서 발견된다. ≒ (클로스트리디아의) κ-toxin.

collagenous 아교질성 형 아교질을 포함하는.

collaplankton 점성플랑크톤 명 점액성 또는 젤라틴성 외피에 의해 부력을 갖는 플랑크톤 생물.

collar 깃 명 달팽이에서 껍질의 가장자리 너머로 돌출하는 육질의 테두리 또는 식물에서 뿌리와 줄기 간의 접속 부위 또는 벼과 초본에서 잎몸(엽신)과 잎집(엽초) 간의 접속 부위 등과 같이 깃과 비슷하거나 깃에 비교할 만한 구조들.

collar cell 깃세포 ⇨ choanocyte.

collateral 곁의, 측생, 병립 형 (1) 나란히; [식] (2) 물관부와 체관부가 동일한 반경에 있고 체관부가 물관부의 바깥에 놓이는 관다발(병립관다발)에 적용되는 말; (3) 곁눈(액아)의 옆에 있는 눈(측생덧눈)에 적용되는 말; [동] (4) 신경세포의 축삭에서 나오는 미세한 곁가지에 적용되는 말; (5) 주정맥이 막혔을 때 다른 부분과의 문합(anastomosis)을 통한 순환(곁순환)의; (6) [유] 직계적으로 관련이 없는 개체들에서 공통조상으로부터 형질이 유전되는.

collateral ganglia 곁신경절 자율신경계의 신경절. 포유동물에서 예를 들면 복강동맥, 전장간막동맥, 후장간막동맥 등의 뿌리에 있다. 곁신경절은 신경섬유와 합쳐지지 않는다. 비 lateral ganglia.

collectins 콜렉틴 명복 칼슘의존성 당결합단백질군 또는 아교질과 비슷한 서열을 포함하는 렉틴들. 만노오스결합 렉틴과 보체성분 C1q 등이 있다.

collecting ducts 집합관 콩팥의 피질부위에 있는 콩팥세관에서 수뇨관으로 오줌을 나르는 관. ≒ collecting tubules.

collecting hair 수집모 일부 꽃의 암술머리 또는 암술대에서 꽃가루를 보유하는 털.

collecting tubules 집합관 ⇨ collecting ducts.

collective fruit 집합과 ⇨ anthocarp.

Collembola 톡토기목 명 톡토기 따위의 날개가 없는 작은 곤충의 목. 배는 단지 6개

C

의 체절로 되어 있고, 배에서 나오는 2개의 긴 돌기가 접혔다가 튀어 오르면서 점프하게 된다. 토양과 썩은 낙엽에 흔하다.

collenchyma 후각조직 명 (1) 식물에서 유조직의 주변에 있는, 다소 길어지고 두꺼워진 세포들로 이루어진 지지 역할을 하는 조직; (2) 해면동물의 중간층. 형 **collenchymal**.

C

collet 콜릿 명 각피가 없는 하배축의 뿌리 구역.

colleter 휴면눈샘털, 휴면아모(休眠芽毛) 명 휴면눈에 있는 샘털(glandular hair).

colleterium 교질샘 명 곤충의 암컷 생식계통에서 점액을 분비하는 샘. 알상자(egg case)를 만들거나 기질에 알을 붙이는 데 관여한다. ≒ **colleterial glands**.

collicular 형 'colliculus'와 관련된 말.

collicular commissure 둔덕연결부 뒤통수엽(후두엽)의 기부에서 두 대뇌반구를 연결하는 섬유들의 관.

colliculate, colliculose 둔덕꼴 형 약간 높은 곳을 가진.

colliculus 둔덕 명 (1) 둥근 언덕을 형성하는 다양한 구조를 통틀어 이르는 말; (2) 뇌에 있는 아래둔덕(inferior colliculus)과 위둔덕(superior colliculus); (3) 눈에서 시신경이 망막으로 들어오면서 형성되는 조금 높은 곳. 복 **colliculi**.

colligation 총괄 명 개별적인 여러 단위를 한데 모아서 묶는 것.

colloblast 교포(膠胞) 명 유즐동물의 촉수와 즐판에 있는 세포. 접착성 물질로 된 작은 소구체들이 들어 있다. ≒ lasso cell.

colloid 교질, 콜로이드 명 (1) 질병에 걸린 어떤 세포들에서 발견되는 점액질; (2) 어느 물질이 다른 물질에 분산된 초현미경적인 입자들로 구성되는 이질성 물질.

collum 목, 경부(頸部) 명 목이나 깃 또는 이와 비슷한 구조들.

colon 결장, 잘록창자 명 (1) 척추동물의 큰창자에서 곧창자(직장)의 앞에 있고 물을 재흡수하는 주된 기능을 갖는 부분; (2) 곤충에서 장관의 두 번째 부위.

colonial 군체성 형 수많이 함께 사는, 특히 개개의 생물들이 큰 구조의 부분을 이루며 사는 생물들에 적용되는 말. 그 예로는 일부 조류, 연산호류, 조초산호류(reef-building corals), 부채뿔산호류(gorgonian)와 그 밖의 산호충류, 그리고 관해파리류(siphonophore) 등이 있다.

colonization 집락형성, 정착 명 (1) 새로운 서식지에 종이 침입하는 것; (2) 나지에 유식물이 자리 잡는 것.

colony 군체, 집락, 콜로니 명 (1) 아주 근접하여 함께 사는 같은 종의 개체들의 무리. 군체는 각 구성원 간에 유기적 관련이 있는 응집구조일 수 있고(예: 해면동물, 산호류), 또는 사회성 곤충(예: 벌, 개미, 흰개미)에서 볼 수 있는 것과 같이 많은 수의 독립생활성 개체들이 엄격히 조직된 사회집단을 이루며 상습적으로 함께 살기도 한다; (2) 어느 정도 떨어진 곳에서 함께 살거나 또는 새로운 지역에 최근 정착한 동물이나 식물의 무리; (3) 연결생활체(coenobium); (4) [미] 고형배지에서 배양하면 형성되는 미생물(특히 세균과 균류)의 육안으로 볼 수 있는 집단. 세균 집락(콜로니)은 단일세포의 자손으로 이뤄진다. 균류나 방선균류의 집락은 하나의 포자나 균사의 한 절편에서 생긴다.

colony fission 군체분열, 집락분열 어버이군체(또는 집락)는 온전히 남겨둔 채 일부 구성원이 떠나서 새로운 군체(또는 집락)를 형성하는 것.

colony-forming unit (CFU) 집락형성단위 증식하여 집락을 형성할 수 있는 조혈세포.

colony-stimulating factor (CSF-1) **집락자극인자** 양성 능력이 있는 (bipotential) 대식세포-과립백혈구 전구세포들로부터 대식세포의 생성을 촉진하는 시토카인(cytokine).

colorectal 결장직장의 형 결장(잘록창자)과 직장(곧창자)에 관련된 암(결장직장암) 등에 적용되는 말.

colostrum 초유(初乳) 명 임신 말기에 젖샘에서 분비되는 투명한 액체. 이후에 분비되는 젖과 조성이 다르다.

colour blindness 색맹 사람이 모든 또는 일부의 색을 분별하지 못하는, 유전적으로 결정되는 상태. 가장 흔한 유형인 적록색맹은 다양한 X-연관 열성 유전자들에 의해 결정되므로 남자에서 많이 나타난다.

colour phase 색상 많은 식물에서 볼 수 있는 백색형과 같이 식물 또는 동물에서 특이하지만 자주 나타나는 각양각색의 색깔.

colour vision 색각 망막에 있는 색에 민감한 원뿔세포에 의해 가시광선영역 내의 색을 식별하는 능력. 사람을 포함한 많은 척추동물은 각각 독특한 분광감도(spectral sensitivity)를 지닌 3가지 유형의 원뿔세포를 갖고 있어서 이를 3색시(trichromatic vision)라고 한다. 어떤 동물은 단지 2가지 유형의 원뿔을 갖고 있는 2색시(dichromatic vision)이며, 이 경우 어떤 파장들을 혼동하여 동일한 색으로 감지한다.

colpate 구형(溝型) 형 고랑이 있는 꽃가루립(화분립)에 적용되는 말.

Col plasmid 콜플라스미드 콜리신의 유전자를 나르는 어떤 세균, 특히 대장균에서 발견되는 플라스미드인 콜리신생성플라스미드.

Columbiformes 비둘기목 명 비둘기를 포함하는 새의 목.

columella 기둥, 주축(柱軸) 명 [식] (1) **삭축(蒴軸)** 이끼류에서 깍지(삭과)의 중앙에 있는 불임세포들의 기둥; (2) **중핵(中核)** 뿌리골무의 중심핵; (3) **축주(軸柱)** 균류의 자실체 안에 있는 불임성 구조; [동] (4) **중축(中軸), 내주(內柱)** 일부 산호류의 골격에서 중앙에 있는 기둥; (5) **각축(殼軸)** 일부 복족류 껍데기의 중심기둥; (6) 파충류의 머리뼈에 있는 작은 뼈; (7) 새, 파충류 및 양서류에서 중이(tympanum)와 속귀(내이)를 연결해 주는 반은 골성이고 반은 연골질성인 막대; (8) 달팽이관(와우각)의 축; (9) 코사이막(nasal septum)의 아랫부분. 형 **columellar**.

column, columna 명 (1) **기둥, 주(柱)** 척주, 히드라충류에서 촉수까지의 원통모양 부분, 바다나리류의 자루와 같이 기둥처럼 생긴 구조를 통틀어 이르는 말; (2) [식] **꽃술대** 수술이 합쳐지거나 수술과 암술대가 합쳐져서 생긴 구조.

columnar 원주상 형 (1) 기둥과 관련된 말 또는 기둥과 비슷하게 폭보다 길이가 긴 세포(원주세포)에 적용되는 말; (2) 원주세포로 구성된 상피(원주상피)에 적용되는 말.

column chromatography 칼럼크로마토그래피, 관크로마토그래피 투과성 고체기질을 채운 칼럼(관)에 용매를 흐르게 하여 친화성의 차이에 의해 단백질들을 분리하는 방법. 용매와 함께 내려 보내면 단백질들은 칼럼의 끝에서 분획된다. 기질의 선택에 따라 전기적 인력, 소수성 상호작용 또는 특정 화학기와의 결합능에 의해 단백질들을 분리할 수 있다.

Columniferae 아욱목 ⇨ Malvales.

coma 엽관(葉冠) 명 (1) 파인애플에서 볼 수 있는 것과 같이 끝에 있는 보호엽

(bract)들의 무리; (2) 씨의 솜털; (3) 물이끼속(*Sphagnum*)과 같은 이끼류에서 무리를 이루는 잎들이나 가지들의 촘촘한 머리부위.

combination colours 배합색 색소와 함께 표면의 구조적 특징에 의해 생기는 색깔.

combining site 결합부위 항체에서 특정 항원과 결합하는 부위.

comb jellies 빗해파리류 해양성 강장동물의 문인 유즐동물문(Ctenophora)의 일반적인 명칭. '유즐동물(sea gooseberries)'이라고도 한다.

comb-rib 빗판대 ⇨ Ctenophora.

comes 코메즈, 수반(髓伴) 명 신경과 나란히 흐르는 혈관. 복 **comites**.

co-metabolism 공동물질대사 명 두 번째 물질이 처음의 에너지원이나 탄소원이 되는 대사적 물질의 변화.

comitalia 침골편 명복 해면동물의 작은 2축형 또는 3축형 골편.

Commelinales 닭의장풀목 명 닭의장풀과(Commelinaceae: 자주달개비) 등이 포함되는 초본성 외떡잎식물의 목.

commensal 명 **편리공생생물** 편리공생관계에서 득을 보는 생물. 형 **편리공생의** 편리공생과 관련된 말.

commensalism 편리공생 명 함께 살고 먹이자원을 공유하는 두 종의 생물 가운데 한 종은 득을 보지만 다른 종은 해를 입지 않는 공생관계.

commissure 접합선, 횡연합(橫連合), 맞교차 명 (1) 두 부분 간에서 합쳐지는 선; (2) 신경조직의 연결대. 형 **commissural**.

commitment 구속 명 외부 요인들이 개입하지 않는다면 세포들이 정상적인 발생과정을 따르는 경우. 형 **committed**.

community 군집 명 식물과 또는 동물의 범위가 명확한 집합. 다른 그런 집합과는 분명히 구별된다.

community biomass 군집생물량 군집에서 생물의 단위면적당 전체 무게.

community effect 군락효과 세포가 충분히 존재할 때에만 세포분화가 유도되는 것.

community production (PP) 군집생산 1차생산(primary production), 즉 특정한 면적을 덮는 식생에 의해 형성된 건물량.

comose 털모양 형 (1) 털 모양의; (2) 촘촘하게 난 털이 있는.

Comoviridae 코모바이러스과 작은 등장성 외가닥RNA바이러스(예: 코우피모자이크바이러스)를 포함하는 식물바이러스의 1과. 두 유전체RNA들이 3개의 상이한 바이러스입자의 단백질 막으로 둘러싸이고 바이러스입자 중 하나는 핵산이 없는 다요소바이러스(multicomponent virus)들이다.

compact bone 치밀뼈 ⇨ osteon bone.

compaction 치밀화 명 생쥐 배(embryo)의 상실배에서 할구들이 서로 납작해지고 밀착하면서 세포극성이 나타나는 것.

companion cell 반세포(伴細胞) ⇨ phloem.

comparative genomic hybridization (CGH) 비교유전체혼성화 종양DNA와 정상DNA의 혼성화 양식을 정상적인 세포분열 중기의 염색체와 비교하여 유전적 변화를 일으키는 종양을 가려내는 분자세포유전학적 기법. 이 방법은 염색체 수준과 아염색체 수준에서 전좌와 결실 같은 변화를 탐지한다.

comparative genomics 비교유전체학 다양한 유전체들을 비교하는 것.

comparative modelling 비교모형화 ⇨ homology modelling.

compartment 구획 명 (1) 발생에서 창시자세포 집단의 모든 자손들을 포함하고 별개의 발생단위로 작용하는 경향이 있는 변함없고 명확하게 한계가 정해진 구역. 한 구획의 세포들은 인접한 구획들로 들어가지 않는다; (2) 대사구획(metabolic compartments).

compartmentation 구획화 명 각각 다른 대사과정과 세포생물학적 과정들이 막으로 둘러싸인 특정 구역이나 진핵세포의 세포소기관으로 격리되는 것.

compass 이우골 명 극피동물에서 아리스토텔레스의 등(Aristotle's lantern)의 한 부분인 구부러지고 갈라진 소골(작은뼈).

compass plants 나침반식물 잎의 가장자리가 언제나 남쪽과 북쪽을 가리키는 식물.

compatibility group 이식적합성 군 같은 세균세포 내에서는 공존할 수 없는 플라스미드의 군.

compatible 적합성, 화합성, 호환성 형 (1) 타가수정할 수 있는; (2) 자가수정의 능력을 갖는; (3) 공존할 수 있는; (4) 식물병리학에서 질병을 일으키는 병원체와 숙주 간의 상호작용에 적용되는 말; (5) 조직이식에서 거부 반응을 나타내지 않는 조직이식에 적용되는 말.

compensation point 보상점 (1) 빛의 세기에 의하거나 이산화탄소의 농도에 의해 결정되는, 특정 온도에서 호흡과 광합성이 균형을 이루는 점. ⇨ carbon dioxide compensation point; (2) 호수나 바다에서 녹색식물과 조류가 광합성을 통해 얻는 것보다 호흡으로 잃는 것이 많아지는 수심의 한계. ≒ **compensation depth, compensation level**.

competence 수용능, 반응능 명 (1) 세포나 생물이 자극에 대해 반응할 수 있는 상태. 특히 특정한 발생자극에 반응할 수 있는 배아세포의 능력을 가리킨다; (2) 세균이 DNA를 받아들이고 형질전환을 시작할 수 있는 능력. 형 **competent**.

competition 경쟁 명 (1) 이를테면 식물들이 빛과 물을 두고 경쟁하는 것처럼, 둘 또는 그 이상의 생물들이 물질이나 조건을 적극적으로 요구하고 그 결과 모두가 요구에 의해 억제되는 것. 비 amensalism; (2) 둘 또는 그 이상의 물질들이 효소나 수용체 상의 같은 결합부위에 대해 적극적으로 요구하는 것. ≒ **competitive binding**.

competitive exclusion principle 경쟁배타원리 2개의 다른 종이 같은 생태적 지위를 무기한 점유할 수 없고 결국 한 종은 제거된다는 원리. ≒ Gause's principle.

competitive inhibitor 경쟁적 억제제 ⇨ inhibitor.

complement 보체 (1) 명 보체계의 단백질을 통틀어 이르는 말; (2) 동 ⇨ complementation.

complement activation 보체활성 ⇨ complement system.

complemental air 보충공기 정상적인 호흡을 통해 흡입하는 양 외에 더 흡입할 수 있는 공기의 양.

complemental male 보충수컷 ⇨ pygmy male.

complementarity-determining regions (CDRs) 상보성 결정부위 면역글로불린이나 T세포수용체 사슬의 가변부의 일부인 폴리펩티드 사슬의 3개 가변고리들(CDR1, CDR2 및 CDR3). 항원과의 결합에 관여하고 항원결합부위에 대한 항원특이성에 책임이 있다. 비 framework regions.

complementary 형 (1) **상보성** 서로 염기짝짓기를 할 수 있는 DNA 또는 RNA의 두 가닥에 적용되는 말; (2) **전충(塡充)**

코르크조직에서 느슨하게 배열하고 껍질눈(피목)에서 공기통로를 만드는 비코르크화 세포(전충세포)에 적용되는 말; (3) 명 파충류의 아래턱에 있는 갈고리 뼈.

complementary DNA (cDNA) 상보성 DNA 역전사효소에 의해 생체 외에서 RNA주형으로부터 합성되는 DNA.

complementary male 보조수컷, 보웅(補雄) ⇨ pygmy male.

complementary RNA 상보성 RNA 외가닥 DNA주형에서 전사되는 합성RNA.

complementation 상보관계, 상보성 2배체생물이나 이핵체에서 동일한 돌연변이 표현형을 갖는 두 돌연변이를 조합하면 야생형의 표현형이 만들어지는 것. 이때 두 돌연변이는 상보할 수 있다고 한다.

complementation group 상보군 상보성 검사에서 서로 상보성을 나타내지 않는 돌연변이 그룹. 시스트론(cistron: 단일 폴리펩티드 사슬을 암호화하는 DNA염기순서)을 공식적으로 정의하는 것이다.

complementation test 상보성 검사 같은 표현형을 나타내는 2개 열성 돌연변이가 같은 유전자에 있는지 또는 다른 유전자에 있는지를 알아볼 때 이용하는 방법. 돌연변이에 대해 각각 동형접합인 두 생물을 교배시킨다. 만일 이형접합의 자손에서 야생형 기능을 회복하면 두 돌연변이는 다른 유전자에 위치하는 것이다. ≒ *cis-trans* complementation test.

complement fixation 보체결합 ⇨ com- plement system.

complement receptors 보체수용체 ⇨ CR1, CR2, CR3, CR4.

complement system 보체계 감염되면 활성화되고 혈액에서 세균과 그 밖의 병원체들을 치우는 데 도와주는 혈단백질 체계. 선천면역의 일부이다. 어떤 보체단백질은 병원체를 덮어서(보체결합, complement fixation) 보체단백질 수용체를 갖는 식세포가 이들을 제거하는 것을 용이하게 해 준다. 다른 어떤 보체단백질은 세포막과 복합체를 형성하여 병원체의 분해를 일으킨다. 보체는 독립적으로 행동하거나 항체와 함께 행동한다. 보체계의 주요 단백질들은 C1, C2, C3, C4, C5, C6, C7, C8, C9, B인자, D인자, 피콜린, 만노오스결합렉틴, 프로페르딘이다. ⇨ anaphylatoxin, alternative pathway, C3 convertase, C5 convertase, classical pathway, lectin-mediated pathway, lytic complex, terminal complement components.

complete 갖춘 형 꽃받침조각, 꽃잎, 수술과 암술을 모두 포함하는 꽃(갖춘꽃)에 적용되는 말.

complete metamorphosis 완전변태(完全變態), 완전탈바꿈 곤충에서 성체와 형태가 다른 어린 곤충인 유충(larvae) 시기에서 휴지기인 번데기(pupa)를 거쳐 성체단계인 성충(imago)으로 탈바꿈하는 것. '갖춘탈바꿈'이라고도 한다. 날개와 기타 성체기관은 번데기시기에 몸 안에서 발생한다. 비 incomplete metamorphosis.

complex 착물(錯物), 복합체 명 (1) 둘 또는 그 이상의 분자들이 주로 비공유결합에 의해 결합하여 아주 쉽게 분리할 수 있는 것; (2) [생태] 공유하는 어느 종에 의해 서로 연관된 몇 개의 구별되는 군집들이 만나는 것.

complexity 복잡도 명 염기들의 총 길이로 측정하는, DNA에 들어 있는 염기순서 정보의 양.

complex locus 복합자리 분명히 하나의 기능을 암호화하는 유전자자리이지만 다양한 유전적 검사를 통하여 몇 개의 아유전자자리(sublocus)로 구분될 수 있고 어느 점에서는 각각 개별적인 유전자자리처럼 작용하는 것. 복합유전자자리는 보통 동일한 기능을 하는 다른 측면들을 결정하는 데 관여하는 유전자군으로 구성된다.

complex medium 복합배지 정확한 화학적 조성이 분명하지 않은 배지. 비 defined medium.

complex tissue 복합조직 한 가지 이상의 세포형으로 구성된 조직.

complex trait 복합형질 단순한 멘델형질같이 유전하지 않는 유전형질. 복합형질은 보통 독립적으로 작용하는 다수의 유전자들에 의해 결정된다.

complexus 복합체 명 (1) 부분들이 복잡하게 뒤얽혀서 구성되는 집합체; (2) 목반가시근(semispinalis capitis)의 근육에 적용되는 말.

complicant 형 서로 접어 포개지는 어떤 곤충의 날개에 적용되는 말.

complicate 형 (1) 세로로 접혀져서 오른쪽의 반과 왼쪽의 반이 서로 접촉하는 잎이나 날개에 적용되는 말; (2) 일부 균심류(hymenomycetes)에서 몇 개의 갓과 자루들이 융합하여 중심자루를 형성하는 자실체에 적용되는 말.

component population 특정한 장소와 시간에 특정 생활사시기에 있는 모든 개체들을 포함하는 개체군.

Compositae, composites 국화과, 국화류 명, 명복 민들레, 데이지, 엉겅퀴로 대표되는 쌍떡잎식물 꽃식물의 거대한 과. 많은 작은 낱꽃들로 이루어진 두상꽃차례를 갖는다.

composite 복합 형 (1) 두상꽃차례의 낱꽃들처럼 빽빽이 들어찬; (2) 과일에 적용되는 말. ⇨ sorosis, syconus, strobilus; (3) **국화류** 국화과 식물에 적용되는 말.

composite transposon 복합전이인자 중앙구역의 측면에 삽입순서가 있는 전이인자(transposon).

compound 복합의, 겹잎의 형 몇 개의 요소로 구성되는, 많은 개개의 꽃들로 구성되는 두상화(flowerhead)와 몇 개의 작은 잎들로 구성되는 잎(겹잎)에 적용되는 말.

compound chromosome 복합염색체 ⇨ isochromosome.

compound eye 겹눈 많고 동일한 시각단위들로 구성되는, 곤충과 많은 갑각류 특유의 눈. '복안(複眼)'이라고도 한다. ⇨ ommatidium.

compound microscope 복합현미경 접안렌즈와 대물렌즈의 일련의 렌즈를 통해 상을 확대시키는 복합광학현미경. 현대 복합광학현미경의 최대배율은 약 1500배이다.

compound nest 겹집 둘 또는 그 이상의 종들의 사회성 곤충 집단이 들어 있는 집(둥지). 집의 통로는 함께 나 있다. 성체들은 가끔 섞이지만 새끼들은 분리되어 있다.

compressed 편평한 형 가로로 납작한.

compression wood 압축재 침엽수에서 구부러진 줄기나 가지의 아래쪽에 형성되는, 조밀한 구조를 갖고 훨씬 더 목화된 이상재(reaction wood). '압축이상재'라고도 한다.

compressor 압박기 명 압박하는 데 쓰이는 근육.

computerized axial tomography (CAT) 전산화단층촬영술 수술을 하지 않고 머리 여기저기의 다양한 위치에서 촬영한 X선 사진을 컴퓨터로 분석하여 뇌의 구조를 검사하는 기법.

con A ⇨ concanavalin A.

conalbumin 콘알부민 명 난백과 철을 수송하는 혈장에서 발견되는 철결합 당단백질. ≒ ovotransferrin.

conarium 코나리움 명 일부 강장동물의 투명한 깊은 바다에 서식하는 유생.

concanavalin A (con A) 콘카나발린 A α-만노오스 잔기와 포도당 잔기와 결합하는 렉틴. 실험세포생물학에서 세포막에 있는 당단백질의 표지로 이용된다. 한편 세포 분열촉진제로서의 작용을 한다.

concatamer, concatemer 연쇄체, 사슬동일순서 명 끝과 끝이 이어지는 둘 또는 그 이상의 별개 분자들로 구성되는 DNA 분자.

concatenate 연쇄성 형 포자들처럼 사슬을 이루는.

concentration factor 농축계수 중금속이나 살충제 등의 독성 오염물질이 생물체 내에 들어 있는 정도를 환경 중 또는 먹이사슬에서 앞선 단계의 생물 중에 들어 있는 오염물질의 정도와 비교한 계수.

concentric 동심, 포위 형 [식] 중심이 같은, 한 종류의 조직이 다른 종류의 조직을 에워싸는 관다발(포위관다발)에 적용하는 말.

conceptacle 생식기집 명 일부 조류의 엽상체에서 배우자낭이 들어 있는 오목한 곳.

conceptus 수태물 명 포유동물의 수정란.

concerted evolution 협조진화 ⇨ coevolution

concha 선반, 갑개(甲介) 명 바깥귀길(외이도)로 통하는 바깥귀(외이)의 빈 부분.

conchiform, conchoid 조가비꼴 형 소라고둥 껍질과 비슷한 껍데기 모양의.

conchiolin 콘키올린 명 연체동물의 인대와 각피층을 구성하는 단백질.

conchology 패류학 명 연체동물과 그 껍질을 다루는 동물학의 분과.

concolorate, concolorous 동색의 형 (1) 양쪽 또는 전반적으로 비슷한 색깔의; (2) 특정 구조와 같은 색깔의.

concordant 상동형질 형 1란성 쌍생아의 한 쌍 또는 형제자매의 한 쌍 모두에서 나타나는 형질에 적용되는 말. 비 discordant.

Concorde effect 콩코드효과 동물의 행동에서 미래의 행동이 장래의 가망보다는 과거의 투자에 따라 결정되는 경우.

concrescence 유합, 융합 명 부분들이 함께 자라는 것.

concrete 응결 형 함께 생장하여 하나의 구조를 형성하는.

condensation 응축, 축합 명 (1) 덜 조직화된 조직으로부터 구조가 압축되고 집합하는 것; (2) 염색체에서 염색사가 감기면서 짧고 훨씬 조밀한 구조를 형성하는 것. 유사분열이나 감수분열에 들어가는 염색체에서 나타난다; (3) [생화] 2분자의 유기화합물이 반응하여 물이 제거되면서 공유결합을 형성하는 화학반응의 한 종류.

condensed 축합 형 [식] 자루가 짧거나 없는 꽃들이 서로 밀집하는 꽃차례에 적용되는 말.

condensin 콘덴신 DNA의 나선화에 의해 염색체의 응축에 관여하는 단백질.

condensing vacuoles 응축액포 골지장치와 연관된 크고 미성숙한 분비소포.

conditional 조건 형 변형된 유전자들의 영향에 기인하는 우성(조건우성)에 적용되는 말.

conditional learning 조건학습 개체가 특정 자극에 대한 특정한 반응이 어느 상황에는 적절하지만 다른 상황에서는 그렇지 않다고 길들여지는 학습의 한 종류.

conditional lethal mutation 조건치사돌연변이 온도나 영양 상태와 같은 어떤 조건하에서만 배(embryo)의 치사를 일으키는 돌연변이.

conditional mutation 조건돌연변이 온도나 영양 상태와 같은 어떤 조건 하에서

만 결과를 낳는 돌연변이.

conditional reflex 조건반사 조건적 반응. ⇨ classical conditioning.

conditioned response (CR), conditioned stimulus (CS) 조건반응, 조건자극 ⇨ classical conditioning.

conditioning 조건지우기 ⇨ classical conditioning, operant conditioning, pseudoconditioning, second-order conditioning.

conductance 전도도 명 이온에 대한 생체막이나 단일 이온통로의 투과성을 나타내는 척도. 전기저항 또는 임피던스의 역수이며 지멘스(S)로 나타낸다.

conducting 통도 형 실어 나르는, 한 곳에서 다른 곳으로 물질이나 신호를 전달하는 조직 또는 구조요소에 적용되는 말.

conduction 통도, 전도 명 (1) [식] 식물체의 한 부분에서 다른 부분으로 수용성 물질을 나르는 것; (2) [동] 신경섬유를 따라 전기적 자극을 전달하는 것.

conduction aphasia 전도언어상실증, 전도실어증 이해력은 손상되지 않았지만 들은 말을 그대로 따라 하지 못하는 언어장애.

conduplicate 두겹의 형 (1) 배뿌리를 둘러싸며 접힌 떡잎들에 적용되는 말; (2) 잎의 반쪽이 다른 반쪽의 위에 세로로 접힌 잎에 적용되는 말.

condyle 관절융기, 관절구 명 (1) 관절을 형성하기 위한 뼈의 돌기; (2) 오목한 부위에 꼭 들어맞는 둥근 구조; (3) [식] 윤조류의 장정기. 형 **condylar**.

condyloid 관절융기의, 융기의 형 관절융기(condyle)처럼 생겼거나 관절융기에 가깝게 위치하는.

cone 명 (1) **원뿔** 망막에서 색각과 밝은 빛을 감지하는 원뿔형 또는 플라스크형 감각세포. '추상체'라고도 한다. 개개의 원뿔은 파란색, 녹색 또는 빨간색의 파장을 인식한다; (2) [식] **구과(毬果)** 일부 식물 집단의 생식구조. ⇨ strobilus.

conferted 밀집, 밀생 형 빽빽이 들어찬, 가득 찬.

conflict 갈등 명 동물이 두 가지 대상 중 어느 하나에 접근할 것인지 아니면 도피할 것인지를 결정할 때 또는 어느 대상에 접근할 것인지 아니면 도망갈 것인지를 결정할 때 행동조절의 지배를 놓고 두 가지 동기가 경쟁하는 상황.

confluence 합류, 융합 명 (1) 뒤통수뼈(후두골)에서 시상정맥굴(sagittal sinus)과 가로정맥굴(transverse sinus)이 합류하는 모퉁이; (2) 세포배양에서 세포들이 배양접시 위로 종잇장처럼 퍼진 지점. 보통 이 지점에서는 세포분열을 멈춘다.

confocal microscopy 공초점현미경기술 시료의 다른 부분에서 나오는 빛은 차단하고 레이저를 이용하여 시료의 특정 깊이를 따라 스캔하여 스캔한 면의 선명한 상을 만들어내는 형광현미경기술의 한 종류.

conformation 입체구조 명 구조의 원자들을 입체적으로 배열하는 것.

conformational change 입체구조변화 단백질이나 그 밖의 거대분자에 있어서 3차원 공간에서 구조의 형태나 배열이 변하는 것.

conformer 일치동물(一致動物) 명 온도나 체액의 염류 농도와 같은 체내환경이 외부 조건에 따라 변화하는 특징을 갖는 동물. 비 regulator.

congeneric 동속(同屬) 형 같은 속에 속하는.

congenetic 동원성(同源性) 형 같은 기원을 가진.

congenic 유사유전자형 형 한 계통의 특정 대립유전자 또는 대립유전자군을 다른 계통의 유전적 배경에 덧붙여서 특별히 교배시킨 계통에 적용되는 말.

congenital 선천성 형 태어날 때부터 존재하고 반드시 유전하는 것은 아닌 생리적 또는 형태적 결함에 적용되는 말.

congestin 콘게스틴 명 말미잘 촉수의 독소.

conglobate 구형 형 공 모양의.

conglomerate 군생 형 무리를 지은.

congression 이동 명 유사분열이나 감수분열에서 자매염색분체들 또는 상동염색체쌍이 유사분열방추사나 감수분열방추사의 적도면으로 각각 이동하는 것.

coni (1) **원추형** 'conus'의 복수형으로 원뿔 모양의 다양한 구조에 적용되는 말; (2) 부정소의 머리를 이루는 소엽편(coni vasculosi).

conidia 'conidium'의 복수형.

conidial 분생자의 형 분생자와 관련된 말.

conidioma 분생자과(分生子果) 명 균류에서 분생자가 달리는 특수화된 구조. ⇨ acervulus, pycnidium, sporodochium, synnema. 복 **conidiomata**.

conidiophore 분생자자루 명 분생자가 달리는 담자뿔(sterigmata)을 갖는 균사.

conidiosporangium 분생자낭 명 유주자를 만들거나 직접 발아할 수 있는 분생자.

conidium, conidiospore 분생자 명 균사 또는 담자뿔의 꼭대기가 조여들어 만들어지고 포자낭에 둘러싸이지 않는 균류의 무성포자. '분생포자'라고도 한다. 복 **conidia**.

conifer 침엽수, 구과식물(毬果植物) 명 구과식물문(Coniferophyta)의 구과(cone)가 달리는 나무.

Coniferales, Coniferae 구과식물목 명 보통 별개의 수구과(male cone)와 암구과(female cone)로 된 생식기관을 갖고 주로 바늘 모양의 잎이 달리는 겉씨식물 교목의 목(예: 소나무, 낙엽송, 사이프러스). ≒ **conifers**.

Coniferophyta 구과식물문 명 일반적으로 침엽수라고 부르는 겉씨식물 교목과 관목의 문. 현존하는 종자식물의 5개 주요 문의 하나이다. 보통 바늘 모양인 단순한 잎을 가지며 대포자낭은 주로 포자수(구과)에 달린다. ≒ **Coniferopsida**.

coniferous 침엽수의 형 구과가 달리는 침엽수나 기타 구과식물에 적용되는 말.

conjoined 연합 ⇨ adnate.

conjugate(d) 접합의 형 (1) 결합한, 특히 둘씩 짝을 지어 결합한; (2) 비단백질 성분과 결합한 단백질(접합단백질)에 적용되는 말.

conjugation 접합 명 (1) 두 배우자의 융합; (2) 염색체의 접합; (3) 단세포생물에서 한 세포로부터 접촉하고 있는 다른 세포로 유전물질이 전달되는 것.

conjugation canal 접합관 평행한 조류 사상체의 마주보는 세포들에서 뻗어 나온 돌기들이 합쳐지면서 형성되는 관. 수배우자가 다른 사상체로 이동하는 통로가 된다.

conjugation tube 접합관 접합하는 2개 세균세포들 간에서 형성되는 관. 이 접합관을 통하여 유전물질이 통과한다. ≒ sex pilus.

conjunctiva 결막 명 눈꺼풀의 안쪽과 공막과 각막을 덮고 각막상피를 이루는 점막.

conjunctive 결합 형 파트너들이 유기적으로 연결된 공생(결합공생)에 적용되는 말.

Connarales 콘나루스목 명 콘나루스과(Connaraceae)로 이루어진 쌍떡잎식물의 목.

connate 합착의 형 꽃잎이 붙어서 꽃부리통(화관통)이 되듯이 서로 합치거나 융합한 비슷한 부분들에 적용되는 말.

connate-perfoliate 합착관생 형 기부에서 서로 합쳐져서 줄기를 감싸는 마주나는 잎자루 없는 잎에 적용되는 말.

connective 명 (1) **종연합(縱連合)** 두 신경절 간에 있는 신경섬유의 연결대; (2) **꽃밥부리, 약격(葯隔)** 꽃밥을 2부분으로 분리시키는 조직.

connective tissue 결합조직 동물에서 뼈, 연골, 지방조직 그리고 내부의 기관들을 지탱하고 연결하는 섬유조직을 포함하는 몸의 지지조직. 배의 중배엽에서 유래된다.

connexon 코넥손 명 간극연접에 있는 마주보는 막에서 나오는 2개 단백질입자로 구성되는 단위.

connivent 형 (1) 수렴하는; (2) 둥글게 굽어져서 만나는.

conodonts 코노돈트, 추치류(錐齒類) 명 복 고생대부터 트라이아스기(3첩기) 말까지 풍부하게 나타나는 작은 이빨 같은 화석. 멸종된 초기 척추동물의 섭식기관의 일부로 여겨지며 독립된 문인 코노돈트문(Conodonta)에 소속시킨다.

conoid 원뿔형 형 원뿔처럼 생겼지만 완전히 원추형(conical)은 아닌.

conoid tubercle 원뿔인대결절 쇄골 뒤쪽 끝에서 원뿔인대가 부착하는 작고 거친 융기부.

conopodium 원뿔꽃받침 명 꽃의 원뿔형 꽃턱(receptacle) 또는 꽃받침.

consanguineous 동족, 근친 형 (1) 동족의; (2) 근친 간의 교배(근친교배)에 적용되는 말.

consciousness 의식 명 (1) 행동이나 의도를 인식하고 행동에 대한 목적과 의도를 갖는 것; (2) 마음속으로 그리는 상이 있고 동물이 자신의 행동을 조절할 때 이를 이용하는 것. 그런데 과연 동물이 의식을 갖는지에 관한 문제는 논란이 많다.

conscutum 명 일부 진드기류에서 순판(scutum)과 이순판(alloscutum)이 합쳐져서 생기는 등쪽방패판.

consensual 교감성 형 (1) 자발적 행동과 연관이 있는 비자발적 행동에 적용되는 말; (2) 상응하는 기관의 흥분과 관련되는; (3) 한쪽 눈의 망막이 자극을 받아도 양쪽 눈의 동공이 수축되는 현상에 적용되는 말.

consensus sequence 공통서열 특정 위치에 존재하는 염기가 실험적으로 결정된 서열들과 비교하여 가장 보편적으로 발견되는 염기인 DNA염기순서의 '이상적인' 유형. ≒ canonical sequence.

conservation 보호, 보존 명 (1) 환경과 그 자연자원을 인간 활동의 유해한 영향으로부터 보호할 목적으로 관리하는 것; (2) 진화과정을 통해 그리고 상이한 종에서 뉴클레오티드나 단백질의 서열이 비교적 변화하지 않고 남는 것.

conservative 보존적 형 (1) 진화과정에서 거의 변하지 않은 형질에 적용되는 말; (2) 많은 조상형질들을 간직하고 있는 분류군들에 적용되는 말.

conservative recombination 보존적 재조합 DNA의 새로운 구역이 합성되지 않고 이전부터 존재하던 DNA가닥들이 풀어지고 재결합하는 것. ⇨ site-specific recombination.

conservative substitution 보존적 치환 단백질서열의 한 아미노산을 비슷한 물리화학적 특성을 갖는 다른 아미노산으로 대체하는 것.

conserved 보존성 형 (1) 상이한 생물들에서 동일하거나 매우 유사한 구조, 단백질, 유전자, DNA염기순서 등에 적용하는 말; (2) 상이한 분자들에서 같거나 매우 비슷한 구조 또는 기능에 적용되는 말.

conserved synteny 보존신테니 상이한

종들에서 유전자들의 큰 덩어리가 같은 순서로 보존되는 것.

consimilar 형 (1) 모든 점에서 비슷한; (2) 일부 돌말류와 같이 양쪽이 비슷한.

consociation 단일우점종극상군집 명 단일한 우점종이 특징인 극상군집.

consocies 불안정군집 명 식물 천이가 진행되는 단계를 나타내는 단일우점종극상군집.

consolidation 굳어지기, 경화(硬化) 명 기억의 형성과정에서 단기적 또는 중간적 기억이 장기적 기억으로 옮겨지는 단계.

consortes 연합생물 명복 공생생물, 편리공생생물 또는 숙주와 기생생물 이외의 연관된 생물. 단 **consors**.

consortium 공동체 명 모든 파트너들이 서로 이득을 얻는 둘 또는 그 이상의 생물이 관련된 공생 또는 집합의 유형.

conspecific 동종의 형 같은 종에 속하는.

consperse 형 밀집하여 산재하는 점 같은 무늬나 구멍에 적용되는 말.

constancy 항존도 명 생태학에서 동일한 군총의 각각 다른 시료에서 특정 종이 나타나는 빈도.

constant 항존종 명 생태학에서 군집 내의 무작위로 취한 시료들에서 95% 이상 나타나는 종.

constant region (C region) 불변부 면역글로불린의 무거운 사슬이나 가벼운 사슬 또는 T세포수용체의 2개 사슬에서 분자마다 비교적 일정한 서열을 갖는 카르복시말단 부분. 불변부의 개개 단백질 영역들을 불변영역(constant domain)이라 한다. 비 variable region. ⇨ isotype.

constitutive 구성성(構成性), 구조적 형 (1) 어떤 특정 자극이 없어도 세포에서 합성되는 효소(구성효소)에 적용되는 말; (2) 항상 발현되고 전사의 개시를 위한 특별한 외부 자극이 필요 없는 유전자(구성유전자)에 적용되는 말; (3) 모든 세포에서 이질염색질을 형성하는 염색체 부위인 이질염색질(구조적 이질염색질)에 적용되는 말. 비 inducible.

constricted 잘록한 형 일정한 간격마다 좁아지고 압축된.

constrictor 괄약근, 수축근 명 압축시키거나 수축시키는 근육.

consumer 소비자 명 독립영양생물에 의해 공급되는 자원을 소비해야 하는 종속영양생물. ⇨ primary consumer, secondary consumer.

consummatory behaviour 완료행동 고전적 동물행동학에서 생리적 욕구(예: 갈증)를 충족시키기 위해 적절한 자극(예: 물)을 찾는 탐색의 최종결과로 간주되는 하나의 행동(이 경우에 물을 마시는 것).

consute 형 바늘땀(stitch) 같은 무늬를 가진.

contact guidance 접촉유도(接觸誘導) 발생 중인 뉴런이 세포외 기질의 분자들과 접촉하면서 발생이 유도되는 것.

contact hypersensitivity 접촉과민증 어떤 물질과 직접 접촉하면 접촉한 부위에서 심각한 염증이 발생하는 알레르기 반응의 한 종류.

contact inhibition 접촉저해 세포배양에서 세포들이 서로 접촉하면 세포의 생장과 분열이 중단되는 것.

contact receptor 접촉수용기 진피 또는 표피에 있는 감각수용기.

contact sensitivity 접촉감수성 ⇨ contact hypersensitivity.

contagious 전염성 형 감염성이 있는 질병(전염병)에 적용되는 말.

contest competition 시합경쟁 성공적인 경쟁자는 생존과 생식을 위한 충분한 자원을 얻는 반면에 성공하지 못한 경쟁자는 생존을 위한 자원을 아무것도 얻지 못하거나 불충분하게 얻는 경쟁의 한 종류. '대결경쟁'이라고도 한다.

context **육질, 살** 명 [균] 일부 담자균류의 갓(균모)에서 자실층과 진정한 균사체 간의 섬유조직.

contig 콘틱 명 염색체 영역의 완전한 DNA염기순서를 나타내도록 삽입하는 중복되는 DNA클론들의 집합.

contiguous 접촉, 인접 형 가장자리에서 서로 접촉하지만 실제로 결합하지 않는.

contiguous gene syndrome 인접유전자증후군 인접한 유전자세트의 결실과 관련된 임상증후군.

continental 대륙의 형 대륙 내부의 일부 또는 전체 기상 특성에 의해 특징지어지는 기후에 적용되는 말. 넓은 온도범위를 갖는 더운 여름과 추운 겨울이 나타나고 봄과 가을은 짧으며 뚜렷한 건기와 우기가 나타난다.

continental drift 대륙이동 지구의 표면을 따라 대륙이 이동하는 것.

Continental Southeast Asiatic region 동남아시아대륙식물구 북위 30° 이남의 중국과 말레이시아 반도를 제외한 동남아시아식물구(Southeast Asiatic region)의 나머지 지역들로 구성되는 식물구.

continuous culture 연속배양 영양소와 공간을 고갈시키지 않고 배양균이 항상 빠르게 증식하는 시기에 있도록 미생물을 배양하는 방법. 비 batch culture.

continuous variation 연속변이 개체군을 이루는 개체들 간에서 계급으로 분류되는 경미한 차이가 나타나는 형질의 변이. 연속변이를 나타내는 표현형 형질은 다수의 유전자들에 의해 결정되지만 환경요인도 상당히 작용한다.

continuum 식생연속체 명 [식] 식피의 한 유형이 어느 사이엔가 다른 유형의 일부가 되고 어느 두 유형도 정확하게 반복되지 않는 식생의 형태.

contorted 회선형 형 어느 꽃잎의 한쪽 가장자리는 다음의 꽃잎과 겹치고 다른 쪽 가장자리는 앞의 꽃잎과 포개지는 꽃의 배열에 적용되는 말.

contortuplicate 형 회선형의 접힌 잎을 갖는 눈에 적용되는 말.

contour 외형, 겉 명 도형이나 몸의 윤곽, 새의 몸을 덮는 가장 바깥쪽 깃털(겉깃털)에 적용되는 말.

contractile 수축성 형 줄어들 수 있는.

contractile bundle 수축다발 많은 유형의 동물세포에 존재하는 미오신과 액틴의 작은 일시적 집합. 이들의 수축은 세포운동에 관여하고 세포형을 변화시킨다.

contractile fibre cells 수축성 섬유세포 가늘고 긴 방추형의 거의 다면체인 근세포. 근원섬유의 중심다발이 들어 있다.

contractile ring 수축환 동물의 세포분열에서 2개의 새로운 세포로 분리하는 수축을 일으키는 데 관여하는, 원형질막 바로 밑에 있는 액틴필라멘트의 다발들.

contractile vacuole 수축포 민물에 사는 많은 원생동물의 세포질에서 발견되는 작은 구형의 소포. 이를 이용하여 과잉의 물을 배출한다.

contractility 수축성 명 (1) 근섬유들이 수축할 수 있는 힘; (2) 모양을 바꿀 수 있는 능력.

contracture 구축(拘縮) 명 자극이 제거된 후에도 근육이 지속적으로 오그라든 상태.

contra-deciduate 형 출산할 때 모계조직에 의해 흡수되는 태아태반과 요막의 말단부에 적용되는 말.

contralateral 반대쪽 형 맞은편과 관련되거나 맞은편에 위치하는. 비 ipsilateral.

contranatant 형 흐름을 거슬러 유영하거나 이동하는.

control 대조 명 실험 결과를 평가하는 데 대한 기준을 마련하기 위해 수행하는 실험이나 검사.

controlling element 조절인자 체세포 분열 과정에서 염색체의 다양한 부위로 삽입될 수 있고 삽입부 부근에 있는 유전자들의 발현에 영향을 미칠 수 있는 옥수수의 DNA염기순서. ≒ transposable genetic element.

control region 조절부위 유전자의 발현을 조절하는 데 관여하는 유전자의 부위. 조절부위는 아미노산을 암호화하지는 않지만 조절단백질과 결합하는 뉴클레오티드순서를 포함하고 있다.

control sequence 조절염기순서 유전자의 조절부위에 있는 짧은 뉴클레오티드 순서. 유전자를 조절하는 단백질이나 단백질복합체와 특별히 결합한다.

conuli 코눌루스 명복 일부 해면동물에서 주요 골격요소에 의해 표면에 생기는 텐트 모양의 돌출부.

conus 원뿔 명 (1) 원뿔 모양의 구조; (2) 폐동맥이 생기는 우심실의 팽대부.

conus arteriosus 동맥원뿔 어류와 양서류에서 심실과 대동맥 사이에 있는 깔때기 모양의 구조.

conus medullaris 척수원뿔 척수의 가늘게 끝나는 부분.

conventional behaviour 통상행동 개체군을 구성하는 생물들이 그들의 존재를 드러내고 다른 생물들로 하여금 그들의 개체수를 가늠할 수 있도록 하는 행동.

conventional dendritic cell 통상수지상세포 ⇨ dendritic cell.

convergence 눈모음, 폭주(輻輳) 명 눈으로 가까운 점을 주시할 때 눈들이 공동으로 작용하는 운동.

convergent evolution 수렴진화 공통조상으로부터 물려받은 것이 아니라 비슷한 환경에서 독립적으로 진화한 결과로 2개의 생물이나 구조 또는 분자들 간에서 유사성이 나타나는 것.

convergent extension 수렴확장 발생에서 세포들이 얇게 한쪽 방향으로 확장되고 확장되는 곳과 직각을 이루는 방향으로 좁아지는(수렴) 세포 형태의 변화. '수렴확산'이라고도 하며, 수렴확장은 세포의 운동에 기인한다.

convolute 소용돌이꼴, 회선상(回旋狀) 형 (1) 둘둘 말린 잎과 떡잎에 적용되는 말; (2) 바깥쪽 소용돌이무늬가 안쪽 소용돌이를 포개는 껍질에 적용되는 말; (3) 세뇨관의 똘똘 감긴 부분들에 적용되는 말.

convolution 주름 명 꼬이거나 비틀린 것.

Coombs test 쿰스검사 Rh음성(Rh−)인 임산부에 항Rh항체가 있는지를 밝히는 데 이용하는 검사. 만일 존재한다면 이들 항체가 Rh양성(Rh+)인 태아의 혈구를 공격해서 신생아의 용혈성 병을 유발할 수 있다.

cooperation 협동 명 동물의 행동에서 무리 지어 사냥하는 들개들에서 볼 수 있는 것과 같이 서로 다른 동물들 간에서 과업을 분배하고, 침팬지에서 어미의 친척들이 새끼의 양육을 분담하고, 일부 새들의 집단에서 무리의 다른 새들이 새끼새에 먹이를 주는 것. ⇨ symbiosis.

cooperative binding, cooperativity 협동결합, 협동성 한 리간드(배위자)가 어느 부위에 결합하여 동일한 리간드나 다른 리간드의 다른 부위들의 친화력을 변화시키는 것. 양성협동성(positive cooperativity)은 그 리간드의 다음 부위의 친화력을 증가시켜 결합을 쉽게 만든다. 음성협동성(negative cooperativity)은 다음 부위의 친화력을 감소시켜 리간드와의 결합을 더욱 어렵게 만든다. ⇨ allostery.

cooperative breeding 협동번식 어버이들이 그들의 자손을 돌볼 때 다른 성체들의 협조를 받는 번식체계.

coordinate regulation 협동조절 유전자의 발현에서 특정한 유전자세트가 동시에 발현되는 것.

COP 일부 피막소포의 외피를 형성하는 단백질인 외피단백질(coat protein).

copal 코펄 명 각종 열대수목에서 흘러나오고 무색, 황색, 적색 또는 갈색의 덩어리로 경화되는 수지. 주로 니스의 제조에 쓰인다.

Copepoda, copepods 요각아강, 요각류 명, 명복 해양 동물플랑크톤의 많은 부분을 차지하고 담수에서도 발견되는, 독립생활을 하거나 기생성의 작은 갑각류의 아강. 등딱지가 없고 성체에서 1개의 가운데눈(median eye)이 달린다.

copepodid 코페포디드 명 요각류에서 노플리우스(nauplius)기가 지난 유생기.

coppicing 나무밑둥치기 명 버드나무, 개암나무, 밤나무와 같은 나무들을 몇 년마다 정기적으로 거의 지면까지 잘라 주어 이들 나무가 낮은 그루터기를 만들고 이로부터 많고 긴 곧은 줄기들이 생기도록 하는 숲의 관리작업. '저목림작업'이라고도 한다. 비 pollarding.

coprodaeum 분도(糞道) 명 곧창자(직장)와 연결되는 총배설강(cloaca)의 일부분.

coprolite, coprolith 분석(糞石) 명 화석화된 변(faeces).

coprophage 분생생물(糞生生物) 명 똥을 먹는 동물. 형 **coprophagous**.

coprophagy 분생성 명 (1) 습관적으로 똥을 먹는 것; (2) 변을 다시 먹는 것.

coprophil, coprophilic, coprophilous 분생성 형 똥에 사는.

coprophyte 분생식물 명 똥에서 자라는 식물.

coprosterol 코프로스테롤 명 변에서 발견되는 콜레스테롤이 세균에 의해 환원하여 생기는 스테롤.

coprozoic 분생 형 일부 원생동물과 같이 변에서 사는.

coprozoite 분생동물 명 똥에서 살거나 똥을 먹는 동물을 통틀어 이르는 말.

copula 접합절, 결합절 명 (1) 어떤 파충류의 기설궁(basihyal); (2) 새에서 기저새골과 기설궁이 합쳐진 것; (3) 다리를 놓거나 연결하는 구조들을 통틀어 이르는 말.

copularium 코풀라리움 명 정복합체포자동물인 족포자충류(gregarines)에서 2개의 연합된 배우자모세포 주위에 형성되는 포낭.

copulation 교미, 접합 명 (1) 성적 결합; (2) 원생동물에서 두 개체가 완전히 융합하는 것.

copy number 복제수 세균세포 안에 축적될 수 있는 특정한 종류의 플라스미드의 수.

CoQ ⇨ coenzyme Q, ubiquinone.

coracidium 장모유생(長毛幼生) 명 일부 조충류의 섬모가 달린 배. 제1중간숙주의 체내에서 프로세르코이드(procercoid)로 된다.

Coraciiformes 파랑새목 명 물총새, 롤러카나리아, 코뿔새 등을 포함하는 새의 목.

coracoid 부리의, 오훼골(烏喙骨)의 형 (1) 어깨뼈와 가슴뼈 사이에 있는 어깨띠의 뼈 또는 부분에 적용되거나 관련된 말; (2) 상견갑골홈(어깨위패임) 위로 뻗는 인대에 적용되는 말.

coracoid process 부리돌기, 오훼골돌기 대부분의 포유동물에서 어깨뼈 부위에 흔적만 남은 오훼골.

coral 산호 명 매우 다양한 군체성 자포동물의 일반적인 명칭. 살아 있는 조직들에 의해 서로 연결된 개개 폴립들의 군체들로 이뤄진다. 많은 종들이 탄산칼슘으로 된 외골격 안에서 살고(돌산호류 또는 참산호류), 대규모의 수중 산호초를 형성할 수 있다. ⇨ Octocorallia, Hexacorallia.

coralliferous 산호질 형 산호를 형성하거나 산호를 포함하는.

coralliform 산호상 형 산호와 비슷하거나 산호처럼 가지를 치는.

coralligenous 산호형성 형 산호를 형성하는.

coralline 산호의 형 (1) 산호처럼 생긴, 석회질 껍질을 갖는 일부 홍조류(산호말)에 적용되는 말; (2) 산호로 구성되거나 산호를 포함하는; (3) 연안수의 수심 약 30~100 m의 구역에 적용되는 말.

corallite 산호협, 코랄리트 명 개개 산호 폴립의 컵.

coralloid 산호형 형 (1) 산호와 비슷하거나 산호처럼 가지를 치는; (2) 소철류(소철과의 겉씨식물)에서 음성 굴지성을 나타내는 뿌리(산호형 뿌리)에 적용되는 말. 산호형 뿌리(coralloid root)는 종종 토양 깊숙한 곳에서 불룩한 하배축과 원뿌리에서 생기며 질소를 고정하는 남세균들이 들어 있다.

corallum 군체산호골격 명 군체를 이루는 산호의 골격.

corbiculum 꽃가루바구니 명 많은 벌의 뒷다리에 있는 꽃가루 바구니. 종아리다리(tibia)의 가장자리에 나는 강건한 털에 의해 형성된다.

Cordaitales 코르다이트목 명 화석침엽수의 목. 대부분 키가 큰 교목으로 나무의 줄기는 가늘고 관(crown) 모양의 가지를 치며 나선형으로 배열되는 잎들은 벼과 초본의 잎과 비슷하거나 주걱 모양이다. 대포자낭과 소포자낭은 복포자수(compound strobili)에 들어 있다.

cordate, cordiform 심장형 형 심장 모양의.

cordycepin 코르디세핀 명 진핵RNA의 아데닐산중합반응을 저해하는 뉴클레오티드유사체인 3′-디옥시아데노신.

core area 안전지대 동물이 시간의 대부분을 보내는 영역권의 부분.

co-receptor 보조수용체 명 그 작용이 다른 수용체의 효과를 증진시키는 세포표면수용체.

core enzyme 핵심효소 기능적 촉매부위를 포함하지만 정상적인 조절기능을 하는 데 필수적인 모든 폴리펩티드 소단위 가운데 하나 또는 몇 개가 결핍된 효소.

coregonid 명 흰송어 등의 담수 어류(*Coregonus*).

coremata 발향총(發香總) 명복 나방의 보조교미기관. 털이 달린 한 쌍의 주머니로 구성되고, 제7복절과 제8복절 사이에 위치한다. 단 **corema**.

coremiform 다발꼴 형 빗자루 또는 다발처럼 생긴.

coremiospore 분생자속포자 명 분생자자루다발의 꼭대기에 달리는 일련의 포자들 가운데 하나.

coremium 분생자자루다발 명 분생자자루 또는 균사의 다발처럼 생긴 집합.

co-repressor 보조억제인자 명 (1) 세균에서 분자를 합성하는 데 관여하는 효소를 명시하는 오페론의 발현을 억제하는 작은 분자. 보조억제분자는 유전자조절단백질과 결합하여 유전자조절단백질이 DNA와 결합하고 전사를 개시하는 것을 방해하는 작용을 한다; (2) 진핵생물에서 DNA와 결합한 유전자조절단백질과 결합하여 유전자의 발현을 억제하는 조절단백질.

core temperature 중심온도 동물체의 중심이나 그 부근에서 측정한 온도.

Cori cycle 코리회로 수축하는 근육에서 해당과정에 의해 생성되는 젖산을 간에서 포도당으로 전환시키는 것. 이 포도당은 혈액을 따라 근육으로 수송된다.

coriaceous, corious 가죽같은 형 가죽 같은 잎에 적용되는 말.

corium 진피(眞皮) 명 (1) 진피(dermis); (2) 곤충 겉날개(시초)의 중심에 있는 경계선; (3) 노린재류(반시류) 앞날개의 주된 부분.

cork 코르크 명 코르크질로 채워진 죽은 세포들로 구성되고 물이 투과할 수 없는 밀봉부위가 되는 식물조직의 바깥층. 목본 줄기에 존재하고 코르크형성층에서 만들어진다. ≒ phellem.

cork cambium 코르크형성층 나무껍질의 코르크층을 만들어내는 목본 줄기의 2기 분열조직층. '코르크부름켜'라고도 한다.

corm 둥근줄기, 구경(球莖) 명 커지고 단단해진 땅속줄기. '알줄기'라고도 한다. 둥근 모양을 하고 둘 또는 그 이상의 마디 사이(절간)로 구성되며 소수의 비늘이나 잎들로 싸여 있다.

cormel 분생구경 명 성숙한 둥근줄기(구경)에 의해 만들어지는 2차둥근줄기. '애기알줄기'라고도 한다.

cormidium 간군(幹群), 합체절(合體節) 명 관해파리류 군체에서 개체들의 무리. 군체로부터 떨어져 나와 독립적으로 살 수 있다.

cormoid 둥근줄기형 형 둥근줄기(구경)처럼 생긴.

cormophyte 경엽식물(莖葉植物) 명 뿌리와 줄기 그리고 잎의 구별이 확실하고 육상생활에 적응한 식물을 통틀어 이르는 말.

cormous 둥근줄기생성의 형 둥근줄기를 만드는.

cormus 경엽체(莖葉體) 명 (1) 근계와 지상계를 발달시키는 식물체; (2) 군체동물의 몸이나 군체.

corn 명 영 밀(wheat), 미 옥수수(maize).

Cornales 층층나무목 명 종종 많이 갈라진 잎을 갖는 관목과 초본 쌍떡잎식물의 목. 산형과(Umbelliferaceae, Umbelliferae: 당근 등), 두릅나무과(Araliaceae: 인삼), 층층나무과(Cornaceae: 층층나무), 손수건나무과(Davidiaceae: dove tree) 등을 포함한다.

cornea 각막(角膜) 명 눈의 앞쪽 또는 겹눈을 이루는 각 요소의 바깥쪽을 덮는 투명한 층.

corneosclerotic 각공막의 형 각막과 공막에 관련된 말.

corneoscute 각질(角質) 명 표피의 비늘.

corneous 각질의 형 뿔 같은, 새의 부리를 덮는 껍질에 적용되는 말.

cornicle 뿔관, 잔뿔 명 (1) 진딧물에서 밀랍을 분비하는 기관; (2) 작은 뿔 또는 뿔 같은 돌기를 통틀어 이르는 말. ≒ corniculum, cornule.

corniculate 잔뿔의 형 작은 뿔들을 가진.

corniculate cartilages 잔뿔연골 후두에서 피열연골들의 꼭대기와 관절로 이어져 있는 2개의 작은 원추형의 탄력성 연골.

corniculum 잔뿔관 ⇨ cornicle.

cornification 각질화, 각화 명 표피의 바깥쪽에 각질층이 형성되는 것.

cornified 각질화 형 (1) 각질이 형성된 상피에 적용되는 말; (2) 뿔(각)로 변형되는.

cornified layer 각질층 척추동물 표피 바깥쪽의 각질화된 층. 케라틴으로 채워진 편평한 죽은 세포들로 구성되고 표면에서 떨어져 나간다. ≒ stratum corneum. (⇨ 그림 35)

cornifying 각질화 ⇨ keratinizing.

cornua 뿔, 각 명복 (1) 뿔; (2) 뼈, 신경조직, 강(공간)에서 볼 수 있는 것과 같이 뿔 모양 돌기; (3) 척수에서 회백질의 배주, 측주 및 복주. 단 **cornu**.

cornule 잔뿔 ⇨ cornicle.

cornute 뿔모양 형 뿔 같은 돌기를 가진.

corolla 꽃부리, 화관(花冠) 명 꽃잎 전체를 이르는 말. 형 **corollaceous** 꽃잎들을 가진.

C

corona 작은꽃부리, 섬모관, 관 명 (1) [식] 수선화의 트럼펫 모양 나팔과 같이 꽃부리통(corolla tube) 입구에 꽃잎조각들이 융합하여 형성된 구조; [동] (2) 바다나리류(crinoid)의 막과 팔들; (3) 윤충류와 같은 일부 동물의 섬모판이나 고리 모양 띠; (4) 어떤 구조의 머리나 위쪽 부분.

coronal 관상 형 (1) 관(corona)과 관련된 말; (2) 머리뼈의 이마뼈(전두골)와 마루뼈(두정골) 사이의 봉합(관상봉합)에 적용되는 말; (3) 뇌의 긴 축에 대해 수직으로 절단한 면(관상면)에 적용되는 말.

corona radiata 방사관세포 포유동물의 알을 둘러싸는 세포들의 층.

coronary 관상 형 (1) 관 모양이거나 관처럼 생긴; (2) 둥글게 둘러싸는; (3) 명 관상뼈(coranary bone).

coronary arteries, coronary veins 관상동맥, 관상정맥 심장조직에 혈액을 공급하는 동맥과 정맥.

coronary bone 관상뼈 (1) 파충류의 아래턱에 있는 작은 원뿔형 뼈; (2) 말의 작은 발목뼈.

coronary sinus 관상정맥굴 심장의 정맥들로부터 대부분의 혈액을 받고 심장의 우심방으로 이어지는 커다란 정맥.

coronary vessels 관상혈관 관상동맥과 관상정맥.

coronate 관형(冠形) 형 (1) 관(corona)을 갖는; (2) 구조를 둥글게 둘러싸는 결절(tubercle)의 줄을 갖거나 나선형 껍질의 소용돌이무늬를 가진.

Coronaviridae, coronaviruses 코로나바이러스과, 코로나바이러스 명, 명복 단백질 막으로 둘러싸이고 꽃잎 모양의 돌기를 갖는 중간 크기의 외가닥RNA 바이러스의 과. 조류전염성 기관지염바이러스와 사스(중증급성호흡기증후군, SARS)바이러스를 포함한다.

coronoid 부리모양 형 새의 부리처럼 생긴.

coronula 소관(小冠) 명 (1) 녹조류 윤조강(Charophyceae)에서 볼 수 있는 것과 같이 장란기 위에 관처럼 달리는 세포들; (2) 어떤 돌말류에서 돌말껍질의 주변에 돌려나는 뾰족한 돌기들.

corpora 'corpus'의 복수형.

corpora albicantia 백체 황체세포가 소실된 후 난소여포에 형성되는 백색의 덩어리 또는 흔적.

corpora allata 알라타체 곤충에서 뇌의 바로 뒤에 위치하고 유충호르몬을 분비하는 내분비샘. 한 쌍의 난형 백색 구조이거나 발생과정에 융합하여 하나의 구조(corpus allatum)를 형성하기도 한다.

corpora amylacea 녹말형소체 핵산과 단백질로 구성된 구형체. 전립샘의 포낭 속에 들어 있고 나이가 들수록 많아진다.

corpora bigemina 2구체(二丘體) 척추동물의 뇌에 있는 시엽(optic lobe). 포유동물의 4구체의 위쪽 둔덕(소구)에 해당한다.

corpora cardiaca 측심체 일부 곤충에서 뇌신경절과 알라타체 사이에 있는 신경분비체.

corpora cavernosa 해면체 (1) 남성 성기의 앞부분을 형성하는 발기성 조직덩어리; (2) 음핵(clitoris)의 발기조직.

corpora mamillaria 유두체 ⇨ mamillary bodies.

corpora quadrigemina 4구체(四丘體) 포유동물에서 중뇌의 등 쪽 부분을 형성

하는 4개의 둥근 언덕.

corpus 몸, 체(體) 명 (1) 몸; (2) 기관의 부분을 이루는 비교적 동질성인 구조를 통틀어 이르는 말. 복 **corpora**. 형 **corporal**.

corpus allatum 알라타체 ⇨ corpora allata.

corpus callosum 뇌들보, 뇌량(腦梁) 2개의 대뇌반구를 연결하는 축삭들의 넓은 띠. 한쪽 반구에서 다른 쪽 반구로 정보를 전달하는 데 관여한다.

corpuscle 혈구, 소체 명 (1) 세포, 특히 적혈구; (2) 말피기소체(Malpighian corpuscle)와 같이 다양하고 작은 다세포 구조들.

corpuscles of Ruffini 루피니소체 ⇨ Ruffini's organs.

corpuscular 소체의, 입자의 형 조밀한 또는 구형의.

corpus luteum 황체 포유동물의 난소에서 배란 후에 그라프여포(Graafian follicle)에서 형성되는 황색의 조직덩어리. 황체호르몬(progesterone)을 분비한다.

corpus spongiosum 해면체 남성 성기의 뒤쪽 벽을 형성하는 발기조직의 덩어리.

corpus striatum 줄무늬체 뇌의 대뇌반구에서 백색의 신경섬유를 포함하고 미상핵과 피각(putamen)으로 구성되는 회백질의 덩어리. 각 측뇌실의 바깥쪽에 위치한다.

correlation centres 상관중심 다양한 감각기관에서 오는 정보가 통합되고 그에 따라 반응이 결정되는 뇌의 구역.

correlation coefficient (*r*) 상관계수 두 변량이 서로 관계되어 있는 정도를 나타내는 통계적 지수.

corrin 코린 명 4개의 피롤(pyrrole) 단위들(코린고리)로 둘러싸인 코발트 원자.

corrugator 주름근 명 주름을 생기게 하는 근육.

cortex 피질, 피층 명 (1) 대뇌피질(대뇌겉질); (2) 구조나 기관의 바깥층; (3) 관다발식물의 줄기와 뿌리에서 관다발조직을 둘러싸지만 관다발조직의 부분이 아닌 조직. '껍질켜'라고도 한다; (4) 진핵세포에서 세포막의 바로 안쪽 구역; (5) 세균의 포자에서 포자벽과 포자외피(spore coat) 사이의 층. 복 **cortices**.

cortical 피질의, 피층의 형 'cortex'와 관련된 말.

cortical barrel 피질통 쥐에서 볼 수 있는 것과 같이 1개 감각털(whisker)로부터의 입력을 받는 체성감각피질의 통처럼 생긴 부분.

cortical column 피질기둥 신피질(neocortex)의 기본조직을 형성하는 뉴런들의 수직기둥의 하나.

cortical granules 피층과립 난자에서 원형질막의 바로 밑에 위치하는 작은 입자들. 정자가 알에 들어올 때 그 내용물이 방출되고 알 외피의 구성을 변화시켜 다른 정자들이 들어오는 것을 막는다.

cortical rotation 피층회전 수정 직후에 양서류의 알에서 피층이 밑에 있는 세포질에 대하여 회전하는 현상.

corticate 피층성 형 특수한 외피를 가진.

cortices 'cortex'의 복수형.

corticiferous 형 나무껍질 같은 피층을 형성하거나 가진.

corticoid 코르티코이드 ⇨ corticosteroid.

corticolous 나무껍질서식성 형 나무껍질에서 자라거나 사는.

corticospinal 피질척수의 형 대뇌피질과 척수를 연결하는, 또는 대뇌피질과 척수에 적용되는 말.

corticospinal system 피질척수계 ⇨ pyramidal system.

corticosteroid 코르티코스테로이드 명 부신피질에서 분비되는 스테로이드군을 통틀어 이르는 말. 이들 중 일부는 호르몬이다. 글루코코르티코이드(glucocorticoids)와 무기질코르티코이드(mineralocorticoids)를 포함한다. ⇨ corticosterone, cortisone, cortisol, aldosterone. 형 **corticosteroid**.

corticosterone 코르티코스테론 명 부신피질자극호르몬에 반응하여 부신피질에서 합성되는 스테로이드호르몬. 지질, 탄수화물 및 단백질의 대사에 영향을 미친다.

corticostriate 피질줄무늬체 명 줄무늬체(corpus striatum)를 대뇌피질에 연결하는 신경섬유에 적용되는 말.

corticotrop(h)ic 부신피질자극의 ⇨ adrenocorticotrop(h)ic.

corticotropin 부신피질자극호르몬 ⇨ adrenocorticotropic hormone (ACTH).

corticotropin-releasing factor (CRF) 부신피질자극호르몬방출인자 뇌하수체전엽에서 부신피질자극호르몬(ACTH)의 방출을 촉진하는, 시상하부에서 분비되는 펩티드. ≒ **corticotropin-releasing hormone (CRH)**.

cortina 피막, 거미줄막 명 일부 주름버섯류의 피막(veil).

cortinate 피막의, 거미줄막의 형 (1) 거미줄 같은 질감의; (2) 버섯과 독버섯에서 피막을 가진. ≒ craspedote.

cortisol 코르티솔 ⇨ hydrocortisone.

cortisone 코르티손 ⇨ 사람의 부신피질에서 적은 양으로 분비되는 스테로이드호르몬. 염증의 억제와 탄수화물 합성의 증진 등 다양한 효과를 갖는다. 코르티손에 의거한 약물은 항염증제로 사용된다.

Corti's organ 코르티기관, **Corti's membrane 코르티막**, **Corti's rods 코르티섬유** ⇨ organ of Corti.

coruscation 광진동(光振動) 명 반짝반짝 빛나는 것, 반딧불이의 경우와 같이 빛의 방출에서 섬광 또는 진동의 빠른 변동.

corvine 까마귀의 형 까마귀과(Corvidae)의 새들에 적용되는 말.

corymb 산방꽃차례 명 아래의 꽃자루가 길어서 꼭대기가 거의 평평한 총상꽃차례(raceme) 유형의 꽃차례.

corymbose cyme 산방상취산꽃차례 꼭대기가 평평한 취산꽃차례(cyme). 외관은 산방꽃차례(corymb)와 비슷하지만 발생방식이 다르다.

corynebacteria 코리네세균 명복 스냅핑 분열(snapping fission)로 증식하는 불규칙한 형태의 세포들이 특징인 코리네세균과(Corynebacteriaceae)의 세균. 디프테리아를 유발하는 병원성 디프테리아균(*Corynebacterium diphtheriae*)을 포함한다. 단 **corynebacterium**.

coryneform 코리네형 형 불규칙하고 종종 곤봉 모양을 하는 그람양성 세포들이 특징인 세균에 적용되는 말.

coscinoid 체모양 형 체 모양의.

cosere 총계열 명 같은 장소에서 일어나는 식물천이의 계열.

cosmid 코스미드 명 람다파지의 *cos* 서열들이 삽입된 세균의 플라스미드로 구성되는 클론벡터의 한 종류. 큰 DNA 단편을 클로닝하거나 유전체 라이브러리를 만드는 데 이용된다.

cosmine 코스민 명 일부 어류의 비늘에서 발견되는, 미세하게 가지 친 관을 갖는 상아질(dentine)의 한 종류.

cosmoid scale 코스민비늘 전형적인 총기류(crossopterygian) 물고기에서 발견되는 비늘의 일종. 바깥쪽에 에나멜층이 있고, 코스민층(상아질의 한 종류) 그리고 그 밑에 골조직이 있으며, 내부층이 첨가되면서 두께가 늘어난다. 비 ganoid scales.

cosmopolitan 범세계분포성 형 전 세계에 걸쳐 분포하는.

cosmopolite 보편종 명 전 세계에 걸쳐 분포하는 종.

co-speciation 공동종분화 명 다른 종의 종분화에 대응하여 어느 종에서 새로운 종이 형성되는 것.

cost 코스트, 지출 명 특정 행동에 기인하여 동물의 포괄적인 적응도가 감소하는 것. 비 benefit.

costa 늑골, 주맥 명 (1) 갈비뼈; (2) 조개껍데기의 능선처럼 모양이 갈비뼈를 닮은 것들; (3) 곤충 날개의 앞날개맥 또는 가장자리; (4) 유즐동물의 유영판; (5) 어떤 원생동물에서 파동막의 기부에 있는 구조. 복 **costae**.

costaeform 늑골형 형 (1) 늑골처럼 생긴; (2) 갈라지지 않고 평행한 잎맥에 적용되는 말.

costal 늑골의 형 (1) 갈비뼈 또는 갈비 같은 구조에 적용되는 말; (2) 바다거북과 땅거북의 골갑(bony shield)에 적용되는 말; (3) 곤충 날개의 주맥과 관련된 말.

costalia 코스탈리아 명복 극피동물의 피각에 있는 지지판.

costate 늑골형 형 (1) 하나 또는 몇 개의 세로의 늑골이 있는; (2) 능선이나 주맥이 있는.

cost function 비용함수 동물의 행동에 있어서 다양한 코스트(cost)들의 조합. 동물의 상태와 행동의 모든 측면을 평가하는 데 사용된다.

co-stimulatory signal 동시자극신호 면역학에서 항원과의 결합에 덧붙여 미접촉 T세포(naive T cell)를 활성화하는 데 필요한 자극신호. 이러한 신호들은 전문적 항원표출세포로부터 나온다.

Cot 코트 외가닥으로부터 2중가닥DNA로의 재화합(reassociation)을 측정하는 것. 이 값은 시간 0에서의 외가닥DNA농도(C_0)와 배양시간(t)을 곱한 것으로, $Cot_{1/2}$은 재화합이 절반 완성되는 값이다. 유전체가 커지고 더욱 복잡해질수록 코트값(Cot value)은 더욱 커진다.

coterie 가족무리 명 다른 무리들에 대항하여 공동영역을 방어하는 사회적 무리.

co-terminous 공통경계의 형 (1) 분포가 비슷한; (2) 매우 유사한; (3) 공통의 경계를 가진.

co-transduction 동시형질도입 명 한 번에 2개의 다른 유전자들이 형질도입되는 것.

co-transfection 동시형질주입 명 2개의 다른 유전자들이 세포로 동시에 형질주입되는 것.

co-transformation 동시형질전환 명 (1) 단독으로는 세포를 완전히 형질전환시킬 수 없는 2개의 다른 단백질, 유전자 또는 형질전환바이러스들이 동시에 주입되는 데 따른 세포의 형질전환; (2) 세균세포가 2개의 다른 유전자들에 의해 동시에 형질전환되는 것.

co-translational transfer, co-translational translocation 번역동시이동 진핵세포에서 세포막이 되거나 분비될 단백질들이 번역이 완료되기 전에 소포체막을 가로지르는 이동을 시작하는 과정.

co-transport 공수송 어느 용질의 수송이 다른 용질의 동시수송에 의존하는 막수송.

cotyle 비구 ⇨ acetabulum.

cotyledon 떡잎, 자엽(子葉) 명 (1) [식] 식물에서 양분이 저장되고 종자가 발아할 때 잎을 형성하거나 땅속에 남기도 하는 배의 부분; (2) [동] 포유동물의 태반에서 융모(융털)가 밀집된 것. 궁부, 융모총 또는 태반엽구라고도 한다. 형 **cotyledonary**.

C

C

cotyloid, cotyliform 컵모양 형 컵 모양의.

cotylophorous 형 융모가 밀집된 태반을 가진.

cotylosaurs 배룡류(杯龍類) ⇨ Captorhinida.

cotype 부기준표본 ⇨ syntype.

coumarin 쿠마린 명 많은 식물, 특히 클로버에서 발견되는 갓 벤 건초의 향을 갖는 물질. 향수 제조에 사용되고 항응고제인 디쿠마린(디쿠마롤)을 만드는 데 이용된다.

counteracting selection 반동선택 어떤 유전자들은 어느 수준에서 유리하지만 다른 수준에서는 그렇지 않은 것과 같은 방법으로 개체, 무리 또는 개체군 등의 둘 또는 그보다 많은 수준의 체제에 선택압이 작동하는 것. 비 reinforcing selection.

counterevolution 역진화 명 포식자와 피식자 간에서 볼 수 있는 것과 같이 한 개체군의 특성들이 다른 개체군과의 부정적인 상호작용에 대응하여 진화하는 것.

countershading 방어피음(防禦被陰) 명 동물이 등 쪽은 진하고 배 쪽은 옅은 색이 되는 상태. 위에서 빛이 쪼이면 배 쪽의 그늘이 모호해지고 몸체가 주위와 똑같은 색을 띠게 되고 눈에 잘 띄지 않는다.

countertranscript 역전사물 명 DNA의 동일 구역에 암호화된 다른 RNA와의 부분적 상보성과 염기짝짓기 때문에 어떤 기능을 행사하는 RNA.

coupled reaction 연관반응 에너지를 필요로 하는 반응이 에너지를 방출하는 반응과 연결되는 화학반응. '짝지음반응' 또는 '공역반응'이라고도 한다.

coupled transport 동시수송 농도기울기에 역행하는 어떤 용질의 수송이 농도기울기에 따른 다른 용질의 수송과 연동하는, 세포막 내외의 용질의 수송. '공역수송'이라고도 한다. ⇨ antiport, symport.

coupling factor 짝지음인자 ⇨ ATP synthases.

court 코트 명 번식기에 수컷이 모여 암컷에게 구애하는 집단구혼장(lek) 가운데 각각의 수컷이 구애행동을 나타내는 작은 구역.

courtship 구애행동 명 교미에 앞서서 동물이 나타내는 정교하고 의식화된 행동양식.

covalent bond 공유결합 두 원자 간에 전자를 공유하면서 형성되는 화학결합. 비 non-covalent bond.

covariance 공분산 명 두 변수 간의 상관계수를 계산하기 위해 사용되는 통계적 척도. 두 변수 x와 y에 있어서 공분산(cov)은 다음과 같은 식에 의해 분산(var)과 연관되어 있다: $\mathrm{var}(x + y) = \mathrm{var}(x) + \mathrm{var}(y) + 2\mathrm{cov}(xy)$.

coverts 덮깃 명복 날개깃의 기부를 덮고 있는 깃털.

Cowper's glands 쿠퍼샘 망울요도샘(bulbo-urethral glands).

coxa 밑마디 명 곤충, 거미류와 몇몇 다른 절지동물의 몸에 가장 가까운 다리관절. '기절'이라고도 한다. 형 **coxal**.

coxite 밑마디판 명 곤충의 가슴판에 인접한 외골격에 있는 1쌍의 옆판 중의 하나. '기절판'이라고도 한다.

coxocerite 더듬이밑마디 명 곤충 더듬이의 기부에 있는 관절.

coxopleurite 밑마디옆판 명 곤충 밑마디의 옆판. ≒ catapleurite.

coxopodite 원밑마디 명 갑각류의 다리에서 몸통에 가장 가까운 관절.

Coxsackie virus 콕사키바이러스 주로 창자에서 증식하지만 무균수막염과 그 밖의 질병을 일으킬 수 있는 피코르나바이러스(picornavirus).

cpDNA 엽록체DNA(chloroplast DNA).

CPE 세포병변효과(cytopathic effect).

CpG island **CpG섬** 본질적으로 발현되는 많은 유전자의 5′조절부위에 존재하는 CG서열들의 섬 모양 무리. 이러한 서열에서 C의 메틸화는 유전자의 불활성화와 연관된다. ⇨ DNA methylation.

cpm, c.p.m. 방사능의 단위인 분당계수(counts per minute).

CR 조건반응(conditioned response). ⇨ classical conditioning.

CR1, CR2, CR3, CR4 보체성분의 세포표면 수용체들. 이 수용체들은 대식세포와 같은 식세포에 존재하며 보체로 덮인 미생물의 식균작용(식세포작용)을 용이하게 해 준다.

crampon **등반뿌리** 명 담쟁이덩굴 따위에서 볼 수 있는 공기뿌리(기근).

craniad **전단의** 형 머리 쪽을 향한.

cranial **머리의, 뇌의** 형 머리뼈와 관련되거나 뇌를 둘러싸는 부분과 관련된 말.

cranial nerves **뇌신경** 뇌에서 나오고 주로 머리와 연관된 감각계와 운동계와 관계가 있는 신경들. 뇌신경은 말초신경계의 3가지 주요 부분 중 하나이다.

Craniata, craniates **유두동물류, 유두동물(有頭動物)** ⇨ Vertebrata.

cranihaemal 형 경절(sclerotome)의 앞쪽 아랫부분에 적용되는 말.

cranineural 형 경절의 앞쪽 윗부분에 적용되는 말.

craniology **머리뼈학, 두개골학** 명 머리뼈를 연구하는 것.

craniometry **머리뼈계측법** 명 머리뼈 측정을 다루는 학문.

craniosacral **두개천골의** 형 부교감신경계의 신경들에 적용되는 말.

cranium **머리뼈, 두개골** 명 머리뼈, 특히 뇌를 둘러싸는 머리뼈의 부분.

craspedium **크라스페디움** 명 테를 두른 꼬투리.

craspedote **면사포형** 형 피막(veil)이나 거미줄막(cortina)을 갖는 균류에 적용되는 말.

Crassulacean acid metabolism (CAM) **다육식물유기산대사** 돌나물과(Crassulaceae)와 선인장과(Cactaceae)의 일부 다육식물에서 나타나는 대사경로. 이산화탄소는 먼저 광합성에 의하지 않고 카르복실산(주로 말산)으로 고정되고 빛이 쪼이면 이 유기물이 캘빈회로를 위한 CO_2원으로 이용된다.

crateriform **주발모양** 형 사발(bowl)처럼 생긴.

craticular **주발모양** 형 돌말류의 생활사에서 오래된 돌말껍질이 떨어져 나가기 전에 새로운 껍질이 형성되는 주발 모양의 시기에 적용되는 말.

CRE 고리형 아데노신1인산 반응순서(cyclic AMP response element). ⇨ cyclic AMP response element binding protein.

C-reactive protein **C반응성 단백질** 간에서 생성되는 혈단백질. 세균의 감염에 대한 전반적인 내성과 관련이 있다.

creatine **크레아틴** 명 척추동물의 근육에 크레아틴인산(creatine phosphate)의 형태로 존재하는 아미노산. 근육이 수축될 때 ADP를 ATP로 인산화시키는 고에너지 화합물이다.

creatinine **크레아티닌** 명 크레아틴이 탈수되면서 생성되는 화합물. 근육, 혈액 및 오줌에 들어 있다.

Creationism **창조설** 명 다양한 종류의 생물들이 신에 의해 창조되어 생겨났다는 교리. 진화에 관한 엄청난 증거들이 밝혀짐에 따라 이 학설은 생물학에서 심각한 교리로 대체되었다.

CREB 고리형 아데노신1인산 반응순서결합단백질(cyclic AMP response element binding protein).

C region 불변부 ⇨ constant region.

Cre/lox system 생쥐와 같은 실험동물에서 재조합효소 Cre와 그 표적서열인 *loxP*를 이용하여 표적이 되는 유전자를 결실시키는 방법. 재조합효소 Cre는 유전체에서 양 끝에 *loxP*서열을 갖는 서열들을 자른다. 돌연변이가 일어난 쥐는 원하는 위치에 2개의 *loxP*서열과 Cre를 암호화하는 유전자를 갖게 되고 연구자가 원할 때 발현시킬 수 있다.

cremaster 갈고리돌기 명 (1) 나비 번데기의 뒤쪽 끝에 있는 갈고리들의 무리. 이 갈고리들을 이용하여 번데기가 매달린다; (2) 땅속에 있는 곤충 번데기의 배쪽 가시; (3) **정소거근(精巢擧筋)** 정삭(spermatic cord)을 따라 있는 얇은 근육.

cremocarp 현수과(懸瘦果) 명 산형과(Umbelliferae)식물에서 볼 수 있는 것과 같이 두 개의 2심피로 이루어지는 열매. 두 개의 심피가 1개의 씨를 갖는 비열개성 작은 열매로 갈라지고 분산되기 전까지 지지축에 붙은 채로 남는다.

crena 홈 명 (1) 항문틈새(anal cleft)에서 볼 수 있는 것과 같이 갈라진 틈; (2) 심장의 종구(longitudinal groove)와 같은 깊은 홈.

Crenarchaeota 초고온고세균계 명 DNA 염기순서 자료에 근거하여 식별하는 고세균역(고세균상계, Archaea) 내의 계. 술폴로부스(*Sulfolobus*)와 테르모코쿠스(*Thermococcus*) 등의 황환원 초호열성균과 메탄생성세균 메타노피루스(*Methanopyrus*) 등을 포함한다. 비 Euryarchaeota.

crenate 둔거치(鈍鋸齒) 둥근톱니꼴 형 가리비(scallop) 같은 가장자리를 가진.

crenation 무딘톱날모양 명 (1) 잎에서 볼 수 있는 것과 같이 가리비처럼 생긴 가장자리 또는 둥근 이빨; (2) 톱니 모양 또는 주름진 모양.

crenulate 잔톱니꼴, 소둔거치(小鈍鋸齒) 형 잔잔한 톱니꼴의 가장자리를 가진.

creodonts 육치류(肉齒類) 명복 백악기부터 플라이오세에 걸쳐 출현한 멸종된 태반포유동물의 무리. 육식동물의 조상으로 여겨진다.

crepitaculum 크레피타쿨룸 명 (1) 일부 메뚜기목(Orthoptera)에서 볼 수 있는 것과 같은 마찰기(stridulating organ); (2) 방울뱀 꼬리에 있는 향음기관(rattle).

crepitation 폭발음 명 곤충에서 방어를 위해 폭발음과 함께 액체를 방출하는 것.

crepuscular 여명행성(黎明行性) 형 해진 뒤와 관련된, 해가 뜨기 전이나 땅거미 질 때 나는 새에 적용되는 말. ≒ vespertine.

crescentic, crescentiform 초승달형 형 초승달처럼 생긴.

Cretaceous 백악기 명 백악(chalk)이 주로 형성된 중생대의 마지막 지질시대. 쥐라기가 끝난 약 1억 4600만 년 전에서 제3기가 시작되기 전인 6500만 년 전까지의 기간이다. 1억 4600만 년 전에서 9900만 년 전까지의 백악기 전세(Lower Cretaceous)와 9900만 년 전에서 6500만 년 전까지의 백악기 후세(Upper Cretaceous)로 구분된다. 백악기가 끝나면서 공룡들과 많은 다른 무리들이 멸종되었다. ⇨ K-T boundary, mass extinction event.

Creutzfeldt-Jakob disease (CJD) 야콥병 사람의 희귀하고 치명적인 중추신경계 퇴행성 질환. '크로이츠펠트-야콥병'이라고도 하며, 프리온(감염성 단백질체)에 의한 해면뇌병증이다. 변종 크로이츠펠트-야곱병(vCJD)인 인간광우병은 광우병, 즉 소해면상뇌증(bovine spongiform encephalopathy; BSE)에 감염된 소에 의해 발병되는 것으로 알려져 있다.

CRF, CRH ⇨ corticotropin-releasing factor.

cribellum 체판, 사상판(篩狀板) 명 (1) 거미류에서 거미줄 도관의 구멍에 의해 뚫린 판; (2) 곤충에서 구멍이 뚫린 키틴질 판.

cribrellate 다공성 형 어떤 포자와 같이 많은 구멍을 가진.

cribriform 체모양, 사상(篩狀) 형 체 모양의.

cribriform plate 체판, 사상판 후각신경의 출구가 되는 많은 소공들에 의해 구멍이 뚫린 벌집뼈(사골, ethmoid)의 부분.

cribrose 체모양 형 체 같은 구멍의 무늬가 있는.

cricket 귀뚜라미 명 메뚜기목(Orthoptera)에 속하는 많은 종류의 일반적인 명칭.

crico-thyroid 윤상갑상, 반지방패의 형 윤상연골과 갑상연골(윤상갑상연골, 반지방패연골)과 관련되고, 성대의 긴장근에 적용되는 말.

cricoid 윤상(輪狀), 반지의 형 (1) 고리 모양의; (2) 갑상연골과 피열연골과 관절로 이어져 있는 후두에 있는 연골(윤상연골, 반지연골)에 적용되는 말; (3) 일부 빈치목(Edentata)에서 볼 수 있는 것과 같이 중앙부분에 융모가 없는 태반에 적용되는 말.

crinite 털달린 형 털이나 털 같은 구조 또는 다발이 있는. 명 화석 바다나리류.

Crinoidea, crinoids 바다나리강, 바다나리류 명, 명복 캄브리아기부터 출현하고 일반적으로 바다나리(sea lily)와 갯고사리(feather star)라고 부르는 극피동물의 강. 컵처럼 생긴 몸에서 깃털 모양의 팔이 나오고, 바다나리의 경우 자루로 바닥에 붙는다.

crinose 긴털달린 형 긴 털을 가진.

crisped, crispate 오그라든 형 두르르 말린, 꼬불꼬불하게 굽은.

crissal 크리숨의 형 크리숨(crissum)과 관련된 말.

criss-cross inheritance 십자유전 부친의 형질이 딸에게 전해지고 다시 사내손자에게 전해지는 X염색체연관유전자의 유전 양상.

crissum 크리숨 명 (1) 새의 총배설강 주위의 구역; (2) 항문의 깃털 또는 낮은 꼬리 밑털. 형 **crissal**.

crista 능선, 크리스타 명 (1) 볏 또는 이랑; (2) 미토콘드리아 내막이 겹쳐진 것 중 하나. 복 **cristae**.

cristate 볏모양 형 (1) 볏(crest)이 있는; (2) 볏 모양의.

crithidial 형 부분적인 파동막과 핵 앞쪽에 동원질체를 갖는 파동편모충(trypanosome)의 가늘고 긴 유형에 적용되는 말.

critical frequency 임계빈도 (1) 별개의 감각을 일으킬 수 있는 연속적인 자극의 최대빈도; (2) 연속된 감각을 위한 최소빈도.

critical group 임계집단 무수정종(apo-mictic species)에서 볼 수 있는 것과 같이 더 작은 집단으로 구분할 수 없는 분류학적 집단.

critical links 임계연결고리 먹이사슬에서 주된 에너지 포획과 영양소 동화의 책임을 맡고 있는 생물들. 이들 생물은 먹이사슬에서 높은 영양단계에 있는 생물들이 이용할 수 있는 형태로 영양소를 변형시키는 데 있어서 대단히 중요하다.

critical period 임계기간 어느 기관의 발생 과정에서 바이러스의 감염이나 약물 등에 의해 기관의 발생을 저해할 수 있는 시기.

cRNA 상보성 RNA(complementary RNA).

crochet 갈고리 명 (1) 곤충에서 유충이 이동할 때 이용하는 갈고리; (2) 거미류에서 협각(chelicera)의 끝에 있는 갈퀴.

Crocodylia, crocodilians 악어목, 악어류 명, 명복 트라이아스기(3첩기)에 처음 출현하였고 오늘날의 악어와 앨리게이터로 대표되는 파충류의 목. 각질의 비늘로 덮여 있고 뒷다리보다 짧은 앞다리를 가지며 유영하기에 적합하도록 긴 몸을 갖는다.

crop 모이주머니, 소낭(嗉囊) 명 [동] (1) 새의 식도에서 먹은 것을 저장하는 주머니 모양의 확장부; (2) 곤충의 소화관에 있는 비슷한 구조.

crop-milk 소낭유(嗉囊乳) 비둘기 모이주머니(소낭) 상피의 분비액. 젖분비호르몬(prolactin)에 의해 분비가 촉진되고 새끼 비둘기에게 먹인다.

crosier 갈고리, 구형돌기 ⇨ crozier.

cross 잡종 (1) 명 유전자형, 균주 또는 품종이 다른 어버이들을 교배하여 생겨난 생물; (2) 동 잡종을 만들다.

cross-fertilization 타가수정 서로 다른 개체들, 특히 유전자형이 다른 개체들에서 생긴 암수 배우자의 융합. ≒ allogamy, allomixis.

crossing-over 교차 감수분열 과정에서 DNA의 재조합이 일어날 때 상동염색체 간에서 유전물질이 교환되는 것. 재조합 중에 형성되는 구조를 교차점(chiasma 또는 crossover)이라고 부르며, 광학현미경 하에서 볼 수 있다. ⇨ unequal crossing-over.

Crossopterygii, crossopterygians 총기류(總鰭類) 명, 명복 대부분 멸종되고 실러캔스(*Latimeria*)만이 유일하게 남아 있는 경골어류의 집단. 'tassel-finned fishes' 또는 'lobe-finned fishes'라고도 한다.

crossover 교차점 ≒ chiasma. ⇨ crossing-over.

crossover fixation model 교차고정모형 rRNA 유전자와 절지동물의 일부 부수체 DNA에서 볼 수 있는 것과 같은 다중반복DNA서열의 정확도를 유지시키는 데 대해 제안된 메커니즘. 전체 클러스터가 재조합 중의 부등교차(unequal crossing-over) 메커니즘에 의해 계속해서 재배열된다.

cross-pollination 타가수분 어느 식물의 꽃에 있는 꽃밥으로부터 다른 식물의 꽃에 있는 암술머리로 꽃가루를 옮기는 것. '타화수분'이라고도 한다.

cross-presentation 교차항원표출 [면] 보통 세포 내에서 유래된 항원을 제시하는 MHC클래스 I 분자들에 의해 세포 외부로부터 유래된 항원을 제시하는 것. ⇨ antigen presentation.

cross-priming 교차항원자극 [면] 교차항원표출로 제시된 항원에 의해 미접촉 CD8 T세포가 활성화되는 것.

cross-reacting 교차반응 (1) 하나 이상의 항원과 반응하는 항체(교차반응항체)에 적용되는 말; (2) 다른 항원에 대항하여 생긴 항체와 반응하는 항원(교차반응항원)에 적용되는 말.

cross-reflex 교차반사 몸의 한쪽에 있는 수용기의 자극에 대한 다른 쪽의 효과기에서 일어나는 반응.

crotchet 갈고리형 기관 명 끝에 새김눈이 있는 굽은 센털.

crown 명 (1) **볏** 관모(crest); (2) **정수리, 두정부** 머리의 꼭대기; (3) **치아머리, 치관(齒冠)** 치아의 노출된 부분, 특히 분쇄 표면; (4) **관(冠)** 바다나리류의 머리와 컵 및 팔들; [식] (5) **수관(樹冠)** 나무의 잎이 있는 윗부분; (6) **대목(臺木)** 꺾꽂이에 쓰이는, 잎이 달린 짧은 뿌리줄기.

crown gall disease 근두암종병(根頭癌腫病) 근두암종균(*Agrobacterium tumefaciens*)에 의한 식물종양.

crozier 갈고리, 구형돌기(鉤形突起) 명 (1) [식] 고사리류의 갈고리 모양의 어린 엽상체; (2) [균] 조낭균사(ascogenous hypha)의 말단세포에 의해 형성되는 갈고리.

CRP 고리형 아데노신1인산 수용체단백질(cyclic AMP receptor protein), 이화물질유전자활성화단백질(catabolite gene activator protein).

crucial, cruciate 십자형 형 십자 모양의.

crucifer 십자화과 식물 명 쌍떡잎식물의 큰 과인 십자화과(Cruciferae)의 식물들. 꽃은 십자의 형태로 4장의 꽃잎을 갖는다. 양배추, 꽃무, 겨자, 갓류 등이 속한다. 형 **cruciferous**.

cruciform 십자형 형 (1) 십자의 방위처럼 배열된; (2) 십자 모양으로 된.

crumena 크루네마 명 노린재목(Hemiptera)에서 문침(stylet)이 들어가는 껍질.

cruor 피떡, 혈병(血餠) 명 혈액이 엉긴 덩이.

crura 다리, 각(脚) 명복 다양한 기관과 생물에서 원주형의 구조. 단 **crus**.

crura cerebri 대뇌다리 중뇌의 복측부를 이루는 2개의 짧은 기둥 모양 조직.

crural 넙다리의 형 넓적다리와 관련된 말. ≒ femoral.

crureus 중간광근(中間廣筋) 명 넓적다리의 4두근(quadriceps muscle)의 부분들.

crus 'crura'의 단수형.

Crustacea, crustaceans 갑각아문, 갑각류 명, 명복 이전의 분류체계에서 강(class)으로 간주하였던 절지동물의 아문. 게, 바닷가재, 새우 등과 같이 주로 물에 살고 아가미로 호흡하는 동물이다. 몸은 5쌍의 부속지(입의 앞쪽에 있는 2쌍의 촉각과 입의 뒤쪽에 있는 3쌍의 턱다리)가 달리는 머리와 다양한 수의 부속지들이 달리는 몸과 배로 나뉜다. 2지형(biramous)의 부속지들은 보각과 아가미의 기능을 한다. 갑각류는 종종 단단한 등딱지(배갑) 또는 껍질을 갖는다. (⇨ 부록 3)

crustaceous 갑각류의, 각상 형 (1) 갑각류의 특징을 갖는; (2) 얇거나 잘 부러지는; (3) 얇은 껍질을 형성하는.

crustose 각상(殼狀) 형 기층에 얇은 껍질을 형성하는 일부 지의류(각상지의류)와 해면동물에 적용되는 말.

cryobiology 저온생물학 명 보통 0□ 이하 또는 이에 가까운 온도에서 세포와 조직의 생명현상을 연구하는 것.

cryo-electron microscopy 극저온전자현미경관찰법 염색하지 않은 얇은 냉동필름의 재료를 전자현미경으로 관찰하는 것. 큰 분자와 분자착물(molecular complex)의 구조를 연구하는 데 사용된다.

cryoenzymology 저온효소학 명 촉매과정의 속도가 늦춰지는 매우 낮은 온도(예: −50□)에서 효소의 특성을 연구하는 것.

cryoglobulin 저온글로불린 명 저온에 두면 자연적으로 침전하거나 겔 상태가 되거나 또는 결정체를 이루는 면역글로불린들. 정상적인 사람의 혈청에는 소량 들어 있고 일부 질병에서 많이 나타난다.

cryoglobulinaemia 저온글로불린혈증 명 저온글로불린의 면역복합체가 축적되면서 생기는 질병.

cryophil(ic) 호저온성 형 낮은 온도에서 잘 자라는.

cryophylactic 한랭저항성 형 낮은 온도에 내성을 갖는 세균에 적용되는 말.

C

cryophyte 빙설생물 명 눈과 얼음에서 사는 식물, 조류, 세균 또는 균류.

cryoplankton 빙설플랑크톤 명 빙하 주변과 극지에서 발견되는 플랑크톤.

crypsis 은폐(隱蔽) 명 주변 환경과 비슷하게 생물이 위장하는 것.

crypt 움, 음와(陰窩), 소낭 명 (1) 작은창자의 벽에 있는 상피로 둘러싸인 좁은 구멍처럼 단순한 샘관 또는 샘공간; (2) [식] 기공의 구멍.

cryptdins 크립틴 명복 소화관 상피의 파네스세포(Paneth cell)에서 분비되는 디펜신(defensin)군의 항세균성 단백질.

cryptic 은폐, 잠재 형 숨겨진; (1) 은폐하기 쉽도록 해 주는 보호색(은폐색)에 적용되는 말; (2) 열성 유전자의 존재에 기인한 유전적 변이에 적용되는 말; (3) 겉모습은 매우 비슷하지만 정상적으로 상호교배되지 않는 종(잠재종)에 적용되는 말.

crypto- '숨겨진'을 뜻하는 그리스어 '*kryptos*'에서 유래된 접두사.

cryptocarp 낭과 ⇨ cystocarp.

cryptochrome 크립토크롬 명 식물의 청색광 수용체의 한 종류.

cryptococcosis 효모균증 명 효모형의 균류 크립토코쿠스 네오포르만스(*Cryptococcus neoformans* = *Lipomyces neoformans*)에 의해 사람의 폐 또는 중추신경계에서 일어나는 질환.

cryptofauna 음서동물상(陰棲動物相) 명 산호초의 갈라진 틈과 같이 보호된 환경에서 숨어 자라는 생물들.

cryptogams 은화식물(隱花植物) 명복 이끼류와 고사리류와 같이 포자로 번식하는 식물들. 이 용어는 꽃이 없거나 진정한 줄기, 뿌리 또는 잎이 없는 식물을 가리키기도 한다.

cryptogram 크립토그램 명 분류에서 사용되는 자료들을 수집하는 표준적 방식을 나타내는 방법.

cryptomonad 은편모조류 ⇨ Cryptophyta.

cryptonema 크립토네마 명 갈조류의 털집(cryptostomata)에서 뻗어 나오는 사상체.

Cryptophyta, cryptophytes 은편모조식물문, 은편모조식물 명, 명복 대부분 독립생활을 하지만 일부는 기생을 하는 단세포 원생생물의 문. 난형의 편평한 세포에 2개의 상이한 편모가 나오는 세포홈(gullet)을 갖는다. 이 문에는 광합성생물과 비광합성생물 모두가 포함된다. 은편모조식물은 유글레나류 등의 유사한 원생생물들과 세포분열의 방식에서 차이를 보인다. 생식은 오로지 무성적 분열에 의한다. 일부 동물의 장관을 포함하여 광범위한 습한 서식지에서 발견된다. ≒ cryptomonads.

cryptophyte 명 (1) **땅속식물** 땅속의 뿌리줄기, 둥근줄기 또는 비늘줄기에 의해, 또는 물속의 눈(bud)에 의해 여러 해를 사는 식물; (2) **은편모조식물** 은편모조식물문(Cryptophyta)에 속하는 원생생물들.

cryptoptile 크립토프틸 명 새의 유두상돌기에서 발달한 깃털의 필라멘트.

cryptorchid 잠복고환의 형 정소가 복강내에 남아 있는.

cryptosphere 음지활동영역 명 음서동물(cryptozoa)의 서식지.

cryptostomata 털집 명복 일부 대형 갈조류에서 볼 수 있는, 불임성 털들만 들어 있는 무성적 생식기집. 단 **cryptostoma**.

cryptozoa 음서동물(陰棲動物) 명 (1) [생태] 땅에 살지만 땅 위의 부엽(leaf litter)과 잔가지 속에서 그리고 나무토막이나 돌의 사이와 그 밑에 사는 작은 육상동물들; (2) [동] 갈라진 틈에 사는 동물들. 형

cryptozoic.

cryptozoite 잠복소체 명 기생성 원생생물의 포자소체(sporozoite)가 혈액에 들어가기 전에 조직에서 사는 시기.

crypts of Lieberkühn 리버퀸샘 소화효소를 분비하는 창자의 관꼴 외분비샘.

crystal cells 결정세포 극피동물에서 발견되는, 마름모꼴 결정이 들어 있는 세포.

crystal-containing body 결정체 ⇨ microbody.

crystallin 수정질 명 눈의 수정체의 주된 구성성분이 되는 작은 구형단백질군을 통틀어 이르는 말.

crystalline 수정의 형 투명하거나 반투명한.

crystalline cone 수정원뿔 겹눈의 낱눈에 있는 원뿔 모양의 젤리 같은 세포외 구조. '원뿔정체'라고도 한다.

crystalline style 정간체(晶桿體) 일부 연체동물의 소화관에서 나타나는 투명한 단백질성 막대모양 구조. 탄수화물가수분해효소들이 들어 있고 탄수화물 소화에 관여한다. '간정체'라고도 한다.

crystallization 결정화 명 (1) 용액에서 단백질 등의 결정이 형성되는 것; (2) 새에서 완전히 성숙한 노래(지저귐)가 형성되는 최종 단계.

crystallography 결정학(結晶學) ⇨ X-ray crystallography.

crystalloid 명 (1) **결정질** 용액에서 반투막을 통해 빠르게 확산되는 물질, 비 colloid; (2) **결정체** 일부 식물세포에서 발견되는, 단백질로 구성된 결정체.

crystal structure 결정구조 X선결정학을 통해 얻어지는 단백질 또는 기타 분자들의 3차원 구조.

CS ⇨ conditioned stimulus.

CSF ⇨ cerebrospinal fluid.

CSF-1 ⇨ colony-stimulating factor.

ctene 크텐 ⇨ Ctenophora.

ctenidium 빗살아가미, 빗살센털 명 (1) 빗살 모양 또는 깃 모양의 구조, 특히 연체동물의 호흡장치; (2) 유즐동물(Ctenophora)의 유영판을 이루는 융합된 섬모들의 열; (3) 일부 곤충에서 빗을 형성하는 가시들의 열. 복 **ctenidia**.

cteniform, ctenoid, ctenose 빗살무늬 형 빗 같은 가장자리를 갖는 빗살 모양의.

ctenocyst 빗살주머니 명 유즐동물에서 입과 반대쪽의 표면에 달리는 감각기관.

Ctenophora, ctenophores 유즐동물문, 유즐동물(有櫛動物) 명, 명복 빗해파리류 등으로 이뤄지는 강장동물의 문. 독립생활을 하고 2축방사대칭(biradial symmetry)의 몸에 8렬로 나란히 서는 빗판(즐판, 크텐 또는 유영판이라고도 함)이 있고 그 운동에 의해서 이동한다. 자세포(쏘는 세포)는 없다.

C-terminal, C terminus C말단 ⇨ carboxy terminus.

CTL ⇨ cytotoxic T lymphocyte.

CTP ⇨ cytidine triphosphate.

CT scan ⇨ computerized axial tomography.

C-type lectins C형 렉틴 동물에서 발견되는 칼슘의존성 렉틴의 큰 과.

C-type viruses C형 바이러스 외가닥의 RNA유전체 2개와 역전사효소가 들어 있는 레트로바이러스(retrovirus)의 과. 감염된 세포에서 바이러스의 RNA로부터 DNA가 전사되고 프로바이러스(provirus) DNA로 숙주 유전체에 통합된다. 여기에서 새로운 바이러스유전체와 바이러스 mRNA로 전사된다. 감염된 숙주세포의 변경된 서열을 획득하여 암유전자에 의해 바이러스유전체의 일부가 교체되고 형질전환과 종양형성을 일으킬 수 있는 복제결함(replication-defective)

C형 바이러스가 생긴다. ⇨ RNA tumour viruses.

cubical 입방형 형 길이와 폭이 같은 세포에 적용되는 말.

cubital 팔꿈치의 형 (1) 팔꿈치와 관련된; (2) 자뼈(척골)에 관련된 말.

cubitus 명 (1) **팔꿈치** 자뼈(척골) 또는 일반적으로 아래팔; (2) **주맥** 곤충의 날개에 있는 주된 날개맥.

cuboid 입방뼈 명 발목의 뼈. '투자뼈'라고도 한다.

Cubozoa 입방해파리강 명 입방해파리(box-jellies)를 포함하는 자포동물문의 강.

Cuculiformes 뻐꾸기목 명 뻐꾸기를 포함하는 새의 목.

cucullate 고깔형 형 (1) 모자가 달린; (2) [식] 모자 또는 두건 같은 꽃잎이나 꽃받침조각을 갖는; (3) [동] 곤충에서 모자처럼 생긴 앞가슴(전흉)이 있는.

cucurbit 박류 명 매로우(호박), 오이, 박 등과 같이 박과(Cucurbitaceae)에 속하는 쌍떡잎식물들.

Cucurbitales 박목 명 초본이나 작은 나무들로 구성되고 종종 덩굴손으로 감아 올라가는 쌍떡잎식물의 목. 박, 멜론, 오이 등의 박과(Cucurbitaceae)로 이뤄진다.

cuiller 복편(覆片) 명 수컷 곤충의 파악기(clasper)에서 숟가락처럼 생긴 끝부분.

cuirass 뼈판 명 갑옷의 흉갑처럼 배열된 골질의 판 또는 비늘.

culm 간(稈) 명 벼과와 사초과 식물의 꽃줄기. '탄소질줄기'라고도 한다.

culmen 능선 명 (1) 새의 부리에 있는 중앙 세로선의 융기; (2) 소뇌에서 상소뇌벌레(superior vermis)의 부분.

culmicole, culmicolous 풀줄기서식성 형 벼과 초본의 줄기에서 자라는.

culmination 극치(極致) 명 딕티오형(dictyostelid) 점균류의 생활주기에서 위변형체(pseudoplasmodium)부터 시작하여 이동을 멈추고 자실체를 형성하면서 끝나는 단계.

cultellus 도상자침(刀狀刺針) 명 흡혈파리의 구기(mouthpart)의 하나인 날카로운 칼 모양의 기관.

cultivar 재배품종 명 재배되고 있는 식물에서만 보이는 변종. 종의 이름 뒤에 약자 'cv.'를 쓰고 그 다음에 재배품종의 이름을 붙인다(예: *Rosa foetida* cv. Persian Yellow).

cultural eutrophication 인위적 부영양화 농업, 도시화, 하수방류 등과 같은 인간 활동의 결과로 생기는 부영양화.

cultural inheritance 학습유전 특정한 형질과 행동이 유전에 의하지 않고 학습에 의하여 대대로 전달되는 것.

culture 배양균주 (1) 명 실험실에서 영양배지에서 키운 미생물, 세포 또는 조직; (2) 동 미생물, 세포 또는 조직을 분리하고 키우다.

culture collection 배양균주수집 다양한 종과 계통의 미생물 또는 배양세포를 수집하는 것.

culture medium 배양액, 배지 배양에서 미생물, 세포 또는 조직을 키우는 데 필요한 영양소가 포함된 용액.

cumarin 쿠마린 ⇨ coumarin.

cumulose 식적(植積) 형 토탄(peat) 등과 같이 주로 식물잔해로 구성되는 퇴적물에 적용되는 말(예: 식적토).

cumulus 더미, 구(丘) 명 난소여포의 강 안쪽으로 불거져 나오고 난자가 파묻혀 있는 상피세포의 무리, 즉 난포세포더미(cumulus oophorus).

cuneate 쐐기꼴 형 쐐기 모양의; (1) [식] 꼭대기는 갑자기 뾰족해지고 기부 쪽으로 차츰 가늘어지는 넓은 잎에 적용되는 말; (2) [신] 피부와 기타 조직에서의 감각정보를 운반하는 척수신경이 뇌의 다른 구역들로 정보를 전달하는 뉴런들과 처음 연결되는 숨골(연수) 앞에 위치한 회백질의 핵에 적용되는 말.

cuneiform 쐐기꼴 형 쐐기 모양의.

cuneiform nucleus 쐐기핵 운동 조절에 관여하는 중뇌의 구역.

cup fungi 주발버섯 반균강(Discomycetes)의 일반적인 명칭.

cupula 팽대정(膨大頂), 깍정이 명 (1) 달팽이관(와우각)의 뼈끝; (2) 어류와 양서류의 청측선계와 포유동물의 전정계에 있는 털세포 무리 위의 젤리 같은 컵; (3) ⇨ cupule.

cupulate 컵모양 형 (1) 컵 모양; (2) 'cupule'을 가진.

cupule 깍정이, 빨판 명 (1) [식] '각두(殼斗)'라고도 하며, 도토리와 같은 나무의 열매를 싸고 있는 보호엽의 녹색을 띤 총포; (2) [동] 다양한 동물들의 작은 빨판.

curare 쿠라레 명 기나나무(cinchona) 껍질에서 추출한 알칼로이드. 신경근 전달을 차단하여 마비를 일으킨다.

curie (Ci) 퀴리 명 방사능의 단위로 매초 3.7×10^{10}개의 원자핵이 붕괴할 때의 방사성물질의 양. 라듐(Ra) 1 g의 방사능이 1 Ci이다. 현재는 SI 단위 Bq(becquerel)을 사용하며, 1 Ci = 3.7×10^{10} Bq이다.

currant gall 떡갈잎이나 버드나무 꽃차례에서 발견되는, 혹벌(*Neuoterus quercus baccarum*)의 유충에 의한 작은 구형 벌레혹의 한 종류.

cursorial 달리기적합한 형 달리기에 적합한 4지를 갖는 새(주금류), 두발공룡 등에 적용되는 말.

cusp 교두(咬頭), 치아도드리, 뾰족돌기 명 (1) 큰어금니에서 볼 수 있는 것과 같은 돌출물; (2) 뾰족한 끝. ≒ tubercle.

cuspidate 뾰족꼴 형 끝이 뾰족하게 끝나는.

cut-and-paste transposition 잘라붙이기자리바꿈 전이인자가 스스로 DNA에서 잘려지고 유전체의 다른 부위에 삽입되는 전이(자리바꿈)의 한 종류.

cutaneous 피부의 형 피부와 관련된 말.

cuticle 각피(角皮) 명 (1) 외피, 때로는 물을 투과시키지 않는 표피를 가리키기도 함; (2) [동] 많은 무척추동물의 몸을 덮는 표피세포에 의해 생성되는 다양한 조성의 물질로 된 외부 보호층; (3) [식] 많은 식물에서 표피세포의 외부 벽에 있는 밀랍성의 각피질로 구성된 층. 물이 거의 투과하지 않도록 해 준다. 형 **cuticular**.

cuticularization 각피화(角皮化) 명 (1) 각피가 만들어지는 것; (2) 식물의 표피 바깥층에 각피질이 쌓이는 것.

cuticulin 각피소(角皮素) 명 곤충에서 표피세포로부터 분비되고 각피의 바깥층을 형성하는 지방단백질.

cutin 각피질(角皮質) 명 식물 표피세포의 벽에 스며들고 한편으로 표피의 바깥쪽 표면에서 분리된 층인 각피를 형성하는 지방산류의 밀랍 같은 혼합물.

cutis 진피, 표피 명 (1) 피부의 진피; (2) 버섯과 독버섯의 갓(균모)과 자루의 바깥층.

cuttlebone 오징어뼈 명 갑오징어(*Sepia*)에서 부력기관의 작용을 하는 껍질(갑).

cuttlefish 갑오징어 명 갑오징어(*Sepia*) 따위의 연체동물 두족류(cephalopid) 무리의 일반적인 명칭. 특이한 구조의 껍질인 오징어뼈가 특징이고 입과 긴 촉수 주변에 8개의 짧은 팔을 갖는다.

Cuvierian ducts 퀴비에관 어류와 4족류의 배에서 정맥굴로 통하고 전주정맥과 후주정맥이 합쳐져서 생기는 짧은 1쌍의 정맥.

Cuvierian organs 퀴비에기관 해삼류(해삼강, Holothuroidea)에서 아교질(콜

라겐)과 다당류를 분비하는 관꼴 기관. 해삼류가 자극을 받으면 총배설강을 통해 점액질의 형태로 방출된다.

C value C값, 유전체량 종의 반수성 유전체에 들어 있는 DNA의 총량. 피코그램(pg)으로 직접 측정하거나 염기쌍(bp) 또는 달톤(dalton)으로 나타낸다.

C-value paradox 유전체량모순 C값이 유연관계가 가까운 종들에서 크게 차이가 나고 서로 다른 생물에서 상대적인 체제의 복잡성과는 전혀 밀접한 연관이 없으며 고등한 다세포 생물의 DNA의 총량은 필요한 수의 유전자를 암호화하는 데 필요로 하는 수보다 훨씬 많다는 사실. 'C값의 패러독스'라고도 한다.

CVS ⇨ chorionic villus sampling.

CXCL 뒤에 숫자가 붙을 때 특정 케모카인(chemokine)을 나타냄.

CXCR 뒤에 숫자가 붙을 때 CXCL케모카인의 특정 수용체를 나타냄.

cyanelle 시아넬 명 시아노포라 파라독사(*Cyanophora paradoxa*)와 같은 회조식물에 들어 있는 DNA를 함유한 광합성 세포소기관. 남세균의 일부 특성을 갖고 있고 세포내 공생을 하는 세균의 잔존물일 가능성이 있다.

cyanidin 시아니딘 명 많은 꽃에 들어 있는 보라색 플라보노이드 색소.

Cyanobacteria 남세균 명 광합성을 하는 세균역(Bacteria)의 주요한 문. 원핵생물이지만 녹색식물의 광합성과 비슷하게 산소를 방출하는 광합성 메커니즘을 갖고 엽록소 *a*와 피코빌린 색소들을 갖는다. 단세포, 사상체 그리고 군체성 유형들이 발견된다. 수중환경과 육상환경에 살며 독립생활을 하거나 균류와 함께 지의류를 구성하듯이 다른 생물과 공생관계를 맺는다. 일부 종은 대기중의 질소를 고정할 수 있다. 어떤 남세균은 물꽃(algal bloom)이 나타나는 환경에서 건강을 해칠 수 있는 독소를 생성한다. 이전의 분류체계에서는 식물계의 한 부류인 남조류(blue-green algae, Cyanophyta, Cyanophyceae)로 간주되었다. 단 **cyanobacterium**.

cyanocobalamin 시아노코발라민 명 비타민 코발라민(비타민 B_{12})의 코발트 원자에서 6번째 위치가 CN으로 대치된 보편적인 코발라민의 유형.

cyanogenesis 시안생성 명 일부 식물에서 볼 수 있는 것과 같은 시안화수소산(청산)의 생성. 형 **cyanogenic**.

cyanogenic glycosides 시안배당체 완전히 가수분해되었을 때 대부분의 세포에 독성을 나타내는 시안화수소를 방출하는 식물배당체. 수수속(*Sorghum*), 자두속(*Prunus*), 아마속(*Linum*)의 종들에서 발견된다.

cyanophil(ic) 호청성 형 청색이나 녹색 염료에 특수하게 친화력이 있는.

cyanophycophilous 남세균공생의 형 공생조체가 남세균인 지의류에 적용되는 말.

cyathiform 컵모양 형 컵처럼 생긴.

cyathium 병꽃차례 명 중앙에 암꽃이 있고 그 주위에 1개의 수술이 달린 수꽃들이 있으며 이 전체를 컵 모양으로 된 총포가 둘러싸는 대극속(*Euphorbia*)의 꽃차례. '배상꽃차례'라고도 한다.

cyathozooid 명 일부 피낭동물에서 최초의 개충.

cyathus 시아투스 명 컵 같이 생긴 작은 기관 또는 구조.

cybernetics 인공두뇌학 명 신경계와 뇌에 의한 것과 같이 통신과 제어를 다루는 학문.

Cycadeoidophyta, cycadeoids 화석소철문, 화석소철류 명, 명복 소철처럼 생긴

화석식물의 문. 굵은 줄기와 깃꼴 잎을 가졌으며 포자엽들이 꽃 같은 구조로 배열된 암수동체가 대부분이다. 화석소철류는 속씨식물의 조상으로 여겨진다.

Cycadophyta, cycads 소철문, 소철류 명, 명복 현존하는 종자식물의 주된 5개 문의 하나. 일반적으로 'sago palms' 라고도 부른다. 종려나무처럼 생겼으며 짧거나 나무처럼 생긴 굵은 줄기를 갖는다. 소포자낭과 대포자낭이 구과의 포자엽에 달리고, 수구과(male cone)와 암구과(female cone)는 별개의 식물체에 달린다. 어떤 분류체계에서는 소철강(Cycadopsida) 또는 소철목(Cycadales)으로 분류한다.

Cyclanthales 시클란투스목 명 흔히 종려나무처럼 생기고 덩굴식물과 큰 초본이기도 한 외떡잎식물의 목. 시클란투스과(Cyclantheraceae)로 구성된다.

cyclic 고리형 형 꽃의 부분들이 돌려나기로 배열되는. ≒ cyclical.

cyclic AMP (cAMP) 고리형 AMP, 고리형 아데노신1인산 인산의 산소가 리보오스의 탄소와 결합한 아데노신 3′,5′-고리형 1인산(adenosine 3′,5′-cyclic monophosphate). 효소 아데닐산고리화효소(adenylate cyclase)에 의해 ATP에서 합성되고, 진핵세포와 원핵세포 모두에서 세포내 신호분자로 작용한다. 진핵세포에서는 세포표면수용체에서 아데닐산고리화효소를 활성화하는 다양한 호르몬신호와 기타 화학신호에 의해 생성되고, 이어서 cAMP는 2차전달자의 기능을 하여 다양한 효소들이나 이온통로와 결합하고 조절한다. cAMP는 고리형 AMP 인산디에스테르가수분해효소에 의해 신속하게 AMP로 전환된다. 일부 세포성 점균류에서는 cAMP가 아메바의 응집을 일으키는 화학유인물질로 작용한다. (⇨ 그림 12)

그림 12. 고리형 AMP.

cyclic AMP-dependent protein kinase 고리형 AMP의존성 단백질인산화효소 ⇨ protein kinase A.

cyclic AMP phosphodiesterase (c-AMP phosphodiesterase) 고리형 AMP 인산디에스테르가수분해효소 cAMP를 AMP로 전환시킴으로써 cAMP의 조절작용을 제한하는, 본질적으로 세포에 들어 있는 효소.

cyclic AMP response element binding protein (CREB) 고리형 AMP 반응순서결합단백질 세포 내에서 2차전달자 cAMP가 생긴 결과로 인산화된 유전자 조절단백질. CREB는 DNA의 cAMP 반응순서와 결합하고 관련된 유전자의 전사를 활성화하여 cAMP가 유전자 발현에 미치는 효과를 조정한다.

cyclic GMP 고리형 GMP, 고리형 구아노신1인산 효소 구아닐산고리화효소에 의해 구아노신3인산(GTP)에서 형성되는, cAMP와 유사한 작은 분자. 몇몇 세포내 신호경로에서 2차전달자의 기능을 한다.

cyclic GMP-dependent protein kinase 고리형 GMP의존성 단백질인산화효소 ⇨ protein kinase G.

cyclic GMP phosphodiesterase 고리형 GMP 인산디에스테르가수분해효소 cGMP를 GMP로 전환시킴으로써

cGMP의 조절작용을 제한하는 효소.

3′,5′-cyclic-nucleotide phosphodiesterase 고리형 뉴클레오티드 인산디에스테르가수분해효소 ⇨ cyclic AMP phosphodiesterase, cyclic GMP phosphodiesterase. EC 3.1.4.17.

cyclic photophosphorylation 순환적 광인산화 제1광계만 작용하는 ADP의 광의존성 인산화의 유형. NADPH는 생성되지 않고 ATP가 합성된다. ≒ **cyclic phosphorylation**.

cyclin-dependent kinases (CDKs) 사이클린의존성 인산화효소 사이클린과 그 밖의 조절단백질에 의해 활성화되고 그 작용에 의해 진핵세포주기의 특정 단계가 시작되는 단백질인산화효소군.

cyclins 사이클린 명복 진핵세포의 세포주기 과정에서 특정 시기에 농도가 올라가고 내려가는 단백질군. 세포주기의 진행을 조절하는 데 관여한다.

cyclocoelic 형 하나 또는 그 이상의 뚜렷한 나선을 이루며 감긴 창자를 가진.

cyclogenous 형 동심원의 원을 이루며 자라는 줄기에 적용되는 말.

cyclogeny 발육주기설 명 생활주기에서 서로 다른 형태학적 유형들이 연쇄적으로 생기는 것.

cycloheximide 시클로헥시미드 명 방선균 스트렙토미세스 그리세우스(*Streptomyces griseus*)에 의해 생성되는 항생물질. 진핵세포에서만 번역을 저해하여 단백질 합성을 방해한다.

cycloid 둥근 형 자유면(노출부)이 고르게 곡선을 이루는 비늘(둥근비늘, 원린)에 적용되는 말.

cyclomorial 형 가장자리의 부가(apposition)에 의해 자라는 비늘에 적용되는 말.

cyclomorphosis 형태순환 명 주로 계절에 따라 형태가 주기적으로 변하는 현상. 특히 해양 동물플랑크톤에서 나타나며, 이는 염도의 변화에 반응하는 것으로 여겨진다.

cyclopean 외눈의 형 어떤 인위적 조건이나 돌연변이의 결과로 정상적인 한 쌍의 눈 대신에 중앙에 생기는 1개의 눈에 적용되는 말.

cyclophilin 시클로필린 ⇨ immunophilin.

cyclopia 외눈증 명 양쪽에 있는 2개의 눈 대신에 중앙에 1개의 눈이 발생하는 비정상적 증상. '단안증'이라고도 한다.

cyclopoid 검물벼룩의 ⇨ naupliiform.

cyclops 검물벼룩 명 일부 요각류에서 성체의 많은 특징을 갖는 유생기.

cyclosis 세포질환류 명 세포 내에서 세포질이 유동하는 것.

cyclospermous 형 원형이나 나선형으로 감긴 배(embryo)를 가진.

cyclospondylic, cyclospondylous 환추(環椎)의 형 척삭을 둘러싸는 하나의 원통을 형성하는 석회성 물질로 된 척추체에 적용되는 말.

cyclosporin A 시클로스포린A 균류 톨리포클라디움(*Tolypocladium*)에서 추출한 면역억제제. 장기이식 후에 거부반응을 일으키는 면역반응을 임상적으로 억제하는 데 사용한다. ≒ **cyclosporine**.

Cyclostomata 원구류(圓口類) 명 (1) 무악류(cyclostomes). ⇨ Agnatha; (2) 태형동물문(Ectoprocta)의 목. 개충들이 완전히 융합되고 이들을 둘러싸는 껍질은 완전히 석회화되었으며 구멍에는 뚜껑이 없다.

cyclostomes 무악류(無顎類) 명복 원시적 무악어류들인 칠성장어류와 먹장어. ⇨ Agnatha.

cydippid 풍선해파리 명 유즐동물의 유생.

cygneous S자형 형 백조의 목처럼 생긴.

cylindrical 원통형 형 동그랗게 말린 잎에 적용되거나 단단한 원통형 잎에 적용되는 말.

cymba 배모양, 정(艇) 명 바깥귀 공간의 위쪽 부분.

cymbiform 배모양, 보트형 형 배(보트)처럼 생긴.

cymbium 심비움 명 일부 거미류에서 다리수염의 배(보트) 모양을 한 발목마디(tarsus).

cyme 취산꽃차례 명 되풀이하여 분지하는 유한꽃차례. 각 생장점은 꽃에서 끝나고 가장 오래된 꽃들이 가지의 끝에 놓인다.

cymose 취산상(聚繖狀) 형 각 가지에서 꽃이 달리면서 주된 가지의 생장이 끝난 다음에 곁가지들이 연속적으로 형성되는 꽃차례(취산꽃차례)에 적용되는 말.

cymotrichous 형 곱슬곱슬한 털을 가진.

cynarrhodium, cynarrhodon 장미꼴열매 명 장미 열매의 유형을 갖는 열매.

Cynodontia, cynodonts 견치류(犬齒類) 명, 명복 페름기 후세부터 쥐라기 중세까지 생존한, 포유동물과 비슷한 멸종된 파충류의 무리. 골질의 2차구개(palate)와 어금니의 복잡한 치관과 그 밖의 포유동물의 특징을 가졌다. 포유동물의 직계 조상으로 간주된다.

cynopodous 형 개와 같이 들어가지 않는 발톱을 가진.

Cyperales 사초목 명 뿌리줄기와 단면이 3각형인 단단한 줄기를 갖는 초본성 외떡잎식물의 목. 사초를 포함하는 사초과(Cyperaceae)로 구성된다.

cyprid, cypris 시프리드, 시프리스 명 만각류(cirripedes)에서 노플리우스(nauplius) 유생기 다음의 유생기.

cyprinids, cyprinoids 잉어류 명복 잉어와 피라미를 포함하는 민물고기(잉어아목, Cyprinoidei)의 무리. 유럽, 아시아, 아프리카와 북아메리카에 널리 분포한다.

cyprinodonts 송사리류 명복 송사리를 포함하는 작고 주로 열대에 사는 송사리목(Cyprinodontiformes)의 물고기.

cypsela 국과(菊果) 명 국화과(Compositae)에서 볼 수 있는 것과 같이 아래쪽에 2개의 심피로 구성되는 수과.

Cys ⇨ cysteine.

cyst 포낭, 낭포, 피낭체 명 주머니 같은 구조; (1) 몇몇 미생물에 의해 건조한 상태에서 형성되는, 보호성 외피로 둘러싸인 휴지세포; (2) 일부 해조류의 기낭 또는 공기주머니; (3) 조직에서 비정상적으로 발달하는 액체로 채워진 주머니.

cystacanth 시스타칸스 명 구두동물(acanthocephalans)의 감염성 유생기.

cysteine (Cys, C) 시스테인 명 곁사슬에 티올(thiol)기가 달린 황을 함유한 아미노산. 많은 단백질의 구성성분이다. 2개의 시스테인이 교차결합시키는 2황화결합(disulphide bond)을 형성할 수 있어서 접힌 단백질 사슬을 안정시킨다.

cystic 낭의, 주머니의 형 쓸개(담낭) 또는 방광과 관련된 말.

cysticercoid, cysticercus 낭미충(囊尾蟲) 명 조충류에서 머리마디(두절)가 들어 있는 액체로 채워진 주머니로 구성되는 유충기. 적절한 숙주에서 장벽에 부착하여 성체로 발달한다. 형 **cysticercoid**.

cystic fibrosis (CF) 낭포성 섬유증 사람에서 열성으로 유전되는 질병. 이자의 기능장애와 허파로부터의 비정상적 분비가 특징이며, 감염 등의 심각한 2차효과를 초래하고 치료 받지 않으면 유아기에 치명적이다. 염소이온의 수송에서 주된 결함이 나타난다.

cysticolous 포낭서식성 형 포낭 안에 사는.

cystidium 낭상체(囊狀體) 명 일부 균류

의 자실층에 있는 팽창된 털 같은 세포. 복 **cystidia**.

cystine (Cys-Cys) 시스틴 명 시스테인이 산화되어 시스테인 2분자가 2분자결합을 한 아미노산. 많은 단백질의 구성성분이며 2개의 시스틴이 단백질 사슬을 교차결합시키는 2황화결합을 형성한다.

cystoarian 형 대부분의 진골어류에서 볼 수 있는 것과 같이 체강주머니로 에워싸인 생식샘에 적용되는 말.

cystocarp 낭과(囊果) 명 홍조류에서 포자가 들어 있는 작은 구조.

cystochroic 형 세포의 액포에 색소가 들어 있는.

cystocyte 포낭세포(包囊細胞) 명 초파리속(*Drosophila*)의 난자형성에서 난원세포의 분열로 만들어진 서로 연결된 세포들.

cystogenous 피낭형성의 형 (1) 피낭(포낭)을 형성하는; (2) 세르카리아(유미유충)에서 피낭을 배출하는 큰 핵을 가진 세포들에 적용되는 말.

cystolith 종유체(鐘乳體) 명 어떤 식물에서 표피의 세포벽이 안쪽으로 자라면서 형성된 탄산칼슘과 때때로 규소로 된 덩어리.

cystozooid 시스토조이드 명 조충유충(metacestode)의 몸 부분.

cyt ⇨ cytochrome.

cytidine 시티딘 명 피리미딘염기인 시토신이 리보오스에 연결된 뉴클레오시드.

cytidine diphosphate (CDP) 시티딘2인산 2인산기를 포함하는 시토신 뉴클레오티드.

cytidine monophosphate (CMP) 시티딘1인산 시토신, 리보오스 및 인산기로 구성되는 뉴클레오티드. RNA의 부분적 가수분해산물이고, 강글리오시드(ganglioside) 합성에서 활성 중간물질인 시티딘1인산-*N*-아세틸뉴라민산(CMP-*N*-acetylneuraminate)에서도 발견된다. ≒ cytidylate, cytidylic acid, cytidine 5′-phosphate.

cytidine triphosphate (CTP) 시티딘3인산 3인산기를 포함하는 시토신 뉴클레오티드. RNA 합성에 필요한 리보뉴클레오티드의 하나이다. 한편으로 대사반응에서, 특히 활성 CDP-아실글리세롤을 형성하는 트리아실글리세롤(triacylglycerol) 합성에서 ATP와 유사한 방식으로 에너지 공여체의 작용을 한다.

cytidylate (cytidylic acid) 시티딜산 ⇨ cytidine monophosphate.

cytidyl transferase 시티딜전달효소 ⇨ nucleotidyltransferase.

cytoarchitectonics 세포구축학 명 신경세포들의 유형과 간격 그리고 신경세포 축삭의 분포를 바탕으로 뇌의 해부학적 구조를 연구하는 것.

cytocentrum 세포중심체 ⇨ centrosome.

cytochalasin 시토칼라신 명 액틴이 미세섬유로 중합되는 것을 저해하는 진균독소.

cytochemistry 세포화학 명 특수 염색과 현미경 관찰을 통하여 세포의 화학적 조성과 과정을 연구하는 학문. ≒ histochemistry.

cytochimaera 세포잡종 명 염색체 수가 다른 세포들로 된 조직이나 생물.

cytochroic 형 색소가 들어 있는 세포질을 가진.

cytochrome 시토크롬 명 헴(haem)을 포함하는 전자전달단백질군을 통틀어 이르는 말. 시토크롬들은 호흡과 광합성에서 전자전달사슬의 구성요소들이다.

cytochrome *a*, cytochrome a_3 시토크롬*a*, 시토크롬a_3 시토크롬*c*산화효소의 구성요소. 전자가 시토크롬a_3의 구리 보결분자단으로부터 분자상 산소에 전달되어 물을 형성하는 호흡사슬계에서 말단에 있는 전자운반체이다.

cytochrome b-c_1 complex 시토크롬b-c_1 복합체 호흡의 전자전달사슬에서 막을 관통하는 시토크롬들의 양성자펌프 복합체. NADH 탈수소효소복합체로부터 유비퀴논을 거쳐 전자를 받고, 시토크롬c를 거쳐 시토크롬c산화효소에 전자를 전달한다. ≒ QH_2-cytochrome c reductase.

cytochrome b_4-f complex 시토크롬 b_4-f복합체 녹색식물의 광합성에서 전자전달사슬의 일부가 되는, 막을 관통하는 시토크롬들의 양성자펌프 복합체. 제2광계로부터 플라스토퀴논을 거쳐 전자를 받고, 플라스토시아닌을 거쳐 제1광계로 전자를 전달한다.

cytochrome c 시토크롬c 호흡의 전자전달사슬에서 유동적인 성분. 시토크롬 b-c_1복합체로부터 전자를 시토크롬c산화효소복합체에 전달한다.

cytochrome oxidase complex 시토크롬산화효소복합체 호흡사슬에서 물을 형성하고 산소에 최종적으로 전자를 전달하는 반응을 촉매하는 효소복합체인 시토크롬c산화효소복합체. 시토크롬a와 시토크롬 a_3를 포함한다. EC 1.9.3.1.

cytochrome P_{450} 시토크롬P_{450} 부신의 미토콘드리아와 간의 미세소체(마이크로솜)에서 히드록실화(hydroxylation)반응에 관여하는, 전자전달사슬의 최종요소가 되는 특수한 시토크롬.

cytocidal 세포파괴성 ⇨ cell-destroying.

cytocuprein ⇨ superoxide dismutase.

cytocyst 세포소낭 명 숙주세포의 잔유물에 의해 형성되고 그 안에서 원생동물 기생충들이 증식하는 외피.

cytode 무핵세포 명 핵이 없는 원형질의 덩어리.

cytodeme 시토뎀 명 분류군의 나머지와 세포학적으로, 주로 염색체의 수에서 차이를 보이는 국지적으로 교배 가능한 분류군의 단위.

cytofluorimetric 세포형광측정 형 형광항체나 형광염료를 이용한 면역염색 또는 기타 특정한 염색에 의한 특정 세포의 동정과 분리에 적용되는 말.

cytogamy 세포질융합 명 세포의 접합.

cytogenesis 세포발생 명 세포의 발생 또는 형성.

cytogenetic 세포유전학적, 세포발생적 형 (1) 세포유전학에 관련된 말; (2) 세포발생과 관련된 말.

cytogenetics 세포유전학 명 염색체의 미세구조를 연구하는 학문.

cytogenic 세포성 형 클론에서 볼 수 있는 것과 같이 세포분열에 의한 생식(세포성 생식)에 적용되는 말.

cytogenous 세포생산의 형 세포를 만드는.

cytohet 세포적 이형 명 유전적으로 상이한 유형의 세포소기관(예: 미토콘드리아 또는 엽록체)이 들어 있는 세포.

cytokine 시토카인 명 어느 세포에서 만들어지고 그 세포 또는 다른 세포의 생장이나 분화에 영향을 미치는 단백질 또는 폴리펩티드를 통틀어 이르는 말. 보통 내분비호르몬은 시토카인에 포함시키지 않는다. 케모카인, 분화인자, 생장인자, 인터류킨 등이 그 예가 된다.

cytokinesis 세포질분열 명 유사분열이나 감수분열 후에 세포질이 2개의 딸세포로 분열하는 것.

cytokinin 시토키닌 명 IAA(옥신)와 함께 빠른 세포분열을 촉진하는 식물생장호르몬. 아데닌의 유도체로, 자연에서 나타나는 제아틴과 i^6Ade(이소펜테닐아데닌) 그리고 자연에서는 나타나지 않을 것으로 여겨지는 키네틴이 포함된다. 시토키닌은 조직배양에서 칼루스로부터 작은 식물의 형성을 유도하는 데 이용된다. ≒ kinin, phytokinin.

C

C

cytology 세포학 명 세포의 구조, 기능 및 생활사를 연구하는 것.

cytolysin 세포용해소 명 세포용해를 일으키는 물질.

cytolysis 세포용해 명 세포의 분해 또는 붕괴.

cytolysosome 세포용해소체 명 자가분해에 관여하는 큰 리소좀.

cytolytic 세포용해성 형 세포용해를 일으키는.

cytomegaloviruses 세포거대바이러스 명복 감염된 샘세포에서 큰 봉입체를 형성하는 헤르페스바이러스과의 DNA바이러스군. 세포거대바이러스의 감염은 신생아에게 치명적일 수 있다.

cytomere 포자충생식체(胞子蟲生殖體) 명 포자충류에서 분열생식포자(schizont)에 의해 형성되고 분열소체(merozoite)가 생기게 하는 세포.

cytometry 세포계측 명 세포의 수를 세는 것.

cytomorphosis 세포형성 명 (1) 세포 또는 세포들의 연이은 세대들에서 일어나는 일련의 구조적 변형; (2) 노화와 같은 세포의 변화.

cytonemes 세포돌기 명 일부 세포에서 길게 뻗어 나오는 돌출부.

cytopathic effect (CPE) 세포병변효과 바이러스에 감염된 결과로 생기는 세포의 파괴.

cytophagas 사이토파가 명복 DNA염기순서 자료에 근거하여 식별하는 세균역(Bacteria)의 주요 집단. 박테로이데스(*Bacteroides*), 사이토파가(*Cytophaga*), 플렉시박터(*Flexibacter*) 등을 포함하여 생리형의 혼합으로 구성된다. ≒ Bacteroides-Flavobacteria group.

cytopharynx 세포인두 명 어떤 원생동물에서 '입'으로부터 세포 내부로 이어지는 관 모양의 구조. ≒ gullet.

cytophilic 세포친화성 형 (1) 세포에 친화력을 갖는; (2) 세포와 결합하는; (3) 세포에 염색되는.

cytophilic antibody 세포친화성 항체 항원결합부위는 나중에 항원이 결합하도록 남겨두고 불변부(constant region)에서 세포에 흡착하는 항체.

cytoplasm 세포질 명 세포막의 안쪽에서 핵과 세포의 활동으로 인해 생긴 물질 등을 제외한 세포의 모든 부분. 비 cytosol.

cytoplasmic 세포질의 형 세포질과 관련되거나 세포질에서 발견되는.

cytoplasmic determinant 세포질결정인자 발생생물학에서 난자의 형성과정에서 난자의 세포질에 저장되고 접합자의 초기 발생을 인도하는 물질.

cytoplasmic inheritance 세포질유전 엽록체와 미토콘드리아 같은 세포소기관이나 그 밖의 세포질내 입자들에 들어 있는 유전자들에 의한 유전. 대개 이러한 유전자들은 오로지 모친으로부터 물려받기 때문에 멘델의 법칙에 따르지 않는다.

cytoplasmic localization 세포질편재 발생에서 세포 내에 세포질결정인자가 불균형 분포를 하고 있어서 세포가 분열할 때 딸세포에 물질이 불균등하게 분배되는 것.

cytoplasmic male sterility 세포질적 수컷불임 식물에서 세포질적 요인(보통 미토콘드리아DNA)에 의해 결정되는 수컷불임의 한 종류.

cytoplasmic streaming 세포질유동 진핵세포 내에서 세포질이 빠르게 이동하는 것. 식물과 조류의 세포에서 가장 분명하게 볼 수 있고, 일부 원생동물과 점균류의 변형체에서도 나타난다.

cytoplasmic tail 세포질꼬리 막을 관통하는 수용체단백질에서 세포질로 돌출된 부분.

cytoplast 세포질세포 명 핵을 제거한 다음과 같이 오로지 세포질만 포함하는 세포.

cytoproct, cytopyge 세포항문 명 어떤 원생동물과 같은 단세포생물의 '항문'.

cytosine (C) 시토신 명 DNA와 RNA의 4가지 질소함유염기 중 하나이고 구아닌(G)과 쌍을 이루는 피리미딘염기. 뉴클레오시드 시티딘과 그 유도체에 들어 있는 염기이다. DNA의 시토신은 때때로 메틸화되어 메틸시토신을 이룬다. ⇨ DNA methylation. (⇨ 그림 5)

cytosine arabinoside 시토신아라비노시드 항바이러스약제인 아라비노실시토신(arabinosyl cytosine).

cytoskeleton 세포골격 명 진핵세포의 세포질 도처에 뻗어 있는 단백질의 섬유와 세관들의 내부체계. 액틴미세섬유, 중간섬유 및 미세소관으로 구성된다. 세포골격은 세포의 형태를 만들고 융모와 신경세포의 축삭 같은 세포신장부를 지탱하는 역할을 한다. 세포골격의 요소들은 유사분열과 감수분열의 방추체를 형성하고 세포내 수송과 세포운동에 관여한다. ⇨ intermediate filament, microfilament, microtubule.

cytosol 세포기질 명 세포에서 막으로 둘러싸인 세포소기관 바깥의 세포질에 있는 액상 부분.

cytosome 세포질체 ⇨ microbody.

cytostatic 세포분열억제성 형 세포의 생장과 증식을 억제하는 물질에 적용되는 말.

cytostome 세포입 명 일부 원생동물에서 볼 수 있는 것과 같이 단세포생물의 '입'의 작용을 하는 특수한 구역. '세포구'라고도 한다.

cytotaxis 세포주성 명 자극원을 향하거나 멀어지는 세포의 운동. 형 **cytotactic**.

cytotaxonomy 핵형분류학 명 염색체의 구조와 수에 관한 특징에 근거하는 분류.

cytotoxic 세포독성 형 세포를 공격하거나 파괴하는.

cytotoxic T lymphocyte, cytotoxic T cell (T_c, CTL) 세포독성 T림프구, 세포독성 T세포 세포표면단백질 CD8에 의해 구별되는 작동T림프구. 세포를 죽일 수 있으며 후천성 면역반응에서 바이러스에 감염된 세포를 파괴하는 수단이다.

cytotoxin 세포독소 명 세포를 해치거나 파괴할 수 있는 물질.

cytotrophoblast 영양막세포층 명 영양막(trophoblast)의 안쪽 층.

cytotropism 향세포성, 세포친화성 명 2개 또는 그 이상의 세포들이 서로 끌리는 것.

cytotype 세포형 명 세포의 세포질 부분에 의해 전달되는 유전적으로 결정된 특징. 상이한 세포형은 보통 핵유전체의 발현에 미치는 이들의 효과에 의해 드러난다.

cytozoic 세포기생 형 세포 안에 사는 포자충류의 영양형(trophozoite)에 적용되는 말.

D

δ- *접두사 'δ-'가 포함되는 표제어는 'delta' 또는 해당 표제어를 참조하시오.*

d 뉴클레오티드가 당 디옥시리보오스(deoxyribose)를 포함하고 있다는 것을 나타내기 위해 뉴클레오티드의 약어에 붙이는 접두사(예: dATP, dCTP).

D (1) ⇨ aspartic acid; (2) ⇨ dalton; (3) ⇨ deuterium; (4) ⇨ Simpson diversity index.

D ⇨ decimal reduction time.

D- D형 어떤 경상체화합물(chiral compound), 특히 단당류와 아미노산에서 관습에 의해 규정되는 특정 분자배열을 나타내는 접두사. 다른 배열인 L형(L)은 D형의 거울상이다.

2,4-D 잎이 넓은 잡초를 제어하는 제초제로 이용되는 합성옥신인 2,4-디클로로페녹시아세트산(2,4-dichlorophenoxyacetic acid).

Da, dal ⇨ dalton.

dacryocyst 눈물주머니 명 위쪽과 아래쪽 눈꺼풀의 사이에 있는 눈의 귀퉁이에 있는 작은 주머니. 눈물관으로부터 눈물을 받는다.

dacryoid 눈물방울모양 형 눈물처럼 생긴.

dactyl 손가락, 발가락 명 손가락 또는 발가락.

dactyloid 손가락모양 형 손가락 모양의.

dactylopatagium 닥틸로파타지움 명 박쥐의 비막에서 손바닥뼈(장골)와 발가락뼈(지골)에 계속된 부분.

dactylopodite 발목마디 명 (1) 일부 갑각류의 다리에서 몸으로부터 가장 먼 관절; (2) 거미류의 발목마디(tarsus)와 윗발목마디(metatarsus).

dactylozooid 지상개충(指狀個蟲) ⇨ palpon.

DAF ⇨ decay-accelerating factor.

DAG ⇨ diacylglycerol.

dal ⇨ dalton.

DALA synthetase ⇨ δ-aminolevulinate synthase.

dalton (D, Da, dal) 달톤 명 ^{12}C 1원자 질량의 1/12로 정의되는 질량의 단위. 약 1.66×10^{-27} kg에 해당한다. ≒ atomic mass unit.

dammar 다마르 명 말레이시아의 일부 나무에서 얻는 수지.

damselflies 실잠자리류 ⇨ Odonata.

dance, of bees 벌춤 먹이원을 발견한 후 꿀벌이 벌집에 돌아와 벌집에 있는 다른 벌들에게 먹이의 위치를 알려주면서 행하는 일련의 행동. ⇨ waggle dance.

DAP ⇨ diaminopimelic acid.

daphnid 물벼룩 명 여러 가지의, 특히 물벼룩속(*Daphnia*)의 작은 물벼룩.

DAPI 세포생물학에서 생체 세포의 DNA를 시각화하는 데 이용되는 청색 형광염료.

dark adaptation 암순응(暗順應) 밝은 빛과 비교하여 희미한 빛에서 볼 수 있도록 눈에서 일어나는 시각의 적응. 이를테면 망막의 원뿔세포보다 훨씬 민감한 막대세포를 이용하게끔 전환하고, 동공을 확장시키며, 많은 어류, 양서류, 파충류와 새들에서는 맥락막 색소가 광수용체의 외분절(outer segment)로부터 이동하는 등의 결과로 간신히 볼 수 있는 빛의 역치를 낮춘다.

dark-field microscopy 암시야현미경기술 어두운 배경에 밝게 조명된 시료만 보이게 하는 고해상광학현미경을 이용하여 생체의 세포를 관찰하는 방법.

dark reactions 암반응 광합성에서 빛을 필요로 하지 않고 엽록체의 스트로마에서 일어나는, 이산화탄소를 탄수화물로 환원하는 반응. ≒ Calvin cycle, carbon dioxide fixation, photosynthetic carbon reduction cycle (PCR cycle).

Darlington's rule 달링톤법칙 이질배수체의 생식력(fertility)이 원래잡종의 생식력과 반비례한다는 것.

dart 교미시(交尾矢) 명 (1) 연체동물에서 교미에 사용되는 수정 같은 구조; (2) 선충류에서 숙주에 침투하는데 이용되는 끝이 뾰족한 구조.

dart sac 교미시낭(交尾矢囊) 일부 복족류에서 생식공 부근에 있는, 석회질의 교미시(dart)가 들어 있는 작은 주머니.

Darwinian evolution 다윈진화 자연선택에 의한 진화의 이론. 1859년에 다윈(Charles Darwin)이 그의 저서인 종의 기원(*Origin of Species*)에서 처음 제언하였고 몇 년 후에 이론이 체계화되었다. 다윈의 진화론은 종 내에 존재하는 유전적 다양성에 대한 그의 관찰과 생물이 살아남을 수 있는 수보다 훨씬 많은 수의 자손을 낳는다는 사실에 근거를 두고 있다. 어떤 특정한 환경압박을 받으면 생존과 성공적 생식에 유리한 유전적 특징이 우선적으로 다음 세대에 전달된다(이를 자연선택이라 한다). 특정한 측면의 생활양식에 대한 선택이나 다른 환경조건에서의 선택은 결국 두 개체군이 원래의 개체군과 많은 점에서 달라지게끔 유도하고 특정한 방식의 생활 또는 환경에 적응하도록 해 준다. 이와 매우 유사한 이론이 월리스(Alfred Russel Wallace)에 의해 독립적으로 제안되었다. 1930년대와 1940년대에 멘델유전학이 다윈의 원래 이론에 도입되어 현대판인 신다윈주의 종합설(neo-Darwinian synthesis)이 정립되었다. ⇨ neo-Darwinism, natural selection.

Darwinian fitness 다윈적응도 다음 세대의 유전자풀에 기여하는 비율로 측정하는 유전자형의 적응도.

Darwinian tubercle 다윈결절 바깥귀의 귓바퀴에서 아래쪽으로 구부러지는 곳 부근에 있는 작은 돌출부.

Darwinism 다윈설 ⇨ Darwinian evolution.

Darwin's finches 다윈의 방울새 다윈이 비글호(HMS *Beagle*)의 항해 과정에서 연구한, 갈라파고스군도에서 발견되는 14종의 방울새. 이들 모두 서로 다른 생활양식으로 적응하는 특징을 가졌으며, 다윈으로 하여금 진화와 종의 기원에 관한 발상을 불러일으키는 데 도움이 되었다.

dasypaedes 명복 알에서 부화한 새끼들이 솜털로 뒤덮인 새들. 형 **dasypaedic**.

dasyphyllous 복슬잎 형 두툼하게 털이 난 잎을 가진.

data 자료 명복 실험, 분석, 검색 따위에서 얻어지는 측정과 통계, DNA와 단백질서열 등과 같이 사실을 담은 정보. 단 **data point**, **datum** 자료의 한 부분.

database 자료은행 명 유전체학 또는 단백질체학에서 대단히 많은 수의 DNA서열, 단백질서열 또는 단백질 구조를 소장하는 전산기록보관소. 공개적으로 이용 가능한 이러한 유형의 대규모 자료은행으로는 유전체 DNA서열에 대한 미국유전자은행(GenBank), 단백질서열에 대한 Swiss-Prot, 세포성 mRNA에서 유래된 cDNA에 대한 dbEST, 그리고 단백질의 구조에 대한 단백질정보은행(PDB) 등을 들 수 있다.

data mining 데이터마이닝 엄청나게 방대한 양의 자료에서 유용한 생물학적 정보를 추출하는 것.

Datiscales 다티스카목 ⇨ Begoniales.

dauer larva 영속유충(永續幼蟲) 먹이가 부족할 때 생기고 몇 달 동안 지속될 수 있는 선충류의 유충 상태. 이 상태에서 유충은 먹지도 않고 자라지도 않는다.

daughter 딸 명 딸세포나 딸핵 등과 같이 유사분열에 의해 생기는 세포 또는 핵의 자손.

Davson-Danielli model 대브손-다니엘리모형 생체막의 지질2중층 구조에 대하여 초기에 제안된 모형의 하나. 지금은 유동모자이크모형으로 대체되었다.

Dayhoff matrix 데이호프행렬 아미노산치환행렬의 한 종류. ⇨ substitution matrix.

day-neutral 중일성 형 광주기가 길거나 짧거나 또는 광주기와 전혀 무관하게 꽃이 필 수 있는 식물에 적용되는 말.

DBA 열대식물 돌리코스 비플로루스(*Dolichos biflorus*)에서 추출한 렉틴.

DBH 1.4 m 높이에서 나무줄기의 지름을 측정하는 가슴높이지름(diameter at breast height). '흉고지름'이라고도 한다.

DC ⇨ dendritic cell.

D-DNA 나선이 한 바퀴 돌 때 8개의 염기쌍을 갖는, 구아닌이 결핍된 합성DNA분자에 의해 취하는 형태.

DDT 좀처럼 사라지지 않는 유기염소계 살충제인 디클로로디페닐트리클로로에탄(dichlorodiphenyltrichloroethane).

de- '-을 떠나서'를 뜻하는 라틴어 '*de*'에서 유래된, '제거된'을 의미하는 접두사.

deacetylase 탈아세틸효소 명 아세틸기를 제거하는 반응을 촉매하는 효소. ⇨ histone deacetylase.

dealation 탈시(脫翅) 명 수정이 끝난 암개미에서 또는 흰개미에서 볼 수 있는 것과 같이 날개가 떨어지는 것.

deamination 탈아미노화 명 분자로부터 아미노기($-NH_2$)가 제거되는 것.

death point 사멸점 생물이 생존할 수 없는 상한 또는 하한의 온도 또는 그 밖의 환경변수.

death rate 사망률 정해진 기간(보통 1년) 중에 개체군 내에서 사망하는 수. 사람의 경우 보통사망률(조사망률, crude death rate)은 특정한 지역에서 인구 1000명당 1년에 사망하는 수로 계산한다. 이때 인구의 수는 대개 조사년도의 중간 시점에 조사한다. ≒ mortality rate.

Débove's membrane 데보브막 기관, 기관지 및 창자의 막들에서 고유층(tunica propria)과 상피 사이에 있는 층.

debranching enzyme 가지절단효소 글리코겐 분자의 가지점(branch point)에서 α-1,6-글리코시드결합을 가수분해하는 효소. EC 3.2.1.10. 상용명 oligo-1,6-glucosidase.

deca- '10'을 뜻하는 그리스어 '*deka*'에서 유래된, '10개를 갖는', '10개로 나누어지는' 등을 의미하는 접두사.

decagynous 10암술의 형 10개의 암술을 가진.

decalcify 탈회(脫灰) 동 석회질 부분을

제거하기 위해 산(acid)으로 처리하다.

decamerous 10수성 형 다양한 부분들이 10개로 배열된 꽃에 적용되는 말.

decandrous 10수술의 형 10개의 수술을 가진.

decaploid 10배체성 형 정상적인 염색체 세트의 10배를 가진.

Decapoda, decapods 명, 명복 (1) **십각목, 십각류(十脚類)** 가슴에 5쌍의 다리를 갖고 목을 완전히 덮는 갑각을 갖는, 민물과 바다 그리고 육상에 사는 갑각류의 목. 새우, 게, 바닷가재 등이 포함된다; (2) **십완목, 십완류(十腕類)** 8개의 정상적인 촉완(tentacle)과 함께 2개의 신축 가능한 촉완을 갖는 두족류의 목. 오징어와 갑오징어 등이 포함된다.

decarboxylase 탈2산화탄소효소 명 유기화합물에서 CO_2를 제거하는 효소.

decarboxylation 탈2산화탄소반응 명 유기화합물에서 CO_2를 제거하는 반응.

decay 부식, 붕괴 명 (1) 미생물들의 작용에 의해 사체의 유기물이 분해되는 것; (2) 방사성 붕괴. ⇨ radioactivity.

decay-accelerating factor (DAF) 분해가속화인자 활성화된 보체성분 C3b 및 C4b와 결합하고 보체의 작용을 저해하는, 포유동물의 세포막에 있는 당단백질. 보체의 파괴적인 효과에 대항하여 세포를 보호한다.

decem- '10'을 뜻하는 라틴어 '*decem*'에서 유래된, '10개를 갖는', '10개로 나누어지는' 등을 의미하는 접두사.

decemfid 10렬의 형 10개의 조각으로 잘라지는.

decemfoliate 10출엽 형 10개의 잎을 가진.

decemjugate 10대생소엽의 형 10쌍의 작은 잎(leaflet)을 가진.

decempartite 10심렬의 형 10개의 열편(lobe)을 가진.

deception 속임 명 포식자나 그 밖의 동물을 속이는 행동이나 특징. 몸의 의태(mimicry)로부터 겉으로 인지할 수 있는 속임에 이르기까지 다양하다. 비 honest behaviour.

decidua 탈락막 명 임신한 자궁의 내면을 둘러싸는 점막. 출산 후에 떨어진다. 형 **decidual**.

deciduate 탈락막의 형 (1) 탈락막을 갖는 것이 특징인; (2) 탈락막에 의해 부분적으로 형성되는.

deciduous 낙엽성, 탈락성 형 (1) 생장기의 끝에 또는 성숙했을 때 떨어지는; (2) 젖니(탈락치)에 적용되는 말; (3) 대부분의 포유동물에서와 같이 모체와 발생 중인 태아를 손상 없이 분리시킬 수 없을 정도로 모체의 자궁내막과 태아의 융모막이 합쳐진 태반에 적용되는 말; (4) 동시에 모든 잎이 떨어지는 나무(낙엽수)에 적용되는 말. 비 evergreen.

decimal reduction time (*D*) 1/10감소시간 일정한 온도에서 세균이나 그 밖의 작은 생물들의 개체군밀도가 1/10로 감소하는 데 소요되는 시간.

declarative memory 서술기억 학습된 사실들과 접근할 수 있는 정보로 구성되는 의식적 기억. 비 non-declarative memory.

declinate 하향성 형 곡선에서 한쪽으로 굽은.

decline phase of population growth 개체군생장의 쇠퇴상 ⇨ S-shaped growth curve.

declivis 소뇌경사(小腦傾斜) 명 소뇌반구의 단순소엽(lobulus simplex)과 비스듬히 계속 이어지는 소뇌의 상소뇌벌레(상소뇌충부, superior vermis) 부분.

decollated 형 나탑(나사조개의 윗부분)

의 꼭대기가 없는.

decomposed 분해된, 부패된 형 (1) 접촉하지 않는; (2) 떨어져 있을 때 들러붙지 않는 깃털의 깃가지들(barbs)에 적용되는 말; (3) 부패한; (4) 지의류에서 특정한 모양이 없고 젤리 같은 피층의 균사에 적용되는 말.

decomposer 분해자 명 식물과 동물의 사체를 먹고 사는 생물을 통틀어 이르는 말. 사체를 육체적 및 화학적으로 부수고 원소들과 유기 및 무기화합물들을 환경으로 재순환시킨다. 분해자는 주로 미생물들과 작은 무척추동물들이다.

decomposition 분해 명 미생물의 활동에 의해 유기물이 분해되는 것.

decompound 재복엽의 형 작은 잎들 역시 복엽인 복엽(재복엽)에 적용되는 말.

decondensation 탈응축 명 유사분열이 끝난 후에 염색체가 나선이 풀리고 신장되어 길고 가는 실 같은 구조로 되는 것. 비 condensation.

deconjugation 탈접합 명 감수제1분열에서 전기가 끝나기 전에 염색체쌍이 분리되는 현상.

deconvolution 디콘볼루션 명 컴퓨터를 이용하는 기법에 의한 광학적 이미지의 흔들림 보정.

decorticate 껍질제거된, 피질제거된 형 나무의 껍질이 제거되거나, 뇌 또는 기타 기관들의 겉질(피질)이 제거된.

decumbent 가로누운 형 땅에 엎드려 있지만 끝이 일어서 있는 줄기(가로누운줄기)에 적용되는 말.

decurrent 내린모양, 익상하향신장 형 (1) 날개 모양으로 펼쳐지면서 줄기 아래로 신장된 잎밑(엽저)을 갖는; (2) 자루(대) 아래로 연장된 버섯의 주름살에 적용되는 말.

decurved 아래로 굽은 형 아래로 굽은.

decussate 십자대생(十字對生) 형 (1) 십자 모양의; (2) 계속하여 직각으로 마주나는 잎들을 가진.

decussation 교차 명 시각로(optic tract)와 추체로(pyramidal tract)에서 볼 수 있는 것과 같이 신경섬유들이 십자형으로 교차하는 것.

dedifferentiation 탈분화(脫分化) 명 특수화된 세포의 특징을 상실하고 분화되지 않은 상태로 되돌아가는 것. 탈분화된 세포는 다른 세포형으로 다시 분화할 수 있다.

dediploidization 탈복핵화(脫複核化) 명 담자균류와 자낭균류에서, 2핵성의 세포나 균사체로부터 반수체의 세포나 균사들이 만들어지는 것.

deep-sea hydrothermal vent 심해열수구 ⇨ hydrothermal vent community.

default state 암묵상태 조절스위치의 작용이 없는 상황에서 세포 또는 세포들이 취하는 발생상태.

defaunation 탈동물상(脫動物相) 명 어느 지역에서 동물을 제거하는 것.

defective viruses 결손바이러스 세포에 감염할 수 있지만 필수적인 바이러스성분에 대한 유전자들이 없어서 스스로 증식할 수 없는 바이러스군. 만일 누락된 바이러스성분의 합성을 유도하는 비결손성 도움바이러스가 존재하면 이들은 증식할 수 있다. '결함바이러스'라고도 한다. ≒ replication-defective viruses.

defensins 디펜신 명복 동물과 식물에 의해 생성되는 항미생물 펩티드군.

deferent 수송의 형 운반해 가는.

deferred 지연된 형 휴면눈에서 생기는 어린싹에 적용되는 말.

Deferribacteres 탈철간균문(脫鐵桿菌門) 명 DNA염기순서 자료에 근거하여 식별하는 세균역(Bacteria)의 1문.

D

deficiency 결핍, 결손 명 유전학에서 유전자 또는 염색체부위의 비활성 또는 부재현상. ≒ deletion.

deficiency diseases 결핍증 식물과 동물에서 어떤 비타민, 미량원소 혹은 다른 미량영양소의 결핍에 기인하여 생기는 병리학적 상태. 이를테면 사탕무의 근두썩음(crown rot)은 붕소결핍증이고, 사람의 괴혈병은 비타민 C가 부족해서 생긴다.

defined medium 정성배지 조성이 화학적으로 정의된 배지 또는 배양액. 비 complex medium.

definite 정해진, 유한(有限) 형 (1) 고정된; (2) 변함없는; (3) [식] 1차축이 꽃으로 끝나는 꽃차례(유한꽃차례)에 적용되는 말. 비 indefinite.

definitive 고유의, 성체의 형 (1) 규정하거나 한정하는; (2) 완전한; (3) 충분히 발달한; (4) 다 자란 기생충의 마지막 숙주(고유숙주)에 적용되는 말.

deflorate 개화기후(開花期後) 형 개화기가 지난 다음의.

defoliate 고사시키다 동 나무의 잎을 떨어뜨리다.

defoliation 고엽(枯葉), 탈엽(脫葉) 명 식물체에서 모든 잎을 제거하는 것.

deforestation 벌채(伐採) 명 숲의 나무와 덤불을 완전히 그리고 영구히 제거하는 것.

degeneracy 축중(縮重) 명 유전암호와 관련하여 한 종류의 아미노산에 대해 복수의 코돈이 대응하고 있는 현상. 이러한 암호를 축중암호(degenerate code)라고 한다.

degeneration 퇴화 명 (1) 구조가 분해되는 것; (2) 덜 특수한 유형이나 기능적으로 덜 활성적인 유형으로 변하는 것; (3) 복잡한 형태에서 단순한 형태로의 변화를 야기하는 진화적 변화. 형 **degenerate**.

degenerative disease 퇴행성 질환 감염에 의한 것이 아니라 기관이나 조직의 악화에 기인하는 질환. '변성질환'이라고도 하며, 골관절염, 알츠하이머병, 심장혈관병 등이 있다.

deglutition 삼키기, 연하(嚥下) 명 삼키는 과정.

degranulation 탈과립(脫顆粒) 명 알레르기반응 중에 비만세포에서 볼 수 있듯이, 세포로부터 과립들이 방출되는 것.

degree of relatedness 혈연도 ⇨ coefficient of relationship.

dehiscence 열개(裂開) 명 꼬투리와 같은 기관이나 구조가 분명한 줄을 따라 또는 일정한 방향으로 자발적으로 열리는 것. 형 **dehiscent**.

dehydration 탈수 명 물질에서 물이 빠지는 것.

dehydrogenase 탈수소효소 명 공여체 화합물에서 수용체 화합물로 수소를 전달하는 반응을 촉매하는 효소를 통틀어 이르는 말. 효소번호 1군(EC class 1)의 산화환원효소로 분류한다.

dehydrogenation 탈수소화반응 명 화합물에서 수소를 제거하는 산화반응. 비 hydrogenation.

deimatic display 위협행동 어느 동물이 다른 동물을 위협하는 자세를 취하는 따위의 겁먹게 만드는 행동.

***Deinococcus-Thermus* 이상구균-서열균문** DNA염기순서 자료에 근거하여 식별하는 세균역(Bacteria)의 1문. 방사선에 내성을 갖는 데이노코쿠스(*Deinococcus*)와 호열세균인 테르무스 아쿠아티쿠스(*Thermus aquaticus*)를 포함한다.

Deiter's cells 데이터세포 달팽이관(와우각)의 코르티기관에서 바깥 털세포들 사이의 줄 사이에 있는 무신경 지지세포들.

Deiter's nucleus 데이터핵 뇌의 수질에서 운동경로의 균형과 관련된 감각정보를 중계하는 데 관여하는 측부 전정핵.

delamination 엽렬(葉裂) 명 (1) 세포들이 갈라져서 새로운 층을 이루는 것; (2) 층이 갈라지는 것.

delayed hypersensitivity 지연성 과민증 항원이 접종된 후 24~48시간 후에 일어나고 활성화 T세포에 의해 유도되는 면역적 과민성 반응. ≒ **delayed-type hypersensitivity**. 비 immediate hypersensitivity.

delayed implantation 지연착상 수정 후 몇 달 동안 포배(blastocyst)가 자궁의 벽에 착상되지 않는, 많은 포유동물에서 관찰되는 생식현상.

deletion 결실(缺失) 명 염색체의 일부가 없어지거나 DNA염기순서에서 염기 또는 염기들이 없어지는 돌연변이.

deliquescent 형 (1) **조해성(潮解性)** 액체로 되는; (2) **말단분지형** [식] 곁눈이 훨씬 왕성하게 발달하여 원줄기가 여러 개의 불규칙한 가지들로 갈라지는 것처럼 보이는.

delomorphic 정형의 형 분명한 유형을 가진.

delphinidin 델피니딘 명 많은 꽃에 들어 있는 청색 플라보노이드 색소.

delphinology 돌고래학 명 돌고래를 연구하는 것.

delta- 델타 *접두사 'delta'를 포함하는 표제어는 해당 표제어를 참조하시오.*

delta agent 델타인자 외피단백질을 만들기 위해 B형 간염바이러스를 필요로 하는 복제결함바이러스.

deltaG (ΔG) 기브스자유에너지(Gibbs' free energy) 변화. ⇨ free energy.

delta-proteobacteria 델타가변세균 DNA염기순서 자료에 근거하여 식별하는 가변세균(자색세균)의 무리. 디설포비브리오(*Desulfovibrio*)와 기타 황산염환원세균 등의 화학유기영양세균, 델로비브리오(*Bdellovibrio*), 믹소코쿠스(*Myxococcus*)와 디설푸로모나스(*Desulfuromonas*) 등이 포함된다. ≒ **delta purple bacteria**.

deltidium 델티디움 명 많은 완족류에서 자루(병부)가 나오는 부리와 경첩 사이에 있는 구멍을 덮는 판.

deltoid 3각형 형 모양이 거의 3각형인.

demanian 형 선충류에서 장과 자궁을 연결하는 쌍으로 된 원심성 관의 복잡한 체계에 적용되는 말. 알을 보호하는 점액질을 분비하는 데 관여한다.

deme 최소교배단위 명 (1) [식] 생태개체군(ecodeme), 생식개체군(gamodeme), 지역개체군(topodeme) 등과 같이 접두사를 붙여 수식하는 특정 분류군의 개체들의 집합; (2) [동] 완전히 무작위로 교배가 일어나는 종의 지역적 개체군단위인 생식개체군(gamodeme).

dementia 치매 명 뇌질환으로 인한 정신작용의 만성 장애. 기억상실, 혼란, 인격변환 등이 전형적인 증상이다.

demersal 해저서식성 형 바다 또는 호수의 바닥이나 그 부근에서 사는.

demersed 수중의 형 물속에서 자라는, 식물체의 부분들에 적용되는 말.

demethylation 탈메틸화 명 메틸기가 떨어지는 것.

demibranch 반쪽아가미 ⇨ hemibranch.

demicyclic 중세대형(中世代型) 형 여름포자 시기가 없는 녹병균에 적용되는 말.

demographics 개체군통계, 인구통계 명 시간의 경과에 따른 개체수의 변화 또는 개체군 내의 특정한 성이나 연령계급의 변화.

demographic society 새로운 이주자에

대해 다소 폐쇄적이고 따라서 사회의 구성이 주로 출생과 사망의 인구학적 과정의 결과로 나타나는, 오랜 세월 동안 비교적 안정된 사회.

demography 개체군통계학, 인구학 명 개체군 내의 생물의 수와 시간의 경과에 따른 그들의 변동을 연구하는 것.

D

Demospongia 보통해면강 명 해면동물문(Porifera)의 1강. 예를 들면 각질해면속(*Spongia*)에서 볼 수 있는 것과 같이 흔히 해면질섬유(spongin fibres)의 뒤얽힌 덩어리에 의해 강화된 체벽을 갖는다. 1축형 또는 4축형의 규질골편(silica spicule)을 갖거나 골편이 없기도 한다. 연안에서 발견되며, 5000 m 이상의 수심에서도 발견된다.

denatant 흐름이동성 형 물의 흐름을 따라 헤엄치거나 부유하거나 이동하는.

denaturation 변성 명 가열, pH의 변화, 조사(irradiation) 등의 결과로 인해 단백질이나 핵산과 같은 거대분자의 구조적 특성이 변화하고 기능을 상실하는 것. 대개의 경우 변성은 비공유결합의 붕괴로 인한 2차구조의 상실에 적용된다(예: 단백질사슬의 풀림 또는 DNA 2중나선에서 두 가닥의 분리).

dendriform 가지형, 수지상(樹枝狀) 형 나무처럼 가지를 친.

dendrite 수상돌기 명 다른 뉴런으로부터 신호를 받는, 뉴런에 있는 가는 세포질 돌기.

dendritic 가지형, 수지상(樹枝狀) 형 (1) 많이 가지를 친; (2) 수상돌기를 닮았거나 수상돌기와 관련되거나 또는 수상돌기를 가진.

dendritic cell (DC) 수지상세포 미접촉 T세포에 항원을 제시하고 림프구활성화 신호를 제공하는 비림프성 백혈구의 한 종류. 미성숙 수지상세포들은 몸의 대부분의 조직에서 발견된다. 이들은 식세포작용과 대음세포작용(macropinocytosis)에 의해 침입하는 미생물과 그들의 생성물을 취하고 성숙하여 2차림프조직으로 이동하며, 여기에서 T세포와 접촉한다. 일반적으로 수지상세포는 항원제시의 역할을 하는 통상수지상세포(conventional dendritic cells; cDCs)와 병원체의 자극에 대응하여 많은 양의 인터페론을 분비할 수 있는 형질세포성 수지상세포(plasmacytoid dendritic cells; pDCs)의 두 가지 주요 계열로 구분된다. ⇨ follicular dendritic cell.

dendrochronology 나이테연대학, 연륜연대학 명 나이테를 세어 나무와 목재의 나이를 연구하고, 시간의 경과에 따른 기후변화와 관련하여 나이테를 연구하고 분석하는 것.

Dendrogaea 덴드로지아 명 온대 남아메리카를 제외한 모든 신열대구를 포함하는 생물지리구.

dendrogram 수지도(樹枝圖), 수상도(樹狀圖) 명 생물들이나 대상들 간의 유연관계를 나타내는 가지 친 나무와 같은 도해.

dendroid 가지형, 수지상(樹枝狀) 형 많은 가지를 친 나무와 같은.

dendrology 수목학 명 나무를 연구하는 학문.

dendrometer 측수기(測樹器) 명 증산작용이 나날이 변동함에 따라 일어나는 미세한 양의 수축과 팽창처럼 나무줄기에서 일어나는 작은 변화를 측정하는 장치.

dendron 수상돌기 명 신경세포에서 세포체를 향하여 흥분을 전달하는 세포질 돌기. 대개 'dendrite'보다 가지를 많이 친다.

denervation 탈신경, 신경제거 명 기관, 근육 등에 분포하는 신경을 제거하는 것.

denitrification 탈질소반응 명 (1) 질산염

을 아질산염으로 그리고 아질산염을 분자상 질소로 전환하여 생물권에서 질소가 상실되는 것. 이러한 반응은 몇몇 속의 혐기성 세균들에 의해 일어난다; (2) 식물조직에서와 같이 질산염이 아질산염과 암모니아로 환원되는 것.

denitrifiers, denitrifying bacteria 탈질소세균 질산염을 아질산염으로 그리고 아질산염을 분자상 질소로 전환시킬 수 있는 다양한 혐기성 세균들(*Pseudomonas*, *Achromobacter*, *Thiobacillus*, *Micrococcus* spp. 등). ⇨ denitrification.

***de novo* 신생, 드노보** 새로이, 예를 들면 기본 구성성분으로부터 화합물을 합성하는 데 적용되는 말.

dens 치아 명 치아 또는 치아 같은 돌기. 복 **dentes**.

density-dependent 밀도의존성 형 (1) 개체군의 생장을 제한하는, 기존의 개체군밀도에 영향을 받는 요인들(밀도의존요인)에 적용되는 말. 대개 다른 종으로부터의 경쟁의 영향이다; (2) 개체군 내에서 보다 희귀한 유형을 선호하거나 선호하지 않는 선택(밀도의존선택)에 적용되는 말.

density gradient centrifugation 밀도기울기원심분리법 밀도기울기를 갖는 설탕(sucrose)이나 염화세슘용액에서의 원심분리법에 의해 세포성분이나 거대분자들을 분리하는 방법. 용액 내에서 동일한 밀도의 좁은 띠로 나타나는 특정한 밀도를 갖는 성분들을 분리하여 채취한다. ≒ equilibrium sedimentation.

density-independent 밀도독립성 형 개체군의 생장을 제한하는, 기존의 개체군밀도에 영향을 받지 않는 요인들(밀도독립요인)에 적용되는 말. 대개 온도와 빛의 세기 등의 비생물적 요인들이다.

dental 치아의 형 (1) 치아와 관련된 말; (2) 치아의 내부를 채우고 있는, 신경과 혈관이 분포하는 부드러운 조직인 펄프(치수)에 적용되는 말; (3) 치아가 형성되는 미분화조직의 작은 덩어리인 유두(치유두)에 적용되는 말.

dental formula 치식(齒式) 포유동물에서 치아 유형의 각각의 수를 나타내는 방식. 치식은 일련의 분수로 구성되는데, 분자는 위턱의 반쪽에 있는 각 유형의 치아 수를 나타내고 분모는 그에 해당하는 아래턱의 수를 나타낸다.

dental plaque 치석(齒石), 치태 치아에 존재하는, 세포외 다당류로 둘러싸인 세균 세포들.

dentary 아래턱뼈 명 많은 척추동물에서 아래턱에 있는 뼈. 복 **dentaries**.

dentate 치아상(齒牙狀), 톱니꼴 형 (1) 이빨이 있는; (2) 가장자리가 톱니 같은 잎에 적용되는 말.

dentate-ciliate 치아세모상(齒牙細毛狀) 가장자리에 톱니와 털들이 달린 잎에 적용되는 말.

dentate-crenate 치아둔거치 가장자리에 둥근 톱니들이 달린 잎에 적용되는 말.

dentate gyrus 치아이랑 뇌의 해마체(hippocampal formation)에 있는 부분. '치상회'라고도 하며, 다른 부분은 해마(hippocampus)가 된다.

dentes 'dens'의 복수형.

denticidal 치아상 형 쌍떡잎식물 석죽과(Caryophyllaceae)에서 볼 수 있는 것과 같이, 삭과의 꼭대기 주변이 이빨 모양이 되는 열개과(dehiscent fruit)에 적용되는 말.

denticle 치상돌기(齒狀突起) 명 (1) 작은 치아 같은 돌기; (2) 일부 곤충의 표피에서 뻗어 나온 작은 돌출부; (3) 많은 어류에 존재하고 판새어류(elasmobranchs)의 체표 전체를 덮는, 작은 이빨과 비슷한 모양과 구조를 갖는 비늘의 한 종류.

denticulate 소치상(小齒狀) 형 (1) [동] 치상돌기를 갖는; (2) [식] 가장자리에 작은 톱니가 달린.

dentin 상아질 ⇨ dentine.

dentinal 상아질의 형 (1) 상아질과 관련된 말; (2) 치아의 상아질에 있는 미세한 관인 세관(상아질세관)에 적용되는 말.

D

dentine 상아질 명 척추동물 치아 내부의 단단한 부분과 치상돌기와 진피성 경골의 바깥층을 구성하는, 뼈와 동일한 구성 성분(아교질과 칼슘염)을 갖는 단단한 탄성 물질. '치질(齒質)'이라고도 한다. ≒ ivory.

dentition 치열(齒列) 명 치아의 종류, 수 및 배열.

deoxyadenosine 디옥시아데노신, deoxycytidine 디옥시시티딘, deoxyguanosine 디옥시구아노신 당 디옥시리보오스와 결합된 푸린염기 또는 피리미딘염기로 구성되는 뉴클레오시드들. ⇨ thymidine.

deoxyadenosine triphosphate (dATP) 디옥시아데노신3인산 DNA 합성에 필요한 4가지 디옥시리보뉴클레오티드들의 하나인, 아데닌의 디옥시리보뉴클레오티드.

deoxyadenylate 디옥시아데노신1인산 명 DNA의 부분가수분해로 생기는 디옥시아데노신1인산(deoxyadenosine monophosphate: dAMP).

deoxycytidine triphosphate (dCTP) 디옥시시티딘3인산 DNA 합성에 필요한 4가지 디옥시리보뉴클레오티드들의 하나인, 시티딘의 디옥시리보뉴클레오티드.

deoxycytidylate 디옥시시티딘1인산 명 DNA의 부분가수분해로 생기는 디옥시시티딘1인산(deoxycytidine monophosphate: dCMP).

deoxyguanosine triphosphate (dGTP) 디옥시구아노신3인산 DNA 합성에 필요한 4가지 디옥시리보뉴클레오티드들의 하나인, 구아노신의 디옥시리보뉴클레오티드.

deoxyguanylate 디옥시구아노신1인산 명 DNA의 부분가수분해로 생기는 디옥시구아노신1인산(deoxyguanosine monophosphate: dGMP).

deoxynucleoside triphosphates (dNTPs) 디옥시뉴클레오시드3인산 DNA 합성에 필요한 4가지 디옥시리보뉴클레오티드들의 일반적인 명칭.

deoxyribonuclease (DNase) 디옥시리보핵산가수분해효소 DNA를 작은 올리고뉴클레오티드들로 쪼개거나 그 구성요소인 디옥시리보뉴클레오티드들로 완전히 분해하는 다양한 효소를 통틀어 이르는 말. ≒ nuclease. ⇨ endonuclease, exonuclease.

deoxyribonucleic acid 디옥시리보핵산 ⇨ DNA.

deoxyribonucleoside 디옥시리보뉴클레오시드 명 당 디옥시리보오스를 포함하는 뉴클레오시드.

deoxyribonucleotide 디옥시리보뉴클레오티드 명 당 디옥시리보오스를 포함하는 뉴클레오티드.

deoxyribose 디옥시리보오스 명 DNA에 들어 있는, 리보오스와 비슷하지만 산소원자가 없는 5탄당. (⇨ 그림 13)

deoxythymidine 디옥시티미딘 ⇨ thymidine.

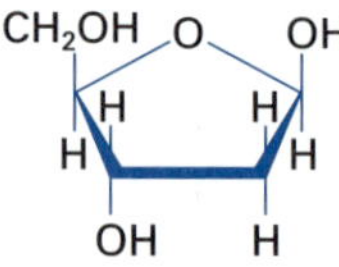

그림 13. D-디옥시리보오스.

deoxythymidylic acid, deoxythymidylate 디옥시티미딜산 ⇨ thymidine monophosphate.

deperulation 탈비늘 명 눈비늘(bud scale)을 밀어젖히거나 떨쳐 버리는 것.

dephosphorylation 탈인산화 명 인산기를 제거하는 것. 흔히 세포활동을 조절하는 중요한 메커니즘인, 단백질인산가수분해효소에 의한 단백질의 탈인산화를 가리킨다.

depigmentation 탈색소 명 세포에 의한 색소의 제거.

deplanate 평탄한 형 (1) 평평한; (2) 납작한.

deplasmolysis 세포질복귀 명 원형질분리가 일어난 식물세포에 물이 다시 들어오면서 원형질의 위축이 반전되는 것.

deplumation 깃갈이 명 새의 털갈이.

depolarization 탈분극 명 막 내외의 전기전위의 차이가 감소하는 것. 생체의 세포 내부는 외부와 비교하여 약간의 음전하를 띠고 있다. 비 hyperpolarization.

depolymerization 탈중합 명 여러 개의 소단위들로 이루어진 구조가 그 구성단위들로 분해되는 것. 주로 액틴필라멘트가 그 구성단백질들로 탈중합되는 것을 가리킨다. '해중합'이라고도 한다.

deposit feeder 퇴적물섭식자 퇴적물을 삼켜서 그 안에 들어 있는 작은 생물들을 먹고 사는 수생생물.

depressant 억제제 명 활성을 저해하는 물질들.

depressed 눌린 형 등 쪽과 배 쪽이 편평한.

depressomotor 운동기능억제의 형 근육의 활성을 낮추는 신경에 적용되는 말.

depressor 억제 명 (1) 명 **억제근, 내림근** 어떤 구조를 낮추거나 억제하는 근육; 형 (2) 기관의 활성을 낮추는 신경(감압신경)에 적용되는 말; (3) 대사율을 둔화시키는 화합물(억제제)에 적용되는 말.

depurination 탈푸린화 명 DNA에서 푸린염기가 없어지는 것.

derepressed 활성화된 형 이전의 억제된 상태에서 해제되고 기능이 활성화된 유전자에 적용되는 말.

derived 파생적 형 조상혈통에는 존재하지 않는 형질(파생형질)이나 형질상태에 적용되는 말.

dermal 진피의, 피부의 형 진피와 관련되거나, 보다 일반적으로 피부와 관련된 말.

dermal bone 진피성 경골 피부의 진피에서 유래된 뼈.

dermalia 명복 일부 해면동물의 표층에 있는 작고 단단한 판들.

dermal tissue system 표피조직계 고등식물의 표피와 그와 연관된 조직들.

dermamyotome 진피근절 명 체절(somite)에서 몸통과 4지의 골격근세포들이 되고 진피의 결합조직으로 발달하는 세포덩어리.

Dermaptera 집게벌레목 명 일반적으로 집게벌레류(earwigs)라고 부르는 곤충의 목. 집게로 변형된 미모(cerci)와 작은 혁질의 앞날개 그리고 그 밑에 숨겨져 있는 커다란 막성 뒷날개를 갖는다. 불완전탈바꿈을 한다.

dermatan sulphate 데르마탄황산 *N*-아세틸갈락토사민(*N*-acetylgalactosamine)을 포함하는 황산화 글리코사미노글리칸(glycosaminoglycan). 피부와 혈관 그리고 기타 기관들의 세포외 기질의 구성성분이다.

dermatic 진피의, 피부의 ⇨ dermal.

dermatitis 피부염 명 피부 표면의 염증.

dermatogen 원표피(原表皮) 명 (1) 식물체의 어린 표피; (2) 식물체에서 표피가 생기는 조직.

D

dermatoglyph 피문(皮紋) 명 손바닥, 손가락, 발의 발가락이나 발바닥의 피부에 있는 소용돌이무늬와 선들의 양식.

dermatoid 피부모양 형 (1) 피부와 비슷한; (2) 피부와 같은 기능을 하는.

dermatology 피부과학 명 피부의 질병을 연구하고 치료하는 것.

dermatome 진피판(眞皮板) 명 (1) 체절(somite)에서 진피의 결합조직으로 발달하는 부분; (2) 단일한 척수신경의 지배를 받는 피부의 부위.

dermatomycosis 피부진균증 명 사람이나 동물 피부의 곰팡이에 의한 감염. 복 **dermatomycoses**.

dermatophyte 피부진균 명 피부에 기생하는 곰팡이들.

dermatopsy 피부광각 명 빛에 민감한 피부를 갖는 것.

dermatosis 피부병 명 피부의 질병.

dermatosome 막체(膜體) 명 식물 세포벽의 섬유소 단위.

dermatozoon 피부기생동물 명 피부에 기생하는 동물들을 통틀어 이르는 말.

dermethmoid 상사골 명 어류 머리뼈에서 비강의 벌집뼈(ethmoid) 위에 있는 진피성 경골.

dermis 진피(眞皮) 명 척추동물의 피부에서 표피의 밑에서 기저막에 의해 구분짓는 깊은 층. 결합조직들로 구성되고 중배엽에서 유래된다. (⇨ 그림 35)

dermo-, dermato-, -derm, -dermis, -dermal '피부'를 뜻하는 그리스어 '*dermis*'에서 유래된 단어요소.

dermo-ossification 피부성 골화 명 피부에서 형성된 뼈.

dermopharyngeal 명 일부 어류에서 인두치(pharyngeal teeth)를 지탱하는 막골의 윗판 또는 아래판.

dermophyte 피부진균 ⇨ dermatophyte.

dermosclerite 명 어떤 바다맨드라미류의 조직에서 발견되는 골편의 덩어리.

dermosphenotic 명 진골어류에서 눈구멍 주위에서 상안와골과 하안와골 사이에 위치한 뼈.

dermotrichia 명복 진피성 경골로 이루어진 지느러미살(기조).

dermotropic 피부친화성, 향피부성 형 진피에서 서식하기를 매우 좋아하는 특성을 갖는 기생생물에 적용되는 말.

derris 데리스제 명 콩과 식물 데리스의 뿌리에서 추출하는, 지속성이 없는 광역 살충제와 살비제. 사람이나 새에 대한 독성은 낮지만 어류에 대한 독성은 매우 높다. ≒ rotenone.

descending 내려가는, 하향의 형 (1) 아래쪽을 향하거나 꼬리 쪽을 향하는, 혈관들이나 신경들에 적용되는 말; [식] (2) 아래쪽을 향하여 자라거나 매달린; (3) 각각의 꽃잎이 그 앞에 있는 꽃잎과 겹치는, 꽃을 이루는 부분들의 배열에 적용되는 말.

desegmentation 집합화(集合化) 명 이전에 분리되었던 부분들이 합쳐지는 것.

desensitization 탈감작(脫感作) 명 (1) 반응을 일으킬 수 있는 능력을 상실하는 것; (2) 효소가 촉매활성능은 유지하면서 조절부위를 상실하는 것.

desert 사막 명 평균강수량이 일정하지 않고 1년에 25 cm 미만이며 증발량이 강수량을 초과하는 생물군계. 이러한 지역에서는 선인장류, 다육식물, 가시 달린 관목 등과 같이 고도로 적응된 식물들이 드문드문 나타난다. 사하라사막과 같이 뜨거운 사막에서는 낮의 온도가 매우 높다. 고비사막과 북부 캘리포니아의 사막처럼 서늘한 사막은 겨울의 온도가 매우 낮다.

deserticolous 사막서식성 형 사막에 사는.

desertification 사막화 명 반건지성 목초지와 경지가 사막으로 바뀌거나 또는 사막이 차츰 확장되고 주변의 건조지를 잠식하여 사막으로 변모시키는 것. 사막화는 오랜 가뭄과 같은 기후적 요인 그리고 과방목과 과잉경작에 기인한다.

desiccation 탈수, 건조 명 탈수, 건조.

desmergate 중간형 명 일개미와 병정개미 간의 중간적인 유형.

desmids 먼지말 명복 담수 녹조류의 단세포 또는 군체성 무리. 세포는 보통 세포벽의 잘록한 부분을 중심으로 2개로 분열한다.

desmin 데스민 명 근육세포들의 중간섬유를 구성하는 단백질.

desmoid 띠모양 형 (1) 띠 모양의; (2) 사슬이나 리본을 형성하는; (3) 먼지말과 비슷한.

desmology 인대학(靭帶學) 명 인대(ligament)의 해부학.

desmoneme 쇄사체(鎖絲體) 명 방출되면 그 끝이 먹이 주변에 감기는 실 같은 구조가 들어 있는 자포(nematocyst).

desmosome 데스모솜, 접착반(接着班) 명 한 세포의 중간섬유와 인접한 세포의 중간섬유를 연결시켜서 동물세포를 주변의 세포들과 견고하게 밀착시키는 세포연접. 접착대(belt desmosome)는 세포 주위로 뻗는 접촉의 연속적인 띠이고, 접착반점(spot desmosome)은 다소 원형의 접촉점들이며, 반접착반(hemidesmosome)은 접착반점과 비슷하지만 기저층으로 세포를 연결한다. 모든 접착반은 두 세포를 연결하는 다양한 유형의 섬유성 물질들이 채워진 확장된 세포간극으로 분리되어, 나란히 놓인 세포막들이 두꺼워지는 특징을 갖는다.

desmotubule 연결소관(連結小管) 명 두 식물세포들을 연결하는 세포질연락사를 가로질러 양측 세포의 소포체를 연결하는 가는 관상 구조.

despotism 독재제(獨裁制) 명 한 개체가 무리의 나머지를 통솔하고 이들 모두 우두머리에게 똑같이 굴종하며 서로 동등한 지위를 갖는 동물의 사회체계. ⇨ dominance systems.

desquammation 박리(剝離) 명 각피나 표피가 작은 조각들로 떨어지는 것.

desulphurylation 탈술푸릴 명 화합물에서 술푸릴기(−SH_2)가 제거되는 것.

desynapsis, desyndesis 접합풀림 명 (1) 감수분열에서 접합된 염색체들이 정상적으로 분리되는 것. 복사기(diplotene)에 시작된다; (2) 상동염색체들의 분리에 기인하는 접합의 실패.

detergent 계면활성제 명 지질을 분산시키는 화합물. 계면활성제는 지질막에서 막단백질들을 방출시켜 이들을 가용성으로 만드는 데 이용된다.

determinant 결정인자, 결정기 ⇨ antigenic determinant, cytoplasmic determinant.

determinate 유한성 형 (1) 어느 정도의 한계를 갖는, 생물이나 생물체의 부분이 어느 정도의 크기와 모양에 달하면 멈추는 생장(유한생장)에 적용되는 말; (2) 명백한 끝을 갖는; (3) 꽃눈으로 일찍 끝나는 1차축을 갖는 꽃차례(유한꽃차례)에 적용되는 말; (4) 각 세포의 운명이 이들이 형성되는 시점에 이미 결정된 발생에 적용되는 말. 비 regulative.

determination 결정(決定) 명 배아세포가 비가역적으로 발생경로를 따라가는 것. 많은 경우에 있어서 가시적인 분화가 일어나기 훨씬 전에 일어난다.

determined 결정된 형 일단 그들의 운명이 최종적으로 확정된 배아세포에 적용되는 말.

D

detoxification **해독(解毒)** 명 독성 물질을 해가 없게 만드는 것. ≒ **detoxication**.

detritiphage, detritivore **퇴적물섭식동물** 명 퇴적물(찌꺼기)을 먹고 사는 생물. ≒ detritus feeder.

detritus **퇴적물, 찌꺼기** 명 (1) 죽어서 분해된 동물과 식물의 작은 조각들, ⇨ detritus layer; (2) 어느 구조에서 떨어져 쪼개진 조각들. 형 **detrital**.

detritus feeder **퇴적물섭식동물** 토양의 퇴적물(찌꺼기)에서 양분을 추출하는 지렁이와 같은 동물. ⇨ decomposer.

detritus layer **퇴적층** 사체와 유기물의 부패된 조각들로 구성되는 토양의 표면에 있는 층.

detrusor **배뇨근(排尿筋)** 명 방광의 벽을 구성하는 3층의 근육 중 외측. 이들 3층의 근육을 모두 가리키기도 한다.

detumescence **종창감퇴** 명 부기(swelling)가 가라앉는 것.

deuterencephalic **속뇌의** 형 능형뇌(hindbrain)와 관련된 말.

deuterencephalon **속뇌(續腦)** ⇨ hindbrain.

deuterium **중수소** 명 질량수가 2인 수소의 동위원소(^2H). 중수(D_2O)의 수소 동위원소이다.

deuterocerebrum **2차성 뇌** 명 작은더듬이(소촉각)의 신경이 생기는 갑각류의 뇌의 부분.

deuterocoel **진체강** ⇨ coelom.

deuterocone **2차추체** 명 큰어금니의 상악원추(protocone)에 상응하는 포유동물 앞어금니의 교두(cusp).

deuteroconidium **2차분생자** 명 피부에 기생하는 곰팡이들인 피부진균(dermatophyte)에서 원시분생자(protoconidium)의 분열로 생기는 분생자.

deuterogamy **2차수정** 명 (1) 두 번째 수정; (2) 곰팡이에서와 같이 배우자들의 융합을 위해 대신 쌍을 이루는 것.

deuterogenesis **2차배발생** 명 길이가 자라서 좌우대칭을 이루는 배발생의 두 번째 단계.

Deuterolichenes **불완전지의강** 명 공생하는 곰팡이가 불완전균류인 지의류의 강.

Deuteromycota **불완전균문**, **Deuteromycotina** **불완전균아문**, **deuteromycetes** **불완전균류** 명, 명, 명복 무성생식만 알려져 있고 분생자가 달리는 균류의 큰 무리. 자낭균류와 높은 유사도를 나타낸다. 이들은 자낭단계를 상실한 자낭균류이거나 아직 유성시기를 발견하지 못한 자낭균류일 수 있다. ≒ Fungi Imperfecti.

deuterostome **신구(新口), 후구(後口)** 명 낭배원구(gastrula mouth)와는 별개의 것으로서, 배발생에서 2차적으로 형성되는 입. ≒ **deuterostoma**.

deuterostomes **후구동물(後口動物), 신구동물(新口動物)** 명복 진정한 체강을 갖고, 알이 방사상 난할을 하며, 원구가 항문이 되는 동물을 통틀어 이르는 말. 유수동물, 반삭동물, 극피동물, 미삭동물과 척삭동물이 포함된다.

deuterotoky **양성생산단위생식** 명 양쪽 성이 생기는 단위생식.

deuterotype 명 종의 지정을 목적으로 원기준표본을 대체하기 위해 선정된 표본.

deutocerebrum **중대뇌(中大腦)** 명 곤충의 머리에서 더듬이체절의 신경절이 합쳐져서 유래된 뇌의 부위.

deutomerite **후절(後節)** 명 일부 족포자충류의 뒤쪽 부분. 비 primite.

deutonymph **제2약충(第二若蟲)** 명 응

애류와 진드기류에서 두 번째의 약충(nymph) 시기 또는 번데기와 비슷하거나 운동성인 영충(instar). '중약충'이라고도 한다.

deutoscolex 2차두절 명 일부 조충류의 낭충 시기에서 출아(budding)에 의해 생기는 두 번째의 머리마디(두절).

deutosporophyte 2차포자체 명 홍조류의 생활주기에서 두 번째의 포자체 시기.

deutosternum 명 응애류와 진드기류에서 다리수염이 달리는 체절의 가슴판(복판).

development 발생 명 생물학에서 단세포 접합자로부터 다세포 생물체가 되고 수정란의 첫 번째 분열부터 성숙해질 때까지 일어나는 변화. ≒ ontogeny.

developmental 발생의 형 발생과 관련되거나 발생에 관여하는, 발생 중의 특정 시기에 활성을 나타내고 발생에 특이적 효과를 미치는 유전자나 호르몬 등에 적용되는 말.

Devonian 데본기 명 약 4억 1600만 년 전부터 3억 5900만 년 전에 대멸종으로 끝난 지질시대. 이 기에 총기류, 경골어류 및 암모나이트가 처음 출현하였다. 육지에서는 데본기 중세에 최초의 곤충 화석이 발견되었고, 데본기 후세에 최초의 양서류 화석이 나타났다. 데본기의 식생은 석송류, 고사리류와 최초의 나무를 포함하는 원겉씨식물로 이뤄지고, 기가 끝날 무렵에 최초의 종자식물(종자고사리류)이 나타났다.

dexiotropic 우선(右旋) 형 소용돌이와 같이 오른쪽으로 돌아간 껍질에 적용되는 말.

dextral 오른쪽의 형 오른쪽에 있거나 오른쪽과 관련된.

dextran 덱스트란 명 α-1,6결합으로 연결된 포도당 잔기들로 구성된 가지가 있는 다당류. 덱스트란은 세균의 피막과 점질층에서 발견된다.

dextranase 덱스트란분해효소 명 덱스트란을 포도당으로 분해하는 효소.

dextrin 덱스트린 명 녹말의 부분가수분해산물인 작은 수용성 다당류군을 통틀어 이르는 말.

dextro-rotary 우회전성(右回轉性) 형 평면편광을 시계방향(+)으로 회전시키는 광학활성분자들에 적용되는 말.

dextrorse 우권(右拳) 형 (1) 왼쪽에서 오른쪽으로 감아 올라가며 자라는; (2) 시계방향의.

dextrose 포도당 ⇨ glucose.

Df 유전학에서 특정한 유전자가 없거나 불활성인 결손(deficiency)의 축약형.

D-factor D인자 어떤 곰팡이에서 질병을 일으키는 2중가닥RNA바이러스.

D gene segment D유전자조각 면역글로불린의 무거운 사슬 유전자자리와 T세포 수용체의 β와 δ자리에서 발견되는 다양한 유전자조각들을 통틀어 이르는 말. 짧은 DNA서열을 갖고 있으며, V유전자조각과 J유전자조각과 이어져서 면역글로불린 다당류사슬의 가변부를 암호화하는 DNA서열을 형성한다. ≒ **D segment D조각**, **D region D부위** 폴리펩티드사슬의 해당하는 부위를 표시함. ⇨ gene rearrangement, J gene segment, variable region, V gene segment.

DHAP 디히드록시아세톤인산(dihydroxyacetone phosphate).

DHFR 디히드로엽산환원효소(dihydrofolate reduxtase).

diabetes mellitus 당뇨병 세포가 혈액에서 포도당을 흡수할 수 없어서 혈중 포도당의 농도가 비정상적으로 높아진 것이 특징인 질환. 혈액으로부터의 포도당 흡수를 촉진하는 호르몬 인슐린이 생성되지

D

못하거나, 세포들이 인슐린에 반응하지 못하거나 또는 인슐린의 효과에 대립되는 효과를 갖는 호르몬들이 과다하게 생성되는 등의 여러 가지 원인이 있을 수 있다. ⇨ type 1 diabetes, type 2 diabetes.

diabetogenic 당뇨병유발성 형 당뇨병을 일으키는.

diachaenium 명 현수과(cremocarp)를 이루는 각 부분.

diachronous 통시적 형 서로 다른 지질시대로부터 연대를 측정하는, 동일한 지질계통(geological formation)에서 나타나는 상이한 연대의 화석에 적용되는 말.

diacoel(e) 제3뇌실 명 뇌의 3번째 뇌실.

diacranteric 형 뱀에서 볼 수 있는 것과 같이 앞니와 어금니 사이에 뚜렷한 공간이 있는.

diactinal 2방사형(二放射形) 형 각각의 끝이 뾰족한 2개의 살을 가진.

diacylglycerol (DAG) 디아실글리세롤 명 다양한 세포표면 수용체들이 자극된 결과로 생성되는 신호를 세포 내에서 전달하는 분자로 작용하는 작은 막결합 지질분자. 포스포리파아제C가 막의 포스파티딜이노시톨인산에 작용하여 생성되고, 칼슘이온(Ca^{2+})과 함께 효소 단백질인산화효소C를 활성화한다.

diacytic 교차형 형 기공을 둘러싸는 한 쌍의 부세포를 갖고 이들의 공통축이 공변세포들의 긴 축과 직각을 이루는 유형의 기공(교차형 기공)에 적용되는 말.

diadelphous 두몸수술 형 수술대(화사)들의 융합으로 두 묶음이 된 수술을 가진. '이체수술' 또는 '양체수술'이라고도 한다.

diadematoid 디아데마류의 형 3개의 1차 공판을 갖는 성게류의.

diadromous 회유성 형 (1) 민물과 바닷물 사이를 이동하는; (2) 부채와 같은 방식으로 퍼지는 잎맥을 갖는 잎의.

diaene 명 두 갈래진 침골(골편).

diagenesis 속성작용(續成作用) 명 생물의 화석화(fossilization) 과정에서 일어나는 압력과 온도 등에 의한 변화. 형 diagenetic.

diageotropism 횡지성(橫地性) 명 식물의 기관이 중력의 방향에 대해 직각의 위치를 취하도록 자라는 운동.

diagnosis 감정, 진단 명 (1) 생물의 독특한 형질을 간결하게 기술하는 것; (2) 생리학적 상태나 병리학적 질환을 그의 독특한 징후에 따라 판단하는 것.

diagnostic 진단적, 식별의 형 (1) 구별 짓는; (2) 비슷한 종이나 속들을 서로 구분 짓는 형질(식별형질)에 적용되는 말.

diakinesis 이동기 명 핵피막이 소실되는 감수제1분열 전기의 마지막 시기.

dialect 사투리 명 새소리, 짝짓기소리, 벌의 꼬리흔들기춤 따위의 지역적 변이형.

diallelic 2대립유전자의 형 2개의 대립유전자가 관련되거나 관여하는, 유전자자리에 서로 다른 2개의 대립유전자를 갖는 배수체에 적용되는 말.

dialysate 투석물 명 투석을 통해 반투막을 투과하는 물질들. ≒ diffusate.

dialysis 투석(透析) 명 일정 한도 이상의 큰 분자들은 반투막을 투과할 수 없는 성질을 이용하여 단백질과 같은 고분자물질을 저분자물질과 이온들로부터 분리하는 조작.

dialystelic 형 줄기에서 거의 떨어져 있는 중심주들을 가진. 명 **dialystely**.

diamine 디아민 명 카다베린(cadaverine)이나 푸트레신(putrescine)처럼 2개의 아미노기를 포함하는 화합물.

diaminopimelic acid (DAP) 디아미노피멜산 세균 세포벽의 펩티도글리칸에서 발견되는, 리신(lysine)과 구조가 비슷한 아미노산.

diandrous 2수술군의 형 (1) 2개의 수술이 있는; (2) 이끼류에서 각각 보호엽(bract)으로 둘러싸인 2개의 장정기를 가진.

dianthovirus group 디안토바이러스군 등장성 외가닥 RNA바이러스를 포함하는 식물바이러스군. 대표바이러스는 카네이션둥근무늬바이러스(carnation ringspot virus)이다.

diapause 휴면(休眠) 명 많은 곤충의 생활주기에서, 특히 유충시기에서 나타나는 자연스러운 비활동 상태.

diapedesis 혈구누출 명 백혈구들이 모세혈관에서 주위의 조직으로 이동하는 동안 내피세포의 벽들 사이를 지나가는 것.

Diapensales 암매목, 돌매화나무목 명 감나무과(Ebenaceae: 흑단 등), 사포타과(Sapotaceae: 싸뽀뜨 등), 때죽나무과(Styracaceae: 때죽나무 등) 따위를 포함하는 쌍떡잎식물 교목과 초본의 목.

diaphototropism 횡광성(橫光性) 명 식물의 기관이 빛줄기에 대해 직각의 위치를 취하도록 자라는 운동. ≒ **diaheliotropism 횡일성(橫日性)** 빛이 햇빛인 경우.

diaphragm(a) 횡격막, 가로막 명 (1) 포유동물에서 흉강을 복강과 분리시키는, 호흡을 도와주는 운동을 하는 근육성 막조직; (2) 어떤 곤충에서 신경주위굴(perineural sinus)을 감싸는 근섬유의 복부격막(abdominal septum)과 일부 거미류에서 머리가슴(두흉부)을 복부와 분리시키는 가로막 등과 같이 포유동물 이외의 생물에서 나타나는 다양한 칸막이들.

diaphysis 명 (1) **뼈대, 골간(骨幹)** 4지뼈의 기둥, 형 **diaphyseal**; (2) **선단관생(先端貫生)** 축 또는 줄기의 비정상적 생장.

diaplexus 명 뇌의 제3뇌실의 맥락얼기(맥락총).

diapophysis 가로돌기관절 명 척추뼈의 신경활의 옆돌기 또는 가로돌기.

diapsid 쌍궁형(雙弓形), 2궁형(二弓形) 형 머리뼈 양편의 등 쪽과 배 쪽에 측두창(temporal fenestra)이 있는.

diapsids 쌍궁류(雙弓類), 2궁류(二弓類) 명복 석탄기 후기부터 출현한 쌍궁형 머리뼈를 가진 파충류 무리. 대부분의 현대 파충류들이 속하며 공룡처럼 멸종된 무리도 포함한다.

diarch 2원형 형 (1) 2개의 물관부와 2개의 체관부를 갖는 관다발의; (2) 원생물관부다발들이 모여서 양편에 체관부다발들이 있는 관다발원통을 가로지르는 조직판을 형성하는 뿌리에 적용되는 말.

diarthric 쌍절의 ⇨ biarticulate.

diarthrosis 가동관절(可動關節) 명 상당히 움직일 수 있는 관절.

diaschistic 형 감수분열에서 모세포가 한 번 횡분열을 하고 한 번 종분열을 해서 생기는 4분자(tetrad)의 유형에 적용되는 말.

diaspore 산포체(散布體) 명 식물이나 곰팡이에서 흩어지면 새로운 생물이 생길 수 있는 포자, 씨앗, 열매 또는 그 밖의 부분들을 통틀어 이르는 말.

diastase 디아스타아제 명 α아밀라아제와 β아밀라아제의 혼합물에 대한 옛 명칭. 19세기에는 이 용어가 모든 효소에 통용되었고, 나중에는 α아밀라아제 또는 β아밀라아제를 가리키는 용어가 되었다.

diastasis 명 (1) **심장정지기** 심장의 수축에서 수축기(systole)에 앞서는 휴지기; (2) **이개(離開)** 정상적으로 결합된 부분들이 비정상적으로 분리되는 것.

diastema 이틈, 치극(齒隙) 명 보통 서로 다른 치아 유형들 간에서 나타나는 치아가 없는 공간.

diaster 쌍성기(雙星期) 명 유사분열에서 딸염색체들이 방추극 부근에 모여 새로운 핵을 형성할 준비가 되어 있는 시기.

diastereoisomers 부분입체이성질체 명복 비거울상(non-mirror-image) 구조이성질체.

diastole 이완, 확장 명 (1) 심장의 주기적인 이완; (2) 수축포의 율동적인 팽창. 비 systole.

diastomatic 통기공(通氣孔) 형 (1) 기공이나 구멍을 통한; (2) 기공을 통해 해면 유조직에서 가스를 발산하는.

diatom 돌말류 명 정교한 무늬가 있는 얇은 2개의 규소껍질로 특징지어지는 집단인 돌말식물문(Bacillariophyta) 조류의 일반적인 명칭. '규조류'라고도 한다.

diatomaceous 규조의 형 돌말류의 껍질들을 포함하는 흙(규조토)에 적용되는 말.

diatomin 규조소 ⇨ phycoxanthin.

diatropism 횡굴성(橫屈性) 명 기관이나 생물체가 자극이 가해지는 선에 대해 직각의 위치를 취하는 경향.

diauxic growth 2단계적응생장 불활성기로 구분되는 두 단계로 나타나는 생장.

diauxy 2중영양요구성 명 미생물이 적절한 효소의 유도에 의해 추가의 당을 이용하도록 적응하는 것.

diaxon 2축의 형 2개의 축을 가진.

diaxonic 2축삭의 형 2개의 축삭을 갖는 뉴런들에 적용되는 말.

diazotroph 질소영양생물 명 질소원소를 암모니아로 전환시킬 수 있는 생물.

dibranchiate 쌍아가미의 형 2개의 아가미를 가진.

DIC 파종성 혈관내응고(disseminated intravascular coagulation).

dicaryo- ⇨ dikaryo-.

dicentral 형 어류의 등골뼈에 있는 중심관(central canal)에 적용되는 말.

dicentric 2동원체성 형 2개의 동원체를 갖는 염색체(2동원체염색체)에 적용되는 말. 유사분열에서 2개의 동원체가 양극으로 당겨지면서 종종 염색체절단을 일으킨다. 명 **dicentric**.

dicerous 2뿔형, 2촉각형 형 (1) 2개의 뿔을 갖는; (2) 2개의 더듬이를 가진.

dichasium 기산꽃차례 명 2개의 곁가지가 거의 같은 높이로 나타나는 취산꽃차례의 1종. ≒ dichasial cyme.

dichlamydeous 2중화피 형 꽃받침과 꽃부리(화관)를 모두 가진.

dichocarpous 2자실체성 형 두 가지 종류의 자실체를 형성하는 일부 곰팡이에 적용되는 말.

dichogamy 암수이숙 명 타가수정을 보장하게끔 성적인 요소들이 서로 다른 시기에 성숙하는 것. 형 **dichogamous**.

dichophysis 쌍분지균사(雙分枝菌絲) 명 일부 곰팡이의 자실층과 균사층에서 볼 수 있는 것과 같이 단단한 차상균사.

dichoptic 양안(兩眼)의 형 상당히 떨어진 눈들을 가진. 비 holoptic.

dichotomy 양갈래분지, 2차분지(二叉分枝) 명 (1) 생장점이 2개의 똑같은 부분으로 분열한 결과로 나타나는 가지치기; (2) 되풀이하여 갈라지는 것. 형 dichotomous.

dichroism 2색성 명 투과된 빛에 의한 색과 반사된 빛에 의한 색과 같이, 두 가지 색을 나타내는 물질이 보여주는 성질. 형 **dichroic**.

dichromatic 2색성의 형 (1) 2색성(dichromatism)을 나타내는; (2) 두 가지 색만 보는.

dichromatism 2색성 명 종을 구성하는 생물이 단지 두 가지의 구별되는 색상 패턴 가운데 한 가지를 나타내는 상태. 형 **dichromatic**.

diclesium 디클레슘 명 크고 단단한 꽃덮개(화피)에서 발달한 복합과 또는 부과.

diclinous 이성적(異性的) 형 (1) 별개의 꽃에 수술과 암술이 달리는; (2) 같은 식물체에 암꽃과 수꽃이 달리는; (3) 별개의 균사에 장정기와 장란기가 달리는.

dicots 쌍떡잎류 ⇨ dicotyledons.

Dicotyledones, dicotyledons 쌍떡잎식물강, 쌍떡잎식물 명, 명복 2장의 떡잎(자엽)으로 된 배를 갖는 꽃식물의 강. '쌍자엽식물'이라고도 한다. 꽃 부분들이 2 또는 5의 배수이고, 잎은 그물맥을 갖고, 줄기의 관다발은 중심의 속(수)을 에워싸는 고리 모양을 한다. 어떤 분류체계에서는 'Magnoliopsida'라고 칭한다. 형 **dicotyledonous**. (⇨ 부록 1)

dicratic 형 감수분열에서 형성되는 4개의 포자 중 2개의 포자는 어느 성이 되고 다른 2개의 포자는 다른 성이 되는 것.

dictyate 망상기의 형 사람의 난자형성에서 감수제1분열 전기의 복사기(diplotene)가 길어지고 난모세포의 발생이 저지되는 시기에 적용되는 말.

dictyodromous 그물맥형 형 잎에서 작은 잎맥들이 자유롭게 가지를 치고 합쳐지는 그물맥을 가진.

Dictyoptera 바퀴벌레목 명 바퀴벌레류와 사마귀류를 포함하는 곤충의 목. 날개가 있지만 보통 날지 않고, 긴 더듬이와 베어 무는 구기 그리고 좁고 억센 앞날개와 넓은 막성 뒷날개를 갖는다.

dictyosome 딕티오솜 ⇨ Golgi body.

dictyospore 그물포자, 망상포자 명 수직과 수평 방향의 격막을 갖는 포자.

dictyostele 그물중심주, 망상중심주 명 (1) 잎다발(엽적)에 의해 형성되는 그물구조; (2) 겹쳐지는 엽극(leaf gap)들이 관다발을 여러 가닥으로 나누고 각각은 체관부가 물관부를 감싸는 중심주.

dictyostelid slime moulds 딕티오형 점균류 ⇨ cellular slime moulds.

***Dictyostelium discoideum* 딕티오스텔리움 디스코이데움** 발생과 유전학 연구에서 모델계(model system)로 널리 이용되는 세포성 점균류.

dictyotene 망상기, 연장기 명 난황형성 중의 난모세포에서 볼 수 있는 것과 같이 복사기(diplotene)가 길어지는 감수분열의 단계.

dicyclic 2환(二環) 형 (1) 두 바퀴를 갖는; (2) 2년생 초본식물에 적용되는 말.

Dicyemida(e), dicyemids 2배충류(二胚蟲類) 명, 명복 고리 모양의 무늬가 없는 몸을 갖는 중생동물문(Mesozoa)의 강. 연체동물인 두족류의 콩팥에 기생한다. ⇨ Rhombozoa.

dicystic 2낭성(二囊性) 형 두 번의 피낭시기를 가진.

didactyl 2지(二指)의 형 2개의 손가락, 발가락 또는 발톱을 가진.

didelphic 두자궁의 형 (1) 짝지은 자궁을 갖는; (2) 유대류에서처럼 2개의 자궁을 가진.

dideoxy method 2디옥시법 2디옥시뉴클레오티드를 이용하는 생어(Sanger)의 DNA염기순서분석법.

dideoxynucleotide 2디옥시뉴클레오티드 명 디옥시리보오스의 3′-수산기가 없는 뉴클레오티드유사체. DNA복제과정 중에 결합되면 DNA사슬의 신장을 종결시킨다. 생어법(Sanger method)에 의한 DNA염기순서분석에 이용된다.

diductor 개각근(開殼筋) 명 새각류(branchiopods) 껍데기에서 경첩 축의 뒤쪽에 놓이고 2개의 판막을 연결하는, 수축하면 껍데기가 열리는 근육.

Didymelales 디디멜레스목 명 디디멜레스(*Didymeles*)의 1속으로 이뤄지는 디디멜레스과(Didymelaceae)를 포함하는 쌍떡잎식물 교목의 목.

didymous 쌍생의 형 쌍으로 자라는.

didynamous 두긴수술의, 2장(長)수술의 형 2개는 길고 2개는 짧은 4개의 수술을 가진.

dieback 명 (1) **종숙음** 개체군의 붕괴; (2) **줄기마름병** 목본의 줄기가 꼭대기부터 아래쪽으로 죽어가는 것.

D

diecdysis 탈피간(脫皮間) 명 절지동물의 탈피주기에서 탈피전기(procdysis)와 탈피후기(metecdysis) 사이의 짧은 기간.

diecious ⇨ dioecious.

diel 일주성 형 (1) 24시간 동안 또는 24시간과 관련된; (2) 24시간 간격으로 나타나는.

diencephalon 간뇌(間腦), 사이뇌 명 발달하는 전뇌에서 시상과 시상하부와 그 밖의 구조들을 이루게 되는 부분.

diestrus ⇨ dioestrus.

differential centrifugation 분획원심분리법 세포추출물을 원심분리기에서 다양한 속도로 회전시켜 각 속도에서 여러 다른 세포성분을 침전시키는 방법.

differential-interference-contrast microscopy 미분간섭현미경관찰법 ⇨ **Nomarski differential-interference-contrast microscopy**.

differentiated 분화된 형 근육세포, 신경세포, 적혈구 등과 같이 최종적으로 특수화된 구조와 기능을 발달시킨 세포에 적용되는 말.

differentiation 분화(分化) 명 (1) 보통의 뜻으로, 분화되지 않은 상태의 수정란에서 다세포생물이 발생함에 따라 배(embryo)에서 서로 다른 부분들의 체제가 차츰 특수화되는 것; (2) 세포에서, 전문화되지 않은 전구세포들로부터 특수한 구조와 기능을 갖춘 세포들로 발달하는 것.

differentiation antigens 분화항원 여러 다른 세포형과 조직들에 특이적인 세포표면항원들.

differentiation factor 분화인자 세포분화를 유도하는 시토키닌을 이르는 말.

diffluence 유출(流出) 명 액포화(vacuolation)를 통한 분산.

diffraction colours 회절색 색소에 의해 만들어지지 않고 생물체의 표면이 고르지 않아 반사된 빛의 회절에 의해 나타나는 색.

diffusate 투석물 ⇨ dialysate.

diffuse 분산된, 산만한 형 (1) 널리 퍼진; (2) 국한되지 않은; (3) 명확한 경계가 없는.

diffuse-porous 산공(散孔)의 거의 같은 직경의 물관이 생장테 안에 고루 분포하는 경향이 있는 목재(산공재)에 적용되는 말. 비 ring-porous.

diffusion 확산 명 분자나 이온이 농도가 높은 곳에서 농도가 낮은 곳으로 수동적으로 이동하는 것.

diffusion pressure deficit (DPD) 확산압낙차 ⇨ suction pressure.

digalactosyl diacylglycerol 디갈락토실디아실글리세롤 식물의 세포막에서 발견되는 당지질.

digametic 이형배우자적 ⇨ heterogametic.

digastric 두힘살의, 2복(二腹)의 형 (1) 가운데 부분에 힘줄이 있고 양쪽 끝이 육질인 근육(두힘살근, 2복근)에 적용되는 말; (2) 설골상근(suprahyoid muscles)의 하나(악2복근)에 적용되는 말; (3) 안면신경의 하나에 적용되는 말; (4) 소뇌의 소엽에 적용되는 말.

digenean 2생류(二生類)의 형 기생성 편형동물의 목인 2생류(Digenea)에 적용되는 말. 사람에게 주혈흡충증(schistosomiasis)을 일으키는 주혈흡충

(*Schistosoma*)과 같이 간과 혈액 그리고 소화관에 기생하는 흡충류들을 포함한다. 성체는 많은 척추동물의 내부기생생물이다. 2생류는 연체동물과 때로는 몇몇의 다른 숙주들에서 유충기를 보내는 복잡한 생활주기를 갖는다. ⇨ cercaria, metacercaria, miracidium.

digenesis 세대교번 명 유성세대와 무성세대가 교대로 나타나는 것.

digenetic 세대교번의, 2생적(二生的) 형 (1) 세대교번(digenesis)과 관련된; (2) 서로 다른 숙주를 필요로 하는 기생생물에 적용되는 말.

digenic 2유전자적(二遺傳子的) 형 2개의 유전자와 관련되거나 2개의 유전자에 의해 조절되는.

digeny 유성생식 명 유성생식.

digestion 소화 명 (1) 영양소들을 가용성으로 만들어 생물체나 세포가 흡수할 수 있도록 하는 과정. 단백질과 다당류 및 지방과 같은 고분자물질을 이들을 구성하는 저분자물질로 분해시키는 가수분해효소들의 작용이 수반된다; (2) 이와 비슷하게 리소좀 등의 세포소기관에서 일어나는, 효소에 의한 물질들의 분해작용.

digestive 소화성 형 소화와 관련되거나 소화를 도와주는 능력을 가진.

digestive gland 소화샘 연체동물과 기타 무척추동물의 창자에서 소화효소를 만들고 먹이를 소화시키는 주머니 같은 부위.

digestive system, digestive tract 소화계통, 소화관 입에서 항문에 걸쳐 음식물이 소화되는 관. 식도, 위와 창자들, 그리고 소화효소를 분비하는 이들과 관련된 샘들(예: 이자)로 구성된다.

digestive vacuole 식포(食胞) 동물세포에서 큰 입자들의 식세포작용(phagocytosis)에 기인하는 리소좀의 한 종류.

digger wasps 나나니벌 벌목(Hymenoptera)의 대모벌상과(Pompiloidea)와 구멍벌상과(Sphecoidea)에 속하는 비사회성 곤충들. 겉모습은 어느 정도 진정한 말벌과 비슷하고, 땅에 판 굴에 둥지를 트는 종들이 포함되다.

digit 손가락, 발가락 명 어류를 제외한 척추동물에서 손가락이나 발가락처럼 4지의 말단이 갈라진 부위.

digital 디지털 명 거미의 다리수염에 있는 말단관절.

digitaliform 디기탈리스형 형 손가락 모양의, 디기탈리스(foxglove)와 같이 장갑의 손가락처럼 생긴 꽃에 적용되는 말.

digitalin 디기탈린, digitonin 디기토닌, digitoxin 디기톡신 디기탈리스(*Digitalis purpurea*) 잎에서 얻는 배당체들.

digitate 손가락형 형 (1) 손가락처럼 배열된 부분들을 갖는; (2) 손가락을 가진.

digitiform 손가락형 형 손가락 모양의.

digitigrade 지행성(趾行性) 형 발가락만 땅에 닿게 걷는.

digitinervate 장상맥(掌狀脈)의 형 보통 5개 또는 7개의 잎맥이 잎자루에서 손가락처럼 사방으로 퍼지는 잎맥을 갖는 잎에 적용되는 말.

digitonin, digitoxin 디기토닌, 디기톡신 ⇨ digitalin.

digitule 디지툴 명 작은 손가락 모양의 돌기들.

digitus 손가락, 발가락 ⇨ digit.

diglycerol tetraether 디글리세롤테트라에테르 고세균역(Archaea)에서만 발견되는 막지질의 한 종류. 2개의 글리세롤 머리부분들이 이소프렌 단위들로 구성된 2개의 긴 피타닐사슬(phytanyl chain)과 에테르결합으로 연결된다. 이러한 형태의 지질이 단일분자로 막을 가로지른다.

diglyphic 2관구(二管溝)의 형 2개의 관구(siphonoglyph)를 가진.

digoneutic 형 1년에 두 번 번식하는.

digynous 2심피성 형 2개의 심피를 가진.

dihaploid 2성반수체(二性半數體) 명 4배체에서 생겨났지만 정상적인 4배체 염색체모듬 중 절반만을 포함하는 생물.

dihybrid 양성잡종 명 (1) 두 가지의 뚜렷한 형질들이 다른 양친 간의 교배에서 태어난 자손; (2) 2개의 뚜렷한 유전자자리가 이형접합인 생물.

dihydrofolate reductase (DHFR) 디히드로엽산환원효소 디히드로엽산에서 테트라히드로엽산이 재생되는 반응을 촉매하는 효소. 엽산길항제들인 메토트렉사트(아메토프테린)와 아미노프테린에 의해 저해를 받는다.

dihydrotachysterol 디히드로타키스테롤 명 부갑상샘 기능의 손상에 대응하는, 에르고스테롤의 디히드로유도체의 방사선조사 생성물인 비타민 D_4.

dihydrouridine 디히드로우리딘 명 tRNA에서 발견되는 특이한 뉴클레오티드. 우라실의 5번과 6번 위치에 수소가 첨가되어 2중결합을 포화시키면서 형성된다.

dihydroxyacetone phosphate (DHAP) 디히드록시아세톤인산 광합성의 이산화탄소 고정과 해당과정의 3탄소 케토오스인산 중간물질. 글리세롤인산 상호전환의 부분으로 세포호흡 대사과정에서 중요하다.

diisopropylphosphofluoridate (DIPF) 디이소프로필포스포플루오르인산 아세틸콜린에스테라아제(acetylcholinesterase)를 포함하는 일부 효소를 저해하는 화합물. 살충제와 신경가스의 제조에 이용된다.

Dikarya 쌍핵균아계 명 쌍핵의 균사를 갖는 균류(자낭균문과 담자균문)를 때때로 부르는 명칭.

dikaryon 2핵체 명 (1) 일부 곰팡이 균사에서 볼 수 있는 것과 같이, 서로 가깝게 위치하고 동시에 분열하는 2개의 핵; (2) 그와 같은 2개의 핵이 들어 있는 균사. 형 **dikaryotic**.

dikinetid 2키네티드 명 2개의 키네토솜을 갖는 키네티드.

dikont 2편모성 ⇨ biflagellate.

dilambodont 형 W자의 능선이 있는 큰 어금니를 가진 식충동물에 적용되는 말.

dilatation 확장, 팽창 명 부풀어지고 커지는 것.

dilatator 확장기, 확장근 ⇨ dilator.

dilate 확장된 형 납작하고 넓은 가장자리를 갖는 구조에 적용되는 말.

dilation 확장, 팽창 명 혈관과 같이 빈 구조가 커지고 부풀어지는 것.

dilator 확장기, 확장근 명 기관을 확장시키거나 팽창시키는 근육을 통틀어 이르는 말.

Dilleniales 오아과목(五椏果目) 명 대부분 교목이고 간혹 덩굴식물인 쌍떡잎식물의 목. 크로소소마타과(Crossosomataceae)와 오아과과(Dilleniaceae)로 구성된다.

diluvial 홍적(洪積) 형 홍수에 의해 형성된 퇴적토(홍적토)에 적용되는 말.

dimastigote 2편모성 ⇨ biflagellate.

dimegaly 두크기성 명 2개의 크기를 갖는 상태. 정자와 난자에 적용된다.

dimer 2합체 명 2개의 소단위로 구성된 단백질.

dimeric 2합체의 형 (1) 단백질에서 2개의 소단위를 갖는; (2) 2개의 부분을 갖는, 좌우대칭의.

dimerous 2수성 형 (1) 두 부분의; (2) 꽃

에서 각각 돌려나는 두 부분을 갖는; (3) 2개의 마디로 된 발목마디(부절)를 가진.

dimitic 2균사형(二菌絲型)의 형 생식균사와 결합균사 또는 골격균사로 구성된 담자과(basidiocarp)에 적용되는 말.

dimixis 디믹시스 명 암수이체성(heterothallism)에서 두 가지 유형의 핵이 융합하는 것.

dimorphic 2형(二型) 형 (1) 두 가지의 서로 다른 유형을 갖거나 그와 관련된; (2) 형태가 다른 두 가지의 유주자를 만드는 균류(2형성균류)에 적용되는 말.

dimorphism 2형성(二型性) 명 동일종 내에서 뚜렷이 다른 두 가지의 유형을 갖는 상태.

dinergate 병정개미 명 병정개미.

dineuronic 2중신경지배성 형 2중으로 신경지배를 받는, 색소의 분산과 집중을 각각 지시하는 두 벌의 신경섬유를 갖는 색소포에 적용되는 말.

dinitrogenase 2니트로게나아제 명 세균의 질소고정효소의 철과 몰리브덴을 포함하는 부분(Mo-Fe단백질). N_2를 환원시킨다.

dinitrogenase reductase 2니트로게나아제환원효소 세균의 질소고정효소에서 철을 포함하는 구성요소. 페레독신으로부터 전자를 질소고정효소의 Mo-Fe단백질 구성요소에 전달한다.

dinitrophenol (DNP) 2니트로페놀 실험생물학에서 다양하게 이용되는 작은 지용성 생체분자. 산화적 인산화의 짝풀림물질(공역방지제)로, 단백질서열결정에서 특정 아미노산의 표지(marker)로, 그리고 실험면역학에서 합텐(hapten)으로 이용된다.

Dinoflagellata, dinoflagellates 와편모조식물문, 와편모조류(渦鞭毛藻類) 명, 명 복 한 편모는 앞쪽을 향하게 하고 다른 편모는 몸의 주위에서 띠를 이루는, 2개의 편모를 갖는 단세포 원생생물의 문. 유포생물(Alveolata) 상계의 한 무리로 간주하기도 한다. 바다와 민물에서 플랑크톤의 주된 구성원이 되며, 일부는 광합성을 하는 독립영양생물이고 일부는 종속영양생물이다. 와편모조류의 핵의 체계는 전형적인 진핵생물이나 원핵생물의 경우와 다르다. 와편모조류의 DNA는 히스톤과 결합하지 않고 응축되어, 전사활성을 띠면서도 세포주기 동안 내내 현미경으로 염색체를 관찰할 수 있다. 유사분열의 단계들은 나타나지 않는다. 이전에는 동물의 분류에서 'Phytomastigophorea'(식물성편모동물강)으로, 그리고 식물의 분류에서 'Pyrrophyta'(황적조식물문) 또는 'Dinophyta'(와편모조식물문)으로 간주하였다.

dinokaryotic 중핵성(中核性) 형 와편모조류의 핵 체계에 적용되는 용어. ≒ mesokaryotic.

Dinornithiformes 모아새목 명 뉴질랜드의 날지 못하는 새들의 목. 현존하는 키위와 멸종된 모아(moa) 등으로 이뤄진다.

dinosaur 공룡 명 중생대에 번창한 파충류의 목인 용반목(Saurischia)이나 조반목(Ornithischia)에 속하는 무리들. 용반목은 두발로 걷는 육식공룡과 네발로 걷는 매우 큰 초식공룡이 포함된다. 조반목은 대부분 네발동물이고 모두 초식성이다.

dinucleotide 디뉴클레오티드 명 3′,5′-인산디에스테르결합으로 함께 연결된 2개의 뉴클레오티드.

diocoel 간뇌강(間腦腔) 명 특히 배(embryo)에서 간뇌(사이뇌)의 공간.

dioecious 암수딴몸의, 자웅이주의 형 (1) 별개의 성을 갖는; (2) 암꽃과 수꽃이 서로 다른 개체에 있는. 명 **dioecism**.

D

dioestrus 발정간기 명 해마다 한 번 이상 출산하는 동물에서 암컷의 성적 수용기간의 휴지기.

dionychous 형 거미류의 발목마디와 같이 2개의 집게발을 가진.

dioptrate 형 좁은 선으로 분리된 눈이나 홑눈(단안)을 가진.

dioptric 통광의, 굴절의 형 빛의 투과와 굴절에 관련된 말.

diorchic 2정소의 형 2개의 정소(testes)를 가진.

diosgenin 디오스게닌 명 참마(yam)의 일부 종에서 얻는 복합스테로이드. 경구피임제의 주된 활성성분의 하나인 16-dehydropregnenolone으로 전환될 수 있다.

dioxygenase 2산소화효소 명 산소분자(O_2)의 두 원자들을 화합물로 합병시키는 효소. 비 monooxygenase.

dipeptidase 디펩티다아제 명 올리고펩티드나 폴리펩티드에서 말단의 디펩티드들을 분해하는 반응을 촉매하는 펩티드말단가수분해효소. '디펩티드가수분해효소'라고도 한다. EC 3.4.13.

dipeptide 디펩티드 명 펩티드결합에 의해 연결된 2개의 아미노산.

dipetalous 2화판성 형 2개의 꽃잎이 달린.

DIPF ⇨ diisopropylphosphofluoridate.

diphasic 2상성(二相性) 형 2개의 뚜렷이 다른 상태를 갖는 생활주기 등에 적용되는 말.

diphosphatidyl glycerol 디포스파티딜글리세롤 알코올기로 글리세롤을 갖는 포스포글리세리드를 통틀어 이르는 말. 주로 식물에서 발견되고, 동물에서는 카르디올리핀(cardiolipin) 등의 소수가 알려져 있다.

2,3-diphosphoglycerate (DPG) 2,3-디포스포글리세르산 적혈구에서 혈색소(헤모글로빈)와 같은 몰의(equimolar) 양으로 존재하는 화합물. 디옥시헤모글로빈과 결합하여 산소친화성을 감소시키고 조직에서 산소의 방출을 용이하게 해 준다.

diphtheria toxin 디프테리아독소 디프테리아균(*Corynebacterium diphtheriae*)이 생성하는 독성 단백질. 진핵세포에서 신장인자의 ADP리보실화(ADP ribosylation)를 촉매하여 신장인자 eEF-2의 작용을 저해하고, 따라서 단백질합성을 차단한다.

diphycercal 양습(兩褶) 형 등골뼈(척주)가 꼭대기까지 똑바로 올라가서 지느러미를 대칭적으로 가르는 꼬리지느러미를 가진.

diphygenetic 형 서로 다른 두 가지 유형의 배(embryo)를 만드는.

diphyletic 2계통적, 2원적 형 조상이 2계통인.

diphyllous 2엽성 형 2개의 잎을 가진.

diphyodont 2생치(二生齒)의 형 탈락성과 영구성의 2개의 치열을 가진.

diplanetic 2회유영성의 형 뚜렷이 다른 두 가지의 유주자를 가진.

diplanetism 2회유영성(二回游泳性) 명 일부 곰팡이의 유주자에서와 같이 한 생활사에서 두 번의 운동성 시기를 갖는 상태.

dipleurula 디플루룰라 명 극피동물의 좌우대칭인 유생.

diplobiont 복상생물 명 생활주기에서 유성세대와 무성세대와 같이 최소한 두 가지 유형의 개체가 나타나는 특징을 갖는 생물. 비 haplobiont.

diplobivalent 복상2가염색체 명 이례적으로 2배가 된 중복염색체를 2벌을 갖는, 따라서 8개의 염색분체를 포함하는 2가염색체.

diploblastic 2배엽성 형 강장동물과 해

면동물에서와 같이 내배엽과 외배엽의 두 배엽만 가진. 비 triploblastic.

diplocardiac 2심장(二心臟)의, 복심장성 형 매우 구별되는 두 쪽의 심장을 가진.

diplocaryon 디플로카리온 ⇨ diplokaryon.

diplocaulescent 복경상(複莖狀) 형 2차적인 줄기와 가지를 가진.

diplochromosome 2중복제염색체 명 2개의 염색분체 대신에 4개의 염색분체를 갖는, 동원체에 부착된 이례적인 염색체.

diplocyte 접합핵세포 명 접합핵을 갖는 세포.

diplogangliate 쌍신경절의 형 둘씩 짝을 지어 배열된 신경절을 가진.

diplogenesis 쌍생 명 한 부위 대신에 두 부위가 발생하는 것.

diplohaplont 단복상생물 명 2배체세대와 반수체세대가 번갈아 나타나는 생물.

diploic 판간(板間)의 형 뼈의 해면조직의 홈을 채우는.

diploid 2배체, 복상(複相) (1) 형 배우자를 제외하고 두 벌의 염색체를 갖고 따라서 종의 기본적인 유전적 요소를 두 벌 갖는 세포에 적용되는 말. $2n$으로 표시한다. 비 haploid; (2) 명 2배체의 생물 또는 세포.

diploid arrhenotoky 2배체웅성단위생식 미수정란으로부터 2배체의 수컷이 발생하는 것. 깍지벌레류(*Lecanium putnami*)에서만 알려져 있다.

diploidization 2배체화 명 (1) 반수체 세포에서 염색체의 수가 두 배가 되는 것; (2) 2배체 상태로 복구되는 것.

diploidy 2배체성 명 체세포에서 두 벌의 염색체를 갖는 것.

diplokaryon 디플로카리온 명 2배체의 염색체를 두 벌 갖는 핵.

diplomonads 중복편모충류 명복 민물에 사는 편모가 달린 기생성 원생동물의 무리. 사람에 기생하는 흡반편모충속(*Giardia*)을 포함한다.

diplomycelium 2핵균사체 명 2배체 또는 2핵체의 균사체.

diploneural 2중신경성의 형 두 신경의 지배를 받는.

diplont 복상생물 명 2배체의 체세포핵을 갖는 생물. ≒ diploid.

diploperistomous 2중삭치열형(二重蒴齒列型) 형 2중의 돌기 또는 삭치(peristome)를 가진.

diplophase 복상 명 (1) 생물의 생활사에서 핵이 2배체인 시기, ≒ sporophyte phase; (2) 감수분열의 복사기.

diplophyll 양면책상엽(兩面柵狀葉) 명 해면조직(갯솜조직)을 사이에 두고 위와 아래쪽에 책상조직(울타리조직)을 갖는 잎.

Diplopoda, diplopods 노래기강, 노래기류 명, 명복 일부 분류체계에서 일반적으로 다지류(millipedes)라고 부르는 절지동물의 강. 각각 '배각강(倍脚綱)'과 '배각류'라고도 한다. 유사한 다수의 체절을 갖고 있고, 각각은 실제로 2개의 체절로 되어 있어 두 쌍의 다리를 갖는다. 일부 분류체계에서는 다지강(Myriapoda)의 아강이나 목으로 간주한다.

diploptile 2중솜깃털 명 깃축(shaft)이 없는 2중의 솜깃털. 다 자란 깃털에서 깃가지(우지)의 조숙한 발달에 의해 만들어진다.

diplosome 쌍중심소체 명 (1) 핵피막의 바깥에 놓이는 2개의 중심체; (2) 짝을 짓고 있는 이형 염색체(heterochromosome).

diplosomite 명 노래기류에서 앞고리(prozonite)와 뒷고리(metazonite)의 두 환상부위로 구성되는 체절.

diplospondyly 복추류(複椎類) 명 각 근육분절에 2개의 추체(centra)가 있

D

거나 또는 1개의 추체와 잘 발달된 간추체(intercentrum)를 갖는 상태. 복 **diplospondylic**.

diplospory 복상포자생식 명 2배체의 대포자모세포가 직접 배를 형성하는 무수정생식의 1형태.

diplostemonous 배수수술 형 (1) 꽃덮개(화피)의 잎들과 규칙적으로 교대하며 2개씩 돌려나는 수술을 갖는; (2) 꽃잎의 수의 2배인 수술을 가진.

diplostichous 2열성 형 2개의 줄이나 계열로 배열되는.

diplotegia 명 건개과피(dry dehiscent pericarp)를 갖는 하위열매(inferior fruit).

diplotene 복사기, 쌍사기 명 감수제1분열에서 2가염색체가 세로로 분열되는 시기. '겹섬유기'라고도 한다.

Diplura 좀붙이목 명 1쌍의 미모(cerci)가 있고 마지막 체절에 2개의 '꼬리'를 갖는, 날개가 없는 곤충의 목. 쌍미류 또는 두갈래좀류(two-pronged bristletails)라고도 한다. 눈이 없고 흰색을 띠는 극히 작은 곤충이며, 흙 속과 돌 밑에서 발견된다.

dipnoan 폐어류의 형 허파와 아가미로 호흡하는.

Dipnoi, dipnoans 폐어아강, 폐어류(肺魚類) 명, 명복 데본기부터 출현한 경골어류의 무리. 일반적으로 폐어(lungfish)라고 부르며, 허파와 부술 수 있는 넓은 이빨판(toothplate)을 갖는다. 현생 폐어류는 오스트레일리아와 남아메리카 및 아프리카에서 3속이 발견되며, 공기호흡(air-breathing)을 하고 건기가 있는 열대지역에서 살며 축소된 골격을 갖는다.

diprotodont 쌍문치(雙門齒)의 형 앞쪽의 두 앞니는 크고 두드러지고 나머지 앞니와 송곳니는 작거나 없는.

Dipsacales 산토끼꽃목 명 주로 초본과 관목이고 드물게 작은 교목인 쌍떡잎식물의 목. 연복초과(Adoxaceae), 인동과(Caprifoliaceae), 산토끼꽃과(Dipsacaceae)와 마타리과(Valerianaceae)로 이뤄진다.

Diptera, dipterans 파리목, 파리류 명, 명복 집파리와 그 밖의 2개의 날개를 갖는 파리들, 모기 및 초파리류(*Drosophila*)를 포함하는 곤충의 방대한 목. '쌍시류(雙翅類)'라고도 한다. 한 쌍의 기능적인 앞날개만을 갖고, 두 번째 쌍은 평형곤(halteres)으로 축소되었다. 완전탈바꿈을 한다.

dipterocecidium 쌍시류충영(雙翅類蟲癭) 명 쌍시류(파리류) 곤충에 의해 만들어지는 벌레혹(gall).

dipterous 쌍시류의 형 (1) 날개 또는 날개 같은 확장부가 둘 달린; (2) 파리목(쌍시류)과 관련된 말.

direct development 직접발생 개체발생에서 배가 유생기의 발생을 생략하고 직접 성체기가 되는 발생양식.

directed mutagenesis 지정돌연변이 어떤 특정 위치의 DNA단편을 변화시키고 이를 다시 생물체에 도입하는 것.

direct germination 직접발아 발아관(germ tube)을 써서 곰팡이 포자를 발아시키는 것.

directional selection 방향성 선택 (1) 고정된 방향으로 대립유전자의 빈도가 변화하는 선택; (2) 특정한 형질이 나타내는 변이의 범위 가운데 어느 극단에 가해지는 선택. 그 결과로 전체 개체군은 다른 극단 쪽으로 이동하는 경향이 있다.

dirhinic 형 (1) 두 콧구멍을 갖는; (2) 양쪽 콧구멍과 관련된.

disaccharide 2당류 명 물 한 분자가 빠지면서 두 분자의 단당 단위들이 축합되어 생긴 탄수화물군을 통틀어 이르는 말. 설탕, 젖당 및 맥아당이 포함된다.

disarticulate 관절분리의 형 관절 또는 관절들에서 분리된.

disassortative mating 이류교배(異類交配) 표현형이 서로 다른 생물들 간의 교배.

disc 반(盤), 원판 명 [식] (1) 국화과 식물에서 두상부(capitulum)의 가운데 부분; (2) 덩굴손의 접착성 말단; (3) 해조류 엽상체의 바위에 고착하는 기부; (4) [동] 불가사리에서와 같이 많은 동물의 입 주위 부분.

discal 중실(中室) 명 나비목(Lepidoptera) 날개의 기부에 있는 큰 세포. 날개맥으로 완전히 에워싸고 있으며, 일부 파리목(Diptera)에서도 나타난다.

disc florets 중심화(中心花) 데이지 꽃의 노란 낱꽃들처럼 국화과 유형의 많은 두상화에서 매우 짧은 자루에 달리는 안쪽의 낱꽃들. 비 ray florets.

disciflorous 화반(花盤)의 형 꽃턱(receptacle)이 크고 원반 모양인 꽃을 가진.

disciform 반상, 원반상 ⇨ discoid.

disclimax 방해극상 명 식물의 천이에서 주로 동물과 인간의 작용으로 말미암아 진정한 극상이 대체되거나 변경된 아극상(subclimax) 단계.

discoblastic 반상포배의 형 원반 모양의 배반엽을 갖는 알에서 형성된 포배(blastula)와 관련된 말.

discocarp 나자기(裸子器), 자낭반(子囊盤) 명 (1) 어떤 꽃에서 꽃받침 아래의 꽃턱이 확대된 것; (2) [균] 원반처럼 생긴 자낭반.

discocellular vein 가로맥 곤충의 날개에서 3번째와 4번째 세로맥 사이에 있는 가로맥.

discoctasters 디스콕타스터 명복 해면동물에서 원반으로 끝나는 8축형 골편. 각 원반은 정6면체의 모서리에 상응하는 위치에 있다.

discodactylous 형 손가락 또는 발가락의 끝에 빨판이 있는.

discohexactine 디스코헥삭틴 명 6개의 동일한 축들이 직각으로 만나는 해면동물의 골편.

discohexaster 디스코헥사스터 명 원반으로 끝나는 축을 갖는 6방해면류의 골편.

discoid 반상, 원반상 형 (1) 평평하고 둥근; (2) 원반 모양의.

discoidal 반상, 원반형 형 (1) 원반처럼 생긴; (2) 새와 파충류의 알에서와 같이, 배반엽이 초기에 난황의 꼭대기에서 한 층으로 된 세포들의 원반 또는 뚜껑을 이루는 불완전난할의 유형에 적용되는 말.

discoidins 디스코이딘 명복 점균류 딕티오스텔리움 디스코이데움(*Dictyostelium discoideum*)에 의해 생성되는 렉틴의 군.

discolichen 반균지의류(盤菌地衣類) 명 공생하는 곰팡이가 반균류인 지의류.

Discomycetes 반균강, 반균류(盤菌類) 명 일반적으로 주발버섯(cup fungi)이라 부르는 자낭균류의 무리. 덩이버섯류(서양송로)와 곰보버섯 등도 포함된다. 자실체는 자낭반(apothecium)의 형태이고 대체로 검거나 밝은 색을 띤다. 자낭반은 벌어진 컵 모양 또는 원반 모양이거나 덩이버섯류에서처럼 닫히고 땅속에 있다.

discontinuity 불연속성 명 (1) 종 따위가 지리적 구역의 둘 또는 그 이상의 따로 떨어진 지역들에서 나타나는 것; (2) 수온약층(thermocline)의 층에 적용되는 말.

discontinuous distribution 불연속분포 동일종이나 유사한 종들이 지구 상의 널리 떨어진 지역들에서 발견되는 지리적 분포의 유형. 종이 이전에 전체 구역에 걸쳐 출현하였으나 사이에 있는 지역들에서 절멸된 것으로 간주된다.

D

discontinuous variation 불연속변이 개체군에서 개체들 간의 차이가 뚜렷하고 서로 등급을 나눌 수 없는 변이. 몇몇 주유전자에 있는 여러 다른 대립유전자들의 효과에 기인한다. ≒ qualitative inheritance. 비 continuous variation.

disconula 디스코눌라 명 어떤 강장동물의 유생발생에서 8방사 시기.

discoplacenta 판상태반 명 둥근 케이크처럼 생긴 판에 융모가 달린 태반.

discous 반상, 원반상 ⇨ discoid.

discrimination learning 판별학습 동물이 두 가지의 자극을 구별하는 능력은 갖고 있지만 두 가지가 다른 것임을 학습 받은 다음에야 비로소 그렇게 구분하는 것. '변별학습'이라고도 한다.

discus proligerus 난구(卵丘), 난세포더미 난자를 싸고 있는 세포 덩어리인 그라프여포(Graafian follicle)의 과립대.

disease gene 질병유전자 유전병의 원인이 되는 돌연변이대립유전자.

dishabituation 습관버리기 명 특정 자극에 대한 습관성을 폐지하는 것. '탈습관화'라고도 하며, 여러 다른 유형의 강한 자극을 준 다음에 볼 수 있다.

disinhibit 탈억제하다 동 억제를 제거하다. 명 **disinhibition**.

disjunct 분리된, 격리된 형 (1) 깊게 파진 수축부에 의해 떨어진 부위들을 갖는; (2) 상호교배가 가능한 개체군들이 유전자확산이 불가능할 정도로 멀리 떨어져 있는 분포(격리분포)에 적용되는 말.

disjunction 분리 명 (1) 유사분열이나 감수분열의 후기에 짝을 지은 염색체들이 떨어지는 것; (2) 종 등이 지리적 구역의 둘 또는 그 이상의 따로 떨어진 지역들에서 나타나는 것.

disjunction mutants 분리돌연변이체 감수분열에서 딸세포들 간에 염색체들이 불균등하게 분열된 돌연변이체.

disjunctive symbiosis 분리공생 파트너들 간에 직접적인 연결은 없지만 서로 도움이 되는 공생의 상태.

disjunctor 분리대(分離帶) 명 연이은 분생자들 간에서 분리되는 부분.

disk ⇨ disc.

disomic 2염색체의 형 2개의 상동염색체 또는 유전자자리와 관련되거나 이들을 가진. 명 **disomy**.

disoperation 상해작용 명 (1) 개체 또는 무리에게 불리한 결과를 초래하는 상호작용; (2) 생물 상호 간의 간접적인 해로운 영향.

dispermous 2종자의 형 종자가 둘 있는.

dispermy 2정자수정 명 하나의 난자에 2개의 정자가 들어가는 것.

displacement activity 전위활성 불만스럽거나 망설일 때 당면한 상황과 직접적인 관련이 없는 행동을 실행하는 것. '회피행위'라고도 한다.

display 표현행동 명 보통 같은 종의 다른 동물에게 특정한 반응을 일으키는 판에 박은 일련의 운동이나 소리. 주로 구혼할 때나 영역을 지킬 때 효율적으로 사용한다.

disporocystid 쌍포자포낭의 형 2개의 포자포낭(sporocyst)이 들어 있는 포자충류의 접합자낭(oocyst)에 적용되는 말.

disporous 쌍포자의 형 2개의 포자가 있는.

disruptive coloration 분단성 색채 동물의 윤곽을 모호하게 하여 위장하거나 포식자로부터 방어하는 역할을 하는 색상 패턴.

disruptive selection 분단성 선택 특정한 형질이 나타내는 변이의 중간적인 범위에 가해지는 선택. 그 결과로 개체군은 변이의 양쪽 끝에 있는 극단적 표현형을 나타내는 2개의 개체군으로 나뉘는 경향이 있다.

dissected 전열(全裂)의 형 (1) 가장자리가 거의 중앙맥까지 깊게 갈라지는 잎몸(엽신)을 갖는; (2) 부분들이 드러난.

dissection 해부 명 내부구조가 분명히 드러나도록 동물이나 식물을 절개하는 것.

disseminated 파종성(播種性)의 형 몸 전체에 걸치듯이 널리 퍼져 있는.

disseminated intravascular coagulation (DIC) 파종성 혈관내응고 패혈쇼크(septic shock)에서 나타나는 전신의 혈액응고.

disseminule 산포체 ⇨ diaspore.

dissepiment 격막, 격벽 명 (1) 식물의 겹씨방(compound ovary)에 있는 칸막이; (2) 산호의 석회질로 된 칸막이; (3) 균사층(trama).

dissilient 파열성(破裂性)의 형 힘차게 터져 열리는 다양한 식물의 깍지나 꼬투리에 적용되는 말.

dissimilation 이화작용(異化作用) 명 (1) 영양소가 분해되어 에너지와 중간대사를 위한 간단한 화합물이 만들어지는 것; (2) ⇨ dissimilative metabolism.

dissimilative metabolism 이화적 대사 많은 양의 무기화합물들이 에너지대사를 위해 환원되고 환원된 화합물이 노폐물로 환경에 분비되는 대사작용. ≒ **dissimilatory mechanism**. 비 assimilative.

dissociation constant (K_d) 해리상수 연합상수(K_a)의 정반대. 두 분자가 서로 해리되는 비율, 즉 분자들이 결합하는 세기의 척도이다.

dissogeny, dissogony 반복발생 명 같은 동물에서 두 번의 성적인 성숙기를 갖는 상태. 한 번은 유생에서 그리고 다른 한 번은 성체에서 나타난다.

dissolved organic carbon (DOC) 용존유기탄소 0.45 μm보다 작은 입자로 물에 들어 있는 유기화합물의 탄소부분.

dissolved organic matter (DOM) 용존유기물질 바다와 육상의 물에서 사체의 분해 또는 생물이 합성한 분자들의 분비에서 유래된 수용성 생체분자.

dissolved oxygen level (DO) 용존산소농도 특정한 온도와 압력에서 정해진 부피의 물에 용해된 산소(O_2)의 양. 산소의 농도는 보통 물의 백만분율(parts per million)로 나타낸다. ⇨ biological oxygen demand.

distad 말단으로 부 (1) 중심이나 부착점에서 멀어지는 방향으로; (2) 말단으로.

distal 원위(遠位)의, 말단의 형 (1) 생물의 중앙선이나 부착점에서 멀어지는 구조의 끝과 관련된; (2) 촉진유전자(promoter)에서 가장 멀리 떨어진 유전자의 부위에 적용되는 말; (3) 멀리 떨어져 있는 강모나 극모 등에 적용되는 말. 비 proximal.

distalia 끝마디뼈 명 복 손목뼈 또는 발목뼈의 말단이나 3번째 마디의 뼈.

distance-matrix method 거리-매트릭스법 rDNA염기순서로부터 계통수를 생성하는 방법.

distance receptor 원격수용기(遠隔受容器) 후각수용기, 시각수용기 또는 청각수용기처럼 멀리 떨어진 물체로부터의 자극에 반응하는 감각기관.

distemonous 2수술성 형 2개의 수술을 가진.

distichous 형 (1) **2열성(二列性)** 두 줄로 배열된; (2) **2방향호생의** 첫 번째 잎이 세 번째 잎의 바로 아래에 놓이는 식으로 배열된 호생엽(alternate leaf)에 적용되는 말.

distractile 형 널리 떨어진, 긴 자루에 달린 꽃밥에 적용되는 말.

D

D

distraction display 혼란과시 알이나 새끼를 적으로부터 보호하기 위해 혼란시키는 암컷 새에서 볼 수 있는 행동. 종종 포식자를 멀리 유인하기 위해 부상을 입은 척 하는 형태를 취한다.

distribution 분포 명 종이나 종의 무리들의 지리적 범위.

disturbance 교란 명 생태학에서 자연적이거나 인간에 의해 생태계가 겪는 변화.

disturbance climax 방해극상 ⇨ disclimax.

disulphide bond 2황화결합 단백질에서 2개의 시스테인잔기의 황화수소기(−SH) 사이에서 형성되는 S−S결합. 폴리펩티드사슬에서 같거나 다른 소단위들을 연결하여 3차구조와 4차구조를 안정적으로 유지하는 데 중요한 역할을 한다.

dithecal 2세포성 형 2개의 세포로 된.

ditocous, ditokous 2태성(二胎性) 형 한 번에 2개의 알을 낳거나 두 마리의 새끼를 낳는.

ditrematous 형 생식기관과 항문의 구멍이 따로 떨어져 있는.

ditrochous 형 2조각으로 나누어진 도래마디(trochanter)를 가진.

ditypism 2형현상(二型現象) 명 (1) 두 가지 형태로 나타나거나 두 가지 형태를 갖는 것; (2) 외관상 유사한 단상체(haplont)들을 +와 −로 나타내는 성적 구별.

diuresis 이뇨(작용) 명 오줌의 양이 증가하거나 과다하게 배출되는 것.

diuretic 형 **이뇨(利尿)의** 오줌의 배출이 증가하는. 명 **이뇨제** 오줌의 양을 증가시키는 작용물질을 통틀어 이르는 말.

diurnal 일주기의, 주행성(晝行性) 형 (1) 24시간을 주기로 매일 일어나는; (2) 낮 시간에 활발한; (3) 낮에 열리는.

diurnal rhythm 일주기리듬 약 24시간의 주기를 갖는 대사리듬이나 행동리듬.

divaricate 개출(開出)의, 나뭇가지형 형 (1) 널리 갈라지는; (2) 두 갈래인.

divergence 분기(分岐) 명 공통조상으로부터 두 종, 두 DNA 또는 두 단백질이 서로 달라지면서 진화하는 것.

divergency 개도(開度) 명 나선을 이루며 연달아 달리는 두 장의 잎이 줄기의 둘레에서 떨어져 있는 부분. 이 각도는 대체로 종마다 일정하게 나타난다.

divergent 분기의 형 (1) 끝이 기부에서 멀리 떨어지면서 다른 것과 분리되는; (2) 두 종이나 두 유전자 등의 사이에서 차이가 생기는 경향이 있는 진화적 변화에 적용되는 말.

diversion behaviour 견제행위 (1) 혼란과시(distraction display); (2) 오징어가 먹물을 배출하듯이 적을 혼란시킬 가능성이 있는 행동.

diversity 다양성 명 (1) [생태] ⇨ alpha diversity, beta diversity, biodiversity, ecological diversity, gamma diversity, species composition, species diversity, species richness; (2) [면] 항원수용체들인 면역글로불린과 T세포수용체들이 나타내는 여러 가지의 항원특이성.

diversity gene segment D유전자조각 ⇨ D gene segment.

diversity gradient 다양성기울기 종다양성의 변화가 나타나는 고도나 위도 등의 지리적 기울기.

diversity index 다양성지수 환경 내의 생물다양성(주로 종다양성)을 측정하는 것. 다양한 유형의 다양성지수들이 있으며, 이들 지수는 출현종수와 종별 상대수도를 바탕으로 다양한 방법에 의해 계산한다(⇨ Simpson diversity index 등). 다양성지수는 환경에 가해지는 압박 등에 기인하는 생태적 변화를 감지하는 데 이용될 수 있다. 비 biotic index.

diverticulate 곁주머니의, 수직측분지(垂直側分枝)의 형 (1) 곁주머니(diverticulum)를 갖는; (2) 축과 거의 직각인 짧은 나뭇가지를 가진.

diverticulum 곁주머니, 게실(憩室) 명 막다른 관 또는 관 모양의 속이 빈 내장으로부터 뻗어 나온 주머니.

divided 전열(全裂)의 형 가장자리가 중앙맥까지 깊게 갈라지는 잎몸(엽신)을 가진.

division 문(門) 명 동물의 문(phylum)에 상응하는 식물의 주된 분류군. 선태식물문(Bryophyta: 이끼류와 우산이끼류), 양치식물문(Pterophyta: 고사리류 등), 종자식물문(Spermatophyta: 겉씨식물과 속씨식물) 등이 있다.

dixenous 2종기생성 형 2종의 숙주에 기생하거나 기생할 수 있는.

dizygotic 2란성 형 2개의 수정란에서 비롯된 쌍생아(2란성 쌍생아)에 적용되는 말. 비 monozygotic.

D loop D고리 (1) 미토콘드리아DNA와 엽록체DNA의 복제에서 볼 수 있는 외가닥의 대치고리(displacement loop). 어버이DNA의 한 가닥에서만 짧게 복제가 일어나고 다른 가닥은 대치된다; (2) DNA의 2중가닥 중 한 가닥과 짝을 이루는 DNA나 RNA의 상동인 외가닥이 결합했을 때 다른 가닥을 대치하여 고리를 이루는 2중가닥DNA에서 볼 수 있는 외가닥 고리.

DM ⇨ dry matter.

DMD ⇨ Duchenne muscular dystrophy.

DNA 디엔에이 모든 세포에서 유전정보의 저장고 역할을 하는 선형 고분자인 디옥시리보핵산(deoxyribonucleic acid). 탄소, 산소, 수소, 질소와 인이 들어 있다. DNA분자는 디옥시리보뉴클레오티드 소단위들이 공유결합으로 연결된 2개의 사슬로 구성되고, 단일분자는 수백 만 개의 뉴클레오티드들을 갖기도 한다. 두 사슬은 서로 감겨서 왓슨-크릭(Watson-Crick)의 우회전(오른편감기) ‘2중나선’(double helix)을 형성한다. DNA를 구성하는 4가지 유형의 디옥시리보뉴클레오티드 소단위들은 각각 아데닌(A), 티민(T), 시토신(C)과 구아닌(G) 염기들을 갖는다. 각 사슬은 한 디옥시리보오스의 C5에 있는 수산기와 다른 디옥시리보오스의 C3에 있는 인산기 사이에서 당(디옥시리보오스)-인산 에스테르결합들이 규칙적으로 반복되는 뉴클레오티드들로 구성된다. 2개의 사슬은 염기순서에 있어서 서로 정확하게 상보적이고, 한 사슬의 A와 다른 사슬의 T 사이에서 그리고 한 사슬의 C와 다른 사슬의 G 사이에서 특이적 수소결합에 의해 결합되어 있다. 유전정보는 폴리뉴클레오티드 사슬을 따라 염기들의 서열로 암호화되어 있고, 이 염기들은 RNA와 단백질의 합성을 지시하는 유전암호를 이룬다. DNA는 히스톤과의 복합체로 나타나고 염색질을 형성하며, 염색질은 다른 단백질들과 포장되어 별개의 염색체가 된다. DNA는 반보존적 복제에 의해 복제되는데, 나선의 두 가닥이 풀리고 오래된 사슬들을 주형으로 하여 2개의 새로운 상보적 사슬들이 합성된다. DNA는 몇 가지 입체구조로 나타날 수 있다. B형 DNA(**B-DNA**)는 나선한번감기에 10~10.4개의 뉴클레오티드잔기를 포함하는 우회전 2중나선이고, 생체내(*in vivo*)에서 일반적으로 발견되는 구조이다. A형 DNA(**A-DNA**)는 나선한번감기에 약 11개의 잔기를 갖는 보다 빽빽한 우회전 2중나선이고, B형 DNA를 건조시키면 형성된다. Z형 DNA(**Z-DNA**)는 2중가닥 3뉴클레오티드(duplex trinucleotide)

D

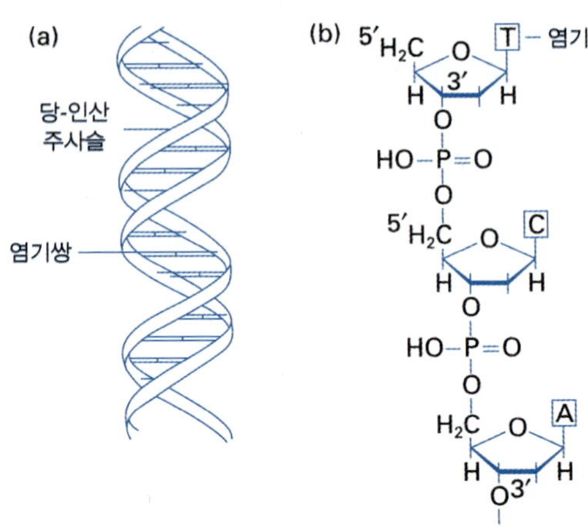

그림 14. DNA. (a) DNA의 2중나선 구조. (b) 당-인산 주사슬을 보여주는 외가닥 DNA의 폴리디옥시리보뉴클레오티드 사슬. 염기짝짓기에 관한 자세한 것은 그림 5를 참고하시오.

d$(CG)_3$의 결정구조를 바탕으로 제안된 좌회전(왼쪽감기) 2중나선이고, 나선한 번감기에 12개의 잔기들이 포함된다. 다른 DNA나선들도 가능하지만 A형 DNA, B형 DNA 그리고 Z형 DNA의 3가지 구조들만이 생물학적 체계에서 발견된다. (⇨ 그림 5, 그림 14). ⇨ chromosome, complementary DNA, gene, genetic code, nucleic acid, recombinant DNA.

DNA amplification DNA증폭 보통 중합효소연쇄반응에 의해 특정 DNA염기순서의 많은 복사본을 만드는 것.

DNA array DNA배열 ⇨ DNA microarray.

DNA-binding protein DNA결합단백질 DNA의 특정 염기서열과 결합하는 단백질들을 통틀어 이르는 말.

DNA blotting DNA블러팅 ⇨ Southern blotting.

DNA chip DNA칩 ⇨ DNA microarray.

DNA clone DNA클론 적절한 숙주세포에서 복제에 의해 동일한 많은 복사본이 만들어질 수 있도록 세균플라스미드나 파지에 도입시킨 DNA단편.

DNA cloning DNA클로닝 DNA단편을 특수하게 변형시킨 파지 또는 플라스미드와 결합시키고 이를 세균세포에 도입시켜 그 DNA단편을 분리하고 증폭시키는 조작. 목적으로 하는 DNA가 파지 또는 플라스미드의 DNA와 함께 복제되고 나중에 세균배양에서 많은 양을 얻을 수 있다. ⇨ polymerase chain reaction.

DNA-directed RNA polymerase DNA의존성 RNA중합효소 ⇨ RNA polymerase.

DNA fingerprinting DNA지문분석, DNA profiling DNA분석, DNA typing DNA형 분석 DNA를 분석하여 개인의 신원과 가족관계 등을 확인하는 절차. DNA지문(DNA fingerprint)은 유전체 가운데 다형성이 심한 고단위반복염기순서DNA를 분석하여 얻은 DNA단편들의 양식으로 구성되고, 그 수와 배열은 각 개인마다 사실상 고유하다. DNA지문은 아주 적은 양의 혈액이나 정액 또는 머리카락에서 얻을 수 있고, 범죄 과학수사는 물론 생태학적 연구에서도 폭넓게 이용된다.

DNA footprinting DNA족문분석법(-足紋分析法) 특정 단백질과 결합된 DNA염기서열의 규모와 순서를 결정하는 방법. 단백질-DNA 복합체에서 결합하지 않은 DNA를 절단한 다음, 남아있는 DNA를 분리하고 서열을 결정한다.

DNA glycosylases DNA글리코실화효소 염기와 디옥시리보오스를 연결하는 결합을 분해하여 DNA 내에 생긴 이상염기를 제거하는 효소.

DNA gyrase DNA기라아제 ⇨ DNA topoisomerases.

DNA helicase DNA헬리카아제 ⇨ helicase.

DNA hybridization DNA잡종화 (1) DNA와 DNA 또는 DNA와 RNA에서 각 분자로부터 나온 외가닥들을 다시 연합시키고 2중나선을 형성하는 정도를 결정하여 두 DNA(또는 DNA와 RNA) 간의 유사성을 결정하는 방법. ≒ DNA renaturation; (2) 상보성 DNA 또는 RNA 가닥들을 재결합시키는 데 관여하는 일반적 방법. 혼합물에서 특정 DNA 또는 RNA분자들을 동정하고 분리하는 데 이용된다. ⇨ DNA probe, *in situ* hybridization.

DNA immunization DNA면역법, **DNA vaccination** DNA예방접종 면역반응에 필요한 단백질항원을 암호화하는 DNA를 근육에 주사하여 면역을 유도하는 것. 단백질이 발현되어 면역반응을 끌어낸다.

DNA library DNA모음 DNA클론들의 집합체. ⇨ cDNA library, genomic library.

DNA ligase DNA연결효소 2중가닥DNA에서 당-인산 주사슬의 틈을 연결해 주는 효소. DNA의 복제와 수선에 관여하며, 두 DNA의 끝과 끝을 붙이는 DNA 재조합에도 이용된다. EC 6.5.1.1과 6.5.1.2. 상용명 polydeoxyribonucleotide synthetase.

DNA marker DNA표지 유전체에서 보통 기능을 하지 않지만 위치가 알려져 있는 DNA염기순서. 유전자 지도작성 등에서 참고점(reference point)으로 이용할 수 있다.

DNA melting DNA풀림 열을 가했을 때 2중가닥DNA의 두 사슬이 풀리는 것.

DNA methylation DNA메틸화 DNA메틸기전달효소(DNA메틸화효소)에 의해 CG서열의 시토신에 메틸기를 첨가하는 반응. 식물과 포유동물 그리고 그 밖의 일부 진핵생물의 DNA들에서 발견된다. 메틸화는 불활성 X염색체와 각인유전자(imprinted gene; ⇨ genomic imprinting)와 같이 전사되지 않는 유전자들과 관련된 것으로 여겨진다. 세균에서 C와 A잔기들의 DNA메틸화는 세균 자체의 제한핵산중간가수분해효소(restriction endonuclease)에 대항하여 DNA를 보호하는 데 이용되며, 이를 변형 또는 수식(modification)이라 부른다. ⇨ CpG island.

DNA microarray DNA미세배열, DNA칩 현미경용 깔유리(슬라이드글라스)나 그와 유사한 작은 크기의 기판에 여러 가지 cDNA 또는 합성올리고뉴클레오티드 탐침들의 수백에서 수천 개의 '점'들을 바둑판 모양으로 배열한 것. DNA미세배열은 세포성 mRNA(또는 그로부터 유래된 cDNA)와 배열과의 잡종화를 통해 수천 개 유전자들의 동시발현을 계측하는 데 흔히 이용된다. 한편 DNA미세배열은 유전체DNA를 적절한 올리고뉴클레오티드 배열과 교잡시켜 단일염기다형성(single-nucleotide polymorphism)이나 기타 유전체의 특징을 밝히는 데 이용된다. ≒ DNA chip.

DNA modification DNA변형 ⇨

modification.

DNA-only transposon 생활주기에 걸쳐 DNA로 존재하는 전이인자의 1형태. 세균의 IS인자와 초파리속(*Drosophila*)의 P인자가 그 예가 된다. 비 retrotransposon.

DNA polymerase (pol) DNA중합효소 DNA 또는 RNA(레트로바이러스의 경우)를 주형으로 하여 DNA가닥의 3′말단에 디옥시리보뉴클레오티드를 첨가시키는 효소. DNA의존성 DNA중합효소는 DNA를 복제하고 DNA수선에 관여한다. 진핵세포에서 DNA중합효소 α, δ 그리고 ε은 핵의 DNA합성을 담당하고, DNA중합효소 β는 수선 기능에, 그리고 DNA중합효소 γ는 미토콘드리아의 DNA복제에 관여한다. 일부 DNA중합효소들은 교정 기능과 편집 기능을 갖고 있어서, 이를 이용하여 DNA를 복제할 때에 짝짓기오류가 일어난 뉴클레오티드를 인식하고 잘라낼 수 있다. 복제적 DNA중합효소는 염기순서에 근거하여 A형(세균의 DNA중합효소I 등), B형(DNA중합효소 α와 고세균의 DNA중합효소)과 C형(세균의 DNA중합효소III)의 3가지 주요 군으로 구분된다. ⇨ reverse transcriptase.

DNA primase DNA프리마아제 ⇨ primase.

DNA probe DNA탐침 ⇨ probe.

DNA profiling DNA분석 ⇨ DNA fingerprinting.

DNA puff DNA혹 검정날개버섯파리류 곤충(sciarid insect)의 침샘에서 만들어지는 염색체혹. 국부적으로 팽대된 DNA와 RNA 서열들이 들어 있다.

DNA rearrangement DNA재배열 ⇨ antigenic variation, gene rearrangement, locus.

DNA recombination DNA재조합 ⇨ recombination.

DNA renaturation DNA복원 ⇨ DNA hybridization.

DNA repair DNA수선, DNA회복 화학약품이나 방사선 조사에 의해 손상된 DNA를 회복시킬 수 있는 다양한 생화학적 기구. 변화되고 잘못 짝지어진 염기들을 효소들이 인식하고 이들을 잘라낸 다음, 손상을 입지 않은 가닥을 주형으로 하여 새로운 DNA를 합성한다. 2중가닥의 절단은 상동적 또는 비상동적 양끝연결(end-joining) 메커니즘으로 수선된다. 손상된 DNA의 수선은 DNA염기순서에 변화를 일으킬 수 있고 따라서 돌연변이를 유발할 수 있다.

DNA replication DNA복제 DNA분자의 새로운 복사본이 만들어지는 과정. 2중나선의 두 가닥들이 풀어지고, 각 가닥은 DNA중합효소에 의해 새로운 상보적 가닥들이 합성되어 2개의 새로운 똑같은 2중나선의 DNA분자가 만들어지는 주형으로 작용한다. 이러한 유형의 복제를 반보존적 복제라고 한다. ⇨ Okazaki fragments.

DNase, DNAse DNA분해효소 ⇨ deoxyribonuclease.

DNase I DNA분해효소 I 2중가닥DNA에서 외가닥의 틈을 만드는 핵산내부가수분해효소.

DNA sequence DNA염기순서 DNA분자에 들어 있는 뉴클레오티드들의 순서. 단백질을 암호화하는 DNA에서 이러한 순서는 지정된 단백질의 아미노산 순서를 결정짓는다. ≒ base sequence, nucleotide sequence.

DNA sequencing DNA염기순서결정 DNA의 뉴클레오티드 순서를 결정하는 방법. 신속하게 결정하는 방법이 1970년대에 생어(Sanger)와 그의 동료들에 의해 그리고 맥삼(Maxam)과 길버트(Gilbert)에 의해 독립적으로 개발되었으며, 이후 자동화된 다양한 방법들이 개발되었다. ≒ nucleotide sequencing, base sequencing. ⇨ massively parallel DNA sequencing, pyrosequencing.

DNase-sensitive sites, DNase-hypersensitive sites **DNA분해효소민감부위** 염색체DNA에서 DNA분해효소 I에 의해 분해되기 쉬운 특정 부위. 보다 길어지고 벌어지는 염색질의 입체구조를 보여주는 것으로 여겨진다.

DNA splicing **DNA이어맞추기** DNA염기순서를 여러 가지 조합으로 재배열하는 것. 체세포에서 기능적 면역글로불린유전자가 만들어질 때와 같이 자연적으로도 일어나고, DNA클로닝과 유전공학적 방법에서와 같이 인위적으로도 일어난다.

DNA supercoiling **DNA초나선꼬임** ⇨ supercoiled DNA.

DNA synthesis **DNA합성** ⇨ DNA replication.

DNA topoisomerases **DNA회전효소** 일시적으로 외가닥을 절단하거나(DNA회전효소I형) 일시적으로 2중가닥을 절단하여(DNA회전효소II형) DNA분자의 나머지를 회전시킴으로써 뒤얽혀 있거나 초나선을 이루는 DNA의 꼬임을 풀리게 하는 1군의 효소. 한편 DNA회전효소II형은 2개의 맞물려 있는 DNA분자를 분리시킬 수 있다.

DNA transcription **DNA전사** ⇨ transcription.

DNA tumour viruses **DNA종양바이러스** 다양한 방법으로 암을 유발할 수 있는 서로 관련이 없는 DNA바이러스의 군. 엡스타인-바 바이러스, B형 간염바이러스와 유두종바이러스들, 아데노바이러스, SV40(유인원바이러스40)과 폴리오마바이러스 등이 포함되며, 이들은 갓 태어난 매우 민감한 동물들에서만 종양을 형성한다.

DNA-uracil glycosidase **DNA-우라실글리코시드가수분해효소** ⇨ uracil-DNA glycosidase.

DNA vaccine **DNA백신** 단백질항원을 암호화하는 플라스미드DNA. DNA를 근육에 주사하면, 근육에서 DNA가 전사되고 단백질로 번역되어 면역반응을 끌어낸다.

DNA viruses **DNA바이러스** 유전물질로 DNA를 포함하는 바이러스들. 척추동물 바이러스에는 아데노바이러스과, 헤르페스바이러스과, 마마바이러스과, 파포바바이러스과, 파보바이러스과와 이리도바이러스과가 포함되고, 식물바이러스에는 카울리모바이러스와 제미니바이러스가 포함된다. (⇨ 부록 7)

DNP ⇨ dinitrophenol.

dNTPs ⇨ deoxynucleoside triphosphate.

DO ⇨ dissolved oxygen level.

DOC ⇨ dissolved organic carbon.

dodecagynous **12암술의** 형 12개의 암술을 가진.

dodecamer **12합체** 명 12개의 소단위들로 구성된 단백질 등의 구조.

dodecamerous **12수성** 형 12개의 부분들로 구성되어 돌려나는.

dodecandrous **12수술의** 형 최소한 12개의 수술을 가진.

dolabriform, dolabrate **도끼꼴** 형 도끼모양의.

dolichocephalic **긴머리의, 장두형(長頭型)** 형 (1) 긴 머리를 갖는; (2) 75 이하의 머리지수(cephalic index)를 가진.

dolichofacial **긴얼굴의** 형 긴 얼굴을 가진.

dolichohieric **긴엉치뼈의** 형 100 이하의

D

엉치지수(sacral index)를 가진.

dolichol phosphate 돌리콜인산 소포체의 내강에서 당단백질에 부착하기 위해 활성화 올리고당을 나르는 긴 사슬의 지질.

dolichostylous 장화주성(長花柱性) 형 2형화(dimorphic flower)에서 긴 암술대(화주)와 위치가 낮은 수술을 가진.

dolioform 통형(筒形) 형 통 모양의.

doliolaria 돌리올라리아 명 일부 해삼류에서 아우리쿨라리아유생(auricularia)에서 발달하는 통 모양의 유생.

dolipore septum 둥근통형 공격벽, 유연공격벽(有緣孔隔壁) 곰팡이 균사에서 아래쪽으로 폭이 넓어지면서 통 모양의 구조를 형성하는 격벽.

Dollo's rule, Dollo's law 돌로법칙 진화는 되돌릴 수 없으며 구조와 기능이 한 번 사라지면 다시 생기지 않는다는 법칙.

dolphin 참돌고래 명 고래목(Cetacea) 이빨고래아목(Odontoceti)의 참돌고래과(Delphinidae) 또는 강돌고래과(Platanistidae)에 속하는 바다의 포유동물들. 날씬하고 빠르게 움직이며, 툭 튀어나온 긴 주둥이 또는 '부리'를 갖는다.

DOM ⇨ dissolved organic matter.

domain 명 (1) **역(域)** 생물학적 분류에서 가장 높은 위치에 있는 범주. 생물의 3개 역은 세균역(Bacteria), 고세균역(Archaea) 그리고 진핵생물역(Eukarya)이다. ≒ superkingdom; (2) [분] **영역, 도메인** 단백질분자에서 구조적으로 정의되는 조밀한 구형 부위. 어떤 단백질은 사슬이 접혀져서 하나의 영역(도메인)을 이루고, 다른 단백질들은 폴리펩티드사슬의 덜 조밀한 부위들로 연결되는 둘 또는 그 이상의 영역으로 구성된다; (3) **부위** 염색체에서 고리를 형성한 염색질의 한 부위; (4) **영역** 특정한 지질과 단백질의 조성을 갖는 세포막의 구역.

α domain α영역 완전히 또는 대부분 α나선으로 구성되는 단백질영역.

β domain β영역 완전히 또는 대부분 β병풍으로 구성되는 단백질영역.

domain shuffling 영역혼성 단백질영역들이 합쳐져서 새로운 조합을 형성하는 것. 진화과정에서 일어나며, 여러 가지의 각각 다른 단백질들에서 동일한 영역이 나타나게 한다.

domain swapping 영역교환 둘 이상의 소단위를 갖는 단백질에서, 한 소단위의 구조요소나 영역이 다른 소단위에 있는 같은 요소와 대체되고 반대의 경우도 마찬가지인 것.

domatium 소혈(巢穴) 명 곤충이나 진드기의 서식지로 이용되는 식물의 균열이나 구멍.

dome cell 돔세포 균사의 갈고리(구형돌기)에서 끝에서 두 번째에 있는, 2개의 핵이 융합하는 세포. 자낭형성의 첫 단계가 된다.

dominance 명 (1) [유] **우성(優性)** 세포에 한 벌 들어 있을 때 표현형을 결정짓는 대립유전자가 갖는 특성. 이형접합성인 경우에 다른 대립유전자(열성 대립유전자)의 효과를 가려서 우성 대립유전자가 두 벌 들어 있는 경우와 동일한 표현형이 나타나게 한다. 이러한 현상을 완전우성(complete dominance)이라 한다. 불완전우성(incomplete dominance)은 다른 대립유전자의 효과를 완전히 가리지 못했을 때 나타난다. ⇨ co-dominance; (2) [생태] **우점도(優占度)** 군집에서 특정한 종이 우위를 차지하고 다른 종에게 영향을 미치는 정도; (3) [행] ⇨ dominance systems.

dominance frequency 우점빈도 생태학에서 특정한 종이 우세한 표본의 비율.

dominance systems 지배체제 특정 개

체들이 다른 개체들을 공격적으로 지배하는 사회체제. 최상위의 한 개체가 다른 모든 개체들을 지배하고 중간 계급이 없는 경우를 독재제(despotism)라고 한다. 이보다 보편적인 순위제(dominance hierarchy) 또는 사회계급제도(social hierarchy)에서는 분명한 순위관계가 있으며, 어느 순위의 개체들은 그 아래 순위의 개체들을 지배하고 순위가 높은 개체에게 복종한다.

dominance variation 우성분산 단일한 유전자자리에서 한 대립유전자의 다른 대립유전자에 대한 우성에 기인하는 유전분산.

dominant 우성의, 우점의 형 (1) [유] 잡종에서 두 가지의 형질상태나 대립유전자가 존재할 때 다른 형질상태나 대립유전자의 효과를 가리는 표현형 형질상태나 대립유전자(우성대립유전자)에 적용되는 말. ⇨ heterozygote. 비 recessive allele; [생태] (2) 그들의 수와 규모가 어느 지역의 생물적 상태를 결정짓는 식물들(우점식생)에 적용되는 말; (3) 특정한 군집에서 또는 정해진 시기에 가장 널리 퍼져 있는 종(우점종)에 적용되는 말; (4) [행] 사회계급제도 또는 서열에서 순위가 높은 개체에 적용되는 말.

dominant-negative 우성음성 형 유전자 산물의 정상적인 기능을 막는 결손형의 RNA나 단백질을 만들어 특정한 세포기능을 불활성화하는 돌연변이(우성음성돌연변이)에 적용되는 말.

Domin scale 도민피도계급 정해진 면적에서 각 식물종이 차지하는 피도백분율을 대략적으로 나타내는 데 이용되는 계급(1~10). 계급 1은 아주 미미한 피도에 해당하고, 3은 1~5%의 피도, 8은 50~75%의 피도에 해당하며, 계급 10은 100%의 피도와 같다. +는 하나씩 나타나는 생물을 가리킨다.

Donnan free space 도넌자유공간 조직에서 이온교환반응이 가능한 부분, 즉 식물조직의 세포벽.

donor splice region, donor splice site 이어맞추기제공부위, 이어맞추기제공위치 1차RNA전사물에서 인트론(비발현부위)의 5′말단에 있는 처음 2개의 뉴클레오티드(GU)와 앞에 있는 엑손(발현부위)의 마지막 2개의 뉴클레오티드(AG)로 구성되는 보존염기순서. 인트론이 제거되는 RNA이어맞추기반응에서 이 제공위치가 먼저 절단된다. 엑손의 3′말단은 마지막으로 다음 엑손의 5′말단과 연결된다. ≒ 5′ splice site. 비 acceptor splice site.

DOPA, dopa (L-dopa) 도파 부신수질과 뇌 그리고 교감신경종말에서 효소 티로신수산화효소(상용명 tyrosine-3-monooxygenase, EC 1.14.16.2)에 의해 티로신으로부터 형성되는 3,4-디히드록시페닐알라닌(3,4-dihydroxyphenylalanine). 노르아드레날린과 아드레날린 그리고 도파민의 생합성 전구물질이다. 한편으로 피부의 기저층 등에서는 도파산화효소(dopa-oxidase)에 의해 멜라닌 전구물질이 된다. L-dopa는 파킨슨병의 치료에 이용된다.

dopamine 도파민 명 중추신경계에서 신경전달물질로 작용하는 카테콜아민. 부신수질에서도 소량 생성된다. 전뇌에서 도파민생성신경세포가 파괴되는 데 기인하는 도파민의 결핍이 파킨슨병의 근본 원인이 된다. (⇨ 그림 15)

HO
HO
NH_3^+
CH_2 — C — H
H

그림 15. 도파민.

dopaminergic 도파민작동성 형 신경종말에서 도파민을 방출하는 뉴런에 적용되는 말.

dormancy 휴면 명 발아하기에 적합하지 않은 조건에 있는 씨앗이나 포자들에서와 같이 휴면하고 있거나 대사가 정지된 상태. 형 **dormant**.

dorsad 등쪽의 형 등이나 등 쪽 표면을 향하여.

dorsal 등쪽 형 (1) 동물의 등(뒤쪽 끝은 아니고, 주로 위쪽 표면)과 관련되거나 등에 가까이 있는; (2) 잎이나 날개의 위쪽 표면에 적용되는 말; (3) 심피의 중륵에 부착된 밑씨의 태좌에 적용되는 말. 비 ventral.

dorsal aorta 등쪽대동맥 척추동물과 창고기류(두삭류)에서 산소가 풍부한 혈액을 몸의 나머지 부분들로 운반하는 주요 동맥. '복대동맥'이라고도 하며, 포유동물에서 등쪽대동맥은 4번째 대동맥활의 왼쪽 가지에서 형성된다.

dorsal fin 등지느러미 대부분의 어류와 고래류의 등에 있는 큰 지느러미.

dorsalis 등동맥, 배동맥(背動脈) 명 여러 기관의 등 쪽 표면으로 혈액을 공급하는 동맥.

dorsalized 배방화(背方化)된 형 실험발생학에서 어떤 처리를 한 결과 배 쪽 부위를 희생시키면서 등 쪽 부위를 발달시키는 배에 적용되는 말. 명 **dorsalization**.

dorsal lip of blastopore 원구상순부 ⇨ organizer.

dorsal root 뒤뿌리, 후근(後根) 척수로 들어가는 척수신경의 등 쪽 경로. 몸에서 오는 감각정보를 척수로 전달한다. 비 ventral root.

dorsal root ganglion 뒤뿌리신경절 척수 바로 바깥쪽의 뒤뿌리(후근)에 있는 세포체 덩어리. '배근신경절'이라고도 하며, 척수신경과 내장의 교감신경 모두의 감각뉴런 세포체들을 포함한다.

dorsal-ventral 등배의 ⇨ dorso-ventral.

dorsiferous 등쪽성 형 잎의 등 쪽에 포자낭군(sori)이 달리는.

dorsifixed 측착(側着)의 형 꽃밥의 등 쪽과 결합한 수술대를 가진.

dorsigerous 형 등으로 새끼를 나르는.

dorsigrade 형 걸을 때 발가락의 등이 땅에 닿는.

dorsilateral 등옆의 형 등과 옆의 또는 그와 관련된.

dorsispinal 등척수의 형 등과 척수와 관련된 또는 등과 척수를 나타내는.

dorsiventral 등배의 형 납작하고 윗면과 아랫면이 뚜렷하게 다른 구조를 갖는 잎에 적용되는 말. '배복성(背腹性)'이라고도 한다.

dorsobronchus 등쪽기관지 명 새의 허파에서 기관지가 갈라져 뒤쪽의 기낭과 연결되는 관들의 한 세트.

dorsocentral 등가운데의, 배중(背中)의 형 (1) 등 쪽 표면의 중앙과 관련된 말; (2) 극피동물의 반구(aboral) 표면과 관련된 말.

dorsolumbar 등허리의 형 등의 허리 부분에 관계된.

dorso-ventral 등배의 형 (1) 동물체의 등에서 배로 연결되는 축(등배축), 4지나 잎 등의 윗면에서 아랫면을 연결하는 축에 적용되는 말; (2) 등 쪽 표면에서 배 쪽 표면으로 이어지는 구조, 축, 기울기 등과 관련된 말.

dorsum 등 명 (1) 곤충과 갑각류의 등판; (2) 곤충 날개의 안쪽 가장자리; (3) 고등동물의 등; (4) 혀에서처럼 위쪽 표면.

dorylaner 명 군대개미 무리에서 유난히 큰 수개미.

dosage compensation 유전자량보정(遺

傳子量補整) 성염색체의 수가 다르더라도 두 성에서 같은 수준으로 발현되도록 성염색체에서 발현되는 유전자의 복사본의 수를 조절하는 것. 이를테면 포유동물에서 X염색체는 암컷의 체세포에서 영구히 불활성화되고 그 유전자들이 발현되지 않는다. 그렇게 함으로써 암컷과 수컷에서 X연관 유전자들의 '유전자량(dosage)'은 같아진다.

dose equivalent 선량당량(線量當量) 조직에 미치는 이온화 방사선의 생물학적 효과를 측정하는 표준. 흡수선량에 특정 조직과 방사선의 종류에 따른 가중치를 곱하여 계산한다. 몸의 전반에 걸쳐 균등하게 흡수되었을 때 방사선량의 건강에 대한 위험도를 나타낸다. 선량당량의 SI 단위는 시버트(sivert)를 사용한다.

dose-response curve 용량반응곡선(用量反應曲線) 분석이나 검사에서 시료 중 활성제(바이러스, 호르몬, 효소 등)의 농도와 그 특정 분석에서 나타나는 양적 반응 간의 관계.

dot blot 점블럿 핵산시료를 나일론이나 니트로섬유소막 위에 점(dot)으로 찍어 놓고 여기에 표지된 DNA탐침을 붙이는 핵산잡종형성기법의 한 종류.

double bond 2중결합 결합된 원자들 간에서 공유하는 전자들의 2쌍으로 구성되는 공유결합. O=O와 같이 결합된 원자들 간의 2중라인으로 나타낸다.

double crossover 2중교차 특정 염색체 부위에서 2개의 교차점이 나타나는 것.

double fertilization 중복수정 1개의 반수체 웅핵은 극핵들과 결합하여 3배체의 1차 배젖핵이 되고, 다른 1개의 반수체 웅핵은 알세포 핵과 결합하여 2배체의 접합자를 만드는 꽃식물 특유의 특징.

double helix 2중나선 두 가닥 간의 염기 짝짓기에 의해 두 가닥이 서로 감겨 있는 2중가닥 DNA의 전형적인 입체구조. 2중가닥 RNA에서도 나타난다. (⇨ 그림 14)

double minute chromosomes 미소쌍염색체 동원체를 갖지 않고 자기복제를 하는 염색체외 DNA인자. 어떤 처리를 하면 선택적 유전자증폭의 결과로 진핵세포에서 발견된다.

double-positive thymocyte 2중양성 가슴샘세포 CD4와 CD8 세포표면단백질 모두를 발현하는 미성숙 T세포.

double recessive 2중열성 2개의 다른 유전자들에서 열성 대립유전자가 동형접합인 세포 또는 생물.

double-strand break 2중가닥절단 DNA분자의 양쪽 가닥에 걸친 파손.

doubling time 배가시간 기하급수적으로 생장하는 무엇(예: 생물의 개체군)의 수가 두 배가 되는 데 걸리는 시간. ≒ generation time.

down, down feathers 솜깃털 어린 새의 몸에 처음 생기는 솜털 같은 깃털. 짧은 깃털자루(quill)와 작은깃가지(barbule)를 갖는데, 작은깃가지는 편평한 우판(vane)을 이루도록 서로 맞물리지 않는다. 어떤 새들은 성체가 되어도 깃털(plumage) 아래에 솜깃털층을 계속 보유하기도 한다. ≒ prepenna.

down, downland 초원지 잉글랜드 남부의 백악질로 된 언덕진 초원지대에서 전형적으로 나타나는 초지식생. 양과 토끼들의 계속되는 채식에 의해 식생이 유지되고 작은 꽃식물들이 떼처럼 풍부하게 나타난다.

down mutation 하향돌연변이 특정 유전자(들)는 상당히 줄어들었지만 유전자 산물은 바뀌지 않은 전사가 일어나는 돌연변이. 보통 유전자 발현을 조절하는 데 관여하는 DNA부위에서 돌연변이가 일어나는 데 기인한다.

downregulation 하부조절 명 유전자의 전사율 또는 세포표면에서 수용체의 수 따위가 감소하는 것.

Down syndrome 다운증후군 약간의 정신지체, 작은 키 그리고 잘못된 근육긴장(muscle tone)이 특징인, 21번 염색체가 3개(3염색체성) 존재하는 데 기인하는 질환. ≒ **Down's syndrome**.

downstream 하부, 하류 형 (1) DNA암호가닥에서 또는 그에 상응하는 RNA에서 정해진 위치로부터 3′측으로 가는 염기순서에 적용되는 말; (2) 대사경로 또는 신호전달에서 정해진 단계 이후에 나타나는 일들에 적용되는 말. 비 upstream.

2D-PAGE ⇨ polyacrylamide gel electrophoresis.

Dp 유전학에서 특정 유전자 또는 염색체 부위의 중복을 나타내는 축약형.

DFD 확산압낙차(diffusion pressure deficit). ⇨ suction pressure.

DPG 2,3-디포스포글리세르산(2,3-diphosphoglycerate).

dpm, d.p.m. 방사능을 나타내는 단위인 분당 붕괴수(disintegration per minute).

dragonflies 잠자리류 ⇨ Odonata.

drepanium 권산(卷繖)꽃차례 명 2차꽃줄기가 주된 꽃자루와 그 1차가지가 이루는 면과 평행하게 발달하여 결과적으로 전체 꽃차례가 꼬부라지는 나선상 취산꽃차례.

drepanoid 낫꼴 형 낫(sickle) 모양의.

drift 부동, 이동 ⇨ genetic drift, continental drift.

drive 내적 동인(内的動因) 명 목적을 성취하거나 욕구를 충족시키면서 끝나는 동물의 동기부여.

dromaeognathous 형 보습뼈(서골)가 끼어들어서 입천장뼈(구개골)와 날개뼈(익상골)가 관절로 이어지지 않는 입천장을 가진.

dromotropic 나선굽성 형 나선 모양으로 굽는.

drone 수벌 명 사회성 곤충, 특히 꿀벌의 수컷.

drop mechanism 적하(滴下)메커니즘 겉씨식물 밑씨에서 떨어지는 액체에 잡힌 꽃가루가 주공으로 끌려들어가는 메커니즘.

dropper 하수구(下垂球) 명 비늘줄기(인경, 구경)가 아래쪽으로 뻗어 새로운 비늘줄기를 형성하는 것.

***Drosophila melanogaster* 노랑초파리** 실험유전학과 발생생물학 분야에 알맞은 대상인, 파리목(Diptera)에 속하는 초파리의 1종.

drosopterin 드로소프테린 명 초파리를 포함하여 일부 곤충의 눈과 그 밖의 기관에 들어 있는 붉은 프테리딘(pteridine) 색소.

drought 가뭄, 건조 명 강우가 감소하거나 정상보다 높은 온도에 기인하여 증발이 증가하거나 또는 이 두 가지의 조합 때문에 어느 지역이 정상적인 양의 물을 받지 못하는 상황.

drug-resistance factors, drug-resistance plasmids (R factors) 약물내성인자, 약물내성플라스미드 보편적으로 이용되는 다양한 항생물질에 내성을 갖는 유전자를 나르는 장내 세균과 그 밖에 의학적으로 중요한 세균의 플라스미드.

drupaceous 핵과의 형 핵과(drupe)가 달린.

drupe 핵과(核果) 명 하나의 방에 하나 또는 몇 개의 종자가 들어 있는 다소 육질인 열매. 과피는 얇은 외과피와 다육질의 중과피 그리고 단단하고 돌 같은 내과피로 분화된다. 자두와 버찌 따위가 있다. ≒ stone fruit.

drupel 소핵과 명 산딸기 또는 블랙베리

처럼 작은 핵과들이 모여서 집합과를 형성하는 것. ≒ **drupelet**.

dry mass 건(물)량 ⇨ dry weight.

dry matter (DM) 건(조)물 식물의 생체물질이나 토양과 같은 유기물에서 물을 제거하고 남는 물질. 건조로에서 항량(constant weight)이 되도록 90~95°C로 가열하여 얻는다.

dryopithecids, dryopithecines 원유인원류 인도와 아프리카에서 마이오세(중신세)의 화석으로 발견된 원숭이와 비슷한 무리. 드리오피테쿠스(*Dryopithecus*)와 프로콘술(*Proconsul*)의 속들을 포함하고, 약 2000만 년 전에서 800만 년 전으로 추정되며, 유인원의 조상으로 여겨진다.

dry weight (DW) 건조무게 항량이 되도록 가열하여 물을 제거한 다음의 유기물이나 토양의 무게 또는 덩어리. ≒ dry mass.

dry weight rank method 건조무게서열법 목초지의 총 수확량에서 각 종이 기여한 정도를 추정하는 방법.

dsDNA 2중가닥 DNA(double-stranded DNA).

D segment D조각 ⇨ D gene segment.

dsRNA 2중가닥 RNA(double-stranded RNA).

dual-specificity protein kinase 2중특이성 단백질인산화효소 단백질의 티로신과 세린/트레오닌 잔기들 모두를 인산화시킬 수 있는 단백질인산화효소.

dual-specificity protein phosphatase 2중특이성 단백질인산가수분해효소 단백질의 티로신과 세린/트레오닌 잔기들 모두에서 인산기를 제거할 수 있는 단백질인산가수분해효소.

Duchenne muscular dystrophy (DMD) 듀센형 근이영양증 근육의 위축을 유발하고 결국 죽게 하는 X연관 유전병. 갓 난 사내아이 약 4000명 중 1명의 비율로 나타난다. 근섬유의 근섬유막과 관련된 단백질인 디스트로핀(dystrophin)을 암호화하는 유전자의 결함에 기인한다.

duct 관(管) 명 액체나 그 밖의 물질을 나르는 관을 통틀어 이르는 말.

ductless glands 무도관샘 분비물을 관으로 방출하지 않는 내분비샘 등의 샘.

ductule 세관(細管) 명 극히 작은 관.

ductulus efferens 날세관 정소에서 정관에 이르는 세관들의 하나. 통틀어 수정세관(vasa efferentia)이라고 한다.

ductus 관(管) 명 관.

ductus arteriosus 동맥관 포유동물의 태아에서 폐동맥활과 등쪽대동맥 간의 연결.

ductus venosus 정맥관 포유동물의 태아에서 배꼽정맥과 대정맥 간의 연결.

duetting 2중창(二重唱) 명 짝을 지은 어떤 새들 간에서 왔다갔다 번갈아 노래 부르는 것. 서로를 인식하고 결합하는 방법으로 추정된다.

Dufour's gland 두포르샘 어떤 벌류(Hymenoptera)에서 벌침의 기부에 있는 독주머니로 통하는 샘. ≒ alkaline gland.

dulosis 노예공생 명 사회적 기생의 극단적인 예로 개미들 간의 노예제도. 다른 종에게 잡힌 종들은 그 종을 위해 일한다.

dumose 관목상(灌木狀) 형 외관이 떨기나무와 같은.

duodenum 샘창자, 십이지장 명 위와 빈창자(공장) 사이에 있는 작은창자의 첫 부분.

duplex 2중, 중복 형 (1) 두 배의; (2) 복합의, 꽃에 적용되는 말; (3) 뚜렷이 구별되는 2개의 구조로 구성된; (4) 뚜렷이 구별되는 2개의 부분을 가진.

duplex DNA 2중가닥DNA 2중나선의 DNA. ⇨ DNA.

duplication 중복(重複) 명 염색체, 염색체부위 또는 유전자가 정상적인 수보다 많이 들어 있는 상황.

duplicident 중치(重齒)의 형 위턱에서 한 쌍은 다른 쌍의 뒤에 달리는 두 쌍의 앞니들을 가진.

duplicity 2중성 명 두 부분으로 된 상태.

duplicocrenate 겹둥근톱니꼴 형 가리비(scallop) 같은 가장자리를 갖고 각각은 다시 둥근 톱니 모양인 잎에 적용되는 말.

duplicodentate 겹치아상 형 톱니 같은 가장자리에 작은 이빨 모양의 자국이 있는 잎에 적용되는 말.

duplicoserrate 겹톱니꼴 형 가장자리에 톱 모양의 이빨이 달리고 작은 이빨들이 잎끝을 향하는 잎에 적용되는 말.

dural 경막의 형 경막(dura mater)과 관련된 말.

dura mater 경막(硬膜) 뇌와 척수를 싸고 있는 가장 바깥쪽의 단단한 막.

duramen 심재(心材) 명 나무줄기의 중심부에 있는 짙은 색의 단단한 부분. '속재목'이라고도 한다. ≒ heartwood.

dura spinalis 척수경막 척수관의 안쪽을 싸고 있는 단단한 막.

dust lice ⇨ Psocoptera.

DW ⇨ dry weight.

dwarf male 왜소수컷 많은 동물에서 만들어지는 작고 단순한 수컷개체. 자유생활을 하거나 암컷이 데리고 있다. ≒ pygmy male.

dyad 명 (1) **2분염색체** 감수분열에서 접합된 1쌍의 복제염색체 중 하나; (2) **디아드** 2회 축(twofold axis)에 대한 대칭(디아드대칭성)에 적용되는 말.

dynamic instability 동적 불안정성 액틴필라멘트와 미세소관들이 조립되고 해체되면서 일정한 상태를 나타내는 성질.

dynamin 디나민 명 진핵세포에서 피막소포(coated vesicle)를 형성하는 데 관여하는 단백질.

dynein 디네인 명 미세소관에 부착하여 활주운동을 일으키는, ATP가수분해효소 활성을 갖는 운동단백질. 디네인은 한편으로 진핵생물의 섬모와 편모의 영속적인 구성성분이 되고, 디네인의 작용으로 섬모와 편모가 휘는 운동을 한다.

dynorphins 디노르핀 명복 뇌와 창자에서 발견되는 엔도르핀과 유사한 펩티드. 엔도르핀과 엔케팔린과 함께 내인성 아편유사물질로 알려져 있다.

dysgenesis 이상발생 명 생식능력이 있는 양친의 개체들 간의 교배에서 생긴 잡종의 불임성.

dysgenic 유전적 유해성 형 불임성, 염색체이상, 돌연변이, 감수분열에서의 이상분리 등과 같이 생물의 번식에 해롭거나 불리한 형질에 적용되는 말.

dysmerogenesis 불균등분열 명 서로 다른 부분들이 만들어지는 난할 또는 분절.

dysphotic 하조광대의 형 (1) 어두한; (2) 수광대(유광대)와 무광대 사이의 80~600 m 수심의 층(하조광대)에 적용되는 말.

dysplasia 이형성(異形成) 명 조직의 비정상적 발생. 형 **dysplastic**.

dyspnoea 호흡곤란 명 호흡하는 데 어려움을 겪는 것.

dystrophic 영양실조의, 빈영양의, 부식영양의 형 (1) 잘못되거나 불충분하게 영양분이 공급되는; (2) 충분한 영양을 저해하는; (3) 불완전한 영양의; (4) 분해되지 않은 유기물이 풍부해서 영양소가 부족한 호수(빈영양호)에 적용되는 말.

dystrophin 디스트로핀 명 근세포막과 관련된 단백질. 디스트로핀이 없거나 이상이 있으면 듀센형 근이영양증(Duchenne muscular dystrophy)이 발생한다.

DZ twins 2란성 쌍생아(dizygotic twins).

E

ε- *접두사 'ε-'가 포함되는 표제어는 'epsilon' 또는 해당 표제어를 참조하시오.*

E ⇨ glutamic acid.

E_0' ⇨ redox potential.

E_D ⇨ evolutionary distance.

EAE ⇨ experimental allergicencephalomyelitis.

e- '밖으로' 또는 '없는'을 뜻하는 라틴어 '*ex*'에서 유래된 접두사. 포엽(bract)이 없는 무포엽(ebracteate), 꼬리가 없는 민꼬리(ecaudate)의 경우와 같이 흔히 '결핍된'을 의미한다.

ear 명 (1) **귀** 척추동물에서 청각과 중력 감지에 관여하는 감각기관. 포유동물의 경우 귀는 막성 고막으로 통하는 이도(auditory canal, auditory meatus)를 에워싸는 바깥귀(외이; pinna)로 구성된다. 소리파동에 기인하는 고막의 진동을 한 줄로 늘어선 작은 뼈들이 가운데귀(중이)의 공기로 채워진 공간을 가로질러 액체로 채워진 속귀(내이)로 전달한다. 속귀에는 달팽이관(와우각)과 반고리관이 들어 있다. 달팽이관(cochlea)에는 주변 액체의 소리에 의한 진동을 감지하고 음질(tone)과 음고(pitch)로 코드화한 신호를 청신경을 통해 뇌로 전달하는 감각세포(털세포)들이 들어 있다. 반고리관은 주로 중력의 감지와 균형의 유지와 관련되어 있다. 청측선계(acoustico-lateralis system)와 달팽이관(cochlea), 반고리관(semicircular canals) 등 각각의 용어들을 참조하시오; (2) [식] **이삭, 수(穗)** 벼과 초본, 주로 곡류(cereals)의 이삭.

eardrum 고막 ⇨ tympanic membrane.

early 초기의 형 (1) 파지나 바이러스 감염의 용균회로(lytic cycle)에서 첫 시기에 적용되는 말. 바이러스 DNA(또는 RNA)가 들어가서 복제할 때까지의 시기이다; (2) 파지 또는 바이러스에서 복제가 일어나기 전의 감염 초기에 발현되는 유전자들에 적용되는 말.

early wood 춘재(春材) 생육기의 첫 시기에 만들어지는 목재. 나이테에서 적지만 큰 세포들이 고리를 이루며 나타난다.

ear sand 이사, 평형사 ⇨ otoconia.

earth ball 어리알버섯 어리알버섯속(*Scleroderma*)과 그 동족에 속하는 담자균류의 일반적인 명칭. 원형의 돌기로 덮인 자루가 없는 단단한 자실체를 갖는 복균류이며, 자실체가 갈라져서 열리면 포자들의 덩어리가 방출된다.

earthworm 지렁이 명 흙에 사는 많은 빈모류[지렁이류(*Lumbricus* spp.) 등]의 일반적인 명칭. 지렁이가 판 굴을 통해 토양의 통기에 기여하고, 부식질이 포함된 흙을 지표로 가져다주면서 토양의 비옥도에 이바지한다.

earwig 집게벌레 명 집게벌레목(Dermaptera) 곤충의 일반적인 명칭.

East African Steppe region 동아프리

카온대대초원식물구 아프리카 리프트 밸리(Rift Valley) 동쪽의 우간다 북부에서 모잠비크 남부와 탕가니카 호수까지 그리고 서쪽으로는 나미비아 사막 위의 앙골라 대서양 연안까지로 구성되는 구열대식물계의 1부분.

East African subregion 동아프리카동물아구 서아프리카와 중앙아프리카의 적도우림대를 제외하고 아프리카의 사하라 사막 이남에서 남아프리카까지를 포함하는 에티오피아동물지리구의 1부분.

eavesdropping 명 경쟁자 수컷이 다른 수컷의 구애행동으로 암컷을 유혹하는 행동전략.

Ebner's gland 에브너샘 ⇨ von Ebner's gland.

ebracteate, ebracteolate 무포엽의, 무소포엽의 형 포엽(bract)이 없는, 소포엽(bracteole)이 없는.

EBV ⇨ Epstein-Barr virus.

EC ⇨ effective concentration.

ecad 생태형 명 (1) 환경에 의해 변형된 식물이나 동물의 유형; (2) 서식형(habitat form).

ecalcarate 무발톱형 형 발톱돌기 또는 박차처럼 생긴 돌출부가 없는 꽃잎에 적용되는 말.

ecardinal, ecardinate 무접번형(無蝶番型) 형 경첩이 없는 껍데기에 적용되는 말.

ecarinate 무용골형 형 용골(keel) 또는 용골 같은 융기가 없는.

ecaudate 민꼬리의 형 꼬리가 없는.

eccentric 편심(偏心)의 ⇨ excentric.

eccentric cell 편심세포 투구게의 겹눈에서 낱눈에 있는 신경세포. 망막세포에서 신호를 받고 중추신경계로 이를 전달한다.

eccrine 샘분비의 형 분비세포들이 붕괴되지 않고 분비하는 샘(샘분비샘, 에크린샘)에 적용되는 말. 비 apocrine.

eccritic 형 (1) **배출성의** 배출(배설)을 일으키거나 그와 관련된; (2) **선호성의** 선호하는 온도나 그 밖의 환경상태에 적용되는 말.

ecdemic 외래성의 형 자생하지 않는.

ecdysial 탈피의 형 탈피나 털갈이와 관련된 말.

ecdysiotrophic hormone 탈피호르몬자극호르몬 곤충의 '뇌'에서 생성되는 단백질호르몬. 유충호르몬과 함께 휴면난소에 작용하여 스테로이드호르몬인 탈피호르몬을 분비하게 한다.

ecdysis 탈피(脫皮) 명 곤충과 몇몇 다른 절지동물이 생장과정에서 정기적으로 각피의 외골격을 벗는 현상.

ecdysone, ecdysterone 탈피호르몬 명 곤충의 앞가슴샘(전흉선)과 갑각류의 Y기관에서 생성되는, 생장과 탈피를 촉진하는 스테로이드호르몬.

Ecdysozoa, ecdysozoans 탈피동물상문, 탈피동물 명, 명복 선구동물(protostomes)을 대별하는 2개 무리의 하나. 다른 하나는 촉수담륜동물상문(Lophotrochozoa)이다. 탈피동물은 절지동물문, 두문동물문(Cephalorhyncha), 선형동물문, 유선형동물문, 유조동물문, 윤형동물문 및 완보동물문으로 이뤄진다. 몸은 외부의 각피로 지지되고, 동물의 크기가 커짐에 따라 각피는 정기적으로 탈피되고 다시 자란다.

ecesis 정착, 토착 명 생물이 새로운 서식지로 침입하는 것.

ECG 심전도(electrocardiogram). ⇨ electrocardiography.

echidna 바늘두더지 명 단공류의 1종인 바늘두더지.

echinate 가시형 형 가시나 강모가 달린.

echinidium 에키니듐 명 균류의 갓에서 뾰족하거나 가지를 치면서 밖으로 자란 가장자리의 털.

echinococcus 포충(胞蟲) 명 많은 딸포낭(daughter cyst)을 만들고 각각의 딸포낭에 많은 머리마디들(heads)이 형성되는, 소포로 이루어진 조충유충(metacestode). ⇨ polycercoid.

Echinodermata, echinoderms 극피동물문, 극피동물 명, 명복 해양 진체강동물의 문. 유생은 좌우대칭이지만 성체는 5방사상칭을 하고 석회질 외골격과 수관계를 갖는다. 바다나리강(Crinoidea: 바다나리류와 갯고사리류), 불가사리강(Asterioidea), 거미불가사리강(Ophiuroidea), 성게강(Echinoidea) 및 해삼강(Holothuroidea)을 포함한다.

echinoid 성게의 형 성게와 관련되거나 비슷한.

Echinoidea 성게강 명 일반적으로 성게류(sea urchins)라고 부르는 극피동물의 1강. 전형적으로 골판(skeletal plate)이 서로 맞물려 단단한 껍데기를 이루며 공 모양의 몸을 갖는다.

echinopluteus 에키노플루테우스 명 성게류의 플루테우스(pluteus) 유생.

echinulate 가시투성이의 형 (1) 작은 가시들을 갖는; (2) 뾰족하게 뻗어 나간 세균의 집락에 적용되는 말.

Echiura, echiurans 의충동물문(螠蟲動物門), 개불류 명, 명복 체절이 없는 해양 진체강동물의 문. 부드럽고 통통한 몸을 가지고 U자형의 관이나 바위의 갈라진 틈에 살며 깊은 심해까지도 분포한다. 늘어날 수 있지만 뒤집을 수 없는 주둥이를 갖고 섬모의 작용으로 먹이를 수집한다. ≒ spoon worms.

echolocation 반향정위(反響定位) 명 박쥐 등이 이용하는 것처럼, 동물이 고주파음을 내어 되돌아오는 반향(echo)을 탐지하여 물체의 위치를 알아내는 것.

echoviruses, ECHO viruses 에코바이러스 위장관에 감염하고 호흡기 질환과 뇌막염을 일으키기도 하는 피코르나바이러스의 군.

eclipse 식(蝕), 암흑 형 (1) 어떤 종의 새에서 번식기가 끝날 무렵 털갈이를 한 수컷의 덜 다채로운 깃털에 적용되는 말; (2) 숙주세포가 바이러스에 감염된 직후 바이러스를 쉽게 발견할 수 없는 시기(암흑기)에 적용되는 말.

eclosion 탈용(脫踊), 부화 명 알이나 번데기껍질에서 깨어나는 것.

ecobiotic 형 서식지 내에서 특정한 생활방식에 적응하는.

ecoclimatic 생태기후적 형 특정 지역에서 물리적 조건과 기후조건에 적응하는.

ecocline 생태기울기 명 생태적 조건의 변화에 따른 생태형의 연속적인 변화.

ecodeme 생태개체군 명 특정한 생태적 서식지를 차지하는 최소교배단위(deme).

E. coli 세균의 일종인 대장균(*Escherichia coli*).

ecological 생태적 형 생태학과 관련되거나 관계가 있는.

ecological diversity 생태적 다양성 특정한 지역에 있는 생태계(예: 삼림, 사막, 초지, 해양)의 다양성.

ecological efficiency 생태적 효율 생태계가 에너지를 이용하는 효율. 생태적 효율은 1차에너지효율[생산(P)/소비(C)], 2차에너지효율[생산(P)/동화된 에너지(A)], 그리고 동화효율(A/C)과 같은 몇 가지 에너지효율 측면으로 나타낸다.

ecological niche 생태적 지위, 생태지위 군집 내에서 생물이 차지하는 서식지, 다른 생물과의 상호작용 그리고 생물이 환경에 미치는 영향에 관한 생물의 역할.

E

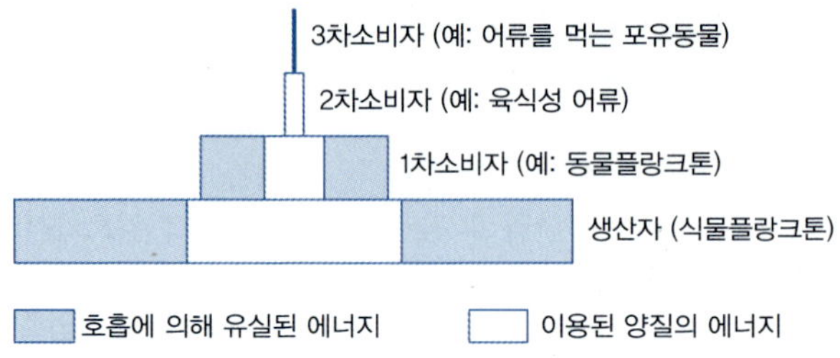

그림 16. 하천생태계를 통한 에너지흐름의 전형적 피라미드.

소형 초식동물 지위와 같은 특정한 생태적 지위는 다른 생태계와 지구 상의 다른 지역에서 다른 종들로 대치될 수 있다. ≒ niche. ⇨ realized niche.

ecological pyramid 생태피라미드 한 생태계에서 1차생산자(예: 녹색식물)를 바닥으로 하여 각 영양단계에 해당하는 개체들의 생체량, 수 또는 에너지 수준을 나타내는 도형. (⇨ 그림 16)

ecological succession 생태적 천이 군집을 이루는 식물과 동물의 종들이 다른 종들로 대체되는 자연적 과정. 시간이 흐르면서 성숙한 생태계가 발달함에 따라 보통 복잡한 양상을 띠게 된다. ⇨ climax, primary succession, secondary succession, succession.

ecology 생태학 명 (1) 생물과 환경 그리고 서로간의 상호관계; (2) 이러한 상호관계를 연구하는 것.

economic density 경제밀도 개체군에서 개체들이 서식하고 있는 면적당 개체수.

ecoparasite 생태기생생물 명 (1) 건강하고 상해를 입지 않은 숙주에 감염할 수 있는 기생생물; (2) 특정한 숙주나 숙주종의 작은 무리에 한정된 기생생물.

ecophysiology 생리생태학 명 생활방식과 환경에 대한 적응과 관련하여 동물의 생리학을 연구하는 것.

ecorticate 무피층성 형 어떤 지의류처럼 피층이 없는.

ecospecies 생태종 명 특정한 생태적 지위를 갖고 하나의 종처럼 행동하지만 인접한 종들과 상호교배할 수 있는 개체들의 무리.

ecosphere 생태권 명 지구 상의 생물들과 이들이 상호작용하는 환경의 요소들로 구성되는 지구적인 생태계.

ecostate 무늑골의 형 늑골이 없는.

ecosystem 생태계 명 상호의존적인 여러 종들로 이루어진 군집과 이들의 비생물적 환경을 하나로 묶은 것. 생태계는 에너지흐름 측면에서 어느 정도 자족적(self-contained)이며, 인접한 군집들과 차이를 보인다. 생태계는 그 안에서 발견되는 생물집단에 따라 삼림, 토양, 초지 등 여러 가지 유형으로 정의된다. 북방침엽수림이나 온대초지와 같이 매우 넓은 지역에 걸쳐 계속 이어지는 생태계를 생물군계(biome)라고 한다.

ecotone 이행대(移行帶), 추이대(推移帶) 명 두 생태계가 겹치고 양쪽 생태계의 종들과 함께 이 구역에서만 발견되는 종들을 살게 하는 지역.

ecotope 생태환경, 생태소공간 명 (1) 한 지역 내에서 서식지의 특정한 유형; (2) 생태적 지위, 서식지 및 개체군 요인들의 상호작용에 의한 생물과 환경 간의 모든 관계.

ecotype 생태형 명 특정한 서식지에서 선택의 결과로 생겨서 그 서식지에 유전적으로 적응하였지만 종의 다른 구성원들과도 상호교배할 수 있는 종내 아종의 유형.

ecsoma 엑소마 명 일부 흡충류의 몸에서 신축 가능한 뒤쪽 부분.

ect-, ecto- '바깥쪽'을 뜻하는 그리스어 '*ektos*'에서 유래된 단어요소.

ectad 바깥쪽으로 부 (1) 겉을 향하여; (2) 바깥쪽으로.

ectadenia 외배부속샘 명복 곤충 생식기의 외배엽성 부속샘.

ectal 표면의 형 (1) 바깥 표면의; (2) 외부의.

ectamnion 외양막 명 풋양막(proamnion)에서 머리주름(두습)의 시작이 되는 외배엽 비후.

ectangial 형 (1) 물관이나 혈관의 바깥에 있는; (2) 1차포자낭의 바깥에서 만들어지는.

ectendotrophic 내외생(內外生)의 형 일부는 외생적(ectotrophic)이고 일부는 내생적(endotrophic)인 균근(내외균근)에 적용되는 말.

ectethmoid 외사골(外篩骨) 명 머리뼈에서 사골(벌집뼈)의 측면부. '벌집뼈가쪽덩이'라고도 한다.

ectoascus 외생자낭(外生子囊) 명 일부 자낭균류에서 자낭벽의 외막. 비 endoascus.

ectoblast 외배엽 ⇨ epiblast.

ectobronchus 외기관지 명 새에서 주기관지(main bronchus)의 곁가지.

ectochondrostosis 엑토콘드로스토시스 명 연골막(perichondrium)에서 시작하여 차츰 연골로 침입해가는 골화작용.

ectochroic 벽외착색(壁外着色)의 형 세포나 균사의 표면에 색소가 침착되는.

ectocommensal 외부공생 명 다른 생물의 표면에서 편리공생을 하며 사는 것.

ectocrine 엑토크린 형 배지에 들어 있는 식물의 생장을 저해하거나 촉진하는 물질 또는 분해산물에 적용되거나 그와 관련된 말.

ectoderm 외배엽(外胚葉) 명 (1) 다세포 생물의 배에서 표피와 신경계를 만드는 1차배엽; (2) 강장동물의 체벽에서 상피의 바깥층. 형 **ectodermal**.

ectoenzyme 체외효소 ⇨ exoenzyme.

ectogenesis 체외발생 명 (1) 모체 바깥에서의 배아발생; (2) 인공적 환경에서의 발생. 형 **ectogenetic**.

ectogenic 외인성(外因性)의 형 외부에서 기원된, 생물 자신에 의해 만들어지지 않은.

ectogenous 자생적, 외인성의 형 (1) 독립적으로 살 수 있는; (2) 생물의 외부에서 기원된.

ectoglia 외신경교막 명 신경계에서 신경아교(glia)의 바깥층.

ectolecithal 외난황(外卵黃)의 형 주변부에 난황을 갖는 알에 적용되는 말.

ectoloph 엑톨로프 명 주름치의(lophodont) 큰어금니에서 파라콘(상악부결절, paracone)부터 메타콘(metacone)까지 이어지는 이랑.

ectomeninx 외수막(外髓膜) 명 배발생단계에서 뇌를 덮고 경막(dura mater)을 생성하는 바깥막.

ectomere 할구외배엽 명 외배엽이 만들어지는 할구.

-ectomy '밖으로'를 뜻하는 그리스어 '*ek*'와 '자르는'을 뜻하는 '*temnein*'에서 유래된 접미사. 'thyroidectomy'(갑상샘절제), 'gonadectomy'(생식샘절제) 등과 같이 절제(excision)를 뜻한다.

ectomycorrhiza 외균근(外菌根) 명 곰팡이 균사가 뿌리의 표면을 덮고 광범위하게 뿌리에 침투하지 않는 균근의 한 종류. 침엽수와 활엽수 모두에서 나타나며, 균근을 형성하는 곰팡이는 주로 고등담자균류들이다.

ectoneural 외신경의 형 극피동물에서 식도를 둘러싸는 피부 아래의 방사신경들에 적용되는 말.

ectoparasite 외부기생생물 명 생물의 표면에서 사는 기생생물.

ectopatagium 엑토파타지움 명 박쥐의 날개와 같은 비막에서 손바닥뼈(장골)와 발가락뼈(지골)에 걸쳐 있는 부분.

ectophagous 식외성(食外性) 형 먹이원의 바깥부분을 먹는.

ectophloeodeic 식물착생의 형 식물에 착생하는 지의류에 적용되는 말.

ectophloic 외사형(外篩型) 형 물관의 바깥쪽에 체관이 있는.

ectophyte 외부기생식물 명 식물과 동물의 외부에 기생하는 식물들. 형 **ectophytic**.

ectopic 딴곳의, 전위의 형 정상적인 위치가 아닌 기관, 임신, 유전자발현 등에 적용되는 말.

ectoplasm 외질(外質), 외형질(外形質) 명 (1) 세포에서 세포막의 바로 안쪽에 있고 대체로 투명하고 비과립형인, 세포질의 바깥층; (2) ⇨ ectosarc. 비 endoplasm.

ectoplast 원형질막 ⇨ plasma membrane.

Ectoprocta, ectoprocts 태형동물문, 외항(外肛)동물문, 태형동물(苔形動物) 명, 명복 바다와 민물에 사는 작은 군체성 동물의 문. 외견상 이끼류와 비슷하여 속칭 이끼벌레류(태충류, moss animal)라고 한다. 군체는 개충(zooid)들로 구성되고, 각각의 개충은 섬모가 달린 촉수들이 관 모양을 이루는 촉수관(lophophore)이 달린다. 각질, 석회질 또는 점액질의 상자 안에서 산다. ≒ (이전 명칭) Bryozoa, bryozoans, Polyzoa.

ectopterygoid 외익상골 명 구개골(palatine)의 뒤에 있고 방형골(quadrate)까지 뻗어 있는 복부의 막골.

ectosarc 외질(外質), 외육(外肉) 명 특히 원생동물에서 세포질의 바깥층. ≒ ectoplasm.

ectospore 외생포자 명 담자균류에서 각각의 담자뿔(sterigma)의 끝에 형성되는 포자.

ectosporous 외생포자성 형 외부에 달리는 포자를 가진.

ectostosis 연골외 골화(軟骨外骨化), 연골막하골화(軟骨膜下骨化) 명 연골막 밑에서 시작되어 연골을 에워싸거나 대체하는 골화에 의해 뼈가 형성되는 것.

ectostracum 외각층(外角層) 명 응애류와 진드기류의 외골격에서 외큐티클(exocuticle)의 맨 바깥층.

ectostroma 외생자좌(外生子座) 명 숙주의 피층 조직에 침투하고 분생자가 달리는 곰팡이 조직.

ectothermic 외온성(外溫性)의, 변온성(變溫性)의 형 물고기, 도마뱀, 곤충에서와 같이 주변 환경의 열을 이용하는 동물의 체온 조절에 적용되는 말. 그러한 동물을 변온동물(ectotherms)이라 한다. 명 **ectothermy**. ⇨ poikilothermic. 비 endothermic.

ectotrophic 외생(外生)의 형 (1) 외부에서 영양분을 찾는; (2) 곰팡이 균사가 숙주 뿌리의 표면을 덮고 광범위하게 뿌리에 침투하지 않는 균근(외생균근)에 적용되는 말.

ectotropic 향외성(向外性)의 형 외부를 향하여 곡선을 이루는 경향이 있거나 휘는.

ED ⇨ effective dose.

edaphic 토양적 형 토양이나 기층의 상태와 관련되거나 그의 영향을 받는.

edema 부종 ⇨ oedema.

Edentata, edentates 빈치목, 빈치류(貧齒類) 명, 명복 팔레오세(효신세)부터 출현한 태반포유동물의 목. 현존하는 종들에는 아르마딜로, 개미핥기, 두발가락나무늘보 등이 있으며, 이가 빈약하고 종종 갑옷이 몸체를 보호한다.

edentate 무치(無齒)의 형 이빨 또는 이빨 같은 돌출부가 없는.

edge 에지 명 계통수에서 두 분지점(node)을 연결하는 선.

edge effect 주변효과 군집 간의 경계대에서 생물들의 다양성과 밀도가 높아지는 경향을 보이는 것.

edge species 주변종 군집들이 만나는 곳에서 주로 또는 가장 빈번하게 또는 가장 많이 사는 종.

Ediacaran fauna 에디아카라동물군 선캄브리아시대 후기의 층에서 화석으로 발견된, 강장동물의 가능성이 있거나 유연관계가 불명확한 연한 몸을 가진 동물들. 일부 학자들은 이 동물군이 이후에 출현한 어느 생물과도 유사한 점이 거의 없다고 여긴다. ≒ Vendian biota.

editing 편집 명 DNA합성에서 오류(짝짝이염기, 불화합염기)를 교정하는 DNA중합효소의 핵산말단가수분해효소(exonuclease) 기능. ⇨ proofreading, RNA editing.

Edman degradation 에드만분해 펩티드의 N말단부터 아미노산을 동정하고 순서대로 분리하여 펩티드의 아미노산순서를 결정하는 방법.

E-DNA E형 DNA 나선한번감기에 7.5염기쌍을 포함하는, 구아닌이 없는 DNA의 1형.

edriophthalmic 무병안(無柄眼)의 형 자루가 없이 눈이 머리에 직접 닿는, 일부 갑각류에 적용되는 말.

EDTA 마그네슘 및 칼슘 이온들과 결합하는 킬레이트제인 에틸렌디아민테트라아세트산(ethylenediaminetetraacetate). 단백질의 구조와 단백질합성에서 금속이온의 역할 등을 연구하는 실험생화학 분야에서 널리 이용된다.

eEF 진핵생물의 단백질합성신장인자(eukaryotic protein synthesis elongation factors)의 일반적인 명칭.

EEG 뇌전도(electroencephalogram). ⇨ encephalography.

eelworms 선충류 명복 토양 선충류 무리. 이들의 일부는 작물에 심각한 피해를 일으킨다.

EF 세균의 단백질합성신장인자의 일반적인 명칭.

EFA ⇨ essential fatty acids.

E face E면 동결할단법으로 지질2중층을 2엽으로 개열하였을 때 바깥층의 안쪽을 향한 면.

effective concentration (EC) 유효농도 특정한 기간 동안 이상증상(치사 외의 효과를 연구하는 경우)을 일으키기에 충분한 독성물질의 농도. 48시간 내에 동물의 50%에서 증상이 나타나는 농도인 48시간 EC_{50} 등과 같이 나타낸다.

effective dose (ED) 유효(용)량 대상의 50%에서 원하는 효과가 나타나는 약물의 용량. '효과량'이라고도 하며, 보통 ED_{50}으로 나타낸다.

effective population size (N_e) 유효집단크기 고려 중인 실제 집단과 동일한 비율의 이형 접합성을 갖는, 1/1성비를 갖고 마구잡이교배를 하는 이상적 집단의 개체수.

effector 효과기, 실행기 명 자극에 반응하여 무엇을 만들거나 특정한 기능을 수행하거나 또는 기계적인 일을 하는 기관이나 세포를 통틀어 이르는 말. 근육, 발전기관과 발광기관, 샘, 그리고 면역계의 형질세포와 활성화T세포 등과 같은 세포들이 그 예가 된다. 형 **effector**.

effector T cell 작동T세포 전문적 항원표출세포에 있는 항원과 접촉하여 활성화되거나 초회항원자극을 받은(primed) T림프구. 표적세포의 항원을 인식하면 작동T세포는 그 특정 기능을 활발하게 수행한다. ⇨ cytotoxic T lymphocyte, helper T lymphocytes, regulatory T cell, Th1 cell, Th2 cell, Th17 cell.

efferent 원심성 형 (1) 실어 나르는. 중추신경계에서 신경충격을 밖으로 나르는 운동신경, 기관에서 혈액을 나르는 혈관 또는 림프절에서 림프를 나르는 림프관 등에 적용된다; (2) 정소그물에서 부정소로 통하는 세관에 적용되는 말. 비 afferent.

effigurate 정형적(定形的) 형 뚜렷한 모양이나 윤곽을 가진.

efflorescence 명 (1) **개화(開花)** 꽃이 피는 것; (2) **개화기** 꽃이 피는 시기; (3) **백태(白苔)** 포도와 그 밖의 과일의 표면 등에 생기는 흰 가루.

effodient 형 구멍을 파는 습관을 가진.

effoliation 탈엽(脫葉) 명 잎을 떨어뜨리는 것.

effuse 분산된, 확산된 형 (1) 드문드문 펼쳐진 두상화에 적용되는 말; (2) 얇게 퍼진 세균의 집락에 적용되는 말.

effused-reflexed 반배착성(半背着性)의 형 가장자리가 기질에서 올라와 작은 선반 같은 구조를 형성하는 납작한 담자과에 적용되는 말.

eft 영원유생(蠑螈幼生) 명 유미목 영원류(newt)의 유생기.

egesta 배설물 명복 (1) 몸에서 방출되는 물질과 액체를 모두 합친 것; (2) 'egestion (2)'에서 몸으로부터 빠져나오는 물질.

egestion 배설(排泄) 명 (1) 배변(defecation)과 배설(excretion)처럼 폐기물을 몸에서 없애는 과정; (2) 특별히 배변과 같이 장에서 결코 섭취되지 않은 물질을 배설하는 것.

EGF epidermal growth factor.

egg 알, 난(卵) 명 (1) ⇨ ovum; (2) 파충류, 조류, 양서류와 곤충과 같은 어떤 동물에서 수정된 난자와 영양조직 및 보호조직들로 구성되고 보호성 껍질로 둘러싸인 구조. 암컷이 낳고 이로부터 어린 동물이 부화한다.

egg apparatus 알장치 꽃식물의 대배우자체에서 주공의 끝에 생기는 알세포와 2개의 조세포.

egg cell 알세포 식물과 동물의 암배우자. ≒ ovum.

egg coat 난피 알(난자)의 바깥에 있는 당단백질 껍질. 난피의 안쪽 층은 투명띠(zona pellucida) 또는 난황층(vitelline layer)이다.

egg membrane 난막 (1) ⇨ vitelline layer; (2) ⇨ chorion; (3) 난각(egg shell)의 안쪽을 싸는 단단한 조직층.

egg nucleus 난핵 암컷의 전핵(pronucleus).

egg sac 알주머니 갈조류 따위에서 알들이 방출되는 벽이 얇은 주머니 같은 구조.

egg tooth 알부수개, 난치(卵齒) 알에서 부화하는 새끼의 턱이나 부리 위쪽 끝에 있는 작은 구조. 이를 이용하여 새끼들이 껍질을 부순다.

eglandular 무선(無腺)의 형 샘이 없는.

egocentric 이기적(利己的) 형 개체의 생존에 득이 되는 행동에 적용되는 말.

EGTA 킬레이트제.

EI 에너지지수(energy index). ⇨

phosphorylation potential.

EIA 환경영향평가(environmental impact assessment).

Eichler's rule 아이힐러법칙 분류학적으로 균일한 무리보다 변이가 심한 집단들이 보다 많은 종의 기생생물의 숙주가 된다는 법칙.

eicosanoid 에이코사노이드 명 지방산 아라키돈산(arachidonic acid)에서 유도된 화합물군을 통틀어 이르는 말. 에이코사노이드에는 프로스타글란딘, 프로스타시클린, 트롬복산, 류코트린과 리폭신 등이 포함된다. 이들 물질은 세포내 신호전달물질로 작용할 수 있고, 염증반응과 과민성 반응 등에서 국부화학신호로 분비되며, 다양한 세포에 다른 많은 효과를 미칠 수 있다.

eIF 뒤에 숫자가 붙을 때 진핵생물의 단백질합성개시인자를 나타냄.

Eimer's organs 아이머기관 촉각기관으로 여겨지는 두더지 주둥이에 있는 기관.

einkorn 외알밀 명 근동과 남서아시아에서 약 11,000년 전에 처음 재배된 2배체 밀(*Triticum monococcum*). 야생형 밀(*T. boeoticum*)에서 유래되었다.

ejaculate 사정액, 사출액 명 사정한 정액.

ejaculatory 사정(射精)의, 사출(射出)의 형 내뿜는, 어떤 힘에 의해 분비물을 배출하는 관들에 적용되는 말.

ejaculatory sac 사정낭(射精囊) 어떤 곤충에서 정관으로부터 사출관을 거쳐 음경으로 사출액을 펴내는 기관.

elaborate 정교하게 만들다 동 간단한 물질에서 복잡한 유기물질을 형성하는 것.

Elaeagnales 보리수나무목 명 보통 가죽 같은 잎과 경침(thorn)을 갖는 떨기나무의 목. 보리수나무과(Elaeagnaceae)로 이뤄진다.

elaeoblast 엘라에오블라스트 명 일부 피낭동물에서 몸의 뒤쪽 끝에 있는 영양물질의 덩어리.

elaeocyte 지방세포(脂肪細胞) 명 환형동물의 체강액에 들어 있는, 지질방울을 포함하는 세포.

elaeodochon 기름샘 명 새의 기름샘.

elaio- 'elaeo-'와 같은 뜻.

elaioplankton 기름플랑크톤 명 세포에 들어 있는 기름방울로 부력을 갖는 플랑크톤 생물들.

elaioplast 유지방체(乳脂肪體) 명 식물세포에서 기름이나 지방을 만들고 저장하는 무색의 세포소기관.

elaiosome 엘라이오솜 명 아주까리에서와 같이 개미에 의해 산포되는 씨앗에 들어 있는 육질의 기름이 포함된 부속물.

elaiosphere 유구(油球) 명 식물세포에 들어 있는 기름방울.

elasmobranchs 판새어류(板鰓魚類) 명복 상어, 두툽상어, 홍어, 가오리 등이 포함되는 연골어류의 무리. 몸은 이빨 모양의 골질비늘로 덮여 있고, 호흡공이 있으며, 아가미구멍이 열려 있다.

elastase 엘라스타아제 명 이자에서 분비되고 백혈구와 일부 세균에 의해서도 분비되어 탄력소(elastin)와 그 밖의 단백질에 작용하는 단백질가수분해효소. EC 3.4.21.36~37.

elastic fibres 탄력성 섬유 ⇨ yellow fibres.

elastin 탄력소 명 혈관과 인대에서 볼 수 있는 것과 같은 탄력성 섬유의 주된 구성성분인 결합조직단백질. 수용성 전구물질인 전탄력소(proelastin)로부터 형성된다.

elater 튀김실, 탄사(彈絲) 명 (1) [식] 우산이끼류의 포자낭 안에 들어 있는 나선 모양으로 비후된 세포. 습도의 변화에 민감하여 펼쳐지고 비틀어지면서 포자를 멀리 퍼뜨리는 데 도움이 된다; (2) 속새류

포자의 납작한 부속기. 건조한 상태에서 펼쳐지고 바람에 의한 분산에 도움이 된다; (3) [동] 톡토기목(Collembola)에서 볼 수 있는 도약기관.

electrical coupling 전기적 연결 어느 동물세포에서 인접한 세포로 간극연접(gap junction)을 통해 전류가 수동적으로 흐르는 것. 심근의 세포에서 볼 수 있으며, 개개 섬유들이 동시에 수축할 수 있는 능력을 제공한다.

electrically active cells 전기적 활성세포 근육과 신경의 세포들.

electrical synapse 전기시냅스, 전기연접 신경계의 세포들을 포함하여 간극연접을 통해 한 세포에서 다른 세포로 전류가 직접 흐르는 세포들 간의 연접. 비 chemical synapse. ⇨ synapse.

electric organ 발전기관 근육이나 상피가 전기에너지를 방출하도록 변형된 기관. 전기뱀장어 등의 어류에서 주로 발견된다.

electric receptors 전기수용체 일부 어류에 존재하는, 피부의 전위차에 민감한 수용체. 어류가 자신의 주변에 형성한 전기장(electric field)의 왜곡을 감지하는 데 이용된다.

electroblast 발전아세포(發電芽細胞) 명 발전판(electroplax)을 이루도록 변형된 근세포.

electrocardiography 심전도기록법 명 심장 위의 체표면에 붙인 전극에서 나오는 심장의 전기적 변화를 기록하는 방법. 그 변화를 추적하여 기록한 결과를 심전도(electrocardiogram, ECG)라고 한다.

electrochemical gradient 전기화학기울기 막 내외의 이온 또는 그 밖의 전하가 있는 용질의 기울기. 막 내외의 용질의 농도기울기와 전하기울기의 두 가지로 구성된다.

electrochemical potential 전기화학전위 막의 내외에서 용질의 전기화학기울기가 존재하는 데 따른 막 내외의 전기전위의 차이.

electrocyte 발전세포(發電細胞) 명 전기방전을 일으키는 뒷날개고기(American knife-fish)의 발전기관에 있는 변형된 근육 또는 신경세포.

electroencephalography 뇌전도기록법 명 두피에 붙인 전극에서 나오는 뇌의 모든 전기적 변화를 기록하는 방법. 그 변화를 추적하여 기록한 결과를 뇌전도(electroencephalogram, EEG)라고 한다.

electrogenic 전기발생의 형 막 내외의 전기전위를 발생하는, 세포막의 어떤 이온펌프(전기발생펌프)에 적용되는 말.

electrolemma 발전판막 명 발전판을 둘러싸는 막.

electromagnetic senses 전자기감각 전기장(electric field)을 감지하는 감각. 어떤 어류와 같은 일부 동물들이 그 지역의 물체들 때문에 일어나는 지구 전기장의 왜곡을 감지하는 데 이용된다. ⇨ magnetotaxis.

electromyography 근전도검사법(筋電圖檢査法) 명 근육에 꽂은 전극에서 나오는 근육의 전기적 변화를 관찰하는 방법. 그 변화를 추적하여 기록한 결과를 근전도(electromyogram, EMG)라고 한다.

electron acceptor 전자수용체 산화환원반응에서 전자를 받아들여 환원되는 분자 또는 이온.

electron carrier 전자운반체 (1) 전자전달사슬에서 전자를 전달하는 단백질과 그 밖의 분자들을 통틀어 이르는 말; (2) 산화반응과 환원반응에서 전자공여체와 전자수용체 간에 전자를 나르는 분자. 전자전달사슬의 퀴논, 다양한 대사경로의 NADH와 NADPH 등과 같이 그 자체는 산화와 환원의 주기를 반복한다. ≒ coenzyme.

electron crystallography **전자결정학** 여러 방향에서 전자현미경으로 찍은 분자의 결정구조 영상을 컴퓨터를 이용하여 분석함으로써 분자구조를 밝히는 것.

electron-dense **전자고밀도의** 형 전자의 통과를 방해하여 전자현미경 사진에서 짙게 나타나는 물질에 적용되는 말.

electron density map **전자밀도지도** 분자의 원자 주변에 있는 전자들의 분포를 나타내는 등고선 그림. X선결정학 기법으로 단백질 원자구조를 밝히는 최종결과로 이와 같은 지도가 얻어지며, 이를 해석하여 단백질에서 비수소원자들 각각의 공간좌표를 나타낼 수 있다.

electron donor **전자공여체** 산화환원반응에서 전자를 잃어 산화되는 분자 또는 이온.

electron microscope **전자현미경** 전자선(전자빔)을 물체에 투과시키거나 맞추고 전자렌즈를 사용하여 초점을 만들어 상을 얻는 현미경. ⇨ scanning electron microscope, transmission electron microscope, scanning-tunnelling electron microscope, tunnelling electron microscope.

electron-transfer chain, electron-transport chain **전자전달사슬** 미토콘드리아와 엽록체의 막에서 발견되는 일련의 전자운반체들과 이들을 따라 산화환원반응이 연쇄적으로 일어나서 전자의 이동이 일어나는 체계. 전형적인 사슬은 시토크롬, 퀴논, 페레독신(엽록체의 경우), 플래빈단백질(미토콘드리아의 경우)과 그 밖의 요소들로 구성된다. 전자전달 과정에서 유리된 에너지는 막을 통한 양성자 펌프에 이용된다. ⇨ respiratory chain.

electrophoresis **전기영동** 명 단백질이나 핵산의 단편들을 그들의 순전하와 질량을 토대로 종이를 따라 또는 전기장 안에서 폴리아크릴아미드나 아가로오스겔(겔전기영동)을 따라 이동하는 차이에 의해 분리하는 방법. 형 **electrophoretic**.

electrophysiology **전기생리학** 명 전기적인 현상과 관련된 생리적 과정들을 연구하는 것.

electroplax **발전판(發電板)** 명 전기뱀장어 따위에서 발전기관을 구성하는 판의 하나.

electroporation **전기천공법** 명 세포막에 일시적으로 구멍을 만드는 강력한 전기장의 영향하에서 동물세포에 DNA와 그 밖의 고분자들을 도입시키는 방법.

electroreceptor **전기수용체** 명 전기장에 민감한 감각수용체. ⇨ electrosensory.

electroretinography **망막전도기록법(網膜電圖記錄法)** 명 빛으로 자극을 준 다음 망막에서 일어나는 전기전위의 변화를 관찰하는 방법. 그 변화를 추적하여 기록한 결과를 망막전도(electroretinogram, ERG)라고 한다.

electrosensory **전기감각적** 형 전기장의 변화를 감지하는 두툽상어(*Scyliorhinus*)의 로렌찌니병기(ampullae of Lorenzini)와 같은 동물의 감각계에 적용되는 말.

electrostatic bond **전하결합** 반대의 전하를 띤 이온들이나 화학기 간의 정전기 상호작용에 의해 형성된 결합. 예를 들면 소금에서 두 이온 간에 형성되는 결합이고, 단백질의 3차원 구조에 관여하는 결합의 한 종류이다. ≒ ionic bond, ion pair, salt bridge, salt linkage.

electrotaxis **주전성(走電性)** 명 전기장 내에서 세포나 생물들이 나타내는 운동의 방향정위.

electrotonic **전기긴장성(電氣緊張性)** 형 (1) 세포의 수동적인 전기적 특성에 의

E

해 결정되는 신경세포막의 역치 이하의 이온전류에 의해 일어나는 국소적 전위(전기긴장성 전위)에 적용되는 말; (2) 신경세포막에서 전기적 충격의 수동적 전파에 적용되는 말. 이는 차츰 약해져서 몇 mm의 거리에서 사라진다. 비 action potential.

electrotonus 전기긴장(電氣緊張) 명 전류가 일정하게 통할 때 신경의 막전위가 바뀌는 상태.

electrotropism 굴전성(屈電性) 명 전기장에서 식물이 굽는 성질.

elementary body 기본소체(基本小體) 클라미디아의 생활주기에서 나타나는 형태의 하나. 작고 조밀한 세포이고, 건조에 대한 내성을 가지며, 널리 퍼지고 감염하는 미생물의 유형이다. 비 reticulate body.

eleocyte 지방세포(脂肪細胞) 명 환형동물의 지방이 들어 있는 세포. 황색조직에서 생긴다.

elephant-tooth shells 굴족류(掘足類) 굴족강(Scaphopoda)의 일반적인 명칭.

elicitor 유출자, 유도인자 명 식물병리학에서 식물의 손상이나 감염에 대한 방어반응을 유도하는 화합물. 식물의 병원미생물에서 유도된 물질(생물적 유출자)이거나 수은 등의 중금속 같은 무기물이다.

elimination reaction 제거반응 유기화합물에서 원자나 화학기가 떨어져 2중결합을 형성하는 화학반응.

ELISA 효소결합면역흡착검사(enzyme-linked immunosorbent assay).

elittoral 충부해역(沖部海域) 형 연안에서 빛이 해저에 닿지 못하는 구역에 적용되는 말.

elliptical 타원형 형 꼭대기와 맨 아래로부터 같은 거리에 있으면 폭이 거의 같고 꼭대기와 맨 아래 자체는 약간 뾰족한 잎에 적용되는 말.

elongation factor (EF) 신장인자 단백질 합성에서 폴리펩티드사슬의 신장반응에 관여하는 단백질성 인자(예: EF-Tu, EF-Ts, 대장균에서 EF-G)를 통틀어 이르는 말. 아미노아실tRNA를 mRNA-리보솜 복합체에 결합시키는 기능을 한다. 진핵생물의 신장인자는 'eEF'로 줄여 쓴다.

eluvial 용탈(溶脫)의 형 (1) 토양에서 집적층(illuvial layer)의 위에 있는 메마르고 침출되는 층(용탈층)에 적용되는 말, ≒ A-horizon; (2) 바위가 깨져서 형성되는 자갈에 적용되는 말.

elytra 'elytron'의 복수형.

elytroid 겉날개형 형 겉날개를 닮은.

elytron 겉날개, 시초(翅鞘) 명 딱정벌레류(갑충류)의 앞날개. 단단하고 빳빳해서 날아갈 때 퍼덕이지 않지만 정지 시에 막성 뒷날개를 보호하는 덮개의 구실을 한다. '딱지날개' 또는 '굳은날개'라고도 한다. 복 **elytra**.

elytrum 겉날개, 시초(翅鞘) ⇨ elytron.

emarginate 오목꼴 형 뚜렷한 톱니 또는 함입부를 가진.

emasculation 명 (1) **수술제거** 자가수분(제꽃가루받이)을 방지하기 위해 수술들을 제거하는 것; (2) **거세(去勢)** 정소(고환)를 제거하는 것.

Embden-Meyerhof pathway (EMP) 엠덴-마이어호프경로 해당과정(glycolysis).

embedding 포매(包埋) 명 영구슬라이드 또는 전자현미경 관찰을 위한 시료를 제작하는 방법. 광학현미경으로 관찰하는 경우에는 절편을 만들기 전에 파라핀왁스를 녹인 용액에 준비된 재료를 스며들게 한다. 전자현미경으로 관찰하는 경우에는 절편을 만들기 전에 무색의 수지(resin)에 시료를 담근다.

embiid 흰개미붙이류 명 흰개미붙이목

(Embioptera)에 속하는 종류들의 일반적인 명칭.

Embioptera 흰개미붙이목 명 연하고 납작한 몸을 갖고 불완전탈바꿈을 하는 곤충의 목. 속칭 'embiids' 또는 'foot spinners'라고 한다. 견사로 내부를 댄 굴에서 무리를 지어 살며, 암컷은 날개가 없고 수컷은 날개를 가지고 있다.

embolism 색전증(塞栓症) 명 피떡이 혈관을 막은 상태.

embolium 설편(楔片), 연상부(緣狀部) 명 어떤 곤충에서 앞날개의 바깥 부분.

embolomerous 2척추환의 형 하이포센트룸(hypocentrum)이 신경활과 융합되고 척삭 아래의 두 측심(pleurocentrum)이 융합되어 각각의 마디에서 2개의 척추환(vertebral ring)을 갖는 척추뼈의 유형에 적용되는 말.

embolus 색전(塞栓) 명 (1) 밑씨의 소공(foramen)을 막는 돌출부; (2) 어떤 거미류에서 촉수(palp)의 끝이 분열한 것; (3) 반추동물에서 뿔의 중심부; (4) 색전증(embolism).

emboly 함입(陷入) ⇨ invagination.

embryo 배(胚), 씨눈 명 동물이나 식물이 완전히 형성되고 독립적으로 생활할 수 있기 전의 다세포로 된 상태. 수정란(접합체)으로부터 발달하고, 동물에서는 성체의 축소판인 독립생활을 하는 유생(유충)이 되고, 식물에서는 발아하여 유식물(seedling)이 된다. 사람에서는 배를 배아(conceptus)라고 하는데, 엄밀히 말하면 수정되는 순간으로부터 또는 간혹 포배기로부터 몸의 주요 부분들과 주요 장기들의 형태가 나타나기 시작하는 약 7주째까지를 가리킨다. 이후의 시기는 태아(foetus)라고 부른다. ⇨ proembryo.

embryo cell 배세포(胚細胞) 일부 식물에서 수정란의 첫 번째 분열로 생긴 2개의 세포 가운데 배로 발생하는 세포. 다른 하나의 세포는 배병(배자루)으로 발생한다.

embryogenesis 배발생(胚發生) 명 수정된 난자로부터 배가 발생하는 것.

embryogeny 배발생(胚發生), 배형성(胚形成) 명 배가 형성되는 것. 특히 식물학에서 사용하는 용어이다.

embryoid bodies 배아유사세포덩어리 암종세포를 배양할 때 레티논산(retinoic acid)을 처리하면 형성되는 부분적으로 분화된 조직덩어리.

embryology 발생학 명 배의 형성과 발생을 연구하는 것.

embryonal carcinoma cells 배아암종세포 기형암종(teratocarcinoma)에서 유래된 줄기세포. 다양한 조직들로 분화할 수 있다.

embryonated 발육의 형 배가 발생한 알(발육란)에 적용되는 말.

embryonic 배의 형 배(embryo)와 관련된 말.

embryonic membranes 배막 양막을 포함하여 발생 중인 배를 둘러싸는 다양한 막들. ⇨ extra-embryonic.

embryonic stem cells (ES cells) 배아줄기세포 포유동물 초기 배아의 안쪽 세포덩어리에서 분리한 전분화능세포(pluripotent cell)들의 세포주를 배양한 것. 다른 초기의 배에 주입하면 생식세포계열(germline)을 포함하여 동물의 모든 조직으로 분화할 수 있다. 생쥐의 배양된 배아줄기세포의 유전자를 조작하고 이들 세포를 생쥐의 포배에 주입하는 방법은 원하는 돌연변이를 갖는 형질전환생쥐를 만들 때 널리 사용되고 있다. 사람의 경우 세포의 치료를 대체할 수 있도록 배아줄기세포가 지닌 치료잠재력에 대하여 연구가 진행되고 있다.

embryophore 배포(胚胞) 명 많은 조충

류의 배를 에워싸는 섬모가 달린 외투막. 배의 표면에 있는 할구들에서 생긴다.

embryo sac 배낭(胚囊) 꽃식물의 밑씨에서 생기는 성숙한 암배우자체(대배우자체). 알세포와 부세포들로 이뤄진다.

embryotega 배집 명 일부 종자에서 주공의 흔적으로 생기는 종피의 작고 단단한 부분. 발아할 때 작은 뚜껑처럼 떨어진다.

embryo transfer 배아이식 체외 수정이나 인공정자주입(인공수정)으로 만든 아주 이른 상태의 배를 대리모에 이식하여 임신과 분만을 유도하는 번식기술. 소와 양을 대상으로 우수한 유전적 형질을 가진 암컷에서 자연적으로 낳을 수 있는 수보다 훨씬 많은 자손을 얻는 데 실용화되고 있다.

emergence 우화(羽化), 모상체(毛狀體) 명 (1) 나비나 나방 등에서 번데기로부터 성충이 빠져 나오는 것; (2) 표피밑조직에서 자라 나오는 것; (3) 표피의 부속돌기.

emergent 정수(挺水)의 형 수중에 뿌리를 내리고 있지만 몸의 일부가 수면 위에서 자라는 식물(정수식물)에 적용되는 말. ≒ emersed.

emergent disease, emerging disease 신종질병 이전에 알려지지 않았거나 아주 낮은 정도로만 나타났다가 갑자기 많은 사람들에 널리 퍼진 전염병.

emersed 정수의 ⇨ emergent.

EMG 근전도(electromyogram). ⇨ electromyography.

eminence 융기 명 뼈의 표면에 있는 이랑 또는 돌출부.

emissary 도출(導出)의 형 (1) 나오는; (2) 머리뼈에 있는 구멍을 통하여 빠져나오고 안쪽의 굴들과 바깥쪽의 정맥들을 연결하는 정맥(도출정맥, 이끌정맥)에 적용되는 말.

emmenophyte, emmophyte 침수식물 명 물에 뜨는 부분이 없는 수생식물.

emmer 에머밀 명 근동과 남서아시아에서 약 11,000년 전에 처음 재배된 밀(*Triticum dicoccum*). 외알밀(*T. monococcum*)과 아이길롭스(*Aegilops*) 간의 잡종인 야생형 에머밀(*T. dicoccoides*)에서 유래된 것으로 여겨진다.

EMP 엠덴-마이어호프-파르나스경로(Embden-Meyerhof-Parnas pathway). ⇨ Embden-Meyerhof pathway.

empirical 경험적 형 실험이나 관찰에 의거한.

empodium 조간반(爪間盤) 명 파리의 마지막 발목마디에 있는 발톱 사이의 작은 돌출부. '발톱사이반'이라고도 한다.

EMS 실험적 돌연변이유발원으로 종종 이용되는 화합물인 에틸메탄설포네이트(ethane methanesulphonate).

enamel 에나멜 명 칼슘염과 마그네슘염을 90% 이상 포함하는 단단한 물질. 치질(dentine) 위를 덮거나 완전한 치아 또는 비늘을 형성하기도 한다. '사기질'이라고도 한다.

enamel cell 에나멜세포 ⇨ ameloblast.

enameloid 에나멜질의 형 어류의 에나멜 같은 물질에 적용되는 말.

enamel organ 에나멜기관 치유두(dental papilla)를 형성하는 긴 원주상피(에나멜아세포 또는 에나멜세포)의 복합구조. 여기에서 치아의 에나멜층이 만들어진다.

enantiomer, enantiomorph 거울상이성질체 명 분자의 두 가지 구조적 이성질체 중 어느 하나. 서로의 거울상이며, 편광면에 똑같이 회전하지만 반대 방향이다. 형 **enantiomeric**. ⇨ chirality, optical isomer.

enantiomorphic 거울상이성질체의 형 (1) 2개의 거울상이성질체로 존재하는 분자나 결정 또는 화합물에 적용되거나 그와 관련된; (2) 거울상처럼 비슷하지만 대치된; (3) 정상적인 대칭에서 벗어난.

enantiomorphism 거울상이성질현상 명 분자가 2개의 거울상이성질체로 존재하는 것. ≒ **enantiomerism**.

enantiostylous 거울상암술대의 형 암술대는 축의 오른쪽이나 왼쪽으로 돌출되고 수술은 그 반대편에 있는 꽃을 가진.

enarthrosis 절구관절 명 절구공이(ball-and-socket)처럼 생긴 관절.

enation 융기생장 명 매끈한 표면에서 돌기를 내며 자라나오는 것.

encapsulated 피낭성 형 피막으로 둘러싸인 세균에 적용되는 말. 피낭성 세균은 항체나 보체로 덮이지 않는 한 면역계의 탐식세포들에 의한 식균작용에 저항성을 갖는다.

encephalic 뇌의 형 뇌와 관련된 말.

encephalitis 뇌염 명 뇌에 생기는 염증성 질환.

encephalization 대뇌화(大腦化), 뇌형성 명 진화와 더불어 뚜렷한 뇌가 형성되는 현상.

encephalization factor 대뇌화지수 몸의 크기와 관련한 뇌의 용량을 측정하는 것. 뇌의 무게를 (체중)$^{0.69}$로 나눈 값이다.

encephalomyelic 뇌척수의 형 뇌와 척수에 관련된 말.

encephalomyelitis 뇌척수염 명 바이러스에 의한 감염이나 자가면역 기원에 의해 뇌와 척수가 염증을 일으키는 질환.

encephalon 뇌 명 뇌.

enchytracheids 명복 토양에 사는 작은 빈모류의 무리.

encoding 약호화 명 기억경로에 들어가는 정보가 단기기억으로 이동하는 기억의 형성과정.

encyst 피낭을 형성하다 동 세포나 작은 생물에서 그 자체가 강인한 외피나 피막으로 둘러싸이다. 명 **encystment**.

endangered 위기의, 멸종위기의 형 세계자연보전협회(IUCN)에 의해 정의된 '개체수가 너무 적어지거나 서식지가 현저하게 줄어들고 있어 상황이 변화하지 않는다면 가까운 장래에 멸종위기에 처할 우려가 있는 것으로 여겨지는 종이나 상위의 분류군'에 적용되는 말. ⇨ rare, rarity, vulnerable.

endangium 혈관내막 명 혈관의 가장 안쪽 층.

endarch 내원형(內原型) 형 중심부에 원생물관부(protoxylem)가 있거나 몇 개의 원생물관부가 속(pith)을 둘러싸는 것. 물관부가 원심적으로 성숙하여 오래된 원생물관부가 축의 중심에 가까워지면서 형성된다.

end-bulbs 신경종말구(神經終末球) 점막과 장막(serous membrane), 생식기관의 피부 그리고 일부 관절의 활막층에 있는 감각세포의 종말을 나타내는 극히 작은 타원형 또는 원통형 구조.

endemic 고유의 형 (1) 특정한 지역이나 지역의 어느 부분에 국한된; (2) 개체군에서 비교적 낮은 정도로 내내 출현하는 병(풍토병)에 적용되는 말. 명 **endemicity**, **endemism**.

endergonic 자유에너지증가의 형 에너지를 흡수하거나 필요로 하는, 대사반응(자유에너지증가반응)에 적용되는 말.

endexine 내층(內層) 명 꽃가루 또는 포자의 외막(외벽)의 안쪽에 있는 막성 층.

endites 내돌기(內突起) 명복 절지동물에서 어떤 부속지의 가장자리에서 나오는 돌기.

endo- '안에'를 뜻하는 그리스어 '*endon*'에서 유래된 접두사. '내부에', '안쪽으로', '안에 영향을 미치는', '안쪽으로 열리는' 등을 의미한다.

endoascus 자낭내막 명 외생자낭(ectoascus)이 파열된 후 돌출되는 자낭벽의 안쪽 막. 어떤 자낭균류의 특징이 된다.

endobasal 형 일부 원생동물의 핵에서 중심체의 기능을 하는 구조를 가리키는 말.

endobiotic 내생적 형 기층의 내부 또는 다른 생물의 안에 사는.

endoblast 배내엽 ⇨ hypoblast.

endobronchus 내기관지 ⇨ entobronchus.

endocardiac, endocardial 심장내 형 심장 속에 위치한.

endocarditis 심내막염 명 심내막과 심장 판막에 염증이 생긴 것.

endocardium 심내막 명 심장의 내강을 덮는 막.

endocarp 내과피 명 열매에서 과피의 가장 안쪽 층. 섬유성이거나 자두와 버찌의 씨와 같이 단단하고 돌과 같다.

endocarpy 피실성 ⇨ angiocarpy.

endocast 엔도캐스트 명 머리뼈 안쪽을 뜬 틀(본).

endochondral 연골내(軟骨內) 형 연골의 안쪽에서 시작하여 바깥쪽으로 진행되는 골화(연골내 골화)에 적용되는 말.

endochorion 내난각(內卵殼) 명 곤충의 알에서 장막의 안쪽에 있는 막.

endochroic 세포내 색소의 형 세포나 균사 내에 색소를 가진.

endochrome 세포내 색소 명 세포 내에 함유된 색소, 특히 엽록소 외의 색소들.

endocoel 체강 명 (1) 체강(coelom); (2) 일부 반삭동물에서 주둥이, 깃 그리고 몸통에 있는 공간.

endocoelar 체강내벽의 형 체강(coelom)의 내벽과 관련된 말.

endoconidium 내생분생자 명 분생자자루(conidiophore) 안에서 만들어지는 분생자.

endocranium 머리뼈속막 ⇨ neurocranium.

endocrine 내분비(內分泌) 형 (1) 혈액으로 직접 호르몬을 분비하는 무도관샘들에 적용되는 말; (2) 그러한 샘들과 관련된 말. 비 exocrine.

endocrine system 내분비계(內分泌系) 다양한 호르몬들을 분비하는 내분비샘들의 계통. 뇌하수체에서 방출되는 펩티드 호르몬과 직접적인 신경의 조절을 받는다. ⇨ adrenal glands, neuroendocrine system, ovary, steroid hormones, testis, thyroid gland.

endocrinology 내분비학 명 내분비샘에서 분비되는 호르몬들과 이들의 효과를 연구하는 학문.

endocuticle 내큐티클층 명 절지동물에서 큐티클(외골격)의 가장 안쪽에 있는 층.

endocycle 내환(內環) 명 식물에서 안쪽에 있는 체관부를 내피와 분리하는 조직층.

endocyclic 내생형(內生型)의 형 [동] (1) 꼬인 창자의 축에 남아 있는 입을 갖는 바다나리류에 적용되는 말; (2) 항문을 에워싸는 판들이 두 층의 고리모양을 이루는 윗면을 갖는 극피동물에 적용되는 말; (3) [식] 내환(endocycle)과 관련된 말; (4) [균] 녹포자(aeciospore)와 유사한 겨울포자(teliospore)를 갖는 녹병균을 가리키는 말.

endocyst 내포(內包) 명 (1) 태형동물 개충의 부드러운 체벽; (2) 원생동물 포낭의 안쪽을 에워싸는 막.

endocytic 세포내 섭취의 형 세포내 섭취(endocytosis)와 관련되거나 적용되는 말.

endocytic vesicle 내포낭 진핵세포에서 세포내 섭취의 결과로 형성되는, 막으로 둘러싸인 소포.

endocytosis 세포내 섭취 명 진핵세포에서 원형질막의 함입으로 외부의 물질을 에워싸는 소포를 형성하여 세포 외 물질을 세포 내로 들어오게 하는 과정. ⇨ pinocytosis, phagocytosis, receptor-mediated endocytosis. 형 **endocytotic, endocytic.**

endodeme 내교배집단 명 주로 자가수정(동계교배)을 하는 암수딴몸 식물들이나 양성(bisexual) 동물들로 구성되는 생식개체군(gamodeme).

endoderm 내배엽(內胚葉) 명 (1) 다세포 생물의 배아에서 소화관, 호흡관 그리고 이들과 연관된 샘상피가 만들어지는 1차 배엽; (2) 강장동물의 체벽에서 강장을 에워싸는 안쪽 상피층. 형 **endodermal.**

endodermal 형 (1) [동] **내배엽성** 내배엽과 관련된 말; (2) [식] **내피의** 내피와 관련된 말.

endodermis 내피(內皮) 명 관다발식물의 줄기와 뿌리에서 피층세포들의 가장 안쪽에 있는 층. 내초(pericycle)를 에워싸는 층이다. 형 **endodermal.**

endoenzyme 세포내 효소 명 세포 내의 효소를 통틀어 이르는 말.

endogamy 내접합(內接合), 동계수정(同系受精) 명 (1) 포낭(cyst) 내에서 이전의 분열로 생긴 2개의 생성물이 융합하여 접합자를 형성하는 것; (2) 자가수분(제꽃가루받이); (3) 동계교배.

endogastric 형 (1) 껍데기로 둘러싸인 몸이 배 쪽으로 휘어지는; (2) 위의 안에 있는.

endogenote 내재유전자군(內在遺傳子群) 명 세균의 성적 과정에서 공여DNA와 상동인 수용세포의 염색체부분.

endogenous 내생적, 내인성 형 (1) 연구의 대상인 생물, 세포 또는 계 내에서 비롯된; (2) 깊숙한 층에서 기원되는 곁뿌리에 적용되는 말; (3) 조직의 대사, 생합성과정 및 분해과정에 적용되는 말. 비 exogenous.

endogenous opioids 내인성 아편유사물질 몸에서 아편류수용체(opiate receptor)에 대한 자연적인 리간드(배위자)가 되는 펩티드들. ⇨ endorphins, enkephalins, dynorphins.

endogenous pyrogen 내인성 발열인자 세균에 감염된 결과로 세균의 내독소(endotoxin)의 자극을 받았을 때 숙주세포에 의해 방출되고 뇌의 온도조절중추에 작용하는 발열물질.

endogenous rhythm 내인성 리듬 생물의 체내에서 비롯되고 외부 조건이 일정하게 유지되어도 지속되는 대사리듬 또는 행동리듬. 하루주기리듬(circadian rhythm)이 23시간 또는 25시간의 주기로 바뀌는 것처럼 일정한 조건에서 내인성 리듬의 주기성은 다소 변할 수 있고, 이를 자유리듬(free-running)이라 부른다. 내인성 하루주기리듬은 빛이나 온도와 같은 외적 자극[이를 동조자(차이트게버, *zeitgeber*)라고 함]에 의해 규칙적인 24시간의 주기를 유지한다.

endogenous virus 내생바이러스 유전체 내에서 불활성의 프로바이러스 상태로 통합되어 있고 세대가 거듭되면서 유전되는 바이러스(예: C형 레트로바이러스). 다른 바이러스의 감염에 의해 활성화되기도 한다.

endognath, endognathite 엔도그나드 명 갑각류의 입에 있는 부속지의 안쪽 가지.

endogonidium 세포내 아포(細胞內芽胞) 명 좁쌀공말속(*Volvox*)과 같은 군체성 원생생물에서 군체를 형성하는 세포.

endolaryngeal 후두내의 형 후두(larynx)의 안에 있는.

E

endolithic **암석속** 형 어떤 조류와 곰팡이처럼 바위 안에 살거나 바위로 파고드는.

endolymph **내림프** 명 귀의 반고리관과 달팽이관(와우각)의 속에 들어 있는 액체. 형 **endolymphatic**.

endolymphangial 형 림프관에 위치한.

endolymphatic **내림프의** 형 림프계나 귀의 미로(labyrinth)와 관련된 말.

endolysis **세포내 용해** 명 세포나 그 밖의 물질이 이를 완전히 에워싼 다른 세포에 의해 분해되는 것.

endomembrane system **세포내막계** 진핵세포 내부에 있는 소포체, 골지장치, 리소좀과 원형질막으로 이뤄지는 막계. 이들 모두는 작은 막의 소포에 의한 막의 흐름으로 서로 이어져 있다. 2중막을 갖는 미토콘드리아와 엽록체는 이 내막계에 포함되지 않는다.

endomeninx **내수막(內髓膜)** 명 배발생에서 뇌를 덮는 한 층의 내막. 발달하여 연막(pia mater)과 거미막으로 된다.

endomere **내판, 내분절** 명 내배엽으로 되는 할구.

endomesoderm **중내배엽** 명 내배엽과 중배엽 모두가 될 수 있는 배아세포들.

endometrium **자궁내막** 명 자궁 안쪽의 점액상피.

endomitosis **핵내 유사분열** 명 간기의 염색체들이 그 다음의 핵분열을 하지 않고 증식되고 분리되어 핵내 배수성(endopolyploidy)이 되는 것.

endomixis **자가융합** 명 같은 개체에서 생긴 수컷핵과 암컷핵이 융합하는 자가수정.

endomycorrhiza **내균근** ⇨ mycorrhiza.

endomysium **근육섬유막, 근내막** 명 근섬유들을 싸는 결합조직.

endoneurium **신경섬유막, 신경내막** 명 신경 내에서 신경섬유들을 다발로 뭉치게 만드는 정교한 결합조직.

endonuclease **핵산내부가수분해효소** 명 핵산의 내부에서 결합을 절단하는 핵산가수분해효소.

endoparasite **내부기생생물** 명 다른 세포나 다른 생물의 내부에 사는 기생생물.

endopeptidase **펩티드내부가수분해효소** 명 내부의 펩티드결합을 가수분해하여 펩티드를 단백질 분자로 분해시키는 펩티드가수분해효소. EC 3.4.21~25, 3.4.99. ≒ protease.

endoperidium **내피각(內皮殼)** 명 피각(peridium)의 안쪽 층.

endophagous **식내성(食內性)** 형 먹이원의 내부를 먹고 사는.

endophragm **내갑(內甲)** 명 갑각류에서 머리부분과 가슴부분에서 나오는 돌기들에 의해 형성되는 내부 격막.

endophyllous **내엽성(內葉性)** 형 (1) 잎에 싸여 있는; (2) 잎의 내부에 사는.

endophyte **내생생물** 명 외관상의 피해를 주지 않으면서 생물의 몸이나 세포 내부에 사는 세균, 곰팡이 또는 조류. ≒ endosymbiont.

endoplasm **내질(內質)** 명 (1) 세포의 세포질에서 주로 과립형인 안쪽 부분; (2) ⇨ endosarc. 비 ectoplasm.

endoplasmic reticulum (ER) **소포체(小胞體)** 진핵세포에서 세포질 내에 널리 구불구불하게 펴져 있는 막으로 둘러싸인 공간. 핵막과 연관되어 있다. 막단백질과 세포에서 분비될 단백질들의 합성과 글리코실화 및 수송에 관여하며, 이들 단백질은 세포기질에서 합성되어 소포체 내부로 들어온다. 아울러 소포체는 새로운 막지질의 합성부위이고 칼슘이온을 저장한다. 조면소포체(rough endoplasmic reticulum, RER)의 세포기질 쪽 표면은 단백질을 합성하는 리보솜들이 많이 부착되어 있다. 리보솜이 없는 부분들을 활면 소포체(smooth endoplasmic reticulum, SER)라고 한다. (⇨ 그림 7)

endopleura 내종피 명 안쪽 씨껍질.

endopodite 안다리, 내지(內肢) 명 갑각류의 2지형 부속지 가운데 안쪽 또는 중앙의 가지. 2지형이 아닌 경우에는 유일하게 남아 있는 부분을 가리킨다.

endopolyploidy 핵내 배수성 명 정상적으로 유사분열을 하지 않고 염색체가 계속 배가되어 생기는 배수성.

Endoprocta 내항동물문 ⇨ Entoprocta.

Endopterygota, endopterygotes 내시곤충군, 내시류(內翅類) 명, 명복 완전탈바꿈을 하고 안쪽으로 발달되는 날개를 가지며 성충과 유충의 모양이 전혀 다른 곤충의 무리. 딱정벌레목, 풀잠자리목, 밑들이목, 날도래목, 나비목, 파리목, 벼룩목, 벌목과 그 밖의 목들로 이뤄진다. 비 Exopterygota.

endorachis 척추내막 명 척주(등골뼈)와 머리뼈에 있는 관들의 안쪽을 덮는 결합조직의 층. ≒ endorhachis.

endoral 내구(內口)의 형 일부 원생동물에서 '입'의 내부에 자리하고 있는 구조와 관련된 말.

endoreplication 내부복제 명 새로운 염색체가 분리되거나 세포분열을 하지 않고 DNA가 계속 복제되어 거대다사염색체를 만드는 것.

end organ 말단기관 감각수용체나 운동종판처럼 신경의 끝에 있는 구조.

endorhizal 형 외떡잎식물의 씨에서와 같이 에워싸인 배뿌리(radicle)를 가진.

endorhizosphere 내부근권 명 토양미생물이 침투한 정상적이고 건강한 뿌리의 표피와 피층.

endorphins 엔도르핀 명복 창자, 뇌 그리고 뇌하수체에서 만들어지는 펩티드군. 아편류수용체와 결합함으로써 모르핀의 마약성 진통효과와 비슷한 작용을 나타낼 수 있고, 엔케팔린 및 디노르핀과 함께 내인성 아편유사물질(endogenous opioids)로 알려져 있다. β-엔도르핀은 31개의 아미노산잔기로 이루어진 펩티드이고 프로피오멜라노코르티코트로핀(propiomelanocorticotropin)에서 만들어지며, 진통, 경직 그리고 감정과 행동의 변화 따위의 효과를 나타낸다.

endosarc 내질(內質), 내육(內肉) 명 세포질의 안쪽 층. 특히 원생동물에 대하여 사용되는 말이다.

endosclerite 내경피(內硬皮) 명 절지동물에서 내골격의 경피(sclerite)를 통틀어 이르는 말.

endosiphuncle 내각판관(內角板管) 명 일부 두족류에서 태각(protoconch)으로부터 뿔관(siphuncle)에 이르는 관.

endoskeleton 내골격(內骨格) 명 몸 내부의 골격이나 지지구조를 통틀어 이르는 말.

endosmosis 내삼투(內滲透) 명 세포 내부로 향하듯이 안쪽 방향으로 일어나는 삼투현상.

endosome 엔도솜 명 동물세포에서 세포내 섭취(endocytosis)로 만들어진 소포들이 융합하여 형성된 소포.

endosperm 배젖 명 대부분의 속씨식물 종자에서 배를 에워싸는 영양조직. 2개의 반수체 암컷핵과 1개의 반수체 수컷핵이 융합하여 생긴 3배체이다. ≒ albumen.

endospore 내생포자 명 (1) 생식기관 또는 포자낭 안에서 형성되는 포자; (2) [세] 불리한 생장조건에서 일부 세균(예: *Bacillus, Clostridium* spp.)의 세포 안에서 만들어지는, 벽이 두껍고 열과 건조에 내성을 갖는 무성포자. 몇 년 동안 휴면상태에 놓일 수 있다.

endosporium 포자내벽 명 포자벽의 안쪽 층.

endosporous 내생포자성 형 (1) 포자낭 따위의 기관 내부에 포자가 생기는 곰팡이와 식물에 적용되는 말; (2) 내생포자를 만드는 세균에 적용되는 말.

endosteal 골내막의 형 골내막(endosteum)과 관련된 말.

endosternite 내복판(內腹板) 명 근육의 부착을 위한 내부의 골격판.

endosteum 골내막(骨內膜) 명 뼈 안쪽의 공간을 에워싸는 막.

endostosis 연골내 골화 명 연골에서 시작되는 골화.

endostracum 내층 명 연체동물 껍데기의 안쪽 층.

endostyle 내주(內柱) 명 미삭류와 일부 원시적 척삭동물의 인두에서 복부 벽에 세로로 난 홈. 점액의 분비에 관여한다.

endosymbiont 세포내 공생체 ⇨ endosymbiosis.

endosymbiont hypothesis 세포공생기원설 진핵세포의 미토콘드리아와 엽록체가 세포내 공생세균의 유물이고 진핵세포는 원핵세포들의 공생연합에서 진화되었다는 생각. 지금은 널리 받아들여지고 있다.

endosymbiosis 세포내 공생 명 한 생물(세포내 공생체)이 다른 생물의 세포 안에서 사는 공생. 예를 들면 광합성 남세균이 비광합성 와편모조류의 세포 안에서 산다. 형 **endosymbiotic**.

endotergite 내배판(內背板) 명 곤충의 등판(tergite)에 생기는 주름. 근육이 부착되는 곳이다.

endotheca 내벽(內壁) 명 산호의 폴립에서 강(cavity)의 안쪽을 에워싸고 연결하는 막계.

endothecium 내피(內被) 명 (1) 선태식물에서 배(embryo)의 중심구역에서 형성되는 포자낭의 안쪽 조직; (2) 꽃밥의 표피 안쪽에 있는 세포층. 형 **endothecial**.

endothelial 내피(內皮)의 형 내피(endothelium)와 관련되거나 내피의 부분을 가리키는 말.

endothelin 엔도텔린 명 내피세포에서 생성되는 폴리펩티드. 혈관벽의 밑에 있는 민무늬근의 수축을 촉진한다.

endotheliochorial 내피융모성 형 육식동물과 그 밖의 몇몇 포유동물에서 볼 수 있는 것과 같이, 융모막상피가 자궁모세혈관의 내피와 접촉하는 태반에 적용되는 말.

endothelium 내피(內被) 명 혈관과 림프관, 심장과 그 밖의 액체로 채워진 강 등의 안쪽 표면을 덮고 있는, 서로 단단히 결합된 한 층의 편평한 세포들. 중배엽에서 기원된다.

endothermic 형 (1) **흡열적(吸熱的)** 열을 흡수하는 화학반응(흡열반응)에 적용되는 말, 비 exothermic; (2) **내온성(內溫性)** 새와 포유동물처럼 자신의 조직 내에서 생기는 열을 이용하여 동물이 체온을 조절하는 것. 그러한 동물을 내온동물(endotherm)이라 한다. 비 ectothermic. ⇨ homoiothermic. 명 **endothermy**.

endotoky 체내단위생식 명 모체 안에서 유생이 발생하여 어미를 잡아먹고 죽이는 것.

endotoxin 내독소(內毒素) 명 세균세포의 필수적인 요소이고 대체로 세포가 붕괴될 때에만 방출되는 세균독소. 발열증상을 보이는 그람음성균의 세포막에 있는 지질다당류를 주로 가리키며, 다량일 경우 패혈쇼크와 조직의 파괴를 일으킬 수 있다. 비 exotoxin.

endotrophic 내생(內生)의 형 곰팡이 균사가 숙주 뿌리의 세포로 광범위하게 침투하는 균근(내생균근)에 적용되는 말.

endotunica 자낭내벽 명 자낭벽의 안쪽 층.

endozoic 동물체내생 형 일부 종자들이 산포될 때와 같이, 동물의 몸 안에서 살거나 동물의 몸을 통과하는 것.

endozoochore 동물체내산포자 명 동물의 몸을 통과해서 전파되는 포자, 종자 또는 생물을 통틀어 이르는 말.

endozoochory 동물체내산포 명 열매의 씨가 동물에게 먹히고 장의 관을 통과해서 전파되는 것.

end-piece 끝편 정자의 꼬리를 형성하는 축사.

end plate 끝판, 종판(終板) 신경섬유의 말단이 근섬유와 접착한 부분.

end-plate potential (EPP) 종판전위 신경의 흥분이 근세포에 전달되었을 때 근세포막에서 볼 수 있는 전위의 변화.

end-product inhibition 최종산물저해 ⇨ feedback control.

energid 에너지드 명 곤충의 배아에서 합포성 배반엽(syncytial blastoderm)의 핵.

energy budget 에너지수지 생물학적 체계에서 들어온 에너지와 이용된 에너지가 균형을 이루는 것. 다음과 같이 나타낸다: 소비 (C) = 생산 (P) + 호흡 (R) + 배설물(변과 오줌) (F + U). ⇨ assimilated energy.

energy charge (EC) 에너지충전 ATP, ADP 및 AMP의 비율로 세포의 에너지 상태를 나타내는 지수: EC = ([ATP] + [ADP])/([ATP] + [ADP] + [AMP]). ⇨ phosphorylation potential.

energy flow 에너지흐름 생태계에서 영양단계를 따라 한 생물에서 다른 생물로 에너지가 이동하는 것. 단계를 이동할 때마다 약 90%의 화학에너지가 유실된다.

energy of activation 활성화에너지 ⇨ free energy of activation.

energy source 에너지원 생물에 의해 흡수되고 에너지의 원천으로 이용되는 유기물이나 무기물을 통틀어 이르는 말. 광합성생물의 경우 1차에너지원은 빛이다.

enervose 무잎맥의 형 잎맥이 없는, 어떤 잎에 적용되는 말.

engram 기억흔적 명 기억의 흔적. 기억이 존재하는 이유로 추정되는 뇌의 영구적 변화를 가리킨다.

engraved 새겨진 형 표면에 불규칙한 선으로 된 홈이 있는.

enhalid 염생(鹽生)의 형 (1) 소금물이 포함된, 토양에 적용되는 말; (2) 염전에서 살거나 바다의 푸석푸석한 흙에 사는 식물에 적용되는 말.

enhancer 증폭자 명 많은 진핵생물 유전자에서 발견되고 원핵생물에서도 발견되는, 유전자조절단백질과 결합하여 전사를 몹시 촉진하는 조절영역. 증폭자는 주로 연관된 유전자의 조직특이적 발현을 조절한다.

enhancer mutation 증폭자돌연변이 다른 돌연변이의 표현형효과를 강화하는 돌연변이.

enhancer protein 증폭자단백질 증폭자 서열로 작용하는 유전자조절단백질.

enhancer trap 증폭자올가미 조직특이적 유전자를 찾아내고 분리하는 데 이용되는 인공DNA구조. 약한 촉진유전자(promoter)와 증폭자올가미가 증폭자 부근의 염색체에 삽입되어야만 발현되는 *lacZ*와 같은 표지유전자로 구성된다.

enkephalins 엔케팔린 명복 뇌와 창자 그리고 부신에서 발견되는 펜타펩티드(pentapeptide). 뇌에서 아편류수용체와 결합하여 모르핀의 효과와 비슷하게 진통, 경직 그리고 감정과 행동의 변화 따위의 효과를 나타낸다. 류신엔케팔린

E

(Leu-enkephalin)과 메티오닌엔케팔린 (Met-enkephalin)의 두 가지가 있다. 엔케팔린은 엔도르핀과 디노르핀과 함께 내인성 아편유사물질로 알려져 있다.

enneagynous 9암술의 형 9개의 암술을 가진.

enneandrous 9수술의 형 9개의 수술을 가진.

enolase 에놀라아제 명 해당과정과 그 밖의 대사경로에서 2-포스포글리세르산으로부터 포스포에놀피루브산의 형성을 촉매하는 효소. EC 4.2.1.11. 상용명 phosphopyruvate hydratase.

Enopla 유침강(有針綱) 명 입이 뇌의 앞쪽에 있고 구문(주둥이)에 대체로 침이 달린 유형동물(proboscis worm)의 강.

enphytotic 풍토병의 형 식물에 피해를 입히는, 어떤 지역에 국한하여 나타나는 병에 적용되는 말.

enrichment culture 증균배양(增菌培養) 여러 종의 미생물이 혼합된 상태에서 특정한 미생물의 생장에 유리한 조건에서 배양하여 증식시켜 특정 미생물을 분리하는 방법.

ensiform 칼형 형 칼처럼 생긴.

entactin 엔탁틴 ⇨ nidogen.

entad 안으로 부 안쪽을 향하여.

ental 내부의 형 (1) 안쪽에 있는; (2) 안쪽의.

entangial 관내(管內)의, 낭내(囊內)의 형 (1) 물관 또는 혈관의 안쪽에 있는; (2) 포자낭 안에서 만들어지는.

entelechy 엔텔레키 명 생기론(vitality theory)에서, 생명 유지에 필수적인 원칙이나 영향력. 물리화학적 힘과는 구별되고 생명체에서 유전되며 생명 유지와 관련된 과정들을 총괄한다.

enteral 창자의 형 (1) 창자 안의; (2) 자율신경계의 부교감신경 부분에 적용되는 말.

enteric 창자의, 장관(腸管)의 형 (1) 소화관과 관련된 말; (2) 창자와 관련된 말; (3) 부교감신경절(장신경절)에 적용되는 말.

enteric bacteria 장내 세균 막대 모양이고 포자를 형성하지 않으며 종속영양을 하는 그람음성균들로 이뤄지는 세균역(Bacteria)의 방대한 무리(예: *Escherichia, Erwinia, Proteus, Salmonella, Shigella, Yersinia*). 조건적 호기성 대사를 하고 포도당을 발효시킬 수 있다. 장내 세균에는 식물, 동물 및 사람의 많은 병원체들이 포함된다. 어떤 종은 토양이나 물에 살고, 어떤 종은 포유동물의 창자에 상주하며, 일부는 병을 일으킨다. 이 무리는 감마가변세균(gamma-proteobacteria)의 일부이다. ≒ enterobacteria.

entero-, -enteron '창자'를 뜻하는 그리스어 '*enteron*'에서 유래된 단어요소.

enterobacteria 장내 세균 ⇨ enteric bacteria.

enterococcus 장내 구균 명 장관에 출현하는 연쇄상 구균, 특히 스트렙토코쿠스 페칼리스(*Streptococcus faecalis*).

enterocoel 장체강(腸體腔) 명 원장(archenteron)에서 주머니 모양으로 자라나오거나 또는 일련의 그러한 외향생장으로 생긴 진체강.

enterocoelomate 장체강의 형 장체강(enterocoel)을 가진.

enterocyte 창자세포 명 창자의 상피세포.

enteroendocrine cells 장내 분비세포 작은창자의 강 안쪽을 덮는 상피세포들. 세로토닌(serotonin)과 다양한 펩티드호르몬들을 분비한다.

enterogastrone 엔테로가스트론 명 샘창자(십이지장)에서 분비되고 위의 분비작용과 운동을 저해하는 호르몬.

enterohaemorrhagic 장출혈성 형 피가 섞인 설사를 유발하는 세균과 바이러스의 균주에 적용되는 말.

enterokinase 엔테로키나아제 ⇨ enteropeptidase.

enteron 장관(腸管), 강장(腔腸) 명 (1) 소화관; (2) 강장(coelenteron); (3) 낭배의 원장에 해당하는 구조들.

enteronephric 장신관(腸腎管)의 형 장으로 이어지는 신관을 갖는 빈모류에 적용되는 말.

enteropathogenic 창자병원성 형 창자에 질병을 일으키는.

enteropeptidase 엔테로펩티다아제 명 트립시노겐의 펩티드결합을 분해하여 활성 트립신을 만드는 샘창자(십이지장)에서 분비되는 효소. EC 3.4.21.9.

Enteropneusta 장새강(腸鰓綱) 명 단독으로 나고 벌레 모양인 반삭동물의 강. 많은 아가미틈을 갖고 촉수관은 없으며, 흔히 'acorn worms'라고 부른다.

enteroproct 명 내배엽성 장에서 외배엽성 장으로 통하는 것.

enterostome 구도내구(口道內口) 명 (1) 강장동물에서 방사상인두(actinopharynx)의 반구부가 강장으로 이어지는 것; (2) 구도(stomodaeum)의 뒤쪽이 내배엽성 장으로 통하는 것.

enterosympathetic 장교감신경의 형 교감신경계에서 창자에 연결되어 있는 부분에 적용되는 말.

enterotoxic 장내 독성 형 창자에 독성 효과를 나타내는.

enterotoxin 장내 독소 명 세균에 감염된 음식물이나 창자에 사는 세균에 의해 분비되고 창자에 효과를 미치는 독소.

enteroviruses 장내 바이러스 명복 보통 창자에서 발견되는 피코르나바이러스. 콕사키바이러스, 에코바이러스, 소아마비바이러스 등이 포함된다.

enterozoon 장내 기생충 명 창자에 기생하는 동물들.

enthalpy 엔탈피 명 열을 발생하는 화학반응에서 또는 생물과 같은 개방적 열역학계에서 열의 형태로 환경으로 유실되는 에너지를 나타내는 열역학적 용어.

enthetic 외인성 형 (1) 도입된; (2) 이식된.

entire 온전한 형 (1) 손상되지 않은; (2) 계속 이어지는 가장자리를 갖는, 잎이나 세균집락 등에 적용되는 말. '전연(全緣)'이라고도 한다.

Entner-Doudoroff pathway 엔트너-도우도로프경로 일부 세균에서 포도당이 2-케토글루콘산으로 전환되는 대사경로.

ento- ⇨ endo-.

entobranchiate 속아가미의 형 속아가미(internal gill)를 가진.

entobronchus 내기관지(內氣管支) 명 새의 기관지에서 등 쪽의 2차 가지.

entochondrite 명 투구게(*Limulus*)의 등딱지(배갑).

entocoel 내강 명 산호충류에서 한 쌍의 장간막(mesentery)으로 에워싸인 공간.

entoconid 엔토코니드 명 아래쪽 어금니의 뒤의 속에 있는 교두.

entocuneiform 내측설상골 명 가장 안쪽에 있는 발목뼈.

entoectad 바깥쪽으로 부 안쪽에서 바깥쪽으로.

entoglossal 혀속의 형 혀의 조직 내에 있는.

entoglossum 내설골(內舌骨) 명 일부 어류의 혀 속으로 기설궁(basihyal)이 확장된 것.

entomochory 충매분산(蟲媒分散) 명 곤충에 의해 씨나 포자가 분산되는 것. 형 **entomochoric**.

E

entomofauna 곤충상(昆蟲相) 명 특정한 환경이나 지역의 곤충들.

entomogenous 충생(蟲生)의 형 어떤 곰팡이와 같이 곤충의 안이나 위에서 자라는.

entomology 곤충학 명 곤충을 연구하는 학문.

entomophagous 충식성(蟲食性) ⇨ insectivorous.

entomophilous 충매(蟲媒)의 형 곤충에 의해 꽃가루받이를 하는. 명 **entomophily**.

Entomophthorales 곤충곰팡이목 명 주로 곤충에 기생하는 접합균류의 목(일부 분류체계에서는 강으로 간주함). 'fly fungi'라고도 한다. 강력히 방출되는 분생자로 번식하고 격벽이 있는 균사체를 가지며 분절(fragment)하는 경향이 있다.

entomophyte 충생곰팡이 명 곤충의 안이나 위에서 자라는 곰팡이.

entomostracans 절갑동물(切甲動物) 명 복 새각류, 새미류(Branchiura), 요각류, 따개비류, 패충류 등을 포함하는 작은 갑각류들의 방대한 무리.

entoneural 형 극피동물에서 반구부의 고리와 생식계의 신경으로 이루어진 계에 적용되는 말.

entopic 정상위치의 형 정상 위치에 있는. 비 ectopic.

entoplastron 내복갑(內腹甲) 명 바다거북 또는 땅거북에서 등껍질의 앞쪽 중앙에 있는 판. 'episternum'이라고도 한다.

Entoprocta, entoprocts 내항동물문, 내항동물(內肛動物) 명, 명복 단독생활을 하거나 군체를 형성하는 작은 해양성 의체강동물의 문. 어떤 분류체계에서는 태형동물문(Bryozoa)에 포함시킨다. U자형의 장을 갖고, 항문은 섬모가 달린 촉수관의 내부에서 밖으로 통한다.

entopterygoid 내익상골 명 일부 어류에서 구개골(palatine)의 뒤에 있는 등 쪽 막골.

entoptic 내시(內視)의 형 (1) 눈 속의; (2) 빛에 의한 것이 아니라 눈의 구조와 과정에 의해 유발되는 시감각(visual sensation)에 적용되는 말.

entorhinal cortex 후각뇌피질 뇌에서 해마와 피질구역의 접점이 되는 회백질 부위. 공간 지각과 기억을 관장하는 곳으로 여겨진다.

entosternum 속배판 명 (1) 내복갑(entoplastron); (2) 많은 절지동물에서 가슴판(sternum)의 내부에 있는 돌기.

entotympanic 내분리고막 명 일부 포유동물에서 따로 떨어져 있는 청소골(tympanic bone).

entovarial 난소 내의 형 난소 안에 있는.

entozoic 체내 기생의 형 다른 동물이나 식물의 몸 안에 사는.

entrainment 동조(同調) 명 자유롭게 진행되는 내인적 생체리듬이 환경의 자극에 동기화되는 과정.

entropy 엔트로피 명 계의 무질서를 나타내는 열역학적 용어.

enucleate (1) 형 **무핵의** 핵이 없는; (2) 동 **제핵(除核)하다** 세포에서 핵을 제거하다.

env 바이러스입자의 껍질단백질을 형성하는 C형 레트로바이러스의 유전자.

envelope 껍질, 피막 명 (1) 어떤 바이러스에서 캡시드를 에워싸는 지질과 단백질의 층. 지질은 바이러스가 숙주세포에서 방출될 때 숙주의 세포막으로부터 유래되고, 단백질은 바이러스에 암호화되어 있다. 이러한 바이러스를 **껍질보유바이러스(enveloped viruses)**라고 한다; (2) 세균외피(bacterial envelope). ⇨ floral envelope, nuclear envelope.

environment 환경 명 생물에 작용하는 외적 영향. 형 **environmental**.

environmental audit 환경감사(環境監査) 지질학, 수문학, 서식지와 출현종 그리고 인간의 영향과 같은 환경의 모든 측면을 조사하는 것. 주로 환경영향평가의 일부로 수행된다.

environmental impact assessment (EIA) 환경영향평가 예정된 개발이 환경에 미칠 것으로 예상되는 결과를 평가하고 해로운 영향을 최소화하는 방안을 강구하는 것. 일부 국가에서 현재 법적으로 요구하고 있다.

environmental resistance 환경저항 특정 환경에서 종의 개체군생장을 제한하는 요인들.

environmental science 환경과학 인간과 그 밖의 종들이 그들의 비생물적 및 생물적 환경과 어떻게 상호작용하는지를 연구하는 분야. 환경과학에는 생태, 자원의 관리와 보존, 개체군동태, 경제, 정치 및 윤리의 연구들이 포함된다.

environmental variance 환경분산 표현형에서 환경의 영향에 기인하는 분산.

enzootic 풍토병의 형 (1) 동물에 피해를 입히는; (2) 어떤 지역에 국한하여 동물에 일으키는 병에 적용되는 말. 비 epizootic.

enzymatic 효소의 형 효소, 효소작용 또는 효소에 의해 촉매되는 반응과 관련된 말. ≒ **enzymic**.

enzyme 효소(酵素) 명 거의 모든 생화학반응에서 촉매제의 기능을 하는 주로 단백질로 된 방대하고 다양한 집단. 모든 세포에서 필수적이며, 각각 다른 효소들은 특정한 화학반응과 반응물에 특이적으로 작용한다. 효소는 촉매하는 화학반응과 작용하는 기질의 유형에 따라 분류되고 명칭이 붙여진다[예: 가수분해효소(hydrolase), 카르복실화효소(carboxylase), 산화환원효소(oxidoreductase), 핵산가수분해효소(nuclease), 단백질가수분해효소(proteinase)]. 어떤 RNA들도 효소로 작용할 수 있다. ⇨ immobilized enzyme.

enzyme kinetics 효소반응속도론 시간의 경과에 따른 효소반응의 진행. 효소반응속도는 기질의 농도, 온도 그리고 효소의 분자적 특성(예: 다른자리입체성)에 따라 좌우된다.

enzyme-linked immunosorbent assay (ELISA) 효소결합면역흡착검사 특정물질을 검출하는 데 이용되는 항체를 효소에 결합시켜 표지하는 혈청학적 검사의 한 종류. 검사에 사용되는 물질을 플라스틱 표면에 고정화시키고 표면에 항체가 결합하는 양성반응을 무색의 기질에 작용하여 색깔을 띤 생성물로 만드는 효소의 작용으로 측정한다.

enzyme-linked receptor 효소연관수용체 세포질꼬리에서 내인성 효소활성을 갖거나 또는 수용체가 자극을 받으면 세포질의 효소와 연관되는 많은 수용체를 통틀어 이르는 말. 수용체티로신잔기인산화효소(receptor tyrosine kinase)와 인산화효소와 연관된 수용체들이 포함된다.

enzyme-substrate complex 효소-기질복합체 효소가 기질에 반응하여 기질이 효소의 활성부위와 결합하는 반응중간물질.

enzymic 효소의 ⇨ enzymatic.

enzymology 효소학 명 효소와 효소작용을 연구하는 학문.

enzymopathy 효소병(酵素病) 명 유전적 결함에 기인하여 특정 효소가 만들어지지 않는 데 따른 질병.

eobiogenesis 원시생명체형성 명 전생물적(prebiotic) 거대분자들로부터 생명체가 만들어지는 것.

Eocene 에오세, 시신세(始新世) 명 약 5500만 년 전부터 3400만 년 전까지 지속된, 제3기의 고제3기(Paleogene)의 지질시대. 팔레오세와 올리고세의 사이에 해당한다. 많은 현대 포유동물들의 화석 증거들이 처음 나타났다.

Eogaea 아프리카-남아메리카-오스트레일리아동물구 명 아프리카, 남아메리카 그리고 오스트레일리아를 포함하는 동물지리학적 구역.

E

eolian ⇨ aeolian.

eosin 에오신 명 에오신($C_{20}H_8Br_4O_5$)의 나트륨염 또는 칼륨염인 적갈색의 산성 염료.

eosinophil 호산구(好酸球) 명 과립백혈구로 분류되는 백혈구의 한 종류. 적색 산성 염료인 에오신에 염색되는 과립들이 들어 있고, 과립들이 세포외 배출작용으로 배출되었을 때 염증을 유발하는 물질이 들어 있다. 기생생물을 파괴하고 염증반응을 일으키는 데 관여한다.

eosinophilia 호산구증가증 명 호산구의 수가 비정상적으로 늘어나는 것. 어떤 알레르기 상태에서 나타난다.

eosinophilic 호산성(好酸性) 형 에오신에 염색이 잘 되는.

epacme 준극점(準極點) 명 (1) 어떤 집단의 계통발생에서 가장 번성했던 시기(극점, 정점) 직전의 시기; (2) 한 개체의 발생에서 성체기 직전의 시기.

epactal 과잉의, 봉합의 형 (1) 여분의; (2) 사이에 낀; (3) 두 개의 다른 뼈들 간의 봉합선에 위치하는 뼈(봉합뼈)에 적용되는 말.

epalpate 무촉수의 형 촉수나 수염이 없는.

epanthous 화생성(花生性) 형 꽃에 사는 일부 곰팡이에 적용되는 말.

epapillate 무돌기의 형 돌기(유두)가 없는.

epapophysis 명 척추 신경활의 중심에서 생기는 중앙돌기.

eparterial 동맥상부의 형 동맥의 위에 있는.

epaulettes 에파울레트 명복 (1) 일부 해파리의 구완(oral arm)에서 나오는 분지형 또는 혹 모양의 돌기; (2) 벌목(Hymenoptera)의 어깨판(tegula).

epaxial 축위의 형 축의 위에 있는. 주로 척주에 의해 형성되는 축에 대해 등 쪽을 가리킨다.

ependyma 뇌실막, 상의(上衣) 명 뇌와 척수의 강을 싸고 있는 세포층. 형 **ependymal**.

ephedrine 에페드린 명 마황류(*Ephedra* spp.)에서 추출하는 교감신경흥분제로 작용하는 알칼로이드. 아드레날린과 동일한 효과를 나타내며, 코 막힘 완화제로 이용되고 천식의 치료에도 사용한다.

ephemeral 단명성, 일시성 형 (1) 오래가지 못하는; (2) 단 한 번만 일어나는, 싹의 확장과 같은 식물의 운동에 적용되는 말; (3) 생활주기를 짧은 기간에 완결 짓는; (4) 명 **단명생물** 수명이 짧은 식물이나 동물의 종.

Ephemeroptera, ephemerids 하루살이목, 하루살이류 명, 명복 하루살이를 포함하는 곤충의 목. 성충의 수명이 매우 짧아서 때로는 하루 미만이다. 물에 사는 약충(유충) 시기를 갖는다. 성충은 배의 끝에서 나오는 3개의 돌기(꼬리)를 가지며, 뒷날개는 앞날개보다 작다.

ephippial 겨울알의 형 윤충류와 물벼룩류의 겨울알(winter egg)에 적용되는 말.

ephippium 난각막(卵殼膜) 명 (1) 나비뼈(접형골)에 있는 뇌하수체의 강인 뇌하수체와(pituitary fossa); (2) 물벼룩류의 두흉갑에서 떨어져 나오고 겨울알을 감싸는 안장 모양으로 변형된 각피(큐티클).

Eph receptors **Eph수용체** ⇨ ephrins.

ephrins **에프린** 명복 다른 세포에 있는 수용체(Eph수용체)와 결합하여 세포부착과 반발반응을 조절하는 막단백질.

ephyra **에피라유생** 명 어떤 해파리류의 폴립으로부터 가로분열(strobilization)에 의해 형성되는 미성숙 해파리(immature medusa). 복 **ephyrae**.

epi- '표면에'를 뜻하는 그리스어 '*epi*'에서 유래된 접두사.

epibasal 명 식물의 접합자 또는 배에서 어린 싹이 생기는 위쪽 부분.

epibasidium **상담자기(上擔子器)** 명 격벽이 있는 담자기 세포의 위쪽 부분. '외담자기' 또는 '상위담자기'라고도 하며, 담자뿔(sterigmata)과 담자포자가 생긴다.

epibenthos **표재저서생물(表在底棲生物)** 명 저조선에서 수심 200 m 사이의 해저에 서식하는 동물과 식물.

epibiotic **생물착생성, 외생적** 형 (1) 이전에 존재했던 식물상이나 동물상의 유물인 고유종의; (2) 생물체의 외부에 살면서 생식기관은 표면에 그리고 몸의 일부 또는 전체는 기질 안에 있는; (3) 해저와 같이 표면에서 사는.

epiblast **배반엽상층, 원외배엽(原外胚葉)** 명 포유동물과 새의 배아에서 진배(embryo proper)를 발생시키는 배반엽(blastoderm)의 부분. 형 **epiblastic**.

epiblem(a) **에피블레마** 명 뿌리조직의 가장 바깥에 있는 층. 뿌리털층(piliferous layer)이거나 뿌리털층이 닳아 없어진 오래된 뿌리에서는 외피(exodermis)가 된다.

epiboly **피포(被包)** 명 양서류의 낭배형성에서 외배엽이 중배엽 위로 확장되듯이 어느 한 부분이 다른 부분의 위쪽으로 확장되는 것.

epibranchial **윗아가미** 명 아가미활(새궁)의 등 쪽 골격요소.

epicalyx **곁꽃받침, 악상총포(萼狀總苞)** 명 꽃받침(악부) 바깥쪽으로 꽃받침 가까이 인접한 곳에 꽃받침과 비슷한 구조가 생긴 것. 둘씩 짝을 지어 합쳐진 턱잎(탁엽)에서 생기거나 포엽, 소포엽 또는 작은 꽃받침조각 같은 구조들이 모여서 생긴다.

epicanthus **눈구석주름, 내안각벽(內眼角壁)** 명 위쪽 눈꺼풀이 눈의 안쪽 모퉁이로 연장된 것. ≒ **epicanthic fold**.

epicardia **식도밑부분** 명 (1) 가로막에서 위에 이르는 식도의 부분; (2) 'epicardium'의 복수형.

epicardium **심장외막, 심외막** 명 심장의 표면을 밀착해서 감싸는 위심낭(pericardium)의 부분. 복 **epicardia**.

epicarp **외과피** ⇨ exocarp.

epicentral 형 척추체(vertebral centra)에 부착하거나 척추체에서 생기는 근육사이뼈에 적용되는 말.

epicerebral **뇌위의** 형 뇌의 위쪽에 있는.

epichilium **상순(上脣)** 명 난초의 꽃에서 두 부분으로 뚜렷이 구별되는 입술판(lip)의 바깥 부분.

epichondrosis **표연골형성(表軟骨形成)** 명 사슴뿔을 만들 때와 같이 뼈를 둘러싸는 섬유성 막 위에 연골이 형성되는 것.

epichordal **척삭배측의** 형 (1) 척삭 위쪽의; (2) 복부의 연골성 부분을 거의 찾아볼 수 없는 척추뼈에 적용되는 말; (3) 어류에서 꼬리지느러미의 위쪽 부분에 적용되는 말.

epichroic **변색된** 형 부상을 입은 다음처럼 색이 변한.

epiclinal 형 꽃의 꽃턱(receptacle) 위쪽에 위치하는.

epicoel **표체강(表體腔), 상강(上腔)** 명 (1) 하등척추동물에서 중뇌의 빈 공간; (2) 소뇌의 강소; (3) 함입에 의해 형성되는

E

위장강(perivisceral cavity).

epicondyle 상관절융기 명 위팔뼈(상완골)와 넙다리뼈(대퇴골)의 끝에서 중앙과 측면의 돌출부. 형 **epicondylar**, **epicondylic**.

epicone 상부원뿔 명 와편모조류에서 둘레띠(girdle)의 앞쪽 부분.

epicoracoid 상오훼골의 형 양서류, 파충류 및 단공류에서 오훼골(coracoid)의 가슴뼈 쪽 끝에 있는 주로 연골로 된 골격요소와 관련된 말.

epicormic 잠아생장(潛芽生長)의 형 휴면눈으로부터 자라는.

epicortex 외피층 명 일부 곰팡이의 피층을 덮는 필라멘트와 같은 바깥층.

epicotyl 상배축(上胚軸) 명 식물의 배아 또는 어린 유식물에서 떡잎의 위에 있는 줄기처럼 생긴 축. 끝에 정단분열조직이 있고, 때때로 하나 또는 몇 개의 어린잎이 달린다.

epicranial 머리덮개의 형 (1) 머리뼈(두개골)와 관련된 말; (2) 곤충의 머리덮개(epicranium)와 관련된 말.

epicranium 머리덮개 명 (1) 곤충의 머리에서 눈의 사이와 눈의 뒤쪽 부분; (2) 두피(scalp); (3) 척추동물에서 머리뼈를 덮는 구조물.

epicritic 정밀성, 식별성 형 정밀한 촉각과 그 밖의 특수한 감각과 관계가 있는 자극 및 신경에 적용되는 말.

epicuticle 외각피(外角皮) 명 절지동물의 외골격에서 바깥쪽에 있는 밀랍층.

epicutis 외피층(外皮層) 명 주름버섯류에서 표피(피층)의 바깥층.

epicyst 외포낭, 외피낭 명 피낭(encysted) 원생동물에서 바깥쪽에 있는 저항성 포낭(피낭).

epicytic 세포표면의 형 세포의 표면에 있는.

epideictic display 현시행위(顯示行爲) 개체군의 구성원들이 그들의 존재를 드러내고 다른 종에게 개체군밀도를 가늠하게끔 내보이는 것.

epidemic 유행성 형 매우 넓은 지리적 범위에 걸쳐 동시에 많은 수의 개체들에서 일어나는 병에 적용되는 말. 명 **epidemic**. 비 endemic, pandemic.

epidemiology 역학(疫學) 명 (1) 전염병의 발생과 기원 그리고 개체군에서 확산되는 유형을 연구하는 것; (2) 질병의 원인과 확산 유형; (3) 암과 같은 비전염성 질병의 발병을 원인과 기여요인을 규명할 목적으로 연구하는 것. 이를테면 흡연과 폐암 사이의 인과 관계는 역학적 연구를 통하여 밝혀졌다.

epidermal 표피의 형 표피와 관련된 말.

epidermal growth factor (EGF) 표피생장인자 표피세포와 기타 세포들의 분열을 활발하게 해 주는 시토카인(cytokine). 상처 치유를 촉진하는 데 이용된다.

epidermis 표피(表皮) 명 (1) 외배엽에서 기원하는 피부의 바깥층. 척추동물에서는 혈관이 없는 다층조직으로 되어 있고 종종 각질화된다(⇨ 그림 35); (2) 식물에서 뿌리와 줄기 그리고 잎을 감싸는 바깥쪽 세포층. 형 **epidermal**.

epidermoid 표피모양의 형 표피와 비슷한.

epididymis 부정소(副精巢) 명 정소(고환, testicle)의 뒷면에 있는 덩어리. '부고환'이라고도 하며, 주로 정소에서 정관으로 이어지는 세관들로 구성된다. 형 **epididymal**. 복 **epididymides**.

epidural 형 (1) **경막(硬膜)의** 경막(dura mater)과 관련된 말; (2) **경막외의** 경막과 척수 주위의 척추관 벽 사이에 있는 공간(경막외 공간)에 적용되는 말.

epifauna 저서동물상 명 (1) 대양저

(ocean floor)의 표층에 살고 있는 동물들; (2) 피각성 동물들.

epigamic 유성적(誘性的) 형 (1) 본질적 성기와 교미행동 외에 구애와 관련된 형질에 적용되는 말; (2) 이성을 유혹하는 경향이 있는, 이를테면 구애에서 드러내는 빛깔 따위에 적용되는 말.

epigaster 상복부(上腹部) 명 장차 결장(잘록창자)으로 발생할 배아의 창자 부위.

epigastric 명치의, 상복부의 형 (1) 배(복부)의 앞쪽 벽과 관련된 말; (2) 배(복부)에서 위쪽의 중간 구역.

epigastrium 명치부위, 상복부 명 배꼽 위 복부에서 위쪽의 중간 구역.

epigeal, epigean, epigeous 지상성(地上性) 형 (1) 지면 위의; (2) [식] 어린싹이 자라면서 떡잎이 지면 위로 나오는 종자발아의 유형(지상발아)에 적용되는 말; (3) [동] 지면 근처에서 사는 곤충에 적용되는 말.

epigenesis 후성설(後成說) 명 분화되지 않은 상태에 있는 하나의 수정란으로부터 배아의 부분들이 차츰 분화되고 구성되면서 배아가 형성된다는 학설. 배발생의 중심적인 개념으로 받아들여지고 있다. 후성설은 정자(또는 난자)에 완전히 갖춰진 아주 작은 개체가 들어 있고 다만 크기가 증가하여 발생한다는 이전의 전성설에 대응하는 학설이다.

epigenetic 후성적(後成的) 형 (1) 후성설(epigenesis)에 적용되거나 그와 관련된; (2) DNA의 뉴클레오티드순서가 변하지 않은 채 자손세포들로 유전될 수 있는 유전자기능의 변형과정에 적용되는 말. 이러한 변형에는 DNA메틸화, 이질염색질 형성, 유전체각인, 모의돌연변이, X염색체불활성화 등이 포함된다.

epigenous 표생적(表生的) 형 표면에서 발생하거나 자라는.

epigeous 지상성 ⇨ epigeal.

epiglottis 후두개 명 음식물을 삼킬 때 목구멍의 기관 입구 위로 굽히는 섬유연골의 움직이는 덮개. '후두덮개'라고도 한다.

epignathous 형 아래턱보다 긴 위턱을 가진.

epigonial 형 생식융기(genital ridge)에서 불염성의 뒤쪽 부분에 적용되는 말.

epigonium 에피고늄 명 (1) 우산이끼류의 어린 포자낭 위를 덮는 덮개; (2) 선태 피막(calyptra).

epigyne, epigynium, epigynum 외음부(外陰部) 명 거미류에서 암컷 생식기관의 바깥 부분.

epigynous 자방하위의 형 꽃받침조각, 꽃잎 및 수술이 씨방의 꼭대기에 달리는 꽃에 적용되는 말. 비 hypogynous. 명 **epigyny**.

epilepsy 간질(癎疾) 명 뇌의 전기활동이 갑자기 엄청나게 급증하는 특징을 갖는 뇌질환. 경련이나 발작이 주요 증상이다. 형 **epileptic**.

epilimnion 표수층(表水層) 명 호수에서 수온약층(thermocline)의 위에 있는, 산소가 풍부한 수층.

epilithic 암반착생성 형 바위에 부착하는 조류나 지의류 등에 적용되는 말.

epimandibular 형 척추동물의 아래턱에 있는 뼈와 관련된 말.

epimeletic 보호행동의 형 다른 동물의 보호와 관련된 동물의 행동에 적용되는 말.

epimer 에피머 명 카르보닐 탄소원자 외의 탄소원자 주변의 원자배열만이 다른 둘 또는 그 이상의 분자들(특히 단당류) 중 어느 하나. 형 **epimeric**.

epimerase 에피머화 효소 명 어느 에피머를 다른 에피머로 전환시킬 수 있는 효소들. EC 5.1에 포함된다.

epimere 상분절(上分節) 명 척추동물의

배발생에서 원체절(somite)의 위쪽 부분. 발달하여 근육으로 된다.

epimerism 에피머화 현상 명 분자에 에피머가 존재하는 것.

epimerite 선절(先節) 명 일부 족포자충류(gregarines)에서 숙주에 부착하기 위해 전절(protomerite)이 연장된 것.

epimerization 에피머화 반응 명 한 에피머가 다른 에피머로 전환되는 것.

epimeron 후측판(後側板) 명 곤충에서 측판의 뒷부분.

epimorphic 부가형성적 형 연이은 생장단계에서 같은 모양을 유지하는.

epimorphosis 부가형성 명 세포증식에 의한 생장으로 재생구조가 형성되는 재생의 한 종류.

epimyocardium 심근외막(心筋外膜) 명 배발생에서 심장관의 바깥벽. 발달하여 심근이 된다.

epimysium 근외막(筋外膜) 명 근육 전체의 주위에 있는 소성조직의 껍질.

epinasty 상편생장(上偏生長) 명 잎과 같은 등배성(dorsoventral) 기관에서 아래쪽보다 위쪽의 생장이 더 빠르기 때문에 펼쳐지거나 아래쪽으로 휘어지는 현상.

epinekton 부착유영생물 명 자신은 활발하게 유영하지 못하지만 활발히 유영하는 생물에 부착하는 유영생물.

epinephrin(e) 에피네프린 특히 북아메리카에서 아드레날린을 부르는 이름.

epineural 신경바깥의 형 (1) 척추의 신경활에서 생기는; (2) 일부 극피동물에서 방사신경의 바깥에 있는 관과 관련된 말; (3) 곤충에서 체강이 시작되는 배와 난황 사이의 굴(sinus)에 적용되는 말.

epineurium 신경외막 명 신경의 바깥을 감싸는 섬유성 결합조직.

epineuston 수표생물(水表生物) 명 수면의 공기 중에 사는 동물들.

epinotum 전신복절 ⇨ propodeon.

epiostracum 외피(外皮) 명 응애류와 진드기류에서 외큐티클(exocuticle)을 덮는 얇은 각피 또는 외각피.

epiotic 귀위의 형 귀를 감싸는 골질 부분의 위쪽과 관련된 말.

epiparasite 체외기생생물 ⇨ ectoparasite.

epipelagic 천해성(淺海性), 표층성(表層性) 형 (1) 바다 표면과 점심해수층(bathypelagic zone) 사이의 심해와 관련된 말; (2) 중심해수층(mesopelagic zone) 위의 수심 약 200 m까지의 외양에서 서식하는.

epipelon 진흙착생생물 명 빛이 침투하는 얕은 물의 퇴적물 안에 살거나 또는 그 위에 서식하는 조류군집.

epipetalous 화판상생(花瓣上生) 형 꽃잎(화판)에 착생한 수술을 가진.

epipharynx 윗인두 명 간혹 찌르는 기관으로 알맞은 파리목 곤충의 윗입술.

epiphenomenon 부수현상(副隨現象) 명 과정의 진행 중에 부수적으로 나타나는 현상.

epiphloem 상체관부 ⇨ outer bark, periderm.

epiphragm 동개(冬蓋), 구막(口膜) 명 일부 연체동물의 껍질이나 어떤 이끼류의 깍지에서 입구를 덮는 막이나 판.

epiphyllous 잎착생성 형 (1) 잎의 위에서 자라는; (2) 꽃덮개(화피)와 합쳐진 수술에 적용되는 말.

epiphysis 뼈끝, 송과체(松果體) 명 (1) 골화의 제2 중심으로부터 형성되고 나중에 뼈의 주요 부분과 결합하면서 뼈의 끝이 되는 부분. 형 **epiphyseal**; (2) ⇨ pineal body.

epiphyte 착생식물 명 다른 식물의 표면에 살지만 그 식물로부터 영양분을 얻지 않는 식물.

epiphyton 착생식물군 명 수중환경에서 수생식물 위에 조류가 사는 것처럼 다른 식물에 부착하여 사는 '식물'의 군집.

epiphytotic 식물유행병 명 식물의 전염병.

epiplankton 표층부유생물, 표층플랑크톤 명 표면에서 수심 약 200 m까지 분포하는 플랑크톤.

epiplasm 잉여세포질 명 자낭에서 자낭포자가 형성될 때 포자에 포함되지 않고 자낭에 남는 세포질. '자낭내 세포질'이라고도 한다.

epiplaston 에피플라스트론 명 바다거북과 땅거북의 등껍질에서 앞쪽에 있는 1쌍의 뼈판 가운데 하나.

epipleura 앞옆판 명 (1) 진골어류의 갈비뼈 같은 구조. 연골에서 미리 형성되지 않는다; (2) 새의 갈비뼈에 있는 갈고리 모양의 돌기; (3) 일부 딱정벌레에서 딱지날개의 바깥쪽 가장자리가 접어 젖혀진 부분.

epiploic 그물막의 형 장간막(omentum)과 관련된 말.

epiploic foramen 그물막구멍 망낭(bursa omentalis)과 복막의 큰 강 사이에 있는 구멍. '망낭공(網囊孔)'이라고도 한다.

epipodite 잎상판, 부지(副肢) 명 갑각류 다리의 기저관절에서 나오는 돌기. 다양한 기능을 하도록 변형되어 있다.

epiproct 항문위판 명 곤충 좀목(Thysanura)의 좀류(silverfish)와 그 밖의 종류에 있는 중앙의 '꼬리'.

epipteric 상익상(上翼狀) 형 (1) 끝에 날개가 달린 종자에 적용되는 말; (2) 날개와 관련되거나 날개처럼 생겼거나 또는 날개의 위에 있는.

epipterygoid 상익상골(上翼狀骨) 명 일부 파충류에서 머리뼈의 전이골(pro-otic)에서 날개뼈(익상골)까지 거의 수직으로 뻗은 작은 뼈.

epipubic 상치골의 형 두덩뼈(치골)와 관련되거나 그 위에 달린.

epipubis 상치골(上恥骨) 명 두덩뼈(치골)의 앞에 달리는 짝을 이루지 않는 연골이나 뼈.

epirhizous 뿌리착생의 형 뿌리 위에서 자라는.

episclera 상공막(上鞏膜) 명 공막과 결막 사이의 결합조직.

episematic 형 알아보는 데 도움이 되는 채색이나 무늬에 적용되는 말. 비 aposematic, parasematic, sematic.

episeme 명 알아보는 데 도움이 되는 색깔이나 무늬.

episepalous 악편측생(萼片側生)의 형 꽃받침조각에 측생하는.

episkeletal 골격외의 형 골격의 바깥에 있는.

episodic memory 일화기억 특정 사건이나 특정한 시간 또는 장소를 기억하는 것.

episodic selection 우발적 선택 새로 교란된 서식지에서 종종 일어나는 강한 방향성 선택.

episome 에피솜 명 (1) F인자와 몇몇 플라스미드와 같이 세균염색체에 반영구적으로 삽입될 수 있는, 세균에서 독립적으로 증식할 수 있는 DNA; (2) 플라스미드와 종종 상호교환적으로 쓰이는 용어. 형 **episomal**.

episperm 외종피 명 종자의 바깥 껍질.

epistasis, epistasy 상위(上位) 명 유전자의 효과가 상동이 아닌 다른 유전자에 의해 억제되거나 가려지는 것.

epistatic 상위의 형 형질발현을 가리거나 억제하는 작용을 하는 유전자(상위유전자)에 적용되는 말. 비 dominance.

episternalia 복장뼈자루연골 명복 발생 과정에서 자주 쇄골과 흉골 사이에 끼는 2개의 작은 연골요소. 궁극적으로 흉골과 합쳐진다.

episternum 윗가슴뼈, 앞배판, 전측판(前側板) 명 (1) 쇄골들 사이의 뼈; (2) 곤충에서 가슴마디(thoracic segment)의 측판 중 앞쪽 부분.

epistome 구상돌기(口上突起) 명 (1) 태형동물의 입을 덮고 체강의 일부가 포함되는 작은 구조물; (2) 갑각류에서 촉수와 입 사이의 구역; (3) 곤충의 머리에서 윗입술(labrum)의 바로 뒤쪽에 있는 부분; (4) 일부 파리목 곤충의 주둥이 부분.

epistrophe 에피스트로프 명 산란광에 노출되었을 때 엽록체가 식물세포의 벽과 나란히 놓일 것으로 추정되는 위치.

epistropheus 축추(軸椎) 명 두 번째 목뼈. '중쇠뼈' 또는 '둘째목뼈'라고도 한다.

epithalamus 시상하부 명 고삐(habenula), 송과체 및 후연합(posterior commissure)으로 구성되는 뇌의 부분.

epithalline 엽상상부의 형 엽상체 위에서 자라는.

epithallus 상엽상부(上葉狀部) 명 지의류에서 균사로 이루어지는 피층.

epitheca 외협(外莢), 윗덮개 명 (1) 많은 산호충류에서 외피를 에워싸는 외층; (2) 돌말류의 돌말껍질(frustule)에서 오래된 반쪽.

epithecium 자실상층(子實上層) 명 자낭반(apothecium)에서 자실층의 표면에 있는 조직층.

epithelia 'epithelium'의 복수형.

epithelial 상피의 형 상피(epithelium)와 관련되거나 상피에 적용되는 말.

epithelial-mesenchymal induction 상피-중간엽간 유도 중간엽(간충직, mesenchyme)이 인접한 상피의 영향으로 분화가 유도되는 유도(induction)의 한 종류. 콩팥세관의 발생과 치아의 발생 등에서 일어난다.

epitheliochorial 상피융모의 형 유대류와 유제류에서 볼 수 있는 것과 같이 융모막과 자궁의 상피들이 나란히 놓이고 융모가 자궁벽에 들어가는 태반(상피융모 태반)에 적용되는 말.

epithelioid 유상피(類上皮)의 형 상피와 유사한.

epithelium 상피(上皮) 명 다세포동물에서 외적 환경과 연관되어 있는 모든 외부 표면과 내부표면을 덮는, 서로 단단히 결합된 세포들의 층. 표피, 점막의 표면, 창자의 내벽, 그리고 분비도와 분비샘의 내벽 등이 그 예가 된다. 상피는 보호, 분비 또는 흡수의 다양한 기능을 한다. 상피는 한 층의 세포들로 구성되거나 또는 여러 층(다층상피, stratified epithelium)으로 구성되기도 한다. 복 **epithelia**. 형 **epithelial**. 비 endothelium.

epitoke 생식형, 생식마디 명 해양 다모류에서 볼 수 있는 유성적 생식형. 다모류의 뒤쪽 부분에서 생기고 앞쪽의 무성적 부분과 분리된다. 명 **epitoky 생식변형** 이러한 방식으로 번식하는 것.

epitope 항원결정부 ⇨ antigenic determinant.

epitreptic 유인적(誘引的) 형 같은 종의 다른 동물을 다가오게 만드는 동물의 행동에 적용되는 말.

epitrichium 태아표피(胎兒表皮) 명 많은 포유동물에서 태아 표피의 바깥층. 대개 출생 전에 탈락한다.

epitrochlea 상활차(上滑車) 명 위팔뼈(상완골)의 말단부에 있는 안쪽 관절융기.

epixylous 목재성 형 나무에서 나타나는 곰팡이와 지의류에 적용되는 말.

epizoic 동물체착생성, 동물체부착전파성

형 (1) 동물의 몸에서 자라거나 부착하는; (2) 동물의 몸에 붙어서 전파되는 종자나 열매를 가진.

epizoite 동물체착생생물 명 다른 동물의 껍데기나 표면에서 살지만 기생하지 않는 생물.

epizoochory 동물체부착전파성 명 동물의 몸에 붙어서 종자가 전파되는 것.

epizoon 동물체착생생물 명 다른 동물의 몸 표면에서 사는 동물.

epizootic 동물유행병 명 동물들 간에서 유행하는 병.

eplicate 주름없는 형 주름이 없는.

epoch 세(世) 명 지질연대에서 기(period)의 한 부분.

eponychium 손발톱위허물, 상조피(上爪皮) 명 손톱이나 발톱의 초승달(lunula)을 덮는 각피의 얇은 주름.

eponym 관명 명 종, 기관, 법칙 또는 질병에 붙은 명칭의 기원이 된 사람의 이름.

EPP ⇨ end-plate potential.

epsilon-proteobacteria 입실론가변세균 DNA염기순서 자료에 근거하여 식별하는 가변세균(자색세균)의 무리. 캄필로박터(*Campylobacter*), 헬리오박터(*Heliobacter*), 티오불룸(*Thiovulum*), 월리넬라(*Wolinella*) 등의 화학유기영양생물들로 구성된다. ≒ **epsilon purple bacteria**.

EPSP ⇨ excitatory postsynaptic potential.

Epstein-Barr virus (EBV) 엡스타인-바 바이러스 전염성 단핵증(infectious mononucleosis)의 원인이 되고 버킷림프종 및 코인두암종과 관계가 있는 헤르페스바이러스. 주로 B세포와 상피세포에 감염하고 오래 계속되는 잠복감염을 통해 세포들의 형질전환을 일으킬 수 있다.

equatorial furrow 적도구(赤道溝) 수정된 알의 적도를 따라 첫 번째 난할이 일어나게 되는 난할구.

equatorial plate 적도판 (1) 중기판(metaphase plate); (2) 식물세포의 세포분열에서 새로운 세포벽이 형성되는 위치.

equiaxial 등축성(等軸性) 형 길이가 같은 축들을 가진.

equibiradiate 등2방사형 형 2개의 동일한 방사조직(또는 살)을 가진.

equicellular 등세포성(等細胞性) 형 같은 수의 세포들로 구성되거나 같은 크기의 세포들로 구성된.

equifacial 등면성(等面性) 형 수직으로 난 잎처럼 같은 면이나 옆을 가진.

equifinality 등결과성(等結果性) 명 행동의 발생에서 서로 다른 경로를 통해 같은 결과에 도달하는 것.

equilateral 등변(等邊)의 형 (1) 같은 옆을 갖는; (2) 각정(umbo)을 따라 가로지르는 선에 대해 대칭적인 껍데기에 적용되는 말.

equilibrium constant (K) 평형상수 가역적인 화학반응의 평형상태를 특징짓는 수. 정반응상수와 역반응상수의 비율로 나타낸다.

equilibrium dialysis 평형투석 투석막을 통과하여 확산될 수 있는 저분자리간드와 단백질과의 친화력을 측정하는 방법.

equilibrium potential 평형전위 특정 이온이 막 내외로 어느 방향으로나 쉽게 통과할 수 있을 때의 막전위.

equilibrium sedimentation 평형침강 ⇨ density gradient centrifugation.

equimolecular 등분자(等分子)의 ⇨ isotonic.

equinoctial 정시개폐(定時開閉)의 형 정해진 시간에 피고 닫히는 꽃(정시개폐꽃)에 적용되는 말.

equipotent 동분화능의 형 (1) 개체형성능의(totipotent); (2) 다른 세포나 부분 또는 기관의 기능을 수행할 수 있는.

equipotential 동잠재적 형 동일한 발생능을 가진.

Equisetales 속새목 속새류(horsetails). ⇨ Sphenophyta.

equitant 안장형 형 붓꽃 따위의 잎눈의 잎이나 줄기에 달린 잎과 같이 안장처럼 겹쳐진.

equivalence group 상등군 동일한 발생능을 갖는 배아세포들의 무리.

equivalve 등각(等殼)의 형 모양과 크기가 비슷한 2개의 껍데기를 가진.

ER 소포체(endoplasmic reticulum).

era 대(代) 명 고생대, 중생대, 신생대와 같은 지질연대의 주된 구분. 대는 기(period)로 세분된다.

eradication 근절, 박멸 명 특정 지역에서 종이 사라지는 것.

erect 직립(直立)의 형 똑바로 선; (1) 씨방의 꼭대기 쪽을 향한 밑씨(직립배주)에 적용되는 말; (2) 땅 위로 뻗지 않고 수직으로 자라는 식물에 해당되는 말.

erectile 발기성(勃起性) 형 음경이나 볏처럼 일으켜 세우거나 똑바로 설 수 있는.

erector 세움근, 기립근 명 기관이나 부분을 세우는 근육.

Eremian 형 북아프리카와 아시아의 사막들을 포함하는 구북구(Palaearctic region)의 부분에 해당되거나 그와 관련된 말.

eremic 사막성 형 사막과 관련되거나 사막에 사는.

eremobic 형 (1) 홀로 자라거나 사는; (2) 단독으로 존재하는.

eremophyte 사막식물 명 사막에 사는 식물.

eRF 진핵생물방출인자(eukaryotic release factor). ⇨ release factor.

ERG 망막전도(electroretinogram). ⇨ electroretinography.

ergaloid 형 날개는 없지만 유성생식이 가능한 성체를 갖는 곤충에 적용되는 말.

ergastic substance 후형질 세포에서 만들어지는 저장물 또는 노폐물.

ergatandrous 일개미형 웅성 형 일개미와 같은 수컷을 가진.

ergataner 명 일개미와 비슷한 수개미.

ergate(s) 일개미 명 일개미.

ergatogyne 예비여왕개미 명 여왕개미와 일개미의 중간격으로 일개미와 비슷한 암개미.

ergatoid 형 일개미와 비슷한 수개미에 적용되는 말.

ergocalciferol 에르고칼시페롤 ⇨ calciferol.

ergonomics 인간공학 명 작업 환경에서의 인간을 해부학적으로, 생리학적으로 그리고 심리적으로 연구하는 것.

ergonomy 기능분화 명 (1) 기능의 분화; (2) 형태적 특수화와 연관된 생리적인 분화.

ergosterol 에르고스테롤 명 효모, 곰팡이와 일부 조류, 그리고 동물조직에 들어 있는 스테롤. 자외선을 받으면 비타민 D(에르고칼시페롤)로 전환된다.

ergot 맥각(麥角) 명 호밀 등의 벼과 초본 곡물에서 맥각균(*Claviceps purpurea*)에 의해 형성되는 단단한 균사체 덩어리. 독성 알칼로이드를 함유하고 있어서 감염된 곡물을 먹었을 때 낙태, 환각과 어떤 경우 치사에 이르는 맥각중독증(ergotism)을 일으킨다.

ergotism 맥각중독증 ⇨ ergot.

ericaceous 진달래과의 명 히스, 헤더, 진달래 등을 포함하는 과인 진달래과(Ericaceae)와 관련된 말.

Ericales 진달래목 명 관목 또는 드물

게 교목이나 초본인 쌍떡잎식물의 목. 다래나무과(Actinidiaceae), 시로미과(Empetraceae), 진달래과(Ericaceae), 수정난풀과(Monotropaceae) 및 노루발과(Pyrolaceae)로 구성된다.

ericoid 철쭉의 형 진달래과 식물에 형성되는 내균근(철쭉내균근)에 적용되는 말. 곰팡이의 초(껍질)가 없고 뿌리의 피층세포에 대규모로 침투하며 세포 내에서 균사의 고리들이 만들어진다.

erineum 비로드병 명 어떤 진드기에 의해 잎에서 비정상적인 털들이 뻗어 나오는 것.

Eriocaulales 곡정초목 명 곡정초과(Eriocaulaceae)로 이뤄지는 외떡잎식물 초본의 목.

eriocomous 양털같은 형 (1) 털로 뒤덮인; (2) 양털 같은.

eriophyid 혹응애류 명 극히 작은 초식성 진드기인 혹응애과(Eriophyidae)의 무리들. 앞쪽에 두 쌍의 다리가 있고 호흡계가 없다.

eriophyllous 솜같은 형 솜 같이 부풀부풀한 잎을 가진.

erose 불규칙거치 형 불규칙한 톱니 모양의 가장자리를 갖는 잎이나 세균 집락에 적용되는 말.

E-rosette E로제트 T세포가 결합하면서 둘러싸고 있는 적혈구.

erostrate 부리없는 형 부리가 없는 꽃밥에 적용되는 말.

errantia 유영류(遊泳類) 명 운동성을 지닌 생물군. 비 sedentaria.

error-prone repair 오류유발수선, 오류유발회복 돌연변이를 유발하여 구조적으로 온전한 DNA를 회복시키는 DNA수선.

eruca 나비유충 명 (1) 나비 또는 나방의 유충; (2) 나비유충의 형태를 갖는 곤충의 유충.

erucic acid 에루크산 유채(*Brassica campestris*)와 동족의 일부 다른 식물에서 많은 양으로 발견되는 특이한 불포화 지방산($C_{22}H_{42}O_2$).

eruciform 나비유충형, 우충형(芋蟲型) 형 (1) 나비유충과 같이 다소 원통형의 몸을 갖고 진정한 가슴다리와 함께 배에 뭉툭한 다리가 달리는 곤충의 유충에 적용되는 말; (2) 나비유충의 형태를 가진.

erumpent 돌출한 형 갑자기 뚫고 나온, 곰팡이 균사에 적용되는 말.

erythema 홍반(紅斑) 명 혈관의 확장으로 인해 피부가 비정상적으로 붉은색을 띠는 것.

erythrism 과잉적색소증 명 꽃잎, 깃털, 털, 눈 따위에서 붉은색을 띠는 물질이 비정상적으로 존재하거나 과다한 양으로 들어 있는 것.

erythritol 에리트리톨 명 태반에서 높은 농도로 발견되고 브루셀라균의 생장을 촉진하는 당알코올.

erythroaphins 에리트로아핀 명복 진딧물에서 황색 식물색소의 사후 효소변형에 의해 만들어지는 붉은 색소.

erythroblast 적혈모구(赤血母球) 명 골수에서 장차 적혈구가 되는 핵을 가진 세포.

erythroblastosis foetalis 태아적모구증(胎兒赤母球症) 태아와 신생아에서 나타나는 심각한 유형의 용혈성 빈혈. '태아적아구증(胎兒赤芽球症)'이라고도 한다. Rh음성인 모친에 의해 태아의 Rh양성 적혈구를 파괴하는 항Rh항체가 만들어지면서 발생한다.

erythrocruorin 에리트로크루오린 명 환형동물과 연체동물에서 호흡색소의 구실을 하는 혈색소(헤모글로빈)에 대해 예전에 사용하던 이름.

erythrocuprein 에리트로쿠프레인 과산화물제거효소(superoxide dismutase).

erythrocyte 적혈구 명 척추동물 혈액에서 가장 수가 많은 유형의 세포. 작고 원반 모양이며, 대부분의 세포소기관이 없고 포유동물의 성숙한 적혈구에는 핵도 없다. 산소와 결합하는 단백질인 혈색소(헤모글로빈)가 많은 양으로 들어 있으며, 혈색소는 산소를 운반하고 세포가 붉은색을 띠게 한다. ≒ red blood cell, red blood corpuscle.

E

erythrocyte colony-forming unit (CFU-E) 적혈구집락형성단위 적혈구생성소(erythropoietin)의 존재 아래 배양하면 적혈구의 집락을 형성하는 적혈구 전구세포.

erythrocytic 적혈구성 형 말라리아원충의 생활주기에서 분열소체(merozoite)가 사람의 적혈구로 침입하는 시기에 적용되는 말.

erythrocytic burst-forming unit (BFU-E) 적혈구성 거대세포군집 적혈구생성소의 자극을 받으면 배양에서 적혈구의 거대한 군집을 형성하는 골수세포. 적혈구집락형성단위의 전구세포로 여겨진다.

erythrogenic 발적성(發赤性) 형 염증이나 발진에서와 같이 붉어지게 하는.

erythrogenic toxin 발적독소(發赤毒素) 화농성 연쇄상구균(*Streptococcus pyogenes*)이 생산하는 독소. 성홍열환자에서 붉은 반점이 생기게 한다.

erythrolabe 안적소(眼赤素) 명 사람의 눈에서 적색을 감지하는 색소.

erythromycin 에리트로마이신 명 방선균의 일종인 스트렙토미세스 에리트레우스(*Streptomyces erythreus*)가 생산하는 항생물질. 세균의 단백질합성을 억제한다.

erythron 적세포(赤細胞) 명 골수와 혈액에 들어 있는 적색 세포를 통틀어 이르는 말.

erythrophilous 호적성(好赤性) 형 적색 염색에 친화력을 가진.

erythrophore 적색소세포(赤色素細胞) ⇨ xanthophore.

erythrophyll 에리트로필 명 어떤 잎과 홍조류에서 발견되는 붉은 안토시아닌.

erythropoiesis 적혈구생성 명 적혈구가 만들어지는 것.

erythropoietic 적혈구생성의 형 (1) 적혈구를 생산하는; (2) 적혈구의 생성을 촉진하는.

erythropoietin 적혈구생성소 명 주로 콩팥에서 만들어지고 전구세포부터 적혈구가 최종적으로 분화되도록 촉진하는 당단백질호르몬.

erythrose 에리트로오스 명 특히 녹색식물에서 탄소고정에 관여하는 4탄당.

ESC 배아줄기세포(embryonic stem cell).

escape (1) 명 **야생화생물(野生化生物)** 원래 재배되었다가 지금은 야생으로 자라는 식물이나 동물; (2) 형 **도피의** 불쾌한 자극으로부터 멀어지는 동물의 행동(도피행동)에 적용되는 말.

ES cells 배아줄기세포(embryonic stem cells).

***Escherichia coli* 대장균** 사람과 그 밖의 일부 포유동물의 잘록창자(결장)에 서식하는 대체로 무해한 세균. 대장균은 세균유전학에서 실험재료로 널리 이용되고 재조합DNA기술에서 숙주세균으로 이용된다. 대장균의 일부 균주는 병원성이고, 사람과 동물에서 심각한 위장관질병을 일으킨다.

escutcheon 능상부 명 많은 네발짐승의 엉덩이 부분. 다양한 색깔을 띠거나 특수하게 배열된 털이 달린다.

eseptate 무격벽성 형 격벽이 없는.

eserine 에세린 명 콜린에스테르가수분해효소(cholinesterase)의 특이적 억제제인 식물알칼로이드. ≒ physostigmine.

E-site E부위, E자리 단백질 합성에서 해당하는 아미노산을 방출한 tRNA가 리보솜을 떠나기 직전에 결합하는 리보솜의 부위.

esophageal, esophagus 'oesophageal'과 'oesophagus'의 철자.

esoteric 형 생물체 안에서 생기는.

espathate 무불염포성 형 불염포가 없는.

esquamate 비늘없는 형 비늘이 없는.

ESS ⇨ evolutionarily stable strategy.

essential amino acids 필수아미노산 몸에서 합성될 수 없거나 단지 불충분한 양으로만 들어 있어서 음식물을 통해서 반드시 공급받아야 하는 아미노산. 사람의 필수아미노산은 아르기닌, 히스티딘, 이소류신, 류신, 리신, 메티오닌, 페닐알라닌, 트레오닌, 트립토판, 발린이다.

essential elements 필수원소 ⇨ trace elements.

essential fatty acids (EFA) 필수지방산 포유동물이 합성할 수 없어서 반드시 음식물에 들어 있어야 하는 지방산. 리놀레산, 리놀렌산 따위가 있다.

essential oils 정유(精油) 식물의 벤젠과 테르펜에서 얻어지는 다양한 휘발성 기름의 혼합물. 독특한 냄새를 풍기며, 곤충을 유인하거나 곰팡이의 공격을 막아내는 등 다양한 기능을 갖는다.

EST ⇨ expressed sequence tag.

ester 에스테르 명 알코올과 산(예: 카르복실산) 간의 축합반응으로 생긴 유기산물. 이 반응에서 형성되는 결합을 에스테르결합($-CH_2-O-CO-$)이라 한다.

esterase 에스테르가수분해효소 명 에스테르결합을 가수분해하여 산을 분리시키는 가수분해효소를 통틀어 이르는 말. EC 3.1.

esterification 에스테르화 명 에스테르를 형성하는 것.

esthesia 감각 'aesthesia'의 철자.

estipulate 무탁엽성(無托葉性) 형 턱잎(탁엽)이 없는.

estival 여름의 'aestival'의 철자.

estivation 유엽태, 여름잠 'aestivation'의 철자.

estradiol 에스트라디올 'oestradiol'의 철자.

estriate 민무늬의 형 (1) 좁고 평행한 홈이나 선의 자국이 없는; (2) 줄무늬가 없는. 비 striate.

estrin, estriol, estrogen, estrone, estrous, estrus 각각 'oestrin', 'oestriol', 'oestrogen', 'oestrone', 'oestrous', 'oestrus'의 철자.

estuarine 하구(河口)의 형 강의 하류나 민물과 바닷물이 만나는 강어귀에서 사는.

etaerio 딸기형 열매 명 수과(achene), 장과(berry), 소핵과(drupel), 골돌과(follicle) 또는 익과(samara)로 이뤄지는 집합과.

ethanol 에탄올 명 에틸알코올(CH_3CH_2OH). 효모와 그 밖의 미생물들에 의해 피루브산이 아세트알데히드로 전환되고 이어서 에탄올로 전환되는 발효과정을 통해 당으로부터 만들어진다. 에탄올을 생산하는 대규모의 산업적 생물공학 공정에는 맥주와 포도주의 양조업뿐만 아니라 유기폐기물로부터의 알코올연료 생산이 포함된다.

ethanolamine 에탄올아민 명 인지질 포스파티딜에탄올아민에서 머리부분을 형성하는 작은 친수성 분자.

ether 에테르 명 2개의 탄화수소 라디칼과 결합한 산소원자로 구성되는 유기화합물($-CH_2-O-CH_2-$). 고세균역(Archaea)의 막지질에서 발견되는 결합의 형태이다. 비 ester.

ethereal 에테르성 형 (1) 에테르와 과일의 냄새를 포함하는 냄새의 종류에 적용되는 말; (2) 많은 종자식물의 방향유에 적용되는 말.

ethidium bromide 브롬화 에티듐 2중가닥DNA와 결합하면 오렌지색의 형광을 발하는 시약.

Ethiopian region 에티오피아동물지리구 월리스(Wallace)의 분류에서 사하라 남쪽의 아프리카, 마다가스카르 그리고 아라비아 반도의 남서부를 포함하는 동물지리구. 동아프리카동물아구, 말라가시동물아구, 남아프리카동물아구, 서아프리카동물아구로 나뉜다.

ethmohyostylic 사골설골의 형 벌집뼈(사골)와 목뿔뼈(설골)에 걸린 아래턱을 가진.

ethmoid 벌집뼈의, 사골(篩骨)의 형 비강(코안)의 상당 부분을 이루는 뼈와 관련된 말.

ethmoidal 벌집뼈의, 사골(篩骨)의 형 벌집뼈나 그 구역과 관련된 말.

ethmoidal notch 벌집패임, 사골절흔 이마뼈(전두골)의 두 눈구멍 부분들을 분리하는 4각형의 공간.

ethmopalatine 사골구개골(篩骨口蓋骨)의 형 벌집뼈와 입천장뼈(구개골) 또는 이들 구역과 관련된 말.

ethmoturbinals 벌집뼈선반, 사골갑개(篩骨甲蓋) 명복 주름이 잡혀서 후각상피의 면적이 늘어나는 비강의 연골이나 뼈.

ethmovomerine 사골서골(篩骨鋤骨)의 형 (1) 벌집뼈와 보습뼈(서골) 구역과 관련된 말; (2) 초기 배아에서 코사이막을 형성하는 연골에 적용되는 말.

ethnobotany 토속식물학 명 인간에 의한 식물의 이용을 연구하는 것.

ethnography 민족지학(民族誌學) 명 인류의 종족을 기재하고 연구하는 것.

ethnology 민족학, 인종학 명 서로 다른 인간의 종족과 그들의 분포, 관계 및 활동을 다루는 학문.

ethnozoology 토속동물학 명 인간에 의한 동물의 이용을 연구하는 것.

ethogram 행동목록 명 동물의 자연적인 행동과 동물이 나타나는 전후 사정을 기재한 것.

ethological isolation 행동격리 행동의 차이에 기인하여 종간 교배가 방해를 받는 것.

ethology 동물행동학 명 자연적인 서식지에서의 동물의 행동을 연구하는 학문. 형 **ethological**.

ethylene 에틸렌 명 식물에서 소량 생산되는 가스(C_2H_4). 과일의 성숙을 조절하는 등 식물호르몬으로서 다양한 효과를 갖는다. 식물의 세포막에서 특정한 에틸렌수용체에 작용한다.

ethylenediaminetetraacetate 에틸렌디아민테트라아세트산 ⇨ EDTA.

etiolation 황화(현상) 명 어둠 속에서 자란 식물체에서 나타나는 현상. 엽록소가 없고 엽록체가 발달하지 않으며 마디사이(절간)가 길게 신장되어 식물체가 가늘고 긴 막대기 같이 된다. 제대로 발달하지 못한 작은 잎을 갖는다. 형 **etiolated**.

etiolin 에티올린 ⇨ protochlorophyll.

etiological 원인론적, 병인론적 'aetiological'의 철자.

etiology 병인론, 병인학 'aetiology'의 철자.

etioplast 황색체(黃色體) 명 (1) 빛이 없는 곳에서 만들어진 엽록체. 황화엽에서 볼 수 있다. 틸라코이드막과 엽록소가 없으며 빛을 쬐면 기능적인 엽록체로 발달한다; (2) 엽록체의 전구체.

-etum 생태학에서 헤더(*Calluna vulgaris*)가 우점하는 군집인 칼루나우점군락

(callunetum)처럼 특정종이 우점하는 식물군집을 가리키는 데 사용하는 접미사.

euapogamy 진무배생식(眞無胚生殖) 명 배우자의 융합 없이 배우자체의 하나 또는 여러 세포들로부터 2배체 포자체가 발생하는 것. 반수체 무배생식은 '감수무배생식(meiotic apogamy)'을 참고하시오.

Euascomycetae 진정자낭균강 명 자낭이 자낭과(ascocarp)로 둘러싸이는 자낭균류의 방대한 강. 검은곰팡이, 청색곰팡이, 흰가루병곰팡이, 반균류, 타르점무늬병균, 곰보버섯과 덩이버섯류(서양송로) 등이 포함된다.

euaster 진성상체(眞星狀體) 명 별 모양의 방추사들이 공통의 중심에서 만나는 성상체(aster).

Eubacteria 진정세균 ⇨ Bacteria.

eucarpic 분실성(分實性) 형 몸체(엽상체)의 일부분에서만 자실체가 생기고 몸체의 다른 부분에서는 체세포의 기능을 계속 수행하는, 곰팡이(분실성 균류)에 적용되는 말. 비 holocarpic, monocentric.

Eucarya 진핵생물역 'Eukarya'의 철자.

eucaryote, eucaryotic 진핵생물, 진핵성 'eukaryote'와 'eukaryotic'의 철자.

eucentric ⇨ pericentric.

eucephalous 유두형(有頭型) 형 잘 발달된 머리가 있는, 어떤 곤충의 유충에 적용되는 말.

euchroic 정상색의 형 정상적인 색소를 가진.

euchromatin 진정염색질 명 DNA가 전사될 수 있는 구조적 상태에 있는 염색질. 형 **euchromatic**. 비 heterochromatin.

Eucommiales 두충목 명 1과(두충과, Eucommiaceae) 1속(두충속, *Eucommia*)으로 구성되는 쌍떡잎식물 교목의 목.

eucone 진정원뿔의 형 각각의 낱눈에 완전히 발달된 수정원뿔이 있는, 겹눈에 적용되는 말.

eudominant 전형우점종 명 특정한 극상식생에 어느 정도 한정된 우점종.

eudoxome 유독솜 명 관해파리류에서 영종(nectocalyx)이 없는 자유로이 유영하는 단계.

eugamic 형 젊었거나 늙은 시기가 아닌 성숙한 시기에 적용되는 말.

eugenic 우생적(優生的) 형 종족의 적응도나 번식을 증대시킬 수 있는.

eugenics 우생학(優生學) 명 인류의 유전적 질을 '향상'시킨다는 목적으로 20세기 초반에 유럽과 미국에서 절정을 이룬 의사과학적 철학. 결국에는 '부적합'하다고 간주되는 사람들을 강제로 불임시키고 소수 인종을 박해하였다.

euglenoid 유글레나의 형 (1) 유글레나식물문(Euglenophyta)과 관련된 말; (2) 유글레나(*Euglena*)와 같이 형태가 변하는 데 따른 운동에 적용되는 말.

Euglenophyta, euglenoids 유글레나식물문, 유글레나류 명, 명복 유글레나(*Euglena*)로 대표되는, 주로 단세포성이고 민물에 살며 편모가 달린 원생생물의 문. 단단한 세포벽이 없고 저장산물은 지방이거나 다당류 파라밀론이다. 1개의 운동성 파동모(undulipodium)와 이보다 작고 밖으로 드러나지 않는 편모를 갖는다. 대부분의 종류가 광합성을 한다. 예전의 식물 분류체계에서는 조류(algae)의 문으로 취급하였다. 동물의 분류체계에서는 편모충아문(Mastigophora)에 포함시킨다.

eugonic 발육양호의 형 (1) 다산하는; (2) 풍부하게 자라는, 세균의 집락에 적용되는 말.

euhaline 진염성(眞鹽性) 형 (1) 해수 또는 약 35 ppt(천분율)의 염도를 나타내는 물에 적용되는 말; (2) 소금물에서만 사는.

euhyponeuston 진정수표하생물(眞正水表下生物) 명 일생동안 수면에서 5 cm 이내에 사는 생물.

Eukarya 진핵생물역 명 지구 상의 모든 생물을 분류하는 3개의 역(domain) 또는 상계(superkingdom) 가운데 하나. 다른 2개는 세균역(Bacteria)과 고세균역(Archaea)이다. 진핵생물은 막으로 둘러싸인 핵과 그 안에 히스톤과 복합체를 형성하고 염색체로 편성되는 DNA가 들어있는 세포로 된 모든 생물을 포함한다. 진핵세포는 단백질의 필라멘트와 세관들로 구성된 광범위한 세포골격을 가지며, 많은 세포기능들이 막으로 둘러싸인 세포소기관(예: 미토콘드리아, 엽록체, 소포체, 골지장치 등)에서 세포질과 격리되어 나타난다. 진핵생물역은 원생동물, 조류, 균류, 점균류, 식물 및 동물로 구성된다. 형 **eukaryotic**. (⇨ 부록 1~4)

eukaryote 진핵생물 명 진핵생물역(Eukarya)을 구성하는 생물.

eukaryotic cell 진핵세포 진핵생물의 몸을 이루는 세포.

eulamellibranch 진판새(眞瓣鰓)의 형 연체동물 2매패류의 아가미에서 점막의 주름인 새판(gill filament)들이 조직의 다리들에 의해 다른 새판들과 연결되는 아가미에 적용되는 말.

Euler-Lotka equation 오일러-로트카방정식 생존과 생식력 자료를 이용하여 개체군의 내인성 증가율(r)을 계산하는 데 쓰이는 방정식. 여기서 l_x는 태어나서 연령계급 x가 시작될 때까지 생존할 가능성이고, m_x는 연령계급 x에서 암컷당 낳는 자손의 수이다.

eumelanin 유멜라닌 명 검은 멜라닌.

eumerism 유메리즘 명 비슷한 부분들이 집합하는 것.

eumeristem 진정분열조직 명 벽이 얇고 어떤 방향으로도 직경이 같은 세포들로 구성되는 분열조직. 조밀한 세포질과 큰 핵을 갖는 것이 특징이다.

eumerogenesis 유메로제네시스 명 최소한 얼마 동안 단위들이 비슷한 분절(segmentation).

eumetazoa 진정후생동물 명 해면동물을 제외한 다세포동물.

eumitosis 진정유사분열 명 다세포로 된 대부분의 식물과 동물의 세포들에서 일어나는 것과 같은 전형적인 유사분열.

euphausiid 난바다곤쟁이류 명 작고 빛을 발하며 새우처럼 생긴 난바다곤쟁이목(Euphausiacea)의 갑각류들. 해양플랑크톤의 중요한 부분을 이룬다.

Euphorbiales 대극목 명 주로 교목과 관목이고 가끔 초본인 쌍떡잎식물의 목. 회양목과(Buxaceae), 대극과(Euphorbiaceae), 호호바과(Simmondsiaceae) 등으로 이뤄진다.

euphotic 유광대(有光帶)의 형 (1) 빛이 잘 쪼이는, 표층수로부터 약 80~100 m 수심까지의 구역에 적용되는 말; (2) 투광대(photic zone)의 위쪽 층.

euphotometric 형 산란광을 최대로 받게끔 방향을 잡은 잎에 적용되는 말.

euplankton 진정부유생물, 진정플랑크톤 명 탁 트인 물에 사는 플랑크톤.

euploid 정배수체 형 (1) 2배체, 3배체, 4배체 등과 같이 반수체 염색체의 수를 정확하게 배수로 갖는, 명 **euploidy**; (2) 상대유전자량에 지장을 주지 않는 염색체이상에 적용되는 말, ≒ balanced; (3) 명 반수체 염색체의 수를 정확하게 배수로 갖는 세포로 구성된 생물.

eupotamic 유수성(流水性) 형 하천과 잔잔한 후미 모두에서 잘 자라는, 플랑크톤에 적용되는 말.

Euptales 유프텔레아목 명 1속(유프텔레아, *Euptelea*), 1과(유프텔레아과, Eupteleaceae)로 이뤄지는 교목과 관목인 쌍떡잎식물의 목.

European subregion 유럽아구 (1) 유럽-시베리아식물구의 1부분. 지중해를 제외하고 스칸디나비아 남부에서 스페인 북부에 이르는 유럽 전체와 동쪽으로 우랄 산맥까지로 구성된다; (2) 구북구(Palaearctic region)를 세분한 동물지리구의 1부분. 남쪽으로 피레네 산맥과 알프스 산맥 남부까지 그리고 동쪽으로 카스피 해와 우랄 산맥까지의 북유럽과 서유럽을 포함한다. 아이슬란드와 그린란드도 포함된다.

Euro-Siberian region 유럽-시베리아식물구 북방식물계의 1부분. 스칸디나비아 남부에서 스페인 북부에 이르는 유럽 전체와 북위 약 65°와 약 50° 사이의 아시아로 구성된다.

Euryarchaeota 메탄생성호염성고세균계 명 DNA염기순서 자료에 근거하여 식별하는 고세균역(Archaea)의 계. 극호염세균(예: *Halobacterium*)과 대부분의 메탄생성세균(예: *Methanobacterium, Methanococcus, Methanosarcina* 등) 그리고 테르모플라스마(*Thermoplasma*)와 아르케오글로부스(*Archaeoglobus*)를 포함한다. 비 Crenarchaeota.

eurybaric 광압성(廣壓性) 형 고도나 압력의 큰 차이에 적응할 수 있는 동물에 적용되는 말.

eurybathic 광심성(廣深性) 형 넓은 범위의 수직분포를 가진.

eurybenthic 광저성(廣底性) 형 바다에서 넓은 범위의 수심에 걸쳐 살거나 또는 대양저에 사는 생물의.

eurychoric 광분포성(廣分布性) 형 널리 분포하는.

euryhaline 광염성(廣鹽性) 형 넓은 범위의 염도에 적응할 수 있는 해양생물에 적용되는 말.

euryhygric 광습성(廣濕性) 형 넓은 범위의 대기습도에 적응할 수 있는 생물에 적용되는 말.

euryoecious 광지성(廣地性) 형 넓은 범위의 서식지 선택을 가진.

euryphotic 광광성(廣光性) 형 넓은 범위의 빛에 적응할 수 있는.

Eurypterida, eurypterids 광익류(廣翼類) 명, 명복 퇴구강(Merostomata)의 멸종된 수생 절지동물의 아강(또는 목). 몸길이가 2 m 이상인 거대한 포식동물이며, 오르도비스기에 출현하였다. 몸은 짧은 전체와 긴 후체로 구분되고, 전갈을 닮았다.

eurythermic 광온성(廣溫性) 형 넓은 범위의 온도에 적응할 수 있는 생물에 적용되는 말. ≒ **eurythermous**.

eurytopic 광생성(廣生性) 형 넓은 범위의 지리적 분포를 가진.

euryxerophilous 광건성(廣乾性) 형 온대기후에서 넓은 범위의 건조한 상태에 적응할 수 있는 식물에 적용되는 말.

eusocial 진정사회성 형 서로 협동하여 새끼들을 돌보고, 생식적 분업이 일어나서 불임개체들은 번식에 종사하는 개체들을 위하여 일하는 사회성 곤충에 적용되는 말. 진정사회성 곤충에는 모든 개미류와 흰개미류 그리고 일부 벌과 말벌들이 포함된다.

eusporangiate 진정포자낭의 형 몇 개의 시원세포로부터 여러 세포층으로 된 벽을 갖는 포자낭(진정포자낭)이 발달하는 고사리류에 적용되는 말. 비 leptosporangiate.

eusporangium 진정포자낭 ⇨ eusporangiate.

Eustachian tube 귀인두관, 유스타키오관

가운데귀와 인두(목구멍)를 연결하는 관.

Eustachian valve 유스타키오판 심장의 심방에서 하대정맥의 구멍에 있는 판.

eustele 진정중심주 명 관다발조직의 다발(관다발)이 중심속을 둘러싸고 있고 유조직성 기본조직에 의해 관다발들이 서로 떨어져 있는 중심주의 한 종류. 속새류와 쌍떡잎식물 그리고 일부 겉씨식물의 줄기에서 나타난다.

Eustigmatophyta 진안점조식물문(眞眼點藻植物門) 명 황록색의 단세포성 광합성 원생생물. 카로티노이드 색소의 방울들로 구성된 독특한 안점을 갖고 주로 1개의 편모를 갖는다.

eustomatous 진구성(眞口性) 형 뚜렷한 입이나 입 같은 구멍을 가진.

eustroma 진정자좌(眞正子座), 진정스트로마 명 지의류에서 곰팡이세포들로만 이루어진 자좌(스트로마).

Eutheria, eutherians 진수하강(眞獸下綱), 진수류 명, 명복 단공류와 유대류를 제외한 모든 포유동물이 포함되는 포유강의 하강. 태생(viviparous)이며, 태아에는 요막태반이 발달한다. 오랜 임신기간이 지난 다음에 미성숙성체의 형태로 새끼가 출생한다. ≒ placental mammals.

euthycomous 직모성(直毛性) 형 곧은 털의.

eutrophic 부영양(富營養)의 형 식물영양소가 풍부하게 들어 있어서 생산력이 높고 플랑크톤의 수가 아주 많으며 보통 남세균이 우점하고 여름에 자주 물이 탁해지는 수체에 적용되는 말. 부영양화된 물에서는 조류에 의한 물꽃이 빈번하게 일어난다. 농어무리나 잉어류 등의 담수어가 많이 나타난다. 많은 양의 유기물이 분해되면서 물의 용존산소가 고갈됨에 따라 대형수생식물들이 드물다. 명 **eutrophy**. ⇨ eutrophication.

eutrophication 부영양화 명 담수의 수체에 식물의 무기영양소들(예: 질산염, 인산염)이 풍부해지는 현상. 부영양화는 자연적으로 일어날 수 있지만 인간 활동의 결과로 일어날 수 있고(비료의 유출과 하수의 배출에 따른 인위적 부영양화), 특히 유속이 느린 강과 수심이 얕은 호수에서 자주 나타난다. 식물플랑크톤과 초식성 동물플랑크톤의 생물량이 증가하고 종다양성은 감소한다. 물은 여름에 탁해지고 대형 수생식물의 생장이 억제되는 반면, 조류에 의한 물꽃이 빈번하게 나타난다. 많은 양의 유기물이 분해되면서 물이 차츰 무산소 상태가 되기도 한다. 축적되는 퇴적물의 양이 늘어나서 호수나 강의 바닥이 높아지고 주변에 육상식물이 자리잡기 시작하면서 결국에는 그 일대가 육지로 변한다.

eutropic 향일성 형 (1) 태양을 향하여 돌리는; (2) 우권(dextrorse).

eutropous 형 (1) 특별한 종류의 꽃을 찾아가도록 적응된 곤충에 적용되는 말; (2) 제한된 무리의 곤충들만이 이용할 수 있는 꿀을 가진 꽃에 적용되는 말.

euxerophyte 진건생식물(眞乾生植物) 명 매우 건조한 조건에 적응하고 잘 자라는 식물.

evaginate 외전하다, 팽출하다 동 (1) 덮개가 있는 구조로부터 뒤집고 나오다; (2) 밖으로 뒤집어 돌출하다.

evagination 외전(外轉), 팽출(膨出) 명 (1) 덮개를 벗는 과정 또는 그러한 과정의 생성물; (2) 내측을 밖으로 뒤집는 과정.

E-value E값 거짓양성(false-positive) 기대치. 서열 데이터베이스 검색에서 상동 서열만을 찾을 수 있도록 구분점(cut-off point)으로 사용하는 통계적 값을 말한다.

evanescent 일시적 형 (1) 일찍 사라지는; (2) 빨리 색깔이 바래는 꽃에 적용되는 말.

evaporative water loss (EWL) 증산손실, 증발손실 (1) [식] ⇨ evapotranspiration; (2) [동] 포유동물과 새에서 물의 증발을 통하여 몸으로부터 열이 소실되는 것. 증발손실은 일부 포유동물의 경우 몸의 표면에서 일어나고(발한, sweating), 또는 일부 포유동물과 새의 경우 기도에서 일어난다(열호흡촉진, thermal panting). 어떤 새와 동물은 몸을 식히기 위해 증발손실을 활발히 이용하지만, 소형 포유동물의 경우 증발손실이 자칫 탈수를 유발할 수 있으므로 이를 최소화한다.

evapotranspiration 표면증산 명 지표로부터의 증발과 그곳에 사는 식물로부터의 증산에 의하여 수분이 토양에서 소실되는 것. '증발산'이라고도 한다.

evelate 무피막성(無被膜性) 형 피막(veil)이 없는, 어떤 주름버섯류에 적용되는 말.

even-toed ungulates 우제류 ⇨ artiodactyls.

event-related potential 사건관련전위 뇌에서 감각적 또는 운동적 자극에 대한 반응의 결과로 나타나는 전기적 활동의 큰 변화. ≒ evoked potential.

evergreen 상록(常綠) 형 동시에 모든 잎이 떨어지지 않고 따라서 연중 녹색을 띠는 관다발식물에 적용되는 말.

eviscerate 적출(摘出)하다 동 (1) 내장을 꺼내다; (2) 해삼류가 잡히면 그러하듯이 내장을 빼내다.

evocation 환기작용(喚起作用) 명 발생생물학에서, 유도되는 조직에서 분화의 특정한 경로를 끌어내는 유도자(환기인자)의 능력.

evoked potential 유발전위 ⇨ eventrelated potential.

evolute 벌어진 형 (1) 뒤쪽으로 젖혀진; (2) 벌어진.

evolution 진화(進化) 명 생명체에서 이전부터 존재하던 유형으로부터 장기간에 걸친 유전적 차이의 누적에 의해 새로운 유형이 발달하는 것. 진화는 화석기록을 참고하고 현존하는 생물들 간의 해부적, 생리적 및 유전적 차이에 근거해서 연구한다. 진화과정에 대한 오늘날의 견해는 19세기에 다윈(Charles Darwin)과 월리스(Alfred Russel Wallace)에 의해 제안된 자연선택을 통한 진화론에 크게 기초하고 있다. 다윈의 당시에는 알려지지 않았던 멘델의 유전법칙 그리고 보다 최근의 분자생물학적 발견들과 접목되면서 다윈의 이론은 다소 변경이 가해졌지만, 그래도 여전히 현대생물학의 기본 체제로 남아 있다. ⇨ Creationism, Darwinism, natural selection, neo-Darwinism, macroevolution, microevolution, molecular evolution.

evolutionarily stable strategy (ESS) 진화적 안정전략 진화론에서, 만일 개체군에서 대부분의 개체들이 취한다면 다른 어떤 전략도 이보다 유리할 수 없고 따라서 자연선택에 의해 확립되는 경향이 있는 행동양식이나 전략. 놀이이론(game theory)을 이용하여 여러 가지 다른 전략들(예: 수컷들 간의 경쟁에서)의 결과를 산출할 수 있고 이론적 ESS를 결정하여 실제 행동과 비교한다.

evolutionary clock 진화시계 ⇨ molecular clock.

evolutionary distance (*ED*) 진화적 거리 두 분류군의 진화적 혈연에 대한 척도. 리보솜DNA 등의 염기순서를 비교하고 두 분류군에서 염기순서가 차이를 나타내는 위치의 수를 이용하여 진화적 거리를 구한다. ≒ genetic distance.

evolutionary grade 진화등급 종 또는 종의 무리(동족일 필요가 없음)가 공유하

E

는 구조의 발생, 생리적 과정 또는 행동의 정도.

evolutionary psychology 진화심리학 인간정신과 인간행동의 구조를 연구할 때 진화생물학의 지식과 원리를 이용하는 심리학의 분야.

evolutionary taxonomy 진화분류학 표현형의 특징과 계통을 이용하여 생물을 분류하는 생물학의 1분야. 분지분석에 의한 분류와 다른 점 가운데 하나는 공통조상으로부터 유래된 모든 후손을 포함하지 않는 분류군을 인정하는 것인데, 이를테면 파충강(Reptilia)은 파충류 조상에서 유래된 새를 포함하지 않는다. 비 cladistics.

evolutionary transformation series 진화적 변형계열 둘 중 하나는 기원이 다른 상동형질의 쌍.

evolvability 진화력(進化力) 명 진화적으로 변천할 수 있는 능력.

evolvate 무균포성(無菌包性) 형 균포(volva)가 없는, 일부 주름버섯류에 적용되는 말.

evolve 진화하다 동 진화를 겪는다.

EWL ⇨ evaporative water loss.

ex- '-없이'를 뜻하는 그리스어 '*ex*'에서 유래된 접두사.

exafferent 체외 형 오로지 몸 외부의 요인들에 기인하는 자극(체외 자극)에 적용되는 말.

exalate 날개없는, 무시(無翅)의 형 날개가 없는.

exalbuminous 무배유 형 (1) 배젖 또는 난백이 없는; (2) 배젖이나 외배젖이 없는 종자(무배유종자)에 적용되는 말.

exannulate 무환대(無環帶)의 명 환대(annulus)가 없는 포자낭을 갖는, 어떤 고사리류에 적용되는 말.

exanthema 발진(發疹) 명 피부의 발진, 또는 홍역과 같이 피부에 작은 종기가 광범위하게 돋는 질환.

exaptation 굴절적응 명 특정한 기능을 위해 자연선택으로 진화된 특징이 다른 기능을 위한 선택에 놓이는 진화과정. 예를 들면 처음에 단열을 위해 적응된 깃털이 나중에는 비행을 위해 적응되었다.

exarate 나용(裸踊)의 형 모든 부속지들이 몸에 밀착되어 있지 않은 곤충의 번데기(용)에 적용되는 말.

exarch 외원형(外原型) 명 원생물관부들이 후생물관부의 바깥쪽에 위치하는 중심주의 형태. 물관부가 구심적으로 성숙하면서 발달하고, 오래된 원생물관부는 축의 중심부에서 멀리 떨어지게 된다.

exarillate 무가종피(無假種皮)의 형 가종피(aril)가 없는.

exasperate 조면(粗面)의 형 단단하고 뻣뻣한 돌출부가 많은.

Excavata, excavates 유굴(有窟)생물 명, 명복 분자계통학적 연구를 통해 제안된, 다양한 범주의 종속영양성 단세포 진핵생물을 포함하는 단계통 분류군. 대부분 편모를 갖고 있다. 중복편모충류, 파동편모충류, 유글레나류 그리고 일부 아메바성 원생동물과 무유주자균류가 포함된다.

excavate 구멍뚫는 형 속을 파내는.

excentric 편심(偏心)의 형 (1) 한쪽으로 치우친; (2) 고르지 않게 발달한 두 부분의 층(lamina)이나 갓(pileus)을 가진. ≒ eccentric.

exchange diffusion 교환확산 ⇨ antiport.

exciple, excipulum 외피층, 과탁(果托) 명 자낭반(apothecium)의 바깥 덮개.

excision repair 절제수선, 절제회복 DNA 수선과정의 하나. 한 가닥의 DNA로부터 비정상적 또는 짝짝이 뉴클레오티드를 효소의 작용으로 잘라내고, 손상을 입지 않은 쪽의 DNA가닥을 주형으로 하여 효소의 합성에 의해 올바른 뉴클레오티드로 대체한다.

excitability 흥분성 명 생체의 세포나 조직이 환경의 변화나 자극에 대응하는 능력.

excitation 흥분 명 (1) 자극을 유발하거나 증가시키는 행동; (2) 자극에 대한 세포, 조직 또는 생물체의 즉각적인 반응.

excitation-contraction coupling 흥분수축짝지음 근육의 수축성 원섬유가 뉴런의 흥분에 의해 수축되는 과정.

excitatory 흥분성 형 (1) 흥분하는 경향이 있는, 자극이나 세포 등에 적용되는 말; (2) 시냅스후 뉴런에서 활동전위를 일으키는 작용을 하는 뉴런이나 신경전달물질 또는 시냅스에 적용되는 말. 비 inhibitory.

excitatory cells 흥분성 세포 교감신경계에 있는 운동뉴런.

excitatory postsynaptic potential (EPSP) 흥분성 시냅스후 전위 시냅스에서 방출되는 신경전달물질의 작용에 의해 시냅스후 뉴런에서 발생하는 전기적 전위. 활동전위를 일으키는 경향이 있다.

excitotoxicity 흥분독성 명 흥분성 신경전달물질인 글루탐산의 많은 양으로 인해 자극과잉 상태가 되었을 때 뉴런이 손상을 받아 죽는 것. 신경세포막의 장기적인 탈분극을 유발한다.

exclusive species 전형적 종 한 군집에만 국한된 종.

exconjugant 접합완료체, 접합전달체 명 (1) 다른 미생물과 접합이 끝난 다음 독립적인 생활을 하는 미생물; (2) 수컷세포와 접합하여 수컷세포로부터 DNA를 받은 암컷세균세포.

excorticate 껍질제거된, 피질제거된 ⇨ decorticate.

excreta 배설물 명복 (1) 몸이나 그 안에 조직에서 배출된 노폐물; (2) 식물체 내에서 형성된 유해물질.

excretion 배설 명 동물이나 식물의 몸에서 노폐물이 배출되는 것. 특히 대사작용에서 생기는 노폐물의 배출을 가리킨다.

excretophores 배설포(排泄胞) 명복 무척추동물에서, 혈액에 축적되는 노폐물을 받아 체강액으로 내보내는 구실을 하는 체강상피의 세포들.

excretory 배설의 형 배설과 관련되거나 배설의 기능을 하는, 기관이나 관 등에 적용되는 말.

excurrent 유출성, 외줄기의 형 (1) 나가는 흐름이 일어나는 관, 통로 또는 길에 적용되는 말; (2) 가지가 없는 원줄기를 갖는; (3) 꼭대기 너머로 돌출하는 중앙맥을 갖는, 잎에 적용되는 말.

excurvate 밖으로 굽은 형 중심에서 바깥쪽으로 굽은.

excystation 탈낭(脫囊) 명 피낭에서 돌출하는 것.

exendospermous 무배젖의 형 배젖이 없는.

exergonic 자유에너지감소성 형 에너지를 방출하는, 대사반응에 적용되는 말.

exflagellation 편모방출 명 원생동물의 혈액기생충에서 미소배우자모세포(microgametocyte)로부터 미소배우자가 형성되는 과정.

exfoliation 박리작용(剝離作用) 명 (1) 눈(bud)에서 잎이나 비늘이 벗겨지는 것; (2) 나무껍질이나 피부에서 얇은 조각들이 벗겨지는 것.

exhalant, exhalent 유출성 형 안쪽에서 바깥쪽으로 실어 나르는.

exine 외피(外皮) 명 꽃가루립(화분립)의 벽에서 튼튼하고 질긴 바깥층. 보통 복잡한 무늬가 있고, 주로 스포로폴레닌(sporopollenin)으로 구성되어 있다.

exinguinal 형 (1) 사타구니(서혜부)의 밖에서 나타나는; (2) 거미류 다리의 둘째 관절과 관련된 말.

exites 바깥돌기 명복 일부 절지동물의 다리환절에서 바깥으로 돌출된 돌기.

exo- '-없이'를 뜻하는 그리스어 '*exo*'에서 유래된 접두사. '바깥쪽', '밖에서 작용하는', '바깥쪽으로 열리는' 등을 의미한다.

exobiology 외계생물학(外界生物學) 명 지구 외의 천체에서 기원된 생물을 찾고 연구하며, 외계의 환경이 생명체에 미치는 효과를 연구하는 것. ≒ astrobiology.

exobiotic 외부서식성 형 기질의 바깥이나 생명체의 외부에서 사는.

exocardiac 심장외의 형 심장의 바깥에 위치한.

exocarp 외과피(外果皮) 명 과일에서 과피(pericarp)의 가장 바깥층인 껍질. ≒ epicarp.

exoccipital 외후두골의 형 큰구멍(foramen magnum)의 쌍방 측에 있는 머리뼈와 관련된 말.

exochorion 외난각(外卵殼) 명 곤충의 난소에서 알을 둘러싸고 있는 여포세포(follicular cell)에 의해 분비되는 막의 바깥층.

exocoel 외강(外腔) 명 (1) 말미잘과 그 동족에서 인접한 장간막(mesentery) 사이의 공간; (2) 배외체강(exocoelom).

exocoelar 체강벽의 형 체강(coelom)의 측벽과 관련된 말.

exocoelom 배외체강(胚外體腔) 명 배의 배외강(extra-embryonic cavity).

exocone 외원뿔의 형 각피(큐티클)에서 유래된 원뿔(추상체)을 갖는 곤충의 눈에 적용되는 말.

exocrine 외분비 형 (1) 분비물이 관을 따라 빠져나가는 샘(외분비샘)에 적용되는 말; (2) 그와 같은 샘과 관련된 말. 비 endocrine.

exocuticle 외큐티클 명 절지동물의 각피(외골격)를 이루는 주된 층. 갑각류에서는 종종 칼슘염을 포함한다.

exocytosis 세포외 배출 명 진핵세포에서 단백질과 일부 다른 분자들이 분비되는 과정. 이들 분자는 막결합성 소포에 둘러싸인 다음, 원형질막과 융합하여 내용물이 세포 바깥으로 방출된다. 형 **exocytotic**, **exocytic**.

exodermis 외피 명 뿌리에서 표피층의 바로 밑에 있는 특수화된 세포층. 뿌리털을 만든다.

exoenzyme 세포외 효소 명 세포에서 분비되어 세포 바깥에서 작용하는 효소를 통틀어 이르는 말.

exo-erythrocytic 적혈구외 형 적혈구의 바깥에 있는, 말라리아 기생충의 생활주기에서 분열생식포자(schizont)로부터 만들어진 분열소체가 조직세포에 다시 침입하는 시기에 적용되는 말.

exogamy 이계수정(異系受精), 외접합(外接合) 명 (1) 이계교배(outbreeding); (2) 타가수분(cross-pollination); (3) 이류교배(disassortative mating).

exogastric 형 몸의 등 쪽 면을 향하여 감긴 껍데기를 가진.

exogastrula 외낭배(外囊胚) 명 중배엽이 바깥쪽에 남아 있는, 인공적으로 유도한 양서류의 비정상적 낭배.

exogastrulation 외낭배형성 명 외낭배가 형성되는 것.

exogenote 외래유전자 명 세균의 접합에서, 공여균으로부터 수용균으로 들어가서 부분접합체(merozygote)의 한 부분을 이루는 염색체절편.

exogenous 외인성, 외생적 형 (1) 연구하는 생물이나 세포 또는 계의 외부에서 비롯되는; (2) 표면분열조직에서 발달하는; (3) 이전에 골화된 부분에서 자라는; (4) 운동 및 감각작용, 호르몬의 생성과 작용, 온도 조절 등에 관여하는 대사작용에 적용되는 말. 비 endogenous.

exogenous rhythm **외인성 리듬** 어떤 외부 요인과 동시에 발생하고 그 요인이 없으면 멈추는 대사리듬 또는 행동리듬.

exognath, exognathite **외구지(外口肢)** 명 갑각류에서 구각(oral appendage)의 바깥쪽 가지.

exogynous **암술노출의** 형 암술대가 꽃부리(화관)보다 길어서 그 위로 돌출하는 꽃에 적용되는 말.

exo-intine **외내벽(外內壁)** 명 포자의 외피에서 외피(exine)와 내벽(intine) 사이에 있는 중간층.

exomixis **엑소믹시스** 명 기원이 다른 배우자들의 융합.

exon **엑손, 발현부위** 명 폴리펩티드사슬(또는 tRNA나 rRNA)의 일부를 암호화하고 진핵유전자에서 암호서열의 일부가 되는 DNA염기순서의 구획. 다음의 엑손과는 단백질을 만들지 않는 부분(인트론, intron)에 의해 떨어져 있다.

exonephric **외신관(外腎管)의** 형 외부로 통하는 신관(nephridia)을 갖는, 빈모류에 적용되는 말.

exon shuffling **엑손뒤섞기** 진화에서, 서로 다른 단백질서열을 암호화하는 엑손들의 서로 다른 조합이 함께 연결되어 새로운 유전자가 생기는 것.

exon trapping **엑손트래핑** 엑손이 포함된 DNA의 특수한 벡터를 이용하여 단백질암호서열을 분리하는 클로닝기법.

exonuclease **핵산말단가수분해효소** 명 DNA나 RNA의 사슬 한쪽 끝에서부터 단일한 뉴클레오티드를 순차적으로 분리하는 다양한 효소들을 통틀어 이르는 말. ≒ nuclease, deoxyribonuclease, ribonuclease.

exopeptidase **펩티드말단가수분해효소** 명 말단의 아미노산이나 디펩티드를 순차적으로 절단하는 펩티드가수분해효소. EC 3.4.11~19. ⇨ aminopeptidase, carboxypeptidase, omega peptidase.

exoperidium **외피각(外皮殼), 외각피** 명 일부 곰팡이에서 포자외피(피각, peridium)의 바깥층.

exophytic **식물외부의** 형 식물체의 바깥에 있거나 그와 관련된.

exopodite **바깥다리, 외지(外肢)** 명 갑각류에서 전형적인 2지형(biramous) 부속지의 바깥쪽 가지.

Exopterygota **외시류(外翅類), 외시곤충군** 명 거의 탈바꿈을 하지 않고 번데기시기가 없는 곤충들. 이목, 집게벌레목, 바퀴벌레목, 흰개미붙이목, 하루살이목, 노린재목, 흰개미목, 새털이목, 메뚜기목, 잠자리목, 대벌레목, 강도래목, 다듬이벌레목, 털날개목이 포함된다.

exopterygote, exopterygotous **외시류의** 형 몸의 외부에서 서서히 날개가 나오고 잠자리와 같이 번데기시기가 없는 곤충에 적용되는 말. 유충을 약충(nymph)이라 부른다. ⇨ Exopterygota.

exoskeleton **외골격** 명 일부 해면동물의 석회질 외골격과 절지동물의 키틴질 외골격과 같이, 표피에서 분비되고 표피의 외부에 있는 단단한 지지구조.

exosmosis **외삼투(外滲透)** 명 세포의 외부와 같이 바깥 방향으로 일어나는 삼투.

exosporium **포자외막** 명 포자외피의 바깥쪽 벽.

exostosis **엑소스토시스, 외골증(外骨症)** 명 (1) 목재의 표면에 혹 같은 돌기가 생기는 것; (2) 뼈가 혹처럼 바깥으로 돌출하는 것. '뼈돌출증'이라고도 한다.

exoteric **외생적** 형 생물체의 바깥에서 생성되거나 발달하는.

exothecium 꽃밥외벽 명 꽃밥의 바깥쪽에 있는 특수한 열개성(dehiscing) 세포층.

exothermic 변온성, 발열성 형 (1) 변온성(ectothermic), 명 **exotherm**; (2) 열을 방출하는 화학반응에 적용되는 말.

exotic 외래종 명 순화되지 않거나 귀화하지 않은 외래의 식물 또는 동물.

exotoxin 외독소(外毒素) 명 세균에 의해 분비되는 독소. 비 endotoxin.

exotunica 자낭외벽 명 자낭벽의 바깥층.

experimental allergic encephalomyelitis (EAE) 실험알레르기성 뇌수막염 실험동물을 면역화하여 유도할 수 있는, 신경계에 영향을 미치는 자가면역병.

experimental extinction 실험적 소거 획득행동반응을 완전히 덮는 것.

expiration 호기(呼氣), 날숨 명 (1) 호흡기관으로부터 공기나 수증기를 내뿜는 행동; (2) 식물과 동물에서 이산화탄소가 배출되는 것.

explanate 편평한 형 평평하게 확장된.

explant 조직절편 명 생물의 조직에서 분리하여 배양시키는 작은 절편.

explosive 폭발적 형 (1) 양골담초류(broom)와 가시금작화(gorse)에서 볼 수 있는 것과 같이, 곤충이 수술에 내려앉으면 압축이 해제되면서 꽃가루가 갑자기 방출되는 꽃에 해당되는 말; (2) 갑자기 터져서 벌어지고 씨앗이 제법 멀리 방출되는 열매에 적용되는 말; (3) 짧은 기간 안에 많은 새로운 종류가 생기는 진화(폭발적 진화)에 해당되는 말; (4) 어느 장소에서 단일한 종으로부터 빠르게 신종이 만들어지는 종분화(폭발적 종분화)에 적용되는 말.

exponential growth 지수적 증식, 지수적 생장 개체군에서 정해진 시간 동안에 고정된 비율로 수가 증가하여 시간에 따른 개체수의 그림이 J자형의 곡선이 되는 생장의 한 종류. ≒ logarithmic growth, 비 linear growth.

exponential growth phase 지수적 증식기, 지수적 생장기 개체군 생장이 최대를 보이는 시기.

expressed sequence tag (EST) cDNA 꼬리표 유전체학에서, 세포성 mRNA에서 유래되고 따라서 단백질암호유전자의 일부를 나타내는 짧은 cDNA 염기순서.

expression 발현 ⇨ gene expression.

expression library 발현유전자모음 DNA가 mRNA로 발현될 수 있도록 도입하는 벡터들의 DNA클론모음.

expression vector 발현벡터 포함하고 있는 '외래'유전자가 발현될 수 있도록 구성된 DNA벡터.

expressivity 발현도 명 특정 유전자형이 표현형의 효과를 나타내는 정도.

exsculptate 형 다소 규칙적으로 배열된 양각선(raised line)들과 그 사이에 홈이 있는 표면을 가진.

exscutellate 무소순판(無小楯板)의 형 소순판(scutellum)이 없는, 어떤 곤충에 적용되는 말.

exserted 돌출한 형 (1) 너머로 돌출하는; (2) 꽃부리(화관) 너머로 돌출하는 수술에 적용되는 말.

exsertile 돌출성 형 내밀 수 있는.

exsiccata 건조표본 명복 식물표본관에 있는 것처럼 말린 표본.

exstipulate 무탁엽성(無托葉性) 형 턱잎이 없는.

exsuccate, exsuccous 무즙성(無汁性) 형 수액(sap)이 없는, 과즙이 없는.

exsufflation 강제호기, 강제날숨 명 허파로부터 강제로 숨을 내쉬는 것.

extant 현존하는 형 아직 생존하고 있는.

extein 엑스테인 ⇨ intein.

extended phenotype 확장표현형 생물의 표현형을 생물의 행동과, 일부 유전자를 공유하는 가족집단과의 관계, 그리고 동일한 종의 다른 구성원까지 확장하여 포함시키는 개념.

extensor 신근(伸筋) 명 4지나 몸의 부분을 뻗거나 똑바로 되게 하는 근육들. 비 flexor.

exterior 바깥쪽의 형 축이나 명확한 면에서 떨어진 쪽에 위치하는.

external 외부의 형 (1) 바깥이나 바깥쪽에 가까운; (2) 종행면(mesial plane)에서 떨어진.

external fertilization 체외수정 암컷의 몸 바깥에서 정자와 알의 수정이 일어나는 것.

external respiration 외호흡(外呼吸) 생물과 환경 간의 기체교환과 세포 내외의 기체수송 면을 고려한 호흡.

exteroceptor 외수용기(外受容器) 명 몸의 바깥에서 유래된 자극을 감지하는 감각기관이나 수용기. 비 interoceptor.

extinct 멸종된 형 더 이상 존재하지 않는.

extinction 명 (1) **멸종** 지구 상에서 종이 완전히 사라진 것; (2) [행] **소거** 강화(reinforcement)가 제거되었을 때 학습된 행동양식이 실행을 멈추는 과정; (3) [물리] **흡광** ⇨ absorbance.

extinction point 절감점(絕滅點), 소광점(消光點) 자연상태에서 그 이하에서는 식물이 생존할 수 없는 최저수준의 조도.

extine 외피 ⇨ exine.

extra- '바깥쪽'을 뜻하는 라틴어 '*extra*'에서 유래된 접두사. '바깥에 위치한'을 의미한다.

extrabranchial 아가미활밖의 형 아가미활(새궁)의 바깥에서 유래된.

extracapsular 피막밖의, 관절낭외 형 (1) 피막(capsule)의 바깥에 생기거나 위치하는; (2) 관절에 있는 인대에 적용되는 말; (3) 일부 원생동물에서 중심낭(central capsule)의 바깥에 놓인 원형질에 적용되는 말.

extracellular 세포외 형 (1) 세포의 바깥쪽에서 나타나는; (2) 세포에서 분비되거나 세포로부터 확산되어 나가는.

extracellular fluid 세포외 액 세포들 간의 공간과 순환계(포유동물의 혈액과 림프)에 있는 액체.

extracellular matrix 세포외 기질 결합조직에 있는 고분자의 세포간질. 섬유모세포와 그 밖의 결합조직세포들에 의해 분비되고, 주로 단백질, 다당류 및 프로테오글리칸으로 구성된다.

extracellular space 세포외 공간 세포들 간의 공간. 어떤 조직에서는 세포외 기질로 채워지기도 한다.

extrachorion 추가난각(追加卵殼) 명 일부 곤충의 알에서, 외난각(exochorion)의 외부에 있는 가장 바깥쪽 층.

extrachromosomal 염색체외 형 복제를 하고 염색체와 독립적으로 발현하는 세균의 플라스미드와 에피솜 등의 DNA분자와 일부 동물의 rRNA유전자에 적용되는 말.

extracortical 피질외 형 피질(cortex)의 내부에 있지 않은, 뇌의 부분에 적용되는 말.

extra-embryonic 배외(胚外), 배외막성 형 배아의 영양과 보호에 관여하는 다양한 태막(양막, 융모막, 요막, 난황주머니)과 같이, 배아의 바깥에 위치하는.

extra-embryonic ectoderm 배외막성 외배엽 포유동물의 배아에서, 영양외배엽(trophectoderm)에서 유래되고 태반의 형성에 관여하는 외배엽.

extra-embryonic endoderm 배외막성

내배엽 포유동물의 배아에서, 내세포덩이(inner cell mass)에서 유래되고 난황주머니(난황낭)의 형성에 관여하는 내배엽.

extra-embryonic mesoderm 배외막성 중배엽 포유동물의 배아에서, 태반의 혈관을 형성하는 중배엽.

extra-enteric 장외(腸外) 형 소화관의 바깥에 위치하는.

extrafloral 꽃외 형 꽃의 바깥에 있는, 꿀샘(꽃외 꿀샘)에 적용되는 말.

extrafoveal 중심오목외 형 중심오목(fovea centralis)을 에워싸는 황반(yellow spot)과 관련된 말.

extrafusal 방추외(紡錐外) 형 근방추(muscle spindle)의 바깥에 있는, 수축을 위한 힘의 대부분을 제공하는 근섬유에 적용되는 말.

extrahepatic 간외(肝外) 형 쓸개주머니관과 온쓸개관(총담관)에 해당하는 말.

extranuclear 핵외(核外) 형 핵 바깥의; (1) 핵의 바깥에서 일어나는 과정 또는 핵의 바깥에 위치한 구조와 관련되거나 그에 해당하는 말; (2) 미토콘드리아와 엽록체의 유전자(핵외 유전자)에 적용되는 말.

extraocular 안구외(眼球外) 형 눈 바깥의; (1) 곤충의 더듬이에 적용되는 말; (2) 안구에 붙어서 안구의 위치와 운동을 관장하는 근육 중 하나에 적용되는 말. 명 **extraocular**.

extraperitoneal 복막외(腹膜外) ⇨ subperitoneal.

extrapulmonary 폐외(肺外) 형 허파의 외부에 있는, 기관지계(bronchial system)에 해당되는 말.

extrapyramidal system 추체외로계(錐體外路系) 뇌에서 바닥핵(basal ganglia)과 그와 관련된 일부 뇌줄기 구조를 포함하는 운동계.

extrastriate cortex 줄무늬외 피질 1차 시각피질(줄무늬피질) 바깥의 시각피질.

extraterrestrial 외계(外界)의 형 지구 밖의 행성 또는 우주나 다른 행성에서 기원된 무엇을 가리키는 말.

extravaginal 외부포기벌기의 형 많은 식물의 어린싹처럼 껍질을 헤치고 나가는.

extravasation 혈관외 유출 명 액체, 세포 및 분자들이 혈액으로부터 주변 조직으로 이동하는 것. 염증 상태에서 나타난다.

extraxylary 물관부외 형 물관부의 바깥에 있는, 섬유(물관부외 섬유)에 적용되는 말.

extreme barophile 극호압세균 심해에서 사는 절대호압성 세균. 400 atm(기압) 아래의 압력에서는 자랄 수 없고, 훨씬 높은 압력(약 1000 atm)에서 가장 잘 자란다.

extreme halophile 극호염세균 생존을 위해 매우 높은 농도의 염분을 필요로 하는 세균. 최소한 1.5 M (9%) NaCl의 염분이 필요하고 대부분의 종은 2~4 M (12~23%) NaCl을 필요로 한다. 이들 모두는 고세균역(Archaea)에 속한다.

extremeophile 극한생물 ⇨ extremophile.

extremeozyme 극한효소 ⇨ extremozyme.

extreme psychrophile 극저온세균 생존을 위해 매우 낮은 온도를 필요로 하는 세균. 심해의 일부 고세균은 최적생장온도가 2℃이고, 10℃ 이상에서는 생장이 저조하다.

extreme thermophile 극호열세균 ⇨ hyperthermophile.

extremophile 극한생물(極限生物) 명 다른 미생물들이 생존할 수 없는 극심한 조건(예: 매우 높거나 매우 낮은 온도, 매우 높은 농도의 염분, 아주 낮은 pH)에서 생육하는 원핵미생물.

extremozyme 극한효소 명 극심한 조건

에서 기능을 하기에 적합한 극한생물의 효소들.

extrinsic 외적(外的), 외재성 형 (1) 외부에서 작용하는; (2) 작용하는 부분이나 기관 안에 전적으로 들어 있지 않은 근육(외근)에 적용되는 말; (3) 생체막의 바깥층에 파묻혀 있는 막단백질(외재성 단백질)에 해당되는 말.

extrinsic isolating mechanism 외적 격리메커니즘 잠재적으로 교배가능한 개체군들을 격리시키는 환경장벽.

extrinsic pathway 외인성 경로 부상에 의해 촉발되어 조직의 추출물이 혈장에 첨가되어 혈액이 응고되는 일련의 반응. 최종경로는 내인성 경로(intrinsic pathway)와 동일하다.

exudate 일비물(溢泌物), 삼출물(滲出物) 명 땀, 고무, 수지 등과 같이 삼출(exudation)에 의해 세포나 기관 또는 생물체에서 방출되는 물질을 통틀어 이르는 말.

exudation 삼출(滲出), 일비(溢泌) 명 막, 절개(incision), 구멍 또는 샘을 통해 세포나 기관 또는 생물체에서 물질이 배출되는 것.

exumbral 상산면(上傘面)의 형 해파리의 둥근 위쪽 표면과 관련된 말.

exuviae 허물, 탈피각(脫皮殼) 명복 동물에서 벗어버린 피부나 껍질 등.

exuvial 허물의, 탈피각의 형 곤충에서 탈피를 촉진하는 분비물을 내는 샘과 관련된 말.

eye 눈 명 (1) 동물에서 종류에 따라 다양한 형태를 취하는 빛의 감각기관. 곤충과 대부분의 갑각류는 많은 별개의 시각단위인 낱눈으로 구성된 겹눈을 갖고, 어떤 경우에는 홑눈(단안)도 나타난다. 척추동물의 눈은 젤리로 채워진 안구로 이뤄지고, 안구의 뒤쪽 내벽에는 감광층인 망막이 있다. 빛은 하나의 투명한 렌즈에 의해 망막에 초점이 맞춰진다. 동공의 크기가 조절되면서 눈에 들어오는 빛의 양이 조절된다. 두족류 역시 이와 비슷한 유형의 눈을 갖고 있다. ⇨ aqueous humour, cornea, iris, lens, sclera, vitreous humour; (2) [식] 덩이줄기(tuber)의 눈. ⇨ eye-spot.

eye-spot 안점(眼點) 명 (1) 무척추동물과 일부 척추동물의 감각조직에 있는 작은 컵 모양의 채색된 점. 빛을 감지하거나 시각적인 기능을 한다; (2) 일부 편모생물에서 오렌지색을 띤 카로티노이드가 함유된 구조; (3) 어떤 나비와 나방의 날개에 있는 눈처럼 생긴 무늬. 동물이 교란될 때 포식자를 산만하게 하는 구실을 한다. ≒ stigma.

eye-teeth 윗송곳니 위쪽의 송곳니.

F

f 혈연계수(coefficient of kinship).

F 페닐알라닌(phenylalanine).

F_1, F_0 ⇨ F-type ATPases.

F_1, F1 순수한 두 어버이 간의 교배에서 생긴 잡종인 잡종제1대(1st filial generation). F_1 세대 간의 교배에서 생긴 세대는 F_2로 나타낸다. P_1은 F_1 세대의 어버이를 그리고 P_2는 P_1 세대의 어버이를 가리킨다.

F_2, F2 ⇨ F_1.

Fab 항원결합부위를 포함하는 항체분자의 부분인 항원결합분절(fragment antigen-binding). 파파인(papain)에 의해 단백질을 분해하여 얻는다. 하나의 가벼운 사슬(경쇄)과 그와 짝을 이루는 부분인 무거운 사슬(중쇄)로 구성되며, 이들은 사슬 내의 2황화결합으로 결합된다.

Fabales 콩목 명 열매는 꼬투리(pod; 협과)이고 리조비움(*Rhizobium*)속의 질소고정세균이 뿌리에 들어 있는 쌍떡잎식물의 목. '콩과 식물(legumes)'이라고도 한다. 자귀나무과(Mimosaceae), Cesalpinaceae 및 콩과(Papilionaceae, Fabaceae, Leguminosae)로 구성된다.

fabiform 콩모양 형 콩 같이 생긴.

facet 명 (1) **관절면** 관절을 이루는 평평하거나 둥글고 매끄러운 면; (2) **겉면, 낱눈** 겹눈을 구성하는 낱눈(ommatidium)의 표면 또는 낱눈 그 자체.

facial 얼굴의, 안면의 형 (1) 얼굴과 관련된, 이를테면 동맥(얼굴동맥), 뼈(얼굴뼈) 등에 적용되는 말; (2) 신경(얼굴신경, 안면신경)에 적용되는 말; 얼굴의 근육을 관장하고 일부 침샘을 자극하며 혀의 앞쪽에서 느낀 미각 자극을 뇌에 전하는 제7뇌신경.

faciation 명 (1) **상(相)형성** 상(facies)의 형성이나 특징; (2) **우점종모듬** 군총(association) 내의 우점종 그룹; (3) **지리적 우점종분포차** 군집의 우점종이 나타내는 수도나 비율의 지리적 차이.

facies 면(面), 상(相) 명 (1) 해부학적 용어로, 표면; (2) 위쪽이나 아래쪽의 측면; (3) 천이계열의 과정에서 나타나는 우점식물의 그룹; (4) 지질학적 계열이나 체계의 상이한 퇴적물의 하나 그리고 어느 퇴적물의 고생물학적 및 암석학적 특징.

facies fossils 시상화석(示相化石) 퇴적될 당시에 특정 지역에서 우세한 환경을 특징지을 수 있는 화석.

facilitated diffusion 촉진확산 에너지를 소비하지 않고 담체(carrier)를 이용하여 농도기울기를 따라 분자나 이온이 막 내외로 수송되는 것.

facilitation 소통(疏通), 촉진(促進) 명 (1) 신경생리학에서, 시냅스전 신경세포에서 발생하는 자극이 잦아지면서 축삭말단에서 방출되는 신경전달물질의 양이 증가하여 시냅스후 전위의 규모가 증가하는 과정; (2) 동물의 행동에서, 특정한 자극에 대응하는 기존의 능력이 향상되는 것; (3) 다른 동물의 존재나 행동에 의해 일상적인 행동이 개시되거나 증가하는 사회적 조장(social facilitation).

faciolingual 얼굴혀의 형 얼굴과 혀에 관련되거나 영향을 미치는.

FACS 형광이용세포분류기(fluorescence-activated cell sorter). 형광염료에 착색되는 항체를 이용하여 독특한 세포표면분자를 염색한 후 혼합집단으로부터 세포들을 세고 분리하는 장치. 여러 다른 유형의 세포들을 측정하고 표지된 세포들을 주류에서 방향을 바꾸게 해 주는 형광검출기를 통해 표지된 세포들을 흘리면서 혼합물로부터 이들을 분리해낸다. ⇨ flow cytometry.

F actin ⇨ actin.

factor 요인, 인자 명 (1) 결과나 효과에 기여하는 원인 또는 동인(예: 생물학적, 기후적, 영양적); (2) 생리학과 세포생물학에서, 생리적 효과를 나타내는 내인성 물질들에 붙이는 말. 많은 '인자'들이 응고제VIII인자(Factor VIII), 신경생장인자, 표피생장인자 등과 같이 단백질과 폴리펩티드로 특징지어졌다.

Factor B B인자 보체활성의 대체경로에 관여하는 혈장단백질. C3b와 결합하고, 이 형태에서 D인자에 의해 쪼개져서 C3bBb 복합체를 형성한다. 이 복합체는 활성화 C3전환효소이고, C3를 쪼개서 C3a와 C3b를 생성한다.

Factor D D인자 보체활성의 대체경로에 관여하는 혈장단백질. B인자를 쪼갠다.

Factor H H인자 보체조절단백질로 작용하는 혈장단백질. C3b와 결합하여 C2b나 Bb를 대체하고 C3b를 I인자에 의해 분열하고 불활성화하게끔 만든다.

Factor I I인자 보체조절단백질로 작용하는 혈장단백질. C3b와 C4b를 분해하고 불활성화한다.

Factor IX 응고제IX인자 제XI인자에 의해 활성화되어 활성화 단백질가수분해효소(제IXa인자)가 되는 세린계단백질가수분해효소인 혈액응고인자. 제IX인자가 결핍되면 혈우병B(크리스마스병)의 원인이 된다. 제VIII인자와 함께 제X인자를 활성화한다. EC 3.4.21.22. 상용명 coagulation factor IXa. ≒ Christmas factor.

Factor P P인자 ⇨ properdin.

Factor V 응고제V인자 효소 제X인자에 의해 프로트롬빈에서 트롬빈으로의 전환을 촉진하는 변경단백질인 혈액응고인자.

Factor VII 응고제VII인자 조직인자와 함께 제X인자를 활성화하는 세린계단백질가수분해효소인 혈액응고인자. EC 3.4.21.21. 상용명 coagulation factor VIIa. ≒ proconvertin.

Factor VIII 응고제VIII인자 혈액응고에 관여하는 비효소 단백질. 세린계단백질가수분해효소인 제IXa인자에 의한 제X인자의 활성화를 촉진한다. 제VIII인자가 결핍되면 혈우병A를 일으킨다. ≒ antihaemophilia factor.

Factor X 응고제X인자 제IX인자와 제VIII인자에 의해 활성화되어 프로트롬빈을 트롬빈으로 전환하는 단백질가수분해효소인 혈액응고인자. EC 3.4.21.6. 상용명 coagulation factor Xa. ≒ Stuart factor[예전에는 트롬보키나아제(thrombokinase) 또는 트롬보플라스틴(thromboplastin)으로 알려져 있었다].

Factor XI 응고제XI인자 제XII인자에 의해 활성화되어 제IX인자를 활성화하는 세린계단백질가수분해효소인 혈액응고인자. EC 3.4.21.27. 상용명 coagulation factor XIa. ≒ plasma thromboplastin antecedent.

Factor XII 응고제XII인자 혈액을 순환하는 세린계단백질가수분해효소의 전구체인 혈액응고인자. 상해조직과 같은 비정상적 표면과 접촉하면 활성화 단백질가수분해효소인 제XIIa인자로 전환하고 제XI인자와 제VII인자를 활성화한다. EC 3.4.21.38. 상용명 coagulation factor XIIa. ≒ Hageman factor.

Factor XIII 응고제XIII인자 혈액응고에 관여하는 혈장단백질. 섬유소(피브린)를 교차 결합시키고 응고를 안정화시킨다.

facultative 조건적 형 다른 조건에서 살 수 있거나 다른 생활방식에 적응할 수 있는 능력을 가지는 것. 예컨대 호기성 생물(aerobe), 혐기성 생물(anaerobe), 공생자(symbiont), 기생생물(parasite) 등에 이 용어를 적용하면 그 생물이 이러한 방식으로 살 수 있지만 어쩔 수 없이 그래야 하는 것은 아니고, 다른 어떤 조건에서는 다른 생활방식으로 적응할 수 있다는 점을 가리킨다. 비 obligate.

facultative heterochromatin 조건이질염색질 ⇨ heterochromatin.

FAD (1) 플래빈아데닌디뉴클레오티드(flavin adenine dinucleotide)의 산화형; (2) 가족성 알츠하이머병(familial Alzheimer's disease). ⇨ Alzheimer's disease.

$FADH_2$ 플래빈아데닌디뉴클레오티드(flavin adenine dinucleotide)의 환원형.

faeces 변(便), 분(糞) 명복 소화관에서 배출되는 찌꺼기.

Fagales 참나무목 명 너도밤나무, 자작나무, 떡갈나무, 밤나무, 개암나무, 서어나무 등의 많은 낙엽수림의 나무들을 포함하는 쌍떡잎식물의 목. ⇨ Betulales.

fairy ring 균륜(菌輪) 일부 주름버섯류의 자실체(버섯 또는 독버섯)들이 고리 모양으로 줄지어 돋아나 있는 것. 땅속 균사체의 바깥 가장자리를 나타낸다.

falcate 낫꼴 형 (1) 낫(sickle) 모양의; (2) 갈고리 모양의.

falces 낫 명복 (1) 거미류의 집게발(독발톱); (2) '**falx**'의 복수형.

falcial 낫의 형 낫(falx), 특히 대뇌낫(falx cerebri)과 관련된 말.

falciform 낫형 형 낫 또는 큰 낫처럼 생긴.

Falconiformes 매목 명 발톱이 달린 강한 발과 구부러진 부리를 갖고 하늘 높이 날아오르는 능력이 잘 발달된 맹금류인 새의 목. 독수리, 매, 대머리수리, 솔개, 황조롱이, 송골매, 콘도르 등이 포함된다.

falcula 낫형발톱 명 약간 굽은 큰 낫처럼 생긴 발톱.

fallopian tube 자궁관, 난관 포유동물에서 난소로부터 자궁에 이르는 한 쌍의 좁은 관 가운데 하나. 배란기에 이 관으로 난자가 방출되고 그 안에서 보통 수정이 일어난다.

false foot 위족 ⇨ pseudopodium.

false fruits 헛열매, 위과(僞果) 씨방에 덧붙여 꽃턱(receptacle)이나 꽃의 다른 부분들이 함께 발달하여 형성되는 열매.

false ribs 거짓갈비뼈, 가늑골(假肋骨) 가슴뼈에 직접 붙지 않는 연골질의 늑골. ≒ floating ribs.

false scorpions 의갈류 ⇨ pseudoscorpions.

falx 낫, 대뇌낫 명 (1) 낫 모양의 구조; (2) 경막(dura matter)의 낫 모양의 주름인 대뇌낫(falx cerebri). 복 **falces**. 형 **falcate**, **falcular**, **falciform**.

familial 가족성(家族性), 가계성(家系性) 형 (1) 가족과 관련된 말; (2) 가족의 몇 명 구성원과 그 다음 세대들에서 나타나는 경향이 있는 형질에 적용되는 말. 반드시 유전적인 것은 아니지만 공유하는

F

가정환경에 기인할 수 있다; (3) 자연발생적 및 돌발적 출현과 대조적으로 유전자 상에 의거한 유전적 상태의 질병에 적용되는 말. ⇨ genetic disease.

familial cancers 가족성 암 병이 생기는 데 근본적인 유전적 소인이 있는 암. 대개 정상보다 훨씬 빨리 발병한다. ⇨ tumour suppressor genes.

familial emphysema 가족성 기종 ⇨ α_1-antitrypsin deficiency.

familial hypercholesterolaemia 가족성 고콜레스테롤혈증 ⇨ hypercholesterolaemia.

familiality 가족성 명 가족의 형질을 뭉친 것. ⇨ familial.

family 과(科) 명 생물의 분류에서 목(order)과 속(genus)의 중간에 놓이는 분류군. 과의 명칭은 보통 식물에서 '-aceae' 그리고 동물에서 '-idae'로 끝난다.

farina 곡분(穀粉) 명 (1) 곡물의 가루 또는 빻은 곡식; (2) 앵초와 같은 일부 식물과 곤충의 표면에 있는 고운 가루.

farinaceous 분말성, 녹말질 형 (1) 가루나 녹말이 들어 있는; (2) 굵은 가루의; (3) 고운 분말로 덮여 있는; (4) 먼지처럼 떨어질 수 있는 미세한 흰털로 덮인. ≒ **farinose.**

farnesyl anchor ⇨ prenylation.

far red light 근적외선(近赤外線) 700~800 nm 파장의 빛. 식물에서 피토크롬에 미치는 적색광의 효과를 반전시킨다.

Fas 활성화 T세포를 포함하여 일부 포유동물의 세포형에 존재하는 막단백질. 다른 세포표면단백질인 리간드(Fas배위자)에 의해 촉진되어 Fas함유세포의 세포자살을 유도하는 신호를 전달한다.

fascia 띠, 근막(筋膜) 명 (1) 결합조직으로 된 감싸는 띠; (2) 일부 식물에서 볼 수 있는 것과 같이 서로 다른 색을 띤 가로띠; (3) 띠와 같은 구조들.

fasciated 띠형, 대화(帶化) 형 (1) 띠가 있는; (2) 묶음이나 다발로 배열된; (3) 기형이거나 평평해진 줄기(대화경)나 가지에 적용되는 말.

fasciation 결속(結束), 대화(帶化) 명 (1) 한 덩어리가 되게 묶음; (2) 꽃양배추에서 볼 수 있는 것과 같이 지상계의 가지들이 합착하여 발달하는 것; (3) 편평하고 기형으로 합쳐진 줄기나 가지가 비정상적으로 발달하는 것.

fascicle 다발, 총생(叢生) 명 (1) 솔잎에서 볼 수 있는 것과 같은 다발; (2) 근섬유나 신경섬유에서 볼 수 있는 것과 같은 작은 다발; (3) 잎들이 함께 모여 촘촘하게 난 다발. ≒ **fasciculus.**

fascicular 다발형, 관다발내 형 (1) 다발(fascicle)과 관련된 말; (2) 다발을 이루며 배열된; (3) [식] 관다발 내부의 형성층(관다발내 형성층)이나 조직에 적용되는 말. ≒ intrafascicular.

fasciculation 다발형성 명 신경세포의 축삭들이 함께 묶여져 신경을 이루는 것.

fasciola 파시올라 명 색의 좁은 띠.

fasciole 파시올 명 성게류에서 물을 주위의 부분으로 휩쓰는 구실을 하는 섬모가 달린 띠.

Fas ligand Fas배위자 ⇨ Fas.

FASTA 서열정렬을 위한 컴퓨터 프로그램.

fast block 빠른 차단 정자가 난자에 들어간 직후에 난자의 막전위가 변화하여 다른 정자의 진입을 차단하는 것.

fastigiate 빗자루모양 형 가지들이 줄기에 접근하여 똑바로 선.

fast muscle fibres 속근섬유(速筋纖維) 빨리 강하게 수축하지만 곧 피로해지는 근섬유. ≒ **fast-twitch muscle fibres.** ⇨ FG fibres, FOG fibres.

fat 지방(脂肪) 포화지방산이 많이 들어 있고 20°C에서 굳어지는 트리아실글리세롤(triacylglycerol)의 일반적인 명칭. 탄소, 산소 및 수소를 포함하지만 질소는 들어 있지 않다. 지방은 식물과 동물의 세포에 저장되어 에너지원을 제공한다. '지방'이라고도 부르는 동물의 지방조직(adipose tissue)은 지방방울이 가득 찬 세포들로 구성된다. 에너지를 필요로 할 때 지방은 지질가수분해효소(lipase)에 의해 글리세롤과 지방산으로 분해되고, 지방산은 미토콘드리아에서 에너지로 대사된다. 비 oils.

fat body 지방체 (1) 곤충에서 장의 등 쪽에 분산되어 있는, 척추동물의 간과 비슷한 기능을 하는 샘. 지방, 글리코겐 및 단백질이 들어 있고, 대사작용을 하는 주된 부위이다; (2) 양서류에서 지방방울로 채워져 있고 생식샘과 관련된 구조; (3) 동물과 식물에 있는 그 밖의 지방저장기관.

fat cell 지방세포 ⇨ adipocyte.

fate 세포운명, 발생예정 명 배아세포에서 정상적으로 발생하게 될 세포나 구조의 유형.

fate map 예정배역도(豫定胚域圖), 발생예정도 수정란이나 초기배아의 표면에서 각 부분이 몸의 어떤 조직이나 부분들로 분화될 것인지를 추정하는 '지도'.

fatigue 피로(疲勞) 명 세포, 조직 또는 기타 구조들에 가해지는 자극이 지나치게 오래 계속되어 나타나는 결과. 더 이상의 자극에 대한 반응이 적게 일어난다.

fat index 지방지수 체지방의 건조무게와 무지방의 건조무게의 비율.

fat-soluble 지용성(脂溶性) 탄화수소와 같이 지질에서 용해되는 소수성 유기화합물에 적용되는 말. 이러한 화합물은 지방조직에 흡수되어 남게 된다. 지용성 비타민에는 비타민 A, 비타민 D, 비타민 K가 있다.

fatty acid 지방산 일반식 $CH_3(C_nH_x)COOH$로 나타내는 긴 사슬의 유기산. 여기서 탄화수소 사슬은 팔미트산염($C_{15}H_{31}COO^-$)과 같이 포화되거나($x = 2n$) 또는 올레산염($C_{17}H_{33}COO^-$)과 같이 불포화된다. 지방산은 세포막의 인지질을 포함하여 많은 지질의 구성성분이 되고, 세포호흡을 위한 연료분자로 이용된다.

fatty acid synthetase 지방산합성효소 7가지 종류의 효소활성을 나타내는 다기능 단백질복합체. 아세틸조효소A로부터 지방산을 합성하는데 관여하며, 진핵생물에서 발견된다.

fatty acid thiokinase 지방산활성화효소 ⇨ acyl-CoA synthetase.

fauces 목구멍, 구협(口峽) 명복 (1) 입천장과 인두 사이에 있는 목구멍(throat)의 위쪽이나 앞쪽 부분; (2) 나선형으로 감긴 껍데기의 입.

fauna 동물상(動物相) 명 국가, 지역, 지정된 환경이나 기간에 사는 동물들. 미세한 동물들은 보통 소형 동물상(microfauna)이라고 부른다.

faunal collapse 동물상붕괴 동물 또는 다수의 동물종이 어느 지역에서 멸종되는 것.

faunal region 동물지리구 (1) 동물의 특별한 집단이나 집단들에 의해 특징지어지는 지역; (2) ⇨ zoogeographical region.

favella 나낭과(裸囊果) 명 일부 홍조류의 생식기집.

faveolate 벌집모양의 형 벌집처럼 생긴.

faveolus 벌집모양구멍 명 벌집처럼 생긴 작은 구멍이나 오목한 곳.

favoid 벌집꼴 형 벌집과 비슷한.

favus 황선(黃癬) 명 두피에 감염된 백선(ringworm).

Fc 결정화가능분절(fragment crystalli-

F

zable). 2개의 무거운 사슬의 짝을 이루는 카르복시말단 불변부에서 2황화결합으로 연결된 경첩부위까지로 이뤄지는 항체분자의 부분. 파파인으로 항체를 분해해서 얻는다.

Fc receptor Fc수용체 대식세포와 호중구 그리고 그 밖의 일부 면역계세포들에서 항원-항체복합체의 일부가 되었을 때 항체의 불변부(Fc부분)에 결합하는 수용체들을 통틀어 이르는 말. Fc수용체와 결합함으로써 항원-항체복합체의 식균작용을 촉진한다.

F′-duction F′도입 명 염색체유전자들이 한 세균에서 다른 세균으로 F인자에 의해 전달되어 염색체에 부착하는 것.

Fe 철 원소 철(iron)의 기호.

feather 깃털, 깃 명 새의 몸을 덮는 케라틴질의 표피구조. 각 깃털은 중축인 깃대(우축, rachis)와 여기에서 양쪽 방향으로 뻗는 많은 섬세하고 실 같은 깃가지(우지, barb)로 구성된다. 새끼새의 솜털 같은 솜깃털에서는 깃가지들이 서로 맞물리지 않지만, 성체의 바깥깃털과 비행깃털에서는 깃가지들이 서로 맞물려 평평하고 유연한 방풍구조인 우판(vane)을 형성한다.

feather epithelium 깃상피, 우모상피(羽毛上皮) 새와 파충류에서 깜박막(순막)의 안쪽 표면에 있는 상피. 각 세포에는 많은 결필라멘트들이 달린 돌기가 있어서 눈의 표면을 닦는 역할을 한다.

feather follicle 깃주머니, 우낭(羽囊) 깃털의 기부를 둘러싸는 상피. 이곳에서 깃털이 발달한다.

feature detection column 특징탐지기둥 시각피질(visual cortex)에서 표면과 직각을 이루는 신경세포들의 기둥 또는 판. 이들 모두 특정 방향의 선과 같은 특정한 유형의 시각자극에 반응한다.

feces 변, 분 ⇨ faeces.

fecundity 생식력, 산란력 명 (1) 한 개체가 만드는 알의 수; (2) ⇨ fertility.

feedback control 되먹임제어, feedback inhibition 되먹임억제, feedback regulation 되먹임조절 대사경로(보통 생합성경로)의 최초 반응을 촉매하는 효소가 그 경로의 최종산물과 가역적으로 결합하면서 활성이 억제되는 대사조절의 한 종류. ≒ end-product inhibition.

feedback mechanism 되먹임기구 과정의 생성물이나 결과가 일단 어떤 수준에 도달하면 더 이상의 반응이 억제되거나(음성되먹임, negative feedback) 또는 촉진되는(양성되먹임, positive feedback), 많은 생물학적 및 생화학적 과정에서 작동하는 일반적인 메커니즘.

felid 고양이류 명 포유동물 고양이과(Felidae)의 종류들.

feloid 고양이류 명 고양이과 또는 사향고양이과(Viverridae)의 종류들.

female 암(컷), 자성(雌性) 명 생식샘에 암배우자들만 들어 있는 개체(기호: ♀).

female pronucleus 난자전핵 알의 반수체 핵.

feminization 여성화, 자성화(雌性化) 명 유전적 수컷(남성)에서 암컷(여성)의 2차 성징이 호르몬 등에 의해 나타나는 것.

femoral 대퇴의 형 넙다리뼈(대퇴골, femur)와 관련된 말.

femur 넙다리뼈, 대퇴골, 넓적다리마디 명 (1) 척추동물의 뒷다리 위쪽에 있는 큰 뼈; (2) 곤충, 거미류 및 다지류의 다리에서 몸체부터 헤아려 3번째 마디. 복 **femora**. 형 **femoral**.

fen 습원(濕原), 습지 명 알칼리성, 중성 또는 약산성의 토탄습지. 갈대, 갈풀(reed canary grass) 등의 큰 초본식물들로 특징지어진다. 비 bog.

fenestra 창(窓), 명반(明斑) 명 (1) 구조의

시작부분이나 작은 구멍; (2) 곤충의 날개에 있는 투명한 반점. 복 **fenestrae**.

fenestra ovalis 난원창 ⇨ oval window.

fenestra pseudorotunda 위정원창(僞正圓窓) 새에서 내고막에 의해 덮인 개구부. 포유동물의 정원창과는 기원이 다르다.

fenestra rotunda 정원창 ⇨ round window.

fenestra tympani 정원창 ⇨ fenestra rotunda.

fenestra vestibuli 전정창 ⇨ fenestra ovalis.

fenestrate(d) 천공성, 유공성, 명반의 형 (1) 작은 구멍이나 창을 갖는; (2) 투명한 반점을 갖는, 곤충의 날개에 적용되는 말.

fenestrated membrane 유창막(有窓膜) (1) 동맥의 내피막에서와 같이 구멍이 뚫린 막과 비슷한 탄력성 결합조직의 촘촘한 망상구조; (2) 낱눈의 신경섬유가 통과하는 겹눈의 기저막.

fen peat 평모루이탄 움푹한 곳에 물이 고이고 풀과 사초 그리고 나무들의 생장률이 식물의 분해율을 초과하여 형성되는 이탄(peat)의 한 종류. ≒ basin peat.

feral 야생화(野生化) 형 야생의, 또는 가축의 상태에서 벗어나 야생의 상태로 되돌아간.

fermentation 발효 명 (1) 해당과정(glycolysis); (2) 생체세포(특히 미생물)에 의한 탄수화물의 무산소분해. 보통 열과 함께 폐가스(효모의 알코올발효에서)와 다양한 최종산물(예: 에탄올, 젖산)이 생성된다.

fern 고사리류, 양치류 명 양치식물문(Pterophyta)에 속하는 종류들의 일반적인 명칭.

ferralitic soils 홍색토(紅色土) 습한 열대지방의 배수가 잘 되는 곳에 나타나는 산성의 짙은 빨간색 토양.

ferredoxin 페레독신 명 전자운반체와 생물학적 환원제의 작용을 하는 철-황단백질. 광합성의 전자전달사슬의 구성요소이고 미생물의 질소고정에서 전자공여체의 기능을 한다.

ferrihaemoglobin 페리헤모글로빈 ⇨ methaemoglobin.

ferritin 페리틴 명 철과 결합하여 철저장 복합체를 형성하는 단백질. 지라, 간 그리고 골수에서 발견된다.

ferrocyte 철세포 명 해초류(ascidians)에서 철을 함유하는 세포. 섬유소와 비슷한 다당류인 투니신(tunicin)의 생성과 관련된 것으로 보인다.

ferruginous 쇠녹의, 적갈색의 형 (1) 쇠녹(iron rust)의 모습을 갖는; (2) 적갈색의(rust-coloured).

fertile 수정성, (가)임성, 비옥한 형 (1) 활성배우자를 만드는; (2) 살아 있는 자손을 만들 수 있는; (3) 알이나 씨앗에서, 발생할 수 있는; (4) 식물의 생장에 필수적인 영양소가 들어 있는 토양에 적용되는 말.

fertilin 퍼틸린 명 정자가 알의 원형질막과 융합하도록 도와주는 막관통단백질.

fertilis- ≒ fertiliz-.

fertility 생식력, 출산력, 임성(稔性) 명 (1) 생식을 할 수 있는 능력; (2) 개체나 개체군의 번식능력. 단위시간에 낳는 자손의 생존한 수로 측정한다. ≒ fecundity.

fertility factor F인자 ⇨ F factor.

fertility rate 출산율, 생식률 ⇨ birth rate.

fertility schedule 특정 연령마다 여성이 출산하는 딸의 평균수를 나타내는 인구학적 자료. ≒ fecundity schedule.

fertilization 수정(受精), 정받이 명 난자와 정자와 같은 암수배우자가 융합하여 접합자를 만드는 것. ≒ syngamy.

fertilization cone 수정돌기 수정이 일어

나기 전에 정자가 닿고 진입하는 곳의 난자 표면에 생기는 돌기.

fertilization envelope 수정막 피층과립 내용물의 방출에 의해 수정란의 표면에서 들어올려진 난황막(vitelline envelope).

fertilization membrane 수정막 정자의 진입으로 난자에서 형성되는 막. 정자가 침입한 지점부터 빠르게 자라서 난자를 덮고 다른 정자의 진입을 막는다.

fertilization tube 수정관 일부 곰팡이에서 수배우자의 통로를 위하여 장란기(oogonium)의 벽을 뚫고 자라는 장정기의 구조.

fertilize 수정하다 동 수정을 야기하다.

fetal, fetus 태아의, 태아 'foetal'과 'foetus'의 철자.

Feulgen stain 포일겐염색 DNA를 자주색으로 나타내는 조직학적 염색.

fever 열(熱) 명 흔히 감염에 동반하여 체온이 올라가는 것. 세균성분(외인성 발열인자)과 감염에 응하여 만들어지는 물질(내인성 발열인자)에 기인한다.

FFA 유리지방산(free fatty acid).

F factor F인자, F plasmid F플라스미드 대장균에서 성인자(sex factor)로 작용하는 전달성 플라스미드. 성선모(F선모)의 형성, 접합, 그리고 F^+세균에서 F^-세균으로 자신과 염색체유전자의 전달에 관여한다. 유리된 상태로 존재하거나 세균 염색체에 통합된 상태로 존재한다. F인자에 세균염색체의 일부가 통합되어 생긴 복합체를 **F′인자(F′ factor)**라고 한다. ≒ fertility factor, sex factor. ⇨ Hfr strain.

F_1 generation 잡종제1대, F_2 generation 잡종제2대 ⇨ F_1.

FGF 섬유모세포생장인자(fibroblast growth factor).

FG fibres FG근섬유 포유동물 4지의 근육에 있는 신속해당근섬유(fast glycolytic muscle fibres). 주로 무산소성 대사에 적합한 백색근섬유이고, 동물이 빠르게 달릴 때에만 사용된다. 비 FOG fibres, SO fibres.

F_1 hybrid 제1대잡종 원예학과 실험유전학에서, 두 순계 간의 첫 교잡.

fiber 섬유 ⇨ fibre.

Fibonacci series 피보나치계열 1, 1, 2, 3, 5, 8, 13, 21, 34 …처럼 1로 시작하고, 앞 두 수의 합이 그 다음 수로 이뤄진 수열.

fibre 섬유(纖維) 명 (1) 근육, 신경 또는 결합조직 등의 가닥을 형성하는 가늘고 긴 세포 또는 그러한 세포들의 집합체; (2) 양털이나 머리털에서 케라틴으로 이루어진 필라멘트와 같은 단백질 필라멘트; [식] (3) 가느다란 뿌리; (4) 식물의 줄기에서 기계적인 힘을 제공하는 끝이 가늘고 신장된 후벽세포.

fibril 원섬유(原纖維) 명 (1) 작은 실 모양의 구조 또는 섬유; (2) 섬유(fibre)를 구성하는 개개의 가닥; (3) 뿌리털(root hair).

fibrilla 뿌리털, 근모(根毛) 명 일부 섬모충류에서 발견되는 미세한 근육 같은 실. 복 **fibrillae**.

fibrillar 원섬유성, 섬유상 형 원섬유(fibril) 또는 뿌리털(fibrilla)과 관련되거나 비슷한.

fibrillar flight muscles 섬유상 비행근 파리목과 벌목 곤충의 날개근육. 보통의 가로무늬근과는 달리 매번 새로운 수축을 일으키기 위한 활동전위를 필요로 하지 않는다.

fibrillate 원섬유성 형 원섬유나 털 같은 구조를 가진.

fibrillation 세동(細動), 섬유성 연축(攣縮) 명 (1) 신경지배를 중단한 다음에 근섬유에서 나타나는 자발적인 비동조적 수축; (2) 심장에서, 다양한 원인에 의한 비동조적 근섬유 수축에 기인하여 나타나는 부정맥.

fibrillose 섬유질의 형 원섬유로 이루어진, 일부 곰팡이의 균사체에 적용되는 말.

fibrin 섬유소(纖維素), 피브린 명 트롬빈의 단백질 분해작용에 의해 혈액의 섬유소원(피브리노겐)에서 만들어지는 불용성 단백질. 혈소판과 혈구들을 잡는 섬유그물망을 형성한다.

fibrinogen 섬유소원(纖維素原), 피브리노겐 명 섬유소(피브린)의 전구물질인 수용성 혈장단백질.

fibrinolysin 섬유소용해소 ⇨ plasmin.

fibrinolysis 섬유소용해 명 섬유소가 분해되어 피떡(혈병)이 녹는 것.

fibrinolytic 섬유소용해성 형 섬유소를 분해할 수 있는.

fibrinopeptide 피브리노펩티드 명 혈액의 응고과정에서 섬유소원이 활성화되어 섬유소가 될 때 섬유소원으로부터 분해되는 펩티드.

fibrin-stabilizing factor 섬유소안정인자 ⇨ Factor XIII.

fibroblast 섬유모세포 명 섬유성 결합조직에서 아주 흔히 볼 수 있는 납작하고 불규칙한 모양의 결합조직세포. 세포외 기질을 구성하는 성분을 분비하고, I형 콜라겐과 히알루론산을 포함한다.

fibroblast growth factor (FGF) 섬유모세포생장인자 많은 세포형에서 만들어지는 시토카인(cytokine). 포유동물에는 최소한 10가지의 서로 다른 유형이 있다. 섬유모세포의 증식을 촉진하고, 척수와 4지의 발생을 유도하는 역할을 포함하여 척추동물의 배아발생에서 많은 작용을 한다.

fibrocartilage 섬유연골 명 기질이 주로 결합조직의 섬유와 비슷한 섬유들로 구성되는 연골의 한 종류. 관절, 강(cavity)의 주변부 그리고 뼈의 홈에서 발견된다.

fibrocyte 섬유세포 명 많은 양의 아교질(콜라겐)과 같은 세포외 기질을 분비한다는 점에서 섬유모세포와 비슷한 백혈구의 한 종류. 혈액에서 조직으로 들어가 상처치유에 관여한다.

fibrohyaline 섬유유리질 ⇨ chondroid.

fibroin 피브로인 명 명주실에서 발견되는 섬유성 단백질. 전구단백질인 섬유소원(피브리노겐)에서 단백질분해에 의해 만들어진다.

fibroinogen 피브로이노겐 명 일부 곤충의 견사샘(silk gland)에서 분비되는 단백질. 쪼개져서 피브로인이 된다.

fibroma 섬유종(纖維腫) 명 섬유성 결합조직의 양성 종양.

fibronectin 피브로넥틴 명 동물세포가 원형질막에서 인테그린(integrin)의 도움으로 결합할 수 있는 세포외 기질의 당단백질. 동물세포와 세포외 기질 간의 상호작용에 관여한다.

fibrosarcoma 섬유육종(纖維肉腫) 명 섬유성 결합조직의 종양.

fibrosis 섬유증(纖維症) 명 폐 따위의 결합조직이 흉터(scarring)조직으로 바뀌거나 두꺼워지는 것.

fibrous 섬유상, 섬유성 형 (1) 섬유로 구성되거나 섬유와 비슷한, 조직이나 균사체 등에 적용되는 말; (2) 섬유를 형성하는, 아교질(콜라겐), 탄력소, 케라틴, 섬유소(피브린), 피브로인과 같은 단백질에 적용되는 말.

fibrous astrocyte 섬유성 별세포 주로 뇌의 백질에서 발견되고, 굵고 가지 친 세포질돌기를 갖는 별세포(성상세포)의 한 종류. 일부는 혈관과 인접해 있는 발처럼 생긴 돌기를 갖는다.

F

fibrous root system 수염뿌리계 원뿌리(주근)가 없이 뿌리들이 섬유 같은 덩어리를 형성하는 뿌리계.

fibula 종아리뼈, 비골(腓骨) 명 (1) 척추동물 4족류에서, 정강뼈(경골)의 뒤쪽에 있는 뼈; (2) 사람에서, 바깥쪽에 있는 작은 정강뼈; (3) 일부 곤충에서, 앞날개와 뒷날개를 함께 잡는 구조. 형 **fibulate**.

fibulare 비부골(腓跗骨) 명 발목마디에서 몸 중심부 쪽 열의 바깥 뼈.

fibularis 종아리근, 비골근 ⇨ peroneus.

ficolins 피콜린 명복 척추동물과 미삭류에 존재하는 선천면역 단백질. 병원체의 표면에 있는 *N*-아세틸글루코사민을 포함하는 탄수화물과 결합하여 렉틴매개경로(lectin-mediated pathway)를 거쳐 보체결합을 개시함으로써 식균작용을 용이하게 한다.

fidelity 적합도 명 (1) [생태] 어느 종이 특정한 서식지에 국한하는 정도; (2) [분] DNA의 복제와 전사 및 번역에서, DNA에서 DNA나 RNA로 복사되는 과정이나 RNA에서 단백질로 번역되는 과정에서 오류가 생길 수 있는 확률.

field layer 임상층 ⇨ herb layer.

field metabolic rate 야외대사율 자유롭게 돌아다니는 동물에서 측정하는 대사율. 2중표지수법(doubly labelled water method)이 가장 일반적으로 사용된다. 이 방법에서는 실험을 시작할 시점에 중수소(^2H) 또는 3중수소(^3H)와 산소동위원소(^{18}O)로 표지한 물을 동물에 주입한다. 며칠 또는 몇 주가 지난 다음에 혈액 중의 ^{18}O와 표지된 수소의 감소를 측정하고 이에 수반하는 이산화탄소 생성률을 계산한다.

filament 사상체(絲狀體), 수술대, 필라멘트 명 (1) 곰팡이나 방선균류의 균사, 세균이나 조류세포의 사슬, 세포의 매우 가는 섬유 등의 가느다란 실 같은 구조, 형 **filamentous**; (2) 수술의 대, (⇨ 그림 18); (3) 솜깃털의 깃대; (4) 곤충의 난소에서 난관(egg tube)의 가느다란 앞쪽 끝. ⇨ thick filament, thin filament.

filamentous actinomycetes 사상방선균류 ⇨ actinomycetes.

filamentous bacteria 사상세균 길고 가는 세포들 또는 세포들의 사슬을 이루는 세균.

filamentous bacteriophages 사상박테리오파지 각각의 파지입자들이 긴 필라멘트의 형태를 하고 외피단백질소단위들이 나선형으로 배열되며 고리형 외가닥 DNA유전체를 갖는 박테리오파지의 1군. DNA염기순서결정을 위한 DNA 클로닝에 이용되는 M13 따위가 있다.

filamin 필라민 명 액틴필라멘트의 용액을 점성을 띤 액체에서 고형의 겔로 전환시키는 세포질단백질.

filaria 사상충(絲狀蟲) 명 선충류에 속하는 기생충. 복 **filariae**.

filasome 필라솜 명 곰팡이에서 발달하는 균사 끝의 전자현미경 사진에서 볼 수 있는, 조밀한 섬유성 물질로 덮인 작은 소낭.

filator 사신기(絲伸器) 명 (1) 누에에서 실을 뽑는 기관의 일부. 섬유의 크기를 조절한다; (2) 기타 나비유충의 방적돌기(실돌기).

filial genetation 잡종후대(雜種後代) ⇨ F_1, F_2.

filial imprinting 어버이인상찍히기 어버이나 양부모에 대한 애착의 결과로 생기는 인상찍히기.

filibranch 사새(絲鰓)의 형 연체동물 2매패류의 아가미에서 필라멘트들이 인접한 필라멘트들과 섬모에 의해 붙는 아가미에 적용되는 말.

Filicales 양치목(羊齒目), 고사리목 명 현존하는 대부분의 고사리류를 포함하는 양치식물문(Pterophyta)의 무리. 주로 육상에 살고, 대개 큰 겹잎과 뿌리줄기를 가지며, 잎의 밑면에서 포자를 만든다.

filicauline 사상줄기의 형 실 같은 줄기를 가진.

filiciform 고사리모양의 형 (1) 고사리의 엽상체처럼 생긴; (2) 고사리와 비슷한.

Filicinophyta 양치식물문 때때로 양치식물문(Pterophyta)을 가리키는 명칭.

filiform 실모양의, 사상 형 실 같은.

filiform papillae 실유두, 사상유두 혀에 있는 유두(papillae). 그 끝에 많은 미세한 가느다란 돌기들이 있다.

filigerous 사상체형 형 실처럼 뻗어 나오거나 편모를 가진.

filipendulous 덩이실의 형 중간이나 끝이 덩어리처럼 부풀어진 실 같은 뿌리에 적용되는 말.

filoplume 실모양깃털, 모상우(毛狀羽) 명 털 같은 연약한 깃털. 긴 축을 갖고 꼭대기에 몇 개의 깃가지(우지)가 있다.

filopodia 사상위족(絲狀僞足) 명복 (1) 동물세포의 맨 앞에서 뻗어 나오는 가늘고 뻣뻣하며 표면에서 이동하는 세포질 돌기; (2) 일부 원생동물의 뻣뻣하고 실 같은 위족. 단 **filopodium**.

Filoviridae, filoviruses 필로바이러스 명, 명복 껍질을 보유하고 긴 실과 같은 입자를 갖는 외가닥RNA동물바이러스의 과. 마르부르크열바이러스와 에볼라열바이러스를 포함하며, 이들은 보통 치명적인 출혈열을 일으킨다.

filose 실모양의 형 가늘고 실 같은.

filter feeders 여과섭식자 물이나 공기에 있는 작은 생물들을 다양한 방법으로 걸러서 먹는 생물.

filter sterilization 여과멸균 미생물들이 통과할 수 없는 매우 작은 구멍을 가진 필터(여과기)에 액체나 가스를 통과시켜 멸균하는 것.

filtrate 여과액 명 여과하여 얻은 맑은 액체.

filtration 여과(濾過) 명 다공성 물질(필터)에 액체를 통과시켜 입자들이나 고형물질을 분리하는 과정.

fimbria 선모(線毛), 술 명 (1) 술(fringe)처럼 생긴 구조들; (2) [세] 세균의 둘레에 나며 편모보다는 작지만 구조가 비슷한 많은 섬유상 구조의 하나. '핌브리아'라고도 한다; (3) [신] 뇌활(fornix)의 뒤쪽이 해마까지 연장된 것. '해마술(해마채)'이라고도 한다. 복 **fimbriae**.

fimbriate(d) 선모의, 술모양가장자리의 형 미세한 털로 테를 두른.

fimbrin 핌브린 명 장내 미세융모의 세포골격을 지탱하는 액틴필라멘트와 관련된 단백질.

fin 지느러미 명 (1) 어류에서 골질 또는 연골질의 살(ray)로 지지되고, 운동, 평형, 조향(steering), 과시 등에 이용되는 피부의 주름. 많은 어류는 등에 수직으로 나는 등지느러미, 꼬리의 끝에 꼬리지느러미, 항문의 바로 앞쪽에 뒷지느러미, 아래쪽에 한 쌍의 배지느러미 그리고 아가미의 바로 뒤쪽에 한 쌍의 가슴지느러미를 갖는다. 가슴지느러미와 배지느러미는 다른 척추동물의 앞다리와 뒷다리에 해당한다; (2) 그 밖의 수생동물에서 그와 비슷한 구조들.

fingerprinting 지문 ⇨ DNA fingerprinting, protein fingerprinting.

fin-rays 지느러미살, 기조(鰭條) 대개 연골질이나 골질로 된 결합조직의 뻣뻣한 막대. 지느러미를 지탱한다.

fire climax 산불극상 자연적이거나 인위적으로 화재가 발생하여 불이 나지 않았

F

다면 우점하였을 식물들을 죽이고 불이 난 곳에 극상식생으로 유지되는 식물군집.

Firmibacteria 후벽균강 명 대부분의 그람양성균을 포함하는 세균역(Bacteria)의 강. 포도상구균, 막대균(간균), 연쇄상구균 등이 있다.

Firmicutes 후벽균문 명 DNA염기순서 자료에 근거하여 식별하는 세균역의 문. 그람양성균의 두 강(Clostridia와 Bacilli)과 벽이 없는 절대기생생물인 몰리큐테스강(Mollicutes)을 포함한다.

first-set rejection 1차거부반응 이전에 한 번도 조직이식을 받지 않은 부적합조직형의 수용자에게 조직을 이식했을 때 나타나는 조직의 거부반응.

FISH 제자리형광잡종화(fluorescence *in situ* hybridization).

Fisher's sex-ratio theory 피셔의 성비 이론 딸과 아들의 번식값(reproductive value)이 같을 때 출산하는 아들과 딸의 비율은 딸과 아들의 평균적응비용이 같게끔 조정되어야 한다는 이론.

fishes 어류 명복 4지가 없는 수생 척추동물의 무리. 주로 아가미의 도움으로 호흡하고, 유선형의 몸과 지느러미를 가지며, 비늘(경골어류의 경우)로 덮인 몸을 갖는다. 연골어강(Chondrichthyes)과 경골어강(Osteichthyes)으로 이뤄진다. 무악어류(Agnatha)도 때때로 어류라고 부른다.

fish lice 물이 ⇨ Branchiura.

fissile 열개성(裂開性)의 형 (1) 갈라지기 쉬운; (2) 쪼갤 수 있는.

fissilingual 갈린 혀의 형 끝이 갈라진 혀를 가진.

fission 분열 명 단세포생물이 크기가 같은 둘 또는 그 이상의 세포들로 나뉘는 무성생식. ⇨ binary fission.

fission yeast 분열효모 세포들이 크기가 같은 2개의 세포들로 분열하며 증식하는 분열효모속(*Schizosaccharomyces*)과 그 동족의 종들. 비 budding yeast.

fissiparous 분열번식의 형 분열(fission)에 의해 번식하는.

fissiped 갈린 다리의, 열각(裂脚)의 형 고양이, 개, 곰과 같은 육상의 육식성 포유동물에서 볼 수 있듯이 갈라진 다리의 발가락을 가진. 비 pinnipeds.

Fissipedia 열각류(裂脚類) 명 고양이, 개, 곰과 같은 육상의 육식성 포유동물을 포함하는 목의 명칭. 해양의 육식동물(예: 물개)은 물개목(Pinnipedia)으로 분류한다.

fissirostral 갈린 부리의 형 깊게 갈라진 주둥이를 가진.

fissure 틈, 열구(裂溝) 명 (1) 어떤 기관을 엽(lobe)으로 나누거나 어떤 부분을 엽으로 세분하고 분리하는 깊게 파진 홈이나 고랑; (2) ⇨ sulcus.

fistula 샛길, 누공(瘻孔) 명 (1) 병리학적이거나 인공적인 관 모양의 통로; (2) 물관.

fistular 관상(管狀)의 형 속이 빈 관 모양의, 산형과 식물의 줄기에 해당하고 일부 외떡잎식물의 줄기를 둘러싸는 잎에 적용되는 말.

FITC ⇨ 플루오레세인이소티오시안산염(fluorescein isothiocyanate).

fitness 적응도 명 개체의 적응도는 다른 유전자형의 기여와 비교하여 자신의 유전자형의 다음 세대에 대한 상대적 기여로 정의하고, 성공적으로 낳아서 기른 자손의 수로 결정한다. ≒ Darwinian fitness. ⇨ inclusive fitness.

fixation 고정(固定), 고착(固着) 명 (1) 탄소와 질소에 관한 고정은 'carbon dioxide fixation'과 'nitrogen fixation'을 참조하시오; (2) 현미경 관찰을 위해 구조를 보존하도록 시료를 처리하는 것; (3) [유] 대

립유전자에서, 그 유전자자리에서 발견되는 유일한 대립유전자가 될 때까지 개체군에서 대립유전자가 확산되는 것; (4) [행] 실험심리학에서, 자극이 양성강화를 동반하는지 아니면 음성강화를 동반하는지에 상관없이 동물에서 나타나는 틀에 박힌 반응. 문제해결이 불가능한 상태에서 종종 일어난다.

fixation index 고정지수 개체군유전학에서, 서로 다른 아개체군(subpopulation)들이 동일한 임의교배집단일 때 이론적 이형 접합성과 비교하여 평균 이형 접합성이 비례하여 축소하는 아개체군들 간의 유전적 분화의 정도.

fixative 고정액 명 세포들과 세포의 구조를 보존할 때 이용되는 에탄올이나 포름알데히드 등의 화학물질.

fixed-action pattern 고정행동양식 학습이 일어나지 않을 때 동물의 행동에서 발견되는 틀에 박힌 고정된 반응.

fixed allele 고정대립유전자 개체군의 모든 구성원에서 동형 접합상태로 존재하는 대립유전자.

fixed anions 고정음이온 세포에서 음전하를 가진 유기분자.

fixed carbon 고정탄소 광합성에 의해 유기물에 편입된 탄소.

flabellate 부채꼴, 선형(扇形) 형 한쪽에 돌출된 덮개가 있는, 일부 곤충의 더듬이에 적용되는 말.

flabellum 부채꼴기관 명 부채 모양의 기관이나 구조.

flaccid 이완성 형 축 늘어진, 충분한 물이 없고 시들었거나 시들어 가는 잎에 적용되는 말.

flagella 편모 'flagellum'의 복수형.

flagellate(d) 편모성 형 편모가 달린.

flagellated chambers 편모실(鞭毛室) 해면동물에서, 물에서 먹이입자를 흡수하도록 전문화된 편모세포인 깃세포(choanocyte)들이 안을 싸고 있는 중앙의 강소.

flagellates 편모생물 명복 광합성을 하는 종들과 광합성을 하지 않는 종들을 포함하고, 원생동물(protozoans)이나 원생생물(protists) 또는 조류(algae)와 같이 여러 체계로 분류하는 단세포성 진핵소형생물들의 다양한 무리. 성체기에는 편모를 써서 유영하며 움직인다. 바다와 민물에서 독립생활을 하는 종들이 포함되고, 반추동물의 장에 사는 종과 같은 어떤 중요한 편리공생생물들과 파동편모충(trypanosome)과 같은 사람의 기생충도 포함된다. 광합성 편모생물에 관한 내용은 황갈조식물문(Chrysophyta), 유글레나식물문(Euglenophyta), 진안점조식물문(Eustigmatophyta), 황적조식물문(Pyrrophyta), 후각편모조식물문(Prymnesiophyta)과 황록조식물문(Xanthophyta)을 참조하시오. 비광합성 편모생물에 관한 내용은 동물성편모충문(Zoomastigina)을 참조하시오.

flagellation 편모배열 명 세포에 달리는 편모의 배열. ⇨ lophotrichous, peritrichous, polar.

flagellin 플라젤린 명 세균의 편모를 구성하는 단백질.

flagellum 편모(鞭毛) 명 (1) 단독으로 또는 무리를 지어 세포에 달리는 긴 채찍 모양이거나 깃털 모양의 구조. 이를 이용하여 세포들이 액상의 매질을 뚫고 나아간다. 편모는 많은 세균과 단세포 진핵생물의 운동성 세포에 달리고 많은 진핵생물의 운동성 수배우자에 달린다. 세균의 편모와 진핵생물의 편모는 내부구조와 액틴의 메커니즘에서 차이를 나타낸다. 세균의 편모는 단일한 단백질섬유로 구성되고 회전하는 반면, 진핵생물의 편모는

F

$$CH_2-CHOH-CHOH-CHOH-CH_2OPO_3^-$$

(structural formula: isoalloxazine ring with CH_3, CH_3, N, N, N, NH, O, O)

그림 17. 플라빈모노뉴클레오티드.

섬모(cilium)와 비슷한 구조와 운동방식을 갖는다; (2) 곤충에서, 더듬이의 말단부. 복 **flagella**.

flame cell 불꽃세포 ⇨ protonephridial system.

flash colours 섬광반(閃光斑) 어떤 종이 포식자로부터 도피할 때 갑자기 발하는 색깔의 섬광. 포식자를 깜짝 놀라게 하고 산만하게 하거나 먹이가 사라진 것으로 생각하게끔 속인다.

flask fungi 핵균류 핵균강(Pyrenomycetes)의 일반적인 명칭.

flatworms 편형동물류 ⇨ Platyhelminthes.

flavedo 황색외과피 명 감귤류 과일에서 과피의 바깥층 또는 껍질.

flavescent 노란색의 형 노란색으로 자라거나 노란색으로 바뀌는.

flavin 플래빈 명 비타민 리보플래빈이 속하는 황색색소 무리를 통틀어 이르는 말. 보통 이소알록사진(isoalloxazine)인 질소함유염기를 포함하고 녹황색의 형광을 발한다. 동물과 식물에 널리 분포하며, 플래빈뉴클레오티드의 일부가 된다.

flavin adenine dinucleotide (FAD) 플래빈아데닌디뉴클레오티드 산화효소에 보결분자단으로 단단히 결합하는 리보플래빈의 유도체. 플래빈단백질(flavoprotrin)로도 알려져 있다. 산화형(FAD)과 환원형($FADH_2$)으로 존재하며, 많은 대사반응에서 전자운반체로 작용한다. ⇨ flavin mononucleotide.

flavin adenine mononucleotide 플래빈아데닌모노뉴클레오티드 ⇨ flavin mononucleotide.

flavin mononucleotide (FMN) 플래빈모노뉴클레오티드 미토콘드리아 호흡사슬의 NADH탈수소효소를 포함하여 몇몇 효소에서 전자를 운반하는 보결분자단인 리보플래빈-5′-인산. $FMNH_2$로 환원된다. (⇨ 그림 17)

Flaviviridae, flaviviruses 플라비바이러스과 명, 명복 껍질을 보유하고 정20면체 모양의 입자를 갖는 외가닥RNA동물바이러스의 과. 황열병바이러스와 뎅기출혈열바이러스가 포함된다.

flavodoxin 플라보독신 명 어떤 세균의 전자전달사슬에서 전자운반체로 작용하는 플래빈을 함유하는 단백질.

flavone 플라본 명 연한 노란색을 띠는 플라보노이드 식물색소군을 통틀어 이르는 말. 분자의 C_3 부분이 산소를 포함하는 고리를 형성한다.

flavonoid 플라보노이드 명 $C_6C_3C_6$의 기본골격을 가지는 다양한 화합물을 이르는 말. C_6 부분은 벤젠고리이고, C_3 부분은 각각 다른 화합물들로 되어 있으며, 많은 수용성 식물색소들을 포함한다.

flavonol 플라보놀 명 연한 노란색을 띠는 플라보노이드 식물색소군을 이르는 말.

flavoprotein 플래빈단백질 명 플래빈보결분자단(FAD 또는 FMN)을 함유하는 단백질을 이르는 말. 산화형이나 환원형으로 존재할 수 있다. 산화형은 노란색을 띠지만 환원되면 무색이 된다. 플래빈단백질은 전자전달과 산화반응에 관여한다.

flavoxanthin 플라보크산틴 명 식물에서 발견되는 노란색의 카로티노이드색소.

flea 벼룩 명 벼룩목(Siphonaptera)에 속하는 종류들의 일반적인 명칭.

flexor 굽힘근, 굴근(屈筋) 명 수축해서 팔다리나 그 일부를 굽히는 근육.

flexuose, flexuous 굴곡(屈曲)한 형 고불고불하게 굽어진.

flexure 굴곡 명 곡선 또는 굽음.

flimmer 소모(小毛) 명 진핵생물의 일부 편모에 달리는 미세한 털. 편모의 겉모습을 반짝이 조각처럼 보이게 한다.

FLIP ⇨ fluorescence loss in photobleaching.

flippase 플립파아제 명 막의 합성과정에서 인지질을 생체막의 내층에서 외층으로 전이시키는 효소.

floating ribs 뜬갈비뼈, 부유늑골 ⇨ false ribs.

floccose 양모형 형 양털 같은 다발로 덮인.

flocculation 응집(凝集) 명 점토 입자들이 석회에 의해 뭉치듯이 교질계(콜로이드계)에서 분산되어 있는 작은 입자들이 큰 집합체가 되는 것.

flocculence 엉김, 응결(凝結) 명 침전물에서와 같이 작은 조각들로 점착하는 것.

flocculent 양모형 형 푹신한 납물질로 덮여서 겉모습이 양털 같은.

flocculus 타래, 편엽(片葉), 소엽(小葉) 명 (1) 소뇌의 각 측엽에 있는 작은 열편; (2) 일부 벌목(Hymenoptera)의 뒷다리에 있는 털 다발.

floccus 털뭉치, 솜털, 송이털 명 (1) 꼬리의 끝에 있는 털 다발; (2) 새 새끼의 솜털; (3) 촘촘한 다발 같은 구조들; (4) 곰팡이 균사나 조류 사상체의 덩어리.

floor plate 바닥판, 저판 신경관의 복부.

flor 플로, 피막 명 발효가 일어나는 동안 포도주의 표면에 형성되는 효모와 세균 그리고 그 밖의 작은 생물들의 덮개.

flora 명 (1) **식물상(植物相)** 국가, 지역, 지정된 환경이나 기간에 사는 식물들; (2) **식물지(植物誌)** 식물상을 기술한 책; (3) **균군(菌群)** 동물과 식물의 내부와 외부에 자연적으로 사는 미생물들(예: gut flora, skin flora).

floral 식물상의, 꽃의 형 (1) 어느 국가나 지역의 식물상과 관련된 말; (2) 꽃과 관련된 말.

floral axis 꽃대 ⇨ receptacle.

floral diagram 화식도(花式圖) 꽃을 이루는 각 부분의 상대적인 위치를 나타내는 평면도.

floral envelope 꽃덮개, 화피(花被) 꽃받침(calyx)과 꽃부리(corolla)를 통틀어 이르는 말.

floral formula 화식(花式) 꽃을 구성하는 부분들의 수와 배열 상태를 종합하여 숫자로 나타낸 식.

floral kingdom 식물구계 ⇨ floristic kingdoms.

floral leaf 꽃잎 꽃잎(petal) 또는 꽃받침조각(sepal).

floral meristem 꽃분열조직 줄기의 끝에서 분열하여 꽃이 생기게 하는 세포들의 부위.

floral organ 꽃기관 꽃잎, 꽃받침조각, 수술, 암술 따위의 꽃을 이루는 부분들.

floral realm 식물구계 (1) 살고 있는 식물종들로 특징지어지는 큰 지리적 구역; (2) 특히 식물상에 의해 전 세계를 크게 나눈 것. ⇨ floristic kingdoms.

F

floral tube 화통(花筒) 꽃받침, 꽃잎 그리고 수술의 기부들이 합쳐져서 생긴 컵 또는 관.

floret 낱꽃 명 (1) 국화과 식물의 두상꽃차례처럼 밀집된 꽃차례에서 개개의 작은 꽃; (2) 벼과 초본의 개개의 꽃.

floridean starch 홍조녹말 홍조류에서 발견되는 녹말의 한 종류. 요오드를 처리하면 청색 대신에 갈색반응을 나타낸다.

florigen 개화호르몬, 화성소(花成素) 명 잎에서 만들어지고 개화를 야기하는 자극. 애기장대속(*Arabidopsis*)에서 단백질 FT인 것으로 밝혀졌다.

floristic 꽃의, 식물상의 형 (1) 식물군집의 종조성과 관련된 말; (2) 식물상과 관련되거나 해당되는 말.

floristic kingdoms 식물구계 서식하는 식물에 근거하여 전 세계를 지리적으로 구분한 것. '식물지리구'라고도 하며, 남극식물계, 오스트레일리아식물계, 전북극식물계(북방식물계), 신열대식물계, 구열대식물계 및 남아프리카식물계로 나뉜다.

floristic province 식물구 식물구계(floristic kingdom) 내에서 식물의 종조성이 비교적 균일하게 나타나는 지리적 구역. 인접한 식물구와 만나는 전이대에는 양쪽 식물구의 종들이 나타난다.

floristics 식물구계학(植物區系學) 명 특정한 지역의 식생을 출현하는 식물종 측면에서 연구하는 것.

flow cytometry 유동세포계수법 혼합된 세포집단에서 각각 다른 유형의 세포들을 측정하고 구별하는 기법. 세포는 보통 세포표면분자에 독특한 항체들을 서로 다른 형광색소로 표지시킨다. 표지된 세포들을 형광과 기타 광학변수를 검출하는 레이저빔에 흘려보내서 각 유형의 세포의 수를 센다. ⇨ FACS.

flower 꽃 명 속씨식물의 생식구조. 진화적으로 엽상가지(leafy shoot)에서 유래되었으며, 잎은 꽃잎, 꽃받침조각 및 꽃받침, 그리고 배우자들이 만들어지는 심피와 수술로 변형되었다. 꽃은 매우 다양한 모습으로 나타나지만, 전형적으로 꽃의 각각 다른 부분들이 동심원을 이루면서 윤생(whorl)을 하며 기부(꽃턱, receptacle)에 끼워진 모양을 한다. 가장 바깥쪽에서 윤생하는 주로 녹색의 꽃받침조각(sepal)들은 꽃받침(calyx)을 형성하고, 그 안쪽에서는 종종 밝은 색을 띤 꽃

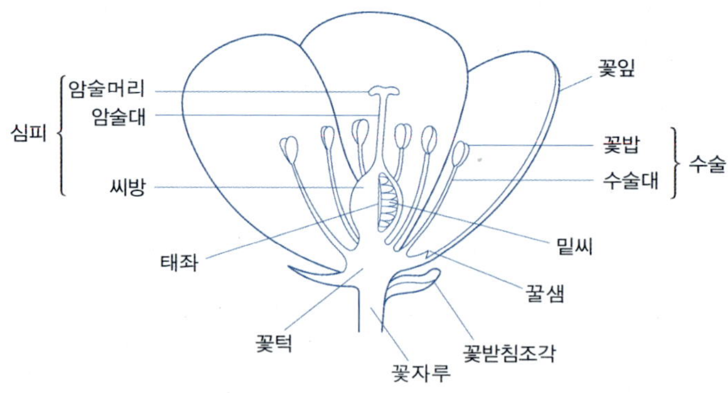

그림 18. 일반적인 속씨식물 꽃의 단면.

잎(petal)이 돌려나며, 다음으로 웅성 생식기관인 수술(stamen)이 고리 모양으로 나타나고, 중심에 자성 생식기관인 심피(carpel)가 놓인다. (⇨ 그림 18)

flowering plant 꽃식물 ⇨ Anthophyta.

flow sorting 유동분리 ⇨ FACS.

fluctuation test 방황변이시험 세균에서 일어나는 표현형의 변화가 생리적 적응에 의한 것인지 아니면 돌연변이에 의한 것인지를 밝히는 시험. 1943년에 델브뤼크(Delbrück)와 루리아(Luria)가 파지저항성세균(phage-resistant bacteria)의 돌연변이체 기원을 밝히면서 고안되었다.

fluid mosaic model 유동모자이크모형 생체막의 구조에 대해 받아들여지는 모델. 막은 지질2중층과 이들 사이에 박혀 있는 단백질들로 구성된다. 단백질과 지질은 막 평면 내에서 측면으로 자유롭게 이동하지만 수직으로 뒤집힐 수는 없다. (⇨ 그림 26)

flukes 흡충류 명복 기생성 편형동물류(platyhelminths)의 무리. 물고기의 피부와 아가미에 외부기생을 하는 단생강(Monogenea)과 흡충강(Trematoda)을 포함한다. 흡충강은 혈액, 간 그리고 창자에서 내부기생을 하는 흡충류[양에서 흔하게 나타나는 간흡충인 파시올라(*Fasciola*) 등]와 사람에서 주혈흡충증을 일으키는 주혈흡충(*Schistosoma*)을 포함한다. ⇨ digenean, Platyhelminthes, Trematoda.

fluorescamine 플루오레사민 명 아미노산과 반응하여 형광을 발하는 생성물을 만드는 염료. 단백질의 아미노산 성분을 분석하는 데 이용된다.

fluorescein isothiocyanate (FITC) 플루오레세인이소티오시안산염 단백질의 표지(label)로 널리 사용하는 형광화합물.

fluorescence 형광(螢光) 명 어느 파장의 빛을 쬘 때 물질에서 다른 파장의 빛이 방출되는 현상. 형광현미경 관찰을 위한 염색에서 사용되는 염료들은 대개 자외선에 의해 활성화되어 빨간색, 녹색, 파란색 등의 특정한 색의 빛을 발하는 물질들이다.

fluorescence-activated cell sorter 형광이용세포분리기 ⇨ FACS.

fluorescence *in situ* hybridization (FISH) 제자리형광잡종화 형광물질로 표지된 DNA 탐침을 이용하여 체세포분열 염색체를 혼성화(잡종화)시켜서 염색체에 있는 특정 DNA염기순서의 위치를 확인하는 방법.

fluorescence loss in photobleaching (FLIP) 탈색중 형광소실측정법 형광표지된 막단백질의 측방확산속도를 연구하는 데 이용되는 방법의 하나. 막의 작은 부위를 연속적으로 조사하여 그 안으로 들어오는 모든 단백질을 탈색시키고 주위의 막에서 형광이 사라지는 속도를 측정한다.

fluorescence microscopy 형광현미경 관찰법 특정 파장의 빛을 쬐었을 때 물체에서 내는 형광을 관찰하는 광학현미경관찰법의 한 가지. 형광은 엽록소처럼 자연적인 형광성 물질의 존재에 기인하고, 형광염료로 염색하여 추가시키기도 한다. ⇨ immunofluorescence microscopy.

fluorescence recovery after photobleaching (FRAP) 탈색후 형광회복측정법 형광표지된 막단백질의 측방확산속도를 연구하는 데 이용되는 방법의 하나. 막의 작은 부위를 일시적으로 조사하여 그 안에 있는 단백질들을 탈색시키고 새로운 형광단백질이 그 부위로 들어오는 속도를 측정한다.

fluorescence resonance energy transfer (FRET) 형광공명에너지전달 두 단백질이 밀접하게 접촉하였을 때 형광표지된 어느 단백질에서 다른 단백질로의 에너지전달을 측정하여 단백질-단백질 상호작용을 알아내는 방법.

fluorescent 형광성 형 어느 파장의 빛에 의해 활성화되었을 때 다른 색의 빛을 방출하는 능력을 가진.

fluorescyanine 형광시아닌 명 노란색이나 파란색의 형광을 띠는 프테린(pterin)의 혼합물. 일부 곤충의 눈과 알 그리고 발광기관에서 발견된다.

fluoroacetate 플루오르아세트산 명 생체 내에서 플루오르시트르산(fluorocitrate)으로 전환되어 효소 아코니트산수화효소(aconitase)를 억제하고 따라서 트리카르복시산회로(TCA cycle)를 저해하는 독소.

fluorochrome 형광색소 명 형광성 화합물을 통틀어 이르는 말.

fluorouracil (FU) 플루오르우라실 명 불소(F)로 치환된 우라실 유사체. FU의 디옥시뉴클레오티드(FUdR)는 티미딘1인산(dTMP) 합성을 저해하고, 항암제로 이용된다.

flush 플러시, 싹틈, 격증 명 (1) 땅에서 수로로 흐르지 않는 물이 고여 있는 부위; (2) 특히 목본의 생장기; (3) 개체군크기의 빠른 증가.

flushing 플러싱 명 토양의 용해성 물질들이 표면 부근에 쌓이도록 이들 물질을 위쪽으로 씻는 것. 비 leaching.

fluviatile 하천의, 강(江)의 형 (1) 개울의 안이나 부근에서 자라는; (2) 개울에서 살거나 발달하는, 일부 곤충의 유충에 적용되는 말; (3) 강에 의해 생긴, 퇴적물에 적용되는 말.

fluvioterrestrial 하천육지서식성 형 하천과 육지에서 발견되는.

fly 파리 명 (1) 파리목(Diptera)에 속하는 종류들의 일반적인 명칭; (2) 발생생물학, 유전학 및 분자생물학에서, 보통 노랑초파리(*Drosophila melanogaster*)를 이르는 말.

F-mediated transduction F매개형질도입 ⇨ sexduction.

fMet ⇨ formylmethionine.

fMet-tRNA[f] *N*-포르밀메티오닌운반RNA 세균의 단백질합성에서 개시복합체와 결합하는 첫 아미노아실tRNA.

FMN ⇨ flavin mononucleotide.

$FMNH_2$ 플래빈모노뉴클레오티드(flavin mononucleotide)의 환원형.

fMRI ⇨ functional magnetic resonance imaging.

focal adhesion 초점접착역(焦點接着域) 세포막의 인테그린과 세포외 기질의 단백질 간의 상호작용에 의해 세포외 기질과 강하게 결합하는 세포막의 부위. 이 부위를 통하여 세포외 기질로부터 신호가 세포의 내부로 전달될 수 있다.

fodrin 포드린 명 세포피층의 부분을 이루고 뉴런에 존재하는 구조단백질. 포드린은 적혈구의 스펙트린(spectrin)과 동일하다.

foet- ≒ fet-.

foetal 태아의 형 태아(foetus)와 관련된 말.

foetal haemoglobin (HbF) 태아헤모글로빈 태아의 혈액에 존재하는 헤모글로빈의 유형. 2개의 α사슬과 2개의 γ사슬로 이루어지고, 태아의 상태에서 성인의 헤모글로빈보다 높은 산소친화력을 갖는다.

foetal membranes 태(아)막 포유동물의 융모막, 양막, 요막, 난황주머니와 같이 태아를 보호하거나 영양공급을 담당하는 막. ≒ extra-embryonic membranes.

α-foetoprotein (α-FP, AFP) α-태아단백질 난황주머니와 태아의 간 상피세포에서 생성되는 단백질. 성인에서는 간의 증식세포에서 생산되어 간암의 진단에 이용될 수 있다. 임신한 여성에서 α-태아단

백질의 혈중 농도가 높아지면 척추갈림증(2분척추, spina bifida)의 태아일 가능성이 있다.

foetus 태아(胎兒) 명 포유동물에서 알아볼 수 있는 시기 이후의 배아. 엄밀히 따지면 수정 이후 7주부터의 사람의 배아를 가리킨다.

fog-basking 사막환경에 사는 일부 작은 곤충의 행동. 안개를 몸의 표면에 최대로 응축시켜 마실 물을 얻는다.

FOG fibres FOG섬유 포유동물 4지의 근육에 있는 신속산화해당근섬유(fast oxidative glycolytic muscle fibre). 호기성 대사에 적합한 적색근섬유(red muscle fibre)이며, 동물이 걷거나 달릴 때 이용된다. 비 FG fibres.

folate 엽산 ⇨ folic acid.

fold 폴드 명 단백질사슬의 3차원적 구조. 구성하는 2차구조 요소들과 그들의 정렬에 따라 다양한 폴드들을 정의한다.

foldback DNA 접힌DNA 동일한 가닥에 있는 역반복순서(inverted repeat)가 내부 염기쌍구역을 형성한 DNA.

foliaceous 엽질(葉質)의, 엽상(葉狀) 형 (1) 보통잎(foliage leaf)의 감촉을 갖는; (2) 얇고 잎 같은; (3) 잎이 달리는.

foliage 보통잎 명 식물이나 식물군집의 잎들을 통틀어 이르는 말.

Folian process 폴리돌기 포유동물 가운데귀의 이소골 중 하나인 망치뼈(추골)의 전방 돌기.

foliar 잎의 형 (1) 잎과 관련되거나 잎으로 구성된; (2) (꽃과는 대조적으로) 잎이 달리는.

foliate papilla 엽상유두, 잎새유두 혀에 있는 작은 돌기의 한 종류. 맛봉오리(미뢰)가 들어 있다.

folic acid, folate 엽산(葉酸) 효모, 간 그리고 푸른색 야채에서 발견되는 수용성 비타민인 프테로일글루탐산(pteroylglutamic acid). 때때로 비타민 B 복합체의 일부로 간주한다. 엽산은 핵산대사에서 중요한데, 그것은 테트라히드로엽산(tetrahydrofolate)이 푸린과 피리미딘 생합성에 관여하는 조효소이기 때문이다. 엽산이 결핍되면 거대적아세포빈혈(megaloblastic anaemia)이 생긴다. ≒ PGA.

folicole, folicolous, foliicolous 엽상생 형 잎 위에서 자라는, 일부 곰팡이에 적용되는 말.

foliobranchiate 잎아가미의 형 잎 같은 아가미를 가진.

foliolate 작은잎꼴 형 작은 잎(leaflet)과 관련되거나 그와 비슷한.

foliole 작은잎, 소엽(小葉) 명 작은 잎 같은 기관이나 부속지; (2) 겹잎을 구성하는 작은 잎.

foliose 잎모양의, 엽상(葉狀) 형 (1) 많은 잎을 갖는; (2) 잎 같은 엽(lobe)을 갖는, 일부 지의류와 우산이끼류에 적용되는 말.

folium 박층(薄層), 소뇌잎새 명 (1) 소뇌에서 측면으로 상반월엽(superior semilunar lobe)으로 확장되는 납작한 구조; (2) 혀의 측면에 있는 주름.

folivorous 엽식성(葉食性) 형 잎을 먹는.

follicle 여포(濾胞), 소포(小胞), 골돌과 명 작은 주머니 같은 구조; [동] (1) 난소에서, 발달하는 난모세포가 들어 있는 별개의 구조; (2) 털이나 깃털의 뿌리를 둘러싸는 상피로 된 싸개인 털주머니(모낭) 또는 깃주머니(우낭). (⇨ 그림 35); (3) [면] 림프절 같은 2차 림프조직의 피질에서 B세포가 풍부한 부분; (4) [식] 1심피에서 발달하고 하나의 봉선을 따라 벌어지는 건개과.

follicle-stimulating hormone (FSH)

F

여포자극호르몬 뇌하수체전엽에서 분비되는 당단백질 호르몬. 생식샘들에 작용하여 난소에서 그라프여포의 성숙과 에스트로겐의 분비를 촉진하고, 정소에서 정자형성을 촉진한다.

follicular **여포의** 형 (1) 여포(소포)와 비슷하거나 여포로 이루어진, 사람의 월경주기에서 여포가 성숙하기 시작하는 첫 시기(여포기)에 적용되는 말; (2) 난소호르몬(에스트론)에 해당하는 말.

follicular dendritic cell **여포수지상세포** 림프절과 기타 2차림프조직의 여포들에서 발견되는 기질세포의 한 종류. 몸에 감염하는 미생물들에 의한 항원이 이 세포의 표면에 결합하고, 활성화 B세포가 형질세포로 발달하는 것을 촉진시키는 것으로 여겨진다. 여포수지상세포는 림프조직의 다른 곳에서 발견되는 수지상세포들과 뚜렷이 다르다.

folliculate **여포의** 형 여포(소포)가 들어 있거나, 여포로 구성되거나 또는 주머니로 둘러싸인.

folliculous **여포의** 형 여포(소포)를 가진.

following response 병아리, 오리 새끼 등과 같이 많은 종의 새끼들이 본능적으로 움직이는 물체를 무차별적으로 따라가는 반응.

fomite **매개물** 명 생존 가능한 병원성 미생물에 오염되면 질병을 전염시킬 수 있는 비생명체.

fontanel(le) **숫구멍, 천문(泉門)** 명 머리뼈의 뼈들 간에서 막으로만 덮여 있는 간극이나 공간.

food bodies **잎끝먹이창고** ⇨ Beltian bodies.

food chain **먹이사슬** 생태계에서 잡아먹고 먹히는 생물들의 관계를 순서대로 나열한 것. 먹이사슬은 광합성생물(예: 조류, 식물, 세균)이나 화학무기영양세균의 1차생산자부터 시작한다. 1차생산자는 초식동물(1차소비자)에게 먹히고, 이는 다시 육식동물(2차소비자)의 먹이가 된다. 작은 육식동물은 그보다 큰 육식동물에게 잡혀 먹힐 수 있다. ⇨ food web.

food infection **식품감염** 살모넬라와 같은 어떤 미생물에 오염된 음식을 섭취한 후에 창자에서 세균들이 생장하는 데 따른 위장병. 비 food poisoning.

food poisoning **식중독** 엄밀하게는 음식물에서 생장하는 세균이 생성한 독소가 들어 있는 음식의 섭취에 기인하는 질병(예: 보툴리누스중독)을 통틀어 이르는 말. 미생물에 오염된 음식을 섭취한 후에 창자에서 세균들이 생장하는 데 따른 질병(예: 살모넬라중독)도 식중독이라고 부르기도 하지만, 엄밀하게 말하면 이는 식품감염(food infection)이다.

food pollen **먹이꽃가루** 꽃을 찾아오는 곤충에게 꿀 대신에 또는 꿀과 함께 제공되는 꽃에 들어 있는 꽃가루. 이들 꽃가루는 불임성일 수 있고 특수한 꽃밥에서 만들어진다.

food vacuole **식포(食胞)** 액체를 에워싸서 먹이입자를 섭취하는 작은 소포. 많은 종속영양 원생생물에 들어 있다.

food web **먹이그물** 생태계에서 서로 연결되어 있는 먹이사슬.

foot-jaws **독발톱** 지네류의 독이 있는 발톱 또는 첫 번째 쌍의 다리. ≒ maxillipeds.

foot plate **족판(足板)** 작은 혈관과 접촉하고 있는 별세포(astrocyte)에서 세포질 돌기의 확장된 말단부.

footprinting **족문분석법(足紋分析法)** 명 단백질과 결합하는 DNA의 부위를 결정하는 방법. 핵산내부가수분해효소로 DNA-단백질복합체를 분해하면 단백질의 보호를 받는 DNA영역만이 온전하게 남는다.

foot spinners 흰개미붙이류 흰개미붙이목(Embioptera)의 일반적인 명칭.

forage 사료 (1) 명 방목하거나 풀을 뜯어 먹는 동물들이 먹는 풀들; (2) 동 먹이를 찾다.

foraging 먹이획득 명 동물이 먹이를 수집하는 것.

foraging strategy 먹이획득전략 동물이 먹이를 찾아내는 방법. ⇨ optimal (2).

foramen 작은구멍, 소공(小孔) 명 (1) 작은 구멍; (2) 껍데기, 뼈 또는 막을 관통하는 구멍. 복 **foramina**.

foramen magnum 큰구멍, 대후두공(大後頭孔) 머리뼈의 뒤쪽에 있는 척수의 통로가 되는 구멍.

foramen of Monro 몬로구멍 뇌에서 제3뇌실과 측뇌실의 통로.

foramen ovale 타원구멍, 난원공(卵圓孔) (1) 나비뼈(접형골)에서 아래턱신경이 지나가는 대익(great wing)의 구멍; (2) 태아심장의 좌우심방 사이에 서로 통하는 구멍. 태어나면서 막힌다.

foramen Panizzae 판니짜구멍 악어류에서 좌우 대동맥이 접촉하는 지점에 있는 구멍.

foramen rotundum 원형구멍, 원형공 나비뼈(접형골)에서 위턱신경이 지나가는 대익의 구멍.

foramina 'foramen'의 복수형.

foraminate 구멍이 있는 형 구멍이 있거나, 작은구멍(소공) 또는 천공(perforation)을 가진.

Foraminifera, foraminifers, foraminiferans, forams 유공충류(有孔蟲類) 명, 명복 주로 바다에 사는 단세포성 원생생물의 문. 예전의 동물 분류체계에서는 육질충강(Sarcodina)의 원생동물로 분류하였다. 세포질의 바깥층에 많은 액포가 있다. 석회질, 규산질 또는 이들의 혼합물질로 구성된 껍데기의 틈에서 가는 위족이 나온다. 백악(chalk)과 심해의 연니(ooze)는 주로 유공충류의 껍데기들로 이루어져 있다. ⇨ globigerina ooze. 형 **foraminiferal**.

foraminiferous 유공충류의 형 (1) 작은 구멍(foramina)을 갖는; (2) 유공충류의 껍데기들을 포함하는.

forb 광엽초본 명 초본식물, 특히 벼과 초본(grass) 이외의 초원식물들.

forceps 집게 명 (1) 일부 곤충의 파악기(clasper)처럼 생긴 미모(cercus); (2) 게와 바닷가재의 큰 집게발; (3) [신] 이마엽(전두엽)과 뒤통수엽(후두엽)에 이르는 뇌들보(뇌량)의 섬유.

forcipate 집게모양 형 집게처럼 갈라진.

forebrain 전뇌 명 대뇌반구인 종뇌(telencephalon) 그리고 시상과 시상하부의 간뇌(사이뇌, diencephalon). ≒ prosencephalon.

fore-gut 앞창자 ⇨ stomodaeum.

foreign DNA 외래DNA 다른 생물에서 온 DNA.

fore-kidney 앞콩팥 ⇨ pronephros.

forelimbs 앞다리 명복 포유동물 4족류의 4지 가운데 앞쪽에 있는 한 쌍.

foreshore 바닷가, 전빈(前濱) 명 해변에서 고조선과 저조선 사이의 구역. ⇨ seashore.

forest 삼림, 산림 명 연속적이거나 거의 연속적으로 수목들이 덮고 있는 생물군계. 교목과 관목들이 자라기에 충분한 75 cm 이상의 연평균 강수량을 갖는 지역에 형성된다. 숲지붕(canopy)의 80% 이상을 차지하는 나무들의 유형에 따라 활엽수림, 침엽수림, 송림(소나무숲) 등으로 이른다. ⇨ ancient forest, mixed forest, monsoon rain forest, old-growth forest, rain forest, secondary forest, taiga, temperate rain forest, tropical rain forest. 비 desert, grassland.

forest floor 숲바닥, 임상(林床) (1) 산림의 지반면; (2) 삼림생태계에서 낙엽들을 포함한 토양 표면.

forficiform, forficulate 가위모양의 형 가위처럼 생긴.

form 품종, 토끼둥지 명 (1) 집단 내의 다른 무리들과 한 가지 형질에서 차이를 나타내는 개체들로 구성되는, 생물의 분류에서 가장 하위의 범주인 분류학적 단위. ≒ **forma**; (2) 다형종(polymorphic species)의 종류 가운데 하나; (3) 분류학적 지위가 분명하지 않지만 종이나 아종일 가능성이 있는 분류군; (4) 토끼의 은폐된 안식처.

formaldehyde 포름알데히드 명 자극성이 강한 냄새를 띤 기체상의 화학물질(HCHO). ⇨ formalin.

formalin 포르말린 명 생물표본의 방부제로 이용되는 포름알데히드의 수용액.

forma specialis 분화형(分化型) 식물병원균에서 종의 다른 구성원들과 매우 비슷하지만 숙주의 범위를 달리하는 품종. '*f. sp.*'로 약기한다. 복 **formae speciales**.

formation 군계(群系) 명 툰드라, 침엽수림, 북아메리카대초원, 열대우림 따위와 같이 넓은 지역에 걸친 특정한 유형의 서식지에서 고유하게 나타나는 식생.

form genus 형태속(形態屬) 공통조상에서 유래되지 않은 종들을 포함하는 속.

formic acid 포름산 개미 따위의 곤충과 일부 식물에서 발견되는 유기산(HCOOH).

formicarian 개미의 형 (1) 개미와 관련된 말; (2) 달콤한 분비물로 개미를 유혹하는 식물에 적용되는 말.

formicarium 개미집 명 개미의 집. 특히 연구의 목적으로 인위적으로 만든 개미집.

form species 형태종(形態種) 형태속(form genus)에 속한 종.

formylmethionine (fMet) 포르밀메티오닌 명 포르밀기가 첨가되어 변형된 메티오닌. 세균의 폴리펩티드 사슬에서 첫 번째 아미노산이다.

fornical 원개의, 뇌활의 형 원개 또는 뇌활(fornix)과 관련된 말.

fornicate(d) 활모양의 형 안이 오목하고 밖이 볼록한 아치 모양의.

fornix 원개(圓蓋), 뇌활 명 (1) 눈꺼풀과 눈알 사이 또는 질과 자궁경관 사이에서 아치 모양으로 우묵 들어간 부분; (2) 뇌의 뇌들보(뇌량) 밑에 있는 백색섬유로 된 활 모양의 층. 복 **fornices**.

forward mutation 전향돌연변이 유전자의 불활성화로 인하여 정상적인 야생형과 다른 표현형을 갖게 된 돌연변이.

fossa 구멍, 와(窩) 명 구멍 또는 도랑 같이 오목한 곳.

fossette 작은구멍, 소와(小窩) 명 작은 구멍이나 오목한 곳.

fossil 화석(化石) 명 과거에 살았던 생물의 유해나 흔적. 석화된 생물체의 단단한 부분 또는 생물체의 주형이나 자취가 바위에 박혀서 화석으로 발견된다.

fossil assemblage 화석군집 함께 발견되는 각각 다른 화석들의 무리. 특정한 환경과 시기에 함께 살았던 생물들을 나타낸다.

fossil diagenesis 속성작용 ⇨ diagenesis.

fossil fuels 화석연료 오랜 세월에 걸쳐 사체의 유해로부터 형성된 석탄, 석유, 천연가스(메탄)들을 가리키는 말.

fossiliferous 화석함유의 형 화석이 들어 있는.

fossilization 화석화(化石化) 명 생물의 유해들이 탄소화(carbonization)되거나 세포무기질화(permineralization)되거나 또는 재결정화(recrystallization)되면서 화석이 형성되는 과정.

fossil record 화석기록 화석을 통하여 얻어진 지구 상의 과거 생명체에 관한 기록.

fossorial 굴착성의 형 땅을 파기에 적합한.

fossulate 오목한, 홈형 형 약간 홈이 파졌거나 우묵 들어간.

fossulet 오목 명 길고 좁은 움푹한 곳.

founder effect 창시자효과 원래의 개체군으로부터 떨어져 나온 아주 적은 수의 창시자(founder)들이 갖는 대립유전자에 기인하여 원래의 개체군과 떨어져 나온 집단 간에서 나타나는 유전적 차이.

fourth ventricle 제4뇌실 척추동물에서 능형뇌(hindbrain)의 내부 공간.

fovea 오목, 와(窩), 소공 명 (1) 작은 구멍이나 오목한 곳; (2) 망막의 중심에 있는 움푹한 부위. '망막중심오목'이라고도 하며, 원뿔만 들어 있고 시각이 가장 예리한 곳이다. 주행성의 새, 도마뱀 그리고 영장류에서 나타난다. ≒ **fovea centralis**; [식] (3) 물부추류(물부추목, Isoetales)의 잎밑에 있는, 포자낭이 들어 있는 오목한 부위; (4) 난초의 꽃가루덩이(pollinium)의 기부. 복 **foveae**.

foveal 오목의, 중심오목의 형 (1) 오목(fovea)과 관련된 말; (2) 망막중심오목과 관련된, 원뿔시각에 적용되는 말.

foveate 오목형 형 작은 구멍이 나 있는.

foveola 작은오목, 소와(小窩) 명 (1) 작은 홈; (2) 뼈의 얕은 홈. 복 **foveolae**.

foveolate 유공상(有孔狀) 형 규칙적인 작은 홈을 가진.

FP 플래빈단백질(flavoprotein).

α-FP α-태아단백질(α-foetoprotein).

F pilus 성선모(性線毛), F선모 F인자를 갖는 세균 균주에서 만들어지는 사상 구조. 세균이 접합할 때 이를 통하여 F인자가 다른 세균으로 전달된다. ≒ sex pilus.

F plasmid F플라스미드 ⇨ F factor.

fractionation 분별, 분획 ⇨ cell fractionation.

fragile X syndrome 연약X염색체증후군, 취약X증후군 X염색체 취약부위의 발현과 밀접하게 관련된 유전성 정신지체증의 한 종류.

fragmentation 분절증식, 단편화 명 (1) 일부 조류에서 볼 수 있듯이 생물체가 작은 조각들로 나누어지고 이 조각들이 각각 새로운 개체로 발달하는 무성생식의 한 가지; (2) [생태] ⇨ habitat fragmentation, species-area effect.

fragmentin ⇨ granzyme.

frame 틀 ⇨ reading frame.

frameshift 틀이동 명 DNA염기순서에서 3의 배수가 아닌 수의 뉴클레오티드들이 삽입되거나 결실된 결과로 번역의 해독틀(reading frame)에 변화를 일으키는 돌연변이. 틀이동돌연변이가 일어나면 달라진 해독틀에서 조기에 종결시키는 코돈이 만들어지면서 보통 유전자산물을 만들지 않거나 끝이 잘린 유전자산물이 만들어진다.

frameshift suppression 틀이동억제 이전의 틀이동돌연변이가 외관상 폐지되는 것. 틀이동억제는 동일한 유전자가 삽입 또는 결실되면서 원래의 해독틀이 복구되거나 4개의 염기로 된 '코돈'을 인식할 수 있는 특정 tRNA들(유전자외적 틀이동억제인자)의 작용에 기인한다.

frame silk 틀실 거미류에 의해 만들어지는 실의 한 종류. 전형적인 둥근 그물(orb web)에서 테두리줄과 방사상의 세로줄을 치는 데 이용된다. ⇨ viscid silk.

F

framework regions 뼈대부위 면역글로불린과 T세포수용체 사슬의 가변부에서 아미노산 서열의 변화가 적은 부분들. 항원결합부위의 구조적 뼈대를 제공한다. 비 complementarity-determining regions.

frankincense 유향(乳香) 명 유향나무속(*Boswellia*) 식물들에서 얻는 발삼.

FRAP 탈색후 형광회복측정법(fluorescence recovery after photobleaching).

Fraser Darling effect 프레이저-달링효과 짝짓기를 하는 쌍에 덧붙여 그 종의 다른 개체들이 존재하면 그 활동에 의해 생식 활동이 촉진되는 것.

fraternal 2란성 형 따로따로 수정된 2개의 알에서 만들어진 쌍둥이에 적용되는 말.

free central 유리중앙 밑씨가 씨방조직의 중앙 돌출부에 달리는 태좌(유리중앙태좌)에 적용되는 말.

free energy (*G*) (Gibbs free energy) 자유에너지, 기브스자유에너지 자발적으로 높은 자유에너지 상태로 변할 수 없는 계(system)에서, 계가 변할 수 있는 능력을 나타내는 열역학함수. 화학반응의 경우, 일정한 온도(T)와 압력에 놓인 계에서 기브스의 자유에너지 변화량(ΔG)은 $\Delta G = \Delta E - T\Delta S$로 정의한다. 여기서 ΔE는 계의 내부에너지 변화이고, ΔS는 계의 엔트로피 변화이다. ΔG가 0보다 작아야 반응이 자발적으로 일어난다.

free energy of activation ($\Delta G^{\ddagger}$) 활성화자유에너지 화학반응 A → B에서, A와 가장 높은 자유에너지의 불안정한 전이상태 간의 자유에너지의 차. 가장 높은 에너지 상태를 활성화에너지장벽(activation-energy barrier)이라 하며, 반응이 일어나기 위해서 도달해야 하는 수준이다. 효소는 기질보다 더욱 단단하게 전이상태와 결합하는 촉매로 작용하여 반응의 활성화자유에너지를 낮춘다.

free-living 독립생활성 형 다른 어떤 생물과 관계없이 생명을 지속할 수 있는 세포나 생물에 적용되는 말. 비 colonial, parasitic.

freemartin 프리마틴 명 내부 생식기는 웅성으로 되어 있어 번식력을 가지지 않는 암컷 또는 간성(intersex) 쌍생아. 자궁에서 혈류가 공통으로 되고 그 결과 웅성호르몬에 의해 암컷이 웅성화(masculinization)되는 데 따른 기형이다.

free nuclear division 유리핵분열(遊離核分裂) 속씨식물 종자의 배젖에서 볼 수 있듯이, 새로운 세포벽의 형성 없이 일어나는 핵분열.

free radical 자유라디칼 짝을 짓지 않는 전자가 하나 또는 그 이상 들어 있어서 반응성이 큰 분자나 그 부분.

free-running 자유리듬 어떤 외부의 영향을 받지 않는 내인성 리듬에 적용되는 말.

freeze-etching 동결식각(凍結蝕刻) 전자현미경으로 관찰하기 위해 시료를 준비하는 동결할단 기술을 확장한 방법. 동결할단한 재료를 동결건조시켜 막의 내외면과 세포 내부의 구조들을 노출시키고 백금투영법으로 처리한다.

freeze-fracture 동결할단(凍結割斷) 세포막의 내부를 전자현미경으로 관찰하기 위해 시료를 준비하는 방법. 동결시료를 할단하면 보통 세포막의 지질2중층이 중앙을 따라 벌어지고, 백금을 노출된 표면에 증착시킨다.

frenulum 날개가시 명 나비목에서 앞날개에 부착하는 뒷날개의 돌기.

frenum 소대(小帶) 명 일부 따개비류에서 알을 담고 있는, 외투막과 몸의 연결부에 있는 외피의 주름.

frequency-dependent fitness 빈도의존적 적응도 어느 유전자형의 적응도가 그 유전자형의 개체군내 상대빈도에 따라 변하는 상황.

frequency-dependent selection 빈도의존적 선택 특정 유전자형의 적응도가 그 유전자형의 개체군내 빈도와 관계가 있을 때 나타나는 선택. 빈도가 낮으면 특정 유전자형은 다른 유전자형들에 비하여 유리하지만, 빈도가 높아지면 특정 유전자형이 불리해진다.

freshwater 담수(淡水)의 형 강, 연못, 호수에서와 같이 용존염(소금)의 농도가 0.5 ppt(용존고형물총량의 천분율) 미만인 물과 관련되거나 그러한 물에 사는. 비 brackish water.

FRET 형광공명에너지전달(fluorescence resonance energy transfer).

Freund's complete adjuvant 프로인트완전항원보강제 동물에게 실험적으로 면역반응을 일으키는 데 사용하는 항원보강제. 죽은 마이코박테리아를 광유(mineral oil)와 혼합한 유액으로 구성된다.

Freund's incomplete adjuvant 프로인트불완전항원보강제 마이코박테리아 성분이 없는 프로인트완전항원보강제(Freund's complete adjuvant).

friable 부슬부슬한 형 잘 바스러지는, 쉽게 가루가 되는.

frilled organ 주름기관 일부 조충류에서 숙주에 부착하기 위한 앞쪽 끝의 기관.

frog 명 (1) **개구리** 양서류 무미목(Anura)에 속하는 종류들의 일반적인 명칭, ⇨ Amphibia; (2) **제차(蹄叉)** 말 따위의 동물에서 말굽 바닥의 중앙에 있는 각질 조직의 3각형 덩어리.

frond 엽상체(葉狀體) 명 (1) 잎, 특히 고사리나 종려나무의 잎; (2) 일부 해조류나 우산이끼류의 납작한 몸; (3) 몸체에서 잎 같이 뻗어 나온 것; (4) 잎 같은 구조를 이르는 말.

frondescence 발엽(發葉) 명 잎이 발생하는 것.

frons 이마 명 이마 또는 다른 동물의 머리에서 이마와 비슷한 부분.

frontal 이마, 전두(前頭) 명 (1) 파충류의 이마에 있는 비늘; (2) 척추동물의 이마뼈(전두골); 형 (3) 이마 부위에 있는; (4) 정중종단면 또는 시상면과 직각으로 뇌를 분할한 면(이마면)에 적용되는 말.

frontal cortex 이마피질, 전두피질 뇌의 이마엽(전두엽)의 피질. 사람의 경우 전체 대뇌피질 표면의 약 1/3을 차지한다. 이마피질은 1차 운동피질과 운동전피질 그리고 차원이 높은 인지기능과 정서적 기능에 관여하는 이마앞엽(전전두엽)을 포함한다. ⇨ prefrontal cortex.

frontal lobe 이마엽, 전두엽 뇌에서 대뇌반구의 앞쪽 부분. 중심고랑(central sulcus)의 앞에 있다.

frontocerebellar fibres 이마소뇌섬유, 전두소뇌섬유 피질의 이마엽에서 소뇌로 지나가는 신경섬유.

frontoclypeus 이마머리방패 명 곤충에서 이마와 이마방패가 융합된 것.

fronto-ethmoidal 이마벌집뼈의, 전두사골(前頭篩骨)의 형 이마뼈와 벌집뼈에 관련된, 봉합(suture)에 적용되는 말.

frontoparietal 이마마루뼈의, 전두두정골(前頭頭頂骨)의 형 (1) 이마뼈와 마루뼈에 관련된 말; (2) 봉합(관상봉합)과 관련된 말.

frontosphenoidal 이마나비뼈의, 전두접형골(前頭蝶形骨)의 형 이마뼈와 나비뼈에 관련된, 광대뼈(zygomatic bone)의 돌기에 적용되는 말.

fructicole 과실서식성 형 과실에 사는, 곰팡이에 적용되는 말.

F

fructification 자실체(子實體) 명 자실체, 또는 포자를 만드는 형태적으로 복잡한 구조들.

fructokinase 과당인산화효소 ⇨ phosphofructokinase.

fructosan 프룩토산 명 이눌린(inulin)과 같이 과당 단위체들이 축합되어 형성된 다당류.

fructose 과당(果糖) 명 많은 과일에서 단맛을 내게 하고 설탕보다 감미가 강한 6탄당. 다양한 과당인산의 형태로 포도당신생(gluconeogenesis)과 광합성의 탄소고정에서 중간물질이 된다. 과당-1,6-2인산은 해당과정의 중간물질이며, 해당과정에서 피루브산으로 전환된다.

fructose 1-phosphate pathway 과당-1-인산경로 간에서 음식물의 과당을 해당과정을 위한 글리세르알데히드인산으로 전환하는 대사경로.

frugivore 과식동물(果食動物) 명 과일을 먹는 동물. 형 **frugivorous**.

fruit 열매, 과실(果實) 명 꽃의 씨방이 발달하여 생기는 기관. 성숙한 종자와 그와 관련된 구조들이 들어 있다. 이끼류의 포자가 들어 있는 삭과(capsule)를 종종 '열매'라고도 부른다.

fruit body 자실체 곰팡이, 점균류 그리고 조류에서, 포자나 배우자를 만드는 특수화된 구조를 통틀어 이르는 말. 균류의 버섯이 그 예가 된다. ≒ fruiting body.

fruit fly 초파리 파리목의 초파리속(*Drosophila*)에 속하는 종류들, 특히 노랑초파리(*Drosophila melanogaster*)를 이르는 말. 실험유전학과 발생생물학에서 널리 이용되는 생물이다.

fruiting body 자실체 ⇨ fruit body.

fruit wall 과벽(果壁) 열매의 바깥 부분. 씨방벽에서 유래된 과피이거나, 씨방벽이 꽃턱 또는 꽃의 다른 부분들과 함께 발달하여 된 구조이다.

frustose 균열상(龜裂狀)의 형 (1) 다각형의 조각들로 갈라진; (2) 금이 간 것 같은 무늬로 덮인.

frustration 욕구불만 명 동물이 자극에 대하여 적절한 반응을 할 수 없는 상황.

frustule 돌말껍질 명 돌말류의 두 부분으로 된 규산질 벽.

frutescent 관목성(灌木性)의 형 관목처럼 되어가는.

frutex 관목(灌木) 명 떨기나무. 복 **frutices.**

fruticose 관목상(灌木狀) 형 떨기나무와 같은, 작은 관목의 형태로 자라는 지의류에 적용되는 말.

fry 치어(稚魚) 명 갓 부화한 물고기.

FSH 여포자극호르몬(follicle-stimulating hormone).

F-type ATPases F형 ATP가수분해효소 ATPase의 활성을 나타내는 양성자수송 단백질. 미토콘드리아의 내막, 틸라코이드막 그리고 세균의 막에서 발견된다. 양성자들이 한쪽 방향으로 수송되면 이들 단백질이 ATP합성효소로 작용하는 반면, ATPase 활성은 양성자를 다른 방향으로 수송한다. 이 효소는 구형의 머리(F_1)로 구성되는 다중소단위체들이다. 머리에는 ATP합성을 위한 활성부위가 들어 있고, 양성자통로(F_0)를 포함하는 막관통부와 짧은 '자루'로 연결되어 있다. 예전에는 엽록체인자(chloroplast factor) 또는 짝지음인자(coupling factor)로 알려져 있었다.

FU 플루오르우라실(fluorouracil).

fucoid 모자반류의 형 해조류(특히 모자반류)와 관련되거나 그와 비슷한.

fucosan 푸코산 명 푸코오스(fucose) 단위들로 구성된 다당류. 갈조류 세포의 소포(푸코산소포)에서 발견되며, 저장다당류 또는 대사노폐물로 여겨진다.

fucose 푸코오스 명 일부 식물에서 발견되는 다당류의 구성성분인 5탄당.

fucoxanthin 갈조소(褐藻素) 명 갈조류, 돌말류 및 황갈조류에 들어 있는 갈색의 엽황소(xanthophyll) 색소.

fugacious 조락성(早落性) 형 매우 일찍 말라 죽거나 떨어지는.

fugitive species 일시적 종 새로 교란된 서식지에서 특징적으로 나타나는, 분산 능력이 빠른 종. 서식지가 자리를 잡아가면서 종간 경쟁에 의해 대체로 제거된다.

fugu 복어 명 복어. 특히 자주복[*Takifugu* (*Fugu*) *rubripes*]을 가리킨다.

fulcrum 버팀대, 지렛점, 지렛목 명 (1) 덩굴손이나 턱잎 같은 지지구조; (2) 지렛대의 받침점, 어떤 뼈의 관절 지점에 적용되는 말; (3) 새각류(branchiopod)의 껍데기에 있는 교합선.

fulvic acid 풀브산 약한 알칼리로 처리한 부식질(humus) 용액에서 휴민과 부식산을 제거한 다음에 남는 분획.

fulvous 황갈색의 형 샛노랗거나 황갈색의.

fumaric acid, fumarate 푸마르산 트리카르복시산회로에서 푸마라아제에 의해 수화되어 말산을 형성하는 4탄소 디카르복실산. 척추동물의 요소회로에도 관여한다.

functional complementation 기능적 보완화 복제유전자를 도입하여 야생형 표현형을 돌연변이체에 복원시키는 것.

functional genomics 기능유전체학 다양한 기술을 이용하여 유전체에 암호화되어 있는 단백질들의 기능을 밝히는 학문 분야.

functional magnetic resonance imaging (fMRI) 기능적 자기공명영상 뇌의 부위들을 시각화하고 활발한 뇌의 부위에서 산소의 소비가 증가하는 것을 감지하는 비침습적(non-invasive) 영상기술. 뇌에서 특정한 일에 관여하는 부분의 정확한 위치를 찾아내는 데 이용된다.

fundament 원기 ⇨ primordium.

fundamental niche 기본(생태적)지위 경쟁이 없거나 상호작용하는 다른 종이 없을 때 생물이 차지할 수 있는 가장 큰 생태적 지위.

fundamental tissue 기본조직 ⇨ ground tissue.

fundatrix 간모(幹母) 명 산란(oviposition)에 의해 새로운 군체를 세우는 암컷. 진딧물에 해당되는 말이다.

fundic 바닥의 형 바닥(fundus)과 관련된, 위의 세포에 적용되는 말.

fundiform 고리모양의 형 고리처럼 생기거나 고리가 달린.

fundus 바닥, 기저(基底) 명 어느 기관의 기부. 형 **fundic**.

fungal 균의, 균류의 형 곰팡이의, 곰팡이와 관련된.

Fungi, fungi 진균계, 균류, 곰팡이 명, 명 복 죽었거나 살아 있는 생물체에서 영양소를 흡수하는 종속영양생물의 계. 운동성이 없고 광합성을 하지 않으며 주로 다세포로 된 생물들이다. 다세포성 육상균류는 접합균문(Zygomycota; 빵곰팡이 등), 자낭균문(Ascomycota; 단세포성 효모와 다세포성 자낭균류), 담자균문(Basidiomycota; 버섯과 독버섯 등), 그리고 유성세대가 없는 형태군인 불완전균문(Deuteromycota; 불완전균류)으로 이뤄진다. 점균류와 물곰팡이는 원생생물(protist)로 분류한다. 많은 곰팡이들이 식물병원균이며 사람에게도 피해를 주는 병원균이다. 다세포의 곰팡이들은 영양번식을 하여 균사체(mycelium)를 이루고, 실 같은 균사들의 덩어리인 균사체

F

에 특징적인 자실체들이 생긴다. 매우 흔한 사상균(mould)의 끝에 머리처럼 달리는 포자낭, 주름버섯류(agarics)의 버섯과 독버섯 그리고 선반버섯류(bracket fungi)의 선반 같은 구조들이 모두 자실체들이다. 일부 곰팡이에서 균사는 격벽에 의해 단핵세포 또는 2핵세포로 나누어진다. 균사는 견고한 세포벽을 가지며, 대부분의 곰팡이에서 세포벽은 식물의 섬유소와 달리 키틴(chitin)이 주된 성분이다. (⇨ 부록 2)

fungicidal 살균성, 살진균성 형 곰팡이를 죽일 수 있는.

fungicolous 균생(菌生) 형 곰팡이의 내부나 외부에 사는.

fungiform 버섯모양의 형 버섯처럼 생긴, 혀에 불규칙하게 흩어져 있고 맛봉오리가 들어 있는 둥근 유두(버섯유두)에 적용되는 말.

Fungi Imperfecti 불완전균류 ⇨ Deuteromycota.

fungistasis 정균작용 ⇨ mycostasis.

fungistatic 정균성(靜菌性) 형 곰팡이를 죽이지는 않지만 생장을 억제하는.

fungivore 균식생물(菌食生物) 명 곰팡이를 먹고 사는 생물. 형 **fungivorous**.

fungoid, fungous 진균성(眞菌性)의 형 (1) 곰팡이와 관련된 말; (2) 곰팡이의 특징을 가진.

fungus 균류, 곰팡이 'fungi'의 단수형.

funicle 주병(珠柄), 띠 명 (1) 밑씨 따위에 있는 작은 자루; (2) 신경섬유에서 볼 수 있는 것과 같은 작은 끈이나 띠.

funicular 형 'funicle' 또는 'funiculus'와 관련된 말.

funiculose 밧줄모양의 형 밧줄처럼 생긴.

funiculus 명 (1) **주병, 띠** ⇨ funicle; (2) **섬유단** 척수의 백질에 있는 가쪽섬유단이나 후섬유단 가운데 하나.

funnel 깔때기 명 두족류의 수관.

furanose 푸라노오스 명 4개의 탄소원자와 1개의 산소원자로 된 5개의 고리 형태를 갖는 단당류. 비 pyranose.

furca 교차다리 명 끝이 갈라진 구조들. 형 **furcal**, **furcate**.

furcula 명 (1) **도약기** 톡토기류의 갈라진 '스프링'; (2) **유합쇄골** 새의 쇄골(clavicle)이 합쳐진 것. 'wishbone'이라고도 한다.

furfuraceous 비듬모양의 형 비듬투성이의, 비듬 같거나 겨(bran) 같은 입자들로 덮인.

fuscin 갈색소 명 망막의 상피에 있는 갈색 색소.

fuscous 암갈색의 형 짙은, 거의 검은색의.

fuseau 방추형포자 명 일부 곰팡이에서, 격벽에 의해 갈라진 방추형의 벽이 두꺼운 포자.

fusi 명복 거미류에서, 실을 만드는 2개의 신축 가능한 돌기들로 구성되는 기관.

fusiform 방추형 형 방추처럼 생긴, 양쪽 끝이 점점 뾰족해지는, 대뇌피질의 가장 안쪽 층과 측두엽의 이랑에 적용되는 말.

fusiform initial 방추형 시원세포 관다발 형성층에서, 2기체관부나 2기물관부를 형성하는 방추형 세포.

fusimotor 방추운동신경의 형 근방추(muscle spindle) 내에서 근섬유의 수축을 일으키는 운동신경섬유에 적용되는 말.

fusion biotrophism 융합생체영양 다른 곰팡이에 기생하는 일부 곰팡이에서 나타나는 기생의 한 종류. 숙주의 원형질과 기생생물의 원형질이 어느 한 곳에서 융합한다.

fusion gene 융합유전자 한 유전자의 3′측과 다른 유전자의 5′측이 연결된 유전

자. 돌연변이에 의해 자연적으로 생길 수 있고, 재조합DNA기술에 의해 만들어질 수 있다.

fusion nucleus 융합핵 밑씨의 배낭에서 양쪽 끝의 핵들이 융합하여 형성된 중앙핵.

fusion protein 융합단백질 (1) 융합유전자의 단백질산물; (2) 2개의 세포 또는 껍질보유바이러스와 세포막의 융합을 유도하는 단백질.

fusocellular 방추세포의 형 방추형 세포들을 갖거나 그와 관련된.

fusogenic 융합성 형 융합을 촉진하는.

fusoid 방추상 형 다소 방추형인.

fusulae 토사구(吐絲口) 명복 거미의 방적돌기(spinneret)에 있는 미세한 관.

futile cycle 무익회로(無益回路) ⇨ substrate cycle.

Fv 항체 Fab분절의 항원결합부위가 포함된 절단형(fragment variable). 화학적 분열이나 유전공학에 의해 만들어진다.

fynbos 핀보스, 경엽관목림 명 지중해성 관목지대(chaparral)의 1형인 온대상록관목림을 이르는 남아프리카의 말.

F

G

γ- *접두사 'γ-'가 포함되는 표제어는 'gamma' 또는 해당 표제어를 참조하시오.*

Γ ⇨ gamma distribution.

G (1) 기브스자유에너지(Gibbs free energy). ⇨ free energy; (2) 글리신(glycine); (3) 구아닌(guanine).

$\Delta G^{\ddagger}$ 기브스의 활성화자유에너지. ⇨ free energy of activation.

$\Delta G°$ 표준자유에너지변화(standard free energy change).

G_0, G0 G_0기 진핵생물의 세포주기에서 주기의 진행을 멈춘 시기. G_1기의 어떤 시점에 세포가 G_0기에 들어갈 수 있으며, 상당히 긴 시간 동안 그 상태로 머문다. 신경세포와 같이 완전히 분화된 다음에 분열하지 않는 일부 세포들은 수명이 다할 때까지 G_0기로 남는다.

G_1, G1 G_1기 진핵생물 세포주기의 제1간극기. 세포의 분열이 끝난 후부터 DNA 합성이 시작될 때까지 지속되며, 세포의 생장이 일어나는 시기이다. (⇨ 그림 8)

G_2, G2 G_2기 진핵생물 세포주기의 제2간극기. DNA복제가 끝난 다음부터 유사분열이 시작하기 전까지이며, 세포의 생장이 일어날 수 있는 시기이다. (⇨ 그림 8)

Gα 이형 3합체(heterotrimeric) G단백질의 α소단위체.

Gβγ 이형 3합체 G단백질에서 α소단위체가 분리될 때 2합체(dimer)로 함께 남는 β소단위체와 γ소단위체.

G_{D1}, G_{D2}, G_{M1}, G_{M2}, G_{T1}, G_{T2} 등 *N*-아세틸뉴라민산 잔기를 하나(G_M), 둘(G_D) 그리고 셋(G_T) 포함하는 강글리오시드들. 숫자는 다른 당 잔기의 수를 5에서 뺀 값이다.

G_i 아데닐산고리화효소(adenylate cyclase)를 억제하여 고리형 AMP 생산을 저해하는 이형 3합체 G단백질.

G_o α소단위체의 도움으로 K^+통로를 활성화하고 Ca^{2+}통로를 불활성화하며, β와 γ 소단위체의 복합체를 이용하여 포스포리파아제C를 활성화함으로써 수용체를 포스포이노시티드(phosphoinositide) 2차전달자경로에 연결하는 이형 3합체 G단백질.

G_{olf} 냄새물질에 응하여 후각감각뉴런에서 아데닐산고리화효소를 활성화하는 후각특이성 이형 3합체 G단백질.

G_q 포스포리파아제C를 활성화함으로써 수용체를 포스포이노시티드 2차전달자경로에 연결하는 이형 3합체 G단백질.

G_s 아데닐산고리화효소를 촉진하여 고리형 AMP 생산을 일으키는 이형 3합체 G단백질.

G_t ⇨ transduction.

G_a 10^9년.

GA (1) 지베렐산(gibberellic acid) 또는 지베렐린(gibberellin); (2) 골지장치(Golgi apparatus).

GABA γ-아미노부틸산(γ-aminobutyric acid).

GABA receptors GABA수용체 뉴런과 그 밖의 세포에 있는 신경전달물질 γ-아미노부틸산(GABA)의 수용체들. 이 수용체들은 이온통로이다.

G actin 구형 액틴 ⇨ actin.

gadfly 쇠가죽파리 ⇨ Brachycera.

Gadidae, gadids 대구과, 대구류 명, 명복 대구, 민어, 해덕(haddock) 따위를 포함하는 크고 경제적으로 중요한 해산 경골어류의 과.

GAG 글리코사미노글리칸(glycosaminoglycan).

G

gain-of-function 기능획득 유전자에 새로운 기능이 부여되어 새로운 표현형이 만들어지는 돌연변이(기능획득돌연변이)에 적용되는 말. 비 loss-of-function.

Gal 갈락토오스(galactose).

galactan 갈락탄 명 전적으로 또는 주로 갈락토오스로 구성된 다당류를 이르는 말.

galactolipid 갈락토지질 명 세레브로시드(cerebroside)와 같이 갈락토오스를 포함하는 당지질을 통틀어 이르는 말.

galactosaemia 갈락토오스혈증 명 음식물에 들어 있는 갈락토오스를 대사하지 못하는 유전병. 3가지 유형이 있으며, 각각은 서로 다른 효소의 결핍에 기인한다. 유아가 이 병에 걸리면 독성 화합물이 쌓여서 앓거나 때로는 죽기도 한다.

galactosamine 갈락토사민 명 갈락토오스의 2번 탄소에서 아미노기로 치환된 유도체.

galactosan 갈락토산 ⇨ galactan.

galactose 갈락토오스 명 포도당과 함께 2당류 젖당의 구성성분이 되는 6탄당 알도오스. 식물 세포벽의 펙틴과 같은 다양한 복합탄수화물에도 존재하고, 일부 당지질과 당단백질에서도 발견된다.

galactosemia = galactosaemia.

β-galactosidase β-갈락토오스가수분해효소 명 젖당과 그 밖의 일부 갈락토시드의 글리코시드결합을 가수분해하여 생성물의 하나로 갈락토오스를 만드는 효소. EC 3.2.1.23.

galactoside 갈락토시드 명 갈락토오스가 글리코시드결합을 통해 다른 당이나 알코올과 결합한 화합물을 통틀어 이르는 말. 2당류 젖당과 세레브로시드(cerebroside)와 같은 갈락토지질을 포함한다.

galactotropic 젖샘자극의 형 젖의 분비를 촉진하는.

galacturonate (galacturonic acid) 갈락투론산 산화에 의해 갈락토오스에서 유도된 당산. 식물의 세포벽에서 발견되는 다당류의 구성성분이다.

galbulus 육질구과(肉質毬果) 명 편백류(false-cypresses)에서 볼 수 있듯이, 다육질이거나 두툼한 방패 모양의 비늘을 갖는 폐쇄된 구형의 암구과.

galea 외엽(外葉) 명 (1) [식] 헬멧 모양의 꽃잎; (2) [동] 곤충의 작은턱에서 바깥쪽으로 돌출한 가지.

Galen, veins of 갈렌정맥 내부의 대뇌정맥들과 이들이 연합하여 이루는 큰대뇌정맥.

galericulate 작은모자꼴 형 작은 모자를 가졌거나 작은 모자로 덮인.

galeriform 모자모양의 형 모자처럼 생긴.

gall 벌레혹, 쓸개즙 명 (1) 식물의 줄기나 잎에서 조직에 들어 있는 어린 곤충(어리상수리혹벌, 진드기 등)에 의하거나 일부 곰팡이 또는 세균의 감염에 의해(아그로박테리움에 기인하는 근두암종 등) 비정상적으로 생기는 혹 모양의 구조. '충영(蟲癭)'이라고도 한다; (2) ⇨ bile.

gall bladder 쓸개, 담낭(膽囊) 쓸개즙이 들어 있는 서양배 모양 또는 구형의 주머니. 사람에서는 쓸개즙이 쓸개관을 통해 샘창자(십이지장)로 분비된다.

gall flower 충영화(蟲瘿花) 무화과나무에서, 무화과말벌이 알을 낳는 불염성의 암꽃.

gallic acid 갈산 타닌(tannin)의 가수분해로 얻어지는 유기산. 차, 벌레혹 그리고 일부 식물에 들어 있다.

gallicolous 벌레혹서식성 형 식물의 벌레혹에서 사는.

Galliformes 닭목 명 무거운 몸을 갖고 땅 위에 사는, 닭과 유사한 형태를 가진 새들의 목. 뇌조, 자고새, 꿩, 메추라기, 닭 따위가 포함된다.

gallinaceous 가금(家禽)의, 순계류(鶉鷄類)의 형 가금(domestic fowl)과 비슷한, 같은 과의 새들에 적용되는 말.

gall midges 혹파리류 식물에 벌레혹이 생기게 하는 혹파리과 곤충들의 일반적인 명칭.

gallotannin 갈로타닌 명 여러 가지 종류의 벌레혹, 특히 참나무의 벌레혹에서 발견되는 타닌. 포도당과 디갈산(digallic acid)의 글루코시드이다.

gall wasps 혹벌 혹벌상과(Cynipoidea)에 속하는 극히 작은 벌류 곤충들. 참나무와 그 밖의 일부 식물(예: 장미)의 잎과 줄기조직에 알을 낳아 벌레혹의 생성을 유도하고 그 안에서 유충이 발달한다.

GalNAc *N*-아세틸갈락토사민(*N*-acetylgalactosamine).

GALT 장연관림프조직(gut-associated lymphoid tissue).

Galton's law of filial regression 갈톤의 후손퇴행법칙 유전적으로 뛰어난 어버이의 특성이 후손에서 평균적인 형질로 되돌아가는 경향.

galvanotaxis, galvanotropism 주전성(走電性), 굴전성(屈電性) 명 전기적인 자극에 의해 일어나는 운동.

gametal 배우자의, 생식의 형 (1) 배우자와 관련된 말; (2) 생식의.

gametangiogamy 배우자낭접합 명 배우자낭의 결합.

gametangium 배우자낭 명 배우자가 들어 있는 구조를 통틀어 이르는 말. 복 **gametangia**. 형 **gametangial**.

gamete 배우자 명 감수분열로 만들어지고 성이나 교배형이 다른 생식세포와 융합하여 2배체의 접합자를 형성하는 반수체의 생식세포. ⇨ antherozoid, spermatozoon, ovum, egg. 비 spore.

game theory 놀이이론 경쟁이나 갈등의 상황에 처했을 때 최적의 전략을 결정하는 것과 관련된 수학적 이론. 이 이론은 군집 내에서의 관계에 적용할 수 있고, 이와 같은 관계에서 승리하는 전략을 알아내는 컴퓨터 시뮬레이션은 생태적 관계와 사회적 관계 그리고 이들의 진화에 대해 해결의 실마리를 던져 주는 데 도움이 될 수 있다.

gametic 배우자의 형 배우자와 관련된 말.

gametic imprinting 배우자각인 ⇨ genomic imprinting.

gametic meiosis 배우자감수분열 배우자가 생기는 감수분열. 비 zygotic meiosis, sporic meiosis.

gametic number 배우자수 어느 종의 염색체 반수(n). 배우자에 들어 있는 염색체의 수를 말한다.

gametocyst 배우자모세포낭 명 원생동물 족포자충류(gregarines)에서 볼 수 있듯이, 유성생식 과정에서 접착한 2개의 배우자모세포를 에워싸는 피낭.

gametocyte 배우자모세포 명 말라리아 기생충의 생활주기에서 사람의 적혈구로

G

부터 방출되어 모기에 재감염되는 시기. 배우자모세포는 모기의 체내에서 배우자로 성숙한다.

gametogamy 배우자접합 명 배우자들의 결합.

gametogenesis 배우자형성 명 배우자가 만들어지는 것.

gametogenetic 배우자형성의 형 배우자 형성을 촉진하는.

gametogenic variation 배우자변이 배우자의 돌연변이에 기인하는 변이.

gametogony 배우자생식 명 기생충의 생활주기에서 배우자들이 형성되는 단계.

gametoid 헛배우자 명 일부 곰팡이에서 원형질의 다핵성 덩어리들이 융합하여 헛접합자(zygotoid)를 형성하는 것과 같이, 배우자처럼 행동하는 구조.

gametophore 배우자낭병(配偶子囊柄) 명 (1) 이끼류의 잎이 달리는 직립줄기와 같이, 배우자체에서 배우자낭이 달리는 부분; (2) 곰팡이에서 균사가 뻗어 나와 인근의 비슷한 돌기와 융합하여 접합포자를 형성하는 구조.

gametophyll 생식엽(生殖葉) 명 (1) 생식기관을 가지고 있는 변형된 잎; (2) 소포자엽(microsporophyll) 또는 대포자엽(megasporophyll).

gametophyte 배우자체(配偶子體) 명 식물의 세대교번에서 배우자를 생산하는 반수체 시기. 비 sporophyte. [역자주 - 표제어는 관용적으로 '배우체'라고 부르고 있지만 포자를 생산하는 식물인 'sporophyte'를 '포자체'라고 하듯이 배우자를 생산하는 'gametophyte'는 '배우자체'로 표기함이 옳다.]

gametothallus 배우자엽상체 명 배우자를 만드는 엽상체. 비 sporothallus.

gametropic 형 수정하기 전이나 수정한 다음에 식물의 기관이 움직이는.

gamic 수정된 형 수정이 일어난.

gamma 감마 *접두사 'γ-' 또는 'gamma-'가 포함되는 표제어는 해당 표제어를 참조하시오. 이를테면 'γ-aminobutyric acid'는 'A' 항목 아래에서 찾아보고, 'γδT cells'는 'T' 항목 아래에서 찾아보시오.*

gamma distribution (Γ) 감마분포 계통분석을 위한 서열진화의 모델을 개발할 때 뉴클레오티드나 아미노산서열의 여러 다른 부위들 간에서 나타나는 치환율의 변이를 수정하는 데 이용할 수 있는 연속확률분포 중 하나.

gamma diversity 감마다양성 특정한 지리적 구역 내의 종다양성. 비 alpha diversity, beta diversity.

gamma efferent motor neuron 감마원심운동뉴런 근방추 내의 근섬유에 신경을 분포시키는 운동뉴런. 몸의 움직임을 조정하는 데 관여한다.

gammaglobulins 감마글로불린 명복 전기영동을 할 때 특정 범위의 이동도를 갖는 혈청단백질. 면역글로불린을 포함하고, 항체 이외의 것도 일부 포함되어 있다.

gamma-proteobacteria 감마가변세균 DNA염기순서 자료에 근거하여 식별하는 가변세균(자색세균)의 방대하고 생리적으로 이질적인 무리. 광합성자색황세균(예: 크로마티움), 장내 세균(예: 대장균, 살모넬라), 레기오넬라(*Legionella*), 비브리오(*Vibrio*), 형광을 발하는 슈도모나스와 그 밖의 속들을 포함한다. ≒ **gamma purple bacteria**.

gamobium 배우세대체(配偶世代體) 명 세대교번의 유성세대, 즉 배우자체.

gamodeme 생식개체군 명 비교적 고립된 상호교배집단을 형성하는 최소교배단위(deme).

gamodesmic 형 유조직으로 분리되지

않고 함께 융합된 관다발을 가진.

gamogenesis 양성생식 명 유성생식.

gamogenetic, gamogenic 양성생식의 형 유성생식의, 배우자들의 융합으로 형성된.

gamogony 배우자생식 명 원생동물에서 생식세포(gamont)로부터 배우자 또는 배우자모세포가 만들어지는 것.

gamont 생식세포 명 일부 원생동물에서, 배우자를 만들고 이 배우자들이 둘씩 짝을 지어 접합자나 접합포자(sporont)를 만드는 개체.

gamopetalous 통꽃의, 합판화(合瓣花)의 형 서로 합착되어 적어도 기부에서 통을 이루는 꽃잎들을 가진. ≒ sympetalous. 비 monopetalous, polypetalous.

Gamophyta 접합조식물문(接合藻植物門) 명 녹색 색소체를 갖고 광합성을 하는 원생생물의 문. 다음의 종류들이 포함된다: (가) 생활주기의 모든 시기에서 편모를 갖지 않고 반수체 영양세포들 간의 접합(conjugation)에 의해 유성생식을 하는 다세포성 사상 녹조류(예: 해캄) 그리고 (나) 먼지말(desmids).

gamosepalous 통꽃받침의 형 서로 합착되어 적어도 기부에서 통을 이루는 꽃받침조각들을 가진. ≒ monosepalous. 비 polysepalous.

gamostely 통합중심주형 명 별개의 중심주들이 합쳐져서 내초와 내피로 둘러싸인 몇 개의 중심주들을 갖는 줄기를 가리키는 것.

ganglia 'ganglion'의 복수형.

gangliar 신경절의 형 신경절(ganglion)과 관련된 말.

gangliform 신경절모양의 형 신경절처럼 생긴.

ganglioid 신경절모양의 형 신경절과 비슷한.

ganglion 신경절(神經節) 명 중추신경계의 바깥에서 신경세포체의 집합으로 형성된 구조. 복 **ganglia**.

ganglionated 신경절이 있는 형 신경절이 있는.

ganglion cells 신경절세포 포유동물의 망막에서 신경조직의 가장 바깥층을 형성하는 신경세포들. 그 섬유들이 시신경으로 들어간다.

ganglioneural 신경절신경의 형 신경섬유들에 의해 연결된 일련의 신경절로 구성된 신경계에 적용되는 말.

ganglionic 신경절의 형 신경절로 구성되거나 그 부근에 있는, 신경절세포가 들어 있는 망막층에 해당하는.

ganglioplexus 신경절얼기 명 분산된 신경절.

ganglioside 강글리오시드 명 올리고당 머리부분에 하나 또는 그 이상의 *N*-아세틸뉴라민산을 포함하는 스핑고당지질. 강글리오시드는 주로 신경세포막에서 발견되지만, 다른 세포형에도 들어 있다. 장내 상피세포막에 있는 강글리오시드 G_{M1}은 콜레라독소의 수용체로 작용한다. ⇨ G_{D1}.

ganoid scales 굳비늘 원시어류에서 볼 수 있는 마름모꼴 비늘. '경린(硬鱗)'이라고도 한다. 에나멜로 된 많은 바깥층을 갖고, 그 아래에 상아질이 있고 이어서 골판이 있다.

GAP (1) 글리세르알데히드 3-인산(glyceraldehyde 3-phosphate); (2) GTP가수분해효소활성단백질(GTPase-activating protein).

gape 벌린입넓이 명 새와 어류의 벌린 턱들 간의 거리.

gap genes 간극유전자 초파리의 배발생에서 초기에 작용하는 발생유전자. 돌연변이형의 경우 인접한 몇 가지 체절이

G

결실되는 배가 만들어진다. 전후축을 따라 배를 분절화하는 전사조절인자이다.

gap junction 간극연접(間隙連接) 인접한 2개 세포의 세포질을 연결하는 단백질통로가 들어 있는 원형질막들 간에서 나타나는 세포연접의 한 종류. 간극연접은 이온과 1000~1500 분자량까지의 작은 분자들의 통로가 된다.

gap penalty 틈새감점 서열의 상동성을 분석할 때 안전히 상동할 때 주는 전체 '점수'에서 비상동성으로 인해 생긴 틈새 부분의 해당 점수를 감점하는 것.

gap phases 간극기 세포주기의 간극기. ⇨ G_1, G_2.

G

Garryales 가리야목 명 일부 분류체계에서, 마주나는 상록잎과 미상꽃차례 같은 원추꽃차례(panicle)의 늘어지는 꽃들이 달리는 목본성 쌍떡잎식물의 목.

gas bladder 부레 ⇨ swim bladder.

gas chromatography (GC) 가스크로마토그래피 ⇨ gas-liquid chromatography.

gaseous exchange 기체교환 생물과 그 환경 간에서 일어나는 기체의 교환. 동물과 식물의 호흡에서 일어나는 산소의 흡수와 이산화탄소의 방출 그리고 식물의 광합성에서 일어나는 이산화탄소의 흡수와 산소의 방출을 포함한다.

gas gangrene 가스괴저 상처에 클로스트리디움(*Clostridium*)의 어떤 종들이 감염하는 데 따른 조직의 파괴와 팽창.

gas gland 가스샘 어떤 물고기에서 가스를 부레 속으로 분비하는 부레의 샘 부위.

gas-liquid chromatography (GLC) 가스액체크로마토그래피 기체상과 액체상 간에서 용질의 성분이 분배되는 성질에 따라 용질의 성분을 분석하는 칼럼크로마토그래피 기법. 용매의 용해도가 가장 낮거나 휘발도가 가장 높은 성분이 칼럼을 먼저 통과한다.

gaster 팽복부(膨腹部) 명 (1) 배, 특히 부풀어 있는 배; (2) 벌류의 배에서 허리의 뒤에 있는 불룩한 부분.

Gasteromycetes 복균류(腹菌類) 명복 자실층(hymenium)이 담자과로 완전히 에워싸이고 결코 드러나지 않는 담자균류. 담자포자는 담자과 내에서 성숙하고 담자기로부터 강력히 방출되지 않는다. 성숙한 포자는 담자과가 파열될 때 방출된다. 말징버섯, 방귀버섯, 말뚝버섯, 주름찻잔버섯 따위가 있다.

Gasteropoda, gasteropods ⇨ Gastropoda, gastropods.

gastral 위(胃)의 형 위(stomach)와 관련된 말.

gastralia 복늑골(腹肋骨) 명복 일부 파충류에서 볼 수 있는 복부 늑골.

gastral layer 위층(胃層) 해면동물에서 내강의 안쪽을 덮는, 물에서 먹이입자를 섭취하는 편모세포(깃세포)로 된 층.

gas transport 기체수송 호흡표면과 조직들 간에서 일어나는 기체의 수송.

gastric 위(胃)의 형 위(stomach)와 관련되거나 위의 부위에 있는.

gastric filaments 위사(胃絲) 일부 해파리에서, 위에 들어오는 살아 있는 먹이를 죽이는 자포(nematocyst)들로 덮인 내피의 필라멘트.

gastric gland 위샘 위의 기저부에 있는 관꼴 샘. 소화성 가수분해효소인 펩신과 레닌을 포함하는 위액(gastric juice), 그리고 염산과 점액을 분비한다.

gastric intrinsic factor 위내재인자 ⇨ intrinsic factor.

gastric juice 위액 ⇨ gastric gland.

gastric mill 위저작기(胃咀嚼器) 갑각류 십각류에서, 모래주머니(gizzard)의 단단한 내벽과 그와 관련된 근육들. 먹이를 갈고 거르는 구실을 한다.

gastric shield 연체동물 2매패류의 위에 있는 단단한 구조. 정간체(crystalline style)가 비벼져서 닳아 없어지고 아밀라아제를 방출한다.

gastrin 가스트린 명 위에서 생성되어 위액의 분비를 촉진하는 펩티드호르몬. 중추신경계에서도 발견된다.

gastrocnemius 장딴지근, 비복근(腓腹筋) 명 다리에 있는 큰 종아리 근육.

gastrocolic 위결장의 형 위와 잘록창자(결장)에 관련된 말.

gastrodermis 위층(胃層) 명 강장동물, 편형동물, 선형동물 따위의 단순한 동물에서 장의 내벽을 이루는 단층의 상피. 형 **gastrodermal**.

gastroepiploic 위그물막의 형 위와 복막주름에 관련된, 동맥과 정맥에 적용되는 말.

gastrohepatic 위간(胃肝)의 형 위와 간에 관련된, 파충류에서 간과 위를 연결하는 장간막인 작은그물막(소망, lesser omentum)의 부분에 적용되는 말.

gastrointestinal 위창자의 형 위와 창자에 관련된 말.

gastrointestinal tract (GI tract) 위장관(胃腸管), 위창자길 동물에서 음식물이 몸에 들어오고 노폐물이 배설되는 통로인 소화관. 입에서부터 항문에 이르는 길을 가리킨다.

gastrolienal 위지라의 형 위와 지라에 관련된 말.

gastrolith 위석(胃石) 명 탈피하기 전의 갑각류에서 모래주머니의 양쪽에 있는 석회질의 덩어리.

Gastromycetes 복균류 ⇨ Gasteromycetes.

gastroparietal 위체벽(胃體壁)의 형 위와 체벽에 관련된 말.

gastrophrenic 위가로막의 형 위와 가로막(횡격막)에 관련된, 인대에 적용되는 말.

Gastropoda, gastropods 복족강(腹足綱), 복족류 명, 명복 경단고둥과 쇠고둥, 갯민숭이, 물달팽이 그리고 육상의 달팽이와 민달팽이 따위를 포함하는 연체동물의 강. 넓고 편평한 포복성인 근육성 발이 있다. 껍데기가 있는 경우, 대부분 나사 모양으로 된 1장의 껍데기를 갖는다.

gastropores 복공(腹孔) 명복 의공산호류에서 군체의 표면에 있는 큰 구멍. '영양개충공(營養個蟲孔)'이라고도 하며, 이를 통하여 4개의 혹 모양의 촉수를 갖는 폴립들이 돌출된다.

gastropulmonary 위허파의 형 위와 허파에 관련된 말.

gastrosplenic 위지라의 형 위와 지라에 관련된 말.

Gastrotrichia 복모동물문(腹毛動物門) 명 바다와 민물에 사는 현미경적인 의체강동물의 문. 몸이 길고 배에 있는 섬모로 움직인다.

gastrozooid 영양개충(營養個蟲) 명 관해파리류 군체에서 섭식을 관장하는 개충.

gastrula 낭배(囊胚) 명 낭배형성 시기의 동물의 배.

gastrulation 낭배형성 명 동물의 배발생에서 세포들이 이동하고 배의 형태가 변하는 초기 단계. 내배엽과 중배엽이 배의 안쪽으로 이동하고 원장을 형성한다.

gas vacuoles, gas vesicles 가스포 남세균과 그 밖의 수생 원핵생물에 들어 있는 가스로 채워진 액포. 세포가 부력을 지니게 하고, 이를 통하여 수중에서의 위치를 조절할 수 있게끔 한다. 가스포는 방추형의 구조이며, 단백질로만 된 막으로 에워싸인다.

gated 문(門)의 형 (1) 특정한 분자와의 결합이나 막전위의 변화와 같은 특정 자극에 의해 개폐가 좌우되는 이온통로에 적용되는 말; (2) 반응이 일어나기 위해 특정 수준의 자극을 필요로 하는 활동에 적용되는 말.

gating current 문여닫이전류 막에서 이온통로의 개폐와 관련된 이온전류.

Gause's principle 가우스원리 한 종만이 서식지의 특정한 생태적 지위를 점유할 수 있다는 생태학적 원리. ≒ competitive exclusion principle.

Gaussian curve 가우스곡선 정상적으로 분포하는 개체군의 빈도분포를 나타내는 좌우대칭의 종 모양으로 나타나는 곡선.

Gaussian distribution 가우스분포 평균값에 대해 좌우대칭인 분포. ≒ normal distribution.

Gaviiformes 아비목 명 아비(loon)를 포함하는 새들의 목.

G-banding G분염법 명 김사용액으로 유사분열 염색체를 염색하는 것. 각 염색체에서 진하고 밝은 띠들이 특정한 양상으로 나타난다.

GC 가스크로마토그래피(gas chromatography). ⇨ gas-liquid chromatography.

GC box GC상자 구아닌과 시토신이 풍부한 짧은 DNA염기순서. RNA중합효소II에 의해 전사된 많은 진핵유전자의 촉진유전자에서 주로 발견된다.

GC ratio GC비율 어느 종에 들어 있는 DNA의 (A + T)에 대한 (G + C)의 비율.

G-CSF 과립백혈구생성자극인자(granulocyte colony-stimulating factor).

GDP 구아노신2인산(guanosine diphosphate).

GEFs 구아닌뉴클레오티드교환인자(guanine-nucleotide exchange factors).

gel 겔 명 전기영동에서, 분리하고자 하는 혼합물을 통과시키는 평판상의 젤리 같은 물질(아가로오스 또는 폴리아크릴아미드).

gelatin 젤라틴 명 가열한 동물조직에서 얻는 젤리 같은 물질. 변성된 아교질(콜라겐)이다.

gelatinous 젤라틴질 형 젤리 같은 농도의.

gel electrophoresis 겔전기영동 ⇨ electrophoresis, polyacrylamide gel electrophoresis.

gel-filtration chromatography 겔여과크로마토그래피 화학적 활성이 없고 잘 수화된 폴리머(예: 세파덱스)의 입자들로 채운 칼럼에 통과시켜 크기에 따라 물질을 분리하는 방법. 분자량이 큰 물질들은 입자 내의 공간에 들어갈 수 없으므로 보다 빨리 칼럼에서 분리되어 나온다.

gel mobility shift assay 겔전기영동상변화분석 DNA에 단백질이 결합되면 겔전기영동상에서 이동속도가 느려지는 성질을 이용하여, 적절한 DNA절편을 단백질과 결합시켜 전기영동을 시행하고 단백질과 결합하지 않은 DNA의 이동속도와 비교하여 특정한 염기서열의 결합을 찾아내는 분석법. ≒ **gel retardation assay, gel shift assay**.

gelsolin 겔솔린 명 액틴필라멘트의 소단위들 사이에 삽입되어 액틴필라멘트를 절단하는 세포질단백질.

GEM 유전자조작미생물(genetically engineered microorganism). ⇨ genetically engineered organisms.

gemellus 쌍둥이근, 쌍자근(雙子筋) 명 궁둥뼈(좌골)에서 각각 대전자(greater trochanter)까지의 상쌍자근과 넙다리뼈의 대퇴돌기오목까지의 하쌍자근 중 하나.

geminate 쌍생(雙生)의 형 (1) 둘씩 자라는; (2) 순록과 카리부처럼 서로 비슷하지만 지역을 달리하는 종 또는 아종에 적용되는 말.

geminiflorous 쌍생화(雙生花)의 형 꽃이 짝을 이루어 배열하는 식물에 적용되는 말.

gemini of coiled bodies (GEMS) 쌍와권상체(雙渦卷狀体) 소형 핵리보핵단백질(snRNPs)을 포함하는 것으로 제안된 핵내 구조.

Geminiviridae 제미니바이러스과 명 고리 모양의 외가닥DNA를 유전체로 하는 식물바이러스의 과. 2개의 등장성 바이러스입자들이 서로 결합한 '쌍둥이' 입자들로 구성되어 있다. 제미니바이러스는 3개의 아군(subgroup)으로 분류된다. 단일한 유형의 DNA로 구성된 유전체를 갖는 아군 A는 매미충(leafhopper)을 매개체로 하여 외떡잎식물에 감염하며, 옥수수빗금바이러스로 대표된다. 두 가지 유형의 DNA를 갖는 아군 B는 가루이(whitefly)에 의해 매개되어 쌍떡잎식물에 감염하며, 아프리카카사바모자이크바이러스로 대표된다. 단일한 유형의 DNA로 구성된 유전체를 갖는 아군 C는 매미충을 매개체로 하여 쌍떡잎식물에 감염하며, 사탕무끝말림바이러스로 대표된다.

geminous 한쌍의 형 둘씩, 짝을 지은.

gemma 무성아(無性芽) 명 (1) 식물이나 동물에서 새로운 개체로 자라나는 눈; (2) 난균류에서 흔히 발견되는, 후막포자(chlamydospore)와 비슷하게 벽이 두꺼운 세포. 복 **gemmae**.

gemmaceous 싹의, 무성아의 형 무성아(gemma) 또는 눈(bud)과 관련된 말.

gemma cup 배상체(杯狀體) 일부 우산이끼류에서 무성아가 만들어지는 컵 모양 또는 초승달 모양의 구조.

gemmate 출아생식성(出芽生殖性) 형 눈이나 무성아를 갖는, 눈이나 무성아로 번식하는.

Gemmatimonadetes 아단포균문 명 DNA염기순서 자료에 근거하여 식별하는 세균역의 문.

gemmation 출아, 아구형성(芽球形成) 명 (1) 출아(budding); (2) 어버이로부터 눈(싹)이 떨어져 나와 새로운 독립적인 개체로 발달하는 것; (3) 잔가지 또는 가지에 달리는 눈의 배열.

gemmiform 눈모양의 형 눈(싹)처럼 생긴.

gemmiparous 발아생식성(發芽生殖性) 형 눈이나 무성아로 번식하는.

gemmule 아구(芽球) 명 무성적으로 번식하는 작은 단위들을 통틀어 이르는 말.

GEMS ⇨ gemini of coiled bodies.

gena 뺨 명 볼 또는 머리의 옆 부분. 형 **genal**.

GenBank 미국유전자은행 공개적으로 접근 가능한 DNA염기순서의 데이터베이스. 방대한 양의 염기순서가 보관되어 있다.

gene 유전자 명 어버이에서 자식으로 유전형질이 전달되는 유전의 기본 단위. 분자수준에서 하나의 유전자는 단백질이나 tRNA, rRNA 또는 기타 구조RNA의 합성을 암호화하고 지시하여 생물의 형태와 기능에 영향을 끼치는 DNA(또는 일부 바이러스의 경우에는 RNA)가닥으로 구성된다. 각 생체세포는 종에 고유한 유전자를 완전히 갖추고 있으며, 이들은 염색체 상에 선형으로 나열되어 있다. 2배체 생물의 세포는 각 유전자에 대해 2개의 복사본(대립유전자)을 갖고 있다. ⇨ allele.

gene amplification 유전자증폭 유전자가 반복적으로 복제되어 동일한 여러 복사본이 만들어지는 것.

G

gene bank 유전자은행 유전자도서관. ⇨ DNA library, germplasm, seed bank.

gene centres 유전자기원지 특정한 종의 재배식물이 상당한 수의 상이한 계통이나 품종들로 나타나는 지리적 구역들. 경우에 따라서는 이 유전자기원지가 농작물의 기원중심과 최초 재배지를 가리키기도 한다.

gene cloning 유전자클로닝 ⇨ DNA cloning.

gene cluster 유전자군 동족이거나 동일한 뉴클레오티드 서열을 갖는 둘 또는 그 이상의 인접한 유전자들.

genecology 종생태학(種生態學) 명 관심의 대상인 생물의 집단유전학에 관해 연구하는 생태학.

G

gene complex 유전자복합체 복합효과가 표현형질을 결정하는 유전자들의 무리.

gene conversion 유전자전환 교차의 생성물이 분리되기 전에 유전적 재조합 과정에서 이형 2중가닥DNA(heteroduplex DNA)가 어느 유전자형 따위로 '수정'되는 것. 재조합체에 들어 있는 어버이 대립유전자쌍의 비정상적 비율로 탐지할 수 있다. 새와 그 밖의 일부 동물에서 면역글로불린 유전자들을 다양하게 만드는 데에도 체세포의 유전자전환이 이용된다.

gene diminution 유전자감소 발생과정에서 특정 유전자가 일상적으로 감소하거나 제거되는 것. 선충류 말회충(*Parascaris equorum*)과 섬모충류와 같은 일부 생물에서 나타난다.

gene disruption 유전자파괴 ⇨ cassette mutagenesis, gene knock-out, homologous recombination.

gene dosage 유전자량 하나의 핵이나 세포에 들어 있는 특정 유전자에 대한 대립유전자의 수.

gene duplication 유전자중복 재조합과 같은 정상적인 세포과정 중에 유전자 복사본들이 추가로 생성되는 것. 글로빈유전자들과 같이 서로 연관된 유전자군의 기원이 되는 것으로 여겨진다.

gene evolution 유전자진화 ⇨ molecular evolution.

gene expression 유전자발현 유전자가 활성화되고 그 결과로 유전자가 암호화하는 단백질이나 RNA가 만들어지는 것.

gene family 유전자군 공통조상의 유전자로부터 중복과 분기를 통해 물려받아 상동성이 큰 뉴클레오티드서열을 갖는 유전자들의 세트. 유전자군에 의해 암호화된 단백질들을 단백질군(protein family)이라 한다. ⇨ gene superfamily.

gene flow 유전자확산 이계교배와 그에 따른 상호교잡에 기인하여 개체군 내에서 그리고 개체군들 간에서 특정 대립유전자가 확산되는 것.

gene-for-gene resistance 유전자대유전자저항성 식물의 곰팡이에 의한 감염에서, 병원균의 비병원성 유전자(avirulence gene)와 그에 상응하는 식물의 저항성 유전자에 의해 나타나는 저항성의 한 종류. 감염의 결과로 식물에서 병이 발생하거나 저항성 반응이 나타나는 것은 각 유전자에 어떤 대립유전자들이 존재하는가에 좌우된다.

gene frequency 유전자빈도 어떤 집단에서의 각각의 대립유전자의 상대적 빈도.

gene fusion 유전자융합 전좌(translocation)에서 나타날 수 있듯이 두 유전자가 합쳐져서 새로운 염기순서가 하나의 유전자로 읽혀지는 것. ⇨ fusion gene.

gene gun 유전자총 유전자총법(biolistics)으로 DNA를 세포 내로 삽입하는 데 이용되는 장비를 일상적으로 부르는 말.

gene knock-in 유전자삽입 유전공학기법을 이용하여 생쥐와 같은 실험동물의 유전자 또는 유전자의 일부를 다른 기능적 염기서열로 치환하는 것.

gene knock-out 유전자제거 특정 유전자의 기능을 파괴하는 것. 보통 큰 DNA 절편을 유전자에 삽입하여 그 유전자의 기능을 방해한다. 이 방법을 생쥐의 배아줄기세포에 적용하여 돌연변이세포를 만들 수 있고, 이로부터 특정한 유전자 기능이 없는 형질전환생쥐를 만들어내는 데 이용될 수 있다. ≒ gene disruption.

gene library 유전자도서관 ⇨ DNA library.

gene locus 유전자자리 염색체 상에서 어떤 특정한 유전자가 자리잡는 부위. 2배체 세포에서는 각 유전자자리가 쌍으로 존재하고, 각각의 자리에는 유전자의 대립유전자가 위치하고 있다. ≒ genetic locus.

gene manipulation 유전자조작 (1) 생체 밖에서(*in vitro*) 돌연변이에 의해 유전자를 변화시키는 것; (2) 유전공학(genetic engineering).

gene mapping 유전자지도만들기 유전학적 지도만들기와 또는 물리적 지도만들기에 의해 염색체 상의 유전자의 위치를 결정하는 것.

gene pair 유전자쌍 2배체 생물에 들어있는 유전자의 2개 복사본.

gene pool 유전자풀 교배가능한 개체군 내에 들어 있는 모든 유전자들과 그 대립유전자들.

gene product 유전자산물 유전자에 암호화되어 있고 유전자가 활성화될 때 만들어지는 단백질, tRNA, rRNA 또는 그 밖의 구조RNA.

genera 'genus'의 복수형.

general fertility rate 일반출산율 개체군의 연령구조를 고려하여 출산율을 측정하는 것. 사람의 경우에는 보통출생률(조출생률, crude birth rate)에 15~45세 연령층의 여성 백분율을 곱하여 계산한다.

generalist, generalist species 일반종(一般種) 광범위한 환경조건에 견딜 수 있고 다양한 유형의 먹이를 먹는, 생태적 지위가 매우 넓은 종 또는 생물. 비 specialist species.

generalized 보편형, 일반적인 형 (1) 많은 화석에서 볼 수 있는 것과 같이 두 집단의 형질을 겸비한; (2) 특수화되지 않은.

generalized transduction 보편형 형질도입 숙주염색체의 어느 부분이 형질도입파지입자의 일부가 되는 형질도입. 비 specialized transduction.

general recombination 일반재조합 상동인 DNA염기순서 간의 유전적 재조합. 일반적 재조합은 배우자가 형성될 때 감수분열의 교차에서 일어나는 상호재조합(reciprocal recombination)의 전형적인 유형이다.

general transcription factor 일반전사인자 대부분의 진핵유전자에서 전사가 개시되는 데 필요한 유전자조절단백질군을 통틀어 이르는 말. 타타상자(TATA box) 주위에 모여서 RNA중합효소가 정확한 위치를 잡고 활성화하는 데 도와준다.

generation 세대(世代) 명 (1) 가계(혈통)에서 공통의 조상을 갖고 조상으로부터 같은 대수의 자손들인 개체들; (2) 사람의 경우에 흔히 같은 연령층의 개체들을 가리키는 말.

generation of diversity 다양성생성 면역학에서, 림프구가 발달하여 다양한 면역글로불린과 T세포수용체들을 생성하는 과정.

G

generation time 세대기간 (1) 세포에서, 유사분열로 만들어진 체세포가 분열할 때까지의 시간; (2) 사람과 동물의 개체군에서, 어버이가 태어나서 자식을 낳기까지 걸리는 평균기간; (3) 미생물에서, 하나의 세포가 분열하여 2개의 세포가 만들어지는 데 소요되는 시간. 보통 개체군의 배가시간(doubling time)으로 나타낸다.

generative 생식의 형 생식에 관계가 있는.

generative apogamy 반수체무배생식 포자체식물이 배우자체의 수정하지 않은 알이나 그 밖의 반수체세포로부터 발달하는 상태. ≒ haploid apogamy, meiotic apogamy, reduced apogamy.

generative cell 생식세포 (1) 많은 겉씨식물에서, 분열하여 불임세포와 정자생성세포를 만드는 수배우자체의 세포; (2) 꽃식물에서, 분열하여 2개의 정세포를 만드는 수배우자체의 세포.

generative hyphae 생식균사 담자기가 생기는 담자과의 균사.

generator potential 발생전위 자극이 가해졌을 때 감각수용기에서 생기는, 세포막 내외의 전기적 전위차. 자극의 강도에 비례하여 세기가 증가하여 특정한 역치에 도달하면 활동전위(action potential)를 발생시킨다.

gene rearrangement 유전자재배열 ⇨ antigenic variation, immunoglobulin genes, mating-type locus, T-cell receptor.

gene regulatory network (GRN) 유전자조절네트워크 특정한 기능이나 과정을 수행하기 위해 서로 직접 상호작용하는 유전자들의 세트. 성게와 제브라피시 따위의 동물에서 초기 배발생의 특정한 측면을 조절하는 이와 같은 유전자네트워크가 밝혀지기 시작하고 있다.

gene regulatory proteins 유전자조절단백질 DNA의 조절부위와 상호작용하고 전사개시에 영향을 미쳐서 유전자의 발현을 조절하는 단백질들. ⇨ enhancer protein, activator, repressor, transcription factor.

generic 속(屬)의 형 (1) 어느 속에 속하는 모든 종에 공통인; (2) 속(genus)과 관련된 말.

gene segment 유전자조각 ⇨ D gene segment, immunoglobulin genes, J gene segment, V gene segment, T-cell receptor.

gene sequencing 유전자염기순서결정 ⇨ DNA sequencing

gene silencing 유전자침묵 유전자의 발현이 억제되는 것. 대개 이 용어는 특정한 유전자나 유전자군이 이들이 위치하는 염색질의 상태에 의해 불활성화하는 경우에 적용된다. 한편 이 용어는 RNA 방해(RNA interference)에 의해 유전자의 발현이 멈추는 경우에도 사용된다.

genesis 발생 명 세포, 기관, 개체 또는 종이 형성되거나 만들어지거나 또는 발달하는 것.

gene superfamily 유전자상과(遺傳子上科) 상동의 서열을 갖고 하나의 조상유전자로부터 유래되었지만 지금은 많은 다양한 기능과 역할을 하는 단백질들을 암호화하도록 분기된 유전자들. 그 한 예로 면역글로불린, 세포부착분자와 그 밖의 많은 단백질들을 포함하는 면역글로불린상과를 들 수 있다. 유전자상과에 의해 암호화된 단백질들을 단백질상과(protein superfamily)라고 한다.

genet 무성생식체 명 하나의 접합자로부터 무성생식에 의해 비롯된 개체들의 단위 또는 무리.

gene targeting 유전자표적화 재조합 DNA기법을 이용한 특정 유전자의 대체 또는 돌연변이.

gene therapy 유전자치료 이상이 생긴 세포를 유전적으로 정상인 세포로 대체하거나 이상이 생긴 세포에 직접 정상적인 유전자를 주입하여 유전병을 치료하는 방법. 사람의 일부 유전병에 대한 체세포유전자치료(somatic gene therapy)가 현재 진행 중이다.

genetic 유전적, 발생적 형 (1) 유전자에 관련된 무엇에 적용되거나, 유전자에 기인하거나 또는 유전자와 관련된 말; (2) 유전학과 관련된 말; (3) 발생(genesis)과 관련된 말. ⇨ gene.

genetic adaptation 유전적 적응 유전적 변화의 결과로 새로운 서식지나 변화된 환경에 적응하는 것.

genetically modified crops (GMCs, GM crops) 유전자변형작물 전통적인 작물육종 대신에 유전공학에 의해 생산된 옥수수, 사탕무, 목화와 콩 등 농작물의 실용품종들.

genetically modified organisms (GMOs) 유전자변형생물 주로 다른 종에서 유전자를 도입하여 전통적인 육종이 아닌 방법에 의해 유전적으로 변형시킨 식물이나 동물 또는 미생물. ≒ genetically engineered organisms.

genetic code 유전암호 단백질사슬의 아미노산 서열이 그 단백질을 지정하는 DNA에 들어 있는 염기들의 순서에 따라 결정되는 규칙. 연이은 3개의 염기들이 단백질을 구성하는 20가지 아미노산 중 하나를 지정한다. 여기서 3개의 염기를 DNA의 경우 3자암호 또는 트리플렛(triplet)이라 하고, mRNA의 경우 코돈(codon)이라 한다. 암호는 중복이 많아서 거의 모든 아미노산이 1개 이상의 코돈에 의해 지정되고, 이러한 암호를 '축

G

첫 번째 염기	두 번째 염기: U	C	A	G
U	UUU, UUC: Phe UUA, UUG: Leu	UCU, UCC, UCA, UCG: Ser	UAU, UAC: Tyr UAA 종결 UAG 종결	UGU, UGC: Cys UGA 종결 UGG Trp
C	CUU, CUC, CUA, CUG: Leu	CCU, CCC, CCA, CCG: Pro	CAU, CAC: His CAA, CAG: Gln	CGU, CGC, CGA, CGG: Arg
A	AUU, AUC, AUA: Ile AUG Met	ACU, ACC, ACA, ACG: Thr	AAU, AAC, AAA, AAG: Asn	AGU, AGC: Ser AGA, AGG: Arg
G	GUU, GUC, GUA, GUG: Val	GCU, GCC, GCA, GCG: Ala	GAU, GAC: Asp GAA, GAG: Glu	GGU, GGC, GGA, GGG: Gly

그림 19. 유전암호.

중암호(degenerate code)'라고도 한다. (⇨ 그림 19)

genetic disease, genetic defect 유전병, 유전적 결함 유전자의 특정한 결함에 기인하는 혈우병이나 낫형 적혈구빈혈증 따위의 유전되는 병 또는 상태.

genetic distance 유전적 거리 서로 다른 종의 두 DNA 간의 차이를 나타내는 척도. 계통수를 만드는 데 이용된다. 유전적 거리의 가장 간단한 표현방식은 두 DNA 간의 뉴클레오티드 차이를 백분율로 나타내는 것이다. ⇨ p-distance. ≒ evolutionary distance.

genetic diversity 유전적 다양성 개체들 간의 유전적 차이에서 비롯된 종내 변이성.

genetic drift 유전적 부동(遺傳的浮動) (1) 자연선택보다는 다른 요인(예: 각 세대에서 단지 적은 수만의 배우자 추출)에 기인하여 소규모의 격리된 집단에서 나타나는 유전자 빈도의 무작위 변화. ≒ Sewall Wright effect; (2) 유전자에서 자연선택의 지배를 받지 않은 뉴클레오티드의 무작위 변화; (3) 인플루엔자바이러스의 유전체에서 일어나는 작은 변화. 매년 병을 발생시키지만 심각한 전염병이나 유행병을 일으키지 않는다. 비 genetic shift.

genetic element 유전인자 (1) 염색체, 플라스미드, 바이러스, 전이인자 등과 같이 유전적 기능을 갖는 구조를 통틀어 이르는 말; (2) 특정한 특성이나 기능을 갖는 DNA염기순서들.

genetic engineering 유전공학 다른 종의 유전자를 도입하거나 특정 유전자에 돌연변이를 일으키는 것처럼 전통적인 육종이 아닌 인위적인 방법으로 생물이나 세포의 유전적 구조를 의도적으로 변화시키는 것. 이렇게 하여 세균, 배양세포, 식물 및 일부 동물을 변화시킬 수 있다. ⇨ embryonic stem cells, microinjection, transfection, transformation, transgene, transgenic, recombinant DNA.

genetic equilibrium 유전적 평형 개체군 내의 유전자 빈도가 대대로 일정하게 유지되는 상태.

genetic fingerprinting 유전자지문분석 ⇨ DNA fingerprinting.

genetic fitness 유전적 적응도 ⇨ fitness.

genetic immunization 유전면역(법) ⇨ DNA immunization, DNA vaccine.

genetic information 유전정보 RNA와 단백질을 합성하는 정보. DNA 또는 RNA에 들어 있다.

genetic instability 유전적 불안정성 DNA를 수선하고 염색체를 온전하게 유지시키는 정상적인 메커니즘들이 잘못되었을 때 암세포와 같은 세포들에서 나타나는 돌연변이와 또는 염색체이상의 비율이 증가하는 것.

genetic isolation 유전적 격리 지리적인 격리나 문화적인 선호에 기인하여 개체군의 무리들 간에서 또는 여러 다른 개체군들 간에서 상호교배가 일어나지 않는 것.

genetic load 유전적 부하(遺傳的負荷) 개체가 보유하는 해로운 효과를 지닌 모든 돌연변이대립유전자들. 이론적 최적치와 비교하여 그 적응도를 감소시킨다.

genetic locus 유전자자리 ⇨ gene locus.

genetic manipulation 유전자조작 유전공학기법에 의해 생물의 유전체를 의도적으로 변화시키는 것.

genetic map 유전자지도 염색체에 있는 유전자자리의 상대적 위치를 나타낸 그림.

genetic mapping 유전학적 지도만들기 재조합빈도와 그 밖의 유전학적 수단으로 염색체 상의 유전자의 위치를 결정하는 것. 비 physical mapping.

genetic map unit 유전자지도단위 ⇨ centimorgan.

genetic marker 유전적 표지 특정한 세포나 생물을 동정하는 데 이용될 수 있고 유전학적 지도만들기에서 참고점으로 이용할 수 있는, 특성(때로는 염색체 상의 위치)이 알려진 유전자 또는 DNA의 단편.

genetic modification 유전적 변형 ⇨ genetic engineering, recombinant DNA.

genetic polymorphism 유전적 다형성 복대립유전자(multiple allele)가 안정적으로 장기간 집단 내에 존재하는 현상. 엄밀히 말하면, 가장 흔한 동형 접합체가 집단에서 90% 미만의 빈도로 나타날 때 그 유전자를 다형성이라고 한다.

genetic ratios 유전비(遺傳比) 여러 가지 유전적 교배에서 생긴 자손들의 서로 다른 유전자형에 대한 멘델비(Mendelian ratio)를 가리키는 말.

genetic recombination 유전적 재조합 ⇨ recombination.

genetics 유전학 명 (1) 유전적 변이와 유전물질인 DNA에서의 물리적 원칙을 다루는 생물학의 분야; (2) 생물체에서 유전형질의 물리적 원칙, 즉 유전자들의 순서와 배열.

genetic screen 유전자검색 초파리와 효모 따위의 실험생물 집단에서 대규모로 돌연변이를 탐색하는 것. 보통 돌연변이율을 늘리는 조치를 취한 다음에 검색한다.

genetic screening 유전자검색 사람에서 어떤 질병을 일으키거나 발병 위험을 증가시키는 것으로 알려진 특정한 돌연변이를 탐색하는 과정.

genetic shift 유전체변이 인플루엔자바이러스 유전체의 중대한 변화. 심각한 전염병이나 유행병을 일으킨다.

genetic spiral 기초나선 축을 둘러싸는 잎들의 나선잎차례에서, 잎의 부착점을 차례대로 연결하면 그려지는 나선.

genetic transformation 유전적 형질전환 ⇨ transformation.

genetic variation 유전적 변이 집단 내에서 유전되는 변이. 유전자에 각각 다른 변이형(대립유전자)들이 존재하기 때문이고, 진핵생물의 경우 유성생식과 재조합에 의해 대립유전자들이 새로운 조합으로 뒤섞이는 데 기인한다.

gene transcription 유전자전사 ⇨ transcription.

gene transfer 유전자전달 재조합DNA 기법을 이용하여 한 종에서 다른 종으로 유전자들을 전달하는 것. ⇨ genetic engineering, recombinant DNA, transgenic, transgene.

genial 턱의 형 턱(chin)과 관련된 말.

genic 유전자의 형 유전자와 관련된 말.

genicular 무릎의 형 (1) 무릎 부위와 관련된 말; (2) 슬(geniculum)과 관련된, 얼굴신경의 신경절(슬신경절)에 적용되는 말; (3) 시상의 일부로 구성되는 외측무릎체(외측슬상체, lateral corpora geniculata)와 내측무릎체(내측슬상체, medial corpora geniculata)의 구조들에 적용되는 말. ⇨ lateral geniculate nucleus.

geniculate 무릎형 형 무릎처럼 굽은. ⇨ lateral geniculate nucleus.

geniculum 무릎, 슬(膝) 명 (1) 신경의 급커브 부분; (2) 관자뼈(측두골)의 얼굴신경에서 붓꼭지구멍(stylomastoid foramen) 쪽으로 갑자기 방향을 돌리는 부분.

genioglossal, geniohyoglossal 턱끝혀의 형 턱과 혀를 연결하는, 척추동물에서 혀를 움직이는 근육(턱끝혀근)에 적용되는 말.

geniohyoid 턱끝목뿔의 형 턱과 목뿔뼈(hyoid)에 관련된, 목뿔뼈에서 아래턱으로 이어지는 근육(턱끝목뿔근)에 적용되는 말.

genital 생식(기관)의 형 (1) 생식기관과 관련된 말; (2) 음경(penis)과 같은 외부 부속생식기관과 관련된 말.

genital bursae 생식낭(生殖囊) 거미불가사리류에서, 생식샘과 이어지고 각 팔의 기부 양쪽에 있는 주머니. 호흡에도 관여하며, 때로는 유생을 품는 역할도 한다.

genital canals 생식관(生殖管) 바다나리류에서, 생식삭(genital cord)이 위치하는 팔에 있는 관.

genital coelom 생식체강(生殖體腔) 두족류에서, 내장덩어리(visceral hump)의 꼭대기에 있는 체강.

genital cord 생식삭(生殖索) 포유동물의 배에서, 뮐러관과 볼프관의 뒤쪽 끝부분에 있는 삭.

genital disc 생식반(生殖盤) 초파리와 그 밖의 곤충들에서, 배에서 형성되는 세포들의 동글납작한 판. 형태형성 과정에서 외부생식기와 성체의 생식계통이 생긴다.

genital duct 생식관(生殖管) 생식샘에서 외부로 통하는 관.

genitalia, genitals 생식기(生殖器) 명복 생식기관, 생식샘 그리고 그 부속기관들, 특히 외부 기관.

genital operculum 생식덮개 일부 거미류에서, 제1복절의 배판(복판)에 있는 틈에 의해 나뉘는 부드럽고 둥근 가운데조각. 그 기부에 생식관의 구멍이 있다.

genital plates 생식판(生殖板) 성게류에서 생식샘의 구멍이 달린 판.

genital pleurae 생식옆판 일부 반삭동물에서, 생식샘이 있는 아가미 부위의 옆면에 1쌍으로 있는 이랑 또는 주름.

genital rachis 생식축(生殖軸) 많은 극피동물에서, 생식샘이 달리는 생식세포들의 고리.

genital ridge 생식융기 중배엽에서 생식샘이 발생하는 부위.

genital sinus 생식굴 (1) 일부 흡충류의 융합된 암수 생식관; (2) 연골어류에서, 후주공동(posterior cardinal sinus)으로 통하는 1쌍의 굴.

genital tubercle 생식기결절 포유동물의 배에서 암컷에서는 음핵으로 그리고 수컷에서는 음경으로 발달하는 조직.

genito-anal 생식항문의 형 생식기와 항문의 부위에 있는.

genitocrural 생식대퇴의 형 생식기와 넓적다리의 부위에 있는, 제1 및 제2요신경에서 기원하는 신경에 적용되는 말.

genitofemoral 생식대퇴의 ⇨ genitocrural.

genito-urinary 비뇨생식기의 ⇨ urinogenital.

Gennari's band 젠나리띠 뒤통수엽(후두엽)에 있는 대뇌피질의 중간층에 있는 백색 신경섬유층.

genocline 유전적 연속변이 명 개체군 내에서 다양한 유전자형의 빈도가 특정한 공간적 방향으로 차츰 감소하는 것.

genocopy 유전자모사 명 유사한 비대립 유전자에 의하여 동일한 표현형이 나타나는 현상.

genodeme 유전자형 개체군 명 유전자형은 다르지만 표현형이 반드시 다르지 않은 최소교배단위(deme).

genoholotype 속대표종(屬代表種) 명 속을 대표하는 것으로 규정된 종.

genome 유전체(遺傳體), 게놈 명 (1) 생물이나 바이러스가 가지는 모든 유전자들. 2배체생물의 경우 반수체의 유전자들을 가리킨다; (2) 때때로 핵에 들어 있는 모든 DNA를 가리키는 말.

genome annotation 유전체주석달기 유전자, 단백질의 기능 그리고 서열인자(예: 촉진유전자)를 확인하는 것과 같이 유전체의 DNA염기순서를 해석하는 정보를 추가하는 것.

genome browser 유전체브라우저 유전체 염기서열에 관한 다양한 정보를 찾고 해석하는 데 이용되는, 인터넷을 기반으로 하는 생물정보학의 도구.

genome library 유전체모음 ⇨ genomic library.

genome sequence 유전체서열 어느 종의 유전체에 관한 완전한 DNA염기순서.

genomic 유전체의 형 (1) 유전체와 관련된 말; (2) (전령RNA를 주형으로 합성되는 cDNA와는 대조적으로) 염색체 DNA에 적용되는 말.

genomic hybridization 유전체잡종화 DNA잡종화로 유전체의 유사성을 측정하여 두 생물의 분류학적 관련성을 결정하는 방법.

genomic imprinting 유전체인상찍히기, 유전체각인 모계 유래인지 또는 부계 유래인지에 따라 대립유전자의 발현이 배아에서 억제되는 상황. 각인은 일부 유전자에서만 나타나고, 배우자의 형성과정에서 확립된다. 배우자에서의 유전자 불활성화는 유전자의 DNA메틸화와 연관성이 있다. ≒ parental genomic imprinting.

genomic library 유전체모음 염색체 DNA로부터 직접 분리한 DNA클론들의 집합체. ≒ genome library, genomic DNA library. 비 cDNA library.

genomics 유전체학 명 완전한 유전체를 연구하고 개개의 유전자들보다는 대규모로 유전자들과 이들의 발현을 연구하는 학문.

genospecies 유전적 종 명 유전자 교환이 가능한 세균균주의 무리.

genosyntype 속표본종(屬標本種) 명 속을 대표하는 것으로 함께 규정된 일련의 종들.

genotype 유전자형 명 생물이 가지고 있는 유전자의 조합. 2배체 생물의 경우, 유전자형은 특정 유전자에 존재하는 대립유전자들의 특정한 쌍을 가리킨다. 형 genotypic. 비 phenotype.

genotypic 유전자형의 형 유전자형과 관련된 말. 비 phenotypic.

genotypic variance 유전자형분산 특정 형질의 유전력(heritability)을 결정하는 데 이용되는 통계적 척도. 유전자형분산은 개체들 간의 유전자형 차이에 기인하는 표현형분산의 일부가 된다.

genotyping 유전형분석 명 한 개체의 유전자 구성 또는 유전자형을 상세하게 분석하는 것.

gens 겐스 명 (1) 씨족 또는 종족; (2) 특정한 숙주에 기생하는 기생생물 종의 무리들. 복 **gentes**.

gentamicin 겐타마이신 명 세균의 단백질 합성을 방해하는, 스트렙토마이신과 관련된 아미노글리코시드 항생제.

gentes 'gens'의 복수형.

Gentianales 용담목(龍膽目) 명 교목, 관목 또는 초본인 쌍떡잎식물의 목. 박주가리과(Asclepiadaceae), 용담과(Gentianaceae), 꼭두서니과(Rubiaceae) 따위로 이뤄진다.

genu 무릎, 슬(膝) 명 (1) 무릎; (2) 일부 응애류와 진드기류에서 넓적다리(femur)와 종아리다리(tibia) 간의 마디;

(3) 어느 기관이나 부분에서 무릎처럼 굽은 부분; (4) 뇌들보(뇌량)의 앞쪽 끝.

genus 속(屬) 명 밀접하게 연관된 종들로 이뤄지는 분류군. 유사하고 연관된 속들은 과(family)로 묶어진다. 속명은 *Homo*(사람), *Quercus*(참나무), *Canis*(늑대와 개), *Salmo*(연어) 등과 같이 과학문헌에서 이탤릭체로 쓴다. 복 **genera**. 형 **generic**.

geobiotic 육지서식성 ⇨ terrestrial.

geobotany 식물지리학 ⇨ phytogeography.

geocarpic 지하결실성(地下結實性) 형 수정이 일어난 다음에 자루가 굽어져 어린 열매가 땅속으로 들어가기 때문에 지하에서 열매가 성숙하는.

geochronology 지질연대학(地質年代學) 명 지구의 진화와 관련하여 시간의 측정을 다루는 학문.

geocline 지리적 기울기 명 변화하는 지리적 조건에 적응한 결과로 상당한 지역에 걸쳐 점진적, 지속적으로 일어나는 표현형질의 변화.

geocoles 반토양생물(半土壤生物) 명복 생애의 일부를 땅에서 지내며 토양의 통기와 배수에 영향을 미치는 생물.

geocryptophyte 지중식물(地中植物) 명 휴면부위가 땅속에 있는 식물.

geographical isolation 지리적 격리 동일한 종의 두 개체군이 산맥, 바다 또는 강 따위의 물리적 장벽에 의해 분리되는 것. 이렇게 분리되어 오랜 시간이 경과하면 어느 한쪽 또는 양쪽의 개체군들에서 상호 교배할 수 없는 차이점들이 나타나고 궁극적으로 신종이 형성된다.

geographical race 지리적 품종 산맥이나 바다와 같은 지리적 장벽에 의해 같은 종의 다른 개체군들과 떨어져 있지만, 나머지 개체군들과 거의 또는 전혀 차이를 보이지 않는 개체군. 이러한 개체군의 구성원들은 접촉할 기회가 주어진다면 종의 다른 개체들과 교배하여 임성의 자손을 낳는다.

geographical speciation 지리적 종분화 지리적으로 격리된 개체군에서 새로운 종이 진화하는 것.

geology 지질학 명 지구의 물리적 구조, 활동 및 역사를 다루는 과학.

geonasty 감지성(感地性) 명 중력에 반응하여 식물의 줄기가 굽는 것. 형 **geonastic**.

geophilous 토양서식성 형 (1) 토양에 사는; (2) 짧고 통통한 줄기에서 토양층에 달린 잎을 가진.

geophyte 땅속식물 명 (1) 육상식물; (2) 땅속에 휴면부(덩이줄기, 비늘줄기, 뿌리줄기)를 가지고 있는 다년생 초본식물.

geoplagiotropic 편향굴지성(偏向屈地性) 형 중력의 자극에 반응하여 지표면과 직각으로 자라는.

geosere 지질천이 명 (1) 지질연대를 통해 발달한 극상식물군락의 계열; (2) 지질학적 과거에 일어난 모든 식물천이.

geosmins 지오스민 명복 토양에서 '흙냄새'의 원인이 되는, 방선균류에 의해 만들어지는 휘발성 테르펜유도체.

geotaxis 주지성(走地性) 명 중력에 반응하여 나타나는 운동. 형 **geotactic**.

geotonus 중력자세(重力姿勢) 명 중력에 대한 정상적인 위치.

geotropism 굴지성(屈地性) 명 중력에 반응하여 나타나는 운동이나 생장. 식물의 뿌리와 같이 중력의 방향으로 나타나거나(양성굴지성, positive geotropism), 식물의 줄기와 같이 땅에서 멀어지는 방향으로 나타난다(음성굴지성, negative geotropism). ≒ gravitropism.

Geraniales 쥐손이풀목 명 교목, 관목

또는 초본인 쌍떡잎식물의 목. 봉선화과(Balsaminaceae; 발삼 등), 에리트록실룸과(Erythroxylaceae; 코카 등), 쥐손이풀과(Geraniaceae; 제라늄 등), 아마과(Linaceae; 아마 등), 한련과(Tropaeolaceae; 한련 등) 따위로 이뤄진다.

geranylgeranyl anchor 제라닐제라닐닻 ⇨ prenylation.

germ 세균, 배(胚) 명 (1) 미생물, 특히 병원균을 가리키는 말; (2) 종자의 배.

germ band 배대(胚帶) (1) 원조(primitive streak); (2) 곤충의 발생 중인 배에서, 장차 배를 형성하는 배반엽(blastoderm)의 부위. ⇨ long-germ development, short-germ development.

germ cell 생식세포 (1) 배우자가 생기는 2배체의 생식세포; (2) 배우자.

germicidal 살균성의 형 미생물, 특히 세균을 죽일 수 있는 물질들에 적용되는 말. 명 **germicide**.

germiduct 수란관(輸卵管) 명 흡충류의 수란관.

germinal 종자의, 생식의 형 종자, 생식세포 또는 생식과 관련된 말.

germinal centre 배중심(胚中心) 면역이 생기거나 감염된 후에 2차림프기관의 림프여포에서 형성되는, B세포가 분열하고 분화하는 중심.

germinal crescent 생식초승달, 생식신월환(生殖新月環) 원조(primitive streak)의 앞쪽 끝을 부분적으로 둘러싸는 반월형의 원시생식세포를 형성하는 배반엽 부위.

germinal epithelium 생식상피 (1) 난소의 간질을 덮는 상피세포들; (2) 정소의 내면을 이루는 상피세포층. 생식상피에서 정원세포들과 세르톨리세포(Sertoli cell)들이 생긴다.

germinal mutation 생식세포돌연변이 배우자가 만들어지는 세포에서 일어나는 돌연변이.

germinal pore 발아공 ⇨ germ pore.

germinal ridge 생식능선 배아에서 생식샘이 생기는 중배엽의 조직.

germinal spot 배반(胚班) 난핵포 또는 난자의 인(nucleolus).

germinal streak 배줄무늬 ⇨ primitive streak.

germinal vesicle 난핵(포) 극체가 만들어지기 전에 난모세포에 들어 있는 핵.

germination 발아(發芽) 명 포자, 종자 또는 이들과 유사한 생식구조로부터 생장이 시작되는 것.

germ layers 배엽(胚葉) 초기의 동물배에서 뚜렷이 구별되는 유형의 조직들이 생기는 부위들. 3배엽성 동물은 3층의 배엽(외배엽, 중배엽 및 내배엽)을 갖는다. 2배엽성 동물은 내배엽과 외배엽의 두 배엽만 갖는다. 외배엽에서는 주로 표피와 신경계가 생기고, 중배엽에서는 근육과 결합조직, 그리고 내배엽에서는 소화관 등이 생긴다. ≒ primary germ layer.

germ line 생식(세포)계열 동물에서, 배우자들(난자와 정자 등)이 만들어지고 이를 통해 대대로 유전형질(유전자)이 전달되는 계통. 형 **germline**.

germline configuration 생식계열배열 DNA재배열이 일어나기 전의 면역글로불린과 T세포수용체 유전자들의 상태.

germline diversity 생식계열다양성 생식세포계열 유전체에 여러 다른 유전자 조각들이 다수 존재하는 데 따른 면역글로불린과 T세포수용체들 간의 다양성. ⇨ immunoglobulin genes.

germline stem cell (GSC) 생식줄기세포 생식세포(난자와 정자)가 생기는 줄기세포의 한 종류.

G

germline theory 생식세포계열설 각각의 항체에 별개의 생식세포계열 유전자들이 암호화되어 있어서 항체가 다양성을 나타낸다고 제안된 이론. 지금은 받아들여지지 않는다.

germ nucleus 생식세포핵 난자나 정자의 핵.

germplasm 생식질(生殖質) 획득형질의 유전과는 대조적으로, 원형질이 생식세포에서 변하지 않으면서 대대로 전달된다는 생각을 나타내기 위하여 19세기에 바이스만(A. Weismann)이 처음 만든 이름. 요즘에는 종자은행에 수집된 식물종자처럼 새로운 식물이나 동물이 만들어질 수 있는 세포들을 흔히 가리킨다. ≒ **germ plasm**.

germ pore 발아공(發芽孔) (1) 꽃가루립(pollen grain)의 벽에서 꽃가루관이 나오는 얇은 부위; (2) 포자벽에서 발아관이 나오는 이와 비슷한 구역.

germ tube 발아관(發芽管) 발아하는 포자에서 내뻗는 짧은 필라멘트.

gerontology 노화학(老化學) 명 노화(senescence, ageing)를 연구하는 학문.

gestalt 게슈탈트 명 (1) 자극에 대한 조직적이거나 고정된 반응; (2) 공동 작용하는 운동 또는 운동반응의 배열; (3) 부분을 전체에 관해서 설명하는 것처럼 조직적인 양식으로 간주되는 심리작용; (4) 분류학적 연관성이나 계통적 관계를 고려하지 않고 배경이나 환경에 관하여 양식을 고찰하는 형태학에 적용되는 말.

gestation 임신 명 동물에서 수정으로부터 어린 새끼가 태어날 때까지의 시기.

GFAP 신경교섬유질산성단백질(glial fibrillary acidic protein).

GFP 녹색형광단백질(green fluorescent protein).

GH 생장호르몬(growth hormone).

ghosts 껍질 ⇨ red cell ghosts.

GHRF 생장호르몬방출인자(growth-hormone releasing factor). ⇨ somatoliberin.

giant axon 거대축삭 일부 무척추동물에서 볼 수 있는, 신경세포의 지름이 큰 축삭. 오징어의 거대축삭은 신경세포에서 일어나는 충격전도(impulse conduction)의 메커니즘을 밝히는 데 이용된다.

giant cells 거대세포 환형동물의 큰 신경섬유.

giant chromosomes 거대염색체 ⇨ polytene chromosome.

giant fibres 거대신경섬유 많은 무척추동물에서 복부신경삭을 따라 세로로 이어지는 지름이 매우 큰 신경섬유.

giant-grass community 대형초지군락 키가 4 m 이상인 초본들로 이루어진 초지.

gibberellins (GA) 지베렐린 명복 줄기와 잎에서 세포분열과 세포신장을 증가시키는 식물생장호르몬. 일부 식물에서는 줄기의 신장과 개화를 유도하며, 어떤 종자에서는 휴면을 타파하기도 한다. 발아하는 종자에서는 지베렐린이 배젖에 저장된 녹말을 당으로 분해하는 효소의 합성을 유도하여 생장을 촉진한다.

gibbose, gibbous 불룩한 형 부풀어 오른, 주머니 모양의.

Gibbs free energy 기브스자유에너지 ⇨ free energy.

Gibbs free energy of activation 기브스의 활성화자유에너지 ⇨ free energy of activation.

Gibbs standard free energy 기브스의 표준자유에너지 표준 상태 하에서 일어나는 화학반응의 자유에너지.

Giemsa banding 김사분염법 ⇨ G-banding.

Giemsa stain 김사염색 AT염기쌍이 풍부하게 들어 있는 염색체부위에서 진한 띠들이 나타나는 염색.

gigantism 거대증(巨大症) 명 기관이나 생물이 비정상적으로 크게 생장하는 것.

gill 아가미, 주름 명 (1) 갑각류, 어류, 양서류와 같이 수중생활을 하는 많은 동물의 호흡기관. 혈관이 풍부하게 분포하는 판 모양 또는 사상 구조이며, 물과 혈액 간의 기체교환이 일어나는 곳이다; (2) [균] 주름버섯류에서 갓(균모)의 아래쪽 중심으로부터 사방으로 퍼져 나간 얇은 판.

gill arch 아가미활 개개의 아가미에서 조직, 혈관 및 신경을 지탱하는 아치형의 골질 또는 연골질로 된 골격. '새궁(鰓弓)'이라고도 한다.

gill bar 아가미판 척삭동물에서, 아가미틈을 서로 분리시키고 혈관, 신경 및 지지골격이 들어 있는 조직. '새판(鰓板)'이라고도 한다.

gill basket 아가미바구니 ⇨ branchial basket.

gill book 아가미책 투구게류에서 볼 수 있는 아가미 유형. 수많은 잎 모양의 구조들로 이뤄지며, 이들 사이로 물이 순환한다.

gill cavity 균습강(菌褶腔) 주름버섯류에서 발달하는 자실체에 있는 공간. 여기에서 주름들이 형성된다.

gill clefts 아가미틈 ⇨ gill slits.

gill cover 아가미뚜껑 경골어류의 아가미를 덮는 뚜껑.

gill filaments 아가미사 아가미에서 옆에 달리는 미세한 돌기들. 기체교환을 위한 면적을 늘리는 구실을 한다.

gill fungi 주름버섯류 자실층이 주름에 달리는 담자균류. 대부분의 버섯과 독버섯이 포함된다.

gill heart 아가미심장 두족류에서, 각 아가미에 붙어 있고 공통심실로 연결되는 심방.

gill plume 빗살아가미 연체동물 복족류의 빗살아가미(ctenidium).

gill pouches 아가미주머니 (1) 칠성장어류와 먹장어류에서 볼 수 있는 것과 같이, 아가미가 들어 있고 외부와 통하는 타원형의 주머니; (2) 모든 척삭동물의 배아에서 인두의 측벽이 밖으로 밀려난 것. 어류와 일부 양서류에서는 아가미주머니가 아가미틈으로 발달한다.

gill rakers 아가미갈퀴 아가미활에 있는 센털 같은 돌기.

gill rays 아가미살 아가미활의 바깥 가장자리에 있는 가느다란 골격구조. 아가미를 뻣뻣하게 하는 구실을 한다.

gill remnants 아가미소체 어류를 제외한 척추동물의 인두에서 생기는 상피의 후새궁체(postbranchial body) 또는 심낭상체(suprapericardial body).

gill rods 아가미봉 두삭류에서 인두를 지탱하는 아교질로 된 막대.

gill slits 아가미틈 인두의 양쪽에서 외부로 통하는 일련의 구멍들. 어류와 일부 양서류에서는 계속 나타나고, 파충류와 새 그리고 포유류에서는 배 시기에만 나타난다. 이를 통해 아가미조직으로 물을 통과시킨다.

gingivae 잇몸, 치은(齒齦) 명복 잇몸. 형 **gingival**.

gingivitis 잇몸염, 치은염 명 잇몸에 생기는 염증.

ginglymus 접번관절(蝶番關節) 명 경첩의 관절. 형 **ginglymoid**.

Ginkgophyta 은행나무문 명 현존하는 종자식물의 5개 주요 문 가운데 하나. 살아 있는 유일한 속인 은행나무속(*Ginkgo*)을 포함하고, 독특한 부채 모양의 잎으로 특징지어진다. 밑씨는 긴 자루에 둘씩 짝을

G

지어 달리며, 소포자엽들은 별개의 식물체에 달린다.

girdle bundles 엽흔속(葉痕束) 소철류에서 볼 수 있는 것과 같이, 잎이 붙어 있던 부분에 남아 있는 줄기를 둘러싸는 관다발의 흔적.

girdle scar 띠자국 눈비늘이 떨어진 가지에 생기는 일련의 비늘흔적.

girdling 환상박피(環狀剝皮) 명 나무줄기에서 나무껍질을 환상으로 벗겨내어 잎에서 뿌리로 체관부를 통한 용질이 이동하는 것을 막는 방법. 이 과정에서 체관부는 나무껍질과 함께 제거된다. 이렇게 하면 결국 나무가 죽게 된다.

G

GI tract 위장관(위창자길, gastrointestinal tract).

gizzard 모래주머니 명 새와 곤충 같은 일부 동물의 소화관에서 먹이를 갈아 부수는 근육주머니. 모이주머니(crop)의 뒤쪽에 있다.

glabrous 평활형, 무모성(無毛性) 형 (1) 반들반들한 표면을 갖는; (2) 털이 없는.

glacial 빙하기의 형 생물학 문헌에서, 북반구의 대부분이 얼음으로 덮인 플라이스토세(최신세, Pleistocene), 즉 빙하시대를 주로 가리키는 말. 비 interglacial.

gladiate 칼모양의 형 칼처럼 생긴.

gladiolus 흉골체 ⇨ mesosternum.

gladius 글라디우스 명 연골히드라충목(Chondrophora)의 군체를 이루는 히드라충류의 깃 또는 키틴질의 껍질.

gland 샘, 선(腺) 명 (1) 호르몬이나 점액과 같은 물질을 분비하도록 특수화된 단일세포 또는 조직화된 구조; (2) 림프샘. ⇨ lymph node; (3) 식물체에서 기름, 수지 또는 그 밖의 액체가 들어 있는 작은 소낭.

glandiform 견과모양의 형 도토리처럼 생긴.

glands of Brunner 브루너샘 ⇨ Brunner's glands.

glands of Nuhn 앞혀샘 ⇨ Nuhn's glands.

glandula 샘, 선 명 샘(gland).

glandular 샘의 형 (1) 샘과 관련된 말; (2) 분비기능을 가진.

glandular epithelium 샘상피 샘의 내벽을 이루는 다면체, 원주상 또는 입방체의 세포들로 구성된 상피. 분비될 물질을 포함하거나 만든다.

glandular tissue 샘조직 (1) 식물체에서, 방향족물질 따위를 분비하는 데 알맞은 유조직; (2) 샘을 구성하는 조직.

glandulose-serrate 선상(腺狀)톱니형 형 잎에서, 끝에 샘이 있는 톱니를 가진.

glans 샘 명 샘(gland).

glans clitoridis 음핵귀두(陰核龜頭) 음핵(clitoris)의 끝에 있는 발기성 조직의 작고 둥근 덩어리.

glans penis 음경귀두(陰莖龜頭) 포유동물에서 음경의 둥글납작한 끝.

glareal 자갈밭의 형 건조하고 자갈투성이인 땅과 관련되거나 그러한 곳에서 자라는.

Glaserian fissure 글라서홈 포유동물에서 가운데귀에 있는 망치뼈의 폴리돌기(Folian process)를 잡고 있는 관자뼈의 홈.

glass sponges 6방해면류 ⇨ hexactinellid sponges.

Glaucophyta 회조식물문(灰藻植物門) 명 시아넬(cyanelle)이라 부르는 특이한 엽록체를 갖는, 민물에 살고 광합성을 하는 단세포성 진핵생물의 작은 무리. 시아넬은 남세균에서 유래된 것으로 여겨지며, 조상이 되는 남세균의 특성을 일부 보유하고 있다.

glaucous 청록의, 연록꽃의 형 (1) 청록

색의; (2) 연록색의 꽃으로 덮인.

Glc 포도당(glucose).

GLC 가스액체크로마토그래피(gas-liquid chromatography).

GlcN 글루코사민(glucosamine).

GlcNAc *N*-아세틸글루코사민(*N*-acetylglucosamine).

Gleason's index 글리슨지수 자카드지수(Jaccard index)를 수정하여 두 군집 간의 유사성을 측정하는 지수[군집계수(coefficient of community) 참조]. 글리슨지수는 단순히 두 군집에서 공통적으로 나타나는 종과 한 군집에서만 나타나는 종의 수를 세는 것이 아니라, 양쪽 군집에서 공통적으로 출현한 종과 어느 한쪽에서만 나타난 종의 중요성을 고려하는 지수이다. 비 Jaccard index, Kulezinski index, Morisita's similarity index, Simpson's index of floristic resemblance, Sørensen similarity index.

gleba 기본체(基本體) 명 복균류에서, 담자과의 내부에 있는 포자가 들어 있는 조직. 성숙한 포자의 덩어리로 발달한다.

glenoid 오목꼴, 와형(窩形) 형 소켓처럼 푹 들어간.

glenoid cavity, glenoid fossa 관절오목, 관절와 (1) 4족류에서 넙다리뼈의 머리가 꼭 들어 맞는 골반띠의 오목한 공간; (2) 포유동물에서 아래턱의 관절부가 붙어 있는 공간. ≒ mandibular fossa.

gley 글레이토양 명 물이 잘 빠지지 않는 상태에서 형성되고 항상 또는 어떤 시기에 물에 잠겨 있는 토양.

glia 신경아교 ⇨ neuroglia.

gliadin 글리아딘 명 밀의 종자에서 발견되는 저장단백질.

glial cell 신경아교세포(神經阿膠細胞) 중추신경계의 신경아교(neuroglia)를 구성하는 다양한 비신경세포들과 슈반세포(Schwann cell)처럼 말초신경계와 관련된 이와 비슷한 세포들을 통틀어 이르는 말.

glial fibrillary acidic protein (GFAP) 신경교섬유질산성단백질 신경아교세포들에 있는 중간섬유의 구성성분.

gliding bacteria 활주세균(滑走細菌) 편모는 없지만 표면과 접촉하면 미끄러지듯 움직일 수 있는 세균역의 다양한 무리. 다세포성 자실체를 형성하는 점액세균(myxobacteria) 그리고 오염된 물과 오니에서 흰색 띠를 형성하는 황산화세균 등의 사상세균이 포함된다.

glioblast 아교모세포 명 다 성장하지 않은 신경아교세포.

gliogenesis 아교세포발생 명 신경아교세포가 만들어지는 것.

glioma 신경아교종(神經阿膠腫) 명 중추신경계의 신경아교세포에 생기는 종양.

Gln 글루타민(glutamine).

global aphasia 완전언어상실증 언어를 이해하거나 말하거나 읽거나 또는 쓰는 능력이 완전히 상실된 것.

global sequence alignment 전역서열정렬 2개의 서열을 전체적으로 비교하여 정렬하는 것.

global warming 지구온난화 지난 100년간 하층 대기의 온도가 증가한 현상. 지구온난화는 화석연료의 연소와 벌목에 기인하여 대기 중에 방출된 이산화탄소가 증가한 데 그 주된 원인이 있는 것으로 여겨진다. ⇨ greenhouse effect.

globigerina ooze 글로비게리나연니 주로 유공충류의 껍질, 특히 곕유공충속(*Globigerina*)의 석회질 껍질로 구성된 무른 흙.

globin 글로빈 명 (1) 헤모글로빈의 단백질 성분. 각각의 헤모글로빈분자는 성인

G

의 헤모글로빈에서 볼 수 있는 ααββ와 같이 두 가지의 다른 유형으로 된 4개의 글로빈소단위체들로 구성된다; (2) 일반적으로, 미오글로빈과 레그헤모글로빈도 포함하는 큰 글로빈상과의 연관된 단백질들을 가리키는 말.

α-globin α글로빈 동물에서 발견되는 몇 가지 유형의 글로빈 가운데 하나. 태아헤모글로빈과 성체헤모글로빈의 성분 중 하나이다.

α-globin genes α글로빈유전자 α글로빈과 동족의 글로빈들을 암호화하는 유전자군. 사람의 경우에는 ζ글로빈, 태아와 성체의 α글로빈 그리고 θ1글로빈의 유전자들로 구성된다.

β-globin β글로빈 동물에서 발견되는 몇 가지 유형의 글로빈 가운데 하나. 사람의 성체헤모글로빈(ααββ)의 성분이다.

β-globin genes β글로빈유전자 β글로빈과 동족의 글로빈들을 암호화하는 유전자군. 사람의 경우에는 ε글로빈, γ글로빈, δ글로빈 그리고 β글로빈의 유전자들로 구성된다.

γ-globin γ글로빈 β글로빈과 연관된 글로빈 가운데 하나. 사람의 배아헤모글로빈과 태아헤모글로빈들(ζζγγ, ααγγ)의 성분이다.

δ-globin δ글로빈 β글로빈과 연관된 글로빈 가운데 하나. 사람에서 드물게 나타나는 성체헤모글로빈(ααδδ)의 성분이다.

ε-globin ε글로빈 β글로빈과 연관된 글로빈 가운데 하나. 사람의 배아헤모글로빈(ααεε, ζζεε)의 성분이다.

θ1-globin θ1글로빈 영장류의 α글로빈유전자군에 있는 θ1유전자에 의해 암호화된 글로빈.

ζ-globin ζ글로빈 α글로빈과 연관된 글로빈 가운데 하나. 사람의 배아헤모글로빈(ζζεε)의 성분이다.

globin genes 글로빈유전자 다양한 종류의 글로빈소단위체들을 지정하는 유전자들. 포유동물에서 글로빈유전자들은 여러 다른 염색체 상에서 2개의 유전자군으로 구성된다. α글로빈군에는 ζ글로빈, α글로빈 그리고 δ글로빈의 유전자들이 들어 있다. β글로빈군에는 ε글로빈, γ글로빈, θ1글로빈 그리고 β글로빈의 유전자들이 들어 있다.

globoid 글로보이드 명 호분립(aleurone grain)에 들어 있는 구형체. 단백질에 인산이 결합하고 칼슘, 마그네슘 등과 염을 형성한다.

globose 구형(球形) 형 공 모양의.

globular protein 구형단백질 조밀하고 거의 둥근 모양을 갖는 단백질을 통틀어 이르는 말. 비 fibrous (2).

globule 소구체(小球體) 명 작은 구형의 구조들.

β-globulin β글로불린 일부 면역글로불린을 포함하는 혈단백질의 부분.

γ-globulin γ글로불린 ⇨ gammaglobulin.

globulins 글로불린 명복 물에 녹지 않지만 희석된 염용액에 녹아 염석되는 구형단백질군. 혈청과 기타 분비물에서 발견되고, 식물의 종자에서 저장단백질로 나타난다.

globulose 구형 형 (1) 공 모양의; (2) 소구체(globule)로 구성되거나 이를 포함하는.

globus 공, 구(球), 구체(球體) 명 공 같은 구조.

globus pallidus 담창구(淡蒼球) 바닥핵(기저핵)에 있는 렌즈핵의 중앙 부분.

glochidiate 갈고리털의 형 미늘이 있는 털로 덮인.

glochidium 갈고리털, 글로키듐 명 (1) 미늘과 같은 돌기가 달린 털; (2) 민물에 사는 말조개의 기생성 유생.

gloea 점착질(粘着質) 명 일부 원생동물의 점착성 분비물.

gloeocystidium 점액낭체(粘液囊體) 명 점액질이 들어 있는 낭상체(cystidium). '점질낭상체'라고도 한다.

Glomeromycota 글로메로균문 명 수지상 균근(arbuscular mycorrhiza)을 이루는 곰팡이를 포함하는 것으로 제안된 곰팡이의 문.

glomerular 사구체의 형 사구체와 관련되거나 그와 비슷한.

glomerulate 덩어리형, 사구체의 형 (1) 무리를 짓는; (2) 사구체가 달린.

glomerulonephritis 사구체신염 명 사구체의 모세혈관에 염증이 생기는 콩팥의 질환.

glomerulus 사구체(絲球體), 토리 명 (1) 모세혈관의 망상구조; (2) 콩팥에서, 콩팥세관의 부풀어진 말단(보먼주머니)으로 에워싸인 모세혈관들의 실타래처럼 뭉친 덩어리. 그 전체는 기저막으로 둘러싸여 있다. ≒ renal glomerulus; (3) 후각세포들에서 생기는 복잡한 수상돌기; (4) [식] 거의 자루가 없는 꽃들이 밀집된 것; (5) 포자들의 조밀한 덩어리. 복 **glomeruli**.

glomus 사구, 토리 명 여러 사구체들이 결합된 것.

glossa 혀, 설(舌) 명 (1) 척추동물의 혀; (2) 곤충에서, 아랫입술의 끝에 쌍으로 달린 작은 엽. 꿀벌과 호박벌에서는 길고 꿀을 빨아 먹는 데 이용된다; (3) 혀처럼 생긴 구조들. 복 **glossae**. 형 **glossal**.

glossarium 상순상인두(上脣上咽頭) 명 일부 파리목 곤충의 가늘고 끝이 뾰족한 혀.

glossate 혀의, 설의 형 혀 또는 혀처럼 생긴 구조를 가진.

glosso-epiglottic 혀후두덮개의 형 혀와 후두덮개에 관련된, 점막의 주름(혀덮개주름)에 적용되는 말.

glossohyal 인설골(咽舌骨) 명 일부 어류에서 혀기저골이 입으로 연장된 것.

glossopalantine 혀입천장의 형 혀와 물렁입천장(연구개)을 연결하는.

glossopalantine nerve 혀입천장신경 혀와 입천장에 뻗어 있는 얼굴신경의 가지.

glossopalatinus, glossopalantine muscle 혀입천장근, 설구개근(舌口蓋筋) 물렁입천장의 양쪽에서 나와 혀로 들어가는 얇은 근육.

glossophagine 형 혀를 이용하여 먹이를 획득하는.

glossopharyngeal 혀인두의 형 (1) 혀와 인두에 관련된 말; (2) 인두, 편도선 및 혀의 뒤쪽으로부터 미각 등의 감각을 전달하는 제9뇌신경인 신경(혀인두신경 또는 설인신경)에 적용되는 말.

glottis 성대문, 성문(聲門) 명 인두로 가는 기관(trachea)의 초입부분.

Glu (1) 포도당(glucose); (2) 글루탐산(glutamic acid).

glucagon 글루카곤 명 혈당량이 낮을 때 이자(췌장)의 α세포에 의해 합성되는 폴리펩티드호르몬. 간에서 글리코겐이 포도당으로 분해하도록 촉진하여 혈당량을 증가시킨다.

glucan 글루칸 명 녹말, 섬유소, 글리코겐과 같이 전적으로 또는 주로 포도당 잔기들로 구성되는 다당류를 통틀어 이르는 말.

glucocerebroside 글루코세레브로시드 명 포도당을 함유한 세레브로시드인, 세포막에서 발견되는 지질.

glucocorticoid 당질코르티코이드 명 부신피질에서 합성되고, 지방과 단백질로부터의 탄수화물 생성과 같은 탄수화물 대사에 영향을 미치는 스테로이드호르몬

G

을 통틀어 이르는 말. 코르티코스테론과 코르티손을 포함하지만 알도스테론은 포함되지 않는데, 알도스테론은 무기질코르티코이드이다.

glucocorticoid receptor 당질코르티코이드수용체 ⇨ nuclear receptor.

glucocorticoid response element (GRE) 당질코르티코이드반응요소 당질코르티코이드호르몬/수용체가 결합하여 유전자발현을 활성화하는 DNA의 조절 부위.

glucogenic 당생성(糖生成)의 형 (1) 트리카르복시산회로(TCA cycle)의 중간물질이 되었다가 포도당으로 전환되어 체내의 탄수화물대사에 들어가는, 글리신, 알라닌, 아스파르트산, 글루탐산, 아르기닌, 오르니틴 따위의 아미노산에 적용되는 말; (2) 포도당의 생성을 촉진하는.

glucokinase 글루코키나아제 명 포도당을 포도당-6-인산으로 전환하는 반응을 촉매하는 효소. EC 2.7.1.2.

glucokinin 글루코키닌 명 혈당을 줄일 수 있는, 식물에서 발견되는 인슐린유사 단백질.

glucomannans 글루코만난 명복 만노오스와 포도당의 잔기들이 무작위 순서로 결합되어 있는 다당류 헤미셀룰로오스. 특히 침엽수의 세포벽에서 발견된다.

gluconeogenesis 포도당신생(과정) 명 젖산, 일부 아미노산 및 글리세롤과 같은 비탄수화물로부터 포도당이 합성되는 대사경로. 주로 간과 콩팥에서 일어나고 식물에서는 특히 종자에서 일어난다.

glucosamine 글루코사민 명 포도당의 2번 탄소에서 아미노기로 치환된 유도체. (⇨ 그림 20)

glucosan 글루코산 ⇨ glucan.

glucose 포도당 명 모든 생체세포와 식물의 수액 그리고 동물의 혈액과 조직액

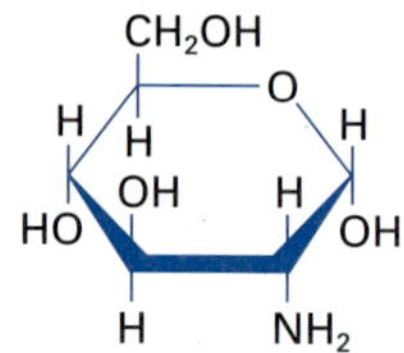

그림 20. 글루코사민.

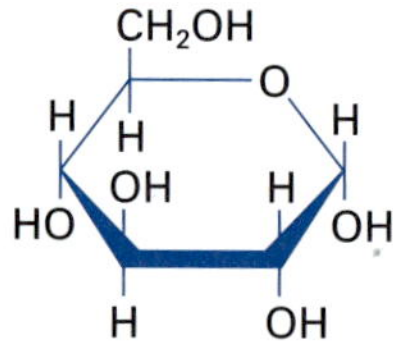

그림 21. 포도당.

에서 발견되는 6탄당. 녹말, 글리코겐 및 섬유소의 최종 분해산물이고, 다른 많은 다당류의 구성성분이 된다. 포도당은 많은 생체세포의 주된 연료분자이고, 해당과정에서 포도당-6-인산으로 전환되고 산화된다. ≒ dextrose, grape sugar, starch sugar, blood sugar. (⇨ 그림 21)

glucose-6-phosphatase 포도당-6-인산가수분해효소 혈액으로 포도당을 내보낼 수 있도록 간과 콩팥에서 포도당-6-인산을 포도당으로 가수분해하는 효소. EC 3.1.3.9.

glucose-6-phosphate (G6P) 포도당-6-인산 해당과정의 첫 반응에서 포도당이 효소 헥소키나아제에 의해 전환되는 화합물.

glucose-6-phosphate dehydrogenase (G6P dehydrogenase, GPDH) 포도당-6-인산탈수소효소 포도당-6-인산에서 글루콘산인산이 생성되는 반응을 촉매하는 효소. EC 1.1.1.49.

glucose-6-phosphate dehydrogenase deficiency 포도당-6-인산탈수소효소결핍 유전자의 돌연변이로 인한 포도당-6-인산탈수소효소의 결핍증. 대체로 증상이 없지만 항말라리아제(클로로퀸) 등의 약제를 복용한 사람에서 심각한 빈혈이 나타날 수 있다. 열대열말라리아(falciparum malaria)에 대해 다소 내성을 갖는다. 이 결핍증은 반성유전병이므로 주로 남자에서 흔히 나타난다.

glucosephosphate isomerase 포도당인산이성질화효소 포도당-6-인산이 과당-6-인산으로 전환되는 반응을 촉매하는 효소. EC 5.3.1.9. ≒ phosphoglucose isomerase, phosphohexose isomerase.

glucosidases 글루코시드가수분해효소 명복 올리고당의 말단에 있는 포도당 단위들을 분리시키는 효소들. 이 효소들은 글루코시드결합에 따라 두 가지로 나눈다. (1) α-D-글루코시드가수분해효소(EC 3.2.1.20)는 1,4-α-D-글루코시드결합을 가수분해하고, 말타아제(maltase)가 포함된다. (2) β-D-글루코시드가수분해효소(EC 3.2.1.21)는 β-D-글루코시드결합을 가수분해하고, 겐티오비아제(gentiobiase)와 셀로비아제(cellobiase)가 포함된다.

glucoside 글루코시드 명 가수분해되면 당(주로 포도당)이 생성되는 배당체를 통틀어 이르는 말.

glucosinolate 글루코시놀레이트 명 배추, 서양고추냉이, 겨자, 평지 등의 십자화과 식물에서 발견되는, 황을 함유하는 화합물. 이들 식물에서 나는 톡 쏘는 듯한 맛의 원인이 된다.

glucostat 당질조절기 명 혈액을 순환하는 포도당의 수준을 감시하는 감각세포.

glucoronic acid, glucuronate 글루쿠론산 산화에 의해 포도당에서 유래된 당산. 식물의 세포벽과 세균 피막에서 나타나는 다당류의 구성성분이 된다.

glumaceous 낟껍질의, 포영상(苞穎狀)의 형 마르고 비늘로 뒤덮인 것 같은 낟껍질(포영)의, 낟껍질로 되어 있는.

glume 낟껍질, 포영(苞穎) 명 벼과 초본에서 작은이삭(spikelet)의 기부에 한 쌍으로 달리는, 마르고 왕겨 같은 포엽(bract).

glumella 글루멜라 ⇨ palea.

glumiferous 낟껍질의, 포영상의 형 낟껍질이 달리거나 낟껍질을 만드는.

Glumiflorae 화본목 벼과 초본인 벼목(Poales).

glumiflorous 영화(穎花)의 형 기부에 낟껍질(포영)이나 포엽이 달리는 꽃을 가진.

glutaeal, glutaeus 볼기의, 둔부(臀部)의 ⇨ gluteal, gluteus.

glutamate 글루탐산 ⇨ glutamic acid.

glutamate dehydrogenase 글루탐산탈수소효소 글루탐산이 케토산과 암모늄이온으로 전환되는 반응을 촉매하여 아미노산대사에 관여하는 효소. 식물의 질소동화에서 암모니아를 고정하여 글루탐산을 만드는 데에도 관여한다. EC 1.4.1.2~4.

glutamate receptors 글루탐산수용체 뉴런과 그 밖의 세포들에 존재하는, 신경전달물질 글루탐산에 대한 세포표면 수용체. 이온통로(예: NMDA수용체)와 G단백질공역수용체(대사형 글루탐산수용체)의 두 가지 구조적 유형이 있다.

glutamate synthase (GOGAT) 글루탐산합성효소 세균, 조류 및 식물에서 질소동화에 관여하는 효소. 글루타민의 아미노기를 2-옥소글루타르산에 환원적으로 전이하여 글루탐산을 합성하는 반응을 촉매한다. 효소가 어떤 전자공여체

G

(페레독신, NADH 및 NADPH)를 이용하는지에 따라 몇 가지 종류로 구분된다. EC 1.4.7.1, 1.4.1.13, 1.4.1.14.

glutamic acid, glutamate (Glu, E) 글루탐산 α-아미노글루타르산의 음(−)으로 하전된 형태인 산성 아미노산. 단백질의 구성성분이며, 중추신경계에서 흥분성 신경전달물질로도 작용한다.

glutaminase 글루타민가수분해효소 명 글루타민을 글루탐산과 암모늄이온으로 전환하는 반응을 촉매하는 효소. EC 3.5.1.2.

glutamine (Gln, Q) 글루타민 명 단백질을 구성하는 아미노산의 일종으로, 글루탐산의 모노아미드 유도체. 세균과 식물에서 질소대사에 중요한 역할을 한다.

G

glutamine synthetase (GS) 글루타민합성효소 세균과 식물에서 질소대사와 질소동화를 조절하는 데 있어서 중요한 역할을 하는 효소. 암모늄이온이 글루타민으로 되는 합성반응을 촉매한다. EC 6.3.1.2.

glutaredoxin 글루타레독신 명 리보뉴클레오티드에서 디옥시리보뉴클레오티드가 합성될 때 글루타티온과 함께 작용하는 단백질 보조인자.

glutathione (GSH, GSSG) 글루타티온 명 많은 조직들에서 발견되는 3펩티드(Glu-Cys-Gly). 적혈구에서는 헤모글로빈의 완충작용을 한다. 시스테인의 SH기를 함유한 환원형 글루타티온(GSH) 또는 두 분자의 글루타티온이 시스테인의 SS 결합으로 연결된 산화형 글루타티온(GSSG)의 형태로 존재한다. 글루타티온은 일부 산화환원반응에서 조효소로 작용한다.

gluteal 볼기의, 둔부(臀部)의 형 궁둥이 또는 뒷다리 부위와 관련된 말.

glutelins 글루텔린 명복 식물 종자에 들어 있는 작은 저장단백질들. 글루테닌과 오리제닌 등이 포함된다.

glutinous 점착성 형 끈적끈적한 점액질의 표면을 가진.

Glx 글루탐산(glutamic acid) 또는 글루타민(glutamine).

Gly 글리신(glycine).

glycan 글리칸 명 (1) 글리코사미노글리칸(glycosaminoglycan)이나 다당류와 같은 탄수화물 중합체의 일반적인 명칭; (2) 프로테오글리칸과 당단백질과 같이 상당한 양의 탄수화물을 함유한 고분자에서 올리고당이나 다당류 부분.

glycation 당화(糖化) 명 당류가 화합물에 직접 첨가되는 비효소적 반응.

glyceraldehyde 3-phosphate (GAP, G3P) 글리세르알데히드 3-인산 광합성의 캘빈회로, 해당과정과 포도당신생과정의 3탄당인산 중간물질.

glyceride 글리세리드 명 글리세롤의 에스테르.

glycerine 글리세린 명 단맛이 나고 끈기가 있는 액체인 순수한 글리세롤.

glycerol 글리세롤 명 3탄당알코올. 지방산과 결합하여 트리아실글리세롤(지방과 기름)과 막지질을 형성한다.

glycerol diether 글리세롤디에테르 고세균에서만 발견되는 막지질의 한 종류. 이소프렌 단위들로 구성된 2개의 피타닐 사슬이 글리세롤 분자와 에테르결합으로 연결되어 있다.

glycerolipid 글리세로지질 명 글리세롤을 토대로 하는 지질을 통틀어 이르는 말. 포스파티딜콜린과 포스파티딜이노시톨 등의 막글리세로지질은 2개의 긴 사슬 지방산이 다른 군(예: 포스포콜린, 포스포이노시톨)과 함께 글리세롤에 부착한다. 고세균 세포막의 글리세롤디에테르와 글리세롤테트라에테르는 이소프렌 단

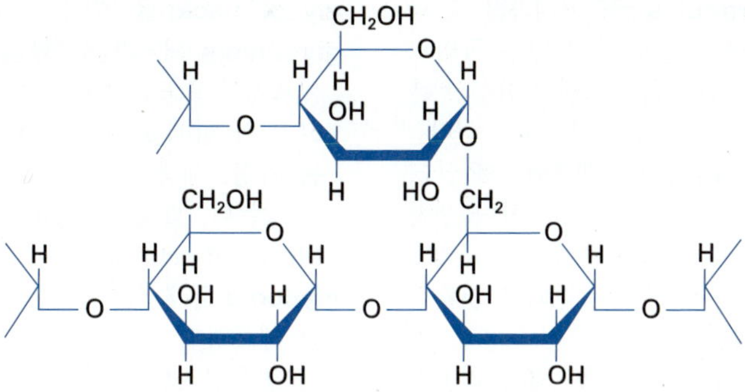

그림 22. 글리코겐.

위들이 에테르결합으로 글리세롤에 부착된다. 3개의 긴 사슬 지방산이 글리세롤에 부착한 트리아실글리세롤(트리글리세리드)은 막에서 발견되지 않지만 많은 식물의 종자(기름의 형태)와 동물의 지방조직에서 저장화합물로 나타난다.

glycerol phosphate shuttle 글리세롤인산왕복수송 세포질에서 해당과정에 의해 생성된 NADH로부터 전자들이 미토콘드리아로 수송되고 호흡사슬로 전달되는 경로. 세포질에서 디히드록시아세톤인산이 환원되어 생긴 글리세롤 3-인산은 미토콘드리아로 수송된다. 글리세롤 3-인산은 미토콘드리아에서 디히드록시아세톤인산으로 산화되어 다시 세포질로 확산되어 돌아간다.

glycine (Gly, G) 글리신 명 곁사슬로 수소원자를 갖는 가장 간단한 아미노산. 단백질을 구성하는 성분이며, 중추신경계에서 억제성 신경전달물질로도 작용한다.

glycinin 글리시닌 명 콩에 들어 있는 단백질.

glycobiology 당생물학(糖生物學) 명 탄수화물을 연구하는 학문.

glycocalyx 당질피질(糖質皮質) 명 세균의 세포벽이나 동물세포의 세포막 바깥에 있는 탄수화물이 풍부하게 들어 있는 층을 가리키는 일반적인 명칭. ⇨ capsule, cell coat, slime layer.

glycocholate 글리코콜산 명 간에서 콜레스테롤이 분해되어 생기는 쓸개즙염의 주성분.

glycoconjugate 복합당질 명 글리칸이 탄수화물 이외의 화합물과 결합하여 구성되는 분자를 통틀어 이르는 말.

glycogen 글리코겐 명 포도당으로 구성된 분지하는 다당류. 척추동물의 간과 근육에 존재하고 대체로 동물에 널리 들어 있는 저장 화합물이다. 세균과 곰팡이에서도 발견된다. 글리코겐은 가인산분해로 분해되어 포도당 1-인산이 만들어지고, 덱스트린과 맥아당을 거쳐 포도당으로 가수분해될 수도 있다. (⇨ 그림 22)

glycogenase 글리코게나아제 명 간에서 글리코겐 합성을 촉매하는 두 효소인 글리코겐합성효소(glycogen synthetase, EC 2.4.1.11)와 포도당-1-인산 우리딜전달효소(glucose-1-phosphate uridylyltransferase, EC 2.7.7.9)에 대한 일반적인 명칭.

glycogenesis 글리코겐합성 명 포도당으로부터 글리코겐이 만들어지는 과정.

glycogen granules 글리코겐과립 간과 근육세포의 세포질에 들어 있는 글리코겐이 함유된 과립. 글리코겐의 합성과 분해에 관여하는 효소들도 함유하고 있다.

glycogenolysis 글리코겐분해 명 글리코겐이 분해되어 포도당 1-인산이 생성되는 것. 포유동물의 세포에서 아드레날린과 글루카곤에 의해 촉진되고 인슐린에 의해 억제된다.

glycogenosis 글리코겐증 명 글리코겐 대사의 장애로 인한 질환.

glycogen phosphorylase 글리코겐가인산분해효소 간과 근육에서 무기인산에 의해 글리코겐을 포도당 1-인산의 형태로 분해하는 반응(가인산분해)을 촉매하는 효소. EC 2.4.1.1.

glycogen synthase 글리코겐합성효소 우리딘2인산포도당에서 글리코겐 사슬에 포도당을 전이하여 글리코겐의 합성을 촉매하는 효소. EC 2.4.1.11. 상용명 glycogen (starch) synthase. ≒ **glycogen synthetase**.

glycolate 글리콜산 ⇨ glycolic acid.

glycolate cycle 글리콜산회로 식물에서 글리콜산을 기질로 이용하는 광호흡의 기본적인 대사회로. 페르옥시솜에서 글리옥실산을 거쳐 세린과 글리신을 생성한다.

glycolic acid, glycolate 글리콜산 예전에 'glycollate' 또는 'glycollic acid'로 알려져 있었던 유기산. 식물에서 주로 발견되며 광호흡의 기질이 된다. 익지 않은 일부 과일에서 신맛을 내기도 한다.

glycolipid 당지질(糖脂質) 명 하나 또는 몇 개의 탄수화물 잔기들을 함유하는 지질군을 통틀어 이르는 말. 세레브로시드, 강글리오시드, 술파티드(동물의 뇌에서) 그리고 황지질(식물에서) 등이 포함된다. 당지질은 세포막의 구성성분이다.

glycollic acid 글리콜산 ⇨ glycolic acid.

glycolysis 해당과정(解糖過程) 명 생체세포에서 포도당이 피루브산으로 전환되고 그와 함께 ATP와 NADH가 생성되는 과정. 해당과정은 산소를 필요로 하지 않는다. 형 **glycolytic**. ≒ Embden-Meyerhof pathway.

glycome 당쇄 명 특정한 생물, 조직 또는 세포형이 만들 수 있는 모든 탄수화물 함유분자(예: 글리코사미노글리칸, 다당류, 프로테오글리칸, 당단백질의 올리고당결사슬)를 통틀어 이르는 말.

glycomics 당쇄체학 명 당쇄(glycome)를 연구하는 학문.

glyconeogenesis 당신생(과정) 명 탄수화물 이외의 화합물로부터 시작하여 글리코겐이 합성되는 과정.

glycophorins 글리코포린 명복 적혈구막을 가로지르는 시알산이 풍부한 단백질. Gerbich혈액형 항원을 지닌다.

glycophyte 혐염식물(嫌鹽植物) 명 염분이 함유된 조건에서 살 수 없는 식물.

glycoprotein 당단백질 명 특정 아미노산 잔기에 부착한 당의 사슬 형태로 탄수화물을 함유하는 단백질을 통틀어 이르는 말. 대부분의 막단백질들과 분비단백질들은 당단백질이다. 탄수화물은 소포체와 골지장치를 통과하는 동안 당단백질에 첨가된다.

glycosaminoglycan (GAG) 글리코사미노글리칸 명복 아미노당 유도체들의 2당류 단위들이 반복되어 구성되는 다당류. 글리코사미노글리칸은 히알루론산, 콘드로이틴황산염, 케라탄황산염과 헤파린이 포함되며, 결합조직의 프로테오글리칸에서 발견된다. ≒ mucopolysaccharide (예전에 사용하던 이름).

glycoside 글리코시드, 배당체 명 가수분해되어 당 성분과 당 이외의 성분(아글루톤)으로 되는 화합물군을 통틀어 이르는 말. 이를테면 글루코시드는 가수분해되어 포도당이 되고, 갈락토시드는 갈락토오스가 된다.

glycosidic bond 글리코시드결합 당 잔기들 간에서 축합에 의해 형성되는 공유결합의 한 유형. 글리코시드결합은 올리고당류와 다당류에서 당 구성단위들 간의 화학적 결합이며, 당 잔기들과 탄수화물 이외의 성분(예: 뉴클레오시드의 푸린과 피리미딘 염기들)을 연결하는 결합이다.

glycosome 글리코솜 명 파동편모충(trypanosome) 등의 일부 원생동물에 있는, 해당과정에 관여하는 효소들이 들어 있는 세포소기관.

glycosphingolipid 스핑고당지질 명 긴 사슬의 아미노알코올 스핑고신, 지방산 및 머리부분을 포함하지만 글리세롤은 들어 있지 않은 막의 당지질.

glycosylation 글리코실화(반응) 명 올리고당의 곁사슬이 단백질에 공유결합으로 첨가되어 당단백질을 형성하는 것. 소포체와 골지장치의 내강에서 일어난다. 올리고당 사슬은 아스파라긴의 아미노기를 통해 단백질에 결합되거나(*N*-linked) 또는 세린이나 트레오닌의 수산기를 통해 결합될 수 있다(*O*-linked).

glycosylphosphatidylinositol anchor (GPI anchor) 글리코실포스파티딜이노시톨닻 번역된 후에 단백질에 부착하여 원형질막의 내면에 연결되는 당지질.

glycosyltransferases 글리코실전달효소 명복 소포체와 골지장치에서 당단백질과 당지질의 곁사슬에 단당류를 첨가시키는 효소들.

glyoxalase system 글리옥살라아제계 동물조직에서 메틸글리옥살을 젖산으로 전환시키는 반응(글리옥살산반응)에 관여하는 효소계. 예전에 글리옥살라아제 I과 글리옥살라아제 II로 각각 알려져 있었던 락토일글루타티온분해효소(lactoyl-glutathione lyase; EC 4.4.1.5)와 히드록시아실글루타티온가수분해효소(hydroxyacyl-glutathione hydrolase; EC 3.1.2.6)의 2개 효소로 이뤄지며, 글루타티온을 보조인자로 이용한다.

glyoxylate (glyoxylic acid) cycle 글리옥실산회로 고등식물에서 특히 발아하는 씨앗과 세균에서 나타나는 변형된 트리카르복시산회로. 이소시트르산이 글리옥실산과 숙신산으로 전환되고, 글리옥실산은 말산으로 전환된다. ≒ Kornberg cycle.

glyoxysome 글리옥시솜 명 식물에서 특히 발아하는 씨앗에서 발견되는 세포소기관. 글리옥실산회로에서 지방산이 분해되어 아세틸조효소A(acetyl-CoA)로 전환되는 반응에 관여한다. ≒ microbody.

GM crop 유전자변형작물(genetically modified crop).

GM-CSF 과립대식세포생성자극인자(granulocyte-macrophage colony-stimulating factor).

GMM 유전자조작미생물(genetically modified microorganism). ⇨ genetically modified organisms.

GMO 유전자변형생물(genetically modified organism).

GMP 구아노신1인산(guanosine monophosphate).

gnathal, gnathic 턱의 형 이와 턱에 관련된 말.

gnathism 명 돌출된 각도와 관련한 턱의 모양.

gnathites 악지(顎肢) 명복 절지동물의 입의 부속지.

gnathopod 악각(顎脚) ⇨ maxilliped.

gnathosoma 악체부(顎體部) 명 일부 거

G

미류에서 구각(oral appendage)을 포함하는 입 부위.

Gnathostomata, gnathostomes **유악류(有顎類), 악구류(顎口類)** 명, 명복 (1) 턱을 가진 척추동물로 이뤄지는 척삭동물문(Chordata)의 아문. 양서류, 파충류, 조류 그리고 포유류가 포함된다; (2) 불규칙한 모양의 성게 무리.

gnathostomatous **악구(顎口)의** 형 입에 턱이 있는.

Gnathostomulida **악구동물(顎口動物)** 명 해양의 퇴적물이나 수심이 얕은 식물과 조류의 표면에 사는 아주 작은 무체강동물의 문.

gnathothorax **턱가슴** 명 게와 바닷가재 따위에서 원시머리(protocephalon)의 뒤쪽에 있는 머리가슴의 부분.

Gnetophyta **마황문(麻黃門)** 명 현존하는 종자식물의 5개 주요 문 가운데 하나. 매마등속(*Gnetum*), 마황속(*Ephedra*) 및 웰위치아(*Welwitschia*)의 3속만으로 이뤄지며, 이들은 모습과 생식방법이 상당히 다르다. 이들 식물은 속씨식물의 특징을 일부 갖고 있지만 겉씨식물로 간주한다.

gnotobiosis **무균사육(無菌飼育)** 명 무균상태에서 또는 이미 알려진 한 가지 미생물만을 가지고 있는 실험용 동물을 기르는 것.

gnotobiotics **무균동물학** 명 (1) 다른 생물이나 다른 종이 없을 때의 생물 또는 종을 연구하는 학문; (2) 무균 상태의 배양; (3) 무균동물을 연구하는 것.

GnRH 생식샘자극호르몬방출호르몬(gonadotropin-releasing hormone).

goblet cell **배상세포(杯狀細胞)** 점액을 분비하는 꽃병처럼 생긴 상피세포.

GOGAT ⇨ glutamate synthase.

goitre **갑상샘종** 명 음식물에 요오드가 결핍될 때 생기는 갑상샘의 비대증.

golden algae **황갈조류** 황갈조식물문(Chrysophyta)의 일반적인 명칭.

golden-yellow algae **황록조류** 황록조식물문(Xanthophyta)의 일반적인 명칭.

Golgi apparatus (GA) **골지장치** 진핵세포에서 하나 또는 여러 개의 편평한 막들이 겹쳐진 주머니(골지층판, Golgi stack)로 형성된 세포소기관. 소포체에서 물질을 받고, 막지질과 막단백질 및 분비단백질들이 정확한 목적지로 향하도록 한다. 골지장치는 막수송소포들에 의해 소포체, 리소좀 및 원형질막과 기능적으로 연결되어 있다. 한편 골지장치는 당단백질의 곁사슬들이 다듬어지고 개조되는 부위이다. 골지층판에서 원형질막의 반대쪽을 향하고 핵 쪽을 향한 면을 형성면(*cis* face)이라 하고, 핵의 반대쪽을 향하고 원형질막 쪽을 향한 면을 성숙면(*trans* face)이라 부른다. 물질은 골지층판의 형성면에서 성숙면을 향하여 이동한다. 곰팡이에 존재하는 단순한 유형의 골지장치를 때때로 골지등체(Golgi equivalent)라고 한다. ≒ Golgi bodies, Golgi complex, dictyosomes. (⇨ 그림 7)

Golgi body **골지체** 골지장치의 층판 가운데 하나. ≒ (식물에서) dictyosome.

Golgi cell **골지세포** 소뇌에서 발견되는 연합뉴런의 한 종류. 과립층에 세포체가 있고 과립세포에 작용한다.

Golgi staining **골지염색법** 19세기에 신경해부학자 골지(Camillo Golgi)에 의해 고안된, 은합침법(silver impregnation method)으로 뇌의 조직을 염색하는 것. 이 기술은 완전한 뉴런과 그 축삭과 수상돌기를 명확하게 보여주며, 현재에도 여전히 이용되고 있다.

Golgi stack **골지층판** ⇨ Golgi apparatus.

Golgi tendon organ 골지힘줄기관 ⇨ tendon organ.

Golgi vesicles 골지소포 골지층판의 시스터나에서 유래되는 막으로 둘러싸인 작은 소포. 일부 소포는 세포의 외부나 원형질막으로 수송될 물질을 포함하고, 다른 어떤 소포는 리소좀이 된다.

gomphosis 못박이관절 명 이의 뿌리가 잇몸 속에 들어가듯이 원추형의 돌기가 구멍에 끼워지는 관절.

gonad 생식샘 명 난소와 정소 또는 하등동물의 경우 난정소(ovotestis)와 같이 생식세포가 만들어지는 기관.

gonadal 생식샘의 형 생식샘(gonad)의, 또는 생식샘과 관련되거나 그에 적용되는 말.

gonadectomy 생식샘절제(술) 명 생식샘의 절제, 수컷의 거세, 암컷의 난소 적출.

gonadotropic 생식샘자극의 형 생식샘을 자극하는, 호르몬(생식샘자극호르몬, gonadotropins)에 적용되는 말.

gonadotropin-releasing hormone (GnRH) 생식샘자극호르몬방출호르몬 뇌하수체에서 생식샘자극호르몬(여포자극호르몬과 황체형성호르몬)의 방출을 촉진시키는 시상하부의 펩티드. ≒ **gonadotropin-releasing factor,** lutenizing hormone-releasing hormone.

gonadotropins 생식샘자극호르몬 명복 생식샘의 기능을 촉진하는 호르몬들. 뇌하수체전엽에서 생성되는 여포자극호르몬과 황체형성호르몬, 그리고 태반에서 생성되고 황체형성호르몬과 유사하지만 동일하지 않은 융모막성 생식샘자극호르몬(chorionic gonadotropin)이 포함된다. 젖분비호르몬(prolactin)도 생식샘자극호르몬의 작용을 한다.

gonal 생식샘형성의 형 생식샘이 생기게 하는, 단독으로 기능적 생식샘을 형성하는 생식능선(germinal ridge)의 중편에 적용되는 말.

gonapophyses 음구편(陰具片), 교미기(交尾器) 명복 (1) 곤충에서 교미를 도와주는 키틴질의 돌기; (2) 독침을 구성하는 부분; (3) 생식과 관련된 부속지들.

Gondwana 곤드와나(대륙) 명 지구의 남쪽에 있었던 거대대륙. 지금의 남아메리카, 아프리카, 인도, 오스트레일리아와 남극으로 이뤄져 있었다. 6억 5000만 년 전으로부터 약 1억 3000만 년 전까지 존재하였으며, 그 후 갈라지고 대륙이 이동하여 오늘날의 위치로 이동하였다. 한동안 초대륙 판게아(Pangaea)의 일부를 이루었으며, 판게아는 쥐라기에 북쪽의 초대륙인 로라시아(Laurasia)와 곤드와나로 분리되었다. ≒ Gondwanaland(예전에 사용하던 이름). ⇨ Laurasia, Pangaea.

gongylidia 공길리디아 명복 개미에 의해 재배되는 곰팡이의 균사가 부풀어지거나 변형된 것.

gongylus 공길루스 명 일부 조류와 지의류의 둥근 생식체.

gonia, gonial(e) 생식원세포(生殖原細胞) 명복 원생식세포들인 정원세포 또는 난원세포.

gonidangium 고니디아낭 명 고니디아를 만들거나 포함하는 구조.

gonidiophore 고니디아낭자루 명 고니디아낭(gonidangium)을 지탱하는 기균사(aerial hypha).

gonidiophyll 고니디아잎 명 고니디아가 달리는 배우자체의 잎.

gonidium 고니디아 명 일부 조류와 남세균에서 생성되는 비운동성 무성생식세포. 복 **gonidia**. 형 **gonidial**.

gonimium 고니미움 명 일부 지의류에서 남세균 세포의 청록색 포자.

G

gonimoblasts 조포사(造胞絲) 명복 홍조류의 수정된 조과기(carpogonium)에서 생기는 세포사.

goniocyst 생식낭(生殖囊) 명 지의류에서 고니디아의 덩어리.

gonion 턱모서리점, 악각점(顎角點) 명 아래턱의 모퉁이를 이루는 점.

gonocalyx 고노칼릭스 명 관해파리 군체의 해파리형 생식개체.

gonochoristic 암수이체성 형 수컷이나 암컷을 결정짓는 성염색체를 갖는 종에 적용되는 말.

gonococcus 임균(淋菌) 명 임질의 병원균(*Neisseria gonorrhoeae*).

gonocoel 생식샘내강 명 생식샘이 들어 있는 체강.

gonocytes 배아세포(胚芽細胞) 명복 해면동물에서, 난자와 정자의 모세포나 배우자들 자체를 가리키는 말.

gonoduct 생식수관(生殖輸管) 명 생식샘에서 외부로 이어지는 관.

gonoecium 명 태형동물 군체에서 생식력이 있는 개체.

gonomery 고노메리 명 일부 생물의 발생에서 부계염색체와 모계염색체들이 분열과정에 독립적으로 무리 짓는 것.

gononephrotome 배신절(胚腎節) 명 비뇨생식계의 원기가 들어 있는 배아의 부위.

gonophore 생식체 명 히드라충류 군체의 생식력이 있는 개충.

gonopod(ium) 생식지느러미, 생식지 명 (1) 어떤 수컷 물고기에서 교미기관으로 작용하도록 변형된 뒷지느러미; (2) 수컷 곤충, 지네류 및 노래기류의 파악기(clasper).

gonopore 생식공 명 생식기의 구멍.

gonosome 생식부(生殖部), 생식체부(生殖體部) 명 군체를 이루는 강장동물에서 생식력이 있는 개충을 통틀어 이르는 말.

gonostyle 생식돌기 명 (1) 히드라충류에서, 입과 촉수가 있거나 없고 생식체(gonophore)를 갖는 원주형의 개충; (2) 관해파리류의 성관(sexual siphon); (3) 일부 수컷 곤충에서 파악기의 기부에 있는 강모 같은 돌기; (4) 어떤 벌류에 있는 벌침의 일부.

gonotheca 생식체포(生殖體胞) 명 군체를 이루는 히드라충류에서, 자경(blastostyle)을 싸고 있는 포피(perisarc)가 투명하게 확장된 것.

gonotome 생식절(生殖節) 명 생식샘의 원기가 들어 있는 배아의 마디.

gonotrema, gonotreme 생식구(生殖口) 명 거미류의 생식공.

gonozooid 생식개충(生殖個蟲) 명 히드라충류 군체에서 생식력이 있는 개체.

Goodpasture's syndrome 구드파스튜어증후군 사구체의 기저막이 공격을 받아 생기는 콩팥의 자가면역병.

gordian worms 선형충류 ⇨ Nematomorpha.

gorgonians 부채뿔산호류 명복 기층에 '자루'로 부착하고, 크고 섬세하며 부채 모양으로 가지를 친 군체를 형성하는 혹가시산호류.

gorgonin 고르고닌 명 혹가시산호류(부채뿔산호류)의 중교(mesoglea)에 있는, 군체의 뻣뻣한 골격을 이루는 섬유성 단백질.

gp 당단백질(glycoprotein)을 뜻하는 접두사.

G3P 글리세르알데히드 3-인산(glyceraldehyde 3-phosphate).

G6P 포도당 6-인산(glucose 6-phosphate).

GPCRs G단백질공역수용체(G-protein-coupled receptors).

G phases G기 진핵생물 세포주기의 간극기. ⇨ G_0, G_1, G_2.

GPI anchor GPI닻 어떤 막단백질을 지질2중층에 고착시키는 지질결합인 글리코실포스파티딜이노시톨닻(glycosylphosphatidylinositol anchor).

GPP 1차총생산량(gross primary production).

G protein G단백질 ⇨ guanine-nucleotide binding proteins, heterotrimeric G proteins, small G proteins.

G-protein-coupled receptors (GPCRs) G단백질공역수용체 세포표면 수용체들의 큰 과. 각각은 세포막을 7회 관통하는 단일한 폴리펩티드 사슬로 구성된다. 수용체가 자극을 받으면 세포질 부위가 막의 세포질면에 있는 이형 3합체의 G단백질을 활성화한다. 로돕신, β아드레날린성 수용체, 무스카린성 아세틸콜린수용체 등이 있다. ⇨ serpentine receptor, seven-span receptor.

Graafian follicle 그라프여포 포유류의 난소에서, 발생 중인 난자와 액체(여포액)가 들어 있고 많은 여포세포로 둘러싸인 구형의 소포. 배란 시에 그라프여포가 파열되고 난자가 방출된다.

gracile 골세형 형 작고 가느다란, 골세형원인(*Australopithecus africanus*)과 아파로원인(*A. afarensis*) 등의 원인(australopithecines)에 적용되는 말.

gracile nucleus 널판핵 피부, 깊은 조직 및 관절에서 오는 감각정보(촉각, 압력 및 진동)를 중계하는 데 관여하는 뇌의 숨골 부위.

Gracilicutes 그라실리쿠테스문 명 일부 분류체계에서 모든 그람음성균(예: 장내세균, 슈도모나스, 그람음성구균, 나선균, 그람음성간균)과 광합성세균(녹색광합성세균, 자색광합성세균 및 남세균)을 포함하는 세균역의 문.

gracilis 박근(薄筋) 명 (1) 넓적다리의 내부에 있는 가느다란 근육; (2) 숨골에 있는 섬유다발인 박속(널판다발, fasciculus gracilis); (3) 숨골의 널판결절(clava) 복측에 있는 회백질의 핵.

grade 진화등급 명 형태적 체제의 정도를 나타내는 분류학적 범주. 진화등급을 형성하는 생물집단은 공통적으로 나타나는 많은 특징을 갖지만 이들 특징이 공통조상에서 유래된 것은 아닐 수 있다. 원생동물이 그 예가 된다.

graded 차등의 형 전위(차등전위)에 적용되는 말. 차등전위는 시냅스후 막을 지나면서 발생하며 끊임없이 세기가 변할 수 있는 전기전위이다. ≒ postsynaptic potential.

gradient 기울기 ⇨ positional information.

graduated 누진적(累進的) 형 별개의 단계마다 차츰 길어지거나 짧아지는.

graduate sorus 누진포자낭(累進胞子囊) 고사리류에서 포자낭이 꼭대기에서 아래쪽으로 발달하는 포자낭군.

graft 이식(移植), 접목(接木) (1) 명 어느 생물체의 조직, 기관 또는 부분을 같은 생물체나 다른 생물체의 보다 큰 부분에 삽입하고 유착시키는 것; (2) 동 식물에서 접가지(scion)를 대목(stock)에 삽입하거나, 동물에서 장기이식과 같이 조직을 공여체(donor)에서 수용체(recipient)로 옮기는 것.

graft chimaera, graft hybrid 접목잡종, 이식잡종 여러 다른 유전자형의 다른 개체로부터 조직이 접목되거나 이식되어 양쪽 개체의 특징을 나타내는 개체.

graft rejection 이식편거부(移植片拒否) 다른 개체로부터 이식된 조직이나 기관에 대해 척추동물에서 나타나는 파괴적 면역반응. 이식된 조직의 여러 다른 MHC분자를 인식하는 데 기인한다.

graft-versus-host reaction (GVH, GVHR) 이식편대숙주반응 이식된 조직의 면역적격세포들이 세포매개면역반응으로 숙주 조직을 공격하고 파괴하는 반응.

grain 영과 ⇨ caryopsis.

gramicidin A 그라미시딘A 바실루스(*Bacillus*)에 의해 만들어지고 mRNA/tRNA/리보솜체계에서는 합성되지 않는 선형의 펩티드계 항생물질. 2합체로 연결되어 막의 이온통로를 이룬다.

gramicidin S 그라미시딘S 바실루스(*Bacillus*)에 의해 만들어지고 mRNA/tRNA/리보솜체계에서는 합성되지 않는 고리형의 펩티드계 항생물질.

graminaceous 벼과의, 풀빛의 형 (1) 벼과 초본과 관련되거나, 곡류와 같이 벼과(Gramineae)에 속하는 종들에 적용되는 말; (2) 풀의 빛깔과 같은, 곤충에 적용되는 말.

Gramineae 벼과 명 일반적으로 'grasses'라고 부르고 흔히 볼 수 있는 외떡잎식물의 큰 과. 대부분 초본이지만 일부는 대나무와 같이 목본이다. 좁고 긴 잎은 줄기의 마디에서 나온다. 꽃이 달리는 줄기에는 풍매화 또는 폐쇄화들의 무리가 달린다. 벼과는 밀(*Triticum* spp.), 보리(*Hordeum vulgare*), 귀리(*Avena sativa*), 옥수수(*Zea mays*), 벼(*Oryza sativa*), 사탕수수(*Saccharum officinale*) 등의 많은 중요한 작물들을 포함한다. 목초에는 오리새(*Dactylis*), 김의털(*Festuca* spp.), 독보리(*Lolium* spp.) 따위가 있다. 많은 벼과 초본은 줄기들이 주로 지표면에서 생기는 잎들과 함께 지표면 부근이나 지하에서 분열하여 생장한다. 그러므로 가축이 지면 가까이까지 풀을 뜯어먹어도 식물체에 큰 피해를 주지 않는다.

graminicolous 벼과초본서식성 형 벼과 초본에 사는.

graminifolious 벼과초본잎의 형 벼과 초본과 같은 잎을 가진.

graminivorous 초식성 형 벼과 초본을 먹는.

graminoid 벼과초본형 형 벼과 초본과 그와 비슷한 종류들에 적용되는 말.

graminology 화본학(禾本學) 명 벼과 초본을 연구하는 학문.

grammate 줄무늬의 형 (1) 줄무늬가 있는; (2) 뚜렷한 선이나 가느다란 융기가 있는.

Gram-negative 그람음성의 안쪽의 얇은 펩티도글리칸 세포벽과 바깥쪽의 지질다당류, 지방단백질 및 그 밖의 거대분자들로 된 막으로 구성된 복합세포벽을 갖는 세균(그람음성균)에 적용되는 말. 그람염색에서 알코올을 처리했을 때 자주색을 유지하지 않는다.

Gram-positive 그람양성의 주로 펩티도글리칸으로 구성된 세포벽을 갖고 외막이 없는 세균(그람양성균)에 적용되는 말. 그람염색에서 알코올을 처리했을 때 자주색을 유지한다. 그람양성균은 세균역(Bacteria)에서 뚜렷한 계통을 형성하고, 마이코박테리아, 방선균류, 클로스트리디아와 마이코플라스마와 같이 생리적으로나 형태적으로 다양한 세균을 포함한다.

Gram staining 그람염색 덴마크의 의사 그람(H.C.J. Gram)이 개발한 세균 염색법. 서로 다른 구조로 된 세포벽을 구별 짓고 세균을 동정하는 데 이용된다. 이 염색법은 크리스털바이올렛으로 염색한 후 알코올을 처리한다. 알코올에 의해 탈색되는 세균을 그람음성균이라 부르고, 염색이 유지되는 세균을 그람양성균이라 부른다.

grana 그라나 명복 엽록체에서 원반 모양의 틸라코이드가 겹겹이 쌓인 구조들. 그라나의 틸라코이드막들에 광합성색소들과 광합성의 전자전달사슬이 자리잡고 있다. 단 **granum**.

grandifoliate, grandifolious 큰잎의 형 큰 잎을 가진. 특히 수련에서와 같이 잎이 우세한 기관일 때 적용된다.

grand postsynaptic potential 총시냅스후 전위 뉴런이 받는 모든 시냅스전위의 총합. 그 규모가 뉴런이 충격을 발생할 것인지를 결정한다.

Grandry's corpuscle 그랜드리소체 새의 부리의 피부와 혀에 있는 촉각수용기.

granellae 그라넬라 명복 일부 원생동물(육질충상강)의 관에서 주로 황산바륨으로 이루어진 굴절과립.

granite mosses 검정이끼류 검정이끼강(Andreaeidae)에 속하는 작은 무리의 이끼류. 때때로 'rock mosses' 따위로 부른다. 배우자체는 넓적한 판처럼 생긴 원사체에서 생기며, 삭의 벽에 있는 가느다란 틈을 통해 포자들이 방출된다.

granivorous 곡식성(穀食性) 형 곡식을 먹는.

granose 낟알사슬형 형 일부 곤충의 더듬이와 같이 낟알의 사슬처럼 보이는.

granular 입상(粒狀) 형 둥글고 다소 작은 흙 부스러기에 적용되는 말.

granular, granulate, granulose 과립형(顆粒形) 형 과립(granule)으로 구성된 것처럼 보이거나 과립으로 덮인.

granular cell 과립세포 ⇨ granule cell.

granular layer 과립층 (1) 표피에서, 케라틴과립을 포함하고 케라틴세포(keratinocyte)로 발달하는 세포들의 층. (⇨ 그림 35); (2) 소뇌에서, 과립세포체들이 들어 있는 층.

granule cell 과립세포 소뇌에서 발견되는 작은 사이뉴런(연합뉴런)의 한 종류. 세포체는 과립층에 있고 축삭은 분자층(molecular layer)으로 돌출되어 여기에서 푸르키네세포(Purkinje cell)의 수상돌기와 연접하여 평행섬유를 이룬다.

granulocyte colony-stimulating factor (G-CSF) 과립백혈구생성자극인자 양성능력을 갖는 대식세포-과립백혈구 전구세포들로부터 과립백혈구의 생성을 촉진하는 시토카인(cytokine).

granulocyte-macrophage colony-stimulating factor (GM-CSF) 과립대식세포생성자극인자 백혈구의 골수계(예: 과립백혈구)와 단핵구계(예: 대식세포)의 생장과 분화에 필요하고 감염이 되면 증가하는 시토카인.

granulocytes 과립백혈구 명복 특징적으로 분비소포 또는 과립을 많이 함유하고 불규칙한 모양의 핵이 들어 있는 백혈구들의 일반적인 명칭. 호염기백혈구, 호산구 및 호중구로 이뤄진다. ≒ polymorphonuclear leukocytes.

granuloma 육아종(肉芽腫) 명 마이코박테리아 등에 의해 감염된 부위 또는 이물질이 침입한 부위 주변의 만성 염증에 기인하는 결절.

granulopoiesis 과립구형성 명 과립백혈구의 형성.

granulosa cells 과립막세포 포유동물의 난소여포에서 에스트로겐을 생성하고 결국 황체를 형성하는 세포들.

granulysin 그라눌리신 명 세포독성 T세포와 자연살생세포의 과립에 존재하는 세포독성 단백질. 항미생물활성을 나타내기도 한다.

granum 그라나 'grana'의 단수형.

granzyme 과립효소 명 세포독성 T세포의 과립들에서 불활성형에 존재하는 여

G

러 가지의 단백질가수분해효소들을 통틀어 이르는 말. T세포가 표적세포와 접촉하면 방출되고 활성화되어 표적세포의 세포자살을 일으키는 데 관여한다.

grape sugar 포도당 ⇨ glucose.

Graptolita, graptolites 필석동물문, 필석동물(筆石動物) 명, 명복 고생대에 살았던 화석무척추동물의 무리. 분류상의 지위가 의문시되지만 반삭동물과 관련된 것으로 여겨진다.

grasses 벼과초본 명복 외떡잎식물의 큰 과인 벼과(Gramineae)에 속하는 종류들의 일반적인 명칭.

grasshoppers 메뚜기류 명복 메뚜기목(Orthoptera)에 속하는 많은 종류들의 일반적인 명칭.

grassland 초지(草地), 목초지(牧草地) 명 연평균 강수(약 25~76 cm)가 벼과 초본과 기타 초본식물의 생장을 지원하지만 나무들이 자라기에는 대체로 불충분한 지역에서 나타나는 생물군계. 보다 강수가 많은 지역에서는 초식동물의 방목으로 초지가 유지된다. ⇨ alpine grassland, downland, giant-grass community, prairie, savanna, short-grass community, steppe, tall-grass community, veld.

graveolent 형 강하거나 역겨운 냄새를 가진.

Graves' disease 그레이브스병 갑상샘과 관련된 자가면역병. 갑상샘자극호르몬의 수용체에 대한 항체가 갑상샘의 자극과잉을 유발하여 갑상샘호르몬이 과다분비된다. 비 Hashimoto's disease.

gravid 임신한 형 (1) 알을 가진 암컷에 적용되는 말; (2) 임신한 자궁에 적용되는 말.

graviperception 중력감지 명 중력을 감지하는 것.

graviportal 기둥형, 육중한 형 코끼리에서와 같이 엄청난 무게를 지탱할 수 있는 다리를 가진.

gravitational 중력의 형 토양이 필요로 하는 것을 초과하여 중력의 작용으로 내려가 빠지는 물(중력수)에 적용되는 말.

gravitaxis 주중성 ⇨ geotaxis.

gravitropism 굴중성, 중력굽성 ⇨ geotropism.

gray 회색 ⇨ grey.

gray (Gy) 그레이 생체조직에 의해 흡수되는 이온화한 방사선 흡수선량의 국제계량단위계(SI)의 단위. 1 Gy는 이온화한 방사선이 어떤 물질에 1 kg당 1 J의 에너지를 전할 때의 흡수선량과 같다. 그레이는 비국제단위인 rad(래드) 대신 쓰이며, 1 Gy는 100 rad에 해당한다.

grazing 채식(菜食) 명 동물이나 원생동물과 같은 미세한 생물들에 의해 녹색식물 또는 조류들이 소비되는 것.

GRE 당질코르티코이드반응요소(glucocorticoid response element).

great apes 대형유인원 영장류의 과인 사람과(Hominidae)에 속하는 사람, 침팬지, 고릴라와 오랑우탄들.

greater omentum 큰그물막, 대망(大網) 잘록창자(결장)와 위에 붙어 있고 작은창자를 싸고 있는 복막의 주름.

green algae 녹조류(綠藻類) 녹조식물문(Chlorophyta)의 일반적인 명칭.

green bacteria 녹색세균 산소비생성광합성을 하는 다양한 무리의 세균들. 세균엽록소 *c*, *d*, *e*와 소량의 *a*가 클로로솜(chlorosome)에 싸여 있으며, 하나의 광계를 갖는다. 환원된 황화합물을 산화하는 광독립영양 혐기성 녹색황세균(green sulphur bacteria)과 광종속영양 호열성 녹색비황세균(green non-sulphur bacteria)들이 포함된다.

green deserts 녹색황원(綠色荒原) 작물을 단일재배하는 광대한 지역, 외래 초본 식물을 이식하고 과다하게 비료를 준 목초지, 그리고 도시공원에서 잔디를 깎은 넓은 지역과 같이 '녹색'을 띰에도 불구하고 생태적 관심을 거의 받지 않는 지역.

green fluorescent protein (GFP) 녹색형광단백질 세포생물학에서 표지단백질로 이용되는 형광단백질.

green glands 녹샘 일부 갑각류에서 더듬이의 기부에 있는 쌍으로 된 배설기관.

greenhouse effect 온실효과 하층 대기에 있는 수증기, 이산화탄소, 메탄 그리고 그 밖의 화합물들이 지구의 표면에서 방사되는 열의 일부를 가두고 다시 지표면으로 되돌리는 것. 화석연료의 연소에 기인하여 대기 중 이산화탄소 따위의 농도가 계속 증가한다면 하층 대기의 온도가 계속 증가할 것이고, 이는 결국 전 세계의 기후를 광범위하게 변모시키고 극지의 얼음이 녹는 결과를 초래할 것으로 생각되고 있다.

green non-sulphur bacteria 녹색비황세균 ⇨ green bacteria.

Green Revolution 녹색혁명 1960년대부터 밀, 쌀 그리고 옥수수와 같이 주된 작물의 수확량이 많은 개량품종이 개발되어 수확량이 적은 재래품종으로 농사를 짓던 여러 나라에 도입된 것.

green sulphur bacteria 녹색황세균 ⇨ green bacteria.

gregaloid 군생(群生)의 형 보통 젤라틴질의 바탕을 갖는 불규칙한 모양의 원생동물 군체에 적용되는 말. 개체들의 불완전한 분열이나 성체들의 부분적 융합에 의해 형성된다.

gregarines 족포자충류(簇胞子蟲類) 명복 무척추동물에서 성체만이 숙주세포의 외부에 사는 기생성 원생동물의 무리. 수배우자와 암배우자는 정상세포보다 작다.

gregariniform 그레가리나형 형 (1) 원생동물 족포자충류와 관련된 말; (2) 족포자충류 특유의 활주운동으로 움직이는 포자들에 적용되는 말.

gregarious 군서성(群棲性) 형 (1) 함께 모이는 경향이 있는; (2) 무리지어 자라는; (3) 군체성(colonial).

gressorial 보행성의 형 걷도록 적응된, 일부 곤충과 새들에 적용되는 말.

grex 위원형질체(僞原形質體) 명 세포성 점균류의 세포들이 모여서 형성하는 민달팽이 모양의 '이동체(slug)' 단계.

grey crescent 회색초승달 일부 양서류의 수정란에서 정자 침입점의 반대쪽에서 보이는 초승달 모양의 띠. 제1난할면이 이를 관통하여 좌우로 양분한다.

grey matter 회백질(灰白質) 뇌와 척수에서 회색을 띠는 부위. 주로 뉴런의 세포체들로 구성된다. 비 white matter.

grinding teeth 큰어금니 ⇨ molars.

griseofulvin 그리세오풀빈 명 푸른곰팡이속(*Penicillium*)의 일부 종, 특히 *P. griseofulvum*에서 생산되는 항생물질. 어떤 곰팡이의 유사분열 중기를 저해하는 독성을 갖는다.

grooming 털손질 명 동물이 털이나 깃털을 청소하는 행동. 새의 경우에는 대개 깃털고르기(preening)라고 한다. 털손질은 자기 스스로 행하기도 하고(자가털손질), 같은 종의 다른 개체에 의하기도 한다(사회적 털손질). 털손질은 동물을 깨끗하게 하는 기능을 할 뿐만 아니라, 전위활성(displacement activity)의 기능이나 무리의 사회적 응집성을 증진시키는 역할도 한다.

gross efficiency 총효율 동물이 섭취한 음식물 가운데 몸을 구성하는 물질로 전환되는 효율의 척도.

gross primary production (GPP) 1차 총생산량 단위시간에 식물군집이 무기 영양소를 동화시키는 총량.

ground layer 지층 ⇨ moss layer.

ground meristem 기본분열조직 기본조직을 생기게 하는 1기분열조직. 발달하는 식물 배아의 정단분열조직에서 유래된다.

ground substance 세포간질 결합조직의 비생명기질.

ground tissue 기본조직 식물의 유조직, 후각조직 및 후벽조직. 즉 표피와 생식조직 그리고 관다발조직 이외의 모든 조직을 가리킨다. ≒ fundamental tissue.

groundwater 지하수 명 (1) 흙과 바위 사이로 빠져서 지하의 대수층(aquifer)에 쌓이는 물; (2) 지하수면 아래의 포화대에 있는 지하수. 비 soil water.

group I introns, group II introns ⇨ intron.

group selection 집단선택 한 혈연집단(lineage group)에 속하는 둘 이상의 개체들에 대해 하나의 단위로서 작동하는 선택. 이를테면 개체보다 집단에 유용한 형질이 선택될 수 있다.

group translocation 분자변형수송 일부 세균에서, 세포에 들어가는 물질이 수송과정에서 화학적으로 변형되는 막수송의 한 종류.

growing point 생장점 식물체에서 세포분열이 국한된 부분. 대체로 정단에 위치하고 분열조직세포들로 구성된다.

growth 생장 명 (1) 세포분열과 또는 세포의 신장에 의해 조직이나 생물체의 덩어리와 크기가 증가하는 것; (2) 세포의 덩어리나 크기가 증가하는 세포에 적용되는 말. 비 proliferation.

growth cone 생장원뿔 생장 중인 축삭이나 수상돌기의 납작한 3각형의 끝 부분. 기질을 따라 움직이는 데 관여하며, 세포외 기질의 화학신호에 반응하는 움직임을 유도한다.

growth curvature 생장굴곡 측면의 생장률이 차이를 보여서 식물의 기관에서 나타나는 굽은 모양.

growth curve 생장곡선, 증식곡선 시간에 따른 생물집단의 로그수를 그래프로 표시한 것. 한정된 영양소로 미생물을 배양하면 생장곡선이 보통 종 모양으로 나타난다. 수가 전혀 또는 거의 증가하지 않는 짧은 지체기(lag phase)에 이어 수가 급격하게 증가하는 지수적 생장 또는 대수기(log phase)를 거쳐 정체기에 들어간다. 이후 영양소가 차츰 고갈되고 노폐물이 축적되며 이용가능한 '서식지'가 점차 과밀하게 되면서 생장률이 급격하게 감소한다.

growth factor 생장인자 (1) 탄소원과 에너지원으로 요구하는 물질 이외에, 생물이 적절한 생장과 발달을 위해 필요로 하는 비타민, 아미노산, 푸린, 피리미딘 따위의 유기화합물을 통틀어 이르는 말; (2) 세포생장(세포 덩어리의 증가)을 촉진하는, 주로 단백질인 생체분자들.

growth factor receptors 생장인자수용체 특정한 유형의 시토카인(cytokine)에 대한 세포표면 수용체들. 구조가 서로 다른 몇 가지의 군으로 나뉘며, 인슐린, 표피생장인자, 혈소판유래생장인자 등의 생장인자에 대한 티로신인산화효소 수용체가 포함된다.

growth hormone (GH) 생장호르몬 (1) 포유동물에서, 뇌하수체전엽에서 분비되고 생장을 촉진하는 단백질호르몬. GH는 간에 작용하여 생장촉진제(somatomedin)를 생성시키고, 생장촉진제는 뼈와 근육의 생장을 촉진한다. ≒ somatotropin; (2) 일반적으로 동물에서, 생장을 촉진하는 다양한 호르몬을 통틀어 이르는 말; (3) 식물에서, 지베렐산(GA), 인돌아세트산(IAA) 따위의 생장을 촉진하는 식물호르몬들.

growth hormone-releasing hormone (GHRH) 생장호르몬방출호르몬 ⇨ somatoliberin.

growth layer 생장층 2기물관부 또는 2기체관부에서 방사생장이 일어나는 구역.

growth rate (*r*) 생장률, 증식률 단위시간에 생물이나 세포 집단의 크기가 증가하는 것. 흔히 세대기간(generation time)으로 나타낸다.

growth regulators 생장조절인자 식물의 생장을 조절하는 천연생장호르몬과 인공화합물 모두를 가리키는 일반적인 명칭.

growth rings 생장테 (1) 일부 나무의 줄기를 가로로 잘랐을 때 보이는 둥근 띠 모양의 무늬. 각각은 1년간 나무에서 일어난 방사생장을 나타낸다. 각 생장테의 폭은 기후조건(예: 온도와 강우)을 반영하며, 조건이 적합한 해에는 넓은 폭의 생장테가 형성된다; (2) [동] 일부 연체동물에서 각 생장기에 쌓이는 껍질의 층; (3) 물고기 비늘에서 나타나는 뚜렷한 생장층.

growth substance 생장물질 소량으로 존재하면서 식물의 생장과 또는 발생에 뚜렷한 효과를 갖는 천연화합물 또는 인공화합물을 통틀어 이르는 말.

grub 애벌레, 유충(幼蟲) 명 파리목, 딱정벌레목 및 벌목 곤충들의 다리가 없는 애벌레.

Gruiformes 두루미목 명 두루미, 느시(bustard), 흰눈썹뜸부기(rail), 쇠물닭(gallinule)과 검둥오리 그리고 세가락메추라기(hemipode)를 포함하는 새의 목.

Gruinales ⇨ Geraniales.

GS 글루타민합성효소(glutamine synthetase).

GSC 생식줄기세포(germline stem cell).

GSH, GSSG ⇨ glutathione.

GTP 구아노신3인산(guanosine triphosphate).

GTPase GTP가수분해효소, 즉 구아노신3인산가수분해효소(guanosine triphosphatase). ⇨ guanine-nucleotide binding proteins.

GTPase-activating protein (GAP) GTP가수분해효소활성화단백질 G단백질의 GTP결합형과 상호작용하여 내재성 GTP가수분해효소의 활성을 촉진하는 단백질.

GTP-binding protein GTP결합단백질 ⇨ guanine-nucleotide binding protein.

GTP-exchange factor GTP교환인자 ⇨ guanine-nucleotide exchange factor.

guaiacyl 과이아실 코니페릴알코올(coniferyl alcohol). ⇨ lignin.

guanidine 구아니딘 명 구아닌의 산화로 생성되는 염기. 구아니딘의 대사는 부갑상샘에 의해 조절된다.

guanine (G) 구아닌 명 DNA와 RNA의 4가지 질소함유염기 중 하나인 푸린염기. 뉴클레오시드인 구아노신과 구아닌뉴클레오티드(GMP, GDP, GTP)의 염기이고, 특정 색소포에서 무지갯빛을 내는 과립이나 결정에서도 발견된다. (⇨ 그림 5)

guanine-nucleotide binding proteins (GTP-binding proteins) 구아닌뉴클레오티드결합단백질, GTP결합단백질 구아닌뉴클레오티드인 GDP 및 GTP와 결합하고 다양한 세포작용에서 분자적 스위치로 작용하는 단백질들의 큰 과. 이형 3합체의 G단백질과 단일한 소단위의 '소형 G단백질'(예: Ras, Rac) 그리고 단백질합성신장인자들이 포함된다. 이들 단백질은 GDP 또는 GTP와 결합할 수 있고, 불활성형은 주로 GDP와 복합체를 형성한다. GDP가 GTP로 대체되면서 단백질이 활성화되고, G단백질의 내재성 GTP가수분해효소의 작용에 의해 GTP가 GDP로 가수분해될 때까지 활성을 유지한다. 이형 3합체의 G단백질은 세포표면수용체(G단백질공역수용체)로부터의 신호를 중계하는 데 관여한다. 소형 G단백질은 많은 기능을 하는데, 이를테면 세포내 신호전달계에 관여하고 세포골격계의 변화에 대한 신호를 전달한다. ⇨ elongation factor, G_i, G_q, G_s, heterotrimeric G proteins, small G proteins, transducin.

guanine-nucleotide exchange factors 구아닌뉴클레오티드교환인자 구아닌뉴클레오티드결합단백질의 GDP를 GTP로 교환하는 반응을 촉매하는 단백질들.

guano 새똥석 명 (1) 바닷새의 배출물로 된 퇴적물. 질산염과 인삼염이 풍부하게 들어 있고, 예전에는 남아메리카 서해안 앞바다의 섬들에서 수집하여 비료로 사용하였다; (2) 박쥐의 똥.

guanophore 광택세포 명 주로 노란색을 띠는 담색의 과립이거나 일부 파충류와 어류의 피부에서와 같이 무지갯빛을 띠는 결정의 형태로 구아닌이 들어 있는 색소포.

guanosine 구아노신 명 푸린염기의 하나인 구아닌이 5탄당 리보오스와 결합한 뉴클레오시드.

guanosine diphosphate (GDP) 구아노신2인산 2인산기를 함유하는 구아닌뉴클레오티드.

guanosine monophosphate (GMP) 구아노신1인산 구아닌, 리보오스 및 인산기로 구성된 뉴클레오티드. RNA의 부분적 가수분해산물이고, 생체 내에서 아미노화에 의해 크산틸산(xanthylate)에서 합성된다. ⇨ guanylate, guanylic acid, guanosine 5′-phosphate.

guanosine pentaphosphate (pppGpp) 구아노신5인산 5′탄소원자에 3개의 인산기가 연결되고 3′탄소원자에 2개의 인산기가 연결된 특이한 뉴클레오티드. 아미노산이 결핍된 상태에서 세균세포에 의해 축적된다.

guanosine tetraphosphate (ppGpp) 구아노신4인산 5′탄소원자와 3′탄소원자에 2인산기가 연결된 특이한 뉴클레오티드. 아미노산이 결핍된 상태에서 세균세포에 의해 축적된다.

guanosine triphosphatase (GTPase) 구아노신3인산가수분해효소, GTP가수분해효소 자유에너지를 방출하면서 GTP를 GDP로 가수분해하는 효소. GTP가수분해효소의 활성은 몇 가지 군의 단백질, 특히 GTP결합단백질(구아닌뉴클레오티드결합단백질)의 일부이며, 내재성 GTP가수분해효소의 작용에 의해 GTP가 GDP로 가수분해되고 따라서 단백질은 활성형에서 불활성형으로 전환된다.

guanosine triphosphate (GTP) 구아노신3인산 연속하여 3개의 인산기가 연결된 구아노신으로 구성된 뉴클레오티드.

guanylate cyclase 구아닐산고리화효소 구아노신3인산(GTP)을 기질로 해서 고리형 구아노신1인산(고리형 GMP)을 생성하는 반응을 촉매하는 효소. ≒ **guanylyl cyclase**.

guanylic acid, guanylate 구아닐산 구아노신1인산(guanosine monophosphate).

guanyltransferase 구아닌전달효소 ⇨ nucleotidyltransferase.

guard cells 공변세포(孔邊細胞) 기공의 중심구멍을 에워싸고 엽록체를 함유하는

2개의 특수화된 표피세포. 공변세포의 팽압이 변화하면서 기공이 열리고 닫힌다.

guard polyp 자포체 ⇨ nematocalyx.

gubernaculum 부교미침, 길잡이 명 (1) 부정소(epididymis)에서 음낭으로 뻗어 있고 정소를 지탱하는 끈; (2) 잇몸과 영구치의 치낭(dental sac) 사이의 조직.

Guérin's glands 게랭샘 여성의 요도에 있는 포도송이 꼴의 점액샘. ≒ paraurethral glands, Skene's glands.

guest 게스트 명 다른 동물의 둥지에 살면서 새끼를 낳는 동물, 특히 그러한 곤충.

guide RNAs 안내RNA (1) 다른 RNA나 DNA와 특별히 염기짝짓기를 하는 작은 RNA나 RNA순서. 수식반응이 일어나는 부위에 국부화되고, 이를테면 말단소체복원효소(telomerase)의 RNA는 외가닥의 말단소체DNA와 짝짓기를 하여 효소가 이 DNA를 복제하도록 해 준다; (2) ⇨ RNA editing.

guild 길드 명 (1) 군집에서 비슷한 자원을 필요로 하고 먹이를 찾는 습성이 비슷한 종들; (2) 미생물군집에서 비슷한 대사반응을 수행하는 미생물들.

gula 인후(咽喉) 명 목(throat)의 위쪽 부분. 형 **gular**.

gular 목안쪽판 명 땅거북과 바다거북의 등껍질에서 앞쪽의 각질판.

gullet 식도, 소화도 명 (1) 식도(oesophagus); (2) 원생동물의 세포인두(cytopharynx); (3) 몸 안으로 음식물을 받아들이는 공간들.

gummiferous 고무분비성 형 고무를 생성하거나 분비하는.

gummosis 고무분비증, 수지병(樹脂病) 명 식물조직에서 어떤 세균에 의해 세포벽이 차츰 점착성이 되는 상태.

gums 고무, 잇몸 명복 [식] (1) 식물의 세포벽이 분해되고 상처부위에서 삼출되는, 주로 다당류로 구성된 다양한 물질; (2) 유칼립투스속(*Eucalyptus*)의 나무; (3) [동] 치아 기부 주위의 턱을 덮는 섬유조직.

gustatory 미각(味覺)의 형 맛을 느끼는 감각과 관련된 말.

gustducin 구스트듀신 명 일부 미각기와 연관된 이형 3합체의 G단백질.

gut 창자, 소화관 명 창자.

gut-associated lymphoid tissue (GALT) 장연관림프조직 위장관(위창자길)과 연관된 2차림프조직. 목구멍의 편도선, 충수(막창자꼬리) 그리고 작은창자의 페이에르판(Peyer's patch)이 포함된다. 장연관림프조직은 면역글로불린A(IgA) 항체들이 생성되는 부위이다.

gutta 방울, 점적(點滴), 구타 명 (1) 곤충의 날개 등에서 볼 수 있듯이 색깔을 띤 작은 점; (2) 곰팡이의 균사에서 볼 수 있는 것과 같은 기름방울; (3) 말레이시아의 다양한 나무들에서 나오는 구타페르카(gutta percha)와 발라타(balata) 등의 유액.

guttation 일액현상(溢液現象) 명 (1) 식물의 잎에서 물방울이 생기는 현상. 근압에 기인하여 특수화된 구멍인 배수조직(hydathode)을 통해 물이 잎에서 배출된다. 이를테면 이른 아침에 많은 초본의 잎끝에서 볼 수 있다; (2) 식물체의 표면에서 대기 중의 수분이 물방울로 만들어지는 것; (3) 포자낭자루와 꿀샘 등에 의해 수용액(aqueous solution)이 삼출되는 것.

guttiferous 고무분비성 형 수지 또는 고무가 나오는.

guttiform 물방울모양의 형 물방울 모양의.

guttula 방울반점 명 작은 물방울 같은 반점.

Gy 생체조직에 의해 흡수되는 이온화한

G

방사선 흡수선량의 국제계량단위계(SI)의 단위인 그레이(gray)의 약어.

gymnetrous 뒷지느러미없는 형 뒷지느러미가 없는.

gymno- '벌거벗은'을 뜻하는 그리스어 '*gymnos*'에서 유래된 접두사.

gymnoarian 형 체강주머니(coelomic sac)로 둘러싸이지 않고 나출된 생식샘에 적용되는 말.

gymnoblastic 형 어떤 강장동물처럼 하이드로포(hydrophore)와 생식체포(gonotheca)가 없는.

gymnocarpic, gymnocarpous 나실성(裸實性) 형 (1) 어떤 종류의 가리는 구조로 덮이지 않고 나출된 열매를 갖는; (2) 포자가 성숙하는 동안 피막에 싸이지 않고 노출된 자실층을 가진.

gymnogynous 나자방(裸子房)의 형 노출된 씨방을 가진.

Gymnolaemata 나후강(裸喉綱) 명 해양 태형동물문(Ectoprocta)의 강. 군체는 개충들로 이루어져 있고, 각각의 개충은 촉수관(lophophore)을 가지며 상자 모양의 석회질로 된 외골격으로 싸여 있다. 해조류와 바위 그리고 껍질에 넓게 붙어 있다.

Gymnophiona 무족목(無足目) ⇨ Apoda.

gymnopterous 무시성(無翅性) 형 아무것도 안 덮인 날개를 갖는, 비늘이 없는.

gymnosomatous 형 일부 연체동물과 같이 껍질이나 외투막이 없는.

gymnosperms 겉씨식물 명복 종자가 씨방에 싸여 있지 않고 포자엽의 표면에 달리는 종자식물. 소철(소철문, Cycadophyta), 은행나무(은행나무문, Ginkgophyta), 침엽수(구과식물문, Coniferophyta) 및 마황류(마황문, Gnetophyta)로 이뤄진다. 멸종된 겉씨식물들은 종자고사리류, 화석소철류(베네티트목, Bennettitales) 그리고 코르다이테스(코르다이트목, Cordaitales) 등이 있다. ≒ Gymnospermae(예전에 사용하던 이름).

gymnospore 나포자(裸胞子) 명 보호성 외피로 둘러싸이지 않고 나출된 포자.

gymnostomatous, gymnostomous 무삭치(無蒴齒)의 형 삭치(peristome)가 없는, 이끼류에 적용되는 말.

gymnotoids 전기뱀장어류 명복 중앙아메리카와 남아메리카에 사는 몸이 날씬한 담수 경골어류의 작은 무리. 매우 긴 뒷지느러미를 갖고 자신의 주변에 전기장을 형성하는 발전기관이 있다. 일상적으로 뒷날개고기(American knife-fish)라고 부르며, 전기뱀장어를 포함한다.

-gyn- '여성'을 뜻하는 그리스어 '*gyne*'에서 유래되고 '암컷'을 가리키는 단어요소.

gynaecaner 명 암컷을 닮은 수개미.

gynaecium 암술군 ⇨ gynoecium.

gynaecoid 명 알을 낳는 일개미.

gynaecophore 포자관(抱雌管), 포자구(抱雌溝) 명 일부 흡충류에서 측면이 말려서 형성되고 암컷을 실어 나르는 관이나 홈.

gynander 혼성 ⇨ gynandromorph.

gynandrism 암수동체성 ⇨ hermaphroditism.

gynandromorph 암수모자이크 명 한쪽은 암컷 그리고 다른 쪽은 수컷처럼, 암컷과 수컷의 특징들이 공간적으로 모자이크처럼 나타나는 개체. ≒ gynander, sex mosaic.

gynandromorphism 암수모자이크현상 명 암수모자이크(gynandromorph)가 되는 현상.

gynandrosporous 암수포자성 형 일부 조류에서 볼 수 있는 것과 같이 수포자가 장란기에 붙어 있는.

gynandrous 암수술합착성 형 일부 난초류에서 볼 수 있는 것과 같이 암술과 결합한 수술을 가진.

gynantherous 형 암술로 변한 수술을 가진.

gyne 명 암개미, 특히 여왕개미.

gynecium 암술군 ⇨ gynoecium.

gynecophoric canal 포자관(抱雌管) 수컷 주혈흡충류의 표면에 있는 좁고 긴 홈. 교배하는 동안 암컷이 이 안에 들어 있게 된다.

gynic 암컷의 형 암컷의.

gynobasic 자방기생(子房基生)의 형 씨방(자방)의 기부에서 생기는 암술대(자방기생화주)에 적용되는 말.

gynodioecious 암꽃암수꽃이주성 형 암꽃과 양성꽃이 다른 식물체에 달리는.

gynoecious 자성(雌性)의 형 암꽃만 가진.

gynoecium 암술군 명 꽃에서 씨방을 형성하는 하나 또는 여러 개의 심피 그리고 암술머리와 암술대로 구성되는 자성 생식기관. ≒ pistil, gynaecium.

gynogenesis 자성발생(雌性發生) 명 정자가 침투한 난자가 수정하지 않고 발생하는 것.

gynomerogony 자성난편발생(雌性卵片發生) 명 웅핵과 융합하기 전에 난편(egg fragment)이 발생하는 것. 모계염색체들만을 포함한다.

gynomonoecious 암꽃암수꽃동주성 형 암꽃과 양성꽃이 같은 식물체에 달리는.

gynomorphic 자성형태적(雌性形態的) 형 암컷(여성)과 형태적으로 유사한.

gynosporangium 자성포자낭(雌性胞子囊) 명 (1) 암포자낭; (2) 대포자낭(megasporangium).

gynostemium 꽃술대 명 난초류에서 유착한 암술과 수술로 구성되는 기둥.

gypsophil(ous) 호석고성(好石膏性) 형 백악(chalk)이나 석고(gypsum)가 포함된 토양에 사는.

gyral, gyrate 이랑의, 회전의 형 (1) 이랑(gyrus)과 관련된 말; (2) 나선운동 또는 환형(circular) 운동과 관련된 말.

gyrase 기라아제 DNA기라아제(DNA gyrase).

gyration 회전, 나선 명 (1) 유영하는 세균세포에서 볼 수 있는 것과 같은 회전; (2) 나선상 껍데기의 소용돌이무늬.

gyre 환류(環流) 명 고리 모양으로 움직이는 것.

gyrencephalic, gyrencephalous 추뇌의 형 표면이 구불구불하고 복잡한 대뇌 반구를 가진.

gyri 'gyrus'의 복수형.

gyrodactyloid 지로닥틸로이드 명 일부 외부기생성 흡충류에서 새로운 숙주를 찾아 유영하는 섬모가 달린 유충.

gyromitrin 지로미트린 명 마귀곰보버섯속(*Gyromitra*)의 균류에 존재하는 독소. 일부 사람에게 치명적이다.

gyrose 물결모양의 형 (1) 파도 모양의 선이 있는; (2) 선회하는; (3) 굴곡이 많은.

gyrus 회(回), 이랑 명 (1) 대뇌 표면의 주름. '뇌회' 또는 '뇌이랑'이라고도 한다; (2) 두 홈 사이의 돋은 부분. 복 **gyri**.

G

H

H (1) 화학원소 수소(hydrogen)의 기호; (2) 히스티딘(histidine).

H^+ 양성자(수소이온)의 기호.

H-2 생쥐의 주조직적합성 복합체(major histocompatibility complex).

HA (1) 히알루론산(hyaluronic acid); (2) 적혈구응집소(haemagglutinin).

habenula 고삐 명 띠 모양의 구조. 형 **habenular**.

habilines 하빌리네스 명복 동아프리카에서 약 200만 년 전에 살았던 화석인류. 일부 고인류학자들에 의해 하빌리스인(*Homo habilis*)으로 명명되었다.

habit 습성, 습관 명 (1) 덩굴지어 뻗거나, 무성하게 우거지거나, 직립하는 것처럼 식물의 생장에서 드러나는 모양이나 방식; (2) 동물의 정상적인 또는 규칙적인 행동.

habitat 서식지(棲息地) 명 생물체가 정상적으로 발견되는 환경. 서식지는 환경의 물리적 특징과 또는 우점적인 식생이나 그 밖의 안정적인 생물적 특징들에 의해 특징지어진다. 서식지는 이를테면 호수, 숲 또는 토양과 같이 일반적이거나, 개펄, 참나무의 껍질, 백악초원 등과 같이 보다 구체적일 수 있다. 비 niche. ⇨ law of minimum, law of tolerance.

habitat breadth 서식지너비 생물이 살 수 있는 다양한 유형의 서식지들의 범위.

habitat diversification 서식지다양화 베타다양성(beta diversity).

habitat form 서식형(棲息型) 특정한 서식지의 조건에 기인하여 식물이 생장하는 방식.

habitat fragmentation 서식지단편화 지금까지 계속 이어지던 지역이 생물이 살 수 없거나 자유로운 이동을 방해하는 지역들로 둘러싸인 작은 고립된 서식지들로 분열되는 것.

habitat 'island' 서식지 '섬' 다른 서식지들로 완전히 에워싸인 특정 서식지의 고립된 지역이나 단편.

habitat space 서식공간 집단을 형성할 수 있는 공간이나 지역에서 서식가능한 부분.

habitat type 서식형(棲息型) 유사한 서식지를 형성하는 식물군집의 무리.

habit formation 습관형성 시행착오학습(trial-and-error learning).

habituation 습관화 명 (1) 자극을 계속 받는 동안 자극에 대한 세포 또는 생물의 반응이 약해지는 현상. '둔감화'라고도 한다; (2) 적응할 가치가 없다고 판단될 때 동물이 반사행동을 멈추는 학습의 한 종류.

habitus 체형 명 개체의 외적 모습.

hackle 세움털 명 어떤 새의 목덜미에 있는 긴 발기성 깃털.

hadal 초심해(超深海)의 형 6000 m 이하의 심해에 적용되거나 그와 관련된 말.

haem 헴 명 중심에 철원자가 있는 포

르피린(프로토포르피린IX). 철은 2가(ferrous)이온이거나 3가(ferric)이온 상태이다. 헴은 헤모글로빈에서 2가철원자가 한 분자의 O_2와 결합하여 산소를 운반하는 보결분자단이 되고, 그 밖의 헴단백질에서 전자운반체의 작용을 한다. ≒ **heme**.

haemacyte 혈구(血球) 명 곤충과 기타 무척추동물의 혈액에 들어 있는 세포. ≒ haemocyte.

haemadsorption 적혈구흡착현상 명 바이러스에 감염된 세포에 의해 적혈구가 흡착되는 현상. 진단과 감염력분석에 이용된다.

haemagglutination 혈구응집(血球凝集) 명 적혈구가 응집하는 현상. 자연적으로 일어나기도 하고 항체나 그 밖의 작용인자를 처리하면 응집반응이 일어난다. 이 반응은 혈액응고단백질을 포함하는 바이러스의 진단검사에 이용된다.

haemagglutination inhibition (HI) 혈구응집억제 바이러스와 결합한 항체가 적혈구의 응집을 억제하는 특정 바이러스에 대한 면역학적 검사.

haemagglutinin 적혈구응집소 명 적혈구의 응집반응을 일으키는 물질을 통틀어 이르는 말.

haemal 형 (1) **혈액의, 혈관의** 혈액이나 혈관과 관련된 말; (2) **척추배쪽의** 심장과 같은 쪽의 등골뼈에 있는.

haemal arches 혈도활 미추골에서 나오는 측면 돌기. 배 쪽으로 유합해서 혈도(haemal canal)를 이루며, 동맥과 정맥으로 둘러싸여 있다.

haemal ridge 혈도돌기 등골뼈(척주)의 혈도돌기.

haemal strands 혈관가닥 극피동물의 해면조직에서 혈관계의 일부인 가닥들. 식세포작용과 침입하는 미생물의 분해와 관련되기도 한다.

haemangioblast 혈관아세포(血管芽細胞) 혈도(blood island).

haemapophysis 혈도돌기 명 척추뼈몸통 아래 가장자리의 양면에서 밖으로 돌출한 판상 또는 가시 모양의 돌기들 가운데 하나.

haematin 헤마틴 명 수산기와 결합한 헤민(haemin). 헤모글로빈의 분해산물이다.

haemato- ⇨ haem, haema-, haemo-.

haematobium 혈생생물(血生生物) 명 혈액에 사는 생물. 형 **haematobic**.

haematoblast, haemoblast 적아구(赤芽球) 명 적혈모구(erythroblast)의 전구세포.

haematochrome 적색소(赤色素) 명 일부 홍조류의 카로티노이드색소.

haematogenous 조혈성(造血性)의 형 (1) 혈액에서 생기는; (2) 혈액에서 유래된.

haematology 혈액학(血液學) 명 혈액과 혈액의 형성을 연구하는 학문.

haematolymphoid 혈림프계의 형 림프계와 혈액에 관련된 말.

haematolysis 용혈(溶血) ⇨ haemolysis.

haematophagous 흡혈성(吸血性) 형 혈액을 먹거나 혈액에서 영양을 취하는.

haematopoiesis 조혈(造血) 명 혈액의 형성, 줄기세포로부터 혈액세포의 발생.

haematopoietic 조혈의 형 (1) 조혈 또는 혈액형성과 관련된 말; (2) 조혈에 관여하는 시토카인(조혈생장인자)에 적용되는 말; (3) 골수에서 유래된 세포인 혈액세포들에 적용되는 말.

haematopoietic stem cell (HSC) 조혈줄기세포 혈액의 모든 세포요소를 만드는 골수에 들어 있는 줄기세포의 유형.

haematosis 조혈, 혈액형성 ⇨

haematopoiesis.

haematoxylin 헤마톡실린 명 세포의 DNA와 RNA를 우선적으로 염색하는 분홍색의 염료.

haematozoon 혈기생동물(血寄生動物) 명 혈액에 기생하는 동물들.

haemerythrin 헴에리트린 ⇨ haemo-erythrin.

haemic ⇨ haemal.

haemin 헤민 명 산화된 상태의 철(3가철) 원자를 갖는 헴. 주로 염화물로 발견된다.

haemobilirubin 헤모빌리루빈 명 헤모글로빈의 분해산물. 간에서 빌리루빈(bilirubin)과 빌리베르딘(biliverdin)으로 전환된다.

haemoblast 적아구 ⇨ haematoblast.

haemochorial 혈융모(血絨毛)의 형 식충류, 설치류 및 영장류에서 볼 수 있듯이, 자궁조직이 붕괴된 후에 가지 친 융모막 융모가 혈액굴(혈동)에 침투하는 태반(혈융모태반)에 적용되는 말.

haemoclastic 용혈성(溶血性)의 형 혈액세포를 파괴하는.

haemocoel 혈체강(血體腔) 명 기관들 사이의 공간에서 혈액으로 채워진 강소. 연체동물의 주된 체강이다.

haemoconia 혈액먼지, 혈진(血塵) 명복 세망내피계(reticuloendothelial system)의 식세포들에 의해 잡힌 적혈구의 미세한 조각들.

haemocyanin 혈청소(血青素), 헤모시아닌 명 구리를 함유한 단백질. 산소와 결합하면 엷은 청색이 되고, 많은 환형동물과 절지동물의 혈액에서 호흡색소로 작용한다.

haemocyte 혈구(血球) 명 곤충과 기타 무척추동물의 혈액세포.

haemocytometer 혈구계수기, 혈구계 명 현미경으로 혈액시료에 들어 있는 세포들의 수를 측정하는 데 사용되는 장치.

haemodynamics 혈액동태학 명 혈액이 흐르는 원리를 연구하는 학문.

haemoerythrin 헤모에리트린 명 붉은색을 띠고 철을 함유하는 비헴(non-haem) 단백질. 별벌레류(sipunculids)와 다양한 연체동물 및 갑각류의 혈액에서 호흡색소로 작용한다. ≒ hemerythrin.

haemogenesis 조혈 ⇨ haematopoiesis.

haemoglobin (Hb) 헤모글로빈, 혈색소 명 산소를 운반하는 헴단백질. 두 쌍의 다른 글로빈소단위체(사람의 성체 헤모글로빈의 경우 ααββ)로 구성되고, 각각의 소단위체는 하나의 헴보결분자단과 결합한다. 헤모글로빈은 척추동물 혈액의 산소운반체이고, 산소는 헴의 철원자와 결합한다. 적혈구에 들어 있고, 혈액이 붉은색을 띠는 원인이 된다. ⇨ carboxyhaemoglobin, foetal haemoglobin, haemoglobinopathies, leghaemoglobin, methaemoglobin, sickle-cell haemoglobin, thalassaemia. ≒ **hemoglobin**.

haemoglobinopathies 혈색소병증 명복 낫형 적혈구빈혈증과 같이, 유전적 결함이 헤모글로빈의 구조, 기능 또는 생산에 영향을 미치는 유전병.

haemoglobin S 헤모글로빈S 낫형 적혈구빈혈증을 일으키는 돌연변이형 헤모글로빈.

haemoid 혈성(血性)의 형 혈액과 비슷한.

haemolymph 혈림프 명 일부 무척추동물의 체강에 있는 유체. 척추동물의 혈액과 림프에 해당하는 것으로 간주된다.

haemolysin 용혈소(溶血素) 명 적혈구를 용해할 수 있는 물질을 통틀어 이르는 말.

haemolysis 용혈(溶血) 명 적혈구가 용해되는 것.

H

haemolytic 용혈성 형 용혈과 관련되거나, 용혈에 기인하거나, 또는 용혈을 일으키는.

haemolytic anaemia 용혈성 빈혈 혈액세포의 파괴에 기인하는 빈혈.

haemolytic disease of the newborn 신생아용혈성 빈혈 태아적모구증(erythroblastosis foetalis).

haemoparasite 혈기생충 명 숙주의 혈액에 사는 기생생물인 혈액기생충.

haemopathic 혈작용성 형 혈액순환계에 영향을 미치는.

haemophilia 혈우병(血友病) 명 정상적으로 혈액이 응고되지 않은 데 기인하는 과다출혈이 특징인 유전질환. A형 혈우병(haemophilia A)은 응고인자 중 VIII인자가 부족하여 발생하는 병이다. 이보다 희귀한 B형 혈우병(haemophilia B)은 IX인자가 부족하여 발생하는 병이며 '크리스마스 병'이라는 이름으로 부르기도 한다.

haemopoiesis 조혈 ⇨ haematopoiesis.

haemopoietins 적혈구조혈인자 명복 혈액세포의 증식과 분화에 관여하는 생장인자들.

haemoprotein 헴단백질 명 헴이 들어 있는 단백질.

haemorrhagic fever 출혈열(出血熱) 고열에 이어 발진과 또는 내출혈이 나타나는 질병.

haemorrhoidal 직장(直腸)의 형 곧창자(직장)의, 혈관과 신경에 적용되는 말.

haemosiderin 헤모시데린 명 단백질과 수산화제2철의 복합체. 혈액의 황색색소이고 대부분의 조직에서 발견된다. 특히 간, 지라와 골수에서 큰 입자로 존재한다.

haemostasis 지혈(止血) 명 자연적인 혈액응고 또는 의학적 중재에 의해 출혈이 멎는 것.

haemostatic 지혈의 형 출혈을 멈추는 작용물질에 적용되는 말.

haemotoxin 혈액독(血液毒) 명 혈액에서 적혈구를 파괴하는 독성이 있는 물질.

haemotropic 향혈성(向血性) 형 혈액에 영향을 미치거나 작용하는.

haerangium 포자방울 명 일부 자낭균류에서 포자가 들어 있는 접착성의 작은 방울.

Hageman factor 하게만인자 ⇨ Factor XII.

hagfishes 먹장어류 명복 해저에 살고 모습이 뱀장어류와 비슷한 무악어류인 먹장어목(Myxiniformes)의 일반적인 명칭. 가슴지느러미나 배지느러미가 없고 비늘도 없다.

hair 털 명 [식] (1) 모상체(trichome); (2) 뿌리털(root hair); (3) [동] 포유동물에서, 각질의 상피세포로 구성된 실 같은 표피구조. 그 기부에 있는 털주머니(모낭)에서 일어나는 세포분열에 의해 자란다.

hair cell 털세포 (1) 귀의 코르티기관에 있는 청각에 관여하는 감각세포; (2) 귀의 전정기관에 있는 평형감각에 관여하는 감각세포; (3) 어류와 양서류의 청측선계에 있는 그와 비슷한 세포.

hair follicle 털주머니, 모낭(毛囊) ⇨ follicle.

hairpin 머리핀 명 동일한 가닥에서 상보성 순서들 간의 염기짝짓기에 의해 형성되는 RNA와 DNA 상의 2중가닥 부분. 서열에서 쌍을 형성하지 않는 염기들은 머리핀의 끝에서 외가닥의 고리(머리핀 고리)를 이룬다.

hairpin turn 머리핀회전 β-회전(β-turn).

hairy root disease 털뿌리병, 모근병(毛根病) 토양세균 아그로박테리움 리조젠스(*Agrobacterium rhizogenes*)에 의해 뿌리털이 비정상적으로 급증하는 병.

halarch succession **염생계열** ⇨ halosere.

Haldane's rule **홀데인법칙** 교배에 의해 생성된 한쪽 성의 자손이 생존하지 못하거나 불임인 경우 그 자손은 항상 이형염색체배우자성(heterogametic sex)이라는 법칙.

half-inferior **반하위(자방)의** 형 꽃받침에 부분적으로만 부착하는 씨방을 가진.

half-life **반감기(半減期)** 명 (1) 물질이 일정한 비율로 감소한다고 가정할 때, 특정물질이 순환계 따위에서 처음 농도의 절반이 사라지는 데 소요되는 시간; (2) 방사성 물질이 가진 방사능이 원래의 절반이 될 때까지 걸리는 시간.

half-sibs **반형매(半兄妹)** 한 어버이만 공통인 형제자매.

half-spindle **반방추체(半紡錐體)** 유사분열과 감수분열에서 나타나는 방추체의 절반. 한 극에서부터 적도면까지의 미세소관들로 이뤄져 있다.

half-terete **반달형, 반원주형(半圓柱形)** 형 한쪽은 둥글고 다른 쪽은 평평한.

hallucinogen **환각제(幻覺劑)** 명 LSD, 대마, 실로시빈(psilocybin) 따위와 같이 감각인지를 바꾸고 환각을 유발할 수 있는 약제를 통틀어 이르는 말.

hallux **엄지발가락** 명 척추동물의 뒷다리의 엄지발가락.

halobacteria **염생세균(鹽生細菌)** 명복 높은 염 농도를 요구하고 염호(salt lake)와 같은 서식지에 사는 고세균역의 무리.

halobenthos **염생저서생물** 명 해양의 저생생물.

halobios **염생생물** 명 (1) 바다에 사는 모든 생물; (2) 바다 또는 그 밖의 염수에 사는 동물. 형 **halobiotic**.

halodrymium **할로드리뮴** 명 맹그로브(홍수림)의 군총.

halolimnic 형 민물에 살게끔 적응된 해양생물에 적용되는 말.

halomorphic **염류(鹽類)의** 형 과다한 염분이나 알칼리가 들어 있는 토양(염류토양)에 적용되는 말.

halophile **호염생물(好鹽生物)** 명 생장을 위하여 염분이 필요한 생물.

halophilic **호염성(好鹽性)** 형 (1) 염분을 좋아하는; (2) 염분의 존재 하에서 사는.

halophilic bacteria **호염성 세균** ⇨ halobacteria.

halophobe **혐염식물(嫌鹽植物)** 명 염분에 내성이 없는 식물.

halophyte **염생식물** 명 (1) 해안에 사는 식물; (2) 염분이 포함된 토양에서 살 수 있는 식물. 형 **halophytic**.

haloplankton **해양플랑크톤, 염생플랑크톤** 명 바다에서 부유하는 생물들.

Haloragales **개미탑목** ⇨ Hippuridales.

halorhodopsin **할로로돕신** 명 염생세균의 세포막에서 염소이온을 세포 내로 운반하는 광추진수송단백질.

halosere **염생계열(鹽生系列)** 명 염성습지식생에서와 같이 염분이 있는 곳에서 비롯되는 식물의 천이.

halotolerant **내염성(耐鹽性)** 형 염분의 존재 하에서 자랄 수 있지만 염분을 필요로 하지 않는.

haloxene 형 소금물에 내성을 가진.

halteres **평형곤(平衡棍)** 명복 파리류의 뒷가슴에 달리는 한 쌍의 작고 둥근 날개와 같은 구조. 퇴화한 뒷날개에 해당한다.

Hamamelidales **조록나무목** 명 조록나무과(Hamamelidaceae), 미로탐누스과(Myrothamnaceae) 및 버즘나무과(Platanaceae)를 포함하는 목본성 쌍떡잎식물의 목.

hamate 갈고리꼴 형 갈고리 모양이거나, 끝이 갈고리처럼 생긴.

hamathecium 자낭과내 균사계(子囊果內菌絲系) 명 자낭과(ascocarp) 내의 자낭과 자낭 사이에 들어 있는 모든 불임세포들과 균사들.

hamatum 갈고리뼈 명 손목에 있는 갈고리 모양의 뼈.

hamiform 갈고리꼴 형 갈고리처럼 생긴.

hamirostrate 굽은부리의 형 굽은 부리를 가진.

hammer 망치뼈 ⇨ malleus.

hamose 갈고리꼴 ⇨ hamate.

hamstrings 넙다리뒤인대 명복 앞다리와 뒷다리의 뒤넙다리근육에 붙어 있는 힘줄.

Ha-MSV 하비생쥐육종바이러스(Harvey mouse sarcoma virus).

hamular 갈고리꼴 형 갈고리처럼 생긴.

hamulate 갈고리꼴 형 작은 갈고리처럼 생긴 돌기를 가진.

hamulose 갈고리꼴 ⇨ hamate.

hamulus 날개갈고리 명 뼈, 깃털 그리고 그 밖의 구조들에 있는 작은 갈고리 또는 갈고리처럼 생긴 돌기. 벌목의 뒷날개 가장자리 앞쪽에서 앞날개와 뒷날개를 연결하는 작은 갈고리가 그 예가 된다. 복 **hamuli**.

handling time 처리시간 포식자가 먹이를 잡고 먹는 데 걸리는 시간.

hanger 행거 명 비탈에 있는 나무.

H antigen H항원 (1) 살모넬라의 편모항원; (2) 조직적합성 항원(histocompatibility antigen).

hapanthous 1화성(一花性) 형 식물의 수명이 끝날 무렵에 단 한 차례만 생식하는.

hapaxanthic, hapaxanthous 1개화기(一開花期)의 형 단 한 차례의 개화기를 가진.

haplobiont 단상생활체(單相生活體) 명 생활주기에서 한 가지 유형의 개체만 나타나는 생물. 비 diplobiont.

haplocaulescent 단일줄기형 형 하나의 축을 갖는 식물, 즉 주축에서 종자를 만들 수 있는 식물에 적용되는 말.

haplocheilic 개별기원형 형 겉씨식물의 기공 형성과정에서 부세포가 발생학적으로 공변세포와 연관되지 않는 기공(개별기원기공)의 유형에 적용되는 말.

haplochlamydeous 단상유화피성 형 단지 1열의 윤생 화피편(perianth segment)을 가진.

haplodioecious ⇨ heterothallic.

haplodiploid 반수배수성 형 벌과 말벌에서와 같이 수컷은 반수체로 그리고 암컷은 2배체로 성이 결정되는 종에 적용되는 말. 명 **haplodiploidy**.

haplodiplontic 단복상(單複相)의 형 다세포성 반수체와 2배체의 시기를 갖는 생활주기에 적용되는 말.

haplogroup 하플로그룹, 단상집단(單相集團) 명 특정한 단일염기다형성(single nucleotide polymorphism)으로 특징지어지는 공통조상의 서열에서 유래된 비슷한 단상형(haplotype)을 갖는 집단, 특히 같은 Y염색체DNA와 미토콘드리아DNA를 갖는 무리.

haploid 반수체(半數體) (1) 형 종의 기본적인 유전요소에 해당하는 염색체를 한 세트 갖는 세포에 적용되는 말. 보통 '*n*'으로 나타낸다; (2) 명 반수체로 된 생물이나 세포.

haploid apogamy/apogamety 반수체 무배생식 ⇨ generative apogamy.

haploidization 단상화(單相化) 명 어떤 균류에서 2배체 세포가 비분리(non-disjunction)에 의해 차례로 염색체를 유실함으로써 반수체가 되는 준유성생활환

(parasexual cycle)에서 일어나는 현상.

haploidy 반수성(半數性) 명 염색체 수가 반수인 상태.

haploinsufficient 반수체기능부전 형 2배체 생물에서 정상적인 기능을 하는 대립유전자의 한 벌이 있어도 정상적인 표현형을 만들기에 충분하지 못할 때, 대립유전자가 들어 있는 유전자자리에 적용되는 말. 명 **haploinsufficiency**.

haplomonoecious ⇨ homothallic.

haplomycelium 단상균사체(單相菌絲體) 명 반수성의 균사체.

haploneme 하플로넴 형 지름이 균일한 실(가시)을 가진.

haplont 단상체 명 반수성의 체세포핵이나 세포를 갖는 생물.

haploperistomic, haploperistomatous 단일삭치형(單一蒴齒型), 단일삭치열형(單一蒴齒列型) 형 (1) 하나의 삭치(peristome)를 갖는; (2) 치상돌기가 1열로 달린 삭치를 갖는, 이끼류에 적용되는 말.

haplopetalous 1판화관 형 1열의 꽃잎을 가진.

haplophase 단상 명 생물의 생활사에서 반수체의 핵을 갖는 시기.

haplophyte 단상식물(單相植物) 명 단상의 식물이나 배우자체.

haploptile 반깃털 명 깃축(shaft)이 없는 솜깃털. 성숙한 깃털에서 깃가지(barb)의 조숙한 발달에 의해 만들어진다.

haplostele 단순중심주(單純中心柱) 명 체관부에 의해 둘러싸인 물관부의 원통형 핵심을 갖는 단순한 중심주.

haplostemonous 1륜(輪)수술 형 1열로 돌려나는 수술을 가진.

haplosufficient 반수체기능충분 형 2배체 생물에서 정상적인 기능을 하는 대립유전자의 한 벌이 있으면 정상적인 표현형을 만들기에 충분할 때, 대립유전자가 들어 있는 유전자자리에 적용되는 말. 명 **haplosufficiency**.

haplotype 단상형(單相型) 명 한 쌍의 상동염색체 중 하나에 있는 대립유전자의 세트 또는 DNA염기순서 또는 단일염기다형성(single nucleotide polymorphism)의 세트, 또는 주조직적합성복합체(MHC)와 같은 구역에서 그와 같은 부분.

haploxylic 1관다발의 형 단지 하나의 관다발을 가진.

hapten 합텐 명 보다 큰 거대분자에 부착했을 때에만 면역반응을 유도할 수 있는 작은 분자. 형 **haptenic**.

hapteron 흡착기(吸着器) 명 (1) 부착기(holdfast); (2) 곰팡이와 같은 생물에서 부착기와 기능적으로 유사한 원반 모양의 구조들. 복 **haptera**.

haptic 촉각의 형 촉각과 관련된, 자극과 반응에 적용되는 말.

haptoglobin 합토글로빈 명 헤모글로빈과 결합하는 혈청단백질. 혈청에서 유리 헤모글로빈을 제거하는 기능을 한다.

haptomonad 착생체(着生體) 명 어떤 기생성 편모생물의 고착 형태.

haptonasty 감촉성(感觸性) 명 미모사의 잎들이 아래로 늘어지는 것처럼 접촉에 의해 유도되는 식물의 운동.

haptonema 착편모(着鞭毛) 명 어떤 조류에 있는 독특하고 매우 긴 편모. 운동하는 기능은 없고, 중심의 공간을 둘러싸는 3겹의 동심원 막으로 구성된다.

haptophore 부착단(附着團) 명 단백질 분자에서 다른 분자나 세포들과 결합하는 부위가 있는 부분.

Haptophyta, haptomonads 착편모조식물문, 착편모조류 명, 명복 작고 운동성을 갖는 황금빛의 단세포 원생생물 무리. 주로 바다에 살고 2개의 편모 사이에 꼬인 실과 같은 착편모(haptonema)가 달리는데, 착편모는 부착하는 기능을 한다. 세포의 표면은 얇은 비늘로 덮여 있다. 예전에는 조류(algae)로 간주하였지만, 지금은 대개 대롱편모생물계(Stramenopila) 또는 크로미스타계(Chromista)로 분류한다. 많은 종에서 정교한 석회질 비늘(원석, coccolith)이 표면을 덮는 휴지기가 나타나고, 이러한 생물을 원석조류(coccolithophorid)라고 한다. ≒ Prymnesiophyta.

haptor 부착기관 명 (1) 편형동물 피부흡충(skin fluke)의 부착기관; (2) 주름찻잔버섯에서 소피자(peridiole)를 배상체(cup)에 부착시키는 끈의 기부에 있는 부착균사의 덩어리.

haptospore 부착포자 명 부착성 포자.

haptotropism 굴촉성(屈觸性) 명 식물에서 버팀대 주위를 휘감는 덩굴손이나 줄기에서와 같이 접촉자극에 대해 휘는 반응. ≒ thigmotropism.

Harderian gland 하르더샘 순막(3rd eyelid) 또는 깜박막에 있는 보조눈물샘.

hard pan 기반층(基盤層), 경반(硬盤) 토양의 B층에서 발달하는 견고한 점토질층. 배수와 뿌리생장을 제한한다.

hard-wired 하드와이어드 경험에 의해 그 특성이 변경될 수 있는 신경회로와는 대조적으로 발생과정에서 연결과 특성이 고정된 신경회로에 적용되는 말.

hardwoods 경재(硬材) 명복 활엽수에서 얻은 목재. 그러나 일부 활엽수의 목재는 침엽수에서 얻는 목재인 연질목재만큼 단단하지 않다.

Hardy-Weinberg Law 하디-바인베르크법칙 임의의 큰 교배집단에서 이주와 돌연변이 그리고 선택이 일어나지 않을 때 대립유전자빈도는 다음과 같은 규칙(하디-바인베르크규칙)에 따라 대대로 변하지 않는다는 법칙. 만일 유전자자리의 대립유전자 중 하나의 빈도가 p이고 다른 하나의 빈도가 q라면, 두 동형 접합체와 이형 접합체의 빈도는 각각 p^2, q^2 그리고 $2pq$가 된다.

harem 하렘 명 한 마리의 우세한 수컷이 경쟁자 수컷으로부터 지키며 교배하는 번식기의 암컷 무리.

harlequin chromosome 얼룩염색체 다르게 염색되는, 자매염색분체들로 구성된 중복염색체.

harmonic suture 조화봉합(調和縫合) 입천장뼈(구개골) 사이에서 볼 수 있듯이 모서리나 면이 덧붙여지면서 형성되는 관절.

harp 발음기(發音器) 명 메뚜기류와 귀뚜라미류 따위의 날개에서 진동에 의해 특징적인 음을 내고 증폭하는 부위.

harpagones 기각(鰭脚) 명복 어떤 수컷 곤충의 파악기(clasper).

harpes 옆갈고리 명복 (1) 수컷 나비류의 파악기; (2) 모기의 파악기 사이에 있는 키틴질 돌기. 단 **harpe**.

Hartig net 하티그망 균근을 갖는 식물의 뿌리에서 표피와 외피층 안에 있는 곰팡이 균사들의 망상 구조. 균사는 내피의 안쪽으로 침투하지 않고 매우 드물게 뿌리세포로 들어간다.

harvestman 장님거미 명 장님거미목(Opiliones)의 거미류에 대한 일반적인 명칭. 매우 길고 가는 다리를 갖고, 두흉부(prosoma)와 후체구(opisthosoma)가 하나의 구조를 형성한다.

Hashimoto's disease 하시모토병 갑상샘조직이 점차 갑상샘호르몬에 대한 항체를 만드는 림프조직으로 전환되어 갑상샘호르몬이 적게 생산되는 자가면역병. 비 Graves' disease.

Hassall's corpuscles 하살소체 가슴샘의 수질에서 상피세포와 대식세포 및 세포부스러기가 들어 있는 구조.

hastate 창꼴 형 아래쪽이 뾰족하게 돌출하여 다소 3각형인, 창끝처럼 생긴 잎에 적용되는 말.

HAT 히스톤아세틸기전달효소(histone acetyltransferase).

Hatch-Slack pathway 해치-슬랙경로 ⇨ C4 pathway.

H^+-ATPase H^+-ATP가수분해효소 동물세포의 리소좀과 이와 비슷한 소포들의 막에 존재하고 식물과 곰팡이 및 세균의 원형질막에 존재하는 P형 ATP가수분해효소. ATP의 가수분해로 생긴 에너지를 이용하여 농도기울기에 역행하면서 양성자(H^+)를 세포질 밖으로 내보낸다. 리소좀의 막에 있는 H^+-ATP가수분해효소는 소포의 내용물을 산성화한다.

HAT selection HAT선별 DNA합성의 주된 경로가 아미노프테린에 의해 차단될 때 하이포크산틴(H), 아미노프테린(A) 및 티미딘(T)을 포함하는 HAT배지에서 $HGPRT^+$와 TK^+세포들을 선별하여 잡종세포를 동정하는 방법.

haulum 줄기 명 완두류와 벼과 초본의 줄기.

haustellate 흡수형의 형 액체를 빨아 먹기에 알맞은 주둥이인 흡기(흡관, haustellum)를 가진.

haustorium 기생근(寄生根), 흡기(吸器) 명 어떤 기생식물이나 곰팡이의 줄기, 뿌리 또는 균사에서 돌출된 부위. 이를 통하여 숙주식물로부터 양분을 섭취한다. 복 **haustoria**. 형 **haustorial**.

Haversian canals 하버스관 모세혈관, 신경 및 림프가 지나가는 뼈 속의 작은 관.

Haversian system 하버스계 동심원을 이루면서 중심의 하버스관을 에워싸는 뼈(하버스골층판, Haversian lamella)와 뼈세포 및 소관으로 구성되는 단위. 치밀뼈의 기본적인 구조단위를 이룬다. ≒ osteon.

Hawaiian region 하와이식물구 하와이제도로 구성되는 구열대식물계의 1부분.

hayfever 건초열 ⇨ allergic rhinitis.

Hb 헤모글로빈(haemoglobin).

HbA 사람의 성체헤모글로빈(adult human haemoglobin).

H band H띠 가로무늬근 근절의 중앙부에서 밝게 보이는 띠. 굵은 필라멘트만으로 구성된다. ≒ H disc, H line.

HbCO 일산화탄소헤모글로빈(carboxyhaemoglobin).

HbF 태아헤모글로빈(foetal haemoglobin).

HbH disease 헤모글로빈H병 2배체세포에서 단지 1개의 α글로빈유전자만이 기능을 하는 α지중해빈혈(α-thalassaemia). 과다한 β글로빈사슬로부터 비정상적인 β글로빈 4합체(tetramer)의 형성을 유발한다.

HbO_2 산소헤모글로빈(oxyhaemoglobin).

hCG 사람융모성 생식샘자극호르몬(human chorionic gonadotropin).

H chain H사슬 (1) 면역글로불린의 무거운 사슬(중쇄); (2) 미토콘드리아DNA의 무거운 DNA가닥.

HDAC 히스톤탈아세틸화효소(histone deacetylase).

H disc H원판 H띠(H band).

HDL 고밀도지방단백질(high-density lipoprotein).

HD protein HD단백질 나선불안정화 단백질(helix-destabilizing protein). ⇨ single-strand DNA-binding protein.

head-cap 머리띠싸개 정자의 첨체.

H

head-case 머리상자 곤충의 머리를 둘러싸는 단단한 바깥 껍질.

head fold 머리주름 낭배를 형성하는 새와 포유동물의 배아에서, 장차 머리부위가 될 구역을 배반엽의 표면에서 분리시키는 주름.

head-group 머리부분 명 막의 인지질에 있는 콜린이나 에탄올아민과 같이 막이 양친매성을 띠게 하는 작은 친수성 화학기.

head process 머리돌기 새와 포유동물 배아의 초기 낭배형성기에서 앞쪽이 형성되기 시작하는 척삭.

heart 심장(心臟) 명 주기적인 수축으로 몸에 혈액을 공급하는 속이 빈 근육기관. 포유동물의 심장은 4개의 공간으로 구성되는데, 벽이 얇은 위쪽의 심방과 벽이 두꺼운 아래쪽의 심실이 양편에 있다. 몸을 돌고 온 정맥의 혈액이 우심방으로 들어오고 우심실에서 허파로 보내진다. 산소가 많은 혈액은 좌심방을 통해 다시 심장에 들어오고 좌심실에서 온몸으로 나간다. 심장의 근수축은 자기유지적이고 굴심방결절(sinuatrial node)에 위치하는 박동원세포에 의해 동시에 움직인다.

H

heart muscle, heart muscle cell 심근(心筋), 심근세포 ⇨ cardiac muscle.

heart rot 심부병(心腐病) 나무의 중심에서 곰팡이에 의해 목재가 부패하는 것.

heart-stage embryo 심장기배(心臟期胚) 쌍떡잎식물에서 떡잎이 발생하기 전의 심장 모양의 배발생단계.

heartwood 심재(心材) 명 나무의 중심에 있는 검고 단단한 목재. 살아 있는 세포를 포함하지 않는다.

heath, heathland 히스, 황야지(荒野地) 명 대개 산성인 저지대의 모래나 자갈로 된 토양에서 발달하는 생태계. 가시금작화(*Ulex*), 헤더(*Calluna*와 *Erica*) 그리고 그 밖에 잎이 좁은 식물들이 주로 자란다.

heat shock 열충격(熱衝擊) 미생물학과 세포생물학에서, 짧은 기간 동안 세포를 정상적인 범위 이상의 온도에 노출시키는 것. 그 결과 고온스트레스의 효과에 맞서 세포를 보호하는 단백질이 생성된다.

heat-shock protein 열충격단백질 열충격에 의해 합성이 유도되는 단백질. 일부 열충격단백질은 샤페론(chaperone)이다.

heavy chain (H chain) 무거운 사슬, 중쇄(重鎖) (1) 면역글로불린 분자에서 2개의 큰 폴리펩티드사슬 가운데 하나. 가변부(V region)와 불변부(C region)로 구성된다. 가변부는 항원결합부위가 되고, 불변부는 항체종류와 작동인자 기능을 결정한다; (2) ⇨ myosin.

heavy-chain switching 중쇄교환 ⇨ isotype switching.

Hebbian synapse 헵시냅스 받는 입력에 따라 전달하는 성질이 조절될 수 있는 시냅스.

Hebb rule 헵규칙 외부 자극이 동시에 또는 연달아 2개의 뉴런을 활성화시키면 이들 뉴런 간에 시냅스가 만들어지거나 강화된다는 규칙.

hebetate 둔단(鈍端)의 형 끝이 뭉툭한.

hebetic 사춘기의 형 사춘기(adolescence)와 관련된 말.

hectocotylus 교접완(交接腕) 명 두족류의 수컷에서 암컷에게 정포(spermatophore)를 전달하도록 특수화한 팔.

hederiform 담쟁이덩굴잎꼴 형 담쟁이덩굴의 잎처럼 생긴, 피부의 통각수용체와 같은 신경말단에 적용되는 말.

Hedgehog signalling pathway 헤지호그신호전달경로 신호전달단백질의 헤지호그군(예: 사람의 소닉헤지호그, 초파리의 헤지호그)에 의해 촉진되는, 동물의 중요하고 아주 흔한 세포내 신호전달 경로. 반응세포에서 유전자발현의 변화를 일으키고 배아발생 과정에서 특히 중요한데, 배아발생에서 헤지호그신호전달은 세포의 운명을 결정할 수 있다.

hedonic 헤도닉 형 일부 파충류에서 사향 같은 물질을 분비하고 교배기에 특히 활동적인 피부의 샘(헤도닉샘)에 적용되는 말.

Heidelberg man 하이델베르크인 독일의 하이델베르크 부근에서 화석으로 발견된 원시인류의 한 형태. 지금은 직립원인(*Homo erectus*)의 아종으로 간주한다.

hekistotherm 최소온량식물(最小溫量植物) 명 극지식물과 고산식물과 같이 보통 차가운 조건에서 잘 자라는 식물.

HeLa cells 헬라세포 사람의 자궁경부암 조직에서 유래된 상피세포의 이수체(aneuploid) 계열. 1952년부터 조직배양에서 널리 보급되었다.

heleoplankton 호소플랑크톤 명 습지의 연못과 호수에 사는 플랑크톤.

helical 나선형(螺旋形) 형 (1) 담배모자이크바이러스와 같이 외피의 단백질소단위체와 핵산이 나선형으로 배열된 긴 막대기처럼 생긴 비리온(virion)에 적용되는 말; (2) 어떤 민무늬근에서 근원섬유의 배열에 해당되는 말; (3) 물관부의 세포벽 비후의 한 유형에 적용되는 말.

helicase DNA풀기효소 명 Rep단백질처럼 DNA의 2중나선을 풀어줄 수 있는 효소. ≒ unwindase. ⇨ RNA helicase.

helices 'helix'의 복수형.

helicine 나선의, 귀둘레의 형 (1) 나선형의, 구불구불한; (2) 바깥귀(외이)의 드러난 가장자리 부분에 적용되는 말.

helicoid 나선상(螺旋狀) 형 (1) 나선형의; (2) 달팽이의 껍질처럼 생긴.

helicoid cyme 나선상 취산꽃차례 나선형 2차분지에 의해 형성된 꽃차례. 꽃들이 축의 한쪽에만 달린다.

helicoid dichotomy 나선형 2차분지 분지가 반복되지만 한쪽의 가지들이 다른 쪽의 가지들보다 더욱 활발하게 가지 치는 분지의 한 형태.

helicone 나선원뿔 명 복족류의 나선 모양으로 감긴 껍질.

helicorubin 헬리코루빈 명 달팽이와 민달팽이 같은 유폐복족류의 소화관과 일부 갑각류의 간에 있는 적색 색소.

helicospore 나선포자 명 구불구불하거나 나선형으로 꼬인 포자.

heliobacteria 나선균(螺旋菌) 명복 그람양성의 산소비생성 광합성세균의 무리. 녹색황세균과 녹색비황세균과는 관련이 없다. 세균엽록소 *g*가 들어 있고 클로로솜은 없다.

heliophil, heliophilic, heliophilous 호광성(好光性) 형 비교적 높은 강도의 빛에 적응된.

heliophobe 혐광식물(嫌光植物) 명 그늘에서 사는 식물.

heliophyll 호광성식물 명 양면이 비슷한 구조로 되어 있고 수직으로 배열된 잎을 갖는 식물.

heliophyte 양지식물(陽地植物) 명 강렬한 햇빛이 있어야 잘 자라는 식물.

heliosis 일사병(日射病) 명 햇빛에 의하여 잎에 탈색된 점이나 무늬가 생기는 것.

heliotaxis 주일성(走日性) 명 햇빛의 자극에 반응하여 움직이는 것.

heliothermism 일광체열조절(日光體熱調節) 명 일부 변온동물이 하루 종일 몸의 방향을 조정하여 받는 태양방사의 양을 변화시켜서 체열을 조절하는 방법.

heliotropism 굴광성(屈光性) 명 햇빛의 자극에 반응하는 식물의 생장운동.

H

helioxerophil 호광건생식물(好光乾生植物) 명 강렬한 햇빛을 받고 건조한 조건에서 사는 식물.

heliozoan 태양충(太陽蟲) 명 대부분 민물에 사는 원생동물인 육질충상강(Sarcodina)의 목인 태양충목(Heliozoa)의 종류들. 방사대칭의 몸과 가늘고 빳빳한 위족을 갖고 흔히 골편(spicule)으로 된 뼈대를 갖는다.

helitron 헬리트론 명 진핵생물에서 발견되는 DNA전이인자의 한 종류. DNA전이인자들에서 흔히 볼 수 있는 '잘라붙이기(cut-and-paste)' 대신에 DNA복제의 회전환(rolling-circle) 방식을 통해 전이하는 것으로 여겨진다.

helix 귓바퀴, 나선(螺旋) 명 (1) 사람의 바깥귀(외이)에서 드러난 가장자리; (2) 2중나선. ⇨ DNA; (3) α나선(α-helix). 형 helical.

α-helix α나선 단백질에서 흔하게 나타나는, 규칙적인 나선형으로 감긴 2차구조. 폴리펩티드주사슬이 오른쪽감기나선으로 꼬여서 규칙적인 수소결합으로 연결된 단단한 막대 모양 구조를 형성한다.

helix-destabilizing protein 나선불안정화 단백질 ⇨ single-strand DNA-binding protein.

helix-loop-helix (HLH) 나선고리나선구조 일부 유전자조절단백질에 존재하는 DNA결합부위. 2개의 α나선이 고리에 의해 연결되어 있다. 이와 같은 유형의 단백질들은 2합체(dimer)로 DNA와 결합한다.

helix-turn-helix (HTH) 나선대나선연결구조 일부 유전자조절단백질에 존재하는 DNA결합부위. 2개의 α나선이 β회전(β-turn)에 의해 연결되어 있다. 이와 같은 유형의 단백질들은 2합체로 DNA와 결합한다.

helmet 헬멧 명 (1) 코뿔새(hornbill)의 부리 꼭대기에 있는 두툼한 구조; (2) [식] 어떤 꽃의 헬멧처럼 생긴 꽃잎이나 외엽(galea).

helminth 연충(蠕蟲) 명 기생성 편형동물(흡충류와 조충류) 또는 회충.

helminthoid 연충형 형 벌레처럼 생긴.

helminthology 연충학(蠕蟲學) 명 (1) 기생충을 연구하는 것; (2) 기생성 편형동물과 회충을 연구하는 것.

helobious 소택서식성(沼澤棲息性) 형 습지에 사는.

helophyte 소택식물 명 습지의 식물, 특히 여러 해를 사는 부위가 진흙에 묻혀 있는 다년생 초본식물.

helotism 노예제도 명 어떤 종의 개미에서와 같이 한 생물이 다른 생물을 노예가 되게 하여 자신을 대신하여 노동을 하게 만드는 공생.

helper phage 보조파지 ⇨ helper virus.

helper T cells, helper T lymphocytes 도움T세포, 보조T림프구 세포표면단백질 CD4로 구별 짓는 작동T림프구. 다른 세포들과 항원특이적으로 상호작용하여 그 세포들의 작동 기능을 촉진한다. 이들이 생성하는 시토카인 영역에 따라 몇 가지 기능형으로 구분한다. Th1세포는 끊임없이 미생물들에 감염되는 대식세포에 작용하여 대식세포로 하여금 감염에서 벗어나게 해 주고, 활성화 B세포와 상호작용하여 동형전환(isotype switching)을 유발한다. Th2세포는 B세포에 작용하여 항체를 분비하는 형질세포로의 분화와 증식을 촉진하고, 특히 항체의 면역글로불린강으로의 동형전환을 유발하는 데 관여한다. Th17세포는 후천성 면역반응의 초기에 호중성 백혈구가 감염부위로 모이는 것을 도와준다.

helper virus 도움바이러스 증식능력이

상실된 바이러스의 증식에 필요한 바이러스. 도움바이러스는 필요한 바이러스 성분들을 제공하여 결손바이러스의 증식을 도와준다.

hem-, hema-, hemo- ⇨ haem-, haema-, haemo-.

hemelytron 앞날개 명 말단부가 막성인 노린재류의 앞날개. '반초시'라고도 한다.

hemeranthic, hemeranthous 낮꽃의 형 낮에 꽃이 피는.

hemi- '절반'을 뜻하는 그리스어 '*hemi*'에서 유래된 접두사.

Hemiascomycetae 반자낭균강(半子囊菌綱) 명 출아효모와 잎말이병균을 포함하는, 단세포와 단순한 균사체로 된 자낭균의 강. 자낭이 자낭과에 둘러싸이지 않고 나출되어 있다. ≒ **Hemiascomycetidae**.

hemi-autophyte 반자양식물(半自養植物) 명 자기 자신의 엽록소를 만드는 기생식물.

hemibasidium 반담자기(半擔子器) 명 일부 담자균류에서 발견되는, 격벽이 있는 담자기. ≒ heterobasidium.

hemibiotroph 반활물기생균(半活物寄生菌) 명 처음에는 살아 있는 숙주세포를 필요로 하지만 숙주가 죽은 후에도 사체조직 내에서 사는 기생곰팡이. 비 biotroph.

hemibranch 반쪽아가미 명 오직 한쪽에만 아가미사(gill filament)가 있는 아가미.

hemicellulase 헤미셀룰로오스분해효소 명 헤미셀룰로오스를 가수분해하는 효소군을 통틀어 이르는 말.

hemicellulose 헤미셀룰로오스 명 크실로오스, 아라비노오스, 만노오스, 포도당, 글루쿠론산 및 갈락토오스와 같은 당의 혼합물이 함유된 다양한 다당류를 통틀어 이르는 말. 식물의 세포벽에 들어 있고, 일부 종자에서 저장탄수화물로 나타나며, 크실란, 글루코만난, 아라비노크실란, 크실로글루칸 등이 있다.

hemicephalous 반두형(半頭型) 형 축소된 머리를 갖는 곤충의 유충에 적용되는 말.

Hemichordata, hemichordates 반삭동물문(半索動物門), 반삭동물 명, 명복 바다에 살고 벌레처럼 생긴 진체강류 무척추동물의 문. 인두아가미틈을 갖고 몸은 세 부위로 구분된다.

hemichordate 반삭(半索)의 형 흔적적인 척삭을 가진.

hemicryptophyte 반땅속식물 명 여러 해를 사는 부위가 토양층에 있고 보통 죽은 잎들로 보호를 받는 다년생 초본식물.

hemicyclic 반윤생(半輪生)의 형 (1) 꽃의 윤생체(whorl) 가운데 일부는 돌려나고 일부는 나선형인; (2) [균] 녹병균의 생활주기에서 여름시기가 없는.

hemidesmosome 반접착반(半接着班) ⇨ desmosome.

hemielytron 반초시(半鞘翅) 앞날개(hemelytron).

hemiepiphyte 반착생식물(半着生植物) 명 일생을 완전히 기생식물로 보내지 않는 식물. 다른 식물체에서 씨앗이 발아하였다가 후에 뿌리를 땅으로 보내거나, 아니면 뿌리를 가지고 시작하여 나중에 기생식물이 되기도 한다.

hemigamy 반접합(半接合) 명 핵융합을 하지 않고 난자가 정핵에 의해 활성화되는 현상.

hemignathous 불완전턱의 형 어떤 물고기와 새와 같이 한 턱이 다른 턱보다 짧은.

hemimetabolous 불완전변태성 형 생

활사에서 번데기시기가 없는 불완전 변태를 하는 곤충들의 목에 적용되는 말. 메뚜기목(Orthoptera), 바퀴벌레목(Dictyoptera), 강도래목(Plecoptera), 집게벌레목(Dermaptera), 하루살이목(Ephemeroptera), 잠자리목(Odonata), 흰개미붙이목(Embioptera), 흰개미목(Isoptera), 다듬이벌레목(Psocoptera), 이목(Anoplura), 털날개목(Thysanoptera)과 노린재목(Hemiptera)이 있다.

hemimethylated 반메틸화 형 CG서열이 단지 한 가닥에서만 메틸화된 DNA에 적용되는 말.

hemiparasite 반기생생물(半寄生生物) 명 (1) 어느 정도 기생성이지만 숙주가 없어도 생존할 수 있는 개체; (2) 숙주의 몸에서가 아니라 토양에서 발아하는 씨앗으로부터 발달하는 기생식물; (3) 부생식물(saprophyte)로 살 수 있는 기생식물.

hemipenis 반음경(半陰莖) 명 일부 파충류의 수컷에서 쌍을 이루는 교미기관 중 하나. 복 **hemipenes**.

hemipneustic 반기문식(半氣門式) 형 하나 또는 여러 쌍의 닫힌 숨구멍(기문)을 가진.

hemipodes 세가락메추라기류 명복 메추라기처럼 생긴 두루미목(Gruniformes)의 작은 새들. 학과 흰눈썹뜸부기와 동족이다.

Hemiptera, hemipterans 노린재목, 노린재류 명, 명복 일반적으로 'bugs'라고 알려진 즙을 빨아 먹는 곤충의 목. '반시류(半翅類)'라고도 한다. 노린재류에는 물벌레와 소금쟁이, 포유동물에 기생하는 흡혈곤충, 나무의 진을 빨아 먹는 진딧물, 깍지벌레류, 멸구류, 가루깍지벌레류와 매미류가 포함된다. 일부 흡혈곤충은 질병을 옮기며, 진딧물은 식물바이러스병의 중요한 매개자가 된다.

hemisaprophyte 반부생식물(半腐生植物) 명 (1) 부분적으로 광합성에 의해 그리고 부분적으로 부식질(humus)로부터 양분을 섭취하여 사는 식물; (2) 기생식물로도 살 수 있는 부생식물.

hemisphere 반구(半球) 대뇌반구(cerebral hemisphere).

hemisystole 편측수축(片側收縮) 명 심장의 한쪽 심실의 수축.

hemitropous 반도생(半倒生) 형 (1) 절반이 돌아, 태좌의 평행면에 대해 배꼽(제)이 한쪽에 그리고 주공이 다른 쪽에 위치하는 밑씨를 갖는; (2) 중간 길이의 혀를 가진 곤충만 꽃가루받이를 할 수 있는 꽃에 적용되는 말; (3) 그와 같은 꽃을 찾는 중간 길이의 혀를 가진 곤충에 적용되는 말.

hemixis 헤믹시스 명 섬모충 짚신벌레속(*Paramecium*)에서 소핵이 관여하지 않고 대핵이 분열하고 재배치되는 것.

hemizygous 반접합성(半接合性) 형 2배체생물에서 단지 한 복사본에만 존재하는 유전자자리에 적용되는 말. 이형염색체배우자성(heterogametic sex)의 반성유전자(예: 남성의 X염색체연관유전자)이거나 또는 상동의 짝이 결실된 염색체 부위의 유전자일 수 있다.

Henle's layer 헨레층 털주머니의 안쪽 뿌리집(root sheath)에 있는 핵을 가진 입방세포들의 바깥층.

Henle's loop 헨레고리 ⇨ loop of Henle.

Henle's sheath 헨레집 신경다발막(perineurium), 또는 신경의 가지를 둘러싸는 신경다발막의 연장부분.

Hensen's cells 헨젠세포 귀의 기저막에 있는 원주상의 지지세포.

Hensen's node 헨젠결절 새와 포유류의 배아에서 원조(primitive streak)의 선단에 나타나는 혹 모양의 부분. 이를 통해 세포들이 배의 내부로 통과할 수 있다. 헨젠결절은 기능적으로 양서류 배의 원구상순부에 해당한다.

Hepadnaviridae, hepadnaviruses 헤파드나바이러스과, 헤파드나바이러스 명, 명복 B형 간염바이러스를 포함하는 외가닥DNA바이러스의 과. 바이러스DNA가 RNA주형으로부터 합성되는 특이한 방법으로 증식한다.

heparan 헤파란 명 *N*-아세틸글루코사민과 글루쿠론산 또는 이드우론산의 2당류들이 반복하여 구성되는 글리코사미노글리칸. 헤파란황산(heparan sulfate)은 세포외 기질의 구성성분이다.

heparin 헤파린 명 비만세포에 의해 합성되고 항응고제 활성을 갖는 글리코사미노글리칸. 항트롬빈III에 의한 트롬빈의 불활성화를 증가시켜 혈액응고를 억제한다.

hepatectomy 간절제(肝切除) 명 간을 잘라 내는 것.

hepatic 간(肝)의, 태류(苔類)의 형 (1) 간과 비슷하거나 간과 관련된; (2) [식] 우산이끼류(liverworts)와 관련된 말; (3) 명 우산이끼류. ⇨ Hepatophyta.

Hepaticae, Hepaticopsida 태강(苔綱) ⇨ Hepatophyta.

hepatic duct 간관(肝管) 간에서 샘창자(십이지장)로 이어지는 관. 간의 배수관 역할을 한다.

hepatic portal system 간문맥계(肝門脈系) 척추동물에서 혈액을 간으로 수송하는 순환계의 부분. 혈액을 소화관에서 간으로 나르는 간문맥(hepatic portal vein)과 혈액을 간에서 내보내는 간동맥(hepatic artery)으로 이루어진다.

hepatitis 간염(肝炎) 명 간의 염증.

hepatitis viruses 간염바이러스 간의 급성 또는 만성 염증을 일으키는 바이러스. 간염바이러스는 몇 가지의 다른 바이러스과에 속한다.

hepatobiliary 간쓸개길의 형 간에서 쓸개즙이 지나는 통로에 적용되는 말.

hepatocystic 간쓸개주머니의 형 간과 쓸개에 관련된 말.

hepatocyte 간세포(肝細胞) 명 많은 물질을 합성하고 분해하고 저장하며 쓸개즙을 분비하는 간의 상피세포.

hepatocyte growth factor (HGF) 간세포생장인자 간과 그 밖의 세포들에서 분비되는 시토카인. 상처를 입은 다음 간세포가 증식하도록 촉진한다. ≒ scatter factor.

hepatoduodenal 간샘창자의 형 간과 샘창자에 관련된 말.

hepatoenteric 간창자의 형 간과 창자의, 또는 그와 관련된 말.

hepatogastric 간위의 형 간과 위에 관련된 말.

hepatoma 간암(肝癌) 명 간의 악성 종양.

hepatopancreas 간이자, 간췌장 명 많은 무척추동물에서 소화효소를 분비하는 샘. 한편 간과 비슷한 기능을 수행하는 것으로 추정된다.

Hepatophyta, hepatophytes 우산이끼문, 우산이끼류 명, 명복 포자가 달리는 비관다발 녹색식물의 문. 일반적으로 'liverworts'라고 부르며, 이끼류(mosses)와 뿔이끼류(hornworts)와 함께 선태식물(bryophytes)로 알려져 있다. 우산이끼류는 작고 보통 눈에 잘 안 띄는 식물이며, 땅이나 바위 또는 나무껍질에서 무리를 이루며 낮게 자란다. 광합성을 하는 배우자체는 잎 모양을 하고, 대부분의 우산이끼류는 세 줄로 잎이 달리는 줄기를 갖는다. 포자체는 배우자체에서 자라는 자루가 달린 꼬투리(깍지)이다. 식물체는 가느다란 단세포로 된 헛뿌리(rhizoid)로 땅에 고정된다. 우산이끼류는 특수화된 통도조직이 없고(소수의 가능한 예외가 있음), 각피와 기공도 없으며, 다세포식물 가운데 가장 단순하다. ≒ hepatics.

hepatoportal system 간문맥계 ⇨ hepatic portal system.

hepatorenal 간콩팥의 형 간과 콩팥에 관련된 말.

hepatoumbilical 간배꼽의 형 간과 배꼽을 연결하는.

hepta- '7'을 뜻하는 그리스어 '*hepta*'에서 유래되고 '–을 7개 가진' 또는 '7개로 배열된'을 가리키는 접두사.

heptad 7개군, 7가 명 7개로 된 무리.

heptagynous 7암술의 형 7개의 암술을 가진.

heptamer 7합체 명 7개의 뉴클레오티드로 된 DNA염기순서.

heptarch 7원형 형 7개의 물관부시원세포군을 갖는 중심주에 적용되는 말.

heptastichous 7렬성(七列性) 형 7줄로 배열된, 잎에 적용되는 말.

heptose 7탄당 명 세도헵툴로오스와 같이, $(CH_2O)_7$의 화학식을 갖는 당을 통틀어 이르는 말.

herb 초본(草本), 초본식물 명 비목질성 녹색 줄기를 갖는 종자식물들.

herbaceous 초본성 형 (1) 비목질성 녹색 줄기를 갖는 종자식물에 적용되는 말; (2) 연한 녹색의 목부조직이 거의 없는, 식물기관에 적용되는 말.

herbarium 식물표본관 명 건조시키거나 보존 처리된 식물체 또는 식물의 부분들을 수집하는 것 그리고 이들 표본을 보관하는 곳.

herbicide 제초제(除草劑) 명 식물을 죽이는 화학물질.

herbivore 초식동물 명 오로지 식물을 먹고 사는 동물. 형 **herbivorous**.

herbivory 초식성(草食性) 형 식물을 먹고 사는 것.

herb layer 초본층(草本層) 식물군집에서 초본식물들로 구성되는 수평의 생태적 층. ≒ field layer.

herbosa 초원(草原) 명 초본식물들로 구성된 식생.

hercogamy 자가수정장애(自家受精障碍) 명 자가수정이 불가능한 상태.

herd 무리, 떼 명 함께 먹고 함께 이동하는 동물, 특히 대형 초식동물의 무리.

herd immunity 집단면역 집단의 대다수가 병원체에 면역을 가진 결과로 개체군이 그 병원체에 대한 내성을 갖는 것.

hereditary 유전성 형 어버이에서 자손으로 전달될 수 있는 형질, 즉 유전적으로 결정된 특성에 적용되는 말.

hereditary angioneurotic oedema 유전성 혈관신경성 부종 보체제1성분(C1) 억제제의 결핍으로 보체계가 활성화되어 혈관에서 액체가 누출되고 부종이 나타나는 질환.

hereditary persistence of foetal haemoglobin (HPFH) 유전성 태아헤모글로빈지속 δ글로빈과 β글로빈이 없는 β지중해빈혈(β-thalassaemia)의 일종. 성인이 되어도 태아헤모글로빈(ααγγ)이 계속 생성되므로 임상 증상은 없다.

heredity 유전(遺傳) 명 (1) 한 개체의 유전적 구조; (2) 어버이의 유전기반형질이 자손에게 전달되는 것.

heritability 유전력(遺傳力), 유전율(遺傳率) 명 (1) 한 세대에서 다음 세대로 전달되는 능력; (2) 양적 유전학에서 두 가지 의미로 쓰임: (가) 넓은 의미의 유전율(H^2)은 개체군 수준에서 특정 형질의 모든 표현형변이 가운데 유전자형의 변이에 기인하는 비율; (나) 좁은 의미의 유전율(h^2)은 첨가적 유전분산(additive genetic variance)이 원인이 될 수 있는 표현형변이의 비율. 이를 통해 자연선택이나 품종개량에 대한 개체군의 반응을 예측할 수 있다.

heritable 유전성 형 유전이 가능한, 형질, 특성, 질병 등에 적용되는 말.

hermaphrodite 암수한몸, 자웅동체(雌雄同體) 명 (1) 웅성 생식기관과 자성 생식기관 모두를 갖는 동물, ≒ bisexual; (2) 웅성 기관과 자성 기관이 같은 꽃에 있는 식물; (3) 포유동물과 일부 다른 무리의 동물에서, 발생의 이상에 기인하여 생기는 웅성 기관과 자성 기관의 혼합체를 갖는 개체. 위자웅동체(pseudohermaphrodite)가 보다 적절한 표현이다. 형 **hermaphrodite, hermaphroditic.** ≒ androgynous, bisexual.

hermaphroditism 암수동체성 명 암수한몸이 되는 상태.

heroin 헤로인 명 모르핀을 아세틸화하여 얻는 중독성 알칼로이드. 마취제로 작용한다.

Herpesviridae, herpesviruses 헤르페스바이러스과, 헤르페스바이러스 명, 명복 2중가닥DNA바이러스의 과. 입술의 발진과 음부의 포진을 일으키는 다양한 헤르페스바이러스와 선열(glandular fever)을 일으키고 아프리카 어린이들의 버킷림프종(Burkitt's lymphoma) 그리고 중국과 동남아시아의 코인두암종(nasopharyngeal carcinoma)에도 관련되는 엡스타인-바 바이러스(Epstein-Barr virus)가 포함된다.

herpetology 파충류학(爬蟲類學) 명 파충류를 연구하는 동물학의 한 분야.

hES cell, hESC 사람배아줄기세포(human embryonic stem cell).

hesmosis 헤스모시스 명 일부 개미와 흰개미에서, 생식개체들이 수행하는 불임의 일개미들과 떠나면서 군집이 분열되는 것.

hesperidin 헤스페리딘 명 시트린(citrin)의 활성 성분인 플라본(flavone) 유도체. 모세혈관의 투과성과 유연성에 영향을 미친다.

hesperidium 감과(柑果) 명 오렌지와 레몬으로 대표되는 폐과(indehiscent fruit)의 일종.

hesthogenous 솜털부화형 형 부화할 때 솜털로 덮인.

heteracanthous 이극성(異棘性) 형 등지느러미의 가시가 한쪽으로 그리고 다음에는 다른 쪽으로 엇갈리게 도는 불균형한 가시를 가진.

heteractinal 이방사형(異放射形) 형 해면동물에서 한쪽 면에 6개에서 8개의 축이 달리고 이와 직각으로 견고한 축이 달리는 골편(spicule)에 적용되는 말.

heterandrous 이형수술의 형 길이와 모양이 다른 수술을 가진.

heterauxesis 이형생장(異形生長) 명 (1) 기관이 불규칙적이거나 비대칭적으로 자라는 것; (2) 생물을 이루는 부분들의 상대생장률.

heteraxial 이축성(異軸性) 형 같지 않은 3개의 축을 가진.

heterecious, heterecism 이종기생성, 이종기생 'heteroecious'와 'heteroecism'의 철자.

hetero- '다른'을 뜻하는 그리스어 '*heteros*'에서 유래된 접두사. 이를테면 '구조의 차이', '원천이 다른', '기원이 다른', '다른 성분을 함유하는' 따위를 가리킨다.

heteroagglutinin 이종응집소(異種凝集素) 명 다른 종의 정자와 반응하는 난자의 응집소.

heteroallelic 이형대립유전자의 형 다른 부위에서 돌연변이가 일어나서 유전자내 재조합으로 기능적 유전자를 만들 수 있는 돌연변이대립유전자에 적용되는 말.

heteroantibody 이종항체(異種抗體) 명 이종 기원의 항체, 즉 다른 종의 항원에 반응해서 어느 종에서 생성되는 항체. ≒ xenoantibody.

heteroantigen 이종항원(異種抗原) 명 이종 기원의 항원, 즉 항원이 얻어진 종이 아닌 다른 종에서 유래되는 항원. ≒ xenoantigen.

heterobasidiomycetes 이형담자균류(異形擔子菌類) 명, 명복 격막이 있는 담자기(이형담자기)에서 담자포자가 생기는 담자균류. 녹병균, 깜부기병균과 교질균류가 포함된다. 비 Hymenomycetes.

heterobasidium 이형담자기 명 격막에 의해 갈라진 담자기. 위쪽의 절반만이 담자포자를 생성한다. ⇨ heterobasidiomycetes.

heteroblastic 이종세포(異種細胞)의 형 같지 않은 세포들에서 생기는.

heterocarpous 이형과실성(異形果實性) 형 2개 또는 그 이상의 뚜렷이 구별되는 과실을 가진.

heterocaryo- ⇨ heterokaryo-.

heterocellular 이형세포성 형 두 가지 유형 이상의 세포로 구성되는.

heterocephalous 이두형(異頭型) 형 별개의 머리(두부)에 암꽃과 수꽃을 가진.

heterocercal 이형의 형 두툽상어와 그 밖의 상어류에서 볼 수 있는 것과 같이, 대체로 하엽보다 큰 꼬리지느러미의 상엽에서 끝나는 등골뼈(척주)를 가진.

heterochlamydeous 이화피성(異花被性) 형 꽃부리(화관)와 색깔과 감촉 등이 다른 꽃받침을 가진.

heterochromatin 이질염색질(異質染色質) 명 분열간기의 세포에서 불활성인 염색질. 보통 전사되지 않은 염색질이고, 그 안에 들어 있는 활성을 띠는 유전자들이 침묵하고 있다. 이질염색질은 어느 세포에서도 전사되지 않는 부위(예: 중심체와 말단소체에서와 같이 고단위반복염기순서DNA), 어느 세포계보에서는 발현되지 않지만 다른 세포계보에서는 발현되는 부위(예: 포유동물 암컷에서 어느 한쪽의 X염색체) 그리고 상이한 세포들에서 서로 다른 상태로 존재하는 부위로 이뤄진다. 이질염색질은 대체로 특정한 단백질들이 존재하고 히스톤과 DNA에 특정한 공유수식이 존재한다는 특징이 있다. 형 **heterochromatic**. 비 euchromatin.

heterochromosome 이형염색체 명 주로 이질염색질로 구성된 염색체.

heterochromous 다색(多色)의, 이색(異色)의 형 다른 색깔의, 일부 두상화(composite flower)의 원판과 주변의 낱꽃(floret)들에 적용되는 말.

heterochronic 비동시성(非同時性) 형 발생과정의 타이밍에 영향을 미치는 돌연변이 또는 유전자에 적용되는 말.

heterochrony 이시성(異時性) 명 (1) 생활주기에서 서로 다른 단계의 타이밍이 조상의 순서로부터 벗어나는 것. ⇨ direct development, neoteny, progenesis; (2) 기관의 형성이 전형적인 타이밍이나 순서로부터 벗어나는 것. 형 **heterochronous**.

heterochrosis 이질착색(異質着色) 명 비정상적인 착색.

heteroclitic 헤테로클리틱 형 어느 항원과 면역반응을 하여 생성되었지만 원래의 면역에는 쓰이지 않았던 다른 항원과 보다 높은 친화성을 갖는 항체에 적용되는 말.

heterocoelous 이와형(異窩型) 형 안장 모양의 관절중심(articulatory centra)을 갖는 척추뼈와 관련된 말.

heterocotyledonous 이형떡잎성 형 같지 않게 발달하는 떡잎을 가진.

heterocyst 이질세포(異質細胞) 명 일부 남세균의 사상체에서 간격을 두고 발견되는 둥글고 벽이 두꺼운 세포. 이질세포는 광합성기구가 없고 질소를 고정하는 부위이다.

heterodactylous 대지족(對趾足)의 형 첫 번째와 두 번째 발가락이 뒤를 향한.

heterodimer 이형2합체 명 2개의 다른 소단위체들로 구성된 단백질.

heterodont 이형치(異形齒)의 형 다양한 목적으로 분화된 치아를 가진.

Heterodontiformes 괭이상어목 명 괭이상어를 포함하는 연골어류의 목. 현존하는 종은 단지 부분적으로 대체된 척삭을 갖고 있다.

heterodromous 형 줄기에 달리는 잎의 기초나선(genetic spiral)이 가지에 달리는 잎의 기초나선과 반대의 방향으로 도는.

heteroduplex DNA 이형2중가닥DNA 2개의 다른 DNA분자로부터 유래된 두 가닥으로 구성되고 때때로 서열이 약간 다른 DNA2중나선. 감수분열의 유전적 재조합 과정에서 2개 상동염색체들의 DNA가닥들로부터 자연적으로 이형2중가닥DNA이 형성된다. ≒ hybrid DNA.

heteroecious 이종기생성(異種寄生性) 형 (1) 생활사의 상이한 시기를 각각 다른 숙주들에서 지내는, 명 **heteroecy;** (2) 생활주기를 완결하는 데에 2개의 숙주를 필요로 하는, 일부 녹병균에 적용되는 말, 명 **heteroecism**.

heterofacial 형 국부적 분화를 나타내는.

heterofermentation 이형발효 명 포도당이나 그 밖의 당이 줄어든 생성물의 혼합물로 발효되는 것.

heterogameon 헤테로가메온 명 자가수정의 경우에는 형태적으로 안정된 개체군을 형성하지만, 타가수정의 경우에는 생존력과 번식력을 갖춘 여러 가지 유형의 자손들을 생산하는 종류들로 이루어진 종.

heterogametangia 이형배우자낭 명복 형태적으로 다른 배우자낭들.

heterogametangic 이형배우자낭적 형 두 가지 또는 그보다 많은 유형의 배우자낭을 가진.

heterogametes 이형배우자 명복 형태적으로 다른 수배우자와 암배우자.

heterogametic 이형배우자적 형 서로 다른 배우자들을 가진.

heterogametic sex 이형배우자성(異形配偶子性) 포유동물에서 XY로 구성된 수컷과 새에서 WZ인 암컷처럼 한 벌의 비상동성 성염색체를 갖는 성(sex). 이형배우자성은 한 가지 성염색체를 갖는 배우자와 다른 성염색체를 갖는 배우자의 두 가지 다른 유형의 배우자들을 만든다.

heterogamous 이형화성(異形花性) 형 수꽃과 암꽃처럼 두 가지 또는 그보다 많은 유형의 꽃을 가진.

heterogamy 이형접합 명 (1) 세대교번(alternation of generations); (2) 진정한 유성세대(sexual generation)와 단성세대(parthenogenetic generation)의 두 유성세대가 번갈아 생기는 것.

heterogangliate 이형신경절의 형 널리 떨어져 있고 불균형하게 위치하는 신경절(ganglia)을 가진.

heterogeneous 이질성(異質性) 형 다른 부분들로 이뤄지거나 다른 성분들의 혼합물로 구성된. 명 **heterogeneity**. 비

heterogenous, homogeneous.

heterogeneous nuclear RNA (hnRNA) **이형핵RNA** 진핵세포의 핵에 들어 있고 크기가 매우 넓은 범위로 나타나는 불안정한 RNA. 핵유전자의 1차전사물로 이루어져 있다.

heterogeneous summation, law of **이형가중법칙** 모양, 크기 및 채색 등과 같이 환경자극의 상이한 독립적 특징들이 동물의 행동에 미치는 효과는 각 요인의 효과를 가산하여 나타난다는 원칙.

heterogenetic **이형(異形)의** 형 (1) 다른 조상계통에서 내려온; (2) 서로 다른 유형의 복합적인 자극에 의한 유도(induction) 또는 자극에 적용되는 말.

heterogenous **이종(異種)의, 외래(外來)의** 형 (1) 서로 다른 크기의 입자들로 구성되거나 상이한 성분의 혼합물로 이루어진; (2) 체내에서 유래되지 않고 다른 기원을 가진.

heterogenic **이형(異形)의** 형 상이한 유전자들과 관련되거나, 그에 의하거나 또는 여러 다른 유전자를 가진.

heterogenic incompatibility **이형불화합성(異形不和合性)** 곰팡이에서, 유전적으로 다른 개체들이 융합할 수 없는 것.

heterogeny **이질세대교번** 명 뚜렷이 구별되는 몇몇의 세대가 규칙적으로 이어지는 것.

heterograft **이종이식(異種移植)** 명 종이 다른 개체 간의 조직이식.

heterogynous **이자성(異雌性)의** 형 두 종류의 암컷을 가진.

heteroimmune **이종면역(異種免疫)의** 형 (1) 다른 종으로부터의 항원에 대해 면역을 나타내는; (2) 다른 종으로부터의 항원에 대해 어느 종에서 생긴 항체가 들어 있는 혈청에 적용되는 말.

heterokaryon **이핵체(異核體)** 명 유전적으로 서로 다른 핵들이 들어 있는 세포나 균사체. 형 **heterokaryote, heterokaryotic**.

heterokaryosis **이핵공존성(異核共存性)** 명 유전적으로 서로 다른 핵들이 동일한 세포나 균사체에 들어 있는 것.

heterokont **이형편모성(異形鞭毛性)** 형 서로 다른 유형의 편모가 달린.

heterolactic fermentation **이형젖산발효** 6탄당이 발효되어 젖산, 에탄올 및 CO_2로 되는 것.

heterolecithal **부등황(不等黃)의** 형 난황이 고르지 않게 분포하는 알(부등황란)에 적용되는 말.

heterologous **이종성, 이형** 형 (1) 기원이 다른; (2) 다른 종에서 유래된; (3) 형태적으로 다른, 세대교번에 적용되는 말; (4) 자신의 종이 아닌 다른 종의 세포에 영향을 미치는 응집소(agglutinin)와 같은 다양한 물질에 적용되는 말; (5) 교차반응(cross-reacting)을 하는, 항체에 적용되는 말.

heterologous anti-immunoglobulin **이종항면역글로불린** IgG와 같은 면역글로불린강의 불변부에 대한 항체. 다른 종으로부터의 면역글로불린에 의한 면역으로 생성되고, 특정 항체와 분석대상 항원과의 결합을 탐지하는 많은 종류의 면역학적 분석에 이용된다. ≒ secondary antibody.

heterology **이상발생(異常發生), 이종구조(異種構造)** 명 기원이 다른 데 기인하여 부분들의 관련성이 없는 것. ≒ non-homology.

heterolysis **타가분해(他家分解)** 명 외인성 효소나 물질의 작용에 의해 세포 또는 조직이 분해되는 것. 형 **heterolytic**.

heteromallous 형 각각 다른 방향으로 뻗는.

heteromastigote 이형편모성 형 서로 다른 2개의 편모를 가진.

heteromeric 이층(異層)의, 교차신경의 형 (1) 다른 부분과 관련된; (2) 척수의 다른 쪽으로 연장된 축삭을 갖는 뉴런에 적용되는 말.

heteromerous 이수성(異數性), 이층(異層)의 형 (1) 수가 다른 부분들을 갖거나 그러한 부분들로 이루어진; (2) 곤충에서, 다리의 세 쌍에 있는 발목마디의 수가 같지 않은; (3) 조류 세포들이 뚜렷한 층을 형성하는 지의류 엽상체에 적용되는 말.

heterometabolous 불완전변태의 형 불완전변태를 하는 곤충에 적용되는 말. ≒ hemimetabolous.

heteromixis 이형핵융합 명 암수이체성(heterothallism)에서와 같이 유전적으로 다른 핵들이 융합하는 것.

heteromorphic 이형성(異形性) 형 (1) 여러 경우에 각기 다른 유형을 갖는; (2) 상동염색체들의 크기나 그 밖의 일부 특징이 다른 염색체쌍에 적용되는 말; (3) 반수체세대와 2배체세대가 형태적으로 다른 종에 적용되는 말.

heteromorphosis 이질형성(異質形成), 이형재생(異形再生) 명 (1) 어느 부분이 비정상적인 위치에 생겨나는 것; (2) 어느 부분이 제거된 후에 그것과는 다른 새로운 부분이 재생하는 현상.

heteromorphous 이형 형 불규칙적인 구조와 관련된, 또는 정상에서 벗어난.

heteromultimer 이종다합체(異種多合體) 명 각기 다른 유형의 소단위체들로 구성된 단백질. ≒ hetero-oligomer.

heteronomous 타율적(他律的), 부등(不等)의 형 (1) 다른 생장법칙에 따르는; (2) 각각 다른 계열을 따라 특수화된; (3) 같지 않은 체절로 나누어지는 분절(segmentation)에 적용되는 말.

hetero-oligomer 이종소중합체(異種小重合體) 명 각기 다른 유형의 소단위체들로 구성된 단백질. ≒ hetero-multimer.

heteropetalous 이형꽃잎의 형 다른 꽃잎을 가진.

heterophagous 형 아주 미성숙한 새끼를 가진.

heterophil 항원항체비특이성 형 생물에 들어 있는 비특이적 항원과 항체에 적용되는 말. 자연면역을 제공한다.

heterophilic 이종친화성(異種親和性) 형 다른 세포에 있는 상이한 수용체분자와 결합하는 어떤 세포부착분자에 적용되는 말. 비 homophilic.

heterophyllous 이형엽(異形葉)의 형 식물체의 상이한 부분에 서로 다른 모양의 보통잎이 달리는. 명 **heterophylly**.

heterophyte 종속식물 명 부생식물 또는 기생식물.

heterophytic 형 서로 다른 포자체에 달리는 두 가지 종류의 포자를 가진.

heteroplanogametes 이형운동성배우자 명복 서로 다른 운동성 배우자들.

heteroplasia 이종형성 명 다른 종류의 조직이 형성되는 것.

heteroplasm 이종조직 명 비정상적인 곳에 형성된 조직.

heteroplasmy 이종조직성(異種組織性) 명 단일한 세포질에 두 가지 이상의 유전형을 갖는 세포소기관(예: 미토콘드리아)이 존재하는 것. 이는 세포질이 서로 다른 기원에서 유래되었음을 나타낸다. 형 **heteroplasmic**. 비 homoplasmy.

heteroplastic 이종조직이식의 형 (1) 관계가 없는 물질의 이식(접붙이기)에 적용되는 말; (2) 종이나 속이 다른 개체들 간의 이식에 적용되는 말.

heteroploid 이수성(異數性), 이수체(異數體) 형 (1) 감수분열에서 어느 쌍의 비분

H

리를 통해 여분의 염색체를 갖는; (2) 기본적인 염색체 반수의 배수를 갖지 않는; (3) 명 이수성의 핵을 갖는 생물.

heteropolymer 이형중합체 명 여러 다른 유형의 소단위체들로 구성된 중합체.

heteropolysaccharide 이종다당류 명 서로 다른 유형의 단당류 소단위체들로 구성된 다당류들.

Heteroptera 노린재목 명 일부 분류체계에서, 물벌레와 빈대를 포함하는 곤충의 목.

heteropycnotic 이상응축(異常凝縮)의 형 염색질의 나머지 부분이 흩어지는 간기의 핵에서도 응축된 채로 남고 짙게 염색이 되는 염색체의 부위에 적용되는 말.

heterorhizal 이상뿌리의 형 정해진 곳이 없이 나오는 뿌리를 가진.

heterosexual 이성(異性)의 형 이성의 또는 이성과 관련된, 호르몬 등에 적용되는 말.

heterosis 타가수정, 잡종강세 명 (1) ⇨ cross-fertilization; (2) ⇨ hybrid vigour.

heterosomal 이체(異體)의, 염색체간 형 (1) 다른 몸에서 나타나거나 그와 관련된; (2) 둘 또는 그 이상의 염색체들의 재배열에 적용되는 말.

heterosporangic 형 별개의 포자낭에 두 가지 종류의 포자가 들어 있는.

heterosporous 이형포자의 형 감수분열에 의해 대포자(megaspore)와 소포자(microspore)의 두 가지 종류의 포자를 만드는 식물에 적용되는 말. 모든 종자식물 그리고 일부 고사리류와 석송류가 해당된다. 대포자는 암배우자체를 만들고 소포자는 수배우자체를 만드는데, 이들 식물에서 배우자체들은 매우 축소된 형태로 나타난다. 명 **heterospory**.

heterostemonous 이형수술의 형 서로 다른 수술을 가진.

heterostrophic 형 정상적인 것과 반대의 방향으로 꼬인.

heterostyly 이형화주성(異形花柱性) 명 암술대가 긴(pin-eyed) 꽃과 암술대가 짧은(thrum-eyed) 꽃을 갖는 프림로즈에서와 같이, 꽃에서 암술대의 길이가 다른 종의 개체들에서 볼 수 있는 상태. 한 유형의 꽃에 있는 꽃밥은 다른 유형 꽃의 암술머리와 같은 높이에 있으므로 타가수분이 일어난다. 형 **heterostylic, heterostylous**.

heterosynapsis 이형시냅스 명 2개 비상동염색체의 접합.

heterosynaptic facilitation 이형시냅스 촉진 ⇨ presynaptic facilitation.

heterotaxis 기관변위(器官變位) 명 기관 또는 부분들이 비정상적이거나 특이하게 배열되는 것.

heterotetramer 이형4합체 명 4개의 소단위체들로 구성되고 소단위체들이 두 가지 또는 그 이상의 유형을 갖는 단백질.

heterothallic 암수이체성, 암수이주성 형 생리적으로 다른 계통(균주)의 구성원들 간에서만 유성생식이 일어나는 조류나 곰팡이의 세포, 엽상체 또는 균사체에 적용되는 말. 비 homothallic. ⇨ mating type. 명 heterothallism.

heterotic 타가수정의, 잡종강세의 형 타가수정과 관련된, 잡종강세에 적용되는 말.

heterotopic 이소(異所)의 형 다르거나 특이한 곳에 있는, 조직 또는 기관의 이식에 적용되는 말.

heterotopy 이소성(異所性), 이좌성(異座性) 명 (1) 전위(대치); (2) 비정상적 서식지.

heterotrichous 이형사상(異形絲狀) 형 (1) 두 가지 종류의 섬모를 갖는; (2) 어떤 조류에서 볼 수 있는 것과 같이 직립하는 사상체와 포복하는 사상체로 구성된 엽상체를 가진.

heterotrimer 이형3합체 명 3개의 소단위체들로 구성되고 소단위체들이 두 가지 또는 그 이상의 유형을 갖는 단백질.

heterotrimeric G protein 3합체형 G단백질 세 가지 소단위체(α, β 및 γ)로 구성된 GTP결합단백질의 클래스. 포유동물 세포의 원형질막에서 세포질을 향한 면과 연관되고, 특정한 세포표면수용체로부터의 신호를 전달하는 데 관여한다. 불활성 상태에서 α소단위는 구아노신2인산(GDP)과의 결합부위를 갖는다. 활성화되면 α소단위는 GDP 대신에 구아노신3인산(GTP)과 결합하고 βγ복합체와 해리시킨다. GTP와 결합한 α소단위는 항상 그렇지는 않지만 보통 효과소단위체이다. α소단위는 GTP를 GDP로 전환하는 내재성 GTP가수분해효소의 활성을 지녀서, 결국 소단위를 불활성하고 3합체형 G단백질을 재형성한다. ⇨ G_i, G_q, G_s, G protein-coupled receptors, GTPase-activating protein, guanine-nucleotide exchange factors, gustducin, small G proteins, transducin.

heterotroph 종속영양생물 명 탄소원으로 유기화합물을 필요로 하는 생물. 형 **heterotrophic**. 비 autotroph. ⇨ chemoorganotroph, mixotroph, photoheterotroph.

heterotropous 횡생 형 태좌의 평행면에 대해 배꼽(제)과 주공이 정반대의 끝에 있는 밑씨(횡생배주)에 적용되는 말.

heterotypic 이형(異型)의 형 (1) 딸염색체가 붙은 채로 남아 있고 고리를 형성하는 유사분열과 관련된 말; (2) 서로 다른 세포내 구획들로부터의 막의 융합과 관련된 말; (3) 이종친화성(heterophilic).

heterotypical 이형(異型)의 형 확실히 관련되지 않은 종들로 이뤄지는 속에 적용되는 말.

heteroxylous 이형물관부의 형 물관과 섬유뿐만 아니라 헛물관도 들어 있는 물관부에 적용되는 말.

heterozygosis 이형접합(異型接合), 이형접합성 명 (1) 유전적으로 다른 두 배우자로부터 접합자가 만들어지는 것; (2) 이형접합이 되는 상태.

heterozygosity 이형접합도(異型接合度) 명 집단에서 특정한 유전자자리에 대한 이형접합체의 비율.

heterozygote 이형접합체 명 이형접합성 생물 또는 세포. ≒ hybrid. 비 homozygote.

heterozygote advantage 이형접합체우세 특정 대립유전자쌍의 이형접합체가 2개의 동형접합체들보다 적응도가 우세한 경우.

heterozygous 이형접합의 형 어느 유전자자리에 2개의 다른 대립유전자들이 있는 2배체의 생물이나 세포 또는 핵에 적용되는 말. ≒ hybrid. 비 homozygous.

heuristic 발견적 형 과거의 경험과 시행착오 접근법을 이용하여 문제를 해결하는 방법에 적용되는 말.

HEV 고내피소정맥(high endothelial venule).

hexa- '6'을 뜻하는 그리스어 '*hex*'에서 유래되고 '−을 6개 가진' 또는 '6개로 배열된'을 가리키는 접두사.

hexacanth 6구형(六鉤形) 형 6개의 갈고리를 가진.

Hexacorallia 6방산호아강(六放珊瑚亞綱) 명 6을 기본으로 방사대칭을 하는 산호의 아강. 돌산호류와 말미잘 등이 이에 속한다. ≒ Zoantharia. 비 Octocorallia.

hexactinal 6방사형(六放射形) 형 6개의 방사조직(살)을 가진.

hexactine 헥색틴 명 해면동물에서 동일하고 비슷한 6개의 축이 직각으로 만나는 골편(spicule).

Hexactinellida 6방해면강(六放海綿綱) 명 'glass sponges' 또는 'hexactinellid sponges'라고도 부르는 해면동물문(Porifera)의 강. 몸은 전형적으로 방사대칭형이고, 규산질로 된 큰 6축형 골편의 골격을 갖는다. 때로는 합쳐져서 입체적인 망을 형성한다.

hexactinian 6방사형(六放射形) 형 6의 배수로 촉수 또는 장간막을 갖는, 일부 강장동물에 적용되는 말.

hexacyclic 6륜(六輪)의 형 6개의 부분들로 구성된 윤생체(whorl)를 가진.

hexaene 헥사엔 명 해면동물에서 3지창과 비슷하지만 6개의 가지를 갖는 골편.

hexagynous 6암술의 형 (1) 6개의 암술이나 암술대를 갖는; (2) 6개의 심피로 된 암술군(gynoecium)을 가진.

hexamer 6합체 명 (1) 6개의 소단위체를 갖는 단백질; (2) 6개의 뉴클레오티드 또는 6개의 아미노산으로 된 순서.

hexamerous 6수성 형 6개씩 나타나거나, 6개씩 배열된.

hexandrous 6수술의 형 6개의 수술을 가진.

hexapetaloid 6화판상 형 6개의 부분으로 된 화판상(petaloid) 꽃덮개(화피)를 가진.

hexapetalous 6꽃잎의 형 6개의 꽃잎을 가진.

hexaphyllous 6엽성(六葉性) 형 6개의 잎을 가진.

hexaploid 6배체 (1) 형 6세트의 염색체를 갖는; (2) 명 염색체 반수의 6배를 갖는 생물.

hexapod 6지(六肢)의, 6각(六脚)의 형 6개의 다리를 가진.

hexapterous 6시형(六翅型) 형 6개의 날개 또는 날개와 비슷한 확장부를 가진.

hexarch 6원형 형 (1) 번갈아 생기는 물관부와 체관부의 6개 무리를 갖는 중심주에 적용되는 말; (2) 6개의 관다발을 가진.

hexasepalous 6꽃받침조각의 형 6개의 꽃받침조각을 가진.

hexaspermous 6종자성(六種子性) 형 6개의 씨앗을 가진.

hexasporous 6포자성 형 6개의 포자를 가진.

hexastemonous 6수술의 형 6개의 수술을 가진.

hexaster 6방성(六放星) 명 축이 갈라져서 별 모양의 구조를 만드는 6방사형 골편.

hexastichous 6렬성(六列性) 형 6줄로 배열된 부분들을 가진.

hexokinase 헥소키나아제 명 포도당과 그 밖의 일부 6탄당의 인산화반응을 촉매하는 효소. EC 2.7.1.1.

hexosamine 헥소사민 명 글루코사민과 갈락토사민과 같이, 당이 6탄당인 아미노당.

hexosaminidase 헥소사미니다제 명 강글리오시드와 같은 화합물로부터 말단의 6탄당 아미노당을 절단하는 반응을 촉매하는 효소.

hexosan 헥소산 명 녹말, 글리코겐, 이눌린, 섬유소 등과 같이 6탄당 단위체로 이루어진 다당류.

hexose 6탄당 명 포도당, 과당, 갈락토오스, 만노오스 등과 같이 6개의 탄소원자를 포함하는 단당류(화학식 $C_6H_{12}O_6$).

hexose monophosphate shunt 6탄당 1인산분로 ⇨ pentose phosphate pathway.

Hfr strain Hfr균주 F인자가 염색체에 통

합되어 염색체유전자의 전달 빈도를 증가시키는 세균균주.

Hg 수은 화학원소 수은(mercury)의 기호.

HGF 간세포생장인자(hepatocyte growth factor).

HGH 사람생장호르몬(human growth hormone).

HGPRT 하이포크산틴-구아닌인산리보오스전달효소(hypoxanthine guanine phosphoribosyltransferase).

HI 혈구응집억제(haemagglutination inhibition).

hiatus 열공(裂孔), 구멍 명 큰 틈이나 구멍.

hibernaculum 겨울눈 명 겨울눈.

hibernal 겨울철의 형 겨울철의.

hibernating glands 동면샘 갈색지방조직(brown adipose tissue)에 대해 예전에 사용하던 이름.

hibernation 동면(冬眠), 겨울잠 명 대사율과 체온이 상당히 떨어지고 깊은 잠이 들어 휴식상태로 겨울을 지내는 상태. 일부 설치류, 고슴도치류, 박쥐류 및 기타 소형 식충류 등과 같은 소수의 소형 포유동물들만이 '진정한' 겨울잠을 잔다. 절대동면동물(obligate hibernator)은 1년주기 행동리듬의 결과로 자연스럽게 동면에 들어간다. 조건동면동물(facultative hibernator)은 먹이가 부족해지고 온도가 일정 수준 이하로 떨어질 때 동면에 들어간다. 파충류에서 나타나는 이와 비슷한 상태를 'winter torpor'라고 하고, 곰, 오소리, 스컹크와 너구리와 같은 대형 포유동물의 경우에는 'winter lethargy'라고 한다. ⇨ aestivation.

hidden Markov model (HMM) 은닉마르코프모형 생물정보학에서 이용되는 통계적 모형의 한 종류. 이를테면 관련성이 매우 떨어지는 서열을 포함하는 큰 복서열정렬(multiple alignment)을 실시할 때 이용된다.

hidrosis 발한(發汗) 명 땀을 흘리거나 내는 것.

hiemal 겨울의 형 겨울과 관련된, 군집의 측면에 적용되는 말.

hiemilignosa 우록수림(雨綠樹林) 명 건기에 잎이 떨어지는 작은 잎의 교목과 관목으로 구성된 계절풍림(monsoon forest).

hierarchy 계급구조, 계층구조 명 (1) ⇨ dominance systems; (2) 공통적으로 갖는 특징의 수에 따라 생물들을 분류하고 등급을 정하는 자연분류체계.

high-density lipoproteins (HDL) 고밀도지방단백질 혈장에서 발견되는 지방단백질군. 인지질과 콜레스테롤이 풍부하게 들어 있다. 단백질 성분은 간에서 합성된다.

high endothelial venule (HEV) 고내피소정맥(高內皮小靜脈) 림프조직에서 볼 수 있는 모세혈관. 혈관의 벽은 길이가 긴 고내피세포(high endothelial cell)로 구성된다.

high-energy bond 고에너지결합 ATP의 말단에 있는 2개의 인산기 사이의 결합과 같이 결합이 끊어질 때 다량의 자유에너지를 방출하는 화학결합을 나타내는 오해하기 쉬운 용어.

highly repetitive DNA 고단위반복염기순서DNA ⇨ repetitive DNA.

high mobility group proteins 쾌속단백질군 ⇨ HMG proteins.

high-performance liquid chromatography (HPLC) 고성능액체크로마토그래피 입자 지름이 작은 충전제와 일정한 속도로 유출하는 이동상을 사용하는 칼럼크로마토그래피의 일종. 다양한 물질을 분석하고 정제하는 데에 이용된다.

hilar 배꼽의 형 배꼽(hilum)의, 또는 그와 관련된.

hiliferous 배꼽의 형 배꼽이 있는.

Hill coefficient (nH) 힐계수 평형결합실험에서 얻어지는 수. 단백질 상에 존재하는 리간드결합부위의 수에 관한 정보와 이들이 협동성(cooperativity)을 나타낼 것인지에 관한 정보를 제공한다.

Hill reaction 힐반응 분리한 엽록체에 빛을 주면 페리시아니드(ferricyanide; Fe^{3+})와 같은 전자수용체를 페로시아니드(ferrocyanide; Fe^{2+})로 환원하고 산소를 발생하는 반응. 1939년에 힐(Robert Hill)이 처음으로 발견하였다.

hilum 배꼽 명 [식] (1) 밑씨나 씨앗에 있는 흔적으로 씨방에 붙어 있던 자리; (2) 녹말립의 핵; (3) [동] 기관에서 대개 혈관이나 신경이 들어가는 홈이나 구멍 또는 오목한 곳. ≒ **hilus**.

hindbrain 마름뇌, 능형뇌(菱形腦) 명 소뇌와 뇌교 및 연수(숨골). 의식적 통제와 독립적인 기본적 신체활동(예: 근육긴장, 자세, 심박동, 호흡과 혈압의 조절)과 관련된 뇌의 부분이다. ≒ rhombencephalon.

hind-gut 뒤창자, 후장(後腸) (1) 사람의 배아에서 난황주머니가 꼬리주름(tail-fold) 쪽으로 뻗어 자란 것; (2) 소화관의 뒤쪽 부분; (3) ⇨ proctodaeum.

hind-kidney 뒤콩팥, 후신(後腎) ⇨ metanephros.

hinge cells 경첩세포 팽압의 변화에 따라 잎을 둥글게 말고 펼치는 것을 조절하는 큰 표피세포.

hinge ligament 경첩인대 2매패류 껍데기의 두 부분을 연결하는 질기고 탄력있는 물질.

hinge region 경첩부위 항원과 결합하는 팔을 줄기에 연결하는, IgG 또는 IgA 항체분자의 유연한 부분.

hinge tooth 경첩돌기 2매패류 껍데기의 교합선 또는 관절선에서 볼 수 있는 돌기들 가운데 하나.

hinoid 형 중앙맥과 직각으로 나란히맥(평행맥)이 있는, 잎에 적용되는 말.

hip 명 (1) [식] **장미과(薔薇果)** 장미과(Rosaceae)의 일부 종들에서 만들어지는 이과(pome fruit)의 유형을 일반적으로 부르는 말; (2) [동] **엉덩관절** 척추동물에서 뒷다리와 몸통 사이의 관절부위. ⇨ coxa.

hip girdle 요대 ⇨ pelvic girdle.

hippocampal commissure 해마연합, 해마교련 해마부위에서 두 대뇌반구를 연결하는 섬유군.

hippocampal formation 해마체 해마(hippocampus)와 치아이랑(dentate gyrus)으로 구성되는 뇌의 부위.

hippocampal gyrus 해마이랑 ⇨ subiculum.

hippocampus 해마(海馬) 명 대뇌반구의 중심에서 시상(thalamus)의 주변과 뇌들보(뇌량)의 바로 위에 있는 부위. 학습과 기억에 중요한 부위로 여겨진다. 해마가 손상을 입으면 기억상실에 걸린다.

hippomorphs 명복 멸종된 브론토데어(brontothere)와 말(말과, Equidae)을 포함하는 말목(Perissodactyla)의 무리.

hippuric acid 마뇨산(馬尿酸) 초식동물의 오줌에서 볼 수 있는 벤조일글리신(benzoyl glycine).

Hippuridales 쇠뜨기말풀목 명 육지나 습지 또는 물에 사는 쌍떡잎식물의 목. 거네라과(Gunneraceae), 개미탑과(Haloragaceae) 및 쇠뜨기말풀과(Hippuridaceae)로 이뤄진다.

hirsute 모발상 형 털이 많은; (1) 털 같은 깃털로 덮인 새에 적용되는 말; (2)

뻣뻣한 털 같은 강모를 갖거나 그러한 강모로 덮인.

hirsutidin 히르수티딘 명 청색을 띠는 안토시아닌 색소.

hirudin 히루딘 명 거머리의 침샘에 들어 있는 단백질. 피브리노겐에 대한 트롬빈의 작용을 저해하여 혈액의 응고를 방지한다.

Hirudinea 거머리강 명 일반적으로 '거머리류(leeches)'라고 부르는 육식성 또는 외부기생성 환형동물의 강. 33개의 체절을 갖고 입 주위와 뒤쪽에 빨판(sucker)이 있으며, 보통 강모는 없다.

His 히스티딘(histidine).

His' bundle 히스다발 심장에서 신경섬유와 함께 심방과 심실을 연결하는 근섬유의 다발. ≒ atrioventricular bundle.

hispid 센털의 형 뻣뻣한 털이나 가시 또는 강모를 가진.

histamine 히스타민 명 탈카르복시화반응에 의해 히스티딘에서 생성되고 염증을 일으키는 데 관여하는 아민. 히스타민은 비만세포에 의해 생성되고 많은 알레르기 증상의 원인이 된다. 기도의 민무늬근을 수축시키고 혈관을 확장시킨다. 한편 히스타민은 일부 뉴런에서도 생성되어 중추신경계에서 신경전달물질로 작용한다.

histidine (His, H) 히스티딘 명 염기성 곁사슬을 갖는 아미노산의 일종. 단백질을 구성하는 성분이다. 사람에게 필수아미노산의 가능성이 있으며, 히스타민의 전구물질이다.

histidine kinase 히스티딘인산화효소 ⇨ protein histidine kinase.

histioblast 조직아구(組織芽球) 명 해면동물의 배아세포.

histiogenic 조직발생의 ⇨ histogenic.

histioid 망상(網狀) 형 거미줄 같은.

histiotypic 조직형 형 세포형에 따른, 분리된 세포들의 재결합에 적용되는 말.

histoblast nests 조직아세포집단 파리목 유충의 복부에 있는 세포들(조직아세포)의 작은 무리. 변태를 거쳐서 성체의 복부 표피구조로 발달한다.

histochemistry 조직화학(組織化學) 명 세포와 조직을 특히 이들의 염색 특성에 대하여 연구하는 학문. 형 histochemical. ⇨ immunohistochemistry.

histocompatibility antigens 조직적합성 항원 같은 종의 다른 개체나 다른 종에 이식하였을 때 조직의 수용 또는 거부를 결정하는 세포표면단백질. ⇨ MHC molecules, minor histocompatibility antigen.

histocompatible 조직적합성 형 다른 개체에 이식하였을 때 거부반응을 일으키지 않는 조직에 적용되는 말. 명 **histocompatibility**.

histogen 조직원(組織原) 명 식물의 정단분열조직에서 새로운 조직이 만들어지는 조직층.

histogenesis 조직발생 명 조직의 발생.

histogenic 조직발생의 형 조직을 만드는.

histogram 막대도표 명 어떤 방법으로 분류한 자료들을 일련의 기둥의 형태로 나타내는 방법. 각 막대의 높이는 그 집단에 속하는 자료들의 양이나 빈도를 나타낸다.

histoid 망상 ⇨ histioid.

histoincompatible 조직부적합성 형 다른 개체에 이식하였을 때 거부반응을 일으키는 조직에 적용되는 말. 명 **histoincompatibility**.

histology 조직학(組織學) 명 염색과 현미경을 이용하여 생체조직의 자세한 구조를 연구하는 것.

histolysis 조직분해 명 조직이 분해되는 현상.

histone 히스톤 명 아르기닌과 리신이 풍부하게 들어 있는 일련의 염기성 단백질들(H2A, H2B, H3, H4) 가운데 하나를 가리키는 말. 진핵생물 염색체의 DNA와 결합하여 뉴클레오솜(nucleosome)을 형성한다. 히스톤 H1은 뉴클레오솜들 사이에서 연결DNA(linker DNA)와 결합한다.

histone acetylation 히스톤아세틸화 히스톤단백질의 아미노말단에 있는 특정 리신 잔기에 아세틸기를 번역후 첨가하는 것. 염색질의 히스톤꼬리가 아세틸화되면 변형된 부위에 단백질들이 추가되면서 염색질의 기능적 상태가 변경된다. 한편 히스톤은 뉴클레오솜에 편입되기 전에 특정한 리신 잔기가 아세틸화될 수 있다. 이러한 아세틸화는 일시적이고 새로 합성되는 염색질을 구분하는 데 도움이 된다.

histone acetyltransferase (HAT) 히스톤아세틸기전달효소 아세틸조효소A를 아세틸기 공여체로 이용하여 히스톤분자의 아세틸화반응을 수행하는 효소. ⇨ histone deacetylase.

histone deacetylase (HDAC) 히스톤탈아세틸화효소 염색질의 히스톤단백질에서 아세틸화된 리신으로부터 아세틸기를 제거하여 염색질의 기능적 상태를 변경하는 효소군을 통틀어 이르는 말. ⇨ histone acetyltransferase.

histone-like proteins 히스톤유사단백질 원핵생물에 존재하는 작은 염기성 단백질들. 이들 가운데 일부는 세균DNA와 연관되어 있다.

histone methylation 히스톤메틸화 염색질의 히스톤단백질에서 아미노말단에 있는 리신 잔기들에 하나 또는 몇 개의 메틸기를 첨가하는 반응. 변형된 부위에 단백질들이 첨가되면서 염색질의 기능적 상태가 바뀐다.

histone methyltransferase 히스톤메틸기전달효소 *S*-아데노실메티오닌(*S*-adenosylmethionine)을 메틸기 공여체로 이용하여 히스톤분자의 메틸화반응을 수행하는 효소.

histone modification 히스톤변형 아세틸기나 메틸기 또는 포스포릴기가 첨가되면서 염색질의 히스톤이 변형되는 것. 염색질에 들어 있는 유전자들의 발현에 영향을 미치면서 염색질의 특성을 변화시킨다.

histoplasmosis 히스토플라스마증 명 효모 히스토플라스마 캡슐라툼(*Histoplasma capsulatum*)에 의한 전신감염에 기인하는 사람의 진균성 질병.

histotrophic 조직형성의 형 조직의 형성 또는 회복과 관련되거나 관계가 있는.

histotypic 조직형 형 세포형에 따른, 분리된 세포들의 재결합에 적용되는 말.

histozoic 조직내생 형 조직 안에 사는, 일부 포자충 기생충의 영양형(trophozoite) 시기에 적용되는 말.

HIV 사람면역결핍바이러스(human immunodeficiency virus).

hives 두드러기 ⇨ urticaria.

HIV receptor HIV수용체 T세포의 CD4 세포표면단백질. 사람면역결핍바이러스(HIV)의 침입을 위한 수용체로 작용한다.

HLA complex HLA복합체 사람백혈구항원복합체(human leukocyte antigen complex). ⇨ major histocompatibility complex, MHC molecules. **HLA-A**, **HLA-B** 및 **HLA-C**는 사람의 MHC클래스I 분자들이고, **HLA-DP**, **HLA-DQ** 및 **HLA-DR**은 사람의 MHC클래스II분자들이다.

HLH 나선고리나선구조(helix-loop-helix).

H line **H선** H띠(H band).

HMG proteins **HMG단백질군** 전기영동에서 높은 이동도를 보이는 염색질의 비히스톤단백질들인 쾌속단백질군(high mobility group proteins).

HMM 중메로미오신(heavy meromyosin). ⇨ meromyosin.

hnRNA 이형핵RNA(heterogeneous nuclear RNA).

hoary **회백색(灰白色)의** 형 회색빛을 띤 흰색의, 서리에 뒤덮인 모습을 가진.

hock **뒷긴발목** 명 말과 그 밖의 유제류에서, 발목관절에 해당하는 뒷다리의 관절.

Hogness box **호그네스상자** ⇨ TATA box.

holandric **한웅성(限雄性)의** 형 Y염색체를 통해 수컷(웅성)에서 수컷으로 전달되는, 반성형질(sex-linked character)에 적용되는 말.

holandry **완전웅성(完全雄性)** 명 지렁이에서 두 쌍의 정소와 같이, 가질 수 있는 모든 수만큼의 정소를 갖는 상태.

Holarctica **전북극구계** 명 신북구(Nerctic region)와 구북구(Palaearctic region)로 이뤄지는 동물지리구.

holcodont 형 길고 연속적인 홈에 치아가 있는.

holdfast **부착기** 명 생물이 자신을 표면에 부착시키는 접착성 부분. 특히 갈조류의 구성원들이 바위에 몸을 부착시키는 부착반(adhesive disc)을 말한다.

holistic **전체론적(全體論的)** 형 전반적인 체계의 특성 면에서 복잡한 현상을 설명하려고 시도하는 해석에 적용되는 말. 명 **holism**. 비 reductionism.

Holliday junction **홀리데이접합부** 재조합 과정에서 교차점에 있는 2개의 2중가닥DNA분자들 간에서 형성되는 4개의 팔이 달린 구조. ≒ **Holliday intermediate**.

holobasidium **단실담자기(單室擔子器)** 명 단세포로 된 담자기. 비 heterobasidium, phragmobasidium.

holobenthic **전저생성(全底生性)** 형 일생을 해저 또는 깊은 바다에서 사는.

holoblastic **전할(全割)의** 형 난할구(cleavage furrow)가 알 전체에 걸치는 수정란의 난할과 관련된 말. 비 discoidal, meroblastic, superficial.

holobranch **완전아가미** 명 아가미사(gill filament)가 양쪽에 달리는 아가미.

holocarpic **전실성(全實性)** 형 (1) 전체 엽상체에서 생기는 자실체를 갖는; (2) 숙주세포 안에서 살고 헛뿌리나 흡기(haustorium)가 없는 기생곰팡이에 적용되는 말.

Holocene **현세(現世)** 명 플라이스토세(Pleistocene)에 이어서 약 1만 년 전에 시작된 현재의 지질시대. ≒ Recent.

holocentric **전부(全部)의** 형 '분산동원체'를 갖고 있어서 유사분열 시기에 절편이 형성될 때 염색체의 각 부분이 마치도 동원체를 갖는 것처럼 행동하는 염색체(전부염색체)에 적용되는 말.

holocephalian **전두류(全頭類)의** 형 전두아강(Holocephali)의 연골어류와 관련된 말. 은상어류(rabbit fishes)가 포함되며, 파쇄치와 채찍 모양의 꼬리 그리고 아가미를 덮는 뚜껑을 갖는다. ≒ chimaeras, rat-fish.

holocephalous **전두형(全頭型)** 형 단일한 머리를 갖는 갈비뼈에 적용되는 말.

holochroal 형 구형 또는 양면이 볼록한 수정체들이 함께 가까이 모여서 각막이 눈 전체에 걸쳐 이어지는 눈을 가진.

holocrine **전분비(全分泌)의** 형 피지샘과 같이 세포 전체가 파괴되어 내용물이 분비되는 샘(전분비샘)에 적용되는 말.

H

holocyclic 전주기적(全週期的) 형 유성생식세대 또는 단성생식세대의 교번을 완결 짓는.

holoenzyme 완전효소 명 효소구성단위(주효소)와 보결분자단, 보조인자 또는 조절기능에 필요한 조절단백질이나 보조단백질의 구성단위들로 구성되어 완전한 기능을 갖는 효소분자.

hologamodeme 완전생식개체군 명 어느 지역에서 자유롭게 상호교배하는 동일한 분류군의 무리.

hologamy 전배우성(全配偶性) 명 (1) 체세포와 비슷한 배우자를 갖는 상태; (2) 일부 원생동물에서와 같이 성숙한 개체들 간에서 일어나는 융합.

holognathous 전악성(全顎性) 형 일체로 된 턱을 가진.

hologynic 한자성(限雌性)의 형 암컷(자성)에서 암컷으로 직접 전달되는, 반성형질에 적용되는 말.

holomastigote 단편모형(單鞭毛型) 형 몸에 고루 흩어져 있는 한 가지 유형의 편모를 가진.

holometabolous 완전변태성(完全變態性) 형 4단계의 생활주기(알, 애벌레, 번데기, 성체)를 갖고 완전변태를 하는 곤충들의 목에 적용되는 말. 풀잠자리목(시베리아잠자리, 풀잠자리), 밑들이목(밑들이벌레), 날도래목(날도래), 나비목(나비와 나방), 딱정벌레목(딱정벌레), 부채벌레목, 벌목(개미, 벌과 말벌), 파리목(쌍시류 곤충), 벼룩목(벼룩)들이 이에 해당한다.

holomictic 전순환형(全循環型) 형 온도의 차이 때문에 계절적으로 성층화되는 호수(전순환형 호수)에 적용되는 말. 비 meromictic.

holomorph 전생식형, 전생활형태 명 특정 곰팡이의 모든 가능한 형태. 비 anamorph, teleomorph.

holomorphosis 완전재생 명 모든 부분이 교체되는 재생. 형 **holomorphic**.

holoparasite 완전기생생물 명 살아 있는 숙주나 죽은 숙주를 떠나서는 독립적으로 살 수 없는 기생생물.

holoplankton 종생(終生)플랑크톤 명 플랑크톤으로 생활주기를 완결하는 생물.

holopneustic 전기문식(全氣門式) 형 호흡을 위하여 모든 숨구멍(기문)이 열리는.

holoptic 온눈의 형 머리의 꼭대기에서 맞닿거나 거의 닿는 눈을 가진.

holoschisis 직접핵분열 명 염색체나 방추체가 형성되지 않고 핵막이 소실되지 않으면서 수축에 의해 핵이 분열하는 것.

holosericeous 비단결같은 형 (1) 부드러운 털로 완전히 덮여 있는; (2) 비단같은 광택이 나거나 윤기가 흐르는.

holostean, holosteous 전골(全骨)의 형 골질의 골격을 갖는, 어류에 적용되는 말.

Holostei, holosteans 전골아강, 전골류(全骨類) 명, 명복 중생대부터 출현하였지만 지금은 동갈치와 보우핀(bowfin)으로만 대표되는 경골어류의 무리.

holostomatous 온입의 형 온전한 구멍의 입을 가진.

holostylic 전접형 형 설골궁이 관여하지 않고 구개방형 연골이 머리뼈와 유합하는 하악고정(jaw suspension)의 유형에 적용되는 말. 은상어류(rabbit fishes)가 대표적인 예가 된다.

holosystolic 온수축기의 형 완전한 수축기(systole)와 관련된 말.

Holothuroidea, holothurians 해삼강, 해삼류 명, 명복 일반적으로 'sea cucumbers'라고 부르는 소시지처럼 생긴 극피동물의 강. 육질의 체벽에 박힌 미세한 골판을 갖는다.

Holotricha, holotrichans 전모강, 전모류(全毛類) 명, 명복 입 주위에 뚜렷한 두상섬모대가 나타나지 않고 몸 전체를 덮는 섬모에 의해 유영하는 섬모충류의 무리.

holotype 정기준표본 ⇨ type specimen.

holozoic 완전동물성 형 먹이물질을 삼킨 다음 이를 소화시키는 동물의 방식으로 먹이를 얻는.

holozygote 완전접합자 명 융합된 양쪽 세포의 전체 유전체가 들어 있는 접합자.

homaxial 동축성(同軸性) 형 동일한 축들의 주위에 형성되는.

homeobox 호메오박스 명 초파리의 체절결정유전자에서 처음으로 동정되고 다양한 많은 생물의 발생유전자들에 들어 있는 뉴클레오티드순서. DNA결합순서인 호메오도메인을 암호화한다.

homeodomain 호메오도메인 명 호메오박스서열에 의해 암호화되는 DNA결합단백질도메인. 발생에 관여하는 많은 유전자조절단백질들에서 발견된다.

homeologous chromosomes 부분상동염색체 ⇨ homoeologous chromosomes.

homeoprotein 호메오단백질 명 호메오도메인을 포함하는 단백질.

homeosis 이질형성(異質形成) 명 초파리의 돌연변이체인 안테나페디아(*Antennapedia*)에서 더듬이가 다리로 변형되거나 일부 식물의 돌연변이체에서 꽃잎이 수술로 바뀌는 것처럼 한 부분이 다른 부분으로 형질전환되는 것. ≒ homoeosis, metamorphy, metamorphosis.

homeostasis 항상성(恒常性) 명 (1) 몸이나 몸의 일부에서 내부환경을 일정하게 유지하는 현상; (2) 생물과 환경 간의 평형을 유지하는 자연평형(balance of nature). 형 **homeostatic**. ≒ homoeostasis.

homeotely 상동이형진화 명 상동 부분으로부터 진화하였지만 유사성이 적은 것.

homeothermic 항온의, 정온의 ⇨ homoiothermic.

homeotic 체절의, 체절결정의 형 (1) 몸의 한 부분을 다른 부분으로 바꾸는 돌연변이(체절돌연변이)에 적용되는 말; (2) 체절돌연변이를 일으키는 유전자(체절결정유전자)에 적용되는 말. ≒ homoeotic.

homeotic selector gene 체절결정유전자 ⇨ Hox genes.

home range 영역권, 행동권 ⇨ territory.

homing 귀소(歸巢), 호밍 명 몸의 다른 부위로 백혈구가 선택적으로 침입하는 것. 이들 부위에 있는 혈관내피세포의 세포부착분자와 백혈구의 귀소수용체(homing receptor) 간의 상호작용에 의해 조정된다.

Hominidae, hominids 사람과, 사람류 명, 명복 (1) 고인류학자들에 의해 시기마다 여러모로 취급된 분류학적 분류. 최근에는 영장류의 과인 대형유인원(great apes)을 가리키는 것으로 제안되었다. 사람(*Homo* spp.), 침팬지, 고릴라와 오랑우탄 그리고 이들의 멸종된 조상들과 이 계통이 영장류의 나머지들과 분기된 시기의 친척들로 이뤄진다; (2) **hominid 사람, 인간** 명 사람(*Homo* spp.) 그리고 사람과 비슷한 화석종(예: 오스트랄로피테쿠스)의 구성원들에 대해 비전문적인 의미로 사용되는 말. 직립하는 자세와 유인원(성성이류)과 구별 짓는 그 밖의 특성들로 특징지어진다. 형 **hominid**. 비 Homininae, Hominini, Hominoidea.

Homininae 사람아과 명복 사람과의 아과. 사람, 고릴라와 침팬지 그리고 이

계통이 오랑우탄계통과 분기된 시기로 거슬러 올라가 멸종된 이들과 가까운 친척들로 이뤄진다. 비 Hominini, Hominoidea.

hominine 사람의 형 사람의 특징을 가진.

Hominini, hominins 사람족 명, 명복 사람과 침팬지 그리고 이들의 멸종된 가까운 친척들을 포함하는 영장류 사람아과의 족(tribe). 비 Hominidae, Hominoidea.

Hominoidea, hominoids 사람상과, 인원류 명, 명복 사람과(사람, 사람과 비슷한 사람류 그리고 대형유인원)와 긴팔원숭이과(긴팔원숭이류)를 포함하는 영장류의 상과. 형 **hominoid.**

homiothermic 항온의, 정온의 ⇨ homoiothermic.

Homo **사람속** 멸종된 하빌리스인(*H. habilis*), 직립원인(*H. erectus*), 네안데르탈인(*H. neanderthalensis*) 등과 현생인류인 사람(*H. sapiens*)을 포함하는 진정인류의 속. 이들 영장류는 완전히 직립한 키, 두발보행, 감소한 치아 상태와 특히 큰 뇌로 특징지어진다.

homo- '같은'을 뜻하는 그리스어 '*homo*'에서 유래된 접두사. 이를테면 '구조의 유사성', '원천이 같은', '기원이 비슷한', '비슷한 성분을 함유하는' 따위를 가리킨다.

homoacetogen 호모아세토젠 명 당발효의 유일한 생성물로 또는 $H_2 + CO_2$로부터 아세트산을 만드는 세균.

homoacetogenic fermentation 호모아세토젠발효 과당이 아세트산으로 되는 발효.

homoallelic 동형대립유전자의 형 동일한 부위에 돌연변이를 일으켜서 유전자내 재조합으로 기능적 유전자를 만들 수 없는 돌연변이유전자의 대립유전자에 적용되는 말.

homobasidiomycetes 진정담자균류 명, 명복 일반적으로 곤봉 모양의 격벽이 없는 담자기(동담자기 또는 단실담자기)에 담자포자가 만들어지는 담자균류. 버섯과 독버섯, 선반버섯, 산호형 균류, 말징버섯, 방귀버섯, 말뚝버섯 그리고 주름찻잔버섯들로 이뤄진다. ≒ Hymenomycetes. 비 heterobasidiomycetes.

homoblastic 동형세포기원의 형 비슷한 세포들에서 생기는.

homocarnosine 호모카르노신 명 뇌에 주로 발견되는 디펩티드(ala-γ-aminobutyric acid).

homocarpous 동형과(同型果)의 형 한 가지 종류의 열매만 달리는.

homocellular 동형세포형 형 한 가지 종류의 세포들로만 구성되는.

homocercal 등미(等尾)의, 동형의 형 등골뼈가 끝나는 부위에서 상엽과 하엽이 거의 같은 꼬리지느러미의 종류(동형지느러미)에 적용되는 말.

homochlamydeous 동화피성(同花被性) 형 꽃받침과 꽃부리가 판별이 되지 않고 아주 비슷하게 돌려나는 외화피와 내화피를 가진.

homochromous 단색의 형 한 가지 색깔의, 두상화를 이루는 낱꽃들에 적용되는 말.

homochronous 동주기(同週期)의 형 대대로 같은 나이나 시기에 나타나는.

homocysteine 호모시스테인 명 메티오닌 생합성의 중간물질이고 단백질에는 포함되지 않는 아미노산.

homocytotropic antibody 동종세포친화성 항체 ⇨ IgE.

homodimer 동형2합체 명 2개의 동일한 소단위들로 구성된 단백질.

homodont 동형치(同形齒)의 형 분화가 일어나지 않아 모두 비슷한 이(치아)를 가진.

homodromous 동일방향성 형 (1) 줄기와 가지의 방향이 아주 비슷한 기초나선을 갖는; (2) 같은 방향으로 움직이거나 작용하는.

homoecious 동일숙주기생성 형 생활주기를 거치는 동안 같은 숙주나 주거지를 차지하는.

homoeo- ⇨ homeo-.

homoeo box 호메오박스 ⇨ homeobox.

homoeologous 부분상동의 형 부분적으로 상동인, 이형유전체성 배수체 내의 여러 다른 유전체에서 유래되었거나 동족의 종에서 유래된 유전적으로 그리고 진화적으로 관련된 염색체(부분상동염색체)에 적용되는 말.

homoeostasis 항상성 ⇨ homeostasis.

homoeotic 체절의, 체절결정의 ⇨ homeotic.

homofermentation 동형 발효 명 당 또는 그 밖의 당에서 유일한 생성물로 젖산이 형성되는 발효.

homogametic sex 동형배우자성(同形配偶子性) 한 쌍의 동형 성염색체를 가지고 한 형의 배우자를 만드는 성(sex). 포유동물에서 동형배우자성은 XX인 암컷이고, 새, 파충류 그리고 나비류에서는 ZZ인 수컷이 동형배우자성이다.

homogamy 격리근친교배, 암수동숙 명 (1) 어떤 유형의 격리에 기인하는 근친교배; (2) 모두 비슷한 꽃을 갖는 상태; (3) 동시에 성숙하는 수술과 암술을 갖는 것.

homogangliate 동형신경절의 형 대칭적으로 배열된 신경절을 가진.

homogenate 세포분쇄액 명 세포를 파쇄하여 그 내용물을 방출시켜 얻는 세포추출물.

homogeneous 동질성, 균질성 형 같거나 비슷한 성분들로 구성된. ≒ homogenous.

homogenetic 순계발생의 형 같은 기원을 가진.

homogenic 동형유전자의 형 같은 유전자를 갖거나 그와 관련된.

homogenic incompatibility 동형부적합성 곰팡이에서, 유전적으로 비슷한 개체들이 융합할 수 없는 것.

homogenization 균질화(均質化) 명 세포들이 파열되고 그 내용물이 방출되도록 조직을 기계적으로 붕괴시키는 것.

homogenous 성인상동(成因相同)의, 균질의 형 (1) 공통조상형에서 내려왔기 때문에 비슷한 부분들이나 기관들에 적용되는 말; (2) 동질성(homogeneous).

homogentisate 호모겐티신산 명 아미노산 페닐알라닌과 티로신의 분해계에서의 중간화합물. 유전적 효소결핍증인 알캅톤뇨증(alcaptonuria)에서 오줌에 호모겐티신산이 축적되고 공기와 접촉하면 검게 변한다.

homogeny 계통적 상동 명 공통조상에서 유래된 계통의 부분들 간에서 나타나는 관련성.

homoiomerous 동층(同層)의 형 조류세포들이 상당히 고르게 몸체에 분포하는 지의류(동층지의류)에 적용되는 말.

homoiosmotic 항삼투성(恒滲透性) 형 내부의 삼투압이 일정한 생물(항삼투성생물)에 적용되는 말.

homoiothermic 항온(恒溫)의, 정온(定溫)의 형 새와 포유동물처럼 외부의 온도변화에 상관없이 체온을 다소 일정하게 유지하는 동물(항온동물, 정온동물)에 적용되는 말. 사실상 모든 항온동물이 한편으로 내온성(endothermic)이기는 하지만, 이 두 용어는 동의어가 아니고 체온조절(thermoregulation)의 다른 측면을 나타내는 말이다. 명 **homoiotherm**. 비 poikilothermic.

homokaryon 동종핵체(同種核體), 동핵공존체 명 동일한 유전적 구조를 갖는 반수체 핵을 2개 이상 가지고 있는 균사 또는 균사체.

homokaryotic 동종핵성 형 다핵세포에 또는 균사의 서로 다른 세포들에 유전적으로 동일한 핵들이 들어 있는.

homolactic fermentation 동형 젖산발효 유일한 생성물로 젖산이 형성되는 발효.

homolateral 동측성(同側性) 형 같은 쪽에 있거나 그와 관련된.

homolecithal 등황(等黃)의 형 난황이 거의 균등하게 분포되어 있는 알(등황란)에 적용되는 말.

homolog 'homologue'의 철자.

homologous 상동의, 동형의 형 (1) 공통조상에서 기원하여 서로 비슷한, 여러 다른 종의 구조들이나 특성에 적용되는 말; (2) 서로 다른 어버이로부터 유래되었지만 유전자들의 염기순서가 같고 감수분열을 할 때 서로 짝을 이루는 2배체 생물의 염색체(상동염색체)에 해당되는 말; (3) 같은 특성을 결정짓는 유전자들에 적용되는 말; (4) 공통조상의 서열로부터 분기진화에 의해 유래되어 서로 어느 정도의 유사성을 갖는 DNA염기순서 또는 단백질서열에 해당되는 말; (5) 곤충의 날개와 다리와 같이 계통적 기원이 같지만 최종적인 구조나 기능이 반드시 같지 않은 구조에 적용되는 말; (6) [면] ⇨ allogenic.

homologous end-joining 상동말단연결 자매염색분체의 상동부분이나 상동염색체의 유전정보를 이용하여 DNA재조합 메커니즘에 의해 DNA 2중가닥의 절단을 수선하는 과정.

homologous recombination 상동재조합 (1) 감수분열 시에 상동염색체들 간에서 일어나는 재조합과 같이, 같거나 매우 비슷한 염기순서를 갖는 2개의 DNA사슬 사이에서 일어나는 재조합; (2) 세포에 유전자의 돌연변이체 복사본을 도입하여 염색체유전자를 파괴하고 염색체유전자를 돌연변이체 복사본으로 대체하여 재조합시키는 표적유전자파괴의 기법.

homologue 상동기관, 동족체, 동류 명 (1) 다른 구조와 진화적 및 발생적 기원은 비슷하지만 서로 다른 기능을 담당하는 구조들; (2) 한 쌍의 상동염색체 중 하나; (3) 한 쌍 또는 한 세트의 상동적 DNA염기순서나 단백질서열 중 하나.

homology 상동(相同), 상동성 명 공통조상에서 유래하였기 때문에 비슷한 것. 형 **homologous**.

homology modelling 상동모형화 구조를 알고 있는 단백질서열과의 유사성의 근거하여 단백질의 3차원 구조를 예측하는 기법. ≒ comparative modelling.

homomallous 형 한쪽으로 균일하게 곡선을 이루는, 잎에 적용되는 말.

homomixis 동형핵융합 명 암수동체성에서와 같이, 동일한 엽상체로부터 핵들이 융합하는 것.

homomorphic 동형의 형 크기와 구조가 비슷한.

homomorphism 동형성(同形性) 명 (1) 오직 한 가지 유형의 완전꽃을 갖는 상태; (2) 애벌레와 성체가 비슷한 것. 형 **homomorphic**.

homomorphosis 동형형성 명 새로 재생된 부분이 제거된 부분과 비슷한 상태.

homomultimer 동일다합체 명 둘 또는 그 이상의 동일한 소단위들로 구성되는 단백질.

homonomous 동규적(同規的), 상동적(相

同的) 형 (1) 비슷한 체절들로 나누어지는 분절(segmentation)에 적용되는 말; (2) 발생 또는 생장에서 동일한 시기나 과정의 다음에 나타나는.

homonym 이종동명(異種同名) 명 2개의 다른 종에 주어진 명칭. 이러한 사례가 발견되면 두 번째로 명명된 종의 명칭을 바꿔야 한다.

homo-oligomeric 동소중합체성(同小重合體性) 형 몇 개의 동일한 소단위들로 구성된 단백질에 적용되는 말.

homopetalous 동형화판의 형 모두 비슷한 꽃잎을 가진.

homophilic 동종친화성 형 유사 개체끼리 결합하는, 다른 세포의 동일한 분자와 결합하는 세포부착분자에 적용되는 말. 비 heterophilic.

homophyllous 동형잎의 형 한 종류의 잎이 달리는.

homoplasmy 동종조직성(同種組織性) 명 세포질에 단일한 유전형의 세포소기관(예: 미토콘드리아)이 존재하는 것. 형 **homoplasmic**. 비 heteroplasmy.

homoplast 동형세포체 명 연결생활체(coenobium)와 같이 비슷한 세포들에서 형성되는 생물이나 기관.

homoplastic 동형의 형 (1) 모양과 구조가 비슷하지만 기원이 같지 않은; (2) 같은 종의 다른 개체에 행해진 이식(접목)에 적용되는 말.

homoplasy 진화적 상동(성) 명 공통조상에서 유래하지 않고 비슷한 계통을 따라 진화한 결과로 여러 다른 기관이나 생물들 간에서 형태 또는 구조가 비슷해진 것. 형 **homoplasious**. ≒ **homoplasty**, convergent evolution.

homopolysaccharide 단일다당류 명 단지 한 가지 종류의 단당류 소단위들로만 구성된 다당류.

Homoptera 매미목 명 장님노린재, 진딧물, 매미 그리고 깍지벌레를 포함하는 곤충들의 무리.

homopterous 동시류(同翅類)의 형 비슷한 날개들을 가진.

homosequential 핵형보존의 형 정확히 동일한 염색체띠무늬를 갖는 다사염색체(polytene chromosome)를 지닌 파리목의 종(핵형보존종)에 적용되는 말.

homoserine 호모세린 명 단백질에서는 발견되지 않고, 메티오닌과 트레오닌의 생합성에 관여하는 아미노산.

homosporous 동형포자의 형 대부분의 이끼류와 고사리류와 같이 감수분열에 의해 한 가지 종류의 포자만 형성하는 식물에 적용되는 말. 명 **homospory**.

homostyly 동형화주성(同形花柱性), 동장예화(同長蕊花) 명 동일한 종의 모든 꽃에서 암술대의 길이가 같은 상태. 형 **homostylous**. 비 heterostyly.

homotaxis, homotaxy 유사배열(類似配列) 명 다른 지역이나 지층에서 유사한 군집이나 종의 천이가 나타나는 것. 반드시 동시대에 나타나는 것은 아니다. 형 **homotaxial**.

homothallic 암수동체성 형 (1) 조류 또는 곰팡이에서 유전적으로 비슷한 계통과 또는 같은 균사체나 엽상체의 가지와 유성생식을 할 수 있는 세포나 엽상체 또는 균사체에 해당되는 말; (2) 효모(*Saccharomyces cerevisiae*)의 어떤 개체에서 교배형의 변환이 일어나는 (따라서 같은 계통의 구성원 간에서 접합이 일어날 수 있는) 계통에 적용되는 말. ⇨ mating type. 명 homothallism.

homotropous 형 (1) 같은 방향으로 도는; (2) 주공과 합점이 양 끝에 있는 밑씨를 가리키는 말.

homotypic 동형의 형 세포형이나 분자

H

따위가 비슷한 것끼리 결합하는.

homotypy 동형성(同形性) 명 (1) 몸에서 주축의 양쪽에 있는 구조들이 균등한 것; (2) 일부 동물의 체절형성과 같은 연속상동성(serial homology); (3) 역대칭(reversed symmetry).

homoxylous 형 물관이 없고 헛물관으로 구성된 목재의.

homozygote 동형접합체 명 동형접합성 생물이나 세포.

homozygous 동형접합성 형 특정한 유전자자리에 2개의 동일한 대립유전자를 갖는 2배체의 생물이나 세포 또는 핵에 적용되는 말. 명 **homozygosity**. 비 heterozygous.

homunculus 호문쿨루스, 정자속소인 명 18세기에 전성설의 지지자들에 의해 제안된, 정자에 들어 있는 것으로 생각한 아주 작은 사람의 태아.

honest behaviour 정직행동 한 개체가 다른 개체에게 본심을 전달하는 행동.

honey bee 꿀벌 양봉꿀벌(*Apis mellifera*)의 일반적인 명칭. ⇨ bees.

honeydew 감로(甘露) 명 (1) 많은 식물의 잎에서 만들어지는 당분이 함유된 삼출물; (2) 진딧물에서 분비되는 달콤한 액체.

honey guides 꿀벌안내 ⇨ nectar guides.

honey-stomach 꿀주머니 일부 곤충에서, 배의 앞쪽에 있는 식도가 팽창된 것. 삼킨 액체를 저장하는 역할을 하고, 필요할 때 이를 역류시킨다.

Hoogsteen base pairing 후그스틴형 염기짝짓기 푸린과 피리미딘 염기들 간에서 만들어질 수 있는 비표준 염기짝짓기.

hookworms 구충(鉤蟲) 명복 사람에게 중병을 일으키는 기생성 선충류. 두비니구충(십이지장충, *Ancylostoma duodenale*)과 아메리카구충(*Necator americanus*) 등이 있다. 열대 지방에서 흔하게 나타나고, 유충은 피부를 통하여 몸에 들어오고 성충은 창자에 살면서 장벽을 마모시켜 결국에는 심각한 빈혈증을 유발하고 심신을 쇠약하게 만든다.

hopanoids 호파노이드 명복 일부 세균의 세포막에서 나타나는 스테롤과 유사한 화합물.

hordaceous 보리의 형 보리와 관련된 또는 보리를 닮은.

hordein 호르데인 명 보리 낟알의 저장 단백질.

horizon 단층(斷層) 명 (1) 어느 정도 뚜렷한 특징을 나타내는 토양의 층; (2) 일정한 화석종에 의해 특징지어지고 일정한 시대에 형성된 퇴적물의 층.

horizontal cell 수평세포 망막에 있는 신경세포의 일종. 두극세포(양극세포)와 아마크린세포와 함께 층을 형성하고 측면연결을 이룬다.

horizontal gene transfer 수평유전자전달 한 종이 다른 종으로부터 유전자를 받아들이는 것. ≒ lateral gene transfer.

hormogonium 연쇄체(連鎖體) 명 남세균의 두 이질세포 사이의 사상체. 떨어져 나가면 새로운 개체로 번식한다. 복 **hormogonia**.

hormone 호르몬 명 어느 조직에서 만들어지고 다른 조직으로 수송되어 그곳에서 특정한 생리적 반응을 유발하는 물질.

horn 뿔, 각(角) 명 (1) 많은 반추동물의 머리에 있는 속이 빈 돌출물. 골질의 바탕을 덮는 각질화된 표피의 층으로 구성된다; (2) 뿔과 흡사한 돌출물들을 통틀어 이르는 말; (3) 자궁의 뒷부분이 합일되어 있을 때 각 자궁의 앞부분; (4) 올빼미의 깃털 뭉치; (5) 어류의 가시; (6) 달팽이류의 촉각; (7) 뿔(cornu); (8) 케라틴(keratin).

H

horn corals 4방산호류(四放珊瑚類) 4방산호류(Rugosa). 비 horny corals.

hornworts 뿔이끼류 명복 뿔이끼식물문(Anthocerophyta)에 속하는 종류들의 일반적인 명칭.

horny corals 뿔산호류 부채뿔산호류 (gorgonians)의 다른 명칭. 비 horn corals.

horological 정시개폐(定時開閉)의 형 낮과 밤의 특정한 시간에 피고 닫히는 꽃(정시개폐꽃)에 적용되는 말.

horotelic 정속진화성(正速進化性) 형 보통의 속도로 진화하는.

horsehair worms 모양선충류(毛樣線蟲類) 유선형동물(Nematomorpha).

horseradish peroxidase (HRP) 겨자무과산화효소 서양고추냉이(horseradish)와 기타 식물의 뿌리에서 발견되는 효소. 어떤 기질과 반응하여 검은 과립의 얼룩을 남긴다. 이 효소는 특히 신경세포의 축삭을 추적하는 조직화학적 착색제로 이용된다.

horseshoe crabs 투구게류 'king crabs'라고도 부르는 검미목(Xiphosura)의 일반적인 명칭. 갑각류보다는 거미류와 관련이 있는 수생 절지동물의 무리이며, 흔히 별개의 강인 퇴구강(Merostomata)에 두기도 한다. 키틴질의 몸을 갖고 머리가슴은 편자 모양의 갑각으로 덮여 있다.

horsetails 속새류 속새식물문(Sphenophyta)의 일반적인 명칭.

host 숙주(宿主) 명 (1) 생애의 일부나 전부를 다른 생물에서 보내고 그로부터 양분을 얻거나 보호를 받는 생물들; (2) 조직이식의 수용자.

host-induced modification 숙주유도성 변형 껍질보유바이러스에서, 숙주의 세포막물질을 껍질에 편입시켜서 여러 다른 유형의 세포에서 증식하는 비리온의 물리적 특징의 차이를 유발하는 것.

host range 숙주범위 병원체가 감염할 수 있는 여러 다른 종이나 세포 종류의 범위.

hotspot 돌연변이다발점 명 유전자나 염색체에서 돌연변이 또는 재조합이 현저하게 증가하는 부위.

housekeeping genes 항존유전자 대부분의 세포형에서 발현되고 모든 세포에서 공통적으로 나타나는 기본적 대사작용과 관계가 있는 유전자들.

Hox genes 혹스유전자 모든 후생동물에서 발견되는, 호메오박스를 갖는 유전자군. 발생과정에서 전후축을 따라 세포의 위치를 지정하는 데 관여한다.

HPFH 유전성 태아헤모글로빈지속(hereditary persistence of foetal haemoglobin).

HPLC 고성능액체크로마토그래피(high-performance liquid chromatography).

HPRT 하이포크산틴-구아닌인산리보오스전달효소(hypoxanthine guanine phosphoribosyl transferase).

H^+ pump 양성자펌프 ⇨ proton pump.

HPV 사람유두종바이러스(human papilloma virus).

HRP 겨자무과산화효소(horseradish peroxidase).

HSC 조혈줄기세포(haematopoietic stem cell).

Hsp 열충격단백질(heat-shock protein)의 일반적인 축약형.

H strand H가닥 DNA, 특히 밀도에 따라 H가닥과 L(가벼운)가닥으로 분리될 수 있는 포유동물 미토콘드리아DNA의 무거운 가닥(heavy strand).

H substance H물질 적혈구에 있는 복합탄수화물항원. 기본적인 ABO혈액형 항원의 변경되지 않은 형태로, O형의 사람에서 발견된다.

5-HT 5-히드록시트립타민(5-hydroxytryptamine).

HTH 나선대나선연결구조(helix-turn-helix).

HTLV-I 희귀한 암인 성체T세포백혈병을 유발하는 사람T세포백혈병바이러스(human T-cell leukaemia virus).

HTLV-II 사람으로부터 분리했지만 질환과의 관련이 분명하지 않은 레트로바이러스인 사람T세포림프친화바이러스II(human T lymphotropic virus II).

hue 색상(色相) 명 사람이 가시광선을 지각하는 색의 3요소의 하나. ⇨ brightness, saturation.

human chorionic gonadotropin (hCG) 사람융모성 생식샘자극호르몬 착상된 후에 발생 중인 수태물과 태반에서 생성되는 단백질호르몬. 임신의 지속과 관련이 있다.

human embryonic stem cell (hES cell, hESC) 사람배아줄기세포 사람 포배의 내세포덩이로부터 분리하여 배양한 배아줄기세포. 이 세포들은 인체의 어떤 세포형으로도 분화할 수 있는 잠재력을 갖는다.

Human Genome Project 사람유전체(연구)사업 완전한 사람유전체의 지도를 작성하고 염기순서의 해독을 목표로 하는 공개적 국제공동계획.

human immunodeficiency virus (HIV) 사람면역결핍바이러스 모계 감염되거나 성생활 또는 감염된 혈액의 수혈에 의한 체액에 의해 전달되는 레트로바이러스. HIV는 CD4 T림프구에 감염하여 이들을 고갈시켜서 심각한 면역결핍증상인 후천성 면역결핍증후군(에이즈)을 일으킨다. HIV-1과 HIV-2의 두 종류의 바이러스가 알려져 있다.

humanized antibodies 사람화 항체 생쥐항체로부터 원하는 항원결합부위를 사람항체에 주입하여 유전공학적으로 제조한 항체.

human leukocyte antigen 사람백혈구항원 ⇨ HLA.

humeral 위팔뼈의 형 어깨부위와 관련된 말.

humerus 위팔뼈, 상완골(上腕骨) 명 위팔(상완)의 뼈, 또는 척추동물 앞다리의 위쪽 부분.

humic 부식질의 형 부식질(humus)과 관련되거나 부식질에서 얻어진.

humic acid 부식산(腐植酸) 산을 첨가하면 약알칼리에서 부식질용액으로부터 침전되는 분획.

humicolous 토양서식성 형 흙에서 사는. 명 **humicole**.

humification 부식화 명 식물과 동물의 잔해에 미생물이 작용하여 흙에서 부식질이 형성되는 현상.

humin 휴민 명 부식질을 묽은 알칼리에 용해시킬 때 남는 검은 불용성 잔여분.

humour, humor 체액(體液) 명 몸의 액체를 통틀어 이르는 말. 요즘에는 눈의 액체와 관련해서 주로 이용된다. ⇨ aqueous humor, vitreous humour.

humoral 체액성 형 (1) 항체에 의해 매개되는 면역(체액성 면역)에 적용되는 말; (2) 혈액과 림프를 순환하는 항체(체액성 항체)에 적용되는 말.

humulone 후물론 명 호프에서 얻어지는 쓴맛이 나는 화합물.

humus 부식질(腐植質) 명 토양에서 식물과 동물의 잔해를 미생물이 분해하여 만든, 복잡한 조성을 갖는 검은 유기물.

Huntington's disease 헌팅턴병 중년기에 정신적 및 육체적 퇴화가 시작되는 특징을 갖는 상염색체우성 유전병. 헌팅턴 유전자에 있는 3개의 뉴클레오티드서열이 비정상적으로 증가되어 나타나는 질병이다. ≒ **Huntington's chorea**.

HU protein HU단백질 세균에서 DNA와 복합체를 형성하는 히스톤과 유사한 단백질.

Huxley's layer 헉슬리층 털주머니의 내측뿌리집(내모근초)에서 다면세포로 된 중간층.

HVR 고도가변영역 항체분자의 고도가변영역(hypervariable region).

hyaline 투명성, 유리질 형 (1) 투명하거나 반투명한; (2) 포함된 것이 없는; (3) 분명한 섬유가 없이 깨끗한 유리 같은 모양의 연골(유리질연골)에 적용되는 말.

hyaline layer 유리질층(琉璃質層) 성게 포배의 표면을 덮는 기질의 바깥층. 이 층은 수정할 때 알의 피층과립에서 분비된다.

hyalocyte 유리체세포 명 눈의 유리체액(vitreous humor)을 분비하는 세포.

hyaloid 유리질 형 투명하거나 반투명한.

hyaloid artery 유리질동맥 태아의 눈에서 유리질관을 통해 수정체의 뒤로 연결되는 망막의 중앙 동맥.

hyaloid canal 유리질관 시신경에서 눈의 유리체액를 지나 수정체의 뒤로 연결되는 관.

hyaloid fossa 유리질오목 눈의 유리체(vitreous body) 앞쪽의 오목한 곳.

hyaloid membrane 유리질막 눈의 유리체를 에워싸는 섬세한 막.

hyalopterous 투명날개의 형 투명한 날개를 가진.

hyalospore 투명포자, 무색포자 명 일부 곰팡이의 투명한 단세포성 포자.

hyaluronans 히알루로난 명복 점성이 있는 *N*-아세틸글루코사민과 글루쿠론산의 고분자중합체. 결합조직과 그 밖의 조직에 풍부하게 들어 있다. 윤활제의 기능을 하고 동물세포 간의 시멘트질을 형성한다. ≒ **hyaluronate, hyaluronic acid**.

hyaluronidase 히알루로니다아제 명 히알루로난을 분해하는 효소. 다양한 병원성 세균 등에 의해 생성되고, 이들 세균이 조직에 침투하는 데 도움이 된다. EC 3.2.1.36. 상용명 hyalurono-glucuronidase.

hybrid 잡종(雜種), 혼성(混性) 명 (1) 서로 다른 유전자형을 갖는 어버이들 간의 교배로 생긴 자손; (2) 이형접합체(heterozygote); (3) 기원이 다른 둘 또는 그 이상의 부분들로 구성되는 고분자들(특히 DNA). 동 **hybridize**. 형 **hybrid**.

hybrid-arrested translation 상보결합번역억제 *in vitro*에서 mRNA와 쌍을 형성할 수 있는 능력에 의해 mRNA에 대응하는 cDNA를 확인하는 방법.

hybrid cell 잡종세포 하나의 큰 핵에 염색체들이 들어 있는, 두 종의 세포를 융합하여 만든 세포. 비 heterokaryon.

hybrid cline 종의 교배로 형성된 특징이나 유형의 순차적 배열.

hybrid DNA 잡종DNA (1) 이형2중가닥 DNA(heteroduplex DNA); (2) 재조합 DNA와 같이 기원이 다른 부분들로 구성된 DNA분자. ≒ chimeric DNA.

hybrid dysgenesis 교잡증후군, 잡종불임 노랑초파리(*Drosophila melanogaster*)의 어떤 계통을 교배했을 때 염색체이상과 돌연변이를 나타내는 불임자손이 만들어지는 현상. 이 증상은 I-R계통 또는 P-M계통이 관여한다. I계통의 수컷과 R계통의 암컷을 교배했을 때 그리고 P계통의 수컷과 M계통의 암컷을 교배했을 때 잡종불임이 나타나지만, 반대의 경우에는 증상이 나타나지 않는다. ⇨ P factors, M cytotype.

hybridization 잡종형성, 잡종화, 혼성화 명 (1) 잡종이 형성되는 것; (2) 타가수

H

정(cross-fertilization); (3) DNA잡종화(DNA hybridization).

hybridoma 혼성세포(混成細胞) 명 단일클론항체를 생성하는 잡종세포주. 지라의 항체생산B세포와 골수종세포(myeloma cell)를 융합시켜 만든다. 그 결과 만들어지는 세포는 배양에서 무기한으로 증식할 수 있고 항체를 만들어 낼 수 있으며, 연구와 의료진단검사에 쓰이는 단일클론항체를 만드는 데 이용된다.

hybrid sterility 잡종불임성(雜種不稔性) 잡종이 만들어진 결과로 생긴 개체가 생식능력이 없는 것.

hybrid swarms 잡종집단 종간잡종(species hybrid)의 후손들로 구성된 집단. 이들 종이 사는 지리적 구역 간의 경계에서 볼 수 있다.

H

hybrid vigour 잡종강세 식물의 두 순계 간의 교배에서 볼 수 있는, 잡종이 양친의 어느 한쪽보다도 훨씬 우수한 형질을 갖는 현상. 이형접합도(heterozygosity)의 증가에 기인하는 것으로 추정된다. ⇨ overdominance.

hybrid zone 잡종형성지대 한때 지리적 장벽에 의해 격리되었던 두 집단이 장벽이 붕괴된 후 잡종을 형성하는 지리적 구역.

hydathode 배수조직(排水組織) 명 식물체 내의 수분을 체외로 배출하게끔 특수화된 표피의 구조.

hydatid 작은물주머니, 포충(胞蟲), 수포체(水胞體) 명 (1) 투명한 물 같은 액체가 채워진 소포나 주머니; (2) 유충 단계의 촌충을 감싸는 주머니; (3) 정소부속체를 이루는 뮐러관의 흔적부.

hydatiform 포상(胞狀) 형 작은물주머니(hydatid)와 비슷하게 생긴.

hydatiform mole 포상기태(胞狀奇胎) 비정상적인 배아가 착상하여 자궁에서 주머니 모양으로 자라는 것.

***Hydra* 히드라(속)** 발생학적 연구에서 실험동물로 이용되는 작은 담수산 히드라충.

hydranth 히드라꽃 명 히드라충 군집에서 양분을 섭취하도록 특수화된 개체.

hydrarch succession 습성천이(濕性遷移) ⇨ hydrosere.

hydratase 수화효소(水化酵素) 명 화합물이 물 한 분자를 받아들여 수화하는 반응과 그렇게 가해진 물을 제거하는 반응을 촉매하는 효소. EC sub-subgroup 4.2.1. 상용명 hydro-lyase. 비 hydrolase.

hydric 습성(濕性) 형 수분을 충분하게 공급받는.

hydride ion 수소화이온 추가의 전자를 갖는 수소원자.

hydrobiology 수생생물학 명 수생 동물과 식물 그리고 이들의 환경을 연구하는 학문.

hydrobiont 수생생물 명 주로 물에 사는 생물.

hydrocarbon 탄화수소 명 수소와 탄소만으로 이루어진 분자.

hydrocarpic 수중결실성 형 물의 바깥에서 수정하지만 열매로 발달하기 위해 물에 잠기는 꽃을 갖는 수생식물에 적용되는 말.

hydrocaulus 히드라줄기 명 군체성 히드라충의 '줄기'와 '가지'들.

Hydrocharitales 자라풀목 명 자라풀과(Hydrocharitaceae)로 이뤄지는 수생 초본성 외떡잎식물의 목.

hydrochoric 수산포성(水散布性) 형 (1) 물에 의해 분산되는; (2) 산포를 위해 물에 의존하는. 명 **hydrochory**.

hydrocladia 히드로클라디아 명복 일부 히드라충 군체의 가지들.

hydrocoel 수강(水腔) 명 극피동물의 수

관계.

hydrocoles 수생동물 명복 수중이나 습한 환경에서 사는 동물.

hydrocortisone 히드로코르티손 명 부신피질에서 생성되고 구조와 특성이 코르티손과 매우 비슷한 당질피질스테로이드 호르몬. 탄수화물 대사에 뚜렷한 효과를 나타내는 면역억제제이다. ≒ cortisol.

hydrofuge 발수성(撥水性) 형 물이 잘 스며들지 않는.

hydrogen (H) 수소(水素) 명 모든 화학원소 가운데 가장 가벼운 원소. 유리 상태에서 무색무취의 연소하기 쉬운 기체(H_2)이다. 수소는 모든 유기분자를 구성하는 성분이고, 생물의 필수원소 중 하나이다. ⇨ deuterium, pH, tritium.

hydrogenase 수소화효소 명 분자상의 수소를 이용하여 물질을 환원하는 반응을 촉매하는 효소를 통틀어 이르는 말. 수소산화세균 등에 들어 있다.

hydrogenation 수소화(水素化) 명 분자에 수소원자를 첨가하는 환원반응. 비 dehydrogenation.

hydrogen bacteria 수소세균 에너지원으로 분자상 수소(H_2)의 산화를 이용하고 전자수용체로 산소를 이용하는 세균. 수소세균은 주로 조건화학무기영양생물이다. ⇨ hydrogen-oxidizing bacteria.

hydrogen bond 수소결합 고립전자쌍을 갖는 전기음성도가 큰 원자와 전기음성도가 큰 다른 원자와 공유결합을 하는 수소원자 간의 인력(예: −O.....H−N−). 수소결합은 약한 비공유 분자간 인력 가운데 가장 강하고, 단백질사슬의 기능적 3차원구조로 접힘, 단백질과 단백질 간의 상호작용과 효소-기질처럼 단백질과 작은 분자와의 상호작용 등을 좌우하는 주된 힘 가운데 하나이므로 생물학에서 매우 중요하다. 한편 수소결합은 DNA 분자의 두 DNA가닥을 맞잡는다. 물 분자들 간의 수소결합은 물의 녹는점과 끓는점이 (메탄 등의 경우와 비교하여) 높고 물의 표면장력이 높은 원인이 된다.

hydrogen ion 수소이온 양성자(H^+).

hydrogen ion pump 수소이온펌프 ⇨ proton pump.

Hydrogenobacteria ⇨ Aquificae.

hydrogenosome 수소발생소포 명 혐기성 원생동물에서 발견되는, 수소화효소가 들어 있는 세포소기관.

hydrogen-oxidizing bacteria 수소산화세균 종에 따라 다양한 전자수용체를 이용하여 에너지원으로 분자상 수소(H_2)를 산화하는 호기성 세균과 혐기성 세균의 다양한 무리. 전자수용체로 산소를 이용하는 호기성 종들을 일반적으로 수소세균(hydrogen bacteria)이라고 부른다.

hydrogen peroxide 과산화수소 H_2O_2, 유기호흡에서 산소가 환원되면서 부산물로 생기는 독성의 가능성이 있는 산물. 과산화수소는 카탈라아제에 의해 물과 산소로 분해된다.

hydrogen sulphide 황화수소 H_2S, 일부 무색황세균에 의해 에너지원으로 이용되는 화합물. 이들 세균은 황화수소를 황 원소로 산화하고 이어서 황산염으로까지 산화한다.

hydroid 수관(水管), 히드라충 명 (1) [식] 대부분의 이끼류 줄기에서 다른 세포들과 함께 수분통도조직을 형성하는 속이 빈 수분통도세포; (2) [동] 단독생활을 하거나 군체를 이루는 강장동물인 히드라충강(Hydrozoa)의 개체 유형 중 하나. 한쪽 끝이 막힌 원통상의 몸을 가지며, 다른 쪽에는 촉수로 둘러싸인 입이 있다. ≒ polyp.

hydrolase 가수분해효소 명 가수분해를 촉매하는 효소를 통틀어 이르는 말. EC 3군.

hydrological cycle 물순환 ⇨ water cycle.

hydro-lyase 하이드로리아제 ⇨ hydratase.

hydrolysis 가수분해(加水分解) 명 물의 수소이온과 수산화이온을 한 분자에 첨가하여 그 분자를 둘 또는 그 이상의 보다 단순한 분자들로 쪼개는 것.

hydrolytic 가수분해의 형 가수분해와 관련되거나 가수분해를 일으키는.

hydrome 하이드롬 명 물을 나르는 조직을 통틀어 이르는 말.

hydromesophyte 온대수생식물 명 온대 기후의 수생식물.

hydromorphic 수성(水成)의 형 과다한 물을 포함하는 토양(수성토양)에 적용되는 말.

H

hydronasty 감수성(感水性) 명 대기 중의 습도 변화에 따른 식물의 운동.

hydronium ion (H_3O^+) 히드로늄이온 물 분자에 양성자(H^+)를 첨가하여 생기는 이온. 용액에서 양성자가 흔히 존재하는 형태이다.

hydropathy plot 소수성좌표 소수성 아미노산이 뻗은 구역을 밝히는 단백질서열의 분석. 막단백질에서는 막관통 부위를 가리킬 수 있다.

hydrophilic 친수성(親水性) 형 물과 친화력이 있는, 물과 쉽게 수소결합을 형성하여 물에 용해되는 경향이 있는 전하를 띠거나 극성의 화학기 또는 분자에 적용되는 말. 비 hydrophobic.

hydrophilous 물꽃가루받이의, 수매(水媒)의 형 물을 매개로 꽃가루받이가 일어나는.

hydrophily 물꽃가루받이, 수매(水媒) 명 물에 의한 꽃가루받이.

hydrophobia 물공포증 명 광견병(rabies)의 증상인, 물을 아주 싫어하는 것.

hydrophobic 소수성(疏水性) 형 물을 밀어내거나 물에 의해 배척되는, 물과 수소결합을 형성할 수 없는 비극성의 화학기 또는 분자에 적용되는 말. 소수성 분자들은 물에서 분자들 사이의 물을 밀어내고 서로 모이는 경향이 있다.

hydrophoric 형 물을 나르는, 극피동물의 석관(stone canal)을 가리키는 말.

hydrophyllium 삭개(蒴蓋) 명 관해파리의 포자낭(sporosac) 위에 생기고 부분적으로 포자낭을 덮는 나뭇잎처럼 생긴 투명한 구조의 하나.

hydrophyte 수생식물, 수중식물 명 (1) 물의 위에 살거나 물속에 사는 수생식물; (2) 다년생 부분이 물속에 있는 다년생의 수생 초본식물.

hydrophyton 하이드로파이톤 명 완전한 히드라충 군체.

hydroplanula 하이드로플라눌라 명 강장동물의 유충시기에서 플라눌라(planula)시기와 악티눌라(actinula)시기의 중간 시기.

hydropolyp 히드로폴립 명 히드라충 군체의 폴립.

hydroponics 수경재배(水耕栽培) 명 토양 없이 영양소가 풍부한 물에서 식물을 재배하는 것. 흔히 모래와 같은 불활성 배지 위에 물을 대기도 한다.

hydropote 하이드로포트 명 물과 염류가 쉽게 투과할 수 있는, 물속에 잠겨 있는 세포나 세포무리.

hydropyle 수문(水門) 명 일부 곤충의 배아에서 물을 통과시키는 특수한 부위.

hydrorhiza 히드라뿌리 명 히드라충 군체의 뿌리처럼 가지 친 족반. 이 부분이 기층에 부착한다.

hydrosere 습성천이계열 명 습한 환경에서 시작하는 식물천이.

hydrosinus 하이드로시누스 명 일부 무

악류의 구강(mouth cavity)이 확장된 것.

hydrosoma, hydrosome 하이드로소마 명 강장동물의 생활주기에서 히드라와 유사한 시기.

hydrosphere 수권(水圈) 명 바다, 강, 호수, 하천과 토양수를 포함하여 지구상의 물이 존재하는 부분.

hydrospire 하이드로스파이어 명 어떤 극피동물에서 보대구(ambulacral groove)의 측면에 달리고 호흡구조의 기능을 하는 긴 주머니.

hydrospore 수성포자(水性胞子) 명 물속에서 움직이는 시기의 유주자.

hydrostatic 부침조절(浮沈調節)의 형 곤충의 수생 유충에 있는 기낭(air sac)과 같이 부유기관에 적용되는 말.

hydrostome 수구(水口) 명 히드라충 폴립의 입.

hydrotaxis 주수성(走水性) 명 물의 자극에 반응하는 운동이나 이동.

hydrotheca 하이드로포 명 일부 군체성 히드라충의 폴립 주위에서 컵 모양으로 늘어난 포피(perisarc). 이 안으로 폴립이 수축되기도 한다.

hydrothermal vent community 열수구군집(熱水口群集) 심해저에 있는 열수구(hydrothermal vent)의 분화구 주위에 사는 생물들의 군집. 1차생산자는 주로 황화물 산화의 에너지를 이용하여 CO_2를 고정하는 화학독립영양성 황화물산화세균이다. 이들 세균에는 베기아토아(*Beggiatoa* spp.) 따위의 자유생활세균과 거대한 의유수동물(vestimentiferan)인 서관충의 안에 사는 세포내 세균공생체 등이 포함된다.

hydrotropic 굴수성(屈水性) 형 수분의 정도가 보다 높은 쪽으로 식물의 기관이 굽어지는.

hydroxyapatite 수산화인회석(水酸化燐灰石) 명 분자식이 $Ca_{10}(PO_4)_6(OH)_2$인 수화인산칼슘. 뼈의 주된 무기성분이고, 다양한 분리기법들에서 2중가닥DNA와 결합하는 물질로 사용된다.

3-hydroxybutyrate 3-히드록시부티르산 아세토아세트산의 환원에 의해 형성되는 케톤체. 세포호흡의 기질로 작용할 수 있다.

hydroxycobalamin(e) 히드록시코발라민 비타민 B_{12b}. ⇨ cobalamin.

hydroxyl 수산기(水酸基) 명 모든 알코올에 들어 있는 화학기(−OH). 수소원자가 산소원자에 공유결합으로 연결되어 있다.

hydroxylapatite 수산화인회석 ⇨ hydroxyapatite.

hydroxylase 수산화효소 ⇨ monooxygenase.

hydroxylysine 수산화리신 명 아미노산 리신이 폴리펩티드 사슬에 편입된 후 변형된 수산화 유도체. 아교질(콜라겐)에서 나타난다.

hydroxyproline (Hyp) 히드록시프롤린 명 아미노산 프롤린이 폴리펩티드 사슬에 편입된 후 변형된 수산화 유도체. 아교질에서 나타난다.

5-hydroxytryptamine (5-HT) 5-히드록시트립타민 중추신경계의 아민 신경전달물질. 각성의 조절과 통각에 연루된다. 혈소판과 그 밖의 세포형들에서도 생성되며, 민무늬근의 수축을 촉진하여 혈관을 수축시킨다. ≒ serotonin. (⇨ 그림 23)

그림 23. 5-히드록시트립타민.

H

5-hydroxytryptaminergic 5-히드록시트립타민(작동)성 ⇨ serotonergic.

Hydrozoa, hydrozoans 히드라충강, 히드라충류 명, 명복 생활주기에서 폴립 단계와 해파리(메두사) 단계가 대체로 다른 시기에 나타나는 강장동물의 강. 히드라(*Hydra*)와 같은 단독생활형(단체), 분지형 군체형 그리고 관해파리류가 포함되며, 관해파리류의 일종인 고깔해파리(작은부레관해파리, Portuguese Man o' War)는 몇 가지 상이한 유형의 변형된 폴립과 메두사들로 이루어진 군체이다.

hygric 습기의, 습성(濕性)의 형 (1) 습한; (2) 습한 조건에 내성을 갖거나 적응하는.

H

hygrochasy 습열개(濕裂開) 명 습기가 차면 열매가 열리는 것.

hygrokinesis 습성무정위운동(濕性無定位運動) 명 습도의 변화에 의한 운동.

hygromesophyte 습성중생식물 명 물에 살지만 수생식물이 아닌 온대 기후의 식물.

hygromorphic 수생형태의 형 구조적으로 습한 서식지에 적응한.

hygropetric 하이그로페트릭 형 물에 잠긴 바위의 동물상에 적용되는 말.

hygrophanous 수침상(水浸狀) 형 마치 물에 포화된 것 같은.

hygrophilic, hygrophilous 호습성(好濕性) 형 습한 곳이나 늪에 사는.

hygrophyte 습생식물(濕生植物) 명 수분이 충분한 곳에 살지만 수생식물이 아닌 식물.

hygroreceptor 습도수용기(濕度受容器) 명 습도에 민감한 특수화된 세포 또는 구조.

hygroscopic 흡습성 형 (1) 수분에 민감한; (2) 물을 흡수하는.

hygrotaxis 주습성(走濕性) 명 수분이나 습도에 반응하는 운동.

hygrotropism 굴습성(屈濕性) 명 수분이나 습도에 반응하는 식물의 생장운동.

hymen 처녀막 명 질의 입구에 있는 얇은 점막.

hymeniferous 자실층의 형 자실층을 가진.

hymenium 자실층(子實層) 명 자낭균류와 담자균류에서, 포자가 달리는 구조(각각 자낭과 담자기)의 뚜렷한 층. 흔히 측사(paraphysis)와 같은 무성세포들과 함께 산재한다. 형 **hymenial**. 복 **hymenia**.

Hymenomycetes 균심류(菌蕈類) 명 담자기가 성숙하기 이전에 자실층에 담자기가 달리는 담자균류의 무리. 버섯과 독버섯 그리고 선반버섯이 포함된다.

Hymenoptera, hymenopterans 벌목, 벌류 명, 명복 개미류, 꿀벌류, 말벌류 등을 포함하여 단독생활을 하는 종들과 사회성 종들로 이뤄지는 곤충의 목. 2쌍의 날개가 있고, 대부분이 제2복절과 제3복절 사이에 뚜렷한 허리를 갖는다. 수컷은 반수체이고 암컷은 2배체이며, 수컷은 미수정란에서 발생한다. 사회성 곤충의 경우, 군집은 보통 하나의 여왕, 생식능력이 없는 암컷 일꾼들, 생식능력이 있는 소수의 수컷들 그리고 (개미의 경우) 불임의 병정들로 구성된다.

hyobranchial 설궁아가미궁의 형 목뿔활(설궁, hyoid arch)과 아가미궁(branchial arch)에 관련된 말.

hyoepiglottic 설골후두개의 형 목뿔뼈(설골)와 후두개를 연결하는.

hyoglossus 설골혀근 명 목뿔뼈의 큰뿔에서 일어나는 혀의 외근(extrinsic muscle).

hyoid 목뿔의, 설골의 형 (1) 척추동물에서 혀의 밑에 있는 뼈 또는 일련의 뼈와 관련된 말. 배아의 목뿔활로부터 발생한다; (2) 어류에서 목뿔활 또는 제1아가미활과 관련된 말.

hyoid arch 목뿔활, 설궁(舌弓) 척추동물 배아의 제2아가미활. 어류에서는 제1아가미활로 발생한다.

hyoid bone 목뿔뼈, 설골(舌骨) 사람에서 혀의 밑에 있는 말굽모양의 뼈.

hyoideus 목뿔신경 명 입의 점막과 목뿔뼈 부위의 근육에 분포하는 신경.

hyomandibular cartilage 설악연골(舌顎軟骨) 어류에서 목뿔활의 등 쪽 골격 요소.

hyomental 목뿔턱의 형 목뿔뼈와 턱에 관련된 말.

hyoplastron 측복갑(側腹甲) 명 땅거북과 바다거북의 등껍질에서 두 번째 옆판(lateral plate).

hyostylic 설악주형(舌顎柱型) 형 턱이 주로 설악에 의해 뇌상(두개)에 부착하고 뇌상에 연결되는 3개의 구개방형 연골(위턱) 가운데 2개가 인대로 대체된, 대부분의 현대 경골어류에서 나타나는 하악고정의 유형에 적용되는 말.

hyothyroid 갑상설골의 형 목뿔뼈와 후두의 갑상연골에 관련된 말.

Hyp 히드록시프롤린(hydroxyproline).

hypanthium 하이판튬 명 일부 꽃에서 꽃받침조각, 꽃자루와 수술이 부착하는, 꽃턱의 가장자리가 컵 모양으로 확장된 것.

hypanthodium 은두(隱頭)꽃차례 명 꽃대의 끝이 오목하고, 그 벽에 꽃이 달리는 꽃차례.

hypantrum 하이판트럼 명 어떤 파충류의 척추뼈에서 이웃한 척추뼈의 신경활에 있는 쐐기모양의 돌기(하이포스펜, hyposphene)와의 관절을 위한 V자형 부위.

hypapophysis 하이파포피시스 명 척추뼈의 배 쪽 확장부.

hyparterial 동맥하부의 형 동맥의 아래에 위치하는, 폐동맥 아래의 기관지에 적용되는 말.

hypaxial 하축(下軸)의 형 등골뼈의 배 쪽이나 아래에 있는, 근육(하축근)에 적용되는 말.

hyperacute rejection 초급성거부반응 제공자 조직의 혈관에 있는 항원에 대해 반응하는 항체를 숙주(수용자)가 이식 전에 이미 가지고 있는 경우에 일어나는, 이식된 조직의 신속하고 치료할 수 없는 거부반응.

hypercholesterolaemia 고콜레스테롤혈(증) 명 (1) 혈액의 콜레스테롤 농도가 높은 상태; (2) 유전되는 가족성 고콜레스테롤혈증(familial hypercholesterolaemia). 저밀도지방단백질(LDL)의 수용체가 결핍되어 혈액의 콜레스테롤이 증가하고 힘줄에 콜레스테롤이 쌓이며, 조발성 동맥경화증과 유아의 관상동맥질환이 나타난다.

hyperchromism 흡광증가, 농색효과(濃色效果) 명 DNA가 별개의 가닥들로 분리되는 경우 등에서 볼 수 있는 흡광도(absorbance)의 증가현상.

hypercoracoid 형 어류에서 가슴지느러미의 기부에 있는 위쪽 뼈와 관련된 말.

hyperdactyly 다지증 ⇨ polydactyly.

hyperdiploid 초2배체 명 전좌(translocation)의 결과로 2개 이상의 특정 염색체부위 복사본을 갖는 세포 또는 생물.

hyperfeminization 과잉암컷화, 초자성화 명 암컷화한 수컷이 크기와 무게에 있어서 지나치게 암컷처럼 작아지는 현상.

hyperglycaemia 과혈당증(過血糖症), 고혈당증(高血糖症) 명 혈액에서 포도당이 비정상적으로 많아지는 증상.

hyperhaploid 초반수체(超半數體) 명 과잉염색체가 들어 있는 세포 또는 생물.

hyper IgM syndrome 선천성 면역결핍증, 하이퍼아이지엠증후군 동종형(isotype)으로 전환하지 못하여 단지 IgM항체들만 만드는 면역결핍증. 여러 가지 유전적 결함에 의해 야기될 수 있다.

hyperimmune 과면역(過免疫)의 형 혈액에 특정 항체가 대량으로 들어 있는 개체에 적용되고, 그러한 개체로부터 얻어진 항혈청(antiserum)에 적용되는 말.

hyperimmunization 과면역 명 동일한 항원에 의한 면역이 반복된 결과로 면역성이 높아진 상태.

hyperkalaemia 고칼륨혈증 명 혈액 중의 칼륨 농도가 비정상적으로 높은 상태.

hyperkinetic 운동과다의 형 지나치게 활동적인.

hypermasculinization 과잉수컷화, 초웅성화 명 수컷화된 암컷(여성)에서 수컷(남성)의 2차성징이 과대하게 나타나는 상태.

hypermetamorphosis 과변태(過變態) 명 곤충에서 두 가지 이상의 상이한 유충이 나타나는 생활주기의 일종.

hypermorph 과활성유전자 명 야생형 유전자의 효과보다 훨씬 강한 영향력을 나타내는 돌연변이대립유전자.

hypermutation 과돌연변이 명 특정한 유전자나 종에서 정상적인 비율보다 높은 비율로 나타나는 돌연변이. ⇨ somatic hypermutation.

hypernatraemia 고나트륨혈증 명 혈액 중의 나트륨 농도가 비정상적으로 높은 상태.

hyperosmotic 고삼투압의 형 정해진 대조액보다 삼투농도가 높은 용액에 적용되는 말.

hyperparasite 중복기생생물 명 다른 기생생물에 기생하는 생물.

hyperphagia 과식증, 다식증 명 음식물의 섭취가 증가하는 것.

hyperpharyngeal 고인두의 형 인두(pharynx)의 등 쪽에 있는.

hyperpituitarism 뇌하수체기능항진증 명 뇌하수체의 기능이 과도하여 거대증을 초래하는 증세.

hyperplasia 과다형성 명 (1) 세포수의 증가로 인한 과도한 발생; (2) 세포증식이 비정상적으로 증가하는 것.

hyperploid 고이수배수성(高異數倍數性)의 형 (1) 여분의 염색체를 갖는; (2) 문제가 되는 유전자의 복사본을 너무 많이 가진.

hyperpnoea 과호흡(過呼吸) 명 산소를 충분하게 공급받지 못하는 데 기인하는 빠른 호흡.

hyperpolarization 과분극(過分極) 명 막 내외의 전위차가 증가하는 것. 생체세포에서는 외부에 대하여 내부의 음전하가 차츰 증가하는 것을 가리킨다. 비 depolarization.

hyperpolyploid 고배수체(高倍數體) 명 반수체세트에 정상적인 수보다 많은 염색체가 들어 있는 배수체 세포 또는 생물.

hypersensitive 과민성(過敏性) 형 (1) 자극에 대하여 지나치거나 과도하게 민감한 반응을 나타내는; (2) [면] 알레르기반응과 아나필락시스쇼크에서와 같이, 항원에 대하여 부적절하거나 과도하거나 또는 억제되지 않는 면역반응을 나타내는. 명 hypersensitivity.

hypersensitive response 과민성 반응 식물병리학에서, 곰팡이나 세균 또는 바이러스의 감염에 반응하여 식물세포가 급속하게 죽는, 식물의 보편적인 방어메커니즘. 한편 이 반응은 인접한 생체세포에 피토알렉신이 축적되고 목질화되는 것과 같은 다른 방어반응과 결부된다. ≒ hypersensitive reaction, hypersensitivity response.

hypersensitive site 과민성 부위 염색질에서 DNA가 DNA분해효소I(DNase I)에 의해 분해되기 쉬운 부위.

hypersensitivity 과민성 명 특정한 자극 또는 물질에 대한 과장되거나 극심한 반응. ⇨ immediate hypersensitivity, type I, II, III, IV hypersensitivity reactions.

hyperstriatum ventralis pars caudalis 과선조체배면 새의 뇌에서, 노래를 조절하는 청신경과 운동신경의 통합중심.

hypertelia, hypertely 과진화(過進化) 명 (1) 색이나 무늬의 과도한 모방; (2) 수컷이 4개의 큰 엄니를 갖는 동인도산 멧돼지인 바비루사(babirusa)의 송곳니가 지나치게 발달한 것.

hypertension 고혈압 명 혈압이 높은 것.

hyperthermia 고체온(高體溫) 명 체온이 정상보다 높아지는 것. 고온 기후에 사는 일부 동물은 수분을 보존하는 메커니즘으로 이용한다.

hyperthermophile 초호열세균(超好熱細菌) 명 최적생장을 위하여 80°C 이상의 매우 높은 온도를 요구하는 미생물. 초호열세균은 온천, 간헐천 그리고 심해의 열수구에서 발견된다. 지금까지 알려진 초호열세균의 대부분은 고세균역(Archaea)에 속한다. ≒ extreme thermophile.

hyperthyroidism 갑상샘기능항진증 명 갑상샘의 활동이 지나치게 활발해져서 갑상샘호르몬이 과다하게 분비되는 것. 그 결과로 대사율이 증가하고 혈압이 상승하며, 안구가 돌출하는 증상이 나타난다. 그 밖에 심박률이 빨라지고 수척해지며, 정서 장애 증상도 나타난다.

hypertonia 고장력(高張力) 명 과도한 근육긴장.

hypertonic 고장성(高張性)의 형 다른 용액의 삼투압에 비하여 높은 삼투압을 갖는 상태. 만일 두 용액을 반투막으로 분리시키면 물이 고장액(hypertonic solution) 쪽으로 흘러들어온다. 비 hypotonic.

hypertriploid 초3배체의 형 3세트 이상의 염색체를 갖는 세포에 적용되는 말.

hypertrophic 과영양(過營養)의, 비대(肥大)의 형 (1) 식물영양소들이 극도로 풍부하게 들어 있는 물에 적용되는 말; (2) 과도한 생장에 기인하는 구조에 적용되는 말.

hypertrophy 비대(肥大) 명 세포 크기의 증가에 따른 과도한 생장. 비 hyperplasia.

hypervariable locus 고도가변자리 집단 내에서 이례적으로 고도의 다형성을 나타내는 DNA염기순서.

hypervariable regions (HVR) 고도가변영역 면역글로불린과 T세포수용체의 가변부에서 아미노산순서가 특히 가변적인 부위. 고도가변영역은 항원결합부위를 형성하고, 상보성 결정부위를 포함한다. 비 framework regions.

hypha 균사(菌絲), 팡이실 명 곰팡이의 영양체를 이루는 기본적 생장형인 관 모양의 사상체. 균사가 늘어나고 가지를 쳐서 곰팡이의 균사체(mycelium)를 형성한다. 균사는 다핵성 원형질이 길게 연속되는 관이거나, 부분적으로 또는 완전히 수직으로 가로지르는 칸막이인 격벽(septum)에 의해 단핵성 또는 2핵성 구획들로 분획된다. 곰팡이 균사는 단단한 세포벽으로 덮여 있고, 대개의 경우 세포벽은 섬유소 대신에 키틴을 포함한다. 일부 조류에서 나타나는 이와 비슷한 실 모양의 영양구조와 원핵생물 방선균류의 비세포성 사상체도 균사라고 한다. 복 **hyphae**. 형 **hyphal**.

Hyphochytriomycota, hyphochytrids **역모균문(逆毛菌門), 역모균류** 명, 명복 일반적으로 물곰팡이(water moulds)라고 부르는, 민물에 사는 원생생물의 문. 예전에는 곰팡이로 분류하였지만, 지금은 대개 대롱편모생물계(Stramenopila) 또는 크로미스타계(Chromista)로 분류한다. 역모균류는 조류나 곰팡이에 기생하거나 식물과 곤충의 잔해에서 부생을 한다. 가느다란 실처럼 자라고, 앞쪽에 1개의 깃꼴 편모가 달리는 운동성 유주자를 생성한다. ≒ **Hyphochytriomycetes**.

hyphomycetes **불완전사상균류** 명복 균사체 여기저기에 분생자가 달리는 곰팡이.

hyphopodium **균족(菌足)** 명 일부 자낭균류에서 볼 수 있는 것과 같이, 균사가 기주에 부착할 수 있도록 부풀어진 끝세포나 기생근이 달린 균사의 가지.

hypnody **장기휴면** 명 어떤 유충의 긴 휴면기.

hypnogenic **최면(催眠)의** 형 잠을 유도하는.

hypo- '아래에'를 뜻하는 그리스어 '*hypo*'에서 유래된 접두사. 해부학적 용어에서는 흔히 '아래에 위치한'을 가리킨다. 생리학과 생화학적 용어에서는 '감소'를 의미한다.

hypoachene **하위수과(下位瘦果)** 명 하위씨방으로부터 형성된 수과(achene).

hypobasal **근원기(根原基)** 명 장차 뿌리가 될, 발생 중인 밑씨의 아래쪽 마디.

hypobasidium **하담자기(下擔子器)** 명 격벽을 갖는 담자기 세포에서 핵들이 융합하는 기저부위. 여기에서 담자포자를 만드는 상담자기(epibasidium)가 생긴다.

hypobenthos **심해동물상** 명 수심 1000 m 아래의 해저에 서식하는 동물들.

hypoblast **하배엽(下胚葉), 배반엽하층(胚盤葉下層)** 명 (1) 포유류의 포배에서 포배강의 안쪽을 덮는 세포들. 이로부터 난황낭 내배엽(yolk sac endoderm)이 생긴다. ≒ primitive endoderm; (2) 발생 중인 병아리 배반(blastodisc)의 아래쪽 세포층.

hypobranchial **아가미아래의, 하새절(下鰓節)의** 형 (1) 아가미활의 하부나 제4분절과 관련된; (2) 십각류(decapod) 아가미의 아래에 있는 공간에 적용되는 말.

hypocalcaemia **저칼슘혈증** 명 혈액 중의 칼슘 농도가 비정상적으로 낮은 상태.

hypocalcaemic, hypocalcemic **저칼슘혈증의** 형 혈액 중의 칼슘 농도를 낮추는.

hypocarp **하위과(下位果)** 명 캐슈애플(cashew-apple)처럼 일부 열매에서 육질로 변형된 자루.

hypocarpogenous **지하결실성** 형 꽃과 열매가 모두 지하에 달리는.

hypocentrum **하이포센트룸** 명 신경삭의 하부에서 발생하고 척추체의 일부가 되는 가로 놓인 연골. 명 **hypocentra**.

hypocercal **하형의** 형 꼬리지느러미의 하엽에서 끝나는 등골뼈(척주)를 가진.

hypocerebral **뇌하신경의** 형 곤충에서 구위계(stomato-gastric system)의 신경절에 적용되는 말. 이마신경절과 배신경절에 연결되어 있고, 측심체와도 연결되어 있다.

hypochile, hypochilium **하순(下脣)** 명 난초의 꽃에서, 아래위의 입술처럼 2개로 뚜렷이 구별되는 부분들이 있을 때 안쪽 또는 아래쪽 부분.

hypochondrium **늑골하부** 명 상복부의 옆과 요추 위의 복부. 형

hypochondriac.

hypochordal 척삭하(脊索下)의 형 척삭 아래의.

hypochromic 담색(淡色)의 형 평상시보다 색깔이 옅은.

hypochromicity 흡광감소, 담색효과 명 2중가닥DNA의 흡광도가 이를 구성하는 뉴클레오티드들이 유리상태에 있을 때 예상되는 흡광도와 비교하여 감소하는 것. 2중나선에서 포개진 염기들의 상호작용에 기인한다. ≒ **hypochromism**.

hypocone 하이포콘, 하부원뿔 명 (1) 윗어금니의 뒤쪽에 있는 뾰족한 돌기; (2) 와편모조류에서 둘레띠(girdle)의 뒤쪽 부분.

hypoconid 하악차추 명 빰 쪽에 있는 아랫어금니의 뒤쪽에 있는 뾰족한 돌기.

hypoconule 하이포코눌 명 윗어금니에서 다섯 번째 또는 말단의 뾰족한 돌기.

hypoconulid 하악차소추 명 아랫어금니의 뒤쪽 가운데에 있는 뾰족한 돌기.

hypocoracoid 하이포코라코이드 형 어류의 가슴지느러미 기부에서 아래쪽 뼈와 관련된 말.

hypocotyl 배축, 하배축(下胚軸) 명 식물의 배에서 떡잎 아래의 줄기 부분. 자라서 뿌리가 달린다.

hypodermis 하피(下皮) 명 (1) 잎에서, 표피의 바로 밑에 놓인 세포층; (2) 선충류의 큐티클 밑에 있는 세포층 또는 합포체(syncytium). 형 **hypodermal**.

hypodiploid 저이수(低異數)2배체의 형 완전한 2배체세트의 염색체보다 적은 염색체를 갖는 세포에 적용되는 말.

hypogastric 아랫배의 형 아래쪽 배(복부)와 관련된 말.

hypogastrium 아랫배 명 배의 아래쪽 중앙 부분.

hypogeal, hypogean 땅속의 형 (1) 땅속에서 살거나 자라는; (2) 떡잎이 땅속에 남아 있는 발아에 적용되는 말.

hypogenesis 생략발생 명 세대교번이 나타나지 않는 발생.

hypogenous 배엽(背葉)의 형 무엇의 표면 아래에서 자라는.

hypoglossal nerve 혀밑신경, 설하신경(舌下神經) 혀의 근육들과 입바닥을 지배하는 제12뇌신경. 무양막류에서는 척수신경이다.

hypoglottis 설하부(舌下部) 명 혀의 밑부분.

hypoglycaemia 저혈당증(低血糖症) 명 혈액 속의 포도당 농도가 비정상적으로 낮은 상태.

hypoglycaemic, hypoglycemic 저혈당의 형 (1) 인슐린과 같이 혈당의 수준을 낮추는 경향이 있는 작용물질(혈당강하제)에 적용되는 말; (2) 저혈당증(hypoglycaemia)과 관련된 말.

hypognathous 아랫입술식 형 구기(mouth part)가 밑면에 있으면서 위턱보다 약간 긴 아래턱을 갖는, 곤충에 적용되는 말.

hypogynium 명 사초과 식물의 꽃에서 씨방을 지탱하는 구조.

hypogynous 씨방상위의 형 씨방의 아래에 있는 꽃턱에 꽃잎, 꽃받침조각과 수술이 붙는 꽃(씨방상위꽃)에 적용되는 말. 명 **hypogyny**.

hypohaploid 저이수(低異數)반수체 명 반수(n)의 염색체모듬에서 하나 또는 몇 개의 염색체를 상실한 세포나 생물.

hypohyal 하설연골 명 어류에서 목뿔활(hyoid arch)의 배 쪽 골격요소.

hypokalaemia 저칼륨혈증 명 혈액 중의 칼륨 농도가 비정상적으로 낮은 상태.

hypolimnion 심수층(深水層) 명 호수에서 수온약층과 바닥의 사이에 있는 물.

hypolithic 암하생(岩下生) 형 바위 밑에서 발견되거나 그러한 곳에 사는.

hypomorph 정상하위대립유전자 명 야생형 유전자와 같은 방법으로 행동하지만 그 효과가 약한 돌연변이대립유전자.

hyponasty 하편생장(下偏生長) 명 편평한 구조에서 아랫면이 윗면보다 훨씬 활발하게 자라는 생장 상태. 형 **hyponastic**.

hyponatraemia 저나트륨혈증 명 혈액 중의 나트륨 농도가 비정상적으로 낮은 상태.

hyponeural 형 극피동물의 가로신경과 방사신경의 계에 적용되는 말.

hyponeuston 수표하생물(水表下生物) 명 수표면의 바로 밑에서 유영하거나 떠있는 생물.

hyponychium 손발톱끝아래허물 명 손톱이나 발톱이 자리잡는 표피층. 형 **hyponychial**.

hyponym 잠정명칭 명 (1) 기준종(type species)에 기반을 두지 않은 속명; (2) 어떤 표본의 잠정적인 명칭.

hypo-osmotic 저삼투압의 형 정해진 대조액보다 삼투농도가 낮은 용액에 적용되는 말.

hypoparathyroidism 부갑상샘기능저하증 명 부갑상샘호르몬의 생산이나 활성이 저하되어 일어나는 질환. 혈중 칼슘농도의 감소를 특징으로 하며, 이에 기인하여 다양한 증상이 나타난다.

hypopetalous 화판하생(花瓣下生) 형 암술군(gynoecium)의 아래에 삽입되지만 암술군에 인접하지 않는 꽃부리(화관)를 가진.

hypopharyngeal 아랫인두의 형 인두(pharynx)의 밑이나 아랫면과 관련되거나 그러한 곳에 위치하는.

hypopharynx 아랫인두, 하인두(下咽頭) 명 파리류 곤충의 입바닥에서 나오는, 먹이관의 일부를 이루는 돌기.

hypophragm 하이포프램 명 일부 복족류에서 껍질의 입구를 덮는 뚜껑.

hypophyllous 잎아래의 형 잎의 아래에서 자라거나 위치하는.

hypophyseal, hypophysial 뇌하수체의 형 뇌하수체(hypophysis)와 관련된 말.

hypophysectomy 뇌하수체제거 명 뇌하수체를 절단하거나 제거하는 것.

hypophysis 뇌하수체 ⇨ pituitary.

hypopigmentation 색소침착감소(色素沈着減少) 명 색소가 결핍된 것.

hypopituitarism 뇌하수체기능저하증 명 뇌하수체호르몬의 결핍으로 영아증(infantilism)이 나타나는 것.

hypoplasia 형성저하증, 발육부전 명 (1) 발생학적 결함; (2) 결핍된 생장.

hypoplastron 하이포플라스트론 명 바다거북과 땅거북의 등껍질에서 옆쪽에 있는 세 번째 뼈판.

hypoploid 저이수(低異數)배수성의 형 (1) 문제가 되는 유전자의 복사본을 너무 적게 갖는; (2) 정상적인 반수체세트에서 하나 또는 몇 개의 염색체가 결핍된.

hypopolyploid 저이수배수성 명 하나 또는 그 이상의 염색체가 결핍된 배수체 세포나 생물.

hypoptilum 뒷깃털 명 깃털의 기부 부근에 있는 솜털의 작은 다발.

hypopyge, hypopygium 암컷포옹기 명 수컷 파리류의 포옹기관.

hyporachis 뒷깃털대 명 깃털의 뒷깃털(hypoptilum)의 줄기.

hyporheic zone 혼합대(混合帶) 강물과 그 안의 미생물상과 동물상이 지하수의 형태로 주변의 육지로 이어지는 강의 주변에 있는, 특히 자갈로 이루어진 지대.

hyposkeletal 내골격하의 형 내골격(endoskeleton)의 아래나 내부에 있는.

hyposomite **하체절(下體節)** 명 창고기 등의 일부 두삭류에서 볼 수 있는, 체절(body segment)의 배 쪽 부위.

hyposperm **주피하부** 명 밑씨나 종자의 아랫부분. 주심(nucellus)으로부터 떨어져 있는 주피나 외종피의 아래쪽이다.

hyposphene **하이포스펜** 명 일부 파충류에서 척추뼈의 신경활에 있는, 이웃한 척추뼈의 V자형 부위에 들어맞는 쐐기 모양의 돌기.

hypostasis **하위성(下位性)** 명 어떤 유전자의 발현이 대립유전자가 아닌 다른 유전자에 의해 억제되는 상태. 형 **hypostatic**.

hypostatic **하위의** 형 대립유전자가 아닌 다른 유전자에 의해 발현이 방지되는 유전자(하위유전자)에 적용되는 말.

hypostomatous **하면기공(下面氣孔)의, 하부입의** 형 (1) 밑면에 기공을 갖는 잎에 적용되는 말: (2) 아래쪽이나 배 쪽에 있는 입을 가진.

hypostome **구원추(口圓錐), 구구(口丘), 위구부(圍口部)** 명 (1) 히드라충에서 입이 들어 있는 원뿔 모양의 돌기; (2) 갑각류에서 입의 뒤쪽 가장자리를 감싸는 주름; (3) 곤충의 머리에서 앞쪽과 배 쪽의 부분; (4) 진드기류에서 동물의 피부에 고정시키는 아랫입술.

hypostracum **각하층(殼下層)** 명 응애류와 진드기류에서 외골격의 내큐티클층.

hypothalamus **시상하부(視床下部)** 명 뇌에서 시상의 아래에 있고 제3뇌실 바닥의 대부분을 이루는 부위. 뇌하수체호르몬방출인자를 포함하여 다양한 펩티드 호르몬들을 분비한다. 성적 발달에 관여하고, 먹고 마시는 등의 동기가 부여된 행동의 조절에 관계한다.

hypothallus 명 (1) **변형막(變形膜)** 점균류 포자낭 아래의 얇은 층; (2) **하생균사(下生菌絲)** 지의류에서 분화되지 않은 상태에 있는 균사의 생장이나 주변의 생장.

hypotheca **아랫뚜껑** 명 돌말류의 돌말껍질(frustule) 가운데 나중에 만들어졌거나 안쪽에 있는 반쪽.

hypothecium **하자낭각, 자낭하층** 명 일부 곰팡이에서 자실층 아래의 두툼한 균사층.

hypothenar **소지구(小指球)의** 형 새끼손가락 밑동의 볼록한 부분과 관련된 말.

hypothermia **저체온(증)** 명 체온이 정상적인 한계의 아래로 떨어져서 외부로부터 열이 공급되지 않는 한 사망에 이르는 것.

hypothesis **가설(假說)** 명 어떤 현상이나 과학적 문제에 대해 제안된 해석. 실험에 의해 검증되어야 한다. ⇨ null hypothesis. 비 theory.

hypothyroidism **갑상샘기능저하증** 명 갑상샘의 활동이 불충분하고 갑상샘호르몬이 결핍된 데 기인하는 증상.

hypotonic **저장성(低張性)의** 형 다른 용액의 삼투압에 비하여 낮은 삼투압을 갖는 상태. 만일 두 용액을 반투막으로 분리시키면 물이 저장액(hypotonic solution)으로부터 다른 쪽으로 빠져나간다. 비 hypertonic.

hypotrematic 형 무악류의 연골아가미활에서 아래쪽의 측면막대에 적용되는 말.

hypotrichous **하면섬모(下面纖毛)의** 형 주로 밑면에 섬모들을 가진.

hypotrochanteric **도래마디밑의** 형 도래마디(trochanter)의 아래로 이어지는.

hypotrophy **경하성(傾下性)** 명 (1) 나무에서 수평가지의 아랫면이 훨씬 두껍게 자라는 상태; (2) 턱잎(stipule)이나 눈(bud)이 밑면에 있는 상태.

hypotympanic **고실밑의** 형 고실

H

(tympanum)의 밑에 있는, 방형골(quadrate bone)과 관련된 말.

Hypoviridae 하이포바이러스과 명 곰팡이에 감염하는 2중가닥RNA바이러스의 과.

hypovirulence factor 저병원성 인자(低病原性因子) 병원성이 줄어든 식물병원균의 분리균에서 발견된 2중가닥RNA바이러스.

hypoxanthine 하이포크산틴 명 주로 tRNA에서 발견되는, 리보뉴클레오시드 이노신의 푸린염기(6-oxypurine). 아데닌과 비슷하지만 아미노기가 수산기로 대체되었다. 푸린염기의 분해산물에서도 나타난다.

hypoxanthine guanine phosphoribosyltransferase (HGPRT) 하이포크산틴-구아닌인산리보오스전달효소 핵산생합성의 부경로에서 이노신1인산 또는 구아닌1인산의 생성을 촉매하는 효소. HGPRT유전자는 HAT배지에서 세포를 선별하는 유전적 표지로 체세포유전학에서 흔히 이용된다. ≒ HPRT.

hypoxia 저산소증 명 일시적으로 산소분압이 낮아지는 것. 형 **hypoxic**.

hypselodont 장관치의 ⇨ hypsodont.

hypsilophodont 형 어금니의 분쇄면에 가로지르는 이랑이 있고 치관이 높은 이를 가진.

hypsodont 장관치(長冠齒)의 형 말이나 소와 같은 초식동물에서와 같이, 치관이 높고 뿌리가 얕은 어금니나 앞어금니에 적용되는 말.

hypural 하미축골의 형 일부 어류에서 마지막 몇 개 척추뼈의 척추배쪽가시(haemal spine)들이 유합하여 형성되고 꼬리를 지지하는 골질구조와 관련된 말.

hyracoids 바위너구리류 명복 바위너구리(hyrax)를 포함하는 태반포유동물의 무리. 설치류와 비슷한 몸과 머리뼈를 갖지만, 발가락이 발받침의 위에 있고 코끼리와 비슷한 발톱을 갖는다.

hysteranthous 형 꽃이 핀 다음에 잎이 나오는.

hysteresis 이력현상(履歷現象) 명 (1) 두 가지의 연관된 과정이나 현상 가운데 한 과정에서 지연되는 것; (2) 외형이 내부응력(internal stress)으로 적응하는 과정의 지연.

hysterochroic 상향퇴색(上向退色)의 형 기부에서 꼭대기로 가면서 서서히 퇴색하는, 노화된 자실체에 적용되는 말.

hysterotely 유충성(幼蟲性) 명 번데기(pupa)나 성충(imago)에서 유충의 특징이, 또는 성충에서 번데기의 특성이 유지되거나 나타나는 것.

hysterothecium 자궁형 자낭반(子宮形子囊盤) 명 일부 곰팡이와 지의류에서와 같이, 대부분의 조건에서 열리고 건조할 때 닫히는 열개공(slit opening)을 갖는 가늘고 긴 자낭반.

I

I (1) 이노신(inosine); (2) 이소류신(isoleucine); (3) 요오드(iodine); (4) 모리시타분산지수(Morisita's index of dispersion).

IAA 인돌-2-아세트산(indole-2-acetic acid).

i^6Ade ^{6}N-이소펜테닐아데닌(^{6}N-isopen-tenyladenine).

IAMS 국제미생물학회연합(International Association of Microbiological Societies).

IAN 천연에 존재하는 옥신인 인돌아세토니트릴(indole acetonitrile).

IAP 인슐린분비활성화단백질(islet-activating protein). ⇨ pertussis toxin.

IAPT 국제식물분류협회(International Association of Plant Taxonomy).

I-band, I-disc I띠, I반 가로무늬근에서 근절(sarcomere)의 양단에서 밝게 보이는 띠. 액틴필라멘트만 있는 구역에 해당한다. I띠는 양 끝에서 액틴필라멘트가 고정되는 막인 진한 Z반(Z-disc)의 양쪽으로 돌출되어 있다. (⇨ 그림 28)

ICAM 세포간 접합분자(intercellular adhesion molecule).

ICBN 국제식물명명규약(International Code of Botanical Nomenclature).

iccosome 익코솜 명 여포수지상세포(follicular dendritic cell)로 부서지는, 면역복합체로 덮인 막의 단편.

Ice Age 빙하시대 ⇨ Pleistocene.

I-cell disease I세포병 가수분해효소가 리소좀에 포장되는 대신에 세포외액으로 분비되는, 리소좀과 관련된 병.

I-cells I세포, 사이세포 강장동물의 사이세포(interstitial cell).

ichneumon wasps 맵시벌류 맵시벌과(Ichneumonidae)에 속하는 벌류 곤충. 다른 곤충, 특히 나비와 나방의 유충에 알을 낳는 포식기생충(parasitoid)이다. ≒ **ichneumon flies**.

ichthyodont 어치화석(魚齒化石) 명 물고기의 이빨이 담긴 화석.

ichthyofauna 어류상(魚類相) 명 특정한 지방이나 지역 또는 서식지에 분포하는 어류들.

ichthyoid 물고기꼴 형 물고기와 관련되거나, 물고기 특유의, 또는 물고기와 비슷한. ≒ **ichthyic**.

ichthyolite 어류화석 명 물고기의 화석이나 그의 일부.

ichthyology 어류학(魚類學) 명 물고기를 연구하는 학문.

ichthyopterygium 기형지(鰭形肢) 명 지느러미의 모습을 하고 있을 때의 척추동물의 4지.

Ichthyosauria, ichthyosaurs 어룡목, 어룡류(魚龍類) 명, 명복 방추형의 몸에 지느러미와 지느러미처럼 생긴 4지가 달린 중생대의 수생 파충류 무리.

ichthyostegalians, ichthyostegids 익티오스테가류 명복 데본기부터 석탄기까지 출현하였던 멸종된 원시양서류. 물고기와 같은 특징이 많고, 때때로 원시적인 미치류(labyrinthodonts)로 간주한다.

ICM 내세포덩이(inner cell mass).

ICNB 국제세균명명위원회(International Committee on Nomenclature of Bacteria).

ICNV 국제바이러스명명위원회(International Committee on Nomenclature of Viruses).

iconic memory 영상기억 시각적 인상을 저장하는 매우 짧은 기억.

iconotype 도상형(圖像型) 명 기준표본을 묘사, 그림 또는 사진으로 나타낸 것.

icosandrous 20수술의 형 20개 또는 그 이상의 수술을 갖는 꽃에 적용되는 말.

ICSB 국제세균계통분류위원회(International Committee on Systematic Bacteriology).

ICSH 사이세포자극호르몬(interstitial cell-stimulating hormone).

ICSU 국제학술연합회(International Council of Scientific Unions).

ICTV 국제바이러스분류위원회(International Committee on Taxonomy of Viruses).

ICZN 국제동물명명규약(International Code of Zoological Nomenclature).

ID_{50} 중간감염량(中間感染量) 시험하는 동물이나 조직배양의 50%가 감염되는 바이러스나 기타 감염인자의 양.

IDDM 인슐린의존형 당뇨병(insulin-dependent diabetes mellitus). ⇨ type I diabetes.

ideal angle 이상각(理想角) 잎차례에서, 위아래로 잎이 겹치지 않으면서 잎이 줄기에 달리는 각도인 137°30′28″.

ideomotor 의식운동의, 관념운동의 형 마음속으로 그리는 상에 반응하는 불수의적 운동과 관련된 말.

idiobiology 개체생물학 명 개개의 생물을 연구하는 것.

idiomorphs 자형(自型) 명복 자낭균류 교배형자리의 *MAT-1*과 *MAT-2* 대립유전자들과 같이, 중요한 순서상동성(sequence homology)이 결핍된 유전자자리의 대체형(대립유전자).

idiopathic 특발성(特發性) 형 다른 질환이 앞서지도 않고 원인을 알 수 없으면서 저절로 생기는 병이나 상태에 적용되는 말.

idiophase 생성기 명 2차대사에서 2차대사물질이 생성되는 시기. 비 trophophase.

idiosoma 몸통마디 명 응애류와 진드기류의 몸통인 전체절(prosoma)과 후체구(opisthosoma).

idiotope 이디오토프, 항원성 항체부 명 항체의 가변부의 일부에 의해 형성되는 항원결정기. 단일한 항체분자에 의해 나르는 이와 같은 일련의 이디오토프가 이디오타이프(idiotype)가 된다.

idiotrophic 자체영양성 형 먹이를 선택하는 능력이 있는.

idiotype 이디오타이프, 전유전물질형 명 (1) 항체분자의 가변부에 의해 형성되는 특이적 항원결정기; (2) 한 개체의 모든 유전요인.

IEP 등전점(isoelectric point).

IF 중간섬유(intermediate filament).

IF-1, IF-2, IF-3 세균 단백질합성의 개시인자들(initiation factors).

IFN IFN-α, IFN-β 및 IFN-γ와 같은 인터페론(interferon).

Ig 면역글로불린(immunoglobulin).

Igα, Igβ B림프구의 완전한 항원수용체복합체의 일부가 되는 단백질들. 항원이 복합체의 면역글로불린 부분과 결합할 때 수용체로부터의 신호전달에 관여한다.

IgA 면역글로불린A(immunoglobulin A).

IgD 면역글로불린D(immunoglobulin D).

IgE 면역글로불린E(immunoglobulin E).

IGF-I 소마토메딘C(somatomedin C).

IGF-II 인슐린유사생장인자II(insulin-like growth factor II).

IgG 면역글로불린G(immunoglobulin G).

IgM 면역글로불린M(immunoglobulin M).

IκB 전사인자 NFκB와 복합체를 형성하여 세포질에서 NFκB가 활성을 띠지 못하게 하는 단백질.

IκB kinase (IKK) I_{κ}B인산화효소 다양한 수용체들로부터 전사인자 NFκB를 활성화하는 세포내 신호전달경로에 관여하는 단백질 세린/트레오닌인산화효소.

IL-1, IL-2 등 ⇨ interleukins.

Ile 이소류신(isoleucine).

ileac, ileal 돌창자의 형 돌창자(회장, ileum)와 관련된 말.

ileocaecal 돌막창자의 형 돌창자와 막창자(맹장)에 관련된 말.

ileocolic 돌잘록창자의 형 돌창자와 잘록창자(결장)에 관련된 말.

ileum 돌창자, 회장(回腸) 명 (1) 작은창자의 아랫부분; (2) 곤충에서 뒤창자(후장)의 앞쪽 끝.

iliac 엉덩뼈의 형 엉덩뼈(장골, ilium)와 관련된 말.

iliacus 엉덩근, 장골근 명 엉덩뼈오목(iliac fossa)의 상부에서 일어나 대요근(psoas major) 힘줄의 측면에 닿는 근육.

ilicium 유인돌기 명 아귀과(Lophiidae)의 아귀류에서 먹이를 유인하기 위해 끝이 변형된 지느러미.

iliocaudal 엉덩꼬리의 형 엉덩뼈와 꼬리를 연결하는, 근육(엉덩꼬리근)에 적용되는 말.

iliocostal 엉덩갈비의 형 엉덩뼈와 갈비뼈의 부위에 있는, 근육(엉덩갈비근)에 적용되는 말.

iliofemoral 엉덩넙다리의 형 엉덩뼈와 넙다리뼈(대퇴골)에 관련된, 인대(엉덩넙다리인대)에 적용되는 말.

iliohypogastric 엉덩아랫배의 형 엉덩뼈와 아랫배의 앞쪽에 관련된, 신경(엉덩아랫배신경)에 적용되는 말.

ilio-inguinal 엉덩샅굴의 형 엉덩뼈와 사타구니의 부위에 있는, 신경(엉덩샅굴신경)에 적용되는 말.

ilio-ischadic 엉덩궁둥의 형 엉덩뼈와 궁둥뼈(좌골)가 양 끝에서 유합되었을 때 이들 사이의 틈(구멍)과 관련된 말.

iliolumbar 엉덩허리의 형 엉덩뼈와 허리의 부위에 있는.

iliopectineal 엉덩두덩의 형 엉덩뼈와 두덩뼈(치골)가 합쳐지는 점을 나타내는 융기에 적용되는 말.

iliopsoas 엉덩허리근, 장요근(腸腰筋) 명 엉덩근(iliacus)과 대요근(psoas major)을 하나의 근육으로 간주한 것.

iliotibial 엉덩정강근의 형 넓적다리의 아래쪽 끝에 있는 근육의 띠(엉덩정강근막띠)에 적용되는 말.

iliotrochanteric 엉덩대퇴돌기의 형 엉덩뼈와 대퇴돌기를 합치는, 인대에 적용되는 말.

ilium 엉덩뼈, 장골(腸骨) 명 골반띠 각 반쪽의 뒤에 있는 뼈.

Illiciales 붓순나무목 명 관목, 덩굴식물 및 작은 교목을 포함하는 목본성 쌍떡잎식물의 목. 붓순나무과(Illiciaceae)와 오미자과(Schisandraceae)의 2과로 이루어져 있다.

illuvial 집적(集積)의 형 토양의 충적층(alluvial layer) 아래에서 퇴적되고 축적되는 층(집적층)에 적용되는 말. ≒

B-horizon.

imaginal 성충의 형 성충(imago)과 관련된 말.

imaginal discs 성충판(成蟲板) 많은 곤충의 유충에서, 탈바꿈을 할 때 각 체절에 적절한 성체의 표피구조를 만드는 분화되지 않은 상태에 있는 상피의 작은 주머니. 각각의 판은 다리원기, 촉각원기, 생식원기 등과 같이 단일한 구조를 지정한다.

imago 성충(成蟲) 명 곤충의 탈바꿈에서 마지막 시기 또는 성체 시기인 완벽한 곤충.

imbibition 침윤(浸潤) 명 종자가 발아하기 전에 물을 흡수하는 것처럼, 섬유소와 녹말 같은 물질에 의해 물이 수동적으로 흡수되는 것.

imbricate 기와형 형 비늘에서처럼 포개지는.

imbricational 기와형, 복와상(覆瓦狀) 형 겹쳐지는, 이빨이 자라면서 측면에 쌓이는 에나멜층에 적용되는 말.

imbrication lines 나란이선 상아질(dentine)의 평행한 생장선.

Imd pathway Imd경로 선천면역에서 그람음성균을 인식하는 데 관여하는, 곤충의 면역결핍경로(immunodeficiency pathway).

imitative 모방의 형 어느 생물이 다른 생물을 모방할 때 방어나 공격을 위한 것으로 추정하는 모양, 습관, 색깔 등에 적용되는 말.

immaculate 무반점(無斑點)의 형 색깔이 다른 반점이나 자국이 없는.

immarginate 무변두리의 형 뚜렷한 가장자리가 없는.

immature 미숙(未熟)한 형 (1) 아직 완전히 발달하지 않은; (2) 아직 성체가 되지 않은. 비 mature.

immediate early genes 전초기유전자(前初期遺傳子) 세포증식을 일으키는 작용인자에 응답하여 빠르고 일시적으로 발현을 유도하는 유전자군.

immediate hypersensitivity 급속과민반응 항원에 노출되었을 때 곧 나타나는 항체매개과민반응. 비 delayed hypersensitivity.

immigrant species 이주종(移住種) 어느 생태계로 들어왔거나 사람에 의해 뜻하지 않게 또는 고의로 도입된 종.

immobilization 부동화(不動化), 고정화(固定化) 명 식물의 영양에 필수적인 원소들이 토양미생물에 의해 토양에서 유기물로 고정되어 원소들이 식물의 생장을 위해 이용될 수 없는 것.

immobilized enzyme 고정화 효소 생물공학에서, 산업공정에 이용되는 효소들의 효율을 증가시키기 위하여 불활성의 고형기질에 부착시켜 고정화한 정제효소 또는 필요로 하는 효소가 들어 있는 전체 세포.

immortalized 영생(永生)의 형 1차조직배양으로부터 배양을 오래 계속하여 유도된 영구세포주의 세포들처럼, 무기한으로 세포분열을 계속할 수 있게 된 포유동물의 세포(영생세포)에 적용되는 말. 명 **immortalization**.

immune 면역(免疫)의 형 방어항체와 또는 활성화 T림프구 그리고 병원성 미생물에 대항하는 기억세포들(B세포와 T세포)을 생산하고 따라서 그 병원균에 의한 재감염에 저항력이 있는 개체에 적용되는 말.

immune clearance 면역제거 항원-항체복합체가 형성되면서 혈액에서 항원이 제거되고 식세포에 의해 청소되는 것.

immune complex 면역복합체 항체와 항원의 복합체. 조직에 침착하면 복합체에 의해 보체계가 활성화되면서 조직에 손상을 일으키고 질병을 유발할 수 있다.

immune disease 면역병 면역적 과민반응이나 자가면역반응과 관련된 질병을 통틀어 이르는 말.

immune memory 면역기억 ⇨ immunological memory.

immune response 면역반응 일반적으로 후천성 면역반응에 적용되지만 선천성 면역반응을 포함하기도 하는 말. 후천성 면역반응은 두 가지 요소로 구성된다. 혈액을 순환하는 항체의 생산은 체액성 면역반응(humoral immune response)이라 하고, 세포독성 T세포와 도움T세포의 생산은 세포매개면역반응(cell-mediated immune response 또는 cellular immune response)이라 한다. ⇨ adaptive immune response, allergy, antibody, antigen, B lymphocyte, clonal selection, immune system, immunity, innate immunity, plasma cell, primary immune response, secondary immune response, T lymphocyte.

immune surveillance 면역감시 면역계가 대부분의 초기 암세포들을 인식하고 암으로 발달하기 전에 이들을 제거한다고 생각하는 것.

immune system 면역계(免疫系), 면역체계 몸에 침입하는 미생물, 기생충과 기타 외래물질에 대하여 선천성 면역반응과 후천성 면역반응을 일으킬 수 있도록 해 주는 척추동물의 세포나 조직들. 면역계는 감염으로부터 몸을 방어하고 재감염에 대해 오래 지속되는 특이적 면역을 확립한다. 한편 면역계는 이식된 조직과 기관의 외래세포들을 인식하고 거부하는 원인이 되기도 한다. 많은 무척추동물과 식물들도 어떤 종류의 선천성 면역계를 갖지만 단지 척추동물만이 후천성 면역을 갖는다. ⇨ adaptive immune response, allergy, antibody, antigen, histocompatibility, immune response, immunity, innate immunity, leukocytes, lymphocyte, lymphoid, primary lymphoid organs, secondary lymphoid tissues.

immune tolerance 면역관용 ⇨ tolerance.

immunity 면역, 면역성 명 (1) 병(주로 전염병)에 저항력을 갖는 능력. 감염에 대한 선천성 면역은 세균이나 바이러스에 대항하여 생물체를 방어하는 비교적 비특이적인 세포성 체계와 분자적 체계에 기인하고, 대부분의 동물과 식물에 존재한다. 특정한 질병에 대해 오래 지속되는 면역은 후천성 면역반응의 결과이고, 이는 이전의 감염에 의해 자연적으로 획득되거나 적절하게 처리된 미생물이나 그 산물로 예방접종을 받아 유도될 수 있다. 후천성 면역반응은 척추동물에서만 발견된다. ⇨ adaptive immune response; (2) 세균에서 프로파지나 플라스미드를 나르는 세균에 동종의 다른 파지나 플라스미드가 감염하지 못하는 것.

immunization 면역접종, 면역화 명 주사 등에 의해서 항원을 투여하여 항원에 대항하는 특이적 면역반응을 갖게 하는 것. 항원이 병원체에서 유래되고 질병에 대항하는 면역을 부여할 때, 이를 접종(inoculation) 또는 예방접종(vaccination)이라고 한다. 동 **immunize**.

immunoaffinity column chromatography 면역친화성 칼럼크로마토그래피 칼럼에 흡착시킨 항체를 이용하여 그에 상응하는 항원을 혼합물로부터 정제하거나 반대의 경우도 마찬가지인 친화성 크로마토그래피(affinity chromatography)의 일종.

immunoassay 면역분석법 명 측정기법으로 특정 항체와의 결합을 이용하여 물

I

질을 정량적으로 분석하는 방법들.

immunoblot 면역블럿 ⇨ Western blot.

immunocompetence 면역력(免疫力) 명 항원의 자극에 반응할 수 있는 능력, 면역반응을 일으킬 수 있는 능력. 형 **immunocompetent**.

immunocytochemistry 면역세포화학 ⇨ immunohistochemistry.

immunodeficiency 면역결핍 명 효과적인 면역반응을 일으킬 수 있는 능력이 결핍된 것. AIDS에서 도움T림프구들이 파괴되거나, 면역글로불린유전자의 결함에 기인하여 면역글로불린이 생성되지 않거나 또는 다양한 유전적 결함 때문에 림프구들이 발달하지 않는 등의 여러 가지 원인에 기인할 수 있다. 형 **immunodeficient**. ⇨ severe combined immunodeficiency.

immunodiagnostics 면역진단 명 바이러스, 세균, 호르몬, 약물 등을 검출하고 동정하는 데에 항체를 이용하는 것.

immunodiffusion 면역확산법 명 한천겔을 이용하여 서로 확산하는 항원과 항체가 만나는 곳에서 침강선(precipitation line)이 형성되는 것을 관찰하여 항원이나 항체를 검출하는 방법.

immunoelectron microscopy 면역전자현미경관찰법 특정한 구조를 강조하기 위하여 전자고밀도물질로 염색된 시료를 특정 항체에 부착시키는 전자현미경관찰법.

immunoelectrophoresis 면역전기영동법 명 표지된 항체를 이용하여 확인하기 전에 복잡한 조성의 혼합물을 전기영동으로 분리하여 항원을 분석하는 방법.

immunofluorescence microscopy 면역형광현미경관찰법 세포 내의 특정한 구조를 강조하기 위하여 형광염료로 표지된 항체를 이용하여 세포를 염색하는 현미경관찰법.

immunofluorescence test 면역형광검사법 원하는 항원을 검출하기 위하여 형광염료로 표지된 항체를 이용하는 진단검사법들.

immunogen 면역원(免疫原) 명 면역반응을 일으키는 물질을 통틀어 이르는 말. ⇨ antigen.

immunogenetics 면역유전학 명 면역계를 유전학의 입장에서 분석하는 것.

immunogenic 면역원성(免疫原性)의 형 면역반응을 일으키는.

immunogenicity 면역원성(免疫原性) 명 단독으로 주입하였을 때 면역반응을 일으킬 수 있는 능력. 항원에 적용되는 말이다.

immunoglobulin (Ig) 면역글로불린 명 면역계의 B세포와 이로부터 유래된 형질세포에 의해 합성되는 몹시 가변적인 단백질들. 면역글로불린은 두 가지 종류로 나타나는데, 그 하나는 B세포의 표면에서 항원수용체로 작용하는 막으로 둘러싸인 면역글로불린이고, 다른 하나는 면역반응 과정에서 B세포가 형질세포로 분화된 다음에 형질세포에 의해 만들어지는 항체이다. 면역글로불린분자는 2개의 동일한 L사슬(가벼운 사슬)과 2개의 동일한 H사슬(무거운 사슬)로 구성된다. L사슬과 H사슬은 면역글로불린들 간에서 아미노산서열이 다양한 N말단의 가변부(variable region, V region)와 항체가 속하는 특정 강(class)이나 동종형(isotype)에 특징적인 C말단의 불변부(constant region, C region)를 갖는다. ⇨ antibody, B-cell receptor, C region, immunoglobulin A, immunoglobulin D, immunoglobulin E, immunoglobulin G, immunoglobulin genes, immunoglobulin M, isotypes, V region.

immunoglobulin A (IgA) 면역글로불린A 동종형 α의 H사슬을 포함하는 면역글로불린의 강. 면역글로불린A는 단위체(monomer)이거나 2합체(dimer)로 나타난다. 2합체는 창자에 그리고 침, 눈물, 우유 및 초유에 들어 있는 주된 항체이다.

immunoglobulin D (IgD) 면역글로불린D 동종형 δ의 H사슬을 포함하는 면역글로불린의 강. 면역글로불린D는 면역글로불린M(IgM)과 함께 B세포의 표면에 결합되어 있는 형태로 나타난다. 극히 적은 양이 항체로 분비되며 그 기능은 잘 알려져 있지 않다.

immunoglobulin E (IgE) 면역글로불린E 동종형 ε의 H사슬을 포함하는 면역글로불린의 강. 면역글로불린E는 알레르기성 염증반응에 관여하고 장내 기생충에 반응한다. 비만세포와 그 밖의 일부 백혈구에 있는 수용체들과 결합하고, 특정 항원과 결합하면 세포과립 내용물의 방출을 촉발시킨다.

immunoglobulin G (IgG) 면역글로불린G 동종형 γ의 H사슬을 포함하는 면역글로불린의 강. 면역글로불린G는 1차면역반응의 마지막과 2차면역반응에서 형성되고, 혈액과 림프를 순환하는 주요 항체이다.

immunoglobulin genes 면역글로불린유전자 면역글로불린의 폴리펩티드사슬을 암호화하는 유전자들. 무거운 사슬과 κ-가벼운 사슬 그리고 λ-가벼운 사슬의 3개 유전자자리가 있다. 각각의 유전자자리는 면역글로불린사슬의 부분들을 암호화하는, 많은 점에서 비슷하지만 동일하지 않은 유전자조각(gene segment)들로 구성된다. 림프구가 만들어지는 과정에서 DNA가 재배열되면서 각 종류의 유전자조각을 한데 모아 완전한 무거운 사슬유전자 또는 가벼운 사슬유전자를 명시하는 서열을 이룬다. ⇨ C gene, D gene segment, J gene segment, V gene segment.

immunoglobulin-like domain 면역글로불린유사영역 면역글로불린 단백질영역의 특징적인 구조와 관련된 단백질영역.

immunoglobulin M (IgM) 면역글로불린M 동종형 μ의 H사슬을 포함하는 면역글로불린의 강. 면역글로불린M은 B세포가 발생하면서 합성되는 면역글로불린의 첫 번째 종류이고, 1차면역반응에서 최초로 생산되는 항체이다. IgM항체는 5개의 IgM분자들이 연결폴리펩티드(연결사슬, joining chain)에 의해 함께 결합한 5합체이다.

immunoglobulin receptor 면역글로불린수용체 면역계의 B세포 표면에 있는, 면역글로불린의 막관통 형태인 항원수용체. ≒ B-cell receptor. ⇨ Fc receptor, poly-Ig receptor.

immunoglobulin superfamily 면역글로불린상과 면역글로불린, T세포수용체 그리고 세포부착분자와 같은 다른 많은 세포표면단백질들을 포함하는 단백질의 상과.

immunohistochemistry 면역조직화학(免疫組織化學) 명 색깔을 띤 반응산물을 만드는 효소로 표지된 특정 항체를 이용하여 세포에서 특정한 단백질의 위치를 찾아내는 기술.

immunological memory 면역기억 이전에 맞닥뜨린 적이 있는 항원에 대하여 보다 빠르고 강력한 반응(2차면역반응)을 일으키는 후천성 면역계의 능력. 면역기억은 초기의 면역반응(1차면역반응)에서 활성화된 지속성 기억세포(T세포와 B세포)에 의해 매개된다.

immunological tolerance 면역내성 ⇨ tolerance.

immunology 면역학(免疫學) 명 면역계를 연구하는 학문.

immunophilin 면역억제제수용체 명 시클로스포린A(cyclosporin A)와 타크로리무스(tacrolimus)와 같은 면역억제제와 결합하여 이들의 면역억제효과에 관여하는 단백질.

immunoprecipitation 면역침강(免疫沈降) 명 혼합물에서 단백질을 특이적 항체와 결합시켜 단백질-항체복합체의 침강을 유도하여 단백질을 탐지하는 기법.

immunoreceptor tyrosine-based activation motif (ITAM) 면역수용체티로신활성화부위 면역계 세포들에서 티로신인산화효소와 결합하는 수용체의 세포질 부위에 존재하는, 2개의 티로신 잔기를 포함하는 짧은 아미노산순서. 리간드가 수용체와 결합한 결과로 티로신이 인산화되면 세포내 신호전달경로의 활성화가 시작된다. 비 immunoreceptor tyrosine-based inhibitory motif.

immunoreceptor tyrosine-based inhibitory motif (ITIM) 면역수용체티로신억제부위 면역계 세포들에서 티로신인산화효소와 결합하는 일부 수용체의 세포질 부위에 존재하는, 2개의 티로신 잔기를 포함하는 짧은 아미노산순서. 리간드가 수용체와 결합한 결과로 티로신이 인산화되면 세포의 활동을 억제하는 세포내 신호전달경로의 활성화가 시작된다.

immunosuppression 면역억제 명 방사선과 어떤 약물 등에 의해 면역반응을 일으킬 수 있는 능력이 억제되는 것.

immunotoxin 면역독소 명 (1) 질병에 대항하여 면역을 부여하는 항독소(antitoxin); (2) 특정한 세포를 파괴하거나 그와 반응하는 것을 목표로 독소나 약물과 결합시킨 항체.

IMP 이노신1인산(inosine monophosphate).

imparidigitate 형 다른 수의 손가락이나 발가락을 가진.

imparipinnate 홀수깃꼴 형 끝에 홀수의 작은 잎이 달린 깃꼴(pinnate).

impedicellate 자루없는 형 자루(꽃자루)가 매우 짧거나 없는.

imperfect 불완전한 형 수술 또는 심피가 없는 꽃(불완전꽃)에 적용되는 말.

imperfect fungi 불완전균류 ⇨ Deuteromycetes.

imperfect stage 불완전기 자낭균류의 생활주기에서 분생자(conidia)가 달리는 무성생식 시기.

imperforate 비천공(非穿孔)의 형 구멍이 뚫리지 않은, 미세한 구멍이 없는 유공충류(foraminiferans)의 껍데기에 적용되는 말.

impermeable 불투과성 형 특정 물질을 통과시키지 않는 막 같은 장벽에 적용되는 말. 비 permeable.

impetigo 고름딱지증, 농가진(膿痂疹) 명 포도상구균이나 연쇄상구균의 균주에 의해 일어나는 피부감염증.

implantation 착상(着床) 명 수정란이 자궁의 내벽에 파묻히는 것.

importance value 중요치(重要値) 어느 종이 군집 내에서 차지하는 역할을 측정하는 것. 그 종의 상대밀도와 상대우점도 그리고 그 종이 발견되는 상대빈도를 모두 합친 값이다.

impregnation 정자진입(精子進入) 명 수컷의 정자가 암컷의 몸으로 수송되는 것.

imprinting 인상찍히기, 각인(刻印) 명 (1) 갓 태어난 어린 동물에서 보통 어버이에 의해 제공되는 특정 자극이 특정 반응으로 연관되도록 고정되는 학습의 일종. 이를테면 어린 새는 움직이는 큰 물체(대개 어미 새)를 따라다니고, 어린 포유동물은 어미의 젖 냄새에 반응하여 어미를 따른다; (2) ⇨ genomic imprinting; (3) ⇨

sexual imprinting.

impulse 충격 ⇨ action potential.

inactivation 불활성화(不活性化) 명 신경생리학에서, 활동전위의 나트륨 전류가 감소하는 것.

inantherate 무약(無葯)의 형 꽃밥이 없는.

inappendiculate 형 부속지(appendage)가 없는.

Inarticulata 무관절강(無關節綱) 명 경첩 부위가 없고 근육들에 의해 두 껍데기가 붙어 있는 완족류(brachiopods)의 강. 비 Articulata.

inarticulate 무관절(無關節)의 형 (1) 체절로 나누어져 있지 않은; (2) 관절이 없는.

inborn error of metabolism 선천성 대사이상(先天性代謝異常) 특이효소의 유전적 결함이나 제 기능을 못하는 단백질의 생성에 기인하는 다양한 선천성 장애를 통틀어 이르는 말. ≒ enzyme deficiency disease.

inbreeding 근친교배, 동계교배 명 (1) 근친의 개체들 사이에서 일어나는 교배, ≒ consanguineous matings; (2) 실험동물과 식물처럼 유연관계가 매우 밀접한 개체들 간의 연속적인 교배. 그 결과로 대부분의 유전자자리가 동형접합인 개체들로 이루어진 순수한 계통이나 품종이 확립된다.

inbreeding coefficient (F) 근교계수(近交係數) (1) 개체에서, 근친교배의 결과로 수배우자와 암배우자가 갖는 1쌍의 대립유전자가 공통의 조상유전자로부터 유래한 평균적 확률; (2) 집단에서, 근친교배의 결과로 이형접합도(heterozygosity)가 감소하는 것을 측정하는 것. 다음과 같은 식으로 계산한다: $F_s = (H_I - H_S)/H_S$, 여기서 H_I와 H_S는 동일한 집단에서 동계교배집단과 이계교배집단의 이형접합도를 각각 가리킨다.

inbreeding depression 근교약세(近交弱勢) 근친교배를 계속하면 동형접합 상태에 있는 많은 유해유전자들의 발현에 기인하여 생활력이 줄어드는 것.

incidence 발생(發生), 발생률(發生率) 명 (1) 어떤 일이 생기는 것; (2) 어떤 일이 나타날 비율. 비 prevalence.

incipient lethal level 시험생물 집단의 50%가 무기한으로 살 수 있는 독소의 농도.

incipient species 발단종(發端種) 별개의 종으로 갈라지는 단계에 있는 개체군들. 어떤 지리적 장벽이 이들 간의 교배를 방해하고 있지만 아직까지는 상호교배가 가능한 집단이다.

incised 결각(缺刻)의 형 가장자리가 깊이 갈라진.

incisiform 앞니형 형 앞니(incisor)처럼 생긴.

incisive 앞니의 형 앞니와 관련되거나 그 부위에 있는.

incisors 앞니, 절치(切齒) 명복 포유동물에서 앞쪽에 난 이.

included 형 [식] 수술과 암술이 꽃부리 밖으로 튀어나오지 않은.

included niche 어느 종의 생태적 지위가 완전히 다른 종의 생태적 지위 공간 안에서 나타나는 경우.

inclusion bodies 봉입체(封入體) 바이러스나 단백질 등으로 구성된 결정체와 같은 세포내 입자.

inclusive fitness 포괄적응도(包括適應度) 개체 자신의 적응도(fitness)에 직계 자손이 아닌 친척들의 적응도에 미치는 모든 효과를 합친 것.

incompatibility 부적합성(不適合性) 명 (1) 성공적으로 식물이 타가수정을 하고 동물이 짝짓기를 할 수 있는 능력이 유전적으로 결여된 것; (2) 여러 다른 유형의 조직이 이식되었을 때 거부되는 것; (3) 플라스미드의 불화합성, ⇨ plasmid incompatibility.

incompatible 부적합의 형 (1) ⇨ incompatibility; (2) 식물병리학에서, 병을 일으키지 않는 숙주와 병원균 간의 상호작용에 적용되는 말.

incomplete 불완전의 형 꽃받침조각이나 꽃잎이나 수술이나 심피가 없는 꽃에 적용되는 말.

incomplete dominance 불완전우성 ⇨ co-dominance.

incomplete metamorphosis 불완전변태(不完全變態), 불완전탈바꿈 곤충의 새끼가 날개와 성숙한 생식기관을 제외한 일반적인 성충의 형태를 갖고 부화하고 번데기의 휴지기를 거치지 않고 발생하는 탈바꿈. 비 complete metamorphosis.

incomplete penetrance 불완전침투율 어떤 형질과 연관된 유전자형을 가진 일부 개체에서 유전형질이 발현되지 않는 것.

incongruent 부적합한 형 적합하지 않은, 제대로 맞지 않는 관절의 표면에 적용되는 말.

incoordination 협동장애, 조화운동불능 명 (1) 협동이나 조화의 부족; (2) 근육 제어의 상실에 기인하는 불규칙한 운동.

incrassate 비후(肥厚)한 형 두꺼운, 차츰 두꺼워지는.

incubation 부화(孵化), 항온처리, 배양(培養) 명 (1) 자연적 또는 인공적인 열의 도움으로 동물의 알에서 새끼가 나오는 것; (2) 미생물을 최적온도에서 한동안 유지시키면서 생장시키는 것.

incubation period 잠복기(潛伏期) 병원성 세균, 바이러스 또는 기타 기생생물이 감염하여 증상이 나타나기까지의 기간. 이 기간 동안 병원체들이 증식한다.

incubatorium 부화주머니 명 바늘두더지(echidna)의 알이 부화하는 유방 부근을 둘러싸는 일시적인 주머니.

incudal 모루(뼈)의 형 가운데귀의 작은 뼈들 가운데 하나인 모루뼈(침골)와 관련된 말.

incumbent 형 (1) 포개진; (2) 기부 쪽을 향하여 굽어진.

incurrent 도입(導入)의, 입수(入水)의 형 (1) 통하는; (2) 구심성; (3) 해면동물에서 물이 들어오는 관에 적용되는 말, ≒ ostia; (4) 연체동물의 입수관을 가리키는 말; (5) 곤충의 심장에서 혈액이 흘러드는 소공에 적용되는 말.

incurvate 만곡(彎曲)된 형 위로 굽어지거나 뒤로 구부러진.

incus 모루뼈, 침골(砧骨) 명 가운데귀에서 사슬처럼 이어진 3개의 작은 뼈 가운데 중앙에 있는 뼈. 척추동물에서 고막으로부터 속귀로 소리를 전달하는 역할을 한다. 대장간에서 사용하는 모루(anvil)의 모양을 하고 있다.

indeciduate 상록(常綠)의, 무탈락막성(無脫落膜性)의 형 (1) 열매에 있는 꽃받침 조각이 시들어 떨어지지 않는; (2) 태어날 때 어미 쪽의 부분이 함께 나가지 않는.

indeciduous 상록의 형 (1) 지속되는; (2) 성숙했을 때 떨어지지 않는; (3) 변치 않는; (4) 늘 푸른.

indefinite 부정(不定)의 형 크기나 수 따위가 규정되지 않은.

indehiscent 비열개성(非裂開性) 형 종자 또는 포자를 방출하도록 열리지 않고 전체 구조가 떨어지는 열매나 포자 또는 포자낭에 적용되는 말.

indel 삽입/결실 분자유전학에서 삽입(insertion)이나 결실(deletion)을 표시할 때 사용되는 약어.

independent assortment 독립분리(獨立分離) 어느 유전자에서 대립유전자의 분리는 다른 유전자에서 대립유전자가 분리되는 것과 독립적으로 일어난다는 멘델의 제2유전법칙. 동일한 염색체에서 매우 가깝게 존재하는 대립유전자들이 함께 유전하는 경향이 있는 연관(linkage)이 밝혀짐에 따라 이 독립의 법칙은 수정되어야 한다.

indeterminate 부정(不定)의, 미정(未定)의 형 (1) 분명히 규정되지 않은; (2) 한정되지 않은; (3) 분류되지 않은.

indeterminate growth 무한생장(無限生長) (1) 줄기나 가지 또는 어린싹과 같은 측생기관을 수없이 형성하는 정단분열조직에 의한 생장으로, 끝눈(terminal bud)의 발달로 멈추지 않는 생장; (2) 축이 무한정 길어지고 갈라지는 것.

indeterminate inflorescence 무한꽃차례 끝눈의 발달로 제한 받지 않기 때문에 무한정 가지 치면서 자라는 꽃차례.

index 집게손가락, 지표(指標), 지수(指數) 명 (1) 엄지손가락 다음에 있는 검지; (2) 어느 양(quantity)과 다른 양과의 비(ratio)를 나타내는 수나 식.

index case 지표증례(指標證例) 전염할 가능성이 높은 것으로 나타나는 새로운 증상이나 병원체 종류 또는 특성을 보이는 전염병의 사례.

index fossil 표준화석 암석층의 특정 구역에서 특징적으로 나타나고 그 이후의 구역에서 알려진 화석.

index species 지표종(指標種) 좁은 범위의 환경조건에서만 살고 따라서 이들 종이 나타나면 그 환경조건이 존재한다는 것을 나타내는 종.

Indian region 인도식물구 인도아대륙, 스리랑카, 마카디브와 몰디브로 이뤄지는 구열대식물계의 한 부분.

Indian subregion 인도동물아구 히말라야 산맥 남쪽에서 남단을 제외한 인도아대륙 전체를 포함하는 동양동물구의 1부분.

indicator species 지표종(指標種) (1) 특정한 지역이나 서식지의 기후, 토양 또는 그 밖의 조건들에 특징적인 종; (2) 어느 생물형(biotype)의 우점종; (3) 사라지거나 교란되면 생태계가 악화된다는 조기 징후를 제공하는 종.

indifference curves 무차별곡선 ⇨ iso-utility curves.

indifferent species 광적응성종(廣適應性種) 어느 특정한 군집에서만 발견되지 않는 종.

indigenous 고유의, 토착성, 자생의 형 (1) 어느 장소에 소속된; (2) 도입되지 않은; (3) 토박이의.

indirect competition 간접경쟁 같은 제한된 자원을 두고 경쟁하기 때문에 둘 또는 그 이상의 생물들에서 개체군의 크기나 출산능력이 제한되는 것.

indirect immunofluorescence 간접면역형광법 형광표지를 2차항면역글로불린항체에 부착하는 면역형광검사의 일종. 1차항원-항체복합체를 표지하는 데에 이용된다.

indirect transmission 간접전파 한 사람에서 중간 단계의 생물이나 무생물을 경유하여 다른 사람에게 감염이 전파되는 것.

individual distance 개체거리 새의 무리에서 먹이를 먹거나 둥지를 틀 때 방어하는 새 주변의 거리.

individualism 개체성(個體性) 명 두 개체가 함께 모여 마치도 하나의 생물처럼 보이는 공생.

individuation 개성화(個性化) 명 (1) 군체를 이루는 생물처럼 상호의존적인 기능단위를 이루는 것; (2) 개체로 발생하는 과정.

Indo-Chinese subregion 인도차이나동물아구 중국 남부와 말레이시아 반도를 제외한 동남아시아를 포함하는 동양동물구의 1부분.

indole-2-acetic acid (IAA) 인돌-2-아세트산 천연에 존재하는 옥신(auxin)의 하나.

indole acetonitrile (IAN) 인돌아세토니트릴 천연에 존재하는 옥신(auxin)의 하나.

indoleamines 인돌아민 명복 인돌기가 들어 있는 모노아민 신경전달물질 그리고 세로토닌과 멜라토닌 같은 호르몬들.

Indo-Malayan subregion 인도말레이시아동물아구 말레이시아 반도, 월리스선 서쪽의 인도네시아 군도 그리고 필리핀을 포함하는 동양동물구의 1부분.

Indo-Malaysian subkingdom 인도말레이시아아계 인도아대륙과 히말라야 산맥, 중국의 최남단, 동남아시아, 말레이시아 군도, 인도네시아, 파푸아뉴기니와 필리핀으로 이뤄지는 구열대식물계의 한 부분. 동남아시아대륙식물구, 인도식물구 및 말레이시아식물구로 나뉜다.

induced 유도(誘導)의 형 특정 자극에만 반응하여 전사되는 유전자 또는 합성되는 단백질에 적용되는 말. 비 constitutive. ⇨ inducer, induction.

induced fit 유도적합(誘導適合) 기질이 효소와 결합하면 효소 활성부위의 구조 변화를 유도하여 기질이 활성부위에 들어맞도록 해 준다는 효소-기질 상호작용의 모델. 비 lock-and-key model.

induced mutations 유도돌연변이 의도적으로 돌연변이유발원을 처리한 결과로 일어나는 돌연변이. 비 spontaneous mutations.

induced pluripotent stem cell (iPS cell, iPSC) 유도만능줄기세포 배아의 전분화능세포에서 활발하게 기능을 하는 소수의 유전자를 도입하고 발현시킴으로써 전분화능(pluripotency)의 프로그램을 다시 짠 성체 포유동물의 체세포에서 유래된 줄기세포. 유도만능줄기세포는 이들로부터 생기는 세포형의 다양성에 있어서 배아줄기세포와 비슷하다.

inducer 유도물질, 유도원(誘導原) 명 (1) 효소의 합성을 특이적으로 유도하는 화합물들, 비 repressor; (2) 세균에서, 어떤 분자를 대사하는 데에 필수적인 효소를 명시하는 유전자의 발현을 일으키는 작은 분자들; (3) 특정 유전자의 발현을 야기하는 화학적 또는 물리적 자극들; (4) 발생학에서, 세포에서 합성되어 인접한 세포나 조직에 영향을 미치는 물질들.

inducible 유도의 형 (1) 화합물 또는 열이나 빛 등의 물리적 자극과 같은 특정 작용인자(유도원)가 존재하면 합성이 촉진되는 단백질에 적용되는 말, 비 constitutive; (2) 이와 비슷하게 전사가 특이적으로 촉진되는 유전자에 해당되는 말.

induction 유도(誘導) 명 (1) 나타나도록 해 주는 작용이나 과정; (2) [발] 어느 세포나 조직이 인접한 세포나 조직을 특수하게 발달하게끔 인도하는 발생과정; (3) [유] 어떤 자극에 반응하여 단백질이 특이적으로 합성되는 것. 단백질의 유전정보를 담당하는 유전자들의 특이적 활성화와 전사를 포함한다; (4) [신] 어느 반사(reflex)에 의해 다른 반사의 역치가 낮아지는 것; (5) [바] 바이러스에서, 프로바이러스나 프로파지를 갖는 세포에서 감염입자가 형성되는 것.

inductive stimulus 유도자극 생물의 생장이나 행동에 영향을 미치는 외부 자극; 발생에서 유도현상을 일으키는 내부 자극.

inductor 유도자 ⇨ organizer.

indumentum **모상표피(毛狀表皮)** 명 (1) 새의 깃털; (2) 식물이나 동물의 털 같은 외피.

indurated **경화(硬化)된** 형 차츰 단단해지거나 굳어지는.

indusial **포막의** 형 (1) 어떤 석회암처럼 곤충의 유충껍데기가 들어 있는; (2) 포막(indusium)과 관련된 말.

indusiate **포막의** 형 포막을 가진.

indusium **포막(包膜)** 명 (1) [식] 고사리류에서와 같이 포자낭군(sorus)을 덮고 보호하는 식물 표피세포의 돌기부; (2) [균] 일부 곰팡이에서 줄기의 꼭대기로부터 아래로 드리워진 구조; (3) [동] 곤충의 유충껍데기. 복 **indusia**.

industrial melanics **공업암화(工業暗化)** 밝은 색을 띠는 나방과 그 밖의 곤충에서 산업혁명 이후에 짙은 색을 띠는 유형들이 증가한 것. 검댕으로 그을린 벽과 나무에서 은폐하기 위한 필요성에 의해 선택된 결과로 추정된다.

induviae **비늘잎** 명복 비늘잎(scale leaf).

inequilateral **불균등(不均等)의** 형 (1) 서로 같지 않은 양면을 갖는; (2) 2매패류 껍데기의 꼭대기(각정)에서 벌린입(gape)까지 그은 선의 양쪽 부분이 서로 같지 않은.

inequivalve **부동패각(不同貝殼)의** 형 모양과 크기가 같지 않은 껍데기를 갖는, 연체동물에 적용되는 말.

inerm(ous) **가시없는** 형 (1) 방어와 공격의 수단이 없는; (2) 가시가 없는.

inert **불활성(不活性)** 형 (1) 생리적으로 불활성인; (2) 이질염색질(heterochromatin)에서 유전자들이 활성을 갖지 않는 부위에 적용되는 말.

inertia **관성(慣性)** 명 생명계가 외부의 교란에 저항하는 능력.

infection **감염(感染)** 명 몸의 조직에 세균, 바이러스, 곰팡이, 원생동물과 그 밖의 내부기생충이 침입하는 것. 비 infestation.

infection thread **감염사(感染絲)** 질소를 고정하는 뿌리혹세균이 숙주조직으로 들어가는 뿌리털세포의 함입된 구조.

infectious **감염성(感染性)** 형 (1) 침입할 수 있는; (2) 어느 생물에서 다른 생물로 전염될 수 있는.

infectivity **감염력(感染力)** 명 다양한 검사로 측정하여 바이러스나 세균 또는 그 밖의 기생생물이 감염을 야기할 수 있는 능력을 정량적으로 측정한 것.

inferior **하부의** 형 아래에; (1) 다른 기관이나 구조의 아래에서 자라거나 생기는; (2) 꽃덮개(화피)가 꼭대기 주위에 달린 식물의 씨방에 적용되는 말; (3) 씨방의 꼭대기에 붙은 꽃받침조각이나 꽃잎 또는 수술에 적용되는 말.

inferior colliculi **아래둔덕** 청신경으로부터 청각 정보를 받는 중뇌의 등 쪽 표면에 있는 쌍으로 된 구조.

inferobranchiate **아래아가미의** 일부 연체동물과 같이 외투막의 가장자리 아래쪽에 아가미가 달리는.

inferolateral **아래가쪽의** 형 아래와 옆에 있거나 옆쪽을 향한.

inferomedian **아래중앙의** 형 아래와 가운데의 주변에 있는.

inferoposterior **아래뒤의** 형 아래와 뒤쪽의.

infertile **불임의** 형 (1) 배우자가 만들어지지 않거나 수정이 되지 않은 결과로 임신하지 못하거나 씨를 맺지 못하는, 명 **infertility**; (2) 생식력이 없는.

infestation **감염** 명 진드기류와 응애류 따위의 외부기생생물이 몸에 침입하는 것. 표면에 머물고 조직으로 침투하지 않는다.

I

inflammation 염증(炎症) 명 감염이나 조직이 손상된 결과에 기인하여 조직이 빨갛게 부어오른 것.

inflammasomes 염증조절복합체 염증을 촉진하는 작용을 하는 단백질가수분해효소 카스파아제(caspase)-1과 또는 카스파아제-5를 활성화하는 여러 단백질이 결합된 복합체.

inflammatory cells 염증세포 대식세포, 비만세포, 호산구와 호중구와 같이 조직에 침투하여 염증을 일으키는 세포.

inflammatory mediator 염증매개체 염증을 일으키는 데에 관여하는 분자들에 대한 일반적인 명칭. 히스타민, 염증이 생긴 조직으로 백혈구를 유인하는 케모카인, 류코트린, 프로스타글란딘과 종양괴사인자-α(TNF-α) 등이 있다.

inflammatory reactions 염증반응 염증을 일으키는 세포성 및 분자적 반응. 염증반응은 염증이 생긴 조직에 들어온 대식세포와 백혈구의 활동에 주로 기인한다.

inflammatory T cell 염증T세포 ⇨ Th1 cell.

inflected, inflexed 만곡(彎曲)의 형 안쪽으로 또는 축을 향하여 굽어지거나 급히 휜.

inflorescence 꽃차례, 화서(花序) 명 (1) 꽃식물에서 꽃이 배열하는 순서; (2) 이끼류와 우산이끼류에서 장정기와 장란기가 달리는 부위.

inflorescence meristem 꽃분열조직 꽃들이 생겨나는 줄기의 정단분열조직.

influents 영향종(影響種) 명복 식물군집에 존재하는 동물들 또는 우점하는 식물종에 주로 의존하고 영향을 미치는 동물들.

influenza virus 인플루엔자바이러스 호흡기질환 인플루엔자를 일으키는 오르토믹소바이러스과(Orthomyxoviridae)의 RNA바이러스. 바이러스는 단기간 내에 돌연변이를 일으켜서 철마다 질환을 발생시킨다. 유전적으로 변화된 새로운 인플루엔자 유형이 나타나고 대부분의 사람들이 이에 면역을 갖지 않을 때 유행병이 급속히 확산된다. ⇨ genetic drift, genetic shift.

informational 정보의 형 유전정보의 운반체인 DNA와 RNA의 분자(정보분자)에 적용되는 말.

infra- 아래의, 하(下)의 (1) '아래의'를 뜻하는 그리스어 '*infra*'에서 유래된 접두사; (2) 생물의 분류에서, 아강(subclass)의 아래에 위치하는 하강(infraclass)과 같이 뒤에 붙는 분류군보다 하위에 위치하는 무리를 나타내는 접두사.

infra-axillary 하엽액생(下葉腋生) 형 잎겨드랑이(엽액)의 바로 밑에서 갈라지는.

infrabranchial 아가미아래의 형 아가미의 밑에 있는.

infrabuccal 볼밑의 형 (1) 뺨의 밑에 있는; (2) 연체동물에서 구구(buccal mass)의 밑에 있는.

infracentral 척추체밑의 형 척추체(vertebral centrum)의 밑에 있는.

infraclass 하강(下綱) 명 아강(subclass)과 목(order)의 사이에 있는 분류군. 아강의 하나인 수아강(Theria)에서 육아낭이 없는 포유동물인 진수하강(Eutheria)과 어린 새끼를 낳아 육아낭에서 기르는 유대류인 후수하강(Metatheria)이 그 예가 된다.

infraclavicle 막골 명 어떤 물고기의 흉대(pectoral girdle)에서 나타나는 막골.

infraclavicular 쇄골밑의 형 쇄골(clavicle)의 밑에 있는.

infracortical 피질아래의 형 피질(cortex)의 밑에 있는.

infracostal 늑골아래의 형 늑골의 밑에 있는, 근육에 적용되는 말.

infradentary 치골아래의 형 치골(dentary bone)의 밑에 있는.

infradian 일내(日內)의 형 24시간 미만의 주기를 갖는 생체리듬에 적용되는 말.

infrahyoid 목뿔아래의 형 목뿔뼈(설골)의 밑에 있는, 근육에 적용되는 말.

infralabial 아랫입술밑의 형 아랫입술의 밑에 있는.

infralittoral 하부연안대의, 상부조하대(上部潮下帶)의 형 (1) 호수에서 뿌리를 내리거나 떠서 사는 식생들이 항상 덮고 있는 깊은 구역에 적용되는 말; (2) 바다에서 조하대(sublittoral zone)의 상부.

inframarginal 외연(外緣)의 형 가장자리나 주변구조의 밑에 있는.

inframaxillary 작은턱밑의 형 작은턱(maxilla)의 밑에 있는, 신경에 적용되는 말.

infraneuston 수표하생물(水表下生物) 명 일부 모기 유충과 같이, 표수막(surface film)의 밑면에서 사는 작은 수생동물.

infraorbital 눈구멍아래의, 하안와(下眼窩)의 형 눈에서 눈구멍(안와)의 밑에 있는.

infrapatellar 무릎아래의 형 무릎뼈(슬개골) 아래의 지방체(무릎아래지방체)에 적용되는 말.

infrapopulation 명 특정 시기에 단일한 숙주 안에 있는 단일한 기생충 종의 모든 개체.

infrared radiation (IR) 적외선(赤外線) 약 800 μm에서 약 1 mm까지의 파장 범위에 있는 전자기방사선.

infrascapular 어깨아래의 형 어깨뼈(견갑골)의 밑에 있는.

infraspecific 종내(種內)의, 종하(種下)의 형 (1) 종의 안에서 일어나는, 변이(종내변이)나 경쟁 등에 적용되는 말; (2) 아종(subspecies)이나 변종(variety)과 같이 종을 세분한 분류군과 관련된 말.

infrastapedial 등자아래의 형 귀의 등자뼈(stapes) 밑에 있는.

infrasternal 가슴아래의 형 가슴뼈의 밑에 있는.

infratemporal 관자아래의 형 관자뼈(측두골)의 밑에 있는.

infructescence 열매차례 ⇨ anthocarp.

infundibula 누두(漏頭) 명 (1) 허파에서 기실(air cells)로 둘러싸인 통로; (2) 'infundibulum'의 복수형.

infundibulum 깔때기(부), 누두(부), 동맥원뿔 명 (1) 깔때기처럼 생긴 기관이나 구조; (2) 두족류의 누두(siphon); (3) 뇌의 바닥에서 나와 뇌하수체의 기둥으로 발달한 것; (4) 동맥원뿔(conus arteriosus).

infusoria, infusorians 적충류(滴蟲類) 명, 명복 19세기부터 원생동물과 윤충류와 같은 현미경적 크기의 동물에 쓰이던 명칭. 최근까지도 원생동물 섬모충류를 나타내는 말로 쓰였지만, 지금은 더 이상 학술적인 명칭으로 사용하지 않는다.

infusoriform 적충형(滴蟲型) 형 중생동물(Mesozoa)의 섬모가 달린 자유로이 유영하는 유생(적충형 유생)에 적용되는 말.

ingesta 총섭취량 명 몸에 섭취된 물질의 총량.

ingestion 섭식(攝食) 명 고형의 먹이를 삼키거나 섭취해서 장이나 먹이강(food cavity)으로 보내는 영양 방식. 형 **ingestive**. 동 **ingest**.

Ingoldian fungi 잉골드곰팡이 공기가 잘 통하는 물에 잠긴 잎이나 가지에서 발견되는 불완전사상균류(hyphomycetes)의 일종.

ingression 이입(移入) 명 배아에서 표면 세포들이 내부에 개별적으로 침투하는 현상.

ingroup 내군(內群) 명 계통분류의 연구에서 연구 중인 분류군. 대개 내군은 단

I

계통군으로 간주되는 유연관계가 밀접한 무리이다. 비 outgroup.

inguinal 샅굴의 형 사타구니(서혜부)와 관련되거나 사타구니 부위에 있는.

inhalant, inhalent 입수(入水)의 형 해면동물의 끝구멍과 연체동물의 관처럼 물을 받아들이기에 적합한.

inheritance 유전 ⇨ heredity, Mendelian inheritance, non-Mendelian inheritance, polygenic inheritance, simple Mendelian trait.

inhibin A 억제호르몬A, inhibin B 억제호르몬B 생식샘에서 생산되고 여포자극호르몬(FSH)의 분비를 억제하는 폴리펩티드호르몬.

inhibition 억제(抑制), 저지(沮止) 명 (1) 작용이나 과정 또는 생화학적 반응을 방지하고 저해하는 것; (2) 어느 뉴런이 다른 뉴런의 활동전위 발생을 저해하는 작용.

inhibitor 억제인자, 억제제(抑制劑) 명 (1) 작용이나 과정을 방지하고 저해하는 작용인자를 통틀어 이르는 말; (2) 효소를 파괴하지 않으면서 효소의 정상적인 촉매작용을 가역적으로 또는 비가역적으로 방해하는 물질. 경쟁적 억제제(competitive inhibitor)는 활성부위와 결합하여 기질의 결합을 방해하고, 비경쟁억제제(non-competitive inhibitor)는 효소의 다른 부위에 결합하여 작용한다.

inhibitory 억제성 형 (1) 반응이나 작용을 저해하는 경향이 있는, 자극이나 세포 또는 화합물 등에 적용되는 말; (2) 인접한 뉴런의 활동전위 발생을 억제하는 작용을 하는 뉴런(억제성 뉴런)에 해당하는 말; (3) 뉴런의 활동전위 발생을 억제하는 작용을 하는 신경전달물질(억제성 전달물질)에 적용되는 말; (4) 시냅스후 뉴런의 활동전위 발생을 억제하는 경향이 있는 신호를 전달하는 시냅스(억제성 시냅스)에 해당하는 말. 비 excitatory.

inhibitory postsynaptic potential (IPSP) 억제성 시냅스후전위 신경전달물질의 작용에 의해 시냅스후 뉴런에서 발생하는 과분극전위. 활동전위의 발생을 억제하는 경향이 있다.

inion 뒤통수점 명 뒤통수뼈(후두골)의 바깥이 융기된 부분.

initial 시원세포(始原細胞), 원기(原基) 명 식물의 분열조직에서 자기재생하는(self-renewing) 분화되지 않은 상태에 있는 세포. 분열하여 분열조직에 남는 새로운 시원세포와 분열조직을 떠나 분화를 시작하는 자매세포를 만든다.

initiation 시작행동 명 동물의 행동에서, 이전에는 존재하지 않았던 행동의 자극에 반응하는 것.

initiation codon 개시코돈 mRNA에서 단백질암호부위의 첫 번째 코돈이고 번역이 시작되는 지점. 거의 예외 없이 진핵생물은 메티오닌을 지정하고 세균과 미토콘드리아에서는 포르밀메티오닌을 지정한다. ≒ initiator codon.

initiation complex 개시복합체 (1) 전사복합체(transcription complex); (2) 번역이 시작되기 전에 만들어지는, 작은 리보솜소단위와 mRNA와 아미노아실-개시tRNA로 구성된 복합체.

initiation factor 개시인자 번역을 시작하는 데에 필요한 보조단백질들. mRNA와 리보솜의 결합, 개시tRNA의 결합 그리고 리보솜소단위들의 결합과 분리에 관여한다. IF-2와 eIF-2는 구아닌뉴클레오티드결합단백질이다. 세균에서는 IF-1, IF-2, IF-3으로 표기하고, 진핵세포에서는 eIF-1, eIF-2, . . . eIF-6으로 표기한다.

initiator codon 개시코돈 ⇨ initiation codon.

initiator tRNA 개시tRNA 단백질합성에

서 개시복합체를 형성하는 첫 번째 단계의 하나로 진핵생물에서는 메티오닌 그리고 세균과 미토콘드리아에서는 포르밀메티오닌을 운반해 와 리보솜의 작은 소단위에 결합시켜 주는 특정 tRNA.

ink sac 먹물주머니 일부 두족류의 외투강 벽에서 먹물샘(ink gland)이 들어 있는 서양배 모양의 구조. 방어의 수단으로 먹물샘에서 검은색 물질인 먹물(ink 또는 sepia)을 분출한다.

inland wetland 내륙습지 늪, 소택지, 습지 등과 같이 1년 내내 또는 일부 기간에 민물로 덮여 있는 육지.

innate 선천적(先天的) 혱 타고난, 학습할 필요가 없는 행동(선천적 행동)에 적용되는 말.

innate immunity 선천면역 고정되고 비교적 비특이적인 방어메커니즘이 활성화한 결과로 감염에 대하여 방어하는 것. ⇨ adaptive immunity.

innate releasing mechanism (IRM) 본능유발메커니즘 어떤 외부자극에 의해 반응생성을 활성화하는 동물의 본능적인 메커니즘.

inner cell mass (ICM) 내세포덩이 포유동물 포배에서 배아를 생기게 하는 세포들의 덩어리.

inner ear 속귀, 내이(內耳) 머리뼈에서 가운데귀의 뒤쪽에 있는 골성 공간. 막미로(membranous labyrinth)와 달팽이관(cochlea) 그리고 이들을 연결하는 타원주머니(utricle)와 둥근주머니(saccule)를 포함한다. 미로는 균형과 체위에 관여하고 서로 직각을 이루고 액체로 채워진 3개의 반고리관으로 구성된다. 나선형으로 감긴 달팽이관은 소리의 높고 낮음을 느끼는 데 관여한다.

inner mitochondrial membrane 미토콘드리아내막 ⇨ mitochondrion.

innervate 동 신경이 통하게 하다.

innervation 신경지배 명 기관이나 부분에 신경이 분포되는 것.

innervation ratio 신경지배비(神經支配比) 단일한 운동축삭(motor axon)에 의해 신경지배를 받는 근섬유의 수.

innominate 무명(無名)의 형 이름 없는.

innominate artery 무명동맥(無名動脈) 머리와 앞다리에서 동맥들이 생기게 하는 동맥.

innominate bone 볼기뼈, 무명골(無名骨) 볼기뼈(hip bone) 또는 골반띠의 옆에 있는 반쪽.

innominate vein 무명정맥(無名靜脈) 머리와 앞다리로부터 정맥들로 합쳐지는 정맥.

inoculation 접종(接種) 명 (1) 감염방어면역을 유도하기 위해 백신을 투여하는 것; (2) 배양을 시작하기 위해 세균이나 그 밖의 작은 생물 또는 식물과 동물세포를 영양배지에 도입하는 것; (3) 숙주에 병원체를 도입하는 것.

inoculum 접종물(接種物) 명 배양을 시작할 때 사용되는 세포나 세균 또는 포자.

inoperculate 뚜껑없는, 무개판(無蓋板)의 형 뚜껑이나 덮개가 없는; (1) 포자깍지에 해당하는 말; (2) 아가미뚜껑이 없는 물고기에 적용되는 말.

inordinate 불규칙한 형 규칙적으로 배열하지 않은, 자낭(ascus)에 들어 있는 포자에 적용되는 말.

inorganic 무기(無機)의 형 탄소를 포함하지 않는 물질이나 분자에 적용되는 말.

inorganic chemistry 무기화학(無機化學) 탄소를 포함하는 물질 이외의 물질을 연구하는 화학.

inosine (I) 이노신 명 tRNA에 들어 있는 뉴클레오시드. 아데노신의 아미노기가 산소로 치환되어 형성되고, U나 C 또는

I

A와 쌍을 이루면서 역코돈(anticodon)의 첫 번째 부위에서 흔히 나타난다. 염기는 하이포크산틴이다.

inosine monophosphate (inosinic acid, inosinate) (IMP) 이노신1인산, 이노신산 명 아데닌1인산과 구아노신1인산의 생합성 전구물질인 뉴클레오티드.

inositol 이노시톨 명 다양한 유형으로 나타나고, 그 가운데 미오이노시톨(*myo*-inositol)이 가장 중요한 고리형 6가알코올. 포스파티딜이노시톨(phosphatidylinositol) 등의 인지질을 구성하는 성분이고, 식물의 피트산(phytic acid)과 피틴(phytin)의 구성성분이다.

inositol phospholipid pathway 이노시톨인지질경로 원형질막의 이노시톨을 함유하는 인지질로부터 포스포리파아제C에 의해 이노시톨3인산과 디아실글리세롤이 생성되면서 시작되는 세포내 신호전달경로. ≒ phosphoinositide pathway.

inositol triphosphate ($InsP_3$, IP_3) 이노시톨3인산 특정 세포표면수용체의 자극에 반응하여 막에 있는 포스파티딜이노시톨인산이 포스포리파아제C의 작용에 의해 생성하는 세포내 신호분자인 이노시톨 1,4,5-3인산. 이노시톨3인산의 주된 효과는 소포체와 같은 세포내 저장고로부터 Ca^{2+}의 방출을 촉진하는 것이다. 세포기질에서 유리 Ca^{2+}의 농도가 올라가면 세포내 신호전달경로를 활성화하여 적절한 세포반응이 일어나게 한다. (⇨ 그림 24)

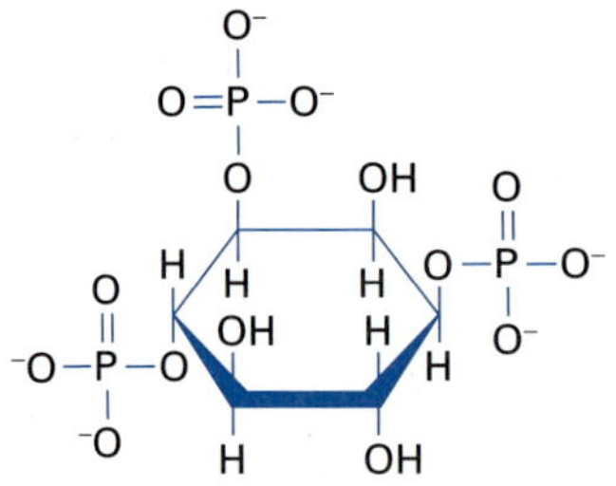

그림 24. 이노시톨 1,4,5-3인산.

inquilinism 더부살이공생 명 동물이 다른 종의 둥지에서 살고, 숙주는 이를 용인하고 먹이를 나누어주는 공생의 일종.

Insecta, insects 곤충강(昆蟲綱), 곤충류 명, 명복 데본기부터 계속 화석으로 발견되고 현존하는 모든 동물의 3/4 정도를 포함하는 절지동물의 매우 큰 강. 곤충류에는 파리류, 꿀벌류와 말벌류, 개미류, 나비류와 나방류, 딱정벌레류, 잠자리류, 메뚜기류와 귀뚜라미류 그리고 다른 많은 목들이 포함된다. 체절로 이루어진 몸은 머리와 가슴 및 배로 뚜렷하게 구분된다. 머리에는 1쌍의 더듬이와 짝을 이루는 구기가 달리고, 가슴에는 3쌍의 다리와 보통 1쌍 또는 2쌍의 날개가 있다. 다른 종류의 부속지들이 배에 달리기도 한다. 생활주기는 보통 탈바꿈(변태)을 포함한다. ≒ Hexapoda. (⇨ 부록 3)

insecticide 살충제 명 곤충을 죽이는 화학물질.

Insectivora, insectivores 식충목(食蟲目), 식충류 명, 명복 곤충을 먹거나 잡식성인 원시적 태반포유동물의 큰 목. 백악기부터 현재에 이르며, 고슴도치, 두더지, 뾰족뒤쥐 등을 포함한다.

insectivorous 벌레잡이의 형 벌레를 먹는, 어떤 동물과 식충식물에 적용되는 말. ≒ entomophagous. 명 **insectivore**.

insemination 매정(媒精), 정자주입 명 (1) 암컷의 생식관으로 정액이나 정자를 주입하는 것; (2) 한 암컷에서 다른 암컷으로 수정란을 옮기는 것.

inserted 부착된, 착생(着生)한 형 (1) 부착된; (2) 꽃잎이 씨방에 붙듯이 자연적인 생장으로 합쳐진.

insertion 착점(着點), 삽입 명 (1) 근육이

나 잎에서와 같이 기관에 부착하는 점; (2) 근육의 힘이 적용되는 점; (3) 염색체 부위나 염기의 짧은 서열이 유전자에 삽입되는 돌연변이.

insertional mutagenesis 삽입돌연변이유발 생체 외에서의 유전자조작에 의해 DNA조각을 유전자에 삽입하여 돌연변이를 일으키는 것.

insertion sequence (IS) 삽입순서 세균에서 발견되는 간단한 유형의 전이인자(transposon). 약 800~1,500염기쌍으로 구성되고, 자기 자신의 전이에 필요한 유전적 기능만을 갖는다. 삽입순서는 다른 일부 전이인자의 말단에서도 발견된다.

insessorial 형 나뭇가지 등을 잡기에 알맞은.

insight learning 통찰학습(洞察學習) 사람에서 그리고 보다 적게는 일부 동물에서와 같이 추리(reasoning)가 수반되는 학습.

insistent 형 끝만 땅에 닿는 어떤 새의 뒷발가락에 적용되는 말.

***in situ* 제자리에** 원래의 위치에서.

***in situ* hybridization 제자리잡종형성** 유사분열세포를 방사능으로 표지하거나 형광으로 표지한 핵산탐침으로 처리하여 염색체 상의 특정 DNA염기순서의 위치를 밝히는 기법. 탐침이 DNA순서와 결합하고 그 위치를 확인할 수 있다. 이 기법은 조직에서 특정 mRNA들이 합성되는 위치를 검출하고 확인하는 데에도 적용된다. ⇨ FISH.

insolation 일사(日射) 명 태양광선에 노출되는 것.

$InsP_3$ ⇨ inositol triphosphate.

inspiration 흡기(吸氣) 명 호흡기관으로 공기나 물을 끌어들이는 행동.

instaminate 무수술의 형 수술이 없는.

instar 영충(齡蟲) 명 곤충과 기타 절지동물의 탈피와 탈피 사이의 유충.

instinct 본능(本能) 명 적절한 자극에 대해 필연적으로 정형화된 반응으로 나타나는 행동. 때때로 종특이적 행동(species-specific behaviour)과 대등하다. 형 **instinctive**.

instipulate 무턱잎의 형 턱잎(stipule)이 없는.

instructive 지령적(指令的) 형 조직이 발생하는 과정을 변화시키는 발생신호에 적용되는 말. 비 permissive.

instrumental conditioning, instrumental learning 도구적 조건부여(道具的條件附與), 도구적 학습 동물이 처음에 시행착오의 결과로 성공했을 때 보상을 받게 되면 결국 단번에 정확히 과업을 이행하도록 학습되어, 정확한 반응이 보상을 끌어내는 데 있어서 '도구적'이 된다는 연합학습의 한 종류. ≒ operant conditioning.

insula 대뇌섬, 섬 명 (1) 뇌에서 측두엽의 측면 틈새에 깊게 놓여 있는 3각형의 융기; (2) 랑게르한스섬(islet of Langerhans); (3) 혈도(blood island).

insulator elements 격리순서 이질염색질(heterochromatin)이 인접한 염색질로 퍼지는 것을 막아주는 DNA순서. 한편 격리순서는 어느 유전자와 연관된 증폭자(enhancer)가 인접한 유전자의 전사에 영향을 미치지 않도록 막아준다. ≒ boundary elements.

insulin 인슐린 명 이자의 랑게르한스섬의 β세포에서 분비되는 폴리펩티드호르몬. 혈액 내의 포도당을 세포가 흡수하도록 촉진하고 간이 글리코겐을 합성하는 능력을 증대시켜 혈액 내의 포도당의 양을 감소시킨다. 인슐린은 글루카곤, 부신당질코르티코이드와 아드레날린과 길항작용을 한다. 인슐린의 합성과 분비가 잘 이루어지지 않거나 기능이 감소하게 되면 혈당량이 높아지고 당뇨병이 발생한다.

insulin-dependent diabetes mellitus (IDDM) 인슐린의존형 당뇨병 제1형 당뇨병(type I diabetes).

insulin-like growth factor I (IGF-I) 인슐린유사생장인자I 생장호르몬에 의해 생산이 촉진되는 폴리펩티드 생장인자. 배후(post-embryonic)생장과 산후(post-natal)생장에 관여한다.

insulin-like growth factor II (IGF-II) 인슐린유사생장인자II 배아의 생장을 촉진하는 데 효과가 있는 폴리펩티드 생장인자.

intectate 무복성(無覆性) 형 덮개(tectum)가 없는.

integral 내재성(內在性) 형 막에 굳게 박혀 있고 제거하기 어려운 막단백질에 적용되는 말. 내재성 막단백질은 막관통단백질이거나 지질을 통해 막과 공유결합을 하고 있다.

integrase 인테그라아제 명 어느 DNA분자를 재조합에 의해 다른 분자에 통합시키는 반응을 촉매하는 효소.

integrate 삽입DNA조각 명 다른 DNA분자에 삽입된 DNA조각.

integrated pest management 종합해충관리 생물학적 방법과 화학적 방법 그리고 재배법을 복합적으로 이용하여 해충을 적정한 수준으로 유지하는 것.

integration 통합(統合), 집적(集積) 명 (1) 신경계에서, 많은 뉴런으로부터 오는 입력정보를 하나의 뉴런에 모아 결합하고 앞으로 전달할 새로운 신호를 만드는 것; (2) 파지, 플라스미드, 바이러스나 그 밖의 2중가닥DNA의 재조합에 의해 다른 DNA분자(예: 세균염색체 또는 진핵세포염색체)에 삽입되어 새로운 연속DNA 분자가 형성되는 것.

integrifolious 전연엽(全緣葉)의 형 톱니가 없고 미끈한 가장자리를 갖는 잎의.

integrin 인테그린 명 동물세포에서 세포부착분자로 작용하는 2합체의 막관통형 당단백질의 큰 과. 세포가 다른 세포나 세포외 기질에 접착할 때 인테그린이 이들의 표면에 있는 수용체단백질과 결합한다.

integument 외피(外皮), 주피(珠皮) 명 (1) 덮거나 감싸는 구조 또는 층; (2) 밑씨의 껍질. 형 **integumentary**.

intein 인테인 명 독립적인 단백질이 만들어지는 번역이 끝난 다음에 잘려져 나가는 단백질염기순서의 내부 영역. 2개의 남는 영역인 엑스테인(extein)은 함께 이어져서 다른 단백질을 만든다. 인테인은 세균과 고세균 그리고 진핵생물의 단백질들에서 발견된다. ≒ protein intron.

intelligence 지능(知能) 명 배우고, 생각을 끌어내고, 이해하고, 판단하고, 경험으로부터 익히고, 계획하고, 문제를 푸는 것과 같은 능력을 포함하는 속성.

intelligent design 지적 설계(知的設計) 복잡한 생물학적 구조와 자연계의 기타 측면은 반드시 초자연적인 지능에 의해 설계되어야 하고, 자연선택이나 물리법칙과 같이 목표가 불분명한 과정의 결과가 아니라는 생각. 이는 창조의 성서적 설명에 의거하지 않았다는 점에서 창조설(Creationism)과 차이를 보인다. 지적 설계는 대부분의 과학자들에 의해 의사과학(사이비과학)이라고 묵살되고 있다.

intentional behaviour 의도적 행동 목표에 대한 심적 표상(mental representation)이 행동을 이끄는 것.

intentional movement 목적운동 물기 전에 으르렁거리듯이 완전한 행동반응을 하기 전에 동물이 거치는 준비운동.

inter- '사이에'를 뜻하는 라틴어 '*inter*'에서 유래된 접두사.

interaction domain 단백질 상의 특정 부위와 기타 영역들을 인식하고 다른 단백질과의 특이적 상호작용에 관여하는 단백질영역.

interactome 단백질상호작용 명 특정한 유전체에 의해 발현되는 모든 단백질들 간에서 일어날 수 있는 상호작용을 집합적으로 이르는 말.

interalveolar 폐포사이의 형 폐포(alveoli) 간의, 세포섬에 적용되는 말.

interambulacral 간보대(間步帶)의 형 극피동물의 피각에서 두 보대(ambulacra) 사이의 구역에 적용되는 말.

interatrial 심방사이의 형 심장에서 2개의 심방(atrium)을 분리하는 홈과 칸막이에 해당하는 말.

interatrial septum 심방사이막 심장에서 미주신경에서의 입력정보를 받는 뉴런을 포함하고 심방의 근육에 신경을 통하게 하는 신경조직들의 얇고 투명한 막.

interauricular 심방귀사이의 형 심장의 심방귀 사이에 있는.

interaxillary 겨드랑이사이의 형 겨드랑이(axil)의 사이에 위치하는.

interband 중간띠 명 다사염색체(polytene chromosome)에서, 염색체를 따라 짙게 염색되는 구역(띠)과 서로 교대하며 나타나는 다양한 크기의 밝게 염색되는 구역. 각각의 염색체는 특징적이고 변함없는 띠무늬를 갖는다.

interbrachial 팔사이의 형 극피동물에서와 같이 팔이나 축 사이의.

interbranchial 아가미사이의 형 연이은 아가미틈 사이의 칸막이에 적용되는 말.

interbreed 종간 교배하다 동 서로 다른 변종이나 종 또는 속의 식물이나 동물을 교배하다.

interbreeding 교배가능한 형 구성원들이 성공적으로 서로 교배할 수 있는 집단(개체군)에 적용되는 말.

intercalary 절간(節間)의, 개재(介在)의 형 (1) 다른 것들 사이에 삽입된; (2) 생장점이 아닌 곳에서 일어나는 생장(개재생장)에 적용되는 말; (3) [식] 영구조직의 집단 사이에 있는 분열조직(개재분열조직)에 해당하는 말; (4) [동] 곤충의 날개에서 주맥(main vein) 사이의 날개맥에 적용되는 말; (5) 심근에서 근절(sarcomere)의 경계에서 형성되는 원반(개재원반)에 해당하는 말. 형 **intercalated**.

intercalation 개재(介在), 삽입(挿入) 명 DNA의 염기쌍들 사이에 끼어드는 아크리딘염료와 같은 어떤 돌연변이유발원처럼, 2개의 다른 구조들 사이에 삽입되는 것.

intercarpal 손목뼈사이의 형 손목뼈(carpal bone)들의 사이에 있는, 관절(손목뼈사이관절)에 적용되는 말.

intercarpellary 심피사이의 형 심피(carpel)들의 사이에 있는.

intercellular 세포간(細胞間) 형 세포와 세포 사이의, 공간이나 물질에 적용되는 말.

intercellular adhesion molecules (ICAMs) 세포간 접착분자 백혈구의 인테그린과 결합하는 면역글로불린상과의 세포표면분자들.

intercentral 추체사이의 형 2개의 추체(centra) 사이에 있는.

intercentrum 간추체 명 어떤 유형의 척추뼈에 있는 두 번째 중심고리.

interchondral 늑연골사이의 형 늑골연골(costal cartilage)의 사이에 있는 관절과 인대에 적용되는 말.

interchromosomal 염색체간(染色體間) 형 (1) 염색체들 간의, 재조합(염색체간 재조합)에 적용되는 말; (2) 식물에서 세포벽의 형성이 시작될 때 역할을 하는 섬유에 해당하는 말.

interclavicle 간쇄골(間鎖骨) 명 대부분의 파충류에서 어깨띠의 쇄골(clavicle) 사이에 있는 뼈.

interclavicular 쇄골사이의 형 쇄골의 사이에 있는.

intercostal 갈비사이의, 늑간(肋間) 형 (1) 갈비뼈의 사이에 있는, 동맥, 정맥, 샘, 근육 등에 적용되는 말; (2) 잎의 잎맥(vein) 사이에 있는.

intercostobranchial 형 위팔에 신경이 분포하는 제2갈비사이신경의 측지에 적용되는 말.

intercrine 인터크라인 ⇨ chemokine.

intercropping 사이짓기, 간작(間作) 명 동일한 땅에 콩과 식물과 곡류와 같은 두 가지의 다른 작물을 재배하는 것. 보통 한 작물이 다른 작물에 도움이 된다.

intercross 잡종간 교배 명 잡종제1대(F_1)의 이형접합체(잡종)들끼리 교배하는 것.

interdeferential 정관사이의 형 정관(vasa deferentia)의 사이에 있는.

interdemic selection 최소교배단위간 선택 완전히 상호교배 가능한 집단인 최소교배단위(deme)가 자연선택의 기본단위가 되는 선택.

interdigitating reticular cell 지지상(指趾狀) 세망세포 ⇨ dendritic cell.

interfascicular 관다발간 형 (1) 일부 침엽수와 쌍떡잎식물의 줄기에서 관다발을 서로 분리시키는 유조직에 적용되는 말; (2) 관다발의 사이에 있는, 형성층(관다발간 형성층)에 해당하는 말.

interfemoral 넓적다리사이의 형 넓적다리(thigh)의 사이에 있는.

interference 간섭(干涉) 명 (1) 바이러스학에서, 한 종류의 바이러스가 세포에 존재하면 다른 바이러스가 동시에 감염하거나 증식하는 것을 막는 것; (2) 유전적 재조합에서, 한 교차(crossover)가 일어나면 그 부근에서 다른 교차가 일어날 가능성이 줄어드는 것.

interference colours 간섭색(干涉色) 표면의 여러 다른 층에서의 반사들 간의 빛의 간섭에 의해 생기는 색깔.

interferons 인터페론 명복 바이러스의 감염에 반응하여 척추동물 세포에서 만들어지고 면역반응에서 시토카인으로 작용하는 작은 단백질의 과. 인터페론α(IFN-α)와 인터페론β(IFN-β)는 바이러스의 감염에 의해 생산되고, 감염된 세포 내에서 바이러스핵산의 번역을 저해하고 분해를 촉진하는 항바이러스 효과를 나타낸다. 인터페론γ(IFN-γ)는 면역반응 과정에서 활성화T림프구에 의해 생산되며, 림프구와 기타 면역계세포들의 중요한 생장인자이다.

interfertile 종간 교배가능한 형 종간 교배가 가능한.

interganglionic 신경절간(神經節間) 형 신경삭과 같이 두 신경절(ganglia)을 연결하는.

intergemmal 맛봉오리사이의 형 맛봉오리(미뢰)의 사이에 있는, 신경섬유(맛봉오리사이섬유)에 적용되는 말.

intergeneric 속간(屬間) 형 속(genus) 간의, 잡종형성에 적용되는 말.

intergenic 유전자간(遺傳子間) 형 유전자들의 사이에 위치하는.

interglacial 간빙기(間氷期)의 형 빙하시대 사이의 시대, 특히 플라이스토세(Pleistocene)의 시대에 적용되거나 그와 관련된 말.

interlamellar 층간(層間) 형 (1) 연체동물에서 새엽(gill lamella)을 연결하는 조직의 수직막대에 적용되는 말; (2) 전갈류와 거미류에서 책허파(폐서)의 칸에 해당하는 말; (3) 주름버섯류에서 주름살

(lamella)이나 주름(gill) 사이의 공간에 적용되는 말.

interleukin 인터류킨 명 면역반응을 통하여 활성화된 대식세포와 림프구에서 만들어지는 시토카인(cytokine)의 다양한 무리를 통틀어 이르는 말. 인터류킨은 림프구와 그 밖의 백혈구에 작용하여 이들이 증식하고 분화하도록 촉진한다. IL-1, IL-2, IL-3 등으로 축약한다.

interleukin-2 (IL-2) 인터류킨-2 활성화 T세포에서 처음 만들어지는 시토카인의 하나. 자가분비(autocrine)의 방식으로 이들을 생산한 T세포의 증식과 분화를 촉진하는 작용을 한다.

interlittoral 상부연안대의 형 수심 약 20 m에 이르는 얕은 연안 수역의.

interlobar 엽사이의 형 (1) 엽(lobe)과 엽 사이의; (2) 대뇌반구를 엽들로 구분하는 고랑과 틈새에 적용되는 말.

intermalar 광대뼈사이의 형 광대뼈의 사이에 위치하는.

intermaxilla 위턱사이뼈 명 (1) 위턱뼈(maxilla)의 사이에 있는 뼈; (2) 앞위턱뼈(premaxilla).

intermediary 중간의 형 구심성 신경세포로부터 신경자극을 받아 원심성 신경세포로 자극을 전달하는 신경세포에 적용되는 말.

intermediary metabolism 중간대사(中間代謝) 세포의 기본적인 분자구성요소(예: 단당류, 아미노산, 뉴클레오티드)들이 상호 전환하여 보다 큰 분자들로 합병되는 대사경로.

intermediate 중간물질 명 화학반응에서, 출발재료로부터 생성물에 이르는 반응경로의 과정에서 일시적으로 생성되는 화학물질.

intermediate compartment 중간구획 초기골지망(*cis* Golgi network).

intermediate filament (IF) 중간섬유 진핵세포의 세포골격을 구성하는 3가지 주요 성분 가운데 하나. 압박을 받는 진핵세포에서 그물 모양의 구조를 형성하는 질기고 튼튼한 유형의 섬유이다. 중간섬유에는 피부세포의 케라틴(keratin) 섬유, 신경세포 축삭의 신경미세섬유(neurofilament), 결합조직세포의 비멘틴(vimentin) 섬유, 그리고 핵막하층(nuclear lamina)의 라민(lamin) 섬유가 있다. 중간섬유들은 다양한 유형의 중간섬유단백질의 소단위체를 구성한다.

intermediate host 중간숙주 기생충이 생활주기의 일부에 걸쳐 살지만 그 안에서 성적으로 성숙하지 않는 생물.

intermediate junction 중간결합 상피세포들 간에서 나타나는 부착연접(adhesive junction)의 한 종류. 세포 상부의 주위를 따라 밀착연접(tight junction)의 바로 밑에서 띠 모양으로 감싼다. ≒ belt desmosome, adhaerens junction, zonula adhaerens.

intermediate memory 중간기억 단기기억보다는 오래 지속되지만 장기기억만큼 오래 지속되지 않는 기억의 한 유형.

intermedin 인터메딘 멜라닌세포자극호르몬(melanocyte-stimulating hormone).

intermedium 중간골(中間骨) 명 손목과 발목의 작은 뼈.

intermembrane space 막사이공간 미토콘드리아와 엽록체 같은 세포소기관을 둘러싸는 두 겹의 막 그리고 세균외피의 내막과 외막 사이에 있는 공간.

intermolecular 분자간(分子間) 형 분자들 사이의, 이를테면 수소결합이나 거리에 적용되는 말.

intermuscular 근육사이의 형 근섬유들의 사이에 있거나 근섬유들 중에 있는.

I

internal 내부의 형 (1) 내면에 위치한; (2) 중축에 가까운; (3) 안에 있거나 안에서 만들어지는.

internal fertilization 체내수정 곤충, 포유동물 그리고 새의 경우처럼, 암컷의 몸 안쪽에서 정자에 의해 난자가 수정되는 것. 비 external fertilization.

internal phloem 내부체관부 1기물관부의 안쪽에 있는 1기체관부.

internal respiration 내호흡(內呼吸) 세포 안에서 일어나는 생화학적 반응의 호흡.

internarial 콧구멍사이의 형 콧구멍과 콧구멍 사이의, 사이막(중격)에 적용되는 말.

International Unit (IU) 국제단위 (1) 음식물 중의 비타민 함량을 측정하는 데 사용하는 단위; (2) 효소 활성의 단위. 1분간 기질 1마이크로몰(μmol)의 전환을 촉매하는 효소의 양을 1IU로 정의한다.

interneuron 사이뉴런, 연합뉴런 명 중추신경계의 회백질에 있는 작은 뉴런. 반사궁의 감각뉴런과 운동뉴런의 사이와 같이 척수에서 구심성 뉴런과 원심성 뉴런 간에 끼어있고, 일반적으로 신경경로 간의 접속을 이룬다.

internode 마디사이, 절간(節間) 명 식물의 줄기에서 잎이 달리는 마디(node)와 마디 간의 부분.

internuncial 사이의, 개재(介在)하는 형 전달경로나 신경섬유와 같이 상호 소통하는.

interoceptor 내부자극수용기 명 체내에서 일어나는 자극을 감지하는 감각기관이나 수용기. 비 exteroceptor.

interocular 눈사이의 형 눈과 눈 사이의.

interoptic 시엽사이의 형 뇌의 시엽(optic lobe)들 사이에 있는.

interorbital 눈구멍사이의 형 눈구멍들 사이에 있는, 굴(sinus)에 적용되는 말.

interosseous 뼈사이의 형 뼈와 뼈의 사이에 있는, 동맥, 인대, 근육, 막, 신경 등에 해당하는 말.

interparietal 마루사이뼈, 두정간골(頭頂間骨) 명 많은 척추동물에서, 마루뼈(두정골)와 상후두골의 사이에서 생기는 뼈.

interpeduncular 다리사이의 형 대뇌다리(대뇌각)들의 사이에 있는 오목(fossa)과 신경절에 적용되는 말.

interphase 간기(間期) 명 (1) 진핵세포에서 한 번의 유사분열과 다음의 분열 사이의 시기. 세포주기에서 생장이 일어나고, 염색체가 응축된 상태에 있지 않으며, 전사가 일어나고, DNA가 복제되는 시기이다, (⇨ 그림 8); (2) 때때로 감수제1분열과 감수제2분열 사이에 나타나는 시기.

interpositional growth 침입생장(侵入生長) 세포에서, 이웃세포들 간에서 접촉하지 않고 삽입되는 생장.

interradius 간대칭면(間對稱面) 명 방사대칭동물에서 주축을 통해 2개의 주대칭면 사이의 각을 2등분하는 면.

interrenal 콩팥사이의 형 콩팥과 콩팥의 사이에 있는, 정맥에 적용되는 말.

interrenal body 콩팥사이체, 신간체(腎間體) 판새어류의 콩팥들 사이에 위치하는 샘. 고등척추동물의 부신피질에 해당한다.

interrupted 비연속성의, 중절(中絕)의 형 (1) 연속성이 깨진; (2) 불규칙한; (3) 비대칭의.

interruptedly pinnate 부제(不齊)깃꼴 큰 소엽(작은 잎)들 사이에 작은 소엽들이 짝을 이루는 깃꼴의, 잎에 적용되는 말.

interscapular 어깨사이의 형 (1) 어깨뼈(견갑골)들의 사이에 있는, 깃털 등에 적용되는 말; (2) 일부 설치류의 어깨뼈들 간에서 발견되고, 흔히 동면샘(hibernating gland)이라 일컬어지는 갈색지방에 적용되는 말.

interscutal 순판사이의 형 순판(scuta, scute)들의 사이에 있는.

intersegmental 체절간(體節間), 분절간(分節間) 형 (1) 체절(segment)과 체절의 사이에 있는; (2) 척수분절(spinal segment)들의 사이에 있는, 축삭과 사이막에 적용되는 말.

interseminal 씨사이의 형 씨앗이나 밑씨들 사이의, 일부 겉씨식물의 인편(scale)에 적용되는 말.

interseptal 격벽사이의, 격막사이의 형 격벽이나 칸막이들의 사이에 있는 공간에 적용되는 말.

intersex 간성(間性) 명 (1) 어느 종의 전형적인 수컷과 전형적인 암컷 간의 중간적 특징을 갖는 생물; (2) 처음에는 수컷이나 암컷으로 발생하여 나중에 다른 성의 개체가 되는 생물.

interspecific 종간(種間) 형 서로 다른 종들 사이의, 노새(mule), 버새(hinny), 캐탈로(cattalo), 범사자(tigon) 등과 같이 잡종에 적용되는 말.

interspecific competition 종간 경쟁(種間競爭) 동일한 자원을 두고 다른 종의 개체들 사이에서 볼 수 있는 경쟁. 비 intraspecific (2).

interspersed repeated DNA 산재반복(散在反復)DNA 직렬반복배열(tandemly repeated sequences)의 구획으로 나타나지 않고 유전체에 산재하여 개개의 복사본으로 나타나는 반복DNA배열.

interspinal 가시사이의 형 가시돌기(spinal process)들이나 가시들 간에서 나타나는, 뼈, 인대, 근육에 적용되는 말.

intersterility 종간 불임성 명 종간 교배를 할 수 없는 것.

intersternal 복장사이의 형 (1) 복장뼈(흉골)들 사이의; (2) 복장뼈 몸통을 자루에 연결하는 인대에 적용되는 말.

interstitial 간극(間隙)의, 틈새의 형 작은 틈이나 공간에서 나타나는; (1) 모래알갱이 또는 토양입자들의 틈에서 사는 식물상과 동물상에 적용되는 말; (2) 세포에 적용되는 말, ⇨ interstitial cells; (3) 액체에 적용되는 말, ⇨ extracellular fluid.

interstitial cells 사이세포 (1) 척추동물의 정소에 있는 결합조직세포. 세뇨관들의 사이에 놓여 있고 테스토스테론을 생성한다; (2) 강장동물에서 다른 세포들의 사이에 놓여 있고 다양한 세포형이 생기게 하는 작은 세포들. ≒ I-cells.

interstitial cell-stimulating hormone (ICSH) 사이세포자극호르몬 ⇨ luteinizing hormone.

intertemporal 측두간골(側頭間骨) 명 나비뼈(접형골) 복합체의 일부가 되는 한 쌍의 막골.

intertentacular organ 촉수사이기관 일부 태형동물(bryozoan)에서, 이를 통해 알이 방출되는 구조.

intertidal 조간대(潮間帶)의 형 고조선과 저조선의 사이에 사는 연안생물에 적용되는 말. (⇨ 그림 34)

intertrochanteric 돌기사이의 형 대퇴돌기(trochanter)들 간의, 융기와 선에 적용되는 말.

intertrochlear 도르래사이의, 활차(滑車) 사이의 형 위팔뼈의 홈에 꼭 들어맞는 자뼈(척골)의 능선에 적용되는 말.

intertubular 세관(細管)사이의 형 (1) 세관(tubule)들, 특히 콩팥세관들의 사이에 있는, 모세혈관에 적용되는 말; (2) 세정관들의 사이에 있는.

intervarietal 변종간(變種間)의 형 어느 종의 뚜렷이 구별되는 변종들 간의 교배(변종간 교배)에 적용되는 말.

intervening sequence **개재순서, 비발현 순서** ⇨ intron.

interventricular **심실사이의, 뇌실사이의** 형 (1) 심장의 심실이나 뇌의 뇌실들 간의; (2) 뇌에서 제3뇌실과 측뇌실의 통로인 몬로구멍(foramen of Monro)의 구멍(뇌실사이구멍)에 적용되는 말.

intervertebral **척추사이의, 추간(椎間)의** 형 척추뼈들의 사이에서 나타나는, 이를테면 원반, 섬유연골, 정맥 등에 적용되는 말.

intervillous **융모사이의** 형 (1) 융모(villus)들의 사이에서 나타나는; (2) 어미의 혈액으로 채워진 태반의 공간(융모사이공간)에 적용되는 말.

interxylary **물관부사이의** 형 물관부 가닥들의 사이에 있는, 체관부(물관부간 체관부)에 적용되는 말.

intestine **창자, 장(腸)** 명 위의 유문에서 항문에 이르는 소화관의 부분. 사람의 창자는 샘창자(십이지장), 빈창자(공장), 돌창자(회장), 막창자(맹장), 잘록창자(결장) 그리고 곧창자(직장)의 순으로 이뤄진다. 형 **intestinal**.

intima **내막(內膜)** 명 몸의 어떤 부분이나 기관에서 가장 안쪽의 막을 형성하는 조직층. ≒ tunica intima.

intine **내벽(內壁)** 명 꽃가루립의 벽에서 섬유소로 이루어진 안쪽 층.

intolerant **비내성(非耐性)의** 형 특정한 조건들에서 살 수 없는.

intra- '안에'를 뜻하는 라틴어 '*intra*'에서 유래된, '이내에', '내부에' 등을 의미하는 접두사.

intrabulbar **맛봉오리속의** 형 맛봉오리의 안에 있는.

intracapsular **주머니속의, 낭내(囊内)** 형 포자낭이나 막낭 같은 주머니의 안에 담긴.

intracardiac **심장내(心臟内)의** ⇨ endocardiac.

intracellular **세포내(細胞内)의** 형 세포의 안에 있는.

intracellular motility **세포내 운동성** 세포질유동, 근수축, 세포내 수송 등과 같이 세포의 내부에서 만들어내는 운동.

intracellular signalling pathways **세포내 신호전달경로** 세포의 표면에 있는 수용체로부터 세포의 안에 있는 목적지까지 신호를 나르는 생화학적 경로. 이 경로는 일련의 상호작용하는 단백질들로 이루어지고, 고리형 AMP와 이노시톨 3인산과 같은 약간의 작은 분자들도 관여한다.

intracellular transport **세포내 수송** 세포의 안에서 물질이 수송되고 세포소기관이 이동하는 것. 물질은 특정한 세포소기관들 사이에서 수송되어 막으로 둘러싸인 작은 소포의 형태로 원형질막을 통해 분비된다. 큰 입자들 역시 세포질 내에서 움직인다.

intrachromosomal **염색체내의** 형 염색체의 안에서 일어나는 중복이나 재배치에 적용되는 말.

intracistronic complementation **시스트론내 상보작용** 한 유전자(시스트론)의 두 돌연변이가 같은 세포 안에 존재할 때 서로 보완되어 정상적인 표현형을 만들어내는 것.

intraclonal **클론내의** 형 클론(clone)의 안에 있는, 분화에 적용되는 말.

intracortical **피질내의** 형 피질(cortex)의 안에 있는, 대뇌피질의 여러 다른 부분들을 연결하는 신경삭에 적용되는 말.

intrademic selection **최소교배단위내 선택** 지역의 교배 가능한 집단 내에서 일어나는 선택.

intradermal **피부내의** 형 피부의 진피

(dermis) 안에 있는.

intraepithelial **상피내의** 형 상피(epithelium)의 안에서 나타나는, 샘에 적용되는 말.

intrafascicular **관다발내의** 형 관다발의 안에 있는.

intrafoliaceous 형 줄기를 둘러싸고 껍질(초)을 형성하는 턱잎(stipule)에 적용되는 말.

intrafusal **근방추내(筋紡錘內)의** 형 (1) 근방추(muscle spindle)의 내부에 있는 근섬유에 적용되는 말; (2) 힘줄에서 끝나는 신경말단에 해당하는 말.

intragemmal **맛봉오리속의** 형 맛봉오리의 안에 있는.

intrageneric **속내(屬內)의** 형 동일한 속을 구성하는 종류들 사이의.

intragenic **유전자내의** 형 유전자의 내부에 있는, 이를테면 돌연변이, 재조합, 틈새 등에 적용되는 말.

intragenic suppression **유전자내 억제** ⇨ back mutation.

intrajugular **목정맥구멍속 돌기** 명 뒤통수뼈(후두골)에서 목정맥구멍패임(jugular notch)의 중앙에 있는 돌기.

intralamellar **층내(層內)의** 형 라멜라(박막층)의 안에 있는, 주름을 갖는 곰팡이의 균사층에 적용되는 말.

intramembrane particle **막내 입자(膜內粒子)** 동결할단법(freeze-fracture)으로 할단한 막의 세포질에 접한 면에서 관찰되는 단백질 입자들.

intramembranous **막내(膜內)의** 형 막의 안에 있는, 뼈의 형성(막내 골화)에 적용되는 말.

intramolecular **분자내의** 형 분자의 안에서 나타나거나 존재하는.

intranarial **콧구멍속의** 형 콧구멍의 안에 있는.

intranuclear **핵내(核內)의** 형 핵의 안에 있는.

intraparietal **벽내(壁內)의, 마루내의** 형 (1) 기관의 내부에서 에워싸인; (2) 뇌의 마루엽(두정엽)의 안에 있는.

intrapleural **흉강내(胸腔內)의** 형 흉강의 안에 있는.

intrasexual **동성내(同性內)의** 형 같은 성의 경쟁하는 개체들 간에서 일어나는 선택(동성내 선택)에 적용되는 말.

intraspecific **종내(種內)의** 형 (1) 어느 종의 안에서 일어나는, 이를테면 변이(종내 변이)에 적용되는 말; (2) 짝, 먹이, 영역 등과 같은 동일한 자원을 두고 같은 종의 구성원들 간에서 일어나는 경쟁(종내 경쟁)에 해당하는 말.

intrastelar **중심주내(中心柱內)의** 형 줄기나 뿌리의 중심주(stele)의 안에 있는.

intrathecal **수막내(髓膜內)의** 형 척수의 수막(meninges)의 안에 있는.

intrauterine **자궁내(子宮內)의** 형 자궁의 안에 있는.

intravaginal **질내(膣內)의, 초내(鞘內)의** 형 (1) 질(vagina)의 안에 있는; (2) 벼과 초본의 잎이나 가지처럼, 초(sheath)의 안에 들어 있는.

intravascular **혈관내의** 형 혈관의 안에 있는.

intraventricular **뇌실내(腦室內)의** 형 뇌실의 안에 있는, 뇌의 뇌실에서 볼 수 있는 줄무늬체의 미상핵(caudate nucleus)에 적용되는 말.

intravesical **방광내(膀胱內)의** 형 방광의 안에 있는.

intravitelline **난황내(卵黃內)의** 형 알이나 난자의 난황의 안에 있는.

intrazonal **간대(間帶)의** 형 (1) 어느 구역(지대)의 안에 있는; (2) 어느 구역이나 지대에서 널리 퍼져 있거나 정상적인 토

I

양과 차이를 보이는 국부적으로 한정된 토양(간대토양)에 적용되는 말.

intrinsic 내재성(內在性), 내인성(內因性) 형 (1) 내재하는; (2) 안쪽으로 향한; (3) 어느 부분이나 기관의 안쪽 근육(내재근)에 적용되는 말; (4) 균형 잡힌 연령구조를 갖는 개체군의 자연적인 증가율(내인성 증가율)에 해당하는 말; (5) 상이한 파장에 대한 망막세포의 여러 다른 반응에 기인하는 밝기의 감각에 적용되는 말; (6) 막의 전체에 걸쳐 있는 단백질인 막단백질(내재성 단백질)에 해당하는 말. 비 extrinsic.

intrinsic factor 내인성 인자 장에서 코발라민(비타민 B_{12})과 결합하고 이를 혈액으로 운반하는, 위에서 분비되는 당단백질. 내인성 인자가 결핍되면 코발라민의 흡수불량이 초래되어 악성 빈혈이 생긴다. ≒ gastric intrinsic factor.

intrinsic isolating mechanism 내적 격리메커니즘 상호교배를 가로막는 유전적 메커니즘들.

intrinsic pathway 내인성 경로 혈액에서 피떡을 형성하는 일련의 반응들. 유리용기의 벽 같은 비정상적인 표면과의 접촉으로 촉발하고, 최종 단계는 외인성 경로(extrinsic pathway)와 동일하다.

intrinsic rate of increase 내인성 증가율 각 시간간격에 개체군이 생장하는 부분. '*r*'로 나타낸다.

introduced 도입된, 외래의 형 어느 지역이나 국가에 자생하지 않고 사람에 의해 들여온 것으로 생각되는 식물과 동물에 적용되는 말.

introgression 유전자침투, 유전자이입 명 두 종 사이에서 잡종이 만들어졌을 때 불완전한 유전적 격리의 결과로 한 종의 유전자풀에서 다른 종의 유전자풀로 유전자들이 서서히 확산되는 것.

intromission 삽입(揷入) 명 교미행동을 통해 발기된 음경을 질 안으로 들여보내는 것.

intromittent 삽입의 형 삽입(intromission)에 알맞은, 수컷의 교미기관에 적용되는 말.

intron 인트론, 비발현부위(非發現部位) 명 대부분의 진핵유전자에서 암호순서(coding sequence)를 분단하는, 유전정보를 갖지 않은 뉴클레오티드순서. 많은 유전자들이 유전자 총길이의 대부분을 차지하는 상당한 수의 긴 인트론순서를 갖고 있다. 인트론은 RNA로 전사되어 1차 RNA전사물이 되었다가 나중에 기능적 mRNA나 그 밖의 RNA를 만드는 RNA 이어맞추기에 의해 제거된다. 원핵세포의 DNA에서는 극히 드물다. 어떤 인트론은 다른 단백질효소의 도움이 없이 RNA에서 스스로 제거되는 자가이어맞추기(self-splicing)를 한다. 자가이어맞춤인트론은 I형 그룹과 II형 그룹의 두 가지가 있으며, 이어맞추기반응의 상세한 생화학적 과정은 서로 다르다. ≒ intervening seguence. 비 exon. ⇨ RNA splicing.

intron-exon boundary 인트론-엑손경계 유전자 또는 1차RNA전사물에서 인트론과 그에 인접한 엑손 간의 경계. 각 인트론은 3′과 5′경계를 갖는다. 이 경계는 RNA이어맞추기의 부위이다.

intorse 내향(內向)의 형 (1) 안으로 구부러지거나 축을 향한; (2) 꽃밥에서, 꽃의 중앙을 향하여 열리는.

introvert 함입(陷入)의 형 일부 폴립이나 어떤 환형동물의 앞부분처럼 내부로 들여보낼 수 있는.

intumescence 팽대(膨大) 명 (1) 부풀어 오르는 과정; (2) 부풀거나 부어오른 상태.

intussusception 삽입생장(揷入生長) 명 이미 존재하는 물질들 사이에 새로운 물질이 끼어들어 표면의 크기나 부피가 늘어나는 것. 비 accretion, apposition.

inulase 이눌라아제 ⇨ inulinase.

inulin 이눌린 명 과당 단위들로 구성되는 선형 다당류. 많은 국화과 식물의 뿌리, 뿌리줄기 및 덩이줄기에 저장되는 탄수화물이다.

inulinase 이눌리나아제 명 이눌린을 과당으로 가수분해하는 효소. EC 3.2.1.7. ≒ inulase.

invagination 함입(陷入) 명 (1) 혈관이나 포배와 같이 속이 빈 구조의 벽이 움푹 꺼진 것. 바깥층이 안쪽으로 밀려들어와 공간을 형성한다; (2) 관이 안으로 말리거나 뒤집어지는 것; (3) 껍질의 안으로 들어가는 것. 동 **invaginate**.

invariant chain 불변사슬 소포체에서 MHC클래스II분자의 펩티드결합부위와 결합하여 항원펩티드가 클래스II분자와 결합하지 못하게 막는 폴리펩티드.

inversion 역위(逆位) 명 (1) 어느 부분이 안으로 말리거나 뒤집어지거나 또는 거꾸로 뒤집히는 것; (2) [유] 염색체부위들의 위치가 바뀌면서 염색체에서 유전자들의 순서가 거꾸로 되는 현상; (3) [생화] 설탕이 포도당과 과당으로 가수분해되는 것.

invertase 전화효소(轉化酵素) 명 설탕과 같은 β-D-프룩토푸라노시드(β-D-fructofuranoside)의 말단에 있는 비환원 잔기를 가수분해하는, 식물과 곰팡이 그리고 세균에서 발견되는 효소. EC 3.2.1.26. 상용명 β-D-fructofuranosidase.

invertebrates 무척추동물 명복 척추뼈가 없는 동물, 즉 척추동물을 제외한 모든 동물에 대한 일반적인 명칭.

inverted repeats 역반복(순서) 핵산에서 어느 하나의 방향성이 정반대인, 동일한 순서를 갖는 2개의 인접한 복사본들.

inverted U-shaped curve 역U자형 곡선 거꾸로 된 U자형의 용량반응곡선(dose-response curve). 약물의 투여량이 증가함에 따라 처음에는 반응이 증가하지만 용량이 더욱 높아지면 오히려 반응이 감소하는 것을 나타낸다.

invert sugar 전화당(轉化糖) ⇨ sucrose.

investing bone 피복골 ⇨ membrane bone.

investment 피복제(被覆濟) 명 어느 부분, 기관, 식물 또는 동물의 외부를 덮는 것.

***in vitro* 생체외, 시험관내** 배양에서 생장하는 세포나 조직, 또는 세포추출물이나 세포성분의 합성혼합물에서 나타나는 생물학적 과정과 반응들에 적용되는 말.

***in vitro* fertilization (IVF) 체외 수정** 모체의 바깥에서 난자가 수정되는 것. 일반적으로 수정된 난자를 모체에 주입하거나 대리모(foster mother)에 주입하여 정상적으로 발생시킨다.

***in vitro* translation 시험관내 번역, *in vitro* transcription 시험관내 전사** 세포의 분리추출물이나 적절한 효소와 보조단백질들이 함유된 정성배지에서 실행하는 번역 또는 전사.

***in vivo* 생체내** 생물체 내에서 일어나는.

involucrate 총포의 형 총포(involucre)가 있는.

involucre 총포(總苞) 명 (1) 밀집된 두상화의 기부에서 원을 그리며 달리는 포엽들(bracts); (2) 이끼류와 우산이끼류에서 장정기와 장란기의 무리를 에워싸는 잎들. 형 **involucral**.

involucrum 총포 명 (1) 메뚜기류에서 뒷가슴(metathorax)의 등판; (2) 어떤 병든 상태에서 죽은 뼈의 주위에 형성되는 뼈의 층.

involuntary 불수의(不隨意) 형 의지의 지배를 받지 않는, 이를테면 운동에 적용되는 말.

I

involuntary muscle 불수의근 ⇨ smooth muscle.

involute 안으로감기의 형 (1) 양쪽에서 안쪽으로 감기는 가장자리를 갖는, 잎에 적용되는 말; (2) 빽빽하게 감긴, 껍데기에 적용되는 말.

involution 퇴축(退縮), 퇴화(退化) 명 (1) 커지거나 변형되거나 또는 기형의 상태가 정상으로 되돌아가는 것; (2) 노년기에 크기가 축소되거나 또는 그 밖의 구조나 기능이 변화하는 것; (3) 잎의 가장자리에서와 같이 안쪽으로 감기는 것; (4) 낭배형성에서와 같이 외부의 세포들이 내부로 이동하는 것; (5) 형 휴면하는, 생활주기에서 포자나 시기에 적용되는 말.

iodine (I) 요오드 명 원소상태(I_2)에서 흑색의 빛나는 휘발성 고체를 형성하는 할로겐원소. 해수에 소량 포함되어 있고 해조류에 농축된다. 요오드는 어떤 갑상샘호르몬의 성분이기 때문에 사람과 기타 척추동물의 필수미량영양소이다. 반감기가 8.6일인 방사성 동위원소 요오드-131(^{131}I)은 갑상샘장애를 진단하고 치료하는 추적자로 사용된다.

iodophilic 요오드친화성 형 (1) 요오드용액으로 어둡게 염색되는; (2) 요오드염색에서 청색이 되는 세균에 적용되는 말.

iodopsin 요돕신 명 망막의 원뿔에서 로돕신형 단백질성분을 갖는 감광성 단백질색소. ≒ visual violet.

iodothyroglobulin 요오드티로글로불린 명 갑상샘에서 추출할 수 있는 요오드와 티로글로불린의 화합물.

ion 이온 명 하나 또는 그 이상의 전자를 얻거나 잃어서 전하를 띠는 원자나 분자.

ion channel 이온통로 막에서 액상의 구멍을 형성하여 생체막 내외로 이온의 수동수송을 담당하는 막단백질. 이온통로는 항상 열려 있거나 개폐되기도 하는데, 후자의 경우 특정 자극에만 반응하여 열린다. 상이한 이온통로는 여러 다른 이온들을 통과시키고, 대체로 음이온을 나르는 이온통로와 양이온을 나르는 이온통로로 구분한다. (⇨ 그림 26)

ion exchange 이온교환 용액으로 빠져나가는 다른 이온과의 교환으로 어느 종류의 이온이 수지(resin)에 흡착하거나 토양에서는 점토입자에 흡착하는 것.

ion-exchange chromatography 이온교환크로마토그래피 카르복실화 중합체의 칼럼과의 친화성의 차이에 따른 순전하에 근거하여 단백질 같은 분자들을 분리하는 방법.

ionic bond 이온결합, ion pair 이온쌍 ⇨ electrostatic bond.

ionic coupling 이온짝지음 어느 동물세포의 세포질에서 간극연접을 통해 인접세포로 이온들이 수동적으로 흘러가는 것.

ionic detergent 이온세제 분자의 극성말단이 전하를 띤 세제(예: 도데실황산나트륨). 단백질을 변성시킬 수 있는, 즉 접힌 구조를 풀어주는 강력한 세제이다.

ionizing radiation 이온화 방사선 감마선과 같이 단파장의 고에너지 방사선 그리고 방사성 동위원소에 의해 방출되는 α입자와 β입자와 같이 빨리 움직이는 입자들. 이온화 방사선은 조직에서 이온의 형성을 유발하므로 DNA와 조직에 손상을 주는 원인이 된다.

ionophore 이온통로구 명 지질2중층에 용해되고 이온에 대한 막의 투과성을 높여주는 작은 소수성 분자.

ionophoresis 이온이동법 명 전류의 영향하에서 이온들이 이동하는 것. 형 **ionophoretic**.

ionotropic 이온성 형 신경전달물질이 수용체와 결합할 때 열리는 이온통로가 들

I

어 있는 신경전달물질 수용체에 적용되는 말. 비 metabotropic.

ion pump 이온펌프 농도기울기에 역행하여 생체막의 내외로 이온을 능동적으로 수송하는 단백질.

IP_3 이노시톨3인산(inositol triphosphate).

iPS cell, iPSC 유도만능줄기세포(induced pluripotent stem cell).

ipsilateral 같은쪽 형 같은 쪽과 관련되거나 같은 쪽에 위치하는. 비 contralateral.

IPSP 억제성 시냅스후전위(inhibitory postsynaptic potential).

IPTG 이소프로필티오갈락토시드(isopropylthiogalactoside).

IR 적외선(infrared radiation).

IRE 철반응인자(iron-response element).

iridal, iridial 홍채의 형 눈의 홍채(iris)와 관련된 말.

Iridales 붓꽃목 명 코르시아과(Corsiaceae), 붓꽃과(Iridaceae) 등을 포함하는 초본성 외떡잎식물의 목,

iridocytes, iridophores 홍체세포, 홍색소포 명복 (1) 어류와 파충류의 피부에서 반사하거나 은빛을 띠거나 또는 무지갯빛을 내는 조직을 구성하는, 구아닌이 들어 있는 입자, 물체 또는 판; (2) 일부 두족류의 외피에서 무지갯빛을 내는 세포들.

Iridoviridae 이리도바이러스과 명 곤충(예: 곤충무지개바이러스)과 척추동물에 감염하고 껍질을 보유하는 2중가닥DNA 바이러스의 과.

iris 홍채(虹彩), 눈조리개 명 척추동물의 눈에서 수정체의 앞에 있고 중앙에 구멍(동공)이 있는 얇고 둥근 모양의 수축성 판.

iris cells 홍채세포 겹눈의 낱눈에서 원뿔과 소망막을 둘러싸는 색소세포.

IRM 본능유발메커니즘(innate releasing mechanism).

iron (Fe) 철(鐵) 명 생명체에 필수적 미량원소인 금속원소. 철원자는 많은 효소들과 그 밖의 단백질에서 헴(haem)과 같은 보결분자단의 일부가 된다. 사람은 주로 헤모글로빈의 합성을 위해 철을 필요로 한다.

iron-copper centre 철-구리중심 호흡효소인 시토크롬산화효소에서 분자상 산소가 물로 전환되는 동안 철과 구리원자가 잡는 활성부위.

iron-oxidizing bacteria 철산화세균 2가철이온(Fe^{2+})을 주된 에너지원으로 이용하여 이를 3가철이온(Fe^{3+})으로 산화시키는 호기성 세균과 고세균의 다양한 무리. 이들의 대부분이 한편으로 황을 산화시키고, 절대호산성 세균이다.

iron-response element (IRE) 철반응인자 철결합 유전자조절단백질과 결합하는 DNA의 조절염기순서.

iron-sulphur (FeS) protein 철-황단백질 비헴철(non-haem iron)이 황원자(철-황중심)와 복합된 보결분자단을 포함하는 단백질군을 통틀어 이르는 말. 철-황단백질은 광합성의 전자전달사슬을 구성하는 요소이다. 철-황단백질은 FeS(1개의 철원자가 4개의 황원자와 복합됨), Fe_2S_2 및 Fe_4S_4의 다양한 종류의 중심을 갖는다. ≒ non-haem iron protein.

irreciprocal 비가역적(非可逆的) 형 (1) 되돌릴 수 없는; (2) 한쪽 방향으로만 작동되는.

irregular 부정제(不整齊)의 형 방사대칭보다는 좌우대칭을 나타내는 꽃(부정제꽃)에 적용되는 말. ≒ zygomorphic.

irritability 자극감수성 명 외부의 자극을 받아들이고 그에 반응하는 능력.

irrorate 얼룩의 형 (1) 아주 작은 방울들로 덮인 듯한; (2) 어떤 나비의 날개와 같이 작은 반점이 있는.

IS1, IS2 등 ⇨ insertion sequence.

isandrous 형 꽃잎의 수와 같은 수의 비슷한 수술을 가진.

isanthous 형 바른모양꽃(정제화)을 가진.

ischaemia 허혈(虛血) 명 산소 결핍에 기인하여 조직이 손상되고 국부적으로 죽는 것. 형 **ischaemic**.

ischiadic 궁둥(뼈)의 형 엉덩이와 관련되거나 그 부위에 있는.

ischiatic 궁둥의, 좌골(坐骨)의 ⇨ sciatic.

ischiopodite 좌절(坐節) 명 일부 갑각류의 보각(walking leg)의 기부관절 또는 턱다리(maxilliped)의 기부관절.

ischiopubic 궁둥두덩의, 좌골치골의 형 궁둥뼈(좌골)와 두덩뼈(치골) 사이의 틈에 적용되는 말.

ischiopubis 궁둥두덩뼈, 좌치골 명 융합된 궁둥뼈와 두덩뼈.

ischiorectal 궁둥직장의 형 궁둥뼈와 곧창자(직장)와 관련된, 오목(fossa)과 근육에 적용되는 말.

ischium 궁둥뼈, 좌골(坐骨) 명 어류를 제외한 척추동물에서 골반띠(요대) 양쪽의 뒤와 아래에 있는 뼈. 흔히 두덩뼈와 융합한다.

iscom 면역증강복합체 항원이 지질과 복합되어 구성된 항원보강제인 면역증강복합체(immune stimulatory complex).

IS element ⇨ insertion sequence.

isidia 열아(裂芽) 명복 일부 지의류의 표면에 있는 산호 모양의 분아(soredium). 단 **isidium**.

island biogeography 섬생물지리학 고립된 환경의 생물다양성의 성질과 진화를 이해하기 위하여 섬의 식물상과 동물상을 연구하는 것.

islets of Langerhans 랑게르한스섬 이자(췌장)에 흩어져 있는 세포들의 무리. α세포(A세포)에서는 글루카곤이 분비되고 β세포(B세포)에서는 인슐린이 분비된다.

isoaccepting 동일아미노산수용의 형 동일한 아미노산과 결합하고 동일한 아미노아실tRNA합성효소의 작용을 받는 tRNA(동일아미노산수용tRNA)에 적용되는 말.

isoagglutination 동종응집반응 명 (1) 같은 종 또는 같은 혈액형의 다른 개체에서 온 혈액에 의해 적혈구가 응집되는 것; (2) 같은 종의 난자에 들어 있는 응집소(agglutinin)에 의해 정자가 응집되는 현상.

isoagglutinin 동종응집소(同種凝集素) 명 같은 종의 정자와 반응하는 난자의 응집소.

isoalleles 동위대립유전자 명복 표현형에 미치는 전반적인 효과는 동일하지만 DNA나 단백질의 생성물 수준에서 차이를 나타낼 수 있는 대립유전자들에 적용되는 말.

isoantigen 동종항원 ⇨ alloantigen.

isobilateral 쌍동측형(雙同側型) 형 직각으로 2개의 면으로 나눌 수 있는 구조를 갖는 좌우대칭의 유형에 적용되는 말.

isocarpous 형 같은 수로 나누어지는 심피와 꽃덮개(화피)를 가진.

isocercal 대칭꼬리의 형 꼬리지느러미의 중앙선에서 끝나는 척주(vertebral column)를 가진.

isochromatic, isochromous 등색(等色)의 형 (1) 균일한 색깔의; (2) 같은 색깔의.

isochromosome 2중팔염색체 명 2개의 유전적으로 동일한 팔을 갖는 비정상적 염색체.

isochronous 등시성(等時性) 형 (1) 같은 기간을 갖는; (2) 같은 속도로 일어나는.

isocitrate 이소시트르산 ⇨ isocitric acid.

isocitrate dehydrogenase 이소시트르산

탈수소효소 두 가지 효소 중의 하나. 그 중 하나인 NAD 특이적 효소(EC 1.1.1.41)는 미토콘드리아에 위치하고, 트리카르복시산회로의 정상적 단계로 이소시트르산에서 α케토글루타르산이 형성되는 반응을 촉매한다. 다른 효소인 NADP 특이적 효소(EC 1.1.1.42)는 세포질에 위치한다.

isocitric acid, isocitrate 이소시트르산 트리카르복시산회로의 6탄소 중간물. 아코니트산수화효소의 촉매작용으로 시트르산에서 *cis*-아코니트산을 거쳐 생성된다.

isocortex 등피질(等皮質), 동종피질 명 대뇌피질에서 가장 바깥에 있는 6층의 세포층.

isocytic 등세포성(等細胞性) 형 모든 세포가 동일한.

isodactylous 등지성(等指性) 형 모든 손가락(발가락)의 크기가 같은.

isodemic 등개체성(等個體性) 형 (1) 같은 수의 개체들로 구성된 개체군의; (2) 같은 개체군밀도를 나타내는 곳들을 연결하는 지도 상의 선에 적용되는 말.

isodiametric 등경성(等徑性) 형 (1) 같은 직경을 갖는, 세포나 그 밖의 구조들에 적용되는 말; (2) 둥글거나 다면체의 세포에 해당하는 말.

isodont 동형치(同形齒)의 ⇨ homodont.

isodynamic 등력(等力)의, 등영양가(等營養價)의 형 (1) 같은 힘을 갖는; (2) 같은 양의 에너지를 제공하는, 음식물에 적용되는 말.

isoelectric focusing 등전점전기영동 pH기울기를 따라 전하에 의해 단백질을 분획하는 전기영동법. 전하를 달리하는 단백질들은 각각 그들의 등전점에서 이동을 멈춘다.

isoelectric point (IEP) 등전점(等電點) 단백질과 같은 양쪽성(amphoteric) 물질의 전하가 제로로 될 때의 pH 값. 각 단백질마다 고유한 값을 갖는다.

isoenzyme 동질효소(同質酵素) 명 같은 경로에서 같은 반응을 촉매하지만 최적 pH나 반응속도와 같은 특성이 다른, 염기서열에서 약간 차이를 보이고 여러 다른 유전자에 의해 암호화된 효소변이체의 무리 중 어느 하나. 동질효소들은 등전점이나 전기영동도에 의해 구별할 수 있다. 여러 다른 조직에서는 보통 상이한 동질효소가 나타난다. ≒ **isozyme**.

Isoetales 물부추목 명 선형의 잎과 복잡하게 2차비후된 둥근줄기(corm)를 갖는 석송강(Lycopsida)의 한 목.

isoforms 동형(同型) 명복 (1) 다양한 형을 갖는 단백질의 여러 다른 유형들; (2) 같은 유전자에서 다른 전사와 또는 다른 RNA이어맞추기에 의해 생성된 둘 또는 그 이상의 단백질이나 RNA들.

isogametangiogamy 동형배우자낭접합 명 비슷한 배우자낭의 접합.

isogamete 동형배우자 명 형태적으로 비슷한 한 쌍의 배우자 중 하나.

isogamy 동형접합 명 형태적으로 비슷한, 즉 크기가 같고 비슷한 구조로 된 배우자들이 합치는 것. 형 **isogamous**.

isogeneic 동종의, 동일유전자조성의 ⇨ syngeneic.

isogenes 이소진스 명복 같은 유전자빈도를 나타내는 곳들을 연결하는 지도 상의 선들.

isogenetic 동계발생의, 동일유전자형의 형 (1) 같거나 비슷한 기원에서 생긴; (2) 같은 유전자형의.

isogenic 동질유전자의 ⇨ homozygous.

isogenomic 동질유전체의 형 비슷한 염색체세트가 들어 있는, 핵에 적용되는 말.

isogenous 동원(同源)의 형 기원이 같은.

isognathous **등악성(等顎性)** 형 서로 비슷한 턱을 가진.

isogonal **등각(等角)의** 형 같은 각도를 이루는, 분지(branching)에 적용되는 말.

isograft **동계이식** 명 같은 유전자형을 갖는 다른 개체로부터의 조직이식.

isohaline **등염분(等鹽分)의** 형 같은 수준의 염도를 갖는 물에 적용되는 말.

isokont **등편모성(等鞭毛性)** ⇨ isomastigote.

isolate **격리집단, 분리균** 명 (1) 격리에 의해 제한된 교배집단; (2) 토양이나 조직 등에서부터 유래된 미생물을 처음으로 순수하게 배양하는 것.

isolateral **등면(等面)의** 형 같은 측면을 갖는, 양면에 울타리조직(책상조직)이 있는 잎(등면엽)에 적용되는 말.

isolating mechanisms **격리메커니즘** 같은 종에서 두 집단 간의 교배를 방해하여 결국 종분화를 일으키는 메커니즘. 가장 중요한 격리메커니즘은 지리적 격리이지만, 성공적인 상호교배에 대한 유전적, 해부학적 및 행동적 장벽도 격리메커니즘에 포함된다.

isolation **격리(隔離)** 명 공간적, 지형적, 생태적, 형태적, 생리적, 유전적, 행동적 또는 기타 요인들에 기인하여 교배집단 간의 교배가 방지되는 것.

isolecithal **등황(等黃)의** 형 난황이 거의 동일하게 고루 분포하는 알(등황란)에 적용되는 말.

isoleucine (Ile, I) **이소류신** 명 류신의 입체이성질체로 비극성 곁사슬을 갖는 아미노산. 단백질의 구성성분이고, 사람과 기타 동물의 필수아미노산의 하나이다.

isomastigote **등편모형, 등섬모형** 형 길이가 같은 편모 또는 섬모를 가진.

isomer **이성질체(異性質體)** 명 동일한 종류와 수의 원자를 가졌지만 원자들의 배열과 생리적 특성 그리고 (때때로) 화학적 특성이 다른 일련의 분자들 가운데 하나. 형 **isomeric**. 명 **isomerism**. ⇨ anomer, enantiomer, epimer, optical isomer, racemate, tautomerism, stereoisomer.

isomerases **이성질화효소** 명복 분자들 내에서 원자들의 재배열을 촉매하는 효소. 에피머화효소(epimerase), 무타아제(mutase), 라세미화효소(racemase), 토토머라아제(tautomerase) 등이 있다. EC 5군.

isomere **상동체(相同體)** 명 상동의 구조 또는 부분.

isomeric **이성질체의** 형 분자의 이성질체(isomer)에 적용되는 말.

isomerism **이성질현상** 명 분자에 이성질체가 존재하는 것.

isomerization **이성질체화(異性質體化)** 명 한 이성질체가 다른 이성질체로 변화되는 현상.

isomerous **동수(同數)의** 형 (1) 같은 수의 다른 부분들을 갖는; (2) 각 부분들이 같은 수로 된 꽃(동수화)에 적용되는 말.

isometric **등장성(等長性), 등척성(等尺性)** 형 (1) 동일한 정도나 생장률을 갖는; (2) 길이가 변하지 않고 당겨지는 근육의 수축(등척성 수축)에 적용되는 말.

isometry **등생장(等生長)** 명 어느 부분이 표준생장률과 또는 전체생장률과 같은 비율로 생장하는 것.

isomorphic, isomorphous **동형의** 형 (1) 표면상으로 서로 비슷한; (2) 형태적으로 비슷한 반수체세대와 2배체세대의 교체(동형세대교번)에 적용되는 말.

isomorphism **동형성(同型性)** 명 여러 다른 품종이나 종의 개체들이 비슷하게 보이는 것.

isonym **동명(同名)** 명 이를테면 종의 오

래된 이름이나 기본명에 근거하는 새로운 이름.

iso-osmotic 등삼투압의 형 삼투농도가 같은 두 용액에 적용되는 말. ⇨ isotonic.

[6]N-isopentenyladenine (i[6]Ade) 이소펜테닐아데닌 명 식물의 천연 시토키닌. 일부 운반RNA의 구성성분이다.

isopetalous 동형 화판(同形花瓣)의 형 비슷한 꽃잎들을 가진.

isophagous 동류식성(同類食性)의, 동류침범성(同類侵犯性)의 형 어느 한 종 또는 그와 관련된 종을 먹는, 곰팡이에 적용되는 말.

isophane 등발현선(等發現線) 명 어느 지역에서 이를테면 꽃이 피는 것과 같은 생명현상이 동시에 일어나는 모든 장소들을 지도 상에서 연결한 선.

isophene 등태선(等態線) 명 어느 변이형이 나타나는 특정 빈도에 부합하는 지역들의 경계를 나타내는 등고선.

isophyllous 등엽성(等葉性) 형 같은 식물체 상에서 균일한 보통잎(foliage leaf)을 가진.

isophytoid 이소피토이드 명 나머지들에서 분화되지 않은 복합식물의 '개체'.

isoplankt 플랑크톤분포선 명 지도 상에서 같은 양의 플랑크톤이나 특정한 종의 분포를 나타내는 선.

isoploid 짝수배수체 형 체세포에서 짝수의 염색체세트를 가진.

Isopoda, isopods 등각목, 등각류(等脚類) 명, 명복 바다, 민물 그리고 육지에 사는 연갑아강(Malacostraca) 갑각류의 무리. 쥐며느리와 물쥐며느리를 포함하며, 등배가 납작한 몸을 갖고 등딱지는 없다.

isopodous 등각(等脚)의 형 서로 비슷하고 동일한 다리를 가진.

isopogonous 동형깃털의 형 깃털의 두 면이 동일하고 비슷한.

isopolyploid 동종배수체 형 4배체, 6배체 등과 같이 짝수의 염색체세트를 갖는 배수체에 적용되는 말.

isoprene 이소프렌 명 많은 지질의 소단위인 5탄소의 불포화 지방족탄화수소.

isoprenoid 이소프레노이드 명 5탄소의 이소프렌 단위들로 구성된 지질의 크고 다양한 무리의 하나. 카로티노이드, 테르펜, 천연고무, 그리고 엽록소와 비타민 K 등의 곁사슬이 포함된다.

isopropylthiogalactoside (IPTG) 이소프로필티오갈락토시드 대장균의 젖당오페론(*lac* operon)에서 억제자와 결합하는 유도물질.

Isoptera 흰개미목 명 흰개미류와 그 친척들을 포함하는 사회성 곤충의 목. 조직적인 큰 군집을 이루며 산다. 군집은 생식충(여왕개미와 왕개미)과 날개가 없고 생식력이 없는 병정개미와 일개미로 구성되며, 이들은 모두 여왕개미와 왕개미의 자손이다. 흰개미류는 장내에 서식하는 세균들인 장관균총(gut flora)을 갖고 있어서 목재를 분해할 수 있으며, 목조건물과 나무 그리고 종이를 먹어치우는 심각한 해충이다.

isosporous 동형포자의 ⇨ homosporous.

isostemonous 동수수술형 형 꽃받침조각이나 꽃잎의 수와 같은 수의 수술을 가진.

isotelic 동등효과의 형 (1) 동일한 효과를 나타내거나 동일한 효과를 초래하는 경향이 있는; (2) ⇨ homoplastic.

isotomy 이소토미 명 규칙적인 방식으로 여러 차례 갈라지는 것.

isotonic 등장(等張)의 형 (1) 장력(tension)이 같은; (2) 삼투압이 같은, 용액에 적용되는 말; (3) 길이가 변하는 근육의 수축(등장수축)에 해당하는 말. 비 isometric.

I

isotonicity 등장성(等張性) 명 압력이나 자극 하에서의 정상적인 장력.

isotope 동위원소 명 원자번호(양성자들의 수)가 같고 화학적 성질도 서로 동일하지만 원자핵 내에 있는 중성자의 수가 다르기 때문에 질량수가 다른 화학원소의 유형. 형 **isotopic**.

isotopic fractionation 동위원소분별(법) 탄소(^{12}C), 황(^{32}S) 또는 기타 원소들의 특정 동위원소들이 생체막에 차별적으로 편입되는 것. ⇨ carbon isotope ratio.

isotropic, isotropous 등방성(等方性) 형 (1) 편광에서 단굴절시키는, 현미경하에서 나타나는 가로무늬근의 밝은 줄에 적용되는 말; (2) 세로축의 주위에서 대칭을 이루는; (3) 어느 한 방향에서 다른 방향보다 더 많은 영향을 받지 않는, 생장률에 적용되는 말; (4) 일부 난자와 같이 예정된 축이 없는. 명 **isotropy**.

isotypes 동종형, 아이소타이프 명복 면역글로불린의 무거운 사슬의 형(α, δ, ε, γ, μ)과 가벼운 사슬의 형(κ, λ). 이들은 무거운 사슬과 가벼운 사슬의 불변부에 있는 염기순서의 차이에 기인한다. 무거운 사슬의 동종형은 항체의 기능적 클래스를 결정짓는다. ⇨ immunoglobulin A, immunoglobulin D, immunoglobulin E, immunoglobulin G, immunoglobulin M.

isotype switching 동형전환 ⇨ class switching.

iso-utility curves 동일효용곡선 동물행동학과 동물생태학에서, 동등한 효용(utility)이나 혜택(benefit)을 주는 모든 점들을 연결하는 곡선. 이 곡선은 여러 다른 행동들(예: 섭식행동)이 어떻게 동등한 양적 혜택을 가져올 수 있는 지를 보여준다. ≒ indifference curves.

isoxanthopterin 이소크산토프테린 명 배추흰나비의 날개와 기타 곤충의 눈과 몸체에 있는 무색의 프테린(pterin). ≒ leucopterin B.

isozoic 형 비슷한 동물들이 서식하는.

isozyme 동질효소 ⇨ isoenzyme.

isthmus 잘룩, 협부(峽部) 명 2개의 큰 부분들을 연결하는 좁은 구조.

ITAM 면역수용체티로신활성화부위(immunoreceptor tyrosine-based activation motif).

iter 관(管) 명 가운데귀와 뇌에서 볼 수 있는 것과 같은 통로 또는 관.

iteration 반복(反復) 명 분류군의 연속적인 분기에서 나타나는 비슷한 경향과 같이 되풀이되는 것.

iteroparity 반복생식, 연속모듬번식성 명 생물이 여러 번에 걸쳐 자손을 낳는 것. 형 **iteroparous**. 비 semelparity.

ITIM 면역수용체티로신억제부위(immunoreceptor tyrosine-based inhibitory motif).

ITM 중간기억(intermediate memory).

IU 국제단위(International Unit).

IVF 체외 수정(*in vitro* fertilization).

ivory 상아(象牙) 명 이빨의 상아질. 코끼리와 일각고래에서 볼 수 있듯이 엄니(tusk)의 상아질을 주로 가리킨다.

IVS 개재순서(intervening sequence). ⇨ intron.

J

J 줄(joule).

Jaccard index 자카드지수, Jaccard coefficient of similarity 자카드유사계수 종조성에 의거하여 두 식물군집 간의 유사성을 측정하는 것[군집계수(coefficient of community) 참조]. 자카드지수(J)는 다음의 식으로 계산한다: J = $c/(a+b-c)$, 여기서 a = 장소 A에서 나타난 종의 수, b = 장소 B에서 나타난 종의 수, 그리고 c = A와 B에서 공통적으로 출현한 종의 수이다. J는 0에서 1의 범위를 갖는다. J값이 클수록 두 장소는 종조성에 있어 더욱 비슷하다. 비 Gleason's index, Kulezinski index, Morisita's similarity index, Simpson's index of floristic resemblance, Sørensen similarity index.

jacket cell 재킷세포 장정기(antheridium)에서 벽이 생기게 하는 세포.

Jacobson's cartilage 야콥손연골 야콥손기관을 지탱해 주는 보습코연골(vomeronasal cartilage).

Jacobson's organ 야콥손기관 대부분의 척추동물에서 후각기관에 있는 1쌍의 주머니모양 기관. 흔히 입으로 통하고 내면이 상피세포로 둘러싸인 주머니를 만든다.

jactitation 명 censer mechanism에 의해 종자들이 흩어지는 것.

jaculatory 분사의 형 (1) (혀 등을) 얼핏 내미는; (2) 뿜어져 나올 수 있는.

jaculatory duct 사정관 많은 동물에서 튀어나올 수 있는 정관의 일부.

jaculiferous 가시가 있는, 극상의 형 다트(dart) 같은 가시가 달린.

Janus kinases (JAKs) 야누스키나아제 많은 시토카인의 수용체와 관련된 티로신인산화효소의 과. 전사인자의 STAT과를 활성화한다.

Java man 자바인 자바에서 발견된 화석인류. 처음에는 자바원인(*Pithecanthropus erectus*)이라고 불렀으나, 지금은 직립원인(*Homo erectus*)이라고 부른다. 플라이스토세 중반부터 살았다.

jaw-foot 턱다리 ⇨ maxilliped.

jaws 턱, 악(顎) 명복 (1) 척추동물에서, 입의 한 부분을 이루고 이빨이나 각질의 이빨판이 달리는 골격구조. 위턱과 아래턱으로 나뉘며, 위턱은 머리뼈(두개골)와 결합하여 고정되어 있고, 위턱과 관절로 결합된 아래턱은 입의 개폐운동에 적합하도록 움직일 수 있다; (2) 무척추동물에서 이와 비슷한 기능과 메커니즘을 갖는 구조.

J chain J사슬 면역글로불린 IgM 5합체와 IgA의 소중합체에서 각각의 면역글로불린분자들을 결합시키는 짧은 폴리펩티드로 된 연결사슬(joining chain).

jecoral 간(肝)의 형 간(liver)의 또는 간과 관련된 말.

jejunum 빈창자, 공장(空腸) 명 포유동물에서 샘창자(십이지장)와 돌창자(회장)의 사이에 있는 작은창자의 부분. 빈창자에는 많은 융모가 있고, 주요 흡수부위이다.

jellyfish 해파리 해파리강(Scyphozoa)의 일반적인 명칭.

jelly fungi 교질균류(膠質菌類) 일반적으로 자실체가 한결같이 젤리와 같은 담자균류의 무리에 대한 일반적인 명칭. 깔때기 모양의 흰목이류(*Tremella*)와 귀처럼 생긴 목이류(*Auricularia*) 등이 있다.

jelly of Wharton 바르톤젤리 탯줄(umbilical cord)의 혈관을 둘러싸는 젤라틴질의 결합조직.

Jerne plaque assay 예르느용균반검사 보체가 매개하는 용균(lysis)에 근거하여 세포표면항원에 특이적인 항체를 생산하는 B세포를 검출하는 기법.

J gene segment J유전자조각 모든 면역글로불린과 T세포수용체의 유전자자리에서 발견되는 연결(joining)유전자조각들 가운데 하나. 짧은 DNA염기순서로 되어 있고, 이들 중 하나가 V유전자조각(또는 V + D 순서)에 이어져서 폴리펩티드사슬의 가변부의 유전정보를 담당하는 DNA 염기순서를 형성한다. ≒ **J segment J조각, J region J부위** 폴리펩티드사슬의 해당하는 부위를 표시함. ⇨ D gene segment, gene rearrangement, variable region, V gene segment.

Johnston's organ 존스턴기관 곤충 더듬이의 제2절에 있는 감각기관. 균형에 관여하거나 소리 또는 기계적 진동에 관계한다.

joining chain 연결사슬 ⇨ J chain.

joining gene segment 연결유전자조각 ⇨ J gene segment.

joint 관절(關節), 마디 명 다리의 정강뼈와 넙다리뼈 사이에 있는 무릎관절과 같이 인접한 두 부분 간의 관절.

jordanon 조던종 명 품종, 아종 또는 변종과 같이, 변이성이 거의 없는 종 수준 이하의 순종 단위.

joule (J) 줄 명 칼로리 대신에 사용하는 에너지 또는 일의 국제단위. 1 J은 1 N(뉴턴 = 1 kg m s^{-2})의 힘으로 물체를 힘의 방향으로 1 m 만큼 움직이는 동안 하는 일에 필요한 에너지이다. 따라서 1 J은 1 kg m^2 s^{-2}에 상당한다. 1 J = 0.23892 칼로리.

J region J부위 J유전자조각에 의해 암호화된 면역글로불린이나 T세포수용체 폴리펩티드사슬의 부위.

J-shaped growth curve J(자)형 생장곡선 개체군이 처음에는 기하급수적으로 생장하다가 극히 적은 수로 급격하게 감소하는 생장곡선의 일종. 플랑크톤 조류와 같이 매년 여러 세대들이 나타나는 생물들에서 전형적으로 나타난다. 비 S-shaped growth curve.

Juan Fernandez region 후안페르난데스 식물구 칠레 서해안 앞바다의 후안페르난데스 제도로 구성되는 신열대식물계의 1부분.

jubate 갈기꼴 형 갈기(mane) 같이 자라는.

jugal 협골, 광대뼈 명 척추동물의 머리뼈에서 광대뼈의 구성요소.

jugate 대생엽(對生葉)의 형 짝을 짓는 작은 잎(소엽)을 가진.

Juglandales 가래나무목 명 깃꼴 잎이 달리고 흔히 향이 좋은 교목들인 쌍떡잎식물의 목. 호두나무가 포함되는 가래나무과(Juglandaceae)와 로이프텔라과(Rhoiptelaceae)의 2과로 이뤄진다.

jugular 목의 형 (1) 목이나 목구멍과 관련된 말; (2) 척추동물의 머리로부터 혈액을 운반하는 주맥인 정맥(목정맥)에 적용되는 말; (3) 가슴지느러미의 아래와 앞에 있는 배지느러미에 해당하는 말.

jugum 명 (1) [식] **깃꼴복엽** 마주나는 작

J

은 잎이나 잎의 한 쌍; (2) [동] **날개걸이** 일부 나방에서 앞날개의 뒤쪽에 있는 작은 조각; (3) **돌기, 오목** 2개의 구조를 연결하는 돌기나 오목한 곳.

jumping genes 전이유전자, 전이인자 전이유전인자(transposable genetic element)의 일상적인 명칭. ⇨ controlling element, insertion sequence, transposition, transposon.

Juncales 골풀목 명 홈이 있거나 벼과 초본 같이 길고 좁은 잎을 갖는 초본성 외떡잎식물의 목. 골풀과(Juncaceae)와 투르니아과(Thurniaciae)로 이루어진다.

junction 연접, 접합 ⇨ cell junction, gap junction, septate junction.

junctional complex 연접복합체 상피세포에서 인접한 세포들 간의 접합부위. ⇨ desmosome, hemidesmosome, tight junction.

junctional diversity 연접부위다양성 유전자재배열 과정에서 유전자조각들 간의 연접부위에서 생기는 변이에 기인하는 면역글로불린과 T세포수용체의 다양성.

junk DNA 불용(不用)DNA 유전체에서 어떤 유전정보도 담당하지 않고 조절기능이나 구조적 기능도 없는 것으로 나타나는 DNA에 대한 일상적인 명칭. 특히 동물과 식물의 유전체DNA 가운데 기능이 명확하게 밝혀지지 않은 많은 양의 반복순서들을 가리키는 데 사용된다.

Jurassic 쥐라기 명 트라이아스기 후의 약 2억 년 전부터 백악기 전의 약 1억 4600만 년 전까지 지속된 지질시대. 이 시기의 식생은 침엽수, 소철류, 고사리류, 은행류와 나무고사리 등이다. 육상동물 가운데 특히 거대한 용각류(예: 브라키오룡류)와 수각류(theropods)의 공룡들이 번성하였다. 쥐라기 후세에 최초의 새들이 출현하였다.

juvenal, juvenile 어린 형 앳된, 갓 부화한 새끼새의 솜깃털을 대체하는 최초의 본격적인 깃털(어린깃털, 유우)에 적용되는 말.

juvenile 유생(幼生) 명 완전히 성숙한 깃털이나 형태를 갖기 전의 어린 새 또는 그 밖의 동물들.

juvenile hormone 유충호르몬 곤충에서 유충의 상태를 유지하고 성체로의 탈바꿈을 억제하는 호르몬.

juvenile-onset diabetes 소아당뇨병 제1형 당뇨병(type 1 diabetes).

juxta- '가까운'을 뜻하는 라틴어 '*juxta*'에서 유래된 접두사.

juxta-articular 관절곁의 형 관절에 가까이 있는.

juxtaglomerular cells 사구체옆세포, 방사구체세포(傍絲球體細胞) 콩팥의 세관에서 확장된 말단 주위의 그물 같은 모세혈관으로 혈액을 공급하는 세동맥을 둘러싸는 세포들. 레닌(renin)을 분비한다.

juxtamedullary 수질옆의 형 수질(medulla)에 가까이 있는, 부신의 망상대(zona reticularis)의 안쪽 부위에 적용되는 말.

juxtanuclear 핵옆의 형 핵의 옆에 있는, 비타민 D가 결핍된 부갑상샘세포의 세포질에 쌓이는 호염기백혈구들에 적용되는 말.

J

K

κ ⇨ kappa.

K (1) 화학원소 칼륨(potassium)의 기호; (2) 리신(lysine).

K (1) 환경의 환경수용력(carrying capacity)을 가리키는 기호; (2) 평형상수(equilibrium constant).

K_a 연합상수(association constant).

K_d 해리상수(dissociation constant).

K_m 미카엘리스상수(Michaelis constant). ⇨ Michaelis-Menten kinetics.

kainate 카인산 명 글루탐산과 구조적으로 비슷한 화합물. 중추신경계에서 글루탐산수용체의 클래스를 규정하는 데 이용된다.

kairomone 카이로몬 명 어느 종이 생산하고 때로는 전달자에게 손상을 주면서 다른 종의 생물에게 영향을 미치는 화학신호전달물질이나 페로몬. 이를테면 암컷이 수컷을 유인하는 한편 포식자도 유인하는 화학물질이 이에 해당한다.

kallidin 칼리딘 ⇨ lysylbradykinin.

kallikrein 칼리크레인 명 2가지 형의 단백질가수분해효소. 혈장칼리크레인(EC 3.4.21.34)은 키니노겐을 분해하여 키닌(브라디키닌)을 생성하는 세린계 펩티드가수분해효소이다. 조직칼리크레인(EC 3.4.21.35)은 키니노겐을 분해하여 리실브라디키닌(lysylbradykinin)을 생성한다. ≒ kininogenase.

kanamycin kinase 카나마이신키나아제 항생물질인 카나마이신, 네오마이신 그리고 이들과 관련된 화합물들에 대한 저항력을 부여하는 효소. 이들 물질을 인산화하여 불활성 상태로 만든다. EC 2.7.1.95. ≒ neomycin phosphotransferase.

kanamycins 카나마이신 명복 스트렙토미세스(*Streptomyces* spp.)에 의해 생성되는 항생물질. 세균의 단백질합성을 방해한다.

kappa (κ) 카파사슬 명 포유동물의 항체에서 발견되는 가벼운 사슬의 2가지 유형 중 하나.

Kartagener's syndrome 카르타게너증후군 사람의 호흡상피 등에서 비운동성 섬모가 생기도록 하는 열성 유전질환. 좌우바뀜증(역위)도 때때로 일어난다.

karyaster 성상(星狀)염색체 명 별 모양의 염색체 무리.

karyo- '견과(=핵, 중심)'를 뜻하는 그리스어 '*karyon*'에서 유래된, '핵'이나 '염색체'와의 관련성을 의미하는 접두사.

karyoclasis 핵붕괴 명 세포핵의 붕괴. 형 **karyoclastic**.

karyogamy 핵융합 명 두 배우자의 세포질이 융합한 다음에 핵들이 합쳐지는 것.

karyokinesis 핵분열 명 핵이 분열하는 것. ⇨ mitosis.

karyology 핵학(核學) 명 핵과 염색체를 연구하는 학문.

karyolysis 핵분해 명 세포핵이 분해되는 것. 형 **karyolytic**.

karyomixis 핵질혼합(核質混合) 명 두 배우자의 핵물질이 섞이거나 합쳐지는 것.

karyon 핵 명 세포핵. 복 **karya**.

karyopherin 카리오페린 ⇨ nuclear transport receptor.

karyoplast 핵질체(核質體) 명 소량의 세포질이 부착된 채로 분리된 핵.

karyorhexis, karyoschisis 핵붕괴 명 세포핵의 분열.

karyosome 카리오솜 명 일부 원생동물의 핵에서 인(nucleolus)과 유사한 구조.

karyota 유핵세포(有核細胞) 명복 핵이 있는 세포들.

karyotype 핵형(核型) 명 어느 세포의 염색체모듬을 사진으로 표시한 것. 각각의 체세포분열염색체를 둘씩 짝을 지어 크기의 순서대로 나타낸다.

Kaspar Hauser experiment 카스파하우저실험 동물을 그 종의 다른 개체들과 완전히 격리시킨 상태에서 사육하는 실험.

K

kasugamycin 카수가마이신 명 세균에서 번역을 개시하지 못하도록 억제하는 항생물질.

katagenesis 퇴행적 진화 명 퇴보하는 진화.

katakinetic 에너지방출의 형 에너지의 방출로 이어지는 과정에 적용되는 말.

katal 카탈 명 효소의 활성을 나타내는 국제계량단위계(SI)의 단위. 1초에 1 몰의 기질을 전환하는 반응을 촉매하는 효소의 양으로 정의한다. 1 나노카탈(nanokatal) = 0.06 IU.

kataphoric 부전혼수(不全昏睡)의 형 수동적인 행동에 적용되는 말.

kataplexy 의사(擬死) ⇨ cataplexy.

katharobic 청수성(淸水性) 형 깨끗한 물에 사는, 원생생물에 적용되는 말.

katharometer 대사율측정계 명 가스액체크로마토그래피에서 나오는 시료증기의 조성을 측정하는 열전도도 측정장치.

kb, kbp DNA의 1000 염기나 1000 염기쌍인 천염기(kilobase) 또는 천염기쌍(kilobase pairs).

kcal 킬로칼로리(kilocalorie).

K cell K세포 ⇨ killer cells.

K^+ channel 칼륨통로 ⇨ potassium channel.

kD, kDa, kdal 킬로달톤(kilodalton).

KDEL 소포체에서 단백질이 잔류하도록 지시하는 C말단의 아미노산서열.

keel 용골(龍骨), 용골판(龍骨板) 명 (1) 좁은 능선이나 융기; (2) 날아다니는 새나 박쥐의 가슴뼈에서 날개근이 부착하는 융기; (3) 콩과 식물의 꽃에서 2장의 앞쪽 꽃잎에 의해 형성되는 보트 모양의 구조.

kelp 대형갈조(大型褐藻) 명 다시마목(Laminariales) 해조류의 일반적인 명칭. 강인한 줄기와 부착기로 기층에 부착하고, 크고 넓은 잎을 가진 다세포성 갈조류들이다.

kenenchyma 케넨키마 명 코르크와 같이 살아 있는 내용물이 없는 조직.

Kennedy's disease 케네디병 반성유전병인 척수연수근육위축증. 점진적인 근력약화와 위축으로 특징지어지는 유전병이다. 안드로겐수용체의 유전자에서 3자 암호반복(trinucleotide repeat)이 증폭되는 데 기인한다.

kenosis 고갈, 탈진 명 (1) 공허해지는 과정이나 공허한 상태; (2) 탈진; (3) 무기력.

kentragon 켄트라곤 명 기생성 만각류(따개비류)에서 시프리스(cypris) 유생기에 이어 숙주의 몸에 침투하는 유생기.

keraphyllous 형 발굽(hoof)에서 각질로 된 부분과 민감한 부분의 사이에 있는 층에 적용되는 말.

keratan **케라탄** 명 연골과 그 밖의 결합조직에 있는 프로테오글리칸의 일부인 갈락토오스와 *N*-아세틸글루코사민으로 구성된 다당류. 이들 조직에서는 케라탄황산(keratan sulphate)의 형태로 나타난다.

kerasin **케라신** 명 뇌조직으로부터 얻어지는 세레브로시드. 가수분해되면 지방산(리그노세린산, lignoceric acid), 갈락토오스 및 스핑고신이 생긴다.

keratin **케라틴** 명 중간섬유(케라틴섬유)를 구성하고 시스테인이 풍부하게 들어있는 섬유성 단백질. 뿔, 머리털, 손발톱과 피부의 위쪽에서 얇게 벗겨지는 층을 이루는 주된 물질이다.

keratinization **각질화(角質化), 각화(角化)** 명 손발톱, 뿔, 피부의 외층과 같이 세포내에 케라틴이 축적되어 불활성의 각질이 형성되는 현상. ≒ cornification.

keratinizing **각질화** 형 케라틴의 세포내 축적에 기인하여 각질이 되는, 표피의 세포들(피부세포, 털줄기세포, 손발톱의 세포들, 뿔의 기부에 있는 표피세포)에 적용되는 말. ≒ cornifying.

keratinocyte **케라틴세포** 명 케라틴을 생성하는 표피의 피부세포.

keratinolytic **케라틴분해의** 형 케라틴을 분해하는, 효소들에 적용되는 말.

keratinophilic **친케라틴성** 형 뿔이나 그 밖의 각질화된 기질 상에서 자라는, 일부 곰팡이에 적용되는 말.

keratinous **케라틴의** 형 케라틴과 관련되거나, 케라틴을 함유하거나 또는 케라틴에 의해 만들어지는.

keratocyte **케라틴세포** 명 물고기와 개구리의 표피에서 케라틴섬유가 들어 있는 상피세포. 이 세포는 빠르게 이동하여 상처를 아물게 한다.

keratogenous **뿔생성의** 형 뿔을 생성하는.

keratohyalin **케라토히알린** 명 척추동물 표피(피부)의 중간층에서 완전히 각질화되기 전에 형성되는 물질.

keratoid **뿔모양의** 형 뿔과 비슷한.

keratose **각질의** 형 일부 해면동물과 같이 골격에 각질섬유를 가진.

kernel **씨알맹이** 명 배를 포함하는 종자의 안쪽 부분.

keroid **뿔모양의** ⇨ keratoid.

ketogenesis **케톤체생성** 명 케톤체(ketone body)가 만들어지는 것. 특히 굶주리거나 단식하는 동안에 일어난다.

ketogenic **케톤체생성의** 형 류신, 페닐알라닌과 티로신 등과 같이 이산화탄소와 물로 산화하는 동안 케톤체가 생기게 하는 아미노산들에 적용되는 말.

ketogenic hormone **케톤체생성호르몬** ⇨ lipotropin.

α-ketoglutaric acid, α-ketoglutarate **α-케토글루타르산** 트리카르복시산회로에서 α-케토글루타르산-탈수소효소 복합체에 의해 촉매되는 탈카르복시화 반응으로 숙시닐CoA를 만드는 5탄소 카르복실산 중간물. 한편 아미노화를 통하여 글루탐산을 생성하기도 한다.

ketone body **케톤체** 아세토아세트산, D-3-히드록시부티르산 및 아세톤과 같은 화합물들. 간에서 지방산이 산화하는 동안에, 특히 단식 중이거나 당뇨병과 같은 상태에서 생성되는 아세틸CoA로부터 형성된다. 케톤체는 포도당의 대체연료로 뇌에서 이용될 수 있다.

ketose **케토오스** 명 케톤기(C=O)가 들어있는 단당류들. 비 aldose.

ketosis **케톤증** 명 뇌의 에너지원으로 포도당이 케톤체로 변하는 것. 이를테면 굶주릴 때 일어난다.

key **검색표(檢索表), 익과(翼果)** 명 (1) 선택 가능한 일련의 질문을 제시하고 각각

K

의 답은 차례로 새로운 질문이나 확실한 동정으로 이어지면서 대상이나 생물을 동정하는 방법; (2) 서양물푸레나무에서처럼 송이를 이루며 매달리는 날개가 달린 소견과(nutlet). ≒ samara.

keystone species 핵심종(核心種) 생태계에서 다른 많은 종들에 영향을 미치는 핵심적인 역할을 하는 종. 그 종이 없어지면 해당 지역의 생태계에 커다란 변화가 일어난다.

kidney 콩팥, 신장(腎臟) 명 척추동물에서 오줌과 같이 질소를 포함하는 노폐물의 배설과 수분평형의 조절에 관여하는 한 쌍의 기관 중 하나.

kidney duct 신관(腎管) 어류와 양서류에서 오줌을 외부로 배설하는 관.

kidney tubule 콩팥세관, 신세관(腎細管) 사구체에서 집합관으로 오줌을 나르는 콩팥의 피질 부위에 있는 수많은 미세한 관의 하나. 포유동물과 새에서는 세관을 통과하는 동안에 오줌으로부터 수분이 재흡수된다.

K

killed vaccine 사멸백신 바이러스나 세균을 불활성화하여 만든 백신.

killer cell 살생세포 ⇨ cytotoxic T cell, natural killer cells.

killer cell immunoglobulin-like receptors (KIRs) 살생세포면역글로불린유사수용체 면역계의 자연살생세포(NK cell)에 의해 발현되고 자연살생세포의 활성을 조절하는 세포표면수용체의 2개 주요 과 가운데 하나. 이 수용체들은 면역글로불린상과에 속하고, 자연살생세포의 살생작용을 활성화시키는 수용체와 억제하는 수용체들이 포함된다.

killer cell lectin-like receptors (KLRs) 살생세포렉틴유사수용체 면역계의 자연살생세포에 의해 발현되고 자연살생세포의 활성을 조절하는 세포표면수용체의 2개 주요 과 가운데 하나. 이 수용체들은 C형 렉틴과 유사하고, 자연살생세포의 살생작용을 활성화시키는 수용체와 억제하는 수용체들이 포함된다.

kilobase (kb), kilobase pair (kbp) 천염기, 천염기쌍 핵산과 폴리뉴클레오티드의 길이를 나타내는 단위. 1000 염기나 1000 염기쌍을 가리킨다.

kilocalorie (kcal) 킬로칼로리 명 1000 칼로리.

kilodalton (kD, kDa, kdal) 킬로달톤 분자질량 1000 단위 또는 1000 달톤에 해당하는 질량의 단위. 한편 K(예: 30K 단백질)로 줄여 쓰기도 하는데, 이는 주로 단백질에 사용된다.

kilojoule (kJ) 킬로줄 명 1000 줄(joule).

kinaesthesis 운동감각 명 근육, 힘줄 및 관절의 자극에 기인하는 운동을 인지하는 감각.

kinaesthetic 운동각(運動覺)의 형 움직임이나 근육의 힘에 대한 감각과 관련된 말.

kinase 인산화효소, 키나아제 명 ATP나 그 밖의 고에너지인산화합물에서 인산기를 수용체분자에 전달하는 반응을 촉매하는 효소를 통틀어 이르는 말. EC 2.7.1~4. ≒ phosphokinase. ⇨ protein kinase.

kindling 발화(發火) 명 반복적인 전기적 자극에 따라 신경조직에서 장기적인 전기생리학적 변화와 형태적 변화가 일어나는 과정. 몇 달 후에 가벼운 자극을 받았을 때 발작 등을 일으킬 수 있다.

kindred 친족(親族) 명 혼인이나 혈통에 의해 친척관계에 있는 사람들의 집단.

kinesin 키네신 명 미세소관을 따라 움직일 수 있고 따라서 세포 내에서 일어나는 다양한 종류의 운동에서 분자적 모터로 작용할 수 있는 ATPase/GTPase 활성을 갖는 단백질. ⇨ axonal transport.

kinesis 무방향운동(無方向運動) 명 (1) 일정하지 않은 운동; (2) 생물이 더 좋은 환경에 도달할 때까지 마구잡이로 유영하는 운동. 이 운동은 자극의 방향과는 무관하고 자극의 세기에 좌우된다.

kinesth- ⇨ kinaesth-.

kinete 키네트 명 이형열원충(piroplasms)의 생활주기에서 운동성을 갖는 접합자 시기.

kinethmoid 명 물고기 머리뼈에서 앞턱뼈와 머리뼈의 중간에 있는 작은 뼈. 앞턱뼈의 돌출에 관여한다.

kinetic 운동의 형 (1) 운동과 관련된 말; (2) 활동적인; (3) 운동을 일으키거나 변화시키는 데에 이용되는 에너지(운동에너지)에 적용되는 말.

kinetics 반응속도론 명 운동이나 작용과 관련된 사건들의 순서와 이들이 일어나는 속도. ⇨ enzyme kinetics.

kinetid 키네티드 명 원생동물 섬모충류에서 하나 또는 여러 개의 키네토솜과 여기에 달리는 섬모, 그리고 이들을 둘러싸는 미세소관과 줄무늬섬유(키네토데스마)로 구성되는 단위.

kinetin 키네틴 명 시토키닌의 활성을 갖는 아데닌의 유도체. 천연에는 존재하지 않을 것으로 추정된다.

kinetium 키네티움 명 원생동물 섬모충류에서 일직선으로 나 있는 키네토솜들. 복 **kinetia**.

kinetoblast 섬모막(纖毛膜) 명 수생 유충의 운동에 이용되는 섬모로 된 막.

kinetochore 방추사부착점 명 염색체의 동원체에서 유사분열이나 감수분열 동안에 방추사가 부착하는 짙게 염색되는 섬유성 구역. 중심체의 DNA와 특이적으로 결합하는 특수한 단백질들로 구성된다.

kinetochore fibres, kinetochore microtubules 동원체섬유, 방추사부착점미세소관 한쪽 끝은 염색체의 방추사부착점과 결합하고 다른 한쪽은 방추체의 극과 결합하는 유사분열이나 감수분열 방추체의 미세소관.

kinetodesma 키네토데스마 명 섬모충류의 키네티드(kinetid)를 이루는 줄무늬섬유. 복 **kinetodesmata**.

kinetoplast 동원질체(動原質體) 명 일부 편모충류에서 편모의 기부와 관련된 큰 미토콘드리아.

kinetoplastids 운동핵편모충류 명복 동원질체(kinetoplast)를 갖는 편모충류. 기생성 파동편모충(trypanosome)을 포함한다.

kinetosome 키네토솜 명 (1) 섬모충류와 편모충류에 있는 섬모의 기저체; (2) 이끼류의 포자형성 과정에서 극판(polar plate) 부위를 차지하는 과립의 무리 가운데 하나.

kinetospore 운동포자 명 운동성이 있는 포자.

king 왕 명 사회성 곤충인 벌류나 흰개미류에서 번식능력이 있는 수컷 개체.

king crabs 투구게 ⇨ horseshoe crabs.

kingdom 계(界) 명 (1) 분류학에서 생물을 분류하는 가장 큰 체계. 최근까지 다음과 같은 5계가 일반적으로 인정되어 있었다: 세균과 그 밖의 원핵생물들인 원핵생물계(Prokaryotae), 원생동물과 조류와 같이 단순한 진핵생물들인 원생생물계(Protoctista 또는 Protista), 진균계(Fungi), 조류 이외의 다세포 녹색식물인 식물계(Plantae), 그리고 다세포 동물의 동물계(Animalia 또는 Metazoa). 보다 최근에는 DNA염기순서 자료에 근거하여 세균역(Bacteria), 고세균역(Archaea) 그리고 진핵생물역(Eukarya)의 3개의 역(domain) 또는 상계(superkingdom)로 생물의 세계를 분류하고 있다. 세균역

K

과 고세균역은 원핵생물계에 해당하지만, 진핵생물역은 원핵생물계 이외의 모든 계들을 포함한다. 특히 단세포성 진핵생물의 유연관계와 진화역사에 관한 분자적 증거들이 계속 축적되면서 이들 생물의 분류는 끊임없이 재정의되고 있다. 계는 동물과 단세포성 진핵생물의 경우 'phylum'(문)으로 세분하고, 식물의 경우 'division'(문)으로 나눈다. ⇨ 부록 1~6; (2) ⇨ biogeographical kingdom.

kinin 키닌 명 (1) ⇨ bradykinin, lysylbradykinin (kallidin); (2) ⇨ cytokinin.

kininogen 키니노겐 명 칼리크레인(kallikrein)에 의해 번역후 절단으로 키닌을 생성하는 전구단백질. 한편 혈액응고 경로에서 응고제XII인자를 활성화시키는 보조인자로 작용한다.

kinoplasmasomes 활동원형질체 명복 식물의 세포분열에서 세포판의 주변에서 볼 수 있는 격벽형성체의 섬유들.

Kinorhyncha, kinorhynchs 동문동물문, 동문동물(動吻動物) 명, 명복 바다에 살고 현미경적인 몸을 갖는 의체강동물의 문. 몸은 가시가 달린 관절들로 연결되고 가시가 달린 머리를 갖는다.

kin selection 혈연선택(血緣選擇) 개체군에서 공통조상으로부터 물려받은 동일한 유전자를 갖는 자손 이외의 친척들의 생존을 선호하거나 탐탁찮게 여기는 개체들에 의한 유전자들의 선택.

kinship 혈연관계 명 그리 멀지 않은 과거에 공통조상을 갖는 것.

kinship, coefficient of 혈연계수 ⇨ coefficient of kinship.

KIR 살생세포면역글로불린유사수용체(killer cell immunoglobulin-like receptor).

kirromycin 키로마이신 명 세균의 번역과정에서 신장인자(EF-Tu)를 억제함으로써 폴리펩티드사슬이 늘어나지 못하도록 저해하는 항생물질.

kJ 킬로줄(kilojoule).

Kjeldahl analysis 켈달법 조직의 총질소 함량을 측정하는 데 널리 이용되는 기법.

K^+ leak channel 칼륨누출통로 동물세포의 원형질막에서 칼륨이온(K^+)이 농도기울기에 따라 세포로부터 수동적으로 누출되도록 해 주는 이온통로. Na^+-K^+ATPase와 함께 원형질막의 전기전위가 생성되고 유지하는 데 관여한다.

Klenow fragment 클레노브절편 대장균의 DNA중합효소I에서 얻어지는 조각. 중합효소와 3′에서 5′으로의 핵산말단가수분해효소의 활성은 갖지만 5′에서 3′으로의 핵산말단가수분해효소의 활성은 없다.

kleptobiosis 절취생활 ⇨ cleptobiosis.

kleptoparasitism 절취기생성 명 암컷이 보통 다른 종의 다른 암컷으로부터 먹이나 저장음식을 찾아내어 자신의 새끼를 부양하게끔 절취하는 기생성의 한 종류. ≒ cleptoparasitism.

Klinefelter's syndrome 클라인펠터증후군 성염색체 구성이 XXY인 남성에서 나타나는 웅성기관의 발육부전과 불임 등의 증상.

klinokinesis 클리노키네시스 명 생물이 직선으로 움직이다가 불리한 환경을 만나면 방향을 전환하여 유리한 환경에 모이게 되는 운동. 방향전환의 빈도는 환경자극의 강도에 의존한다.

klinotaxis 굴곡주성(屈曲走性) 명 생물이 자극과 관련하여 자극의 방향에 대해 머리나 온몸을 좌우로 대칭적으로 움직여서 몸의 방향을 유지하고 좌우에 가해지는 자극의 세기를 비교하는 주성.

KLRs 살생세포렉틴유사수용체(killer

K

cell lectin-like receptors).

knee 무릎 명 (1) 정강뼈와 넙다리뼈 사이의 관절이 있는 부분; (2) 습지에 사는 일부 나무에서 수면이나 지면 위에서 나오는 뿌리; (3) 일부 벼과 초본의 줄기에 있는 마디.

knee-jerk reflex 무릎반사 무릎의 바로 아래를 두드리면 하퇴가 튀어 오르는, 감각뉴런(신장수용기)과 척수의 사이뉴런 그리고 운동뉴런의 단순한 신경회로로 구성되는 반사.

knob 꼭지, 결절(結節) 명 (1) 세포유전학에서, 특정 염색체에서 나타나는 어둡게 염색되는 염색립(chromomere); (2) 기생충학에서, 말라리아 기생충 열대열원충(*Plasmodium falciparum*)의 어떤 계통에 의해 감염된 세포. 내피세포에 부착하여 대뇌혈관을 막는 혹을 만들고 대뇌말라리아(cerebral malaria)를 일으킨다.

knock-in 유전자삽입 ⇨ gene knock-in.

knock-out 유전자제거 ⇨ gene knock-out.

knot 매듭, 옹이 명 목재에서, 동심원을 이루는 새로운 목질층으로 둘러싸이고 압력을 받아 단단해진 가지의 기부.

Koch's postulates 코흐원칙 특정한 미생물이 어떤 질병의 병원체라는 사실을 입증하는 데에 필요한 기준: (1) 그 미생물이 그 질병에 걸린 모든 환자에서 발견되어야 하고, (2) 그 미생물이 질병에 걸린 환자에서 분리되고 일련의 *in vitro* 순수배양에서 배양되어야 하며, (3) 순수배양한 미생물을 감수성이 있는 동물에게 접종했을 때 같은 질병이 발병되어야 한다.

koilin lining 새의 모래주머니 내부에 있는 먹이를 으깨는 면.

Korarchaeota 코르아케오타 명 고세균역에 속하는 분류군 가운데 지금까지 배양하지 못하고 DNA로만 알려진 무리. 온천에 서식한다. 비 Crenarchaeota, Euryarchaeota.

Kornberg cycle 콘버그회로 ⇨ glyoxylate cycle.

Kornberg enzyme 콘버그효소 DNA수선에 관여하는 DNA중합효소.

Kranz anatomy 크란츠구조 C4식물의 잎에서 광합성을 하는 외부의 엽육세포들이 내부의 다발초세포들 주위를 화환처럼 둘러싸는 구조. 이러한 구조는 엽육세포에서 광합성의 최초산물인 4탄소로 된 산들을 다발초세포로 수송하고 여기에서 탈카르복시화반응에 의해 캘빈회로에 들어갈 이산화탄소를 생성하는 데 도움이 된다. C3대사물질은 반대로 수송되어 이산화탄소 고정을 위한 기질로 작용한다.

krasnozem 크라스노젬 명 아열대에서 발견되고 염기가 풍부한 모암물질에서 형성되는 잘 부서지는 붉은색 양토.

Krebs cycle 크레브스회로 ⇨ tricarboxylic acid cycle.

Krebs-Henseleit cycle 크레브스-헨셀라이트회로 ⇨ urea cycle.

krill 크릴새우 명 대양에 풍부하고 여과섭식을 하는 고래의 주된 먹이가 되는 플랑크톤 갑각류.

kringle 크링글영역 명 몇몇의 서로 다른 단백질들에서 발견되는 작은 단백질영역.

***K*-selected species *K*-선택종** 안정된 환경에서 그 우월성이 선택된 종. 이러한 종의 구성원들은 전형적으로 느리게 생장하고 비교적 크기가 크며 한 번에 적은 수의 자손을 낳는 특징이 있다.

***K* selection *K*-선택** 빠른 개체군생장이 중요하지 않은 안정되고 예측 가능한 환경에서 우월성을 선호하는 선택. 비 *r* selection.

K-T boundary K-T경계 약 6500만 년 전인 백악기(독일어로 *Kreidezeit*)와 제3기(Tertiary) 사이의 경계. 공룡을 포함하여 대멸종이 일어난 시기이다.

Kulezinski index 쿨레진스키지수 종조성에 의거하여 두 식물군집 간의 유사성을 측정하는 지수[군집계수(coefficient of community) 참조]. 이 지수는 공통적으로 출현한 종의 수를 각 군집에서 출현한 종의 총수로 나눈 값이다. 비 Gleason's index, Jaccard index, Morisita's similarity index, Simpson's index of floristic resemblance, Sørensen similarity index.

Kupffer cells 쿠퍼세포 간의 굴형 혈관(sinusoid)에서 적혈구를 소화하는 별 모양의 식세포(대식세포).

kurtosis 첨도(尖度), 뾰족값 명 빈도분포가 평균값 부근에서 뾰족한 봉우리처럼 보이는 상태를 정규분포곡선과 비교하여 나타내는 통계학적 용어.

kuru 쿠루 명 파푸아뉴기니 원주민에게 감염되고 감염된 사람의 뇌를 먹어서 일어나는 해면뇌병증. ⇨ prion.

kwashiorkor 콰시오커 명 단백질이 부족하여 발생하는 결핍증.

kynurenine 키뉴레닌 명 트립토판의 대사물질. 곤충의 일부 옴마토크롬(ommatochrome)과 기타 색소들의 전구물질이다.

L

λ 빛의 파장. ⇨ lambda.

L 류신(leucine).

L-, D- 어떤 경상체화합물(chiral compound), 특히 단당류와 아미노산에서 관습에 의해 규정되는 특정 분자배열을 나타내는 접두사. L형(L)은 D형(D)의 거울상이다. 이러한 분자들은 생체세포에서 두 가지 배열 가운데 대체로 어느 한쪽만 나타나고 둘 다 나타나지 않는다. 이를테면 포도당은 D형 포도당으로 나타나고, 아미노산은 단백질에서 항상 L형만 나타난다.

labella 입술판 명 일부 파리목 곤충에서 입술의 끝에 있는 1쌍의 홈이 있는 엽(lobe). 액체음식을 빨아들이는 데 이용된다.

labellate 입술달린 형 입술판 또는 작은 입술이 달린.

labelled 표지(標識)된 형 방사성 원소와 결합시키거나 검출가능한 화학물질과 결합시켜 검출이 가능하고 추적이 가능하게 만든 분자에 적용되는 말.

labia 입술 명복 (1) 입술; (2) 입술 같은 구조; (3) 'labium'의 복수형.

labial 입술의 형 입술과 관련된 말.

labial palp 입술수염 일부 곤충의 입 부근에 있는 잎새와 같은 구조.

labia majora 대음순(大陰脣) 여성 외음부의 바깥 테두리.

labia minora 소음순(小陰脣) 여성 외음부의 안쪽 테두리.

labiate 입술형 형 (1) 입술 모양을 한; (2) 입술이나 두툼한 가장자리를 갖는; (3) 명 **꿀풀과 식물** 박하와 발삼나무를 포함하는 쌍떡잎식물인 꿀풀과(Labiatae)에 속하는 종류들을 이르는 말. 네모진 줄기, 쌍을 이루며 마주나는 잎, 그리고 입술처럼 2개로 갈라진 꽃부리를 갖는 꽃이 특징이다.

labidophorous 형 펜치(pincer)처럼 생긴 기관을 가진.

labiella 노래기입 명 노래기류의 구기.

labile 가변적(可變的), 불안정한 형 (1) 쉽게 변화할 수 있는; (2) 불안정한; (3) 돌연변이를 일으키는 경향이 있는 유전자에 적용되는 말.

lability 유연성(柔軟性) 명 진화론에서 특정 범주의 형질이 쉽고 빠르게 진화하는 성질.

labiodental 순치(脣齒)의 형 입술과 치아에 관련된, 입술에 가장 가까운 치아의 표면에 적용되는 말.

labium 입술, 아랫입술 명 (1) 입술 또는 입술 모양의 구조; (2) 곤충에서 아랫입술을 형성하는 합쳐진 작은턱; (3) 복족류 껍질의 입에서 안쪽의 가장자리. 복 **labia**.

Laboulbeniomycetes 라불베니아균강 명 곤충과 거미류의 외골격에 기생하는 매우 분화된 자낭균류의 무리. 수정모가 달리는 조낭기(ascogonium)를 갖고, 정자에 의해 수정된다.

labrum 윗입술, 테두리 명 (1) 일부 절지동물의 앞쪽에 있는 구기(mouthpart); (2) 복족류 껍데기의 바깥쪽 가장자리.

labyrinth 미로(迷路) 명 (1) 속귀에서 복잡하게 둘둘 말린 막성 구조와 골성 구조, ⇨ ear; (2) 일부 어류의 아가미 위에서 다수의 주름을 갖는 보조적인 호흡기관; (3) 그 밖에 둘둘 말려 있는 다양한 구조들.

labyrinthodont 미치(迷齒)의, 미로치(迷路齒)의 형 복잡하게 배열된 상아질의 이빨을 가진.

Labyrinthodontia, labyrinthodonts 미치류(迷齒類) 명, 명복 고생대 후기와 중생대에 출현한, 미로치를 갖는 멸종된 초기 양서류의 아강. 절추류(temnospondyls), 고룡류(anthracosaurs) 및 익티오스테가류(ichthyostegalians)를 포함한다.

Labyrinthulomycota 라비린툴라균문 명 균체를 이루는 비광합성 진핵생물의 문. '망점균류(net slime moulds 또는 slime nets)'라고도 하며, 움직이는 균체를 형성하고 이들이 분비하는 점액질의 안에서 자란다. 하구와 연안의 서식지에서 식물의 잎이나 조류 및 유기물 부스러기에서 주로 나타난다. 2개의 과(Labyrinthulaceae와 Thraustochytriaceae)로 이뤄진다. 라비린툴라균류는 곰팡이 또는 원생생물로 분류되어 왔으며, 지금은 보통 대롱편모생물(Stramenopila)에 포함시킨다. 비 Mycetozoa.

lac 젖, 락 명 (1) 일부 곤충의 락샘(lac gland)에서 분비되는 수지와 같은 물질. 어떤 유형은 천연수지인 셀락(shellac)을 만드는 데 이용된다; (2) 세균에서 젖당을 흡수하고 포도당으로 전환하는 데에 관여하는 효소들을 암호화하는 젖당오페론(lactose operon)을 가리키는 말.

laccate 옻칠광택의 형 니스를 칠한 것처럼 보이는.

lacertiform 도마뱀형 형 도마뱀 같이 생긴.

Lacertilia, lacertids 도마뱀아목, 도마뱀류 명, 명복 도마뱀류(예: 도마뱀붙이, 이구아나, 아가마도마뱀, 스킨크, 턱수염도마뱀, 왕도마뱀)를 포함하는 파충류의 아목. 대부분의 종은 네다리를 갖고, 일부는 뒷다리를 이용하여 달리지만 일부는 다리가 없다(예: 뱀도마뱀). 식충성, 초식성 및 육식성 종들이 있으며, 매우 건조한 지역을 포함하여 다양한 범위의 서식지에 적응한다.

lacewings 풀잠자리류 ⇨ Neuroptera.

lacinia 내엽돌기(內葉突起), 톱니 명 (1) [식] 잘게 잘라진 잎이나 꽃잎의 조각; (2) 엽상체에서 나오는 가는 돌기; (3) [동] 편절(proglottis)의 뒷부분이 늘어난 것; (4) 곤충에서 작은턱의 안쪽 가지.

laciniate 내엽형, 톱니형 형 (1) 꽃잎에서와 같이 불규칙하게 갈라진; (2) 톱니처럼 째진.

laciniform 내엽형 형 술처럼 생긴.

laciniolate 소내엽형 형 정밀하게 갈라지거나 톱니처럼 째진.

lacinula 소내엽(小內葉) 명 (1) 작은 내엽돌기; (2) 꽃잎의 구부러진 뾰족한 끝부분. 복 **lacinulae**.

lacinulate 소내엽의 형 소내엽들을 가진.

lacrimal 눈물의, 누액(淚液)의 형 (1) 눈물을 분비하거나 눈물과 관련된; (2) 눈물샘과 관련되거나 눈물샘의 부근에 위치한, 이를테면 동맥, 관, 신경 등에 적용되는 말.

lacrimal bone 눈물뼈, 누골(淚骨) 눈물샘 부근의 머리뼈에 있는 뼈.

lacrimal gland 눈물샘, 누선(淚腺) 눈의 구석에서 눈물을 분비하는 샘. ≒ tear gland.

lacrimiform 눈물모양의 형 눈물처럼 생긴, 포자에 적용되는 말.

lacrimonasal 눈물코의 형 눈물뼈와 눈물관 그리고 코의 뼈와 관에 적용되는 말.

lacrimose 눈물모양의 형 눈물처럼 생긴 부속기가 달린, 일부 곰팡이의 주름에 적용되는 말.

lacrioid 눈물모양의 형 눈물처럼 생긴.

lactalbumin 락트알부민 명 우유(젖)에 들어 있는 알부민.

β-lactam antibiotic β-락탐계항생물질 페니실린, 세팔로스포린 등과 같이 β-락탐 구조를 갖고 있는 항생물질 가운데 하나.

β-lactamase β-락타마아제 페니실린에 내성을 갖는 세균이 분비하는 효소. β-락탐고리를 가수분해하여 페니실린의 항생물질 작용을 상실시킨다. EC 3.5.2.6. ≒ penicillinase.

lactase 락타아제 명 β-D-갈락토시드(예: 젖당)의 말단에 있는 β-D-갈락토오스 잔기를 가수분해하여 포도당과 갈락토오스를 생성하는 효소. EC 3.2.1.23. 상용명 β-galactosidase.

lactate 젖산 ⇨ lactic acid.

lactate dehydrogenase 젖산탈수소효소 동물조직과 일부 세균에서 NADH를 이용하여 피루브산을 젖산으로 환원하는 반응을 촉매하는 효소. EC 1.1.1.27.

lactation 젖분비 명 (1) 젖샘에서 젖이 분비되는 것; (2) 젖이 분비되는 기간.

lacteals 암죽관, 유관 명복 (1) 작은창자의 림프관; (2) [식] 유액(latex)을 나르는 관.

lacteous 젖같은 형 모습이나 감촉이 젖과 같은.

lactescent 젖분비의 형 젖이나 유액을 생성하는.

lactic 젖의 형 젖과 관련된 말.

lactic acid, lactate 젖산 대개 피루브산의 환원에 의해 생기는 3탄소 카르복실산. 동물세포, 특히 당의 완전한 산화에 필요한 산소를 충분히 공급받지 못하는 근육에서 생성된다. 한편 일부 세균, 특히 젖산간균에 의해 당이 발효하는 동안에 생성된다.

lactic acid bacteria 젖산균 ⇨ lactobacilli.

lactifer 유액관, 유액세포 명 유액(latex)이 들어 있는 세포나 일련의 세포 또는 관을 이르는 말.

lactiferous 유액의 형 (1) 젖을 만들거나 나르는; (2) 유액을 나르는.

lactific 젖생성의 형 젖을 만드는.

lactobacillus 젖산간균 명 그람양성균인 락토바실루스속(*Lactobacillus*)에 속하는 세균들. 혐기성 호흡의 최종산물로 젖산을 생성하는 특징이 있으며, 우유가 시는 원인이 된다. 복 **lactobacilli**.

lactoferrin 락토페린 명 동물에서 철과 결합한 단백질.

lactogenesis 비유개시(泌乳開始) 명 젖의 분비가 시작되는 것.

lactogenic 젖촉진의, 젖샘자극의 형 (1) 젖의 분비와 관련되거나 촉진하는; (2) 호르몬인 젖분비호르몬(prolactin)을 가리키는 말; (3) 분만에서 배란 사이 또는 분만에서 월경 사이의 간격에 적용되는 말.

lactoglobulin 락토글로불린 명 황산암모늄에 용해되지만 단독으로는 물에 녹지 않는 유즙단백질.

lactoperoxidase 락토과산화효소 명 젖과 침에 들어 있는 항미생물효소인 과산화효소(peroxidase).

lactoprotein 젖단백질 명 젖에 들어 있는 단백질을 통틀어 이르는 말.

lactose 젖당 명 젖에 풍부하게 들어 있는, 포도당과 갈락토오스로 구성된 2당류.

lactose intolerance 젖당비내성 젖당을

L

분해할 수 없어서 우유 등으로부터 많은 양의 젖당을 섭취했을 때 복부증상을 유발하는 것. 젖을 뗀 후에 차츰 락타아제의 생성이 줄어든 결과로 많은 성인에서 이러한 증상이 나타난다. 한편으로 이러한 현상은 날 때부터 나타나는 유전적으로 결정되는 문제이기도 한데, 이는 락타아제 유전자의 결핍에 기인한다.

lactosis 젖생성 ⇨ lactation.

lacuna 공간, 열공(裂孔) 명 공간 또는 구멍. 복 **lacunae**.

lacunar 공간의 형 공간(lacunae)을 갖거나, 공간과 비슷하거나 또는 관련된.

lacunate 오목한 형 공간을 갖거나 형성하는.

lacunose 열공성 형 많은 구멍을 가진.

lacunosorugose 형 일부 씨앗과 열매처럼 깊은 고랑이나 구멍을 가진.

lacunula 소강(小腔) 명 아주 작은 구멍이나 공간.

lacustrine 호수의, 호소의 형 호수와 관련되거나, 호수의 안 또는 옆에 사는.

***lacZ lacZ*유전자** 세균의 β-갈락토오스가수분해효소유전자. β-갈락토오스가수분해효소의 발현을 조직화학적으로 탐지할 수 있기 때문에 이 유전자는 특정 세포형 등에서 부착한 촉진유전자의 발현을 탐지하는 융합유전자의 표지로 흔히 이용된다.

laeotropic 좌선(左旋)의 형 왼쪽으로 기울거나 돌거나 또는 감긴.

laevigate 매끄러운 ⇨ levigate.

laevo-rotatory 좌선성(左旋性) 형 편광면을 반시계 방향으로 회전시키는 성질을 갖는 광학적 활성분자에 적용되는 말. 이와 같은 화합물은 보통 앞에 (−) 또는 '*l*'을 붙인다.

lageniform 플라스크모양의 형 플라스크처럼 생긴.

lagging strand, lagging chain 지체가닥, 지체사슬 *in vivo* DNA복제과정에서, 복제분기점에서 중단되어 새롭게 합성되는 DNA가닥. 비 leading strand.

Lagomorpha, lagomorphs 토끼목, 토끼류 명, 명복 집토끼, 토끼, 새앙토끼 등을 포함하는 초식성 포유동물의 목. 에오세(시신세)부터 출현하였다. 머리뼈와 치열은 설치류와 유사하지만, 2쌍의 앞니가 있고 도약하기에 알맞은 뒷다리를 가진다는 점에서 차이를 보인다.

lagopodous 털다리의 형 털이나 깃털로 덮인 다리를 가진.

lag phase 생장지체기 세균의 배양에서 세포수의 뚜렷한 증가가 나타나지 않는 첫 번째 생장시기.

LAI 잎면적지수(leaf area index).

LAK 림포카인활성살생세포(lymphokine-activated killer cells).

laking 용혈 ⇨ haemolysis.

Lamarckism 라마르크설 명 18세기에 프랑스의 과학자 라마르크(J.B. de Lamarck)가 제창한, 생물이 평생 동안 획득한 체세포의 특징이 자손에게 전해질 수 있다는 진화에 대한 개념. 지금은 잘못된 견해로 간주되고 있다.

lambda (λ) 람다 명 (1) 대장균에 감염하고 그 유전적 구조와 기능이 자세하게 조사된 DNA박테리오파지. 람다파지는 세균DNA에 통합된 프로파지로 존속하거나 세균세포 내에서 증식하여 결국 세균세포를 파괴하는 용원성 박테리오파지이다. 람다는 재조합DNA기법에서 매개체(vector)로서 이용되고 있다; (2) [해] 머리뼈의 3각봉합(lambdoidal suture)과 시상봉합(sagittal suture)의 접합; (3) [면] 면역글로불린에서 발견되는 두 가지 종류의 가벼운 사슬 중 하나.

lambda particles 람다입자 (1) 섬모충

짚신벌레속(*Paramecium*)의 세포질 함유물; (2) 람다파지의 입자.

lambdoid 람다형의, 3각형의 형 (1) 람다파지와 유전적으로 그리고 형태적으로 비슷한 파지들에 적용되는 말; (2) 람다(λ) 모양의, 뒤통수뼈와 마루뼈를 연결하는 머리봉합(3각봉합)에 해당하는 말.

lamella 층판(層板), 주름살 명 (1) 얇은 구조들이나 판 모양의 구조들; (2) 버섯 또는 독버섯의 주름; (3) 세포들의 층. 복 **lamellae**.

lamellar, lamellate 박판형(薄板型), 층상(層狀) 형 얇은 판들로 구성된.

lamellasome 라멜라솜 명 남세균에서 층을 이 룬 막성 구조. 광합성기구들이 들어 있다.

lamellated corpuscles 층판소체 ⇨ Pacinian bodies.

lamellibranch(iate) 판새(板鰓)의 형 (1) 양편에 판 모양의 아가미를 갖는; (2) 2매패류처럼 좌우대칭의 압축된 몸을 가진.

lamellibranchs 판새류(板鰓類) 명복 연체동물 2매패류의 큰 아강인 판새아강(Lamellibranchia). 조개, 새조개, 홍합 등이 포함된다.

lamellicorn 아가미모양의 형 납작한 판으로 확장된 더듬이마디를 가진.

lamelliferous 형 작은 판 또는 비늘을 가진.

lamelliform, lamelloid 판모양의 형 판처럼 생긴.

lamellipodium 접착용 세포족 명 표면에서 움직일 때 섬유모세포나 림프구와 같은 동물세포에서 일시적으로 앞으로 뻗는 얇은 종잇장 같은 위족 돌기. 복 lamellipodia.

lamellirostral 판취(板嘴)의 형 부리의 안쪽 언저리에 판 모양의 이랑이 달린.

lamellose 층판상(層板狀) 형 (1) 층판이 들어 있는; (2) 층상 구조를 가진.

Lamiales 꿀풀목 명 초본, 관목 또는 교목인 쌍떡잎식물의 목. 마편초과(Verbenaceae), 꿀풀과(Lamiaceae) 따위로 이뤄진다.

lamin 라민 명 핵라민(nuclear lamin)의 중간섬유를 구성하는 단백질의 작은 과 가운데 하나.

lamina 판, 층, 기저판 명 (1) 얇은 층이나 판 또는 비늘; (2) 대뇌피질과 그 밖의 뇌에 있는 구조에서 세포체의 층; (3) 잎이나 꽃잎의 잎몸; (4) 엽상체의 납작한 부분.

lamina basalis 기저층 ⇨ Bruch's membrane.

lamina cribrosa 사상판 시신경이 부착하는 부위에서 망막 신경절세포의 축삭들이 체 모양으로 지나는 공막의 구역.

lamina fusca 갈색층 상맥락막층(lamina suprachoroidea)에 붙어 있는 공막의 내층.

lamina propria 고유층 소화관 등의 점막에 있는 소성결합조직의 층. 샘(gland)들의 기부가 자리잡고 있으며, 혈관과 림프관 그리고 점막연관림프조직들이 들어 있다. 고유층은 상피와 기저막의 바로 아래에 놓여 있다.

laminar 층상(層狀), 면생(面生) 형 (1) 판이나 얇은 층으로 이루어진; (2) [식] 밑씨가 심피의 표면 전체에 걸쳐 착생하는 태좌(면생태좌)에 적용되는 말.

laminarian 다시마의 형 저조선에서 수심 약 30 m까지, 즉 다시마속(*Laminaria*)의 해조류가 전형적으로 서식하는 층(다시마층)에 적용되는 말.

laminarin 라미나린 명 갈조류의 주된 저장성분이고 용액에 저장되는 다양한 탄수화물들. 주로 포도당 단위들로 구성되어 있지만 일부는 만니톨을 함유한다.

lamina suprachoroidea 상맥락막층 눈

L

에서 맥락막과 공막의 사이에 있는 섬세한 조직층.

laminated 박편형 형 얇은 판들로 구성되는, 식물의 각피(cuticle)에 적용되는 말.

lamina terminalis 종말판 뇌에서 제3뇌실의 안쪽 경계를 이루는 회백질의 얇은 층.

lamination 층형성, 판형성 명 (1) 얇은 판이나 층을 형성하는 것; (2) 대뇌피질의 신경세포체에서와 같이 층으로 배열하는 것.

lamina vasculosa 맥관판 망막에서 상맥락막(suprachoroid membrane)의 아래에 있는 맥락막의 바깥층.

laminiform 형 (1) 얇은 층과 비슷한; (2) 잎몸처럼 생긴; (3) ⇨ laminar.

laminin 라미닌 명 세포외 기질의 당단백질.

laminiplantar 형 발바닥뼈에 비늘이 있는.

lampbrush chromosome 솔염색체 대부분의 척추동물에서 감수분열 시기에 난모세포 핵에서 형성되는 2가염색체의 일종. 염색체가 늘어난 상태에 있고, 염색립(chromomere)에서 각 염색분체로부터 염색질고리(chromatin loop)들이 펴진 모양이 마치도 병 닦는 솔(또는 예전에 석유램프를 닦는 데 사용하던 솔)처럼 보인다. 염색질고리에서 전사가 일어나고, 이를 전자현미경으로 관찰할 수 있다.

lampreys 칠성장어류 명복 민물과 바다에 서식하는 무악어강(Agnatha), 칠성장어목(Petromyzontiformes)의 원시적 척삭동물에 대한 일반적인 명칭. 물고기와 비슷하고, 성체는 빨고 긁는 기능을 하는 입을 갖는다.

lamp shells 조개사돈류 완족동물문(Brachiopoda)의 일반적인 명칭.

lanate 면모(綿毛)의 형 짧은 솜털로 덮인.

lancelets 창고기류 두삭동물아문(Cephalochordata)의 일반적인 명칭.

lanceolate 창형 형 기부는 약간 넓거나 가늘고 꼭대기로 가면서 뾰족해지는, 잎에 적용되는 말.

lance-oval 형 창형(lanceolate)과 난형(ovate)의 중간적인 모양을 갖는, 잎에 적용되는 말.

lancet 세모날 명 벌과 말벌의 벌침에서 침의 배 쪽에 있는 쌍으로 된 부분의 하나.

landscape genetics 경관유전학(景觀遺傳學) 환경요인이 개체들의 분산과 개체군의 크기와 밀도에 어떻게 영향을 미치는지를 이해하기 위하여 지리적 경관의 특성에 관한 정보와 분자표지의 분석에 관한 정보를 결합하는 것.

Langerhans' cell 랑게르한스세포 피부와 위장관의 일부에서 나타나는 미성숙한 수지상세포. 항원을 흡수한 다음, 2차림프기관으로 이동하여 면역반응을 일으킨다.

Langerhans, islets of 랑게르한스섬 ⇨ islets of Langerhans.

laniary 단검상(短劍狀)의 형 물어뜯는 데 적합한, 송곳니에 적용되는 말.

laniferous, lanigerous 양모상(羊毛狀)의 형 털을 갖거나 양털 같은.

lantern 등(燈) 명 (1) 아리스토텔레스의 등(Aristotle's lantern); (2) 샛비늘치류(lantern fishes)에서 볼 수 있듯이 빛을 발하는 기관.

lanuginose, lanuginous 양모형 형 솜털로 덮인.

lanugo 솜털 명 태아를 덮는 부드러운 털. 낳기 전에 떨어지기 시작한다.

lapidicolous 석하생(石下生) 형 돌 밑에 사는 동물에 적용되는 말.

lappaceous 밤송이모양의 형 (1) 거친 숫돌 같은; (2) 가시로 뒤덮인.

lappet 연판 명 (1) 매달려 있는 잎새(엽)와 같은 구조들; (2) 일부 새의 목 부분에 늘어져 있는 붉은 피부인 육수.

L

LAR 잎면적비(leaf area ratio).

large intestine 큰창자, 대장(大腸) 막창자(맹장), 잘록창자(결장) 그리고 일부 척추동물에 있는 막창자꼬리. 때로는 잘록창자만을 가리키기도 한다.

lariat 올가미 명 1차전사물RNA에서 이어맞추기반응에 의해 생성되는, 꼬리가 있는 원형의 인트론RNA.

larmier 라르밀 ⇨ dacryocyst.

larva 유충, 유생, 애벌레 명 독립생활을 하는 배후(post-embryonic) 시기의 동물. 애벌레, 유충, 올챙이 따위와 같이 성체와 모습이 현저하게 다르고 탈바꿈하여 성체가 된다. 복 **larvae**. 형 **larval**.

Larvacea 유형강(幼形綱) 명 올챙이처럼 생긴 유생의 모습을 일생 동안 유지하는 피낭동물(미삭류)의 강.

larvicide 살유충제 명 곤충의 유충을 죽이는 약물.

larviform 유충형 형 유충 같이 생긴.

larviparous 유생태생 형 유충시기에서 새끼를 낳는.

larvivorous 유충식성 형 유충을 먹는.

larvule 어린유충 명 어린 유충.

laryngeal 후두의 형 후두(larynx)와 관련되거나 그 부근에 있는, 이를테면 동맥, 정맥, 신경 등에 적용되는 말.

laryngeal prominence 후두돌기, 후두융기 영장류에서, 후두의 앞쪽에 있는 갑상연골의 피하융기. 목의 복부표면이 돌출되고, 남성에서 더욱 두드러진다.

larynges 후두 'larynx'의 복수형.

laryngopharynx 후두인두(喉頭咽頭) 명 물렁입천장과 식도 사이의 인두 부분.

laryngotracheal 후두기관(喉頭氣管)의 형 (1) 후두와 기관(trachea)에 관련된 말; (2) 양서류에서 허파로 통하는 방(chamber)에 적용되는 말.

larynx 후두(喉頭) 명 포유동물의 목에 있는 발성기관. 'voice box'라고도 한다. 연골에 의해 뻣뻣해진 기관(windpipe)의 상단에 위치하고, 2개의 막(성대)이 기관을 반쯤 가로질러 이들 사이에 좁은 틈이 생긴다. 공기가 이 틈을 지날 때 성대가 진동하면서 음이 생긴다. 형 **laryngeal**. 복 **larynges**.

laser capture microdissection 레이저현미해부 조직으로부터 매우 작은 구역을 분리하는 기법. 조직에 얇은 플라스틱 필름을 입히고 레이저를 이용하여 원하는 구역의 주위를 잘라 이를 제거한다.

lash flagellum 채찍편모 주된 필라멘트가 가늘어지면서 끝나는 편모.

lasso 올가미 명 일부 토양균류에 의해 만들어지고 선충류를 포획하는 데 이용되는 수축성의 사상 올가미.

lasso cell 점착세포 ⇨ colloblast.

last universal common ancestor (LUCA) 최종공통조상 오늘날의 모든 생물의 조상이라고 여기는 가상적인 작은 생물.

late 만기의, 후기의 형 (1) 세포 내에서 바이러스의 핵산이 복제를 시작하는 시점부터 감염성 박테리오파지나 바이러스가 방출될 때까지의 기간에 적용되는 말; (2) 감염의 늦은 시기에 발현되는 박테리오파지나 바이러스의 유전자(늦발현유전자)에 해당하는 말.

latebricole 구멍서식성 형 구멍에서 사는.

latency 잠복(潛伏) 명 계면활성제로 처리하지 않는 한 세포추출물에서 최대활성을 나타내지 않는 효소의 특성. 이러한 효소들은 막결합효소들이다.

latent 잠복성 형 (1) 휴면상태에 있지만 어떤 상황에서 발생할 수 있는, 눈(bud)이나 휴지기에 적용되는 말; (2) 어떤 조건하에서 드러나는 특징에 해당하는 말; (3) 바이러스가 오랜 기간 동안 휴지상태

L

로 있다가 바이러스가 복제를 재개할 때 증상이 나타나는 바이러스감염에 적용되는 말.

latent bodies 잠복체(潛伏體) 편모를 갖는 어떤 혈액기생충의 휴지기.

latent period 잠복기 ⇨ reaction time.

laterad 측면으로 형 (1) 옆쪽을 향한; (2) 축으로부터 멀어지는.

lateral 측면의 형 측면과 관련되거나 측면에 위치하는.

lateral bud 곁눈, 측아(側芽) 줄기의 마디에서 잎의 겨드랑이에 생기고 곁가지로 자라는 눈.

lateral diffusion 측면확산 막단백질과 막지질이 지질2중층의 면으로 확산되는 능력을 가리키는 말.

lateral ganglia 옆신경절 자율신경계의 신경절들. 포유동물에서 옆신경절은 대동맥과 나란히 놓인 2개의 사슬에 있고, 신경섬유들에 의해 서로 연결된다. 비 collateral ganglia.

lateral gene transfer 측면유전자전달 ⇨ horizontal gene transfer.

lateral geniculate nucleus 측면슬상핵(側面膝狀核) 각 대뇌반구에서 세포체들이 조직화된 구역. 여기에 시신경섬유들이 도달하고 발생하는 자극이 대뇌의 시각피질로 연결된다.

lateralia 옆판 명복 따개비류의 옆판(측판).

lateral inhibition 측면억제 (1) 겹눈에서 시야의 밝은 부분과 어두운 부분 간의 경계에서 명암의 차이를 증대시키는 메커니즘; (2) [발] 발생과정에서 곤충의 감각기(sensilla)나 겹눈의 낱눈처럼 반복되는 구조들이 고르게 간격을 두도록 하는 메커니즘. 발생 중인 세포나 구조들이 일정한 거리 내에서 다른 비슷한 요소들이 분화하지 못하도록 억제한다.

lateralis organ 옆줄기관 ⇨ neuromast.

lateral line 옆줄, 측선(側線) 어류에서 몸의 양쪽에 길게 배열된 줄. 물의 운동과 음파를 감지하는 청측선계의 피부감각세포들이 자리 잡고 있으며, 옆줄의 세포들을 집합적으로 측선계(lateral line system)라고 부른다.

lateral line organ 옆줄기관, 측선기관 ⇨ neuromast.

lateral meristems 측생분열조직 식물의 1차적인 정단생장과는 달리 2기조직의 형성과 관련하여 분열하는 식물의 조직. 관다발을 만드는 관다발형성층과 코르크나 나무껍질(수피)을 만드는 코르크형성층이 포함된다.

lateral plate mesoderm 옆판중배엽 척추동물에서 장측중배엽(splanchnic mesoderm)과 체측중배엽(somatic mesoderm)이 생기게 하는 중배엽. 이로부터 내장들과 혈관계가 발생한다. 비 somite.

lateral roots 곁뿌리, 측근(側根) 1차뿌리(주근)에서 갈라져 나오는 뿌리들. 곁뿌리에서 더욱 많은 곁뿌리들이 만들어지기도 한다.

lateral ventricle 측뇌실 뇌의 대뇌반구의 중심에 있는 액체로 채워진 큰 공간.

laterigrade 옆걸음질치는 형 게처럼 옆으로 이동하는.

laterinerved 곁맥의 형 곁맥(lateral vein)을 갖는, 잎에 적용되는 말.

laterite 홍토(紅土)의 형 덥고 습한 조건에서의 용탈 때문에 알루미늄과 산화철을 포함하고 규소는 거의 없는 열대의 붉은색 토양에 적용되는 말.

laterobronchi 측상기관지(側狀氣管支) 명복 새의 중기관지(mesobronchus)에서 발달하는 2차기관지.

laterosensory 측면감각의 형 어류의 측

선계(lateral line system)에 적용되는 말. ⇨ lateral line.

laterosphenoid 옆쐐기뼈, 측설상골(側楔狀骨) 명 파충류 머리뼈의 중앙선에 있는 뼈. 눈구멍의 뒤에 있고 입천장의 위에 있다.

late wood 추재(秋材) 생육기의 늦은 시기에 형성되는 목재. 나이테에서 작은 세포들이 조밀하게 고리 모양으로 나타난다. ≒ summer wood.

latex 유액(乳液) 명 고무나무와 등대풀속 식물(spurge) 등의 식물과 일부 주름버섯류에 들어 있는, 성분이 다양하고 걸쭉한 우유 같거나 맑은 액체 또는 유탁액.

lathyrism 갯완두중독 명 아교질(콜라겐)이 약해지는 특징을 갖는 동물의 질병. 아교질의 필수적인 번역후 변형(post-translational modification)을 억제하는 β-아미노프로프리오니트릴(β-aminopropionitrile)이 들어 있는 갯완두속(*Lathyrus*) 식물의 종자를 섭취해서 생긴다.

laticifer 유액관 ⇨ lactifer.

laticiferous 유액의 형 유액을 나르는, 세포나 조직에 적용되는 말.

latifoliate 활엽(闊葉)의 형 넓은 잎을 가진.

Latin name 라틴명 ⇨ binomial nomenclature.

latiplantar 형 둥근 뒷발목을 가진.

latirostral 넓은부리의 형 부리가 넓은.

latiseptate 넓은격막의 형 장각과(siliqua)에서 넓은 격막을 가진.

latitudinal furrow 위할구(緯割溝) 분열하는 수정란의 둘레에서 적도구(equatorial furrow)와 평행하게 달리는 난할구.

latosol 라토졸 명 용탈한 적색 또는 황색의 열대토양.

Laurales 녹나무목 명 세포에 방향족의 에테르성 기름이 들어 있는 교목, 관목 및 덩굴식물인 쌍떡잎식물의 목. 받침꽃과(Calycanthaceae), 녹나무과(Lauraceae) 따위로 이뤄진다.

Laurasia 로라시아 명 대륙이동에 의해 분리되기 전에 오늘날의 북아메리카, 유럽 및 북아시아를 포함하던 거대 대륙. 주로 쥐라기에 초대륙 판게아(Pangaea)로부터 갈라져 나왔다. ⇨ Gondwana.

laurilignosa 상록활엽수림 명 아열대림과 월계수로 구성되는 관목들.

laurinoxylon 목화석(木化石) 명 화석으로 된 나무.

law of equal segregation 분리의 법칙 ⇨ segregation of alleles.

law of independent assortment 독립의 법칙 ⇨ independent assortment.

law of the minimum 최소량법칙 어떤 생물이나 종이 갖는 내성 또는 적응성의 가장 좁은 범위에 있는 요인이 그 생존을 제한한다는 법칙.

law of tolerance 내성법칙 [생태] 국지적 환경요인에 대한 내성의 범위에 의해 종의 분포가 제한된다는 법칙. ≒ Shelford's law of tolerance.

lax 느슨한 형 느슨하게 무리를 이룬, 원추꽃차례(panicle)에 해당하는 말.

layer 계층 명 식물군집에서 수평적으로 나타나는 층. 대개 다음과 같이 식별된다: 수목층 또는 숲지붕, 관목들의 하층(understorey)으로 구성되는 관목층, 벼과 초본과 초본식물들의 초본층, 그리고 지표면과 지의류 및 이끼류로 이뤄지는 지층(이끼층).

LC 치사농도(lethal concentration).

LC_{50} 반치사농도 단위시간에 시험집단의 50%의 생물을 죽이는 독성 화학물질의 농도.

LCA 렌즈콩(*Lens culinaris*)에서 추출하는 렉틴(lectin)의 과.

L chain L사슬 가벼운 사슬(light chian).

LCM 림프구성 맥락수막염바이러스(lymphocytic choriomeningitis virus).

LCR 유전자자리조절부위(locus control region).

LD 치사량(lethal dose).

LD_{50} 반치사량(半致死量) 바이러스의 감염성이나 화학물질의 독성을 측정하는 것. 시험동물의 50%가 죽는 용량을 가리킨다.

LDL 저밀도지방단백질(low-density lipoprotein).

LDL receptor 저밀도지방단백질수용체 저밀도지방단백질(LDL)에 특이적인 비간세포(non-hepatic cell)의 수용체. 콜레스테롤을 흡수하고 혈액에서 콜레스테롤을 제거하는 데 중요한 구실을 한다.

leaching 용탈(溶脫), 제련(製錬) 명 (1) 토양의 상층에 있는 화학물질이 용해되어 하층으로 이동하는 현상; (2) 미생물의 작용으로 광석에서 금속을 침출시키는 미생물제련(microbial leaching).

lead (Pb) 납 명 많은 생물에 독성을 띠고 환경을 오염시키는 '중금속'인 금속원소.

leader 리더, 선도(先導) 명 (1) 나무의 가장 높은 곳에서 자라는 줄기나 가지; (2) 선도서열(leader sequence).

leader peptide 선도펩티드 ⇨ signal peptide.

leader sequence 선도서열 (1) mRNA(와 DNA)에서 암호부위(coding region)의 앞에 있는 부위. 이 부위는 전사되기는 하지만 번역되지 않는다. ≒ untranslated leader, 5′ UTR; (2) ⇨ translated leader; (3) ⇨ signal sequence.

leading strand, leading chain 선도사슬 DNA복제에서 복제분기점이 진행하는 방향으로 연속적으로 합성되는 새로운 DNA가닥. 비 lagging strand.

leaf 잎 명 식물의 줄기로부터 편평하거나 바늘 같이 확장되어 뻗어 나온 것. 보통 녹색을 띠며 많은 식물의 주된 광합성기관이다. 복 **leaves**.

leaf area index (LAI) 잎면적지수 어느 일정한 면적의 식생에서, 광합성을 하는 잎 표면의 총면적을 토양이 덮는 면적으로 나눈 값.

leaf area ratio (LAR) 잎면적비 잎의 건조중량에 대한 광합성을 하는 표면적의 비.

leaf blade 잎몸 잎의 얇고 평평한 부분.

leaf buttress 버팀잎 줄기의 끝에서 밑에 있는 잎원기(leaf primordium)에 의해 옆에 생기는 돌출부.

leaf cushions 엽침(葉枕) 야자나무와 같은 일부 나무의 줄기에서 잎의 잎자루에 있는 비후된 부분. 일부 화석식물을 동정하는 식별형질이 된다.

leaf divergence 잎개도(葉開度) 나무줄기의 둘레에서 각 잎이 다음의 잎과 떨어지는 고정된 비율.

leaf gap 엽극(葉隙) 관다발조직이 중심주로부터 잎으로 분기한 결과로 기본조직에 남기는 중심주의 자국.

leaf hair 엽모(葉毛) ⇨ trichome.

leaf insects 잎대벌레류 몸의 형태가 잎처럼 보이는 대벌레목(Phasmida)의 일부 종류에 대한 일반적인 명칭.

leaflet 작은잎, 소엽(小葉) 명 (1) 작은 잎; (2) 겹잎을 구성하는 개개의 부분; (3) [분] 지질2중층의 한 층.

leaf mine 잎굴 나방과 같은 어떤 곤충의 유충이 잎의 상면표피와 하면표피 사이의 조직을 갉아먹어서 생긴 잎의 반점.

leaf mosaic 잎모자이크 식물체에서 잎이 최소한으로 겹치면서 최대로 햇빛에 노출되도록 하는 잎의 배열.

leaf scar 잎자국 잎이 떨어진 다음에 줄기에 남는 자국. 보통 코르크층으로 덮인다.

leaf sheath 잎집, 엽초(葉鞘) 벼과 초본에

서처럼 잎밑(leaf base)이 늘어나서 줄기를 둘러싼 것.

leaf stalk 잎자루 ⇨ petiole.

leaf trace 잎다발, 엽적(葉跡) 줄기의 중심주에서 잎의 기부로 연장되는 관다발조직.

leaky 불완전, 누출성 형 어느 정도 야생형의 기능을 유지하는 돌연변이에 적용되는 말. ⇨ hypomorph.

learning 학습 명 경험의 결과로 동물의 행동이 지속적으로 바뀌는 과정. 조건지우기(conditioning), 습관화(habituation), 인상찍히기(imprinting) 등이 포함된다. ⇨ long-term potentiation.

learning set 학습양식 동물의 행동에서, 일련의 문제를 해결하는 일반규칙을 학습해 가는 현상.

leberidocyte 글리코겐세포 명 탈피하는 거미류의 혈액에 들어 있는, 글리코겐을 함유하는 세포.

lechriodont 형 서골치(vomerine teeth)와 익돌치(pterygoid teeth)가 거의 가로지르는.

lecithin 레시틴 ⇨ phosphatidylcholine.

lecithoprotein 레시토단백질 명 레시틴(포스파티딜콜린)이 지질 성분인 지방단백질.

lecithotrophic 난황영양성(卵黃營養性) 형 어떤 성게의 유생에서와 같이 저장난황을 먹고 사는.

lecithovitellin 레시토비텔린 명 레시틴(포스파티딜콜린)과 난황단백질인 난황소(vitellin)로 구성된 지방단백질.

lectin 렉틴 명 세포막 당단백질의 특정 당잔기와 결합하여 체외에서 동물세포를 응집시킬 수 있는 식물단백질 무리 중 하나. 어떤 렉틴은 분열을 촉진하는 작용도 한다. 식물의 렉틴은 자연계에서 세포와 세포의 부착, 세포의 인식 및 감염에 대한 방어의 역할을 하는 것으로 보인다. ⇨ C-type lectins.

lectin-mediated pathway of complement activation 보체활성의 렉틴매개경로 ⇨ complement activation.

lectotype 선정기준표본 명 기준종을 지정하기 위하여 동가기준표본(syntype)에서 선정한 표본.

leech 거머리 거머리강(Hirudinea)의 종류들에 대한 일반적인 명칭.

left-right asymmetry 좌우비대칭 인체의 장기에서 볼 수 있는 정상적인 비대칭적 배열.

leghaemoglobin 레그헤모글로빈 명 산소와 결합하는, 헤모글로빈과 유사한 붉은 단백질색소. 콩과 식물의 질소를 생성하는 뿌리혹에서 발견된다.

Legionnaire's disease 재향군인병 세균 레기오넬라 뉴모필라(*Legionella pneumophila*)에 의해 유발되는 호흡기 질환. ≒ **legionellosis**.

legume 협과(莢果), 콩과 식물 명 (1) 심피에서 발달하고 성숙하면 두 줄로 갈라지는 열매의 한 종류. 콩과 식물에서 특징적으로 나타나고, '꼬투리(pod)'라고도 한다; (2) 완두류, 콩류, 클로버류, 살갈퀴류, 가시금작화, 금작화 등과 같이 콩과(Leguminosae)에 속하는 종류들을 이르는 말.

legumin 레구민 명 콩과 식물의 종자에 들어있는 단백질.

Leguminosae 콩과 명 흔히 'legumes' 또는 'leguminous plants'라고 부르는 쌍떡잎식물의 큰 과. 교목, 관목, 초본 및 덩굴식물을 포함한다. 전형적으로 스위트피(sweet-pea)와 같은 꽃이 피고, 꼬투리 형태의 열매가 생긴다. 완두류, 콩류, 클로버류, 살갈퀴류 등을 포함한다. ⇨ Fabales.

L

leguminous 콩과의 형 (1) 콩과(Leguminosae)와 관련된 말; (2) 완두류, 콩류 또는 그 밖의 콩과 식물과 관련되거나, 콩과 식물로 구성되는.

leimocolous 습지목야지서식성 형 축축한 목초지에 서식하는.

leiosporous 민둥포자의 형 매끈한 포자를 가진.

leiotrichous 곧은털의 형 곧은 털(직모)을 가진.

***Leishmania* 리슈만편모충(속)** 모래파리를 중간숙주로 삼아 사람과 그 밖의 포유동물에 감염하는 기생성 원생동물의 속. 도너반리슈만편모충(*L. donovani*)은 만성적이고 때로는 치명적인 열대성 질환 내장리슈만편모충증(visceral leishmaniasis)을 일으키고, 피부리슈만편모충(*L. tropica*)은 피부리슈만편모충증 또는 열대성 통증을 유발한다.

leishmanial 리슈만편모충형 형 편모가 없는 파동편모충(trypanosome)의 짧고 통통한 유형에 적용되는 말.

Leitneriales 레이트네리아목 명 수지(resin)를 분비하는 쌍떡잎식물 관목의 목. 1과(레이트네리아과, Leitneriaceae), 1속(레이트네리아속, *Leitneria*)으로 이뤄진다.

lek 레크, 집단구혼장 명 목도리도요(ruff)나 멧닭(black grouse) 등의 일부 새들이 교미하기 전에 집단으로 구애행동(성적 과시)을 하는, 둥지와 섭식장소에서 떨어져 있는 특별한 무대(아레나). 이 용어는 때때로 다른 동물들이 집단으로 과시행동을 할 때 이용되는 이와 비슷한 장소를 가리키기도 한다.

lekking 성적 과시(性的誇示) 명 멧닭과 같은 새들이 교미하기 전에 특정한 집단구혼장(레크)에서 행하는 고도로 의식화된 성적 과시행동.

lemma 외화영(外花穎) 명 벼과 초본에서 낱꽃(floret)을 에워싸는 2개의 포엽 중 아래쪽.

lemniscus 섬유띠 명 중뇌와 숨골(연수)에 있는 백질의 띠.

lens 렌즈, 수정체 명 (1) 눈에 있는 투명한 구조. 이를 통해 들어온 빛이 망막에 초점을 맞춘다. 척추동물 눈의 수정체(crystalline lens)는 단백질인 수정질(crystallin)로 채워진 프리즘 모양의 굴절력이 있는 죽은 세포로부터 형성된다; (2) 겹눈을 구성하는 낱눈의 앞쪽에 있는 각막의 변형된 부분; (3) 어떤 어류의 발광기관에 있는 변형된 세포.

lens fibres 수정체섬유 눈의 수정체를 형성하는 길고 수정질(crystallin)로 채워진 세포들.

lens placode 수정체(기원)판 외배엽에서 안포(optic vesicle)의 반대쪽이 국부적으로 비후된 것. 이 부분이 함입되어 수정체오목(lens pit)을 형성한 다음, 닫혀서 수정체포(lens vesicle)가 되었다가 수정체로 발달한다. ≒ lens rudiment.

lentic 정수성(静水性) 형 (1) 괴어 있는 물에 적용되는 말; (2) 늪, 연못, 호수 또는 그 밖의 괴어 있는 물에 사는 생물에 해당하는 말.

lenticel 껍질눈, 피목(皮目) 명 교목과 관목의 주피(periderm)에 있는 구멍. 공기가 내부조직으로 들어가는 통로가 된다.

lenticula 렌티쿨라 명 (1) 어떤 곰팡이의 포자 덮개; (2) 껍질눈(lenticel); (3) 검은 사마귀 또는 주근깨.

lenticular 렌즈형, 껍질눈의 형 (1) 양면 볼록렌즈처럼 생긴; (2) 껍질눈(lenticel)과 관련된 말.

lenticulate 형 (1) 뾰족한 끝에서 만나는; (2) 함몰되고 둥글고 흔히 이랑이 있는.

lentiform 편두형 형 편두(lentil)처럼 생긴.

lentiform glands 렌즈샘 유문샘(pyloric gland)들의 사이에 위치하는 림프샘.

lentiform nucleus 렌즈핵 바깥쪽의 피각(putamen)과 안쪽의 담창구(globus pallidus)가 합쳐진 것. ⇨ basal ganglia.

lentigerous 형 렌즈를 가진.

lentiginose, lentiginous 주근깨모양의 형 반점들이 있거나, 얼룩덜룩하거나 또는 많은 작은 점들이 있는.

lentiviruses 렌티바이러스 명복 암을 유발하지 않고 느리게 진행되는 레트로바이러스의 아과. 감염된 후 몇 년이 지난 다음에야 비로소 징후가 나타나는 만성감염을 일으킨다. HIV(사람면역결핍바이러스)를 포함한다.

lepidic 비늘의 형 (1) 비늘로 구성되는; (2) 비늘과 관련된 말.

lepidodendroid 비늘잎자국의 형 비늘 같은 잎자국(leaf scar)을 가진.

***Lepidodendron* 인목속(鱗木屬)** 비늘 같은 잎자국을 만드는 작은 잎을 갖는 화석 나무고사리의 속. 'scale tree'라고도 한다.

lepidoid 비늘꼴 형 비늘과 비슷한.

lepidomorium 작은비늘, 소린(小鱗) 명 골성 기질과 상아질의 원추형 관을 갖는 작은 비늘 또는 복합비늘의 단위. 형 **lepidomorial**.

lepidophyte 인목류(鱗木類) 명 화석 고사리.

Lepidoptera, lepidopterans 나비목, 나비류 명, 명복 나방과 나비를 포함하는 곤충의 목. 몸과 날개는 작은 비늘로 덮여 있고, 보통 선명하고 다양한 색깔이 특징적인 패턴으로 나타난다. 나비류는 완전탈바꿈을 하는데, 유충기인 털애벌레(caterpillar)에서 번데기가 생기면서 탈바꿈이 일어나고, 2쌍의 날개와 다리 그리고 겹눈을 갖는 성체 구조로 발달한다. 나비류의 성체는 속이 빈 주둥이(proboscis)를 통해 주로 꿀을 빨아 먹는다. 형 **lepidopterous**.

Lepidosauria, lepidosaurs 인용류아강, 인용류(鱗龍類) 명, 명복 도마뱀, 뱀, 무족도마뱀 그리고 큰도마뱀으로 구성되는 파충류의 아강. 쌍궁형(diapsid)의 머리뼈를 갖고, 4지와 지대(limb girdle)는 분화되지 않거나 축소되었거나 또는 없다.

lepidosis 인상진(鱗狀疹) 명 동물체에서 비늘의 특징과 배열.

lepidote 인편상(鱗片狀) 형 극히 작은 비늘로 덮인.

lepidotrichia 비늘형 지느러미살 명복 진골어류에서 지느러미의 가장자리에 있는 뼈로 된 결합하지 않은 살(ray).

lepospondyls 공추동물(空椎動物) 명복 모래시계처럼 생긴 척추뼈를 갖는 멸종된 양서류의 무리. 형 **lepospondylous**.

leprosy 나병(癩病) 명 나병균(*Mycobacterium leprae*)에 의해 일어나는 만성 질환. 광범위한 조직의 손상과 기형 및 장애를 유발한다.

leptin 렙틴 명 지방세포에서 분비되는 단백질호르몬. 뇌의 렉틴수용체에 작용하여 배고픔을 줄이고 식욕을 떨어뜨린다. 체지방의 양을 파악하는 수단으로 여겨진다. 지방의 양이 적어지면 렉틴은 생성되지 않는다.

lepto- '날씬한'을 뜻하는 그리스어 '*leptos*'에서 유래된 접두사.

leptocaul 원줄기의 형 가느다란 1차 줄기를 가진.

leptocentric 형 체관부가 중심에 있는 포위관다발에 적용되는 말.

leptocephaloid 뱀장어유생형 형 뱀장어 유생의 모양과 비슷하거나 그러한 형태를 가진.

leptocephalus 뱀장어유생 명 일부 뱀장어류에서 실뱀장어(elver) 시기가 되기

전의 반투명한 유생.

leptocercal 엽형미(葉形尾)의 형 길고 가늘며 끝이 점점 뾰족해지는 꼬리를 갖는, 어떤 어류에 적용되는 말.

leptodactylous 가는가락의 형 가느다란 손가락을 가진.

leptodermatous 박피상 형 피부가 얇은.

leptoid 렙토이드 명 일부 이끼류의 줄기에서 서로 연결되어 단순한 통도조직을 형성하는 광합성산물을 나르는 살아 있는 세포.

leptoma 렙토마 명 겉씨식물 꽃가루립(화분립)의 벽에 있는 얇은 부분. 이곳을 통해 꽃가루관이 나온다.

leptome 렙톰 명 (1) 체관부의 체요소와 유조직; (2) 선태식물의 이와 비슷한 통도요소.

leptomonad 렙토모나드 형 움직이는 편모를 갖는 파동편모충(trypanosome)의 가늘고 긴 유형에 적용되는 말.

leptonema 세사기염색체 명 감수분열의 세사기(leptotene stage)에 나타나는 가는 실 같은 염색체.

leptophyllous 극미소형엽의 형 (1) 가느다란 잎을 갖는; (2) 25 mm^3 미만의 작은 잎면적을 가진.

L

leptosome 마른 형 크고 가느다란.

leptospirosis 렙토스피라병 명 스피로헤타과 세균 렙토스피라속(*Leptospira*)에 의해 특징적으로 황달과 신장염이 나타나는 질병. 사람은 주로 감염된 애완동물이나 야생 설치류와 접촉하여 감염된다. ≒ Weil's disease.

leptosporangiate 박낭포자낭의 형 하나의 시원세포에서 발생하여 처음에 자루를 만들고 이어서 깍지를 형성하는 포자낭을 갖는 고사리류에 적용되는 말. 비 eusporangiate.

leptosporangium 박낭포자낭(薄囊胞子囊) 명 고사리류의 자루가 달린 포자낭. 복 **leptosporangia**.

leptotene 세사기(細絲期) 명 감수분열에서 전기의 이른 시기. 염색질이 차츰 조밀해지고 현미경하에서 염색체가 가는 실처럼 나타나는 시기이다.

leptotrombicula 렙토트롬비큘라 명 리케차병인 츠츠가무시병을 옮기는 진드기인 털진드기(trombicula)의 유생형.

leptoxylem 기본목부조직 명 가장 기본적인 목부조직.

leptus 진드기유충 명 응애류의 다리가 6개인 유충.

Lesch-Nyhan syndrome 레쉬-니한증후군 하이포크산틴-구아닌리보오스전달효소가 거의 완전히 결핍되는 특징을 갖는 선천성 질환. 자해, 정신박약 및 근긴장 이상 등이 특징이다.

lesion 병터, 환부 명 조직이 파괴된 부위.

lesser apes 소형유인원 대형유인원(great apes) 계통과 갈라진 계통인 긴팔원숭이류와 이들의 멸종된 친족들.

lesser omentum 작은그물막, 소망(小網) 위와 간을 연결하고 간의 혈관을 지지하는 역할을 하는 복막의 주름.

lestobiosis 약탈생활 명 작은 종의 곤충들이 보다 큰 종의 둥지 벽에 집을 짓고 방에 들어가 새끼들을 잡아먹거나 저장한 먹이를 훔치는 형태.

lethal 치사(致死)의 형 (1) 죽음의 원인이 되는; (2) 기생생물에서, 특정 숙주에 관하여 치명적인; (3) 배아에 들어 있으면 발생 초기에 죽음을 유발하는 돌연변이나 대립유전자에 적용되는 말.

lethal concentration (LC) 치사농도 사망이 독성의 기준이 되는 경우에 숫자(예: LC_{50}, LC_{70})로 나타내는 독성시험의 결과. 여기서 숫자는 정해진 노출 시간 동안에 사망하는 시험생물의 백분율을 가리킨다. 이를테면 48시간 LC_{70}은 48시간 내에 시험생물의 70%를 죽이는 독성물질의 농도이다.

lethal dose (LD) 치사(용)량 특정한 시간 내에 시험집단의 모든 동물을 죽이는 독성물질의 용량이나 병원체의 양. 비 median lethal dose.

lethality 치사성, 치사율 명 (1) 사망을 유발하는 능력; (2) 질병이나 그 밖의 해로운 약물에 의해 감염된 모든 환자(사례)에 대한 죽은 환자의 비.

lethal synthesis 치사합성 자신에게는 독성을 띠지 않는 물질로부터 생체 내에서 대사독성물질을 합성하는 것.

leuc- ⇨ leuk-.

leucine (Leu, L) 류신 명 비극성 탄화수소곁사슬을 갖는 아미노산인 α-아미노이소카프론산(α-amino isocaproic acid). 단백질을 구성하는 성분이고, 사람과 동물의 필수아미노산이다.

leucine-rich repeat (LRR) 고류신반복 많은 식물에서 막을 관통하는 세린/트레오닌인산화효소의 세포외 영역에 들어 있고 동물에서 톨유사수용체(Toll-like receptor)의 세포외 부위에서 나타나는, 류신 잔기들을 포함하는 단백질부위.

leucine zipper 류신지퍼 류신을 포함하는 2개의 α나선이 한쪽에서 나선구조를 형성하여 결합하고 2개의 떨어진 팔들이 DNA를 붙잡는 DNA결합단백질구조. 유전자조절에 관여하는 많은 단백질에서 발견된다.

leucism 루시즘 명 색소가 있는 눈과 피부를 갖는 동물에서 흰색 깃털이나 털이 나타나는 현상. 비 albinism.

leuco- '흰색'을 뜻하는 그리스어 '*leukos*'에서 유래된 접두사.

leucoanthocyanidins 류코안토시아니딘 명복 무색의 플라보노이드 무리.

leucocarpous 백색결실(白色結實)의 형 흰색의 열매를 가진.

leucocidin 백혈구파괴소 ⇨ leukocidin.

leucocyte 백혈구 'leukocyte'의 철자.

leucoplast(id) 백색체(白色體) 명 식물의 표피와 내부조직의 세포에 들어 있는, 녹말을 함유하는 녹말체(amyloplast)와 같은 무색의 색소체.

leucopterin 류코프테린 명 배추흰나비와 그 밖의 나비류 그리고 말벌에 들어 있고 크산토프테린(xanthopterin)으로 환원될 수 있는 흰색의 프테린(pterin) 색소. ⇨ isoxanthopterin.

leucosin 류코신 명 일부 황갈조류에서 흰색의 과립을 형성하는 저장다당류.

leukaemia 백혈병(白血病) 명 백혈구의 전구세포들이 급증하고 분화하지 못하는 백혈구의 악성 장애.

leukaemogenesis 백혈병발생 명 백혈병이 발생하는 것.

leukemia 백혈병 'leukaemia'의 철자.

leukin 백혈소(白血素) 명 백혈구로부터 추출되고 그람양성균에 작용하는 염기성 폴리펩티드.

leuko- ⇨ leuco-.

leukoblast 백아세포 ⇨ myeloblast.

leukocidin 백혈구파괴소 명 백혈구를 용해하는 단백질독소. 황색포도상구균(*Staphylococcus aureus*)과 화농성 연쇄상구균(*Streptococcus pyogenes*) 등의 세균에서 생성된다.

leukocytes 백혈구(白血球) 명복 'white blood cells'라고도 부르는 혈액의 무색세포. 호염기백혈구, 호산성백혈구, 호중성백혈구, 림프구 및 단핵백혈구로 구성된다. 이들 세포 모두 골수에 있는 같은 줄기세포에서 유래되고, 몸을 감염으로부터 방어하는 데 관여한다. 호염기백혈구, 호산성백혈구 그리고 호중성백혈구는 집합

L

적으로 과립백혈구 또는 다형핵백혈구라고 한다. 단핵백혈구(단핵세포)가 조직에 들어가면 대식세포가 된다.

leukocytolysis 백혈구용해(白血球溶解) 명 백혈구가 분해되거나 붕괴되는 것. ≒ leukolysis.

leukocytosis 백혈구증가증 ⇨ leukosis.

leukopenia 백혈구감소증 명 몸을 순환하는 백혈구의 수가 감소하는 것. 많은 질병에서 특징적으로 나타난다.

leukopoiesis 백혈구형성 명 백혈구가 만들어지는 것.

leukosis 백혈증 명 몸을 순환하는 백혈구의 수가 증가하는 것. ≒ leukocytosis.

leukotrienes 류코트리엔 명복 아라키돈산에서 유도되고 국소염증반응에서 비만세포로부터 방출되는 화합물의 클래스. 예전에는 아나필락시스완반응성물질(slow reacting substance of anaphylaxis; SRS-A)로 알려져 있었다. 류코트리엔류는 민무늬근의 수축을 일으키고(류코트리엔 E4) 다형핵백혈구와 호산성백혈구를 감염부위나 상처부위로 유인한다(류코트리엔 B4).

levan 레반 명 과당(fructose) 단위들로 구성된 다당류를 통틀어 이르는 말.

levator 올림근, 거근(擧筋) 명 기관이나 어떤 부분을 들어 올리는 데 쓰이는 근육.

levigate 매끄러운 형 매끄럽거나 잘 닦여진.

ley 단기목초지(短期牧草地) 명 씨를 뿌리고 작물로 이용하는, 일시적으로 농사를 짓는 풀밭.

Leydig cells 라이디히세포 테스토스테론을 생산하는 정소의 간질조직에 있는 세포.

Leydig's organs 라이디히기관 절지동물의 더듬이에 있는 극히 작은 기관. 화학수용기일 가능성이 있다.

L-form L형균 명 세균여과기를 통과하고 특수한 생식체가 들어 있는 일부 마이코플라스마의 시기. 환경이 부적당할 때 생긴다.

LH 황체형성호르몬(luteinizing hormone).

LHC 집광복합체(light-harvesting complex).

LHCP 집광엽록소-단백질(light-harvesting chlorophyll-protein). ⇨ photosynthetic unit.

LHRH 황체형성호르몬방출호르몬(luteinizing hormone-releasing hormone).

liana 덩굴식물 명 열대림과 아열대림의 목본성 덩굴식물들.

Lias 리아스 명 쥐라기에 형성된 바다와 하구의 퇴적층. 화석으로 된 소철류, 곤충, 암모나이트와 도마뱀류의 유물들이 들어 있다. 형 **Liassic**.

libriform 인피형(靭皮形) 형 벽이 두껍고 단순벽공(simple pit)을 갖는 목부섬유에 적용되는 말.

Librium 리브륨 보편적으로 이용되는 벤조디아제핀(benzodiazepines)의 한 상품명.

lice 이 'louse'의 복수형.

lichen 지의류(地衣類) 명 어떤 담자균류나 자낭균류가 녹조 또는 남세균과 공생관계를 이루는 복합생물. 돌과 나무줄기를 덮는 단순한 엽상체를 형성한다.

lichen acids 지의산(地衣酸) 지의류를 이루는 곰팡이에 의해 생성되는 다양한 2차 대사물질. 지의류가 붙어 자라는 바위의 풍화에 기여한다.

lichenase 리케나아제 리케닌(lichenin)을 포도당으로 분해시켜서 지의류를 소화시키는 효소. 순록과 카리부 그리고 일부 복족류의 소화관에서 발견된다. EC 3.2.1.6, 상용명 endo-1,3(4)-β-D-glucanase.

lichenicole, lichenicolous 지의서식성

형 지의류에서 살거나 자라는.

lichenin 리케닌 명 지의류를 이루는 곰팡이의 벽과 일부 씨앗(특히 귀리)에 들어 있는 포도당으로 된 다당류. 효소 리케나아제(lichenase)에 의해 포도당으로 가수분해된다.

lichenization 지의형성(地衣形成) 명 (1) 조류와 곰팡이에 의해 지의류가 형성되는 것; (2) 기층 위를 지의류가 덮거나 퍼지는 것; (3) 기층에 미치는 지의류의 효과.

lichenoid 지의류형 형 지의류와 비슷한.

lichenology 지의학(地衣學) 명 지의류를 다루는 학문.

lichenometry 지의계측(법) 명 기층 위에 지의류가 처음 발생한 이후 경과한 시간을 측정하여 지의류의 생장을 추정하는 방법.

lichen starch 지의전분 ⇨ lichenin.

Lieberkühn's crypts 리버퀸샘 ⇨ crypts of Lieberkühn.

Liebig's law 리비히법칙 (1) 식물이 필요로 하는 양과 비례하여 가장 적게 들어 있는 영양소가 식물의 생장을 제한하는 것; (2) 최소량법칙(law of the minimum).

lienal 지라의 형 지라(비장)와 관련된 말.

lienculus 덧지라 명 지라의 주변부가 본체에서 분리된 것.

lienogastric 위지라의 형 지라와 위에 관련된, 지라의 부분들과 위와 이자의 부분들에 혈액을 공급하는 동맥에 적용되는 말.

life 생명(生命) 명 생물은 핵산의 형태로 분자정보를 저장하고 전달하며, 효소 촉매제를 갖고, 환경과 에너지 관계를 갖고 내부에서 에너지를 전환하는 과정(예: 광합성과 호흡 그리고 그 밖에 효소가 촉매하는 대사작용)을 가지며, 생장하고 번식할 수 있는 능력이 있고, 자극에 반응할 수 있는 능력(자극감수성)을 가진다는 점에서 다른 복잡한 물리화학적 체계와 구별될 수 있다. 이들 기준 가운데 몇 가지만을 충족하는 바이러스도 보통 생명계의 일부로 간주한다. ⇨ origin of life.

life cycle 생활주기 개개의 생물이 태어나서 성숙하고 번식하는 동안 지나는 다양한 단계.

life-cycle assessment 전과정평가(全過程評價) 환경의 비용편익분석에서 이용되는 분석의 일종. 다양한 방법으로 시행할 수 있다. 이 평가에서는 근본적으로 제품이나 과정이 생산되어 폐기될 때까지 전 과정에 걸쳐 환경에 미치는 영향을 계산하는 한편, 어떤 위험요소와 개선방안도 계산에 넣는다.

life expectancy 기대여명 ⇨ average life expectancy.

life form 생활형(生活形) 어느 종의 성체가 나타내는 전형적인 형태.

life tables 생명표 개체군의 내인성 증가율 등을 계산하는 데 필수적인 개체군통계의 자료. 생명표에는 각 특정연령에 생존한 개체수를 보여주는 생존명세표와 각 특정연령에 단일한 암컷(여성)이 낳을 수 있는 암컷새끼(딸)의 평균수를 나타내는 번식명세표로 구성된다. 이들 자료로부터 각 암컷이 일생 동안 낳는 암컷새끼의 평균수인 순증식률(net reproductive rate; R_0)을 계산할 수 있다. 개체군의 내인성 증가율(intrinsic rate of increase; r)은 오일러-로트카방정식(Euler-Lotka equation)을 이용하여 생존명세표와 번식명세표로부터 계산할 수 있다.

ligament 인대(靭帶) 명 (1) 둘 또는 그 이상의 움직이는 뼈 또는 연골을 연결하는 강한 띠 모양의 조직; (2) 2매패류 껍질의 경첩을 형성하는 탄력성 조직으로 된 띠.

ligand 리간드, 배위자 명 다른 분자에 특이적으로 결합하는 분자를 통틀어 이르는 말. 수용체에 결합하는 호르몬, 효소에 결

L

합하는 억제제, 헤모글로빈에 결합하는 산소, 항체에 결합하는 항원 등이 그 예가 된다.

ligand-gated 리간드개폐형 특정한 분자(리간드)와의 결합에 의해 개폐가 촉진되는 세포막의 이온통로에 적용되는 말.

ligase 연결효소 명 ATP의 피로인산결합이나 이와 유사한 뉴클레오시드 3인산의 분해와 연계하여 두 분자가 결합하는 반응을 촉매하는 효소의 클래스를 통틀어 이르는 말. 합성효소(synthetase), 카르복실화효소(carboxylase), 그리고 DNA와 RNA의 연결효소 등이 포함된다. EC 6.

ligation 연결 명 DNA에서, DNA연결효소를 이용하여 DNA 두 분자의 끝과 끝을 붙여 연속적인 DNA를 형성하는 반응. 효소의 촉매작용으로 당-인산의 주사슬에서 인산디에스테르결합이 만들어진다.

light chain (L chain) 가벼운 사슬(L사슬) (1) 면역글로불린을 구성하는 2종의 폴리펩티드사슬 가운데 분자량이 작은 쪽의 사슬. 각 분자마다 2개의 동일한 가벼운 사슬이 있다; (2) 미오신(myosin)에서, 구형의 머리부분(두부)에 부착하는 4개의 폴리펩티드 사슬 가운데 하나.

light-harvesting complex (LHC) 집광복합체 광합성에서 빛을 수집하고 그 에너지를 반응중심에 전달하는 역할을 하는 엽록소(와 그 밖의 색소들)와 단백질의 복합체. 녹색식물과 녹조류에는 2개의 집광복합체가 들어 있는데, 그 중 하나는 제1광계와 관련되고 다른 하나는 제2광계와 관련된다.

light microscopy 광학현미경관찰법 확대한 상을 얻기 위하여 가시광선과 광학렌즈를 이용하는 현미경관찰법의 한 가지. 여기서 이용되는 기기를 광학현미경(light microscope 또는 optical microscope)이라고 한다. ≒ optical microscopy.

light reaction 명반응(明反應) 광합성에서, 엽록체의 틸라코이드막에서 일어나는 반응. 빛에너지를 이용하여 NADPH와 ATP가 만들어진다. 비 dark reactions.

ligneous 목질(木質)의 형 나무 같거나 구조가 목재와 비슷한.

lignescent 목부조직분화의 형 목부조직의 특징이 생기는.

lignicole, lignicolous 목재서식성의 형 목재에서 자라거나 살거나 또는 그 안에 있는.

lignification 목질화(木質化) 명 (1) 목재가 만들어지는 것; (2) 리그닌(목질소)이 축적되어 식물의 세포벽이 두꺼워지는 것. '목화'라고도 하며, 1차벽과 2차벽 모두에서 일어난다.

lignin 리그닌, 목질소(木質素) 명 식물의 물관부와 후벽조직 섬유의 세포벽에 있고 세포벽을 빳빳하게 만드는 단단한 물질. 코니페릴알코올(과이아실), 시나필알코올(시린길) 또는 히드록시신나밀알코올 등과 같이 페닐프로판(phenylpropane) 단위들이 매우 다양하게 교차결합한 중합체이다.

lignivorous 목식성(木食性)의 형 나무를 먹는, 다양한 곤충에 적용되는 말.

lignocellulose 목부섬유소 명 리그닌과 섬유소가 결합한 것. 목부조직을 구성하는 성분이다.

lignolytic 리그닌분해성 형 리그닌을 분해하는.

lignosa 수림군계(樹林群系) 명 목본식물들로 구성되는 식생.

ligula 백색신경섬유다발 명 제4뇌실의 등쪽 벽에 있는 백색신경섬유의 띠.

ligula, ligule 설엽(舌葉) 명 (1) 잎몸과 잎집(또는 잎자루)이 합류하는 곳에서 뻗어 나온 얇고 납작한 부분; (2) 석송류와 물부추류에서 잎밑의 위쪽 표면에 있는

L

작은 비늘; (3) 끈 모양의 꽃부리.

ligular 혀꼴 형 혀 모양의.

ligulate 혀꼴, 설형(舌形) 형 (1) 설엽(ligule)을 갖거나 그와 관련된; (2) 국화과 식물의 꽃에 있는 혀꽃(설상화)에서 볼 수 있듯이 끈 모양의 꽃부리를 갖는; (3) 끈 모양의 낱꽃으로 구성되는 두상화에 적용되는 말.

liguliferous 설형화(舌形花)의 형 혀 모양의 꽃만을 가진.

Ligustrales 쥐똥나무목 ⇨ Oleales.

Liliales 백합목 명 뿌리줄기(rhizome)나 비늘줄기(bulb)로부터 자라고 대부분이 초본성인 외떡잎식물의 목. 백합과(Liliaceae), 용설란과(Agavaceae), 부추과(Alliaceae), 수선화과(Amaryllidaceae), 마과(Dioscoreaceae) 등으로 이뤄진다. ≒ **Liliiflorae**.

Liliopsida 외떡잎식물강 명 일부 분류체계에서 외떡잎식물을 포함하는 강에 사용하는 이름.

limacel(le) 흔적껍질 명 민달팽이(괄태충)에서 흔적으로 남아 있는 감춰진 껍질.

limaciform 민달팽이형 형 (1) 민달팽이 모양의; (2) 민달팽이와 비슷한.

limacine 민달팽이의 형 민달팽이와 관련된 말.

limb 4지, 돌출부, 가지 명 (1) 척추동물의 팔, 다리 또는 날개; (2) 꽃받침이나 꽃부리에서 관꼴의 기부를 갖고 팽창한 부분; (3) 나무의 가지.

limbate 가장자리소유성 형 (1) 가장자리가 있는; (2) 테를 두르고 색깔이 다른 가장자리를 가진.

limb bud 팔다리싹, 지아(肢芽) 척추동물 배아의 측면에 있는 작은 돌기. 이곳에서 팔, 다리 또는 날개가 발달한다.

limbic 둘레의 형 가장자리를 이루는.

limbic system 대뇌변연계(大腦邊緣系) 감정, 학습 그리고 기억과 관련된 역할을 하는 뇌의 부위. 각 대뇌반구에서 후각신경구, 대상피질, 시상, 해마, 원개, 유두체와 편도핵으로 구성된다.

limbus 가장자리, 둘레 명 (1) 색깔이나 구조가 현저하게 달라 보일 때, 그 경계; (2) 각막과 공막 간의 전이대.

limicolous 니서성(泥棲性) 형 진흙에 사는.

liminal 역치(閾値)의, 한계의 형 역치(threshold)와 관련된, 감지할 수 있는 최소자극이나 자극의 양적 차이에 적용되는 말. 비 subliminal.

limit dextrins 한계덱스트린 α-아밀라아제에 의한 녹말의 가수분해에서 최종산물의 하나로 형성되는, 분지를 갖는 올리고당의 조각.

limiting factor 한정요인 생화학적 과정, 생물의 생장 또는 생물의 분포 등을 제한하는 어느 단일한 요인(예: 영양소, 온도, 공간).

limiting membrane 한계막 척추동물 망막의 뒤에 있는 결합조직의 층.

limivorous 니식성(泥食性) 형 진흙을 먹는, 일부 수생동물에 적용되는 말.

limnetic 담수의 형 (1) 습지나 호수에 사는, 또는 이들과 관련된; (2) 탁 트인 물에 사는; (3) 수면으로부터 광합성량과 호흡량이 같아지는 보상심도(compensation depth)까지의 구역에 적용되는 말.

limnium 호수군집 명 호수의 군집.

limnobiology 담수생물학 명 연못, 습지, 호수 등의 정수(standing water)에 사는 생물을 연구하는 학문.

limnobios 담수생물 명 민물에 사는 식물과 동물을 집합적으로 이르는 말

limnobiotic 담수서식성 형 민물의 늪에 사는.

limnology 육수학(陸水學) 명 정수(standing water)의 생물학적 측면과 그

L

밖의 측면을 연구하는 학문.

limnophilous 담수서식성 형 민물의 늪에 사는.

limnophyte 담수식물 명 연못에 사는 식물.

limnoplankton 담수플랑크톤 명 민물의 호수, 연못 그리고 늪에서 부유생활을 하는 현미경적 크기의 생물.

***Limulus* 리물루스(속)** 투구게(horseshoe crab)의 속.

***Limulus* assay 투구게(혈림프)검사** 투구게의 혈구추출물을 이용하여 세균의 내독소(endotoxin)를 검출하는 고도로 민감한 검사법. 내독소는 추출물과 반응하여 침전물을 형성한다.

lincomycin 린코마이신 명 방선균류에 의해 생성되는, 세균의 단백질합성을 억제하는 항생물질.

LINE 라인 포유동물의 유전체에서 발견되는, RNA유래전이인자(retrotransposon)와 유사한 긴고반복염기순서(long interspersed element). L1인자가 대표적인 예가 된다. LINE은 6~7 kb의 길이를 갖고 수천 개의 복사본(사람유전체의 경우 60만 개까지)이 있다. ⇨ SINE.

linea 선(線), 줄 명 끈이나 줄 같이 생긴 구조 또는 자국.

lineage 가계, 계통 명 공통조상을 갖는 동족의 생물들. ⇨ cell lineage.

lineage group 혈연집단 공통조상을 갖는 종들의 무리.

linear 선형(線形) 형 외떡잎식물에서 특징적으로 나타나는 길고 좁은 잎에 적용되는 말.

linear-ensate 선상칼형 형 모양이 선형과 칼 모양의 사이에 있는, 잎에 해당하는 말.

linear growth 선형생장 각 정해진 기간(예: 1년) 동안 같은 양이 증가하는 생장의 유형. 비 exponential growth.

linear-lanceolate 선상피침형 형 모양이 선형과 창형(lanceolate)의 사이에 있는, 잎에 해당하는 말.

linear-oblong 선상장타원형 형 모양이 선형과 장타원형(oblong)의 사이에 있는, 잎에 적용되는 말.

lineolate 가는줄무늬의 형 가는 선이나 줄 같은 무늬가 있는.

line transect 선상법(線狀法) 줄자를 따라 식물의 종류와 수를 기록하는 방법.

Lineweaver-Burk plot 라인웨버-버크도면 효소반응에서 반응속도의 역수를 기질농도의 역수에 대해 플롯하여 하나의 직선을 얻는 방법.

lingua 혀 명 혀(tongue) 또는 혀와 비슷한 구조.

lingual 혀의 형 혀와 관련된, 이를테면 동맥, 신경, 정맥 등에 적용되는 말.

linguiform 설형(舌形)의 형 혀처럼 생긴.

lingula 혀, 혀돌기 명 뼈 또는 그 밖의 조직에 있는 작은 혀 같은 돌기.

lingulate 넓은혀꼴 형 짧고 넓은 혀처럼 생긴. 비 ligulate.

linin 리닌, 핵사(核絲) 명 (1) 아마의 씨(아마인)에 있는 단백질; (2) 아마로부터 얻는 쓴 설사약(하제).

linkage 연관(聯關) 명 [유] 멘델의 독립의 법칙과는 반대로, 한 어버이로부터 여러 다른 유전자들의 대립유전자들이 함께 행동하여 유전하는 현상. 이러한 현상은 보통 동일한 염색체에서 가깝게 위치하는 유전자들 때문이고, 따라서 이들 간에서는 재조합이 일어나지 않는다.

linkage disequilibrium 연관비평형 연관된 두 유전자자리에 있는 어떤 대립유전자의 비무작위적인 연관으로 2개의 다른 대립유전자가 기대치 이상으로 같이 연관되어 나타나는 상태. 이러한 현상은 두 유전자자리 간에서 재조합이 사실상 일어나지 못하게끔 매우 근접해 있거나 또는 대립유전자조합이 어떤 유형의 선택적 압력하에 놓이기 때문에 일어난다.

linkage group 연관군 같은 염색체에 자리잡고 연관되어 있는 유전자군.

linkage map 연관지도 ⇨ genetic map.

linker 연결자 명 재조합DNA를 형성하기 위한 2개의 다른 DNA분자를 연결하는 데 사용되는, 보통 제한효소절단위치(restriction site)를 포함하는 짧은 합성 DNA.

linking number 고리수 어느 폐쇄환형 DNA(closed circular DNA)의 한 가닥이 다른 가닥과 얽혀 있는 수. $L = T$(2중나선의 꼬인 정도) + W(과잉꼬임의 정도).

Linnean 린네의 형 18세기에 스웨덴의 생물학자 린네(Carl von Linné 또는 Linnaeus)에 의해 확립된 2명법체계와 분류에 관련되거나 이를 나타내는 말.

linneon 린네종 명 전적으로 형태적 특징에 따라 분류된 종. 특히 린네와 그 밖의 초기 박물학자들에 의해 기재된 많은 종 가운데 하나를 가리키는 말이다.

linoleic acid 리놀레산 탄소수 18의 흔한 불포화지방산. 포유동물의 생장에 필수적인 지방산으로 음식물에 포함되어야 한다.

linolenic acid 리놀렌산 탄소수 18의 흔한 불포화지방산. 포유동물의 생장에 필수적인 지방산이지만, 리놀레산으로부터 합성될 수 있기 때문에 반드시 음식물에 포함될 필요는 없다.

lipase 지질가수분해효소, 리파아제 명 (1) 트리아실글리세롤을 디아실글리세롤으로 가수분해하고 지방산음이온을 유리하는 널리 분포된(특히 이자에서 생성되는) 효소군을 통틀어 이르는 말. EC 3.1.1.3, 상용명 triacylglycerol lipase 그리고 EC 3.1.1.34, 상용명 lipoprotein lipase; (2) 지방을 분해하는 효소들에 때때로 사용되는 말.

lipid 지질(脂質) 명 물에는 녹지 않지만 에테르와 아세톤 그리고 클로로포름과 같은 유기용매에는 잘 녹는, 모든 생체세포에서 발견되는 다양한 화합물을 통틀어 이르는 말. 지질은 지방, 기름, 트리아실글리세롤(트리글리세리드), 지방산, 당지질, 인지질과 스테로이드를 포함한다. 어떤 지질은 생체막의 필수성분이 되고, 다른 어떤 지질은 세포를 위한 에너지의 저장체와 연료분자로 작용한다.

lipid anchor 지질앵커 어떤 단백질과 공유결합을 하고 이들을 원형질막의 세포질 쪽에 부착시키는 역할을 하는 다양한 유형의 지질들.

lipidation 리피데이션 명 지방산이 단백질과 공유결합으로 부착하는 것.

lipid bilayer 지질2중층 수성 환경에서 인지질에 의해 형성되는 분자들의 2중층. 각각의 분자는 친수성 부분이 층의 외부를 향하고 소수성 부분이 층의 내부를 향하면서 정렬된다. 지질2중층은 대부분의 생물에서 생체막을 이루는 기본구조이다. ≒ bilayer, bimolecular sheet. 비 lipid monolayer. (⇨ 그림 26)

lipid bodies 지질체(脂質體) 기름이 풍부하게 들어 있는 식물의 종자에서 발견되는, 지질을 저장하는 구조. 단층의 막으로 둘러싸인 트리아실글리세롤의 큰 방울로 구성된다. ≒ oil bodies.

lipid droplet 지질방울 지방을 저장하는 특수화된 세포에서 발견되는 트리아실글리세롤의 큰 방울.

lipid-exchange protein 지질교환단백질 ⇨ lipid-transfer protein.

lipid monolayer 지질단층, 지질단분자막 (1) 디글리세롤테트라에테르(diglycerol tetraether)가 단일분자로 막을 가로지르고 친수성의 글리세롤부분이 막의 양쪽에

L

있는, 고세균에서 나타나는 막구조의 일종; (2) 인지질이나 지방산의 단일층으로 형성되는 막. 세포의 지방방울 주변 등에서 볼 수 있다.

lipid raft 지질뗏목 원형질막에서 지질의 조성이 주위의 막과 뚜렷하게 차이가 나는 부위. 스핑고지질, 콜레스테롤 그리고 막단백질들이 풍부하게 들어 있다.

lipid-transfer protein 지질전달단백질, lipid-transport protein 지질수송단백질 막지질을 소포체에서 이들이 합성되는 부위로부터 엽록체막과 미토콘드리아막으로 나르는 세포기질의 단백질.

lipoamide 리포아미드 명 리포산(lipoic acid)에서 유래된 효소 보조인자. 특히 탄수화물 대사에서 중요한 아실기 운반체이다.

lipoate 리포산 ⇨ lipoic acid.

lipochroic 형 유색의 기름방울이 있는.

lipochrome 지방색소(脂肪色素) 명 지용성 색소.

lipocyte 지방세포 명 지질을 생산하고 저장하는 특수화된 세포. ≒ (동물에서) adipocyte, fat cell.

lipofection 리포펙션 명 물질을 세포막과 융합하는 리포솜(liposome)으로 에워싸서 세포 내로 운반하는 방법.

lipofuscin granules 리포푸신과립 노화된 세포에서 볼 수 있는, 오렌지색의 형광을 띠고 리소좀에서 유래되는 과립. ≒ age pigments.

lipogenesis 지질생합성 명 지방산과 그 밖의 지질들을 합성하는 것.

lipogenous 지방생산성 형 지방을 만드는.

lipoglycan 지질글리칸 명 막지질과 공유결합을 하는 긴 사슬의 이종다당류(heteropolysaccharide). 많은 마이코플라스마의 세포막에 들어 있다.

lipoic acid, lipoate 리포산 명 지방산(발레르산)과 2황화물로 구성되는 화합물(1,2-dithiolane-3-valeric acid). 탄수화물 대사에서 효소 보조인자인 리포아미드(lipoamide)의 전구물질이다.

lipoid (1) 형 **유지질(類脂質)의** 지방질과 비슷한; (2) 명 **리포이드** 진정한 지질은 아니지만 어떤 특성이 지질과 비슷하고 유기용매로 추출하는 물질. 스테롤과 스테로이드가 그 예가 된다.

lipolysis 지방분해 명 (1) 소화과정에서와 같이 효소의 작용으로 지방이 분해되는 것; (2) 지방세포(adipose cell)에서 저장된 트리아실글리세롤이 분해되는 것.

lipolytic 지질분해성 형 (1) 지방분해(lipolysis)와 관련된 말; (2) 지방을 분해할 수 있는 효소에 적용되는 말; (3) 리포트로핀(lipotropin)과 같은 호르몬에 해당하는 말.

lipopalingenesis 불연속계통 명 진화과정에서 발생의 어느 단계 또는 몇 단계가 상실된 것.

lipopexia 리포펙시아 명 조직에 지방이 축적되고 저장되는 것.

lipopolysaccharide (LPS) 지질다당류 명 그람음성균 외막의 주성분인 지질과 다당류의 복합화합물을 이르는 말. 사람과 그 밖의 포유동물에서 열이나 기타 증상을 일으키고, 전신에서 시토카인(TNF-α)의 과잉 생산을 촉진하여 패혈쇼크(septic shock)를 일으키는 원인이 된다. ≒ endotoxin.

lipopolysaccharide layer 지질다당류층 그람음성균의 외막.

lipoprotein 지방단백질 명 지질과 단백질의 복합체.

liposome 리포솜 명 (1) 인공적으로 만드는, 수용성 부분을 둘러싼 지질2중층의 소포. 리포솜은 실험생물학에서 생체막의 특성을 연구할 때 이용되고, 임상적으로는 약물을 세포에 보다 효과적으로 투입하는 방편으로 사용된다. ≒ lipid vesicle; (2) 세포질, 특히 알세포의 세포질에 있는 지방방울.

lipoteichoic acid 리포테이코산 그람양성균의 세포벽에서 막지질과 공유결합을 하는, 글리세롤을 포함하는 테이코산(teichoic acid)을 이르는 말.

lipotropic 지방친화성, 향지방성 형 저장된 지질의 가동화(mobilization)와 이들을 지방산과 트리아실글리세롤로 분해하는 데 관계가 있는.

lipotropin (LPH) 리포트로핀 명 포유동물의 뇌하수체전엽에서 생성되는, 지방분해를 촉진하는 두 가지 펩티드호르몬 가운데 하나.

lipovitellin 리포비텔린 명 양서류의 난황에 있는 지방단백질.

lipoxenous 미숙분리(未熟分離)의 형 완전히 발달하기 전에 숙주를 떠나는, 기생생물에 적용되는 말.

lipoxidase 지방산화효소 ⇨ lipoxygenase.

lipoxin 리폭신 명 상해에 대한 반응이나 염증반응을 통해 세포의 아라키돈산으로부터 생성되는 분자들. 리폭신은 민무늬근의 수축, 혈관확장, 주화성(chemotaxis), 콩팥의 과잉여과(hyperfiltration), 자연살생세포의 활성 억제 등을 유발한다.

lipoxygenases 리폭시게나아제 명복 어떤 불포화지방산과 그 유도체의 2중결합에 분자상 산소를 첨가하는 반응을 촉매하는 효소. 그 중에서도 일부 에이코사노이드(eicosanoid) 화학적 매개체(예: 류코트리엔과 리폭신)의 합성에 관여한다.

liquor folliculi 여포액, 난포액 그라프여포에서 난자를 에워싸는 액체.

lirella 라이렐라 명 어떤 지의류의 긴 자낭반(apothecium).

Lissamphibia 리스양서아강 명 일부 분류체계에서 현존하는 모든 종을 포함하는 양서류의 아강. 개구리목(Salientia), 도롱뇽목(Urodela) 그리고 무족목(Apoda)의 3목으로 이뤄진다.

lissencephalous 활택뇌의 형 뇌의 표면에 이랑(뇌회)이 거의 없거나 전혀 없는.

listeriosis 리스테리아증 기회감염 병원체인 세균 리스테리아 모노키토게네스(*Listeria monocytogenes*)에 의해 일어나는 감염증. 오염된 음식을 먹었을 때 병에 걸릴 수 있다.

lithite 결석(結石) 명 (1) 귀의 석회질로 된 분비물; (2) ⇨ 평형석(statolith).

lithocarp 열매화석 명 화석으로 된 열매.

lithocyst 암석주머니, 석회질세포 명 (1) 많은 무척추동물에서 발견되는, 평형석(statolith)이 들어 있는 미세한 주머니 또는 홈; (2) 식물의 표피가 팽창되어 종유체(cystolith)가 만들어지는 세포.

lithocyte 돌세포 명 중력을 감지하는 히드라충의 평형낭(statocyst)에서 칼슘염의 응결물이 들어 있는 큰 세포. 중력 하에서 돌세포가 움직이면 인접한 감각세포가 이를 감지한다.

lithodomous 암석서식성 형 바위의 구멍이나 틈에서 사는.

lithogenous 암석형성의 형 산호가 산호초를 만들 듯이 바위를 형성하거나 바위를 쌓는.

lithophagous 암식성(岩食性) 형 (1) 어떤 새처럼 돌을 먹는; (2) 어떤 연체동물과 성게처럼 바위에 굴을 파는.

lithophyll 잎화석 명 화석으로 된 잎 또는 잎의 자국.

lithophyte 암생식물 명 바위가 많은 지역에 사는 식물.

lithosere 암석천이계열 명 암석의 표면에서 비롯되는 식물의 천이.

L

lithosol 암석토(岩石土), 리토솔 명 고도가 높은 곳에서 풍화를 받은 기반암으로부터 형성되는 토양. 두께가 얇고 돌이 많은 흙이다.

lithosphere 암석권(岩石圈) 명 (1) 지각(earth crust); (2) 바위 또는 흙의 광물질 부분과 같이 환경의 무생물부분과 무기질부분.

lithotomous 암석용해성 형 어떤 연체동물과 같이 돌을 구멍을 뚫는.

lithotroph 무기영양생물 명 화학무기영양생물(chemolithotroph). 형 **lithotrophic**.

litter 낙엽, 한배새끼 명 (1) [식] 지표에 있는 부분적으로 분해된 식물의 잔해; (2) [동] 동시에 태어난 여러 마리의 새끼.

littoral 천해(淺海)의, 연안(沿岸)의 형 (1) 해안 부근에서 자라거나 사는; (2) 고조선과 저조선 사이의 구역에 적용되는 말, (⇨ 그림 34); (3) 호수에서 광합성이 뒷받침되지 않는 깊이인 보상심도(compensation depth)의 위에 있는 얕은 물과 바닥에 해당되는 말.

Littré's glands 요도샘, 리트레샘 요도(urethra)에서 점액을 분비하는 샘.

lituate 교차상(交叉狀)의 형 갈래가 바깥쪽으로 휘어지면서 갈라진.

liver 간(肝) 명 (1) 척추동물에서, 소화관과 밀접한 연관이 있는 샘기관. 쓸개즙을 분비하고 글리코겐의 형태로 탄수화물을 분해하고 저장하는 데에 중요한 역할을 하는 기관이다. 간의 특수화된 상피세포를 간세포(hepatocyte)라고 한다; (2) 일부 무척추동물에서, 소화 기능을 가진 샘기관.

liverworts 우산이끼류, 태류(苔類) 명복 식물의 문인 우산이끼문(Hepatophyta)에 속하는 종류들에 대한 일반적인 명칭.

live vaccine 생균백신 예방하고자 의도하는 바이러스와 같거나 비슷한 유형의 비병원성 바이러스로부터 제조한 백신. 이들 바이러스는 백신을 맞은 숙주의 체내에서 다소 증식하고 감염방어면역을 촉진하지만 심한 증상을 유발하지는 않는다.

living fossil 살아있는 화석 고대의 계통에서 아주 오랜 기간 동안 형태가 변하지 않고 남아 있는 현존하는 종. 유연관계가 가까운 종들은 화석으로 남았고, 어떤 경우에는 이들 자신도 멸종된 것으로 여겨지기도 한다. 어류의 실러캔스, 식물의 은행나무와 메타세쿼이아 등이 좋은 예가 된다.

LMM 가벼운 메로미오신(light meromyosin). ⇨ meromyosin.

loam 롬 명 모래와 미사(silt)가 같은 양으로 혼합되어 있고 약간의 점토가 들어 있는 잘 부서지는 흙.

lobar 엽성(葉性)의 형 엽(lobe)과 관련된 말.

lobate 엽화(葉化)의 형 엽들로 분열하는.

lobed 천열(淺裂)의 형 가장자리가 중륵(midrib)의 중간쯤에 못 미치게 얕게 갈라지는 잎에 적용되는 말.

lobe-finned fishes 총기류(總鰭類) 폐어류(lungfishes)와 총기류(crossopterygians)에 대한 일반적인 명칭.

lobopodia 엽상위족 명복 일부 원생동물에서 볼 수 있는 끝이 뭉툭한 위족.

lobose 엽상(葉狀)의 형 잎 모양의.

lobular 소엽성(小葉性)의 형 작은 엽(lobe)과 비슷하거나 그와 관련된.

lobulate 소엽화(小葉化)의 형 작은 엽들로 분열하는.

lobule 소엽(小葉) 명 작은 엽(lobe).

local-circuit neurons 국부회로뉴런 뇌의 특정 부위 안에서 국부적인 망이나 회로의 일부를 형성하는 뉴런. 비 projection neurons.

local faciation 국지적 우점종분포차 ⇨ lociation.

localization of function 기능의 국소화 뇌에서, 뇌의 서로 다른 영역들이 여러 다른 과업과 관계가 있다는 상황. 예를 들면 뒤통수엽(후두엽)에 있는 시각령은 눈에서 오는 신호를 처리하고, 운동령은 근육으로 나가는 신호를 발생하는 것 등이다.

localization of sensation 국소동정(局所同定) 영향을 받은 점의 정확한 체표면을 알아내는 것.

local potential 국소전위 ⇨ post-synaptic potential.

local sequence alignment 국소서열정렬 단지 국한된 영역에서만 두 서열을 정렬하는 것.

locellate 작은방의 ⇨ loculate.

locellus 아실(亞室) 명 식물의 씨방에 있는 작은 구획.

loci 자리 'locus'의 복수형.

lociation 국지적 우점종분포차 명 우점종의 양이나 비율이 국지적으로 차이를 보이는 것. ≒ local faciation.

lock-and-key model 자물쇠와 열쇠모형 효소의 활성부위가 기질에 맞는 입체적인 구조를 갖는다고 19세기 말에 처음으로 제안된 이론. 이러한 생각은 항원-항체결합과 같은 다른 특정한 상호작용에도 적용되었다. 본질적으로 틀림이 없지만, 유도적합(induced fit)을 참조하기 바란다.

locomotion 운동, 이동 명 세포나 생물이 이리저리 움직이는 것.

locular, loculate 작은방의 형 (1) 소방(locule)과 관련된 말; (2) 소방을 포함하거나 소방으로 구성된.

locule 소방(小房), 방(房), 실(室) 명 꽃의 씨방에서 밑씨가 들어 있는 방이나 곰팡이의 자좌(stroma)에서 자낭이 들어 있는 공간처럼 작은 방이나 공간을 가리키는 말.

loculi 방실 'loculus'의 복수형.

Loculoascomycetes 소방자낭균강 명 식물과 곤충에 기생하고 촘촘하지 않은 균사들로 된 자좌(stroma)의 공간 안에 자낭이 달리는 자낭균류의 분류군. 그을음병균(sooty moulds) 그리고 사과의 흑성병과 같이 다양한 더뎅이병(scab), 잎에 반점이 생기는 병과 탄저병을 유발하는 곰팡이 등이 포함된다. 일부는 지의류를 형성한다.

loculose 소방형(小房型) 형 (1) 몇 개의 소방을 갖는; (2) 작은 공간들로 구분된.

loculus 방실 ⇨ locule.

locus 자리 명 (1) 유전자자리(gene locus); (2) 자극이 일어나는 위치. 복 **loci**.

locus coeruleus 청색반점, 청반(青斑) 중뇌 바로 밑의 회백질에 있는 한 쌍의 소체. 노르아드레날린성 뉴런(noradrenergic neuron)의 세포체들을 포함한다.

locus control region (LCR) 유전자자리 조절부위 염색질의 상태를 조절함으로써 떨어져 있는 유전자 또는 유전자군의 발현을 조절하는 DNA의 부위.

locust 메뚜기 명 메뚜기목(Orthoptera)의 많은 종들에 대한 일반적인 명칭.

locusta 작은이삭 명 벼과 초본의 작은이삭(spikelet).

lodicule 인피(鱗被) 명 벼과 초본의 낱꽃에서 각 심피의 기부에 있는 작은 구조.

lod score 로드값 두 유전자가 연관되어 있을 가능성을 나타내는 통계적 추정치. 특정한 재조합분획에 있는 두 유전자자리 간에서 연관이 일어나는 공산비(odds ratio)를 상용로그($\log_{10}$)로 변환한 값이다.

loess 황토(黃土) 명 바람에 날려 온 입자들로부터 형성되는 진흙 토양. 부식질과 혼합되면 매우 비옥해진다.

logarithmic phase 대수기(對數期) 세균의 배양에서 생장이 대수적으로 증가하는 시기.

L

logistic curve 로지스트형 곡선 처음에는 느리게 올라가다가 이어서 가파르게 상승하고 마침내 평탄해지는 S자형의 곡선. 개체군의 생장과 안정화를 나타내는 특징적인 곡선이다.

log odds ⇨ lod score.

loma 로마 명 입구 주변의 띠를 형성하는 얇은 막성 덮개.

lomasomes 로마솜 명복 어떤 조류와 관다발식물 그리고 곰팡이에서 발견되는 세포막의 함입부.

loment, lomentum 마디깍지열매 명 종자들 사이가 잘록한 꼬투리. 복 **lomenta**.

lomentaceous 마디깍지열매의 형 마디깍지열매(꼬투리)와 관련되거나 그와 비슷하거나 또는 가진.

long bones 긴뼈, 장골(長骨) 팔다리의 긴 뼈들인 넙다리뼈(대퇴골), 위팔뼈(상완골), 노뼈(요골)와 자뼈(척골).

long-day plants 장일식물(長日植物) 일조시간이 어떤 임계시간보다 길어야만 꽃이 피는 식물들. 사실은 이들 식물이 끊임없이 노출되는 암흑의 기간이 중요한 요인이 된다. 비 day-neutral plants, short-day plants.

long-germ development 장배발생(長胚發生) 곤충에서 배아의 전체가 배대(germ band)에서 거의 똑같은 시간에 특수화되는 발생의 일종. 비 short-germ development.

longicorn 긴더듬이의 형 긴 더듬이를 갖는, 어떤 딱정벌레에 적용되는 말.

long interspersed element 긴고반복염기순서 ⇨ LINE.

longipennate 긴날개의, 장시형(長翅型) 형 긴 날개 또는 긴 깃털을 가진.

longirostral, longirostrate 긴부리의 형 긴 부리를 가진.

longisection 종단절편 명 세로축을 따라 또는 세로축에 평행하게 절단하는 것.

long period interspersion 광범위산재 일부 진핵생물 유전체에서 고단위반복 DNA의 서열들이 비반복DNA의 긴 서열들과 번갈아 생기는 염기순서배열의 유형.

long-term depression (LTD) 장기억제(長期抑制) 뇌의 어떤 부위에 다소 낮은 빈도의 전기적 자극을 가하면 그 후에 정상적 자극에 대한 반응의 규모가 감소하고 이러한 효과가 몇 시간 동안 지속되는 현상.

long terminal repeat (LTR) 긴말단반복순서 레트로바이러스의 프로바이러스 DNA의 양끝에 반복되어 있는 뉴클레오티드 순서. 이는 삽입되는 과정에 바이러스의 말단으로부터 생기고, 전사를 개시하는 조절부위가 포함된다.

long-term memory (LTM) 장기기억 정보가 뇌에 몇 주 또는 몇 달 또는 몇 년 동안 저장되는 과정과 그러한 정보를 상기하는 행동. 비 short-term memory.

long-term potentiation (LTP) 장기강화(長期强化) 일부 학자에 의해 학습과 기억의 기저를 이루는 시냅스 변화를 연구하는 모델로 제안된, 해마와 뇌의 다른 부분들에서 나타나는 현상. 뇌의 어떤 부위에 다소 높은 빈도의 전기적 자극을 가하면 그 후에 정상적 자극에 대한 반응의 규모가 증가하고 이러한 효과가 몇 시간 동안 지속되는 현상이다.

loop of Henle 헨레고리 포유동물 콩팥의 피질에서 수질을 지나고 다시 피질로 돌아가는 얇은 막으로 된 세관의 고리. 헨레고리의 벽을 통해 물과 나트륨 그리고 요소가 이동하면서 물이 재흡수되고 농축된 오줌이 만들어진다.

loph 능선 명 이빨의 원뿔들을 연결하고 융기선을 형성하는 능선.

lophium 능선군집 명 산등성이에 사는 군집.

lophobranchiate 총새류(總鰓類)의 형 촘촘한 아가미를 가진.

lophocercal 형 척주(vertebral column) 말단의 주위에 능선의 형태로 나타나는 꼬리지느러미를 가진.

lophodont 주름치의, 즐상치(櫛狀齒)의 형 분쇄면에 가로지르는 능선이 있는 어금니를 가진.

Lophophorata 촉수동물 ⇨ lophophore, Lophotrochozoa.

lophophorate 촉수관의 형 촉수관(lophophore)을 가진.

lophophore 촉수관(觸手冠) 명 완족동물, 태형동물과 추형동물에서 특징적으로 나타나는, 입 주위를 편자 모양으로 둘러싸는 촉수들의 관.

lophoselenodont 주름반달치의 형 분쇄면에 초승달 모양의 끝이 뾰족한 능선이 있는 어금니를 가진.

lophotrichous 말총모양의, 속모성 형 (1) 긴 채찍꼴 편모를 갖는; (2) 한 다발의 편모가 달린.

Lophotrochozoa, lophotrochozoans 촉수담륜동물상문, 촉수담륜동물(觸手擔輪動物) 명, 명복 선구동물(protostomes)을 대별하는 2개 무리의 하나. 다른 하나는 탈피동물상문(Ecdysozoa)이다. 촉수담륜동물은 담륜자 유충 단계를 거치는 담륜동물(Trochozoa)과 촉수관이라 부르는 섭식장치를 갖는 촉수동물(Lophophorata)로 나뉜다. 담륜동물에는 유형동물문, 연체동물문, 성구동물문, 의충동물문, 유수동물문과 환형동물문이 포함되고, 촉수동물에는 완족동물문, 추형동물문, 내항동물문과 태형동물문이 포함된다.

loral 콧등의 형 콧등(lore)과 관련되거나 콧등에 위치하는.

lorate 띠모양의 형 끈이나 띠처럼 생긴.

lordosis 척주앞굽음, 척주전만(脊柱前彎) 명 설치류에 볼 수 있는 암컷의 교미자세.

lore 콧등, 눈잎 명 새의 부리와 눈 사이의 공간.

Lorenzini's ampulla 로렌찌니병기 ⇨ ampullae of Lorenzini.

lorica 피각(被殼), 피갑(被甲) 명 몸의 외부에 있는 보호성 덮개.

loricate 피갑형 형 비늘로 된 보호성 덮개로 덮인.

Loricifera, loriciferans 동갑동물문, 동갑동물(胴甲動物) 명, 명복 바다의 퇴적층에 사는 아주 작은 다세포성 의체강동물의 작은 문. 가시가 있는 머리와 피갑(lorica)으로 덮인 복부(배)를 갖는다.

lorulum 로룰룸 명 일부 지의류의 끈 모양으로 된 가지 친 몸체.

loss-of-function 기능상실 기능적인 유전자산물을 만들지 못하는 돌연변이에 적용되는 말.

loss-of-heterozygosity (LOH) 이형접합상실 체세포에서 어느 상동염색체 또는 상동염색체의 부분이 사라지거나 돌연변이가 된 상태. 만일 이 사라진 부분에 세포의 종양억제유전자의 정상적인 복사본이 포함되어 있었다면 이 세포는 암에 걸릴 수 있다.

lotic 유수(流水)의 형 (1) 흐르는 물에 적용되거나 그와 관련된; (2) 개울이나 강에서 사는.

louse 이 명 다듬이벌레목(Psocoptera)과 이목(Anoplura)의 다양한 작은 곤충들과 등각목(Isopoda)과 새미류(Branchiura)의 갑각류에 대한 일반적인 명칭. 어떤 종들은 사람과 기타 동물의 외부기생생물이고, 머릿니(common head louse)나 이(body louse)에 의해 전염되는 발진티푸스(typhus fever)와 같은 질병을 전염시킬 수 있다. 복 lice.

low-density lipoprotein (LDL) 저밀도지방단백질 초저밀도지방단백질(very low-density lipoprotein; VLDL)에서 합성되고 콜레스테롤에스테르가 풍부하게 들어 있는 혈장지방단백질군. 콜레스테롤을 말초조직으로 운반하고 새로운 콜레스테롤 합성을 조절한다. ⇨ LDL receptor.

lower shore 하부연안 해안에서 최저조선으로부터 평균저조선까지의 구역. 가끔 짧은 시간 동안만 드러난다.

lowland 저지대(低地帶) 명 고도 약 700 m까지의 육지. 지역의 지형에 따라 저지대로 간주되는 구역은 변한다.

loxodont 형 능선들의 사이에 얕은 홈이 있는 큰어금니를 가진.

LP 투구게(*Limulus polyphemus*)에서 추출한 렉틴과 유사한 활성을 갖는 단백질.

LPH 지방단백질(lipoprotein).

LPS 지질다당류(lipopolysaccharide).

LRR 고류신반복(leucine-rich repeat).

LSD 리제르그산디에틸아미드(lysergic acid diethylamide).

L strand L가닥 DNA의 가벼운 가닥(light strand). 특히 밀도에 의거하여 무거운 가닥(H가닥)과 가벼운 가닥(L가닥)으로 분리할 수 있는 포유동물의 미토콘드리아 DNA와 관련된 말이다.

LT 림프독소(lymphotoxin).

LTD 장기억제(long-term depression).

LTH 젖분비호르몬(prolactin).

LTM 장기기억(long-term memory).

LTP 장기강화(long-term potentiation).

LTR 긴말단반복순서(long terminal repeat).

LUCA 최종공통조상(last universal common ancestor).

luciferase 발광효소(發光酵素) 명 모든 발광생물에 들어 있는, 기질 루시페린(luciferin)과 반응하는 효소. 루시페린이 산화되고 바닥상태로 돌아가면서 빛을 발한다.

luciferin 루시페린 명 효소에 의한 산화로 빛을 내는 화합물. 심해어류, 강장동물, 반딧불이와 그 유충 등의 생물에서 볼 수 있는 생물발광(bioluminescence)의 원인이 된다.

lumbar 허리의, 요추(腰椎)의 형 허리, 즉 사람의 등 아랫부위와 관련되거나 그 부근에 있는.

lumbarization 허리뼈되기, 요추화(腰椎化) 명 허리뼈와 엉치뼈(천추골)가 융합한 것.

lumbocostal 허리갈비의, 요추늑골의 형 허리와 갈비에 관련된, 활(궁)과 인대에 적용되는 말.

lumbosacral 허리엉치의, 요천골(腰薦骨)의 형 허리부위와 척주의 끝에 있는 엉치뼈와 관련된 말.

lumbrical 벌레모양의 형 (1) 외관상 벌레와 같은; (2) 손바닥과 발바닥에 네 개씩 있는 작은 근육(벌레모양근 또는 충양근)에 적용되는 말.

lumbricid 지렁이류의 형 지렁이속(*Lumbricus*)과 그 동족의 벌레들에 적용되는 말.

lumbriciform 지렁이모양의 형 외관상 지렁이와 같은.

lumbricoid 지렁이꼴 형 지렁이와 비슷한.

lumen 강(腔), 내강(內腔), 속공간 명 관이나 주머니 같은 기관 또는 세포소기관의 내부 공간.

luminal 강(腔)의 형 강(내강)의 내부에 있거나 그와 관련된.

luminescence 발광 ⇨ bioluminescence.

luminescent 발광성의 형 빛을 발하는.

luminescent organs 발광기관 다양한 동물에 들어 있는 빛을 내는 기관들.

lunar, lunate 초승달꼴 형 약간 초승달 같이 생긴.

lunar bone, lunatum 월상골(月狀骨) 명 팔에 근접한 3개 손목뼈의 중앙에 있는 뼈.

lunar rhythms 월주기리듬 월주기(lunar cycle)에 영향을 받는 생리적 양식이나 행동양식. 바다와 육지의 생물 모두에서 나타난다. ⇨ tidal rhythms.

lunette 루네트 명 뱀의 투명한 아래 눈꺼풀.

lung 허파, 폐(肺) 명 공기에서 산소를 직접 흡수하고 이산화탄소를 공기로 방출하는 공기호흡을 위한 기관. 척추동물에서 허파는 공기호흡을 하는 어류(폐어류)와 4족류에서 나타난다. 포유동물의 허파는 1쌍의 해면조직 덩어리이고, 이들은 정교하게 갈라지고 촉촉한 상피가 내벽을 이루는 기도(airway)로 구성된다. 기도는 기관지에서 시작하여 작은 주머니인 허파꽈리(폐포)에서 끝나고, 공기와 혈류 간의 기체교환을 위한 넓은 표면적을 제공한다. 육상에 서식하는 연체동물의 허파는 혈관조직이 내벽을 이루는 외투막 밑의 공간이다.

lung book 책허파, 폐서(肺書) 거미류에서 볼 수 있는 호흡기관의 일종. 혈액이 채워진 얇고 잎 모양의 주름으로 구성되고, 여기에서 기체교환이 일어난다.

lungfishes 페어류(肺魚類) 명복 폐어아강(Dipnoi)의 공기호흡을 하는 총기류의 경골어류. 단지 4속만이 현존한다.

lunula, lunule 초승달, 속손톱 명 (1) 작은 초승달 모양의 무늬나 반점; (2) 손발톱의 뿌리 부근에 있는 흰색의 불투명한 초승달 모양의 구조.

lunulet 작은다발 명 작은 다발.

lupulin 루풀린 명 맥주의 원료가 되는 홉(hop)의 암꽃이 성숙하면 포엽 밑부분에 생기는 황색의 수지성 가루. 쓴맛을 내는 후물론(humulone)과 루풀론(lupulone)이 들어 있다.

lupuline, lupulinous 뭉치꽃의 형 홉(hop)의 암꽃이 모인 뭉치꽃과 비슷한.

lupulon(e) 루풀론 명 홉의 루플린에서 얻는 쓴맛을 내는 항생물질. 곰팡이와 다양한 세균에 효과적이다.

Lusitanian 루시타니안 형 이베리아반도와 영국제도의 극서부(서부 아일랜드와 콘월 등)에 서식하는 어떤 식물과 동물에 적용되는 말. 이들 생물은 간빙기(interglacial period)의 유물로 여겨진다.

luteal 황체의 형 (1) 황체(corpus luteum)의 세포들과 관련되거나 비슷한; (2) 황체호르몬(progesterone)과 렐락신(relaxin)의 호르몬에 적용되는 말.

lutein 루테인 명 많은 식물의 잎과 꽃, 녹조류와 갈조류, 난황 그리고 황체에 들어 있는 황색의 카로티노이드색소.

lutein cells 황체세포 난소의 황체에 들어 있는 황색 세포. 여포세포 또는 난포막내층(theca interna)의 세포로부터 형성된다.

luteinization 황체형성 명 황체의 형성.

luteinizing hormone (LH) 황체형성호르몬 뇌하수체전엽에서 분비되는 당단백질호르몬. 생식샘에 작용하여 정소에서 테스토스테론의 생성과 사이세포의 형성을 촉진하고 난소에서 난모세포의 성숙, 배란 및 황체의 형성을 촉진한다.

luteinizing hormone-releasing hormone (LHRH) 황체형성호르몬방출호르몬 시상하부에서 합성되어 뇌하수체전엽에 운반되어 황체형성호르몬의 분비를 촉진하는 펩티드호르몬. 이와 비슷한 펩티드가 개구리에서 신경전달물질로 작용한다.

luteolysis 황체용해 명 포유동물의 배란주기 동안에 나타나는 황체의 분해.

L

Luteoviridae 루테오바이러스과 명 등장성 외가닥RNA바이러스를 포함하는 식물바이러스의 과. 보리노란무늬위축바이러스(barley yellow dwarf virus)와 같이 전형적으로 보리의 황화병을 일으킨다.

luxury genes 특정유전자 특정한 세포형에서만 발현되고 그 세포형에서만 (보통 많은 양으로) 생성되는 단백질을 지정하는 유전자. 병아리 수란관의 난알부민, 적혈구 전구체의 글로빈 등이 그 예가 된다.

lyase 분해효소 명 가수분해나 산화를 통하지 않고 C−C, C−O, C−S 그리고 C−N기의 결합을 절단하는 반응을 촉매하는 효소군을 통틀어 이르는 말. 어느 방향의 반응은 2기질반응이지만 그 역반응은 1기질반응이고, 이 방향에서 한 분자(예: 이산화탄소, 물)가 제거되고 2중결합이 생긴다. 탈2산화탄소효소(decarboxylase), 알돌라아제(aldolase), 수화효소(hydratase), 탈수효소(dehydratase)와 생성효소(synthase)가 포함된다. EC 4군.

lychnidiate 발광의 형 빛을 발하는.

lycopene 리코펜 명 토마토와 그 밖의 과일에 들어있는 빨간 카로티노이드색소.

L

Lycophyta, lycophytes 석송문(石松門), 석송식물 명, 명복 현존하는 무종자관다발식물의 4개 주요 문 가운데 하나. 현존하는 속은 10~15개이고, 석송류(club mosses), 부처손속(*Selaginella*)과 수생물부추류(quillworts)가 포함된다. 포자체는 뿌리와 줄기 그리고 줄기에 나선형으로 배열되는 작은 비늘 같은 잎을 갖고, 단독으로 포자엽에 달리는 포자낭을 갖는다는 점이 특징이다. 데본기부터 계속 발견되는 화석석송식물에는 목본성 인목(비늘나무)이 포함되는데, 이 식물은 석탄기에 형성된 협탄층(coal measures)의 우점식물이다.

Lycopodophyta 석송문, Lycopodiales 석송목, lycopods 석송류, Lycopsida 석송강, lycopsids 석송류 ⇨ Lycophyta.

lygophil 호암소성(好暗所性) 형 그늘진 곳이나 어두운 곳을 선호하는.

Lyme disease 라임병 진드기가 사람을 무는 과정에서 스피로헤타과 세균(*Borrelia burgdorferi*)이 신체에 침범하여 병을 일으키는 질병. 초기에는 인플루엔자 같은 증상이 특징이지만, 치료하지 않으면 신경증상이 나타나는 만성 질환으로 발전한다.

lymph 림프, 림프액 명 모든 조직세포의 간극을 적시고 구심성 림프관으로 흘러나와 림프절과 림프조직으로 옮겨지는 액체. 좌쇄골하정맥(left subclavian vein)에서 합류하는 구심성 림프관과 가슴관을 거쳐 혈액으로 돌아간다.

lymphatic (1) 명 **림프관** 림프액을 수송하는 관; (2) 형 **림프의** 림프와 관련되거나 나르는.

lymphatic system 림프계 척추동물의 몸 전체에 걸쳐 혈액순환계와 2차림프조직의 지점들을 연결하며 그물 같이 뻗어 있는 가는 관들. 림프관(lymphatic vessel)은 결합조직에서 시작하여 세포간극으로부터 액체를 빼낸다. 이 액체가 림프관에 들어 있을 때, 이를 림프액(lymph)이라고 한다. 림프액에는 백혈구도 포함되어 있다.

lymph gland 림프샘 ⇨ lymph node.

lymph heart 림프심장 많은 척추동물에서 정맥으로 통하는 림프관의 수축성 확장부위.

lymph node 림프절 림프관을 따라 간격을 두고 나타나는 작은 2차림프기관. 림프계에 들어온 항원이 림프절에서 잡히고, 여기에서 T림프구와 B림프구의 증식과 분화를 자극한다. 림프절은 항체가 생산되는 부위 중 하나이다.

lymphoblast 림프아구 명 항원에 의해 자극을 받은 후에 분열하는 림프구.

lymphocyte 림프구 명 림프조직에 많은 양이 들어 있고 혈액과 림프를 순환하는 단핵백혈구의 일종. 감염으로부터 몸을 방어하는 데 관여한다. B림프구(B세포)와 T림프구(T세포)는 항원특이적 후천성 면역반응을 담당한다. 대형 과립림프구인 자연살생세포(NK세포)는 바이러스에 감염된 세포를 죽이는 선천면역에서 역할을 하고 후천성 면역반응 과정에 영향을 미치는 시토카인을 생성한다. 자연살생세포의 살생 작용은 항원특이적 반응이 아니다.

lymphocytic choriomeningitis virus (LCM) 림프구성 맥락수막염바이러스 뇌의 막에 감염하여 세포매개면역반응을 유발하는 아레나바이러스과(Arenaviridae)의 바이러스.

lymphogenic 림프생성의 형 림프조직에서 생성되는.

lymphogenous 림프형성의 형 림프를 형성하는.

lymphoid 림프구의 형 주로 림프구로 구성된 조직이나 기관에 적용되는 말. 1차 림프기관(primary lymphoid organ)은 골수와 가슴샘(흉선)이며, 여기에서 림프구가 만들어진다. 이들 림프구는 림프절, 지라, 점막연관림프조직 등의 2차림프조직(secondary lymphoid tissue) 또는 2차림프기관(secondary lymphoid organ)으로 이동하고, 여기에서 외부 항원을 만나 최종적으로 분화되어 면역반응에 참여한다.

lymphoid follicle 림프여포 후천성 면역반응 과정에서 2차림프조직으로부터 만들어지는 활성화 B세포들이 증식하여 응집한 소결절상 구조물.

lymphokine 림포카인 명 활성화 림프구에 의해 만들어지는 시토카인을 통틀어 이르는 말.

lymphokine-activated killer cells (LAK) 림포카인활성살생세포 인터류킨-2(IL-2)에 의해 T세포가 활성화되면서 생성되는, 세포독성을 띤 세포.

lymphoma 림프종 명 림프조직에서 발생한 암.

lymphopoiesis 림프구생성 명 림프계세포(lymphoid cell)가 만들어지고 분화되는 것.

lymphotoxin (LT) 림프독소 명 활성화 Th1림프구에서 방출되는 시토카인. 일부 세포형에 독성을 나타내고 내피세포에 작용하여 염증을 증진시키는 것으로 알려져 있다.

Lyonnet's glands 리오네샘 나비목 곤충의 유충에 있는 1쌍의 부속견사샘.

lyophil 친액성(親液性)의 형 증발시켜 건조시킨 다음에 액체를 첨가하면 다시 용액에 쉽게 들어가는 용질에 적용되는 말.

lyosphere 리오스페어 명 콜로이드 입자를 둘러싸고 있는 물의 얇은 막.

lyra 리라 명 (1) 뇌의 원개(fornix) 측면을 연결하는 3각형으로 된 세포층. 악기의 일종인 리라(lyre) 모양의 섬유들이 특징이다; (2) 일부 뼈에서 볼 수 있는 리라처럼 생긴 패턴; (3) 일부 거미류에서 마찰기(stridulating organ)를 형성하는 일련의 키틴질로 된 막대.

lyrate 민들레형, 수금형(竪琴形) 형 리라(lyre) 모양의, 잎에 적용되는 말.

lyriform 민들레형, 수금형 형 리라처럼 생긴.

Lys 리신(lysine).

lysate 용해물 명 분해(용해)된 세포들의 현탁액.

lyse 용해하다, 분리하다 동 내용물이 방출되도록 세포를 녹이거나 부수는 것.

L

Lysenkoism 리센코설 명 획득형질이 유전될 수 있다는 생각에 근거하여 구소련의 농업전문가인 리센코(Trofim Lysenko)가 1930년대와 1940년대에 펼친 학설. 이러한 잘못된 이론은 한동안 구소련에서 유일하게 공인된 유전학 이론이 되었고, 멘델의 유전학과 근대 유전학적 개념에 근거한 일들을 가르치지 못하도록 금지하였으며, 리센코설에 반대하는 유전학자들을 박해하였다.

lysergic acid diethylamide (LSD) 리제르그산디에틸아미드 정신병, 특히 정신분열증과 유사한 증상을 일으키는 환각제. 세로토닌(serotonin) 수용체에 작용한다.

lysigenic, lysigenous 파생적(派生的) 형 세포집단의 중심에서 세포벽이 변성되면서 조직들 간에 틈이 생기는 것을 가리키는 말.

lysin 용해소(溶解素) 명 세포의 분해나 소멸을 촉진시킬 수 있는 물질을 통틀어 이르는 말.

lysine (Lys, K) 리신 명 염기성 곁사슬을 갖는 아미노산(diaminocaproic acid). 단백질을 구성하는 성분이고, 사람의 필수 아미노산이다.

L

lysis 용해(溶解) 명 세포가 분해되거나 소멸되는 것.

lysogen 용원균(溶原菌) 명 용원성(lysogeny)이 확립된 세균.

lysogenesis 용해소생성 명 용해소(lysin)의 작용.

lysogenic 용원성의 형 (1) 용원성(lysogeny)과 관련된; (2) 자신의 DNA에 파지의 유전물질을 지니고 있는 세균(용원성 세균)에 적용되는 말; (3) 용원성을 일으킬 수 있는 박테리오파지(용원성 파지)에 해당하는 말. ≒ temperate.

lysogenic immunity 용원성 면역 동종의 다른 파지가 같은 세균에 자리잡지 못하도록 방해하는 프로파지의 능력.

lysogenization 용원화(溶原化) 명 파지에 의해 용원성이 생기는 것. 동 **lysogenize**.

lysogeny 용원성(溶原性) 명 (1) 세균에서, 파지에 감염된 세균이 세균의 염색체에 통합된 파지의 DNA를 갖는 상태. 파지는 대부분의 기능이 억제된 프로파지가 된다; (2) [식] 세포집단의 중심에서 세포벽이 분해되면서 조직들 간에 틈이 생기는 것.

lysophospholipid 리소인지질 명 글리세롤의 가능한 세 자리 가운데 오직 두 자리만 아실기로 에스테르화된 인지질.

lysosome 리소좀 명 진핵세포, 특히 동물세포에 들어 있는 막으로 둘러싸인 세포소기관. 완전히 성숙한 리소좀의 내부 환경은 pH가 5 정도로 산성이다. 리소좀은 골지장치에서 출아하는 소포에서 유래되고 세포내막계의 일부가 된다. 리소좀은 물질을 세포 내부로 나르는 엔도솜(endosome)과 식포(phagosome)와 융합하고, 손상된 세포성분과 세포내 섭취(endocytosis)에 의해 세포로 들어온 물질을 소화하는 다양한 가수분해효소를 많이 포함하고 있다. 소화된 최종산물은 리소좀의 외부로 수송되어 세포기질에서 이용된다. 리소좀의 소화기능이 식물세포에서는 액포(vacuole)에서 일어난다. 형 **lysosomal**. ⇨ endosome, phagolysosome. (⇨ 그림 7)

lysozyme 리소자임 명 눈물과 같은 동물의 분비물과 알의 흰자위 그리고 일부 미생물에 들어 있는 효소. 세균 세포벽의 점액성 다당류와 점액성 펩티드를 구성하는 특정 잔기들 간의 글리코시드결합을 분열시켜 용균(bacteriolysis)을 일으키므로 항세균물질로 작용한다. EC 3.2.1.17.

lysylbradykinin 리실브라디키닌 명 혈관의 확장과 민무늬근의 수축을 유발하는 폴리펩티드. 번역후 절단(post-translational cleavage)에 의해 키니노겐으로부터 유래된다. ≒ kallidin, kinin.

lytic 용해의, 용해소의, 용균의 형 (1) 용해(lysis)와 관련된 말; (2) 용해소(lysin)와 관련된 말; (3) 세포 안에서 바이러스가 증식하여 결국 세포가 용해되어 새로운 바이러스가 방출되는, 세포의 바이러스 감염 또는 세균의 파지 감염에 적용되는 말.

lytic complex 용해복합체 세포의 표면에 모여서 세포막에 구멍을 만들어 세포용해(cell lysis)를 일으키는 보체성분(C5, 6, 7, 8, 9)의 복합체.

lytta 리타 명 (1) 개와 같은 육식동물의 혀 밑에 있는 벌레 모양의 결합조직 또는 연골; (2) 가뢰류(blister beetle)의 하나인 청가뢰(cantharis).

M

M 메티오닌(methionine).

***M*$_r$** 상대분자량(relative molecular mass).

Macaronesian region 마카로네시아식물구 북방식물계의 1부분. 마데이라 섬, 카나리아 제도와 카보베르데 섬과 같이 아프리카 서해안 가까이에 있는 섬들로 구성된다.

macerate 해리조직(解離組織) (1) 명 세포가 분리된 부드럽게 된 조직; (2) 동 소화 또는 그 밖의 수단으로 부드럽게 하거나 닳게 만들다.

machair 저지(低地) 명 스코틀랜드 서해안의 패각사(shell sand)로 형성된 풀이 무성한 석회질 초지.

machairodont 군도형치(軍刀形齒)의 형 펜싱 경기에 쓰이는 사브르(sabre)처럼 생긴 치아를 가진.

mAChR 무스카린성 아세틸콜린수용체(muscarinic acetylcholine receptor).

macrandrous 대형수컷의 형 큰 수그루(수컷 식물) 또는 큰 수컷 요소를 가진.

macraner 큰수개미 명 크기가 몹시 큰 수컷 개미.

macrergate 큰일개미 명 크기가 몹시 큰 일개미.

macro- '큰'을 뜻하는 그리스어 '*makros*'에서 유래된 접두사.

macroalga 대형조(류)(大型藻類) 명 해조류와 같은 다세포조류. 비 microalga.

macroarray 마크로어레이 명 나일론막이나 이와 비슷하게 크기가 큰 기판에 성분을 스폿하는 단백질배열이나 DNA배열.

macroarthropod 대형절지동물 명 현미경으로 봐야만 보이는 크기가 아니고 밀리미터 또는 센티미터 단위로 측정되는 중형 또는 대형 절지동물.

macrobiota 대형생물상 명 서식지 또는 생태계(특히 토양)에서 약 1 cm보다 큰 크기를 갖는 생물들. 비 microbiota, mesobiota.

macrobiotic 장수(長壽)의 형 수명이 긴.

macroblast 대적아구(大赤芽球) 명 큰 세포.

macrocarpous 큰열매의 형 큰 열매를 가진.

macrocephalous 큰머리의 형 큰 머리를 가진.

macrochaeta 강모(剛毛) 명 어떤 곤충의 몸에서 볼 수 있는 큰 강모(bristle). 복 **macrochaetae**.

macrochromosomes 대염색체(大染色體) 명복 핵에 들어 있는 비교적 큰 염색체.

macroclimate 대기후(大氣候) 명 비교적 큰 지역에 걸친 기후. 흔히 사용하는 의미의 기후(climate)와 같은 뜻이다.

macroconidium 대분생자(大分生子) 명 큰 무성포자 또는 분생자.

macroconjugant 대접합체(大接合體) 명 접합하는 1쌍의 접합체(conjugant) 가운데 큰 개체.

macrocyclic 장세대형(長世代型) 형 생활주기에서 담자포자, 겨울포자 그리고 다른 종류의 포자(녹포자와 여름포자) 중 최소한 한 가지를 만드는 녹병균(rust fungi)에 적용되는 말.

macrocyst 대피낭체(大被囊體) 명 (1) 일부 곰팡이의 큰 생식세포; (2) 포자를 둘러싸는 큰 피낭(cyst)이나 덮개.

macrocystidium 대낭상체(大囊狀體) 명 일부 복균류의 자실층에 있는 긴 주머니 같은 불임세포.

macrodactylous 큰가락의 형 긴 손가락(발가락)을 가진.

macrodont 큰치아의 형 큰 치아를 가진.

macroecology 거시생태학(巨視生態學) 명 진화학과 생태학의 기본원칙들을 이용하여 넓은 공간적 규모와 장기간에 걸친 종의 수도와 분포를 이해하기 위하여, 많은 '단위'(동일종의 구성원들 또는 전체로서의 종)들의 변화에 관한 자료를 바탕으로 생태계에서 일어나는 변화의 일반적 원칙이나 대규모의 통계적 패턴의 확인을 목표로 하는 생태학의 분야.

macroelement 다량원소 ⇨ macronutrient.

macroevolution 대진화(大進化) 명 지질연대를 거치면서 현저하게 다른 속(genus)과 그보다 상위의 분류군들이 형성되는 진화과정. 비 microevolution.

macrofauna 대형동물상 명 현미경으로 봐야만 보이는 크기가 아니고 센티미터 단위로 측정되는 크기를 갖는 동물들.

macrofibril 거대원섬유(巨大原纖維) 명 식물의 세포벽에서 미세원섬유(microfibril)의 다발로 이루어진 섬유소의 섬유. 거대원섬유는 1차벽 전체에서 드문드문 나타나지만, 2차벽에서는 보다 정연한 방식으로 배열된다.

macrogamete 대배우자(大配偶者) 명 이형 배우자성(heterogametic) 생물에서 두 배우자 가운데 큰 배우자. 보통 난자나 알과 동등한 것으로 간주한다.

macrogametocyte 대배우자세포 명 특히 원생생물에서 대배우자를 만드는 모세포. ≒ megagametocyte.

macroglia 큰아교세포 명 별세포(astrocyte)와 희소돌기아교세포(oligodendroglia) 또는 뇌실막(ependyma)에도 적용될 수 있는 어떤 신경아교세포(neuroglial cell)에 대한 일반적인 명칭.

macroglobulinaemia 고분자글로불린혈증 명 혈액에 면역글로불린M(IgM) 5합체인 고분자글로불린(macroglobulin)이 과다하게 나타나는 상태.

macroglossate 큰혀의 형 큰 혀를 가진.

macrognathic 큰턱의 형 유난히 잘 발달된 턱을 가진.

macrogyne 큰암개미 명 몹시 큰 암컷 개미.

macroinveretbrate 대형무척추동물 명 현미경으로 봐야만 보이는 크기가 아니고 밀리미터 또는 센티미터 단위로 측정되는 크기를 갖는 무척추동물이나 척추동물의 유생을 통틀어 이르는 말. 이러한 종들은 수질을 조사하는 시료에서 주로 나타나는 생물들이다.

macrolecithal 다량난황의 ⇨ megalolecithal.

macromere 대할구(大割球) 명 일부 동물의 수정란에서 부등할(unequal cleavage)의 결과로 만들어지는 세포 가운데 큰 세포.

macromerozoite 대분열소체 명 포자충의 대분열체(macroschizont) 시기에 많은 분열로 생기는 것.

macromesentery 대장간막(大腸間膜) 명 말미잘 따위의 산호충류(Anthozoa)의 내

부 공간에서 체벽으로부터 입까지 완전히 뻗어 있는 방사상 격막.

macromolecule 고분자, 거대분자 명 단백질이나 핵산 또는 다당류 또는 그 밖의 중합에 의한 매우 큰 유기분자들에 대한 일반적인 명칭. 형 **macromolecular**.

macromutation 대돌연변이 명 (1) 서로 다른 여러 가지의 형질이 동시에 변화하는 것; (2) 진화에서 큰 효과를 나타내는 단일한 돌연변이에 의한 변화의 가상적인 단계.

macronotal 큰등판의 형 여왕개미 같이 큰 등판(notum)을 가진.

macront 마크론트 명 일부 포자충류에서 분열생식(schizogony) 후에 생기는 두 세트의 세포들 가운데 큰 쪽. 마크론트에서 대배우자들이 생긴다.

macronucleocyte 대핵세포, 대핵백혈구 명 곤충의 혈액에서 큰 핵을 갖는 백혈구.

macronucleus 대핵(大核) 명 원생동물의 섬모충류에서 발견되는 두 가지 종류의 핵 가운데 큰 핵. 대핵은 진핵생물의 체세포에 있는 핵에 해당한다. 대핵은 유성생식 과정에서 사라졌다가 소핵(micronucleus)으로부터 다시 만들어진다.

macronutrient 다량영양소 명 생물이 적절하게 생장하고 발달하는 데 있어서 많은 양이 필요한 화학원소. 탄소, 질소, 산소, 인, 칼슘 등이 그 예가 된다.

macroparasite 대형기생생물 명 절지동물과 같이 육안으로 볼 수 있는 기생생물.

macrophage 대식세포(大食細胞) 명 많은 종류의 조직에 들어 있는 큰 식세포(phagocytic cell). 대식세포는 조직에 들어온 백혈구의 일종인 단핵구에서 유래된다. 대식세포는 조직에 침입한 미생물들을 포식하고 파괴하며, 죽고 손상된 세포와 세포부스러기를 청소한다. 한편 감염이 되면 후천성 면역반응에 영향을 미치는 시토카인을 생성한다.

macrophage colony-stimulating factor (M-CSF) 대식세포증식자극인자 단핵구와 대식세포의 증식을 촉진하는 시토카인. 골수의 기질세포와 대식세포 등에서 생산된다. M-CSF의 수용체는 원발암유전자(proto-oncogene) *fms*에 의해 암호화된다.

macrophage-like cells 대식세포유사세포 림프조직, 허파, 간 그리고 콩팥의 세망내피계(reticuloendothelial system)에 있는 식세포들.

macrophagous 거식성 형 비교적 많은 양의 먹이를 먹고 사는. 비 microphagous.

macrophanerophytes 거대꽃식물 명복 교목들.

macrophyll, macrophyllous ⇨ megaphyll, megaphyllous.

macrophyte 대형저생식물(大型底生植物) 명 식물플랑크톤과 좀개구리밥 같은 작은 식물이 아닌 큰 수생식물. 수련과 수생 애기미나리아재비 등이 그 예가 된다.

macropinocytosis 대음세포작용(大飮細胞作用) 명 액체와 세균과 같은 작은 입자들이 세포내 섭취(endocytosis)에 의해 대음소포(macropinosome)라고 부르는 큰 세포내 소포가 만들어지면서 비특이적으로 섭취되는 것.

macroplankton 대형플랑크톤 명 해파리와 모자반 무리처럼 물에 떠다니는 큰 생물들.

macropodous 긴자루의, 큰발의 형 (1) 긴 자루를 갖는, 잎이나 작은 잎에 적용되는 말; (2) 식물의 배에서 배의 나머지와 비교하여 큰 배축(hypocotyl)을 갖는; (3) 긴 발을 가진.

macropterous 장시형(長翅型)의 형 몹시 큰 지느러미 또는 날개를 가진.

M

macroschizogony 대분열생식(大分裂生殖) 명 (1) 대분열체(macroschizont)가 증식하는 것; (2) 대분열소체(macromerozoite)가 생기는 분열생식.

macroschizont 대분열체 명 일부 포자충류 혈액기생충의 생활주기에서, 포자소체(sporozoite)에서 생기고 대분열소체로 발달하는 단계.

macrosclere 주대골편(主大骨片) ⇨ megasclere.

macrosclereids 대후벽세포(大厚壁細胞) 명복 어떤 콩과 식물의 종피에 들어 있는 것처럼 비교적 큰 원주형 후벽세포(sclereid).

macroscopic 육안적 형 육안으로 볼 수 있는.

macrosepalous 큰꽃받침의 형 유난히 큰 꽃받침조각들을 가진.

macroseptum 대격막 ⇨ macromesentery.

macrosiphon 대수관(大水管) 명 일부 두족류의 큰 내부 수관.

macrosmatic 후각발달의 형 후각이 잘 발달된.

macrospecies 대형종(大型種) 명 보통 여럿으로 세분되는 큰 다형종(polymorphic species).

macrosplanchnic 형 몸은 크고 다리가 짧은.

macrosporangium 대포자낭 ⇨ megasporangium.

macrospore 대포자(大胞子) 명 (1) 일부 원생동물의 큰 이형포자(anisospore) 또는 배우자; (2) ⇨ megaspore.

macrosporogenesis 대포자형성 명 대포자가 만들어지는 것.

macrosporophore 대포자병(大胞子柄) 명 식물에서 자성 생식기관이 달리는 구조.

macrosporophyll 대포자엽 ⇨ megasporophyll.

macrosporozoite 대포자소체 명 세포분열의 생성물 간에서 융합이 일어나는 큰 포자소체(sporozoite).

macrostomatous 큰입의 형 매우 큰 입을 가진.

macrostylous 긴암술대의 형 긴 암술대(style)를 가진.

macrosymbiont 대형공생자 명 공생을 하며 사는 두 생물 가운데 큰 생물.

macrotous 큰귀의 형 큰 귀를 가진.

macrotrichia 큰털, 대모(大毛) 명복 곤충의 날개나 몸에 있는 큰 강모.

macrozoospore 거대유주자 명 큰 운동성 포자.

macruric 긴꼬리의 형 꼬리가 긴.

macula 황반, 반점 명 (1) 색깔을 띤 점이나 부분; (2) 작은 구멍이나 홈. 복 **maculae.** 형 macular.

macula cribrosa 체반 귀에 있는 전정(vestibule)의 벽에서 청신경섬유가 지나가는 구멍이 뚫린 구역.

macula lutea 황반(黃斑) 일부 포유동물의 눈에서 망막의 오목(fovea)에 있는 난형의 황색 부위. 'yellow spot'이라고도 한다.

maculate 반점(斑點)의 형 반점이 있는.

maculation 반점배열 명 동물에서 나타나는 반점의 배열.

Madagascan region 마다가스카르식물구 마다가스카르와 그 주변의 섬들로 이뤄지는 구열대식물계의 한 부분.

mad cow disease 광우병 소해면상뇌증(bovine spongiform encephalopathy). ⇨ transmissible spongiform encephalopathies.

madescent 인습성(引濕性)의 형 (1) 축축해지는; (2) 다소 축축한.

madrepore 녹석(綠石) 명 산호초를 만드는 돌산호목(Scleractinia)의 가지를 치고 돌과 같은 산호류.

madreporite 천공판(穿孔板) 명 극피동물의 수관계에서 석관(stone canal)의 끝에 있는 구멍이 뚫린 판.

MADS box MADS박스 식물에 가장 풍부하게 들어 있는 유전자조절단백질군의 특징이 되는 염기서열. 식물에서 꽃의 발생에 관여한다.

Magendie's foramen 마장디구멍 제4뇌실의 천장에서 거미막밑공간(subarachnoid space)과 연결되는 중앙의 구멍.

maggot 구더기 명 부속지나 뚜렷한 머리가 없는 벌레처럼 생긴 곤충의 유생.

magnesium (Mg) 마그네슘 명 생물의 필수영양소인 금속원소.

magnetic resonance imaging (MRI) 자기공명영상(磁氣共鳴映像) 자기장이 분자에 미치는 효과를 이용하여 뇌의 작은 구조적 변화를 감지하는 비침습적(non-invasive) 영상기술. ⇨ functional magnetic resonance imaging.

magnetosomes 자성질체(磁性質體) 명복 일부 세균에 들어 있는 자철석(Fe_3O_4)의 입자들. 자기장에서 방향을 잡는 데에 이용된다.

magnetotaxis 주자성(走磁性), 향자장성(向磁場性) 명 자기장 내에서 방향성을 갖는 운동. 세포 내에 자철석(magnetite)의 작은 입자들이 들어 있는 일부 세균에서 나타난다. 형 **magnetotactic**.

magnetotropism 굴자성(屈磁性) 명 생물이 자력선에 대응하여 움직이거나 생장하는 것.

magnocellular layer 큰세포층 영장류 뇌의 측면슬상핵에서 2개의 층과 큰 세포체로 구성되는 층.

Magnoliales 목련목 명 교목과 관목인 쌍떡잎식물의 목. 뽀뽀나무과(Annocaceae), 목련과(Magnoliaceae), 미리스티카과(Myristicaceae) 따위로 이뤄진다.

Magnoliophyta 속씨식물문 명 일부 분류체계에서 속씨식물(angiosperms)에 대한 이름.

Magnoliopsida 쌍떡잎식물강 명 일부 분류체계에서 쌍떡잎식물을 포함하는 강에 대한 이름.

maintenance behaviour 유지습성 먹이를 구하거나 짝짓기를 하거나 번식하거나 또는 극심한 환경을 회피하는 것처럼 그날그날 행해지는 활동과 관련된 동물의 행동.

maintenance energy 유지에너지 생물이 단순히 세포의 구조와 통합성을 유지하는 데 필요한 에너지.

maintenance ration 유지사료 에너지수지에서 생산의 항(P)이 제로(0)일 때 동물을 지탱하기 위해 필요한 사료.

maize 옥수수 명 벼과(Gramineae)의 한 종(*Zea mays*). 아메리카대륙에서 처음 재배되었고, 지금은 사람과 동물의 먹이로 널리 재배되는 작물이다. ≒ 미 corn.

major element 주원소 ⇨ macronutrient.

major gene 주유전자 형질발현에 뚜렷한 효과를 나타내는 유전자.

major groove 주홈 DNA의 2중나선분자에서 두 가지 나선홈 가운데 넓은 쪽.

major histocompatibility antigen 주조직적합성항원, major histocompatibility molecule 주조직적합성분자 ⇨ MHC molecule.

major histocompatibility complex (MHC) 주조직적합성복합체 다형성 주조직적합성분자(MHC molecule)와 면역계의 다른 일부 표면단백질들, 보체단백질

M

의 일부와 TAP단백질을 암호화하는 큰 유전자군. 사람은 HLA복합체가 이에 해당하고, 쥐는 H-2복합체로 알려져 있다. ⇨ minor histocompatibility antigen.

major locus 주유전자자리 표현형질을 결정하는 데 중요한 역할을 하는 유전자자리.

major worker 주(主)일개미, 주일벌 일개미 또는 일벌 계급에서 가장 큰 집단의 무리. 개미의 경우 주일개미는 병정개미에 해당한다.

mala 뺨 명 척추동물의 볼(cheek). 무척추동물의 머리구역에 해당한다.

malacoid 연질(軟質)의 형 감촉이 부드러운.

malacology 연체동물학 명 연체동물을 연구하는 학문.

malacophilous 달팽이매개의 형 주로 달팽이와 민달팽이의 복족류의 중개로 꽃가루받이를 하는.

malacophyllous 연엽(軟葉)의 형 부드러운 다육질의 잎을 가진.

malacopterous 연기(軟鰭)의 형 부드러운 지느러미를 가진.

malacospermous 연종피(軟種皮)의 형 부드러운 껍질로 싸인 종자를 가진.

Malacostraca 연갑아강(軟甲亞綱), malacostracans 연갑류(軟甲類) 명, 명복 게, 바닷가재, 가재, 새우와 쥐며느리를 포함하는 갑각류의 아강. 이들 모두 단단한 등딱지(배갑)가 몸의 일부를 덮고 있다.

malacostracous 연갑(軟甲)의 형 부드러운 껍질을 가진.

Malagasy subregion 말라가시아구 마다가스카르 섬과 그 주변의 섬들을 포함하는 에티오피아동물지리구의 1부분.

malar 뺨의, 광대뼈의 형 (1) 볼과 관련되거나 그 부위에 있는; (2) 뺨의 뼈(광대뼈)에 적용되는 말.

malaria 말라리아 명 회귀열(recurrent fever)이 특징이고 때로는 치명적인 질병. 말라리아열원충속(*Plasmodium*)의 기생성 원생동물에 의해 야기되며, 그 가운데 열대열말라리아원충(*P. falciparum*)이 가장 심각한 열대열말라리아를 일으킨다. 말라리아열원충의 중간숙주는 아노펠레스(anopheline) 모기류이다.

malate 말산 ⇨ malic acid.

malate dehydrogenase 말산탈수소효소 피루브산이나 옥살로아세트산이 말산으로 가역적으로 전환되는 반응을 촉매하는 효소. 트리카르복시산회로에 관여하는 효소들(EC 1.1.1.37~39)은 전자를 수용하는 보조인자로 NAD를 이용하고, β산화반응과 이산화탄소고정의 C4 경로에 관여하는 효소들(EC 1.1.1.40과 1.1.1.82)은 NADP를 이용한다. 후자와 같은 NADP-의존성 말산탈수소효소를 '말산효소(malic enzyme)'라고도 한다.

Malayan 말레이의 형 말레이시아, 월리스선의 서쪽에 있는 인도네시아 그리고 필리핀을 포함하는 동물지리아구에 적용되거나 관련된 말.

Malaysian region 말레이시아식물구 말레이시아 반도의 남부, 필리핀, 인도네시아와 파푸아뉴기니의 섬들로 이뤄지는 구열대식물계의 한 부분.

MALDI-TOF spectrometry ⇨ mass spectrometry.

male 수컷, 웅성(雄性) 명 수배우자만 들어 있는 생식기관을 갖는 개체. 부호 '♂'로 표시한다.

male haploidy 웅성단위생식 ⇨ arrhenotoky.

male pronucleus 정자전핵 접합자를 만드는 정자의 핵.

male-sterile 수컷불임성, 웅성불임성(雄

性不稔性) 활력을 갖는 꽃가루를 만들지 않는 암수한몸식물의 돌연변이체에 적용되는 말. 자가수정을 막고 타가수정을 할 때 이들 식물을 이용할 수 있고, 수술을 제거하는 데에 많은 노력을 기울일 필요가 없으므로 식물의 육종에서 매우 중요하다. ⇨ cytoplasmic male sterility.

malic acid, malate 말산 트리카르복시산 회로에서 말산탈수소효소(EC 1.1.1.37)에 의해 옥살로아세트산으로 산화되는 4탄소의 산. 한편 말산은 다른 대사경로에서 말산탈수소효소(EC 1.1.1.38~40)에 의해 피루브산으로 산화되기도 한다. 사과와 같은 과실에서 시큼한 맛을 낸다.

malic enzyme 말산효소 ⇨ malate dehydrogenase.

malignant 악성(惡性) 형 몸에 침투하고 다른 부위로 퍼져 나갈 수 있는 종양(악성 종양)에 적용되는 말. ≒ cancerous.

malleate 망치꼴 형 망치 모양의.

mallee scrub 유칼리관목군집 오스트레일리아 남동부와 남서부의 건조한 아열대 지역에서 전형적으로 나타나는 유칼립투스속(*Eucalyptus*)의 낮은 관목들로 구성된 식생.

malleoincudal 망치모루뼈의, 추골침골의 형 가운데귀의 망치뼈(추골)와 모루뼈(침골)에 관련된.

malleolar 과(踝) 명 반추동물의 퇴화한 종아리뼈(fibula).

malleolus 복사 명 (1) 정강뼈 또는 종아리뼈의 아래쪽 끝이 연장된 것; (2) 곤봉 모양 또는 망치 모양의 돌기.

malleus 망치뼈, 추골(槌骨) 명 포유동물의 가운데귀에서 고막과 모루뼈를 연결하는 작은 망치 모양의 뼈.

Mallophaga 새털이목 명 일반적으로 'bird lice' 또는 'biting lice'라고 부르는 곤충들의 목. 새의 외부기생생물이며, 저작형의 구기를 갖는다. 날개가 없고 경미한 탈바꿈을 한다.

malloplacenta 융모태반 명 고래류와 일부 유제류에서 볼 수 있듯이, 융모(villi)가 고루 분포하는 비탈락성 태반.

malonic acid 말론산 명 숙신산탈수소효소를 가역적으로 억제하여 세포호흡을 차단하는 대사독성물질로 작용하는 유기산. 일부 식물에서 대사의 최종산물로 나타난다.

Malpighian body 말피기소체 (1) 지라(비장)에서 작은 동맥들을 감싸는 림프조직의 결절성 덩어리; (2) 척추동물의 콩팥(신장)에서 사구체와 이를 에워싸는 보먼주머니.

Malpighian corpuscle 말피기소체 ⇨ Malpighian body.

Malpighian layer 말피기층 척추동물의 피부에서 표피의 가장 안쪽에 있는 층. 분열하는 표피세포들과 멜라닌이 함유된 세포들이 들어 있다. ≒ rete mucosum, basal layer. (⇨ 그림 35)

Malpighian tubule 말피기관 곤충에서 후장으로 통하는 많은 수의 가늘고 벽이 얇은 배설관.

MALT 점막연관림프조직(mucosal-associated lymphoid tissue).

maltase 말타아제 명 맥아당을 포도당으로 가수분해하는 효소. ⇨ glucosidases.

maltodextrins 말토덱스트린 명복 녹말의 불완전한 가수분해로 생성된 다당류.

maltose 맥아당 명 아밀라아제에 의해 녹말에서 생성되는 포도당으로 된 2당류. 유리상태로 널리 분포하지 않지만 발아하는 보리에서 만들어진다. 말타아제에 의해 포도당으로 가수분해된다.

malt sugar 맥아당 ⇨ maltose.

Malvales 아욱목 명 교목, 관목 및 초본이고 흔히 점액을 분비하는 쌍떡잎식물의 목. 아욱과(Malvaceae), 벽오동과(Sterculiaceae), 피나무과(Tiliaceae), 물밤나무과(Bombacaceae) 따위로 이뤄진다.

malvidin 말비딘 명 연보라색의 안토시아닌 색소.

mamilla 유두(乳頭), 유두돌기 명 (1) 젖꼭지; (2) 젖꼭지처럼 생긴 구조. 복 **mamillae**.

mamillary bodies 유두체 뇌의 시상하부에서 회백질을 둘러싸는 2개의 흰색 소체. 제3뇌실 바닥의 아래에 위치하고 있다. ≒ corpora mamillaria.

mamillary process, mamillary tubercle 유두돌기 ⇨ metapophysis.

mamillate 유두형 형 작은 돌기들로 덮인.

mamillothalamic tract 유두시상로 유두체(corpora mamillaria)에서 시상(thalamus)으로 이어지는 신경섬유의 다발. ≒ bundles of Vicq d-Azyr.

mamma 젖샘 명 젖샘. 복 **mammae**.

Mammalia, mammals 포유강, 포유동물, 포유류(哺乳類) 명, 명복 트라이아스기 후세부터 출현한 정온동물인 척추동물의 강. 암컷이 젖샘에서 젖을 만들고 새끼에게 젖을 먹이는 4족류이다. 알을 낳는 단공류(monotremes)를 제외하고 새끼는 어미의 자궁 안에서 발달하며 거의 성숙한 상태로 태어난다. 그 밖에 4개의 방으로 이루어진 심장과 몸에 나는 털이 포유동물의 현저한 특징이다. 포유동물의 3가지 주요 무리는 단공류와 유대류(marsupials) 그리고 진수류(eutherians)이다. 부록 3에 포유동물의 목이 정리되어 있다.

mammal-like reptiles 포유류형 파충류 석탄기부터 트라이아스기까지 출현하고 양와머리뼈(synapsid skull)를 가진 단궁아강(Synapsida)의 멸종된 파충류에 대한 일반적인 명칭. 반용목(Pelycosauria)과 수궁목(Therapsida)이 포함되는데, 이 가운데 수궁류가 포유동물의 직계 조상이다.

mammalology 포유동물학 명 포유동물을 연구하는 학문.

mammary 유방(乳房)의 형 유방과 관련된, 동맥, 정맥, 세관 등에 적용되는 말.

mammary gland 젖샘 포유동물 암컷에서 젖을 분비하는 샘. ≒ mamma.

mammiferous 젖샘의 형 (1) 젖샘이 형성되는; (2) 젖을 분비하는.

mammiform 유방형 형 유방처럼 생긴, 일부 곰팡이의 갓(균모)에 적용되는 말.

mammilla 유두, 유두돌기 ⇨ mamilla.

manca 만카 명 어떤 등각류(isopods)의 유생기.

manchette ⇨ armilla.

Manchurian subregion 만주아구 구북구(Palaearctic zoogeographical region)를 세분한 동물지리구의 1부분. 중국의 중심부와 북부 그리고 최북단의 섬들을 제외한 일본을 포함한다.

mandible 아래턱, 하악(下顎), 큰턱 명 (1) 척추동물에서 하나 또는 몇 개의 뼈로 구성되는 아래턱; (2) 절지동물에서 주로 물어뜯는 데 이용되는 짝을 짓는 일련의 구기.

mandibular 아래턱의, 큰턱의 형 척추동물의 아래턱이나 절지동물의 큰턱과 관련된, 관(canal), 구멍(foramen), 신경, 패임(notch) 등에 적용되는 말. ≒ submaxillary.

mandibular arch 아래턱뼈활, 하악궁(下顎弓) 척추동물 배아의 제1아가미활. 서로 다른 척추동물에서 다양한 구조로 발달한다.

mandibulate 아래턱의, 큰턱의 형 (1) 아

래턱을 갖는; (2) 기능적인 턱을 갖는; (3) 큰턱을 갖는, 절지동물에 적용되는 말.

mandibuliform 형 아래턱과 비슷하거나 아래턱으로 사용되는.

mandibulohyoid 아래턱목뿔뼈의 형 아래턱과 목뿔뼈(hyoid) 부위에 있는.

manducation 씹기, 저작(咀嚼) 명 물어뜯거나 음식을 씹는 것.

manganese (Mn) 망간 명 식물의 필수 미량영양소인 화학원소. 망간은 일부 효소의 보결분자단이다.

manicate 형 얼기설기 얽힌 털이나 엉겨 붙은 비늘로 덮인.

manna 만나 명 서양물푸레나무와 같은 어떤 나무의 껍질에서 나오는 경화된 삼출물 또는 능수버들과 같은 다른 나무에서 깍지벌레류의 공격에 의해 생기는 이와 비슷한 물질.

mannan 만난 명 대부분 만노오스(mannose)로 구성된 다당류를 통틀어 이르는 말. ⇨ glucomannans.

mannitol 만니톨 명 만노오스 또는 과당의 유도체인 당알코올의 일종. 많은 식물과 조류에서 발견되며, 감미제로 상업적으로 이용된다.

mannose 만노오스 명 당단백질과 많은 다당류, 특히 식물세포벽을 구성하는 다당류에 들어 있는 알도헥소오스의 일종.

mannose-binding lectin (MBL) 만노오스결합렉틴 세균과 결합하여 렉틴매개경로(lectin-mediated pathway)에 의한 보체계의 활성화를 착수시킬 수 있는 혈단백질.

mannose-6-phosphate receptor 만노오스-6-인산수용체 골지장치를 이루는 골지층판의 성숙면(*trans* face)에서 만노오스-6-인산으로 표지된 단백질을 인식하고 이들을 리소좀으로 보내는 수용체단백질.

manoxylic 엉성한 형 소철류와 같이 많은 유조직을 포함한 연질목재(softwood)를 가진.

mantid 사마귀 명 바퀴벌레목(Dictyoptera)에 속하는 많은 종류에 대한 일반적인 명칭.

mantle 맨틀, 외투막(外套膜) 명 (1) [식] 균근(mycorrhiza)에서 식물의 작은 뿌리를 덮는 곰팡이 균사체의 외부 껍질. '균투(菌套)'라고도 한다; [동] (2) 연체동물, 따개비류와 완족동물의 껍질 밑에서 외투강(mantle cavity)을 감싸는 부드러운 조직으로 된 주름; (3) 해초류(ascidians)의 체벽; (4) 새의 목과 등의 사이에 있는 깃털.

mantle cell 외투세포 포자낭의 덮개를 구성하는 세포.

mantle layer 외투층 장차 회백질이 되는 척수의 배조직 층.

mantle lobes 외투엽 연체동물 2매패류의 외투막에서 등 쪽과 배 쪽에 있는 날개판.

mantle zone 외투역 (1) 배중심(germinal centre) 세포들의 바깥층; (2) ⇨ mantle layer.

manual 매뉴얼 명 날개의 '손'과 같은 부위에 달리는 장깃털(quill feather). ≒ primary feather.

manubrium 입자루, 구병(口柄) 명 해파리의 밑면에서 아래로 드리운, 입이 달린 관.

manus 손 명 양서류, 파충류 및 포유동물에서 나타나는 손 또는 그에 상응하는 앞다리의 부분. 복 **manus**.

manyplies 겹주름위 ⇨ omasum.

MAP 미세소관결합단백질(microtubule-associated protein).

map distance 유전적 지도거리 동일 염색체 상에 있는 2개의 유전자자리 간에서 일어나는 재조합의 정도를 측정하여 이들 간의 상대적 거리를 나타낸 것. 모든 자손

M

의 재조합체 백분율로 나타내며, 1 지도 단위는 1% 재조합이다.

MAP kinase (MAPK) MAP인산화효소 유사분열물질연관단백질인산화효소(mitogen-associated protein kinase). 많은 생장인자와 기타 시토카인의 작용에 의해 활성이 촉진되는 세린/트레오닌인 산화효소이다. 세포내 신호전달경로의 마지막에 있는 MAP키나아제는 전사인자를 인산화하고 활성화하며, 그 결과 유전자발현이 변화된다.

MAP kinase cascade MAP인산화효소단계적연쇄반응 단계적 연쇄를 형성하는 3가지 단백질인산화효소들이 순차적으로 연쇄의 다음 효소를 활성화하여 결국 MAP인산화효소가 활성화되는 것. 많은 세포내 신호전달경로의 일부가 된다.

MAP kinase kinase (MAPKK) MAP인산화효소인산화효소 MAP인산화효소를 인산화하고 활성화하는 세린/트레오닌인 산화효소. MAP인산화효소인산화효소는 MAP인산화효소인산화효소인산화효소에 의해 인산화되어 활성화된다.

MAP kinase kinase kinase (MAPKKK) MAP인산화효소인산화효소인산화효소 MAP인산화효소단계적연쇄반응의 첫 번째 단백질인산화효소. Ras와 같은 작은 G 단백질에 의해 활성화되고, MAP인산화효소인산화효소를 인산화하고 활성화한다.

MAPKK MAP인산화효소인산화효소(MAP kinase kinase).

MAPKKK MAP인산화효소인산화효소인산화효소(MAP kinase kinase kinase).

mapping function 유전자위치함수 유전적 지도거리(map distance)를 계산할 때 다교차(multiple crossover)의 출현을 보정하여 재조합체의 빈도를 이용하는 식.

map unit 지도단위 ⇨ map distance. ≒ centimorgan.

maquis 마키 명 지중해 지역에서 발견되는, 낮게 자라는 내건성(xerophilous) 관목들로 구성된 식생.

marasmus 소모증(消耗症) 명 전반적인 영양 부족에 기인하여 주로 영유아에서 나타나는 결핍증.

marble gall 마블혹 말벌 유생에 의해 참나무에서 나타나는 벌레혹(gall)의 일종.

marcescent 조위성(凋萎性) 형 시들었지만 떨어지지 않는, 수정이 일어난 후에도 남아 있는 꽃받침이나 꽃부리에 적용되는 말.

marcid 시든 형 시들고 쪼글쪼글해진.

marginal 주변의, 변연(邊緣)의 형 (1) 가장자리, 모서리 또는 경계와 관련되거나 그 부근에 있는; (2) 잎 또는 곤충 날개의 맥계(venation)에 적용되는 말; (3) 뇌에서 이마엽(전두엽)의 이랑에 해당하는 말; (4) 바다거북과 땅거북의 등딱지(배갑)에서 가장자리 주위에 있는 판들에 적용되는 말; (5) [식] 밑씨가 심피의 가장자리에 착생하는 밑씨의 태좌(변연태좌)에 적용되는 말.

marginalia 명복 몸의 표면을 넘어서 돌출되는 해면동물의 골편들.

marginal meristem 주변분열조직 발달하는 잎의 축 양쪽에 생기고 이로부터 생장이 일어나는 분열조직.

marginal veil 산연막(傘緣膜) 그물버섯류와 주름버섯류에서 갓(균모)의 주위가 2차적으로 생장한 것.

marginal zone 변연대(邊緣帶) 양서류 포배기의 중배엽과 내배엽에서 적도를 따라 나 있는 부분역. 낭배형성 시에 원구(blastopore)를 통해 내부로 이동한다.

marginate 변연(邊緣)의 형 뚜렷이 구별되는 구조나 색깔을 갖는 가장자리가 있는.

marginella 명 자실층(hymenium)이 드

러난 어떤 곰팡이에서 주름의 가장자리 너머로 자란 표피(cutis)의 일부에 의해 형성된 고리.

marginiform 가장자리꼴 형 외관상 가장자리 또는 경계와 비슷한.

marginirostral 부리모서리의 형 새의 부리에 모서리가 만들어진.

marijuana, marihuana 마리화나, 대마초 명 (1) 삼(*Cannabis sativa*)의 약제; (2) 삼 식물체를 때때로 부르는 말.

marita 생식성충 명 흡충류의 생활사에서 성적으로 성숙한 시기. 형 **marital**.

marker 표지(標識) 명 (1) 다른 것과 구별하게 하는 특징; (2) 정확한 위치를 알지 못하는 유전자의 유전을 추적하기 위하여 사용되는, 위치와 효과를 이미 알고 있는 유전자 또는 다른 DNA.

marmorate 대리석모양의 형 대리석 같은 모양의.

marrow 골수 ⇨ bone marrow.

marsh 늪, 습지 명 젖어 있지만 이탄질의 토양이 아닌 곳에서 발달하는 식물군집.

Marsupialia 유대목, marsupials 유대류(有袋類) 명, 명복 오스트레일리아와 아메리카 대륙(주로 남아메리카)에서만 발견되는 포유동물의 무리인 후수하강(Metatheria)의 유일한 목. 태반이 발달하지 않거나 진수류(eutherians)의 태반처럼 효율적이지 않아서 새끼는 발육이 불완전한 상태로 태어난다. 태어난 새끼는 육아낭(marsupium)으로 이동하여 그곳에서 어느 정도 성숙할 때까지 어미의 젖을 빨고 자란다. 유대류는 주머니쥐와 남아메리카의 새도둑주머니쥐가 포함되고, 오스트레일리아의 캥거루, 왈라비, 코알라 등이 포함되는데, 이들의 대부분은 진수류가 차지하는 생태적 지위에 적응되어 있다. ≒ metatherians.

marsupium 육아낭(育兒囊) 명 유대류가 새끼에게 젖을 먹이는 주머니.

mask 마스크 명 잠자리류의 애벌레에서 독특하게 나타나는, 경첩이 달린 잡을 수 있는 구조. 성체의 아랫입술에 해당한다.

masked 피복(被覆)의 형 (1) 다른 바이러스와의 중복감염(superinfection)에 의해 증식이 방지되기 때문에 그 존재를 탐지하기 어려운 바이러스(피복바이러스)에 적용되는 말; (2) 가면형(personate).

masseter 깨물근, 교근(咬筋) 명 아래턱을 올려서 씹는 일을 도와주는 근육.

mass extinction events 대멸종사건 비교적 짧은 기간에 걸쳐 무수히 많은 무리의 생물들이 화석기록에서 사라진 지질역사의 다양한 사건들. 이를테면 페름기의 말에 해양생물 종의 약 96%가 멸종하였고, 백악기의 말에 공룡을 포함하여 많은 무리가 절멸하였다. 각각의 대멸종사건의 원인은 아직도 논란의 여지가 있다.

mass flow 질량유동 체관부를 통해 물질이 이동하는 방법에 대한 이론. 이 이론에 따르면 물질의 이동은 체관 양 끝의 정수압(hydrostatic pressure)의 차이 때문이며, 그 결과로 내용물이 관을 따라 흐르게 된다.

massively parallel DNA sequencing 대용량병렬DNA염기순서결정 특수한 기구에서 수행하는 매우 신속한 자동DNA염기순서결정법. 수십 만 개의 중복된 짧은(100~200 뉴클레오티드) DNA절편으로 된 뉴클레오티드서열을 동시에 결정하고 이 자료로부터 완전한 DNA염기순서를 결정한다. ⇨ pyrosequencing.

mass provisioning 식량비축 알을 낳는 시기에 유충의 발생에 필요한 모든 먹이를 저장하는 행위.

mass spectrometry (MS) 질량분석법 물리학과 화학 분야에서 이온화 분자의 정확한 질량을 결정하고 이를 동정하고 정

M

량하는 데 사용되는 기술. 지금은 단백질체학에서 이온화된 펩티드단편의 질량스펙트럼으로부터 단백질을 빠르게 동정하는 데 사용된다. 질량분석계(mass spectrometer)는 전기분무이온화(electrospray ionization; ESI) 또는 매트릭스지원 레이저이탈이온화(matrix-assisted laser desorption/ionization; MALDI) 등의 이온을 생성하는 방법, 이온화 분석물질의 질량대전하비(mass-to-charge ratio; m/z)를 측정하는 질량분석기(mass analyzer) 그리고 각 m/z값에서 이온의 수를 기록하는 검출기로 구성된다. 단백질체학에서는 MALDI 질량분석법, MALDI-비행시간형(time-of-flight) 질량분석법, MS/MS 2중질량분석법 등의 다양한 질량분석법이 이용된다.

massula 화분소괴 명 (1) 어떤 양치식물의 포자낭에 있는 소포자(microspore)들의 덩어리; (2) 난초류의 꽃가루립 덩어리.

mast 마스트 명 너도밤나무와 그 동족의 나무들에 열리는 열매.

mastax 저작기(咀嚼器) 명 작은 먹이를 잘게 가는 데 이용되는 턱 같은 구조가 들어 있는 윤충류의 인두.

mast cell 비만세포(肥滿細胞) 큰 핵과 과립형 세포질을 갖는 골수에서 유래하는 염증세포. 흔히 아메바형이고 표면에 면역글로불린E(IgE) 항체의 수용체가 있다. 비만세포는 결합조직과 지방조직에서 발견되고 대개 수용체와 결합한 IgE를 갖는다. 특정 항원이 IgE와 결합하면 비만세포는 히스타민, 헤파린 그리고 그 밖의 염증물질들이 들어 있는 과립을 방출한다. 비만세포는 IgE 항체에 의해 매개되는 알레르기반응에 관여한다.

mastication 저작(咀嚼) 명 음식물이 작은 조각으로 줄어들거나 걸쭉하게 될 때까지 씹는 과정. 동 **masticate**.

masticatory stomach 저작위 ⇨ gastric mill.

mastigium 방어꼬리, 편상기(鞭狀器) 명 어떤 종류의 유충의 꼬리부분에 있는 방어적 채찍 모양 기관.

mastigobranchia 명 갑각류 다리의 기저관절에서 뻗어 나와 박층을 이루며 아가미들 사이로 확장된 부분.

Mastigomycota 편모균문(鞭毛菌門) 명 일부 분류체계에서 병꼴균강(Chytridiomycetes), 역모균강(Hyphochytridiomycetes), 뿌리혹균강(Plasmodiophoromycetes)과 난균강(Oomycetes)을 포함하는 진균계(Fungi)의 문. 단순하고 주로 물에 살며 편모로 움직이는 유주자와 배우자를 갖는 현미경적 곰팡이들이다.

mastigoneme 편모털 명 어떤 편모생물에서 '깃꼴(tinsel)' 편모의 껍질에서 측면으로 나오는 필라멘트.

Mastigophora 편모충류 명 원생동물로 간주되는 편모생물을 부르는 이름. ⇨ Zoomastigina.

mastoid 젖꼭지모양의 형 젖꼭지처럼 생긴, 포유동물 머리뼈의 관자뼈에서 나온 돌기와 그와 관련된 구멍, 오목 그리고 패임에 적용되는 말.

mastoideosquamous 꼭지비늘의 형 관자뼈(측두골)의 꼭지 부분과 비늘 부분에 관련된 말.

masto-occipital 꼭지뒤통수의 형 관자뼈의 뒤통수뼈(후두골)와 꼭지돌기(mastoid process)에 관련된 말.

mastoparietal 꼭지마루의 형 관자뼈의 마루엽과 꼭지돌기에 관련된 말.

MAT 효모의 교배형자리(mating-type locus).

maternal 모성(母性)의, 모계(母系)의 형 어머니(어미)와 관련되거나 그로부터 유래되는.

maternal developmental determinants 모계발생결정기 모체의 난자에 있고 수정된 다음에 접합자의 발생을 유도하는 RNA들과 단백질들. ≒ maternal factors.

maternal-effect genes 모계영향유전자 배(embryo) 자체의 유전적 구조와 상관없이 배가 정상적으로 발생하기 위하여 모체에서 기능적이어야 하는 유전자들. 대개 모체의 난자에 있고 발생의 최초 단계를 유도하는 RNA와 단백질들을 가리키며, 이들은 배 자체의 유전자(접합핵)들이 활성화되기 전에 완료된다. 모계영향돌연변이(maternal-effect mutation)는 모체에서 이들 유전자가 불활성화되는 돌연변이이고, 그 결과 비록 배 자체가 돌연변이 유전자에 이형 접합성인 경우라 할지라도 생존이 불가능하거나 비정상적인 배가 만들어진다.

maternal factors 모계요인 ⇨ maternal developmental determinants.

maternal inheritance 모계유전 (1) 미토콘드리아와 엽록체에 있는 유전자 그리고 그 밖의 세포질에 있는 유전자들이 다음 세대에 전달되는 것. 난자가 주목할 만한 양의 세포질을 접합자에 기여하기 때문에 이러한 현상은 모계를 통해서만 일어난다; (2) 모친에 의해 제공된 유전적 표지가 교배에서 선택적으로 생존하는 것. 비 maternal-effect genes.

mating factor 교배인자 효모와 기타 단세포생물에서 상이한 교배형(접합형)의 세포들에 의해 분비되는 단백질. 효모(*Saccharomyces cerevisiae*)의 경우 이들 교배인자를 **a**인자(**a**-factor)와 α인자(α-factor)라고 부른다. 이들 교배인자는 다른 쪽 교배형의 세포들을 유인하고 접합을 유도한다. ≒ **mating pheromone**.

mating type 교배형, 접합형 작은 생물(예: 세균, 원생동물, 곰팡이 및 조류)이 동일종의 다른 개체와 접합하고 유성생식을 할 수 있는 능력을 결정짓는 유전적 특성. 대부분의 작은 생물에서는 접합할 수 있는 세포들을 다른 쪽(opposite) 교배형이라고 한다. 섬모충류와 같은 일부 생물에서는 접합할 수 있는 개체들을 같은(same) 교배형에 속한다고 한다.

mating-type locus (MAT) 교배형자리 출아하는 효모에서 교배형(**a** 또는 α)을 결정짓는 유전자자리. 일부 균주에서는 유전자자리의 DNA염기순서에서 재배열이 일어나서 교배형이 상호 변환된다. ⇨ cassette model.

matriclinal 모계유전의 형 부계보다 더 많은 모계의 유전적 특징을 가진.

matrifocal 모계중심의 형 대부분의 활동과 개인적 관계가 어머니에 중심을 두는 사회와 관련된 말.

matrilineal 모계의 형 어머니(어미)로부터 그 자손으로 전달되는.

matrilineal inheritance 모계유전 ⇨ maternal inheritance.

matrix 기질, 바탕질, 행렬 명 (1) 물질이나 물체가 박혀 있는 매질; (2) 세포외 기질(extracellular matrix); (3) 미토콘드리아에서 미토콘드리아내막으로 에워싸인 내부 구역; (4) 핵기질(nuclear matrix); (5) 손발톱의 뿌리 밑에 있는 부분; (6) 지의류 또는 곰팡이가 덮어 자라는 물체; (7) 화석이 박혀 있는 물질; (8) [생정] ⇨ substitution matrix.

matrix-assisted laser desorption/iomization-time-of-flight (MALDI-TOF) ⇨ mass spectrometry.

M

matrix-attachment regions 기질부착부위 염색체가 핵기질에 부착하는 것으로 제안된 염색질의 DNA염기순서. ≒ scaffold-attachment regions.

matromorphic 모계형의 형 형태적 특징에서 모친을 닮은.

mattorral 지중해성 관목지대 ⇨ chaparral.

mattula 마툴라 명 종려나무의 잎자루 기부를 덮는 섬유성 그물조직.

maturase 성숙화효소 ⇨ RNA maturase.

maturation 성숙(成熟) 명 (1) 무르익는 것; (2) 차츰 성숙해져서 완전한 기능을 갖추는 과정; (3) 바이러스의 생활주기 가운데 숙주세포에서 완전한 바이러스입자가 조립되는 단계; (4) 동물이 자라면서 학습에 의하지 않고 행동양식이 저절로 차츰 복잡해져 가는 과정; (5) 형 성숙해져 가는 과정에 적용되는 말.

maturation divisions 성숙분열 감수분열이 일어나서 1차배우자모세포로부터 배우자가 만들어지는 핵분열과 세포분열.

maturation-promoting factor (MPF) 세포분열촉진인자 성숙한 제노푸스(*Xenopus*)의 알에서 처음 동정된, 미성숙란에서 감수분열이 시작하도록 유도할 수 있는 세포질의 단백질인자. 이 인자는 포유동물과 기타 진핵생물 세포의 세포질에도 존재하며, 이들 세포에서 정상적인 세포주기의 유사분열을 유발한다. 세포분열촉진인자는 사이클린(cyclin)과 단백질인산화효소의 복합체이다. ≒ M-phase-promoting factor.

mature 성숙한 형 (1) 완전히 발달하여 생식이 가능한; (2) 완전히 분화되고 기능적인, 세포에 적용되는 말.

Mauthner cell 마우트너세포 진골어류 뇌의 수질에 있는 1쌍의 큰 뉴런 중 하나. 꼬리의 움직임을 조절한다.

Mauthner's cells 마우트너세포 미엘린초(myelin sheath)와 축삭세포막 사이에서 층을 이루는 세포들.

Maxam-Gilbert sequencing 맥삼-길버트순서분석법 신속하게 DNA염기순서를 결정하는 1970년대에 개발된 초기 방법 중 하나.

maxilla 위턱, 작은턱 명 (1) 위쪽의 턱; (2) 대부분의 절지동물에서 머리 또는 머리가슴(두흉부)에 쌍으로 달리는 부속지. 큰턱(mandible)의 다음에 위치하며, 1쌍 또는 2쌍이 있고, 종류마다 다양한 방법으로 변형되어 있다. 복 **maxillae**.

maxillary 위턱의, 작은턱의 형 척추동물의 위턱 또는 절지동물의 작은턱과 관련되거나 그 부위에 있는.

maxillary glands 턱밑샘 갑각류에서 작은턱의 기부에서 열려 있는 쌍으로 된 배설기관.

maxilliferous 위턱의, 작은턱의 형 위턱 또는 작은턱이 달린.

maxilliform 위턱모양의, 작은턱모양의 형 위턱 또는 작은턱과 비슷한.

maxilliped 턱다리 명 절지동물에서 먹이를 먹는 데 도움이 되도록 변형된 입 부위의 다리를 통틀어 이르는 말. ≒ gnathopod.

maxillodental 턱치아의, 악치(顎齒)의 형 턱들과 치아에 관련된.

maxillojugal 턱뺨의 형 턱들과 뺨의 뼈(광대뼈)에 관련된.

maxillolabial 작은턱입술의 형 작은턱과 입술에 관련된, 진드기의 교미시(dart)에 적용되는 말.

maxillomandibular 큰작은턱의 형 원시어류의 턱들이 이루는 활(arch)에 적용되는 말.

maxillopalatine 턱입천장의, 상악구개(上顎口蓋)의 형 턱들과 입천장의 뼈들에 관련된.

M

maxillopharyngeal **턱인두의** 형 아래턱과 인두에 관련된.

maxillopremaxillary **위턱앞위턱의** 형 (1) 위턱의 전체와 관련된; (2) 위턱(maxilla)과 앞위턱(premaxilla)이 합쳐진 턱에 적용되는 말.

maxilloturbinal **위턱뼈선반, 상악갑개(上顎甲介)** 명 코안(비강)의 측벽에서 생기는, 감각상피를 지지하는 역할을 하는 뼈.

maxillule **제1작은턱** 명 갑각류에서 1쌍 이상으로 생기는 첫 번째 작은턱(maxilla). ≒ **maxillula**.

maxim 명 큰 일개미 또는 병정개미 계급의 개미. 비 minor worker.

maximum allowance concentration **최대허용농도** 작업시간 중에 외부의 오염물질에 노출되지 않는다는 가정 아래 작업장에서 건강한 성인이 안전하다고 여기는 오염물질의 농도.

maximum likelihood **최대우도법** 계통분석에서 계통수를 작성할 때 이용되는 진화의 특정 모델을 고려하여 가능한 모든 나무 가운데 특정한 나무의 가능성을 계산하여 가능성이 가장 높은 나무를 찾아 계통수를 작성하는 방법.

maximum parsimony **최대절약법** 계통분석에서 계통수를 만드는 데 이용되는 염기순서를 연결하는 데 필요한 돌연변이의 수를 최소화하여 계통수를 작성하는 방법.

maximum permissible body burden **최대허용신체부하량** 정상적으로 흡입하거나 섭취할 때 신체의 어떤 기관에도 최대허용량 이상으로 피폭되지 않을 방사성 동위원소의 농도.

maximum permissible dose **최대허용량** 일생 동안 개인에게 어떤 해로운 효과를 일으키지 않거나 자손에게 영향을 미칠 수 있는 유전적 손상도 초래하지 않을 것으로 간주되는, 정해진 시간에 걸쳐 축적되는 이온화 방사선의 선량.

maximum sustainable yield **최대유지수확량** 식물이나 동물 개체군으로부터 이들에게 피해를 주지 않으면서 매년 수확할 수 있는 최대 수확량.

maxithermy 명 가능한 오랫동안 체온을 최고로 유지하는 것. 형 **maxithermic**, 그렇게 할 수 있는 동물에 적용되는 말.

mayfly **하루살이** 명 하루살이목(Ephemeroptera)에 속하는 종류들에 대한 일반적인 명칭.

Mb, Mbp 핵산의 1백만(10^6) 염기 또는 염기쌍인 메가염기(megabase) 또는 메가염기쌍(megabase pair).

M band **M띠** 골격근의 종단면에서 근절(sarcomere)의 중앙을 가로질러 나타나는 어두운 가로띠. 아무 것도 안 덮인 미오신필라멘트의 중앙부에 해당한다.

MBL 만노오스결합렉틴(mannose-binding lectin).

mC 메틸시토신(methylcytosine). ⇨ DNA methylation, 5-methylcytosine.

M cells **M세포** 항원을 수집하고 이를 점막연관림프조직으로 전달하는 특수화된 상피세포.

MCP 주화성조절단백질(methyl-accepting chemotaxis protein).

M-CSF 대식세포증식자극인자(macrophage colony-stimulating factor).

M cytotype **M세포형** P인자를 가진 수컷과 교배했을 때 불임자손이 만들어지는 노랑초파리(*Drosophila melanogaster*)의 모계 세포형. ⇨ hybrid dysgenesis.

meadow **목초지** 명 영구적인 풀밭. 특히 건초를 위해 베어지고 여름에 방목되지 않는 풀밭을 가리킨다. 비 ley, pasture, water meadow.

mealworm 거저리유충 명 곡물저장고에 사는, 딱정벌레의 일종인 거저리(*Tenebrio*)의 유충.

mealy 가루모양의 형 밀가루나 굵게 간 곡물과 비슷한 가루로 덮인.

mealy bug 깍지벌레 ⇨ scale insect.

mean 평균 명 평균(average). 산술평균(arithmetic mean)과 기하평균(geometric mean)의 두 가지가 있다. n개의 데이터포인트 $a, b, c, \ldots$에서 산술평균은 $(a + b + c + \ldots)/n$과 같고, 기하평균(오직 양수에만 적용됨)은 $(a \times b \times c \times \ldots)^{1/n}$과 같다. 이를테면 3, 4, 5의 산술평균은 $(3 + 4 + 5)/3 = 4$인 반면, 기하평균은 $(3 \times 4 \times 5)^{1/3} = 3.915$이다. 'average'와 'mean'의 용어들은 대개 산술평균과 같은 뜻으로 사용된다.

meatus 길, 도(道) 명 통로 또는 관. 귀의 이도(auditory meatus), 코의 비도(nasal meatus) 등이 그 예이다.

mechanically gated ion channel 기계적 이온통로 세포에 가해지는 신장(stretching), 접촉 또는 압력과 같은 기계적 자극에 반응하여 열리는 이온통로.

mechanical tissue 기계조직 ⇨ supporting tissue.

M

mechanoreceptor 기계적 감각수용기 명 신장, 접촉, 압력 또는 중력과 같은 기계적 자극에 민감한 특수화된 감각구조.

mechanosensory 기계적 감각의 형 기계적 자극에 민감한. ⇨ mechanoreceptor.

Meckel's cartilage 메켈연골, 아래턱연골 판새어류에서 아래턱을 형성하는 골격요소. 다른 척추동물에서는 아래턱의 뼈들 주위에서 축을 형성한다.

meconidium 메코니디움 명 일부 히드라충의 생식구조에서 피막의 외부에 있는, 자루가 있거나 없는 해파리.

meconium 용변(蛹便), 태변(胎便) 명 (1) 번데기나 기타 배아상태의 노폐물; (2) 갓 태어난 포유류의 장 속에 있는 내용물.

Mecoptera 밑들이목, 장시목(長翅目) 명 완전탈바꿈을 하는 가느다란 육식성 곤충의 목. '밑들이벌레(scorpion flies)'라고도 한다. 물어뜯는 구기, 길고 가는 다리와 막성의 날개를 갖는다.

media 중맥(中脈), 배지(培地) 명 (1) 대부분의 곤충에서 날개의 중심부를 지나는 세로맥; (2) 'medium'의 복수형.

mediad 정중(正中)방향의 형 정중선(midline) 또는 축을 향한.

medial 내측(內側) (1) 형 가운데에 위치하는; (2) 명 곤충의 날개에서 주된 중앙맥.

medial geniculate nucleus 내측무릎핵 청각경로에 있는 뇌의 핵. 아래둔덕(inferior colliculus)에서 나오는 정보를 받아들여 청각 피질로 전달한다.

median 정중(正中)의 형 (1) 축면(axial plane)에 있거나 지나는; (2) 중간의; (3) 한가운데의; (4) 명 **중앙값** 일련의 값을 크기의 순서로 늘어놓았을 때, 중앙에 위치하는 값.

median eminence 정중융기(正中隆起) 뇌하수체의 바로 위에 위치한 시상하부의 일부. 여기에서 합성되어 분비되는 펩티드방출호르몬은 뇌하수체문맥계(hypophyseal portal system)를 거쳐 뇌하수체전엽으로 운반된다.

median lethal dose (LD_{50}) 평균치사량 특정 시간 내에 시험동물의 50%를 죽이는 독성 화학물질 또는 병원체의 양.

median nerve 정중신경 팔신경얼기(brachial plexus)의 중앙과 바깥쪽 다발에서 생기는 신경. 아래팔 앞쪽의 대부분 근육과 엄지손가락 근육 및 손바닥의 피부에 분포한다.

mediastinal 가슴세로칸의 형 가슴세로칸(mediastinum)과 관련되거나 그 부위에 있는.

mediastinum 가슴세로칸, 종격(縱隔) 명 좌우의 가슴막(흉막) 사이의 중앙선에 있는 흉강의 일부.

mediator 매개체, 전달물질 명 (1) 수용기와 효과기 사이에 있거나 이들을 연결하는 신경세포; (2) 생화학적 경로 또는 생리적 과정에 관여하고 영향을 미치는 분자들을 통틀어 이르는 말. ≒ chemical mediator. ⇨ inflammatory mediator.

media worker 중간일개미 일개미들이 셋 또는 그 이상의 하위계급(subcaste)으로 세분되어 있는 개미군집에서 중간 하위계급에 해당하는 개체들.

mediocentric 중앙중심체의 형 중심체(centrosome)가 중앙에 있는 염색체에 적용되는 말. 거의 비슷한 2개의 팔로 갈라진다.

mediocubital 중주맥(中肘脈) 명 곤충의 날개에서 후중맥(posterior media)과 주맥(cubitus) 사이에 있는 가로맥.

mediodorsal 등쪽내측의 형 등 쪽 중앙선에 있는.

mediolateral 정중측의, 내외의 형 정중면에서 양측으로 향하는 축에 적용되는 말.

mediolecithal 중난황성(中卵黃性)의 형 난황이 중간 정도의 양으로 들어 있는 알(난)에 적용되는 말.

mediopalatine 형 입천장의 뼈들 사이에 있는, 어떤 새의 머리뼈에 적용되는 말.

mediopectoral 형 복장뼈(흉골)의 중앙부에 적용되는 말.

mediostapedial 형 등자뼈(stape)의 외부에 있는 귀의 기둥(이소주)의 일부에 적용되는 말.

mediotarsal 형 발목뼈의 사이에 있는.

medioventral 배쪽내측의 형 배 쪽 중앙선에 있는.

mediterranean 지중해성 지중해 주변에서 나타나듯이 덥고 건조한 여름과 온화하고 비가 내리는 겨울이 특징인 기후(지중해성 기후)에 적용되는 말.

Mediterranean region 지중해식물구 지중해 주변의 유럽 남부와 아프리카 북부로 구성되는 북방식물계의 1부분.

Mediterranean subregion 지중해동물아구 구북구(Palaearctic zoogeographical region)를 세분한 동물지리구의 1부분. 알프스 산맥과 피레네 산맥 남쪽의 유럽과 사하라 사막을 포함한 아프리카 북부로 이뤄진다.

medithorax 가운데가슴 명 가슴의 가운데 부위.

medium 배지(培地) 명 실험실에서 작은 생물, 세포 그리고 조직을 배양하는 자양분. 복 **media**.

medulla 수질(髓質), 수(髓), 수층(髓層) 명 (1) 기관이나 조직에서 피질의 아래쪽 부분; (2) 뼈의 골수; (3) 연수(medulla oblongata); (4) 식물 줄기의 속(pith) 또는 중앙의 부위; (5) 근상균사속(rhizomorph)이나 자실체 등과 같이 얽혀 있는 곰팡이 구조의 엉성한 균사.

medulla oblongata 연수(延髓), 숨골 뇌의 가장 아래에서 척수와 곧바로 연결되는 부분. 심장박동과 호흡 그리고 혈압을 조절한다.

medullary 수질의, 수의 형 수질 또는 수(medulla)와 관련되거나 그 부위에 있는.

medullary canal 골수공간, 수강(髓腔) 긴뼈(장골)의 몸통 속에 원통 모양으로 골수가 차 있는 공간.

medullary phloem 속체관부 박과 식물(cucurbits)에서처럼 두 층의 체관부를 갖는 관다발의 내부 체관부.

medullary ray (1) [식] **1기방사조직** 식물의 줄기에서 속(pith)으로부터 관다발조직의 바깥 가장자리까지 방사상으로 늘어

M

선 유조직; (2) [동] **수질부챗살** 콩팥의 수질에서 오줌을 나르는 곧은 세관들의 다발.

medullary sheath 수초(髓鞘) (1) 일부 신경섬유의 축삭돌기를 둘러싸는 지방질의 수초(미엘린). ≒ myelin sheath; (2) [식] 어떤 줄기에서 속의 주변에 있는 원생물관부의 고리 모양을 한 구조.

medullated 유수(有髓)의 형 (1) 미엘린초(myelin sheath)를 갖는 신경섬유에 적용되는 말; (2) [식] 속(pith)을 갖는 식물의 줄기에 해당되는 말.

medulliblasts 신경원세포(神經原細胞) 명복 신경모세포(neuroblast)와 신경교모세포(spongioblast)가 만들어지는 배아 신경조직의 세포.

medullispinal 척수회백질의 형 척수의 회백질이나 중심부와 관련된 말.

medusa 메두사, 해파리 명 히드라충강(Hydrozoa)과 해파리강(Scyphozoa)의 강장동물에서 나타나는 몸의 두 가지 유형 중의 하나. 메두사의 몸체는 우산 또는 종 모양이고, 중앙에서 몸의 아래쪽으로 관 모양의 구조가 늘어지는데, 그 끝에 입이 있다. 종의 가장자리를 따라 촉수들이 달려 있으며, 이러한 유형을 흔히 해파리(jellyfish)라고 부른다. 메두사는 대부분의 히드라충에서 자유로이 유영하는 유성생식 시기이고, 해파리강에서는 크고 눈에 잘 띈다. 복 **medusae**.

medusoid 해파리형 형 메두사(해파리)와 비슷하거나 메두사로 발달하는.

mega- '큰'을 뜻하는 그리스어 '*megas*'에서 유래된 접두사.

megacephalic 큰머리의 형 (1) 비정상적으로 큰 머리를 갖는; (2) 사람에서 1450 cm^3가 넘는 뇌용적량을 가진.

Megachiroptera, megachiropterans 큰박쥐아목, 큰박쥐류 명, 명복 포유동물 박쥐목(Chroptera)의 열매를 먹는 박쥐들. 비 Microchiroptera.

megachromosomes 메가염색체 명복 일부 고착성 섬모충류에서 나타나는 큰 염색체. 비 microchromosomes.

megacins 메가신 명복 바실루스 메가테리움(*Bacillus megatherium*) 균주들에 의해 생성되는 살세균소(bacteriocin)의 일종.

megagamete 대배우자 명 포자충류에서 대배우자세포로부터 만들어지는 세포. 알(ovum)에 해당하는 것으로 간주된다.

megagametocyte 대배우자세포 명 포자충류에서 분열소체(merozoite)로부터 생기고 대배우자를 형성하는 세포.

megagametogenesis 대배우자체형성 명 대포자(megaspore)로부터 대배우자체가 발달하는 것.

megagametophyte 대배우자체 명 이형포자성 식물에서 대포자로부터 발달하는 암배우자체.

megakaryocyte 거핵세포 명 골수에서 잎 모양의 단일한 핵을 갖는 거대한 아메바형 세포. 혈소판의 기원이 된다.

megalaesthetes 대감기(大感器) 명복 군부(쌍신경류)에서 때때로 눈의 모습을 한 감각기관.

megalecithal 대난황(大卵黃)의 ⇨ megalolecithal.

megaloblast 거대적아세포(巨大赤芽細胞) 명 적혈모구(erythroblast)의 큰 전구세포.

megalolecithal 다량난황의 형 다량의 난황이 들어 있는.

megalops 메갈로파유생 명 게와 같은 일부 갑각류의 유생시기. 자루가 달린 눈 그리고 게와 비슷한 머리가슴(두흉부)을 갖는다. 형 **megalopic**.

megalospheric 대구형(大球形) 형 유공충류에서 하나의 큰 초실(initial

M

chamber)로부터 형성된 많은 방을 가진 껍데기에 적용되는 말.

megamere 대할구 ⇨ macromere.

megameric 형 비교적 큰 부분을 가진.

meganephridia 대신관(大腎管) 명복 각 체절마다 한 쌍씩 나타나는 큰 신관(nephridium).

meganucleus 대핵 ⇨ macronucleus.

megaphanerophyte 거대꽃식물 명 30 m 이상의 높이를 가진 나무.

megaphyll 대엽(大葉) 명 (1) 비교적 크고 그물 같은 잎맥(관다발조직)을 갖는, 대부분의 관다발식물에서 나타나는 잎의 유형. 잎맥은 줄기의 중심주에서 나타나는 엽극(leaf gap)과 관련되어 있다; (2) 큰 잎, 특히 고사리류에서 생기는 큰 잎.

megaphyllous 대엽성(大葉性) 형 비교적 큰 잎을 가진.

megaplankton 거대플랑크톤 ⇨ macroplankton.

megasclere 주대골편 명 해면동물 골격 구조의 전체적인 틀을 형성하며 몸을 지지하는 역할을 하는 골편.

megasorus 대포자낭군 명 대포자낭이 들어 있는 포자낭군(sorus).

megasporangiate 대포자낭의 형 대포자낭으로 구성되어 있거나 대포자낭을 생성하는, 구과(cone)에 적용되는 말.

megasporangium 대포자낭 명 (1) 대포자를 생성하는 포자낭; (2) 밑씨의 주심(nucellus). 때때로 밑씨 전체를 가리키는 용어로 부정확하게 사용된다. 복 **megasporangia**.

megaspore 대포자 명 (1) 이형포자성 식물에서 암배우자체를 발생시키는 포자. 대포자낭에서 만들어진다; (2) 크고 작은 두 가지 유형의 포자를 생성하는 생물에서 큰 포자.

megaspore mother cell 대포자모세포 이형포자성 식물의 대포자낭에 들어 있는 2배체 세포. 감수분열이 일어나서 하나 또는 그 이상의 대포자를 생성한다.

megasporocyte 대포자모세포 명 식물의 씨방에 있는 배낭모세포. 감수분열을 하여 4개의 반수체 대포자를 생성하는 2배체 세포이다.

megasporophyll 대포자엽 명 대포자낭이 생기는 잎 또는 잎처럼 생긴 구조. 꽃식물의 경우 대포자엽을 심피(carpel)라고 부른다.

megatherm 고온식물(高溫植物) 명 (1) 열대의 식물; (2) 습기가 있는 열기를 필요로 하고 20°C에서 35°C 사이의 온도에서 잘 자라는 식물.

megazooid 대개충(大個蟲) 명 2분법(binary fission)이나 기타 분열의 결과로 생긴 큰 개충(zooid).

megazoospore 대유주자(大遊走子) 명 (1) 일부 방산충류의 생식에서와 같이 큰 유주자; (2) 일부 조류의 유주생식세포(zoogonidium).

megistotherm 고온성 식물 명 거의 일정하게 높은 온도에서 잘 자라는 식물.

meio- '더 적은'을 뜻하는 그리스어 '*meion*'에서 유래된 접두사.

meiocyte 감수분열모세포 명 감수분열을 하고 배우자를 만들기로 예정된 세포.

meiofauna 미소동물상 ⇨ mesofauna.

meiolecithal 소난황성(小卵黃性)의 형 난황이 적게 들어 있는.

meiophase 감수기(減數期) 명 생물의 생활주기에서 감수분열이 일어나서 염색체 수가 2배체에서 반수체로 줄어드는 시기.

meiophylly 감엽현상(減葉現象) 명 돌려나는 잎에서 하나 또는 그 이상의 잎이 없어지는 현상.

meiosis 감수분열(減數分裂) 명 어버이 염색체 수의 절반이 들어 있는 딸핵들이

M

만들어지는 핵분열의 일종. 즉 염색체 수가 2배체에서 반수체로 줄어드는 분열이다. 감수분열은 염색체가 복제된 후에 일어나고, 두 번에 걸친 뚜렷이 다른 핵분열(제1분열과 제2분열)로 이뤄진다. 염색체 수는 제1분열에서 줄어들고, 짝을 이룬 상동염색체들이 갈라져서 서로 다른 핵으로 분리된다. 제2분열은 유사분열과 흡사하며, 복제된 각 염색체의 2개 염색분체들이 갈라져서 서로 다른 핵으로 분리된다. 관례상 감수제1분열은 세사기, 접합기, 태사기, 복사기, 이동기, 중기I, 후기I 및 말기I로 세분된다. 비 mitosis. ⇨ reduction division. (⇨ 그림 25)

meiosporangium 감수포자낭 명 감수분열에 의해 반수체의 유주자를 생성하는 벽이 두꺼운 2배체 포자낭.

meiospore 감수포자 명 (1) 감수분열에 의해 만들어지는 포자; (2) 감수포자낭에서 형성되는 단핵의 반수체 포자.

meiosporic 감수포자의 형 유성세대의 곰팡이에 적용되는 말.

meiosporocyte 감수포자모세포 ⇨ megaspore mother cell.

meiostemonous 형 꽃받침조각과 꽃잎보다 적은 수의 수술을 가진.

meiotaxy 감수현상 명 돌려나는 잎이나 꽃의 부분들이 없어지는 현상.

meiotherm 냉온대식물 명 서늘하고 온화

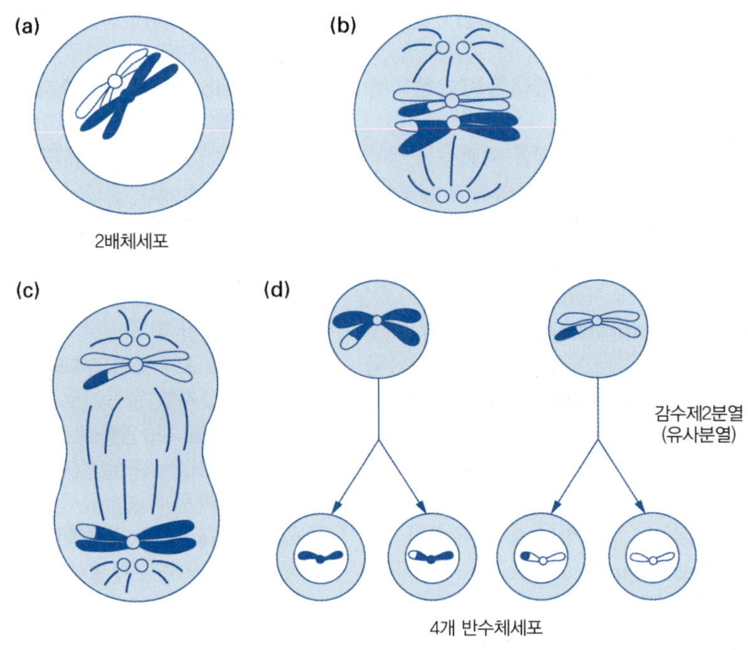

그림 25. 감수분열. (a) 전기 I 의 2배체핵; (b) 중기 I ; (c) 핵제1분열; (d) 유사분열과 동등한 감수제2분열. 원래의 2배체핵에서 4개의 반수체핵이 만들어진다. 명확성을 위해 단지 1쌍의 상동염색체만 그림에 나타내었다.

한 환경에서 잘 자라는 식물.

meiotic 감수분열의 형 감수분열과 관련되거나 감수분열에 의해 만들어지는.

meiotic apogamy 생식적 무배생식 ⇨ generative apogamy.

meiotic drive 감수분열부등(減數分裂不等) 이형접합체에서 감수분열이 일어날 때 쌍을 이루는 염색체 중 어느 한쪽이 배우자에서 불균형을 이루며 나타나는 현상을 일으키는 메커니즘을 가리키는 말.

meiotic spindle 감수분열방추체 ⇨ spindle.

Meissner's corpuscles 마이스너소체 감각신경의 끝에 있는 솔방울 모양의 기관. 손가락과 입술 등의 피부에서 통각을 느끼는 역할을 한다. (⇨ 그림 35)

Meissner's plexus 마이스너신경얼기 작은창자 벽의 점막하층에 있는 신경섬유의 얼기.

Melanconia 흑분균류(黑粉菌類) 명 분생자반(acervulus)에 달리는 분생자에 의해 번식하는 불완전균류의 무리. 탄저병을 일으키는 많은 식물병원성 균류(예: *Colletotrichium*, *Marssonina*)들이 포함된다. ≒ **Melanconiales**.

Melanesian and Micronesian region 멜라네시아미크로네시아식물구 멜라네시아와 미크로네시아의 섬들로 구성되는 폴리네시아식물계의 1부분.

melanin 멜라닌 명 효소 티로시나아제에 의해 티로신(tyrosine)으로부터 생성되는 흑색 또는 갈색의 색소. 동물의 피부와 털의 색깔을 결정짓는다. 일부 식물에도 들어 있다.

melanism 흑색증, 멜라닌증 명 (1) 흑색 색소가 과다하게 생성되는 것; (2) 공업암화(industrial melanism).

melanoblast 멜라닌아세포 명 다 성장하지 않은 멜라닌세포.

melanocyte 멜라닌세포 명 어두운 색소인 멜라닌이 합성되는 색소세포. 피부에서 멜라닌세포는 말피기층에서 발견된다.

melanocyte-stimulating hormone (MSH) 멜라닌세포자극호르몬 선하수체(adenohypophysis)의 중간엽에서 전구물질인 프로오피오코르티코트로핀(pro-opiocorticotropin)으로부터 생성되는 펩티드호르몬. 색소포에서 멜라닌과립들을 확산시키고, 그 결과 피부색이 검어진다. ≒ intermedin.

melanogen 멜라노겐 명 티로신의 붉은 산화물이 환원되어 형성하는 무색의 화합물. 멜라닌으로 산화된다.

melanogenesis 멜라닌형성 명 멜라닌을 합성하는 것.

melanoids 멜라노이드 명복 멜라닌과 동족인 암갈색 또는 흑색의 색소들.

melanoma 흑색종(黑色腫) 명 멜라닌을 만들어 내는 멜라닌세포의 악성화로 생긴 종양. 악성 흑색종(malignant melanoma)과 같은 일부 유형은 고도로 침습성인 암이다.

melanophore 멜라닌색소포 명 (1) 멜라닌세포(melanocyte); (2) 색소포(chromatophore).

melanosome 멜라닌소체 명 (1) 효소 티로시나아제가 풍부하게 들어 있는, 멜라닌을 합성하는 색소과립; (2) 일부 와편모조류에서와 같이 안점과 관련된 짙은 색소덩어리.

melanosporous 흑색포자성 형 짙은 색의 포자를 가진.

melanotic 흑색증의, 멜라닌증의 형 멜라닌이 과다하게 생산되어 정상의 색깔보다 훨씬 검게 된 동물과 식물에 적용되는 말.

melatonin 멜라토닌 명 송과샘에서 분비되는 인돌아민호르몬(*N*-아세틸-5-메톡

시트립타민). 대부분의 척추동물에서는 거의 전적으로 밤에 방출된다. 사람에서는 수면리듬과 같은 하루주기리듬을 조절하는 데 연루되어 있다. 피부에 색소포를 갖는 동물에서는 멜라토닌이 멜라닌 과립을 응집시키는 작용을 하기 때문에 몸빛깔이 희끄무레해진다.

meliphagous 식밀성(食蜜性) 형 꿀을 먹는.

melittophile 명 최소한 생활주기의 일부를 꿀벌군집과 함께 지내야 하는 생물.

melliferous 꿀생산성 형 꿀을 만드는.

mellisugent 형 꿀을 빨아 먹는.

mellivorous 식밀성(食蜜性) 형 꿀을 먹고 사는.

melting 녹음, 융해(融解) 명 가열하거나 산 또는 염기조건에서 DNA2중나선의 가닥들이 떨어지는 것.

melting temperature (T_m) 녹는 온도 용액에 들어 있는 고분자의 절반이 변성되는, 즉 단백질의 3차구조가 깨지거나 DNA가 단일 가닥으로 융해되는 온도.

member 팔다리, 기관 명 (1) 4지 또는 기관; (2) 식물의 뚜렷한 부분 또는 기관.

membranaceous 막성(膜性)의 형 막의 성질이나 구조를 가진.

membranal 막의 형 막과 관련되거나 그 안에 있는.

membrana propria 난포고유막 ⇨ basement membrane.

membrane 막(膜) 명 (1) 식물이나 동물의 부분을 덮거나 조직의 서로 다른 층을 분리하는, 유기물이나 피부 또는 기타 조직들의 얇은 층; (2) 세포에서, 세포와 세포소기관의 경계를 이루는 분자들의 조직화된 층. 세포나 세포소기관에 들어오고 나가는 물질들에 대하여 선택적으로 투과시키는 장벽의 구실을 한다. 세포막은 단백질이 박혀 있는 인지질의 두 층(지질2중층)으로 구성된다. 지질2중층은 이온들과 대부분의 수용성 분자들을 투과시키지 않고, 이들은 막에 박혀 있는 단백질을 통해서 막 내외로 수송된다. ⇨ fluid mosaic model. (⇨ 그림 26); (3) DNA나 그 밖의 고분자들이 추가의 분석을 위해 안정적으로 결합하는 버팀대 역할을

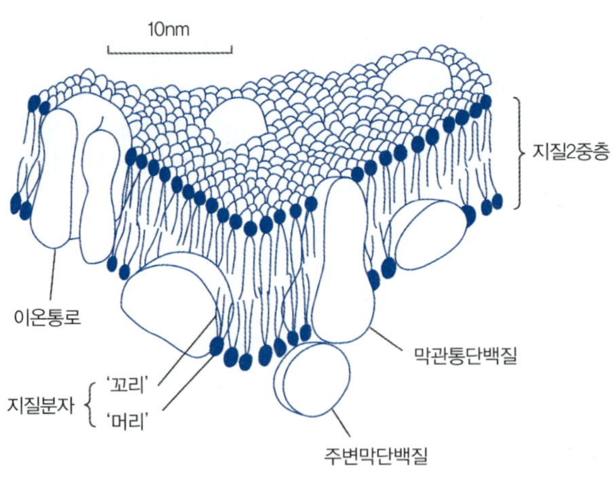

그림 26. 세포막의 구조.

하는 나일론 또는 니트로셀룰로오스 물질로 된 얇은 시트.

membrane anchor 막앵커 어떤 단백질을 세포막의 한쪽 면에 부착시키는 지질분자와 관련된 결합의 일종.

membrane attack complex 막공격복합체 ⇨ terminal complement components.

membrane bone 막골 ⇨ dermal bone.

membrane domain 막도메인 세포막에서 특정한 단백질과 지질들로 구성되는 특징적인 부위. 다른 막도메인들과는 밀착연접(tight junction)과 같은 형태적 특징들로 구별된다.

membrane filter 막여과기 아세트산섬유소나 섬유소 또는 폴리카보네이트 등의 재질로 되어 있는, 세균들이 지나갈 수 없는 작은 구멍이 있는 얇은 막. 열에 민감한 액체를 멸균하거나 미생물을 거를 때 사용된다.

membrane lipid 막지질 ⇨ cholesterol, glycolipid, phospholipid, sphingolipid.

membranelle 막판(膜板) 명 일부 섬모충류와 어떤 윤충류에서 섬모의 무더기들이 융합하여 형성된 파도처럼 움직이는 구조. ≒ **membranella**.

membrane potential 막전위 모든 생체세포에서 원형질막의 양쪽에 생기는 전위차. 막의 세포질 쪽은 외부에 대하여 음(−)의 전하를 갖는다. 막전위는 세포에 들어오고 나가는 이온들의 이동에 따라 생성된다. 막전위가 빠르고 크게 변화하면 근육과 신경 등의 흥분성 세포에서 신호를 전달한다.

membrane protein 막단백질 세포막의 일부를 이루는 단백질들을 통틀어 이르는 말. 막단백질은 세포막의 세포질 쪽 또는 바깥쪽에 부착하거나 막을 완전히 가로지르기도 한다(막관통단백질). 막단백질은 많은 기능을 하는데, 특히 막의 내외로 물질을 수송하고 세포외 신호에 대한 세포표면수용체의 역할을 한다. ⇨ membrane transport, membrane transport protein. (⇨ 그림 26)

membrane skeleton 막골격 적혈구의 원형질막 밑에 있는 매우 규칙적인 세포골격. 세포의 틀을 유지시킨다.

membrane traffic 막운항 진핵세포 내에 있는 여러 세포내막구획들(예: 소포체와 골지장치 그리고 원형질막) 간에서 일어나는 막의 흐름. 막은 한 구획의 막에서 작은 소포의 형태로 떨어져 나와 다른 구획의 막과 융합되면서 전달된다.

membrane transport 막수송 단백질의 도움으로 물질이 세포막의 내외로 통과하는 것. ⇨ active transport, coupled transport, facilitated diffusion, membrane transport protein, passive transport, protein translocation.

membrane transport protein 막수송단백질 세포막의 내외로 투과하지 못하는 특정 물질을 수송하는 단백질. ⇨ antiport, carrier protein, ion channel, symport.

membrane vesicle 막소포 세포 안에 있는 막으로 된 작은 주머니.

membraniferous 막성의 형 막으로 감싸고 있거나 막을 가진.

membranoid 막모양의 형 막처럼 생긴.

membranous 막성의 형 (1) 막으로 이루어진; (2) 얇고, 마르고 연약한, 때로는 투명한.

membranous cranium 막두개(膜頭蓋) 배아가 발생하는 동안 중배엽에서 유래되어 뇌를 감싸는 외피.

membranous labyrinth 막미로(膜迷路) 속귀에서 외림프(perilymph)에 의해 둘러싸는 뼈들과 떨어져 있는 달팽이관과

M

반고리관 그리고 이들과 관련된 구조들.

membranula 막판(膜板) ⇨ membranelle.

membranule 막판(膜瓣) 명 일부 잠자리류의 날개에 있는 작은 불투명한 부위.

memory cells 기억세포 오래 지속되는 항원 특이적 B림프구와 T림프구. 1차면역반응에서 생성되고 재감염에 대항하는 면역의 기초가 된다. 같은 항원이 재차 침입하면 활성화되어 작동세포로 신속하게 분화된다. 비 plasma cell. ⇨ secondary immune response.

MeNA 인공옥신으로 이용되는 휘발성 화합물(α-napththylacetic acid methyl ester).

menacme 월경연령 명 일생에서 첫 번째 월경부터 마지막 월경 사이의 기간, 즉 초경과 폐경 사이의 기간.

menadione 메나디온 명 비타민 K_2 유사체(2-methyl-1,4-naphthoquinone). 때때로 비타민 K_3로 알려져 있다. ⇨ vitamin K.

menarche 초경(初經) 명 (1) 처음으로 시작하는 월경; (2) 처음으로 월경을 시작하는 나이.

Mendelian genetics 멘델유전학 (1) 19세기 중엽에 멘델(Gregor Mendel)이 처음 체계적으로 만든 유전의 법칙들. ⇨ Mendel's laws; (2) 멘델유전(Mendelian inheritance).

Mendelian inheritance 멘델유전 멘델법칙에 따라 나타나는 유전자 또는 형질의 유전. 비 maternal inheritance, non-Mendelian inheritance.

Mendel's laws 멘델법칙 19세기에 멘델이 유성생식을 하는 생물의 유전에 관한 기본적인 규칙을 설명하면서 처음으로 제안한 법칙들. 완두의 교배실험에서 멘델은 꽃의 색깔과 같은 형질이 두 가지의 다른 형태(대립유전자)로 나타날 수 있고, 이들은 자손에게 변하지 않으면서 전달되지만, 대립유전자 중 하나(열성)는 우성의 파트너가 존재하면 그 효과가 가려질 수 있다는 사실을 발견하였다. 이러한 결과는 당시에 지지를 받던 융합유전(blending inheritance)의 개념과 대조를 이루는 것이다. 멘델은 대립유전자가 반드시 둘씩 나타나고 2개 중 오직 1개만의 대립유전자가 어버이에서 자손에게 전해진다는 사실을 깨달았다. 멘델의 제1법칙은 대립유전자가 똑같이 분리되는 현상에 관한 것이고, 제2법칙은 유전자의 독립분리에 관한 것이다. ⇨ independent assortment, segregation of alleles.

Mendosicutes 멘도시쿠테스 ⇨ Archaea.

meningeal 수막의 형 수막(meninges)과 관련되거나 그 부위에 있는.

meninges 수막(髓膜) 명복 뇌와 척수를 둘러싸고 있는 세 층의 막. 바깥쪽부터 안쪽으로 경막(dura mater), 거미막(arachnoid), 연막(pia mater)이 있다. '뇌척수막'이라고도 한다. 단 **meninx**.

meningitis 수막염 명 수막의 염증.

meningococcus 수막염구균 명 세균성 수막염의 일종을 일으키는 원인균(*Neisseria meningitidis*).

meningocyte 수막조직구 명 거미막밑공간(거미막과 연막 사이의 공간)에 있는 식세포.

meningosis 막부착 명 막의 도움으로 부착하는 것.

meningospinal 척수막의 형 척수를 둘러싸는 막과 관련된 말.

meningovascular 수막혈관의 형 수막의 혈관과 관련된 말.

meninx 수막 'meninges'의 단수형.

meniscus 관절초승달, 척추원반, 촉각수용기끝 명 (1) 격렬한 충격을 받은 관절의 사이에서 눌려진 섬유연골; (2) 추간원판(intervertebral disc); (3) 촉각수용기의 끝부분.

menognathous 무는턱의 형 깨무는 턱을 갖는, 곤충에 적용되는 말.

menopause 폐경(閉經) 명 여성의 배란과 월경이 없어지는 것.

menorhynchous 형 끊임없이 빠는 구기를 갖는, 곤충에 적용되는 말.

menotaxis 보류주성(保留走性) 명 (1) 감각자극, 특히 빛의 자극과 관련하여 몸의 축을 일정한 방향으로 유지시키지만 자극의 방향으로 움직이거나 그 반대 방향으로 움직이지 않는 대상성(compensatory) 운동; (2) 이동하는 동안 시축(visual axis)을 유지하는 것.

mensa 마쇄면(磨碎面) 명 치아의 갈아서 부수는 표면.

menses 월경 명복 월경을 하는 것.

menstrual 월경의 형 (1) 월경(menstruation)과 관련된 말. ⇨ menstrual cycle; (2) 한 달에 한 번의; (3) 꽃에서와 같이 한 달 동안 지속되는.

menstrual cycle 월경주기 사람의 여성과 일부 기타 영장류의 암컷에서 배란과 월경이 한 달에 한 번씩 나타나는 주기. 이 기간 동안 자궁내막이 두꺼워지고 수정란을 받을 준비를 한다. 만일 수정과 착상이 일어나지 않으면 자궁내막의 일부가 벗겨져서 미수정란과 함께 월경의 짧은 기간에 배출된다.

menstruation 월경(月經) 명 사람과 그 밖의 일부 고등동물에서 주기적으로 미수정란과 자궁내막의 일부가 배출되는 현상.

mental 정신의, 턱끝의 형 (1) 마음(정신)과 관련된 말; (2) 턱과 관련되거나 턱 부위에 있는, 신경, 가시, 결절, 근육 등에 적용되는 말.

mentigerous 형 턱을 지지하거나 턱이 달린.

mentum 턱밑마디, 하순기절(下脣基節) 명 일부 무척추동물의 턱 또는 그와 유사한 부위.

MEPP 미소종판전위(miniature end-plate potential).

mercury (Hg) 수은 명 원소상태에서 은백색의 무거운 액체를 형성하는 금속원소. 수은과 그 유기화합물이 오래 지속되고 독성이 강하기 때문에 산업적인 이용에 따른 수은의 오염은 중대한 환경오염이 된다.

mericarp 분과, 분열과(分裂果) 명 성숙하면 열매가 하나하나씩 떨어지는 과일.

mericlinal chimaera 포장형키메라, 불완전주연키메라 다른 유전자형의 세포들이 분열조직층의 한 섹터(sector)에만 국한되어 있어서 어린싹에서 섹터만 생기게 하는 키메라식물. 비 periclinal chimaera.

meridional 세로의, 날줄의 형 어떤 구조에서 자오선(meridian)을 따라 극에서 극으로 지나가는.

meridional furrow 세로분할고랑, 경할구(經割溝) 난할 중인 수정란의 극에서 극으로 뻗어 있는 세로 고랑.

meridiungulates 세로유제류 명복 제3기에 출현하였던 남아메리카의 멸종된 유제류 무리. 낙타처럼 생긴 리톱테른(litopterns)과 남제류(notoungulates)를 포함한다.

merisis 메리시스 명 세포분열에 의해 크기가 증가하는 것.

merismatic 격막분열의 형 세포 또는 절편들로 갈라지거나 분리되는.

merispore 열생포자(裂生胞子) 명 다세포로 된 포자덩어리가 갈라진 조각 또는 포자.

M

meristele 분주(分柱) 명 잎으로 나가는 중심주(stele)의 가지. ≒ leaf trace.

meristem 분열조직(分裂組織) 명 유사분열을 할 수 있어서 새로운 세포들과 조직들을 생성하는 식물의 조직. 분열조직은 어린싹과 뿌리의 자라는 끝에 있고(정단분열조직), 일부 식물에서 줄기를 둥글게 둘러싸는 형성층과 코르크형성층에 있고(측생분열조직), 잎과 열매에 있다. 형 **meristematic**, **meristemic**.

meristematic ring 분열조직환 발생 중인 식물의 배(embryo)에서 정단분열조직과 마주 대하고 관다발조직을 생기게 하는 피층과 속 사이에 있는 분열조직의 관.

meristic 열생(裂生)의 형 (1) 분할된; (2) 여러 부분들로 나누어진.

meristic variation 계측성 변이 부분이나 조각들의 수가 변하고 부분들의 기하학적 위치관계가 변화하는 것.

meristo- '분열된'을 뜻하는 그리스어 '*meristos*'에서 유래된 단어요소.

meristogenetic, meristogenous 분열생성의 형 (1) 분열조직으로부터 발달하는; (2) 1개의 균사세포 또는 인접한 세포들의 무리로부터 발달하는.

Merkel cell 메르켈세포, Merkel's discs 메르켈원반 입의 점막하조직과 피부에 있는 타원형의 촉각수용기 말단.

mermaid's purse 각질알껍질 판새어류의 각질로 된 알상자(egg case).

mero- '일부'를 뜻하는 그리스어 '*meros*' 또는 '넓적다리'를 뜻하는 그리스어 '*mēros*'에서 유래된 단어요소.

meroandry 메로안드리 명 정소(testes)의 수가 줄어든 상태.

meroblast 중간난충 명 일부 포자충류 기생충에서 분열생식포자(schizont)와 분열소체(merozoite) 사이의 중간시기.

meroblastic 부분할(部分割)의 형 난황이 다량으로 들어 있어서 발생하는 동안 부분적으로 난할이 일어나는 알(난자)에 적용되는 말. 새와 파충류의 알에서와 같이 배는 난황의 꼭대기에 있는 작은 세포들로부터 발생한다.

merocerite 제4더듬이체절 명 갑각류 더듬이의 네 번째 체절.

merocrine 부분분비의 형 분비물이 세포의 자유표면 밑에 축적되고 이를 통해 세포에 손상을 주지 않으면서 배출하는 샘(부분분비샘)에 적용되는 말. 배상세포(goblet cell)와 땀샘이 그 예가 된다.

merocytes 메로사이트 명복 연골어류, 파충류와 새의 수정란에서 볼 수 있듯이 수정되지 않은 여분의 정핵들이 분열을 거듭하여 생긴 핵들.

merodiploid 부분2배체 명 부분적으로 2배체인 세포. 동일종의 다른 세균으로부터 유전체의 일부가 도입된 결과 부분적으로 2배체인 세균이 그 예가 된다.

merogamete 메로가메트 명 원생동물에서 그 종의 정상적인 세포보다 크기가 작고 배우자의 기능을 하는 개체.

merogenesis 분절발생 명 (1) 부분들이 형성되는 것; (2) 분절(segmentation).

merognathite 제4구기체절 명 갑각류 구기의 네 번째 체절.

merogony 난편발생(卵片發生) 명 난자전핵(female pronucleus)이 없는 난자의 일부분으로부터 정상적인 소형 유생이 발생하는 것.

meroistic 부분영양의 형 영양세포가 들어 있는 난소관(부분영양난소관)에 적용되는 말.

meromixis 부분접합체형성 명 [미] 세균에서 유전물질이 한쪽 방향으로만 전달되는 유전적 교환의 일종. 형 **meromictic**.

meromorphosis 부분재생 명 상실된 부분보다 작은 새로운 부분이 재생되는 것.

meromyarian 부분근육형 형 일부 선충류에서와 같이 단지 몇 줄의 세로로 된 근육세포를 가진.

meromyosin 메로미오신 명 트립신에 의해 미오신이 분열되면서 형성되는 두 가지 분절 중 하나. 가벼운 메로미오신(light meromysin; LMM)은 분자의 '꼬리'를 포함하고 있고, 무거운 메로미오신(heavy meromysin; HMM)은 ATPase 활성을 갖는 분자의 '머리' 부분을 포함한다.

meron 부기절(副基節) 명 (1) 곤충에서 밑마디(coxa)의 뒷부분; (2) 파리류에서 가운뎃다리와 뒷다리의 밑마디 사이에 있는 경피(sclerite).

meront 증원생식체(增員生殖體), 메론트 명 (1) 난할이나 분열생식(schizogony)에 의해 형성되는 단세포를 통틀어 이르는 말; (2) 일부 포자충류 기생충에서 유영포자(planont) 시기의 다음에 나타나는 단핵성 분열생식포자(schizont) 시기.

meroplankton 한시성 플랑크톤 명 (1) 알과 유생을 포함하여 일시적으로 부유생활을 하는 생물; (2) 계절적으로 부유생활을 하는 생물.

meropodite 장절(長節) 명 (1) 거미류의 넓적다리마디(femur); (2) 갑각류에서 가슴다리(thoracic appendage)의 네 번째 마디.

merosome 메로솜 명 체절 또는 원체절(somite).

merospermy 위수정(僞受精) 명 정자의 핵이 알과 융합하지 않고 단성발생으로 새로운 개체가 생기는 상태.

merosporangium 분절포자낭 명 포자낭자루(sporangiophore)의 끝에서 뻗어 나와 한 줄로 포자를 만드는 구조.

merosthenic 형 특이하게 발달한 뒷다리를 가진.

Merostomata 퇴구강(腿口綱) 명 투구게류(horseshoe crabs)를 포함하는 수생 절지동물의 강. 아가미로 호흡하고, 협각(집게발)과 보각이 전체부(prosoma)에 달린다.

merotomy 분할, 분절 명 여러 부분들로 구분되거나 분열하는 것.

merozoite 분열소체, 난충 ⇨ schizozoite.

merozygote 부분접합체 명 접합하는 2개의 세포나 배우자 중 어느 한쪽 유전체의 일부만을 포함하는 접합체.

mesadenia 중배부속샘 명복 곤충의 중배엽성 부속 생식샘.

mesal 내측, 중앙의 형 내측(medial) 또는 중앙의(mesial).

mesarch 중원형(中原型)의 형 (1) 원생물관부(protoxylem)에서 모든 방향으로 발생하는 후생물관부(metaxylem)를 갖는 물관부에 적용되는 말. 고사리류에서 특징적으로 나타난다; (2) 후생물관부로 둘러싸인 원생물관부를 갖는; (3) 중습성(mesic)의 환경에서 시작하는, 천이계열에 적용되는 말.

mesaxonic 중축형(中軸型) 형 말류(perissodactyls)에서와 같이 가운데 발가락을 지나며 발을 나누는 선이 있는.

mescaline 메스칼린 명 메스칼선인장(*Lophophora williamsii*)에 함유된 환각작용을 일으키는 알칼로이드.

mesectoderm 중외배엽(中外胚葉) 명 배아에서 외배엽과 중배엽을 생기게 하는 세포들.

mesencephalic 중뇌의 형 중뇌(mesencephalon)와 관련된 말.

mesencephalon 중뇌(中腦) ⇨ midbrain.

mesenchymal stem cell (MSC) 중간엽

M

줄기세포 골수의 기질세포, 성체의 근육, 치수(dental pulp)와 그 밖의 많은 조직에 들어 있는 줄기세포의 일종. 조골세포, 근세포, 연골세포, 지방세포와 내피세포 등으로 분화할 수 있다. 중간엽줄기세포는 면역억제의 특성도 갖고 있으며, 이식편대숙주병(graft-versus-host disease)의 치료와 조직재생의 처리와 관련하여 연구가 진행되고 있다.

mesenchyme **간충직(間充織), 중간엽** 명 근육과 결합조직으로 분화하는 배아의 중배엽에서 유래된 분화되지 않은 상태의 세포. 형 **mesenchymal**.

mesendoderm **중내배엽(中内胚葉)** 명 배아에서 내배엽과 중배엽을 생기게 하는 세포들.

mesenterial **장간막의** 형 장간막(mesentery)과 관련된, 산호충류의 필라멘트에 적용되는 말.

mesenteric **장간막의** 형 (1) 장간막과 관련된, 동맥, 샘, 신경, 정맥 등에 적용되는 말; (2) 작은창자와 관련된 림프절에 해당하는 말.

mesenteriole **장간막주름** 명 장간막에서 유래된 복막(peritoneum)의 주름.

mesenterium **장간막** ⇨ mesentery.

mesenteron **중장(中腸)** 명 (1) 내배엽이 내벽을 이루는 소화관의 일부이고 원장(archenteron)으로부터 유래되는 배아의 중장(mid-gut); (2) 산호와 말미잘의 주된 소화강.

mesentery **장간막(腸間膜)** 명 (1) 내장의 위치를 고정하는 역할을 하는 복막의 주름; (2) 강장동물에서 체벽으로부터 내부로 확장되는 근육 칸막이.

mesepimeron **가운데가슴뒤옆판, 중흉후측판(中胸後側板)** 명 곤충에서 가운데가슴(중흉)의 외골격 옆판.

mesethmoid **중사골** 명 코안(비강)을 분리하는 머리의 뼈.

mesiad 형 중간면(middle plane)을 향하거나 그 부근에 있는.

mesial **중앙의, mesian 종행(縱行)의** 형 중앙의 수직면 또는 종단면에 있는.

mesic **중습성(中濕性)의** 형 온화하고 습한 기후에 길들여진.

meso-, mesi-, mes- '중앙'을 뜻하는 그리스어 '*mesos*'에서 유래되고, 조건이나 상태의 범위에서 한쪽 끝이 아닌 중간에 위치하는 것을 의미하는 단어요소.

mesobenthos **중간저서생물** 명 수심 200~1000 m의 해저에 서식하는 동물과 식물.

mesobiota **중형생물(中型生物)** 명 생태계 또는 서식지(특히 토양)에서 크기가 약 200 μm부터 1 cm의 범위에 있는 생물들의 집단. 즉 세균과 단세포 조류보다 크고 지렁이 같은 대형 토양생물보다 작은 생물을 가리킨다. 진드기와 선충류 등의 생물이 포함된다. 비 macrobiota, microbiota.

mesoblastic **중배엽성** 형 배(embryo)의 중배엽과 관련되거나 중배엽에서 발생하는.

mesobranchial **중새부(中鰓部)의** 형 가운데 아가미 부위와 관련된 말.

mesobronchus **중기관지(中氣管支)** 명 새에서 2차기관지가 생기는 기관지(bronchus)의 주된 몸통.

mesocaecum **막창자간막, 맹장간막** 명 막창자(맹장)와 연결된 장간막.

mesocardium **심장간막, 심중막(心中膜)** 명 (1) 심장을 위심낭(pericardium)의 벽에 부착시키는 배아의 장간막; (2) 정맥이나 대동맥을 에워싸는 위심낭의 부분.

mesocarp **중과피(中果皮)** 명 열매의 과피(pericarp)의 중간층. 자두와 버찌와 같은 열매의 과육이 그 예가 된다.

mesocentrous 형 중앙에서부터 골화되는.

mesocephalic 중간머리의 형 사람에서 1350~1450 cm^3의 뇌용적량을 가진.

mesocercaria 메소세르카리아 명 흡충류에서 세르카리아(cercaria)와 메타세르카리아(metacercaria) 사이에 있는 유충시기.

mesochilium 메소칠리움 명 난초의 꽃에서 입술형 꽃잎(labellum)의 중간부분.

mesocoel 중강(中腔) 명 (1) 체강의 중간부분; (2) 연체동물 체강의 3개 주요부분 중 두 번째 부분; (3) 중뇌의 공간. ≒ aqueduct of Sylvius.

mesocole 메소콜 명 매우 습하지도 않고 매우 건조하지도 않은 조건에서 사는 동물.

mesocolic 잘록창자간막의 형 잘록창자간막(mesocolon)과 관련된, 림프샘에 적용되는 말.

mesocolon 잘록창자간막, 결장간막 명 잘록창자(결장)를 배의 등 쪽 벽에 고정하는 복막의 주름.

mesocoracoid 중오훼골의 형 하오훼골(hypocoracoid)과 상오훼골(hypercoracoid)의 사이에 있는, 일부 어류에서 오훼활의 중간부에 적용되는 말.

mesocotyl 중배축(中胚軸) 명 벼과 초본의 씨앗에서 배반(scutellum)과 자엽초(coleoptile)의 중간 부분.

mesocycle 중층환(中層環) 명 단일중심주를 갖는 식물의 줄기에서 물관부와 체관부의 사이에 있는 조직의 층.

mesodaeum 중배장(中胚腸) 명 배아의 소화관에서 구도(stomodaeum)와 항문함(proctodaeum)의 사이에 있는 내배엽성 부분.

mesoderm 중배엽(中胚葉) 명 3배엽성 동물의 3개 배엽(germ layer) 가운데 하나. 낭배에서 외배엽과 내배엽의 중간에 놓이는 세포들의 층을 이루고, 근육과 결합조직을 생기게 한다. 척추동물에서는 혈액, 혈관계와 심장, 대부분의 콩팥 그리고 피부의 진피도 중배엽에서 유래한다.

mesodermal 중배엽성 형 중배엽과 관련되거나 중배엽에서 유래하거나 또는 중배엽으로부터 발생하는.

mesodont 중간치의 형 중간 크기의 큰턱을 갖는 사슴벌레(stag beetle)에 적용되는 말.

mesofauna 중형 동물상 명 200 μm에서 1 cm까지의 크기를 갖는 동물들. 비 meiofauna.

mesogamy 중점수정(中點受精) 명 꽃가루관이 주병이나 주피를 통과하여 밑씨로 들어가는 것.

mesogaster 중장(中腸) 명 위(stomach)를 떠받치는 복막의 주름.

mesogastric 형 중장(mesogaster), 중복부 또는 위간막(mesogastrium), 또는 위의 중앙부분(middle gastric region)과 관련된 말.

mesogastrium 위간막(胃間膜), 중복부(中腹部) 명 (1) 배아에서 위를 배의 등 쪽 벽에 고정하는 복막의 주름; (2) 복부의 중앙 부분.

mesogenous 중앙기원적 형 중앙에서 또는 중앙으로부터 만들어지는.

mesoglia 중교 ⇨ oligodendroglia.

mesogloea 간충질(間充質) 명 해면동물과 강장동물의 안쪽과 바깥쪽 체벽의 사이에 있는 비세포성의 젤라틴층.

mesognathion 명 바깥앞니가 달리는 앞턱뼈(전악골)의 측면 부분.

mesohaline 중염성 형 5~15 ppt(천분율)의 염도를 갖는 기수에 적용되는 말.

M

mesohepar 명 간(liver)을 떠받치는 복막의 주름.

mesohydrophytic 중수생(中水生) 형 온화한 지역에 살지만 많은 수분을 필요로 하는.

mesokaryote 중핵(中核)의 형 염색체들이 항상 응축되어 있고 관례적인 유사분열을 하지 않는 와편모조류의 핵에 적용되는 말.

mesolecithal 중난황성(中卵黃性)의 형 중간 정도의 난황을 가진.

mesolimbocortical system 변연관련 도파민계 편도핵, 해마, 사이막 등의 대뇌변연계로 투사되는 도파민작동성 뉴런(dopaminergic neuron)의 시스템.

mesome 메솜 명 형태적 단위로 간주하는 식물의 축 또는 원줄기.

mesomere 중할구(中割球) 명 (1) 배아에서 체강주머니의 중앙 구역; (2) 원체절(somite).

mesometrium 자궁간막(子宮間膜) 명 자궁과 연결관을 떠받치는 복막의 주름.

mesomicrotherm 중저온식물(中低溫植物) 명 온화한 기후에 살면서 겨울의 낮은 온도를 견딜 수 있는 식물.

mesomitosis 중유사분열(中有絲分裂) 명 핵막이 사라지지 않은 채 그 안에서 일어나는 유사분열.

mesomorphic 중생형 형 구조나 형태나 크기가 정상이거나 평균에 속하는, 또는 양 극단의 사이에 들어가는. 명 **mesomorph**.

meson 정중면(正中面) 명 어느 물체의 중심면 또는 그 부위.

mesonephric 중간콩팥의 형 중간콩팥(mesonephros)과 관련된, 세관, 관 등에 적용되는 말.

mesonephridium 중신(中腎) 명 중배엽에서 유래한 일부 무척추동물의 콩팥관(신관) 또는 배설기관.

mesonephros 중간콩팥, 중신(中腎) 명 척추동물의 배 시기에 나타나는 3쌍의 신장기관 가운데 중앙부의 한 쌍. 무양막류(anamniotes)에서는 성체의 콩팥으로 지속된다.

mesonotum 가운데가슴등판 명 곤충에서 가운데가슴(중흉)의 등 쪽에 있는 판.

mesoparasite 중간기생생물 명 외부기생생물(ectoparasite)과 내부기생생물(endoparasite)의 중간에 해당하는 기생생물의 유형.

mesopelagic 중심해수층의 형 200~1000 m 수심의 해양과 관련되거나 그 수심에 서식하는.

mesoperidium 중피각(中皮殼) 명 일부 곰팡이의 피각(외피)에서 외피각(exoperidium)과 내피각(endoperidium)의 사이에 있는 중간층.

mesopetalum 중심화판(中心花瓣) 명 난초의 입술형 꽃잎(labellum).

mesophanerophyte 중형꽃식물 명 8~30 m 높이의 나무.

mesophil(ic) 중온성(中溫性) 형 온화한 온도에서 잘 자라는, 세균의 경우 20~45°C에서 잘 자라는. 명 **mesophile**.

mesophilous 호중성 형 중성 토양과 관련된 식물에 적용되는 말.

mesophloem 중층수피(中層樹皮) 명 나무껍질(수피)의 중간부분 또는 녹색부분.

mesophragma 가운데가슴가로막, 중흉격판(中胸隔板) 명 곤충의 몸체 내부로 내려오는 키틴질로 된 외골격의 조각.

mesophyll 잎살, 엽육(葉肉), 중엽(中葉) 명 (1) 잎의 안쪽에 있는 주로 광합성을 하는 유조직; (2) 중간 크기의 잎.

mesophyllous 중엽성(中葉性) 형 중간 크기의 잎을 가진.

mesophyte 중생식물 명 적당한 양의 수

M

분과 온화한 기후에서 잘 자라는 식물.

mesoplankton 중형플랑크톤 명 (1) 수심 200 m의 아래쪽에 사는 플랑크톤; (2) 중간 크기의 부유하는 생물.

mesoplastron 메소플라스트론 명 일부 거북의 등껍질에서 두 번째와 세 번째 옆판의 사이에 있는 뼈판.

mesopleurite, mesopleuron 가운데가슴옆판 명 파리류에서와 같이 가운데가슴의 옆쪽에 있는 경피(sclerite).

mesopodial 중심자루의 형 중앙의 위치에 자루(stipe)와 같은 지지구조를 가진.

mesopodium 중족(中足) 명 (1) 잎자루 또는 그 부위; (2) 연체동물 발의 중앙부; (3) 손바닥뼈(metacarpus) 또는 발바닥뼈(metatarsus).

mesopterygium 가운데지느러미연골 명 현대 판새어류에서 나타나는 3개의 가슴지느러미(pectoral fin) 연골에서 중앙부의 것.

mesopterygoid 중익골(中翼骨) 명 진골어류에서 나타나는 3개의 익상골(pterygoid bone) 요소에서 중앙부의 것.

mesoptile 중시(中翿) 명 어린 새에 생기는 솜깃털 가운데 두 번째 종류. 비 protoptile.

mesorchium 정소간막(精巢間膜) 명 정소를 떠받치는 복막의 주름.

mesorectum 직장간막(直腸間膜) 명 곧창자(직장)를 떠받치는 복막의 주름.

mesorhinal 콧구멍사이의 형 콧구멍들의 사이에 있는.

mesosalpinx 자궁관간막 명 자궁을 둘러싸는 넓은 인대.

mesosaprobic 중부수성(中腐水性) 형 산소의 양은 감소하고 상당한 유기물이 분해되는 수중의 서식지에 적용되는 말.

α-mesosaprobic α중부수성 하천에 생육하는 생물을 바탕으로 유기오염도를 평가하는 부수성 분류(saprobic classification)의 범주 가운데 하나. 부분적으로 호기성 분해가 일어나고 부분적으로 무산소 분해가 일어나는 오염된 물에서 살 수 있는 물벌레(*Asellus*) 등의 생물이 출현한다. 비 β-mesosaprobic, mesosaprobic, oligosaprobic, polysaprobic.

β-mesosaprobic β중부수성 하천에 생육하는 생물을 바탕으로 유기오염도를 평가하는 부수성 분류의 범주 가운데 하나. 유기오염물질로 약간 오염되고, 유기물은 주로 호기성 분해에 의해 분해된다. 큰가시고기(*Gasterosteus aculeata*)와 수생 식물의 일종인 캐나다말(*Elodea canadensis*) 등의 생물이 출현한다. 비 α-mesosaprobic, mesosaprobic, oligosaprobic, polysaprobic.

mesosaur 메소사우루스 명 페름기 전세에 생존했던 무궁류(anapsid)인 중룡목(Mesosauria)에 속하는 종류. 물고기를 잡아먹고 긴 턱을 가진 날씬한 수생 파충류이다.

mesoscapula 가운데어깨뼈, 중견갑골(中肩胛骨) 명 뚜렷이 구별되는 단위라고 간주될 때 어깨뼈(견갑골)에 있는 가시를 이르는 말.

mesoscutellum 가운데가슴소순판 명 곤충의 가운데가슴(중흉)에 있는 소순판(scutellum).

mesoscutum 가운데가슴순판 명 곤충의 가운데가슴에 있는 순판(scutum).

mesosoma 중체(中體) 명 (1) 전갈의 배에서 앞쪽의 넓은 부분; (2) 어떤 무척추동물의 몸에서 중앙에 있는 부분. 특히 체절의 분화가 모호할 때 이르는 말이다.

mesosome 메소솜 명 세균의 세포막이 함입된 부위.

mesosperm 주심외피 명 밑씨의 주심을 둘러싸는 외피.

M

mesosporium 중피(中皮) 명 일부 포자를 둘러싸는 세 층으로 된 외피에서 가운데에 있는 층.

mesosternum 복장뼈몸통, 가운데가슴판 명 (1) 척추동물의 복장뼈(가슴뼈)의 중앙 부분; (2) 곤충의 가운데가슴에 있는 가슴판.

mesostriatal system 선조관련도파민계 흑질 그리고 인접한 뇌피개역에서 일어나 줄무늬체(선조체)와 중격의지핵(nucleus accumben) 그리고 후결절(olfactory tubercle)로 투사되는 도파민작동성 뉴런. 이 뉴런들이 퇴화되면 파킨슨병이 발병하는 원인이 된다.

mesostylous 중화주성(中花柱性)의 형 중간 길이의 암술대(화주)가 있는, 이형화주꽃(heterostylous flower)에 적용되는 말.

mesotarsus 중지부절(中肢跗節) 명 곤충에서 가운뎃다리의 발목마디. 형 **mesotarsal**.

mesotheic 형 기생충이나 감염에 몹시 민감하지도 않고 완전히 내성을 갖지도 않은.

mesothelial 중피의 형 중피(mesothelium)와 관련된 말.

mesothelioma 중피종(中皮腫) 명 복막, 흉막(가슴막) 또는 위심낭의 중피세포에서 발생하는 종양. 흉막중피종(pleural mesothelioma)은 석면에 노출되는 근로자들에서 정상인보다 훨씬 높은 빈도로 나타난다.

mesothelium 중피(中皮) 명 (1) 장막으로 된 체강(예: 위심강, 흉막강)의 안을 싸고 있는, 중배엽에서 유래한 편평세포들의 상피처럼 생긴 층; (2) 중배엽에 붙어 있는 배아의 체강. 근육조직과 결합조직이 생기게 한다.

mesotherm 온대생물 명 난온대기후에서와 같이 12~19°C 범위의 적당한 온도에서 잘 자라는 식물.

mesothoracic 가운데가슴의 형 가운데가슴(mesothorax)과 관련되거나 그 부위에 있는.

mesothorax 가운데가슴, 중흉(中胸) 명 곤충의 가슴부위의 중간체절. 비 prothorax, metathorax.

mesotroch 중륜형 유생(中輪形幼生) 명 환체류(annulates)에서 몸의 중앙부 둘레를 따라 섬모들이 고리처럼 달린 유생.

mesotrophic 중영양성(中營養性) 형 (1) 부분적으로 독립영양적이고 어느 정도는 부생의 영양성을 갖는; (2) 양분의 일부를 외부로부터 얻는; (3) 부분적으로 기생을 하는; (4) 보통 정도의 영양을 제공하는, 환경에 적용되는 말.

mesotropic 굴중앙성(屈中央性) 형 중앙 또는 정중면 쪽으로 돌리거나 향하는.

mesovarium 난소간막(卵巢間膜) 명 난소를 떠받치는 복막의 주름.

mesoventral 중복부(中腹部)의 형 배 쪽(복부)의 중앙 부분에 있는.

mesoxerophilous 중건생(中乾生)의 형 온대기후의 건조한 조건에 적응하고 그러한 조건에서 잘 자라는 식물(중건생식물)에 적용되는 말. 명 **mesoxerophyte**.

Mesozoa, mesozoans 중생동물문, 중생동물(中生動物) 명, 명복 체제가 매우 간단하고 작은 다세포성 해양 무척추동물의 문. 해양 무척추동물의 콩팥에 기생한다. 성체의 몸체는 두 층의 세포들로 구성되고, 근육계통이나 신경계통이 없으며, 생식샘을 제외한 모든 기관과 체강도 없다. 적충형(infusoriform) 유생과 연충형(vermiform) 유생이 만들어진다. 중생동물은 2배충류(dicyemid), 이형배충류(heterocyemid) 그리고 직유류(orthonectid)를 포함한다.

Mesozoic 중생대(中生代) 명 약 2억 5100

M

만 년 전부터 약 6500만 년 전까지 지속된 지질시대. 트라이아스기, 쥐라기와 백악기로 다시 나뉜다.

message 전령 분자생물학에서 전령 RNA(messenger RNA)를 이르는 말.

messenger RNA (mRNA) 전령RNA 단백질 합성의 주형으로 작용하는, 모든 세포에 들어 있는 RNA. 서로 다른 mRNA의 각각은 단백질을 암호화하는 유전자(또는 세균의 경우, 인접하여 존재하는 기능적으로 관련된 몇 개의 단백질 유전자군)에 있는 DNA가닥의 상보적인 복사본이고, DNA를 주형으로 삼아 전사(transcription)에 의해 합성된다. 진핵생물의 mRNA는 전사가 일어난 다음에 핵에서 1차RNA전사물이 여러 과정을 거쳐 가공된 산물이다. ≒ message. ⇨ RNA, RNA processing, splicing.

mestome 메스톰 명 벽이 두꺼운 세포들로 구성된 다발초(bundle sheath)의 안쪽 층.

Met 메티오닌(methionine).

meta- (1) '뒤에'를 뜻하는 그리스어 '*meta*'에서 유래된 접두사. 곤충의 세 번째와 마지막 가슴마디인 뒷가슴(metathorax)의 경우와 같이, '뒤의', '뒤쪽에 있는' 등을 의미한다; (2) 형태가 변화하는 탈바꿈(metamorphosis)의 경우와 같이, '변화'를 뜻하는 그리스어 '*meta*'에서 유래된 접두사.

meta-analysis 메타분석 명 다양한 많은 연구에서 얻어진 기존의 결과를 이용하여 특정 주제를 분석하는 연구방법.

metabasidium 후담자기(後擔子器) 명 담자균류의 담자기에서 감수분열이 일어나는 세포.

metabiosis 변태공생 명 종들 간에서 영양소나 비타민 같은 요인들을 유익하게 교환하는 것.

Metabola 유시곤충류(有翅昆蟲類) ⇨ pterygotes.

metabolic 대사의 형 대사(metabolism)와 관련된 말.

metabolic activation 대사활성화 외부의 화합물이 몸 안에서, 특히 간에서 효소들에 의해 화학반응을 하는 (보통 독성을 띠거나 발암성의) 형태로 전환되는 과정.

metabolic compartment 대사구획 진핵세포에서 미토콘드리아, 엽록체 또는 세포기질처럼 막으로 둘러싸이고 특정 대사과정이 분리되어 있는 세포소기관이나 공간을 통틀어 이르는 말.

metabolic cooperation 대사협력 (1) 영양공생(syntrophy); (2) NH_3를 NO_3^-로 함께 산화시킬 수 있는 아질산화세균(nitrosifying bacteria)과 질화세균(nitrifying bacteria)에서 볼 수 있듯이 상호 보완적으로 대사를 수행하는 생물들의 작용.

metabolic pathway 대사경로 세포에서 어느 반응의 산물이 다음 반응의 기질이 되는, 효소가 촉매하는 일련의 생화학적 반응들. 대사경로는 어느 화합물을 다른 화합물로 전환하거나, 작은 단위체들로부터 큰 거대분자를 형성하거나 또는 화합물을 분해하여 사용 가능한 에너지를 방출하는 데에 이용된다.

metabolic profiling 대사분석, 대사프로파일링 상당수의 대사물질과 분석물질이 동시에 존재하는지를 확인하기 위하여 세포추출물을 분석하는 것.

metabolic rate 대사율 생물의 체내에서 일어나는 대사활동의 속도를 측정하는 것. 대사율은 생물이 호흡, 생장, 생식 등의 필수적인 생명과정을 유지하고 동물의 경우 혈액순환, 근육긴장과 활동 등의 과정을 지속하기 위해 에너지를 이용하는 속도이다. 대사율은 (가) 정해진 시간 동안에 생성되는 열의 총량, (나) 일정한 시간 동안 소비되는 산소와 때때로 생성되는 이산화탄소의 양(이 방법은 쉽게 측정할 수 있지만 호기성 대사에 국한됨), (다) 정해진 시간 동안에 섭취한 음식물에 들어 있는 에너지, 그리고 (라) 동위원소로 표지한 물의 운명과 같이 여러 가지 방법으로 결정한다. ⇨ average daily metabolic rate, basal metabolic rate, energy budget, field metabolic rate, respiratory quotient, resting metabolic rate, standard metabolic rate.

metabolic scope **대사범위** 어느 동물이 나타내는 대사율(metabolic rate)의 범위. 휴지상태의 대사율과 동물이 최대로 활동할 때의 최대에너지소비율과의 차이를 가리킨다.

metabolic water **대사수(代謝水)** 체내에서 산화과정(예: 호흡)에 의해 생성되는 물.

metabolism **대사, 물질대사(物質代謝)** 명 생물체 내에서 생명을 부양하는 생화학적 반응들의 통합적인 망. ⇨ anabolism, catabolism, metabolic pathway.

metabolite **대사물질** 명 물질대사에 관여하거나 물질대사에서 생성되는 화합물을 통틀어 이르는 말. ⇨ secondary metabolites.

metabolome **대사체(代謝體)** 명 어느 특정한 생리적 상태에 있는 세포의 저분자 대사물질의 총합.

metabolomics **대사체학(代謝體學)** 명 세포에서 나타나는 대사물질들의 생성과 전환을 종합적으로 연구하는 학문.

metaboly **변형현상(變形現象)** 명 유글레나류와 그 밖의 편모생물에서 볼 수 있듯이 운동의 결과로 형태가 변화하는 현상.

metabotropic **대사형** 형 이온통로가 들어 있지 않지만 G단백질들과 또는 세포 내 2차전달자를 거쳐 작용할 수 있는 신경전달물질의 수용체에 적용되는 말.

metabranchial **뒤아가미의** 형 뒤아가미와 관련되거나 그 부위에 있는.

metacarpal **손바닥뼈, 장골(掌骨)** 명 손목과 손가락을 연결하는 뼈들 가운데 하나. '손허리뼈' 또는 '중수골'이라고도 한다.

metacarpus **손바닥뼈, 장골** 명 손목과 손가락 사이의 손바닥에 있는 골격 부분. 보통 대롱 모양을 한 다섯 개의 뼈로 구성되는데, 이들 각각을 'metacarpal'이라고 한다. 형 **metacarpal**.

metacentric **중부동원체성** 형 동원체(centromere)가 중간쯤에 있고 유사분열이나 감수분열 동안에 분리될 때 V자형으로 나타나는 염색체에 적용되는 말. 명 metacentric chromosome.

metacercaria **메타세르카리아** 명 내부기생성 흡충류의 생활주기 중 세르카리아(유미유충)에서 꼬리가 떨어지고 발달하는 유충시기. '피낭유생(被囊幼生)'이라고도 한다. 주혈흡충류(schistosomes)에서는 세르카리아가 척추동물 숙주에 감염된 후에 메타세르카리아가 나타난다. 그 밖의 종들에서는 메타세르카리아가 척추동물 숙주에 침입한다. 메타세르카리아는 직접 성충으로 발달한다.

metacestode **조충유충** 명 중간숙주에서 발견되는 조충류의 유생.

metachroic **변색(變色)의** 형 곰팡이의 오래된 조직과 같이 색깔이 변하는.

metachromasy **변색(變色)** 명 색깔이 변하는 것. 형 **metachromatic**.

metachromatin **이염색질(異染色質)** ⇨ volutin granules.

metachromy **변색현상** 명 오래된 꽃에서 볼 수 있듯이 색깔이 변하는 현상.

metachronal **계시성(繼時性)의** 형 다른

것에 이어서 어느 것이 차례로 움직이는, 섬모운동의 리듬이나 지네류와 노래기류의 다리 등에 적용되는 말.

metachrosis 변색성 명 색소세포의 확장과 수축에 의해 색깔을 변화시킬 수 있는 능력.

metacoel 후강(後腔) 명 (1) 연체동물에서와 같이 체강(coelom)의 뒤쪽 부분; (2) 뇌에서 제4뇌실의 앞쪽 확장부.

metacommunication 메타의사소통 명 다른 의사소통의 의미에 대한 의사소통. 서열이 높은 수컷이 다른 수컷들에게 그 지위를 암시하고 공격할 것 같이 행동하는 자세를 취하는 것이 그 예가 된다.

metacone 메타콘 명 윗어금니의 뒤쪽에 있는 바깥쪽 교두.

metaconid 메타코니드 명 아랫어금니의 뒤쪽에 있는 안쪽 교두.

metaconule 메타코눌 명 윗어금니의 뒤쪽에 있는 2차 교두.

metacoracoid 후오훼골 명 오훼골(coracoid)의 뒤쪽 부분.

metacromion 뒤어깨뼈봉우리, 후견봉(後肩峰) 명 어깨뼈돌기(scapular spine)에서 어깨뼈봉우리(견봉)의 뒤쪽 가지.

metacyclic 발육종말형(發育終末型) 형 파동편모충(trypanosome)에서 매개곤충의 침샘에서 발달하고 다음 숙주로 전달되는 짧고 넓은 감염성 형태에 적용되는 말.

metadiscoidal 반상(盤狀) 형 영장류에서와 같이 처음에는 융모가 산재하다가 나중에 융모가 원반에 국한되는 태반(placenta)에 적용되는 말.

metadromous 형 조각잎의 1차맥이 중앙맥의 위쪽에서 생기는 것.

metafemale 초자성(超雌性) 명 상염색체는 정상적으로 2배체의 세트를 갖지만 3개의 X염색체를 갖는 암컷 초파리. ≒ superfemale.

metagastric 형 위의 뒤쪽 부위와 관련된 말.

metagenesis 진정세대교번 명 특히 동물에서 나타나는, 무성세대와 유성세대가 번갈아 나타나는 세대교번.

metagnathous 2양구식류(二樣口式類)의 형 (1) 어떤 곤충에서 볼 수 있듯이 유충기에는 깨무는 형의 구기(mouthpart)를 갖다가 성충이 되면 빠는 형의 구기를 갖는; (2) 솔잣새(crossbill) 따위와 같이 끝이 어긋난 부리를 가진.

metagyny ⇨ protandry.

metallic 금속성의 형 무지갯빛의, 곤충에서처럼 표면의 가는 줄무늬 또는 얇은 판에 의한 간섭에 기인하는 색깔에 적용되는 말.

metalloenzyme 금속효소 명 금속이온이 들어 있는 효소를 통틀어 이르는 말.

metalloprotein 금속단백질 명 금속이온이 들어 있는 단백질을 통틀어 이르는 말.

metallothionein 메탈로티오네인 명 다양한 중금속들에 대한 세포의 해독기구에 관여하는 단백질.

metaloph 메탈로프 명 큰어금니에서 메타콘(metacone), 메타코눌(metaconule) 그리고 하이포콘(hypocone)을 합친 뒤쪽의 능선.

metamale 초웅성(超雄性) 명 1개의 X염색체와 3세트의 상염색체를 갖는 수컷 초파리. ≒ supermale.

metamere 체절(體節) 명 몸의 마디 또는 원체절(somite).

metameric 체절성 형 몸이 거의 비슷한 다수의 체절로 나누어지는 것. 명 **metamerism**.

metamerized 분절의 형 체절로 나누어진.

metamitosis 후유사분열(後有絲分裂) 명

M

핵막이 소실되는 유사분열.

metamorphosis 탈바꿈, 변태(變態) 명 어떤 구조가 다른 구조로 형태가 변하는 것. 가장 일반적으로는 곤충과 양서류에서와 같이 어떤 동물이 배(embryo) 시기와 성체시기 간에서 형태와 구조가 근본적으로 변하는 과정을 가리킨다. 배는 성체와 형태가 다른 독립생활성 유생으로 발달한다. 그 다음에 유생이 탈바꿈하여 성체가 된다. 곤충에서는 메뚜기 등에서 불완전변태(incomplete metamorphosis)가 나타나는데, 유충의 형태는 성충과 비교적 비슷하고 탈피(moult)를 할 때마다 차츰 성충의 형태를 갖추게 된다. 이 경우 먹이를 먹지 않는 번데기(pupa) 시기는 나타나지 않는다. 나비와 파리 등에서는 완전변태(complete metamorphosis)가 나타나는데, 유충의 털애벌레(caterpillar) 또는 구더기(maggot) 시기는 형태와 내부구조에 있어서 성체와 아주 다르고, 먹이를 먹지 않는 번데기 시기 동안에 철저하게 구조가 변화한다; (2) 이질형성(homeosis); (3) 식물의 꽃에서 정상적인 대칭성이 변화하는 것.

metamorphy 이질형성 ⇨ homeosis.

metanauplius 후기노플리우스 명 갑각류에서 노플리우스(nauplius)시기 다음에 나타나는 유생기.

metandry 메탄드리 명 정소의 뒤쪽 부분만 보유하고 있는 메로안드리(meroandry).

metanephric 뒤콩팥의, 후신(後腎)의 형 콩팥과 관련되거나 그 부위에 있는.

metanephridium 뒤콩팥관, 후신관(後腎管) 명 체강으로 통하는 콩팥세관(nephridial tubule).

metanephros 뒤콩팥, 후신(後腎) 명 척추동물의 배에서 중간콩팥(중신)의 뒤에 생기는 기관. 양막류에서는 성체가 되면서 기능적인 신장(영구신)으로 된다.

metanotum 뒷가슴등판 명 곤충의 뒷가슴에 있는 등판(notum).

metanucleus 후핵(後核) 명 난핵포(germinal vesicle)에서 밀려난 다음의 알에 들어 있는 인(nucleolus).

metaphase 중기(中期) 명 유사분열이나 감수분열에서 염색체들이 세포의 적도면에 배열하고 동원체들이 방추체의 적도면에 놓이는 시기. 감수제1분열의 중기I에서는 복제된 상동염색체쌍들이 가지런히 놓이고, 감수제2분열의 중기II에서는 각각의 복제염색체들이 정렬한다.

metaphase plate 중기판(中期板) 유사분열이나 감수분열의 중기에서 방추체의 양극 사이의 중간쯤에서 축에 직각을 이루는 가상적인 판. 이 판에 염색체들의 동원체가 놓인다. ≒ equatorial plate.

metaphase spread 중기염색체검사 중기의 세포에서 염색된 염색체들을 짓눌러서 각각의 염색체들을 분리하고 식별하는 것.

metaphloem 후생체관부 명 원생체관부(protophloem) 다음에 형성되는 1기체관부.

metaphysis 뼈몸통끝, 골간단(骨幹端) 명 뼈의 양끝에서 뼈끝연골에 인접한 팔다리뼈의 축.

Metaphyta 다세포식물아계, metaphytes 다세포식물 명, 명복 다세포로 된 식물들.

metaplasia 변질분화 ⇨ transdifferentiation.

metaplastic 변질분화의 형 변질분화(metaplasia)와 관련된, 전환분화된(transdifferentiated).

metapleural 뒤옆의 형 뒤쪽과 옆쪽에 위치한.

metapneustic 뒷숨문식, 후기문성(後氣門

M

性) 형 말단에 쌍으로 된 숨구멍(기문)만 열려 있는 곤충의 유충에 적용되는 말.

metapodeon 뒷자루마디 명 곤충의 배(복부)에서 '허리' 또는 자루마디(병절)의 뒤에 있는 부분.

metapodium 뒷다리, 끝다리 명 (1) 발에서 발목마디와 발가락 사이의 부분; (2) 네발짐승에서 손바닥뼈 또는 발바닥뼈.

metapophysis 유두돌기 명 일부 척추동물에서 특히 허리 부위에 생기는 척추의 관절돌기.

metapostscutellum 뒷가슴후소순판 명 곤충의 뒷가슴에 있는 후소순판(postscutellum).

metaprescutellum 뒷가슴전소순판 명 곤충의 뒷가슴에 있는 전소순판(prescutellum).

metaproteomics 메타단백질체분석 명 환경에 존재하는 복잡한 미생물군집들에 의해 발현되는 단백질들을 대규모로 연구하는 것.

metapterygium 뒷지느러미연골, 후새연골(後鰓軟骨) 명 현대의 판새어류에서 가슴지느러미 또는 배지느러미의 뒤쪽 연골.

metapterygoid 후익상골(後翼狀骨) 명 일부 하등척추동물에서 3개의 익상골요소 중 뒤쪽에 있는 것.

metarteriole 후세동맥(後細動脈) 명 세동맥(arteriole)과 모세혈관의 사이에서 세동맥의 작은 가지.

metascolex 뒷머리마디, 후두절(後頭節) 명 어떤 조충류에서 머리마디(두절) 바로 뒤의 목 부위가 확장하여 생긴 기관.

metascutellum 뒷가슴소순판 명 곤충의 뒷가슴에 있는 소순판(scutellum).

metascutum 뒷가슴순판 명 곤충의 뒷가슴에 있는 순판(scutum).

metasoma 후체절(後體節) 명 거미류와 일부 갑각류에서 후체구(opisthosoma)의 뒤쪽 부분.

metasomatic 후체절의 형 후체절(metasoma)과 관련되거나 그 부위에 있는.

metastasis 전이(轉移) 명 (1) 상태, 위치, 형태 또는 기능이 변하는 것; (2) 암세포들이 처음에 생겨난 곳이 아닌 다른 조직과 기관에 옮겨가서 증식하는 것; (3) 암세포들이 다른 조직으로 옮겨가서 일으키는 2차종양. 복 **metastases**. 형 **metastatic**. 동 **metastasize**.

metasternum 뒷가슴배판 명 (1) 곤충의 뒷가슴에 있는 배판(sternum); (2) 고등척추동물에서 복장뼈(흉골)의 뒤쪽 부분.

metasthenic 형 몸의 뒤쪽 부분이 잘 발달된.

metastoma 혀 명 (1) 갑각류에서 2개의 엽(lobe)으로 된 입술; (2) 다지류의 아랫인두(hypopharynx).

metastomial 입뒤의 형 입 부위의 뒤쪽에 있는, 환형동물의 위구절(peristomium)이나 입마디(buccal segment)의 뒤쪽에 있는 체절에 적용되는 말.

metastructure 메타구조 명 한외현미경(ultramicroscope) 수준에서 식별되는 구조.

metatarsal 발허리뼈 명 발목과 발가락을 연결하는 뼈들 가운데 하나.

metatarsus 명 (1) **발허리뼈, 중족골(中足骨)** 척추동물의 발에서 발목과 발가락 사이의 골격. 이를 구성하는 뼈들을 'metatarsal'이라고 한다; (2) **윗발목마디** 곤충의 발목마디(tarsus)에서 첫 관절. 형 **metatarsal**.

Metatheria 후수하강, metatherians 후수류 ⇨ marsupials.

metathorax 뒷가슴, 후흉(後胸) 명 곤충의 가슴에서 뒤쪽에 있는 제3가슴마디.

M

metatracheal 대상(帶狀)의 형 물관부유조직이 물관과 관계없이 위치하고 나이테의 도처에 흩어져있는 목재에 적용되는 말.

metatranscriptomics 메타전사체분석 명 환경에 존재하는 복잡한 미생물군집들에서 상호작용하는 생물이나 종들의 전사체(발현되는 유전자)들을 대규모로 연구하는 것.

metatroch 뒷섬모환 명 담륜자(trochophore)에서 입의 뒤쪽에 있는 섬모들의 고리 모양 띠.

metatype 후모식표본(後模式標本) 명 정기준표본(holotype)이나 선정기준표본(lectotype)과 같이 같은 종에 대한 산지기준표본(topotype).

Metaviridae 메타바이러스과 명 복제할 때 역전사 단계를 거치고 곰팡이(효모 Ty3바이러스)와 무척추동물(초파리집시바이러스)에 감염하는 2중가닥DNA바이러스의 과.

metaxenia 메타크세니아 명 열매가 발달할 때 서로 다른 어버이로부터 유래된 꽃가루의 영향이 상이하게 나타나는 현상.

metaxylem 후생물관부 명 원생물관부에 이어서 발달하고, 2기물관부가 존재하는 경우에는 그에 앞서 나타나는 1기물관부. 넓은 물관과 헛물관을 갖는 특징이 있다.

M

Metazoa 후생동물아계, metazoans 후생동물(後生動物) 명, 명복 다세포로 된 동물들. 보다 엄밀하게는 세포가 조직을 구성하고 신경조직을 갖는 다세포동물에게만 적용되는 말이다.

metecdysis 탈피후기 명 절지동물에서 탈피 후에 새로운 큐티클이 단단해지는 시기.

metencephalon 뒷골, 후뇌(後腦) 명 마름뇌(능형뇌)에서 발생하여 소뇌, 뇌교 및 제4뇌실의 중간부로 분화되는 부분.

metepimeron 뒷가슴후측판 명 곤충에서 뒷가슴의 후측판(epimeron).

metepisternum 뒷가슴앞배판 명 곤충에서 뒷가슴의 앞배판(episternum).

metestrus 'metoestrus'의 철자.

methaemoglobin (MetHb) 메트헤모글로빈 헴 중심의 금속이 3가의 철(ferric) 상태에 있고 산소와 결합할 수 없는 헤모글로빈. 혈액에 소량 들어 있으며, 산화제(예: 아질산염과 염소산염의 독)의 작용에 의해 생성된다. ≒ ferrihaemoglobin.

methane 메탄 명 유기물의 혐기성 분해에 의해 생기는 가스인 CH_4. 썩어가는 식물들과 반추동물의 소화관에서 생성되고, 중요한 온실가스이다. ≒ marsh gas, natural gas.

methanogen 메탄생성세균 명 메탄가스(CH_4)를 생성할 수 있는 세균. 메탄생성세균은 고세균이며, 수소나 자체의 기질로부터 유래된 전자를 이용하여 혐기성 조건하에서 CO_2, 포름산, 아세트산, 일산화탄소 또는 메틸 등을 기질로 하여 메탄을 생산한다. 메탄생성세균은 바다와 민물의 진흙, 동물의 소화관 그리고 하수처리장 등의 무산소환경에서 생육한다.

methanogenesis 메탄생성(반응) 명 메탄생성세균에 의해 메탄가스(CH_4)가 생성되는 것.

methanogenic 메탄생성성 형 메탄을 생성하는.

methanol 메탄올 명 메틸알코올.

methanotrophs 메탄이용세균 명복 에너지 생성을 위한 전자공여체와 유일한 탄소원으로 메탄을 이용할 수 있는 호기성 세균의 다양한 무리.

MetHb 메트헤모글로빈(methaemoglobin).

methicillin 메티실린 명 β락타마아제(β-lactamase)에 내성을 갖는 반합성

(semi-synthetic) 페니실린. ⇨ MRSA.

methionine (Met, M) 메티오닌 명 황을 함유하고 있는 아미노산의 일종. 단백질의 구성성분이고, 사람의 필수아미노산이다. 여러 가지 물질대사에 필요한 황과 메틸기를 제공한다. 모든 진핵생물에서 폴리펩티드사슬에 삽입되는 첫 번째 아미노산이고, 세균과 미토콘드리아에서는 포르밀메티오닌이 단백질 생합성에서의 개시아미노산이다.

methotrexate 메토트렉세이트 ⇨ amethopterin.

methyl-accepting chemotaxis protein (MCP) 주화성조절단백질 주화성을 일으키는 외부 자극을 감지하는 세균의 수용체단백질.

methylase 메틸화효소 ⇨ methyltransferase.

methylation 메틸화 명 분자에 메틸기($-CH_3$)를 첨가하는 반응. ⇨ DNA methylation, histone methylation.

5-methylcytosine (mC) 5-메틸시토신 명 DNA에서 시토신이 효소의 작용으로 메틸화되어 형성되는 변형염기. 메틸시토신은 저절로 탈아미노화하여 티민이 되면서 돌연변이를 유발할 수 있고, 이후의 DNA복제에서 시토신 대신에 아데닌으로 치환하게 된다.

methyl group 메틸기 화학기의 일종 ($-CH_3$).

methylmercury 메틸수은 명 용해되기 쉽고 매우 독성이 강한 수은화합물. 미생물에 의해 수은이 메틸화되면서 생성된다.

methylotrophs 메틸영양생물 명복 유일한 탄소원으로 메탄과 메탄올 같은 1탄소 화합물을 이용할 수 있는 다양한 세균집단.

methyl red test 메틸레드시험 혼합산(mixed acid)을 생성하는 세균을 검출하기 위한 임상진단시험법. 장내 세균(enteric bacteria)을 구별하는 데 사용한다.

methyltransferase 메틸기전달효소 명 어느 분자에서 다른 분자로 메틸기($-CH_3$)를 전달하는 효소군의 하나. 이를테면 DNA메틸기전달효소(EC 2.1.1.37)는 *S*-아데노실메티오닌을 메틸공급체로 이용하여 DNA의 시토신잔기를 메틸화한다. ≒ methylase, transmethylase.

metochy 무관계동거생활 명 중립객충(neutral guest insect)과 그 숙주와의 관계.

metoecious 다숙주기생성(多宿主寄生性) 형 특정한 숙주에만 기생하지 않는 기생생물에 적용되는 말.

metoestrus 발정후기 명 발정기(oestrus)가 지난 다음 활동성이 진정되는 시기인 황체기(luteal phase).

metope 메토프 명 갑각류에서 중앙의 앞쪽 부분.

metopic 이마의, 전두(前頭)의 형 (1) 이마와 관련된 말; (2) 머리뼈의 이마봉합선(전두골봉합선)에 적용되는 말.

metoxenous 숙주변경의 ⇨ metoecious.

metra 자궁 ⇨ uterus.

mevalonic acid 메발론산 콜레스테롤 생합성의 중간물인 6탄소 유기산.

Mexican subregion 멕시코동물아구 중앙아메리카를 포함하는 신열대동물구의 1부분.

Mg 화학원소 마그네슘(magnesium)의 기호.

MHC 주조직적합성복합체(major histocompatibility complex).

MHC antigens 주조직적합성항원 주된 조직적합성항원(histocompatibility

M

antigen). ⇨ MHC molecules.

MHC class I molecules MHC클래스 I 분자 다형성 주조직적합성분자의 두 클래스 중 하나. MHC클래스I분자들은 몸의 거의 모든 세포에 들어 있다. 면역반응에서 이 분자들은 세포기질의 단백질 분해경로를 거쳐 생성된 펩티드(예: 바이러스에 감염된 세포에서 유래된 펩티드)와 결합하고, 이들 항원펩티드를 CD8 T세포에 제시한다. 사람에는 세 가지 종류(HLA-A, HLA-B, HLA-C)의 MHC클래스I분자들이 있다.

MHC class II molecules MHC클래스 II 분자 다형성 주조직적합성분자의 두 클래스 중 하나. MHC클래스II분자는 면역계에서 대식세포, B세포, 수지상세포 등과 같은 전문적 항원표출세포에 주로 들어 있다. 면역반응에서 이 분자들은 세포외 물질에 기인하거나 섭취한 미생물에 기인한 세포내 경로를 거쳐 생성된 펩티드와 결합하고, 이들 항원펩티드를 CD4 T세포에 제시한다. 사람에는 세 가지 주된 유형(HLA-DP, HLA-DQ, HLA-DR)의 MHC클래스II분자들이 있다.

MHC molecules MHC분자 척추동물에서 주조직적합성복합체에 의해 암호화되는 다형성 세포표면당단백질. 면역반응에서 외래항원을 인식하는 데 관여하고, 이들 자신이 이식기관의 거부반응을 일으키는 항원으로 작용한다. MHC분자는 몸의 거의 모든 세포에 들어 있는 MHC클래스I분자(MHC class I molecules)와 보통 면역계의 특정 세포에 국한된 MHC클래스II분자(MHC class II molecules)의 두 가지 주된 클래스로 구별된다. MHC분자들은 항원펩티드와 결합하고, 이들 항원펩티드를 면역계의 T세포에 제시한다. MHC분자들은 고도로 다양한 형을 갖고 있어서 유형마다 개체군에서 수백 가지의 다른 유전적 변이형들이 나타난다. 따라서 어느 한 개체의 MHC분자들이 관련 없는 다른 개체의 MHC분자들과 모두 동일한 경우는 거의 없다. 수용자의 MHC형과 적합하지 않은 기관을 이식하면 약물로 정상적인 면역기능을 억제하지 않는 한 이식거부반응이 나타난다. 사람은 HLA분자들이 이에 해당하고, 쥐는 H-2분자로 알려져 있다. ≒ MHC antigens, H-2 antigens (쥐의 경우), histocompatibility antigens, HLA antigens (사람의 경우), transplantation antigens. ⇨ antigen presentation, antigen processing, MHC restriction.

MHC restriction MHC제한 (1) T세포수용체가 항원펩티드 자체보다는 특정 항원펩티드와 특정 MHC분자와의 조합을 인식하는 것. 몸 자신의 MHC분자에 의해 제시되는 항원펩티드를 인식하고 감염과정에서 이들 MHC분자들에 의해 제시되는 외래펩티드를 인식하고 반응할 수 있는 수용체를 갖는 T세포가 가슴샘(흉선)이 성숙하는 과정에서 선택된다; (2) 상이한 기능을 갖는 T세포들이 다양한 클래스의 MHC분자들과 함께 외래항원을 인식하고 따라서 특정 유형의 세포와의 반응에만 국한되는 것. 도움T세포(CD4 T세포)는 주로 전문적 항원표출세포에 의해 발현되는 MHC클래스II분자와 협력해야만 항원을 인식할 수 있고, 세포독성 T세포(CD8 T세포)는 대부분의 세포형에 의해 발현되는 MHC클래스I분자와 협력해야만 항원을 인식할 수 있다.

MIC 최소억제농도(minimum inhibitory concentration).

micelle 미셀 명 물에서 양친매성 분자들(예: 인지질, 당지질, 계면활성제)이 응집하여 형성하는 속이 빈 공 모양 구조. 친수성 기는 바깥에 놓이고 극성 기는 안쪽에 위치한다.

Michaelis-Menten kinetics 미카엘리스-멘텐반응속도론 많은 효소촉매반응의 특성을 설명하는 일련의 식들. 이 식에서 반응들의 특징적인 K_m(미카엘리스상수)과 V_{max}의 두 가지 매개변수가 유도되었다. K_m = 반응속도가 최대속도의 절반일 때의 기질의 농도, V_{max} = 정상 조건하에서 최대 효소반응 속도.

micraesthetes 소감기(小感器) 명복 딱지조개류 군부의 작은 감각기관.

micrander 왜소수컷 명 일부 녹조류에서 볼 수 있는 소형 수컷.

micraner 왜소수개미 명 아주 작은 수개미.

micrergate 왜소일개미 명 아주 작은 일개미.

micro- '작은'을 뜻하는 그리스어 '*mikros*'에서 유래된 접두사.

microaerophile 저산소성 생물 명 공기와 비교하여 낮은 산소분압에서만 자랄 수 있는 호기성 생물. 형 **microaerophilic**.

microalga 미세조류(微細藻類) 명 현미경으로만 볼 수 있는 단세포조류.

microarray 유전자미세배열 명 현미경 깔유리와 같이 크기가 작은 기판에 수백 개에서 수천 개의 스폿이 포함되는 단백질 배열이나 DNA배열.

microarthropod 미소절지동물 명 현미경적 크기를 갖는 절지동물. 비 macroarthropod.

microautoradiography 미세방사선자동사진법 명 작은 생물의 단일 세포를 연구하기 위하여 방사성 물질로 표지된 탐침이나 방사성 물질로 표지된 기질 그리고 방사선자동사진법(autoradiography)을 이용하는 기술.

microballistics 미세발사체법 ⇨ biolistics.

microbe 미생물 ⇨ microorganism.

microbial 미생물의 형 미생물과 관련되거나 미생물로 구성되거나 또는 미생물에 의해 야기되는.

microbial leaching 미생물제련 ⇨ leaching.

microbial mat 미생물매트 약 2 cm 두께의 매트를 형성하는 미생물의 계층군집. 특히 온천과 수심이 얕은 해양환경에서 발견된다. 표층은 주로 남세균이고, 중간층은 산소비생성광합성을 하는 세균들이며, 빛이 제한되는 저층은 화학유기영양세균들로 구성된다.

microbial plastics 미생물플라스틱 ⇨ biopolymers.

microbiology 미생물학(微生物學) 명 미생물을 연구하는 학문.

microbiota 미생물상(微生物相) 명 어떤 생태계나 서식지(특히 토양)에 분포하는 현미경적 크기의 생물들. 미생물상에는 세균, 단세포조류, 원생동물, 점균류 및 곰팡이의 균사체와 포자들이 포함된다. 비 macrobiota, mesobiota.

microbivore 미생물섭식동물 명 작은 생물을 먹고 사는 동물. 형 **microbivorous**.

microbody 미소체(微小體) 명 글리옥시솜이나 페르옥시솜과 같이 작은 공처럼 생긴 다양한 세포소기관들을 이르는 말.

microcell 마이크로셀 명 하나 또는 두 개를 제외한 모든 염색체를 제거한 세포. 유전자지도 작성을 위한 체세포잡종을 만드는 데에 이용된다.

microcephalic 작은머리의 형 비정상적으로 작은 머리를 갖는, 사람의 경우 1350 cm^3 미만의 뇌용적량을 가진.

microchaeta 미극모(微棘毛) 명 곤충의 몸에서 볼 수 있는 것과 같은 작은 센털.

Microchiroptera 작은박쥐아목, microchiropterans 작은박쥐류 명,

M

명복 포유동물 박쥐목(Chroptera)의 주로 곤충을 먹는 작은 박쥐들. 비 Megachiroptera.

microchromosomes 미소염색체 명복 핵에 들어 있는 동일한 유형의 다른 염색체보다 상당히 작은 염색체. 유사분열 동안에 주로 중기판의 중앙에 흔히 위치한다. ≒ M chromosomes.

microclimate 미기후(微氣候) 명 매우 작은 지역이나 특정한 서식지 내의 기후.

micrococcus 소구균(小球菌) 명 토양과 물에 사는 호기성 또는 조건혐기성의 그람양성균인 소구균과(Micrococcaceae)의 세균들. 복 **micrococci**. 형 **micrococcal**.

microcolony 미소군락 명 접착성 다당류 외피로 둘러싸인 세균의 작은 군락. 세균이 표면 위에서 자랄 때 형성된다.

microconidium 소분생자(小分生子) 명 일부 자낭균류에서 생성되는 극히 작은 분생자. 웅성 생식세포처럼 행동하거나 발아하여 균사체가 된다. 복 **microconidia**. ≒ aleuriospore.

microconjugant 소접합체(小接合體) 명 대접합체(macroconjugant)에 달라붙어 수정하는 자유로이 유영하는 접합체 또는 배우자.

microcosm 미소우주(微小宇宙) 명 보다 큰 전체 군집의 축소판인 작은 군집.

microcyclic 단세대형(短世代型)의, 단주기형(短週期型)의 형 (1) 생활주기에서 겨울포자와 담포자만을 만드는 녹병균에 적용되는 말; (2) 짧고 단순한 생활주기에 해당하는 말; (3) 단상(haplophase)이나 배우자체시기만 가진.

microcyst 소피낭체(小被囊體) 명 일부 세균에서 만들어지는 벽이 두꺼운 공 모양의 휴면포자.

microcyte 작은적혈구 명 정상적인 크기의 절반쯤 되는 적혈구. 일부 질병에서 무수히 많이 나타난다.

microdeletion 미세결실 명 단일한 염기쌍의 결실에 의한 돌연변이.

microdissection 현미해부(顯微解剖) 명 현미경을 이용하여 살아 있는 작은 생물이나 개개의 세포를 조작하고 처리하는 기술.

microdont 작은치아의 형 비교적 작은 치아를 가진.

microelectrode 미소전극 명 단일한 세포로부터 기록할 때 이용되는 매우 가는 전극.

microelements 미량원소 ⇨ trace elements.

microendemic 미소고유성(微小固有性)의 형 극히 작은 지역에만 국한된.

microenvironment 미세환경 ⇨ microhabitat.

microevolution 소진화(小進化) 명 (1) 집단 내의 유전자빈도가 변하거나 돌연변이와 재조합에 기인하여 염색체구조나 염색체수가 변하는 데 따른 진화적 변화. 곤충들 간에서 살충제에 대한 내성을 획득하듯이 비교적 짧은 기간 동안에 감지할 수 있는 변화를 이른다; (2) 지리적 품종, 아종 또는 자매종의 구성원들을 구분 짓는 비교적 작은 진화적 변화. 비 macroevolution.

microfauna 소형동물상 명 현미경으로만 관찰할 수 있는 200 μm 미만의 길이를 갖는 동물들. 원생동물들이 주로 소형동물상에 포함된다.

microfibril 미세원섬유(微細原纖維) 명 현미경으로 관찰할 수 있는 섬유. 케라틴섬유나 머리카락과 같이 단백질로 구성되거나 식물세포벽의 섬유소미세원섬유처럼 다당류로 구성된다.

microfilament 미세섬유 명 진핵세포

의 세포골격을 구성하는 3가지 주요 성분 가운데 하나. 미세섬유는 구형의 액틴 단위체들로 구성된 단백질섬유이다. 미오신과 공동으로 수축성 구조(예: 근세포의 수축성 기구)를 형성한다. ≒ actin filament.

microfilaria 사상충유충 명 일부 선충류 기생충의 배 시기. 복 **microfilariae**.

microflora 미생물상 명 (1) 어느 생물의 내부 또는 표면에 살거나 특정한 서식지 또는 생태계에 서식하는 작은 생물들(세균, 단세포성 곰팡이와 조류); (2) [식] 높은 산에 서식하는 왜소한 식물들.

microfluidics 미세유체공학 극소량의 반응물을 미세채널과 반응실로 전달하여 화학물질과 반응을 일으키는 과정을 컴퓨터로 분석하는 기술.

microfossil 미화석(微化石) 명 미세한 생물들의 화석. 원핵세포나 진핵세포로 된 작은 생물들, 포자, 꽃가루 그리고 현미경적 크기의 식물과 동물 등이 포함된다.

microfungi 미세균류 명복 버섯이나 독버섯과 대조적으로 효모와 사상균을 이르는 말.

microgamete 소배우자 명 접합하는 2개의 배우자 가운데 작은 배우자. 수배우자로 간주된다.

microgametoblast 소배우자아세포 명 일부 포자충류에서 소배우자모세포(microgametocyte)와 소배우자(microgamete) 간의 중간시기.

microgametocyte 소배우자모세포 명 일부 원생동물에서 분열소체(merozoite)로부터 발달하고 소배우자를 생기게 하는 세포.

microgametogenesis 소배우자형성 명 소배우자(microgamete) 또는 정자(spermatozoa)가 만들어지는 것.

microgametophyte 소배우자체 명 이형포자성 식물에서 소포자로부터 발달하는 수배우자체.

microglia 미세아교세포 명복 중배엽에서 유래한 작고 이동하는 아메바성 식세포들로 구성되고 백질보다 회백질에서 더 많이 발견되는 신경아교세포의 일종. 형 **microglial**.

β_2-microglobulin β_2-미소글로불린 명 면역글로불린과 유사한 단일한 영역으로 구성되고 MHC클래스I분자의 2개 폴리펩티드사슬 가운데 하나인 작은 단백질. MHC의 바깥에 있는 유전자에 의해 암호화된다.

micrograph 현미경사진 명 현미경으로 얻어진 상의 사진.

microgyne 왜소암개미 명 아주 작은 암캐미.

microhabitat 미소서식지 명 (1) 생물, 특히 작은 생물의 바로 옆에 있는 환경; (2) 전반적인 서식지에서 자신들만의 고유한 환경조건으로 구별되는 작은 장소.

microheterogeneity 미세유전적 이질성 명 직렬반복유전자군의 각 반복단위 등에서 볼 수 있는 뉴클레오티드의 작은 변이.

microinjection 현미주입법 명 미량피펫(micropipette)과 같은 특수한 기구를 이용하여 세포에 물질을 주입하는 것.

microinsertion 미세삽입 명 단일한 염기쌍의 삽입에 의한 돌연변이.

microlecithal 미소난황성(微小卵黃性)의 형 난황이 거의 없는 알(난자)에 적용되는 말.

micromanipulator 현미조작기 명 극히 짧은 거리에서 미소전극이나 현미해부도구 등의 미세한 기구로 정밀한 조작을 할 수 있는 장치.

micromere 소할구(小割球) 명 일부 동물의 수정란에서 부등할(unequal cleavage)의 결과로 만들어지는 세포 가운데 작은 세포. 비 macromere.

micromerozoite 소분열소체 명 혈액에 기생하는 일부 포자충에서 소분열체(microschizont)로부터 기원하고 배우자모세포(ganetocyte)로 발달하는 세포.

micromesentery 소장간막(小腸間膜) 명 말미잘 따위의 산호충류(Anthozoa)의 내부 공간에서 체벽으로부터 입까지 완전히 뻗지 않는 불완전한 방사상 격막.

micrometre (μm) 마이크로미터 명 현미경으로 측정할 때 주로 이용하는 단위인 10^{-6} m 또는 1 mm의 1/1000. 예전에는 미크론(micron)으로 알려져 있었다. ≒ 미 **micrometer**.

micromutation 소돌연변이(小突然變異) ⇨ point mutation.

micron 미크론 ⇨ micrometre.

micronemic, micronemous 소균사성(小菌絲性) 형 작은 균사(hyphae)와 관련되거나 작은 균사를 가진.

micronephridia 미소신관(微小腎管) 명 작은 신관.

micront 마이크론트 명 분열생식(schizogony)에 의해 형성되는 작은 세포. 이들 자신은 소배우자로 발달한다.

micronucleus 소핵(小核) 명 원생동물의 섬모충류에서 발견되는 두 가지 종류의 핵 가운데 작은 핵. 소핵은 감수분열을 하는 2배체 핵이고, 유성생식에 관여하지만 RNA를 합성하지 않는다. 비 macronucleus.

micronutrient 미량영양소 명 미량원소(예: 아연, 철, 구리)나 비타민과 같이 생물이 적절한 생장과 발달을 위해 소량 필요로 하는 화학원소 또는 유기화합물. 식물과 미생물의 경우, 이 용어는 미량원소만을 가리킨다. ⇨ growth factor.

microorganism 미생물 명 세균, 바이러스, 단세포성 조류와 원생동물 그리고 미세균류(효모와 사상균)에 대한 일반적인 용어. 이들 모두 현미경적 크기이거나 한외현미경적 크기를 갖는다. ≒ microbe.

microparasite 소형기생생물 명 현미경적 크기의 기생생물을 통틀어 이르는 말.

microphage 미소식세포 ⇨ neutrophil.

microphagic, microphagous 미식성(微食性)의 형 (1) 극히 작은 생물이나 입자를 먹고 사는; (2) 작은 먹이를 먹고 사는. 명 **microphagy**.

microphanerophyte 소형꽃식물 명 2~8 m 높이의 작은 나무 또는 관목.

microphil(ic) 협온성(狹溫性)의 형 좁은 범위의 온도에만 적응하는, 일부 세균에 적용되는 말.

microphyll 소형엽(小型葉), 작은 잎 명 (1) 오직 한 가닥만의 관다발조직을 포함하는 단순한 잎. 속새류, 석송류 및 솔잎난문에서 볼 수 있는 잎의 유형이다; (2) 작은 잎, 특히 고사리류와 그 친척들에 있는 작은 잎.

microphyllous 소형엽의 형 작은 잎을 가진.

micropipette 미량피펫 명 전위의 측정과 DNA의 주입을 위해 세포에 꽂는 매우 가느다란 유리피펫.

microplankton 미소플랑크톤 명 초미소플랑크톤(nanoplankton)보다는 약간 크고 부유생활을 하는 작은 생물들.

Micropodiformes 칼새목 ⇨ Apodiformes.

micropodous 소지형(小肢型) 형 제대로 발달하지 못하였거나 작은 발을 가진.

micropropagation 미소대량증식(微小大量增殖) 명 조직배양을 통한 식물의 번식.

micropterous 단시형(短翅型)의 형 (1) 일부 곤충에서 볼 수 있는 것과 같이 두텁날개(tegmina)가 펼쳐지기 전까지는 보이지 않는 작은 뒷날개를 갖는; (2) 작은

M

지느러미를 가진.

micropyle 주공(珠孔), 알문 명 [식] (1) 꽃가루관이 들어가는 통로가 되는, 밑씨의 끝에 있는 작은 구멍 또는 통로; (2) 씨앗의 종피(testa)에서 이에 해당하는 구멍. 제(hilum)와 배뿌리가 나오는 점의 사이에 있다; [동] (3) 일부 동물의 난막에서 정자가 들어가는 구멍; (4) 해면동물의 껍질에서 아구(gemmule)가 나가는 통로가 되는 구멍.

micropyle apparatus 정공기(精孔器) 일부 곤충의 알에서 알문 주위에 발달된 다소 정교한 구조의 솟은 돌기.

microRNAs (miRNAs) 미소RNA 동물과 식물에 들어 있는 21~25개의 뉴클레오티드로 된 작은 리보핵산의 군. 특정한 mRNA와의 상호작용을 통해 번역을 억제하거나 mRNA를 파괴함으로써 유전자의 발현을 제어하는 구실을 한다.

microsatellite DNA 미소부수체DNA 명 디뉴클레오티드(dinucleotide) 순서들이 여러 번 반복배열을 하고 있는 DNA. 각각의 미소부수체유전자자리에서 반복하는 수는 개체들 간에서 매우 변동이 심하고, 미소부수체DNA는 유전자지도만들기와 DNA지문분석에서 표지(marker)로 이용될 수 있다.

microsaurs 세완류(細腕類) 명복 양서류 공추동물(lepospondyl)의 멸종된 목. 가늘고 길거나 파충류의 모양을 하였으며, 잘 발달된 4지의 각각에는 4개 또는 그보다 적은 손발가락이 달렸다.

microschizogony 소분열생식(小分裂生殖) 명 일부 원생동물에서 볼 수 있는 것과 같이 작은 분열소체들(merozoites)을 낳는 분열생식(schizogony).

microschizont 소분열체 명 일부 원생동물에서 분열생식에 의해 만들어진, 수배우자의 기능을 하는 세포.

microsclere 미소골편 명 해면동물의 조직에 산재해 있는 많은 작은 골편(spicule) 가운데 하나.

microsclerotium 소균핵(小菌核) 명 현미경적 크기의 균핵(sclerotium).

microscope 현미경 명 연구 중인 대상의 확대된 상을 제공해 주는 기구. ⇨ compound microscope, electron microscope, scanning electron microscope, scanning-tunnelling electron microscope, transmission electron microscope, tunnelling electron microscope, ultraviolet microscope. ⇨ microscopy.

microscopy 현미경관찰법 명 현미경을 이용하여 대상을 연구하는 것. ⇨ bright-field microscopy, dark-field microscopy, fluorescence microscopy, immunoelectron microscopy, immunofluorescence microscopy, light microscopy, phase-contrast microscopy.

microseptum 소격막 ⇨ micromesentery.

microsere 미소천이계열 명 미소서식지(microhabitat)에서의 식물군집의 천이계열.

microsmatic 미소후각의, 후각부전의 형 냄새를 맡는 감각이 약하게 발달된.

M

microsomal 마이크로솜의 형 (1) 소포체와 관련되고 세포분쇄액(homogenate)을 고속으로 원심분리할 때 마이크로솜분획으로 분리되는 효소에 적용되는 말; (2) 페르옥시솜과 관련된 효소에 해당하는 말. ⇨ microsomes.

microsomes 마이크로솜, 미세소체 명복 (1) 고속으로(60,000g) 원심분리할 때 세포분쇄액에서 분리되는 가장 작은 크기의 입자들. 주로 리보솜과 막으로 둘러싸인 작은 소포들이며, 소포체막이 단편화된 소포들이 포함된다; (2) 세포질에 있는 모든 작은 알갱이들에 대해 예전에 세포학자들이 사용하던 이름. 지금은 주로 페르옥시솜에 한정된다; (3) 리보솜들이 응집한 것.

microsomia 작은몸증 ⇨ dwarfism.

microsorus 소포자낭군 명 소포자낭이 들어 있는 포자낭군.

microspecies 미세종(微細種) 명 품종, 아종 또는 변종과 같이 종 수준 이하의 분류학적 단위.

microsphere 마이크로스피어, 미소구(微小球) 명 폴리펩티드를 가열하면 형성되는, 수용액으로부터 다양한 유기분자들을 흡수할 수 있는 구조.

microspheric 소구형(小球形) 형 껍데기의 초실(initial chamber)이 작을 때의 유공충류에 적용되는 말.

microspike 미소돌출사(微小突出絲) 명 조직배양에서 동물세포들이 표면 위에 정착하거나 표면 위를 움직이면서 만들어내는 실과 같은 세포질 돌기.

microsplanchnic 형 몸은 작고 다리가 긴.

microsporangiate 소포자낭의 형 소포자낭으로 구성되거나 소포자낭을 만드는, 구과(cone)에 적용되는 말.

microsporangium 소포자낭 명 (1) 다수의 소포자가 들어 있는 포자낭; (2) 종자식물의 꽃가루주머니. 복 **microsporangia**.

microspore 소포자 명 (1) 이형포자성 식물에서 소배우자체(수배우자체)를 생기게 하는 포자. 소포자낭에서 만들어진다; (2) 두 가지 종류의 포자를 생성하는 생물에서 작은 포자.

Microsporida, microsporidians 미포자충목, 미포자충류(微胞子蟲類) 명, 명복 예전에 원생동물의 일종으로 분류하였던 절대기생성 진핵미생물의 무리. 매우 작은 유전체를 갖고 미토콘드리아가 없다. 한 종(*Encephalitozoon cuniculi*)은 사람에 기생한다. ≒ Archezoa.

microsporocyte 소포자모세포 명 감수분열을 하여 반수체의 소포자를 생성하는 모세포.

microsporogenesis 소포자형성 명 꽃밥의 소포자낭(꽃가루주머니)에서 소포자가 만들어지는 것.

microsporophore 소포자체 ⇨ microsporangium.

microsporophyll 소포자엽 명 소포자낭이 생기는 작은 잎 또는 잎처럼 생긴 구조.

microsporozoite 소포자소체 명 포자충류 기생충의 내생포자소체 가운데 작은 포자소체.

microstome 미소공(微小孔) 명 작은 구멍이나 틈.

microstrobilus 웅성화수(雄性花穗) 명 겉씨식물에서 볼 수 있는 것과 같이 소포자엽들로 구성된 수구과(male cone).

microstylous 짧은암술대의 형 짧은 암술대(style)를 갖는, 이형화주꽃(heterostylous flower)에 적용되는 말.

microsymbiont 미소공생자 명 공생관계에 있는 두 가지 생물 가운데 작은 생물.

microteliospore 미소겨울포자 명 미소겨울포자층(microtelium)에서 만들어지는 포자.

microtelium 미소겨울포자층 명 단주기형(microcyclic) 녹병균의 포자낭군.

microtherm 저온식물 명 12°C 이하의 온도에서 자랄 수 있는 한온대의 식물.

microthorax 소흉절(小胸節) 명 곤충의 목(neck 또는 cervix)이 축소된 앞가슴(prothorax)에 해당한다고 생각할 때 목을 이르는 말.

microtitre plate 미세적정판(微細滴定板)

시험할 재료를 담는 작은 칸들을 포함하는 플라스틱 평판.

microtome 박편제작기 명 현미경으로 관찰하기 위해 조직을 박편(section)으로 자르는 날카로운 금속칼날이 있는 기기.

microtomy 박편제작술 명 현미경으로 관찰하기 위해 조직 또는 그 밖의 재료들을 얇은 박편으로 자르는 것.

microtrichia 가는털, 미모(微毛) 명복 곤충의 날개에 있는 작고 결합하지 않은 털들.

microtubule 미세소관(微細小管) 명 진핵세포의 세포골격을 구성하는 3가지 주요 성분 가운데 하나. 미세소관은 구형단백질 튜불린의 분자들로 구성된 가늘고 속이 빈 단백질관이다. 세포 내에서 물질을 수송하고 세포소기관을 이동시킬 뿐만 아니라 유사분열과 감수분열의 방추체도 형성한다. 한편 미세소관은 진핵생물의 편모와 섬모의 중심부를 형성하여 이들의 운동성에 관여한다. 미세소관과 관련된 운동단백질은 디네인(dynein)과 키네신(kinesin)이다.

microtubule-associated protein (MAP) 미세소관결합단백질 세포골격의 미세소관과 밀접한 관련이 있는 다양한 단백질들을 통틀어 이르는 말.

microtubule-organizing centre (MTOC) 미세소관형성중심 동물세포의 중심체(centrosome)와 같이 진핵세포에서 미세소관의 형성이 개시되는 구조.

microvillus 미세융모(微細絨毛) 명 상피세포 표면에 있는 가는 손가락 모양의 돌기구조물. 특히 창자와 콩팥의 상피에서 발견되며, 이들 부위에서 미세융모는 집합적으로 솔가장자리(brush border)를 이룬다. 개개의 미세융모는 액틴필라멘트가 내부에서 심을 이루어 뻣뻣해진다. 복 **microvilli**.

microzoid 미소개충(微小個蟲) 명 어떤 원생동물에서 떨어져 나와 자유로이 유영하는 섬모가 달린 세포.

microzoospore 미소유주자 명 작은 운동성 포자.

mictic 무수정생식의 형 무수정생식(apomixis)에 의해 번식할 수 있는.

micton 중간교배종 명 종간 잡종화의 결과로 생기고 개체들 간에서 생식이 가능한 종.

micturition 배뇨(排尿) 명 오줌을 누는 것.

mid-blastula transition 중기포배변이(中期胞胚變移) 양서류의 배발생에서 접합자 자신의 유전자들이 활성화되는 시점.

midbody 중앙체 명 동물세포의 분열이 끝나기 전에 분열의 말기로 가면서 두 딸세포를 잡아주는 가느다란 세포질 가닥. 방추체의 잔존물이 들어 있다.

midbrain 중뇌 명 뇌에서 4구체, 대뇌다리 및 실비우스수도(aqueduct of Sylvius)로 이뤄지는 부위.

middle canal 중앙관 속귀의 달팽이관(와우각)에 있는 3개의 평행한 관들 가운데 하나.

middle commissure 시상사이접합 제3뇌실을 가로질러 시상(thalamus)들을 연결하는 회백질.

middle ear 가운데귀, 중이(中耳) 한쪽은 고막과 접해 있고 다른 한쪽은 머리뼈의 뼈들과 속귀의 골질 벽과 접해 있는 공간. 가운데귀에는 3개의 작은 뼈들인 이소골(auditory ossicle)로 이루어진 다리가 놓여 있고, 이소골을 통하여 음향진동이 고막으로부터 속귀의 난원창으로 전달된다.

middle lamella 중간층 2개의 서로 접한 식물세포벽들 간에 존재하는 주로 펙틴으로 된 물질의 층.

middle shore 중부연안 해안에서 평균저조선부터 평균고조선까지의 구역. 해안에서 가장 넓은 구역이고, 하루에 두 번 바닷물에 잠긴다.

mid-grass community 중초형군집(中草形群集) 60 cm가 넘지만 2 m 미만인 중간높이의 풀들을 포함하는 초지.

mid-gut 중장(中腸) ⇨ mesenteron.

midparent value 어버이계수 초파리의 날개 길이와 같은 어떤 특정한 형질에서 두 어버이가 갖는 값의 평균치.

midpiece 중편(中片) 명 정자의 중앙 부분. 미토콘드리아로 둘러싸인 편모의 일부로 구성된다.

midrib 중앙맥 명 잎의 중앙에 있는 큰 잎맥.

migration 이주(移住), 이동(移動) 명 (1) 동물의 많은 종이 계절에 따라 서로 다른 지역을 옮겨 다니는 것. 대체로 계절에 따른 기후와 식량공급의 변화에 따라 반응하고, 미리 결정된 경로를 따라 아주 먼 거리를 이동한다; (2) 식물이 새로운 지역으로 이동하는 것.

mildew 노균병(露菌病) 명 식물의 잎이나 그 밖의 감염된 부위에 솜털 같거나 가루 같이 곰팡이들이 덮는 진균성 질병. 노균병은 여러 다른 곰팡이들에 의해 일어나는데, 흰가루병(powdery mildew)은 자낭균류에 의해 야기되고, 노균병(downy mildew)은 조균류(phycomycetes)에 의해 발생한다.

miliary 좁쌀의, 속립성(粟粒性) 형 (1) 알갱이 모양의; (2) 작고 많은 좁쌀 같은 부분들로 이뤄지는.

milk 젖 명 포유동물이 어린 새끼를 먹이는 데 이용하는, 젖샘에서 분비되는 액체. 지방, 단백질 그리고 당(주로 젖당)이 풍부하게 들어 있다.

milk sugar 젖당 ⇨ lactose.

milk teeth 젖니 태어난 다음이나 태어나기 전에 빠지는, 포유동물의 첫 번째 치열.

mill chamber 분쇄실 일부 갑각류의 소화관에서 키틴질 판의 운동으로 먹이를 잘게 부수는 부분.

milleporine 의공산호류 명 다공산호히드라충목(Milleporina)의 돌산호류. 두 가지 종류의 폴립이 석회성 골격의 표면에 있는 구멍에 산다.

millet 밀레 명 씨앗을 이용하기 위해 재배하는 외떡잎식물 벼과(Gramineae)의 작은 알갱이가 나는 식물들.

millimicron 밀리미크론 명 나노미터(nanometre)를 예전에 부르던 이름. 1/1000 미크론(마이크로미터)이다.

millipede 다지류, 노래기류 명 노래기강(Diplopoda)에 속하는 종류들에 대한 일반적인 명칭.

milt 이리, 어정 명 어류의 정소 또는 정자.

mimesis 의태(擬態), 모방(模倣) 명 (1) 의태(mimicry); (2) 무리에서 어느 한 동물의 활동이 다른 동물들의 활동성에 미치는 영향.

mimetic 의태의 형 의태(mimicry)와 관련되거나 나타내는.

mimicry 의태(擬態) 명 (1) 어느 동물이 다른 종의 동물과 비슷하게 함으로써 제3의 동물이 이들을 혼동하게 되는 현상; (2) 대개 은폐(camouflage)의 목적으로 동물이나 식물이 무생물체를 흉내 내거나, 동물 또는 그 일부가 식물 또는 식물의 일부를 닮는 것. 형 **mimetic**. ⇨ Batesian mimicry, Müllerian mimicry.

mine 굴 ⇨ leaf mine.

mineralization 무기물화 명 유기물이 무기화합물로 분해되는 것. 주로 분해자 미생물에 의해 일어난다. 탄소의 경우, 무

M

기물화는 이산화탄소가 환경으로 돌아가는 호흡을 통해 주로 일어난다.

mineralocorticoid 무기질코르티코이드 명 부신피질에서 분비되어 몸의 수분과 전해질의 평형을 조절하는 스테로이드호르몬. 알도스테론(aldosterone)이 그 예가 된다.

mineralocorticoid receptor (MR) 무기질코르티코이드수용체 무기질코르티코이드 스테로이드호르몬에 대한 세포내 수용체단백질. 호르몬과 복합체를 형성하면 특정 유전자의 발현을 조절하는 전사인자로 작용한다.

miniature end-plate potential (MEPP) 미소종판전위(微小終板電位) 자극을 받지 않은 신경섬유로부터 방출되는 미량의 아세틸콜린에 의해 근세포에서 발생하는 막전위.

minicell 미니세포 명 비정상적인 세포분열에 의해 생긴 비정상적으로 작은 세균세포.

minima ⇨ minor worker.

minimal medium 최소배지(最少培地) 가장 기본적인 영양소들만 들어 있는 배지. 야생형 생물은 이 배지에서 자랄 수 있지만 대사돌연변이체(metabolic mutant)들은 자라지 못한다.

minimum inhibitory concentration (MIC) 최소억제농도 검정균(시험균)의 생장을 억제하는 데 필요한 항미생물제의 최소량.

minimum, law of the 최소량법칙 ⇨ law of the minimum.

minimum lethal dose (MLD) 최소치사량 시험집단의 100%를 죽게 하는 약물 등의 최소량.

minimus 새끼손발가락 명 손이나 발의 다섯 번째 손가락 또는 발가락.

minisatellite DNA 미소부수체DNA 명 짧은 DNA염기순서(15~100 뉴클레오티드)의 직렬반복배열로 구성되는 약 1~5 kb 길이의 DNA유전자자리. 특정 미소부수체자리의 크기는 집단 내에서 초가변성의 특징을 가지며, 이들 유전자자리는 유전자지도만들기와 DNA지문분석에서 표지(marker)로 이용될 수 있다. ≒ variable number tandem repeats (VNTRs).

minor elements 미량원소 ⇨ trace elements.

minor gene 소유전자(小遺傳子) 개별적으로는 효과가 미미하지만 다유전자성(multifactorial) 표현형질에 기여하는 유전자.

minor groove 부홈 DNA의 2중나선분자에서 두 가지 나선홈 가운데 좁은 쪽.

minor histocompatibility antigen 부조직적합성항원 주조직적합성복합체의 바깥에서 암호화되고 이식된 조직의 거부반응을 일으키는 항원들. 동일한 종의 유전적으로 상이한 구성원들 간에서 서로 다른 항원과 관련된 다양한 단백질들을 제시한다.

minor worker 부(副)일개미 특히 개미에서 가장 작은 일개미 하위계급의 무리.

Miocene 마이오세, 중신세(中新世) 명 신생대 제3기에서 신제3기(Neogene) 가운데 이른 세(epoch). 올리고세와 플라이오세 사이의 지질시대이고, 지금으로부터 약 2300만 년 전부터 약 500만 년 전까지의 기간을 말한다. 대륙들이 갈라져서 오늘날의 위치로 이동하던 시대이다. 대체로 서늘하고 건조한 기후에서 초지들이 넓게 펼쳐졌다. 포유동물이 매우 다양하게 출현하였는데, 칼리코테레스(chalicotheres)와 같은 멸종된 많은 무리를 포함하여 상당수의 초식동물들이 출현하였다. 마이오세에 출현한 동물들에는 마스토돈, 코뿔소, 사슴, 기린, 말, 고양이와 개 등의 육식동물, 그리고 유인원 등이 있다.

miracidium 흡충섬모충(吸蟲纖毛蟲) 명 창자, 간 그리고 혈액에 기생하는 흡충류의 섬모가 달린 유충시기. 알에서 부화하여 달팽이 숙주로 들어간다.

mire 습지 명 늪지 또는 소택지. 주로 이탄지(peatland)를 가리키지만, 광물질 토양에서 발달하는 습지(fen)를 나타내는 데에도 사용되는 말이다. ⇨ blanket mire, raised mire, topogenous mire.

miRNAs 미소RNA(microRNAs).

MIS 뮐러억제물질(Müllerian inhibiting substance).

mismatch repair 짝짝이수선 부정확한 짝짝이 뉴클레오티드나 짝짝이 뉴클레오티드의 짧은 염기순서를 DNA에서 절단하고 온전한 DNA가닥을 주형으로 삼아 정확한 뉴클레오티드를 삽입하는 DNA 수선의 일종.

mispairing 짝짓기오류 명 DNA의 2중나선에서 한 가닥의 어느 염기가 다른 가닥의 염기와 정확하게 짝지을 수 없는 상태.

missense mutation 과오돌연변이 DNA에서 어느 한 염기쌍이 바뀌고 그 결과 유전자의 단백질산물에서 아미노산의 변화가 생기는 돌연변이.

missense suppressor 과오억제인자 과오돌연변이의 효과를 극복하는 변경된 역코돈의 tRNA를 지정하는 돌연변이유전자. 돌연변이유전자의 번역과정에서 수용 가능한 아미노산이 삽입되면서 변이가 회복된다.

Mississippian 미시시피기 명 북아메리카에서 석탄기(Carboniferous)를 2기로 세분할 때, 그 전기.

mitDNA 미토콘드리아DNA(mitochondrial DNA).

mite 응애류 명 진드기목(Acarina)의 많은 종류들에 대한 일반적인 명칭.

miter 승모 ⇨ mitra.

mitochondria 미토콘드리아 'mitochondrion'의 복수형.

mitochondrial ATPase 미토콘드리아ATP가수분해효소 ⇨ ATP synthases.

mitochondrial cloud ⇨ Balbiani body.

mitochondrial DNA (mtDNA) 미토콘드리아DNA 미토콘드리아에 들어 있는 작은 DNA유전체.

mitochondrial sheath 미토콘드리아집 정자의 편모 기부 주변을 껍질처럼 감싸는, 미토콘드리아가 들어 있는 외피.

mitochondrion 미토콘드리아 명 진핵세포에서 유기호흡을 하고 ATP를 생성하는 부위인 세포소기관. '사립체(絲粒體)'라고도 한다. 2중막으로 둘러싸여 있고, 둘둘 말린 내막에는 호흡의 전자전달사슬과 ATP합성효소가 들어 있다. 미토콘드리아의 내막으로 에워싸인 기질에는 트리카르복시산회로의 효소들이 들어 있다. 미토콘드리아는 tRNA들, rRNA들 그리고 일부 미토콘드리아단백질을 지정하는 작은 고리형 DNA를 포함하고 있다. 복 **mitochondria**. ⇨ chemiosmotic theory, endosymbiont hypothesis, oxidative phosphorylation, respiration. (⇨ 그림 7)

mitochondriopathy 미토콘드리아병증 명 미토콘드리아 기능의 결함에 기인하는 질병.

mitogen 유사분열물질 명 유사분열과 세포분열을 일으키는 물질을 통틀어 이르는 말.

mitogen-activated protein kinase 유사분열물질연관단백질인산화효소(MAP kinase). ⇨ MAP kinase cascade, MAP kinase kinase, MAP kinase kinase

kinase.

mitogenic 분열촉진성 형 유사분열과 세포분열을 유도하는.

mitomycin C 미토마이신C 방선균의 일종인 스트렙토미세스 카이스피토수스(*Streptomyces caespitosus*)에서 분리하는 항생물질. 포유동물 세포에서 핵분열 그리고 DNA와 단백질의 합성을 억제하며, 임상적으로 항종양제로 이용된다.

mitosis 유사분열, 체세포분열 명 진핵세포에서 일어나는 핵분열의 전형적인 과정. 염색체가 복제된 다음에 일어난다. 유사분열 동안에 각 중복염색체의 두 염색분체들이 떨어져서 서로 다른 딸핵으로 분리된다. 따라서 유사분열의 결과로 어버이세포와 유전적 구조가 같은 2개의 동일한 딸핵이 만들어진다. 관례상 유사분열은 전기, 전중기, 중기, 후기 및 말기로 세분된다. 보통 유사분열이 끝난 다음에 즉시 세포분열이 일어난다. 비 meiosis. (⇨ 그림 27)

mitosporangium 유사분열포자낭, 비감수포자낭 명 2배체의 유주자를 만드는 얇은 벽으로 둘러싸인 2배체의 유주자낭.

mitospore 유사분열포자 명 유사분열에 의해 생성되는 단핵성 2배체 유주자.

mitosporic 유사분열포자의 형 무성(asexual)형의 곰팡이에 적용되는 말.

mitotic 유사분열의 형 유사분열과 관련되거나 유사분열에 의해 생성되는.

mitotic chromosome 유사분열염색체 유사분열 동안에 조밀하고 두꺼워지고 짙게 염색되는 막대 모양으로 나타나는 염색체.

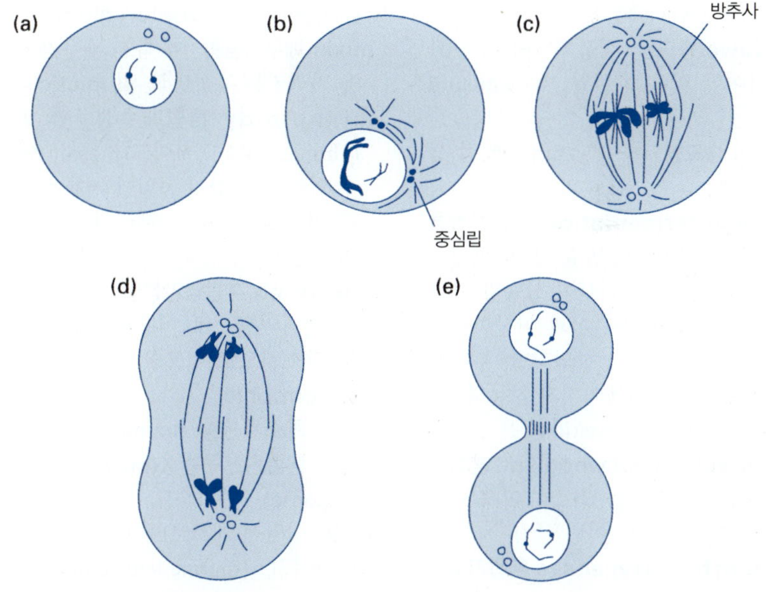

그림 27. 유사분열. (a) 2배체핵; (b) 전기; (c) 중기; (d) 후기; (e) 말기와 세포질분열. 명확성을 위해 단지 2개의 염색체만 그림에 나타내었다.

mitotic index 유사분열지수 측정하는 시점에 1000개의 세포 가운데 유사분열을 하고 있는 세포의 수.

mitotic non-disjunction 유사분열성 비분리 ⇨ non-disjunction.

mitotic recombination 유사분열재조합 체세포에서 유사분열을 하는 동안에 상동염색체들 간에서 일어나는 유전적 재조합. 만일 세포가 교환된 유전자자리에 대해 이형접합성이면 조직의 나머지 세포들과 표현형이 다른 딸세포가 만들어질 수 있다.

mitotic spindle 유사분열방추사 ⇨ spindle.

mitra 승모(僧帽) 명 꽃받침 또는 꽃부리에 있는 헬멧 모양의 조각.

mitral cell 승모세포 기저수상돌기(basal dendrite)가 두툼한 피라미드 모양의 뉴런. 뇌에 있는 후각신경구의 분자층(molecular layer)에서 발견된다.

mitral valve 승모판 심장의 좌심방과 좌심실 사이에 있는 방실판. ≒ bicuspid valve.

mitriform 승모형 형 승모(mitre)처럼 생긴.

mixed-acid fermentation 혼합산발효 장내 세균의 기본적인 발효 양식. 아세트산과 젖산 그리고 숙신산이 상당량 만들어지고, 그와 함께 에탄올과 이산화탄소와 같은 다른 산물도 생성되지만, 부탄디올(butanediol)은 만들어지지 않는다. 비 2,3-butanediol fermentation.

mixed forest, mixed woodland 혼합수림(混合樹林), 혼합산림 최소한 20%의 수목의 종들이 우점종이 아닌 산림.

mixed function oxygenase 혼합기능산소화효소, mixed function oxidase 혼합기능산화효소 ⇨ monooxygenase.

mixed lymphocyte response (MLR) 혼합림프구반응 유전적으로 구별되는 두 개체의 림프구들을 함께 배양할 때 나타나는 반응. 대체로 어느 한쪽에서 유래된 림프구들은 세포분열을 하지 못하도록 처리한다. 처리하지 않은 시료의 T림프구들은 불활성화된 림프구 상의 '외래' MHC분자들에 대항하는 반응을 시작하고 증식한다.

mixed spinal nerves 혼합척수신경 후근(dorsal root)과 배근(ventral root)이 합쳐진 후의 척수신경. 혼합척수신경은 운동신경과 감각신경의 섬유들을 모두 포함한다.

mixed tissue 혼합조직 서로 다른 세포형들이 들어 있는 조직. 이들 모두 동일한 창시자세포(founder cell) 집단으로부터 유래된다.

mixipterygium 명 수컷 판새어류의 배지느러미 내측의 엽(lobe)인 파악기(clasper). ≒ **mixopterygium**.

mixis 배우자융합 명 특히 배우자의 융합을 가리키는 유성생식. 형 **mictic**.

mixoploidy 혼합배수성 명 키메라(chimaera)나 모자이크(mosaic)에서 볼 수 있는 것과 같이 동일한 개체에 서로 다른 염색체수를 갖는 세포나 조직들이 섞여 있는 상태.

mixotroph 혼합영양생물 명 무기화합물을 에너지원으로 이용하고 유기화합물을 탄소원으로 이용할 수 있는 생물. 형 **mixotrophic**.

MLD 최소치사량(minimum lethal dose).

MLR 혼합림프구반응(mixed lymphocyte response).

MLV 발암성 레트로바이러스인 쥐류백혈병바이러스(murine leukaemia virus).

MMTV 발암성 레트로바이러스인 생쥐유방종양바이러스(mouse mammary tumour virus).

M

Mn 화학원소 망간(manganese)의 기호.

mnemonic 기억의 형 기억(memory)과 관련된 말.

mnemotaxis 기억주성 명 섭식장소나 집으로 돌아오는 것처럼 기억에 따르는 운동.

Mo 화학원소 몰리브덴(molybdenum)의 기호.

mobile genetic elements 전이(유전)인자 ⇨ transposable genetic elements.

mobile ion carrier 이동이온운반체 이온을 운반하는 막 내외의 확산에 의해 이온에 대해 막이 투과성을 갖도록 해 주는 이온통로구(ionophore)의 일종.

modality 모달리티 명 감각이나 자극의 질적 성질. 이를테면 미각, 후각, 청각, 시각 등은 감각경험(sensory experience)의 여러 다른 모달리티이다.

modal number 최빈염색체수 어느 분류군에서 가장 빈번하게 나타나는 염색체수.

mode 최빈값 명 도수분포에서 최대의 도수를 가지는 변량의 값.

model organism 모형생물 오랜 세월에 걸쳐 실험적으로 연구되고 이들의 유전, 발생 및 생리에 관한 방대한 지식들이 축적된 비교적 소수의 생물에게 주어진 이름. 노랑초파리(*Drosophila melanogaster*), 효모(*Saccharomyces cerevisiae*), 생쥐 등이 그 예가 된다.

moderate 중등도 형 감염된 세포와 안정된 관계를 이루고 세포를 파괴하지 않으며 바이러스입자를 거의 만들지 않고 세포로부터 그 자손세포에게 전달되는 동물바이러스에 적용되는 말. 비 virulent.

moderator 감속체 명 일부 포유동물의 심장에서 볼 수 있는 것과 같이 우심실의 지나친 확장을 점검하는 근육의 띠.

modern humans 현대인류 약 20만 년 전에 비롯된 현존하는 인류인 사람(*Homo sapiens*). ≒ anatomically modern humans.

modification 수식(修飾), 변형(變形) 명 (1) 세균에서, 세균의 DNA를 그들 자신의 제한효소에 의한 분해로부터 보호해 주는, DNA의 시토신이나 아데닌 잔기의 선택적 메틸화; (2) 환경이나 이용에 의해 표현형이 변하는 것.

modifier 변경유전자, 간섭인자 형 (1) 다른 돌연변이의 표현형효과를 바꾸는 돌연변이에 적용되는 말; (2) 다른 자리에 있는 유전자의 효과를 변경하는 유전자에 해당하는 말; (3) 다른 요인의 효과를 바꾸는 요인들을 통틀어 이르는 말.

modulation 수식(修飾), 조정(調整) 명 (1) 본질적인 형질이 변하지 않으면서 환경자극에 의해 생기는 세포에서의 변화; (2) 세포에 전달되는 신호의 세기 또는 그에 대한 반응이 변하는 것. 제2의 자극인 조절인자(modulator)에 의해 야기된다.

modulator 가시역(可視域), 조절인자 명 (1) 가시광선 스펙트럼에서 색체감각을 일으키는 빨간색, 노란색, 녹색과 청색의 구역; (2) 어느 계(system)에서 특정 반응을 조절하여 정상적인 상태를 유지시키는 데 원인이 되는 요소; (3) 수용기와 효과기 사이의 적절한 전달경로를 선정하는 요인; (4) 앞선 자극에 대한 세포 또는 기관의 반응에 변화를 주는 어떤 자극.

molality 몰랄농도 명 용액에 녹아 있는 용질의 농도를 나타내는 방법의 하나. 용매 1 kg에 1몰(mole)의 용질이 녹아 있으면 1몰랄농도이다.

molar 어금니의, 몰의 형 (1) 갈아 부수는 데 적합한, 치아에 해당하는 말; (2) 리터당 1그램분자나 1몰을 포함하는, 용액에 적용되는 말.

M

molarity 몰농도 명 용액에 녹아 있는 용질의 농도를 나타내는 방법의 하나. 1몰(M)은 용액 1리터에 1몰(mole)의 용질이 용해되어 있고, 5 M 용액은 1리터에 5몰(mole)의 용질이 들어 있다.

mold 'mould'의 철자.

mole (mol) 몰 물질의 양에 대한 국제계량단위계(SI)의 단위. 1몰은 0.012 kg의 $^{12}C(6 \times 10^{23})$에 함유되는 원자의 수의 구성 요소(원자, 분자, 이온 등)를 함유하는 계의 물질량이다. 예를 들어 1몰은 물질의 M그램과 같은데, 여기서 M은 분자의 경우 숫자로 나타낸 분자질량이고 원소의 경우 원자질량이다. 따라서 포도당 1몰은 180그램의 포도당이고, 탄소 1몰은 12그램의 탄소를 말한다.

molecular 분자의 형 분자와 관련되거나 분자로 구성된.

molecular biology 분자생물학 분자 수준에서 생명현상을 연구하는 학문.

molecular chaperone 분자샤페론 ⇨ chaperone.

molecular clock 분자시계 현존하는 두 종의 상응하는 DNA염기순서를 비교하고 이들 간에 축적된 차이를 조사함으로써 오늘날의 두 계통이 공통조상에서 분기한 이후 경과된 기간을 측정하는 방법의 하나. 이와 같은 조사가 적절한 유전자 그리고 유연관계가 밀접한 계통들에 국한된다면 어떤 종류의 뉴클레오티드가 오랜 시간에 걸쳐 변화하는 속도는 시간의 경과에 정비례하는 것으로 나타난다. 분자시계는 화석기록을 통해 분기된 시점이 알려져 있는 종들의 염기순서와 비교하여 실시간으로 보정할 수 있다. ≒ evolutionary clock.

molecular cloning 분자클로닝 ⇨ DNA cloning.

molecular evolution 분자진화 오랜 세월에 걸친 돌연변이의 결과로 DNA와 단백질에서 변화가 일어나고 간혹 기능이 변모되어 새로운 유전자와 단백질이 생기는 것.

molecular genetics 분자유전학 DNA의 분자구조, 유전자의 구조와 배열, 그리고 유전자의 발현과 그의 조절에 대한 생화학적 기초를 연구하는 학문.

molecular layer 분자층 피질과 소뇌의 바깥층. ≒ plexiform layer.

molecular mass 분자질량 분자를 구성하는 모든 원자의 원자질량(atomic mass)을 합친 것. 일반적으로 달톤(dalton) 또는 킬로달톤(kilodalton; 1 kDa = 1000 Da)으로 나타낸다. 분자량(molecular weight)은 분자질량과 엄밀하게는 동등하지 않지만 자주 동의어로 쓰인다. ⇨ relative molecular mass.

molecular mimicry 분자모방 감염인자에 대항하여 항체와 T세포가 유도되고 한편으로 몸 자신의 항원과 교차 반응하는 것.

molecular motor 분자모터 ⇨ motor protein.

molecular phylogeny 분자계통학 여러 다른 생물들의 DNA염기순서와 단백질 서열을 비교하여 진화적 유연관계를 밝히는 학문.

molecular taxonomy 분자분류학 분자적 특징(예: DNA염기순서와 단백질서열, 특정 화합물의 존재)을 이용하여 생물의 분류체계를 구축하는 학문.

molecular weight 분자량 ⇨ molecular mass, relative molecular mass.

molecule 분자 명 공유결합에 의해 결합된 원자들의 집단.

Mollicutes 몰리큐테스강 명 일부 분류체계에서 리케차, 클라미디아와 마이코플라스마를 포함하는 세균의 강. 이들 모두

M

세포벽이 없고 세포내 기생생물이다.

Moll's glands 몰샘 속눈썹의 소낭들 사이에 있는 변형된 땀샘. ≒ ciliary glands.

Mollusca 연체동물문, molluscs 연체동물 명, 명복 몸이 부드럽고 대개 체절로 나누어지지 않는 체강동물의 크고 다양한 문. 이들 중 많은 종류가 단단한 껍질로 둘러싸여 있다. 경단고둥, 쇠고둥, 민달팽이, 달팽이, 갯민숭이 등의 복족강(Gastropoda), 조개와 새조개 등의 2매패강(Bivalvia), 이보다 작은 강의 조개류들, 그리고 앵무조개, 오징어, 문어 등의 두족강(Cephalopoda)과 같은 여러 강으로 이뤄진다. 연체동물은 심장과 혈관계통을 가지며, 특히 두족강에서는 감각기관과 신경계가 잘 발달되어 있다.

molluscicide 연체동물구충제 명 연체동물, 특히 달팽이를 죽이는 화학물질.

molluscoid 연체동물형 형 연체동물과 관련되거나 연체동물과 비슷한.

mollusk 미 'mollusc'의 철자.

molt 'moult'의 철자.

molten globule 용해소구체(溶解小球體) 구형단백질의 접기(folding)에서 전반적인 입체구조와 2차구조의 주요 요소들은 유지하지만 최종적인 원래구조에 비하여 아직 개방적이고 덜 정돈된 구조 상태.

moltinism 탈피다형성 명 어느 종의 여러 다른 계통들의 유충이 상이한 횟수의 탈피를 겪는 상태.

molybdenum (Mo) 몰리브덴 명 식물의 필수미량영양소인 화학원소. 세균의 질소고정효소를 포함한 일부 효소들의 보결분자단이다.

monacanthid 형 어떤 불가사리와 같이 보대(ambulacra)에 한 줄로 가시가 있는.

monactinal 단방사형(單放射形) 형 1개의 방사조직(살)을 갖는, 해면동물의 골편에 적용되는 말.

monactinellid 형 1개의 방사조직(살)으로 된 골편을 갖는 일부 해면동물에 적용되는 말.

monad 모나드 명 (1) 단세포로 된 세포 또는 편모가 달린 세포; (2) 감수분열에서 4분자(tetrad) 대신에 생기는 단일한 세포.

monadelphous 단체수술의 형 수술대(filament)가 하나의 다발로 합쳐진 수술을 가진.

monamniotic 형 단일한 양막(amnion)을 갖는, 1란성 쌍생아에 적용되는 말.

monandrous 1수술의 형 (1) 1개의 수술만을 갖는; (2) 1개의 장정기(antheridium)만을 갖는; (3) 오직 하나만의 수컷 짝을 가진.

monanthous 1꽃의 형 1개의 꽃만을 가진.

monarch 1원형(一原型) 형 오직 1개만의 원생물관부 가닥을 갖거나 1개의 관다발을 갖는, 식물의 줄기에 적용되는 말.

monaural 단청(單聽)의 형 한쪽 귀만을 통한 청각과 관련된 말.

monaxial 단축성(單軸性)의, 주축성(主軸性)의 형 (1) 한 줄의 축을 갖는; (2) 꽃이 1차축에서 피는.

monaxonic 1축삭의 형 1개의 축삭(axon)을 갖는, 신경세포에 적용되는 말.

monecious 'monoecious'의 철자.

monembryonic 형 한 번에 하나의 배(embryo)를 생성하는.

Monera 원핵생물계 'prokaryotes'의 예전 명칭.

monestrous 'monoestrous'의 철자.

Monilia 총생불완전균류 명 분열포자(oidium) 또는 출아에 의해 번식하거나, 분포자기 또는 분생자반에 달리지 않는 분생자에 의해 번식하는 불완전균류의 큰

M

집단. 푸른곰팡이속(*Penicillium*)과 아스페르길룸(*Aspergillum*), 크립토코쿠스(*Cryptococcus*) 등의 불완전효모류, 사람과 동물에서 피부병을 일으키는 곰팡이(예: 백선, *Microsporum*), 그리고 블라스토미세스(*Blastomyces*)와 히스토플라스마(*Histoplasma*)처럼 심각한 병을 유발하는 병원균을 포함한다.

monilicorn 염주형더듬이의 형 구슬을 꿴 목걸이처럼 생긴 더듬이를 가진.

moniliform 염주형 형 (1) 구슬을 꿴 목걸이처럼 배열된, 포자, 균사, 더듬이 등에 적용되는 말; (2) 일정한 간격을 두고 수축되어 구슬을 꿴 목걸이처럼 보이는.

monimostylic 형 일부 파충류에서 볼 수 있는 것과 같이 인골(squamosal)과 유합하고 때로는 다른 뼈들과 합쳐진 방형골(quadrate)을 가진.

monkeys 원숭이류 ⇨ Primates.

mono- '단 하나의'를 뜻하는 그리스어 '*monos*'에서 유래된 접두사. '하나', '여럿 중 하나를 갖는', '홀로 달리는' 등을 의미한다.

monoallelic 동형대립인자의 형 유전자자리에 있는 모든 대립유전자들이 동일한 배수체(polyploid)에 적용되는 말.

monoamine neurotransmitters 모노아민신경전달물질 도파민(dopamine), 아드레날린(adrenaline), 노르아드레날린(noradrenaline).

monoamine oxidase 모노아민산화효소 카테콜아민(catecholamines) 신경전달물질인 도파민, 아드레날린 그리고 노르아드레날린을 산화적으로 탈아미노시켜 불활성화하는 효소. ≒ **monoaminooxidase**.

monoblast 단핵구모세포 명 단핵구로 발달하는 세포.

monoblastic 단배엽성 형 분화되지 않은 상태에 있는 한 층의 배엽(germ layer)을 갖는 배아에 적용되는 말.

monocardian 홑칸심장의 형 하나의 심방과 심실을 가진.

monocarpellary 1심피의 형 하나의 심피를 포함하거나 하나의 심피로 구성되는.

monocarpic 1회결실성 형 한 번 열매가 달린 다음에 죽는 식물에 적용되는 말. 명 **monocarp**.

monocarpous 1심피성 형 암술군(gynoecium)에 오직 1개만의 심피가 있는.

monocaryon 단핵체 ⇨ monokaryon.

monocentric 1동원체의, 단심성(單心性)의 형 (1) 1개의 동원체를 갖는, 염색체(1동원체염색체)에 적용되는 말; (2) 생장과 번식에 있어서 하나의 중심을 갖는, 곰팡이의 균사체에 해당하는 말. 비 polycentric.

monocephalous 단두상(單頭狀)의 형 오직 1개만의 두상꽃차례(capitulum)를 갖는, 꽃에 적용되는 말.

monocercous 1편모의 ⇨ uniflagellate.

monocerous 외뿔의 형 하나의 뿔을 가진.

monochasium 단산(單散)꽃차례 명 꽃마다 그 밑에서 가지를 내는 꽃차례.

monochlamydeous 단화피성(單花被性) 형 꽃부리가 없는 꽃받침을 갖거나 오직 한 줄만의 화피편을 갖는 꽃에 적용되는 말.

monochorionic 단일융모막의 형 오직 하나만의 융모막(chorion)을 갖는, 1란성 쌍생아에 적용되는 말.

monochromatic 단색의, 완전색맹의 형 (1) 오직 하나만의 색을 갖는; (2) 밝기의 변화는 보지만 색깔을 구분하지 못하는 색맹의.

monochronic 형 오직 한 번만 발생하거나 비롯된.

monocistronic 단일시스트론성 형 오직 한 종류의 폴리펩티드사슬만을 암호화하는 정보를 갖는 mRNA, 즉 일부 세균과 모든 진핵생물의 mRNA(단일시스트론 mRNA)에 적용되는 말.

monoclinous 완전꽃의 형 (1) 양성꽃의; (2) 개개의 꽃이 수술과 암술을 갖는; (3) 동일한 균사에서 비롯된 장정기와 장란기를 가진.

monoclonal antibody 단일클론항체 B 세포의 단일한 클론에서 만들어져서 단 하나의 항원결정기에만 특이적으로 반응하는 항체분자의 집단으로 구성된 항체.

monocolpate 단구형(單溝形) 형 꽃가루관이 나오는 홈이 1개가 있는 꽃가루에 적용되는 말.

monocondylar 단관절의 형 새와 파충류에서 볼 수 있는 것과 같이 하나의 후두관절융기(occipital condyle)를 가진.

monocots 외떡잎식물 ⇨ monocotyledons.

Monocotyledon(e)ae, Monocotyledones, monocotyledons 외떡잎식물강, 외떡잎식물 명, 명복, 명복 오직 하나의 떡잎을 갖는 배, 각 부분들이 주로 3의 배수인 꽃, 나란히맥을 갖는 잎, 그리고 줄기의 도처에 산재한 관다발을 갖는 속씨식물의 강. 수선화, 스노드롭(snowdrop)과 백합, 그리고 옥수수, 밀과 쌀 등의 곡류와 벼과 초본 등을 포함한다. (⇨ 부록 1)

monocotyledonous 외떡잎식물의, 외떡잎의 형 (1) 외떡잎식물과 관련된 말; (2) 오직 하나의 떡잎만을 갖는 배에 적용되는 말.

monocratic 감수분열로 생긴 4분자(tetrad)의 4개의 포자를 가진.

monocular 외눈의, 단안(單眼)의 형 오직 1개만의 눈과 관련된 말.

monocule 외눈동물 명 일부 곤충과 갑각류처럼 눈이 하나인 동물.

monoculture 단일재배 명 단일종(또는 농작물의 경우 단일품종)으로 덮여 있는 넓은 지역. 특히 해마다 재배하는 경우를 이른다.

monocyclic 단주기(單週期)의, 1년생의, 단륜성(單輪性)의 형 (1) 하나의 주기를 갖는; (2) 1년생의 초본식물에 적용되는 말; (3) 꽃의 돌려나는 요소들, 즉 윤생체(whorl)가 한 겹인 꽃(단륜화)에 해당하는 말.

monocystic 형 한 번의 피낭형성(encystation) 단계를 가진.

monocyte 단핵백혈구, 단핵세포 명 하나의 난형 또는 편자 모양의 핵을 포함하고 식작용을 하는 거대한 백혈구. 조직에 들어가서 대식세포(macrophage)가 된다. ≒ mononuclear leukocyte.

monodactylous 단각(單脚)의 형 다리가 하나인 또는 발톱이 하나인.

Monodelphia 1자궁류(一子宮類) 진수하강(Eutheria)을 달리 부르는 이름. ⇨ eutherians.

monodelphic 1자궁의, 단관성 형 (1) 태반포유동물에서 볼 수 있는 것과 같이 거의 합쳐진 자궁들을 갖는; (2) 하나의 자궁을 갖는, 일부 선충류에 적용되는 말.

monodelphous 단체수술의 ⇨ monadelphous.

monodesmic 형 (1) [동] 끊임없이 상아질이 덮이면서 작은 골질비늘들이 합쳐져서 생긴 비늘에 적용되는 말; (2) [식] 하나의 관다발을 가진.

monodont 단치(單齒)의 형 1각돌고래(narwhal)의 수컷에서 볼 수 있는 것과 같이 하나의 지속성 이빨을 가진.

M

monoecious **암수한몸의, 암수동주의** 형 (1) 수꽃과 암꽃이 같은 식물체에 있는; (2) 암생식기관과 수생식기관이 같은 배우자체에 있는; (3) 소포자낭과 대포자낭이 같은 포자체에 있는.

monoestrous **단발정성(單發情性)** 형 번식기에 단 한 번의 발정기를 가진. 비 polyoestrous.

monofactorial **단일유전자의** ⇨ unifactorial.

monogalactosyl diacylglycerol **모노갈락토실디아실글리세롤** 식물의 세포막에 있는 당지질.

monogamous **1부1처성** 형 대개 동물의 평생 동안 오직 한 수컷과 지내는. 명 **monogamy**.

monoganglionic **단일신경절의** 형 하나의 신경절(ganglion)을 가진.

monogastric **단위(單胃)의** 형 하나의 위강(gastric cavity)을 가진.

Monogenea **단생강**, **monogeneans** **단생류(單生類)** 명, 명복 주로 어류와 양서류에 외부기생을 하는 기생성 편형동물의 강. 피부흡충과 아가미흡충이 포함된다. 납작한 잎처럼 생긴 몸과 단일숙주에 기생하는 단순한 생활주기를 갖는다.

monogenetic **단생(單生)의** 형 (1) 단일한 숙주에서 생활주기를 완결하는 기생충에 적용되는 말; (2) 단일한 장소나 시기에 새로운 형태가 기원하는. 명 **monogenesis**.

monogenic **1유전자적, 단성(單性)의** 형 (1) 단일한 유전자에 의해 지배되는; (2) 성(sex)이 모두 같은 자손을 낳는.

monogenomic **1유전체의** 형 단일한 염색체세트를 가진.

monogenous **단성의** 형 생식(단성생식)에 적용되듯이 무성적인.

monogeny **단성생식** 명 암컷 또는 수컷의 한쪽 성으로만 이루어진 자손을 낳는 것. 형 **monogenic**.

monogoneutic 형 1년에 한 번 번식하는.

monogony **무성생식성** 명 분열생식(schizogony)과 출아(budding)를 포함하는 무성생식.

monogynoecial **단일암술성의** 형 한 암술로부터 발달하는.

monogynous **한암술의** 형 (1) 하나의 암술을 갖는; (2) 암술군(gynoecium)에 하나의 심피가 있는; (3) 오직 한 암컷과 지내는.

monogyny **1부1처제, 단일여왕제** 명 (1) 수컷이 오직 한 암컷과 교미하는 경향; (2) 사회성 곤충에서 군집에 한 마리의 기능적인 여왕이 존재하는 것.

monohybrid **단성잡종** (1) 명 하나의 형질이 다른 어버이들 간의 잡종 후손; (2) 형 하나의 유전자자리가 이형접합성인.

monohybrid cross **단성잡종교배** 오직 하나의 형질만 다른 순종 어버이들 간에서 생긴 동일한 이형접합성 F1 개체들(단성잡종)끼리 상호교잡시키는 것.

monokaryon **1핵체** 명 하나의 핵을 갖는 균사의 세포들.

monokont **1편모성** 형 하나의 편모를 가진.

monolayer **단층(單層)** 명 분자들이나 세포들에서 볼 수 있는 것과 같이 동질의 단위들로 이루어진 층.

monolepsis **모노렙시스** 명 어느 한쪽 어버이의 형질만 자손에게 전달되는 것. 형 **monoleptic**.

monomastigote **1편모성** 형 어떤 원생동물에서 볼 수 있는 것과 같이 하나의 편모를 가진.

monomeniscous 형 수정체가 하나인 눈을 가진.

monomer **단위체(單位體)** 명 (1) 중합체

를 구성하는 단위가 되는 분자. 이를테면 아미노산은 단백질의 단위체이다; (2) 하나의 폴리펩티드사슬로 구성된 단백질처럼 단일한 단위로 이뤄진 분자.

monomeric 단위체의, 단합체(單合體)의 형 (1) 한 조각과 관련된 말; (2) 한 부분에서 비롯된; (3) 하나의 폴리펩티드사슬로 구성된 단백질분자에 적용되는 말.

monomerosomatous 형 어떤 절지동물에서 볼 수 있는 것과 같이 모두 함께 융합된 체절을 가진.

monomerous 1수성의 형 오직 1개의 부분으로만 구성된, 꽃에 적용되는 말.

monometrosis 단자성(單雌性) 명 사회성 벌류의 여왕과 같은 하나의 암컷에 의해 군집이 세워지는 것.

monomolecular layer 단분자층 ⇨ monolayer.

monomorphic 단형성(單形性)의, 동형(同形)의 형 (1) 모든 개체들이 매우 흡사한 종에 적용되는 말; (2) 일부 원생동물과 곤충처럼 단계마다 변화가 없거나 아주 조금 변화하면서 발달하는; (3) 오직 한 가지 종류의 포자만 생성하는. 비 dimorphic, polymorphic.

monomorphic locus 단형성자리 집단에서 90% 이상의 빈도를 갖는 가장 보편적인 동형접합체의 유전자자리.

monomorphism 단형성 명 곤충학에서, 개미의 종 또는 군집에 오직 하나의 일개미 하위계급(subcaste)만 존재하는 것.

mononemic 한가닥의 형 한 가닥으로 구성된.

mononeuronic 단신경의 형 (1) 하나의 신경을 갖는; (2) 한 가지 종류의 신경에 의해 지배를 받는 색소포(chromatophore)에 적용되는 말.

mononuclear, mononucleate 단핵의 형 하나의 핵을 가진.

mononuclear cells 단핵세포 혈액의 단핵백혈구와 림프구.

mononychous 형 하나의 또는 갈라지지 않은 발톱을 가진.

mononym 단명(單名) 명 (1) 오직 하나의 말로만 구성된 명칭; (2) 단일분류군의 이름.

monooxygenase 1산소화효소 명 산소의 한 원자를 산물에 편입하고 다른 한 원자는 환원하여 물이 되는 산화반응을 촉매하는 산화환원효소들을 통틀어 이르는 말. ≒ mixed-function oxygenase, mixed-function oxidase.

monopectinate 단빗살거치의 형 빗처럼 톱니 모양을 한 가장자리를 가진.

monopetalous 1꽃잎의, 합판(合瓣)의 형 (1) 오직 하나의 꽃잎만 갖는; (2) 서로 붙은 꽃잎을 가진.

monophagous 편식성 형 한 종류의 먹이를 먹고 사는. 어느 한 속(genus)의 식물들만 먹고 사는 곤충이나, 한 종 또는 한 변종의 식물들에 국한된 곤충에 적용되는 말이다.

monophasic 단상(單相)의 형 일부 파동편모충(trypanosome)에서 활발한 시기가 결여되고 단축된 생활주기에 적용되는 말.

monophenol monooxygenase 모노페놀1산소화효소 ⇨ polyphenol oxidase.

monophyletic 단계통적(單系統的) 형 공통조상으로부터 유래된, 단일한 선조에서 유래된 분류군에 적용되는 말.

monophyllous 단엽(單葉)의, 홑꽃잎의 형 (1) 오직 하나의 잎만 갖는; (2) 하나의 꽃잎으로 된 꽃받침을 가진.

monophyodont 불환치(不換齒)의, 일생치(一生齒)의 형 젖니는 태아기에 흡수되거나 전혀 없고 오직 한 세트의 이빨들만 가진.

M

monoplacid 단판성(單板性) 형 단 하나의 판을 가진.

Monoplacophora 단판류(單板類) 명 삿갓조개와 비슷한 껍데기를 갖는, 대부분이 멸종된 연체동물의 강. 네오필리나(*Neopilina*)와 같은 현존하는 종들은 심해저에서만 알려져 있다.

monoplanetic 1회유영성의 형 생활사 중에서 한 번의 운동성시기를 갖는, 일부 곰팡이에 적용되는 말.

monoplastic 형 (1) 한 가지 유형으로 지속되는; (2) 하나의 엽록체를 갖는, 세포에 적용되는 말.

monoploid 1배체의 형 (1) 한 세트의 염색체를 갖는, 진정한 반수체의; (2) 배수체계열에서 기본적인 반수체의 염색체 수를 가진.

monopodal 외발의 형 (1) 하나의 지지구조를 갖는; (2) 하나의 위족을 가진.

monopodial 단축상 형 하나의 주축에서 분지하고 가장 어린 가지는 꼭대기에서 나오는.

monopodium 단축(單軸) 명 모든 곁가지들이 생기는 하나의 주축 또는 1차축.

monopolar 단극의 형 둘로 갈라져서 두 방향으로 늘어나는 단일한 축삭을 갖는 뉴런에 적용되는 말.

M

monopyrenic, monopyrenous 단핵의 형 열매에서 볼 수 있는 것과 같이 하나의 핵을 가진.

monorchic 단일고환의 형 하나의 고환(정소)을 가진.

monorefringent 단굴절의 ⇨ isotropic.

monorhinal 단비강(單鼻腔)의 형 (1) 오직 하나의 콧구멍을 갖는; (2) 하나의 콧구멍과 관련된 말.

monosaccate 단기낭성(單氣囊性)의 형 하나의 기낭을 갖는 꽃가루에 적용되는 말.

monosaccharide 단당류 명 당의 분해로 생기는 간단한 탄수화물들. 원소조성은 $(CH_2O)_n$ 의 일반식으로 나타낼 수 있으며, 여기서 n은 3 이상이다. 가장 단순한 단당류는 글리세르알데히드와 같은 3탄당(triose, $n = 3$)이다. 그 밖에 리보오스와 같은 5탄당(pentose, $n = 5$), 포도당이나 과당과 같은 6탄당(hexose, $n = 6$) 등이 있다.

monosepalous 합판화(合瓣花)의 형 하나의 꽃받침조각을 가진.

monosiphonic, monosiphonous 단관성(單管性) 형 사상체에 하나의 중심관이 있는 조류에 적용되는 말.

monosomic 1염색체의 형 (1) 쌍을 이루지 않는 X염색체 또는 상동의 짝이 없는 염색체에 적용되는 말; (2) 짝을 짓는 상동염색체 또는 성염색체 가운데 한 염색체가 없는 2배체의 세포(예: XO세포)나 생물에 해당하는 말.

monosomy 1염색체성 명 2배체의 염색체세트에서 한 염색체가 없는 것.

monospecific 단일종의, 단일특이성 형 (1) 오직 한 종만 갖는, 속이나 과 또는 기타 분류군에 적용되는 말; (2) 단 하나의 항원결정기와 반응하는 항체에 해당하는 말.

monospermic, monospermous 단종자(單種子)의, 단정수정(單精受精)의 형 (1) 하나의 종자를 갖는; (2) 알에 1개의 정자가 진입하여 수정하는.

monospermy 단정수정(單精受精) 명 1개의 정자가 난자에 침투하면서 정상적으로 일어나는 수정.

monospondylic 형 오직 하나의 척추환(vertebral ring)을 갖는 척추뼈에 적용되는 말.

monospore 단포자 명 단순하거나 분리되지 않은 포자.

monosporic 1포자성 형 단일한 포자로부터 기원하는.

monosporous 1포자성 형 오직 하나의 포자만을 가진.

monostachyous 형 단 하나의 이삭을 가진.

monostele 원생중심주 ⇨ protostele.

monostichous 단열성(單列性)의 형 (1) 한 줄로 배열된; (2) 축의 한쪽을 따라 나는.

monostigmatous 1암술머리의 형 오직 하나의 암술머리만 있는.

monostromatic 단층성(單層性) 형 한 층으로 된 몸체를 갖는, 조류에 적용되는 말.

monostylous 1암술대의 형 오직 하나의 암술대를 가진.

monosulcate 단구형(單溝形) 형 꽃가루관이 나오는 곳과 떨어진 표면에 하나의 홈이 있는 꽃가루립에 적용되는 말.

monosy 모노시 명 정상적으로 합쳐진 부분들이 떨어지는 것.

monosymmetrical 1축대칭의 ⇨ zygomorphic.

monotaxic 동일분류군의 형 같은 분류군에 속하는.

monothalamous 단실(單室)의, 단화(單花)의 형 (1) 단일한 방(chamber) 또는 소방(locule)을 갖는; (2) 한 꽃에서 만들어지는 열매(단화과)에 적용되는 말.

monothecal 단실(單室)의 형 하나의 방으로 된.

monothetic 단배열성 형 오직 하나 또는 소수의 특징들에 근거한 분류에 적용되는 말. 수술의 개수에 근거하여 식물을 분류하는 것이 그 예가 된다. 비 polythetic.

monotokous 단일분만의 형 한 번에 하나의 자손을 낳는. ≒ **monotocous**.

Monotremata 단공목, **monotremes** 단공류(單孔類) 명, 명복 알을 낳는 원시적인 포유동물의 목. 젖꼭지가 없는 젖샘을 갖고, 바깥귀가 없다. 현존하는 종은 오스트레일리아의 오리너구리(*Ornithorhynchus*)와 가시두더지(*Tachyglossus*) 그리고 세가락가시두더지(*Zaglossus*)뿐인데, 이들 모두 오스트레일리아와 뉴기니에서 발견된다.

monotrichous 1편모성 형 꼭대기에 하나의 편모가 달리는.

monotrochous 형 벌침을 갖는 대부분의 벌류에서 볼 수 있는 것과 같이 한 조각으로 된 도래마디(trochanter)를 가진.

monotrophic 단일영양의 형 한 가지 종류의 먹이를 먹고 사는.

monotropic 형 (1) 오직 한쪽 방향으로만 돌리는; (2) 단 한 종류의 꽃만 방문하는, 곤충에 적용되는 말.

monotropoid 수정란풀의 형 엽록소가 없고 탄소원과 에너지원을 균근(mycorrhiza)에 의존하는 식물인 수정란풀과(Monotropaceae) 식물에서 형성되는 균근(수정란풀균근)에 적용되는 말. 곰팡이와 뿌리조직의 광범위한 분형근(root-ball)이 형성되고, 인근에 있는 녹색식물 뿌리의 외균근과도 연결된다.

monotype 단형(單型) 명 종이나 속을 구성하는 단일한 유형.

monotypic 단일분류군의, 단형의 형 (1) 오직 한 종만을 갖는 속에 적용되는 말; (2) 아종을 갖지 않는 종에 해당하는 말.

monovalent 1가 ⇨ univalent.

monovoltine 1화성 ⇨ univoltine.

monovular 1란성 ⇨ uniovular.

monoxenic, monoxenous 동질기생성 형 오직 한 숙주에만 서식하는, 기생생물에 적용되는 말.

monoxylic 형 연속적인 고리처럼 형성

M

된 목부를 가진.

monozoic 1포자소체의 형 오직 하나의 포자소체(sporozoite)를 만드는.

monozygotic 1란성 형 1란성 쌍생아(MZ twins)처럼 단일한 수정란에서 기원하는. 비 dizygotic.

Monro, foramen of, Monro's foramen 몬로구멍 ⇨ foramen of Monro.

monsoon rain forest 계절풍우림(季節風雨林) 연강수량은 많지만 건기와 우기(계절풍 강우)가 뚜렷한 열대와 아열대지역에 형성되는 우림의 일종. 건기에 잎이 지는 낙엽성 교목과 관목들로 구성된다. ≒ monsoon forest.

mons pubis, mons Veneris 불두덩, 치구(恥丘) 두덩뼈(치골)의 앞쪽에 있는 피하지방조직의 융기.

montane 산(山)의 형 산(mountain)과 관련된 말.

monticolous 산지(山地)서식성 형 산지대에 서식하는.

monticulus 소산 명 소뇌에서 상소뇌벌레(superior vermis)의 가장 큰 부분.

moor 산성습원(酸性濕原) 명 산지의 이탄지대에 발달하는 초원. 헤더(heather), 사초과 식물 그리고 일부 초본들의 식생이 나타난다.

mor 산성부식 명 저온 다습한 토양의 산성 부식질. 토양생물의 활동을 억제하고 이탄을 형성하기도 한다. 비 mull.

morbidity 이환(罹患) 명 병이 발생하는 것.

morbilliviruses 모르빌리바이러스 명복 개홍역바이러스와 동족인 파라믹소바이러스과의 RNA바이러스군.

mores 모레스, 생리적 행동형 명복 동일한 서식지를 선호하고 같은 번식기를 가지며 물리적 환경에 대한 일반적인 반응이 일치하는 생물들의 무리.

morgan 모건 명 재조합의 평균수가 1인 유전자지도 상의 거리의 단위. 유전학자 모건(Thomas Hunt Morgan)의 이름을 따서 명명하였다. ⇨ centimorgan.

moriform 오디모양의 형 (1) 오디처럼 생긴; (2) 집합과(aggregate fruit)와 유사한 송이를 형성하는.

Morisita's index of dispersion (I) 모리시타분산지수 개체군 내에서 개체들의 공간적 분포(분산)를 나타내는 지수.

Morisita's similarity index (C_γ) 모리시타유사지수 두 군집에 출현하는 종들의 개체군크기에 의해 가중치를 두어 두 군집 간의 유사성을 측정하는 지수[군집계수(coefficient of community) 참조]. 비 Gleason's index, Jaccard index, Kulezinski index, Simpson's index of floristic similarity, Sørensen similarity index.

morph 형(型) 명 다형성을 나타내는 집단에서 볼 수 있는 유형 중 하나.

morphactins 모르팍틴 명복 플루오린-9-카르복시산(fluorine-9-carboxylic acid)에서 유래된 물질들. 식물의 생장과 발달에 영향을 미친다.

morphallaxis 형태조절 명 (1) 새로 자라지 않고 기존의 조직이 재편성되는 재생의 일종; (2) 특정한 유형으로 서서히 자라거나 발달하는 것. 형 **morphallactic**.

morphine 모르핀 명 아편의 주성분인 알칼로이드. 통증을 덜어 주는 데 임상적으로 이용되지만, 장기간 사용하면 중독을 유발한다.

morphogen 형태형성물질 명 단순히 일반적인 생장을 촉진하는 것이 아니라 패턴형성과 형태형성에 특별히 영향을 미치는 물질이나 그 밖의 작용인자들(예: 중력).

morphogenesis 형태형성(形態形成) 형

M

(1) 모양이나 구조가 발달하는 것; (2) 생물의 기관이나 부분들이 생기고 발달하는 것. ≒ **morphogeny**.

morphogenetic 형태형성의 형 (1) 형태형성(morphogenesis)과 관련되거나 형태형성을 유도하는; (2) 생물의 생장과 발생 그리고 형태형성에 영향을 미치는 호르몬에 적용되는 말. 티록신, 탈피호르몬, 유충호르몬 등이 그 예가 된다.

morphogenetic field 형태형성장 ⇨ equivalence group.

morphogenetic furrow 형태형성구(形態形成溝) 일부 곤충의 유충에서 눈 성충판(imaginal disc) 위를 움직이는 고랑. 고랑을 지난 세포들은 성충의 겹눈을 구성하는 낱눈으로 분화하기 시작한다.

morpholino-RNA 모폴리노RNA 안티센스(antisense) 실험들에서 자연적인 RNA 대신에 이용할 수 있는 안정적인 합성RNA유사체.

morphologic, morphological 형태적 형 생물의 유형과 구조에 관련된 말.

morphological index 형태지표 몸통과 4지의 상대적인 크기를 나타내는 비율.

morphological species 형태종 ⇨ morphospecies.

morphology 형태, 형태학 명 (1) 생물의 유형과 구조; (2) 유형과 구조를 연구하는 학문.

morphoplankton 성형(成形)플랑크톤 명 작은 크기, 몸의 형태 또는 기름이 포함된 소구체, 점액 또는 가스가 들어 있는 구조 등에 의해 물에 떠서 생활할 수 있는 부유생물.

morphosis 발달방식 명 (1) 생물의 부분들이 발달하는 방식; (2) 조직의 형성. 형 **morphotic**.

morphospecies 형태종 명 형태 측면에서 같은 종에 속한다고 간주되는 개체들의 무리.

morphotype 형모식표본, 형태형 명 다형종(polymorphic species)의 유형 중 하나의 기준표본.

mortality 사망 명 죽는 것.

morula 상실배(桑實胚) 명 수정란의 세포분열 1단계에서 만들어진 세포들의 단단한 구형 덩어리. 포배(blastula)에 앞선 시기이다.

mosaic 모자이크병, 모자이크 명 (1) 잎의 반점이 특징인 식물의 병. 담배모자이크바이러스, 오이모자이크바이러스 등과 같은 다양한 바이러스에 기인한다; (2) 둘 또는 그 이상의 다른 유전자형들이 혼합된 세포들로 몸이 구성된 생물. 발생 초기에 X염색체 중 하나가 무작위로 불활성화된 X염색체를 갖는 사람의 여성 또는 기타 포유동물의 암컷이 그 예가 된다. 이들의 성체조직은 일반적으로 활성이 다른 X염색체가 들어 있는 세포들이 혼합되어 있다.

mosaic eggs 모자이크난 알의 여러 다른 부분에 위치하는 세포질결정인자(cytoplasmic determinant)에 의해 운명이 발생초기에 결정된 알. 초기 난할에서 형성된 할구들이 서로 독립적으로 발달하여 어느 하나가 제거되더라도 이를 대체할 수 없다.

mosaicism 모자이크현상 명 모자이크(mosaic)가 되는 상태.

moschate 사향내의 형 사향(musk)의 냄새를 갖거나 그와 비슷한.

moss 이끼류, 선류(蘚類) 명 관다발이 없고 포자를 형성하는 녹색식물인 선태식물문(Bryophyta)의 종류들에 대한 일반적인 명칭. 이끼류는 참이끼류(true mosses), 물이끼류(sphagnum mosses)와 검정이끼류(granite mosses)의 3종류로 구별된다. 우리가 흔히 영어로 이끼류(mosses)라고 부르는 몇몇 식물들은 선태식물이 아닌 다른 집단에 속한다. 이를테면 순록의 먹이가 되는 꽃이끼(reindeer moss)는 지의류이고, 석송(club moss)과 스패니시모스(Spanish moss)는 관다발식물이며, 주름진두발(sea moss, Irish moss)은 해조류이다.

moss animals 이끼벌레류 태형동물문(Bryozoa)에 대한 일반적인 명칭.

moss layer 이끼층 식물군집에서 가장 아래쪽에 있는 수평적 생태층. 지표면과 이를 덮고 있는 이끼류와 지의류 등의 식물로 구성된다. ≒ ground layer.

mossy fibres 이끼형 섬유 소뇌피질의 내층 세포들 주위에서 몹시 분지하는 신경섬유들.

moth 나방 명 나비목(Lepidoptera)에서 더듬이의 끝이 부풀어지지 않고 끝으로 갈수록 더듬이가 가늘어지는 무리들에 대한 일반적인 명칭.

mother cell 모세포 분열하여 다른 세포를 만드는 세포.

motif 모티프 명 (1) DNA 또는 RNA에서, 특정한 클래스의 유전자나 조절인자의 특징이 되는 뉴클레오티드의 독특한 서열이나 양상; (2) 단백질에서, 특정한 클래스의 단백질의 특징이 되는 아미노산의 독특한 서열이나 양상.

motility 운동성 명 움직임 또는 움직일 수 있는 능력.

motile 운동성의 형 자발적으로 움직일 수 있는.

motivation 동기유발 명 동물체에서 목표를 달성하고 욕구를 충족시키도록 유도하는 행동을 조절하는 내적 요인.

motivational state 동기화상태 행동을 결정짓는 동물의 생리적 상태와 환경의 자극에 대한 감지의 복합효과.

motoneuron 운동뉴런 ⇨ motor neuron.

motor 운동의 형 운동과 관련되거나 관계가 있는, 이를테면 신경(운동신경)에 적용되는 말.

motor areas 운동령(運動領) 뇌에서 근육 활동을 개시하고 조정하는 영역.

motor cortex 운동피질 뇌의 대뇌피질에서 자발적 운동을 시작하는 데 관여하는 구역.

motor end organ, motor end plate 운동종판(運動終板) 운동뉴런의 축삭이 골격근섬유에서 끝나는 곳에 형성되는 구조.

motor neuron 운동뉴런 중추신경계(뇌와 척수)에서 효과기근육으로 자극을 전달하는 신경세포. ≒ motoneuron. ⇨ alpha motor neuron, gamma efferent motor neuron.

motor protein 운동단백질 미세섬유 또는 미세소관을 따라 움직일 수 있는 미오신, 디네인, 키네신과 같은 단백질. 이들의 운동에 의해 근육의 수축, 세포 내에서의 소포의 수송, 세포질유동, 그리고 진핵세포의 섬모와 편모의 운동이 야기된다. 운동단백질은 이들의 운동을 작동시키는 내인성 ATP가수분해효소활성을 갖는다.

motor unit 운동단위 운동뉴런들과 이들과 관련된 근섬유들.

mould 사상균(絲狀菌), 곰팡이 명 기질 위에서 솜털 같은 균사체로 자라고 육안적인 큰 자실체를 만들지 않는 곰팡이에 대한 일반적인 명칭.

moult 털갈이, 탈피(脫皮) 명 깃털, 털, 피부, 각피 등의 외부 껍질이 주기적으로 벗겨지거나 빠지는 것. 갑각류와 절지동물에서는 외골격이 일단 굳어지면 더 이상 내적 생장이 일어나지 않으므로 유충의 생장과정에서 탈피는 필수적이다.

moulting glands 탈피샘 ⇨ ecdysial

glands.

moulting hormone 탈피호르몬 ⇨ ecdysone.

moultinism 탈피다형성 ⇨ moltinism.

mouthpart 구기(口器) 명 절지동물의 입 주위에 있는 부속지.

m.p. 녹는점(melting point).

MPF 세포분열촉진인자(maturation-promoting factor).

M phase M기 세포주기에서 유사분열과 세포분열이 일어나는 시기. 이 용어는 가끔 유사분열시기만 가리키는 데 사용되기도 한다. (⇨ 그림 8)

M-phase-promoting factor M기촉진인자 세포분열촉진인자(maturation-promoting factor).

MR 무기질코르티코이드수용체(mineralocorticoid receptor).

MRI 자기공명영상(magnetic resonance imaging).

mRNA 전령RNA(messenger RNA).

MRSA 메티실린(methicillin)에 내성을 갖는 황색포도상구균(*Staphylococcus aureus*).

MS 질량분석법(mass spectrometry).

MS/MS ⇨ mass spectrometry.

MSC 중간엽줄기세포(mesenchymal stem cell).

MSH 멜라닌세포자극호르몬(melanocyte-stimulating hormone).

mtDNA 미토콘드리아DNA(mitochondrial DNA).

MTOC 미세소관형성중심(microtubule-organizing centre).

Mu 뮤 전이인자(transposon)와 비슷한 방식으로 세균의 유전체에 삽입시킬 수 있는 대장균의 DNA박테리오파지.

mucid 곰팡이 슨 형 곰팡이가 피거나 끈적끈적한.

muciferous body 점액체 유글레나류와 와편모조류에서 세포 바깥으로 내밀 수 있는 세포소기관.

mucific 점액분비성 형 점액을 분비하는.

mucigel 뿌리점질 명 토양의 뿌리 표면에 있는 젤리 같은 물질. 식물의 점액, 세균의 협막과 점액층 그리고 콜로이드 같은 토양입자들로 이뤄진다.

mucilage 점액(粘液) 명 다양한 종류의 다당류들로 구성되고 물과 접하면 끈적끈적해지는 복합화합물에 대한 일반적인 명칭. 식물에서 널리 나타나며, 식물의 뿌리와 세균(협막과 점액층)에 의해 분비된다.

mucilaginous 점액질의 형 점액(mucilage)과 관련되거나, 점액을 포함하거나 또는 점액으로 구성된.

mucin 점액소, 뮤신 명 침과 점액 등의 분비물에 들어 있는 당단백질의 일반적인 명칭. ≒ mucoid.

muciparous 점액분비성 형 점액을 분비하는.

mucivorous 점식성(粘食性) 형 식물의 즙을 먹고 사는, 곤충에 적용되는 말.

mucocellulose 점액성 섬유소 명 일부 종자와 과일에 들어 있는 것처럼 다양한 당단백질들과 혼합된 섬유소.

mucocutaneous 점막피부의 형 피부와 점막에 적용되는 말.

mucoid 점액소 ⇨ mucin.

mucoid, mucoidal 점액성 형 (1) 점액(mucus)에 해당되거나, 점액과 관련되거나 또는 점액과 비슷한, ≒ mucous; (2) 어떤 연체동물이 입에서 점액을 밀어냈다가 점액을 다시 삼킬 때 점액에 붙은 먹이입자를 소화하는 방식에 적용되는 말; (3) 다량의 탄수화물협막에 기인하여 점액질의 모습과 감촉을 갖는 세균의 집락에 해당되는 말.

mucolipidosis 점액지질증 명 리소좀효소들이 리소좀에 포함되지 않고 방출되면서 생기는 유전성질환.

mucolytic 점액용해의 형 점액을 분해하는.

mucopeptide 점액펩티드 ⇨ peptidoglycan.

mucopolysaccharide 점액다당류 ⇨ glycosaminoglycan.

mucopolysaccharidosis 점액다당류증 명 세포의 리소좀에 점액다당류(글리코사미노글리칸)가 엄청나게 축적되는 특징을 갖는 질병.

mucoprotein 점액단백질 명 (1) 당단백질, 특히 점액성 분비물에 들어 있는 당단백질; (2) ⇨ proteoglycan.

Mucorales 털곰팡이목 명 잘 발달된 균사체를 갖고 자루가 달린 포자낭에 비운동성 포자들이 들어 있는 접합균류의 목. 대부분이 분변 또는 부패하는 식물과 동물에서 부생생활을 한다. 털곰팡이(*Mucor*), 거미줄곰팡이(*Rhizopus*)와 분변균류(*Pilobolus*)가 포함된다.

mucosa 점막(粘膜) 명 소화관, 기도, 요로, 생식관 등과 같은 관상 구조의 벽. 뚜렷이 구별되는 여러 겹의 층으로 구성된다. 점액분비세포와 그 밖의 샘들이 들어 있는 상피(epithelium)는 기저막에 의해 결합조직 고유층(lamina propria)과 분리되어 있고, 이들 전체는 민무늬근인 근육층(tunica muscularis)으로 둘러싸여 있다. ≒ mucous membrane, tunica mucosa.

mucosa-associated lymphoid tissue (MALT) 점막연관림프조직 위장관, 기도 및 비뇨생식관에서 벽(점막)의 상피와 결합조직 내에 있는 2차림프조직.

mucoserous 점액장성 형 점액과 액체를 분비하는.

mucous 점액의 형 점액을 분비하거나 점액이 들어 있거나 또는 점액과 관련된.

mucous membrane 점막 비도(nasal passage), 생식관, 소화관의 내벽과 같이 점액을 분비하는 상피층들. 이 용어는 때때로 모든 점막(mucosa)에 적용되기도 한다.

mucro 미철부(微凸部), 작은돌기 명 (1) 어느 기관 또는 그 밖의 구조가 끝나는 곳의 날카로운 끝; (2) 작은 까끄라기(awn); (3) 소나무에서와 같이 뾰족한 용골 또는 불임성 심피.

mucronate, mucroniferous 미돌(微突)형 형 날카로운 가시로 갑자기 끝나는.

mucronulate 유두형 형 끝에 작은 돌기(mucro)가 있는.

mucus 점액 명 (1) 점막의 배상세포(goblet cell) 또는 샘의 점액세포에서 분비되는, 당단백질이 풍부하게 들어 있는 끈적거리는 물질; (2) 많은 동물의 체표면에서 생성되는 이와 비슷한 점액성 분비물.

mull 멀 명 통기가 잘 되는 촉촉한 토양의 부식질. 식물의 부스러기에 토양생물들이 작용하여 형성되고 식물의 생장을 촉진한다.

Müller cells 뮐러세포 망막의 신경아교세포들.

Müller's fibres 뮐러섬유 망막의 신경조직을 지탱하는 틀을 형성하는 신경아교.

Müllerian ducts 뮐러관 척추동물의 배아에서 볼프관(Wolffian duct)과 나란히 생기는 한 쌍의 관. 암컷에서는 발달하여 수란관이 된다.

Müllerian-inhibiting substance (MIS) 뮐러관억제물질 포유동물 수컷의 배아에서 발생 중인 정소로부터 분비되어 뮐러관과 자궁, 경부, 질이 될 조직들의 발생을 억제하는 호르몬. ≒ anti-Müllerian duct hormone, Müllerian regression hormone.

Müllerian mimicry 뮐러의태 상호이익을 위해 두 가지 동물이 서로 닮는 것. 진홍나방(cinnabar moth)의 좋지 않은 맛을 갖는 털애벌레와 말벌이 노랑과 검정의 얼룩무늬를 갖는 것이 그 예가 된다. 맛이 없는 한 동물에 맞닥뜨린 포식자는 그 다음에 다른 동물도 피하게 된다. 비 Batesian mimicry.

multi- '많은'을 뜻하는 라틴어 '*multus*'에서 유래된 접두사.

multiarticulate 다관절성 형 많은 관절로 된.

multiaxial 다축성 형 (1) 몇몇의 축을 갖거나 그와 관련된; (2) 많은 면(plane)으로 움직일 수 있는.

multicamerate 다실의 형 (1) 많은 방(chamber)을 갖는; (2) 여러 소방(locule)을 가진.

multicarinate 형 많은 능선(이랑)이나 용골을 가진.

multicarpellary 형 여러 심피로 구성된 겹암술군(compound gynoecium)을 가진.

multicauline 다경성(多莖性) 형 많은 줄기를 가진.

multicellular 다세포의 형 (1) 많은 세포로 된. 여러 다른 기능들로 특수화되고 협력하는 구조로 조직화된 상당수의 세포로 구성된 진핵생물(예: 식물과 동물)에 적용되는 말이다; (2) 둘 또는 그 이상의 세포로 구성된. 명 multicellularity.

multicentral 다중심의 형 생장이나 발달의 중심이 하나 이상인.

multiciliate 다섬모의 형 몇몇 또는 많은 섬모를 가진.

multicipital 다두성(多頭性)의 형 하나의 지점에서 생겨난 많은 머리 또는 가지를 가진.

multicomponent viruses 다요소바이러스 바이러스유전체의 여러 다른 부분들이 별개의 바이러스입자들에 포장된 바이러스.

multicopy plasmid 다중복사플라스미드 세균세포에 여러 개의 복사본이 들어 있는 플라스미드. 복사본의 수는 여러 다른 플라스미드의 특징이 된다.

multicostate 형 (1) 많은 늑골 또는 잎맥을 갖는, 잎에 적용되는 말; (2) 여러 능선을 가진.

multi-CSF 모든 종류의 백혈구 전구세포의 생체 밖 생장을 촉진시키는 당단백질 시토카인인 인터류킨-3.

multicuspid(ate) 다교두(多咬頭)의 형 여러 교두(cusp)를 갖는, 어금니에 해당하는 말.

multidentate 다치(多齒)의 형 많은 이빨 또는 자국을 가진.

multideterminant 다결정기의 형 둘 또는 그 이상의 항원결정기를 갖는 항원에 적용되는 말.

multidigitate 다지(多指)의 형 손가락이 많은.

multidomain proteins 다영역단백질 둘 또는 그 이상의 구별되는 단백질영역을 갖는 단일 폴리펩티드로 구성된 단백질.

multidrug resistance 다중약물내성, 다약제내성 전혀 관련이 없는 다양한 항암제에 대하여 많은 종양세포들이 나타내는 내성. 이러한 내성은 약물을 세포 외부로 수송하는 ABC수송단백질의 존재에 기인한다.

multienzyme complex 다효소복합체 대체로 특정 경로의 상이한 단계를 촉매하는 여러 다른 효소분자들의 복합체. 식물세포의 골지장치에서 형성되어 세포벽으로 수송되는 섬유소합성효소복합체,

3가지의 뚜렷이 다른 효소활성을 갖는 44 분자들의 복합체인 피루브산탈수소효소 등이 그 예가 된다.

multifactorial **다인자성(多因子性)** 형 표현형질에 적용되는 말. ⇨ polygenic.

multifactorial inheritance **다인자유전** 여러 독립적인 유전자들의 작용에 의해 결정되는 표현형질의 유전.

multifarious **다열(多列)의** ⇨ polystichous.

multifascicular **다중다발의** 형 여러 작은 다발들로 구성되거나 그와 관련된.

multifid **다열(多裂)의, 다판(多瓣)의** 형 많이 갈라지거나 분열된.

multiflagellate **다편모의** 형 몇 개 또는 많은 편모를 가진.

multiflorous **다화(多花)의** 형 꽃이 많은.

multifoliate **다엽(多葉)의** 형 많은 잎을 가진.

multifoliolate **다소엽(多小葉)의** 형 여러 작은 잎을 가진.

multiform **다형태의, 다형의** 형 (1) 여러 다른 모양으로 나타나거나 여러 다른 모양이 들어 있는; (2) 대뇌피질의 안쪽 세포층(다형층)에 적용되는 말.

multifunctional proteins **다기능단백질** 동일한 분자 내에서 다양한 효소활성 또는 그 밖의 활성을 갖는 단백질들.

multigene family **다유전자군** ⇨ gene family.

multigyrate 형 복잡하게 접힌.

multijugate **다중대생복엽의** 형 작은 잎(소엽)의 쌍을 많이 가진.

multilacunar **다극(多隙)의** 형 (1) 많은 구멍 또는 공간(lacuna)을 갖는; (2) 상당수의 엽극(leaf gap)을 갖는, 마디(다극절)에 적용되는 말.

multilaminate **다층의** 형 몇몇 층으로 구성된.

multilineage **다계열의** 형 다양한 여러 다른 세포형으로 분화할 수 있는 세포들에 적용되는 말.

multilobate **다열편(多裂片)의** 형 많은 열편(lobe) 또는 엽을 가진.

multilobulate **다소열편(多小裂片)의** 형 많은 소열편(lobule) 또는 소엽을 가진.

multilocular, multiloculate **다실(多室)의** 형 여러 방으로 이루어진, 씨방이나 껍질 등에 적용되는 말.

multimer **다량체** 명 (1) 둘 또는 그 이상의 사슬(단백질 소단위)로 구성된 단백질 분자; (2) 여러 다른 단백질분자들로 구성된 단백질복합체. 형 **multimeric**.

multinervate **다맥(多脈)의** 명 날개맥이나 잎맥(nervure) 또는 신경이 많은.

multinodal, multinodate **다절(多節)의** 형 마디(절)가 많은.

multinomial **다항(多項)의** 형 몇 개의 말로 구성된 이름이나 명칭에 적용되는 말.

multinucleate **다핵(多核)의** 형 몇 개 또는 많은 핵(nucleus)을 가진.

multinucleolate **다인(多仁)의** 형 몇 개 또는 많은 인(nucleolus)을 가진.

multiovulate **다배주(多胚珠)의** 형 몇 개 또는 많은 밑씨(배주)를 가진.

multiparous **다산성(多産性)** 형 (1) 한 번에 둘 또는 그 이상의 자손을 낳는; (2) [식] 몇 개 또는 많은 측축(lateral axis)이 발달하는.

multipass **다중관통** 명 단백질사슬의 가닥이 지질2중층을 가로질러 몇 차례 왔다 갔다 하는 막관통단백질(다중관통막단백질)에 적용되는 말. ≒ serpentine.

multipennate **다우상(多羽狀)의** 형 근육섬유질들이 다양한 방향으로부터 힘줄에 삽입되는 근육에 적용되는 말.

multiperforate **다천공(多穿孔)의** 형 둘 또는 그 이상의 천공(perforation)을 가진.

M

multipinnate 여러차례깃꼴의 형 (1) 많은 작은 잎(소엽)을 갖는; (2) 깃꼴(우상)로 갈라지고 다시 깃꼴로 세분되는 작은 잎을 갖는, 잎에 적용되는 말.

multiple adaptive peaks 다중적응절정 동일하거나 비슷한 적응도를 나타내는 대립유전자빈도의 조합이 둘 또는 그 이상 있는 경우.

multiple alignment 복서열정렬 3개 이상의 뉴클레오티드나 아미노산 서열을 정렬하는 것. ⇨ alignment.

multiple alleles 복대립유전자 특정 유전자자리에 3개 이상의 대립유전자들이 존재하는 것. ≒ genetic polymorphism.

multiple corolla 다륜화관(多輪花冠) 둘 또는 그 이상의 돌려나는 꽃잎들을 갖는 꽃부리(화관).

multiple drug-resistant bacteria 다약제내성세균 일반적으로 사용하는 상당수의 항생제에 대해 내성유전자를 갖는 세균.

multiple fission 다분법(多分法) (1) 분열을 반복하는 것; (2) 다수의 부분들이나 포자들로 분열하는 것.

multiple fruit 복합과 파인애플과 같이 2개 이상의 암술군(gynoecium)으로부터 생기는 열매.

multiple myeloma 다발성 골수종 형질세포(plasma cell)에서 유래되는 뼈의 암.

multiple sclerosis 다발성 경화증 신경세포의 미엘린초(myelin sheath)에 대한 면역반응에 의해 야기되는 자가면역병. 중추신경계의 백질에서 미엘린초가 탈락된 조직들의 경화판(sclerotic plaque)을 유발한다.

multiplicate 복합의, 다수의 형 (1) 다수로 이루어진; (2) 많은 주름을 가진.

multipolar 다극성(多極性) 형 (1) 2개의 주된 세포질돌기(즉 하나의 주된 수상돌기와 하나의 축삭돌기)보다 많은 돌기를 갖는 신경세포(다극신경세포)에 적용되는 말; (2) 2개의 극(pole)보다 많은 극들이 생기는 유사분열에 해당하는 말. 일부 포자충류에서는 정상적이지만, 그 밖의 경우에는 병적(pathological)이다.

multiporous 다공성(多孔性) 형 많은 구멍을 가진.

multipotent 다분화능의 형 여러 다른 세포형의 특정한 제한된 세트로 분화할 수 있는. 중간엽줄기세포와 조혈줄기세포 등의 성체줄기세포(adult stem cell)에 적용되는 말이다. 비 pluripotent.

multipotent marrow stromal cell 다분화능골수기질세포 ⇨ mesenchymal stem cell.

multiradiate 다중방사형 형 여러 방사조직(또는 살)을 갖는, 일부 해면동물의 골편에 적용되는 말.

multiradicate 여러뿌리의 형 뿌리 또는 작은뿌리(rootlet)가 많은.

multiramose 다분지(多分枝)의 형 많이 가지를 내는.

multiseptate 다격벽(多隔壁)의 형 많은 격벽을 가진.

multiserial, multiseriate 다열(多列)의 형 (1) 많은 줄(row)로 배열된; (2) 하나의 세포보다 많은 물관열(xylem row)에 적용되는 말; (3) 자낭(ascus)에서 줄지어 배열된 포자에 해당하는 말.

multispecificity 다중특이성 명 어떤 항체분자가 여러 다른 항원들과 결합할 수 있는 능력. ≒ polyspecificity.

multistaminate 다수술의 형 많은 수술을 가진.

multisulcate 다구(多溝)의 형 많은 홈(furrow)을 가진.

multitentaculate 다촉수(多觸手)의 형 촉수(tentacle)가 많은.

M

multituberculate 다결절(多結節)의 형 작은 혹이나 돌기가 많은.

multituberculates 다구치류(多丘齒類) 명복 쥐라기에서 에오세까지 출현하였다가 멸종된 초식성 포유동물의 강. 오늘날의 단공류(monotremes)와 관련이 있다.

multivalent 다가(多價)의 형 (1) 둘 또는 그 이상의 항원결합부위를 갖는 항체(다가항체)에 적용되는 말; (2) 둘 또는 그 이상의 항원결정기를 갖는 항원(다가항원)에 해당하는 말; (3) 명 **다가염색체** 배수체에서 감수분열을 하는 동안 셋 또는 그 이상의 염색체들이 결합하여 형성되는 구조.

multivalve 다매패(多枚貝)의 형 셋 또는 그 이상의 부분이나 조각들로 이루어진 껍질에 적용되는 말.

multivesicular body 다소포체(多小胞體) 세포내 섭취(endocytosis) 후에 초기 단계에 있는 엔도솜(endosome). 막으로 둘러싸인 상당수의 소포들이 들어 있다.

multivoltine 다화성(多化性) 형 1년에 여러 번 산란하는, 일부 새에 적용되는 말.

multocular 다안(多眼)의 형 많은 눈을 가진.

multungulate 다제(多蹄)의 형 셋이나 그 이상의 부분들로 된 발굽을 가진.

mune 기능적 생활형군 ⇨ mores.

mural 벽(壁)의 형 (1) 벽(wall)을 구성하거나 벽과 관련된; (2) 벽에서 자라는.

muralium 명 간의 내부구조와 같이 한 겹의 세포층으로 구성된 구조.

muramic acid 무람산 세균역(Bacteria)에 속하는 종류들의 세포벽을 구성하는 펩티도글리칸에서 발견되는 단당류. 당의 3번 자리에서 젖산과 축합한 *N*-아세틸글루코사민으로 구성된 *N*-아세틸아미노산이다. ≒ *N*-acetylmuramic acid.

murein 무레인 명 세균역의 세포벽에 들어 있는 펩티도글리칸을 통틀어 이르는 말.

muricate 미세돌기의 형 (1) 뾰족한 끝으로 된; (2) 짧고 뾰족한 돌출물로 덮인; (3) 옥살산(oxalic acid)의 결정들이 박혀 있는.

muriform 벽돌담형 형 (1) [식] 벽돌로 된 담과 비슷한. 쌍떡잎식물의 1기방사조직(medullary ray)과 코르크에서 돌담 모양으로 포개지면서 배열된 유조직에 적용되는 말이다; (2) [동] 상실배(morula)처럼 생긴, 체강소체(coelomocyte)에 해당하는 말.

muscarine 무스카린 명 독버섯의 하나인 광대버섯(*Amanita muscaria*)과 기타 식물에서 발견되는 프토마인(ptomaine) 염기.

muscarinic 무스카린성 형 무스카린과 그와 유사한 약제에 의해 활성화되는 아세틸콜린수용체에 적용되는 말. 비 nicotinic.

Musci 선강(蘚綱), 이끼류 ⇨ moss.

muscicoline 이끼서식성 형 이끼의 사이나 위에서 살거나 자라는.

muscimol 무시몰 명 뇌에서 GABA수용체와 결합하는 식물의 환각성 알칼로이드.

muscle 근육 명 동물에서 운동에 관여하고 많은 내장의 부분을 이루는 수축성 조직. 근세포에는 주로 신경자극이나 화학자극에 반응하여 동시에 수축하는 단백질 미세원섬유들의 집합체가 들어 있다. 척추동물의 근육은 주로 (가) 골격에 부착하는 근육을 이루는 가로무늬근(striated muscle 또는 striped muscle), (나) 많은 기관과 관련되고 동맥과 소화관의 주변에서 수축성 층을 이루는 민무늬근(평활근, smooth muscle), 그리고 (다) 심장의 심근(cardiac muscle)의 3가지로 구분된다. ⇨ cardiac muscle, smooth muscle, striated muscle.

muscle cell 근세포 동물의 체내에서 근조직을 구성하는 특수화된 수축성 세포들의 다양한 종류를 통틀어 이르는 말. 척추동물에는 주로 골격근세포, 심근세포, 민무늬근세포와 근상피세포의 4가지가 있다. 이들 모든 세포들은 액틴과 미오신의 단백질로 이루어진 수축장치의 도움으로 수축한다. '근섬유(muscle fibre)'라고도 부르는 골격근세포는 보통 아주 큰 방추체 모양이고, 다핵성이며, 몇몇의 미성숙세포들이 융합하여 형성된다. 골격근세포는 액틴과 미오신의 단백질들이 질서정연하게 배열되어 있어서 세포가 줄무늬 모양으로 보인다. 심근세포는 이보다 작고 단핵이며 이들 역시 줄무늬가 나타난다. 소화관과 혈관의 벽에서 발견되는 민무늬근세포는 작은 방추체 모양이고, 줄무늬가 없으며 단핵이다. 근상피세포(myoepithelial cell)는 홍채의 확장근과 일부 샘의 수축조직 등을 이루는 수축성 상피세포이다. (⇨ 그림 28)

muscle contraction 근수축(筋收縮) ⇨ sliding filament mechanism.

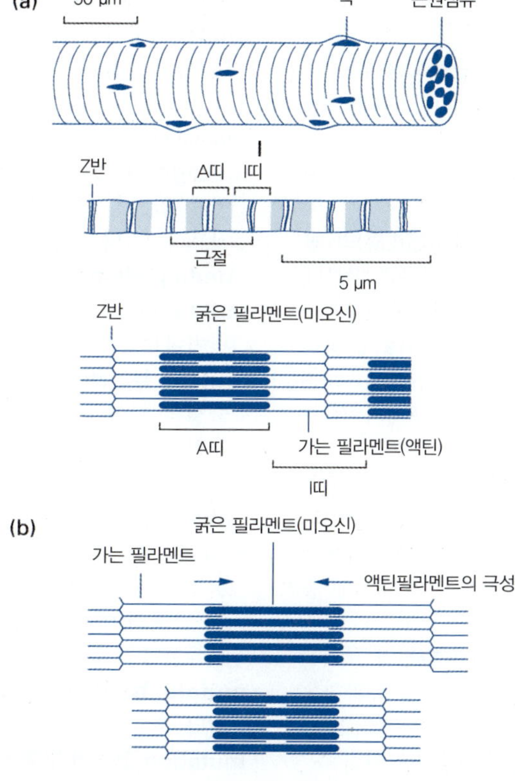

그림 28. (a) 골격근세포의 구조와 (b) 수축메커니즘.

M

muscle fibre 근섬유 ⇨ muscle cell.

muscle segment 근육마디 ⇨ myomere.

muscle spindle 근방추(筋紡錘) 근육이 신장하는 정도를 감지하는 감각수용기. 변형된 작은 근섬유들이 들어 있는 방추형의 결합조직성 주머니로 구성되고, 각 방추에 들어오는 신경섬유들은 개개의 근섬유 주위에서 나선 또는 수지상부(arborization)를 형성한다.

muscoid 이끼모양의 형 (1) 이끼처럼 생긴; (2) 이끼로 뒤덮인.

muscology 선류학(蘚類學) 명 이끼류를 연구하는 학문.

Muscopsida 이끼강 ⇨ moss.

muscular 근육의 형 근육과 관련되거나 근육으로 되어 있는.

muscular dystrophy 근육퇴행위축 ⇨ Becker muscular dystrophy, Duchenne muscular dystrophy.

musculature 근육조직 명 근육 전체의 체계 또는 배열.

musculocutaneous 근피부(筋皮膚)의 형 근육과 피부에 관련된 말. 근육과 피부에 분포하는 4지의 정맥과 신경에 적용된다.

musculo-epithelial cells 근상피세포(筋上皮細胞) 강장동물의 위층(gastrodermis)에 있는, 세포체와 긴 수축성 돌기를 갖는 세포들.

musculophrenic 근육가로막의, 근횡격막(筋橫隔膜)의 형 (1) 가로막(횡격막)과 체벽의 근육에 분포하는; (2) 속가슴동맥(internal mammary artery)의 분지인 동맥에 적용되는 말.

musculospiral 근나선(筋螺旋)의 형 (1) 위팔뼈(상완골)를 나선형으로 통과하는 노신경(요골신경)에 적용되는 말; (2) 근섬유의 나선형 배열에 해당하는 말.

musculotendinous 근육힘줄의 형 근육과 힘줄에 관련된 말.

mushroom 버섯 명 식용 담자균류, 특히 주름버섯이나 양송이 등이 포함되는 주름버섯속(*Agaricus*)에 대한 일반적인 명칭.

mushroom bodies 버섯체 ⇨ corpora pedunculata.

mushroom gland 버섯샘 일부 곤충의 큰 정액주머니.

mustelids 족제비류 명복 족제비과(Mustelidae)에 속하는 종류들. 족제비, 담비, 오소리, 수달, 긴털족제비, 담비 등이 포함된다.

mutagen 돌연변이유발원 명 돌연변이를 일으킬 수 있는 작용인자들을 통틀어 이르는 말. 형 **mutagenic**.

mutagenesis 돌연변이유발 명 X선이나 화학물질과 같은 작용인자들에 의해 돌연변이가 생기는 것. ⇨ cassette mutagenesis, site-directed mutagenesis.

mutagenic 돌연변이유발의 형 돌연변이를 일으킬 수 있는, 방사선, 화학물질 또는 기타 작용원에 적용되는 말. 명 **mutagenicity**.

mutagenize 돌연변이를 일으키다 동 돌연변이유발원으로 처리하다.

mutant 돌연변이체, 돌연변이주 명 유전물질의 변화(돌연변이) 때문에 일부 신체적 특징이나 생화학적 특징이 어버이 세포 또는 전구세포와 달라진 생물체. 형 **mutant**.

mutase 무타제 명 화학기의 분자내 이동을 촉매하는 효소군을 통틀어 이르는 말. EC 5군의 이성질화효소(isomerase)로 분류한다.

mutate 돌연변이가 되다 동 돌연변이를 겪다.

mutation 돌연변이(突然變異) 명 DNA의 양이나 화학구조가 변하여 어느 생물이나 세포의 특징이 변화하는 것. 이러한 변화는 달라진 DNA에 의해 지정되는 단백질(또는 RNA들)이 바뀌거나 또는 만들어지지 않는 데 기인한다. 다세포생물의 몸을 구성하는 세포에서 일어나는 돌연변이를 체세포돌연변이라고 하고, 이는 이들 세포의 직계후손에게만 전달된다. 생식세포계열의 세포에서 일어나는 돌연변이는 자손에게 유전될 수 있다. 돌연변이는 DNA복제와 같은 정상적인 세포과정에서 오류가 일어난 결과로 자연적으로 일어나거나 또는 특정 화학물질 또는 방사선에 의해 유도될 수 있다. 표현형의 변화가 나타나지 않는 DNA의 변화도 간혹 돌연변이(잠재성 돌연변이 또는 중성 돌연변이)라고 부른다. ⇨ back mutation, base substitution, deletion, frameshift, insertion, neutral mutation, point mutation, translocation, transposition, transversion, revertant, silent mutation, wild type.

mutational load 돌연변이부하 해로운 돌연변이가 축적되는 데 기인하여 개체군의 적응도가 감소하는 것.

mutation breeding 돌연변이육종 식물의 육종프로그램에 변이를 추가하기 위하여 유도돌연변이를 사용하는 것.

mutational event 돌연변이발생시점 돌연변이가 실제로 일어난 것.

mutation frequency 돌연변이빈도 어느 집단에서 특정한 돌연변이가 나타난 개체들의 비율. 비 mutation rate.

mutation pressure 돌연변이압(력) 어느 집단에서 돌연변이의 변화에 의해 단독으로 야기되는 유전자빈도의 변화.

mutation rate 돌연변이율 어떤 특정한 단위시간에 집단에서 일어나는 돌연변이의 수. 돌연변이율의 계산에서 분모로 이용되는 시간의 단위는 주로 세포나 생물의 총 세포분열횟수 또는 세대의 수명이다. 자연발생적 돌연변이율은 여러 다른 생물들 간에서 그리고 상이한 유전자들 간에서 달라질 수 있다. 비 mutation frequency.

mutator 돌연변이유발의 형 (1) 자연돌연변이율을 증가시키는 작용을 하는 유전자(돌연변이유발유전자)에 적용되는 말; (2) 유전체에 삽입되어 숙주DNA의 돌연변이를 일으키는 파지에 해당하는 말.

mutualism 상리공생(相利共生) 명 서로 다른 두 종의 생물 간에서 이익을 주고받는 공생의 특수한 사례. 형 **mutualistic**.

mutuality 상호관계 명 동물의 의사소통과 관련하여 송신자와 수신자 모두 상호작용에서 이득을 얻는 진화적 전략.

MW 분자량(molecular weight). ⇨ molecular mass.

myarian, myaric 근육성 형 근육조직(musculature)과 관련된 말.

myasthenia gravis 중증근무력증(重症筋無力症) 골격근의 아세틸콜린수용체에 대한 항체가 만들어지는 자가면역병.

mycangium 균낭(菌囊) 명 나무껍질에 구멍을 뚫는 나무좀(ambrosia beetle)의 체내에 곰팡이가 들어 있는 특수한 주머니. 복 **mycangia**.

mycelia 'mycelium'의 복수형.

mycelial 균사체의 형 균사체(mycelium)와 관련되거나 균사체로 이루어진.

mycelial cord 균사속(菌絲束) 일부 곰팡이에서 만들어지는 균사들의 두꺼운 다발. ≒ rhizomorph.

Mycelia Sterilia 균사형 불완전균류 분생자시기(무성시기)나 유성생식시기가 지금까지 알려지지 않은 다양한 무리의 곰팡이들.

mycelioid 균사체모양의 형 (1) 균사체와 비슷한; (2) 균사체의 모양으로 자라는.

mycelium 균사체(菌絲體) 명 많은 곰

팡이에서 특징적인 영양기(vegetative phase)를 이루는 균사들의 그물 같은 구조. 흔히 솜털로 뒤덮인 덩어리나 실들이 엉킨 매트의 형태로 우리 눈에 관찰된다. 복 **mycelia**.

Mycetae 진균계 ⇨ Fungi.

mycetismus 버섯중독 명 버섯에 의한 중독.

mycetocyte 균세포 명 진딧물과 기타 벌레들의 알이 세포내 공생을 하는 미생물을 키우는, 난모세포의 후극에 있는 여포세포의 하나.

mycetogenetic 균유래(菌由來)의 형 곰팡이에 의해 생성되는.

mycetoid 곰팡이모양의 형 곰팡이처럼 생긴.

mycetome 균세포덩이 명 곤충에게 영양소를 제공하는 공생미생물을 담고 있는, 일부 흡혈곤충에 있는 특수화된 기관.

mycetophage 균식생물(菌食生物) 명 곰팡이를 먹는 생물.

Mycetozoa 동균류(動菌類), 점균류 명 무핵점균류와 세포성 점균류(딕티오형 점균류) 및 원성(protostelid)점균류를 포함하는 점균류(slime moulds). ≒ Myxomycota.

mycina 명 일부 지의류에서 자루가 달린 구형의 자낭반.

myco-, myce-, mycet- '곰팡이'를 뜻하는 그리스어 '*mykes*'에서 유래된 접두사.

mycobacteria 마이코박테리아 명복 그람양성의 비운동성 간균인 마이코박테리아과(Mycobacteriaceae)의 세균들. 어떤 종은 토양에서 발견되고, 다른 어떤 종들은 사람과 동물의 병원성 세균이다. 이를테면 결핵균(*Mycobacterium tubericulosis*)은 결핵을 일으키고, 나병균(*M. leprae*)은 나병(leprosy)의 병원균이다. 단 **mycobacterium**.

mycobiont 공생진균체 명 지의류를 구성하는 곰팡이들.

mycobiota 균상(菌相) 명 어느 면적이나 지역의 곰팡이들.

mycoderm 균피(菌被) 명 알코올발효를 하는 동안에 세균이나 효모의 표면에 형성되는 필름.

mycoecotype 진균생태형 명 균근성 곰팡이 또는 기생성 곰팡이의 서식형(habitat type).

mycoflora 균상(菌相), 균류상 명 특정한 면적이나 지역 또는 어느 생물체 내에서 자라는 모든 곰팡이들.

mycogenetics 진균유전학 명 곰팡이의 유전학.

mycoherbicide 균류제초제 명 잡초에 대한 생물농약(biological control agent)으로 이용되는 곰팡이.

mycoid 곰팡이모양의 형 곰팡이처럼 생긴.

mycology 균학(菌學), 진균학(眞菌學) 명 곰팡이를 연구하는 학문.

mycolysis 균용해(菌溶解), 마이콜리시스 명 세균에 의한 것과 같이 곰팡이에 의해 이루어지는 용해 또는 분해.

mycoparasite 균기생체 명 다른 곰팡이에 기생하는 곰팡이.

mycophage 균파지 명 곰팡이에 감염하는 바이러스.

mycophagy 균식(菌食) 명 곰팡이를 먹고 사는 것.

mycophthorous 형 곰팡이를 파괴하는, 다른 곰팡이에 기생하는 곰팡이에 적용되거나 그와 관련된 말.

Mycophycophyta 지의류문 ⇨ lichens.

mycoplasma 마이코플라스마 명 매우 단순한 내부구조를 갖는 세균역(Bacteria)의 초현미경적인 무리들 중 하나. 세균의 전형적인 세포벽이 없고, 다양한 형

M

태로 나타나며, 절대세포내기생생물이고, 동물에게 여러 가지 질병을 일으키는 원인이 된다. 예전에는 흉막폐렴균유사미생물(pleuropneumonia-like organisms, PPLOs)로 알려져 있었다. 복 **mycoplasmas**.

mycoplasma-like organism (MLO) 마이코플라스마유사세균 대부분이 초현미경적인 운동성 세균역(Bacteria)의 식물병원균 무리들 중 하나. 세포벽이 없고, 절대세포내기생생물이며, 식물에서 잎의 황화(yellowing)와 왜화(stunting)를 일으키는 병의 원인이 된다. 스피로플라스마(spiroplasma)와 비슷하지만 나선형이 아니다.

mycorrhiza 균근(菌根) 명 곰팡이조직의 껍질(맨틀)이 작은 뿌리를 감싸는, 식물의 뿌리와 어떤 곰팡이 간의 공생관계. 균근은 크게 외균근과 내균근으로 구분한다. 외균근(ectomycorrhiza)에서는 곰팡이의 균사가 표피와 피층의 세포들 사이로 침투한다. 내균근(endomycorrhiza)에서는 균사가 식물의 세포들 내부로 침투하고 대부분의 경우에 외부의 곰팡이껍질이 없다. 균근은 많은 교목과 관목 그리고 초본성 식물의 최적생장과 발달에 필수적이다. 복 **mycorrhizae**, **mycorrhizas**. 형 **mycorrhizal**.

mycorrhizoma 균근경(菌根莖) 명 곰팡이와 뿌리줄기(rhizome)의 연합.

mycosis 진균증(眞菌症) 명 곰팡이에 의해 동물에서 일어나는 병. 복 **mycoses**.

mycosis fungoides 균상식육종(菌狀食肉腫) 피부의 T세포 림프종(lymphoma).

mycostasis 진균억제, 진균발육억제 명 (1) 영양소가 없는 토양에서 곰팡이 포자의 발아가 억제되는 것; (2) 일반적으로 곰팡이의 생장이 저해되는 것. 형 **mycostatic**. ≒ fungistasis.

mycosterols 마이코스테롤 명복 에르고스테롤(ergosterol)과 푸코스테롤(fucosterol)과 같이 원래는 곰팡이에서 발견되었지만 지금은 훨씬 널리 분포하는 것으로 알려진 스테롤.

mycotic 진균의 형 곰팡이에 기인하는.

mycotoxin 진균독소 명 곰팡이에 의해 생성되는 독소를 통틀어 이르는 말.

mycotrophic 균영양성 형 곰팡이와 공생을 하며 사는 식물에 적용되는 말.

mycteric 비강(鼻腔)의 형 코안(비강)과 관련된 말.

mydriasis 동공확대, 산동(散瞳) 명 눈의 동공이 확대되는 현상.

myelencephalon 수뇌(髓腦) 명 발달하여 숨골(연수)과 제4뇌실의 하부를 이루게 되는 후뇌(능형뇌)의 뒷부분.

myelic 형 척수의 수질과 관련된 말.

myelin, myelin sheath 미엘린, 수초(髓鞘), 미엘린초 명 일부 신경섬유 주위에서 절연성 껍질을 형성하는 지방질 물질. 축삭을 빙글빙글 감싸서 동심원을 이루는 여러 겹의 세포막 층을 형성하는 슈반세포로 구성된다.

myelinated 유수(有髓)의 형 미엘린초가 있는, 신경섬유에 적용되는 말.

myelination 수초형성 명 미엘린초가 형성되는 것.

myelo- '골수'를 뜻하는 그리스어 '*myelos*'에서 유래된 접두사.

myelocoel 수뇌강(髓腦腔) 명 척수의 관.

myelocyte 골수세포 명 골수의 세포.

myeloid 골수의 형 (1) 골수와 관련된 말; (2) 척추동물의 골수 따위에서 나타나는 조혈조직과 배(embryo)의 간과 지라에 적용되는 말; (3) 단핵세포, 대식세포, 비만세포, 그리고 림프구를 제외한 백혈구 등의 세포에 해당하는 말; (4) [신] 미엘린과 비슷한.

M

myeloid lineage 골수성 계열 림프구를 제외하고 골수에서 유래된 혈액세포들.

myeloid stem cell 골수줄기세포 림프구를 제외한 모든 혈액세포들을 생성하는 골수의 줄기세포.

myeloma 골수종(骨髓腫) 명 골수에서 발생하는 형질세포(B세포)의 암.

myelomere 척수분절 명 척수의 일부분.

myeloperoxidase 골수세포형 과산화효소 식세포에서 독성의 항미생물제를 생성하는 데 관여하는 주된 효소의 하나인 과산화효소(peroxidase). 염소이온과 과산화수소로부터 하이포아염소산(HOCl)을 형성한다. 하이포아염소산은 과산화수소의 두 번째 분자와 반응하여 독성의 단일상태산소($^1O_2$)를 형성한다.

myelopoiesis 혈구형성, 골수형성 명 (1) 백혈구가 만들어지고 발달하는 것; (2) 골수가 형성되는 것.

myenteric plexus 근육층신경얼기 작은창자의 근육층을 구성하는 바깥의 세로층(longitudinal layer)과 안쪽의 돌림층(circular layer) 사이에 있는 신경절 세포층. ≒ Auerbach's plexus.

myenteron 장근막(腸筋膜) 명 창자의 근육층(muscular coat).

myiasis 구더기증 명 일부 파리류의 유충이 생체조직에 침입하는 것.

mylohyoid 턱목뿔근의, 악설골(顎舌骨)의 형 목뿔뼈와 아래턱의 뒷부분 구역에 있는.

myo- '근육'을 뜻하는 그리스어 '*mys*'에서 유래된 접두사.

myoblast 근원세포(筋原細胞) 명 배아와 근육위성세포(muscle satellite cell)의 형태로 성체에 들어 있는 분화되지 않은 상태의 간충직세포(mesenchymal cell). 이들 중 일부는 합쳐져서 다핵의 골격근 세포를 이룬다.

myocardium 심근층, 심장근육층 명 심장의 벽을 이루는 근육층. 형 **myocardial**.

myocoel 근강(筋腔) 명 근육분절(myotome)로 둘러싸인 체강의 부분.

myocomma 근절격막 명 연속적인 근육마디(myomere) 사이를 연결하는 인대. ≒ myoseptum.

myocyte 근세포 ⇨ muscle cell.

myodynamic 근력(筋力)의, 근운동성의 형 근육의 힘 또는 수축과 관련된 말.

myoelastic 근탄력성의 형 가로무늬가 없는 근섬유(민무늬근)와 신축성 있는 결합조직섬유들로 구성된 조직에 적용되는 말.

myoepicardial 심근외막의 형 심장의 근육층과 심장외막을 이루도록 예정된, 심장간막(mesocardium)의 벽으로 구성되는 외투에 적용되는 말.

myoepithelial cell 근상피세포 (1) 수축성의 상피세포; (2) 근상피세포(musculoepithelial cell).

myofibril 근원섬유 명 근세포의 세포질에 있는 수축성의 실 모양 섬유들. 개개의 근원섬유는 많은 액틴과 미오신 필라멘트로 구성된다. (⇨ 그림 28)

myogenesis 근육발생 명 근육의 분화와 발생.

myogenic 근원성(筋原性)의 형 (1) 근세포에서 발생하는; (2) 심장의 박동을 야기하는 수축과 같이, 신경의 자극과 관계없이 저절로 일어나는 근육의 수축에 적용되는 말.

myoglobin 미오글로빈 명 1개의 폴리펩티드사슬로 구성된, 산소를 운반하는 구형 헴단백질. 척추동물의 근육에서 산소를 저장하고 수송하는 데 관여한다.

myohaemoglobin 미오헤모글로빈 ⇨ myoglobin.

myoid (1) 형 **근육모양의** 근섬유와 비슷하거나 근섬유로 구성된, 가슴샘(흉선)의 가로무늬세포에 적용되는 말; (2) 명 **근양체(筋樣體)** 망막에서 막대세포와 원뿔세포의 필라멘트에서 수축성의 기부부분.

myology 근육학 명 근육들을 연구하는 학문.

myomere 근육마디, 근절(筋節) 명 결합조직의 얇은 층에 의해 서로 분리되어 있는 근육의 분절들.

myometrial 자궁근층의 형 자궁근층(myometrium)과 관련된 말.

myometrium 자궁근층(子宮筋層) 명 자궁의 중층을 구성하는 근조직.

myonema, myoneme 실근육 명 원생생물의 미세한 수축성 섬유.

myoneural 근신경의 ⇨ neuromuscular.

myopathy 근육병 명 근육의 퇴화와 기능상실을 초래하는 질병이나 상태를 통틀어 이르는 말.

myopia 근시(近視) 명 근시(short-sightedness).

myoplasm 근육세포질, 근형질 명 근육의 세포나 섬유의 수축성 있는 부분.

myoseptum 근격막 ⇨ myocomma.

myosin 미오신 명 진핵세포에서 액틴과 상호작용하여 수축성의 복합체를 형성하는 아주 흔한 운동단백질. 다양한 종류의 미오신이 있다. 가로무늬근의 굵은 필라멘트를 구성하는 미오신II는 긴 α-나선의 '꼬리'와 ATP가수분해효소활성을 갖는 2개의 구형 '머리'를 갖고, 액틴의 가는 필라멘트와 가교(cross-bridge)를 형성한다. ATP가수분해효소의 활성이 미오신 머리의 운동과 근육 수축의 원동력이 된다. 하나의 ATP가수분해효소 머리와 짧은 꼬리를 갖는 미오신I과 같은 다른 종류의 미오신이 근육 이외의 세포들에서 발견된다. ⇨ meromyosin.

myosin heavy chain 미오신 무거운 사슬 미오신II분자의 꼬리와 구형 머리를 이루는 2개의 짝 지은 사슬 가운데 하나.

myosin light chain 미오신 가벼운 사슬 미오신II분자의 머리와 비공유결합으로 연결된 4개의 작은 폴리펩티드사슬 가운데 하나.

myosis 동공축소, 축동(縮瞳) 명 눈의 동공이 수축되는 현상.

myositis 근염(筋炎) 명 골격근의 염증.

myotendinal, myotendinous 근힘줄의 ⇨ musculotendinous.

myotendinous junction 근힘줄접합부 근세포가 힘줄에 부착하는 초점접착(focal adhesion)의 일종.

myotic 축동의 형 축동(myosis) 또는 동공의 축소를 일으키거나 그와 관련된.

myotome 근절(筋節) 명 (1) 척추동물의 초기 배아에서 근조직으로 발생하는 간충조직에 있는 일련의 속이 빈 입방체 중 하나; (2) 원시적 척추동물과 체절로 나누어져 있는 무척추동물의 분절을 이루는 근육.

myotonia 근긴장증(筋緊張症) 명 근육의 긴장성.

myotube 근관세포(筋管細胞) 명 골격근 세포의 발생과정에서 개개의 미성숙한 근원세포(myoblast)들이 융합하여 가늘고 긴 다핵질(syncytium)이 되는 시기. 분화하여 근섬유가 된다.

Myriapoda 다지강, myriapods 다지류(多肢類) 명, 명복 육상의 절지동물인 지네류와 노래기류 그리고 이들의 친척들. 뚜렷이 구별되는 머리에 1쌍의 더듬이가 달리고, 몸통은 여러 개의 마디로 되어 있으며, 마디마다 다리들이 있다.

Myricales 소귀나무목 명 소귀나무과(Myriaceae)를 포함하는 쌍떡잎식물의 교목과 관목의 목.

myriophylloid 갈래잎꼴 형 많이 갈라진

M

몸체를 갖는, 일부 조류에 적용되는 말.

myriosporous 다포자성(多胞子性)의 형 많은 포자를 가진.

myristic acid 미리스트산 탄소수 14의 포화지방산.

myristoylation 미리스토일화 명 미리스틴산(myristic acid)을 단백질에 첨가하는 것. 이렇게 되면 단백질은 세포막과 결합한다.

myrme- '개미'를 뜻하는 그리스어 '*myrmex*'에서 유래된 접두사.

myrmecioid complex 머메시군 개미류를 분류하는 2개의 주된 분류군 가운데 하나. 머메시네아과(Myrmeciinae)가 전형적인 예가 된다.

myrmecochore 개미산포 명 개미를 유인하고 개미에 의해 퍼지도록 변형된 지방종자.

myrmecole 개미굴생물 명 개미굴을 차지하고 사는 생물.

myrmecology 개미학 명 개미를 연구하는 학문.

myrmecophobic 혐개미성 형 개미가 접근하지 못하게 하는, 개미를 물리치는 특수한 샘이나 털을 갖는 식물에 적용되는 말.

myrmecophagous 개미식성 형 개미를 먹는.

myrmecophil(e) 개미굴곤충 명 (1) 개미굴의 객충(guest insect); (2) 생활사의 일부를 개미군집과 지내야 하는 생물.

myrmecophilous 개미매개의, 호개미성 형 (1) 개미의 중개로 꽃가루받이를 하는 꽃에 적용되는 말; (2) 개미의 먹이가 되는 곰팡이에 해당하는 말; (3) 개미와 함께 살거나 개미를 잡아먹거나 또는 개미를 흉내 내는 기미에 적용되는 말.

myrmecophyte 개미식물 명 개미의 중개로 꽃가루받이를 하는 식물 또는 개미와 공생을 하면서 개미에게 집을 제공해 주도록 특수하게 적응된 식물.

myrosin 미로신 ⇨ sinigrin.

myrrh 몰약(沒藥) 명 감람과 콤미포라속(*Commiophora*)의 식물로부터 얻는 향기로운 수지(resin).

Myrtales 도금양목 명 주로 관목과 교목인 쌍떡잎식물의 목. 부처꽃과(Lythraceae), 도금양과(Myrtaceae), 바늘꽃과(Onagraceae), 석류나무과(Punicaceae), 홍수과(Rhizophoraceae) 등으로 이뤄진다.

Myrtiflorae 도금양목 ⇨ Myrtales.

mystacial 형 일부 포유동물에서 코(주둥이)의 양쪽에 있는 두꺼운 피부의 판(pad)에 적용되는 말. 여기에 촉각털과 진모(감각털)가 달린다.

Mystacocarida 수염새우강 명 요각류와 비슷한 작은 갑각류의 강. 바다의 모래 속에서 살고 등딱지가 없으며, 명확한 몸의 구분이 없고 부속지들은 단순하다.

mystax 명 (1) 어떤 곤충에서 입의 위쪽에 있는 털들; (2) 동물의 코(주둥이)에 달리는 촉각털 또는 감각털.

Mysticeti 수염고래아목 명 수염고래로 대표되는 태반포유동물의 아목. 흰긴수염고래, 참고래, 긴수염고래 등이 포함된다.

myxamoeba 점액아메바 명 점균류의 발아하는 포자에서 생성되는 아메바형 세포.

myxinoids 먹장어목 명복 먹장어를 포함하는 원구류(cyclostomes)의 목.

myxo- '끈적끈적한 물질'을 뜻하는 그리스어 '*myxa*'에서 유래된 접두사.

Myxobacteria 점액세균류 명 점액세균(myxobacteria)과 자실체를 형성하지 않는 활주세균을 포함하는 세균역(Bacteria)의 무리.

myxobacteria 점액세균 명복 활주운동

을 하는 막대 모양의 유연한 세균. 개개의 세포들이 집합하여 점균포자(myxospore)라고 부르는 휴면포자들을 포함하는 다세포성 자실체를 형성한다. 단 **myxobacterium**.

myxogastrid slime moulds ⇨ plasmodial slime moulds.

Myxomycota 점균문(粘菌門), 끈적균문 명, 명복 일부 분류체계에서 점균류(변형균류)를 포함하는 원생생물의 문. ≒ Mycetozoa.

myxopodium 점성다리, 교족(膠足) 명 끈적끈적한 위족(pseudopodium).

myxosporangium 점균포자낭 명 점균류의 자실체.

myxospore 점균포자 명 (1) 점균류 또는 점액세균의 포자; (2) 균사의 점액성 분해에 의해 떨어져 나간 포자.

Myxozoa 점액포자동물문 명 기생생활을 하는 진핵성 작은 생물들의 문. 자포동물과 유연관계가 밀접한 것으로 여겨진다. 다핵성 포자형성시기를 갖고, 무척추동물과 척추동물(주로 어류)의 숙주를 필요로 하는 생활주기를 갖는다. 믹소볼루스(*Myxobolus*)는 잉어류에서 경제적으로 중요한 질병을 유발한다.

Myzostomaria 흡구충강(吸口蟲綱) 명 극피동물에 외부기생을 하고 대부분 둥근 모양을 하는 환형동물의 강.

MZ twins 1란성 쌍생아 ⇨ monozygotic.

M

N

N (1) 화학원소 질소(nitrogen)의 기호; (2) 아스파라긴(asparagine); (3) 어떤 특정한 뉴클레오티드를 선호하지 않는 공통DNA서열(consensus DNA sequence)의 위치를 표시하는 것.

***N*$_e$** 유효집단크기(effective population size).

Na 화학원소 나트륨(sodium)의 기호.

NA (1) 뉴라민가수분해효소(neuraminidase); (2) 노르아드레날린(noradrenaline).

NAA 합성옥신인 α-나프탈렌아세트산(α-naphthaleneacetic acid). 꺾꽂이에서 뿌리를 유도하고 경제작물에서 덜 익은 열매의 낙과를 방지하는 데 사용된다.

Na^+-Ca^{2+} exchanger ⇨ sodium-calcium exchanger.

Na^+ channel ⇨ sodium channel.

nAChR 니코틴성 아세틸콜린수용체(nicotinic acetylcholine receptor).

nacre 진주층(眞珠層) 명 많은 연체동물 껍질의 안쪽에서 무지갯빛을 띠는 진주질의 층.

nacreous 진주의 형 진주층(nacre)을 만들거나 그와 비슷한.

nacrine 진주층의 형 (1) 진주층의 색을 갖는; (2) 진주층과 관련된 말.

NAD 니코틴아미드아데닌디뉴클레오티드(nicotinamide adenine dinucleotide).

NADH 환원형 니코틴아미드아데닌디뉴클레오티드.

NADH dehydrogenase NADH탈수소효소 FMN보결분자단을 갖는 철-황플래빈단백질인 호흡사슬효소. NADH에서 유비퀴논으로 전자를 운반한다. EC 1.6.99.3. ≒ **NADH-Q reductase**.

NADP 니코틴아미드아데닌디뉴클레오티드인산(nicotinamide adenine dinucleotide phosphate).

NADPH 환원형 니코틴아미드아데닌디뉴클레오티드인산.

NADPH oxidase complex NADPH산화효소복합체 식세포에 의해 둘러싸인 세균을 죽이는 독성을 갖는 반응성 산소종(예: 과산화물, 차아염소산염, 과산화수소, 히드록시라디칼, 1산화질소)을 생성하는 식포(phagosome)의 효소복합체.

naiad 수서약충(水棲若蟲) 명 잠자리와 하루살이 같은 어떤 곤충의 수생 약충(nymph) 시기.

naidid 물지렁이의 형 유기물로 오염된 수역에서 상당수가 발견되는 물지렁이속(*Nais*)의 벌레들에 적용되는 말.

naive 미접촉의 형 자신들의 특정 항원과 접촉한 적이 없는 성숙한 림프구에 적용되는 말.

Najadales 나자스말목 명 수생 또는 반수생 외떡잎식물의 목. 주로 민물에 사는 가래과(Potamogetonaceae), 바다에서 자라는 거머리말과(Zosteraceae) 등이 포함된다.

Na^+-K^+ ATPase 나트륨-칼륨 ATP가수분해효소 동물세포의 원형질막에 있는 수송단백질. ATP의 가수분해에서 생긴 에너지를 이용하여 나트륨이온을 동물세포의 외부로 그리고 칼륨이온을 세포의 내부로 능동적으로 수송한다. 이 효소의 작용에 의해 막의 내외에 생긴 이온기울기는 막전위, 세포부피의 조절 그리고 당과 아미노산의 능동수송에 주로 관여한다. ≒ Na^+-K^+ pump, sodium pump, sodium-potassium pump.

naked virus 나출형 바이러스 ⇨ non-enveloped virus.

nalidixic acid 날리딕스산 DNA기라아제(DNA gyrase)의 활성을 억제하는 항세균 항생물질.

naloxone 날록손 명 아편류수용체(opiate receptor)와 결합하여 활동을 억제하는 화합물.

NAM *N*-아세틸무람산(*N*-acetylmuramic acid).

NANA *N*-아세틸뉴라민산(*N*-acetylneuraminic acid).

nanander 왜소수컷 명 식물의 작은 수컷. 형 **nanandrous**.

nanism 난쟁이증 명 난쟁이증 또는 왜소증(dwarfism).

nano- '난쟁이'를 뜻하는 그리스어 '*nanos*'에서 유래된 접두사. '작은' 또는 '가장 작은' 등을 의미한다.

nanoid 난쟁이의 형 유난히 작은.

nanometre (nm) 나노미터 명 10^{-9} m, 1 μm의 1/1000 또는 10 Å(옹스트룀)에 해당하는 단위. 예전에는 밀리미크론(millimicron)으로 알려져 있었다.

nanophanerophyte 미소꽃식물 명 높이가 2 m 미만인 관목.

nanophyllous 꼬마잎의 형 아주 작은 잎을 가진.

nanoplankton 초미소플랑크톤 명 부유생활을 하는 현미경적인 크기의 동물과 식물들.

nanotechnology 나노기술 명 특히 분자기계(molecular machine)의 설계에서 원자규모 또는 분자규모로 물질을 조작하는 기술.

nanous 난쟁이의 형 정상보다 작은.

naphthaquinone 나프타퀴논 명 비타민 K가 합성되는 퀴논의 유도체.

napiform 순무형 형 순무(turnip)처럼 생긴, 뿌리에 적용되는 말.

NAR 순동화율(net assimilation rate).

narcolepsy 발작수면(發作睡眠), 기면증(嗜眠症) 명 환자가 5분에서 30분간 발작적으로 수면상태에 빠지는 희귀한 병.

narcosis 마취, 혼수 명 약물에 의해 생기는 의식불명 또는 인사불성 상태.

narcotic 마취의 형 의식불명, 수면 또는 무감각의 상태를 일으킬 수 있는 약물에 적용되는 말.

nares 콧구멍, 비공(鼻孔) 명복 콧구멍(nostrils). 단 **naris**.

nares, anterior 전비공(前鼻孔) 후각기관의 외부로 향한 구멍. ≒ nostrils.

nares, posterior 후비공(後鼻孔) 후각기관의 인두 또는 목구멍으로 향한 구멍.

narial 콧구멍의 형 (1) 콧구멍과 관련된 말; (2) 콧구멍 사이의 격벽에 적용되는 말.

naricorn 명 알바트로스(신천옹)와 같은 일부 새의 콧구멍에서 각질로 끝나는 부분.

nariform 콧구멍모양의 형 콧구멍처럼 생긴.

naris 'nares'의 단수형.

narrow heritability 소폭유전력 ⇨ heritability.

narrow-spectrum antibiotic 좁은범위 항생물질, 협역항생물질 오직 제한된 범위의 미생물들에만 작용하는 항생물질.

nasal 코의 (1) 형 코(nose)와 관련된 말; (2) 명 코의 비늘, 판 또는 뼈.

nascent DNA, nascent RNA 신생DNA, 신생RNA 새로 합성된 DNA 또는 RNA.

nasion 코뿌리점, 비근점(鼻根點) 명 코이마봉합선(nasofrontal suture)의 중앙점.

nasoantral 코위턱굴의 형 코와 위턱굴(상악동)에 관련된 말.

nasobuccal 코뺨의 형 (1) 코와 볼에 관련된 말; (2) 코와 구강에 적용되는 말.

nasociliary 코섬모체의 형 코의 안쪽과 바깥쪽에서 가지를 내어 긴 섬모체신경(ciliary nerve)과 그 밖의 신경들을 내는 눈신경(ophthalmic nerve)의 분지에 적용되는 말.

nasofrontal 코이마의, 비전두골(鼻前頭骨)의 형 (1) 눈구석정맥(angular vein)과 연결되는 상안정맥(superior ophthalmic vein)의 부분에 적용되는 말; (2) 코뼈와 이마뼈 사이의 봉합선(코이마봉합선)에 해당하는 말.

nasolabial 코입술의 형 코와 입술에 관련된 말.

nasolacrimal 코눈물의 형 눈물주머니에서 하비도(inferior meatus of nose)로 눈물길(누관)이 지나는 관(코눈물관)에 적용되는 말.

nasomaxillary 코위턱의 형 코와 위턱에 관련된 말.

naso-optic 형 배아에서 코융기부와 턱융기부 사이에 있는 고랑에 적용되는 말.

nasopalantine 코입천장의 형 (1) 코와 입천장에 관련된 말; (2) 보습코기관(서골비기관)들 사이를 연결하는 관(코입천장관)에 적용되는 말.

nasopharyngeal 코인두의 형 코와 인두, 또는 코인두(nasopharynx)와 관련된 말.

nasopharynx 코인두 명 콧길(비도)의 뒤쪽 구멍과 연결되는 인두 또는 목구멍의 부분.

nasoturbinal 코갑개의 형 감각표면적이 늘어나는 비강 측면의 확장부에 적용되는 말.

nastic movement 감성운동(感性運動) 분산된 비방향성 자극에 기인하는 식물의 운동. 감성운동은 보통 생장운동이지만, 미모사와 같은 감수성 식물이 접촉되면 처지듯이 팽창의 변화에 기인하기도 한다.

nasty 감성 ⇨ nastic movement.

nasus 코, 비(鼻) 명 흰개미의 어떤 종에서 병정개미의 코(주둥이)처럼 생긴 기관. 침략자에게 독성 또는 점착성 액체를 분사하는 데 이용된다.

nasute 첨비형 형 코(nasus)를 소유한.

nasute, nasutus 명 병정흰개미의 일종.

natal 출생의 형 출산(birth)과 관련된 말.

natality 출생률 명 출생률(birth rate).

natant 물에 뜨는 형 수면에 떠 있는.

natatorial 헤엄의, 유영의 형 헤엄치는 습성이 있거나 헤엄에 적합한.

natatory 헤엄의, 유영의 형 (1) 습관적으로 헤엄치는; (2) 헤엄과 관련된 말.

nates 볼기 명복 엉덩이 또는 궁둥이.

National Vegetation Classification (NVC) 국가식생분류 영국에서 1975년에 시작된 식물의 군집과 식생형의 전국조사. 이 조사를 통해 브리튼 섬에서 발견되는 식물군집의 유형에 대한 표준명명법이 마련되었다.

native 자생의, 원래의 형 (1) 살고 있는 지역이나 구역에서 비롯된 동물과 식물에 적용되는 말; (2) 완전히 접히고 온전하며 변성되지 않은, 단백질에 적용되는 말.

native species 자생종 특정 생태계의 일

부로 보통 발견되는 토착종.

natriferic 나트륨수송의 형 나트륨을 수송하는.

natriuresis 나트륨배설증가 명 나트륨이 오줌으로 지나치게 빠져나가는 것. 몸의 전해질 균형이 교란된다.

natriuretic peptide 나트륨이뇨펩티드 ⇨ atrial natriuretic peptide.

natural classification 자연분류 생물이나 대상이 지니고 있는 모든 특징을 종합한 결과를 토대로 하여 진화적 유연관계를 나타낼 수 있도록 생물이나 대상을 무리 짓는 분류학적 방법. 비 artificial classification.

natural decrease 자연감소(율) 정해진 시간 동안에 사망한 수에서 출생한 수를 빼서 계산하는 개체군의 감소율.

natural gas 천연가스 메탄(methane).

natural increase 자연증가(율) 정해진 시간 동안에 출생한 수에서 사망한 수를 빼서 계산하는 개체군의 생장률.

naturalized 귀화한 형 성공적으로 자리잡은 외래종에 적용되는 말.

natural killer cells (NK cells) 자연살생세포 특이적인 항원수용체를 보유하지 않지만 광범위한 불변수용체들을 갖고 있고 이들에 의해 바이러스에 감염된 세포들을 인식하고 죽이는 큰 과립형 림프구. 선천성 면역계의 일부가 된다.

natural selection 자연선택 진화적 변화가 주로 다윈의 진화론에 의거하여 움직이는 과정. 기후, 질병, 다른 생물과의 경쟁, 그리고 어떤 종류의 먹이를 이용할 수 있는 가능성과 같은 환경요인들이 이러한 요인들을 다루는 데 있어서 유전적으로 가장 적합한 개체군의 구성원들이 우선적으로 생존하고 번식하게끔 만든다. 지속적인 선택의 결과로 다음 세대들에서 어떤 유전자들이 더욱 흔해진다. 아주 오랜 기간 동안에 일어나는 이와 같은 선택이 오늘날 여러 다른 생물들 간에서 볼 수 있는 상당한 차이가 생기게 한 것으로 믿어진다. ⇨ neutral theory of evolution.

naupliiform 노플리우스형 형 외견상 노플리우스(nauplius)와 유사한, 어떤 벌류의 유충에 적용되는 말.

nauplius 노플리우스 명 많은 갑각류에서 3쌍의 부속지를 갖는 최초의 유충기. 복 **nauplii**.

nautiliform 앵무조개껍질꼴 형 앵무조개의 껍질처럼 생긴.

nautiloid 앵무조개 명 연체동물 두족류의 앵무조개아강(Nautiloidea)의 앵무조개속(*Nautilus*)으로 대표되는 종류들. 많은 방으로 이루어진 나선형의 껍데기를 갖고, 이 껍데기에서 머리와 촉수가 나온다.

navicular, naviculate 배모양의 형 배(보트)처럼 생긴.

naviculare 발배뼈, 주상골(舟狀骨) 명 (1) 포유동물의 손발목에 있는 배 모양의 뼈; (2) 복사뼈와 쐐기뼈 사이에 있는 발목뼈.

ncRNA 비번역RNA(non-coding RNA).

NDV 파라믹소바이러스인 뉴캐슬병바이러스(Newcastle disease virus).

NE 노르에피네프린(norepinephrine). ⇨ noradrenaline.

neala 명 어떤 곤충의 뒷날개에서 부채 모양의 후엽.

neallotype 이성모식표본 명 신종을 지정할 때 선정한 표본과 성(sex)이 다른 기준표본.

nealogy 어린동물학 명 어린 동물을 연구하는 것.

Neanderthal 네안데르탈인 명 플라이스토세에 구세계(구대륙)에서 살았던 구인류의 종(*Homo neanderthalensis*). 지금은 대개 사람(*Homo sapiens*)과 별개의

N

종으로 간주한다.

Nearctic region 신북구 월리스(Wallace)의 분류에서 그린란드와 북아메리카의 멕시코 북부까지를 포함하는 동물지리구. 알레가니동물아구, 캘리포니아동물아구, 캐나다동물아구, 로키산동물아구로 나뉜다.

necrocytosis 세포괴사 명 세포의 사멸.

necrogenic 괴사야기성의 형 숙주의 괴사(necrosis)를 촉진하는, 어떤 기생곰팡이에 적용되는 말.

necrogenous 시생(屍生)의 형 사체에서 살거나 발생하는.

necrophagous, necrophilous 시식성(屍食性) 형 사체를 먹고 사는.

necrophoresis 사체운반행동 명 군집에서 죽은 구성원을 둥지 바깥으로 옮기는 것.

necrophoric 사체운반의 형 사체를 치우는, 어떤 곤충에 적용되는 말.

necrosis 괴사(壞死) 명 물리적 손상과 같은 외상이나 산소의 결핍에 기인하여 세포 또는 조직이 죽는 것. 주위의 조직에 세포용해와 손상을 초래하게 된다. 형 **necrotic**. 비 apoptosis.

necrotizing 괴사성 형 괴사가 진행 중인, 조직에 적용되는 말; 괴사를 일으키는.

necrotoxin 괴사독소 명 조직의 괴사를 유발하는 독소.

necrotroph 사체영양생물 명 죽은 식물조직에 의지해서 사는 곰팡이.

nectar 꽃꿀, 화밀(花蜜) 명 (1) 꽃가루받이를 위하여 곤충과 일부 새를 유인하게끔 꽃과 어떤 잎에서 분비되는 단맛이 나는 액체; (2) 일부 곰팡이에서 자실체에서 흘러나오고 포자가 들어 있는 액체.

nectar gland 꿀샘 명 (1) 꽃과 일부 잎에서 꽃꿀(nectar)을 분비하는 샘; (2) 진딧물에서 달콤한 꿀(감로)을 분비하는 샘. ≒ **nectary**. (⇨ 그림 18)

nectar guides 꿀샘안내 곤충들에게 꿀샘의 위치를 안내하는 꽃잎에 있는 무늬 또는 반점. 타가수정을 더욱 용이하게 하는 구실을 한다.

nectariferous 꿀분비의 형 꽃꿀을 생성하거나 운반하는.

nectarivorous, nectivorous 화밀식성(花蜜食性) 형 꽃꿀을 먹는.

nectary 꿀샘 ⇨ nectar gland.

nectocalyx 영종(泳鐘) ⇨ nectophore.

necton 유영동물 ⇨ nekton.

nectophore 영종(泳鐘) 명 관해파리류에서 유영하게끔 변형된 해파리형 개충. 무리를 이루어 물에서 군체를 나아가게 한다. ≒ nectocalyx.

nectopod 유영족(遊泳足) 명 유영하게끔 변형된 부속지.

NEFA 비필수지방산(non-essential fatty acids). 이들 지방산은 처음부터 합성될 수 있으므로 음식물에 반드시 포함될 필요는 없다.

negative assortative mating 음성동류교배 표현형이 서로 다른 짝끼리 우선적으로 교배하는 것.

negative control 음성조절 조절단백질(억제인자)이 유전자의 전사를 차단하는, 유전자발현 조절의 일종. 억제인자가 없어지면 유전자가 발현된다. 비 positive control.

negative feedback 음성되먹임 특정한 경로나 과정의 최종산물이 그 경로의 첫 번째 단계 또는 다른 경로의 단계들을 억제하여 전반적인 과정에 기여하는 조절 메커니즘의 일종.

negative reinforcement 음성강화 동물에게 불쾌해서 자극에 대한 반응을 줄이거나 회피반응을 유발하는 자극 또는 일련의 자극.

negative selection 음성선택 가슴샘에서 T세포가 분화할 때 자기반응성 T세포를 제거하는 선택적 과정.

negative staining 매질염색(媒質染色) 전자현미경으로 관찰할 때 시료의 주위에 전자밀도가 높은 중금속염색제를 채워서 시료의 윤곽이나 표면이 하얗게 드러나는 음화상을 얻는 기법. 광학현미경에서 염색하지 않은 표본을 드러내 보이도록 할 때에도 이와 비슷하게 시료의 배경을 염색한다.

negative-strand RNA viruses 음성가닥RNA바이러스 mRNA와 상보적인 외가닥의 RNA유전체를 갖고, 이로부터 바이러스의 전사효소에 의해 mRNA를 만드는 바이러스.

negative supercoiling 음성초나선꼬임 우회전 2중나선의 방향과 반대의 방향으로 꼬인 환형 DNA분자.

negative tropism 음성굴성 자극의 원천에서 멀어지도록 움직이거나 생장하는 경향. 이를테면 식물의 줄기는 음성굴지성(negative geotropism)을 나타낸다.

Negri bodies 네그리소체 광견병에 감염된 동물의 신경세포에서 발견되는 바이러스 봉입체.

neighbour joining 근린결합법 계통수를 작성할 때 2개의 가장 유사한 서열들을 마디로 연결하고 다음의 두 개를 다른 마디로 연결하면서 가장 비슷한 쌍들을 이어지는 마디들로 묶어가는 방법.

nekton 유영동물 명 물에서 활발히 유영하는 생물.

Nelumbonales 연꽃목 명 물에 사는 큰 쌍떡잎식물의 목. 연(indian lotus)으로 대표되는 연꽃과(Nelumbonaceae)를 포함한다.

nematoblast 자세포(刺細胞) 명 자포(nematocyst)가 만들어지는 세포.

nematocalyx 자포체 명 일부 군체성 히드라충류에서 입은 없지만 위족을 이용하여 다른 생물을 집어삼키는 작은 폴립.

nematoceran, nematocerous 실더듬이의 형 가는 실 같은 더듬이를 가진.

nematocide 살선충제(殺線蟲劑) 명 선충류를 죽이는 화학물질.

nematocyst 자포(刺胞) 명 말미잘, 해파리 그리고 그 밖의 강장동물에서 길게 똘똘 감긴 실이 들어 있는 쏘는 세포. 접촉이 되면 세포에 들어 있는 실이 발사되어 먹이를 찌른다. 때때로 이 용어는 세포의 내용물만 가리키고, 세포 자체는 자세포(nematoblast 또는 cnidoblast)라고 부른다.

Nematoda, nematodes 선형동물문(線形動物門), 선충류(線蟲類) 명, 명복 회충(roundworm)으로 대표되는, 가늘고 체절이 없으며 둥근 단면을 갖는 의체강동물. 선충(eelworm)과 같은 일부 종류는 중요한 식물해충이고, 어떤 종류는 동물에 기생하며, 다른 어떤 종류는 토양과 바다의 개펄에서 자유생활을 한다. 사람에 기생하는 선충류에는 십이지장충(*Ancyclostoma*), 아메리카구충(*Necator*), 선모충증(trichinellosis)을 일으키는 선모충(*Trichinella*), 그리고 상피병(elephantiasis)을 일으키는 부케리아(*Wucheria*) 등이 있다. 토양선충인 예쁜꼬마선충(*Caenorhabditis elegans*)은 유전학과 발생학 연구에서 중요한 실험동물로 이용되고 있다.

nematogen 무성충 명 2배충류(dicyemids)의 생식시기 가운데 하나.

nematoid 선형(線形)의 형 실처럼 생겼거나 사상인.

nematology 선형동물학 명 선충류를 연구하는 학문.

Nematomorpha, nematomorphs 유

선형동물문(類線形動物門) 명, 명복 때때로 '모양선충류(horsehair worms)'라고도 부르는 의체강동물의 문. 성체는 토양이나 민물에서 자유생활을 하고, 어릴 때는 절지동물에서 기생생활을 한다. ≒ threadworms.

nematophore **자포체** ⇨ nematocalyx.

nematosphere **자포류(刺胞瘤)** 명 일부 말미잘에서 촉수의 확대된 말단.

nematozooid **자상개충(刺狀個蟲)** 명 히드라충의 방어 역할을 하는 개충.

Nemertina, nemertines **유형동물문, 유형동물(紐形動物)** 명, 명복 긴끈벌레(bootlace worm) 따위와 같이, 가늘고 길며 등배가 편평하고 바다에 사는 무체강동물의 문. 대부분은 저조선 부근의 해변에서 산다. 입과 항문, 단순한 혈관계통, 그리고 전형적으로 근육질의 주둥이(proboscis)가 있고, 이 주둥이는 먹이를 잡을 때 내민다. ≒ **Nemertea**, **nemerteans**, proboscis worms, ribbon worms.

nemoral **숲의, 활엽수림의** 형 숲의 언저리 또는 개방된 숲에서 사는.

nemorose, nemoricole **숲서식성** 형 개방된 숲에 서식하는.

N-end rule **N말단법칙** N말단에 단백질분해효소복합체(proteasome)가 존재하면 어떤 아미노산 잔기가 이 복합체를 통해 단백질의 분해를 촉진하는 경향이 있는 특징.

neo- '어린'을 뜻하는 그리스어 '*neos*'에서 유래된 접두사. '어린' 또는 '새로운' 등을 의미한다.

neoblast **신생세포** 명 상처가 난 다음에 재생조직의 원기(primordium)를 형성하는 분화되지 않은 상태의 세포 가운데 하나.

neocarpy 명 아직 성숙하지 못한 식물체에서 열매가 만들어지는 것. 형 **neocarpic**.

neocentromere **신동원체** 명 정상적인 동원체 위치가 아닌 위치의 염색체에서 형성되는 새로운 동원체.

neocerebellum **신소뇌(新小腦)** 명 주로 뇌교(pons)에서 신경섬유를 받는 소뇌의 부위.

neocortex **신피질(新皮質)** 명 포유동물의 뇌에서 가장 최근에 진화된 부위. 해마를 제외한 대뇌피질과 대뇌변연계 그리고 후각신경구로 구성된다.

neo-Darwinism **신다윈설** 자연선택에 의한 다윈의 진화론과 유전학의 원리를 통합하고 진화의 주된 원동력으로 자연선택을 계속 강조하는 다윈설의 현대판.

neoencephalon **신뇌(新腦)** 명 종뇌(telencephalon) 또는 뇌에서 가장 최근에 진화된 앞부분.

Neogene **신제3기** 제3기(Tertiary)에서 약 2300만 년 전부터 현재에 이르는 가장 최근의 기(period). 마이오세, 플라이오세, 플라이스토세 그리고 홀로세로 구성된다.

neogenesis **신생** 명 (1) 새로운 조직이 형성되는 것; (2) 재생(regeneration).

Neolaurentian 형 초기 원생이언(Proterozoic)에 관련되거나 적용되는 말.

Neolithic **신석기시대의** 형 신석기시대(New Stone Age)에 적용되거나 그와 관련된 말. 잘 닦여진 석기(stone tool)의 사용과 안정된 경작의 출현이 특징적이다.

neomorph **구조적 신변이, 신대립발생유전자** 명 (1) 원형(type)과 구조가 다른 변이; (2) 발생과정에서 변화를 일으켜 새로운 형질이 나타나게 하는 돌연변이대립유전자.

neomorphosis **신형성** 명 새로운 부분이 몸의 어떤 것과도 같지 않은 경우의 재생.

neomycin 네오마이신 명 방선균의 일종(*Streptomyces fradiae*)이 생산하는 아미노글리코시드계 항생물질. 임상적으로 그람음성균에 사용하며, 세균의 단백질 합성을 억제한다.

neonate 신생동물 명 갓 태어난 동물. 형 **neonatal**.

neontology 현생생물학(現生生物學) 명 현존하는 생물을 연구하는 학문. 진화생물학을 연구할 때 현생생물학자는 생물들 간의 비교를 통해 진화를 연구하는 반면에 고생물학자는 화석기록들을 통해 진화를 연구한다.

neonychium 네오니치움 명 (1) 발톱을 가진 척추동물의 배에서 태아막이 찢어지는 것을 막기 위해 각각의 발톱을 싸고 있는 부드러운 패드; (2) 부화하기 전의 새에 있는 각질의 갈퀴판.

neopallium 신피질 ⇨ neocortex.

neoplasia 종양(腫瘍) 명 부가적인 조직을 만들면서 종종 조절되지 않는 세포의 증식. 보통 암세포의 악성 증식과 관련하여 사용하는 용어이다.

neoplasm 신생물(新生物), 종양 명 때로는 양성종양처럼 자기제어가 되고 때로는 악성인 세포의 이상생장.

neoplastic 종양의 형 조절되지 않는 생장의 결과로 생긴 세포나 조직에 적용되는 말. ≒ (어떤 경우에) malignant, tumorous.

neoplastic transformation 세포형질전환 암이 되면서 세포에서 일어나는 변화.

neoptile 새깃털 ⇨ down feather.

Neornithes 신조아강(新鳥亞綱) 명 현존하는 오늘날의 모든 새를 포함하는 새(조강)의 아강.

neostigmine 네오스티그민 명 효소 아세틸콜린에스테라아제의 억제물질인 식물알칼로이드. ≒ prostigmine.

neoteny 유형성숙(幼形成熟) 명 일부 양서류에서 볼 수 있는 것과 같이 유생기의 특징이 정상적인 시기를 넘어 성적으로 성숙한 성체에 이르도록 유지되는 것. 형 **neotenic, neotenous**.

neothalamus 신시상(新視床) 명 대뇌피질의 연합영역과 연결된 핵을 가진 시상부.

Neotropical kingdom 신열대식물계 멕시코 남부, 중앙아메리카와 남아메리카 그리고 카리브 해로 이뤄지는 식물계. 아마존식물구, 안데스식물구, 카리브식물구, 후안페르난데스식물구, 팜파스식물구, 남브라질식물구 및 베네수엘라식물구로 나뉜다.

Neotropical region 신열대동물구 월리스(Wallace)의 분류에서 멕시코 남부, 중앙아메리카와 남아메리카 그리고 카리브 해로 이뤄지는 동물지리구. 신열대동물아구, 브라질동물아구, 칠레동물아구 및 멕시코동물아구로 나뉜다.

neotype 신형(新型), 신기준표본 명 (1) 새로운 형(type); (2) 원산지에서 유래된 새로운 기준표본.

neoxanthin 네오크산틴 명 일부 원생생물, 특히 녹조류와 유글레나류에 들어 있는 크산토필계의 카로티노이드 색소.

Nepenthales 벌레잡이풀목 명 작은 동물을 덫으로 잡도록 변형된 잎을 갖는 벌레잡이식물인 초본성 쌍떡잎식물의 목. 끈끈이귀개과(Droseraceae)와 벌레잡이풀과(Nepenthaceae)로 이뤄진다.

nephric 콩팥의 형 콩팥(신장)과 관련된 말.

nephridia 'nephridium'의 복수형.

nephridial 콩팥관의 형 (1) 콩팥과 관련된, 주로 작은 배설관에 적용되는 말; (2) 무척추동물의 배설기관이나 콩팥관과 관련된 말.

nephridioblast 콩팥관모세포 명 콩팥관을 생기게 하는 외배엽 세포.

nephridiopore 외신문(外腎門), 신관공 명 무척추동물에서 배설기관(콩팥관)의 외부로 통하는 구멍.

nephridiostome 신구(腎口) 명 체강으로 통하는 섬모가 달린 콩팥관의 출구.

nephridium 콩팥관, 신관(腎管) 명 (1) 무척추동물에서 콩팥의 기능을 갖는 배설기관; (2) 척추동물의 배에 있는 콩팥세관. 복 **nephridia**.

nephroblast 콩팥모세포 명 궁극적으로 콩팥관이 될 배아세포.

nephrocoel 배출기내강 명 콩팥분절(nephrotome)의 공간.

nephrocyte 콩팥분세포 명 해면동물, 해초류(ascidians)와 곤충에서 노폐물을 저장하고 배출하는 다양한 세포의 하나.

nephrodinic 형 배설과 생식의 두 가지 목적을 위해 사용되는 하나의 관을 가진.

nephrogenic 콩팥기원의, 콩팥발생의 형 (1) 콩팥의 발생과 관련된 말; (2) 중간콩팥(mesonephros)의 세관이 될 중배엽 세포들의 끈이나 기둥에 적용되는 말.

nephrogenous 콩팥생성의 형 콩팥에 의해 생기는.

nephroid 콩팥모양의 ⇨ reniform.

nephrolytic 콩팥세포용해의 형 콩팥에 해로운 효소작용과 관련된 말.

nephromere 콩팥분절 ⇨ nephrotome.

nephromixium 배설-생식관복합기관 명 불꽃세포와 체강관으로 구성되고 배설기관과 생식관의 역할을 동시에 수행하는 복합 배설기관.

nephron 콩팥단위, 네프론 명 척추동물 콩팥의 구조적 및 기능적 단위. 사구체, 보먼주머니 그리고 곱슬세관으로 구성된다.

nephrostome 콩팥입 명 체강으로 통하는 콩팥관의 출구.

nephrotome 콩팥분절 명 배의 배설기관으로 발달하는 원체절의 부분. ≒ nephromere.

neritic 천해성(淺海性) 형 외양성(oceanic)과는 별개의 것으로, 오직 연안 해역에만 관련되거나 그러한 곳에 사는.

neritopelagic 형 대륙붕 위의 바다와 관련되거나 그러한 곳에 사는.

Nernst equation 네른스트식 세포막을 통한 이온의 이동을 추진하는 두 가지 힘. 하나는 세포막의 전위 차이에 기인하고 다른 하나는 농도기울기에 기인한다. 37°C의 평형상태에서 +1가 이온의 경우 네른스트식 $V = 62 \log_{10}(C_o/C_i)$에서 두 힘은 균형을 이룬다. 여기서 V는 막전위(mV)이고, C_o와 C_i는 각각 막 외부의 이온농도와 막 내부의 이온농도이다.

nervate 맥상(脈狀)의 형 신경, 잎맥 또는 날개맥이 있는, 식물의 잎과 곤충의 날개에 적용되는 말.

nervation, nervature 맥계(脈系), 맥상(脈狀) 명 식물의 잎맥 또는 곤충의 날개맥의 분포 상태.

nerve 명 (1) **신경** 중추신경계와 몸의 다른 부분들을 연결하는 많은 신경섬유들의 다발. 신경에 들어 있는 신경섬유들의 별개의 다발들은 결합조직의 껍질(초)인 신경다발막(perineurium)으로 둘러싸이고, 전체 신경은 섬유성 결합조직인 신경외막(epineurium)으로 덮인다; (2) [식, 동] **잎맥, 날개맥** 식물의 잎에서 관다발조직의 다발인 잎맥 또는 곤충의 날개에서 기관계(tracheal system)의 연장인 날개맥(시맥).

nerve canal 신경관 치아속질(치수)로 신경이 지나가는 관.

nerve cell 신경세포 ⇨ neuron.

nerve centre 신경중추 특정한 기능을 갖

N

고 연관된 신경세포들의 무리.

nerve cord 신경삭(神經索) 무척추동물에서 몸의 길이를 따라 지나는 신경섬유의 다발 또는 신경절과 이들을 서로 연결하는 신경섬유들의 사슬.

nerve ending 신경말단 여러 가지로 변형된 뉴런축삭의 끝 부분 또는 감각뉴런의 수용체 부분.

nerve fibre 신경섬유 신경세포의 축삭(axon). 많은 개개의 신경섬유들이 신경을 구성한다.

nerve growth factor (NGF) 신경생장인자 교감뉴런과 일부 감각뉴런의 표적조직에서 생성되는 뉴로트로핀(neurotrophin) 패밀리의 단백질. 신경을 분포시키는 뉴런의 생존에 필요하며, 신경돌기(neurite)의 발달을 촉진한다.

nerve impulse 신경충격, 신경자극 ⇨ action potential.

nerve net 신경망 강장동물과 그 밖의 일부 무척추동물의 체벽에서 감각세포들과 근육요소들을 연결하는 신경세포들의 단순한 그물 구조.

nervicolous 잎맥서식성 형 식물의 잎맥에서 살거나 자라는.

nerviduct 신경관 명 연골이나 경골의 내부를 지나는 신경의 통로.

nervous 신경의 형 (1) 신경(nerve)과 관련된 말; (2) 뉴런들로 구성되는 조직에 적용되는 말.

nervous system 신경계(통) 전기적 충격의 형태로 신호를 발생하고 전달하는 전기적 활성을 갖는 세포들(신경세포 또는 뉴런)의 고도로 조직화된 체계. 신경계는 해면동물을 제외한 모든 다세포동물에서 볼 수 있고, 척추동물에서 가장 잘 발달하였다. 신경계는 환경과 몸에서 오는 신호를 받아 조정하고 실행명령을 근육과 샘에 전달함으로써 동물이 외적 자극과 내적 자극을 감지하고 신속하게 반응하도록 한다. 가장 원시적인 신경계를 제외한 모든 신경계에서 신경세포들은 신경과 신경세포체들이 집합한 신경절(ganglia)로 조직화된다. 척추동물의 신경계는 뇌와 척수의 중추신경계(central nervous system) 그리고 감각세포와 말초신경 및 이들의 분지로 이뤄지는 말초신경계(peripheral nervous system)로 구성되며, 말초신경계는 중추신경계와 신호를 주고받는다. ⇨ brain, central nervous system, nerve, nerve net, neuromuscular junction, neuron, peripheral nervous system, synapse.

nervule 가는날개맥 명 곤충의 날개에서 날개맥(vein)의 아주 작은 분지.

nervure 날개맥, 시맥(翅脈), 잎맥 명 (1) [동] 곤충에서 막성의 날개를 지지하는 갈비처럼 생긴 구조 중 하나. 날개맥은 기관계(tracheal system)의 분지이다; (2) [식] 잎맥.

nervus lateralis 측신경 어류에서 감각성 옆줄(측선)과 뇌를 연결하는 미주신경의 분지.

nervus terminalis 종신경 ⇨ preoptic nerve.

nessoptile 새깃털 ⇨ neoptile.

nest epiphyte 둥지착생식물 생장을 위하여 자신의 주위에 부식질을 쌓아놓는 착생식물.

nest provisioning 일부 비사회성 말벌에서 볼 수 있는 것과 같이 새끼에게 먹이를 갖다 주기 위하여 주기적으로 둥지로 돌아오는 것.

net assimilation rate (NAR) 순동화율 동화작용과 관련된 총 면적을 참고로 하여 단위시간당 식물체 건조중량의 증가를 측정하는 것.

net efficiency 순효율 생물이 소화한 음식을 원형질로 변환시키는 효율을 측정하는 것.

net photosynthesis 순광합성 잎의 이산화탄소 순흡수로 측정하는 광합성. 총광합성에서 호흡을 통해 방출된 이산화탄소를 뺀 값이다.

net plasmodium 망상변형체 일부 점균류에서 볼 수 있는 것과 같이 세포들이 세포질가닥으로 연결되어 그물을 형성하는 변형체(plasmodium)의 일종.

net production 순생산량, 순동화량 생태계에서 1차소비자가 먹이로 이용할 수 있는 양. 1차총생산량에서 1차생산자가 호흡을 통해 사용한 생체량을 뺀 값이다.

net reproductive rate (R_0) 순증식률 일생동안 암컷이 낳는 새끼의 평균 개체수.

net slime mould 망점균류, 망변형균류 ⇨ Labyrinthulomycota.

netted-veined 그물맥의, 망상맥의 가는 그물의 형태로 잎맥이나 날개맥을 갖는, 잎 또는 곤충의 날개에 적용되는 말.

neural 신경의 형 신경이나 신경계 또는 신경조직과 관련되거나 밀접한 관계가 있는.

neural arc 신경호(神經弧) 감각수용기와 효과기 사이를 연결하는 구심성 신경과 원심성 신경.

neural arch 신경활, 신경궁(神經弓) 척추뼈의 등 쪽 표면에서 척수가 통과하는 아치형 구조.

neural canal 신경관 개개의 척추뼈에 있는 신경활에 의해 형성되고 척수가 지나는 관.

neural crest 신경능선 척추동물의 초기 배발생과정에서 신경관(neural tube)의 위쪽에 형성되는 외배엽의 능선. 신경능선의 세포들이 이동하여 진피의 멜라닌세포, 감각신경계와 자율신경계의 뒤뿌리 신경절, 부신수질 및 얼굴의 일부 골격요소를 포함하여 다양한 구조를 형성한다.

neural folds 신경주름 높아지고 합쳐져서 신경관을 이루는 신경판의 가장자리.

neural induction 신경유도 척추동물에서 밑에 있는 중배엽에 의해 외배엽으로부터 신경관이 유도되는 것.

neural lobe 신경엽(神經葉) 뇌하수체의 신경엽. ⇨ neurohypophysis.

neural map 신경지도 시각정보와 같은 감각정보를 감각기관으로부터 정보를 처리하고 해석하는 뇌의 영역까지 차례차례로 지도를 작성하는 것.

neural network 신경망 (1) 인지, 기억, 학습과 같이 뇌가 갖는 고등한 기능의 근거로 제안된 상호 연결된 뉴런들의 체계. 예컨대 인지(perception) 또는 기억은 신경망 내의 활동패턴의 결과인 것으로 생각되며, 요소들 간을 연결하는 세기와 수가 달리지면서 기능들이 변할 수 있다; (2) 인공신경망(artificial neural network).

neural plate 신경판 (1) 척삭동물의 발생 초기에 외배엽 등 쪽 정중선을 따라 두꺼워진 띠. 이곳에서 신경관이 발달한다; (2) 신경활(neural arch)의 측면 부분; (3) 바다거북 등딱지의 뼈판에서 중앙을 가로지르는 줄.

neural retina 신경망막 망막의 광수용체와 신경세포층.

neural shields 신경판 바다거북의 신경판(neural plate) 위에 있는 각질의 덮개.

neural spine 가시돌기 척추뼈의 등 쪽에 난 돌기.

neural stalk 신경자루 신경뇌하수체(neurohypophysis)의 누두.

neural stem cell (NSC) 신경줄기세포 동물의 배에서 뉴런과 신경아교세포를 형성할 수 있는 전분화능의 세포. 신경줄기세포는 포유동물 성체의 뇌에서 특정 구역에 지속된다.

N

neural tube 신경관 척추동물 발생 초기의 배 등 쪽에 형성되는 외배엽성 관. 장차 뇌와 척수가 될 부분이다.

neuraminic acid 뉴라민산 ⇨ *N*-acetylneuraminic acid.

neuraminidase 뉴라민가수분해효소 명 당단백질의 탄수화물 곁사슬로부터 말단의 *N*-아세틸뉴라민산(시알산)을 분리하는 효소. 세포표면 당단백질로부터 떨어져나간 뉴라민산이 일부 바이러스에 대한 수용체로 작용하기 때문에 때로는 이 효소를 '수용체파괴효소(receptor-destroying enzyme)'라고도 한다. 믹소바이러스나 파라믹소바이러스 같은 일부 바이러스에서는 뉴라민가수분해효소가 표면에 존재한다. ≒ sialidase.

neurapophysis 신경활융기 명 척추뼈의 중추에서 자라나오고 척수 위에서 만나 가시돌기(neural spine)를 이루는 2개의 판 가운데 하나.

neuraxis 신경축, 축삭 명 (1) 뇌척수의 축; (2) 축삭(axon). ≒ neuraxon.

neurectoderm 신경외배엽 명 표피외배엽과는 별개의 것으로서, 신경계의 초기 원기를 형성하도록 예정된 외배엽 세포.

neuregulins 뉴레굴린 명복 발생 중인 운동뉴런의 축삭말단에서 방출되고 근세포막에서 아세틸콜린수용체의 생성을 촉진하는 단백질들. ≒ ARIAs.

N

neurenteric 신경창자의 형 신경관의 공간(강)과 장내 공간과 관련된, 신경관의 뒤쪽 끝과 원장의 뒤쪽 끝을 일시적으로 연결하는 관(신경창자관)에 적용되는 말.

neuric 신경의 ⇨ neural.

neurilemma, neurolemma 신경집 명 신경섬유의 미엘린초를 감싸는 얇은 껍질. 형 **neurilemmal, neurolemmal**.

neurine 뉴린 명 주로 뇌, 쓸개즙 그리고 난황에서 얻어지는 생선 비린내가 나는 프토마인. 부패하는 고기에서 콜린으로부터 만들어진다.

neurite 신경돌기 명 신경세포체로부터 신장한 구조에 대한 일반적인 명칭. 특히 축삭과 수상돌기를 아직 구별할 수 없는 발생 중인 뉴런을 가리킨다.

neuroanatomy 신경해부학 명 뇌와 신경계의 구조와 해부를 연구하는 학문.

neurobiology 신경생물학 명 뇌와 신경계의 형태, 생리, 생화학 및 발생을 연구하고 뇌 기능의 생화학적 근거와 세포생물학적 기초를 연구하는 학문. 신경생물학은 보통 심리학과 인지심리학을 포함하지 않는 것으로 간주된다.

neuroblast 신경모세포 명 뉴런이 형성되는 세포.

neuroblastoma 신경모세포종(神經母細胞腫) 명 신경계의 미성숙세포로부터 기원하는 종양.

neurocele 신경강 ⇨ neurocoel.

neurocentral 척추뼈몸통의 형 사람의 목숨에서 처음 몇 년 동안 지속되는 2개의 척추 연골결합(synchondrosis)에 적용되는 말.

neurochord 신경삭(神經索) 명 (1) 거대신경섬유; (2) 원시적인 관상 신경삭(nerve cord).

neurocoel 신경강(神經腔) 명 중추신경계의 내강.

neurocranium 뇌머리뼈, 신경두개(神經頭蓋) 명 뇌와 특수한 감각기관(예: 눈과 귀)의 피막이 들어 있는 연골 또는 경골로 된 뼈.

neurocrine 신경분비의 형 신경조직이나 신경세포의 분비기능과 관련된 말. ≒ neurosecretory.

neurodegenerative 신경변성의, 신경퇴행의 형 사람의 파킨슨병과 알츠하이머병, 양의 스크래피(면양퇴행성신경증후군), 그리고 소의 광우병(소해면상뇌증)과 같이, 뉴런의 점진적 사멸과 기능 상실에 기인하여 뇌와 신경계의 다른 부분들에서 나타나는 병(신경퇴행병)과 상태에 적용되는 말.

neuroectoderm 신경외배엽 명 신경계가 생기는 외배엽의 부분.

neuroendocrine 신경내분비의 ⇨ neurosecretory.

neuroendocrine system 신경내분비계 시상하부와 뇌하수체. 뇌하수체의 호르몬 분비는 시상하부의 뉴런에서 분비되는 호르몬들에 의해 조절된다.

neuroepithelium 신경상피 명 감각수용에 특수화된 표층의 세포들.

neurofibrillary tangles 신경원섬유매듭 뉴런 내에서 짝을 짓는 나선형의 단백질 필라멘트들이 비정상적으로 엉키면서 기능을 파괴하는 것. 알츠하이머병에 걸린 환자의 뇌에서 나타난다.

neurofibrils 신경원섬유(神經原纖維) 명복 신경섬유에서 축삭과 수상돌기의 길이를 따라 지나고 세포체에서 복잡한 그물을 이루는 매우 가는 단백질섬유들(신경미세섬유, 미세소관, 액틴필라멘트).

neurofibromatosis 신경섬유종증(神經纖維腫症) 명 피부의 신경에 종양이 생기고 피부에서 밀크커피색반점이 나타나는 질병.

neurofilaments 신경미세섬유 명복 뉴런의 축삭을 내부적으로 지지하는 구실을 하는 세로중간섬유.

neurogenesis 신경발생 명 (1) 배발생과정에서 신경계가 형성되는 것; (2) 신경이 발생하는 것.

neurogenic 신경성, 신경발생의 형 (1) 근육의 수축과 일부 샘으로부터의 분비와 같이 신경자극에 의해 유도되는; (2) 신경조직이나 신경계를 생기게 하는.

neuroglia 신경아교세포(神經阿膠細胞) 명복 중추신경계에서 뉴런 이외의 다른 세포들. 별아교세포(성상세포), 희소돌기아교세포, 미세아교세포와 뇌실막세포를 포함한다. ≒ glia. 형 **neuroglial**.

neurohaemal 신경혈액의 형 (1) 혈관과 밀접한 관계가 있고 신경분비물질을 혈액으로 방출하는 신경말단에 적용되는 말; (2) 곤충에서 수많은 신경분비세포로부터 분비된 물질을 저장하고 혈액으로 방출하는 측심체(corpora cardiaca)와 같은 기관(신경혈액기관)에 적용되는 말.

neurohormone 신경호르몬 명 대개 뇌에 있는 신경분비세포에서 합성되는 호르몬을 통틀어 이르는 말. 신경호르몬은 생성된 곳으로부터 멀리 떨어진 세포들에 효과를 미칠 수 있으므로 신경호르몬의 작용은 고전적인 신경전달물질의 작용과 차이를 보인다.

neurohumoral 뇌신경호르몬의 형 뇌에서 온몸순환으로 방출되는 호르몬과 관련된 말.

neurohypophysis 신경뇌하수체 명 뇌하수체의 뒤쪽 부분. 시상하부로부터 온 분비성 신경말단이 들어 있고 호르몬 중에서 특히 바소프레신과 옥시토신을 생성한다. 신경부위(신경엽)와 신경자루(누두)로 이뤄진다.

neurolemma 신경집 ⇨ neurilemma.

neuroleptic 항(抗)정신병의 형 항정신병의(anti-psychotic), 정신이상을 치료하는 데 이용되는 약물에 적용되는 말.

neuroleukin 뉴로류킨 명 배양에서 척수뉴런과 감각뉴런의 생장과 생존을 촉진시키는 포도당-6-인산 이성질화효소.

neurology 신경학 명 신경계의 형태학, 생리학 및 병리학을 다루는 학문. 오늘날에는 가끔 신경생물학(neurobiology)이나 신경과학(neuroscience) 등의 분야보다 조금 더 임상적인 성격을 띠는 말로 사용된다.

neurolymph 신경림프 ⇨ cerebrospinal fluid.

neurolysis 신경용해 명 신경조직의 용해 또는 파괴.

neuromast 신경소구(神經小丘) 명 어류와 일부 양서류에서 청측선계(acousticolateralis system)의 감각단위를 구성하는 털세포(감각세포)들의 무리.

neuromere 신경분절 명 (1) 연속적인 척수신경쌍의 부착점들 사이에 있는 등뼈의 부분; (2) 환형동물과 절지동물의 분절된 신경절(ganglion).

neuromodulation 신경조절 명 뇌의 일부 화학전달물질의 활동에 대하여 제안된 방식. 시냅스전달의 효율에 영향을 미쳐서 뉴런경로의 활동에 작용한다.

neuromuscular 신경근(육)의 형 신경과 근육에 관련되거나 연루되는.

neuromuscular junction 신경근접합부 운동뉴런의 축삭말단이 근세포와 접하는 부분에서 볼 수 있는 특수한 유형의 화학시냅스.

neuronal 뉴런의, 신경세포의 형 뉴런 또는 신경세포와 관련된 말.

neuronal transplantation 신경세포이식 질병이나 손상에 의해 상실된 기능을 회복시키기 위하여 성체의 뇌에 태아신경세포를 이식하는 것.

neurone 뉴런, 신경세포 명 전기적 충격을 발생하고 전도하게끔 특수화된 신경계의 기본단위. 전형적인 신경세포는 핵과 그 밖의 세포소기관들이 들어 있는 둥근 세포체(cell body)로 구성되고, 이 세포체에서 세포질확장부가 돌출된다. 돌출된 확장부는 다른 뉴런으로부터 신호를 받는 수상돌기(dendrite)와 세포체로부터 밖으로 향해 흥분을 전도하는 축삭(axon)이다. ≒ neuron.

neuropeptide 신경펩티드 명 신경계에서 만들어지는 많은 작은 펩티드를 통틀어 이르는 말. 이 가운데 일부는 신경전달물질들이고, 다른 일부는 신경조절호르몬들이다.

neuropil 신경망 명 신경조직에서 축삭, 수상돌기 및 시냅스의 그물 같은 구조.

neuroplasm 신경형질 명 섬유상 성분을 제외한 뉴런의 세포질.

neuropodium 신경족 명 다모류 옆다리(parapodium)의 복엽(ventral lobe).

neuropore 신경구멍 명 신경관 또는 신경강의 외부로 통하는 구멍.

Neuroptera 풀잠자리목 명 시베리아잠자리, 풀잠자리, 명주잠자리 등의 완전탈바꿈을 하는 곤충의 목. 긴 더듬이와 흡혈형 구기(입틀)를 가지며, 쉴 때 배 위를 지붕처럼 덮는 두 쌍의 막성 날개가 있다.

neurose 다맥형(多脈型) 형 많은 잎맥이나 날개맥을 갖는, 식물의 잎과 곤충의 날개에 적용되는 말.

neurosecretion 신경분비 명 신경세포로부터 신경전달물질, 신경호르몬과 신경조절화합물들이 방출되는 것.

neurosecretory 신경분비의 형 혈액을 통해 표적으로 이동하는 물질을 분비하는 신경세포에 적용되는 말.

neurosensory 신경감각의 형 강장동물의 상피감각세포에 적용되는 말.

neuroskeleton 신경세포골격 명 뉴런의 세포골격.

neurotendinous 신경힘줄의 형 (1) 신경과 힘줄에 관련된 말; (2) 힘줄의 신경말단에 적용되는 말.

neurotome 신경분절 ⇨ neuromere.

neurotoxin 신경독 명 신경계에 특이적으로 작용하는 독성물질을 통틀어 이르는 말. 형 **neurotoxic**.

neurotransmitter 신경전달물질 명 뉴런의 전기적 충격에 반응하여 축삭말단에서 방출되고 시냅스를 가로질러 다른 뉴런이나 근섬유에 뉴런의 신호를 전달하는 화학물질. 신경전달물질은 시냅스전 뉴런(pre-synaptic neuron)에 의해 방출되고 시냅스후 뉴런(post-synaptic neuron)의 수상돌기(또는 다른 부분)에 있는 수용체와 상호작용한다. 아세틸콜린, 노르아드레날린(노르에피네프린), 도파민, 5-히드록시트립타민(세로토닌) 등이 대표적이다.

neurotrophic 신경영양의 형 신경세포의 생장과 생존에 필요한, 신경세포에 특이적으로 작용하는 단백질생장인자인 인자(신경영양인자)에 적용되는 말.

neurotrophins 뉴로트로핀 명복 뇌유래신경영양인자(brain-derived neurotrophic factor), 뉴로트로핀-3 및 뉴로트로핀-4를 포함하는 신경영양인자의 패밀리.

neurotropic 향신경성, 신경친화성 형 신경세포에 감염하는 바이러스와 세균 또는 신경세포에 작용하는 독소에 적용되는 말.

neurotubule 신경세관 명 뉴런의 미세소관. 다수의 신경세관들이 축삭의 길이를 따라 분포한다.

neurovascular 신경혈관의 형 신경과 혈관에 적용되는 말.

neurula 신경배(神經胚) 명 척삭동물의 발생과정에서 신경관이 형성되는 시기의 배. 낭배로부터 발달한다.

neurulation 신경관형성 명 척삭동물의 배에서 신경관이 형성되는 것.

neuston 수면생물(水面生物), 수표생물(水表生物) 명 수면에서 유영하거나 부유하는 생물, 또는 표수막(surface film)에서 사는 생물.

neuter 무성생물, 중성생물 명 (1) 사회성 곤충의 불임성 암컷; (2) 거세된 동물; 형 (3) 수컷도 암컷도 아닌 무성의; (4) 기능적인 수술도 암술도 없는.

neutral 중성(中性)의, 무색(無色)의, 중립(中立)의 형 (1) 산성도 알칼리성도 아닌 pH 7.0의; (2) 흰색, 회색, 검은색과 같이 아무 빛깔이 없는; (3) 중일성(day-neutral); (4) 유전자산물의 기능에 아무 효과도 없고 따라서 표현형에 전혀 효과를 미치지 않는 뉴클레오티드순서나 아미노산순서의 변화에 적용되는 말.

neutral allele 중성대립유전자 중성돌연변이(neutral mutation)의 결과로 생긴 대립유전자.

neutral fat 중성지방 ⇨ triacylglycerol.

neutralization 중화(中和) 명 특이항체와 복합체를 형성함으로써 바이러스, 세균 또는 독소를 불활성화시키는 것.

neutral mutation 중성돌연변이 자연선택에 유리하지도 불리하지도 않은 효과를 주는 돌연변이.

neutral polymorphism 중립다형성 개체군에서 나타나는 여러 다른 유형들의 상대빈도가 우연과 내인성 유전기구의 작용에 의한 결과이고 자연선택에 의해 유지되지 않는 유전적 다형성.

neutral theory of evolution 진화중립설 분자 수준의 진화적 변화가 자연선택에 적용되지 않는 유전적 변화(중성돌연변이)에 의한 것일 수 있다고 1960년대에 처음 제안된 가설. 오늘날 이 생각은 대부분의 진화생물학자들에 의해 어느 정도까지 받아들여지고 있고, 자연선택설에 대한 상호 보완적인 견해로 간주되고 있다.

neutrophil 중성백혈구, 호중성백혈구 명 중성 염색으로 염색되는 과립을 갖고 식작용을 하는 백혈구. 상당수가 감염된 조직에 들어가서 미생물들을 삼키고 죽인다.

N

≒ polymorphonuclear leukocyte.

neutrophile 호중성(好中性)의 형 pH 6~8에서 최적생장을 나타내는 세균에 적용되는 말.

neutrophilic 호중성의 형 오직 중성 염색에 의해서만 염색되는.

New Caledonian region 뉴칼레도니아식물구 남서태평양에 있는 뉴칼레도니아의 섬들로 이뤄지는 구열대식물계의 한 부분.

newt 영원(蠑螈) 명 꼬리가 있는 양서류인 유미류(urodeles)의 속들(*Triturus*, *Taricha*, *Notophthalamus*)에 대한 일반적인 명칭. 번식을 위해 물로 돌아가고 젤리로 덮인 알을 1개씩 낳는다.

New Zealand region 뉴질랜드식물구 뉴질랜드와 연안의 섬들로 구성되는 남극식물계의 한 부분.

New Zealand subregion 뉴질랜드동물아구 뉴질랜드와 연안의 섬들로 구성되는 오스트레일리아동물구의 한 부분.

nexin 넥신 명 섬모와 편모에서 인접한 미세소관들을 연결하는 단백질. ⇨ protease nexin.

nexus 넥서스 명 2개의 전기적 흥분성 세포들 간에서 원형질막이 융합하는 부위.

NFκB 감염과 스트레스에 관련된 다양한 세포외 신호의 결과로 활성화되고 발생과정에서 활성화되는 유전자조절단백질.

NGF 신경생장인자(nerve growth factor).

niacin 니아신 명 비타민 B 복합체의 한 종류인 니코틴산. 조효소인 NAD와 NADP의 니코틴아미드부분의 형태로 모든 생체세포에서 발견된다. 사람에서는 펠라그라(니아신결핍증)를 치료하는 데에 이용된다. 특히 혈액, 간, 콩과 식물과 효모에 풍부하게 들어 있다. ≒ pellagra-preventive factor.

niche 생태적 지위, 생태지위 ⇨ ecological niche.

niche construction 생태지위구축 생물이 환경의 변화를 야기해서 그들의 생태적 지위(ecological niche)를 형성하는 활동.

niche diversification 생태지위다양화 ⇨ alpha diversity.

niche overlap 생태지위중복 둘 또는 그 이상의 종들이 군집 내에서 동일한 자원이나 동일한 서식지를 이용하기 때문에 같은 생태적 지위를 공유하고 따라서 이들 간에 경쟁이 일어나는 상황. 동일한 생태적 지위를 필요로 하는 두 종은 같은 군집 내에서 공존할 수 없지만, 종간 생태적 차이가 작거나 식별하기 어려운 경우에는 생태지위중복이 나타날 수 있다.

nick translation 틈번역 DNA분자에 틈(nick)을 만든 다음에 틈이 생긴 가닥을 분해하여 새 가닥으로 교체하는 것. 틈번역은 세균의 DNA중합효소I을 이용하여 수행하고 생체 내에서 수선기능을 갖는다. 체외에서는 방사성동위원소로 표지된 뉴클레오티드를 DNA에 주입할 때 널리 이용된다.

nicotinamide 니코틴아미드 명 니코틴산의 아미드 유도체. 보조인자 NAD와 NADP의 구성성분이고, 사람의 펠라그라(니아신결핍증)를 치료하는 데에 니아신(niacin)처럼 이용할 수 있다.

nicotinamide adenine dinucleotide (NAD^+) 니코틴아미드아데닌디뉴클레오티드 니코틴아미드, 아데닌, 2개의 리보오스와 2개의 인산기로 구성된 중요한 보조인자. 모든 생체세포에서 발견되며, 세포에서 많은 생화학적 반응의 수소(전자)수용체로 작용하고 NADH로 환원된다. 이 환원형태는 수소(전자)공여체이고, 특히 호흡사슬에 전자를 공여한다. (⇨ 그림 29)

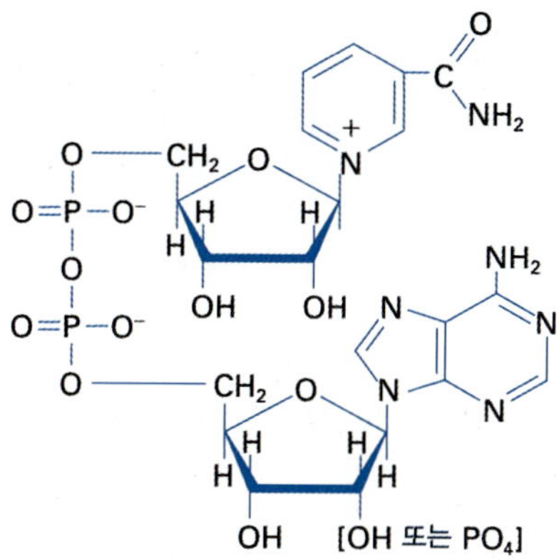

그림 29. 니코틴아미드아데닌디뉴클레오티드(NAD^+)와 니코틴아미드아데닌디뉴클레오티드인산($NADP^+$). 그림에 나타낸 형태는 산화형이다. 환원형인 NADH와 NADPH에서는 그림의 꼭대기에 있는 방향고리에 수소원자와 전자가 첨가된다.

nicotinamide adenine dinucleotide phosphate ($NADP^+$) 니코틴아미드아데닌디뉴클레오티드인산 NAD에 추가로 인산기가 결합한 중요한 보조인자. 모든 생체세포에서 발견되며, 특히 생합성경로에서 수소(전자)수용체로 작용하고 NADPH로 환원된다. 이 환원형태는 수소(전자)의 공여체이다. 식물에서는 NADPH가 광합성의 명반응에서 만들어지는 중요한 산물의 하나이고, 탄소고정의 캘빈회로에서 전자공여체로 이용된다. (⇨ 그림 29)

nicotine 니코틴 명 담배(*Nicotiana tabacum*)에서 얻어지는 알칼로이드. 니코틴은 신경근접합부에서 신경전달물질 아세틸콜린의 작용을 모방하기 때문에 많은 동물에게 독성을 나타낸다.

nicotinic 니코틴성 형 (1) 니코틴과 관련된, 니코틴에 의해 활성화되는 아세틸콜린수용체에 적용되는 말; (2) 효과가 니코틴과 비슷한, 니코틴에 민감한 아세틸콜린수용체 클래스에 함께 작용하는 다양한 물질에 적용되는 말.

nicotinic acid 니코틴산 ⇨ niacin.

nictitating membrane 순막(瞬膜), 깜박막 파충류와 새 그리고 일부 포유동물에서 눈 위를 지나고 안구를 깨끗하게 유지해 주는 막인 제3의 눈꺼풀.

nidation 착상 ⇨ implantation.

nidicolous 어미의존성, 유소성(留巢性)의 형 부화한 다음에 한동안 둥지에서 사는.

nidification 집짓기 명 보금자리를 짓는 것 그리고 그러한 일과 관련된 행동.

nidifugous 어미비의존성, 이소성(離巢性)의 형 부화하자마자 곧 둥지를 떠나는.

nidogen 니도겐 명 대부분의 기저층(basal lamina)에서 발견되는 세포외 기질 당단백질. 라미닌(laminin)과 상호작용을 한다. ≒ entactin.

nidus 집, 둥지, 포자강 명 (1) 둥지; (2) 둥지 같이 움푹 꺼진 곳; (3) 포자의 발달을 위한 공간(강).

Nieuwkoop centre 뉴콥중심 제노푸스(*Xenopus*) 포배의 초기 기관형성부위. 슈페만형성체(Spemann organizer)가 만들어진다.

nigrescent 거무스름한 형 (1) 거무스름한; (2) 검게 변하는.

nigropunctate 흑점(黑點)의 형 검은 점이 있는.

ninhydrin 닌히드린 명 아미노산과 반응하면 청자색을 나타내는 시약.

Nissl bodies 니슬소체 뉴런의 세포질에서 염기성 염료로 염색되는 큰 과립형 입자들. 조면소포체와 폴리리보솜으로 구성된다. ≒ **Nissl granules**.

Nissl stain 니슬염색 RNA를 염색하는 염료. 신경계조직의 세포체의 윤곽을 나타내는 데 이용된다.

nitrate bacteria 질산균 토양에서 아질산염을 질산염으로 전환시키는 세균.

N

nitrate reductase 질산환원효소 질산염을 아질산염으로 전환하는 반응을 촉매하는 효소에 대한 일반적인 명칭. EC 1.6.6.1, 1.6.6.2, 1.6.6.3, 1.9.6.1, 1.7.99.4.

nitrate reduction test 질산환원시험 장내 세균의 동정을 돕기 위해 세균이 질산염을 아질산염으로 전환하는 능력을 검사하는 임상적 진단방법. 장내 세균은 이 시험에서 보통 양성으로 나타난다.

nitric oxide (NO) 1산화질소 동물과 식물에서 1산화질소합성효소(nitric oxide synthase)에 의해 아르기닌의 탈아미노화 반응으로 생성되는 기체 형태의 국소신호분자. NO는 아세틸콜린에 반응하여 혈관의 내피세포 등에서 생성되고, 민무늬근의 이완과 혈관의 확장을 유발한다. 많은 표적세포에서 NO는 구아닐산고리화효소를 활성화하고, 그 결과 고리형 GMP를 생산한다. 한편 NO는 감염에 반응하여 활성화된 대식세포와 호중성백혈구에 의해 생기고, 신경세포의 다양한 종류에 의해서도 생성된다. 식물에서 NO는 손상과 감염에 대한 반응에 관여한다.

nitrification 질소화(작용) 명 암모늄이온이 아질산염으로 산화되고 아질산염이 질산염으로 산화되는 작용. 니트로소모나스(*Nitrosomonas*)와 니트로박터(*Nitrobacter*)로 대표되는 1군의 토양세균(질화세균)과 몇몇의 곰팡이에 의해 일어난다.

nitrifier 질화세균(窒化細菌) 명 니트로소모나스(*Nitrosomonas*)와 같이 암모니아를 아질산염으로 산화하거나 니트로박터(*Nitrobacter*)와 같이 아질산염을 질산염으로 산화할 수 있는 독립영양 토양세균의 무리를 통틀어 이르는 말. ≒ **nitrifying bacteria**.

nitrite bacteria 아질산균 토양에서 암모늄을 아질산으로 전환하는 세균. ⇨ nitrifier.

nitrite-oxidizing bacteria 아질산산화세균 니트로박터(*Nitrobacter*)와 같이 토양에서 아질산염을 질산염으로 산화하는 질화세균.

nitrite reductase 아질산환원효소 아질산염이 수산화암모늄으로 전환되는 반응을 촉매하는 효소. EC 1.7.1.4.

nitrocellulose 니트로섬유소, 니트로셀룰로오스 핵산과 단백질에 강한 친화성이 있고 얇은 판의 형태(니트로섬유소막)로 분자생물학에서 다양하게 이용되는 물질. ⇨ Northern blotting, Southern blotting, Western blot.

nitrocobalamine 니트로코발라민 명 비타민 $B_{12}c$. ⇨ cobalamin.

nitrofuran 니트로푸란 명 세균의 단백질 합성을 억제하는 항생물질.

nitrogen (N) 질소 명 유리상태에서 화학반응을 일으키지 않는 무색무취의 기체(N_2)인 원소. 지구의 대기에서 부피로는 78%를 차지한다. 질소는 단백질과 핵산과 같은 유기분자를 구성하는 성분이므로 생명체에 필수적인 다량원소이다. ⇨ nitrogen cycle, nitrogen fixation.

nitrogen-15 (^{15}N) 질소15 천연에 존재하는 질소의 안정동위원소. 대기 중 질소의 약 0.4%를 차지한다.

nitrogenase 질소고정효소 명 질소를 고정하는 미생물에서 분자상 질소(N_2)를 암모니아로 환원하는 반응을 촉매하는 효소복합체. 가장 광범위한 유형은 몰리브덴을 함유한다. 그 밖의 질소고정효소에서는 바나듐과 철이 발견된다.

nitrogen assimilation 질소동화(작용) 식물에서 토양으로부터 암모니아, 아질산염 및 질산염의 형태로 질소를 흡수하는 작용.

nitrogen balance 질소평형 몸에서 질

N

소의 흡수와 배설이 동일한 평형상태. ≒ nitrogen equilibrium.

nitrogen cycle 질소순환 질소가 대기권과 생물권 간을 순환하는 모든 과정 또는 이러한 전체 과정 내에 있는 부수적인 여러 순환들을 통틀어 이르는 말. 대기 중의 분자상 질소(N_2)는 소수의 토양세균과 수생세균들에 의한 질소고정과정에 의해 무기질소화합물(주로 암모니아)로 변환된다. 이들 무기화합물은 식물과 세균에 포함되었다가 이들을 섭취한 동물체에 들어가서 조직 내에 질소를 포함하는 복잡한 유기분자들을 합성하는 데에 이용된다. 질소함유 유기화합물들은 나중에 세균과 곰팡이에 의해 분해되어(암모니아화 및 질소화) 암모니아, 아질산염, 질산염 같은 무기질소화합물이 만들어진다. 이들 무기질소화합물들은 식물에 의해 영양소로 이용되거나 특정한 세균에 의해 분자상 질소 또는 아산화질소로 전환되어(탈질소) 질소가 대기로 되돌아간다. 빗물을 통한 무기질소화합물의 강수와 번개에 의한 대기의 질소고정과 같이 대기권과 생물권 사이에서 일어나는 비생물적 질소교환도 질소순환의 한 부분이 된다.

nitrogen equilibrium 질소평형 ⇨ nitrogen balance.

nitrogen fixation 질소고정 대기 중의 분자상 질소(N_2)가 암모니아(NH_3)로 환원되는 과정. 이 과정은 생물계에서 독립생활을 하는 일부 세균이나 남세균에 의해 그리고 식물과 공생연합(리조비움-콩과 식물 연합, 방선균류-비콩과 식물 연합) 관계에 있는 소수의 세균들에 의해서만 일어난다. 이 반응은 질소고정효소에 의해 촉매된다. 생물에 의한 질소고정은 대기 중의 질소가 생물권에 들어와서 여러 생물들이 이용할 수 있는 영양소가 되는 주된 과정이지만, 질소비료를 생산하는 산업적 질소고정도 이제는 상당히 중요하게 되었다. 한편 대기 중의 질소 가운데 소량은 번개의 활동에 의해 질소산화물로 변환되면서 고정된다. ⇨ nitrogen cycle.

nitrogenous 질소의, 질소함유의 형 질소와 관련되거나 질소를 포함하는.

nitrogenous base 질소함유염기 생물학에서, 핵산에 들어 있는 아데닌, 구아닌, 시토신, 티민 및 우라실을 가리키는 말.

nitrophilous 호질소성 형 질소를 좋아하는, 식물에 적용되는 말.

nitrosamine 니트로사민 명 음식물에 들어 있는 질산염이 낮은 pH에서 아민과 함께 반응하여 생성하는 잠재적 발암물질.

nitrosifying bacteria 아질산화세균 암모니아산화세균(ammonia-oxidizing bacteria).

Nitrospira 니트로스피라균문 명 DNA염기순서 자료에 근거하여 식별하는 세균역(Bacteria)의 문.

NK cells 자연살생세포(natural killer cells).

***N*-linked glycosylation *N*-연결글리코실화** ⇨ glycosylation.

NLRs ⇨ NOD-like receptors.

NLS 핵지향순서(nuclear localization sequence).

NMDA 글루탐산과 구조적으로 유사한 *N*-메틸-D-아스파르트산염(*N*-methyl-D-aspartate).

NMDA receptor NMDA수용체 뇌에 있는 신경전달물질 글루탐산에 대한 수용체 가운데 하나. *N*-메틸-D-아스파르트산염(*N*-methyl-D-aspartate)과의 특이적 상호작용 때문에 그렇게 부른다. NMDA수용체는 리간드개폐형 이온통로이다.

NMR spectroscopy 핵자기공명분광법(nuclear magnetic resonance spectroscopy).

N-nucleotides, N-regions N영역 유전체에서 어떤 유전정보도 담당하지 않는 짧은 뉴클레오티드순서. 면역글로불린과 T세포수용체 유전자들의 재배열 동안에 V, J 및 D유전자조각들 사이의 결합점에 삽입된다. N영역은 항체와 T세포수용체의 다양성에 기여한다.

NO 1산화질소(nitric oxide).

nociception 통각(痛覺) 명 아프거나 해로운 자극을 감지하는 것.

nociceptive 통각의 형 (1) 조직을 해치거나 아픔을 유발하는 경향이 있는 자극에 적용되는 말; (2) 부상을 입지 않게 보호하는 반사(통각반사)에 해당하는 말.

nociceptor 통각수용기 명 손상을 주거나 고통스러운 자극에 예민한 수용기.

nocodazole 노코다졸 명 미세소관의 형성을 막는 억제제.

noctilucent 야광(夜光)의 형 빛을 내는. ⇨ bioluminescence, phosphorescence.

nocturnal 야행성(夜行性)의 형 (1) 오직 밤에만 먹이를 찾거나 돌아다니는; (2) 밤에만 나타나는.

NOD 노드 세균의 세포벽성분을 인식하여 감염의 신호를 보내고 항미생물 방어를 촉진하는 데 관여하는 포유동물의 세포내 단백질패밀리.

nodal 마디의 형 마디(node)와 관련된 말.

Nodaviridae 노다바이러스과 명 곤충에 감염하는 외가닥의 양성가닥RNA바이러스의 과.

node 마디, 결절(結節) 명 (1) [식] 식물의 줄기에서 잎이 생기는 곳; (2) [동] 심장에서 방실결절과 굴심방결절과 같이 특수화된 심근세포들의 덩어리; (3) 랑비에결절(nodes of Ranvier); (4) 조상격인 서열이나 분류군에서 2개의 새로운 분류군이 형성되면서 분기하는 것을 나타내는 계통수의 분지점.

nodes of Ranvier 랑비에결절 유수신경섬유를 따라 규칙적인 간격으로 나타나는 미엘린초의 잘록한 부분. 이 부위에서는 축삭막이 외부로 노출되어 있다.

NOD-like receptors (NLRs) 노드유사수용체 세균의 세포벽성분을 인식하여 감염의 신호를 보내고 항미생물 방어를 촉진하는 데 관여하는, 식물과 동물 모두에서 나타나는 진화적으로 원시적인 세포내 단백질의 패밀리.

nodose 결절성(結節性)의 형 매듭(knot)이나 부기(swelling)가 있는.

nodular 결절성의, 뿌리혹의 형 소결절, 뿌리혹 또는 매듭과 관련되거나 이들과 비슷한.

nodulated 뿌리혹의 형 소결절이나 뿌리혹을 갖는, 특히 질소고정세균이 들어 있는 뿌리혹이 달린 뿌리에 적용되는 말.

nodulation 뿌리혹형성 명 식물의 뿌리에 질소를 고정하는 뿌리혹이 만들어지는 것.

nodule 뿌리혹, 소결절 ⇨ root nodule.

noduliferous 결절형(結節型) 형 소결절 또는 뿌리혹을 가진.

nodulins 노듈린 명복 질소를 고정하는 뿌리혹세균에 감염된 콩과 식물에 의해 형성되는 뿌리혹의 특이적인 숙주기원성 단백질들. 질소고정의 공생관계를 확립하는 데 관여한다.

Nomarski differential-interference-contrast microscopy 노마스키미분간섭현미경관찰법 염색하지 않은 생체의 세포와 조직의 선명한 이미지를 얻는 광학현미경관찰법의 일종.

nomen nudum 불확실명 학명이 처음 발표되었을 때 적용한 생물을 부적절하게 기재하였거나 정의하였거나 또는 스케치하였기 때문에 합법적이지 않은 이름.

nomenspecies 명 2명(binomial name)

N

을 갖는 개체들의 무리.

non-adaptive 비적응의 형 생물의 유전적 적응도를 감소시키는 경향이 있는 형질(비적응형질)에 적용되는 말.

non-allelic 비대립(유전자)의 형 (1) 같은 유전자에 영향을 미치지 않는, 여러 다른 유전자들의 돌연변이에 적용되는 말; (2) 같은 단백질의 약간 다른 형태들을 암호화하는 유전자군의 여러 다른 유전자들에 해당하는 말.

non-associative learning 비연합학습 하나의 자극에 대응하는 학습. ⇨ dishabituation, habituation, sensitization. 비 associative learning.

non-autonomous 비자율의 형 특정한 단백질을 만드는 (또는 특정한 돌연변이를 갖는) 세포가 그 단백질을 만들지 않는 (또는 그 돌연변이를 갖지 않는) 다른 세포에서 변화를 일으키는 경우에 적용되는 말.

non-coding 비번역의 형 단백질 또는 단백질의 부분을 암호화하지 않는 DNA나 RNA염기순서에 적용되는 말. ⇨ microRNAs.

non-coding RNAs (ncRNAs) 비번역 RNA 단백질의 유전정보를 담당하지 않는 RNA들. rRNA와 tRNA 등의 구조RNA, 이어맞추기복합체(spliceosome)와 그 밖의 작은 구조RNA에 들어 있는 RNA들, 그리고 긴 전사물의 특정한 변형에 의해 만들어지는 ~21−30 뉴클레오티드 길이의 작은 조절RNA들이 포함된다. 이들은 주로 유전자조절RNA들로 작용하며, 미소RNA(microRNA), 피위상호작용RNA(Piwi-interacting RNA), 작은 간섭RNA(interfering RNA)가 포함된다.

non-competitive inhibitor 비경쟁억제제 ⇨ inhibitor.

non-conjugative 비접합성 형 두 세균간의 접합을 유도하여 자신을 전달시키지 못하는 플라스미드(비접합성 플라스미드)에 적용되는 말.

non-conjugation 비접합 명 감수분열 시기에 상동염색체들이 쌍을 이루지 못하는 현상.

non-covalent bond 비공유결합 원자 또는 분자들 간의 전자를 공유하지 않는 다양한 인력(attractive force)에 대한 일반적인 명칭. 이러한 결합은 공유결합보다 결합력이 약하고, 이온강도 또는 온도의 변화에 의해 쉽게 깨질 수 있다. ⇨ electrostatic bond, hydrogen bond, van der Waals forces. 비 covalent bond.

non-cyclic photophosphorylation 비순환적 광인산화 녹색식물과 남세균에서 볼 수 있는 것과 같이 ATP와 NADPH 모두를 생성하는 광합성의 일종.

non-declarative memory 비서술기억 학습경험에 대한 의식적인 회상보다 직접 실행함으로써 보여줄 수 있는 기억. ≒ procedural memory.

non-degradable 비분해성(非分解性)의 형 미생물의 자연적인 분해과정에 의해 쪼개질 수 없고 따라서 환경에서 없어지지 않고 남는 물질에 적용되는 말.

non-disjunction 비분리(현상) 명 유사분열이나 감수분열을 하는 동안에 염색분체들의 쌍이 떨어져서 양극으로 이동하지 못하는 현상.

non-essential amino acids 비필수아미노산 몸에서 합성할 수 있어서 음식물에 반드시 포함될 필요가 없는 아미노산들. 사람의 경우 알라닌, 아스파라긴, 아스파르트산, 시스틴, 글루탐산, 글루타민, 글리신, 프롤린, 세린, 티로신이다.

non-haem iron protein 비헴철단백질 철-황단백질(iron-sulphur protein).

non-histone protein 비히스톤단백질 진

핵생물의 염색체에 존재하는 단백질 가운데 히스톤을 제외한 많은 종류의 단백질을 통틀어 이르는 말.

non-homologous end-joining 비상동말단연결 DNA의 2중가닥 절단에서 절단된 말단들이 나란히 놓이고 연결되는 수선과정.

non-ionic detergent 비이온세제 분자의 말단에 있는 극성원자단이 전하를 띠지 않는 세제. 트리톤X-100(Triton X-100)이 그 예가 된다. 이러한 세제들은 비교적 약해서 모든 기능을 상실하지 않은 채로 막단백질들을 가용화하는 데 이용할 수 있다. 비 ionic detergent.

non-medullated fibres 무수신경섬유 미엘린초가 없는 회색 또는 누르스름한 회색의 신경섬유. 무수신경섬유는 대부분의 교감신경계와 일부 중추신경계를 구성한다.

non-Mendelian 비멘델성 형 미토콘드리아나 엽록체의 유전자들처럼 멘델법칙에 따라 유전하지 않는 유전자 또는 형질에 적용되는 말. 명 **non-Mendelian inheritance**.

non-pathogenic 비병원성 형 질병을 일으키지 않는 미생물에 적용되거나 관련된 말.

non-permissive 비허용성, 비수용성 형 (1) [유] 조건치사돌연변이의 생물이나 세포가 돌연변이표현형을 나타내고 죽거나 심한 결손이 나타나는 상태에 적용되는 말; (2) [바] 세포가 바이러스에 감염되지 않는 상태에 해당하는 말. 이와 같은 상태는 환경요인에 기인하거나 종마다 감수성이 다른 유전적 요인에 기인할 수 있다.

non-polar 비극성 형 결합을 구성하는 양쪽 원자들의 전자를 끌어당기는 힘이 같아서 양전하나 음전하가 생기지 않는 분자 또는 공유결합에 적용되는 말. 비극성 분자들은 물에 잘 녹지 않는다. 비 polar.

non-porous wood 무공재(無孔材) 물관이 없는 2기물관부.

non-reciprocal recombination 비상호재조합(非相互再組合) 유전적 재조합에서 한 DNA분자가 다른 DNA분자에 통합될 때 재조합이 일어나는 두 DNA의 부분들이 정확하게 교환되지 않는 것. 비 reciprocal recombination.

non-repetitive DNA 비반복DNA ⇨ single-copy DNA.

non-retroviral retrotransposon 비레트로바이러스성 레트로트랜스포존 세포성 RNA에서 유래된 것으로 여겨지는 전이인자의 일종. 역전사효소를 암호화하고 RNA중간체를 통해 이동한다. 사람 유전체의 L1인자가 그 예가 된다.

nonsense codon 정지코돈 종결코돈 또는 종결암호(termination codon).

nonsense mutation 정지돌연변이 정지코돈(종결코돈)들인 UAA, UAG 또는 UGA 가운데 한 가지를 만드는 돌연변이. 그 결과 번역 도중에 변이 부위에서 미완성인 채로 폴리펩티드의 합성이 끝난다.

nonsense suppressor 정지억제인자 정지코돈(nonsense codon)에 아미노산을 삽입하는 tRNA를 만드는 돌연변이.

non-shivering thermogenesis (NST) 비떨림열발생 일부 포유동물에서 떨림(shivering)이 일어나지 않으면서 대사(metabolism)에 의해 많은 양의 열이 발생하는 것. ⇨ brown fat.

non-spiking 무충격의 형 충격(impulse)을 발생하지 않는 뉴런에 적용되는 말.

non-storied 비층상의 형 시원세포들이 접선면에 수평적으로 배열되지 않는 형성층(비층상형성층)에 적용되는 말.

non-striated muscle 민무늬근 평활근

또는 민무늬근(smooth muscle).

non-sulphur purple bacteria 비황자색세균 자주색의 색소가 들어 있는 광합성 종속영양세균의 무리.

non-synonymous 비동의성 형 단백질 순서에서 어느 한 아미노산이 다른 아미노산으로 치환되는 돌연변이에 적용되는 말. 비 synonymous.

non-transmissible 비전파성 형 암, 당뇨병, 심장혈관병 등과 같이 미생물의 감염에 의해 유발되지 않고 따라서 한 개체에서 다른 개체로 전염될 수 없는 질병에 적용되는 말.

non-viable 생육불능의 생존하거나 발달할 수 없는.

NOR 인형성부위(nucleolar organizer region).

noradrenaline (NA) 노르아드레날린 명 아드레날린과 밀접한 관련이 있고 비슷한 효과를 나타내는 카테콜아민. 아드레날린과 함께 부신수질에서 소량 분비된다. 한편 노르아드레날린은 소화관, 심장, 지라 등의 장기와 중추신경계의 다양한 경로에 있는 교감신경말단에서 분비되어 교감신경계와 장신경계에서 신경전달물질로 작용한다. ≒ 미 norepinephrine. (⇨ 그림 3)

noradrenergic 노르아드레날린성 형 말단에서 노르아드레날린을 방출하는 교감신경계의 신경섬유에 적용되는 말.

norepinephrine (NE) 노르에피네프린 북아메리카에서 노르아드레날린(noradrenaline)을 가리키는 말.

norma 두개골면(頭蓋骨面) 명 어느 지점에서 머리뼈(두개골)를 전체적으로 본 것. 아래면, 수직면, 앞면, 뒷면, 옆면 등이 있다.

normal distribution 정규분포 가장 많은 값이 중심점 부근에 놓이고 종 모양의 곡선을 나타내는 분포에 대한 통계학적 용어. ≒ Gaussian distribution.

normalizing selection 정상화 선택 ⇨ stabilizing selection.

normoblast 정상적혈모구 명 포유동물에서 핵을 가진 분화되지 않은 상태의 적혈구. 적혈모구(erythroblast)에서 유래되고 적혈구로 발달한다.

normoxic 정상산소의 형 정상적인 산소 농도의 조건에 적용되는 말.

North African Desert region 북아프리카사막식물구 구열대식물계의 한 부분. 아프리카 북서해안으로부터 사하라 사막과 이집트 그리고 아라비아 반도를 거쳐 히말라야 산맥의 서쪽까지 이어진다.

North and East Australian region 북동오스트레일리아식물구 오스트레일리아 식물계의 한 부분. 오스트레일리아의 동쪽과 북동쪽의 넓은 온대 및 열대지역과 타스마니아로 이뤄진다.

Northeast African Highland and Steppe region 북동아프리카고지대온대초원식물구 구열대식물계의 한 부분. 북동아프리카의 에티오피아 산악지대와 그 동쪽에서 아프리카 동해안까지의 육지, 홍해의 맨 아래 끝 그리고 아라비아 반도의 끝으로 구성된다.

Northern blotting 노던흡입(법) 겔전기영동법으로 분획한 RNA를 니트로섬유소막 등에 흡착시켜 고정하는 기술. 방사성동위원소로 표지한 탐침으로 잡종형성을 하여 RNA를 동정하고 분리하는 데 이용된다. 이 방법은 서던흡입법(Southern blotting)에 유추하여 이름이 붙여졌다. 비 Western blot.

nosocomial 병원내 형 병원에서 얻은, 감염(병원내 감염)에 적용되는 말.

nosogenic 병인성 형 병원성(pathogenic).

N

nosology 질병분류학 명 (1) 질병의 분류를 다루는 의학의 한 분과; (2) 병리학(pathology).

nostrils 콧구멍 명복 코의 외부로 난 구멍. ≒ nares.

notal 등의, 등판의 형 (1) 등 쪽(dorsal); (2) 등(back)과 관련된 말; (3) 등판(notum)과 관련된 말.

notate 반점상(斑點狀) 형 선이나 점이 있는.

Notch signalling pathway 노치신호전달경로 동물의 발생에서 배발생 시기에 세포운명을 결정짓고 배의 생존에 필수적인 많은 상황에서 이용되는 중요한 세포내 신호전달경로. 이 경로는 세포표면 수용체단백질 노치(Notch)가 인접한 세포에 있는 세포표면 리간드와 결합하면서 비롯된다. 노치의 세포질꼬리가 떨어져 나가서 핵으로 이동하여 CLS단백질과 복합체를 형성하고 노치반응성 조절서열이 들어 있는 유전자들의 전사를 활성화한다.

nothocline 노토클라인 ⇨ hybrid cline.

Nothosauria, nothosaurs 위룡목, 위룡류(僞龍類) 명, 명복 어류를 잡아먹는 유선형의 해양 파충류의 멸종된 목.

notocephalon 명 어떤 응애류와 진드기류에서 다리가 달린 체절의 등쪽방패판.

notochord 척삭(脊索) 명 척삭동물의 발생 초기에 배(embryo)의 등 쪽을 따라 길게 뻗고 신경관의 형성을 유도하는 중배엽 기원 세포들의 가느다란 막대. 원시적 척삭동물에서는 척삭이 지속되지만 척추동물에서는 척수(등골)로 대치된다.

notochordal 척삭의 형 척삭과 관련되거나 척삭을 감싸는, 이를테면 껍질(초)에 적용되는 말.

notogaster 명 어떤 진드기류와 응애류의 뒤쪽에 있는 등쪽방패판.

notogenesis 척삭형성 명 척삭이 발생하는 것.

notonectal 송장헤엄의 형 등을 아래로 하고 헤엄치는.

notopleural suture 등측선 파리목에서 측판(pleuron)으로부터 가운데가슴등판(mesonotum)을 분리시키는 측면봉합선.

notopodium 등다리 명 다모류 옆다리의 등 쪽 엽(lobe).

nototribe 형 곤충이 꽃부리에 들어가면 꽃밥과 암술머리가 곤충의 등과 접촉되는 꽃에 적용되는 말. 타가수정을 확실하게 하는 방법이다.

notum 등판 명 곤충 체절의 등 쪽 부분.

novobiocin 노보비오신 명 방선균 스트렙토미세스 니베우스(*Streptomyces niveus*)에 의해 합성되는 항생물질. DNA 기라아제(DNA gyrase)를 억제한다.

NSC 신경줄기세포(neural stem cell).

NPC 핵공복합체(nuclear pore complex).

NST 비떨림열발생(non-shivering thermogenesis).

N-terminal, N terminus N말단 ⇨ amino terminus.

NTPs 뉴클레오시드3인산(nucleoside triphosphates).

nucellus 주심(珠心) 명 종자식물에서 대포자(배낭)의 주위에서 지속되고 그 안에서 대배우자체를 만들어 결국 밑씨 벽의 안쪽 층을 형성하는 대포자낭의 조직.

nuchal 목덜미의 형 목의 뒤쪽과 관련된 말.

nuciferous 견과형성의 형 견과(nut)가 열리는.

nucivorous 견과식성(堅果食性)의 형 견과를 먹고 사는.

nuclear 핵의 형 핵(nucleus)과 관련된 말.

N

nuclear disc 핵판 유사분열을 하는 동안에 방추사의 적도에서 염색체들에 의해 형성되는 별 모양의 구조.

nuclear envelope 핵막, 핵피막 진핵생물의 핵을 둘러싸는 2중막. ⇨ nuclear lamina.

nuclear export receptor, nuclear export signal 핵유출수용체, 핵유출신호 ⇨ nuclear transport receptors.

nuclear gene, nuclear genome 핵유전자, 핵유전체 미토콘드리아나 엽록체의 유전자와 대조적으로 핵의 염색체에 들어있는 유전자들.

nuclear hormone receptor 핵호르몬수용체 ⇨ nuclear receptor.

nuclear import receptors 핵유입수용체 ⇨ nuclear transport receptors.

nuclear lamina 핵막하층 핵막의 내막 밑에 있는 섬유성 단백질층.

nuclear layer 핵층 (1) 대뇌피질의 내부 층; (2) 망막에서 안쪽과 바깥쪽 얼기층(plexiform layer)의 사이에 있는 내핵층(inner nuclear layer) 그리고 바깥쪽 얼기층과 기저막의 사이에 있는 외핵층(outer nuclear layer).

nuclear localization sequence (NLS) 핵위치순서 핵에 들어갈 예정인 단백질에서 나타나는 아미노산순서 또는 표면의 특징(신호패치). 이들이 핵공을 통해 수송되고 핵내에서 유지하는 데 도와주는 구실을 한다. ≒ nuclear localization signal, nuclear location sequence, nuclear recognition sequence.

nuclear magnetic resonance spectroscopy (NMR) 핵자기공명분광법 용액에 들어 있는 작은 단백질(< 20,000 분자질량)과 그 밖의 작은 분자들의 입체구조를 결정하는 방법.

nuclear matrix 핵기질 핵에서 어떤 생화학적 방법으로 핵막, 단백질 등을 추출한 다음에 남는 불용성 단백질로 된 물질. 염색체의 구조화를 돕는 뼈대를 형성한다고 여겨진다.

nuclear membrane 핵막 진핵생물의 핵을 둘러싸는 2중막 또는 이들 막 가운데 하나.

nuclear plate 핵판 ⇨ equatorial plate.

nuclear pore 핵공(核孔) 핵막의 외막과 내막이 만나는 곳에 형성되는 구조. 이를 통하여 세포질과 핵질이 연결된다. 핵막에 다수 존재하며, 거대분자들이 핵에서 세포질로 나가거나 들어 오는 통로가 된다.

nuclear pore complex (NPC) 핵공복합체 핵공을 둘러싸는 50가지 이상의 여러 단백질로 구성되는 크고 정교한 구조. 핵공을 통한 거대분자들의 선택적 수송에 관여한다.

nuclear receptor 핵수용체 레티노이드와 스테로이드와 같은 화합물과 갑상샘호르몬에 대한 세포내 수용체단백질의 큰 과. 이들 수용체는 그들의 리간드와 결합한 후에만 활성화하는 유전자조절단백질들이다. 수용체들은 세포기질에 위치하고 리간드와 결합한 다음에 핵에 들어가거나 또는 핵에서 미리 DNA와 결합하기도 한다. 리간드-수용체 복합체는 특정한 조절서열에 작용하여 표적유전자를 활성화한다.

nuclear recognition sequence 핵인식순서 ⇨ nuclear localization sequence.

nuclear scaffold 핵골격 ⇨ nuclear matrix.

nuclear spindle 핵방추체 유사분열이나 감수분열을 하는 동안 세포의 중심에 걸치는 미세소관들의 잘 조직된 체계. 염색체가 부착하는 뼈대를 이루고 이들의 이동과 2개의 딸핵으로 분리되는 과정을 이

N

끈다. 방추체는 동물세포에서 중심립 그리고 식물세포에서 이와 유사한 구역의 주위에 있는 물질들에서 만들어진다.

nuclear transplantation 핵이식 어느 세포의 온전한 핵을 채취하여 핵이 제거된 다른 세포에 옮기는 것. 이 방법은 여러 다른 세포질환경에서의 유전자 발현을 연구하는 데 이용되고 클로닝에서도 이용된다.

nuclear transport receptors 핵수송수용체 핵의 외부나 내부로 단백질과 RNA들이 수송되는 것을 선택적으로 이끄는 단백질들. 유입수용체(import receptor)와 유출수용체(export receptor) 모두는 수송될 거대분자나 복합체의 인식순서와 핵공복합체의 뉴클레오포린(nucleoporin)과 결합한다. RNA 유출의 경우, 수용체는 RNA와 복합체를 형성하는 단백질 상의 인식신호와 결합한다. ≒ karyopherins.

nuclease 핵산가수분해효소 명 핵산의 당-인산결합을 가수분해하여 핵산을 짧은 올리고뉴클레오티드나 단일한 뉴클레오티드 소단위로 분해하는 효소군을 통틀어 이르는 말. ⇨ deoxyribonuclease, endonuclease, exonuclease, ribonuclease.

nucleate 유핵(有核)의 형 핵이 들어 있는.

nucleation 핵생성(核生成) 명 기존의 '씨앗'구조에 성분들이 조립되기 시작하면서 미세소관과 같은 구조가 형성되는 것.

nuclei 'nucleus'의 복수형.

nucleic acid 핵산 명 디옥시리보핵산(deoxyribonucleic acid; DNA) 또는 리보핵산(ribonucleic acid; RNA). 핵산은 C, H, O, N 및 P를 포함하는 매우 큰 직선형 분자이다. 부분적으로 가수분해되면 뉴클레오티드(nucleotide)와 뉴클레오시드(nucleoside)가 되고, 한 가닥(RNA) 또는 두 가닥(DNA)의 폴리뉴클레오티드 사슬로 구성된다. 핵산은 모든 생체세포의 필수 구성성분이고, 유전정보를 운반하고(DNA와 mRNA), 리보솜을 구성하며(rRNA), 유전암호를 해독하는 데 관여한다(tRNA). ⇨ DNA (deoxyribonucleic acid), genetic code, messenger RNA, nucleotide, polynucleotide, ribosomal RNA, RNA (ribonucleic acid), transfer RNA.

nucleic acid hybridization 핵산잡종형성 ⇨ DNA hybridization, *in situ* hybridization.

nucleocapsid 뉴클레오캡시드 명 껍질 보유바이러스에서 핵산과 결합하고 있는 단백질껍질.

nucleoid 핵양체(核樣體) (1) 형 핵처럼 생긴; 명 (2) 원핵생물의 '염색체'. 막으로 둘러싸여 있지 않다; (3) 어떤 적혈구에서 나타나는 핵과 비슷한 구조; (4) 일부 바이러스에서 핵산에 해당하는 짙게 보이는 구조.

nucleolar 인의 형 인(nucleolus)과 관련된 말.

nucleolar organizer (NOR) 인형성부위 인과 밀접한 관련이 있는 염색체의 부분. rRNA유전자군에 해당한다.

nucleolus 인(仁), 핵소체(核小體) 명 핵에서 rRNA가 합성되는 부위. 과립형 부분이 섬유상 중심부를 에워싸고 있고, 리보솜의 소단위들과 그 밖의 리보핵단백질복합체들이 형성되는 부위이다. 복 **nucleoli**. (⇨ 그림 7)

nucleolysis 핵분해 명 세포핵이 분해되는 것.

nucleoplasm 핵질(核質) 명 핵막의 내부에서 인과 염색질을 제외한 기질. ≒ nuclear sap.

nucleoplasmin 핵플라스민 명 진핵세포에서 뉴클레오솜(nucleosome)의 형성에 관여하는 샤페론(보호자단백질).

N

nucleoporin 뉴클레오포린 명 핵수송수용체가 결합하는 핵공복합체의 단백질.

nucleoprotein 핵단백질 명 단백질과 핵산의 복합체를 통틀어 이르는 말.

nucleosidase 뉴클레오시드가수분해효소 명 (1) 뉴클레오시드(와 뉴클레오티드)를 질소함유염기와 5탄당(또는 5탄당인산)으로 분해하는 효소들을 통틀어 이르는 말. EC 3.2.2, ≒ nucleoside phosphorylase; (2) *N*-리보실푸린(*N*-ribosyl-purine)을 푸린과 리보오스로 분해하는 효소의 상용명, EC 3.2.2.1.

nucleoside 뉴클레오시드 명 리보오스나 디옥시리보오스와 결합한 푸린염기 또는 피리미딘염기(보통 아데닌, 시토신, 구아닌, 티민, 우라실)로 구성되는 화합물들을 통틀어 이르는 말. 아데노신, 시티딘, 구아니딘, 티미딘, 우리딘이 포함된다.

nucleoside phosphorylase 뉴클레오시드가인산분해효소 ⇨ nucleosidase.

nucleoside triphosphates (NTPs) 뉴클레오시드3인산 RNA합성에 필요한 4가지 뉴클레오티드들을 두루 이르는 말.

nucleosome 뉴클레오솜 명 진핵생물 염색질의 반복되는 구조적 단위. 4가지 히스톤(H2A, H2B, H3, H4) 가운데 2분자씩으로 구성되는 단백질중심(히스톤핵)의 주위를 DNA의 실이 감고 있다. 뉴클레오솜은 H1 히스톤과 결합한 DNA가닥으로 연결된다.

nucleosome-remodelling complex 뉴클레오솜개조복합체 뉴클레오솜의 구조를 일시적으로 변화시켜 DNA가 히스톤핵에 결합하는 정도를 약하게 만드는, ATP가수분해효소를 함유하는 단백질복합체. 이렇게 함으로써 DNA가 다른 단백질에 더욱 접근하기 쉽게 해 주거나, DNA 상에서 히스톤핵의 위치를 바꾸거나, 어느 한 DNA분자에서 다른 DNA분자로 히스톤핵을 전달하거나 또는 뉴클레오솜의 히스톤들을 교환할 수 있게 된다.

nucleotidase 뉴클레오티드가수분해효소 명 뉴클레오티드를 뉴클레오시드와 오르토인산염으로 가수분해하는 몇 가지 효소를 통틀어 이르는 말. EC 3.1.3.5~7.

nucleotide 뉴클레오티드 명 뉴클레오시드의 인산에스테르. 리보오스인산이나 디옥시리보오스인산(인산기가 연속하여 3개까지 연결됨)과 결합한 푸린염기 또는 피리미딘염기로 구성된다. 푸린뉴클레오티드는 염기를 주로 아데닌이나 구아닌을 갖고, 피리미딘뉴클레오티드는 시토신, 티민 또는 우라실을 갖는다. 뉴클레오티드는 DNA와 RNA를 구성하는 화학적 기본단위이다. 디옥시리보오스가 들어 있는 뉴클레오티드를 디옥시리보뉴클레오티드(deoxyribonucleotide)라 하고, 리보오스가 들어 있는 뉴클레오티드를 리보뉴클레오티드(ribonucleotide)라고 부른다. 하나의 인산기를 포함하는 뉴클레오티드를 뉴클레오시드인산, 2개의 인산기를 포함하면 뉴클레오시드2인산, 그리고 3개의 인산기를 포함하면 뉴클레오시드3인산이라고 하는데, 아데노신3인산(ATP)이 그 예가 된다.

nucleotide excision repair 뉴클레오티드절제수선 DNA에서 피리미딘2합체(pyrimidine dimer)가 만들어지거나 어느 한 가닥에 부가물이 형성되어 생기는 손상을 회복하는 DNA수선의 한 종류. DNA가닥의 손상된 부위를 잘라내고 온전한 가닥을 주형으로 이용하여 재합성한다.

nucleotide sequence 뉴클레오티드순서 핵산을 구성하는 뉴클레오티드들의 순서. mRNA와 단백질을 암호화하는 DNA에서 뉴클레오티드순서는 특정한 단백질의 아미노산순서를 결정짓는다. ≒ base sequence, DNA sequence.

nucleotide sequencing 뉴클레오티드염기순서결정 ⇨ DNA sequencing.

nucleotidyltransferase 뉴클레오티드전달효소 명 어느 화합물에서 다른 화합물로 뉴클레오티드(이 경우 뉴클레오시드1인산)를 전달하는 효소를 통틀어 이르는 말. 아데닐릴전달효소(adenylyltransferase), 우리딜릴전달효소(uridylyltransferase) 그리고 DNA중합효소와 RNA중합효소 등이 포함된다. EC 2.7.7.

nucleus 핵(核) 명 (1) 2중막으로 둘러싸인 크고 조밀한 세포소기관. 진핵세포에는 들어 있지만 원핵세포에는 없고, 염색체를 포함하고 있다. 핵에서는 전사(transcription)와 RNA가공(RNA processing)이 일어난다. 핵의 기능은 세포의 생존에 필수적이다. (⇨ 그림 7); (2) 어떤 구조가 그 주위에서 생장하는 중심; (3) [신] 중추신경계에서 회백질의 다양한 덩이(mass)를 통틀어 이르는 말. 복 **nuclei**.

nucleus ambiguus 의핵(疑核) 혀인두신경(설인신경)과 미주신경 그리고 척수더부신경의 대뇌부의 운동신경섬유들이 기원하는 숨골(연수)의 세포들.

nucleus pulposus 수핵(髓核), 수질핵 추간원판(intervertebral disc)의 부드러운 중심부. 척삭(notochord)의 잔존물이다.

nucleus robustus archistrialis 새의 뇌에서 전뇌의 운동중추.

nuculanium 명 상위씨방에서 형성되는 장과(berry).

nucule 소견과(小堅果) 명 작은 견과.

nudibranch 민아가미의, 나새(裸鰓)의 형 아가미를 덮는 보호성 덮개가 없는, 갯민숭이와 같이 껍데기가 없는 연체동물인 나새목(Nudibranchia)의 무리에 적용되는 말.

nudibranchiate 민아가미의 형 아가미방(새방)에서 보호성 껍질이나 막으로 덮여 있지 않은 아가미를 갖는, 일부 연체동물에 적용되는 말.

nudicaudate 민꼬리의 형 털로 덮여 있지 않은 꼬리를 가진.

nudicaulous 민줄기의 형 잎이 없는 줄기에 적용되는 말.

nudiflorous 민꽃의 형 샘이나 털이 없는 꽃을 가진.

Nuhn, glands of 앞혀샘 앞쪽의 혀샘(lingual gland).

null allele 비대립유전자 기능적인 유전자산물이 없는 결과를 낳는 돌연변이대립유전자. 돌연변이 자체를 삭제돌연변이(null mutation) 또는 무형돌연변이(amorphic mutation)라고 부른다. 비대립유전자는 대체로 열성이다.

null hypothesis 영가설(零假說) 과학적 실험의 설계에서 실험조건 하에서는 어떤 실험결과가 얻어질 것이라는 가설. '귀무가설'이라고도 한다. 만일 예측한 결과와 실제로 얻어진 결과 사이에 차이가 크게 나타나면 영가설은 틀린 것이다.

nullipennate 형 비행깃털(flight feather)이 없는.

nullisomic 영염색체(零染色體)의 형 1쌍의 상동염색체 모두가 없는 생물 또는 세포에 적용되는 말. 명 **nullisomy**.

nullizygous 형 비대립유전자(null allele) 또는 삭제돌연변이(null mutation)에 대해 동형 접합성인.

null mutation 삭제돌연변이 유전자의 정상적인 기능이 완전히 상실되는 돌연변이.

numerical 수량적 형 서로 다른 염색체수를 갖는 어버이들의 잡종에 적용되는 말.

numerical abundance 수량적 수도 특정한 면적에 존재하는 종의 개체수.

numerical chromosome mutation 수량적 염색체돌연변이 세포의 염색체수 변화와 관련된 돌연변이.

numerical taxonomy 수리분류학(數理分類學), 수량분류학(數量分類學) 표현형의 유사점과 차이점을 정량적으로 평가하여 생물을 분류하는 학문.

nummulation 동전기둥형성 명 동전을 쌓아올린 것처럼 적혈구가 서로 붙는 경향.

nummulite 화폐석(貨幣石) 명 동전 모양을 한 화석 유공충류.

nummulitic 화폐석의 형 화폐석(nummulite)이 들어 있는.

nunatak 누나탁 명 산이나 고원에서 빙하와 같은 과거 지질시대의 환경변화에 견디고 남아 있는 지역. 과거의 식물상과 동물상을 이루었던 식물과 동물들이 살아남아 있다.

nuptial flight 혼인비행(婚姻飛行) 수정을 할 때 여왕벌이 나는 것.

nurse cells 영양세포(營養細胞), 보모세포(保姆細胞) (1) 난모세포(oocyte)를 둘러싸거나 붙어서 난모세포에 영양소를 공급하는 단일한 세포들 또는 세포들의 층. 난모세포의 일부가 되는 단백질과 mRNA를 합성하고 알이 수정하여 발생이 개시될 때까지 불활성 상태를 유지한다; (2) 정소의 세르톨리세포(Sertoli cell); (3) 앞에서 언급한 세포들 외에 다른 세포에 양분을 공급하고 때때로 물질을 저장하는 어떤 세포들.

nurture 환경요인 명 개체의 발생에 영향을 미치는 환경요인의 모든 것.

nut 견과(堅果) 명 도토리와 같이 단단한 목질의 과피(껍질)를 갖고 하나 또는 두 개의 씨앗이 들어 있으며 건조하여 열리지 않는 과실.

nutant 점두(點頭)의 형 (1) 아래로 처지는; (2) 늘어지는.

nutation 전두운동(轉頭運動) 명 식물의 생장부위의 말단이 회전하며 굽는 것, 위족(pseudopodia)에 의해 천천히 회전하는 운동.

nutlet 소견과 명 (1) 작은 견과; (2) 너도밤나무 열매처럼 과실의 개개의 수과(achene).

nutraceutical 약효식품 명 건강상의 이득을 제공하는 식품.

nutrient 영양소, 양분 명 생물이 음식물로 이용하거나 필요로 하는 물질을 통틀어 이르는 말. ⇨ maconutrient, micronutrient.

nutrient cycles 영양소순환 생태계를 구성하는 생물들과 환경 사이에서 원소들이 교환되는 것.

nutrition 영양 명 생물의 생존과 생장에 필요한 에너지와 화학원소 및 화합물을 생물이 환경으로부터 얻는 과정. ⇨ autotroph, chemotroph, heterotroph, phototroph.

nutritive 영양의 형 영양과 관련된.

NVC 국가식생분류(National Vegetation Classification).

nyctanthous 밤개화성 형 밤에 꽃이 피는.

nyctinasty 수면운동(睡眠運動) 명 식물에서 볼 수 있는 '자는' 운동. 빛과 온도의 변화에 반응하여 밤에 또는 구름이 잔뜩 낀 날씨에 잎이나 꽃잎을 닫는 변화를 가리킨다. 형 **nyctinastic**. ≒ **nyctitropism**.

nyctipelagic 형 오직 밤에만 바다의 수면으로 올라오는.

nyctitropism 수면운동 ⇨ nyctinasty.

nyctoperiod 수면주기 명 어둠에 노출되는 하루의 주기.

N

nymph **약충(若蟲), 애벌레** 명 불완전탈바꿈을 하는 곤충에서 날개가 없거나 불완전한 날개를 갖는 어린 형태. 탈피를 할 때마다 크게 변하지 않고 성체의 형태와 대체로 비슷한 형태를 갖는 유충을 가리킨다. 형 **nymphal**.

Nymphales **수련목** 명 물에 사는 초본성 쌍떡잎식물의 목. 붕어마름과(Ceratophyllaceae)와 수련과(Nymphaceae)가 포함된다.

nymphochrysalis **정지약충(靜止若蟲)** 명 어떤 응애류에서 유충형과 약충형 사이의 번데기 같은 휴지기.

nymphosis **약충화(若蟲化)** 명 약충이나 번데기로 변해가는 과정.

nystagmus **눈떨림, 안구진탕** 명 무의식으로 일어나는 안구의 주기적 운동. '안진(眼震)'이라고도 한다.

nystatin **니스타틴** 명 항진균작용을 하는 항생물질.

O

O 화학원소 산소(oxygen)의 기호.

oak-apple 참나무사과벌레혹 명 참나무의 줄기와 잎에서 발견되는 단단한 구형 벌레혹(gall)의 일종. 어떤 혹벌의 유충에 의해 발생한다.

oar feathers 날개깃털 나는 데 이용되는 날개의 깃털.

ob- '-에 반대하여'를 뜻하는 라틴어 '*ob*'에서 유래된 접두사. 특히 잎의 형태를 나타내는 이름의 앞에 붙일 때에는 '반대로', '도생적으로(obversely)' 등을 의미한다.

obcompressed 아래위편평한 형 수직 방향으로 편평한.

obconic 도원추형(倒圓錐形) 형 거꾸로 된 원뿔 모양의.

obcordate, obcordiform 도심장형(倒心臟形) 형 거꾸로 된 심장 모양의, 심장의 꼭대기에 자루가 붙은 잎에 적용되는 말.

obcurrent 형 모여들고 만나는 지점에서 합쳐지는.

obdeltoid 역3각형 형 거의 3각형이고 부착점이 3각형의 꼭대기에 있는.

obdiplostemonous 역배수수술의 형 안쪽 줄은 꽃받침조각의 맞은편에 있고 바깥 줄은 꽃잎의 맞은편에 있는 두 줄의 윤생체(whorl)를 갖는 수술의.

obelion 오벨리온 명 머리뼈에서 마루뼈구멍(두정공)을 연결하는 선이 시상봉합(sagittal suture)과 교차하는 점.

obesity 비만(肥滿) 명 지방조직의 축적으로 인한 체중의 과도한 증가. 임상적으로 성인의 경우 체중(킬로그램)을 신장(미터)의 제곱으로 나누어 계산하는 신체비만지수(body mass index)가 30 이상이면 비만으로 판정한다.

obimbricate 형 규칙적으로 포개지는 비늘을 갖고, 겹쳐진 끝부분이 아래쪽을 향하는.

oblanceolate 창끝형, 도피침형(倒披針形) 형 잎이 거꾸로 된 창 모양의.

obligate 절대(絕對)의, 편성(偏性)의 형 (1) 의무적인; (2) 한 가지 양식의 생활이나 활동에 국한된.

obligate parasite 절대기생생물 오직 기생생물로만 살 수 있는 생물.

oblique 의저(歪底) 형 비대칭의 잎에 적용되는 말.

obliquely striated muscle 사행근(斜行筋) 선충류, 연체동물 및 환형동물에서 근원섬유가 비스듬하게 배열되어 대각선으로 줄무늬가 나타나는 근육의 일종. 척추동물의 가로무늬근보다 훨씬 빠르게 신장되고 수축될 수 있다.

obliquus 빗근, 경사근 명 귀, 눈, 머리, 배에서 볼 수 있는 것과 같은 빗근.

obliterate 흐릿한 형 (1) 또렷하지 않은; (2) 억제된.

obliterative coloration 연막채색(煙幕彩色) 아주 밝은 빛에 노출되는 생물의 부분들이 더욱 어둡게 그늘져서 배경과 효과적으로 조합을 이루는 채색의 일종.

obovate 도란형(倒卵形) 형 거꾸로 세운 달걀 모양의, 좁은 끝이 자루에 달리는 잎에 적용되는 말.

obpyriform 도(倒)서양배형 형 거꾸로 된 서양배 모양의.

obsolescence 감쇠(減衰), 폐퇴(廢頹) 명 (1) 어느 종이 점차 감소하여 궁극적으로 사라지는 것; (2) 오랜 진화를 거치면서 생리적 과정이 점진적으로 중단되거나 어느 구조가 쓸모없게 되는 것. 형 **obsolescent**.

obsolete 퇴화(退化)한 형 (1) 낡아서 파손되거나 사라지는; (2) 다음 세대들에서 점점 불분명해지는 형질에 적용되는 말; (3) [식] 씨방과 합쳐지거나 가장자리로 축소되는 꽃받침에 해당하는 말.

obsubulate 좁은쐐기꼴 형 (1) 거꾸로 된 송곳 모양의; (2) 좁고 끝에서 기부로 가면서 가늘어지는.

obtect 피용(被蛹)의 형 날개와 다리가 몸에 밀착된 번데기에 적용되는 말.

obturator 폐쇄근(閉鎖筋) 명 공간(강)을 폐쇄시키는 다양한 구조를 통틀어 이르는 말.

obturator foramen 폐쇄구멍, 폐쇄공 궁둥뼈(좌골)와 두덩뼈(치골) 사이의 타원 구멍.

obtuse 무딘꼴, 둔형(鈍形) 형 끝이 뭉툭하거나 둥근, 잎에 적용되는 말.

obtusilingual 형 뭉툭하고 짧은 혀를 가진.

obumbrate 형 부분적으로 감출 수 있도록 돌출된 구조를 가진.

obverse 형 꼭대기보다 좁은 기부를 가진.

obvolute 겹친 형 겹쳐져 있는.

obvolvent 포위된 형 아래쪽과 안쪽으로 굽어진, 일부 곤충의 날개와 딱지날개에 적용되는 말.

Occam's razor, Ockham's razor 오컴의 면도날 몇 가지 가설이 가능한 경우, 그 가운데 가장 단순한 가설이 선택된다는 원리. 중세의 스콜라철학자인 오컴의 윌리엄(William of Ockham)이 처음 제안하였다.

occasional species 우발성종 군집에서 가끔 발견되지만 그 군집의 정규 구성종이 아닌 종.

occipital 뒤통수의, 후두(後頭)의 형 머리 또는 머리뼈의 뒤쪽과 관련된 말.

occipital condyles 후두관절융기 양서류와 포유동물에서 머리뼈의 뒤쪽에 있는 2개의 혹 같은 돌기. 척추뼈의 고리뼈(환추)와 관절을 형성한다.

occipital foramen 후두공(後頭孔) (1) 곤충의 머리에서 뒤쪽에 있는 구멍; (2) 척추동물 머리뼈의 큰구멍(foramen magnum).

occipitalia 뒤통수뼈, 후두골(後頭骨) 명복 머리의 뒤쪽을 이루는 연골성 두개(brain case)의 부분들. ≒ occipital bones.

occipital lobe 뒤통수엽, 후두엽 뇌에서 대뇌반구의 뒤쪽 부분.

occipito-atlantal 후두환추(後頭環椎)의 형 (1) 양서류에서 머리뼈와 고리뼈(환추)의 신경활 사이에 있는 틈을 막는 막에 적용되는 말; (2) 포유동물에서 큰구멍(foramen magnum)의 가장자리와 고리뼈의 사이에 있는 등 쪽(뒤쪽)의 막과 배쪽(앞쪽)의 막에 해당하는 말.

occipito-axial 후두축추(後頭軸椎)의 형 뒤통수뼈를 축에 연결하는 인대 또는 덮개막에 적용되는 말.

occipitofrontal 뒤통수이마의, 후두전두(後頭前頭)의 형 (1) 머리뼈에서 세로 방향의 호(arc)에 적용되는 말; (2) 대뇌반구의 이마엽(전두엽)에서 뒤통수엽(후두엽)까지 이어지는 섬유들의 관에 해당하

O

는 말.

occiput 뒤통수, 후두 명 (1) 머리 또는 머리뼈의 뒤쪽; (2) 곤충의 머리에서 등측(dorsolateral) 부위.

occluding junction 폐색접합(閉塞接合) 척추동물의 밀착연접(tight junction)과 무척추동물의 격벽접합(septate junction)과 같이 상피층에서 세포들을 밀봉하여 상피의 한쪽에서 다른 쪽으로 분자들이 누출되지 않도록 막는 구실을 하는 세포간 접촉.

occlusal 교합(咬合)의 형 (1) 마주보는 면들이 만나는; (2) 턱들이 닫혔을 때 다른 턱의 치아와 맞물리는 치아에 적용되는 말.

occlusion 막힘, 폐쇄(閉鎖) 명 (1) 관, 혈관 또는 세관이 닫히거나 막히는 것; (2) 몇몇 구심성 뉴런의 동시자극에 의해 몇몇 운동뉴런들의 활성이 겹치는 것.

occlusor 폐쇄근 (1) 명 닫는 근육; (2) 형 덮개(operculum)가 있거나 움직이는 뚜껑이 있는 근육에 적용되는 말.

oceanic 외양성(外洋性) 형 200 m 이상의 수심을 갖는 바다에 사는.

oceanodromous 해양회유성(海洋回遊性) 형 오직 대양에서만 회유하는, 어류에 적용되는 말. 비 potamodromous.

ocellate 눈모양의, 구형반점의 형 눈(eye)처럼 생긴, 무늬(반점)에 적용되는 말.

ocellated 홑눈의, 구형반점의 형 홑눈(ocellus)을 갖는, 또는 눈처럼 생긴 점이나 무늬를 가진.

ocellus 홑눈, 구형반점 명 (1) [동] 많은 무척추동물에서 발견되는 홑눈(simple eye) 또는 안점(eye-spot); (2) 곤충의 배안(dorsal eye); (3) 눈처럼 생긴 무늬; (4) [식] 잎의 표피에서 빛에 감응하도록 특수화된 큰 세포. 복 **ocelli**. 형 **ocellar**.

ochraceous, ochreous 황토색(黃土色)의 형 황토(ochre)의 색깔을 띤.

ochre 황토암호 종결암호인 UAA.

ochrea ⇨ ocrea.

ochroleucous 황백색의 형 황백색의, 담황색의.

ochrophore 오크로포아 명 노란 색소가 들어 있는 세포.

ochrosporous 황토색포자의 형 황토색의 포자를 가진.

Ockham's razor 오컴의 면도날 ⇨ Occam's razor.

ocrea 잎집 명 (1) 잎자루의 기부에서 관 꼴의 껍질처럼 넓어진 부분; (2) 껍질(초); (3) 어떤 독버섯에서 피막(veil)이 분해되면서 그 조각들에 의해 대(stipe)를 부분적으로 덮는 것.

ocreaceous 잎집꼴 형 잎집(ocrea)처럼 생긴, 식물과 동물에서 볼 수 있는 다양한 구조에 적용되는 말.

ocreate 잎집의 형 (1) 잎집(ocrea)을 갖는; (2) 부츠(장화)와 같은 구조를 갖는; (3) 껍질(초)을 갖는; (4) ⇨ intrafoliaceous.

octa- '8'을 뜻하는 그리스어 '*octa*'에서 유래된 접두사. '8개를 갖는' 또는 '8개로 배열된' 등을 의미한다.

octactine 옥탁틴 명 8개의 방사조직(살)으로 된 해면동물의 골편.

octad 8세포군 명 단일한 세포의 분열로 생긴 8개 세포의 무리.

octagynous 8암술의 형 (1) 8개의 암술 또는 암술대를 갖는; (2) 암술군(gynoecium)에 8개의 심피가 있는.

octamerous 8수성의 형 8개씩 배열된 기관 또는 기관의 부분들에 적용되는 말.

octandrous 8수술의 형 8개의 수술을 가진.

octant 8분세포 명 식물과 동물의 수정란이 분열하여 생긴 8개의 세포 중 하나 또는 모든 세포들.

octarch **8원형(八原型)** 형 (1) 번갈아 생기는 물관부와 체관부의 8개 무리를 갖는 중심주가 있는 줄기에 적용되는 말; (2) 8개의 관다발을 가진.

octopamine **옥토파민** 명 카테콜아민(catecholamine)과 유사한 신경전달물질.

octo- '8'을 뜻하는 그리스어 '*octa*'에서 유래된 접두사. '8개를 갖는' 또는 '8개로 배열된' 등을 의미한다.

Octocorallia **8방산호아강** 명 8개의 깃 모양 촉수를 가진 폴립이 군체를 이루는 자포동물의 아강인 연산호류(soft corals). 바다맨드라미류와 그 밖의 연산호류, 관산호류, 부채뿔산호와 채찍산호류, 바다조름류와 청산호류 등이 포함된다.

octopetalous **8꽃잎의** 형 8개의 꽃잎을 가진.

octoploid **8배체** 형 체세포에 8개의 반수체 염색체세트를 가진.

octopod **8완류의(八腕類)의** 형 8개의 촉완, 팔 또는 다리를 가진.

Octopoda **문어목** 명 문어와 같이 8개의 팔을 갖고 패각이 없는 두족강(Cephalopoda)의 목.

octoradiate **8방사형** 형 8개의 방사조직 또는 팔을 가진.

octosepalous **8꽃받침조각의** 형 8개의 꽃받침조각을 가진.

octosporous **8포자성** 형 8개의 포자를 가진.

octostichous **8렬성(八列性)** 형 (1) 8줄로 배열된; (2) 8개로 배열된 잎을 가진.

O

octozoic **8포자소체포자의** 형 족포자충류(gregarines)에서 8개의 포자소체(sporozoite)가 들어 있는 포자에 적용되는 말.

ocular **눈의** 형 눈(eye)과 관련되거나 눈에 의해 감지되는.

ocular dominance columns **눈우세기둥** 시각피질에서 표면에 대해 수직방향으로 무리를 이루면서 배열되어 있는 세포의 판들. 어느 한쪽 또는 다른 쪽 눈에서의 자극에 반응한다.

oculate **눈의, 구형반점의** 형 눈을 갖는, 또는 눈처럼 생긴 점을 가진.

oculiferous, oculigerous **눈의** 형 눈(eye)을 가진.

oculofrontal **눈이마의** 형 눈과 이마의 부위와 관련된 말.

oculomotor **눈돌림의, 동안(動眼)의** 형 안구의 운동을 일으키는, 안구를 움직이는 6개의 작은 근육들 가운데 4개의 근육을 지배하는 제3뇌신경에 적용되는 말.

oculonasal **눈코의** 형 눈과 코에 관련된 말.

oculus **눈** 명 (1) 눈(eye); (2) 덩이줄기(괴경)의 잎눈.

OD 흡광도(optical density). ⇨ absorbance.

Oddi's sphincter **오디괄약근** 온쓸개관(총담관)의 끝이 되는 샘창자(십이지장) 주위의 근섬유.

odd-pinnate **홀수깃털형** 끝에 하나의 작은 잎(leaflet)이 달린 깃털형의.

odd-toed ungulates **기제류(奇蹄類)** ⇨ perissodactyls.

Odonata **잠자리목** 명 잠자리와 실잠자리류를 포함하는 곤충의 목. 선명한 금속색의 날개를 갖는 육식성 곤충이다. 알을 물에 낳고 아가미를 갖는 수생 약충(유충)시기를 거쳐 발생한다.

odontoblast, odontocyte **상아질모세포, 조치세포(造齒細胞)** 명 (1) 치아의 상아질을 분비하는 치수(dental pulp)의 바깥에 있는 원주상 세포의 하나; (2) 연체동물에서 치설(radula)의 작은이(소치)를 만드는 세포의 하나.

Odontoceti **이빨고래아목** 명 고래목

(Cetacea)의 아목인 이빨이 있는 고래들. 향유고래, 범고래, 1각돌고래, 쇠돌고래와 참돌고래가 포함된다. 이들 모두 포식성이고, 물고기와 그 밖의 해양동물을 먹고 산다.

odontoclast 파치세포(破齒細胞) 명 젖니의 뿌리를 흡수하여 상아질을 파괴하는 큰 다핵세포의 하나.

odontogeny 치아형성 명 치아의 기원과 발생.

odontoid 이모양의, 치아의 형 (1) 치아처럼 생긴; (2) 치아돌기(odontoid process)와 관련된 말.

odontoid process 치아돌기 고리뼈(환추) 또는 제1목뼈가 그 주위를 회전하는 이빨 모양의 못(peg).

odontology 치과학(齒科學) 명 치아의 해부학, 조직학, 생리학 및 병리학.

odontophore 치설돌기 명 연체동물에서 이가 달려 있는 기관.

odontorhynchous 형 안쪽 가장자리에 판처럼 생긴 능선이 달린 부리를 가진.

odotosis 치아형성 명 (1) 치열(dentition); (2) 치아의 형성.

odontostomatous 형 이빨이 달린 턱을 가진.

odorant 냄새물질 명 코의 감각수용기인 냄새수용기(odorant receptor)를 자극하고 따라서 냄새가 나는 물질을 통틀어 이르는 말.

odorimetry 후각측정 명 후각을 자극하는 것으로 알려진 물질을 이용하여 후각의 세기를 측정하는 것.

odoriphore 발향단 ⇨ osmophore.

oecium 명 히드라충 군체의 석회질 또는 키틴질의 외피.

oedema 부종(浮腫) 명 조직액이 증가하면서 조직이 부어오르는 것. ≒ edema.

oenocyte 편도세포(扁桃細胞) 명 곤충의 기관(trachea)과 지방체를 에워싸고 탈피 주기와 관련하여 변화하는 한 집단의 대형 세포들 가운데 하나.

oesophageal 식도의 형 식도(oesophagus)와 관련되거나 그 부근에 있는.

oesophageal bulbs 식도구(食道球) 선충류의 식도에 있는 두 융기부. 이 가운데 뒤쪽에 있는 인두는 규칙적인 펌프 운동을 나타낸다.

oesophageal glands, oesophageal pouches 식도샘, 식도낭 지렁이의 식도에서 뻗어 나와 탄산칼슘을 분비하는 부분.

oesophagus 식도(食道) 명 소화관에서 인두와 위(또는 그와 동등한 부분) 사이의 부분. ≒ esophagus, gullet.

oestradiol 에스트라디올 명 난소의 여포액에 들어 있고 태반에서도 생성되는 주된 에스트로겐. 여성의 2차성징을 촉진하고 유지하며, 보조생식기관의 성숙과 주기적인 기능에 관여하며, 젖샘의 관이 발달하도록 작용한다.

oestrin 에스트린 ⇨ oestrone.

oestriol 에스트리올 명 임신한 여성의 오줌에서 발견되는 에스트로겐.

oestrogenic 발정의, 에스트로겐의 형 (1) 발정(oestrus)을 유도하는, 호르몬(발정 호르몬)에 적용되는 말; (2) 에스트로겐과 관련된 말.

oestrogens 에스트로겐 명복 여성의 주요 성호르몬인 스테로이드호르몬. 주로 여성의 난소와 태반에서 합성되고, 2차성징의 발달과 유지 그리고 여성생식기관의 생장과 기능에 관여한다. 이와 비슷한 화합물이 식물에서도 발견된다.

oestrone 에스트론 명 에스트라디올(oestradiol)의 유도체. 에스트라디올과 비슷한 작용을 하고, 임신한 여성의 오줌에서 발견된다.

oestrous 발정의 형 발정(oestrus)과 관련된 말.

oestrus 발정(發情) 명 포유동물의 암컷이 수컷에게 성욕을 나타내는 상태.

oestrus cycle 발정주기 임신하지 않은 포유동물 암컷에서 나타나는 생식주기. 난소의 여포가 성숙하고 배란이 일어나는 발정기, 발정후기(황체기) 및 발정전기로 이뤄진다.

officinal 약용의 형 약으로써 이용되는, 식물(약용식물)에 적용되는 말.

oidia 'oidium'의 복수형. ⇨ oidiospore.

oidiophore 분열포자자루 명 끝에서 분열포자(oidium)가 잘려 나가는 특수화된 균사.

oidiospore, oidium 분열포자 명 곰팡이에서 균사를 가로지르는 분절(segmentation)에 의해 형성되는 포자. 복 oidia.

oil bodies, oil storage bodies 유체(油體) ⇨ lipid bodies.

oil gland 기름샘 (1) 기름을 분비하는 샘들을 통틀어 이르는 말; (2) 새가 깃털고르기(preening)를 할 때 이용되는 기름을 분비하는 피부의 샘.

oils 기름 명복 지방산의 글리세리드와 에스테르. 20°C에서 액체이다. 기름을 구성하는 지방산은 지방(fat)의 경우보다 보통 덜 포화되어 있다. 비 fat.

Okazaki fragments 오카자키단편 DNA가 복제될 때 주형가닥의 5′에서 3′방향으로 지체가닥(lagging strand)이 불연속적으로 합성되어 형성되는 약 1000 뉴클레오티드의 길이를 갖는 DNA. 이들 단편은 DNA연결효소에 의해 연속적인 DNA가닥에 연결된다.

old-growth forest 노숙림(老熟林) 미국 서부의 미송, 솔송나무, 세쿼이아, 삼나무 숲에서 볼 수 있는 것과 같이 수백 년에서 때로는 수천 년이 된 나무들로 구성된 자르지 않은 원시림.

oleaginous 유성(油性) 형 기름이 들어 있거나 기름을 만드는.

Oleales 물푸레나무목 명 교목, 관목 및 덩굴식물인 쌍떡잎식물의 목. 올리브나무, 쥐똥나무 등의 물푸레나무과(Oleaceae)로 이뤄진다.

olecranon 팔꿈치머리 명 자뼈(척골)의 위쪽 끝에 있는 큰 골질돌기.

oleic acid 올레산 탄소수 12의 불포화지방산.

oleiferous 유성(油性) 형 기름을 만드는.

olein 올레인 명 올레산이 들어 있는 지방. 상온에서 액체이고 동물과 식물의 조직들에서 발견된다.

oleoplast, oleosome 유적체, 지방체 ⇨ elaioplast, elaiosome.

olfaction 후각(嗅覺) 명 (1) 냄새의 감각; (2) 냄새를 맡는 과정.

olfactory 후각의 형 냄새의 감각과 관련된, 자극, 기관, 신경섬유의 삭(tract) 등에 적용되는 말.

olfactory bulb, olfactory lobe 후각망울, 후각엽 척추동물의 뇌에서 대뇌반구의 앞쪽 아래에 공 모양으로 돌출된 구조. 후각신경들의 말단이 들어 있고 냄새를 맡는 감각에 관여한다.

olfactory epithelium 후각상피 코안(비강)을 덮는 상피. 냄새를 감지하는 후각수용기의 뉴런들이 들어 있다.

olfactory lobe 후각엽 ⇨ olfactory bulb.

olfactory nerves 후각신경 척추동물의 제1뇌신경. 후각기관에서 전뇌의 후각망울로 이어지는 감각신경이다.

olfactory neuron 후각뉴런 후각상피에 있는 섬모가 달린 화학수용기 세포. G단백질공역수용체(G-protein-coupled receptor)를 이용하여 냄새의 특정한 조합을 감지하고 그 신호를 후각신경으로 전달한다. ≒ olfactory receptor neuron.

olfactory pit 후와(嗅窩), 코원기 (1) 일부 무척추동물에서 작은 구멍이나 오목하게 생긴 후각기관; (2) 척추동물의 배(embryo)에서 코안(비강), 후각상피 및 보습코기관(서골비기관)을 형성하는 외배엽의 주머니.

olfactory receptor 후각수용기 냄새를 감지하는 상당수의 G단백질공역수용체 가운데 하나. 후각뉴런의 표면에 존재하고, 각 뉴런은 오직 한 가지 종류의 수용기만을 갖는다.

olfactory spindle 후각방추 십각류(decapod)의 작은더듬이(antennule)에 있는 후각신경과 관련된 감각세포 구조.

olig- '많지 않은'을 뜻하는 그리스어 '*oligos*'에서 유래된 접두사. '조금밖에 없는' 또는 '거의 없는' 등을 의미한다.

oligacanthous 소수가시의 형 가시가 적은.

oligandrous 소수수술의 형 수술이 적은.

oligarch 형 관다발이나 관다발요소가 적은.

oligocarpous 소수심피의 형 심피가 적은.

Oligocene 올리고세 명 신생대 제3기에서 고제3기(Paleogene) 가운데 마지막 세(epoch). 에오세와 마이오세 사이의 지질시대이고, 지금으로부터 약 3400만 년 전부터 약 2300만 년 전까지의 기간을 말한다. 현존하는 말, 사슴, 고양이, 개, 영장류와 새들의 조상이 멸종된 포유동물의 무리들과 함께 출현하였다. 초지들이 넓게 펼쳐지고, 최초의 코끼리가 나타났다. 오스트레일리아에서는 유대류(marsupials)가 다양해졌다.

Oligochaeta, oligochaetes 빈모강, 빈모류(貧毛類) 명, 명복 소수의 강모(극모)가 각 마디에 있고 옆다리가 없는 특징을 갖는 환형동물의 강. 지렁이가 포함된다.

oligoclonal 소수클론의 형 면역학에서 오직 소수의 림프구클론들만이 관여하는 반응에 적용되는 말.

oligodendrocyte 희소돌기아교세포 명 중추신경계의 백질에서 우세한 작은 신경아교세포의 일종. 축삭의 주위에서 미엘린초를 형성한다.

oligodendroglia 희소돌기아교세포 명 뇌의 희소돌기아교세포(oligodendrocyte)를 집합적으로 부르는 말.

oligogenic 소수유전자적 형 주된 유전적 변화의 원인이 되는 소수의 유전자들의 지배를 받는 형질에 적용되는 말.

oligoglia 희소돌기아교세포 ⇨ oligodendroglia.

oligogyny 명 사회성 곤충의 단일한 군집에 둘 또는 몇 마리의 기능적인 여왕들이 존재하는 것.

oligohaline 빈염성(貧鹽性) 형 염도가 0.5~5 ppt(천분율)인 기수에 적용되는 말.

oligolecithal 미량난황의 형 난황이 거의 들어 있지 않은 알에 적용되는 말.

oligolectic 형 오직 소수만을 선택하는, 오로지 몇몇의 다른 먹이식물이나 꽃을 찾는 곤충에 적용되는 말.

oligolobate 형 오직 소수의 엽(lobe)들로 분열하는.

oligomer 소중합체 명 단지 몇 개의 단위체(monomer)들로만 구성된 분자.

oligomerous 감수성(減數性)의 형 식물 줄기의 하나 또는 몇 마디에서 돌려나는 잎의 수가 다른 마디에 달리는 잎의 수보다 적은.

oligomycin 올리고마이신 명 미토콘드리아에 있는 ATP합성효소의 단백질 중 하나와 상호작용하여 미토콘드리아의 ATP 합성을 억제하는 항생물질.

oligonucleotide 올리고뉴클레오티드 명 뉴클레오티드의 짧은 사슬. ⇨ polynucleotide.

oligopeptide 올리고펩티드 명 작은 폴리펩티드.

oligophagous 협식성(挾食性)의, 가림먹성의 형 단일한 목(order), 과(family) 또는 속(genus)에 속하는 먹이식물들에 국한된, 곤충에 적용되는 말.

oligophyletic 형 몇몇의 다른 진화계열에서 유래된.

oligopneustic 소기문식 형 오직 몇 개의 숨구멍(기문)만이 기능적인 곤충의 호흡계에 적용되는 말.

oligopod 적은다리의, 소지형(小肢型) 형 (1) 다리나 발이 적은; (2) 가슴다리(thoracic leg)가 완전히 발달된.

oligorhizous 형 뿌리가 적은, 어떤 소택식물(marsh plant)에 적용되는 말.

oligosaccharide 올리고당(류) 명 오직 소수(4~20)의 단당류 단위들로만 구성된 분자.

oligosaprobic 빈부수성(貧腐水性) 형 (1) 하천에 생육하는 생물을 바탕으로 유기오염도를 평가하는 부수성 분류(saprobic classification)에서 브라운트라우트(*Salmo trutta*)와 강도래 약충과 같이 유기성 오염이 발생하지 않은 수역에서만 살 수 있는 생물들로 구성되는 하천생물의 범주에 적용되는 말. 비 α-mesosaprobic, β-mesosaprobic, polysaprobic; (2) 용존산소의 함량이 높고 유기물의 분해가 거의 일어나지 않는 수중환경에 해당하는 말.

oligospermous 소수종자의 형 씨앗이 적은.

oligosporous 소수포자의 형 적은 포자를 만들거나 가진.

oligostemonous 소수수술의 형 수술이 적은.

oligothermic 저온성 형 비교적 낮은 온도에 내성을 가진.

oligotokous 형 적은 새끼를 낳는.

oligotrophic 빈영양성 형 (1) 불충분한 영양을 제공하거나 그와 관련된; (2) 영양소 농도가 비교적 낮은 수역에 적용되는 말. 대륙붕과 비교하여 외해가 그러하고, 용존 무기영양소 농도가 낮고 많은 식물들이 자라지 못하는 일부 호수가 그 예가 된다; (3) 영양소가 빈약한 환경에서 잘 자라고 우세한 미생물에 적용되는 말. 명 **oligotroph**.

oligotrophophyte 빈영양식물 명 영양이 부족한 땅에서 자라는 식물.

oligotrophy 빈영양 명 영양소가 부족한 환경에서 자라는 능력. 어떤 토양 방선균류 등에 적용되는 말이다.

oligotropic 소향성 형 오직 몇 종의 꽃에만 찾아가는, 곤충에 적용되는 말.

oligoxenous 소수기생성 형 오직 몇 종의 숙주에서만 살게끔 적응된 기생생물에 적용되는 말.

***O*-linked glycosylation *O*-연결글리코실화** ⇨ glycosylation.

olivary nucleus, olive 올리브핵, 올리브 뇌교(pons) 바로 아래의 수질에 있는 몇 개의 핵 가운데 하나.

omasum 겹주름위, 제3위 명 반추동물에서 음식물이 혹위(반추위)에서 주름위(추위)로 가려면 반드시 거쳐야 하는 위(stomach)의 세 번째 실. 혹위의 내용물과 주름위의 내용물이 섞이지 않는 구조로 되어 있다.

ombrogenous 호우성(好雨性) 형 지하수 때문이 아니라 강수로 인하여 생기는 습한 서식지에 적용되는 말.

ombrophile 호우성 형 비가 많이 오는

곳에서 살게끔 적응된, 식물과 잎에 적용되는 말.

ombrophobe 혐우식물(嫌雨植物) 명 큰비가 내리는 환경에서 살 수 없는 식물.

ombrophyte 호우식물(好雨植物) 명 비가 많이 오는 환경에 적응한 식물.

omega peptidase 오메가펩티드가수분해효소 이소펩티드결합(α-아미노기와 α-카르복실기 이외의 카르복실기 사이에 형성되는 펩티드결합)에 의해 연결되거나 치환된 펩티드의 말단잔기를 제거하는 반응을 촉매하는 가수분해효소. EC 3.4.19.

omentum 장간막, 그물막 명 묶여 있지 않거나 내장들 사이를 연결하는 구실을 하는 복막의 주름. 형 **omental**.

ommateum 겹눈 명 겹눈(compound eye).

ommatidium 낱눈 명 곤충이나 갑각류의 겹눈을 구성하는 단위. 투명한 큐티클의 렌즈가 외부에 있는 6각형의 관 모양 구조로 되어 있고, 투명한 젤리로 된 원뿔(수정원뿔)이 뒤로 뻗어 있다. 낱눈의 측면은 색소세포들로 구성된다. 바닥에는 빛에 민감한 색소들이 들어 있는 광수용세포(감광세포)로 된 컵 모양의 소망막(retinula)이 있다. 복 **ommatidia**. 형 **ommatidial**.

ommatochromes, ommochromes 옴마토크롬, 오모크롬 명복 절지동물의 눈과 몸에서 발견되는 황색, 적색 및 갈색의 색소들.

ommatophore 담안촉각(擔眼觸角) 명 절지동물에서 눈이 달린 움직이는 자루.

omni- '모든'을 뜻하는 라틴어 '*omnis*'에서 유래된 접두사.

Omnibacteria 옴니박테리아 명 때때로 호기성 또는 조건적 혐기성의 종속영양 그람음성균들의 큰 집단을 부르는 이름. 장내 세균, 비브리오, 에로모나드(aeromonad) 그리고 자루가 달리고 출아로 번식하는 세균들이 포함된다.

omnicolous 형 다양한 기층에서 자랄 수 있는, 지의류에 적용되는 말.

omnivore 잡식동물 명 식물과 동물을 모두 먹는 동물. 형 **omnivorous**.

omohyoid 어깨목뿔의, 견갑설골의 형 어깨와 목뿔뼈(설골)에 관련된, 근육(어깨목뿔근)에 적용되는 말.

omphalic 배꼽의 ⇨ umbilical.

omphalodisc 배꼽자낭반 명 어떤 지의류에서 볼 수 있는 것과 같이 중앙에 작은 혹이 있는 자낭반(apothecium).

omphalogenesis 탯줄형성 명 배꼽혈관과 탯줄이 만들어지는 것.

omphaloid 배꼽의 형 (1) 배꼽과 비슷한; (2) ⇨ umbilicate.

omphalomesenteric 배꼽장간막의 형 배꼽과 장간막에 관련된, 동맥, 정맥, 관(duct) 등에 적용되는 말.

onchocerciasis 회선사상충증(回旋糸狀蟲症) 명 시력에 손상을 일으켜 결국 실명에 이르게 하는 열대성 질환. 기생성 선충류인 회선사상충(*Onchocerca volvulus*)의 감염에 의해 발병하고, 흑파리(blackfly)에 의해 매개된다. ≒ river blindness.

onchosphere 6구유충 ⇨ oncosphere.

oncofoetal antigens 종양태아항원 암세포의 표면과 배아세포에서 발견되지만 정상적인 성체세포에서는 발견되지 않는 항원들.

oncogene 암유전자(癌遺傳子) 명 단독으로 또는 부분적으로 종양형성(tumorigenesis)의 원인이 되는 종양바이러스나 암세포의 유전자. 암유전자는 세포의 분열이나 분화를 조절하는 데 관여하는 정상세포의 유전자가 변이를 일으킨 것이다. 암유전자로 전환될 수 있는 정상적인 유전자를 간혹 원암유전자(proto-oncogene)라고 부르지만, 돌연변이를 일으키거나 그렇지 않은 모든 잠재적인 암유전자를 가리키는 데 암유전자(oncogene)라는 용어가 사용된다. 바이러스성 암유전자는 'v-*onc*'의 기호로 나타내는데, 여기서 '*onc*'는 광범위한 유전자를 가리킨다. 암유전자로 전환될 수 있는 정상적인 세포성 유전자를 보통 'c-*onc*'의 기호로 나타낸다. ⇨ tumour suppressor genes.

oncogenesis 종양발생 명 종양이 생기고 발달하는 것.

oncogenic 발암성 형 종양을 일으킬 수 있는.

oncolytic 종양분해성 형 암세포를 파괴할 수 있는.

oncomiracidium 옹코미라키디움 명 편형동물 단생강의 피부흡충과 아가미흡충의 섬모를 갖는 자유로이 유영하는 유충형. 복 **oncomiracidia**.

oncomouse 발암유전자보유생쥐 명 활성화된 암유전자를 갖는 형질전환된 생쥐의 계통. 종양발생을 연구하는 데 실험적으로 이용된다.

oncoprotein 암(유발)단백질 명 암유전자에 의해 암호화된 단백질. 세포 내로 도입되면 형질전환을 일으킬 수 있다.

oncornavirus 온코르나바이러스 발암성 RNA바이러스(oncogenic RNA virus)의 약어(두문자어). ⇨ oncoviruses, RNA tumour viruses.

oncosphere 6구유충(六鉤幼蟲) 명 조충류의 알에서 깨어난 구형의 갈고리를 갖는 유충. 낭미충(cysticercoid)으로 발달한다.

oncoviruses 종양바이러스 명복 RNA 종양바이러스로 구성되는 레트로바이러스의 서브패밀리. C형, B형 및 D형으로 구분된다. 예전에는 온코르나바이러스(oncornavirus)로 알려져 있었다.

one gene-one enzyme hypothesis 1유전자1효소가설 하나의 유전자가 하나의 폴리펩티드사슬을 지정한다는 생각의 원형. 1930년대와 1940년대에 비들(Beadle)과 테이텀(Tatum)이 생화학적 돌연변이체를 사용한 연구로부터 제창하였다.

ontogenesis 개체발생 ⇨ ontogeny.

ontogeny 개체발생 명 한 개체의 발생. ≒ **ontogenesis**. 형 **ontogenic**. 비 phylogeny.

ontology 존재론(存在論) 명 지식의 특정 분야(예: 단백질의 기능) 내에서의 개념들과 이들의 연관성을 설명하는 데 사용되는 용어.

onychium 조간반(爪間盤) 명 (1) 손톱 밑의 층; (2) 욕반(pulvillus); (3) 일부 거미류에서 발목마디(tarsus)의 끝에 발톱이 달린 특수한 헛관절(false articulation).

onychogenic 손발톱형성의 형 손톱(또는 발톱)이나 그와 비슷한 물질을 만들 수 있는, 손발톱바탕질(nail matrix)의 물질 그리고 머리카락의 섬유성 물질과 각피를 형성하는 세포에 적용되는 말.

Onychophora, onychophorans 유조동물, 유조류(有爪類) 명, 명복 원시적인 벌레 같은 육상 절지동물의 강. 온난한 기후의 습한 서식지에 살고 부드럽고 유연한 각피를 갖는다. 유조류는 때때로 독립된 문으로 간주하기도 한다. 한 쌍의 더듬이와 한 쌍의 뻣뻣한 턱부속지가 있고, 여러 쌍의 보각을 갖는다. 발톱벌레속(*Peripatus*)의 1속만이 현존한다. ≒ velvet worms.

ooangium 장란기 ⇨ archegonium.

ooapogamy 난무배생식(卵無配生殖) 명 미수정란이 단성생식적으로 발생하는 것.

ooblast 연락사(連絡絲) 명 일부 홍조류에서 조과기로부터 수정된 핵이나 그 파생물이 조세포로 이동하는 관 모양의 긴 세포.

oocyst 접합자낭 명 원생동물 포자충류에서 접합하는 두 배우자의 주위에 형성되는 피낭.

oocyte 난모세포(卵母細胞) 명 동물의 암컷에서 감수분열이 일어나는 생식세포. 감수제1분열 중인 난모세포를 제1난모세포(primary oocyte)라고 하고, 이어서 감수제2분열 중의 제2난모세포(secondary oocyte)가 되었다가 성숙한 난자가 된다.

oocyte injection 난모세포주입 분리한 DNA 또는 mRNA를 아프리카발톱개구리라고도 부르는 제노푸스(*Xenopus*) 난모세포의 핵이나 세포질에 주입하여 유전자발현을 연구하는 기법.

ooecium 알집 ⇨ ovicell.

oogamete 난배우자(卵配偶子) 명 암배우자. 특히 접합자를 위한 양분이 들어 있는 비운동성의 큰 암배우자를 가리킨다.

oogamous 난접합성 형 난접합에 의해 생식하는.

oogamy 난접합 명 서로 다른 배우자들이 결합하는 것. 보통 비운동성의 큰 암배우자와 운동성의 작은 수배우자의 결합을 가리킨다.

oogenesis 난자형성 명 암배우자 또는 알(난자)이 만들어져 발생하고 성숙하는 과정.

oogloea 난점착질 명 알(난자)의 점착제.

oogonial 난원세포의, 장란기의 형 난원세포 또는 장란기와 관련된 말.

oogonium 난원세포(卵原細胞), 장란기(藏卵器) 명 (1) 암생식세포를 만드는 2배체의 전구세포. 동물에서 난원세포는 감수분열을 하는 난모세포(oocyte)가 되었다가 성숙한 난자가 된다; (2) 곰팡이와 조류의 암생식기관. 복 **oogonia**.

ooid 난형 형 알 모양 또는 타원형의.

ookinesis 난핵분열 명 난자의 성숙과 수정에 있어서 핵의 유사분열 시기.

oology 난학(卵學) 명 새의 알을 연구하는 것.

Oomycota, oomycetes 난균문, 난균류(卵菌類) 명, 명복 단순하고 광합성을 하지 않으며 부생 또는 기생생활을 하고 단세포나 사상인 원생생물의 문. 예전에는 곰팡이로 분류하였지만 현재는 대롱편모생물계(Stramenopila) 또는 크로미스타계(Chromista)에 포함시킨다. 대부분의 곰팡이들과 달리 세포벽에 섬유소가 들어 있다. 유성생식은 난접합성이고 운동성 유주자에 의해 무성적으로 번식한다. 물곰팡이(예: *Saprolegnia*)와 몇몇 중요한 식물병의 원인생물이 포함되는데, 여기에는 포도의 노균병을 일으키는 플라스모포라(*Plasmopora*)와 감자마름병을 일으키는 감자역병균(*Phytophthora infestans*) 등이 있다.

oophoridium 명 어떤 식물의 대포자낭(megasporangium).

oophyte 배우자체 명 일부 하등식물의 배우자체.

ooplasm 난세포질 명 난자의 세포질.

oopod 알다리, 난족(卵足) 명 침(sting) 또는 산란관을 구성하는 요소.

oosphere 난구 명 특히 조류와 난균류의 장란기에서 만들어지는 암배우자 또는 알.

oosporangium 난자낭 ⇨ oogonium.

oospore 난포자 명 난균류, 조류 및 원생동물의 수정된 난구(oosphere)로부터 생기는 두꺼운 벽의 접합자.

oostegite 복란엽(覆卵葉) 명 어떤 갑각류의 가슴다리 기부에 있는 판 모양의 구조물. 알을 저장하고 육아낭과 같은 역할을 한다.

oostegopod 복란지(覆卵肢) 명 갑각류에서 복란엽(oostegite)이 달리는 가슴다리.

ootheca 난낭(卵囊), 알주머니 명 어떤 곤충의 알상자(egg case).

ootocoid 형 유대류와 같이 아주 이른 시기의 새끼를 낳고 이를 주머니로 옮기는.

ootokous 난생(卵生)의 형 알을 낳는. ≒ **ootocous**.

ootype 난형성강(卵形成腔) 명 편형동물의 암생식계에서 수정된 접합자와 난황세포들이 캡슐에 둘러싸여 알을 형성하는 구조.

ooze 연니(軟泥) 명 (1) 미세한 생물들의 골격부분들로 구성되고 해저의 넓은 지역을 덮는 퇴적물; (2) 부드러운 진흙.

oozoid 유성개체 명 알에서 발생한 개체들.

oozoite 오조이트 형 해초류(ascidians)의 무성적 어버이.

OP 삼투압(osmotic pressure).

opal 오팔코돈 종결암호인 UGA.

Opalinata, opalinids 오팔리나상강, 오팔충류 명, 명복 육질편모동물문(Sarcomastigophorea)의 다편모성 원생생물의 무리. 양서류, 파충류 그리고 어류의 장에 기생한다. 오팔충류는 키네토솜(kinetosome)의 열로 구성된 구조인 낫(falx)이 편모를 지지하는 점이 특징이다.

opal mutation 오팔돌연변이 오팔종결암호 UGA가 생기는 돌연변이. 돌연변이유전자에 의해 단백질합성은 미성숙한 상태로 종결된다.

opal suppressor 오팔억제유전자 UGA에 아미노산을 삽입하여 오팔돌연변이의 효과를 극복하는 tRNA를 만드는 돌연변이유전자.

open 개방(開放)의, 소생(疏生)의 형 (1) 십자화과(Cruciferae)에서 볼 수 있는 것과 같이 화피편(perianth segment)이 가장자리에서 서로 만나지 않는 꽃부분들의 배열에 적용되는 말; (2) 식물들이 지면을 완전히 덮지 않고 다른 식물들이 나중에 정착할 수 있는 텅 빈 구역이 있는 군집에 해당하는 말.

open forest 개방림 닫힌 숲지붕을 형성하지 않고 충분한 간격을 두고 나무들이 덮여있는 지역. 비 closed forest.

open reading frame (ORF) 번역개시위치 번역을 개시하는 신호가 들어 있는 DNA의 구간. 단백질을 구성하는 아미노산들을 암호화하는 뉴클레오티드 트리플렛들이 길게 계속되고 변역의 종결암호가 이어진다.

operant behaviour 작동적 행동 어떤 분명한 자극에 의해 일어나는 것이 아니라 저절로 일어나는 동물의 행동.

operant conditioning 작동적 조건화 동물의 행동양식을 선택하거나 강화하거나 또는 약화시킬 때 보상과 처벌을 이용하여 행동을 연구하는 절차의 일종.

operational taxonomic unit (OTU) 조작분류단위 (1) 속이나 종과 같이 수리분류학에서 연구의 대상이 되는 생물의 분류단위; (2) 종, 단백질서열 또는 DNA염기순서 등과 같이 계통수에서 정렬시킬 때 이용되는 대상.

operator 작동유전자 명 많은 세균의 오페론에 있는 DNA의 조절부위. 억제인자 또는 아포유도자(apoinducer)와 결합하는 뉴클레오티드순서를 포함하고 있어서 오페론의 전사를 억제하거나 허용한다.

opercula 'operculum'의 복수형.

opercular 새개골(鰓蓋骨), 아가미뚜껑의 (1) 명 어류에서 아가미뚜껑의 뒤쪽에 있는 뼈; 형 (2) 아가미뚜껑과 관련된 말; (3) 올챙이의 아가미를 덮는 피부의 주름에 적용되는 말.

operculate 덮개의, 유개(有蓋)의 형 (1)

O

덮개가 있는, 포자의 깍지 등에 적용되는 말; (2) 대부분의 어류와 같이 아가미를 덮는 뚜껑이 있는.

operculiform 덮개모양의 형 뚜껑 모양을 한.

operculigenous 덮개형성의 형 뚜껑을 만들거나 형성하는.

operculum 덮개, 선개(蘚蓋), 아가미뚜껑 명 (1) 포자의 깍지나 일부 무척추동물의 알 등에서 볼 수 있는 것과 같은 뚜껑 또는 덮개; (2) 어류의 아가미 뚜껑; (3) 일부 새에서 콧구멍과 귀를 덮는 덮개; (4) 따개비의 껍질에 있는 움직이는 판; (5) 어떤 복족류에서 껍질의 입구를 막는 뚜껑 같은 구조; (6) 양서류의 가운데귀에서 난원창에 있는 작은 뼈. 복 **opercula**.

operon 오페론 명 세균에서 대사경로의 효소들을 암호화하는 유전자들이 DNA 상에서 군을 형성하고 이들이 함께 단일한 mRNA로 전사되는 유전자구성의 일종. 전사된 mRNA는 각각의 단백질로 번역된다. 한 오페론에 있는 모든 유전자들의 발현은 단일한 촉진유전자에 의해 조절된다.

ophidians 뱀류 명복 뱀(snakes).

ophiocephalous 형 (1) 뱀의 머리와 같은; (2) 가장자리가 톱니 모양인 넓은 입을 갖는 일부 극피동물의 작은 차극(pedicellariae)에 적용되는 말.

ophiopluteus 오피오플루테우스 명 거미불가사리의 플루테우스(pluteus) 유생.

ophiurans 거미불가사리류 ⇨ Ophiuroidea.

ophiuroid 거미불가사리형 형 (1) 거미불가사리와 관련되거나 그와 비슷한; (2) 여러 갈래로 갈라지거나 뾰족한 후벽세포(sclereid)와 같은 세포에 적용되는 말.

Ophiuroidea 거미불가사리강 명 일반적으로 'brittle star'라고 부르는 극피동물의 강. 몸은 별 모양이고, 팔(arm)들은 중심반(central disc)에서 방사상으로 생기고 팔과 반의 경계가 확실하다.

ophthalmic 눈의, 안(眼)의 형 (1) 눈(eye)과 관련된 말; (2) 눈구멍(안와), 이마 그리고 두피에서 오는 감각을 전달하는 제5뇌신경의 가지인 신경(눈신경)에 적용되는 말; (3) 속목동맥(internal carotid)에서 생긴 동맥(눈동맥)에 해당하는 말; (4) 눈구멍(안와)의 아래정맥과 위정맥에 적용되는 말.

ophthalmic rete 안망(眼網) 새의 머리에 있는 동맥과 정맥의 그물 같은 구조. 뇌의 온도를 심장을 떠난 동맥혈액의 온도보다 낮게 유지시키는 열교환기의 구실을 한다.

ophthalmogyric 동안(動眼)의 형 눈의 운동을 유발하는.

ophthalmophore 담안촉각 ⇨ ommatophore.

ophthalmopod 안각(眼脚) 명 십각류(decapod)에서 볼 수 있는 것과 같은 눈자루(eye-stalk).

opiate 아편류 명 수용체에서 아편의 효과와 비슷한 효과를 내는 화합물을 통틀어 이르는 말.

opiate receptors 아편류수용체 뇌와 소화관에서 모르핀과 그 밖의 아편류와 결합하는 화학수용기들. 이들의 자연적인 기질은 엔케팔린과 엔도르핀과 같은 펩티드이다.

Opiliones 장님거미목 ⇨ harvestman.

opioid 오피오이드 형 아편과 비슷한 작용을 갖는, 엔케팔린과 엔도르핀과 같은 펩티드에 적용되는 말.

opioid receptors 오피오이드수용체 아편류 그리고 엔케팔린과 엔도르핀과 같은 펩티드에 대한 세포표면 수용체단백질들. μ, κ 및 δ의 세 가지 유형이 있다.

opisth- '뒤에'를 뜻하는 그리스어 '*opisthe*'에서 유래된 접두사.

opisthial 뒤의 형 후방의, 구멍이나 기공의 가장자리에 적용되는 말.

opisthobranch 후새류(後鰓類) 명 연체동물 후새아강(Opisthobranchia)에 속하는 갯민숭이나 군소와 같은 종류들. 바다에 살고 껍질이 매우 퇴화되었거나 없다.

opisthocoelous 후와형(後窩型) 형 추체 오목이 뒤에 있는, 척추뼈에 적용되는 말.

opisthodetic 각정후부의 형 부리나 각정(umbo)의 뒤쪽에 놓여 있는, 일부 2매패류 껍질의 인대(각정후부인대)에 적용되는 말.

opisthogenesis 오피스토게네시스 명 몸의 뒤쪽 끝에서 앞쪽으로 체절이나 무늬가 생기는 것.

opisthoglossal 후설형(後舌型) 형 앞쪽이 고정되고 뒤쪽이 자유로운 혀를 가진.

opisthognathous 하악후퇴(下顎後退)의, 후구식(後口式)의 형 (1) 턱이 뒤로 물러난; (2) 입(구기)이 뒤를 향한, 곤충의 머리에 적용되는 말.

opisthogoneate 후문류(後門類)의 형 생식구(genital aperture)가 몸의 뒤쪽 끝에 있는, 곤충과 지네류의 절지동물에 적용되는 말.

opisthohaptor 후부착기(後附着器) 명 흡충류의 뒤쪽에 있는 빨판(sucker)이나 반(disc).

opisthokont 후편모의 형 몸의 뒤쪽 끝에 편모가 달린.

Opisthokonta 후편모생물 명 분자계통학적 연구를 통해 제안된 주요한 분류군. 동물과 진균류 그리고 일부 단세포성 진핵생물(입금편모충류, 점액포자동물과 미포자충류)이 포함된다.

opisthomere 후절(後節) 명 암컷 집게벌레의 배(복부)에 있는 종판.

opisthonephros 후방신(後方腎) 명 중신소관과 후신소관들로 구성되는 배(embryo)의 신장기관.

opisthosoma 후체구(後體球) 명 거미류와 그 밖의 무척추동물에서 몸의 뒤쪽 부위.

opisthure 명 등골뼈(척주)의 돌출된 끝.

opium 아편(阿片) 명 양귀비(*Papaver somniferum*)로부터 얻는 중독성 알칼로이드약물. 양귀비의 꼬투리를 칼로 베어 나오는 유액을 건조시켜 만든 것이다. 아편은 자극제, 마취제 및 환각제로 작용한다. 예전에는 통증을 완화하는 데 널리 쓰였지만, 지금은 그러한 목적으로 아편 대신에 모르핀과 같은 알칼로이드 유도체를 사용하고 있다.

opophilous 호수액성(好樹液性) 형 수액(sap)을 먹고 사는.

opossum 주머니쥐 명 아메리카대륙에 분포하는 작은 수상성(arboreal) 유대류. 대부분의 종들이 남아메리카에 분포하고, 북아메리카에는 한 종만이 있다. 주머니쥐(opossum)를 때때로 'possum'이라고 부르기도 하지만, 오스트레일리아의 쿠스쿠스류(possum)는 주머니쥐의 먼 친척뻘일 따름이므로 이들을 혼동하지 말아야 한다.

opponens 대립근의 형 손가락이나 발가락들이 서로 접촉하게끔 유발하는 근육에 적용되는 말.

opponent-process hypothesis 대립과정가설 19세기 후반에 헤링(Hering)이 제안한 색각(colour vision)에 관한 가설. 이 가설에 따르면 3쌍의 반대색이 있고 이들에 대해 서로 대립되는 세 가지 생리적 과정이 색각에 관련된다. 비 trichromatic theory.

opportunistic 기회적 형 (1) 정상적으로는 비병원성이지만 면역반응이 억제되었

O

거나 그 밖에 약화된 개체에서 병을 일으킬 수 있는 미생물에 적용되는 말; (2) 새로 펼쳐진 서식지를 개척할 수 있도록 특수화된 종(기회적 종)에 해당하는 말.

opposable 마주보는 형 물체를 꽉 잡을 수 있도록 손가락들을 모을 수 있는 영장류의 엄지손가락에 적용되는 말.

opposite 마주나기, 대생(對生) 형 줄기에서 서로 마주보며 한 쌍이 달리는 잎이나 그 밖의 기관에 적용되는 말.

opsiblastic 형 난할이 지연되는, 부화하기 전까지 휴면기를 갖는 알에 적용되는 말. 비 tachyblastic.

opsigenes 후생구조(後生構造) 명복 태어나서 오랜 뒤에 형성되거나 기능을 발휘하는 구조들.

opsin 옵신 명 척추동물의 다양한 시각색소를 구성하는 단백질 부분. 시각색소에 따라 약간 차이가 나고, 이러한 차이가 색소의 스펙트럼민감성을 결정짓는다.

opsonic 옵소닌의 형 옵소닌(opsonin)에 관련되거나 영향을 받는.

opsonin 옵소닌 명 바이러스입자 또는 세균의 표면과 결합하여 식세포에 의한 식작용을 용이하게 해 주는 단백질(항체 또는 보체).

opsonization 옵소닌작용 명 외래입자에 항체나 보체가 표면에 부착하여 이들 입자가 식세포에 의해 쉽게 섭취되도록 해 주는 과정.

optic 눈의, 시각의 형 눈 또는 시각과 관련된 말.

optical 시각의, 광학의 형 (1) 시각과 관련된 말; (2) 광학현미경(optical microscope)과 같이 빛의 또는 빛과 관련된.

optical density (OD) 흡광도 ⇨ absorbance.

optical isomer 광학이성질체 분자, 결정 또는 화합물의 두 가지 거울상 이성질체(enantiomer) 가운데 하나. 이 중 하나는 편광면을 오른쪽으로 회전시키고(우회전성, *d* 또는 +), 다른 하나는 왼쪽으로 회전시킨다(좌회전성, *l* 또는 −).

optical microscopy 광학현미경관찰법 ⇨ light microscopy.

optical section 단면영상 특정한 깊이의 물체를 대상으로 얻은 단면의 영상. 레이저광선으로 특정한 깊이의 물체를 스캔한 다음, 물체 이외에서 오는 빛을 배제하여 선명한 상을 얻는다.

optical tweezers 광학집게 세포소기관과 같이 연구의 대상이 되는 투명한 물체가 최대 레이저 강도를 가지는 초점으로 이끌리는 현상을 이용한 것. 레이저를 움직이면 물체도 같이 움직이게 된다. ≒ **optical forceps**, **optical trap**.

optic axis 안축(眼軸) 안구의 전후 굴곡이나 극의 중앙점을 지나는 선.

optic bulb 시구(視球) 배아에서 안포(optic vesicle)가 확장된 것. 나중에 함입되어 안배(optic cup)가 되고, 이로부터 망막이 발생한다.

optic chiasm(a) 시신경교차 뇌의 이마엽(전두엽) 아래에서 오른쪽 눈과 왼쪽 눈에서 오는 시신경들이 만나는 X자형의 구조. 각 망막의 내측 절반에서 오는 신경섬유들이 교차하여 양쪽 망막의 각각 좌우 절반에서 오는 섬유들로 구성되는 두 개의 시삭 또는 시각로(optic tract)를 이룬다. 오른쪽의 시각로는 왼쪽 시야에서 오는 모든 신호를 전달하고, 왼쪽 시각로는 오른쪽의 시야에서 오는 신호를 전달한다.

optic lobes 시엽(視葉) 시각신호(visual signal)의 처리와 관계가 있는 뇌의 부위. 대부분이 뒤통수엽(후두엽)으로 구성된다. ≒ visual areas, visual cortex.

optical nerves 시신경 시각과 관계가 있는 척추동물의 제2뇌신경. 시신경은 눈의 망막에서 나오고 시신경교차를 거쳐 측면슬상핵(lateral geniculate nucleus)에 이른다.

opticociliary 시신경섬모체신경의 형 시신경과 섬모체신경(ciliary nerve)에 관련된 말.

opticon 옵티콘 명 곤충에서 시엽(optic lobe)의 안쪽 구역.

opticopupillary 시신경동공의 형 시신경과 동공에 관련된 말.

optic radiation 시각부챗살 측면슬상핵에서 시각피질에 이르는 신경경로.

optic tectum 시개(視蓋) 양서류와 새에서 시신경이 연결되는 뇌의 구역.

optimal 최적(最適)의 형 (1) 가장 능률적이고, 비용 효율이 가장 좋은; (2) 최적섭식이나 최적번식전략과 같은 다양한 동물의 행동에 적용되는 말. 이 용어는 장기적인 의미에서 동물이 결과적으로 가장 많은 수의 독자 생존 가능한 자손을 낳을 수 있는 행동을 가리키는 데 사용되고, 단기적인 의미에서는 최적섭식(optimal foraging)과 같이 정해진 시간 내에 투입되는 에너지를 최적화하는 행동 또는 목적을 달성하는 데 소비되는 대사에너지를 최소화하는 행동을 나타내는 데 사용된다.

optimal yield 최적산출 특정 환경에서 개체군이 지속할 수 있는 최대증가율.

O

optimum 최적(最適) 명 가장 좋은 결과를 얻을 수 있는 조건 또는 일련의 조건들.

optocoel 안강(眼腔) 명 뇌의 시엽에 있는 공간(강).

optokinetic 눈운동의 형 눈의 운동과 관련된 말.

optomotor 시선운동(視線運動)의 형 움직이는 줄무늬의 자극에 반응하여 머리나 몸을 돌리는 반사에 적용되는 말.

Opuntiales 선인장목 ⇨ Cactales.

ora 입 명복 입(mouth). 단 **os**.

orad 입쪽으로 형 입이나 입 부위 쪽으로.

oral 입의 형 (1) 입과 관련되거나 입에 속한; (2) 극피동물과 같은 방사대칭동물에서 입과 같은 쪽에 있는.

oral disc 구판(口板) 산호충류의 폴립에서 중앙에 입이 있고 둘레에 촉수가 있는 둥글고 편평한 부분.

oral siphon 입수관(入水管) 미삭류에서 입 부근의 몸이 좁아진 것.

oral valve 구판막 바다나리류에서 보대구(ambulacral groove)를 분리하는 5개의 낮은 3각형 덮개 가운데 하나.

ora serrata 톱니둘레 신경조직이 끝나는 망막의 물결 모양 가장자리.

orbicular 원형의, 둘레의 형 (1) [식] 중앙에서 잎자루에 달리는 둥글거나 방패 모양의 잎에 적용되는 말; (2) [동] 눈의 근육(눈둘레근)에 해당하는 말.

orbicularis 둘레근, 윤근(輪筋) 명 섬유들이 눈과 같은 개구부를 둘러싼 근육.

orbiculate 원형의 형 윤곽이 거의 원형인.

orbit 눈구멍, 안와(眼窩), 안연부(眼緣部) 명 (1) 눈이 위치하는 뼈의 구멍(강); (2) 새에서 눈 주위의 피부; (3) 곤충에서 겹눈 주위의 뚜렷한 구역; (4) 절지동물의 머리가슴(두흉부)에서 눈자루(eye-stalk)가 생기는 움푹 꺼진 부위.

orbital 눈구멍의 형 눈구멍(orbit)과 관련된 말.

orbitofrontal cortex 안와전두피질 사람의 뇌에서 의사 결정과 같은 인지과정(cognitive process)과 관계가 있는 피질 부위. 눈 바로 위의 이마엽(전두엽) 내에 위치한다.

orbitomalar 눈구멍광대뼈의 형 눈구멍과 광대뼈에 관련된 말.

orbitonasal 눈구멍코의 형 눈구멍 그리고 인접한 뼈들 가운데 코의 부분에 관련된 말.

orbitosphenoid 안와설골(眼窩舌骨)의 형 (1) 전접형골(presphenoid)과 이마뼈(전두골)의 사이에 놓여 있는 쌍으로 된 머리뼈요소와 관련된 말; (2) 시신경들이 들어 있는 구멍을 가진 뼈에 적용되는 말.

orb web 둥근거미그물 거의 3각형인 틀에 고정된 방사상 줄들이 나선의 중심을 지탱하는 가장 흔하게 볼 수 있는 거미줄의 유형.

ORC 기점인식복합체(origin recognition complex).

Orchidales 난초목 명 덩이줄기(괴경) 또는 줄기가 비대해진 헛비늘줄기(위인경)를 갖는 외떡잎식물 초본의 목. 흔히 다른 식물에 착생하지만 간혹 부생생활을 하고, 종종 현란한 꽃을 피운다. 난초과(Orchidaceae)로 구성된다.

orchid mycorrhiza 난균근(蘭菌根) 담자균류에 의해 난초류(난초과 식물)의 배(embryo)에서 형성되는 균근. 배가 성공적으로 발생하는 데 필수적이다.

orchitic 정소의 ⇨ testicular.

orculaeform 통모양의 형 통(cask)처럼 생긴, 일부 지의류의 포자에 적용되는 말.

order 목(目) 명 과(family)와 강(class)의 중간에 위치하는 분류군.

ordinate 세로무늬의 형 여러 줄로 늘어선 무늬를 가진.

ordinatopunctate 세로점무늬의 형 여러 줄로 늘어선 점들에 적용되는 말.

Ordovician 오르도비스기 명 캄브리아기의 다음인 약 4억 8800만 년 전부터 실루리아기에 앞서 약 4억 4100만 년 전까지 지속된 지질시대. 이 기에는 대부분의 육지가 남쪽의 초대륙 곤드와나의 일부가 되었다. 해양생물은 필석동물, 3엽충류, 완족류, 코노돈트, 원시어류, 두족류, 바다나리류, 복족류 등이 포함된다. 이 시대에 식물이 최초로 육상에 진출한 것으로 여겨진다.

ORF 번역개시위치(open reading frame).

organ 기관(器官) 명 심장, 위, 콩팥과 같이 생물의 체내에서 특수한 기능을 하게끔 적응된 부분이나 구조를 통틀어 이르는 말.

organelle 세포소기관 명 진핵세포에서 특정한 기능과 과정이 국한된 구조.

organ of Corti 코르티기관 포유동물의 달팽이관에서 기저막 상에 위치하고 소리를 느끼는 구조. 2열의 코르티섬유(Corti's rods)들이 떠받치는 감각털세포들로 구성되고, 바깥귀로부터 달팽이관 안의 림프액에 전해진 소리의 진동자극이 이들 털세포를 자극한다. 코르티기관은 덮개막(tectorial membrane) 또는 코르티막(Corti's membrane)으로 덮여 있다.

organ of Golgi 골지기관 힘줄과 근육의 접합부위에 있는 원통 모양의 감각수용기.

organic 생물의, 유기(有機)의 형 (1) 생물과 관련되거나 생물에서 유래되거나 또는 생물의 특성을 나타내는; (2) 탄소를 포함하는, 분자에 적용되는 말.

organic chemistry 유기화학 탄소를 포함하는 화합물들의 화학.

organic farming 유기농법 인조비료와 농약을 사용하지 않는 영농.

organicism 유기체론 명 생물을 하나의 단위로 통합하는 것.

organific 형 조직화된 구조를 만드는.

organism 생물 명 생물을 가리키는 용어.

organismal, organismic 생물체의 형 (1) 전체로서 생물과 관련된 말; (2) 생물체의 생명 유지와 관련된 요인이나 과정

O

에 적용되거나 관련된 말.

organized 유기적인, 기관형적 형 (1) 생물의 특징을 나타내거나 생물처럼 행동하는; (2) 조직배양에서 조직의 정상적인 체계와 비슷한 세포들의 생장에 적용되는 말.

organizer 형성체(形成體) 명 배에서 다른 부위의 발생을 유도하는 부위. 특히 양서류에서 원구배순의 중배엽(슈페만형성체)과 그 밖의 척추동물에서 이와 비슷한 부위를 흔히 가리키며, 그 다음의 발생에 가장 많은 영향을 미치는 배역을 1차형성체(primary organizer)라고 한다. ≒ organizing region.

organogenesis 기관형성, 기관발생 명 기관의 형성과 발생.

organogenic 기관형성적 형 (1) 기관의 활동에 기인하는; (2) 기관형성(기관발생)과 관련된 말.

organoid 오르가노이드 형 뚜렷하게 조직화된 구조를 갖는, 식물의 어떤 벌레혹에 적용되는 말.

organoleptic 감각수용성의 형 감각기관에 효과를 미칠 수 있는 자극에 적용되는 말.

organology 기관학(器官學) 명 동물과 식물의 기관들을 연구하는 학문.

organophyly 기관계통발생 명 기관의 계통발생.

organoplastic 기관형성능의 형 기관을 형성하거나 생성할 수 있는.

O

organotroph 유기영양생물 ⇨ heterotroph.

organotrophic 기관영양의, 유기영양의 형 (1) 기관의 형성과 영양에 관련된 말; (2) 탄소원으로 유기화합물을 필요로 하는 생물에 적용되는 말. ≒ heterotrophic.

organotypic 기관형적(器官型的) 형 배양된 세포들이 조직과 비슷한 유형으로 조직화된 생장에 적용되는 말.

orgasm 오르가슴 명 흥분이 최고조에 이른 상태, 특히 성적 쾌감이 최고조에 이른 상태.

ori DNA의 복제기점(origin of replication).

Oriental region 동양동물구 월리스(Wallace)의 분류에서 히말라야 산맥 남쪽의 인도 아대륙과 동남아시아 그리고 술라웨시와 뉴기니를 제외한 인도네시아를 포함하는 동물지리구. 월리스선에 의해 오스트레일리아동물구(Australian region)와 분리된다. 동양동물구는 실론동물아구, 인도동물아구, 인도차이나동물아구 및 인도말레이시아동물아구로 나뉜다.

orientation 방향정위(方向定位) 명 자극을 받은 기관이나 생물들이 위치를 바꾸는 것.

orientation column 정위기둥 ⇨ feature detection column.

orientation response 정위반응(定位反應) 환경의 갑작스러운 변화(예: 소리 또는 새로운 광경)에 대한 생물의 생리적 반응.

orifice 구멍, 입 명 입 또는 구멍.

origin ⇨ origin of replication.

original antigenic sin 항원원죄 항원결정부(epitope)에 대한 항체반응이 처음 접촉한 바이러스주와 그 다음에 접촉한 동족의 바이러스 사이에서 공유하는 경향. 그러나 새로운 바이러스주의 다른 항원결정부에 대해서는 반응하지 않는다.

origin of life 생명의 기원 지구 상에서 약 40억 년 전에 당시의 대기의 상태에서 형성된 탄소를 포함하는 단순한 화합물로부터 최초의 생명이 기원하였다는 오늘날의 과학이론. 자신을 복제하는 분자의 진화가 필수적이며, 과연 그 자기복제물질이 무엇이었는지에 대해서는 아직도 논란의 여지가 있다. ⇨ ribozyme, RNA world.

origin of replication (ori) 복제기점 DNA분자에서 DNA의 복제가 시작될 수 있는 부위.

origin recognition complex (ORC) 기점인식복합체 DNA의 복제기점부위에 결합하는 여러 가지 단백질로 구성된 복합체. DNA의 복제에 필요한 DNA풀기효소와 DNA중합효소 등이 복제기점을 인식하는 표시가 된다.

ornis 조류상 ⇨ avifauna.

ornithic 새의, 조류(鳥類)의 형 새와 관련된 말.

ornithine 오르니틴 명 요소회로에 관여하는 아미노산인 디아미노발레르산(diaminovaleric acid). 새에서는 그 유도체의 일종인 오르니투르산(ornithuric acid)으로 배출된다.

ornithine cycle 오르니틴회로 ⇨ urea cycle.

Ornithischia, ornithischians 조반목, 조반류(鳥盤類) 명, 명복 현대 새의 골반과 비슷한 골반을 갖고, 따라서 흔히 '새의 엉덩이를 갖는 공룡(bird-hipped dinosaurs)'이라고도 부르는 중생대 공룡의 목. 이들 모두 초식성이었고, 두발동물인 조각류(ornithopods)와 네발동물인 ceratopians, 검룡류(stegosaurs)와 곡룡류(ankylosaurs)가 포함된다. 그렇지만 오늘날의 새들은 이 공룡 무리에서 진화하지 않은 것으로 여겨진다.

ornithology 조류학(鳥類學) 명 새를 연구하는 학문.

ornithophilous 조매(鳥媒)의 형 새에 의해 꽃가루받이를 하는 꽃(조매화)에 적용되는 말. 명 **ornithophily**.

ornithuric acid 오르니투르산 새의 똥에 들어 있는 디벤조일오르니틴(dibenzoylornithine).

oroanal 입항문의 형 (1) 입과 항문으로 쓰이는; (2) 입과 항문을 연결하는.

orobranchial 입아가미의 형 입과 아가미에 관련된, 상피에 적용되는 말.

oronasal 입코의, 구비(口鼻)의 형 입과 코를 연결하는 홈(구비구)과 관련된 말.

oropharynx 입인두 명 입과 인두의 공간(강).

orotate 오로트산 명 피리미딘뉴클레오티드 오로티딜산(orotidylate)의 전구물질인 피리미딘염기.

orotidylic acid, orotidylate 오로티딜산 탈카르복시화반응으로 우리딘1인산(UMP)을 생성하는 피리미딘뉴클레오티드.

orphan receptor 희귀수용체(稀貴受容體) 리간드(배위자)가 알려져 있지 않은 수용체.

orphan virus 무해바이러스 질병과의 인과관계가 분명하지 않은 바이러스.

orphon 가짜유전자 명 유전체의 여느 유전자군의 배열과 관련이 있는 유전자.

ortet 오르테트 명 클론(clone)의 조상.

orthal 형 아래위로 똑바른, 턱의 운동에 적용되는 말.

orthaxial 곧은축의 형 똑바른 축이나 척추의 축을 갖는, 꼬리지느러미에 적용되는 말.

ortho- '똑바로'를 뜻하는 그리스어 '*orthos*'에서 유래된 접두사.

orthoblastic 형 똑바른 배대(germ band)를 가진.

orthochromatic 정색성의, 정염성의 형 (1) 염료와 같은 색을 갖는; (2) 정상적으로 염색되는.

orthocladous 형 똑바르게 가지 친.

orthodentine 무혈관상아질 명 거의 평행한 많은 상아질세관(dentinal tubule)들이 박혀 있는 상아질.

orthodromic 정방향의 형 정상적인 방향으로 움직이는, 신경충격의 전도(정방향 전도)에 적용되는 말.

orthoenteric 형 체표의 배 쪽을 따라 소화관이 있는, 일부 해초류(ascidians)에 적용되는 말.

orthogenesis 정향진화(定向進化) 명 자연선택이나 그 밖의 외부의 힘과는 무관하게 예정된 일정한 방향을 따라 진화하는 것.

orthognathous 곧은턱의 형 (1) 턱이 똑바른; (2) 어떤 곤충과 같이 머리의 축이 몸에 대해 직각인.

orthograde 직립보행의 형 몸이 수직자세로 걷는.

orthokinesis 오르토키네시스 명 생물이 불리한 환경을 만났을 때 속도를 변화시키는 운동. 자극의 세기에 따라 속도가 좌우된다.

orthologous 이종상동성(異種相同性) 형 공통조상에서 같이 진화하여 상동인 서로 다른 종의 유전자(이종상동성 유전자)에 적용되는 말. 예를 들어 사람과 말의 α글로빈유전자는 이종상동성이지만, 사람과 말의 β글로빈유전자는 조상 유전자의 중복에 의해 생겨났기 때문에 이종상동성이 아니다. 명 **orthologue**. 비 paralogous.

Orthomyxoviridae 오르토믹소바이러스과, orthomyxoviruses 오르토믹소바이러스 명, 명복 유전체가 음성-극성의 외가닥RNA에서 분절로 이루어진 껍질보유바이러스의 과. 독감바이러스가 포함된다.

Orthonectidae 직유강(直遊綱) 명 중생동물문(Mesozoa)에 속하는 무척추동물의 강. 직유류(orthonectids)가 포함되고, 편형동물, 유형동물, 다모류, 2매패류 및 극피동물의 콩팥에 기생한다. 자유로이 유영하는 유성세대를 갖는다.

orthophosphate (Pi) 오르토인산염 HPO_4^{2-} (+ $H_2PO_4^-$).

orthoploid 정배수성의 형 (1) 염색체 수가 짝수인; (2) 완전하고 균형 잡힌 유전체를 갖는 배수성의.

Orthoptera, orthopterans 메뚜기목, 메뚜기류 명, 명복 귀뚜라미, 메뚜기, 여치 등을 포함하는 곤충의 목. 일부 분류체계에서는 바퀴벌레와 사마귀도 메뚜기목에 포함시킨다. 긴 더듬이와 베어 무는 구기 그리고 길고 좁은 앞날개와 넓은 막성 뒷날개를 갖는다. 그 밖에 도약을 위해 특수화된 큰 뒷다리와 특징적인 소리를 내는 마찰기(발음기)를 흔히 갖는다.

orthoradial 정방선방향의 형 난축(egg axis)의 둘레에서 대칭적으로 분열하는 난할에 적용되는 말.

orthoselection 정향선택(定向選擇) 명 오랜 기간에 걸쳐 같은 방향으로 끊임없이 작용하는 자연선택.

orthosomatic 곧은몸의 형 똑바른 몸을 갖는, 곤충의 어떤 유충에 적용되는 말.

orthospermous 곧은씨앗의 형 똑바른 씨앗을 가진.

orthospiral 상관나선의 형 각 꼬임에서 서로 맞물리는 평행한 자매염색분체들의 나선에 적용되는 말. ≒ plectonemic.

orthostichous 직렬(直列)의 형 수직으로 열을 짓는, 잎에 적용되는 말.

orthostichy 직렬선(直列線) 명 나선상으로 배열되는 아래위의 잎들에 의해 형성되는 잎들의 수직선.

orthotopic 정위의, 동소의 형 적절한 위치에 있는, 이식에 적용되는 말.

orthotopy 정소성(定所性) 명 (1) 정상적으로 배치된 것; (2) 생물이 자신의 정상적인 서식지에 존재하는 것.

orthotropism 직생성(直生性), 정상굴성(正常屈性) 명 (1) 원뿌리(주근)에서 볼 수 있는 것과 같이 직선으로 자라는 것; (2) 자극이 가해지는 선으로 지향하는 경향이 있는 상태. 형 **orthotropic**.

orthotropous 직생(直生)의 형 알끈(합점)과 배꼽(제) 그리고 주공이 일직선으로 배열된 밑씨에 적용되는 말.

orthotype 원유전자형, 정상형 명 원래 지정된 유전자형.

os 입, 뼈 명 (1) 입. 복 **ora**; (2) 뼈. 복 **ossa**.

oscitate 동 하품하다. 입을 벌리다.

oscula 대공 'osculum'의 복수형.

osculate 중간형의 형 두 집단 간의 중간적인 특징을 가진.

osculum 대공(大孔) 명 해면동물에서 체강으로부터 물이 배출되는 체벽의 큰 구멍. 복 **oscula**. 형 **oscular**.

osmatic 후각의 형 냄새를 맡는 감각이 있는.

osmeterium 냄새뿔 명 일부 나비의 유충에서 제1가슴마디에 달리는, 냄새를 풍기는 기관.

osmiophilic 오스뮴친화성 형 오스뮴염료에 쉽게 염색되는.

osmoconformer 삼투순응동물 명 체액의 삼투농도를 조절하지 않고, 따라서 외부환경의 삼투농도에 따라 체액농도를 변화시키는 동물. 하구에 사는 일부 무척추동물들이 그 예가 된다.

osmolality 삼투몰농도 명 용액의 삼투농도를 양적으로 측정하는 것. 보통 오스몰(osmole)로 나타낸다. 1 오스몰 = 1 몰랄농도(⇨ molality). 비 osmolarity.

osmolarity 삼투성(滲透性) 명 삼투현상을 유발하는 용액의 능력. 세포 내부의 삼투성은 주로 고농도의 전하를 띤 유기분자들과 이들의 반대이온(counterion)에 기인한다. ≒ tonicity. 비 osmolality.

osmomorphosis 삼투형형성(滲透型形成) 명 주변의 물에서 염도가 변함에 따라 일어나는 변화처럼 삼투압의 변화에 따라 모양이나 구조가 변하는 것.

osmophile 호삼투세균 명 당(sugar)이 풍부한 환경에서 살 수 있는 세균.

osmophore 발향단(發香團) 명 화합물의 냄새의 원인이 되는 원자군. 후각뉴런의 수용체와 결합한다.

osmoreceptor 삼투수용기 명 혈액의 삼투변화에 반응하는 세포와 같이 삼투압의 변화를 감지하는 세포.

osmoregulation 삼투조절 명 동물이 체내의 물의 양 또는 염분의 양을 조절하여 체액의 삼투압을 조절하는 것.

osmoregulator 삼투조절생물 명 체액의 삼투농도를 능동적으로 조절하는 생물.

osmosis 삼투(현상) 명 반투막을 통해 저농도 용액에서 고농도 용액 쪽으로 또는 순수한 용매에서 용액 쪽으로 용매가 확산되는 현상.

osmotaxis 삼투주성 명 삼투압의 변화에 대한 반응으로 생긴 운동.

osmotic 삼투의 형 삼투현상과 관련된 말.

osmotic activity 삼투활성 삼투현상을 일으킬 수 있는 용액의 능력. ⇨ osmotic pressure.

osmotic balance 삼투평형 삼투현상에 의해 환경으로부터 세포 내부로 물이 유입되는 것을 막기 위해 생체세포가 세포 내외의 용질과 이온의 농도를 조절하는 것.

osmotic pressure (OP) 삼투압 용액의 삼투활성을 측정하는 것. 삼투압은 농도가 다른 두 액체를 반투막으로 분리했을 때 용매가 용액으로 옮겨 가는 것을 억제하기 위해 반드시 필요한 최소한의 압력이다. 삼투압은 용질의 농도에 비례한다.

osmotroph 호삼투생물 명 용액에서 유기물질을 흡수하는 곰팡이와 세균 등의 종속영양생물. 형 **osmotrophic**. 비 phagotroph.

osphradium 후검기(嗅檢器) 명 많은 연

체동물에서 내장신경절(visceral ganglia)과 관련된 화학감각기관.

osphresis 후각(嗅覺) 명 냄새의 감각.

ossa 뼈 명복 뼈. 'os'의 복수형.

ossa sutura, ossa triquerta 봉합골 ⇨ sutural bones.

osseous 뼈의 형 뼈로 구성되거나 뼈와 비슷한.

osseous labyrinth 골미로(骨迷路) 관자뼈(측두골)에 박혀 있는 속귀의 전정, 반고리관 그리고 달팽이관(와우각).

ossicle 골편(骨片), 작은뼈, 귓속뼈 명 (1) 극피동물 외골격의 판에서 볼 수 있는 것과 같이 작은 뼈 또는 그 밖에 단단한 석회성 구조를 통틀어 이르는 말; (2) 가운데귀에 있는 3개의 작은 뼈들 가운데 하나.

ossicone 골축(骨軸) 명 양이나 소와 같은 반추동물의 뿔의 중심부.

ossicular 골편의, 작은뼈의 형 골편 또는 작은뼈와 관련된 말.

ossiculate 골편의, 작은뼈의 형 골편 또는 작은뼈를 가진.

ossification 골화(骨化) 명 뼈의 형성, 연골을 뼈로 대치하는 것.

ossify 골화되다 동 뼈로 바뀌다.

Ostariophysi 골표상목(骨鰾上目) 명 베버소골(Weberian ossicle)을 갖는다는 점이 특징인 진골어류의 상목. 잉어류, 피라미류, 메기류, 미꾸라지류 등이 포함된다.

Osteichthyes 경골어강(硬骨魚綱) 명 몸체에 딱딱한 뼈가 있는 어류. 무악어강(Agnatha)과 연골어강(Selachii)을 제외한 모든 어류로 구성되는 강이다. 뼈로 된 골격, 부레 또는 허파 그리고 아가미를 덮는 아가미뚜껑을 갖는다. (⇨ 부록 3)

osteoblast 조골세포 명 골기질(bone matrix)을 분비하는 뼈를 형성하는 세포. ≒ bone cell.

osteochondral 뼈연골의 형 뼈와 연골에 관련된 말.

osteochondrous 뼈연골성 형 뼈와 연골 모두로 구성된.

osteoclasis 파골(破骨) 명 파골세포에 의해 뼈가 파괴되는 것.

osteoclast 파골세포, 뼈파괴세포 명 대식세포와 관련이 있는 큰 다핵세포. 뼈가 형성되거나 개조되는 동안에 석회성이거나 연골질성의 뼈 또는 그 밖의 기질을 파괴한다. ≒ giant cell.

osteocranium 경골머리뼈 명 연골질성 머리뼈(두개)인 연골머리뼈(chondrocranium)와 구별되는 경골로 된 머리뼈.

osteocyte 뼈세포 명 조골세포(osteoblast)에서 유래하는, 분비하지도 분열하지도 않는 세포. 석회화된 뼈에 들어 있다. ≒ bone cell.

osteodentine 뼈모양상아질 명 구조가 뼈와 매우 유사한 상아질의 일종.

osteodermis 뼈진피 명 (1) 거의 뼈로 바뀐 진피(dermis); (2) 골질의 진피판.

osteogen 뼈형성원 명 뼈를 만들고 바꾸는 조직.

osteogenesis 뼈형성 명 뼈가 만들어지고 자라는 것.

osteogenic 뼈형성의 형 뼈의 형성과 관련되거나 뼈의 형성을 야기하는. ≒ **osteogenetic**.

osteoid 풋뼈, 뼈모양 (1) 명 석회화되지 않은 뼈의 기질. 조골세포에서 분비되는 아교질 물질로 되어 있고, 이로부터 뼈의 기초가 형성된다; (2) 형 뼈 모양의.

osteolepid 뼈비늘형 형 총기류(Crossopterygii)와 같이 피부가 골질비늘(bony scale)로 덮인.

osteology 골학(骨學) 명 뼈의 구조와 성질 그리고 발생을 연구하는 학문.

osteolysis 뼈용해 명 뼈의 분해와 용해.

osteomere 뼈분절 명 척추동물 골격의 분절.

osteon bone 원통상의 뼈단위(osteon)들이 겹치면서 구성되는 뼈의 일종. 각각의 뼈단위는 동심원을 이루는 층(층판), 각 층에서 서로 직각으로 배열된 아교질섬유, 그리고 중심의 하버스관으로 구성된다.

osteonectin 오스테오넥틴 명 뼈의 석회화 과정에서 수산화인회석결정(hydroxyapatite crystal)이 자라는 데 관여하는 뼈 특유의 단백질.

osteopetrosis 뼈화석증 명 뼈가 차츰 과도하게 두꺼워지고 치밀해지는 증상.

osteoplastic 뼈형성의 형 (1) 뼈를 만드는; (2) 뼈를 만드는 세포(조골세포)에 적용되는 말.

osteoporosis 골다공증(骨多孔症) 명 골기질이 과도하게 감소하여 뼈가 약해지는 증상.

osteosarcoma 뼈육종, 골육종(骨肉腫) 명 뼈의 종양.

osteoscute 골갑(骨甲) 명 아르마딜로에서 볼 수 있는 것과 같이 골질로 된 외부의 덮개나 판.

ostia 'ostium'의 복수형.

ostiole 소공(小孔) 명 해면동물의 체벽에서 볼 수 있는 것과 같은 작은 구멍이나 개구부. ≒ ostium. 복 **ostiolar**.

ostium 구(口), 심문(心門), 소공(小孔) 명 (1) 입처럼 생긴 입구 또는 개구부; (2) 절지동물에서 위심강(pericardial cavity)으로 혈액이 유입되는 심장의 개구부; (3) 해면동물의 측벽에서 외부로부터 체강으로 물이 유입되는 작은 구멍. 복 **ostia**. 형 **ostial**.

Ostracoda, ostracods 패충아강, 패충류(貝蟲類) 명, 명복 작은 수생 갑각류의 무리. '개형류' 또는 '패형류'라고도 한다. 2장의 껍데기로 된 등딱지(배갑)가 머리와 몸을 감싸고, 몸통과 배의 다리는 퇴화되었다.

ostracoderms 갑주어류(甲胄魚類) 명복 고생대 무악어류(Agnatha)의 멸종된 무리. 몸은 진피성 경골의 외골격으로 싸여 있었다.

otic 귀의 형 귀와 귀의 부위와 관련된 말.

otitis media 중이염(中耳炎) 가운데귀의 염증.

otoconia, otoconites 평형모래, 청사(聽砂) 명복 속귀의 막미로(membranous labyrinth)에서 발견되는 탄산칼슘의 극히 작은 알갱이.

otocyst 이포(耳胞) ⇨ statocyst.

otolith 이석(耳石) 명 속귀의 반고리관과 타원주머니 그리고 둥근주머니의 액체에 들어 있는 석회질 입자. 머리의 위치가 변화하는 데 반응하여 이석이 움직이면 감각세포를 자극하여 중력에 대한 위치를 잡아주고 평형을 유지하도록 한다. ≒ statolith.

otolith organ 이석기관 어류에서 이석 그리고 그와 연관된 털세포(감각세포)로 구성되는 귀의 구조.

oto-occipital 명 후이골(opisthotic)과 외후두골(exoccipital)이 유합하여 생긴 뼈.

ototoxicity 귀독성 명 일부 약물이 귀의 구조에 미치는 독성.

OTU 조작분류단위(operational taxonomic unit).

ouabain 와베인 명 식물의 글리코시드인 G-스토로판티딘(G-strophanthidin). 진핵세포의 막에서 나트륨-칼륨 ATP가수분해효소(Na^+-K^+ ATPase)의 특이적 저해제로 작용한다.

Ouchterlony double diffusion 오우크테를로니2중확산(법) 시료에 들어 있는 항원의 양과 두 항원의 동질성을 측정하는 방법. 한천평판 내를 항원과 항체가 확산하여 반응하여 최적비율을 나타내는 부위에 침강선이 형성되는 것을 관찰한다.

outbreeding 이계교배(異系交配) 명 유연관계가 먼 개체들 간의 교배. 형 **outbred**. ≒ **outcrossing**. 비 cross-fertilization, inbreeding.

outer membrane 외막, 세균외막 그람음성균에서 펩티도글리칸으로 이루어진 세포벽의 바깥쪽에 있는 두 번째 막. 주로 지질다당류로 구성되어 있다. 외막은 원형질막과 달리 물과 그 밖의 작은 분자들을 투과시킨다. ≒ lipopolysaccharide layer. ⇨ chloroplast, mitochondrion.

outer phalangeal cells 바깥손가락세포 ⇨ Deiter's cells.

outgroup, outliers 외군, 소외자 계통수나 분기도를 만들 때 이용되는 연구대상의 분류군과 단계통적이 아닌 분류군 또는 분류군의 무리.

ova 'ovum'의 복수형.

ovalbumin 난알부민 명 난백의 주된 단백질성분인 당단백질.

oval window 난원창 가운데귀의 고실과 속귀의 전정 사이에 있는 막으로 싸인 2개의 작은 구멍의 위쪽. ≒ fenestra ovalis.

ovarian 씨방의, 난소의 형 씨방 또는 난소와 관련된 말.

ovarian follicle 난소여포 ⇨ Graafian follicle.

ovariole 난소관(卵巢管) 명 곤충 난소의 난관(egg tube).

ovariotestis 난정소(卵精巢) 명 성전환의 경우에서 볼 수 있는 것과 같이 암수의 요소들이 함께 형성되는 생식기관.

ovarium 난소 ⇨ ovary.

ovary 난소, 씨방 명 식물과 동물에서 암배우자 또는 알세포가 만들어지는 생식기관. 꽃식물에서 씨방은 밑씨(ovule)가 들어 있는 심피(carpel)의 확장된 부위로 이뤄지고, 수정이 일어난 다음에는 씨앗이 들어 있는 열매로 발달한다. (⇨ 그림 18)

ovate 난형(卵形) 형 윤곽이 달걀 모양이고 넓은 끝에서 부착하는, 잎에 적용되는 말.

ovate-acuminate 난뾰족꼴 형 잎몸(엽신)은 달걀 모양이고 끝이 매우 뾰족한.

ovate-ellipsoidal 난타원형 형 타원형에 가까운 달걀 모양의, 잎에 적용되는 말.

ovate-lanceolate 난피침형 형 잎몸이 난형(ovate)과 창형(lanceolate)의 중간적인.

ovate-oblong 난장타원형 형 잎몸은 길쭉하고 한쪽 끝이 좁은.

overdominance 초우성(超優性) 명 이형접합체의 표현형이 각 동형접합체가 나타내는 표현형 범위의 바깥에 놓이는 상태.

overflow 넘침 형 개가 뼈에 대해 모성애를 드러내는 것처럼 어떤 욕구를 충족시키기 위해 어떤 자극에 대해 일어나는 적절하지 못한 행동에 적용되는 말.

overlapping genes 중복유전자 한 유전자의 단백질을 암호화하는 DNA 염기순서의 일부가 다른 유전자의 단백질을 암호화하는 서열의 일부 또는 전부를 이루는 흔하지 않은 유전적 배열. 보통 같은 해독틀(reading frame)에 들어 있지 않다.

overshoot 지나치기 명 (1) 어느 종의 개체군크기가 일시적으로 그들 서식지의 환경수용력(carrying capacity)을 초과하여 개체군의 급격한 감소를 초래하는 상황; (2) 신경충격에서 활동전위가 발생하는 동안 막전위가 짧게 역전되는 것.

ovicapsule 난포내층(卵胞內層) 명 알상자(egg case) 또는 알주머니(ootheca).

ovicell 알집 명 어떤 태형동물에서 배가 발생하는 특수화된 공간.

oviducal 수란관의 형 수란관(oviduct)과 관련된 말.

oviduct 수란관(輸卵管), 난관 명 난소로부

터 난을 외부로 나르는 관. 형 **oviducal**.

oviferous, ovigerous 부란(負卵)의, 포란(抱卵)의 형 알을 나르는 역할을 하는.

oviform 알모양의 형 달걀 모양의.

oviger 부란각(負卵脚) 명 어떤 거미류의 알을 붙여 가지고 다니는 다리.

oviparous 난생(卵生)의 형 알을 낳는. 명 **oviparity**.

oviposition 산란(産卵) 명 곤충과 어류가 표면에 알을 낳는 것.

ovipositor 산란관 명 (1) 곤충류에서 알을 낳기 위한 특수화된 구조; (2) 어류의 생식구멍에 있는 관 모양의 돌출물.

ovisac 난포(卵胞) 명 (1) 알상자 또는 알주머니; (2) 육아낭(brood pouch).

ovocyst, ovocyte, ovogenesis ⇨ oocyst, oocyte, oogenesis.

ovoid 난형 형 알 모양의.

ovomucoid 난백점소(卵白粘素) 명 알의 흰자위에 있는 당단백질.

ovo-testis 난정소(卵精巢) 명 (1) 자연적인 암수동체동물에서 알과 정자의 모두를 만드는 생식기관; (2) 사람의 가성반음양증(pseudohermaphroditism)의 어떤 경우에서 볼 수 있는 난소조직과 정소조직으로 구성된 기관.

ovovitellin 난비텔린 ⇨ vitellin.

ovovitelline duct 난황세포를 생성하는 난황샘들이 안을 싸고 있는 관.

ovoviviparous 난태생(卵胎生)의 형 지속성의 껍질이 있는 알을 만들지만 모체 내에서 알이 부화하는 생물과 관련된 말. 명 **ovoviviparity**.

ovular 밑씨의 형 밑씨(배주)와 비슷하거나 관련된 말.

ovulate (1) 형 **암(구과)의** 밑씨를 만드는, 구과(cone)에 적용되는 말; (2) 동 **배란하다** 난소에서 알을 배출하다. 명 **ovulation**.

ovulatory 배란의 형 배란(ovulation)과 관련된 말.

ovule 밑씨, 배주(胚珠) 명 종자식물에서 대배우자체와 대포자로 이루어진 구조. 밑씨와 그 주위의 주심(nucellus)은 주피(integument)로 둘러싸이고, 수정이 일어난 다음 종자로 발달한다. (⇨ 그림 18)

ovuliferous 밑씨의 형 (1) 밑씨를 갖거나 포함하는; (2) 구과(cone)의 포린(bract scale)에서 생기는 하나 또는 몇 개의 밑씨가 달린 비늘(종린)에 적용되는 말.

ovum 알, 난자 명 암배우자. ≒ egg, egg cell. 복 **ova**. ⇨ oocyte.

oxalic acid, oxalate 옥살산 많은 곰팡이로부터 칼슘염의 형태로 배출되고 결정을 형성하는 간단한 유기카르복실산 [$(COOH)_2$]. 한편 옥살산은 다양한 식물 조직과 오줌에서 부산물로 발견되고 일부 2매패류의 외투막에도 들어 있다.

oxaloacetic acid, oxaloacetate 옥살로아세트산 트리카르복시산회로에서 아세틸CoA로부터 아세틸기를 받아 시트르산을 형성하는 4탄소 카르복실산.

oxalosuccinic acid, oxalosuccinate 옥살로숙신산 트리카르복시산회로에서 탈카르복시화반응으로 α-케토글루타르산이 되는 6탄소 카르복실산.

oxidase 산화효소 명 수용체로 분자상 산소를 이용하는 산화환원반응을 촉매하는 효소를 통틀어 이르는 말. 비 reductase, dehydrogenase.

oxidation 산화(酸化) 명 화합물이나 원자 또는 이온에 산소가 첨가되거나 수소가 제거되거나 또는 전자가 제거되는 현상. 비 reduction.

β-oxidation pathway β-산화경로 지방산이 미토콘드리아에서 분해되어 아세틸CoA가 만들어지는 대사경로.

oxidation-reduction enzymes 산화환원

효소 ⇨ oxidoreductases.

oxidation-reduction potential 산화환원 전위 ⇨ redox potential.

oxidative phosphorylation 산화적 인산화 유기호흡의 결과로 ADP와 오르토인산염에서 ATP가 만들어지는 반응. 비 photophosphorylation. ⇨ chemiosmosis.

oxidative stress 산화적 스트레스 감염에 대한 반응과 같은 상황에서 활성산소가 대량 생산됨에 따라 주로 단백질과 DNA에 대한 손상에 의해 세포에 가해지는 스트레스.

oxidoreductase 산화환원효소 명 어느 화합물을 환원시키면서 다른 어떤 화합물을 산화시키는 반응을 촉매하는 효소를 통틀어 이르는 말. 탈수소효소, 카탈라아제, 산화효소, 과산화효소, 환원효소 등이 포함된다.

oxoglutarate 옥소글루타르산 명 케토글루타르산(ketoglutarate)에 대한 화학적으로 올바른 이름. 그렇지만 아직도 케토글루타르산이라는 용어가 널리 사용되고 있다.

oxy- 헤모글로빈과 같이 산소를 운반하는 혈색소의 명칭에 붙어서 산화형을 나타내는 접두사.

oxyaster 옥시아스터 명 해면동물에서 날카롭고 예리한 끝을 가진 별 모양의 골편.

oxybiotic 호기적(好氣的) 형 산소가 있는 곳에서 사는.

oxychlorocruorin 산화클로로크루오린 명 어떤 다모류의 통기된 혈액에서 볼 수 있는 것과 같이 산소와 결합한 클로로크루오린.

oxydactylous 형 손발가락이 날씬하고 끝이 가늘어지는.

oxyerythrocruorin 산화에리트로크루오린 명 많은 환형동물과 연체동물의 통기된 혈액에서 볼 수 있는 것과 같이 산소와 결합한 에리트로크루오린.

oxygen (O) 산소 명 유리상태에서 무색 무취의 기체(O_2)이지만 오존(O_3)을 형성할 수 있는 원소. 지구의 대기에서 2원자 분자기체(O_2)의 형태로 부피의 21%를 차지한다. 산소는 반응성이 매우 높고, 지구 상의 원소 가운데 가장 풍부하며, 지각과 많은 종류의 유기분자들에서도 발견된다. 산소는 생명체에 필수적인 원소이다. 한편 많은 생물들이 호흡을 수행하기 위하여 분자상 산소(O_2)를 필요로 한다. ⇨ aerobic respiration, oxygen cycle, ozone.

oxygenase 산소화효소 명 분자상 산소(O_2)의 산소원자가 유기화합물에 결합하는 반응을 촉매하는 효소. ⇨ dioxygenase, monooxygenase.

oxygen cycle 산소순환 생물권과 대기 사이에서 산소가 순환하는 것. 산소는 녹색식물과 조류에 의해 그리고 남세균과 같은 일부 세균에 의해 광합성을 통해 방출되고, 식물을 포함한 호기성 생물에 의해 호흡을 통해 흡입된다.

oxygen debt 산소부채(酸素負債) 근육과 같이 정상적으로는 호기성인 조직이 산소가 충분하게 공급되지 않는 상황에서 활동할 때 생기는 저장된 화학에너지의 결핍. 일단 산소가 회복되면 조직은 호흡을 통해 에너지공급이 회복될 때까지 한동안 정상시 이상의 산소를 소비한다.

oxygen dissociation curve 산소해리곡선(酸素解離曲線) (1) 헤모글로빈의 산소포화도(%)와 산소농도와의 관계를 나타내는 곡선. 여러 다른 환경조건하에서 또는 여러 다른 동물들에서 산소헤모글로빈의 해리에 관한 정보를 제공해 준다; (2) 어느 물질로부터 산소가 해리되는 것을 나타내는 곡선을 통틀어 이르는 말.

oxygenic photosynthesis 산소생성광합성 산소가 발생되는 광합성의 일종. 산소생성광합성은 식물과 조류 그리고 남세균들에서 일어나는 광합성의 유형이다.

oxygenotaxis 산소주성 ⇨ oxytaxis.

oxygenotropism 굴산소성 ⇨ oxytropism.

oxygen quotient (Q_{O2}) 산소지수 건조중량 1 mg인 생체가 정상적인 온도와 압력에서 1시간 동안에 소비하는 산소의 양(μL).

oxygen sag curve 용존산소수하곡선(溶存酸素垂下曲線) 유기 오염물질이 유입되는 하천에서 오염원으로부터의 거리에 따른 하천수의 용존산소변화를 나타낸 곡선. 오염물질이 유입되는 곳의 바로 아래에서 용존산소가 급격하게 감소하였다가 하류로 내려가면서 용존산소가 서서히 증가하는 경향이 나타난다.

oxygnathous 뾰족턱의 형 거의 날카로운 턱을 가진.

oxyhaemerythrin 산화헤모에리트린 명 일부 환형동물의 혈액에서 볼 수 있는 것과 같이 산소와 결합한 헤모에리트린.

oxyhaemocyanin 산화헤모시아닌 명 많은 연체동물과 절지동물의 통기된 혈액에서 볼 수 있는 것과 같이 산소와 결합한 헤모시아닌.

oxyhaemoglobin 산소헤모글로빈 명 산소와 결합한 헤모글로빈. 허파에서처럼 산소의 농도가 높을 때 생성되고 조직에서와 같이 산소의 농도가 낮을 때 산소를 방출한다.

oxymyoglobin 옥시미오글로빈 명 산소와 결합한 미오글로빈. 산소의 농도가 높을 때 생성되고 산소의 농도가 낮을 때 산소를 방출한다.

oxyntic 산분비의 형 산(acid)을 분비하는, 위의 위샘에서 염산(HCl)을 분비하는 세포(산분비세포)에 적용되는 말.

oxyphil(ic) 호산성(好酸性)의 형 산성 염료에 대한 친화성이 높은. ≒ acidophil, acidophilic.

Oxyphotobacteria 산소생성광합성세균 명 광합성을 하는 세균의 강. 광합성의 부산물로 산소를 생성하는 세균인 남세균으로 이뤄진다.

oxytaxis 산소주성(酸素走性) 명 산소의 자극에 반응하여 나타내는 주성. 형 **oxytactic**.

oxytetracycline 옥시테트라사이클린 명 세균의 단백질합성을 저해하는 광역 테트라사이클린항생물질. ≒ terramycin.

oxytocic 급속분만의 형 분만을 촉진하는.

oxytocin 옥시토신 명 뇌하수체 후엽인 신경뇌하수체(neurohypophysis)에서 분비되는 펩티드호르몬. 포유동물에서 민무늬근(평활근), 특히 자궁근육의 수축을 유도한다.

oxytocinergic 옥시토신분비의 형 옥시토신을 분비하는 뉴런에 적용되는 말.

oxytropism 굴산소성(屈酸素性) 명 생물이나 기관이 산소에 끌리는 경향.

ozone 오존 명 성층권에서 파장이 짧은 자외선의 작용으로 분자상 산소(O_2)로부터 생성되는 기체(O_3). 오존이 만들어지는 성층권을 오존층(ozone layer)이라고 한다. 오존층은 태양으로부터 오는 자외선의 상당부분을 흡수하여 자외선의 해로운 효과로부터 지구 상의 생물을 보호하는 역할을 한다. 한편 오존은 하층 대기에서 질소산화물 등으로부터 오염물질의 하나로 생긴다. 오존의 농도가 100 ppb 이상이면 초본식물에 피해를 준다.

O

P

P (1) 화학원소 인(phosphorus)의 기호; (2) 프롤린(proline).

P_f, P_{fr} 근적외흡수형 식물색소 피토크롬(phytochrome)의 활성형. 적색광이 P_r형 피토크롬에 작용하여 생긴다.

P_i 무기인산염 또는 오르토인산염(orthophosphate).

P_r 적색광흡수형 피토크롬(phytochrome)의 불활성형.

P_1, P_2 유전적 교배실험에서 각각 어버이와 조부모 세대를 가리키는 부호.

Δp 양성자구동력(protonmotive force). ⇨ chemiosmotic theory.

p53 ***p53*****유전자** DNA의 손상에 의해 활성화되어 세포주기의 진행을 억제하거나 손상된 세포의 세포자살(apoptosis)을 유도하는 데 관여하는 유전자조절단백질(p53단백질)을 암호화하는 종양억제유전자.

P430 제1광계의 구성요소인 결합페레독신.

P680 제2광계중심색소 제2광계의 반응중심.

P700 제1광계중심색소 제1광계의 반응중심.

P730 식물색소 피토크롬(phytochrome)의 활성형.

PABA 파라아미노벤조산(*p*-aminobenzoic acid).

Pacchionian bodies 거미막과립 거미막으로 덮인 거미막밑조직의 별개의 덩어리.

pacemaker 박동원(搏動源) 명 (1) 다른 세포나 기관에서 활성의 속도를 결정하는 세포 또는 기관의 부위; (2) 심장에서 정상적인 심박(heartbeat)을 일으키고 유지시키는 동방결절(sinuatrial node); (3) 더 이상의 외부자극이 없어도 주기활동(rhythmic activity)을 일으키고 유지시키는 뉴런에 적용되는 말.

pachy- '두꺼운'을 뜻하는 그리스어 '*pachys*'에서 유래된 접두사.

pachycarpous 형 두꺼운 과피(pericarp)를 갖는, 열매에 적용되는 말.

pachycaulous 형 두껍거나 큰 1차줄기와 1차뿌리를 가진.

pachydermatous 후피(厚皮)의 형 피부나 외피가 두꺼운.

pachyderms 후피동물(厚皮動物) 명복 코끼리와 코뿔소처럼 두껍고 튼튼한 가죽을 갖는 큰 비반추유제류(non-ruminant hoofed mammals)의 무리.

pachyphyllous 후엽(厚葉)의 형 잎이 두꺼운.

pachytene 태사기(太絲期) 명 감수제1분열의 전기에서 상동염색체의 대합이 완료되고 2가염색체(bivalent)가 굵고 짧아지는 시기.

Pacific North American region 태평양북아메리카식물구 북아메리카의 알래스카 남쪽에서 멕시코 국경까지의 로키 산맥 서쪽으로 구성되는 북방식물계의 1부분.

Pacinian bodies, Pacinian corpuscles **파치니소체** 관절과 피부에 있는 감각수용기. 결합조직성의 얇은 막이 겹쳐진 캡슐로 구성되고 중심부에 감각신경섬유가 와서 끝난다. 파치니소체는 압각을 지배한다. (⇨ 그림 35)

packing motifs 단백질의 2차구조를 이루는 요소들의 배열. 요소들의 종류와 수 그리고 요소들 간의 각도로 나타내고, 단백질의 3차구조를 분류하는 데 이용된다.

packing ratio **포장률** DNA에서 펴져 있는 DNA분자의 길이와 접혀지고 응축된 섬유의 길이와의 비율.

Paeoniales **작약목** 명 대부분이 초본이고 일부는 관목인 쌍떡잎식물의 목. 깊게 갈라진 큰 잎과 눈부신 꽃이 달린다. 작약과(Paeoniaceae)의 1과로 구성된다.

PAGE 폴리아크릴아미드겔전기영동(polyacrylamide gel electrophoresis).

PAH 여러고리방향족탄화수소(polycyclic aromatic hydrocarbon).

pain **통증(痛症)** 명 실제의 또는 잠재적인 조직손상과 관련된 불쾌한 감각적 및 정서적 경험.

pain fibres **통각섬유** 통각신호를 전달하는 신경.

paired bodies **쌍소체** 판새어류에서 교감신경사슬에 가까이 놓여 있는 작은 구조들. 부신수질에 해당한다.

paired fins **쌍지느러미** 어류의 배지느러미와 가슴지느러미.

pairing **짝짓기, 접합** 명 감수분열에서 상동염색체들이 나란히 놓이는 접합기(zygotene)에 상동염색체들이 접합하는 것.

pair-rule genes **쌍지배유전자** 초파리의 배발생 초기에서 부체절(parasegment)을 구분하는 데 관여하는 유전자들.

pairwise alignment **쌍서열정렬** 두 개의 단백질 또는 뉴클레오티드의 서열들을 정렬하는 것. 비 multiple alignment.

Palaearctic region **구북구** 월리스(Wallace)의 분류에서 유럽, 북아프리카, 서아시아, 시베리아, 중국의 북부와 일본을 포함하는 동물지리구. 유럽아구, 만주아구, 지중해아구와 시베리아아구로 나뉜다.

palaeo- '고대의'를 뜻하는 그리스어 '*palaios*'에서 유래된 접두사.

palaeobiology **고생물학** 명 멸종된 식물, 동물 및 미생물을 연구하는 학문.

palaeobotany **고식물학** 명 화석으로 남은 식물과 식물의 화석화된 흔적들을 연구하는 학문.

Palaeocene **팔레오세** ⇨ Paleocene.

palaeocerebellum **구소뇌(舊小腦)** 명 계통발생적으로 먼저 발생되는 소뇌의 부위. 척수와 전정의 구심성 신경섬유들을 받는다. 비 neocerebellum.

palaeocortex **구피질(舊皮質)** 명 진화적으로 오래된 대뇌의 부위. 대뇌변연계와 후각망울이 포함된다. 비 archicortex.

palaeocranium **구두개(舊頭蓋)** 명 발생에서 미주신경보다 더 나가지 못한 머리뼈의 한 종류.

palaeodendrology **고수목학(古樹木學)** 명 화석으로 남은 나무와 나무의 화석화된 흔적들을 연구하는 학문.

palaeoecology **고생태학** 명 과거의 생물과 그들이 살았던 환경과의 관계를 연구하는 학문.

palaeoencephalon **구뇌(舊腦)** 명 원시적인 척추동물의 뇌.

palaeogenetic **구발생의** 형 정상적으로는 오직 배발생단계의 특징이지만 성체에서 완전히 발달하는 형질에 적용되는 말.

palaeogenetics **고생물유전학** 명 화석기록과 지금은 멸종된 종들의 진화를 해석하는 데 유전학의 원칙을 적용하는 것.

Palaeognathae 치조상목(齒鳥上目) 명 키위류, 화식조류(cassowaries)와 타조 등과 같이 신조아강(Neornithes)에 속하는 날지 못하는 주조류(ratites).

Palaeolithic 구석기의 형 구석기시대(Old Stone Age)에 적용되거나 관련된 말. 수렵채집생활과 타제석기(chipped stone tool)가 특징이다.

Palaeoniscoidei, Palaeonisciformes, palaeoniscids 팔레오니스쿠스목 명, 명복, 명복 데본기부터 출현하여 지금은 대부분이 멸종된 조기류(actinopterygian)의 무리. 크고 날카로운 이빨을 갖는 육식성 어류이고, 보통 이형 꼬리(heterocercal tail)를 갖는다.

palaeotology 고생물학 명 화석과 화석화된 흔적들로부터 과거에 지구 상에 출현하였던 생물들을 연구하는 학문.

palaeopallium 구외투(舊外套) 명 대뇌 반구의 후각부위. 후각망울과 후결절, 배 모양엽, 해마와 원개(뇌활)로 이뤄진다.

palaeosere 고생대천이계열 명 고생대(Paleozoic)를 통한 식생의 변천.

palaeospecies 화석종 명 멸종된 생물들 가운데 상호교배가 가능한 것으로 추정되고 따라서 동일한 종으로 간주하는 무리.

Palaeotropical kingdom 구열대식물계 5개 식물계 중 하나. 지중해 주변의 북쪽과 남아프리카의 최남단을 제외한 아프리카(마다가스카르는 포함), 아라비아 반도 그리고 인도아대륙과 인도양의 섬들을 포함하는 아시아로 이뤄진다. 구열대식물계는 아프리카아계, 인도말레이시아아계 및 폴리네시아아계로 나뉘며, 다음과 같은 식물구들로 세분된다: 어센션-세인트헬레나식물구, 동남아시아대륙식물구, 동아프리카온대초원식물구, 하와이식물구, 인도식물구, 마다가스카르식물구, 말레이시아식물구, 멜라네시아미크로네시아식물구, 뉴칼레도니아식물구, 북아프리카사막식물구, 북동아프리카고지온대초원식물구, 폴리네시아식물구, 수단파크스텝식물구, 서아프리카우림식물구 및 남아프리카식물구.

Palaeozoic 고생대 ⇨ Paleozoic.

palaeozoology 고동물학(古動物學) 명 화석과 화석화된 흔적으로부터 멸종된 동물들을 연구하는 학문.

palama 수장(手掌) 명 물에 사는 새들의 물갈퀴.

palatal, palatine 입천장의 형 입천장(palate)과 관련된 말.

palate 입천장, 구개(口蓋) 명 (1) 척추동물에서 입안의 천장; (2) 곤충에서 인두의 천장; (3) [식] 금어초(snapdragon)형의 꽃부리에 있는 아랫입술의 돌기.

palatine 입천장뼈, 구개골 명 척추동물의 입천장에 있는 뼈 또는 연골.

palatoglossal 입천장혀의 형 (1) 입천장과 혀에 관련된 말; (2) 혀입천장근(glossopalatinus)의 근육에 적용되는 말.

palatonasal 입천장코의 형 입천장과 코에 적용되는 말.

palatopharyngeal 입천장인두의 형 입천장과 인두에 관련된 말.

palatopterygoid 입천장날개뼈의 형 입천장과 날개뼈(익상골)에 관련된 말.

palatoquadrate 구개방형(口蓋方形) 형 입천장(구개)과 방형골 또는 방형연골을 연결하는, 아래턱뼈활(하악궁)의 등 쪽 연골(구개방형연골)에 적용되는 말.

palatoquadrate cartilage 구개방형연골 판새어류의 위턱을 이루는 쌍으로 된 골격요소.

palea 내화영(內花穎) 명 벼과 초본의 낱꽃을 에워싸는 두 개의 포엽 중 위쪽. 복 **paleae**.

P

paleo- ⇨ palaeo-.

Paleocene 팔레오세 명 신생대 제3기(Tertiary)와 고제3기(Paleogene) 가운데 최초의 세(epoch). '효신세'라고도 한다. 지금으로부터 약 6500만 년 전에 시작하여 에오세가 시작되기 전인 약 5500만 년 전까지 지속되었다. 팔레오세는 백악기 말의 대멸종(mass extinction) 이후 첫 번째 세이며, 공룡이 멸종된 이후 지금은 사라진 다구치류(multituberculates) 등과 같은 원시적인 포유동물의 다양화가 일어났다.

Paleogene 고제3기 명 약 6500만 년 전부터 약 2300만 년 전까지 지속된 지질시대. 제3기(Tertiary)의 첫 번째 시기이다. 팔레오세, 에오세 및 올리고세로 구분되며, 포유동물이 출현하고 이들이 현대종의 조상으로 진화하였다.

Paleozoic 고생대(古生代) 명 약 5억 4200만 년 전부터 약 2억 5100만 년 전까지 지속된 지질시대. 캄브리아기, 오르도비스기, 실루리아기, 데본기, 석탄기 및 페름기로 구분된다.

palette 부절반(跗節盤) 명 수컷 딱정벌레의 앞다리에서 변형된 빨판(cupule)이 달리는 발목.

paliform 말뚝모양의 형 수직의 말뚝처럼 생긴.

palinal 형 뒤에서 앞쪽으로, 코끼리의 턱 운동 등에 적용되는 말.

palindrome 역상보성 염기순서, 회문구조 명 DNA 상에서 왼쪽부터 오른쪽으로 읽거나 오른쪽부터 왼쪽으로 읽거나 구조가 동일한 염기순서. 형 **palindromic**.

palingenesis 돌연변태, 재생성 반복발생 명 (1) 갑작스러운 탈바꿈; (2) 후손의 발생과정에서 조상의 단계들이 반복되는 것. ≒ recapitulation.

palingenetic 형 (1) 기원이 오래되거나 먼; (2) 'palingenesis'와 관련된 말.

palisade tissue 울타리조직 많은 보통잎(foliage leaf)에서 표피의 아래에 있는 광합성세포들의 층.

pallaesthesia 진동감각(振動感覺) 명 뼈 등에서 느끼는 것과 같은 진동의 감각.

pallet 미전(尾栓) 명 2매패류의 수관에 있는 깍지 같은 판.

palliate 외투형 형 외투막(mantle)이나 그와 비슷한 구조를 가진.

pallidium 담창구 ⇨ globus pallidus.

palliopedal 외투발의 형 연체동물의 외투막과 발에 관련된 말.

pallioperitoneal 형 일부 연체동물에서 심장, 신장기관, 생식샘과 빗살아가미를 포함하는 기관들의 복합체에 적용되는 말.

pallium 외투(外套), 대뇌피질 명 (1) 연체동물과 완족동물의 외투막; (2) 대뇌피질(cerebral cortex).

Palmaceae, palms 야자나무과, 야자과식물 명, 명복 전형적으로 부채처럼 생긴 큰 가죽 같은 잎을 갖는 열대와 아열대의 외떡잎식물의 과. 교목과 덩굴식물이 포함된다. 열매는 장과 또는 핵과이다. 대추야자(date palm), 기름야자(oil palm), 코코야자(coconut palm) 등을 포함하여 많은 종류가 재배되고 있다.

palmaesthesia 진동감각 명 진동에 의한 소리의 감각.

palmar 손바닥의 형 손바닥과 관련된 말.

palmate 손바닥모양의, 장상(掌狀)의 형 [식] (1) 공통의 중심에서 생긴 열편들로 나누어지는 잎에 적용되는 말; (2) 어떤 난초류에서 볼 수 있는 것과 같이 손처럼 생긴 덩이줄기(괴경)에 해당하는 말; (3) [동] 대부분의 물새들에서 볼 수 있는 것과 같이 앞의 발가락에 물갈퀴가 있는.

palmatifid 장상중렬(掌狀中裂)의 형 거의

중간까지 갈라지고 열편들이 서로 예각을 이루는 잎에 적용되는 말.

palmatilobate 장상천열(掌狀淺裂)의 형 둥근 열편들이 기부의 중간쯤까지 갈라지는 손바닥 모양의 잎을 가리키는 말.

palmatipartite 장상심렬(掌狀深裂)의 형 기부 쪽으로 중간보다 더 깊게 갈라지는 손바닥 모양의 잎을 가리키는 말.

palmatisect 장상전열(掌狀全裂)의 형 거의 기부까지 갈라지는 손바닥 모양의 잎을 가리키는 말.

palmella 팔멜라 명 어떤 조류의 고착성 시기. 젤리와 같은 덩어리 안에서 세포가 분열하고 운동성의 배우자를 만든다. 형 **palmelloid**.

palmigrade 척행(蹠行)의 형 발바닥으로 걷는.

palmiped 물갈퀴발의 (1) 형 발가락 사이에 물갈퀴가 있는; (2) 명 물갈퀴를 갖는 새.

palmitic acid 팔미트산 탄소수 16의 보편적인 포화지방산.

palmitin 팔미틴 명 지방조직과 우유 그리고 야자유에 들어 있는 지방.

palmitoylation 명 지방산인 팔미트산을 공유결합으로 단백질에 첨가하는 것.

palmoid 손바닥모양의 형 손바닥과 손바닥처럼 생긴 유형에 적용되는 말.

palmula 욕반(褥盤) 명 곤충의 다리에서 쌍을 이루는 발톱들 사이의 끝에 있는 엽 또는 돌기.

palp 수염, 촉수(觸鬚) 명 (1) 곤충의 입술에 있는 감각기; (2) 그 밖의 무척추동물에서 이와 비슷하게 위치하는 여러 다른 부속지. 형 **palpal**.

palpacle 명 관해파리류의 지상개충(dactylozooid)에 있는 촉수.

palpal 수염의, 촉수의 형 수염 또는 촉수와 관련된 말.

palpate (1) 형 촉수가 있는; (2) 동 만져서 검사하다.

palpebral 눈꺼풀의 형 눈꺼풀과 관련된 말.

palpifer, palpiger 수염바탕, 작은턱밑받이 명 곤충에서 수염이 달리는 작은턱이나 그 밖의 구기에 있는 조각.

palpiform 수염모양의 형 수염(palp)과 비슷한.

Palpigrada 수각목(鬚脚目) 명 후체구(opisthosoma)의 마지막 마디에 편모가 달리는 아주 작은 거미류의 목.

palpimacula 입술수염감각부 명 어떤 곤충의 입술수염에 있는 감각부위.

palpocil 팔포실 명 일부 강장동물의 촉각세포에 있는 뻣뻣한 감각필라멘트.

palpon 감촉체(感觸體) 명 군체성 히드라충류에서 먹이를 잡고 방어하도록 변형된 개충. 가늘고 길며, 보통 촉수를 갖지만 입이 없다.

palpule, palpulus 작은수염 명 작은 수염(촉수)이나 감각기.

paludal 늪지의 형 (1) 습지의; (2) 늪 또는 습지와 관련되거나 그러한 곳에서 자라는.

paludicole 늪서식성 형 늪 또는 습지에서 사는.

palus 내주(內柱) 명 작은 말뚝 같은 구조. 복 **pali**.

palustral, palustrine 늪지의 형 늪 또는 습지에서 자라는.

palynology 화분학(花粉學) 명 (1) 꽃가루(화분)와 그 분포를 연구하는 학문; (2) 포자를 연구하는 것.

palynomorph 꽃가루화석 명 꽃가루와 화석포자를 포함하는 유기질 미화석(microfossil)에 대한 일반적인 명칭.

PAM ⇨ percent accepted mutations.

PAMP 병원체관련분자구조(pathogen-

P

associated molecular pattern).

Pampas region 팜파스식물구 아르헨티나의 팜파스(대초원)로 구성되는 신열대 식물계의 1부분.

pampiniform 덩굴의, 만상(蔓狀) 형 (1) 덩굴손(tendril)과 비슷한; (2) 정소를 서늘하게 하는 열교환기의 구실을 하는 정삭(spermatic cord)의 감긴 정맥얼기(덩굴정맥얼기)에 적용되는 말; (3) 난소의 앞쪽에 있는 세관들의 더미(난소위체 또는 덩굴모양체)에 적용되는 말.

pamprodactylous 형 모든 발가락이 앞쪽을 향한.

PAN 페르옥시아실니트르산(peroxyacyl nitrates).

pancolpate 형 고랑(주름)이 많은 꽃가루립(pollen grain)의.

pancreas 이자, 췌장(膵臟) 명 대부분의 척추동물에서 소화관에 연관된 샘기관. 내분비샘에서 인슐린과 글루카곤의 호르몬들을 분비하고, 외분비샘에서 소화효소들을 분비한다.

pancreastatin 판크레아스타틴 명 이자에서 생성되는 펩티드. 포도당에 의해 유도되는 이자의 인슐린 분비를 저해한다.

pancreatic 이자의 형 이자(췌장)와 관련된 말.

pancreatic juice 이자액 이자에서 생성되어 소화관으로 분비되는 소화효소들과 효소전구체들이 들어 있는 소화액. 트립시노겐, 키모트립시노겐, 프로카르복시말단펩티드가수분해효소, 지질가수분해효소, α-아밀라아제, 말타아제와 리보핵산가수분해효소 등이 들어 있다.

pancreaticoduodenal 이자샘창자의, 췌십이지장의 형 이자와 샘창자(십이지장)에 관련된, 동맥과 정맥에 적용되는 말.

pancreatic ribonuclease 이자리보핵산가수분해효소 RNA에서 3′말단(C 또는 U)을 특이적으로 분해하는 엔도리보핵산가수분해효소. 처음에 포유동물의 이자에서 추출되었다. EC 3.1.27.5.

pancreatic trypsin inhibitor 이자생성트립신억제제 이자에서 생성되고 효소 트립신과 특이적으로 결합하여 트립신의 작용을 억제하는 단백질. ≒ antitrypsin.

pancreozymin 판크레오지민 ⇨ cholecystokinin.

Pandanales 판다누스목 명 주로 해안이나 습지에 사는 외떡잎식물의 목. 공기뿌리가 떠받치는 긴 줄기와 나선상으로 달리는 잎을 갖는다. 판다누스과(Pandanaceae)가 포함된다.

pandemic 범유행의, 세계적 유행의 형 (1) 매우 널리 퍼지는; (2) 1918년에 발생한 유행성 독감처럼 동시에 전 세계에 퍼져서 수많은 사람들에게 영향을 미치는 전 세계적인 전염병에 적용되는 말. 비 epidemic, endemic.

panduriform 바이올린꼴, 제금형(提琴形) 형 바이올린처럼 생긴, 잎에 적용되는 말.

Paneth cells 파네스세포 작은창자에서 리버퀸샘(crypt of Lieberkühn)의 바닥에 있는 세포. 크립틴(cryptdin)과 그 밖의 항미생물작용을 하는 펩티드들을 분비한다.

Pangaea 판게아(대륙) 명 페름기부터 쥐라기에 이르기까지 지구 상에 존재한 거대대륙. 현재의 대륙들이 대륙이동에 의해 분열하기 전에 모두 합쳐진 초대륙이었다. ⇨ Gondwana, Laurasia. ≒ **Pangea**.

pangamic 난교배의 형 무분별한 교배 또는 마구잡이 교배에 적용되는 말. 명 **pangamy**.

pangenesis 판게네시스 명 유전적 특징이 각 개체의 체세포에 들어 있는 아구(gemmule)에 의해 운반되고 유전된다는 생각. 지금은 받아들여지지 않고 있다.

panicle 원추꽃차례 명 가지가 호생으로 분지하고 곁가지 역시 호생으로 가지 치는 총상꽃차례.

panicoid 기장의 형 기장속(*Panicum*)의 기장류(millets)에 적용되는 말.

paniculate 원추형 형 꽃들이 원추꽃차례(panicle)로 배열되는.

panmictic 범생식(汎生殖)의 형 임의교배(random mating)가 특징인 또는 임의교배로부터 생기는.

panmixia 난교배 명 무분별한 교배. ≒ **panmixis**.

panniculus carnosus 피부밑근육층, 육상층(肉狀層) 피부를 움직이거나 잡아당기는 데 관여하는 진피 근섬유의 얇은 층.

panning 패닝 명 배양접시에 묶어 둔 단일클론항체를 써서 세포집단을 분리하는 방법.

pannose 직물(織物)같은 형 감촉이 직물과 비슷한.

panoistic 무영양성(無營養性) 형 영양세포(nutritive cell)가 없는 난소관(ovariole)에 적용되는 말. 여포의 상피세포에 의해 난황이 만들어진다.

panphotometric 형 최대의 태양직사광을 피하도록 방향을 잡은 잎에 적용되는 말.

panphytotic 보편성식물 명 범세계적인 영향을 주는 식물.

panspermia 범종설(汎種說), 배종(胚種) 발달설 명 생명이 지구 상에서 기원하지 않고 외계의 원천으로부터 세균의 포자나 바이러스의 형태로 도래한 것이라는 설. 19세기에 일반적으로 받아들여졌으며 이후에도 주기적으로 유행하였다.

pansporoblast 다포자아(多胞子芽) 명 원생동물 포자충류의 신포자충류(Neosporidia)에서 포자아세포(sporoblast)와 포자를 형성하는 세포복합체.

panthalassic 형 연안수와 외양수 모두에서 사는.

panting centre 호흡촉진중추 시상하부에서 호흡을 촉진하는 자극을 보내는 영역.

pantodonts 전치류 명복 팔레오세로부터 올리고세에 이르기까지 북아메리카와 아시아에 출현하였던 초식성 태반포유동물의 멸종된 무리.

pantonematic 양깃꼴 형 편모의 축을 따라 미세한 털들이 세로로 열을 짓는 편모(양깃꼴편모)에 적용되는 말.

pantostomatic 형 아메바와 그와 비슷한 생물들에서 볼 수 있는 것과 같이 표면의 어느 부분에서나 먹이를 섭식할 수 있는.

pantothenic acid 판토텐산 조효소A의 전구물질인 비타민 B_3 또는 B_5. 다양한 동물의 생장에 필수적이며, 쥐에서 털이 회색으로 변하는 것을 방지하고 닭에서 피부염을 방지하는 요소가 된다.

pantotheres 전수류(全獸類) 명복 쥐라기에 출현한 포유동물 삼융기치류(trituberculata)의 멸종된 무리. 현존하는 짐승류(therians)의 조상으로 여겨지며, 살아 있는 종류에서 발견되는 어금니와 동일한 양식의 어금니를 가졌다.

pantropic 범친화성(汎親和性), 향범성(向汎性) 형 (1) 여러 다른 많은 조직에 감염하는, 바이러스(범친화성 바이러스)에 적용되는 말; (2) 어느 방향으로나 돌릴 수 있는.

pantropical 범열대적(汎熱帶的) 형 열대지방 도처에 분포하는, 종에 적용되는 말.

papain 파파인 명 파파야(*Carica papaya*)의 과즙과 잎에 들어 있는 펩티드내부가수분해효소. 상업적으로 연육제로 이용된다. EC 3.4.22.2.

Papaverales 양귀비목 명 대부분이 초본성이고 일부가 관목이나 작은 교목인 쌍떡잎식물의 목. 현호색과(Fumariaceae),

P

히페코움과(Hypecoaceae) 및 양귀비과(Papaveraceae)의 3과로 이루어진다.

paper chromatography 종이크로마토그래피 고정상으로 종이를 사용하여 용매에서 이동속도가 다른 물질들을 분리하는 크로마토그래피의 일종.

papilionaceous 나비꼴, 접형(蝶形) 형 나비와 비슷하게 생긴, 스위트피, 가시금작화, 금작화 등의 꽃에 적용되는 말. 꽃부리는 다섯 개의 꽃잎으로 되어 있는데, 그 중 한 장은 크고 직립하는 기판(standard, vexillum)이고, 두 장은 앞쪽에서 합쳐져 용골판(keel, carina)을 형성하고, 옆쪽의 두 장은 익판(wing, alae)이다.

papilla 유두(乳頭), 돌기, 꼭지 명 (1) 혀에 있는 맛봉오리(미뢰)의 무더기처럼 작은 돌기나 융기; (2) 젖꼭지와 같은 원뿔 모양의 구조. 복 **papillae**.

papillary 유두의 형 (1) 유두(papilla)와 관련되거나 유두를 갖는; (2) 간의 뒤쪽 엽에 있는 돌기(유두돌기)에 적용되는 말; (3) 심장의 심실벽과 건삭(chordae tendineae) 사이의 근육(꼭지근, 유두근)에 해당하는 말; (4) 진피의 층(유두층)에 적용되는 말.

papillate 유두형 형 (1) 유두로 덮인; (2) 유두처럼 생긴.

papilliform 유두상 형 모양이 유두와 비슷한.

papilloma 유두종(乳頭腫) 명 사마귀 또는 이와 비슷한 작은 양성 종양.

Papillomaviridae 유두종바이러스과 명 작고 껍질이 없는 2중가닥DNA바이러스의 과. 흔한 사마귀를 유발하는 유두종바이러스(papillomavirus)가 포함된다. 일부 유두종바이러스는 자궁경부암(cervical cancer)을 일으킨다.

pappiferous 관모형 형 관모(pappus)가 달린.

pappose, pappous 갓털의, 관모의 형 (1) 꽃받침의 가장자리가 솜털 같은 돌기로 발달한; (2) 솜털 같은 또는 가볍고 부드러운 털로 덮인.

pappus 갓털, 관모(冠毛) 명 국화과 식물의 꽃에서 낱꽃의 꽃받침 자리에 붙어 있는 털 또는 솜털 같은 돌기들의 뭉치 또는 원. 종자에도 달려서 바람에 의해 종자가 분산되는 데 도움이 된다.

papulae 파풀라 명복 불가사리와 같은 일부 극피동물의 표피에 있는 속이 빈 수축성의 돌기. 호흡의 기능을 갖는다.

papyraceous, papyritic 종이같은 형 감촉이 종이와 비슷한.

PAR 광합성유효방사(photosynthetically active radiation).

para- '옆에'를 뜻하는 그리스어 '*para*'에서 유래된 접두사. '가까이 위치하는' 또는 '주위의' 등을 의미한다.

para-aminobenzoic acid 파라아미노벤조산 ⇨ *p*-aminobenzoic acid.

para-aortic 대동맥곁의 형 복대동맥(abdominal aorta) 옆에 위치하는 크롬친화체에 적용되는 말.

Parabasala, Parabasalia, parabasalids 부기저부충류 명, 명, 명복 광합성을 하지 않고 편모가 달린 단세포 진핵생물 가운데 미토콘드리아가 없고 핵 주위에 골지체와 비슷한 부기체(parabasal body)가 있는 무리. 사람의 병원체인 질편모충(*Trichomonas vaginalis*)을 포함하는 세모편모충속(*Trichomonas*)과 여정편모충속(*Trichonympha*)이 그 예가 된다.

parabiosis 개체결합, 무리결속 명 (1) 샴쌍생아처럼 태어날 때부터 또는 실험동물을 대상으로 인공적으로 결합된 상태; (2) 여러 다른 개미들이 그들의 새끼들을 따로 키우면서 같은 둥지를 이용하는 것.

P

형 parabiotic.

parablastic 부배(副胚)의 형 난황과립을 가진 난세포의 큰 핵에 적용되는 말.

parabranchia 후검기(嗅檢器) 명 연체동물의 깃털처럼 생긴 화학적 감각기관. 외견상 아가미와 유사하기 때문에 그렇게 부른다.

parabranchial cavity 측새강(側鰓腔) 아가미구멍과 아가미 사이의 공간.

parabronchus 부기관지(副氣管枝) 명 새의 허파에서 등쪽기관지(dorsobronchus)와 배쪽기관지(ventrobronchus)를 연결하는 많은 작은 세관들 가운데 하나. 호흡성 기체교환이 일어나는 곳이다.

Paracanthopterygii 측극기상목(側棘鰭上目), 측극기류(側棘鰭類) 명 진골어류 가운데 고등한 무리. 에오세부터 현재에 이르고 있으며, 대구 등이 포함된다.

paracardial 형 위(stomach)의 목 부분 주위의.

paracellular transport 측세포수송 상피세포의 세포간 연접을 통해 물과 용질이 수송되는 것.

paracentral 중심곁의, 부중심(副中心)의 형 (1) 중심 부근에 위치하는, 소엽, 이랑(회), 틈(홈) 등에 적용되는 말; (2) 중심오목(fovea centralis) 주위의 망막 부위에 해당하는 말.

paracentric 측동원체의, 동원체비포함의 형 (1) 염색체에서 동원체의 같은 쪽에 있는; (2) 오직 하나의 염색체팔(chromosome arm)이 관여하는 염색체 재배열에 적용되는 말; (3) 동원체가 포함되지 않는 염색체역위(동원체비포함역위)에 해당하는 말.

parachordal 측삭(側索)의 형 척삭(notochord)의 양측에 있는.

parachrosis 변색(變色) 명 (1) 색깔이 변하는 과정 또는 상태; (2) 색깔이 변하여 달라짐; (3) 색이 바래는 것.

parachute 패러슈트, 비막(飛膜) 명 (1) 가종피(aril), 씨혹(caruncle), 갓털(pappus) 또는 날개와 같이 바람에 의한 종자의 분산을 도와주는 특수한 구조; (2) 날다람쥐에서 볼 수 있는 것과 같이 활공하는 데 이용되는 피부의 주름.

paracme 감퇴기(減退期) 명 (1) 어느 분류군이 최고로 번성한 시점 이후에 진화적으로 쇠퇴하는 것; (2) 어느 개체의 생활사에서 감소하고 노화되는 시기.

paracoel 측강(側腔) 명 대뇌반구의 측뇌실(lateral ventricle) 또는 공간(강).

paracondyloid 관절융기옆의 형 일부 포유동물에서 관절융기(condyle) 옆에 나타나는 뒤통수뼈의 돌기(관절융기옆돌기)에 적용되는 말.

paracone 파라콘 명 윗어금니의 앞쪽의 바깥에 있는 교두(cusp).

paraconid 파라코니드 명 아래어금니의 앞쪽의 안에 있는 교두.

paracorolla 덧꽃부리, 부화관(副花冠) 명 작은꽃부리(corona)와 같이 꽃부리에 달리는 부속기.

paracortex 부피질(副皮質) 명 수질과 림프여포 사이에서 대부분의 T세포들이 발견되는 림프절의 부위. ≒ T-cell zone.

paracrine 측분비(側分泌)의 형 인접한 세포에 짧은 영역에 걸쳐 작용하는 시토카인에 적용되는 말.

paracymbium 파라심비움 명 일부 거미류에서 발목마디(tarsus)와 종아리다리(tibia) 사이에 있는 심비움(cymbium)의 부속지.

paracyte 곁세포 명 일부 곤충에서 볼 수 있는 것과 같이 배(embryo)의 조직에서 난황으로 돌출된 변형된 세포.

paracytic 평행형 형 공변세포의 장축과 평행한 기공의 옆에 부세포들이 나

P

란히 놓이는 유형의 기공(평행형 기공)에 적용되는 말. 예전에는 꼭두서니형(rubiaceous)이라고 불렀다.

paracytoids 파라시토이드 명복 어떤 곤충에서 볼 수 있는 것과 같이 배세포의 핵으로부터 밀려나와 혈액으로 방출되는 염색질의 미세한 조각들.

parademe 아갑(亞甲) 명 경피(sclerite)의 가장자리에서 생기는 속돌기(apodeme).

paraderm 명 전유충(pronymph)의 섬세한 한계막.

paradermal 병피(竝皮)의 형 잎과 같이 평평한 기관의 표면과 평행하게 자른 절편(병피절편)에 적용되는 말. 비 tangential.

paradesmus 파라데스무스 명 편모가 달린 일부 원생동물의 유사분열에서 핵의 외부에 있는 중심립들 간에서 2차적으로 연결되는 것.

paradidymis 측정소(側精巢) 명 정삭(spermatic cord)의 하부 앞쪽에 있는 둘둘 감긴 세관들의 구조물. 배(embryo)의 중간콩팥(중신)의 뒤쪽 부분에 해당한다.

paraesophageal 식도곁의 ⇨ paraoesophageal.

parafacialia 아측안(亞側顔) 명복 일부 파리류에서 볼 수 있는 것과 같이 이마 봉합부와 눈 사이에 있는 두피(head capsule)의 좁은 부분.

paraflagellum 부편모(副鞭毛) 명 부수적인 편모.

paraflocculus 곁타래, 부편엽(副片葉) 명 타래(flocculus)의 옆에 있는 소뇌의 소열편.

parafrons 아액(亞額) 명 어떤 곤충에서 눈과 이마 봉합부 사이의 부분.

parafrontals 아액대(亞額帶) 명복 어떤 곤충에서 눈과 이마 봉합부 사이에서 연속되는 뺨(genae).

paraganglia 부신경절 명복 대동맥 옆에 분산되어 있는 아드레날린을 분비하는 세포군.

paragaster 파라가스터 명 해면동물에서 깃세포(choanocyte)들이 내벽을 형성하고 소공(ostium)으로 통하는 중심강(central cavity).

paragastric 측위(側胃)의 형 (1) 해면동물의 가지에 있는 관(passage) 또는 강(cavity)에 적용되는 말; (2) 유즐동물(빗해파리류)에서 깔때기(infundibulum)로부터 구부융기(oral cone)로 이어지는 끝이 막힌 한 쌍의 관(측위관)에 적용되는 말.

paragenesis 파라제네시스 명 (1) 종간잡종이 어버이 종들과는 생식력이 있지만 다른 비슷한 잡종들과는 불임인 상태; (2) 생식의 부수적인 방식.

paragenetic 유전자발현영향성 형 유전자의 구조에 영향을 미치지 않고 유전자의 발현에 영향을 미치는 돌연변이에 적용되는 말.

paraglenal ⇨ hypercoracoid.

paraglobulin 파라글로불린 명 혈청에 있는 글로불린의 일종.

paraglossa 옆혀, 측설(側舌) 명 (1) 곤충의 입술 양쪽에 있는 부속지, ≒ labella; (2) 연골머리뼈에서 쌍을 이루는 연골.

paraglossum 부설(副舌) 명 새에서 볼 수 있는 것과 같이 혀를 떠받치는 접합절(copula)이 연장된 연골 또는 뼈.

paraglycogen 파라글리코겐 명 원생동물의 글리코겐과 유사한 저장탄수화물.

paragnatha 소치(小齒) 명복 (1) 어떤 절지동물의 작은턱에 있는 쌍을 이루는 미세한 돌기들; (2) 일부 다모류의 입에 있는 치상돌기(denticle).

paragnathous 형 큰턱의 길이가 같은, 새에 적용되는 말.

paragula 측후판(側喉板) 명 곤충의 머리

P

에 있는 식도(gula) 옆의 부위.

paraheliode 파라헬리오드 명 일부 선인장에서 파라솔처럼 배열된 가시들.

paraheliotropism 부향일성 ⇨ paraphototropism.

parahormone 부호르몬 명 호르몬과 비슷하게 작용하지만 세포의 정상적 대사산물인 물질.

paralectotype 동가선정기준표본 명 명명자가 종을 지정할 때 이용한 일련의 표본. 나중에 종기준표본(paratype)으로 지정된다.

paralimnic 호숫가의 형 호숫가와 관련되거나 호숫가에 서식하는.

parallel β-sheet 평행β병풍구조 단백질의 2차구조에서 인접한 사슬들이 같은 방향으로 향하는 병풍구조.

parallel descent, parallel evolution 평행진화 (1) 여러 다른 집단에서 비슷한 방향으로 진화하는 것; (2) 관련된 두 종이 독립적으로 유사한 형질을 획득하는 것.

parallel distributed processing 병렬분산처리 색깔, 운동, 모양과 같이 시야에서 오는 정보의 다양한 측면이 여러 독립적인 신경통로에 분산되어 암호화되고 피질에서 이들의 대부분이 분석된다는 뇌의 기능에 관한 가설. 최종적인 인지(perception)는 통로들 간의 연결 활성화와 몇몇의 다른 부위에 있는 뉴런들의 동시적 작용에 의한다.

parallel DNA sequencing 병렬DNA염기순서결정 ⇨ massively parallel DNA sequencing.

parallel flow 평행흐름 두 액체가 같은 방향으로 흐르는 것.

parallelinervate, parallelodrome 나란히맥의 형 평행한 잎맥을 갖는 잎에 적용되는 말.

parallelotropism 평행굴성 ⇨ orthotropism.

parallel venation 나란히맥계 외떡잎식물에서 볼 수 있는 것과 같이 잎맥이 잎을 따라 세로로 평행하게 달리는 잎맥계.

paralogous 유사한 형 (1) 공통조상으로부터의 유전이나 기능 상의 유사성과는 무관한 해부학적 유사성에 적용되는 말; (2) 같은 유전체에 있거나 서로 다른 유전체에 있는 유전자들 가운데 유전자의 중복에 의해 생겨났기 때문에 비슷한 두 상동유전자(예: α글로빈유전자와 β글로빈유전자)에 해당하는 말. 명 **paralogue, paralogy**. 비 orthologous.

paramastigote 측편모성 형 편모가 달린 어떤 원생동물과 같이 하나의 긴 주편모와 하나의 짧은 부속편모를 가진.

paramastoid 꼭지옆의, 돌기옆의 형 (1) 꼭지(mastoid) 옆에 있는; (2) 외후두골에 있는 두 개의 paraoccipital process에 적용되는 말; (3) 목정맥구멍돌기(jugular process)에서 나오는 돌기에 적용되는 말.

paramesonephric ducts 중신방관 ⇨ Müllerian ducts.

parametrium 자궁옆조직 명 부분적으로 자궁을 에워싸는 섬유조직.

paramitosis 파라미토시스 명 일부 원생동물에서 볼 수 있는 것과 같이 염색체들이 방추사의 적도에 규칙적으로 배열되지 않고 분리될 때 어느 한 끝에 응집하는 경향이 있는 핵분열.

paramorph 2차형 명 (1) 변이형 또는 변종을 통틀어 이르는 말; (2) 유전적 변화 없이 환경요인에 의해 유도되는 형태.

paramutation 모의돌연변이 명 동일한 유전자자리의 두 대립유전자가 이형 접합체를 이루었을 때 어느 한 대립유전자(paramutagenic allele)가 다른 대립유전자(paramutable allele)의 발현에 영향을 주는 현상.

paramutualism 부차공생(副次共生) 명 조건적 공생(symbiosis).

paramylon 파라밀론 명 일부 조류와 편모생물에서 발견되는 녹말과 동종인 물질. ≒ **paramylum**.

paramyosin 파라미오신 명 연체동물 등에서 민무늬근의 필라멘트에 들어 있는 단백질.

Paramyxoviridae, paramyxoviruses 파라믹소바이러스과, 파라믹소바이러스 명, 명복 음성-극성사슬의 외가닥RNA로 이루어진 껍질보유바이러스의 과. 홍역바이러스, 볼거리바이러스와 돼지의 뉴캐슬병바이러스가 포함된다.

paranasal 코곁의, 부비(副鼻)의 형 위턱과 얼굴의 뼈에서 비강으로 통하는 빈 부분인 함기동(코곁굴, 부비동)에 적용되는 말.

paranema 파라네마 명 조류, 이끼류 그리고 고사리류의 생식기관에 있는 불임성의 필라멘트.

paranemic 양방향의 형 (1) 두 가닥이 2중나선으로 엮이지 않는 DNA구조에 적용되는 말; (2) 두 가닥이 매 회전마다 서로 맞물리지 않고 나란히 놓여 있는 2중나선 구조에 적용되는 말. ≒ anorthospiral.

paranephric 콩팥주위의 형 콩팥 옆에 있는, 콩팥을 감싸는 결합조직 뒤에 있는 지방체(콩팥주위지방체)에 적용되는 말.

paranephrocyte 집수세포 ⇨ arthrocyte.

paranotum 측등판 명 절지동물에서 등판(notum 또는 tergum)의 측면이 확장된 부위 가운데 하나. 일부 곤충에서 날개로 진화되는 구조라고 여겨진다. 형 **paranotal**.

***Paranthropus* 파란트로푸스** 남아프리카에서 발견된 골태형원인(robust australopithecines)으로 구성된 화석인류의 속.

paraoesophageal 식도곁의, 부식도(副食道)의 형 일부 무척추동물에서 '뇌' 또는 뇌신경절과 식도하신경절(suboesophageal ganglion)을 연결하는 신경섬유에 적용되는 말.

parapatric 근지역성 형 서로 겹치는 아주 좁은 지역에서 만나는 종이나 기타 분류군들의 분포에 적용되는 말. 명 **parapatry**.

parapet 상연(上椽)깃 명 말미잘에서 원판의 가장자리 아래에 있는 체벽의 둥근 주름.

paraphasia 착어증(錯語症) 명 음운을 틀리게 발음하거나 말뜻에 어긋나게 말하거나 자기가 의도한 말과는 다른 말을 하는 언어장애.

paraphototropism 부굴광성(副屈光性) 명 식물에서 잎의 가장자리가 강한 빛 쪽을 향하여 잎의 표면을 보호하는 경향.

paraphyletic 측계통성 형 파충류와 같이 단일 조상종에서 진화하고 이를 포함하지만 그 조상생물에서 유래하는 모든 자손들을 포함하지 않는 무리에 적용되는 말. 명 **paraphyly**.

paraphyll(ium) 턱잎, 탁엽(托葉) 명 이끼류에서 잎들의 사이 또는 잎의 기저부로부터 생기는 엽록소를 포함하는 부속기관.

paraphysis 측사(側絲) 명 일부 자낭균류와 담자균류의 자실층(hymenium)에 있는 자낭이나 담자기 중에 섞여 있는 가늘고 긴 비생식성 세포. 복 **paraphyses**.

parapineal 부송과체(副松果體)의 형 무악류와 일부 파충류의 뇌에 있는 눈처럼 생긴 두정기관(parietal organ)을 가리키는 말.

parapleuron 아측판(亞側板) 명 곤충에서 뒷가슴과 가운데가슴 체절의 기부에 있는 외골격의 앞의 옆면에 있는 판.

parapodium 옆다리 명 (1) 다모류의 각

체절 옆면에 쌍으로 나 있는 조직의 돌기. 많은 극모(chaetae)들이 달리는 운동기관이다; (2) 일부 연체동물의 발에서 옆면이 확장된 부분. 이동하는 데 이용된다. 복 **parapodia**. 형 **parapodial**. ≒ **parapod**.

parapolar 측극(側極)의 형 극의 옆에 있는.

parapophysis 측돌기 명 척추뼈의 중심에서 생기는 가로 놓인 돌기.

parapostgenal 뒷뺨곁의 형 곤충의 뒷머리(occiput)에서 두꺼워진 부위에 적용되는 말.

paraprostate 부전립샘의 형 망울요도샘(bulbo-urethral gland) 앞쪽의.

parapsid 측궁형(側弓型) 형 머리뼈의 양쪽에 하나씩 등 쪽 측두창(temporal fenestra)이 있는.

paraquadrate ⇨ squamosal.

pararectal 곧창자옆의 형 곧창자(직장) 옆의.

parasegment 부체절(副體節) 명 초파리와 기타 곤충의 배에서 가시적인 분절(segmentation)이 일어나기 전에 1개의 체절 후반과 그 다음의 체절 전반으로 구성되는 발생상의 단위.

parasematic 형 오해하도록 만들거나 적으로부터의 공격을 모면하는 경향이 있는 무늬, 구조 또는 행동에 적용되는 말. 비 aposematic, episematic.

paraseme 눈무늬 명 어류의 꼬리 부근에 있는 구형반점처럼 오해하기 쉬운 무늬의 모양.

paraseptal 사이막옆의 형 보습코기관(vomeronasal organ)을 거의 감싸는 연골에 적용되는 말.

parasexual 준유성의 형 감수분열 이외의 과정에 의해 일어나는 유전적 재조합에 적용되거나 그와 관련된 말.

parasexual cycle 준유성생활환 일부 곰팡이에서 나타나는 원형질융합과 핵융합 그리고 단상화(haploidization)의 주기. 진정한 유성생식과 외견상 흡사하지만 생활주기의 어느 시기에서도 일어날 수 있다.

parasite 기생생물 명 수명의 일부 또는 전부에 걸쳐 다른 종의 생물(숙주)로부터 영양을 취하는 생물. 대체로 숙주의 몸이나 세포에서 살며, 이로 인해 숙주는 얼마간 해를 입는다. 형 **parasitic**.

parasite chain 기생사슬 큰 생물에서 작은 생물로 나아가는 먹이사슬.

parasitic castration 기생거세(寄生去勢) (1) 따개비의 일종(*Sacculina*)에 감염된 수컷 게에서 볼 수 있는 것과 같이 기생생물의 존재에 기인하는 거세(castration); (2) 그 밖의 다양한 식물이나 동물에서 기생생물이 생식기관을 공격하여 생기는 불임성.

parasitic male 기생수컷 일부 심해어류에서 볼 수 있는 것과 같이 암컷에 기생하고 생식기를 제외하고는 몸이 축소된 왜소 수컷.

parasitism 기생성(寄生性) 명 한 파트너(기생생물)가 다른 파트너(숙주)에 손해를 입히면서 이득을 취하는 공생의 특수한 경우.

parasitocoenosis 기생공동체 명 어느 한 숙주 내에 살고 있는 기생생물의 총복합체.

parasitoid 포식기생충 명 기생생활과 자유생활을 번갈아 하고 기생의 결과로 그 숙주를 결국 죽이는 생물. 예를 들어 어떤 곤충(예: 맵시벌)의 경우 성충은 자유생활을 하지만 다른 곤충 유충의 몸에 알을 낳고, 알에서 깨어난 유충은 숙주의 조직을 소비하며 자라서 숙주가 죽게 된다.

parasitology 기생충학 명 기생생물, 특히 동물의 기생충을 연구하는 학문.

P

parasocial 의사사회적(擬似社會的) 형 완전한 진정사회성(eusociality) 가운데 일부 특징이 결여된 사회적 군에 적용되는 말.

parasol 파라솔 ⇨ paraheliode.

parasphenoid 부설상골 명 어떤 척추동물에서 머리뼈의 바닥을 이루는 뼈.

parasporal 부포자(副胞子)의 형 일부 세균에서 포자가 형성되는 동안 세포 내에 형성되는 단백질체에 적용되는 말.

parasporangium 측포자낭(側胞子囊) 명 측포자들이 들어 있는 포자낭.

paraspore 측포자(側胞子) 명 일부 조류에서 볼 수 있는 것과 같이 피층의 체세포에서 만들어지는 포자.

parastamen, parastemon 헛수술 ⇨ staminode.

parasternum 복늑골 명 일부 파충류에서 복부늑골의 모두를 합한 것.

parastichy 사열(斜列) 명 줄기 끝의 생장점에 있는 잎원기(leaf primordium)에 의해 형성되는, 비스듬히 나선형으로 내려오는 열.

parasymbiosis 중립공생 명 생물들이 서로 해를 끼치지 않고 이득도 취하지 않으면서 함께 사는 것.

parasympathetic 부교감신경의 형 부교감신경절과 같이 부교감신경계를 이루는 요소에 적용되는 말.

parasympathetic nervous system 부교감신경계 혈관과 소화관의 불수의적 근육운동을 조절하고, 눈, 침샘, 방광, 곧창자와 생식기관으로부터의 샘분비를 조절하는 자율신경계의 일부. 내장에 분포하는 미주신경도 포함된다. 부교감신경섬유들은 마지막 5개의 뇌신경과 마지막 3개의 척수신경에 들어 있으며, 이들이 분포하는 기관이나 그 부근의 부교감신경절에서 끝난다. 부교감신경계는 대체로 교감신경계와 서로 길항적으로 작용하며, 혈압을 낮추고 심박을 느리게 하며 소화과정을 촉진한다. 부교감신경계의 주된 신경전달물질은 아세틸콜린이다.

parately 파라텔리 명 원형(type)의 물질과는 무관한 물질에서 진화하지만 외견상 유사한 결과가 나타나는 것.

paratenic 대기(待機)의 형 기생충의 발달이 나타나지 않고 기생충의 생활주기에서 생기는 생태적 간격의 다리 역할을 하는 숙주(대기숙주)에 적용되는 말.

paraterminal 종말곁의 형 양서류와 파충류의 뇌에서 측뇌실 앞쪽 중앙벽의 일부를 이루는 더미에 적용되는 말.

paratestis 측고환(側睾丸) 명 어떤 영원류와 도롱뇽류의 수컷에서 혼인색(mating coloration)의 양상을 조절하는 호르몬을 생성하는 적황색의 작은 지방체.

parathecium 위측과기(僞側果器) 명 (1) 주발버섯에서 볼 수 있는 것과 같은 자낭반(apothecium)의 주변층; (2) 지의류 균사들의 주변층.

parathormone 부갑상샘호르몬 ⇨ parathyroid hormone.

parathyroid glands 부갑상샘 척추동물에서 갑상샘 부근이나 그 안에 묻혀 있는 4개의 작은 적갈색 내분비샘. 부갑상샘호르몬을 분비한다.

parathyroid hormone (PTH) 부갑상샘호르몬 부갑상샘이 분비하는 단백질호르몬. 뼈 흡수를 촉진하여 혈액 중의 칼슘과 인을 증가시킨다. 또한 칼슘과 마그네슘 흡수를 촉진하고 콩팥세관에서 인의 재흡수를 감소시킨다. 부갑상샘호르몬은 정상적인 골격발달에 필수적이다.

paratoid 파라토이드 형 도롱뇽과 같은 어떤 양서류의 등을 따라 뻗어 있는 두 줄의 독샘(poison gland)에 적용되는 말.

paratomium 부리측면 명 새 부리의 첨단과 중앙의 세로융기 사이의 측면.

paratomy 이분할(異分割) 명 환형동물에서 새로운 개체들이 분리된 다음에 새로운 개체들의 사슬이 형성되는 무성생식.

paratonic 자극의 형 (1) 촉진하거나 억제하는; (2) 굴성이나 감성운동처럼 외부자극에 의해 일어나는 운동(자극운동)에 적용되는 말.

paratracheal 물관연접형 형 물관부유조직세포들이 관다발조직을 둘러싸거나 가까이 있는.

paratrophic 기생영양의 형 절대기생생물의 영양방식에 적용되는 말.

paratympanic 고실곁의 형 (1) 고실(tympanic cavity) 안쪽과 등 쪽의; (2) 많은 새에서 무릎신경절(geniculate ganglion)로부터 신경이 분포하는 감각상피를 갖는 작은 기관에 적용되는 말.

paratype 종기준표본(從基準標本) 명 신속 또는 신종의 정기준표본으로 간주한 표본과 동시에 기재된 표본.

para-urethral 요도곁의 형 요도(urethra)와 관련된 점액분비샘(요도곁샘)에 적용되는 말.

paravertebral 척추곁의 형 척주와 나란히 있는, 교감신경의 신경간에 적용되는 말.

paravesical 방광주위의 형 방광 옆에 있는.

paraxial 축주위의 형 (1) 축과 나란히 있는; (2) 척추동물의 배에서 척삭 및 신경관과 나란히 축을 따라 양쪽에 위치하는 중배엽(축주위중배엽)에 적용되는 말. 원체절(somite) 그리고 아가미활(새궁)의 중배엽으로 발달한다. 비 axial, splanchnic.

paraxon 복축(輻軸) 명 뉴런 축삭의 곁가지.

paraxonic 병축(併軸)의 형 (1) 보통의 축 바깥에 축을 갖거나 그와 관련된; (2) 소류(우제류)에서 볼 수 있는 것과 같이 세번째와 네 번째 발가락 사이에 발의 축이 있는.

Parazoa 측생동물(側生動物) 명 해면동물과 같이 세포들이 느슨하게 구성되고 뚜렷한 조직이나 기관을 형성하지 않는 다세포동물들을 가리킬 때 때때로 사용하는 용어.

parencephalon 부뇌(副腦) ⇨ cerebral hemisphere.

parenchyma 유조직(柔組織) 명 (1) [식] 세포벽이 얇고 비교적 분화되지 않은 상태의 세포들로 구성되는 부드러운 식물조직. 구조와 기능이 매우 다양하다; (2) [동] 편형생물의 근육층과 내장 사이에서 여러 다른 종류의 세포들로 구성되는 단단한 조직층; (3) 기관의 기본조직.

parenchymatous 유조직의 형 유조직과 관련되거나 유조직에서 발견되는.

parenchymula 중실유생(中實幼生) 명 내강이 젤리 같은 물질로 채워진 편모성 해면동물 유생.

parental generation 어버이세대 유전적 교배실험의 양친이 되는 개체들(기호: P_1).

parental genomic imprinting 어버이(유전체)인상찍히기 ⇨ genomic imprinting.

parental investment 양육투자 어버이가 다른 자손에게 투자할 능력을 희생하면서 자손이 생존할 기회를 증가시키게끔 자손에게 행하는 행동들.

parenthosome 호상체(弧狀體) 명 일부 곰팡이에서 소포체로부터 형성되고 둥근 통형 공격벽(유연공격벽)의 벽공을 덮는 구조.

parethmoid 부사골(副篩骨) ⇨ ectethmoid.

parhomology 파르호몰로지 명 구조가 비슷하게 보이는 것.

paries 벽(壁) 명 (1) 따개비류의 중앙 경

계선; (2) 고실(tympanum) 또는 벌방과 같이 속이 빈 구조의 벽. 복 **parietes**.

parietal 벽측(壁側)의, 측막(側膜)의 형 (1) 어느 구조의 벽과 관련되거나 바로 옆에 있거나 또는 벽의 일부를 구성하는; (2) 식물에서 밑씨가 심피의 벽이나 그 확장부에 줄지어 달리는 씨방의 태좌(측막태좌)에 적용되는 말.

parietal bone 마루뼈, 두정골(頭頂骨) 머리뼈의 천장에 있는 한 쌍의 뼈.

parietal cells 벽세포 ⇨ oxyntic cells.

parietal lobe 마루엽, 두정엽(頭頂葉) 뇌에서 중심고랑의 뒤쪽에 있는 대뇌반구의 등 쪽 엽.

parietal organ 두정기관 일부 하등척추동물에서 광수용기의 기능을 하는 송과체.

parietal vesicle 두정포 송과체자루의 팽창한 말단부.

parietes 벽(壁) 'paries'의 복수형.

parietobasilar 측기저(側基底)의 형 말미잘류에서 족반과 체벽의 하부 사이에 있는 근육(측기저근)에 적용되는 말.

parietofrontal 마루이마의 형 페어류에서 볼 수 있는 것과 같이 마루뼈와 이마뼈의 자리에 있는 머리뼈에 적용되는 말.

parietomastoid 마루꼭지의 형 꼭지돌기(mastoid)와 마루뼈를 연결하는, 봉합에 적용되는 말.

parieto-occipital sulcus 마루뒤통수고랑 대뇌반구의 마루엽과 뒤통수엽 사이의 틈새.

parietotemporal 마루관자의 형 (1) 마루뼈와 관자뼈 부위에 관련된 말; (2) 중간대뇌동맥(middle cerebral artery)의 가지에 적용되는 말.

paripinnate 짝수깃털형 형 끝에 작은 잎(leaflet)이 달리지 않는 깃털형의.

parity 출산수 명 한 번 출산에 태어나는 자손의 수와는 무관하게 암컷이 출산하는 횟수.

parivincular 벽측인대(壁側靭帶)의 형 2매패류에서 껍질의 모든 가장자리를 따라 부착된 경첩인대를 가리키는 말.

parkinsonism 파킨슨증 명 파킨슨병과 유사하게 근육의 경직, 쇠약 그리고 떨림이 나타나는 증상. 뇌의 도파민작동성 경로의 장애에 의해 나타난다.

parolfactory 후각옆의 형 후각엽(olfactory lobe)의 작은 3각공간에 붙어 있는 부위와 고랑에 적용되는 말.

paronychia 파로니키아강모 명 곤충에서 발의 욕반(pulvillus) 위에 난 강모.

parosteosis 부골형성(副骨形成) 명 보통 섬유조직으로 구성된 관 또는 로(tract)에서 뼈가 형성되는 것.

parotic 전이골(前耳骨) 명 일부 파충류와 어류의 머리뼈에서 외후두골(exoccipital)과 후이골(opisthotic) 요소들의 융합으로 생긴 골질의 돌기.

parotid glands 귀밑샘, 측두샘 (1) 일부 포유동물에서 입으로 통하는 1쌍의 침샘; (2) 일부 양서류에서 머리의 옆쪽에 있는 큰 융기부. 피부샘들이 밀집되어 있으며, 때로는 독액을 분비한다.

parovarium 부난소(副卵巢) 명 난소의 앞에 있는 세관들의 작은 더미. 배의 중간콩팥(중신)이 성체에 남아 있는 잔재이다.

paroxysmal nocturnal haemoglobinaemia 발작성 야간혈색소혈증 보체조절단백질이 결핍되어 보체가 용혈반응(haemolysis)이 일어나도록 촉발하는 것.

pars 부위, 부 명 어느 기관의 부분.

pars distalis 원위부(遠位部) 선하수체(adenohypophysis)의 한 부분.

parsimony principle 간결원칙 분자분류학과 계통발생에서, 유연관계가 매우 밀접한 생물들(즉 최근에 분기된 생물들)은 오래 전에 분기된 종들보다 DNA의 뉴클레오티드 차이가 훨씬 적다는 원칙. 비 maximum parsimony.

pars intercerebralis 대뇌간부측심체(大腦間部側心體) 곤충의 전뇌에서 신경분비세포들이 들어 있는 부분.

pars intermedia 중간부 뇌하수체의 샘조직 부위. 리포트로핀과 멜라닌세포자극호르몬을 생성한다.

pars nervosa 신경부 뇌하수체의 신경엽. 시상하부로부터 돌출된 신경분비뉴런들로 구성되고 옥시토신과 바소프레신 등을 분비한다.

pars tuberalis 융기부 선하수체(adenohypophysis)의 한 부분.

parthenita 단성충(單性蟲) 명 중간숙주 단계에 있는 흡충류의 단성시기.

parthenocarpic 단위결실(單爲結實)의 형 수정하지 않고 발달하여 종자가 없는 과실(단위결실과)에 적용되는 말.

parthenogenesis 단성생식, 처녀생식 명 수배우자와 수정하지 않고 암배우자 단독으로 새로운 개체를 만드는 생식법.

parthenogenetic 단성의, 단위의 형 (1) 단성생식에 의해 생겨난 생물에 적용되는 말; (2) 미수정란에서 발생이 일어나도록 유도할 수 있는 작용인자에 해당하는 말.

parthenogonidia 무성개충(無性個蟲) 명복 무성생식의 기능을 가진 원생동물 군체의 개충들.

parthenote 반수성 개체 명 단성생식에 의해 생겨난 반수체 생물.

partial diploid 부분2배체 유전자의 일부를 두 벌 갖는 세균이나 그 밖의 세포.

partial dominance 부분우성 ⇨ co-dominance.

partial parasite 부분기생생물 ⇨ semiparasite.

partial veil 내피막(內被膜) 일부 담자균류의 안쪽 피막(veil). 대(stipe)에서 발달하여 갓(균모)의 가장자리까지 자란 다음 분리되어 거미줄막(cortina)을 형성한다.

particulate inheritance 입자유전 유전형질이 대대로 변치 않는 채로 남아 있는 별개의 독립체(유전자)로 전달된다는 사실. 비 blending inheritance.

partite 심렬(深裂)의 형 잎이나 꽃잎 따위가 거의 그 기부까지 깊이 째져 있는.

partition chromatography 분배크로마토그래피 2종류의 용매를 이용하여 물질들을 분리하는 크로마토그래피법의 일종.

Partitiviridae 파르티티바이러스과 명 흰토끼풀잠재바이러스(white clover cryptic virus)와 같이 식물에 감염하는 2중가닥RNA바이러스의 과.

parturition 분만(分娩) 명 출산하는 행동.

parumbilical 형 앞배벽(anterior abdominal wall)에서 문맥과 엉덩정맥으로 가는 실핏줄에 적용되는 말.

parvicellular 소세포성(小細胞性) 형 작은 세포들로 구성된.

parvocellular layer 소세포층 영장류 뇌의 측면슬상핵에서 3, 4, 5, 6층으로 구성되고 작은 뉴런들로 이뤄지는 층.

Parvoviridae, parvoviruses 파보바이러스과, 파보바이러스 명, 명복 껍질이 없고 작은 외가닥DNA바이러스의 과. 알류샨밍크병바이러스, 아데노연관바이러스, 사람파보바이러스 등이 포함된다.

PAS 과옥소산시프액(periodic acid-Schiff reagent).

pascual 목초지의 형 목초지와 관련된, 식물상에 적용되는 말.

pasculomorphosis 파스쿨로모르포시스 명 방목의 결과로 식물의 구조적 특징이 변하는 것.

passage cells 통과세포 뿌리에서 용질을 통과시키는 세포벽이 얇은 외피 또는 내피의 세포들. 체관부의 반세포처럼 보통 세포벽이 두꺼운 세포들과 관련되어 있다.

Passeriformes, passerines 참새목, 참새류 명, 명복 소형이나 중형의 크기를 갖는 새들로 이뤄지는 큰 목. 까마귀, 박새, 휘파람새, 개똥지빠귀, 핀치 등과 같이 나뭇가지에 앉는 새와 명금류들이 포함된다.

Passiflorales 시계꽃목 명 관목, 초본, 덩굴식물 그리고 작은 교목들인 쌍떡잎식물의 목. 파파야과(Cariaceae)와 시계꽃과(Passifloraceae)로 이뤄진다.

passive immunity 수동면역 이미 형성된 항체를 받아 일시적으로 면역을 얻는 것. 태아가 태반을 통하여 모체로부터 받고, 어미의 젖을 통해 유아에게 전해지는 것이 그 예가 된다.

passive transport 수동수송 생체막을 통해 농도기울기와 전기화학기울기에 따라 작은 비전하성 분자들이 확산되거나 이온과 그 밖의 전하성 분자들이 단백질의 도움으로 수송되는 것(촉진확산). 수동수송은 에너지를 필요로 하지 않는다.

Pasteur effect 파스퇴르효과 (1) 유산소 조건에 의해(즉 호흡에 의해) 해당과정이 저해를 받는 것. 파스퇴르(Louis Pasteur)가 효모를 대상으로 처음 관찰하였다; (2) 정상적으로 혐기성인 생물이 산소의 존재하에서 당을 이산화탄소와 물로 완전히 산화시키는 능력을 갖는다고 부정확하게 가리킬 때 때때로 사용하는 말.

pasteurization 저온살균 명 62°C에서 30분간 또는 72°C에서 15초간 가열한 다음 급속 냉각시켜서 우유와 와인 그리고 그 밖의 음료를 부분적으로 살균하는 방법.

pasture 목초지 명 방목에 이용되는 초지.

patabiont 명 숲바닥의 낙엽들에서 평생을 보내는 동물.

patacole 명 숲바닥의 낙엽들에서 일시적으로 사는 동물.

patagial 비막의 형 익막 또는 비막(patagium 또는 flying membrane)과 관련된 말.

patagiate 비막형 형 비막(익막)을 가진.

patagium 비막(飛膜), 익막(翼膜) 명 (1) 박쥐의 앞다리와 뒷다리 사이에서 막이 확장된 부분; (2) 날여우원숭이류와 날다람쥐류의 앞다리와 뒷다리 사이에서 피부가 확장된 부분.

Patagonian region 파타고니아식물구 남아메리카의 남부와 포클랜드 제도로 구성되는 남극식물계의 한 부분.

patch clamp 패치고정법, 세포막빨기법 신경생리학에서 세포막의 아주 작은 부분을 세포막으로부터 분리하여 이를 미소전극의 끝에 붙여서 단일한 이온채널을 기록하는 방법.

patching 패칭 명 렉틴이나 특정 항체로 처리하였을 때 진핵세포에서 막단백질들이 덩어리를 형성하는 현상. 렉틴이나 항체와 교차결합한 결과로 지질2중층에서 막단백질들이 측면으로 이동하는 데 기인한다.

patella 무릎뼈, 슬개골(膝蓋骨) 명 (1) 무릎뼈 또는 팔꿈치뼈; (2) 일부 거미류의 넓적다리와 종아리다리 사이의 마디; (3) 거미다리의 4번째 마디; (4) **삿갓조개** 따개비류의 한 속; (5) **소반(小盤)** 지의류의 둥근 자낭반.

patellar 무릎뼈의 형 무릎뼈(patella)와 관련된 말.

patellaroid, patelliform 접시모양의 형 (1) 냄비처럼 생긴; (2) 테를 두른 원반 모양의.

patent 개출(開出) 형 열리거나 널리 펴지는.

pateriform 접시모양의 형 접시처럼 생긴.

paternal 부성(父性)의, 부계(父系)의 형 아버지(아비)와 관련되거나 그로부터 유래되는.

pathetic 제6뇌신경의 형 눈의 근육을 조절하는 신경(제6뇌신경)에 적용되는 말.

pathogen 병원체 명 병을 일으키는 생물을 통틀어 이르는 말.

pathogen-associated molecular patterns (PAMPs) 병원체관련분자구조 그람음성균의 외막에 있는 지질다당류와 같이 전형적으로 병원체군과 관련된 분자들. 선천면역계의 세포들에 있는 수용체들이 이들을 인식하고 몸에 감염의 경보를 발한다.

pathogenesis 병원론, 병인론 명 병리증상(pathological symptom)의 기원이나 원인.

pathogenic 병원성 형 병을 일으키는, 특정 숙주에 관련된 기생생물(특히 미생물)에 적용되는 말.

pathogenicity 병원성(病原性) 명 기생생물이 숙주에 피해를 주고 병을 일으키는 능력.

pathogenicity island 병원성 유전자군 병원성 세균의 유전체에서 질병을 유발하는 세균의 능력을 결정짓는 유전자들의 군.

pathology 병리학(病理學), 병상(病狀) 명 (1) 질병이나 기능장애를 취급하는 학문분야; (2) 질병 특유의 증상과 징후.

patina 파티나 명 바다나리류(crinoids)의 꽃받침 둘레에 둥글게 배열된 판들.

patoxene 은폐동물(隱蔽動物) 명 숲바닥의 낙엽들에서 우연히 나타나는 동물.

patriclinal, patriclinous 부계편향적 형 모계보다 많은 부계의 유전적 특징을 가진. ≒ **patroclinal**, **patroclinous**.

patrilineal 부계의 형 (1) 부계(paternal line)와 관련된 말; (2) 웅성 어버이로부터 전해진.

patristic 파트리스틱 형 식물에서 공통조상에 기인하는 유사성과 관련된 말.

pattern formation 패턴형성 다세포의 배에서 분화된 세포들의 공간적 양식이 생겨서 조직을 형성하고 궁극적으로 기관과 형태적 구조들이 형성되는 것.

pattern recognition receptors (PRR) 패턴인식수용체 다양한 병원성 미생물 특유의 분자패턴(병원체관련분자구조)을 인식하는 선천면역계의 식세포와 그 밖의 세포들에 있는 수용체 또는 수용성 분자들. 톨유사수용체와 만노오스결합렉틴이 그 예가 된다.

patulent, patulose, patulous 산개(散開)한 형 퍼지거나 열리거나 또는 넓어지는.

paturon 파투론 명 거미 협각(chelicera)의 기부에 있는 마디. 먹이를 부수는데 이용된다.

paucilocular 소수소방(少數小房)의 형 몇 개의 작은 공간 또는 소방(locule)이 들어 있거나 이들로 구성되는.

paucispiral 소수나선(少數螺旋)의 형 몇 개의 고리 또는 윤생체(whorl)를 가진.

paunch 혹위 ⇨ rumen.

Pauropoda 소각강(少脚綱) 명 다지류(myriapods)에 가까운 절지동물의 강. 12개의 체절로 구성되고 그 가운데 9개에 부속지가 달린다.

pavement epithelium 포장상피 입방세포들로 구성된 상피 또는 단순한 편평상피.

Pavlovian conditioning 파블로프형 조건지우기 고전적 조건지우기(classical conditioning).

paxilla 팍실라 명 어떤 불가사리에서 석회질의 기둥을 지탱하는 두꺼운 판. 각각의 정점은 작은 가시들로 덮여 있다. 복 **paxillae**. ≒ **paxillus**.

paxillate 팍실라형 형 팍실라(paxilla)를

P

가진.

paxilliform 팍실라형 형 팍실라(paxilla)처럼 생긴.

PBLs 말초혈백혈구(peripheral blood leukocytes). 때로는 오직 말초혈림프구(peripheral blood lymphocytes)만을 가리키는 데 사용된다.

PBS 인산완충식염수(phosphate-buffered saline).

PCB 다염소비페닐(polychlorinated biphenyl).

PCNA 증식세포핵항원(proliferating cell nuclear antigen). DNA를 둘러싸고 DNA 주형에 DNA중합효소를 유지하는 활주클램프(sliding clamp)를 형성하는 DNA복제단백질이다.

PCP 평면세포극성(planar cell polarity).

PCR 중합효소연쇄반응(polymerase chain reaction).

PCR cycle 광합성탄소환원회로(photosynthetic carbon reduction cycle). ⇨ Calvin cycle.

PD_{50} 50%의 시험동물에서 마비가 나타나는 바이러스 활성의 정도.

PDB 단백질정보은행(Protein Data Bank).

PDE 인산디에스테르가수분해효소(phosphodiesterase).

PDGF 혈소판유래생장인자(platelet-derived growth factor).

PDI 단백질2황화물이성질화효소(protein disulphide isomerase).

p-distance p-거리 두 서열 간의 뉴클레오티드 또는 아미노산 차이의 비율로 계산하는 유전적 거리. *D/N*으로 정의되며, 여기서 *N*은 간극을 무시한 쌍서열정렬(pairwise alignment)의 총 위치의 수이고, *D*는 차이의 총수이다.

PDK 포스파티딜이노시톨의존단백질인산화효소(phosphatidylinositol-dependent protein kinase).

pearl 진주(眞珠) 명 일부 연체동물 2매패류의 껍질 내에서 작은 모래입자나 기타 이물질의 주위에 형성된 이상 생장. 여러 층의 진주층(nacre)으로 구성된다.

peat 이탄(泥炭), 토탄(土炭) 명 습지에서 부분적으로 분해된 식물체들로 구성된 짙은 갈색의 유기퇴적물. 이탄은 식생의 생산율이 미생물에 의한 식생의 분해율을 초과할 때 축적된다. 미생물에 의한 작용은 주로 산소의 결핍에 의해 억제되지만, 영양소의 결핍이나 낮은 온도 또는 낮은 pH와 같은 다른 요인들도 기여할 수 있다. ⇨ blanket peat, fen peat.

peat mosses 물이끼 ⇨ sphagnum mosses.

pecking order 서열, 순위 특히 새들에서 볼 수 있는 것과 같이 가장 우세하고 공격적인 동물부터 가장 순종적인 동물로 내려가는 사회위계질서. ≒ **peck order**.

pecorans 명복 기린과 사슴 그리고 소.

pectate 펙트산 ⇨ pectic acid.

pecten 빗살, 빗살돌기 명 (1) 빗(comb)처럼 생긴 구조를 통틀어 이르는 말; (2) 파충류와 새에서 망막 안쪽 표면의 돌기; (3) 두덩뼈(치골) 상부 가지의 능선; (4) 항문관의 안쪽 조임근과 항문판막 사이의 부분인 항문가리비; (5) 일부 거미류에서 마찰기(stridulating organ)의 일부; (6) 전갈류의 배에 있는 감각부속지인 전갈빗돌기; (7) 가리비류의 속명(무늬가리비); (8) 담자뿔(sterigmata)의 빗 모양 집합체. 복 **pectines**.

pectic 펙틴의 형 펙틴(pectin)과 관련된 말.

pectic acid 펙트산 펙틴의 일부인 폴리갈락투론산.

pectic enzymes 펙틴효소 펙틴의 성분을 가수분해하는 효소들. 폴리갈락투로나아제, 펙틴에스테라아제, 펙틴분해효소 및 펙트산분해효소가 포함된다.

pectin 펙틴 명 식물의 1차세포벽의 중간층(middle lamella)에서 발견되는 매우 다양한 복합다당류의 군. 갈락투론산이 주성분이고 추출하면 겔을 형성한다. 아라비노오스, 갈락토오스와 람노오스 잔기들도 들어 있다.

pectinal 빗살의, 빗살돌기의 형 빗살 또는 빗살돌기(pecten)와 관련된 말.

pectinase 펙틴가수분해효소 명 (1) 펙틴의 다양한 성분을 가수분해하는 글리코시드가수분해효소들; (2) 때때로 폴리갈락투로나아제(EC 3.2.1.15)를 가리키는 말. ⇨ polygalacturonan.

pectinate 빗살거치 형 빗처럼 생긴.

pectineal 즐(櫛)의, 두덩빗의 형 (1) 빗처럼 생긴; (2) 넙다리뼈와 이에 부착된 근육(두덩근)의 능선에 적용되는 말.

pectinellae 빗모양막 명복 일부 섬모충류에서 입둘레섬모열을 구성하는 가로 놓인 빗 모양의 막판(membranelle).

pectines 'pecten'의 복수형.

pectinesterase 펙틴에스테라아제 명 펙틴에서 나타나는 메틸화 갈락투론산에서 메틸기를 제거하여 펙트산과 메탄올을 생성하는 반응을 촉매하는 효소. EC 3.1.1.11.

pectineus 두덩근, 치골근 명 두덩뼈의 능선과 넙다리뼈 위의 안쪽 부분 사이에 있는 평평한 근육.

pectinibranch 빗아가미형 형 빗처럼 생긴 돌기들로 장식된 한쪽 가장자리만 있는, 일부 연체동물의 아가미에 적용되는 말.

pectiniform 빗살거치 ⇨ pectinate.

pectinogen 펙티노겐 ⇨ protopectin.

pectinolytic 펙틴용해성 형 펙틴을 분해할 수 있는, 세균에 적용되는 말.

pectocellulose 펙토셀룰로오스 명 다육질의 뿌리와 과일에서 볼 수 있는 것과 같이 섬유소와 혼합된 펙틴.

pectolytic 펙틴분해의 형 펙틴을 분해하는, 효소에 적용되는 말.

pectoral 가슴의 형 가슴과 관련되거나 가슴 부위에 있는.

pectoral fin 가슴지느러미 어류의 몸에서 측면에 있는 지느러미.

pectoral girdle 어깨띠, 흉대(胸帶) 척추동물에서 앞지느러미 또는 앞다리가 붙는 어깨 부위의 골격. 연골이나 뼈(주로 어깨뼈, 쇄골, 오훼골)로 된 활 모양의 구조이다.

pectoralis 가슴근, 흉근(胸筋) 명 가슴뼈와 위팔뼈를 연결하는 가슴의 근육. 가슴근이 주된 비상근(flight muscle)이 되는 새들에서는 가슴근이 매우 확장되어 있다.

pectoralis major 큰가슴근, pectoralis minor 작은가슴근 복부의 흉벽을 어깨와 위팔뼈에 연결하는 바깥쪽과 안쪽의 가슴근육. 각각 '대흉근'과 '소흉근'이라고도 한다.

pectose 펙토오스 ⇨ protopectin.

pectosinase 펙토시나아제 ⇨ protopectinase.

ped 페드, 토괴(土塊) 명 건습주기를 여러 차례 견딜 수 있는 토양입자들의 비교적 탄탄한 집합체. 개개의 페드는 서로 분리되면서 뚜렷이 보인다.

pedal 발의, 반(盤)의 형 (1) 발과 관련된 말; (2) 말미잘의 기부인 반(족반)에 적용되는 말.

pedalfer 규반질토양 명 습윤지대에서 알루미늄과 철이 들어 있고 탄산염이 없는 것이 특징인 토양군을 통틀어 이르는 말.

pedate 새발모양의 형 발가락 같은 부분이 있는.

pedatipartite 조족상심렬(鳥足狀深裂)의

형 장상엽(palmate leaf) 가운데 먼저 3갈래로 갈라지고 바깥의 두 갈래가 다시 한 차례 또는 몇 차례 세분되는 유형에 적용되는 말.

pedatisect 조족상전열(鳥足狀全裂)의 형 새발모양(pedate)으로 배열되고 거의 중륵까지 갈라지는, 잎에 적용되는 말.

pedicel 꽃자루, 포자병, 자루세포 명 잎이나 열매 또는 포자낭의 작고 짧은 자루(⇨ 그림 18) 또는 고착생물이나 기관의 엽병(foot-stalk).

pedicellariae 차극(叉棘) 명복 불가사리와 같은 일부 극피동물의 표면에 박혀 있는 미세한 펜치 모양의 구조. 이 부분을 건드리는 동물을 움켜잡고 죽여서 버린다. 단 **pedicellaria**.

pedicellate 자루달린, 유병(有柄)의 형 (1) 작은 자루에 의해 지지되는; (2) 짧은 자루에 의해 가슴과 배가 연결되는 벌목(Hymenoptera)에 적용되는 말.

pedicellus 소화경, 태세포, 병 ⇨ pedicel.

pedicle 병절(柄節), 각(脚), 족(足) 명 짧은 줄기나 자루.

pediculates 유병류(有柄類) 명복 아귀류(anglerfish)와 부치류(batfishes)가 포함되는 매우 특수한 해산 경골어류의 목. 등지느러미의 앞쪽 부분이 미끼처럼 변형되어 있다.

pediferous 발달린, 유족(有足)의 형 (1) 발을 갖는; (2) 엽병(foot-stalk)을 가진.

pedigree 가계도(家系圖), 혈통도 명 유전학에서 혈연관계의 개체들 집단을 대상으로 조상전래의 역사를 나타낸 그림.

pedipalp 다리수염, 각수(脚鬚) 명 거미류에서 보각의 바로 앞에 있는 한 쌍의 작은 다리와 같은 부속지. 수컷 거미는 교미할 때 암컷에 정자를 전달하는 데 이를 이용하며, 때로는 집게나 갈퀴로 변형된다.

pedocal 석회질토양, 페도칼 명 건조지역과 반건조지역에서 탄산칼슘(석회)이 들어 있는 토양군을 가리키는 말.

pedogamy 자절생식(自切生殖) 명 원생동물에서 핵이 여러 번 분열한 다음에 배우자들이 형성되는 자가수정의 일종.

pedogenesis 유생생식(幼生生殖), 토양생성 명 (1) 멕시코도롱뇽(axolotl)에서 볼 수 있는 것과 같이 유생이나 어린 새끼에서의 생식; (2) 성숙하지 않는 곰팡이에서 포자가 생성되는 것; (3) 토양이 형성되는 것.

pedogenic 토양생성의 형 토양의 형성과 관련된 말.

pedology 토양학 명 토양을 연구하는 학문.

pedomorphosis 유형진화(幼形進化) 명 성체에서 유생시기의 특성을 계속 유지하고 있는 현상. 형 **pedomorphic**.

pedonic 형 담수호의 바닥에 사는 생물에 적용되는 말.

peduncle 꽃자루, 다리, 병부(柄部) 명 (1) [식] 꽃을 받치고 있는 자루; (2) [동] 정주성(sedentary) 원생동물, 바다나리류, 완족류와 따개비류의 자루(육경); (3) 절지동물에서 가슴과 배 사이의 연결부; (4) [신] 뇌에서 여러 다른 부위들을 연결하는 신경섬유의 띠.

pedunculate 꽃자루달린 형 꽃자루에서 자라거나 꽃자루를 가진.

PEG 폴리에틸렌글리콜(polyethylene glycol).

Pekin(g) man 베이징원인 1920년대에 베이징 부근에서 발견된 화석인류. 처음에는 시난트로푸스 페키넨시스(*Sinanthropus pekinensis*)라고 불렀고, 이어서 피테칸트로푸스 페키넨시스(*Pithecanthropus pekinensis*)라고 부르다가, 현재에는 직립원인(*Homo erectus*)으로 분류한다.

pelage 모의(毛衣) 명 포유동물의 털로 덮인 외피.

pelagic 원양성 형 바다나 대양에서 중간 수심 또는 표층에 사는.

pelargonidin 펠라르고니딘 명 많은 꽃에 들어 있는 빨간색의 플라보노이드 색소.

pelasgic 형 이곳저곳을 옮겨 다니는.

Pelecaniformes 사다새목 명 물고기를 잡아먹는 큰 물새들의 목. 4개의 발가락 사이에 물갈퀴를 가진 것이 공통된 특징이다. 펠리컨(사다새), 가마우지, 부비새(boobies)와 개니트류(gannets)가 포함된다.

Pelecypoda 부족강 ⇨ Bivalvia.

P elements P인자 노랑초파리에서 발견되는 DNA형 전이인자의 하나. 잡종불임에 관여하고, 실험적으로 유전자를 생식세포계열에 주입하여 유전자전이곤충을 만드는 데에도 이용된다.

pellagra 펠라그라 명 음식물 중의 트립토판과 니코틴산(니아신)의 결핍에 의하여 일어나는 병. '니아신결핍증'이라고도 한다. 니아신이나 니코틴아미드로 치료될 수 있다.

pellagra-preventive factor 항펠라그라인자 니코틴아미드 또는 니아신.

pellicle 박막(薄膜), 외피(外皮), 피막(皮膜) 명 (1) 유글레나(*Euglena*)에서 원형질막과 그 밑에 있는 단백질띠에 의해 만들어지는 것과 같이 얇고 유연한 외층; (2) 연약한 표면이나 피부처럼 자란 구조를 가리키는 말; (3) 액체배지의 표면에 세균이나 효모들이 피부처럼 응집한 것.

pelliculate 피막형 형 바깥 표면에 피막이 있는.

pellions 판고리, 펠리온 명복 성게류의 빨판을 받치고 있는 판들의 고리구조.

pelma 발바닥 명 발의 발바닥.

pelophilous 호점토성(好粘土性) 형 점토(찰흙)에서 자라는.

peloria, pelory 정화(正化) 명 (1) 비정상적으로 규칙적인 상태; (2) 불규칙한 구조에서 규칙적인 구조로 변형되는 것. 형 **peloric**.

pelotons 펠로톤 명복 난초의 배에 있는 분열조직에서 균근을 이루는 곰팡이 균사들의 고리.

pelta 방패 명 일부 지의류의 방패처럼 생긴 자낭반.

peltate 방패꼴, 순상(楯狀) 형 (1) 방패처럼 생긴; (2) 자루가 가장자리 부근에 달리지 않고 표면 아래의 중앙 또는 그 부근에 달리는.

peltinervate 방패맥형 형 방패잎에서 볼 수 있는 것과 같이 잎맥이 중앙 부근에서 퍼져 나가는.

pelvic 골반의 형 골반과 관련되거나 골반 또는 그 부근에 위치하는.

pelvic fins 배지느러미 어류의 몸 밑면에 있는 1쌍의 지느러미. 육상 척추동물의 뒷다리에 해당한다.

pelvic girdle 요대(腰帶), 골반띠 척추동물에서 배지느러미 또는 뒷다리가 결합하는 엉덩이 부위의 골격성 지지구조. 테 모양의 연골이나 뼈로 구성되며, 4족류에서는 보통 엉덩뼈, 궁둥두덩뼈 또는 궁둥뼈 그리고 두덩뼈로 이뤄진다.

pelvis 명 (1) **골반(骨盤)** 척추동물에서 꼬리뼈(미추골)와 엉치뼈(천골)와 함께 요대에 의해 형성되는 강소; (2) **콩팥깔때기, 신우(腎盂)** 콩팥에서 수뇨관(ureter)이 콩팥과 만나는 곳에서 확장된 것. 형 **pelvic**.

pelvisternum 치골뼈 명 골반과 분리되어 있을 때의 상치골(epipubis).

pelycosaurs 반용류(盤龍類) 석탄기에서 페름기까지 살았던 원시적 포유동물과 비슷한 파충류의 멸종된 목(반용목). 제멋대로 기는 걸음걸이를 하였고, 등에 커다란 부채 모양의 돌기를 가진 종(sail-back lizards)이 포함된다.

pen 깃, 펜 명 (1) 일부 두족류의 뿔 같은 부리; (2) 날개의 1차깃털; (3) 백조의 암컷. ⇨ sea pens.

pendent 매달린 형 늘어진.

pendulous 현수(懸垂)의 형 (1) 발생지점에서 아래로 굽어진; (2) 돌출하는(overhanging).

penetrance 침투도(浸透度) 명 관련된 표현형을 나타내는, 즉 개체에서 형질이 발현되는 특정 유전자형을 갖는 개체들의 백분율. 만일 해당하는 유전자형을 갖는 모든 사람들에서 형질이 표현되면 그 형질은 완전침투율(complete penetrance)을 갖는다고 한다. 만일 유전자형을 갖는 사람들 가운데 일부에서 형질이 전혀 발현되지 않으면 그 형질은 불완전침투율(incomplete penetrance)을 갖는다고 한다.

penetration path 침입로 난세포질 내에서 정자가 난자전핵(female pronucleus)으로 향하는 경로.

penicillate 털붓모양의 형 작은 페인트붓과 비슷한, 푸른곰팡이속(*Penicillium*) 곰팡이의 분생자머리에 적용되는 말.

penicillin 페니실린 명 푸른곰팡이(*Penicillium notatum*) 등이 생산하는 β-락탐 고리구조에 기초를 둔 다양한 항생물질을 통틀어 이르는 말. 세균의 세포벽 합성을 저해하여 삼투용균(osmotic lysis)을 일으킨다.

penicillinase 페니실린가수분해효소 ⇨ β-lactamase.

penicillin-binding proteins 페니실린결합단백질 세균세포벽의 펩티도글리칸에서 펩티드사슬의 교차결합에 관여하는 펩티드전달효소. 페니실린에 의해 저해된다.

penis 음경(陰莖) 명 웅성 교미기관.

penna 큰깃털 명 깃털(plume)이나 솜깃털(down feather)과 구별되는 새들의 큰 깃털.

pennate 깃꼴, 우상(羽狀) 형 (1) 깃털 모양으로 갈라진; (2) 깃털이 있는; (3) 날개가 있는; (4) 날개의 모양을 한; (5) 뚜껑면보기(valve view)에서 좌우대칭인 돌말류(깃돌말류)에 적용되는 말.

Pennsylvanian 펜실베이니아기의 형 (1) 석탄기에서 약 3억 1800만 년 전부터 약 2억 9900만 년까지의 세(epoch)에 적용되거나 관련된 말; (2) 북아메리카의 협탄층에 적용되는 말.

pensile 매달린 형 매달리거나 드리운.

penta- '다섯'을 뜻하는 그리스어 '*pente*'에서 유래된 접두사. '5개를 갖는' 또는 '5개로 배열된' 등을 의미한다.

pentactinal 5방사형(五放射形) 형 5개의 방사조직(살)을 갖거나 5개로 갈라지는.

pentadactyl 5지(五指)의 형 4개의 다리 모두 정상적으로 5개의 손발가락으로 끝나는.

pentadactyl limb 5지성 다리 4족류의 특징인 5개의 손발가락을 갖는 다리.

pentadelphous 5체의 형 수술대가 5개의 다발로 되는 꽃밥을 갖는 꽃에 적용되는 말.

pentafid 5열(五裂)의 형 5개로 갈라지거나 5개의 엽을 가진.

pentagynous 5암술의 형 (1) 5개의 암술 또는 암술대를 갖는; (2) 암술군(gynoecium)에 5개의 심피가 있는.

pentamer 5합체 명 (1) 5개의 소단위를 갖는 복합체; (2) 핵산이나 단백질서열에서 5개의 인접한 뉴클레오티드 또는 아미노산.

pentamerous 5수성 형 (1) 5개의 부분

들로 구성된; (2) 꽃을 이루는 부분들이 다섯 또는 5의 배수로 배열되는 꽃에 적용되는 말.

pentandrous 5수술의 형 5개의 수술을 가진.

pentaploid 5배체 형 정상적인 염색체 반수의 5배를 가진.

pentapterous 5날개의, 5시형(五翅型) 형 일부 열매에서 볼 수 있는 것과 같이 5개의 날개를 가진.

pentaradiate 5방사형 형 몸이 다섯 갈래의 틀을 가진.

pentarch 5원형(五原型) 형 (1) 번갈아 생기는 물관부와 체관부가 5개의 무리로 된; (2) 5개의 관다발을 가진.

pentasepalous 5꽃받침조각의 형 5개의 꽃받침조각을 가진.

pentaspermous 5종자의 형 5개의 종자가 있는.

pentastemonous 5수술의 형 5개의 수술을 가진.

pentasternum 제5가슴판 명 진드기류와 응애류에서 전체절의 다섯 번째 마디 또는 다리몸마디(보각절)의 세 번째 마디의 가슴판(복판).

pentastichous 5열성(五列性) 형 수직의 5줄로 배열된, 잎에 적용되는 말.

Pentastomida, pentastomids 5구동물문(五口動物門), 5구동물류 명, 명복 평평하고 몸이 부드러운 벌레 같이 생긴 기생생물의 문. 흔히 설충류(tongue worms)라고 부르며, 주로 열대와 아열대지역에서 척추동물의 비도(nasal passage)에 산다. 3단계의 유충기를 갖고, 그 가운데 첫 시기는 초식성 포유동물의 비도에서 알에서 생겨난다. ≒ **Pentastoma**, **pentastomes**.

pentosan 펜토산 명 크실란과 아라비난과 같이 5탄당 단위체들이 연결되어 구성된 다당류.

pentose 5탄당 명 $(CH_2O)_5$의 화학식을 갖는 단당류. 아라비노오스, 크실로오스와 리보오스가 그 예가 된다.

pentose phosphate pathway 5탄당인산경로 (1) 포도당-6-인산의 부분적 산화로부터 NADPH의 형태로 생화학적 환원력을 발생시키고 이산화탄소와 리보오스-5-인산을 생성하는 산화적 5탄당인산경로(PPP). 리보오스-5-인산은 3탄당인산으로 전환되고 때때로 순환하여 포도당-6-인산이 재생된다. 이 경로는 적혈구에서 NADPH가 생기는 유일한 원천이고, 근육세포보다는 지방세포에서 활발하게 일어난다. ≒ hexose monophosphate shunt, phosphogluconate oxidative pathway; (2) 식물과 일부 세균에서 나타나는 환원성 5탄당인산경로(RPPP). 광합성에서 이산화탄소가 6탄당으로 고정되는 데 관여한다. ⇨ Calvin cycle.

pentraxins 펜트락신 명복 급성기(acute-phase) 반응에 작용하는 혈단백질의 패밀리.

peonidin 페오니딘 명 식물에서 발견되는 빨간색의 안토시아닌 색소.

PEP 포스포에놀피루브산(phosphoenolpyruvate).

pepo 박꼴열매, 과상과(瓜狀果) 명 멜론, 오이, 호박과 같이 씨앗이 많은 과육질의 열매.

pepsin 펩신 명 단백질을 펩티드로 가수분해하는 위액에 들어 있는 펩티드내부가수분해효소(endopeptidase). 위에서 펩시노겐이 염산에 의해 1개의 펩티드결합이 끊어지면서 형성된다. EC 3.4.23.1. 상용명 pepsin A.

pepsinogen 펩시노겐 명 효소 펩신의 불활성 전구체. 위점막의 세포들로부터 위로 분비되고 산분비세포(oxyntic cell)가

분비하는 염산에 의해 활성화된다.

pepstatin 펩스타틴 명 효소 펩신과 그 밖의 산성 펩티드내부가수분해효소의 작용을 억제하는 헥사펩티드(hexapeptide).

peptic 소화성(消化性) 형 소화와 관련되거나 소화를 촉진하는.

peptic cells 소화성 세포 소화효소들인 레닌과 펩신의 전구체들인 프로레닌과 펩시노겐을 분비하는 위샘의 세포들.

peptidase 펩티드가수분해효소 명 펩티드결합을 가수분해하는 효소. EC 3.4. 펩티드내부가수분해효소(endopeptidase, ≒ protease, proteinase)는 단백질 내부의 펩티드결합을 가수분해하고, 펩티드말단가수분해효소(exopeptidase)는 단백질사슬의 말단으로부터 잔기를 따로따로 절단하거나 디펩티드 또는 트리펩티드를 잘라낸다. ⇨ aminopeptidase, carboxypeptidase, dipeptidase, omega peptidase.

peptide 펩티드 명 비교적 적은 수(<100)의 아미노산들이 펩티드결합으로 연결된 사슬.

peptide bond 펩티드결합 어느 아미노산의 α-아미노기를 다른 아미노산의 카르복실기에 탈수축합시키는 공유결합. 펩티드결합은 단백질사슬에서 아미노산들을 연결하는 결합이다. (⇨ 그림 30)

peptide map 펩티드지도 ⇨ protein fingerprinting.

peptide nucleic acid (PNA) 펩티드핵산 펩티드 주사슬에 푸린과 피리미딘염기들이 곁사슬로 부착되어 구성된 분자.

```
     H      H H
     |      | |
R1 — C — C — N — C — COOH
     |   ||     |
   NH2   O      R2
```

그림 30. 펩티드결합.

peptide transporters 펩티드운반체 세포기질에서 단백질의 분해로 생긴 펩티드들을 소포체 내부로 나르는 막수송단백질.

peptidoglycans 펩티도글리칸 명복 선형의 다당류사슬에 짧은 펩티드들이 광범위하게 교차 결합한 거대분자의 클래스. 세균의 세포벽을 구성하는 특징적인 성분이다.

peptidylprolyl isomerase (PPI) 펩티딜프롤릴이성질화효소 새로 합성된 단백질이 접히는 데 관여하는 효소. EC 5.2.1.8. ≒ cyclophilin, peptidylprolyl *cis-trans* isomerase.

peptidyl transferase 펩티드기전달효소 리보솜에서 단백질이 합성되는 동안 23S rRNA의 활성에 의해 펩티드결합의 형성을 촉매하는 효소. 리보솜의 큰 소단위체에 내재한다.

peptidyl-tRNA 펩티딜tRNA 단백질합성 과정에서 아미노산이 첨가되어 리보솜에서 만들어지는 전체 폴리펩티드사슬에 부착하는 tRNA.

peptone 펩톤 명 펩신과 같은 효소에 의해 단백질이 가수분해되어 생기는 폴리펩티드.

peptonephridia 소화성신관(消化性腎管) 명복 일부 빈모류에서 소화샘의 기능을 하는 앞쪽의 신관.

percent accepted mutation (PAM) 팜 아미노산서열의 진화적 비교와 관련하여 100개의 아미노산 가운데 변화된 아미노산의 수. 서열정렬에서 사용되는 일종의 치환행렬(substitution matrix)을 구축하는 데 이용되는 진화의 단위이다. ≒ point accepted mutation.

percentage successive mortality ⇨ apparent mortality.

percent identity 유사성백분율 생물정보

P

학에서, 둘 또는 그 이상의 서열정렬에서 상응하는 위치에 동일한 잔기들이 나타나는 백분율. 이들 간의 유사성을 양적으로 측정하는 데 이용된다.

percept 지각상(知覺像) 명 대상에 대한 지각의 결과로 형성된 마음속에 그리는 상.

perception 인지(認知) 명 바깥 세계에서 오는 자극에 의해 생기는 물리적 감각을 정신적으로 해석하는 것.

percurrent 관통하는 형 길이를 따라 또는 기부에서 꼭대기까지 전체에 퍼져 있는.

perdominant 전우점종(全優占種) 명 어떤 특정한 유형의 거의 모든 군집에서 출현하는 종.

pereion 가슴, 흉부 명 갑각류의 가슴.

pereipod 가슴다리 명 가재, 게, 바닷가재와 같은 갑각류의 머리가슴에 4쌍이 나타나는 움직이는 다리.

perennating 다년생화 형 겨울을 보내는, 뿌리와 눈(bud)에 적용되는 말.

perennation 다년생(多年生) 명 식물이 여러 해 생존하는 것.

perennial 다년생(식물) 명 여러 해 지속되는 식물.

perennibranchiate 평생아가미의 형 어떤 양서류와 같이 평생 동안 아가미를 가진.

perfect 완전의 형 수술과 심피 모두가 들어 있는 꽃(완전꽃)에 적용되는 말.

perfect stage 완전기 자낭균류의 생활주기에서 자낭이 생성되는 유성생식 시기.

perfoliate 관생(貫生)의 형 기부의 열편들이 서로 붙어서 줄기를 완전히 감싸는 잎(관생잎)에 적용되는 말.

perforate 유공(有孔)의, 천공(穿孔)의 형 (1) 산호와 유공충류와 같이 구멍이 있는; (2) 세인트존스워트(Perforate St John's Wort)와 같이 작은 반투명한 점들을 갖는 잎에 적용되는 말.

perforation plate 천공판 물관부세포나 물관부요소들 간의 구멍이 뚫린 격벽 또는 접촉면.

perforin 퍼포린 명 세포독성 T세포에 의해 생성되는 세포독성 단백질.

peri- '사방에'를 뜻하는 그리스어 '*peri*'에서 유래된 접두사. '둘러싸는' 또는 '주변에 위치한' 등을 의미한다.

perianth 꽃덮개, 화피(花被) 명 (1) 꽃받침이나 꽃부리(화관)로 명확하게 구분할 수 없을 때 꽃의 바깥을 둘러싸는 꽃잎들; (2) 꽃받침과 꽃부리를 집합적으로 부르는 말; (3) 일부 이끼류에서 장란기를 에워싸는 덮개 또는 껍질; (4) 잎이 달린 우산이끼류에서 발달하는 포자체를 둘러싸는 관 모양의 껍질.

periaqueductal grey area 수도주변회백질 뇌줄기의 수도(aqueduct)를 둘러싸는 회백질.

periaxial 위축(圍軸)의, 축삭주위의 형 (1) 축이나 축삭을 둘러싸는; (2) 유수신경섬유에서 축삭세포막과 미엘린초 사이의 공간에 적용되는 말.

periblast 주변질 명 (1) 곤충의 배에서 외층, 원외배엽 또는 배반엽; (2) 주변의 작은 할구들이 합쳐져서 생기는 다핵질.

periblastesis 주변생장 명 지의류의 고니디아에서 볼 수 있는 것과 같이 조직이 둘러싸면서 덮이는 것.

periblastic 주변질의, 주변의 형 (1) 주변질(periblast)과 관련된 말; (2) 표면의, 수정란의 난할에 적용되는 말.

periblem 원피층(原皮層) 명 피층을 형성하는 분열조직.

peribranchial 아가미주위의, 위새(圍鰓)의 형 (1) 아가미 주위에 있는; (2) 해초류(ascidians)의 출아 유형에 적용되는 말; (3) 해초류와 창고기류의 위새강(atrial cavity)에 해당하는 말; (4) 불가사리의 파풀라(papulae)에서 기저부를 둘러싸는 원형 공간에 적용되는 말.

peribulbar 눈둘레의 형 (1) 안구 주위의; (2) 맛봉오리(미뢰)를 둘러싸는, 신경섬유에 적용되는 말.

pericambium 주변형성층 명 식물의 축에서 중심주를 둘러싸는 분열하는 세포들의 층. '내초(pericycle)'라고도 부른다.

pericapillary 모세혈관주위의 형 모세혈관벽의 바깥 표면과 접촉하는 세포들에 적용되는 말.

pericardiac, pericardical 위심낭의, 심장막의 형 (1) 위심낭(심장막)과 관련된 말; (2) 심장을 둘러싸는, 공간(강)과 격막 등에 적용되는 말; (3) 판새류에서 쌍으로 된 배설기관에 해당하는 말; (4) 일부 곤충에서 다발을 이루는 콩팥분세포(nephrocyte)에 적용되는 말.

pericardium 위심낭(圍心囊), 심장막 명 심장을 둘러싸는 막. 위심강(pericardial cavity)과 경계를 이루며, 때로는 위심강 자체를 위심낭으로 부르기도 한다.

pericarp 과피(果皮) 명 씨방벽에서 발달하는 과실의 조직. 바깥의 외과피, 때때로 다육질인 중과피, 그리고 안쪽의 내과피로 구성된다.

pericaryon 'perikaryon'의 철자.

pericellular 세포주위의 형 세포를 둘러싸는.

pericentral 주심(周心)의 형 중심의 주위나 그 부근에 있는.

pericentric 동원체포함의 형 (1) 염색체의 동원체와 관련되거나 이를 포함하는; (2) 동원체의 양쪽에서 염색체팔들이 절단되는; (3) 동원체가 포함되는 역위(동원체포함역위)에 적용되는 말.

pericentriolar material 중심립주변물질 동물세포의 중심체에서 중심립을 둘러싸는 섬유성 기질. 많은 γ-튜불린 고리들이 들어 있고, 방추체 미세소관의 중심을 형성한다. ≒ centrosome matrix.

perichaetial 화엽의 형 화엽(perichaetium)과 관련된 말.

perichaetine 극모고리의 형 극모(chaeta)의 고리가 몸을 둘러싸는.

perichaetium 화엽(花葉) 명 선태식물의 장란기나 장정기를 감싸는 막 또는 잎. 형 **perichaetial**.

perichondral 위연골성(圍軟骨性) 형 연골에서 바깥쪽부터 시작하여 안쪽으로 확산되는 골화(ossification)에 적용되는 말.

perichondrium 연골막 명 연골을 둘러싸는 결합조직의 섬유성 막. 형 **perichondrial**.

perichondrostosis 연골막뼈형성 명 연골에서 바깥쪽부터 시작하여 안쪽으로 확산되는 골화.

perichordal 척삭주위의 형 척삭을 둘러싸거나 그 부근에 있는.

perichoroidal 맥락막주위의 형 맥락막을 둘러싸는, 림프간격에 적용되는 말.

periclinal 병층(竝層)의 형 (1) 세포들이 나타나는 구조의 표면과 평행한 세포들의 분열(병층분열)에 적용되는 말; (2) 생장점의 꼭대기 표면과 평행한 세포들의 체계에 해당하는 말; (3) 어느 조직이 다른 조직을 완전히 감싸는 두 개의 조직에 적용되는 말.

periclinal chimaera 주변부키메라 다른 유전자형의 세포들이 분열조직의 모든 층을 구성하고 있는 키메라식물. 비 mericlinal chimaera.

periclinium 총포(總苞) 명 복합화의 총포(involucre).

pericranium 머리뼈바깥막, 두개골막 명 머리뼈를 감싸는 섬유성 막.

pericycle 내초(內鞘) 명 중심주의 바깥

층. 줄기에서는 1기관다발조직의 바깥에 있고, 내피와 통도조직의 사이에 있는 층이다.

pericyclic 내초의 형 식물의 축에서 관다발부위의 바깥쪽 가장자리에 위치하고 대체로 1기체관부에서 생기는 섬유(내초섬유)에 적용되는 말.

pericyte 혈관주위세포 명 민무늬근세포와 관련된 결합조직세포. 작은 혈관의 벽에서 발견되며, 이들의 보전에 필수적이다.

periderm 주피(周皮) 명 2기생장을 하는 대부분의 줄기와 뿌리에서 표피를 대체하는 세 층으로 된 조직. 코르크형성층(cork cambium)에 의하여 생기며, 바깥쪽으로는 코르크질이 포함된 코르크조직(cork tissue)의 층이 형성되는데 이들은 성숙하면 생명력을 잃고, 안쪽으로는 살아 있는 유조직인 코르크피층(phelloderm)이 만들어진다. 일반적으로 나무껍질(수피)이라고 부른다.

peridesm 주변조직 명 관다발을 둘러싸는 조직.

peridial 피막의 형 피막(peridium) 또는 자낭각과 관련된 말.

perididymis 정소초막(精巢鞘膜) 명 정소를 둘러싸는 조밀한 흰색의 결합조직.

peridinin 페리디닌 명 황적조식물문(Pyrrophyta) 조류에서 발견되는 엽황소색소.

peridiole 소피자(小皮子) 명 주름찻잔버섯에 들어 있는 작은 '알' 같이 생긴 구조. 단단한 밀랍의 벽을 갖고 담자포자가 들어 있다. 빗방울에 의해 '둥지'격인 자낭각에서 튀어 나와 전파하는 역할을 한다.

peridium 피막, 자낭각 명 특히 곰팡이에서 자실체의 바깥에 있는 벽.

peridural 경막주위의 형 발생과정에서 후기의 수막주위공간(perimeningeal space)에 적용되는 말.

perienteric 장주위의, 창자주위의 형 장관(enteron) 또는 창자를 둘러싸는.

periesophageal 식도주위의 ⇨ perioesophageal.

perifibrillar 원섬유주위의 형 원섬유(fibril)를 둘러싸는, 축삭의 신경원섬유를 둘러싸는 세포질에 적용되는 말.

perifoliary 잎둘레주위의 형 잎의 가장자리를 둘러싸는.

periganglionic 신경절주위의 형 신경절(ganglion)을 둘러싸는.

perigastric 위주위의 형 내장(viscera)을 둘러싸는, 복강에 적용되는 말.

perigastrium 체강 명 체강(body cavity).

perigemmal 맛봉오리주위의 형 맛봉오리(미뢰)를 둘러싸는, 신경섬유나 공간 등에 적용되는 말.

perigenous 주위기원적 형 잎이나 기타 구조의 양쪽에 달리거나 자라는, 또는 어느 구조의 사방에 달리는.

perigonium 꽃덮개, 장정기포(藏精器苞) 명 (1) 꽃덮개(화피); (2) 이끼류의 장정기 주위에 있는 총포.

perigynium 장란기포(藏卵器苞) 명 (1) 우산이끼류에서 장란기의 막성 외피 또는 주머니; (2) 이끼류의 총포.

perigynous 씨방중위의 형 꽃턱(receptacle)이 늘어난 가장자리에 꽃잎과 수술이 붙는 꽃에 적용되는 말. 명 **perigyny**.

perihaemal 혈관주위의 형 극피동물에서 혈관가닥을 감싸는 관에 적용되는 말.

perikaryon 핵주위질(核周圍質) 명 신경세포에서 핵이 들어 있는 세포체. 편형동물의 합포체(syncytium) 외피와 같은 기타 구조들에서는 피부 깊숙이 들어 있는 많은 세포체들이 세포질의 바깥에 있는 연속된 층과 연결되어 있다.

perikymata 주파선조 명복 치아의 에나

멜이 점차 자라면서 생기는 능선들.

perilymph 외림프 명 귀의 막미로(membranous labyrinth)를 둘러싸는 액체. 막미로를 골미로와 분리시키며, 외림프공간(perilymphatic space)에 들어 있다.

perimeningeal 수막주위의 형 척주와 머리뼈 그리고 수막의 관 내벽에 있는 결합조직층 간의 공간에 적용되는 말.

perimysium 근주위막, 근육다발막 명 근섬유들을 묶어서 다발과 근육을 만들고 힘줄까지 연결되는 결합조직.

perinaeum, perinaeal ⇨ perineum, perineal.

perineal 샅의, 회음의 형 샅(회음)과 관련된, 동맥, 신경, 샘 따위에 적용되는 말.

perinephrium 콩팥주위조직 명 콩팥의 주위를 감싸는 지방조직과 결합조직.

perineum 샅, 회음(會陰) 명 앞으로는 음낭이나 음문으로, 뒤로는 항문으로 그리고 옆으로는 넓적다리의 측면으로 한계가 지어지는 체표의 일부.

perineural 신경주위의 형 신경이나 신경삭을 둘러싸는.

perineurium 신경다발막 명 신경에서 신경섬유의 다발을 둘러싸는 섬유성 결합조직의 껍질.

perineuronal 신경섬유주위의 형 신경섬유를 둘러싸는.

perinium 소포자피(小胞子皮) 명 일부 고사리식물의 소포자를 둘러싸는 외피.

perinuclear space 핵주위극(核周圍隙) 핵막의 외막과 내막의 사이에 있는 공간.

periocular 눈주위의, 안구주위의 형 눈구멍 내에서 안구를 둘러싸는.

period 기(期) 명 지질시대에서 대(era)를 세분한 것. 이를테면 쥐라기는 중생대 가운데 한 기이다.

periodic acid-Schiff reagent (PAS) 과옥소산시프액 탄수화물 곁사슬이 풍부한 단백질을 염색하는 데 이용되는 염료.

periodicity 주기성 명 (1) 규칙적인 간격이나 주기로 기능을 수행하는 것; (2) 주기적인 반응이나 과정에서 활동(작용)의 피크와 다음 피크 사이의 간격; (3) DNA에서 2중나선의 한 바퀴당 염기쌍의 수.

periodontal 치주(齒周)의 형 치아를 덮거나 둘러싸는, 막이나 잇몸조직 등에 적용되는 말.

perioesophageal 식도주위의 형 식도를 둘러싸는, 신경환(nerve ring)에 적용되는 말.

periople 발굽둘레 명 말발굽의 얇은 바깥층.

perioptícon 페리옵티콘 명 곤충에서 눈에 가장 가까운 시엽(optic lobe)의 부위.

periorbital 눈주위의 형 눈구멍을 둘러싸는.

periosteum 뼈막, 골막 명 뼈의 표면을 감싸는 섬유성 막.

periostracum 각피(殼皮) 명 대부분의 연체동물과 완족류 껍질의 바깥층.

periotic 귀주위뼈, 이주위골(耳周圍骨) 명 속귀의 막미로 부분들을 감싸는 뼈.

peripatric 비주류의 형 조상격의 큰 개체군 가운데 가장자리에 있는 작은 개체군이 격리되면서 생기는 종분화(비주류종분화)에 적용되는 말.

peripetalous 꽃잎주위의 형 꽃잎이나 꽃잎 같은 구조를 둘러싸는.

peripharyngeal 인두주위의 형 인두(pharynx)를 둘러싸거나 둥글게 감싸는, 해초류와 창고기류(두삭류)의 섬모에 적용되는 말.

peripheral 주변의, 말초의 형 (1) 중심에서 멀리 떨어진; (2) 둘레(원주)에 가까운; (3) 막과 약하게 결합되어 있고 쉽게 분리되는 막단백질에 적용되는 말; (4) [면]

1차림프기관 이외의 조직들인 모든 2차림프조직(말초림프조직)과 관련되거나 그에 적용되는 말.

peripheral blood leukocytes (PBLs) 말초혈백혈구 조직에 상주하는 백혈구를 제외하고 혈액을 순환하는 백혈구들. 약어인 'PBLs'는 순환성 백혈구만을 가리키는 데 사용되기도 한다.

peripheral lymphoid organ, peripheral lymphoid tissues 말초림프기관, 말초림프조직 2차림프조직 (secondary lymphoid tissues).

peripheral membrane protein 주변막단백질 막의 한쪽 면과 비공유결합으로 부착되어 있는 단백질. 적절하게 처리하여 이를 제거하면 지질2중층이 온전하게 남는다.

peripheral nervous system 말초신경계 뇌와 척수를 제외한 척추동물의 신경계. 몸통, 4지 그리고 내장의 감각수용기들과 뇌신경 이외의 신경들로 구성된다.

peripheral tolerance 말초면역관용 성숙한 자가반응성 림프구들이 해당하는 항원과 접촉하여 무반응해진 결과로 성숙한 림프구집단이 획득한 자가항원에 대한 면역관용.

peripherical 형 종자의 배젖을 거의 완전히 감싸는 식물의 배에 적용되는 말.

periphloem 외체관부 명 체관부초 (phloem sheath) 또는 주변형성층 (pericambium).

periphloic 외사형(外篩型) 형 관다발에서 중심의 물관부 바깥쪽에 체관부가 있는.

periphoranthium 총포 ⇨ periclinium.

periphorium 꽃잎받이, 화엽탁(花葉托) 명 씨방을 지탱하는 다육질의 구조. 여기에 수술과 꽃부리가 부착된다.

periphyllum 인피 명 벼과 초본에서 씨방의 기부에 있는 비늘. 꽃덮개(화피)의 일부에 해당하는 것으로 여겨진다.

periphysis 공구주사(孔口周絲) 명 일부 곰팡이에서 자실체의 구멍 안쪽의 둘레에 늘어선 짧은 불임성 털.

periphyton 부착생물 명 뿌리를 내린 수생식물의 부분들에 부착하는 식물과 동물.

peripileic 갓주위의 형 주름버섯에서 갓(균모)의 가장자리에서 생기는.

periplasm 주변세포질, 원형질막공간 명 (1) 중심에 난황이 있는 알(중황란)에서 난황을 둘러싸는 세포질; (2) 일부 난균류에서 난구(oosphere)를 둘러싸는 원형질의 층; (3) 세균에서 원형질막과 세포벽 사이의 가스로 채워진 공간. ≒ periplasmic space. 형 **periplasmic**.

periplasmodium 주변변형체 명 타펫세포(tapetal cell)에서 유래되고 발생 중인 포자를 둘러싸는 다핵성 원형질의 덩어리.

periplast 주변세포질 명 (1) 일부 은편모조류에서 세포의 외피; (2) 조직들의 세포간 물질 또는 기질.

peripneustic 옆숨문식 형 대부분의 곤충 유충에서 흔히 나타나는 상태인, 몸의 양쪽에 걸쳐 숨구멍(기문)이 배열된 것.

peripodial 형 (1) 부속지를 둘러싸는; (2) 곤충의 시아(wing bud)를 덮는 막에 적용되는 말.

periportal 문맥주위의 형 (1) 간의 가로틈새(횡렬)와 관련된 말; (2) 소엽들을 부분적으로 분리하여 간담즙성피막(hepatobiliary capsule)의 일부를 형성하는 결합조직에 적용되는 말.

peripyle 보조구멍 명 일부 방산충류의 중심낭에서 성상구멍(astropyle)에 덧붙여 생기는 구멍.

perisarc 포피(包皮) 명 일부 군체성 히드라충류에서 개체들을 연결하는 조직을 둘러싸는 키틴질로 된 외피.

P

periscleral 공막주위의 형 눈의 공막 외부에 있는 림프간격에 적용되는 말.

perisome 체벽 명 (1) 체벽(body wall); (2) 극피동물의 표면에 있는 층.

perisperm 외배젖 명 일부 종자에서 배젖이 아닌 주심이 발달하여 생긴 저장조직.

perispiracular 기문주위의 형 (1) 기문(숨구멍)을 둘러싸는; (2) 물에 사는 일부 곤충의 유충에서 기름을 분비하는 샘에 적용되는 말.

perisporangium 포자낭막 명 (1) 포자낭군(sorus)을 덮는 막; (2) 고사리류의 포막(indusium).

perispore 포자외막, 포자모세포 명 (1) 포자의 외피; (2) 포자를 둘러싸는 일시적인 외막; (3) 조류 포자의 모세포.

perissodactyl 홀수손발가락의 형 손발가락이 홀수인.

Perissodactyla, perissodactyls 말목, 말류 명, 명복 홀수의 발가락을 갖고 체중이 주로 세 번째 발가락에 실리는 유제류의 목. 말, 맥(tapir)과 코뿔소가 포함된다. 비 Artiodactyla.

peristalsis 연동운동(蠕動運動), 꿈틀운동 명 소화관과 같은 근육기관에서 잇따라 수축하여 기관의 내용물을 이동시키는 운동. 지렁이와 같은 일부 생물들은 체벽의 연동운동에 의해 이동한다. 형 **peristaltic**.

peristigmatic 주기문(周氣門)의 ⇨ perispiracular.

peristome, peristomium 삭치(蒴齒), 입언저리 명 (1) [식] 이끼류의 포자깍지에서 입의 주위에 이빨 모양으로 나는 돌기; (2) [동] 섬모충류, 불가사리, 환형동물, 곤충, 극피동물 등에서 입을 둘러싸는 부분.

perisystole 휴지기(休止期) 명 심장의 확장기와 수축기 사이의 간격.

perithecium 자낭각(子囊殼) 명 자낭균류와 핵균류의 일부 곰팡이에서 자낭이 들어 있고 꼭대기의 구멍(소공)이 열리는 플라스크 모양의 구조.

perithelium 주피(周皮) 명 모세혈관과 관련된 결합조직.

peritoneal 복막의 형 복막과 관련된, 공간(강), 막, 오목(와) 등에 적용되는 말.

peritoneum 복막(腹膜), 배막 명 일부는 복벽이 되고, 일부는 복강에 들어 있는 기관들 위로 확장되면서 복막강의 경계가 되는 막.

Peritrichia, peritrichans 주모류(周毛類) 명, 명복 기층에 항상 부착하고 몇 개의 섬모가 달리는 섬모충류의 무리. 보르티셀라(*Vorticella*) 등이 포함된다.

peritrichous 주모성(周毛性) 형 세포의 모든 표면에 분포하는 편모에 적용되는 말.

peritrochium 섬모대 명 (1) 섬모의 띠; (2) 원형으로 섬모가 달린 유충.

peritrophic 영양위막의, 주위영양의 형 (1) [동] 곤충의 중장(mid-gut)에서 먹이 주위를 포개는 키틴질의 비세포성 막에 적용되는 말; (2) [식] 뿌리의 표면에 있는 특수한 곰팡이들의 균근에 적용되는 말.

periurethral 요도주위의 형 요도(urethra)를 둘러싸는, 샘에 적용되는 말.

perivascular 혈관주위의, 관다발주변의 형 (1) 혈관을 둘러싸는, 림프관, 섬유, 공간 등에 적용되는 말; (2) [식] 관다발 원통을 둘러싸는, 섬유에 적용되는 말.

perivascular feet 혈관돌기 미세한 혈관과 접촉하는 별세포(astrocyte)의 돌기 끝이 확대된 것.

perivisceral 내장주위의 형 내장을 둘러싸는, 체강에 적용되는 말.

perivitelline 난황주위의 형 알(난자)과 투명띠 사이의 공간에 적용되는 말.

P

perixylic 외목형(外木型) 형 중심의 체관부 바깥쪽에 물관부가 있는, 관다발에 적용되는 말.

perizonium 증대포자낭 명 돌말류에서 자생포자 또는 접합자를 둘러싸는 막이나 규산질 외층.

perlecan 퍼레칸 명 기저층(basal lamina)에 존재하는 헤파란황산염이 포함된 프로테오글리칸.

permafrost 영구동토(永久凍土) 명 지표 밑의 영구히 얼어 있는 토양의 층. 온도가 매우 낮은 극지방에서 나타나며, 툰드라의 특징이다. 따뜻한 계절에는 부분적으로 녹은 얇은 층으로 덮이고, 이는 툰드라의 이끼류, 지의류 그리고 작은 초본식물들을 부양한다. 영구동토층은 그 두께가 몇 백 미터에 달하기도 한다.

permanent cartilage 영구연골 뼈로 골화되는 일시적 연골과 달리 평생 골화되지 않는 연골.

permanent hybrid 영구잡종 유전자형에 들어 있는 치사인자에 의해 어떤 동형접합성 유전자형이 제거되기 때문에 번식할 수 있는 이형접합체.

permanent memory 영구기억 어느 개체에서 평생 동안 지속되는 것으로 나타나는 기억의 유형.

permanent teeth, permanent dentition 영구치(永久齒) 젖니 또는 탈락치의 다음에 발달하는 치아들. 대부분의 포유동물에서는 두 번째로 나오는 이들이 영구치가 되고, 일부는 세 번째 이들이 영구치이지만, 어떤 포유동물에서는 두 번째 세트가 생기지 않는다.

permanent tissue 영구조직 완전히 분화되고 죽을 때까지 거의 변화를 겪지 않으며 생장주기를 마치는 세포들로 구성된 조직.

permeable 투과성(透過性)의 형 어떤 물질이 자유롭게 가로질러 확산되도록 허용하는, 막(투과성 막)에 적용되는 말. 명 **permeability**.

permeants 투과종(透過種) 명복 어느 군집이나 서식지로부터 다른 곳으로 자유롭게 이동하는 동물.

permease 투과효소 명 용질을 세포 내부로 운반하는 데 관여하는 세균의 다양한 막단백질을 통틀어 이르는 말.

Permian 페름기 명 고생대의 마지막 기(period)로 약 2억 9900만 년 전부터 2억 5000만 년 전까지 지속된 지질시대. '2첩기'라고도 하며, 석탄기와 트라이아스기의 사이에 해당된다. 대부분의 육지가 함께 모여 어마어마한 초대륙인 판게아(Pangaea)가 되었다. 바다에는 암모나이트류, 완족류, 산호류, 앵무조개류와 어류 등이 살았다. 육지에서는 겉씨식물이 우점하는 나무가 되었고, 이 기가 끝날 무렵 최초의 구과식물이 나타났다. 반용류와 수궁류(포유동물과 유사한 파충류) 등의 파충류가 육상에서 우세한 척추동물이 되었다. 페름기 말에 대멸종 사건이 일어나서 3엽충류를 포함하여 약 95%의 해양생물종이 완전히 절멸된 것으로 추정된다.

permissive 허용적 형 (1) [유] 조건치사 돌연변이를 나르는 생물이나 세포가 돌연변이체의 표현형을 나타내지 않는 조건(허용조건)에 적용되는 말; (2) [바] 세포에서 바이러스가 정상적으로 감염하고 증식하도록 허용하는 환경적 또는 유전적 조건에 해당하는 말; (3) [발] 어떤 과정이 진행되도록 그저 허용하기만 하는 발생신호에 적용되는 말. 형 instructive.

peronaeus 종아리근 ⇨ peroneus.

peronate 형 (1) 양털 같은 털로 덮인; (2) 대주머니(volva)로 둘러싸인, 대(자루)에 적용되는 말; (3) 가루 같거나 외면적으로 파삭파삭한.

peroneal 종아리뼈의 형 종아리뼈(fibula)와 관련되거나 그 부근에 놓인, 동맥, 신경, 결절 등에 적용되는 말.

peroneotibial 종아리정강의 형 종아리뼈와 정강뼈 부위에 있는, 어떤 근육에 적용되는 말.

peroneus 종아리근, 비골근(腓骨筋) 명 무릎 아래 다리의 종아리뼈에서 시작되는 몇 개 근육 가운데 하나. 긴종아리근(longus)과 짧은종아리근(brevis)의 두 근육은 옆쪽 근육이고, 셋째종아리근(tertius)은 앞쪽 근육이다.

peronium 페로니움 명 일부 해파리류에서 원판의 가장자리로부터 중심을 향해 올라가는 연골성 돌기.

peropod 다리의 형 기초적인 다리가 있는.

peroral 입주위의 형 섬모충류에서 세포인두의 주위에 있는 섬모의 열들이 합쳐져서 생긴 막에 적용되는 말.

per os **입의, 경구의** 형 입에 의해.

peroxidase 과산화효소 명 NADH 또는 그 밖의 화합물을 수소공여체로 이용하여 과산화수소(H_2O_2)와 유기과산화물을 환원하여 물과 산화공여체를 만드는 헴(haem)함유효소. EC 1.11.1.7. ≒ lactoperoxidase, myeloperoxidase.

peroxins 페록신 명복 페르옥시솜으로 표적이 되는 단백질을 유입하는 도킹단백질과 수용체로 관여하는 단백질들.

peroxiredoxins 페르옥시레독신 명복 과산화수소와 유기과산화물을 환원하는 티올(thiol)함유단백질의 패밀리. 산화적 스트레스에 대하여 세포를 보호하는 데 도움이 된다.

peroxisome 페르옥시솜 명 단일막으로 둘러싸이고 카탈라아제와 과산화효소가 들어 있는 작은 세포소기관. 간에서는 에탄올 등의 해독작용에서 중요한 역할을 한다. ⇨ glyoxysome. ≒ microbody.

peroxisome proliferator-activated receptor (PPAR) 페르옥시솜증식체활성화수용체 리간드로 콜레스테롤과 지방산을 포함하는 유전자조절 핵수용체의 패밀리 중 하나. 지질의 저장과 대사를 조절하고 섬유모세포(fibroblast)와 유사한 전구세포로부터 지방세포의 분화를 조절한다.

peroxyacyl nitrates (PANs) 페르옥시아실니트르산 광화학스모그에서 형성되는 $RCO.O_2.NO_2$의 화학식을 갖는 유기화합물의 클래스. 사람의 호흡계를 자극하고 눈물을 흘리게 하며, 식물에게 큰 피해를 준다. 식물의 경우 약 0.05 ppm의 농도에도 민감하게 반응한다. 'PAN' 또는 'PANs'의 약어로 알려져 있는데, 전자의 경우는 특수한 페르옥시아실니트르산인 페르옥시아세틸니트르산($CH_3CO.O_2.NO_2$)을 가리키는 말로도 사용된다.

perradius 주대칭면 명 방사대칭동물에서 4개의 주요 분할면 가운데 하나.

perseveration 흥분지속 명 처음의 자극이 끝난 다음에도 반응이 사라지지 않고 지속되는 것.

persistent 지속성, 잔류의 형 (1) 발생 중인 과실에 꽃부리(화관)나 꽃덮개가 달려 있듯이 성숙할 때까지 계속 붙어 있는; (2) 계속 자라는 치아에 적용되는 말; (3) 바이러스가 침입한 세포가 살아 있으면서 오랜 시간 동안 바이러스가 계속 만들어지는 상태의 감염(지속성 감염)에 해당하는 말. 껍질보유바이러스에 의한 감염의 특징이다. 비 latent (3), lytic.

person 개충(個蟲) 명 군체를 구성하는 산호, 히드라충류 또는 관해파리류에서 한 개체 또는 개충을 가리키는 말.

Personatae 가면화목 ⇨ Scrophulariales.

personate 가면상(假面狀) 형 금어초에서 볼 수 있는 것과 같이 아랫입술에 해당하는 꽃잎의 돌기가 꽃부리의 목을 막는 두 개의 입술로 된 꽃부리(가면상꽃부리)에 적용되는 말.

perthophyte 살생기생균(殺生寄生菌) 명 생물의 일부 조직을 독소를 분비하여 죽인 다음에 죽은 조직에서 영양을 섭취하는 기생곰팡이.

perthrotroph 살생영양생물 ⇨ necrotroph.

pertusate 형 꼭대기에 구멍이 뚫린.

pertussis 백일해 명 보르데텔라 백일해균(*Bordetella pertussis*)에 감염되어 발생하는 호흡기 질환.

pertussis toxin (PT) 백일해독소 보르데텔라 백일해균이 생산하는 단백질독소. 일부 G단백질의 영구적 활성화를 유도하기 때문에 G단백질의 활성을 연구하는 데 실험적으로 이용된다.

perula 잎눈비늘 명 잎눈(leaf bud)의 비늘.

pervalvar 관각(貫殼)의 형 뚜껑(각)을 세로로 나누는.

pervious 교통(交通)의 형 비강들 간에 사이막(중격)이 없는 콧구멍에 적용되는 말.

pes 발, 족(足) 명 뇌의 어떤 부위들이나 얼굴신경의 가지들에서 볼 수 있는 것과 같은 발이나 기부 또는 발과 같은 구조. 복 **pedes**.

pessulus 페술루스 명 새의 울대(명관)에서 기관의 아래쪽 끝에 있는 내부 등배 간 상체.

pesticide 살충제 명 해충을 죽이는 화학약품에 대한 일반적인 명칭.

PEST sequence PEST순서 진핵생물의 단백질분해효소복합체(proteasome)에서 분해할 단백질을 표적으로 삼는, 프롤린(P), 글루탐산(E), 세린(S) 및 트레오닌(T)이 풍부한 펩티드부위.

PET 양전자방출단층촬영술(positron emission tomography). ⇨ PET scan.

petal 꽃잎, 화판(花瓣) 명 꽃에서 흔히 선명한 색깔을 띠고 다른 부분들과 꽃부리(화관)를 이루는 변형된 나엽(sterile leaf). (⇨ 그림 18)

petaliferous 화판형 형 꽃잎이 달린.

petaliform 꽃잎모양의, 화판상 형 꽃잎처럼 생긴, 꽃잎과 비슷한.

petalody 판화(瓣化) 명 꽃의 다른 부분들이 꽃잎으로 변하는 것.

petaloid 꽃잎모양의, 화판상 형 꽃잎과 비슷한.

petaloideous 유색화피성(有色花被性) 형 색깔이 있는 꽃덮개(화피)를 갖는 외떡잎식물에 적용되는 말.

petalomania 꽃잎이상증가 명 꽃잎이 이상적으로 증가하는 것.

petiolar 잎자루의 형 잎자루와 관련된 말.

petiolate 자루달린 형 잎자루가 있는.

petiole 잎자루, 엽병(葉柄), 육경(肉莖) 명 (1) [식] 잎이 달리는 자루; (2) [동] 말벌과 같은 일부 곤충에서 가슴과 배를 연결하는 가느다란 자루; (3) 짧고 가느다란 자루 같은 구조를 통틀어 이르는 말.

petiolule 작은잎자루, 소엽병 명 겹잎을 이루는 작은 잎(소엽)의 자루.

petite mutants 세포질성 호흡결손변이체 핵이나 미토콘드리아 유전자들에서 돌연변이가 일어나 미토콘드리아의 기능이 결핍되어 고체배지에서 느리게 생장하는 작은 콜로니에서 분리한 효모 균주.

Petri dish, Petri plate 페트리접시 적절한 배지를 넣고 미생물이나 배양세포를 키우는 데 이용하는 얕고 둥근 모양의 유리 또는 플라스틱 접시. ≒ plate.

petrification 석화작용(石化作用) 명 용액이 광물성분으로 포화되고 이어서 고체로 변하여 돌처럼 변하는 과정.

petrohyoid 바위목뿔의 형 머리뼈에서

관자뼈의 바위부(추체부)와 목뿔뼈에 관련된 말.

petromastoid 바위꼭지의 형 머리뼈에서 관자뼈의 바위부와 꼭지돌기(mastoid process)에 관련된 말.

petro-occipital 바위뒤통수의 형 머리뼈에서 관자뼈의 바위부와 뒤통수엽(후두엽)에 관련된, 틈새에 적용되는 말.

petrophyte 암석식물 명 바위에 사는 식물.

petrosal 바위의, 추체의 형 (1) 치밀뼈로 구성된; (2) 어류의 귀뼈에 적용되는 말; (3) 나비돌기(sphenoidal process)에, 혀인두신경의 신경절에 그리고 관자뼈의 바위부(추체부)에 있는 신경들과 굴(동)에 해당되는 말; (4) 귀주위뼈(periotic)를 가리키는 말. ≒ **petrous**.

petrosphenoidal 바위나비의 형 관자뼈의 바위부와 나비뼈(접형골)에 관련된, 틈새에 적용되는 말.

petrosquamosal 바위비늘의 형 관자뼈의 바위부와 측두린부에 관련된, 굴(동)과 봉합에 적용되는 말.

petrotympanic 바위고실의 형 (1) 관자뼈의 바위부와 고실(tympanum)에 관련된 말; (2) 포유동물의 가운데귀에서 망치뼈의 폴리돌기(Folian process)를 잡는 관자뼈의 틈새에 적용되는 말.

petrous 바위의, 추체의 형 (1) 매우 딱딱하고 바위 같은; (2) 나비뼈와 뒤통수뼈의 뒤쪽에 있는 관자뼈의 바위부(추체부)에 적용되는 말; (3) 그 아래의 경계에 있는 신경절에 해당되는 말. ≒ **petrosal**.

PET scan PET스캔, 양전자방출단층촬영탐사 양전자방출단층촬영술(positron emission tomography)을 이용하여 여러 다른 뇌 부위의 기능을 탐지하는 비침습적(non-invasive) 영상기술.

petunidin 페튜니딘 명 식물에서 발견되는 자주색의 안토시아닌 색소.

Peyer's patches 페이에르판 장의 점막에 있는 결합조직에서 발견되는 림프조직.

P face P면 동결할단시킨 막에서 지질2중층의 세포질측 반엽 가운데 소수성을 띠는 내부의 면.

P factors P인자 ⇨ P elements.

Pflüger's cords 플루게르관 생식상피로부터 배의 기질조직으로 자라서 생식샘을 만드는 기둥 모양의 세포들.

PFU 용균반형성단위(plaque-forming unit).

PG 프로스타글란딘(prostaglandin).

PGA (1) 포스포글리세르산(phosphoglycerate); (2) 프테로일글루탐산(pteroylglutamic acid), ⇨ folic acid; (3) 프로스타글란딘A(prostaglandin A).

PGB, PGE, PGF 프로스타글란딘(prostaglandin)의 클래스들.

P granules P과립 선충류 알의 후극(posterior pole)에 있는 리보핵단백질 입자들. 여기에서 이 과립들이 분리되어 생식세포 전구세포가 된다.

pH 수소이온농도지수 용액의 산성도를 가늠하는 척도. 수소이온농도의 역수에 상용로그를 취한 값이다. 중성용액의 pH는 7이고, pH 값이 7보다 작은 용액은 산성용액, 7보다 큰 용액은 알칼리성용액이다.

PHA 식물성 혈구응집소(phytohaemagglutinin).

phacoid 렌즈콩모양의 형 렌즈콩(lentil) 또는 렌즈처럼 생긴.

phaeic 탁한색의 형 탁한(dusky) 색깔의.

phaeism 담흑화(淡黑化) 명 (1) 거무스름함; (2) 불완전 흑화에 기인하는 나비류의 색깔에 적용되는 말.

phaeochrome 갈색색소 명 크롬친화색소.

phaeochrous 탁한색의 형 색깔이 탁한.

phaeomelanin 갈색멜라닌 명 갈색의 멜라닌.

phaeophyll 페오필 명 갈조류의 색깔을 띠게 하는 물질. 갈조소, 엽황소, 엽록소와 카로틴의 혼합물이다.

Phaeophyta 갈조식물문(褐藻植物門) 명 주로 다세포성이고 바다에 사는 갈조류(brown algae). 대형갈조(kelp)와 같이 크게 자라기도 하고, 일부는 복잡한 내부구조를 갖는다. 이들의 녹색 엽록소는 갈색 색소인 갈조소(fucoxanthin)로 덮여 있어서 체색이 갈색을 띤다. 저장탄수화물은 라미나린(laminarin)의 형태로 나타난다.

phaeophytin 페오피틴 ⇨ pheophytin.

phaeoplast 갈색체 명 갈조류의 색소체.

phaeosome 광체(光體) 명 환형동물의 일부 표피세포에 있는 시각기관.

phaeospore 갈색포자 명 갈색체(phaeoplast)가 들어 있는 포자.

phage 파지 ⇨ bacteriophage.

phage conversion 파지전환 용원성 파지가 지니는 유전자들이 숙주세균의 표현형을 변화시키는 현상. 살모넬라의 O-곁사슬다당류가 변화되고 디프테리아균(*Corynebacterium diphtheriae*)에 의해 파지특이적 독소가 생산되는 것이 그 예가 된다.

phage display library 파지표출라이브러리 면역글로불린 가변부를 암호화하는 다양한 유전자들을 가지고 표면에 각각 다른 가변부를 표출하는 파지들의 집합.

phagemid 파지플라스미드복합체 명 사상파지의 복제기점을 포함하는 클로닝용 플라스미드. 클론된 DNA는 복제 후 파지캡시드에 들어갈 수 있다.

phagocyte 식세포(食細胞) 명 (1) 식작용(phagocytosis)을 수행하도록 특수화된 세포. 포유동물에서는 단핵백혈구, 중성백혈구 및 대식세포가 주된 식세포들이다; (2) 식물에서 내생곰팡이의 균사를 분해할 수 있는 뿌리세포.

phagocytic 식작용의 형 식작용에 관련되거나 영향을 미치는.

phagocytic vacuole 식포 ⇨ phagosome.

phagocytose 동 식작용을 수행하다.

phagocytosis 식작용(食作用) 명 다른 세포들을 포함하여 큰 고형입자들을 세포내섭취(endocytosis)에 의해 세포 내부로 받아들이는 것. '식균작용' 또는 '식세포작용'이라고도 한다. 먹이를 에워싸서 삼키는 아메바성 원생생물 그리고 침입한 미생물을 삼키고 분해하며 손상되고 죽은 세포들을 청소하는 대식세포와 같은 세포들에서 볼 수 있다.

phagolysis 식세포분해 명 식세포들의 분해 또는 파괴.

phagolysosome 파고리소좀 명 파고솜(식포)과 리소좀이 융합되어 형성된 세포질내 소포.

phagosome 파고솜, 식포(食胞) 명 식세포의 세포질에서 식작용에 의해 섭취된 물질들이 들어 있는 막으로 둘러싸인 큰 소포. ≒ phagocytic vacuole.

phagotroph 섭식생물(攝食生物) 명 고형 입자와 같은 먹이를 삼킬 수 있는 많은 동물과 원생동물 등의 종속영양생물. 비 osmotroph.

phagozoite 섭식자 명 분해 중인 조직이나 죽은 조직을 먹고 사는 동물.

phalange 가락뼈, 수술다발 ⇨ phalanx.

phalangeal 가락뼈의 형 가락뼈(지골)와 관련되거나 비슷한.

phalanges 가락뼈, 지골(指骨) 명복 척추동물의 손가락과 발가락의 뼈들.

phalanx 가락뼈, 수술다발 명 (1) 손가락이나 발가락에 있는 몇 개의 뼈들(phalanges) 가운데 하나; (2) 수술대에 의해 묶인 수술들의 다발; (3) 정확

P

하게 정의되지는 않았지만 대개 아과(subfamily)와 비슷한 집단에 사용되는 분류군.

phallic 음근의 형 (1) 음근(phallus)과 관련된 말; (2) 일부 곤충에서와 같이 정포(spermatophore)로 물질을 분비하는 샘에 적용되는 말.

phalloidin 팔로이딘 명 알광대버섯(*Amanita phalloides*)에 들어 있는 알칼로이드. 액틴필라멘트와 결합하여 세포의 운동을 막는다.

phallus 음근(陰根), 생식돌기 명 (1) 음경 또는 음핵이 될 배의 구조; (2) 음경; (3) 수컷 곤충의 외부 생식기; (4) 말뚝버섯의 자실체.

phanerogams 꽃식물, 현화식물(顯花植物) 명복 (1) 모든 종자식물; (2) 눈에 잘 띄는 꽃을 가진 식물을 예전에 부르던 이름. 형 **phanerogamic**.

phanerophyte 지상식물(地上植物) 명 휴면눈이 공기 중에 있는 교목이나 관목.

phaneroplasmodium 유맥변형체(有脈變形體) 명 점균류에서 내질과 외질을 뚜렷하게 구분하는 맥이 있는 두껍고 불투명한 변형체.

Phanerozoic 현생이언 명 지질시대에서 약 5억 4200만 년 전부터 현재에 이르는 이언(eon). 고생대와 중생대 그리고 신생대로 구성된다.

phaoplankton 양광성(陽光性) 플랑크톤 명 빛이 투과하는 정도의 수심에서 사는 표층플랑크톤.

pharate 파리트 형 탈피하기 전에 각피 내에 있는 영충에 적용되는 말.

pharmacodynamics 약력학(藥力學) 명 몸에서 약물이 미치는 작용, 즉 조직으로의 수송, 혈류와 조직에서의 지속성 및 즉각적인 생화학적 활성을 포함하여 약물 동태의 모든 측면을 연구하는 학문.

pharmacogenetics, pharmacogenomics 약리유전학, 약리유전체학 명 치료적 약물에 대한 해로운 반응이나 무반응에 관한 유전적 기초를 연구하는 학문.

pharmacological 약리학의 형 치료적 약물과 이들의 작용에 적용되거나 관련된 말.

pharmacology 약리학(藥理學) 명 치료적 약물과 기타 생물학적 활성을 갖는 화학물질의 작용을 연구하는 학문.

pharmacophore 악물특이분자단 명 약물의 특이한 생리적 효과를 일으키는 분자의 부분.

pharotaxis 표지주성(標識走性) 명 한정된 장소로 향하는 동물의 운동. 이를 일으키는 자극은 조건지우기 또는 학습에 의해서 획득된다.

pharyngeal 인두의 형 인두(pharynx)와 관련된 말.

pharyngeal pouches 인두주머니 척추동물의 배에서 인두부위의 아가미활들 사이에서 내배엽이 접힌 것. 비 branchial clefts.

pharyngobranchial 인두아가미, 인두새(咽頭鰓) 명 아가미활의 등 쪽 골격요소.

pharyngopalatine 인두입천장의, 인두구개(咽頭口蓋)의 형 인두와 입천장에 관련된, 활과 근육에 적용되는 말.

pharyngotympanic 인두고실(咽頭鼓室)의 형 인두와 고실을 연결하는 관(인두고실관)과 관련된 말.

pharynx 인두(咽頭) 명 사람과 기타 척추동물의 구강과 식도 사이의 팽대부. 그 밖의 동물에서는 식도 또는 소화관의 앞쪽 부분 또는 입에 이어지는 장관을 가리킨다.

phase-contrast microscopy 위상차현미경관찰법 염색하지 않고 살아 있는 세포와 조직을 연구할 수 있도록 한 광학현미경관찰법의 한 가지. 현미경의 대물렌즈에 특수한 고리를 달아 세포의 여러 다른 부분에 닿는 빛의 회절을 달리함으로써 선명한 이미지를 얻는 방법이다.

phaseolin 파세올린 명 콩(*Phaseolus*)의 종자에서 얻는 글로불린 단백질.

phase problem 위상문제(位相問題) 단백질로부터 얻은 X선회절 자료에서 파장의 진폭(amplitude)만 결정되었지만 구조를 계산하기 위해서는 파장의 위상(phase)도 반드시 알아야 한다는 문제. 위상은 주로 하나 또는 그 이상의 중원자(heavy atom)를 단백질에 결합시킴으로써 실험적으로 결정한다.

phase variation 상변이(相變異) 살모넬라(*Salmonella*) 종에서 편모를 구성하는 단백질인 플라젤린(flagellin)에 대한 한 유전자의 발현이 비대립의 다른 플라젤린 유전자로 변하는 현상. 이러한 현상은 개체군 내에서 일정한 빈도(약 1000번의 세포분열에서 한 번)로 나타난다. 이 현상은 개체군 내의 항원특이성 변화에 의해 처음 발견되었다.

phasmid 쌍선, 대벌레 명 (1) 선충류의 후방에서 화학적 자극을 감지하는 것으로 추정되는 한 쌍의 감각기관 중 하나; (2) 대벌레목(Phasmida) 곤충의 일종인 대벌레 또는 잎벌레.

Phasmida 대벌레목 명 긴 다리를 갖는 가늘고 긴 대벌레와 편평한 몸을 갖는 잎벌레를 포함하는 곤충의 목. 이들 모두 서식하는 덤불과 나무에서 몸을 위장하는 데 뛰어나다.

PH domain PH영역 플렉스트린상동영역(pleckstrin homology domain).

Phe 페닐알라닌(phenylalanine).

phellem(a) 코르크조직 명 (1) 코르크; (2) 코르크형성층에 의해 만들어져 주피의 외부구역을 이루는 코르크와 비코르크질의 층.

phelloderm 코르크피층 명 코르크질로 채워진 유조직세포들로 구성된 2차피층. 코르크형성층에 의해 만들어지고 코르크형성층의 안쪽에 놓인다. ≒ secondary cortex.

phellogen 코르크형성층 ⇨ cork cambium.

phelloid 코르크조직(의) 형 코르크와 비슷한. 명 주피의 바깥에 있는 비코르크질 세포층.

phencyclidine 펜시클리딘 명 처음에 마취제로 개발되었으나 바람직하지 않은 부작용들을 낳기 때문에 사용이 중단된 약물. 지금은 환각제로 남용되고 있다.

phene 유전적 표현형 명 유전적으로 결정된 표현형적 특징.

phenetic 표형적(表型的) 형 진화적 유연관계를 고려하지 않고 오로지 표현형적 특징의 유사성에 근거하는 분류(표형적 분류)에 적용되는 말.

phenocontour 표현형등치선 명 (1) 어떤 표현형의 분포를 나타내는 지도 상의 등고선; (2) 어느 지역에서 식물의 개화와 같은 생물학적 현상이 동시에 일어나는 모든 곳들을 연결한 선; (3) 어떤 변이형이 정해진 빈도로 나타나는 지역들의 한계를 정하는 등치선.

phenocopy 표현형모사(表現型模寫) 명 환경요인에 의해 유전적으로 결정된 변화가 촉진되어 나타나는 변형.

phenocritical period 결정적 영향기 어느 특정한 유전자에서 발생 중에 그 유전자의 발현이 요구되는 시기.

phenogram 표형적 수상도(表型的樹狀圖) 명 수리분리학의 결론을 나타내는 나무모양의 그림.

phenological 생물계절학적 형 (1) 생물계절학과 관련된 말; (2) 개화기나 번식기의 차이에 기인하는 종의 격리에 적용

P

되는 말.

phenology **생물계절학(生物季節學)** 명 기후와 그 밖의 환경요인들과 관련하여 개화, 번식, 이주 등과 같은 주기적 생물 현상을 기록하고 연구하는 것.

phenome **표현형질** 명 어느 생물의 모든 표현형적 특징.

phenomenology **현상학** ⇨ phenology.

phenon **표현군(表現群)** 명 수리분류학에서 함께 위치하는 생물들의 무리.

phenotype **표현형(表現型)** 명 (1) 유전자형과 환경의 상호작용에 기인하여 어느 생물에서 나타나거나 그 밖에 측정할 수 있는 형태적 및 생화학적 특징; (2) 동일한 표현형적 특징을 나타내는 개체들의 무리.

phenotypic **표현형의** 형 표현형과 관련된 말. 비 genotypic.

phenotypic plasticity **표현형적응성** 환경변화에 반응하여 표현형에서 나타나는 변이성의 범위.

phenylalanine (Phe, F) **페닐알라닌** 명 방향족 곁사슬을 갖는 아미노산의 일종. 단백질의 구성성분이고, 사람의 필수아미노산이다.

phenylketonuria **페닐케톤뇨증** 명 페닐알라닌수산화효소가 없거나 결핍되는 데 따른 선천성 대사장애. 모든 체액에 페닐알라닌이 축적되고 정신지체가 나타나며, 치료받지 않으면 초기에 사망할 수 있다.

pheophytin **페오피틴** 명 광합성의 전자전달사슬을 구성하는 요소인 암청색의 색소. 마그네슘 원자가 제거된 엽록소 *a*와 *b*로부터 유래된다. ≒ **phaeophytin**.

pheromone **페로몬** 명 어느 생물에 의해 미량으로 방출되고 같은 종의 다른 개체가 감지하고 신호로 작용하는 화학물질. 일부 암컷 곤충에서 방출되어 멀리 떨어져 있는 수컷을 유인할 수 있는 휘발성 성유인물질들이 그 예가 된다. 일부 페로몬은 경고신호로 작용한다.

phialide **경자(梗子)** 명 일부 곰팡이의 균사에서 생겨난 작은 병 모양의 구조. 여기에서 포자(경자포자)가 만들어진다.

phialiform **컵모양의** 형 컵처럼 생기거나 접시처럼 생긴.

phialophore **경자자루** 명 경자(phialide)가 달리는 균사.

phialopore **군체공(群體孔)** 명 원생생물 좁쌀공말속(*Volvox*)에서 속이 빈 딸군체 또는 고니디아에 있는 구멍.

phialospore **경자포자** 명 경자(phialide)의 끝에 달리는 포자 또는 분생자.

-phil, -philous '사랑하는'을 뜻하는 그리스어 '*philein*'에서 유래된 접미사. '좋아하는' 또는 '잘 자라는'을 의미한다.

Philadelphia chromosome **필라델피아염색체** 만성 골수백혈병을 앓는 많은 환자의 암세포에 들어 있는 22번 염색체(22q−). 22번 염색체 긴 팔의 끝이 9번 염색체 긴 팔의 끝과 전좌되어 있다.

philopatry **유소성(留巢性)** 명 생물이 그들의 거주지에 머물거나 돌아오려는 성향.

philoprogenitive **다산(多産)의** 형 많은 자손을 낳는.

philtrum **인중(人中)** 명 코의 사이막 밑의 윗입술에 있는 오목한 부분.

phi torsion angle (φ) **파이비틀림각** 폴리펩티드사슬의 주사슬에서 N−C_α결합과 펩티드결합 간의 회전각도.

phlebenterism **플레벤테리즘** 명 창자의 가지들이 팔과 다리와 같은 다른 기관으로 뻗어 있는 상태.

phlobaphaenes **플로바펜** 명복 타닌의 유도체인 페놀계 화합물. 고사리의 비늘잎과 나무의 뿌리와 단면에서 노란색이나 빨간색 또는 갈색을 띠게 한다.

phloem **체관부** 명 관다발식물에서 식물체 전반에 걸쳐 뻗어 있는 주된 양분통도 조직. 속씨식물에서는 체관(sieve tube) 그리고 고사리류와 겉씨식물에서는 체세포(sieve cell)의 가늘고 긴 도관들로 구성되며, 이들 모두 벽에 구멍들이 모여 있는 체역(sieve area)이 있고 이를 통해 인접 세포들의 원형질체와 연결된다. 당과 아미노산이 체관부를 경유하여 수송되는 주된 영양소들이다. 체요소들과 밀접하게 연관된 반세포(companion cell) 또는 겉씨식물의 단백세포(albuminous cell)들은 체관부의 안팎으로 물질을 수송하는 데 관여한다. 한편 체관부는 지지섬유인 인피(bast)를 포함한다. ⇨ vascular bundle, xylem.

phloem loading 체관부적재 당이 합성되는 부위로부터 체관부로 당이 능동적으로 수송되는 것.

phloem-mobile 체관부이동의 K^+, Cl^-, $H_2PO_4^{2-}$ 등과 같이 체관부를 경유하여 수송될 수 있는 이온들에 적용되는 말. 그러나 Ca^{2+}은 그렇지 않고, 이를 'phloem-immobile'이라고 부른다.

phloem parenchyma 체관부유조직 체관부의 체관과 관련된 벽이 얇은 유조직.

phloem sheath 체관부초 ⇨ pericycle.

phloeodic 나무껍질모양의 형 나무껍질(수피)의 모습을 가진.

phloic 체관부의 형 체관부와 관련된 말.

phlorizin 플로리진 명 식물의 뿌리에 있는 글루코시드. 광합성에서 전자전달과 ATP 합성의 짝풀림물질(uncoupler)로 실험적으로 이용된다.

phobotaxis 경동주성(驚動走性) 명 동물의 회피반응.

phocids 물범류 명복 물범과(Phocidae)에 속하는 바다표범들.

Phoenicopteriformes 홍학목 명 일부 분류체계에서 홍학을 포함하는 새들의 목.

pholidosis 폴리도시스 명 비늘로 덮인 동물들에서 볼 수 있는 것과 같은 비늘의 배열.

Pholidota 유린목(有鱗目) 명 플라이스토세로부터 또는 어쩌면 올리고세부터 출현하였다고 알려진 태반포유동물의 목. 현존하는 종류는 천산갑(pangolin)뿐인데, 이빨은 없고 몸은 기와형 비늘들로 덮여 있다.

phonation 발성(發聲) 명 곤충 등에 의해 소리가 발생하는 것.

phonoreceptor 음파수용기 명 음파의 자극을 감지하는 수용기.

phoranth(ium) 포란티움 명 국화과 식물의 두상화에 있는 꽃턱.

phorbol esters 포르볼에스테르 파두유(croton oil)에 들어 있는 여러고리알코올(예: 12-O-테트라데카놀포르볼-13 아세테이트). 디아실글리세롤과 구조가 유사해서 단백질인산화효소C를 활성화하는 작용을 한다.

phoresia, phoresy 운반, 편승 명 어떤 곤충에서 볼 수 있듯이 또는 곤충에 의해 운반되는 꽃가루와 같이 어느 생물이 기생하지 않으면서 다른 생물에 의해 옮겨지는 것.

Phoronida, phoronids 추형동물문(箒形動物門), 비벌레류 명, 명복 바다에 사는 벌레 같은 체강동물의 작은 문. 단지 15종뿐이며, 키틴질의 관을 만들어 그 속에서 산다. 입은 편자 모양의 촉수관(lophophore)으로 둘러싸인다.

phoront 포론트 명 일부 섬모충류의 생활주기에서 트로폰트(trophont)의 형성으로 이어지는 피낭시기.

phosphagen 포스파겐 명 크레아틴인산(creatine phosphate).

phosphatase 인산가수분해효소 명 유기인산에스테르의 가수분해를 촉매하는 광범위한 효소들을 통틀어 이르는 말. 단백질인산가수분해효소는 단백질로부터 가수분해에 의해 인산기를 제거하는 반응을 촉매한다. EC 3.1.3. ⇨ phosphorylation.

phosphate 인산염(燐酸鹽) 명 인산음이온 PO_4^{3-} 또는 인산의 염류(예: 인산칼륨, K_3PO_4). 에너지저장분자인 ATP를 합성하는 데 무기인산염이 필요하기 때문에 인산염은 생물의 대사에서 필수적이다. 식물과 미생물은 주로 인산염의 형태로 인을 흡수하고, 다양한 인산염들이 비료로 이용된다. 하천과 호수로 흘러들어간 과다한 인산염은 부영양화를 초래하고 물꽃이 형성되는 원인이 된다. ⇨ phosphorus cycle, phosphoryl group.

phosphate bonds 인산결합 인 원자가 관여하는 공유결합. ⇨ phosphoanhydride bond, phosphoester bond.

phosphatidalcholine 포스파티달콜린, phosphatidalethanolamine 포스파티달에탄올아민, phosphatidalserine 포스파티달세린 ⇨ plasmalogen.

phosphatide 포스파티드 ⇨ phospholipid.

phosphatidylcholine 포스파티딜콜린 명 알코올기로 콜린을 갖는 포스포글리세리드. 대부분의 고등한 생물에서 생체막을 구성하는 주요한 인지질이다. ≒ lecithin.

phosphatidylethanolamine 포스파티딜에탄올아민 명 알코올기로 에탄올아민을 갖는 포스포글리세리드. 세포막을 구성하는 보편적인 인지질이다. ≒ (이전 명칭) cephalin.

phosphatidylinositol 포스파티딜이노시톨 명 알코올기로 이노시톨을 갖는 포스포글리세리드. 세포막을 구성하는 보편적인 인지질이다.

phosphatidylinositol 4,5-biphosphate (PIP2, PI(4,5)P2) 포스파티딜이노시톨 4,5-2인산 포스포리파아제C에 의해 분해되어 디아실글리세롤과 이노시톨3인산을 형성하는 막인지질.

phosphatidylinositol 3-kinase (PI 3-kinase, PI3K) 포스파티딜이노시톨 3-인산화효소 일부 세포표면수용체들에 의해 활성화되고 이노시톨고리의 3위가 인산화되면서 세포내 신호전달의 일부를 담당하는 인산화효소. 세포의 생장과 세포의 생존으로 이어지는 경로들에 관여한다. EC 2.7.1.137.

phosphatidylinositol phosphates 포스파티딜이노시톨인산 이노시톨고리가 인산화된 막인지질 포스파티딜이노시톨의 유형들. 포스파티딜이노시톨 4,5-2인산과 같은 몇 종류는 세포내 신호전달의 일부가 된다.

phosphatidylserine 포스파티딜세린 명 알코올기로 세린을 갖는 포스포글리세리드. 세포막을 구성하는 보편적인 인지질이다.

phosphene 눈섬광 명 망막에 광선 이외의 자극이 작용할 때 생기는 빛 감각.

phosphoanhydride bond 인무수결합 ATP에서 볼 수 있는 것과 같이 두 개의 인산기를 연결하는 공유결합(−P−O−P−).

phosphodiesterase (PDE) 인산디에스테르가수분해효소 명 인산디에스테르결합을 가수분해하는 효소를 통틀어 이르는 말. 고리형 아데노신1인산(cAMP)을 아데노신1인산으로 전환하는 고리형 AMP 인산디에스테르가수분해효소가 포함된다.

phosphodiester linkage 인산디에스테르결합 폴리뉴클레오티드사슬에서 뉴클레오티드잔기들 간의 결합을 형성하는 것과 같은 공유결합[$-O-P(O_2)-O-$]. (⇨ 그림 31)

phosphoenolpyruvate (PEP) 포스포에

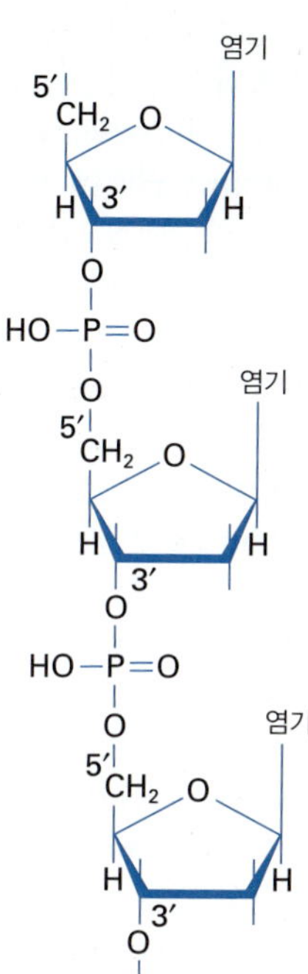

그림 31. 폴리뉴클레오티드의 인산디에스테르결합.

놀피루브산 명 해당과정에서 포스포글리세르산이 피루브산으로 전환되는 과정에서 생기는 3탄소 중간물. 포스포에놀피루브산이 피루브산으로 전환되면서 ATP가 생성된다. 한편 포스포에놀피루브산은 글리코겐, 뉴라민산 및 페닐알라닌의 생합성에서 중요한 중간대사물질이다.

phosphoester bond 인산에스테르결합 인산기를 다른 분자에 연결시키는 공유결합[예: $P(O_3)O-C-$].

phosphofructokinase 포스포프룩토인산화효소 명 (1) 해당과정과 그 밖의 대사경로에서 과당 6-인산을 과당 1,6-2인산으로 인산화하는 반응을 촉매하는 효소(상용명 6-phosphofructokinase, EC 2.7.1.11); (2) 동일한 반응에서 과당 1-인산을 이용하는 효소(상용명 1-phosphofructokinase, EC 2.7.1.56). ≒ fructokinase.

phosphoglucomutase 포스포글루코무타아제 명 포도당 1,6-2인산을 공여체로 이용하여 포도당 1-인산을 포도당 6-인산으로 전환하는 반응을 촉매하는 널리 분포하는 인산전달효소. EC 5.4.2.2.

phosphogluconate oxidative pathway 글루콘산인산산화경로 ⇨ pentose phosphate pathway.

phosphoglucose isomerase 포도당인산이성질화효소 ⇨ glucosephosphate isomerase.

phosphoglyceric acid, phosphoglycerate (PGA) 포스포글리세르산 2-포스포글리세르산 또는 3-포스포글리세르산의 형태로 모든 세포에서 나타나는 3탄소 단당류. 광합성과 호흡 그리고 탄수화물 대사에서 중요한 중간물이다.

phosphoglycerides 포스포글리세리드 명복 3탄소 알코올 글리세롤 인산에 기초하는 인지질. 두 개의 지방산사슬이 붙은 글리세롤의 주사슬과 인산화알코올(예: 콜린, 에탄올아민)로 구성된다. 세포막을 구성하는 성분이다.

phosphoglyceromutase 포스포글리세르산자리옮김효소 2,3-디포스포글리세르산을 공여체로 이용하여 2-포스포글리세르산을 3-포스포글리세르산으로 전환하는 반응을 촉매하는 널리 분포하는 인산전달효소. EC 5.4.2.1.

phosphohexose isomerase 포스포헥소오스이성질체화효소 ⇨ glucosephosphate isomerase.

phosphohistidine 포스포히스티딘 명 히스티딘인산화효소의 작용에 의해 인산화된 히스티딘잔기.

phosphoinositide 포스포이노시티드 명

이노시톨을 포함하는 인지질.

phosphoinositide pathway (PI pathway) 포스포이노시티드경로 세포표면수용체가 자극을 받아 막에 있는 포스파티딜이노시톨인산이 포스포리파아제C에 의해 분해되어 수용성 이노시톨3인산과 막결합성 디아실글리세롤을 형성하는 세포내 신호전달경로. 이들 두 화합물 모두 2차전달자의 활성을 가지고 있어서, 각각 세포 안에 저장된 Ca^{2+}의 방출과 단백질인산화효소C의 활성화를 촉진시킨다.

phosphokinase 포스포키나아제 명 인산기를 분자에 첨가시키는 반응을 촉매하는 효소. ≒ kinase.

phospholipase (PLC) 포스포리파아제 명 막의 인지질을 C−O결합위치에서(포스포리파아제A) 또는 P−O결합위치에서(포스포리파아제C와 포스포리파아제D) 가수분해하는 반응을 촉매하는 효소를 통틀어 이르는 말. 포스포리파아제C(예: PLC-β와 PLC-γ)는 막지질로부터 세포내 신호전달분자들인 이노시톨3인산과 디아실글리세롤을 발생시킨다.

phospholipid 인지질(燐脂質) 명 글리세롤이나 스핑고신의 주사슬과 지방산 곁사슬 그리고 인산화알코올의 머리를 갖는 양친매성 지질을 통틀어 이르는 말. 모든 생체막의 지질2중층을 형성한다. 글리세로지질(glycerolipid)들인 포스파티딜콜린, 포스파티딜에탄올아민, 포스파티딜이노시톨과 포스파티딜세린 그리고 스핑고지질(sphingolipid)인 스핑고미엘린을 포함한다.

phospholipid exchange protein 인지질교환단백질 세포 내에서 어느 막으로부터 다른 막으로 인지질을 운반하는 수용성 단백질. ≒ phospholipid transfer protein.

phospholipid translocator 인지질운반체 생체막에서 인지질이 어느 한 층에서 다른 층으로 이동하는 플립플롭(flip-flop)을 촉매하는 효소. ⇨ flippase, scramblase.

phosphoprotein 인단백질 명 인산이 공유결합을 한 복합단백질. 단백질이 합성된 다음에 단백질인산화효소의 작용으로 인산기가 첨가된다.

phosphoprotein phosphatase 인단백질인산가수분해효소 ⇨ protein phosphatase.

phosphorescence 인광(燐光) 명 해산 원생동물과 요각류 그리고 대부분의 심해동물에 의한 발광(luminescence).

phosphoribosylpyrophosphate (PRPP) 포스포리보실피로인산 방향족아미노산 그리고 푸린과 피리미딘 뉴클레오티드의 생합성에서 중요한 중간물인 리보오스인산의 활성형.

phosphoroclastic reaction 인분해반응 피루브산에서 분자상 수소(H_2)가 생성되는 반응.

phosphorolysis 가인산분해(加燐酸分解) 명 가인산분해효소가 촉매하는 생화학반응에서 오르토인산염(P_i)에 의해 화학결합이 분해되는 것. 비 hydrolysis.

phosphorus (P) 인(燐) 명 자연 상태에서 주로 광물질의 인산염과 유기물의 형태로 화합한 상태로만 존재하는 비금속원소. 생물의 필수영양소이다. 방사성 동위원소인 ^{32}P는 인함유분자의 표지로 널리 이용된다. ⇨ phosphate, phosphorus cycle.

phosphorus cycle 인순환(燐循環) 생물권 내에서 그리고 생물권과 무기환경 간에서 인이 순환하는 것. 광물질의 풍화를 통해 인산염의 형태로 토양에 방출된 인은 식물과 미생물에 의해 흡수되고 이들로부터 동물로 전달된다. 인은 동물의 노폐물로 그리고 유기물의 분해에 의하여 토양으로 돌아간다.

phosphorylase 가인산분해효소 명 (1) 녹말이나 글리코겐과 같은 다당류를 가인산분해에 의해 포도당 1-인산으로 점진적으로 분해하는 반응을 촉매하는 효소군에 대한 효소위원회의 권장명칭, EC 2.4.1.1; (2) 올리고당류나 다당류로부터 포도당잔기를 오르토인산염에 전달하여 포도당 1-인산을 생성하는 반응을 촉매하는 효소군을 통틀어 이르는 말. 맥아당가인산분해효소(EC 2.4.1.8)가 그 예가 된다.

phosphorylase kinase 가인산분해효소인산화효소 글리코겐가인산분해효소(glycogen phosphorylase)를 인산화하여 활성형으로 변환시키는 단백질인산화효소.

phosphorylation 인산화반응(燐酸化反應) 명 어느 분자에 인산기(포스포릴기)가 공유결합에 의해 첨가되는 것. 단백질의 특정 아미노산이 단백질인산화효소에 의해 인산화되는 것은 세포내 신호 또는 세포외 신호에 반응하여 단백질의 활성을 신속하게 변화시키는 광범위한 방편이다. 단백질의 인산화반응에서 인산염 공여체는 주로 ATP이다.

phosphorylation potential 인산화능(燐酸化能) 세포의 에너지 상태를 나타내는 지표의 하나. ADP의 농도와 무기인산염의 농도를 곱한 값에 대한 ATP 농도의 비로 계산한다.

phosphoryl group 포스포릴기 다른 분자에 부착할 때의 인산기($-PO_4^{2-}$).

phosphoserine 포스포세린 명 단백질에서 아미노산 세린의 인산화된 유도체. 단백질사슬에 편입된 다음에 변형된다. 세린/트레오닌단백질인산화효소에 의한 세린의 인산화반응과 탈인산화반응은 어떤 단백질의 활성을 조절하는 메커니즘이다.

phosphothreonine 포스포트레오닌 명 단백질에서 아미노산 트레오닌의 인산화된 유도체. 단백질사슬에 편입된 다음에 단백질인산화효소에 의해 변형된다. 세린/트레오닌단백질인산화효소에 의한 트레오닌의 인산화반응과 탈인산화반응은 어떤 단백질의 활성을 조절하는 메커니즘이다.

phosphotransferase system 인산전달효소계 세균에서 인산화된 대사물질을 세포막에 걸쳐 이동시키는 수송체계.

phosphotyrosine 포스포티로신 명 단백질에서 아미노산 티로신의 인산화된 유도체. 단백질사슬에 편입된 다음에 변형된다. 티로신단백질인산화효소에 의한 티로신잔기들의 인산화반응과 탈인산화반응은 일부 단백질의 활성을 조절하는 메커니즘이다. 수용체단백질 클래스의 세포질꼬리에 있는 티로신의 인산화는 리간드에 의한 신호전달에 관여한다. ⇨ receptor tyrosine kinases.

phosphovitin 포스포비틴, phosvitin 포스비틴 명 양서류 난황의 인단백질.

photic 투광(透光)의 형 햇빛이 침투하는 표층수의 대(투광대)에 적용되는 말.

photo- '빛'을 뜻하는 그리스어 '*phos*'에서 유래된 접두사. '빛에 반응하는', '빛에 민감한' 또는 '빛에 의해 야기되는' 등을 의미한다.

photoassimilate 광합성산물 명 광합성의 결과로 생성되는 탄소를 함유한 화합물.

photoautotroph 광독립영양생물 명 녹색식물과 일부 세균과 같이 에너지원으로 빛을 이용하고 주된 탄소원으로 이산화탄소를 이용하는 생물.

photobiodegradable 광생분해성(光生分解性) 형 미생물에 의한 분해가 더욱 쉬워지도록 빛에 의해 화학구조가 변화하는 물질에 적용되는 말.

photobiont 광생명체 명 지의류를 구성

하는 생물 가운데 광합성을 하는 생물. ≒ phycobiont.

photobleaching 광퇴색(光退色) 명 빛에 노출된 로돕신과 같은 감광성 색소에 의해 색이 없어지는 것.

photoceptor 광수용체 ⇨ photoreceptor.

photochemical 광화학적 형 빛에 의해 야기되는 화학변화에 적용되거나 그러한 변화와 관련된 말.

photochemical reaction centre 광화학반응중심 ⇨ reaction centre.

photochromatic 형 색역치(chromatic threshold)와 수색성 역치(achromatic threshold) 사이의 간격에 적용되는 말.

photochrome effect 광색효과(光色效果) 빛에 의해 야기되는 색의 변화.

photochromogenesis 광색소형성(光色素形成) 명 오직 빛이 있을 때에만 색소가 만들어지는 것.

photodinesis 광유동(光流動) 명 빛에 의해서 일어나는 원형질유동.

photodynamics 광역학(光力學) 명 빛이 식물에 미치는 효과를 연구하는 학문.

photogen 발광원(發光源) 명 빛을 발하는 기관이나 물질.

photogene 광의존유전자 명 빛에 의해서 발현이 조절되는 유전자.

photogenic 발광(發光)의 형 (1) 빛을 만드는; (2) 발광성의(luminescent).

photogenin 포토제닌 ⇨ luciferase.

photoheterotroph 광종속영양생물 명 에너지원으로 빛을 이용하지만 탄소의 대부분을 유기화합물에서 얻는 생물. 광합성을 하는 비황자색세균 등이 그 예가 된다.

photoinhibition 광저해(光沮害) 명 빛에 의해 발아나 그 밖의 현상들이 저해되는 것.

photokinesis 광활동성(光活動性) 명 빛에 반응하여 마구잡이로 일어나는 운동.

photolabile 광불안정성(光不安定性)의 형 망막의 색소와 같이 빛에 노출되면 화학변화를 일으키는 물질에 적용되는 말.

photolithotroph 광무기영양생물 ⇨ photoautotroph.

photolyase 포토리아제 명 자외선 조사에 의해 생긴 DNA의 피리미딘 2합체를 빛의 존재 하에서 수선하는 반응을 촉매하는 효소. EC 4.1.99.3. 상용명 deoxyribopyrimidine photo-lyase. ≒ photo-reactivating enzyme.

photolysis 광분해 명 물이 수소와 산소로 분해되는 것처럼 빛의 작용에 의해 화합물이나 분자가 분해되는 것.

photometer 광도계 명 용액을 통과하는 빛의 양으로 용액의 탁도를 측정하는 기구.

photomorphogenesis 광형태형성 명 식물의 생장에서 빛에 의해 생기는 효과를 통틀어 이르는 말.

photomotor reflex 광성조정 빛의 세기가 갑자기 변화하는 데 따라 눈동자의 크기가 변하는 것.

photon 광자(光子) 명 에너지의 양자를 갖는 빛의 입자성 단위. 1몰광자(또는 1몰양자)는 입자의 아보가드로수(6.023×10^{23})와 일치하는 광자의 수이다. 일정한 시간에 표면에 도달하는 정상적인 빛다발 안의 광자의 수는 광자다발(photon flux)이라 하며(흔히 '광자다발밀도'라고도 하지만 바람직하지 않은 용어임), mol m^{-2} s^{-1}의 단위로 측정한다.

photonasty 감광성(感光性) 명 산란광에 대한 또는 빛의 강도변화에 대한 식물의 반응.

photoorganotroph 광유기영양생물 ⇨ photoheterotroph.

photopathy 감광운동 명 빛과 관련한 확연한 운동. 음성주광성이나 음성굴광성처럼 대개 빛으로부터 멀어지는 운동을 말한다.

photoperiod 광주기 명 (1) 하루 중 빛에 노출되는 기간; (2) 생물이 최적의 기능을 발휘할 수 있는 낮의 길이.

photoperiodicity, photoperiodism 광주기성 명 낮과 밤의 상대적 기간에 대한 생물의 반응. 식물의 개화와 동물의 짝짓기 등이 그 예가 되는데, 이러한 현상은 계절의 변화에 따라 낮의 길이가 길어지거나 짧아지면서 유발된다.

photophase 감광상(感光相) 명 식물의 발달단계에서 빛과 온도의 일정한 기간과 세기를 필요로 하는 시기.

photophilous 호광성 형 강한 빛을 찾고 강한 빛에서 잘 자라는.

photophobic 혐광성 형 빛을 견디지 못하거나 피하는.

photophore 발광포(發光胞) 명 (1) 일부 심해어류, 갑각류 및 두족류에서 빛을 배쪽으로 발하여 밑에서 보았을 때 외형을 위장하는 발광기관; (2) 발광기관을 통틀어 이르는 말.

photophosphorylation 광인산화 명 광합성과정에서 빛으로부터 오는 에너지를 이용하여 ATP를 합성하는 반응. 비 oxidative phosphorylation.

photopia 광순응(光順應) 명 빛에 대한 눈의 적응.

photopic system 광순응계 눈의 망막에 있는 원뿔들의 체계.

photopigment 광색소 명 감광색소들을 통틀어 이르는 말.

photoplagiotropy 횡광성(橫光性) 명 입사광에 대하여 가로로 자리잡는 경향성.

photoprotein 발광단백질(發光蛋白質) 명 빛에 민감한 단백질.

photopsin 포톱신 명 망막 원뿔의 색소인 요돕신(iodopsin)의 단백질성분.

photoreactivation 광회복(光回復) 명 불활성되거나 손상 받은 단백질 또는 DNA가 빛의 자극에 의해 재활성화되거나 수선되는 것. 빛이 광의존성 효소반응을 일으킨다.

photoreceptor 광수용기, 광수용체 명 (1) 눈과 같이 빛에 반응하는 감각기관; (2) 빛에 민감한 세포 또는 세포의 일부(예: 망막의 막대세포 또는 원뿔세포); (3) 망막의 로돕신과 식물의 엽록소와 같이 빛에 민감하고 반응하는 물질.

photoregulation 광조절 명 빛에 의해 유전자 또는 생리과정이나 발달과정이 조절되는 것.

photorespiration 광호흡 명 빛이 쪼일 때 녹색식물에서 일어나는 '낭비적인' 호흡의 일종. 광호흡은 정상적인 미토콘드리아의 호흡과 다르며, 주로 1차광합성산물에서 유래된 글리콜산을 기질로 이용하여 산소를 소비하고 이산화탄소를 생성한다. 광호흡은 C4식물보다 C3식물에서 훨씬 더 많이 일어난다.

photospheres 광구(光球) 명복 갑각류의 발광기관.

photosynthate 광합성산물 명 광합성에서 생기는 산물.

photosynthesis 광합성(光合成) 명 (1) 생물이 생합성을 작동하는 데 햇빛의 에너지를 이용하는 것; (2) 녹색식물과 조류 그리고 남세균에서, 엽록소 등의 색소들에 의해 포획된 빛에너지를 이용하여 탄소원인 이산화탄소와 수소공여체인 물에서 탄수화물을 생성하고 노폐물로 산소를 방출하는 과정. 1차산물은 빛의 존재 하에서 형성되는 ATP와 NADPH이다(명반응). 이들은 각각 탄수화물합성을 위한 에너지원과 전자공여체로 이용된다(암반응). 녹색식물과 조류에서는 광합성

P

이 엽록체에서 일어난다; (3) 세균에서 일어나는 이와 비슷하지만 물 이외의 수소공여체를 이용하고 산소 이외의 노폐물을 생성하는 반응. 형 **photosynthetic**. ⇨ bacteriochlorophylls, Calvin cycle, chlorophyll, cyclic photophosphorylation, photophosphorylation, photosystem I and II, reaction centre.

photosynthetically active radiation (PAR) 광합성유효방사 광합성의 명반응을 일으킬 수 있는 방사선인 380~710 nm의 파장.

photosynthetic carbon reduction cycle (PCR cycle) 광합성탄소환원회로, photosynthetic cycle 광합성회로 ⇨ Calvin cycle.

photosynthetic efficiency 광합성효율 광합성조직의 단위면적당 도달한 에너지와 생성된 광합성산물의 에너지함량과의 비율.

photosynthetic electron-transport chain 광합성전자전달사슬 엽록체의 틸라코이드막에 박혀 있는 전자를 수송하는 단백질들의 사슬. 빛을 받은 엽록소에서 유래된 전자를 나르고 틸라코이드막을 가로질러 양성자를 퍼 올리며, 이 과정에서 ATP와 NADPH를 생성한다. 비 respiratory chain.

photosynthetic quotient 광합성계수 광합성에서 생성된 산소의 부피와 광합성에서 이용된 이산화탄소의 부피와의 비율.

photosynthetic reaction centre 광합성반응중심 ⇨ reaction centre.

photosynthetic unit 광합성단위 광합성의 기능적 단위. 수백 개의 엽록소분자들, 하나의 반응중심 그리고 보조색소들로 구성된다.

photosynthetic zone 광합성대 바다와 호수에서 표층과 보상점 사이의 광합성이 일어날 수 있는 수직구역.

photosystem I (PS I), photosystem II (PS II) 제1광계(광계 I), 제2광계(광계 II) 빛을 포획하고 전자를 수송하는 단백질과 엽록소 그리고 그 밖의 색소들로 구성된 다분자복합체. 엽록체의 틸라코이드막에 들어 있고 광합성의 명반응에 관여한다. 햇빛에 의해 제2광계가 활성화되면 물이 분해되고 ATP가 생성되며 전자가 제1광계로 흐르고, 햇빛에 의해 제1광계가 활성화되면 NADP에서 NADPH로의 환원이 일어난다.

phototaxis 주광성(走光性) 명 빛에 대한 반응으로 일어나는 운동. 양성주광성은 광원을 향하여 이동하는 것이고, 음성주광성은 광원의 반대방향으로 이동하는 것이다. 형 **phototactic**.

phototransduction 광전환 명 빛의 형태로 오는 신호를 세포가 받아들이고 해석하는 것.

phototroph 광영양생물 명 에너지원으로 햇빛을 이용하는 생물. 형 **phototrophic**.

phototropin 포토트로핀 명 식물에서 청색광에 민감하고 굴광성에 관여하는 단백질.

phototropism 굴광성 명 빛의 자극에 반응하는 식물의 생장운동.

phototropy 광가역변색(光可逆變色) 명 빛이 쪼여지는 동안 물질의 색이 가역적으로 변화하는 현상.

phragma 가로막, 격막 명 격벽 또는 칸막이. 복 **phragmata**.

Phragmobasidiomycetes 다실담자균강(多室擔子菌綱), Phragmobasidiomycetidae 다실담자균아강 명 격벽이 있는 담자기에서 담자포자가 만들어지는 담자균류. 녹병균과 깜부기병균이 포함된다.

P

phragmobasidium 다실담자기 명 4개의 세포가 만들어지는 격벽성 담자기.

phragmocone 방추(房錐) 명 어떤 연체동물에서 내부가 일련의 칸막이로 구분된 원뿔껍데기.

phragmoplast 격벽형성체 명 세포분열 중인 식물세포에서 중앙에 걸쳐 쌓이는 소포들. 세포판(cell plate)과 새로운 세포벽을 형성하는 기초가 된다.

phragmosis 육탄봉쇄 명 파충류나 양서류가 몸의 일부를 이용하여 굴을 막는 현상.

phragmosome 격벽형성질 ⇨ microbody.

phragmospore 다실포자 명 격벽이 있는 곰팡이의 포자.

phratry 씨족 명 생물의 분류에서 일반적으로 채택되거나 상세하게 정의가 내려지지 않았지만 종종 아족(subtribe)을 의미할 때 아무렇게나 사용하는 용어.

phreaticolous 지하수서식성 형 지하의 담수에 사는 생물에 적용되는 말.

phreatophyte 지하수성 식물 명 지하수면까지 닿는 매우 긴 뿌리를 갖는 식물.

phrenic 횡격막의 형 횡격막(가로막) 부위에 있는, 동맥이나 신경 등에 적용되는 말.

phrenicocostal 횡격막늑골의 형 늑골과 횡격흉막 사이의 좁은 틈이나 굴에 적용되는 말.

phrenicolienal 횡격막지라의 형 지라를 덮는 복막의 일부를 형성하고 횡격막까지 확장된 인대에 적용되는 말.

phrenicopericardiac 횡격막심장막의 형 횡격막에서 심장막(위심낭)까지 뻗는 인대에 적용되는 말.

phyco- '해조류'를 뜻하는 그리스어 '*phykos*'에서 유래된 접두사. '조류(algae)'를 의미한다.

phycobilins 피코빌린 명복 남세균과 홍조류의 집광색소. 홍조소와 남조소 및 이질남조소가 있다.

phycobiliprotein 피코빌리단백질 명 피코빌린발색단을 갖는 단백질색소.

phycobilisome 색소단백질체 명 일부 홍조류와 남세균의 광합성라멜라에 들어 있는 많은 작은 입자들. 피코빌린을 포함하고 있다.

phycobiont 공생조체(共生藻體) 명 지의류와 어떤 해양 무척추동물에서 볼 수 있는 것과 같이 공생관계에 있는 조류파트너.

phycochrome 조류색소, 피코크롬 명 조류에 들어 있는 색소들에 대한 일반적인 명칭.

phycochrysin 피코크리신 명 황갈조류의 색소포에 들어 있는 황금색 색소.

phycocoenology 조류군집학 명 조류의 군집을 연구하는 학문.

phycocyanin 남조소(藍藻素) 명 남세균의 체색을 나타내게 하는 청색의 피코빌리단백질. 홍조류와 은편모조류에도 들어 있으며, 집광색소로 작용한다.

Phycodnaviridae 피코드나바이러스과 명 조류에 감염하고 껍질이 없는 등장성 2중가닥DNA바이러스의 과.

phycoerythrin 홍조소(紅藻素) 명 홍조류의 체색을 나타내게 하는 빨간색의 피코빌리단백질. 일부 남세균과 은편모조류에도 들어 있으며, 빛을 수확하는 단백질 색소로 작용한다.

phycology 조류학(藻類學) 명 조류(algae)를 연구하는 학문.

Phycomycetes 조균류(藻菌類) 명 병꼴균문(Chytridiomycota), 역모균문(Hyphochytriomycota), 뿌리혹균문(Plasmodiophoromycota)과 난균문(Oomycota)의 생물들에 대한 일반적인 명칭.

phycophaein **조갈소(藻褐素)** 명 갈조류의 갈색 색소. 푸코산(fucosan)이 산화된 산물이다.

Phycophyta **조류(藻類)** 명 어떤 분류체계에서 조류(algae)를 가리키는 이름.

phycoplast **조판형성체** 명 녹조식물문 녹조강 조류의 분열 중인 세포에서 핵분열의 적도면에 평행하게 배열하는 미세소관들.

phycoxanthin **피코크산틴** 명 일부 조류에 들어 있는 노란색 또는 황갈색의 색소.

phyla 'phylum'의 복수형.

phylacobiosis **상호보호행동** 명 어떤 개미들에서 볼 수 있는 것처럼 상호간의 또는 일방적인 방어행동. 형 **phylacobiotic**.

Phylactolaemata **피후강(被喉綱)** 명 일부 분류체계에서 담수에 사는 태형동물문(Bryozoa)의 강.

phylembryo **필엠브리오** 명 완족류에서 배(embryo)의 껍질이 완성되는 발생단계.

phyletic **문(門)의, 종족의, 계통적** 형 (1) 문(phylum) 또는 진화계열의 주된 갈래와 관련된 말; (2) 공통조상에 의해 서로 유연관계가 밀접한 종의 무리에 적용되는 말; (3) 직계자손의 계열과 관련된 말.

phyletic evolution **계통진화** 단일한 진화계열에서 시간이 흐름에 따라 종이나 품종이 생기게 하는 진화적 변화의 연속적인 사건들.

phyletic gradualism **계통진화적 점진주의** 진화적 변화는 작은 움직임이 축적된 결과이고 한 세대에서는 그 변화가 극도로 작다는 생각. 각각의 단계는 선택이익을 갖지만 미미하고, 누적효과에 의해 종국에는 새로운 형태와 기관 그리고 기능들이 생겨난다. 그렇게 감지할 수 없는 작은 변화들에 의해 꾸준한 속도로 진화가 진행된다는 견해를 가리킬 때에도 가끔이 용어를 사용하며, 이는 진화의 중단평형(punctuated equilibrium) 이론과 대조를 이룬다.

phyllade **인상엽(鱗狀葉)** 명 작아진 비늘 모양의 잎.

phyllary **총포엽(總苞葉)** 명 국화과(Compositae)의 총포의 포엽.

phyllidium **흡엽** ⇨ bothridium.

phyllo- '잎'을 뜻하는 그리스어 '*phyllon*'에서 유래된 접두사.

phyllobranchia **잎모양아가미** 명 많은 라멜라 또는 얇은 판으로 구성된 아가미.

phylloclade **잎모양줄기** 명 (1) 녹색의 편평한 광합성줄기; (2) 선인장에서 잎의 기능을 하는 녹색의 둥근 줄기; (3) 지의류의 '관목 같은' 몸체에서 동화작용을 하는 가지.

phyllocyst 명 삭개(hydrophyllium) 또는 보호성 해파리형의 제대로 발달하지 못한 공간.

phyllode **가엽(假葉)** 명 줄기의 측면에 위치하고 편평한 표면을 갖는 날개가 달린 잎자루. 잎과 같은 기능을 한다.

phyllody **가엽화(假葉化)** 명 어떤 기관이 보통잎(foliage leaf)으로 탈바꿈하는 것.

phylloerythrin **필로에리트린** 명 엽록소에서 비롯되는 빨간색의 색소. 초식성 포유동물의 쓸개즙에서 나타난다.

phyllogen **잎원기분열조직** 명 잎원기(leaf primordium)를 만드는 분열조직세포.

phyllogenetic **잎생성의** 형 잎을 만들거나 발달시키는.

phylloid **잎모양의, 유사엽(類似葉)** (1) 형 잎처럼 생긴; (2) 명 납작한 가지나 텔롬(telome)처럼 여겨지는 잎.

phyllomania **필로마니아** 명 비정상적인 잎이 생기는 것.

phyllome **엽적기관(葉的器官)** 명 전체적으로 본 식물의 잎 구조.

phyllomorphosis **잎변화** 명 (1) 식물의

기관이 보통잎으로 탈바꿈하는 것; (2) 계절이 바뀌면서 잎의 유형이 변하는 것.

phyllophagous 식엽성(食葉性) 형 잎을 먹고 사는.

phyllophore 엽아체(葉芽體) 명 종려나무의 끝눈 또는 생장점.

phyllophorous 잎달린 형 잎이 달리거나 잎을 만드는.

phylloplane 엽면(葉面) 명 잎의 표면.

phyllopode 엽각초(葉脚鞘) 명 물부추류(물부추목)의 잎밑(leaf-base)을 감싸는 구조.

phyllopodium 엽각(葉脚) 명 (1) 잎의 축; (2) 일부 종려나무에서 볼 수 있는 것과 같이 잎의 기부가 합쳐져서 생기는 위축(pseudoaxis)으로 간주될 때의 식물줄기; (3) [동] 새각류와 같은 일부 갑각류의 잎처럼 생긴 유영지(swimming appendage).

phylloquinone 필로퀴논 ⇨ vitamin K.

phyllorhiza 근엽(根葉) 명 뿌리가 달린 어린 잎.

phyllosiphonic 형 주축의 중심주조직에 잎다발(leaf trace)이 삽입되는.

phyllosoma 필로소마 명 가재의 유생시기.

phyllosperm 엽생종자식물 명 잎에 종자나 포자가 달리는 식물.

phyllosphere 엽권(葉圈) 명 잎의 표면.

phyllospondylous 형 하이포센트룸(hypocentrum)과 신경활로 구성되는 척추뼈에 적용되는 말.

phyllosporous 엽포자성(葉胞子性) 형 보통잎처럼 생긴 포자엽을 가진.

phyllotactic 잎차례의 형 잎차례와 관련된 말. 연이은 두 잎 사이의 각도인 개도(divergence)를 나타내는 줄기 둘레의 부분에 적용된다.

phyllotaxis, phyllotaxy 잎차례, 엽서(葉序) 명 축이나 줄기에 달리는 잎의 배열양식. 나선상으로 배열된 잎의 경우, 잎이 겹쳐질 때까지 줄기를 도는 횟수를 분자로 하고 최초의 잎의 바로 위에 잎이 오는 데까지 붙는 잎의 수를 분모로 하는 분수로 나타낸다(예: 1/2잎차례의 개도는 180°). ⇨ orthostichy, parastichy.

phyllozooid 필로조이드 명 관해파리군체에서 보호기능을 갖는 방패모양의 해파리.

phylogenesis 계통발생 ⇨ phylogeny.

phylogenetic 계통발생적 형 종이나 상위 분류군의 진화역사와 진화계열에 관련된 말.

phylogenetic classification 계통분류 진화적 유연관계에 근거하여 생물을 분류하는 것.

phylogenetics 계통, 계통(분류)학 명 (1) 종이나 상위 분류군의 진화계열; (2) 진화적 계통을 밝히고 종분화의 역사적 과정을 재구축하고자 시도하는 분류학.

phylogenetic tree 계통수(系統樹) 여러 다른 분류군들 또는 여러 다른 단백질들 간의 진화적 유연관계를 나타내는 가계도 같은 그림.

phylogeny 계통발생 명 종이나 상위 분류군의 진화역사와 진화계열. 비 ontogeny.

phylotypic 형 문(phylum)을 대표하는.

phylotypic stage 필로타입기 동물의 발생과정에서 특정 분류군(예: 척추동물)의 모든 배(embryo)들이 서로 매우 비슷하고 그 분류군의 전형적인 특징을 나타내는 단계.

phylum 문(門) 명 분류에서, 비슷한 체제로 구성되고 진화적으로 유연관계가 밀접하다고 여겨지는 동물들의 주요한 집단. 이와 비슷한 식물의 범주는 'division'이라 부른다. 자포동물문(Cnidaria), 해면동물문(Porifera), 편형동물

P

문(Platyhelminthes), 연체동물문(Mollusca), 절지동물문(Arthropoda), 척삭동물문(Chordata) 등이 그 예가 된다. 복 **phyla**.

physa 구저(球底) 명 굴을 파는 말미잘의 둥근 기부.

physical containment 물리적 봉쇄 유전공학이나 일반적으로 미생물학에서, 실험실절차에 필요한 물리적 보안과 안전을 단계별로 정한 것. 실험에 사용하는 미생물이 지닌 병원성의 정도에 따라 몇 단계의 봉쇄수준을 권장하고 있다.

physical mapping 물리적 지도만들기 재조합에 의거한 유전학적 지도만들기에 의해 유전자 또는 DNA염기순서의 상대적 위치를 찾는 것이 아니라, 세포유전학과 제한지도작성(restriction mapping)과 같은 방법을 이용하여 유전자와 기타 DNA염기순서의 실제 위치를 찾아 유전자지도를 만드는 방법.

physiogenic 생리적 발생의 형 (1) 어느 기관이나 부분의 작용에 기인하는; (2) 환경요인에 기인하는.

physiographic succession 지형적 천이 지형과 국지기후의 영향을 주로 받는 식물의 천이.

physiological races 생리적 품종 동종 내에서 표면상으로는 비슷하지만 유전적으로 결정된 요인들의 결과로 생리학적 특성이 서로 다른 변종들. 숙주에 대한 독성이 숙주종의 여러 다른 변종들마다 달라지는 식물병원균의 균주들이 그 예가 된다.

physiology 생리학(生理學) 명 생물의 기능과 작용을 다루는 생물학의 한 분과. 형 **physiological**.

physoclistous 폐쇄부레의 형 대부분의 진골어류에서 볼 수 있는 것과 같이 부레와 소화관이 이어져 있지 않은.

physodes 피소드 명복 (1) 어떤 육질충류의 변형체에 들어 있는 플로로글루신(phloroglucin)의 가락; (2) 푸코산소포(fucosan vesicle).

physostigmine 피소스티그민 명 칼라바르 콩(Calabar bean)에 함유된 알칼로이드. 효소 아세틸콜린에스테라아제의 기능을 저해한다. ≒ eserine.

phytal zone 식생대(植生帶) 수심이 얕은 호수의 바닥과 그곳에 뿌리를 내린 식생.

phytanyl 피타닐 명 고세균역(Archaea)의 막지질에 들어 있는 가지 친 탄화수소.

phytic acid 피트산 당알코올 미오이노시톨의 인산유도체인 이노시톨6인산(hexaphosphoinositol). 주로 식물의 종자에 들어 있다.

phytin 피틴 명 칼슘과 마그네슘이 혼합된 피트산염(phytate). 식물의 종자에 들어 있는 인산염의 저장물질이다.

phyto- '식물'을 뜻하는 그리스어 '*phyton*'에서 유래된 접두사.

phytoactive 식물활성의 형 식물의 생장을 촉진하는.

phytoalexins 피토알렉신 명복 상처를 입었거나 기생성 곰팡이 또는 세균의 공격을 받았을 때 식물세포에 의해 생성되는 물질. 감염에 대해 내성을 갖고 상처로 인한 피해를 국한하는 데 관여한다.

phytobiotic 식물내생의 형 식물체의 내부에 사는, 어떤 원생동물에 적용되는 말.

phytochemistry 식물화학 명 식물을 대상으로 하는 화학.

phytochoria 식물분포구 명복 식물구계, 식물계 또는 식물구. 단 **phytochorion**.

phytochory 식물매개전파 명 식물을 매개로 하여 병원체가 전파되는 것.

phytochrome 피토크롬 명 빛에 민감한 식물의 단백질색소. P_r형과 P_{fr}형의 두 가지가 존재한다. 적색광에서 흡수극대를 나타내는 P_r형 피토크롬이 적색광을 받으

P

면 근적외광에 민감한 P_{fr}형으로 전환된다. P_{fr}형이 근적외광을 받게 되면 다시 P_r형이 된다. P_{fr}형 피토크롬은 단일식물의 개화와 일부 종자의 발아와 같은 발생과정을 촉진하지만, P_r형은 불활성형이다.

phytocoenology 식물군락학 명 식물군집을 연구하는 학문.

phytocoenosis 식물공동체 명 특정 장소에 사는 식물들의 집합.

phytoedaphon 토양식물 명 토양의 현미경적인 식물들.

phytogenesis 식물계통발생 명 식물의 진화 또는 발생.

phytogenetics 식물유전학 명 식물을 대상으로 하는 유전학.

phytogenous 식물유래의 형 식물에서 기원된 또는 식물로부터 만들어진.

phytogeographical kingdoms 식물지리구계 ⇨ **floristic kingdoms**.

phytogeography 식물지리학 명 식물의 지리적 분포를 연구하는 학문.

phytoglycogen 피토글리코겐 명 일부 식물에서 발견되는 몹시 가지 친 포도당의 중합체. 옥수수의 '밀랍 같은' 돌연변이체에 풍부하게 들어 있다.

phytohaemagglutinin (PHA) 식물성 혈구응집소 명 강낭콩(*Phaseolus*)에서 추출한 단백질인 렉틴. 어떤 동물세포에서 유사분열물질(mitogen)로 작용한다.

phytohormones 식물호르몬 명복 식물의 호르몬. 옥신(auxin), 지베렐린(gibberellin), 시토키닌(cytokinin), 낙엽산(abscisic acid) 등이 포함된다.

phytoid 식물적(植物的) 형 식물 같은.

phytokinin 피토키닌 ⇨ cytokinin.

phytol 피톨 명 비타민 E와 비타민 K의 합성에 이용되는 엽록소의 가수분해산물. 엽록소분자의 꼬리를 이루는 긴 사슬 알코올이다.

phytolith 식물석(植物石) 명 식물의 조직에 들어 있는 미세한 광물질입자(예: 실리카의 수화물). 특히 벼과 초본에서 발견된다.

phytomass 식물량(植物量) 명 식물의 생체량.

phytome 파이톰 명 하나의 생태학적 단위로 간주되는 식물들.

phytomorphosis 식물변형성 명 곰팡이와 세균에 감염된 결과로 식물의 구조적 특징이 변하는 것.

phytoparasite 기생식물 명 기생하는 식물을 통틀어 이르는 말.

phytopathogen 식물병원체 명 식물의 병을 일으키는 생물을 통틀어 이르는 말.

phytopathology 식물병리학 명 식물의 병을 연구하는 학문.

phytophage 초식동물 명 식물을 먹고 사는 동물. 덩치가 큰 초식동물이 아니라 수액을 빨아 먹거나 잎을 갉아 먹는 작은 곤충을 가리키는 말이다. 형 **phytophagous**.

phytophysiology 식물생리학 명 식물의 생리학.

phytoplankton 식물플랑크톤 명 광합성을 하는 모든 플랑크톤. 단세포 조류와 남세균 따위가 포함된다.

phytosis 식물성 질환 명 곰팡이에 의한 질병.

phytosociology 식물사회학 명 식물의 생태와 그에 영향을 미치는 모든 측면을 연구하는 학문.

phytosphingosine 피토스핑고신 ⇨ sphingosine.

phytosterols 피토스테롤 명복 식물체로부터 추출되는 시토스테롤(sitosterol) 등의 스테롤.

phytosuccivorous 즙서식성 형 식물의 즙에서 사는.

phytotelma 피토텔마 명 식물이 붙잡고 있는 작은 수생환경. 파인애플과 식물의 잎밑에 의해 형성된 컵이나 나무에서 물로 채워진 구멍 등이 그 예가 되며, 작은 서식지를 형성한다. 복 **phytotelmata**.

phytotoxic 식물독성의 형 식물에 독성을 띠는.

phytotoxin 식물독소 명 식물에서 유래되는 독소를 통틀어 이르는 말.

phytotype 식물형 명 식물의 대표적인 유형.

PI 포스포이노시티드(phosphoinositide).

pia mater 연막(軟膜) 뇌와 척수를 둘러싸는 3층의 막 가운데 가장 안쪽에 있는 막.

Piciformes 딱따구리목 명 딱따구리를 포함하는 새들의 목.

Picornaviridae 피코르나바이러스과, picornaviruses 피코르나바이러스 명, 명복 작고 껍질이 없는 외가닥의 양성-극성사슬 RNA바이러스의 과. 소아마비바이러스, 감기를 일으키는 리노바이러스 그리고 구제역을 일으키는 수포성 바이러스 등이 포함된다.

piezoelectric 압전(壓電)의 형 기계적 압박을 받을 때 전기적으로 분극이 되는.

pigment 색소 명 동물과 식물의 색소.

pigmentation 착색(着色) 명 기관이나 생물에 색소가 배치되는 것.

pigment cell 색소세포 (1) 색소포(chromatophore); (2) 색소세포(chromatocyte).

PI 3-kinase 포스파티딜이노시톨 3-인산화효소(phosphatidylinositol 3-kinase).

pigmy 피그미 ⇨ pygmy.

pileate 갓이 있는 형 갓(pileus)이 있는.

pileated 볏이 있는 형 볏 또는 도가머리가 있는, 새에 적용되는 말.

pileocystidium 갓낭상체 명 어떤 담자균류의 갓(균모)에 생기는 털 같은 불임성 구조.

pileolus 소균모(小菌帽) 명 많은 작은 독버섯에서 볼 수 있는 것과 같은 작은 갓.

pileorhiza 뿌리피막 명 (1) 뿌리의 외피; (2) 뿌리골무(root cap).

pileum 두정(頭頂) 명 새 머리의 꼭대기. 복 **pilea**.

pileus 갓, 균모(菌帽) 명 버섯과 독버섯의 우산처럼 생긴 부분. 복 **pilei**.

pili 'pilus'의 복수형.

pilidium 모형유생(模型幼生), 반구형자낭반 명 (1) 유형동물의 특징적인 헬멧 모양의 유충; (2) 어떤 지의류의 반구형 자낭반.

pilifer 소편(小片), 담모편(擔毛片) 명 어떤 나비류에서 윗입술(labrum)의 일부.

piliferous 뿌리털의 형 털이 달리거나 털을 만드는, 뿌리털이 생기는 뿌리의 가장 바깥쪽 층(뿌리털층)에 적용되는 말.

pilomotor 털운동의 형 털을 움직이게 하는, 털주머니(모낭)의 근육에 분포하는 무수신경섬유(털운동섬유)에 적용되는 말.

pilose 유모성(有毛性)의 형 솜털 같거나 털이 많은.

pilus 선모(線毛) 명 '수컷' 세균에서 만들어지는 가는 관 모양의 섬유상 구조물. '암컷' 세균에 연결되고 이를 통해 DNA가 통과하여 접합이 일어난다. 복 **pili**. ≒ sex pilus.

Pinaceae, pines 소나무과, 소나무류 명, 명복 바늘 모양의 잎이 다발로 달리는 구과식물의 과.

pinacocytes 편평세포 명복 해면동물의 바깥상피에 있는 납작한 판 모양의 세포들.

pinacoderm 외피엽(外皮葉) 명 해면동물 체벽의 바깥층.

pincushion gall 이끼벌레혹 혹벌(*Diplolepis rosae*)의 유충에 의해 장미에

P

생기는 불그스름한 실 모양의 구조물.

pineal body **송과체(松果體)** 척추동물의 제1뇌실에서 돌출한 내분비기능을 갖는 소체. '솔방울샘'이라고도 하며, 멜라토닌과 포유동물의 경우 바소토신을 분비한다. 하등척추동물에서는 가시적인 송과안(pineal eye) 또는 가운데눈(median eye)을 형성한다. 고등척추동물에서는 송과체가 신경조직에 박혀 있다. 포유동물에서 송과체는 멜라토닌의 방출에 의해 어떤 생체리듬의 조절에 관여한다. ≒ **pineal gland**.

pineal region **송과샘부위** 송과체와 부송과체 기관들이 생기는 뇌의 부위.

pineal sac **송과낭(松果囊)** 큰도마뱀(*Sphenodon*)에서 볼 수 있는 것과 같이 송과체의 끝에 있는 소포.

pineal stalk **송과체자루** 송과체와 뇌의 나머지 부분을 연결하는 부위.

pineal system **송과샘계** 두정기관(parietal organ)과 그와 연관된 구조들. 송과낭, 송과체자루, 부송과체기관과 송과체 등이 그 예가 된다.

pin-eyed **긴암술대의, 장주(長柱)의** 관 모양의 꽃부리 주둥이에 암술머리가 있고 수술은 이보다 짧은. 비 thrum-eyed.

pin feather **바늘깃털** 어린 깃털. 특히 피부를 뚫고 갓 나와서 아직 껍질에 싸여 있는 어린 깃털을 가리킨다.

pinna **귓바퀴, 날개, 지느러미, 깃조각** 명 (1) 피부로 덮인 얇은 연골질성 구조인 바깥귀; (2) 새의 깃털이나 날개; (3) 지느러미 또는 지느러미발; (4) [식] 깃꼴 잎의 작은 잎; (5) 깃꼴 엽상체의 가지. 복 **pinnae**.

pinnate **깃꼴, 우상(羽狀)** 형 (1) 깃털 같은 방식으로 갈라지는; (2) 옆에 돌기가 있는; (3) [식] 겹잎에서 축이나 중앙맥의 양쪽에 작은 잎(leaflet)들이 달리는.

pinnatifid **깃꼴중렬의** 형 중앙맥 쪽으로 가운데쯤까지 패인 잎에 적용되는 말.

pinnatilobate **깃꼴천열의** 형 깃꼴로 패인 잎의.

pinnation **깃털상** 명 깃꼴의 상태.

pinnatipartite **깃꼴심렬의** 형 잎이 기부 쪽으로 3/4 가량 째져 있는.

pinnatiped **깃꼴발가락의** 형 어떤 새와 같이 깃 모양으로 갈라진 발가락을 가진.

pinnatisect **깃꼴전열의** 형 기부 또는 중앙맥까지 거의 패인 잎의.

pinnatodentate **깃꼴톱니꼴의** 형 깃꼴 잎에 톱니 같은 열편들이 달리는.

pinnatopectinate **깃꼴빗살형의** 형 깃꼴 잎에 빗처럼 생긴 열편들이 달리는.

pinniform **깃털모양의, 지느러미모양의** 형 깃털처럼 생기거나 지느러미처럼 생긴.

pinninervate **깃털맥엽의** 형 잎맥이 깃털의 부분들과 같이 배열된, 잎에 적용되는 말.

Pinnipedia **물개목**, **pinnipeds** **기각류(鰭脚類)** 명, 명복 물개와 바다표범 그리고 바다코끼리.

pinnule **소우편(小羽片), 우상체(羽狀體)** 명 (1) [식] 깃꼴겹잎(우상복엽)에서 두 번째로 갈라진 열편; (2) [동] 바다나리류의 팔들에서 나오는 돌기.

pinocytosis **음작용(飮作用), 음세포작용** 명 세포내 섭취과정에 의해 진핵세포의 내부로 액체의 방울들이 섭취되는 현상. 형 **pinocytotic**.

pinocytotic vesicle **음소포(飮小胞)** 음작용(pinocytosis)의 결과로 세포 내에 형성된 막으로 둘러싸인 소포.

Pinophyta **겉씨식물문** ⇨ gymnosperms.

pinosome **피노솜, 음소포** 명 음작용에 의해 섭취된 물질이 들어 있는 소포.

pinworm **요충** ⇨ Nematoda.

pioneer community **선구군집(先驅群集)**

1차천이가 시작될 때 나지에 최초로 정착하는 생물들.

pioneer species 선구종 1차천이의 첫 단계에서 나지에 처음 침입하는 종들. 주로 이끼류와 지의류 그리고 작은 생물들이다.

PIP2 포스파티딜이노시톨 2인산(phosphatidylinositol biphosphate).

PI pathway 포스포이노시티드경로(phosphoinositide pathway).

Piperales 후추목 명 후추과(Piperaceae)와 삼백초과(Saururaceae)로 이뤄지는 목본 및 초본성 쌍떡잎식물의 목.

piperidine 피페리딘 명 후추(*Piper nigrum*)에서 얻어지는 알칼로이드.

piriform 서양배모양의, 이상(梨狀)의 형 서양배(pear)처럼 생긴, 궁둥이의 근육(이상근)에 적용되는 말.

piroplasm(a) 이형열원충(梨形熱原蟲), 피로플라스마 명 적혈구에 감염하는 이형열원충강(Piroplasmea)의 기생성 원생동물. 바베스열원충(*Babesia*)은 소의 바베시아병(red water fever)을 일으키는 병원충이다. 이형열원충은 세포내 시기에서 기생충이 액포 안에 들어 있지 않고 세포막이 숙주세포의 세포질과 직접 접촉하는 것이 특징이다.

piRNA ⇨ Piwi-interacting RNAs.

Pisces 어상강(魚上綱) 명 어류. (⇨ 부록 3)

piscicolous 어류서식성 형 어류에 사는.

pisciform 물고기모양의 형 물고기처럼 생긴.

piscine 어류의 형 어류와 관련된 말.

piscivorous 어식성(魚食性) 형 물고기를 잡아먹는.

pisiform 콩알의, 두상(豆狀)의 형 완두 모양의, 손목뼈(콩알뼈 또는 두상골)에 적용되는 말.

pisohamate 콩알갈고리의 형 콩알뼈와 갈고리뼈를 연결하는 인대(콩알갈고리인대)에 적용되는 말.

pisometacarpal 콩알손허리의 형 콩알뼈와 다섯 번째 손허리뼈를 연결하는 인대(콩알손허리인대)에 적용되는 말.

pistil 암술 명 (1) 하나의 구조로 합쳐진 심피들을 통틀어 이르는 말; (2) 심피들이 분리된 꽃에서 암술머리와 암술대를 갖춘 개개의 심피를 가리키는 말.

pistillate 암술의 형 암술이 있는, 암술은 있지만 수술이 없는 꽃(암꽃)에 적용되는 말. 비 staminate.

pistillidium 장란기 ⇨ archegonium.

pistillode 위암술 명 제대로 발달하지 않거나 기능을 하지 않는 암술.

pistillody 심피화(心皮化) 명 꽃의 어느 기관이 심피로 전환되는 것.

pit 벽공(壁孔) 명 식물세포의 표면에서 벽이 없는 미세한 부위. ⇨ coated pit.

pitcher 포충엽(捕蟲葉), 낭상엽(囊狀葉) 명 잎이나 잎의 일부가 곤충을 잡고 소화시키는 속이 빈 기관으로 변형된 것. 식충식물인 벌레잡이풀(*Nepenthes*)과 벌레잡이통풀(*Sarracenia*) 따위에서 볼 수 있다.

pit fields 벽공역(壁孔域) 식물세포의 1차벽에서 작은 벽공이나 움푹한 부위들.

pith 속, 수(髓) 명 일부 쌍떡잎식물의 줄기에서 중앙에 있는 유조직.

pithecanthropines 피테칸트로푸스인 예전에 피테칸트로푸스속(*Pithecanthropus*)에 두었다가 지금은 직립원인(*Homo erectus*)으로 간주하는 화석인류. 자바원인이 포함된다.

pit-pair 벽공쌍 인접한 식물세포의 세포벽에 있는 두 개의 상응하는 벽공들. 원형질막이 이들을 분리한다.

pituicyte 뇌하수체세포 명 뇌하수체의 신경엽에 있는 신경아교세포.

pituitary, pituitary body, pituitary gland 뇌하수체(腦下垂體) 척추동물에

서 시상하부 밑에 짧은 자루로 뇌의 밑면에 부착하는 내분비샘. 부신피질자극호르몬(ACTH), 젖분비호르몬, 생식샘자극호르몬, 갑상샘자극호르몬, 옥시토신, 바소프레신 등과 같이 중요한 많은 호르몬들을 분비한다. 샘의 기능을 하는 선하수체(adenohypophysis)와 신경내분비의 기능을 하는 신경뇌하수체(neurohypophysis)의 두 부분으로 이루어진다. ≒ hypophysis.

pivot joint 차축관절, 회전관절 운동이 회전에 국한된 관절.

Piwi-interacting RNAs (piRNAs) 피위상호작용RNA 유전정보를 담당하지 않는 작은 RNA들의 일종. 피위(Piwi)단백질과 복합체를 형성하여 유전자가 발현되지 못하도록 작용한다. RNA유래전이인자(retrotransposon)와 생식세포계열 세포들의 기타 유전인자들이 이들의 특정 표적인 것으로 여겨진다.

pK_a 피케이에이 산(acid)의 세기를 측정하는 것. pK_a는 $\log_{10}(1/K_a)$이며, 여기서 K_a는 산의 해리상수이다.

PKA 단백질인산화효소A(protein kinase A).

PKB 단백질인산화효소B(protein kinase B).

PKC 단백질인산화효소C(protein kinase C).

PKG 단백질인산화효소G(protein kinase G).

placebo effect 속임약효과 약효가 전혀 없는 물질을 진짜 약으로 가장하여 환자에게 복용토록 했을 때 환자의 병세가 호전되는 효과.

placenta 명 (1) [식] **태좌(胎座)** 식물의 씨방에서 밑씨가 생기고 성숙할 때까지 붙어 있는 자리, (⇨ 그림 18); (2) [동] **태반(胎盤)** 포유동물에서 자궁의 벽 안에서 모체의 조직과 태아의 조직으로부터 형성되는 두 층의 혈관이 잘 발달된 해면조직. 모체와 태아의 혈관이 아주 근접하여 서로 영양분과 호흡기체들의 교환이 이루어진다. 한편 태반에서는 융모막성 생식샘자극호르몬과 같이 임신이 지속되는 데 관여하는 다양한 호르몬들이 생성된다. 진수류 포유동물(태반포유동물)은 난황주머니와 융모막 모두가 발달하는 오래 지속되는 태반을 다양하게 형성한다. 유대류는 오직 난황주머니만이 발달하는 오래 가지 못하는 태반을 형성한다.

placental 태반의, 태좌의 형 (1) 태반 또는 태좌와 관련된 말; (2) 태반에서 분비되는.

placental mammals 태반포유동물 지속성인 태반이 발달하는 포유동물. '진수류(eutherians)'라고도 한다. 비 marsupials.

placentate 태반이 있는, 태좌가 있는 형 태반 또는 태좌가 발달된.

placentation 태좌, 태반형(胎盤型) 명 (1) 식물의 씨방벽에 밑씨가 붙는 방식; (2) 포유동물에서 태반의 유형.

placode 판(板) 명 발생과정에서 척추동물 눈의 수정체로 발달하는 수정체판(lens placode) 등과 같이 배의 판 같은 구조.

Placodermi, placoderms 판피어강, 판피류(板皮類) 명, 명복 데본기 초기에 나타나서 석탄기 초기까지 생존한 턱을 가진 멸종된 원시어류의 강. 원시적인 하악고정, 분쇄하는 치판(dental plate) 그리고 머리와 가슴에 골성 피부판(dermal plate)을 갖는 특징을 지녔다.

Placodontia, placodonts 판치목, 판치류(板齒類) 명, 명복 트라이아스기에 수중생활을 한 멸종된 해양 파충류의 목. 짧은 갑옷을 두른 몸에, 일부는 거북과 비슷한 등딱지를 가졌다.

placoid 판형, 방패형 형 판처럼 생긴.

placoid scale 방패비늘 ⇨ denticle.

Placozoa 판형동물문(板形動物門) 명 털납작벌레(*Trichoplax adhaerens*)의 한 종으로 이뤄지는 매우 단순한 후생동물의 문. 둥글고 납작한 주머니 같은 생물이며, 내부의 공간은 액체로 채워지고 몸의 표면에는 섬모가 덮여 있다. 조직이나 기관의 분화가 일어나지 않고, 식별할 수 있는 머리나 꼬리 또는 좌우대칭의 구조를 찾을 수 없다.

placula 편평포배(扁平胞胚), 플라쿨라 명 (1) 미삭류의 발생과정에서 작은 포배강을 갖는 납작한 포배 시기; (2) 군체성 원생생물 좁쌀공말속(*Volvox*)의 발생단계.

plagioclimax 편향극상(偏向極相) 명 식물의 천이에서 인간에 의한 간섭 등 때문에 자연적인 극상에 앞선 단계.

plagiopatagium 경비막, 경익막 명 (1) 박쥐 날개의 비막 중 일부; (2) 날여우원숭이류의 앞발과 뒷발 사이에 있는 비막 중 일부.

plagiosaurs 명복 페름기에서 트라이아스기까지 출현한 양서류의 멸종된 미치류(labyrinthodont)의 목. 매우 넓고 평평한 몸을 가졌다.

plagiosere 편향적(偏向的) 천이 명 끊임없는 사람의 간섭에 의해서 자연적 과정으로부터 벗어난 생태적 천이.

plagiotropism 경사굴성(傾斜屈性) 명 곁뿌리와 가지들에서 볼 수 있는 것과 같이 구조가 수직면에 대하여 비스듬히 또는 수평으로 기울어지는 경향이 있는 생장. 형 **plagiotropic**.

plague 페스트, 흑사병 명 벼룩에 의해 매개된 페스트균(*Yersinia pestis*)에 의해 발생하거나(림프절페스트) 감염된 방울을 들이마신 결과로 발생하는(폐렴성 페스트) 전염병.

plagula 배조각 명 거미류의 배자루를 보호하는 배 쪽의 외골격 판.

planar cell polarity (PCP) 평면세포극성 상피와 같은 조직들에서 세포들이 방향성을 나타내는 구조적 및 분자적 극성.

planarian 플라나리아류 명 하천, 연못, 호수 그리고 바다에서 자유생활을 하는 편형동물인 3기장목(Tricladida)의 종류들. 넓고 납작한 몸을 갖고, 앞쪽 끝에는 잘 발달된 감각기관이 있으며, 세 가닥으로 갈라진 창자를 갖는다.

planation 평면화 명 가지 친 구조들이 납작해지는 현상. 고사리류 엽상체의 진화 등에서 볼 수 있다.

***Planctomyces* group 플랑크토미케스군** DNA염기순서 기준에 근거하여 식별하는 세균역(Bacteria)의 무리. 출아법으로 증식하고 세포벽에 펩티도글리칸이 없는 호기성 세균들이 포함된다. 주로 물에 살며, 플랑크토미케스(*Planctomyces*)와 피렐라(*Pirella*) 등이 있다.

Planctomycetes 부유균문(浮遊菌門) 명 DNA염기순서 기준에 근거하여 식별하는 세균역(Bacteria)의 문. 출아법으로 증식하고 세포벽에 펩티도글리칸이 없는 호기성 세균들로 구성된다. 이들은 주로 물에 살지만[예: 플랑크토미케스(*Planctomyces*)], 사람의 병원체인 절대기생성 클라미디아도 포함된다.

planetism 유영성(遊泳性) 명 운동성의 세포시기를 갖는 상태. 형 **planetic**.

planidium 플라니디움 명 어떤 곤충의 활발하게 이동하는 유충.

planiform 편평한 형 표면이 거의 평탄한.

plankter 플랑크톤생물 명 개개의 플랑크톤 생물.

planktohyponeuston 플랑크톤성 수면생물 명 밤에는 수면 부근에 모이지만 낮에는 주된 수괴에서 지내는 수생생물.

plankton 플랑크톤, 부유생물 명 민물과 바다에서 주변의 물과 함께 부유하는 작은 생물들. 광합성을 하는 생물들을 식물플랑크톤(phytoplankton)이라 부르고 작은 동물들을 동물플랑크톤(zooplankton)이라 한다. 형 **planktic**.

Planktosphaeroidea 명 반삭동물의 강. 익새강(Pterobranchia)과 비슷하게 생긴 원양의 자유로이 유영하는 유생형들만 알려져 있다.

planktotrophic 플랑크톤영양의 형 플랑크톤을 먹고 사는.

planoblast 플라노블라스트 명 히드라충류의 자유로이 유영하는 해파리형.

planoconidium 운동성 분생자 명 어떤 곰팡이의 운동성 포자.

planocyte 유주세포(遊走細胞) 명 (1) 돌아다니거나 이동하는 세포; (2) 운동성 포자(planospore).

planogamete 운동성 배우자 명 보통 편모가 달린 운동성 배우자. 특히 조류와 곰팡이에서 볼 수 있다.

planont 유영포자 명 (1) 운동성을 갖는 포자나 배우자 또는 접합자를 통틀어 이르는 말; (2) 일부 포자충류의 초기 아메바형 유주자(amoebula) 시기; (3) 어떤 하등균류의 후벽포자낭 또는 휴면포자낭에서 만들어지는 유주포자(swarm spore).

planospore 운동성 포자 명 운동성을 갖는 포자.

planozygote 운동성 접합자 명 운동성을 갖는 접합자.

planta 다리끝 명 (1) 발의 발바닥; (2) 곤충의 첫 번째 발목마디.

Plantae, plants 식물계, 식물 명, 명복 광합성을 하는 모든 다세포성 진핵생물을 포함하는 식물의 계(kingdom). 일부 분류체계에서는 이와 함께 녹조류(녹조식물문, Chlorophyta), 홍조류(홍조식물문, Rhodophyta) 및 회조식물문(Glaucophyta)이 포함된다. 이들은 모두 세포 내로 들어온 남세균형 세포가 엽록체가 되는 세포내 공생(endosymbiosis)에서 유래되었다는 분자적 증거가 있다. 그 밖의 광합성 진핵생물들은 다른 집단에 포함시키는데, 이를테면 갈조류는 크로미스타계/대롱편모생물계(Chromista/Stramenopila)에 속한다. 다세포식물은 선태식물(이끼류와 우산이끼류), 무종자 관다발식물(고사리류, 석송류, 속새류) 그리고 종자식물(겉씨식물과 속씨식물)로 이뤄진다. 어떤 학자들은 식물계를 다세포성 육상식물과 녹조식물문에 국한시키고 있다. (⇨ 부록 1)

plantar 다리끝의 형 발의 발바닥과 관련된 말.

plantaris 족척근, 장딴지빗근 명 아래쪽 다리의 근육.

plant defence response 식물방어반응 감염이나 상처에 대한 식물의 반응. 상처로 인한 피해를 국한하고 감염의 확산을 막는 구실을 하며, 피토알렉신(phytoalexins)의 생성과 조직의 사멸 그리고 목질화(lignification)와 칼루스(callus) 형성 등이 포함된다.

plant genetic resources 식물유전자원(植物遺傳資源) 식물체에 들어 있는 유전적 다양성. 대개 작물과 그들의 야생 근연종들에 적용되는 말이다.

plant growth regulator, plant hormone 식물생장조절물질, 식물호르몬 식물에서 생성되어 식물의 생장과 발달을 조절하는 신호분자. 식물호르몬에는 옥신(auxin), 에틸렌(ethylene), 지베렐린(gibberellin), 낙엽산(abscisic acid) 등이 포함된다.

plantigrade 척행(蹠行)의 형 발바닥을 땅에 붙이고 걷는.

plant pathogen 식물병원체 식물의 병을 일으키는 작용인자들(세균, 곰팡이, 바이러스 또는 마이코플라스마).

plant pathology 식물병리학 식물의 병을 연구하는 학문.

plant reoviruses 식물레오바이러스 ⇨ Reoviridae.

plant rhabdoviruses 식물라브도바이러스 ⇨ Rhabdoviridae.

plantula 자유욕반(自由褥盤) 명 어떤 곤충의 발목마디 위에 있는 욕반(pulvillus) 같은 점착성 판.

plant viruses 식물바이러스 식물에 감염하는 바이러스.

planula 플라눌라 명 섬모가 있어 자유로이 유영하는 강장동물의 난형 유생.

planum 평면(平面) 명 면 또는 면적. 어떤 머리뼈의 표면에 적용되는 말이다.

plaque 용균반(溶菌斑) 명 배양세포층이나 세균의 배양에서 파지 또는 바이러스에 감염된 세포들이 파괴되어 투명하게 된 부위.

plaque assay 용균반검사 시료 중의 감염성 바이러스의 존재와 농도를 검사하는 것. 단층으로 배양한 세포에 바이러스를 감염시켜서 나타나는 투명한 용균반의 수를 측정한다. 각각의 용균반은 단일한 바이러스에 기인한다.

plaque-forming unit (PFU) 용균반형성단위 일정한 시료에 들어 있는 감염성 바이러스입자의 수를 정량적으로 측정하는 것. 각각의 감염성 바이러스는 배양한 세균들에서 하나의 투명한 용균반을 형성한다. ⇨ plaque assay.

plasma 혈장(血漿) 명 혈액이나 젖 또는 림프 등의 체액에서 세포와 지방방울 같은 현탁물질을 제외한 액체성분.

plasmablast 형질세포아구 명 형질세포의 일부 특징을 나타내는 림프절의 B세포.

plasma cell 형질세포 면역계의 항체생성세포. 특정 항원과 접촉한 다음에 B림프구로부터 분화된다.

plasmacyte 형질세포 ⇨ plasma cell.

plasmacytoid dendritic cell 형질세포성 수지상세포 ⇨ dendritic cell.

plasmagel 겔원형질 명 세포질 가운데 다소 고형인 부분. 보통 겔원형질은 다소 유동적인 졸원형질(plasmasol)로 가역적으로 전환될 수 있다.

plasmagene 세포질유전자 명 진핵세포에서 핵에 들어 있는 유전자 이외의 유전자. 미토콘드리아와 엽록체의 유전자 등을 가리킨다.

plasmalemma 원형질막 명 특히 식물세포의 원형질막.

plasmalemmasome 플라스마렘마솜 명 식물세포에서 형성되는 막성 구조. 원형질막과 세포벽 사이에서 세관(tubule)과 시스터나(cisterna) 그리고 소포들로 구성된다.

plasma lipoproteins 혈장지방단백질 혈액에서 지질(콜레스테롤, 트리아실글리세롤, 인지질)을 수송하는 단백질들. 다음과 같은 3가지의 주된 종류가 있다. 고밀도지방단백질(HDL)은 유리콜레스테롤과 인지질을 나르고, 저밀도지방단백질(LDL)은 주로 콜레스테롤에스테르를 운반하고, 초저밀도지방단백질(VLDL)은 트리아실글리세롤이 풍부하다.

plasmalogen 플라스말로겐 명 동물의 심장과 뇌 그리고 미엘린에 들어 있는 인지질의 일종. 포스파티달에탄올아민(phosphatidalethanolamine)과 포스파티달콜린(phosphatidalcholine) 등이 포함된다. 지방산 사슬의 하나가 불포화 알코올과 에테르결합에 의해 치환되었다는 점에서 상응하는 포스포글리세리드와 구별된다.

plasma membrane 원형질막 모든 생체세포의 표면을 덮는 막. 효소, 이온펌프,

수송단백질 및 수용체의 기능을 수행하는 단백질들이 박혀 있는 유동적인 지질2중층으로 구성된다. 원형질막은 대부분의 용질과 이온이 들어오고 나가는 것을 조절하고, 도움을 받지 않고 지질2중층을 가로질러 확산될 수 있는 물질은 거의 없다. ≒ cell membrane, plasmalemma. (⇨ 그림 7, 그림 26)

plasmasol 졸원형질 명 세포질 가운데 다소 유동적인 부분. 보통 졸원형질은 다소 고형인 겔원형질(plasmagel)로 가역적으로 전환될 수 있다.

plasmaspore 점포자(粘胞子) 명 접착성 포자.

plasma thromboplastin antecedent (PTA) 혈장트롬보플라스틴전구물질 응고제XI인자(Factor XI).

plasmatic 혈장의 형 혈장과 관련된 말.

plasmatoparous 형 발아하여 유주자로 되지 않고 직접 균사체로 발달하는, 포도의 노균병균(*Plasmopora viticola*) 같은 어떤 곰팡이의 포자에 적용되는 말.

plasmid 플라스미드 명 세균 그리고 효모와 같은 단세포 진핵생물에서 염색체와는 독립적으로 복제하는 작은 DNA. 플라스미드는 세대를 거듭하여도 그 특징이 안정적으로 지속된다. 플라스미드에는 전형적으로 항생물질내성, 콜리신(colicin) 생성 또는 특이한 화합물의 분해와 관련된 유전자들이 들어 있다. 이들은 유전공학에서 외래유전자를 삽입하여 세균이나 효모의 세포에 클로닝하거나 발현시키는 벡터로 널리 이용되고 있다.

plasmid immunity 플라스미드면역성 ⇨ immunity.

plasmid incompatibility 플라스미드불화합성 유형이나 화합성 군이 같은 서로 다른 플라스미드들이 동일한 세균세포에서 공존할 수 없는 성질.

plasmin 플라스민 명 섬유소(피브린)를 분해하는 혈장의 효소. EC 3.4.21.7. ≒ fibrinolysin.

plasminogen 플라스미노겐 명 단백질분해효소 플라스민의 불활성 전구체.

plasminogen activator 플라스미노겐활성화인자 ⇨ tissue plasminogen activator.

plasmodesmata 세포질연락사 명복 세포벽을 가로질러 인접한 세포들의 세포질이 연결되는 세포질의 실 모양 구조물. 단 **plasmodesma**. (⇨ 그림 7)

plasmodial 변형체성 형 변형체(plasmodium)처럼 자라거나 그와 관련된 말.

plasmodial slime moulds 변형체성 점균류 토양에 널리 분포하는 진핵의 종속영양성 작은 생물. 동균류(Mycetozoa)에 속하며, 단세포의 유주세포들이 집합하여 변형체(plasmodium)를 이룬다. 변형체는 세포벽이 없고 기어가며, 종종 그물 모양을 하는 다핵의 원형질 덩어리이다. 때로는 몇 평방미터를 덮기도 한다. 변형체는 다세포성 포자낭을 발달시킨다. ≒ myxogastrid slime moulds, Myxomycetes, true slime moulds.

plasmodiocarp 변형체과(變形體果) 일부 변형체성 점균류의 자실체. 모든 변형체가 포자낭으로 변한다.

Plasmodiophoromycota, plasmodiophorans 뿌리혹균문, 뿌리혹균류 명, 명복 곤봉털뿌리(club root)의 원인생물(*Plasmodiophora brassicae*)과 같이 주로 식물의 병원체들인 원생생물의 문. 다핵의 변형체성 영양단계와 단핵의 운동성 유주자를 갖는다. 예전에는 곰팡이의 일종으로 분류하였다.

plasmodium 명 (1) **변형체(變形體)** 변형체성 점균류에서 그물 모양을 하는 다핵의 원형질 덩어리. 세포벽이 없이 부채처럼 펼쳐지고 때로는 몇 평방미터를 덮기도 하는 비생식단계이다; (2) **열원충(熱原蟲)** 열대열원충(*Plasmodium falciparum*)과 같이 말라리아의 원인생물을 포함하는 기생성 원생동물의 속. 형 **plasmodial**.

plasmogamy 원형질융합 명 (1) 원생동물에서 몇 개체들이 융합하여 다핵의 덩어리가 되는 것; (2) 핵이 융합하지 않고 세포질이 합치는 것.

plasmolysis 원형질분리 명 염류나 당의 농도가 높은 용액에 두었을 때 삼투에 의해서 식물세포로부터 물이 빠져나가고, 그 결과 세포질이 수축하여 세포벽으로부터 떨어지는 현상.

plasmoptysis 원형질토출(原形質吐出) 명 (1) 어떤 내균근(endomycorrhiza)에서 숙주세포에 있는 균사의 끝으로부터 세포질이 배출되는 현상; (2) 세균의 세포벽을 통해 세포내용물이 국부적으로 밀려나오는 것.

plasmotomy 다핵분열 명 변형체가 분열하여 다핵의 여러 부분들로 쪼개지는 것.

plastic 형성의, 가소성(可塑性)의 형 (1) 모양을 만들거나 성형할 수 있는; (2) 변하기 쉬운.

plasticity 가소성(可塑性) 명 자극의 영향을 받아 변할 수 있는 성질.

plastidome 플라스티돔 명 어느 세포에 들어 있는 색소체를 통틀어 이르는 말.

plastids 색소체(色素體) 명복 식물세포에서 2중막을 갖는 세포소기관 가운데 하나. 식물의 세포형에 따라 여러 다른 색소체들이 발달하지만, 어느 특정한 종 내에서는 모두 같은 작은 유전체를 포함한다. 색소체는 전색소체(proplastid)로부터 발달한다. 녹말체, 엽록체 및 백색체 등이 있다.

plastochron 엽간기(葉間期) 명 줄기의 끝에서 연이어 일어나는 비슷한 발생과정들 간의 시간간격. 잎원기(leaf primordium)의 연이은 형성이 그 예가 된다.

plastocyanin 플라스토시아닌 명 엽록체에 들어 있는 구리가 함유된 청색 단백질. 광합성의 전자전달사슬을 구성하는 요소이다.

plastodeme 플라스토뎀 명 표현형은 서로 다르지만 유전자형이 다르지 않은 최소교배단위(deme).

plastogamy 세포질융합 명 뚜렷이 다른 단핵의 개체들이 합쳐지면서 세포질은 융합하지만 핵들은 융합하지 않은 것.

plastogenes 색소체유전자 명복 세포질에서 핵의 조절을 받거나 핵과 상호작용하여 색소체의 분화를 결정하는 인자. 지금은 색소체에 들어 있는 유전자라고 알려져 있다.

plastolysis 색소체분해 명 색소체가 분해되는 것.

plastome 색소체유전자 명 색소체의 유전체.

plastoquinone (Q) 플라스토퀴논 명 광합성의 전자전달사슬을 구성하는 요소로 엽록체에 들어 있는 다양한 퀴논(quinone)들을 통틀어 이르는 말.

plastorhexis 과립분열 명 미토콘드리아가 과립들로 붕괴되는 것.

plastron 명 (1) **복갑(腹甲), 복부골격성 피막** 바다거북과 땅거북의 몸 아랫면에 있는 골격성 판; (2) **플라스트론** 일부 수서곤충의 몸 표면에 갇힌 대단히 얇은 공기층. 형 **plastral**.

plate count 평판계수(平板計數) 시료에 들어 있는 세균의 수를 세는 기법. 시료를 희석하여 평판배지에 접종한 결과 나타나는 집락의 수를 측정한다.

platelet 혈소판(血小板) 명 혈액에 들어 있는 핵이 없는 작은 원반 모양의 세포 단편. 거핵세포에서 분리되어 형성된다. 손상된 부위에 모여서 응고제X인자와 그 밖의 활성화 물질을 방출하여 혈액의 응고에 관여한다.

platelet-derived growth factor (PDGF) 혈소판유래생장인자 혈소판과 그 밖의 세포들에서 생성되는 당단백질. 간엽유래세포의 증식을 촉진하고, 외상을 입은 혈관벽의 복구에 관여한다.

plate meristem 판상분열조직 식물에서 잎과 같이 평평한 유형을 갖는 부분들에 있는 기본분열조직. 표면에 대해서 수직으로 분열하는 세포들의 평행한 층으로 구성되어 있다.

platy 판상(板狀)의 형 수평의 축보다 수직의 축이 짧은 토양의 설립상구조(crumb)에 적용되는 말.

platybasic 편평머리의 형 넓은 뇌하창(hypophysial fenestra)을 갖는 연골머리뼈에 적용되는 말.

platydactyl 형 어떤 양서류와 같이 차츰 평평해지는 손가락과 발가락을 가진.

Platyhelminthes, platyhelminths 편형동물문, 편형동물(扁形動物) 명, 명 복 흔히 'flatworms'라고 부르는 다세포성 무체강동물의 문. 몸은 등배 쪽으로 편평하며, 표피(외피)와 장은 고형의 조직덩어리로 분리되어 있다. 독립생활을 하는 와충강(Turbellaria)과 기생생활을 하는 단생강(Monogenea), 흡충강(Trematoda) 및 촌충강(Cestoda)이 포함된다.

platyhieric 형 엉치지수(sacral index)가 100 이상인.

platymyarian 형 평평한 근육세포를 갖는, 일부 선충류에 적용되는 말.

platypus 오리너구리 명 오스트레일리아의 오리 주둥이를 갖는 포유동물. ⇨ Monotremata.

platyrrhines 광비원류(廣鼻猿類) 명 복 신세계원숭이류.

platysma 넓은목근 명 목의 천근막(superficial fascia)들 사이에 있는 폭넓고 얇은 근육.

platyspermic 형 씨앗의 횡단면이 납작한.

play 놀이, 유희(遊戲) 명 평화적 상태에서 특히 어린 동물들이 주변을 탐색하고 시행착오를 통해 학습하면서 나타내는 행동.

β-pleated sheet 베타병풍구조 단백질에서 흔하게 나타나는 규칙적인 2차구조. 완전히 신장된 폴리펩티드사슬들이 서로 나란히 놓여 수소결합에 의해 주름 모양의 병풍구조를 형성한다. 평행β병풍구조(parallel β-sheet)에서는 인접한 사슬들이 같은 방향을 향하고, 역평행β병풍구조(antiparallel β-sheet)에서는 인접한 사슬들이 반대 방향을 향한다.

pleckstrin homology domain (PH domain) 플렉스트린상동영역, PH영역 이노시톨 인지질과 특이적으로 결합하는 일부 세포내 신호전달단백질에 존재하는 단백질영역.

Plecoptera 강도래목 명 일반적으로 '강도래류(stoneflies)'라고 부르는 곤충의 목. 많은 점에서 하루살이류(Ephemeroptera)와 비슷하지만, 두 개의 '꼬리'와 앞날개보다 큰 뒷날개를 갖는다.

plectenchyma 균사조직(菌絲組織) 명 조류나 곰팡이에서 사상체 또는 균사가 얽히거나 서로 결합하여 생긴 조직. 형 **plectenchymatous**.

plectoderm 자실체결조직(子實體結組織) 명 가지를 친 균사들이 조밀하게 얽혀서 구성된 자실체의 바깥 조직.

Plectomycetes 부정자낭균강(不整子囊菌綱) 명 자낭이 대개 폐쇄자낭과(cleistothecium)에 들어 있는 자낭균류의 무리. 분생자의 색깔에 따라 푸른곰팡이 또는 검은곰팡이 등으로 부른다. 많은 부정자낭균류의 무성기(불완전기)는 누룩곰팡이속(*Aspergillus*)과 푸른곰팡이속(*Penicillium*)의 무성기와 비슷하다.

plectonemic 동방향(同方向)의 형 DNA 구조에서 볼 수 있는 것과 같이 두 가닥이 매번 꼬일 때마다 서로 맞물린 2중나선에 적용되는 말.

plectonephridia, plectonephria 복신관(複腎管) 명복 어떤 빈모류의 체벽과 격벽에서 가느다란 배설세관들의 그물구조로 된 신관.

plectostele 습곡중심주(褶曲中心柱) 명 석송속(*Lycopodium*)의 일부 석송류에서 볼 수 있는 변형된 방사중심주(actinostele). 단면이 심하게 갈라져 있다.

plectron 플렉트론 명 포자형성 과정에서 볼 수 있는 어떤 막대균(간균)의 망치 모양 형태.

plectrum 추골 명 관자뼈의 막대 모양 돌기. ≒ malleus.

pleioblastic 형 어떤 지의류의 포자처럼 몇 군데에서 발아하는 몇 개의 눈(bud)을 가진.

pleiochasium 다산(多傘)꽃차례 명 두 개보다 많은 곁가지가 나오는 취산(cymose) 꽃차례의 축. ≒ **pleiochasial cyme**.

pleiocotyl 다자엽(多子葉)의 형 두 개보다 많은 떡잎을 가진. 명 **pleiocotyledony**.

pleiocyclic 다륜성(多輪性)의 형 다년생식물처럼 여러 번의 활동주기를 갖고 사는.

pleiomerous 다수성(多數性)의 형 윤생체(whorl)의 꽃받침조각과 꽃잎에서 볼 수 있는 것과 같이 부분들의 정상적인 수보다 많은. 명 **pleiomery**.

pleiomorphic 다형태성의, 다형성의 ⇨ pleomorphic.

pleiopetalous 여러꽃잎의 형 (1) 정상적인 수보다 많은 꽃잎을 갖는; (2) 겹꽃을 가진.

pleiophyllous 여러잎의 형 정상적인 수보다 많은 잎 또는 작은 잎(leaflet)을 가진.

pleiosporous 다포자성의 ⇨ polysporous.

pleiotaxy 다수성(多數性) 명 겹꽃에서 볼 수 있는 것과 같이 윤생체(whorl)들의 수가 많아지는 것.

pleiotropy, pleiotropism 다면발현, 다형질발현 명 하나의 유전자가 두 개 이상의 표현형질에 영향을 미치는 다중효과. 형 **pleiotropic**[유전자(다형질발현성 유전자)에 적용되는 말].

pleioxenous 다종기생성(多種寄生性)의 형 생활주기를 거치는 동안 둘 또는 그 이상의 숙주에서 사는, 기생생물에 적용되는 말.

Pleistocene 플라이스토세 명 신생대 제4기의 빙기와 간빙기가 반복된 지질시대. '최신세' 또는 '홍적세'라고도 한다. 플라이오세(Pliocene)와 홀로세(Holocene) 사이의 시기이며, 약 2500만 년 전부터 10,000년 전까지 지속되었다. 오늘날 볼 수 있는 많은 속과 종들의 식물과 동물들이 마스토돈(mastodon)과 검치호(sabre-toothed cat) 등의 멸종된 종들과 함께 출현하였다. 현대인류인 사람(*Homo sapiens*)의 최초 화석은 약 155,000년 전인 것으로 추정되고, 농업은 약 10,000~12,000년 전에 발달하였다.

pleochromatic 다색성(多色性)의 형 여러 다른 환경조건 또는 생리적 조건에 따라 여러 가지 색깔을 나타내는.

pleogamy 시차성숙(時差成熟) 명 한 식물체에 있는 꽃들에서 볼 수 있는 것과 같

P

이 여러 다른 시기에 성숙하고 꽃가루받이를 하는 것.

pleometrosis 다여왕창시제 명 일부 벌류에서 볼 수 있는 것과 같이 두 마리 이상의 암컷에 의해 군집이 세워지는 것. 명 **pleometrotic**.

pleomorphic 다형성(多形性)의 형 (1) 모양을 바꿀 수 있는; (2) 생활주기의 여러 다른 시기에 서로 다른 형태로 나타나는. ⇨ polymorphic. 명 **pleomorphism**.

pleon 영복(泳腹) 명 갑각류의 가슴 부위.

pleopod 유영각 ⇨ swimmeret.

pleotropy 다면발현, 다형질발현 ⇨ pleiotropy.

plerocercoid 충미충(充尾蟲) 명 일부 조충류에서 특히 어류의 근육에서 발견되는 시기의 길고 단단한 유충. ≒ plerocestoid.

plerocestoid ⇨ (1) 조충유충(metacestode); (2) 충미충(plerocercoid).

plerome 원중심주(原中心柱) 명 정단분열조직의 속 또는 중심부.

plerotic 충만성(充滿性)의 형 (1) 공간을 완전히 채우는; (2) 장란기를 가득 채우는 난포자에 적용되는 말.

plesiobiosis 근접생활성 명 사회성 곤충의 둘 또는 그 이상의 둥지가 아주 근접하면서 이들 군집들 간의 직접적인 연락이 거의 없거나 전혀 없는 상태.

plesiobiotic 근접생활성의 형 (1) 아주 근접하여 사는, 서로 다른 종의 개미 군집들에 적용되는 말; (2) 인접한 둥지를 짓는, 개미류와 흰개미류에 적용되는 말.

plesiometacarpal 형 많은 사슴류에서 볼 수 있는 것과 같이 손바닥뼈의 몸 쪽(근위) 요소들을 간직하고 있는 상태에 적용되는 말.

plesiomorphic 조상적, 원시적 형 분지분석에서 이전부터 존재하던 한 쌍의 상동형질에 적용되는 말.

plesiomorphous 원시공통형질의 형 비슷한 유형을 가진.

Plesiosauria, plesiosaurs 장경룡목, 장경룡류(長頸龍類) 명, 명복 중생대 파충류의 멸종된 목. '사경룡류(蛇頸龍類)'라고도 하며, 통 모양의 몸을 가진 수생동물이다.

pleura 가슴막, 흉막(胸膜) 명 흉강의 내벽을 덮고 허파의 표면까지 이어지는 막. 흉막강(pleural cavity)의 경계가 된다.

pleural 옆판의, 가슴막의 형 (1) 측신경절(pleural ganglion)과 같이 측판(pleuron)과 관련된 말; (2) 허파가 차지하지 않는 가슴막주머니(pleural sac) 안의 공간인 오목(가슴막오목)에 적용되는 말; (3) 바다거북과 땅거북의 등딱지의 판에 적용되는 말.

pleural cavity 흉막강 허파가 차지하고 있는 체강.

pleurapophysis 늑골(肋骨) 명 측면으로 난 척추의 돌기 또는 진늑골(true rib).

pleurethmoid 흉사골(胸篩骨) 명 어떤 물고기의 복합된 벌집뼈와 이마앞뼈.

pleurilignosa 우림 명 우림(rain forest).

pleurite 옆판 명 절지동물 체절의 측판에 있는 경피(sclerite).

pleuroblastic 측출아형(側出芽型)의 형 곁눈이나 맹아를 만들거나 갖거나 또는 그와 관련된 말.

pleurobranchiae 옆아가미, 측새(側鰓) 명복 어떤 절지동물, 특히 갑각류의 가슴의 측벽으로부터 생기는 아가미들.

pleurocarpic 측과성(側果性)의 형 측면을 따라서 열매를 맺는.

pleuroccipital 측후두골의 ⇨ exoccipital.

pleurocentrum 측심(側心) 명 많은 어류와 화석 양서류에서 척추체(vertebral centrum)의 옆쪽에 있는 요소.

pleurocerebral 측뇌(側腦)의 형 연체동물에서 측신경절(pleural ganglion)과 뇌신경절(cerebral ganglion)에 관련된 말.

pleurocystidium 측낭상체(側囊狀體) 명 주름버섯류에서 자실층(hymenium)의 불임털.

pleurodont 측생치(側生齒)의 형 턱의 바깥 가장자리에 달리는 단생치(acrodont)나 구멍에 생기는 조생치(thecodont)와 달리 턱의 안쪽 표면에 붙는 치아에 적용되는 말.

pleurogenous 측생(側生)의 형 측면에서 기원하거나 자라는.

pleuron 측판(側板) 명 절지동물의 체절에서 측면의 단단한 부분.

pleuropedal 측족(側足)의 형 연체동물에서 측신경절(pleural ganglion)과 족신경절(pedal ganglion)에 관련된 말.

pleuroperitoneum 흉복막(胸腹膜) 명 가슴막(흉막)과 복막이 합쳐진 막. 횡격막이 없는 척추동물에서 체강의 내면을 둘러싸는 막이다.

pleuropneumonia-like organism (PPLO) 흉막폐렴균유사미생물 ⇨ mycoplasma.

pleuropodium 측각(側脚) 명 일부 곤충의 배(embryo)에서 복부에 달리는 선상돌기.

pleuropophysis 늑골(肋骨) 명 측면으로 난 척추의 돌기 또는 진늑골(true rib).

pleurosphenoid 설측연골 ⇨ sphenolateral.

pleurospore 측포자 명 담자기의 측면에 생기는 포자.

pleurosteon 플류로스테온 명 어린 새의 흉골에서 옆으로 나오는 돌기. 나중에 늑골돌기가 된다.

pleurosternal 형 측판과 흉골을 연결하는 또는 이들과 관련된, 곤충의 가슴근육에 적용되는 말.

pleurotribe 형 타가수분을 위한 방법의 하나로, 꽃밥과 암술머리가 꽃에 들어오는 곤충의 측면과 스치게끔 위치하는 꽃에 적용되는 말.

pleurovisceral 측내장의 형 연체동물에서 측신경절(pleural ganglion)과 내장신경절(visceral ganglion)에 관련된 말.

pleurum 옆판 ⇨ pleuron.

pleuston 부표생물(浮漂生物) 명 자유로이 떠서 사는 생물들. 특히 기체가 들어 있는 부레나 부낭(float)을 갖는 생물을 가리킨다.

plexiform 얼기의 형 (1) 얼기설기 얽히거나 복잡한; (2) 그물처럼 얽혀 있는 망 같은, 척추동물의 망막에 있는 안쪽과 바깥쪽의 두 얼기층(plexiform layer)에 적용되는 말. 한편 대뇌피질에서 회백질의 가장 바깥층에도 적용되는 말이다.

plexus 얼기, 총(叢), 망(網) 명 혈관이나 신경 또는 섬유들이 얽혀 있는 그물구조.

plexus myentericus 근층간신경얼기 ⇨ Auerbach's plexus.

plica 주름 명 (1) 피부나 막 또는 라멜라의 주름; (2) 완족류 껍질의 물결 모양의 주름.

plicate 주름진 형 (1) 부채처럼 접힌 주름이 있는, 잎에 적용되는 말; (2) 주름지거나 이랑이 있는.

pliciform 주름모양의 형 (1) 주름처럼 생긴; (2) 포개져서 배치된.

Pliocene 플라이오세 명 신제3기(Neogene) 가운데 가장 최근의 지질시대. '선신세'라고도 한다. 마이오세(Miocene)와 플라이스토세(Pleistocene) 사이의 시기이며, 약 500만 년 전부터 250만 년 전까지 지속되었다. 기온이 떨어지면서 극지방에 빙하가 축적되었다. 초식성 포유동물들이 다양해지고 초지와 사바나가 확장됨에 따라 이들 초식동물이 차츰

P

우점하게 되었다. 현존하는 포유동물의 모든 과와 목 그리고 일부 속들이 이 시대의 말기에 진화하였다. 오스트랄로피테쿠스인과 사람속(*Homo*)의 초기종들이 아프리카에서 진화하였다.

ploidy 배수성(倍數性) 명 세포나 세포소기관에 들어 있는 염색체 세트의 수. 이를테면 반수체세포는 한 세트의 염색체들을 갖고, 2배체세포는 두 세트를 갖는다.

plotophyte 부상식물(浮上植物) 명 물에 뜨도록 적응한 식물.

PLP 피리독살인산(pyridoxal phosphate).

pluma 큰깃털 명 새의 억센 깃털.

plumate 깃털모양의 형 깃털 같이 생긴.

Plumbaginales 갯질경이목 명 초본과 작은 관목인 쌍떡잎식물의 목. 갯질경이과(Plumbaginaceae)로 이루어진다.

plume 깃털 명 (1) 깃털 또는 깃털과 비슷한 구조; (2) 의유수동물(vestimentiferan) 서관충의 '머리' 끝에 있는 깃털 같은 구조. 이를 통해 해수로부터 이산화탄소와 산소 그리고 황화물을 흡수한다.

plumicome 플루미콤 명 깃털 같은 술이 있는 골편.

plumicorn 깃털뿔 명 새의 머리 위에 있는 뿔처럼 생긴 깃털의 술.

plumigerous 깃털달린 형 깃털로 덮인.

plumiped 플루미페드 명 깃털로 덮인 발을 가진 새.

plumose 깃털꼴 형 (1) 솜털 같은; (2) 깃털이 있는; (3) 깃털처럼 생긴; (4) 작은 깃가지(barbule)에 아주 작은 고리가 없는 깃털인 솜깃털을 가리키는 말.

plumula 어린눈, 솜깃털 ⇨ plumule.

plumulaceous 유모성(柔毛性)의 ⇨ plumulate.

plumular 어린눈의, 솜깃털의 형 어린눈이나 솜깃털(plumule)과 관련된 말.

plumulate 솜털의 형 솜털(down)로 덮인.

plumule 어린눈, 솜깃털 명 (1) [식] 식물의 배에서 발달하는 싹. 상배축(epicotyl)과 어린잎들로 구성된다; (2) [동] 새 성체의 솜깃털(down feather).

plumule sheath 자엽초 ⇨ coleoptile.

pluriascal 다자낭(多子囊)의 형 여러 개의 자낭(ascus)과 관련되거나 자낭이 몇 개 들어 있는.

pluriaxial 다축성(多軸性)의 형 꽃이 2차적인 줄기에서 피어나는.

plurilocular 다실(多室)의 형 여러 개의 작은 방을 가진.

pluriparous 다분만(多分娩)의 형 얼마간의 자손을 낳는.

pluripartite 다심렬(多深裂)의 형 여러 개의 엽(lobe)들로 갈라지는.

pluripolar 다극성(多極性)의 형 여러 개의 극이 있는.

pluripotent 전분화능(全分化能)의 형 여러 다른 많은 종류의 세포형으로 발생할 수 있는 세포(전분화능세포)에 적용되는 말. 이를테면 몸의 모든 세포가 될 수 있는 포유동물 포배의 안쪽 세포덩어리의 배아줄기세포 등이 그 예가 된다. 비 multipotent, totipotent.

plurisegmental 다체절성(多體節性)의 형 여러 개의 체절들이 관련되는, 신경전도와 반사 등에 적용되는 말.

pluriseptate 다격벽(多隔壁)의 형 여러 개의 격벽이 있는.

pluriserial 다열(多列)의 형 둘 또는 그 이상의 열(줄)로 배열된.

pluristratose 다층(多層)의 형 (1) 여러 층으로 배열된; (2) 많은 층으로 이루어진.

plurivalent 다가(多價)의 ⇨ multivalent.

plurivorous 다식성(多食性)의 형 여러 가지의 기질이나 숙주에서 먹고 사는.

plus end 플러스말단 미세소관이나 액틴

필라멘트에서 단위체들이 가장 빠르게 첨가되는 말단.

pluteus 플루테우스 명 성게류 및 거미불가사리류의 자유로이 유영하는 유생기. 아주 작은 침골(spicule)들에 의해 빳빳해진 긴 돌기가 특징적이다.

PMN 다형핵백혈구(polymorphonuclear leukocyte).

PMS 임신말혈청(pregnant mare's serum).

PNA 펩티드핵산(peptide nucleic acid).

pneumathode 배기조직(排氣組織) 명 공기뿌리 또는 호흡뿌리.

pneumatic 공기의 형 새에서 허파와 연결되는 공기가 채워진 공간(강)들이 관통하는 뼈(공기뼈)에 적용되는 말.

pneumaticity 함기성(含氣性) 명 나는 새의 뼈처럼 공기가 들어 있는 공간을 갖고 있는 상태.

pneumatized 함기성의 형 공기가 들어 있는 공간이 있는.

pneumatocyst 기포낭(氣泡囊), 부낭(浮囊) 명 (1) 물고기의 부레; (2) 물에 뜨는 데 이용되는 공기가 채워진 공간; (3) 갈조류의 한 무리인 부레뜸부기류(bladder-wrack)의 기낭.

pneumatophore 통기근(通氣根), 기포체(氣胞體) 명 [식] (1) 소택식물이나 해안식물의 기낭; (2) 일부 고사리류의 호흡을 위한 돌출구조; (3) 일부 나무에서 수면 위로 올라오고 호흡기관으로 작용하는 뿌리; (4) [동] 관해파리류의 부낭.

pneumatopyle 기포체공(氣胞體孔) 명 일부 관해파리류의 기포체(pneumatophore)에서 외부로 통하는 구멍.

pneumatotaxis 주기성 ⇨ pneumotaxis.

pneumococcus 폐렴구균 명 사람과 일부 포유동물에서 폐렴을 일으키는 폐렴연쇄구균(*Streptococcus pneumoniae*)을 일상적으로 부르는 이름. 세균의 형질전환(transformation) 현상이 처음으로 발견된 세균이다. 복 **pneumococci**. 형 **pneumococcal**.

pneumocyte 허파꽈리세포 명 허파의 공기공간의 내벽을 형성하는 상피세포.

pneumogastric 미주(迷走)의 형 인두, 후두, 심장, 허파와 내장에 분포되어 있는 제10뇌신경(미주신경)에 적용되는 말.

pneumostome 호흡구(呼吸口) 명 달팽이의 외투강(mantle cavity)에서 공기가 들어오고 나가는 구멍.

pneumotaxis 주기성(走氣性) 명 가스, 특히 용액 중의 이산화탄소에 의한 자극에 대한 반응.

P-nucleotides P뉴클레오티드 면역글로불린과 T세포수용체 유전자들이 재배열하는 동안 유전자조각들 간의 접합부에 삽입되는 뉴클레오티드.

poad 명 목초지의 식물.

Poales 벼목 명 벼과(Poaceae 또는 Graminae)로 이뤄지는 초본성 외떡잎식물의 목.

poculiform 컵모양의 형 컵 모양의 또는 술잔 모양의.

pod 꼬투리, 떼 명 (1) 협과(legume); (2) 겉껍질; (3) 메뚜기가 알을 낳는 고치; (4) 각 개체들의 몸이 실제로 닿는 물고기의 떼; (5) 고래의 떼.

podal 발의 형 발과 관련된 말. ≒ pedal.

podeon 자루마디, 병절(柄節) 명 벌류(예: 개미, 벌, 말벌)에서 배의 가느다란 중앙부.

podetiiform 자기병(子器柄)모양의 형 자기병(podetium)과 비슷한.

podetium 자기병(子器柄) 명 어떤 지의류 몸체에서 자루처럼 올라와 자낭반이 달리는 구조.

podeum 자루마디 ⇨ podeon.

podia 'podium'의 복수형.

Podicipediformes 논병아리목 명 물갈퀴발이 없는 작은 물새들의 목. 논병아리가 포함된다.

podite 지절(肢節) 명 갑각류의 움직이는 다리.

podium 발 명 극피동물의 관족(tube foot)과 같은 발 또는 발 같은 구조. 복 **podia**. 형 **podial**.

podobranchiae, podobranchs 다리아가미 명복 어떤 절지동물에서 가슴다리의 밑마디에서 생기는 아가미. ≒ foot-gills.

podocephalous 형 긴 자루 위에 꽃부리가 달리는.

podoconus 포도코누스 명 근족충류(rhizopod)에서 중심낭을 원판과 연결하는 내질(endoplasm)의 원뿔 모양의 덩어리.

podocyst 피낭체(被囊體) 명 일부 복족류에서 발에 있는 굴 또는 맨 끝에 있는 작은 주머니.

podocyte 다리세포 명 콩팥의 보먼주머니에 있는 상피세포. 기저막에 달라붙은 많은 돌기가 있다.

pododerm 제피(蹄皮) 명 각질층 내에 있는 발굽의 피층.

podogynium 암술자루 명 암술군(gynoecium)을 지탱하는 자루.

podomere 다리마디 명 절지동물의 다리에 있는 마디.

podophthalmite 포도프탈마이트 명 갑각류에서 머리로부터 가장 멀리 떨어진 눈자루(eye-stalk)의 마디.

podosoma 다리몸마디 명 응애류와 진드기류의 몸에서 4쌍의 움직이는 다리들이 달리는 부위.

Podostemales 물이끼풀목 명 빠르게 흐르는 물과 강의 바위에서 사는 쌍떡잎식물의 목. 대개 사상 또는 리본 같은 잎과 줄기를 갖는다. 물이끼풀과(Podostemaceae)로 이뤄진다. ≒ **Podostemonales**.

podotheca 발목피부 명 (1) 파충류나 새 등의 발을 덮는 막; (2) 번데기의 다리주머니(leg shaeth).

podsol, podzol 포드졸 명 한온대의 토양형인 회색산림토. '표백삼림토'라고도 하며, 황야지와 침엽수림지대에 널리 분포한다.

poecilogyny 명 일부 기생성 선충류에서 서로 다른 두 가지 유형의 암컷들이 만들어지는 과정.

pogonion 아래턱점 명 아래턱에서 가장 튀어나온 점.

Pogonophora, pogonophorans 유수동물문, 유수동물(有鬚動物) 명, 명복 바다에 사는 벌레처럼 생긴 고착성 무척추동물의 문. 반삭동물과 유사하며, 키틴질의 관 속에서 산다. ≒ beard worms. ⇨ Vestimentifera.

poikilochlorophyllous 변엽록소성(變葉綠素性)의 형 환경조건이 변함에 따라 엽록소를 완전히 상실하였다가 다시 만드는, 일부 속씨식물에 적용되는 말.

poikilocyte 변형적혈구 명 어떤 병적인 상태에서 나타나는 기형의 적혈구.

poikilohydrous 변수성(變水性)의 형 건조한 계절에 체내 수분의 대부분을 상실한 다음 휴면기에 접어드는, 일부 속씨식물에 적용되는 말.

poikilosmotic 변삼투압(變滲透壓)의 형 외부 매질의 삼투압 변화에 의하여 체내의 삼투압이 변화하는.

poikilothermic 변온성(變溫性)의 형 외부 매질의 온도 변화에 따라 체온이 변하는 동물(변온동물)에 적용되는 말. 대부분의 변온성 동물은 한편으로 외온성(ectothermic) 동물이지만, 이 두 용어는 동의어가 아니고 체온조절의 서로 다른 측면을 나타낸다. 명 **poikilothermy**. 비 homoiothermic.

point accepted mutation 팜 ⇨ percent accepted mutation.

point mutation 점돌연변이 DNA 분자 중의 단일 염기쌍의 변화로 인한 돌연변이.

poiser 평형곤 ⇨ haltere.

Poisson distribution 푸아송분포 정해진 시간 동안에 서로 독립적으로 발생하는 사상(event)이 확률변수(0, 1, 2, 3, 등)의 특징을 나타내는 확률분포.

pokeweed mitogen (PWM) 자리공체세포분열촉진제 미국자리공(*Phytolacca americana*)에서 추출하는 렉틴.

pol I, II, III 진핵생물의 RNA중합효소들. ⇨ RNA polymerase I, II, III.

polar 극성의 형 (1) 세포나 구조의 한쪽 끝에 위치한; (2) 세포의 한쪽 끝에 달리는 편모 또는 작은 집단의 편모에 적용되는 말; (3) 전자들이 불균등하게 분포하기 때문에 결합이나 화학기 또는 분자의 한쪽 끝은 음으로 그리고 다른 쪽은 양의 전하를 띠는 분자나 화학기 또는 공유결합에 적용되는 말. 비 nonpolar.

polar body 극체(極體) 사람의 난모세포가 감수분열을 하는 과정에서 만들어지는 작은 세포. 감수제1분열과 감수제2분열에서 각각 하나씩 만들어진다. 장차 난자가 될 큰 세포의 막 바깥에 놓인다.

polar capsules 극낭(極囊) 어떤 포자충류에서 포자들과 함께 똘똘 말린 사출성 필라멘트가 들어 있는 주머니.

polar cartilage 극연골(極軟骨) 배아에서 원근층(hypophysis)을 둘러싸는 연골의 뒤쪽 부분 또는 그 부위에 있는 독립적인 연골.

polar fibres 극사 ⇨ polar microtubules.

polar granule 극립(極粒) (1) 동원체(centromere); (2) 곤충의 알에서 극세포질(polar plasm)에 있는 리보핵단백질 과립.

polarilocular 분극(分極)의 형 어떤 지의류에서 두 개의 세포들이 구멍이 뚫린 칸막이로 분리되어 있는 통 모양의 포자에 적용되는 말.

polarity 극성(極性) 명 (1) 어떤 세포, 수정란, DNA와 단백질사슬 등에서 한쪽 끝이 다른 쪽과 형태적으로 그리고 또는 기능적으로 뚜렷하게 다른 성질. ⇨ planar cell polarity; (2) 식물에서 볼 수 있는 것과 같이 양극으로부터 발달하는 경향성; (3) 상피세포와 막에서 한쪽 면의 조성과 기능이 다른 쪽 면과 뚜렷하게 다른 성질; (4) 반대되는 특징이 존재하는 것; (5) 축을 따라 분포나 기울기가 차이를 보이는 것; (6) 어떤 세균의 전사단위(transcription unit)에서 단위의 앞쪽 부분에서 일어나는 정지돌연변이가 단위의 다음 유전자들의 발현을 저해할 수 있는 것.

polarization 분극(分極) 명 (1) 세포나 기관 또는 생물에서 극성이 나타나는 것; (2) 막 내외에서 전기전위의 차이가 생기는 현상.

polarizing regions 극부위 배발생과정에서 다양한 구조, 특히 4지의 발생을 유도하는 작은 부분들. ≒ organizing regions.

polar lobe 극엽(極葉) 많은 복족류의 배에서 초기 난할 동안에 나타나는 세포질의 돌출구조물.

polar microtubules 극미세소관 양극성 방추사에서 생기는 미세소관들. 염색체의 방추사부착점(kinetochore)에 부착하지 않는다. ≒ polar fibres.

polar nuclei 극핵(極核) 속씨식물 배낭의 중앙에 위치하는 핵들. 나중에 2차핵을 형성한다.

polar organ 극기관(極器官) 곤충의 초기 배에서 꼬리에 있는 극세포들의 무리.

polar plasm 극세포질 곤충의 수정란에서 뒤쪽 끝에 있는 과립형 세포질. 여기에서 극세포들이 만들어진다.

polar plates 극판(極板) (1) 어떤 강장동물의 평형장치의 일부로 횡단면에 생기는 두 개의 좁은 섬모가 밀생한 부분; (2) 어떤 원생동물의 분열 중인 핵에서 방추사의 극 너머에 중심체가 없는 세포질 부위.

polar rings 극환(極環) 수정된 다음에 난자의 극 부근에서 형성되는 두 개의 고리 모양을 한 세포질 덩어리.

polar translocation, polar transport 극성이동 조직이나 세포를 통해 물질이 오직 한쪽 방향으로 이동하는 것.

pole cell 극세포(極細胞) (1) 환형동물과 연체동물의 배에서 볼 수 있는 것과 같이 일렬로 작은 세포들이 갈라져 나가는 큰 세포; (2) 어떤 곤충의 발생 초기단계에 배의 뒤쪽 끝에 있는 큰 세포들의 무리 가운데 하나. 여기에서 생식세포들이 만들어진다.

Polemoniales 꽃고비목 명 교목, 관목, 넝쿨식물 및 초본들인 쌍떡잎식물의 목. 지치과(Boraginaceae), 메꽃과(Convolvulaceae), 새삼과(Cuscutaceae) 등이 포함된다.

pole plasm 극형질(極形質) 일부 곤충에서 알의 뒤쪽 끝에서 생식세포의 분화에 관여하는 세포질.

pole plates 극판(極板) 어떤 원생동물의 유사분열에서 방추극에 있는 종판 또는 세포질의 덩어리.

Polian vesicles 폴리낭 대부분의 불가사리류와 해삼류에서 관족계(ambulacral system)의 환상 수관으로 통하는 사출부(radius) 간의 소낭.

poliovirus 소아마비바이러스 명 피코르나바이러스과 장내바이러스속에 속하는 작고 껍질이 없는 외가닥의 RNA바이러스. 회색척수염(소아마비)의 병인바이러스이다.

pollakanthic 다회결실성 형 몇 차례의 개화기를 가진.

pollarding 두목작업(頭木作業) 명 나무를 지상에서 얼마간 떨어진 곳을 자르고 비교적 짧은 나무의 몸통에서 길고 똑바른 가지들이 생기게 하는 수목관리의 한 방법. 비 coppicing.

pollen 꽃가루, 화분(花粉) 명 종자식물의 꽃밥과 수구과(male cone)에서 만들어지는 고운 가루. 발생 중인 수배우자를 감싸는 꽃가루립으로 구성된다.

pollen analysis 꽃가루분석 이탄과 같은 퇴적물에 보존된 꽃가루립을 정성적 및 정량적으로 분석하는 것. 이를 통해 그 지역의 예전 식생을 파악할 수 있다.

pollen basket 꽃가루통 일벌의 종아리 다리 뒷면에 있는 꽃가루를 운반하는 털.

pollen brush 꽃가루솔 벌의 다리의 털로 덮이고 커진 발목마디관절. 꽃밥에서 꽃가루를 터는 데 이용된다.

pollen case 꽃가루껍질 ⇨ theca.

pollen chamber 꽃가루방 주공 아래의 밑씨에서 주심의 꼭대기에 형성된 틈. 이를 통해 발아하는 꽃가루관이 자란다.

pollen comb 꽃가루빗 벌의 다리에서 꽃가루통 아래에 있는 빗 같은 구조의 강모들. 꽃가루를 꽃가루통에 쓸어 모으는 구실을 한다.

pollen flower 꽃가루꽃 꽃에 꿀이 없는 꽃. 꽃가루를 먹고 사는 곤충을 유인한다.

pollen grain 꽃가루립, 화분립(花粉粒) 종자식물의 두 개의 세포로 된 반수체 소포자. 속씨식물에서는 꽃밥에서 만들어진다. 발아하여 꽃가루관을 만드는 관세포(tube cell)와 분열하여 두 개의 정핵을 만

P

드는 생식세포(generative cell)가 들어 있다.

pollen profile 꽃가루단면 이탄과 같은 퇴적물에 보존된 꽃가루립의 수직분포. 이를 통해 서로 다른 시기의 예전 식생을 파악할 수 있다.

pollen sac 꽃가루주머니 꽃밥에서 꽃가루가 만들어지는 공간. 종자식물의 소포자낭이다.

pollen spectrum 꽃가루스펙트럼 퇴적물에 보존된 서로 다른 종의 꽃가루립의 상대적 수적 분포 또는 백분율.

pollen tube 꽃가루관 암술머리에 부착한 다음에 꽃가루립으로부터 발달하는 관. 암술대를 따라 밑씨를 향해 아래로 자라서 주공을 통해 밑씨로 들어가고 암배우자와 융합하는 수배우자(정핵)를 운반한다.

pollen tube nucleus 꽃가루관핵 꽃가루립에 들어 있는 영양핵.

pollex 엄지손가락 명 엄지손가락, 또는 앞다리의 정상적인 다섯 손가락 가운데 이에 상응하는 가장 안쪽의 손가락.

pollinarium 꽃가루덩이 명 난초과 식물에서 꽃가루의 덩어리와 그 자루 그리고 부착반.

pollination 꽃가루받이, 수분(受粉) 명 속씨식물의 꽃밥이나 겉씨식물의 수구과로부터 꽃가루가 각각 암술머리와 암구과로 전달되는 것.

pollination drop 꽃가루방울 겉씨식물에서 주공으로부터 흘러나오고 꽃가루립을 붙잡는 점액성 방울.

pollinator 꽃가루매개자 명 어느 한 꽃에서 다른 꽃으로 또는 같은 꽃의 꽃밥으로부터 심피로 꽃가루를 운반하는 곤충이나 그 밖의 동물을 통틀어 이르는 말.

polliniferous, pollinigerous 형 (1) 꽃가루가 달리는; (2) 꽃가루를 운반하도록 적응된.

pollinium 꽃가루덩이 명 난초과 식물과 그 밖의 일부 꽃에서 꽃가루들이 응집된 덩어리.

pollution 오염(汚染) 명 화학물질, 방사능, 열, 다량의 유기물 등이 방출된 결과로 대기나 물 또는 토양의 물리적, 화학적 또는 생물학적 질(quality)이 해롭거나 바람직하지 않게 변모된 현상. 대개 인간의 활동에 기인하는 변화에 적용되는 말이지만, 화산재와 해염(sea salt) 등의 자연오염물질들도 알려져 있다.

polospore 화석포자 명 화석이 된 꽃가루.

polster 융단식물 명 키가 작고 빽빽하게 자라는 다년생식물 또는 방석식물.

poly- '많은'을 뜻하는 그리스어 '*polys*'에서 유래된 접두사.

poly(A) 폴리A 오직 아데노신1인산 잔기들로만 구성된 폴리리보뉴클레오티드. Poly(dA)는 이에 상응하는 폴리디옥시리보뉴클레오티드이다. ⇨ poly(A) tail.

poly(A)$^+$ 폴리A$^+$ 폴리A꼬리를 운반하는 전령RNA를 나타내는 용어.

polyacrylamide gel electrophoresis (PAGE) 폴리아크릴아미드겔전기영동 폴리아크릴아미드겔 내에서 단백질이나 핵산의 단편을 크기에 의거하여 분리할 때 널리 이용하는 전기영동 기법. ⇨ SDS-PAGE.

polyadelphous 다체수술의 형 수술대가 여러 개의 다발로 합쳐진 수술을 가진.

polyadenylation 아데닐산중합반응 명 핵에서 mRNA전구체에 폴리A꼬리가 첨가되는 것.

polyamine 폴리아민 명 짧은 탄화수소 사슬로 연결된 두 개의 아미노기를 갖는 기본단위들로 구성된 화합물들을 통틀어 이르는 말. 아미노산으로부터 만들어지고 어떤 경우에는 세균에 의한 단백질

P

의 분해과정에서 만들어진다. 푸트레신(putrescine), 카다베린(cadaverine), 스페르미딘(spermidine) 등이 있다.

polyandrous 1처다부(一妻多夫)의, 다수술성의 형 (1) 동시에 여러 수컷과 교배하는; (2) 20개 또는 그 이상의 수술을 가진. 명 **polyandry**.

polyarch 다원형(多原型) 형 중심주에서 번갈아 생기는 체관부와 물관부의 많은 다발들로 1기물관부가 구성되는 뿌리와 줄기에 적용되는 말.

polyarthric 다관절성 ⇨ multiarticulate.

poly(A) tail 폴리A꼬리 많은 진핵생물의 mRNA에서 3′말단에 있는 폴리아데닐산 잔기들의 배열. 폴리A중합효소에 의해 핵에서 첨가되고 mRNA의 안정화에 관여하는 것으로 추정된다.

polyaxon 다축형 명 다수의 축을 따라 골편이 있는 유형.

polyblastic 다분아성(多分芽性)의 형 다수의 격벽들에 의해 분리되는 포자를 갖는, 지의류에 적용되는 말.

poly(C) 폴리C 오직 시티딜산 잔기들로만 구성된 폴리리보뉴클레오티드. Poly(dC)는 이에 상응하는 폴리디옥시뉴클레오티드이다.

polycarp 폴리카프 명 일부 해초류(ascidians)에서 외투막의 내면에 있는 생식샘.

polycarpellary 다심피(多心皮)의 형 많은 심피들로 구성되는 복합암술군을 가진.

polycarpic, polycarpous 다심피의, 다회결실의 형 (1) 대개 서로 떨어져 있는 많은 심피를 갖는; (2) 계절마다 종자를 만드는.

polycentric 다동원체의, 다심성(多心性)의 형 (1) 여러 개의 동원체를 갖는, 염색체(다동원체염색체)에 적용되는 말; (2) 생장과 생식의 중심이 여럿인, 곰팡이의 균사체에 적용되는 말.

polycercous, polycercoid 형 포충(echinococcus)에서 볼 수 있는 것과 같이 몇 개의 포낭을 만드는 낭충에 적용되는 말.

Polychaeta, polychaetes 다모강, 다모류(多毛類) 명, 명복 참갯지렁이와 검은갯지렁이 등과 같이 주로 바다에 사는 환형동물의 강. 기는 데 이용되는 많은 극모가 달린 옆다리를 갖고, 촉수와 수염 그리고 흔히 눈이 달리는 두드러진 머리가 있다.

polychasium 다산꽃차례 명 거의 같은 부위에서 셋 또는 그 이상의 가지가 생기는 취산상(cymose) 분지계.

polychlorinated biphenyls (PCBs) 다염소비페닐 탄화수소에 염소가 결합한 지용성 독성물질. 다양한 산업공정에서 사용되며, 먹이사슬에서 축적될 수 있는 환경오염물질로 주목받고 있다.

polychromatic 다색(多色)의 형 여러 색깔을 가진.

polychromatophil 다염성(多染性)의 형 (1) 다양한 색깔의 특징을 나타내는 염색반응을 갖는; (2) 헤모글로빈 함량이 적은 적혈구(다염적혈구)에 적용되는 말.

polycistronic 폴리시스트론성 형 두 개 이상의 폴리펩티드사슬에 대한 유전정보를 갖고 있는 mRNA에 적용되는 말.

polyclad 다지장류(多枝腸類) 명 바다에 사는 편형동물인 다지장목(Polycladida)의 종류들. 매우 넓고 편평하며 잎처럼 생긴 몸을 갖고, 앞쪽 끝에 많은 눈들이 있다.

polyclimax 다극상(多極相) 명 몇 개의 서로 다른 극상군총들로 이루어진 극상군집.

polyclonal 다중클론성 형 (1) 다수의 창시자세포들에서 유래된 조직이나 구조에 적용되는 말; (2) 몇 개의 세포클론에

P

서 유래된, 동물의 면역접종에 의해 얻어진 항원특이적 항체에 적용되는 말. 비 monoclonal antibody.

polyclonal mitogens 다중클론성 분열촉진제 항원특이성을 무시하고 림프구가 증식하도록 촉진하는 물질.

polyclone 다중클론 명 여러 세포클론들에서 유래된 조직의 별개의 부위.

polycotyledon 다자엽식물 명 셋 또는 그 이상의 떡잎들을 갖는 식물.

polycotyledonary 형 많이 분열된 태좌를 가진.

polycotyledony 다자엽성(多子葉性) 명 떡잎의 수가 크게 증가하는 것.

polycrotism 다단맥(多段脈) 명 맥박곡선에서 몇 번의 2차적 상승이 나타나는 상태.

polycyclic 다륜성(多輪性)의, 다환성(多環性)의 형 (1) 꽃에서 많은 윤생체(whorl)를 갖는; (2) 포위관다발이 몇 개의 환상으로 배열되는 중심주를 갖는, 식물의 줄기에 적용되는 말; (3) [화학] 화학구조에서 두 개 이상의 방향족 고리를 갖는, 유기화합물에 적용되는 말.

polycyclic aromatic hydrocarbon (PAH) 여러고리방향족탄화수소 검댕, 콜타르, 담배연기와 바비큐고기 등에서 발견되는 몇 개의 방향족 고리를 갖는 화합물을 통틀어 이르는 말. 피렌(pyrene)과 벤조피렌(benzopyrene)이 그 예가 된다. 이들 화합물 중 일부는 발암물질로 알려져 있다.

polycystid 다낭성(多囊性)의 형 칸막이로 구분된.

polydactyly 다지증(多指症) 명 5개보다 많은 손가락이나 발가락을 갖는 상태.

polydelphic 형 두 세트 이상의 난소, 난관 및 자궁을 갖는, 선충류에 적용되는 말.

polyderm 다층피(多層皮) 명 번갈아 나타나는 내피세포층과 유조직세포층으로 구성되는 식물의 보호조직.

polydesmic 형 가장자리가 첨가되면서 자라는 어류의 비늘 유형에 적용되는 말.

Polydnaviridae 폴리드나바이러스과 명 곤충에 감염하는 껍질이 있는 DNA바이러스의 과. 각 입자에는 분자량이 다양한 많은 2중가닥의 DNA들이 들어 있다.

polydomous 다소(多巢)의 형 여러 둥지를 차지하는 사회성 곤충의 단일한 군체와 관련된 말.

polyembryony 다배발생(多胚發生) 명 (1) 하나의 밑씨 안에서 여러 개의 배가 발생하는 것; (2) 1란성 쌍생아에서 볼 수 있는 것과 같이 접합자에서 두 개 이상의 배가 생기는 현상.

polyethism 분업화 명 사회성 곤충에서 볼 수 있는 것과 같이 동물사회의 구성원들 간에서 일을 나누어 하는 것.

polyethylene glycol (PEG) 폴리에틸렌글리콜 체세포잡종을 형성할 때 세포융합을 유도하는 데 이용되는 화학물질.

poly(G) 폴리G 오직 구아니딘산 잔기들로만 구성된 폴리리보뉴클레오티드. Poly(dG)는 이에 상응하는 폴리디옥시뉴클레오티드이다.

polygalacturonan 폴리갈락투로난 명 갈락투론산 잔기들이 연결되어 구성된 다당류. 식물세포벽을 구성하는 성분이다. 폴리갈락투로나아제에 의해 갈락투론산으로 가수분해된다. ≒ galacturonan.

polygalacturonase 폴리갈락투로나아제 명 열매가 익을 때 식물의 세포벽에서 폴리갈락투로난을 갈락투론산으로 분해하는 효소.

Polygalales 원지목(遠志目) 명 초본, 관목 및 작은 교목인 쌍떡잎식물의 목. 원지과(Polygalaceae) 등으로 이뤄진다.

P

polygamy 1처다부제(一妻多夫制), 혼성화주(混性花株) 명 (1) 동시에 여러 수컷과 교배하는 것; (2) [식] 같은 식물체에 수꽃, 암꽃 또는 양성꽃을 갖는 것. 형 **polygamous**.

polygenes 다원유전자(多源遺傳子) 명복 개개의 효과는 작지만 집합적으로 다인자성 표현형질의 발현에 관여하는 유전자군.

polygenesis 다원발생(多源發生) 명 (1) 두 개 이상의 원천에서 유래된 것; (2) 새로운 형태의 근원이 두 곳 이상 또는 두 시기 이상인 것.

polygenic 다인자성, 다유전자성 형 (1) 다수의 상이한 유전자들의 집합적 효과에 의해 결정되는 사람의 키와 같은 표현형 형질에 적용되는 말. ⇨ quantitative variation; (2) 비슷한 기능을 하고 관련되지만 상이한 단백질을 암호화하는 몇 개의 유전자들이 들어 있는 유전자군에 적용되는 말.

polygenic inheritance 다원유전(多源遺傳) 몇몇 또는 많은 상이한 유전자들의 집합적 효과에 의해 결정되는 표현형 형질(예: 사람의 키와 눈 색깔)의 유전. ≒ multifactorial inheritance. ⇨ complex trait.

polyglucosan 폴리글루코산 명 포도당 단위들로 구성된 중합체. ≒ glucan.

Polygonales 마디풀목 명 초본성이고 드물게 교목인 쌍떡잎식물의 목. 마디풀과(Polygonaceae)로 이뤄진다.

polygoneutic 다회생식성 형 한 계절에 둘 또는 그 이상의 한배새끼(brood)들을 기르는.

polygynoecial 융합암술의 형 융합된 암술군에 의해 형성된 복합과를 가진.

polygynous 1부다처(一夫多妻)의, 다암술성의 형 (1) 동시에 여러 암컷과 교배하는; (2) 암술대가 많은 꽃에 적용되는 말. 명 **polygyny**.

polyhaline 다염분성의 형 해수의 염도에 육박하는 18~30 ppt의 염도를 갖는 기수에 적용되는 말.

polyhaploid 배수성반수체 (1) 형 배수체 생물에서 만들어지는 배우자의 염색체수와 관련된 말; (2) 명 정상적인 배수체 종에서 유래된 반수체 생물.

polyhybrid 다성잡종(多性雜種) 명 많은 유전자들이 이형접합 상태인 잡종.

polyhydric 다가(多價)의 형 셋, 넷 또는 그 이상의 수산기를 갖는 알코올이나 산에 적용되는 말.

poly-Ig receptor poly-Ig수용체 상피세포의 기저막에 있는 수용체. 2합체의 면역글로불린A(IgA)와 결합하고, 보다 적게는 다합체의 면역글로불린M(IgM)과 결합하며, 이를 상피를 가로질러 운반한다. 수용체의 일부는 분비성 성분이 된다.

polyisomeres 다상동부위(多相同部位) 명복 종이 같은 식물들의 잎과 같이 모두가 서로 상동인 부분들.

polyisoprenoid 폴리이소프레노이드 명 이소프렌(isoprene)의 긴 사슬 중합체를 포함하는 다양한 화합물들을 통틀어 이르는 말. ⇨ isoprenoid.

polykaryocyte 거핵세포, 다핵세포 명 (1) 거핵세포(megakaryocyte); (2) 바이러스에 감염된 세포들의 융합에 의해 만들어지는 다핵세포.

polykaryon 다핵체 명 둘 또는 그 이상의 중심립을 갖는 핵.

polykont 다편모의 ⇨ multiflagellate.

polylecithal 다황(多黃)의 형 비교적 많은 양의 난황이 들어 있는 알(다황란)에 적용되는 말.

polylepidous 다린성(多鱗性)의 형 많은 비늘을 가진.

P

polymastia 다유방증 ⇨ polymastism.
polymastigote 다편모의 ⇨ multiflagellate.
polymastism 다유방증(多乳房症) 명 유방이 정상적인 수보다 많이 나타나는 것.
polymegaly 이정자성(異精子性) 명 한 동물에서 두 가지 이상의 크기가 다른 정자들이 나타나는 것.
polymeniscous 다렌즈성의 형 겹눈과 같이 많은 수정체(렌즈)를 가진.
polymer 중합체 명 공유결합으로 연결된 소단위들이 반복되어 구성되는 큰 유기분자.
polymerase 중합효소 ⇨ DNA polymerase, RNA polymerase.
polymerase chain reaction (PCR) 중합효소연쇄반응 시험관 내에서 특정 DNA서열을 선택적으로 그리고 신속하게 증폭하여 많은 양의 특정 DNA서열을 만드는 기법. 살아 있는 세포를 이용한 DNA클로닝과정을 필요로 하지 않는다.
polymeric 다중의, 고분자의 형 (1) 각 유전자의 작용이 첨가되어 동일한 표현형 형질을 발현하는 독립적인 유전자(다중유전자 또는 동의유전자)들의 체계에 적용되는 말; (2) 많은 소단위들로 구성된, 단백질에 적용되는 말.
polymerization 중합(重合) 명 작은 소단위들로부터 중합체가 형성되는 것.
polymerous 다수성의 형 많은 부분들이나 여러 구성원들로 이루어진.
polymitosis 다유사분열(多有絲分裂) 명 과도한 세포분열.
polymorph 다형핵백혈구 ⇨ polymorphonuclear leukocyte.
polymorphic 다형의 형 (1) 종 또는 개체군 내에 둘 또는 그 이상의 서로 다른 유형이 존재하는, 유전자나 표현형 형질 또는 형태적 유형이 다른 개체들에 적용되는 말; (2) 생활주기를 거치는 동안 또는 종 내에서 체형이 현저하게 변화를 나타내는; (3) 다양한 모습의 단위들(세포들이나 군집의 개체들)로 구성된.
polymorphic locus 다빈도자리 특정 개체군에서 가장 보편적인 동형접합체가 90% 미만의 빈도를 갖는 유전자자리 또는 변이형 대립유전자가 0.01 이상의 빈도를 갖는 유전자자리.
polymorphism 다형성(多形性) 명 (1) 동일한 종이나 개체군 내에 서로 다른 유형의 개체들이 존재하는 것; (2) 같은 개체에서 일생 동안에 시기에 따라 다른 모습을 띠거나 다른 유형의 기관들이 나타나는 것. ⇨ enzyme polymorphism, genetic polymorphism.
polymorphonuclear leukocyte 다형핵백혈구 불규칙한 모양의 핵이 특징인 식작용을 하는 백혈구의 일종. 주로 호중성백혈구를 가리킨다.
polymyarian 다근육형의 형 세로로 나타나는 근육세포들의 줄이 5개보다 많은, 일부 선충류에 적용되는 말.
polynemic 다사(多絲)의 형 몇 가닥으로 구성된.
Polynesian region 폴리네시아식물구 피지 제도와 하와이 제도를 제외한 멜라네시아 동쪽의 태평양에 있는 섬들로 이뤄지는 구열대식물계의 한 부분.
Polynesian subkingdom 폴리네시아아계 하와이식물구, 뉴칼레도니아식물구, 멜라네시아미크로네시아식물구 및 폴리네시아식물구로 구성되는 구열대식물계의 한 부분.
Polynesian subregion 폴리네시아동물아구 오스트레일리아동물구의 일부인 동물지리구. 폴리네시아와 멜라네시아의 섬들로 이뤄진다.
polynuclear, polynucleate 다핵의 형 몇

P

개 또는 많은 핵이 있는. ≒ multinucleate.

polynucleotide 폴리뉴클레오티드 명 당-인산들이 인산디에스테르결합으로 연결된 뉴클레오티드의 사슬. (⇨ 그림 31)

polynucleotide kinase 폴리뉴클레오티드인산화효소 DNA가닥의 5′말단에 포스포릴기를 부가하는 반응을 촉매하는 효소. 맥삼-길버트순서분석법에 의한 염기순서 결정에서 ^{32}P-DNA를 표지하는 데 이용된다. EC 2.7.1.78. 상용명 polynucleotide 5′-hydroxy-kinase.

polynucleotide phosphorylase 폴리뉴클레오티드가인산분해효소 리보뉴클레오시드2인산으로부터 폴리리보뉴클레오티드를 합성하는 반응을 촉매하는 효소. EC 2.7.7.8. 상용명 polyribonucleotide nucleotidyltransferase.

polyoestrous 다발정성(多發情性)의 형 번식기에 여러 번의 발정주기를 갖는 것. 비 monoestrous.

Polyomaviridae 폴리오마바이러스과 명 폴리오마(polyoma)와 SV40(유인원바이러스40)을 포함하는 작고 껍질이 없는 2중가닥DNA바이러스의 과. 폴리오마와 SV40은 어떤 종의 세포들에서 종양을 유발한다.

polyp 폴립 명 (1) 군체를 이루는 동물의 정재성(sedentary) 개체 또는 개충; (2) 강장동물에서 말미잘의 축소판처럼 보통 입과 촉수의 고리가 꼭대기에 달리고 관꼴의 몸을 갖는 개체; (3) 창자와 같은 점막에서 증식하여 짧은 자루가 달리며 혹처럼 돌출한 조직. 폴립은 대체로 양성이지만 때로는 악성이 될 수도 있다.

polyparium, polypary 폴립모체 명 폴립 군체의 공통된 기반과 결합조직.

polypeptide 폴리펩티드 명 펩티드결합으로 서로 연결된 아미노산들의 사슬. 폴리펩티드사슬은 단백질의 기본적인 구조적 단위이다. 어떤 단백질은 하나의 폴리펩티드로 구성되고 어떤 단백질은 여러 폴리펩티드로 구성된다. 단백질의 폴리펩티드사슬들은 mRNA를 주형으로 이용하여 리보솜에서 합성된다. ⇨ genetic code, protein.

polypeptide backbone 폴리펩티드주사슬 단백질에서 반복되는 탄소원자와 질소원자가 공유결합으로 연결된 긴 사슬.

polypetalous 이판(離瓣)의, 갈래꽃의 형 꽃잎들이 서로 떨어져 있는.

polyphagous 다식성(多食性)의, 광식성(廣食性)의 형 (1) 다양한 종류의 먹이를 먹는; (2) 곤충에서 서로 다른 많은 먹이식물을 이용하는.

polyphenism 다면발현성(多面發現性) 명 한 개체군에서 유전적으로 조절되지 않는 몇 가지 표현형이 나타나는 성질.

polyphenol oxidase 폴리페놀산화효소 분자상 산소를 이용하여 티로신을 디옥시페닐알라닌으로 산화하는 반응을 촉매하는 몇 효소들을 통틀어 이르는 말. EC 1.14.18.1. 상용명 monophenol monooxygenase.

polypheny 다면발현 ⇨ pleiotropy.

polyphyletic 다계성 형 여러 조상형으로부터 유래한 후손들을 포함하는 분류군에 적용되는 말.

polyphyllous 다엽성(多葉性)의 형 잎이 많은.

polyphyodont 다환치(多換齒)의 형 연속해서 생겨나는 많은 치아를 가진.

Polyplacophora 다판강(多板綱) 명 군부류(chitons)를 포함하는 연체동물의 강.

polyplanetic 다운동성(多運動性)의 형 비운동성 시기 또는 휴면기를 사이에 두고 몇 번의 운동성 시기를 가진.

polyplastic 다소성(多塑性)의 형 많은 유형을 취할 수 있는.

polyploid 배수체(倍數體) (1) 형 두 세트의 염색체보다 많은 염색체를 갖는 [예: 3배체(triploid)는 3세트, 4배체(tetraploid)는 4세트]; (2) 명 체세포마다 두 세트의 염색체보다 많은 염색체를 갖는 생물.

polyploidy 배수성(倍數性) 명 배수체를 갖는 상태. 생물체의 모든 체세포조직에서 정상적으로 나타날 수도 있고, 오직 일부의 조직이나 세포들에서만 염색체 수의 배가에 의해 나타나기도 한다. 배수성은 콜히친이나 β-나프톨 등의 화학물질에 의해 인위적으로 유도될 수 있다.

polypneustic 다기문식(多氣門式) 형 일부 곤충에서 많은 숨구멍이 달리는 측엽에 적용되는 말.

polypoid 폴립형 형 폴립과 비슷한.

polypores 다공균류(多孔菌類) 명복 일반적으로 선반버섯류(bracket fungi)라고 부르는 곰팡이를 포함하는 담자균류의 무리. 자실체는 전형적으로 가죽 같거나 종이 같거나 또는 나무 같으며, 밑면에 구멍이나 주름이 있다. 많은 선반버섯류가 나무에서 자란다. 다공균류에는 표면이 매끈하거나 이랑을 이루거나 사마귀 투성이거나 또는 가시가 있는 곰팡이도 포함되고, 산호형 균류(coral fungi)와 꾀꼬리버섯류(cantharelles)도 포함된다. 비 agarics.

polyprotein 다단백질(多蛋白質) 명 나중에 각각 별개의 기능적인 단백질이나 펩티드들로 절단되는 긴 폴리펩티드사슬.

polyprotodont 다문치(多門齒)의 형 넷 또는 다섯 개의 앞니가 위턱의 양쪽에 있고, 그보다 작은 하나 또는 두 개가 아래턱에 있는.

polyrhizal 여러뿌리의 ⇨ multiradicate.

polyribosome 폴리리보솜 ⇨ polysome.

polysaccharide 다당류(多糖類) 명 단당류 또는 단당류 유도체의 탈수축합에 의해 직선 모양이나 가지 친 사슬로 형성된 고분자탄수화물의 다양한 클래스를 통틀어 이르는 말. 다당류에는 오직 한 가지 종류의 단당류로만 구성되는 단일다당류(homopolysaccharide)와 서로 다른 단당류들의 혼합물로 구성되는 이종다당류(heteropolysaccharide)가 있다. 다당류는 녹말과 글리코겐 등의 저장산물, 섬유소와 크실란 및 아라비난 같은 세포벽 구성성분, 그리고 복합당질(glycoconjugate)의 성분의 형태로 나타난다. ⇨ proteoglycan. ≒ glycan.

polysaprobic 강부수성(强腐水性) 형 (1) 하천에 생육하는 생물을 바탕으로 유기오염도를 평가하는 부수성 분류(saprobic classification)의 범주 가운데 하나. 주로 무산소분해가 일어나고, 하수진균(sewage fungus)과 붉은지렁이 그리고 쥐꼬리구더기(*Eristalis tenax*) 등이 출현한다; (2) 유기물로 심하게 오염되어 용존산소는 거의 없거나 전혀 없고, 황화물이 형성되며, 세균은 많지만 이들을 먹거나 부식물을 먹고 사는 동물은 거의 없는 수중 서식지에 적용되는 말. 비 α-mesosaprobic, β-mesosaprobic, oligosaprobic.

polysepalous 이편(離片)꽃받침의 형 꽃받침조각들이 서로 분리되어 있는.

polysiphoneous, polysiphonic 다관성(多管性)의 형 (1) 몇 줄의 세포들로 구성되는, 갈조류 또는 홍조류의 몸체에 적용되는 말; (2) 몇 개의 관들로 구성되는.

polysome 폴리솜 명 단백질이 합성되는 동안 mRNA에 집합한 리보솜들. ≒ polyribosome.

polysomic 다염색체성(多染色體性)의 형 어느 특정한 염색체가 정상적 수보다 많이 들어 있는 세포나 생물에 적용되는 말.

polysomitic **다체절성(多體節性)의** 형 (1) 많은 체절을 갖는; (2) 원시체절들의 융합으로 형성된.

polysomy **다염색체성** 명 정상적인 2배체 세포에 어느 특정한 염색체가 두 개의 복사본보다 많이 들어 있는 상태.

polyspecificity **다중특이성** 명 여러 다른 항원들과 결합하는 능력. 항체에 적용되는 말이다.

polyspermous **다종자(多種子)의** 형 많은 씨를 가진.

polyspermy **다정자수정** 명 하나의 난자 속으로 여러 정자가 들어가는 것.

polyspondyly **다추류(多椎類)** 명 척추뼈에 두 개보다 많은 추체(centrum)가 들어 있는 상태. 일부 어류에서 발견된다.

polysporocystid **다포자접합자낭의** 형 포자충류에서 4개보다 많은 포자포낭(sporocyst)이 들어 있는 접합자낭(난포낭)에 적용되는 말.

polysporous **다종자성의, 다포자성의** 형 종자가 많거나 포자가 많은.

polystachyous 형 이삭(spike)이 많은.

polystely **다환중심주(성)** 명 관다발조직에서 각각 두 개 이상의 관다발이 들어 있는 몇 개의 중심주들이 배열한 것. 형 **polystelic**.

polystemonous **복수수술의** 형 꽃잎이나 꽃받침조각의 수의 2배보다 많은 수술을 가진.

polystichous **다열성의** 형 많은 열(줄)이나 계열로 배열된.

polystomatous **다구(多口)의, 다공성(多孔性)의** 형 많은 구멍이나 입을 가진.

polystomium **폴리스토미움** 명 어떤 해파리의 흡수구(suctorial mouth).

polystylar **다화주성(多花柱性)의** 형 많은 암술대를 가진.

polysymmetrical **다상칭(多相稱)의** 형 여러 면을 좌우대칭의 부분들로 가를 수 있는.

poly(T) **폴리T** 오직 티미딜산 잔기들로만 구성된 폴리뉴클레오티드.

polytene chromosome **다사염색체(多絲染色體)** 파리 유충의 일부 조직(예: 침샘)에서 새로운 DNA가 분리되지 않고 쌍을 이룬 상동염색체들이 복제를 반복하여 만들어지는 거대염색체의 일종. 광학현미경으로 관찰할 수 있는 밝고 어두운 띠들이 특징적으로 나타난다.

polyteny **다사성(多絲性)** 명 다사염색체에서 반수체 염색체들이 복제를 반복하는 것.

polythalamous **다실(多室)의** 형 (1) 과일에 적용되듯이 집합하거나 응집하는; (2) 잇따라서 형성되는 많은 방들로 구성된 껍질에 적용되는 말.

polythelia **다유두(多乳頭)** 명 젖꼭지가 지나치게 많이 형성된 것.

polythermic **고온성의** 형 비교적 높은 온도에 내성을 가진.

polythetic **다원적** 형 많은 형질에 근거한 분류에 적용되는 말. 이들 모든 형질들이 집단의 모든 구성원들에서 반드시 나타날 필요는 없다.

polytocous, polytokous **다태성(多胎性)의, 다회결실성의** 형 (1) 한 번에 여러 새끼를 낳는; (2) 되풀이하여 열매를 맺는.

polytomous **다분기형(多分岐型)의** 형 (1) 셋 이상의 2차가지를 갖는; (2) 한 곳에서 많은 가지들이 나오는.

polytopic **다산지성(多産地性)의, 다원성(多元性)의** 형 여러 장소에서 나타나거나 여러 곳에서 기원되는.

polytrichous **다모성(多毛性)의** 형 (1) 일부 섬모충류와 같이 섬모들이 고르게 덮인 몸을 갖는; (2) 실 같이 돌출된 구조가 많은.

polytrochal 다륜형(多輪形) 형 입과 뒤쪽 끝 사이에 몇 개의 섬모환이 달리는.

polytrophic 다영양(多營養)의 형 (1) 영양세포들이 난모세포의 여포에 둘러싸인 난소관에 적용되는 말; (2) 여러 생물이나 물질에 의해 영양분이 공급되는; (3) 많은 원천으로부터 먹이를 얻는; (4) 부영양의(eutrophic).

polytropic 범친화성, 향범성 ⇨ pantropic.

polytypic 다형적 형 (1) 많은 유형을 갖거나 많은 형과 관련된 말; (2) 지리적 아종을 갖는 종(다형종)에 적용되는 말; (3) 여러 종이 포함되는 속에 적용되는 말.

poly(U) 폴리U 오직 우리딜산 잔기들로만 구성된 폴리리보뉴클레오티드.

polyunsaturated 다중불포화의 형 탄화수소 사슬에 둘 또는 그 이상의 C=C 2중결합이 있는 지방산(다중불포화지방산)에 적용되는 말.

polyvoltine 다회생식성 형 한 계절에 여러 번 새끼들을 낳는.

polyxenous 다종기생의 형 여러 다른 숙주들에서 살게끔 적응된, 기생생물에 적용되는 말.

polyxylic 형 많은 물관부와 몇 포위관다발을 가진.

Polyzoa, polyzoan 태형동물문, 태형동물 ⇨ Bryozoa.

polyzoic 다충성(多蟲性)의 형 많은 개충(zooid)들의 군체에 적용되는 말.

polyzooid 개충(個蟲) 명 태형동물 군체의 한 개체.

POMC 프로오피오멜라노코르틴(pro-opiomelanocortin).

pome 배꼽열매, 이상과(梨狀果) 명 복합하위씨방에서 비롯된 열매. 다육질의 부분은 주로 꽃덮개나 꽃턱이 팽창된 것이다. 사과와 배가 그 예가 된다.

ponderal 무게의 형 (1) 무게(weight)와 관련된 말; (2) 무게의 증가에 따른 생장에 적용되는 말.

poneroid complex 포네로이드군 개미류를 분류하는 2개의 주된 분류군 가운데 하나. 침개미아과(Ponerinae)가 전형적인 예가 된다.

pongid 성성이류 명 긴팔원숭이류(gibbons)와 큰긴팔원숭이(siamang)를 제외한 대형유인원을 통틀어 이르는 말. 즉 침팬지와 고릴라 그리고 오랑우탄을 가리키는 말이다.

pons 다리, 뇌교(腦橋) 명 (1) 두 부분들을 연결하는 구조; (2) 포유동물의 뇌에서 좌우의 소뇌반구를 다리처럼 연결하는 신경섬유의 넓은 띠인 바롤리다리(pons Varolii).

pontic, pontile 다리의 형 다리(pons)와 관련된 말.

pontine 뇌교의 형 바롤리다리(pons Varolii)와 관련된 말.

pooid 포아풀의 형 포아풀속(*Poa*)의 벼과 초본에 적용되는 말.

popliteal 다리오금의, 슬와(膝窩)의 형 무릎관절의 뒤쪽과 위쪽 부위에 관련된 말.

population 개체군(個體群) 명 어느 일정한 지역에 사는 같은 종의 개체들의 무리.

population crash 개체군붕괴 어느 종의 개체군에서 그 수가 서식지의 환경수용력(carrying capacity)을 초과하였을 때 개체수가 급격하게 감소하는 것. ≒ dieback.

population density 개체군밀도 보통 특정한 종과 관련하여 특정 지역에 서식하는 개체들의 수.

population dispersion 개체군분산 어느 개체군의 구성원들이 서식지에서 분포하고 있는 양상.

population distribution 개체군분포 특

정한 지역에 걸친 개체군밀도의 변화.

population dynamics 개체군동태 시간이 경과함에 따라 개체군의 구조에서 나타나는 변화. 특정한 연령이나 서로 다른 성(sex) 또는 상이한 유형을 갖는 개체들의 상대적 수의 변화를 말한다.

population ecology 개체군생태학 특정한 개체군의 수와 구조에 영향을 미치는 요인들을 연구하는 학문.

population genetics 집단유전학 유전적 원리들이 어떻게 교배가능한 개체들의 집단(개체군)에 전체적으로 적용되는지를 연구하는 학문.

porcellanous 자기(磁器)같은 형 희고 불투명한 도자기를 닮은, 유공충류와 일부 연체동물에서 볼 수 있는 석회질 껍질에 적용되는 말.

pore 구멍, 소공(小孔) 명 작은 틈이나 통로.

pore canals 통수관(通水管) 곤충에서 각피층을 관통하는 나선 모양의 극히 작은 세관.

pore cell 소공세포(小孔細胞) 해면동물에서 구멍이 뚫린 바깥층의 세포들. 이 구멍을 통해 물이 들어온다.

pore chains 소공연쇄 목재의 단면에서 볼 수 있는 것과 같이 방사상이나 접선방향이나 또는 비스듬한 방향으로 폭넓게 연결된 물관들의 무리.

pore complex 핵공복합체 핵막의 핵공에 있는 복합구조.

pore organ 소공기관 먼지말(desmids)에서 구멍을 통해 점액을 배출하는 관을 둘러싸는 구조.

pore space 공극(孔隙) 토양에서 입자와 입자 사이의 공간들을 통틀어 이르는 말.

poricidal 공개(孔開)의 형 판이 찢기거나 구멍이 뚫리며 벌어지는.

Porifera 해면동물문(海綿動物門) 명 일반적으로 '해면동물(sponges)'이라고 부르는 단순한 다세포동물의 문. 단순한 몸은 하나의 중심강을 둘러싸거나 서로 연결되는 많은 공간들에 의해 구멍이 뚫려있다. 체벽은 상피로 된 바깥층과 편모가 달린 깃세포들의 안쪽 층 그리고 이들을 분리하는 중교세포의 층(간충질)으로 구성된다. 신경세포나 근육세포는 없다. 물은 소공(ostium)들을 통해 내부의 공간으로 들어오고, 먹이입자들이 깃세포들에 잡힌 다음, 큰 구멍인 대공(osculum)을 통해 물이 밖으로 나간다. 해면동물은 다음과 같은 3강으로 나뉜다. 먼저 석회질의 해면동물인 석회해면강(Calcarea)은 탄산칼슘으로 된 골편이 간충질에 박혀있고 이들 골편은 바깥쪽으로 돌출한다. 6방해면강(Hexactinellida)은 유리와 같은 해면동물이고 규산질의 골편을 갖는다. 한편 보통해면강(Demospongia)은 규산질의 골편이 종에 따라 있거나 없으며, 각질해면속(*Spongia*)에서 볼 수 있는 것과 같이 흔히 해면질섬유의 뒤얽힌 덩어리에 의해 강화된 체벽을 갖는다.

poriferous 다공(多孔)의 형 많은 구멍이 있는.

poriform 구멍모양의 ⇨ poroid.

porin 포린 명 그람음성균의 외막에서 큰 구멍들을 형성하는 단백질. 이 구멍을 통하여 작은 극성 분자들이 막을 관통해 확산될 수 있다.

porocyte 소공세포 명 해면동물의 소공을 구성하는 식세포.

porogamy 주공수정(珠孔受精) 명 주공을 통해 꽃가루관이 밑씨 안으로 들어가는 것.

poroid 구멍모양의 형 (1) 구멍 같이 생긴; (2) 구멍과 비슷하게 오목한 부분이 있는, ≒ poriform; (3) 명 와편모조류와 돌말류의 껍질에 있는 미세한 오목(함몰부).

porophyllous 형 투명한 많은 점들이 있는 잎을 갖는, 또는 그러한 잎에 적용되는 말.

porose 다공성(多孔性)의 형 구멍들을 갖거나 구멍들이 들어 있는.

porphyrin ring 포르피린고리 탄소와 질소로 된 4개의 피롤고리(pyrrole ring)가 서로 결합되어 정4각형 모양을 이룬 것. 헴과 엽록소와 같은 포르피린유도체의 기초가 된다.

porphyrophore 적색포(赤色胞) 명 불그스름한 자주색 색소를 지니고 있는 세포.

porphyropsin 포르피롭신 명 담수어류와 양서류의 올챙이에 들어 있는 감광성 시각세포(로돕신).

porpoise 쇠돌고래 명 고래목(Cetacea) 이빨고래아목(Odontoceti)의 쇠돌고래과(Phocoenidae)에 속하는 바다의 포유동물. 쇠돌고래류는 참돌고래류(dolphins)보다 작고 땅딸막하며 참돌고래에서 전형적으로 나타나는 '부리'가 없다. 한편 쇠돌고래류는 참돌고래처럼 완전히 물 밖으로 뛰어오를 수 없다.

porrect 뻗은 형 바깥쪽으로 길어진.

porta 문(門) 명 간의 가로틈새처럼 문(gate)처럼 생긴 구조를 통틀어 이르는 말.

portal 문맥(門脈)의 형 (1) 소화관과 지라 그리고 이자로부터 간으로 들어가는 정맥에 적용되는 말; (2) 하등척추동물에서 콩팥으로 들어가는 혈관계에도 적용되는 말.

ports, porters 막수송단백질(membrane transport proteins).

positional cloning 위치추적클로닝 염색체 상에서 차지하는 유전자의 위치에 관한 정보를 이용하여 유전자를 클로닝하는 방법.

positional information 위치정보 생물의 발생에서 배에서의 위치에 의해 세포가 받는 발생신호. 그에 따라 향후의 발생이 유도된다. 위치정보는 특정한 원천에서 나오는 화학신호의 기울기에 의해 또는 인접한 세포의 세포표면 분자에 의해 또는 세포외 기질의 조성에 의해 세포로 전달된다.

position effect 위치효과 염색체 상에서 차지하는 유전자의 위치가 유전자의 형질발현에 미치는 효과. 위치효과는 염색체 상에서 유전자의 위치를 움직였을 때 나타나는 유전자발현의 변화를 바탕으로 입증할 수 있다. 유전자발현에 미치는 효과는 염색체 상에서 위치가 달라지면서 염색질의 상태가 변하는 데 기인한다.

position-effect variegation 위치효과다양성 색소유전자가 발생과정에서 이질염색질로 이동하고 일부 세포에서 그 발현을 침묵시키는 돌연변이에 기인하여 초파리의 눈과 효모콜로니에서 잡색이 나타나는 현상.

position-specific score matrix (PSSM) 특정위치측정행렬 특정 아미노산이 일습의 정렬된 서열의 특정한 위치에서 발견될 확률을 나타내는 행렬.

positive control 양성조절 조절단백질이 RNA중합효소의 결합과 전사를 촉진하는 유전자발현조절의 일종. 비 negative control.

positive cooperativity 양성협동성 어느 분자가 단백질에 결합되면 단백질 상의 다른 위치에 다른 분자들이 결합되도록 촉진하는 경향이 나타나는 것. 비 negative cooperativity.

positive feedback 양성되먹임 특정한 경로나 과정의 최종산물이 그 경로나 다른 경로의 첫 단계를 활성화하여 전체과정에 기여하는 조절메커니즘의 일종.

positive interference 양성간섭 어느 한 교차점(chiasma)의 출현이 바로 가까이

에서 다른 교차점이 형성될 가능성을 감소시키는 효과.

positive reinforcement 양성강화 동물이 좋아하고 그에 대한 반응이 증가하는 자극 또는 일련의 자극.

positive selection 양성선택 가슴샘(흉선)에서 발생하는 T림프구에 의해 일어나는 선택과정. 몸의 MHC분자를 인식할 수 있는 T세포수용체를 갖는 세포들만이 선택적으로 살아남고 분화를 계속한다.

positive-strand RNA viruses 양성가닥 RNA바이러스 염기순서가 mRNA와 동일한 유전체를 갖는 RNA바이러스들(예: 소아마비바이러스). 바이러스의 복제과정에서 먼저 유전체RNA의 상보적인 복사본이 만들어지고 이 복사본이 mRNA 합성을 위한 주형으로 작용한다.

positive supercoiling 양성초나선화 환형 DNA분자가 오른편감기(right-handed) 2중나선의 방향과 같은 방향으로 꼬이는 것.

positive taxis 양성주성, positive tropism 양성굴성 자극의 근원을 향하여 움직이거나 자라는 경향.

positron emission tomography 양전자방출단층촬영술 ⇨ PET scan.

possum 쿠스쿠스류 명 오스트레일리아와 뉴기니에 자생하는 60여 종의 작은 수상성(arboreal) 유대류. 쿠스쿠스류의 일종인 주머니여우(*Trichosurus vulpecula*)가 19세기에 뉴질랜드에 도입되어 자생하는 야생동물과 식생에 큰 위협이 되었다. 남아메리카에 분포하는 주머니쥐(opossum)를 때때로 'possum'이라고 부르기도 하지만, 오스트레일리아의 쿠스쿠스류(possum)는 주머니쥐의 먼 친척뻘일 따름이다.

post- '뒤에'를 뜻하는 라틴어 '*post*'에서 유래된 접두사. '뒤에 위치하는', '어느 기관이나 구조의 제일 뒤쪽의' 또는 '후에 일어나는' 등을 의미한다.

postabdomen 후복부(後腹部) 명 (1) 전갈류에서 후체절(metasoma) 또는 배의 뒤쪽에 있는 좁은 다섯 개의 체절; (2) 거미류의 항문두덩(anal tubercle).

postalar 날개뒤의, 후익(後翼)의 형 날개의 뒤에 위치한.

postanal 항문뒤의, 항후(肛後)의 형 항문의 뒤에 있는.

postantennal 촉각뒤의 형 더듬이(촉각)의 뒤에 위치한.

postarticular 후방관절 명 방형골과의 관절 뒤에 있는 각하골(surangular)의 뒤쪽 돌기.

postaxial 축뒤의 형 다리의 비골부에서와 같이 축의 뒷면에 있는.

postbacillary 형 망막세포의 감각부 뒤쪽에 핵이 있는.

postbranchial 아가미뒤의 형 아가미틈의 뒤에 있는, 체(body)에 적용되는 말. 즉 아가미후체(ultimobranchial body)를 가리킨다.

postcapillary venule 후모세관정맥(後毛細管靜脈), 모세관이후세정맥 모세혈관계가 합쳐지고 점차 큰 소정맥으로 되었다가 결국 정맥이 되는 작은 혈관.

postcardinal 후주(後主)의, 뒤기본의 형 심장부위의 뒤에 있는.

postcava, postcaval vein 후대정맥(後大靜脈) 몸의 뒤쪽에서 혈액을 심장으로 운반해 오는 정맥. ≒ posterior vena cava.

postcentral 중심뒤의 형 (1) 중심부의 뒤에 있는; (2) 중심고랑(central sulcus)의 바로 뒤에 있는 대뇌피질의 부위에 적용되는 말; (3) 마루엽속고랑(intraparietal sulcus)의 부분에 적용되는 말.

postcentrum 후추체(後椎體) 명 일부 척추동물에서 척추뼈의 추체(centrum)의 뒤쪽 부분.

postcerebral 뇌뒤의 형 뇌의 뒤에 있는, 벌류의 머리에 있는 침샘에 적용되는 말.

postcingular 후대(後帶)의 형 띠(cingulum)의 뒤에 있는.

postclavicle 후쇄골(後鎖骨) 명 일부 진골어류의 어깨띠(pectoral girdle)에 있는 막골.

postclimax 후극상(後極相)의 형 군집의 종조성이 그 지역에 흔히 있는 기후조건보다 더욱 적합한(예: 더욱 습하거나 더욱 서늘한) 기후조건을 반영하고 따라서 그 지역에서 흔히 볼 수 있는 극상군락과 차이를 보이는 안정된 식물군집에 적용되는 말.

postclisere 후기후적 천이계열 명 기후가 차츰 습해질 때 생기는 식생형성의 계열.

postclitellian 환대뒤의 형 환대(clitellum)의 뒤에 위치하는.

postclival 비탈뒤의 형 소뇌의 비스듬틀(clivus) 뒤에 있는, 틈새에 적용되는 말.

postclypeus 뒷머리방패 명 곤충에서 이마방패(clypeus)의 뒤쪽 부분.

postcolon 후결장(後結腸) 명 어떤 진드기류의 장에서 잘록창자(결장)와 곧창자(직장) 사이의 부분.

postcornual 뿔뒤의 형 영양류 샤모아(chamois)에서 볼 수 있는 것과 같이 뿔 뒤에 위치한 샘에 적용되는 말.

postcranial 뒷머리의 형 머리가 아닌 동물의 골격(뒷머리골격)에 적용되는 말.

postdicrotic 중박후(重搏後)의 형 맥박의 두 번째 맥박파 또는 중복맥박에 이어지는 맥박파에 적용되는 말.

postembryonic 배후(胚後)의 형 배기(embryonic period) 이후의 연령이나 상태에 적용되는 말.

posterior 뒤의, 후측 형 (1) 뒤에 위치하는; (2) 맨 끝을 향한; (3) 사람의 해부에서 등 쪽의(dorsal); (4) 축의 뒤쪽에 있는; (5) 축의 옆에 있는. 비 anterior.

posterior commissure 후연합(後連合), 후교련(後交連) 뇌량의 뒤쪽 끝에서 두 대뇌반구를 연결하는 섬유다발.

posterior horn 뒤뿔, 후각(後角) 척수에서 감각세포들이 들어 있는 회백질 부분. 비 anterior horn.

posterior lobe of pituitary gland 뇌하수체후엽 중간부(pars intermedia)와 신경뇌하수체인 신경부(pars nervosa).

posterior marginal zone 뒤쪽변연대 닭배아(chick embryo)에서 배반엽의 가장자리에 있는 세포들의 조밀한 부위. 여기에서 원조(primitive streak)가 생긴다.

posterior vena cava 후대정맥 ⇨ postcava.

posterolateral 뒤가쪽의, 후외측(後外側)의 형 뒤쪽과 옆쪽으로 위치한, 동맥에 적용되는 말.

posteromedial 뒤안쪽의, 후내측(後內側)의 형 뒤쪽과 중앙을 향해 위치한, 동맥에 적용되는 말.

postesophageal 후식도(後食道)의 ⇨ postoesophageal.

postestrum 발정후기 ⇨ metoestrus.

postflagellate 후편모충의 형 파동편모충(trypanosome)에서 편모충과 포낭 사이의 유형에 적용되는 말.

postfrons 뒷이마, 후액(後額) 명 곤충의 머리에서 더듬이가 달리는 곳의 뒤에 있는 이마 부위.

postfrontal 후전두엽의 형 일부 척추동물에서 눈구멍의 뒤에 있는 뼈(후전두엽골)에 적용되는 말.

postfurca 후차상돌기(後叉狀突起) 명 곤충에서 배판(sternum)으로부터 나오는 갈라진 돌기 또는 뒷가슴의 속돌기(apodeme).

postganglionic 절후(節後)의 형 신경절에서 나오는 자율신경섬유들에 적용되는 말.

postgena 뒷뺨 명 곤충의 머리에서 뺨(gena)의 뒤쪽 부분.

postgenital 뒷생식마디의 형 절지동물과 그 밖의 체절로 나누어져 있는 동물에서 생식마디(genital segment)의 뒤쪽에 위치한.

postglacial 후빙기의 현세(Holocene)에 적용되는 말.

postglenoid 뒤관절오목의 형 관절오목(glenoid fossa)의 뒤에 위치한, 돌기 또는 결절에 적용되는 말.

posthepatic 간후(肝後)의 형 소화관에서 간부터 끝까지의 뒤쪽 부위에 적용되는 말.

posthypophysis 뇌하수체후엽 ⇨ postpituitary.

postical, posticous 복면(腹面)의 형 (1) 바깥이나 뒤쪽의 표면; (2) 특히 우산이끼류에서 엽상체, 잎 또는 줄기의 아래쪽이나 밑면에 적용되는 말.

postischium 후좌골(後座骨) 명 일부 파충류에서 궁둥뼈(좌골)의 뒤쪽에 있는 옆돌기.

postlabrum 후상순(後上脣) 명 곤충에서 윗입술(labrum)의 뒤쪽 부분.

postmeiotic segregation 감수분열후 분리 감수분열의 뒤를 이어 DNA가 복제될 때 유전적 재조합에 의해 형성된 이형 2중가닥(heteroduplex) DNA의 두 가닥이 분리되는 것.

postmentum 후기절(後基節) 명 곤충에서 아랫입술을 이루는, 작은턱 바로 뒷마디의 양부속지가 융합한 것.

postminimus 포스트미니무스 명 양서류와 파충류에서 가끔 나타나는 제대로 발달하지 못한 여분의 손발가락.

postmitotic 유사분열후의 형 일단 유사분열에 의해 만들어지면 죽을 때까지 유사분열과 세포분열을 더 이상 하지 않는 세포에 적용되는 말.

postneural 형 등의 끝에 위치하는, 바다거북과 땅거북 껍질의 판들에 적용되는 말.

postnodular 결절뒤의 형 결절과 목젖 사이의 소뇌틈새에 적용되는 말.

postnotum 뒷등판 명 곤충에서 등판(notum)의 뒤쪽 부분.

postocular 눈뒤의 형 눈의 뒤에 있는, 비늘에 적용되는 말.

postoesophageal 후식도(後食道)의 형 (1) 갑각류에서 더듬이를 위해 기능하는 신경절을 연결하는 신경섬유에 적용되는 말; (2) 다양한 무척추동물에서 뇌신경절을 연결하는 신경섬유에 적용되는 말.

postoestrus 발정후기 ⇨ metoestrus.

postoral 입뒤의, 구후(口後)의 형 입의 뒤에 있는.

postorbital 눈구멍뒤의, 후안와(後眼窩)의 형 (1) 눈구멍(안와)의 뒤에 있는, 눈구멍의 뒤쪽 벽을 형성하는 뼈에 적용되는 말; (2) 어떤 물고기의 발광기관에 적용되는 말; (3) 명 **후안와골(後眼窩骨)** 척추동물의 머리뼈에서 눈구멍의 바로 뒤에 놓여 있는 뼈.

postotic 귀뒤의, 후이(後耳)의 형 귀의 뒤에 있는.

postparietal 후두정골(後頭頂骨)의 형 두정골(마루뼈)과 두정간골 사이에서 때때로 나타나는 쌍으로 된 머리뼈(후두정골)에 적용되는 말.

postpatagium 후비막(後飛膜) 명 새에서 위팔과 몸통 사이에 걸쳐 있는 피부의 작은 주름.

postpermanent 후영구치(後永久齒)의 형 영구치에 계속해서 일어나는 치열에 적용

P

되는 말.

postpetiole 뒷자루, 후병(後柄) 명 개미류에서 배자루(abdominal stalk)의 두 번째 마디.

postphragma 후분할판(後分割板) 명 곤충에서 뒷등판과 관련되어 발달한 가로막.

postpituitary 뇌하수체후엽성 형 뇌하수체(중간부와 신경뇌하수체)의 후엽과 관련되거나 뇌하수체후엽에서 분비되는.

postpubic 두덩뼈뒤의 형 두덩뼈(치골)의 뒤쪽 끝에 있는, 궁둥뼈와 평행하게 난 두덩뼈의 돌기에 적용되는 말.

postpyramidal 추체뒤의 형 소뇌의 추체(피라미드) 뒤에 있는, 틈새에 적용되는 말.

postreduction 후감수(後減數), 후환원(後還元) 명 감수분열의 제1분열 대신에 제2분열에서 염색체의 수가 반감되는 것.

postretinal 망막뒤의 형 (1) 망막의 뒤에 위치한; (2) 겹눈에서 낱눈의 안쪽 끝과 페리옵티콘(perioptiicon)을 연결하는 신경섬유에 적용되는 말.

postscutellum 후소순판(後小楯板) 명 (1) 곤충에서 가운데가슴의 소순판 밑에 난 돌기; (2) 소순판의 뒤에 있는 경피(경판).

postsegmental 체절뒤의 형 체절이나 원체절(somite)의 뒤에 있는.

postsphenoid 후접형골(後蝶形骨) 명 머리뼈에서 나비뼈(접형골)의 뒤쪽 부분.

poststernellum 후소복판(後小腹板) 명 곤충의 가슴판(복판)에서 가장 뒤쪽의 부위.

poststernite 후복판(後腹板) 명 곤충에서 뒤쪽의 가슴판에 있는 경피(경판).

postsynaptic 시냅스후의 형 신경계 또는 신경근접합부의 시냅스에서 흥분을 받는 쪽에 있는 세포나 세포의 일부(예: 수상돌기의 막 또는 근세포막)에 적용되는 말.

postsynaptic potential 시냅스후 전위 시냅스에서 신경전달물질의 작용에 의해 흥분을 받는 뉴런에서 발생하는 막전위.

post-temporal 관자뼈뒤의 형 관자뼈(측두골)의 뒤에 있는, 뼈와 오목(와)에 적용되는 말.

post-transcriptional 전사후의 형 (1) 진핵세포 RNA에 대한 덧씌우기(capping)와 폴리A첨가와 같이 전사가 일어난 다음에 나타나는 수식과정(전사후 변형)에 적용되는 말; (2) 전사가 시작된 다음 단백질로의 번역에 이르기까지 그 사이에 이루어지는 유전자발현의 조절(전사후 조절)에 적용되는 말.

post-translational 번역후의 형 (1) 단백질에 가해지는 변형(예: 글리코실화, 인산화, 단백질전구물의 절단, 신호서열의 절단)과 같이 번역이 일어난 다음에 나타나는 수식과정(번역후 변형)에 적용되는 말; (2) 번역이 시작된 다음에 이루어지는 단백질기능의 조절(번역후 조절)에 적용되는 말.

post-trematic 구멍뒤의, 새신경후(鰓神經後)의 형 아가미틈과 같은 구멍의 뒤에 있는.

postzygapophyses 뒤관절돌기 명 복 척추뼈의 뒤쪽 관절돌기. 척추뼈에서 바로 뒤에 이어지는 앞관절돌기(prezygapophyses)와 관절로 이어져 있다.

potamobenthos 하천저서생물 명 강이나 그 밖의 민물에서 바닥에 사는 생물.

potamodromous 하천도래성 형 오직 민물에서만 회유하는.

Potamogetonales 가래목 ⇨ Najadales.

potamoplankton 하천플랑크톤 명 강과 개울 그리고 이들의 후미에 서식하는 플랑크톤.

potassium (K) 칼륨, 포타슘 명 생물의 필수영양소인 금속원소. 이온(K^+)의 형태로 세포내 이온균형을 유지하고 막전위를 발생하며 뉴런에서 전기신호를 발생하는 데 관여한다. 식물의 생장에 필요한 주원소의 하나이다.

potassium channel (K^+ channel) 칼륨통로 칼륨이온(K^+)을 선택적으로 통과시키는 이온통로. 칼륨통로는 4개의 동일한 막관통단백질 소단위들로 구성된다. 통로의 출구를 향한 구조적인 '선택성 필터(selectivity filter)'에 의해 이온선택성이 부여되는데, 이를 통하여 K^+ 이온은 통과할 수 있지만 비슷한 Na^+이온은 통과하지 못한다. 분극유발(voltage-gated) 칼륨통로는 신경세포와 근세포에서 활동전위가 발생하는 데 관여한다.

potassium leak channel 칼륨누출통로 칼륨이온(K^+)이 계속해서 세포 밖으로 누출되는 비개폐형 이온통로.

potato 감자 명 원산지가 남아메리카인 작물(*Solanum tuberosum*). 지금은 전 세계의 서늘하고 습한 지역에서 널리 재배되며, 덩이줄기(괴경)를 식용으로 한다. 비 sweet potato.

potential 잠재적 형 잠복해 있거나 발현되지 않는, 형질에 적용되는 말. ⇨ action potential, membrane potential.

Potyviridae 포티바이러스과 명 꾸불꾸불한 막대 모양의 입자로 된 외가닥의 양성-극성사슬 RNA바이러스의 과. 감자바이러스Y(potato virus Y) 등이 포함된다.

Poupart's ligament 포우파트인대 사타구니의 인대.

powder-down feathers 분말깃털 초기단계 이후 발달하지 않은 깃털.

powdery mildews 흰가루병곰팡이 핵균강(Pyrenomycetes)의 흰가루병균목(Erysiphales)에 속하는 기생곰팡이. 숙주조직의 표면에서 생기는 많은 수의 포자들에 기인하여 가루 같은 모습이 나타난다.

Poxviridae, poxviruses 마마바이러스과, 마마바이러스 명, 명복 유두바이러스, 두창바이러스, 계두바이러스, 면양수두바이러스와 점액종바이러스가 포함되는 큰 2중가닥DNA바이러스의 과.

PP 1차생산(primary production).

PPAR 페르옥시솜증식체활성화수용체(peroxisome proliferator-activated receptor).

p.p.b., ppb 피피비 10억분의 1(parts per billion).

ppGpp 구아노신4인산(guanosine tetraphosphate).

PP_i 피로인산(pyrophosphate).

PPI 펩티딜프롤릴 시스-트랜스이성질화효소(peptidylprolyl *cis-trans* isomerase).

PPLO 흉막폐렴균유사미생물(pleuropneumonia-like organism).

p.p.m., ppm 피피엠 100만분의 1(parts per million).

PPP 산화적 5탄당인산경로. ⇨ pentose phosphate pathway.

pppGpp 구아노신5인산(guanosine pentaphosphate).

praeabdomen 전복부(前腹部) 명 전갈류의 복부에서 앞쪽의 넓은 부분.

praecoces 조숙조(早熟鳥) 명복 어미의 보호를 받지 않고 자립할 수 있는 갓 부화한 새. 형 **praecocial**.

praeputium 포피, 음경꺼풀 ⇨ prepuce.

prairie 북아메리카대초원 명 북아메리카의 중간 위도 지방에서 대륙의 중부에 펼쳐져 있는 자연적 초지. 서늘하고 습한 지역의 장초형(tall-grass) 대초원과 보다 건조한 지역의 단초형(short-grass) 대초원으로 구성되는데, 이 가운데 장초형 대초원의 대부분은 이제 농지로 전환되었다.

pratal 초원의 형 (1) 목초지와 관련된 말; (2) 비옥하고 습한 초지의 식물상에 적용되는 말.

Prausnitz-Küstner reaction 프라우스니츠-퀴스트너반응 알레르기환자에서 추출한 혈청을 주사한 다음 건강한 사람에서 생기는 알레르기성 피부반응.

pre- '앞에'를 뜻하는 라틴어 '*prae*'에서 유래된 접두사. '앞에 위치한' 또는 '전에 일어난' 등을 의미한다.

preadaptation 전적응(前適應) 명 새로운 유형의 진화적 적응을 보다 쉽게 하기 위한 해부학적 구조나 생리과정 또는 행동양식을 이미 가지고 있는 것.

preanal 항문앞의 형 항문의 앞에 있는.

preantenna 전촉각(前觸角) 명 유조류(onychophorans)의 첫 번째 마디에 있는 한 쌍의 더듬이.

pre-auricular 귓바퀴앞의 형 귓바퀴 표면의 앞쪽에 있는 고랑에 적용되는 말.

preaxial 축앞의 형 (1) 축의 앞쪽에 있는; (2) 앞쪽의 경계나 표면에 있는.

prebacillary 형 망막세포의 감각부 말단에 핵이 있는.

pre-B cells 전B세포 B림프구 발생의 초기단계. 면역글로불린 무거운 사슬의 유전자가 재편성되고 세포질에서 μ동종형의 무거운 사슬이 발현된다.

prebiotic 전생물적(前生物的) 형 지구 상에 생명이 출현하기 이전의.

prebranchial 새신경전(鰓神經前)의 ⇨ pretrematic.

Precambrian 선캄브리아시대 명 캄브리아기(Cambrian)에 앞선 지질시대. 일반적으로 지각이 최초로 형성된 시점부터 약 5억 4200만 년 전까지로 여겨진다. 선캄브리아시대는 원생이언(Proterozoic)과 이보다 더 이른 시생이언(Archean)의 두 이언(eon)으로 나뉜다. 선캄브리아시대에 생명이 기원되고 살아 있는 세포가 나타났으며 진핵세포가 진화하였다. 최초의 다세포동물은 선캄브리아시대가 끝날 무렵에 생겨났다.

precapillary 형 **모세혈관이전의** 불완전한 근육층을 갖는 세동맥(모세혈관이전 세동맥)에 적용되는 말. 명 **동맥모세혈관** 세동맥(arteriole)에서 모세혈관으로 혈액을 나르는 작은 혈관.

precartilage 전연골(前軟骨) 명 다른 종류의 연골이 형성되기에 앞서서 존재하는 연골의 형태 또는 일부 어류의 지느러미살에서 볼 수 있는 것과 같이 지속되는 연골.

precava, precaval vein 전대정맥(前大靜脈) 몸의 앞쪽에서 혈액을 심장으로 운반해 오는 정맥. ≒ anterior vena cava.

precentral 중심앞의 형 (1) 중심의 앞쪽에 위치한; (2) 중심고랑(central sulcus)의 바로 앞쪽에 있는 대뇌피질의 부위에 적용되는 말; (3) 중심고랑과 평행하고 앞쪽에 있는 고랑(중심앞고랑)에 적용되는 말.

precentrum 전추체(前椎體) 명 일부 척추동물의 척추뼈에서 추체(centrum)의 앞쪽 부분.

precheliceral 협각앞의 형 협각(집게발)의 앞에 있는, 거미류에서 입 부위의 관절에 적용되는 말.

prechordal 척삭앞의 형 (1) 척삭 또는 척수의 앞에 있는, 머리뼈의 아래 부분에 적용되는 말; (2) 척추동물의 배에서 척삭의 바로 앞에 있는 내배엽의 작고 두꺼워진 부분인 판(척삭앞판)에 적용되는 말.

precingular 전대(前帶)의 형 띠(cingulum)의 앞에 있는.

precipitin 침강소(沈降素) 명 상응하는 항원과 침전물을 형성하는 특이적 항체.

P

precipitin reaction 침강반응 용액에서 항원과 항체가 결합하여 복합체가 침강하는 반응을 이용하여 시료 중의 항원이나 항체의 양을 측정하는 검사.

preclavia 전쇄골(前鎖骨) 명 어깨띠(흉대)의 한 요소.

preclimacteric 호흡상승전기(呼吸上昇前期) 형 전환기(climacteric) 또는 열매가 성숙하는 시기 이전의 시기.

preclimax 전극상(前極相) 명 극상군집보다 바로 앞선 식물군집.

preclival 형 소뇌의 비스듬틀(clivus) 앞에 있는 틈새에 적용되는 말.

precocial 조숙성(早熟性)의 형 특히 새에서 볼 수 있는 것과 같이 아주 어린 시기에 돌아다니고 먹이를 찾을 수 있는 새끼에 적용되는 말. 비 altricial.

preconnubia 혼전집합(婚前集合) 명 교배기에 앞서 동물이 모이는 현상.

precoracoid 상오훼골(上烏喙骨) 명 양서류와 파충류에서 어깨띠(흉대)의 앞쪽 복면 뼈.

precostal 형 나비류의 뒷날개에서 기저부위에 있는 작은 돌기에 적용되는 말.

precoxa 전저절(前底節) ⇨ subcoxa.

precoxal 전저절의 ⇨ subcoxal.

precrural 다리앞의 형 다리 또는 넓적다리의 앞쪽에 있는.

precuneus 쐐기앞소엽, 설전부(楔前部) 명 대뇌반구에서 마루엽(두정엽)의 안쪽 표면.

precursor 전구세포, 전구체(前驅體) 명 (1) 다른 세포들로 발달하는 세포; (2) 더욱 변형되어 효소나 호르몬 등이 되는 단백질; (3) 화합물의 형성에 관여하고 화합물이 되기 전 단계의 물질을 통틀어 이르는 말.

precystic 전포낭형(前包囊型) 형 일부 원생동물에서 피낭형성기 이전에 나타나는 작은 유형에 적용되는 말.

predaceous 'predacious'의 철자.

predacious 포식성(捕食性)의 형 원생동물과 선충류를 올가미로 잡아서 먹고 사는 포충균과(Zoopagaceae)의 곰팡이에 적용되는 말.

predator 포식자 명 다른 생물을 잡아서 죽이고 먹이로 하는 생물을 통틀어 이르는 말.

predator chain 포식사슬 식물에서 시작하여 초식동물을 거쳐 육식동물로 이어지는 먹이사슬. 비 parasite chain, saprophyte chain.

predator-prey relationship 포식자먹이관계 종이 다른 두 생물들 간에서 어느 한쪽(포식자)이 다른 쪽(먹이)을 잡아서 먹고 사는 상호작용.

predentine 전상아질(前象牙質) 명 석회화되기 이전에 주로 원섬유(fibril)로 구성된 분화되지 않은 상태의 상아질.

prednisone 프레드니손 명 항염증작용을 하는 스테로이드.

pre-embryo 전배아(前胚芽) 명 포유동물의 수정란과 포배형성까지의 난할기를 때때로 이르는 말.

preen gland 꽁지샘 ⇨ oil gland.

pre-epistome 전구상돌기(前口上突起) 명 거미류에서 구상돌기(epistome)의 기부를 덮는 판.

pre-erythrocytic 전적혈구의 형 말라리아 기생충의 생활주기에서 사람의 숙주조직에 사는 시기에 적용되는 말. 분열생식포자(schizont)로부터 적혈구에 침입하는 분열소체가 만들어진다.

prefemur 앞넓적다리, 전퇴절(前腿節) 명 바다거미류의 움직이는 다리에서 볼 수 있는 것과 같은 두 번째 도래마디(trochanter).

preferential species 선호종 여러 다른

군집에서 나타나지만 어느 특정한 군집에서 더욱 잘 자라거나 더 흔한 종.

preflagellate 전편모기(前鞭毛期)의 형 파동편모충(trypanosome)에서 포낭기와 편모기의 중간에 해당하는 시기에 적용되는 말.

prefloration 화전현상(花前現象) 명 꽃눈 속에 있는 꽃잎들의 유형과 배열.

prefoliation 아전현상(芽前現象) 명 눈(bud) 속에 있는 보통잎들의 유형과 배열.

preformation theory 전성설(前成說) 정자 속에는 성체의 축소형인 호문쿨루스(정자속 소인)가 들어 있고 이로부터 배가 발생한다고 18세기까지 통용되던 설.

prefrontal 이마뼈앞의, 전전두골(前前頭骨)의 형 어떤 척추동물에서 이마뼈의 앞에 있는 뼈에 적용되는 말.

preganglionic 전신경절(前神經節)의 형 척수에서 나와서 교감신경절의 시냅스에서 끝나는 신경섬유(전신경절섬유)에 적용되는 말.

pregenital 앞생식의 형 (1) 생식문(genital opening)의 앞에 위치한; (2) 거미류에서 네 번째 쌍의 움직이는 다리 위에 있는 마디(앞생식마디)에 적용되는 말.

pregnenolone 프레그네놀론 명 모든 스테로이드호르몬의 전구체인 콜레스테롤 유도체. ACTH에 의해 합성이 촉진된다.

prehallux 전중족골(前中足骨) 명 뒷다리에서 생기는 제대로 발달하지 못한 여분의 발가락.

prehaustorium 가흡기(假吸器) 명 제대로 발달하지 못한 뿌리 모양의 빨판.

prehensile 잡을 수 있는 형 움켜잡거나 붙드는 데 적응된.

prehepatic 간전(肝前)의 형 소화관에서 간의 앞쪽 부위에 적용되는 말.

prehyoid 설악(舌顎)의 형 (1) 아래턱과 목뿔뼈에 관련된 말; (2) 아래턱과 목뿔활(설골궁)의 복부 사이에 있는 틈새에 적용되는 말.

prehypophysis 뇌하수체전엽 ⇨ prepituitary.

preimaginal 전성충(前成蟲)의 형 성충(imago)이나 성체 시기보다 앞선.

preimaginal conditioning 전성충조건화 곤충에서 유충 시기에 학습한 반응이 성체에서도 유지되는 것.

preimplantation 착상전의 형 자궁벽에 착상되기 이전의 포배기에 있는 포유동물의 배에 적용되는 말.

preinterparietal 형 상후두골(supraoccipital bone)이 형성되는 위쪽의 작은 두 개의 막성 중심 가운데 하나에 적용되는 말.

prelacteal 형 젖니에 앞서 나타날 수 있는 치아생성에 관련된 말.

premandibular 큰턱앞의 형 (1) 큰턱(mandible)의 앞에 있는; (2) 창고기의 원체절(somite)에 적용되는 말; (3) 어떤 파충류의 뼈에 적용되는 말.

premaxilla 앞위턱뼈, 전악골(前顎骨) 명 대부분의 척추동물에서 위턱뼈(maxilla) 앞쪽에 있는 한 쌍의 뼈 또는 연골. 육상의 척추동물에서는 여기에 치아가 달린다. 대부분의 진골어류에서 앞위턱뼈는 위턱뼈에 관계없이 앞으로 튀어나올 수 있다. 복 **premaxillae**.

premaxillary 앞위턱뼈의 형 (1) 위턱뼈의 앞에 있는; (2) 앞위턱뼈(premaxilla)와 관련된 말.

premedian 중심앞의 형 (1) 몸이나 부분의 중심 앞에 있는; (2) 어떤 곤충의 날개에서 중앙맥(median vein)의 앞에 있는 날개맥(전중맥)에 적용되는 말.

prementum 전기절(前基節) 명 곤충에서 아랫입술과 입술수염이 달리는 뒷마디의 양부속지가 융합한 것.

pre-messenger RNA mRNA전구체 ⇨ pre-mRNA.

premetaphase 전중기 ⇨ prometaphase.

premolars 앞어금니 명복 포유동물의 치열에서 송곳니와 어금니 사이에 있는 이빨.

premorse 단절형의 형 끝을 물어뜯은 것처럼 불규칙하고 갑자기 끝나는.

premotor 운동전의 형 1차운동피질의 앞에 있는 운동피질의 부분.

pre-mRNA mRNA전구체 인트론이 제거되고 그 밖의 변형이 일어나기 전의 단백질을 암호화하는 유전자의 전사물.

premyoblast 전근원세포(前筋原細胞) 명 근원세포(myoblast)를 생기게 하는 세포.

prenasal 앞코뼈의 형 어떤 척추동물의 머리뼈에서 중사골(mesethmoid) 앞의 사이막에서 발달하는 뼈에 적용되는 말.

prenatal 출생전의, 산전(産前)의 형 출산 전의, 자궁의 태아를 대상으로 실시하는 유전적 결함의 검사에 적용되는 말.

prenylation 프레닐화 명 파르네실(farnesyl)기 또는 제라닐제라닐(geranylgeranyl)기와 같은 이소프레노이드지질기가 단백질에 공유결합으로 부착하는 번역후 변형. 프레닐화의 결과로 지질기를 통하여 막에 결합할 수 있게 된다.

preoccipital 뒤통수앞의 형 대뇌반구 뒤쪽 끝의 앞에 있는 함입부 또는 패임에 적용되는 말.

preocular 눈앞의 형 더듬이나 비늘처럼 눈의 앞에 있는.

preopercular 아가미뚜껑앞의, 전새개(前鰓蓋)의 형 (1) 아가미뚜껑의 앞에 있는; (2) 어떤 물고기의 발광기관에 적용되는 말; (3) 뼈, 즉 아가미뚜껑앞뼈(전새개골)에 해당하는 말.

preoperculum 아가미뚜껑앞뼈, 전새개골(前鰓蓋骨) 명 물고기에서 아가미뚜껑의 앞에 있는 막골.

preoptic area 시각교차앞구역 시상하부에서 성적 이형 핵(sexually dimorphic nucleus)이 들어 있는 구역.

preoptic nerve 보습코기관과 연관되고 코의 점막에서 끝나는 뇌신경.

preoral 입앞의 형 입의 앞에 위치한.

preorbital 눈구멍앞의, 전안와(前眼窩)의 형 (1) 눈구멍의 앞에 있는, 진골어류의 뼈에 적용되는 말; (2) 반추동물의 샘(안하선)에 적용되는 말.

prepatagium 전비막(前飛膜), 전익막(前翼膜) 명 (1) 새의 위팔과 아래팔 사이에서 넓게 확장된 피부의 주름; (2) 날여우원숭이류의 목과 앞발 사이에 있는 피부의 일부.

prepatellar 무릎앞의, 전슬개(前膝蓋)의 형 무릎뼈(슬개골)의 하부와 피부 사이에 있는 주머니(무릎앞주머니, 슬개전낭)에 적용되는 말.

prepattern 전양상(前樣相) 명 동물의 발생에서 수정란에 분자적 발생신호들이 이미 공간적으로 정리되어 있고 이에 따라 발생이 유도된다는 것.

prepenna 새끼솜깃털 명 어린 새의 솜깃털.

prepeptide 프리펩티드 명 소포체에 들어간 다음에 많은 폴리펩티드가 떨어져나가는 신호펩티드.

prepharynx 전인두(前咽頭) 명 흡충류에서 구흡반(oral sucker)과 인두를 연결하는 좁고 벽이 얇은 구조.

prephragma 전가로막 명 곤충에서 등판(notum)과 관련하여 발달하는 가로막(격벽).

prepituitary 뇌하수체전엽 명 뇌하수체의 앞쪽 엽인 선하수체(adenohypophysis).

preplacental 태반형성전의 형 태반이 형성되거나 발달하기 전에 나타나는.

P

preplumula 전깃털 명 새에서 성체의 솜깃털이 되는 새끼새의 솜깃털.

prepollex 전엄지발가락 명 일부 양서류와 파충류에서 엄지발가락이 나오기 전에 때때로 볼 수 있는 제대로 발달하지 못한 여분의 발가락.

prepotency 강력유전(强力遺傳), 우세유전 명 (1) 자신의 수술에서 나온 꽃가루와 다른 꽃의 꽃가루를 동시에 주었을 때 다른 꽃의 꽃가루가 더 잘 수분되는 현상; (2) 양친 중 어느 한쪽이 다른 쪽보다 자손에게 더 많은 형질을 물려주는 능력.

prepotent 우세한 형 (1) 다수의 형질을 물려주는, 유전적 교배에서 양친 중 어느 한쪽에 적용되는 말; (2) 타가수분을 우선하는 성질을 나타내는 꽃에 적용되는 말; (3) 여러 반사(reflex) 가운데 어느 한 반사가 우선하는.

preprohormone 프리프로호르몬 명 폴리펩티드 프로호르몬(prohormone)의 전구체. mRNA에서 합성되는 폴리펩티드사슬에 해당하며, 나중에 효소의 작용으로 쪼개져서 처음에 프로호르몬이 되었다가 이어서 활성을 띠는 호르몬이 된다.

preprophase band 전기전(前期前)띠 유사분열과 세포분열에 앞서 원형질막 아래에서 식물세포의 둘레를 따라 형성되는 미세소관과 액틴의 띠.

preproprotein 프리프로단백질 명 신호서열(프리펩티드)로부터 분비된 일부 단백질의 초기 형태. 프로펩티드가 떨어져 나가고 기능적인 단백질이 남는다.

preprotein 단백질전구물 명 일시적인 단백질 전구체. 말단부위가 신속하게 절단되어 프리프로인슐린에서 만들어지는 프로인슐린처럼 안정적인 프로단백질을 만들거나 많은 막단백질에서 볼 수 있는 것과 같이 기능적인 단백질을 만든다.

prepubertal 사춘기전의 형 사춘기 또는 성적 성숙기 이전의 나이 또는 상태와 관련된 말.

prepubic 전치골의, 치골전의 형 (1) 전치골(prepubis)과 관련된 말; (2) 어떤 물고기에서 볼 수 있는 것과 같이 요대에서 나오는 돌기에 적용되는 말; (3) 치골(두덩뼈)의 앞에 있는; (4) 일부 척추동물의 치골에 있는 가늘고 긴 돌기에 적용되는 말.

prepubis 전치골(前恥骨) 명 어떤 파충류와 어류의 요대의 일부.

prepuce 음경꺼풀, 포피(包皮) 명 음경(penis)의 외피 부분.

prepupa 전용(前蛹) 명 일부 곤충에서 번데기가 되기 전의 휴지기.

preputial 음경꺼풀의, 포피의 형 음경꺼풀(포피)과 관련된 말.

prepygidial 항문상판앞의 형 항문상판(pygidium) 앞쪽의, 다모류의 생장대에 적용되는 말.

prepyloric 유문(幽門)앞의 형 갑각류의 위저작기(gastric mill)에서 유문의 골편과 서로 맞물리는 골편에 적용되는 말.

prepyramidal 추체앞의 형 (1) 소뇌의 추체(피라미드) 앞에 있는, 틈새에 적용되는 말; (2) 적핵척수로(rubrospinal tract)에 적용되는 말.

prereduction 전환원(前還元) 명 감수제1분열에서 염색체의 수가 반으로 줄어드는 것.

prescutum 전순판(前楯板) 명 곤충의 등판의 앞쪽 경판.

presegmental 체절앞의 형 체절이나 원체절(somite)의 앞에 있는.

presentation time 자극역시(刺戟閾時) 반응이 일어나는 데 필요한 연속적인 자극의 최소지속기간.

presequence 전서열 명 미토콘드리아로 들어가게 될 새로 합성된 DNA의 N말단에 있는 아미노산서열. 단백질이 세포질에서 합성된 부위로부터 미토콘드리아막을 지나 수송되기 위해 필요하다.

prespermatid 제2정모세포 명 제2정모세포(secondary spermatocyte).

presphenoid 앞나비뼈, 전접형골(前蝶形骨) 명 (1) 많은 척추동물의 머리뼈에서 바닥나비뼈(basisphenoid)의 앞에 있는 뼈; (2) 나비뼈(접형골)의 앞쪽 부분.

prespiracular 기문앞의 ⇨ pretrematic.

pressor 승압(昇壓)의 형 동맥혈압을 상승시키는.

pressure-flow hypothesis 압류설(壓流說) 식물체에서 당과 그 밖의 용질들이 삼투현상에 의해 발달한 정수압의 기울기를 따라 체관부를 통해 수송된다는 일반적으로 인정된 학설. 공급원(source)으로부터 동화산물이 체관부로 능동적으로 수송되어 체관부의 수분퍼텐셜을 낮춘다. 삼투현상에 의해 물이 들어오고 동화산물은 저장뿌리 등의 수용부(sink)로 수동적으로 운반된다. 수용부에 도달하면 능동수송에 의해 동화산물이 체관부로부터 빠져나가면서 체관부 내의 수분퍼텐셜이 상승하여 물이 삼투에 의해 체관에서 나간다.

presternal 가슴판앞의, 복장뼈앞의 형 (1) 가슴판(복판) 또는 복장뼈(흉골)의 앞에 있는; (2) 가슴판 또는 복장뼈의 앞쪽 부분과 관련된 말; (3) 복장뼈의 위쪽 가장자리에 있는 목정맥구멍패임(jugular notch)에 적용되는 말.

presternum 복장뼈자루, 배판앞조각 명 (1) 복장뼈자루(manubrium) 또는 복장뼈의 앞쪽 부분; (2) 곤충의 배판에서 앞쪽 경피.

prestomium 입구멍 명 물거나 빠는 곤충에서 먹이를 섭취하는 데 쓰이는 구기의 끝 사이에 있는 구멍.

presumptive 발생예정의 형 정상적 발생과정에서 특정조직이 될 배의 세포나 조직에 적용되는 말(예: 예정내배엽, 예정중배엽).

presynaptic 시냅스전의 형 (1) 시냅스에서 흥분을 전달하는 쪽에 있는 뉴런이나 뉴런의 일부(예: 축삭말단의 막)에 적용되는 말; (2) 축삭말단에서 신경전달물질을 방출하는 소포에 적용되는 말.

presynaptic facilitation 시냅스전 촉진 어느 한 뉴런과 다른 뉴런 간의 시냅스를 통한 전달이 시냅스전 뉴런의 축삭말단과 시냅스를 형성하는 제3의 뉴런의 작용에 의해 증진되는 현상.

presynaptic inhibition 시냅스전 억제 억제성 뉴런이 다른 뉴런의 축삭말단에 가하는 작용.

pretarsus 앞발목마디 명 곤충과 거미류에서 다리나 발톱의 끝부분 또는 돌출한 부분.

pretrematic 구멍앞의, 새신경전(鰓神經前)의 형 아가미틈이나 기문과 같은 구멍의 앞에 있는.

prevalence 출현율, 유병률(有病率) 명 집단에서 어떤 것(예: 질병)이 나타나는 정도. 형 **prevalent** 널리 퍼져 있는.

prevenule 전소정맥 명 모세혈관에서 소정맥으로 혈액을 운반하는 작은 혈관.

prevernal 초봄의 형 이른 봄과 관련된, 또는 이른 봄에 출현하는.

prevertebral 척추앞의 형 (1) 척주의 앞쪽 부위에 관련되거나 위치한; (2) 머리뼈의 바닥부위에 적용되는 말; (3) 교감신경계의 신경절에 적용되는 말.

prevomer 전서골(前鋤骨) 명 (1) 일부 척추동물에서 머리뼈의 날개돌기 앞에 있는 뼈; (2) 포유동물 이외의 척추동물의 보습뼈(서골); (3) 단공류에서 코 안의 바닥에 있는 막골.

prey 피식자(被食者) 명 다른 생물(포식

자)에 잡혀서 먹이로 이용되는 생물.

prezygapophyses 앞관절돌기 명복 척추뼈의 앞쪽 관절돌기. 척추뼈에서 바로 앞에 이어지는 뒤관절돌기(postzygapophyses)와 관절로 이어져 있다.

Priapulida 새예동물문, priapulids 새예동물(鰓曳動物) 명, 명복 바다 밑을 파고 들어가 사는 벌레처럼 생긴 의체강동물의 문. 사마귀가 난 고리 모양의 몸을 갖고 입 주위에는 가시가 있다.

Pribnow box 프리브노배열, 프리브노상자 원핵생물 유전자의 촉진유전자부위에 있는 짧은 염기배열. RNA중합효소의 주된 인식부위이다. 전사개시점 앞의 약 10 염기쌍에 존재하며 공통서열은 TATAATG이다.

prickle cells 가시세포 다층의 편평상피에서 깊은 층의 세포. 케라틴섬유의 다발로 연결된다. 세포를 분리하여 현미경으로 관찰하면 표면에서 다발을 이루는 '가시' 모양의 돌기가 나타난다.

primaquine 프리마퀸 명 말라리아 치료약. 포도당-6-인산탈수소효소가 결핍된 사람에게는 용혈반응을 일으킬 수 있다.

primary 1차의 형 (1) 첫째의; (2) 주요한; (3) 원래의; (4) 명 **1차깃털** 새의 날개에서 주된 비행깃털의 하나. 손뼈의 뒤쪽 가장자리 부위에 붙어 있다. 복 **primaries**.

primary cambium 1차형성층 ⇨ procambium.

primary cell wall 1차세포벽 식물세포에서 처음 만들어지는 세포벽. 세포의 생장 이전과 생장하는 동안에 형성되며, 헤미셀룰로오스와 당단백질 및 펙틴질의 기질에 있는 섬유소 미세원섬유들로 구성된다. 1차세포벽은 어느 정도 가소성이 좋은 물질이며, 활발하게 분열하는 대부분의 세포 또는 광합성이나 분비에 관여하는 세포에 있는 유일한 세포벽이다. 비 secondary cell wall.

primary centre 1차중심 중추신경계, 특히 감각피질의 일부. 감각기관으로부터 오는 감각입력을 처음 받는 곳이다.

primary consumer 1차소비자 ⇨ herbivore.

primary culture 1차배양 조직에서 직접 분리한 세포를 배양하는 것.

primary ecological succession 1차생태적 천이 ⇨ primary succession.

primary endosperm nucleus 1차배젖핵 꽃식물의 배낭 속에서 1개의 생식핵과 2개의 극핵이 융합해서 이루어진 3배체 핵. 1차배젖핵이 들어 있는 세포가 유사분열에 의해 분열하여 종자의 배젖(endosperm)을 형성한다.

primary feathers 1차깃털 ⇨ primaries.

primary focus 원발병소 증식하는 B세포들과 T세포들이 림프절에 모이는 것. 상응하는 T세포의 존재 하에서 항원에 의해 촉진된 B세포들에 의해 형성된다.

primary follicle 1차여포 ⇨ follicle (3).

primary germ layers 1차배엽 ⇨ germ layers.

primary growth 1기생장 식물의 배에서 뿌리와 줄기의 정단분열조직이 개시되는 시점부터 이들의 확대와 분화가 완료될 때까지 뿌리와 줄기가 생장하는 것. 비 secondary growth.

primary host 1차숙주 기생생물이 그 생활주기의 대부분을 보내고 그 안에서 성적으로 성숙하는 숙주.

primary immune response 1차면역반응 이전에 맞닥뜨린 적이 없는 항원과 접촉했을 때 발생하는 면역반응. 반응이 일어나는 데 1주까지의 기간이 소요되고, 1주나 2주 후에 최대에 도달한다. 비

secondary immune response.

primary induction **1차유도** ⇨ neural induction.

primary lymphoid organs **1차림프기관** 포유동물에서 각각 B림프구와 T림프구를 생성하는 골수와 가슴샘. 그렇지만 면역반응에 직접 참여하지 않는다.

primary meristems **1기분열조직** 발생 중인 식물의 배에 있는 분열조직. 표피가 될 바깥쪽의 원표피(protoderm), 엉성한 기본조직으로 발달할 안쪽의 기본분열조직(ground meristem) 그리고 관다발이 생기게 될 중심에 있는 전형성층(procambium) 또는 전형성층가닥으로 구성된다.

primary metabolism **1차대사** 세포나 생물이 살아 있도록 유지하는 데 필수적인 대사반응.

primary mycelium **1차균사체** 담자포자에서 유래된 반수체의 균사체.

primary oocyte **제1난모세포** 난자형성에서 감수제1분열에 들어갈 시점에 있는 2배체의 암생식세포. 큰 핵인 난핵(germinal vesicle)을 갖는 큰 세포이다.

primary organizer **1차형성체** ⇨ organizer.

primary phloem **1기체관부** 1기생장을 통해 1차형성층에서 유래된 체관부인 원생체관부(protophloem)와 후생체관부(metaphloem)를 통틀어 이르는 말.

primary pit fields **1차벽공역** 식물의 세포벽에서 많은 세포질연락사를 포함하고 벽공들이 무리를 이루는 부위들.

primary plant body **1기식물체** 정단분열조직에서의 생장에 의해 형성되는 식물체.

primary producer **1차생산자** ⇨ autotroph.

primary production (PP) **1차생산** 독립영양생물(autotroph)에 의해 무기탄소와 그 밖의 무기영양소들이 유기물로 동화되고 고정되는 것. 따라서 독립영양생물을 1차생산자(primary producer)라고 부른다.

primary productivity **1차생산력** 생태계에서 독립영양생물에 의해 단위시간에 고정되는 유기물의 양.

primary root **1차뿌리, 주근(主根)** 식물의 유식물에서 배뿌리(radicle)가 계속 발달하여 생긴 뿌리.

primary sere **1차천이계열** 이전에 식물이 자라지 않았던 지역의 나지로부터 출발하여 극상군집으로 끝나는 자연적인 식물의 천이.

primary sexual characters **1차성징** 생식기관과 배우자와 관련한 암컷과 수컷 간의 차이.

primary spermatocyte **제1정모세포** ⇨ spermatocyte.

primary structure **1차구조** 단백질에서 아미노산의 순서. 핵산에서는 뉴클레오티드의 순서를 가리킨다.

primary succession **1차천이** 나지로부터 시작되는 식물의 천이.

primary transcript **1차전사물** 진핵세포에서 유전자로부터 전사되었지만 아직 이어맞추기나 고깔형성 또는 아데닐산중합반응 등에 의해 변형되지 않은 RNA.

primase **프리마아제, 시발효소** 명 DNA 복제에서 DNA의 합성을 위한 RNA시발체(primer)를 합성하는 RNA중합효소.

Primates **영장류(靈長類)** 명 팔레오세(Paleocene)부터 현재까지 알려져 있는 포유동물의 목. 나무두더지, 여우원숭이, 원숭이, 유인원과 사람이 포함된다. 기어오르거나 뛰어 오르거나 매달리며 건너가도록 변형된 4지를 가지고 대체로 나무에서 생활한다. 몸의 크기에 비해 큰 뇌를 가지며, 주둥이는 짧고, 흔히 입체시(stereoscopic vision)를 갖는 정교한 시각장치를 갖는다.

prime movers 원동력(原動力) 진화적 변화의 방향을 결정짓는 궁극요인. 이러한 요인은 두 가지가 있는데, 그 중 한 가지는 생물에 존재하는 발생프로그램에 의한 전적응과 억제와 같은 기본적 유전기구이고, 다른 한 가지는 자연선택의 작용인자들을 구성하는 모든 환경영향의 세트이다.

primer 시발체, 프라이머 명 (1) DNA중합효소가 새로운 DNA사슬의 신장을 시작하기 전에 DNA주형에서 합성되어야 하는 짧은 RNA. 나중에 시발체는 제거되고 틈은 DNA로 채워진다; (2) 중합효소연쇄반응(PCR)에서 복사되는 유전자의 측면부위와 상보적인 한 쌍의 합성 올리고뉴클레오티드.

priming 초회항원자극, 점화하기 명 (1) T세포에서 전문적 항원표출세포 상에서 항원과 접한 다음 작동상태로 활성화되는 것; (2) 학습에서 같은 자극이나 관련된 자극을 이전에 접한 결과로 자극을 처리하는 데 있어서 변화가 일어나는 것.

primite 명 원생동물 족포자충류(gregarines)의 사슬 모양 군체에서 쌍을 이루는 개체들의 앞쪽.

primitive 원시적(原始的) 형 (1) 원시적인; (2) 분화되거나 특수화되지 않은 상태의; (3) 진화에서 처음 나타나고 이로부터 보다 진보된 다른 형질들이 생겨난 형질(원시형질)에 적용되는 말. 항상 그런 것은 아니지만 원시형질은 진화한 형질보다 보통 덜 복잡하다.

primitive ectoderm 원시외배엽 포유동물에서 진배(embryo proper)가 생기게 하는 포배의 안쪽 세포덩어리 부분. ≒ **epiblast**.

primitive endoderm 원시내배엽 포유동물에서 배외막이 생기는 포배의 안쪽 세포덩어리 부분.

primitive node 원결절(原結節) 원조(primitive streak)가 시작되는 증식세포의 부위.

primitive pit 원와(原窩) 원조의 주름이 만나는 앞쪽 끝에 있는 막힌 부분.

primitive streak 원조(原條) 파충류와 조류 그리고 포유동물의 배발생 초기에서 배반엽상층(epiblast)에 발달하는 두 줄의 평행한 세로주름. 세포들이 배의 안쪽으로 이동하여 척삭을 형성하는 부위에 해당한다. 원조의 앞쪽 끝은 양서류의 원구상순부에 상응하는 형성체 부위이다.

primordial 원시의 형 (1) 원시적인; (2) 원래의; (3) 처음 형성된; (4) 원시생식세포 등과 같이 특정한 세포형이나 조직으로 발달하는 배아세포에 적용되는 말.

primordial cell 원시세포 ⇨ initial.

primordial follicle 원시여포 발생의 가장 초기 단계에서 사람의 미성숙한 난소여포. 난모세포는 감수제1분열의 전기단계에서 분열이 정지되어 있고 한 층의 여포세포로 둘러싸여 있다.

primordial germ cell 원시생식세포 성이 분화되지 않은 배발생 초기에서 그 자손세포가 궁극적으로 난자나 정자가 되는 세포들.

primordium 원기(原基) 명 (1) 원형(original form); (2) 모습을 띠기 시작하는 시기의 발생 중인 구조, ≒ anlage; (3) [식] 잎원기나 꽃원기 등과 같이 특정한 구조를 형성하는 분화되지 않은 상태의 세포집단. 복 **primordia**.

primosome 프리모솜 명 DNA의 복제에서 RNA시발체(primer) 형성을 개시하는 데 관여하는 단백질들의 복합체.

Primulales 앵초목 명 초본과 관목 그리고 교목인 쌍떡잎식물의 목. 열대지방의 테오프라스타과(Theophrastaceae)와 자금우과(Myrsinaceae) 그리고 온대지방의 앵초과(Primulaceae)로 구성된다.

Principes 종려목(Arecales)의 야자과 식물.

principle of antithesis 반정립법칙(反定立法則) 동물이 흔히 반대의 표현이나 자세로 반대의 의미를 갖는 신호를 전달한다는 법칙. 다윈(Charles Darwin)이 처음 주장하였다.

priodont 형 (1) 이가 톱 모양인; (2) 큰턱의 돌기가 가장 작게 발달한 사슴벌레에 적용되는 말.

prion 프리온, 감염성 단백질체 양의 스크래피(면양퇴행성 신경증후군), 소의 광우병(소해면상뇌증, BSE) 그리고 사람의 야콥병(크로이츠펠트-야콥병, CJD)과 같은 전염성 해면상뇌증을 유발하는 단백질성 감염입자. 핵산이 들어 있지 않다. 정상적인 포유동물의 세포표면단백질(PrP)이 입체구조가 다른 형태로 접히면서 신경세포에 독성을 띠고 단백질분해에 내성을 갖는 응집체를 형성한다. 잘못 접힌 형태가 정상적인 PrP단백질을 병원성 입체구조(PrP*)로 변환시키면서 프리온이 병원성을 획득하게 되고 자기복제가 가능해진다.

prisere 1차천이계열 ⇨ primary sere.

prismatic 프리즘의, 능주(稜柱)의 형 (1) 프리즘(prism)처럼 생긴, 세포나 잎에 적용되는 말; (2) 껍데기의 능주층(prismatic layer)과 같이 프리즘으로 구성된; (3) 수직축이 수평축보다 긴 각기둥 모양의 흙부스러기에 적용되는 말.

private 개별의 형 조직적합성 항원의 혈청학적 분석에서 특정 단상형에 대해 독특한 항원결정기에 적용되는 말. 비 public.

Pro 프롤린(proline).

pro- '전에'를 뜻하는 그리스어 '*pro*'에서 유래되고 '-에 앞서서', '-의 앞쪽에', '전구물질인' 등을 의미하는 접두사 또는 '앞으로'를 뜻하는 라틴어 '*pro*'에서 유래된 접두사.

pro-acrosome 전첨체(前尖體) 명 정세포에서 첨체(acrosome)로 발달하는 구조.

proamnion 전양막(前羊膜) 명 파충류와 조류 그리고 포유동물에서 초기 배의 머리 앞쪽의 배반엽(blastoderm) 부분.

proandry 프로안드리 명 정소의 앞쪽 쌍만 남아 있는 메로안드리(meroandry).

proangiosperm 원속씨식물 명 속씨식물의 화석형.

proatlas 앞고리뼈, 전환추(前環椎) 명 어떤 파충류에서 고리뼈(atlas)와 머리뼈 사이에 끼어 있는 중앙의 뼈.

proband 계보발단자 명 어떤 가계(pedigree)에서 유전병이 생기게끔 결정적 역할을 한 것으로 추정되는 개인. ≒ propositus.

probasidium 전담자기(前擔子器) 명 (1) 이형담자균류(heterobasidiomycetes)에서 발아하여 담자기(전균사체)를 형성하는 벽이 두꺼운 휴면포자; (2) 담자포자가 생성되기 전의 아직 성숙하지 못한 담자기.

pro-B cells 프로B세포 골수에서 B세포 특이적인 표면단백질을 표출하지만 아직 무거운 사슬의 재배열이 끝나지 않은 발생 중인 B세포.

probe 탐침(探針) 명 (1) 선택적인 잡종화로 핵산의 특정한 염기순서를 가진 DNA를 찾아내고 동정하는 데 이용되는 이미 알려져 있는 표지된 DNA절편, ⇨ DNA hybridization; (2) 단백질을 검출하고 동정하는 데 이용되는 표지항체.

Proboscidea 장비목(長鼻目) 명 에오세(Eocene)부터 현재까지 알려져 있는 초식성 태반포유동물의 목. 코끼리와 멸종된 매머드와 마스토돈이 포함된다. 이들은 몸집이 크고 거대한 골격과 통통한 다리를 가지며, 앞니는 엄니로 변형되었다.

proboscidiform 주둥이모양의 형 주둥이(proboscis)처럼 생긴.

proboscis 주둥이, 문(吻) 명 (1) 곤충과 환형동물 그리고 유형동물의 머리에서 먹이를 먹는 데 이용되는 코와 비슷한 돌출부; (2) 코끼리 등의 포유동물에서 볼 수 있는 길쭉한 코.

proboscis worms 유형동물(紐形動物) 유형동물문(Nemertea)의 일반적인 명칭.

probud 원아(原芽), 원눈 명 일부 피낭동물의 눈줄기(stolon)에서 나오는 어린 눈. 위족으로 움직이면서 특수화된 돌기를 만들고 분열하여 뚜렷한 눈을 형성한다.

procambium 전형성층(前形成層) 명 관다발이 발달하게 될 분열조직. ≒ procambial strand.

procarp 전과체(前果體) 명 홍조류에서 조과기와 수정모 및 조세포들로 구성되는 암컷 기관.

procartilage 전연골(前軟骨) 명 연골형성의 초기 단계.

procary- ⇨ prokary-.

procaspase 프로카스파아제 명 절단되면서 활성화하는 카스파아제(caspase)의 불활성형.

procedural memory 절차기억 ⇨ non-declarative memory.

Procellariiformes 슴새목 명 윗부리에 커다란 관 모양의 콧구멍이 있고 부리가 굽은 바닷새의 목. 알바트로스, 슴새(shearwater), 바다제비 등이 있다. ≒ tubenoses.

procercoid 원미충 명 제1중간숙주에 있는 어떤 촌충류의 초기 유충형.

procerebrum 전대뇌(前大腦) 명 곤충의 더듬이 앞쪽 부위에 발달하는 전뇌.

procerus 눈살근 명 코의 추체근(pyramidal muscle).

process 과정, 돌기 명 (1) 반응 또는 절차; (2) 신경세포의 축삭과 수상돌기처럼 세포의 길쭉한 부분; (3) 어느 구조에서 길게 신장한 돌출부를 통틀어 이르는 말.

processed pseudogene 가공위유전자(加工僞遺傳子) mRNA의 역전사에 의해 유래되어 유전체에 이입되는 위유전자(pseudogene).

processing 가공 ⇨ RNA processing.

processive enzyme 부착성 효소 되풀이되는 촉매작용들 간에서 기질로부터 떨어지지 않는 효소.

prochirality 프로키랄리티 명 분자의 화학구조에서 좌우상(handedness)이 없어서 거울상들이 서로 겹쳐질 수 있고 광학적으로 불활성인 성질. 형 **prochiral**. 비 chirality.

Prochlorophyta, prochlorophytes 원녹조식물문, 원녹조류(原綠藻類) 명, 명복 엽록소 *a*와 엽록소 *b*가 들어 있지만 피코빌리단백질이 없어서 남세균보다는 식물의 엽록체와 비슷한, 광합성을 하는 원핵생물. 외부공생을 하는 종들과 독립생활성 종들이 모두 포함된다.

prochorion 전융모막(前絨毛膜), 전장막(前漿膜) 명 융모막(장막)이 생기기 이전에 배를 감싸는 구조.

proclimax 전극상(前極相) 명 보통의 기후극상 대신에 나타나고 기후에 의해 결정되지 않는 천이계열의 단계. ≒ subclimax.

procoelous 전요(前凹)의 형 앞면이 오목한, 척추의 추체(전요추체)에 적용되는 말.

procollagen 전아교질(前阿膠質), 프로콜라겐 명 섬유성 단백질인 아교질(콜라겐)

의 수용성 전구물질. 말단의 펩티드들이 떨어진 다음에 모아교질(트로포콜라겐)이 형성된다.

proconvertin ⇨ Factor VII.

procoracoid 전오훼골(前烏喙骨) 명 양서류 유미류(urodele)의 관절오목(glenoid fossa)에서 앞쪽으로 나오는 돌출부.

procruscula 프로크루스쿨라 명복 레디아(redia)의 후반부에 있는 한 쌍의 뭉툭하고 움직이는 돌출부.

procrypsis 은폐(隱蔽) 명 (1) 동물이 그들의 정상적인 환경에서 자신을 눈에 덜 띠게 하는 모양, 무늬, 색깔 또는 행동; (2) 은폐 또는 위장(camouflage). 형 **procryptic**.

proctal 항문의 형 항문 부근의, 어류의 지느러미(뒷지느러미)에 적용되는 말.

proctodaeum 항문오목, 항문함(肛門陷) 명 외배엽에서 유래된 상피들이 내벽을 이루는 소화관의 가장 뒤쪽 부분. ≒ proctodeum.

proctodone 프록토돈 명 창자의 앞쪽 부분에서 분비되고 휴면을 종식시키는 것으로 생각되는 곤충 호르몬.

proctolin 프록톨린 명 어떤 갑각류의 신경계에서 신경조정 기능을 하는 신경펩티드호르몬.

procumbent 포복성(匍匐性)의, 평복성(平伏性)의 형 (1) 땅 위를 기는; (2) 표면을 따라 엉성하게 놓여 있는; (3) 방사상으로 길게 난 방사조직세포(평복방사조직세포)에 적용되는 말.

procuticle 전표피(前表皮) 명 곤충에서 단백질과 키틴질로 구성되고 내큐티클과 외큐티클로 분화되기 이전의 무색의 큐티클.

procyclic 형 기생성 운동핵편모충류의 생활주기 가운데 무척추동물 숙주에서의 발생단계에 적용되는 말.

prodeltidium 전3각판 명 위3각판(pseudodeltidium)으로 발달하는 판.

prodentine 전상아질 명 상아질이 형성되기 이전에 치아의 교두(cusp)를 덮고 있는 석회화하지 않은 기질의 층.

prodrome 전구증(前驅症) 명 질병이 일어나기 직전에 나타나는 증상. 형 **prodromal**.

prodrug 전구약물 명 체내에서 약리작용을 나타내도록 변환되는 불활성 화합물.

producer 생산자 명 광합성을 하는 녹색식물처럼 무기물에서 유기물을 합성하고 먹이사슬의 첫 번째 단계에 있는 독립영양생물. ≒ primary producer.

production 생산 명 생태학에서, 영양소들이 생체물질로 동화되는 것. ⇨ net primary production, primary production.

productive infection 생산적 감염 바이러스에서, 새로운 감염성 바이러스입자들이 만들어지는 감염.

productivity 생산력 명 단위시간에 어느 생태계에 의해 고정되는 유기물의 양. ⇨ primary production.

proecdysis 탈피전기(脫皮前期) 명 절지동물에서, 탈피를 준비하는 기간. 새로운 큐티클이 만들어지고 낡은 큐티클은 떨어진다.

proelastin 전탄력소 ⇨ elastin.

proembryo 전배(前胚) 명 (1) 식물의 배에서, 배가 진배(embryo proper)와 자루 같은 배자루(배병)로 분화되기 이전의 시기; (2) 진정한 배가 되기 이전의 배아의 구조.

proenzyme 선구효소 ⇨ zymogen.

proerythrocyte 전적혈구 ⇨ reticulocyte.

proestrum 발정전기 ⇨ pro-oestrus.

professional antigen-presenting cells 전문적 항원표출세포 항원을 표출

하고 미접촉 T세포를 활성화시킬 수 있는 수지상세포와 대식세포 및 B세포. ⇨ antigen-presenting cell.

profile-based threading 단백질의 순서로부터 단백질의 구조를 예측하는 방법의 하나.

profile transect 단면트랜섹트 미리 지정한 선을 따라 나타나는 식생을 그린 단면도. 축척에 따라 그리며 식물 줄기의 높이를 나타낸다. ≒ stratum transect.

profilin 프로필린 명 포유동물의 세포에서 아주 흔히 볼 수 있는 세포질단백질. 중합체를 형성하지 않은 액틴소단위들과 결합한다.

proflavin 프로플래빈 명 돌연변이를 일으키는 아크리딘계열염료.

profunda (1) 형 **깊은, 심부(深部)의** 깊은 곳에 위치한, 위팔동맥이나 넙다리동맥 또는 목갈비동맥의 가지에 적용되고, 혀동맥의 말단부인 설하동맥에 적용되며, 넙다리정맥에 적용되는 말; (2) 명 **심부혈관(深部血管)** 깊은 곳에 있는 동맥이나 정맥.

profundal 심저(深底)의 형 호수에서 광합성이 중단되는 깊이인 보상수심 아래에 있는 심층수와 바닥의 구역(심저대)에 적용되거나 그와 관련된 말.

profundal zone 심저대(深底帶) 호수에서 보상점(compensation point) 아래에 있는 구역. 심층수와 호수바닥으로 구성된다.

progamete 전배우자(前配偶子) 명 어떤 균류에서 협착분리(abstriction)에 의해 배우자들을 만들어 내는 구조.

progenesis 조기생식(早期生殖) 명 몸의 생장이 끝나기 전에 배우자들이 성숙하는 것.

progenitor cells 줄기세포 다른 유형의 세포를 만들어 내는 세포.

progeotropism 양굴지성(陽屈地性) 명 양성굴지성.

progeric 조로(早老)의 형 노화가 빨리 시작하도록 유발하고 수명을 단축하는.

progestagens 프로게스타겐 명복 황체호르몬(progesterone)과 비슷하게 작용하는 일군의 스테로이드들.

progestational 황체(黃體)의 형 (1) 월경 주기에서 황체가 형성되는 시기(황체기)에 적용되는 말; (2) 자궁주기(uterine cycle)를 조절하고 수정란이 자궁에 착상하도록 도와주는 호르몬에 적용되는 말.

progesterone 황체호르몬 명 포유동물 암컷의 황체와 태반에서 분비되는 스테로이드호르몬. 자궁이 수정란을 받도록 준비하고, 임신기간 중에 자궁을 유지하며, 임신 중에 배란을 억제하고 그 밖의 일부 호르몬의 전구물질의 구실을 한다. 일부 피임약의 성분이다. ≒ progestin, progestone. 예전에는 ‘luteal hormone’ 또는 ‘luteosterone’으로도 알려져 있었다.

progestin 프로게스틴, progestone 프로게스톤 황체호르몬(progesterone)의 종류들.

progestogen 프로게스토겐 명 포유동물 암컷에서 황체호르몬과 비슷한 작용을 하는 화합물을 통틀어 이르는 말.

proglottid, proglottis 편절(片節), 마디 명 촌충류의 성충에서 일련의 생식구조들이 들어 있는 각 마디의 부분. 뒤쪽의 편절에서 만들어지는 알은 대변과 함께 배출되었다가 다시 중간숙주에 들어가서 부화한다. 복 proglottids, proglottides.

prognathous 주걱턱의 형 (1) 튀어나온 턱을 갖는; (2) 입(구기)이 아래쪽으로 돌출된, 곤충에 적용되는 말.

progonal 생식융기앞의 형 생식융기(genital ridge)의 앞쪽 불임부에 적용되는 말.

progoneate 전문(前門)의 형 일부 절지동물에서 볼 수 있는 것과 같이 생식구(genital aperture)가 몸의 앞쪽에 있는.

programmed cell death 예정세포사(豫定細胞死) 생물의 발생과 생리에서 정상적인 일부로 나타나는 세포의 죽음. 이렇게 하여 죽는 세포는 괴사(necrosis)가 아니라 세포자살(apoptosis)을 겪게 된다.

progressive provisioning 규칙적 급식 유충에게 되풀이해서 먹이를 먹이는 일. 비 mass provisioning.

progress zone 진행대 발생 중인 척추동물의 4지에서, 팔다리싹(지아)의 정단외배엽융기 바로 밑에서 활발하게 분열하는 중배엽 세포들의 집단. 이곳에서 4지의 세포들을 공급한다.

Progymnophyta, progymnophytes, progymnosperms 원겉씨식물문, 원겉씨식물 명, 명복, 명복 겉씨식물의 2기 물관부와 비슷한 2기물관부를 갖고 포자가 달린 멸종된 목본식물과 교목의 문. 겉씨식물의 조상으로 여겨진다.

prohaptor 전부착기(前附着器) 명 흡충류의 앞쪽에 있는 부착기관.

prohormone 프로호르몬 명 호르몬, 특히 폴리펩티드호르몬이나 펩티드호르몬의 불활성 전구체. 이들 대부분은 분자량이 큰 폴리펩티드프로호르몬으로부터 효소의 작용으로 활성부위가 떨어지면서 생긴다.

prohydrotropism 양굴수성(陽屈水性) 명 양성굴수성(positive hydrotropism).

proinflammatory 염증유발의 형 염증을 촉진하는, 히스타민, 류코트린, 프로스타글란딘 등에 적용되는 말.

proiospory 전포자형성 명 포자들이 정상보다 이르게 발달하는 것.

projectile 사출(射出)의 형 (1) 내밀 수 있는; (2) 앞쪽으로 내밀 수 있는 구조에 적용되는 말.

projection 투사(投射) 명 뇌에서 자극을 해석함에도 불구하고 외부감각을 외부의 것으로 인지하는 것.

projection neurons 투사뉴런 뇌에서 세포체는 어느 부위에 있고 축삭은 다른 부위에 있는 뉴런. 비 local-circuit neurons.

projicient 형 멀리서 오는 빛이나 소리 등의 자극에 반응하는 감각기관에 적용되는 말.

Prokarya, Prokaryota, prokaryotes 원핵생물(原核生物) 명, 명, 명복 단세포성 미생물들인 세균역(Bacteria)과 고세균역(Archaea)을 통틀어 이르는 말. 작고 단순한 세포에는 막으로 둘러싸인 핵이나 미토콘드리아 또는 엽록체가 없고, 식물, 동물, 곰팡이, 원생동물 또는 조류의 세포들에서 볼 수 있는 그 밖의 막으로 둘러싸인 세포소기관들이 없다. 이들의 DNA는 보통 하나의 고리 모양으로 나타나고 히스톤과 복합체를 형성하지 않는다. 생화학적 차이와 DNA순서자료에 근거하여 2개의 역(domain) 또는 상계(superkingdom)인 세균역과 고세균역으로 세분한다. 형 **prokaryotic**. 비 eukaryote. (⇨ 부록 5와 6)

prokaryon 전핵(前核) 명 원핵세포의 핵양체(nucleoid)를 예전에 부르던 이름.

prolabium 윗입술중심 명 윗입술의 중심부.

prolactin 젖분비호르몬 명 뇌하수체전엽에서 분비되는 당단백질호르몬. 포유동물에서 젖의 분비를 촉진하고 일부 새에서 소낭유(crop-milk)의 생성을 촉진한다. 포유동물에서 황체를 유지하는 데 도움을 주고, 하등척추동물에서 다양한 효과를 갖는다.

prolactin-releasing hormones 젖분비호르몬방출호르몬 뇌하수체전엽에서 젖

분비호르몬이 방출되도록 촉진하는 시상하부의 펩티드들.

prolamellar body 전박막층체(前薄膜層體) 황색체(etioplast)에서 볼 수 있는 선형으로 배열된 막.

prolamines 프롤라민 명복 에탄올에 녹고 곡류의 종자에서 발견되는 단순한 단백질들. 밀의 글리아딘(gliadin), 옥수수의 제인(zein), 보리의 호르데인(hordein) 등이 포함된다.

prolarva 초기유생 명 일부 어류에서 볼 수 있는 것과 같이 갓 부화하여 처음 며칠간 배의 난황에서 영양을 공급 받고 사는 유생.

proleg 배다리, 복각(腹脚) 명 나비류와 일부 절지동물의 유생에서 복부에 있는 부속지.

proleukocyte 전백혈구 명 곤충에서 호염기성 세포질과 큰 핵을 지니고 대핵세포(대핵백혈구)로 발달하는 작은 백혈구.

proliferation 증식(增殖) 명 (1) 빈번하게 반복되는 생식에 의해 수가 늘어나는 것; (2) 세포분열에 의해 수가 증가하는 세포들에 적용되는 말.

proliferous 번식성, 증식성 형 (1) 빠르게 번식하는, 눈(bud)이 달린 잎에 적용되는 말; (2) 과잉의 부분들이 비정상적으로 발달하는.

prolification 관생(貫生) 명 정상적으로 말단인 구조에서 줄기와 잎이 발달하는 것.

proline (Pro, P) 프롤린 명 비극성 탄화수소 곁사슬을 갖는 고리형 아미노산. 엄밀하게는 이미노산(imino acid)이며, 단백질의 구성성분이다. ⇨ hydroxyproline.

proline-rich motif 프롤린모티프 세포내 신호전달경로의 많은 단백질에 들어 있는 아미노산순서모티프. SH3도메인에 의해 인식되고 결합된다.

promeristem 전분열조직 명 활발하게 분열하는 세포(원기)들과 이들로부터 갓 파생된 세포들로 구성되는 정단분열조직의 부분. ≒ protomeristem.

prometaphase 전중기(前中期) 명 유사분열과 감수분열에서 전기와 중기 사이의 시기. 대부분의 생물에서 핵막이 붕괴되고 염색체가 방추사에 부착하는 것이 특징이다.

promitochondria 불완전미토콘드리아 명복 무산소 상태에서 자란 효모에 들어 있는 비정상적인 미토콘드리아. 크리스타와 시토크롬이 없다.

promonocyte 전단핵세포 명 단핵세포로 발달하는 세포.

promonostelic 형 원생중심주(protostele) 또는 관다발의 중심주를 갖는 줄기나 뿌리에 적용되는 말.

promontory 갑(岬), 곶 명 달팽이관이나 엉치뼈(천골)에서 볼 수 있는 것과 같은 돌기 또는 돌출부.

promoter 프로모터, 촉진유전자, 촉진제 명 (1) 전사를 시작하는 데 관여하고 필요하며, RNA중합효소가 결합하는 부위와 전사의 개시점 그리고 유전자조절단백질들이 결합할 수 있는 그 밖의 다양한 부위들로 구성되는 DNA 상의 영역; (2) 그 자신에게는 발암원이 되지 않으면서 발암과정을 촉진시키는 작용물질들을 통틀어 이르는 말; (3) 견출근(protractor muscle).

promycelium 전균사체 명 녹병균과 깜부기병균의 겨울포자로부터 발아하고 담자포자를 만드는 짧은 균사.

promyelocyte 전골수구(前骨髓球) 명 과립백혈구 또는 단핵세포로 발달하는 골수의 세포.

pronate 내전(內轉)하는 형 손 따위를 앞으로 뻗고 손바닥이 밑으로 가게 하는.

pronation 회내(回內), 엎침 명 회내근

(pronator muscle)을 이용하여 손바닥을 아래쪽으로 돌리는 운동.

pronephros 앞콩팥, 전신(前腎) 명 배아기 또는 유생기에 처음 나타나는 콩팥. 나중에 중간콩팥(중신)과 뒤콩팥(후신)으로 대체된다. 형 **pronephric**.

proneural clusters 전신경세포집단 초파리의 신경외배엽(neurectoderm) 내에 있는 세포들의 작은 뭉치들. 이 가운데 한 세포에서 신경세포가 생긴다.

pronograde 횡위보행(橫位步行)의 형 네발짐승이 그러하듯이 몸의 긴 축을 지면에 평행하게 하여 걷는.

pronotum 앞등판, 전흉등판 명 곤충의 앞가슴(전흉)에서 등 쪽 부분.

pronucleus 전핵(前核) 명 수정되었지만 핵융합과 감수제1분열이 일어나기 전의 난자 또는 정자에 들어 있는 반수체 핵.

pronymph 전유충(前幼蟲) 명 곤충의 탈바꿈에서 애벌레(약충)에 앞선 시기.

pro-oestrus 발정전기(發情前期) 명 (1) 발정기에 앞선 시기; (2) 임신을 위한 준비기간.

proofreading 교정(校正) 명 (1) DNA합성에서, DNA중합효소가 바르게 염기쌍을 형성하지 않은 짝짝이염기들을 인식하는 능력, ⇨ editing; (2) 번역과정에서 단백질에 정확한 아미노산이 삽입되었는지를 확실히 하는 메커니즘.

pro-opiomelanocortin (POMC) 프로오피오멜라노코르틴 명 뇌하수체에서 합성되는 폴리펩티드. 뇌하수체의 전엽에서는 β-리포트로핀과 ACTH가 생성되고, 중엽에서는 α-MSH와 β-엔도르핀이 생성된다.

pro-otic (1) 명 **전이골(前耳骨)** 척추동물에서 이각(otic capsule)의 앞에 있는 뼈; (2) 형 **귀앞의** 관자뼈 바위꼭지부분의 골화중심과 관련된 말.

propagate 전파하다, 번식시키다 동 (1) 신경섬유를 따라 세기가 줄어들지 않고 퍼지는, 전기적 충격과 관련된 말; (2) 식물에서와 같이 번식시키는.

propagative 번식의, 증식의 형 생식의.

propagule 번식체(繁殖體) 명 식물이나 미생물에서 새로운 개체로 번식할 수 있고 분산의 수단으로 이용되는 포자, 종자, 열매 또는 그 밖의 부분들을 통틀어 이르는 말.

propatagium 전비막(前飛膜) 명 박쥐의 날개막에서 팔의 앞쪽 부분.

propeptide 프로펩티드 명 불활성의 전단백질(proprotein)을 떨어뜨리고 기능적 단백질을 만드는 펩티드.

properdin 프로페르딘 명 보체활성의 대체경로에 관여하는 혈청단백질. 세균의 세포표면에 있는 C3/C5전환효소(convertase)를 안정화시킨다. ≒ factor P.

properithecium 전자낭각(前子囊殼) 명 하나의 접합자가 들어 있고 궁극적으로 자낭포자를 형성하게 될 초기단계의 자낭각(perithecium).

propes ⇨ proleg.

prophage 프로파지 명 세균의 염색체에 통합되어 복제하는 박테리오파지 DNA.

prophase 전기(前期) 명 유사분열과 감수분열의 첫 단계. 복제된 염색체들이 응축하고 염색체의 두 자매염색분체들이 보이기 시작한다. 핵의 바깥에서 방추체가 조립되기 시작한다.

prophialide 전경자(前梗子) ⇨ sporocladium.

prophloem ⇨ protophloem.

prophototropism 양성굴광성 명 양성굴광성.

prophyll(um) 전출엽(前出葉) 명 (1) 작은 포엽(bract); (2) 처음 생기는 보통잎.

proplastid 전색소체(前色素體) 명 분열 조직세포에서 볼 수 있는 것과 같이 분화되지 않은 상태의 색소체.

propleuron 앞가슴옆판, 전흉측판(前胸側板) 명 곤충의 앞가슴에서 외골격의 옆판.

propneustic 전기문식(前氣門式)의 형 호흡을 할 때 오직 앞가슴의 숨구멍(기문)만이 열리는.

propodeon, propodeum 전신복절(前伸腹節) 명 어떤 벌류에서 가슴에 융합된 복부의 첫 마디.

propodite 앞마디, 전절(前節) 명 (1) 어떤 갑각류의 다리에서 발목마디; (2) 거미류의 종아리다리.

propodium 전족(前足) 명 연체동물 발의 작은 앞쪽 부분.

propodosoma 앞다리몸마디 명 응애류와 진드기류의 몸에서 첫째 다리와 둘째 다리가 달리는 부위.

propolis 프로폴리스, 봉랍(蜂蠟) 명 어떤 나무의 눈에서 나오는 수지상 물질. 일벌이 벌집을 만들고 틈을 채우는 데 사용한다.

propons 명 바롤리다리(pons Varolii) 밑의 소뇌에서 피라미드(추체)의 앞쪽 끝을 가로지르는 백질의 섬세한 띠.

propositus 계보발단자 ⇨ proband.

propranolol 프로프라놀롤 명 β아드레날린성 수용체를 차단하는 약물.

proprioception 자기수용(自己受容) 명 생물체 내에서 기원하는 자극을 수용하는 것.

proprioceptor 자기수용기(自己受容器) 명 근육의 신장수용기처럼 체내에서 기원하는 자극에 민감한 내부의 감각수용기. 동물은 이를 통해 자신의 위치와 움직임에 관한 정보를 받는다. ≒ proprioreceptor.

propriogenic 형 근육 이외의 효과기, 또는 효과기와 수용기를 겸한 기관들에 적용되는 말.

proprioreceptor 자기수용기 ⇨ proprioceptor.

propriospinal 척수고유의 형 (1) 전적으로 척수와 관련된 말; (2) 척수에 국한된 신경섬유에 적용되는 말.

prop roots 지주뿌리 맹그로브와 옥수수에서 볼 수 있는 것과 같이 지면보다 위쪽의 줄기에서 아래로 자라고 줄기를 지탱하는 막뿌리.

propterygium 앞지느러미연골, 전새연골(前鰓軟骨) 명 판새어류의 가슴지느러미(pectoral fin)를 지탱하는 세 개의 연골 가운데 가장 앞쪽의 연골.

propupa 전용(前蛹) ⇨ prepupa.

propus 앞마디, 전절(前節) ⇨ propodite.

propygidium 전미절(前尾節) 명 딱정벌레목과 그 밖의 일부 곤충에서 꼬리부(미절)의 앞에 있는 등판.

proral 형 앞에서 뒤쪽으로, 설치류(쥐류)의 턱운동에 적용되는 말.

prorennin 프로레닌 명 소화성세포(peptic cell)에서 분비되어 염산의 작용에 의해 활성형 레닌으로 전환되는 레닌의 전구물질.

proscapula 빗장뼈, 쇄골 ⇨ clavicle.

proscolex 프로스콜렉스 명 낭미충(cysticercus), 또는 낭미충의 내부에 있는 두절(머리마디).

prosencephalization 전뇌화(前腦化) 명 척추동물의 진화과정에서 조절의 중심이 점진적으로 전뇌를 향해 이동하고 대뇌피질의 복잡성이 증가하는 것.

prosencephalon 전뇌 ⇨ forebrain.

prosenchyma 방추조직(紡錘組織) 명 (1) 식물의 기계조직과 관다발조직에서 볼 수 있는 것과 같이 벽이 두껍거나 얇고 가늘고 길며 양끝이 뾰족한 세포; (2) 짜임이 성긴 균사들로 이루어진 곰팡이 조직. '섬유균사조직'이라고도 한다. 형 **prosenchymatous**.

prosequence 프로순서 명 단백질이 접히는 과정에 도움을 주지만 성숙한 단백질분자에서 떨어져 나가는 단백질의 부분.

prosethmoid 프로세트모이드 명 진골어류의 머리뼈에서 앞쪽에 있는 뼈.

prosimian 원원류(原猿類) 명 원원아목(Prosimii)에 속하는 여우원숭이와 안경원숭이 등의 영장류를 통틀어 이르는 말.

prosiphon 내각판관 ⇨ endosiphuncle.

prosocoel 구상돌기강(口上突起腔), 앞뇌실 명 (1) 연체동물의 구상돌기(epistome)에 있는 좁은 공간, 즉 첫 번째 주된 체강; (2) 뇌의 제3뇌실과 측뇌실 사이에 있는 공간.

prosoma 전체절(前體節) 명 거미류와 그 밖의 일부 무척추동물에서 머리가슴(두흉부)에 상응하는 몸의 앞쪽 부분.

prosome 프로솜 명 mRNA와 연관된 작은 리보핵단백질 입자. 20가지 이상의 서로 다른 단백질들로 구성된다.

prosopagnosia 얼굴인식불능증 명 자신의 얼굴을 포함하여 얼굴을 인식하지 못하는 증세.

prosoplectenchyma 섬유균사조직 명 일부 지의류에서 볼 수 있는 것과 같이 세포가 평행하게 배열하고 벽이 또렷하지 않은 곰팡이 균사들의 헛조직.

prosopyle 전문(前門) 명 일부 해면동물에서 인접한 입수관과 편모실 사이에서 물이 통하는 구멍.

prosorus 전포자낭군(前胞子囊群) 명 일부 하등균류에서 포자낭군(sorus)으로 발달하는 벽이 두꺼운 세포.

prospory 전포자형성(前胞子形成) 명 충분히 발달하지 않은 식물에서 종자가 만들어지는 것.

prostacyclins 프로스타시클린 명복 아라키돈산과 그 밖의 지방산들에서 유래되는 화합물들. 손상과 그 밖의 다양한 자극에 대한 반응으로 상피세포 등에서 생성된다. 민무늬근을 이완시키는 결과로 혈관확장의 작용을 한다.

prostaglandins 프로스타글란딘 명복 C_2 지방산으로부터 만들어지고 5개의 탄소로 구성된 고리를 갖는 화합물을 통틀어 이르는 말. PGA, PGB, PGE 및 PGF의 네 가지 주요 클래스가 있다. 프로스타글란딘은 많은 포유동물 조직에 들어 있다. 이들은 다른 호르몬의 효과를 조정하고 자궁에서 민무늬근의 수축을 촉진하며 염증 반응에도 관여한다. 아스피린의 항염증 효과는 eicosatrienoate로부터 프로스타글란딘이 생성되는 반응을 촉매하는 프로스타글란딘합성효소를 억제하는 데 기인한다.

prostanoid 프로스타노이드 명 프로스탄산(prostanoic acid)에서 유래된 화합물. 프로스타시클린과 프로스타글란딘이 그 예가 된다.

prostate 전립샘 명 (1) 포유동물 수컷의 전립샘. 골반강(pelvic cavity)에서 요도가 시작되는 곳 주위에 있는 샘조직과 섬유근조직으로 구성된 부속생식샘이다; (2) 환형동물의 정액분비샘. 형 **prostatic**.

prosternum 전흉판(前胸板) 명 (1) 곤충의 앞가슴(전흉)에서 배 쪽 부분; (2) 어떤 거미류에서 협각마디의 배 쪽 부분.

prostheca 대악내엽(大顎內葉), 큰턱안조각 명 어떤 곤충의 유충에서 큰턱의 안쪽에 있는 움직이는 조각.

prosthetic group 보결분자단 단백질에 결합되어 있고 단백질의 생물학적 활성에 필수적인 역할을 하는 비단백질성 분자(예: 헴, 플래빈 또는 금속원자).

P

prosthion **치조점(齒槽點)** 명 위턱뼈의 중앙 지점.

prosthomere **전체절(前體節)** 명 가장 앞쪽의 또는 입 앞의 원체절(somite).

prostigmine **프로스티그민** ⇨ neostigmine.

prostomiate **구전엽의** 형 머리의 일부가 입의 앞에 있는.

prostomium **구전엽(口前葉)** 명 일부 환형동물과 연체동물에서 입의 앞에 있는 머리의 부분. 형 **prostomial**.

prostrate **포복성의** 형 땅에 붙어서 뻗어 나가거나 표면을 따라 바싹 붙어 있는.

Protacanthopterygii **원극기상목(原棘鰭上目)** 명 백악기부터 현재까지 존재하고 널리 분포하는 비교적 원시적인 진골어류의 무리. 원극기류에는 연어, 강꼬치고기, 큰가시고기 등이 포함된다.

protamine **프로타민** 명 다른 진핵생물 DNA의 히스톤과 비슷한 방식으로 어류의 정자에서 DNA와 결합하고 있는 작고 강한 염기성 단백질을 통틀어 이르는 말.

protandry **웅성선숙(雄性先熟)** 명 암수동체의 동물과 식물에서 암배우자가 성숙하기 전에 수배우자가 성숙하여 떨어지는 현상. 형 **protandrous**. ≒ **protandria**, (동물학에서) **protandrism**.

pro-T cells **전T세포** 가슴샘에서 분화하는 T림프구의 초기 단계. T세포수용체 유전자들이 아직 재배열되지 않은 미성숙한 가슴샘세포(thymocyte)이다.

Proteales **프로테아목** 명 건기가 긴 지역에서 자라는 교목과 관목의 목. 홑잎이거나 여러 갈래로 갈라진 잎에 털과 두꺼운 각피층이 있으며 현란한 꽃들이 달린다. 프로테아과(Proteaceae)로 구성된다.

protease **단백질가수분해효소** 명 단백질 내부의 펩티드결합을 가수분해하여 펩티드를 생성하고 단백질을 분해하는 효소. EC 3.4.21~24. ≒ endopeptidase.

protease nexin **단백질가수분해효소넥신** 세르핀 계열의 단백질가수분해효소 억제제.

proteasome **단백질분해효소복합체** 명 모든 세포의 세포기질에 들어 있고 단백질을 분해하는 작용을 하는 거대한 단백질 복합체. 단백질 분해를 조절하는 역할을 하는 유비퀴틴의 명령에 따라 잘못 접히거나 원치 않는 단백질들을 분해하여 짧은 펩티드들로 쪼갠다.

protective immunity **감염방어면역** ⇨ immunity.

protein **단백질(蛋白質)** 명 생물체를 구성하는 주요 성분 가운데 하나. 주로 C, H, O, N 및 S를 함유하는 매우 다양한 무리의 고분자 유기물질들이다. 생물에 있어서 단백질은 효소로써, 세포와 조직의 구조적 성분으로써 그리고 유전자발현을 조절하는 데 있어서 필수적이다. 개개의 단백질분자는 펩티드결합으로 연결된 아미노산들로 구성되는 하나 또는 그 이상의 폴리펩티드사슬로 이루어진다. 사슬들은 입체적인 구조로 접혀지는데, 그 구조는 단백질의 종류마다 서로 다르다. 폴리펩티드사슬은 때때로 보결분자단이라고 부르는 비단백질성 화합물(예: 헴, 플래빈)과 결합한다. 각각의 단백질사슬은 유전적으로 결정된 특유의 아미노산순서를 갖고, 이 서열이 단백질의 3차원적 구조와 그 기능을 좌우한다. 폴리펩티드사슬은 리보솜에서 mRNA의 번역에 의해 합성된다. (⇨ 그림 40)

proteinaceous **단백질성** 형 단백질과 관련되거나 단백질로 구성되는.

protein aggregate **단백질응집체** 세포에서 단백질이 잘못 접히면서 형성되고 해를 끼칠 수 있는 복합체. 이들 복합체는 단백질분해에 내성을 갖고 흔히 섬유를 형성한다. 잘못 접힌 특정 단백질들의 세포독성을 나타내는 응집체는 일부 질병(예: 알츠하이머병)의 특징이 된다.

protein array 단백질(미세)배열, protein chip 단백질칩 상당수의 서로 다른 단백질 또는 시료에서 단백질과 결합하는 분자들을 동시에 분석하는 방법. 수십~수천 개의 서로 다른 단백질 또는 합성펩티드를 작은 칩 상에 고정하여 깔유리나 그 밖의 적절한 표면에 일정하게 배열한다. 시료를 이 배열에 가했을 때 배열과 결합하는 단백질이나 그 밖의 리간드를 다양한 방법으로 분석한다.

proteinase 단백질가수분해효소 명 단백질 내부의 펩티드결합을 가수분해하여 펩티드를 생성하고 단백질을 분해하는 효소를 통틀어 이르는 말. EC 3.4.21~24. ≒ endopeptidase, protease.

proteinase inhibitors 단백질가수분해효소억제제 트립신억제제(antitrypsin)와 같이 다양한 단백질가수분해효소들을 억제하는 작은 단백질들.

protein bodies 단백질체 저장단백질들로 구성되는 막으로 둘러싸인 입자들. 종자와 그 밖의 식물조직에서 소포체와 골지장치를 통해 형성된다.

protein chip 단백질칩 ⇨ protein array.

Protein Data Bank (PDB) 단백질정보은행 실험으로 밝혀진 3차원적 단백질구조를 일반에게 공개하는 정보은행.

protein degradation 단백질분해 (1) 단백질분해(proteolysis)에 의해 단백질이 구성성분인 아미노산들로 쪼개지는 것; (2) 특히 세포에 의해 단백질이 분해의 표적이 되는 세포과정과 관련되고 세포단백질의 정상적인 전환에서 분해성 측면과 관련된 말.

protein disulphide isomerase (PDI) 단백질2황화물이성질화효소 단백질이 접히는 과정에서 2황화결합(disulphide bond)을 재배열하는 데 관여하는 효소. EC 5.3.4.1.

protein domain 단백질영역 ⇨ domain (2).

protein dynamics 단백질역학 단백질의 접힘(folding)과 내적 이동을 연구하는 학문.

protein engineering 단백질공학 단백질을 암호화하는 DNA를 의도적으로 변형시켜서 단백질의 순서와 구조 그리고 기능을 변화시키는 것.

protein family 단백질패밀리 순서와 기능이 관련된 단백질들의 군. 단일한 조상유전자로부터 유래된 유전자들의 중복과 분기에 의해 생겨난다.

protein fingerprinting 단백질지문분석 트립신이나 그 밖의 단백질가수분해효소에 의해 단백질을 분해한 후에 2차원의 겔전기영동을 통해 얻어지는 펩티드단편의 유형으로부터 단백질을 동정하는 것. 각각의 단백질은 특징적인 유형을 나타낸다. 펩티드단편들은 겔을 녹여서 분리하거나 액체크로마토그래피에 의해 직접 분리한 다음에 질량분석법으로 분석한다.

protein folding 단백질접힘 새로 합성된 폴리펩티드사슬이 입체적인 구조로 접히는 것. 최종입체구조는 단백질의 아미노산순서에 의해 결정된다. 단백질의 접힘은 자발적 과정이지만, 정확한 입체구조로 접히는 과정에서 다른 단백질들인 분자샤페론(molecular chaperone)의 도움을 받기도 한다.

protein glycosylation 단백질글리코실화(반응) ⇨ glycosylation.

protein histidine kinase 단백질히스티딘인산화효소 단백질에 있는 특정 히스티딘잔기에 인산기를 첨가하는 반응을 촉매하는 효소. 인산화효소 가운데 이 클래스는 식물과 곰팡이 그리고 세균에 들어 있고 이들 생물에서 2성분조절계(two-component system)의 일부가 되지만, 동물에서는 발견되지 않는다.

protein intron 단백질비발현부위 ⇨ intein.

protein kinase 단백질인산화효소 단백질에 있는 특정 아미노산잔기에 인산기를 첨가하는 반응을 촉매하는 효소. 여러 다른 종류의 단백질인산화효소가 세린과 트레오닌 또는 티로신이나 히스티딘(원핵생물과 식물 및 곰팡이의 경우) 잔기에 인산기를 전이시킨다. 단백질인산화효소는 모든 세포에서 세포내 경로의 중요한 성분이며, 효소의 활성을 조절하고 세포외 신호를 세포내 반응기구로 전달하는 구실을 한다. ⇨ MAP kinase, protein kinase A, protein kinase B, protein kinase C, protein kinase G, protein phosphorylation, receptor tyrosine kinase, two-component systems.

protein kinase A (PKA) 단백질인산화효소A 진핵세포의 세포내 신호전달경로에서 고리형 아데노신1인산(cAMP)에 의해 활성화되는 세린/트레오닌단백질인산화효소. ≒ cyclic AMP-dependent protein kinase.

protein kinase B (PKB) 단백질인산화효소B 세포의 생존을 촉진하는 세포내 신호전달경로에 관여하는 세린/트레오닌단백질인산화효소. ≒ Akt.

protein kinase C (PKC) 단백질인산화효소C 포유동물과 기타 진핵생물의 세포에서 흔히 볼 수 있는 세린/트레오닌단백질인산화효소. 매우 다양한 유형으로 나타난다. 생체 외와 생체 내의 다양한 기질을 인산화하고 활성을 변모시키며, 외부 신호에 대한 반응으로 효소의 활성과 이온통로의 전도율 등을 변모시키는 데 관여한다.

protein kinase G (PKG) 단백질인산화효소G 고리형 구아노신1인산(cyclic GMP)의 결합에 의해 활성화되는 세린/트레오닌단백질인산화효소. 단백질인산화효소G는 구아닐산고리화효소(guanylate cyclase) 수용체에서 연결되는 신호전달경로의 일부이다.

protein microarray 단백질미세배열 ⇨ protein array.

protein module 단백질모듈, 단백질소역(蛋白質小域) 여러 다른 단백질에 들어 있는 작은 단백질영역을 통틀어 이르는 말.

protein motif 단백질모티프 여러 다른 단백질에서 나타나는 짧은 서열 또는 특정 아미노산의 양상 또는 2차구조의 양상. 단백질패밀리와 또는 생화학적 기능의 특징이 된다.

proteinoid 프로테이노이드, 유단백질(類蛋白質) 명 아미노산 혼합물을 가열하거나 그 밖의 처리를 하여 원시지구의 상태를 재현시킬 때 생성되는 단백질과 비슷한 분자.

proteinoplast 단백질체 명 단백질을 저장하는 색소체.

protein phosphatase 단백질인산가수분해효소 단백질에서 인산기를 제거하는 효소. 보통 단백질인산화효소에 의해 이미 일어난 인산화반응의 효과를 역전시킨다. ≒ phosphoprotein phosphatase.

protein phosphorylation 단백질인산화반응 ⇨ phosphorylation.

protein pump 단백질펌프 에너지를 요구하는 반응에서 이온(예: Na^+, K^+, Cl^-)이나 단순한 유기화합물을 농도기울기에 역행하여 세포 내외로 퍼내는 막단백질 또는 단백질복합체.

protein quality 단백질가(蛋白質價) 단백질의 영양학적 가치. 소화흡수율과 동물

P

이 스스로 합성할 수 없는 필수아미노산이 적당한 양으로 들어 있는지에 의해 결정된다.

protein sequence 단백질서열 단백질사슬에 있는 아미노산들의 순서.

protein serine/threonine kinase 단백질세린/트레오닌인산화효소 표적단백질 상에 있는 특정한 세린 또는 트레오닌 곁사슬에 인산기를 첨가하는 단백질인산화효소. 세포 내의 많은 인산화효소들이 이 유형에 해당한다.

protein serine/threonine phosphatase 단백질세린/트레오닌인산가수분해효소 단백질의 인산화된 세린과 트레오닌 잔기들로부터 인산기를 제거하는 단백질인산가수분해효소. EC 3.1.3.16. ≒ phosphoprotein phosphatase.

protein sorting 단백질제자리찾기 세포기질에서 새로 합성된 단백질을 이들의 최종목적지로 인도하는 진핵세포의 다양한 메커니즘.

protein structure 단백질구조 ⇨ primary structure, quaternary structure, secondary structure, tertiary structure.

protein subunit 단백질소단위체 여러 폴리펩티드로 구성된 단백질에서 하나의 폴리펩티드 사슬.

protein superfamily 단백질상과, 단백질수퍼패밀리 공통조상격인 단백질에서 유래되었지만 이후에 상당히 갈라져서 여러 다른 기능들을 갖게 된 단백질군.

protein synthesis 단백질합성 아미노산에서 단백질이 생합성되는 것. 세포에서 단백질의 합성은 아미노산들을 차례대로 첨가하도록 안내하는 주형으로 mRNA를 이용하여 리보솜 상에서 일어난다. ⇨ genetic code, transfer RNA, translation.

protein targeting 단백질이동 세포질에서 합성된 단백질을 세포의 다른 부분에 있는 정확한 목적지로 이동하는 과정.

protein translocation 단백질전달 특정 단백질이 합성된 세포기질에서 막을 가로질러 세포소기관 또는 세포 외부로 이동하는 것.

protein translocator 단백질전달체 다른 단백질이 세포에서 막을 가로질러 이동하는 것을 중재하는 단백질.

protein tyrosine kinases 단백질티로신인산화효소 단백질의 특정 티로신 잔기에 인산기를 첨가하는 단백질인산화효소의 클래스. 이 가운데 일부는 티로신 잔기와 세린/트레오닌잔기 모두를 인산화할 수 있는 2중특이성 단백질인산화효소들이다. 단백질티로신인산화효소는 세포표면 수용체로부터 신호를 전달하는 데 관여하고, 일부 수용체는 내인성 티로신인산화효소의 활성을 갖는다.

protein tyrosine phosphatase (PTP) 단백질티로신인산가수분해효소 단백질인산가수분해효소의 큰 패밀리. 단백질의 인산화된 티로신잔기들을 가수분해하여 인산기를 제거한다.

proteinuria 단백뇨(蛋白尿) 명 소변에 단백질이 들어 있는 것.

proteism 프로테이슴 명 아메바와 그 밖의 세포들에서 볼 수 있는 것과 같이 형태를 바꿀 수 있는 능력. 형 **protean**.

Proteobacteria 가변세균문 명 DNA염기순서 자료에 근거하여 식별하는 세균역(Bacteria)의 큰 문. 세균의 주된 계통 가운데 가장 크고 생리적으로 가장 다양하며, 사람에게 병을 일으키는 대부분의 세균들이 포함된다. 다섯 집단으로 크게 나뉜다. ⇨ alpha-proteobacteria, beta-proteobacteria, gamma-proteobacteria, delta-proteobacteria, epsilon-proteobacteria. ≒ purple bacteria. (⇨

P

부록 5)

proteoclastic **단백질분해의** ⇨ proteolytic.

proteoglycan **프로테오글리칸** 명 다당류(95%)와 단백질(5%) 단위들로 구성된 복합 거대분자. 프로테오글리칸은 결합조직의 세포간질을 형성한다.

proteolipid **단백지질(蛋白脂質)** 명 단백질과 지질로 구성된 복합 거대분자. 지질과 같은 용해성을 나타낸다.

proteolysis **단백질분해** 명 효소의 작용이나 화학적 작용에 의해 펩티드결합을 가수분해하여 단백질과 펩티드를 구성아미노산으로 분해하는 것. 형 **proteolytic**.

proteolytic cascade **단백질분해효소연쇄반응** 불활성 선구효소의 분해에 의해 단계적으로 서로 활성화하는 일련의 단백질가수분해효소들. 이와 같은 단계적 효소연쇄반응은 혈액의 응고반응에 관여하여 많은 응고인자들은 이 유형의 단백질가수분해효소들이다. 한편 단백질분해효소연쇄반응은 보체계(complement system)의 활성화에도 관여한다.

proteome **단백질체(蛋白質體)** 명 어느 생물의 유전체에 암호화되어 있는 단백질들을 집합적으로 간주하는 것.

proteomics **단백질체학(蛋白質體學)** 명 단백질체(proteome)를 연구하는 것. 대개 많은 수의 서로 다른 단백질들을 동시에 분석할 수 있는 기법을 이용하여 세포 단백질들을 대규모로 동정하고 기능을 분석한다.

proter **프로터** 명 원생동물이 가로로 분열하였을 때 생기는 앞쪽의 개체.

proterandry **정소선숙** ⇨ protandry.

proteranthous **선화후엽(先花後葉)의** 형 보통잎이 나오기 전에 꽃이 피는.

proterogenesis **프로테로제네시스** 명 유생이나 초기의 형태에서 성체 또는 후기 형태의 조짐이 나타나는 것.

proteroglyph 형 위턱에 특수한 송곳니가 있는.

proterogyny **난소선숙** ⇨ protogyny.

proterosoma **전체부(前體部)** 명 (1) 진드기류와 응애류에서 입과 첫 번째와 두 번째 다리가 달리는 부위로 구성되는 몸통; (2) 전체절(prosoma).

Proterozoic **원생이언** 명 약 25억 년 전부터 5억 4200만 년 전까지 지속된 선캄브리아시대(Precambrian)의 후기 이언(eon). 캄브리아기(Cambrian)에 바로 앞선 지질시대이다. 암석에서는 주로 남세균과 실체가 불분명한 몸이 부드러운 동물의 화석들이 일부 나타난다.

prothallial **전엽체의** 형 (1) 전엽체(prothallus)와 관련된 말; (2) 겉씨식물과 일부 양치식물의 소포자(microspore)에서 전엽체의 흔적으로 간주되는 세포(전엽세포)에 적용되는 말.

prothalloid **전엽체모양의** 형 전엽체와 비슷한.

prothallus **초생균사(初生菌絲), 전엽체(前葉體)** 명 (1) 지의류의 초기 생장단계에서 나타나는 균사; (2) 조류와 고사리류 그리고 일부 겉씨식물에서 볼 수 있는 것과 같이 장정기나 장란기 또는 이들 모두가 달리고 포자로부터 발달하는 작은 반수체의 배우자체.

protheca **프로테카** 명 산호의 잔(calycle)에서 처음 생기는 바닥 부분.

prothecium **원생자낭각(原生子囊殼)** 명 많은 곰팡이의 1차 자낭각(perithecium).

protherians **원포유류(原哺乳類), 원수류** 명복 알을 낳는 포유동물. 멸종된 3추치류(triconodonts)와 다구치류(multituberculates) 그리고 현존하는 단공류(monotremes)가 포함된다.

prothetely **선숙(先熟)** 명 곤충의 유충에

서 번데기의 형질 또는 성충의 형질이 나타나는 현상.

prothoracic 앞가슴의, 전흉(前胸)의 형 (1) 앞가슴(전흉)과 관련된 말; (2) 탈피호르몬(ecdysone)을 분비하는 샘(앞가슴샘)에 적용되는 말; (3) 앞등판(pronotum)의 앞쪽 조각에 적용되는 말.

prothorax 앞가슴, 전흉(前胸) 명 곤충의 가슴에서 첫째 마디.

prothrombin 프로트롬빈 명 혈액 응고에 관여하는 혈장단백질. 간에서 비타민 K의 작용으로 생성된다. 칼슘이온의 존재하에서 단백질가수분해효소(Factor Xa)에 의해 상처 부위의 혈액에서 단백질가수분해효소인 트롬빈(thrombin)으로 전환된다. ≒ thrombinogen.

proticity 프로티시티 명 양성자(proton)의 흐름을 전기(electricity)에서 유추하여 합성한 용어. ⇨ chemiosmotic hypothesis.

protist 원생생물(原生生物) 명 (1) 단세포의 진핵생물을 통틀어 이르는 말; (2) 원생생물계(Protoctista)에 속하는 생물.

Protista 원생생물계 ⇨ Protoctista.

proto- '첫째'를 뜻하는 그리스어 '*protos*'에서 유래된 접두사.

proto-aecidum 원생녹포자기 궁극적으로 녹포자(aecidiospore)와 개재세포(disjunctor cell)를 만드는 세포들이 들어있는, 균사의 층으로 둘러싸인 세포덩어리.

***Protoavis* 프로토아비스** 트라이아스기 후세의 지층에서 발견된 새(조류)로 추정되는 화석. 시조새(*Archaeopteryx*)보다 약 7500만 년 앞선 것이지만, 새로 간주할 수 있을지는 아직도 논란이 많다.

protoaxis 원시축 명 식물 줄기의 진화에서 원시적인 필라멘트 또는 축.

protobasidium 원생담자기(原生擔子器) 명 4개의 세포로 된 담자기. 이들 각각의 세포로부터 협착분리(abstriction)에 의해 담자포자가 만들어진다.

protoblast 원세포(原細胞) 명 (1) 뚜렷한 기관이나 부분으로 발달하는 할구; (2) 어떤 포자충류의 생활주기에서 내부 출아기.

protobranch 원새(原鰓)의 형 편평한 아가미사를 갖는 연체동물 2매패류의 아가미에 적용되는 말.

protocell 원시세포 명 생명세포의 기원으로 추정되는 단순하고 스스로 복제하는 구조. 단순한 막으로 둘러싸인 자기복제성 RNA유전체로 구성된다.

protocephalic 원시머리의 형 곤충의 배(embryo)에서 최초의 머리부위에 적용되거나 그와 관련된 말.

protocephalon 원시머리, 원시두(原始頭) 명 (1) 게와 바닷가재 그리고 이들과 유사한 갑각류에서 머리가슴의 머리 부분; (2) 곤충에서 처음의 6체절. 이들이 합쳐져서 머리를 형성한다.

protocercal 원형지느러미의 형 등골뼈(척주)가 끝까지 똑바로 지나면서 지느러미를 대칭적으로 분리하는 꼬리지느러미를 가진.

protocerebrum 전대뇌(前大腦) 명 곤충과 그 밖의 절지동물에서 '뇌'의 앞쪽 부분.

protochlorophyll 원엽록소(原葉綠素) 명 어두운 상태에서 자란 식물체의 엽록체에 있는 누르스름한 색소체. 식물을 빛이 쪼이는 장소에 두면 엽록소로 전환된다.

protochordates 원삭동물(原索動物) 명복 반삭동물, 미삭동물 및 두삭동물로 구성되는 동물의 무리. 아가미틈, 등쪽의 속이 빈 중추신경계, 지속되는 척삭 및 항문의 뒤에 있는 꼬리를 갖는다.

protocnemes 원격막(原膈膜) 명복 말미잘과 그 동족의 무리에서 여섯 쌍의 장간막(mesentery).

protocoel 전체강(前體腔) 명 체강의 앞쪽 부분.

protoconch 태각(胎殼) 명 연체동물의 성체 껍데기에서 흔적으로 남는 유생기의 껍데기.

protocone 상악원추 명 위어금니의 안쪽 교두.

protoconid 하악원추 명 아래어금니의 바깥쪽 교두.

protoconidium 원시분생자 명 분생자가 만들어지는, 필라멘트의 끝에 있는 둥글거나 곤봉 모양의 세포. 피부진균(dermatophyte)에서 볼 수 있다.

protoconule 원소추 명 위어금니의 앞쪽 중간의 교두.

protocorm 원괴체(原塊體) 명 (1) 발생초기에 균근을 형성한 일부 석송류에서와 같이 뿌리가 형성되기 이전의 부풀어진 근상체(rhizophore); (2) 난초에서, 지하에서 유식물이 발아한 다음 균근곰팡이들이 침입하여 생긴 구조; (3) 은행나무목의 장란기에 있는 분화되지 않은 상태의 세포 덩어리; (4) [동] 곤충에서 몸통체절이 생기는 배대(germ band)의 뒤쪽 부위.

protocranium 원두개(原頭蓋) 명 곤충의 머리에서 뒤쪽 부위.

Protoctista 원생생물계, protoctists 원생생물(原生生物) 명, 명복 최근의 일부 분류체계에서 식물계 또는 동물계에 속하지 않는 단세포성, 균체성 및 단순한 다세포성 진핵생물들로 구성되는 계(kingdom). 원생생물계에는 다세포로 된 해조류와 그 밖의 대형조류들이 포함되는 조류(algae), 돌말류, 원생동물, 물곰팡이 그리고 세포성 점균류와 무핵점균류 등이 포함된다. ≒ protists. (⇨ 부록 4)

protoderm 원표피(原表皮) 명 (1) 식물의 배에 있는 표피; (2) 정단분열조직의 바깥층에 있는 세포들.

protoepiphyte 원착생식물(原着生植物) 명 일생 동안 착생생활을 하는 식물. 땅에 뿌리를 내리는 생활을 하지 않거나 나중에 땅에 뿌리를 내린다.

protofilament 프로토필라멘트 명 다른 사슬들과 측면으로 결합하여 단백질필라멘트를 형성하는 단백질 단위체들의 사슬. 미세소관과 중간섬유와 같은 세포골격 구조들이 그 예가 된다.

protogenic 조기형성의 형 발생이 시작할 때부터 지속되는.

protogyny 자성선숙(雌性先熟) 명 암수동체의 동물과 식물에서 수배우자가 성숙하기 전에 암배우자가 성숙하여 떨어지는 현상. 형 **protogynous**.

protologue 프로톨로그 명 신종을 처음 기재할 때 첨부한 인쇄물.

protoloph 프로톨로프 명 어금니 앞쪽의 가로 놓인 능선.

protomala 프로토말라 명 다지류의 큰턱.

protomer 기본단위체 명 소중합체 단백질의 구성단위를 형성하는 비대칭 반복 단위.

protomeristem 원시분열조직 ⇨ promeristem.

protomerite 전절(前節) 명 족포자충류(gregarines)의 성체에서 원형질체의 앞쪽 부분.

protomitosis 원유사분열(原有絲分裂) 명 어떤 점균류에서 볼 수 있는 것과 같은 원시적인 유형의 유사분열.

protomorphic 원시형(原始形)의, 원시성(原始性)의 형 (1) 처음 만들어진; (2) 원초적인; (3) 원시적인.

proton 양성자(陽性子) 명 모든 원자핵의 구성 요소가 되는 소립자의 하나. 1.0078 원자질량단위를 갖고 전하는 +1로 표시한다. 수소이온(H^+)의 다른 이름이다. ⇨ proton gradient, protonmotive force, proton pump.

protonema 원사체(原絲體) 명 (1) 고사리 전엽체의 발생에서 초기의 사상체 단계; (2) 일부 조류의 발생에서 사상체 단계; (3) 이끼식물에서 싹 트는 사상체 구조. 형 **protonemata**.

protonematoid 원사체모양의 형 원사체(protonema)와 비슷한.

protonephridial system 원신계통(原腎系統) 편형동물, 선형동물, 환형동물과 윤충류와 같은 일부 단순한 무척추동물들의 배설계. 안쪽 끝이 불꽃세포에 의해 막혀 있는 갈라진 관인 원신관(protonephridium)과 중앙의 관이나 구멍을 통해 표면으로 통하는 구멍으로 구성된다. 불꽃세포(flame cell)는 관으로 뻗어 있는 많은 편모들의 다발을 갖고 있으며, 광학현미경으로 관찰하면 그 움직임이 불꽃과 같이 깜빡거리는 모양을 나타낸다.

protonephridium 원신관(原腎管) 명 원신계통(protonephridial system)의 가지를 친 배설관. 복 **protonephridia**.

proton gradient 양성자기울기 막의 한 쪽에서 다른 쪽으로 양성자를 능동적으로 수송하여 막의 안팎에서 생기는 H^+의 전기화학기울기. 양성자기울기는 식물과 세균의 세포막에서 볼 수 있는 것과 같이 막의 H^+-ATPase의 중개로 생길 수 있고, 또는 미토콘드리아와 세균 그리고 엽록체의 막에 있는 전자전달사슬을 따라 전자들이 이동한 결과로 생길 수 있다. 양성자기울기에 들어 있는 에너지는 세포에 의해 ATP의 합성과 세균편모의 움직임 그리고 영양소 수송과 같은 많은 과정을 작동하는 데 이용된다. ⇨ protonmotive force.

protonmotive force 양성자구동력 호흡과정을 통해 미토콘드리아의 막에서 그리고 광합성과정을 통해 엽록체의 막에서 전자전달사슬을 따라 전자들이 이동하는 과정에 형성되는 양성자의 전기화학기울기에 들어 있는 에너지. 양성자의 농도 차이가 나는 상태에서 내막의 양성자 통로를 열면, 농도의 차이에 의해 농도가 높은 곳에서 낮은 곳으로 양성자가 흐르게 되고, 이 흐름의 에너지를 이용하여 ATP합성효소에서 ATP가 합성된다. ⇨ chemiosmotic theory.

proton pump 양성자펌프 막을 가로질러 수소이온(H^+)을 능동적으로 수송하는 막단백질.

proto-oncogene 원암유전자(原癌遺傳子) 암유전자(oncogene)가 파생하는 정상적인 세포유전자.

protopathic 원발성(原發性)의 형 통증과 온도의 현저한 변화를 감지하는 데 관여하는 자극과 감각계에 적용되는 말.

protopectin 프로토펙틴 명 식물조직에 들어 있는 펙틴의 불용성 형태. 펙틴과 펙트산(pectic acid)으로 가수분해된다.

protopectinase 프로토펙틴가수분해효소 명 프로토펙틴(protopectin)을 가수분해하는 효소.

protoperithecium 원자낭각(原子囊殼) 명 일부 핵균강(Pyrenomycetes)에서 볼 수 있는 것과 같이 1차적으로 만들어지는 반수체의 자낭각(perithecium).

protophloem 원생체관부 명 처음 만들어지는 체관부 세포들.

protoplasm 원형질(原形質) 명 살아 있는 세포를 구성하는 모든 생체물질.

protoplasmic 원형질의 형 (1) 원형질과 관련된 말; (2) 회백질에 들어 있고 위족과 비슷하게 굵고 갈라진 돌기를 갖는 별세포(astrocyte)에 적용되는 말.

protoplasmodium 원변형체(原變形體) 명 진정점균류의 일부에서 형성되는 현미경적 크기의 변형체. 거의 움직이지 않고 단일한 포자낭을 만든다.

protoplast 원형질체 명 (1) 세포벽이 제거된 식물세포; (2) 세포의 살아 있는 성분, 즉 세포벽을 제외한 원형질.

protopod 원지형(原肢型)의 형 복부가 아닌 앞쪽 체절에 다리나 발이 달리는, 곤충의 유충(원지형 유충)에 적용되는 말.

protopodite 밑마디, 원절(原節) 명 절지동물 부속지의 첫마디와 둘째마디를 합한 마디.

protoporphyrin 프로토포르피린 명 금속이온이 없는 포르피린(porphyrin)의 전구물질.

protoptile 원시(原翼) 명 새끼새에서 발달하는 솜깃털의 첫 번째 유형.

protosoma, protosome 전체부(前體部) ⇨ prosoma.

protospore 원생포자 명 발아하여 균사체를 만드는 곰팡이의 포자.

protosporophyte 원생포자체 명 홍조류의 생활주기에서 수정된 자성세포에 의해 형성되는 사상체인 첫 포자체 시기.

protostele 원생중심주(原生中心柱) 명 관다발조직이 단단한 중심다발을 형성하는 중심주의 일종. 체관부가 물관부를 둘러싸거나 물관부 내에 산재하기도 한다. 이와 같은 중심주의 배열은 가장 원시적인 유형으로 간주되며, 석송류와 그 밖의 일부 식물들의 뿌리와 줄기에서 나타난다.

protostelids slime moulds 원성(原星) 점균류 명복 대체로 현미경적 크기를 갖는 다양한 무리의 점균류. 변형체성 점균류와 세포성 점균류의 특징들이 두루 나타난다. 명 plasmodial slime moulds, cellular slime moulds.

protosterigma 원담자병(原擔子柄) 명 담자뿔(sterigma)의 기부 부분.

protosternum 원복판(原腹板) 명 진드기류와 응애류의 전체부(prosoma)에서 협각 마디의 가슴판.

protostigmata 원새열(原鰓裂) 명복 배(embryo)에서 2개의 첫 번째 아가미틈(새열). 단 **protostigma**.

protostoma 원구(原口) ⇨ blastopore.

Protostomia, protostomes 선구동물(先口動物), 전구동물(前口動物) 명, 명복 진체강을 갖고 알이 나선난할(spiral cleavage)을 나타내며 원구(blastopore)가 입이 되는 모든 동물을 통틀어 이르는 말. 연체동물, 환형동물, 절지동물, 추형동물, 태형동물과 완족동물이 포함된다. 비 deuterostomes.

protostylic 형 등쪽 끝의 아치에 의해 머리뼈와 연결되는 아래턱을 가진. 명 **protostyly**.

protothallus 원전엽체(原前葉體) 명 엽상체로 발달하는 초기의 구조.

prototheca 원골성판(原骨性板) 명 산호류에서 배(embryo)의 입 반대쪽에 생기는 컵 모양의 골성판.

Prototheria 원수아강, prototherians 원수류(原獸類) 명, 명복 알을 낳는 원시적인 포유동물의 아강. 3추치목(Triconodonta), 다구치목(Multituberculata) 그리고 단공목(Monotremata)이 포함되는데, 이 가운데 오직 단공류(오리너구리와 가시두더지)만이 현존한다.

prototroch 구전섬모환(口前纖毛環) 명 담륜자(trochosphere) 유생의 입 앞쪽에 있는 섬모들의 고리.

prototroph 원영양체(原營養體) 명 영양적으로 독립적인 야생형의 세균이나 곰팡이. 특별한 영양을 요구하지 않는다. 비 auxotroph.

prototrophic 원영양(原營養)의 형 (1) 한 가지만 공급하거나 한 가지 방법으로만 키우는; (2) 무기물로부터 영양소와 에너지를 획득하는.

prototype **원형(原型)** 명 (1) 기준이 되는 종 또는 본보기; (2) 조상형.

protovertebrae **원척추(原脊椎)** 명복 척추동물의 배에서 일련의 원시적인 중배엽의 체절.

protoxylem **원생물관부** 명 식물체 또는 식물기관에서 가장 먼저 형성되는 1기물관부요소.

protozoa **원생동물(原生動物)** 명 종속영양을 하고 광합성을 하지 않으며 세포벽이 없는 수생 단세포 진핵생물의 큰 이질적 집단을 일반적으로 이르는 말. 비광합성 편모생물, 아메바와 유공충류, 섬모충류, 그리고 콕시디아증(coccidiosis)을 일으키는 구포자충속(*Eimeria*)과 말라리아기생충인 열원충속(*Plasmodium*)과 같은 기생성 원생동물이 그 예가 된다. 형 **protozoan**. ⇨ Actinopoda, Apicomplexa, Caryoblastea, Ciliophora, Cnidosporidia, Foraminifera, Rhizopoda, Zoomastigina.

protozoology **원생동물학** 명 원생동물을 다루는 생물학의 한 분과.

protozoon **원생동물세포** 명 개개의 원생동물 세포.

protractor **견출근(牽出筋)** 명 몸의 한 부분을 뻗거나 당기는 근육.

protriaene **전3차골편(前三叉骨片)** 명 갈래가 앞을 향한 3지창 모양의 해면동물 골편.

Protura **낫발이목** 명 배에는 12마디가 있고 더듬이 또는 겹눈이 없으며 아주 작은 다리를 갖는 미세한 곤충의 목. '원미류(原尾類)'라고도 하며, 수피다듬이벌레류(bark-lice)가 포함된다. 나무의 껍질 아래에서, 잔디밭에서 그리고 흙에서 발견된다.

proventriculus **전위(前胃), 소낭** 명 (1) 곤충과 갑각류의 모래주머니(gizzard); (2) 환형동물에서, 모래주머니의 앞쪽에 있는 소화관의 부분; (3) 새에서, 모래주머니의 앞쪽에 있는 샘의 기능을 하는 위.

provinculum **프로빈쿨룸** 명 연체동물 판새류(lamellibranch)의 일부에서 어린 시기의 껍데기에 나타나는 원시적인 경첩.

provirus **프로바이러스** 명 숙주세포의 염색체에 삽입되어 한 세포세대(cell generation)에서 다음 세포세대로 계승되는 바이러스. 감염성 바이러스입자를 만들지 않는다.

provisioning **급식(給食), 공급** 명 식량비축(mass provisioning), nest provisioning, 규칙적 급식(progressive provisioning) 등과 같이 새끼에게 먹이를 제공하는 일.

provitamin **프로비타민** 명 비타민의 전구물질.

proxi- '다음의'를 뜻하는 라틴어 '*proximus*'에서 유래된 접두사.

proximad **기부(基部)쪽으로** 부 몸에 가장 가까운 곳이나 붙어 있는 기부를 향하여.

proximal **기부의, 근위(近位)의** 형 (1) 몸이나 중심 또는 부착한 지점에 가장 가까운; (2) 촉진유전자(프로모터)에 가까운 유전자의 부위에 적용되는 말. 비 distal.

proximate **근접(近接)의** 형 (1) 가장 가까운, 바로 옆에; (2) 직접적인 영향을 미치는 원인에 적용되는 말.

proximate analysis of food **식품영양성분분석** 음식물의 영양가를 어림잡아 추정하는 방법. 먼저 총질소를 분석하여 6.25를 곱해서 총단백질의 근사값을 얻고, 에테르추출에 의해 지방의 함량을 분석하고, 마지막으로 두 값의 차이로부터 탄수화물 함량을 결정한다.

proximoceptor **근접수용기** 명 촉각수용기와 같이 오직 인근의 자극에만 반응하

P

는 감각수용기.

proximo-distal axis 기부-말부축 (1) 손의 엄지손가락에서 새끼손가락에 이르는 축; (2) 4지 또는 절지동물의 부속지에서, 몸에 부착한 지점부터 끝까지 이어지는 축.

prozonite 앞고리, 전환(前環) 명 2개의 뚜렷이 구별되는 부분들로 이루어진 체절에서 앞쪽의 부분.

prozymogen 전효소원(前酵素原) 명 효소원(zymogen)의 전구물질.

PRPP 리보오스기의 활성화 공여체인 5-포스포리보실-1-피로인산(5-phosphoribosyl-1-pyrophosphate).

PRR 패턴인식수용체(pattern recognition receptors).

pruinose 가루투성이의 형 (1) 희끄무레한 입자나 과립들로 덮인; (2) 표면에 서리가 내린 것 같은.

Prymnesiophyta 후각편모조식물문 ⇨ Haptophyta.

PSI 제1광계(광계I: photosystem I).

PSII 제2광계(광계II: photosystem II).

psalterium 겹주름위, 뇌궁교련(腦弓交連) 명 (1) 반추동물의 제3위인 겹주름위; (2) [신] 원개(fornix)의 측면 부위를 연결하는 얇은 3각형의 판.

psammo- '모래'를 뜻하는 그리스어 '*psammos*'에서 유래된 접두사.

psammon 모래땅생물 명 민물과 바다의 연안에서 모래 입자들의 사이에서 사는 생물.

psammophilous 호사지성(好砂地性) ⇨ arenicolous.

psammophore 명 사막에 사는 개미의 큰턱과 머리의 측면 아래에 줄지어 달리는 털들. 모래입자를 제거하는 데 이용된다.

psammophyte 모래땅식물 명 모래나 자갈로 된 땅에서 자라는 식물.

psammosere 모래땅천이계열 명 모래언덕과 같은 모래땅에서 시작되는 식물의 천이.

pseud- '틀린'을 뜻하는 그리스어 '*pseudes*'에서 유래된 접두사.

pseudambulacrum 명 어떤 극피동물에서 측판에 들러붙고 판들을 덮는 뾰족한 판.

pseudannual 위1년생(僞一年生) 명 1년 내에 생장을 끝내지만 겨울을 나는 비늘줄기나 그 밖의 수단을 가지고 있는 식물.

pseudanthium 위화(僞花) 명 꽃들이 포개져서 하나의 꽃처럼 보이는 것.

pseudapogamy 위무배생식(僞無配生殖) 명 일부 곰팡이와 고사리의 전엽체에서 볼 수 있는 것과 같이 1쌍의 영양핵들이 융합하는 것.

pseudaposematic 거짓경고색의 형 경고색 또는 해롭거나 맛이 없는 동물의 보호성 특징을 모방하는, 즉 베이츠의태(Batesian mimicry)를 나타내는.

pseudapospory 위무포자생식(僞無胞子生殖) 명 감수분열을 하지 않고 포자가 형성되고, 그 결과 2배체 포자에서 배우자체가 만들어지는 것.

pseudaxis 위축(僞軸) 명 외관상으로는 주축(main axis)이지만 실제로는 평행하게 달리는 상당수의 곁가지들로 구성된 것.

pseudepipodite 헛잎상판 명 일부 갑각류에서 두 번째 작은턱과 몸통 부속지의 납작한 외부 구역.

pseudepisematic 형 보호성 의태에서 또는 유혹이나 공격의 목적으로 거짓된 색깔이나 무늬를 가진.

pseudergate 일흰개미 명 어떤 흰개미의 유생 일개미. 성숙하면 날개가 달린 생식

P

성충이 될 수 있다.

pseudholoptic 헛온눈의 형 머리의 꼭대기에서 맞닿거나 거의 닿는 온눈(holoptic)과 눈들이 완전히 떨어져 있는 양안(dichoptic)의 중간적인 곤충의 눈에 적용되는 말.

pseudimago 위성충(僞成蟲) 명 어떤 곤충의 생활주기에서 번데기와 성충 사이의 시기.

pseudoacrorhagus 명 어떤 말미잘의 가장자리 부근에 있는, 표피의 자포(nematocyst)가 들어 있는 작은 혹.

pseudoaethalium 위괴상(僞塊狀)자실체 명 일부 점균류에서 볼 수 있는 것과 같이 뚜렷이 구별되는 포자낭들이 조밀하게 뭉쳐있는 것. 비 aethalium.

pseudoalleles 위대립유전자 명복 재조합분석에 의해 구별될 수 있는 복합자리(compound locus)를 세분한 것 중 하나.

pseudoallelic 위대립성(僞對立性)의 형 상보성 검사에서는 동일한 유전자자리의 대립유전자들처럼 행동하지만 교차(crossing-over)에 의해 분리될 수 있어서 복합자리의 존재를 나타내는 둘 또는 그 이상의 돌연변이에 적용되는 말.

pseudoaposematic 거짓경고색의 ⇨ pseudaposematic.

pseudoaquatic 위수성(僞水性)의 형 수중이 아니고 습지에서 사는.

pseudoarticulation 명 절지동물의 다리에서 볼 수 있는 것과 같이 마디가 불완전하게 구분되거나 관절의 모양을 갖는 홈.

pseudoautosomal region 유사상염색체부위 포유동물의 X염색체에서 Y염색체 짧은 팔의 끝에 있는 부위와 상동인 작은 부위. 감수분열에서 성염색체의 접합에 관여한다.

pseudobrachium 위완(僞腕) 명 가슴지느러미의 살이 길어져서 생긴 운동지(locomotory appendage). 아귀류와 부치류가 바닥 위를 '걸어가는' 데 이용된다.

pseudobulb 헛비늘줄기, 위인경(僞鱗莖) 명 난초와 그 밖의 일부 식물에서 물과 양분을 저장하는 두꺼워진 마디사이(절간).

pseudobulbil 헛살눈, 위주아(僞珠芽) 명 일부 고사리류에서 포자낭을 대신하여 돌출한 것.

pseudobulbous 헛비늘줄기의 형 헛비늘줄기(pseudobulb)를 만들어 덥고 건조한 조건에 적응한.

pseudocarp 헛열매 ⇨ false fruit.

pseudocartilage 위연골(僞軟骨) 명 어떤 무척추동물에서 골격처럼 지탱하는 역할을 하는 연골 같은 물질.

pseudocellus 위단안(僞單眼) 명 곤충에서 기능이 불분명하고 드문드문 있는 감각기관의 하나.

pseudocentrous 형 두 쌍의 작은 연골들로 구성되고 이들이 만나서 나중에 봉합(suture)을 형성하는 척추뼈에 적용되는 말.

pseudocilia 위섬모(僞纖毛) 명복 어떤 단세포 녹조류에서 둘러싸고 있는 점질싸개를 뚫고 세포로부터 뻗어 나오는 세포질의 가닥.

pseudocoel 의체강(擬體腔)의 형 진체강이 없는 윤충류와 선충류 그리고 그 밖의 일부 무척추동물에서 표피와 내장 사이의 액체로 채워진 공간을 가리키는 말. 배의 포배강에서 유래된 것이다.

pseudocoelomate 의체강동물의 형 체강이 진체강이 아니고 의체강인 동물에 적용되는 말.

pseudoconch 위각(僞殼) 명 (1) 악어류에서 진정한 나비뼈(접형골)의 위쪽과 뒤쪽에 발달하는 구조; (2) 일부 복족류의 나선형이 아닌 껍데기.

pseudoconditioning 거짓조건지우기 명 무조건자극이 아닌 자극에 의해서 무조건 반응을 일으키는 상태.

pseudocone 위원추안(僞圓錐眼)의 형 낱눈이 투명한 젤리 같은 물질로 채워진 곤충의 겹눈에 적용되는 말.

pseudoconidium 위분생자(僞分生子) 명 어떤 효모의 위균사체(pseudomycelium)에서 측면의 돌기에서 형성되는 포자들 가운데 하나.

pseudoconjugation 위접합(僞接合) 명 일부 포자충류에서 일어나는 접합. 두 개체가 일시적으로 융합하지 않으면서 끝과 끝이 이어지거나 나란히 연결된다.

pseudocopulation 의사교접(擬似交接) 명 난초과 식물의 일종인 쌍잎난초(bee orchid)에서 볼 수 있는 것과 같이 꽃 모양이 곤충의 암컷과 비슷하여 수컷이 교미하려고 시도하는 사이에 꽃가루받이가 되는 것.

pseudocortex 헛피층 명 일부 지의류에서 볼 수 있는 것과 같이 젤리 같은 균사들로 구성된 피층.

pseudocostate 거짓맥의 형 가장자리의 맥이 모두 합쳐지는 거짓된 맥의, 잎과 곤충의 날개에 적용되는 말.

pseudoculus 의안(擬眼) 명 일부 노래기류의 머리 양쪽에 있는 타원형의 부분. 기계적 진동의 수용기로 여겨진다.

pseudocyphella 의배점(擬盃點) 명 지의류에서 배점(cyphella)과 비슷하지만 그보다는 작고 몸체의 통기에 이용되는 것으로 여겨지는 구조.

pseudocyst 위포낭(僞包囊) 명 포자충류에서 부풀고 터져서 포자를 방출하는 여분의 원형질 덩어리.

pseudodeltidium 위3각판 명 어떤 완족동물에서 배쪽의 판에 있는 3각공(deltidial fissure)을 완전히 또는 부분적으로 막는 판.

pseudoderm 가피(假皮) 명 어떤 조밀한 해면동물의 껍질 같은 외피.

pseudodominance 위우성(僞優性) 명 우성 대립유전자가 없는 상태에서 열성 대립유전자가 발현되는 것.

pseudodont 거짓니의 형 단공류(monotremes)와 같이 이빨 대신에 각질의 패드나 능선을 가진.

pseudoelater 위탄사(僞彈絲) 명 어떤 우산이끼류의 포자낭에서 사슬을 이루는 세포들 가운데 하나. 진정한 탄사(elater)의 기능을 하는 것으로 여겨진다.

pseudofoliaceous 위엽상(僞葉狀) 형 잎과 비슷하게 확장된.

pseudogamy 위수정(僞受精) 명 (1) 다른 몸체들의 균사가 합치는 것; (2) 정자에 의해 난자가 활성화되었지만 이후의 발생에서 정자는 아무런 역할을 하지 않는 것; (3) 위수정생식(pseudomixis).

pseudogaster 헛위관 명 일부 해면동물에서 볼 수 있는 외견상의 위강(gastral cavity). 위대공(pseudo-osculum)에 의해 외부로 통하고, 진정한 대공(osculum)은 갖지 않는다.

pseudogastrula 위낭배(僞囊胚) 명 어떤 해면동물의 발생과정에서 원시세포(archaeocyte)들이 편모세포들에 의해 완전히 둘러싸이는 시기.

pseudogene 위유전자(僞遺傳子) 명 기능적 유전자와 염기순서가 매우 유사하지만 이들이 축적한 돌연변이의 결과로 기능이 상실된 DNA 영역.

pseudohaptor 위흡반기 명 어떤 흡충류에서 배 쪽에 가시들이 방사상으로 줄지어 배열된 방호기관(armature)이 있는 큰 원판상 기관.

pseudoheart 위심장(僞心臟) 명 (1) 극피동물의 주축기관(axial organ); (2) 환형동

물에서 혈액을 등 쪽의 혈관으로부터 배 쪽의 혈관으로 보내는 수축성 혈관 가운데 하나.

pseudoidium 위분열자(僞分裂子) 명 발아할 수 있는 분리된 균사세포.

pseudoknot 유사매듭구조 명 RNA분자에서 사슬이 뒤로 접혀서 염기쌍의 짧은 구간을 가지며 2중으로 접히는 3차구조.

pseudolamina 위엽신(僞葉身) 명 가엽(phyllode)의 확장된 끝 부분.

pseudometamerism 의체절제(擬體節制) 명 (1) 겉보기에 연속적으로 마디가 형성된 것; (2) 어떤 촌충류에서 볼 수 있는 것과 같이 체절성(metamerism)에 가까운 것.

pseudomitotic 위유사분열의 ⇨ diaschistic.

pseudomixis 위수정생식(僞受精生殖) 명 배우자 대신에 영양세포들이 융합하여 접합자를 형성하는 유성생식.

pseudomonads 슈도모나스류 명복 토양과 물에 널리 분포하는 슈도모나스과(Pseudomonadaceae)의 그람음성균. 일부는 식물병원균이고 일부는 사람의 기회감염병원균인데, 특히 병원감염의 원인균이다. 일반적으로 호기성이거나 조건혐기성인 종속영양생물이고, 막대 모양의 세포에 극성 편모가 달린다. 어떤 종에는 청색이나 녹색의 형광색소가 들어 있다.

pseudomonocarpous 거짓1회결실성 형 소철류에서 볼 수 있는 것과 같이 종자가 방출될 때까지 잎밑(엽저)에 유지되는.

pseudomonocotyledonous 거짓외떡잎의 형 2개의 떡잎을 갖지만 이들이 합쳐져서 마치도 하나처럼 보이는.

pseudomorph 위형(僞型) 명 일정하지 않은 형태를 갖는 구조.

pseudomycelium 위균사체(僞菌絲體) 명 어떤 효모에서 볼 수 있는 것과 같이 단일 세포들의 사슬로 이루어진 집합.

pseudomycorrhiza 위균근(僞菌根) 명 외견상 균근과 비슷하게 식물의 뿌리에 병원성 곰팡이들이 가볍게 감염한 것.

pseudonavicella 접합자낭(接合子囊) 명 포자충류에서, 포자소체(sporozoite)가 들어 있는 작은 보트 모양의 포자.

pseudonotum 위배판(僞背板) ⇨ postscutellum.

pseudonychium 헛발톱 명 곤충의 갈퀴 사이에 있는 조각이나 돌기.

pseudo-osculum 위대공(僞大孔) 명 해면동물에서 헛위관(pseudogaster)의 외부로 통하는 구멍.

pseudopallium 위외투(僞外套) 명 극피동물에 기생하는 일부 복족류에서, 주둥이의 기부에 발달하는 고리 모양의 표피의 주름. 결국에는 기생동물 전체를 덮는 주머니와 같이 펼쳐진다.

pseudoparaphysis 위측사(僞側絲) ⇨ basidiolum.

pseudoparasitism 위기생(僞寄生) 명 자유생활을 하는 생물이 우연히 다른 생물의 몸에 들어가서 그곳에서 생존하는 것.

pseudoparenchyma 위유조직(僞柔組織) 명 균사나 세포사가 촘촘하게 엮여서 구성된 곰팡이 또는 조류의 조직. 균사나 세포사들이 개개의 특성을 상실하고 식물의 유조직과 비슷하게 보인다.

pseudopenis 위교미기(僞交尾器) 명 (1) 일부 빈모류에서, 수컷의 정관(deferent duct)이 뒤집어져 돌출된 부분; (2) 메뚜기류에서 교미를 위한 구조.

pseudoperculum 헛뚜껑 명 뚜껑(덮개)이나 폐쇄막과 비슷한 구조.

pseudoperianth 위화피(僞花被) 명 어떤 우산이끼류의 장란기(archegonium)를 감싸는 외피.

pseudoperidium 위자낭각(僞子囊殼) 명

어떤 곰팡이의 녹포자(aecidiospore)를 감싸는 외피.

pseudoplasmodium **위변형체(僞變形體)** 명 세포성 점균류에서 점액아메바(myxamoeba)들의 집합체. 세포들은 융합하지 않는다.

pseudopod **위족(僞足), 헛다리, 위병(僞柄)** 명 (1) 세포에서 밖으로 내민 세포질의 돌기. 특히 원생동물 아메바와 동물과 식물의 식세포(phagocytic cell)에서 나오는 돌기를 가리키며, 운동과 섭식의 기능을 한다, 복 **pseudopodia**, ≒ **pseudopodium**; (2) [식] 일부 이끼류에서 포자낭을 지탱하는 자루; (3) 일부 이끼류의 배우자체에서 무성아(gemma)가 달리는 가느다란 가지.

pseudopregnancy **거짓임신, 위임신(僞姙娠)** 명 수정이 이루어지지 않았지만 임신을 촉진하는 보조생식기관들이 발달하는 상태.

pseudopregnant **거짓임신의** 형 호르몬으로 처리하여 생체 외에서 수정된 난자를 자궁에 착상시켜서 정상적인 발생이 일어나도록 한 쥐와 그 밖의 포유동물에 적용되는 말.

pseudopupa **의용(擬蛹)** ⇨ coarctate pupa.

pseudoramose **위분지(僞分枝)의** 형 헛분지(false branch)를 가진.

pseudorhiza **거짓뿌리** 명 곰팡이의 자실체를 토양에 있는 균사체와 연결하는 뿌리 같은 구조.

pseudosacral **위천추(僞薦椎)의** 형 천추늑골에 의하지 않고 가로돌기(transverse process)에 의해 골반에 부착하는 엉치뼈(천추골)에 적용되는 말.

pseudoscolex **헛머리다리, 위두절(僞頭節)** 명 진정한 머리다리(두절)가 없는 어떤 촌충류의 변형된 앞쪽 편절(proglottid).

Pseudoscorpiones, pseudoscorpions **의갈목, 의갈류** 명, 명복 흔히 'false scorpions'라고 부르는 작은 거미류의 목. 전갈과 비슷하지만 후체구(opisthosoma)가 2개의 부위로 갈라지지 않는다.

pseudosematic ⇨ pseudepisematic.

pseudoseptate **위격벽(僞隔壁)의** 형 겉보기에는 격벽이 있지만 형태적으로는 격벽이 아니고 구멍이 뚫렸거나 불완전한 격벽을 가진.

pseudoseptum **위격벽(僞隔壁)** 명 (1) 어떤 곰팡이에서 볼 수 있는 것과 같이 구멍이 뚫린 격벽; (2) 일부 병꼴균류(chytrids)의 균사에서 간격을 두고 생기는 격벽과 비슷한 구조.

pseudosessile 형 배와 가슴 사이에 가는 환절(petiole)이 있는 곤충에서 환절이 너무 짧아 배(복부)가 가슴에 가까이 있는 곤충의 배에 적용되는 말.

pseudosperm **위종자(僞種子)** 명 종자와 비슷한 작은 폐과(indehiscent fruit).

pseudospore **가포자(假胞子)** 명 피낭을 형성한 휴지기의 점액아메바(myxamoeba).

pseudostele **위중심주(僞中心柱)** 명 잎의 중앙맥처럼 겉보기에 중심주 같은 구조.

pseudostigma **헛호흡문** 명 진드기류와 응애류의 감각강모에 있는 구멍처럼 외피에 있는 컵 모양의 오목한 부분.

pseudostiole, pseudo-ostiole **위소구(僞小口)** 명 자낭각이 없는 어떤 곰팡이에서 세포벽이나 조직들이 붕괴되어 형성되는 작은 구멍.

pseudostipe **위병(僞柄)** 명 복균류 곰팡이에서 볼 수 있는 것과 같이 포자의 생성이 예정된 조직에서 만들어지는 줄기 같은 구조.

pseudostipula, pseudostipule **위탁엽(僞托葉)** 명 잎자루의 기부에 있는, 턱잎

P

(탁엽)과 비슷한 잎몸의 일부.

pseudostoma 위구(僞口) 명 일시적인 입 또는 입처럼 생긴 구멍.

pseudostroma 위자좌(僞子座) 명 곰팡이와 숙주의 세포들이 혼합된 덩어리.

pseudosuckers 위흡반(僞吸盤) 명복 흡충류의 구흡반(oral sucker)의 양쪽에 있는, 샘세포가 있는 강력한 부착기관.

pseudosymmetry 가대칭(假對稱) 명 대칭에 가깝지만 정확하게 대칭이 아닌 것.

pseudothecium 위자낭각(僞子囊殼) 명 자낭각(perithecium)과 비슷한 자실체.

pseudotrachea 위기관(僞氣管) 명 (1) 기관(trachea)과 비슷한 구조; (2) 파리목 곤충에서 볼 수 있는 것과 같이 입술판(labella)의 기관 같은 먹이관 중 하나.

pseudotroch 섬모띠 명 일부 윤충류에서 입 주위의 안쪽에 있는 섬모의 고리 같은 구조.

pseudotrophic 기생성 형 균근을 이루는 곰팡이가 기생성일 때의 균근에 적용되는 말.

pseudouracil (ΨU) 유사우라실 tRNA에서 발견되는 흔치 않은 피리미딘염기. 우라실고리의 1번 자리와 5번 자리의 탄소와 질소원자가 맞바꾸면서 형성된다. 뉴클레오티드잔기는 **유사우리딘(pseudouridine)**이라고 한다.

pseudovacuole 가스포 ⇨ gas vacuole.

pseudovarium 위난소(僞卵巢) 명 수정이 일어나지 않아도 발생할 수 있는 난자인 위난(pseudovum)을 만드는 난소.

pseudovelum 위연막(僞緣膜) 명 (1) 해파리에서 근육세포나 신경세포가 없는 연막(velum); (2) 주름버섯류에서 갓과 자루로부터 뻗어 나와 만들어지고 성숙하지 않은 자실층을 보호하는 구조. ≒ pseudoveil.

Pseudoviridae 슈도바이러스과 명 복제과정에서 역전사단계를 갖는 DNA 바이러스의 과. 효모(*Saccharomyces cerevisiae*)의 Ty1바이러스와 초파리속(*Drosophila*)의 코피아바이러스가 포함된다.

pseudovitellus 명 진딧물의 배에 있는 지방세포의 덩어리.

pseudovum 위난(僞卵) 명 수정이 일어나지 않아도 단성생식으로 발생할 수 있는 난자.

Psilophyta 솔잎난문 명 현존하는 무종자관다발식물의 4개 주요 문 가운데 하나. 오직 2개의 속만이 현존한다. 이들은 단순한 구조를 갖는 열대식물이고, 뿌리가 없는 포자체와 차상으로 분지하는 뿌리줄기를 갖는다. 솔잎난속(*Psilotum*)은 작은 비늘 같은 돌기가 달리는 가지가 있고, 메시프테리스속(*Tmesipteris*)은 큰 포엽 같은 돌출부가 달리는 가지를 갖는 특징이 있다. ≒ Psilopsida.

P-site P부위, P자리 단백질 합성에서 읽혀진 mRNA의 마지막 코돈과 펩티딜 tRNA가 결합하는 리보솜 상의 부위.

psi torsion angle (ψ) 프사이비틀림각 폴리펩티드사슬의 주사슬에서 C–C_α결합과 인접한 펩티드결합 간의 회전각도.

Psittaciformes 앵무새목 명 앵무새를 포함하는 새들의 목.

psoas 허리근, 요근(腰筋) 명 허리에 있는 두 근육인 큰허리근(psoas major)과 작은허리근(psoas minor) 가운데 하나를 이르는 말.

Psocoptera 다듬이벌레목, psocids 다듬이벌레류 명, 명복 흔히 책다듬이벌레류(book lice)와 수피다듬이벌레류(bark lice)라고 부르는 작은 곤충의 목. 불완전탈바꿈을 하며, 공 모양의 배를 갖고 보통 날개는 없다.

PSSM 특정위치측정행렬(position-specific score matrix).

psychoactive 정신작용의 형 정신(마음)이나 행동에 영향을 미치는 물질들에 적용되는 말.

psychogenetic 정신발생의 형 (1) 정신의 발생과 관련된 말; (2) 정신에 의해 야기되는.

psychogenic 심인성(心因性)의 형 정신에서 일어나는, 생리적 변화와 육체적 변화에 적용되는 말.

psychophysiology 정신생리학 명 정신작용(mental process)과 관련된 생리학.

psychosomatic 정신신체의 형 (1) 정신과 신체와의 관계와 관련된 말; (2) 정신적 자극에 대한 신체적 반응과 관련되거나 그러한 반응을 가진.

psychrophile 저온생물(低溫生物) 명 낮은 온도에서 사는 생물. 세균의 경우, 15°C 이하의 온도에서 가장 잘 자라고 생장의 최고온도가 20°C 이하인 세균을 저온세균으로 간주한다. 형 **psychrophilic**. ≒ **psychrophil**.

psychrotolerant 내저온성(耐低溫性)의 형 낮은 온도에서 자랄 수 있지만 최적생장온도가 20°C 이상인 생물에 적용되는 말.

PT 백일해독소(pertussis toxin).

PTA (1) 전자현미경 관찰을 위한 염색제로 사용되는 포스포텅스텐산(phosphotungstic acid); (2) 혈장트롬보플라스틴전구물질(plasma thromboplastin antecedent).

PtdInsP 포스파티딜이노시톨인산(phosphatidylinositol phosphates).

ptera-, ptero- '날개'를 뜻하는 그리스어 '*pteryx*'에서 유래된 접두사.

pteralia 날개밑어깨판, 겨드랑이판 명복 곤충에서 가운데가슴등판(mesonotum)의 돌기와 날개가 관절을 형성하는 겨드랑이의 경판.

pterate 날개달린 형 날개가 있는.

pterergate 흔적날개개미 명 흔적의 날개를 갖는 일개미 또는 병정개미.

pteridine 프테리딘 명 질소와 탄소로 된 6각형의 고리 2개가 합쳐지고 다양한 치환분을 갖는 유기화합물. 프테린류(류코프테린, 크산토프테린)와 엽산(folic acid) 등의 많은 천연화합물을 구성하는 성분이다.

pteridology 양치식물학(羊齒植物學) 명 고사리류를 다루는 식물학의 한 분과.

pteridophytes 양치식물(羊齒植物) 명복 포자를 갖는 관다발식물들의 주요한 무리. 고사리류, 석송류, 속새류와 솔잎난문(Psilophyta)이 포함된다. 때로는 하나의 문인 양치식물문(Pteridophyta)으로 취급하기도 한다. ⇨ Lycophyta, Psilophyta, Pterophyta, Sphenophyta.

Pteridospermophyta 종자고사리식물문, pteridosperms 종자고사리류 명, 명복 종자를 갖는 관다발식물의 멸종된 문.

pterin 프테린 명 프테리딘(pteridine)의 유도체인 색소의 무리를 통틀어 이르는 말. 곤충에서 눈의 색소와 날개에서 흔히 나타나며, 척추동물과 식물에서도 발견된다.

pterion 관자놀이점 명 (1) 마루뼈와 이마뼈 그리고 나비뼈의 큰 날개(대익)의 접합점; (2) 봉합골인 작은뼈(소골)에 적용되는 말.

Pterobranchia, pterobranchs 익새강(翼鰓綱), 익새류(翼鰓類) 명, 명복 꽃병 모양의 몸과 U자형의 소화관을 갖는 작은 반삭동물의 강. 입을 둘러싸는 깃은 속이 빈 팔로 뻗어 있고 팔에는 섬모의 촉수들이 달린다. 이들은 대부분 군체성이며, 일부는 한천질의 관에 싸여 있다.

pterocardiac 형 갑각류의 위저작기

(gastric mill)에 있는 끝이 약간 굽은 골편에 적용되는 말.

pterocarpous 익과(翼果)의 명 날개가 달린 열매의.

pterodactyls 익룡류(翼龍類) 명복 익룡류(pterosaurs)의 일반적인 명칭.

pterodium 익과(翼果) 명 날개가 달린 열매 또는 시과(samara).

pteroic acid 프테로산 명 프테린과 ρ-아미노벤젠산의 복합체. 글루타민과 결합하여 엽산(folic acid)을 만든다.

pteroid 날개모양의, 고사리모양의 형 (1) 날개와 비슷한; (2) 고사리와 비슷한.

pteropaedes 초상(初翔) 명복 갓 부화하여 날 수 있는 새들.

pteropegum 시와(翅窩) 명 곤충의 날개에서 푹 들어간 곳.

Pterophyta 양치식물문 명 포자를 갖는 관다발식물의 4개 주요 문 가운데 하나. 흔히 고사리류(ferns)라고 부른다. 포자체는 뿌리와 줄기 그리고 큰 잎(엽상체)을 갖는데, 잎은 대엽(megaphyll)이고 포자낭이 달린다.

pteropleura 익측판(翼側板) 명 파리류에서 날개의 삽입부와 가운데가슴옆판(mesopleura) 사이에 있는 가슴경판(thoracic sclerite).

pteropodium 익지(翼肢) 명 어떤 박쥐에서 볼 수 있는 것과 같이 날개가 달린 발.

pteropods 익족류(翼足類) 명복 날개와 같은 확장부가 발까지 뻗어 있는 연체동물 복족류의 무리. '바다나비(sea butterfly)'라고도 한다.

Pteropsida 양치식물 명 식물의 분류에서 양치식물문(Filicophyta)의 다른 이름으로 쓰이거나 고사리류와 종자식물을 포함하는 보다 큰 무리를 가리키는 데 쓰이는 이름.

Pterosauria 익룡목, pterosaurs 익룡류(翼龍類) 명, 명복 쥐라기와 백악기에 출현한 조룡류(archosaurs)의 목. 흔히 'pterodactyls'라고 부르는 날아다니는 파충류이다. 앞다리의 네 번째 발가락이 길게 늘어나 익막의 지주 구실을 하였다.

pterospermous 날개달린 종자의 형 종자에 날개가 달린.

pterostigma 연문(緣紋) 명 곤충의 날개에 있는 불투명한 세포.

pterote 날개달린 형 날개가 달린, 날개 같은 돌출부가 있는.

pterotheca 날개집 명 번데기의 겉날개(wing case).

pterothorax 날개가슴마디, 유시흉부(有翅胸部) 명 잠자리류에서 가운데가슴의 마디와 뒷가슴의 마디가 합쳐진 것.

pterotic 익이골(翼耳骨) 명 귀에서 수평의 반고리관 위에 가로놓인 머리뼈. 형 전이골(pro-otic)과 상이골(epiotic)의 사이에 있는 뼈에 적용되는 말.

pterygia 'pterygium'의 복수형.

pterygial 날개의, 지느러미의 형 (1) 날개 또는 지느러미와 관련된 말; (2) 지느러미살을 지탱하는 뼈 또는 연골에 적용되는 말.

pterygiobranchiate 날개모양아가미의 형 어떤 갑각류처럼 솜털 같거나 펼쳐진 아가미를 가진.

pterygiophore 담기골(擔鰭骨) 명 (1) 상어와 돔발상어 등의 지느러미살을 형성하는 연골질성 막대; (2) 경골어류의 지느러미에 있는 이와 비슷한 골질의 살(ray).

pterygium 익상편(翼狀片) 명 (1) 바구미류(weevils)의 앞가슴돌기; (2) 나비류의 아래날개의 기부에 있는 작은 열편; (3) 척추동물의 팔다리. 복 **pterygia**.

pterygoda 어깨판 명복 곤충의 어깨판(tegulae).

pterygoid 날개모양의 형 (1) 날개와 비슷한; (2) 나비뼈(접형골)의 날개 모양의 돌기(날개돌기 또는 익상돌기)에 적용되는 말; (3) 명 **익상골(翼狀骨)** 입천장의 일부를 형성하는 머리뼈.

pterygoideus 날개근, 익돌근(翼突筋) 명 아래턱을 내밀고 올리도록 작동하는 근육. 안쪽날개근(내측익돌근, pterygoideus internus)과 가쪽날개근(외측익돌근, pterygoideus externus)이 있다.

pterygomandibular 날개아래턱의, 익돌하악(翼突下顎)의 형 (1) 날개근(익돌근)과 아래턱에 관련된 말; (2) 볼인두근(buccopharyngeal muscle)의 힘줄이나 솔기(봉선)에 적용되는 말.

pterygomaxillary 날개위턱의, 익돌상악(翼突上顎)의 형 위턱뼈와 나비뼈의 날개돌기 사이에 있는 틈새(날개위턱틈새)에 적용되는 말.

pterygopalatine 날개입천장의, 익구개(翼口蓋)의 형 (1) 익상골과 입천장뼈의 부위와 관련된, 관, 오목, 고랑 등에 적용되는 말; (2) 신경절, 즉 나비입천장신경절(sphenopalatine ganglion)에 해당하는 말.

pterygoquadrate 구개방형연골(口蓋方形軟骨) 명 일부 어류에서 악궁(mandibular arch)의 등 쪽 절반을 구성하는 연골.

pterygospinous 날개가시의 형 나비뼈의 가시돌기(spinous process)와 날개판(pterygoid plate)의 측면 사이에 있는 인대(날개가시인대)에 적용되는 말.

pterygote, pterygotous 유시류(有翅類)의 형 유시아강(Pterygota)에 속하는 곤충의 큰 무리에 적용되는 말. 날개를 가진 곤충 모두가 포함되고, 날개가 있는 종류에서 진화한 것으로 여겨지는 날개가 없는 일부 곤충(예: 벼룩, 이)도 포함된다. 이들 곤충은 어떤 형태의 탈바꿈을 하며, 복부에는 운동기관이 없다. 좀목, 좀붙이목, 낫발이목과 톡토기목을 제외한 곤충의 모든 목에 적용된다.

pterylae 깃있는 구역, 우역(羽域) 명복 새의 깃털이 나 있는 구역.

pterylosis 조우분포(鳥羽分布) 명 새의 깃털이 난 부분의 분포 상태.

PTH 부갑상샘호르몬(parathyroid hormone).

ptilinum 이마조각주머니, 전두낭(前頭囊) 명 번데기에서 우화한 파리의 머리에서 볼 수 있는 주머니 모양으로 확장된 부위.

ptilopaedic 형 부화할 때 솜깃털로 덮인.

ptomaine 프토마인, 시독(屍毒) 명 아미노기가 있는 유기화합물을 통틀어 이르는 말. 대개 독성을 띠며, 죽은 동물체가 부패하는 과정에서 단백질의 분해로 생기거나 일부 식물에 의해 만들어진다. 콜린(choline), 푸트레신(putrescine), 카다베린(cadaverine)과 무스카린(muscarine)이 포함된다.

ptosis 눈꺼풀처짐, 안검하수(眼瞼下垂) 명 눈꺼풀이 아래로 처지는 것. 사람의 선천성 눈꺼풀처짐은 멘델의 우성대립유전자의 유전에 따른다.

PTP 단백질티로신인산가수분해효소(protein tyrosine phosphatase).

ptyalin 프티알린, 타액소(唾液素) 명 침샘에서 분비되는 아밀라아제의 하나. 사람과 일부 초식동물에서 발견되며, 조각난 녹말입자를 분해한다. EC 3.2.1.1. 상용명 α-amylase.

ptyophagous 형 숙주의 세포로 침투하는 균근의 균사 끝에서 방출되는 세포질을 숙주의 세포가 분해하는.

P-type ATPases P형 ATP가수분해효소 자기인산화(autophosphorylation)가 수송주기의 일부인 ATPase의 활성을 갖는 이

온수송단백질의 일종. 막을 관통하는 외가닥의 단백질이다. 동물세포의 원형질막에 있는 Na^+-K^+펌프와 골격근세포의 근소포체에 있는 Ca^{2+}펌프가 그 예가 된다.

ptyxis 프틱시스 명 식물의 싹에서 어린잎들이 접히거나 둥글게 만 형태.

puberty 사춘기(思春期) 명 성적으로 성숙하기 시작하는 시기.

puberulent 미연모(微軟毛)의 형 솜털이나 가느다란 털로 덮인.

pubes 치골부(恥骨部), 음부 명 배의 하복부(hypogastric) 구역의 아랫부분인 두덩부위.

pubescent 연모(軟毛)의 형 부드러운 털이나 솜털로 덮인.

pubic 치골의, 두덩의 형 (1) 치골부(음부)의 부위에 있는; (2) 두덩뼈(치골)와 관련된 말.

pubis 두덩뼈, 치골 명 어류를 제외한 척추동물의 골반띠(요대) 양쪽의 앞과 아래에 있는 뼈. 궁둥뼈(ischium)와 합쳐져서 볼기뼈(hip-bone)를 이룬다.

public 공유(公有)의 형 (1) 조직적합성 항원의 혈청학적 분석에서 다른 단상형(haplotype)과 공유되는 항원결정기에 적용되는 말; (2) 다른 항원들과 공유되는 항원결정기들에 적용되는 말.

puboischium 치좌골(恥坐骨) 명 두덩뼈와 궁둥뼈가 합쳐진 것. 양쪽에 비구(acetabulum)와 엉덩뼈(ilium)가 있다.

pudendum 외음부(外陰部) 명 음부(vulva) 또는 여성(암컷)의 외부 생식기. 복 **pudenda**.

puffball 말징버섯 명 복균강(Gasteromycetes)의 말불버섯목(Lycoperdales)에 속하는 균류의 일반적인 명칭.

puffer fish 복어 극히 작은 인트론(비발현부위)과 반복DNA의 결여에 기인하여 척추동물로서는 특이하게 작은 유전체를 갖는 물고기[*Takifugu* (*Fugu*) *rubripes*].

puffs 퍼프, 혹 명복 다사염색체에서 관찰되는 일시적으로 팽창한 구조. 염색체물질이 풀려서 열리고 DNA가 활발하게 전사된다.

pullulation 출아생식(出芽生殖) 명 영양세포의 출아(budding)에 의한 생식.

pulmo- '허파'를 뜻하는 라틴어 '*pulmo*'에서 유래된 접두사. 대개 '허파와 비슷한', '허파와 함께 일하는' 또는 '호흡하는' 등을 의미한다.

pulmobranch 책허파, 폐새(肺鰓) 명 (1) 공기호흡을 하는 상태에 적응된 아가미 같은 기관; (2) 거미류에서 볼 수 있는 것과 같은 책허파(lung book). ≒ pulmobranchia.

pulmogastric 허파위의 형 허파와 위(stomach)에 관련된 말.

pulmonary 허파의, 폐(肺)의 형 허파와 관련된 말.

pulmonary cavity, pulmonary sac 허파주머니, 폐낭(肺囊) 민달팽이와 달팽이 같이 허파가 있는 연체동물에서 허파로 변형된 외투강(mantle cavity).

pulmonates 유폐류(有肺類) 명복 유폐아강(Pulmonata)에 속하는 달팽이와 민달팽이 등의 연체동물. 빗살아가미(ctenidium)가 없고 외투강을 허파로 이용하는 특징이 있다.

pulmones 허파, 폐 명복 허파. 단 **pulmo**.

pulp 치아속질, 치수(齒髓) 명 척추동물의 치아에서 결합조직과 신경 그리고 혈관들이 들어 있는 내부 공간.

pulsating vacuole, pulsatile vacuole 수축포 ⇨ contractile vacuole.

pulse 펄스 명 완두류, 콩류, 렌즈콩류 등의 콩과 식물의 종자.

pulse-chase experiments 표지후 추적

실험 특정한 분자나 경로의 방사성 전구물질로 세포를 극히 간단하게 표지시킨 후, 표지되지 않은 전구물질과 함께 배양하면서 표지의 운명을 추적하는 실험.

pulse-field gel electrophoresis 펄스장겔전기영동 염색체와 같은 거대 DNA를 크기에 따라 분리하는 전기영동법. 먼저 전기장을 어느 한 방향으로 가한 다음, 처음의 각도에 대해 비스듬히 전기장을 가한다.

pulse wave 맥파(脈波) 심실수축기(ventricular systole)부터 시작하여 동맥계를 따라 증가하는 압력의 파동.

pulverulent 가루의, 가루투성이의 형 (1) 가루 같은; (2) 가루로 만든.

pulvillar 발톱사이반의, 욕반의 형 발톱사이반 또는 욕반(pulvillus)과 관련되거나 그 부위에 있는.

pulvilliform 쿠션형, 부푼 형 작은 쿠션과 비슷한.

pulvillus 발톱사이반, 욕반(褥盤) 명 (1) 곤충에서 발이나 발톱 사이에 있는, 때때로 부착기관의 구실을 하는 패드나 돌기 또는 막; (2) 일부 포유동물의 발에서 각각의 발톱 아래에 있는 엽(lobe). 형 **pulvillar**.

pulvinar 형 (1) **쿠션형** 쿠션과 비슷한; (2) **엽침의** 엽침(pulvinus)과 관련된 말; (3) 명 **시상침(視床枕)** 뇌의 시상에 있는 각이 진 돌기.

pulvinate 쿠션형, 부푼 형 (1) 쿠션과 비슷한, 개미의 방어적이거나 공격적인 기능을 하는 샘에 적용되는 말; (2) 엽침(pulvinus)을 가진.

pulvinoid 엽침모양의 형 엽침과 비슷한, 변형된 잎자루에 적용되는 말.

pulvinus 엽침(葉枕) 명 축과 잎자루가 만나는 부위에서 세포가 부풀어진 것. 잎이나 작은 잎이 운동하는 데 부분적으로 작용한다.

pulviplume 풀비플룸 ⇨ powder-down feather.

pump 펌프 명 세포막에서 이온이나 작은 분자를 능동적으로 수송하는 메커니즘.

punctae 점무늬 명복 표면에 있는 작은 구멍이나 구덩이 또는 점들. 특히 돌말류(diatoms)의 껍질에 있는 그와 같은 무늬를 가리킨다.

punctate 반점박이형 형 (1) 점으로 뒤덮인; (2) 작은 구멍이나 구덩이 또는 점들로 덮인 표면을 갖는; (3) 점 같은 모습을 가진.

punctiform 점형(點形) 형 (1) 점 같은 모습을 갖는; (2) 피부에 있는 냉점과 온점 그리고 통각점의 분포에 적용되는 말.

punctuated equilibrium 중단평형(中斷平衡), 단속평형(斷續平衡) 진화의 과정은 진화적 변화가 거의 없거나 전혀 없는 오랜 기간의 안정기와 그 정체를 중단하는 짧은 기간에 걸친 급속한 진화에 따라 특징지어진다는 견해. 이러한 관점은 간혹 그러한 양상으로 나타나는 화석기록을 해석하면서 제시되었다. 비 phyletic gradualism.

punctulate 작은점모양의 형 아주 작은 점들로 덮인.

punctum 반점(斑點) 명 극히 작은 점이나 구멍.

puncture 천공(穿孔) 명 (1) 작고 둥근 표면의 오목한 곳; (2) 구멍 뚫기.

pungent 자극적인, 날카로운 형 (1) 톡 쏘는 듯한 감각을 일으키는, 화학수용기에 영향을 미치는 자극에 적용되는 말; (2) 날카로운 끝이 있는, 잎 또는 작은 잎의 꼭대기에 적용되는 말.

punishment 부자극(負刺戟) ⇨ negative reinforcement.

Punnett square 푸네트정방형 유전적 교

배의 자손들에서 서로 다른 유전자형이 나타나는 비율을 계산하는 데 널리 쓰이는 바둑판 모양의 판. 예를 들어 양친의 유전자형이 *Aa*와 *aa*인 경우 다음과 같이 나타낸다.

	A	*a*
a	*Aa*	*aa*
a	*Aa*	*aa*

pupa 번데기, 용(蛹) 명 완전변태를 하는 곤충의 생활주기에서 곤충의 유충이 보호성의 껍데기에 싸여있는 시기. 그 안에서 조직들이 재편성되고 새로운 형태(보통 성체)로의 탈바꿈이 일어난다.

puparium 번데기껍질, 위용각(圍蛹殼) 명 (1) 특히 파리류에서 볼 수 있는 것과 같이 마지막 유충의 피부에서 형성되는 위용(coarctate pupa)의 껍질; (2) 영충(instar).

pupate 용화(蛹化)하다 동 번데기시기로 접어들다.

pupiform 번데기모양의 형 모양이 번데기를 닮은.

pupigerous 형 번데기가 들어 있는.

pupil 동공(瞳孔), 눈동자 명 (1) 척추동물의 눈에서 홍채 안쪽 중앙의 비어 있는 공간. 이를 통해 빛이 들어오고 그 크기는 홍채 주위에 있는 섬모체의 수축에 의해 조절된다; (2) 안점(eye-spot)의 중앙에 있는 점.

pupillary 동공의 형 (1) 눈의 동공과 관련된 말; (2) 동공의 크기가 눈에 들어오는 빛의 강도 변화에 의해 변화하는 반사(동공반사)에 적용되는 말. 빛이 강해지면 닫히고 빛이 약해지면 열린다.

pupillate 형 여러 다른 색깔의 중심점을 갖는 눈 같은 무늬에 적용되는 말.

pupiparous 용산성(踊産性)의 형 어떤 기생성 곤충에서 볼 수 있는 것과 같이 이미 번데기시기로 발달한 새끼를 낳는.

pupoid 번데기모양의 ⇨ pupiform.

pure-breeding 순종의 ⇨ true-breeding.

pure line 순계(純系) 단 하나의 동형접합성(homozygous) 조상이나 똑같은 동형접합성 조상들로부터 유래되어 유전적 형질이 균일한 자손들.

purifying selection 정화선택(淨化選擇) 단백질의 기능과 조절을 간섭하는 유해한 돌연변이를 갖는 개체들을 제거하는 선택의 일종.

purine 퓨린 명 질소를 함유한 염기의 일종. 이 가운데 세포에서는 아데닌과 구아닌이 가장 흔하게 나타난다.

purinergic 퓨린(작동)성 형 퓨린을 분비하는, 퓨린신경전달물질(예: 아데노신과 ATP)을 분비하는 뉴런에 적용되는 말.

purinoceptor 퓨린수용체 명 일부 뉴런과 그 밖의 세포들에서 발견되는 퓨린(예: 아데노신과 ATP)에 대한 세포표면수용체.

Purkinje cell 조롱박세포, 푸르키네세포 소뇌에 들어 있는 뉴런의 일종. 세포체는 소뇌피질의 분자층과 과립층(핵층) 사이에서 뚜렷한 층을 형성하며, 축삭은 소뇌로부터의 출력을 나른다.

Purkinje neuron 조롱박뉴런, 푸르키네뉴런 ⇨ Purkinje cell.

Purkinje fibres 푸르키네섬유 심장의 심실과 심방을 연결하는 근육과 신경섬유의 띠에 있는 근섬유. 푸르키네섬유는 전형적인 심근섬유와 다른데, 특히 수축을 일으키는 자극의 전도율이 높다.

puromycin 퓨로마이신 명 단백질의 합성과정에서 폴리펩티드사슬에 편입되어 리보솜으로부터 불완전한 상태의 사슬이 유리되도록 하는 항생물질.

P

purple bacteria 자색세균(紫色細菌) (1) 가변세균문(Proteobacteria); (2) 가변세균 가운데 광독립영양세균의 무리. 세균엽록소 *a*와 *b* 그리고 자주색(또는 갈색이나 분홍색)의 카로티노이드색소를 함유하고, 오직 하나의 광계만을 이용하여 산소비생성광합성(anoxygenic photosynthesis)을 한다.

purple membrane 자색막(紫色膜) 어떤 호염성 고세균(예: *Halobacterium*)의 막에서 빛에 의해 추진되는 막관통 양성자펌프인 자색단백질 세균로돕신(bacteriorhodopsin)이 많이 들어 있는 부분.

purple sulphur bacteria 자색황세균 주로 물에 사는 광독립영양세균의 무리. 황화물을 황으로 산화하는 감마가변세균(gamma-proteobacteria)에 포함된다.

purposive behaviour 목표행동 목적 지향적 행동.

pus 고름, 농(膿) 명 감염된 상처부위에서 죽고 죽어가는 세포들, 특히 중성백혈구(neutrophil)에 의해 형성된 크림 같은 물질.

pustule 농포(膿疱) 명 액체로 채워진 물집 같은 돌기.

pusule 수낭(水囊) 명 (1) 많은 와편모조류(dinoflagellates)에 들어 있는, 물 같은 액체가 들어 있고 관을 통해 채워지거나 비워지는 비수축성 액포; (2) 일부 조류의 수축포(contractile vacuole).

putamen 피각(被殼) 명 대뇌반구에서 렌즈핵(lentiform nucleus)의 측면 부분.

putrefaction 부패(腐敗) 명 미생물들에 의한 유기물의 분해, 특히 단백질의 혐기성 분해. 그 결과 불완전하게 산화되고 악취가 나는 화합물(예: 메르캅탄, 알칼로이드, 폴리아민)이 만들어진다.

putrescine 푸트레신 명 냄새가 고약한 폴리아민. 오르니틴(ornithine)의 탈카르복시화 반응에 의해 생기고 흔히 세균에 의해 단백질이 분해될 때, 특히 고기가 부패되는 과정에서 생긴다. 한편 다양한 포유동물조직(예: 간, 이자, 정액)에서도 소량 발견된다.

***p*-value *p*값, 확률값** 어느 값이 정해진 값 *x*보다 같거나 더 많이 나타날 확률을 나타내는 통계값.

PWM 자리공체세포분열촉진제(pokeweed mitogen).

pycnidia 'pycnidium'의 복수형.

pycnidiophore 분포자자루 명 분포자기(pycnidium)를 만드는 분생자자루.

pycnidiospore 분포자(粉胞子) 명 분포자기에서 만들어지는 포자.

pycnidium 분포자기(粉胞子器) 명 녹병균과 깜부기병균에서 분생자자루(conidiophore)를 둘러싸는 작고 속이 빈 구형 또는 플라스크 모양의 구조. 형 **pycnidial**. 복 **pycnidia**.

pycnium 병자기(柄子器) 명 (1) 분포자기(pycnidium); (2) 장정기(spermogonium).

Pycnogonida 바다거미강, pycnogonids 바다거미류 명, 명복 바다에 사는 절지동물 협각아문의 강. 흔히 'sea spiders'라고 부른다. 앞쪽의 머리와 4쌍의 긴 움직이는 다리가 있는 몸통 그리고 짧은 복부로 구성된 길고 가는 몸을 갖는다. 일부 종은 협각과 더듬이를 갖기만, 다른 어떤 종들은 두 가지 모두가 없다.

pycnosis 핵응축(核凝縮) 명 핵의 내용물이 응축되고 진하게 염색되는 염색체들의 덩어리가 만들어지는 세포의 변성.

pycnospore 병자 ⇨ pycnidiospore.

pycnotic 핵응축의 형 핵응축(pycnosis)이 특징인 또는 그와 관련된, 변성된 세포의 작고 불규칙한 핵에 적용되는 말.

pycnoxylic 조밀재(稠密材)의 형 조밀한

목재를 가진.

pygal **둔부(臀部)의** 형 (1) 등의 뒤쪽 끝에 위치한 또는 그 부위와 관련된 말; (2) 바다거북과 땅거북 껍질의 어떤 판들에 적용되는 말.

pygidium **항문상판(肛門上板)** 명 일부 절지동물의 꼬리 부위를 덮는 외골격덮개 그리고 그 밖의 곤충들에서 같은 부위에 있는 다양한 구조들. 형 **pygidial**.

pygmy male **피그미수컷** 일부 다모류와 따개비류에서 볼 수 있는 것과 같이 어떤 동물에서 정상적으로 나타나는 암수한몸(hermaphrodite) 개체들과 아주 가까이에서 사는 보통 작은 수컷 개체.

pygostyle **미좌골(尾坐骨), 미단골(尾端骨)** 명 새의 등골뼈 말단에서 미부의 척추골이 융합해서 생긴 뼈.

pykn- ⇨ pycn-.

pylangium **동맥간문(動脈幹門)** 명 양서류 또는 태아의 심장에서 기부의 부분. 이를 통해 혈액이 심실로 들어간다.

pylome **문(門)** 명 일부 방산충류에서, 위족을 내밀고 먹이를 받아들이는 구멍.

pyloric **유문의** 형 (1) 유문(pylorus)과 관련되거나 그 부위에 있는; (2) 곤충에서 중장(mid-gut)과 후장(hind-gut)의 사이에 있는 괄약근(유문괄약근)에 적용되는 말; (3) 갑각류에서 모래주머니의 뒤쪽 부위에 적용되는 말.

pylorus **유문(幽門), 날문** 명 위에서 샘창자(십이지장)로 통하는 아래쪽 구멍.

pyogenic **화농성(化膿性)의, 곪음의** 형 고름이 생기는, 상처 난 부위에 고름이 생기도록 하는 세균에 적용되는 말.

pyramidal **피라미드의, 추체(錐體)의** 형 원뿔 모양의, 피라미드와 비슷한, 잎과 손목뼈와 뇌의 신경섬유로(추체로)에 적용되는 말.

pyramidal cell **피라미드세포, 추상세포(錐狀細胞)** 대뇌피질에 있는 특유의 모양을 갖는 뉴런의 일종.

pyramidal tract **피라미드로, 추체로(錐體路)** 대뇌피질의 운동령에서 시작하여 척수로 이어지는 경로. 자발적 운동과 관련이 있다. ≒ corticospinal tract.

pyramid of biomass **생체량피라미드** 먹이사슬 각 영양단계의 모든 생체량을 도표로 표시한 것. 낮은 영양단계(예: 1차 생산자)의 생체량이 보다 높은 영양단계(예: 육식동물)의 생체량보다 많아서 피라미드 구조를 보인다.

pyramid of energy **에너지피라미드** 생태계에서 각 영양단계별로 단위시간에 이용 가능한 에너지를 도표로 표시한 것. 대체로 연간 평방미터당 킬로칼로리로 표시한다.

pyramid of numbers **개체수피라미드** 먹이사슬에서 각 영양단계의 모든 개체수를 도표로 표시한 것. 낮은 영양단계(예: 1차 생산자)의 개체수가 보다 높은 영양단계(예: 육식동물)의 수보다 많아서 피라미드 구조를 나타낸다.

pyranose **피라노스** 명 탄소 5원자와 산소 1원자로 구성되는 6원 고리구조를 형성하는 단당류. 비 furanose.

pyrene **견과(堅果), 피각(被殼)** 명 딱딱한 몸체로 둘러싸여 핵과 또는 씨알맹이(kernel)를 형성하는 종자. 보통 한 열매에 여러 개가 들어 있다.

pyrenocarp **피자기** (1) 자낭각(perithecium); (2) 핵과(drupe).

pyrenoid **피레노이드** 명 조류와 어떤 우산이끼류에서, 엽록체에 들어 있는 단백질체. 녹말 형성의 중심이 된다.

pyrenolichen **소방자낭지의류** 명 공생진균체가 소방자낭균(loculoascomycete)인 지의류.

Pyrenomycetes **핵균강(核菌綱)** 명 흔히

P

'핵균류(flask fungi)'라고 부르는 자낭균류의 한 무리. 끝의 구멍이 열려 있는 플라스크 모양 또는 공 모양의 자낭과(자낭각)의 자실층에 대개 곤봉처럼 생긴 자낭들이 달린다. 식물에 기생하는 흰가루병곰팡이, 부생생활을 하는 분홍색의 붉은빵곰팡이속(*Neurospora*), 식물의 동고병(canker)과 탄저병(anthracnose) 그리고 반점병(leaf-spot disease)을 일으키는 원인이 되는 곰팡이들이 포함된다.

pyretic 발열성의 형 (1) 열 발생량이 늘어나는; (2) 체온의 상승을 일으키는.

pyrexia 발열(發熱) 명 체온이 정상보다 높아지는 것. 대체로 감염의 결과로 일어난다.

pyridine nucleotides 피리딘뉴클레오티드 니코틴아미드아데닌디뉴클레오티드(nicotinamide adenine dinucleotide)와 니코틴아미드아데닌디뉴클레오티드인산(nicotinamide adenine dinucleotide phosphate).

pyridoxal 피리독살 ⇨ pyridoxal phosphate.

pyridoxal phosphate (PLP) 피리독살인산 피리독신(비타민 B_6)에서 유래된 조효소. 모든 아미노기전달효소를 포함하여 많은 효소들의 보결분자단이다.

pyridoxamine 피리독사민 ⇨ pyridoxine.

pyridoxine 피리독신 명 피리딘에서 유래된 페놀알코올인, 비타민 B_6의 작용을 갖는 물질. 체내에서 피리독살(pyridoxal)과 피리독사민(pyridoxamine)으로 전환될 수 있고, 조효소 피리독살인산의 전구물질이다. ⇨ vitamin B_6.

pyriform 배형 형 서양배 모양의.

pyrimidine 피리미딘 명 질소를 함유하는 유기염기의 일종. 이 가운데 시토신과 우라실 그리고 티민이 생체세포에서 가장 흔하다. 피리미딘은 주로 핵산과 뉴클레오티드에 들어 있다.

pyrimidine dimer 피리미딘2합체 DNA에 자외선을 조사할 때 같은 사슬에 있는 인접한 피리미딘들이 공유결합하여 형성된 구조. DNA의 복제와 전사를 차단한다.

pyrogen 발열원(發熱源) 명 열을 일으킬 수 있는 물질.

pyrophosphatase 피로인산가수분해효소 명 피로인산(2인산)에서 오르토인산으로의 가수분해를 촉매하는 효소. EC 3.6.1.1. 상용명 inorganic diphosphatase.

pyrophosphate (PPi) 피로인산, 2인산 $HP_2O_7^{3-}$.

pyrophyte 내화성(耐火性)식물 명 불이 난 땅에서 잘 자라는 식물.

pyrosequencing 피로인산염기순서결정(법) 명 복제에 기반을 둔 DNA염기순서결정법. 뉴클레오티드의 중합과정에서 빛을 내게 되고, 이 빛을 디지털 방식으로 기록하고 분석하여 DNA의 염기순서를 결정한다.

pyrotheres 화수류(火獸類) 명 에오세부터 올리고세에 걸쳐 남아메리카에 살았던, 상아와 비슷한 이빨을 갖고 몸체가 큰 멸종된 태반포유동물의 무리.

pyrrole ring 피롤고리 탄소 4원자와 질소 1원자로 구성된 5원자 고리화합물. 헴(haem)의 포르피린고리(테트라피롤)를 구성하는 기본단위이다.

Pyrrophyta 황적조식물문(黃赤藻植物門) 명 와편모조류(dinoflagellates). 대체로 단세포이고 2개의 편모를 갖는 진핵의 미소생물들이다. 때때로 소용돌이치는 채찍이라는 의미의 'whirling whips'라고도 한다. 광합성을 하는 종과 종속영양을 하는 종 모두가 포함되고, 해양과 담수의 중요한 플랑크톤들이다. 많은 와편모조류의 특징은 원형질막의 바로 밑에 있는 섬유소로 된 판들인데, 이 판들이 세포 주변에서 조각 같이 정교한 벽인 덮개(theca)를 형성한다.

pyruvate 피루브산 ⇨ pyruvic acid.

pyruvate carboxylase 피루브산카르복실화효소 고에너지 카르복실기의 운반체로 보조인자 비오틴을 이용하여 카르복실기를 피루브산에 첨가하여 옥살로아세트산을 생성하는 반응을 촉매하는 효소. EC 6.4.1.1.

pyruvate decarboxylase 피루브산탈2산화탄소효소 알코올발효의 열쇠효소(key enzyme). 피루브산에 작용하여 아세트알데히드와 CO_2를 생성하는 비가역적 탈2산화탄소반응(decarboxylation)을 촉매한다. EC 4.1.1.1.

pyruvate dehydrogenase complex 피루브산탈수소효소계 피루브산으로부터 트리카르복시산회로를 위한 아세틸CoA를 생성하는 산화적 탈2산화탄소반응을 촉매하는 3가지 효소들. 피루브산탈수소효소(pyruvate dehydrogenase ; EC 1.2.4.1)와 디히드로리포아미드아세틸전달효소(dihydrolipoamide transacetylase; EC 2.3.1.12) 그리고 디히드로리포아미드탈수소효소(dihydrolipoamide dehydrogenase; EC 1.8.1.4)로 구성된다.

pyruvate kinase 피루브산키나아제 해당과정 등에서 포스포에놀피루브산으로부터 인산을 ADP에 전이하여 피루브산과 ATP를 생성하는 반응을 촉매하고 그 반대의 경우도 마찬가지로 촉매하는 효소. EC 2.7.1.40.

pyruvic acid, puruvate 피루브산 명 해당과정에서 생성되는 3탄소유기산($CH_3COCOOH$). 많은 대사경로에서 중요한 중간물질이다. 피루브산은 아세틸CoA로 전환되는데, 아세틸CoA는 유기호흡의 트리카르복시산회로의 출발점이 된다.

pyxidiate 개열(開裂)의 형 (1) 가로로 벌어지는 횡렬(transverse dehiscence)에 의해 박스처럼 열리는; (2) 개과(pyxidium)와 관련되거나 그와 비슷한.

pyxidium 개과(蓋果) 명 열매가 익은 다음 껍질이 가로로 벌어져서 위쪽이 뚜껑처럼 떨어지는 삭과의 일종.

pyxis 개과 ⇨ pyxidium.

P

Q

Q (1) 글루타민(glutamine); (2) 유비퀴논(ubiquinone).

Q_{CO_2} 이산화탄소소비도 건조중량 1 mg인 생체가 정상적인 온도와 압력에서 1시간 동안에 내뿜는 이산화탄소의 양(μL).

Q_{O_2} 산소지수(oxygen quotient).

Q_n 유비퀴논(ubiquinone).

Q_{10} 온도계수(temperature coefficient).

Q bands Q띠 유사분열을 하는 염색체에서 퀴나크린(quinacrine)에 의해 염색되는 형광 띠의 특징적 패턴. 개개의 염색체를 동정하는 데 사용된다.

Q-cycle 유비퀴논회로 시토크롬b-c_1복합체(cytochrome b-c_1 complex)를 통한 유비퀴논의 재순환을 설명하는 모델. 한 번 전자를 전달할 때마다 2개의 양성자가 펌프된다.

qPCR ⇨ quantitative PCR.

QTLs 양적형질유전자자리(quantitative trait loci). ⇨ quantitative trait.

quadrangular 네모의, 4각의 형 (1) 네모난 줄기에 적용되는 말; (2) 소뇌반구의 엽(lobe)에 적용되는 말.

quadrant 쿼드런트, 1/4구역 명 처음의 4개 할구(blastomere) 중 하나로부터 유래된 모든 세포들.

quadrat 방형구(方形區) 명 식물군집과 때로는 동물군집을 조사할 때 이용하는 보통 정4각형의 틀로 둘러싸인 조사지역.

quadrate bone 방골, 방형골 척추동물의 머리뼈에서 설악골(hyomandibular)의 일부. 조류, 파충류, 양서류 그리고 어류에서는 아래턱과 관절로 이어져 있다.

quadratojugal 방협골(方頰骨) 명 방형골과 협골(광대뼈)을 연결하는 막골. ≒ **quadratomaxillary**.

quadratus 네모근, 방형근 명 넙다리네모근(대퇴방형근)처럼 몇몇의 직4각형 근육들에 대한 명칭.

quadri- '넷'을 뜻하는 라틴어 '*quattuor*'에서 유래된 접두사. '4개를 갖는', '4개로 나눠진', '4부분으로 된' 등을 의미한다.

quadricarpellary 4심피의 형 4개의 심피가 들어 있는.

quadriceps 4두근 명 넓적다리의 앞에서 무릎을 펴는 작용을 하고 위쪽 끝에서 4부위로 갈라지는 근육.

quadrifarious 4열생형 형 4열로 된, 잎에 적용되는 말.

quadrifid 4열의 형 4부분으로 갈라진.

quadrifoliate 4출엽 형 (1) 4개의 잎을 갖는; (2) 같은 지점에서 나오는 4개의 작은 잎(소엽)을 갖는 손바닥모양겹잎(장상복엽)에 적용되는 말.

quadrigeminal bodies 4구체 ⇨ corpora quadrigemina.

quadrihybrid 4성교잡(四性交雜), 4성잡종(四性雜種) (1) 명 4가지의 명확한 특

징이 다른 어버이들의 교배; (2) 형 4쌍의 대립유전자들이 이형접합인.

quadrijugate 4대생복엽의 형 4쌍의 작은 잎을 갖는 깃꼴 잎에 적용되는 말.

quadrilateral 명 잠자리류의 날개에 있는 중실(discal cell). 날개의 기부에서 날개맥으로 완전히 둘러싸인 큰 세포이다.

quadrilobate 4엽(四葉)의 형 4개의 엽(lobe)으로 된.

quadrilocular 4실(四室)의 형 어떤 꽃의 씨방이나 꽃밥처럼 4개의 소방 또는 방을 가진.

quadrimaculate 4점꼴 형 4개의 점(spot)을 가진.

quadripennate 4날개의 형 4개의 날개를 가진.

quadripinnate 4회우상의 형 4번 깃꼴로 갈라진.

quadriradiate 4방사형 형 4개의 방사조직(또는 살)을 가진.

quadriseriate 4열성 형 4개의 줄이나 계열로 배열된. ≒ tetrastichous.

quadritubercular 4첨두(四尖頭)의 형 4개의 교두(cusp)를 갖는 치아에 적용되는 말.

quadrivalent 4가염색체 명 (1) 상호전좌(reciprocal translocation) 이형접합체에서 감수분열을 하는 동안에 형성되는 4개 염색체의 결합에 의해 생긴 다가염색체. 4가염색체의 이러한 유형은 4개의 완전한 염색체들로 구성되고, 4개의 동원체를 갖는다; (2) 중복된 상동염색체들의 쌍을 때때로 가리키는 말. 이 경우에는 4개의 염색분체들로 구성되고, 오직 2개의 동원체를 갖는다.

quadrivoltine 4회생식성 형 1년에 4번 새끼를 낳는.

quadrumanous 4지(四肢)동물의 형 사람을 제외한 대부분의 영장류에서 볼 수 있는 것과 같이 뒷발과 함께 손을 구성하는 앞발을 가진.

quadrupedal 네발보행의 형 4개의 다리로 걷는.

quadruplex 4동형접합 형 4개의 우성유전자를 갖는 배수체에 적용되는 말.

quaking bog 출렁습원 그 위를 걸어가면 출렁거리는, 무리지어 떠 있는 식생(주로 물이끼)으로 덮인 습원의 일종.

qualitative 질적(質的) 형 연구 중인 특성의 본질에만 관련된. 비 quantitative.

qualitative inheritance 질적 유전 표현형질이 집단 내에서 둘 또는 그 이상의 뚜렷한 상태로 나타나는 유전. 이러한 상태는 단일한 유전자자리에 서로 다른 대립유전자들이 있을 때에 해당된다. ≒ simple Mendelian inheritance. 비 quantitative inheritance, polygenic inheritance.

quantasomes 퀀타솜 명복 엽록체의 틸라코이드막에 있는, 광합성기구가 들어 있는 입자들.

quantitative 양적(量的) 형 연구 중인 생물이나 물질의 본질뿐만 아니라 수량에 관련된. 비 qualitative.

quantitative PCR (qPCR) 정량중합효소연쇄반응 시작할 때 DNA의 양을 측정하고 매회 증폭할 때마다 정량적으로 측정하는 중합효소연쇄반응의 일종. ≒ real-time PCR, **quantitative RT-PCR**, RTQ-PCR.

quantitative inheritance 양적 유전 여러 다른 유전자들이 독립적으로 작용하여 결정되는 형질의 유전. 집단 내에서 형질은 연속적인 변이를 나타낸다. 비 qualitative inheritance.

quantitative trait 양적 형질 유전학에서, 많은 유전자들[양적형질유전자자리(quantitative trait loci, QTLs)]의 효과에

의해 결정되는 표현형질. 신장이나 체중과 같이 집단 내에서 양적으로만 측정할 수 있는 연속적인 변이의 스펙트럼을 나타낸다. ⇨ complex trait.

quantitative variation **양적 변이** ⇨ continuous variation.

quantum **관툼, 양자(量子)** 명 (1) 신경전달물질이 정상적으로 분비되는 최소량; (2) 빛의 단위. 복 **quanta**. 형 **quantal**. ⇨ photon.

quantum dots **양자점** 여러 다른 색깔의 형광을 낼 수 있는 나노 크기의 반도체 결정체. 영상검사를 위한 세포와 조직의 염색에 이용될 수 있다.

quartet **4분자(四分子)** 명 (1) 감수분열에서 생긴 4개의 핵 또는 4개의 세포들; (2) 난할을 통해 난자가 분열하여 생긴 4개의 세포.

quasidiploid **유사2배체의** 형 많은 세포주와 같이 이를테면 어느 염색체는 3개의 복사본을 갖지만 다른 염색체는 오직 1개만을 갖는 것처럼, 2배체의 염색체 수를 갖지만 유전자구성이 비정상적인 세포에 적용되는 말.

quasisocial insects **준사회성 곤충** 새끼들을 협동하여 돌보지만 각 암컷들은 어느 때나 계속 알을 낳는 사회성 곤충.

quasi-species **유사종(類似種)** (1) 뉴클레오티드순서가 서로 다르고 시험관 내에서 돌연변이와 선택에 의해 형성되는 RNA 또는 DNA분자들; (2) 감염되는 과정에서 생기고 처음 감염된 바이러스와 뉴클레오티드순서가 다른, 사람면역결핍바이러스(HIV)와 같이 돌연변이가 심한 바이러스의 변이체.

quaternary **4차의** 형 (1) 네 번째의 또는 체제(organization)의 네 번째 단계에 적용되는 말; (2) 꽃의 각 윤생체(whorl)에 4개의 부분이 있는 대칭꽃에 적용되는 말.

Quaternary **제4기** 명 약 200만 년 전부터 현재까지 지속되는 지질시대. 플라이스토세(Pleistocene)와 홀로세(Holocene)로 이뤄진다.

quaternary structure **4차구조** 몇 개의 폴리펩티드사슬(단백질소단위체)로 구성되는 단백질에서 다양한 소단위(subunit)들 간의 상호관계.

quaternate **4개1조의** 형 (1) 4개가 한 조(set)인; (2) 한 지점에서 4장씩 자라는 잎에 적용되는 말.

queen **여왕벌** 명 진정사회성 곤충과 반사회성 곤충들에서 산란을 하는 계급의 구성원. 반드시 그런 것은 아니지만 때때로 일꾼들(일벌 또는 일개미)과 형태적으로 차이를 나타낸다.

queen substance **여왕물질** 여왕벌이 일벌을 유인하고 일벌의 생식기능을 조절하는 작용을 하는 일련의 페로몬들. 이 용어는 일반적으로 가장 강력한 성분인 트랜스-9-케토-2-데세노산(trans-9-keto-2-decenoic acid)을 의미한다.

queuosine (Q) **퀘오신** 명 오직 tRNA에서만 발견되는 특이한 뉴클레오시드. 7번 자리가 방향족 고리로 치환된 변형된 구아노신의 형태이고, C뿐만 아니라 U와도 쌍을 이룰 수 있다.

quiescence **휴지(休止)** 명 불리한 환경에 기인하여 일시적으로 발달이나 그 밖의 활동을 중단하는 것.

quiescent centre **분열지연중심부** 뿌리의 정단분열조직의 중심에 위치한, 매우 드물게 유사분열을 하는 세포군. 이들은 인접한 분열조직세포들이 자가재생(self-renewal) 상태에 있도록 도와주고, 그 세포들이 미성숙 상태에서 분화가 일어나지 않도록 해 준다.

quill **깃털자루, 우병(羽柄)** 명 (1) 깃털의

중심에 있는 자루; (2) 호저(porcupine)에서 볼 수 있는 것과 같은 속이 빈 각질의 가시.

quill feathers 장깃털, 시(翨) 새의 날개(날개깃, remiges)와 꼬리(꽁지깃, rectries)에 있는 깃털들.

quill knobs 깃혹 깃털의 모낭(털주머니)과 연결되는 섬유성 인대의 부착을 위한 새의 척골에 있는 결절이나 작은 혹.

quillworts 물부추류 명복 석송문(Lycophyta)의 종자를 만들지 않는 관다발식물인 물부추목(Isoetales). 좁고 긴 잎과 2차적으로 비후된 둥근줄기(corm)를 갖는다.

quinary 5차의 형 꽃의 각 윤생체(whorl)에 5개의 부분이 있는 대칭꽃에 적용되는 말.

quinate 5개1조의 형 한 지점에서 자라는 5장의 작은 잎에 적용되는 말.

quincunx 5점형(五點形) 명 5개의 구조 가운데 4개는 네모의 모서리들에 있고 다른 하나는 중심에 위치하는 배열방식. 형 **quincuncial**.

quinine 퀴닌 명 남아메리카의 키나나무(*Cinchona officinalis*)의 껍질에서 추출하는 알칼로이드. 항말라리아제와 해열제로 이용된다.

quinones 퀴논 명복 생물의 막에 있는 전자전달계에서 전자운반체로 작용하는 소수성의 방향족 탄화수소 분자들. 퀴논은 수소수용체와 전자공여체로 작용하며, 지용성이기 때문에 막 내에서 확산될 수 있다.

quinque- '다섯'을 뜻하는 라틴어 '*quinque*'에서 유래된 접두사. '5개로 된' 또는 '5개로 나눠지는' 등을 의미한다.

quinquecostate 5맥형 형 잎에 5개의 잎맥이 있는.

quinquefid 5열의 형 다섯 부분으로 갈라진.

quinquefoliate 5출엽 형 5개의 잎을 가진.

quisqualate 퀴스쿠알산 명 글루탐산의 구조적 유사체.

quorum sensing 정족수감지(定足數感知) 개개의 세균들이 세균에서 분비되는 신호분자들의 농도를 감지함으로써 개체군 내의 세균수를 감지하는 현상.

R

r (1) 근연계수(coefficient of relationship); (2) 내인성 증가율(intrinsic rate of increase).

r, R 뢴트겐(roentgen).

R 아르기닌(arginine).

R_0 순증식률(net reproductive rate).

rabbit-fishes 독가시치류 전두어강(Holocephalii)에 속하는 해산어류의 작은 무리. 가늘고 긴 꼬리와 큰 가슴지느러미를 갖는다.

Rabl orientation 라블방향정위 유사분열을 하는 동안 염색체에서 동원체가 앞장서고 염색체의 팔들이 그 뒤에서 끌려오는 V자형의 방향성.

Rab proteins Rab단백질 세포내 구획들 간에서 소포가 이동하는 특이성에 관여하는 저분자 GTP가수분해효소의 패밀리.

Rac ⇨ Rho protein family.

race 품종(品種), 뿌리줄기 명 (1) 종 내에서 영구적이고 유전적으로 구별할 수 있는 변이를 나타내는 개체들의 무리; (2) 생강에서 볼 수 있는 것과 같은 뿌리줄기(rhizome).

racemase 라세미화효소 명 광학활성을 갖는 어느 한 거울상이성질체(enantiomer)를 다른 거울상이성질체로 전환하거나, 특히 아미노산에서 L-이성질체(isomer)를 D-이성질체로 전환하는 반응을 촉매하는 효소를 통틀어 이르는 말. EC 5.1의 이성질화효소(isomerases)의 일종으로 분류된다.

racemate 라세미체 명 입체화학적 구조가 서로 거울상이고 겹쳐지지 않는 우회전성(+)과 좌회전성(−)을 띠는 화합물이나 분자의 두 광학이성질체가 혼합된 것. 형 **racemic**.

racemation 다발, 송이 명 포도에서 볼 수 있는 것과 같은 송이.

raceme 총상(總狀)꽃차례 명 히아신스에서 볼 수 있는 것과 같이 중심축 주위에 꽃자루가 있는 여러 개의 꽃이 어긋나게 붙어서 밑에서부터 피기 시작하는 꽃차례.

racemiferous 총상꽃차례의 형 총상꽃차례가 달린.

racemiform 총상꽃차례모양의 형 총상꽃차례의 모양을 가진.

racemose 총상(總狀)의, 포도송이꼴의 형 (1) 꽃차례의 맨 꼭대기는 계속 자라고 정생꽃(terminal flower)은 없으며, 개개의 꽃이나 곁가지들이 단일한 주축을 따라 나선상으로 또는 어긋나게 배열하고 맨 아래의 꽃들이 먼저 피는 꽃부리에 적용되는 말, ≒ indefinite; (2) 총상꽃차례와 비슷한 구조들에 적용되는 말.

racemule 작은총상꽃차례 명 작은 총상꽃차례.

racemulose 작은송이의 형 작은 무리를 이루는.

rachial 깃대의, 축의 형 깃대 또는 축(rachis)과 관련된 말.

rachides 'rachis'의 복수형.

rachidial 깃대의, 축의 ⇨ rachial.

rachidian 깃대의, 중심의 형 (1) 깃대(또는 축)에 위치하거나 그 부근에 있는; (2) 줄지어 있는 치설(radula)의 열에서 중앙의 소치(중심치)에 적용되는 말.

rachiform 깃대모양의, 꽃대모양의 형 깃대 또는 꽃대의 모양을 한.

rachiglossate 형 쇠고둥에서 볼 수 있는 것과 같이 날카로운 소치가 있는 치설(radula)을 가진.

rachilla 이삭자루, 작은꽃대 명 (1) 벼과 초본의 작은이삭(spikelet)에서 낱꽃이 달리는 축; (2) 작거나 2차적인 꽃대.

rachiodont 형 이빨의 기능을 하는 잘 발달된 척추극으로 알을 먹는 뱀에 적용되는 말.

rachiostichous 형 폐어(lungfish)에서 볼 수 있는 것과 같이 소맥티드(somactid)의 연쇄가 지느러미뼈대의 축을 이루는.

rachis 깃대, 축(軸) 명 (1) 깃털의 축(우축); (2) 자루(stalk) 또는 축(axis). 복 **rachides**.

rachitomous 절추(切椎)의 ⇨ temnospondylous.

racket mycelium 라켓형 균사체 ⇨ raquet mycelium.

rad 래드 생체조직이 흡수한 이온화 방사선의 양을 측정할 때 예전에 사용하던 단위. 1 래드는 조직 1 g당 100 에르그(erg)와 같다. 최근에는 그레이(Gy)가 비국제 단위인 래드 대신 쓰이며, 1 래드는 백분의 1 그레이이다.

radial 노뼈의, 방사상의 형 (1) 노뼈(요골)와 관련된 말; (2) 중심으로부터 방사상으로 자라는; (3) 극피동물의 사출부와 관련된 말; (4) 중심에서 방사상으로 자라는 잎이나 꽃에 적용되는 말; 명 (5) 곤충의 날개에 있는 가로맥(cross-vein); (6) 지느러미살을 지탱하는 골격.

radial apophysis 요골돌기 거미류 수컷의 수염에 있는 돌기. 교미할 때 암컷의 외부생식기(epigynum)의 홈에 삽입한다.

radial cleavage 방사상 난할(放射狀卵割) 동물 난할형의 일종. 수정란의 첫 번째 분열이 서로에 대해 직각으로 일어나서, 결과적으로 4개의 위쪽 할구들이 4개의 아래쪽 할구들 바로 위에 놓인다.

radiale 손목뼈, 완골(腕骨) 명 노뼈(요골)와 연결되는 손목뼈.

radial fibres 방사섬유 망막을 떠받치는 섬유조직.

radial glial cells 방사신경아교세포 발생 중인 신경관에서 내강으로부터 외부 표면까지 벽을 가로지르고, 이동하는 뉴런들을 인도하는 신경아교세포. 발생의 후기로 가면서 방사신경아교세포는 뇌와 척수에서 사라지는데, 별세포(astrocyte)로 분화되는 것으로 보인다.

radial notch 노패임, 요골절흔(橈骨切痕) 자뼈(척골)의 구상돌기에 있는 작은 S자형 패임.

radial symmetry 방사대칭 각각의 지름이 대칭을 이루는 면을 갖는 것. 많은 꽃들이 이러한 유형의 대칭구조를 보이고, 말미잘과 불가사리와 같은 동물 역시 그러하다.

radiant 방사(放射)의, 복사(輻射)의 형 (1) 광선을 발사하는; (2) 사방으로 퍼지는; (3) 분산생물(radiant)과 관련된 말; (4) 방사선과 관련된 말; (5) 명 **분산생물** 원래의 지리적 위치로부터 분산된 생물 또는 생물집단.

radiate 방사형 형 (1) 방사대칭의; (2) 사방으로 퍼지는; (3) 별 모양의; 동 (4) 어느 지점에서 갈라지거나 퍼지다; (5) 광선을 발사하다.

R

radiate-veined 사출맥(射出脈)의 손바닥 모양으로 뻗어나간 잎맥의.

radiatiform 형 방사상의 주변화를 가진.

radiation 방사(선), 복사(輻射) 명 (1) 파동이나 입자의 형태로 방사에너지를 방출하는 것; (2) 전자기방사선(라디오파, 적외선, 가시광선, 자외선, X선, 감마선)이나 방사성 선원으로부터의 방사(예: 베타선)와 같이 파동이나 입자의 형태로 방사된 에너지. 특히 이온화 방사선(예: 방사성 원소에서 내뿜는 X선과 감마선 그리고 α-입자와 β-입자)과 같이 생물체에 해로운 영향을 미칠 수 있는 방사선을 가리킨다; (3) [진] **방산(放散)** 백악기가 끝난 다음 공룡의 멸종으로 공백이 된 생태적 지위를 채우면서 나타난 포유류방산(mammalian radiation)과 같이, 특정한 동물이나 식물의 신종의 수가 비교적 빠르게 증가하고 이들이 다양하게 분화되고 새로운 서식지로 퍼져 나가는 것.

radiation biology 방사선생물학 잠재적으로 해로운 방사선이 생물에 미치는 영향을 연구하는 학문.

radiation chimaera 방사선키메라 보통 쥐와 같은 실험동물을 대상으로 방사선을 조사하여 면역계를 파괴시키고 유전적으로 다른 개체의 골수를 이식하여 새로운 면역계를 재구성한 것. ≒ **radiation bone marrow chimaera**.

radiation dose equivalent 방사선량당량 ⇨ dose equivalent.

radiation ecology 방사선생태학 방사선이 생물과 환경 간의 상호관계에 미치는 영향 그리고 방사성 원소들의 생태적 효과와 운명을 다루는 학문.

radiation hybrid (RH) 방사선잡종 방사선을 처리하여 염색체들을 조각나게 만든 어느 종의 세포를 다른 종의 세포와 융합시켜 만든 체세포잡종. 방사선잡종지도만들기(radiation mapping)에 이용된다.

radiation mapping 방사선잡종지도만들기 방사선을 조사한 체세포잡종(방사선잡종)이 관련된 유전학적 지도만들기(genetic mapping) 기법. 이 기법은 방사선에 의한 절단으로 두 유전자자리가 떨어져서 다른 염색체조각에 붙을 가능성이 있으므로 염색체 상의 두 지점 사이가 끊어질 확률에 기초하여 작성한다.

radical (1) 형 **근생(根生)의** 저생엽(basal leaf)처럼 지면 가까이에 있는 뿌리에서 생기는; (2) 명 **라디칼** 쌍을 이루지 않은 하나의 전자를 가지고 있는 화학종(예: Cl•). ≒ free radical.

radicant 막뿌리의 형 줄기에서 생긴 뿌리를 가진.

radicate 뿌리내린 형 (1) 뿌리가 내린; (2) 뿌리 같은 구조가 있는; (3) 뿌리내린 것처럼 기질에 고정된.

radication 분지양식(分枝樣式) 명 식물체에서 뿌리가 내리는 양식.

radicel 작은뿌리 명 작은 뿌리 또는 실뿌리.

radicicolous, radiciferous 뿌리있는 형 뿌리가 있는.

radiciflorous 뿌리개화성 형 꽃이 줄기의 맨 아래에 달려서 마치도 뿌리로부터 꽃이 생겨난 것처럼 보이는.

radiciform, radicine 뿌리모양의 형 뿌리와 비슷한.

radicivorous 근식성(根食性) 형 뿌리를 먹는.

radicle 배뿌리 명 식물의 배에 형성된 뿌리. 하배축의 아래쪽 끝에서 발달한다.

radicle sheath 배뿌리집 ⇨ coleorhiza.

radicolous 뿌리서식성 형 뿌리에서 사는.

radicose 큰뿌리의 형 큰 뿌리가 있는.

radicular 배뿌리의 형 배뿌리(radicle)와 관련된 말.

radicule 작은뿌리 명 작은 뿌리.

radiculose 뿌리투성이의 형 작은뿌리(rootlet)나 헛뿌리(rhizoid)가 많은.

radii 'radius'의 복수형.

radioactivity 방사능(放射能) 명 어떤 원소들의 핵이 스스로 붕괴하면서 α-입자나 β-입자 그리고 감마선과 같이 이온화된 입자들과 전자기방사선을 방출하는 성향.

radioautography 방사선자동사진법 ⇨ autoradiography.

radiobiology 방사선생물학 명 방사선, 특히 X선과 같이 잠재적으로 유해한 이온화 방사선이 생체세포와 생물에 미치는 영향을 연구하는 학문.

radiocarbon 방사성탄소 명 천연에서 소량 나타나는 탄소의 방사성 동위원소(^{14}C). 생화학적 연구와 생리학적 연구에서 사용되고, 고고학(archaeology)에서 연대를 측정하는 지표로 이용된다.

radiocarbon dating 방사성탄소연대측정법 고고학에서 유기물 잔해의 연대를 측정할 때 식물에 의한 탄소고정 과정에서 천연에 드물게 존재하는 탄소의 방사성 동위원소(^{14}C)와 매우 흔하게 존재하는 동위원소(^{12}C)를 차별적으로 흡수하는 것을 이용하는 방법. 방사성탄소연대측정법은 3000년에서 40,000년 전의 물질을 대상으로 연대를 측정할 때 이용될 수 있다.

radiocarpal 노손목의 형 노뼈(요골)와 손목에 관련된 말.

radioecology 방사선생태학 ⇨ radiation ecology.

radioimmunoassay (RIA) 방사면역분석법 명 방사성 물질로 표지한 특정 항체나 항원을 이용하여 물질을 검출하고 양을 측정하는, 감도가 매우 민감한 방법.

radioiodine 방사성요오드 명 요오드의 방사성 동위원소(^{131}I). 갑상샘의 연구와 갑상샘암의 치료에 이용된다.

radioisotope 방사성 동위원소 명 3중수소(^{3}H), 방사성인(^{32}P), 방사성탄소(^{14}C)와 방사성요오드(^{131}I)와 같이 방사능을 지닌 동위원소들. 실험생물학에서 추적자(tracer) 화합물과 생체분자를 표지하는 데 널리 이용된다.

radiolabelling 방사선표지 명 화합물에 방사성 동위원소를 결합시켜 몸이나 세포에서 이를 추적할 수 있도록 하는 것.

radiolarians 방산충류(放散蟲類) 명복 방사판족문(Actinopoda) 가운데 바다에 사는 부유성 원생생물의 무리. 예전에는 육질충강(Sarcodina)의 원생생물로 분류하였다. 규산질의 골편이 대칭적인 골격을 이루는 점이 특징이다.

radiole 방사침(放射針) 명 성게류의 가시.

radioligand 방사리간드 명 수용체결합실험에서 이용되는 방사성 물질로 표지한 리간드(예: 호르몬, 신경전달물질).

radiomedial 경중맥(徑中脈) 명 곤충의 날개에서 경맥(radius)과 중맥(medius) 사이의 가로맥.

radiomimetic 방사선유사의 형 방사선의 효과와 비슷한, 돌연변이를 일으키는 화학물질(방사선유사화학물질)에 적용되는 말.

radionuclide 방사성 핵종 명 스스로 붕괴하면서 방사선을 방출하고 한 원소에서 다른 원소로 바뀌는 불안정한 원자핵.

radiophosphorus 방사성인(放射性燐) 명 인의 방사성 동위원소(^{32}P). 생화학적 연구와 생리학적 연구에서 널리 사용되고, 치료적으로도 이용된다.

radioreceptor 방사수용기 명 빛이나 온도의 자극을 감지하는 감각수용기.

radioresistant 방사선내성(放射線耐性)의 형 방사선, 특히 X선과 같은 이온화 방사선의 효과에 대해 비교적 높은 내성을 나타내는.

radiosensitive 방사선감수성의 [형] 방사선, 특히 X선과 같은 이온화 방사선의 효과에 대해 민감한.

radiospermic 방사종자의 [형] (1) 횡단면이 원형인 종자를 갖는; (2) 그와 같은 종자를 갖는 식물, 특히 화석에 적용되는 말.

radiosymmetrical 방사대칭의 [형] 중심축 주위를 따라 비슷하게 배열된 비슷한 부분들을 가진.

radiotherapy 방사선치료 [명] X선이나 방사성 물질을 써서 암 등의 질병을 치료하는 것.

radioulna 노자뼈, 요척골(橈尺骨) [명] 하나의 뼈로 합쳐진 노뼈(요골)와 자뼈(척골).

radius 노뼈, 요골(橈骨), 경맥(徑脈) [명] (1) 척추동물에서 위팔뼈와 손목뼈 사이에 있는 앞다리 뼈; (2) 곤충의 날개에서 주된 날개맥. [복] **radii**.

radix 뿌리 [명] (1) 뿌리; (2) 어느 구조의 기원이 되는 지점.

radula 치설(齒舌) [명] 대부분의 연체동물 복족류의 입에서 키틴질의 이(tooth)들이 줄지어 늘어서 있는 짧고 넓은 기관. 먹이를 긁어 잡는 데 이용된다.

radulate, raduliferous 치설달린 [형] 치설(radula)을 가진.

raduliform 치설모양의 [형] 치설과 비슷한.

raffinose 라피노오스 [명] 사탕무와 곡류 그리고 일부 곰팡이에 들어 있는 3당류. 가수분해되면 포도당과 과당 및 갈락토오스로 된다. (⇨ 그림 32)

Rafflesiales 라플레시아목 [명] 몸이 단순한 엽상체로 축소되고 식물에 기생하는 쌍떡잎식물의 목. 히드노라과(Hydnoraceae)와 라플레시아과(Rafflesiaceae)의 2과로 이뤄진다.

Rainey's corpuscles 레이니소체 골격근에서 발견되는 가늘고 긴 기생성 포자충인 근육포자충속(*Sarcocystis*)의 포자.

Rainey's tubes 레이니관 어떤 기생성 포자충류의 성충시기인, 수의근에서 발견되는 가늘고 긴 주머니 모양의 구조.

rain forest 우림(雨林) 연 강우량이 254 cm 이상인 지역에서 형성되는 삼림군계. ⇨ monsoon rain forest, temperate rain forest, tropical rain forest.

raised bog, raised mire 융기습원 습한 지방의 소택지 유역이나 강의 범람원에 형성되는 볼록렌즈 모양의 산성 이탄습지.

Ramachandran plot 라마찬드란조사구 단백질의 구조에서 파이(ϕ)/프사이(ψ) 회전각을 표시하는 그림. 가능한 각도의 범위는 사실상 상당히 제한된다. ⇨ phi torsion angle, psi torsion angle.

갈락토오스 포도당 과당

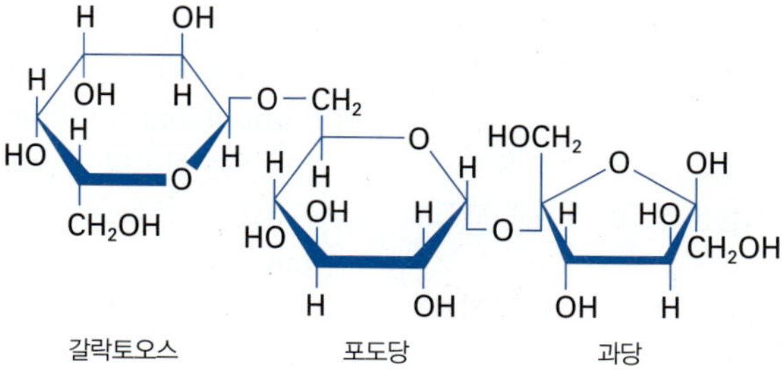

그림 32. 라피노오스.

R

ramal 가지의 형 (1) 가지에 속하는; (2) 가지에서 유래된.

ramapithecids, ramapithecines 라마피테쿠스인 명복 마이오세(Miocene)에 아시아와 아프리카에 살았던 유인원과 비슷한 화석의 무리. 라마피테쿠스속(*Ramapithecus*)이 포함되며, 치아가 사람(hominid)과 비슷한 특징을 보인다.

ramate 가지친 형 분지한.

ramellose 잔가지의 형 작은 가지들을 가진.

ramenta 비늘잎, 인편(鱗片) 명복 (1) 고사리류의 줄기와 잎 그리고 잎자루에 생기는 갈색의 비늘들; (2) 잎에서 나는 긴 표피털. 단 **rament**, **ramentum**.

ramentaceous 비늘잎덮인 형 비늘잎(ramenta)으로 덮인.

rameous 가지친 형 (1) 가지가 난; (2) 가지와 관련된 말.

ramet 무성생식체 명 기는줄기(stolon)에서 번식한 식물의 새로운 줄기와 같은 클론(clone)의 일원.

rami 'ramus'의 복수형.

rami communicates 교통가지 교감신경절과 척수신경을 연결하는 신경섬유. 단 **ramus communicans**.

ramicorn 가지더듬이의 형 일부 곤충과 같이 가지 친 더듬이를 가진.

ramification 분지(分枝) 명 (1) 가지 치는 것; (2) 나무, 신경, 동맥 따위의 가지.

ramiflory 가지개화성 명 가지에서 꽃이 피는 상태. 형 **ramiflorous**.

ramiform 가지모양의 형 가지와 비슷한.

ramiparous 가지생성의 형 가지를 만드는.

ramose 가지많은, 다지(多枝)의 형 가지가 많은.

ramule, ramulus 잔가지 명 작은 가지.

ramuliferous 잔가지달린 형 작은 가지들이 달리는.

ramulose 잔가지많은 형 작은 가지들이 많은.

ramulus 잔가지 ⇨ ramule.

ramus 가지, 깃가지 명 (1) 가지와 같은 구조를 통틀어 이르는 말; (2) 깃털의 깃가지(barb). 복 **rami**.

ramus communicans 교통가지 ⇨ rami communicates.

ramuscule 잔가지 ⇨ ramule.

Ran 세포질과 핵 사이의 수송과정에 에너지를 공급하는 데 관여하는 저분자량의 GTP가수분해효소.

random genetic drift 마구잡이유전적부동 (1) 그 어떤 선택압에도 의하지 않고, 유전자에서 뉴클레오티드순서의 변화가 오랜 기간에 걸쳐 마구잡이로 축적되는 것; (2) 각 세대마다 배우자들을 추출한 결과로 시간이 흐르면서 소집단에서 일어날 수 있는 유전자빈도의 마구잡이변화. ⇨ genetic drift.

range 범위, 방목구역 명 (1) 어느 동물 또는 동물의 무리가 먹이를 찾아다니는 구역; (2) 가축들이 자유롭게 풀을 먹을 수 있는, 울타리가 없고 집중적으로 관리되지 않는 초지의 구역. ≒ **rangeland**.

ranine 형 혀의 표면 아래와 관련된 말.

ranivorous 형 개구리를 잡아먹고 사는.

ranunculaceous 미나리아재비과의 형 꽃피는 쌍떡잎식물인 미나리아재비과(Ranunculaceae)의 종류들과 관련된 말.

Ranunculales 미나리아재비목 명 초본, 관목 또는 목본성 덩굴식물의 목. 매자나무과(Berberidaceae)와 미나리아재비과(Ranunculaceae) 등이 포함된다.

Ranvier's nodes 랑비에결절 ⇨ nodes of Ranvier.

rapamycin 라파마이신 명 면역억제제의 일종.

RAPD 마구잡이증폭다형DNA(randomly amplified polymorphic DNA). 개체들 간에서 염기순서의 다형성을 나타내는 DNA이며, 유전체지도작성(genome mapping)에 이용될 수 있다.

raphe 봉선(縫線), 제조(臍條), 등줄 명 (1) 일부 열매의 솔기 같은 봉합선; (2) 주병(funicle)과 도생배주(anatropous ovule)가 융합하는 선; (3) 돌말류 껍질에 있는 갈라진 틈 같은 선; (4) 샅(회음), 음낭, 단단입천장(경구개), 숨골(연수) 따위에 있는 선 또는 능선. '솔기'라고도 한다.

raphe nucleus 솔기핵, 봉선핵 중뇌에서 세로토닌성(serotoninergic) 뉴런들의 세포체가 놓여 있는 핵의 무리 가운데 하나.

raphide 침상결정(針狀結晶) 명 많은 식물세포에서 대사부산물로 생성되는 바늘 모양의 옥살산칼슘 결정체.

raphidiferous 침상결정함유의 형 침상결정(raphide)이 들어 있는.

rapid eye movement sleep 빠른눈운동수면 ⇨ REM sleep.

raptatory 포획성 형 잡아먹는.

raptorial 포획성 형 잡아채거나 약탈하는 데 적응된, 맹금류에 적용되는 말.

raptors 맹금류(猛禽類) 명복 매, 독수리, 올빼미 따위처럼 육식을 하는 새들.

raquet mycelium 라켓형 균사체 곰팡이의 균사에서 각 마디의 한쪽 끝이 확대되어 작고 큰 끝부분이 번갈아 나타나는 균사체.

rare 희소의, 희귀의 형 세계자연보전협회(IUCN)에 의해 정의된 '개체수가 적고 비록 현재는 멸종위기종이나 취약종으로 간주되지는 않지만 서식지 내에서 매우 제한적으로 분포하거나 매우 넓은 면적에서 드문드문 퍼져 있기 때문에 일부 대형 육식동물처럼 위험한 상태에 있는 종이나 상위의 분류군'에 적용되는 말. ⇨ endangered, rarity, vulnerable.

rarity 희귀성(稀貴性) 명 세계자연보전연맹(IUCN)에 의해 정의된 식물과 동물의 희귀종의 범주. ⇨ endangered, rare, vulnerable.

Ras 라스 많은 세포내 신호전달경로의 일부가 되는 저분자 GTP결합단백질. MAP인산화효소단계적연쇄반응(MAP kinase cascade)을 활성화시킨다.

rasiRNA ⇨ repeat-associated small interfering RNA.

rasorial 형 가금(fowl)과 같이 먹이를 찾아 땅을 긁는 습성이 있는.

rastellus 명 거미 협각의 파투론(paturon)에 있는 이(teeth)의 무리.

Rathke's pouch 라트케주머니 척추동물의 배에서 구강배벽의 외배엽에 생기는 곁주머니(diverticulum). 나중에 뇌하수체를 형성한다.

ratite 평흉(平胸)의 형 용골돌기가 없는 흉골(sternum)을 갖는, 새(평흉류)에 적용되는 말.

ratites 주금류(走禽類) 명복 타조, 에뮤, 레아(rhea), 화식조와 키위로 구성되는 날지 못하는 새들의 무리. 날개는 퇴화하고, 흉골에는 용골돌기가 없으며, 깃가지(barb)가 없이 솜털로 덮인 깃털을 갖는다. '평흉류(平胸類)'라고도 한다.

rattle 래틀, 울음새 명 방울뱀의 꼬리 끝에서 덜그럭거리는 소리를 내는 일련의 각질로 된 관절.

Raunkiaer's life forms 라운키에르생활형 식물이 지닌 내성기관(perennating organ)의 종류와 지면이나 수면과 비교한 이들 기관의 위치에 의해 식물을 분류하는 체계. ⇨ chamaephyte, cryptophyte, geophyte, helophyte, hemicryptophyte, hydrophyte, phanerophyte, therophyte.

ray 방사조직, 살 명 (1) [식] 피층에서 줄기의 중심을 향하여 2기물관부와 2기체관부까지 또는 속(pith)에서 바깥쪽으로 관다발조직의 주변까지 뻗어 있는 유조직의 띠; (2) 산형꽃차례(umbel)에서 많은 꽃들이 달리는 자루; (3) [동] 어류의 지느러미를 지탱하는 골질 또는 연골질의 줄기; (4) 불가사리의 팔과 같은 방사대칭동물의 부분; (5) 콩팥의 수질에서 피질을 통과하는 똑바른 세뇨관의 하나.

ray-finned fishes 조기류(條鰭類) 조기아강(Actinopterygii)의 일반적인 명칭.

ray florets 주변화(周邊花) 일부 꽃차례, 특히 어떤 국화과 식물의 꽃에서 가장자리에 달리는 큰 낱꽃들. 주변화는 보통 불임꽃이거나 암꽃이다. 비 disc florets.

ray initial 방사조직시원세포 식물의 줄기에 있는 관다발형성층에서 1기방사조직(medullary ray)을 생성하는 세포.

RCA 피마자(*Ricinis comunis*)에서 추출하는 렉틴의 패밀리.

rcp 상호전좌(reciprocal translocation).

rDNA 리보솜DNA, 재조합DNA (1) 리보솜RNA에 대한 유전암호를 지닌 DNA; (2) 재조합DNA(recombinant DNA).

re- '한 번 더'를 뜻하는 라틴어 '*re*'에서 유래된 접두사.

reaction centre 반응중심 엽록체와 그 밖에 광합성을 하는 막의 광계(photosystem)에 있는 단백질-엽록소 복합체. 광수집계로부터 전자를 받아 광합성의 전자전달사슬로 전달하기 위한 고에너지 전자들을 발생시킨다. 막의 한쪽 부근에 있는 '특별한 쌍'의 엽록소 분자들이 전자공여체로 작용하고, 막의 다른 쪽에 있는 퀴논(광합성자색세균과 제2광계의 경우)이나 철-황중심(제1광계와 녹색황세균의 경우)이 전자수용체로 작용한다. ≒ photochemical reaction centre.

reaction-diffusion mechanisms 반응-확산메커니즘 발생에서 나타나는 어떤 유형의 규칙적 정형화를 설명하는 메커니즘. 이와 같은 메커니즘은 분자들의 자기형성적 공간양상의 생성에 달려 있다.

reaction time (RT) 반응시간 생체에 자극이 주어지고 나서 반응이 일어날 때까지 걸리는 시간. ≒ latent period.

reaction wood 이상재(異常材) 줄기나 가지가 굽어짐에 따라 변형된 목재. 침엽수의 압축이상재(compression wood)와 쌍떡잎식물의 인장이상재(tension wood)가 포함된다.

read 주름위 ⇨ abomasum.

reading frame 해독틀, 해독구조 DNA 또는 mRNA에서 3자의 코돈이 염기순서를 해독하는 개시점. 정확한 해독틀이 상응하는 단백질의 아미노산순서를 지정한다.

readthrough 번역초과 DNA 또는 mRNA에서 종결암호를 지나 각각 전사 또는 번역을 계속하는 것.

reafferent 재입력의 형 동물의 육체적 운동의 결과로 나타나는 자극에 적용되는 말.

reaginic antibody 즉시형과민항체 ⇨ immunoglobulin E (IgE).

realized niche 실제(생태적)지위 이상적인 조건하에서의 생태적 지위(기본지위)와는 대조적으로, 생태계에서 생물이나 종이 차지하는 실제의 장소와 역할.

real-time PCR 실시간PCR ⇨ quantitative PCR.

reassociation 재결합 명 DNA에서, 상보적인 외가닥들이 결합하여 2중나선이 만들어지는 것. ≒ **reannealing**.

recalcitrant 난분해성(難分解性) 형 생물에 의해 분해되지 않는, 주로 토양에 있는 인공적 유기화합물에 적용되는 말.

recapitulation theory 반복설(反復說), 진화재현설(進化再現說) 19세기에 생물학자

R

헤켈(E. Haeckel)이 개체발생은 계통발생을 반복하는 경향이 있다고 제창한 것과 이와 비슷하게 폰 바우어(von Bauer)가 개체의 생활사는 종의 진화역사의 어떤 단계들을 재현한다고 주장한 내용에 의거한 학설. 포유동물의 배에서 발생 초기에 나타나는 유사성을 이들의 진화적 공통조상에 의한 것으로 해석하는 것은 잘못된 것이라고 현재는 간주하고 있다.

Recent 현세(現世) 명 플라이스토세(Pleistocene) 이후 지금까지 지속되는 지질시대. ≒ Holocene.

receptacle 꽃턱 명 꽃에서, 씨방과 꽃받 그리고 꽃잎 따위의 꽃기관들이 달리는 구조. ≒ floral axis. (⇨ 그림 18)

receptacular 꽃턱의, 생식기탁의 형 (1) 꽃턱이나 생식기탁 따위와 관련된 말; (2) 어떤 열매와 같이 주로 꽃턱에서 발달하는.

receptaculum 명 꽃턱, 생식기탁, 포자낭자루, 수용낭 또는 정자주머니 따위와 같이 모든 종류의 'receptacle'을 이르는 말.

receptaculum ovarum 난수용낭(卵收容囊) 지렁이와 같은 빈모류에서 알들이 쌓이는 내부 주머니.

receptive field 수용영역(受容領域) 자극이 뉴런에 충격을 일으키게 되는 상응하는 감각기관 상의 부위.

receptive hyphae 수용균사(收容菌絲), 수정균사(受精菌絲) 녹병균의 암생식기관.

receptor 수용체, 수용기, 감각기 명 (1) 특정 자극에 민감한 특수한 조직이나 세포; (2) 감각기관; (3) 감각신경말단; (4) 신경전달물질, 호르몬, 약물, 대사물질 따위의 신호분자와 특이적으로 결합하고 세포에 의한 특정반응을 촉진하는 단백질; (5) 바이러스와 같은 감염인자가 세포로 침투하기 위해 결합하는 단백질.

α-receptor, β-receptor α-수용체, β-수용체 ⇨ adrenergic receptor.

αβ-receptor αβ-수용체 대부분의 T림프구에서 발견되는 변이가 심한 항원수용체. ⇨ T-cell receptor. 비 γδ-receptor.

γδ-receptor γδ-수용체 T림프구의 서브클래스에서 발견되는 항원수용체.

receptor-associated tyrosine kinases 수용체연관티로신인산화효소 수용체가 자극을 받을 때 특정 세포표면수용체의 세포질부위와 결합하는 세포질의 단백질 티로신인산화효소.

receptor editing 수용체편집 미성숙한 B세포에 있는 자기반응성 항원수용체의 가벼운 사슬을 자기반응성을 부여하지 않는 항원수용체의 가벼운 사슬로 대체하는 것.

receptor guanylate cyclase 수용체구아닐산고리화효소 리간드가 부착하는 세포외 부위와 세포내 구아닐산고리화효소의 영역을 갖는 단일관통막단백질의 클래스. 수용체가 활성화되면 2차전달자인 고리형 GMP가 합성된다. 나트륨이뇨펩티드(natriuretic peptide)들은 이러한 수용체를 통해 작용한다.

receptor-like tyrosine phosphatase 수용체유사티로신인산가수분해효소 세포내 단백질 티로신인산가수분해효소 영역을 갖는 막관통단백질의 클래스.

receptor-mediated endocytosis 수용체매개세포내섭취 물질이 세포 표면에 있는 수용체와 결합한 다음에 세포내 섭취(endocytosis)에 의해 세포 내부로 들어오는 것.

receptor potential 수용체전위 자극을 받은 결과로 감각신경말단의 막이 국소적으로 탈분극되는 것.

receptor serine/threonine kinases 수용체세린/트레오닌인산화효소 리간드

와 결합하는 외부 영역과 세포내 세린/트레오닌단백질인산화효소 영역을 갖는 막관통단백질의 클래스. 신호분자의 형질전환생장인자(transforming growth factor)-β패밀리는 이러한 수용체들을 통해 작용한다. ⇨ Smads.

receptor tyrosine kinases 수용체티로신인산화효소 리간드와 결합하는 세포외 부분과 티로신인산화효소의 활성을 지닌 세포내 부분을 갖는 막관통수용체들의 큰 클래스. 표피생장인자(EGF), 인슐린, 신경생장인자(NGF) 등의 많은 생장인자들은 이러한 수용체들을 통해 작용한다.

recess 오목, 와(窩) 명 오목(fossa), 굴(sinus), 틈(cleft) 또는 움푹 꺼진 공간.

recessive allele 열성(劣性) 대립유전자 이형접합(heterozygous) 상태로 존재할 때에는 표현형에 반영되지 않고 오직 동형접합(homozygous) 상태일 때에만 표현형을 결정짓는 대립유전자.

recessive phenotype 열성 표현형 어떤 유전자에서, 열성 대립유전자들이 동형접합 상태일 때에만 나타나는 표현형. 이형접합의 개체에서는 발현되지 않는다.

recessivity 열성도(劣性度) 명 열성 대립유전자에 의해 드러나는 특성.

reciprocal altruism 상호이타성(相互利他性) 다른 개체에 대한 어떤 개체의 이타적(altruistic) 행동이 비슷하게 보답을 받는 사회적 행동. 대부분의 동물에서 이러한 호혜행동은 드물게 나타난다.

reciprocal cross 상반교잡(相反交雜) 같은 쌍의 유전자형이나 표현형을 대상으로 한 번 교배하고 배우자의 원천을 서로 바꿔서 한 번 더 교배하는 것.

reciprocal feeding 영양교환식이(營養交換食餌) ⇨ trophallaxis.

reciprocal hybrids 상반잡종(相反雜種) 어떤 종의 수컷과 다른 종의 암컷 사이에서 생긴 잡종과 첫 번째 종의 암컷과 두 번째 종의 수컷 사이에서 생긴 잡종. 노새(mule)와 버새(hinny)가 그 예가 된다.

reciprocal recombination 상호재조합 2개의 DNA 사이에서 정확하게 상응하는 부분들이 교환되는 유전적 재조합. 비 integration, non-reciprocal recombination.

reciprocal translocation 상호전좌(相互轉座) 상동이 아닌 2개의 염색체들 간에서 부분들이 교환되는 것.

reclinate 하곡(下曲)의 형 꼭대기에서 기부를 향하여 아래로 굽는.

reclining 경생(傾生)의 형 한쪽으로 기울어지는.

recognition sites 인식부위 분자유전학에서, DNA와 결합하는 RNA중합효소와 조절단백질과 같은 단백질들에 의해 인식되는 것으로 추정되는, 촉진유전자와 그 밖의 DNA염기순서에 있는 부위.

recombinant 재조합(再組合)의 형 (1) 자연적인 유전적 재조합의 결과로 생긴 유전자형, 표현형, 배우자, 세포 또는 생물체에 적용되는 말; (2) DNA(재조합DNA)에 적용되는 말. ⇨ recombinant DNA; (3) 재조합DNA의 지시에 따라 재조합DNA가 들어 있는 세포에서 만들어지는 단백질(재조합단백질)에 적용되는 말; (4) 재조합DNA가 도입된 세포나 생물에 적용되는 말; (5) 명 **재조합체(再組合體)** 자연적이거나 인위적인 재조합의 결과로 생긴 염색체, 세포 또는 생물체를 통틀어 이르는 말.

recombinant DNA 재조합DNA (1) 시험관에서 기원이 다른 유전자들을 합쳐서 만든 DNA 또는 어떻게 해서든 시험관에서 변형시켜 새로운 유전정보를 도입시킨 DNA; (2) 자연적인 유전적 재조합의 결과로 생긴 DNA.

recombinant DNA technology 재조합DNA기술 재조합DNA와 인공적으로 유전자변형시킨 생물과 세포 및 미생물을 만드는 데 이용되는 기술과 생화학 분야에 이 기술을 적용하는 것.

recombinant fraction 재조합비율, recombinant frequency 재조합빈도 ⇨ recombination fraction.

recombinant protein 재조합단백질 재조합DNA를 주형으로 하여 만들어지는 단백질을 통틀어 이르는 말.

recombinase 재조합효소 명 재조합반응을 촉매하는 효소.

recombination 재조합(再組合) 명 (1) 유성생식을 하는 생물에서 배우자가 형성되는 동안의 감수분열 과정에서 염색체접합(chromosome pairing)과 교차(crossing-over)에 의해 상동염색체들 간에서 DNA가 교환되는 것. 이 과정에서는 동일한 염색체에 양친으로부터 온 대립유전자들이 포함되는 배우자들이 만들어진다. ≒ general recombination, generalized recombination; (2) 어느 DNA와 다른 DNA 간의 교환이나 결합. 이 경우 상호재조합(reciprocal recombination)이거나 비상호재조합(non-reciprocal recombination)일 수 있다. ⇨ site-specific recombination.

recombination-activating genes 재조합활성화유전자 발생 중인 림프구에서 유전자배열에 필수적인 유전자들인 *RAG-1*과 *RAG-2*. 이들 유전자는 재조합효소(recombinase)의 2개 소단위를 암호화한다.

recombination fraction (RF) 재조합비율 교배에서 생긴 자손 가운데 정해진 유전자 또는 복수의 유전자들에 대해 양친의 조합을 갖지 않는 자손의 비율. 재조합비율(RF) = (재조합자손의 수)/(재조합자손의 수 + 비재조합자손의 수). ≒ recombinant fraction, recombinant frequency.

recombination nodules 재조합소결절 곰팡이와 곤충에서 접합복합체(synaptonemal complex)를 가로지르는 공 모양 또는 원통 모양의 구조. 재조합의 부위일 가능성이 있다.

recombination repair 재조합수선, 재조합회복 복제 후에 손상된 부위 반대편의 DNA가닥에 남겨진 틈을 정상적인 DNA가닥과의 재조합에 의해 채우고, 그 결과로 일어나는 이 가닥의 틈은 DNA합성으로 채우는 DNA수선의 일종.

recombination signal sequence (RSS) 재조합신호서열 면역글로불린과 T세포수용체의 유전자재배열 과정에서 유전자조각들의 재조합과 연결이 일어날 수 있는 부위라고 나타내는 염기서열.

recombinogenic 재조합유발성 형 재조합을 야기하는 경향이 있는.

reconstitution 재구성(再構成), 복원 명 해면동물 등에서 인위적으로 분리시킨 세포들을 새로운 조직이나 심지어는 새로운 개체로 재구축하는 것.

recrudescence 재발(再發), 재현(再現) 명 새로운 생장이 발생하는 상태.

recruitment 가입, 점증(漸增) 명 (1) 번식이나 이입에 의해 개체군에 새로운 개체들이 들어오는 것; (2) [신] 추가로 운동뉴런이 활성화되어 동일한 강도의 자극이 계속될 때 반사가 증가하는 것.

rectal 곧창자의, 직장(直腸)의 형 (1) 곧창자(직장)와 관련된 말; (2) 어떤 물고기의 창자 끝 부근에 있는, 기능이 알려지지 않은 작은 주머니인 샘(직장샘)에 적용되는 말.

rectal columns 곧창자기둥 곧창자의 내벽을 이루는 상피의 세로로 된 주름.

recti- '똑바로'를 뜻하는 라틴어 '*rectus*'에서 유래된 접두사.

rectigradation 직선진화(直線進化) 명 (1) 적응적 진화경향; (2) 진화에서 적응적인 경향이나 적응해 가는 순서를 보여주는 구조.

rectinerved 곧은맥의 형 똑바르거나 평행한 잎맥을 갖는, 잎에 적용되는 말.

rectirostral 곧은부리의 형 곧은 부리를 가진.

rectiserial 곧은열의 형 똑바르거나 수직으로 된 열로 배열된.

rectivenous 곧은맥의 형 똑바른 잎맥을 갖는, 잎에 적용되는 말.

recto- 곧창자(직장)와 관련되거나 곧창자와 연결된 것을 나타내는 접두사.

rectogenital 곧창자생식기의, 직장생식기의 형 곧창자와 생식기관에 관련된 말.

recto-uterine 곧창자자궁의, 직장자궁의 형 자궁의 후방인대에 적용되는 말.

rectovesical 곧창자방광의, 직장방광의 형 곧창자와 방광에 관련된 말.

rectrices 꽁지깃 명복 새가 방향을 잡을 때 이용하는 뻣뻣한 꼬리의 깃털. 단 **rectrix**. 형 **rectrical**.

rectum 곧창자, 직장(直腸) 명 항문으로 이어지는 소화관의 뒤쪽 부분. 장의 내용물이 대변으로 나가기 전에 곧창자에서 무기이온과 물이 흡수된다. 형 **rectal**.

rectus 곧은근, 직근(直筋) 명 넙다리곧은근(대퇴직근)처럼 직선으로 된 근육을 이르는 말.

recurrent 회귀(回歸)의, 재발(再發)의 형 (1) 태어난 곳으로 돌아오거나 거슬러 올라가는; (2) 간격을 두고 다시 나타나는.

recurrent sensibility 회귀감각(回歸感覺) 감각신경뿌리의 감각신경섬유에 의해 척수의 운동뿌리에서 나타나는 감수성.

recurved 반곡(反曲)의 형 뒤쪽으로 굽은.

recurvirostral 형 위쪽으로 굽은 부리를 가진.

recutite 형 표피(epidermis)가 없는 것처럼 보이는.

red algae 홍조류(紅藻類) 홍조식물문(Rhodophyta)의 일반적인 명칭.

red blood cell, red blood corpuscle 적혈구 ⇨ erythrocyte.

red body 적체 ⇨ rete mirabile.

red-cell ghosts 파열적혈구 용혈반응(haemolysis)에 의해 얻어지는 속이 빈 적혈구의 세포막. 세포막을 연구할 때 이용된다.

red drop 적색광저하 파장 680 nm 이상의 빛에서 광합성의 양자수율(quantum yield)이 급격하게 떨어지는 현상. 이러한 현상은 680 nm보다 긴 파장의 빛에서는 오직 제1광계만이 작동할 수 있기 때문이다.

red fibres 적색근섬유 ⇨ red muscle fibres.

red gland 붉은샘 ⇨ rete mirabile.

redia 레디아 명 일부 내부기생성 흡충류의 달팽이 숙주에 있는 유충기. 포자포낭(sporocyst)에서 무성적으로 만들어지고, 입과 창자를 가지며, 무성적으로 번식하여 다음 세대의 레디아 또는 세르카리아(cercaria)를 만든다.

red spot 적색반점 ⇨ rete mirabile.

redifferentiation 재분화(再分化) 명 세포 또는 조직에서, 분화되었던 상태가 반전된 후 다른 유형으로 다시 분화되는 것. ⇨ transdifferentiation.

red light 적색광 620~680 nm 파장의 빛.

red muscle 적색근(赤色筋) 미오글로빈이 들어 있는 물고기의 근육의 일종. 주로 유기호흡을 하며 느린 운동에 관여한다. 비 white muscle.

red muscle fibres 적색근섬유 미오글로

R

빈이 풍부하게 들어 있는 골격근섬유. 완만한 긴축운동을 나타내며 지속적인 활동이 가능하다. 비 white muscle fibres.

red nucleus **적핵(赤核)** 뇌에서 척수의 운동뉴런으로 보내는 신호를 중계하는 중뇌의 부위.

redox **산화환원의** 형 공동의 산화(oxidation)와 환원(reduction)에 관련된 말.

redox potential (E'_o) **산화환원전위** 표준상태에서 전자들의 친화력을 수소와 비교하여 전기화학적으로 측정한 값을 볼트(volt)로 나타낸 것(H^+:H_2의 산화환원전위를 0 V로 규정함). 산화형과 환원형으로 존재할 수 있는 물질들에 적용된다. 음(−)의 산화환원전위는 강력한 환원제를 나타내고, 양(+)의 산화환원전위는 강력한 산화제를 가리킨다. ≒ oxidation-reduction potential.

redox reaction **산화환원반응** 어느 화합물은 환원되고 다른 화합물은 산화되는 화학반응.

red pulp **적색속질** 지라(비장)의 적색조직.

Red Queen hypothesis **붉은여왕가설** 어느 종이 진화적으로 발전하면 다른 종들에게 해가 되므로 모든 종은 그야말로 살아남기 위해 가능한 빨리 진화해야 한다는 생각.

red tide **적조(赤潮)** 고니올락스 폴리에드라(*Gonyaulax polyedra*)와 같이 붉은색을 띠는 와편모조류(dinoflagellate)들이 대번식하여 바다를 붉게 물드는 현상. 일부 와편모조류에 들어 있는 독소가 조류를 먹는 조개류에 농축되고, 때로는 조개류를 먹은 사람들에게 치명적인 독성을 일으키기도 한다.

reduced **퇴화(退化)된** 형 해부학에서, 조상형보다 작아진 구조에 적용되는 말.

reducer organism **환원생물** ⇨ decomposer.

reducing power **환원력(還元力)** 물질대사의 환원반응에서 수소와 전자의 공여체인 NADH와 NADPH와 같은 화합물이 세포에 들어 있음을 나타내는 일반적인 용어.

reducing sugar **환원당(還元糖)** 용액에서 환원제로 작용할 수 있는 유리 알데히드기 또는 케톤기를 가진 당. 대부분의 단당류와 2당류가 여기에 속한다.

reductase **환원효소** 명 화합물의 환원(특히 공여체로부터의 수소전달이 쉽게 입증되지 않을 경우)을 촉매하는 효소를 통틀어 이르는 말. 효소번호 1군(EC class 1)의 산화환원효소로 분류한다.

reduction **감수, 퇴화, 환원** 명 (1) 감수분열에서 일어나는, 염색체 수가 반으로 줄어드는 것; (2) 어느 종의 구조적 및 기능적 발달이 그 조상들의 양상보다 덜 복잡한 것. 비 amplification; (3) [생화] 분자에 수소가 첨가되거나 분자로부터 산소가 제거될 때 일어나듯이 전자들이 원자에 첨가되는 것. 비 oxidation.

reduction division **감수분열** 감수분열(meiosis)의 제1분열. 때로는 감수분열 전체를 가리키기도 한다.

reductionism **환원주의** 명 체계(system)를 점점 더 작은 부분들로 쪼개면 전체를 완전히 이해할 수 있다고 보는 견해. 형 reductionist.

reductive pentose phosphate pathway **환원성 5탄당인산경로** ⇨ Calvin cycle.

redundancy **중복(重複)** 명 많은 생리과정과 발생과정에서 예비체계(back-up system)가 존재함을 일반적으로 가리키는 말. 만일 어느 요소가 누락되면 다른 요소가 이를 대치할 수 있다.

reduplicate **도접합상** 형 꽃눈에서, 꽃받

R

침의 눈이나 꽃잎의 눈의 가장자리들이 접합점에서 바깥쪽으로 돌려진 배열에 적용되는 말.

reduviid 침노린재의 형 정공기(micropyle apparatus)로 보호된 어떤 곤충의 알에 적용되는 말.

reed 주름위 ⇨ abomasum.

refection 자기분식(自己糞食) 명 분립(faecal pellet)을 먹거나 반추(rumination)에서 볼 수 있는 것과 같이 어떤 동물이 완전하게 소화되지 않은 음식물을 다시 섭취하는 것.

referred 연관의 형 자극을 받은 부위에서 떨어진 몸의 부분에서 일어나는 감각(연관감각)에 적용되는 말.

reflected 반전의, 접힌 형 되돌아가거나 둘로 접힌.

reflector layer 반사층 (1) 반딧불이에서 볼 수 있는 것과 같이 발광기관의 안쪽 표면에 있는 세포들의 층; (2) 물고기의 피부에서 은색조직층(argenteum)의 위에 있는 은빛의 반사판.

reflex 반사(의) 형 (1) 불수의적인, 자극에 대한 반응에 적용되는 말; (2) 되돌아가거나 둘로 접힌. ≒ reflected; (3) 명 주변부의 자극에 의한 흥분이 중추신경계로 전달되었다가 주변의 효과기관으로 돌아오면서 일어나는 불수의적 운동(반사활동)이나 그 밖의 반응.

reflex arc 반사활, 반사궁(反射弓) 신경계의 기능적 단위. 감각수용기와 효과기관(근육 또는 샘) 그리고 감각정보를 중추신경계로 전달하고 운동이나 그 밖의 명령을 중추신경계에서 효과기관으로 나르는 신경세포들의 경로로 구성된다.

reflexed 반곡형, 반사형 형 되돌아가거나 뒤로 젖혀진.

refracted 굴절된 형 예각(acute angle)을 이루며 뒤쪽으로 구부러진.

refractory 불응(不應)의 형 (1) 무반응의; (2) 자극을 받은 뉴런이 흥분된 다음에 어떤 자극에도 반응을 나타내지 않는 기간(불응기)에 적용되는 말.

refuge, refugium 생존지역 명 주변의 지역들에 대한 환경변화의 영향을 받지 않고 남아 있는 지역. 이를테면 플라이스토세 동안에 빙하에 덮이지 않아서 이전의 동물들과 식물들이 살아남은 산악지대가 그 예가 된다.

regeneration 재생 명 (1) 손상되거나 상실된 몸의 부분이 다시 생기는 것; (2) 로돕신(rhodopsin) 따위에서 볼 수 있는 것과 같이 분해된 후에 화합물이 다시 구성되는 것.

regma 탄분삭과(彈分蒴果) 명 제라늄(쥐손이)의 종들에서 볼 수 있는 것과 같이 껍질이 탄성운동(elastic movement)에 의해 열리는 건개과.

regosols 퇴적토, 레고솔 명복 모래언덕이나 화산재와 같이 상당히 깊은 굳지 않은 모재(parent material) 상에 형성되는 토양.

regression 퇴행(退行), 회귀(回歸) 명 (1) 단순한 형태가 나타나면서 진화적 변화의 방향에 역행하는 것; (2) 나무를 벤 다음에 삼림이 초지로 바뀌는 것처럼 극상생태계가 천이의 이전 단계로 교체되는 것.

regression coefficient 회귀계수 두 상관변수 간의 선형관계를 나타내는 회귀선의 기울기.

regular 정제(整齊)의, 바른모양의 형 방사대칭의 꽃과 같은 구조에 적용되는 말. ≒ actinomorphic.

regular distribution 정규분포 분산(variance)이 평균보다 적은 분포. ≒ uniform distribution.

regulation 조절, 제어 명 배발생(embryogenesis)에서, 세포들의 추가와

제거를 보상하는 능력.

regulative 조절의 형 세포들의 추가와 제거를 보상할 수 있는 배(embryo)에 적용되는 말. 그와 같은 배에서 발생과정 초기에 있는 세포들의 운명은 돌이킬 수 없도록 결정되지 않고, 필요하다면 다른 과정을 밟도록 발생신호의 영향을 받을 수 있다.

regulator 조절동물 명 대체로 외부 환경과 무관한 상태로 체내 환경을 유지하는 동물.

regulatory DNA 조절DNA 유전자의 발현을 조절하기 위해 유전자조절단백질이 결합하는 조절염기순서(control sequence)가 들어 있는 DNA를 통틀어 이르는 말.

regulatory genes 조절유전자 다른 유전자의 활동을 조절하는 단백질을 만들도록 지시하는 유전자 또는 DNA에서 유전자 발현을 조절하는 조절부위에 있는 유전자.

regulatory protein 조절단백질 ⇨ gene regulatory protein.

regulatory T cell 조절T세포 T세포의 반응을 저해할 수 있는 여러 가지의 CD4 T 세포를 통틀어 이르는 말.

regulome 조절체 명 정해진 세포나 조직 또는 발생단계에서 작동하는 모든 유전자 조절 네트워크.

regulon 레귤론 명 정해진 유전자조절단백질에 의해 발현이 조절되는 모든 유전자들.

Reichert's membrane 라이헤르트막 생쥐의 배에서 벽의 영양외배엽(mural trophectoderm)을 덮는 결합조직의 막(기저막).

reinforcement 강화(强化) 명 자극에 대한 동물의 반응을 변화시키는 일. 양성강화(positive reinforcement)는 상을 주고 반응을 증진시키며, 음성강화(negative reinforcement)는 불쾌하거나 고통스럽고 반응을 억제한다.

reinforcing selection 강화선택 개체군, 무리, 개체 등과 같은 체제에서 둘 또는 그 이상의 수준에 선택압이 작동하고, 어떤 유전자들이 모든 수준에 유리하게 작용하여 개체군 내에서 이들 유전자의 확산이 가속화되는 것.

Reissner's membrane 라이스너막, 전정막 기저막 위의 달팽이관의 안쪽에서 바깥쪽 벽까지 뻗어 있고 전정계단(scala vestibuli)을 중간계단(scala media)과 분리시키는 달팽이관의 전정막.

rejungant 형 다시 합쳐진, 관련되었지만 지금까지 별개의 분류군이었다가 시간이 지나면서 그들의 범위가 다시 합쳐지는 분류군에 적용되는 말.

rejuvenescence 회춘(回春) 명 (1) 다시 젊어지는 것; (2) 손상을 입었거나 노쇠한 부분으로부터 생장이 다시 일어나는 것.

relationship, coefficient of 근연계수 ⇨ coefficient of relationship.

relative molecular mass (M_r) 상대분자질량 ^{12}C원자의 질량의 1/12에 대한 어느 물질의 한 분자의 질량의 비. 상대분자질량은 비율이므로 크기가 없다. ≒ molecular weight. ⇨ molecular mass.

relaxation time 이완시간(弛緩時間) 자극이 제거된 후에 흥분이 진정되는 데까지 걸리는 시간.

relaxed DNA 이완형(弛緩型) DNA 초나선으로 꼬여 있지 않은 원형의 2중나선 DNA.

relaxed mutants 이완형 돌연변이체(弛緩型突然變異體) 아미노산이 결핍된 조건에서 긴축반응(stringent response)을 보이지 않는 세균의 돌연변이주.

relaxin 렐락신 명 황체에서 분비되고 임신 중에 골반인대(pelvic ligament)의 이

완에 작용하는 호르몬.

relay cell 중계세포 ⇨ interneuron.

release channel 방출통로 근육의 자극에 의해 열리고 근세포로 칼슘을 방출하는 근소포체(sarcoplasmic reticulum)의 칼슘통로.

release factor 방출인자 번역 과정에서 mRNA의 종결암호를 인식하고 리보솜에서 완성된 폴리펩티드사슬이 방출되는데 관여하는 몇 가지의 단백질(예: 대장균의 경우 RF-1과 RF-2). 진핵생물에서도 이와 동일한 기능을 하는 단백질들이 나타나고, 이들 단백질은 접두사 'e'를 붙인다(예: eRF).

releaser 유발원, 해발인(解發因) 명 선천적인 행동의 경향이나 유형을 활성화시키는 자극 또는 일군의 자극.

releasing hormone 방출호르몬 시상하부에서 생성되는 저분자 펩티드들을 통틀어 이르는 말. 뇌하수체에 작용하여 각종 호르몬(예: 생장호르몬, 갑상샘자극호르몬, 여포자극호르몬, 황체형성호르몬)의 방출을 촉진한다.

relict 잔존(殘存)의 형 (1) 지금은 기능이 없지만 원래 적응적이었던, 구조들에 적용되는 말; (2) 빙하작용과 같은 환경변화로 말미암아 분포하던 주된 지역에서 고립된 지역에 살아남은, 종이나 개체군에 적용되는 말. ≒ **relic**.

rem 렘 1뢴트겐의 X선과 동일한 생물학적 효과를 나타내는 이온화 방사선의 단위선량인 생리학적 뢴트겐치(roentgen equivalent man). 렘은 국제표준(SI)단위인 시버트(Sv)로 대치되었으며, 1시버트는 100렘이다.

remiges 날개깃 명복 새의 주된 날개깃털. 단 **remex**.

remiped 노모양다리의 형 노를 젓는 운동에 적합한 다리를 가진.

remotor 리모터 명 견인근(retractor muscle).

REM sleep 빠른눈운동수면 사람들이 자는 동안의 빠른눈운동수면(rapid-eye-movement sleep) 또는 역설수면(paradoxical sleep).

renal 콩팥의, 신장(腎臟)의 형 콩팥과 관련된 말.

renal columns 콩팥기둥, 신주(腎柱) 콩팥의 수질에 있는 피라미드들 사이의 피층조직.

renal corpuscle 신소체 말피기소체(Malpighian corpuscle).

renal portal 신문(腎門)의 콩팥을 통과한 혈액의 일부가 심장으로 되돌아오는 순환계에 적용되는 말.

renal tubule 세뇨관(細尿管) 사구체에서 집합관으로 노폐물을 나르는 콩팥의 미세한 세관. 이곳에서 물과 이온의 재흡수가 일어난다.

renaturation 복원(復元) 명 변성된 단백질이나 핵산이 그 원래의 배열형태로 회복되는 것.

rendzina 렌지나 명 습한 초지 또는 반습윤초지의 비옥하고 검은색 또는 회색을 띤 갈색의 석회질 토양. 갈색의 상층부와 누르스름한 회색의 하층부를 갖는다.

reniculus 콩팥소엽, 신엽(腎葉) 명 유두(papilla)와 피라미드 그리고 피질의 주변부로 이루어진 콩팥의 엽(lobe).

reniform 콩팥모양의, 신장형(腎臟形) 형 콩팥처럼 생긴.

renin 레닌 명 콩팥에 의해 분비되는 펩티드가수분해효소. 혈액에서 안지오텐시노겐(angiotensinogen)을 안지오텐신(angiotensin)I로 전환시킨다. EC 3.4.23.15.

Renner complex 레너복합체 달맞이꽃(*Oenothera*)에서 볼 수 있는 것과 같이

R

하나의 단위로 한 세대에서 다음 세대로 전달되는 염색체의 무리.

rennin 레닌 ⇨ chymosin.

renopericardial 콩팥위심낭의 형 고등연체동물에서 콩팥과 위심낭(pericardium)을 연결하는 섬모관에 적용되는 말.

Renshaw cell 렌쇼세포 척수에 있는 사이뉴런(interneuron)의 일종. 운동뉴런을 조절하는 데 관여한다.

Reoviridae, reoviruses 레오바이러스과, 레오바이러스 명, 명복 껍질이 없는 정20면체의 2중가닥RNA바이러스의 과. 식물바이러스인 피지바이러스(fijivirus)와 어린이들에게 설사를 유발하는 로타바이러스(rotavirus)가 포함된다.

repand 파상(波狀)의 형 (1) 물결 모양의 가장자리를 갖는, 잎에 적용되는 말; (2) 주름진, 세균집락에 적용되는 말.

repandodentate 파상치상(波狀齒狀)의 형 물결 모양과 톱니 모양 사이에서 변하는, 잎의 가장자리에 적용되는 말.

repandous 물결모양의 형 볼록하게 굽은.

reparative 회복의 형 복원하는, 잎이 손상을 입은 후에 발달하는 눈(bud)에 적용되는 말.

repeat 반복(反復) 명 중복(duplication), 또는 부등교차(unequal crossing-over)나 그 밖의 분자적 사건에 기인하여 DNA의 일부가 연속적으로 반복되는 것. ⇨ inverted repeats, tandem repeats.

repeat-associated small interfering RNA (rasiRNA) RNA유래전이인자(retrotransposon)와 그 밖의 반복요소들을 표적으로 하고 피위/애고넛(Piwi/Argonaute) 패밀리의 단백질을 통해 작용하는, 유전정보를 담당하지 않는 짧은 RNA의 일종. 가장 잘 알려진 rasiRNA의 기능은 초파리의 생식세포계열에서 트랜스포존(전이인자)을 침묵시키는 것이다.

repent 포복성의 형 땅을 따라 기어가는.

repertoire 레퍼토리 명 면역학에서, 단일한 개체에 의해 생성될 수 있는 여러 다른 항원수용체의 모든 특이성.

repetitive DNA 반복DNA 대부분의 진핵생물에 존재하는 반복되는 DNA염기순서들. 수십 개에서 수천 개의 염기들로 이루어지며, 수십만 개까지의 복사본이 들어 있기도 한다. 대부분의 반복DNA들은 기능이 없고 단백질을 암호화하지 않는 것으로 보이지만, 일부는 전사된다. ⇨ satellite DNA, selfish DNA. 비 single-copy DNA.

replacement-level fertility 대체수준출산율 사망하는 수만큼 정확하게 출산으로 대체하여 개체군을 일정하게 유지시키는 출산율.

replacement name 대치명(代置名) 국제명명규약의 규칙에 의거하여 합법적이 아닌 것으로 밝혀진 학명에 대하여 대신 채택한 학명.

replacement vector 대체벡터 벡터DNA의 일부가 외래DNA로 대체될 수 있는 클론벡터.

repletes 일개미 명복 단물(honeydew)과 꿀(nectar)을 저장하고 역류시키는 팽창성의 주머니를 갖고 있는 일개미. 생리적으로 꿀개미(honey ant)의 계급을 구성한다.

replica 레플리카, 복제물 명 전자현미경관찰법에서, 시료의 표면의 요철을 그대로 복제하여 상세한 표면구조를 보여주는 금속원자의 얇은 껍질.

replica plating 복제평판법 벨벳(velvet)천이나 여과지를 사용하여 '흡입(blotting)'시켜서 세균을 새로운 평판배지로 옮겨 세균집락이 들어 있는 평판배지의 정확한 복제물을 만드는 것. 이 방법을 사용하면 집락들 간의 상대적인 위치가 정확하게 유지된다. 원래의 평판배지에 있는 세균이나 DNA는 손상시키지 않고 복제된 평판을 대상으로 여러 가지 분리 실험을 수행할 수 있다.

replicase 복제효소 명 일부 바이러스에서 RNA가 복제되는 것처럼 핵산의 복제에 관여하는 효소들의 일반적인 명칭.

replicate (1) 형 자신에게 되돌아가는; 동 (2) 복제하다; (3) DNA처럼 자신을 복사하다.

replicatile 형 움직이지 않을 때 몸 위로 접어지는 날개에 적용되는 말.

replication 복제(複製) 명 (1) DNA에서처럼 기존 분자의 새로운 복사본이 만들어지는 것; (2) 미토콘드리아, 엽록체 및 핵과 같은 세포소기관과 세포들이 복제되는 것.

replication bubble, replication eye 복제거품, 복제점 복제개시점의 양쪽 방향으로 복제가 진행될 때, 복제되는 DNA에서 형성되는 구조.

replication-defective virus 복제결함바이러스 유전체 일부가 상실되거나 대체되었기 때문에 증식하는 능력을 상실한 바이러스.

replication fork 복제갈래, 복제분지 DNA의 2중나선이 해체되고 새로운 DNA가 합성되는 부위. 전자현미경에서 복제갈래는 Y자형 구조로 나타난다.

replication origin 복제개시점, 복제기점 세균, 바이러스 또는 진핵생물의 염색체에서 DNA 복제가 시작되는 지점.

replicative form (RF) 복제형 감염된 어떤 외가닥DNA바이러스에서 만들어지고 mRNA합성을 지시하는 2중가닥DNA.

replicative transposition, replicative recombination 복제적 전위, 복제적 재조합 전이인자(transposon)의 복사체가 만들어져서 오래된 복사체는 원래의 위치에 놓고 복사체가 새로운 위치에 삽입되어 염색체 상에서 전이인자가 새로운 위치로 이동하는 것.

replicon 복제단위 명 연속적으로 복제되고 복제개시점이 포함되는 DNA의 구조단위. 세균플라스미드와 세균염색체, 또는 진핵생물 염색질에서 두 복제개시점 사이의 부위가 그 예가 된다.

replisome DNA복제효소복합체, 리플리솜 명 DNA복제에 필요한 다양한 활성을 갖는 단백질들의 복합체.

replum 위격막(僞膈膜), 레플룸 명 심피의 벽이 아닌, 태좌(placenta)에서 안쪽으로 자라 형성되고 열매를 몇 개의 구역으로 분리하는 벽.

reporter gene 보고유전자 표현형의 발현을 추적 관찰할 수 있으므로 결합되어 있는 조절부위의 작용을 '보고'할 수 있는 표지유전자(marker gene).

repressed 억제된 형 리프레서(억제물질)와의 상호작용이나 그 밖의 조절메커니즘의 결과로 발현되지 않는, 유전자에 적용되는 말.

repression 억제(抑制), 억압(抑壓) 명 (1) 효소가 기질을 이용할 수 없을 때 또는 미생물에 의해 합성되는 영양소를 배지에서 이용할 수 있을 때 나타나는 유전자발현의 정지와 그에 따른 단백질합성의 저해; (2) 보다 일반적으로, DNA의 조절부위와 결합한 억제단백질(repressor protein)에 의해 유전자의 전사가 차단되는 것 또는 mRNA 상의 특정부위와 결합한 억제단백질에 의해 mRNA의 번역이 억제되는 것을 가리키는 말.

repressor 리프레서, 억제물질 명 (1) DNA의 어떤 부위와 결합하여 전사를 차단하는 단백질; (2) mRNA와 결합하여 mRNA의 번역을 억제하는 단백질.

reproduction 생식(生殖) 명 새로운 개체

R

가 형성되는 것.

reproduction curve 증식곡선(增殖曲線) 한 세대의 특정 단계에 있는 개체들의 수와 이전 세대에서 동일한 단계에 있는 개체수 간의 관계를 나타내는 곡선.

reproductive hormones 생식호르몬 에스트로겐과 황체호르몬 같이 생식에 관여하는 호르몬들.

reproductive isolation 생식적 격리 지리적으로 격리되어 있거나, 행동, 교배시기(또는 식물의 경우 수생식기관과 암생식기관의 성숙시기) 또는 생식기형태의 차이에 의해 서로 격리되어 있어서 두 집단이 서로 교배할 수 없는 것. 생식적 격리는 새로운 종으로 발달해가는 단계이다.

reproductive value 번식값 어떤 연령(x)의 암컷을 낳게 될 암컷자손의 상대적인 수(v_x).

reptant 포복성의 형 (1) 기어 다니는, 충실(zooecium)을 지니고 기질을 기어 다니는 태형동물의 군체에 적용되는 말; (2) 연체동물 복족류(gastropod)에 적용되는 말.

Reptilia, reptiles 파충강, 파충류(爬蟲類) 명, 명복 공기호흡을 하고 변온성(poikilothermic)이며 4족류인 척추동물 양막류(amniote)의 강. 대부분이 육상생활을 한다. 건조한 각질의 피부에는 비늘이나 판 또는 순판(scute)이 있고, 평생을 허파로 호흡한다. 하나의 후두관절융기(occipital condyle)와 4개의 방으로 된 심장을 갖는다. 대부분의 파충류는 가죽 같은 껍질이 있는 알을 낳지만, 일부는 난태생이다. 파충류에는 바다거북과 땅거북, 큰도마뱀, 도마뱀, 뱀, 악어 그리고 공룡이나 익룡과 같이 멸종된 많은 종류가 포함된다. (⇨ 부록 3)

reptiloid 파충류형 형 파충류의 특징을 가진.

repugnatorial 방어(防禦)의 형 방어적이거나 공격적인, 샘과 그 밖의 구조들에 적용되는 말.

repulsion 엇갈림 명 유전자형 A가 a에 대해 우성이고 B가 b에 대해 우성일 때, 2개의 연관된 유전자자리 A와 B의 2배체 유전자형이 Ab/aB인 상태.

RER 조면소포체(rough endoplasmic reticulum). ⇨ endoplasmic reticulum.

RES 세망내피계(reticuloendothelial system).

reserve cellulose 저장섬유소 식물의 저장조직에 들어 있는 섬유소. 나중에 발아한 다음에 영양을 공급하는 데 사용된다.

reservoir 보유숙주 명 병원체를 지니고 있지만 해를 입지 않고 다른 생물에 감염시키는 원천으로 작용하는 숙주.

residual bodies 잔체(殘體), 잔여소체 (1) 정자(spermatozoa)가 분리된 다음에 남는 정세포(spermatid)의 핵이 없는 부분; (2) 진핵세포의 세포질에서 식작용(phagocytosis)에 의해 섭취된 물질 가운데 분해되지 않고 남겨진 물질들이 들어 있는 2차적인 리소좀.

residual volume 잔기량(殘氣量) 가능한 세게 숨을 내쉰 다음에 허파에 남아 있는 공기의 용량.

residue 잔기(殘基) 명 화학과 생화학에서, 보다 큰 분자의 일부가 되는 화합물. 단당류, 뉴클레오티드 또는 아미노산이 그 예가 된다.

resilience 회복력(回復力) 명 생명계가 교란을 받은 다음에 스스로 원래의 상태로 회복시키는 능력.

resilifer, resiliophore 탄체돌기(彈體突起) 명 2매패류의 껍데기에서 신축성 있는 경첩이 달려 있는 껍데기의 돌기.

resilin 레실린 명 일부 곤충의 날개근육과 날개와 가슴의 부착부에서 고무와 같은 특성을 갖고 가교결합하는 응집체로 들어 있는 단백질. 날갯짓에 필요한 운동에너지를 소비하는 데 관여한다.

resilium 탄체(彈體), 내인대(內靭帶) 명 2매패류 껍데기의 유연한 뿔 같은 경첩.

resin 수지(樹脂) 명 수지산(resin acid), 에스테르 및 테르펜을 포함하는 고분자량의 물질들을 통틀어 이르는 말. 식물에서 혼합물의 형태로 발견되며, 흔히 상처 부위에서 흘러나온다. 굳어지면 유리 같은 비결정성 고체가 되고, 곤충과 곰팡이의 공격으로부터 방어하는 구실을 하기도 한다.

resin canals 수지도(樹脂道) 특히 침엽수의 나무껍질과 목재에서, 테르펜 등의 정유(essential oil)를 분비하는 샘상피가 내벽을 이루는 관.

resiniferous 수지분비성의 형 수지를 만드는.

resinous 수지성(樹脂性)의 형 어떤 부류의 냄새(수지취)에 적용되는 말.

resistance factors 내성인자 ⇨ R-factors.

resistance transfer factor (RTF) 내성전달인자 접합과 다른 세균으로의 플라스미드전달을 유도하는 전달성 약물내성플라스미드의 부분.

resolution 재생, 분해능 명 (1) 재조합 과정에서 형성된 구조로부터 정상적인 2중가닥DNA분자를 재생하는 것; (2) 2개의 전이인자(트랜스포존) 간의 재조합에 의한 통합체(cointegrate)로부터 2개의 복제단위(replicon)를 재생하는 것; (3) 현미경 관찰법에서, 또렷하게 볼 수 있는 물체의 크기. ≒ resolving power.

resolvase 위치특이성 재조합촉진효소 명 통합체(cointegrate)에 들어 있는 2개의 전이인자 간의 위치특이성 재조합에 관여하는 효소. 결과적으로 전이인자서열의 복사본이 포함된 2개의 복제단위가 재생된다.

resource 자원(資源) 명 먹이와 서식공간처럼 생물의 필요조건을 충족시키게끔 환경에 의해 제공되는 것들을 통틀어 이르는 말.

resource-holding potential 자원보유능(력) 동물이 투쟁에 의해 필수적인 자원을 확보하고 이를 지키는 능력.

resource partitioning 자원분배 필요조건이 비슷한 종들끼리 동일한 자원을 서로 다른 시간에 또는 서로 다른 방법으로 또는 장소를 달리하여 이용함으로써 생태계의 부족한 자원을 분할하는 것.

respiration 호흡(呼吸) 명 생물이 식품을 산화적으로 분해하여 대사작용에서 이용할 수 있는 에너지(주로 ATP의 형태)를 생성하는 과정의 일부 또는 전체를 가리키는 말. 한편 이 용어는 생물과 환경 간에서 산소와 이산화탄소가 교환되는 과정과 세포수준에서 ATP를 생성하는 생화학적 과정을 가리키기도 한다. 형 **respiratory 호흡의** 호흡과 관련되거나 호흡에 관여하는. ⇨ aerobic respiration, anaerobic respiration, glycolysis, oxidative phosphorylation.

respiratory burst 호흡터짐 세균의 식작용에 의해 대식세포와 호중성 백혈구에서 촉발되는, 독성이 강한 산소대사산물이 만들어지는 것.

respiratory centres 호흡중추 호흡의 불수의적 조절에 관여하는 연수의 핵.

respiratory chain 호흡사슬 미토콘드리아의 내막에 위치하는 일련의 전자운반체들(예: 퀴논, 플래빈단백질, 시토크롬). 호흡의 대사산물에서 유래된 전자들이 일련의 산화환원반응을 거치면서 사슬을 따라 전달되고, 최종적으로 분자상 산소를 물로 환원하고 ATP와 NAD를 생성한다. ≒ electron transport chain, electron transfer chain. ⇨ chemiosmosis, oxidative phosphorylation.

respiratory control 호흡조절 세포내 ADP의 농도에 의해 산화적 인산화의 속도가 조절되는 것. ADP의 농도가 낮으면 호흡이 억제되고, ADP의 농도가 높으면 산소의 소비와 ATP의 생성이 촉진된다.

respiratory heart 호흡심장 심장의 오른쪽과 왼쪽 사이에 직접적인 왕래가 없는 동물에서 심장의 오른쪽에 있는 심방과 심실에 붙여진 이름. 비 systemic heart.

respiratory index 호흡지수 시간당 단위 건조중량당 생성되는 이산화탄소의 양.

respiratory movements 호흡운동 포유동물에서 가슴(흉곽)과 횡격막의 운동과 같이, 호흡표면(respiratory surface)으로 산소를 공급하고 이산화탄소를 제거하는 데 관련되는 운동들을 통틀어 이르는 말.

respiratory pigments 호흡색소 (1) 산소와 연계하여 산소를 호흡표면으로부터 조직세포들로 나르는 헤모글로빈과 그 밖의 헴단백질과 같은 색소들; (2) 시토크롬과 같이 호흡사슬의 성분이 되는, 세포호흡에 관여하는 색소들.

respiratory quotient (RQ) 호흡률 생체가 호흡을 할 때 배출하는 이산화탄소의 부피와 흡입한 산소의 부피와의 비.

respiratory sac 호흡낭(呼吸囊) 공기호흡을 하는 어떤 경골어류에서, 아가미윗방(suprabranchial cavity)이 뒤쪽으로 뻗은 부분.

respiratory substrate 호흡기질 호흡을 통해 생물체 내에서 분해되어 에너지를 생성할 수 있는 물질을 통틀어 이르는 말.

respiratory surface 호흡표면 허파의 새엽(gill lamella)이나 허파꽈리(alveolus)와 같이 환경과 몸 사이에서 기체교환이 일어나는 표면.

respiratory tract 기도(氣道) 목구멍과 기관지 및 허파.

respiratory trees 호흡수(呼吸樹) 극피동물에서, 항문에서 생기고 그 안으로 물이 들어가고 배출되는 일련의 세관들로 구성되는 호흡계.

respondent behaviour 응답적 행동 분명한 자극에 대한 반응으로 수행되는 동물의 행동.

response 반응(反應) 명 (1) 자극에 대한 결과로 세포 또는 생물에서 일어나는 운동, 호르몬의 분비, 효소생산, 유전자발현의 변화 등과 같은 활동; (2) 환경변화의 결과로 나타나는 생물의 행동.

response latency 잠복기 자극과 반응 사이의 시간간격.

response regulator protein 반응조절단백질 세균의 2성분조절계(two-component system)의 요소 가운데 하나. 센서단백질(sensor protein)에 의해 인산화된다.

restibrachium 삭상완(索狀腕) 명 소뇌의 삭상체(restiform body) 또는 하소뇌각(inferior peduncle).

restiform 줄모양의, 삭상(索狀) 형 밧줄 모양을 한, 연수에 있는 신경섬유의 두 소체인 하소뇌각(inferior cerebellar peduncle)에 적용되는 말.

resting cell, resting nucleus 휴지세포(休止細胞), 휴지핵(休止核) 유사분열이나 감수분열을 하지 않는 세포 또는 핵.

resting metabolic rate (RMR) 휴지대사율(休止代謝率) 움직이지 않을 때 측정한 대사율, 특히 동물의 대사율. 비 basal metabolic rate.

resting potential 휴지전위(休止電位) 신경이나 근육의 세포막 내외에서 흥분 상태에 있지 않을 때의 전위차. 신경세포에서 약 −70 밀리볼트(mV)의 막전위가 존

R

재한다. 비 action potential.

Restionales 레스티오목 명 건생형태(xeromorphic)의 촘촘히 자라거나 덩굴성인 외떡잎식물의 목. 레스티오과(Restionaceae)와 그 밖의 과들로 구성된다.

restitution 재구성, 복구 명 (1) 분리된 부분들을 융합하여 조직이나 몸체를 다시 만드는 것; (2) 절단된 염색체들의 재결합.

restriction 제한(制限) 명 (1) 세균에서, 특정한 유형의 핵산내부가수분해효소인 제한효소(restriction enzyme)에 의해 외부에서 들어오는 다른 세균주의 DNA, 파지 또는 외래플라스미드가 절단되는 것. ⇨ modification, restriction endonuclease; (2) [면] MHC제한(MHC restriction).

restriction analysis 제한분석 제한효소를 이용하여 DNA를 인식 가능한 단편으로 자르는 기법을 이용하여 유전자나 그 밖의 DNA단편의 정체나 내부구조를 결정하는 것.

restriction enzyme 제한효소 DNA의 짧은 역상보성(palindromic) 염기순서를 식별하고 서열 내의 특정 위치에서 2중나선을 절단하는, 세균에 의해 만들어지는 많은 종류의 핵산내부가수분해효소(endonuclease)를 통틀어 이르는 말. 여러 다른 제한핵산내부가수분해효소들이 서로 다른 DNA염기순서를 식별한다. 지금은 유전공학, DNA클로닝 및 유전자지도만들기에서 널리 이용된다. ≒ **restriction endonuclease**, site-specific endonuclease. ⇨ restriction-modification system.

restriction fragment 제한단편 제한효소 또는 제한효소의 조합에 의해 DNA를 처리하여 생긴 DNA단편.

restriction fragment length polymorphism (RFLP) 제한단편길이다형성 여러 다른 개체들의 DNA에 특정 제한효소가 인식할 절단부위가 있거나 없는 현상. 이 다형성은 그 제한효소에 의해 생긴 DNA단편의 길이를 비교해 보면 검출할 수 있다. RFLP는 결손유전자의 존재를 검출하는 등 다양한 분야에서 이용될 수 있다.

restriction mapping 제한지도작성 특정 제한효소가 DNA를 절단하는 부위들의 개수와 상대적 위치를 결정하여 DNA의 부위들을 밝히는 것.

restriction-modification system 제한수식계(制限修飾系) 세균에서, 들어오는 '외래' DNA를 파괴하는 한편 세균 자신의 DNA가 분해되지 않도록 방어하기 위하여 자신의 DNA에 화학적 수식을 가하는 2중기능 효소계. ⇨ DNA methylation, modification, restriction endonuclease.

restriction point 제한점 진핵생물의 세포주기에서, G1기의 중간에 나타나는 복귀불능점(point of no return). 제한점 이후에는 세포가 주기를 완결하게 된다.

restriction site 제한효소절단위치 DNA에서 특정 제한효소가 식별하고 절단하는 부위.

restriction-site polymorphism 제한효소절단위치다형성 집단(개체군)의 개체들 간에서 나타나는 특정한 제한효소절단위치(restriction site)의 변이. 이러한 다형성은 유전자지도만들기 등에서 이용된다. ≒ restriction fragment length polymorphism.

restrictive conditions 제한조건 조건돌연변이생물이 돌연변이표현형을 나타내는 조건.

resupinate 전도(轉倒)의, 배착성(背着性)의 형 부분들이 거꾸로 뒤집히는 식으로 비틀린.

respination 전도(轉倒) 명 거꾸로 되는 것.

resurgent 재유행(再流行)의 형 잘 통제되는 것으로 여겼지만 높은 발생률로 다시 나타나기 시작하는 전염병에 적용되는 말.

rete 그물 명 (1) 망상조직; (2) 얽혀 있는 혈관이나 신경 또는 섬유들의 망.

reteform, retiform 망상(網狀)의 형 망(network)의 모양을 한.

rete Malpighii 말피기그물 ⇨ Malpighian layer.

rete mirabile 소동맥그물 일부 척추동물의 다양한 기관들에서 주로 동맥의 혈관들로 구성되는 작고 빽빽한 그물.

rete mucosum ⇨ Malpighian layer.

retention signal 체류신호 ⇨ salvage sequences.

retial 그물의 형 그물(rete)과 관련된 말.

retiary 그물치는 형 (1) 그물과 같은 구조를 만들거나 갖는; (2) 거미줄을 치는.

reticular 망상(網狀)의 형 (1) 그물 같은; (2) 그물을 친; (3) 그물 또는 세망(reticulum)과 관련된 말.

reticular cells 망상세포 (1) 결합조직의 세망섬유를 만드는 섬유모세포; (2) 세망내피계(reticuloendothelial system).

reticular formation 그물체, 망양체(網樣體) 의식(consciousness)과 각성 수준(level of arousal)을 유지하는 데 관여하는 뇌줄기의 부위. 몸에서 오는 많은 감각경로들이 그물체에서 끝나는 가지를 친다.

reticulate 망상(網狀)의 형 망(network)의 모양을 한; (1) 잎맥과 곤충의 날개맥에 적용되는 말; (2) 식물의 세포벽에서 리그닌(목질소)이 덮쳐져 쌓이는 양식에 적용되는 말.

reticulocyte 그물적혈구 명 성숙한 적혈구가 생기는 전구세포. 염색을 하면 그물 모양을 나타낸다.

reticuloendothelial system (RES) 세망내피계(細網內皮系) 간, 지라 그리고 골수에서 굴형 혈관(sinusoid)의 내벽을 이루고 림프절에도 들어 있는, 섬유모세포, 대식세포 전구세포와 특수한 내피세포들을 포함하는 식세포들의 계. '망내계'라고도 한다. 혈액으로부터 이물질을 섭취하고 청소하며, 림프조직의 세포들을 지탱하는 데 관여할 뿐만 아니라 항원표출대식세포의 원천이 된다.

reticulopodia 망상위족(網狀僞足) 명복 유공충류에서 볼 수 있는 것과 같이 그물 모양의 실 같은 위족(pseudopodia).

reticulose 망상(網狀)의 형 망(network)처럼 형성된.

reticulospinal 그물척수의 형 뇌의 그물체(reticular formation)와 척수를 연결하는 신경섬유의 길(그물척수로)에 적용되는 말.

reticulum 그물, 세망(細網), 벌집위, 망상조직 명 (1) 많은 기관의 그물, 특히 섬유조직의 체제; (2) 반추동물에서, 물이 저장되는 위의 두 번째 방인 제2위; (3) [식] 종려나무의 잎자루 기부 부근에 있는 교차섬유들.

retiform 망상(網狀)의 형 망(network)의 모양을 한.

retina 망막(網膜) 명 눈의 안쪽에 있는 감광층. 척추동물의 망막은 안구 뒤쪽의 내벽에 있는 두 층의 상피로 이뤄진다. 망막은 감광세포들(막대와 원뿔)과 뉴런을 포함하는 신경망막(neural retina), 그리고 멜라닌과립이 들어 있는 안쪽의 색소상피(pigmented epithelium)로 구성된다.

retinaculum 점착체(粘着體), 지지띠 명 (1) [식] 난초의 꽃가루덩이(pollinium)가 들러붙는 작은 샘덩어리(glandular mass); (2) [동] 부분들을 함께 붙도록 잡아주는 섬유성 띠; (3) 일부 곤충의 앞날

R

개와 뒷날개를 함께 연결하는 구조. 복 **retinacula**.

retinaculum tendinum 건지대(腱支帶) 손목 또는 발목 주위에 있는 인대.

retinal (1) 명 **레티날** 레티놀(retinol)의 알데히드. 시각색소 로돕신(rhodopsin)의 일부이고, 로돕신으로부터 빛의 작용에 의해 떨어져 나온다; (2) 형 **망막의** 망막(retina)과 관련된 말.

retinal ganglion cells 망막신경절세포 망막에서 시각신호를 시신경을 경유하여 뇌로 전달하는 뉴런들.

retinella 레티넬라 명 광체(phaeosome)의 신경원섬유성 망상구조.

retinene 레티넨 ⇨ retinal.

retinerved 망상맥(網狀脈)의 형 그물 모양의 맥을 갖는, 잎이나 곤충의 날개에 적용되는 말.

retinitis pigmentosa 망막색소변성증(網膜色素變性症) 야맹증, 시야협착, 망막 기저부의 변화 등으로 특징지어지는 유전성 질병.

retinoblast 망막아세포(網膜芽細胞) 명 신경모세포(neuroblast)와 신경아교전구세포가 생기는 망막의 상피세포.

retinoblastoma 망막아세포종(網膜芽細胞腫) 명 망막세포에 생기는 희귀종양. 아주 어린아이들에서 주로 나타난다. 유전적인 가족성 망막아세포종은 종양억제유전자인 *Rb*유전자의 결손대립유전자에 기인한다.

retinoic acid 레티노산 종양세포에서 실험적으로 분화를 유도하는 데 사용되는 비타민 A의 유도체. 한편 천연에서 레티노산은 척추동물 발생의 형태형성물질(morphogen)이다.

retinoid 레티노이드 명 레티놀(비타민 A)의 유사체 또는 대사물질. 레티노이드는 배발생에서 역할을 하는데, 비타민 A가 결핍되면 해로운 효과가 나타나고, 비타민 A가 너무 많으면 기형이 형성된다.

retinoid receptor 레티노이드수용체 레티노산과 그 밖의 레티노이드의 수용체를 통틀어 이르는 말. 핵수용체 수퍼패밀리에 속한다.

retinol 레티놀 비타민 A_1. ⇨ vitamin A.

retinotectal 망막덮개의 형 망막(retina)과 덮개(tectum)에 관련된, 투영(projection)에 적용되는 말.

retinula 소망막(小網膜) 명 겹눈을 구성하는 낱눈의 가장 안쪽에 있는 요소인 가늘고 긴 광수용세포들의 무리.

retisolution 레티솔루션 명 세포에서 골지장치가 소멸되는 것.

retispersion 레티스퍼존 명 세포에서 골지체가 주변에 분포하는 것.

retractile 신축가능한 형 어떤 기관에서 몸 안으로 들어가게 할 수 있는 부분에 적용되는 말.

retraction fibres 뒤당김섬유 세포의 뒤쪽에서 뻗어 나와 기층에 달라붙는 가는 세포성 돌기.

retractor 견인근(牽引筋) 명 수축하면 부착된 부분을 잡아당겨 몸 쪽으로 움츠리게 하는 근육.

retrahens 명 부분을 뒤쪽으로 끌어당기는 근육.

retraherence 명 굴을 파는 것처럼 극심한 추위와 더위의 조건에서 동물이 살아남는 도피행동.

retral 뒤쪽의 형 (1) 뒤의; (2) 뒤쪽에 있는.

retro- '뒤로'를 뜻하는 라틴어 '*retro*'에서 유래된 접두사.

retroarcuate 형 뒤로 굽은.

retrobulbar 눈뒤의, 숨골뒤의 형 (1) 안구의 뒤쪽에 있는; (2) 숨골(연수)의 등 쪽에 있는.

retrocerebral 뇌뒤의, 후두(後頭)의 형 무척추동물에서, 뇌신경절의 뒤에 위치한.

retrocurved 뒤집힌 ⇨ recurved.

retroelement RNA유래전이인자(retrotransposon)와 레트로바이러스(retrovirus)의 일반적인 명칭.

retrofract 형 비스듬히 뒤쪽으로 굽은.

retrograde 후방의, 역행(逆行)의 형 (1) 뉴런의 축삭에서 세포체를 향한 물질의 수송(후방수송)과 이동에 적용되는 말; (2) 뉴런의 축삭이 손상을 입은 후에 세포체에서 생기는 변성(역행변성)에 적용되는 말.

retrogressive 퇴행(退行)의 형 복잡한 형태보다 원시적인 방향으로 진화하는 경향(퇴행진화)에 적용되는 말.

retrolingual 혀뒤의, 후설(後舌)의 형 혀의 뒤에 있는, 샘에 적용되는 말.

retromandibular 아래턱뒤의, 하악후(下顎後)의 형 후방 또는 관자위턱(temporomaxillary) 정맥에 적용되는 말.

retroperitoneal 복막뒤의, 후복막의(後腹膜)의 형 (1) 복막(peritoneum)의 뒤에 있는; (2) 복막과 척주(spinal column) 사이의 공간(복막뒤공간)에 적용되는 말.

retropharyngeal 인두뒤의 형 인두(pharynx)의 뒤에 있는.

retroposon 레트로포존 ⇨ retrotransposon.

retropubic 두덩뒤의, 치골후의 형 두덩결합(pubic symphysis) 뒤에 있는 지방조직의 패드나 덩이에 적용되는 말.

retrorse 역향(逆向)의 형 거꾸로 향한 또는 뒤쪽으로 향한.

retroserrulate 역톱니형 형 뒤쪽을 향한 작은 이빨들이 있는.

retrosiphonate 형 뒤쪽을 향한 누두경(septal neck)이 있는.

retrotranslocation 역운반(逆運搬) 명 펩티드와 잘못 접힌 단백질들이 분해되기 위하여 소포체에서 세포기질로 되돌아 이동하는 것.

retrotransposition 역전이(逆轉移) 명 전이인자(transposable element)가 RNA로 전사되고, RNA에서 DNA로 역전사되고, DNA복사본이 유전체로 재삽입되면서 전이인자가 전이되는 것.

retrotransposon RNA유래전이인자, 레트로트랜스포존 명 RNA중간체를 경유하는 역전이(retrotransposition)에 의해 이동하는 전이인자. 초파리의 코피아(copia)나 사람의 THE-1인자와 같은 일부 RNA유래전이인자는 레트로바이러스에서 유래된다. 포유동물 유전체의 L1요소와 같은 일부 RNA유래전이인자는 세포의 RNA에서 유래되는 것으로 밝혀졌다. ≒ retroposon.

retro-uterine 자궁뒤의 형 자궁의 뒤에 있는.

retroverse 역향(逆向)의 ⇨ retrorse.

retroversion 반전(反轉) 명 거꾸로 향하거나 뒤쪽으로 돌리는 상태.

retroviral 레트로바이러스의 형 (1) 레트로바이러스(retrovirus)와 관련되거나 레트로바이러스에 의해 생성되는; (2) 유전공학에서, 레트로바이러스에서 유래된 매개체(vector)에 적용되는 말.

retroviral-like retrotransposon 레트로바이러스형 RNA유래전이인자 레트로바이러스에서 유래된 전이인자. 레트로바이러스와 비슷하게 측면의 긴말단반복순서(LTR)를 갖고 역전사효소를 암호화하지만, 감염성 바이러스입자를 만들지 않는다. ⇨ retrotransposition.

Retroviridae, retroviruses 레트로바이러스과, 레트로바이러스 명, 명복 껍질을 보유한 외가닥RNA바이러스의 과. RNA종양바이러스와 사람면역결핍바이러스

R

(HIV)뿐만 아니라 해가 없는 많은 비종양성 바이러스들이 포함된다. 레트로바이러스는 바이러스효소인 역전사효소를 이용하여 RNA를 DNA에 복사하는 독특한 생활사를 갖는다. 이렇게 역전사된 DNA는 숙주세포의 염색체에 들어가서 바이러스입자를 만들게 하거나 또는 여러 세대에 걸쳐 휴지상태에 있기도 한다. 숙주세포 유전체와 통합된 DNA(프로바이러스)는 그 세포의 모든 자손들에게 전달된다. 척추동물에는 다수의 내생프로바이러스(endogenous provirus)가 별다른 악영향 없이 동물의 유전체에 영구히 들어 있는 것으로 밝혀졌다.

retuse 미요형(微凹形), 작은오목형 형 끝이 둥글고 중앙에서 약간 움푹 들어간, 잎과 연체동물의 껍데기에 적용되는 말.

Retzius' striae 레치우스줄 치아의 에나멜에 있는 생장표시. 에나멜이 잇따라 생긴 표면에 해당한다.

reuptake 재흡수(再吸收) 명 시냅스전 뉴런(presynaptic neuron)에서 방출된 신경전달물질 분자들을 시냅스전 뉴런이 다시 흡수하는 것. 신경전달물질이 시냅스에서 신호를 전달하는 세기와 기간을 제한한다.

revehent 재전달(再傳達)의 형 신문맥계(renal portal system)에서, 분비기관들을 오가며 혈액을 운반하는 혈관에 적용되는 말.

reversed 역(逆)의 형 반대의, 왼쪽으로 감기는 나선 모양의 껍데기에 적용되는 말.

reverse genetics 역유전학(逆遺傳學) DNA클론이나 이미 알려진 단백질염기순서부터 출발하고, 이를 이용하여 유전체에서 상응하는 유전자를 찾고, 돌연변이를 일으켜서 그 유전자의 기능을 밝히는 전략.

reverse mutation 복귀돌연변이 ⇨ back mutation.

reverse transcriptase (RT) 역전사효소(逆轉寫酵素) 레트로바이러스(RNA종양바이러스가 포함되는 RNA바이러스의 과)에서 발견되는 DNA중합효소. 바이러스의 RNA를 주형으로 하여 DNA를 합성한다. ≒ RNA-directed DNA polymerase.

reverse transcription (RT) 역전사(逆轉寫) 역전사효소(reverse transcriptase)의 촉매작용으로 RNA를 주형으로 하여 DNA가 합성되는 것.

reversion 복귀돌연변이 ⇨ back mutation.

revertant 복귀돌연변이체 명 원래의 야생형 표현형으로 복귀돌연변이(back mutation)가 일어난 생물이나 세포.

revolute 외권상(外卷狀) 형 어떤 잎과 같이 가장자리가 바깥쪽으로 감긴.

reward 보수 ⇨ positive reinforcement.

RF (1) 일반적으로 단백질합성의 방출인자(release factor)를 부르는 말; (2) 복제형(replicative form); (3) 재조합빈도(recombination frequency), 재조합비율(recombination fraction).

R-factor R인자 ⇨ R plasmid.

RFLP 제한단편길이다형성(restriction fragment length polymorphism).

R form R형 다른자리입체성(allosteric) 단백질에서 기질과의 친화성이 큰 유형.

RH 방사선잡종(radiation hybrid).

Rh Rh인자(rhesus factor).

rhabd-, rhabdo- '막대'를 뜻하는 그리스어 '*rhabdos*'에서 유래된 접두사.

rhabdacanth 랍다칸스 명 어떤 장미류에서, 라멜라조직으로 둘러싸인 작은 막대 모양의 기둥(trabecula)들로 구성된 복합경침(compound thorn).

rhabdite 봉상체(棒狀體) 명 와충류

R

(turbellarians)의 표피세포에 있는 막대 모양의 소체. 벌레가 상처를 입었을 때 배출되고 부풀어져서 젤리 같은 막을 형성한다.

rhabditiform 간상(杆狀) 형 짧고 똑바른 식도를 갖는 선충류의 유충에 적용되는 말.

rhabditis 랍디티스, 간충(杆蟲) 명 어떤 선충류의 유충.

rhabdocoel 봉장류(棒腸類) 명 봉장목(Rhabdocoela)을 구성하는 종류. 단순하고 주머니 같은 장을 가진 작은 와충류(turbellarians)이다.

rhabdoid 막대모양의 형 막대처럼 생긴.

rhabdolith 랍돌리트 명 일부 원생동물에서 벽을 강화하는 구실을 하는 석회질의 막대.

rhabdome 감간체(感桿體) 명 겹눈을 이루는 낱눈에서 망막세포(retinula cell)의 미세융모들에 의해 형성되는 색소막대.

rhabdomere 감간분체(感桿分體) 명 겹눈을 이루는 낱눈의 망막에서 감간체(rhabdome)를 구성하는 개개의 요소.

rhabdomyosarcoma 횡문근육종(橫紋筋肉腫) 명 근육에 생기는 암.

rhabdopod 랍도포드 명 일부 수컷 곤충에서 파악기(clasper)를 구성하는 요소.

rhabdosphere 봉상소체(棒狀小體) 명 심해의 석회질성 연니(ooze)에서 발견되는 랍돌리트(rhabdolith)의 집합체.

Rhabdoviridae, rhabdoviruses 랍도바이러스과, 랍도바이러스 명, 명복 껍질을 보유한 총알 모양의 외가닥RNA바이러스의 과. 척추동물에 감염하는 광견병바이러스와 수포성 구내염바이러스, 곤충바이러스 그리고 곤충바이러스가 식물에 적응한 것으로 간주되는 식물바이러스들이 포함된다.

rhagon 라곤 명 꼭대기의 대공(osculum)과 큰 위강(gastral cavity)을 갖는 해면동물의 번빵(bun)처럼 생긴 종류.

Rhamnales 갈매나무목 명 갈매나무과(Rhamnaceae)와 포도과(Vitaceae)로 이뤄지는 교목, 관목 또는 목본성 덩굴식물의 목.

rhamnose 람노오스 명 일부 그람음성균의 외막에 있는 지질다당류와 식물세포벽의 다당류에서 발견되는 6탄당.

rhamphoid 부리모양의 형 부리(beak)같이 생긴.

rhamphotheca 각초(角鞘) 명 새의 부리를 덮는 각질의 싸개.

Rheiformes 레아목 명 레아류(rheas)를 포함하는 날지 못하는 새들의 목.

rheobase, rheobasis 기전류(基電流) 명 반응을 일으킬 수 있는 가장 약한 전기적 자극.

rheophile, rheophilic 호류성(好流性)의 형 흐르는 물에서 살기를 선호하는. 명 **rheophily**.

rheophyte 계류연안식물(溪流沿岸植物) 명 흐르는 물에서 사는 식물.

rheoplankton 유수(流水)플랑크톤 명 흐르는 물에 출현하는 플랑크톤.

rheoreceptors 유수수용기(流水受容器) 명복 어류와 일부 양서류의 피부에 있는 감각기관. 옆줄기관(lateral line organ)과 로렌찌니병기(ampullae of Lorenzini) 등과 같이 흐르는 물의 자극을 감지한다.

rheotaxis 주류성(走流性) 명 흐름, 주로 물의 흐름이 자극이 되어 일어나는 주성.

rheotropism 굴류성(屈流性) 명 물이나 공기의 흐름이 자극이 되어 일어나는 생장 굴성. 형 **rheotropic**.

rhesus factor (Rh factor) Rh인자, 레수스인자 붉은털원숭이와 대부분 사람들의 적혈구에서 발견되는, 우성 유전자에 의해 결정되는 혈액형 항원. Rh음성(Rh−)

인 임산부가 Rh양성(Rh+)인 태아를 임신하면 태아의 Rh항원에 대한 항체가 만들어지므로 Rh인자는 의학적으로 중요하다. 다음의 임신에서 만일 Rh양성인 태아가 생기게 되면 신생아의 용혈성 병(haemolytic disease)을 유발할 수 있다(지금은 위험에 처한 임산부를 대상으로 예방적 치료가 시행되고 있다).

rheumatoid factor 류마티스인자 류마티스관절염 환자의 혈청에서 발견되는 면역글로불린M(IgM)항체. IgG형 항체와 반응하여 면역복합체를 형성한다.

rhexigenous 열생적(裂生的) 형 터지거나 찢어져서 생기는.

rhexilysis 조직단편화 명 조직을 파열시켜 부분들을 분리시키거나 또는 구멍이나 공간을 만드는 것.

rhexis 단편화(斷片化) 명 물리적 또는 화학적 작용인자에 의해 염색체가 절편들로 나누어지는 것.

rhigosis 냉각(冷覺) 명 차가운 것에 대한 감각.

rhin-, rhino- '코'를 뜻하는 그리스어 '*rhis*'에서 유래된 접두사.

rhinarium 후각기, 감각기 명 (1) 포유동물의 코와 주둥이 부분; (2) 콧구멍 부위; (3) 일부 곤충의 코(nasus)의 부분.

rhinencephalon 후뇌(嗅腦) 명 후각과 관계가 있는 전뇌의 부분. 어류와 양서류 및 파충류에서는 대뇌반구의 대부분을 차지하고, 사람에서는 후각엽(olfactory lobe), 갈고리이랑(uncus), 뇌량위이랑(supracallosal gyrus), 뇌들보밑이랑(subcallosal gyrus), 뇌활(fornix) 및 해마(hippocampus)로 구성된다.

rhinion 비공점(鼻孔點) 명 코뼈가 닿는 가장 돌출한 점.

rhinocaul 후뇌자리 명 후각엽(olfactory lobe)이 달리는 뇌의 좁은 부위.

rhinocoel 후각뇌실 명 뇌의 후각엽에 있는 공간.

rhinopharynx 코인두 ⇨ nasopharynx.

rhinophore 후각돌기(嗅覺突起) 명 일부 연체동물의 감각상피기관. 때로는 구멍에 달리고 보통 촉수에서 발견되며, 후각과 관계가 있는 것으로 여겨진다.

rhinotheca 라이노데카 명 새의 위턱의 덮개.

rhinoviruses 리노바이러스 명복 피코르나바이러스과(Picornaviridae)에 속하는 많은 무리의 RNA바이러스. 사람에서 감기와 그와 비슷한 경미한 호흡기질환을 일으키는 원인이 된다.

rhipidate 부채꼴, 선형(扇形) 형 부채처럼 생긴.

rhipidistians 선기류(扇鰭類) 명복 데본기에서 페름기까지 출현한 멸종된 총기류(crossopterygians)의 무리. 육상 척추동물의 조상들이 포함되는 것으로 믿어진다.

rhipidium 선형(扇形)꽃차례 명 (1) 부채꼴의 취산(cymose)꽃차례; (2) 개충(zooid)들의 부채 모양 군체.

rhipidoglossate 부채꼴치설의 형 전복에서 볼 수 있는 것과 같이 수많은 소치들이 부채 모양으로 배열된 치설(radula)을 가진.

rhipidostichous 부챗살의 형 부채처럼 생긴 지느러미에 적용되는 말.

rhiptoglossate 형 카멜레온처럼 가늘고 쭉 뻗을 수 있는 긴 혀를 가진.

rhiz-, rhizo- '뿌리'를 뜻하는 그리스어 '*rhiza*'에서 유래된 접두사.

rhizanthous 형 매우 축소된 줄기의 아주 낮은 부위에서 생겨서 마치도 뿌리로부터 나오는 것처럼 보이는 꽃을 가진.

Rhizaria 근형생물상계 명 분자계통학적 연구를 통해 제안된 단계통 분류균. 유공충류(Foraminifera), 방산충류(Radiolaria), 위족아메바생물(Cercozoa) 등과 같이 실 같은 위족을 갖는 아메바형 원생동물이 포함된다.

rhizine 가근체(假根體) 명 지의류의 아래쪽 곰팡이 피층에서 나오는 가느다란 돌기. 이를 이용하여 기층에 부착한다.

rhizobacteria 뿌리세균, 근권세균(根圈細菌) 명복 뿌리의 표면과 연관된 토양세균.

rhizobia 뿌리혹세균 명복 리조비움속(*Rhizobium*)과 그와 동족인 속들의 토양세균. 콩과 식물 뿌리에서 뿌리혹을 형성하여 공생적으로 질소를 고정하는 그람음성 간균이다.

rhizocarp 숙근초(宿根草), 땅속꽃식물 명 (1) 매년 겨울에 줄기부는 죽고 땅속의 기관들만 남아 있는 다년생 초본; (2) 땅속에서 꽃을 만드는 식물. 형 **rhizocarpic**, **rhizocarpous**.

rhizocaul 기는뿌리 ⇨ hydrorhiza.

rhizocorm 지하경체(地下莖體) 명 (1) 하나의 마디로 된 뿌리줄기(rhizome)처럼 생긴 땅속의 줄기; (2) 비늘줄기(bulb) 또는 둥근줄기(corm).

rhizodermis 근피(根皮) 명 뿌리의 가장 바깥쪽에 있는 조직. 뿌리털층(piliferous layer)이거나, 뿌리털층이 닳아 없어진 곳에서는 오래된 뿌리의 외피(exodermis)를 가리킨다.

rhizogenesis 뿌리형성 명 뿌리가 분화되고 발달하는 것.

rhizogenic 뿌리형성의 형 (1) 뿌리를 내는; (2) 내초(pericycle)에서 발달하지 않고 내피(endodermis)의 세포들에서 생기는; (3) 뿌리형성과 관련되거나 뿌리의 형성을 촉진하는.

rhizoid (1) 명 **헛뿌리, 가근(假根)** 전엽체(prothallus)에서 생겨난, 뿌리와 비슷한 기능을 하는 실 모양의 조직; (2) 형 **뿌리 모양의** 뿌리처럼 생긴, 세균집락의 형태에 적용되는 말.

rhizomatous 근상(根狀)의 형 뿌리줄기(rhizome)와 비슷하게 생긴, 기층이나 숙주 상의 곰팡이 균사체(근상균사체)에 적용되는 말.

rhizome 뿌리줄기 명 수평으로 자라는 굵은 식물줄기. 보통 땅속에 있고 눈과 비늘잎이 달리며 위로 줄기를 내고 아래로 뿌리를 내보낸다.

rhizomorph 근상균사다발 명 일부 담자균류의 균사들이 얼기설기 엮여서 형성되는 뿌리 모양 또는 신발끈 모양의 구조.

rhizomorphic 뿌리같은 ⇨ rhizomorphous.

rhizomorphoid 근상균사다발모양의 형 (1) 근상균사다발(rhizomorph)과 비슷한; (2) 뿌리처럼 가지를 치는.

rhizomorphous 뿌리같은 형 뿌리 모양을 한.

rhizomycelium 근상균사체(根狀菌絲體) 명 병꼴균류(항아리균)가 기층에 부착하는, 보통 핵이 없고 균사 같은 사상체들이 많이 가지를 친 구조.

rhizophagous 식근성(食根性)의 형 뿌리를 먹는.

rhizophore 근상체(根狀體) 명 석송류(club moss)에서 볼 수 있는 것과 같이 엽상체에서 나와 토양의 아래쪽으로 자라고 그 끝에서 뿌리가 발달하는 기관.

rhizophorous 뿌리달린 형 뿌리가 있는.

rhizoplane 뿌리표면 명 뿌리의 표면에 바로 인접한 약 1 μm 두께의 층으로 구성되는 근권(rhizosphere)의 부분.

rhizoplast 근형질(根形質) 명 일부 녹조류에서 편모의 기저체와 연결된 수축성 가닥.

Rhizopoda, rhizopods 근족충류(根足蟲

類) 명, 명복 원생생물의 분류에서, 주로 독립생활을 하고 광합성을 하지 않는 단세포의 작은 생물인 아메바류의 문. 민물과 바다의 서식지에서 발견되고, 위족을 형성하지만 편모나 섬모는 없다는 점이 특징이다. 어떤 무리에서는 몸이 때때로 석회질로 구성된 껍질로 둘러싸인다.

Rhizopodea, rhizopods 근족충강(根足蟲綱) 명, 명복 예전의 분류체계에서, 유공충류와 아메바류를 포함하는 원생동물의 강.

rhizosphere 근권(根圈) 명 식물뿌리의 바로 옆을 둘러싸고 뿌리의 영향을 받는 토양환경.

rhizotaxis 뿌리차례 명 뿌리의 배열.

Rho ⇨ Rho protein family.

rhod-, rhodo- '장미'를 뜻하는 그리스어 '*rhodon*'에서 유래된 접두사. '발그레한' 또는 '불그스름한'을 의미한다.

rhodamine 로다민 명 면역형광기법으로 세포의 구조를 가시화하는 데 사용되는, 적색의 형광을 내는 화합물.

rhodogenesis 시홍재생(視紅再生), 로돕신재생 명 빛에 의한 퇴색 후에 일어나는 로돕신(시홍)의 형성이나 복원.

rhodophane 로도판 명 일부 어류, 파충류 및 새의 망막원뿔에 있는 붉은 망막색소(chromophane).

Rhodophyceae 홍조강 ⇨ Rhodophyta.

Rhodophyta 홍조식물문(紅藻植物門) 명 주로 다세포성이고 구조적으로 복잡한 광합성생물의 무리인 홍조류(red algae). 식물계에 포함시키거나 원생생물계(Protoctista)의 한 문으로 분류한다. 홍조류는 밀집한 사상체(filament)들로 구성된다. 홍조류의 붉은 색깔은 수용성 색소인 피코빌린(phycobilin)에 기인한다. 저장탄수화물은 아밀로펙틴과 유사한 홍조녹말(floridean starch)이다. 홍조류는 대부분 바다에 살고 많은 열대종이 있으며, 주로 바위나 그 밖의 기층에 부착하여 자란다. 이들 세포에는 어떤 시기에도 편모가 달리지 않는다.

rhodoplast 엽홍체 명 홍조류의 불그스름한 색소체.

rhodopsin 로돕신, 시홍(視紅) 명 척추동물 망막의 막대세포(와 무척추동물)에서 발견되는 붉은색의 감광색소. 단백질인 옵신(opsin)과 인지질 그리고 비타민 A의 알데히드인 레티날(retinal)로 구성된 복합체이다. 레티날의 가역적인 화학변화의 결과로 빛에 노출되면 무색이 된다. ≒ visual purple.

rhodosporous 홍색포자(紅色胞子)의 형 분홍색의 포자를 가진.

rhodoxanthin 로도크산틴 명 주목의 가종피(aril)에서 발견되는 카로티노이드색소.

rho factor (ρ) ρ인자, 전사종결인자 일부 세균유전자에서 전사의 종결을 조절하는 단백질인자.

rhombencephalon 마름뇌, 능형뇌 ⇨ hindbrain.

rhombic 마름뇌의, 능형뇌의 형 마름오목(rhomboid fossa)에 있는 뇌의 입술과 고랑에 적용되는 말.

rhombocoel 척수뇌실, 마름뇌실 명 척수(medulla spinalis)의 중심관 끝 부분이 팽창된 것.

rhombogen 능형원체(菱形原體) 명 2배충류(dicyemids) 기생충의 생활주기 가운데 한 시기.

rhomboid 마름모꼴, 능형(菱形) 형 마름모(rhombus), 즉 한 질의 카드(트럼프)에 있는 다이아몬드 패와 같은 모양을 가진.

rhomboideum 마름인대, 능형인대 명 마름모꼴 인대 또는 늑골쇄골(costoclavicular)의 인대.

rhomboideus 마름근, 능형근 명 어깨뼈(견갑골)와 등뼈(흉추)를 연결하는 근육인 큰마름근과 작은마름근.

rhomboid-ovate 능형난형의 형 모양이 능형(마름모꼴)과 난형의 중간에 있는, 잎에 적용되는 말.

rhombomeres 능형분절 명복 발생초기에 척추동물의 능형뇌(후뇌)가 나뉘는 7개의 분절.

Rhombozoa 능형류(菱形類) 명 무척추동물 중생동물문(Mesozoa)의 강. 해양 무척추동물(예: 두족류와 그 밖의 연체동물, 편형동물류, 환형동물류)의 콩팥에 기생하는 2배충류(dicyemids)와 이형배충류(heterocyemids)가 포함된다.

rhopalium 촉수포 명 일부 해파리의 주변에 있는 감각기관.

Rho protein family 로우단백질과 저분자량 GTP가수분해효소(GTPase)의 패밀리. 외부의 신호에 반응하여 세포골격의 액틴이 재배치되는 데 관여하는 신호전달 경로와 관련이 있다.

Rhynchocephalia 옛도마뱀목, rhynchocephalians 옛도마뱀류 명, 명복 대부분이 멸종된 파충류의 목. '훼두목(喙頭目)'이라고도 한다. 도마뱀과 비슷하게 생긴 큰도마뱀(*Sphenodon punctatus*)의 한 종만이 뉴질랜드 연안의 작은 섬들에 국한되어 분포한다. ≒ Sphenodonta.

rhynchocoel 문강(吻腔) 명 유형동물의 몸에 있는 원통 모양의 공간. 주둥이(문)를 내밀지 않을 때 주둥이를 감싼다.

rhynchodont 이빨부리의 형 이빨이 있는 부리를 가진.

rhynchoporous 부리달린 형 부리가 있는, 바구미(weevil)에 적용되는 말.

rhynchostome 문강구(吻腔口) 명 유형동물 몸의 앞쪽 끝에서 주둥이(proboscis)가 뒤집어지는 구멍.

α-rhythm α리듬 안정된 휴식상태일 때 대뇌피질의 전기전위에서 볼 수 있는 자발적이고 규칙적인 변동.

β-rhythm β리듬 정신활동(mental activity) 중에 대뇌피질의 전기전위에서 볼 수 있는 자발적이고 규칙적인 변동.

rhytidome 조피(粗皮), 나무껍질 명 주피(periderm)와 그로부터 유리된 조직들로 구성되는 바깥쪽의 나무껍질.

RIA 방사면역분석법(radioimmunoassay).

rib 갈비뼈, 늑골(肋骨), 잎맥 명 (1) 척추동물 4족류에서, 한쪽 끝은 등뼈와 결합하고 다른 쪽은 유리되어 있거나(floating rib, 뜬갈비뼈) 또는 가슴뼈와 연결되는 활 모양의 가느다란 뼈; (2) 잎의 중앙에 있는 맥; (3) 일반적으로 가늘고 긴 돌출부를 이르는 말. ≒ costa.

ribbon worms 끈벌레류 ⇨ Nemertina.

ribitol 리비톨 명 리보오스에 유래된 당알코올. 세균세포벽의 테이코산(teichoic acid)을 구성하는 성분이다.

rib meristem 수상분열조직 세로축에 대하여 직각으로 세포들이 분열하여 평행하게 배열된 세포의 복합체를 형성하는 분열조직.

riboflavin 리보플래빈 명 질소함유염기(dimethylisoalloxazine)와 결합한 리보오스로 구성된 비타민 B_2. 모든 녹색식물과 대부분의 미생물들에서 합성되고, 우유에서 그리고 고등생물과 녹색식물의 일부 조직에서 유리형으로 나타난다. 리보플래빈은 모든 생체세포에서 조효소 플래빈아데닌디뉴클레오티드(FAD)와 플래빈모노뉴클레오티드(FMN)를 구성하는 성분이다. 간, 효모 그리고 푸른색 야채에 특히 풍부하게 들어 있다. 리보플래빈이 결핍되면 열피(skin cracking)와 병변(리보플래빈결핍증, ariboflavinosis)이 나타난다.

riboflavin phosphate 리보플래빈인산 ⇨ flavin mononucleotide.

ribonuclease (RNase) 리보핵산가수분해효소 명 RNA를 짧은 올리고뉴클레오티드로 절단하거나 RNA를 구성하는 리보뉴클레오티드 소단위들로 완전히 분해하는 다양한 효소들을 통틀어 이르는 말. ≒ nuclease. ⇨ RNase H, RNase P, RNase III.

ribonucleic acid 리보핵산 ⇨ RNA.

ribonucleoprotein (RNP) 리보핵단백질 명 RNA와 단백질의 복합체를 통틀어 이르는 말.

ribonucleoside 리보뉴클레오시드 ⇨ nucleoside.

ribonucleotide 리보뉴클레오티드 명 리보오스를 포함하는 뉴클레오티드.

ribonucleotide reductase 리보뉴클레오티드환원효소 리보뉴클레오티드를 디옥시리보뉴클레오티드(deoxyribonucleotide)로 환원하는 두 가지 효소 중 하나. 동물에서 리보뉴클레오시드2인산에 작용하는 효소(상용명: ribonucleoside-diphosphate reductase, EC 1.17.4.1)와 일부 세균에서 리보뉴클레오시드3인산에 작용하는 효소(상용명: ribonucleoside-triphosphate reductase, EC 1.17.4.2)를 말한다.

ribophorin 리보포린 명 소포체에서 세포질을 향한 면에 있는, 리보솜이 결합하는 단백질.

riboprobe 리보탐침 명 유전자를 분리하고 동정하는 탐침으로 이용되는 RNA의 짧은 절편.

ribose 리보오스 명 RNA에서 발견되고 광합성의 캘빈회로에서도 발견되는 5탄당. (⇨ 그림 33).

ribosomal DNA (rDNA) 리보솜DNA 리보솜RNA를 암호화하는 DNA. 많은 진핵생물에서 리보솜DNA는 많은 복사본으로 존재하고 염색체 부위들에서 무리를 지어 인형성부위(nucleolar organizer)를 형성한다. ≒ **ribosomal genes**.

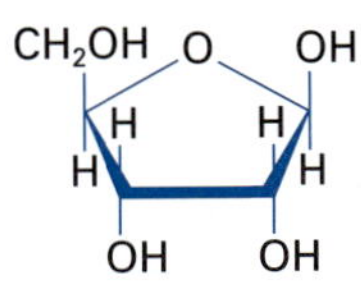

그림 33. 리보오스.

ribosomal protein 리보솜단백질 ⇨ ribosome.

ribosomal RNA (rRNA) 리보솜RNA 리보솜의 주된 성분이고 세포의 모든 RNA 가운데 가장 풍부한 RNA. 진핵생물에서 rRNA는 염색체에서 여러 번 직렬반복하는 rRNA유전자로부터 인(nucleolus)에서 합성된다. rRNA는 침강속도에 따라 여러 가지로 구분되는데, 이를테면 진핵생물의 리보솜에는 침강계수(sedimentation coefficient)로 나타내는 23S, 16S 및 5S RNA들이 들어 있다.

ribosome 리보솜 명 모든 세포에서 수많이 발견되는 리보핵단백질 입자. 세포질에서 유리된 상태로 있기도 하고 진핵세포의 소포체에 부착하기도 한다. 리보솜은 mRNA의 번역과 단백질의 합성이 일어나는 장소이다. 각 리보솜은 크기가 다른 2개의 소단위(subunit)로 구성되는데, 대장균의 경우는 50S와 30S이고 전형적인 진핵세포의 경우는 60S와 40S이다. 각 소단위는 단백질(대장균 리보솜에서는 52개, 진핵생물에서는 약 80개)과 복합체를 구성하는 major RNA를 포함하고, 큰 소단위에는 minor rRNA도 들어 있다. 리보솜은 번역이 일어나는 부위에 mRNA를 붙잡아두는 틀의 역할을 하고, 한편으로 펩티드결합의 형성을 촉매하는 펩티드기전달효소의 기능도 갖는다. ⇨ microsomes, polysome, translation.

ribosome-binding site 리보솜결합부위 세균의 mRNA에서 암호부위(coding region)의 앞에 있는, 리보솜과 결합하여 번역을 개시하는 부위. ≒ Shine-Dalgarno sequence.

riboswitch 리보스위치 명 유전자조절 RNA, 또는 RNA의 전사나 번역에 영향을 미치는 RNA 내의 순서.

ribothymidylate 리보티미딜산 명 tRNA에 들어 있는 특이한 뉴클레오티드. 전사 후에 우리딜산염(uridylate) 잔기의 수식에 의해 형성되고, 티민의 리보뉴클레오티드이다.

ribozyme RNA효소, 리보자임 명 효소활성이 있는 RNA분자. 일부 RNA에서 단백질효소의 작용이 없이 분자로부터 스스로를 잘라 낼 수 있는 자가이어맞춤(self-splicing) 인트론이 그 예가 된다.

ribulose (Ru) 리불로오스 명 인산과 2인산의 형태로 광합성의 이산화탄소 고정에 관여하고 5탄당인산경로와 같은 기타 대사경로에 관여하는 5탄소의 케토오스 당류.

ribulose 1,5-bisphosphate (RuBP) 리불로오스-1,5-2인산 광합성에서 주된 이산화탄소수용체인 5탄당인산. ≒ (이전 명칭) ribulose 1,5-diphosphate (RuDP).

ribulose bisphosphate carboxylase/oxygenase (RuBPc/o, Rubisco) 리불로오스2인산카르복실화효소-산소화효소, 루비스코 모든 녹색식물의 엽록체와 광합성세균에서 발견되는 효소. 수용체로 리불로오스-1,5-2인산을 통해 이산화탄소를 탄수화물로 고정하는 반응을 촉매하고, 한편으로 광호흡(photorespiration)에 관여하는 산소화효소의 활성을 갖는다. EC 4.1.1.39. ≒ ribulose-1,5-diphosphate carboxylase.

rickets 구루병 명 비타민 D의 부족으로 인해 어린이의 뼈가 충분히 석회화되지 못하는 병.

rickettsiae, rickettsias 리케차 명복 살아 있는 세포 내에서만 증식할 수 있는 원핵성 기생생물. 알파가변세균(alpha-proteobacteria)에 속하며, 사람과 그 밖의 동물에서 절지동물이 옮기는 병을 일으킨다. 단순한 세포에는 세포벽이 없고 포유동물 세포의 절대기생생물이다. 이(louse)를 통하여 매개되는 리케차성 질병에는 발진티푸스(typhus fever)와 참호열(trench fever)이 있고, 진드기류(ticks)가 매개하는 병에는 로키산홍반열(Rocky Mountain spotted fever)과 기타 진드기 매개티푸스가 있다. 츠츠가무시병(scrub typhus)은 응애류(mites)에 의해 감염된다. 단 **rickettsia**.

rickettsia-like organism (RLO) 리케차유사생물 리케차와 유사하지만 식물에서 발견되는 생물집단을 통틀어 이르는 말.

rictal 형 새의 입과 관련된 말.

rictus 릭터스 명 (1) 악부(calyx)의 구멍이나 목 부분; (2) 새 부리의 벌린 입.

rifampicin 리팜피신 명 항생물질 리파마이신의 반합성 유도체.

rifamycin 리파마이신 명 방선균 스트렙토미세스(*Streptomyces*)에서 분리된 항생물질. 세균세포에서 RNA합성 개시를 특이적으로 저해한다.

riffle 여울 명 얕은 하천에서 바닥의 돌 위에서 생기는 거센 물결.

RIG-I-like receptors (RLRs) 외부에서 들어오는 핵산을 인식하고 인터페론 생산과 같은 항바이러스성 방어를 개시하는 세포내 단백질의 패밀리.

rigor 강직(強直) 명 (1) 자극에 민감하지 않을 때의 식물의 경직된 상태; (2) 가열

R

되거나 죽은 다음에 또는 충격을 받거나 열이 나는 상태에서 근육이 수축되고 자극감수성이 상실되는 것.

rigor mortis 사후경직(死後硬直) 동물이 죽은 다음에 근육이 단단해지면서 몸이 뻣뻣해지는 것.

rimate 형 틈새(fissure)가 있는.

rimiform 명 좁은 틈새의 모양을 하는 것.

rimose 균열상(龜裂狀)의 형 갈라진 틈이 많은.

rimulose 균열상(龜裂狀)의 형 작은 틈이 많은.

ring bark 환상박피(環狀剝皮) 나무껍질을 고리 모양으로 둥글게 벗기는 것. 비 scale bark.

ring canal 환상관(環狀管), 환상수관(環狀水管) (1) 해파리의 우산 가장자리를 일주하는 수관. 방사관(radial canal)을 통해 체강과 연결된다; (2) 극피동물의 식도 주위를 둘러싸는 관.

ring cell 환상세포 고사리류의 포자낭에서 구환(annulus)에 있는 벽이 두꺼운 세포.

ring centriole 환상중심소체 정자의 끝이나 중간 부분에 있는, 편모의 축사(axial filament)가 관통하는 판.

ring chromosomes 환상염색체 동원체를 포함하는 염색체절편들의 말단이 융합하여 형성되는 염색체.

ringed worms 백선(白癬) 환형동물(annelids)의 일반적인 명칭.

ringent 입술모양의 형 (1) 꽃부리나 판막에서 명확한 틈으로 분리되는 입술을 갖는; (2) 아치 모양의 윗입술을 갖는; (3) 크게 갈라진(gaping).

ring-form 고리형, 윤상체(輪狀體) 적혈구에 있는 말라리아 기생충의 미성숙한 영양형(trophozoite)으로 추정되는 형태.

ring gland 환상샘 곤충의 대동맥 주위에 있는 샘의 구조. 알라타체(corpus allatum), 측심체(corpus cardiacum), 위심샘(pericardial gland) 및 뇌하신경절(hypocerebral ganglion)과 같은 다양한 요소들로 구성된다.

ring-porous 환공(環孔)의 형 이른 계절에 형성된 물관이 늦은 계절에 형성된 물관보다 분명히 커서 단면에서 선명한 고리를 나타내는 목재(환공재)에 적용되는 말.

ring species 윤상종(輪狀種) 분포역이 겹치고 그들 사이에 교잡이 없는 진정한 종처럼 행동하지만 일련(고리)의 상호교배하는 아종으로 연결되어 있어 진정한 의미에서 별개의 종으로 분리할 수 없는 두 종.

ring vessel 환상수관(環狀水管) 촌충류의 머리에서 4개의 세로로 된 배설성 몸통을 융합하는 구조.

ringworm 백선(白癬) 명 소포자균속(*Microsporum*)이나 백선균속(*Trichophyton*)의 종들에 의해 생기는 피부의 진균성 질병.

ripa 명 얼기(plexus)나 조직(tela) 위를 덮는 뇌실막주름의 선.

riparian 강변의 형 하천이나 강의 둑(bank)에 자주 다니거나 그곳에서 자라거나 또는 서식하는.

Ri plasmid Ri플라스미드 다양한 쌍떡잎식물에서 털뿌리를 유발하는 토양세균 아그로박테리움 리조젠스(*Agrobacterium rhizogenes*)에 존재하는 플라스미드. 이 플라스미드는 감염된 조직의 염색체와 안정적으로 통합하게 된다.

risorius 볼근육, 소근(笑筋) 명 깨물근(교근)에서 입의 모서리까지 뻗어 있는 볼의 근육.

riverine 강(江)의 형 강에 사는.

rivinian 리비니의 형 (1) 혀밑의(sublingual) 샘과 관(리비니관)에 적용되는 말; (2) 고막을 둘러싸는 뼈의 고리에 있는 패임(리비니절흔)에 적용되는 말.

rivose 물줄기모양의 형 불규칙하게 구불구불한 고랑이나 통로가 있는.

rivulose 물결모양의 형 물결 모양의 선이나 고랑이 있는.

RLO 리케차유사생물(rickettsia-like organism).

RLRs ⇨ RIG-I-like receptors.

R-loop R고리 2중가닥DNA의 조각이 전사될 때 만들어질 수 있는, RNA-DNA혼성가닥과 제거된 DNA가닥으로 구성되는 구조.

RMR 휴지대사율(resting metabolic rate).

RNA 아르엔에이 명 외가닥의 리보뉴클레오티드 소단위들로 이루어진 분자량이 큰 선형 분자인 리보핵산(ribonucleic acid). 우라실(U), 구아닌(G), 시토신(C)과 아데닌(A) 염기들을 포함한다. 모든 세포에서 운반RNA(tRNA), 리보솜RNA(rRNA)와 전령RNA(mRNA)의 형태로 발견되며, 모든 세포성 RNA들은 염색체 DNA를 주형으로 하는 전사에 의해 생성된다. RNA는 일부 바이러스에서 주된 유전물질이 되고, 어떤 경우에는 바이러스RNA를 주형으로 하여 합성될 수 있다. ⇨ small cytoplasmic RNAs, small nuclear RNAs. 비 DNA.

5S RNA 리보솜의 큰 소단위에 들어 있는 minor rRNA의 일종.

5.8S RNA 진핵세포 리보솜의 큰 소단위에 들어 있는 minor rRNA의 일종.

16S RNA 세균 리보솜의 작은 소단위에 들어 있는 rRNA 성분.

18S RNA 전형적인 진핵세포 리보솜의 작은 소단위에 들어 있는 rRNA 성분.

23S RNA 세균 리보솜의 큰 소단위에 들어 있는 major rRNA 성분.

28S RNA 전형적인 진핵세포 리보솜의 큰 소단위에 들어 있는 major rRNA 성분.

RNA blot RNA블럿 ⇨ Northern blot.

RNA capping RNA덮씌우기 ⇨ cap.

RNA-dependent DNA polymerase RNA의존DNA중합효소 역전사효소(reverse transcriptase). ≒ **RNA-directed DNA polymerase**.

RNA-dependent RNA polymerase RNA의존RNA중합효소 RNA복제효소(RNA replicase).

RNA editing RNA편집 RNA의 1차전사물이 생긴 다음에 기능적 mRNA를 형성하기 위하여 뉴클레오티드가 특정 부위에 첨가되고 결실되고 치환되는 수식반응. RNA편집은 원생동물 트리파노소마(*Trypanosoma*)와 기타 단순한 생물의 미토콘드리아 mRNA에서 일어나고, 일부 식물의 엽록체와 미토콘드리아의 mRNA에서 일어나며, 포유동물 핵의 한 전사물에서 볼 수 있다. 전사물에 결합하고 변화가 일어나는 수식반응에 관한 정보는 별개의 '안내RNA(guide RNA)'에 들어 있다.

RNA helicase RNA풀기효소 2중가닥 RNA들의 나선을 풀어주는 단백질.

RNA interference (RNAi) RNA간섭 mRNA의 일부와 상보적인 RNA에 의해서 특정 유전자의 발현이 억제되는 것. RNA를 절단하는 효소로 하여금 mRNA를 파괴하도록 유도한다. ⇨ small interfering RNA.

RNA ligase RNA연결효소 어떤 mRNA들의 이어맞추기(splicing)에서 엑손들이 연결되는 반응을 촉매하는 효소.

RNA maturase RNA성숙화효소 RNA, 특히 리보솜RNA를 최종적인 기능형으로 가공하는 일부 효소들에 대한 일반적인 명칭.

RNA plasmid RNA플라스미드 일부 식물

의 미토콘드리아에서 발견되는 직선 모양 또는 원형의 RNA들.

RNA polymerase RNA중합효소 전사(transcription)의 과정에 의해 DNA주형으로부터 RNA가 합성되는 반응을 촉매하는 효소들의 일반적인 명칭. ⇨ RNA replicase.

RNA polymerase I RNA중합효소I 진핵세포의 인(nucleolus)에 들어 있는, 리보솜 RNA 유전자들을 전사하는 RNA중합효소.

RNA polymerase II RNA중합효소II 단백질을 암호화하는 대부분의 유전자들을 전사하는 진핵세포의 RNA중합효소.

RNA polymerase III RNA중합효소III tRNA와 5S RNA 그리고 그 밖의 일부 저분자 RNA들을 전사하는 진핵세포의 RNA중합효소.

RNA primase RNA프리마아제 ⇨ primase.

RNA primer RNA시발체 ⇨ primer.

RNA processing RNA가공 RNA의 1차전사물로부터 기능적인 tRNA나 rRNA 또는 mRNA가 형성되는 모든 과정 또는 일부 과정을 가리키는 말. 말단이 잘려나가고, 인트론이 제거되며(진핵세포 RNA의 경우), 덧씌우기(capping)가 일어나고(진핵세포 mRNA의 경우), 각 rRNA들이 그들의 전구체가 되는 1차전사물로부터 잘려나가는 과정들이 포함된다. 진핵생물에서 RNA가공은 핵에서 일어난다.

RNA replicase RNA복제효소 RNA를 주형으로 RNA를 합성하는 RNA중합효소. 일부 RNA바이러스들이 그들의 유전체를 복제하는 수단이 된다. ≒ RNA synthetase, replicase.

RNase, RNAse RNA가수분해효소 ⇨ ribonuclease.

RNase H RNA가수분해효소H RNA와 DNA의 혼성 2중가닥에서 RNA가닥만을 특이적으로 분해하는 핵산내부가수분해효소.

RNase III RNA가수분해효소III rRNA 전구체를 가공하는 데 관여하는, 대장균에 들어 있는 리보핵산내부가수분해효소.

RNase P RNA가수분해효소P tRNA 전구체를 가공하는 데 관여하는, 대장균에 들어 있는 리보핵산내부가수분해효소. 단백질과 RNA요소로 구성된 복합체이며, 이 가운데 어느 것도 단독으로는 활성을 갖지 않는다.

RNA splicing RNA이어맞추기 진핵세포 유전자의 1차RNA전사물로부터 인트론이 제거되는 과정. 인트론은 정확하게 정해진 이어맞추기 점들에서 잘려나가고, 남아 있는 RNA의 말단들이 다시 붙어서 mRNA나 rRNA 또는 tRNA가 만들어진다. ≒ splicing. ⇨ spliceosome.

RNA synthetase RNA합성효소 ⇨ RNA replicase.

RNA transcript RNA전사물 DNA염기순서의 전사에 의해 만들어진 RNA.

RNA tumour viruses RNA종양바이러스 동물에서 종양을 일으킬 수 있는 레트로바이러스의 종류들.

RNA viruses RNA바이러스 유전물질로 RNA를 갖는 바이러스들. 척추동물에 감염하는 바이러스들인 토가바이러스과(Togaviridae), 코로나바이러스과(Coronaviridae), 피코르나바이러스과(Picornaviridae), 칼리시바이러스과(Caliciviridae), 랍도바이러스과(Rhabdoviridae), 파라믹소바이러스과(Paramyxoviridae), 오르토믹소바이러스과(Orthomyxoviridae), 아레나바이러스과(Arenaviridae), 부니아바이러스과(Bunyaviridae)와 레트로바이러스과(Retroviridae), 그리고 대부분의 식물바이러스들이 포함된다. 비 DNA viruses.

(⇨ 부록 7)

RNA world RNA세상 생명의 진화에서 단백질합성과 DNA 이전에 형성되었을 것으로 예상되는 시기. RNA세상에서는 스스로 복제하는 RNA분자들이 유전물질일 뿐만 아니라 매우 원시적인 세포의 '효소'로도 작용하였다. ⇨ ribozyme.

RNP 리보핵단백질(ribonucleoprotein).

Robertsonian translocation 로버트손 전좌 사람에서 2개의 비상동 단부동원체성(acrocentric) 염색체들의 긴 팔과 짧은 팔 사이에서 교환이 일어나는 염색체이상의 일종. 그 결과 하나의 긴 염색체와 하나의 아주 작은 단편이 만들어지는데, 후자는 대체로 상실된다. ≒ chromosomal fusion.

robust 골태형 형 육중한 몸매의, 오스트랄로피테쿠스 로부스투스(*Australopithecus robustus*)의 원인(골태형원인)에 적용되는 말.

robustness 응용성 명 생물학적 체계가 환경조건의 변화와 생화학반응속도의 불규칙적인 변동 그리고 그 밖의 상태에서도 확실하게 기능을 할 수 있게끔 자기 스스로를 조절하는 특성.

rock mosses 검정이끼류 ⇨ granite mosses.

Rocky mountain subregion 로키산동물아구 북아메리카의 로키산맥으로 구성되는 신북구(Nearctic region)의 1부분.

rod 막대세포, 간균(桿菌) 명 (1) 눈의 망막에 있는 막대 모양의 빛에 민감한 감각세포의 일종. '간상체' 또는 '간상세포'라고도 하며, 약한 빛이나 명암에 반응한다. 비 cone; (2) 똑바르거나 약간 굽은 세균세포를 흔히 이르는 말.

Rodentia, rodents 쥐목, 쥐류 명, 명 복 태반포유동물 가운데 가장 종류가 많은 목. '설치류(齧齒類)'라고도 한다. 팔레오세부터 출현하였으며, 쥐, 생쥐, 들쥐, 햄스터, 호저(porcupine), 비버와 다람쥐를 포함한다. 쥐류는 잡식동물이고 또는 초식동물이며, 끊임없이 자라는 끌(chisel) 같은 앞니를 갖는데, 앞니는 쏠기(gnawing)에 적응되어 있다. 송곳니는 없다.

rod fibre 막대섬유 망막의 막대세포와 시냅스를 형성하는 신경돌기.

roding 순찰비행 명 세력권(territory)을 방어하기 위해 순찰을 도는 비행.

rod vision 막대시각 희미한 불빛에서의 시각. 어두운 곳에 적응한 시각(암소시) 또는 밤의 시각이다.

roentgen (r, R) 뢴트겐 물 또는 생체조직의 입방마이크로미터당 두 이온화를 일으키는 이온화 방사선의 양에 해당하는 이온화 방사선의 단위.

rolling circle 회전환(回轉環) 어떤 파지에서 볼 수 있는 것과 같은 환형 DNA의 복제양식. 기점(origin)에서 한 가닥만의 복제가 개시되고, 새로 합성된 가닥은 다른 어버이가닥을 대체한다.

roof plate 지붕판 신경관(neural tube)의 등 쪽 중간선에 있는 신경세포가 없는 부위. 신경관의 패턴형성(patterning)에 관여한다.

root 뿌리, 근(根) 명 (1) 식물에서 밑으로 내려가는 부분으로서 땅속에 박혀 물과 광물질을 흡수하고 관다발조직의 특징적인 배열을 갖는 기관; (2) 뿌리(radix); (3) 치아, 털, 손발톱 또는 기타 구조의 박힌 부분; (4) 허파를 심장과 기관(trachea)에 연결하는 폐동맥과 폐정맥; (5) 척추뼈의 뿌리(pedicle); (6) 척수에서 나가거나 척수로 들어오는 척수신경의 원심성 섬유와 구심성 섬유.

root apical meristem 근단분열조직(根端分裂組織) 뿌리의 끝에서 분화되지 않은

상태로 분열하는 세포들의 무리. 이곳으로부터 뿌리의 생장이 이루어진다.

root cap 뿌리골무 뿌리의 끝에 있는 조직을 보호하는 골무 형태의 구조. ≒ calyptra, pileorhiza.

root cell 뿌리세포 조류(alga)의 몸체를 기층에 부착시키는 구실을 하는 투명한 무색의 기부.

root climber 덩굴뿌리식물, 반연근식물(攀緣根植物) 줄기에서 발달하는 뿌리를 이용하여 휘감고 올라가는 식물.

rooted 뿌리있는 형 하나의 공통조상 또는 뿌리로 수렴되는 계통수에 적용되는 말.

root hairs 뿌리털 뿌리의 표피세포가 변하여 바깥쪽으로 자라나온 단세포 구조. 토양으로부터 물과 용질을 흡수하는 데 관여한다.

rootlet 작은뿌리 명 뿌리의 최종적인 가지.

root nodule 뿌리혹 콩과 식물과 일부 다른 식물의 뿌리에 형성되고 질소를 고정하는 세균들이 들어 있는 구조.

root parasitism 뿌리기생 반기생식물(semiparasitic plant)의 뿌리가 인접한 식물의 뿌리에 침투하여 그로부터 영양소를 뽑아내는 상태.

root pocket 뿌리주머니 식물, 특히 수생식물에서 뿌리를 감싸는 껍질(sheath).

root pressure 뿌리압, 근압(根壓) 물관의 물과 용존이온들을 뿌리에서 위로 올리는 작용을 하는 물관의 정수압. 증산작용(transpiration)이 활발하지 않을 때 나타나고, 뿌리세포에서 이온이동과 삼투에 의해 생긴다.

root process 뿌리돌기 조류의 몸체를 기층에 부착시키는 구실을 하는 가지 친 구조.

root sheath 뿌리집, 근초(根鞘) (1) [식] 벼과 초본과 같은 일부 꽃식물에서 발달하는 배뿌리(radicle) 주위를 감싸는 보호성 껍질; (2) 난초의 근피(velamen); (3) [동] 표피와 이어지는 털주머니(모낭)의 부분.

root stalk 뿌리줄기 (1) 뿌리줄기(rootstock 또는 rhizome); (2) 어떤 히드라충 군체에서 뿌리 같은 수평적 부분.

rootstock 뿌리줄기 명 (1) 거의 땅속에 있는 줄기의 부분; (2) 뿌리줄기(rhizome).

root tubers 덩이뿌리 어떤 식물에서 영양물질을 저장하는 불룩한 뿌리.

roridous 형 작은 방울(droplet)들로 덮인.

ROS 척추동물 망막의 막대세포에서 감광부위인 막대외분절(rod outer segment).

rosaceous 장미형 형 (1) 장미꽃과 비슷한; (2) 장미, 벚나무, 마가목(mountain ash), 산사나무(hawthorn)와 그 밖의 많은 교목과 관목들이 포함되는 쌍떡잎식물의 과인 장미과(Rosaceae)와 관련된 말.

Rosales 장미목 명 대부분이 교목인 쌍떡잎식물의 목. 크리소발라누스과(Chrysobalanaceae), 네우라다과(Neuradaceae)와 장미과(Rosaceae)를 포함한다.

rosellate 로제트형 형 장미꽃 모양으로 배열된.

rosette 로제트 명 [식] (1) 중앙의 축에서 사방으로 생기는 잎들의 무리; (2) 붕소(B) 또는 아연(Zn)의 결핍으로 생기는 식물병; (3) 일부 식물세포에서 볼 수 있는 것과 같은 결정체(crystal)들의 무리; [동] (4) 동물의 가죽에서 털의 소용돌이; (5) 혈구(혈액세포)들의 작은 무리; (6) 일부 수서곤충의 외큐티클(exocuticle)에 있는 숨구멍(기문)통로의 집단.

rosette organ 로제트기관 일부 해초류(ascidians)에서, 죄어들어 눈(bud)이 떨어져 나가는 배 쪽의 복잡한 주근(stolon).

rosin 송진 명 소나무로부터 얻는 수지.

R

rostellate 형 작은부리(rostellum)가 있는.

rostelliform 작은부리형 형 작은 부리처럼 생긴.

rostellum 작은부리 명 어떤 곤충의 관 모양의 입(구기)이나 촌충류의 머리마디(두절)에 있는 둥글고 갈고리가 달린 돌기 등과 같은 작은 부리 또는 부리처럼 생긴 구조. 형 **rostellar**.

rostral 부리의, 주둥이의 형 (1) 몸의 앞쪽 끝을 향한; (2) 부리 또는 주둥이와 관련된 말.

rostrate 부리꼴 형 부리가 있는.

rostro-caudal axis 전후축(前後軸) 동물의 몸에서 머리부터 꼬리를 잇는 축인 전후축(antero-posterior axis).

rostrum 주둥이, 부리 명 (1) 새의 부리; (2) 절지동물의 머리에 있는 부리 같은 구조; (3) 따개비류 껍데기에서 중앙의 배 쪽에 있는 판; (4) [신] 뇌들보(corpus callosum)의 앞쪽 끝이 연장되어 아래쪽과 뒤쪽으로 굽은 것.

rotate 윤상(輪狀) 형 바퀴처럼 생긴.

rotation 회전, 순환 명 (1) 팔다리와 같이 축을 중심으로 도는 것; (2) 세포액에서 볼 수 있는 것과 같은 순환.

rotator 회전근(回轉筋), 돌림근 명 회전운동을 할 수 있는 근육.

rotatores spinae 척추회전근 등뼈(흉추골)의 양쪽에 하나씩 있는 쌍으로 된 근육. 각각 가로돌기(transverse process)에서 생기고, 그 위에 있는 척추뼈에 삽입된다.

rotatorium 차축관절, 회전관절 명 운동이 회전에 국한되어 있는 관절.

Rotifera, rotifers 윤형동물문, 윤충류(輪蟲類) 명, 명복 주로 민물에 사는 현미경적 크기의 다세포로 된 의체강동물의 문. 몸은 원통 모양이며, 입 주위에 섬모관이 있다. 표피와 내장은 액체로 채워진 공간인 의체강(pseudocoel)으로 분리되어 있다. 섬모관을 이루는 섬모들의 움직임이 마치도 회전하는 듯 보여서 예전에는 'wheel animals'라고 불렀다.

rotula 중간골, 무릎뼈 명 (1) 성게에서 식도의 둥근 개구부에 붙어 있는 5개의 방사상 막대 가운데 하나; (2) 무릎뼈(슬개골). 형 **rotular**.

rotuliform 바퀴모양의 형 작은 바퀴처럼 생긴.

rotundifolious 둥근잎의 형 둥근 잎을 가진.

rough endoplasmic reticulum 조면소포체 ⇨ endoplasmic reticulum.

rouleaux 롤룩스 명 적혈구들이 응집하여 동전을 포개놓은 모양이 되는 것.

round dance 원형춤 벌이 벌집 부근에 먹이원이 있음을 다른 벌들에게 알려주기 위하여 반복하여 둥글게 원을 그리며 춤을 추는 것. ⇨ waggle dance.

round window 정원창(正圓窓), 달팽이창 가운데귀의 고실(tympanic cavity)과 속귀의 전정(vestibule) 사이에 있는 골질의 벽에서 아래쪽에 위치한 막으로 덮여 있는 구멍. 달팽이관 안에 있는 액체의 이동에 반응하여 움직인다. ≒ fenestra rotunda.

roundworms 선충류(線蟲類) 선형동물문(Nematoda)의 일반적인 명칭.

royal cell 로열셀, 왕방(王房) (1) 꿀벌에서, 여왕벌 유충을 기르기 위해 일벌들이 만드는 크고 구멍이 뚫린 밀랍으로 만든 방; (2) 흰개미류에서, 여왕개미가 거주하는 특수한 방.

royal jelly 로열젤리, 왕유(王乳) 일벌이 암컷 유충에게 공급하는 물질. 유충이 여왕벌로 되는 데 필수적인 물질이다.

R plasmid R플라스미드, 내성플라스미드 흔하게 사용되는 다양한 항생물질

R

에 대해 내성을 나타내는 유전자가 들어 있는 플라스미드. 많은 장내 세균에 존재한다. 일부 R플라스미드는 다른 세균에 항생물질 내성을 전달할 수 있다. ≒ drug-resistance plasmid, R-factor.

rpm, r.p.m. 원심분리기의 회전속도를 나타내는 데 쓰이는 분당회전수(revolutions per minute).

R point 제한점(restriction point).

RPPP 환원성 5탄당인산경로(reductive pentose phosphate pathway). ⇨ Calvin cycle.

RQ 호흡률(respiratory quotient).

rRNA 리보솜RNA(ribosomal RNA).

***r*-selected species** ***r*-선택종** 변동이 심하고 예측할 수 없는 환경에서 전형적으로 나타나는 종. 이러한 종의 구성원들은 몸의 크기가 작고 생장률이 빠른 특징이 있다. ≒ opportunist.

***r* selection** ***r*-선택** 개체군의 빠른 생장률을 선호하는 선택. 특히 오래 가지 못하는 환경에 정착하는 종이나 개체군크기의 변동이 심한 종에서 두드러진다. 비 *K* selection.

RSS 재조합신호서열(recombination signal sequence).

R-state **R상태** 다른자리입체성(allosteric) 단백질에서, 단백질이 보다 활성을 갖는 안정한 상태. 활성화 리간드의 결합에 의해 유도된다.

RSV (1) 새의 RNA종양바이러스인 라우스육종바이러스(Rous sarcoma virus); (2) 호흡기세포융합바이러스(respiratory syncytial virus).

RT (1) 반응시간(reaction time); (2) 역전사효소(reverse transcriptase); (3) 역전사(reverse transcription).

RTF 내성전달인자(resistance transfer factor).

RT-PCR 역전사-중합효소연쇄반응(reverse transcription and polymerase chain reaction). 세포의 RNA를 cDNA로 전사한 후에 중합효소연쇄반응을 이용하여 선택적으로 증폭시키는 복합기법이다.

RTQ-PCR 정량적 역전사-중합효소연쇄반응(quantitative RT-PCR). 매회 증폭할 때마다 DNA의 양을 측정할 수 있도록 역전사-중합효소연쇄반응을 변형시킨 것.

Ru 리불로오스(ribulose).

rubber **고무** 명 여러 종류의 나무, 그 가운데 주로 파라고무나무(*Hevea*)의 유액을 응고시킨 것. 이소프렌과 탄화수소의 긴 사슬 중합체이다.

rubiaceous **꼭두서니형** 형 블랙베리와 나무딸기 등이 포함되는 꼭두서니과(Rubiaceae)의 쌍떡잎식물에 적용되는 말.

rubiginose, rubiginous **붉은갈색의** 형 갈색을 띠는 붉은 색의.

Rubisco 리불로오스2인산카르복실화효소-산소화효소(ribulose bisphosphate carboxylase/oxygenase).

RuBP 리불로오스-1,5-2인산(ribulose 1,5-bisphosphate).

rubrospinal **적핵척수(赤核脊髓)의** 형 척수의 복측면주(ventrolateral column)에서, 적핵으로부터 내려가는 신경섬유의 길(적핵척수로)에 적용되는 말. ≒ prepyramidal tract.

ruderal **루더럴** 형 (1) 쓰레기나 잔해에서 자라는; (2) 길가 또는 묵밭에서 자라는.

rudiment **원기(原基)** 명 어떤 구조가 생기게 될 시원세포들.

rudimentary **미발달의** 형 (1) 불완전하게 발달된 상태에 있는; (2) 발생의 초기 단계에 있는; (3) 초기 단계에서 생장이나 발육이 정지된.

ruff **러프, 목갈기** 명 목 주위에 둘러져 있는 술이나 털 또는 깃털.

Ruffini endings 루피니종말 척추동물의 진피(dermis)에 있는 압력수용기.

Ruffini's organs 루피니기관 손가락의 피하조직층에 있는 열수용기.

ruffling 파동운동 명 움직이는 동물세포의 표면에서 접착용 세포족(lamellipodium)들이 뒤쪽으로 이동하는 것. 그 결과 세포 앞쪽의 가장자리가 주름진 것처럼 보인다.

rufine 붉은색소 명 민달팽이의 점액샘(mucous gland)에 있는 불그스름한 색소.

rufinism 적색화(赤色化) 명 검은 색소의 형성이 억제되어 나타나는 붉은색의 형성.

ruga 주름 명 일부 동물의 피부나 점막(mucosal membrane)에서 볼 수 있는 것과 같은 주름.

rugate 주름진 형 주름이 있거나 이랑이 만들어져 있는.

Rugosa 4방산호류(四放珊瑚類) 명 뿔 모양과 주름진 표면이 특징인 군체성 또는 단독성 산호의 멸종된 무리. 오르도비스기 중세부터 페름기 후세에 걸쳐 생존하였다. ≒ **rugose corals**, horn corals.

rugose 울퉁불퉁한 형 많은 주름이나 이랑이 있는.

ruling reptiles 지배파충류 ⇨ archosaurs.

rumen 혹위, 제1위(第一胃) 명 반추동물의 첫 번째 위. 먹이가 미생물에 의해 소화되고, 여기에서 먹이를 입으로 역류시켜 되새김질을 할 수 있다.

rumen flora 혹위생물상 혹위(rumen)에 존재하는 세균과 원생동물들. 식물재료, 특히 섬유소의 분해를 도와준다.

ruminants 반추동물(反芻動物) 명복 소, 양, 염소, 사슴, 영양, 기린 등의 초식성 포유동물들. 되새김질거리(cud)를 씹고 보통 4개의 방으로 된 복잡한 위(stomach)를 가지며, 그 안에는 식물재료의 섬유소를 분해하는 미생물들이 들어 있다.

rumination 반추(反芻), 되새김질 명 첫 번째 위에서 부분적으로 소화된 먹이의 소량을 입으로 다시 게워 내어 더욱 씹어서 다시 삼키는 반추동물의 행동. ≒ chewing the cud. **ruminate**. 동 to chew the cud.

runcinate 민들레형 형 민들레에서 볼 수 있는 것과 같이 밑으로 향한 톱니 모양의 잎에 적용되는 말.

runner 기는줄기, 포복경(匍匐莖) 명 땅 위로 기어서 뻗는 줄기의 마디에서 뿌리가 나오고 새로운 식물체가 만들어진 다음 결국 모체로부터 떨어져 나가는 특수한 형태의 기는 줄기. 딸기 등에서 볼 수 있다.

runoff 유출(流出) 명 물에 잠긴 토양이나 불투수성(impermeable) 토양으로부터 물이 흘러 나가는 것.

rupestrine, rupicoline, rupicolous 암생(岩生)의 형 바위틈에서 자라거나 사는.

ruptile 형 불규칙한 방식으로 파열되는.

rush 골풀 ⇨ Juncales.

rust fungi 녹병균 담자균류 녹병균목(Uredinales)의 곰팡이에 대한 일반적인 명칭. 이들 곰팡이의 대부분이 수많은 중요한 작물에게 심각한 피해를 입히고 널리 분포하는 식물병원균이다. 녹병균은 줄기나 잎의 표면에서 검정색이나 오렌지색 또는 갈색의 작은 융기(pustule)가 생기는 녹병(rust disease)을 일으킨다. 녹병균은 두 가지의 다른 숙주를 필요로 하는 복잡한 생활주기를 갖는데, 이를테면 맥류줄기녹병균(*Puccinia graminis*)은 중간숙주로 불가리스매자(*Berberis vulgaris*)를 이용한다.

rut 발정기 명 수컷 동물이 암컷을 두고 싸우고 교미하기 전에 방어하는 발정기.

Rutales 운향목(芸香目) 명 대체로 샘(gland)이 산재하는 잎을 갖는 교목과 관목 그리고 드물게 초본인 쌍떡잎식물의 목. 옻나무과(Anacardiaceae), 멀구슬나무과(Meliaceae), 운향과(Rutaceae), 소태나무과(Simaroubaceae) 등으로 이뤄진다.

rutilant 형 빨갛게 빛나는.

rutilism 적색화 ⇨ rufinism.

ryanodine receptor 리아노딘수용체 알칼로이드 리아노딘(ryanodine)과 결합한 근소포체에 있는 Ca^{2+} 방출통로.

S

σ (1) 0.001초의 기호인 시그마(sigma); (2) 표준편차(standard deviation)의 기호.

S (1) 세린(serine); (2) 스베드베리단위(Svedberg unit).

s (1) 침강계수(sedimentation coefficient); (2) 선택계수(coefficient of selection).

S_1 자가교배의 자손인 자가생식제1대 또는 자식제1대(1st selfing generation).

sabuline 모래땅의 형 (1) 모래로 뒤덮인; (2) 모래, 특히 굵은 모래에서 자라는.

sabulose, sabulous 모래땅의 형 모래가 있는.

saccade 신속눈운동 명 바라보는 방향이 바뀌었을 때 일어나는 눈의 급속한 운동. 형 **saccadic**.

saccate 주머니꼴 형 주머니 모양의.

saccharide 당(류) ⇨ monosaccharide, disaccharide, polysaccharide, oligosaccharide.

saccharobiose 2당류 ⇨ sucrose.

Saccharomyces cerevisiae **효모(酵母), 이스트** 빵효모(bread yeast)와 맥주효모(brewing yeast). 세포생물학과 유전학에서 모형생물로 널리 이용되는 출아효모(budding yeast)이다.

Saccharomycetes 사카로미케스강 출아효모를 포함하는 단세포성 자낭균류의 강. ≒ Hemiascomycetae.

saccharose 설탕 ⇨ sucrose.

sacciferous 주머니달린 형 주머니가 있는.

sacciform 주머니모양의 형 주머니처럼 생긴.

sacculate 소낭형(小囊形) 형 작은주머니(소낭)가 있는.

sacculation 낭형성(囊形成) 명 (1) 주머니 또는 작은주머니가 형성되는 것; (2) 잘록창자의 팽대(haustra)에서 볼 수 있는 것과 같은 일련의 주머니들.

saccule, sacculus 소낭(小囊), 둥근주머니 명 (1) 작은 주머니; (2) 타원주머니(utricle)와 함께 속귀의 전정(vestibule)을 이루는 속귀의 막미로(membranous labyrinth)의 일부분. '구형낭'이라고도 한다. 복 **sacculi**.

sacculus rotundus 둥근주머니, 구형낭(球形囊) 토끼와 산토끼에서, 돌창자(회장)와 막창자(맹장) 사이의 창자가 확장된 것.

sac fungi 자낭균류 자낭균문(Ascomycota)의 곰팡이에 대한 일반적인 명칭.

sacral 엉치의, 천골의 형 (1) 엉치뼈(천골)와 관련된 말; (2) 등뼈와 척수의 아랫부분에 적용되는 말.

sacral index 엉치지수, 천골지수 엉치뼈 기부의 폭을 100배하고 앞쪽의 길이로 나눈 것.

sacralization 엉치뼈되기, 천골화(薦骨化)

명 엉치뼈와 허리뼈(요추)가 결합하는 것.

sacral ribs 엉치늑골 골반에 엉치뼈를 연결하는 엉치뼈의 요소.

sacrocaudal 엉치꼬리의 형 엉치뼈와 꼬리 부위에 관련된 말.

sacrococcygeal 엉치꼬리의, 천미(薦尾)의 형 엉치뼈와 꼬리뼈(coccyx)에 관련된 말.

sacro-iliac 엉치엉덩의, 천장(薦腸)의 형 엉치뼈와 엉덩뼈(ilium)에 관련된 말.

sacrolumbar 엉치허리의, 천요(薦腰)의 형 등골뼈가 끝나는 부위와 허리부위에 관련된 말.

sacrospinal 엉치가시의, 천극(薦棘)의 형 (1) 엉치부위와 척추에 관련된 말; (2) 엉치뼈와 궁둥뼈(ischium)의 가시 사이에 있는 인대(엉치가시인대)에 적용되는 말.

sacrovertebral 엉치척추의, 천골척추의 형 엉치뼈와 척추뼈에 관련된 말.

sacrum 엉치뼈, 천골(薦骨) 명 (1) 등골뼈의 말단을 이루면서 보통 몇 개의 융합된 척추뼈들로 구성된 뼈, ≒ os sacrum; (2) 골반띠(요대)가 부착하는 척추뼈.

saddle 안장 ⇨ clitellum.

***S*-adenosylmethionine (SAM) *S*-아데노실메티오닌** 아데노신과 메티오닌이 결합한 고에너지 화합물. 생합성반응에서 메틸기의 주요 공여체이다.

Saefftigen's pouch 수컷 구두충(acanthocephalans)의 뒤쪽 부근에 있는, 교미를 도와주는 내부주머니.

safe concentration 안전농도 어느 종의 한 세대 또는 그 이상의 세대에 걸쳐 독성물질에 장기간 노출시켜도 식별할 수 있는 효과가 나타나지 않는 독성물질의 최대농도.

SAGE ⇨ serial analysis of gene expression.

sagitta 사지타 명 (1) 진골어류의 소낭(sacculus)에 있는 길쭉한 이석(otolith); (2) 화살벌레류(arrow worms)의 속명.

sagittae 차기(叉器) 명복 벌류의 내부 생식판.

sagittal 시상(矢狀)의 형 (1) 어느 구조를 좌우로 2등분한 정중면의 단면; (2) 뇌의 두 반구 사이를 지나는 굴(시상정맥굴)에 적용되는 말; (3) 일부 영장류의 머리뼈 꼭대기에서 능선이나 융기를 형성하는, 머리뼈의 마루뼈들 사이의 봉합(시상봉합)에 적용되는 말.

sago palm 사고야자 ⇨ Cycadophyta.

salamanders 도롱뇽류 ⇨ Urodela.

Salicales 버드나무목 명 버드나무과(Salicaceae)로 이뤄지는 쌍떡잎식물 교목과 관목의 목.

Salientia 개구리목 명 일부 분류체계에서 개구리류와 두꺼비류를 포함하는 양서류의 목에 붙여진 명칭. ≒ Anura.

salinization 염류화작용(鹽類化作用) 명 가용성 무기염류가 토양에 과도하게 집적되어 경작에 부적합하게 만드는 것. 장기간에 걸친 인위적인 관개(irrigation)에 의해 토양표면의 증발이 많을 때 일어난다.

saliva 침, 타액(唾液) 명 많은 척추동물과 무척추동물에서 입으로 통하는 침샘에 의해 생성되는 분비물. 사람의 침에는 점액단백질과 녹말을 분해하는 효소인 α-아밀라아제가 들어 있고, 곤충에서는 먹이에 따라 다양한 소화효소가 들어 있으며, 흡혈무척추동물에는 다양한 항응고제(anticoagulant)가 들어 있다.

salivarium 타액주머니 명 곤충에서 침샘관(salivary duct)과 통하는 전구강(preoral food cavity)의 우묵 들어간 곳.

salivary 침의, 타액의 형 (1) 침(saliva)과 관련된 말; (2) 입의 안으로 또는 입 부근으로 통하는, 침을 분비하는 샘(침샘)에 적용되는 말.

salmonellae 살모넬라 명복 살모넬라속(*Salmonella*)의 세균에 대한 일반적인 명칭. 장티푸스를 일으키는 티푸스균(*S. typhi*)과 식중독을 일으키는 종들이 포함된다. 단 **salmonella**.

Salmonidae 연어과, salmonids 연어류 명, 명복 연어목(Salmoniformes)의 과. 연어, 무지개송어, 브라운트라우트 등의 연어속(*Salmo*)이 여기에 속한다.

Salmoniformes 연어목 명 상당히 원시적인 진골어류의 목. 송어, 연어, 곤들메기 등과 같이 민물과 바다에 사는 많은 어류로 구성된다.

salpingian 귀관의, 난관의 형 귀인두관(Eustachian tube) 또는 난관(Fallopian tube)과 관련된 말.

salpingopalatine 귀관입천장의 형 귀인두관과 입천장(palate)에 관련된 말.

salpinx 귀관, 난관, 관 명 (1) 귀인두관(Eustachian tube); (2) 난관(Fallopian tube); (3) 트럼펫 모양의 다양한 구조를 통틀어 이르는 말.

salps 살파류 ⇨ Thaliacea.

salsuginous 염생(鹽生)의 형 염성습지(salt marsh)와 같이 염류가 잔뜩 스며 있는 토양에서 자라는.

saltation 도약(跳躍), 도약진화 명 (1) 위로 솟구쳐 뛰는 일; (2) [진] '대돌연변이(macromutation)', 즉 큰 영향을 미친 돌연변이를 통해 단일한 세대 내에서 중대한 진화적 변화가 일어날 수 있다는 견해. 비 phyletic gradualism.

saltatorial 도약(跳躍)의 형 뛰어오르는 데 적합하거나 이용되는, 뛰어오르는 곤충의 다리(도약지)에 적용되는 말.

saltatorians 메뚜기류 명복 곤충의 목인 메뚜기목(Orthoptera; 일부 분류체계에서는 'Saltatoria'라고 함)에 속하는 귀뚜라미류와 메뚜기류.

saltatory 도약(跳躍)의 형 (1) ⇨ saltatorial; (2) 세포 내에서 입자들과 세포소기관들의 갑자기 움직이는 이동(도약이동)에 적용되는 말.

saltatory conduction 도약전도(跳躍傳導) 유수신경섬유에서 충격이 결절(node)에서 결절로 '도약(jump)'하며 전도되는 현상.

salt bridge 염다리, 염교(鹽橋) 공여원자(donor atom)와 수용원자(acceptor atom) 모두 완전히 전하를 띤 수소결합.

salt gland 소금샘 (1) 해산 파충류와 새의 눈 가까이에 있는, 과도한 염화나트륨을 배출하는 기관; (2) 어류의 아가미에 있는 이와 비슷한 기관; (3) [식] 어떤 잎에서 염류가 흘러나오는 표피의 샘.

saltigrade 도약성 형 일부 곤충과 거미류처럼 깡충깡충 뛰면서 움직이는.

salt linkage 염결합 ⇨ salt bridge.

salt marsh 염성습지 후미진 해안지대와 하구의 모래가 든 갯벌의 조간대에서 특징적인 동물과 식물의 군집이 나타나는 지대.

salvage pathway 우회경로(迂廻經路) 새로운 생합성의 전구물질로 이미 형성된 화합물을 이용하는 대사경로.

salvage sequence 샐비지순서 소포체에 잔류하기로 되어 있는 단백질에 들어 있는 순서.

SAM *S*-아데노실메티오닌(*S*-adenosylmethionine).

samara 익과(翼果) 명 느릅나무와 물푸레나무에서 볼 수 있는 날개가 있는 열매.

SAN 동방결절(sinuatrial node).

sand 모래 명 대부분 2~0.02 mm의 크기를 갖는 입자들로 구성된 토양. 대체로 실리카로 구성되어 있고, 배수와 통기가 잘 된다.

S

sand dollars 연잎성게류 납작한 피각(test)을 갖는 연잎성게목(Clypeasteroidea)의 성게류를 흔히 부르는 이름.

sanguicolous 주혈의 형 혈액에서 사는.

sanguivorous 흡혈의 형 혈액을 먹고 사는.

Santales 단향목 명 보통 다른 속씨식물에 기생하고 드물게 겉씨식물에 기생하는 목본성 쌍떡잎식물의 목. 단향과(Santalaceae)와 겨우살이과(Viscaceae) 그리고 그 밖의 과들로 이뤄진다.

sap 액(液), 수액(樹液) 명 (1) ⇨ cell sap; (2) 체관부를 따라 이동하는 당분을 함유한 액체.

saphena 두렁정맥, 복재정맥(伏在靜脈) 명 다리에 있는 눈에 잘 띄는 정맥. 발에서 넙다리뼈까지 뻗어 있다.

saphenous 두렁의, 복재(伏在)의 형 두렁정맥(saphena)의 외부 또는 내부와 관련된, 넙다리신경의 가지(두렁신경, 복재신경)에 적용되는 말.

Sapindales 무환자나무목 명 교목, 관목, 덩굴식물 또는 드물게 초본인 쌍떡잎식물의 목. 단풍나무과(Aceraceae), 칠엽수과(Hippocastanaceae), 무환자나무과(Sapindaceae) 등으로 이뤄진다.

sapogenin 사포게닌 명 가수분해에 의해 사포닌(saponin)에서 얻어지는, 사포닌의 당이 아닌 부분.

saponin 사포닌 명 비누풀(soapwort)과 킬라하(soapbark) 등의 많은 식물에 들어있는 다양한 스테로이드 배당체를 통틀어 이르는 말. 물에서 비눗물 같은 용액을 만든다.

saprobe 부생생물(腐生生物) 명 부생생활을 하는 생물.

saprobic 부식성(腐植性)의, 부생(腐生)의 형 (1) 부패하는 물질에서 사는; (2) 식물이나 동물의 사체에서 영양을 얻는.

saprobic classification, Saprobien system 부수성 분류, 오수생물체계(汚水生物體系) 수체의 유기물오염의 정도를 평가하는 생물지수(biotic index). 유기물의 산화를 네 단계로 구분하고, 각각의 범주는 여러 다른 지표종들이 비교적 풍부하게 출현하는 특징을 나타낸다. ⇨ α-mesosaprobic, β-mesosaprobic, oligosaprobic, polysaprobic.

saprobiont 부생생물 명 부생생활을 하는 생물.

saprogenic 부패성의 형 (1) 부패를 일으키는; (2) 부패로 생기는.

sapropelic 부니성(腐泥性)의 형 바닥에 있는 연니(ooze)의 부스러기들 사이에서 사는.

saprophage 부생생물 명 부생생활을 하는 생물. ⇨ saprobic.

saprophyte 부생식물, 부생균 명 생물의 사체나 부식되는 유기물로부터 직접 양분을 얻어 사는 식물이나 곰팡이 또는 세균. 형 **saprophytic**. ⇨ saprotroph.

saprophyte chain 부생사슬 사체의 유기물에서 시작하여 부생생활을 하는 미생물로 이어지는 먹이사슬.

saprotroph 부생자(腐生者) 명 사체의 유기물에 영양을 의존하는 생물을 통틀어 이르는 말. 형 **saprotrophic**. ≒ saprophyte(부생균, 사물기생균) 특히 곰팡이와 세균에 적용되는 말.

saprozoic 사물기생의, 부생동물성 형 생물의 사체나 부식되는 유기물에서 사는 동물에 적용되는 말. 명 **saprozoite**.

sapwood 변재(邊材) 명 나무의 겉 부분에 해당하는 최근에 만들어지고 옅은 색의 무른 부분. 수분의 통로가 되고 살아있는 세포들을 포함한다. ≒ splintwood, alburnum. 비 heartwood.

SAR 스캐폴드부착부위(scaffold attachment region).

sarciniform 입체형(立體形)의 형 입방체 비슷한 무더기로 배열된, 구균(cocci)에 적용되는 말.

sarcocarp 과육(果肉) 명 과일의 연한 다육질 부분.

sarcocyte 사르코사이트 명 족포자충류(gregarines)와 같은 일부 원생동물에서 외형질(ectoplasm)의 중간층.

sarcoderm 육질층 명 씨앗과 외피 사이에 있는 다육질의 층.

sarcodictyum 사르코딕티움 명 방산충류의 두 번째 또는 그물 모양의 원형질대.

Sarcodina 육질충류(肉質蟲類) 명 아메바류와 유공충류의 근족충류(Rhizopodea)와 태양충류와 방산충류의 방사판족류(Actinopodea)를 포함하는 원생동물의 강 또는 상강. 위족 또는 축위족을 가지며, 세포의 내부는 거의 분화되지 않고, 어떤 시기에도 편모가 달리지 않는다.

sarcogenic 육질생성의 형 육질을 만드는.

sarcoid 사르코이드 형 해면동물의 조직과 같이 두껍고 부드러운.

sarcolemma 근섬유막 명 개개의 근섬유 주위에 있는 막성 껍질. '근초'라고도 한다.

sarcoma 육종(肉腫) 명 결합조직에서 발생하는 종양. 섬유조직의 섬유육종(fibrosarcoma)과 뼈의 뼈육종(osteosarcoma) 따위가 있다. 비 carcinoma.

Sarcomastigophora, Sarcomastigophorea 육질편모동물문(肉質鞭毛動物門) 명 일부 분류체계에서, 편모나 위족 또는 이들 모두를 이용하여 움직이는 원생동물들을 포함하는 문. 동물성편모충류(Zoomastigophora 또는 Zoomastigophorea), 오팔충류(Opalinata), 엽상근족충류(Lobosea), 정복합체포자동물(Apicomplexa)과 섬모충류(Ciliophora)의 강(class)들을 포함하는데, 일부 분류체계에서는 이들을 문(phylum)으로 간주하기도 한다.

sarcomere 근절(筋節) 명 가로무늬근 섬유에서 2개의 Z반(Z-disc) 사이에 있는 부위. 완전히 수축하는 단위가 된다. (⇨ 그림 28)

sarcophagous 육식(肉食)의 형 살(고기)을 먹는.

sarcoplasm 근형질(筋形質) 명 근세포의 섬유들 사이에 있는 세포질.

sarcoplasmic reticulum 근소포체(筋小胞體) 가로무늬근세포의 근원섬유(myofibril) 주위에서 그물 같은 통로를 형성하는 막들. 근육의 수축에 필요한 Ca^{2+}을 세포 내에 저장하는 작용을 한다.

Sarcopterygii, sarcopterygians 육기어강(肉鰭魚綱), 육기어류(肉鰭魚類) 명, 명복 육질의 지느러미와 입으로 통하는 콧구멍을 갖는, 대부분이 멸종된 경골어류의 무리. 폐어류(Dipnoi)와 총기류(Crossopterygii)로 구성된다.

sarcosoma 사르코소마 명 동물의 몸에서 골격부가 아닌 육질부.

sarcotesta 다육종피(多肉種皮) 명 종피(testa)의 바깥쪽에 있는 부드러운 육질부.

sarcotheca 낭포막(囊胞膜) 명 히드라충 폴립의 막.

sarcotubular system 근소관계(筋小管系) 근섬유의 근원섬유 주위에서 일련의 막 통로를 형성하는 근소포체(sarcoplasmic reticulum)와 가로세관(T-tubule).

sarcous 살의, 근육의 형 살 또는 근육조직과 관련된 말.

sargasterol 사르가스테롤 명 일부 조류(algae)에 들어 있는 스테롤.

sarmentaceous, sarmentose, sarmentous 가는줄기의 형 가느다란 포복성 줄기 또는 기는줄기(runner)를 가진.

sarmentum 가는줄기 명 덩굴식물이나 기는 식물의 가느다란 줄기.

Sarraceniales 사라세니아목, 벌레잡이통풀목 명 육식성인 쌍떡잎식물 초본의 목. 곤충을 잡는 데 이용되는 항아리 같은 잎을 갖는다. 벌레잡이식물인 사라세니아과(Sarraceniaceae)의 1과로 이루어진다.

SARS ⇨ severe acute respiratory syndrome.

sartorius 봉공근(縫工筋), 넙다리빗근 명 넓적다리에 있는 띠 모양의 근육. 엉덩이와 무릎에 힘을 주고 다리를 안쪽으로 움직이는 데 쓰인다.

satellite 부수체(附隨體) 명 (1) 가느다란 섬유구조로 염색체의 짧은 팔에 연결된 염색체물질의 작은 조각; (2) 원생동물 족포자충류(gregarines)의 군체에서 위접합(pseudoconjugation)을 한 개체들의 쌍에서 두 번째 개체.

satellite cells 위성세포(衛星細胞) 명 (1) 다른 종류의 세포와 밀접한 유대를 형성하는 세포. 중추신경계의 뉴런과 연관된 신경아교세포(neuroglial cell)와 뉴런의 주위에 있는 슈반세포(Schwann cell)가 그 예가 된다; (2) 성숙한 골격근 섬유의 기저층 내에 있고 필요한 경우 여기에서 새로운 골격근 세포가 만들어지는 줄기세포.

satellite chromosome 부수체염색체 정상적인 유전체에 추가적으로 나타나는 염색체.

satellite DNA 부수체DNA 고도로 반복되는 짧은 순서들로 구성되는 DNA. 진핵세포 염색체의 동원체 부위에서 발견된다.

satellite RNA 부수RNA 증식하고 단백질 막으로 둘러싸이기 위해서 특정 바이러스인 도움바이러스(helper virus)와 동시에 감염되어야 하는 저분자 식물병원성 RNA. ≒ virusoid, **satellite virus**.

satiety 포만(飽滿) 명 공복을 채운 후와 같이 성취와 만족을 느끼는 것.

saturated 포화(飽和)의 형 분자를 이루는 모든 탄소원자가 수소와 결합된 탄화수소와 지방산에 적용되는 말.

saturation 채도(彩度) 명 사람이 가시광선을 인지하는 세 가지 기본요소 중 하나. 풀 컬러(full color)부터 회색에 이르는 색상의 진하고 엷은 기울기를 가리킨다. ⇨ brightness, hue.

saturnine 적도환(赤道環)의 형 적도환(equatorial ring)을 형성하거나 갖거나 또는 그와 관련된 말.

saurian 도마뱀의 형 도마뱀에 적용되거나 그와 관련되거나 또는 그와 비슷한.

Saurischia 용반목(龍盤目) 명 중생대의 조룡류(archosaurs) 가운데 큰 목. 도마뱀 골반형 공룡(lizard-hipped dinosaurs)이라고 부르기도 한다. 다리가 2개인 육식성의 수각류(theropods)와 다리가 4개인 거대한 초식성 용각류(sauropods)를 포함한다.

saurognathous 도마뱀턱의 형 도마뱀과 비슷하게 턱뼈가 배열된.

sauropods 용각류(龍脚類) 명복 거대한 초식성의 도마뱀 골반형(lizard-hipped) 공룡의 무리. 디플로도쿠스(*Diplodocus*), 아파토사우루스(*Apatosaurus* = 브론토사우루스 *Brontosaurus*)와 브라키오사우루스(*Brachiosaurus*)가 포함된다.

Savageau's demand theory Savageau의 수요설(需要說) 세균이 흔하게 접하는 자원에 대해 양성 유전자조절을 나타내고 드물게 접하는 자원에 대해 음성 유전자 조절을 나타내는 것을 설명하는 이론. 이설에서는 수요가 많은 자원의 경우 구성적 발현(constitutive expression)을 일으키는 돌연변이보다 발현의 상실을 유발하는 돌연변이가 더욱 강하게 선택되고, 수요가 적은 자원의 경우에는 그 반대라고 상정하였다.

savanna 사바나, 열대초원 명 (1) 건조에 내성을 갖는 식생과 드문드문 나무들이 있는 아열대 또는 열대의 건조한 초지; (2) 건조한 초지나 반사막과 열대우림 사이의 전이대(transitional zone). ≒ savannah.

sawflies 잎벌류 ⇨ Symphyta.

saxatile, saxicoline, saxicolous 암생(岩生)의 형 바위의 안에서 또는 그 위에서 또는 그 사이에서 사는.

Saxifragales 범의귀목 명 교목, 관목, 덩굴식물과 초본인 쌍떡잎식물의 목. 돌나물과(Crassulaceae), 에스칼로니아과(Escalloniaceae), 까치밥나무과(Grossulariaceae), 수국과(Hydrangeaceae), 범의귀과(Saxifragaceae) 등으로 이뤄진다.

saxitoxin (STX) 삭시톡신 명 바다에 사는 와편모조류(dinoflagellates)에 의해 생성되고 이들 조류를 섭식한 조개류에서 분리되는 독소. 삭시톡신은 뉴런의 분극유발나트륨통로(voltage-gated sodium channel)를 선택적으로 차단하여 신경충격의 발생을 차단한다. 신경생리학의 실험에서 신경독소로 이용된다.

SBA 콩(*Glycine max*)에서 추출하는 렉틴(soybean agglutinin).

SBMV 남부콩모자이크바이러스(Southern bean mosaic virus).

SC ⇨ synaptonemal complex.

scaberulous 형 다소 고르지 않은.

scabrate, scabrous 꺼칠꺼칠한, 조면(粗面)의 형 뻣뻣한 털이나 비늘 또는 점들로 덮이고 거친.

scaffold 스캐폴드 명 (1) 염색체에서, 히스톤이 제거되었을 때 형성되는 자매염색분체쌍의 모양을 한 단백질구조; (2) 핵골격(nuclear scaffold).

scaffold attachment region (SAR) 스캐폴드부착위치 염색체가 핵골격 또는 핵기질에 부착하는 염색체DNA의 부위.

scaffold protein 스캐폴드단백질 상호작용하는 일군의 신호전달단백질들과 결합하는 세포내 신호전달경로의 단백질.

scala 계단(階段), 계단모양구조 명 속귀의 달팽이관에서 막으로 분리되어 있는 3개의 액체로 채워진 통로 가운데 하나. 고실계단(scala tympani)은 기저막 아래에 놓여 있고, 중간계단(scala media)은 코르티기관과 라이스너막(전정막)에 의해 경계되며, 전정계단(scala vestibuli)은 라이스너막의 다른 쪽에 놓여 있다. 고실계단과 전정계단은 외림프(perilymph)가 들어 있고, 중간계단은 내림프(endolymph)가 들어 있다.

scalariform 사다리꼴, 계문상(階紋狀) 형 사다리처럼 생긴, 일부 물관의 벽처럼 사다리의 가로대 같은 가로줄을 갖는 구조에 적용되는 말.

scale 비늘, 인편(鱗片) 명 생물체의 표면에 생기는 평평하고 작은 판 같은 구조. 식물에서는 표피에서 생기고, 동물에서는 무척추동물의 경우 키틴으로 구성되고, 척추동물의 경우 뼈 또는 뿔(케라틴)로 되어 있다.

scale bark 비늘껍질, 인편상 수피(鱗片狀樹皮) 불규칙한 모양의 판이나 조각들로 측면에 비늘처럼 난 나무껍질. 비 ring bark.

scale insect 깍지벌레류 노린재목(Hemiptera)의 밀깍지벌레과(Coccidae)에 속하는, 식물을 먹고 사는 벌레들. 날개가 없는 암컷들은 숙주 식물에 붙은 채로 남아 있고 밀랍 같은 껍질인 '비늘'로 덮여 있다. 어떤 종류는 매우 심한 식물해충이고, 다른 어떤 종류는 셸락(shellac)과 코치닐(cochineal)을 생산한다. ≒ mealy bug.

scale leaf 비늘잎 작고 마르거나 단단한 잎.

scalene 목갈비근의, 사각근의 형 (1) 목갈비근(scalenus muscle)과 관련된 말; (2) 앞목갈비근(전사각근)과 부착하는 제1늑골의 결절(tubercle)에 적용되는 말.

scalenus 목갈비근, 사각근(斜角筋) 명 목에 있는 세 가지 근육인 뒤목갈비근(scalenus posticus), 중간목갈비근(scalenus medius) 및 앞목갈비근(scalenus anticus) 가운데 하나.

scalids 가시돌기 명복 동문류(Kinorhyncha)의 입 주위에서 일련의 고리로 배열된 가시들.

scaliform 사다리꼴, 계문상 형 사다리처럼 생긴. ⇨ scalariform.

scalpella 단도돌기(短刀突起) 명복 파리목에서 작은턱(maxilla)의 일부인 쌍을 이루는 뾰족한 돌기들.

scalpriform 끌모양의 형 끌(chisel)처럼 생긴, 쥐류(설치류)의 앞니에 적용되는 말.

scalprum 스칼프룸 명 앞니의 최첨단.

scandent 덩굴성의 형 (1) 땅위뿌리 또는 덩굴손에 의해 타고 오르는; (2) 땅에 붙어서 뻗어 나가는.

scanning electron microscope (SEM) 주사전자현미경 시료의 표면에서 반사되는 전자들로부터 '입체적인' 영상을 만드는 전자현미경. 비 transmission electron microscope.

scanning probe microscope 주사탐침현미경 시료의 표면을 따라가고 표면의 원자들과 상호작용하는 탐침에 의해 물체 표면의 분자적 사진이 만들어지는 '현미경'의 일종.

scanning-tunnelling electron microscope (STEM) 주사터널링전자현미경 거의 원자 규모까지 내려가는 영상을 만들 수 있는 주사탐침현미경의 일종.

scansorial 기어오르는 형 (1) 기어오르기에 알맞은; (2) 기어오르는 습성이 있는.

scape 꽃줄기, 촉각기부마디 명 (1) 지면 수준이나 지하에서 생기는 꽃자루; (2) 일부 파리류의 더듬이 기부 부분.

scapha 배오목, 주상와(舟狀窩) 명 귀의 이륜(귓바퀴, helix)과 대이륜(anthelix) 사이에 있는 좁고 굽은 고랑.

scaphocephalic 배머리의, 주두형(舟頭型) 형 배처럼 좁고 가느다란 머리를 가진.

scaphocerite 관절지(關節肢) 명 십각류의 두 번째 더듬이에 있는 배처럼 생긴 바깥다리(exopodite).

scaphognathite 악주엽(顎舟葉) 명 일부 십각류의 제2소악에 붙어 있는 돌기. 노를 젓는 것과 같은 운동에 의해 아가미 위로 물을 퍼낸다.

scaphoid 배모양의, 주상(舟狀)의 형 배(보트)처럼 생긴, 손목과 발목의 어떤 뼈(손배뼈, 주상골)에 적용되는 말.

scapholunar 주상월상(舟狀月狀)의 형 손목의 주상골(손배뼈)과 월상골(lunar carpal bone) 또는 이들이 합쳐진 뼈와 관련된 말. 명 **scapholunatum**.

Scaphopoda 굴족강(掘足綱) 명 흔히 뿔조개(tusk shells, elephant-tooth shells)라고 부르는 해산 연체동물의 강. 관 또는 뿔 모양의 껍데기와 축소된 발을 갖고, 빗살아가미(ctenidia)는 없다.

scapiform, scapigerous, scapoid, scapose 형 꽃줄기 또는 촉각기부마디

(scape)와 비슷하거나 이들로 이루어진.

scapula 어깨뼈, 견갑골(肩胛骨) 명 척추동물에서, 어깨띠(pectoral girdle)의 등쪽에 있는 한 쌍의 뼈. 형 **scapular**.

scapulars 어깨깃, 견우(肩羽) 명 새의 날개와 몸의 접속부를 덮는 깃털.

scapulus 체벽소간부 명 어떤 말미잘에서 가장자리에 가까운 변형된 구역.

scarab(a)eiform 땅벌레형, 굼벵이형 형 어떤 딱정벌레의 C자 모양의 유충형에 적용되는 말.

scarious 건막질(乾膜質)의 형 얇고 마른 비듬 같거나 비늘로 뒤덮인.

Scarpa's fascia 스카르파근막 표재복근막(superficial abdominal fascia)의 심부층.

Scarpa's foramina 스카르파구멍 위턱뼈의 구개돌기(palatine process)의 중앙선에 있는, 코입천장신경이 지나가는 2개의 구멍.

Scarpa's ganglion 스카르파신경절 속귀의 전정신경절(vestibular ganglion).

Scarpa's triangle 스카르파삼각 장내전근(adductor longus)과 봉공근(sartorius) 그리고 샅고랑인대(inguinal ligament)에 의해 형성되는 넙다리삼각(femoral triangle).

Scatchard analysis 스캐차드분석, Scatchard plot 스캐차드조사구 수용체와 리간드의 결합을 해석하는 그래프 해법. 이 방법으로 분자당 결합상수와 결합부위의 수를 구할 수 있다.

scatophagous 분식성(糞食性)의 형 똥을 먹는.

scatter factor 산란인자 전격간기능상실(fulminant hepatic failure) 환자의 간에서 발현하는 단백질인 간세포생장인자(hepatocyte growth factor). 어떤 상피세포들을 산란시키고 섬유모세포(fibroblast)와 같은 형태를 띠게 한다.

scavenger 부식동물(腐蝕動物), 청소동물 명 다른 포식자들이 죽인 동물이나 자연적으로 죽은 동물 또는 유기물 쓰레기를 먹고 사는 동물.

scavenger receptor 스캐빈저수용체 혈액의 손상된 당단백질과 결합하여 이들을 혈액으로부터 제거하는 간세포의 수용체.

SCE ⇨ sister-chromatid exchange.

scent scales 발향린(發香鱗) ⇨ androconia.

Schild plot 쉴드조사구 작동약(agonist drug)의 반응에 대해 경쟁적인 길항약(antagonist)의 효능을 비교하는 실험의 결과를 해석하는 그래프 해법.

schindylesis 쐐기봉합, 협접합(夾接合) 명 뼈의 얇은 판이 틈새에 꼭 들어맞는 관절. 보습뼈(서골)와 입천장뼈(구개골) 사이에서 볼 수 있다.

Schisandrales ⇨ Illicidales.

schistocytes 분열적혈구 명복 속이 빈 조각들로 분열하는 적혈구.

schistosome 주혈흡충(住血吸蟲) 명 만손주혈흡충(*Schistosoma mansoni*)과 같이 포유동물에 감염하는 2생목의 흡충류. 열대지방에서 사람의 주혈흡충증(schistosomiasis)을 일으킨다. 유충은 민물의 어떤 달팽이에서 발달한다.

schistosomule 침입주혈흡충 명 척추동물 숙주에 있는 주혈흡충(schistosome)이 이동하는 시기.

schizocarp 분리과(分離果) 명 겹씨방(compound ovary)에서 유래되지만 성숙하면 각각 하나의 종자가 들어 있는 둘 또는 그 이상의 부분들로 분리되는 열매.

schizocarpic 분리과의 형 둘 또는 그 이상의 분과(mericarp)로 분리되는 건과에 적용되는 말. 분열과(carcerulus), 현수과(cremocarp), 마디깍지열매(lomentum),

탄분삭과(regma) 등이 그 예가 된다.

schizocoel 열체강(裂體腔) 명 중배엽이 여러 층으로 갈라지면서 생기는 체강. ≒ **schizocele**.

schizogamy 체절분열(體節分裂) 명 일부 다모류에서 유성개충과 무성개충으로 분열하는 것.

schizogenesis 분열생식 명 분열에 의한 생식.

schizogenetic 분열생식의, 이생(離生)의 형 (1) 분열에 의해 번식하거나 형성되는; (2) 식물에서 중간층(middle lamella)을 따라 세포벽이 분리되면서 형성되는 세포간극(이생세포간극)이나 분비조직(이생분비조직)에 적용되는 말. ≒ **schizogenous**. 명 **schizogeny**.

schizogony 분열생식 명 원생동물에서, 여러 세포들로 분열하면서 번식하는 것.

schizokinete 연충기(蠕蟲期) 명 일부 포자충류 혈액기생충의 생활주기에서 움직이는 벌레 같은 시기.

schizolysigenous 이파생(離破生)의 형 감귤류 과일에서 볼 수 있는 것과 같이 분리되면서 형성되고 파열되면서 확장되는.

schizolysis 절편화 명 절편으로 되는 것.

schizont 분열생식포자, 분열체 명 일부 원생동물, 특히 포자충류 기생충의 생활주기에서, 영양형(trophozoite)에 이어서 나타나고 다분법(multiple fission)에 의해 번식하는 시기.

schizontoblast ⇨ agametoblast.

schizontocytes 명복 분열생식포자(schizont)가 분열하여 만들어지고 이들 자신이 분열소체(merozoite)의 무리로 분열하는 세포.

schizopelmous 형 일부 새와 같이 발가락과 연결된 2개의 분리된 굴근건(flexor tendon)을 가진.

schizopod stage 미시스유생기 십각류(decapod) 유생의 발생에서 모든 가슴다리에 바깥다리(외지)와 안다리(내지)를 갖는다는 점에서 미시스(*Mysis*)의 성체와 비슷한 시기.

***Schizosaccharomyces pombe* 분열효모** 유사분열에서 세포가 동등하게 분열하는 효모인 분열효모(fission yeast)의 종. 세포생물학과 유전학에서 모델생물로 이용된다.

schizostele 분열중심주 명 줄기의 초기 정단분열조직의 분열에 의해 형성된 많은 가닥 가운데 하나.

schizostely 분열중심주형 명 정단분열조직에서 여러 가닥들이 생기고 각 가닥은 하나의 관다발로 구성되는 줄기의 상태.

schizothecal 형 비늘 같은 각질의 눈꺼풀판(tarsal plates)을 가진.

schizozoite 분열충 명 (1) 포자충류 기생충에서, 분열생식(schizogony)에 의해 형성되는 생활주기의 단계; (2) 다분법에 의해 분열생식포자(schizont)에서 생기는 작은 세포.

school 어군(魚群) 명 조직적인 방식으로 함께 유영하는 물고기나 돌고래의 떼.

Schwann cell 슈반세포 말초신경계의 유수신경섬유(myelinated nerve fibre) 주위에서 지방질의 껍질을 형성하는 신경아교세포.

Schwann sheath 슈반초 ⇨ neurilemma.

sciatic 궁둥뼈의, 좌골의 형 엉덩이 부위와 관련된, 동맥이나 신경이나 정맥 등에 적용되는 말.

SCID ⇨ severe combined immunodeficiency.

scientific method 과학적 방법 합리적인 가설을 세우고 자료를 수집하여 관찰결과나 실험결과가 가설에 부합되는지를 검증하는 절차. 자연현상을 해석하는 과학적 접근법의 기초가 된다.

scion 접가지, 접순 명 다른 식물에 접목하기 위한 식물의 가지 또는 지상부.

scissile 잘 잘리는 형 (1) 자를 수 있는; (2) 몇 개의 층으로 나눌 수 있는.

Scitamineae 생강목 ⇨ Zingiberales.

sclera 공막(鞏膜) 명 척추동물 눈의 흰자위에서 안구를 싸고 있는 질기고 불투명한 섬유조직.

scleractinians 돌산호류 명복 대부분이 군체를 이루는 말미잘아강(Zoantharia)의 목인 돌산호목(Scleractinia 또는 Madreporina). 참산호류(true corals)라고 알려져 있으며, 조밀한 석회질 골격을 지니고, 관구(siphonoglyph)가 없는 폴립을 갖는다.

scleratogenous layer 신경관을 따라 형성되는, 융합된 뼈분절(sclerotome)들의 가닥. 나중에 척삭을 둘러싸게 된다.

sclere 경편(硬片), 골편(骨片) 명 (1) 작은 골격 구조; (2) 해면동물의 골편(spicule).

sclereid 후벽세포(厚壁細胞) 명 리그닌이 침착한 두꺼운 벽을 갖는 후벽조직세포의 일종. 일부 씨껍질(종피), 견과의 껍질, 핵과(stone fruit)의 핵이나 내과피 등을 구성한다. 배의 과육에서 깔깔한 감촉을 준다.

sclerenchyma 후벽조직(厚壁組織), 후막조직(厚膜組織) 명 (1) 보통 리그닌이 침착한 두꺼운 세포벽을 갖고 보호조직으로 작용하는 식물조직; (2) 산호의 단단한 조직. 형 **sclerenchymatous**.

sclerid 후벽세포 ⇨ sclereid.

sclerification 후벽화(厚壁化) 명 후벽조직으로 되는 과정.

sclerins 스클레린 ⇨ scleroprotein.

sclerite 경피(硬皮), 골편(骨片) 명 케라틴이나 탄산칼슘 또는 키틴으로 구성되고 무척추동물의 골격요소 또는 지지요소가 되는 단단한 판이나 골편. 형 **scleritic**.

sclerobasidium 후벽담자기 명 녹병균과 깜부기병균에서 두꺼운 벽에 싸인 휴면세포 또는 포낭에 싸인 전담자기(probasidium).

scleroblast 골편모세포(骨片母細胞) 명 (1) 해면동물에서 경편이나 골편이 생기는 세포; (2) 성숙하지 않은 상태의 후벽세포.

scleroblastema 골아(骨芽), 추배(椎胚) 명 골격의 발생에 관여하는 배의 조직.

scleroblastic 형 골격을 형성하는 조직에 적용되는 말.

sclerocarp 석종피(石種皮) 명 자두와 체리 같은 열매의 단단한 씨껍질(종피).

sclerocauly 경경성(硬莖性) 명 줄기에 뼈처럼 단단한 구조가 과도하게 생기는 현상.

sclerocorneal 공막각막(鞏膜角膜)의 형 공막과 각막에 관련된 말.

scleroderm 경피(硬皮) 명 (1) 단단한 외피; (2) 산호의 단단한 골격부.

sclerodermatous 경피성(硬皮性)의 형 (1) 외부골격구조가 있는; (2) 피부에 각질이나 골질 또는 석회질의 판들이 있는.

sclerodermite 명 절지동물 체절 위에 있는 외골격의 일부.

sclerogen 목질세포 명 목재를 만드는 세포, 즉 관다발형성층.

sclerogenic, sclerogenous 리그닌생성의 형 리그닌을 생성하는.

scleroid, sclerous 경질(硬質)의 형 (1) 단단한; (2) 뼈대의.

sclerophyll 경엽식물(硬葉植物), 경엽 명 (1) 질긴 상록의 잎을 갖는 식물; (2) 그러한 식물에 있는 잎.

sclerophyllous 경엽(硬葉)의 형 잎이 단단한, 각피가 두껍고 후벽조직이 잘 발달

S

되며 세포간극이 줄어들어 건조에 대한 내성을 갖는 잎에 적용되는 말.

sclerophylly 경엽성(硬葉性) 명 잎에 뻐처럼 단단한 구조가 과도하게 생기는 현상.

scleroprotein 경질단백질 명 결합조직과 골조직 그리고 표피조직에서 나타나는 일군의 단백질들을 통틀어 이르는 말. 아교질(collagen), 연골소(chondrin), 탄력소(elastin), 케라틴 등이 그 예가 된다.

scleroseptum 골격막(骨隔膜) 명 산호충류 돌산호류에서 볼 수 있는 탄산칼슘으로 된 방사상의 수직으로 된 벽.

sclerosis 경화증(硬化症), 경화 명 결합조직(동물의 경우)이나 리그닌(식물의 경우)의 양적 증가로 단단해지는 것.

sclerospermous 경질종피성(硬質種皮性)의 형 단단한 껍질로 덮인 종자를 가진.

sclerotal ⇨ sclerotic.

sclerotesta 경질종피(硬質種皮) 명 씨껍질(종피)의 단단하게 목질화된 내부층.

sclerotic 경화한, 경화성의 형 (1) 단단한; (2) 리그닌이 포함된; (3) 경화증(sclerosis)과 관련된 말; (4) 경화가 일어난 공막과 관련된 말; (5) 명 **공막(鞏膜)** 눈의 공막(sclera).

sclerotin 스클레로틴 명 곤충의 각피와 많은 종류의 무척추동물과 척추동물의 구조단백질에서 나타나는 저항성이 높고 안정한 단백질.

sclerotioid, sclerotiform 균핵모양의 형 균핵(sclerotium)과 비슷하거나 균핵과 관련된.

sclerotium 균핵(菌核) 명 일부 곰팡이에서 단단하거나 미라처럼 된 조직덩어리가 형성된 곰팡이의 휴면기. 복 **sclerotia**.

sclerotization 경화작용 명 탈피 후의 곤충에서 나타나는 새로운 외골격이 단단해지고 색이 진해지는 과정. 형 **sclerotized**.

sclerotome 뼈분절, 경절(硬節) 명 척추동물의 배(embryo)에서 발생하는 척추뼈의 연골로 발달하는 원체절(somite)의 일부. 대부분의 척추동물에서는 나중에 뼈로 된다.

sclerous 굳은, 경화한 형 (1) 단단한; (2) ⇨ sclerotic.

SCN ⇨ suprachiasmatic nucleus.

SCNT ⇨ somatic cell nuclear transfer.

scobina 스코비나 명 벼과 초본의 작은이삭(spikelet).

scobinate 두툴두툴한 형 줄(rasp) 같은 표면을 가진.

scobiscular, scobisculate, scobiform 톱밥모양의 형 (1) 낟알 모양의; (2) 톱밥 모양의.

scoleces 'scolex'의 복수형.

scolecid 머리마디의 형 머리마디(두절)와 관련된 말.

scoleciform 머리마디모양의 형 머리마디(두절)와 비슷한.

scolecite 나선상균사(螺旋狀菌絲) 명 (1) 반균류(discomycetes) 곰팡이의 균사체에서 갈라져 나온 벌레 같은 구조; (2) 자낭각(perithecium) 균사의 내부에서 나선을 이루고 조낭기(ascogonium)로 발달하는 보로닌균사(Woronin hypha).

scolecoid 머리마디모양의 형 머리마디(scolex)와 비슷한.

scolecospore 사상포자(絲狀胞子) 명 벌레 같거나 실 같은 포자.

scolex 머리마디, 두절(頭節) 명 촌충류의 앞쪽 끝에서 아주 작은 갈고리와 빨판이 들어 있는 부위. 이 부위를 이용하여 숙주의 장관 벽에 고착한다. 복 **scoleces**.

scolite 스콜라이트 명 벌레가 만든 구멍이 화석화한 것.

scolopidium 막대감각기 ⇨ chordotonal sensilla.

scolus 가시돌기 명 어떤 곤충의 유충에서 가시가 있는 돌기.

scombrids 고등어과 어류 명복 고등어와 참치와 같은 고등어과(Scombridae)의 물고기들.

scopa 꽃가루솔 ⇨ pollen brush.

scopate, scopiform, scopiferous, scopulate 솔모양의 형 솔(brush)처럼 생긴.

scopula 발바닥털 명 (1) 털이 촘촘하게 난 작은 다발; (2) 기어오르는 거미류에서, 제3발톱을 대신해서 각 발에 달리는 곤봉 같은 털들로 된 부착용 타래.

scopuliferous 형 작은 솔 같은 구조를 가진.

scopuliform 작은솔모양의 형 작은 솔과 비슷한.

scorpioid 전갈꼬리형의, 안목상(雁木狀) 형 (1) 전갈과 비슷한; (2) [식] 어린 고사리 엽상체처럼 축을 따라 둘둘 말린, 꽃차례에 적용되는 말.

scorpioid cyme 전갈꼬리형취산꽃차례, 안목상취산꽃차례 각 분지에서 하나의 축을 갖고 좌우로 어긋나게 축들이 발달하는 취산꽃차례(cymose inflorescence).

scorpion 전갈 ⇨ Scorpiones.

Scorpiones, Scorpionoidea 전갈목 명 전갈류를 포함하는 거미류의 목. 전체절에 등갑(dorsal carapace)이 있고 후체구는 2개의 부위로 나뉘는데, 이 가운데 뒤쪽 체절은 유연한 꼬리를 이루고 그 끝에는 먹잇감을 마비시키는 데 이용하는 독침이 달려 있다. 전갈류는 태생(viviparous)이다.

scorpion flies 밑들이류 밑들이목(Mecoptera)을 흔히 부르는 말.

scorteal 형 어떤 곰팡이에서 볼 수 있는 것과 같은 강인한 피층에 적용되거나 관련된 말.

Scotobacteria 스코토박테리아 명 일부 분류체계에서, 모든 종속영양성 그람음성균과 그 밖의 일부 종속영양세균을 포함하는 큰 강. 이 명칭은 '빛에 썩 좋지 않은 세균'이라는 의미를 갖는다.

scotoma 암점(暗點) 명 시야 내에서 시각이 없는 점인 맹점(blind spot).

scotopia 암적응(暗適應) 명 눈이 어둠에 적응하는 것.

scotopic vision 암소시(暗所視) 광도가 낮은 곳에서 회색의 음영으로 인지하는 시각. 척추동물 망막의 막대세포(간상세포)가 관여한다.

scotopsin 스코톱신 ⇨ opsin.

scototaxis 주암성(走暗性) 명 어둠에 대한 양성 주성. 음성 주광성과는 다르다.

SCP ⇨ single-cell protein.

scramblase 스크람블라아제 명 새로운 인지질이 소포체막의 세포기질을 향한 층에 첨가된 후에 두 겹의 소포체막에서 인지질의 평형화를 촉매하는 단백질.

scramble competition 쟁탈경쟁 경쟁자들이 자원을 동등하게 공유하는 상태.

scrapie 스크래피, 면양떨림병 명 전염성 해면뇌병증(transmissible spongiform encephalopathy)의 일종인 양의 신경변성질병. '면양퇴행성 신경증후군'이라고도 하며, 프리온(prion)에 의해 일어난다.

screening 선별(選別) 명 목적으로 하는 특성이나 돌연변이를 찾기 위해 많은 수의 시료나 세포 또는 생물을 분석하는 것.

scRNA ⇨ small cytoplasmic RNAs.

scRNPs ⇨ scyrps.

scrobe 촉각홈 명 딱정벌레의 주둥이(rostrum) 양쪽에 있는 고랑.

scrobicula, scrobicule 명 극피동물의 피각에서 돌기의 주위에 있는 매끈한 부위.

scrobiculate 곰보모양의 형 작은 구멍이

S

나 오목한 곳들이 있는.

scrobiculus, scrobicule 작은오목 명 작은 구멍이나 오목한 곳들.

Scrophulariales 현삼목 명 교목, 관목, 초본과 넝쿨식물인 쌍떡잎식물의 목. 쥐꼬리망초과(Acanthaceae), 능소화과(Bignoniaceae), 부들레이아과(Buddleiaceae), 가지과(Solanaceae)와 그 밖의 과들로 이뤄진다.

scrotal 음낭의 형 음낭(scrotum)과 관련되거나 음낭의 부위에 있는.

scrotum 음낭(陰囊) 명 (1) 포유동물에서 정소(고환)가 들어 있는 외부의 주머니; (2) 곤충에서 정소를 덮는 피막.

scrounger 날치기 명 다른 종의 동물이 먹이를 잡을 때까지 기다렸다가 먹이를 잡고 나면 먹이를 잡은 동물로부터 빼앗는 동물의 행동에 적용되는 말. ⇨ kleptoparasitism.

scrub 관목림(灌木林) 명 관목(떨기나무)이 우점하는 식물군집.

scurf 비듬 명 (1) 비늘로 뒤덮인 피부; (2) 비늘에서 떨어져 나가는 마른 외부껍질; (3) 어떤 잎의 비늘로 뒤덮인 표피의 외피.

scurvy 괴혈병(壞血病) 명 비타민 C(아스코르브산)의 결핍으로 발생하는 질환. 아교질섬유(collagen fibre)가 효과적으로 형성되지 못하여 피부병터(skin lesion)가 생기고 혈관이 취약해진다.

scuta 'scutum'의 복수형.

scutate 방패모양의 형 큰 비늘이나 각질판으로 보호를 받는.

scute 순판(楯板) 명 (1) 파충류나 어류 또는 비늘로 뒤덮인 곤충에서 볼 수 있는 것과 같은 외부 비늘; (2) 바다거북과 땅거북에서 등딱지의 판. ⇨ scutum.

scutella 'scutellum'의 복수형.

scutellar 배반의, 소순판의 형 배반 또는 소순판(scutellum)과 관련된 말.

scutellate 작은방패모양의 형 작은 방패처럼 생긴.

scutellation 인편배열(鱗片配列) 명 새의 다리 따위가 비늘로 덮이는 배열.

scutelliform 작은방패모양의 형 작은 방패처럼 생긴.

scutelligerous 형 배반 또는 소순판(scutellum)을 가진.

scutelliplantar 형 작은 판이나 소순판들로 덮인 발목마디(tarsus)를 가진.

scutellum 배반(胚盤), 소순판(小楯板) 명 (1) [식] 벼과 초본의 종자에서 배젖으로부터 배(embryo)를 분리시키는 떡잎의 부분; (2) [동] 작은 방패처럼 생긴 구조를 통틀어 이르는 말; (3) 곤충에서 등판(notum)의 뒤쪽 부분; (4) 새의 발목마디(tarsus)에 있는 비늘. 복 **scutella**.

scutiferous 형 배반 또는 소순판(scutellum)을 가진.

scutiform 방패모양의 형 방패처럼 생긴.

scutigerous 형 방패처럼 생긴 구조가 있는.

scutiped 형 소순판(scutellum)으로 덮인 발을 갖는, 또는 그 일부를 가진.

scutum 순판(楯板) 명 (1) [식] 박주가리과(Asclepiadaceae)의 쌍떡잎식물에서 볼 수 있는 것과 같이 암술대의 넓은 꼭대기; (2) [동] 동물의 외부 껍질에서 비늘의 형태로 형성되는 방패와 같은 판, 뿔, 뼈 또는 키틴질; (3) 곤충에서 등판(notum)의 중앙 부분; (4) 진드기류의 등 쪽 방패판; (5) 조개삿갓(goose barnacle)에 있는 한 쌍의 앞쪽껍질 가운데 하나. ≒ **scute**, shield. 복 **scuta**.

scyllitol 실리톨 명 이노시톨(inositol)과 관련된 달콤한 알코올[$C_6H_6(OH)_6$].

scyphi 'scyphus'의 복수형.

scyphiferous 배상체형 형 일부 지의류와 같이 배상체(scyphus)가 있는.

scyphiform, scyphoid, scyphose 컵 모양의 형 컵(cup)처럼 생긴.

scyphistoma 스키피스토마 명 해파리강(Scyphozoa) 해파리의 눈에 잘 안 띄는 무성 폴립시기.

Scyphozoa 해파리강, scyphozoans 해파리류 명, 명복 자포동물문(Cnidaria)에 속하는 해산 강장동물의 강. 흔히 '해파리(jellyfish)'라고 부른다. 자유로이 유영하거나 입의 반대쪽에 있는 자루에 의해 고착하는 메두사(해파리) 시기가 우세하고, 개막(velum)은 없다. 비 Hydrozoa.

scyphula 스키풀라 ⇨ scyphistoma.

scyphulus 소배상체(小杯狀體) 명 작은 컵 같은 구조.

scyphus 배상부(杯狀部), 배상체(杯狀體) 명 (1) 수선화의 깔때기처럼 생긴 꽃부리(화관); (2) 일부 지의류에서 자낭반(apothecium)이 있는 컵 모양의 돌출부. 복 **scyphi**.

scyrps 소형 세포질리보핵단백질입자(small cytoplasmic ribonucleoprotein particles)를 그 약어(scRNPs)를 이용하여 일상적으로 부르는 말.

SDS ⇨ sodium dodecyl sulphate.

SDS-PAGE 에스디에스페이지 먼저 계면활성제인 도데실황산나트륨(sodium dodecyl sulphate)에 녹인 다음, 폴리아크릴아미드겔(polyacrylamide gel)에서 전기영동에 의해 막단백질 따위를 구성하는 단백질들을 분리하는 방법.

sea anemones 말미잘류 말미잘아강(Zoantharia) 해변말미잘목(Actiniaria)의 강장동물에 대한 일반적인 명칭. 대부분 단독생활을 하고 골격을 갖지 않는다. 속이 빈 원통 모양의 몸을 갖고, 대체로 바위에 고착하며, 몸의 한쪽 끝에서 열려 있는 작은 입의 주위에는 흔히 6의 배수로 촉수들이 고리 모양을 이룬다.

sea butterflies 익족류(翼足類) ⇨ pteropods.

sea combs 유즐동물 유즐동물문(Ctenophora)의 일반적인 명칭.

sea cows 바다소류 듀공(dugong)과 바다소(manatee)를 포함하는 바다소목(Sirenia). 노를 젓듯이 움직이도록 적응된 앞다리를 갖고 수중 생활에 고도로 적응한 바다의 태반포유동물이다.

sea cucumbers 해삼류 해삼강(Holothuroidea)의 일반적인 명칭.

sea fans 혹가시산호류 ⇨ gorgonians.

sea gooseberries 유즐동물 유즐동물문(Ctenophora)의 일반적인 명칭.

sea lilies 바다나리류 바다나리강(Crinoidea)의 일반적인 명칭.

sea mouse 바다쥐 넓고 통통한 계란형의 모습을 한 다모류 고슴도치갯지렁이속(*Aphrodita*)의 일반적인 명칭.

sea pens 바다조름류 바다맨드라미아강(Alcyonaria)의 산호 무리. 깃펜(quill pen)과 매우 비슷한 자루달린 군체를 형성하고, 두 가지 다른 형태의 폴립으로 이뤄진다.

search(ing) image 탐색상(探索像) 동물이 특정한 색깔이나 모양의 먹이 등을 찾는 데 관심을 집중할 수 있도록 외부의 시각자극을 일시적으로 거르는 것.

seashore 해안(海岸) 명 바다에 접해 있는 땅. 최고조선(highest high-water mark)과 최저조선(lowest low-water mark) 사이의 연안을 가리키며, 최고수위선 위의 파랑이 겨우 닿는 쇄파대(splash zone) 역시 포함된다. ⇨ intertidal, littoral, lower shore, middle shore, splash zone, sublittoral, upper shore. (⇨ 그림 34)

sea slugs 갯민숭이류 복족강(Gastropoda) 후새아강(Opisthobranchia)의 껍데기가 없는

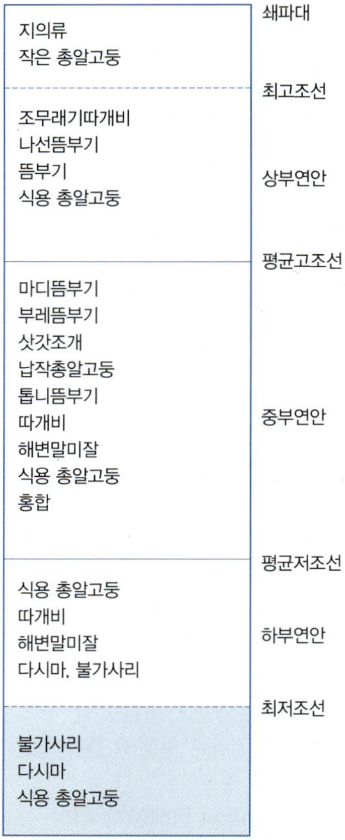

지의류 작은 총알고둥	쇄파대
	최고조선
조무래기따개비 나선뜸부기 뜸부기 식용 총알고둥	상부연안
	평균고조선
마디뜸부기 부레뜸부기 삿갓조개 납작총알고둥 톱니뜸부기 따개비 해변말미잘 식용 총알고둥 홍합	중부연안
	평균저조선
식용 총알고둥 따개비 해변말미잘 다시마, 불가사리	하부연안
	최저조선
불가사리 다시마 식용 총알고둥	

그림 34. 대서양 유럽 연안의 후미진 곳에서 나타나는 전형적인 대상분포.

해산 연체동물.

sea spiders 바다거미류 ⇨ Pycnogonida.

sea squirts 멍게류 해초강(Ascidiacea)의 일반적인 명칭.

sea stars 불가사리류 불가사리강(Asteroidea)의 일반적인 명칭.

sea urchins 성게류 성게강(Echinoidea)의 일반적인 명칭.

sea wasps 입방해파리류 ⇨ box-jellies.

seaweed 바닷말, 해조(海藻) 명 다양한 집단에 속하는 바다의 다세포성 조류(algae). ⇨ Chlorophyta, Phaeophyta, Rhodophyta.

sebaceous 피지(皮脂)의 형 기름이나 지방을 분비하거나 이들이 들어 있는, 피지(sebum)를 분비하는 피부의 샘(피지샘)에 적용되는 말.

sebiferous 지방분비성의 형 지방물질을 나르는.

sebific 피지의, 교질의 형 (1) ⇨ sebaceous; (2) 교질샘(colleterium)에 적용되는 말.

sebum 피지(皮脂) 명 피부의 피지샘(sebaceous gland)에서 분비되는, 지질(기름과 지방)이 풍부하게 들어 있는 물질.

secodont 절연치의 형 자르는 데 적합한 치아를 가진.

secondaries 둘째날개깃 명복 새의 날개에서 주된 비행깃털(flight feather) 가운데 한 종류. 자뼈(척골)의 뒤쪽 가장자리 부위에 부착한다.

secondary 2차의 형 (1) 중요성이나 위치가 두 번째인; (2) 생장점에서 생기지 않고 다른 조직에서 생기는.

secondary antibody 2차항체 ⇨ heterologous anti-immunoglobulin.

secondary bud 2차눈 정상적인 눈(bud)에 부수적인 곁눈(axillary bud).

secondary cell culture 2차세포배양 1차세포배양(primary cell culture)에서 취한 세포들에서 비롯된 배양.

secondary cell wall 2차세포벽 대부분의 식물세포에서, 대체로 세포의 생장이 멈춘 다음에 1차세포벽의 안쪽 표면에 물질들이 첨가되어 생기는 구조. 섬유소가 풍부하게 들어 있지만 펙틴이나 당단백질은 없고, 따라서 1차벽보다 훨씬 단단하다. 두껍게 층을 형성하는 2차벽은 특히 지지와 수분전도에 특수화된 세포들에서 발견된다.

secondary constriction 2차협착(二次挟窄) 염색체에서 동원체 이외에 염색이 되지 않는 협착부. 중기에 방추사에 부착하지 않는다.

secondary consumer 2차소비자 초식동물을 먹는 육식동물.

secondary cortex 2차피층 ⇨ phelloderm.

secondary ecological succession 2차생태적천이 ⇨ secondary succession.

secondary follicle 2차여포 2차림프조직에서 B세포가 항원을 만나고 활성화된 다음에 1차여포에서 생기는 림프여포(lymphoid follicle). 활성화된 증식B세포의 림프구분열중심(germinal centre)을 형성한다.

secondary forest 2차림, secondary woodland 2차림지 기존의 숲이 완전히 제거된 다음에 2차천이(secondary succession)의 결과로 발달하는 숲이나 삼림지대.

secondary growth 2기생장 식물에서, 줄기와 뿌리의 끝에서 식물체가 신장되는 것과 대조적으로 줄기와 뿌리의 두께를 증가시키는 생장. 교목과 관목에서 뚜렷하게 나타나는 생장양식이다. 2기생장은 측생분열조직(lateral meristem)들에서 일어나는데, 그 하나는 물관부와 체관부 사이에서 새로운 물관부(2기물관부)와 새로운 체관부(2기체관부)를 만드는 관다발형성층(vascular cambium)이고, 다른 하나는 나무껍질을 생성하는 코르크형성층(cork cambium)이다.

secondary host 2차숙주 ⇨ intermediate host.

secondary immune response 2차면역반응 동물이 같은 항원에 재차 자극되었을 때 나타나는 면역반응. 1차면역반응에 비하여 급속하고 강하며 훨씬 특이적인 반응이다. 비 primary immune response.

secondary lymphoid tissues 2차림프조직 포유동물에서, 림프절과 지라, 그리고 편도선, 페이에르판(Peyer's patch), 아데노이드(adenoid), 막창자꼬리(충수)와 같은 점막연관림프조직(mucosa-associated lymphoid tissue). 성숙한 T림프구와 B림프구가 들어 있으며, 림프구가 외래항원을 접하고 면역반응을 개시하는 부위들이다.

secondary meristem 2기분열조직 ⇨ cork cambium.

secondary metabolites 2차대사물질 식물과 미생물에서 만들어지고 이들 생물의 생장에 필수적이지 않은 화합물들. 항생물질, 식물알칼로이드, 꽃의 색소 등이 그 예가 된다.

secondary palate 2차구개(二次口蓋) 포유동물과 악어류에서 입안(구강)을 코안(비강)과 분리시키는 뼈판.

secondary phloem 2기체관부 2기생장 과정에서 관다발형성층으로부터 형성되는 체관부조직. 때때로 '내수피(inner bark)'라고도 부른다.

secondary plant body 2기식물체 측생분열조직(lateral meristem), 즉 관다발형성층과 코르크형성층에 의한 생장으로 형성되는 식물체.

secondary production 2차생산 생태계에서, 1차소비자인 초식동물에 의한 생산.

secondary roots 2차뿌리, 곁뿌리 (1) 1차뿌리의 조직 내에서 생겨나 갈라진 것으로 3차뿌리를 형성하는 뿌리; (2) 정상적으로 기원하는 지점이 아닌 곳에서 생기는 뿌리.

secondary sexual characteristics 2차성징(二次性徵) 생식샘과 생식기를 제외

하고 특정한 성(sex)에서 특징적으로 나타나는 형질. 대체로 안드로겐(androgen)과 에스트로겐(oestrogen)의 영향으로 발현되며, 남성의 수염과 수사슴의 사슴뿔이 자라고 여성의 가슴이 커지는 것이 그 예가 된다.

secondary structure 2차구조 α-나선, β-사슬, β-병풍, β-회전과 같이 단백질 내에서 하부구조를 이루는 뚜렷한 요소들. 펩티드사슬 내의 주사슬에서 C=O기와 N−H기 사이에 수소결합이 규칙적으로 형성되어 단백질사슬이 접히면서 형성된다.

secondary succession 2차천이(二次遷移) 정상적인 천이 또는 1차천이가 교란된 후에 일어나는 식물의 천이.

secondary thickening 2차비후, secondary wood 후생목부(後生木部), secondary xylem 2기물관부 ⇨ secondary growth.

second messengers 2차전달자 세포표면수용체가 자극된 결과로 세포 내에서 생성되고 자극에 대한 세포의 특정 반응을 활성화하는 데 관여하는 작은 분자들(예: 고리형 AMP, 디아실글리세롤, 이노시톨3인산).

second-order conditioning 2차조건지우기 두 번째 자극이 첫 번째 조건자극과 관련되면 두 번째 조건자극만으로도 조건반응이 일어나게 되는 고전적 조건지우기(classical conditioning)의 일종.

secrete 분비하다 동 세포나 조직에서 물질이나 액체를 배출하다.

secretin 세크레틴 명 소화과정에서 샘창자(십이지장)에 의해 생성되는 폴리펩티드호르몬. 혈액 속으로 흡수되어 이자에 운반되면 소화효소가 들어 있는 이자액의 분비를 촉진한다.

secretion 분비물, 분비(작용) 명 (1) 세포 또는 샘에서 생성되고 배출되는 물질이나 액체; (2) 세포로부터 물질이 배출되는 것. 형 **secreted**.

secretion systems 분비계 세균에서, 세포외피를 가로질러 단백질을 분비하는 체계. 다섯 가지의 주된 유형(I~V형)으로 구분한다. I형은 ABC수송단백질(ABC transporters)에 기초하고, II형은 접힌 단백질들이 이를 통해 분비되는 다중단백질 복합체(multiprotein complex)이며, III형은 주사기와 비슷한 기구로써 일부 세균이 이를 통해 숙주세포의 세포질에 그들의 독소를 주입하고, IV형은 세균이 접합하는 기구의 성분과 관련이 있으며, V형은 외막의 β통형(β-barrel) 단백질에 의해 형성되는 구멍을 통한 분비에 관여한다.

secretor 분비자(分泌者), 분비형 명 침과 그 밖의 체액에 혈액형 항원을 분비하는 사람. 유전에 의해 결정되는 특성이다.

secretory 분비의 형 (1) 소화효소나 폴리펩티드호르몬 또는 신경전달물질과 같은 물질을 분비하거나 점액과 점질 등의 복합물질을 분비하는 세포(분비세포)와 조직(분비조직)에 적용되는 말; (2) 배출되는 단백질과 그 밖의 물질들에 적용되는 말.

secretory component, secretory piece 분비성분, 분비조각 점액분비물에 들어 있는 2합체(dimeric)의 면역글로불린A를 구성하는 저분자 단백질성분. 그러나 단합체(monomeric)의 혈청면역글로불린A에는 들어 있지 않다.

secretory granule 분비과립 진핵세포의 세포질에 있는 막으로 둘러싸인 작은 소포. 골지장치에서 유래되고, 농축된 분비물을 함유한다. ≒ **secretory vesicle**.

sectile 절단성(切斷性)의 형 작은 부분들이나 구획들로 자를 수 있는.

section 박편(薄片), 절(節) 명 (1) 현미경 관찰을 위해 마련하는 조직의 얇은 절편;

(2) 대체로 속(genus)을 세분할 때 이용되는 분류군. 그렇지만 연구자에 따라 여러 다른 방법으로 사용되고, 분명하게 정의되지 않았다.

sector 구역, 섹터 명 미생물의 집락에서 또는 식물과 동물의 조직에서 주위의 부위들과 표현형이 다른 부위.

secular 장기(長期)의 형 오랜 시간에 걸친.

secundiflorous 편측개화성(偏側開花性) 형 줄기의 한쪽에서만 꽃이 피는.

secundine 내종피(內種皮) 명 밑씨의 내측 주피.

sedentaria 정주생물(定住生物) 명복 붙어살거나 한 곳에 머물러 사는 생물들.

sedentary 정재성(定在性), 정주성(定住性) 형 자유생활을 하지 않는, 어떤 기층에 붙어사는 동물에 적용되는 말.

sedimentation coefficient 침강계수(沈降係數) 원심분리기에서 입자가 침강하는 속도. 기호 's'로 나타내고, 초(second)의 단위를 갖는다. 10^{-13}초를 1스베드베리단위(Svedberg unit) S로 정의한다.

sedoheptulose 세도헵툴로오스 명 7탄소의 케토오스 당. 광합성에서 인산과 2인산의 형태로 이산화탄소 고정에 관여한다.

seed 씨, 종자 명 (1) 수정된 밑씨로부터 생기고 배와 저장물질 및 보호성 껍질로 구성되는 생식단위. 겉씨식물과 속씨식물에서 생성된다; (2) ⇨ semen; (3) 동 **접종하다** 배지에 미생물을 주입하다.

seed bank 종자은행 주로 중요한 작물의 야생식물종과 재배변종의 씨앗을 수집하여 보존하는 곳. 보통 액체질소로 동결 건조시킨 상태에서 장기간 보관한다.

seed coat 씨껍질, 종피(種皮) 성숙한 씨앗의 얇은 외부 껍질. 대체로 말라 있고 종이 같거나 단단하며 수분이 거의 스며들지 않는다. 씨껍질은 밑씨의 주피(integument)로부터 형성된다. ≒ testa.

seed ferns 종자고사리류 데본기 후세부터 석탄기에 걸쳐 출현한, 종자를 갖는 화석관다발식물인 종자고사리식물문(Pteridospermophyta). 고사리와 비슷한 잎에 종자가 달리고, 작은 관목형과 큰 교목형 모두가 포함된다. 큰 깃꼴겹잎(pinnately compound leaf)들이 나무몸통의 꼭대기에 달린다.

seed leaf 떡잎 ⇨ cotyledon.

seed plants 종자식물 종자가 달리는 모든 식물, 즉 겉씨식물과 속씨식물. 때로는 집합적으로 종자식물문(Spermatophyta)이라고 부른다.

seed stalk 종자병(種子柄) ⇨ funicle.

seed storage proteins 종자(저장)단백질 종자 내부에 많은 양으로 들어 있는 단순단백질. 질소를 저장하는 화합물로 작용한다. 이들 단백질은 종자가 발아하고 유식물이 생장하는 동안에 분해되어 아미노산들이 활용된다.

seed vessel 삭과(蒴果) 열매, 특히 건과(dry fruit).

segment 체절(體節), 분절(分節), 마디 명 (1) 동물체의 부분, 특히 환형동물과 절지동물에서 볼 수 있는 것과 같이 일정하게 가로로 갈라진 부분들; (2) 잎이 거의 기부까지 갈라진 것. 형 **segmental**.

segmental arteries 구역동맥, 분절동맥 연이은 체절들 사이의 공간에서 일어나는 등 쪽 대동맥(dorsal aorta)의 곁주머니(diverticula).

segmental duct 분절관 볼프관(Wolffian duct)이나 뮐러관(Müllerian duct)으로 발달하는 배아의 신관(nephridial duct).

segmental interchange 부분적 상호교환, 상호전좌 (1) 두 염색체들 사이와 같이 비상동 염색체부위들이 교환되는 것; (2) 상호전좌(reciprocal translocation).

segmental organ 신관(腎管) 배아의 배

설기관. ≒ nephridium.

segmental papillae 체절감각기(體節感覺器) 거머리류에서 진정한 체절을 분간할 수 있게 해 주는 눈에 잘 띄는 색소점.

segmental reflex 마디반사, 분절반사 척수의 단일한 마디가 관여하는 반사. 즉 뇌 또는 신경계의 다른 부위들에서 오는 추가적인 입력이 관여하지 않는 반사를 가리킨다.

segmentation 분할(分割), 분절(分節) 명 (1) 조각이나 부분들로 나누어 쪼개지는 것; (2) 동물에서, 특히 절지동물과 환형동물에서 볼 수 있는 것과 같이 몸의 길이를 따라 본질적으로 비슷한 일련의 마디들이 반복되는 것. 환형동물에서 각 체절은 비슷한 양식의 혈관, 신경, 근육을 갖지만, 절지동물의 성체에서는 내부구조가 덜 명확하게 나뉜다; (3) 곤충과 그 밖에 체절로 된 동물의 배발생에서 체절구조가 확립되는 과정.

segmentation nucleus 분절핵(分節核) 난자의 수정에서 암수의 전핵(pronucleus)들이 합쳐져서 생기는 소체.

segmented 분절의 형 각각 서로 다른 유전자 또는 유전자들을 갖는 둘 또는 그 이상의 별개의 RNA 분자들로 구성된 2중가닥 RNA바이러스와 일부 외가닥 RNA바이러스의 유전체(분절유전체)에 적용되는 말.

segment-polarity genes 체절극성유전자 초파리에서 부체절(parasegment)과 체절(segment)의 패턴형성에 관여하는 발생유전자의 클래스.

segregation 분리(分離) 명 (1) 유사분열에서 복제된 염색체의 2개 염색분체들이 떨어져서 각각 다른 딸핵으로 분배되는 것; (2) 감수분열의 제1분열에서 쌍을 이루던 상동염색체들이 분리되어 각각 다른 딸핵으로 분배되는 것. ⇨ segregation of alleles.

segregation of alleles 분리의 법칙 2배체 세포의 각 유전자에 들어 있는 2개의 대립유전자들이 각각 다른 배우자로 전달되는 사실을 설명하는 멘델의 제1법칙. 그 결과 각 유전자에 대하여 배우자의 절반은 어느 한 대립유전자를 갖고 다른 절반의 배우자는 다른 대립유전자들을 갖는다.

seiroderm 세이로덤 명 어떤 곰팡이에서 평행한 사슬의 균사들로 이루어진 밀집한 외부조직.

seirospore 염주포자 명 사슬 모양으로 배열된 포자들 가운데 하나.

seismathesia 진동감각 명 기계적 진동을 인식하는 것.

seismonasty 감진성(感振性) 명 기계적 진동이나 충격에 대한 반응으로 나타나는 식물의 운동. 형 **seismonastic**.

seismotaxis 진동주성(振動走性) 명 기계적 진동에 대한 반응으로 나타나는 주성운동.

sejugate, sejugous 6대생소엽의 형 여섯 쌍의 작은 잎(소엽)을 가진.

Selachii 연골어강, selachians 연골어류(軟骨魚類) 명, 명복 상어, 돔발상어, 홍어 및 가오리를 포함하는 연골어류의 강(또는 일부 분류체계에서는 목). 기각(clasper)과 기부가 잘록한 지느러미를 갖고, 데본기부터 현재까지 나타나고 있다.

selectable marker 선택표지(選擇標識) 실험과정에서 특별히 선택할 수 있는 특정한 속성을 갖는 세포의 특징을 통틀어 이르는 말. 보편적인 선택표지 가운데 하나는 항생물질에 내성을 나타내는 유전자이고, 이를 벡터에 삽입하여 항생물질이 포함된 배지에서 배양하면 재조합 DNA를 갖고 살아남는 세포들을 선별할 수 있다.

selectins 셀렉틴 명복 구조적으로 연관성이 있는 세포표면단백질의 패밀리. L-셀렉틴은 백혈구에서 발현하고, P-셀렉틴은 혈소판과 염증의 자극을 받은 내피세포에서 발현되며, E-셀렉틴은 자극을 받은 내피세포에서 발현된다. 셀렉틴은 올리고당리간드를 인식하는 렉틴과 비슷한 세포외 영역을 갖고 있고, 면역반응과 염증에서 백혈구와 내피세포 간의 약한 접착을 유도한다.

selection 선택(選擇), 선발(選拔) 명 (1) 서로 다른 유전자형을 갖는 개체들의 비무작위적(non-random), 즉 선택적이고 차등화한 번식; (2) 자연선택(natural selection), ⇨ directional selection, disruptive selection, sexual selection, stabilizing selection; (3) 바람직한 유전자형을 갖는 개체들만이 자랄 수 있는 조건에서 돌연변이주나 재조합미생물을 배양하여 의도적으로 이들을 선택하는 것.

vselection, coefficient of 선택계수 ⇨ coefficient of selection.

selection differential 선택차(選擇差) 어떤 정해진 정량적 형질에 있어서, 집단의 평균치와 다음 세대의 어버이로 선발된 개체들의 평균치와의 차이.

selection pressure 선택압(選擇壓) 자연선택을 야기하는 환경특성의 효과. 식량부족, 포식자의 활동, 같은 종이나 다른 종의 종류들과의 경쟁 등이 그 예가 된다.

selective advantage 선택이익 어떤 생물이 생식연령이 될 때까지 생존하고 교배를 하고 독자 생존이 가능한 자손들을 기르는 데 있어서 더 많은 기회를 제공하는 형질이나 특성과 관련된 말.

selectivity filter 선택성 필터 이온통로 가운데 어떤 종류의 이온이 수송될 수 있는지 결정하는 부위.

selector genes 선택유전자 이를테면 초파리의 체절결정유전자(homeotic gene)와 같이 발생과정의 선택 가능한 상태에서 어느 한쪽을 선택하는 데 관여하는 유전자.

selenocysteine 셀레노시스테인 명 시스테인의 황 원자가 셀레늄(selenium) 원자로 치환된 형태. 운반RNA에 부착된 세린으로부터 효소의 작용으로 형성되어 UGA코돈에 셀레노시스테인이 삽입된다. 셀레노시스테인은 촉매활동에 셀레늄이 필요한 다수의 효소들(셀렌단백질)에 들어 있다.

selenodont 반달치의 형 (1) 전후 방향으로 길어지고 약간 굽은 어금니에 적용되는 말; (2) 소류(우제류)에서 볼 수 있는 것과 같이 분쇄면에 초승달 모양의 능선이 있는 어금니에 적용되거나 그러한 어금니를 가진.

selenoid 초승달모양의 형 초승달처럼 생긴.

selenophyte 셀렌식물 명 토양에 들어 있는 매우 높은 농도의 셀레늄에 내성을 갖는 식물.

selenotropism 굴월성(屈月性) 명 달빛이 오는 방향으로 몸을 돌리는 경향.

self-antigen 자가항원 명 자기 자신의 몸에서 만들어진 항원분자를 통틀어 이르는 말.

self-assembly 자기조립(自己組立) 명 여러 소단위들로 이루어지는 단백질 그리고 바이러스입자와 같은 고분자 복합체들이 다른 단백질의 도움이 없이 스스로 조립할 수 있는 능력. 많은 경우에서 정확한 자기조립과정은 생체 내에서 분자샤페론(molecular chaperone)으로 알려진 단백질에 의해 가능해진다.

self-fertile 자가수정의 형 자신의 수배우자에 의해 수정될 수 있는, 암수한몸의 동물들과 꽃들에 적용되는 말. ≒ **self-**

compatible.

self-fertilization 자가수정 동일한 개체에 있는 수배우자와 암배우자가 융합하는 것.

self-incompatible 자가불화합성 ⇨ self-sterile.

selfing 자가생식, 자가수정 명 자가수분 또는 자가수정.

selfish DNA 이기적 DNA DNA가 들어 있는 숙주격인 세포에서 식별할 수 있는 기능을 갖지 않는 DNA. 이들은 유전체 내에서 이들 자신의 내재적 특징에 의해 유지된다.

selfish gene 이기적 유전자(利己的遺傳子) 유전자는 본질적으로 자신을 복제하고 자신의 많은 복사본을 다음 세대에 전달하는 데 관심이 있고, 생물은 유전자가 이렇게 하는 방편으로 유전자를 나른다는 견해를 설명하기 위한 비유적 표현.

selfishness 이기심(利己心), 이기성(利己性) 명 사회생물학에서, 동일한 종에 속하는 다른 개체들의 유전적 적응도(genetic fitness)를 희생하면서 유전적 적응도 측면에서 개체에게 이득이 되는 행동.

self-MHC 자기MHC 어느 개체의 자신의 MHC(주조직적합성복합체)분자들.

self-pollination 자가수분(自家受粉), 제꽃가루받이 같은 꽃의 꽃밥에서 암술머리로 꽃가루립(화분립)이 전달되는 것.

self-replicating 자기복제의 자신의 복사본을 만들 수 있는 물체나 구조에 적용되는 말 또는 그와 관련된 말.

self-splicing introns 자가이어맞춤인트론 일부 RNA에서 단백질효소의 촉매가 없이 엑손(발현부위)들이 정확하게 결합되도록 하면서 자신을 절단할 수 있는 인트론(비발현부위).

self-sterile 자가불임(自家不稔)의 형 자신의 수배우자에 의해 수정이 되지 못하는, 암수한몸의 동물과 꽃에 적용되는 말.

self-tolerance 자기관용(自己寬容), 자체내성(自體耐性) 생물체가 자신의 몸을 구성하는 항원성분에 대해서 면역반응을 일으키지 않는 것.

sellaeform 안장모양의 형 안장(saddle)처럼 생긴. ≒ **selliform**.

sella turcica 안장, 터키안장 나비뼈(접형골)의 위쪽 표면에서 뇌하수체가 얹혀 있는 깊은 함몰부.

selva 셀바 명 열대우림.

SEM ⇨ scanning electron microscope.

semantic memory 의미기억 단어를 언제 또는 어디에서 알게 되었는지 기억하지 않고 그 의미를 아는 것과 같은 일반적인 기억.

semantide 정보분자 명 DNA와 RNA처럼 정보를 운반하는 분자.

sematectonic 형 물체를 이용한 의사소통에 적용되는 말.

sematic 경계색의 형 경고하는 색깔이나 냄새와 같이 위험신호의 기능을 하는, 경계무늬 등에 적용되는 말. ⇨ episematic, parasematic.

semelparity 1회결실 명 생물이 한꺼번에 모든 자손을 낳는 것. 형 **semelparous**. 비 iteroparity.

semen 정액(精液) 명 정소(testes)와 부속샘에서 분비되고 정자가 들어 있는 액체.

semi- '절반'을 뜻하는 라틴어 '*semi*'에서 유래되고, '절반' 또는 '부분적으로'를 의미하는 접두사.

semiamplexicaul 반포경(半抱莖)의 형 부분적으로 줄기를 둘러싸는.

semianatropous 반도생(半倒生)의 형 절반이 뒤집어진 밑씨를 가진.

semiarid regions 반건조지역 온대초원(스텝)이나 열대초원(사바나) 그리고 일부 농경지를 지탱할 수 있게끔 충분한 강우량(연간 280~400 mm)을 갖는 건조한 지역.

semiautonomous 반자율적(半自律的) 형 자신의 일부 단백질을 합성하도록 지시하는 DNA가 들어 있고 자기복제할 수 있는 엽록체와 미토콘드리아 등의 세포소기관들에 적용되는 말.

semicaudate 반꼬리형 형 제대로 발달하지 못한 꼬리를 가진.

semicells 반세포(半細胞) 명복 일부 녹조류에서 협부(isthmus)에 의해 서로 연결되는, 세포가 둘로 나뉜 반쪽들.

semicircular canals 반고리관 속귀에서 내림프(endolymph)로 채워진 반원형의 막으로 된 관. 몸의 위치를 감지하고 균형을 잡는 데 관여한다. 척추동물에는 3개의 반고리관이 있는데, 그 중 하나는 수직으로 나 있고 2개는 다소 수평이면서 서로 직각을 이루고 있으며, 이들 모두 기부에서 주머니처럼 생긴 타원주머니(utriculus)에 의해 서로 연결되어 있다. 각각의 관은 기부에 부풀어진 팽대부(ampulla)를 갖고, 그 안에는 몸의 움직임에 따라 이동하는 내림프를 감지하는 감각세포들이 들어 있다. 그 밖의 감각세포들은 중력 하에서 작은 석회질입자들의 움직임을 감지한다.

semiclasp 반파악기(半把握器) 명 어떤 수컷 곤충에서, 합쳐져서 파악기(clasper)를 형성할 수 있는 2개의 골돌기(apophysis) 가운데 하나.

semicomplete 불완전의 형 완전하지 못한, 탈바꿈(변태)에 적용되는 말.

semiconservative replication 반보존적 복제 2중가닥의 DNA가 스스로 복제하는 방식. 2중나선의 각 가닥이 새로운 가닥의 합성을 위한 주형(template)으로 작용한다.

semicylindrical 반원주형(半圓柱形) 형 한쪽은 둥글고 다른 쪽은 평평한, 잎에 적용되는 말.

semidominant 부분우성의, 불완전우성의 ⇨ co-dominant.

semifloret, semifloscule 명 국화과 식물의 꽃에서 끈(strap) 모양을 한 낱꽃.

semiherbaceous 반초본성(半草本性) 형 줄기의 아랫부분은 나무 같고 위쪽부분은 초본성인.

semilethal 반치사(半致死)의 형 (1) 완전히 치명적이 아닌; (2) 어떤 유전자를 갖는 개체의 50% 이상에서 죽음을 일으키는 유전자에 적용되는 말.

semiligneous 부분목질(部分木質)의 형 기부 부근에서만 목질의 줄기를 갖고 부분적으로 목질화된.

semilocular 불완전방실(不完全房室)의 형 불완전한 방실(loculus)을 갖는 씨방에 적용되는 말.

semilunar 반달모양의, 반월형(半月形) 형 (1) 반달처럼 생긴, 목동맥, 무릎의 섬유연골, 신경절, 근막, 소뇌엽, 판 등의 가지들에 적용되는 말; (2) 팔꿈치머리(olecranon)와 자뼈의 구상돌기(coronoid process) 사이의 구불구불한 패임(notch)에 적용되는 말; (3) 명 **월상골(月狀骨)** 손목뼈.

semimembranosus 반막모양근 명 위쪽 맨 끝에 평평한 막 같은 힘줄이 있는 넓적다리 근육.

semimetamorphosis 반탈바꿈, 반변태(半變態) 명 부분적인 탈바꿈 또는 불완전한 탈바꿈.

seminal 정액의 형 [동] 정액(semen)과 관련된 말.

seminal fluid 정액(精液) 포유동물의 정액주머니와 전립샘에서 분비되는 정액(semen)의 액체 성분.

seminal funnel 정액깔때기 빈모류의 정

관(vasa deferentia)에 있는 내부 구멍.

seminal receptacle 수정낭 ⇨ spermatheca.

seminal root 씨뿌리 종자의 배뿌리(radicle)에서 발달하는 최초로 형성되는 뿌리.

seminal vesicle 정액주머니, 정낭(精囊) (1) 포유동물 수컷에서 정액의 알칼리성 액체성분을 분비하는 한 쌍의 샘 가운데 하나; (2) 일부 무척추동물과 하등척추동물에서 정자를 저장하는 기관.

semination 종자확산, 정자방출 명 (1) 종자가 확산되는 것; (2) 정액이 배출되는 것.

seminiferous 수정(輸精)의, 종자의 형 (1) 정액을 분비하거나 운반하는; (2) 종자가 있는.

seminiferous tubules 세정관(細精管) 포유동물의 정소에서 정자가 만들어지는 길고 단단히 감긴 세관.

seminude 겉씨의 형 노출된 밑씨 또는 씨앗을 가진.

seminymph 반약충(半若蟲) 명 곤충의 발생에서 완전탈바꿈에 접근하는 단계.

semiorbicular 반원형, 반구형 형 반원형 또는 반구형의.

semiotics 기호학(記號學) 명 의사소통을 연구하는 것.

semiovate 편측난형(片側卵形)의 형 절반이 난형이거나 어느 정도 난형인.

semioviparous 반난생(半卵生)의 형 새끼들이 태어날 때 완전히 발달하지 않는 유대류처럼 난생(oviparous)과 태생(viviparous)의 중간인.

semiovoid 반난형(半卵形)의 형 모양이 어느 정도 난형인.

semipalmate 반물갈퀴발의 형 물갈퀴가 발가락 사이에 약간만 붙어 있는.

semiparasite 반기생식물(半寄生植物) 명 영양소의 일부만을 숙주로부터 얻고 어느 정도 광합성 능력을 갖는 식물.

semipenniform 편측익상(片側翼狀)의 형 깃털의 반쪽 측면과 비슷한 모양을 갖는 어떤 근육에 적용되는 말.

semipermeable 반투과성(半透過性)의 형 (1) 어떤 물질은 투과시키지만 다른 물질은 투과시키지 않는 부분적으로 투과성인; (2) 용매, 특히 물은 투과시키지만 용질은 그렇지 않는 막(반투막)에 적용되는 말.

semiplacenta 반태반(半胎盤) 명 탈락막이 없는 태반.

semiplume 반깃털 명 보통의 깃축(shaft)을 갖지만 솜털이 뒤덮인 깃털.

semipupa 반번데기 ⇨ coarctate pupa.

semirecondite 형 곤충이 머리를 가슴에 숨기듯이 절반쯤 감춰진.

semisagittate 반화살형의 형 모양이 화살촉의 반쪽과 비슷한.

semisaprophyte 반부생식물(半腐生植物) 명 부분적으로 부생생활을 하는 식물.

semisocial insects 반사회성 곤충 새끼들을 협동해서 돌보고 별도의 불임성 일꾼계급이 있지만 새끼들을 돌보는 세대가 겹치지 않는 사회성 곤충. 비 eusocial insects.

semispecies 반종(半種) 명 특히 지리적 격리에 의해 생긴, 종(species)과 아종(subspecies) 사이의 중간적인 분류군.

semispinalis 반가시근 명 척주의 양측에 있는 등과 목의 근육.

semistreptostylic 형 (1) monimostylic과 streptostylic의 사이인; (2) 약간 움직일 수 있는 방형골(quadrate)을 가진.

semitendinosus 반힘줄근 명 궁둥뼈의 결절에서 시작하여 정강뼈까지 뻗어 있는 넓적다리의 등 쪽 근육.

semitendinous 반힘줄의 명 반힘줄의(half-tendinous).

semituberous 형 어느 정도 덩이줄기

같은 뿌리를 가진.

Sendai virus 센다이바이러스 파라믹소바이러스과(Paramyxoviridae)의 껍질이 있는 RNA바이러스. 바이러스막과 세포막의 융합에 의해 세포로 들어가며, 한편으로 세포융합능을 갖는다.

senescence 노화(老化) 명 (1) 연령이 증가하는 것; (2) 결국 죽음에 이르게 하는 복합적인 노화현상(ageing process). 형 **senescent**.

senile plaque 노인성 반점(老人性斑點) 알츠하이머병 환자의 뇌에서 복합단백질성 물질인 아밀로이드가 비정상적적으로 침착되고 신경이 파괴된 부위.

senility 노쇠(老衰) 명 노령(old age)으로 인한 퇴화.

sense organ 감각기관 눈이나 귀처럼 외부 자극을 받아들이는 기관. ≒ receptor.

sense strand 전사가닥 2중가닥DNA에서, DNA로부터 전사되는 RNA와 같은 염기순서를 갖는 DNA가닥. ≒ coding strand.

sensile 형 감각에 영향을 미칠 수 있는.

sensilla, sensillum 감각기(感覺器) 명 보통 가시나 털 또는 못 같은 구조의 형태로 나타나는 무척추동물의 작은 감각기관. 복 **sensillae, sensilla**.

sensitive 민감한, 감수성의 명 (1) 외부의 대상으로부터 오는 인상을 받을 수 있는; (2) 자극에 반응하는.

sensitive period 감수기(感受期) 생물의 발달과정에서 특정한 경험이나 처리에 의해 영구히 변할 수 있는 시기.

sensitization 민감화(敏感化), 감작(感作) 명 (1) 동물이나 사람이 항원을 두 번째로 접할 때에 강화된 면역반응이나 경우에 따라서는 알레르기반응을 일으키는 상태. ⇨ hypersensitivity; (2) 되풀이하여 약을 투여하면 약에 대한 반응이 증가하는 것; (3) 대단히 강한 자극이나 고통스러운 자극을 접한 다음에 생물이 대부분의 자극에 대해 더욱 민감해지는 비연합학습(non-associative learning)의 한 종류.

sensor protein 센서단백질 세균의 2성분(two-component) 신호전달계의 요소 가운데 하나. 외부의 신호에 반응하여 자신이 인산화된 다음 포스포릴기를 반응조절단백질(response regulator protein)에 전달하는 단백질인산화효소이다.

sensory 감각의, 감각성의 형 (1) 외부 또는 내부 환경에서 오는 자극을 수용하거나 처리하는 것과 관련된 말; (2) 감각의 또는 감각과 관계가 있는.

sensory cortex 감각피질 뇌의 피질에서 감각신호를 수용하고 초기에 분석하는 부위. 시각피질, 청각피질, 후각피질, 체성감각피질 등이 그 예가 된다.

sensory neuron 감각뉴런 감각기관이나 감각수용기로부터 중추신경계로 흥분을 전도하는 신경세포.

sensory receptor 감각수용기 빛, 진동, 기계적 변형 또는 열과 같은 자극에 반응하고 그 신호를 중추신경계로 전도하게끔 특수화된 세포 또는 세포의 부분을 통틀어 이르는 말.

sensory transduction 감각전환 감각수용기로부터 중추신경계로 자극을 전달하는 것.

***sensu lato* 광의(廣義)의** 넓은 의미에서.

***sensu stricto* 협의(狹義)의** 엄격한 의미에서.

sentient 지각이 있는 형 (1) 감각을 통해 인지할 수 있는; (2) 의식이 있는.

sepal 꽃받침조각, 악편(萼片) 명 꽃의 꽃받침(calyx)이나 화피편(perianth segment)의 바깥 줄을 이루는 변형된 잎. 대체로 녹색을 띠며, 때로는 꽃잎과 색깔이 같고 꽃잎과 비슷한 모양을 하기도 한다. (⇨

S

그림 18)

sepaline, sepaloid 꽃받침조각모양의, 악편상(萼片狀) 형 꽃받침조각과 비슷한.

sepalled 형 꽃받침조각들을 가진.

sepalody 악편화(萼片化) 명 꽃의 다른 부분들이 꽃받침조각으로 전환되는 것.

sepalous 형 꽃받침조각들을 가진.

separation layer 이층(離層) ⇨ abscission layer.

sepia 먹물 명 갑오징어(*Sepia*)가 위협을 받을 때 포식자의 주의를 딴 데로 돌리게끔 내뿜는 갈색의 '잉크'.

sepiapterin 세피아프테린 명 어떤 곤충에서 눈의 색소인 드로소프테린(drosopterin)을 형성하는 중간물질로 여겨지는 노란색의 프테리딘(pteridine) 색소.

sepicolous 형 산울타리(hedge)에서 사는.

sepiment 칸막이 명 칸막이(partition).

sepion 명 갑오징어의 석회질로 된 껍질.

sepsis 패혈증(敗血症) 명 혈류의 감염.

septa 'septum'의 복수형.

septal 격벽(隔壁)의, 울타리의 형 (1) 격벽(septum)과 관련된 말; (2) 산울타리(hedgerow)와 관련된, 식물상에 적용되는 말.

septal complex 중격복합체 해마(hippocampus)의 형성에 피질하부가 투입되는 뇌의 부위.

septal neck 누두경 두족류 앵무조개속(*Nautilus*)에서, 뿔관(siphuncle)을 지탱하기 위해 각 격벽에서 약간 거리를 두고 이어진 관.

septate 격벽성 형 칸막이, 즉 격벽(septum)에 의해 나뉜.

septate junction 격벽접합(隔壁接合) 곤충의 세포들에서 볼 수 있는 세포간 결합 양식의 일종. 전자현미경으로 관찰하면 사다리 같은 모양 또는 벌집 모양으로 나타난다.

septempartite 7심렬의 형 일곱 가닥으로 거의 기부까지 갈라진 잎에 적용되는 말.

septenate 7부분의 형 7개의 부분들을 가진.

septibranch 격새(隔鰓)의 형 연체동물 2매패류에서 가로 놓인 근육질의 격막으로 변형된 작은 아가미에 적용되는 말.

septic 패혈(증)의 형 패혈증(sepsis)과 관련된 말.

septicaemia 패혈증(敗血症) 명 혈류의 감염.

septicidal 포간열개(胞間裂開)의, 격벽분열(隔壁分裂)의 형 (1) 씨방 격벽의 중앙을 따라 갈라지는; (2) 격벽에서 터져 벌어지는, 열매에 적용되는 말.

septic shock 패혈쇼크 혈류의 감염에 의해 나타나는 전신의 쇼크 상태. TNF-α의 활성화를 유발한다.

septiferous 격벽성 형 격벽을 가진.

septifolious 7엽성 형 7개의 잎 또는 작은 잎(소엽)을 가진.

septiform 격벽모양의 형 격벽의 모양을 가진.

septifragal 포축열개(胞軸裂開)의 형 포간열개(septicidal dehiscence)와 비슷하게 갈라지지만 격벽이 찢어지고 태좌와 씨앗들이 중앙에 남는.

septomaxillary 사이막위턱의 형 (1) 위턱뼈와 코사이막에 관련된 말; (2) 많은 양서류와 파충류 그리고 일부 새의 작은 뼈에 적용되는 말.

septonasal 코중격의 형 콧구멍들 사이의 내부 사이막과 관련된 말.

septulum 소중격(小中隔), 작은사이막 명 작거나 2차적인 격벽. 형 **septulate**.

septum 격막(膈膜), 격벽(隔壁), 사이막 명 열매, 격실구조를 갖는 껍질, 곰팡이 균

S

사, 산호, 심장, 코, 혀 등에서 볼 수 있는 것과 같이 2개의 공간이나 조직덩어리를 분리하는 칸막이. 복 **septa**.

septum lucidum 투명사이막, 투명중격 뇌들보(뇌량)와 뇌활(원개)의 사이에 있는 대뇌반구의 얇은 내부 벽. ≒ **septum pellucidum**.

septum narium 코사이막, 코중격 콧구멍들 사이의 격벽.

septum transversum 가로사이막, 횡중격 (1) 태아의 횡격막; (2) 반고리관의 팽대부(ampulla) 안에 있는 능선.

sequenator 서열분석기(序列分析器) 명 단백질의 아미노산서열을 자동으로 결정하는 장치.

sequence 순서, 서열 ⇨ DNA sequence, protein sequence.

sequence alignment 서열정렬 ⇨ alignment.

sequence-tagged site (STS) 꼬리표순서부위, 순서표지부위 유전체 내에서 그 위치가 알려져 있고 유전체의 지도를 작성할 때 랜드마크로 이용되는 짧은 DNA 서열.

Ser ⇨ serine.

SER 활면소포체(smooth endoplasmic reticulum). ⇨ endoplasmic reticulum.

sera 'serum'의 복수형.

seral 천이의, 혈청의 형 (1) 천이계열(sere)과 관련된 말; (2) 극상에 도달하기 전의 식물군집에 적용되는 말; (3) 혈청(blood serum)과 관련된 말.

sere 천이계열(遷移系列) 명 (1) 식물군집에서 일어나는 천이(succession)의 계열; (2) 천이의 단계.

serial analysis of gene expression (SAGE) 세이지 다중RNA전사물의 존재를 결정하는 DNA미세배열(DNA microarray)의 다른 방법.

serial endosymbiosis theory 단계적 세포공생기원설 미토콘드리아와 엽록체, 그리고 어쩌면 진핵세포의 일부 다른 세포소기관들이 세포내 공생미생물에서 기원되었다는 견해. 지금은 널리 받아들여지고 있다. 미토콘드리아가 먼저 나타났고, 엽록체는 나중에 조류와 식물로 진화하는 계열에서만 나타났다.

seriate 열상(列狀) 형 줄이나 계열로 배열된.

sericate, sericeous 비단같은, 견모(絹毛)의 형 (1) 납작하게 눌린 가는 털들로 덮인; (2) 비단 같은.

serine (Ser, S) 세린 명 지방족의 히드록실 곁사슬을 갖는 아미노산(β-hydroxyalanine). 사람의 비필수아미노산이고 단백질을 구성하는 성분이며, 포스파티드(phosphatide) 합성에서 중요한 중간물질이다.

serine peptidase, serine protease, serine proteinase 세린(계)펩티드가수분해효소, 세린(계)단백질가수분해효소 히스티딘과 활성부위에서 촉매작용을 하는 세린잔기가 있는 단백질가수분해효소. 키모트립신(chymotrypsin), 엘라스타아제(elastase), 서브틸리신(subtilisin)이 그 예가 된다.

serine/threonine protein kinase 세린/트레오닌단백질인산화효소 ⇨ protein serine/threonine kinase.

serine/threonine protein phosphatase 세린/트레오닌단백질인산가수분해효소 ⇨ protein serine/threonine phosphatase.

seroconversion 혈청변환, 혈청전환 명 감염과정에서 감염인자에 대응하는 항체가 혈액에서 처음으로 발견되는 데까지의 시간.

serodeme 세로뎀 명 면역학적 기준에서 서로 다른, 즉 서로 다른 표면항원을 갖는

S

기생생물 등의 최소교배단위(deme).

serological 혈청학적 형 (1) 혈청학(serology)과 관련된 말; (2) 세균이나 바이러스 또는 조직적합성 항원 따위의 특징을 나타낼 때 직접적인 생화학적, 유전학적 또는 분자생물학적 조사와 달리 특이적 항혈청(antoserum)을 이용하는 조사에 적용되는 말.

serology 혈청학(血淸學) 명 면역혈청(immune serum)을 연구하고 병원체나 항원 또는 세포의 특징을 나타낼 때 항혈청을 이용하는 것.

serosa 장막(漿膜) 명 (1) 복막강, 흉막강 및 위심강의 안쪽을 덮고 미세한 막으로 내장의 위로 뻗는 막; (2) 위양막(false amnion) 또는 양막주름(amniotic fold)의 바깥층; (3) 곤충의 유충을 둘러싸는 외막. 형 **serosal**.

serosity 장액성(漿液性) 명 (1) 동물 체액의 물 같은 부분; (2) 장액이 되는 상태.

serotinal, serotinous 만성(晩成)의, 늦여름의 형 (1) 철늦게 나타나거나 꽃이 피는; (2) 늦여름과 관련된 말; (3) 저녁 늦게 나르는, 박쥐에 적용되는 말.

serotonergic 세로토닌(작동)성의 형 신경전달물질 세로토닌(5-히드록시트립타민)을 방출하는 뉴런에 적용되는 말.

serotonin 세로토닌 ⇨ 5-hydroxytryptamine.

serotype 혈청형(血淸型) 명 세포에 존재하는 항원의 종류에 따라 종, 특히 세균이나 바이러스를 세분한 것.

serous 묽은, 혈청의 형 (1) 물 같은; (2) 혈청(serum)이나 그 밖의 물 같은 액체와 관련된 말.

serous membrane 장막(漿膜) 몸에서 일부 체강의 안쪽을 덮고 장간막(mesentery)으로 내장의 외면을 덮는 결합조직으로 된 얇은 막.

Serpentes 뱀아목 명 뱀들이 포함되는 파충류의 아목.

serpin 세르핀 명 단백질가수분해효소를 억제하는 α_1-항트립신(α_1-antitrypsin)과 같은 단백질들의 구조적으로 연관된 패밀리.

serra 톱니, 거치(鋸齒) 명 톱처럼 생긴 구조를 통틀어 이르는 말.

serrate 톱니형 형 톱니 모양의.

serrate-ciliate 세모상거치(細毛狀鋸齒)의 형 톱니 같은 가장자리에 술처럼 털들이 있는, 잎에 적용되는 말.

serrate-dentate 치상거치(齒狀鋸齒)의 형 톱니 모양의 가장자리들 자체가 이빨 모양인, 잎에 적용되는 말.

serratiform 톱니형 형 톱니 모양의.

serration 톱니, 거치(鋸齒) 명 잎의 가장자리에서 볼 수 있는 것과 같은 일련의 톱 같은 패임.

serratirostral 톱니부리의 형 톱니 모양의 부리를 갖는, 새들에 적용되는 말.

serratodenticulate 치상거치(齒狀鋸齒)의 형 많은 이빨처럼 생긴 톱니를 가진.

serratulate 작은톱니형, 세거치(細鋸齒)의 ⇨ serrulate.

serrature 톱날흔적 명 (1) 톱날 모양으로 패인 것; (2) 톱니(serration).

serratus anterior 앞톱니근, serratus magnus 큰톱니근 위갈비뼈부터 어깨뼈까지 뻗어 있는 근육. 각각 '전거근'과 '대거근'이라고도 한다.

serratus posterior 뒤톱니근 가슴에 있는 2개의 얇은 근육인 위뒤톱니근(serratus posterior superior)과 아래뒤톱니근(serratus posterior inferior). 호흡을 도와주는 구실을 하며, 각각 뒤로 앞갈비뼈까지 그리고 앞으로 뒤갈비뼈까지 뻗는다.

serriferous 톱니성 형 톱 같은 기관이나 부분을 가진.

serriform 톱니형 형 톱니 모양의.

serriped 톱니발의 형 톱니 모양의 발을 가진.

serrula 톱니, 세룰라 명 (1) 일부 거미류의 집게발(chelicera)에 있는 빗처럼 생긴 능선; (2) 바다맨드라미류에서 플라눌라(planula) 유생에 앞선 시기인 자유로이 유영하는 유충.

serrulate 작은톱니형, 세거치의 형 가는 톱니형의.

serrulation 작은톱니, 세거치(細鋸齒) 명 가는 톱니들.

Sertoli cell 세르톨리세포 정소의 내벽을 이루는 상피의 큰 세포. 발생 중인 정자들의 무리와 연결되어 있고, 영양세포(nurse cell)로 작용한다.

serule 미소천이계열 명 (1) 작은 천이계열; (2) 중요하지 않은 생물들의 천이.

serum 혈청(血淸) 명 (1) 혈액에서 세포들과 섬유소원(fibrinogen)을 제거한 후에 남는 액체성분; (2) 항혈청(antiserum). ≒ **sera**.

serum albumin 혈청알부민 혈장에 풍부하게 들어 있는 저분자 단백질. 혈장에서 삼투조절과 대사산물의 수송에 관여한다.

serum-responsive element 혈청반응인자 ⇨ SRE.

sesamoid 종자(種子)의 형 무릎뼈와 같이 힘줄 속에서 발생하고 관절 부근에 있는 뼈(종자뼈)에 적용되는 말.

sesamoidal 종자뼈의 형 종자뼈(sesamoid bone)와 관련된 말.

sessile 자루없는, 고착성의 형 (1) 자루나 꽃자루에 달리지 않고 기부에 직접 붙는, 꽃과 잎 따위에 적용되는 말; (2) 자유생활을 하거나 운동성이 아니라 부착하거나 움직이지 않는, 어떤 원생동물 따위에 적용되는 말.

seston 세스톤 명 (1) 미소플랑크톤(microplankton); (2) 물속에서 부유하거나 유영하는 모든 생명체나 비생명체.

seta 센털, 강모(剛毛) 명 (1) 다모류와 빈모류, 곤충 따위의 많은 무척추동물의 체표에 생기는 키틴질의 털이나 강모(bristle), ≒ chaeta; (2) 사슬 구조를 이루는 어떤 돌말류에서 돌말류들이 서로 연결되도록 각 세포에서 나오는 키틴질의 가는 돌기물; (3) 이끼류와 우산이끼류에서 깍지가 달리는 자루; (4) 일부 곰팡이의 자실체에 달리는 강모와 같은 털. 복 **setae**.

setaceous 강모의 형 (1) 강모(bristle)와 같은; (2) 강모가 있는.

setiferous, setigerous 강모달린 형 강모가 있는.

setiform 강모모양의 형 강모처럼 생긴, 매우 가늘고 빽빽이 놓인 이(teeth)에 적용되는 말.

setigerous sac 강모주머니 모족류(Chaetopoda)의 옆다리에서 표피의 함입으로 생기는, 강모의 다발이 들어 있는 주머니.

setiparous 강모생성의 형 강모를 형성하는.

setirostral 센털부리의 형 부리에 센털이 달린 새들에 적용되는 말.

setobranchia 센털아가미 명 갑각류의 일부 십각류에서 아가미에 붙어 있는 강모의 다발.

set of chromosomes 염색체모듬 어느 생물에 들어 있는 염색체의 반수체모듬.

setose 강모의 형 뻣뻣한 털이 많은.

setula, setule 작은센털, 세모(細毛) 명 실 같은 털이나 강모. 형 **setuliform**.

setulose 세모달린 형 작은 센털이 있는.

severe acute respiratory syndrome (SARS) 사스, 중증급성호흡기증후군 코로나바이러스에 기인하는, 사망을 초래할 수 있는 호흡기질환. 2002년에 중국에서 처음 발생하여 세계의 다른 국가들로 급속하게 확산되었다.

severe combined immunodeficiency (SCID) 중증복합면역결핍증 면역체계의 결핍에 따른, 사망을 초래할 수 있는 유전병. T세포와 B세포의 면역반응이 모두 나타나지 않는다.

sewage fungus 하수진균(下水眞菌) 유기물로 심하게 오염된 물에서 흔히 나타나는 옅은 색의 점액질. 강이나 연못의 바닥에 부착하여 점액질이나 솜털 같이 진균 모양으로 자란 것이다. 사상 세균과 주글로에아(zoogloea) 세균들이 우점하는 미생물들의 특징적 군집으로 구성되지만, 곰팡이와 원생동물 역시 포함된다.

Sewall Wright effect 시월라이트효과 ⇨ genetic drift.

sex 성(性) 명 식물이나 동물을 수컷이나 암컷으로 분류하는 특징, 구조, 특성 및 기능의 총합. 어떤 동물은 전적으로 유전에 의해 성이 결정되지만, 다른 동물에서는 환경조건에 응하여 성이 변할 수 있다.

sex cell 성세포 ⇨ gamete.

sex-chromatin body 성염색질체 ⇨ Barr body.

sex chromosome 성염색체 사람의 X와 Y염색체처럼, 성(sex)의 어느 한쪽에서 비상동접합을 이루는 염색체들. 이들이 있거나 없거나 또는 특정한 유형이 성을 결정할 수 있다.

sex comb 성즐(性櫛) 어떤 곤충의 수컷에서 첫 번째 다리의 발목마디(tarsus)에 한 줄로 늘어선 강모들.

sex-conditioned trait 성조건형질 ⇨ sex-influenced trait.

sex-controlled genes 성지배유전자 암수 모두에 들어 있고 발현되지만 암컷과 수컷에서 서로 다르게 특징을 드러내는 유전자들.

sex cords 성기삭(性器索) 발생 중인 생식샘의 생식상피(germinal epithelium)가 증식한 구조. 이로부터 세정관(seminiferous tubule)이나 난소의 수삭(medullary cord)이 생긴다.

sex determination 성결정(性決定) 동물의 성을 결정짓는 다양한 방법들을 통틀어 이르는 말. 많은 동물에서 성은 유전적으로, 즉 어떤 성염색체를 갖는지에 따라 결정되거나, 또는 벌의 경우와 같이 개체가 반수체인지 또는 2배체인지에 따라 결정된다. 그렇지만 일부 어류와 같은 다른 동물에서는 온도와 같은 환경조건에 따라 성이 결정된다.

sex differentiation 성분화(性分化) (1) 배우자들이 암수로 분화되는 것; (2) 생물체가 여러 다른 생식기관을 갖는 종류들로 분화되는 것.

sexdigitate 6지(六指)의 형 6개의 손가락이나 발가락을 가진.

sexduction 반성도입(伴性導入) 명 세균에서, 어느 세균이 다른 세균에 염색체외 DNA의 전달가능한 조각인 F인자(fertility factor)를 부착시켜 유전자를 전달하는 것.

sex factors 성인자(性因子) 세균에서 접합을 유도하고 플라스미드 자신과 염색체의 유전자를 전달할 수 있는 플라스미드의 클래스. F인자, 일부 콜리신(colicin) 플라스미드 및 일부 R인자가 포함된다.

sexfid 6렬의 형 꽃받침과 같이 6개의 부분들로 갈라진.

sexfoil 6엽식(六葉飾) 명 축의 주위에 6개의 잎 또는 작은 잎들이 무리지은 것.

sex gland 성샘 ⇨ gonad.

sex hormones 성호르몬 주로 에스트로겐(oestrogen), 안드로겐(androgen) 및 생식샘자극호르몬(gonadotropin)을 이

르는 말.

sex-influenced trait 종성형질(從性形質) 개체의 성에 의해 발현이 영향을 받는 표현형질. 남성에서는 대립유전자가 우성이지만 여성에서는 열성인 대머리의 멘델 형질이 그 예가 된다. ≒ sex-conditioned trait.

sex-limited trait 한성형질(限性形質) 오직 한쪽 성에서만 발현되는 표현형질.

sex linkage 성연관(性聯關) 유전자가 성염색체 상에 있는 상태.

sex-linked 반성(伴性)의, 성연관(性聯關)의 형 (1) 어느 한쪽의 성염색체(예: X 또는 Y) 상에 있는 유전자(반성유전자)에 적용되는 말; (2) 오직 한쪽 성에서만 발현되는 유전형질에 적용되는 말.

sex mosaic 성모자이크 (1) 간성(intersex); (2) 암수모자이크(gynandromorph).

sex pilus 성선모 ⇨ F pilus.

sex ratio 성비(性比) 개체군 내에서 암컷(여성)에 대한 수컷(남성)의 비율. 암컷 100개체 또는 100개체의 출생에 대한 수컷의 수로 나타내거나 개체군 내에서의 수컷의 백분율로 나타낸다.

sex reversal, sex transformation 성전환(性轉換) 자연적으로나 병적으로 또는 인위적으로 유도되는, 어느 한쪽 성의 개체가 다른 성으로 바뀌는 것.

sexual 성적(性的) 형 (1) 성(sex)과 관련된 말; (2) 배우자들이 융합하여 접합자를 만드는 모든 종류의 생식(유성생식)과 관련된 말.

sexual cell 성세포(性細胞) 배우자(gamete) 또는 배우자가 생기는 세포.

sexual coloration 성채색(性彩色) 번식기 동안에 드러내는 색깔. 번식기 이외의 시기에는 드러내지 않고, 보통 두 성에서 다르게 나타난다.

sexual cycle 성주기(性週期) (1) 월경주기(menstrual cycle); (2) 발정주기(oestrus cycle).

sexual dimorphism 성적 이형(性的異形) 어느 종의 암컷과 수컷 간에서 나타나는 모양, 크기, 형태, 색깔 등의 현저한 차이.

sexual imprinting 성적 인상찍히기 성체에서 교배우선권(mating preference)에 영향을 미치는 인상찍히기(imprinting).

sexual reproduction 유성생식(有性生殖) 두 가지 다른 종류의 배우자들이 만들어지고 이들이 융합하여 접합자가 형성되는 생식. 일반적으로 양친형과 다르고 서로 다른 유전적 구조를 갖는 자손들이 만들어진다.

sexual selection 성선택(性選擇) 서로 다른 유전형을 갖는 개체들의 짝을 얻는 능력이 차이를 나타내고 따라서 어떤 특징들이 다음 세대로 차별적으로 전달되는 것. 새의 선명한 깃털이나 꼬리의 길이와 같이 밖으로 드러나는 일부 특징에 의거하여 암컷과 수컷 간에서 선택이 이루어지고, 같은 성의 개체들 간에서 경쟁이 일어난다.

SH2 domain SH2영역 많은 세포내 신호전달단백질들에 들어 있는 단백질영역(Src homology region 2). 인산화티로신 잔기를 포함하는 짧은 아미노산서열과 결합한다.

SH3 domain SH3영역 많은 세포내 신호전달단백질들에 들어 있는 단백질영역(Src homology region 3). 프롤린 잔기들이 풍부한 짧은 아미노산서열과 결합한다.

shadowing 투영법(投影法), 그림자내기법 명 전자현미경 관찰을 위한 시료제작법의 하나. 일정 방향의 어떤 각도로 전자산란력이 강한 중금속 증기를 불어 시료의 표면에 두께가 다른 증착막이 생기게 하는 방법이다.

shaft 축, 깃축, 줄기 명 (1) 깃털이나 털의 자루; (2) 긴 뼈의 똑바른 원통형 부분.

sheath 껍질, 초(鞘) 명 (1) 보호성 외피; (2) 막 또는 피각(theca); (3) 줄기나 간(culm)을 감싸는 잎의 아랫부분; (4) 곤충의 겉날개(elytron).

β-sheet β-병풍구조 폴리펩티드사슬이 접히고 가닥들이 서로 나란히 놓이는, 많은 단백질에서 흔하게 나타나는 2차구조. ≒ β-pleated sheet. ⇨ antiparallel β-sheet, parallel β-sheet.

sheet erosion 판상침식(板狀侵蝕) 큰비로 넓은 면적에 걸친 표토(topsoil)가 제거되는 것. '포상침식' 또는 '표층침식'이라고도 한다.

shell 껍질, 껍데기, 패각(貝殼) 명 (1) 알이나 동물 또는 열매의 단단한 외부 껍질; (2) 석회질, 규산질, 골질, 각질 또는 키틴질의 외피.

shell gland, shell sac 껍질샘, 난각샘 껍데기를 형성하는 물질이 분비되는 기관.

shield 방패, 피부판 명 (1) ⇨ carapace; (2) ⇨ clypeus; (3) ⇨ scutellum; (4) ⇨ scutum; (5) [식] 지의류의 엽상체에 달리는 판 모양의 자낭과(ascocarp) 또는 자낭반(apothecium).

shikimic acid, shikimate 시킴산 방향족의 카르복실산. 미생물에서 방향족 아미노산이 합성되는 중간물질이다.

Shine-Dalgarno sequence 샤인-달가르노순서 세균의 mRNA 상에서 개시코돈의 앞에 존재하는 순서. mRNA가 리보솜에 부착하는 부위가 된다.

shipworm 배좀벌레조개 명 벌레 같은 모양을 하는 2매패류 연체동물. 껍데기가 매우 축소되었고, 목질 구조물에 구멍을 뚫고 들어가 산다.

shivering 떨림 명 많은 동물에서 볼 수 있는 열을 생산하는 메커니즘. 새들과 포유동물은 차가운 조건에서 체온을 유지하는 보호 작용으로 이용한다.

shoot 어린싹, 새가지 명 (1) 관다발식물에서 어린눈(plumule)에서 나오고 줄기와 잎으로 되는 부분; (2) 식물에서 싹이 돋는 가지.

shoot apical meristem 줄기정단분열조직 줄기의 꼭대기에서 분화되지 않은 상태로 분열하는 세포들의 무리. 이곳으로부터 줄기의 생장이 이루어진다.

shore 연안 ⇨ seashore.

short-day plants 단일식물(短日植物) 낮의 길이가 일정 시간보다 짧아야 꽃이 피는 식물. 이들 식물은 대체로 이른 봄이나 가을에 꽃이 핀다. 일정 시간 이상의 암기가 중요한 요인이 된다. 비 long-day plants, day-neutral plants.

short-germ development 단배발생(短胚發生) 일부 곤충의 발생양식. 대부분의 체절들이 생장에 의해 순차적으로 형성되고, 배반엽(blastoderm) 자체는 앞쪽의 체절들만 생기게 한다.

short-grass community 단초군집(短草群集) 건조한 지방의 척박한 토양에서 발달하는 초지의 일종. 60 cm 미만의 벼과 초본들과 작은 초본식물들로 구성된다.

short-horned flies 단각류 ⇨ Brachycera.

short-horned grasshoppers 짧은뿔메뚜기류 ⇨ Acrididae.

short interspersed element (SINE) 짧은고반복염기순서 포유동물의 유전체에서 여러 번 반복하는 짧은 염기순서. 알루(Alu)순서가 대표적인 예이다. 짧은고반복염기순서들은 RNA유래전이인자(retrotransposon)로 간주된다.

short period interspersion 단기배합 진핵생물의 유전체에서 평균 길이 300 염기쌍(bp)의 적당히 반복되는 DNA염기순서들과 약 800~1500 염기쌍의 범위를 갖는 비반복염기순서들이 번갈아 나오는 염기순서배열의 일종.

short-term memory (STM) 단기기억 (1) 정보를 받은 후에 몇 초 또는 몇 분간 지속되는, 행동의 기초가 되는 기억처리; (2) 그러한 정보를 기억해 내는 행동. 비 long-term memory.

shotgun cloning 산탄식 클로닝 전체 유전체를 임의로 절단하고 각각의 절편들을 클로닝하는 것.

shotgun sequencing 산탄식 염기순서결정 DNA의 염기순서를 결정할 때 DNA를 무작위로 절단하고 절편들의 염기순서를 결정한 다음에 그 순서들을 바른 순서대로 조립하는 방법.

shrub 관목(灌木), 떨기나무 명 대체로 높이가 6 m를 넘지 않는 낮게 자라는 목본식물. 나무의 몸통이 없고 기부에서 가지를 친다.

shrub layer 관목층(灌木層) 식물군집에서 관목들로 구성되는 수평적 생태층. 초본층의 위에 있고 교목층의 아래에 발달한다. ≒ bush layer.

shuttle vector 유전자운반체, 셔틀벡터 대장균(*E. coli*)과 효모와 같은 두 종류의 다른 생물에서 복제될 수 있는 클론벡터.

sialic 타액의 형 침(saliva)과 관련된 말.

sialic acid, sialate 시알산 뉴라민산의 *N*-아세틸 유도체를 통틀어 이르는 말. 많은 당단백질과 강글리오시드(ganglioside)에서 발견된다.

sialidase 시알리다아제 명 다당류, 당단백질, 당지질과 그 밖의 분자들에 작용하여 글리코시드결합을 가수분해하여 시알산을 유리하는 효소. ⇨ neuraminidase. EC 3.2.1.18.

sialoid 타액모양의 형 침(saliva)과 비슷한.

Siberian subregion 시베리아동물아구 구북구(Palaearctic region)의 일부인 동물지리구. 서쪽으로 우랄 산맥까지, 남쪽으로 히말라야 산맥까지 그리고 동쪽으로 중국 서부까지의 아시아로 이뤄진다.

siblings 형제자매 명복 같은 어버이들의 자손들. ≒ sibs.

sibling species 자매종(姉妹種) 서로 교배되지 않지만 형태적인 특징만으로는 서로 구분하기가 어려운 종.

sibmating 형매교배(兄妹交配) 명 형제자매들(siblings) 간의 교배.

sibs 형제자매 ⇨ siblings.

sibship 형제자매관계 명 같은 어버이들의 자손들을 집합적으로 부르는 말.

siccicolous 건생(乾生)의 형 건조에 내성을 가진.

siccous 건조한 형 즙(juice)이 별로 없거나 전혀 없이 마른 상태의.

sickle-cell anaemia 낫형 적혈구빈혈증 β글로빈 유전자의 돌연변이의 결과로 일어나는 유전적 질환. '겸상(鎌狀)적혈구빈혈증'이라고도 한다. 비정상적인 헤모글로빈이 만들어지고, 그 결과 적혈구가 낫 모양으로 변하여 심한 빈혈이나 기타 증상을 일으킨다.

sickle-cell haemoglobin (HbS) 낫형 적혈구헤모글로빈 낫형 적혈구빈혈증 형질을 갖고 낫형 적혈구빈혈증에 걸린 사람에서 발견되는, 결함이 있는 헤모글로빈. 헤모글로빈 β사슬의 글루탐산이 발린으로 치환되고, 이러한 변화가 적혈구를 낫 모양으로 변하게 하여 산소의 운반능력을 떨어뜨린다.

sickle-cell trait 낫형 적혈구빈혈증형질 낫형 적혈구빈혈증의 원인이 되는 대립유전자가 이형접합 상태일 때 나타나는 표현형. 일부에서는 낫형 적혈구헤모글로빈이 만들어지고, 가벼운 빈혈증이 나타나며

열대열말라리아(falciparum malaria)에 잘 걸리지 않는 특징이 있다.

sickle dance 낫형 춤, 반월무(半月舞) 꿀벌이 낫 모양의 반원을 그리며 움직이고 반원의 축이 먹이원이 있는 방향을 가리키는 춤.

side chain 곁사슬, 측쇄(側鎖) 아미노산에서 펩티드결합에 관여하지 않는 분자들의 부분. 각 아미노산의 곁사슬들이 아미노산의 화학적 및 물리적 특성을 나타낸다.

siderocyte 철적아세포(鐵赤芽細胞) 명 헤모글로빈을 만드는 데 쓰이지 않는 유리 철 성분이 들어 있는 적혈구.

siderophilic 친철성(親鐵性)의 형 (1) 철이 함유된 염료에 짙게 염색되는; (2) 철을 흡수하는 경향이 있는; (3) 철의 존재 하에서 잘 자라는. ≒ **siderophil**. 명 **siderophile**.

siderophore 시데로포어 명 많은 세균이 철을 흡수하기 위해 체외로 분비하는 킬레이트물질.

sierozem 시에로젬 명 중위도의 대륙 사막지역에 있는 부식질이 거의 없는 회색토양.

sieve area 체역 체관요소, 체세포 또는 유조직세포의 세포벽에서 인접한 세포와 세포질이 연결되는 구멍인 체공(sieve pore)들이 있는 부위.

sieve cell 체세포 고사리류와 겉씨식물의 체관부에서 물질의 이동 통로 역할을 하는 세포. 폭이 점점 가늘어지고 길게 늘어난 세포이다. 작은 구멍들만 있고 체판(sieve plate)이 없다는 점에서 속씨식물의 체관요소(sieve tube element)와 차이가 난다.

sieve disc 체판 체판(sieve plate). ⇨ sieve tube.

sieve elements 체요소 체관부에서 물질이 이동하는 부분.

sieve field 체역 ⇨ sieve area.

sieve pit 체관벽공 체공(sieve pore)을 만드는 1차벽공.

sieve plate 체판 (1) ⇨ sieve tube; (2) 천공판(madreporite); (3) 거미류의 다리 수염에서 침샘으로 통하는 구멍들이 있는 부위.

sieve pore 체공, 체구멍 ⇨ sieve area.

sievert (Sv) 시버트 인체에 영향을 미치는 방사선의 양을 나타내는 국제단위. 1시버트(Sv)는 흡수한 조직의 킬로그램당 1줄(joule)의 에너지이며, 100렘(rem)에 해당한다.

sieve tube 체관 속씨식물의 체관부에서 양분, 특히 당류를 전류하는 기능을 하는 긴 관. 체관은 체관요소(sieve tube element)들로 구성되는데, 체관요소는 가늘고 긴 세포이고 성숙하면 핵이 없고, 끝과 끝을 이어서 벽에 있는 구멍들로 연락이 이루어진다. 격벽에 있는 큰 구멍들이 체판을 형성한다.

sieve tube element 체관요소 ⇨ sieve tube.

sigla 시글라 명 합성용어의 단어에서 취한 글자들이나 그 밖의 특징들로부터 만든 이름.

sigma (σ) 시그마 (1) 세균의 RNA중합효소에서 전사를 개시하는 촉진유전자를 식별하고 선택하며 주형이 되는 DNA의 2중나선을 벌리는 데 관여하는 소단위체; (2) 0.001초의 기호; (3) 표준편차(standard deviation)의 기호.

sigmoid S자형, 시그모이드 형 (1) 글자 시그마처럼 두 방향으로 곡선을 이루는, 동맥, 공간, 판(valve) 등에 적용되는 말; (2) S자 모양의 곡선에 적용되는 말.

sigmoid flexure S자형 만곡 S자 모양으로 굽은 것.

signalling 신호하기 명 세포에 의해서 화학적 신호나 물리적 신호가 발생하고 수용하는 모든 측면을 가리키는 일반적인 용어.

signalling pathway 신호전달경로 ⇨ intracellular signalling pathway.

signal molecule 신호분자 외부 조건에 대한 세포의 반응을 촉발하거나 다른 세포들의 행동을 일으키는 분자들을 통틀어 이르는 말.

signal patch 신호패치 인접한 짧은 순서가 아니라 단백질의 표면에 있는 특정 구조로 구성되는 단백질제자리찾기(protein-sorting) 신호.

signal peptidase 신호펩티드가수분해효소 소포체에 들어 있고 막으로부터 신호서열(signal sequence)과 분비단백질을 절단하는 효소.

signal peptide 신호펩티드 ⇨ signal sequence.

signal recognition particle (SRP) 신호인식입자 합성되는 분비단백질과 막단백질의 신호서열부위와 결합하고 이들 단백질을 소포체로 이행시키는 리보핵단백질입자.

signal sequence 신호서열 분비단백질과 어떤 막단백질의 N말단에 있는 약 15개의 아미노산으로 된 소수성 서열. 세균의 경우 세포막을 그리고 진핵세포의 경우 소포체막을 각각 가로질러 통과하거나 내부로 들어갈 때 신호가 된다. 이 서열은 나중에 제거된다. ≒ signal peptide. ⇨ KDEL, nuclear localization sequence.

signal sequence receptor 신호서열수용체 소포체막에서 신호서열과 결합하고 새로 합성된 단백질을 세포기질에서 소포체로 수송하는 데 관여하는 단백질.

signal transduction 신호전달 어떤 종류의 신호를 다른 유형으로 전환하는 것. 세포생물학에서 신호전달은 세포표면수용체의 활성화에 따라 생성된 신호를 세포내 생화학적 신호로 전환하고 그 결과 세포내 반응을 일으키는 것을 가리킨다.

sign stimulus 신호자극 종특이적 행동의 해발인(releaser)으로 작용하는 환경의 자극.

silencer 촉진유전자억제유전자 명 DNA에서 유전자 주변에 위치하는 유전자를 불활성 상태로 유지하는 데 필요한 조절부위.

silencing 침묵 ⇨ gene silencing.

silent mutation 잠재성 돌연변이 유전자 산물의 기능이나 생산에 영향을 미치지 않으므로 표현형에 효과를 미치지 않는 돌연변이. 하나의 코돈이 같은 아미노산을 지정하는 다른 코돈으로 바뀌거나 단백질의 기능에 영향을 미치지 않는 다른 아미노산으로 대치되는 점돌연변이(point mutation) 또는 유전적 기능을 갖지 않는 DNA부위에서의 돌연변이 등이 있다.

silicified 규화(硅化)된 형 돌말류의 벽과 같이 규산질이 가득 스며든.

silicole 규산식물(硅酸植物) 명 현저하게 규산질로 된 토양에서 잘 자라는 식물.

silicula, silicule 단각과(短角果) 명 열매 내부를 가로지르는 위격벽(false septum)에 의해 둘로 갈라지는 넓고 평평한 삭과(capsule)의 하나. 십자화과(Cruciferae)의 식물들에서 볼 수 있다. 비 siliqua.

siliqua 장각과(長角果), 껍질 명 (1) 꽃무(wallflower) 따위의 십자화과 식물들에서 볼 수 있는, 위격벽(false septum)에 의해 둘로 갈라지는 길고 가는 삭과; (2) 포유동물의 뇌에서 올리브(olive) 주위를 꼬투리 모양으로 감싸는 섬유 무리.

silk 비단, 견사 명 다양한 곤충들과 거미류에서 생성되는 매우 강하고 가는 단백질 섬유. 특수한 샘에서 액체의 형태로 분출되고 공기와 접촉하면 굳어진다. 견사는 섬유성 단백질인 피브로인(fibroin) 그리고 세리신(sericin)과 같은 그 밖의 단백질로 구성되고, 거미줄이나 번데기의 고치 따위를 만드는 데 이용된다. 상업적인 비단은 누에나방(*Bombyx mori*)의 유충인 누에(silkworm)로부터 만든다.

silk moth 누에나방 유충(누에)이 자신의 주위에 견사의 고치를 만드는 나방의 일종(*Bombyx mori*).

silkworm 누에 명 누에나방(*Bombyx mori*)의 유충. 번데기가 될 때 그 주위에 견사의 고치를 만들고, 이로부터 상업적인 비단을 만든다.

silt 실트, 미사(微砂) 명 입자의 크기가 모래와 점토의 중간인 토양.

Silurian 실루리아기의 형 약 4억 4400만 년 전부터 약 4억 1600만 년 전까지 지속되고 최초의 육상식물이 생긴 지질시대와 관련된 말 또는 그 시대에 적용되는 말.

silva 'sylva'의 철자.

silverfish 좀류 좀목(Thysanura)에 속하는 많은 좀류들에 대한 일반적인 명칭.

silvicolous 삼림서식성의 형 삼림지대에서 살거나 자라는.

silviculture 육림(育林) 명 목재를 얻기 위해 나무를 심고 숲과 임지를 관리하는 것.

simian immunodeficiency virus (SIV) 유인원면역결핍바이러스 사람면역결핍바이러스(HIV)와 매우 가까운, 원숭이류에 감염하는 레트로바이러스. 자연숙주(natural host)에서는 보통 증상을 일으키지 않지만 다른 종에 감염되면 면역결핍증을 일으키는 많은 계통이 존재한다.

simians 유인원류 명복 대체로 사람은 제외하고 원숭이류(monkeys)와 유인원(apes)에 대해 일반적으로 부르는 말. 형 **simian 유인원의** 사람을 제외하고 원숭이류와 유인원의 특징을 갖는, 또는 그와 관련된 말.

simple eyes 홑눈, 단안(單眼) (1) 많은 곤충의 성충에서 겹눈(compound eye)에 나타나거나 그에 덧붙여 나타나는 단일한 홑눈(ocelli). 유충에서는 유일한 눈이 된다; (2) 오직 하나의 렌즈만을 갖는 눈.

simple fruits 홑열매, 단과(單果) 하나의 심피 또는 몇 개의 합쳐진 심피로부터 발달하는 열매. 산딸기류, 사과, 자두 등이 그 예가 된다.

simple Mendelian trait 단순멘델형질 단일한 유전자에 의해 결정되는 형질.

simple tissues 단순조직 한 가지 종류의 세포들로 구성되는 조직.

Simpson's index of floristic resemblance 심슨유사도지수 두 군집 간의 유사성을 측정하는 지수. 두 군집에서 공통적으로 나타나는 종의 수를 두 군집 가운데 적게 출현한 군집의 출현종수로 나눈 값이다. 비 Gleason's index, Jaccard index, Kulezinski index, Morisita's similarity index, Sørensen similarity index.

Simpson diversity index (D) 심슨다양성지수 군집의 종다양성(species diversity)을 측정하는 지수. 군집으로부터 서로 다른 종의 두 개체를 무작위로 선택할 확률에 의거한다. 심슨다양성지수(D)는 공식 $D = (N(N-1))/\Sigma n(n-1)$로 계산하는데, 여기서 N은 조사된 모든 종의 총 개체수이고, n은 각 종의 개체수이다. D값이 높을수록 조사장소가 훨씬 다양하다고 평가한다.

Simpson dominance index (C) 심슨우점도지수 군집으로부터 동일한 종의 두 개체를 무작위로 선택할 확률에 의거하여 군집의 우점도(dominance)를 측정하는 지수.

simulation 가장하기, 흉내내기 명 가랑잎벌레(leaf insect)와 대벌레(stick inset)처

럼 적을 기만하기 위한 특징이나 구조 그리고 각양각색의 보호색으로 몸을 가장하는 것.

Sinanthropus **시난트로푸스, 북경원인** ⇨ Pekin man.

sinciput 전두(前頭), 이마 명 머리의 위쪽 또는 앞쪽 부분. 형 **sincipital**.

SINE ⇨ short interspersed element.

single-cell protein (SCP) 단세포단백질 탄소원으로 원유, 탄수화물원료 또는 식품가공폐기물 등을 공급하여 배양한 단세포 미생물(예: 세균 또는 곰팡이)에서 추출하는 단백질. 사람이나 동물의 음식에서 이용할 수 있다.

single-copy DNA 단수DNA 반수체의 유전체에서 오직 하나 또는 몇 개의 복사본이 존재하는 유전자염기순서가 들어 있는 유전체DNA의 부분. 단백질을 암호화하는 유전자들이 들어 있다. ≒ unique DNA. 비 repetitive DNA.

single-copy plasmid 단수플라스미드 세균세포에서 단일한 복사본으로 존재하는 플라스미드. 세포주기마다 오직 한 번만 복제한다.

single-nucleotide polymorphism (SNP) 단일염기다형성 동일한 종의 서로 관련이 없는 두 개체들 간에서 단일한 뉴클레오티드가 차이를 나타내는 유전체의 부위. 사람의 경우 약 천만 개의 SNPs가 있는 것으로 추정된다.

single-pass transmembrane protein 단일관통막단백질 단백질사슬이 막을 한 번만 관통하는 막단백질.

single-positive thymocyte 단일양성가슴샘세포 가슴샘(thymus)에서 CD4 또는 CD8 가운데 하나만을 나르는 성숙한 T세포.

single-strand DNA-binding protein (ssDNA-binding protein) 외가닥DNA결합단백질 DNA가 복제되거나 수선될 때와 같이 DNA가 노출되었을 때 외가닥 DNA와 결합하여 원래의 나선으로 재결합하는 것을 막아 주는 단백질. ≒ helix-destabilizing protein.

singleton 외둥이 명 단일한 자손.

sinigrin 시니그린 명 십자화과 식물에 들어 있는 글리코시드. 그 분해산물은 케이퍼(caper)와 겨자 따위에서 톡 쏘는 듯한 맛을 낸다.

sinistral 왼쪽의 형 왼쪽에 있는, 또는 왼쪽과 관련된 말.

sinistrorse 좌선(左旋)생장형 형 대부분의 복족류 껍데기에서 볼 수 있는 것과 같이 오른쪽에서 왼쪽으로 시계반대방향으로 감기며 나선형을 그리며 자라는.

sink 수용부 명 대사물질이나 그 밖의 자원을 순수하게 받아들이고 최종적으로 소비하는 세포나 조직 또는 생물을 통틀어 이르는 말. 이를테면 식물의 저장뿌리는 잎에서 합성한 당류의 수용부이고, 이들 당을 저장다당류로 전환한다.

Sino-Japanese region 중일식물구 일본, 중국의 북부와 동부 그리고 히말라야 산맥의 북부를 포함하는 북방식물계(Boreal floristic kingdom)의 일부.

sinuate, sinuous 파상(波狀)의 형 물결모양으로 들쑥날쑥한 가장자리를 갖는, 잎 또는 주름버섯류의 주름(균습)에 적용되는 말.

sinuatrial node (SAN) 굴심방결절, 동방결절(洞房結節) 상대정맥 개구부 부근의 우심방 벽에 있는 특수한 심근세포군. 이 곳에서 심박동(heartbeat)이 개시된다. ≒ pacemaker, sinuauricular node.

sinuatrial valve 굴심방판막 심장의 정맥굴(sinus venosus)과 심방 사이의 판막.

sinus 굴, 동(洞) 명 (1) 공간, 오목한 곳, 구석진 곳 또는 확장된 부위; (2) 고랑 또

S

는 오목한 자국. ≒ lacuna.

sinuses of Valsalva 대동맥동(大動脈洞), 발살바공동 심장의 반월판 반대쪽에서 대동맥과 폐동맥이 확장된 부분.

sinus glands 굴샘 갑각류의 십각류에서 눈자루(eye-stalk)에 있는 내분비샘.

sinusoid 굴형 혈관 명 (1) 간(liver)에서 볼 수 있는 것과 같이 어느 기관의 조직에서 혈액으로 가득한 극히 작은 공간 또는 관; (2) 동맥과 정맥의 모세혈관들을 연결하는, 혈액으로 채워진 불규칙한 모양의 공간.

sinus venosus 정맥굴 (1) 배(embryo)에서 관꼴심장의 후방(posterior chamber); (2) 하등척추동물에서 그에 상응하는 구조로, 정맥피를 받고 심방으로 통하는 방; (3) 심방의 강(cavity).

sinus venosus sclerae 공막정맥굴 공막과 각막의 접합부 부근에 있는 원형의 관. 눈의 전방(anterior chamber)과 전모양체정맥(anterior ciliary vein)과 연결된다.

siphon 수관(水管) 명 수생 연체동물에서, 외투강(mantle cavity)으로부터 외부로 이어지는 깔때기 모양의 구조. 이를 통해 물이 들어오고 나가며, 일부 연체동물에서는 수관을 제트분사(jet propulsion)의 수단으로 이용하기도 한다.

siphonaceous, siphoneous 관상(管狀) 형 관 모양의, 다소 정교한 다핵체로 이루어지고 별개의 필라멘트들로 나뉘지 않는 조류(관상조류)에 적용되는 말.

Siphonaptera 벼룩목 명 큰 뒷다리를 갖고 날개가 없는 곤충의 목. '은시류(隱翅類)' 또는 '미시류(微翅類)'라고도 하며, 성체는 포유동물과 새의 피부에 붙어 기생한다. 날카로운 구기(mouthpart)로 피를 빨아먹고, 벌레와 같은 유충기와 번데기 시기를 갖는다.

siphonate 유수관(有水管)의 형 수관(siphon)을 가진.

siphonet 꿀관, 밀관(蜜管) 명 진딧물의 감로(honey-dew) 분비관.

siphonium 시포니움 명 방형골의 공기 통로와 큰턱의 공기가 들어 있는 공간을 연결하는 막성 관.

siphonocladial 대롱말의 형 녹조류에서 볼 수 있는 것과 같이 관 모양의 마디를 갖는 사상체에 적용되는 말.

siphonogamy 관상접합(管狀接合) 명 꽃가루립의 내용물이 꽃가루관을 통해 배낭(embryo sac)으로 들어가는 수정방식.

siphonoglyph 관구(管溝) 명 일부 산호충류에서 구도에 있는 2개의 세로고랑 가운데 하나.

Siphonophora, siphonophores 관해파리목, 관해파리류 명, 명복 폴립형과 해파리형 모두를 포함하는 군체를 만드는 원양성 히드라충류의 무리. 군체의 일부 개체들은 부유형으로 변형되어 고깔해파리(작은부레관해파리, Portuguese Man o' War)에서 볼 수 있는 것과 같이 유영한다. 관해파리류를 때때로 해파리류(jellyfish)라고 잘못 부르기도 한다.

siphonoplax 수관판(水管板) 명 어떤 연체동물에서 수관(siphon)에 연결된 석회질 판.

Siphonopoda 두족강 ⇨ Cephalopoda.

siphonostele 관상중심주(管狀中心柱) 명 관다발조직이 중앙의 유조직인 속(pith)을 둘러싸는 중심주의 한 종류. 체관부는 물관부의 바깥에 있거나 물관부의 안쪽과 바깥의 모두에 있다. 많은 종류의 고사리류의 줄기에서 그리고 일부 겉씨식물과 속씨식물에서 나타난다.

siphonostomatous 대롱입의, 관구성(管口性)의 형 (1) 관 모양의 입을 갖는; (2) 껍데기 가장자리의 앞쪽에 수관을 내밀 수 있는 홈이 파진.

siphonous 관상(管狀)의 형 녹조강(Chlorophyceae) 가운데 속이 빈 관 모양의 군체를 형성하는 다핵체 녹조류에 적용되는 말.

siphonozoid, siphonozooid 관상개충(管狀個蟲) 명 일부 연산호류에서 촉수가 없는 작고 변형된 폴립. 구계(canal system)를 통해 물이 출입하는 구실을 한다. 생식기관은 갖고 있지만, 먹지 못한다.

siphuncle 뿔관 명 (1) 앵무조개류의 껍데기에서 격벽으로 구획된 모든 방을 관통하는 석회질 관의 내부에 있는 생체조직의 가는 가닥; (2) 진딧물의 감로(honey-dew) 분비관.

Siphunculata 이류 명 흡혈이들인 이목(Anoplura).

siphunculate 형 (1) 뿔관(siphuncle)을 갖는; (2) 어떤 이(lice)와 같이 빨도록 변형된 구기를 가진.

Sipuncula 성구동물문(星口動物門), sipunculids 별벌레류 명, 명복 체절이 없는 해양 강장동물의 문. 몸의 앞쪽 끝은 몸통 속으로 들어갈 수 있고, 입 주위에서 주둥이와 촉수로 이용된다.

Sirenia 바다소목, sirenians 바다소류 명, 명복 흔히 '해우(sea cows)'라고 부르는 태반포유동물의 목. 듀공과 바다소가 포함된다. 수중 생활에 고도로 적응하였으며, 노(paddle)와 같이 변형된 앞다리를 갖는다.

sirenin 시레닌 명 일부 물곰팡이에서 암배우자가 형성되는 과정에 분비되고 수정을 촉진시켜주는 물질.

sirens 사이렌 명복 미국 남동부와 멕시코 북부의 진흙투성이 연못에 사는 뱀장어와 비슷한 양서류의 과.

siRNA ⇨ small interfering RNA.

sister cell, sister nucleus 자매세포(姉妹細胞), 자매핵(姉妹核) 어느 세포 또는 핵이 분열하여 생긴 한 쌍의 세포 또는 핵 가운데 하나.

sister-chromatid exchange (SCE) 자매염색분체교환 유사분열을 하는 동안 자매염색분체들 사이에서 염색체절편들이 서로 교환되는 현상.

sister chromatids 자매염색분체(姉妹染色分體) 유사분열과 감수분열의 전기와 중기에 볼 수 있는, 동원체에서 서로 부착하고 있는 쌍으로 된 복제염색체.

sister species 자매종(姉妹種) 서로 가장 근연인 종들.

site-directed mutagenesis 위치지정돌연변이 DNA 상의 특정한 위치에서 돌연변이를 유도하는 방법.

site-specific endonuclease 위치특이성 핵산내부가수분해효소 ⇨ restriction endonuclease.

site-specific mutation 특정부위돌연변이 분리한 DNA에 시험관에서 특정한 변화를 도입하는 다양한 기법들을 망라하는 일반적인 용어.

site-specific recombination 위치특이성 재조합 반드시 상동일 필요가 없는 두 특정한 짧은 DNA염기순서들 간에서 일어나는 유전적 재조합. 세균염색체로 파지(phage)가 통합되고 적출(절제)되는 것이 그 예가 된다. ≒ conservative recombination. ⇨ transposition.

sitosterol 시토스테롤 명 고등식물의 지방조직이나 기름조직에, 특히 옥수수기름과 밀배아유(wheat-germ oil)에 들어 있고 어떤 조류에도 들어 있는 스테롤의 혼합물.

situs inversus 좌우바뀜증, 역위(逆位) 포유동물의 몸에서 심장, 위, 지라 등의 장기들이 자리 잡는 위치의 좌우대칭이 거꾸로 된 상태.

SIV 사람면역결핍바이러스(HIV)와 매우

가까운 레트로바이러스인 유인원면역결핍바이러스(simian immunodeficiency virus).

skeletal 골격의, 뼈대의 형 골격(skeleton)과 관련된 말.

skeletal muscle 골격근 ⇨ striated muscle.

skeletogenous 조골(造骨)의 형 (1) 나중에 골격의 부분들이 되는 배아의 구조 또는 부분들에 적용되는 말; (2) 해면동물에서, 골편이 생기고 박히는 간충질(중교)에 적용되는 말.

skeleton 골격, 뼈대 명 동물이나 식물 또는 단세포생물에서 연한 부분들을 지탱하고 보호하는 내부와 외부의 단단한 틀. 동물에서는 보통 근육이 붙어 있다. ⇨ endoskeleton, exoskeleton.

Skene's glands 스켄샘 여성의 요도에 있는 포도송이 꼴의 점액샘. ≒para-urethral glands, Guerin's glands.

skin 피부, 표피 명 동물, 식물, 열매 또는 씨앗의 가장 바깥에 있는 외피. ⇨ epidermis. 포유동물에서 피부는 두 층으로 구성된다. 바깥쪽의 표피(epidermis)는 외배엽에서 유래되고 표면이 차츰 각질화되고 끊임없이 재생된다. 안쪽의 진피(dermis)는 중배엽에서 유래되고 결합조직과 혈관조직 및 근육조직으로 이뤄진다. ≒ cutis. (⇨ 그림 35).

Skinner box 스키너상자 행동심리학자 스키너(B.F. Skinner)가 작동적 조건화(operant conditioning) 실험을 위해 고안한 장치. 상자의 안쪽에서 쥐가 보수를 얻거나 벌을 피하려면 반드시 지렛대를 눌러야 한다.

skull 머리뼈, 두(개)골 명 척추동물의 머리에서 뇌가 들어 있는 단단한 연골질 또

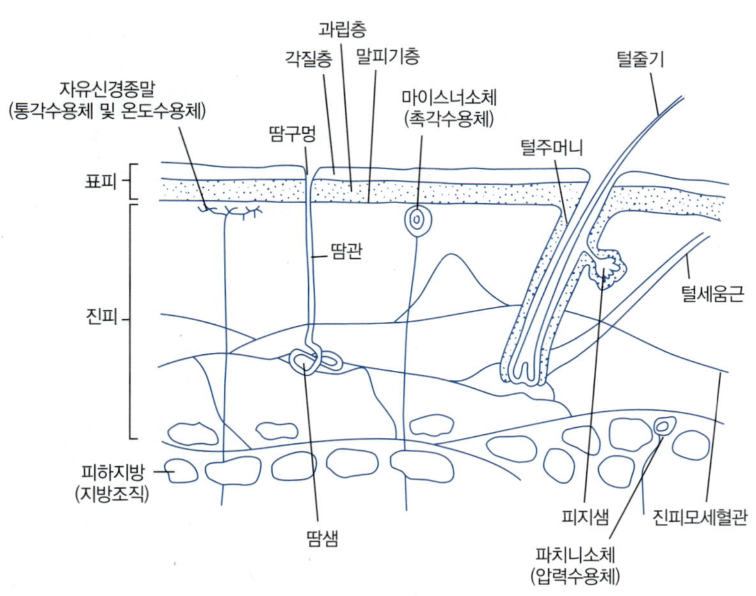

그림 35. 포유동물 피부의 단면.

는 골질 부분. 턱들이 포함된다.

slavery 노예사용 ⇨ dulosis.

S-layer S층 많은 원핵생물의 외벽에서 단백질과 당단백질로 구성되는 파라결정 상태의 층.

SLE ⇨ systemic lupus erythematosus.

sleep movements 수면운동 밤에 잎이나 꽃잎 등의 위치가 바뀌는 것. 빛과 온도가 변하는 외부의 자극에 기인할 수 있고, 내인성 하루주기리듬(circadian rhythm)에 의할 수도 있다.

sliding filament mechanism 활주필라멘트기구 근육의 수축에서, 액틴필라멘트의 활주(sliding)에 의해 근섬유가 짧아지는 메커니즘. 활주는 두 개의 마주보는 액틴필라멘트에 가교(cross-bridge)를 형성하는 미오신분자들의 필라멘트에 의해 유발된다. ATP가수분해효소의 가수분해가 액틴필라멘트를 따라 미오신 머리가 움직이는 원동력이 되고, 그 결과 액틴필라멘트들이 서로를 향하여 밀려들어가서 근육이 수축된다. (⇨ 그림 28)

sliding growth 활주생장(滑走生長) 식물 조직에서, 세포벽의 새로운 부분들이 접촉하는 세포들의 벽 위로 미끄러지면서 자라는 것.

slime 점질(粘質) 명 식물과 곰팡이 그리고 동물에서 분비되고 글리칸(곰팡이와 식물의 점질) 또는 당단백질(많은 동물의 점질)이 풍부하게 들어 있는 점성물질.

slime bacteria 점액세균 ⇨ myxobacteria.

slime layer 점액층(粘液層) 일부 세균 세포벽의 바깥쪽에 형성되는 다당류가 풍부한 껍질.

slime moulds 점균류(粘菌類), 끈적균류 원생생물 동균류(Mycetozoa)에 속하는 종류들을 흔히 부르는 말. 변형체성 점균류(plasmodial slime moulds), 세포성 점균류(cellular slime moulds) 및 원성 점균류(protostelid slime moulds)가 포함된다.

slime net 망점균류 ⇨ Labyrinthulomycota.

slime pits 점질구멍 뿔이끼류(Anthocerotales)의 몸체에서 점액질로 채워져 있고 때로는 조류가 사는 구멍.

slime spore 점질포자 ⇨ myxospore.

slime tubes 점성관 ⇨ Cuvierian organs.

slow muscle fibres 지근섬유(遲筋纖維) 느리게 수축하지만 쉽게 피로하지 않는 가로무늬근의 일종. ≒ slow-twitch fibres.

slow-twitch 지근(遲筋)의 매우 빠르게 수축하지 못하는 근섬유에 적용되는 말. ⇨ SO fibres.

slow viruses 지연성 바이러스 감염되고 나서 오랜 시간이 지난 다음에야 효과가 나타나는 바이러스.

slug 민달팽이, 이동체 명 (1) 껍데기가 없는 육상의 연체동물 복족류. '괄태충'이라고도 한다; (2) 세포성 점균류(cellular slime moulds)의 이동하는 위변형체(pseudoplasmodium).

Smads 스마드 동물세포의 세포질단백질. 수용체세린트레오닌인산화효소(receptor serine/threonine kinase)에 의해 인산화하여 활성전사인자가 되고 핵으로 이동하여 표적유전자의 전사를 개시한다.

small cytoplasmic RNAs (scRNA) 작은세포질RNA 진핵세포의 세포질에서 리보핵단백질입자(scRNP)를 구성하는 100~300염기의 저분자 RNA들.

small G proteins, small GTPases 작은G단백질, 작은GTP가수분해효소 단일한 소단위의 구아닌뉴클레오티드결합단백질. 세포내 신호전달과 세포골격의 재배열을 포함하여 다양한 세포내 과정들에 관여한다. Ras단백질과 Rac단백질 등이 그 예가 된다.

small interfering RNA (siRNA) 작은간섭RNA 약 20~25 뉴클레오티드로 구성된 2중가닥 RNA. mRNA의 부분과 상보적인 순서를 갖고, 세포 내로 도입되면 리보핵산가수분해효소와 복합체를 형성하고 mRNA에 특이적인 효소에 작용하여 mRNA를 분해하고 그 기능의 파괴를 유발한다. 작은간섭RNA는 포유동물세포에서 특정 유전자의 발현을 억제하는 데 실험적으로 이용된다. ⇨ RNA interference.

small intestine 작은창자, 소장(小腸) 샘창자(십이지장), 빈창자(공장) 그리고 돌창자(회장)를 집합적으로 이르는 말.

small molecule 저분자 비중합성(non-polymeric), 즉 비단백질 및 비핵산의 천연 및 합성유기분자에 붙이는 일반적인 명칭. 대사산물, 항생물질 및 대부분의 치료약이 그 예가 된다.

small nuclear RNAs (snRNA) 소형 핵RNA 100~300 염기의 길이를 갖는 저분자 RNA들. 진핵세포의 핵에 있는 리보핵단백질입자(scRNP)를 구성하며, RNA이어맞추기(RNA splicing)에 관여한다.

small RNA (sRNA) 소형 리보핵산 유전정보를 담당하지 않는 짧은 RNA들의 다양한 종류들에 대한 일반적인 명칭. ⇨ miRNAs, piRNAs, rasiRNA, siRNA.

smegma 치구(恥垢) 명 음경꺼풀(포피)의 샘들과 음핵의 샘들에서 분비되는 물질들.

smooth endoplasmic reticulum (SER) 활면소포체 ⇨ endoplasmic reticulum.

smooth muscle 민무늬근, 평활근 소화관, 동맥 그리고 다른 많은 기관들의 벽에서 볼 수 있는 가로무늬가 없는 근육. 방추형의 단핵세포들로 구성되고, 불수의근이다.

smut fungi 깜부기병균 기생성 이형담자균류(heterobasidiomycetes)의 무리인 깜부기병균목(Ustilaginales)의 곰팡이들에 대한 일반적인 명칭. 이들 가운데 일부는 중요한 작물에 심각한 피해를 입히는 병원균이다. 두꺼운 벽을 갖고 검은 먼지투성이의 덩어리인 검댕과 비슷한 겨울포자(teleutospore)를 형성한다.

snail 달팽이 명 연체동물 복족류 가운데 육상과 민물에 사는 유폐아강(Pulmonata)의 많은 무리를 일반적으로 가리키는 말. 나선형으로 꼬인 껍데기를 갖고 빗살아가미(ctenidium)가 없으며, 외투강(mantle cavity)을 허파로 이용한다.

snakes 뱀류 ⇨ Squamata.

SNAP receptors (SNAREs) 스네아, 수용성 NSF부착단백질수용체 소포가 융합할 막으로 소포를 수송하는 막의 표적화(targeting)에 관여하는 세포내 막과 원형질막에 있는 막단백질. 소포와 표적막의 융합에는 여러 다른 스네아(수용성 NSF부착단백질수용체)들이 관여한다.

SNAPs 수송소포의 막과 세포내 구획들의 막에 있는 단백질들인 수용성 NSF부착단백질(soluble NSF attachment protein). 이들 단백질은 NSF(N-ethylmaleimide-sensitive fusion protein)와 복합체를 형성하고 특이적 스네아(SNAP receptors)를 이용하여 세포내 막과 원형질막에 결합한다. 수송소포와 세포구획의 결합을 중개하는 데 관여한다.

SNAREs ⇨ SNAP receptors.

SNP ⇨ single-nucleotide polymorphism.

snRNA ⇨ small nuclear RNAs.

snRNPs ⇨ snurps.

S1 nuclease S1핵산가수분해효소 외가닥 DNA만을 분해하는 디옥시리보핵산가수분해효소.

snurps 소형 핵리보핵단백질(small nuclear ribonucleoproteins)에 대한 구어적 용어. ⇨ small nuclear RNAs.

social insects 사회성 곤충 조직화된 무리와 군체에서 살고, 여러 다른 형태를 갖는 종류들 간에서 분업이 나타나는 곤충의 종들. 벌목(Hymenoptera)의 많은 벌류, 개미류 및 말벌류 그리고 흰개미목(Isoptera)의 흰개미류가 포함된다.

sociation 기군집(基群集), 기군총(基群叢) 명 식생의 작은 단위 또는 작은 군총.

socies 소시스 명 천이과정의 한 단계를 나타내는 식물군총.

society 사회(社會), 집단(集團) 명 (1) 군집을 형성하는 많은 생물; (2) 동물에서, 진정한 사회는 개체들 간의 협동적 행동과 분업의 특징을 갖고, 사회성 곤충의 경우 형태가 다른 구성원들이 서로 다른 기능을 수행하는 것; (3) 우점하는 개체들이 아닌 식물들의 군집.

sociobiology 사회생물학 명 동물의 사회조직과 사회행동 그리고 이들의 진화에 관한 생물학적 및 유전학적 기초를 연구하는 학문. 사람의 사회행동과 사회조직에 적용하면 논란을 불러일으키는 학문분야이다.

sociohormone 사회성 호르몬 ⇨ pheromone.

SOD ⇨ superoxide dismutase.

sodium (Na) 나트륨 필수적인 다량영양소의 하나. 이온의 형태(Na^{+})로 동물세포에서 막전위가 발생하는 데 관여하고 신경충격이 발생하는 데에도 관계한다.

sodium-calcium exchanger (Na^{2+}-Ca^{2+} exchanger) 나트륨-칼슘교환기 동물세포의 원형질막 안팎에서 가파른 Ca^{2+}기울기가 유지되도록 도와주는 막수송단백질. 전기화학기울기를 따라 Na^{2+}이 세포 내로 들어오고 Ca^{2+}은 세포 바깥으로 나간다.

sodium channel (Na^{+}) 나트륨통로 세포막에서 나트륨이온의 통과를 허용하는 이온통로.

sodium dodecyl sulphate (SDS) 도데실황산나트륨 실험생물학 분야에서 널리 사용되는 계면활성제의 일종. 도데실황산나트륨은 대부분의 단백질과 단백질 그리고 지질과 단백질의 상호작용을 파괴하므로 분석을 위해 막단백질들을 물에 가용화하기 위해 사용한다.

sodium pump 나트륨펌프, sodium-potassium pump 나트륨칼륨펌프 ⇨ Na^{+}-K^{+} ATPase.

SO fibres 포유동물 팔다리의 근육에 있는 느린 산화적 근섬유(slow oxidative muscle fibres). 느리게 수축하지만 쉽게 피로해지지 않는다. 이들 근섬유는 주로 호기성 대사에 적응된 근섬유들이고, 동물이 걷거나 달릴 때 이용된다. 비 FG fibres.

soft corals 연산호류 ⇨ Octocorallia.

soft-rayed 연조(軟條)의 관절로 연결된 지느러미살을 갖는 물고기에 적용되는 말.

softwoods 연질목재 명복 침엽수와 그 목재들.

soil horizon 토층(土層), 토양층위(土壤層位) 뚜렷한 조성과 배열상태를 갖는 토양의 수평적 층. 성숙한 토양은 뚜렷이 구별되는 몇 개의 토층으로 이뤄진다. ⇨ soil profile.

soil profile 토양단면 토양의 표층에서 밑에 있는 기반암(bedrock)에 이르기까지 여러 다른 층들을 보여주는 토양의 수직단면.

soil structure 토양구조 토양입자들의 크기와 종류 그리고 이들 입자가 어떻게 뭉쳐 있는지에 따라 결정되는 토양의 배열상태.

soil water 토양수 토양입자들 사이의 공간과 지하수면 위에 있는 바위들의 구멍에 들어 있는 물. 비 groundwater.

sola 'solum'의 복수형.

solaeus ⇨ soleus.

solarization 반전현상(反轉現象) 명 강한 빛에 오래 노출되면 나타나는 광합성의 저해나 억제 현상.

solar plexus 복강신경얼기 위(stomach)의 뒤에 위치하고 복부의 내장에 분포하는 교감신경과 교감신경절의 그물 같은 조직.

soleaform 형 실내화(slipper)처럼 생긴.

solenia 강장구계(腔腸溝系) 명복 개충군체(zooid colony)의 강장에서 형성된, 내면이 내피로 덮인 가는 관.

solenocyte 유관세포(有管細胞) 명 원신관(protonephridium)의 불꽃세포를 닮았지만 단 1개의 편모를 갖는 세포.

solenostele 통로중심주(通路中心柱) 명 고사리류의 발생 과정에서 관상중심주(siphonostele)의 다음에 생기는 시기. 물관부의 안쪽과 바깥쪽에 체관부가 놓인다.

soleus 가자미근 명 다리의 종아리에 있는 납작한 근육.

solfatara 유기공(硫氣孔) 명 뜨겁고 황(sulphur)이 풍부한 환경.

Solifuga 피일목(避日目), solifugids 피일류 명, 명복 흔히 'false spiders' 또는 'sun spiders'라고 부르는 거미류의 목. 털이 많은 몸, 큰 협각(chelicera) 그리고 체절로 된 전체절과 후체구를 갖는다. ≒ Solpugida, solpugids.

soligenous 형 습원(fen)과 같이 강우에 의하지 않고 지하수가 공급되어 습한 서식지에 적용되는 말.

solitaria phase 단독상(單獨相) 메뚜기류에서, 떼(swarm)로 모이지 않고 따로따로 사는 시기.

solitary cells 단독세포 뇌에서, 위둔덕(superior colliculus)이나 중뇌에서 끝나는 축삭을 갖는 큰 피라미드세포.

solitary glands, solitary follicles 고립림프소절 창자에서 단독으로 나타나는 림프소절(lymphoid nodule). 이들이 뭉쳐서 페이에르판(Peyer's patches)을 구성한다.

solonchak 알칼리백토, 솔론책 명 배수가 잘 되지 않는 반사막지역에서 나타나는 옅은 색의 알칼리토양. 불모의 토양이고 유기물의 함량이 낮다.

solonetz 알칼리흑토, 솔로네츠 명 수용성 염류가 침출된 반사막지역에서 나타나는 짙은 색의 알칼리토양. 일부 식생이 나타나기는 하지만 거의 불모에 가깝다.

solpugids 피일거미류 ⇨ Solifuga.

soluble NSF attachment proteins 수용성 NSF부착단백질 ⇨ SNAPs.

solum 바닥, 상부토층(上部土層) 명 (1) 구멍 따위의 바닥; (2) 원료물질과 표토(topsoil) 사이의 흙. 복 **sola**.

solute 용질(溶質) 명 액체(용매)에서 용해되는 물질을 통틀어 이르는 말.

solvent 용매(溶媒) 명 다른 물질을 용해시키는 물질을 통틀어 이르는 말.

soma 체(體), 세포체 명 (1) 생식세포를 제외한 식물과 동물의 몸체 전부; (2) 뉴런의 세포체. 복 **somata**.

somaclonal variation 체세포영양계변이(體細胞營養系變異) 배양을 통해 재생되는 식물의 체세포에서 나타나는 돌연변이로 생기는 유전적 변이.

somactids 소맥티드 명복 어류의 진피성 지느러미살을 지탱하는 내골격.

somaesthesis 몸감각, 체성감각 명 피부와 근육 및 내장으로부터의 자극에 기인하는 감각.

somata 'soma'의 복수형.

somatic 몸의, 신체의 형 (1) 식물이나 동물에서 생식세포가 아닌 오로지 신체의 부분과 관련된 말; (2) 생식세포계열(germ line)의 세포와 대조적으로 배우자를 만들지 않는 몸의 세포(체세포)에 적용되는 말; (3) 몸의 세포에서 일어나는 돌연변이(체세포돌연변이)에 적용되는 말; (4) 체세포에 들어 있는 기본적인 염색체 수에 적용되는 말.

somatic cell genetics 체세포유전학 배양한 체세포를 이용하여 유전학을 연구하는 것.

somatic cell hybrid 체세포잡종 보통 서로 다른 종에서 얻은 2개의 체세포들을 융합하여 만든 잡종세포.

somatic cell nuclear transfer (SCNT) 체세포핵치환 어느 체세포의 핵을 시험관에서 핵을 제거한 수정란에 옮기는 동물 클로닝의 방법. 그 결과 생기는 접합자를 대리모의 자궁에 전달한다.

somatic gene therapy 체세포유전자치료 결함을 바로잡기 위하여 체세포에 유전자를 도입하는 치료법.

somatic hypermutation 체세포초돌연변이(體細胞超突然變異) 면역글로불린유전자의 재배열 이후에 그리고 항원에 의한 자극 후에 B세포에서 일어나는 돌연변이. 무거운 사슬유전자와 가벼운 사슬유전자들의 가변부에 더욱 변화를 일으킨다.

somatic mutation 체세포돌연변이 체세포에서 일어나는 돌연변이.

somatic nervous system 체성신경계(體性神經系) 말초신경계의 한 갈래. 감각정보를 주변에서 중추신경계로 전달하고 중추신경계로부터 골격근으로 운동명령을 전달한다. ≒ somatomotor system.

somatic polyploidy 체세포배수성의 배수체의 체세포들을 가진.

somatic recombination 체세포재조합 체세포들에서 일어나는 재조합. 발생 중인 림프구의 유전자재배열(gene rearrangement) 과정 등에서 볼 수 있다.

somatic segregation 체세포분리 같은 생물체의 다른 조직에서 모계와 부계에서 유래된 세포소기관의 유전자(핵의 유전자가 아님)들이 같지 않게 분리되는 것.

somatic sensory fibres 체성감각섬유 외부 자극의 감각과 관련하여 머리 이외의 감각기관들로부터 흥분을 나르는 신경섬유. 이들 섬유는 주변으로부터 척수로 이어지며, 뒤뿌리신경절(dorsal root ganglia)에 세포체가 있다.

somatocoels 체강주머니 명복 극피동물의 유생기에 1차체강주머니(primary coelomic sac)로부터 갈라져 나오는 한 쌍의 주머니. 나중에 성체가 되면 주된 체강을 이룬다.

somatocyst 기낭(氣囊) 명 관해파리(siphonophore)에서 공기 또는 기름방울이 들어 있는 기포체(pneumatophore)의 강.

somatogamy 체세포접합 명 두 개의 체세포 또는 균사들이 융합하여 접합자가 생기는 유성생식의 일종. ≒ pseudomixis.

somatogenic 체세포기원의 형 (1) 체세포로부터 발달하는; (2) 외부 자극에 의해 생기는 변이와 적응에 적용되는 말.

somatoliberin 생장호르몬방출인자 명 시상하부의 뉴런에서 생성되는 저분자 폴리펩티드. 뇌하수체에서 생장호르몬의 합성을 조절한다.

somatome ⇨ somite.

somatomedin C 생장촉진제C 인슐린유사생장인자I(insulin-like growth factor I).

somatomotor system 체성운동계 ⇨ somatic nervous system.

somatopleure 체측판(體側板) 명 체강의

외벽을 형성하는 중배엽의 등 쪽 판.

somatosensory 체성감각의 형 피부나 근육 또는 내장에서 오는 자극에 기인하는 감각에 적용되는 말.

somatosensory cortex 체성감각피질 뇌에서 몸의 표면과 내장으로부터 오는 감각정보를 분석하는 대뇌피질의 부위.

somatostatin 소마토스타틴 명 14개의 아미노산잔기로 구성되는 펩티드호르몬. 시상하부에서 생성되며, 생장호르몬, 인슐린 및 글루카곤의 분비를 억제한다.

somatotrophic 생장자극의 형 (1) 영양과 생장을 촉진하는; (2) 생장호르몬(somatotropin)에 적용되는 말. ≒ **somatotropic**.

somatotropin 생장호르몬 ⇨ growth hormone.

somatotype 체형(體型) 명 몸의 유형 또는 구조.

somesthetic system 체성감각계 동물에서 신체의 감각과 관련된 내부 수용기들의 체계.

somite 체절(體節), 원체절(原體節) 명 (1) 척추동물의 배발생 과정에서 척삭의 양쪽 측면에 있는 중배엽에서 나타나는 쌍으로 된 일련의 분절구조. 각 체절은 체절로 이루어진 요소들(예: 척추뼈와 그와 관련된 뼈들과 근육)의 최종적인 순서에 있는 단위들에 해당한다; (2) 체절로 이루어진 동물의 마디.

somitic 체절성의 형 체절(somite)과 관련되거나 체절이 생기는, 중배엽에 적용되는 말.

songbirds 명금(鳴禽) ⇨ Passeriformes.

sonic 소리의, 음(音)의 형 소리(음파)와 관련되거나 소리에 의해서 생기는.

soral 포자낭군의 형 포자낭군(sorus)과 관련된 말.

soralium 분아괴(粉芽塊) 명 지의류 엽상체의 가장자리에 생기는 분아(soredium)들의 덩어리. '분아군' 또는 '가루싹덩이'라고도 한다.

sorbitol 소르비톨 명 만니톨(mannitol)의 이성체인 단맛이 나는 알코올.

sorediate 형 (1) 분아(soredium)가 있는; (2) 표면에 주변과 다른 작은 조각들이 있는.

soredium 분아(粉芽) 명 일부 지의류 엽상체에 있는 작고 둥글거나 비늘 같은 구조. 조류 또는 남세균의 세포와 곰팡이의 균사로 구성되고, 지의류가 번식하는 수단이 된다. '가루싹'이라고도 한다. 복 **soredia**.

Sørensen similarity index 쇠렌센유사도지수 두 식물군집 간에서 종조성의 유사성을 측정하는 지수. 두 군집에서 공통적으로 나타나는 종의 수에 2를 곱하고 이를 두 군집의 총 출현종수로 나눈 값이다. ⇨ Gleason's index, Jaccard index, Kulezinski index, Morisita's similarity index, Simpson's index of floristic resemblance.

sori 'sorus'의 복수형.

soriferous 형 포자낭군(sorus)이 있는.

sorocarp 누적자실체(累積子實體) 명 자루의 끝에 포자들이 달리는 세포성 점균류의 자실체.

sorogen 소로겐 명 포자낭군(sorus)을 만드는 세포 또는 조직.

sorophore 대, 포자병 명 포자낭군(sorus) 또는 누적자실체(sorocarp)가 달리는 몸체 또는 자루.

sorosis 오디형과, 상과(桑果) 명 파인애플과 같이 다육질의 축과 꽃들이 융합해서 형성된 다화과(composite fruit).

sorption 수착(收着) 명 흡수(absorption) 또는 흡착(adsorption)에 의해 물질이 표면에 잔류하는 것.

sorus 포자낭군(胞子囊群) 명 고사리류에

서 몸체의 밑면에 수많이 달리는 포자낭들의 무리, 그리고 다른 생물들의 이와 비슷한 포자낭 덩이. 복 **sori**.

SOS repair 비상수선, 비상회복 손상된 염색체부위를 복제하는 오류유발DNA수선(error-prone DNA repair).

SOS response 비상반응 DNA에 격심한 피해를 일으키고 복제를 억제하는 처리에 대응하여 대장균과 그 밖의 세균이 나타내는 반응. 세포분열을 저해하고 다양한 DNA수선과 복제과정들을 촉진하는 등 여러 가지 기능이 알려져 있다.

South African kingdom 남아프리카식물계 아프리카의 최남단으로 이뤄지는 식물계(floristic kingdom).

South African region 남아프리카식물구 최남단을 제외한 남아프리카의 온대지방과 사막으로 구성되는 구열대식물계(Palaeotropical kingdom)의 1부분.

South African subregion 남아프리카동물아구 남아프리카의 온대초지로 구성되는 에티오피아동물지리구(Ethiopian region)의 1부분.

South Brazilian region 남브라질식물구 아마존우림 남쪽의 브라질로 이뤄지는 신열대식물계(Neotropical kingdom)의 1부분.

Southern blotting 서던흡입(법) 겔전기영동으로 분리한 DNA단편을 니트로섬유소막에 흡착시키고 잡종을 형성시켜 방사성동위원소로 표지한 핵산탐침으로 관심의 대상이 되는 순서를 검출하는 방법.

South Temperate Ocean Islands region 남부온대해양도서식물구 남위 50° 남쪽의 남빙양에 있는 섬들(예: 사우스조지아 제도, 사우스샌드위치 제도)로 구성되는 남극식물계(Antarctic kingdom)의 1부분.

Southwest Australian region 남서오스트레일리아식물구 오스트레일리아 남서부의 외딴 곳으로 이뤄지는 오스트레일리아식물계(Australian kingdom)의 1부분.

SP ⇨ suction pressure.

sp. ⇨ species.

space-filling model 공간채움모형 각 원자들을 반데르발스(van der Waals) 반경에 비례하여 둥근 구슬로 나타내는 단백질구조의 분자모형.

spacer DNA 사이DNA 유전자들 사이에서 나타나는 DNA.

spadiceous 육수꽃차례의 형 육수꽃차례(spadix)처럼 배열된.

spadiciform, spadicose 육수꽃차례꼴 형 육수꽃차례와 비슷한.

spadix 육수(肉穗)꽃차례 명 (1) [식] 천남성과 식물에서 볼 수 있는 것과 같이 길쭉한 다육질의 주축과 꽃자루가 없는 작은 꽃들 그리고 불염포(spathe)를 갖는 꽃차례; (2) 수상꽃차례(spike); (3) [동] 일부 강장동물에서 발달하는 입자루(구병)의 흔적; (4) 두족류 앵무조개(*Nautilus*)에서 촉수들의 내부엽들이 융합된 것.

spangle gall 참나무별벌레혹 참나무 잎의 밑면에 생기는 작고 불그스름한 벌레혹(충영). 혹벌(gall wasp)의 유충에 의해 생긴다.

spat 치패(稚貝), 조개유생 명 연체동물 2매패류의 어린 개체.

spathaceous, spathal 불염포의 형 불염포(spathe)와 비슷하거나 불염포가 있는.

spathe 불염포(佛焰苞) 명 육수꽃차례(spadix)를 감싸는 녹색 또는 색깔이 있는 큰 잎 같은 구조.

spathella 작은불염포 명 야자나무류 육수꽃차례의 구획을 둘러싸는 작은 불염포.

Spathiflorae 천남성목 ⇨ Arales.

spathose 불염포의 형 불염포(spathe)와 비슷하거나 불염포가 있는.

S

spatia zonularia 띠공간 눈의 렌즈에서 가장자리를 둘러싸는 관.

spatulate 주걱형 형 숟가락처럼 생긴.

spawn 알덩어리, 종균(種菌) 명 (1) 연체동물 2매패류, 물고기, 개구리 따위가 산란하여 둔 알들의 덩어리; (2) 일부 곰팡이의 균사; (3) 동 물고기 등이 알을 낳다.

Special Creation 특수창조설 ⇨ Creationism.

specialist, specialist species 특수종(特殊種) 좁은 범위의 서식지 또는 기후조건 내에서만 살 수 있고 매우 제한된 범위의 먹이만 이용할 수 있어서 변화하는 환경조건에 적응하기가 쉽지 않은 종.

specialization 특수화(特殊化) 명 진화의 과정에서 특정한 생활양식이나 서식지에 적응하는 것.

specialized transduction 특수형질도입 숙주염색체의 특정부위로부터 DNA만이 형질도입파지입자로 끼어들어가는 형질도입(transduction)의 일종. ⇨ generalized transduction.

speciation 종분화(種分化) 명 새로운 종이 진화하는 것.

species 종(種) 명 유성생식을 하는 종에서, 상호교배가 가능하고 다른 무리와는 정상적으로 교배할 수 없는 개체들의 무리. 종은 2명법(binomial nomenclature)에 따라 속명과 종소명의 두 개의 이름(예: *Homo sapiens*)이 주어지는데, 과학논문에서는 이 이름(학명)을 이탤릭체로 표시한다. 서로 비슷하고 관련된 종들은 속(genus)으로 묶어진다. 종은 아종(subspecies), 지리적 품종(geographic race)과 변종(variety)으로 세분될 수 있다.

species-abundance curve 종-개체수곡선 종의 수(y축)와 종별 개체수(x축) 간의 관계를 나타내는 그래프.

species aggregate 유연종군(類緣種群) 속(genus)의 다른 종들보다 서로 공통점이 많은 극히 유연관계가 가까운 종들의 무리.

species-area curve 종수-면적곡선 일정한 면적(x축)에서 발견되는 종의 수(y축)를 나타내는 그래프. 곡선의 모양은 그 지역의 종다양성과 종풍요도에 관한 정보를 제공하고 표본을 채취하는 구역의 가장 효과적인 크기를 결정하는 데 도움을 준다.

species-area effect 종-면적효과 특정한 서식지에서 정해진 면적에 출현하는 종의 수는 서식지 전체가 부양할 수 있는 모든 종들의 수보다 적다는 일반적인 규칙. 그러므로 비록 종이 풍부한 서식지라도 서식지가 단편화(fragmentation)되면 종의 상실을 초래하게 된다.

species composition 종조성(種組成) 일정한 면적이나 생태계에 있는 여러 다른 종들.

species diversity 종다양성(種多樣性) 일정한 면적 내에 있는 여러 다른 종들의 개체수와 수도. 생물다양성(biological diversity)을 평가하는 기준의 하나가 되며, 다양한 환경에서는 비교적 적은 개체수를 갖는 여러 다른 많은 종들이 나타난다.

species diversity index 종다양성지수 군집 내에서 여러 다른 종들이 나타내는 정도.

species flock 종군(種群) 아프리카의 어떤 호수에 사는 물고기 시클리드(cichlid)처럼, 좁은 지역 특유의 생태적으로 다양한 많은 종들의 무리. 단일한 조상종에서 진화한 것으로 여겨진다.

species pair ⇨ sibling species.

species richness 종풍요도(種豊饒度) 일정한 군집이나 면적 내에 있는 여러 다른 종들의 수.

species selection 종선택(種選擇) 선택(selection)이 개체 수준뿐만 아니라 종 수준에서도 작용할 수 있다는 견해. 어떤 장기적인 진화의 경향을 설명하기 위해 제기되었다.

species-specific behaviour 종특이행동(種特異行動) 어느 종에서 선천적으로 생기고 동일한 조건 하에서 모든 개체들이 수행하며 학습에 의해 수정되지 않는 행동양식.

specific 종(種)의, 특이적 형 (1) 어느 종에 특유한; (2) 종(species)과 관련된 말; (3) 어느 종을 식별하는 특징에 적용되는 말; (4) 상호작용이 특정한 기질에 국한된, 효소나 항체 등에 적용되는 말.

specific activity 특이활성도, 비방사능(比放射能) (1) 효소의 활성을 단백질의 밀리그램당으로 나타낸 것. '비활성(比活性)' 또는 '고유활성도'라고도 한다; (2) 시료에 들어 있는 방사능의 양. 보통 1그램 중의 베크렐(becquerel)로 나타낸다.

specification 전문화 명 외부 요인의 간섭이 없다면 세포들이 정상적인 발생과정을 따르는 것. 형 **specified**. 비 determination.

specific epithet 종소명(種小名) 라틴어로 된 학명에서 속명의 뒤에 나오는 이름.

specific hunger 특수기아(特殊飢餓) 동물이 필수무기질이나 비타민이 포함된 어떤 음식을 선호하는 것.

specificity 특이성(特異性) 명 (1) 어느 종에 국한된 성질; (2) 기생충, 세균 및 바이러스가 특정 숙주에 한정되는 것; (3) 효소가 어떤 기질에 한정되고, 항체가 특정 항원과의 상호작용에 국한된 것.

speckles 반점(斑點) 세포생물학에서, 핵의 염색질에 산재하는 입자들의 무더기.

spectrin 스펙트린 명 적혈구 세포막의 세포질을 향한 면에서 막의 세포골격을 구성하는 섬유성 단백질.

speculum 홑눈, 깃거울 명 (1) 홑눈(ocellus); (2) 청둥오리에서와 같이 날개의 깃에서 보이는 금속성의 광택이 있는 부분.

Spemann organizer 슈페만형성체 양서류의 배에서 원구 상순부의 중배엽. 배아의 다른 곳으로 이식시키면 완전히 새로운 발생축을 형성할 수 있다.

sperm 정자(精子) 명 (1) 정자(spermatozoan); (2) 식물과 동물에서 수배우자; (3) 정액(semen).

spermagglutination 정자응집(精子凝集) 명 어떤 믹소바이러스에 의해 야기되는 것과 같이 정자들이 응집되는 현상.

spermangium 정자기(精子器) 명 자낭균류에서, 웅성포자와 같은 세포를 만드는 기관.

Spermaphyta 종자식물문 ⇨ Spermatophyta.

spermaphytic 종자형성의 형 종자를 가진.

spermary, spermarium 고환(睾丸) 명 수배우자가 만들어지는 기관을 통틀어 이르는 말.

spermatangium 부동정자낭(不動精子囊) 명 홍조류에서 각각 하나의 비운동성 배우자인 부동정자(spermatium)를 형성하는 웅성생식기관.

spermatheca 정자주머니 명 암컷 또는 암수한몸의 무척추동물에서, 교미할 때 받은 정자를 저장하는 주머니. 복 **spermathecae**.

spermatia 'spermatium'의 복수형.

spermatic 정자의, 정소의 형 (1) 정자(spermatozoa)와 관련된 말; (2) 정소(testis)와 관련된 말.

spermatid 정세포(精細胞) 명 정소에서

제2정모세포의 분열에 의해 생기고 정자가 되는 반수체 세포.

spermatiferous 정자형성의 형 정자 또는 부동정자(spermatium)를 형성하는.

spermatiform 정자모양의 형 정자 또는 부동정자와 비슷한.

spermatiophore 정포(精包), 정자경(精子梗) 명 부동정자가 달리는 균사 또는 균사의 돌출부.

spermatium 부동정자(不動精子), 정자 명 (1) 일부 자낭균류와 담자균류에서 웅성생식세포의 기능을 하고 자성생식기관과 융합하는 작은 비운동성 세포; (2) 홍조류에서 만들어지는 비운동성 수배우자. 복 **spermatia**.

spermatoblast 정아세포(精芽細胞) 명 (1) 정세포(spermatid); (2) 세르톨리세포(Sertoli cell).

spermatoblastic 정자형성의 형 정자를 만드는.

spermatocyst 정자낭(精子囊) 명 정액주머니.

spermatocyte 정모세포(精母細胞) 명 감수분열이 일어나서 정자가 형성되는 수컷의 세포. 정원세포(spermatogonium)로부터 발달하는 2배체 세포인 제1정모세포(primary spermatocyte)는 감수제1분열로 2개의 제2정모세포(secondary spermatocyte)를 만든다. 이들 각각은 감수분열을 완료하여 4개의 반수체 정세포(spermatid)를 만든다.

spermatogenesis 정자형성 명 정원세포로부터 제1정모세포와 제2정모세포 그리고 정세포를 거쳐 정자가 만들어지는 과정.

spermatogenic 정자형성의 형 (1) 정자의 형성과 관련된 말; (2) 정자를 만드는.

spermatogenous 정자형성의 형 정자를 만드는.

spermatogonium 정원세포(精原細胞) 명 웅성생식세포의 원조가 되는 2배체의 전구세포. 세정관(seminiferous tubule)의 내벽에서 층을 이루고 있으며, 유사분열을 거듭해서 정모세포가 된다. ⇨ spermogonium. 복 **spermatogonia**.

spermatoid 정자모양의 형 정자와 비슷한.

spermatophore 정포(精包) 명 점액질의 껍질에 둘러싸인 정자덩이. 많은 무척추동물에서 정자가 방출되는 유형이다.

Spermatophyta 종자식물문, spermatophytes 종자식물(種子植物) 명, 명복 일부 분류체계에서 종자를 갖는 모든 식물을 포함하는 문. 겉씨식물(예: 소철류, 구과식물, 은행나무, 마황류, 물부추류)과 속씨식물(꽃식물)로 이뤄진다.

spermatoplasm 정세포질(精細胞質) 명 정자의 세포질.

spermatoplast 정자 명 수배우자.

spermatostrate 종자산포성(種子散布性) 형 종자에 의해 퍼지는.

spermatozeugma 정자다발 명 일부 곤충의 정관(vas deferen)에서 볼 수 있는 것과 같이 둘 또는 그 이상의 정자들이 접합하여 융합된 것.

spermatozooid 정자 ⇨ antherozooid.

spermatozoon 정자(精子) 명 동물의 운동성을 가진 성숙한 수배우자. 정자는 전형적으로 핵이 들어 있는 머리(head)와 세포를 움직이게 하는 하나의 편모로 구성되는 꼬리(tail)로 이뤄진다. ≒ sperm. 복 **spermatozoa**.

sperm competition 정자경쟁 동물에서 암컷으로 접근하지 못하도록 경쟁하는 것이 아니라 수정을 위해 경쟁하는 성적 경쟁(sexual competition)의 일종.

spermidine 스페르미딘 명 생체 내에서 널리 분포하는 폴리아민의 일종

(C7H19N3). 리보솜을 구성하는 성분이고, 일반적으로 막의 안정화에 관여한다.

spermiducal 형 (1) 많은 무척추동물에서, 정관으로 이어지는 정관 부근의 샘에 적용되는 말; (2) 빈모류에서, 정관과 관련된 샘에 적용되는 말.

spermiduct 정관(精管) 명 정소에서 외부로 정자를 나라는 관.

spermine 스페르민 명 생체 내에서 널리 분포하는 폴리아민의 일종(C10H26N4). 리보솜을 구성하는 성분이고, 일반적으로 막의 안정화에 관여한다.

spermiocyte 1차정모세포 명 정원세포로부터 만들어지는 제1정모세포(primary spermatocyte). ⇨ spermatocyte.

spermiogenesis 정자변형(精子變形) 명 정세포에서 정자가 발달하는 것.

sperm nucleus 정핵 ⇨ male pronucleus.

spermo- ⇨ spermato-.

spermodochium 무피정포군(無被精包群) 명 곰팡이에서, 하나의 세포로부터 유래되고 피막(협막)이 없는 정포(spermatiophore)의 무리.

spermogenesis 정자형성 ⇨ spermatogenesis.

spermogoniferous 장정기의 형 장정기(spermogonium)를 가진.

spermogonium 장정기(藏精器), 정자기(精子器) 명 녹병균 그리고 지의류를 구성하는 일부 곰팡이에서 생식기관이 들어 있는 구조. 여기에서 비운동성 수배우자(부동정자)가 형성된다. 복 **spermogonia**.

spermogonous 장정기의 형 장정기(spermogonium)와 비슷하거나 그와 관련된 말.

spermospore 정포자(精胞子) 명 정자기(spermangium)에서 생기는 수배우자.

spermotheca 정자주머니 ⇨ spermatheca.

spermozeugma 정자다발 명 정자주머니(spermatheca)로 들어가기 위해 규칙적으로 뭉친 정자들의 무더기.

SPF 특정병원체부재동물(specified pathogen-free).

sphacelate 탈저(脫疽)의 형 쇠퇴하고 메마른.

sphacelia 맥각균분생아포(麥角菌分生芽胞) 명 곰팡이에서 균핵(sclerotium)이나 맥각(ergot)을 만드는 분생자 시기.

sphaerenchyma 구형조직(球形組織) 명 구형세포(spherical cell)들로 구성된 조직.

sphaeridia 구극(球棘) 명복 어떤 극피동물의 표면에 있는 작고 둥근 구조물. 균형을 잡는 기관이거나 어떤 다른 종류의 감각기관일 것으로 여겨진다.

sphaerite 구상결정(球狀結晶) 명 식물세포 내에서 결정을 형성하는 옥살산칼슘이나 녹말의 둥근 덩어리.

sphaerocyst 구형세포 명 무당버섯류(*Russula*)와 젖버섯류(*Lactarius*)의 균사층(trama)에 있는 구형 또는 타원형의 큰 세포.

sphaeroid 공모양의, 구형(球形) 형 (1) 공모양, 타원형 또는 원통 모양의; (2) 개개의 원생동물들이 모인 집합체에 적용되는 말; (3) 지의류에서 기름방울이 들어 있는 팽창한 균사세포에 적용되는 말.

Sphaeropsida 분포자기불완전균류 명 분포자기(pycnidium)에 달리는 분생자로 번식하는 불완전균류의 형태강(form class). 많은 식물병원균들이 포함된다(예: *Phyllosticta*, *Dendrophoma*, *Septoria*). ≒ **Sphaeropsidales**.

sphagnicolous 물이끼토탄서식성 형 물이끼토탄(sphagnum peat)에 서식하는.

Sphagnidae 물이끼강 ⇨ sphagnum mosses.

sphagniherbosa 물이끼초원 명 물이끼(*Sphagnum moss*)가 다량 들어 있는 토탄에 형성된 식물군집.

sphagnous 물이끼의 형 물이끼와 관련된 말.

sphagnum mosses 물이끼류 'peat mosses' 또는 'bog mosses'라고도 부르는 물이끼강(Sphagnidae)의 이끼류. 돌려나는 가지에 배우자낭병(gametophore)이 달리고, 물을 흡수하는 많은 죽은 세포들이 있으며, 물이끼속(*Sphagnum*)의 1속으로 이뤄진다. 잎에 잎맥이 없고 성숙한 식물체에 헛뿌리(가근)가 없다는 점에서 다른 이끼류와 구별된다. 포자의 삭(깍지)에는 삭치(peristome)가 없고, 진정이끼류에서 원사체(protonema)가 실 모양인 것과 달리 물이끼류에서 포자로부터 발아하는 원사체는 판 모양이다.

S phase S기 진핵세포의 세포주기에서 DNA가 복제되는 시기. (⇨ 그림 8)

sphecology 명 말벌을 연구하는 학문.

sphenethmoid 나비벌집뼈, 접형사골(蝶形篩骨) 명 무미류(anurans)의 양서류에서 안와설골(orbitosphenoid)을 대신하는 단일한 뼈.

sphenic 쐐기모양의 형 쐐기와 비슷한.

Sphenisciformes 펭귄목 명 펭귄을 포함하는 새들의 목.

spheno- 나비아래턱(sphenomandibular)과 같이 나비뼈(접형골)와 관련된, 나비뼈와 아래턱을 연결하는 인대(나비아래턱인대)에 적용되는 접두사.

Sphenodonta 투아타라목 ⇨ Rhynchocephalia.

spheno-ethmoidal 나비벌집의, 접형사골(蝶形篩骨)의 형 나비뼈와 벌집뼈(사골)의 부위에 있거나 그 부위와 관련된 말. 위코선반(superior nasal concha)과 봉합(suture)의 위에 있는 오목(나비벌집오목)에 적용되는 말이다.

sphenofrontal 나비이마의, 접형전두(蝶形前頭)의 형 나비뼈와 이마뼈에 관련된 말. 봉합(suture)에 적용되는 말이다.

sphenoid 나비뼈, 접형골(蝶形骨) 명 일부 척추동물의 머리뼈에서 여러 개의 융합된 뼈들로 구성된 나비 모양의 뼈. ≒ butterfly bone.

sphenoidal 나비의, 쐐기모양의 형 (1) 쐐기처럼 생긴; (2) 나비뼈 부위에 있거나 그와 관련된 말.

sphenolateral 설측연골(楔側軟骨) 명 기둥(trabeculae)에 평행하게 있는 연골의 등 쪽 쌍의 하나.

sphenomaxillary 나비위턱의, 접형상악골의 형 나비뼈와 위턱뼈(상악골)에 관련된 말. 틈새와 오목에 적용되는 말이다.

sphenopalatine ganglion 나비입천장신경절 날개입천장오목(pterygopalatine fossa)의 위턱신경(maxillary nerve)에 있는 자율신경절.

Sphenophyta 속새식물문 명 현존하는 무종자관다발식물의 4개 주요 문 가운데 하나. 흔히 속새류(horsetails)라고 부르며, 현존하는 속은 쇠뜨기속(*Equisetum*)의 하나뿐이다. 포자체에는 뿌리와 마디로 된 줄기 그리고 돌려나는 잎이 있으며, 뒤로 젖혀진 포자낭들의 포자수(strobilus)가 포자낭자루(sporangiophore)에 달린다.

sphenopterygoid 나비날개의 형 (1) 나비뼈와 날개뼈(익상골)에 관련된 말; (2) 새에서와 같이 귀인두관(유스타키오관)의 개구부 부근에 있는 인두샘(pharyngeal gland)에 적용되는 말.

sphenosquamosal 나비비늘의 형 나비뼈와 비늘 사이의 봉합(나비비늘봉합)에 적용되는 말.

sphenotic 설상골(楔狀骨) 명 많은 물고기에서 볼 수 있는 뒷이마의 머리뼈.

sphenozygomatic **나비광대의** 형 나비뼈와 광대뼈 사이의 봉합(나비광대봉합)에 적용되는 말.

spher- ⇨ sphaer-.

spheraster **스페라스터** 명 방사상으로 된 구형 침골(골편).

spheroidal **구상(球狀)의** 형 공 모양이지만 완전히 구형은 아닌, 그런 모양의 세포들로 구성된 샘상피(glandular epithelium)에 적용되는 말.

spheroidocyte **구상혈구(球狀血球)** 명 곤충에 있는 혈구(haemocyte)의 일종.

spherome **지질구(脂質球)** 명 (1) 기름입자 또는 지방입자를 만드는 세포내용물; (2) 전체로서 세포내 지방입자들.

spheromere **원절(圓節)** 명 방사대칭동물의 체절.

spheroplast **스페로플라스트** 명 원형질체를 남기고 세포벽을 제거한 세균 또는 효모의 세포.

spherosome **스페로솜** 명 소포체에서 유래되고 단일막으로 둘러싸여 있으며 지질을 합성하는 세포소기관.

spherula **소구체(小球體)** 명 작은 구체, 작은 공 모양의 침골(골편).

spherulate 형 작은 구체들로 덮인.

sphincter **조임근, 괄약근(括約筋)** 명 방광이나 항문에서 볼 수 있는 것과 같이 구멍(입)을 닫거나 수축하는 근육.

sphingolipid **스핑고지질** 명 아미노알코올 스핑고신(sphingosine)을 포함하지만 글리세롤이 들어 있지 않은 1군의 복합지질, 당지질 및 인지질을 통틀어 이르는 말. 스핑고미엘린(sphingomyelin), 세레브로시드(cerebroside), 강글리오시드(ganglioside)와 세라미드(ceramide)가 포함된다.

sphingomyelin **스핑고미엘린** 명 특히 신경세포의 미엘린초(myelin sheath)에서 발견되는 1군의 인지질을 통틀어 이르는 말. 아미노알코올 스핑고신, 지방산 및 포스포릴콜린(phosphorylcholine)을 포함한다.

sphingosine **스핑고신** 명 긴 불포화 탄화수소사슬을 포함하는 아미노알코올. 강글리오시드, 세레브로시드, 스핑고미엘린과 세라미드에 들어 있다.

sphragis **수태낭** 명 어떤 나비류 암컷의 복부에 있는 교미낭(bursa copulatrix)을 교미 후에 막는 구조물. 수컷이 분비하여 굳어진 수태낭액(sphragidal fluid)으로 구성된다.

sphygmic **맥박의, 맥파의** 형 맥박(pulse)과 관련된 말. 심장 수축기(systole)의 두 번째 시기인 박출기(sphygmic period)에 적용되는 말이다.

sphygmoid **맥파(脈波)모양의** 형 (1) 심장이나 맥박이 팔딱거리는; (2) 맥박과 비슷한.

spica **수상꽃차례** 명 수상꽃차례(spike).

spicate **수상(穗狀)의, 이삭모양의** 형 (1) 이삭과 같은 모양의 꽃부리를 갖는; (2) 이삭들이 있는.

spiciform **이삭모양의** 형 이삭처럼 생긴.

spicula, spicule **침골(針骨), 골편(骨片)** 명 (1) 무척추동물에서 발견되는 규산질 또는 석회질의 미세한 침과 같은 구조물; (2) 뾰족하고 미세한 돌기를 통틀어 이르는 말.

spicular **침골모양의** 형 침골(spicule)과 비슷하거나 그와 관련된 말.

spiculate **침골모양의, 작은이삭모양의** 형 (1) 침골을 갖는; (2) 작은 이삭들로 분할된.

spiculiferous, spiculigerous, spiculose **침골의** 형 침골(spicule)을 갖거나 침골에 의해 보호를 받는.

spiculiform **침골모양의** 형 침골처럼 생긴.

spiculum 교미침(交尾針) 명 달팽이의 교미시(dart).

spider cell 거미세포 섬유성 성상세포. ⇨ astrocyte.

spiders 거미류 명복 후체구에 실샘(spinning gland)이 있고 협각에 독샘(poison gland)이 있는 거미목(Araneida)의 절지동물.

spike 수상(穗狀)꽃차례, 이삭꽃차례 명 한 개의 긴 꽃줄기 둘레에 꽃대가 없는 꽃 또는 2차적인 작은 이삭(spikelet)들이 촘촘히 달리는 꽃차례.

spikelet 작은이삭, 소수(小穗) 명 (1) 벼과 초본에서 가는 꽃대를 따라 여러 개의 낱꽃들이 달리는 꽃차례의 기본이 되는 단위; (2) 꽃의 작은 이삭들.

spinal 척추의, 척수의 형 척추뼈와 척수에 관련된 말. 구멍(foramen), 신경절, 신경 따위에 적용되는 말이다.

spinal canal 척추관 척수를 감싸는 척추뼈의 관.

spinal column 척주(脊柱) 척추뼈, 등골뼈(vertebral column).

spinal cord 척수(脊髓) 척추동물의 뇌에서 시작하여 등뼈를 따라 뻗어 있는 신경조직의 기둥. 척추뼈에서 생긴 척추관(spinal canal)에 싸여 있다. 뇌와 함께 중추신경계를 구성한다.

spinalis 척추근(脊椎筋) 척추뼈를 연결하는 근육들에 붙이는 이름.

spinate 가시의 형 (1) 가시가 달린; (2) 가시 모양의.

spination 가시형성 명 가시의 출현, 발달 또는 배열.

spindle 방추, 방추체(紡錐體), 화살나무 명 (1) 유사분열이나 감수분열을 하는 동안에 세포의 양쪽 극 사이에서 미세소관들에 의해 형성되고 염색체들의 이동을 이끄는 구조. ⇨ meiosis, mitosis; (2) 근방추(muscle spindle); (3) 화살나무속(*Euonymus*)의 나무.

spindle cell 방추상세포 (1) 작은 방추처럼 생긴 뉴런; (2) 방추 모양의 체강소체(coelomocyte).

spindle fibre 방추사(紡錐絲) 유사분열이나 감수분열에서 방추체를 구성하는 미세소관들의 다발. 광학현미경으로 관찰할 수 있을 정도로 두꺼운 실 모양의 구조를 형성한다.

spindle pole 방추극(紡錐極) 유사분열이나 감수분열에서 방추체의 한쪽 끝.

spindle pole body 방추극체(紡錐極體) 많은 곰팡이에서 유사분열의 방추극에서 나타나는 구조. 방추사미세소관을 형성하는 중심체(centrosome)의 구실을 한다.

spine 가시, 척추, 극조(棘條) 명 (1) 잎, 줄기, 뼈, 성게류 등에서 볼 수 있는 것과 같이 끝이 날카롭게 뻗어 나온 구조; (2) 고슴도치와 호저(porcupine) 따위에서 끝이 날카로운 털; (3) 척추뼈 또는 등골뼈; (4) 척추뼈의 뾰족한 돌기; (5) 어깨뼈의 능선; (6) 지느러미살; (7) [신] 뉴런의 수상돌기에서 미세한 가지의 끝에 있는, 액틴필라멘트에 의해 빳빳해진 작은 돌기. 많은 신경전달물질 수용체들이 집중되어 있는 곳이다.

spiniferous, spinigerous 가시달린 형 가시가 있는, 유조동물 발톱벌레(*Peripatus*)에서 다리의 복부 옆에 있는 판(pad)에 적용되는 말.

spiniform 가시모양의 형 가시와 같은 모양의.

spinneret 방적돌기(紡績突起), 실돌기 명 (1) 거미류에서 실샘과 연결되는 관들로 구멍이 뚫려 있고 이로부터 거미줄을 치기 위한 분비물이 나오는 돌기; (2) 일부 곤충에서 고치를 치는 이와 비슷한 기관.

spinnerule 방적관(紡績管) 명 거미의 실

분비물을 방출하는 관.

spinning glands 실샘 거미줄이나 고치를 치기 위해 절지동물이 실크와 같은 물질을 분비하는 샘.

spinocaudal 척수꼬리의 형 척추동물의 몸통과 관련된 말.

spino-occipital 척수후두(脊髓後頭)의 형 몸통 체절에서 시작되어 나중에 머리뼈의 부분들을 형성하는 신경에 적용되는 말.

spinose 바늘꼴 형 많은 가시가 있는.

spinothalmic tract 척수시상로(脊髓視床路) 척수와 뇌의 시상(thalamus)을 연결하는 신경섬유의 길. 통각과 온도의 정보를 전달하는 데 관계한다.

spinous 가시의 형 (1) 가시가 있는; (2) 가시와 비슷한.

spinous process 가시돌기, 극돌기(棘突起) (1) 척추뼈의 등 쪽 중앙에 난 가시와 같은 돌기; (2) 나비뼈의 돌기; (3) 정강뼈의 몸 쪽 끝의 관절표면들 사이의 돌기.

spinulate, spinulose, spinulous 작은 가시달린 형 작은 가시들로 덮인.

spinulation 가시덮개 명 방어용 가시가 난 덮개.

spinule 작은가시 명 작은 가시.

spinuliferous 작은가시의 형 작은 가시들이 있는.

spiny-finned 가시지느러미의 형 지지를 위해 가시로 된 살이 있는 지느러미를 가진.

spiny-headed worms 구두동물(鉤頭動物) ⇨ Acanthocephala.

spiny-rayed 가시지느러미살의 형 가시로 된 살 이 떠받치는 지느러미에 적용되는 말.

spiracle, spiraculum 숨구멍, 기문(氣門), 호흡공(呼吸孔) 명 (1) 곤충과 다지류(myriapods)에서 가슴과 배의 체절 측면에 있는 구멍들. 이를 통해 기관호흡계가 외부와 연결되며, 이 구멍은 개폐가 가능하다; (2) 판새어류(elasmobranchs)에서 설악연골의 바로 앞에 있는 흔적적인 아가미틈인 작고 둥근 구멍; (3) 그 밖의 동물에서 호흡과 관련하여 외부로 난 다양한 구멍들을 이르는 말.

spiraculate, spiraculiferous 숨구멍의, 호흡공의 형 숨구멍 또는 호흡공이 있는.

spiraculiform 숨구멍모양의 형 숨구멍(spiracle)처럼 생긴.

spiral 나선상(螺旋狀)의 형 나사(screw)처럼 감긴. 줄기를 따라 올라가며 엇갈리게 놓인 잎들에 적용되고, 각 부분들이 나선형으로 삽입된 꽃에 해당하고, 물관과 헛물관에서 세포벽의 목질화된 비후(thickening)에 적용되는 말이다.

spiral cleavage 나선난할(螺旋卵割) 할구가 비스듬하게 분열하여, 그 결과 8세포기에서 위쪽의 4개 세포들이 아래쪽의 4개 세포들 바로 위에 놓이지 않는 동물 난할형의 일종. 계속되는 분열도 비스듬하게 나타나지만 나선의 방향은 난할마다 오른쪽과 왼쪽이 교대로 나타난다. 와충류, 환형동물, 연체동물, 유형동물과 일부 다른 무리들에서 볼 수 있다.

spiralia 스피랄리아 명복 일부 완족류(brachiopods)에서 다리(crura)에 의해 지지되는 나선상 구조들.

spiral valve 나선판(螺旋瓣) (1) 판새어류, 경린어류(ganoids), 폐어류 등의 어떤 원시형 어류에서, 창자벽이 나선형으로 주름진 것; (2) Heister에서, 쓸개의 목에 있는 점막의 주름; (3) 폐어류(dipnoans)의 심장에서, 산소가 풍부한 혈액과 산소가 부족한 혈액이 완전히 혼합되지 않도록 막아주는 구실을 하는 동맥원뿔(conus arteriosus)의 불완전한 칸막이.

spiral vessels 나사무늬물관 나선상의 섬유가 관의 내면을 선회하여 급속하게 신장하도록 적응된 물관부요소.

spiranthy 뒤틀림 명 비틀리면서 꽃을 구성하는 부분들의 위치가 바뀌는 것.

spire 나선(螺旋), 소용돌이 명 나선형의 껍데기에서 나사선의 부분.

spiriferous 나선구조의 형 나선형의 구조를 가진.

spirilla 나선균(螺旋菌) 명복 나선상으로 꼬인 실 같은 세포들인 베타가변세균(beta-proteobacteria)의 무리. 일부는 편모를 갖는다. 어떤 나선균은 담수나 해양 환경에서 자유생활을 하는 반면, 다른 종류들은 부생생활을 하거나 기생생활을 한다. 후자에는 쥐물음열(rat-bite fever)을 유발하는 나선균(*Spirillum minor*)과 같은 일부 사람병원균들이 포함된다. 단 **spirillum**.

spirivalve 나선형 조개 명 나선형의 껍데기를 갖는 복족류.

Spirochaetes 스피로헤타문 명 DNA염기순서 자료에 근거하여 식별하는 세균역(Bacteria)의 문. 흔히 스피로헤타류(spirochaetes)라고 부르며, 나선 모양으로 꼬인 가느다란 세균들로 구성된다. 세포는 탄력성이 있으며 견고한 세포벽이 없다. 이 문에는 자유생활을 하는 세균과 상업적으로 중요한 세균 그리고 기생생활을 하는 종류들이 포함되는데, 매독(syphilis)을 일으키는 병원체인 매독균(*Treponema pallidum*)과 같이 사람에 병원성을 나타내는 종들이 있다. ≒ **spirochetes**.

spiroid 나선모양의 형 나선형으로 형성된.

spiroplasms 스피로플라스마 명복 세포벽이 없고 아주 작은 운동성의 나선형 원핵생물. 식물의 병원체들이다. ≒ **spiroplasma**.

Spirotrichia 선모아강(旋毛亞綱), **spirotrichans 선모류(旋毛類)** 명, 명복 섬모가 고리 모양으로 둘러싸는 명확한 식도와 파동막(undulating membrane)을 갖는 원생동물 섬모충류의 무리. 나팔벌레속(*Stentor*) 등이 있다.

spite 방해행동 명 동물의 행동에서, 다른 동물에 해를 끼치는 과정에서 자신의 적응도(fitness)를 감소시키는 행동에 붙여진 이름.

splanchnic 내장의, 장기의 형 (1) 내장(장기)과 관련된 말; (2) 중축의 측면에 있고 내장들이 생기는 중배엽(장측중배엽)에 적용되는 말. 비 axial, paraxial.

splanchnocoel 내장강(內臟腔) 명 성체에서 복강(visceral cavity)으로 지속되는, 배의 측판에 있는 공간.

splanchnopleure 내장엽(內臟葉), 장측판 명 체강의 내벽을 형성하는 중배엽의 안쪽 부분.

splash zone 쇄파대(碎波帶) 고조선 위에 있지만 만조(high tide) 시에 파도의 비말(물거품)에 의해 적셔질 수 있는 연안대. 뜸부기류(channel wrack)와 같은 일부 해조류와 작은 총알고둥 그리고 지의류 등이 서식한다. (⇨ 그림 34)

spleen 지라, 비장(脾臟) 명 척추동물의 2차림프기관 및 혈관기관. 여기에서 면역반응이 개시되고 적혈구가 파괴된다.

splenetic 지라의, 비장의 ⇨ splenic.

splenial 팽대(膨大)의, 판상(板狀)의 형 (1) 뇌들보(뇌량)의 팽대(splenium)와 관련된 말; (2) 척추동물의 아래턱에 있는 판상골(splenial bone)과 관련된 말; (3) 목 위의 등 쪽에 있는 판상근(splenius muscle)과 관련된 말.

splenic 지라의, 비장의 형 지라(비장)와 관련된 말. ≒ splenetic.

splenium 팽대(膨大) 명 뇌에서 뇌들보(뇌량)의 뒤쪽 경계.

splenius **판상근(板狀筋), 널판근** 명 목 위의 등 쪽에 있는 근육.

splenomegaly **지라비대, 비장비대** 명 기생충의 감염 등에 의해 지라가 부어서 커진 상태.

splenophrenic **지라가로막의** 형 지라와 가로막(횡격막)에 관련된 말.

spliceosome **이어맞추기복합체** 명 저분자의 리보핵단백질들(U1, U2 등)로 구성된 복합체. RNA에서 형성되고 RNA이어맞추기반응을 수행한다.

3′ splice site 이어맞추기수용부위(acceptor splice site).

5′ splice site 이어맞추기제공부위(donor splice site).

splicing **이어맞추기** 명 (1) RNA이어맞추기(RNA splicing); (2) 유전공학에서 두 개의 다른 DNA단편들을 연결하여 재조합DNA를 만드는 것.

splicing junctions **이어맞춘접합점** 진핵세포 유전자의 1차전사물에서 인트론(비발현부위)과 엑손(발현부위) 사이의 접합점. 인트론이 제거되고 인접한 엑손의 배열이 다시 연결되는 지점이다.

splint bone **비골(腓骨)** 말(horse)에서 장골과 일부 척골의 흔적.

splintwood **변재** ⇨ sapwood.

spondyle, spondylus **척추뼈** ⇨ vertebra.

spondylous **척추의** ⇨ vertebral.

sponges **해면동물** 명복 해면동물문(Porifera)에 대한 일반적인 명칭.

spongicolous **해면서식성의** 형 해면동물에서 사는.

spongin **해면질(海綿質)** 명 목욕용 해면과 같은 각질 해면동물을 구성하는 섬유성 단백질 성분.

spongioblast **해면질모세포, 신경교모세포** 명 발달하여 신경아교세포와 신경아교섬유들이 될 태아의 상피세포.

spongiocoel **해면위강(海綿胃腔)** 명 해면동물의 내강 또는 내강계.

spongiocyte **해면세포(海綿細胞)** 명 부신피질의 삭상대(zona fasciculata)에 있는 해면상의 공포를 원형질 내에 가진 세포.

spongiose **해면모양의** 형 해면과 같은 구조의.

spongophyll **해면조직엽(海綿組織葉)** 명 일부 수생식물에서 볼 수 있는 것과 같이 상면표피와 하면표피 사이에 울타리조직이 없이 해면유조직을 갖는 잎.

spongy **해면질의** 형 공기공간이 들어 있는 올이 성긴 질감의.

spontaneous generation **자연발생(설)** 생물이 무기물로부터 또는 생물과 전혀 다른 물질로부터 자연적으로 생길 수 있다는 생각. 19세기 이전까지 널리 받아들여졌다. 이 설은 파스퇴르(Louis Pasteur)가 멸균한 플라스크에 건초와 물을 넣고 공기를 빼면 어떤 생물도 나타나지 않았음을 증명하면서 사실이 아닌 것으로 밝혀졌다.

spontaneous mutations **자연돌연변이** 정상적인 세포과정과 환경과의 무작위적 상호작용에 의해 일어나는 돌연변이. 비 induced mutations.

spools **스풀** 명복 거미류에서 거미줄을 치기 위한 실 같은 분비물이 나오는 방적돌기(spinneret)의 미세한 관.

spoon **스푼** 명 (1) 파리목에서 평균체(balancer)의 기부에 있는 작은 경피; (2) 어깨판(tegula)의 끝 부분.

spoon worms **개불류** ⇨ Echiua.

sporabola **담자포자사출곡선** 명 담자뿔(sterigma)에서 방출된 포자가 그리는 궤도.

sporadic **산발적(散發的)인** 형 (1) 제한된 지역에 국한된 식물에 적용되는 말; (2) 이따금 발생하는 질병에 적용되는 말;

(3) 같은 종류의 가족성 암과 달리 자연스럽게 생기는 암의 발병에 적용되는 말.

sporangia 'sporangium'의 복수형.

sporangial 포자낭의 형 포자낭(sporangium)과 관련된 말.

sporangiferous 포자낭달린 형 포자낭이 달린.

sporangiform, sporangioid 포자낭꼴 형 포자낭과 비슷한.

sporangiocarp 포자낭과(胞子囊果) 명 (1) 막으로 둘러싸인 포자낭들의 집합체; (2) 자낭과 무포자균사들이 외피로 둘러싸인 구조.

sporangiocyst 포자낭포(胞子囊胞) 명 (1) 포자낭을 감싸는 막; (2) 벽이 두꺼운 내성포자낭(resistant sporangium). ≒ **sporangiole**.

sporangiolum 소포자낭(小胞子囊) 명 오직 하나 또는 몇 개의 포자가 들어 있는 작은 포자낭.

sporangiophore 포자낭자루 명 포자낭이 달리는 자루와 같은 구조.

sporangiosorus 포자낭군(胞子囊群) 명 촘촘하게 밀집한 포자낭들의 덩이.

sporangiospore 포자낭포자 명 포자낭에서 형성된 포자, 특히 비운동성 포자.

sporangium 포자낭(胞子囊), 홀씨주머니 명 곰팡이, 조류, 이끼류 및 고사리류에서 비운동성 무성포자들이 만들어지는 세포 또는 다세포구조. 복 **sporangia**.

spore 포자, 홀씨 명 (1) 세포분열을 거듭하여 새로운 생물체를 만드는 작고 보통 단세포로 된 생식구조인 무성포자. 배우자와 달리 포자는 다른 세포와 융합하지 않고 발생할 수 있다; (2) 식물과 곰팡이에서 감수분열에 의해 생기는 반수체세포인 유성포자. 비 gamete.

spore case 포자낭 ⇨ theca.

spore coat 포자외피(胞子外皮) 세균의 포자에서 피층의 외부에 있고 포자외막(exosporium)으로 둘러싸인 외피.

spore mother cell 포자모세포(胞子母細胞) 감수분열로 4개의 반수체세포를 형성하는 2배체세포.

sporidium 소생자(小生子) 명 깜부기병균과 녹병균의 담자포자를 부르는 다른 이름. 복 **sporidia**.

sporiferous 포자달린 형 포자가 달린.

sporification 포자형성 명 포자가 만들어지는 것.

sporo-, -spore, -sporous '씨'를 뜻하는 그리스어 '*sporos*'에서 유래된 단어요소. 포자 그리고 포자를 만드는 구조와 관련된 말이다.

sporoblast 포자아세포(胞子芽細胞) 명 (1) 포자낭을 만드는 분열조직의 창시자격인 세포; (2) 포자모세포(spore mother cell).

sporocarp 포자낭과(胞子囊果) 명 내부에서 포자가 형성되는 구조.

sporocladium 자실병(子實柄) 명 일부 곰팡이에서 포자낭 또는 소포자낭이 달리는 균사의 가지.

sporocyst 스포로시스트, 포자포낭 명 (1) 내부기생을 하는 흡충류의 생활주기 가운데 달팽이 숙주에서 흡충섬모충(miracidium)으로부터 발생하는 유충 단계의 하나. 입이나 창자가 없고, 무성적으로 번식하여 레디아(redia) 또는 세르카리아(cercaria)를 만든다; (2) 원생동물의 포자에서 보호성 외피; (3) 포자의 방출에 앞선 포자의 형성단계.

sporocystid 형 포자충류에서 접합자가 스포로시스트를 형성하는 접합자낭(oocyst)에 적용되는 말.

sporocyte 포자모세포(胞子母細胞) 명 발달하여 포자들이 될 포자모세포.

sporodochium 분생자좌(分生子座) 명 붉은가지마름병균(coral spot fungi)에

감염된 교목과 관목의 껍질에서 터져 나오는 분생자자루와 선명한 색깔의 포자들의 덩어리.

sporogenesis 포자형성 명 포자의 형성.

sporogenous 포자형성의 형 포자를 만드는.

sporogonium 조포체(造胞體) 명 선태식물의 포자낭세대. 깍지와 센털로 구성되고, 장란기의 수정된 알로부터 생기며, 발달하여 포자가 된다. 형 **sporogonial**.

sporogony 포자생식, 포자법 명 (1) 포자의 형성; (2) 원생동물의 접합포자(sporont)로부터 포자소체(sporozoite) 또는 포자가 형성되는 것; (3) 접합포자에서 배우자들이 만들어지고, 이들이 융합하여 접합자로부터 포자들과 포자소체가 만들어지는 것. ≒ (원생동물의 경우) gamogony.

sporoid 포자모양의 형 포자와 비슷한.

sporokinete 동포자(動胞子) 명 어떤 원생동물 혈액기생충의 접합자낭(oocyst)에서 발달하는 운동성의 포자.

sporonine 스포로닌 명 포자와 꽃가루립의 벽에서 발견되는 테르펜(terpene)과 유사한 물질.

sporont 접합포자 명 포자충류 기생생물에서 발달하여 포자소체(sporozoite)세대가 되는 개체 또는 세대.

sporophore 포자체(胞子體), 포자병(胞子柄) 명 (1) 곰팡이에서 포자를 갖는 구조. 단순한 포자낭자루(sporangiophore)이거나 버섯과 독버섯의 자실체와 같이 복잡한 구조이다; (2) 점균류에서, 표면에 포자를 만드는 변형체의 부분; (3) 꽃차례(inflorescence).

sporophyll 포자엽(胞子葉) 명 포자낭을 갖는 잎 또는 잎에서 유래된 구조. 꽃의 수술과 심피와 같이 몹시 변형되기도 한다.

sporophyte 포자체(胞子體) 명 식물의 세대교번에서 2배체 또는 무성시기. 감수분열이 일어나 반수체의 배우자체가 생기고 여기에서 배우자가 만들어진다. 비 gametophyte.

sporoplasm 포자원형질 명 일부 포자충류에서, 포낭(cyst)으로부터 방출되고 아메바형 유주자(amoebula)를 형성하는 세포.

sporopollenin 스포로폴레닌 명 포자와 꽃가루립의 벽에서 발견되는 알코올. 코르크질(suberin)과 각피질(cutin)과 관련되지만 이들보다 더욱 견고하여 포자들과 꽃가루립들이 수백만 년 동안 생존할 수 있는 원인이 된다.

sporothallus 포자체 명 포자를 만드는 엽상체.

sporotheca 포자낭막 명 포자소체(sporozoite)를 에워싸는 막.

Sporozoa 포자충아문, sporozoans 포자충류(胞子蟲類) 명, 명복 사람과 가축 그리고 다른 척추동물과 무척추동물들에 질병을 일으키는 많은 종류를 포함하는 기생성 원생동물의 아문(subphylum). 소, 양, 가금류에 콕시디아증(coccidiosis)을 유발하는 구포자충속(*Eimeria*)과 사람에게 말라리아를 일으키는 열원충속(*Plasmodium*)이 포함된다. 포자충류는 대체로 섭식이나 운동과 관련한 세포소기관이 없다. 이들은 무성세대와 유성세대가 포함되는 복잡한 생활주기를 갖는데, 때때로 두 가지의 숙주에서 산다. 새로운 세포들에 감염하는 시기는 반수체의 포자소체(sporozoite)이다.

sporozoid 유주자(遊走子) 명 운동성 포자인 유주자(zoospore).

sporozoite 포자소체(胞子小體) 명 원생동물 포자충류의 스포로시스트(sporocyst)에서 방출되는 포자. 말라리아의 경우, 포자소체는 숙주인 모기의 침샘에 있는 시기이며 사람에게 옮겨진다.

sport 식물체세포돌연변이 명 식물의 체세포돌연변이(somatic mutation). 형질이 다른 식물이나 식물체의 일부가 생기고, 이는 오직 영양적으로만 번식할 수 있다.

sporula, sporule 소포자(小胞子) 명 작은 포자.

sporulation 포자형성 명 (1) 포자가 형성되는 과정; (2) 포자의 방출; (3) 세균에서, DNA가 분리되어 세포의 한 부분이 되고 포자외피에 둘러싸여 내생포자(endospore)가 형성되는 것; (4) 일부 원생동물에서, 다분법(multiple fission)에 의해 한배새끼(brood)들이 만들어지는 것.

spot desmosome 접착반점 ⇨ desmosome.

spp. 'species'의 복수형.

springtails 톡토기류 톡토기목(Collembola)의 일반적인 명칭.

spumaviruses 스푸마바이러스아과 명복 종양 형성을 일으키지 않는 레트로바이러스의 아과. 감염된 세포의 세포질에서 특징적인 거품 같은 모양을 만든다.

spuriae 거짓깃털, 소익(小翼) 명복 작은 날개(bastard wing)의 깃털들.

spurious 거짓의 형 이빨이나 열매 같은 어떤 것처럼 보이지만 실제로는 아닌 구조에 적용되는 말.

squalene 스콸렌 명 6개의 이소프렌(isoprene) 단위들로 구성된 탄소수 30의 탄화수소. 콜레스테롤 생합성의 중간물이다.

Squamata 뱀목 명 뱀류, 도마뱀류와 지렁이도마뱀류로 이뤄지는 파충류의 목.

squamate 비늘덮인 형 비늘로 뒤덮인.

squamation 비늘배열 명 도마뱀이나 뱀의 표면에 있는 비늘들의 배열.

squame 비늘 명 (1) 피부의 가장 바깥층에 있는, 주로 케라틴으로 구성되고 결국 벗겨져서 떨어지는 납작한 세포; (2) 비늘(scale); (3) 비늘처럼 배열된 부분.

squamella 작은비늘, 소린(小鱗) 명 작은 비늘이나 포엽(bract).

squamellate, squamelliferous 작은비늘의 형 작은 비늘이나 포엽을 가진.

squamelliform 작은비늘모양의 형 작은 비늘(squamella)과 비슷한.

squamid 비늘덮인, 뱀무리 (1) 형 비늘로 뒤덮인; (2) 명 도마뱀류, 지렁이도마뱀류와 뱀류들인 뱀목(Squamata)의 무리.

squamiferous, squamigerous 비늘달린 형 비늘이 달린.

squamiform 비늘모양의, 인편상(鱗片狀) 형 비늘처럼 생긴.

squamosal 측두린부, 인골(鱗骨) 명 척추동물의 머리뼈에서 뒤쪽 측면벽의 일부를 이루는 막골.

squamose 비늘덮인 형 비늘로 뒤덮인.

squamous 비늘의, 편평한 형 (1) 비늘로 구성된; (2) 핵이 있는 납작한 세포들로 구성된 단층상피(편평상피)에 적용되는 말; (3) ⇨ squamose.

squamula, squamule 작은비늘, 소린(小鱗) 명 작은 비늘.

squamulate 작은비늘의 형 극히 작은 비늘을 가진.

squamulose 작은비늘의 형 (1) 아주 작은 비늘을 가진; (2) 몸체에 느슨하게 붙은 많은 열편들이 있는 엽상지의류에 적용되는 말.

squarrose 들쭉날쭉한 형 비늘이 돋아서 표면이 거친.

squarrulose 들쭉날쭉해지는 형 차츰 들쭉날쭉한(squarrose) 상태가 되는.

Src family Src패밀리 어떤 수용체단백질의 세포질부위와 결합하고 수용체와 그 밖의 단백질을 인산화하는 티로신인산화효소의 패밀리. 수용체로부터의 신호를 전달하는 데 관여한다.

SRE 다양한 포유동물 유전자에서 생장인자(또는 생장인자를 포함하는 혈청)와 포르볼에스테르(phorbol ester)에 의한 세포의 자극에 대응하는 그러한 유전자의 발현을 유도하는 데 관여하는 조절부위인 혈청반응인자(serum-responsive element).

SRP ⇨ signal recognition particle.

ss-binding protein (SSB) ss결합단백질 외가닥DNA결합단백질(single-strand DNA-binding protein). ≒ helix-destabilizing protein (HD protein).

ssDNA 외가닥DNA(single-stranded DNA).

S-shaped curve S형곡선 용량반응곡선(dose-response curve)의 보편적인 유형. 약물 따위의 농도가 낮을 때에는 역치농도(threshold concentration)에 도달할 때까지 거의 반응이 나타나지 않다가, 역치농도를 넘어서면 농도가 증가함에 따라 상대적으로 반응이 증가하고, 또 다른 역치농도를 초과하면 아무리 농도가 증가해도 반응이 전혀 또는 거의 증가하지 않는다.

S-shaped growth curve S형생장곡선 개체군의 생장률이 처음의 생장지체기(lag phase)를 지나면 기하급수적으로 증가하다가 조건이 계속해서 개체군의 생장에 덜 적합해짐에 따라 서서히 생장률이 둔화되는 생장곡선(growth curve)의 일종. 결국 출생률이 사망률과 같아지는 평형에 도달하게 되고, 이 시기를 정지기(stationary phase)라고 한다. 어떤 상황에서는 조건이 계속 악화됨에 따라 사망률이 출생률을 초과하는 쇠퇴기(decline phase)가 따르기도 한다. ≒ sigmoid growth curve. 비 J-shaped growth curve.

ssp. ⇨ subspecies.

ssRNA 외가닥RNA(single-stranded RNA).

stabilate 안정집단(安定集團) 명 안정적이고 생존 가능한 조건에서 보존되는 미생물의 집단.

stability 안정성(安定性) 명 군집이나 생태계가 외부에서 가해진 변화나 스트레스를 견뎌 내거나 회복하는 능력. ⇨ constancy, inertia, resilience.

stabilizing selection 안정화선택(安定化選擇) 개체군의 극단적인 변이에 선택압이 작동하여 개체군이 평균 주변에서 안정화되는 경향을 나타내는 것.

stachyose 스타키오스 명 어떤 식물의 뿌리 따위에 존재하는 4당류. 2개의 갈락토오스 잔기와 1개의 포도당 그리고 1개의 과당으로 구성된다.

stachysporous 줄기포자낭의 형 축(줄기)에 포자낭이 달리는.

stade 기(期), 령(齡) 명 (1) 식물이나 동물의 발생 또는 생활주기의 단계; (2) 두 번의 연이은 털갈이(탈피) 사이의 간격. ≒ **stadium**.

stag-horned 형 사슴벌레(stag-beetle)처럼 뿔처럼 갈라진 큰 아래턱을 가진.

stagnicolous 습지서식성 형 고여 있는 물에서 살거나 자라는.

stalk cell 자루세포 (1) 겉씨식물의 장정기세포가 분열한 두 개의 세포 가운데 무성세포; (2) 반균류(discomycetes) 곰팡이에서 구형돌기(갈고리)의 기부세포.

stamen 수술 명 꽃의 웅성 생식기관인 소포자엽(microsporophyll). 꽃가루(화분)가 생기는 꽃밥(anther)과 이를 떠받치는 자루인 수술대(filament)로 구성된다. (⇨ 그림 18)

staminal 수술의 형 수술과 관련되거나 수술에서 유래된.

staminate 수꽃의 형 수술은 있지만 심피가 없는 꽃에 적용되는 말.

staminiferous, staminigerous 수술달

S

린 형 수술이 달린.

staminode 헛수술 명 (1) 일부 꽃에서 의수술(metamorphosed stamen)로부터 유래된 잎 같은 구조; (2) 흔적적이거나 불완전하거나 또는 꽃가루를 생산하지 않는 수술.

staminody 수술화 명 꽃에 있는 어떤 구조가 수술로 전환되는 것.

staminose 변형수술의 형 유난히 두드러진 수술을 가진 꽃에 적용되는 말.

stand 임분(林分) 명 주변의 식생과는 구별되는, 수종(species)과 수령(age)이 거의 똑같은 식물들의 집단.

standard 기판(旗瓣), 표준 명 (1) 완두콩, 콩, 살갈퀴(vetch)와 같은 콩과 식물의 나비꼴(papilionaceous) 꽃의 뒤에서 직립하는 큰 꽃잎; (2) 붓꽃의 꽃에서 직립하는 꽃잎; (3) 검정보정(calibration)에서 이용되는 측정단위 또는 물질.

standard deviation (σ, s.d., *s*) 표준편차(標準偏差) n개의 주어진 자료에서 평균치($\bar{x}$)를 중심으로 분산된 정도를 나타내는 통계치. 분산(variance)의 제곱근과 동일하다. 정규분포 모집단의 경우, 평균치를 중심으로 $\pm 1\sigma$의 범위에 자료의 68%가 포함된다.

standard free energy change ($\Delta G°$) 표준자유에너지변화 표준온도와 표준압력의 조건 하에서 1몰의 반응물이 1몰의 생성물로 전환되는 데 따른 자유에너지의 획득 또는 손실.

standard metabolic rate 표준대사율 일련의 정해진 조건 하에서 측정되는 대사율.

standard nutritional unit 표준영양단위 먹이사슬의 어떤 영양단계에서 이용할 수 있는 에너지를 나타내는 단위. 일반적으로 연간 헥타르당 10^6킬로칼로리로 나타낸다.

standing crop 현존량(現存量) 어떤 특정한 시간에 특정한 지역이나 생태계에 있는 생체량.

stapedius 등자근, 등골근 명 가운데귀의 작은 뼈들 가운데 하나인 등자뼈(stapes)의 머리를 끌어당기는 근육.

stapes 등자뼈, 등골(鐙骨) 명 (1) 포유동물의 가운데귀에서 모루뼈와 난원창을 연결하는 가장 안쪽에 있는 뼈; (2) 양서류와 파충류의 가운데귀에서 고막과 난원창을 연결하는 뼈.

staphylococci 포도상구균 명복 포도상구균속(*Staphylococcus*) 세균의 일반적인 명칭. 작고 둥글며 자주 불규칙한 무리로 배열되는 구균(coccus)이다. 병원성 종류들은 피부병터(skin lesion), 상처감염, 식중독 그리고 때로는 보다 널리 퍼지는 질병을 일으킨다. 단 **staphylococcus**.

star cells 별세포 ⇨ Kupffer cells.

starch 녹말 명 포도당 단위들이 α-1,4결합으로 연결된 긴 사슬로 구성된 다당류. 가지를 치지 않는 아밀로오스(amylose)이거나 α-1,6결합에서 가지를 치는 아밀로펙틴(amylopectin)이다. 식물의 녹말체(amyloplast)에서 녹말과립으로 나타나는 저장탄수화물이고, 동물의 소화과정에서 아밀라아제, 말타아제와 덱스트린분해효소(dextrinase)에 의해 덱스트린과 맥아당을 거쳐 포도당으로 가수분해된다. (⇨ 그림 36)

starch gums 호정(糊精) ⇨ dextrins.

starch sheath 녹말초 녹말과립이 들어 있는 내피.

starch sugar 녹말당 ⇨ glucose.

starfish 불가사리류 불가사리강(Asteroidea)의 일반적인 명칭.

star navigation 천체이용항로결정 이동하는 많은 명금(songbirds)들이 이용하는 항로결정의 학습된 방법. 이 새들은 별들에

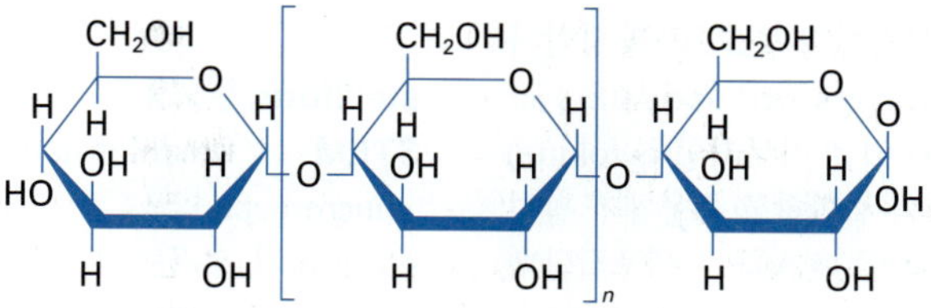

그림 36. 녹말.

따라 자신들의 방향을 찾는 것으로 밝혀졌다.

start codon 개시암호 폴리펩티드사슬의 번역의 시작을 알리는 RNA의 3자 암호. 보통 AUG이다.

startpoint of transcription 전사기점 RNA로 편입되는 첫 뉴클레오티드에 해당하는 DNA의 염기쌍.

star tree 계통수를 작성할 때 일부 방법에서 이용하는 최초의 나무구조.

stasimorphy 발육부전기형 명 생장이 정지되거나 억제되면서 형태가 정상에서 벗어난 것.

stasis 정지(停止), 정체(停滯) 명 (1) 진화에서, 화석기록에서 볼 수 있듯이 어떤 특정 계통에서 오랜 기간을 거치는 동안 중대한 진화적 변화가 나타나지 않은 것. ⇨ punctuated equilibrium, stabilizing selection; (2) 생장이나 발생 또는 동물체액의 운동이 멈추거나 늦어지는 것.

static 정적(靜的)의, 평형(平衡)의 형 (1) 움직이지 않거나 평형상태에 있는 체계와 관련된, 자세반응(postural reaction)에 적용되는 말; (2) 이석(otolith)과 반고리관 같은 자기수용기(proprioceptor)에 적용되는 말.

stationary phase 정지기(靜止期) 세균집락의 생장에 있어서 세 번째 단계. 영양소의 고갈에 기인하여 증식이 느려지다가 결국 정지된다.

stato-acoustic 평형청각의 형 평형감각과 청각에 관련된, 제8뇌신경 또는 달팽이관신경에 적용되는 말.

statoblast 휴면아(休眠芽) 명 일부 태형동물에서 키틴질의 껍질로 둘러싸인 특수화된 무성아(asexual bud) 또는 겨울알(winter egg). 겨우내 휴면상태를 유지하다가 봄에 새로운 군체로 발달한다.

statocone 평형사(平衡砂) 명 평형낭(statocyst)에 들어 있는 극히 작은 구조.

statocyst 평형낭(平衡囊), 평형포(平衡胞) 명 (1) 내면에 감각세포가 있고 중력에 따라 움직이는 아주 작은 석회질 입자들이 들어 있는 소낭. 많은 무척추동물에 존재하며, 중력을 감지하는 데 관여한다; (2) ⇨ statocyte.

statocyte 평형세포 명 평형석(statolith)이 들어 있고 중력수용체로 작용할 가능성이 있는 세포. 녹말립과 같은 입자들이 포함된 뿌리골무세포가 그 예가 된다. ≒ statocyst.

statokinetic 평형운동의 형 평형의 유지와 연관된 운동과 관련된 말.

statolith 평형석(平衡石) 명 (1) 균형과 중력을 감지하는 기관인 평형낭(statocyst)의 유체에 들어 있는 무기질 입자. 중력에 따른 이들의 움직임을 감각세포가 감지한다. ≒ otolith; (2) 중력의 영향을 받아 세포 내에서 위치가 변화하는 기름방울, 녹말립 또는 결정체와 같은 세포내용물.

STATs 전사신호변환인자 및 활성인자(signal transducers and activators of transcription). 일부 시토카인(cytokine) 수용체의 꼬리와 결합하고 수용체가 활성화되면 전사인자를 형성하는 세포질단백질이다.

staurophyll 책상엽(柵狀葉) 명 울타리조직(책상조직)이나 그 밖의 촘촘한 조직을 두루 가진 잎.

steapsin 스테압신 명 척추동물의 이자액을 포함하여 많은 동물의 소화즙에 들어있는 지방분해효소. EC 3.1.1.1. 상용명 triacylglycerol lipase.

stearic acid, stearate 스테아르산 특히 동물에서 널리 분포하는 포화지방산.

steatogenesis 지질생성 명 지질이 만들어지는 것.

steganopodous 형 완전히 물갈퀴가 달린 발을 가진.

stegocarpic, stegocarpous 형 덮개(operculum)와 삭치(peristome)가 있는 깍지를 가진, 이끼류에 적용되는 말.

stelar 중심주(中心柱)의 형 중심주(stele)와 관련된 말.

stelar parenchyma 중심유조직 ⇨ pith.

stele 중심주(中心柱) 명 1기식물체에 두루 뻗어 있는 1기관다발조직(1기체관부와 1기물관부)과 속(수)으로 이루어진 기둥.

stellar 별모양의 ⇨ stellate.

stellate 별모양의, 성상(星狀)의 형 별 모양의, 중심에서 방사하는. ≒ stellar, asteroid.

stellate cell 별세포, 성상세포(星狀細胞) (1) 소뇌에서, 세포체는 분자층에 있고 조롱박세포(Purkinje cell)에 작용하는 사이뉴런의 일종; (2) ⇨ Kupffer cell.

Stelleroidea 불가사리강 명 불가사리류(Asteroidea)와 거미불가사리류(Ophiuroidea)를 포함하는 극피동물의 강.

stelliform 별모양의 ⇨ stellate.

STEM ⇨ scanning-tunnelling electron microscope.

stem 줄기 명 관다발식물의 주된 축. 눈과 잎 또는 비늘잎이 달리고, 꽃과 같은 생식구조가 있으며, 뿌리줄기(rhizome)를 제외하고는 대체로 지상에 달리고, 관다발조직의 특징적인 배열을 가진다.

stem cell 줄기세포 동물이나 식물의 배(embryo) 또는 성체에 있는 분화되지 않은 상태의 세포. 이들 세포는 무제한으로 분열할 수 있고, 한 가지 또는 여러 가지의 다른 세포형을 생기게 할 수 있다. 이를테면 포유동물의 성체에서 혈액과 피부 등의 일부 조직은 줄기세포의 분화에 의해 끊임없이 재생된다. 한편 줄기세포는 골격근과 뇌의 일부에도 존재한다. ⇨ embryonic stem cells, multipotent, totipotent.

stem-cell niche 줄기세포적소 피부나 골수 등에서 줄기세포를 자가재생(self-renewing) 상태로 유지하고 특수세포로 분화되게끔 안내하는 세포환경.

stemma 곁홑눈 명 (1) 절지동물의 홑눈; (2) 더듬이가 달린 결절(tubercle). 복 **stemmata, stemmas**.

stenobaric 협압성(狹壓性) 형 압력이나 고도의 작은 차이에만 적응할 수 있는 동물에 적용되는 말.

stenobathic 협심성(狹深性) 형 좁은 범위의 수직분포를 가진.

stenobenthic 협저성(狹底性) 형 해저에서 좁은 범위의 수심에서만 사는 생물과 관련된 말. 비 eurybenthic.

stenochoric 협분포성(狹分布性) 형 분포의 범위가 좁은.

stenocyst 명 어떤 이끼류의 잎에 있는 조세포(auxiliary cell)들 가운데 하나.

stenoecious **협지성(狹地性)** 형 좁은 범위의 서식지 선택을 가진.

stenohaline **협염성(狹鹽性)** 형 좁은 범위의 염도에만 적응할 수 있는 생물에 적용되는 말.

stenohygric **협습성(狹濕性)** 형 좁은 범위의 대기습도 변화에 적응할 수 있는 생물에 적용되는 말.

Stenolaemata **협후강(狹喉綱)** 명 태형동물문(Bryozoa)의 강.

stenomorphic **왜소형(矮小形)** 형 (1) 특별히 작은; (2) 비좁고 작은 서식지에 기인하여 전형적인 형태보다 작은.

stenonatal 형 일개미와 같은 곤충에서 매우 작은 가슴을 가진.

stenopetalous **좁은꽃잎의** 형 좁은 꽃잎을 가진.

stenophagous, stenophagic **협식성(狹食性)** 형 제한된 종류의 먹이에 의존하여 살아가는.

stenophyllous **좁은잎의** 형 잎이 좁은.

stenopodium **협장족(狹長足)** 명 갑각류에서 바깥다리(exopodite)와 안다리(endopodite)가 모두 말단에 달린 밑마디(protopodite)를 가진 다리.

stenosepalous **좁은꽃받침의** 형 좁은 꽃받침조각들을 가진.

stenosis **협착(狹窄)** 명 구멍이나 관 또는 혈관 등에서 볼 수 있는 것과 같이 관 모양의 구조가 좁아지거나 수축된 것.

stenostomatous **협구성(狹口性)** 형 입이 좁은.

stenothermic **협온성(狹溫性)** 형 좁은 범위의 온도 변화에만 적응할 수 있는 생물에 적용되는 말.

stenotopic **협생성(狹生性)** 형 제한된 범위의 지리적 분포를 가진.

stenotropic 형 변화하는 조건에 대해 매우 제한된 적응을 나타내는.

stephanion **관상점** 명 머리뼈에서 위관자능선(superior temporal ridge)이 관상봉합(coronal suture)에 의해 교차되는 지점.

steppe **온대초원** 명 아시아의 광대한 지역을 덮고 있는 건조하고 나무가 없는 초원.

stercome 명 육질충류(Sarcodina)가 배설하는, 갈색을 띤 입자들이 덩어리를 이루는 노폐물.

stercoral **분낭(糞囊)의** 형 거미류에서 항문오목(proctodaeum)의 뒤쪽에 있는 주머니에 적용되는 말.

stereid **후벽섬유(厚壁纖維)** 명 (1) 벽공관(pit canal)을 갖고 목질화된 유조직세포; (2) ⇨ stone cell.

stereid bundles **후벽섬유다발** 후벽조직 섬유들의 띠 또는 다발.

stereocilium **부동섬모(不動纖毛)** 명 (1) 달팽이관의 털세포에 있는 돌기. 영구적인 세포골격에 의해 빳빳해지고, 음파에 기인하는 진동을 감지하는 데 관여한다; (2) 그 밖의 세포들에 있는 이와 비슷하게 비운동성인 돌기들. 복 **stereocilia**.

stereognosis **입체감각인식** 명 물체를 만져서 그 크기나 무게 또는 모양을 감지하고 입체적인 형상을 인식하는 능력. 형 **stereognostic**.

stereoisomer **입체이성질체** 명 구조식은 같지만 원자의 구조적 배열이 서로 다른 둘 또는 그 이상의 화합물들을 통틀어 이르는 말.

stereokinesis **접촉운동** 명 접촉자극에 대해 반응하는 운동 또는 운동의 억제.

stereome **기계조직(機械組織)** 명 (1) 식물체의 지지조직을 이루는, 관다발의 견고한 부분을 따라 나타나는 후벽조직과 후각조직들의 덩어리; (2) 이끼류의 중심주(central cylinder)에 있는 벽이 두꺼운 길쭉한 세포들.

stereopsis **입체시(立體視)** 명 두 눈에서

받는 정보의 차이를 이용하여 물체의 깊이를 인지하고 물체를 입체적으로 보는 능력. ⇨ stereoscopic vision.

stereospecificity 입체특이성 명 효소에서, 기질의 몇 가지 가능한 입체이성질체(stereoisomer) 가운데 오직 한 가지에만 특이성을 나타내는 것.

stereospondylous 전추(全椎)의 형 각각 융합하여 한 조각으로 합쳐진 척추뼈를 가진.

stereotaxis, stereotaxy 주촉성(走觸性) 명 고형물에 접촉한 자극에 대해 생물이 나타내는 반응. 단단한 물체에 자신을 부착시키는 생물이나 갈라진 틈 또는 터널에서 사는 생물의 성향이 그 예가 된다.

stereotropism 굴촉성(屈觸性) 명 단단한 물체에 접촉한 식물에서 나타나는 생장운동. 덩굴식물의 줄기와 덩굴손이 지지물 주위에 감기는 경향이 그 예이다.

stereotyped behaviour 정형행동(定型行動) ⇨ fixation.

sterigma 담자뻘 명 담자균류의 담자기에서 자라나오고 그 끝에 담자포자가 생성되는 짧은 돌기와 같은 구조. 복 **sterigmata**.

sterile 불임(不稔)의, 무균(無菌)의 형 (1) 번식할 수 없는; (2) 생명체, 특히 미생물이 없는; (3) ⇨ axenic.

sterilize 동 (1) **불임케 하다** 동물을 번식하지 못하도록 만들다; (2) **살균하다** 미생물이 들어 있는 물질에 대해 감염이 옮겨지지 않도록 처리하다.

sternal 복장의, 가슴판의 형 복장뼈(sternum) 또는 가슴판(sternite)과 관련된 말.

sternebrae 복장뼈분절 명복 가슴뼈 또는 복장뼈의 분절들.

sternellum 가슴판조각 명 곤충의 배판, 특히 전복판편(antesternite)의 뒤에 있는 경피(sclerite).

sternite 가슴판, 복판(腹板) 명 절지동물 체절의 배 쪽에 있는 판.

sternobranchial 형 일부 갑각류에서 아가미로 혈액을 나르는 혈관에 적용되는 말.

sternoclavicular 복장빗장의, 흉쇄골의 형 복장뼈(흉골)와 빗장뼈(쇄골) 사이의 관절(복장빗장관절)에 적용되거나 그와 관련된 말.

sternohyoid 복장목뿔의, 흉골설골의 형 복장뼈의 자루와 목뿔뼈 사이의 근육(복장목뿔근)에 적용되는 말.

sternokleidomastoid 복장빗장꼭지돌기의, 흉쇄유돌의 형 복장뼈에서 꼭지돌기(mastoid process)까지 뻗어 있는 비스듬한 목의 근육(목빗근 또는 흉쇄유돌근)에 적용되는 말.

sternopericardial 복장심장막의, 흉골심낭막의 형 복장뼈의 등 쪽 표면과 섬유성 심장막을 연결하는 인대(복장심장막인대)에 적용되는 말.

sternopleurite 배옆판 명 곤충에서, 앞배판(episternum)과 배판(sternum)이 합쳐져 생긴 가슴의 경피.

sternoscapular 복장어깨의, 흉견갑골의 형 복장뼈와 어깨뼈(견갑골)를 연결하는 근육에 적용되는 말.

sternothyroid 복장방패의, 흉골갑상의 형 복장뼈의 자루와 갑상연골(방패연골)을 연결하는 근육(복장방패근 또는 흉갑상근)에 적용되는 말.

sternotribe 형 날아드는 곤충의 가슴판이 스치고 지나가도록 꽃가루받이를 하는 요소들이 배열된 꽃에 적용되는 말.

sternoxiphoid 복장칼돌기의, 흉골검상돌기의 형 복장뼈와 칼돌기연골(검상연골)의 접합부를 가로지르는 판에 적용되는 말.

sternum 복장뼈, 가슴판, 배판 명 (1) 척추동물의 가슴뼈; (2) 전형적인 절지동물 체절의 외골격에 있는 배 쪽 판; (3) 곤충의 가슴마디(thoracic segment)에 있는 외골격의 배 쪽에 있는 판들.

steroid 스테로이드 명 탄화수소의 핵과 다양한 치환기를 갖는 복잡한 조성의 다환성 지질의 무리를 통틀어 이르는 말. 아세틸조효소A로부터 이소프렌, 스쿠알렌 및 콜레스테롤을 거쳐 합성된다. 담즙산, 스테롤, 다양한 호르몬들, 강심성 배당체(cardiac glycosides) 및 사포닌 등이 포함된다.

steroid hormones 스테로이드호르몬 에스트로겐, 테스토스테론과 그 유도체, 당질코르티코이드, 무기질코르티코이드, 그리고 곤충의 호르몬인 탈피호르몬(ecdysterone).

steroid receptor 스테로이드수용체 ⇨ nuclear receptor.

sterol 스테롤 명 식물과 동물 그리고 곰팡이에서 세포막의 성분으로 널리 분포하는 스테로이드알코올을 통틀어 이르는 말. 전형적인 곰팡이의 스테롤인 에르고스테롤(ergosterol), 동물세포의 콜레스테롤 그리고 식물체의 피토스테롤(phytosterol)이 포함된다.

STH 생장호르몬(somatotropin).

stichic 세로방향의 형 긴 축에 대하여 평행하게 줄지어 있는.

stichidium 포자군체(胞子群體) 명 일부 홍조류에서 4분포자가 들어 있는 생식가지(receptacle).

stick insects 대벌레류 대벌레목(Phasmida)의 많은 종류에 대한 일반적인 명칭.

sticky ends 점착성 말단 ⇨ cohesive ends.

stigma 암술머리, 반점(斑點), 안점(眼點) 명 (1) [식] 꽃가루를 받는 심피의 위쪽 부분. 가늘고 긴 구조인 암술대(style)에 의해 씨방으로 연결된다. 복 **stigmas**. (⇨ 그림 18); (2) [동] 일부 나비류와 기타 곤충의 날개에 있는 색깔을 띤 점과 같이 다양한 색깔을 지닌 점이나 무늬. 복 **stigmata**; (3) 광합성을 하는 유글레나류에서 편모의 기부 부근에 있는, 광감응(photoreception)과 주광성에 관여하는 색소반(pigmented spot).

stigmasterol 스티그마스테롤 명 식물의 스테롤. 우유에도 들어 있다. 음식물에 결핍되면 근육위축(muscular atrophy)을 일으키고, 근육과 관절에 인산칼슘이 침전된다.

stigmata 'stigma'의 복수형.

stigmatic 형 stigma(암술머리, 반점, 안점)와 관련된 말.

stilt roots 판근, 편평근 ⇨ buttress roots.

stimulus 자극 명 생물이나 생물의 어느 부분에서 반응이나 변화를 일으키는 인자.

stimulus-response theory 자극-반응이론 조건반응은 보수(reward)가 따르는 강화(reinforcement) 때문에 일어난다고 고전적 조건지우기(classical conditioning)를 이론적으로 설명한 것.

stimulus substitution theory 자극대체이론 동물은 조건자극과 무조건자극을 연결 짓고 조건자극이 무조건자극을 대체한다고 고전적 조건지우기를 설명하고자 파블로프(Pavlov)가 제안한 이론. 비 stimulus-response theory.

stinging cell 쐐기세포, 자세포 ⇨ nematocyst.

stinkhorns 말뚝버섯류 복균류(Gasteromycetes)의 목인 말뚝버섯목(Phallales)의 곰팡이에 대한 일반적인 명칭. 기본체(gleba)에서 고약한 냄새가 나며, 성숙한 자실체는 음경(phallus)을 닮았다.

stipe 대, 자루, 줄기부 명 (1) 특히 버섯과 그 밖의 자루가 달린 곰팡이의 대(자루); (2) 해조류의 줄기부; (3) 고사리류 몸체의 줄기.

stipella 작은턱잎, 소탁엽(小托葉) 명 겹잎을 구성하는 작은 잎(leaflet)들의 턱잎.

stipes 눈자루, 접교절(蝶咬節) 명 (1) 갑각류에서 볼 수 있는 것과 같은 자루눈(stalked eye)의 자루; (2) 곤충에서 제1작은턱의 첫 번째 마디 부분; (3) 거미류에서 embolus의 말단부위.

stipiform 줄기모양의, 자루모양의 형 줄기 또는 자루와 비슷한.

stipitate 자루달린, 유병(有柄)의 형 자루가 있는.

stipites 자루마디, 접절(蝶節) 명복 일부 절지동물에서 작은턱의 일부를 이루는 턱밑마디(mentum)의 앞에 있는 작은 외골격성 판.

stipitiform 줄기모양의, 자루모양의 ⇨ stipiform.

stipular 턱잎의 형 턱잎(stipule)과 비슷하거나 관련되거나 또는 그 대신에 자라는.

stipulate 턱잎달린 형 턱잎을 가진.

stipule 턱잎, 탁엽(托葉) 명 (1) 잎자루의 밑에 붙은 잎 같이 생기거나 포엽 같이 생긴 한 쌍의 구조. 때로는 가시나 덩굴손으로 변형된다; (2) ⇨ paraphyll; (3) ⇨ pin feather.

stipuliferous 턱잎달린 형 턱잎을 가진.

stipuliform 턱잎모양의 형 턱잎의 모양을 한.

STM ⇨ short-term memory.

stochastic 확률(確率)의 형 우연(chance) 또는 무작위(randomness)의 요소가 있는 과정(확률과정)에 적용되는 말.

stock 원종(原種), 대목(臺木), 줄기, 가축 명 (1) 자손계통의 시초가 되는 개체 또는 개체들의 무리; (2) [식] 접붙이기(grafting)에서 눈이나 접가지(scion)를 받는 나무의 줄기; (3) 초본식물의 다년생 부분; (4) [동] 다모류에서 볼 수 있는 것과 같이 아구형성(gemmation)에 의해 한쪽 성(sex)의 유성 개충을 만드는 무성 개충; (5) 가축.

stocking rate 방목률(放牧率) 초지의 일정한 면적에서 풀을 뜯는 특정한 종류의 방목하는 동물의 수.

stoichiometry 화학량론(化學量論) 명 대사반응이나 대사순환을 소비되고 생성된 각 반응물의 분자들의 비율로 설명하는 이론. 형 **stoichiometric**.

stolon 기는줄기, 포복균사 명 (1) 작은뿌리(rootlet)와 줄기를 만들 수 있고 결국 새로운 개체를 형성하는, 땅 위를 뻗어나가는 식물의 줄기 또는 기는줄기(runner); (2) 곰팡이에서 가근(근상체)의 두 다발을 연결하는 균사; (3) 그 밖의 생물에서 이들과 비슷한 구조들.

stolonate 기는줄기의 형 기는줄기(stolon)를 갖거나 그와 비슷하거나 또는 그로부터 발달하는.

stoloniferous 기는줄기의 형 기는줄기가 있는.

stoma 기공(氣孔), 기문(氣門) 명 (1) 기공(stomata)의 단수형; (2) 선충류에서 입구멍과 식도 사이의 소화관의 일부.

stomach 위(胃) 명 척추동물에서 식도와 창자 사이에 있는 소화관의 큰 주머니 그리고 무척추동물에서 이에 해당하는 부분이나 전체 소화강(digestive cavity).

stomal, stomatal, stomatic 기공의 형 기공(stoma)과 관련되거나 기공처럼 생긴.

stomata 기공(氣孔) 명복 (1) 식물체에서 공기와 접하는 부분, 특히 잎의 아래쪽의 표피에 있는 아주 작은 구멍. 이를 통해 공기와 수증기가 세포간극(intercellular space)으로 들어오고 호흡에서 생긴 이산화탄소와 수증기가 방출된다. 기공은 중심구멍을 둘러싸는 두 개의 공변세포(guard cell)에서 팽압이 변함에 따라 열리거나 닫힐 수 있다; (2) 다양한 구조들에 있는 작은 구멍들. 형 **stomatal**. 단 **stoma**.

stomatal index 기공지수 단위면적당 표피세포의 수와 기공의 수의 비율.

stomate, stomatiferous 유기공(有氣孔)의 형 기공을 가진.

stomatogastric 구위(口胃)의 형 (1) 입과 위에 관련된 말; (2) 소화관의 앞쪽 부분에 분포하는 신경의 내장신경계에 적용되는 말; (3) 곤충에서, 이마신경절로부터 위신경절로 가는 역주신경(recurrent nerve)에 적용되는 말.

stomatogastric ganglion 구위신경절 갑각류에서, 위의 표면에 위치하고 위저작기(gastric mill)에 있는 이(teeth)의 움직임을 조절하는 신경중추.

stomatogenesis 입형성, 구부형성(口部形成) 명 섬모충류에서 볼 수 있는 것과 같이 입이 형성되는 것.

stomions 스토미온 명복 발생 중인 해면동물의 체벽에 있는 구멍 또는 소공(ostium).

stomium 구변세포(口邊細胞) 명 (1) 고사리류의 포자낭에서 성숙한 깍지가 터져 열리는 벽이 얇은 세포들의 무리; (2) 꽃밥이 터져 열리는 틈.

stomodaeal canal 구와수관(口窩水管), 구도수관(口道水管) 유즐동물문(Ctenophora)에서, 각각의 정복관(perradial canal)들로부터 나오고 구도(stomodaeum)와 평행하게 위치하는 수관.

stomodaeum 구도(口道), 전장(前腸) 명 외배엽에서 유래된 상피들이 내벽을 이루는 소화관의 앞쪽 부분. ≒ foregut.

stone canal 석관(石管) 극피동물의 수관계에서 천공판(madreporite)으로부터 입의 가장자리까지 뻗어 있는 원통형의 관.

stone cells 석세포(石細胞) 배의 과육에서 볼 수 있는 것과 같이 깔깔한 감촉을 주는 짧은 등경성 후벽세포(isodiametric sclereid).

stoneflies 강도래류 명복 강도래목(Plecoptera)의 일반적인 명칭.

stone fruit 핵과 ⇨ drupe.

stoneworts 윤조류 명복 윤조식물문(Charophyta)의 일반적인 명칭.

stony corals 돌산호류 산호초를 형성하는 산호류를 대표하는 군체성 강장동물의 무리. 개개의 폴립은 탄산칼슘의 기질에 박혀 있고 생체조직에 의해 연결된다.

stop codon 종결암호, 종결코돈 ⇨ termination codon.

stop-transfer sequence 이동정지순서 소포체막을 투과하는 폴리펩티드 사슬의 수송을 정지시키는 막단백질에 들어 있는 아미노산 순서.

storey 층(層) 명 식물군집에서 정해진 높이에 있는 층.

storied 계층(階層)의 형 (1) 접선면에 평행하게 배열된, 목부형성층의 축세포와 방사조직세포에 적용되는 말; (2) 외떡잎식물에서 코르크화된 세포들이 방사방향으로 배열된 코르크(계층코르크)에 적용되는 말.

stotting 스토팅 명 어떤 가젤영양이 뻗정다리 걸음을 하고 꼬리를 들어 올려 흰 엉덩이를 드러내는 경고행동.

strain 주(株), 계통(系統), 균주(菌株) 명 (1) 사육동물이나 재배식물에서 종의 순계; (2) 변종(variety)을 형성할 만큼 종의 나머지 무리와 유전적으로 충분히 다르지 않은 종의 하위집단; (3) [미] 세균과 그 밖의 미생물에서, 같은 종의 다른 균주와 구별되는 일부 특징을 갖는 유전적으로 동일한 개체들의 집단.

Stramenopila, stramenopiles **대롱편모생물계, 대롱편모생물** 명, 명복 역모균문(Hyphochytridiomycota), 라비린툴라균문(Labyrinthulomycota), 난균문(Oomycota: 물곰팡이), 갈조식물문(Phaeophyta: 갈조류), 황갈조식물문(Chrysophyta: 황갈조류), 돌말식물문(Bacillariophyta: 돌말류)을 포함하는 것으로 제안된 계. 일부 분류체계에서는 착편모조식물문(Haptophyta)과 황록조식물문(Xanthophyta)을 포함시키기도 한다. 이와 매우 비슷하게 무리 짓는 집단을 크로미스타계(Chromista)라고도 부른다.

β-strand **β-가닥, β-사슬** β-병풍구조에 있는 폴리펩티드사슬 가운데 하나.

strangulated **목졸린, 꼬인** 형 (1) 곳곳이 꼬여 있는; (2) 불규칙하게 수축되고 팽창된.

strata **층** 'stratum'의 복수형.

stratification **성층(成層), 층위형성(層位形成)** 명 (1) 층으로 배열된 것; (2) 상피세포들의 층이 겹치는 것; (3) 군집이나 생태계에서 수직적으로 무리를 짓는 것; (4) 토양에서 수평적인 층의 차이가 생기는 것.

stratified epithelium **중층상피(重層上皮), 다층상피(多層上皮)** 여러 세포층이 겹친 상피.

stratiform **층상(層狀)의** 형 층을 이룬.

stratum **층(層)** 명 (1) 세포나 조직의 층; (2) 어느 지역에서 수직적으로 나뉘어 서식하는 생물의 한 무리; (3) 교목, 관목, 초본, 이끼류와 같이 식물군집에서 비슷한 높이를 가진 식생; (4) 암석의 층. 복 **strata**.

stratum corneum **각질층** ⇨ cornified layer.

stratum germinativum **발아층(發芽層), 배아층(胚芽層)** 세포들이 활발하게 분열하는 상피의 기저층(basal layer).

stratum granulosum **과립층(顆粒層)** 포유동물의 표피에서 기저층 또는 발아층(stratum germinativum)으로부터 발달하는 작은 세포들의 층.

stratum lucidum **투명층(透明層)** 피부의 표피에서 각질화되는 세포들의 층.

stratum Malpighii **말피기층** ⇨ Malpighian layer.

stratum spinosum **가시층, 유극층(有棘層)** 표피에 있는 가시세포(prickle cell)들의 층.

stratum transect **식생단면(植生斷面)** 식물 지상부의 높이를 나타내기 위하여 일정한 축척으로 그린 식생의 단면도.

Strepsiptera **부채벌레목** 명 불완전탈바꿈을 하는 작은 곤충의 목. 흔히 부채벌레류(stylopids)라고 부른다. 유충과 암컷은 다른 곤충에 기생하고, 수컷은 자유생활을 한다. 앞날개는 평형곤(halteres)이고, 뒷날개는 부채 모양이다.

streptococci **연쇄상구균(連鎖狀球菌)** 명복 작은 구형 세포들이 긴 사슬을 형성하는 연쇄상구균속(*Streptococcus*)의 세균을 통틀어 이르는 말. 대부분의 종류는 목구멍과 창자에 사는 무해한 편리공생생물(commensal)이지만, 일부 세균은 사람과 동물의 병원체이며, 편도선염(tonsillitis), 성홍열(scarlet fever)과 조직의 파괴를 유발한다. 단 **streptococcus**.

streptolydigins **스트렙토라이디진** 명복 RNA중합효소의 β소단위에 작용하여 세균의 전사를 억제하는 항생물질의 클래스.

streptomycetes **방선균류(放線菌類)**

명복 토양과 물에 널리 분포하는 사상 원핵미생물인 스트렙토미세스과(Streptomycetaceae)의 그람양성균. 영구적인 균사체를 형성하고 분생자에 의해 번식하는 특징이 있다. 일부 종류에서는 스트렙토마이신, 클로람페니콜과 테트라사이클린을 포함하는 항생물질이 생산된다.

streptomycin 스트렙토마이신 명 방선균 스트렙토미세스 그리세우스(*Streptomyces griseus*)가 생산하는 3당류 항생물질. 포르밀메티오닐-tRNA와 리보솜의 결합을 방해하는 한편, mRNA의 오독(misreading)을 일으킴으로써 세균의 단백질합성을 저해한다. 사람의 결핵을 치료하고 홉(hop)의 노균병을 방제하는 데 이용된다.

Streptoneura 눈물신경목 ⇨ prosobranch.

streptoneurous 형 어떤 복족류와 같이 숫자 8처럼 꼬인 visceral cord를 가진.

streptonigrin 스트렙토니그린 명 방선균 스트렙토미세스 플로쿨루스(*Streptomyces flocculus*)에 의해 생산되고 염색체 절단을 일으키는 항생물질.

streptostylic 형 움직일 수 있는 관절로 측두린부(squamosal)와 연결되는 방형골을 가진.

stress-activated channel 충격활성화통로 기계적 힘에 반응하여 열리는 이온통로.

stress fibres 버팀섬유 배양세포에서 기질의 표면과 평행하게 놓이는 액틴필라멘트의 다발.

stress responses 스트레스반응 열충격, 저온충격 그리고 건조와 같은 그 밖의 스트레스에 대해 생물이나 세포가 나타내는 다양한 반응.

stretch receptor 신장수용기(伸張受容器) 포유동물의 근방추(muscle spindle)와 같이 근육의 뻗치는 정도를 감지하는 감각구조. 감각뉴런이 분포하는 특수하고 변형된 근세포들로 이루어진다.

stretch reflex 신장반사(伸張反射) 근육의 신장에 대응하여 근육이 수축되는 현상.

stria 선(線), 줄무늬 명 좁은 선, 띠, 홈, 줄 또는 통로.

striae of Retzius 레치우스줄 ⇨ Retzius' striae.

striate, striated 줄무늬의 형 좁고 평행한 줄이나 홈이 두드러진.

striate cortex 줄무늬피질, 선조피질(線條皮質) 시각정보를 1차적으로 처리하는 데 관여하는 시각피질의 부위. 시각령(visual area)I 또는 영역 17번이라고도 한다.

striated muscle 가로무늬근, 횡문근(橫紋筋) 가로무늬를 볼 수 있는 섬유들로 구성된 근조직. 발생과정에서 많은 개별적인 근세포들이 융합하여 생기고, 골격에 부착하는 근육을 구성한다. 뜻대로 움직일 수 있는 수의근이다.

striate region 줄무늬부위 바닥핵(basal ganglia)이 들어 있는 뇌의 부위. 줄무늬가 보이기 때문에 그런 이름이 붙여졌다.

striatum 줄무늬체 ⇨ corpus striatum.

stridulating organs 마찰기(摩擦器), 발음기(發音器) 메뚜기류, 귀뚜라미류와 매미류와 같은 어떤 곤충들의 몸에서 특징적인 '울음소리'를 내는 특수한 구조들.

stridulation 마찰음(摩擦音) 명 메뚜기류, 귀뚜라미류와 매미류가 내는 특징적인 소리.

striga 가는띠 명 (1) 뻣뻣하고 똑바른 털이나 강모의 띠; (2) 강모 같은 비늘. 복 **strigae**.

strigate 가는띠의 형 가는띠(striga)가 있는.

Strigiformes 올빼미목 명 주로 야행성이고 목이 짧으며 머리가 큰 맹금인 올빼미류의 목.

strigilis 소침(掃針) 명 어떤 곤충의 첫째 다리에 있는 종아리마디(tibia)와 발목마디(tarsus)의 연결부에 있는, 더듬이를 청소하기 위한 구조.

strigillose 형 미세한 강모가 있는.

strigose 경선모의 형 (1) 뻣뻣한 털로 덮인; (2) 이랑이 있는; (3) 작은 고랑의 무늬가 있는.

stringency 충실성 명 DNA잡종화반응에서, 서로 다른 순서를 갖는 DNA들이 2중가닥(duplex)을 형성하는 정도를 나타내는 말. 낮은 온도와 같이 충실성이 낮은 조건에서는 동일하지 않은 관련된 DNA들 간에서 2중가닥이 형성되고, 높은 온도와 같이 충실성이 높은 조건에서는 오직 동일한 DNA들 간에서만 2중가닥의 생성이 일어난다.

stringent factor 긴축조절인자 세균에서, 아미노산이 결핍된 조건에서 구아노신4인산(ppGpp)과 구아노신5인산(pppGpp)의 생성을 촉매하고 긴축반응(stringent response)에 관여하는 효소.

stringent response 긴축반응 아미노산이 결핍된 조건 하의 세균세포에서 볼 수 있는, RNA합성과 같은 많은 세포기능들이 중단되는 현상.

striola 스트리올라 명 가늘고 미세한 줄 또는 선.

striolate 선상(線狀)의 형 가는 줄이 있는.

striped muscle 가로무늬근 ⇨ striated muscle.

strobila 횡분체(橫分體) 촌충류의 편절(proglottid)이 사슬처럼 연속된 것.

strobilaceous 형 strobilus와 관련되거나 이를 가진.

strobilation, strobilization 횡분체형성(橫分體形成), 가로분열 명 일부 해파리와 촌충류에서 볼 수 있는 것과 같이 몸을 이루는 연속적인 체절들이 분리되면서 번식하는 것.

strobile ⇨ strobilus.

strobili 'strobilus'의 복수형.

strobiliferous 형 strobilus를 생성하는.

strobiliform, strobiloid 솔방울모양의 형 strobilus 또는 솔방울과 비슷하거나 이들처럼 생긴.

strobilus 구화(毬花), 구과(毬果), 포자낭수(胞子囊穗), 횡분체(橫分體) 명 (1) [식] 속새류, 석송류와 겉씨식물에서 포자엽(sporophyll)이 솔방울처럼 모인 구조. ≒ cone; (2) 꽃식물에서, 막성 포엽들로 이루어지고 각각 암꽃들을 가진 수상꽃차례(spike); (3) [동] 일부 해파리의 발생단계에서 고착성 폴립형 시기. 복 **strobili**.

stroma 간질(間質), 스트로마, 자좌(子座) 명 (1) 난소에서, 난소여포가 묻혀 있는 부드러운 조직; (2) [식] 엽록체에서, 내막으로 둘러싸이고 그 안에 그라나가 들어있으며 광합성과정에서 이산화탄소의 고정이 일어나는 무색의 기질; (3) 그 밖의 색소체에서 무색의 부분; (4) [균] 그 내부나 표면에서 포자가 달린 구조가 만들어지는 균사조직 또는 곰팡이세포와 숙주조직으로 된 조직. 복 **stromata**.

stromate 자좌(子座)의 형 자좌(stroma)를 가지거나 그 안에 또는 위에 있는, 곰팡이의 자실체에 적용되는 말.

stromatic 자좌(子座)의 형 자좌(stroma)와 관련되거나, 그와 비슷하거나, 그 모양을 하거나 또는 그 성질을 가진.

stromatolite 스트로마톨라이트 명 따뜻하고 얕은 물에서 남세균(cyanobacteria)들의 매트가 다른 미생물들과 혼합되고 탄산칼슘이 침전되면서 형성된, 층을 이루는 구조. 때로는 상당한 크기에 달하기도 한다. 이와 유사한 구조의 화석이 시생대

(Archean)의 암석에서 발견되는데, 이는 그 당시에 생명체가 존재하였음을 시사한다.

strombuliferous 형 나선형으로 감긴 기관이나 구조를 가진.

strombuliform 나선상의 형 나선형으로 감긴.

strongyle 원충(圓蟲) 명 선충류 유충의 일종.

strophanthidin 스토로판티딘 명 나트륨-칼륨 ATP가수분해효소(Na^+-K^+ ATPase)의 억제에 의해 심장에 미치는 효과가 조정되는 디기탈리스배당체.

strophanthin 스트로판틴 명 협죽도과(Apocynaceae)의 다양한 식물에서 추출하는, 신경계에 효과를 미치는 배당체. 열대지방에서 화살독으로 이용된다.

strophiolate 육부(肉阜)의 형 배꼽(hilum) 주위에 이상생성물(excrescence)을 가진, 씨앗에 적용되는 말.

strophiole 육부(肉阜) 명 외종피의 다양한 부분들에서 생기는 작은 이상생성물(excrescence)의 하나. 수정이 일어난 다음에 생긴다.

strophotaxis 비틀림운동 명 외부의 자극에 대한 반응으로 나타나는 뒤틀리는 운동이나 경향.

structural colours 구조색(構造色) 색소에 기인한 것이 아니고 표면의 구조(예: 반사층, 구아닌결정의 판 등)에 기인한 물고기 피부, 곤충의 날개 등의 색깔.

structural gene 구조유전자 세포의 구조 또는 대사에 필수적인 효소나 그 밖의 단백질 또는 tRNA나 rRNA의 정보를 가지는 유전자. 비 regulatory genes.

θ-structure θ구조 환형 DNA의 복제에서 생기는 중간체 구조.

struma 혹모양돌기 명 식물의 기관이 팽창한 돌기.

strumiform 방석모양의 형 쿠션처럼 생긴.

strumose, strumulose 혹모양돌기의 형 작은 쿠션처럼 생긴 돌기를 가진.

Struthioniformes 타조목 명 타조를 포함하는 날지 못하는 새들의 목.

strut roots 버팀뿌리 ⇨ buttress roots.

strychnine 스트리크닌 명 마전과에 속하는 스트리크노스속(*Strychnos*)의 종들과 그 밖의 식물들에서 생성되는 알칼로이드. 포유동물의 신경계에 영향을 미치는 독이다.

Stuart factor 스튜어트인자 ⇨ Factor X.

stupeous, stupose 형 (1) 거친 삼(tow) 같은; (2) 엉겨 붙은 섬유의 다발을 가진.

STX ⇨ saxitoxin.

stylar 형 'style'과 관련된 말.

stylate 형 'style'을 가진.

style 암술대, 침(針), 침돌기, 빨대, 문침(吻針) 명 (1) [식] 심피에서 암술머리와 씨방을 연결하는, 종종 가늘고 긴 부위. (⇨ 그림 18); (2) [동] 연체동물 2매패류의 위(stomach)에서 단백질과 탄수화물로 된 반투명의 회전하는 막대; (3) 수컷 곤충의 파악기(clasper)에 있는 거센 털 같은 돌기; (4) ⇨ arista; (5) 거미류에서 촉수(palp)의 끝이 분열한 것.

style sac 일부 연체동물에서 침(style)을 배출하는 관 모양의 샘.

stylet 빨대, 문침(吻針), 침(針) 명 (1) 진딧물에서 두 쌍이 존재하는 가늘고 속이 빈 구기(mouthpart). 진딧물은 이를 통해 수액을 빤다; (2) 먹잇감을 쏘거나 찌르는 데 이용하는 작고 뾰족한 다양한 부속지를 통틀어 이르는 말.

stylifer 명 파악기(clasper)에서 침돌기(style)가 있는 부분.

styliferous 형 (1) 'style'이 달린; (2) 거센 털이 많은 부속지를 가진.

styliform 침모양의 형 가시처럼 생기거

나 거센 털 같은.

styloconic 형 원뿔형의 기부에 쐐기를 가진, 곤충의 후각감각기(olfactory sensilla)의 유형에 적용되는 말.

styloglossus 붓혀근, 경돌설근(莖突舌筋) 명 붓돌기(styloid process)와 혀의 측면을 연결하는 근육.

stylohyal 측두골돌기, 경돌(莖突) 명 (1) 측두골(관자뼈)의 붓돌기(styloid process)의 말단부; (2) 설골과 설악골 사이의 작은 설간부(interhyal).

stylohyoid 붓목뿔의, 경돌설골(莖突舌骨)의 형 (1) 붓돌기와 목뿔뼈(설골)의 작은 뿔(lesser cornu)에 부착하는 인대(붓목뿔인대)에 적용되는 말; (2) 근육(붓목뿔근)에 적용되는 말; (3) 얼굴신경의 가지에 적용되는 말.

styloid (1) 형 **붓의, 경상(莖狀)의** 기둥처럼 생긴, 관자뼈, 종아리뼈, 노뼈(요골), 자뼈(척골)의 돌기(붓돌기)들에 적용되는 말; (2) 명 **봉상체(棒狀體)** 원주형의 결정체.

stylomandibular 붓아래턱의, 경돌하악(莖突下顎)의 형 관자뼈의 붓돌기에서 아래턱의 각(구석)까지 뻗어 있는 인대(붓아래턱인대)의 띠에 적용되는 말.

stylomastoid 붓꼭지의, 경유돌(莖乳突)의 형 붓돌기와 꼭지돌기(mastoid process) 사이의 구멍(붓꼭지구멍)과 그 구멍으로 들어가는 동맥에 적용되는 말.

stylopharyngeus 붓인두근, 경돌인두근 명 붓돌기의 기부에서 시작되어 인두의 측면을 따라 내려가서 갑상연골까지 뻗어 있는 근육.

stylopids 부채벌레류 부채벌레목(Strepsiptera)의 일반적인 명칭.

stylosome 스틸로솜 명 털진드기류의 기생성 유충이 먹이를 섭취하는 데 이용하는 관 모양의 구조.

stylospore 주형포자(柱形胞子) 명 자루(대)에 달리는 포자.

stylostegium 스틸로스테기움 명 흰 유액을 분비하는 식물의 안쪽 꽃부리.

stylus 경(莖), 탐침(探針) 명 (1) ⇨ style; (2) ⇨ stylet; (3) 단순하고 뾰족한 침골 또는 골편; (4) 어금니의 뾰족한 끝; (5) 뾰족한 돌기.

sub- '아래에'를 뜻하는 라틴어 '*sub*'에서 유래된 접두사. '밑에', 귓바퀴밑(subauricular) 등의 해부학의 용어에서와 같이 '아래에', 준역치(subthreshold)와 같이 '-보다 적은', '완전히 -하지 않은', '거의' 또는 '어느 정도'를 의미한다. 분류체계에서는 아강(subclass)과 같이 어느 분류군의 바로 아래 계급에 해당하는 무리를 가리키는 데 사용된다. 'sub-'로 시작되지만 이 사전에서 제시되지 않은 용어들의 의미는 그 용어의 주된 부분을 찾아보면 의미를 분명히 알 수 있다. 예를 들면 어느 정도 콩팥의 모양을 한 '아신장형(subreniform)'은 콩팥처럼 생긴 '신장형(reniform)'을 찾으면 된다.

subabdominal 복강아래의 형 복부(abdominal region)에 매우 가까이 있는.

subaerial 지면(地面)의, 지표(地表)의 형 땅의 표면 바로 위에서 자라는.

subalpine 아고산성(亞高山性)의 형 높은 산의 수목한계선 바로 아래의 생태역과 그곳에서 사는 동물과 식물에 적용되는 말.

subanconeous 주하근(肘下筋) 명 3두근에서 팔꿈치까지 뻗어 있는 작은 근육.

subapical 아정단(亞頂端)의 형 꼭대기에 매우 가까이 있는.

subarachnoid space 거미막밑공간, 지주막하공간(蜘蛛膜下空間) 뇌와 척수를 에워싸는 거미막(지주막)과 연막(pia mater)의 사이에서 뇌척수액으로 채워진 공간.

subarborescent 아교목(亞喬木)의 형 어느 정도 나무(교목)와 비슷한.

subarcuate 경도활모양의 형 유아의 머리뼈에서 위반고리관 아래의 뒤로 뻗는 끝이 막힌 오목(fossa)에 적용되는 말.

subatrial 심방밑의 형 심방(atrium)의 밑에 있는.

subauricular 귓바퀴밑의 형 귀의 아래에 있는.

subaxillary 겨드랑이밑의 형 겨드랑이(axil)의 바로 아래에서 자라 나오는.

sub-basal 아기부(亞基部)의 형 기부 부근에 위치한.

sub-branchial 아가미밑의 형 아가미의 아래에 있는.

sub-bronchial 기관지밑의 형 기관지의 밑에 있는.

subcalcarine 새발톱밑의 형 새발톱고랑(calcarine fissure)의 아래에 있는, 뇌의 혀이랑(lingual gyrus)에 적용되는 말.

subcallosal 뇌들보밑의 형 뇌들보(corpus callosum)의 밑에 있는 이랑(뇌들보밑이랑)에 적용되는 말.

subcapsular 피막밑의 형 피막(capsule)의 아래에 있는.

subcardinal 아래기본의 형 중간콩팥(mesonephros)의 사이에 있는 한 쌍의 정맥(아래기본정맥)에 적용되는 말.

subcaudal 꼬리아래의 형 꼬리의 복부 측면에 있거나 그 밑에 있는.

subcaudate 작은꼬리형 형 작은 꼬리 같은 돌기를 가진.

subcaulescent 형 아주 짧은 줄기에 달리는.

subcellular 준세포(準細胞)의 형 세포 내에 있는 기능적 단위 또는 세포소기관들에 적용되는 말.

subchela 아구조(亞鉤爪) 명 일부 절지동물에서, 마지막 마디가 앞의 것에 접혀서 잡기에 적합한 발톱.

subchelate 아구조(亞鉤爪)의 형 (1) 아구조(subchela)를 가진; (2) 불완전한 집게발(chela)을 가진.

subchordal 척삭밑의 형 척삭(notochord)의 아래에 위치한.

subcingulum 아외륜(亞外輪) 명 윤충류의 띠(외륜) 또는 환대의 아랫입술 부위.

subclass 아강(亞綱) 명 강(class)과 목(order) 사이의 분류군. 이를테면 모체 안에서 어느 정도 자라서 태어나는 포유동물인 수아강(Theria)은 포유강(Mammalia)의 아강이다.

subclavian 빗장밑의, 쇄골하(鎖骨下)의 형 빗장뼈(clavicle)의 아래에 있는, 동맥, 정맥, 신경 등에 적용되는 말.

subclavius 빗장밑근, 쇄골하근(鎖骨下筋) 명 첫째 갈비뼈와 빗장뼈를 연결하는 작은 근육.

subclimax 아극상(亞極相) 명 식물의 천이에서, 화재나 인간의 활동과 같이 천이의 진행을 방해하는 어떤 요인들 때문에 지속되는 극상(climax)의 앞선 단계.

subclone 서브클론 명 다른 벡터로 복제된 DNA클론의 부분.

subcoracoid 부리밑의 형 부리(coracoid)의 밑에 있는.

subcorneous 각질밑의 형 (1) 각질층의 밑에 있는; (2) 약간 각질인.

subcortical 피질하(皮質下)의 형 피질(겉질) 또는 피질층의 밑에 있는.

subcosta 아전연맥(亞前緣脈) 명 곤충 날개의 앞날개맥을 연결하는 보조맥.

subcostal 갈비밑의, 늑골하의 형 갈비뼈의 밑에 있는.

subcoxa 제2밑마디 명 절지동물의 다리에서 밑마디(coxa)와 관절로 이어지는 마디.

subcrureus 무릎관절근 명 아래 넙다리

뼈에서 무릎까지 뻗친 근육.

subcubical 준입방형 형 길이와 폭이 완전히 같지 않은 세포에 적용되는 말.

subcutaneous 피부밑의, 피하(皮下)의 형 (1) 피부의 밑에 있는; (2) 피부의 바로 밑에서 사는 기생생물에 적용되는 말; (3) 피부 밑의 지방(피하지방)에 적용되는 말.

subcuticula 각피하층(角皮下層) 명 선충류에서 볼 수 있는 것과 같이 각피(큐티클)의 아래에 있는 표피.

subcuticular 피부밑의, 피하(皮下)의 형 각피, 표피 또는 그 밖의 피부 밑에 있는.

subcutis 피부밑조직, 표피하층(表皮下層) 명 (1) 진피(corium)와 진피의 깊은 층에 있는 조직들 사이에 있는 결합조직의 성긴 층; (2) [균] 주름버섯류에서 외피층(epicutis)의 아래에 있는 표피(cutis)의 안쪽 층.

subdermal 피부밑의, 피하(皮下)의 형 (1) 피부의 밑에 있는; (2) 진피의 밑에 있는.

subdominant 아우점종(亞優占種) 명 극상식물군집에서 1년 중 특정 시기에는 진정한 우점종보다 더욱 풍부하게 나타나기도 하는 종 또는 우점종보다 더욱 풍부하지만 낮은 빈도로 나타는 종.

subdorsal 배면아래의 형 배면(dorsal surface)에 가깝게 위치하는.

subdural 경막하(硬膜下)의 형 척수의 경막(dura mater)을 거미막(arachnoid)과 분리하는 공간(경막하공간)에 적용되는 말.

subepicardial 심장바깥막밑의 형 위심낭(심장막)의 심장바깥막(visceral layer)을 심장의 벽에 있는 근육에 연결하는 소성조직(areolar tissue)에 적용되는 말.

subepithelial 상피밑의 형 (1) 상피(epithelium)의 밑에 있는, 각막의 얼기(그물)에 적용되는 말; (2) 데보브막(Débove's membrane)의 내피(endothelium)에 적용되는 말.

suber 코르크조직 명 코르크조직.

subereous 코르크질의 형 코르크(cork)의 질감을 가진.

suberic 코르크의 형 코르크와 관련되거나 코르크에서 유래된.

suberiferous 코르크생성의 형 코르크를 생성하는.

suberification 코르크화 명 코르크조직으로 전환된 것.

suberin 코르크질 명 비후된 식물세포벽에서 발달하는 밀랍질. 코르크조직의 특징이 된다.

suberization 코르크화 명 코르크질이 쌓여서 식물의 세포벽이 변하는 것.

suberose 코르크질의 형 (1) 물이 스미지 않는 코르크질의 짜임새를 가진; (2) 약간 부식된.

subfornical organ 뇌활밑기관 뇌실주위기관(circumventricular organ)의 하나. 뇌활(fornix)의 밑에 있고, 뇌척수액과 뇌 사이의 신호전달을 중재한다.

subgalea 아외엽(亞外葉) 명 곤충에서, 자루의 기부에 있는 작은턱의 일부.

subgenital 생식기밑의 형 생식기관의 밑에 있는.

subgenomic RNA 준유전체RNA 유전체 RNA의 일부의 전사에 의해 만들어지고 mRNA의 구실을 하는 바이러스의 RNA.

subgerminal 배하(胚下)의 형 배반(germinal disc)의 밑에 있는, 공간(배하강)에 적용되는 말.

subglenoid 관절오목밑의 형 관절오목(glenoid cavity)의 밑에 있는.

subglossal 혀밑의 형 혀의 아래에 있는.

subhyaloid 유리체밑의 형 눈의 유리질막(hyaloid membrane)이나 오목의 밑에 있는.

subhymenium 자실하층(子實下層) 명

주름버섯류의 주름에서 균사층(실질)과 자실층의 사이에 있는 작은 세포들의 층.

subhyoid 목뿔밑의, 설골하의 형 포유동물에서 혀의 기부에 있는 목뿔뼈(설골)의 밑에 있는.

subiculum 해마이행부 명 뇌에서 해마(hippocampus)의 밑에 있고 이를 통해 후각뇌피질(entorhinal cortex)에서 주요 자극이 해마로 들어오는 부위. 해마체(hippocampal formation)의 일부로 간주된다. ≒ hippocampal gyrus.

subimago 아성충(亞成蟲) 명 하루살이류와 그 밖의 하루살이목(Ephemeroptera)과 같은 곤충에서 번데기(pupa)와 완전한 성체인 성충(imago)의 사이에 해당하는, 날개를 가진 단계. 한 번 더 탈피를 한다.

subinguinal 서혜부하의 형 큰두렁정맥의 종말의 높이에 있는 수평적 선의 아래에 있는, 림프샘에 적용되는 말.

subjugal 광대뼈밑의 형 광대뼈(협골)의 밑에 있는.

subjugular 목아래의 형 물고기에서 거의 목까지 멀리 뻗어 있는 배지느러미에 적용되는 말.

sublethal 준치사(準致死)의, 아치사(亞致死)의 형 직접 치사를 일으키지 않지만 해로운 효과가 축적되는.

subliminal 역치밑의, 준한계의 형 감각을 불러일으키기에 충분하지 못한 자극(역치밑자극)에 적용되는 말.

sublingua 혀밑융기 명 일부 포유동물에서 혀의 아래에 있는 2중의 돌기 또는 주름.

sublingual 혀밑의 형 혀의 밑에 있는.

sublittoral 조하대(潮下帶)의, 아연안대의 형 (1) 연안대의 밑에 있는, 바다의 최저 조선에서 약 200 m의 수심에 이르는 얕은 수역에 적용되는 말. (⇨ 그림 34); (2) 호수에서 뿌리를 내리는 식물들이 자랄 수 없을 정도로 깊은 구역의.

sublobular 소엽밑의 형 간에서 소엽(lobule)의 기부에 있는 정맥(소엽밑정맥)에 적용되는 말.

sublocus 아유전자자리 명 어떤 유전자 검사에서 개별적인 유전자자리처럼 작용하는 복합유전자자리의 일부.

submandibular 아래턱밑의, 하악하(下顎下)의 ⇨ submaxillary.

submarginal 아주변(亞周邊)의, 아연(亞緣)의 형 거의 가장자리에 위치하는.

submarginate 형 가장자리 부근에 있는 테를 두르는 구조에 적용되는 말.

submaxilla 턱밑 ⇨ mandible.

submaxillary 턱밑의 형 아래턱의 밑에 있는, 관, 신경절, 샘, 3각(triangle) 등에 적용되는 말.

submedian 형 정중(median)과 나란히 있는 치아나 정맥에 적용되는 말.

submental 턱끝밑의 형 (1) 턱끝(chin)의 아래에 있는, 동맥, 샘, 3각(triangle), 촉각털(vibrissa)에 적용되는 말; (2) 버금턱밑마디(submentum)와 관련된 말.

submentum 버금턱밑마디, 아하순기절(亞下脣基節) 명 곤충의 아랫입술(labium)을 이루는 부위.

submersed 침수(沈水)의 형 완전히 물에 잠겨 자라는 식물(침수식물)에 적용되는 말.

submetacentric (1) 형 **차중부동원체성(次中部動原體性)** 동원체가 한쪽 말단보다도 다른 말단에 가까이 위치하기 때문에 팔들의 길이가 다르게 나타나는 염색체에 적용되는 말; (2) 명 **차중부동원체성 염색체** 차중부동원체성의 특징을 나타내는 염색체.

submission 복종(服從) 명 투쟁에서 패배한 동물이 더 이상의 공격을 막기 위하여 복종하는 자세를 취하는 행동.

submitochondrial particles 아(亞)미토콘드리아입자 미토콘드리아에 음파를 처리하여 얻는, 미토콘드리아의 내막을 외부에 갖는 작은 입자들. 호흡사슬의 기능과 막의 배열을 연구하는 데 이용된다.

submucosa 점막밑층, 점막하조직 명 창자의 벽에서 점막과 외부의 근육층 사이에 있는 층. 결합조직과 부수적인 혈관, 신경, 마이스너신경얼기(Meissner's plexus) 그리고 일부 샘들로 구성된다.

subneural 신경밑의, 신경하의 형 (1) 환형동물의 혈관에 적용되는 말; (2) 피낭동물(멍게류)에서 신경계의 샘과 신경절에 적용되는 말.

subnotochord 척삭하체(脊索下體) 명 진정한 척삭의 배 쪽에 있는 막대.

suboccipital 뒤통수밑의, 후두하(後頭下)의 형 머리뼈의 뒤통수뼈 아래에 있는 근육, 신경, 3각에 적용되는 말.

suboesophageal 식도하(食道下)의 형 식도(gullet)의 밑에 있는, 무척추동물의 복부신경삭(ventral nerve cord)에서 앞쪽의 신경절(식도하신경절)에 적용되는 말.

subopercular 아가미뚜껑아래의 형 물고기의 아가미뚜껑(operculum)이나 연체동물의 껍데기 아래에 있는.

suboperculum 아가미뚜껑아래막뼈, 하새개골(下鰓蓋骨) 명 물고기의 아가미뚜껑에 있는 막골.

suboptic 눈밑의 형 눈의 아래에 있는.

suboral 입아래의 형 입의 밑에 있는.

suborbital 눈구멍아래의, 하안와(下眼窩)의 형 눈구멍(안와)의 밑에 있는.

subparietal 마루밑의, 두정하(頭頂下)의 형 마루뼈(두정골)의 밑에 있는, 뇌의 마루엽(parietal lobe)의 아래쪽 경계가 되는 고랑(마루밑고랑)에 적용되는 말.

subpedunculate 형 아주 짧은 자루에 놓여 있는.

subperitoneal 복막하(腹膜下)의, 배막밑의 형 복막(배막)의 밑에 있는 결합조직에 적용되는 말.

subpessular 페술루스밑의 형 새의 울대(명관)에서 페술루스(pessulus)의 밑에 있는, 기낭(air sac)에 적용되는 말.

subpetiolar, subpetiolate 잎자루밑의 형 (1) 잎자루(엽병)의 안쪽에 있는, 거의 보이지 않는 눈(bud)에 적용되는 말; (2) 거의 자루가 없는.

subpharyngeal 인두밑의 형 (1) 목구멍의 밑에 있는; (2) 인두(pharynx)의 아래에 있는 샘 또는 내주(endostyle)에 적용되는 말.

subphrenic 가로막밑의, 횡격막하의 형 횡격막(가로막)의 아래에 있는.

subphylum 아문(亞門) 명 문(phylum)과 강(class) 사이의 분류군. 이를테면 척추동물아문(Vertebrata)은 척삭동물문(Chordata)의 아문이다.

subpial 연막밑의 형 연막(pia mater)의 아래에 있는.

subpleural 가슴막밑의, 흉막하(胸膜下)의 형 흉벽의 안쪽 내층의 밑에 있는.

subpubic 두덩밑의, 치골하(恥骨下)의 형 두덩부위의 밑에 있는, 활꼴 인대에 적용되는 말.

subpulmonary 허파밑의 형 허파의 아래에 있는.

subradicate 형 대(자루)에서 볼 수 있는 것과 같이 기부에서 약간 아래쪽으로 확장된 부분이 있는.

subradius 부대칭면(副對稱面) 명 방사대칭 구조를 하는 동물에서, 종대칭면(adradius)과 주대칭면(perradius)의 사이 또는 종대칭면과 간대칭면(interradius)의 사이를 각각 2등분하는 면.

subradular 형 치설돌기(odontophore)

의 앞쪽 끝에 위치한, 신경종말이 들어 있는 기관에 적용되는 말.

subretinal 망막밑의 형 망막의 아래에 있는.

subrostral 부리밑의 형 부리(rostrum)의 밑에 있는, 대뇌틈새에 적용되는 말.

subsartorial 봉공근하(縫工筋下)의 형 넓적다리에 있는 넙다리빗근(sartorius)의 아래에 있는 얼기(망)에 적용되는 말.

subscapular 어깨밑의, 견갑하(肩胛下)의 형 어깨뼈(견갑골)의 밑에 있는, 동맥, 근육, 신경 등에 적용되는 말.

subsclerotic 공막(鞏膜)밑의 형 (1) 공막(sclera)의 밑에 있는; (2) 눈의 공막층과 맥락막층의 사이에 있는.

subscutal 순판(楯板)밑의 형 순판(scutum)의 밑에 있는.

subsere 2차천이계열 명 식생이 제거된 지역에서 나타나는 식물의 천이인 2차천이.

subsong 버금노래 명 어린 새들이 처음 시도하는 노래. 성체의 노래와 비슷하지만 부정확하고 일부 요소가 빠져 있다.

subspecies (ssp.) 아종(亞種) 명 어느 종 내에서 다른 무리들과 구별되는 특징을 갖고 교배집단을 형성하지만 그 종의 다른 개체들과도 상호교배가 가능한 개체들의 무리를 의미하는 분류학적 용어. ≒ variety.

subspinous 형 차츰 가시가 나는 경향이 있는.

substance P P물질 창자조직과 중추신경계에 존재하는 펩티드. 신경전달물질의 구실을 하고 통각의 전달경로에 관여하는 것으로 여겨진다.

substantia adamantina 에나멜질 치아의 에나멜.

substantia alba 백질(白質) 뇌와 척수의 백질.

substantia eburnea 상아질(象牙質) ⇨ dentine.

substantia gelatinosa 젤라틴질, 교양질(膠様質) 척수의 젤라틴신경아교.

substantia grisea 회백질(灰白質) 척수의 회백질.

substantia nigra 흑질(黑質) 뇌줄기의 회백질에 있는 반원형 층. 도파민작동성 뉴런(dopaminergic neuron)의 세포체가 들어 있다.

substantia ossa 시멘트질 치아의 시멘트질.

substantia reticularis 망상질 ⇨ reticular formation.

substantia spongiosa 해면질 뼈의 해면조직.

substantive variation 실질변이 부분들을 이루는 실제 구성물이나 물질이 교환되는 것. 비 meristic variation.

substernal 복장밑의, 흉골하(胸骨下)의 형 복장뼈나 가슴뼈의 밑에 있는.

substitution 치환(置換) 명 어느 뉴클레오티드가 다른 뉴클레오티드로 대체된 결과 나타나는 돌연변이. ⇨ non-synonymous, synonymous.

substitution matrix 치환행렬 관련된 상당수의 단백질순서를 분석하여 어느 종류의 아미노산이 진화과정에서 다른 아미노산으로 대체된 확률을 나타내는 확률행렬(probability matrix).

substrate 기질(基質) 명 (1) 생화학반응에서 효소가 작용하는 물질; (2) 호흡과정에서 산화되는 물질인 호흡기질(respiratory substrate); (3) 미생물의 먹이원으로 이용되는 물질들; (4) 미생물을 배양하게끔 영양액을 함유하거나 받아들이는 불활성물질; (5) 정주성(sedentary) 동물이나 식물이 정착하는 기층. ≒ substratum.

substrate cycle 기질회로 2개의 다른 효

소의 촉매작용으로 어느 화합물이 다른 화합물로 전환되고 다시 돌아오는 짝지은 비가역적 대사반응. 호박벌의 비상근(flight muscle)에서 볼 수 있는 것과 같이 이 회로는 대사신호를 증폭시킬 수 있고 열을 생성할 가능성이 있다. ≒ futile cycle.

substrate-level phosphorylation 기질수준인산화 해당과정에서 나타나는 것처럼, 호흡사슬이 관여하지 않으면서 대사기질로부터 ADP로 인산기가 직접 전달되어 ATP 등의 고에너지 인산화합물이 생성되는 것. 비 oxidative phosphorylation, photophosphorylation.

substratose 아층상(亞層狀)의 형 약간 또는 어렴풋이 층을 이룬.

substratum 기층(基層) 명 정주성(sedentary) 동물이나 식물이 정착하는 기반. ⇨ substrate.

subtalar 복사뼈밑의, 거골하(距骨下)의 형 복사뼈(거골)와 발꿈치뼈 사이의 관절에 적용되는 말.

subtectal 형 특히 머리뼈의 천장 밑에 놓여 있는.

subtegminal 내종피밑의 형 씨앗의 내종피(tegmen) 또는 내피의 밑에 있는.

subtentacular canals 하촉수도관(下觸手導管) 극피동물 체강의 두 연장부분.

subterminal 아말단(亞末端)의 형 끝에 가깝게 위치한.

subthalamus 시상밑부 명 시상하부(hypothalamus)에서 시신경교차와 유두체(mamillary bodies)를 제외한 부분.

subthoracic 버금가슴의 형 가슴부위라고 부를 정도로 멀리 가지는 않은, 어떤 물고기의 지느러미에 적용되는 말.

subtilisin 서브틸리신 명 고초균(*Bacillus subtilis*)에서 얻는 단백질가수분해효소. EC 3.4.21.14.

subtruncate 형 갑자기 끝나는.

subtypical 아형(亞型)의 형 형(type)에서 약간 벗어난.

subulate 송곳모양의, 추형(錐形)의 형 좁고 기부로부터 점점 가늘어져서 끝이 뾰족한, 양파와 같은 잎에 적용되는 말.

subumbellate 버금산형의 형 공통의 중심에서 생긴 꽃자루들이 산형꽃차례(umbel)로 배열하는 경향이 있는.

subumbonal 각정아래의 형 2매패류 껍데기에서 각정(umbo)의 아래에 있거나 앞에 있는.

subumbonate 넓은중앙볼록형 형 (1) 약간 볼록한; (2) 낮고 둥근 융기를 가진.

subumbrella 내산(內傘) 명 종 모양의 메두사(해파리)에서 오목한 안쪽 표면.

subungual 손발톱밑의 형 손발톱, 갈퀴발톱 또는 발굽의 아래에 있는.

subunguis 하조판(下爪板) 명 갈퀴발톱이나 발톱의 배 쪽에 있는 비늘.

subunit 소단위 ⇨ protein subunit.

subunit vaccine 아단위백신 완전한 생물체에서 추출하지 않고 바이러스와 세균 그리고 그 밖의 기생생물에서 분리한 단백질성분으로부터 만드는 백신.

subvaginal 껍질밑의 형 껍질(초)의 내부에 있거나 밑에 있는.

subventricular zone 뇌실밑구역 뇌에서 출생 후에 계속적으로 신경아교세포(glial cell)를 생성하는 뇌실 주위의 구역.

subvertebral 척주밑의 형 척주(vertebral column)의 아래에 있는.

subzonal 형 방사대(zona radiata) 안쪽에 있는 세포들의 층에 적용되는 말.

subzygomatic 광대밑의 형 광대뼈의 밑에 있는.

succate 다즙(多汁)의 형 즙이 많은.

succession 천이(遷移) 명 (1) 지질학적으로, 생태적으로 그리고 계절적으로 종이 변해 가는 것; (2) 동일한 지역에서 시간이 경과함에 따라 여러 다른 군집들이 발달하여 안정된 상태인 극상군집(이 용어는 특히 식물군집이나 미생물군집에 사용됨)에 이르는 순서; (3) 일정한 지역에서 시간이 경과함에 따라 여러 다른 종이 출현하는 것.

successive percentage mortality ⇨ apparent mortality.

succiferous 형 액 또는 수액(sap)을 나르는.

succinate dehydrogenase 숙신산탈수소효소 트리카르복시산회로에서 숙신산을 푸마르산으로 산화시키는 반응을 촉매하는 플래빈단백질효소. EC 1.3.99.1.

succinic acid, succinate 숙신산 명 트리카르복시산회로의 일원인 4탄소의 디카르복실산. 숙신산탈수소효소에 의해 푸마르산으로 전환된다.

succinyl-CoA 숙시닐조효소A 트리카르복시산회로와 그 밖의 대사회로에서 숙신산과 조효소A(CoA)로부터 형성되는 '고에너지' 화합물. 한편 포르피린(porphyrin) 합성을 위한 탄소의 주사슬이 된다.

succise 형 (1) 돌연한; (2) 부분이 잘려 나간 것처럼 보이는.

succubous 복와상(覆瓦狀) 형 각 잎이 아래에 있는 잎의 부분을 덮는.

succulent 다육질(多肉質)의 형 (1) 즙이나 액으로 가득 찬; (2) 육질의 수분함량이 높은 과피를 가진 과실(액과)에 적용되는 말; (3) 물을 저장하는 불룩한 줄기와 잎을 갖고 건조한 조건이나 사막조건에 적응한 식물(다육식물)에 적용되는 말.

succus entericus 장액(腸液) 작은창자의 내벽에 있는 상피의 분비액. 펩티드가수분해효소, 말타아제, 수크라아제, 락타아제, 지질가수분해효소, 핵산가수분해효소, 뉴클레오티드가수분해효소를 포함한다.

sucker 흡지(吸枝), 빨판 형 (1) [식] 처음에는 땅속을 기다가 나중에 땅 위로 올라와서 결국 독립된 식물체가 되는, 줄기에서 나온 가지; (2) ⇨ haustorium; (3) [동] 진공상태를 만들어서 표면에 부착하도록 적응된 기관. 어떤 동물에서는 먹이를 섭취할 목적으로, 그리고 다른 동물에서는 이동하거나 달라붙는 데 이용된다.

sucking disc 빨판, 흡반(吸盤) 극피동물의 관족(tube-foot)의 끝에 있는 것처럼 달라붙는 데 도움을 주는 기관.

sucking lice 이 이목(Anoplura)의 일반적인 명칭.

sucrase 수크라아제 명 창자의 점막에서 α-D-글루코시드가수분해효소의 작용에 의해 2당류인 설탕과 맥아당을 단당류(설탕은 포도당과 과당으로, 맥아당은 포도당들로)로 가수분해하는 효소. EC 3.2.1.48. 상용명 sucrose-α-D-glucohydrolase.

sucrose 설탕, 자당(蔗糖) 명 많은 녹색식물에 들어 있는 비환원성 2당류. 전화효소(invertase)나 수크라아제와 같은 효소들에 의해 또는 묽은 산에 의해 포도당과 과당으로 가수분해된다. ≒ cane sugar, invert sugar, beet sugar, saccharose, saccharobiose. (⇨ 그림 37)

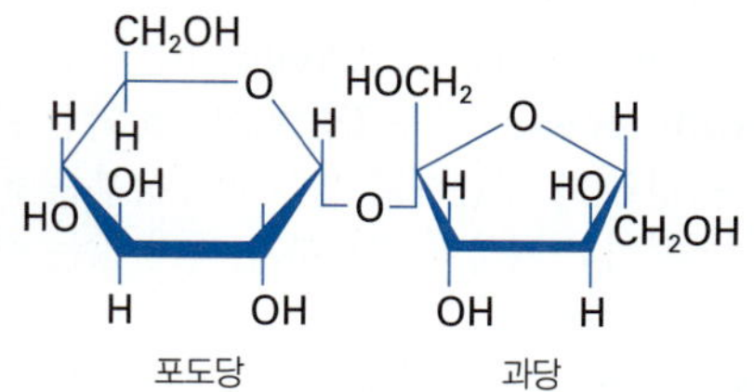

그림 37. 설탕.

S

suction pressure (SP) 흡입압(吸入壓) 삼투현상에 의해 식물세포가 물을 흡수할 수 있는 능력. 세포 내부로 물이 들어오게끔 하는 세포액의 삼투압(osmotic pressure)과 세포벽에 가해지는 팽압(turgor pressure)의 차이이다. 팽창된 세포는 흡입압을 갖지 않는다.

Suctoria 흡반충류(吸盤蟲類) 명 원생동물 가운데 포식성인 섬모충류의 무리. 보통 성체가 되면 섬모가 사라지고, 하나 또는 그 이상의 흡반촉수(suctorial tentacle)를 가진다.

suctorial 흡입(吸入)의 형 빠는 데 적합한.

Sudanese Park Steppe region 수단파크스텝식물구 사하라 사막의 남쪽에서 서해안으로부터 아프리카 리프트 밸리(Rift valley)에 이르는 반건조지역으로 이뤄지는 구열대식물계의 한 부분.

sudation 발한(發汗) 명 (1) 구멍을 통해서 용액에 들어 있는 물과 그 밖의 물질을 배출하는 것; (2) 땀을 흘리는 것.

sudden correction model 즉시수정모형 rRNA유전자와 같은 다중반복DNA염기순서(multiple repeated DNA sequences)의 적합도(fidelity)가 지속되는 데 대해 제안된 메커니즘.

sudoriferous 발한(發汗)의 형 땀을 나르거나 만들거나 또는 분비하는, 샘(발한샘)과 그 관에 적용되는 말.

sudorific 발한(發汗)의 형 땀의 배출을 일으키거나 또는 그와 관련된 말.

sudoriparous ⇨ sudoriferous.

suffrescent 아관목(亞灌木)의 형 약간 관목성인, 기부는 목본성이지만 상부는 초본성이고 겨울에 지상부가 죽지 않는 식물에 적용되는 말.

suffrutex 하층관목 명 작은 관목. 복 **suffrutices**.

suffruticose 관목상(灌木狀) 형 어느 정도 관목성인.

sugar 당(糖), 설탕 명 (1) 단당류, 2당류 또는 3당류에 대한 일반적인 명칭; (2) ⇨ sucrose.

sugar nucleotide 당뉴클레오티드 당과 결합한 뉴클레오티드. 글리칸(glycan) 합성을 위한 당의 활성형이다.

sugent 흡입(吸入)의 ⇨ suctorial.

suids 멧돼지류 명복 포유동물 멧돼지과(Suidae)에 속하는 돼지류.

suines 돼지류 명복 포유동물 돼지아목(Suina)에 속하는 돼지류. 비반추우제류(non-ruminant artiodactyls), 즉 되새김질을 하지 않고 발가락이 짝수인 하마, 돼지, 페커리(peccary)와 얼마간의 멸종된 무리들이 포함된다.

sulcate 홈이 있는 형 홈이 있거나 고랑이 있는.

sulcation 구화(溝化), 홈파기 명 (1) 홈이 파지는 것; (2) 능선이나 고랑이 만들어지는 것.

sulcus 고랑, 구(溝) 명 (1) 고랑(groove); (2) 뇌의 표면에 있는 두 주름 사이의 고랑. 복 **sulci**.

sulf- ⇨ sulph-.

sulphanilamide 술파닐아미드 명 황을 함유하는 방향족 아미드와 그 유도체들인 항세균화합물. 푸린의 합성을 억제하여 세균의 생장을 저해한다. ≒ **sulfanilamide**.

sulphatase 술파타아제 명 황산페놀을 페놀과 황산염이온으로 가수분해하는 아릴술파타아제(arylsulphatase; EC 3.1.6.1)와 같이, 황산에스테르의 가수분해를 촉매하는 효소.

sulphatide 술파티드 명 세라미드의 유도체인 황함유당지질(sulphur-containing glycolipid)을 통틀어 이르는 말. 동물의 뇌와 그 밖의 조직들에서 발견된다.

sulpholipid 황지질(黃脂質) 명 녹색식물의 엽록체와 광합성세균의 색소포에 들어 있는 황함유당지질.

sulphur bacteria 황세균(黃細菌) 황(sulphur)이나 황화물(sulphide)을 호흡의 기질로 또는 광합성에서 전자수용체로 다양하게 이용하거나 황산염(sulphate)을 황화물로 환원시키는 다양한 세균의 무리. 황화물을 황으로 산화하고 질소도 고정할 수 있는 광합성을 하는 녹색황세균(green sulphur bacteria)과 자색황세균(purple sulphur bacteria), 황화물을 황과 황산염으로 산화시키는 티오바실루스(*Thiobacillus*)와 같이 광합성을 하지 않는 무색황세균(colourless sulphur bacteria), 그리고 황산염을 황화물로 환원하는 종속영양의 황산염환원세균(sulphate-reducing bacteria)을 포함한다.

sulphur cycle 황순환(黃循環) 생물권 내에서 황(sulphur)이 상호전환되는 생물학적 과정들의 순환. 여기에는 토양의 황산염으로부터 식물에 의한 황의 동화(assimilation), 식물과 동물의 단백질로의 황의 편입(incorporation), 그리고 세균에 의해 황화물이 방출되는 사체 유기물의 부패(putrefaction)가 포함된다. 황화물은 이질성의 다양한 황세균들에 의해 분자상 황으로, 황산염으로, 그리고 다시 황화물로 전환될 수 있다.

sulphydryl group 술피드릴기 −SH기. ≒ thiol.

summation 가중(加重), 집적(集積) 명 문턱밑자극이나 준역치전위의 동시의 또는 연이은 신경충격들이 복합적으로 작용하여 흥분성 반응이나 억제성 반응을 일으키는 것.

summer wood 추재(秋材) ⇨ late wood.

sumoylation 수모화 명 SUMO(small ubiquitin-like modifier)라고 부르는 저분자단백질의 공유결합에 의해 단백질이 번역후 변형(post-translational modification)되는 것.

sun-basking 일광욕(日光浴) 명 많은 변온성 동물이 체온을 조절하기 위해 취하는 행동.

sun spiders 피일거미류 피일목(Solifuga)의 일반적인 명칭.

super- '위에'를 뜻하는 라틴어 '*super*'에서 유래된 접두사. 분류체계에서는 상강(superclass)과 같이 어느 분류군의 바로 위의 계급에 해당하는 무리를 가리키는 데 사용된다.

superantigen 초항원(超抗原) 명 특정 유형의 V부를 포함하는 수용체를 갖는 모든 T세포를 비특이적으로 활성화시켜 대량의 T세포반응을 유발하는 항원.

supercarpal (1) 형 손목뼈(carpal)의 위에 있는; (2) 명 위쪽 손목뼈.

superciliary 눈썹의, 미모(眉毛)의 형 (1) 눈썹과 관련된 말; (2) 눈에서 눈구멍(orbit)의 위에 있는.

superciliary arches 눈썹활, 미모궁(眉毛弓) 이마융기(frontal eminence) 아래의 이마에 있는 두 개의 아치 모양의 융기부.

superclass 상강(上綱) 명 분류계급에서 아문(subphylum)과 강(class) 사이의 분류군.

supercoiled DNA 초나선DNA DNA의 2중나선이 더욱 뒤틀리고 꼬인 구조. ≒ **superhelical DNA**, **supertwisted DNA**.

superdominance 초우성 ⇨ overdominance.

superfamily 상과(上科) (1) 유전자상과(gene superfamily); (2) 단백질상과(protein superfamily), 즉 여러 다른 기능을 하지만 이들 모두 관련된 염기서열을 갖고 공통조상격인 유전자에서 유래된 유전자들에 의해 암호화된다고 추정되는 단백질군.

superfemale **초자(超雌)** ⇨ metafemale.

superfetation 'superfoetation'의 철자.

superficial **표재성(表在性)의** 형 (1) 표면에 있거나 표면에 가까이 있는; (2) 꽃의 씨방에서 밑씨들이 씨방벽의 안쪽 표면에 흩어져 있는 태좌(placentation)에 적용되는 말.

superfluent 명 천이에서 나타나는 식물의 아우점종(subdominant)과 동일한 중요성을 생태계에서 갖는 동물의 종.

superfoetation **초다태현상(超多胎現象), 임신중임신** 명 (1) 씨방에 있는 밑씨가 한 가지 종류 이상의 꽃가루와 수정되는 것; (2) 동일한 자궁에서, 서로 다른 발정기에서 생긴 둘 또는 그 이상의 난자가 연달아 수정되는 것.

supergene **초유전자(超遺傳子)** 명 다수의 유전자를 지니고 있는 염색체 부위를 가리키지만, 이곳에서는 교차가 일어나지 않기 때문에 유전자들이 대대로 전해지는 것.

superhelical DNA **초나선DNA** ⇨ supercoiled DNA.

superinfection **중복감염** 명 파지가 프로파지(prophage)로 자리 잡고 있는 세포에 파지가 감염하는 것.

superior **위의, 상위(上位)의** 형 (1) 더 위의; (2) 더 높은; (3) 앞쪽에 있는; (4) 다른 기관의 위에서 자라거나 생기는; (5) 기부 주위에 붙는 꽃덮개(화피)를 가진 씨방에 적용되는 말; (6) 씨방의 밑에서 꽃턱(receptacle)에 붙는 꽃받침조각이나 꽃잎 또는 수술에 적용되는 말; (7) 대정맥, 즉 전대정맥(precava)에 해당하는 말.

superior colliculi **위둔덕, 상구(上丘)** 시각 정보를 받는 중뇌의 등 쪽 표면에 있는 쌍으로 된 융기부. 비 inferior colliculi.

superior olive **상올리브** 왼쪽 귀와 오른쪽 귀에서 오는 청각 정보를 받는 뇌줄기(뇌간)에 있는 구조. ≒ **superior olivary nucleus**.

superlinguae **입술끝마디옆조각** 명복 어떤 곤충에서 아랫인두(hypopharynx)의 쌍을 이룬 엽들.

supermale **초웅(超雄)** ⇨ metamale.

supernumerary chromosomes **과잉염색체** 어떤 식물에서 그 종의 정상적인 염색체수보다 많은 여분의 이질염색질 염색체. B염색체가 그 예가 된다.

superordinate circuit **상위회로(上位回路)** 다른 회로들보다 계층적으로 상위에 있는 신경회로.

superorganism **초생물체(超生物體), 초개체(超個體)** 명 진정사회성(eusocial) 곤충의 군락처럼 단일한 개체의 특성과 비슷한 체제적 특징을 갖는 집단.

superovulation **과배란(過排卵)** 명 한 번에 비정상적으로 많은 수의 알을 생산하는 것.

superoxide anion **과산화물음이온** 세포에 독성을 나타내는, 고도의 반응성인 산소유도체(O_2^-).

superoxide dismutase (SOD) **과산화물제거효소** 과산화물음이온(O_2^-)을 파괴하여 과산화수소와 분자상 산소를 형성시키는, 널리 분포하는 효소. ≒ erythrocuprein, haemocuprein, cytocuprein.

superparasite **과잉기생생물** ⇨ hyperparasite.

super-regeneration **과잉재생** 명 재생과정에서 부가적인 또는 과잉의 부분들이 발생하는 것.

super-repressed **초억제(超抑制)의** 형 억제된 상태를 해제할 수 없는 돌연변이유전자에 적용되는 말. ≒ uninducible.

supersacral **엉치뼈위의** 형 엉치뼈

(sacrum)의 위에 있는.

supersecondary structure 초2차구조 β통형구조(β-barrel)와 같이 2차구조(secondary structure)의 요소들이 결합하여 더욱 복잡한 별개의 구조적 요소를 형성하는 단백질구조.

supersonic 초음파의 ⇨ ultrasonic.

superspecies 상종(上種) 명 [식] 형태적으로 매우 유사한 반종(semispecies)들의 집합체. ≒ coenospecies.

supersphenoidal 나비뼈위의 형 나비뼈(접형골)의 위에 있는.

supertwisted DNA 초나선DNA ⇨ supercoiled DNA.

supervolute 포선형(包旋形) 형 눈(bud) 속에서 잎들이 땋고(plaited) 말린(rolled) 배열을 한.

supinate 뒤침의, 회외(回外)의 형 뒤쪽으로 구부리거나 기울이는.

supination 뒤침, 회외(回外) 명 손바닥을 앞쪽으로 돌리는 팔의 운동.

supinator brevis, supinator longus 손뒤침근 손바닥을 앞쪽으로 돌리는 데 이용되는 두 개의 아래팔근육. 각각 짧은손뒤침근(단회외근)과 긴손뒤침근(장회외근)이라고 한다.

supplemental air 축기(縮氣) 정상적으로 숨을 내쉰 다음 허파에서 내보낼 수 있는 공기의 양.

supplementary motor cortex 보조운동피질 바닥핵(basal ganglia)으로부터 입력을 받고 1차운동피질(primary motor cortex)의 활동을 조절하는, 1차운동피질이 아닌 부위.

supporting tissue 지지조직(支持組織) 식물에서, 후각조직(collenchyma)과 후벽조직(sclerenchyma)과 같이 두꺼운 벽을 가진 세포들로 구성되고 식물체에 힘을 실어주는 조직; 동물에서, 내골격(endoskeleton)과 외골격(exoskeleton)을 형성하는 골조직.

suppression 억제(抑制), 억압(抑壓) 명 (1) 기관이나 부분이 발달하지 않는 것; (2) 어느 돌연변이가 보통 다른 유전자에서 나타나는 돌연변이에 의해 그 효과가 상쇄되는 것. 만일 동일한 유전자에서 일어난 돌연변이에 의한 것이라면 유전자내 억제(intragenic suppression)라고 하고, 두 번째 돌연변이를 억제돌연변이(suppressor mutation)라고 한다.

suppressor mutation 억제돌연변이 유전체 내의 다른 어떤 곳에서 나타나는 돌연변이의 효과를 상쇄하는 돌연변이. ⇨ suppression.

suppressor T lymphocyte, suppressor T cell 억제T림프구, 억제T세포 ⇨ regulatory T cell.

suppressor tRNA 억제tRNA 유전체에서 정지돌연변이(nonsense mutation)가 일어난 코돈에 정확한 아미노산을 삽입하여 돌연변이를 교정할 수 있는, 코돈특이성이 변모된 돌연변이tRNA.

supra- '-보다 위에'를 뜻하는 라틴어 '*supra*'에서 유래되고, '위에 위치한'을 의미하는 접두사.

supra-acromial 어깨뼈봉우리위의, 견봉상(肩峯上)의 형 어깨뼈에서 어깨뼈봉우리(acromion)의 위에 있는.

supra-anal 항문위의 형 항문이나 항문부위의 위에 있는.

supra-angular 각하골(角下骨) ⇨ surangular.

supra-auricular 귓바퀴위의 형 귀의 귓바퀴 위에 있는, 깃털에 적용되는 말.

suprabranchial 아가미위의, 상새(上鰓)의 형 아가미의 위에 있는.

suprabuccal 볼위의 형 볼과 입의 위에 있는.

suprabulbar 털망울위의, 모구상(毛球上)의 형 털망울(hair bulb)과 털의 섬유부위 사이의 부위에 적용되는 말.

supracallosal 뇌들보위의, 뇌량상(腦梁上)의 형 뇌의 뇌들보(corpus callosum)의 위쪽 표면에 있는 이랑에 적용되는 말.

supracaudal 꼬리위의 형 꼬리 또는 꼬리부위의 위에 있는.

supracellular 초세포(超細胞)의 형 (1) 많은 세포들에서 비롯된 구조에 적용되는 말; (2) 조직이나 기관처럼 세포수준 이상의 체제수준에 적용되는 말.

supracerebral 형 벌류(hymenopterans)에서처럼 측면의 인두샘(pharyngeal gland)에 적용되는 말.

suprachiasmatic nucleus (SCN) 시각교차위핵 시상하부의 핵 가운데 하나. 사람에서, 수면각성주기(sleep-wake cycle)와 같은 일주기리듬과 체온 그리고 호르몬의 분비를 조절하는 데 관여한다.

suprachoroid 맥락막위의 형 (1) 맥락막(choroid)의 위에 있는; (2) 눈의 맥락막과 공막의 사이에 있는.

supraclavicle 윗빗장뼈, 상쇄골(上鎖骨) 명 물고기의 어깨띠(흉대)의 뼈. ≒ supracleithrum.

supraclavicular 빗장위의, 쇄골상(鎖骨上)의 형 빗장뼈의 위에 있는, 신경(빗장위신경)에 적용되는 말.

supracondylar 관절융기위의 형 관절융기(condyle)의 위에 있는, 능선과 돌기에 적용되는 말.

supracoracoideus 상오훼돌기근 명 새의 가슴뼈에서 위팔뼈(상완골)까지 뻗어 있고 날개를 들어 올리는 데 관여하는 비상근(flight muscle).

supracostal 갈비뼈위의, 늑골상(肋骨上)의 형 갈비뼈의 위 또는 바깥에 있는.

supracranial 머리뼈위의 형 머리뼈의 위에 있는.

supradorsal 등위의, 상배(上背)의 형 (1) 등쪽면(배면)의 표면이나 위에 있는; (2) 원시등골뼈에 연결되는 작은 연골요소에 적용되는 말.

supra-episternum 상전측판(上前側板) 명 어떤 곤충에서 전측판(episternum)의 위에 있는 경판.

supraethmoid 상사골(上篩骨) ⇨ dermethmoid.

supraesophageal 식도위의 ⇨ supraoesophageal.

supraglenoid 관절오목위의 형 (1) 관절오목(glenoid cavity)의 위에 있는; (2) 관절오목의 선단에 있는 융기에 적용되는 말.

suprahyoid 목뿔위의, 설골상의 형 포유동물에서 혀의 기부에 있는 목뿔뼈(설골)의 위에 있는.

supralabial 입술위의 형 입술의 표면에 있는, 순판(scute)이나 비늘에 적용되는 말.

supraliminal 역치위의 형 감각을 일으키는 역치(threshold)의 위에 있는, 자극(역치위자극)에 적용되는 말.

supralittoral 조상대(潮上帶)의 형 고조선 위의 연안 또는 비말대(spray zone)에 적용되는 말.

supraloral 콧등위의 형 새 또는 뱀에서 볼 수 있는 것과 같이 콧등부위(loral region)의 위에 있는.

supramastoid crest 꼭지위능선, 유돌능(乳突稜) 관자뼈 꼭지돌기(유양돌기)의 위쪽 경계에 있는 능선.

supramaxillary 위턱위의 형 위턱과 관련된 말.

suprameatal 바깥귀길위의, 외이도상(外耳道上)의 형 바깥귀길(external auditory meatus)의 위에 있는 오목과 가시에 적용되는 말.

supranasal 코위의 형 코뼈 또는 코의 위에 있는.

supraoccipital 상후두골(上後頭骨) 명 머리뼈 뒤의 가운데에 있는 큰 뼈.

supraocular 눈위의 형 눈의 위에 있는.

supraoesophageal 식도위의 형 식도(gullet)의 위에 있는.

supraorbital 눈구멍위의, 상안와(上眼窩)의 형 눈구멍(안와)의 위에 있는.

suprapatellar 무릎위의 형 무릎뼈의 위쪽 부분과 넙다리뼈(대퇴골) 사이의 주머니(무릎위주머니)에 적용되는 말.

suprapharyngeal 인두위의 형 인두(pharynx)의 위에 있는.

suprapopulation 초개체군(超個體群) 명 정해진 시간에 어느 종의 모든 발생단계들이 포함되는 개체군.

suprapubic 두덩위의, 치골상(恥骨上)의 형 두덩뼈(치골)의 위에 있는.

suprapygal 둔부위의 형 둔부의 뼈 위에 있는.

suprarenal 콩팥위의, 부신(副腎)의 형 (1) 콩팥의 위에 위치한; (2) 부신(adrenals)에 해당하는 말.

suprarostral 부리위의 형 양서류의 머리뼈에서 두 개량(trabecula)의 앞쪽에 있는 연골질 판에 적용되는 말.

suprascapula 상견갑골(上肩甲骨) 명 (1) 어떤 연골어류에서 어깨띠(흉대)의 등 부분에 있는 연골; (2) 양서류와 일부 파충류의 어깨뼈(견갑골)에서 불완전하게 골화된 확장부.

suprascapular 어깨위의, 견갑상(肩甲上)의 형 어깨뼈의 위에 있는, 인대나 신경 등에 적용되는 말.

supraseptal 사이막위의 형 머리뼈의 눈구멍사이막(interorbital septum)에서 갈라져 나오는 두 개의 판에 적용되는 말.

suprasphenoid 상접형골(上蝶形骨) 명 나비뼈(접형골)연골의 등 쪽 막골.

suprasphenoidal 나비뼈위의 형 머리뼈의 나비뼈 위에 있는.

supraspinal 척주위의, 복부신경삭위의 형 (1) 척주(spinal column)의 위에 있는; (2) 곤충의 복부신경삭(ventral nerve cord) 위에 있는.

supraspinatous 가시위근의 형 가시위근(supraspinatus)의 기점이 되는 어깨뼈의 오목(fossa)과 근막(fascia)에 적용되는 말.

supraspinatus 가시위근, 극상근(棘上筋) 명 위팔뼈(상완골)의 큰결절의 몸 쪽 부분에 붙는 어깨 근육.

suprastapedial 등골상부(鐙骨上部) 명 포유동물의 모루뼈(침골)와 상동인, 등자뼈(stapes) 위의 이소주(columella)의 부분.

suprasternal 복장위의, 흉골상(胸骨上)의 형 가슴뼈 위에 있는, 목근육의 틈새 같은 공간(복장위공간)에 적용되고, 일부 포유동물에서 과잉의 복장뼈요소에 적용되는 말.

suprastigmal 반점위의 형 곤충의 반점(stigma) 또는 호흡공(breathing pore)의 위에 있는.

supratemporal 관자위의, 측두상(側頭上)의 형 (1) 머리뼈의 위쪽 관자뼈(측두골)와 관련된, 뼈, 활, 오목 등에 적용되는 말; (2) 진골어류의 익이골(pterotic).

suprathoracic 흉부위의 형 가슴부위의 위에 있는.

supratidal 조상대(潮上帶)의 형 고조선 위의, 비말대(spray zone)와 그곳에 사는 생물들에 적용되는 말.

supratonsillar 편도위의 형 목구멍편도(구개편도)의 림프덩이에 있는 작은 함몰부(편도위오목)에 적용되는 말.

supratrochlear 도르래위의, 활차상(滑車

上)의 형 도르래(활차)면의 위에 있는, 신경, 구멍, 림프샘 등에 적용되는 말.

supratympanic 고막위의 형 고막의 위에 있는.

sural 장딴지의 형 다리의 장딴지(calf)와 관련된 말.

surangular 각하골(角下骨) 명 일부 어류, 파충류 및 새들의 아래턱에 있는 뼈.

surculose 흡지(吸枝)달린 형 식물에서, 흡지(sucker)를 지닌.

surcurrent 형 줄기에서 위로 나아가거나 늘어나는.

surface exclusion 표면배제현상 동일한 유형의 플라스미드를 이미 지니고 있는 세균세포에 다른 플라스미드가 들어갈 수 없는, 세균의 표면에서 조정하는 현상.

surface immunoglobulin 표면면역글로불린 항원수용체로 작용하는 B세포의 막결합 면역글로불린.

surface water 지표수(地表水) 비 또는 그 밖의 강수에 의해 내려서 땅속으로 가라앉거나 증발하지 않고 지표면을 따라 흐르다가 결국 하천과 강으로 흐르는 물.

surrogate genetics 분리한 DNA주형을 목적에 맞게 의도적으로 변화시키고 시험관 내에서 또는 그 밖의 전사체계에서 이들 변화가 전사에 미치는 효과를 조사하여 유전자발현을 연구하는 것. 즉 생명체에서 돌연변이를 유발하거나 연구할 필요가 없다.

survivorship schedule 생존명세표 개체군에서 각 특정연령까지 생존하는 개체수를 보여주는 개체군통계의 자료.

suspensor 배자루, 배병(胚柄), 지지세포 명 (1) 속씨식물의 접합자로부터 발달하고 배(embryo)를 배낭(embryo sac)에 고정하는 세포군; (2) 그 밖의 식물에서 이와 비슷한 구조; (3) 곰팡이의 균사에서 배우자낭이나 접합포자가 매달리는 변형된 부분.

suspensorium 고제(睾堤) 명 경골어류와 그 밖의 척추동물에서 구강(mouth cavity)의 측벽을 형성하는 골격요소.

suspensory 고제(睾堤)의, 현수(懸垂)의 형 (1) 고제(suspensorium)와 관련된 말; (2) 매다는 데 도움이 되는, 다양한 인대(현수인대)에 적용되는 말.

sustainable yield 지속가능생산량 자원의 공급을 감소시키지 않으면서 재생가능한 자원을 이용할 수 있는 최대 생산량.

sustentacular 지주(支柱)의, 버팀의 형 (1) 버티고 받치는, 세포(지주세포 또는 버팀세포)에 적용되는 말; (2) 어느 기관의 틀을 지탱하는 구실을 하는 결합조직에 적용되는 말.

sutural 봉합(縫合)의, 종렬(縱裂)의 형 (1) 봉합(suture)과 관련된 말; (2) 봉합을 따라 일어나는 열개(dehiscence)에 적용되는 말.

sutural bones 봉합뼈 봉합을 따라 나타나는 불규칙하고 분리된 뼈들.

suture 봉합(縫合) 명 (1) 머리뼈의 뼈들 사이 또는 절지동물 마디를 덮는 외골격의 경피들 사이처럼, 고정되어 연결된 두 부분들의 결합에 의해 생기는 선; (2) 씨앗의 깍지에 있는 선으로, 이를 따라 씨앗이 벌어지는 선.

Sv ⇨ sievert.

Svedberg unit (S) 스베드베리단위 초원심분리에 의해 입자들이 침전되는 속도를 나타내는 침강계수. 표준상태 하에서 1 S는 10^{-13}초이다.

swamp 늪, 소택(沼澤) 명 물이 충만하거나 주기적으로 물에 잠기는 습한 땅. 목본들이 우점하고 표면에서는 이탄(peat)이 축적되지 않는다.

swarm cells 유주세포(遊走細胞) 곰팡이

와 조류 그리고 점균류의 운동성 유주자 또는 점액아메바.

sweat glands 땀샘 일부 포유동물의 피부에서 물과 염류를 분비하여 증발냉각(evaporative cooling)을 통해 체온을 낮추는 데 도움을 주는 특수한 샘. 외분비성(apocrine) 땀샘과 샘분비성(eccrine) 땀샘의 두 종류가 있다.

sweating 발한(發汗) 명 땀샘을 통해 몸의 표면에서 물이 배출되는 것. 일부 포유동물은 표면에서 증발시켜 체온을 낮추는 방편으로 땀을 흘린다.

sweet potato 고구마 원산지가 중앙아메리카인 작물(*Ipomoea batatas*). 지금은 세계 곳곳에서 주식으로 재배되며, 메꽃과(Convolvulaceae)에 속한다. 덩이줄기(괴경)를 식용으로 한다.

swimbladder 부레 명 많은 진골어류의 체강에 있는 가스로 채워진 주머니. 소화관에서 뻗어 나와 발달하고, 부력에 도움을 준다.

swimmeret 유영지(遊泳肢), 헤엄다리 명 갑각류에서 5개까지의 복절에서 쌍으로 나타나는 작은 부속지. 유영하는 데 어느 정도 관여하는 것으로 추정된다.

swimming bell 영종(泳鍾) ⇨ nectocalyx.

swimming funnel 영루두(泳漏斗) 일부 두족류에서 제트분사(jet propulsion)의 방편으로 외투강 속의 물을 내뿜는 출수관.

swimming ovaries 유영난소(遊泳卵巢) 일부 구두충류(acanthocephalans)에서, 난소로부터 떨어져서 체강 속에 떠 있는 성숙한 난자의 무리.

swimming plates 유영판 ⇨ Ctenophora.

switch gene 연계유전자(連繫遺傳子) 체절결정유전자(homoeotic gene)처럼 돌연변이가 일어나면 발생경로의 변환을 야기하므로 유전적인 마스터스위치로 작용하고 특정 발생경로를 선택한다고 믿어지는 유전자.

switch plant 전환식물 어릴 때는 정상적인 잎을 내었다가 나중에 잎이 떨어지면 잎모양줄기(cladode)나 가엽(phyllode) 등의 다른 구조가 광합성을 이어 받는 건생식물(xerophyte).

switch region 전환부위 면역글로불린 유전자자리에서 각 C유전자의 5′쪽에 있는 부위. 면역글로불린의 종류변환(class switching) 과정에서 재조합이 일어나고, 그 결과 동일한 항원특이성을 갖지만 면역반응에서 다른 클래스의 항체를 만들게 된다.

syconium, syconus 무화과(無花果), 은화과(隱花果) 명 무화과(fig)처럼 다육질의 꽃턱(receptacle)이 확대되어 생기는 다화과(composite fruit).

sylva 교목림(喬木林), 임목(林木) 명 (1) 한 지역의 삼림; (2) 숲의 나무를 통틀어 이르는 말.

Sylvian fissure 실비우스틈새 뇌에서 측두엽의 경계가 되는 깊은 틈새(열구).

sym-, syn- '-와 함께'를 뜻하는 그리스어 '*syn*'에서 유래된 접두사.

symbiont 공생자 명 공생관계에 있는 두 생물 가운데 하나.

symbiosis 공생(共生) 명 (1) 함께 사는 다른 종의 두 생물체 간의 밀접하고 보통 필수적인 연합. 반드시 서로 득을 볼 필요는 없다; (2) 종종 두 파트너가 모두 득을 보는 연합만을 가리키는 말. 이 경우 보다 적절하게 상리공생(mutualism)이라 부른다. 복 **symbioses**. 형 **symbiotic**.

symmetrical 대칭의 형 대칭(symmetry)과 관련된 말.

symmetrodonts 상칭치류(相稱齒類) 명 복 3각형으로 된 셋 또는 그 이상의 교두(cusp)가 있는 어금니를 가진 중생대의 삼융기치아목(trituberculate) 포유동물.

symmetry 대칭(對稱), 대칭성 명 형태가 규칙적으로 균형 잡힌 것. ⇨ bilateral symmetry, radial symmetry.

symparasitism 공기생(共寄生) 명 하나의 숙주에 경쟁적인 여러 종이 함께 기생하는 것.

sympathetic 교감(交感)의, 교감신경의 형 (1) 교감신경계를 구성하는 요소에 적용되는 말; (2) 곤충에서 숨구멍(spiracle)에 분포하는 체절신경에 적용되는 말; (3) 주변의 환경을 모방하는 채색(coloration)에 적용되는 말.

sympathetic chain 교감신경줄기 척주의 양쪽 측면을 따라 뻗어 있는 교감신경절의 사슬. ⇨ sympathetic nervous system.

sympathetic nervous system 교감신경계(交感神經系) 가슴과 허리 부위의 척수에서 나오고 척주의 양쪽 측면을 따라 뻗어 있는 교감신경절의 사슬에 의해 내장과 혈관에 분포하는 신경섬유들로 구성되는 자율신경계의 일부. 교감신경계는 척수신경을 통해 중추신경계와 신호를 주고받는다. 교감신경계는 내장의 운동과 분비를 조절하고 내장의 생리적 상태를 감시한다. 교감신경계가 활성화되면 창자의 조임근(괄약근), 심근 및 동맥벽의 근육을 수축시키고, 창자의 민무늬근과 홍채의 환형근을 이완시킨다. 교감신경계의 주요 신경전달물질은 아드레날린(adrenaline)인데, 이는 심장, 내장근, 샘 등에서 방출된다. 아드레날린은 신경절의 시냅스에서 그리고 피부와 혈관의 민무늬근에 있는 교감신경말단에서 신경전달물질로 작용한다. 교감신경계는 부교감신경계(parasympathetic nervous system)와 서로 길항적으로 작용하는 경향이 있다.

sympathomimetic 교감신경작용의 형 교감신경계가 활성화되어 나타나는 효과와 비슷한 효과를 일으키는 물질에 적용되는 말.

sympatric 동소적(同所的) 형 동일하거나 서로 겹치는 지리적 지역에 서식하는 종(동지역종)에 적용되는 말. 비 allopatric.

sympatric speciation 동소적 종분화 지리적으로 격리되지 않은 상태에서 집단의 내인성(intrinsic) 요인에 의해 나타나는 종분화.

sympetalous 합판(合瓣)의 형 꽃잎이 서로 붙어서 하나가 되는.

symphily 객생(客生), 우호공생(友好共生) 명 어떤 곤충이 사회성 곤충의 둥지에서 손님[객생자(symphile)]으로 살면서 그들을 지켜주고 그에 대한 보답으로 그들의 분비물을 먹고 사는 상태. 개미류와 흰개미류의 둥지에 사는 어떤 딱정벌레가 그 예이다.

symphoresis 동시이동(同時移動) 명 세르톨리세포(Sertoli cell)로 정세포의 무리가 이동하는 것 같은 집단적인 이동이나 수송.

symphygenesis 합착기관형성(合着器官形成) 명 두 개의 다른 기관이 융합하여 한 기관이 발생하는 것.

symphyllodium 심필로디움 명 (1) 둘 또는 그 이상의 밑씨들의 외피가 합착(coalescence)하여 생긴 구조; (2) 복합 밑씨의 비늘.

symphysis 결합선(結合線), 섬유연골결합 명 (1) 두 개의 뼈(예: 턱의 왼쪽과 오른쪽)가 융합한 곳의 결합선; (2) 섬유연골(fibrocartilage)에 의해 연결된 두 뼈에서 약간 움직일 수 있는 관절; (3) 발생 초기에 따로 떨어져 있던 부분들이 함께 자라는 것. 형 **symphyseal**, **symphysial**.

Symphyla 결합강 명 다지류(myriapods)와 밀접한 관계가 있는 절지동물의 강. 14개의 체절과 6쌍의 보각(walking leg)을 가진다.

Symphyta 잎벌아목 명 뚜렷한 '허리'를 갖지 않는 벌목(hymenopterans) 곤충의 아목. 흔히 잎벌류(sawflies)라고 부르며, 호리허리벌아목(Apocrita)의 벌류, 말벌류, 개미류 따위와 비교하여 원시적인 무리로 간주된다. 산란관(ovipositor)은 톱니 모양이다.

symplast 전원형질(全原形質) 명 식물조직에서 서로 연결되어 있는 원형질. 각 세포의 원형질은 세포벽을 관통하는 세포질연락사(plasmodesmata)에 의해 연결되어 있다. 형 **symplastic**.

symplastic transport 전원형질수송 식물조직에서, 이온과 그 밖의 물질이 세포벽의 세포질다리인 세포질연락사를 통해 세포에서 세포로 이동하는 것.

symplesiomorphy 원시적 유사성 명 분류의 분지분석에서, 둘 또는 그 이상의 분류군이 공유한 상동형질상태가 최근의 공통조상보다도 훨씬 이전의 공통조상에서 생겨난 것으로 간주되는 상태. 형 **symplesiomorphic**, **symplesiomorphous**. 비 homoplasy, synapomorphy.

sympodial 가축(假軸)의 형 분지양식의 가축(sympodium)과 관련되거나 그와 비슷한.

sympodite 각기(脚基) ⇨ protopodite.

sympodium 가축(假軸) 명 (1) 식물이나 식물의 일부에서, 주축이 끝눈(정아)의 생장으로 생긴 것이 아니라 곁가지의 눈에서 생기고 이 역시 얼마 후에 생장을 멈추고 줄기끝 부근의 곁눈에서 생장이 지속되는 현상이 반복되는 것. 많은 난초류에서 볼 수 있다; (2) 줄기의 관다발과 그와 연결된 잎다발(leaf trace). 복 **sympodia**.

symport 공동수송(물질) 명 막을 통과해 한쪽 방향으로 용질을 통과시키는 막단백질, 같은 방향으로 통과하는 다른 용질의 순차적인 또는 동시적 수송에 좌우되는 수송.

synacme, synacmy 암수동시성숙 명 암술과 수술이 동시에 성숙하는 상태.

synaesthesia 공감각(共感覺) 명 어느 수용기의 자극에 의한 감각(예: 소리)이 동시에 다른 자극에 특징적인 감각(예: 색깔)을 불러일으키는 것.

synandrium 합착수술 명 칼라(arum lily)와 같은 천남성과 식물에서 수꽃의 꽃밥들이 합착한 것.

synandry 합착수술성 명 정상적으로 떨어져 있는 수술들이 합쳐진 상태.

synangium 취낭(聚囊) 명 (1) 일부 고사리류에서 볼 수 있는 것과 같이 포자낭들이 서로 밀착된 복합포자낭; (2) 태아 또는 양서류의 심장에서 가장 앞쪽에 있고 이를 통하여 혈액이 심실에서 나오는 부분; (3) 동맥들이 생기는 동맥간(arterial trunk).

Synanthae ⇨ Cyclanthales.

synantherous 집약수술의 형 합쳐져서 통(tube)을 형성하는 수술을 가진.

synanthous 동화동엽(同花同葉)의, 이화유착(離花癒着)의 형 (1) 꽃들과 잎들이 동시에 나타나는; (2) 국화과 식물에서 볼 수 있는 것과 같이 서로 합쳐진 꽃들을 가진.

synanthropic 인가(人家)의 형 사람과 사람의 주거지에 관련된.

synanthy 합착화(合着花) 명 정상적으로 떨어져 있는 꽃들이 합쳐진 것.

synapomorphy 공동파생형질 명 분지계통학에서, 둘 또는 그 이상의 분류군에서 공통적이고 그들의 가장 최근의 공통조상으로부터 유래된 것으로 여겨지는 상동형질을 가리키는 말. 형 **synapomorphous**. 비 apomorphous.

synaporium 저항집단 명 불리한 환경조

건이나 질병으로 인해 형성된 동물의 집단.

synaposematic 공동경고색의 형 공동의 경고색을 가진, 방어의 수단으로 보다 강력하거나 위험한 종을 흉내 내는 의태(mimicry)에 적용되는 말.

synapse (1) 명 **시냅스, 연접(連接)** 어느 신경세포와 다른 신경세포 간에서 또는 신경세포와 표적세포(예: 근육) 간에서 신호가 전달되는 부위. 화학시냅스(chemical synapse)와 전기시냅스(electrical synapse)의 두 가지가 있다. 시냅스는 일반적으로 정보를 전달하는 세포의 축삭말단(axon terminal)과 정보를 받는 세포의 수상돌기(dendrite) 사이를 말하지만, 다른 뉴런의 축삭에 있는 축삭말단으로 구성되기도 한다. 화학시냅스에서 신호는 뉴런과 표적세포 간의 좁은 틈에서 시냅스전 세포(presynaptic cell)로부터 방출되는 신경전달물질에 의해 전달된다. 이들 신경전달물질은 시냅스후 세포(postsynaptic cell)를 자극하거나 억제한다. 전기시냅스는 두 뉴런 간의 간극연접에서 형성되며, 이를 통해 한 세포에서 다른 세포로 전류가 직접 흐를 수 있다; (2) 동 **연접(連接)하다** 서로 접촉하는, 신경말단이나 감수분열 중의 상동염색체에 적용되는 말.

synapsid 양와머리뼈의 형 양옆의 복부에 하나의 측두창(temporal fenestra)이 있는 머리뼈를 가진.

Synapsida, synapsids 단궁아강, 단궁류(單弓類) 명, 명복 석탄기부터 트라이아스기까지 살았던 파충류의 아강. 포유류형 파충류(mammal-like reptiles)로, 양와머리뼈(synapsid skull)를 가졌다. 이들 가운데 일부에서 포유동물이 진화하였으며, 반용류(pelycosaurs)와 수궁류(therapsids)가 포함된다.

synapsis 접합, 시냅시스 명 감수분열의 초기에 두 상동염색체들이 접합하여 2가 염색체(bivalent)를 이루는 것.

synaptic 시냅스의 형 시냅스(synapse)와 관련되거나 시냅스에서 나타나는.

synaptic bouton ⇨ bouton.

synaptic cleft 시냅스틈 신경조직의 화학시냅스에서 또는 신경근접합부(neuromuscular junction)에서 마주하는 두 세포막 사이의 액체로 채워진 좁은 틈.

synaptic potential 시냅스전위 단일한 시냅스에서 신경전달물질의 작용에 의해 시냅스후 막(postsynaptic membrane)의 내외에서 생기는 전기전위의 차이. 개개의 시냅스전위는 전달 받는 뉴런에 의해 합쳐져서 총시냅스후 전위(grand postsynaptic potential)를 이룬다. 시냅스전위는 억제성(inhibitory)이거나 흥분성(excitatory)이다.

synaptic vesicles 시냅스소포 축삭말단의 끝에 있는 세포질에 밀집해 있고 그 내용물을 시냅스틈으로 방출하는, 신경전달물질이 들어 있는 소포. ≒ presynaptic vesicles.

synaptogenesis 시냅스형성 명 축삭말단과 수상돌기가 서로를 향하여 자라면서 시냅스가 형성되는 것.

synaptonemal complex 접합복합체 감수분열에서 짝을 이룬 2개의 상동염색체를 연결하는, 단백질로 된 사다리 모양의 구조. 전자현미경으로 관찰할 수 있다.

synaptosomes 시냅토솜 명복 뇌의 조직을 균질화(homogenization)하였을 때 형성되는, 신경종말과 시냅스후 막이 떨어져 나와 막으로 둘러싸인 구조.

synaptospermous 형 어버이식물 가까이에서 발아하는 종자를 가진.

synaptospore 명 무리를 이루는 포자.

synarthrosis 부동관절(不動關節), 부동결

S

합(不動結合) 명 두 뼈의 표면이 거의 직접 맞닿아 있고 결합조직이나 유리질연골로 서로 붙어 있어서 운동성이 없는 관절.

syncarp **다화과(多花果)** 명 심피가 융합하여 생긴 집합과(aggregate fruit).

syncarpy **융합심피(融合心皮)** 명 심피들이 융합하여 복합암술군을 이루는 상태. 형 **syncarpous**.

syncerebrum **결합뇌(結合腦)** 명 일부 절지동물에서, 하나 또는 몇 개의 배신경절과 뇌가 결합하여 생긴 2차적인 뇌.

synchondrosis **연골결합** 명 연결하는 매질이 연골인 경우의 부동관절(synarthrosis).

synchorology **군집분포(학)** 명 (1) 식물군집과 동물군집의 분포를 연구하는 학문; (2) 군집의 지리적 분포.

synchronizer **동조인자(同調因子)** 명 내인성 하루주기리듬(endogenous circadian rhythm)과 상호작용하여 자유리듬(free-running)이 아니라 정확하게 24시간의 주기로 동시에 발생하도록, 즉 동조하게끔 유발하는 일부 환경요인들(예: 빛 또는 온도). ≒ zeitgeber.

syncladous 형 촘촘하게 난 작은가지를 가진, 일부 이끼류에 적용되는 말.

synconium, synconous **무화과, 은화과** ⇨ syconium.

syncraniate 형 머리뼈와 융합된 척추요소를 지닌.

syncranterian 형 계속 이어지는 치아를 가진.

syncryptic 형 같은 환경에 대해 공통적으로 방어적인 유사성을 지니고 있어서 서로 관련이 없으면서도 비슷하게 보이는 동물에 적용되는 말.

syncytial blastoderm **합포성 배반엽** 곤충의 배아에서 개개의 세포가 형성되기 전의 다핵성 배반엽.

syncytium **다핵질(多核質), 합포체(合胞體)** 명 별개의 세포들로 나뉘지 않은 원형질의 다핵 덩어리. 형 **syncytial**. 비 coenocyte.

syndactylism, syndactyly **합지증(合指症), 결합지(結合趾)** 명 둘 또는 그 이상의 손발가락이 모두 또는 부분적으로 합쳐진 것. 형 **syndactyl**.

syndesmology **인대학(靭帶學)** 명 인대와 관절을 연구하는 해부학(anatomy)의 한 분야.

syndesmosis **인대결합** 명 인대에 의해 연결된 뼈의 표면을 가진 약간 움직일 수 있는 관절.

syndetochelic **동일기원의** 형 부세포(subsidiary cell)가 공변모세포(guard mother cell)와 동일한 세포에서 유래되는, 겉씨식물에서 볼 수 있는 기공의 한 종류(동일기원기공)에 적용되는 말.

syndrome **증후군(症候群)** 명 몇 가지 징후가 수반되는 어떤 일정한 병적 상태.

synecology **군집생태학(群集生態學)** 명 식물이나 동물의 군집을 연구하는 생태학. 비 autecology.

synema **분생자자루다발** ⇨ synnema.

synencephalon **두부결합체(頭部結合體)** 명 배아의 뇌에서 간뇌(diencephalon)와 중뇌(mesencephalon)의 사이에 있는 부분.

synenchyma **시넨키마** 명 곰팡이에서 측면으로 연결된 균사들로 구성된 조직.

syneresis **이수(離水), 겔수축** 명 (1) 겔이 수축되면서 수분이 분리되어 나오는 현상; (2) 응고된 혈액이 수축되면서 혈청이 분리되어 나오는 것.

synergic, synergistic **상승(相乘)의** 형 함께 작용하여 두 작용인자가 따로따로 작용하는 효과의 합보다 종종 더 큰 효과를 낳는. 명 **synergism**.

synergid 조세포(助細胞) 명 밑씨의 주공 쪽에서 알세포의 양쪽에 하나씩 있는 세포벽이 없는 세포.

synesthesis 공감각 ⇨ synaesthesia.

syngameon 명 자연에서 빈번하거나 우발적인 잡종형성에 의해 서로 관련된 종이나 반종(semispecies)들의 무리.

syngamy 배우자합체(配偶子合體) 명 두 배우자에 들어 있는 세포질과 핵이 완전히 융합하여 접합자를 형성하는 것. ≒ fertilization.

syngeneic 동유전자형 형 유전적으로 동일한.

syngenetic 동계(同系)의 형 공통조상에서 유래된.

syngraft 유전적 동종이식 ⇨ homograft.

syngynous ⇨ epigynous.

synkaryon 합핵(合核), 융합핵(融合核) 명 배우자의 핵들이 융합하여 생긴 접합자의 핵.

synkaryotic 합핵의 형 2배체의, 핵에 적용되는 말.

synnema 분생자자루다발, 수술다발 명 (1) 일부 곰팡이에서, 자루들이 서로 결합한 분생자자루(conidiophore)의 다발; (2) 어떤 꽃에서, 수술대들이 결합한 수술들의 다발. 복 **synnemata**.

synochreate, synocreate 형 턱잎(stipule)이 융합하여 껍질(초)에 있는 줄기를 감싸는.

synoecious 암수한그루의 형 장정기(antheridium)와 장란기(archegonium)가 같은 생식기탁에 있거나, 수술과 암술이 같은 꽃에 있거나, 또는 수꽃과 암꽃이 같은 두상꽃차례(capitulum)에 있는.

synonym 동의코돈, 동종이명(同種異名) 명 (1) 분자생물학에서, 같은 아미노산을 지정하는 둘 또는 그 이상의 코돈들; (2) 분류에서, 동일 분류군에 주어진 다른 라틴명.

synonymous 동의(同義)의 형 같은 아미노산을 암호화하는 코돈(동의코돈)에 적용되고, 어느 코돈이 같은 아미노산을 지정하는 다른 코돈으로 바뀐 돌연변이인 치환(동의치환)에 적용되는 말.

synosteosis, synostosis 뼈붙음, 골유합(骨癒合) 명 긴뼈(장골)의 뼈대(diaphysis)와 뼈끝(epiphysis)에서 볼 수 있는 것과 같이, 같은 뼈의 둘 또는 그 이상의 중심으로부터 골화(ossification)되는 것.

synotic tectum 합이개(合耳蓋) 고등척추동물에서, 안포(optic capsule) 사이에 있는 연골질의 활(arch). 하등척추동물에서 머리뼈에 있는 연골질의 지붕(roof) 또는 피개(tegmentum)에 해당한다.

synovia 윤활액(潤滑液), 활액 명 관절강(joint cavity)의 내벽을 이루는 세포들에서 분비되는 점액다당류와 점액단백질. 관절의 윤활유 구실을 한다.

synovial cell 윤활세포, 활막세포(滑膜細胞) 관절강(joint cavity)의 내벽을 이루는 상피세포. 히알루론산(hyaluronic acid)을 분비한다.

synovial fluid 윤활액(潤滑液), 활액 관절강에 들어 있는 액체. 윤활세포에서 분비되고 관절의 윤활유 구실을 한다.

synovial membrane 윤활막(潤滑膜), 활막 움직일 수 있는 관절 주위에 있는 관절주머니의 내부 층. 결합조직으로 구성되고, 관절의 윤활유 구실을 하는 물질을 분비한다.

synoviparous 윤활액생산의 형 윤활액(synovia)을 분비하는.

synpelmous 형 분리된 손발가락으로 가기 전에 유합된 두 개의 힘줄을 가진.

synpolydesmic 형 가장자리가 부가되면서 자라는 비늘에 적용되는 말.

synsacrum 복합천골(複合薦骨) 명 새의

요대(골반띠)를 지지하는 척추뼈의 유합된 덩어리.

synsepalous 합판꽃받침의 형 서로 붙어 있는 꽃받침조각들로 구성되는 꽃받침(calyx)을 가진. 명 **synsepaly**.

synspermous 종자합체의 형 서로 합쳐진 종자를 가진.

synsporous 형 조류(algae)에서 볼 수 있는 것과 같이 세포의 접합(conjugation)에 의해 번식하는.

syntagma 합체절 ⇨ tagma.

syntelome 신텔롬 명 복합텔롬(compound telome).

syntenic 연관가능의 형 (1) 동일한 염색체에 놓인 유전자자리에 적용되는 말; (2) 서로 다른 종의 염색체 상에서 같은 순서의 유전자자리의 차단에 적용되는 말. 명 **synteny**.

syntenosis 힘줄경첩관절, 건성관절(腱性關節) 명 힘줄을 수단으로 하는 뼈들의 관절.

synthetase 합성효소 ⇨ ligase.

synthetic 합성의 형 생명체 내에서 합성되지 않고 화학합성에 의해 만들어진 분자(합성분자)에 적용되는 말.

synthetic biology 합성생물학(合成生物學) 새롭게 디자인된 기능을 갖도록 생물의 구성요소를 재설계하는 것.

synthetic lethal 합성치사(合成致死) 단독으로는 치사작용을 나타내지 않는 돌연변이의 두 가지를 조합하여 세포에서 치사작용이 나타나는 것.

synthetic theory of evolution 현대진화론 ⇨ neo-Darwinism.

syntopic 동서식지성(同棲息地性) 형 동일한 지리적 분포범위 내에 있는 동일한 서식지를 공유하는, 서로 다른 종들이나 동일한 종에서 표현형이 다른 변이형들에 적용되는 말.

syntrophy 영양공생(營養共生) 명 영양을 상호 의존하는 것. 세균의 어느 종이 다른 종과 공존해야만 자랄 수 있는 현상이다. 형 **syntrophic**.

syntropic 동향성(同向性)의 형 동일한 방향으로 몸을 돌리거나 배열된.

syntype 동가기준표본(同價基準標本) 명 정기준표본(holotype)과 종기준표본(paratype)을 선정하지 않고 종을 기재할 때 이용한 일련의 표본. ≒ cotype.

synusia 종사회(種社會), 계층군락(階層群落) 명 특정한 환경에서 살고 그 환경의 보다 큰 군집의 일부를 이루는, 비교적 균일한 조성을 가진 하나의 식물군집.

syringeal 울대의, 명관의 형 울대(syrinx)와 관련된 말.

syringes 'syrinx'의 복수형.

syringium 시린지움 명 일부 곤충에서 불쾌감을 주는 액체를 배출하는, 주사기처럼 생긴 기관.

syringograde 형 오징어나 살파(salpa)처럼 수관(siphon)을 통해 물의 흡입과 분출을 반복하면서 움직이는.

syringyl 시린길 시나필알코올(sinapyl alcohol). ⇨ lignin.

syrinx 울대, 명관(鳴管) 명 새에서 기관(windpipe)과 기관지(bronchi)의 분기부에 있는 발음기관. 각 기관지의 벽에 있는 얇은 막(고상막, tympaniform membrane)의 두 부분으로 구성된다. 이 막이 안쪽으로 밀려들어가 기관지를 부분적으로 막을 때 소리가 난다. 허파에서 밀려나오는 공기가 막을 진동시키고 발음한다. 복 **syringes**, **syrinxes**.

systaltic 수축의, 수축이완교대성의 형 (1) 수축성의(contractile); (2) 수축과 이완을 교대하는.

systematics 계통분류학(系統分類學) 명 생물의 동정과 분류 그리고 명명을 다루는 학문. 생물의 자연적 유연관계(natural relationship)와 관련하여 생물을 분류하고 변이를 연구하고 분류군들의 진화를 연구한다.

systemic 전신(全身)의, 온몸의 형 몸 전체에 걸친, 온몸과 관련된.

systemic anaphylaxis 전신과민증(全身過敏症), 전신아나필락시스 치명적일 수 있는 급속과민반응(immediate hypersensitivity)의 일종. 혈류의 항원이 비만세포(mast cell)를 자극하여 염증반응을 일으키고 혈관의 확장과 조직의 종창(swelling)을 유발한다.

systemic arteries 전신동맥 파충류에서 허파 쪽과 반대 방향의 몸에 혈액을 나르는, 심장으로부터 대동맥으로 이르는 동맥들.

systemic autoimmunity 전신자가면역 특정한 기관이나 부위에 국한되지 않고 보편적인 세포구성요소들이 연루되는 자가면역반응.

systemic circulation 체순환(體循環), 온몸순환 척추동물에서, 폐순환(pulmonary circulation)과 대조적으로 심실로부터 온몸을 거쳐 심방으로 돌아오는 혈액의 순환.

systemic heart 체심장(體心臟) 무척추동물의 심장, 그리고 고등척추동물의 좌심방과 좌심실.

systemic lupus erythematosus (SLE) 전신홍반성낭창, 루푸스 핵산을 향한 항체가 연루되는 자가면역질환.

systems biology 시스템생물학 세포 등에서 일어나는 생물학적 과정을 상호작용하는 요소들이 동적 네트워크를 이루는 통합된 체계로 연구하는 생물학의 한 분야. '생물정보의 신택스(syntax)를 탐색하는 것'이라고 정의되기도 한다.

systole 수축(收縮) 명 (1) 혈액의 순환을 일으키는 심장의 수축; (2) 수축성 강(공간)의 수축.

systrophe 시스트로프 명 엽록체에서 빛을 받아 녹말립이 집합하는 현상.

systylous 형 (1) 서로 밀착된 암술대를 가진; (2) 이끼류에서 볼 수 있는 것과 같이 삭축(columella)의 덮개가 고정된.

syzygium 연접자(連接子) 명 결합한 족포자충류(gregarines)의 무리.

syzygy 연접(連接) 명 (1) 바다나리류(crinoids)에서 볼 수 있는 것과 같이 두 개의 인접한 팔이 접착하는 현상; (2) 족포자충류에서 실 모양의 구조로 붙어 있는 2~5개의 개체들; (3) 감수분열에서 염색체절편들이 재결합하는 것.

T

***θ*-** *접두사 'θ-'가 포함되는 표제어는 'theta-' 또는 해당 표제어를 참조하시오.*

T (1) 트레오닌(threonine); (2) 티민(thymine).

T_m 2중가닥DNA의 50%가 외가닥으로 분리되는 온도인 녹는 온도(melting temperature). 녹는 온도는 염기조성에 따라 여러 다른 DNA에서 달라진다.

tables 골판(骨板) 명복 특히 머리뼈에서 편평한 치밀뼈(compact bone)들의 외층과 내층.

tabula 상판(床板) 명 수평의 층.

tabular 판상(板狀) 형 (1) 편평한 표면 위에 배열된; (2) 어떤 세포들과 같이 평평한.

tabulare 상판골(床板骨) 명 일부 척추동물에서 마루뼈(두정골)의 뒤쪽에 있는 머리뼈.

Tabulata 상판산호류(床板珊瑚類) 명 상판이 잘 발달된 군체성 돌산호류의 멸종된 무리. ≒ **tabulate corals**.

tabulate (1) 형 **판상(板狀)의** 수평의 층들로 구성된; (2) 동 **표로 만들다** 체계적으로 목록을 작성하거나 표(table)의 형태로 자료를 배열하다.

tachyblastic 형 산란 후에 즉시 분열하는, 신속하게 부화하는 알에 적용되는 말.

tachycardia 빠른맥, 빈맥(頻脈) 명 분당 100회 이상의 과도한 심장박동수.

tachygenesis 급속발생 명 어떤 갑각류에서 일부 배발생단계가 생략되거나, 어떤 곤충에서 약충단계가 빠지거나, 또는 일부 양서류에서 올챙이시기가 생략되면서 발생하는 것.

tachykinins 타키키닌 명복 P물질(substance P)을 포함하는 신경활성펩티드(neuroactive peptide)의 무리.

tachytelic 고속진화의 형 정상적인 속도보다 빠르게 진화하는.

tachyzoite 빠른분열소체 명 톡소플라스마(*Toxoplasma*) 감염의 급성기에서 빠르게 발생하는 분열소체(merozoite)의 시기.

tacrolimus 타크로리무스 명 면역억제제. ≒ FK506.

tactic 주성의 형 주성(taxis)과 관련된 말.

tactile 촉각의 형 촉각을 일으키는 구실을 하는, 감각털, 감각세포 등에 적용되는 말.

tactor 촉각기(觸覺器) 명 (1) 촉각수용기(touch receptor); (2) 접촉을 감지하는 감각수용기를 통틀어 이르는 말.

tactual 촉각의 형 촉각과 관련된 말.

taenia 띠 명 신경이나 근육에서 볼 수 있는 띠(band).

taeniate 띠모양의 형 리본처럼 생긴.

taenioid 띠모양의 형 촌충류와 같이 리본처럼 생긴.

TAF ⇨ tumour angiogenesis factors.

tagma 합체절(合體節) 명 곤충의 머리와 같이, 거의 비슷한 다수의 체절로 나누어진 동물의 몸에서 체절(metamere)들이 융합하여 생긴 부위. 복 **tagmata**.

tagmatism, tagmosis **합체절형성(合體節形成)** 명 절지동물에서 볼 수 있는 것과 같이 몸에서 체절군들이 분화되어 여러 다른 기능적 부위들이 형성되는 것.

taiga **타이가, 북방침엽수림** 명 특히 시베리아에서 툰드라에 인접한 북방 침엽수림 지대.

tail fan **미선(尾扇)** 십각류(decapods)의 갑각류에서, 배다리(복각)와 꼬리마디(미절).

tali 'talus'의 복수형.

talin **탈린** 명 많은 동물세포에서 세포골격과 결합하는 단백질. 세포외 기질과 결합하는 세포표면분자들과 세포 내부의 세포골격 사이를 연결하는 역할을 한다.

tall-grass community **장초군집(長草群集)** 열대지방의 일부(장초형 사바나)와 온대지방(장초형 북아메리카대초원, 장초형 온대초원)에서 발달하는 초지의 일종. 2 m 이상의 벼과 초본들로 구성된다.

talocalcaneal **목말발꿈치의, 거종골(距踵骨)의** 형 목말뼈(talus)와 발꿈치뼈(calcaneus)에 관련된, 관절과 인대 등에 적용되는 말.

talocrural **발목다리의** 형 (1) 발목(ankle)과 다리(shank)의 뼈들과 관련된 말; (2) 관절(발목관절)에 적용되는 말.

talon **칼날어금니** 명 어금니의 뒤쪽 끝부분.

talonid **하악치거의** 형 포유동물 짐승류(therians)에서 아래어금니의 뒤쪽 끝부분에 있는 우묵한 곳과 교두에 적용되는 말.

taloscaphoid **목말손배의** 형 목말뼈(talus)와 손배뼈(scaphoid)에 관련된 말.

talus **목말뼈, 거골(距骨)** 명 (1) 사람에서 두 번째로 큰 발목뼈; (2) 척추동물의 발목뼈. 복 **tali**.

Tamaricales **위성류목(渭城柳目)** 명 작은 비늘 같은 잎이나 헤더(heather) 같은 잎을 지닌 교목, 관목 또는 드물게 초본인 쌍떡잎식물의 목. 관봉옥과(Fouquieriaceae), 프란케니아과(Frankeniaceae) 및 위성류과(Tamaricaceae)로 이뤄진다.

tandem mass spectrometry (MS/MS) ⇨ mass spectrometry.

tandem repeat(s) **직렬반복** 유전자나 그 밖의 뉴클레오티드 순서들의 둘 또는 그 이상의 인접한 복사본들이 모두 같은 방향으로 배열된 것. 비 inverted repeats.

tangential **접선면의** 형 원통형의 구조에서 반지름에 대해 직각을 이루는, 줄기 따위의 단면에 적용되는 말.

tannase **타닌분해효소** 명 타닌디갈레이트(tannin digallate)를 갈레이트(gallate)로 가수분해하는 효소. 다른 타닌류에 있는 어떤 에스테르결합을 가수분해시키기도 한다. EC 3.1.1.20.

tannins **타닌** 명복 다양한 나무의 나무껍질에 들어 있는 복잡한 조성의 방향족 화합물. 이 가운데 일부는 글루코시드(glucoside)이다. 타닌은 곤충이나 곰팡이의 공격으로부터 방어하는 구실을 하거나 색소의 형성에 관여한다. 무두질(tanning)과 염색(dyeing)에 이용된다.

tanyblastic 형 긴 배대(germ band)를 가진.

TAP 항원처리수송단백질(transporter associated with antigen processing). 세포질에서 소포체로 펩티드를 수송하는 막수송단백질(TAP-1과 TAP-2)이다.

tapetum **반사조직, 뇌실벽판, 융단조직** 명 (1) [동] 반사조직(tapetum lucidum); (2) 뇌의 뇌들보(corpus callosum)에 있는 섬유들의 주체; (3) [식] 포자낭의 포자형성 조직을 감싸는 특수한 영양조직; (4) 꽃밥에서 강(공간)의 내벽을 형성하고 꽃가루립이 성숙해지면 흡수되는 세포층.

tapeworms 촌충류, 조충류 촌충강(Cestoda)의 일반적인 명칭.

taphonomy 사체변화학, 화석생성론 명 생물의 유해가 매몰된 이후 화석으로 생성되는 과정을 연구하는 학문.

taphrophyte 도랑식물 명 도랑(ditch)에서 사는 식물.

taproot 원뿌리, 주근(主根) 명 겉씨식물과 속씨식물의 배에 있는 배뿌리(radicle)로부터 형성되는 길고 똑바른 주된 뿌리. 당근과 순무 등의 식물에서는 뿌리가 부풀어져 양분을 저장하는 기관이 만들어진다.

taraxanthin 타라크산틴 명 홍조류에 들어 있는 엽황소(xanthophyll) 카로티노이드색소.

Tardigrada 완보동물문, tardigrades 완보동물(緩步動物) 명, 명복 (1) 물곰벌레류(water bears)라고 흔히 부르는 작은 동물의 문. 절지동물과 유사한 일부 특징을 갖고, 때로는 거미강(Arachnida)에 포함시키기도 한다; (2) 나무늘보를 포함하는 빈치목(Edentata)의 하목(infraorder).

target organ 표적기관 호르몬이나 신경의 작용을 받는 기관.

tarsal (1) 형 **발목의, 눈꺼풀판의** 발과 눈꺼풀에서 'tarsus'와 관련된 말; (2) 명 **발목뼈** 발목의 뼈. 복 **tarsalia**.

tarsal glands 눈꺼풀판샘, 안검판(眼瞼板)샘 눈꺼풀에서 자유모서리(free margin)로 통하는 관인 변형된 피지샘(sebaceous gland). ≒ Meibomian glands.

tarsi 눈꺼풀판, 안검판(眼瞼板) (1) 'tarsus'의 복수형; (2) 눈꺼풀을 떠받치는 치밀한 결합조직으로 된 두 장의 긴 판.

tarsomeres 부소절(跗小節) 명복 거미류에서 발목마디(dactylopodite)의 두 부분인 제1발목마디(basitarsus)와 끝발목마디(telotarsus).

tarsometatarsal 발목발허리의 형 발목뼈와 발허리뼈(metatarsus)의 관절(발목발허리관절)에 적용되는 말.

tarsometatarsus 부척골(跗蹠骨) 명 새의 다리에 있는 짧고 곧은 뼈. 부골(tarsal)의 먼 쪽 뼈들과 둘째에서 다섯째까지의 척골(metatarsal)이 융합하여 형성된다.

tarsophalangeal 발목발가락의 형 발목뼈와 발가락뼈(phalanges)에 관련된 말.

tarsus 발목뼈, 발목마디, 눈꺼풀판 명 (1) 발목뼈; (2) 곤충의 다리에서 종아리다리(tibia) 너머에 발톱과 발톱사이반(pulvillus)이 달리는 끝 마디; (3) 눈꺼풀에 있는 섬유성 결합조직의 판. 복 **tarsi**.

tartareous 거친표면의 형 고르지 않고 부슬부슬 부스러지는 표면을 가진.

tartaric acid 타르타르산 포도에 신맛을 내는 유기산.

tassel 수꽃대 명 옥수수 수꽃들의 꽃차례.

tassel-finned fishes 총기류(總鰭類) 총기류(crossopterygians)의 일반적인 명칭.

taste bud 맛봉오리, 미뢰(味蕾) 작은 플라스크처럼 생긴 세포들의 무리로 구성된 감각기관. 주로 혀의 위쪽 표면에 있고, 이를 통해 단맛, 신맛, 쓴맛과 짠맛의 감각을 감지한다.

taste pore 맛구멍, 미공(味孔) 맛봉오리의 감각세포의 끝에 있는 털로 이어지는 상피의 구멍.

TATA box 타타상자 많은 진핵세포의 유전자에서 전사기점의 앞에 있는 보존염기순서. 전사를 개시하는 데 필요한 전사인자 단백질과 RNA중합효소의 복합체를 형성하는 데 관여한다. ≒ Hogness box.

TATA box binding factor 타타상자결합인자, TATA box binding protein 타타상자결합단백질 많은 진핵세포의 유전자

에서 프로모터(촉진유전자)의 타타상자와 결합하는 전사인자 TFIID소단위. 여기에서 전사개시복합체가 형성된다.

T

tau 타우 명 정상적인 세포에서 미세소관과 결합하는 단백질. 알츠하이머병(Alzheimer's disease)에 걸린 환자의 뇌에 있는 뉴런의 비정상적인 나선형 필라멘트에서도 발견된다.

taurine 타우린 명 일부 무척추동물의 신경계에서 신경전달물질의 기능을 하는, 술폰산(sulphonic acid)을 함유하는 아미노산.

taurocholic acid 타우로콜산 타우린과 콜산(cholic acid)으로 가수분해되는 담즙산.

tautomerism 호변이성(互變異性), 토토메리현상 명 2종의 이성질체(**토토머, tautomer**)가 서로 변환할 수 있고 서로 평형을 이루는 이성질현상(isomerism)의 일종[예: $H-O-C(CH_3)=CH-CO_2Et$ (엔올형) ↔ $(CH_3)C(=O)-CH_2-CO_2Et$ (케토형)]. 형 **tautomeric**.

tautonym 반복명(反復名) 명 속(genus)과 그 종이나 아종에 붙여진 동일한 명칭.

taxa 'taxon'의 복수형.

Taxales 주목목(朱木目) 명 상록의 관목이나 작은 교목인 겉씨식물의 목. 주목과(Taxaceae)의 주목처럼, 바늘 모양의 잎을 갖고 1개씩 맺히는 씨는 육질의 가종피(aril)로 덮여 있다.

taxes 'taxis'의 복수형.

taxis 주성(走性) 명 (1) 세균이나 원생동물처럼 자유로이 움직이는 세포 또는 생물의 부분이 빛(주광성) 또는 화학물질(주화성)의 자극원을 향하거나(양성주성) 반대방향으로(음성주성) 움직이는 것; (2) 방향성 자극과 관련하여 방향을 잡는 행동. 형 **tactic**. 복 **taxes**.

taxol 택솔 명 주목나무에서 추출하는 항암물질. 미세소관과 결합하여 정상적인 생장과 분리를 방해함으로써 세포분열을 억제한다.

taxon 분류군(分類群) 명 특정한 종, 속, 과와 같은 특정 분류군(taxonomic group)에 속하는 종류들. 복 **taxa**.

taxonometrics 정량분류학 ⇨ numerical taxonomy.

taxonomic category 분류범주 문, 강, 목, 과, 속 또는 종과 같이 생물의 분류에 이용되는 범주.

taxonomy 분류학(分類學) 명 분류(classification)를 목적으로 생물의 특징을 분석하는 것. ⇨ systematics.

taxospecies, taxonomic species 분류종(分類種) 오직 형태적 특징의 유사성에 따라 정의된 종. 반드시 생물학적 종(biological species)과 일치하는 것은 아니다.

taxy ⇨ taxis.

Tay-Sachs disease 테이-삭스병 시력상실, 발작 그리고 정신 및 신경 쇠약을 일으키는 유전적 대사이상. 동형접합체의 경우 초기 아동기에 죽음을 초래한다. 이 병은 헥소사미니다제A(hexosaminidase A) 유전자의 열성 유전형질 때문에 발생하는데, 동형접합체에서 강글리오시드 GM_2가 중추신경계에 비정상적으로 축적된다.

TBF, TBP ⇨ TATA box binding factor, TATA box binding protein.

TBSV 토마토덤불생장위축바이러스(tomato bushy stunt virus).

TC_{50} 50%의 조직배양이 감염되고 변성이 나타나는 바이러스 감염력의 정도.

TCA cycle 트리카르복시산회로(tricarboxylic acid cycle).

T cell T세포 (1) [면] T림프구(T lymphocyte). ⇨ CD4 T cells, CD8 T cells, effector T cell, memory cells, regulatory T cell, Th1 cell, Th2 cell, Th17 cell; (2) [동] 거머리 체절의 신경절에서 접촉에 반응하는 감각세포.

T-cell co-receptor ⇨ CD4, CD8.

T-cell help T세포도움 활성화 도움T세포(helper T cell)에 의해 B세포에서 항체의 생산이 촉진되는 것.

T-cell receptor (TCR) T세포수용체 T림프구(T lymphocyte)에 있는 항원수용체. T림프구의 표면에 있는 몹시 변이가 심한 항원특이적 이형2합체당단백질이며, 다른 세포의 표면에 있는 MHC분자와 결합한 펩티드의 형태로 항원을 인식하고 결합한다. 항체와 마찬가지로 수용체는 항원특이적 가변부와 불변부로 구성된다. 미접촉T림프구에 있는 T세포수용체가 항원과 결합하여 활성화되면 T세포를 활성화시키고 작동T세포(effector T cell)로 분화한다. 작동T세포는 표적세포에 있는 항원을 인식하고 다양한 기능을 활발하게 수행한다. 포유동물에서 T세포수용체는 αβ T세포수용체와 γδ T세포수용체의 두 가지로 구분된다. αβ T세포는 α사슬과 β사슬로 구성되고, γδ T세포는 γ사슬과 δ사슬로 이뤄진다. 항체유전자와 마찬가지로 T세포수용체유전자는 발현되기 전에 재배열된다. ⇨ B lymphocyte, CD4 T cells, CD8 T cells, cytotoxic T lymphocyte, effector T cell, helper T cells, immune response, memory cell, regulatory T cell, Th1 cell, Th2 cell, Th17 cell.

TDN ⇨ total digestible nutrients.

T-DNA 아그로박테리움(*Agrobacterium*)의 Ti플라스미드에서 숙주식물세포의 유전체에 도입되는 부분.

TDP ⇨ thiamine diphosphate.

TDP, dTDP ⇨ thymidine diphosphate.

TdT ⇨ terminal deoxynucleotidyltransferase.

TEA ⇨ tetraethylammonium.

tear pit 눈물구멍 ⇨ dacryocyst.

tectal 덮개의 형 덮개(tectum)와 관련된 말.

tectorial membrane 덮개막, 개막(蓋膜) 털세포의 위에서 달팽이관의 길이 방향으로 뻗어 있는 선반 모양의 조직. 털세포의 부동섬모(stereocilium)들이 파묻혀 있다. 소리에 의해 속귀의 액체가 진동하면 덮개막이 움직여서 털세포를 자극하고, 이 신호가 청신경으로 전달된다.

tectorium 덮개막, 덮깃 명 (1) 덮개막(tectorial membrane); (2) 새의 덮깃(coverts).

tectospondylic 형 일부 판새어류(elasmobranchs)에서 볼 수 있는 것과 같이 석회화된 몇몇의 동심원 고리가 있는 척추뼈를 가진.

tectostracum 명 진드기류와 응애류의 외골격을 덮는 얇은 납질의 외피.

tectrices 덮깃 명복 새의 날개깃(remiges)을 덮는 작은 깃털. ≒ wing coverts.

tectum 덮개, 개(蓋) 명 (1) 양서류와 새의 뇌에서 시신경들이 들어가는 구조; (2) 뇌에서 중뇌의 지붕을 이루는 4구체(corpora quadrigemina)와 같이 지붕처럼 생긴 구조.

teeth 이, 치아(齒牙) 명복 (1) 포유동물의 턱에서 돌출한 단단한 골질 구조물. 각각의 치아는 신경과 혈관이 분포하는 중심부의 부드러운 조직인 치아속질(pulp)을 상아질(dentine)의 층이 둘러싸고 있고, 그 외부를 에나멜(enamel)의 층이 덮고 있다. 영구치는 일반적으로 어금니, 앞어금니, 송곳니 그리고 앞니로 이뤄진다; (2) 파충류와 어류의 턱이나 목구멍에 있는 이와 비슷한 구조; (3) 무척추동물에서, 먹이를 긁어대거나 붙잡거나 또는 잘게 가는 데 이용되는 이와 비슷하게 생긴 구조들. 일반적으로 이들 구조는 키틴이나 케라틴으로 구성된다; (4) [식] 잎이나 꽃잎 또는 꽃받침의 가장자리에 있는 뾰족한 돌출물.

tegmen **내종피(內種皮), 두텁날개** 명 (1) [식] 주피(integument) 또는 안쪽의 씨껍질; (2) [동] 메뚜기류, 대벌레류 및 바퀴류의 얇고 단단한 앞날개. 복 **tegmina**.

tegmentum **덮개, 인편(鱗片), 피개(被蓋)** 명 (1) ⇨ tegmen; (2) [식] 싹을 보호하는 비늘; (3) [신] 대뇌다리(cerebral peduncles)의 등 쪽 부분. 명 **tegmenta**.

tegula **어깨판** 명 타일(tile)처럼 생긴 구조.

tegument **외피(外皮), 피포(被包)** 명 (1) 외피(integument); (2) 흡충류와 촌충류에 있는 표피의 일종.

teichoic acid **테이코산** 글리세롤 또는 리비톨의 중합체. *N*-아세틸글루코사민과 *N*-아세틸갈락토사민 그리고 알라닌도 들어 있으며, 그람양성균의 세포벽을 구성한다.

tela **조직** 명 (1) 거미줄 같은 조직; (2) 뇌에서 제3뇌실과 제4뇌실의 천장을 이루는 연막(pia mater)의 주름; (3) 곰팡이의 얽힌 섬유상 조직 또는 균사조직.

telarian **거미줄치는** 형 거미줄을 치는.

teleceptor **원격수용기** ⇨ distance receptor.

telegamic **원격성유인(遠隔性誘引)의** 형 멀리서 암컷을 유인하는, 나비류의 발향기관에 적용되는 말.

telencephalon **종뇌(終腦), 단뇌(端腦)** 명 대뇌반구, 측뇌실, 시상하부의 시각부분 그리고 제3뇌실의 앞부분을 포함하는 전뇌의 앞쪽 부분. 형 **telencephalic**.

teleodont **사슴벌레형의** 형 아래턱이 크게 발달하는 사슴벌레의 유형에 적용되는 말.

teleology **목적론(目的論)** 명 진화적 발생은 그 기능에 대한 목적과 설계에 의한다는 타당하지 않은 견해. 형 **teleological**.

teleomorph **유성세대(有性世代)** 명 곰팡이의 유성생식세대. 비 anamorph, holomorph.

teleonomy **목적론적 법칙** 명 생물에 어떤 구조나 과정이 존재한다면 그것은 반드시 진화적으로 이점을 제공했다는 생각. 형 **teleonomic**.

teleoptile **완우(完羽)** 명 다 자란 새의 최종적인 깃털.

Teleostei, teleosts **진골어류(眞骨魚類)** 명, 명복 물고기 가운데 폐어류(lungfishes), 전골류(holosteans) 및 총기류(crossopterygians)를 제외한 최근의 모든 경골어류를 포함하는 무리. 표피로 덮인 얇은 골질비늘과 동형지느러미 그리고 부력을 조절하는 부레를 가지며, 숨구멍이 없고 창자에 나선판(spiral valve)이 없다.

telereceptor **원격수용기** ⇨ distance receptor.

telescopiform **신축자재의** 형 서로 끼워 넣을 수 있는 관절을 가진.

teleutosorus **겨울포자층** 명 녹병균에서, 발달하는 겨울포자(teleutospore)들의 무리가 숙주에서 작은 융기를 형성한 것. ≒ **telium**, **teliosorus**.

teleutospore **겨울포자** 명 녹병균과 깜부기병균의 두꺼운 벽을 가진 포자. 깜부기병균의 경우 '깜부기포자(smut spore)'라고도 한다.

teleutostage **겨울포자생성기** 명 녹병균의 생활주기에서 겨울포자가 만들어지는 시기. ≒ **telial stage**, **teliostage**.

telia 'telium'의 복수형.

telial **겨울포자(층)의** 형 겨울포자층(telium)과 관련되거나 그를 가진.

Teliomycetes **겨울포자균강** 명 녹병균

[녹병균목(Uredinales)]과 깜부기병균[깜부기병균목(Ustilaginales)]을 포함하는 이형담자균류(heterobasidiomycetes)의 무리.

telium 겨울포자층 명 녹병균에서 겨울포자를 생성하는 세포들의 무리. 복 **telia**.

telmophage 명 혈관의 열상(laceration)에 의해 고인 피를 빨아먹고 사는 곤충.

teloblasts 끝세포 명복 거머리류와 기타 환형동물의 배(embryo)에서, 체절의 구조들이 생기는 세포.

telocentric 말부동원체성 (1) 형 염색체의 끝에 동원체가 있는; (2) 명 말부동원체성 염색체.

telocoel 단뇌강(端腦腔) 명 뇌의 제1 및 제2뇌실.

telogen 털생장정지기 명 털의 생장 주기에 있어서의 휴지기.

teloglia 말단교세포 명복 신경근접합부(neuromuscular junction)에서 축삭말단의 주위에 있는 신경아교세포.

telokinesis 말단분열 명 (1) 말기(telophase); (2) 말기 후에 세포에서 딸핵들이 재구성되는 변화.

telolecithal 단황(端黃)의 형 양서류의 알에서 볼 수 있는 것과 같이 한쪽 극에 치우쳐 있는 난황을 가진.

telolemma 단피(端被) 명 신경근 방추체에서, 신경섬유말단이 들어 있는 피막.

telome 텔롬 명 (1) 관다발식물에서 꼭대기에 있건 아니건 상관없이, 포자낭이 달리는 끝가지와 여기에 분포하는 관다발 또는 식물체의 가장 단순한 부분을 가리키는 형태적 단위; (2) 화석으로 발견되는 잎이 없는 일부 원시관다발식물의 불임줄기와 임성줄기.

telomerase 말단소체복원효소 명 말단소체(telomere)를 복제하는 역할을 하는, RNA가 들어 있는 효소.

telomere 말단소체(末端小體), 말단부 명 진핵생물 염색체의 말단에서 고도로 반복적인 순서로 구성되는 DNA. 염색체의 끝을 봉해서(seal) 다른 염색체와 연결되지 않도록 막아주는 구실을 한다. 말단소체는 역반복DNA순서로 이뤄지고, 여기에 다양한 단백질들이 결합한다. 말단소체는 DNA가 복제할 때마다 짧아지고, 일부 세포에서는 말단소체복원효소(telomerase)에 의해 복원된다.

telophase 말기(末期) 명 유사분열과 감수분열에서 자매염색분체 또는 상동염색체(감수분열의 경우, 제1분열의 말기I)들이 양극에 도달하고 세포질분열이 일어나서 핵들이 다시 형성되는 시기.

teloplasm 말단질(末端質) 명 환형동물의 알에서 끝세포(teloblast)의 분화에 관여하는 세포질.

telopod 단각(端脚) 명 일부 다지류(노래기류)의 수컷에 있는 교미기관.

telotaxis 목표주성(目標走性) 명 동물과 자극원 간의 선을 따라 이동하는 것.

telson 꼬리마디, 미절(尾節) 명 (1) 갑각류와 투구게(*Limulus*)에서 쌍을 이루지 않는 맨 뒷부분의 복부체절; (2) 일부 곤충의 유충과 낫발이목(Protura)의 12번째 복부체절.

telum 텔룸 명 곤충의 마지막 복부체절.

TEM 투과전자현미경(transmission electron microscope).

Temnospondyli, temnospondyls 절추목, 절추류(切椎類) 명, 명복 석탄기에 나타난 멸종된 초기 양서류인 미치류(labyrinthodonts)의 목.

temnospondylous 절추(切椎)의 형 유합되지 않고 관절로 연결된 척추뼈를 가진. 명 **temnospondyly**.

temperate 잠재성, 온대의 형 (1) 자신의 DNA를 세균의 염색체와 통합시키고 용균작용을 일으키는 대신 여러 세대에 걸쳐 휴지상태를 유지할 수 있는 박테리오파지에 적용되는 말; (2) 길고 따뜻한 여름과 짧고 추운 겨울을 가진 온화한 기후에 적용되는 말.

temperate rain forest 온대우림 비가 많이 내리거나 해무(ocean fog)로부터 끊임없이 수분을 받는 일부 온대연안지대에서 발달하는 삼림의 일종. 북아메리카 서해안의 숲에서 볼 수 있다.

temperature coefficient (Q_{10}) 온도계수 온도가 10°C 차이가 날 때 나타나는 두 반응속도의 몫(quotient).

temperature-sensitive mutations 온도민감성 돌연변이 일정한 온도에서 유지된 세포나 생물에서만 효과가 나타나는 돌연변이. 이러한 돌연변이는 일반적으로 단백질산물의 아미노산순서에 작은 변화를 일으키는 돌연변이로, 어느 온도에서는 단백질의 기능에 영향을 미치지 않지만 다른 온도(보통 높은 온도)에서는 단백질의 정상적인 구조와 기능을 방해한다.

template 주형(鑄型), 틀 명 (1) 복사본을 만들 수 있는 청사진이나 본(pattern), 전사에서의 DNA의 역할과 번역에서의 RNA의 역할에 적용되는 말; (2) 동물의 행동발달에서, 특정 행동의 최종단계에 대한 가정적인 내부표현.

template strand 주형가닥 DNA2중가닥에서, DNA합성과 전사의 주형으로 작용하는 가닥.

temporal 시간적, 관자놀이의, 관자뼈의 형 (1) 시간과 관련된 말; (2) 관자놀이(temple) 부위의; (3) 포유동물 머리뼈의 옆면에서 바위부(petrosal)와 측두린부(squamosal)의 유합을 포함하여 형성된 복합적인 뼈에 적용되는 말.

temporalis 관자근, 측두근(側頭筋) 명 관자오목(측두와) 전체에서 시작되어 아래턱의 구상돌기(coronoid process)까지 뻗는 넓은 방사상 근육.

temporal isolation 일시적 격리 꽃가루가 떨어지고 짝짓기를 하는 등의 사건에서 시간의 차이로 말미암아 서로 다른 종들 간에 상호교배가 일어나지 않는 것.

temporal lobe 관자엽, 측두엽(側頭葉) 뇌에서, 대뇌반구의 옆쪽 고랑 아래에 있는 부분.

temporomalar 측두관골의 형 볼에 분포하는 위턱신경(maxillary nerve)의 가지에 적용되는 말.

temporomandibular 턱관절의, 측두하악의 형 (1) 턱들의 경첩인 관절(턱관절)에 적용되는 말; (2) 관자뼈의 광대돌기(zygomatic process)와 아래턱의 목 사이에 있는 인대에 적용되는 말.

tenacle, tenaculum 부착기, 유두돌기 명 (1) 조류의 부착기(holdfast); (2) 어떤 말미잘에서 모래알갱이에 들러붙도록 변형된 상피의 바깥층; (3) 톡토기목(Collembola)에서, 도약기(furcula)를 잡도록 변형된 제3복부체절의 쌍으로 된 부속지; (4) 진골어류에서, 안구로부터 머리뼈까지 뻗어 있는 섬유성 띠.

tendines 'tendo'의 복수형. ⇨ tendon.

tendinous 힘줄의, 건(腱)의 형 (1) 힘줄의 성질을 지닌; (2) 힘줄을 가진.

tendon 힘줄, 건(腱) 명 근육을 뼈와 같이 움직일 수 있는 구조에 연결시키는 백색의 섬유성 결합조직의 띠 또는 끈. ≒ **tendo**.

tendon cells 힘줄세포, 건세포(腱細胞) 아교질섬유의 다발 사이에 뻗어 있는 날개 같은 돌기를 가진 백색 결합조직의 섬유모세포(fibroblast).

tendon organ 힘줄기관 근육에 들어 있는 감각수용기의 일종. 힘줄과 근육의 연접 부근에 있으며, 인접한 근섬유의 수축에 민감하다. ≒ Golgi tendon organ.

tendon reflex 힘줄반사 힘줄을 두드리면 힘줄이 붙어 있는 근육이 수축하는 현상.

tendril 덩굴손 명 덩굴식물이 자신의 몸을 지탱하는, 특수하게 꼬여 있는 줄기, 잎, 잎자루 또는 꽃.

tendril fibres 덩굴손섬유 조롱박뉴런(푸르키네뉴런)의 수상돌기와 연결되는 가지를 가진 소뇌의 신경섬유.

tendrillar 덩굴손의 형 (1) 덩굴손처럼 작용하는; (2) 꼬여 있는.

teneral 미성숙의, 우화(羽化)의 형 (1) 성숙하지 않은; (2) 어떤 곤충의 약충에서 우화(emergence)하는 시기에 적용되는 말.

Tenericutes 테네리쿠테스문 명 일부 분류체계에서 원핵생물계의 주요 문 가운데 하나. 리케차, 마이코플라스마, 클라미디아 등과 같이 종종 세포벽이 없는 다양한 절대세포내기생원핵생물들이 포함된다.

tenia 'taenia'의 철자.

Tenon's capsule 태논낭 안구를 감싸는 섬유성 탄성조직의 막.

tenoreceptor 힘줄수용기 명 힘줄에서 수축에 반응하는 자기수용기(proprioceptor).

ten per cent law 10%법칙 먹이사슬에서 어느 영양단계의 에너지 가운데 90%는 호흡으로 소실되고 나머지 10%만이 다음의 영양단계로 변환된다고 일반화시킨 것.

tension wood 인장이상재(引張異常材) 거의 목질화되지 않고 많은 교질섬유를 갖는 쌍떡잎식물의 이상재(reaction wood). 굽어진 가지의 위쪽에서 형성된다.

tensor 장근(張筋)의 형 몸의 부분을 뻗는 근육에 적용되는 말.

tentacle 촉수(觸手), 촉모(觸毛) 명 (1) 많은 동물의 머리에 있는, 느끼거나 탐색하거나 붙잡거나 또는 부착하는 데 이용되는 가늘고 유연한 기관; (2) 끈끈이주걱과 같은 식충식물의 점착성 구조. ≒ tentacula.

tentacular 촉수의 형 (1) 촉수(tentacle)와 관련된 말; (2) 유즐동물(ctenophores)에서 정복관(perradial canal)으로부터 촉수의 기부 쪽으로 갈라진 수관에 적용되는 말.

tentaculiform 촉수모양의 형 모양이나 구조가 촉수와 비슷한.

tentaculocyst 촉수포(觸手胞) 명 어떤 강장동물 해파리류에서, 우산의 가장자리에 있는 변형된 곤봉 모양의 촉수로 구성된 감각기관. 하나 또는 몇 개의 평형석이 들어 있다.

tentaculozooids 유촉수개충(有觸手個蟲) 명 복 히드라충류 군체의 변두리에 있는, 길고 가느다란 촉수를 가진 개체들.

tentaculum 촉수 ⇨ tentacle. 복 **tentacula**.

tentilla, tentillum 측지(側枝) 명 촉수의 가지.

tentorium 막상골(幕狀骨), 천막 명 (1) 곤충의 뇌를 지탱하는 키틴질의 틀; (2) 뇌의 소뇌와 뒤통수엽(후두엽)을 분리하는 경막(dura mater)의 가로 주름. 일부 포유동물에서는 골화되어 있다.

tenuissimus 형 일부 포유동물에서 넙다리두갈래근(biceps femoris) 밑에 있는 가느다란 근육에 적용되는 말.

Tenuivirus 테누이바이러스 명 사상 입자를 갖는 (−)사슬의 RNA식물바이러스의 속. 때때로 분지한다.

teosinte 테오신트 명 중앙아메리카에서 자라는 옥수수와 비슷한 큰 벼과 초본의 몇 종을 통틀어 이르는 말.

tepal 꽃덮개조각, 화피편(花被片) 명 꽃잎이나 꽃받침조각으로 분화되지 않은 꽃덮개(perianth)의 조각.

T

teratocarcinoma 기형암종(畸形癌腫) 명 기형종(teratoma)에서 유래된 암.

teratogen 기형유발원 명 탈리도마이드(thalidomide)처럼 배발생과정에서 기형을 유발할 수 있는 작용물질이나 인자를 통틀어 이르는 말. 형 **teratogenic**.

teratogenesis 기형발생 명 비정상적으로 발생하여 선천성 기형을 가진 태아가 생기는 현상.

teratology 기형학(畸形學) 명 비정상적인 배발생과 선천성 기형을 연구하는 학문.

teratoma 기형종(畸形腫) 명 난모세포(oocyte) 또는 정소의 생식세포가 제자리에서(*in situ*) 비정상적으로 생장하여 여러 다른 종류의 세포더미와 계속 분열하는 분화되지 않은 상태의 줄기세포들이 생기는 것.

terebra 산란추(産卵錐) 명 어떤 벌이나 말벌에서 볼 수 있는 것과 같이 구멍을 뚫거나 자르거나 또는 찌르게끔 변형된 산란관(ovipositor).

terebrate 천공(穿孔)의 형 구멍을 뚫기에 적합한.

teres 장원(長圓) 명 (1) 간의 둥근 인대; (2) 어깨뼈에서 위팔뼈까지 뻗어 있는 두 근육인 대원근(teres major)과 소원근(teres minor).

terete, teretial 원주형 형 줄기처럼 단면이 거의 원통형인.

tergite 등판 명 전형적인 절지동물에서 외골격의 등판.

tergum 등판 명 (1) 전형적인 절지동물 체절의 등 쪽 부분; (2) 곤충의 등판(notum); (3) 따개비류의 등판. 복 **terga**. 형 **tergal**.

terminal 정단의, 말단의 형 (1) 가지의 끝에 있는 끝눈(terminal bud)처럼 끝에 있거나 끝과 관련된 말; (2) 최종적인, 세포의 분화에서 그 이후에는 더 이상 분화하지 않는 마지막 단계에 적용되는 말.

terminal complement components 말단보체성분 세포막에 구멍을 뚫어 세포의 용해(lysis)를 일으키는 보체단백질인 C5, C6, C7, C8, C9.

terminal deoxynucleotidyl transferase (TdT) 말단디옥시뉴클레오티드 전달효소 DNA의 3′말단에 뉴클레오티드를 첨가시키는 효소. ≒ terminal transferase.

terminalia 말단생식절 명복 파리목의 외부 생식기.

terminalization 말단이동 명 감수분열의 복사기(diplotene)에서 후기로 분열이 진행되면서 교차점(chiasma)들이 염색체의 말단으로 이동하는 현상.

terminal oxidase 말단산화효소 전자전달사슬의 마지막 단계에서 산소와 반응하여 물을 만드는 산화효소. 호흡사슬의 시토크롬*c*산화효소가 그 예가 된다.

termination codon 종결암호, 종결코돈 DNA 또는 RNA에서 단백질을 암호화하는 순서가 끝났음을 나타내고, 여기에서 폴리펩티드합성이 종결되는 3개의 코돈(mRNA에서 UAA, UAG 또는 UGA) 가운데 하나. ≒ nonsense codon, stop codon.

terminator 종결자 명 DNA에서 전사를 올바르게 끝내는 데 관여하고 필요하며 RNA전사물(RNA transcript)을 이탈시키는 부위.

termitarium 흰개미탑, 흰개미집 명 정교하게 세워진 흰개미군체의 둥지.

termites 흰개미류 흰개미목(Isoptera)의 일반적인 명칭.

termiticole 흰개미집서식생물 명 어떤 곰팡이와 곤충처럼 흰개미의 둥지에서 사는 생물.

ternary, ternate 3배열의, 3출의, 3속간

교잡의 형 (1) 3개씩 배열된; (2) 잎에 세 개의 작은 잎(leaflet)이 달린; (3) 3각형의, 대칭에 적용되는 말; (4) 3속(genera)이 관여하는 교배에 적용되는 말.

ternatopinnate 3출겹잎의 형 개개의 겹잎에 세 개의 깃꼴 작은 잎들이 달린.

terpenes 테르펜, terpenoids 테르페노이드 명복 이소프레노이드(isoprenoid)를 구성단위로 하는 천연식물생산물의 큰 클래스. 멘톨(박하뇌) 등의 휘발성 방향족화합물과 β-카로틴 등의 색소들 그리고 지베렐린을 포함한다.

terrestrial 지구의, 육상의 형 (1) 다른 행성이나 우주가 아니라, 지구(Earth)에 적용되거나 지구와 관련되거나 또는 지구상에서 사는; (2) 강, 호수, 바다 또는 대기 중에서가 아니라, 육지에서 살거나 발견되는.

terricolous 육생(陸生)의 형 토양에 서식하는.

terriherbosa 육상초원 명 육상의 초본식물.

territoriality 세력권제(勢力圈制) 명 동물이 같은 종의 다른 개체들로부터 방어하기 위해 세력권(territory)을 확립하는 사회체계.

territory 세력권, 영역 명 (1) 동물이나 동물의 무리가 주로 같은 종의 다른 개체들에 맞서서 지키는 지역; (2) 동물이나 동물집단에 필요한 먹이가 충분한 지역; (3) 먹이를 수집하는 지역.

tertiary 제3의, 3차의 형 세 번째의, 또는 조직이나 체제의 세 번째 단계와 관련된 말.

Tertiary 제3기 명 약 6500만 년 전부터 250만 년 전까지 지속된 지질시대. 보통 'sub-era'로 취급하지만 때로는 '기(period)'로 간주하기도 한다. 공룡이 절멸한 백악기 말의 대멸종사건(mass extinction events) 이후의 시기이다. 제3기 동안에 포유동물이 다양화하였고, 인간의 조상이 진화하였다.

tertiary consumer 3차소비자 다른 육식동물을 먹는 육식동물.

tertiary feathers 셋째날개깃 새의 날개에 있는 비행깃털(flight feather)의 세 번째 열. ≒ scapulars, **tertials**.

tertiary parasite 3차기생자 중복기생생물(hyperparasite)에 기생하는 생물.

tertiary roots 잔뿌리, 3차뿌리 곁뿌리(2차뿌리)에서 생기는 뿌리.

tertiary structure 3차구조 단백질에서 폴리펩티드사슬이 접혀서 생기는 3차원적인 입체구조.

tessellate 바둑판무늬의 형 (1) 체크무늬의, 정4각형으로 배열된 무늬 또는 색깔에 적용되는 말; (2) 입방형 세포들로 구성된 상피에 적용되는 말.

test, testa 껍데기, 피각(被殼), 종피 명 (1) 껍질 또는 단단한 외피; (2) [식] 씨껍질(seed coat).

testaceous 겉껍질의 형 (1) 껍질 같은 외피로 보호되는; (2) 껍질이나 껍질 같은 물질로 이루어진.

test cross 검정교배(檢定交配) 문제가 되고 있는 형질이 동형접합인지 아니면 이형접합인지를 결정하기 위해 2중열성(double recessive)인 개체와 교배시키는 것.

tester 검정교배용 개체 명 검정교배에 이용되는, 하나 또는 그 이상의 열성 대립유전자가 동형접합인 개체.

testes 'testis'의 복수형.

testicle 정소, 고환 ⇨ testis.

testicular 정소의, 고환의 형 (1) 정소(testis)와 관련된 말; (2) 정소 모양의; (3) [식] 일부 난초류에서 볼 수 있는 것과 같이 두 개의 고환처럼 생긴 결절이 있는.

testicular-feminization syndrome 고환성여성화증후군 사람과 일부 포유동물에서 나타나는 X염색체연관 유전병. 염색체형은 남성(XY)이지만 그들의 조직이 웅성호르몬인 테스토스테론에 반응하지 못한 결과로 미숙한 여성의 표현형이 나타나는 질환이다.

testis 정소(精巢), 고환(睾丸) 명 수컷에서 정자(spermatozoon)를 생산하는 생식샘. ≒ testicle. 복 **testes**.

testis-determining region 정소결정부위 포유동물의 Y염색체 상에 있는, 수컷으로 발생하는 데 필수적인 작은 부위.

testosterone 테스토스테론 명 주로 척추동물의 정소에서 생산되는 스테로이드호르몬. 포유동물의 주된 웅성호르몬이다. 포유동물의 발생 초기에 수컷의 배에 있는 생식샘으로부터 분비되고, 웅성생식기관의 분화를 촉진한다.

testudinate 귀갑(龜甲)의 형 거북에서 볼 수 있는 것과 같이 단단한 보호용의 껍데기를 가진.

tetanic 파상풍의 형 파상풍(tetanus)과 관련된 말.

tetaniform, tetanoid 파상풍의 형 파상풍(tetanus)과 비슷한.

tetanus 강축(强縮), 파상풍(破傷風) 명 (1) 전기적 자극에 기인하여 근육이 지속적인 수축을 일으키는 상태; (2) 신경말단에서 신경전달물질의 방출을 억제하는 강력한 단백질신경독소인 파상풍독소(tetanus toxin)를 생성하는 파상풍균(*Clostridium tetani*)의 감염에 의해 근육의 경련성 마비가 특징적으로 나타나는 질환.

Tethys 테티스해 명 로라시아(Laurasia)와 곤드와나(Gondwana) 사이의 바다. ≒ **Tethyian sea**.

tetra- '넷'을 뜻하는 그리스어 '*tetras*'에서 유래된 접두사. '4개를 가진', '4개로 배열된' 또는 '네 부분으로 갈라진'을 의미한다.

tetra-allelic 4대립유전자의 형 유전자자리에 서로 다른 4개의 대립유전자를 가진 배수체에 적용되는 말.

tetrabranchiate 4아가미의 형 4개의 아가미를 가진.

tetracarpellary 4심피의 형 4개의 심피를 가진.

tetracerous 4각의 형 4개의 뿔이 있는.

tetrachaenium 4수과(四瘦果) 명 꿀풀과(Labiatae) 식물에서 볼 수 있는 것과 같이 합쳐진 4개의 수과(achene)로 이뤄진 열매.

tetrachotomous 4분기형 형 4부분으로 갈라진.

tetracoccus 4구균(四球菌) 명 4개씩 무리지은 미생물을 통틀어 이르는 말.

tetracotyledonous 4떡잎의 형 4개의 떡잎을 가진.

tetractinal 4방사형(四放射形) 형 4개의 방사조직(살)을 가진.

tetracyclic 4륜(생)의 형 4개의 윤생체(whorl)를 가진, 꽃(4륜화)에 적용되는 말.

tetracycline 테트라사이클린 명 스트렙토미세스(*Streptomyces*)에 의해 생산되는 항생물질. tRNA와 세균의 리보솜과의 결합을 저해하고, 그람양성균과 그람음성균 모두에 대해 항균작용을 한다.

tetracytic 4세포형의 형 4개의 부세포(subsidiary cell)가 딸리는 식물의 기공에 적용되는 말.

tetrad 4분자(四分子), 4분염색체 명 (1) 4개로 된 한 무리. 특히 곰팡이에서 감수제1분열과 감수제2분열에 의해 생기는 4개의 포자를 가리킨다; (2) 감수분열에서 4개의 염색분체; (3) 유사분열에서 분리하여 4각형의 모양을 가진 상동염색체의 쌍.

tetradactyl 4지(四指)의 형 4개의 손발가락을 가진.

tetrad analysis 4분자분석 4분자['tetrad'의 (1)]를 이용하여 감수분열에서 일어나는 사건들의 순서를 연구하는 것.

tetraethylammonium (TEA) 테트라에틸암모늄 뉴런의 칼륨통로를 차단하여 신경충격의 발생을 차단하는 암모늄화합물.

tetragenic 4유전자성의 형 4개의 유전자에 의해 지배를 받는, 형질에 적용되는 말.

tetragonal 4각(형)의 형 4개의 모서리를 가진.

tetrahedral 4면체의 형 (1) 4개의 3각형으로 된 면을 가진; (2) 단세포의 생장점을 가진 식물의 정단세포에 적용되는 말.

tetrahydrofolate 테트라히드로엽산 명 테트라히드로프테로일글루탐산(tetrahydropteroylglutamate). dTMP와 기타 뉴클레오티드의 합성과 같은 많은 생합성에서 1탄소단위(one-carbon unit)의 공여체이고, 분해성 반응에서 1탄소단위의 수용체가 된다. 비타민 엽산(folic acid)처럼 포유동물의 음식물에서 필요로 한다.

tetra-iodothyronine 테트라요오드티로닌 ⇨ thyroxine.

tetralophodont 4주름치의, 4즐상치(四櫛狀齒)의 형 4개의 능선이 있는 어금니를 가진.

tetramer 4합체 명 (1) 4개의 소단위들로 구성된 분자; (2) 핵산에서 4개의 뉴클레오티드로 된 순서. 형 **tetrameric**.

tetramorphic 4형태의 형 4가지의 형태를 가진.

tetrandrous 4수술의 형 4개의 수술을 가진.

tetraparental 쌍양친의, 4친(四親)의 형 어버이가 넷인, 서로 다른 두 배(embryo)의 할구들이 융합하여 생긴 생쥐에 적용되는 말.

tetrapetalous 4꽃잎의 형 4개의 꽃잎을 가진.

tetraphyllous 4출엽 ⇨ quadrifoliate.

tetraploid 4배체 (1) 형 체세포에 4세트의 염색체가 있는; (2) 명 4배체의 생물 또는 세포.

tetrapod 4족류 명 네 발을 가진 동물.

tetrapterous 4시(四翅)의 형 4개의 날개 또는 날개 같은 돌기를 가진.

tetraquetrous 4각주의 형 4개의 모서리(각)를 가진, 일부 줄기에 적용되는 말.

tetraradiate 4방사상(四放射狀) 형 치골(두덩뼈), 전치골(prepubis), 장골(엉덩뼈)과 좌골(궁둥뼈)로 구성되는 골반띠(요대)에 적용되는 말.

tetrarch 4원형(四原型) 형 중심주의 1기 물관부가 네 갈래로 갈라진 뿌리와 줄기에 적용되는 말.

tetrasaccharides 4당류 명복 스타키오스(stachyose)처럼 4개의 단당류 단위들로 구성된 탄수화물.

tetraselenodont 4반달치의 형 어금니의 분쇄면에 초승달 모양의 능선이 4개가 있는.

tetrasepalous 4꽃받침조각의 형 4개의 꽃받침조각을 가진.

tetraseriate 4열의 형 네 줄로 배열된.

tetrasomic (1) 형 **4염색체의** 4개의 상동염색체와 관련되거나 그를 가진; (2) 명 **4염색체생물** 한 가지 종류의 염색체를 4개 가진 생물.

tetraspan 4관통의 형 4개의 막관통부위를 가진 막단백질의 상과(superfamily)에 적용되는 말.

tetraspermous 4종자의 형 4개의 종자를 가진.

tetrasporangium 4분포자낭 명 홍조류의 4분포자체 시기에서 만들어지는 포자낭.

각각 4개의 반수체인 4분포자(tetraspore)를 만들고, 이 포자들이 수배우자체와 암배우자체로 발달한다.

T

tetraspore 4분포자(四分胞子) 명 (1) 홍조류의 4분포자낭에서 생성되는 4개의 비운동성 반수체포자들의 무리 가운데 하나; (2) 어떤 곰팡이에서 볼 수 있는 것과 같이 4개의 담자포자 가운데 하나.

tetrasporic, tetrasporous 4(분)포자성의 형 4개의 포자로 된.

tetrasporocystid 형 포자충류에서 4개의 스포로시스트(sporocyst)가 들어 있는 접합자낭(oocyst)에 적용되는 말.

tetrasporophyte 4분포자체 명 홍조류의 생활주기에서, 감수분열이 일어나는 4분포자낭이 달리는 2배체의 영양상(vegetative phase).

tetraster 4성상체(四星狀體) 명 2개가 아니라 4개의 극을 가진 유사분열방추사. 다정자수정(polyspermy)에 의해 생성된 접합자에서 발견된다.

tetrastichous 4열성의 형 네 줄로 배열된.

tetrathecal 4실(四室)의 형 4개의 구획이나 방을 가진.

tetratype 테트라형 명 4개의 다른 유전자형, 즉 2개의 양친형과 2개의 재조합형을 포함하는 4분자(tetrad)의 유형.

Tetraviridae 테트라바이러스과 명 곤충 RNA바이러스들의 과.

tetrazoic 4포자소체(四胞子小體)의 형 4개의 포자소체(sporozoite)를 가진.

tetrodotoxin (TTX) 테트로도톡신 명 복어에서 추출하는 독소. 뉴런과 근섬유의 분극유발나트륨통로를 선택적으로 억제하여 신경충격의 발생과 근육의 수축을 방해한다.

tetrose 4탄당 명 에리트로오스(erythrose)와 같이 분자식이 $(CH_2O)_4$인 단당류를 통틀어 이르는 말.

TF 전사인자(transcription factor)의 약어. 특히 RNA중합효소II 전사개시복합체의 전사인자들(예: TFIIA, TFIIB, TFIID, TFIIG, TFIIH)에 사용된다.

T form 다른자리입체성 단백질의 한 유형.

TGF-β transforming growth factor-β.

TGMV 토마토모자이크바이러스(tomato golden mosaic virus).

TGN ⇨ *trans* Golgi network.

Th1 cell Th1세포 대식세포(macrophage)를 활성화시켜 대식세포 내에 들어온 병원성 세균을 죽이도록 도와주는 CD4 T세포의 일종. 비 Th2 cell, Th17 cell.

Th2 cell Th2세포 활성화B세포와 상호작용하여 B세포가 항체를 생산하는 형질세포(plasma cell)로 분화하도록 도와주는 CD4 T세포의 일종. ≒ helper T cell. 비 Th1 cell, Th17 cell.

Th17 cell Th17세포 후천성 면역반응의 초기에 작용하여 중성백혈구가 감염부위에 모이도록 도와주는 CD4 T세포의 일종. Th17세포는 일부 유형의 자가면역병(autoimmune disease)에도 관련된다.

thalamencephalon 시상뇌(視床腦) 명 (1) 시상, 무릎체(corpora geniculata) 그리고 송과체로 이뤄지는 전뇌의 부분; (2) 간뇌(diencephalon).

thalamomamillary 시상유두의 형 비크-데아지르다발(Vicq-d'Azyr, bundles of)인 다발(시상유두다발)에 적용되는 말.

thalamus 시상(視床), 꽃턱 명 (1) 척추동물의 전뇌에서 간뇌(diencephalon)의 대부분을 차지하는 두 개의 계란 모양의 회백질 덩어리. 많은 감각경로들이 대뇌피질로 가기 전에 시상으로 모여든다; (2) [식] 꽃의 꽃턱(receptacle).

thalassaemia 지중해빈혈(증), 탈라세미아 명 글로빈유전자에 결함이 생겨 헤모글로빈을 생성하는 데 이상이 일어난 일군의 유전성 빈혈을 통틀어 이르는 말. α지중해빈혈(α-thalassaemia)은 α글로빈을 생성하지 않는 특징이 있고, β지중해빈혈(β-thalassaemia)은 기능적인 β글로빈을 만들지 않는다. 결손유전자가 이형접합인 사람에서는 증상이 가볍거나 없는 경도성 지중해빈혈(thalassaemia minor)이 나타나고, 결손유전자가 동형접합인 일부 사람에서는 증상이 심하거나 경우에 따라서는 치명적인 중증성 지중해빈혈(thalassaemia major)이 나타난다. ≒ **thalassemia**.

thalassoid 해양성 형 바다에 사는 종류와 비슷하거나 바다로부터 유래된 담수생물과 관련된 말.

thalassoplankton 해양플랑크톤 명 바다의 플랑크톤.

Thaliacea 탈리아강 명 반삭동물문(Hemichordata) 피낭류의 강. 작고, 여과섭식을 하며, 자유로이 유영하는 통(barrel) 모양의 해양생물이다. 일부는 군체를 이룬다.

thalliform 엽상체형 ⇨ thalloid.

thalline 엽상체의 형 엽상체(thallus)로 구성된.

Thallobacteria 탈로세균 명 일부 분류체계에서, 방선균류(actinomycetes) 그리고 그와 관련된 종류들로 구성되는 원핵생물의 강.

thalloid, thallose 엽상체형 형 엽상체(thallus)로 자라거나 엽상체와 비슷한.

thallome 엽상체 명 엽상체(thallus) 또는 엽상체와 비슷한 구조.

thallophyte 엽상식물(葉狀植物) 명 식물계에서 몸체가 뿌리와 줄기 그리고 잎으로 구분되지 않는, 조류(alga)와 같은 종류들.

thallus 엽상체(葉狀體), 몸체, 영양체(營養體) 명 (1) 지의류, 다세포조류 그리고 일부 우산이끼류에서 볼 수 있는 것과 같이 잎과 줄기로 분화되지 않는 단순한 식물체; (2) 곰팡이의 몸 전체를 가리키는 말.

thamnium 명 일부 지의류의 가지가 있고 관목처럼 생긴 엽상체.

thanatoid 치명적인, 가사(假死)의 형 (1) 치명적으로 유독한; (2) 죽은 듯이 보이는.

thanatosis 의사(擬死) 명 (1) 죽은 체하는 습관이나 행동; (2) 어느 부분의 죽음.

thaumatin 타우마틴 명 열대식물 타우마토코쿠스(*Thaumatococcus*)에서 얻어지는 단맛이 강한 단백질.

Theales 차나무목 명 교목, 관목 그리고 목본성 덩굴식물인 쌍떡잎식물의 목. 일부는 풀이며, 상록의 잎을 가진다. 디프테로카르푸스과(Dipterocarpaceae), 물레나물과(Hypericaceae), 차나무과(Theaceae) 등과 같은 많은 과로 이뤄진다.

thebesian valve 관상정맥동판 우심방의 관상정맥굴(coronary sinus)에 있는 판막.

theca 막(膜), 각(殼) 명 (1) 다양한 피낭성 구조나 기관 또는 생물의 보호용 덮개; (2) ⇨ theca interna.

thecacyst 협막낭(莢膜囊) 명 정자의 외피 또는 정자주머니(spermatheca)에 의해 만들어지는 정포(spermatophore).

theca interna 난포막내층, 내란포막(內卵胞膜) 난소여포(ovarian follicle)의 막에서 에스트로겐을 분비하는 세포들이 들어있는 내층.

thecal 협막의, 외피의 형 (1) 보호용 막이나 조직으로 둘러싸인; (2) 막 또는 각(theca)과 관련된 말; (3) 자낭(ascus)과 관련된 말.

thecate 유각(有殼)의 형 각(theca)으로 덮이거나 보호되는.

T

thecial 자실층의 형 자실층(thecium)의 안에 있거나 그와 관련된 말.

thecium 자실층(子實層) 명 곰팡이나 지의류에서 포자가 들어 있는 부분.

thecodont 조생치(槽生齒)의 형 턱뼈의 치조, 즉 구멍(socket) 속에 치아가 있는.

thecodonts 조치류(槽齒類) 명복 페름기에서 트라이아스기에 걸쳐 출현한 원시 파충류의 무리. 두발보행(bipedal)을 하거나 악어와 비슷한 종류들로 구성되며, 일부 집단의 조상으로 여겨진다.

thelygenic 암컷생산의 형 압도적으로 또는 전적으로 암컷의 자손을 낳는.

thelyotoky 암컷단성생식 명 오직 암컷만이 생산되는 단성생식(parthenogenesis).

thenal 손바닥의 형 손의 손바닥과 관련된 말.

thenar 엄지두덩, 무지구(拇指球) 명 엄지 손가락의 불룩한 부분을 형성하는 근육 덩어리.

theobromine 테오브로민 명 카페인과 비슷한 푸린(3,7-dimethylxanthine). 커피와 차 그리고 초콜릿에 들어 있으며, 중추신경계를 자극하고 이뇨작용을 한다.

theophylline 테오필린 명 테오브로민(theobromine)과 밀접한 관련이 있고 찻잎에서 처음으로 추출된 식물알칼로이드. 인산디에스테르가수분해효소(phosphodiesterase)에 의한 고리형 AMP의 가수분해를 저해하고, 이뇨작용과 강심작용을 한다.

theory 학설, 이론 명 과학적 어법에서, 현상을 설명하기 위해 제안된 그럴듯하거나 과학적으로 받아들일 만한 일반적인 원칙. 다윈의 진화설이 그 예가 된다. 비 hypothesis.

Therapsida 수궁목, therapsids 수궁류(獸弓類) 명, 명복 페름기에서 트라이아스기까지 출현한 멸종된 포유류형 파충류(mammal-like reptiles)의 목. 포유동물의 조상으로 여겨진다.

Theria, therians 수아강(獸亞綱), 짐승류 명, 명복 단공류(monotremes)를 제외한 모든 현생 포유동물이 포함되는 포유동물의 아강. 3각형의 교두(cusp)를 지닌 어금니와 척추뼈에 결합된 목갈비뼈(경부늑골) 그리고 나선상의 달팽이관을 갖는다.

thermaesthesia 온각(溫覺), 온도감각 명 온도의 자극에 대한 감각.

thermal panting 열호흡촉진 일부 새와 포유동물 그리고 몇몇의 파충류들이 몸을 식히는 방식. 헐떡거림(panting)에 의해 열이 몸에서 소실되고, 기도(respiratory tract)의 촉촉한 표면조직으로부터 물의 증발이 증가한다.

thermal pollution 열오염(熱汚染) 발전소의 냉각수를 강으로 흘려보내는 것처럼 산업공정에서 환경으로 열이 배출되어 환경의 온도가 상승하는 것. 온도가 올라가면 생물에 직접 영향을 미칠 수 있고, 물이 따뜻해지면 용존산소가 감소한다.

thermium 온천군락 명 따뜻하거나 뜨거운 물이 나오는 샘의 식물군집.

thermoacidophilic bacteria 내열호산성균(耐熱好酸性菌) 산성의 온천에서 살도록 적응된 고세균역(Archaea)의 무리(예: *Sulfolobus*, *Thermococcus*, *Thermoproteus*). 70~75°C의 온도와 pH 1~3의 범위에서 살 수 있다. ≒ thermoacidophiles.

thermobiology 열생물학, 고온생물학 명 열에너지가 모든 종류의 생물과 생체분자에 미치는 영향을 연구하는 것.

thermocleistogamy 열폐화수정(熱閉花受精) 명 불리한 온도조건에 기인하여 꽃이 피지 않은 상태에서 일어나는 자가수분(self-pollination).

thermocline 변온층(變溫層), 수온약층(水

溫躍層) 명 (1) 여름에 호수와 바다에서 수온이 빠르게 변하는 상부의 층; (2) 호수나 저수지 또는 바다에서, 따뜻한 표층수와 차가운 심층수 사이에서 온도가 급격하게 변화하는 층역.

Thermodesulfobacteria 열탈황균문(熱脫黃菌門) 명 DNA염기순서 기준에 근거하여 식별하는 세균역(Bacteria)의 문. 일부 호열세균(예: *Thermodesulfobacterium*)이 포함된다.

thermoduric 내열성(耐熱性) 형 비교적 높은 온도(70~80°C)에 내성을 가진, 미생물에 적용되는 말.

thermogenesis 열발생(熱發生) 명 대사에 의해 열이 발생하는 것. 일부 동물(예: 포유동물)과 일부 식물에서 나타난다.

thermolysis 열분해(熱分解) 명 가열의 결과로 화학적으로 분해되는 것.

Thermomicrobia 열미균문(熱微菌門) 명 DNA염기순서 기준에 근거하여 식별하는 세균역(Bacteria)의 문. 호열세균의 1속(*Thermomicrobium*)이 포함된다.

thermonasty 감열성(感熱性) 명 온도의 변화에 반응하는 식물의 감성운동(nastic movement). 형 **thermonastic**.

thermoneutral zone 열중립역 내온동물(endotherm)에서, 자신의 대사율에 변화를 일으키지 않으면서 견딜 수 있는 온도 범위.

thermoperiodicity, thermoperiodism 온도주기성 명 밤낮으로 또는 계절에 따라 온도가 규칙적으로 변하는 데 대한 생물의 반응.

thermophase 감온상(減溫相) 명 일부 1년생식물과 다년생식물의 첫 발생단계에서 온도에 감응하는 생육시기. ≒ vernalization phase.

thermophile 호열생물 명 45°C와 80°C 사이에서 최적생장온도를 갖는 생물. 형 **thermophilic**. 비 hyperthermophile.

thermophilous 호열성(好熱性)의 형 열을 좋아하는, 식물에 적용되는 말.

thermophobic 혐열성(嫌熱性)의 형 비교적 낮은 온도에서만 살 수 있는.

thermophylactic 내열성(耐熱性)의 형 (1) 열에 저항성을 가진; (2) 어떤 세균과 같이 열에 견디는.

thermophyte 내열식물 명 열에 견디는 식물.

thermoreceptor 온도수용기 명 온도의 자극에 반응하는 감각기관.

thermoregulation 체온조절 명 대사에 의하거나 행동에 의해 거의 일정한 온도가 유지되도록 체온을 조절하는 것.

thermoscopic 감열성(感熱性)의 형 어떤 두족류(cephalopods)의 감각기관처럼 온도변화를 감지하게끔 적응된.

thermotaxis 주열성(走熱性) 명 온도의 자극에 반응하여 움직이는 것. 형 **thermotactic**.

Thermotogae 열포균문(熱袍菌門) 명 DNA염기순서 기준에 근거하여 식별하는 세균역(Bacteria)의 문. 초호열성(hyperthermophilic) 화학유기영양세균(*Thermotoga*)이 포함된다.

thermotropism 굴열성(屈熱性) 명 온도의 자극에 반응하여 식물체가 구부러지는 것.

theromorphs 수형류(獸型類) 명복 석탄기에 페름기까지 출현한 원시적 포유류형 파충류(mammal-like reptiles)의 멸종된 목.

therophyllous 형 (1) 여름에 잎이 나는; (2) 낙엽성 잎을 가진.

therophyte 1년생식물 명 한 계절에 생활주기를 마치고 생육에 불리한 기간에는 종자의 형태로 휴지기를 갖는 1년생 식물.

theropod 수각류(獸脚類)의 형 도마뱀 골

반형 공룡(lizard-hipped dinosaurs)이라고 부르는 용반목(Saurischia)의 아목(수각아목)인, 두 발로 보행한 작은 육식성 공룡의 무리에 적용되는 말.

thiamine 티아민 명 비타민 B복합체의 일종인 수용성 비타민. 특히 종자의 배와 효모에 들어 있고, 결핍되면 사람의 각기(beriberi)와 다발성 신경염(polyneuritis)을 일으킨다. 티아민은 탄수화물 대사에 필요한 조효소 티아민2인산(티아민피로인산)의 전구물질이다. ≒ vitamin B_1.

thiamine diphosphate (TDP) 티아민2인산, thiamine pyrophosphate (TPP) 티아민피로인산 5탄당인산경로(pentose phosphate pathway)와 광합성의 캘빈회로 그리고 일부 탈2산화탄소반응에서 열쇠가 되는 효소들의 보조인자.

thick filament 굵은 필라멘트 단백질 미오신(myosin)으로 구성된 필라멘트. 근세포의 근원섬유(myofibril)를 이루는 두 가지 종류의 서로 얽힌 단백질필라멘트 가운데 하나이다. 비 thin filament. (⇨ 그림 28)

thigmaesthesia 촉각 명 접촉자극에 대한 감각.

thigmokinesis 접촉운동 ⇨ stereokinesis.

thigmotaxis 주촉성, 접촉주성 ⇨ stereotaxis.

thigmotropism 굴촉성 명 (1) 줄기와 덩굴손 같이 매달리는 식물기관에서 볼 수 있는, 접촉자극에 대한 반응으로 나타나는 굴곡생장; (2) 접촉자극에 대한 고착성 생물의 반응. 형 **thigmotropic**.

thin filament 가는 필라멘트 근세포의 근원섬유(myofibril)를 이루는 두 가지 종류의 서로 얽힌 단백질필라멘트 가운데 하나. 액틴, 트로포미오신 그리고 트로포닌으로 구성된다. 비 thick filament. (⇨ 그림 28)

thinophyte 사구식물(砂丘植物) 명 모래 언덕에 사는 식물.

thiobacilli 티오바실루스 명복 분자상 황이나 그 밖의 무기황화합물을 이용하는 티오바실루스속(*Thiobacillus*)의 비사상형 화학무기영양세균.

thioester 황화에스테르 명 아실기와 −SH기 사이에서 축합반응으로 형성된 고에너지 −S−O−결합. 아세틸조효소A와 많은 효소-기질복합체에 들어 있다.

thiogenic 황생성의 형 황(sulphur)을 생성하는, 황화합물을 이용하는 세균에 적용되는 말.

thiol 티올 명 −SH기를 포함하는 유기화합물.

thiolytic 티올분해의 형 S−C결합을 분해하는 반응이나 효소에 적용되는 말.

thiophilic 호황성(好黃性)의 형 어떤 세균처럼 황화합물의 존재 하에서 잘 자라는 생물에 적용되는 말.

Thiopneutes 명 일부 분류체계에서, 황산염환원세균(예: *Desulfovibrio*, *Desulfuromonas*)에 대한 명칭.

thioredoxin 티오레독신 명 일부 효소반응의 단백질보조인자. 활성부위에 있는 시스테인의 −SH기를 통해 산화환원반응을 수행하고, 환원력(reducing power)의 운반체 구실을 한다.

thoracic 가슴의 형 가슴(thorax)과 관련되거나, 가슴부위에 있는.

thoracic duct 가슴관 몸의 대부분으로부터 좌쇄골하정맥(left subclavian vein)으로 림프액을 나르는 큰 림프관.

thoracolumbar 등허리의, 흉요(胸腰)의 형 (1) 척추의 가슴부위와 허리부위에 관련된 말; (2) 교감신경계의 신경에 적용되는 말.

thoracopod 가슴다리 명 게와 바닷가재의 가슴다리(thoracic leg).

thorax 가슴, 흉곽(胸廓), 흉부(胸部) 명 (1)

고등척추동물에서 심장과 허파가 들어 있는, 목과 배(복부) 사이의 몸통 부분; (2) 그 밖의 동물에서 머리의 뒤에 있는 부위; (3) 곤충에서 머리의 뒤에 있는, 다리와 날개가 달리는 첫 3개의 체절.

thorny-headed worms 구두동물(鉤頭動物) ⇨ Acanthocephala.

Thr 트레오닌(threonine).

thread cells 가시세포, 자세포(刺細胞) (1) 강장동물의 쐐기세포(stinging cell); (2) 먹장어류(hagfishes)의 피부에서, 샘세포들이 얽혀 있는 그물 같은 구조를 형성하는 긴 실을 갖는 세포.

threading ⇨ profile-based threading.

threadworms 선충류 (1) ⇨ Nematomorpha; (2) 사람의 창자에서 흔하게 발견되는, 흔히 '요충(pin worms)'이라고도 부르는 작은 선충류.

threatened 절멸위기의 형 그들의 자연적 분포범위 내에서는 아직 풍부하지만 개체수가 줄어들기 때문에 차츰 멸종위기에 처할 것 같은 야생종에 적용되는 말. ⇨ endangered, rare, vulnerable.

threonine (Thr, T) 트레오닌 명 비전하성 극성 곁사슬을 갖는 아미노산(aminohydroxybutyric acid). 단백질의 구성성분이고, 사람의 필수아미노산이다.

threshold 역치(閾値) 명 (1) 뉴런에서 활동전위를 촉발시킬 수 있는 막전위의 값; (2) 감각을 발생시키는 데 필요한 최소한도의 자극; (3) 어떤 사건이 나타나기 전에 반드시 도달해야 하는 수준이나 값.

threshold effect 역치효과(閾値效果) 생물이나 개체군의 내성한계를 초과하여 개체군크기가 갑작스럽게 그리고 극적으로 감소하는 것처럼 현저한 효과를 나타내는, 환경의 작은 변화가 미치는 해로운 효과.

threshold trait 역치형질 유전학에서, 정량적으로 측정할 수 없는 표현형질.

thrips 총채벌레류 명복 총채벌레목(Thysanoptera) 곤충에 대한 일반적인 명칭.

thrombin 트롬빈 명 상처부위에서 프로트롬빈(prothrombin)으로부터 생성되는 세린단백질가수분해효소. 혈액의 응고과정에서 수용성 단백질 피브리노겐을 불용성 피브린으로 전환한다. EC 3.4.21.5.

thrombinogen 트롬빈생성효소 ⇨ prothrombin.

thrombocyte 혈소판(血小板) 명 (1) 포유동물의 혈소판(platelet); (2) 포유동물 이외의 척추동물에서, 혈액응고에 관여하는 방추처럼 생긴 유핵세포.

thrombocytopenia 혈소판감소(증) 명 혈액에 혈소판이 결핍된 것.

thrombokinase 트롬보키나아제 ⇨ Factor X.

thrombokinesis 응혈(凝血), 혈액응고 명 혈액응고의 과정.

thrombomodulin 토롬보모듈린 명 내피세포에서 생성되고 혈액응고의 정도를 제한하는 데 관여하는 단백질. 트롬빈과 복합체를 형성하고 응고경로의 한 성분인 단백질 C와 상호작용하여 응고작용을 하향 조절한다.

thromboplastid 트롬보플라스티드 명 혈소판의 예전 명칭.

thromboplastin 트롬보플라스틴 ⇨ Factor X.

thrombosis 혈전증(血栓症) 명 혈액이 응고되는 것. 특히 혈액이 응고되어 혈관을 막는 현상을 가리킨다.

thromboxanes 트롬복산 명복 아라키돈산(arachidonic acid)에서 유도되는 화합물. 염증반응에 관여하여 혈관을 수축시키고 혈소판을 응집시키는 작용을 한다.

thrum-eyed 짧은암술대의, 단주(短柱)의

암술대가 짧고, 관 모양의 꽃부리 주둥이까지 뻗는 긴 수술이 있는. 비 pin-eyed.

thylacogens **틸라코겐** 명복 기생생물에 의해 생성되어 감염부위에서 숙주조직의 비대(hypertrophy)를 유발하는 물질.

thylakoids **틸라코이드** 명복 (1) 엽록체의 스트로마에 있는 막으로 둘러싸인 구조. 그 내부에서 광합성의 명반응이 일어난다. 틸라코이드의 막을 가로질러 양성자 구동력(protonmotive force)이 발생하며, 이 막에는 엽록소, 제1광계와 제2광계, 광합성의 전자전달사슬 그리고 ATP를 합성하는 복합체가 들어 있다. 막으로 둘러싸인 공간인 틸라코이드공간(thylakoid space)은 기능적으로 미토콘드리아의 내막으로 둘러싸인 공간과 비슷하다; (2) 남세균의 세포막이 함입되어 라멜라(층판)를 형성한 것. 광합성색소들이 들어 있다.

thymectomy **가슴샘절제(술)** 명 가슴샘(thymus)을 적출하는 것.

Thymelaeales **팥꽃나무목** 명 대부분이 관목인 쌍떡잎식물의 목. 팥꽃나무과(Thymelaeaceae)로 이뤄진다.

thymic **가슴샘의** 형 가슴샘(thymus)과 관련된 말.

thymidine **티미딘** 명 피리미딘염기인 티민(thymine)이 디옥시리보오스(deoxyribose)과 결합하여 구성된 뉴클레오시드. ≒ deoxythymidine.

thymidine diphosphate (TDP, dTDP) **티미딘2인산** 2인산기를 포함하는 티미딘 뉴클레오티드.

thymidine kinase (TK) **티미딘인산화효소** DNA생합성에서 티미딘이 티미딘-5′-1인산으로 전환되는 반응을 촉매하는 효소. EC 2.7.1.21.

thymidine monophosphate (TMP, dTMP) **티미딘1인산** 티민과 디옥시리보오스 그리고 인산기로 구성되는 뉴클레오티드. DNA의 부분적 가수분해산물이고, 생체 내에서(*in vivo*) UMP의 dUMP로의 환원과 우라실고리의 메틸화에 의해 생성된다. ≒ deoxythymidine monophosphate, deoxythymidylate, thymidylate, thymidylic acid, thymidine 5′-phosphate. 비 ribothymidylate.

thymidine triphosphate (TTP, dTTP) **티미딘3인산** 3인산기를 포함하는 티미딘 뉴클레오티드. DNA합성에 필요한 네 가지 디옥시리보뉴클레오티드 가운데 하나이고, 한편으로 일부 대사반응에서 ATP와 비슷한 방식으로 작용한다.

thymidylate **티미딜산** ⇨ thymidine monophosphate.

thymidylyltransferase **티미딜릴전달효소** ⇨ nucleotidyltransferase.

thymine (T) **티민** 명 DNA에서 네 가지 질소함유염기 가운데 하나인 피리미딘염기. DNA에서 아데닌(A)과 짝을 이루며, 뉴클레오시드 티미딘(thymidine)의 염기이다. (⇨ 그림 5)

thymine dimer **티민2합체** ⇨ pyrimidine dimer.

thymocyte **가슴샘세포** 명 가슴샘에서 분화하는 T세포.

thymovidin **티모비딘** 명 새의 가슴샘에서 생성되는 호르몬. 알의 난백(albumen)과 껍질을 형성하는 데 영향을 미친다.

thymus **가슴샘, 흉선(胸腺)** 명 사람의 가슴뼈의 뒤에 있는 1차림프기관. 여기에서 T림프구가 발달한다. 자기 몸에 면역반응을 일으키는 T세포는 가슴샘에서 제거되고, MHC분자와 복합체를 형성하는 항원을 인식하는 능력을 가진 세포들이 선택된다. 사람에서 가슴샘은 사춘기가 지나면 크기가 작아진다.

thymus-dependent antigen (TD antigen) **가슴샘의존항원** T세포의 존재

하에서만 항체반응을 끌어내는 항원. 이와 같은 항원에 대한 B세포의 반응은 T세포의 도움을 필요로 한다. 거의 모든 단백질항원은 가슴샘의존항원이다.

thymus-independent antigen (TI antigen) 가슴샘비의존항원 T세포가 없어도 항체반응을 일으킬 수 있는 항원.

thyridium 소백색투명문(小白色透明紋) 명 어떤 곤충의 날개에서 털이 없는 흰 부분.

thyro-arytaenoid 갑상피열근(甲狀披裂筋) 명 후두(larynx)의 근육.

thyrocalcitonin 티로칼시토닌 ⇨ calcitonin.

thyroepiglottic 갑상후두덮개의, 방패덮개의 형 후두개(epiglottis)의 아래쪽과 갑상연골의 모서리를 연결하는 인대에 적용되는 말.

thyroglobulin 티로글로불린 명 요오드가 들어 있는 당단백질. 갑상샘의 요오드는 주로 이 단백질의 형태로 저장된다.

thyroglossal 갑상혀의, 갑상설(甲狀舌)의 형 (1) 갑상샘과 혀에 관련된 말; (2) 갑상샘으로 발달하는 배의 관(갑상혀관, 갑상설관)에 적용되는 말.

thyrohyals 명복 목뿔뼈(설골)의 큰 뿔.

thyrohyoid 갑상설골의, 방패목뿔의 형 갑상연골에서 목뿔뼈의 뿔로 연결되는 근육에 적용되는 말.

thyroid 방패모양의, 갑상샘의 형 (1) 방패처럼 생긴(peltate); (2) 갑상샘과 관련되거나 갑상샘에 의해 생성되는.

thyroid gland, thyroid 갑상샘 척추동물의 목에 있는 방패처럼 생긴 샘. 요오드를 함유하는 호르몬들인 티록신(thyroxine)과 3요오드티로닌(tri-iodothyronine)을 분비한다. 이들 호르몬은 몸의 산화적 대사를 조절하고, 올챙이에서 탈바꿈을 개시한다. 포유동물에서 갑상샘은 호르몬 칼시토닌(calcitonin)도 분비한다. 칼시토닌의 기능은 적절한 생장을 위해 필수적이다.

thyroid hormone receptor 갑상샘호르몬수용체 갑상샘호르몬(예: 티록신)의 수용체단백질인 스테로이드수용체상과의 세포내 단백질.

thyroid hormones 갑상샘호르몬 갑상샘에서 분비되는 호르몬들. 주로 티록신과 3요오드티로닌이다.

thyroid-stimulating hormone (TSH) 갑상샘자극호르몬 뇌하수체전엽에 의해 분비되는 당단백질호르몬. 갑상샘의 생장과 갑상샘호르몬들의 합성과 분비를 조절한다. ≒ **thyrotropin**.

thyroid-stimulating hormone-releasing hormone (TRH) 갑상샘자극호르몬방출호르몬 시상하부에 의해 분비되어 뇌하수체전엽에서 갑상샘자극호르몬을 분비하고 방출하도록 촉진하는 3펩티드(tripeptide).

thyrotropic, thyrotrophic 갑상샘자극의 형 갑상샘의 활동에 영향을 미치는, 호르몬(갑상샘자극호르몬)에 적용되는 말.

thyrotropin 갑상샘자극호르몬 ⇨ thyroid-stimulating hormone.

thyroxine 티록신 명 갑상샘에 의해 합성되는 요오드함유호르몬인 테트라요오드티로닌(tetraiodothyronine). 아미노산 티로신에서 유래된다. 올챙이에서 탈바꿈을 개시하고, 포유동물에서는 정상적인 생장과 발달에 필수적이다. 포유동물은 일생을 통하여 티록신을 필요로 한다. (⇨ 그림 38)

thyrsoid 밀추꽃차례형의 형 모양이 밀추꽃차례(thyrsus)와 비슷한.

thyrsus 밀추(密錐)꽃차례 명 주축은 총상(racemose)이고 곁축은 취산상(cymose)인, 거의 더블콘 같이 생긴 송이를 갖는 혼합꽃차례. ≒ **thyrse**.

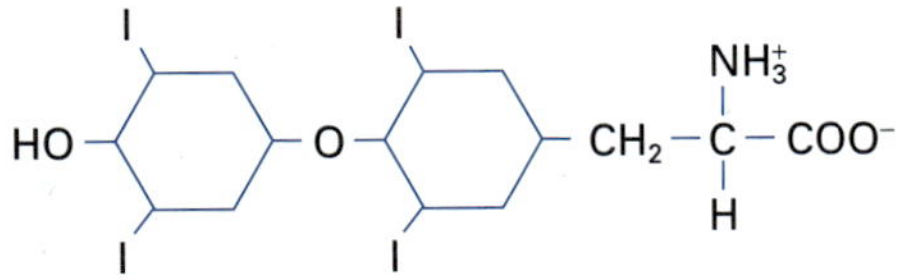

그림 38. 티록신(테트라요오드티로닌).

Thysanoptera 총채벌레목, 털날개목 명 수액을 빨아먹는 작고 가느다란 곤충의 목. 흔히 총채벌레류(thrips)라고 부른다. 찌르기형 구기를 갖고, 날개는 없거나 긴 강모가 둘레를 형성하는 매우 좁은 날개를 가진다. 해충이 되기도 하며, 불완전탈바꿈을 한다.

Thysanura 좀목, thysanurans 좀류 명, 명복 좀벌레(silverfish)와 얼룩좀(firebrat)을 포함하는 곤충의 목. '총미목(總尾目)'과 '총미류(總尾類)'라고도 한다. 날개가 없는 작은 원시적 곤충이며, 배에는 다리와 같은 작은 부속지가 있고, 꼬리 끝에는 3개의 긴 돌기가 있다.

Ti 근두암종균(*Agrobacterium tumefaciens*)의 종양유발플라스미드(Ti plasmid).

tibia 정강뼈, 경골(脛骨), 종아리다리 명 (1) 무릎과 발목 사이의 다리뼈들 가운데 안쪽에 있는 큰 뼈; (2) 곤충과 거미류 그리고 일부 다지류의 다리에서 제4절.

tibial 정강(뼈)의 형 정강뼈와 관련되거나 정강뼈 부위에 있는.

tibiale 정강이종자뼈 명 뒤정강근의 힘줄에 있는 종자뼈(sesamoid bone).

tibialis 정강근, 경골근 명 발목과 발목뼈 사이의 관절에 작용하는 근육인 앞정강근(anterior tibial muscle)과 뒤정강근(posterior tibial muscle).

tibiofibula 정강종아리뼈, 경비골(脛腓骨) 명 정강뼈(경골)와 종아리뼈(비골)가 합쳐져 생긴 뼈. 형 **tibiofibular**.

tibiotarsus 정강발목뼈, 경부골(脛跗骨) 명 새에서 볼 수 있는 것과 같이 근위부골(proximal tarsal bone)들이 융합된 정강뼈. 형 **tibiotarsal**.

ticks 진드기류 진드기목(Acari)의 많은 종류들에 대한 일반적인 명칭.

tidal 조석(潮汐)의, 호흡의 형 (1) 밀물과 썰물의 조수(tide)와 관련된 말; (2) 한 번의 호흡에서 정상적으로 흡입되고 배출되는 공기의 양인 공기(1회호흡공기)에 적용되는 말; (3) 심장이 수축하는 동안의 혈액의 흐름에 적용되는 말.

tidal rhythms 조석리듬 한 달에 두 번 나타나는 조석주기에 좌우되는 내인성(endogenous) 생리적 또는 행동적 리듬. 조석리듬은 바다와 해안에 사는 많은 동물에서 나타나며, 이들 동물은 하루의 행동리듬을 고조선과 저조선의 변화에 동조시킨다.

tigellum 중심배축 명 식물의 배에서, 배뿌리(radicle)와 어린눈(plumule)으로 구성되는 중앙의 축.

tight junction 밀착연접(密着連接) 인접한 2개의 동물세포에서 원형질막이 밀착하여 나란히 놓인 부위. 밀착연접은 지질2중층 내에서 단백질들의 측면확산(lateral diffusion)을 방지하며, 특히 상피세포에서 발견되는데, 크고 작은 분자들이 세포 사이를 이동하지 못하게 한다.

tiller 싹 명 벼과 초본에서 꽃이 피는 줄기.

tiling microarray 타일링미세배열 중복순서(보통 완전한 유전체)로 구성되는 탐침을 이용하는 DNA미세배열(DNA microarray)의 일종.

TIM ⇨ triose phosphate isomerase.

timbal 진동막 명 매미류의 소리를 내는 기관.

timberline 수목한계선(樹木限界線) 명 그 이상에서는 수목(교목)이 자랄 수 없는 고도(산의 경우)와 위도.

time-energy budget 시간-에너지수지 행동생태학에서, 동물이 다양한 일을 수행하는 데 소모하는 시간과 에너지의 양을 정량적으로 평가하는 것.

Timofeev's corpuscles 티모피브소체 요도의 점막밑층과 전립샘피막(prostatic capsule)에 있는 특수한 감각신경말단.

Tinamiformes 티나무스목 명 티나무스류(tinamous)를 포함하는 새들의 목.

tinctorial 착색의 형 염료(dyestuff)를 만드는.

tinsel 깃꼴의, 깃털형의 형 가지치고 깃털 같은 편모(깃꼴편모)에 적용되는 말. 비 whiplash.

tip cell 정단세포 균사의 갈고리(구형돌기)에서 맨 끝에 있는 단핵세포. 돔세포(dome cell)보다 먼 쪽에 있고, 기부세포를 향하고 있다.

Ti plasmid Ti플라스미드 식물에서 근두암종(crown gall)을 일으키는 근두암종균(*Agrobacterium tumefaciens*)에 들어 있는 플라스미드. 이 가운데 일부(T-DNA)가 감염된 조직의 염색체에 통합된다. 정상적으로 이들은 특이한 아미노산을 암호화하고, 이들 아미노산은 세균의 먹이원으로 이용된다. 한편 T-DNA에 인공적으로 이어 붙인 외래유전자는 안정적으로 식물세포의 염색체에 통합되고, 오늘날 근두암종균과 그 T-DNA는 형질전환식물을 만들기 위해 식물세포로 외래DNA(foreign DNA)를 도입하는 데 있어서 가장 중요한 벡터의 하나가 되고 있다. 숙주세포의 염색체에 통합하는 능력을 간직하면서도 식물체에 종양을 일으키지 않도록 변형된 T-DNA가 이용된다.

tipophyte 연못식물 명 연못의 식물.

tissue 조직 명 신경조직, 결합조직 등과 같이 특정한 유형의 세포들의 조직화된 집합체.

tissue culture 조직배양 동물이나 식물에서 취한 세포들을 시험관 내에서(*in vitro*) 배양하는 것. ⇨ cell culture.

tissue factor 조직인자 손상된 혈관에서 방출되는 지방단백질(lipoprotein). 제VIIa인자와 함께 혈액의 응고를 야기한다.

tissue fluid 조직액 ⇨ interstitial fluid.

tissue graft 조직이식 어느 개체에서 다른 개체로 이식하거나 몸의 한 부위에서 다른 부위로 이식한 피부와 같은 조직.

tissue plasminogen activator (t-PA, TPA) 조직플라스미노겐활성인자 플라스미노겐(plasminogen)을 플라스민(plasmin)으로 변환하는 세린단백질가수분해효소.

tissue-specific 조직특이성의 특정한 세포형이나 조직에서만 발현하는 유전자에 적용되는 말.

tissue type 조직형 체세포의 표면에서 표출되는 주조직적합성복합체(MHC) 분자들의 세트.

titer 'titre'의 철자.

titin 티틴 명 근섬유의 근절(sarcomere)에서 굵은 필라멘트를 따라 Z반으로부터 M선까지 뻗어 있는 거대단백질(giant protein). 굵은 필라멘트가 근절의 중앙에 위치하도록 유지시키는 스프링으로 작용한다.

titre 역가(力價) 명 시료에 들어 있는 특정한 항체나 항원 또는 바이러스입자들의 농도.

TK ⇨ thymidine kinase.

T lymphocyte, T cell T림프구, T세포 가슴샘에서 발생단계를 겪는 림프구의 일종. 세포매개면역에 관여하고 B세포에 의한 항체의 생산을 도와준다. 성숙T세포들은 혈액과 림프조직에서 수많이 발견된다. T림프구에는 펩티드항원과 다른 세포의 표면에 있는 MHC분자의 복합체와 상호작용을 하는 항원특이적 T세포수용체가 있다. 항원에 의해 활성화된 다음, T세포는 면역반응에서 여러 다른 기능을 하는 몇 가지 아집단의 작동T림프구로 분화된다. ⇨ CD4 T cells, CD8 T cells, cytotoxic T lymphocyte, memory cell, regulatory T cell, Th1 cell, Th2 cell, Th17 cell. 비 B lymphocyte.

TLRs ⇨ Toll-like receptors.

TMP, dTMP ⇨ thymidine monophosphate.

TMV 담배모자이크바이러스 담배와 그 밖의 식물에서 반점(모자이크)이 나타나는 병을 일으키는 막대 모양의 RNA바이러스인 담배모자이크바이러스(tobacco mosaic virus).

TnC 가로무늬근의 트로포닌복합체를 구성하는 칼슘결합소단위인 트로포닌C (troponin C).

TNF ⇨ tumour necrosis factor.

TnI 트로포닌I 가로무늬근의 트로포닌복합체에서 ATP가수분해효소(ATPase)의 활성을 저해하는 소단위인 트로포닌I (troponin I).

TnT 트로포닌T 가로무늬근의 트로포닌복합체에서 트로포미오신(tropomyosin)과 결합하는 소단위인 트로포닌T(troponin T).

toad 두꺼비류 명 양서류 무미목(Anura)에서 무사마귀가 난 통통한 몸을 갖고 축축한 장소에 살며 알을 낳을 때에만 물로 돌아가는 종류들에 대한 일반적인 명칭. 개구리류와 두꺼비류 간에는 생물학적으로나 진화적으로 차이가 없으며, 무미목의 많은 과에는 양쪽의 종들이 포함된다. 개구리류(frog)라는 용어는 일반적으로 모든 무미목을 가리키는 데 사용된다.

toadstool 독버섯, 결상버섯 명 주름버섯속(*Agaricus*)에서 식용버섯이 아닌 주름버섯류에 대한 일반적인 명칭.

Tobamovirus 토바모바이러스군 명 담배모자이크바이러스(tobacco mosaic virus)를 포함하여 식물에 감염하는 막대 모양의 양성가닥RNA바이러스의 속.

Tobravirus 토브라바이러스군 명 담배얼룩바이러스(tobacco rattle virus)를 포함하는 막대 모양의 양성가닥RNA바이러스의 속. 이들 바이러스는 다요소바이러스(multicomponent viruses)로써, 두 가지 유전체RNA들이 2개의 다른 바이러스입자에 들어 있다.

tocopherol 토코페롤 ⇨ vitamin E.

Togaviridae 토가바이러스과 명 작고 껍질을 보유한 외가닥RNA바이러스의 과. 신드비스바이러스(Sindbis virus)와 풍진바이러스(rubella virus)가 포함된다. 많은 종류가 절지동물이 매개하는 바이러스인 아르보바이러스(arbovirus)인데, 셈리키삼림열바이러스(Semliki Forest virus), 동부뇌척수염바이러스(Eastern encephalomyelitis virus)와 로스강바이러스(Ross River virus) 등이 그 예가 된다.

token stimulus 명목자극(名目刺戟) 행동이나 물체에 대한 경험을 통해 관련짓게 되면서 간접적으로 작용하는 자극. 이를테면 색깔은 어떤 꽃들이 벌을 유혹하는 명목자극이지만, 실제로 벌들은 꿀을 먹기를 원한다.

tokology 생식학(生殖學) 명 생식(reproduction)을 연구하는 생물학의 한 분야. 의학 분야에서는 '산과학'이라고 한다.

tolerance 내성(耐性) 명 (1) 중금속과 같이 정상적으로 독성을 띠는 물질의 존재 하에서 생존하고 자라는 능력; (2) [면] 항원(예: 자신의 세포에 들어 있는 항원)에 대해 동물이 면역반응을 일으키지 않는 상태; (3) 약물을 반복적으로 복용한 다음에 개체의 약물에 대한 반응이 감소하는 상태. 형 **tolerant**.

Toll-like receptors (TLRs) 톨유사수용체 동물에서 세균과 바이러스 그리고 기타 미생물병원체가 지니는 다양한 일반적 특징을 인식하고, 선천성 면역계에 병원균이 들어왔음을 알리며, 척추동물의 경우 후천성 면역계의 활성화를 도와주는 수용체단백질의 패밀리. 이 명칭은 초파리에서 처음 밝혀진 톨(Toll)에서 비롯되었다. 톨유전자는 한편으로 초파리의 배발생에서 중요한 역할을 한다.

Tombusviridae 톰부스바이러스과 명 토마토덤불성장위축바이러스(tomato bushy stunt virus)를 포함하여 식물에 감염하는 등장성 입자로 된 양성-극성가닥 RNA바이러스의 과.

tomentose 밀면모성(密綿毛性)의 형 온통 밀생한 털이나 섬유로 빽빽이 덮인.

tomentum 면모(綿毛), 솜털 명 (1) 잎이나 줄기에 밀생한 털 또는 곰팡이의 갓이나 대(줄기)에 있는 필라멘트; (2) 그 밖에 온통 밀생한 구조.

tomite 유영기(遊泳期) 명 어떤 섬모충류의 생활주기에서 프로토마이트(protomite) 시기 다음의 자유로이 유영하고 섭식을 하지 않는 시기.

tomium 부리날 명 새 부리의 예리한 날.

tomography 단층촬영술 ⇨ computerized axial tomography, PET scan.

tomont 토몬트 명 섬모충류 전모류(holotrichans)의 생활주기에서 보통 포낭 내에서 몸체가 분열하는 시기.

tone 음조(音調), 긴장(성) 명 (1) 소리, 특히 높낮이와 질 그리고 강약과 관련한 소리; (2) ⇨ tonus; (3) 살아 있는 동물의 조직, 특히 근육에서 나타나는 긴장상태. ≒ **tonicity**.

tongue 혀 명 (1) 입의 바닥에서 융기한 보통 움직일 수 있는 기관; (2) 치설(radula)이나 설엽(ligula) 등과 같이 혀처럼 생긴 구조를 통틀어 이르는 말; (3) 일부 곤충의 아랫인두(hypopharynx).

tongue worms 설충류 ⇨ Pentastomida.

tonic 긴장의 형 긴장상태를 만드는. ⇨ tonus.

tonicity 장성(張性), 긴장성(緊張性) 명 (1) 삼투성(osmolarity); (2) ⇨ tone, tonus.

tonofilament 토노필라멘트 명 접착반점(spot desmosome)에서 상피세포들을 연결하는 케라틴필라멘트.

tonoplast 액포막 명 식물세포에서 중심액포(central vacuole)의 경계를 이루는 막.

tonotaxis 밀도주성(密度走性) 명 밀도의 변화에 반응하는 주성.

tonotopic 음위상 형 달팽이관 상의 각각의 점이 청각피질 상의 해당하는 점을 갖게끔 청신경에서 청각피질로 전달되는 입력에 대하여 공간적으로 조직화된 지도(음위상지도)를 만드는 일에 적용되는 말.

tonsilla 편도(扁桃), 소뇌편도 명 (1) 편도(tonsils); (2) 소뇌반구의 옆면에 있는 소엽.

tonsillar ring 편도고리 목구멍편도(palatine tonsil)와 인두편도(pharyngeal tonsil) 그리고 혀편도(lingual tonsil)로 형성되는 림프조직의 고리. ≒ Waldeyer's tonsillar ring.

T

tonsils 편도(扁桃) 명복 인두 또는 혀의 기부 부근에 위치하는 한 쌍의 림프조직.

tonus 긴장(緊張) 명 (1) 부분적인 흥분상태가 지속되는 것. 근육에서는 그 결과 부분적인 수축상태가 나타난다; (2) 어떤 신경중추에서, 수용기로부터의 어떤 감각신경자극이 없어도 끊임없이 운동신경자극을 내보내는 상태. ≒ tonicity, tone. 형 **tonic**.

tool use 도구사용 그것이 없었다면 이루지 못할 일을 동물이 어떤 물건을 이용하여 목표를 달성하는 것.

tooth ⇨ teeth.

toothed whales 이빨고래류 ⇨ Odontoceti.

toothplate 이(빨)판 명 먹장어류(hagfishes)에서 각질의 이빨이 달리는 연골의 유연한 판. 먹이를 갈기갈기 찢어서 입으로 밀어 넣는 구실을 한다.

tooth shells 굴족류 ⇨ Scaphopoda.

topaesthesia, topaesthesis 촉각부위, 국소인지 명 촉각의 위치를 인식하는 것.

topobiology 위상생물학(位相生物學) 명 위상적으로 위치한 분자의 활동과 세포의 행동이 형태적 유형을 생성할 수 있다는 개념.

topochemical 지리화학적 형 개미에서 볼 수 있는 것과 같이 자국(track)이나 장소와 관련하여 냄새를 지각하는 감각(지리화학적 감각)에 적용되는 말.

topocline 지역연속변이 명 항상 생태적 기울기와 관계되지 않고 지형과 기후 등의 다른 요인들과 관련이 있는 지리적 변이.

topodeme 지역개체군 명 특정한 지리적 지역을 차지하는 최소교배단위(deme).

topogamodeme 지역생식개체군 명 특정한 지역을 차지하면서 생식이나 번식의 단위를 이루는 개체들.

topogenous mire 지형기원적 습원 지하수면이 항상 높은 곳에서 발달하는 습원.

topographical maps 대뇌피질에서, 감각부위들의 점들을 피질의 점들로 표시하여 지도를 작성하는 것.

topoinhibition 접근억제 명 다른 세포들이 근접한 결과로 세포의 과정들이 억제되는 것.

topoisomerases DNA회전효소 ⇨ DNA topoisomerases.

toponym 지역명 명 (1) 장소나 지역의 이름; (2) 식물이나 동물이 기원한 장소를 표시하는 분류명.

topotaxis 지향주성(指向走性) 명 자극의 세기가 공간적으로 차이를 나타내는 데 따른 운동, 그리고 자극원과 관련된 방향정위(orientation).

topotropism 지향굴성(指向屈性) 명 자극이 오는 곳을 향하여 방향을 잡는 것. 형 **topotropic**.

topotype 동소기준표본(同所基準標本) 명 정기준표본과 동일한 장소에서 채집된 표본.

toral 형 'torus'와 관련된 말.

torcular 정맥동후두골연합 명 정맥굴(venous sinus)과 경막(dura mater)의 후두골 연합.

tori 'torus'의 복수형.

tornaria 토르나리아 명 일부 장새강(Enteropneusta)의 발생단계에서 자유로이 유영하는 유생시기.

tornate 형 (1) 맨 끝이 뭉툭한; (2) 둥글둥글한.

torose 형 뚱뚱한 융기를 가진.

Toroviridae 토로바이러스과 명 사람과 그 밖의 포유동물에서 창자감염을 일으키는 껍질을 보유한 외가닥RNA바이러스의 과. 가늘고 긴 바이러스입자들이 때때로 토러스(torus) 모양으로 구부러진다.

torpor 휴면상태 명 일부 동물에서 나타나는 것처럼 체온이 떨어지고 대사율이 크게 감소하면서 활동이 완전히 정지된 상태. 이는 날마다 일어나거나 어느 계절에 한정되어 일어나는데, 후자의 경우 동면(hibernation)이 널리 알려진 예가 된다.

torques 토퀴즈 명 부드러운 털이나 깃털이 목걸이처럼 배열된 것.

torsion 비틀림, 회전(回轉) 명 (1) 나선형으로 구부러진 것; (2) 복족류가 발달함에 따라 몸체 주위가 꼬이는 것. 형 **torsive**.

torsion angle 비틀림각 단백질사슬에서 펩티드결합의 어느 쪽 끝에 있는 기(group)의 회전각도. ⇨ phi torsion angle, psi torsion angle.

torticone 명 탑 모양의 나사선이 있는 껍데기.

tortoises 땅거북류 ⇨ Chelonia.

torula 토룰라 명 (1) 작은 원절(torus); (2) 작고 둥근 융기; (3) 효모세포.

torulose 염주모양의 형 (1) 작은 융기가 있는; (2) 염주 모양의.

torulus 토룰루스 ⇨ antennifer.

torus 꽃턱, 융기, 원절(圓節) 명 (1) 꽃의 꽃턱(receptacle); (2) 단단하게 돌출된 곳 또는 가장자리의 주름이나 능선; (3) 고양이에서 볼 수 있는 것과 같이 다양한 동물의 발에 있는 발바닥 살(pad). 형 **tori**.

total digestible nutrients (TDN) 가소화영양소총량(可消化營養素總量) 음식물을 화학적으로 분석한 자료와 변의 조성을 분석한 소화성의 자료를 결합하여 영양가치를 측정한 것.

total range 총행동권 각각의 동물이 일생동안 다니는 전체 면적.

totipotent 개체형성능의, 분화전능성(分化全能性)의 형 어떤 세포형(cell type)이라도 형성할 수 있는 능력을 갖춘 세포에 적용되는 말. 포유동물에서 유일하게 진정한 전능성을 갖는 세포는 배아의 상실기(morula stage)이고, 이로부터 일부 태반조직과 배외막(extraembryonic membrane) 그리고 배(embryo) 자체가 생겨난다. 명 **totipotency**. 비 multipotent, pluripotent.

touch receptors 촉각수용기 피부의 표피에서 촉각을 전달하는 감각신경의 말단이 팽창된 것.

toxa 궁상골편 ⇨ toxon.

toxic 독성의, 유독한 형 (1) 독성물질(poison)과 관련되거나, 그로부터 유발되거나 또는 그 성질을 가진; (2) 유해한.

toxicity 독성(毒性) 명 독성물질의 해로운 특성.

toxicogenic 독소생산성의 ⇨ toxigenic.

toxicogenomics 독성유전체학 명 독성화합물이 끌어내는 범유전체적 유전자발현 반응의 관점에서 독성 화합물을 연구하는 것.

toxicology 독성학(毒性學) 명 독성물질과 이들이 생물에 미치는 영향을 다루는 학문.

toxicophorous, toxiferous 담독성(擔毒性)의 형 독성물질을 간직하거나 나르는.

toxic shock syndrome 독성쇼크증후군 혈류에 감염된 어떤 세균, 특히 황색포도상구균(*Staphylococcus aureus*)에서 분비되는 독소에 의해 온몸에서 일어나는 쇼크. 독소는 초항원(superantigen)으로 작용하여 대량의 비특이적 T세포반응을 유발하고 쇼크증후군을 일으키는 시토카인(cytokine)을 방출한다.

toxigenic 독소생산성의 형 독성물질을 생산하는.

toxiglossate 독소설(毒素舌)의 형 어떤

육식성 해산 복족류에서 볼 수 있는 것과 같이 침샘의 독성 분비물을 나르는 속이 빈 치설(radula)을 가진.

toxin 독소(毒素) 명 식물이나 동물 또는 미생물에서 유래된 독성물질(특히 독성단백질)을 통틀어 이르는 말. ⇨ phytotoxin, zootoxin, mycotoxin.

toxognaths 독턱 명복 지네류에서, 독관(poison duct)의 개구부가 있는 제1가슴절의 부속지.

toxoid 변성독소(變性毒素) 명 독성을 상실하였지만 여전히 항체의 생성을 촉진할 수 있는 독소.

toxon 궁상골편(弓狀骨片) 명 활 모양의 골편. ≒ **toxa**.

toxophore 독성단(毒性團), 독성기(毒性基) 명 독성물질에서 유독한 성질의 원인이 되는 부분.

TP ⇨ turgor pressure.

tPA ⇨ tissue plasminogen activator.

TPA (1) 조직플라스미노겐활성인자(tissue plasminogen activator); (2) 테트라포볼아세트산(tetraphorbol acetate).

TPP ⇨ thiamine pyrophosphate.

trabecula 기둥, 지주 명 (1) 생물체에서 공간을 메우는 기둥 같은 구조. 이를테면 공간(강)에 걸쳐 있는 세포들의 열, 기관에서 불완전한 격막이나 틀을 이루는 작은 섬유성 띠, 심실의 내부 표면에서 돌출하는 근육기둥 등이 그 예가 된다; (2) [식] 세포의 내강(lumen)을 가로질러 뻗어 있는 세포벽의 막대 같은 부분, 양치식물의 포자낭을 가로질러 뻗어 있는 불임세포들의 판, 주름버섯류의 원시주름(primordial gill). 복 **trabeculae**.

trabecular 기둥의 형 (1) 빗장의 골격구조를 가진; (2) 기둥(trabecula)과 관련되거나 기둥으로 구성된. ≒ **trabeculate**.

trace element 미량원소(微量元素) 생체조직에서 미량으로 존재하고 생물이 적은 양만을 필요로 하는 화학원소들. 이들 원소는 주로 일부 단백질의 보결분자단으로 요구된다. 크롬, 코발트, 구리, 망간, 몰리브덴, 니켈, 셀레늄, 텅스텐, 바나듐, 아연 및 철이 이에 속한다. 모든 생물이 이들 원소 모두를 필요로 하는 것은 아니다. ≒ micronutrients. 비 macronutrient.

tracer 추적자 명 화학적으로 또는 방사능으로 표지되어 생화학반응이나 대사과정이나 또는 몸을 통과할 때 행방을 추적할 수 있는 분자나 원자.

trachea 기관(氣管), 물관 명 (1) [동] 척추동물의 기관(windpipe); (2) 곤충과 기타 절지동물의 호흡계에서 공기로 채워진 세관들 가운데 하나. 가슴과 배의 옆면에 있는 구멍(spiracle, 숨구멍)을 통해 외부와 통한다; (3) [식] 식물체에서 나선형이나 고리 모양으로 비후된 벽을 가진 물관부조직의 요소. 복 **tracheae**. 형 **tracheal**, **tracheary**.

tracheal gills 기관아가미 일부 곤충의 수중생활을 하는 유충의 복부에서 자라난 작은 날개 같은 호흡기관.

tracheary elements 관상요소 물관부의 수분통도세포.

tracheate 유기관(有氣管)의 형 기관을 가진.

tracheid 헛물관, 가도관(假導管) 명 모든 관다발식물의 물관부에 있는 수분통도세포의 일종. 보통 나선상 비후부 또는 유연벽공(bordered pit)이 있는 목질화된 2차세포벽을 갖지만, 세포벽에 천공판(perforation plate)은 없다. 비 vessel element.

tracheidal cells 헛물관상세포 내초(pericycle)에 있는 헛물관과 비슷한 세포.

trachelate 형 목의 형성(neck formation)

처럼 좁아지는.

trachelomastoid 형 (1) 목 부위와 꼭지돌기(mastoid process)에 관련된 말; (2) 근육(두최장근, longissimus capitis)에 적용되는 말.

trachenchyma 기관조직 명 기관의 혈관조직.

tracheobronchial 기관지의 형 (1) 기관과 기관지(bronchi)에 관련된, 림프샘에 적용되는 말; (2) 기관의 아래쪽 끝과 기관지의 상부로 형성되는 울대(syrinx)에 적용되는 말.

tracheole 기관세지(氣管細枝) 명 곤충과 기타 절지동물의 기관계나 호흡계에서 조직에 직접 분포하는 가는 가지.

Tracheophyta 관다발식물문, tracheophytes 관다발식물 ⇨ vascular plants.

trachyglossate 치설(齒舌)의 형 긁어대거나 이빨이 있는 혀를 가진.

tract 관(管), 로(路), 길 명 (1) 소화관처럼 전체로서 간주되는 부위 또는 영역 또는 계; (2) 중추신경계 내에 있는 신경섬유의 구별가능한 띠 또는 다발.

tractellum 전진편모 명 편모충류(Mastigophora) 또는 유주자의 앞쪽 끝에서 회전운동을 일으키는 편모.

tragus 귓기둥, 이주(耳柱) 명 귀의 달팽이관 앞에 있는 작고 뾰족한 융기. 많은 박쥐들에서 잘 발달된다.

trait 형질(形質) 명 유전적으로 또는 환경적으로 또는 두 가지 모두에 의해 결정되는 뚜렷한 표현형질. 유전성 형질의 예로는 꽃의 흰색과 그 밖의 색깔, 초파리의 흰 눈이나 빨간 눈, 사람에게 흔한 대머리, 그리고 낫형 적혈구빈혈증과 그 밖의 유전병들이 있다.

trama 균사층(菌絲層), 실질(實質) 명 주름버섯류의 주름(gill)에서 균사들이 뒤얽혀 있는 안쪽의 층.

***trans* 엇갈린, 트랜스** (1) 저편에 또는 다른 쪽에; (2) 유전학에서, 한 쌍의 상동염색체의 동일한 유전자자리에서 일어나는 두 가지의 다른 돌연변이(그 중 하나는 한 염색체에 그리고 다른 하나는 다른 염색체에)를 가리키는 말. 비 *cis*; (3) 2중결합의 구조에서 치환기의 위치가 다른 두 가지 배열 가운데 하나(엇갈린 배열)에 적용되는 말. 이의 상대적인 용어는 '*cis*', 즉 시스배열(수평배열)이다.

transacetylase 아세틸기전달효소 ⇨ acetyltransferase.

***trans*-acting 타부위작용의, trans-regulatory 타부위조절의** 형 다른 곳의 유전자와 협력하거나 그에 작용하는 어느 염색체의 유전자 또는 그 유전자에서 만들어지는 단백질산물에 적용되는 말.

transacylase 아실전달효소 ⇨ acyltransferase.

transad 지리적 격리종 명 (1) 지리적 또는 환경의 장벽에 의해 따로 떨어진 유연관계가 밀접한 종; (2) 형 유럽과 미국의 순록처럼, 환경장벽에 의해 따로 떨어진 같은 종이거나 유연관계가 밀접한 종의 생물들에 적용되는 말.

transaldolase 트랜스알돌라아제 명 5탄당인산경로(pentose phosphate pathway)에서 세도헵툴로오스 7-인산과 글리세르알데히드 3-인산이 에리트로오스 4-인산과 과당 1-인산으로 전환되는 것처럼, 케토오스에서 3탄소(알데히드) 단위를 알도오스로 전이하는 반응을 촉매하는 널리 분포하는 효소. EC 2.2.1.2.

transalpine 트랜스알파인 형 알프스 산맥의 북쪽에 위치한.

transaminase 아미노기전달효소 ⇨ aminotransferase.

transamination 아미노기전달(반응) 명 한 분자에서 다른 분자로 아미노(NH_2)기

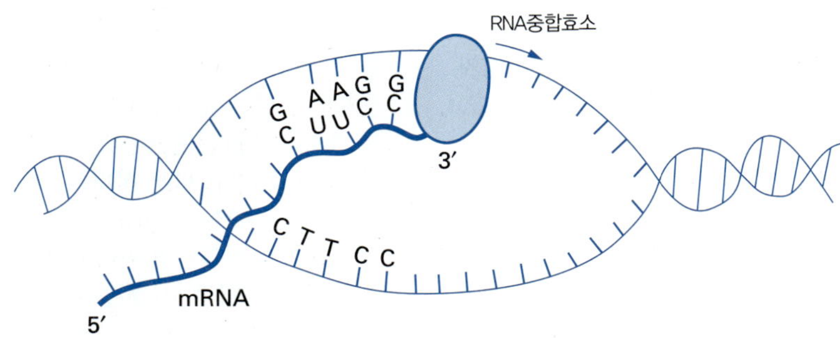

그림 39. DNA로부터의 RNA의 전사.

를 전달하는 것.

transcript 전사물 명 RNA중합효소에 의해 DNA나 RNA주형으로부터 합성되는 RNA. ⇨ RNA editing, RNA processing, RNA replicase, RNA splicing, transcription.

transcriptase 전사효소 명 전사(transcription)를 촉매하는 효소를 통틀어 이르는 말. ≒ RNA polymerase, DNA-dependent RNA polymerase.

transcription 전사(轉寫) 명 염기짝짓기 규칙(base pairing rule)에 따라 RNA중합효소의 도움으로 DNA가닥의 뉴클레오티드를 복사하여 상보적인 RNA복사본을 만드는 것. 진핵생물에서 전사는 핵에서 일어난다. (⇨ 그림 39)

transcriptional control 전사조절 전사의 개시 단계에서 유전자의 발현을 조절하는 것.

transcriptional regulators 전사조절인자 전사와 유전자발현을 개시하거나 저해하기 위하여 DNA 상의 특정 조절부위에 결합하는 조절단백질. 일반적으로 진핵세포의 유전자는 전사의 최대수준에 달하기 위하여 여러 조절단백질들이 반드시 결합해야 하는 복잡한 조절부위를 가진다.

transcriptional terminator 전사종결자 전사의 끝이라는 신호가 되는 유전자의 짧은 염기순서.

transcription complex 전사복합체 유전자의 프로모터(촉진유전자) 상에서 형성되고 전사를 개시하는 전사인자들과 RNA중합효소의 복합체.

transcription factor 전사인자 전사의 개시를 조절하는 데 직접 관여하는 단백질들에 대한 일반적인 명칭. ≒ gene regulatory protein. ⇨ general transcription factor.

transcription unit 전사단위 반복되는 구성을 갖는 RNA로 전사되는 염색체(또는 *in vitro*에서 DNA)의 영역. 전사단위는 하나 또는 여러 유전자를 포함하고 있다.

transcriptome 전사체 명 특정한 조건이나 발생단계 하에서 특정한 세포나 생물에서 실제로 발현되는 모든 유전자들. 이 용어는 때때로 정해진 유전체로부터 발현될 수 있는 모든 유전자를 가리킨다.

transcytosis 통과세포외 배출 명 세포의 한쪽 면에서 세포내 섭취(endocytosis)에 의해 상피를 가로질러 물질이나 용질이 통과하고, 소포로 수송되어 다른 쪽 면에서 배출되는 것.

transdetermination 세포운명전환 명 배양한 일부 초파리의 성충판(imaginal

discs)에서 볼 수 있는 것과 같이 어떤 기관이 될 것이라고 결정된 상태가 다른 기관이 되는 상태로 세포의 운명이 바뀌는 것.

transdifferentiation 전환분화(轉換分化) 명 세포가 완전히 분화된 어떤 상태에서 다른 상태로 바뀌는 것. ≒ metaplasia.

transduce 형질도입하다 ⇨ transduction.

transducer 변환체 명 생물체에서 어떤 형태의 자극을 다른 종류의 신호로 변환하는 구조를 통틀어 이르는 말. 접촉을 전기적 충격으로 변환하는 감각수용기가 그 예이다.

transducin (G_t) 트랜스듀신 명 망막의 막대세포와 원뿔세포에 있는 3합체형(heterotrimeric) G단백질. 빛을 받아 활성화된 로돕신(rhodopsin)에서 나오는 신호를 망막의 뉴런으로 전달하기 위한 전기신호로 전환하는 데 관여한다.

transducing phage 형질도입파지 어느 세균에서 취한 유전자를 자신의 유전체에 통합시켜 이를 새로운 숙주세균으로 전달할 수 있는 박테리오파지.

transduction 전달, 형질도입(形質導入) 명 (1) 정보를 나르고 전달하는 과정. ⇨ sensory transduction, signal transduction; (2) [유] 어느 세균으로부터 박테리오파지DNA 일부의 수송을 통해 다른 세균으로 유전자를 전달하는 것. 동 **transduce**.

transect 트랜섹트 명 특정한 서식지 내에 출현하는 생물들을 채집하고 생물의 분포를 이해할 목적으로 설정한 선(line transect)이나 띠(belt transect) 또는 단면(profile transect). ⇨ quadrat, transect sampling.

transection 횡단면 명 세로축을 따라 절단한 것. ≒ cross-section, transverse section.

transect sampling 트랜섹트표본추출 선을 따라(line transect) 또는 2개의 인접한 트랙섹트선 간의 띠 안에서(belt transect) 규칙적인 간격으로 표본을 조사하는 표본 조사법.

transeptate 횡단격막의, 가로막의 형 가로막(횡단격막)을 가진.

transfection 형질주입 명 배지에 DNA를 첨가하여 세포를 유전적으로 변형시키는 것. 일시적으로 DNA가 들어갈 수 있도록 조작한 세포에 DNA가 도입되고, 어떤 경우에는 DNA가 유전체에 안정적으로 통합된다. 동 **transfect**.

transfer cell 수송세포 많은 식물조직에 들어 있는 유조직세포의 일종. 세포벽이 안쪽으로 자라서 원형질막의 표면적이 크게 증가한다. 단거리에 걸친 용질의 수송에 관여하는 것으로 여겨진다.

transfer RNA (tRNA) 운반RNA 모든 세포에 존재하는 작은 RNA의 일종. 단백질합성을 위해 아미노산을 리보솜으로 운반하는 구실을 한다. 각각의 운반RNA는 오직 한 가지 종류의 아미노산과 결합한다(예: $tRNA^{Cys}$, $tRNA^{Lys}$). 각 운반RNA 상에 있는 3개의 염기로 된 역코돈(anticodon)과 전령RNA에 있는 상보적인 코돈과의 특이적 염기짝짓기에 의해, 운반RNA는 정확한 아미노산을 합성되는 폴리펩티드사슬에 첨가해 준다.

transferase 전달효소 명 어느 분자에서 다른 분자로 어떤 기(group)를 옮기는 반응을 촉매하는 효소를 통틀어 이르는 말. EC 2.

transferrin 트랜스페린 명 혈장에 들어 있는, 철을 수송하는 단백질.

transformation 형질전환(形質轉換) 명 (1) 배지에 첨가한 DNA가 세균세포에 들어가서 세균을 유전적으로 변형시키는 것. 형질전환은 혼합감염(mixed infection)

에 의해 자연적으로 일어날 수 있고, 세균 유전학의 실험에서 재조합DNA가 들어 있는 세균을 만드는 데에도 이용된다; (2) 종양바이러스에 의한 감염이나 암유전자(oncogene)의 도입 또는 발암물질의 처리 후에 배양세포에서 일어나는 변화. 세포가 무기한으로 분열할 수 있게 되고 암세포의 특징적인 여러 다른 변화를 겪는다. 어떤 경우에는 형질전환세포(transformed cell)가 악성으로 변환되어 동물에 이식하였을 때 종양을 일으킨다. ≒ neoplastic transformation.

transformation series 변형계열 ⇨ evolutionary transformation series.

transformed cell 형질전환세포 ⇨ transformation.

transforming 형질전환의 형 민감성 배양세포에 도입하였을 때 세포형질전환(neoplastic transformation)을 일으킬 수 있는 바이러스나 단백질 또는 유전자에 적용되는 말.

transforming growth factor-β (TGF-β) 형질전환생장인자-β 일부 CD4 T세포, 특히 조절T세포에 의해 생성되고 T세포의 반응과 대식세포의 활성화를 억제하는 경향이 있는 시토카인(cytokine). 단백질의 TGF-β 패밀리의 다른 종류들[예: 뼈형성단백질(bone morphogenetic proteins), Nodal단백질, Nodal유사단백질]은 척추동물의 배발생에서 세포간 신호의 핵심적인 역할을 한다.

transforming principle 형질전환원칙 처음에 비병원성(avirulent) 폐렴구균(R)이 병원성 형태(S)로 형질전환되는 원인이 되는 물질에 붙여진 이름. 나중에 이 물질은 DNA라고 규명되었다.

transfusion tissue 이입조직(移入組織) 겉씨식물의 잎에서 유조직세포와 헛물관상세포(tracheidal cells)로 구성된 조직.

transgene 전이유전자 명 유전공학의 기술에 의해 식물이나 동물에 인공적으로 도입된 유전자를 통틀어 이르는 말. 이러한 생물을 유전자전이식물 또는 유전자전이동물이라고 한다. 전이되는 유전자는 보통 다른 종에서 유래되지만, 생물 자신의 유전체에 있는 유전자에 돌연변이를 일으킨 변형일 수도 있다.

transgenesis 유전자이식 명 유전공학의 기술에 의해 한 종에서 다른 종으로 유전자를 의도적으로 도입시키는 것.

transgenic 유전자전이의 형 유전공학에 의해 의도적으로 다른 종으로부터 유전자를 도입하거나 또는 돌연변이를 일으켜 변형된 자신의 유전자를 도입한 동물이나 식물에 적용되는 말.

***trans* Golgi network (TGN) 후기골지망** 골지장치에서 세포막 쪽을 향한 면인 성숙면(*trans* face)에 있는 서로 연결된 세관들과 시스터나(cisterna)의 체계. 비 *cis* Golgi network.

transgressive 초월적인 형 인접한 두 군집에 겹치는 종에 적용되는 말.

transhydrogenase 수소전달효소 명 한 분자에서 다른 분자로 수소가 전달되는 반응을 촉매하는 효소군을 예전에 부르던 이름. 지금은 EC 1군에 속한다.

transient 일시적 형 (1) 일시적인; (2) 짧은 기간의.

transient diploid 일과성 2배체 주로 반수체인 곰팡이와 조류의 생활주기에서 감수분열이 일어나는 시기.

transient polymorphism 일시다형성, 과도적 다형성 같은 번식집단 내에서 잠시 동안 두 가지 또는 그 이상의 뚜렷이 다른 유형의 개체들이 공존하다가 결국 한 유형은 다른 유형으로 대체되는 것.

transilient 유월(逾越)의 형 대뇌피질에서 인접해 있지 않은 부분들을 연결하는 신경섬유에 적용되는 말.

transit-amplifying cell 전이증폭세포 표피와 소화관상피의 기저층에 있는 세포의 일종. 줄기세포에 의해 생성되고 분열하여 분화세포들로 분화한다.

transit sequence 엽록체로 가게 될 새로 합성된 단백질의 N-말단에 있는 아미노산의 염기순서. 세포질에서 이들이 합성된 부위로부터 엽록체막을 가로질러 수송되는 데 필요하다.

transition 염기전이 명 DNA사슬에서 어느 피리미딘염기가 다른 피리미딘염기로 또는 어떤 푸린염기가 다른 푸린염기로 각각 치환하는 돌연변이.

transitional 이행(移行)의, 전이의 형 (1) 어느 상태와 다른 상태 사이의; (2) 수뇨관과 방광에서 세 번째 층과 안쪽 층의 유사분열에 의해 스스로 재생되는 상피(이행상피)에 적용되는 말; (3) 총상(racemose)꽃차례와 취산상(cymose)꽃차례의 중간적인 꽃차례에 적용되는 말; (4) 일부는 매끄럽고(활면소포체) 일부는 거친(조면소포체) 소포체(이행형 소포체)에 해당하는 말.

transition state 전이상태 화학반응에서 화학결합이 형성되거나 깨지면서 일시적으로 자유에너지가 최대로 되는 상태. 전이상태는 활성화에너지장벽의 꼭대기에서 나타난다. 효소들은 기질에 비하여 전이상태와 훨씬 높은 친화력을 가진다. ⇨ activation energy.

transition state analogue 전이상태유사체 화학반응의 전이상태에 있는 구조와 유사하지만 효소와 결합하여 더 이상 반응하지 않기 때문에 효소촉매반응을 저해하는 화합물.

transketolase 케톨전달효소 명 광합성과 5탄당인산경로(pentose phosphate pathway)에서 리보오스 5-인산과 크실룰로오스 5-인산이 세도헵툴로오스 7-인산과 글리세르알데히드 3-인산으로 전환되는 것처럼, 케토오스에서 2탄소 단위를 알도오스로 전이하는 반응을 촉매하는 널리 분포하는 효소. EC 2.2.1.1.

translation 번역(飜譯) 명 전령RNA에 암호화되어 있는 유전정보에 따라 단백질이 합성되는 과정. 전령RNA는 폴리펩티드사슬의 단계적인 합성을 위한 주형이 된다. 전령RNA의 코돈과 아미노산을 나르는 운반RNA의 상보적인 역코돈과의 조화에 따라 아미노산들이 정확한 순서로 연결된다. 번역은 세포질에 있는 리보솜 상에서 일어난다. ⇨ genetic code. (⇨ 그림 40).

translational control 번역조절 번역의 단계에서 유전자의 발현을 조절하는 것. 알들과 초기 배아에서 볼 수 있는 것과 같이 전령RNA는 만들어지지만 번역되지 않고, 때로는 나중에 쓰려고 저장한다.

translational frameshifting 번역틀이동 번역에서, 정상적인 종결신호를 건너뛰고 다른 해독틀(reading frame)에서 번역을 계속하는 것. 이를테면 Gag-Pol융합단백질을 생성하는 레트로바이러스에서 나타난다.

translational recoding 번역재암호화 셀레노시스테인(selenocysteine)을 나르는 특수한 운반RNA가 정상적으로 종결신호를 나타내는 UGA코돈과 짝을 이룸으로써 번역의 과정에서 단백질사슬에 셀레노시스테인이 삽입되는 것.

translational research 중개연구 실험적으로 밝혀진 결과를 의학적으로 유용한 치료나 절차에 적용하는 연구.

translocase 전위효소 명 (1) 투과성의 장벽이 되는 막 내외로 물질의 촉진확산(facilitated diffusion)을 중재하는 효소를 통틀어 이르는 말; (2) 신장인자

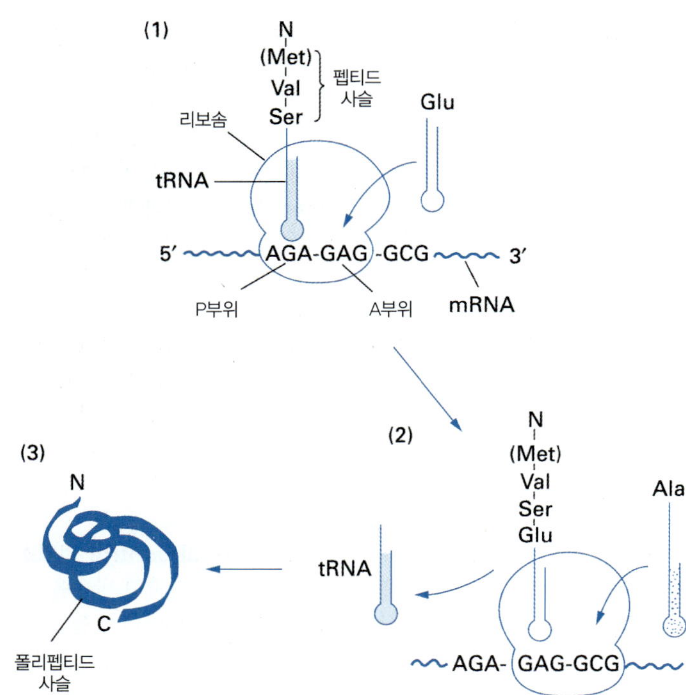

그림 40. 전령RNA가 번역되어 단백질이 합성되는 단계. (1) 이미 합성된 폴리펩티드사슬의 일부를 나르는 운반RNA(tRNA)가 리보솜 상의 P부위에 자리잡고 있다. 전령RNA(mRNA)의 코돈과 대응하는 역코돈을 지닌 적합한 아미노아실tRNA가 P부위 옆의 A부위에 정렬한다. (2) 펩티드결합을 통해 새로 들어온 tRNA가 나르는 아미노산에 펩티드사슬을 넘겨준다. 이런 방식으로 새로운 아미노산이 차츰 늘어나는 폴리펩티드에 첨가된다. 이와 동시에 리보솜은 mRNA를 따라 한 부분 이동하여 A부위는 다음의 아미노아실tRNA와 결합하도록 빈 상태가 된다. 펩티드사슬을 넘겨준 tRNA는 리보솜을 떠난다. (3) 번역의 결과물은 완벽한 단백질 사슬이다. 합성이 끝나면 사슬이 접혀져서 각 단백질마다 고유한 입체구조가 형성된다.

(elongation factor) EF-G.

translocation 이동, 전류(轉流), 전좌(轉座) 명 (1) 다른 장소나 서식지로 이동하거나 제거하는 것; (2) 생물체 내에서, 특히 식물의 체관부에서 용액의 형태로 물질이 운반되는 것; (3) 염색체의 잘려진 일부가 비상동염색체에 붙는 염색체의 재배열. ⇨ reciprocal translocation; (4) 막의 내외로 이동하는 단백질에 적용되는 말.

translocation factor 신장인자 (elongation factor) EF-G.

translocation quotient 전류율(轉流率) 줄기와 뿌리에 들어 있는 특정물질 함량의 비율. 물질의 이동성이나 상대적 전류를 측정하는 것이다.

translocator 운반체 명 막의 내외로 물질이 운반되도록 중개하는 막단백질.

transmedian 정중횡단의 형 정중선(median line)과 관련되거나 정중선을 가로지르는.

transmembrane 막관통의 형 막횡단전위(transmembrane potential)나 막관통

단백질(transmembrane protein)에서와 같이 막을 가로지르는.

transmembrane protein 막관통단백질 생체막을 완전히 가로지르는 단백질. 막관통단백질은 막을 관통하는 영역(도메인)의 방위에 따라 다음과 같이 구분된다. I형은 신호서열(signal sequence)이 쪼개져서 C말단이 세포 외부에 그리고 N말단이 세포질에 존재한다. II형은 쪼개지지 않고 막관통영역(신호닻배열, signal anchor)으로 작용하는 N말단신호서열을 가지며, N말단은 세포질에 그리고 C말단이 세포 외부에 있다. III형은 신호서열이 없고, 세포외 N말단과 세포질의 C말단을 가진다. IV형은 C말단 부위에 신호닻배열이 있고, N말단은 세포질에 그리고 C말단이 세포 외부에 있다. ⇨ membrane protein, membrane transport, membrane transport protein. (⇨ 그림 26)

transmembrane potential 막횡단전위 ⇨ membrane potential.

transmethylase 메틸기전달효소 ⇨ methyltransferase.

transmissible 전염성 형 접촉에 의해, 또는 공기나 물이나 음식에 의해 또는 매개곤충에 의해 한 개체에서 다른 개체로 옮길 수 있는 질병에 적용되는 말. 즉 세균, 바이러스, 곰팡이 및 그 밖의 기생생물에 의해 일어나는 질병에 적용된다. 비 non-transmissible.

transmissible spongiform encephalopathies 전염성 해면뇌병증 사람과 동물에서 나타나는 신경퇴행병(neurodegenerative disease)의 일종. 사후에 뇌에 스펀지 같은 작은 구멍이 생기는 점이 특징이다. 양의 스크래피(scrapie), 소의 소해면상뇌증(bovine spongiform encephalopathy) 그리고 사람의 크로이츠펠트-야콥병(Creutzfeldt-Jakob disease)이 있다. 프리온(prion)이라고 부르는 전달매개물질과 감염의 메커니즘은 아직 완전히 규명되지 않았다.

transmission electron microscope (TEM) 투과전자현미경 시료를 투과한 전자들의 회절(diffraction)로부터 상을 얻는 전자현미경. 비 scanning electron microscope.

transmission genetics 전달유전학 한 세대에서 다음 세대로 유전자들이 전달되는 데 관련되는 메커니즘의 관점에서 연구하는 유전학.

transmitter 전달물질 ⇨ neurotransmitter.

transpalatine 횡구개골(横口蓋骨) 명 악어류에서 익상골(pterygoid)을 협골(jugal)과 위턱에 연결하는 머리뼈.

transpeptidation 펩티드전달 명 세균의 세포벽에서 펩티도글리칸(peptidoglycan)의 짧은 펩티드들 간에 펩티드결합이 형성되는 것.

transpinalis 횡극근(横棘筋) 명 척추뼈의 가로돌기를 연결하는 근육.

transpiration 증산(蒸散) 명 식물의 잎과 줄기에 있는 기공을 통해 물이 증발하는 현상.

transpiration pull 증산당김 증산작용에 의해 잎에서 물이 끊임없이 빠져 나가고, 그 결과 뿌리에서 잎으로 물관부를 통한 물의 흐름이 생기는 것.

transpiration stream 증산류(蒸散流) 물관부를 통해 뿌리에서 잎으로 물과 무기용질이 위쪽으로 이동하는 것.

transplant (1) 동 **이식하다** 동일한 개체의 몸에서 어느 부분으로부터 다른 부분으로 조직을 옮기거나 어느 개체에서 다른 개체로 조직을 옮기다; (2) 명 **이식체** 이러한 방식으로 이식된 조직. ≒ graft.

transplantation antigen 이식항원 ⇨

histocompatibility antigen.

transport 운반, 수송 ⇨ active transport, facilitated diffusion, passive transport, translocation.

transporter 운반체 ⇨ transport protein.

transport protein 수송단백질 (1) 몸 안에서 또는 세포 내에서 특정물질과 결합하고 이를 수송하는 단백질을 통틀어 이르는 말; (2) 생체막 내외로 물질이나 이온을 수송하는 단백질. ≒ transporters. ⇨ membrane transport protein.

transport vesicle 수송소포(輸送小胞) 진핵세포 내에서 어느 세포내 구획으로부터 다른 구획으로 물질을 수송하는 막으로 둘러싸인 작은 소포. 어느 구획으로부터 싹터서 분리되어 다른 구획의 막과 융합된다.

transposable genetic elements 전이(유전)인자 전이(transposition)라고 부르는 과정을 통해 염색체 상의 어느 부위로든지 자신을 삽입시키는 특성을 지닌 DNA염기순서. 진핵생물과 원핵생물의 모든 유전체에 들어 있다. 가장 단순한 유형의 전이인자는 세균의 삽입순서(insertion sequence)인데, 이는 세균 자신의 전이에 필요한 유전자만을 운반한다. 보다 큰 전이인자는 항생물질내성과 같은 다른 기능을 가진 유전자도 운반한다. ≒ mobile DNA elements, transposons. ⇨ controlling element, drug-resistance plasmids, insertion sequence, retrotransposon, transposition.

transposase 전이효소 명 전이인자가 전이(transposition)를 하는 데 필요한 단백질(들).

transposition 전이(轉移), 자리바꿈 명 (1) DNA염기순서가 동일한 DNA분자 상의 다른 위치나 다른 DNA분자로 이동하는 것. 전이는 염기순서가 절제(excision)된 다음에 어느 부위로든지 다시 삽입되면서 일어날 수 있고, 염기순서가 복제된 다음에 복사본이 임의의 위치에 삽입되면서 일어날 수도 있다. 이렇게 자리를 바꿀 수 있는 DNA염기순서를 전이유전인자(transposable genetic element) 또는 전이인자(transposon)라고 하며, 이들의 대부분은 자신들의 전이에 필수적인 기능 모두를 암호화하고 있다. 전이는 삽입된 부위에서 유전자를 불활성화하거나 유전자발현을 변화시킬 수 있다. ≒ **transpositional site-specific recombination**. ⇨ retrotransposon; (2) 전좌(translocation).

transposon 전이인자, 트랜스포존 ⇨ transposable genetic element.

transposon mutagenesis 전이인자돌연변이 유전자에 전이인자를 삽입하여 돌연변이를 발생시키는 것. 염색체 상의 그 위치는 전이인자를 추적하여 확인할 수 있다.

transpyloric plane 유문횡단면(幽門橫斷面) 배(복부)를 인위적인 부위로 나누는 가상적인 수평면의 윗면.

***trans*-splicing 엇갈린이어맞추기** 보편적인 RNA이어맞추기(RNA splicing)와 대조적으로, 서로 다른 2개의 전사물 간에서 실시하는 이어맞추기반응.

transtubercular 결절경유의 형 엉덩뼈능선의 결절(tubercle)을 관통하는 몸의 면(결절경유면)에 적용되는 말.

transudate 누출액 명 막이나 구멍을 통해 새어나오는 물질을 통틀어 이르는 말.

transvection 이웃효과 명 상동부위 간의 접합(synapsis)을 방지하는 염색체재배열이 전반적인 유전자형은 변하지 않았음에도 불구하고 표현형을 변화시키는 상태. 이러한 현상은 두 상동염색체들이 접합할 때에만 다른 대립유전자에 영향을 미치는 어느 대립유전자에서 또는 그 부근에서 일어나는 돌연변이에 기인한다.

transversal **가로의, 횡(橫)의** 형 가로벽(transversal wall)처럼 가로질러 놓이거나 사이에 놓인.

transverse **가로의, 횡(橫)의** 형 가로질러 놓이거나 사이에 놓인, 단면(횡단면)에 적용되는 말.

transverse process **가로돌기, 횡돌기** 척추뼈의 신경활(neural arch)의 양쪽 측면에서 튀어나온 돌기.

transverse tubules **가로세관** 골격근섬유에서 원형질막이 세포질 내로 파고들어 각각의 근원섬유를 둘러싸는 상호 연결된 세관을 이루는 것.

transversion **교차형염기전이** 명 핵산에서, 푸린염기가 피리미딘염기로 치환되거나 또는 그 반대인 경우.

transversum **횡두골(橫頭骨)** 명 많은 파충류에서, 익상골(pterygoid)에서 위턱까지 뻗어 있는 머리뼈.

transversus **횡근(橫筋)** 명 배, 가슴, 혀, 발 등에서 볼 수 있는 가로근육.

trapeziform **마름모꼴, 능형(菱形)의** 형 큰마름뼈(trapezium)처럼 생긴.

trapezium **큰마름뼈, 대능형골(大菱形骨)** 명 (1) 첫 번째 손바닥뼈(metacarpal)의 기부에 있는 첫 번째 손목뼈; (2) 뇌에서 바롤리다리(pons Varolii)의 일부.

trapezius **등세모근, 승모근(僧帽筋)** 명 목과 어깨의 넓고 편평한 3각형의 근육.

trapezoid **마름모꼴, 능형(菱形)의** 형 큰마름뼈(trapezium)처럼 생긴, 다양한 근육과 뼈들에 적용되는 말.

traumatic **외상(外傷)의, 상해(傷害)의** 형 상처나 그 밖의 부상과 관련되거나 그에 기인하는.

traumatonasty **감상성(感傷性)** 명 상처를 입는 데 반응하는 운동.

traumatotropism **굴상성(屈傷性)** 명 식물에서 상처에 반응하여 구부러져 자라는 것.

treadmilling **트레드밀과정** 명 액틴필라멘트의 한쪽 끝에 소단위들이 첨가되고 다른 쪽 끝에서 소단위들이 같은 속도로 제거되어 결과적으로 중합체의 길이가 일정하게 유지되는 과정.

tree **수목(樹木), 교목(喬木)** 명 (1) 1.3 m 높이에서 지름이 최소한 7.5 cm인 단일한 주된 몸통을 갖고, 잎들이 관(crown)을 형성하며, 높이가 4 m를 넘는 다년생 목본식물; (2) 계통수(phylogenetic tree).

tree ferns **나무고사리류** 몇 미터 높이의 줄기를 가진 열대와 아열대의 고사리류.

tree layer **수목층** 식물군집의 가장 높은 곳에서 숲지붕(canopy)을 형성하는 층.

tree line **수목한계선** 그 너머에서는 수목(교목)이 자랄 수 없는 북쪽이나 남쪽 또는 고도의 한계를 나타내는 선.

tree-ring dating **나이테연대측정** ⇨ dendrochronology.

tree rings **나이테** ⇨ growth rings.

trefoil **3엽형** 명 3개의 엽(lobe)을 가진 꽃이나 잎.

trehalose **트레할로오스** 명 두 분자의 포도당 단위들로 구성된 2당류. 특히 지의류와 곤충에 풍부하게 들어 있으며, 곤충에서는 비행근(flight muscle)을 위한 주된 연료의 하나이다.

Trematoda **흡충강**, **trematodes** **흡충류(吸蟲類)** 명, 명복 간과 혈액 그리고 소화관에 기생하는 2생류(digenean) 편형동물의 강. 양과 소의 간에 기생하는 파시올라(*Fasciola*)와 사람에게 주혈흡충증을 일으키는 주혈흡충(*Schistosoma*) 따위가 포함된다.

tremelloid, tremellose **흰목이모양의** 형 물질이나 모양이 젤리 비슷한.

TRH ⇨ thyroid-stimulating hormone releasing hormone.

triactinal 3방사형(三放射形) 형 3개의 방사조직(살)을 가진.

triacylglycerol 트리아실글리세롤 명 한 분자에 3개의 지방산이 들어 있는 3가알코올 글리세롤의 지방산 에스테르. 트리아실글리세롤은 지방산의 저장형이고, 식물과 동물의 지방과 기름을 구성하는 주된 성분이다. ≒ neutral fat, triglyceride.

triadelphous 3체(三體)의 형 수술대가 3개의 묶음으로 융합된 수술(3체수술)을 가진.

triaene 3차골편(三叉骨片) 명 어느 정도 3지창처럼 생긴 골편.

trial-and-error conditioning 시행착오조건지우기, trial-and-error learning 시행착오학습 다른 반응에서는 그렇지 않지만 그 반응에서는 항상 보상이 따르기 때문에 무작위적이고 자발적인 반응이 특정 자극과 연계되는 학습의 일종. ≒ instrumental conditioning, operant conditioning.

triallelic 3대립유전자의 형 유전자자리에 서로 다른 3개의 대립유전자를 갖는 배수체에 적용되는 말.

triandrous 3수술의 형 3개의 수술을 가진.

triangularis 세모근 명 (1) 입의 모서리를 끌어 내리는 구실을 하는, 아래턱에서 아랫입술까지의 근육; (2) 숨을 내쉬는 데 도움이 되는, 복장뼈의 등 쪽 표면과 늑골의 연골 사이에 있는 근육과 힘줄섬유.

trianthous 3꽃의 형 3개의 꽃을 가진.

triarch 3원형(三原型) 명 중심주의 1기물관부가 세 갈래로 갈라지고 세 다발의 체관부가 교대로 나타나는 뿌리와 줄기를 가리키는 말.

triarticulate 3관절의 형 3개의 관절로 된.

Triassic 트라이아스기 명 약 2억 5100만 년 전부터 2억 년 전까지 지속된 지질시대. '3첩기(三疊紀)'라고도 한다. 중생대의 첫 번째 시기이며, 해양생물 종의 약 90~95%가 절멸된 것으로 추정되는 페름기-트라이아스기 경계의 대멸종 이후의 시기이다. 트라이아스기에 처음으로 출현한 동물들에는 오늘날의 산호류, 해양파충류인 어룡류(ichthyosaurs), 공룡 등이 있고, 트라이아스기 후세에 포유동물이 나타났다.

triaxon 3축 명 3개의 축을 가진 해면동물의 골편.

tribe 족(族) 명 분류학에서 과(family)를 세분한 분류군. 족의 명칭은 일반적으로 식물의 분류에서 '-eae'의 어미를 갖고, 동물의 분류에서 '-ini'의 어미를 가진다.

triboloid 돌기같은 형 (1) 돌기나 혹과 비슷한; (2) 꺼끌꺼끌한.

triboluminescence 마찰발광(摩擦發光) 명 마찰에 의해 생긴 발광.

tribosphenic 쐐기모양의 형 짐승류(therians)의 3융기치아에 적용되는 말.

tribracteate 3포엽의 형 3개의 포엽(bract)을 가진.

tricarboxylic acid 트리카르복시산 시트르산과 아코니트산 등과 같이 3개의 COOH기를 가진 유기산.

tricarboxylic acid cycle (TCA cycle) 트리카르복시산회로, TCA회로 유기세포호흡의 대사반응에서 중심적 역할을 하는 경로. 동물과 식물에서 이 회로는 미토콘드리아의 기질에서 나타난다. 해당과정에서 만들어진 피루브산으로부터 생성된 아세틸CoA가 다양한 카르복실산들(옥살로아세트산, 시트르산, 케토글루타르산, 숙신산, 푸마르산, 말산)의 상호전환을 통해 이산화탄소로 완전히 산화된다. 그 결과 NAD는 NADH로 그리고 FAD

는 $FADH_2$로 환원된다. 이들의 환원력은 산화적 인산화에 의해 ATP가 생성되는 데 간접적으로 이용된다. 한편 TCA회로는 그 밖의 많은 대사경로를 위한 기질들을 만든다. ≒ citric acid cycle, Krebs cycle.

tricarpellary 3심피의 형 3개의 심피를 가진.

tricentric 3동원체성 형 3개의 동원체를 가진.

triceps 3두근, 세갈래근 명 일어나는 곳이나 부착하는 곳이 세 갈래로 갈라진 근육에 적용되는 말.

trichilium 밀생모(密生毛) 명 어떤 잎자루의 기부에 있는 엉겨 붙은 털들의 패드.

trichoblast 뿌리털형성세포 명 식물에서 발달하여 뿌리털이 되는 표피세포.

trichocarpous 다모과(多毛果)의 형 털이 많은 열매를 가진.

trichocyst 모포(毛胞), 사포(絲胞) 명 섬모충류와 와편모조류의 외질(ectoplasm)에 있는 계란형 또는 방추형의 사출 가능한 구조.

trichoderm 모상피(毛狀被) 명 주름버섯류의 갓(cap)과 대(stipe)에 있는 실 같은 구조의 바깥층.

trichogen 생모세포(生毛細胞) 명 털을 만드는 세포.

trichogyne 수정모(受精毛) 명 일부 곰팡이, 지의류, 홍조류 또는 녹조류에서 암생식기관의 끝에 있는, 수배우자를 받을 수 있는 가늘고 긴 털 같은 세포.

trichoid 모상(毛狀)의 형 털처럼 생긴.

trichome 모상체(毛狀體), 세포사 명 (1) 갈라지거나 갈라지지 않은 털, 소포, 갈고리, 가시와 쐐기털을 포함하여 식물의 표피에서 뻗어 나온 다양한 구조를 통틀어 이르는 말; (2) 털실 뭉치; (3) [세] 사상 남세균과 일부 사상 황세균의 사상체를 이루는, 속이 빈 관상구조에 둘러싸인 영양세포들의 가닥.

Trichomycetes 트리코균강 명 절지동물에서 사는 내부기생성 또는 외부기생성 곰팡이의 강. 단순하거나 가지 친 균사체를 갖고, 비운동성 포자에 의해 번식한다.

trichophore 수정모자루, 수정모체 명 (1) 수정모가 달리는 세포들의 무리; (2) 환형동물의 강모주머니(chaetigerous sac).

trichopore 모공(毛孔) 명 거미류에서 볼 수 있는 것과 같이 털이나 센털이 나오는 구멍.

Trichoptera 날도래목 명 흔히 '날도래류(caddis fly)'라고 부르는 곤충의 목. 이들의 수생유충(caddis worms)은 모래와 부스러기를 혼합하여 몸을 보호하는 정교한 집을 짓거나, 실크로 망을 만들어 먹이를 잡는다. 날도래류는 완전변태(complete metamorphosis)를 한다. 성충은 두 쌍의 가늘고 긴 날개와 퇴화된 구기를 갖고 거의 먹지 않는다.

trichosclereid 모상후벽세포 명 가는 털 같은 가지가 세포간극으로 뻗어 있는 후벽세포.

trichosiderin 트리코시데린 명 사람의 머리털로부터 분리된 철을 함유하는 붉은 색소.

trichosis 털증, 모발발육이상 명 (1) 털의 분포; (2) 비정상적인 털의 생장.

trichothallic 모상(毛狀)의, 정모성(頂毛性) 형 (1) 실 같은 몸체를 가진; (2) 어떤 조류(algae)의 사상 엽상체에서 끝에 있는 털의 기부에 있는 개재분열조직(intercalary meristem) 세포들의 분열에 의한 생장(정모생장)에 적용되는 말.

trichotomous 3차분지(三叉分枝)의 형 3개의 가지로 갈라진.

trichotomy 세갈래분지, 3차분지(三叉分枝) 명 셋으로 갈라지는 것.

trichroic 3색성(三色性)의 형 세 가지의 서로 다른 색을 나타내는.

trichromatic 3색(三色)의 형 3원색과 관련되거나, 3원색을 감지할 수 있는.

trichromatic theory 3색설(三色說) 색각(colour vision)을 일으키기 위하여 망막의 원뿔세포에는 세 가지의 다른 색소들이 존재해야 한다고 19세기에 제창되고 이후에 사실로 입증된 이론. ≒ Young-Helmholtz trichromatic theory.

tricipital 3두성(三頭性)의 형 (1) 3두근(triceps)과 같이 3개의 머리 또는 부착부를 가진; (2) 3두근과 관련된 말.

triclads 3기장류(三岐腸類) 명복 가늘고 긴 와충류의 목인 3기장목(Tricladia). 보통 플라나리아류(planarians)라고 하며, 세 가닥으로 갈라진 창자와 잘 발달된 감각기관을 가진다.

Tricoccae 대극목 ⇨ Euphorbiales.

tricoccus 3심피과의 형 3개의 심피로 구성된 열매에 적용되는 말.

triconodont 3추치(三錐齒)의 형 턱의 축과 평행한 선에 3개의 치관돌기가 있는 이빨에 적용되는 말.

Triconodonta 3추치목, **triconodonts** 3추치류 명, 명복 트라이아스기 후세부터 쥐라기까지 출현한, 초기 포유동물을 포함하는 목. 뾰족뒤쥐(shrew)와 다소 비슷하며, 어금니의 세 돌기가 직선상으로 배열되었다.

tricostate 3맥형 형 잎에 3개의 잎맥이 있는.

tricotyledonous 3떡잎의 형 3개의 떡잎을 가진.

tricrotic 3중의 형 동맥의 박동에서 3중 박동을 가진.

tricrural 3가지의 형 3개의 가지가 있는.

tricuspid 3첨판(三尖瓣)의, 3첨두의 형 3개의 첨두(돌기)가 있는, 심장의 3각형판에 적용되는 말.

tricuspidate 3첨(三尖)의 형 3개의 뾰족한 끝을 가진, 잎에 적용되는 말.

tridactyl 3지(三指)의 형 3개의 손발가락을 가진.

tridentate 3치형 형 세 갈래로 갈라진.

trifacial 3차신경의 형 제5뇌신경인 3차신경(세갈래신경)에 적용되는 말.

trifarious 3중의, 3렬의 형 (1) 3개가 무리를 이룬; (2) 세 가지 종류의; (3) 3개의 열로 된; (4) 3개의 표면을 가진.

trifid 3렬의 형 3개의 부분들로 갈라진.

triflagellate 3편모성 형 3개의 편모를 가진.

trifoliate 3출엽의 형 같은 지점에서 자라는 3개의 잎을 가진.

trifoliolate 3출엽의 형 같은 지점에서 자라는 3개의 작은 잎이 달린.

trifurcate 세갈래의 형 3개의 갈라진 곳이나 가지가 있는.

trigamous 3성화(三性花)의 형 수꽃, 암꽃 및 양성꽃이 달린 꽃에 적용되는 말.

trigeminal 3중의, 3차신경의 형 (1) 3개의 구조로 구성되거나 그와 관련된 말; (2) 뿌리가 세 갈래로 갈라진 제5뇌신경인 신경(3차신경)에 적용되는 말. ≒ facial nerve.

trigeneric 3속(三屬)의 형 3개의 속(genus)과 관련되거나 3속에서 유래된.

trigenetic 3생(三生)의 형 생활주기를 거치는 동안 세 가지의 다른 숙주를 필요로 하는.

trigenic 3유전자의 형 3개의 유전자와 관련되거나 그들의 지배를 받는.

triglyceride 트리글리세리드 ⇨ triacylglycerol.

trigon 명 위턱 어금니의 교두(cusp)에 있는 3각형.

trigonal 3각형의 형 (1) 꽃의 윤생체가 세겹이거나 3각형인; (2) 단면이 3각형인, 줄기에 적용되는 말.

trigone 3각 명 작은 3각형의 공간.

trigoneutic 3세대성의 형 번식기마다 세 번 새끼를 낳는.

trigonid 세도리부 명 아래어금니의 교두(치아도드리)에 있는 3각형.

trigonum 3각 명 별개의 작은 뼈를 이루는 목말뼈(talus)의 뒤쪽 돌기.

trigynous 3암술의 형 (1) 3개의 암술 또는 암술대를 갖는; (2) 암술군(gynoecium)에 3개의 심피가 있는.

triheterozygote 3이형접합체 명 3개의 유전자들이 이형접합인 생물.

trihybrid 3성잡종 (1) 명 세 가지의 뚜렷이 다른 형질을 가진 어버이들의 교배; (2) 형 세 쌍의 대립유전자들이 이형접합인.

tri-iodothyronine 3요오드티로닌 명 갑상샘에서 생성되는 티로신으로부터 유래된 요오드를 함유하는 호르몬.

trijugate 3대생소엽의 형 3쌍의 작은 잎(leaflet)을 가진.

trilabiate 3순(三脣)의 형 3개의 입술을 가진, 3개의 순판이 있는.

trilobate 3엽(三葉)의, 3렬의 형 3개의 엽(lobe)으로 된.

Trilobita 3엽충강, **Trilobitomorpha** 3엽충아문, **trilobites** 3엽충류(三葉蟲類) 명, 명, 명복 고생대에 걸쳐 출현한 화석 절지동물의 무리. 몸은 머리와 다수의 체절로 된 후방부위로 구분되고, 한 쌍의 더듬이와 많은 두가닥형(biramous) 부속지들을 가졌다.

trilocular 3실의 형 3개의 구획이나 방실(loculus)을 가진.

trilophodont 3융기치의 형 3개의 능선이 있는 치아를 가진.

trimer 3합체 명 (1) 3개의 소단위들로 구성된 단백질; (2) 핵산에서 3개의 뉴클레오티드 순서. 형 **trimeric**.

trimeric GTP-binding proteins ⇨ heterotrimeric G proteins.

Trimerophyta 3지원시관다발식물문 명 데본기 중세부터 출현하여 지금은 멸종된 원시관다발식물의 무리. 고사리류와 원겉씨식물(progymnosperms)의 조상에 해당하는 것으로 여겨진다. 주축은 가지를 치고, 일부 가지에 포자낭이 달리며, 잎을 갖지 않았다.

trimerous 3수성 형 꽃을 이루는 부분들에서 볼 수 있는 것과 같이 3 또는 3의 배수로 구성되는.

trimonoecious 3성화동주의 형 수꽃과 암꽃 그리고 양성꽃이 같은 식물체에 달리는.

trimorphic 3형의 형 (1) 세 가지의 다른 유형을 가진, 종에 적용되는 말; (2) 개체가 세 가지의 다른 유형을 가진; (3) 세 가지의 다른 길이를 갖는 수술과 암술이 달린.

trimorphism 3형성(三形性) 명 같은 종이나 생활주기에서 뚜렷이 구별되는 세 가지의 유형 또는 기관의 형태가 나타나는 것.

trinervate 3행맥형 형 잎 따위에서 기부로부터 가장자리까지 뻗는 3개의 잎맥이나 날개맥을 가진.

trinomial 3명(三名)의 형 아종(subspecies)의 학명처럼 3개의 라틴명으로 구성된.

trinucleotide repeats 3뉴클레오티드반복 일부 유전자에서 발견되는, 3개의 뉴클레오티드순서가 연속으로 반복되는 것. 헌팅턴병(Huntington's disease)과 그 밖의 유전병에 걸린 사람들은 질병유전자에서 3뉴클레오티드반복의 수가 증가한다.

trioecious 3성화이주의 형 수꽃과 암꽃 그리고 양성꽃이 서로 다른 식물체에서 생기는.

T

trionym 3명(三名) 3개의 단어를 갖는 명칭.

triose 3탄당 명 3탄소의 단당류(monosaccharide)를 통틀어 이르는 말. 글리세르알데히드, 디히드록시아세톤인산 등이 그 예이다.

triose-phosphate isomerase 3탄당인산이성질화효소 디히드록시아세톤인산을 해당과정에서 이용되는 글리세르알데히드 3-인산으로 이성질체화(isomerization)하는 반응을 촉매하는 효소. EC 5.3.1.1.

triosseum 3골소공, 세뼈사이구멍 형 오훼골(coracoid)과 빗장뼈(clavicle) 그리고 어깨뼈(scapula) 사이에 있는 구멍에 해당하는 말.

triovulate 3밑씨의 형 3개의 밑씨(배주)를 가진.

tripartite 3심렬의 형 잎과 같이 세 부분으로 갈라진.

tripetalous 3꽃잎의 형 3개의 꽃잎을 가진.

triphyllous 3엽성(三葉性) 형 3개의 잎을 가진.

tripinnate 3회우상의 형 깃꼴(우상)로 세 번 갈라진.

tripinnatifid 3회깃꼴중렬의 형 깃꼴중렬(pinnatifid) 방식으로 세 번 갈라진.

tripinnatisect 3회깃꼴전열의 형 세 차례에 걸쳐 거의 기부까지 패인, 잎에 적용되는 말.

triplet 트리플렛, 3염기 명 DNA 또는 RNA에서 아미노산을 암호화하는 3개의 연속된 염기.

triplet code 3자암호 ⇨ genetic code.

triplet expansion 3염기증폭 ⇨ trinucleotide repeats.

triplicostate 3늑골형 형 3개의 갈비뼈(늑골)를 가진.

triploblastic 3배엽성(三胚葉性) 형 3개의 1차배엽(primary germ layers)을 가진 배에 적용되는 말.

triplocaulescent 3차경상(三次莖狀) 형 3차의 축을 가진, 즉 주축이 분지하고 그 가지가 다시 가지를 친.

triploid 3배체 (1) 형 체세포에 기본 염색체 수의 3배의 염색체가 들어 있는; (2) 명 3배체의 생물이나 세포.

triplostichous 3렬성 형 (1) 녹조류 쇠뜨기말속(*Chara*)의 작은 가지에 있는 피층세포처럼 세 줄로 배열된; (2) 전갈의 유생에서 볼 수 있는 것과 같이 망막을 전후하여 3층으로 구성된 눈에 적용되는 말.

tripolite 규질석회암 ⇨ diatomaceous earth.

tripton 무생부유물(無生浮遊物) 명 플랑크톤으로 부유하는 비생물적 물질.

triquetral, triquetrous 3각주(三角柱)의, 세모의 형 (1) 3개의 모서리와 3개의 오목면을 가진 줄기에 적용되는 말; (2) 손목뼈 가운데 하나인 세모진 또는 쐐기 모양의 뼈(세모뼈)에 적용되는 말.

triquetrum 세모뼈, 3각골 명 쐐기 모양의 손목뼈.

triquinate 3분5분(三分五分)의 형 셋으로 갈라지고, 각 조각들이 다시 다섯으로 갈라지는.

triradial 3방사형 형 하나의 중심에서 3개의 가지가 생기는.

triradiate 3방의 형 두덩뼈(pubis)와 엉덩뼈(ilium) 그리고 궁둥뼈(ischium)로 구성된 골반띠(요대)에 적용되는 말.

triramous, triramose 3지성(三枝性)의 형 3개의 가지로 갈라진.

trisaccharide 3당류 명 라피노오스(raffinose)와 같이 3개의 단당류 단위들로 구성된 탄수화물.

trisepalous 3꽃받침조각의, 3편악의 형 3개의 꽃받침조각을 가진.

triseptate **3격벽(三隔壁)의** 형 3개의 격벽을 가진.

triserial **3렬의** 형 (1) 세 줄(열)로 배열된; (2) 3개의 윤생체(whorl)를 가진.

triskelion **트리스켈리온** 명 3각(three-legged)의 단백질복합체.

trisomic **3염색체성** 형 3개의 상동염색체 또는 유전자자리와 관련되거나 그를 가진. 명 **trisomy**.

trispermous **3종자의** 형 3개의 종자를 가진.

trisporic, trisporous **3포자성** 형 3개의 포자를 가진.

tristachyous 형 3개의 수상꽃차례(spike)를 가진.

tristichous **3렬의** 형 수직의 세 줄(열)로 배열된.

tristyly **3이형화주성(三異形花柱性)** 명 한 꽃에 짧고 중간 길이와 긴 암술대가 들어 있는 상태. 형 **tristylic**.

triternate **3회3출엽의** 형 세 번 3출(ternate)로 갈라진.

tritibial **3정강뼈** 명 중앙뼈(centrale)가 목말뼈(talus)와 합쳐질 때 형성되는 복합복사뼈.

tritium **3중수소** 명 수소의 방사성 동위원소(^{3}H). 실험생물학에서 추적자화합물과 생체분자를 표지하는 데 널리 이용된다.

tritocone **소구치첨단** 명 앞어금니(소구치)의 교두(cusp).

trituberculate **3결절치의** 형 어금니에 3개의 교두가 있는.

trituberculates **3융기치류(三隆起齒類)** 명복 주로 턱과 이의 화석이 남아 있는 중생대의 포유동물 짐승류(therians)의 무리. 어금니는 특징적인 3각형의 교두를 갖고, 현존하는 짐승류의 조상이다. ≒ tribosphaenids.

Triuridales **트리우리스목** 명 비늘잎을 갖고 엽록소가 없어서 부생생활을 하는 외떡잎식물의 목. 트리우리스과(Triuridaceae)로 구성된다.

trivalent (1) 명 **3가염색체** 감수분열의 제1분열에서 복사기와 중기 사이에 교차점(chiasmata)에 의해 서로 연결된 3개의 염색체; (2) 형 **3가의** 3개의 항체분자와 결합할 수 있는 항원에 적용되는 말.

trivoltine **3회생식성** 형 1년에 3번 새끼를 낳는.

trixenous **3종기생의** 형 세 가지의 숙주를 갖는 기생생물에 적용되는 말.

trizoic **3포자소체포자의** 형 3개의 포자소체(sporozoite)가 들어 있는 원생동물의 포자에 적용되는 말.

tRNA ⇨ transfer RNA.

tRNA^{fMet} **포르밀메티오닐-tRNA** 세균의 개시tRNA(initiator tRNA). 세균에서 새로 합성되는 대부분의 폴리펩티드사슬에서 첫 번째 아미노산인 포르밀메티오닌(formylmethionine)을 운반한다.

tRNA^{iMet} 진핵생물에서 메티오닌을 운반하고 번역을 개시하는 데에만 이용되는 개시tRNA.

troch **윤대(輪帶)** 명 담륜자(trochophore)에 있는 섬모들의 띠 또는 관.

trochal **윤형(輪形)의** 형 바퀴 모양의.

trochantellus **작은도래마디** 명 어떤 곤충에서, 도래마디(trochanter)와 넓적다리마디(femur) 사이에 있는 다리의 마디.

trochanter **돌기, 도래마디** 명 (1) 넙다리뼈의 위쪽 끝에 있는 돌기. '전자(轉子)'라고도 한다; (2) 곤충과 거미류에서 밑마디(coxa)와 넓적다리마디 사이에 있는 다리의 작은 두 번째 마디. '전절(轉節)'이라고도 한다.

trochanteric fossa **돌기오목, 전자와(轉子窩)** 넙다리뼈 목의 중앙 표면에 있는 깊은 함몰부.

trochate 윤형체(輪形體)의 형 (1) 바퀴 모양의 구조를 가진; (2) 바퀴처럼 생긴.

trochlea 도르래, 활차(滑車) 명 도르래(pulley)처럼 생긴 구조. 특히 넙다리뼈와 위팔뼈에서와 같이 힘줄이 지나가는 그와 같은 구조.

trochlear 도르래의, 활차의 형 (1) 도르래처럼 생긴; (2) 도르래(trochlea)와 관련된 말; (3) 눈의 상사근에 들어가는 제4뇌신경인 신경(도르래신경)에 적용되는 말.

Trochodendrales 트로코덴드라목 명 관목과 교목인 쌍떡잎식물의 목. 중국의 고유종인 테트라켄트론 시넨세(*Tetracentron sinense*) 등이 포함되는 테트라켄트라과(Tetracentraceae)와 트로코덴드론 아랄리오이데스(*Trochodendron aralioides*) 등이 포함되는 트로코덴드라과(Trochodendraceae)로 구성된다.

trochoid 도르래모양의, 중쇠관절의 형 (1) 바퀴처럼 생긴; (2) 차축관절(회전관절)처럼 회전운동을 할 수 있는.

trochophore 담륜자(擔輪子), 담륜자유생 명 환형동물, 태형동물 그리고 일부 연체동물에서 자유로이 유영하는 팽이 모양의 부유성 유생기. 동물플랑크톤의 일부를 이룬다. 몸의 가장자리를 두르는 섬모환과 입의 전방에 구전섬모환이 있다. ≒ trochosphere.

Trochozoa 담륜동물(擔輪動物) 명 유형동물문(Nemertina), 연체동물문(Mollusca), 성구동물문(Sipuncula), 의충동물문(Echiura), 유수동물문(Pogonophora) 그리고 환형동물문(Annelida)으로 구성되는 동물의 분류군.

troglobiont 진동굴성동물 명 오직 동굴에서만 사는 동물들.

Trogoniformes 비단날개새목 명 비단날개새류(trogons)를 포함하는 매우 부드러운 깃털이 있는 새들의 목.

tropeic 용골형 형 용골(keel)처럼 생긴.

trophallaxis 영양교환 명 사회성 곤충에서, 군체의 구성원들과 객충들 간에서 서로 또는 일방적으로 먹이와 분비물을 교환하는 것.

trophamnion 영양양막(營養羊膜) 명 어떤 곤충에서 발생 중인 알을 에워싸고 배로 영양물을 보내는 덮개.

trophectoderm 영양외배엽 명 포유동물에서 융모막을 형성하는 포배(blastocyst)의 바깥층. ≒ **trophoblast**.

trophi 저작기(咀嚼器), 구기(口器) 명복 (1) 윤충류의 인두에 있는, 먹이를 잘게 가는 데 이용하는 단단한 턱 같은 구조; (2) 절지동물, 특히 곤충의 구기(mouthpart).

trophic 영양의 형 (1) 영양(nutrition)과 섭식(feeding)에 관련된 말; (2) 뇌하수체 전엽에서 분비되는 호르몬과 같이 내분비샘의 활동과 생장에 영향을 미치는 호르몬에 적용되는 말.

trophic factor 영양인자 특정한 조직이나 세포형의 생장과 생존에 필요하고 때로는 이들을 수선하는 데 필요한 단백질.

trophic level 영양단계, 영양수준 (1) 먹이사슬에서 생물이 먹이를 얻는 방법에 의해 정의되는 단계. 생태계로 들어오는 에너지는 각 단계를 이루는 생물들을 통해 전달된다. ⇨ autotroph, herbivore, secondary consumer, tertiary consumer; (2) 수체에 포함된 영양소의 수준. ⇨ eutrophic, oligotrophic.

trophidium 트로피디움 명 어떤 개미류의 첫 번째 유충기.

trophifer, trophiger 영양운반체 명 곤충의 머리에서 구기(mouthpart)와 관절로 이어져 있는 뒤의 옆쪽.

trophobiont 영양공동생물 명 개미와 진딧물처럼 각 파트너들이 서로 양분을 공급하며 공생을 하는 생물. ⇨ trophobiosis.

trophobiosis 영양공동성 명 개미들에게 영양을 공급하는 생물들(예: 곰팡이와 곤충)과 관련한 개미의 생활.

trophoblast 영양막(營養膜), 영양아층(營養芽層) 명 배반엽상층(epiblast) 또는 상실배 세포들의 바깥층. ≒ trophectoderm.

trophocytes 영양세포 명복 난모세포에 대한 영양세포(nurse cell)처럼 다른 세포에 영양을 공급하는 세포.

trophoderm 영양막 명 (1) 융모막의 바깥층; (2) 중배엽세포층을 갖는 영양외배엽(trophectoderm).

trophogenic 영양생성의 형 먹이나 섭식에 기인하는, 사회성 벌류(hymenopterans)의 특징에 적용되는 말.

trophogone 영양조정기(營養造精器) 명 자낭균류의 영양기관.

trophonemata 영양사(營養絲) 명복 배로 영양분을 운반하는 자궁의 융모 또는 털 같은 돌기.

trophont 트로폰트 명 섬모충류 전모류(holotrichans)의 영양생장 시기.

trophophase 영양기 명 2차대사의 생장기. 비 idiophase.

trophophore 아구형성체(芽球形成體) 명 해면동물에서, 발달하여 아구(gemmule)가 될 내부의 싹 또는 세포군.

trophophyll 영양잎 명 어떤 양치식물의 나엽(sterile leaf) 또는 보통잎.

trophosome 영양체부(營養體部), 트로포솜 명 (1) 히드라충류 군체에서 섭식에 관여하는 폴립; (2) 의유수동물(vestimentiferan) 서관충에서 공생세균이 들어 있는 기관. 이산화탄소를 고정하는 이 화학독립영양세균은 숙주에게 고정한 탄소를 공급한다.

trophospongia 영양해면체, 해면영양막 명복 자궁벽과 영양막(trophoblast)의 사이에 있는 점막의 해면상 혈관층.

trophotaxis 영양주성(營養走性) 명 영양물로 작용할 수 있는 인자의 자극에 대한 반응.

trophotropism 영양굴성(營養屈性) 명 먹이가 공급되는 쪽으로 몸을 돌리는 경향성.

trophozoite 영양형, 영양체 명 포자충류의 성체 시기.

trophozooid 영양아충(營養芽蟲) 명 일부 피낭동물에서, 군체를 위한 먹이를 수집하는 측아.

tropic 굴성의, 자극성의, 열대의 형 (1) 굴성(tropism)과 관련된 말, 방향성 자극이나 1측성(unilateral) 자극에 반응하는 운동이나 굴곡에 적용되는 말; (2) 내분비샘에 작용하는 뇌하수체호르몬에 적용되는 말; (3) 열대지방에 적용되는 말.

tropical 열대(熱帶)의 형 북위 23°27′과 남위 23°27′ 사이의 지역에서 나타나는 온도와 습도가 높고 강우량이 많은 특징을 갖는 기후에 적용되고, 이들 지역의 식물상과 동물상에 적용되는 말.

tropical rain forest 열대우림 온도와 습도가 높고 강우량이 많은 기후를 갖고 계절의 변화가 없는 적도 부근의 지역에서 발달하는 상록의 활엽수림. 생물다양성과 생산력이 높은 점이 특징이다. 열대우림은 아마존강 유역, 중앙아메리카의 일부, 서아프리카의 중앙부, 남동아프리카 해안의 일부와 마다가스카르, 동남아시아와 인도네시아, 뉴기니, 그리고 오스트레일리아의 북단에서 발견된다. ⇨ rain forest.

tropism 굴성(屈性) 명 자극의 원천을 향하거나(양성) 반대쪽으로(음성) 굽는, 식물과 고착성 동물의 생장운동.

tropocollagen 모아교질, 트로포콜라겐

명 섬유성 단백질인 아교질(콜라겐)을 구성하는 기본단위. 3가닥의 긴 폴리펩티드 사슬이 서로 감긴 나선형 구조로 이루어진다.

tropoelastin 트로포엘라스틴 명 단백질 탄력소(elastin)의 전구물질.

tropomyosin 트로포미오신 명 가로무늬근(횡문근)의 가는 필라멘트에 있는 단백질. 칼슘이온이 없을 때 액틴과 미오신의 상호작용을 저해하고, 따라서 수축을 방해한다.

troponin 트로포닌 명 가로무늬근의 가는 필라멘트에 있는 단백질 복합체. 3가지 성분으로 구성되고, 그 가운데 하나(TnC)가 칼슘이온과 결합한다. 이 상태에서 트로포미오신과 상호작용하여 액틴과 미오신의 상호작용 그리고 근육의 수축을 가능하게 한다.

tropophil(ous) 기후순응성의 형 (1) 춥고 따뜻한 시기 또는 습하고 건조한 시기의 변동에 내성을 가진; (2) 계절의 변화에 적응한.

tropophyte 계절전형식물(季節轉形植物), 열대식물 명 (1) 대체로 여름에는 호습성(hygrophilous)이 되고 겨울에는 내건성(xerophilous)이 되면서 계절의 변화에 적응하는 식물; (2) 열대지방에서 자라는 식물.

tropotaxis 전향주성(轉向走性) 명 대칭으로 놓인 감각기관에 의해 몸의 양쪽에 가해지는 자극의 양을 비교해서 자극원과 관련하여 동물 자신이 방향을 잡는 주성.

Trp 트립토판(tryptophan).

true-breeding 순종(純種)의 형 특정 유전자형이 동형접합이고 따라서 이와 비슷하게 동형접합인 개체와 교배하여 그 유전자형을 모든 자손에게 전달하는 생물에 적용되는 말. ≒ pure-breeding.

true corals 참산호류 조밀한 석회질 골격을 갖고 관구(siphonoglyph)가 없는 주로 군체성 히드라충류인 돌산호목(Scleractinia)의 일반적인 명칭.

true flies 참파리류 ⇨ Diptera.

true mosses 참이끼류 선태식물문(Bryophyta)의 일종.

true ribs 진늑골 복장뼈(sternum)와 직접 연결된 갈비뼈.

trumpet hyphae 나팔사 일부 갈조류에 있는 트럼펫처럼 생긴 큰 체세포(sieve cell).

truncate 절형(截形), 평두(平頭)의 형 점차 가늘어지는 끝을 자른 것처럼 갑자기 끝나는. ≒ abrupt.

truncus arteriosus 동맥간(動脈幹) 태아 또는 양서류 심장의 가장 앞쪽 부분. 이를 통해 혈액이 심실로 들어간다.

trunk 수간(樹幹), 몸통, 줄기 명 (1) 나무의 주된 줄기; (2) 머리와 팔다리를 제외한 몸; (3) 혈관이나 신경의 주된 줄기; (4) 코끼리에서 볼 수 있는 것과 같이 길게 늘어난 코(proboscis).

tryma 호두형과 명 호두나무에서 볼 수 있는 것과 같이 분리 가능한 껍질과 둘로 나뉜 내과피(endocarp)에 위격막이 있는 핵과(drupe)의 일종. 복 **trymata**.

trypanomonad 트리파노모나드 형 파동편모충(trypanosome)이 무척추동물 숙주에 있을 때의 발생단계에 적용되는 말.

trypanosome 파동편모충(波動鞭毛蟲) 명 편모가 달린 기생성 원생동물인 트리파노소마속(*Trypanosoma*)의 종류들. 아프리카에서 수면병 또는 파동편모충증(trypanosomiasis)을 일으키는 브루스파동편모충(*T. brucei*) 그리고 남아메리카에서 샤가스병(Chagas' disease)을 일으키는 크루스파동편모충(*T. cruzi*) 등이 있다. 브루스파동편모충은 감염된 체체파리에 물리면서 옮기고, 크루스파동편모충은 피를 빠는 빈대의 변을 통해 전염된다.

trypsin 트립신 명 포유동물의 이자액에 들어 있는 단백질가수분해효소. 이와 유사한 효소들이 다른 동물과 식물에서 발견된다. 트립신은 세린펩티드가수분해효소이고, 작은창자에서 불활성 전구물질인 트립시노겐(trypsinogen)으로부터 엔테로펩티다아제(enteropeptidase)에 의한 효소작용으로 생성된다. EC 3.4.21.4.

trypsin inhibitors 트립신억제제 효소 트립신의 활성부위와 단단히 결합하여 트립신을 저해하는 다양한 단백질들. 이들 가운데 일부[예: 결핍되면 허파에 손상을 주고 기종(emphysema)을 일으키는 α_1항트립신(α_1-antitrypsin)]는 세르핀(serpin) 패밀리에 속하고, 트립신억제제와 같은 일부는 다른 단백질가수분해효소억제제 패밀리에 속한다.

trypsinogen 트립시노겐 ⇨ trypsin.

tryptic 트립신의 형 트립신에 의해 생긴, 또는 트립신과 관련된 말.

tryptophan (Trp, W) 트립토판 명 방향족 곁사슬을 가진 비극성 아미노산(β-indolealanine). 단백질을 구성하는 성분이고 사람의 필수아미노산이며, 식물에서는 옥신 인돌아세트산의 전구체이다.

tryptophanase 트립토판가수분해효소 명 트립토판이 암모니아와 피루브산 및 인돌로 분해되는 반응을 촉매하는 효소. 특히 잘록창자(결장)에 있는 일부 세균에서 발견된다. EC 4.1.99.1.

tryptophan synthase 트립토판합성효소 인돌글리세롤인산과 세린에서 트립토판을 합성하는 반응을 촉매하는 효소. EC 4.2.1.20.

tsetse fly 체체파리 아프리카의 파동편모충증(trypanosomiasis)을 매개하는 체체파리속(*Glossina*) 곤충.

TSH ⇨ thyroid-stimulating hormone.

T-state T상태 다른자리입체성 단백질에서, 단백질이 덜 활성을 띠는 긴장상태(tense state).

TTP, dTTP ⇨ thymidine triphoshate.

T tubules 가로세관 ⇨ transverse tubules.

TTX ⇨ tetrodotoxin.

tuatara 투아타라, 옛도마뱀 ⇨ Rhynchocephalia.

tuba 관(管) 명 (1) 귀인두관(유스타키오관)인 귀관(tuba acustica 또는 tuba auditiva)과 같은 귀관(salpinx) 또는 관; (2) 자궁관(Fallopian tube)인 난관(tuba uterina).

tubal 귀관의, 자궁관의 형 귀인두관 또는 자궁관과 관련된 말.

tubar 관계(管系)의 형 관이 배열되어 구성되거나 관을 이루는, 해면동물의 체계와 골격에 적용되는 말.

tubate 관모양의 형 관처럼 생긴, 관꼴의.

tube feet 관족(管足) 극피동물의 세포벽에 있는 돌기. 수관계와 연결되고 일반적으로 운동하는 데 이용된다. 관족은 호흡과 먹이획득 그리고 감각의 기능들을 수행하게끔 변형되기도 한다.

tubenoses 관비류(管鼻類) ⇨ Procellariiformes.

tuber 덩이줄기, 괴경(塊莖) 명 두껍고 다육질인 양분을 저장하는 지하의 뿌리 또는 이와 비슷하고 표면에 싹이 있는 지하의 줄기.

tubercle 혹, 결절(結節) 명 (1) 작고 둥근 융기; (2) 뿌리의 팽윤부 또는 뿌리혹; (3) 갈비뼈 등 쪽 관절의 융기; (4) 치아의 교두(cusp).

tubercle bacillus 결핵균 결핵을 일으키는 결핵균(*Mycobacterium tuberculosis*).

tubercular, tuberculate 결절상(結節狀)의 형 결절(tubercle)과 관련되거나 비슷

하거나 또는 결절을 가진.

tuberculin test 투베르쿨린검사 결핵균(*Mycobacterium tuberculosis*)에서 추출한 투베르쿨린에 대한 반응을 관찰하여 결핵균의 감염 여부를 확인하는 면역학적 검사.

tuberculose 결절상(結節狀)의 형 많은 결절(tubercle)을 가진.

tuberculosis 결핵(結核) 명 결핵균(*Mycobacterium tuberculosis*)의 감염에 의해 생기는 질환. 대부분 허파에서 발병한다.

tuberiferous 덩이줄기의 형 덩이줄기(괴경)가 달리거나 덩이줄기를 만드는.

tuberoid 덩이줄기모양의 형 덩이줄기처럼 생긴.

tuberose, tuberous 덩이줄기의 형 덩이줄기로 덮이거나 많은 덩이줄기를 가진.

tuberosity 융기, 결절 명 근육의 부착을 위한 뼈의 둥근 융기.

tuber vermis 벌레융기 소뇌에서 하반월소엽(inferior semilunar lobule)과 옆으로 이어져 있는 상소뇌벌레(superior vermis)의 일부.

tubeworms 서관충(棲管蟲) ⇨ Annelida, Echiura, Phoronida, Pogonophora, Pterobranchia, Vestimentifera.

tubicolous 관생(管生)의 형 관(tube) 안에서 서식하는.

tubicorn 관상뿔의 형 속이 빈 뿔을 가진.

tubifacient 관형성의 형 일부 다모류와 같이 관을 만드는.

tubificid worms 실지렁이류 유기성 오염에 내성을 갖는, 민물에 사는 투비펙스속(*Tubifex*)의 빈모류.

tubiflorous 관꼴화의 ⇨ tubuliflorous.

tubiform 관꼴의 형 관(tube)이나 세관(tubule)의 형태를 가진.

tubilingual 관꼴혀의 형 빨기에 적합한 속이 빈 혀를 가진.

tubiparous 관형성물질분비의 형 관을 형성하는 물질을 분비하는, 샘에 적용되는 말.

tubo-ovarian 난관난소의 형 난관(oviduct)과 난소(ovary)에 관련된 말.

tubotympanic 귀관고실의 형 첫 번째와 세 번째 내장활(visceral arch) 사이에 있는 오목에 적용되는 말. 이 귀관고실오목에서 고실(tympanic cavity)과 귀인두관(Eustachian tube)이 나온다.

tubular, tubulate 관꼴의 형 관의 모양을 하거나, 관을 가지거나 또는 관으로 이루어진.

tubule 세관(細管) 명 작은 관.

Tubulidentata 관치목(管齒目) 명 마이오세(Miocene)부터 또는 어쩌면 에오세(Eocene)부터 출현한 것으로 알려진 태반포유동물의 목. 현존하는 종류는 아프리카의 개미핥기 또는 땅돼지(*Orycteropus*)뿐이며, 이들은 말뚝 같은 독특한 이빨로 개미를 잡아먹고 땅을 파는 앞발을 갖고 있다.

tubuliferous 세관의 형 세관(tubule)을 가진.

tubuliflorous 관꼴화의 형 관꼴 꽃부리(화관)가 있는 낱꽃(floret)을 가진.

tubuliform 관꼴의 형 (1) 관처럼 생긴; (2) 거미류의 실샘(spinning gland)의 일종에 적용되는 말.

tubulin 튜불린 명 미세소관을 구성하는 단백질 소단위. α튜불린과 β튜불린의 두 가지가 있다.

tubulose 관꼴의 형 (1) 관 모양의 구조를 갖거나 그와 같은 구조로 구성된; (2) 속이 빈 원통 모양의.

tubulus 세관 명 세관(tubule).

tumescence 팽창 명 팽윤 또는 융기(swelling).

tumid 팽창성의 형 팽창하거나 부어오른.

tumor 'tumour'의 철자.

tumorigenesis 종양형성 명 종양이 발생하는 것.

tumorigenic 종양형성의, 발암성의 형 (1) 종양바이러스나 어떤 화학물질과 같이 종양을 일으킬 수 있는 작용인자에 적용되는 말; (2) 종양이 생길 수 있는 세포에 적용되는 말.

tumour 종양(腫瘍) 명 세포들이 비정상적으로 증식하여 생긴 세포들의 집합체. 종양의 발육은 크게 두 가지로 구분한다. 양성종양(benign tumour)은 팽창성으로 주위로 퍼지지 않고, 악성종양(malignant tumour)은 분열을 무기한 계속하고 주위의 조직 사이로 침윤하여 전이를 일으키는데, 이를 일반적으로 암(cancer)이라고 한다.

tumour angiogenesis factors (TAF) 종양맥관형성인자 악성종양에서 방출되는 시토카인(cytokine). 종양으로 침투하는 모세혈관망의 형성을 유도한다. ≒ angiogenin.

tumour antigen 종양항원 종양세포에서 새롭게 발현되는 세포표면 단백질. 정상세포에서는 발현되지 않는다.

tumour necrosis factor-α (TNF-α) 종양괴사인자-α 면역반응 과정에서 활성화 T세포와 자연살생세포(NK cell) 그리고 대식세포에 의해 생성되는 시토카인(cytokine). 염증을 유발하고, 만일 온몸에서 활성화되었다면 전신쇼크를 일으키는 원인이 된다. 이 인자는 한편으로 항종양작용을 하고, 지질대사를 교란시키며, 어떤 암환자에서 볼 수 있는 악액질(cachexia)을 일으킨다. 때때로 이 인자를 단순하게 종양괴사인자(tumour necrosis factor)라고 부른다. ≒ cachectin.

tumour necrosis factor-β (TNF-β) 종양괴사인자-β ⇨ lymphotoxin.

tumour necrosis factor family (TNF family) 종양괴사인자패밀리 면역반응에서 중요한 시토카인과 막결합단백질들의 패밀리. 종양괴사인자-α(TNF-α)와 함께 CD40배위자와 Fas배위자도 포함된다.

tumour promoters 종양촉진제 그들 자체는 발암성이 아니지만 발암물질의 효과를 촉진하는 화합물.

tumour suppressor genes 종양억제유전자 세포의 증식을 조절하는 다양한 측면에 관여하는 유전자들. 이러한 유전자에서 결손이 일어난 복사본을 물려받은 사람은 정상적인 사람에 비하여 다양한 형태의 암에 걸릴 소인이 훨씬 많아진다. 암의 발생은 유전자의 '좋은' 복사본의 기능의 상실이나 불활성화에 기인한다. 그 한 예가 망막아세포종(retinoblastoma) 유전자인 *Rb*유전자이다.

tumour viruses 종양바이러스 ⇨ DNA tumour viruses, RNA tumour viruses.

tundra 툰드라 명 하층토(subsoil)가 항상 얼어 있는 극지의 나무가 없는 지역. 식생이 없거나, 이끼류, 지의류, 초본식물과 키 작은 관목들이 자라기도 한다.

TUNEL assay TUNEL검사 세포자살(apoptosis)을 일으키는 세포를 제자리에서(*in situ*) 확인하는 데 이용되는 검사법.

tunic 피막, 피낭 명 (1) 어떤 구조를 포위하거나 둘러싸는 막이나 조직; (2) 피낭동물의 체벽 또는 껍데기.

tunica 피낭, 층, 막 명 (1) 체벽 또는 외피; (2) 기관을 감싸는 막이나 조직 또는 외벽.

tunica albuginea 백막(白膜) ⇨ peridIdymis.

tunica-corpus 외피-내체(外皮內體) 식물의 정단분열조직 따위에서 볼 수 있는 세포체제의 일종. 각 부위는 세포가 분열하는 평면에 의해 뚜렷이 구분되는 두 부분으로 분화된다. 바깥에 있는 외피(tunica)의 층은 주로 수층분열(anticlinal division)을 하고, 안쪽의 내체(corpus)는 다양한 방향으로 분열한다.

tunica intima 내막(內膜) 혈관벽의 가장 안쪽 층.

tunica muscularis 근육층 소화관, 기도, 요로 및 생식관에서 점막의 바깥층을 이루는 민무늬근의 층.

tunicamycin 투니카마이신 명 진핵세포에서 당단백질의 글리코실화반응(glycosylation)을 저해하는 항생물질.

Tunicata, tunicates 피낭동물아문, 피낭동물(被囊動物) 명, 명복 멍게와 같이 주로 군체를 이루는 해초강(Ascidiacea), 자유로이 유영하고 올챙이처럼 생긴 유형강(Larvacea) 그리고 탈리아강(Thaliacea)을 포함하는 척삭동물의 아문. 척삭동물의 특징인 척삭(notochord)과 신경삭(nerve cord)은 오직 유생에서만 발견되고 성체에서는 대체로 사라진다. 성체는 섬유소로 된 질긴 주머니인 피낭(tunic)을 만들고, 그 안에 몸이 파묻혀 있다. ≒ Urochordata, urochordates.

tunicate 외피성의, 피낭성의 형 피낭 또는 껍데기가 있는.

tunicin 투니신 명 해초류(ascidians)의 피낭에서 발견되는, 섬유소와 유사한 다당류.

tunicle 외피(外皮) 명 자연의 외피 또는 껍데기.

tunnelling electron microscope 터널링전자현미경 생체고분자를 포함하여 어떤 유형의 구조 또는 표면을 대상으로 원자 수준의 영상을 만들 수 있는 전자현미경의 일종.

Turbellaria 와충강, turbellarians 와충류(渦蟲類) 명, 명복 잎 같은 모양을 하고 섬모가 난 상피를 가진, 자유로이 유영하는 편형동물의 강.

turbid plaque 혼탁용균반(混濁溶菌斑) 세균의 배양에서 박테리오파지가 만드는 용균반 내에서 일부 세균들이 생존하고 생장하기 때문에 흐릿한 모습을 나타내는 부분.

turbinal (1) 형 **나선모양의** 뼈나 연골처럼 나선형으로 감기거나 꼬인; (2) 명 **코선반, 비갑개(鼻甲介)** 척추동물에서 후각조직을 지탱하는 코뼈의 하나. ≒ turbinate bone.

turbinate 나선모양의 형 팽이처럼 나선형으로 감기거나 꼬인, 껍데기에 적용되는 말.

turbinate bones 코선반, 비갑개(鼻甲介) 코안(비강)의 측벽을 형성하는 연약한 나선 모양의 뼈.

turbinulate 팽이꼴 형 작은 팽이처럼 생긴, 어떤 자낭반(apothecium)에 적용되는 말.

turgescence, turgidity, turgor 팽만(膨滿) 명 (1) 액포 내용물의 내부 압력에 기인하여 식물세포가 팽창하는 것; (2) 내부 압력 때문에 생체 조직이 팽창하는 것. 형 **turgid, turgescent.**

turgor pressure (TP) 팽압(膨壓) 액포의 내용물이 단단한 세포벽에 가하는 정수압에 기인하여 식물세포의 내부에서 일어나는 압력. 팽압은 비목본식물의 줄기를 지탱하는 기계적 수단이 되고, 삼투에 의한 팽압의 변화는 기공의 개폐와 일부 감진운동(seismonastic movement)이 일어나는 원인이 된다.

turio 식아(殖芽) 명 (1) 땅속줄기로부터 싹 터 나온 비늘로 덮인 어린 줄기; (2) 많은 수생식물에서 여러해살이에 쓰이는 겨울눈. ≒ **turion.**

Turkish saddle 터키안장 ⇨ sella turcica.

β-turn β회전 단백질에서 어느 아미노산 잔기의 CO기와 다음의 세 번째 아미노산 잔기의 NH기 사이의 수소결합에 의해 폴리펩티드사슬이 급하게 굽어지는 구조. ≒ β-bend.

turnover 회전, 전환 명 (1) 생태계에서, 생체량(biomass)에 대한 생산에너지(productive energy) 흐름의 비율; (2) 개체군에서, 사망과 이출(emigration)에 의해 소실되고 출생과 이입(immigration)에 의해 대체됨에 따라 단위시간에 개체군에서 교환되는 부분; (3) 세포에서, 단백질이 분해되고 대체되는 연속적인 과정.

turnover number 회전횟수 효소반응에서, 효소가 기질이 포화된 상태에 있을 때 1초에 생성물로 전환시키는 기질분자의 수.

turnover time 회전시간 (1) 생체주기(biological cycle)를 완결하는 데 걸리는 시간; (2) 어느 생물이 태어나서 죽을 때까지의 기간.

turtles 거북류 ⇨ Chelonia.

tusk shells 뿔조개 굴족강(Scaphopoda)의 일반적인 명칭.

twins 쌍생아 ⇨ dizygotic, monozygotic.

two-component system 2성분조절계 세균과 식물 그리고 곰팡이에서 발견되지만 현재까지 동물에서는 발견되지 않은 신호전달체계. 외부의 신호를 감지하는 센서단백질(sensor protein)인 수용체히스티딘인산화효소(receptor histidine kinase)가 활성화되면 전사인자와 같은 세포내 반응조절단백질(response regulator protein)에 작용하여 세포의 다른 성분들로 신호를 전달한다.

two-dimensional polyacrylamide gel electrophoresis (2D-PAGE) 2차원 폴리아크릴아미드겔전기영동 1차에서는 혼합물을 등전점전기영동(isoelectric focusing)이나 한쪽 방향의 전기영동에 의해 분리하고, 2차에서는 1차에 대해 직각의 방향으로 전기영동을 실시하여 많은 단백질을 분리하는 기법.

two-hybrid system 단백질복합체검출시스템 ⇨ yeast two-hybrid system.

tycholimnetic 일시고착성 형 잠시 동안 호수의 바닥에 부착하고 다른 시기에는 떠서 사는.

tychoplankton 일시적 플랑크톤 명 (1) 사르가소 해(Sargasso Sea)의 플랑크톤과 같이 예전에 부착하던 서식지에서 떨어져 나와 표류하거나 부유하는 생물; (2) 연안에 가까운 곳에 사는 플랑크톤.

tychopotamic 지수성(止水性)의 형 잠시 동안만 역류(backwaters)에서 사는.

tylopods 핵각류(核脚類) 명복 낙타과와 다수의 멸종된 무리를 포함하는 포유동물 소목(우제류)의 아목.

tylosis 전충체(塡充體), 비후화 명 (1) 공간(강)에 불규칙한 세포들이 발달하는 것; (2) 막공을 통해 물관, 특히 2기물관부에 유조직세포들이 밀고 들어가는 것; (3) 각질증식(callosity); (4) 칼루스(유합조직)의 형성. 형 **tylotic**. [역자 주 - 표제어는 관용적으로 '진충체'라고 부르고 있지만, 이 경우의 한자 '塡'은 '진정할 진'이 아니라 '메울 전'의 뜻이므로 '빈 곳을 메우고(塡) 채운다(充)'라는 의미를 가진 '전충체'로 표기함이 옳다.]

tylosoid 전충체유사의 형 전충체(tylosis)와 비슷한, 유조직세포들로 채워진 수지관(resin duct) 따위에 적용되는 말.

tymbal 'timbal'의 철자.

Tymovirus 티모바이러스군 명 무황색모자이크바이러스(turnip yellow mosaic virus)를 포함하여 식물에 감염하는 등장성 입자로 된 양성가닥RNA바이러스의 속.

T

tympanic 고실의, 고막의 형 고실 또는 고막(tympanum)과 관련된 말.

tympanic canal 고실관 달팽이관의 길이를 따라 흐르는 3개의 주된 관 가운데 하나.

tympanic membrane 고막(鼓膜) 귓구멍의 가장 안쪽에 있는 막. 'eardrum'이라고도 하며, 이를 통해 소리의 진동이 가운데귀의 귓속뼈(ossicle)에 전달된다.

tympaniform membrane 고상막 ⇨ syrinx.

tympanohyal 고실설골(鼓室舌骨) (1) 형 고실(tympanum)과 목뿔뼈(설골)에 관련된 말; (2) 명 바위꼭지(petromastoid)에 박혀 있는 목뿔활(hyoid arch)의 일부.

tympanoid 고막형 형 편평한 드럼처럼 생긴, 어떤 돌말류(diatoms)에 적용되는 말.

tympanum 고실(鼓室), 고막(鼓膜) 명 (1) 가운데귀를 구성하는 드럼 같은 공간(강); (2) 고막(tympanic membrane); (3) 곤충의 종아리다리(tibia)나 뒷가슴(metathorax) 또는 배에 달린 청각기관의 막; (4) 뇌조(들꿩)의 목에 있는 부풀리게 되어 있는 공기주머니; (5) [식] 일부 이끼류에서 깍지를 닫는 막. 형 **tympanic**.

TYMV 무황색모자이크바이러스(turnip yellow mosaic virus).

type 형(型), 원형(原型) 명 (1) 종 같은 개체들의 상당수에서 공통적으로 나타나고 분류의 기준으로 쓰이는 특징들의 총합; (2) 새로운 속이나 종의 원형으로 기재된 표본. ≒ holotype.

type 1 diabetes, type I diabetes 제1형 당뇨병 인슐린을 생성하는 이자(췌장)의 β세포를 파괴하여 인슐린이 분비되지 못하게 하는 자가면역반응 때문에 생기는 당뇨병의 일종. 대체로 아동기나 청소년기에 나타나며, 평생 동안 인슐린을 투여 받아야만 조절될 수 있다. ≒ insulin-dependent diabetes mellitus, juvenile-onset diabetes.

type 2 diabetes, type II diabetes 제2형 당뇨병 제1형 당뇨병보다 보통 늦은 나이에 나타나고, 인슐린의 생성이 부족하거나 인슐린의 효과에 대한 세포의 내성이 결핍되면서 생기는 당뇨병의 일종. 음식을 조절하고 혈당수준을 낮추는 약물과 때로는 인슐린 주사에 의해 치료될 수 있다. ≒ adult-onset diabetes.

type I hypersensitivity reactions 제1형 과민반응 면역글로불린E(IgE)가 관여하는 알레르기반응.

type II hypersensitivity reactions 제2형 과민반응 세포표면의 항원이나 세포외 기질의 항원에 대항하여 생성된 면역글로불린G(IgG)가 관여하는 면역적 과민성반응.

type III hypersensitivity reactions 제3형 과민반응 면역복합체(immune complex)가 형성되고 이들이 조직에 침착하는 면역적 과민성반응.

type IV hypersensitivity reactions 제4형 과민반응 T세포가 관여하는 면역적 과민성반응.

type I, type II, type III, type IV membrane proteins Ⅰ형, Ⅱ형, Ⅲ형, Ⅳ형 막관통단백질 ⇨ transmembrane protein.

type I, type II, type III, type IV secretion systems Ⅰ형, Ⅱ형, Ⅲ형, Ⅳ형 분비계 ⇨ secretion systems.

type locality 기준표본산지 종을 기재하는 데 이용된 정기준표본(holotype)이나 그 밖의 표본들이 발견된 장소.

type number 기준수 분류군에서 가장 빈번하게 나타나는 염색체의 수.

type specimen 기준표본 신종을 지정하고 기재하는 데 선정된 하나의 표본.

Typhales 부들목 명 뿌리줄기와 선형 잎

을 갖는 습지나 물에 사는 외떡잎식물의 목. 흑삼릉과(Sparganiaceae)와 부들과(Typhaceae)로 이뤄진다.

typhlosole 장내종융기(腸內縱隆起) 명 일부 척추동물과 무악류(cyclostomes)의 장에서 내강을 향해 돌출된 정중의 세로 주름.

typical 기준의 형 (1) 원형에 맞는 표본에 적용되는 말; (2) 종 또는 속의 특징을 현저하게 나타내는.

typogenesis 형발생(型發生) 명 (1) 계통발생에서 빠르게 형(type)이 형성되는 시기; (2) 폭발적 진화.

typonym 모식명(模式名) 명 기준종 또는 기준표본에 기초를 두거나 명명한 분류명.

Tyr ⇨ tyrosine.

tyramine 티라민 명 티로신의 탈2산화탄소반응에 의해 생성되는 페놀아민. 동물의 간에서 소량 생성되고, 동맥의 혈압을 상승시킨다. 티라민은 한편으로 티로신이 풍부하게 포함된 기질에서 세균의 작용으로 생성되고, 두족류에서 분비되며, 겨우살이 등의 다양한 식물과 호밀의 맥각(ergot)에서도 발견된다.

tyrocidin 티로시딘 명 브레비스균(*Bacillus brevis*)에 의해 생성되는 고리형 데카펩티드 항생물질.

tyrosinase 티로시나아제 명 티로신을 산화하고 도파(dopa: dihydroxyphenylalanine)를 생성하는 반응을 촉매하는 철함유효소군을 통틀어 이르는 말. 상용명 monophenol monooxygenase, EC 1.14.18.1; catechol oxidase, EC 1.10.3.1.

tyrosine (Tyr, Y) 티로신 명 극성 방향족 곁사슬을 갖는 아미노산. 단백질을 구성하는 성분이고, 아드레날린과 노르아드레날린의 전구물질로 그리고 티록신과 멜라닌의 전구물질로 중요하다.

tyrosine hydroxylase 티로신수산화효소 ⇨ tyrosinase.

tyrosine kinase 티로신인산화효소 ⇨ protein tyrosine kinases.

tyrosine phosphatase 티로신인산가수분해효소 ⇨ protein tyrosine phosphatase.

tyvelose 티벨로오스 명 일부 장내 세균의 지질다당류 외막에서 발견되는 3,6-2디옥시6탄당(3,6-dideoxyhexose).

U

U 우라실(uracil).

U1, U2, U4, U6 RNA이어맞추기(RNA splicing)에 관여하는 저분자의 리보핵단백질들. 이들은 이어맞추기복합체(spliceosome)를 형성한다.

ψU 유사우리딘(pseudouridine).

UAS 상부활성인자순서(upstream activating sequence).

ubiquinone 유비퀴논 명 이소프레노이드 단위들(그 수는 종에 따라 변함)의 꼬리를 갖는 퀴논의 유도체. 호흡의 전자전달사슬에서 플래빈단백질들과 시토크롬들 간의 전자운반체가 된다.

ubiquitin 유비퀴틴 명 단백질분해효소복합체(proteasome)에서 분해할 단백질을 표적화(targeting)하는 데 관여하는 저분자의 산성단백질. 효소 유비퀴틴연결효소(ubiquitin ligase)와 작용해 분해할 단백질의 리신잔기에 달라붙고, 단백질이 분해되면서 유비퀴틴은 떨어져 나와 단백질 분해의 똑같은 역할을 반복한다.

ubiquitination 유비퀴틴화 명 단백질에 유비퀴틴을 첨가하는 것.

UCR 무조건반응(unconditional response) 또는 무조건반사(unconditional reflex).

UCS 무조건자극(unconditional stimulus).

UDP 우리딘2인산(uridine diphosphate).

UDPG 우리딘2인산포도당(UDP-glucose).

UDP-(sugar) 우리딘2인산-(당) 뉴클레오티드 우리딘2인산(UDP)에 부착한 단당류의 활성형. UDP-당은 다당류의 합성과 당류의 상호전환 등에서 단당류잔기의 공여체가 되고, 우리딘2인산포도당(UDP-glucose)과 우리딘2인산갈락토오스(UDP-galactose)가 포함된다.

ula 잇몸 명 치아의 잇몸.

uletic 잇몸의 형 잇몸(gum)과 관련된 말.

uliginose, uliginous 습지서식성 형 (1) 습지의; (2) 진흙이나 습지에서 자라는.

ulna 자뼈, 척골(尺骨) 명 척추동물의 아래팔에서 노뼈(radius)와 나란히 놓여 있는 긴 뼈 가운데 하나. 일부 척추동물에서는 노뼈와 합쳐져서 하나의 뼈로 된다. 형 **ulnar**.

ulnar nervure 척골맥(尺骨脈) 곤충의 날개에 있는 방사상 날개맥 또는 가로맥.

ulnare 척완골(尺腕骨) 명 자뼈(척골)의 끝에 있는 손목뼈의 하나.

ulnocarpal 자손목의, 척완골(尺腕骨)의 형 자뼈와 손목(carpus)에 관련된 말.

ulnoradial 자노의, 척요골(尺橈骨)의 형 자뼈와 노뼈(radius)에 관련된 말.

uloid 흉터모양의 형 흉터(scar)처럼 생긴.

ulotrichous 양털형 형 양털 같거나 곱슬곱슬한 털을 가진.

ultimate 궁극(窮極)의 형 어떤 생물학적 현상의 근본적인 원인이라고 생각되는 요인(궁극요인)에 적용되는 말. 비 proximate.

U

ultimobranchial bodies 아가미후체, 새후체(鰓後體) 다섯 번째 인두주머니(pharyngeal pouches)의 내배엽에서 유래된 한 쌍의 내분비성 세포덩어리. 칼시토닌(calcitonin)을 분비하며, 나중에 퇴화하고 사라진다.

ultra-abyssal 초심해저(超深海低)의 ⇨ hadral.

ultracentrifuge 초원심분리기 명 세포파쇄액을 150,000*g*까지의 다양한 속도로 회전시켜서 여러 다른 속도에서 서로 다른 세포소기관들을 침전시키는 장치. 여러 다른 분자량을 갖는 고분자들을 분리하는 데에도 이용된다.

ultradian rhythm 하루이상주기 24시간 이상의 주기성을 갖는 생체리듬(biological rhythm).

ultrametric tree 계통수를 작성하는 계통분석에서, 나무의 한 축은 시간에 직접 비례하고 모든 가지를 따라 돌연변이를 나타내는 계통수.

ultramicroscopic 한외현미경적(限外顯微鏡的) 형 너무 작아서 광학현미경 하에서는 볼 수 없고 전자현미경으로만 관찰할 수 있는 구조 또는 생물에 적용되는 말.

ultramicrotome 초박편제작기 명 전자현미경 관찰을 위해 유리칼이나 다이아몬드칼날로 조직의 초박절편을 만드는 장치.

ultrastructure 미세구조(微細構造) 명 전자현미경으로 관찰할 수 있는 세포의 미세한 구조.

ultraviolet light (UV) 자외선(紫外線) 가시광선 스펙트럼의 자색대와 X선 사이의 파장인 전자기복사선. 사람의 눈에는 보이지 않지만 사진필름에는 잡힐 수 있다. 자외선은 파장범위에 따라 자외선 A(UV-A; 400~320 nm), 자외선 B(UV-B; 320~280 nm) 그리고 자외선 C(UV-C; 280~10 nm)로 구분되며, 이 가운데 UV-B가 생물체에 가장 해롭다. 태양 자외선복사의 대부분, 특히 짧은 파장의 자외선복사는 지표에 도달하기 전에 성층권의 오존층에 의해 흡수된다.

umbel 산형(傘形)꽃차례 명 (1) 공통의 중심에서 개개의 꽃이나 꽃의 무리가 생기고 꽃대기가 편평하거나 둥근 송이를 형성하는 꽃차례; (2) 그 밖의 생물에 있는 산형꽃차례와 비슷한 다양한 구조들.

umbella 산형꽃차례, 우산면 명 (1) 산형꽃차례(umbel); (2) 해파리의 우산모양(umbrella).

Umbellales 산형목 ⇨ Cornales.

umbellate 산형(傘形) 형 산형꽃차례(umbel)로 배열된.

umbellifer 산형과 식물 명 카우파슬리(cow-parsley)와 당근 등의 쌍떡잎식물 산형과(Umbelliferae; 역자 주 - '미나리과'라고도 한다)의 종류들. 산형꽃차례로 달리는 작은 꽃들과 몹시 갈라지는 잎을 갖는다. 식용으로 재배되는 많은 식물들이 포함되지만, 영국에서 헴록(hemlock)이라 부르는 나도독미나리(*Conium maculatum*)와 같이 독성이 강한 종류도 포함된다.

umbelliferous 산형꽃차례의 형 산형과 식물(umbellifer)과 같이 꽃들이 산형꽃차례로 배열된.

umbelliform 산형모양의 형 산형꽃차례처럼 생긴.

umbellula 산형군체 명 가늘고 긴 자루의 꽃대기에 있는 폴립들의 큰 무리. ≒ **umbellule**.

umbellule 작은산형화 명 (1) 작은 2차적인 산형꽃차례; (2) 산형군체(umbellula).

umber 엄버 ⇨ opal.

umbilical 배꼽의, 탯줄의 형 배꼽 또는 탯줄과 관련된 말.

umbilical cord 탯줄 배와 태반을 연결하는 조직의 끈.

umbilicate 제(臍)의, 배꼽모양의 형 (1) 중앙에 함몰부가 있는; (2) 배꼽처럼 생긴.

umbilicus 배꼽, 제(臍) 명 (1) 탯줄이 붙는 곳인 배꼽; (2) 배꼽(hilum); (3) 나선형 껍데기의 기부에 있는 오목한 부분; (4) 깃털의 기부 부근에 있는 구멍.

umbo 각정(殼頂), 배꼽, 제(臍) 명 (1) 방패의 중심에 있는 볼록한 장식(boss) 같이 돌출한 구조; (2) [식] 구과식물 열매에 달린 비늘의 볼록한 부분; (3) [동] 연체동물 2매패류 껍데기의 부리 같은 부분. 복 **umbones**. 형 **umbonal**.

umbonate 각정(殼頂)의 형 각정(umbo)을 갖거나, 그와 관련되거나 또는 그와 비슷한.

umbraticolous 호음서성(好陰棲性) 형 그늘진 서식지에서 자라는.

umbrella 외산면(外傘面) 명 해파리의 갓(bell)에서 위쪽 표면.

UMP ⇨ uridine monophosphate.

Umwelt 환경, 움벨트 명 종마다 독특한 동물의 모든 감각입력.

unbalanced 불균형의 형 유전학에서, 중복을 일으키고 결핍이 생기고 이수성(aneuploid) 세포와 배우자를 만드는 염색체의 재배열에 적용되는 말.

uncate 갈고리형의 형 갈고리 모양의.

unciferous 갈고리달린 형 갈고리가 달린.

unciform 갈고리형의 (1) 형 갈고리나 미늘(barb)처럼 생긴; (2) 명 손목의 갈고리형 뼈.

uncinate 갈고리형의, 구상(鉤狀)의 형 (1) 갈고리와 비슷한; (2) 잎 등에서 갈고리처럼 생긴 끝(apex)에 적용되는 말.

uncinate fasciculus 갈고리다발 뇌의 관자엽(temporal lobe)과 이마엽(frontal lobe)을 연결하는 섬유들의 띠.

uncinus 소갈고리 명 (1) 갈고리처럼 생긴 작은 구조; (2) 갈고리(crochet); (3) 복족류의 치설(radula)에서 가장자리에 있는 이(tooth)들.

unconditional reflex (UCR) 무조건반사 자극에 반응하여 무의식적으로 나타내는 선천적 반사. ≒ **unconditioned reflex**.

unconditional response (UCR) 무조건반응 ⇨ classical conditioning. ≒ **unconditioned response**.

unconditional stimulus (UCS) 무조건자극 단순한 반사반응을 일으키게 하는 자극. ≒ **unconditioned stimulus**.

uncoupler, uncoupling agent 짝풀림물질, 공역방지제(共役防止劑) 전자전달사슬을 따라 내려가는 전자의 흐름은 저해하지 않고 ATP의 형성을 저해하는 2,4-2니트로페놀(2,4-dinitrophenol) 등과 같은 분자. 짝풀림물질은 막의 내외로 양성자를 수송하므로, 양성자구동력(protonmotive force)을 분산시킨다.

uncus 갈고리이랑, 구상회(鉤狀回) 명 뇌의 해마(hippocampus)에서 갈고리처럼 생긴 말단.

undate 파형(波形) 형 물결 모양의.

undecaprenyl phosphate 운데카프레닐인산, undecaprenyl pyrophosphate 운데카프레닐피로인산 매우 긴 사슬의 이소프렌지질인 운데카프레놀(undecaprenol)의 인산 또는 피로인산 유도체. 진정세균의 글리칸 생합성에서 활성화 올리고당류의 운반체로 관여한다.

underdominance 과소우성(過小優性) 명 이형접합체의 표현형발현이 각 동형접합체가 나타내는 표현형에 못 미치는 상태.

undershoot ⇨ afterpotential.

understorey 하층(下層) 명 숲이나 나무에서 숲지붕(canopy)과 지층의 사이에 있는 식생층. 관목들과 작은 교목들로 구성된다.

under-wing 아래날개 곤충의 뒷날개 가운데 하나.

undifferentiated 미분화된 형 (1) 분화되지 않은 미성숙한 상태의, 특수한 구조와 기능을 아직 갖추지 못한 배아세포에 적용되는 말; (2) 분열조직세포와 줄기세포에 적용되는 말.

undose 물결자국의 형 파도 모양의 거의 평행한 오목한 부분들이 물결 자국을 이루는.

undulate 물결모양의, 파상(波狀)의 형 파도와 같은 기복을 가진, 잎에 적용되는 말.

undulating membrane 파동막(波動膜), 물결모양막 (1) 일부 편모생물에서 몸체와 편모의 사이에 펼쳐진 얇은 막; (2) 정자의 꼬리에 있는 이와 비슷한 구조.

undulipodium 11조미세소관돌기 명 진핵세포의 편모 또는 섬모. 복 **undulipodia**.

unequal crossing-over 부등교차(不等交叉) 비슷한 유전자들이 반복되거나 무리를 이루는 부위를 가진 염색체들 간에서 때때로 나타나는 재조합의 유형. 동일한 염기순서들이 잘못 정렬되고 이어서 재조합이 일어나면 서로 길이가 다른 재조합체들이 만들어지는데, 그 중 하나에는 정상적인 염기순서의 복사본보다 적게 그리고 다른 하나에는 더 많은 복사본이 들어 있게 된다. ≒ nonreciprocal recombination.

unguiculate 발톱모양의 형 (1) 손톱이나 발톱을 가진; (2) [식] 발톱 같은 자루가 달린 꽃잎에 적용되는 말.

unguiculus 작은손발톱 명 작은 손톱이나 발톱.

unguis 손톱, 발톱 명 (1) 손톱이나 발톱; (2) 거미류의 집게발(chelicera)에 있는, 독샘과 통하는 독니(fang); (3) [식] 어떤 꽃잎의 좁고 긴 자루. 형 **ungual**.

ungula 발굽 명 발굽(hoof).

ungulate 유제(有蹄)의, 발굽모양의 형 발굽이 있는, 또는 발굽처럼 생긴.

ungulates 유제류(有蹄類) 명복 발굽을 가진 포유동물. ⇨ Artiodactyla, Perissodactyla.

unguliform 발굽형 형 발굽처럼 생긴.

unguligrade 발굽보행의 형 발가락의 끝에 생기는 발굽으로 걷는.

uni- '하나'를 뜻하는 라틴어 '*unus*'에서 유래되고, 대체로 '한 개를 가진'을 의미하는 접두사.

uniascal 단일자낭의 형 한 개의 자낭(ascus)이 들어 있는, 소방(locule)에 적용되는 말.

uniaxial 단축(單軸)의 형 (1) 하나의 축을 가진; (2) 경첩관절처럼 오직 한쪽 방향의 운동에 적용되는 말.

unibranchiate 한아가미의 형 하나의 아가미를 가진.

unicamerate 1실의 형 하나의 방이 있는.

unicell 단세포생물 명 하나의 세포로 이루어진 생물.

unicellular 단세포의 형 오직 하나의 세포를 갖거나 하나의 세포로 구성된.

unicolour 단색의 형 오직 한 가지의 색깔을 갖고, 두루 동일한 색으로 된.

unicorn 외뿔의 형 하나의 뿔을 가진.

unicostate 단일중앙맥의 형 어떤 잎에서 볼 수 있는 것과 같이 하나의 두드러진 중앙맥(midrib)을 가진.

unicuspid 단첨두(單尖頭)의 형 이(tooth)에서 볼 수 있는 것과 같이 점차 뾰족해지는 하나의 끝을 가진.

unidactyl 단지(單指)의 형 하나의 손발가락을 가진.

unidirectional replication 1방향복제 기점으로부터 오직 한쪽 방향으로만 진행되는 DNA의 복제.

unifacial 단면(單面)의 형 (1) 하나의 면이나 주요한 표면을 가진; (2) 양면에 비슷한 구조를 가진.

unifactorial 단일유전자의 형 하나의 유전자와 관련되거나 그의 지배를 받는.

uniflagellate 단편모의 형 오직 하나의 편모를 가진.

uniflorous 홑꽃의 형 하나의 꽃을 가진.

unifoliate 단엽의 형 (1) 하나의 잎을 가진; (2) 한 층의 충실(zooecium)이 있는, 태형동물의 군체에 적용되는 말.

uniforate 단천공(單穿孔)의 형 오직 하나의 구멍만을 가진.

uniformity 균일성(均一性) 명 생태학에서, 군집을 구성하는 종들이 군집 내에서 균일하게 분포하는 경향.

unijugate 단일대생복엽의 형 한 쌍의 작은 잎(leaflet)을 가진 깃꼴(우상) 잎에 적용되는 말.

unilabiate 단순(單脣)의 형 하나의 입술을 가진.

unilacunar 단강(單腔)의, 단극형(單隙型) 형 (1) 하나의 공간(lacuna)이 있는; (2) 하나의 엽극(leaf gap)을 가진, 마디(단극절)에 적용되는 말.

unilaminate 단층의 형 오직 한 층만을 가진.

unilateral 1측성 형 한쪽 면에만 배열된.

unilocular 단실(單室)의 형 (1) 하나의 구획이나 세포를 가진; (2) 백색지방(white fat)의 세포와 같이 하나의 기름방울이 들어 있는.

unimodal 단봉형(單峰形) 형 오직 하나의 최빈값(mode)을 가진, 단일한 극댓값을 갖는 빈도분포에 적용되는 말.

unimucronate 단일유두형 형 선단에 하나의 뾰족한 끝이 있는.

uninducible 비유도성의 형 영구적으로 억제된 상태에 있어서 유도할 수 없는 돌연변이체에 적용되는 말. ≒ super-repressed.

uninemal 외가닥의 형 단일 가닥의.

uninuclear, uninucleate 단핵의 형 하나의 핵을 가진.

uniovular 1란성의 형 (1) 하나의 난자와 관련된 말; (2) 단일한 알에서 생긴 쌍둥이(1란성 쌍생아)에 적용되는 말.

uniparental 단친성(單親性) 형 단일한 어버이로부터 생긴.

uniparental disomy 단친2염색체성 배아에 어느 한 어버이로부터 받은 두 복사본의 염색체 또는 일부 염색체가 들어 있는 상태.

uniparental inheritance 단친유전(單親遺傳) 어느 한 어버이형의 표현형이 모든 자손에 전달되는 것. 주로 세포소기관의 유전자에 기인한다.

uniparous 단산(單産)의, 단출(單出)의 형 (1) 한 번 출산에 하나의 자손을 낳는; (2) [식] 하나의 축을 갖는 취산꽃차례(cymose)를 가진.

unipennate 반깃모양의, 반우상(半羽狀)의 형 힘줄이 한쪽에만 비스듬히 와서 닿는 근육(반깃모양근)에 적용되는 말.

unipetalous 홑꽃잎의 형 꽃잎이 하나만 있는.

unipolar 단극(單極)의 형 극(pole)이 하나만 있는, 하나의 돌기를 가진 신경세포에 적용되는 말.

uniport 1방향수송, uniporter 1방향수송단백질 명 오직 한쪽 방향으로만 막을 가로질러 용질을 수송하는 막단백질.

unipotent, unipotential 단분화능의 형

오직 한 가지 유형의 세포로만 발생할 수 있는 세포에 적용되는 말. 비 totipotent.

unique sequences 특이염기순서 ⇨ single-copy DNA.

uniradiate 단축(單軸)의 형 하나의 살을 가진.

Uniramia 단지동물(單肢動物) 명 일부 분류체계에서, 곤충과 다지류(myriapods)를 포함하는 절지동물의 무리. ≒ Atelocerata.

uniramous 외가지의, 단지의 형 (1) 하나의 가지가 있는; (2) 바깥다리(exopodite)가 없는 갑각류의 부속지(단지형 부속지)에 적용되는 말; (3) 작은더듬이(antennule)에 적용되는 말.

unisepalous 홑꽃받침조각의 형 꽃받침조각이 하나만 있는.

uniseptate 단격막(單膈膜)의 형 하나의 격막 또는 구분하는 칸막이가 있는.

uniserial 단열(單列)의 형 (1) 한 줄로 배열된; (2) 어떤 자낭포자에 적용되는 말; (3) 지느러미살을 지탱하는 골격이 한쪽에 있는 지느러미에 해당하는 말; (4) 1기 방사조직(medullary ray)에 적용되는 말.

uniseriate 단열의 형 한 줄이나 한 층으로 나타나는.

uniserrate 단열톱니형 형 가장자리를 따라 한 줄로 톱니가 있는.

unisetose 단강모(單剛毛)의 형 하나의 강모를 가진.

unisexual 단성(單性)의 형 (1) 분명하게 수컷이나 암컷으로 구분되는 성 가운데 하나인; (2) [동] 정자와 난자를 함께 만드는 동물에 때때로 적용되는 말; (3) [식] 별개의 꽃에 수술과 암술을 가진 식물과 꽃에 적용되는 말.

unistrate, unistratose 단층의 형 하나의 층을 가진.

unit membrane 단위막 지질2중층(lipid bilayer) 구조를 갖는 세포막을 통틀어 이르는 말.

unitunicate 1중벽의 형 내벽과 외벽 모두 단단하고 탄력이 없는 자낭(ascus)에 적용되는 말.

univalent 1가의 형 감수분열에서 쌍을 이루지 않는 단일한 염색체(1가염색체)에 적용되는 말.

univalve 단판(單瓣) 명 연체동물 복족류에서 볼 수 있는 것과 같이 한 조각으로 된 껍데기.

universal donor 만능공혈자 ⇨ blood groups.

universal genetic code 공통유전암호 ⇨ genetic code.

universal recipient 만능수혈자 ⇨ blood groups.

universal veil 외피막(外皮膜) 광대버섯(*Amanita*)과 같은 일부 균류에서 발달하는 버섯을 완전히 감싸는 조직. 버섯이 자라면서 외피막은 째지고 대(자루)의 기부 주위에 컵 모양의 흔적인 대주머니(volva)를 남긴다.

univoltine 1화성(一化性)의 형 한 계절에 오직 하나의 한배새끼(brood)만을 생산하는.

unken reflex 꼬리가 있는 양서류인 영원(newt)이 취하는 방어적인 자세. 몸을 단단하고 움직이지 않게 유지하고 꼬리를 들어 올리며 선명한 색깔의 아래쪽을 드러낸다.

unmyelinated 무수(無髓)의 형 미엘린초(myelin sheath)가 없는 축삭에 적용되는 말.

unpaired 1개의 형 (1) 몸의 중앙선에 위치한, 따라서 하나인; (2) DNA에서 상보적인 뉴클레오티드가 맞은편 가닥에 없는 뉴클레오티드에 적용되는 말.

unrooted 뿌리없는 오늘날의 DNA염기

순서 또는 아미노산순서들 간의 차이 또는 유사성의 상대적 정도를 나타내는 계통수에 적용되는 말. 비 rooted.

unsaturated 불포화의 형 탄소사슬에 하나 또는 그 이상의 2중결합(C=C)을 갖는 지방산과 그 밖의 긴 사슬 탄화수소에 적용되는 말.

unscheduled DNA synthesis 부정기 DNA합성 세포주기 동안에 S기(S phase) 이외의 시기에 나타나는 DNA합성.

unstable mutation 불안정돌연변이 복귀돌연변이(reversion)가 높은 빈도로 나타나는 돌연변이.

unstriped muscle 민무늬근, 평활근 ⇨ smooth muscle.

3′ untranslated region 3′비해석부위, 5′ untranslated region 5′비해석부위 ⇨ 3′ UTR, 5′ UTR.

unweighted pair group method using arithmetic mean ⇨ UPGMA.

unwindase, unwinding enzyme 되꼬는효소 DNA가 복제되는 동안에 DNA중합효소의 앞에서 DNA의 2중나선을 풀어주는 DNA풀기효소(helicase).

u-PA ⇨ urokinase.

UPGMA 비가중산술결합(unweighted pair group method using arithmetic mean). 가장 유사한 염기순서를 모아 차례로 무리로 만들면서 진화적 거리(evolutionary distance)로부터 계통수를 제작하는 방법이다.

up mutation 가속돌연변이 특정한 유전자 또는 유전자들의 전사가 매우 증진되는 돌연변이. 이는 보통 그 유전자 또는 유전자들을 조절하는 프로모터에 일어난 돌연변이 때문이다.

upper shore 상부연안 해안(seashore)에서 오직 소수의 종만이 분포하는 평균고조선과 최고조선 사이의 구역.

upregulation 상향조절 명 세포표면 상의 수용체의 수가 증가하거나 mRNA의 생산율이 증가하는 것.

upstream 상부의, 상류(上流)의 형 (1) DNA의 암호가닥(coding strand) 또는 이에 상응하는 RNA에서 어느 일정한 지점의 5′쪽에 있는 염기순서에 적용되는 말; (2) 대사경로 또는 신호전달경로에서 어느 일정한 단계에 앞서는 일에 적용되는 말. 비 downstream.

upstream activating sequence (UAS) 상부활성인자순서 전사개시점의 상부에 위치하는 양성조절염기순서의 일반적인 명칭.

urachus 요막관(尿膜管) 명 (1) 중앙의 배꼽인대; (2) 방광의 꼭대기에서 배꼽까지 뻗어 있는 섬유성 끈.

uracil (U) 우라실 명 RNA의 네 가지 염기 중 하나인 피리미딘염기. RNA에서 우라실은 아데닌(A)과 염기쌍을 형성한다. 뉴클레오시드 우리딘(uridine)의 염기이다. (⇨ 그림 41)

uracil-DNA glycosylase 우라실-DNA글리코실화효소 DNA의 우라실을 포함하는 뉴클레오티드로부터 우라실을 제거하는 효소. 이후에 절단되고 다른 효소에 의해 치환된다. 그렇게 함으로써 시토신이 탈아미노화(deamination)로 우라실이 되고, 이 우라실과 아데닌과의 짝짓기오류에 의해 야기되는 돌연변이를 방지한다. ≒ DNA-uracil glycosidase.

O
‖
HN–C–CH
| ‖
O=C–N–CH
H

그림 41. 우라실.

U

urate oxidase 요산산화효소 영장류를 제외한 동물에서 요산염(urate)이 알란토인(allantoin)으로 산화되는 반응을 촉매하는 효소. 간과 콩팥에 그리고 일부 곰팡이에 존재한다. EC 1.7.3.3. ≒ uricase.

Urbilateria 원시좌우대칭동물 명 모든 좌우대칭동물(Bilateria)의 가상적인 최종 공통조상을 이르는 말.

urceolate 항아리꼴 형 항아리 또는 물주전자처럼 생긴.

urceolus 항아리체 명 항아리 또는 물주전자처럼 생긴 구조들.

urea 요소(尿素) 명 화학식이 NH_2CONH_2인 카바미드(carbamide). 포유동물과 그 밖의 일부 동물에서 단백질과 아미노산이 분해되어 생긴 수용성 노폐물이다. 요소는 오줌의 주요 질소성분이고, 일부 곰팡이와 고등식물에서도 발견된다.

urea cycle 요소회로 주로 아르기닌(arginine)과 시트룰린(citrulline) 그리고 오르니틴(ornithine)이 관여하는 대사순환. 파충류와 새를 제외한 모든 육상척추동물에서 나타나며, 아미노산의 분해과정에서 생성된 암모늄이온이 요소로 전환되어 배설된다. ≒ arginine-urea cycle, Krebs-Henseleit cycle, ornithine cycle.

urease 요소가수분해효소 명 요소를 암모니아와 이산화탄소로 가수분해하는 반응을 촉매하는 효소. EC 3.5.1.5.

Uredinales 녹병균목 명 녹병균(rust fungi)을 포함하는 곰팡이의 목. 갈색이나 검은색 또는 노란색의 특징적인 포자덩어리를 만드는 식물병원균이다. 녹병균류는 보통 두 가지의 다른 숙주식물이 관여하는 복잡한 생활주기를 갖는다.

uredinium, uredium 여름포자퇴 명 장세대형(macrocyclic) 녹병균에서 분생자반(acervulus)과 비슷하게 생긴 구조. 그 안에서 2핵성 여름포자(uredospore)들이 만들어진다. 복 **uredinia**, **uredia**.

uredo 명 녹병균의 여름시기.

uredospore 여름포자 명 장세대형(macrocyclic) 녹병균의 생활주기 가운데 주로 전파되는 단계인 여름포자. 2개의 핵을 가진 포자이고, 발아하여 새로운 여름포자를 생성하는 균사체가 되며, 이와 같은 주기를 여러 차례 반복한다.

ureide 우레이드 명 시트룰린과 같이 아미노산대사 과정에서 생기거나 알란토인(allantoin)과 요막산(allantoic acid)과 같이 푸린의 산화에 의해 형성된 질소를 함유하는 화합물. 일부 식물에서 질소를 수송하는 화합물로 이용되고, 어떤 동물에서는 배설산물로 이용된다.

ureotelic 요소배출의 형 양서류의 성체, 판새어류, 포유동물과 같이 요소의 형태로 질소를 배출하는. 비 ammonotelic, uricotelic.

ureter 수뇨관(輸尿管) 명 콩팥에서 방광이나 총배설강(cloaca)으로 오줌을 운반하는 관. '요관'이라고도 한다.

ureteric bud 요관싹 배아의 뒤콩팥(metanephros)에서 발달하여 요관(수뇨관)이 되는 곁주머니(diverticulum).

urethra 요도(尿道) 명 방광에서 외부로 오줌을 운반하는 관.

uric acid 요산(尿酸), **urate 요산염** 어떤 포유동물에서 거의 불용성인 푸린대사의 최종산물인 2,6,8-트리옥시푸린(2,6,8-trioxypurine). 핵산과 단백질이 분해된 산물이고, 영장류에서는 오줌으로 배출되고, 새와 파충류 그리고 일부 무척추동물, 특히 곤충에서는 주된 질소성 배설산물이다.

uricase 우리카아제 ⇨ urate oxidase.

uricotelic 요산배설의 형 곤충, 새, 파충류와 같이 요산의 형태로 질소를 배출하는. 비 ureotelic.

uridine 우리딘 명 피리미딘염기인 우라실이 리보오스와 결합한 뉴클레오시드.

uridine diphosphate (UDP) 우리딘2인산 2인산기를 포함하는 우리딘뉴클레오티드. 많은 대사반응에서 활성화 당의 일부를 형성한다.

uridine monophosphate (UMP) 우리딘1인산 우라실과 리보오스 그리고 인산기로 구성되는 뉴클레오티드. RNA의 부분가수분해의 산물이고, 생체 내에서 (*in vivo*) 오로티딜산(orotidylate)으로부터 탈카르복시화반응에 의해 합성된다. ≒ uridylate, uridylic acid, uridine 5′-phosphate.

uridine triphosphate (UTP) 우리딘3인산 3인산기를 포함하는 우리딘뉴클레오티드. RNA의 합성에 필요한 네 가지 리보뉴클레오티드 중 하나이다. 많은 대사반응에서 ATP와 비슷한 방식으로 참여하며, 특히 활성화 UDP-당류를 형성하는 데 관여한다.

uridylic acid, uridylate 우리딜산 ⇨ uridine monophosphate.

uridylyltransferase 우리딜릴전달효소 ⇨ nucleotidyltransferase.

urinary 요(尿)의, 비뇨기의 형 오줌과 관련된 말. 콩팥, 수뇨관, 방광 및 요도를 포함하는 기관들에 적용된다.

urine 오줌, 요(尿) 명 (1) 포유동물에서 콩팥으로부터 배출되는, 함질소노폐물(주로 요소)이 들어 있는 액체; (2) 새와 파충류에서 배출되는, 함질소노폐물(주로 요산)이 들어 있는 고체 또는 반고체.

uriniferous 수뇨(輸尿)의, 세뇨(細尿)의 형 (1) 오줌을 생성하는; (2) 보먼주머니(Bowman's capsule)로부터 집합관에 이르는 콩팥단위(네프론)의 세관(세뇨관)에 적용되는 말.

urinogenital 비뇨생식(기)의 형 비뇨계와 생식계에 관련된 말.

urinogenital ridge 비뇨생식융기 포유동물의 배아에서 비뇨계와 생식계로부터 발달하는 쌍으로 된 능선.

urinogenital sinus 비뇨생식굴 많은 동물에서 비뇨생식계와 연결된 주머니 또는 낭.

urn 삭(蒴) 명 (1) 이끼류의 각(theca) 또는 삭과(capsule); (2) 항아리처럼 생긴 구조; (3) 환체류(annulates)의 체강액에 떠 있는 섬모체 중 하나.

urobilin 우로빌린 명 오줌의 갈색 색소.

urobilinogen 우로빌리노겐 명 빌리루빈(bilirubin)에서 유래된 무색의 화합물. 우로빌린으로 산화되어 오줌으로 배출된다.

urocardiac ossicle 요분문소골편 어떤 갑각류에서 위저작기(gastric mill)의 일부를 형성하는 짧고 통통한 막대기 모양의 구조.

urochord 미삭(尾索) 명 피낭동물(tunicates)에서 볼 수 있는 것과 같이 꼬리 부위에 한정된 척삭.

Urochordata 미삭동물아문, urochordates 미삭류(尾索類) ⇨ Tunicata.

urochrome 요색소(尿色素) 명 오줌의 정상적인 색깔을 띠게 하는 노르스름한 색소.

urocoel 신낭(腎囊) 명 연체동물의 배설기관.

urocyst 방광 명 방광(urinary bladder).

urodaeum 'urodeum'의 철자.

Urodela, urodeles 유미목, 유미류(有尾類) 명, 명복 현존하는 양서류의 3목 가운데 하나. 각각 '도롱뇽목'과 '도롱뇽류'라고도 하며, 영원(newt)과 도롱뇽을 포함한다. 잘 발달된 꼬리와 거의 비슷한 크기의 앞발과 뒷발을 가진다. 일부 분류체계에서는 'Caudata'라고도 부른다. 비 Anura.

U

urodelous 유미(有尾)의 형 영속성의 꼬리를 지닌.

urodeum 요동(尿洞) 명 요관 및 생식관과 통하는 총배설강(cloaca)의 부분 또는 공간. ≒ **urodaeum**.

urogastric 미위(尾胃)의 형 일부 갑각류에서 위 부위의 뒤쪽 부분과 관련된 말.

urogastrone 우로가스트론 ⇨ epidermal growth factor.

urogenital 비뇨생식(기)의 ⇨ urinogenital.

urohyal 미설골(尾舌骨) 명 목뿔활(hyoid arch)의 중앙에 있는 골질요소.

uroid 미질(尾質) 명 일부 아메바에서, 뒤쪽의 겔 같은 세포질 부위.

urokinase (u-PA) 우로키나아제, 우로인산화효소 명 사람의 오줌에 들어 있는 단백질가수분해효소. 조직플라스미노겐활성인자(tissue plasminogen activator)와 밀접한 관련이 있고, 플라스미노겐을 플라스민으로 변환시킬 수 있다. ≒ urinary plasminogen activator.

uromere 미체절(尾體節) 명 절지동물의 복부 마디.

uromorphic 꼬리모양의 형 꼬리와 비슷한.

uroneme 미사(尾絲) 명 일부 섬모충류에 있는 꼬리처럼 생긴 구조.

uronic acid 우론산 당(sugar)의 산화산물로 형성된 일군의 산(acid)을 통틀어 이르는 말. 오줌에 들어 있고 일부 다당류의 소단위로 존재한다.

uropatagium 미익막(尾翼膜) 명 (1) 박쥐류에서 어느 넙다리뼈(대퇴골)로부터 다른 넙다리뼈까지 뻗는 막; (2) 날여우원숭이류에서 뒷다리와 꼬리 사이에 펼쳐진 비막(patagium)의 부분.

urophan 우로판 명 화학적으로 변화되지 않은 상태로 오줌에서 발견되는 섭식물질을 통틀어 이르는 말. 형 **urophanic**.

urophysis 미부하수체(尾部下垂體) 명 어류의 척수 말단에서 신경분비성 신경말단이 집중된 부위. 포유동물의 신경뇌하수체(neurohypophysis)에 해당한다.

uropod 꼬리다리, 미각(尾脚) 명 갑각류의 끝에서 두 번째의 마디에 달리는 쌍으로 된 부채 모양의 부속지. 유영하는 데 이용된다.

uropore 미공(尾孔) 명 어떤 무척추동물에서 배설관의 구멍.

uroporphyrin 우로포르피린 명 헴(haem)의 대사에서 생기는 갈색을 띠는 빨간색 산물. 철(Fe)이 없으며, 오줌의 색소이다.

uropygium 꼬리융기 명 새의 몸통 끝에서 볼록 튀어나온 부분. 척추뼈로 구성되고 꼬리깃털을 떠받친다. 형 **uropygial**. ≒ **uropyge**.

uropyloric 미유문(尾幽門)의 형 갑각류에서 위(stomach)의 뒤쪽 부위와 관련된 말.

urorectal 비뇨직장(泌尿直腸)의 형 궁극적으로 장을 항문과 비뇨생식 부분들로 나누는 배(embryo)의 격막에 적용되는 말.

urorubin 우로루빈 명 오줌의 빨간색 색소.

urosacral 미천추(尾薦椎)의 형 등골뼈의 꼬리부위와 엉치(천골)부위에 관련된 말.

urosome 후체부 명 (1) 물고기의 꼬리부위; (2) 일부 절지동물의 복부.

urostege, urostegite 미복판(尾腹板) 명 뱀의 복부 꼬리판.

urosternite 미복판(尾腹板) 명 절지동물의 복부 마디에 있는 배 쪽의 판.

urosthenic 미긴장(尾緊張)의 형 추진력을 얻기 위해 튼튼하게 발달된 꼬리를 가진.

urostyle 미단골(尾端骨) 명 개구리류와 두꺼비류에서 등골뼈의 뒤쪽 부위를 형성하는 분절되지 않은 뼈.

Urticales 쐐기풀목 명 초본, 덩굴식물, 관목과 교목을 포함하는 쌍떡잎식물의 목. 삼과(Cannabaceae), 뽕나무과(Moraceae), 느릅나무과(Ulmaceae)와 쐐기풀과(Urticaceae)로 이뤄진다.

urticant 따끔따끔한 형 따끔따끔하고 가려운.

urticaria 두드러기 명 알레르기반응의 결과로 생기는 피부의 부분적 부종. ≒ hives.

urticarial 두드러기의 형 쐐기풀에 찔린 것처럼 두드러기가 생기는, 어떤 털애벌레의 털에 적용되는 말.

Ustilaginales 깜부기병균목 명 검댕과 비슷한 검은색 휴면포자의 덩어리를 만드는 식물병원균인 깜부기병균(smut fungi)을 포함하는 곰팡이의 목.

uterine 자궁의 형 자궁(uterus)과 관련된 말.

uterine cervix 자궁목, 자궁경부 질(vagina)과 인접한 자궁의 목 부분.

uterine crypts 자궁음와(子宮陰窩) 융모막 융모를 수용하기 위한 자궁점막의 함몰부.

uteroabdominal 자궁복부의 형 자궁과 복부에 관련된 말.

uterosacral 자궁엉치의 형 엉치뼈에 부착한 엉치생식주름(sacrogenital fold)의 두 인대에 적용되는 말.

uterovaginal 자궁질의 형 자궁과 질(vagina)에 관련된 말.

uterovesical 자궁방광의 형 자궁과 방광에 관련된 말.

uterus 자궁(子宮) 명 (1) 포유동물의 암컷에서, 배(embryo)가 발생하고 출산하기 전까지 배에 영양을 공급하는 기관; (2) 그 밖의 동물에서, 새끼나 알의 발생을 위한 장소로 이용되도록 변형된 수란관(oviduct)의 확대된 부위.

UTP ⇨ uridine triphosphate.

3′ UTR 3′비해석부위(3′ untranslated region). mRNA(와 DNA)에서 암호부위(coding region) 다음의 부위로, 전사되지만 번역되지 않는 부위이다.

5′ UTR 5′비해석부위(5′ untranslated region). ⇨ leader sequence.

utricle 타원주머니 명 속귀에서 머리 위치의 운동에 반응하는, 액체로 채워진 작은 주머니. 타원주머니는 막미로(membranous labyrinth)의 일부이며, 둥근주머니(sacculus)와 함께 속귀의 전정을 이룬다. ≒ utriculus.

utricular, utriculate 타원주머니의 형 (1) 타원주머니(utricle)와 관련된 말; (2) 타원주머니와 비슷하게 생긴; (3) 작은 부대 같은 관이 들어 있는.

utriculiform 타원주머니꼴 형 타원주머니 또는 작은 주머니처럼 생긴.

utriculus 타원주머니 ⇨ utricle.

utriform 오뚝이모양의 형 약간 잘록한 주머니처럼 생긴.

UV ⇨ ultraviolet light.

uva 장과(漿果) 명 포도에서 볼 수 있는 것과 같이 상위씨방에서 형성되는 장과(berry).

uvea 우베아 명 붓꽃의 뒤쪽 표면을 덮고 있는 색소를 띤 상피세포.

uvula 목젖 명 물렁입천장(연구개)에 매달린 부드러운 조직으로 된 원뿔형의 판.

U

V

V (1) 발린(valine); (2) 화학원소 바나듐의 기호; (3) 볼트(volt)에 대한 국제계량단위계(SI)의 단위.

V_H 항체의 무거운 사슬(heavy chain)의 가변부. ⇨ V region.

V_L 항체의 가벼운 사슬(light chain)의 가변부. ⇨ V region.

V_{max} ⇨ Michaelis-Menten kinetics.

Val 발린(valine).

v-a mycorrhiza VA균근(vesicular-arbuscular mycorrhiza).

vaccination 예방접종 명 독성이 없거나 죽인 병원체의 약제를 주사 또는 접종하여 그 병원체에 대한 감염방어면역(protective immunity)이 생기게 하는 것. ≒ immunization, inoculation. ⇨ vaccine. 동 **vaccinate**.

vaccine 백신 명 적절한 병원성 세균이나 바이러스에 대항하는 감염방어면역이 생기게 할 수 있지만 그 자체는 병을 유발하지 않는 미생물 또는 그 항원성분으로 만든 약제. 백신에는 병원성 미생물을 죽여서 만든 사멸백신(killed vaccine) 또는 살아 있는 바이러스나 세균의 비병원성 균주로부터 제조한 생균백신(live vaccine) 또는 분리한 단백질성분으로부터 만드는 아단위백신(subunit vaccine) 등이 있다.

vacuolar 액포의 형 액포(vacuole)와 관련되거나 액포와 비슷한.

vacuolated 액포성 형 액포가 들어 있는.

vacuolation 액포화 명 (1) 액포가 형성되는 것; (2) 자라는 세포 또는 오래된 세포에서 투명한 액체의 방울이 나타나거나 형성되는 것. ≒ **vacuolization**.

vacuole 액포(液胞) 명 진핵세포의 세포질에 있는, 액체로 채워지고 막으로 둘러싸인 큰 공간을 통틀어 이르는 말. 액포는 특히 식물과 조류의 세포에서 눈에 띄는 특징이 되며, 이들 세포에서는 중심액포(central vacuole)라 부르고 세포용적의 많은 부분을 차지한다. ⇨ contractile vacuole. (⇨ 그림 7)

vacuum activity 진공활동 어떤 외부자극이 없어도 동물에 의해 수행되는 활동의 고정행동양식.

vagal 미주신경의 형 미주신경(vagus)과 관련된 말.

vagiform 부정형(不定形) 형 (1) 정해지지 않은 형태를 가진; (2) 무정형(amorphous).

vagile 이동성 형 (1) 자유로이 움직이는; (2) 이동할 수 있는. 명 **vagility**.

vagina 질(膣), 집, 초(鞘) 명 (1) 자궁과 외부를 연결하는 통로; (2) 껍질(초) 또는 껍질 같은 관.

vaginal 질(膣)의 형 질(vagina)과 관련되거나 동맥 또는 신경 같이 질에 분포하는.

vaginal process 칼집돌기 (1) 관자뼈의 바위부(petrous portion) 아래의 표

면에 있는 톡 튀어나온 판; (2) 나비뼈(sphenoid) 상에 있는 판.

vaginate 유초(有鞘)의 형 초(집)가 있는.

vaginervose 부정시맥(不定翅脈)의 형 불규칙하게 배열된 날개맥이 있는.

vaginicolous 껍질서식성 형 집이나 껍질을 만들고 사는.

vaginipennate 초시성(鞘翅性), 초익성(鞘翼性) 형 껍질(초)에 의해 보호되는 날개를 가진.

vagus 미주신경(迷走神經) 명 (1) 위, 샘창자(십이지장), 간, 지라와 콩팥을 포함하여 많은 내장에 분포하는 제10뇌신경. 심장과 허파의 신경얼기(plexus)를 형성하고, 식도와 기관지 그리고 이들의 샘과 인두와 후두의 근육들에 분포한다; (2) 곤충의 내장에 있는 부속신경계.

valence 원자가(原子價), 결합가(結合價) 명 (1) 원자가 결합할 수 있는 수소원자(1가)의 수로 나타내는 원자의 결합하는 능력. 탄소의 원자가는 4가이고, 산소의 원자가는 2가이다; (2) [면] 항체에서, 1분자 항체당 항원결합부위(antigen-binding site)의 수; (3) [면] 항원에서, 항체가 결합할 수 있는 항원결정부(epitope)의 수. ≒ valency.

valine (Val, V) 발린 명 비극성 탄화수소 곁사슬을 갖는 아미노산. 단백질의 구성 성분이고, 사람과 일부 동물의 필수아미노산이다.

valinomycin 발리노마이신 명 칼륨이온(K^+)에 대한 세포막의 투과성을 증가시키는 항생물질.

vallate 성곽의, 벽상(壁狀) 형 오목한 곳을 둘러싸는 가장자리가 있는, 혀의 등에 있는 맛봉오리의 유두(성곽유두)에 적용되는 말.

vallencula 홈, 과곡(果谷) 명 오목(depression) 또는 고랑(groove).

vallenculate 홈파진 형 홈이 있는.

Valsalva's sinuses 대동맥동, 발살바공동 ⇨ sinuses of Valsalva.

valvate 뚜껑형 형 (1) 가장자리에만 경첩이 있는; (2) 테두리에서 만나는; (3) 뚜껑(판)으로 열리거나 뚜껑이 있는.

valve 판(막), 뚜껑, 덮개 명 (1) 심장과 혈관에서 한쪽 방향으로만 혈액이 흐르도록 하고 역류를 방지하는 구조; (2) 조개류와 새조개류에서와 같이 경첩으로 연결된 두 부분의 껍데기에서 각각의 반쪽; (3) 돌말류(diatoms)의 규산질로 된 껍질에서 각각의 반쪽; [식] (4) 삭과가 터져 벌어지면서 생기는 조각들; (5) 어떤 꽃밥(anther)의 뚜껑 같은 구조.

valvula 판막(瓣膜) 명 우심방의 관상정맥굴(coronary sinus)에 있는 작은 판.

valvulae conniventes 윤상주름 샘창자(십이지장)에서 돌창자(회장)까지의 소화관에 있는 점막의 원형, 나선형 또는 두 갈래로 갈라진 주름. 분비와 흡수를 위한 면적을 증가시키는 구실을 한다.

valvular 판상의 형 판(valve)과 관련되거나 그와 비슷한. 여러 조각으로 갈라지는 삭과와 꽃밥의 열개(판상열개)에 적용되는 말이다.

valvule 소판(小瓣) 명 (1) 벼과 초본의 위쪽 내화영(palea); (2) ⇨ valvula.

VAM fungi 소낭수지상균근 소낭수지상균근(vesicular-arbuscular mycorrhiza)을 형성하는 접합균류 글로메로균류의 종류들.

vanadium (V) 바나듐 명 일부 세균의 질소고정효소에서 보결분자단이 되는 금속원소.

vanadocyte 바나듐세포 명 어떤 해초류(ascidians)에서, 바나듐화합물이 들어 있는 혈액세포.

vancomycin 반코마이신 명 세균의 세포

벽 형성을 방해하는 항생물질.

van der Waals forces 반데르발스힘 분자 간에 비공유적으로 작용하는 약한 인력. 단백질의 입체구조를 형성하고 유지하는 데 그리고 단백질 간의 상호작용에서 중요하게 작용한다.

vane 우판(羽瓣) 명 깃가지(barb)로 구성된 깃털의 거미줄 같은 구조.

vannus 부채부 명 어떤 곤충의 뒷날개에서 부채 같은 후엽. 형 **vannal**.

variability plot 변이도표 ⇨ Wu and Kabat plot.

variable expressivity 가변발현도 서로 다른 개체들에서 유전형질이 정도를 달리하여 발현되는 것.

variable lymphocyte receptor (VLR) 가변림프구수용체 칠성장어류(lampreys)의 림프구유사세포에 의해 발현되는 가변항원수용체(variable antigen receptor)의 일종. VLR은 면역글로불린은 아니지만 체세포의 유전자재배열 과정에 의해 생성된다.

variable number tandem repeats (VNTR) 직렬반복변수 ⇨ minisatellite DNA.

variable region (V region) 가변부 면역글로불린의 가벼운 사슬과 무거운 사슬에서 그리고 T세포수용체의 두 사슬에서 서로 다른 항원특이성을 갖는 분자들 간에 아미노산순서가 상당히 차이를 나타내는 부위. 가변부는 각 사슬의 아미노산말단에서 뚜렷한 영역을 형성한다. 가변부는 항원결합부위(antigen-binding site)에 기여하는 분자의 일부이다. ⇨ constant region, V gene segment.

variance 변동, 분산(分散) 명 (1) 변화되는 상태; (2) 각 변량과 그 평균치의 차이를 제곱한 다음, 그 수치들의 산술 평균을 구한 것.

variant 변이형 명 어떤 형질이나 성상이 원형(type)으로부터 벗어난 개체 또는 종.

variate 변량(變量) 명 변수(variable)를 수량으로 나타낸 것.

variation 변이(變異) 명 (1) 어떤 특징이 원형(type)으로부터 벗어난 것; (2) 동일 종에서 (나이에 따른 차이가 아니라) 개체들 간에 나타나는 표현형의 차이. 이러한 변이는 유전적 차이와 환경의 영향 모두를 반영한다. ⇨ continuous variation, discontinuous variation, genetic variation; (3) [통계] 평균값으로부터의 편차.

varicellate 작은나선층융기(螺旋層隆起)의 형 뚜렷하지 않은 작은 융기를 가진 껍데기에 적용되는 말.

varicellar-zoster virus 수두대상포진바이러스 수두(chickenpox)와 대상포진(shingles)을 일으키는 헤르페스바이러스과(Herpesviridae)의 바이러스.

varices 나선층융기(螺旋層隆起) 명복 단판(univalve)의 껍데기에서 예전에 외순(outer lip)이 있던 위치를 보여주는, 나사선을 가로지르는 돌출한 융기. 단 **varix**.

varicose 이상확장(異常擴張)의 형 비정상적으로 부풀고 팽창된.

variegation 무늬형성, 얼룩이 명 (1) 잎이나 식물의 다른 기관에서 몇 가지 다른 색깔들이 섞여 있는 것. 이러한 현상은 바이러스에 의한 간섭이나 어떤 세포계보에서 엽록체가 발달하지 못하거나 또는 발생과정에서 표현형의 변화를 일으키는 체세포의 돌연변이에 의해 일어날 수 있다; (2) 발생과정에서 체세포의 유전자형이 변화하는 데 기인하는 불연속적 표현형들.

variety 변종(變種) 명 종 수준 아래의 분류군.

variola major 마마, 천연두 마마 또는 천연두(smallpox).

variola minor 우두(牛痘) 우두(cowpox).

variole 작은반점 명 곤충에서, 다양한 부분들에 있는 작은 구멍 같은 반점 또는 무늬.

varix 'varices'의 단수형.

vas 관(管), 맥관, 혈관 명 작은 관, 맥관, 혈관, 통로 또는 막힌 관. 복 **vasa**.

V

vasa afferentia 'vas afferens'의 복수형.

vasa deferentia 'vas deferens'의 복수형.

vasa efferentia ⇨ ductulus efferens.

vas afferens 수입림프관 림프절로 들어오는 림프관. 복 **vasa afferentia**.

vasal 관(管)의 형 관(vessel)과 관련되거나 관으로 연결되는.

vasa vasorum 맥관벽혈관 보다 큰 동맥과 정맥에 분포하고 그들의 벽에서 발견되는 혈관.

vascular 혈관의, 관다발의 형 액체를 수송하거나 순환하도록 적응된 관(vessel)과 관련되거나 그러한 관으로 구성되거나 관을 포함하는. 동물에서는 혈관과 림프관에 적용되고, 식물에서는 물관부와 체관부를 가리킨다.

vascular addressins 혈관세포점착물 혈관의 내피세포 상에 있는 세포부착분자. 이들은 백혈구 상의 세포부착분자와 결합하여 백혈구들이 몸의 다른 부위로 선택적으로 이동하는 데 관여한다. 혈관세포점착물은 면역글로불린상과에 속한다.

vascular bundle 관다발 일부 식물의 줄기에서 별개의 가닥으로 된 물관부와 체관부의 세포들. 때로는 부름켜(형성층)의 띠가 이들을 떼어 놓는다.

vascular cambium 관다발형성층 ⇨ cambium.

vascular cylinder 관다발원통 줄기와 뿌리의 물관부와 체관부.

vascular endothelial growth factor (VEGF) 혈관내피생장인자 산소가 적게 공급되는 조직에서 분비되어 혈관의 생장을 촉진하는 단백질생장인자.

vascularized 혈관화 형 모세혈관이 침투하는.

vascular plants 관다발식물 물관부와 체관부가 들어 있는 모든 식물의 일반적인 명칭. 석송류, 고사리류, 소철류, 겉씨식물과 속씨식물을 포함한다.

vascular strand 관다발가닥 일부 식물의 줄기와 잎 그리고 꽃에 있는 1기물관부와 1기체관부의 가는 가닥.

vascular system 관다발계, 혈관계 (1) [식] 식물에서 물과 용질을 나르는 조직인 물관부와 체관부; (2) [동] 혈관계.

vascular tissue 관다발조직 식물에서, 물관부와 체관부.

vasculogenesis 혈관형성 명 혈관이 형성되는 것.

vasculum 낭상엽(囊狀葉), 소맥관 명 (1) 물주전자처럼 생긴 잎; (2) 작은 혈관.

vas deferens 정관(精管) 정소에서 음경으로 정자를 보내는 관. 복 **vasa deferentia**.

vasoactive 혈관작용(성)의 형 혈관에 작용하여 혈관을 팽창하게 하거나 수축하게 하는.

vasoactive intestinal peptide (VIP) 혈관작용장펩티드 장과 신경조직 모두에서 나타나는 생물학적 활성펩티드.

vasoconstriction 혈관수축 명 혈관벽의 민무늬근이 수축한 결과로 속공간(lumen)의 크기가 감소하면서 혈관이 수축되는 것. 이는 혈압의 상승을 유발한다.

vasoconstrictor 혈관수축의 형 혈관의 수축을 일으키는.

vasodentine 혈관치(血管齒) 명 혈관이 침투하는 다양한 상아질.

vasodilation 혈관확장 명 혈관의 벽에 있는 민무늬근이 이완된 결과로 혈관의 속공간(내강)이 확대되는 것. 이는 혈압의 감소를 유발한다.

vasodilator 혈관확장의 형 혈관의 속공간이 늘어나게 하는.

vasoganglion 혈관신경절 명 소동맥그물(rete mirabile)과 같이 조밀한 그물을 이룬 혈관.

vasoinhibitory 혈관운동신경억제의 ⇨ vasodilator.

vasomotor 혈관운동의 형 혈관의 벽에 있는 근육에 분포하고 혈관확장과 혈관수축에 의해 혈관의 내강 크기를 조절하는 신경(혈관운동신경)에 적용되는 말.

vasopressin 바소프레신 명 뇌하수체 후엽인 신경뇌하수체(neurohypophysis)에 의해 생성되는 펩티드호르몬. 민무늬근의 수축을 촉진하여 작은 혈관의 수축을 야기하고 혈압을 상승시키며, 콩팥의 세관에서 물의 재흡수를 일으킴으로써 항이뇨작용을 한다. ≒ antidiuretic hormone.

vasotocin 바소토신 명 옥시토신(oxytocin)과 바소프레신과 유사한 특성을 지닌 펩티드호르몬. 하등척추동물에서는 뇌하수체의 후엽에서 분비되고 포유동물에서는 태아와 송과샘에서 분비된다.

vastus 넓은근, 광근 명 넓적다리의 4두근(quadriceps)에서 갈라지는 근육.

vCJD 변종 크로이츠펠트-야콥병(variant Creutzfeldt-Jakob disease). ⇨ Creutzfeldt-Jakob disease.

V(D)J recombinase V(D)J재조합효소 면역글로불린유전자와 T세포수용체유전자의 체세포재조합에서 재조합반응을 수행하는 RAG-1과 RAG-2 소단위들로 구성된 효소. ⇨ V(D)J recombination.

V(D)J recombination V(D)J재조합 B세포의 면역글로불린 유전자자리와 T세포의 T세포수용체 유전자자리에서 이들 분자의 가변부를 암호화하는 DNA염기순서를 만드는 DNA재배열. 면역글로불린의 가벼운 사슬 유전자자리와 T세포수용체 α-유전자자리에서 V유전자조각과 J유전자조각이 이어지고, 한편으로 면역글로불린의 무거운 사슬 유전자자리와 T세포수용체 β-유전자자리에서 V와 D 그리고 J유전자조각들이 연결된다.

vector 매개체, 벡터 명 (1) 병원성 생물의 중간전달자 또는 중간숙주로 작용하고 감염되기 쉬운 숙주에게 이를 전달하는 생물 또는 무생물의 인자를 통틀어 이르는 말; (2) DNA클로닝을 위한 증폭이나 유전자발현의 연구를 위하여 세균이나 그 밖의 세포에 도입하는 파지 또는 플라스미드 또는 바이러스의 DNA.

vegetable starch 식물성 녹말 글리코겐과 비교해 볼 때의 녹말.

vegetalized 식물극화(植物極化)의 형 실험발생학에서, 어떤 처리의 결과로 외배엽의 형성은 억제되거나 일어나지 않고 내배엽의 형성이 지나치게 일어나는 배에 적용되는 말. 명 **vegetalization**.

vegetal pole, vegetal region 식물극(植物極) (1) 난황을 가진 알에서 난황의 존재 때문에 다른 부분보다 훨씬 느리게 분열하는 부분; (2) 대할구(megamere)들이 모인 포배(blastula)의 끝부분.

vegetation 식생(植生) 명 어느 지역을 덮고 있는 식물들을 분류학적으로 간주하지 않고 일반적으로 부르는 말.

vegetative 영양(營養)의 형 (1) 식물에서 생식이 일어나지 않는 생장기(영양생장기)에 적용되는 말; (2) 꽃이 생기지 않는 가지(영양지)에 적용되는 말; (3) 곰팡이에서 균사체가 형성되는 영양번식시기에 적용되는 말; (4) 식물과 동물에서 싹(bud)의 형성이나 그 밖의 무성적 방법에 의한 생식(영양생식)에 적용되는 말.

vegetative apomixis 영양체무수정생식

식물에서 뿌리줄기(rhizome), 기는줄기(stolon)와 살눈(bulbil) 따위에 의한 무성생식.

vegetative nucleus 영양핵 (1) 대핵(macronucleus); (2) 꽃가루관핵(pollen tube nucleus).

VEGF 혈관내피생장인자(vascular endothelial growth factor).

vehicle 전파체 명 음식이나 물과 같이 비생물적 환경에 있는 병원체의 감염원.

veil 피막(被膜) 명 곰팡이의 일부 자실체에서 대(자루)에 붙어 있고 갓(균모) 위로 펼쳐진 한 장의 미세한 조직. 자실체가 발달하면서 피막이 찢어져서 대에 고리 모양의 흔적을 남기고 때로는 갓에도 조각들이 남는다. ≒ velum.

vein 정맥, 날개맥, 잎맥 명 (1) 심장으로 혈액을 나르는 혈관; (2) 곤충의 날개에서, 기관계가 가늘게 연장된 부분; (3) 잎에서, 관다발조직의 갈라진 가닥.

vela 'velum'의 복수형.

velamen 근피(根被) 명 난초의 공기뿌리에 있는 다층표피. 기계적 보호의 구실을 하고, 수분의 손실을 감소시키며, 물의 흡수를 위해 특수화된 가능성이 있는 구조이다.

velaminous 유근피(有根被)의 형 근피(velamen)를 가진.

velar 피막의, 연막의 형 피막 또는 연막(velum)과 관련되거나 그 부근에 있는.

velate 피막의, 연막의 형 (1) 피막(veil)이 있는; (2) 연막(velum)으로 덮인.

veld 벨트, 초원 명 남아프리카의 온대초원.

veliger 부유자패(浮游子貝), 벨리저 명 어떤 연체동물에서 담륜자(trochophore)로부터 발생하는 두 번째 유생기.

velum 피막(被膜), 연막(緣膜), 개막(蓋膜) 명 (1) 피막(veil)과 유사한 막 또는 구조; (2) 히드라충강(Hydrozoa)의 해파리에서, 종의 가장자리로부터 안쪽으로 돌출한 고리 모양의 조직; (3) 칠성장어류(lampreys)와 그 밖의 일부 척추동물에서, 구강(buccal cavity)에 있는 근육조직의 판; (4) [균] 일부 담자균류에서 대(자루)로부터 갓의 꼭대기로 펼쳐진 한 장의 미세한 조직. 복 **vela**.

velvet 벨벳 명 사슴뿔(antlers)이 자라는 동안 사슴뿔을 덮었다가 뿔이 충분히 자라면서 떨어져 나가는 부드럽고 혈관이 분포하는 피부.

velvet worms 발톱벌레류 ⇨ nychophora.

vena 정맥(靜脈) 명 정맥, 특히 심장으로 혈액을 운반하는 큰 혈관.

vena cava 대정맥(大靜脈) 심장의 우심방으로 혈액을 나르는 큰 정맥.

vena comitantes 동반정맥 동맥이나 신경을 수반하거나 그 곁에 있는 정맥.

venation 맥계(脈系) 명 잎맥이나 곤충의 날개맥의 배열양식.

Vendian 벤디안기 명 약 6억 5000만 년 전부터 5억 4300만 년 전까지 지속된 선캄브리아시대가 끝날 무렵의 기(period). 크고 작은 연한 몸을 가진 생물들의 화석에 의해 특징지어진다. ⇨ Ediacaran fauna.

Venezuelan region 베네수엘라식물구 아마존강의 북쪽에서 베네수엘라의 중앙부까지로 구성되는 신열대식물계의 1부분.

venin 뱀독 명 뱀의 독액에 함유된 독성 물질.

venomous 독성의 형 독샘을 가지고 유독한 상처를 입힐 수 있는.

venose 정맥의 형 많고 뚜렷한 정맥을 가진.

venous 정맥의 형 (1) 정맥과 관련된 말; (2) 몸을 순환한 다음에 심장으로 돌아오는 혈액(정맥혈액)에 적용되는 말.

vent 항문, 구멍 명 (1) 항문(anus); (2) 하등척추동물에서 총배설강(cloaca)과 항문의 구멍.

vent community 열수구군집 ⇨ hydrothermal vent community.

venter 배, 복부, 복상돌기 명 (1) [동] 배(복부); (2) 아랫배의 표면; (3) [식] 선태식물의 장란기(archegonium)의 아래쪽에서 하나의 알이 들어 있는 팽창된 부분.

ventrad 복부의 부 아래나 배의 표면을 향한.

ventral 배쪽의, 복측의 형 (1) 동물의 배(복부) 또는 밑바닥과 관련되거나 가까운; (2) 잎이나 날개의 아래쪽과 관련된 말. 비 dorsal.

ventral aorta 복대동맥(腹大動脈) 어류와 양막류의 배(embryo)에서 심장의 심실로부터 뻗어 나가는 큰 동맥.

ventralized 배쪽화의 형 실험발생학에서, 어떤 처리의 결과로 등 쪽의 형성은 억제되거나 일어나지 않고 배 쪽의 형성이 지나치게 일어나는 배에 적용되는 말. 명 **ventralization**.

ventral root 복근(腹根) (1) 뇌신경에서, 일부 감각신경섬유들이 달린 신경뿌리(nerve root); (2) 척수신경에서, 일부 운동신경섬유들이 달린 신경뿌리.

ventricle 실(室), 뇌실(腦室), 심실(心室) 명 (1) 공간 또는 방; (2) 뇌의 중앙에서 액체로 채워진 몇 공간 가운데 하나; (3) 심장에서 한 쌍으로 된 아래쪽 방 가운데 하나.

ventricose 불룩한 형 중앙을 향해 또는 고르지 않게 부풀어 오른.

ventricular 심실의 형 심실과 관련된, 후두(larynx)의 인대와 주름에 적용되는, 심장의 사이막과 판막에 적용되는 말.

ventricular membrane 망막의 상피조직 밑에 있는 기저막.

ventricular proliferative zone 배아 신경관의 내강의 내벽을 이루는 분열세포들의 층. 이로부터 뉴런과 신경아교세포들이 만들어진다.

ventrobronchus 배쪽기관지 명 새의 허파에 있는 여러 관 가운데 하나. 기관지에서 갈라지고 앞쪽의 기낭(air sac)과 연결된다.

ventrodorsal 배등쪽의, 복배(腹背)의 형 배 쪽에서 등 쪽으로 뻗는.

ventrolateral 배옆쪽의, 복외측(腹外側)의 형 (1) 복부의 옆쪽에 있는; (2) 중앙의 측면에 있는.

ventromedial hypothalamus 복내측시상하부 여러 가지 기능 가운데 식욕을 억제하는 데 관여하는 시상하부의 부위.

venule 세정맥, 세맥 명 (1) 정맥의 혈액을 모세혈관에서 정맥으로 나르는 작은 혈관; (2) 잎이나 곤충 날개의 작은 맥.

veratridine 베라트리딘 명 신경계통에 작용하는 알칼로이드 독성물질.

vermicular 벌레형 형 모습이나 운동이 벌레와 비슷한.

vermiculate 벌레먹은자국의 형 색깔이 있는 꼬불꼬불한 가는 선 들이나 띠가 많거나 불규칙하게 패인 선들이 두드러진.

vermiform 벌레모양의, 연충형(蠕蟲形) 형 벌레처럼 생긴, 2배충류(dicyemids) 기생충의 생활주기에서 숙주의 콩팥에 침투하는 시기에 적용되는 말.

vermiform appendix 막창자꼬리, 충수(蟲垂) 일부 포유동물에 있는 막창자(맹장)의 자투리. 사람에서는 창자에서 지렁이처럼 뻗어 나가는 끝이 막힌 관이다.

vermis 벌레, 충부(蟲部) 명 소뇌에서 소뇌피질과 구별되는 중앙에 있는 부분.

vernal 봄철의 형 봄의 한복판이나 늦봄과 관련되거나 그 시기에 나타나는.

vernalization 춘화처리(春化處理) 명 어

떤 식물이나 그 종자를 대상으로 정상보다 이른 개화를 유도하기 위하여 저온상태에 두는 것. 이 방법은 특히 밀, 귀리와 호밀의 추파성 변종(winter variety)과 같은 곡류에 적용한다.

vernation 아형(芽型) 명 눈(bud)의 내부에 있는 잎들의 배열양식.

vernicose 반들거리는 형 (1) 니스칠을 한 모양을 가진; (2) 광택이 있는.

verruca 사마귀 명 사마귀(wart) 같은 돌기.

verruciform 사마귀모양의 형 사마귀처럼 생긴.

Verrucomicrobia 우미균문 명 DNA염기순서 자료에 근거하여 식별하는 세균역(Bacteria)의 문.

verrucose 사마귀형 형 사마귀 같은 돌기들로 덮인.

versatile 정자착(丁字着)의, 가전성(可轉性)의 형 (1) 자유로이 흔들리는, 꽃밥에 적용되는 말; (2) 앞뒤로 회전할 수 있는, 새의 발가락에 적용되는 말.

versical 방광의 형 방광(bladder)과 관련된 말.

versicoloured 얼룩덜룩한, 변색의 형 (1) 갖가지 색으로 얼룩진; (2) 색깔을 변화시킬 수 있는.

versiform 변형의 형 (1) 모양을 바꾸는; (2) 여러 다른 형태를 가진.

vertebra 척추뼈, 척추(脊椎) 명 등뼈를 구성하는 골질 또는 연골질의 뼈마디 가운데 하나. 중앙에 척수가 통과하는 구멍이 있다. 복 **vertebrae**.

vertebral 척추의 형 (1) 등뼈(backbone)와 관련된 말; (2) 등뼈에 가까이 위치하거나 등뼈와 연결된 다양한 구조 또는 등뼈처럼 생긴 구조들에 적용되는 말; (3) 척수와 나란히 올라가서 머리뼈에 들어가고 서로 합쳐져서 뇌저동맥(basilar artery)을 이루는 동맥(척추동맥)에 적용되는 말.

vertebral column 등골뼈, 척주(脊柱) 척추동물의 등을 따라 머리에서 꼬리까지 내려가고 척수를 감싸는 일련의 척추뼈들. ≒ backbone, spinal column.

vertebrarterial canal 척추동맥관 목뼈의 가로돌기에 있는 구멍들에 의해 또는 목갈비뼈와 목뼈의 사이에서 형성되는 관.

Vertebrata 척추동물아문, vertebrates 척추동물(脊椎動物) 명, 명복 척삭동물문(Chordata)의 아문. 머리뼈로 둘러싸인 뇌, 귀, 콩팥과 그 밖의 기관들, 그리고 척수를 둘러싸는 잘 발달된 골질 또는 연골질의 등골뼈나 등뼈를 갖는 점이 특징인 동물들이다. 척추동물아문에는 무악어강(Agnatha), 전두아강(Holocephali), 연골어강(Selachii), 경골어강(Osteichthyes), 양서강(Amphibia), 파충강(Reptilia), 조강(Aves) 그리고 포유강(Mammalia)이 포함된다. (⇨ 부록 3)

vertebration 척추형성 명 분절이나 척추뼈를 닮은 부분들로 분할되는 것.

vertex 두정(頭頂), 정수리 명 (1) 머리의 꼭대기; (2) 곤충의 겹눈 사이의 부위.

vertical 수직의, 두정의 형 (1) 곧추 선; (2) 세로의; (3) 축의 방향으로; (4) 두정(vertex)과 관련된 말.

verticil 윤생체 ⇨ whorl.

verticillaster 윤생꽃차례 명 윤생으로 보이지만, 실제로는 마주보는 잎의 잎겨드랑이에서 생기는 매우 압축된 취산꽃차례(cyme).

Verticillatae 윤생목 ⇨ Casuarinales.

verticillate 윤생(輪生)의 형 윤생(whorl, verticil)으로 배열된.

very low density lipoprotein (VLDL) 초저밀도지방단백질 간에서 합성되는 일군의 혈장지방단백질(plasma lipoprotein). 간에서 트리아실글리세롤을 지방조직으로 수송한다.

vesica 주머니, 방광 명 주머니, 특히 방광을 가리키는 말.

vesical 방광의 형 방광과 관련된, 동맥(방광동맥)에 적용되는 말.

vesicle 소포(小胞), 소낭(小囊), 구낭(球囊) 명 (1) 진핵세포에서 막으로 둘러싸인 작은 주머니(낭)를 일반적으로 부르는 말. 주로 원형질막과 소포체 및 골지장치에서 유래되고, 세포의 어느 구획으로부터 다른 구획으로 물질을 나르거나 분비하는 데 이용된다. ⇨ secretory granule, synaptic vesicles, transport vesicle; (2) 조직에 있는 작은 구형의 공기공간; (3) 주로 액체가 들어 있는 작은 공간이나 주머니(낭); (4) 사람의 뇌에 있는 3개의 주된 공간 가운데 하나; (5) [균] 균근(mycorrhiza)에서 볼 수 있는 것과 같이 균사가 팽창된 것; (6) [동] 조개껍데기나 산호 상에 있는 표면이 우묵한 돌기; (7) 전갈류의 항문 뒤 체절의 기부. ≒ vesicula.

vesicle-mediated transport 소포매개수송 소포의 막으로 둘러싸인 물질을 세포의 어느 구획으로부터 다른 구획으로 수송하는 것. ⇨ transport vesicle.

vesicula 소낭, 소포 명 (1) 작은 주머니처럼 생긴 포낭(cyst) 또는 낭; (2) 소포(vesicle).

vesicular 소낭의, 소포상 형 (1) 소포 같은 공간들로 구성되거나 그러한 공간들이 두드러진; (2) 주머니 같은.

vesicular-arbuscular mycorrhiza (v-a mycorrhiza) 소낭수지상균근 감염된 조직에서 침입한 균사들이 팽창한 소낭(vesicle)과 분지된 균사들이 별개의 덩어리를 이루는 수지상체(arbuscule)가 나타나고, 뿌리의 주위에는 균사의 껍질(초)이 없으며, 뿌리 피층의 세포 내와 세포 간에서 균사들이 가지를 치는 특징을 갖는 내균근의 흔한 유형.

vesicular gland 포상(胞狀)샘 식물에서 표피 밑의 조직에 있고 정유(essential oil)가 들어 있는 샘.

vesicula seminalis 정낭(精囊) ⇨ seminal vesicle.

vespertine 저녁의 형 저녁에 피거나 활동하는.

vespoid 말벌형 형 말벌처럼 생긴.

vessel 물관, 도관, 혈관 명 혈액과 림프 그리고 수액 등과 같은 액체가 이동하는, 윤곽이 뚜렷한 벽을 가진 관을 통틀어 이르는 말. ⇨ xylem.

vessel element 물관요소 속씨식물의 물관부에 있는 수분통도세포의 일종. 목질화된 두꺼운 2차세포벽과 세포벽(특히 격벽)을 관통하는 큰 천공(perforation)이 있다. 비슷하게 생긴 세포들의 끝과 끝이 연결되어 속이 빈 긴 관 또는 물관(xylem vessel)을 형성한다.

vestibular 전정(前庭)의 형 전정(vestibule)과 관련된 말.

vestibular apparatus 전정기관, 전정장치 중력과 가속과 같은 힘에 반응하고 균형을 유지하는 데 관여하는 속귀의 감각기관. 반고리관(semicircular canal), 타원주머니(utriculus) 그리고 둥근주머니(sacculus)로 이뤄진다. ≒ vestibular organs, vestibular system.

vestibular canal 전정관 달팽이관의 길이를 따라 흐르는 3개의 주된 관 가운데 하나.

vestibular nerve 전정신경 청신경의 가지.

vestibular nuclei 전정핵 전정기관으로부터 제8뇌신경을 거쳐 정보를 받는 뇌줄기(뇌간)의 핵.

V

vestibular organs **전정기관**, **vestibular system** **전정계** ⇨ vestibular apparatus.

vestibulate **전정의** 형 (1) 두 개의 경로 또는 관 사이에서 연결통로의 형태를 취하는; (2) 전정(vestibule)과 비슷하거나 전정을 가진.

vestibule, vestibulum **전정(前庭), 안뜰, 전실(前室)** 명 (1) 다른 공간이나 통로로 이어지는 공간(강); (2) 심장의 대동맥활(aortic arch) 입구의 바로 밑에 있는 심실의 부분; (3) 후두(larynx)로 통하는 공간(강); (4) 코안(비강); (5) 새의 총배설강(cloaca)의 뒤쪽 방; (6) [식] 잎의 기공과 통하는 구멍.

vestibulocochlear **전정와우각의** 형 속귀에 분포하는 청신경인 신경(전정와우신경, 속귀신경)에 적용되는 말.

vestibulo-ocular reflex (VOR) **전정안구반사(前庭眼球反射), 안뜰눈반사** 머리가 움직일 때 시선을 일정하게 유지시켜 망막에 놓이는 시야의 상이 흐릿해지지 않도록 해 주는 눈의 반사운동.

vestige **흔적** 명 어떤 조상에서는 완벽하고 기능적이었을 가능성이 있는, 작고 퇴화되거나 불완전하게 발달한 기관 또는 부분.

vestigial **흔적의** 형 (1) 조상종의 상응하는 부분보다 작고 단순한 구조의; (2) 작고 불완전하게 발달한.

Vestimentifera **의유수동물문**, **vestimentiferans** **의유수동물(擬有鬚動物)** 명, 명 복 바닥의 퇴적물 속에서 또는 해저의 부패하는 나무에서 키틴질의 관을 만드는 고착성 심해생물인 유수동물(Pogonophora)의 일부 속(예: *Riftia, Lamellibranchia*)을 포함하도록 제안된 문. 트로포솜(trophosome)이라고 부르는 구조 안에 황화물을 산화하는 화학독립영양성 공생세균을 담고 있다. 이들의 헤모글로빈은 산소뿐만 아니라 황화수소를 나를 수 있다.

vestiture **피복(被覆)** 명 비늘이나 털 또는 깃털처럼 몸의 표면을 덮는 것.

vexilla 'vexillum'의 복수형.

vexillar, vexillary **기판(旗瓣)의** 형 (1) 기판(vexillum)과 관련된 말; (2) 위쪽 꽃잎이 다른 부분들의 위에 기왓장처럼 포개져 있는 유엽태(aestivation)의 유형에 적용되는 말.

vexillate **기판의** 형 기판(vexillum)이 있는.

vexillum **기판(旗瓣), 우판(羽瓣)** 명 (1) 완두콩과 콩 같은 식물의 나비꼴(papilionaceous) 꽃의 뒤에서 직립하는 큰 꽃잎. ≒ banner, standard; (2) 깃털의 우판(vane). ≒ web. 복 **vexilla**.

V gene segment **V유전자조각** 면역글로불린 또는 T세포수용체 폴리펩티드사슬의 대부분의 가변부를 암호화하는 DNA 염기서열. 각 유전자자리에는 연속하여 배열된 여러 다른 변이형들이 들어 있다. 면역글로불린 유전자의 가변부를 만들기 위해 하나의 V유전자조각은 J유전자조각과 무작위로 연결되고, 무거운 사슬 유전자에서는 D조각과도 연결된다. ≒ **V segment**. ⇨ D gene segment, gene rearrangement, J gene segment, variable region.

via 명 방법 또는 통로.

viable **생육가능한, 생존가능한** 형 (1) 살아갈 수 있는; (2) 발생할 수 있고 살아서 출산할 수 있는, 태아에 적용되는 말. 명 **viability**.

viable count **생균수측정** 미생물개체군에서 살아 있는 세포의 집단을 측정하는 것.

viatical **길가의** 형 길가에서 자라는 식물에 적용되는 말.

vibraculum **진편체(振鞭體)** 명 태형동물

(Ectoprocta)에서 방어의 목적으로 변형된 채찍 같은 세포.

vibratile 진동성 형 (1) 진동하는; (2) 곤충의 더듬이에 적용되는 말.

vibratile corpuscles 진동소체 불가사리의 체강액에 들어 있는 정자와 몹시 비슷하게 생긴 세포들.

vibratile membrane 진동막 원생동물 섬모충류에서 먹이를 입으로 보내기 위해 섬모들이 융합하여 생긴 구조.

vibrio 비브리오 명 짧고 구부러진 세포들로 된 일군의 세균들. 현미경 하에서 콤마(,)처럼 나타나며, 콜레라균(*Vibrio cholerae*) 등이 있다.

vibrissa 코털, 진모(震毛), 촉각털 명 (1) 동물의 콧구멍이나 표면에 나는 뻣뻣한 털. 고양이나 쥐에 나는 감각털(whisker)처럼 종종 촉각기관으로 작용한다; (2) 부리의 밑이나 눈 주위에 나는 깃털; (3) 파리류에서 구강의 윗모서리 부근에 달리는 쌍으로 된 강모 가운데 하나; (4) 파리지옥속(*Dionaea*)에서 볼 수 있는 것과 같이 벌레잡이식물에 있는 감각털 가운데 하나. 복 **vibrissae**.

vicariance, vicariation 자매분포(姉妹分布) 명 비슷하지만 자연적 장벽에 의해 떨어져 있는 환경에서 순록과 카리부와 같은 대응종(corresponding species)들이 따로따로 출현하는 것.

vicariant speciation 격리종분화(隔離種分化) 조상의 개체군이 지리적으로 격리되어 둘 또는 그 이상의 격리된 개체군들로 갈라진 결과로 새로운 종이 형성되는 것. ≒ geographical isolation.

vicarious 자매(姉妹)의 형 생태적 조건에서는 동등하지만 환경의 장벽에 의해 분리된 지역에서 사는 유연관계가 밀접한 종들(자매종)에 적용되는 말.

vicilin 비실린 명 콩과 식물의 종자에 있는 저장단백질.

vicinism 비시니즘 명 관련된 형태가 근접한 데 따른 변이의 경향.

Vicq-d'Azyr, bundle of 비크다지르다발 유두체(corpora mamillaria)에서 시상(thalamus)으로 이어지는 신경섬유의 다발. ≒ mamillothalamic tract, thalamomamillary fasciculus.

villi 'villus'의 복수형.

villiform 융모모양의 형 벨벳의 형태와 모습을 가진, 치열(dentition)에 적용되는 말.

villin 빌린 명 창자의 미세융모의 세포골격을 구성하는 단백질.

villose, villous 융모상(絨毛狀)의 형 (1) 털투성이의; (2) 융모를 갖거나 융모로 덮인.

villus 융모(絨毛), 융털 명 (1) 작은창자의 내벽에 있는, 혈관이 분포하는 작은 돌기. 영양소를 흡수하기 위한 면적을 넓힌다; (2) 융모막에서 영양물이 배로 들어가는 통로가 되는 돌기 가운데 하나; (3) 윤활막(synovial membrane)이 관절강 안으로 함입되는 것; (4) 식물의 표피에서 곧추 선 가는 돌기. 복 **villi**.

vimen 가는가지 명 길고 가느다란 가지. 복 **vimina**.

vimentin 비멘틴 명 많은 세포형에 있는 중간섬유(intermediate filament)의 단백질 성분.

vinblastine 빈블라스틴, vincristine 빈크리스틴 명 빈카속(*Vinca*)의 종들에서 유래되고 항암제로 이용되는 식물알칼로이드. 미세소관의 형성을 저해하고 유사분열방추사를 붕괴시켜서 빠르게 분열하는 세포들을 죽인다.

vinculin 빈쿨린 명 일부 포유동물 세포에서 세포골격과 관련된 단백질.

vinculum 끈, 유대(紐帶) 명 (1) 힘줄의 가

느다란 띠; (2) 새의 발에서 2개의 주요 힘줄을 결합하는 띠; (3) 수컷 곤충에서 파악기(clasper)가 달린 배판(sternum)의 부분. 복 **vincula**.

Violales 제비꽃목 명 주로 관목이거나 작은 교목이지만 일부 초본식물도 있는 쌍떡잎식물의 목. 시스투스과(Cistaceae)와 제비꽃과(Violaceae) 등으로 이뤄진다.

V

violaxanthin 비올라크산틴 ⇨ xanthophyll.

VIP 혈관작용장펩티드(vasoactive intestinal peptide).

viral 바이러스의 형 바이러스와 관련되거나, 바이러스에 속하거나, 바이러스로 구성되거나 또는 바이러스에 기인하는.

viral interference 바이러스간섭 세포에 다른 종류의 바이러스가 함께 감염되었을 때 그 세포에 있는 어느 바이러스의 증식이 저해되는 상태.

virescence 이상녹변(異常綠變) 명 꽃잎에서 정상적인 색깔 대신에 녹색이 나타나는 것.

virescent 녹변(綠變)하는 형 녹색으로 변하는.

virgalium 봉상성분(棒狀成分) 명 일부 불가사리강(Asteroidea)에서 볼 수 있는 것과 같이 보대판(ambulacral plate)의 꽃잎모양의 팔을 형성하는 일련의 막대 같은 요소.

virgate 곤봉모양의 형 (1) 곤봉처럼 생긴; (2) 줄무늬가 있는.

virgin lymphocytes 처녀림프구 항원특이성을 획득하였지만 아직 항원과 접촉하지 않은 미성숙한 상태의 림프구. ≒ naive lymphocytes.

virgula 작은막대 명 (1) 작은 막대; (2) 일부 흡충류의 구흡반(oral sucker)에 있는 쌍으로 되거나 둘로 갈라진 구조 또는 기관.

virgulate 막대모양의 형 (1) 작은 막대 또는 작은 가지를 갖거나 그와 비슷한; (2) 미세한 줄무늬가 있는.

viridant 녹색화(綠色化) 형 차츰 녹색이 되거나 녹색인.

virilization 웅성화(雄性化) 명 (1) 다양한 이유로 성호르몬 대사가 교란되면서 유전적인 암컷이 수컷으로 되는 것; (2) 유전적 수컷의 조숙한 성적 발달.

virion 비리온 명 중심부의 핵산과 이를 둘러싼 단백질껍질로 구성된 완전한 바이러스입자. 어떤 종류는 바깥에 지질의 외피를 가진다.

viroids 바이로이드 명복 식물에서 다양한 질병을 일으키는 고리 모양의 작은 RNA. 전적으로 숙주세포의 효소에 의해 복제되고 어떤 단백질의 유전정보도 담당하지 않는다. 매개곤충에 의해 식물에서 식물로 전염된다.

virology 바이러스학 명 바이러스를 연구하는 학문.

virose, virous 바이러스성의 형 바이러스가 들어 있는.

virulence 독성, 발병력 명 질병을 일으킬 수 있는 능력. 형 **virulent 독성의** 질병을 일으킬 수 있는 세균과 바이러스에 적용되는 말.

virulence factor 독성 인자 질병을 일으킬 수 있는 병원성 미생물의 모든 측면을 가리키는 말.

virulence gene 독성 유전자 병원성 미생물의 유전자 가운데 질병을 일으키는 능력과 관련된 유전자.

virulence plasmid 독성 플라스미드 세균숙주를 병원성으로 만드는 유전자(예: 독소유전자)를 나르는 세균플라스미드.

virulent bacteriophage 독성 박테리오파지 감염의 용균회로(lytic cycle)에만 들어갈 수 있고 숙주의 용해를 일으키는 박테리오파지.

virus 바이러스 명 전자현미경 하에서만 관찰이 가능한 아주 작은 절대기생성 입자. 바이러스입자는 중심부의 핵산(DNA 또는 RNA)과 이를 둘러싸는 단백질껍질로 구성되고, 일부 바이러스에는 그 바깥에 지질/당단백질로 된 외피가 있다. 바이러스는 DNA의 복제와 전사 그리고 번역을 도와주는 숙주세포의 효소가 필요하므로 숙주세포의 바깥에서는 증식할 수 없고 유전자가 발현될 수 없다. 바이러스는 사람과 동물 그리고 식물에서 많은 질병을 일으킨다. 세균에 감염하는 바이러스를 박테리오파지라고 한다. ⇨ DNA viruses, RNA viruses. (⇨ 부록 7)

virusoid 바이루소이드 ⇨ satellite RNA.

virus receptor 바이러스수용체 바이러스 입자가 결합하고 세포 내로 들어가도록 도와주는 숙주세포의 표면에 있는 단백질.

viscera 내장(內臟) 명복 내부기관, 즉 내장을 통틀어 이르는 말. 형 **visceral**.

visceral afferent fibres 내장구심성섬유 내장의 감각수용기로부터 척수로 자극을 전달하는 신경섬유들. 이들의 세포체는 뒤뿌리신경절(dorsal root ganglion)에 있다.

visceral arches 내장활 ⇨ branchial arches.

visceral clefts 내장갈림 ⇨ gill slits.

visceral efferent fibres 내장원심성섬유 뇌와 척수로부터 내장의 민무늬근과 샘조직으로 자극을 전달하는, 자율신경계의 교감신경계와 부교감신경계의 신경섬유들.

visceral endoderm 내장측내배엽 포유동물 포배의 난원통(egg cylinder)에서 발생하는 원시내배엽에서 유래되는 내배엽.

visceral hump, visceral mass 내장덩어리 연체동물에서, 연한 피부인 외투막으로 덮여 있는, 중앙에 모여 있는 내장들.

viscerocranium 내장두개골 명 턱과 내장활(visceral arches).

visceromotor 내장운동의 형 내장에 운동신경충격을 전달하는 신경(내장운동신경)에 적용되는 말.

viscerotropic 내장친화성의 형 내장의 조직에 자리 잡는 것을 좋아하는, 백혈구와 기생생물에 적용되는 말.

viscid 점질성의 형 끈적끈적한.

viscidium 점착체(粘着體) 명 난초과 식물의 꽃에서, 꽃가루덩이(pollinium)의 자루 끝에 있는 끈적끈적한 판. 여기에 곤충의 머리가 붙는다.

viscid silk 점착성 실크 거미류가 만드는 몹시 뻗칠 수 있고 끈적끈적한 실크. ⇨ frame silk.

viscin 비스신 명 다양한 식물, 특히 겨우살이의 장과(berry)로부터 얻는 끈적끈적한 물질.

visible light 가시광선 사람의 눈이 감지할 수 있는 380~780 nm 파장의 전자기 방사선.

visual acuity 시력 물체의 존재를 선명하게 인식하는 능력.

visual agnosia 시각인식불능(증) 눈으로 보아 물체를 식별하지 못하는 장애.

visual axis 시축(視軸) 눈이 보고 있는 외계의 점과 망막중심오목(fovea)을 잇는 직선.

visual cortex 시각피질 뇌의 대뇌피질에서 시각의 인지와 관련된 부분.

visual field 시야(視野) 눈이나 머리를 움직이지 않고 볼 수 있는 모든 것.

visual pigments 시각색소 (1) 동물에서 빛을 감지하거나 시각에 이용되는 색소들; (2) 척추동물의 눈에 있는 감광색소들인 로돕신(rhodopsin)과 원뿔색소(cone

V

pigment).

visual transduction 시각광정보전달 눈의 감광색소에 의해 감지된 빛의 신호를 신경충격으로 변환하는 것.

vital capacity 폐활량(肺活量) 허파에서, 보충공기(complemental air)와 1회호흡공기(tidal air) 그리고 축기(supplemental air)를 합친 것.

V

vitalism 생기론(生氣論) 명 생물이 나타내는 현상은 물리적 힘이나 화학적 힘과 구별되는 어떤 특별한 힘에 기인한다는 생각.

vital staining 생체염색 독성이 없는 염료로 살아 있는 세포나 조직을 염색하는 것.

vitamin 비타민 명 다양한 대사과정에서 매우 적은 양이 필요하고 식물과 일부 하등동물에서는 합성되지만 고등동물은 반드시 음식에 공급되어야 하는 다양한 유기화합물을 통틀어 이르는 말. 적절한 비타민이 부족하면 결핍증(deficiency disease)을 일으킨다.

vitamin A 비타민 A 카로틴에서 유래된 지용성 비타민. 어떤 물고기의 간유와 우유 및 달걀에 들어 있다. 비타민 A는 눈의 막대와 원뿔에 있는 감광색소인 레티날(retinal)의 전구물질이다. 결핍되면 생장이 저해되고 야맹증과 상피의 각질화를 일으킨다.

vitamin B complex 비타민 B복합체 효모, 맥아 및 간에서 얻어지는 일군의 수용성 비타민. 별개의 숫자로 구분하였지만 지금은 보통 특정한 명칭으로 바꿔 부르고 있다(아래 참조).

vitamin B_c ⇨ folic acid.

vitamin B_1 ⇨ thiamine.

vitamin B_2 ⇨ riboflavin.

vitamin B_3 ⇨ pantothenic acid.

vitamin B_4 ⇨ biotin.

vitamin B_5 ⇨ pantothenic acid.

vitamin B_6 상호 전환할 수 있는 세 가지 화합물인 피리독신(pyridoxine)과 피리독살(pyridoxal) 그리고 피리독사민(pyridoxamine)의 전부 또는 그 중 하나. 달걀, 우유, 고기, 껍질을 제거하지 않은 전곡(whole grain), 신선한 야채와 효모에 들어 있다.

vitamin B_7 (1) 니아신(niacin); (2) 니코틴아미드(nicotinamide) 또는 니코틴산(nicotinic acid).

vitamin B_{12} ⇨ cobalamin.

vitamin C 비타민 C 수용성 비타민인 아스코르브산(ascorbic acid). 신선한 과일과 야채, 특히 감귤류의 열매와 까막까치밥나무류(blackcurrant)에 들어 있다. 영장류와 그 밖의 일부 동물의 음식에 필수적으로 포함되어야 하고, 결핍되면 괴혈병을 일으킨다. 대사과정에서 비타민 C의 역할은 아직 상세하게 알려져 있지 않지만, 산화환원반응에서 보조인자로 작용하고 뼈와 연골 및 상아질의 합성에 관여하는 것으로 여겨진다.

vitamin D 비타민 D 몇몇의 지용성 스테롤의 전부 또는 그 중 하나. 특히 물고기의 간유와 달걀의 노른자위 그리고 우유에 들어 있거나, 자외선에 노출된 피부의 전구물질로부터 형성된다. 어린이들에서 결핍되면 비정상적인 뼈의 생장에 기인하여 구루병(rickets)을 일으킨다. 비타민 D는 뼈와 치아의 정상적인 구조에 필수적이고, 장으로부터 칼슘과 인의 흡수를 증가시킨다. 비타민 D_2는 칼시페롤(calciferol)이고, 비타민 D_3는 콜레칼시페롤(cholecalciferol)이며, 비타민 D_4는 디히드로타키스테롤(dihydrotachysterol)이다.

vitamin E 비타민 E 여러 가지 지용성 비타민 가운데 하나. 그 중 α-토코페롤(비타민 E 또는 E_1)과 β-토코페롤(비타민 E_2)

그리고 γ-토코페롤(비타민 E_3)이 가장 흔하게 나타난다. 비타민 E는 다양한 식물의 잎과 일부 종자의 배유에 들어 있다. 이들이 없으면 일부 동물에서 불임이 나타나고, 모든 포유동물의 생식에 필수적일 가능성이 있다. 비타민 E는 강력한 항산화 특성을 갖고, 세포에서 막의 안정화와 산화의 방지에 필수적인 것으로 여겨진다.

vitamin G ⇨ riboflavin.

vitamin H ⇨ biotin.

vitamin K 비타민 K 간에서 프로트롬빈(prothrombin)과 그 밖의 응고인자가 생성되는 데 관여하기 때문에 혈액의 응고에 필수적인 비타민들. 생엽(green leaf)과 부패하는 물고기에서 얻거나 장에서 세균에 의해 합성된다. 비타민 K_1은 α필로퀴논(α-phylloquinone) 또는 피토나디온(phytonadione)이고, 비타민 K_2는 β필로퀴논 또는 파르노퀴논(farnoquinone)이고, 비타민 K_3는 메나디온(menadione)이다.

vitamin P 비타민 P 모세혈관의 투과성과 유연성에 영향을 미치는 헤스페리딘(hesperidin)을 활성 성분으로 갖는 시트린(citrin).

vitellarium 난황샘 ⇨ yolk gland.

vitellin 난황소(卵黃素) 명 (1) 난황에 들어 있는 인단백질의 주성분; (2) 이와 비슷하거나 관련이 있는, 종자에 들어 있는 물질.

vitelline 난황의 형 (1) 난황(yolk) 또는 난황을 만드는 기관과 관련된 말; (2) 투명띠(zona pellucida)인 막(난황막)에 적용되는 말.

vitelline duct 난황관 난황샘에서 수란관(oviduct)으로 난황을 운반하는 관.

vitelline layer, vitelline membrane 난황층, 난황막 척추동물과 무척추동물의 난자의 원형질막을 둘러싸는 투명하고 두꺼운 세포외층.

vitellogenesis 난황형성 명 난황이 만들어지는 것.

vitellogenic hormone 난황형성호르몬 ⇨ juvenile hormone.

vitellogenin 난황형성단백질 명 어떤 양서류 암컷의 간에서 만들어지고 난황단백질로 전환되는 단백질.

vitellus 난황 명 난자 또는 알의 난황.

vitrella 초자분비세포 명 수정원뿔(crystalline cone)을 분비하는 낱눈(ommatidium).

vitreodentine 초자상아질 명 상아질(dentine)의 매우 단단한 종류.

vitreous 유리체의 형 유리 같거나 투명한.

vitreous body, vitreous humour 유리체(琉璃體), 유리체액 눈의 안쪽 공간을 채우고 있는 투명하고 젤리 같은 물질.

vitreous membrane 유리체막 (1) 털주머니(모낭)의 진피성 외피의 가장 안쪽 층; (2) 각막의 가장 안쪽 층.

vitreum 초자액 명 눈의 유리체액(vitreous humour).

vitronectin 비트로넥틴 명 세포외 기질에 있는 당단백질.

vitta 유관(油管), 줄무늬, 색대(色帶) 명 (1) 산형과(Umbelliferae)와 그 밖의 일부 쌍떡잎식물의 과피에 있는 수지도(resinous canal); (2) 돌말류 껍질 상에 있는 세로 융기; (3) 색깔의 띠. 복 **vittae**.

vittate 세로줄무늬의 형 세로의 융기나 띠 또는 줄무늬가 있는.

viverrids 사향고양이류 명복 제넷(genet)을 포함하는 육식동물의 과인 사향고양이과(Viverridae)의 종류들.

viviparous 태생(胎生)의 형 (1) 알을 낳지 않고 어린 새끼를 낳는, 단공류를 제외한 모든 포유동물과 그 밖의 무리 가

V

운데 일부 동물들에 적용되는 말; (2) 맹그로브(mangrove)처럼 어버이식물체에 붙어 있는 채로 발아하는 종자를 가진 식물에 적용되는 말. 명 **viviparity**.

VLDL 초저밀도지방단백질(very low density lipoprotein).

VLR 가변림프구수용체(variable lymphocyte receptor).

VNTR 직렬반복변수(variable number tandem repeats). ⇨ minisatellite DNA.

vocal cords 성대(聲帶) 후두(larynx)의 연골 사이로 펴져 있는 점막의 주름. 성대가 진동하면서 소리를 낸다.

vocal sac 울음주머니 일부 양서류에서 소리를 내는 데 관여하는, 구강의 확장된 부분.

voice box 후두 ⇨ larynx.

volant 나는 형 날아다니거나 활공하도록 적응된.

volar 손발바닥의 형 손바닥과 발바닥에 관련된 말.

Volkmann's canals 폴크만관 ⇨ Haversian canals.

volt (V) 볼트 전위(electric potential)의 국제공인단위. 두 점 사이에서 소비되는 전력이 1 와트(watt)일 때 1 암페어(ampere)의 전류가 도선을 따라 흐르는 두 점 사이의 전위차로 정의한다.

voltage clamp 전압고정(電壓固定) 막전위(membrane potential)의 차이에 대응한 막전도도(membrane conductance)의 변화를 연구하는 장치. 실험자가 정한 임의의 수준에서 막전위를 '고정(clamping)' 시켜서 전도도의 변화가 막전위에 영향을 미치지 않도록 한다.

voltage-gated channel 분극유발통로 어떤 역치막전위(threshold membrane potential)에 도달하면 열리거나 닫히는 세포막의 이온통로. ≒ **voltage-sensitive**.

voltine 화성수(化性數)의 형 1년에 낳는 한배새끼(brood)들의 수와 관련된 말.

voltinism 화성(化性) 명 곤충의 일부 종에서 어떤 개체들은 휴면에 들어가고 다른 어떤 개체들은 그렇지 않는 다형성(polymorphism).

voluble 감기는 형 나선형으로 휘감기는.

voluntary 수의(隨意)의 형 의지에 따르거나 조절되는.

voluntary muscle 수의근, 맘대로근 ⇨ striated muscle.

volute 소용돌이꼴 형 (1) 둥글게 말아 올라가는; (2) 나선형으로 꼬인.

volutin granule 볼류틴과립 일부 미생물에서 발견되는 폴리인산(polyphosphate) 과립.

volva 대주머니, 균포(菌包) 명 광대버섯(*Amanita*)과 같은 일부 균류에서 대(자루)의 기부 주위에 남아 있는 외피막 (universal veil)의 컵 모양 흔적. 복 **volvae**.

volvate 대주머니의 형 대주머니(volva)를 가진.

vomer 보습뼈, 서골(鋤骨) 명 코안(비강)의 바닥을 이루는 뼈. ≒ ploughshare bone.

vomerine 보습뼈의, 서골의 형 (1) 보습뼈와 관련된 말; (2) 보습뼈에 달리는 치아에 적용되는 말.

vomeronasal organ 보습코기관, 서골비기관 ⇨ Jacobson's organ.

vomeropalatine 서구개(鋤口蓋) 명 어떤 어류와 양서류에서 서골과 구개골(입천장뼈)이 합쳐진 것.

von Baer's law 폰베어법칙 ⇨ recapitulation theory.

von Ebner's gland 폰에브너샘 혀에서 물 같은 액체를 분비하는 샘.

von Willebrand factor 폰빌레브란트인자

혈액응고에 관여하는 당단백질. 혈소판이 혈관의 손상된 부위에 부착하는 데 필요하고 응고제VIII인자(Factor VIII)의 안정화에 필요하다. 이 인자가 결핍되면(폰빌레브란트병, von Willebrand disease) 혈액응고의 이상을 일으킨다.

VOR 전정안구반사(vestibulo-ocular reflex).

VPL 시상의 복후측면핵(ventroposterolateral nucleus).

V region 가변부(variable region).

VSV 소에 감염하는 랍도바이러스(rhabdovirus)인 수포성 구내염바이러스(vesicular stomatitis virus).

V-type ATPase V형 ATP가수분해효소 식물의 액포와 리소좀의 막들 따위에서 발견되는 양성자수송ATPase의 일종.

vulnerable 취약의 형 세계자연보전협회(IUCN)에 의해 정의된 (1) 서식지의 상실과 무분별한 채취 및 포획 등으로 개체군의 대부분이나 전부가 줄어들고 있어서 상황이 변화하지 않는다면 가까운 장래에 멸종위기(endangered)의 범주에 들어갈 것으로 여겨지고, (2) 개체군이 중대하게 감소하고 그 안전을 확신할 수 없으며, (3) 현재는 풍부하지만 분포범위에 걸쳐 중대한 해로운 요인들에 의해 위협을 받는 종이나 상위의 분류군에 적용되는 말. ⇨ endangered, rare, rarity.

vulva 음문(陰門) 명 (1) 포유동물 암컷의 외부 생식기; (2) 선충류의 난소에서 외부로 통하는 구멍.

V

W 트립토판(tryptophan).

waggle dance 꼬리흔들기춤 꿀벌이 먹이와 새로운 둥지가 있는 위치와 거리를 동료들에게 알리기 위해 움직이는 일련의 동작. 수직으로 날아오른 다음, 오른쪽(또는 왼쪽)으로 원호를 그리며 돌아오고, 다시 직선으로 갔다가 이어서 반대방향으로 원호를 그리며 돌아오는 8자 춤을 반복하여 목표의 방향과 거리에 관한 정보를 전달한다.

Wallace's line 월리스선 오스트레일리아동물구(Australian region)와 동양동물구(Oriental region)를 구분하는 가상의 선. 인도네시아의 발리 섬과 롬복 섬 사이에서 셀레베스 섬과 보르네오 섬 사이를 거쳐 필리핀의 동쪽으로 그은 선이다.

Wallerian degeneration 월러변성 신경섬유가 절단되었을 때 손상된 부위의 먼 쪽에 있는 신경섬유에서 일어나는 변성.

wall pressure (WP) 벽압(壁壓) ⇨ turgor pressure.

Warburg-Dickens pathway 바르부르크-디킨스경로 ⇨ pentose phosphate pathway.

Warburg manometer 바르부르크압력계 일정하게 유지된 부피에서 생기는 압력의 변화에 의해 반응의 산물이나 기체상 기질의 양의 변화를 측정하는 장치.

Warburg's factor 바르부르크요인 시토크롬산화효소(cytochrome oxidase)의 예전 명칭.

warning coloration 경고색(警告色) 잠재적 포식자에게 맛이 좋지 않거나 위험하다고 경고하는, 말벌의 노란색과 검은색의 줄무늬 같은 선명하고 독특한 천연색. ≒ aposematic coloration.

wart 사마귀, 혹 명 (1) 피부 위에 돋은 작은 군살, ≒ papilloma; (2) 선상돌기(glandular protuberance).

wasp 말벌 명 벌목(Hymenoptera)의 말벌상과(Vespoidea)에 속하는 곤충들. 대체로 매끄럽고 반짝이는 몸체를 갖고, 가슴과 배 사이에 가는 허리가 있다. 어떤 종은 사회성 곤충이고, 어떤 종은 단독생활을 한다. 모든 말벌은 어린 새끼들에게 작은 곤충이나 유충 등을 먹여 키운다. 사회성 말벌은 여왕과 수컷 그리고 일꾼으로 구성되는 군집을 이루며, 펄프를 씹어서 으깨 만든 종이로 된 세포 같이 생긴 벌집에서 산다. ⇨ digger wasps.

water balance 수분평형 생물이 직접 음식을 통해 그리고 대사수(metabolic water)의 형태로 흡수한 물과 배설과 증발을 통해 배출된 물과의 평형관계.

water bears 물곰벌레류 완보동물(tardigrades)의 일반적인 명칭.

water channel 수분통로 원형질막에 있는, 물을 통과시키는 구멍. 아쿠아포린(aquaporin) 패밀리의 단백질들에 의해 형성된다.

water cycle 물순환 지구에 있는 물이 증발과 응축(액화)에 의해 물리적 상태가 바뀌면서 육지와 바다 그리고 대기 사이를 이동하고 식물과 동물의 몸을 통과하는 과정.

water fleas 물벼룩류 ⇨ Branchiopoda.

water gland 물샘 잎의 잎살(엽육)에서 배수조직(hydathode)을 통한 물의 삼출(exudation)을 조절하는 구조.

W

water meadow 강가목야지 겨울에 정기적으로 범람하는 강가의 초지.

water moulds 물곰팡이 난균문(Oomycota)과 역모균문(Hyphochytriomycota)에 대한 일반적인 명칭.

water pore 수공(水孔) (1) 다양한 무척추동물에서 수관(water tube)이 외부와 연결되는 구멍, 특히 극피동물에서 천공판(madreporite)이 유래되는 구멍; (2) 배수조직(hydathode).

water potential (WP) 수분퍼텐셜, 흡수력 ⇨ suction pressure.

water slater 물쥐며느리 육상의 쥐며느리와 비슷하게 생긴 민물에 사는 작은 등각류(isopod). 등딱지가 없고, 몸의 뒤쪽 아래에 있는 육아낭(brood pouch)에 어린 새끼를 둔다.

water-splitting enzyme 물분해효소 녹색식물의 제2광계에서, 빛의 작용에 의해 물이 분해되어 산소와 수소가 형성되면서 전자를 잃은 반응중심에 물에서 빼낸 전자를 보충해 주는 효소활성.

water table 지하수면 포화대(zone of saturation)의 위쪽 표면. 그 아래에 있는 토양과 바위의 모든 간극들은 물로 채워진다.

water vascular system 수관계(水管系) 극피동물에서 특징적으로 나타나는, 체내를 순환하는 수관의 계통. 팔들로 뻗어 나가고 천공판(madreporite)을 통해 외부와 통한다.

Watson-Crick base pairing 왓슨-크릭 염기짝짓기 2중나선DNA 또는 RNA에서 정상적으로 나타나는, 아데닌은 티민(DNA에서) 또는 우라실(RNA에서)과 쌍을 이루고 시토신은 구아닌과 쌍을 형성하는 것.

Watson-Crick helix 왓슨-크릭나선 ⇨ DNA.

wattle 육수(肉垂) 명 수탉이나 칠면조 또는 일부 파충류의 목 아래로 늘어진 두껍고 부드러운 피부의 융기.

wax cells 밀랍세포 어떤 곤충에서 볼 수 있는 것과 같이 밀랍(왁스)으로 채워진 변형된 백혈구.

waxes 밀랍(蜜蠟), 왁스 명복 긴 사슬의 1가알코올로 된 지방산의 에스테르. 물에 녹지 않고 좀처럼 가수분해되지 않는다. 잎, 줄기, 과일, 동물의 모피와 곤충의 외피에서 표면을 덮어 방수와 보호의 구실을 하며, 밀랍(beeswax)과 라놀린(lanolin) 등 여러 가지가 있다.

wax hair 밀랍털 어떤 깍지벌레에서 볼 수 있는 것과 같이 밀랍샘(wax gland)의 구멍을 통해 돌출된 밀랍의 필라멘트.

wax pocket 밀랍주머니 꿀벌의 배에 있는, 쌍으로 된 밀랍을 분비하는 샘.

W chromosome W염색체 암컷이 이형배우자성(heterogametic sex)인 동물의 X염색체.

weathering 풍화작용(風化作用) 명 비, 서리, 눈, 태양 또는 바람과 같은 외부적 요인이 바위에 작용하여 바위의 구조와 성분을 바꾸고 바위를 흙으로 전환하는 것.

web 물갈퀴, 거미줄 명 (1) 개구리와 헤엄치는 새들에서 볼 수 있는 것과 같이 발가락 사이에 있는 엷은 막; (2) 거미류가 뽑아낸 줄로 된 그물. ⇨ orb web.

Weberian ossicles 베버소골 잉어

류와 그 친척들로 구성되는 골표상목(Ostariophysi) 진골어류에서 볼 수 있는, 부레와 귀를 연결하는 4개의 작은 뼈들. ≒ **Weberian apparatus**.

Weber's line 베버선 인도네시아 군도의 섬들을 인도말레이시아동물아구(Indo-Malayan subregion)와 파푸아동물아구(Papuan subregion)로 구분하는 가상의 선.

wedge bones 쐐기꼴뼈 도마뱀에서 종종 나타나는, 두 척추뼈의 접합부의 골화.

weed 잡초 명 바라지 않는 곳에서 자라는 식물.

weevils 바구미류 명복 머리가 앞쪽으로 뻗어 주둥이를 이루는 바구미과(Curculionidae)의 벌레들.

Weil's disease 바일병 ⇨ leptospirosis.

Weismannism 바이스만설 명 19세기 말에 독일의 생물학자 바이스만(A. Weismann)이 제시한, 생식질의 연속성과 획득형질의 비유전성 등을 골자로 하는 진화와 유전의 개념.

Welwitschiales 웰위치아목 명 현존하는 웰위치아속(*Welwitschia*)의 1속을 포함하는 마황문(Gnetophyta)의 목. 주로 지하경과 일생 동안 지속하는 두 개의 길고 두꺼운 잎을 가진다.

Wernicke's aphasia 베르니케실어증 베르니케영역(Wernicke's area)의 손상으로 말미암아 유창하지만 아무 의미가 없는 언어를 표현하는 증상.

Wernicke's area 베르니케영역 언어의 이해와 관련된 대뇌피질의 관자엽(측두엽)에 있는 부위. ≒ area 22.

West African subregion 서아프리카동물아구 적도우림대와 이를 바로 둘러싸는 지역들을 포함하는 에티오피아동물지리구의 1부분.

West African Rainforest region 서아프리카우림식물구 서아프리카의 적도우림대로 구성되는 구열대식물계의 1부분.

Western and Central Asiatic region 중 · 서부아시아식물구 서쪽의 카스피 해로부터 동쪽의 만주까지 북위 약 30°에서 50° 사이의 아시아로 구성되는 구열대식물계의 1부분.

Western blot 단백질흡입(법) 전기영동으로 분리한 단백질을 겔에서 박막 위로 옮기고 관심의 대상이 되는 단백질에 특이적 항체를 첨가하여 단백질을 검출하는 방법.

wetland 습지(濕地) 명 항상 물에 흠뻑 젖셔 있는 지역. 수심은 약 6 m까지이고, 항상 또는 가끔 또는 주기적으로 민물이나 바닷물이 지역의 전부 또는 일부를 덮는다. 습지에는 습원, 늪, 소택지, 염성습지, 그리고 수심이 얕은 연못과 강의 하구 및 조간대의 펄밭 등이 포함되지만, 강, 하천, 연못과 바다는 제외된다.

WGA 소맥배아응집소(wheat-germ agglutinin).

whales 고래류 ⇨ cetaceans.

Wharton's duct 바르톤관 턱밑샘(submaxillary gland)의 관.

Wharton's jelly 바르톤젤리 탯줄의 젤리 같은 중심부.

wheal-and-flare reaction 팽진(膨疹)-발적(發赤)반응 특정물질에 대한 알레르기를 가리기 위한 피부검사의 양성 반응.

wheat-germ agglutinin (WGA) 소맥배아응집소 밀의 배아에 포함된 단백질. 탄수화물의 말단 *N*-아세틸갈락토사민(*N*-acetylgalactosamine) 잔기와 특이적으로 결합하는 렉틴이다.

wheel animals 윤충류 윤형동물문(Rotifera)의 일반적인 명칭. ≒ **wheel animalcules**.

whiplash 채찍꼴 형 갈라지지 않고 깃털 같지 않은 매끄러운 편모에 적용되는 말.

whip scorpions 전갈부치류 미갈목(Uropygi) 거미류의 일반적인 명칭. 마지막 마디에 이음매가 있는 편모가 달린다.

whisk ferns 솔잎난류 솔잎난문(Psilophyta)의 일반적인 명칭.

white adipose tissue 백색지방조직 ⇨ white fat.

white blood cell 백혈구 ⇨ leukocyte.

white body 백체(白體) 연체동물에서 흔히 눈샘(optic gland)이라 부르는, 기능이 알려져 있지 않은 크고 부드러운 구조.

white commissure 백색질맞교차, 백횡연합 척수의 정중복부조직의 바닥을 이루는 백색섬유의 가로띠.

white fat 백색지방 트리아실글리세롤(triacylglycerol)의 큰 지방방울이 세포질을 가득 채운 세포들로 구성되는 지방조직(adipose tissue)의 일종. ≒ white adipose tissue.

white fibres 백색섬유 (1) 유수신경섬유; (2) 백색근섬유(white muscle fibres); (3) 결합조직에 있는, 갈라지지 않고 탄력이 없는 섬유. 아교질(콜라겐)로 구성되고, 물결 모양의 다발로 나타난다.

white matter 백질(白質) 뇌와 척수에서 육안으로 희게 보이는 부위. 주로 유수신경섬유로 구성된다.

white muscle 백색근, 백근(白筋) 물고기에서 주로 혐기성 호흡을 하는 근육. 빠르게 헤엄치기 시작하는 데 관여한다. 비 red muscle.

white muscle fibres 백색근섬유 빠르게 경련하는 운동을 일으키는 골격근섬유. 빠른 간헐운동(intermittent movement)에 관여한다. 비 red muscle fibres.

white pulp 백색속질 지라(비장)의 림프조직.

whorl 윤생체, 나사선 명 (1) [식] 한 지점에서 원형으로 나오는 꽃들이나 꽃의 부분들이나 또는 잎들; (2) [동] 단판(univalve) 껍데기의 소용돌이무늬; (3) 손가락의 피부에서 동심원을 이루며 배열된 능선.

wilderness 황야, 황무지 명 사람이 전혀 살지 않았거나 어떠한 방법으로도 채광, 농업, 벌목 등으로 이용되지 않은 땅.

wildlife corridor 야생동물이동통로 도시와 교외에서, 동물과 새 그리고 식물이 이를 따라 이동하기에 적합한 서식지들의 좁고 연속적인 지역. ≒ green corridor.

wild type 야생형 명 정해진 유전자 또는 유전자들의 '정상적' 유형을 지니는 생물. 비 mutant. 형 **wild-type** '정상적' 유형의 유전자형이나 표현형에 적용되는 말.

wilting 시들음 명 수분의 흡수가 충분하지 못하여 식물세포의 팽압이 사라지는 것. '시듦'이라고도 한다.

wilting coefficient 시들음계수 식물에서 시들음(wilting)이 일어날 때 토양의 수분백분율.

wing 날개, 익판(翼瓣) 명 (1) 새와 박쥐 그리고 멸종된 익룡류(pterodactyls)에서, 날 수 있도록 변형된 척추동물의 앞다리; (2) 곤충에서, 날 수 있도록 변형된 표피구조; (3) 나비뼈(sphenoid)의 옆쪽에 있는 큰 돌기; (4) [식] 나비꼴(papilionaceous) 꽃에서 옆쪽에 있는 두 장의 꽃잎 가운데 하나; (5) 많은 열매와 씨앗에서 측면이 확장된 부분; (6) 막처럼 넓게 확장된 부분들.

wing cells 날개세포 앞은 볼록하고 뒤는 오목한, 각막의 상피에 있는 다면체 세포.

wing coverts 날개덮깃 ⇨ tectrices.

wing disc 날개원기 파리류 유생의 상피에 있는 분화되지 않은 상태의 작은 주머니.

탈바꿈할 때 날개로 발달한다. ≒ **wing imaginal disc**.

winged insects 유시(有翅)곤충 날개 달린 곤충들인 유시아강(Pterygota)의 일반적인 명칭.

winged stem 날개줄기, 익경(翼莖) 일부 살갈퀴(vetch)처럼 광합성조직의 팽창부를 가진 줄기.

wingless insects 무시(無翅)곤충 무시아강(Apterygota)에 속하는 날개가 없는 곤충의 일반적인 명칭.

Wingless signalling pathway 윙리스신호전달경로 ⇨ Wnt signalling pathway.

wing pad 날개딱지, 시포(翅包) 곤충의 번데기에 있는 아직 발달하지 않은 상태의 날개.

wing quill 익우병(翼羽柄) ⇨ remex.

wing sheath 딱지날개, 시초(翅鞘) ⇨ elytron.

Winslow's foramen 윈슬로우구멍 망낭(bursa omentalis)과 복막의 큰 주머니의 구멍.

winter bud 겨울눈 겨우내 단단한 비늘로 보호를 받는 휴면눈.

winter egg 겨울알 민물에 사는 많은 무척추동물의 알. 두꺼운 껍질로 보호되고 휴지 상태로 겨울을 난 다음, 봄에 부화한다.

wisdom teeth 사랑니, 지치(智齒) 가장 늦게 나오는 사람의 영구치로 맨 안쪽 끝에 나는 4개의 어금니.

witches' broom 빗자루병 어떤 나무에서 곰팡이 또는 응애류(mites)의 감염에 의해 잔가지가 많이 자라는 상태.

Wnt signalling pathways Wnt신호전달경로 배발생과 다세포동물의 성체에서 중요한 신호전달경로. 배출된 Wnt단백질들(예: 초파리에서 Wingless, 포유동물에서 Wnts)이 세포표면수용체를 자극하여 세포내 신호전달체계를 활성화한다. 그 결과 단백질 β-카테닌이 표적유전자를 활성화하는 동시전사인자로 작용하고, 국소적인 세포생장과 세포증식을 야기한다. 이 경로를 구성하는 성분의 하나인 APC단백질의 결손에 기인하는 이 신호전달경로의 이상은 대장암의 사례에서 매우 흔하게 나타난다.

wobble 동요(動搖) 명 유전암호에 의해 엄격하게 지정된 것보다 넓은 범위의 코돈을 역코돈이 인식하는 것. 코돈의 세 번째 염기와 역코돈의 첫 번째 염기 간에서 완만한(relaxed) 염기짝짓기가 허락된다.

Wolffian ducts 볼프관, 중신관(中腎管) 포유동물의 배발생 초기에 생기는 한 쌍의 관. 원시콩팥에 해당하는 배설기관으로 작용하다가, 후에 수컷에서 생식기관으로 발달한다.

Wolffian ridges 볼프융기 발생 초기에 배의 정중선 양쪽에 나타나는 능선. 여기에서 팔다리싹(limb bud)이 생긴다.

wood 목부(木部), 목재(木材) 명 (1) 2기물관부(secondary xylem); (2) 나무에서 단단하고 보통 살아 있지 않은 부분.

woodlice 쥐며느리 ⇨ Isopoda.

wood vessel 목부물관 물관(xylem vessel).

woody plant 목본(木本), 목본식물 줄기에 2차적으로 목질화된 물관부를 가진 교목이나 관목 따위의 다년생식물을 통틀어 이르는 말.

worker 일꾼 명 반사회성 곤충과 진정사회성 곤충의 종에서 번식하지 않고 일을 하는 계급의 곤충들(예: 일개미, 일벌).

worm 벌레 명 (1) 편형동물문(Platyhelminthes: 편형동물류, flatworms), 유형동물문(Nemertina: 끈벌레류, ribbon worms), 구두동물문(Acanthocephala:

W

구두충, thorny-headed worms), 선형동물문(Nematoda: 회충, roundworm), 유선형동물문(Nematomorpha: 모양선충류, horse-hair worms), 추형동물문(Phoronida: 서관충, tubeworms), 환형동물문(Annelida: 백선, ringed worms)과 그 밖의 다른 문에 속하는 종류들의 일반적인 명칭; (2) 발생생물학, 유전학 및 분자생물학에서 모형생물(model organism)로 널리 이용되는 선충류인 예쁜꼬마선충(*Caenorhabditis elegans*)을 흔히 부르는 말.

Wormian bones 봉합뼈 ⇨ sutural bones.

Woronin hypha 보로닌균사 자낭각(perithecium) 균사의 내부에서 나선을 이루고 조낭기(ascogonium)로 발달하는 균사.

wound cambium 상처형성층 식물에서 상처가 난 부위에 보호조직을 형성하는 부름켜.

wound hormones 상처호르몬 상처를 입은 식물세포에서 생성되고 상처부위 주변 조직의 재생생장을 촉진하는 물질.

wound response 상처반응 ⇨ plant defence response.

WP (1) 벽압(wall pressure). ⇨ turgor pressure; (2) 수분퍼텐셜(water potential). ⇨ suction pressure.

writhe (*W*) 비틀림수 초나선(supercoiled) DNA에서 초나선이 몇 번 감겨져 있는가를 나타내는 수. ≒ writhing number.

Wu and Kabat plot 아미노산잔기변이도표 단백질의 여러 다른 변이형에서 각 아미노산의 위치에서 나타나는 염기순서의 차이들을 도표로 나타낸 것.

wyosine (Y) 와이오신 명 오직 tRNA에서만 발견되는 드문 뉴클레오시드. 구아노신의 광범위하게 변형된 유형이고, C뿐만 아니라 U와도 쌍을 형성할 수 있다.

X

xanth- '노란'을 뜻하는 그리스어 '*xanthos*'에서 유래되고, '황색'을 의미하는 접두사.

xanthein 크산테인 명 세포액에 있는 노란색의 수용성 색소.

xanthin 크산틴 명 꽃에 있는 노란 카로티노이드색소.

xanthine 크산틴 명 근육, 간, 이자, 지라 등의 동물조직과 오줌에서 그리고 어떤 식물에서도 발견되는 푸린(2,6-dioxypurine). AMP와 구아닌의 분해산물이고, 산화하여 요산이 된다.

xanthine monophosphate (xanthylate, xanthylic acid) (XMP) 크산틴1인산(크산틸산) 푸린염기 크산틴을 포함하는 리보뉴클레오티드. 구아노신1인산(GMP)의 생합성 전구물질이다.

xanthine oxidase 크산틴산화효소 분자상 산소를 이용하여 하이포크산틴(hypoxanthine)을 산화시켜 크산틴을 만들고, 이를 다시 요산으로 산화하는 반응을 촉매하는 효소. E.C 1.2.3.2.

xanthism 황색화(黃色化) 명 정상적인 색이 노란색에 의해 거의 전적으로 바뀐 색깔변이.

xanthocarpous 황과(黃果)의 형 노란 열매를 가진.

xanthochroic 황색인종의 형 노랗거나 누르스름한 피부를 가진.

xanthodermic 황색피부의 형 누른 빛깔을 띤 피부를 가진.

xanthommatin 크산토마틴 명 어떤 곤충의 눈, 홑눈, 유충의 말피기관에 있는 갈색의 옴마토크롬(ommatochrome) 색소들.

xanthophore 황색소포(黃色素胞) 명 황색을 띠는 색소포(chromatophore).

xanthophyll 엽황소(葉黃素), 크산토필 명 널리 분포하는 황색이나 갈색 카로티노이드색소 무리를 통틀어 이르는 말. 카로틴의 산화유도체이며, 루테인(lutein), 비올라크산틴(violaxanthin), 네오크산틴(neoxanthin), 크립토크산틴(cryptoxanthin) 등이 포함된다. ≒ phylloxanthin.

Xanthophyta 황록조식물문 명 황록색을 띤 광합성 원생생물의 문. 예전에는 조류(algae)로 간주하였지만, 지금은 대롱편모생물계(Stramenopila) 또는 크로미스타계(Chromista)에 포함시킨다. 길이가 서로 다른 두 개의 편모를 갖는데, 긴 편모는 깃꼴이고 짧은 편모는 채찍꼴이다. 황록조류는 엽록소 a, c, c_2 및 e를 포함하고, 크산틴색소들이 들어 있다. 저장산물은 기름이다. 민물에서 흔하게 나타나며, 많은 종류가 다세포성이거나 다핵성이다. ≒ yellow-green algae.

xanthoplast 황색체 명 황색을 띠는 색소체 또는 색소포(chromatophore).

xanthopous 황색줄기의 형 노란 줄기를 가진.

xanthopterin 크산토프테린 명 노란 나비의 날개 그리고 말벌과 기타 곤충의 노란 띠에 분포하고 포유동물의 오줌에서도 발견되는 노란 색소인 프테린(pterin). 류코프테린(leucopterin)으로 산화될 수 있고, 미생물에 의해 엽산으로 전환된다.

xanthospermous 황색종자의 형 노란 종자를 가진.

X cell X세포 망막에서 정지된 점과 빛의 선에 반응하는 신경절세포의 일종.

X chromosome X염색체 (1) 포유동물 암컷의 성염색체. 암컷의 체세포마다 2개의 염색체가 들어 있는데, 그 중 하나는 영구적으로 불활성화 상태에 있고, 다른 1개의 활성형 염색체는 수컷에서 나타난다; (2) 대체로 동형배우자성(homogametic sex)에서 2개의 복사본으로 나타나고 이형배우자성(heterogametic sex)에서 1개의 복사본으로 나타나는 성염색체.

X chromosome inactivation X염색체 불활성화 포유동물 암컷의 체세포에 있는 X염색체 2개 가운데 1개가 불활성화하는 것. ≒ **X inactivation**. ⇨ dosage compensation.

xenarthral 이질관절(異質關節)의 형 등허리의(dorsolumbar) 척추뼈에 추가적인 관절면을 가진.

xenic 혼종(混種)의 형 하나 또는 그 이상의 미확인 미생물이 들어 있는 배양(혼종배양)에 적용되는 말.

xeno- '이상한'을 뜻하는 그리스어 '*xenos*'에서 유래된 접두사.

xenoantibody 이종항체 ⇨ heteroantibody.

xenoantigen 이종항원 ⇨ heteroantigen.

xenobiosis 자유공생, 이종공생 명 어떤 종의 사회성 곤충 군집이 다른 종의 둥지에 살면서 그들 사이를 자유롭게 이동하고 다양한 방법으로 그들로부터 먹이를 얻지만 두 종의 새끼들은 서로 독립적으로 기르는 상태.

xenobiotic 외래의 형 (1) 바깥에서 생물체에 들어온; (2) 약물과 같은 외래물질에 적용되는 말; (3) 지구 상에서 자연적으로 나타나지 않는 완전히 합성된 화학물질에 적용되는 말.

xenodeme 기생군 명 숙주 특이성이 다른 것들과 차이를 보이는 기생생물의 개체군.

xenoecic 형 다른 생물의 비어 있는 껍데기에서 사는.

xenogamy 이주수정(異株受精) ⇨ cross-fertilization.

xenogeneic 이종(異種)의 형 (1) 다른 종과 관련되거나 다른 종에 적용되는 말; (2) 다른 종의 항체를 이용한 동물의 면역접종(immunization)에 적용되는 말; (3) 서로 다른 종들 간의 조직의 이식(이종이식)에 적용되는 말.

xenogenous 외인성(外因性)의 형 (1) 생물의 외부에서 기원된; (2) 외부의 자극에 기인한.

xenograft 이종이식(異種移植) 명 어떤 종에서 다른 종으로 조직을 이식하는 것.

xenomorphosis 이질형성(異質形成), 이형재생(異形再生) ⇨ heteromorphosis.

xenoplastic 종간(種間)의 형 다른 종에서 확립된 접목(종간접목)에 적용되는 말.

***Xenopus laevis* 제노푸스, 아프리카발톱개구리** 흔히 'African clawed toad'라고 부르는 개구리의 일종. 알의 견고성과 크기 그리고 외과적 조작에 대한 수월함 때문에 발생생물학의 연구에서 널리 이용된다. 제노푸스의 난모세포(oocyte)는 외래 유전자와 RNA를 주입하여 이들의 발현과 기능을 연구하는 데에도 이용된다.

xenotransplantation 이종이식 명 어느 종의 조직이나 기관을 다른 종에 이식하는 것. 동물의 기관을 사람에 이식하는 것을 가리킬 때 가장 흔하게 사용되는 말이다.

xerad 건생식물 ⇨ xerophyte.

xerantic 형 (1) 말라 가는; (2) 시들어가는.

xerarch 건성(乾性)의 형 건성(xeric)에서 중습성(mesic) 상태로 진행하는 천이계열에 적용되는 말.

xeric 건성(乾性)의 형 (1) 마른; (2) 건조한; (3) 건조한 조건에 내성을 갖거나 적응하는.

xero- '마른'을 뜻하는 그리스어 '*xeros*'에서 유래된 접두사.

xerochasy 건열개성(乾裂開性) 명 건조할 때 열매가 열리는 것. 형 **xerochastic**.

xeroderma pigmentosum (XP) 색소성 건피증(色素性乾皮症) 사람의 피부가 자외선이나 햇빛에 비정상적으로 민감한 유전성 피부질환. 특징적으로 피부가 말라 위축되고 결막염이 생기며 피부암에 걸릴 소질이 있다. 이 질환은 햇빛에 노출된 DNA에서 형성된 피리미딘2합체(pyrimidine dimer)를 제거하는 데 관여하는 DNA수선효소에 이상이 생겨서 발생한다.

xeromorphic 건생형태의 형 건조에 견딜 수 있게끔 구조적으로 변형된, 선인장 같은 사막식물에 적용되는 말. 명 **xeromorphy**.

xerophile 건생생물(乾生生物) 명 제한된 물의 공급에 적응하고 건조를 견딜 수 있는 식물이나 곰팡이. 형 **xerophilous**.

xerophyte 건생식물(乾生植物) 명 건생형태적(xeromorphic) 특징을 갖거나 우기 동안에만 자라는 중생식물(mesophyte)이 되면서 건조한 조건에 적응하는 식물.

xerosere 건생계열 명 건조한 장소에서 시작하여 보다 습한 상태로 발달해가는 식물천이의 단계.

xerothermic 건온성(乾溫性)의 형 덥고 건조한 조건에서 잘 자라는 생물에 적용되는 말.

X-gal X갈 β-갈락토오스가수분해효소(β-galactosidase)에 의해 가수분해되어 청색 산물을 만드는 합성기질.

X inactivation X(염색체)불활성화 ⇨ X chromosome inactivation.

X-inactivation centre X(염색체)불활성화중심 X염색체불활성화가 시작되는 X염색체의 중간에 있는 부위. 염색체의 중심으로부터 양쪽 방향으로 이질염색질(heterochromatin)의 형성이 진행된다. 한편 이 중심에서는 짧은 RNA인 XIST RNA를 암호화하는데, 이는 결국 불활성화된 X염색체 전체를 덮는다.

xiphihumeralis 검상견부근(劍狀肩部筋) 명 칼돌기연골(xiphoid cartilage)에서 위팔뼈(상완골)까지 뻗치는 근육.

xiphisternum 칼돌기, 검상돌기(劍狀突起) 명 보통 연골로 된, 복장뼈의 뒤쪽 부분.

xiphoid 칼모양의, 검상(劍狀)의 형 칼처럼 생긴.

xiphoid process 칼돌기, 검상돌기 (1) ⇨ xiphisternum; (2) 투구게(*Limulus*)의 꼬리 또는 꼬리마디(telson).

Xiphosura 검미목(劍尾目) 명 물에 사는 절지동물 퇴구강(Merostomata)의 목. 흔히 투구게류(king crabs, horseshoe crabs)라고 부르며, 딱딱한 키틴질의 몸을 갖고, 전체부(prosoma)는 편자 모양의 등딱지로 덮인다.

XIST RNA ⇨ X-inactivation centre.

X-linked agammaglobulinaemia X연관무감마글로불린증 B세포의 발생이 저해된 결과로 항체의 생산이 부족하여 발생하는 유전성 면역결핍증.

X-linked gene X염색체연관유전자 X염색체 상에 있는 모든 유전자. ≒ sex-linked gene.

X

X-linked inheritance ⇨ sex-linked (1).

X-linked spinal and bulbar muscular atrophy X연관구척수마비근위축증 ⇨ Kennedy's disease.

XMP 크산틴1인산(xanthine monophosphate).

X-organ X기관 일부 갑각류의 눈자루(안병)에 있는 작고 치밀한 주머니 같은 신경분비기관.

XP 색소성건피증(xeroderma pigmentosum).

X-ray crystallography X선결정학 분자의 결정을 통과하는 X선의 회절양식을 이용하여 단백질 같은 분자들의 입체구조를 결정하는 기법.

xylan 크실란 명 크실로오스(xylose) 잔기들이 연결된 중앙사슬에 다른 단당류가 곁사슬이나 단일단위들로 붙는 일군의 다당류. 많은 속씨식물의 세포벽에 들어 있다.

xylary 물관부의 형 (1) 물관부와 관련된, 섬유에 적용되는 말; (2) 발달하여 물관부가 되는 전형성층(procambium)에 적용되는 말.

xylem 물관부 명 관다발식물의 주된 수분통도조직. 식물의 몸 전반에 걸쳐 있고, 무기질을 수송하고 양분을 저장하며 기계적 지지 역할도 한다. 1기물관부는 전형성층(procambium)에서 유래되고 2기물관부(예: 교목과 관목의 목재)는 관다발형성층(vascular cambium)에서 생긴다. 물관부는 관상요소들, 즉 헛물관(tracheid)과 속씨식물의 경우 물관요소(vessel element)로 구성된다. 이들 모두 속이 빈 신장된 세포이고, 대체로 몹시 목질화된 두꺼운 벽을 가지며, 성숙한 세포에는 원형질체가 없다. 이들 관상요소는 끝과 끝이 연결되어 연속된 관을 형성한다. ⇨ vascular bundle, phloem.

xylem canal 물관부관 일부 수생식물의 물에 잠긴 줄기에서 중앙의 물관부를 대체하는 좁은 관 모양의 공간.

xylem parenchyma 물관부유조직 물관요소를 둘러싸거나 생장기가 끝날 무렵에 다른 물관부세포와 함께 생성되는 짧고 목질화된 세포.

xylem ray 물관부방사조직 (1) 2개의 1기방사조직(medullary ray) 사이에 있는 방사조직 또는 물관부의 판; (2) 2기물관부에서 발견되는 유조직의 방사조직 가운데 일부.

xylocarp 목질과(木質果) 명 단단한 목질의 열매.

xylochrome 물관부색소 명 물관부세포가 죽기 전에 생성되고 심재(heartwood)에 색깔을 띠게 하는 타닌(tannin)의 색소.

xylogen 물관부형성 명 관다발에서 형성된 물관부.

xylogeneis 물관부형성 명 관다발에서 물관부가 형성되는 것.

xyloglucan 크실로글루칸 명 많은 쌍떡잎식물의 세포벽에 있는, 포도당 잔기들이 연결된 중앙사슬에 크실로오스 단위들이 단일단위들로 붙거나 복잡한 곁사슬의 일부로 붙는 다당류.

xyloic 물관부의 ⇨ xylary.

xyloid 목질(木質)의 ⇨ ligneous.

xyloma 크실로마 명 (1) 어떤 곰팡이에서 포자가 달리는 구조를 만드는 단단한 균사체 덩어리; (2) 목본식물의 종양.

xylophagous 목질식성(木質食性) 형 어떤 흰개미류나 딱정벌레류처럼 나무를 먹는.

xylophilous 호목질성(好木質性) 형 (1) 나무를 선호하는; (2) 나무에서 자라는.

xylophyte 목본, 목본식물 명 목본성 식물.

xylose 크실로오스 명 특히 일부 식물의 세포벽에 들어 있는 다당류를 구성하는 알도오스 5탄당.

xylostroma 크실로스트로마 명 목질을 파괴하는 어떤 곰팡이의 부드럽고 두꺼운 균사체.

xylotomous 형 나무에 구멍을 뚫거나 나무를 자를 수 있는.

xylulose 크실룰로오스 명 케토오스 5탄당. 크실룰로오스5인산(xylulose 5-phosphate)은 광합성의 이산화탄소 고정에 관여한다.

Y

Y (1) 티로신(tyrosine); (2) 와이오신(wyosine); (3) 포유동물 수컷의 염색체.

Y2H 효모단백질잡종체계(yeast two-hybrid system).

YAC 효모인공염색체(yeast artificial chromosome).

Yamanaka cells 야마나카세포 ⇨ induced pluripotent stem cells.

yarovization 춘화처리 ⇨ vernalization.

Y-cartilage Y연골 비구(acetabulum)에서 엉덩뼈와 궁둥뼈 그리고 두덩뼈를 연결하는 연골.

Y cell Y세포 망막에서 조명이나 움직이는 자극의 변화에 반응하는 신경절세포의 일종.

Y chromosome Y염색체 (1) X염색체보다 작고 X염색체의 비상동염색체인 포유동물 수컷의 성염색체. 암컷의 세포에는 들어 있지 않고 수컷의 체세포에 1개의 복사본이 들어 있다; (2) 대체로 이형배우자성(heterogametic sex)에서 X염색체와 짝지어 나타나는 성염색체.

yeast artificial chromosome (YAC) 효모인공염색체 효모염색체의 말단소체(telomere)와 동원체를 포함하는 인공염색체. DNA의 나머지 부분은 다른 원천에서 얻을 수 있다. 이 인공염색체는 효모세포 내에서 복제될 수 있으며, 큰 사이즈의 DNA절편을 위한 재조합DNA벡터로 이용된다.

yeast mating-type locus 효모접합형자리 ⇨ mating-type locus.

yeast 효모(酵母) 명 세포생물학과 유전학에서 모델생물로 이용되는 효모(*Saccharomyces cerevisiae*)와 분열효모(*Schizosaccharomyces pombe*)를 포함하는 다양한 무리의 단세포 자낭균류에 대한 일반적인 명칭. 효모는 토양과 식물의 표면, 특히 당(sugar)이 들어 있는 기질에서 광범위하게 분포하며, 알코올과 이산화탄소를 생성한다. 이들 산물은 포도주와 맥주의 양조산업 및 제빵산업에서 널리 이용된다. 칸디다(*Candida*)와 같은 일부 효모는 사람의 병원균이다.

yeast two-hybrid assay (Y2H) 효모단백질잡종법 어떤 단백질이 정해진 단백질과 상호작용하는지를 결정하는 기법. 두 가지 단백질의 유전자를 특수한 벡터로 효모에 넣고 만일 이들 벡터가 상호작용하여 단백질이 발현되면 단백질복합체는 효모세포에 있는 보고유전자(reporter gene)를 통해 확인할 수 있다. ≒ **yeast two-hybrid system**.

yellow body 황체 ⇨ corpus luteum.

yellow cartilage 황색연골 신축성이 있는 노란 결합조직섬유들이 스며든 기질을 가진 연골.

yellow cells 황세포(黃細胞) 환형동물의 창자 주위에 있는 황세포(chloragogen cells).

yellow fibres 황색섬유 주로 탄력소(elastin)로 구성된 신축성이 있는 결합조직섬유.

yellow-green algae 황록조류 ⇨ Xanthophyta.

yellow spot 황반(黃斑) ⇨ macula lutea.

Y-ligament Y인대 엉덩넙다리인대(iliofemoral ligament).

Y linkage Y(염색체)연관 오직 Y염색체에서만 발견되는 유전자들의 유전양식.

Y-linked gene Y염색체연관유전자 Y염색체에 들어 있는 유전자들.

yolk 난황(卵黃) 명 단백질과 지방이 풍부하게 들어 있는 영양물질. 양서류, 파충류, 새와 같이 알을 낳는 많은 동물들의 알(난자)의 대부분을 차지하고, 발생하는 배(embryo)에 영양분을 공급한다.

yolk duct 난황관 ⇨ vitelline duct.

yolk gland 난황샘 대부분의 동물에서 생식계통과 관련되고 영양분으로 채워진 난황세포를 만드는 샘. 대부분의 동물에서 알에 통합되어 난황이 된다.

yolk plug 난황마개 일부 양서류의 낭배를 형성하는 알에서 원구(blastopore)를 채우는 난황세포들의 덩어리.

yolk sac 난황주머니, 난황낭(卵黃囊) 척추동물의 알에서 난황 주위에 발달하고 배에 붙어서 이를 통해 양분이 난황으로 전달되는, 혈관이 잘 발달된 막으로 된 주머니. 태생(viviparous)의 일부 하등척추동물에서는 난황주머니가 자궁벽을 가진 태반을 형성한다. 포유동물에서는 난황주머니에 난황이 없고, 유대류(marsupials)에서는 단명한 주된 태반을 이룬다.

yolk sac placenta 난황주머니태반 배의 난황주머니와 융모막에 의해 형성되는 태반. 대부분의 유대류(marsupials)에서 나타나는 유일한 태반이다. 태생(viviparous)의 연골어류와 도마뱀류 그리고 뱀류 역시 난황주머니태반을 형성한다.

Y-organs Y기관 게와 바닷가재에서 더듬이마디 또는 작은턱마디에 있는 한 쌍의 샘. 곤충의 앞가슴샘(prothoracic gland)과 유사하고, 탈피호르몬(ecdysone)을 분비한다.

ypsiloid Y형 형 Y자형의, 도롱뇽에서 호흡에 이용되는 근육의 부착을 위한 두덩뼈(치골) 앞의 연골에 적용되는 말.

Z

Z 아미노산 글루타민(glutamine) 또는 글루탐산(glutamic acid)의 부호.

zalambdodont 형 V자형의 가로능선이 있는 매우 좁은 어금니를 가진 식충류(insectivore)에 적용되는 말.

Z chromosome Z염색체 암컷이 이형배우자성(heterogametic sex)일 때의 Y염색체.

Z-disc Z반, Z-line Z선 현미경 하에서 근원섬유의 근절(sarcomere)을 가르는 것으로 나타나는 짙은 선. 각 근절의 액틴 필라멘트가 고정되어 있는 막에 해당한다. (⇨ 그림 28)

Z-DNA Z형 DNA ⇨ DNA.

zeatin 제아틴 명 옥수수(*Zea mays*)에서 분리한 천연 시토키닌. 아데닌의 유도체이다.

zeaxanthin 제아크산틴 명 옥수수를 포함한 많은 식물과 일부 조류 그리고 난황에서 발견되는 노란 카로티노이드색소. 루테인(lutein)의 이성질체이다.

zebrafish 제브라피시 발생생물학 연구에서 널리 이용되는 작은 아열대성 담수어류(*Danio rerio*).

zein 제인 명 옥수수의 씨앗에 들어 있는 단순단백질. 트립토판과 리신을 거의 함유하지 않는다.

zeitgeber 동조자(同調者), 차이트게버 명 하루 24시간의 명암주기에 맞추어 식물이 하루주기리듬(circadian rhythm)을 유지하는 데 관련된 환경자극과 같은 동조인자.

zeugopodium 액각 명 (1) 아래팔; (2) 정강이.

zidovudine 지도부딘 ⇨ AZT.

zinc (Zn) 아연 식물의 필수미량원소인 금속원소.

zinc finger 아연집게 DNA와 결합하고 전사조절인자로 작용하는, 다양한 단백질에서 공통적으로 나타나는 구조적 특징. DNA결합에 관여한다. 각각의 아연집게는 아연(Zn)원자에 의해 아미노산사슬이 머리핀(hairpin)처럼 서로 접힌 구조이다.

Zingiberales 생강목 명 뿌리줄기(rhizome)를 갖는 열대성 초본인 외떡잎식물의 목. 홍초과(Cannaceae), 파초과(Musaceae), 극락조화과(Strelitziaceae), 생강과(Zingiberaceae) 등으로 이뤄진다.

***Zinjanthropus* 진잔트로푸스** ⇨ australopithecines.

Zoantharia 말미잘아강 명 돌산호류와 말미잘류를 포함하는 산호충강(Anthozoa)의 아강. 단독으로 나거나 군체를 이루고, 대개 6의 배수인 장간막(mesentery)을 갖는다. 골격을 갖는데, 만일 있다면 외부에 있고 침골(spicule)로 이뤄지지 않는다.

zoarium 조아리움 명 태형동물(polyzoan) 군체의 모든 개체들.

zoëa 뿔유생 명 어떤 십각류(decapod)의 초기 유생형태.

zoecial, zoecium ⇨ zooecial, zooecium.

zoic 동물(생활)의 형 (1) 생물과 그 산물의 흔적을 포함하는; (2) 동물이나 동물의 생활과 관련된 말.

zoid 유주자 ⇨ zoospore.

zona 띠, 대(帶) 명 층, 띠, 구역 또는 영역.

zona fasciculata 다발층, 속상대(束狀帶) 부신피질에서 토리층(zona glomerulosa)의 밑에 있는, 방사상으로 배열된 원주세포들. 당질코르티코이드(glucocorticoid)를 분비한다.

zona glomerulosa 토리층, 구상대(球狀帶) 부신피질의 피막 아래에서 바깥층을 형성하는 세포들. 당질코르티코이드와 무기질코르티코이드를 분비한다.

zona granulosa 과립대 그라프여포(Graafian follicle)의 과립층. 난자가 파묻혀 있는 세포의 더미이다.

zonal 층의, 띠의 형 층이나 띠로 되거나 그와 관련된 말.

zona orbicularis 둘레띠, 윤대(輪帶) 넙다리뼈의 목 주위에 있는 엉덩관절 피막에서 원을 이루는 섬유들.

zona pellucida 투명띠 포유동물 난자의 원형질막을 둘러싸는 두껍고 투명한 층.

zona reticularis, zona reticulata 그물층, 망상대 부신피질의 안쪽에 있는 층.

zonary 고리의, 띠의 형 고리 또는 띠를 이루며 배열된 융모를 갖는 태반(고리태반, 띠태반)에 적용되는 말.

zona striata 줄무늬띠 ⇨ zona pellucida.

zonate 띠모양의 형 (1) 띠로 구분되거나 고리 모양의 무늬가 있는; (2) 일부 4분포자처럼 한 줄로 배열된.

zonation 띠형성, 대상분포(帶狀分布) 명 띠를 이루는 배열 또는 분포.

zone 띠, 대(帶) 명 (1) 비슷한 식물상이나 동물상의 특징을 나타내는 지역; (2) 어떤 종이 국한되는 띠 또는 지역; (3) 기준 화석들로 특징지어지는 지층; (4) 몸의 부위. 형 **zonal**.

zone fossil 표준화석 ⇨ index fossil.

zone of polarizing activity (ZPA) 극성화 활성대(極性化活性帶) 척추동물 배의 팔다리싹(limb bud)의 조직에서 앞뒤의 축(엄지손가락-새끼손가락축)을 따라 발생하는 것을 결정하는 작은 부위.

zonite 횡대(橫帶) 명 노래기강(Diplopoda)의 체절.

zonoid 띠형 형 띠와 비슷한.

zonolimnetic 형 어떤 수심의 구역에 있는, 또는 그와 관련된 말.

zonula 띠, 소대 ⇨ zonule.

zonula adh(a)erens 접착대, 결합띠 중간결합(intermediate junction)인 접착대(belt desmosome). ⇨ desmosome.

zonula ciliaris 섬모소대, 섬모체띠 눈에서 렌즈의 현수인대를 형성하는 유리질막(hyaloid membrane).

zonula occludens 폐쇄띠 ⇨ tight junction.

zonule 띠, 소대(小帶) 명 작은 층, 띠, 구역 또는 영역.

zoo-, -zooid, -zoite '동물'을 뜻하는 그리스어 '*zoos*'에서 유래된 단어요소.

zooanthellae 공생은편모조류 명복 어떤 해산 원생동물과 공생하는 은편모조류(cryptomonad).

zoobenthos 저서동물(底棲動物) 명 해저 또는 육수의 바닥에 사는 동물들.

zoobiotic 동물서식성 형 동물에 기생하거나 동물에 붙어사는.

zoo blot 보존DNA찾기 여러 다른 동물의 DNA를 대상으로 동일한 제한효소로 DNA를 자르고 그 결과 생긴 DNA절편을 전기영동법으로 비교하는 것.

zoochlorellae 동물공생녹조류 명복 다양한 동물의 세포에서 공생하며 사는 녹조류.

zoochoric 동물산포성, 동물분산성 형 동물에 의해 분산되는 식물에 적용되는 말. 명 **zoochory**.

zoocoenocyte 섬모다핵체 명 어떤 조류(algae)에서 섬모가 달린 다핵체(coenocyte).

zoocoenosis 동물군집 명 동물들의 군집.

zoocyst 동물피낭체 ⇨ sporocyst.

zooecial 충실의 형 충실(zooecium)과 관련되거나 충실과 비슷한.

zooecium 충실(蟲室) 명 태형동물(bryozoans) 군체에서 개충을 둘러싸는 방이나 주머니.

zooerythrin 동물에리트린 명 다양한 새들의 깃털에서 발견되는 붉은 색소.

zoofulvin 동물풀빈 명 다양한 새들의 깃털에서 발견되는 노란 색소.

zoogamete 운동배우자 명 운동성 배우자.

zoogamous 운동배우자성 형 운동성 배우자를 가진.

zoogamy 유주자접합 명 동물의 유성생식.

zoogenesis 동물발생 명 주로 계통발생적 기원에 적용되는 동물의 기원.

zoogenetics 동물유전학 명 동물을 대상으로 하는 유전학.

zoogenic 동물원성(動物原性)의 형 동물의 활동에 의해서 생기는.

zoogenous 동물원성(動物原性)의 형 동물에 의해서 생기거나 야기되는.

zoogeographical regions 동물지리구 독특한 동물상을 지닌 지구 상의 넓은 지역. 월리스(Alfred Russel Wallace)가 제안한 분류에서는 전 세계의 육지가 오스트레일리아구(Australian region), 에티오피아구(Ethiopian region), 신북구(Nearctic region), 신열대구(Neotropical region), 동양구(Oriental region) 및 구북구(Palaearctic region)의 6개 동물지리구로 나뉜다.

zoogeography 동물지리학 명 동물종의 지리적 분포를 다루는 학문.

zoogloea 주글로에아 명 점액기질에 파묻혀 있는 세균들의 더미. 물의 표면에서 종종 무지개 빛깔의 필름을 형성한다.

zooid 개충(個蟲) 명 산호를 이루는 개개의 폴립과 같이 군체를 이루는 동물의 한 개체 또는 일부 환형동물의 무성생식에서 아직 다른 개체들과 연결되어 있는 개체.

zoology 동물학(動物學) 명 동물의 구조, 기능, 행동, 역사, 분류 및 분포를 다루는 학문.

Zoomastigina 동물성편모충문 명 광합성을 하지 않고 주로 단세포이며 한 개로부터 수천 개까지의 편모가 달리는 이질적 원생생물의 문. 흔히 'animal flagellates', 'zooflagellates' 또는 'zoomastigotes'라고 알려져 있다. 네글레리아(*Naegleria*)와 같은 어떤 종류는 편모가 달린 형태에서 아메바 같은 형태로 변할 수 있다. 동물성편모충문에는 어류와 양서류의 장내 기생충, 사람의 수면병을 일으키는 트리파노소마속(*Trypanosoma*)으로 대표되는 운동핵편모충류(kinetoplastids), 흰개미류의 장에 사는 목재분해원생동물(예: *Staurojoenina*), 해면동물의 체세포와 비슷한 입금편모충류(choanoflagellates), 그리고 다른 여러 무리들이 포함된다. 이들은 원생동물의 분류에서 동물성편모충강(Zoomastigophora)에 상당한다.

zoomorphic 동물형(動物型)의 형 동물의 유형을 가진.

zoonomy 동물생리학 명 생리학, 특히 동물생리학.

zoonosis 동물성 병, 인수공동전염병(人獸共同傳染病) 명 사람에게 전염될 수 있는 동물의 병. 복 **zoonoses**.

Zoopagales 포충균목(捕蟲菌目) 명 작은 토양동물에 기생하는 접합균류의 목. 일부 분류체계에서는 강(class)으로 취급한다. 포충균류(predaceous fungi 또는 animal traps)라고 알려져 있으며, 토양에 사는 아메바, 근족충류(rhizopods), 선충류 따위에 부착하여 그 안이나 표면에 살면서 기생한다.

zooparasite 기생동물 명 기생생활을 하는 동물을 통틀어 이르는 말.

zoophilous 동물매개성의 형 곤충이 아닌 동물에 의해 꽃가루받이를 하는 식물에 적용되는 말.

zoophobic 혐동물성(嫌動物性)의 형 가시나 털로 덮여 있어서 동물이 꺼리는 식물에 적용되는 말.

zoophyte 고착수생동물, 식충류(植蟲類) 명 군체를 이루는 일부 히드라충과 같이 모양이 식물과 비슷한 동물.

zooplankton 동물플랑크톤 명 동물에 속하는 플랑크톤.

zoosis 동물성 병 명 동물에 의해 생기는 병을 통틀어 이르는 말.

zoosphere 유주구체(遊走球體) 명 2개의 섬모가 달린 조류의 유주자.

zoosporangiophore 유주자낭병 명 유주자낭이 달리는 구조.

zoosporangium 유주자낭(遊走子囊) 명 유주자가 만들어지는 포자낭. 복 **zoosporangia**.

zoospore 유주자(遊走子), 동포자(動胞子) 명 원생동물, 조류 및 곰팡이의 편모가 달린 운동성 무성생식세포.

zoothecium 동물피낭체 명 어떤 섬모충류에서, 젤리 같고 종종 가지를 치는 공통기질.

zootic climax 동물의존적 극상 방목과 같은 동물의 활동에 그 지속성이 좌우되는 안정된 극상군집.

zootoxin 동물독소 명 동물에 의해 생산되는 독소를 통틀어 이르는 말.

zootrophic 동물영양의 ⇨ heterotrophic.

zootype 동물형(動物型) 명 (1) 동물의 대표적 유형; (2) 모든 후생동물(metazoans)의 배에 특징적이라고 간주되는, 혹스유전자(Hox genes)와 그 밖의 일부 유전자들의 발현양상.

zooxanthellae 황록공생조류 명복 다양한 해산 무척추동물에서 기생하거나 공생하는 와편모조류들.

zooxanthin 동물크산틴 명 어떤 새의 깃털에서 발견되는 노란 색소.

Zuckerkandl's bodies 주케르칸들체 ⇨ aortic bodies.

zwitterion 양쪽성 이온 명 모든 아미노산처럼 양전하와 음전하를 모두 갖는 이온.

zygantrum 관절오목 명 뱀류와 어떤 도마뱀의 척추뼈에서 신경활(neural arch)의 뒤쪽 표면에 있는 오목.

zygapophysis 척추관절돌기 명 인접한 척추뼈와 관절로 이어지는 척추뼈의 돌기.

zygobranchiate 쌍아가미의 형 대칭적으로 위치한 아가미와 쌍으로 된 신장기관을 가진, 어떤 복족류에 적용되는 말.

zygocyst 접합자낭 ⇨ oocyst.

zygodactyl, zygodactylous 대지족(對指足)의 형 앵무새처럼 앞쪽을 향한 2개의 발가락과 뒤쪽을 향한 2개의 발가락을 가진.

zygodont 쌍치(雙齒)의 형 4개의 교두(cusp)가 쌍으로 합쳐진 어금니를 가진.

zygogenetic, zygogenic 접합형성의 형 수정에 의해 생기는.

zygoid 접합형의 형 2배체의, 단성생식(parthenogenesis)에 적용되는 말.

zygoma 광대뼈, 관골(顴骨) 명 뺨의 튀어나온 부분을 이루는 뼈.

zygomatic 광대뼈의 형 광대뼈와 관련되거나, 그 부위에 있는.

zygomatic arch 광대활 뺨에서 광대뼈와 측두린부에 의해 형성되는 아치 모양의 돌기. 턱의 끝에서부터 관자오목(측두와)의 아래쪽 가장자리를 따라 눈의 눈구멍까지 이어진다.

zygomatic gland 광대샘 눈구멍 아래의 침샘.

zygomaticofacial 광대얼굴의, 관골안면의 형 (1) 신경과 혈관이 지나가는 광대뼈 표면의 구멍(광대얼굴구멍)에 적용되는 말; (2) 광대신경(zygomatic nerve) 또는 측두관골신경(temporomalar nerve)의 가지에 적용되는 말.

zygomaticotemporal 광대관자의, 관골관자의 형 광대뼈의 관자놀이 표면에 있는 봉합, 구멍 또는 신경 등에 적용되는 말.

zygomaticus 광대근, 관골근 명 광대뼈에서 입모서리까지의 근육.

zygomelous 쌍지(雙趾)의 형 쌍으로 된 부속지(appendage)를 가진, 지느러미에 적용되는 말.

zygomorphic 좌우상칭의 형 방사대칭이 아니라 좌우대칭인 꽃 따위에 적용되는 말.

Zygomycota 접합균문, Zygomycotina 접합균아문, zygomycetes 접합균류(接合菌類) 명, 명, 명복 빵곰팡이와 포충균류(predaceous fungi 또는 animal traps)를 포함하는 육상곰팡이의 다양한 무리. 배우자낭의 접합에 의한 유성생식, 휴면포자인 접합포자(zygospore)의 형성 그리고 비운동성 포자에 의한 무성생식이 특징이다.

zygoneury 접합신경 명 어떤 복족류에서, 측신경절(pleural ganglion)과 맞은편에 있는 내장분지의 신경절 사이에 신경섬유의 연결띠가 있는 상태.

zygophore 접합자자루, 접합지(接合枝) 명 접합포자가 달리는 균사의 가지.

zygophyte 접합식물 명 수정에서 접합된 두 개의 유사한 생식세포를 가진 식물.

zygopleural 좌우대칭의 형 좌우대칭의.

zygopodium 접합족 명 팔뚝 또는 다리.

zygopterans 실잠자리류 명복 잠자리목(Odonata)의 실잠자리아목(Zygoptera)에 속하는 실잠자리류.

zygosis 접합 명 (1) 접합(conjugation); (2) 배우자들의 결합.

zygosphene 접합쐐기 명 뱀류와 어떤 도마뱀의 척추뼈에서 신경활(neural arch)의 앞쪽 표면에 있는, 관절오목(zygantrum)에 꼭 들어맞는 관절돌기.

zygosphere 접합구(接合球) 명 비슷한 다른 것과 결합하여 접합포자를 만드는 배우자.

zygospore 접합포자 명 접합균류에서 배우자낭의 접합으로 생긴 두꺼운 벽을 가진 유성포자.

zygotaxis 주접합성(走接合性) 명 수배우자와 암배우자 간에서 서로 끌어당기는 현상.

zygote 접합자, 접합체 명 두 배우자의 결합으로 생기고 새로운 개체로 발달하게 되는 2배체 세포.

zygotene 접합기 명 감수분열의 전기에서 상동염색체가 짝을 짓는 시기.

zygotic 접합의, 접합자의 형 접합자(zygote)와 관련된 말.

zygotic gene 접합유전자 접합자 또는 초기 배에서 발현되는 접합자유전체의 유전자. 비 maternal-effect gene.

zygotic meiosis 접합자감수분열 접합자에서 일어나는 감수분열. 생활주기 가운데 반수체세대가 생긴다. ⇨ gametic meiosis.

Z

zygotic mutation 접합체돌연변이 수정한 직후에 접합체에서 일어나는 돌연변이.

zygotic number 염색체의 2배체 수.

zymodeme 지모뎀 명 겔전기영동 상의 단백질의 양상에 근거하여 다른 균주(계통)와 구별되는 균주(계통).

zymogen 효소원(酵素原), 지모겐 명 어떤 효소의 기능적으로 활성이 없는 전구체. 폴리펩티드사슬의 특정 분해에 의해서 활성형이 만들어진다. ≒ proenzyme.

zymogen granules 효소원과립 소화효소를 분비하는 이자(췌장)의 세포에서, 세포로부터 분비되는 효소전구체(효소원)가 들어 있는 작고 조밀한 소포.

zymogenic 발효(醱酵)의 형 발효(fermentation)와 관련되거나 발효를 일으키는.

zymogenous 발효성(醱酵性)의 형 정상적으로는 휴면상태에 있고 오직 유기물이 새로 공급될 때에만 활성을 띠는 토양의 미생물에 적용되는 말.

zymosan 지모산 명 효모의 세포벽에서 유래된 물질.

Z

부록 1
식물계(진핵생물역)의 개요

다음과 같은 개요는 현존하는 여러 종류의 식물들을 간략하게 요약하고자 시도된 것이고 면밀한 분류학적 체계를 다룬 것이 아니다. 다양한 집단들에 부여되는 문, 강 및 목의 명칭과 분류계급은 학자들마다 상당히 다르고, 여기에서는 그러한 모든 이견들을 다루지 않았다. 주요 집단의 명칭은 주로 다음의 자료들에 따랐다; ① P.H. Raven, R.F. Evert and H. Curtis, *Biology of Plants*, 5th edn (Worth, New York, 1992), ② L. Margulis and K.V. Schwartz, *Five Kingdoms*, 2nd edn (Freeman, 1988). 꽃식물의 명칭과 나열순서는 오래된 Engler와 Bentham 및 Hooker의 체계들보다는 Takhatajan과 Cronquist가 제안한 체계를 따랐다(참조: S. Holmes, *An Outline of Plant Classification*, Longman, Harlow, 1983). 조류(algae)의 문들은 최근에 원생생물계(Protoctista) 또는 대롱편모생물계(Stramenopila)에 속하는 것으로 간주되고 있지만(부록 4 참조), 관습적으로 식물계에 포함시키던 문들은 여기에 수록하였다. 곰팡이와 지의류는 부록 2를 참조하기 바란다.

여기에 열거한 모든 문과 강 그리고 일부 목과 추가로 제시한 보통명들은 사전의 본문에 수록되어 있다.

Algae 조류

DIVISION CHRYSOPHYTA 황갈조식물문(돌말류와 황금조류)
DIVISION PYRROPHYTA 황적조식물문(와편모조류)
DIVISION EUGLENOPHYTA 유글레나식물문(유글레나류)
DIVISION RHODOPHYTA 홍조식물문(홍조류)
DIVISION PHAEOPHYTA 갈조식물문(갈조류)
DIVISION CHLOROPHYTA 녹조식물문(녹조류)

Bryophytes 선태식물

DIVISION HEPATOPHYTA 우산이끼문(우산이끼류)
DIVISION ANTHOCEROPHYTA 뿔이끼식물문(뿔이끼류)
DIVISION BRYOPHYTA 선태식물문
    class Sphagnidae 물이끼강(물이끼류)
    class Andreaeidae 검정이끼강(검정이끼류)
    class Bryidae 참이끼강(참이끼류)

Early vascular plants, now extinct 멸종된 원시관다발식물

DIVISION RHYNIOPHYTA 리니아식물문
DIVISION ZOSTEROPHYLLOPHYTA 대상원시관다발식물문
DIVISION TRIMEROPHYTA 3지원시관다발식물문(고사리류와 속새류 그리고 원겉씨식물의 조상에 해당하는 것으로 여겨짐)

Pteridophytes: seedless vascular plants 양치식물: 무종자관다발식물

DIVISION PSILOPHYTA (PSILOTOPHYTA) 솔잎난문 [솔잎난류: 현존하는 속은 솔잎난속(*Psilotum*)과 메시프테리스속(*Tmesipteris*)의 2속]

DIVISION LYCOPHYTA 석송문(석송식물)

order Lycopodiales 석송목(석송류)

Lepidodendrales 인목목(멸종된 목본 석송식물)

Selaginellales 부처손목[현존하는 속은 부처손속(*Selaginella*)의 1속]

Isoetales 물부추목(물부추류)

그 밖의 멸종된 목들

DIVISION SPHENOPHYTA 속새식물문(속새류)

order Equisetales 속새목[현존하는 속은 속새속(*Equisetum*)의 1속]

그 밖의 멸종된 목들

DIVISION PTEROPHYTA (FILICINOPHYTA) 양치식물문(고사리류)

order Marattiales 마라티아목(거대양치류)

Ophioglossales 고사리삼목[예: 고사리삼속(*Ophioglossum*)]

Osmundales 고비목[예: 고비속(*Osmunda*)]

Filicales 양치목(대부분의 현존하는 고사리류)

Marsileales 네가래목[수생 고사리류, 예: 필룰라리아속(*Pilularia*)]

Salviniales 생이가래목[수생 고사리류, 예: 물개구리밥속(*Azolla*)]

DIVISION PROGYMNOPHYTA 원겉씨식물문(멸종된 원겉씨식물, 예: *Archaeopteris*)

Spermatophytes: seed plants 종자식물

Gymnosperms 겉씨식물

DIVISION PTERIDOSPERMOPHYTA 종자고사리식물문(멸종된 종자고사리류)

DIVISION CYCADEOIDOPHYTA (BENNETTITALES) 화석소철문(멸종된 화석소철류)

DIVISION CYCADOPHYTA 소철문(소철류)

DIVISION GINKGOPHYTA 은행나무문[현존하는 속은 은행나무속(*Ginkgo*)의 1속]

DIVISION CONIFEROPHYTA 구과식물문(구과식물과 그 친족들)

order Coniferales 구과식물목(소나무, 낙엽송, 사이프러스 등과 같이 대부분의 현존하는 구과식물)

Cordaitales 코르다이트목(멸종)

Voltziales 볼트지아목(멸종)

Taxales 주목목(주목류, 비자나무류)

DIVISION GNETOPHYTA 마황문

order Welwitschiales 웰위치아목[현존하는 종은 웰위치아속(*Welwitschia*)의 1종]

Ephedrales 마황목[현존하는 속은 마황속(*Ephedra*)의 1속]

Gnetales 네타목[현존하는 속은 네툼속(*Gnetum*)의 1속]

Angiosperms 속씨식물

DIVISION ANTHOPHYTA (MAGNOLIOPHYTA) 속씨식물문 (목의 명칭 다음의 괄호 안에 나오는 보통명은 대체로 과를 가리킨다)

class Dicotyledones 쌍떡잎식물강

subclass Magnoliidae 목련아강

order Magnoliales 목련목(예: 목련, 육두구)

Laurales 녹나무목(예: 월계수, 받침꽃)

Piperales 후추목(예: 후추)

Aristolochiales 쥐방울덩굴목(태생초)

Rafflesiales 라플레시아목(라플레시아)

Nymphaeales 수련목(예: 수련)

subclass Ranunculidae 미나리아재비아강

order Illiciales 붓순나무목[예: 향신료로 쓰이는 스타아니스(star anise)]

Nelumbonales 연꽃목[연(Indian lotus)]

Ranunculales 미나리아재비목(예: 미나리아재비, 매자나무)

Papaverales 양귀비목(양귀비, 현호색)

Sarraceniales 사라세니아목[사라세니아과(Sarraceniaceae)의 벌레잡이통풀]

subclass Hamamelididae 조록나무아강

order Trochodendrales 트로코덴드라목

Hamamelidales 조록나무목(예: 풍년화)

Eucommiales 두충목

Urticales 쐐기풀목(예: 느릅나무, 쐐기풀, 뽕나무)

Casuarinales 목마황목(목마황)

Fagales 참나무목(예: 너도밤나무, 자작나무, 개암나무)

Myricales 소귀나무목(들버드나무)

Leitneriales 레이트네리아목

Juglandales 가래나무목(예: 호두나무)

subclass Caryophyllidae 정향돌산호아강

order Caryophyllales 석죽목(예: 패랭이꽃, 비름, 명아주)

Cactales 선인장목(선인장류)

Polygonales 마디풀목(마디풀)

그 밖의 목들

subclass Dilleniidae 오아과아강

order Paeoniales 작약목(모란, 작약)

Theales 차나무목(예: 차, 고추나물)

Violales 제비꽃목(예: 제비꽃)

Passiflorales 시계꽃목(시계꽃, 파파야)

Cucurbitales 박목(예: 매로우, 오이, 박)

Datiscales 다티스카목(예: 베고니아)
Capparales 풍접초목(예: 십자화과 식물, 케이퍼, 목서초)
Tamaricales 위성류목(예: 능수버들)
Salicales 버드나무목(버드나무)
Ericales 진달래목(예: 헤더, 노루발풀)
Primulales 앵초목(예: 앵초)
Malvales 아욱목(예: 아욱, 코코아, 피나무)
Euphorbiales 대극목(예: 대극, 회양목, 호호바)
Thymelaeales 팥꽃나무목(팥꽃나무, 서향나무)
subclass Rosidae 장미아강
order Saxifragales 범의귀목(예: 구스베리, 범의귀, 수국)
Rosales 장미목(예: 다양한 장미들, 이카코)
Fabales 콩목 (Leguminosae 콩과) (예: 완두류와 콩류 등, 미모사)
Nepenthales 벌레잡이풀목[끈끈이주걱, 벌레잡이풀과(Nepenthaceae)의 벌레잡이풀]
Myrtiflorae 도금양목(예: 도금양, 맹그로브, 석류, 달맞이꽃, 까치수염)
Hippuridales 쇠뜨기말풀목(쇠뜨기말, 건네라)
Rutales 운향목(예: 운향풀, 감귤류, 마호가니)
Sapindales (Acerales) 무환자나무목(예: 단풍나무, 마로니에)
Geraniales 쥐손이풀목(예: 발삼, 제라늄, 한련)
Cornales 층층나무목(예: 층층나무, 당근, 인삼)
Celastrales 노박덩굴목(예: 호랑가시나무)
Rhamnales 갈매나무목(예: 포도, 갈매나무)
Oleales 물푸레나무목 (Ligustrales 쥐똥나무목) (올리브나무, 쥐똥나무)
Elaeagnales 보리수나무목(보리수나무)
그 밖의 목들
subclass Asteridae 국화아강
order Dipsacales 산토끼꽃목(예: 인동, 쥐오줌풀)
Gentianales 용담목(예: 용담, 조름나물)
Polemoniales 꽃고비목(예: 서양지치, 삼색메꽃, 실새삼, 협죽초)
Scrophulariales (Personatae) 현삼목(예: 아칸서스, 부들레아, 아프리카 제비꽃, 까마중)
Lamiales 꿀풀목(예: 버베나, 박하)
Campanulales 초롱꽃목(예: 초롱꽃, 로벨리아)
Asterales 국화목(데이지, 수레국화, 엉겅퀴, 민들레 등의 국화류)
class Monocotyledones (Liliopsida, Liliatae) 외떡잎식물강
subclass Alismatidae 택사아강
order Alismales 택사목(예: 질경이택사)
Potamogetonales 가래목(예: 가래, 거머리말)

subclass Liliidae 백합아강
  order Liliales 백합목(예: 용설란, 백합, 수선화, 양파, 참마)
    Iridales 붓꽃목(예: 붓꽃)
    Zingiberales 생강목(예: 칸나, 바나나, 생강)
    Orchidales 난초목(난초)
subclass Commelinidae 닭의장풀아강
  order Juncales 골풀목(예: 골풀)
    Cyperales 사초목(사초)
    Bromeliales 브로멜리아목(파인애플)
    Commelinales 닭의장풀목(예: 자주달개비)
    Eriocaulales 곡정초목
    Restionales 레스티오목
    Poales 벼목(벼과 초본)
subclass Arecidae 종려아강
  order Arecales 종려목(종려나무)
    Arales 천남성목(예: 아룸)
    Pandanales 판다누스목(판다누스)
    Typhales 부들목(흑삼릉, 부들)
    그 밖의 목들

부록 2
진균계(진핵생물역)의 개요

다음과 같은 개요는 현존하는 여러 종류의 곰팡이(균류)들을 간략하게 요약하고자 시도된 것이고 면밀한 분류학적 체계를 다룬 것이 아니다. 이 개요는 다음의 자료에 따랐다; C.J. Alexopoulos, C.W. Mims and M. Blackwell, *Introductory Mycology*, 4th edn (Wiley, New York, 1996). 각 문에서 식별되는 주요 집단을 제시하였다. 난균문(Oomycota), 역모균문(Hyphochytriomycota) 그리고 라비린툴라균문(Labyrinthulomycota)은 이제 분류학적으로 대롱편모생물계(Stramenopila)에 속하는 것으로 간주되고 있다(부록 4 참조). 그 밖에 곰팡이와 함께 다루었던 몇몇 집단은 오늘날 계통분류학적으로 매우 구별되는 것으로 간주된다(부록 4 참조). 공생연합을 하는 지의류(lichens)에서 한 파트너는 진균계에 포함되고 다른 파트너는 조류(alga) 또는 남세균(cyanobacterium)이다.

보다 상세한 정보는 사전의 본문에 수록된 용어들을 참고하기 바란다.

Kingdom Fungi 진균계

PHYLUM CHYTRIDIOMYCOTA 병꼴균문

Chytridiomycetes 병꼴균강(병꼴균류 또는 물곰팡이, 예: *Synchytrium endobioticum*)

PHYLUM ZYGOMYCOTA 접합균문

Zygomycetes 접합균강[털곰팡이(*Mucor*), 거미줄곰팡이(*Rhizopus*), 분변균류(*Pilobolus*) 및 포충균류를 포함하는 곰팡이]

Trichomycetes 트리코균강[곤충곰팡이목(Entomophthorales)과 같이 살아 있는 절지동물에 기생하는 곰팡이]

PHYLUM ASCOMYCOTA 자낭균문

Archiascomycetes 고생(古生)자낭균류[일부 효모들과 효모와 유사한 균류들 (*Schizosaccharomyces*, *Taphrina*, *Protomyces*, *Saitoella*, *Pneumocystis*)]

Saccharomycetales 사카로미케스목[효모(*Saccharomyces cerevisiae*)와 칸디다 알비칸스 (*Candida albicans*) 등의 효모들]

Filamentous ascomycetes 사상 자낭균류

Plectomycetes 부정자낭균강[푸른곰팡이속(*Penicillium*)과 누룩곰팡이속(*Aspergillus*) 등의 검은곰팡이와 푸른곰팡이인 유로티아목(Eurotiales)과 그 밖의 과들]

Pyrenomycetes 핵균강[붉은빵곰팡이속(*Neurospora*) 등과 같은 핵균류]

Discomycetes 반균강[주발버섯(cup fungi)과 그 밖의 많은 곰팡이들, 예: 잿빛곰팡이 (*Botrytis*), 갈색부후균(*Monilinia*), 타르점무늬병균(*Rhytisma acerinum*), 곰보버섯, 덩이버섯 그리고 지의류를 구성하는 많은 곰팡이들]

Loculoascomycetes 소방자낭균강[예: 알테르나리아속(*Alternaria*), 벤투리아속 (*Venturia*) 그리고 지의류를 구성하는 많은 곰팡이들]

그 밖에 반균강과 소방자낭균강과 밀접한 관계가 있는 무리들[예: 라불베니아균목 (Laboulbeniales)]

PHYLUM BASIDIOMYCOTA 담자균문
Hymenomycetes 균심류
- Aphyllophorales 민주름버섯목(구멍장이버섯, 살구버섯, 차가버섯, 싸리버섯, 고약버섯 등)
- Agaricales 주름버섯목(모든 주름버섯류와 그물버섯류)
- Gasteromycetes 복균강(말징버섯, 방귀버섯, 말뚝버섯, 주름찻잔버섯 등)
- Ustilaginales 깜부기병균목(깜부기병균, 예: *Ustilago*)
- Uredinales 녹병균목(녹병균, 예: *Puccinia*, *Uromyces*)

DEUTEROMYCOTA (FUNGI IMPERFECTI) 불완전균문 (유성시기가 알려져 있지 않은 인위적 집단. 다음과 같은 보통명이 아직 사용되고 있다)
- Coelomycetes 분생포자과균강(분생자가 분포자기 또는 분생자반에서 생김)
- Hyphomycetes 불완전사상균류(분생자가 특수한 구조에서 만들어지지 않음)
- Mycelia Sterilia 균사형 불완전균류(분생자를 만들지 않음)

Lichens 지의류

Ascolichens 자낭지의류(공생하는 곰팡이가 자낭균인 지의류)
- Discolichens 반균지의류(공생하는 곰팡이가 반균류인 지의류)
- Pyrenolichens 소방자낭지의류(공생하는 곰팡이가 소방자낭균인 지의류)

Basidiolichens 담자지의류(공생하는 곰팡이가 담자균인 지의류)
- Deuterolichens 불완전지의강(공생하는 곰팡이가 불완전균류인 지의류)

부록 3

동물계(진핵생물역)의 개요

다음과 같은 개요는 현존하는 여러 종류의 동물에 대한 전반적인 견해를 단순하게 제시하고자 시도된 것이고, 면밀하고 포괄적인 분류학적 체계를 다룬 것이 아니다. 이 개요에는 현존하는 문(phylum)들만 수록하였지만, 문 가운데 일부 멸종된 집단도 함께 제시하였다. 다양한 집단들에 부여되는 문, 강 및 목의 명칭과 분류계급은 학자들마다 상당히 다르고, 여기에서는 그러한 모든 이견들을 다루지 않았다. 다세포동물인 후생동물아계(Metazoa)는 중생동물문(Mesozoa)과 해면동물문(Porifera)을 제외한 모든 척추동물과 무척추동물을 포함하는 것으로 간주된다. 여기에서 이용된 문의 명칭과 나열순서는 다음의 자료에 따랐다; L. Margulis and K.V. Schwartz, *Five Kingdoms*, 2nd edn (Freeman, 1988). 역사적인 참고를 위하여 원생동물의 관습적 분류체계를 포함시켰는데, 많은 독립된 문들로 분류하고 있는 오늘날의 원생동물 분류체계는 부록 4에 수록되어 있다.

보다 상세한 정보는 사전의 본문에 수록된 용어들을 참고하기 바란다.

PHYLUM PROTOZOA 원생동물문(광합성을 하지 않는 단세포생물)
- subphylum Sarcomastigophora 육질편모동물아문
  - superclass Mastigophora 편모충상강
    - class Phytomastigophora 식물성편모충강(광합성을 하는 편모충류, 예: *Chlamydomonas*, *Euglena*, *Gymnodinium*)
    - class Zoomastigophora 동물성편모충강(광합성을 하지 않는 편모충류, 예: 기생성 트리파노소마, 입금편모충류)
  - superclass Opalinata 오팔리나상강(일부 양서류의 장에 기생하는 다편모성 원생동물들)
  - superclass Sarcodina 육질충상강
    - class Rhizopodea 근족충강(기생성 아메바류를 포함한 아메바류와 유공충류)
    - class Actinopodea 방사판족강(방산충류와 태양충류)
- subphylum Ciliophora 유모동물아문(섬모충류)
  - class Ciliatea 섬모충강
    - subclass Holotrichia 전모아강(예: *Paramecium*, *Tetrahyena*)
      - Peritrichia 주모아강(예: *Vorticella*)
      - Suctoria 흡반충아강(성숙하면 섬모가 사라지는 자루가 달린 고착성 세포, 예: *Podophyra*)
    - subclass Spirotrichia 선모아강[예: 나팔벌레속(*Stentor*)]
- subphylum Sporozoa 포자충아문(전적으로 기생생활을 하는 원생동물)
  - class Telosporea 만생포자충강
    - subclass Gregarinia 족포자충아강(무척추동물의 내부기생충인 족포자충류)
      - Coccidia 구포자충아강[예: 콕시디아증을 일으키는 에이메리아속(*Eimeria*)과 말라리아를 일으키는 열원충속(*Plasmodium*)]

class Piroplasmea 이형열원충강[예: 바베스열원충속(*Babesia*)]
subphylum Cnidospora 극낭포자충아문(전적으로 기생생활을 하는 원생동물)
class Myxosporidea 점액포자충강(예: *Myxobolus*) (자포동물과 유연관계가 밀접한 것으로 여겨진다)
Microsporidea 미포자충강

최근의 분류체계에서 원생동물은 다른 무리의 진핵성 미소생물들과 함께 독립된 계인 원생생물계(Protoctista)에 포함시키고 있다(부록 4 참조).

Invertebrates 무척추동물

PHYLUM MYXOZOA 점액포자동물문(다핵성 포자를 갖고 기생생활을 하는 진핵성 미소생물들, 예: *Myxobolus*)
PHYLUM PLACOZOA 판형동물문 [털납작벌레(*Trichoplax adhaerens*)의 한 종만이 알려져 있음]
PHYLUM PORIFERA 해면동물문(해면동물)
class Calcarea 석회해면강(석회해면)
Hexactinellidea 6방해면강(예: *Euplectella*)
Demospongia 보통해면강[예: 각질해면속(*Spongia*)]
PHYLUM CNIDARIA 자포동물문
class Anthozoa 산호충강(산호류와 말미잘류)
subclass Octocorallia 8방산호아강 (Alcyonaria, 바다맨드라미아강) (연산호류, 혹가시산호류, 바다조름류)
Zoantharia 말미잘아강(말미잘류, 돌산호류)
class Hydrozoa 히드라충강[다공산호히드라충류, 히드라(*Hydra*)와 같은 단독생활형, 군체형 그리고 관해파리류가 포함된다]
class Scyphozoa 해파리강(진정 해파리류)
Cubozoa 입방해파리강(입방해파리류)
PHYLUM CTENOPHORA 유즐(有櫛)동물문(유즐동물 또는 빗해파리류)
class Tentacula 유촉수강
Nuda 무촉수강
[*자포동물문과 유즐동물문을 통틀어 강장동물(coelenterates)이라고 한다*]
PHYLUM MESOZOA 중생동물문
class Rhombozoa 능형강[2배충류(dicyemids)와 이형배충류(heterocyemids)]
class Orthonectidea 직유강[직유류(orthonectids)]
PHYLUM PLATYHELMINTHES 편형동물문(편형동물)
class Turbellaria 와충강(독립생활을 하는 편형동물)
order Acoela 무장목
Rhabdocoela 봉장목
Tricladida 3기장목
Polycladida 다지장목

그 밖의 목들
class Monogenea 단생강(흡충류)
order Monopisthocotylea 단후흡반목(피부흡충류)
Polyopisthocotylea 다구흡충목(아가미흡충류)
class Trematoda 흡충강(흡충류)
order Aspidobothrea
Digenea 2생목(간과 혈액 그리고 소화관에 기생하는 흡충류)
class Cestoda 촌충강(촌충류)
PHYLUM NEMERTINA (NEMERTEA, RHYNCHOCOELA) 유형동물문(끈벌레류)
class Anopla 무침강
Enopla 유침강
PHYLUM GNATHOSTOMULIDA 악구동물문
PHYLUM GASTROTRICHA 복모동물문
PHYLUM ROTIFERA 윤형동물문(윤충류)
class Seisonacea 세이손강
Bdelloidea 질형강
Monogononta 단소강
PHYLUM KINORHYNCHA 동문(動吻)동물문
PHYLUM LORICIFERA 동갑동물문(10종만이 알려져 있음)
PHYLUM ACANTHOCEPHALA 구두동물문(구두충)
PHYLUM ENTOPROCTA 내항동물문(이끼벌레류)
PHYLUM NEMATODA 선형동물문(선충류)
class Aphasmidia (Adenophorea) 쌍기강(쌍기충강)
Phasmidia (Secernentea) 쌍선강(쌍선충강)
PHYLUM NEMATOMORPHA 유선형동물문(선형충류, 모양선충류)
PHYLUM ECTOPROCTA 태형동물문, 외항동물문(moss animals)
[*내항동물문과 외항동물문은 예전에 태형동물문(Bryozoa)으로 함께 묶였었다*]
PHYLUM PHORONIDA 추형동물문(서관충류, 약 15종이 알려져 있음)
PHYLUM BRACHIOPODA 완족동물문(조개사돈류)
class Inarticulata 무관절강
Articulata 유관절강
PHYLUM MOLLUSCA 연체동물문(연체동물)
class Monoplacophora 단판강(*Vema*, *Neopilina*)
Aplacophora 무판강[구복강(solenogasters)]
Caudofoveata 미강강
Polyplacophora 다판강(군부류)
class Pelecypoda (Bivalvia) 부족강(2매패강) (조개류 등)
subclass Protobranchia 원새아강(*Nucula*)
Lamellibranchia 판새아강(대부분의 다른 속들)

class Gastropoda 복족강
subclass Prosobranchia 전새아강(총알고둥류 등)
Opisthobranchia 후새아강(갯민숭이류, 군소류)
Pulmonata 유폐아강(쇠고둥류, 달팽이류, 민달팽이류)
class Scaphopoda 굴족강(뿔조개)
class Cephalopoda 두족강
subclass Nautiloidea 앵무조개아강(앵무조개)
Ammonoidea 암모나이트아강(멸종된 암모나이트류)
Coleoidea 초형아강(문어, 오징어, 갑오징어)
PHYLUM PRIAPULIDA 새예동물문
PHYLUM SIPUNCULA 성구동물문(별벌레류)
PHYLUM ECHIURA 의충동물문(개불류)
PHYLUM ANNELIDA 환형동물문(고리 모양의 체절 구조를 갖는 동물)
class Polychaeta 다모강(예: 참갯지렁이, 검은갯지렁이, myzostomarians)
Oligochaeta 빈모강(지렁이류 등)
Hirudinea 거머리강(거머리류)
PHYLUM TARDIGRADA 완보동물문(물곰벌레류)
PHYLUM PENTASTOMIDA (PENTASTOMA) 5구동물문(설충류)
PHYLUM ONYCHOPHORA 유조동물문(발톱벌레류)
PHYLUM ARTHROPODA 절지동물문(절지동물)
subphylum Trilobitomorpha 3엽충아문(멸종)
class Trilobita 3엽충강
subphylum Chelicerata 협각아문
class Merostomata 퇴구강(투구게류)
Arachnida 거미강
order Scorpiones 전갈목(전갈류)
Pseudoscorpiones 의갈목(의갈류)
Araneae (Araneida) 거미목(거미류)
Palpigrada 수각목(수각류)
Solifuga (Solpugida) 피일목(피일류)
Opiliones 장님거미목(장님거미)
Acari (Acarina) 진드기목(진드기류와 응애류)
class Pycnogonida 바다거미강(바다거미류)
subphylum Crustacea 갑각아문
class Cephalocarida 두판강
Branchiopoda 새각강(물벼룩류 등)
Ostracoda 패충강(패충류)
Copepoda 요각강(요각류)
Mystacocarida 수염새우강

Branchiura 새미강(물이)
Cirripedia 만각강(따개비류)
Malacostraca 연갑강(게, 바닷가재, 새우, 쥐며느리)
subphylum Atelocerata 촉각아문
class Diplopoda 노래기강(다지류)
Chilopoda 지네강(지네류)
Pauropoda 소각강
Symphyla 결합강
Insecta 곤충강
order Diplura 좀붙이목
Thysanura 좀목(좀벌레)
Collembola 톡토기목(톡토기류)
Protura 낫발이목(수피다듬이벌레류)
Odonata 잠자리목(잠자리류)
Ephemeroptera 하루살이목(하루살이류)
Plecoptera 강도래목(강도래류)
Dictyoptera 바퀴벌레목(바퀴벌레류)
Dermaptera 집게벌레목(집게벌레류)
Embioptera 흰개미붙이목(방적흰개미류)
Isoptera 흰개미목(흰개미류)
Psocoptera 다듬이벌레목(책다듬이벌레류 등)
Anoplura 이목(이, 흡혈이)
Orthoptera 메뚜기목(귀뚜라미, 메뚜기, 여치 등)
Thysanoptera 총채벌레목, 털날개목(총채벌레류)
Hemiptera 노린재목(노린재류)
Neuroptera 풀잠자리목(풀잠자리, 명주잠자리)
Mecoptera 밑들이목(밑들이벌레류)
Trichoptera 날도래목(날도래류)
Lepidoptera 나비목(나방류, 나비류)
Coleoptera 딱정벌레목(딱정벌레류)
Diptera 파리목(집파리류, 모기, 체체파리, 각다귀류)
Siphonaptera 벼룩목(벼룩류)
Strepsiptera 부채벌레목(부채벌레류)
Hymenoptera 벌목(개미류, 말벌류, 꿀벌류, 잎벌류, 맵시벌류, 어리상수리혹벌류)
PHYLUM POGONOPHORA 유수(有鬚)동물문(유수동물, 서관충류)
PHYLUM VESTIMENTIFERA 의유수동물문(유수동물, 서관충류)
PHYLUM ECHINODERMATA 극피동물문(극피동물)
subphylum Pelmatozoa 불가사리아문

class Crinoidea 바다나리강(바다나리류와 갯고사리류)
subphylum Eleutherozoa 유재아문
class Stelleroidea 불가사리강(불가사리류, 거미불가사리류)
Echinoidea 성게강(성게류, 연잎성게류)
Holothuroidea 해삼강(해삼류)
그 밖의 많은 멸종된 강들
PHYLUM CHAETOGNATHA 모악동물문(화살벌레류)
PHYLUM HEMICHORDATA 반삭동물문(반삭동물)
class Enteropneusta 장새강(장새류, 설충류)
Pterobranchia 익새강(익새류)
Planktosphaeroidea (유생형들만 알려져 있음)
Graptolita 필석(筆石)동물(멸종되었음)
PHYLUM CHORDATA 척삭동물문(미삭동물과 두삭동물 그리고 척추동물을 포함하는 척삭동물)
subphylum Tunicata (Urochordata) 피낭동물아문(미삭동물아문)
class Ascidiacea 해초강(멍게류)
Larvacea 유형강(幼形綱)
Thaliacea 탈리아강(살파류)
subphylum Cephalochordata 두삭동물아문(창고기류)
class Leptocardii 창고기강

Vertebrates 척추동물

subphylum Agnatha 무악동물아문(턱이 없는 척추동물)
class Cyclostomata 원구강(칠성장어류, 먹장어류)
class Ostracodermi 갑주어강(멸종된 갑주어류)
subphylum Gnathostomata 유악동물아문(턱을 가진 척추동물)
superclass Pisces 어상강
class Chondrichthyes 연골어강(연골어류)
subclass Elasmobranchii 판새어아강
order Heterodontiformes 괭이상어목(괭이상어)
Hexanchiformes 신락상어목
Lamniformes 익상어목(대부분의 두툽상어류와 상어류)
Rajiformes (가오리류와 홍어류)
Torpediniformes (전기가오리류)
그 밖의 멸종된 목들
class Osteichthyes 경골어강(경골어류)
subclass Actinopterygii 조기아강
infraclass Palaeoniscoidei 팔레오니스쿠스하강[폴립테루스(*Polypterus*)와 에르페토이치테스(*Erpetoichthys*)를 제외하고 멸종되었음]

infraclass Chondrostei 연질하강(철갑상어류)
Holostei 전골하강[아미아(*Amia*)와 레피소스테우스(*Lepisosteus*)를 제외하고 멸종되었음]
Teleostei 진골하강(대부분의 현존하는 경골어류)
superorder Elopomorpha 당멸치상목(뱀장어류, 당멸치류 등)
superorder Clupeomorpha 청어상목(청어류 등)
superorder Osteoglossomorpha 골린어상목[문아이(mooneyes), 골설류(bony tongues)]
superorder Protacanthopterygii 원극기상목
order Salmoniformes 연어목(연어)
order Gonorhynchiformes 압치목(심해의 샛비늘치류)
그 밖의 멸종된 목들
superorder Ostariophysi 골표상목
order Cypriniformes 잉어목[카라신류(characins), 뒷날개고기(American knife-fishes), 잉어류, 피라미류]
Siluriformes 메기목(메기류)
superorder Paracanthopterygii 측극기상목
order Gadiformes 대구목(대구류 등)
그 밖의 목들
superorder Acanthopterygii 극기상목
order Atheriniformes 색줄멸목
Perciformes 농어목(고등어, 참치 등)
Pleuronectiformes 가자미목(가자미 등)
그 밖의 목들
class Sarcopterygii 육기어강
subclass Crossopterygii 총기아강
order Rhipidistia 선기목(멸종)
Actinistia 악티니스티아목[실러캔스(*Latimeria*)를 제외하고 모두 멸종]
subclass Dipnoi 폐어아강(폐어류)
그 밖의 멸종된 가시고기류(acanthodians)와 판피류(placoderms)
superclass Tetrapoda 4지상강
class Amphibia 양서강
subclass Labyrinthodontia 미치아강(멸종)
subclass Lepospondyli 공추아강(멸종)
subclass Lissamphibia 리스양서아강(현존하는 모든 양서류)
order Anura (Salientia) 무미목(개구리목) (개구리류와 두꺼비류)
Urodela 유미목(영원류와 도롱뇽류)
Apoda 무족목(무족영원류)
class Reptilia 파충강

subclass Anapsida 무궁아강
order Cotylosauria (Captorhinida) 배룡목(멸종)
Mesosauria 중룡목(멸종)
subclass Testudinata 거북아강
order Chelonia 거북목(바다거북류와 땅거북류)
subclass Lepidosauria 인용류아강
order Sphenodonta 투아타라목[큰도마뱀(*Sphenodon*)을 제외하고 멸종]
Eosuchia 시악목(멸종)
Squamata 뱀목
suborder Lacertilia 도마뱀아목(도마뱀류)
Amphisbaenia 지렁이도마뱀아목(지렁이도마뱀류)
Serpentes 뱀아목(뱀류)
subclass Archosauria 조룡아강
order Thecodontia 조치목(멸종)
Saurischia 용반목(멸종된 도마뱀 골반형 공룡)
Ornithischia 조반목(멸종된 새의 엉덩이를 갖는 공룡)
Pterosauria 익룡목(멸종된 익룡류)
Crocodylia 악어목(악어류와 앨리게이터류)
그 밖의 멸종된 목들
subclass uncertain 소속이 불확실한 무리들
order Nothosauria 위룡목(멸종)
Placodontia 판치목(멸종)
Plesiosauria 장경룡목(멸종)
Ichthyosauria 어룡목(멸종)
그 밖의 멸종된 목들
subclass Synapsida 단궁아강(멸종된 포유류형 파충류)
order Pelycosauria 반용목
Therapsida 수궁목
class Aves 조(鳥)강(새)
subclass Archaeornithes 고조(古鳥)아강(멸종된 시조새)
subclass Odontornithes 오돈토르니테스아강(멸종)
order Hesperornithiformes 해거름새목
Ichthyorniformes
subclass Neornithes 신조(新鳥)아강(현존하는 모든 새들)
order Tinamiformes 티나무스목(티나무스류)
Rheiformes 레아목(레아류)
Struthioniformes 타조목(타조류)
Casuariiformes 화식조목[화식조(cassowary)와 에뮤(emu)]
Aepyornithiformes 코끼리새목(멸종된 코끼리새)

Dinornithiformes 모아새목(모아류와 키위류)
Podicipediformes (Colymbiformes) 논병아리목(논병아리류)
Procellariiformes 슴새목[알바트로스, 슴새(shearwater), 바다제비 등]
Sphenisciformes 펭귄목(펭귄류)
Pelecaniformes 사다새목[펠리컨(사다새), 가마우지 등]
Anseriformes 기러기목(기러기류, 오리류, 거위류, 백조류)
Phoenicopteriformes 홍학목(홍학류 등)
Ciconiiformes 황새목(왜가리와 황새 등)
Falconiformes 매목(독수리, 매, 대머리수리, 솔개, 황조롱이 등의 맹금류)
Galliformes 닭목(뇌조, 자고새, 꿩, 메추라기, 닭 등)
Gruiformes 두루미목(세가락메추라기, 두루미, 느시, 흰눈썹뜸부기, 쇠물닭 등)
Charadriiformes 도요목(갈매기와 제비갈매기, 바다쇠오리, 검은머리물떼새, 물떼새, 마도요, 도요새, 섭금류 등)
Gaviiformes 아비목(아비류)
Columbiformes 비둘기목(비둘기와 사막꿩)
Psittaciformes 앵무새목(앵무새류 등)
Cuculiformes 뻐꾸기목(뻐꾸기류 등)
Strigiformes 올빼미목(올빼미류)
Caprimulgiformes 쏙독새목(쏙독새류)
Apodiformes 칼새목(제비류)
Coliiformes 생쥐새목[쥐새(coly) 등]
Trogoniformes 비단날개새목(비단날개새류)
Coraciiformes 파랑새목(물총새, 롤러카나리아, 코뿔새 등)
Piciformes 딱따구리목(딱따구리류)
Passeriformes 참새목(까마귀, 박새, 휘파람새, 개똥지빠귀, 핀치 등과 같이 나뭇가지에 앉는 새와 명금류들)

class Mammalia 포유강
subclass Prototheria 원수아강
order Monotremata 단공목(오리너구리)
그 밖의 멸종된 몇 목들
subclass Theria 수아강
infraclass Metatheria 후수하강(유대류)
order Didelphiformes 주머니쥐목(주머니쥐류)
Peramelina 반디쿠트목(반디쿠트류)
Diprotodonta 쌍문치아목(캥거루류 등)
infraclass Eutheria 진수하강(태반포유동물)
order Insectivora 식충목(고슴도치류, 두더지류, 뾰족뒤쥐류 등)

Chiroptera 박쥐목(박쥐류)
Dermoptera 피익목(날여우원숭이류)
Fissipedia 열각목(개류, 고양이류, 곰류, 족제비류 그리고 그 밖의 특수한 육식동물)
Pinnipedia 물개목(물개류)
Cetacea 고래목(고래류와 돌고래류)
suborder Odontoceti 이빨고래아목(이빨고래류와 참돌고래류)
Mysticeti 수염고래아목(수염고래류)
order Rodentia 쥐목(쥐류)
Lagomorpha 토끼목(집토끼류, 토끼류 등)
Artiodactyla 소목(발가락이 짝수인 유제류)
suborder Suina 돼지아목(돼지류, 하마 등)
Tylopoda 낙타아목(낙타류 등)
Ruminantia 소아목(사슴류, 영양 등)
order Perissodactyla 말목(발가락이 홀수인 유제류)
suborder Hippomorpha 마형아목(말류)
Ceratomorpha 각형아목(코뿔소류와 맥류)
order Proboscidea 장비목(코끼리류)
Hyracoidea 바위너구리목(바위너구리류)
Tubulidentata 관치목(개미핥기류)
Sirenia 바다소목 (듀공류, 바다소류)
Pholidota 유린(有鱗)목(천산갑류)
Primates 영장목
suborder Prosimii 원원아목(나무두더지류, 여우원숭이류 등)
Anthropoidea 유인원아목(원숭이류, 유인원 및 사람)
그 밖의 멸종된 많은 무리들

부록 4
원생생물(진핵생물역)의 개요

단세포이거나 다세포이면서 단순한 많은 진핵생물들을 동물계나 식물계 또는 진균계에 포함시키는 데에는 문제가 있고, 최근까지만 해도 이들은 독립적인 계인 원생생물계(Protoctista 또는 Protista)로 간주하였다(L. Margulis and K.V. Schwartz, *Five Kingdoms*, 2nd edn, Freeman, 1988). 그렇지만 원생생물의 계통과 분류 그리고 이들과 다른 진핵생물과의 관계는 유전체와 그 밖의 분자적 자료들이 축적되면서 오늘날 상당한 수정이 가해지고 있다. 그 가운데 한 견해(Adl, S.M. *et al*. *J. Eukaryot. Microbiol*. 2005, **52**:399-451)는 모든 진핵생물을 6개의 단계통군(즉 모든 생물이 단일한 공통조상으로부터 유래된 것으로 여겨지는 분류군)으로 구분하는 것이다. 이 개요에서는 이들 6개 집단을 먼저 제시하고, 이어서 과학문헌들에서 쉽게 접할 수 있는 많은 원생생물의 오래된 명칭을 수록하였다. 여기에 제시된 명칭들은 포괄적이지 않다.

보다 상세한 정보는 사전의 본문에 수록된 용어들을 참고하기 바란다.

진핵생물의 여섯 '계(**Kingdoms**)'

OPISTHOKONTA 후편모생물계(동물, 진균류, 입금편모충류, 점액포자동물 그리고 그 밖에 광합성을 하지 않는 원생동물)

AMOEBOZOA 아메바생물계(아메바, 세포성 점균류 및 변형체성 점균류)

PLANTAE 식물계(육상식물, 녹조류, 홍조류 및 회조류)

CHROMALVEOLATA 색소유포생물계[섬모충류와 정복합체포자동물 그리고 와편모조류가 포함되는 유포생물(Alveolata) 그리고 크로미스타계(Chromista)/대롱편모생물계(Stramenopila)]

RHIZARIA 근형생물계[무기질 껍질을 갖고 이를 통해 실 같은 위족이 돌출되는 아메바 모양의 원생동물: 유공충류(foraminiferans), 방산충류(radiolarians) 및 위족아메바생물(cercozoans)이 포함된다]

EXCAVATA 유굴생물계(대부분 편모를 갖는 종속영양성 단세포 진핵생물: 중복편모충류, 파동편모충류와 일부 광합성 유글레나류가 포함되고, 일부 아메바성 원생동물과 무유주자균류도 포함된다)

원생생물계(**Protoctista**)의 문들

조류(algae)로 알려진 문들

DINOFLAGELLATA (DINOMASTIGOTA 또는 PYRROPHYTA) 와편모조식물문(황적조식물문) [와편모조류, 예: 김노디니움(*Gymnodinium*), 고니올락스(*Gonyaulax*)]

EUGLENOPHYTA 유글레나식물문[유글레나류, 예: 유글레나(*Euglena*)]

CRYPTOPHYTA 은편모조식물문(은편모조류)

EUSTIGMATOPHYTA 진안점조식물문[예: 플류로크리시스(*Pleurochloris*)]

RHODOPHYTA 홍조식물문[홍조류, 예: 김속(*Porphyra*), 산호말속(*Corallina*), 진두발속(*Chondrus*)]

GAMOPHYTA 접합조식물문[접합을 하는 녹조류, 예: 판해캄속(*Mougeotia*), 해캄속(*Spirogyra*)]

CHLOROPHYTA 녹조식물문[녹조류, 예: 수염녹두말속(*Chlamydomonas*), 녹색소구체말속(*Chlorococcus*), 클로렐라(*Chlorella*), 좁쌀공말속(*Volvox*), 갈파래속(*Ulva*), 붓뚜껑말속(*Oedogonium*), 스티게오클로니움(*Stigeoclonium*), 염주말속(*Chaetomorpha*), 삿갓말속(*Acetabularia*), 갈래말속(*Nitella*), 플라티모나스(*Platymonas*)]

원생동물(protozoa)로 알려진 문들

CARYOBLASTEA 카리오블라스트문[대형 아메바 한 종(*Pelomyxa palustris*)을 포함]

PARABASALA 부기저부충문[미토콘드리아가 없고 부기체(parabasal body)가 있는 무리. 예: 세모편모충속(*Trichomonas*)]

CERCOZOA 위족아메바생물문[껍질을 통해 가느다란 위족이 나오는 겹유공충속(*Globigerina*) 등의 유공충류와 그 밖에 이와 비슷한 아메바형 원생생물들]

RADIOLARIA 방산충문(정교한 규산질껍질 사이로 가늘고 뻣뻣한 위족이 바퀴의 바퀴살처럼 뻗어 나오는 아메바형 원생생물들)

AMEOBOZOA 아메바생물문[손가락 같은 위족을 갖는 고전적인 아메바, 예: 아칸트아메바(*Acanthamoeba*), 아메바(*Amoeba*), 디플루기아(*Difflugia*)]

ALVEOLATA 유포생물문[디디니움(*Didinium*)과 같은 섬모충류, 열원충속(*Plasmodium*)과 같은 정복합체포자동물 그리고 고니올락스(*Gonyaulax*) 등의 와편모조류로 구성되는 원생생물]

DIPLOMONADIDA 중복편모충문[미토콘드리아가 없고 크기가 같은 2개의 핵을 갖는 흡반편모충속(*Giardia*) 등의 편모충류]

EUGLENOZOA 유글레나문[편모를 갖고 때때로 광합성을 하는 유글레나(*Euglena*) 등의 유글레나류와 동원질체(kinetoplast)라고 부르는 단일한 큰 미토콘드리아가 특징인 트리파노소마(*Trypanosoma*)와 리슈만편모충속(*Leishmania*) 등의 운동핵편모충류(kinetoplastid)]

예전에 진균계로 분류하던 문들

ACRASIOMYCOTA 세포성점균문(무유주자균류)

MYCETOZOA 동균문[무핵점균류(예: *Physarium*)와 세포성 점균류(딕티오형 점균류, 예: *Dictyostelium*) 및 원성점균류(예: *Planoprotostelium aurantium*)를 포함하는 점균류]

PLASMODIOPHOROMYCOTA 뿌리혹균문[곤봉털뿌리(club root)의 원인생물(*Plasmodiophora brassicae*)과 같은 뿌리혹균류]

크로미스타계(Chromista) 또는 대롱편모생물계(Stramenopila)

OOMYCOTA 난균문[물곰팡이, 노균병균(예: *Peronospora*), 감자역병균(*Phytophthora infestans*), 기생성 물곰팡이 등의 난균류]

HYPHOCHYTRIOMYCOTA 역모균문(23종만 알려져 있음) [조류나 곰팡이에 기생하는

물곰팡이(예: *Rhizidiomyces*)]

LABYRINTHULOMYCOTA 라비린툴라균문[망점균류(slime nets), 예: 라비린툴라(*Labyrinthula)*]

CHRYSOPHYTA 황갈조식물문[황금조류, 예: 오크로모나스(*Ochromonas*)]

BACILLARIOPHYTA 돌말식물문[돌말류, 예: 별돌말속(*Asterionella*), 쪽배돌말속(*Navicula*), 끈원반돌말속(*Thalassiosira*)]

HAPTOPHYTA (PRYMNESIOPHYTA) 착편모조식물문(후각편모조식물문) [착편모조류와 원석조류, 예: 프림네시움(*Prymnesium*)]

PHAEOPHYTA 갈조식물문[갈조류, 예: 푸쿠스(*Fucus*), 다시마속(*Laminaria*)]

XANTHOPHYTA 황록조식물문[황록조류, 예: 바우체리아(*Vaucheria*)]

부록 5
세균역의 개요

원핵생물은 생화학적 자료와 DNA염기순서 자료에 의거하여 전혀 다른 2개 역(domain)인 고세균역(Archaea)과 세균역(Bacteria)으로 구분된다. 예전에 'Archaebacteria'로 알려졌었던 고세균역은 부록 6을 참고하기 바란다. 세균역은 펩티도글리칸(peptidoglycan)으로 된 세포벽을 갖는다는 점과 리보솜의 구조 및 rRNA염기순서에 의해 고세균역과 구별된다. 원핵생물의 분류는 16S rRNA염기순서에 의거하여 식별되는 유연관계에 부합하고자 계속 수정되고 있다.

이 개요에 제시된 세균의 문들은 다음의 자료에 따랐다; Garrity, G.M., Bell, J.A., & Lilburn, T.G. Taxonomic Outline of the Prokaryotes. *Bergey's Manual of Systematic Bacteriology*, Second Edition, Release 5.0, Springer-Verlag, New York, 2004. DOI: 10.1007/bergeysoutline200405.

세균역의 문들

Aquificae 수산균문(예: *Hydrogenobacter*, *Aquifex*)
Thermotogae 열포균문(예: *Fervidobacterium*, *Thermotoga*)
Thermodesulfobacteria 열탈황균문(예: *Thermodesulfobacterium*)
Deinococcus-Thermus 이상구균-서열균문(예: *Thermus*, *Deinococcus*)
Chrysiogenetes 크리시오게네스균문(*Chrysiogenes*)
Chloroflexi 녹만균문(예: *Chloroflexus*, *Herpetosiphon*)
Thermomicrobia 열미균문(*Thermomicrobium*)
Nitrospira 니트로스피라균문(예: *Leptospirillum*, *Thermodesulfovibrio*)
Deferribacteres 탈철간균문(예: *Deferribacter*)
Cyanobacteria 남세균문 - 산소를 생성하는 광독립영양세균; 일부는 질소고정능을 갖고 있다(예: *Synechococcus*, *Microcystis*, *Prochloron*, *Anabaena*)
Chlorobi 녹균문(녹색황세균, 예: *Chlorobium*)
Proteobacteria 가변세균문(자색세균) - 형태적으로 그리고 생리적으로 다양하고 사람의 병원균이 포함되는 그람음성균의 큰 문. 다섯 개의 강으로 나뉜다:

alpha-proteobacteria 알파가변세균(예: *Rhodospirillum*, *Acetobacter*, *Rickettsia*, *Anaplasma*, *Rhodobacter*, *Sphingomonas*, *Caulobacter*, *Rhizobium*, *Bartonella*, *Brucella*, *Phyllobacterium*, *Methylocystis*, *Beijerinckia*, *Hyphomicrobium*, *Methylobacterium*)

beta-proteobacteria 베타가변세균(예: *Burkholderia*, *Alcaligenes*, *Bordetella*, *Hydrogenophilus*, *Neisseria*, *Nitromonas*, *Spirillum*, *Thiobacillus*)

gamma-proteobacteria 감마가변세균(예: *Chromatium*, *Thiospirillum*, *Halothiobacillus*, *Xanthomonas*, *Beggiatoa*, *Leucothrix*, *Pseudomonas*, *Francisella*, *Legionella*, *Coxiella*, *Methylococcus*, *Oceanospirillum*, *Azotobacter*, *Moraxella*, *Vibrio*, *Aeromonas*, *Escherichia*, *Shigella*, *Salmonella*,

Klebsiella, *Yersinia*)
delta-proteobacteria 델타가변세균(예: *Desulfurella*, *Desulfovibrio*, *Desulfuromonas*, *Bdellovibrio*, *Myxococcus*)
epsilon-proteobacteria 입실론가변세균(예: *Campylobacter*, *Helicobacter*, *Thiovulvum*, *Wolinella*)
Firmicutes 후벽균문 - 형태적으로 그리고 생리적으로 매우 다양하고 사람의 많은 병원균이 포함되는 그람양성균의 큰 문. 주요 강은 다음과 같다:
Clostridia 클로스트리디아강(예: *Clostridium*, *Sarcina*, *Butyrivibrio*, *Peptostreptococcus*, *Heliobacterium*)
Mollicutes 몰리큐테스강(세포벽이 없는 세포내 기생세균, 예: *Mycoplasma*, *Spiroplasma*, *Acholeplasma*)
Bacilli 바실루스강(예: *Bacillus*, *Listeria*, *Planococcus*, *Staphylococcus*, *Thermoactinomyces*, *Lactobacillus*, *Enterococcus*, *Leuconostoc*, *Streptococcus*, *Lactococcus*)
Actinobacteria 방선균문(예: *Actinomyces*, *Micrococcus*, *Myobacterium*, *Corynebacterium*)
Planctomycetes 부유균문(예: *Planctomyces*, *Chlamydia*)
Spirochaetes 스피로헤타문(예: *Treponema*, *Borrelia*)
Fibrobacteres 섬유균문(*Fibrobacter*)
Acidobacteria 산성세균문(예: *Acidobacterium*, *Geothrix*)
Bacteroidetes 의간균문(예: *Bacteroides*, *Flavobacterium*, *Sphingobacterium*)
Fusobacteria 푸소박테리움문(예: *Fusobacterium*)
Verrucomicrobia 우미균문(예: *Verrucomicrobium*)
Dictyoglomi 딕티오글로무스문(*Dictyoglomus*)
Gemmatimonadetes 아단포균문(*Gemmatimonas*)

부록 6
고세균역의 개요

원핵생물은 생화학적 자료와 DNA염기순서 자료에 의거하여 예전에 'Archaebacteria'라고 부르던 고세균역(Archaea)과 세균역(Bacteria; 부록 5 참조)의 전혀 다른 2개 역(domain)으로 구분된다. 고세균역은 세포벽에 펩티도글리칸(peptidoglycan)이 없고, 에테르와 결합한 막지질과 독특한 리보솜 및 rRNA염기순서를 갖는 원핵생물이다. 세균역과 마찬가지로 고세균역의 계통분류는 많은 숙제로 남아 있다. 다음에 제시한 분류군들은 주로 형태와 생화학 그리고 DNA염기순서 자료들에 의거하여 식별한 것이다. 이 개요는 다음의 자료에 따랐다; Garrity, G.M., Bell, J.A., & Lilburn, T.G. Taxonomic Outline of the Prokaryotes. *Bergey's Manual of Systematic Bacteriology*, Second Edition, Release 5.0, Springer-Verlag, New York, 2004. DOI: 10.1007/bergeysoutline200405.

Crenarchaeota 초고온고세균계

황을 환원하는 초호열성균

Class Thermoprotei 테르모프로테우스강

Orders Thermoproteales 테르모프로테우스목(예: *Thermoproteus*, *Desulfurococcus*)

Caldisphaerales 칼디스페라목(*Caldisphaera lagunensis*)

Desulfurococcales 데술푸로콕쿠스목(예: *Aeropyrum*)

Sulfolobales 술포로부스목(*Sulfolobus*, *Acidianus*)

Euryarchaeota 메탄생성호염성고세균계

Methanogens 메탄생성세균

Class Methanobacteria 메타노박테리움강

Order Methanobacteriales 메타노박테리움목(예: *Methanobacterium*, *Methanothermus*)

Class Methanococci 메타노콕쿠스강

Order Methanococcales 메타노콕쿠스목(*Methanococcus*)

Class Methanomicrobia 메타노미크로비움강

Orders Methanomicrobiales 메타노미크로비움목(*Methanomicrobium*, *Methanospirillum*)

Methanosarcinales 메타노사르키나목(예: *Methanosarcina*)

Class Methanopyri 메타노피루스강

Order Methanopyrales 메타노피루스목(예: *Methanopyrus*)

Extreme thermophiles and sulphate reducers 황환원초호열성균

Class Thermococci 테르모콕쿠스강

Order Thermococcales 테르모콕쿠스목(예: *Thermococcus*, *Pyrococcus*)

Class Archaeoglobi 아르케오글로부스강

Order Archaeoglobales 아르케오글로부스목(예: *Archaeoglobus*, *Geoglobus*)

Extreme halophiles 극호염균

Class Halobacteria 할로박테리움강

Order Halobacteriales 할로박테리움목(예: *Halobacterium*)

Archaea lacking cell walls 세포벽이 없는 고세균

Class Thermoplasmata 테르모플라스마강

Order Thermoplasmatales 테르모플라스마목(예: *Thermoplasma*)

부록 7
바이러스의 과

아래에 수록한 목록은 국제바이러스분류위원회(the International Committee on Taxonomy of Viruses)에서 인정한 바이러스의 과들이다. 이 목록은 포괄적이지 않은데, 이를테면 담배모자이크바이러스와 같이 잘 알려진 많은 식물바이러스들이 아직 '과'로 승격되지 못하고 단지 '속'의 수준으로 분류되고 있다. 이들 속 가운데 일부(예: Capillovirus, Carlavirus, Hordeivirus, Marafivirus, Tenuivirus, Tobravirus, Tobamovirus)는 사전의 본문에 포함되어 있다.

a. DNA바이러스의 과

2중가닥DNA바이러스

박테리오파지	Corticoviridae 코르티코바이러스과(예: PM2)
	Fuselloviridae 푸셀로바이러스과(예: SSV1)
	Lipothrixviridae 리포트릭스바이러스과(예: TTV1)
	Myoviridae 미오바이러스과(T4, T짝수파지)
	Plasmaviridae 플라스마바이러스과(예: MVL2)
	Podoviridae 포도바이러스과(T7, T홀수파지)
	Rudiviridae 루디바이러스과(예: SIRV1)
	Siphoviridae 시포바이러스과(예: 람다파지 및 P22)
	Tectiviridae 텍티바이러스과(예: PRD1)
동물바이러스	Adenoviridae 아데노바이러스과(예: 아데노바이러스)
	Ascoviridae 아스코바이러스과
	Asfarviridae 아스파르바이러스과(예: 아프리카돼지열병바이러스)
	Baculoviridae 바큘로바이러스과(예: 곤충바큘로바이러스)
	Herpesviridae 헤르페스바이러스과(예: 헤르페스바이러스, 수두)
	Iridoviridae 이리도바이러스과(예: 곤충무지개바이러스)
	Papillomaviridae 유두종바이러스과(예: 유두종바이러스)
	Polydnaviridae 폴리드나바이러스과
	Polyomaviridae 폴리오마바이러스과(예: 유인원바이러스40)
	Poxviridae 마마바이러스과(예: 유두바이러스, 두창바이러스)
조류바이러스	Phycodnaviridae 피코드나바이러스과

외가닥DNA바이러스

박테리오파지	Inoviridae (fd)
	Microviridae (예: ΦX174, G4)
식물바이러스	Geminiviridae 제미니바이러스과(예: 옥수수빗금바이러스)
	Circoviridae 칠코바이러스과(예: 닭빈혈바이러스)
동물바이러스	Parvoviridae 파보바이러스과(예: 개홍역바이러스)

b. 역전사 DNA 및 RNA바이러스

식물바이러스	Caulimoviridae 카울리모바이러스과(예: 꽃양배추모자이크 바이러스)
동물바이러스	Hepadnaviridae 헤파드나바이러스과(예: B형간염바이러스)
	Retroviridae 레트로바이러스과(예: 사람면역결핍바이러스, 동물종양 바이러스)
기타	Metaviridae 메타바이러스과(효모, 식물과 무척추동물에 감염)
	Pseudoviridae 슈도바이러스과(효모, 식물과 무척추동물에 감염)

c. RNA바이러스의 과

2중가닥 RNA

박테리오파지	Cystoviridae (f6)
식물바이러스	Partitiviridae 파르티티바이러스과
	Reoviridae 레오바이러스과(예: 피지바이러스)
동물바이러스	Birnaviridae 버나바이러스과(예: 물고기에 감염하는 바이러스)
	Reoviridae 레오바이러스과(예: 사람의 로타바이러스)
기타	Chrysoviridae 크리소바이러스과(곰팡이바이러스)
	Hypoviridae 하이포바이러스과(곰팡이바이러스)
	Totiviridae 토티바이러스과(곰팡이와 원생생물에 감염하는 바이러스)

외가닥RNA(음성-극성가닥)

식물바이러스	Bunyaviridae 부니아바이러스과(예: 토마토반점시듦바이러스)
	Neoviridae 네오바이러스과(예: 클로버생장위축바이러스)
	Rhabdoviridae 랍도바이러스과(예: 감자노란무늬위축바이러스)
동물바이러스	Arenaviridae 아레나바이러스과(예: 림프구성 맥락수막염바이러스)
	Bornaviridae 보르나바이러스과
	Bunyaviridae 부니아바이러스과(예: 리프트밸리열바이러스)
	Filoviridae 필로바이러스과(예: 에볼라열바이러스)
	Orthomyxoviridae 오르토믹소바이러스과(예: 독감바이러스)
	Paramyxoviridae 파라믹소바이러스과(예: 홍역바이러스, 볼거리바이러스)
	Rhabdoviridae 랍도바이러스과(예: 광견병바이러스)

외가닥RNA(양성-극성가닥)

박테리오파지	Leviviridae (MS2)
동물바이러스	Barnaviridae 바르나바이러스과(예: maize rayado fino virus)
	Bromoviridae 브로모바이러스과(예: 알팔파모자이크바이러스)
	Closteroviridae 클로스테로바이러스과(예: 사탕무노란바이러스)
	Comoviridae 코모바이러스과(예: 코우피모자이크바이러스)
	Flexiviridae 플렉시바이러스과(예: 감자바이러스X)
	Luteoviridae 루테오바이러스과(예: 보리노란무늬위축바이러스)

	Potyviridae 포티바이러스과(예: 감자바이러스Y)
	Sequiviridae (예: parsnip yellow fleck virus)
	Tetraviridae 테트라바이러스과(예: 남부콩모자이크바이러스)
	Tombusviridae 톰부스바이러스과(예: 토마토덤불성장위축바이러스)
동물바이러스	Arteriviridae 아르테리바이러스과(예: 말동맥염바이러스)
	Astroviridae 아스트로바이러스과(예: 사람아스트로바이러스)
	Caliciviridae 칼리시바이러스과(예: 돼지수포발진바이러스)
	Coronaviridae 코로나바이러스과(예: 사람코로나바이러스)
	Dicistroviridae (곤충바이러스)
	Flaviviridae 플라비바이러스과(예: 황열병바이러스)
	Nodaviridae 노다바이러스과(예: 노다무라바이러스)
	Picornaviridae 피코르나바이러스과(예: 소아마비바이러스)
	Togaviridae 토가바이러스과(예: 신드비스바이러스, 풍진바이러스)
기타	Narnaviridae (효모바이러스)
	Marnaviridae (조류바이러스)

부록 8
지질연대표

(현재로부터 백만 년 전의 단위로 나타내었음)

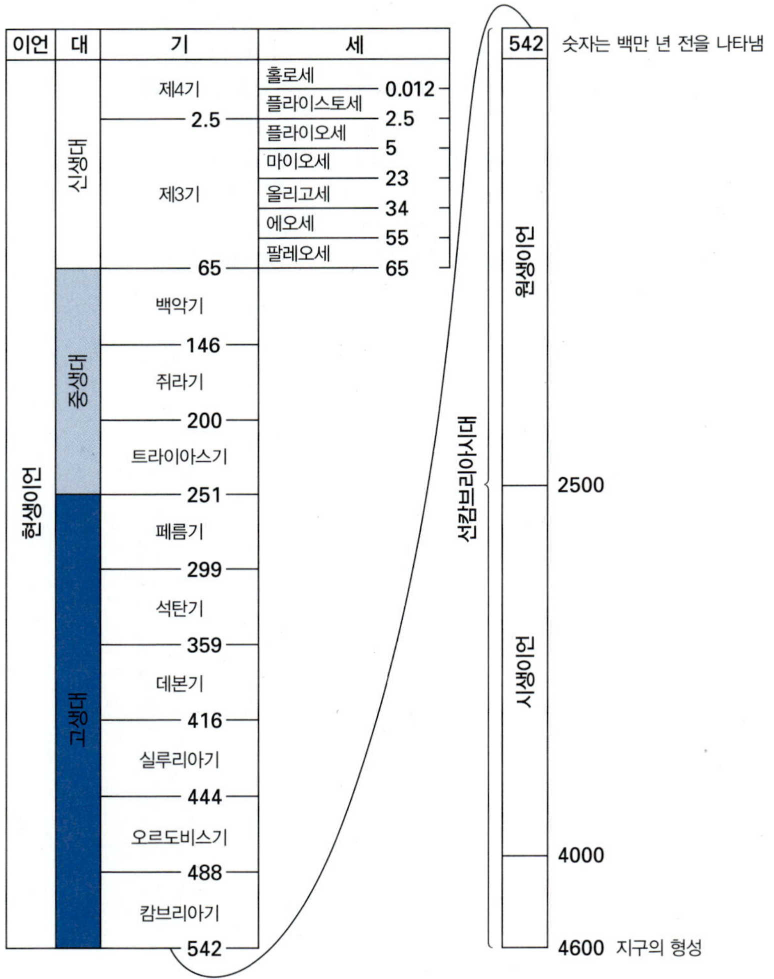

자료 출처: Lawrence, E., Jackson, R. W. and Jackson J. M. (1998) *Longman Dictionary of Environmental Science*, Pearson Education, 463쪽. 허가를 받았음. 이 도표는 국제층서위원회(International Commission on Stratigraphy)에서 발표한 2009년 국제층서표에 의거하여 업데이트하였다.

부록 9

생물학에서 흔히 사용되는 일부 단어요소의 어원

영어의 단어요소는 **볼드체**로 나타내었다. 그 단어가 유래된 그리스어(그)와 라틴어(라)는 이탤릭체로 나타내고, 뒤에 그 의미를 나타내었다.

a- *a* (그), 아니다.
ab- *ab* (라), -에서.
absci- *abscidere* (라), 잘라내다.
abyss- *abyssos* (그), 깊이를 알 수 없는.
acanac- *akanos* (그), 엉겅퀴.
acanth- *akantha* (그), 경침(莖針).
acer- *acer* (라), 날카로운.
acid- *acidus* (라), 신, 시큼한.
acra- *akros* (그), 끝.
actin- *aktis* (그), 방사조직.
ad- *ad* (라), -로, 쪽으로.
adeno- *aden* (그), 샘, 선(腺).
adipo- *adeps* (라), 지방.
aeolian *Aeolus* (그), 바람의 신 아이올로스.
aer- *aer* (라), *aēr* (그), 공기.
-aesthesia, -aesthetic *aisthēsis* (그), 감각.
agrost- *agrōstis* (그), 초본.
albo-, albu-, albino *albus* (라), 흰, 흰색의.
alga-, algo- *alga* (그), 바닷말.
allele, allelo- *allēlōn* (그), 서로.
allo- *allos* (그), 다른.
ambi- *ambo* (라), 둘 다.
amoeba *amoibē* (그), 변하다.
amphi- *amphi* (그), 둘 다.
amylo- *amylum* (그), 녹말.
an- *an* (그), 아니다.
ana- *ana* (그), 위로, 한 번 더.
andr-, andro- *anēr* (그), 수컷, *andrikos* (그), 남자 같은.
anemo- *anemos* (그), 바람.
angio-, -angium *anggeion* (그), 물관.
aniso- *anisos* (그), 불공평한.
ankylo- *ankylos* (그), 비뚤어진.
anlage *Anlage* (독일어) 소질.
annelid, annulate *annulus* (라), 고리.
ano- *anus* (라), 항문.
anomalo- *anomalos* (그), 평평하지 않은.
anomo- *anomos* (그), 무법의, 고르지 못한.
ante- *ante* (라), -의 앞에, -의 전에.
antha-, antho-, -anthous, -anthy *anthos* (그), 꽃.
anthero- *anthēros* (그), 개화.
anthropo- *anthrōpos* (그), 사람.
anti- *anti* (그), -에 반대하여, 다른 편의.
-apl'oid *aploos* (그), 한 겹의, *eidos* (그), 유형.
apo- *apo* (그), -에서.
arachni-, arachno- *arachnē* (그), 거미, 거미줄.
arbor- *arbor* (라), 나무.
archaeo- *archaios* (그), 원시적, 고대의.
arche- *archē* (그), 처음.
archi- *archi* (그), 첫째의.
archo- *archon* (그), 통치자.
arci- *arcus* (라), 절하다.
argent- *argentum* (라), 은(銀).
argyro- *argyros* (그), 은(銀).
arthro- *arthron* (그), 이음매.
artio- *artios* (그), 짝수의.
-asci, -ascus, asco- *askos*, *askidion*

(그), 가방, 작은 가방.

astra-, astro-, -aster *astra* (그), 별.

-atomy, -otomy *tomē* (그), 자르는, 베는.

auri-, auricul- *auris, auricula* (라), 귀, 작은 귀.

auto- *autos* (그), 자기, 스스로의.

auxi-, auxo- *auxein* (그), 증가하다.

avi- *avis* (라), 새(bird).

axill- *axilla* (라), 겨드랑이.

axis, axial *axis* (라), 차축(車軸).

axo *axon* (그), 축(軸).

barb-, barba *barba* (라), 수염.

baro- *baros* (그), 압력, 무게.

bathy- *bathys* (그), 깊은.

batrach- *batrachos* (그), 개구리.

benthos, benthic *benthos* (그), 바다의 깊이.

bi- *bis* (라), 두 번.

bio-, -biotic *bios* (그), 생명, *biosis*, 살아 있는, *biōtikos*, 생명과 관련된 말.

blast- *blastos* (그), 싹.

botany *botanē* (그), 초원.

bothr- *bothros* (그), 구덩이.

botry- *botrys* (그), 포도송이.

brachia- *brachium* (라), 팔.

brachy- *brachys* (그), 짧은.

brady- *bradys* (그), 느린.

branchi- *branchiae* (라), 아가미, 또는 *brangchia* (그), 아가미.

brevi- *brevis* (라), 짧은.

bryo- *bryon* (그), 이끼.

bucco- *bucca* (라), 볼, 뺨.

caeno- *kainos* (그), 최근의.

calci- *calx* (그), 석회.

calyptr- *kalyptra* (그), -을 덮는.

cambium, cambio- *cambium* (라), 변하다.

capit- *caput* (라), 머리, *capitellum*, 작은 머리.

capsid, capso-, capsul- *capsa* (라), 상자, *capsula*, 작은 상자.

carbo- *carbo* (라), 석탄.

carcino- *karkinos* (그), 게(crab).

cardia-, cardio- *kardia* (그), 심장, 위(stomach).

-carp, -carpous *karpos* (그), 과일.

carpa- *carpal* (라), 손목.

cata- *katalysis* (그), 녹는, 용해하는.

cata- *kata* (그), 아래로.

cauda- *cauda* (라), 꼬리.

caul-, cauli- *caulis* (라), 줄기 또는 *kaulos* (그), 줄기.

cell, cellular *cellula* (라), 골방.

centro-, -centric *kentron* (그), 중심.

cephal- *kephalē* (그), 머리.

-ceptor, -ceptive *capere* (라), 잡다.

cerca-, cerco- *kerkos* (그), 꼬리.

cerebr- *cerebrum* (라), 뇌.

-cerous *keras* (그), 뿔.

cervic- *cervix* (라), 목.

ceta-, ceto- *cetus* (라), 고래.

-chaene-, -chene *chainein* (그), 입을 벌리고 바라보다.

chaet- *chaitē* (그), 털.

chela- *chēlē* (그), 발톱.

chemi-, chemistry *chēmeia* (그), 변화, 변형.

chiasm- *chiasma* (그), 십자.

chitin *chiton* (그), 튜닉(가운 같은 웃옷).

chlamy- *chlamys* (그), 망토, 덮개.

chloro- *chlōros* (그), 노란, 녹색의, 창백한.

chondro- *chondros* (그), 연골.

-chord, chorda-, chordo- *chorde* (그), 끈.

-chore *chōros* (그), 장소.

chroma-, chromo-, -chrome *chrōma* (그), 색.

chrono- *chronos* (그), 시간.
-cidal *caedere* (라), 죽이다.
clade, -cladous *klados* (그), 나뭇가지.
clav- *clava* (라), 곤봉.
cleisto- *kleistos* (그), 닫힌.
clino-, -cline, -clinous *klinē* (그), 침대, 바닥.
-clinous *klinein* (그), 굽히다.
clype- *clypeus* (라), 방패.
cocc-, cocco- *koccos* (그), 산딸기류 열매.
cochli- *kochlias* (그), 달팽이.
coel- *koilos* (그), 속이 빈.
coen-, -coenosis *koinos* (그), 함께 공유하는.
coleo- *koleos* (그), 칼집.
conch- *concha* (라), 껍데기, *kongchē*(그), 껍데기.
cono-, -cone *kōnos* (그), 원뿔.
copro- *kopros* (그), 똥.
-corn, corne-, corni- *cornus* (라), 뿔.
corona- *corona* (라), 왕관.
corp-, corpor- *corpus* (라), 몸.
cortex, cortic- *cortex* (라), 나무껍질.
costa- *costa* (라), 갈비.
cotyl- *kotylē* (그), 컵.
coxa-, coxo- *coxa* (라), 엉덩이.
crani-, crania- *kranion* (그), 머리뼈, 두개골.
-crine *krinein* (그), 분리하다.
cruci- *crux* (라), 십자.
cryo- *kryos* (그), 서리.
crypto *kryptos* (그), 숨겨진.
cyano- *kyanos* (그), 짙은 파란색.
cyath- *kyathus* (그), 컵.
cyclo-, -cyclic *kyklos* (그), 원형.
cyst- *kystis* (그), 주머니.
-cyte, cyto- *kytos* (그), 속이 빈.
-dactyl *daktylos* (그), 손가락.
de- *de* (라), 떨어져, 떠나서.
deme, demo- *dēmos* (그), 사람.
demi- *dimidius* (라), 절반.
dendr- *dendron* (그), 나무.
dent- *dens* (라), 이, 치아.
derma-, dermo-, -derm *derma* (그), 피부.
desm- *desmos* (그), 묶는 것, 유대.
di- *dis* (그), 두 번.
dia- *dia* (그), 뿔뿔이, 산산이.
dicho- *dicha* (그), 둘로.
dictyo- *dictyon* (그), 그물.
digito- *digitus* (라), 손가락.
dino- *dinos* (그), 회전.
dino- *deinos* (그), 끔찍한.
diplo- *diploos* (그), 두 배의.
dors- *dorsum* (라), 등, 뒤.
-drome, -dromic, -dromous *dramein* (그), 달리다, *drōmos* (그), 달리는.
-duct *ducere* (라), 인도하다.
duplico- *duplex* (라), 두 배의.
dynamo- *dynamis* (그), 힘.
dys- *dys* (그), 잘못된.
e- *ex* (라), -의 안에서 밖으로, 없는.
ec- *ek* (그), -의 안에서 밖으로, 없는.
echino- *echinos* (그), 가시.
eco- *oikos* (그), 집, 가정.
ect- *ektos* (그), -없이, 외부의.
-ectomy *ektomē* (그), 잘라낸 것.
elaeo-, elaio- *elaion* (그), 기름.
electro- *elektron* (그), 호박(문지르면 정전기가 발생하는 화석수지).
embryo- *embryon* (그), 배, 배아.
endo- *endon* (그), -이내에, -의 안에.
-ennial *annus* (라), 연도, 해.
entero- *enteron* (그), 창자, 장.
entomo- *entomon* (그), 곤충.
epi- *epi* (그), 위에.
equi- *aequus* (라), 동일한.

erg-, -ergic, -ergy *ergon* (그), 활동, 일.
erythro- *erythros* (그), 빨간.
eu- *eu* (그), 잘(well).
eury- *eurys* (그), 넓은.
exo- *exō* (그), 바깥의.
extra- *extra* (라), 저편에.
-farious *fariam* (라), 줄지어.
fauna- *faunus* (라), 나무의 신.
ferre-, ferri-, ferro- *ferrum* (라), 철.
fibrino- *fibra* (라), 띠.
-fid *findere* (라), 쪼개다.
fili- *filum* (라), 실.
flavo- *flavus* (라), 노란.
flor- *flos* (라), 꽃.
folia- *folium* (라), 잎.
fronto- *frons* (라), 이마.
fuco- *fucus* (라), 바닷말.
-fugal, -fuge *fugere* (라), 달아나다.
galacto- *gala* (그), 우유.
gamete, gameto- *gametes* (그), 배우자.
gamo-, -gamy, -gamous *gamos* (그), 결혼.
ganglio- *ganglion* (그), 팽창, 부기.
gastro- *gaster* (그), 위(stomach).
-geminal *geminus* (라), 두 배의.
-gen, -genous *genos* (그), 내리기, 하강.
gene-, -genetic *genesis* (그), 출생, 하강, 기점.
-genic, -genous *gennaein* (그), 만들다.
genito- *gignere* (라), (아이를) 보다, 낳다.
geno- *genos* (그), 혈족, 인종.
geo- *gē,* 또는 *gaia* (그), 지구.
germ-, germin- *germen* (라), 싹, 눈.
geronto- *gerōn* (그), 노인.
glia-, -gloea *gloia* (그), 풀, 아교.
-globin, -globulin *globus* (라), 공, 구체.
glosso- *glossa* (라), 혀.
gluco-, glyco- *glykys* (그), 달콤한.
gnatho-, -gnath, -gnathous *gnathos* (그), 턱.
gonad-, -gone, -gonic *gonē* (그), 씨앗.
-gone, goni- *gonos* (그), 자손.
-grade *gradus* (라), 걸음.
-gram, -graphy *graphein* (그), 쓰다, 적다.
gyn-, -gynous *gynē* (그), 여성, 암컷.
haem-, haema- *haima* (그), 혈액.
halo- *hals* (그), 바다, 소금.
haplo- *haploos* (그), 간단한, 단순한.
hapto- *haptos* (그), 만지다.
helio- *helios* (그), 해(sun).
hemi- *hēmi* (그), 절반.
hepa-, hepatico- *hepar* (그), 간(liver).
hepta- *hepta* (그), 일곱.
hetero- *heteros* (그), 다른.
hex- *hex* (그), 여섯.
histio- *histion* (그), 조직.
histo- *histos* (그), 조직.
holo- *holos* (그), 전체의.
homeo- *homoios* (그), 비슷한.
homo- *homos* (그), -와 마찬가지로.
hormone *hormaein* (그), 흥분시키다, 자극하다.
hyalo- *hyalos* (그), 유리.
hydr-, hydro- *hydor* (그), 물.
hygro- *hygros* (그), 젖은.
hyper- *hyper* (그), -보다 위에.
hypo- *hypo* (그), -의 아래에.
ichthy- *ichthys* (그), 물고기.
-icole, -icolous *colere* (라), 살다.
-iferous *ferre* (라), 나르다.
-ific, -ification *facere* (라), 만들다.
-igen *generare* (라), (아이를) 보다, 낳다.
-igerous *gerere* (라), 낳다, 맺다.
im-, in- *in* (라), 아닌.
immuno- *immunis* (그), 자유로운.
in- *in* (라), 안으로.
infero- *inferus* (라), 밑에.

infra- *infra* (라), 아래에.
inter- *inter* (라), 사이에.
intra- *intra* (라), 이내에.
iso- *isos* (그), 동일한.
-jugate *jugare* (라), 결합하다, 붙이다.
jugo- *jugum* (라), 멍에.
juxta- *juxta* (라), 아주 가까이에서.
kary- *karyon* (그), 핵, 견과.
kera- *keras* (그), 뿔.
-kinesis, -kinetic *kinesis* (그), 운동, *kinein* (그), 움직이다.
labia-, labio- *labium* (라), 입술.
lacto- *lac* (라), 우유.
lati-, latero- *latus* (라), 넓은.
lepido- *lepidotos* (그), 비늘로 덮인.
lepto- *leptos* (그), 날씬한.
leuco-, leuko- *leukos* (그), 흰, 백색의.
limn- *limne* (그), 습지.
lipo- *lipos* (그), 지방(fat).
litho-, -lith *lithos* (그), 돌.
lopho- *lophos* (그), 볏, 산마루.
luci- *lux* (라), 빛.
luteo- *luteus* (라), 귤색.
-lysin, -lysis, lyso-, -lytic *lysis* (그), 헐겁게 하다, 풀다, *lyein* (그), 분해하다.
macro- *makros* (그), 큰, 많은.
masto- *mastos* (그), 가슴.
matro- *mater* (라), 어머니.
medi- *medius* (라), 중앙.
mega- *megas* (그), 큰, 많은.
megalo- *megalon* (그), 큰, 엄청난.
meio- *meion* (그), 더 작은.
meiosis- *meiosis* (그), 축소, 감소.
-mere, mero- *meros* (그), 부분.
meso- *mesos* (그), 중앙.
meta- *meta* (그), -의 뒤에, -의 후에.
matabolism, metabolic *metabole* (그), 변하다.
-metric, -metry *metron* (그), 측정하다, *metreo* (그), 세다.
micro- *mikros* (그), 작은.
mito-, mitosis *miton* (그), 실.
mono- *monos* (그), 혼자, 단 하나의.
morpho-, -morph, -morphism, -morph *morphe* (그), 모양, 유형, *morphosis* (그), 유형.
multi- *multus* (라), 많은.
mutate, muta- *mutare* (라), 변하다.
myco-, -mycin *mykes* (그), 곰팡이.
myelo- *myelos* (그), 골수.
myo- *mys* (그), 근육.
myrme- *myrmēx* (그), 개미.
myxo- *myxa* (그), 점액질.
nano- *nanos* (그), 난쟁이.
necro- *nekros* (그), 죽은.
nema-, nemato-, -neme *nēma* (그), 실.
neo- *neos* (그), 새로운.
nephr- *nephros* (그), 콩팥, 신장.
neuro- *neuron* (그), 신경.
nexus, -nexed *nectare* (라), 묶다, 둘러 감다.
nigro- *niger* (라), 검은.
nitro- *nitron* (그), 소다.
noci- *nocere* (라), 상하게 하다, 손상시키다.
-nomics, -nomy *nomos* (그), 법, 법률.
nomin-, -nomial *nomen* (라), 이름.
noto- *noton* (그), 등, 뒤.
nucleus *nucleus* (그), 알맹이, 인, 핵심.
ob- *ob* (라), -에 반대하여, 거꾸로.
occipi- *occiput* (라), 뒤통수.
octa-, octo- *okta* (그), *octo* (라), 여덟.
-odont, odonto- *odous* (그), 이, 치아.
-oecious, -oecium *oikos* (그), 집.
oestro-, oestrus *oistros* (그), 등에(gad-fly).
-ogen *genos* (그), 출생.
-ogony *gonos* (그), 세대.

oi-, -oo- *ōon* (그), 알.
-oid *eidos* (그), 유형.
olei-, oleo- *oleum* (라), 기름.
oligo- *oligos* (그), 많지 않은.
-ology *logos* (그), 담론(discourse).
onco- *onkos* (그), 크기, 덩어리.
onto- *on* (그), 존재.
-oo- *ōon* (그), 알.
ophthal- *ophthalmos* (그), 눈(eye).
opsi-, -opsin, -opsy, opto- *opsis* (그), 눈(eye).
ora-, oro- *os, oris* (라), 입.
organ *organon* (그), 기구, 도구.
orni- *ornis* (그), 새.
ortho- *orthos* (그), 똑바로.
osmo- *ōsmos* (그), 충동, 자극.
ost-, osteo- *osteon* (그), 뼈.
ostraco- *ostrakon* (그), 껍데기.
oto- *ous* (그), 귀.
-otomy *temnein* (그), 자르다.
ova-, ovi-, ovo- *ovum* (라), 알.
oxy- *oxys* (그), 날카로운.
pachy- *pachys* (그), 두꺼운.
palaeo- *palaios* (그), 고대의.
palpi- *palpare* (라), (노를) 젓다, (공을) 치다.
pan-, panto- *pan* (그), 모든.
para- *para* (그), 옆에.
-parous *parere* (라), 만들다.
patho-, -pathy *pathos* (그), 고통, 괴로움.
patri- *pater* (라), 아버지.
-patric *patria* (라), 조국, 고국.
ped-, -pedal *pes* (라), 발.
-pelagic *pelagos* (그), 바다.
penta-, pento- *pente* (그), 다섯.
per- *per* (라), -을 통해.
peri- *peri* (그), 주위에, 여기저기에.
perisso- *perissos* (그), 홀수의.
petalo- *petalon* (그), 잎.
petro- *petros* (그), 돌.
-phage, phago, -phagous *phagein* (그), 먹다.
-phase *phasis* (그), 양상, 국면, 모습.
-phene, pheno- *phainein* (그), 나타나다.
-phil, -phile, -phily *philein* (그), 사랑하다.
philo- *philos* (그), 애정이 있는, 사랑하는.
-phobe, -phobic *phobos* (그), 공포.
phono- *phōnē* (그), 소리.
-phore *phorein* (그), 나르다.
phospho- *phosphoros* (그), 빛을 가져오는.
photo- *phos* (그), 빛.
phragmo- *phragmos* (그), 울타리.
-phylactic *phylaktikos* (그), 보존에 적합한.
-phyll, -phyllous *phyllon* (그), 잎.
physi-, -physis *physis* (그), 생장.
physics *physis* (그), 자연.
phyt-, -phyte *phyton* (그), 식물.
pinna-, penna- *penna* (라), 깃털.
pisci- *piscis* (라), 물고기.
placo- *plax* (그), 판.
plana- *planatus* (라), 납작한.
-planetic, planeto- *planetes* (그), 방랑자.
plano- *planos* (그), 돌아다니는.
-plasia *plasis* (그), 틀로 만들기(moulding), *plassein* (그), 만들다.
plasma-, -plasm *plasma* (그), 유형.
-plast, -plastic, plastid *plastos* (그), 형성된.
plasti-, plasto- *plastos* (그), 형성된.
platy- *platys* (그), 평평한.
pleio- *pleion* (그), 더 많은.
plero- *plērēs* (그), 가득한.
plesio- *plēsios* (그), 가까운.
pleura-, -pleurite *pleuros* (그), 측면, 옆.
-plicate *plicare* (라), 접다.

pluri- *plus* (라), 더 많은.
pneu- *pnein* (그), 호흡하다.
-pod, -podite *pous* (그), 발.
-poiesis, -poietic *poiesis* (그), 만들기.
poly- *polys* (그), 많은.
poro-, -pore *poros* (그), 수로, 경로.
porphyr- *porphyra* (그), 자줏빛.
post- *post* (라), -의 뒤에, -의 후에.
pre- *prae* (라), -의 앞에, -의 전에.
primo- *primus* (라), 첫째의.
pro- *pro* (그), -의 앞에, -의 전에.
proto- *prōtos* (그), 첫째의.
pseudo- *pseudes* (그), 틀린.
psycho- *psychē*(그), 마음.
-pter- *pteron* (그), 날개.
pterido- *pteris* (그), 양치식물.
ptero- *pteron* (그), 날개.
pteryg- *pterygion* (그), 작은 날개.
pteryg- *pterygion* (그), 지느러미.
-ptile *ptilon* (그), 깃털.
pulmo- *pulmo* (라), 허파.
pycno- *pyknos* (그), 밀집한, 짙은.
pygo- *pygē* (그), 엉덩이.
-pyle *pyle* (그), 문, 통로.
pyreno- *pyrēn* (그), 열매의 핵.
pyri- *pyrum* (라), 서양배(pear).
pyrro- *pyrrhos* (그), 황갈색을 띤 붉은색.
quadrato- *quadratus* (라), 네모진.
quadri-, quadru- *quattuor* (라), 넷.
quin-, quinque- *quinque* (라), 다섯.
racem- *racemus* (라), 다발.
rachi- *rachis* (그), 가지.
radic- *radix* (라), 뿌리.
radio- *radius* (라), 광선.
-ramous *ramus* (라), 나뭇가지.
rani- *rana* (라), 개구리.
re- *re* (라), 등, 뒤.
rena-, reni- *renes* (그), 콩팥, 신장.
reti- *rete* (라), 그물.
reticulo- *reticulum* (라), 작은 그물.
retro- *retro* (라), 뒤로.
rhabdo- *rhabdos* (그), 막대.
rheo- *rheein* (그), 흐르다.
rhin- *rhis* (그), 코.
rhiza-, rhizo- *rhiza* (그), 뿌리.
rhodo- *rhodon* (그), 장미.
rhyncho- *rhyngchos* (그), 코, 주둥이.
ribo- *ribes* (라), 건포도.
rostra- *rostrum* (라), 부리.
rubi- *ruber* (라), 빨간.
rubro- *ruber* (라), 빨간.
sacchar- *sakchar* (그), 설탕.
salpingo- *salpingx* (그), 트럼펫.
sangui- *sanguis* (라), 혈액.
sapo- *sapo* (라), 비누.
sapro- *sapros* (그), 부패한.
-sarc, sarco- *sarx, sarkōdēs* (그), 살, 살집이 있는.
-saur- *sauros* (그), 도마뱀.
schisto-, -schist *schistos* (그), 쪼개다.
schizo- *schizein* (그), 쪼개다.
-scopic *skopein* (그), 바라보다.
scoto- *skotos* (그), 어두운.
scute, scutum *scutum* (라), 방패.
seismo- *seismos* (그), 흔들기.
seleno- *selēnē* (그), 달(moon).
-sematic *sema* (그), 신호.
semi- *semi* (라), 절반.
septa-, septi-, septo- *septum* (라), 칸막이.
septi- *septum* (라), 일곱.
-sere *serere* (라), 열을 짓다.
serum *serum* (라), 유장(whey).
seta-, seti-, seto- *seta* (라), 짧고 뻣뻣한 털.
siali-, sialo- *sialon* (그), 침, 타액.
sidero-, *sidēros* (그), 철.
soma-, somato-, -some *sōma* (그), 몸.

sora-, sori-, soro- *sōros* (그), 더미, 무더기.
speleo- *spelaion* (그), 동굴.
sperma-, -sperm *sperma* (그), 씨앗.
sphaero- *sphaira* (그), 지구, 구체.
spheno- *sphen* (그), 쐐기.
sphero- *sphaira* (그), 지구, 구체.
spondyl- *sphondylos* (그), 척추뼈.
spor-, -spore *sporos* (그), 씨앗.
squame, squama- *squama* (라), 비늘.
stachy- *stachys* (그), 옥수수 열매.
stamin-, -stemonous *stemon* (그), 실을 잣다.
-stat, -static *stare* (라), 서다.
stato- *statos* (그), 움직이지 않는, 고정적인.
stega-, stegi- *stega* (그), 지붕.
-stelic, -stely *stele* (그), 기둥.
stereo-, -steric *stereos* (그), 단단한.
stern- *sternum* (라), 가슴.
steroid, -sterone *stear* (그), 쇠기름.
stoma-, stomato-, -stome *stoma* (그), 입.
-strate *stratum* (라), 층.
strepto- *streptos* (그), 뒤틀린, 잘 휘는.
strobilus *strobilos* (그), 전나무 방울.
strom-, stroma *stroma* (그), 토대, 바닥.
-stylic *stylos* (그), 기둥.
sub- *sub* (라), 아래에.
super- *super* (라), 위에.
supra- *supra* (라), -보다 위에.
sylv- *sylva* (라), 숲.
sym- *syn* (그), -와 함께.
syn- *syn* (그), -와 함께.
synaps-, synapto- *synapsis*, *synaptos* (그), 결합, 합쳐진.
synthesis *synthesis* (그), 구성, 성분.
tachy- *tachys* (그), 빠른, 빨리.
talo- *talus* (라), 발목.
tarso- *tarsos* (그), 발바닥.
tauto- *tautos* (그), -와 마찬가지로.
-taxis, -taxy *taxis* (그), 배열.
taxo- *taxis* (그), 배열.
tect- *tectum* (라), 지붕.
tele- *tēle* (그), 멀리.
teleo- *teleos* (그), 완전한, 완성된.
telo-, telio- *telos* (그), 끝.
tempor- *tempora* (라), 관자놀이.
-tene *tainia* (그), 띠.
tensin- *tonos* (그), 긴장, 긴박.
terga- *tergum* (라), 등, 뒤.
ternato- *terni* (라), 셋.
terr- *terra* (라), 지구.
tetra- *tetras* (그), 넷.
thallo- *thallos* (그), 나뭇가지.
-theca, -thecium *theke* (그), 상자.
-theria *therion* (그), 작은 동물.
thermo- *thermē* (그), 열기.
thero- *theros* (그), 여름.
thigmo- *thigēma* (그), 만지다.
thio- *theion* (그), 황(sulphur).
thrombo- *thrombos* (그), 엉기다.
thylako- *thylakos* (그), 주머니.
thyro- *thyra* (그), 문.
-tocin *tokos* (그), 출생.
-tope, -topic, topo- *topos* (그), 장소.
toti- *totus* (라), 모든.
toxico-, -toxin *toxikon* (그), 독, 독물.
tracheo- *trachia* (라), 기관, 숨통.
trachy- *trachys* (그), 거칠거칠한.
trans- *trans* (라), -을 건너서, 가로질러서.
trauma- *trauma* (그), 상처.
tri- *tria* (그), 셋, *tres* (라), 셋.
trich- *thrix* (그), 털.
trocho- *trochos* (그), 테, 굴렁쇠.
-troph, -trophic, tropho-, -trophy *trophē* (그), 지속, 유지, 영양분.
-tropic, -tropism *tropē* (그), 돌다.

tubi-, tubo- *tubus* (라), 관, 통.
tympano- *tympanon* (그), 북, 드럼.
-type *typos* (그), 양식, 무늬.
ulna-, ulno- *ulna* (라), 팔꿈치.
ultra- *ultra* (라), 저편에.
umbell- *umbella* (라), 차양.
umbona- *umbo* (라), 방패의 볼록 장식.
unci- *uncus* (라), 갈고리.
uni- *unus* (라), 하나.
uredo- *urēdo* (라), 마름병(blight).
uro- *ouron* (그), 오줌 또는 *oura* (그), 꼬리.
vacuol- *vacuus* (라), 비어 있는.
vagini- *vagina* (라), 칼집, 덮개.
valv- *valvae* (라), 접문(folding door).
vasa-, vaso- *vas* (라), 관, 혈관.
ventr- *venter* (라), 배, 복부.
vermi- *vermis* (라), 벌레.
versi- *versare* (라), 돌다, 돌리다.
vesicul- *vesicula* (라), 작은 주머니.
viro- *virus* (라), 독, 독소.
vitello- *vitellus* (라), 난황.
vitreo- *vitreus* (라), 유리 같은.
vivi- *vivus* (라), 살아 있는.
-vorous *vorare* (라), 게걸스레 먹다.
xantho- *xanthos* (그), 노란.
xeno-, -xenous *xenos* (그), 숙주(host) 또는 이상한.
xero- *xeros* (그), 마른, 건조한.
zo-, zoo- *zōon* (그), 동물.
-zoic *zoikos* (그), 생명과 관련된.
zygo-, zygote *zygon* (그), 멍에(yoke), *zygotos* (그), 결합된.
zymo-, -zyme *zymē* (그), 효모(leaven).

한글 찾아보기

ㄴ

ㄷ

ㄹ

ㅁ

ㅅ

ㅈ

ㅊ

ㅋ

ㅌ

ㅍ

ㅎ

기타